《化学工程手册》第三版总篇目

第 1 卷

- 第1篇 化工基础数据
- 第2篇 化工数学
- 第3篇 化工热力学
- 第4篇 流体流动
- 第5篇 流体输送
- 第6篇 搅拌及混合

第 2 卷

- 第7篇 传热及传热设备
- 第8篇 制冷
- 第9篇 蒸发
- 第10篇 结晶
- 第11篇 传质
- 第12篇 气体吸收
- 第13篇 蒸馏
- 第14篇 气液传质设备

第 3 卷

- 第15篇 萃取及浸取
- 第16篇 增湿、减湿及水冷却
- 第17篇 干燥
- 第18篇 吸附及离子交换
- 第19篇 膜过程
- 第20篇 颗粒及颗粒系统
- 第21篇 流态化

第 4 卷

- 第22篇 液固分离
- 第23篇 气固分离
- 第24篇 粉碎、分级及团聚
- 第25篇 反应动力学及反应器

第 5 卷

- 第26篇 生物化工
- 第27篇 过程系统工程
- 第28篇 过程控制
- 第29篇 污染治理
- 第30篇 过程安全

"十三五"国家重点出版物
出版规划项目

化学工程手册

袁渭康　王静康　费维扬　欧阳平凯　主编

第三版

·北　京·

作为化学工程领域标志性的工具书，本次修订秉承“继承与创新相结合”的编写宗旨，分5卷共30篇全面阐述了当前化学工程学科领域的基础理论、单元操作、反应器与反应工程以及相关交叉学科及其所体现的发展与研究新成果、新技术。在前版的基础上，各篇在内容上均有较大幅度的更新，特别是加强了信息技术、多尺度理论、微化工技术、离子液体、新材料、催化工程、新能源等方面的介绍。本手册立足学科基础，着眼学术前沿，紧密关联工程应用，全面反映了化工领域在新世纪以来的理论创新与技术应用成果。

本手册可供化学工程、石油化工等领域的工程技术人员使用，也可供相关高等院校的师生参考。

图书在版编目（CIP）数据

化学工程手册．第1卷/袁渭康等主编．—3版．—北京：化学工业出版社，2019.6（2024.9重印）
ISBN 978-7-122-34804-3

Ⅰ.①化… Ⅱ.①袁… Ⅲ.①化学工程-手册
Ⅳ.①TQ02-62

中国版本图书馆CIP数据核字（2019）第136455号

责任编辑：张　艳　傅聪智　刘　军　陈　丽　　文字编辑：向　东　孙凤英　李　玥
责任校对：边　涛　　装帧设计：尹琳琳
责任印制：朱希振

出版发行：化学工业出版社（北京市东城区青年湖南街13号　邮政编码100011）
印　　装：北京盛通数码印刷有限公司
787mm×1092mm　1/16　印张72¼　字数1848千字　　2024年9月北京第3版第3次印刷

购书咨询：010-64518888　　售后服务：010-64518899
网　　址：http://www.cip.com.cn
凡购买本书，如有缺损质量问题，本社销售中心负责调换。

定　　价：358.00元

《化学工程手册》（第三版）
编写指导委员会

本版编写人员名单

（按姓氏笔画排序）

主稿人

于才渊　马沛生　王静康　邓麦村　史晓平　冯　霄
邢子文　朱企新　朱庆山　任其龙　刘会洲　刘洪来
江佳佳　孙国刚　杜文莉　李　忠　李伯耿　李洪钟
余国琮　邹志毅　周兴贵　周芳德　侯　予　骆广生
袁希钢　都　健　都丽红　钱　锋　徐炎华　高正明
席　光　曹义鸣　蒋军成　鲁习文　谢　闯　管国锋
谭天伟　戴干策

编写人员

马友光　马光辉　马沛生　王　志　王　维　王　睿
王文俊　王玉军　王正宝　王宇新　王军武　王如君
王运东　王志荣　王志恒　王利民　王宝和　王彦富
王炳武　王振雷　王彧斐　王海军　王辅臣　王勤辉
王靖岱　王静康　王慧锋　元英进　邓　利　邓　春
邓麦村　邓淑芳　卢春喜　史晓平　白博峰　包雨云
冯　霄　冯连芳　邢子文　邢华斌　邢志祥　尧超群
吕永琴　朱　焱　朱卡克　朱永平　朱企新　朱贻安
朱慧铭　任其龙　华蕾娜　庄英萍　刘　珞　刘　磊
刘会洲　刘良宏　刘春江　刘洪来　刘晓星　刘琳琳
刘新华　江志松　江佳佳　许　莉　许建良　许春建
许鹏凯　孙东亮　孙自强　孙国刚　孙京诰　孙津生
阳永荣　苏志国　苏宏业　苏纯洁　李　云　李　军
李　忠　李伟锋　李志鹏　李伯耿　李建明　李建奎
李春忠　李秋萍　李炳志　李继定　李鑫钢　杨立荣
杨良嵘　杨勤民　肖文海　肖文德　肖泽仪　肖静华
吴文平　吴绵斌　邹志毅　邹海魁　宋恭华　初广文
张　栩　张　楠　张　鹏　张永军　张早校　张香平
张新发　张新胜　陈　健　陈飞国　陈光文　陈国华
陈标华　罗英武　罗祎青　侍洪波　岳国君　金万勤

周　俊　周光正　周兴贵　周芳德　周迟骏　宗　原
赵　亮　赵贤广　赵建丛　赵雪娥　胡彦杰　钟伟民
侯　予　施从南　姜海波　骆广生　秦　炜　秦　衍
秦培勇　袁希钢　袁佩青　都　健　都丽红　贾红华
夏宁茂　夏良志　夏启斌　夏建业　顾幸生　钱夕元
徐　虹　徐　骥　徐炎华　徐建鸿　徐铜文　奚红霞
高士秋　高正明　高秀峰　郭烈锦　郭锦标　唐忠利
姬　超　姬忠礼　黄　昆　黄雄斌　黄德先　曹义鸣
曹子栋　龚俊波　崔现宝　康　勇　彭延庆　葛　蔚
蒋军成　韩振为　喻健良　程振民　鲁习文　鲁波娜
曾爱武　谢　闯　谢福海　鲍　亮　解惠青　骞伟中
蔡子琦　管国锋　廖　杰　谭天伟　颜学峰　潘　勇
潘旭海　戴干策　戴义平　魏　飞　魏　峰　魏无际

审稿人

马兴华　王世昌　王尚锦　王树楹　王喜忠　朱企新
朱家骅　任其龙　许　莉　苏海佳　李　希　李佑楚
杨志才　张跃军　陈光明　欧阳平凯　罗保林　赵劲松
胡　英　胡修慈　俞金寿　施力田　姚平经　姚虎卿
姚建中　袁孝竞　都丽红　夏国栋　夏淑倩　姬忠礼
黄　洁　鲍晓军　潘勤敏　戴猷元

参加编辑工作人员名单

（按姓氏笔画排序）

王金生　仇志刚　冉海滢　向　东　孙凤英　刘　军
李　玥　张　艳　陈　丽　周国庆　周伟斌　赵　怡
昝景岩　袁海燕　郭乃铎　傅聪智　戴燕红

第一版编写人员名单

（按姓氏笔画排序）

编写人员

于鸿寿　于静芬　马兴华　马克承　马继舜　王　楚
王世昌　王永安　王抚华　王明星　王迪生　王彩凤
王喜忠　尤大钺　邓冠云　叶振华　朱才铨　朱长乐
朱企新　朱守一　任德树　刘茉娥　刘隽人　刘淑娟
刘静芳　孙志发　孙启才　麦本熙　劳家仁　李　洲
李　儒　李以圭　李佑楚　李昌文　李金钊　李洪钟
杨守诚　杨志才　时　钧　时铭显　吴乙申　吴志泉
吴锦元　吴鹤峰　邱宣振　余国琮　应燮堂　汪云瑛
沃德邦　沈　复　沈忠耀　沈祖钧　宋　彬　宋　清
张有衡　张茂文　张建初　张迺卿　陈书鑫　陈甘棠
陈彦萼　陈朝瑜　邵惠鹤　林纪方　岳得隆　金鼎五
周肇义　赵士杭　赵纪堂　胡秀华　胡金榜　胡荣泽
侯虞钧　俞电儿　俞金寿　施力才　施从南　费维扬
姚虎卿　夏宁茂　夏诚意　钱家麟　徐功仁　徐自新
徐明善　徐家鼎　郭宜祜　黄长雄　黄延章　黄祖祺
黄鸿鼎　萧成基　盛展武　崔秉懿　章寿华　章思规
梁玉衡　蒋慰孙　傅焴街　蔡振业　谭盈科　樊丽秋
潘积远　戴家幸

审校人

区灿棋　卢焕章　朱自强　苏元复　时　钧　时铭显
余国琮　汪家鼎　沈　复　张剑秋　张洪沅　陈树功
陈家镛　陈敏恒　林纪方　金鼎五　周春晖　郑　炽
施亚钧　洪国宝　郭宜祜　郭慕孙　萧成基　蔡振业
魏立藩

第二版编写人员名单

（按姓氏笔画排序）

主稿人

王绍堂	王喜忠	王静康	叶振华	朱有庭	任德树
许晋源	麦本熙	时 钧	时铭显	余国琮	沈忠耀
张祉祐	陆德民	陈学俊	陈家镛	金鼎五	胡 英
胡修慈	施力田	姚虎卿	袁 一	袁 权	袁渭康
郭慕孙	麻德贤	谢国瑞	戴干策	魏立藩	

编写人员

马兴华	王 凯	王宇新	王英琛	王凯军	王学松
王树楹	王喜忠	王静康	方图南	邓 忠	叶振华
申立贤	戎顺熙	吕德伟	朱开宏	朱有庭	朱慧铭
刘会洲	刘淑娟	许晋源	孙启才	麦本熙	李佑楚
李金钊	李洪钟	李静海	李鑫钢	杨守志	杨志才
杨忠高	肖人卓	时 钧	时铭显	吴锦元	吴德钧
沈忠耀	宋海华	张成芳	张祉祐	陆德民	陈丙辰
陈听宽	林猛流	欧阳平凯	欧阳藩	罗北辰	罗保林
金鼎五	金彰礼	周 瑾	周芳德	郑领英	胡 英
胡金榜	胡修慈	柯家骏	俞金寿	俞俊棠	俞裕国
施力田	施从南	姚平经	姚虎卿	贺世群	袁 一
袁 权	袁渭康	耿孝正	徐国光	郭 铨	郭烈锦
黄 洁	麻德贤	董伟志	韩振为	谢国瑞	虞星矩
鲍晓军	蔡志武	阚丹峰	樊丽秋	戴干策	

审稿人

万学达	马沛生	王 楚	冯朴荪	朱自强	劳家仁
李 桢	李绍芬	杨友麒	时 钧	余国琮	汪家鼎
沈 复	张有衡	陈家镛	俞芷青	姚公弼	秦裕珩
萧成基	蒋维钧	潘新章	戴干策	戴猷元	

前言

化学工业是一类重要的基础工业，在资源、能源、环保、国防、新材料、生物制药等领域都有着广泛的应用，对我国可持续发展具有重要意义。改革开放以来，我国化学工业得到长足的发展，作为国民经济的支柱性产业，总量已达世界第一，但产品结构有待改善，质量和效益有待提高，环保和安全有待加强。面对产业转型升级和节能减排的严峻挑战，人们在努力思考和探索化学工业绿色低碳发展的途径，加强化学工程研究和应用成为一个重要的选项。作为一门重要的工程科学，化学工程内容非常丰富，从学科基础（如化工热力学、反应动力学、传递过程原理和化工数学等）到工程内涵（如反应工程、分离工程、系统工程、安全工程、环境工程等）再到学科前沿（如产品工程、过程强化、多尺度和介尺度理论、微化工、离子液体、超临界流体等）对化学工业和国民经济相关领域起着重要的作用。由于化学工程的重要性和浩瀚艰深的内容，手册就成为教学、科研、设计和生产运行的必备工具书。

《化学工程手册》（第一版）在冯伯华、苏元复和张洪沅等先生的指导下，从1978年开始组稿到1980年开始分册出版，共26篇1000余万字。《化学工程手册》（第二版）在时钧、汪家鼎、余国琮、陈敏恒等先生主持下，对各个篇章都有不同程度的增补，并增列了生物化工和污染治理等篇章，全书共计29篇，于1996年出版。前两版手册都充分展现了当时我国化学工程学科的基础理论水平和技术应用进展情况。出版后，在石油化工及其相关的过程工程行业得到了普遍的使用，为广大工程技术人员、设计工作者和科技工作者提供了很大的帮助，对我国化学工程学科的发展和进步起到了积极的推动作用。《化学工程手册》（第二版）出版至今已历经20余年，随着科学技术和化工产业的飞速发展，作为一本基础性的工具书，内容亟待更新。基础理论的进展和工业应用的实践也都为手册的修订提出了新的要求和增添了新的内容。

《化学工程手册》（第三版）的编写秉承继承与创新相结合的理念，立足学科基础，着眼学术前沿，紧密关联工程应用，致力于促进我国化学工程学科的发展，推动石油化工及其相关的过程工业的提质增效，以及新技术、新产品、新业态的发展。《化学工程手册》（第三版）共分30篇，总篇幅在第二版基础上进行了适度扩充。“化工数学”由第二版中的附录转为第二篇；新增了过程安全篇，树立本质更安全的化工过程设计理念，突出体现以事故预防为主的化工过程风险管控的思想。同时，根据行业发展情况，调整了个别篇章，例如，将工业炉篇并入传热及传热设备篇。另外，各篇均有较大幅度的内容更新，相关篇章加强了信息技术、多尺度理论、微化工技术、离子液体、新材料、催化工程、新能源等新技术的介绍，以全面反映化工领域在新世纪的发展成果。

《化学工程手册》（第三版）的编写得到了工业和信息化部、中国石油和化学工业联合会及化学工业出版社等相关单位的大力支持，在此表示衷心的感谢！同时，对参与本手册组织、编写、审稿等工作的高校、研究院、设计院和企事业单位的所有专家和学者表达我们最诚挚的谢意！尽管我们已尽全力，但限于时间和水平，手册中难免有疏漏及不当之处，恳请读者批评指正！

袁渭康　王静康

费维扬　欧阳平凯

2019 年 5 月

第一版序言

化学工程是以物理、化学、数学的原理为基础，研究化学工业和其他化学类型工业生产中物质的转化，改变物质的组成、性质和状态的一门工程学科。它出现于19世纪下半叶，至本世纪二十年代，从理论上分析和归纳了化学类型（化工、冶金、轻工、医药、核能……）工业生产的物理和化学变化过程，把复杂的工业生产过程归纳成为数不多的若干个单元操作，从而奠定了其科学基础。在以后的发展历程中，进而相继出现了化工热力学、化学反应工程、传递过程、化工系统工程、化工过程动态学和过程控制等新的分支，使化学工程这门工程学科具备更完整的系统性、统一性，成为化学类型工业生产发展的理论基础，是本世纪化学工业持续进展的重要因素。

工业的发展，只有建立在技术进步的基础上，才能有速度、有质量和水平。四十年代初，流态化技术应用于石油催化裂化过程，促使石油工业的面貌发生了划时代的变化。用气体扩散法提取铀235，从核燃料中提取钚，用精密蒸馏方法从普通水中提取重水；用发酵罐深层培养法大规模生产青霉素；建立在现代化工技术基础上的石油化学工业的兴起等等，——这些使人类生活面貌发生了重大变化。六十年代以来，化工系统工程的形成，系统优化数学模型的建立和电子计算机的应用，为化工装置实现大型化和高度自动化，最合理地利用原料和能源创造了条件，使化学工业的科研、设计、设备制造、生产发展踏上了一个技术上的新台阶。化学工程在发展过程中，既不断丰富本学科的内容，又开发了相关的交叉学科。近年来，生物化学工程分支的发展，为重要的高科技部门生物工程的兴起创造了必要的条件。可见，化学工程学科对于化学类型工业和应用化工技术的部门的技术进步与发展，有着至为重要的作用。

由于化学工程学科对于化工类型生产、科研、设计和教育的普遍重要性，在案头备有一部这一领域得心应手的工具书，是广大化工技术人员众望所趋。1901年，世界上第一部《化学工程手册》在英国问世，引起了人们普遍关注。1934年，美国出版了《化学工程师手册》，此后屡次修订，至1984年已出版第六版，这是一部化学工程学科最有代表性的手册。我国从事化学工程的科技、教育专家们，在五十年代，就曾共商组织编纂我国化学工程手册大计，但由于种种原因，迁延至七十年代末中国化工学会重新恢复活动后方始着手。值得庆幸的是，荟集我国化学工程界专家共同编纂的这部重要巨著终于问世了。手册共分26篇，先分篇陆续印行，为方便读者使用，现合订成六卷出版。这部手册总结了我国化学工程学科在科研、设计和生产领域的成果，向读者提供理论知识、实用方法和数据，也介绍了国外先进技术和发展趋势。希望这部手册对广大化学工程界科技人员的工作和学习有所裨益，能成为读者的良师益友。我相信，该书在配合当前化学工业尽快克服工艺和工程放大设计方面的薄弱环节，尽快消化引进的先进技术，缩短科研成果转化为生产力的时间等方面将会起积极作用，促进化工的发展。

我作为这部手册编纂工作的主要支持者和组织者，谨向《手册》编委会的编委、承担编写和审校任务的专家、化学工程设计技术中心站、出版社工作人员以及对《手册》编审、出版工作做出贡献的所有同志，致以衷心的感谢，并欢迎广大读者对《手册》的内容和编排提出意见和建议，供将来再版时参考。

冯伯华

1989年5月

第二版前言

《化学工程手册》（第一版）于1978年开始组稿，1980年出版第一册（气液传质设备），以后分册出版，不按篇次，至1989年最后一册出版发行，共26篇，合计1000余万字，卷帙浩繁，堪称巨著。出版之后，因系国内第一次有此手册，深受各方读者欢迎。特别是在装订成六个分册后，传播较广。

手册是一种参考用书，内容须不断更新，方能满足读者需要。最近十几年来，化学工程学科在过程理论和设备设计两方面，都有不少重要进展。计算机的广泛应用，新颖材料的不断出现，能量的有效利用，以及环境治理的严峻形势，对化工工艺设计提出更为严格的和创新的要求。化工实践的成功与否，取决于理论和实际两个方面。也就在这两方面，在第一版出版之后，有了许多充实和发展。手册的第二版是在这种形势下进行修订的。

第二版对于各个篇章都有不同程度的增补，不少篇章还是完全重写的。除此而外，还有几个主要的变动：①增列了生物化工和污染治理两篇，这是适应化学工程学科的发展需要的。②将冷冻内容单独列篇。③将化工应用数学改为化工应用数学方法，编入附录，便于查阅。④增加化工用材料的内容，用列表的方式，排在附录内。

这次再版的总字数，经过反复斟酌，压缩到不超过600万字，仅为第一版的二分之一左右，分订两册，便于查阅。

本手册的每一篇都是由高等院校和研究单位的有关专家编写而成，重点在于化工过程的基本理论及其应用。有关化工设备及机器的设计计算，化工出版社正在酝酿另外编写一部专用手册。

本手册的编委会成员、撰稿人及审稿人，对于本书的写成，在全过程中都给予了极大的关怀、具体的指导和积极的参与，在此谨致谢忱。化工出版社领导的关心，有关编辑同志的辛勤劳动，对于本书的出版起了重要的作用。

化学工业部科技司、清华大学化工系、天津大学化学工程研究所、华东理工大学（原华东化工学院），在这本手册编写过程中从各个方面包括经费上给予大力的支持，使本书得以较快的速度出版，特向他们表示深深的谢意。

本手册的第一版得到了冯伯华、苏元复、张洪沅三位同志的关心和指导，冯伯华同志和张洪沅同志还参加了第二版的组织工作，可惜他们未能看到第二版的出版，在此我们谨表示深深的悼念。

时　钧　汪家鼎
余国琮　陈敏恒

CHEMICAL ENGINEERING HANDBOOK

目录

第1篇　化工基础数据

1　引言 ………… 1-2

1.1　化工数据概述 ………… 1-2
1.2　化工数据内容范围 ………… 1-2
1.3　化工数据查找指南 ………… 1-4

2　纯物质基本物性 ………… 1-6

2.1　沸点 ………… 1-6
2.1.1　沸点常用数据源 ………… 1-6
2.1.2　沸点的估算方法 ………… 1-6
2.2　熔点 ………… 1-20
2.2.1　熔点常用数据源 ………… 1-20
2.2.2　熔点的估算方法 ………… 1-20
2.3　临界参数 ………… 1-21
2.3.1　临界参数数据源 ………… 1-21
2.3.2　临界参数的估算方法 ………… 1-21
2.4　偏心因子 ………… 1-24
2.5　微观参数 ………… 1-25
2.5.1　偶极矩 ………… 1-25
2.5.2　极化率 ………… 1-25
2.5.3　Lennard-Jones 12-6 参数 ………… 1-25
2.6　定位分布贡献法估算物性 ………… 1-26
参考文献 ………… 1-27

3　蒸气压和相变焓 ………… 1-29

3.1　数据源 ………… 1-29
3.1.1　蒸气压数据源 ………… 1-29
3.1.2　相变焓数据源 ………… 1-37
3.2　估算方法 ………… 1-42
3.2.1　蒸气压估算方法 ………… 1-42
3.2.2　蒸发焓的估算方法 ………… 1-51

3.2.3 熔化焓的估算方法 …… 1-62
3.2.4 升华焓的估算方法 …… 1-63
3.2.5 溶解焓（热）$\Delta_{sol}H$ 的估算方法 …… 1-63
参考文献 …… 1-64

4 热化学数据 …… 1-66

4.1 （比）热容 …… 1-66
4.1.1 （比）热容数据源 …… 1-66
4.1.2 （比）热容的估算方法 …… 1-77
4.2 焓和熵 …… 1-84
4.2.1 焓 …… 1-84
4.2.2 熵 …… 1-84
4.3 燃烧焓、生成焓、生成 Gibbs 自由能 …… 1-85
4.3.1 燃烧焓 …… 1-85
4.3.2 生成焓 …… 1-87
4.3.3 生成 Gibbs 自由能 …… 1-91
参考文献 …… 1-98

5 pVT 及相平衡 …… 1-100

5.1 纯液体 pVT …… 1-100
5.1.1 纯液体密度数据源 …… 1-100
5.1.2 利用关联式计算液体密度 …… 1-100
5.1.3 纯液体密度的估算 …… 1-113
5.2 混合液体 pVT …… 1-117
5.2.1 混合液体密度数据源 …… 1-117
5.2.2 混合液体密度估算（混合规则） …… 1-117
5.3 气体 pVT …… 1-118
5.4 相平衡 …… 1-118
5.4.1 VLE 数据 …… 1-118
5.4.2 GLE 数据 …… 1-119
5.4.3 LLE 数据 …… 1-120
5.4.4 SLE 数据（或 LSE） …… 1-120
5.4.5 辛醇/水分配系数 …… 1-120
参考文献 …… 1-121

6 传递过程相关数据 …… 1-128

6.1 黏度 …… 1-128
6.1.1 常用气体黏度-温度关联式及其系数 …… 1-128
6.1.2 空气的黏度 …… 1-131
6.1.3 常用液体物质黏度关联式及其系数 …… 1-131

6.1.4 黏度的估算方法 …… 1-134
6.2 热导率 …… 1-144
6.2.1 热导率数据源 …… 1-144
6.2.2 热导率的估算方法 …… 1-149
6.3 扩散系数 …… 1-151
6.3.1 扩散系数数据源 …… 1-154
6.3.2 扩散系数估算方法 …… 1-155
6.4 表面张力 …… 1-157
6.4.1 表面张力数据源 …… 1-157
6.4.2 表面张力的估算方法 …… 1-160
参考文献 …… 1-161
符号说明 …… 1-163

第2篇 化工数学

1 数学基础及常用公式 …… 2-2
1.1 数学模型、常数及计算用表 …… 2-2
1.2 代数公式与不等式 …… 2-16
1.2.1 代数式运算 …… 2-16
1.2.2 二项式定理 …… 2-16
1.2.3 数列 …… 2-16
1.2.4 排列、组合 …… 2-17
1.2.5 自然数之幂的求和公式 …… 2-18
1.2.6 对数及其运算规律 …… 2-18
1.2.7 合比、分比 …… 2-18
1.2.8 待定型表 …… 2-19
1.2.9 不等式 …… 2-19
1.3 平面三角函数公式 …… 2-20
1.3.1 角与三角函数 …… 2-20
1.3.2 诱导公式 …… 2-21
1.3.3 特殊角的三角函数值 …… 2-22
1.3.4 三角恒等式 …… 2-22
1.3.5 三角形边角关系及其解法 …… 2-24
1.3.6 有关反三角函数的一些恒等式 …… 2-26
1.3.7 三角函数值的近似计算 …… 2-26
1.4 几何图形与初等几何 …… 2-27
1.4.1 平面图形 …… 2-27

1.4.2 立体图形 …… 2-32
1.4.3 基本初等函数及其图形 …… 2-35
参考文献 …… 2-40

2 代数 …… 2-41

2.1 线性代数 …… 2-41
2.1.1 行列式理论 …… 2-41
2.1.2 线性方程组 …… 2-41
2.1.3 矩阵代数 …… 2-43
2.1.4 二次型 …… 2-44
2.1.5 线性空间与线性变换简介 …… 2-44
2.1.6 欧氏空间 …… 2-46
2.2 矩阵分析 …… 2-47
2.2.1 向量范数 …… 2-47
2.2.2 矩阵范数 …… 2-47
2.2.3 方阵的谱半径 …… 2-48
2.2.4 用距离做样本间的分类 …… 2-48
2.2.5 方阵函数与函数矩阵 …… 2-48
2.2.6 在简单不可逆反应系统中的应用 …… 2-49
2.3 矩阵计算 …… 2-50
2.3.1 矩阵的列主元 *LU* 分解 …… 2-50
2.3.2 由 *LU* 分解求解非奇异线性方程组 …… 2-50
2.3.3 矩阵的 QR 分解 …… 2-51
2.3.4 由 QR 分解求解矩阵特征值问题 …… 2-52
2.3.5 矩阵的奇异值分解 SVD …… 2-52
2.3.6 由 SVD 求解线性最小二乘问题 …… 2-52
2.3.7 化工案例 …… 2-53
参考文献 …… 2-54

3 解析几何 …… 2-55

3.1 平面解析几何 …… 2-55
3.1.1 坐标系 …… 2-55
3.1.2 直线 …… 2-56
3.1.3 圆锥曲线 …… 2-57
3.1.4 曲线与方程 …… 2-60
3.1.5 参数方程 …… 2-61
3.2 空间解析几何 …… 2-62
3.2.1 坐标系 …… 2-62
3.2.2 平面和直线 …… 2-64
3.2.3 曲面 …… 2-65

3.2.4 空间曲线 …… 2-68
3.2.5 化工案例 …… 2-69
参考文献 …… 2-70

4 微积分：微分、积分、无穷级数 …… 2-71

4.1 微分学 …… 2-71
4.1.1 导数的概念 …… 2-71
4.1.2 复合函数的求导 …… 2-73
4.1.3 函数的微分 …… 2-74
4.1.4 偏导数与全微分 …… 2-75
4.1.5 化工案例 …… 2-75
4.2 一元函数的积分学 …… 2-77
4.2.1 不定积分及其计算 …… 2-77
4.2.2 定积分 …… 2-79
4.2.3 微积分基本定理 …… 2-80
4.2.4 化工案例 …… 2-81
4.3 无穷级数 …… 2-82
4.3.1 级数的概念 …… 2-82
4.3.2 正项级数及其敛散性判别法 …… 2-83
4.3.3 绝对收敛与条件收敛 …… 2-84
4.3.4 幂级数与泰勒展开 …… 2-84
4.3.5 化工案例 …… 2-86
参考文献 …… 2-86

5 微分方程与差分方程 …… 2-87

5.1 常微分方程 …… 2-87
5.1.1 绪论 …… 2-87
5.1.2 一阶微分方程 …… 2-88
5.1.3 高阶微分方程 …… 2-89
5.1.4 一些特殊微分方程的例子 …… 2-92
5.2 偏微分方程 …… 2-94
5.2.1 输运方程：一阶拟线性偏微分方程 …… 2-95
5.2.2 二阶拟线性偏微分方程及其典型代表 …… 2-95
5.2.3 一些常用解法 …… 2-96
5.3 差分方程 …… 2-100
5.3.1 有限差分运算与差分方程基本概念 …… 2-100
5.3.2 线性差分方程求解 …… 2-101
5.3.3 非线性差分方程：Riccati 差分方程 …… 2-104
参考文献 …… 2-104

6 积分方程与积分变换 …… 2-105

6.1 复变函数理论 …… 2-105
6.1.1 复变函数的导数 …… 2-105
6.1.2 解析函数与奇点 …… 2-105
6.1.3 复变函数的积分 …… 2-106
6.1.4 留数理论 …… 2-108
6.2 积分方程 …… 2-109
6.2.1 基本概念 …… 2-109
6.2.2 积分方程的解法 …… 2-111
6.3 积分变换 …… 2-113
6.3.1 傅里叶变换的概念 …… 2-114
6.3.2 傅里叶变换的性质 …… 2-115
6.3.3 卷积定理 …… 2-116
6.3.4 傅里叶变换在化学与化工中的应用 …… 2-116
6.3.5 拉普拉斯变换的定义 …… 2-117
6.3.6 拉普拉斯变换的性质 …… 2-117
6.3.7 卷积定理 …… 2-119
6.3.8 拉普拉斯变换在化学与化工中的应用 …… 2-119
6.3.9 z 变换 …… 2-121
参考文献 …… 2-122

7 随机对象的处理与分析方法 …… 2-123

7.1 概率基础 …… 2-123
7.1.1 随机事件与概率 …… 2-123
7.1.2 抽样数据的“描述统计”和随机变量的“概率分布” …… 2-125
7.2 统计推断 …… 2-137
7.2.1 随机样本统计量及分布 …… 2-137
7.2.2 参数估计 …… 2-140
7.2.3 假设检验 …… 2-143
7.2.4 回归分析 …… 2-146
7.3 试验的设计与分析 …… 2-154
7.3.1 方差分析 …… 2-155
7.3.2 析因试验设计 …… 2-158
7.3.3 试验的分批与混杂现象 …… 2-163
7.3.4 部分析因试验设计与因子的别名现象 …… 2-168
7.3.5 正交试验设计 …… 2-172
7.4 随机过程与随机分析 …… 2-175
7.4.1 随机过程 …… 2-175
7.4.2 白噪声与随机微积分 …… 2-177

7.4.3 Ito 公式与随机微分方程 …… 2-181
7.5 随机模拟 …… 2-183
7.5.1 随机变量的模拟方法 …… 2-184
7.5.2 随机模型模拟法 …… 2-192
参考文献 …… 2-195

8 常微分方程数值解 …… 2-196

8.1 常微分方程初值问题的数值解法 …… 2-196
8.1.1 Euler 方法 …… 2-196
8.1.2 Runge-Kutta 方法 …… 2-197
8.1.3 算法的稳定性 …… 2-199
8.1.4 刚性问题 …… 2-200
8.1.5 微分代数系统 …… 2-201
8.2 常微分方程边值问题 …… 2-202
8.2.1 有限差分法 …… 2-202
8.2.2 正交配置法 …… 2-204
8.2.3 Galerkin 有限元法 …… 2-204
参考文献 …… 2-205

9 最优化方法 …… 2-206

9.1 最优化问题及最优性条件 …… 2-206
9.1.1 最优化问题 …… 2-206
9.1.2 最优性条件 …… 2-207
9.2 最优化算法 …… 2-208
9.2.1 非线性规划问题算法 …… 2-208
9.2.2 线性规划问题算法 …… 2-213
9.2.3 整数规划问题算法 …… 2-215
9.2.4 智能优化算法 …… 2-218
参考文献 …… 2-221

10 图论 …… 2-222

10.1 图论的基本概念 …… 2-222
10.1.1 图的定义与矩阵表示 …… 2-222
10.1.2 路、连通与树 …… 2-223
10.1.3 平面图 …… 2-225
10.1.4 化学图 …… 2-226
10.1.5 具体案例：图论解析化学反应体系——电镀过程中的氢电极反应 …… 2-227
10.2 分子图的拓扑指标 …… 2-228
10.2.1 引言 …… 2-228
10.2.2 Randic 指标 …… 2-230

10.2.3　Hosoya 指标和 Merrifield-Simmons 指标 …… 2-231
10.2.4　Wiener 指标 …… 2-232
10.3　过程系统的结构分析 …… 2-233
10.3.1　引言 …… 2-233
10.3.2　系统分隔的树搜索法 …… 2-235
10.3.3　甲醇合成系统的分隔 …… 2-235
参考文献 …… 2-238
11　量纲分析 …… 2-239
11.1　量纲齐次原则 …… 2-239
11.2　π 定理及其应用 …… 2-241
11.3　应用举例 …… 2-241
参考文献 …… 2-244
12　张量与连续介质力学 …… 2-245
12.1　张量初步 …… 2-245
12.1.1　张量的定义 …… 2-245
12.1.2　逆变张量、协变张量和混合张量的定义 …… 2-245
12.1.3　张量代数 …… 2-246
12.2　连续介质力学 …… 2-247
12.2.1　连续介质 …… 2-247
12.2.2　动力学（运动）方程式 …… 2-248
12.3　流体 …… 2-249
12.3.1　牛顿流体 …… 2-249
12.3.2　非牛顿流体 …… 2-250
12.3.3　非牛顿流体物质函数的连续介质力学描述 …… 2-250
参考文献 …… 2-251
13　拓扑方法 …… 2-252
13.1　拓扑空间与连续映射 …… 2-252
13.1.1　拓扑空间 …… 2-252
13.1.2　连续映射与同胚映射 …… 2-252
13.2　几个重要的拓扑性质 …… 2-253
13.2.1　连通性 …… 2-253
13.2.2　紧致性 …… 2-254
13.2.3　拓扑性质与同胚 …… 2-255
13.2.4　具体应用 …… 2-255
13.3　同伦 …… 2-255
13.3.1　引言 …… 2-255
13.3.2　映射的同伦 …… 2-256

13.3.3 多相反应混合物相图分析、共沸混合物的计算 …… 2-256
参考文献 …… 2-257

14 元胞自动机 …… 2-258

14.1 元胞自动机概述 …… 2-258
14.1.1 引言 …… 2-258
14.1.2 一维元胞自动机的定义 …… 2-259
14.1.3 二维元胞自动机的定义 …… 2-260
14.1.4 高维元胞自动机的定义 …… 2-261
14.2 元胞自动机的应用 …… 2-262
14.2.1 引言 …… 2-262
14.2.2 生命游戏 …… 2-262
14.2.3 元胞自动机在化学工程中的应用 …… 2-263
参考文献 …… 2-263

第3篇 化工热力学

1 引论 …… 3-2

1.1 沿革 …… 3-2
1.2 热力学常用术语 …… 3-2
1.2.1 系统和环境 …… 3-2
1.2.2 状态和状态函数 …… 3-3
1.2.3 过程 …… 3-3
1.2.4 热力学标准状态 …… 3-3
1.2.5 本篇若干符号规定 …… 3-4
1.3 解决实际问题的框架 …… 3-4
参考文献 …… 3-5

2 热力学基本定律 …… 3-7

2.1 热力学第零定律 …… 3-7
2.2 热力学第一定律 …… 3-7
2.2.1 第一定律对化学反应的应用 …… 3-8
2.2.2 第一定律对敞开系统的应用 …… 3-9
2.3 热力学第二定律 …… 3-10
2.4 热力学第三定律 …… 3-14

3 热力学关系式 …… 3-15

3.1 热力学基本方程 …… 3-15

3.1.1 热力学偏导数关系式 …… 3-16
3.1.2 Maxwell 关系式 …… 3-17
3.1.3 Gibbs-Helmholtz 方程 …… 3-17
3.2 用 pVT 和 C_p 表达热力学偏导数 …… 3-17
3.3 偏摩尔量和 Gibbs-Duhem 方程 …… 3-19
3.3.1 偏摩尔量 …… 3-19
3.3.2 偏摩尔量和总体摩尔量的关系 …… 3-20
3.3.3 Gibbs-Duhem 方程 …… 3-21
3.4 平衡判据和相律 …… 3-22
3.4.1 平衡判据 …… 3-22
3.4.2 相律 …… 3-23
3.5 稳定性判据 …… 3-23
3.6 逸度和逸度系数 …… 3-29
3.6.1 逸度 …… 3-29
3.6.2 逸度系数 …… 3-30
3.7 偏离函数和剩余函数 …… 3-31
3.7.1 以 p、T 为独立变量表达偏离函数和剩余函数 …… 3-32
3.7.2 以 V、T 为独立变量表达偏离函数和剩余函数 …… 3-32
3.8 活度和活度系数 …… 3-33
3.8.1 理想溶液 …… 3-33
3.8.2 活度 …… 3-35
3.8.3 活度系数 …… 3-36
3.9 混合函数和过量函数 …… 3-38
3.10 缔合系统的热力学 …… 3-40
3.10.1 缔合系统的化学位 …… 3-41
3.10.2 缔合平衡常数 …… 3-42
3.11 电解质溶液的热力学 …… 3-43
3.11.1 电解质溶液的活度和活度系数 …… 3-44
3.11.2 电解质溶液的渗透压和渗透系数 …… 3-48
3.11.3 活度系数和渗透系数间的关系 …… 3-49
3.11.4 电解质溶液的过量函数 …… 3-50
3.12 多分散系统的连续热力学 …… 3-52
3.12.1 多分散系统的偏摩尔量 …… 3-54
3.12.2 多分散系统的化学位、逸度和活度 …… 3-56
3.12.3 多分散系统的相平衡 …… 3-56
3.12.4 多分散系统的稳定性判据 …… 3-57
参考文献 …… 3-58
4 实验数据和分子热力学模型 …… 3-60
4.1 实验数据综述 …… 3-60

4.2 物性和热化学数据的估算 …… 3-60
4.2.1 临界点、沸点、凝固点的估算 …… 3-61
4.2.2 热化学数据的 Benson 基团贡献法 …… 3-62
4.2.3 溶解度参数的估算 …… 3-63
4.3 过量函数（活度系数）模型 …… 3-65
4.3.1 Wohl 型过量函数（活度系数）模型 …… 3-65
4.3.2 局部组成型过量函数（活度系数）模型 …… 3-68
4.3.3 过量函数（活度系数）的估算 …… 3-73
4.4 电解质溶液的过量函数（活度系数）模型 …… 3-77
4.4.1 Debye-Huckel 模型 …… 3-77
4.4.2 Pitzer 模型 …… 3-77
4.4.3 局部组成模型 …… 3-78
4.4.4 电解质溶液的积分方程理论和微扰理论 …… 3-80
4.5 高分子系统的混合亥姆霍兹函数模型 …… 3-81
4.5.1 Flory-Huggins 模型 …… 3-81
4.5.2 修正的 Freed 模型 …… 3-82
4.5.3 LSAFT 模型 …… 3-82
4.5.4 随机共聚物的混合亥姆霍兹函数模型 …… 3-83
4.5.5 高分子系统的 COSMO 法 …… 3-83
4.6 pVT 状态方程 …… 3-84
4.6.1 维里方程 …… 3-84
4.6.2 立方型方程 …… 3-86
4.6.3 立方型方程的混合规则 …… 3-88
4.6.4 多参数方程 …… 3-90
4.6.5 基于微扰理论的状态方程 …… 3-91
4.7 对应状态原理 …… 3-94
4.7.1 两参数对应状态方法 …… 3-94
4.7.2 三参数对应状态方法 …… 3-95
4.7.3 量子流体的对应状态方法 …… 3-97
4.7.4 对应状态原理的混合规则 …… 3-97
4.8 缔合系统的状态方程 …… 3-99
4.8.1 基于缔合平衡的状态方程 …… 3-99
4.8.2 基于统计缔合理论的状态方程 …… 3-100
4.9 高分子系统的状态方程 …… 3-103
4.9.1 胞腔模型 …… 3-103
4.9.2 格子流体模型 …… 3-104
4.9.3 自由连接链状态方程 …… 3-105
参考文献 …… 3-108
5 过程的热力学性质计算 …… 3-113
5.1 恒温过程 …… 3-115

5.2 绝热过程 …… 3-115
5.3 恒焓过程 …… 3-117
5.4 多变过程 …… 3-117

6 过程的热力学分析 …… 3-119

6.1 能量衡算 …… 3-119
6.2 理想功和功损失 …… 3-120
6.2.1 封闭系统的理想功和功损失 …… 3-120
6.2.2 敞开系统稳流过程的理想功和功损失 …… 3-121
6.3 有效能和有效能分析 …… 3-122
参考文献 …… 3-124

7 相平衡计算 …… 3-125

7.1 气液平衡计算 …… 3-126
7.1.1 泡点计算 …… 3-126
7.1.2 露点计算 …… 3-127
7.1.3 闪蒸计算 …… 3-128
7.2 液液平衡计算 …… 3-129
7.3 液固平衡计算 …… 3-129
7.4 电解质溶液的相平衡计算 …… 3-130
7.5 多分散系统的相平衡计算 …… 3-131
7.5.1 具有简单分布函数的系统 …… 3-131
7.5.2 具有任意分布函数的系统 …… 3-133
7.6 高分子溶液的相平衡计算 …… 3-135
7.7 气液相平衡计算——由 T、p、x 推算 y …… 3-139
7.8 热力学一致性检验 …… 3-142
参考文献 …… 3-144

8 化学平衡 …… 3-146

8.1 标准平衡常数 …… 3-146
8.1.1 气相化学反应 …… 3-146
8.1.2 多相化学反应 …… 3-147
8.1.3 溶液化学反应 …… 3-148
8.2 由热力学性质计算标准平衡常数 …… 3-151
8.2.1 利用标准生成焓、标准熵和标准恒压热容计算 …… 3-151
8.2.2 利用标准生成吉布斯函数、标准生成焓和标准恒压热容计算 …… 3-151
8.3 平衡组成的计算 …… 3-152
8.3.1 一般化学反应 …… 3-152
8.3.2 溶液化学反应 …… 3-153
8.4 各种因素对平衡组成的影响 …… 3-153

8.4.1 一般化学反应的压力影响 …… 3-153
8.4.2 溶液化学反应的压力影响 …… 3-154
8.4.3 温度影响 …… 3-154
8.5 多个化学反应同时存在时的平衡 …… 3-154
8.5.1 平衡常数法 …… 3-155
8.5.2 最小吉布斯函数法 …… 3-155
8.6 化学反应的方向和限度，等温方程 …… 3-156
参考文献 …… 3-158

9 界面与吸附现象的热力学 …… 3-159

9.1 吸附量 …… 3-159
9.1.1 Guggenheim 法 …… 3-159
9.1.2 Gibbs 法 …… 3-159
9.2 界面热力学 …… 3-160
9.2.1 热力学基本方程 …… 3-160
9.2.2 平衡判据 …… 3-161
9.2.3 Laplace 方程 …… 3-162
9.2.4 Kelvin 方程 …… 3-163
9.2.5 界面化学位 …… 3-163
9.2.6 Gibbs 吸附等温式 …… 3-164
9.3 混合物的界面张力 …… 3-164
9.3.1 界面化学位法 …… 3-165
9.3.2 Gibbs-Duhem 方程法 …… 3-165
9.3.3 实用的界面张力模型 …… 3-166
9.4 分子热力学模型 …… 3-167
9.4.1 过量函数模型 …… 3-167
9.4.2 界面状态方程 …… 3-167
9.4.3 实用的吸附等温式 …… 3-168
9.5 气固吸附平衡 …… 3-169
参考文献 …… 3-170

10 电化学过程的热力学 …… 3-171

10.1 两种电化学过程 …… 3-171
10.2 电化学位 …… 3-172
10.3 电池的电动势 …… 3-172
10.3.1 电动势与活度的关系 …… 3-173
10.3.2 电动势与平衡常数的关系 …… 3-173
10.3.3 电动势与温度的关系 …… 3-174
10.3.4 电化学过程的有效能 …… 3-174
10.4 膜电位与 Donnan 平衡 …… 3-174

11　不可逆过程的热力学 …… 3-176
11.1　基本假定 …… 3-176
11.1.1　局部平衡假定 …… 3-176
11.1.2　不完全平衡假定 …… 3-176
11.2　熵流和熵产生 …… 3-177
11.2.1　离散系统的熵产生率 …… 3-177
11.2.2　连续系统的熵产生率 …… 3-179
11.3　广义推动力和广义通量 …… 3-179
11.3.1　通量和推动力间的关系 …… 3-179
11.3.2　Onsager 倒易定理 …… 3-180
11.4　应用举例 …… 3-180
11.4.1　动电现象 …… 3-180
11.4.2　膜过程 …… 3-181
11.4.3　连串反应的稳态 …… 3-183
参考文献 …… 3-184
符号说明 …… 3-185

第4篇　流体流动

1　流体流动的基本原理与基本方程 …… 4-2
1.1　流体的物理属性 …… 4-2
1.2　流体运动学 …… 4-4
1.2.1　流动的分析描述 …… 4-4
1.2.2　流动的几何描述 …… 4-4
1.2.3　流体微团运动分析 …… 4-5
1.2.4　流体运动的分类 …… 4-7
1.2.5　二维流动与流函数 …… 4-7
1.3　流体运动的守恒原理和宏观衡算 …… 4-8
1.3.1　控制体和控制面 …… 4-8
1.3.2　质量守恒 …… 4-8
1.3.3　能量守恒 …… 4-9
1.3.4　动量守恒 …… 4-14
1.3.5　动量矩守恒 …… 4-16
1.4　流体运动微分方程 …… 4-17
1.4.1　连续性微分方程 …… 4-17
1.4.2　理想流体动量守恒微分方程 …… 4-17

1.4.3 黏性流体动量方程——应力形式 …… 4-18
1.4.4 奈维-斯托克斯（Navier-Stokes）方程 …… 4-18
1.4.5 运动方程的定解条件与无滑移条件 …… 4-19
1.5 奈维-斯托克斯方程的解 …… 4-19
1.5.1 精确解 …… 4-20
1.5.2 近似解 …… 4-21
1.5.3 数值解 …… 4-23
1.6 流体动力相似与相似律 …… 4-23
1.7 层流与湍流及临界 Re 数 …… 4-24
1.8 流动可视化与流动测量 …… 4-25
参考文献 …… 4-26

2 有旋流动与无旋流动 …… 4-28

2.1 定义 …… 4-28
2.2 涡旋运动特征 …… 4-28
2.3 涡旋的产生、扩展与消失——黏性作用 …… 4-29
2.4 典型涡旋流动——Euler 方程或 N-S 方程解析解 …… 4-29
2.4.1 二维无黏涡旋 …… 4-29
2.4.2 二维黏性涡旋，黏性效应：涡量扩散与能量耗散 …… 4-30
2.5 无旋运动特征与速度势 …… 4-31
2.6 无旋流理论的应用 …… 4-32
参考文献 …… 4-33

3 边界层理论与外部绕流 …… 4-34

3.1 边界层概念及平面上的边界层 …… 4-34
3.2 曲面上的边界层及边界层分离 …… 4-37
3.3 圆柱绕流 …… 4-39
3.3.1 尾流边界层 …… 4-39
3.3.2 尾流结构随 Re 变化 …… 4-40
3.4 传热和传质边界层 …… 4-41
3.4.1 传热边界层 …… 4-41
3.4.2 传质边界层 …… 4-44
3.5 高速边界层 …… 4-45
参考文献 …… 4-45

4 湍流理论与实验观测 …… 4-46

4.1 湍流基本特征 …… 4-46
4.2 湍流运动基本方程 …… 4-46
4.3 湍流半经验理论 …… 4-47
4.3.1 Boussinesq 湍流黏度 …… 4-47

4.3.2 Prandtl 混合长 …… 4-48
4.3.3 壁面湍流多层结构 …… 4-49
4.3.4 圆管湍流速度分布 …… 4-49
4.3.5 湍流边界层 …… 4-51
4.3.6 自由湍流：射流 …… 4-52
4.4 湍流统计理论及其应用 …… 4-54
4.4.1 湍流统计特性参数 …… 4-54
4.4.2 均匀湍流及 Kolmogorov 理论 …… 4-58
4.5 剪切湍流拟序结构 …… 4-60
4.6 湍流参数的实验测量 …… 4-62
4.6.1 热丝流速仪 …… 4-62
4.6.2 激光流速仪 …… 4-63
4.6.3 粒子图像测速法 …… 4-63
4.6.4 管流实验测定结果 …… 4-63
4.7 流动控制 …… 4-64
参考文献 …… 4-65
5 流动稳定性 …… 4-66
5.1 两类不稳定：对流/绝对不稳定 …… 4-66
5.2 Benard 涡和 Benard 对流 …… 4-66
5.3 Marangoni 对流和扩散对流 …… 4-67
5.4 Taylor 涡 …… 4-68
参考文献 …… 4-69
6 流体阻力计算 …… 4-70
6.1 流体阻力的分类和机理 …… 4-70
6.2 管路阻力 …… 4-74
6.2.1 管道与管件 …… 4-74
6.2.2 管路进口段压力与剪切应力 …… 4-74
6.2.3 直管阻力 …… 4-75
6.2.4 局部阻力 …… 4-77
6.2.5 非常规管道阻力计算 …… 4-80
6.2.6 多孔管的阻力 …… 4-82
6.2.7 非等温流动的阻力 …… 4-84
6.3 管路计算 …… 4-84
6.3.1 简单管路 …… 4-85
6.3.2 复杂管路及管网 …… 4-88
参考文献 …… 4-93
7 流体均布 …… 4-95
7.1 流动均匀性的表示方法 …… 4-95

7.2 改善流体均匀分布的方法 …… 4-96
参考文献 …… 4-99

8 可压缩流动 …… 4-100

8.1 气体流动的摩擦因子和能量方程 …… 4-100
8.2 等温流动 …… 4-100
8.3 绝热流动（等熵流动） …… 4-101
8.4 喷管中的气体流动 …… 4-101
参考文献 …… 4-103

9 稀薄气体动力学 …… 4-104

9.1 克努森数与低压下气体流动状态 …… 4-104
9.2 流导、流量和抽气速率 …… 4-105
9.3 黏滞流的流导 …… 4-106
9.4 分子流的流导 …… 4-106
9.5 过渡流的流导 …… 4-106
9.6 管路及阀门的压降 …… 4-107
参考文献 …… 4-107

10 非定常流 …… 4-108

10.1 水锤 …… 4-108
10.2 汽蚀 …… 4-108
参考文献 …… 4-109

11 多孔介质中的流动 …… 4-110

11.1 多孔介质结构 …… 4-110
11.2 多孔介质中流动的基本定律、Darcy 定律及其修正 …… 4-112
11.2.1 代表性单元体积与体积平均速度 …… 4-112
11.2.2 Darcy 定律 …… 4-112
11.2.3 Darcy 定律修正 …… 4-112
参考文献 …… 4-113

12 气液两相流动 …… 4-114

12.1 气泡/液滴动力学 …… 4-114
12.1.1 气泡形成过程及影响气泡大小的因素 …… 4-114
12.1.2 气泡上升速度及其运动 …… 4-117
12.1.3 液滴阻力曲线与终端速度曲线 …… 4-124
12.1.4 表面活性物质效应及其相关模型 …… 4-125
12.2 液膜流动 …… 4-127
12.2.1 基本特性 …… 4-127

12.2.2 液膜流体动力学 …… 4-128
12.3 管内气液两相流动 …… 4-130
12.3.1 基本流动参数 …… 4-130
12.3.2 基本流型 …… 4-132
12.3.3 持料量 …… 4-136
12.3.4 气液两相流动压降、两相模型 …… 4-140
参考文献 …… 4-146
13 非牛顿流体的流动 …… 4-148
13.1 按流变行为的分类 …… 4-148
13.1.1 非牛顿流体的黏度 …… 4-148
13.1.2 广义牛顿流体 …… 4-149
13.1.3 依时性流体（触变性）…… 4-151
13.1.4 黏弹性流体 …… 4-151
13.2 广义牛顿流体的管内流动 …… 4-151
13.2.1 充分发展的层流流动 …… 4-151
13.2.2 从层流向湍流的过渡 …… 4-155
13.2.3 管内湍流的速度分布 …… 4-156
13.2.4 流动阻力和摩擦因子 …… 4-157
13.3 非牛顿流体绕流边界层 …… 4-161
13.4 黏弹性流体的流动 …… 4-161
13.4.1 黏弹性流体的特异流动行为 …… 4-161
13.4.2 黏弹性流体的定常剪切行为 …… 4-162
13.4.3 黏弹性流体的本构方程及其力学行为 …… 4-165
13.4.4 拉伸流动 …… 4-169
13.5 流变参数的实验测定 …… 4-172
13.5.1 毛细管流变仪 …… 4-172
13.5.2 旋转圆筒流变仪 …… 4-175
13.5.3 锥板流变仪 …… 4-176
参考文献 …… 4-177
14 微流动 …… 4-178
14.1 概述 …… 4-178
14.2 微尺度效应 …… 4-178
14.3 控制方程与滑移模型 …… 4-179
14.4 微尺度的热效应 …… 4-180
14.4.1 热蠕变 …… 4-180
14.4.2 微泊肃叶流（Poiseuille flow）中的热传递 …… 4-180
14.4.3 微库特流（Couette flow）中的热传递 …… 4-181
14.5 微流道及其特点 …… 4-181

参考文献 …… 4-183

15 计算流体力学 …… 4-184

15.1 概述 …… 4-184
15.2 计算区域及控制方程的离散化 …… 4-185
15.2.1 空间区域的离散化 …… 4-185
15.2.2 控制方程的离散化 …… 4-186
15.3 离散方程解法 …… 4-189
15.3.1 数值解的计算误差源 …… 4-189
15.3.2 离散方程的数学性质 …… 4-189
15.3.3 离散方程的直接解法及迭代法 …… 4-189
15.4 求解 Navier-Stokes 方程的压力修正方法 …… 4-191
15.4.1 交错网格 …… 4-191
15.4.2 SIMPLE 算法 …… 4-191
15.5 湍流模型 …… 4-192
15.5.1 湍流数值模拟方法 …… 4-192
15.5.2 湍流模型 …… 4-192
15.6 多相流模拟 …… 4-195
15.6.1 多相流的数值模拟方法 …… 4-195
15.6.2 多相流数值模型 …… 4-195
15.7 反应流模拟 …… 4-197
15.8 其他数值方法 …… 4-197
参考文献 …… 4-198

第 5 篇 流体输送

概述 …… 5-2

1 流体输送管路 …… 5-3

1.1 流体输送管路选择的原则 …… 5-3
1.2 管内介质的流速范围 …… 5-3
1.3 管径的选择 …… 5-6
1.3.1 管径的计算 …… 5-6
1.3.2 利用算图选管径 …… 5-7
1.4 真空管路 …… 5-10
1.5 压力管道类别、级别 …… 5-10
1.5.1 GA 类［长输（油气）管道］ …… 5-10
1.5.2 GB 类（公用管道） …… 5-10

1.5.3 GC类（工业管道） …… 5-10
1.5.4 GD类（动力管道） …… 5-11
1.6 《工业金属管道设计规范》的管道分类 …… 5-11
参考文献 …… 5-12

2 气体输送机械概述 …… 5-13

2.1 分类与特点 …… 5-13
2.2 理论基础 …… 5-14
2.2.1 气体状态方程 …… 5-14
2.2.2 气体在压缩机内的热力状态变化过程和压缩功 …… 5-15
2.2.3 真实气体压缩功计算 …… 5-16
参考文献 …… 5-16

3 容积式压缩机 …… 5-17

3.1 活塞式压缩机 …… 5-17
3.1.1 分类与结构 …… 5-17
3.1.2 工作原理及主要参数 …… 5-18
3.1.3 结构型式及主要零部件 …… 5-24
3.1.4 活塞式压缩机的选型 …… 5-30
3.1.5 压缩机的变工况工作 …… 5-32
3.1.6 压缩机排气量的调节 …… 5-33
3.2 其他类型压缩机 …… 5-34
3.2.1 螺杆式压缩机 …… 5-34
3.2.2 罗茨鼓风机 …… 5-37
3.2.3 滑片式压缩机 …… 5-38
3.2.4 液环式压缩机 …… 5-40
3.2.5 隔膜压缩机 …… 5-41
3.2.6 超高压压缩机 …… 5-42
参考文献 …… 5-44

4 速度式（透平式）压缩机 …… 5-45

4.1 分类 …… 5-45
4.2 离心式鼓风机与压缩机 …… 5-45
4.2.1 构造与特点 …… 5-45
4.2.2 理论基础 …… 5-46
4.2.3 结构及主要零部件 …… 5-49
4.2.4 选型 …… 5-54
4.2.5 主要辅机与辅助设备 …… 5-56
4.2.6 性能曲线、调节 …… 5-57
4.3 轴流式压缩机 …… 5-59

4.3.1 结构及功能 …… 5-59
4.3.2 特性曲线及其估算 …… 5-61
4.3.3 调节、防喘振和安全工作区 …… 5-61
4.4 通风机 …… 5-63
4.4.1 化工用通风机的特殊要求 …… 5-63
4.4.2 原理、结构和选型 …… 5-64
4.5 复合式压缩机 …… 5-66
4.6 整体内部齿轮压缩机 …… 5-66
4.7 磁力轴承离心式压缩机 …… 5-67
参考文献 …… 5-69
5 化工用泵 …… 5-70
5.1 特点、分类及工作原理 …… 5-70
5.1.1 特点 …… 5-70
5.1.2 分类及工作原理 …… 5-70
5.2 叶片式泵 …… 5-71
5.2.1 泵的性能参数 …… 5-71
5.2.2 理论基础、基本方程 …… 5-73
5.2.3 离心泵 …… 5-74
5.2.4 部分流泵 …… 5-81
5.2.5 旋涡泵 …… 5-82
5.2.6 轴流泵 …… 5-83
5.3 容积式泵 …… 5-84
5.3.1 泵的基本参数 …… 5-85
5.3.2 容积式泵的性能曲线和性能换算 …… 5-85
5.3.3 往复泵 …… 5-87
5.3.4 转子泵 …… 5-89
5.3.5 真空泵 …… 5-90
5.3.6 化工特殊用泵 …… 5-93
5.4 无密封离心泵 …… 5-98
5.4.1 磁力泵 …… 5-98
5.4.2 屏蔽泵 …… 5-101
5.5 流体动密封 …… 5-105
5.5.1 填料密封 …… 5-105
5.5.2 机械密封 …… 5-106
5.6 化工用泵的选型 …… 5-112
5.6.1 选型依据 …… 5-112
5.6.2 选型步骤 …… 5-113
5.6.3 确定泵的台数、备用率 …… 5-114
参考文献 …… 5-115

6 压缩机的故障诊断技术及典型案例 …… 5-116

6.1 往复压缩机状态监测与故障诊断 …… 5-116
6.1.1 大型往复压缩机的状态监测与故障诊断 …… 5-116
6.1.2 往复压缩机典型故障特征分析与诊断实例 …… 5-116
6.2 离心压缩机的状态监测与故障诊断 …… 5-123
6.2.1 离心压缩机的状态监测 …… 5-123
6.2.2 透平机械故障一次原因分析 …… 5-124
6.2.3 离心压缩机的故障诊断实例 …… 5-124
6.3 往复压缩机管线振动故障诊断案例 …… 5-128
参考文献 …… 5-133

7 工业汽轮机 …… 5-134

7.1 汽轮机的基本原理和分类 …… 5-134
7.1.1 汽轮机的基本工作原理 …… 5-134
7.1.2 汽轮机的分类 …… 5-134
7.2 工业汽轮机的结构及特点 …… 5-136
7.2.1 工业汽轮机的结构 …… 5-136
7.2.2 工作特点 …… 5-139
7.3 工业汽轮机的调节保安系统 …… 5-143
7.3.1 基本调节规律 …… 5-143
7.3.2 工业汽轮机的调节系统 …… 5-145
7.3.3 工业汽轮机的保安系统 …… 5-147
7.4 汽轮机变工况 …… 5-149
7.4.1 背压式汽轮机的变工况 …… 5-149
7.4.2 抽汽式汽轮机的变工况 …… 5-149
7.4.3 变工况运行对汽轮机主要零部件强度的影响 …… 5-150
7.4.4 工业汽轮机蒸汽参数波动的允许范围 …… 5-151
7.5 工业汽轮机的选型 …… 5-152
7.5.1 化工用工业汽轮机型式的选择 …… 5-152
7.5.2 几种常用的工业汽轮机特性 …… 5-152
7.5.3 汽轮机型式的选择 …… 5-153
参考文献 …… 5-154

符号说明 …… 5-155

第6篇 搅拌及混合

1 概论 …… 6-2

1.1 搅拌釜的结构 …… 6-2

1.1.1 釜体…… 6-2
1.1.2 搅拌器…… 6-2
1.1.3 挡板…… 6-4
1.1.4 导流筒…… 6-5
1.2 搅拌釜内流体的流动特性 …… 6-5
1.2.1 流型…… 6-5
1.2.2 速度分布…… 6-6
1.2.3 湍流特性…… 6-6
1.3 搅拌过程常用的无量纲数群及其意义 …… 6-10
1.4 搅拌效果的量度及其影响因素 …… 6-12
参考文献 …… 6-13

2 搅拌桨的分类及其特性 …… 6-14

2.1 按流动的形态分类 …… 6-14
2.1.1 轴向流搅拌桨 …… 6-14
2.1.2 径向流搅拌桨 …… 6-18
2.2 适用于高黏度流体的桨型 …… 6-20
2.2.1 锚式桨及框式桨 …… 6-20
2.2.2 螺杆式桨及螺带式桨 …… 6-21
参考文献 …… 6-24

3 低黏度互溶液体的混合 …… 6-25

3.1 过程的特征及其基本原理 …… 6-25
3.2 桨型的选择 …… 6-25
3.3 设计计算 …… 6-26
3.4 多层桨 …… 6-28

4 高黏度液体的混合 …… 6-29

4.1 高黏度液体的混合机理 …… 6-29
4.2 高黏度液体搅拌桨的混合性能 …… 6-29
4.2.1 混合性能指标 …… 6-29
4.2.2 各种搅拌桨的混合性能 …… 6-30
4.3 非牛顿流体的混合 …… 6-32
4.3.1 非牛顿流体的分类 …… 6-32
4.3.2 非牛顿流体性质对混合的影响…… 6-33
4.4 搅拌桨型式的选择 …… 6-33
4.5 牛顿流体的搅拌功率 …… 6-33
4.5.1 锚式搅拌桨的搅拌功率 …… 6-33
4.5.2 螺带式搅拌桨的搅拌功率 …… 6-34
4.5.3 多种型式高黏度搅拌桨的 K_P 值 …… 6-34

4.6 非牛顿流体的搅拌功率 …… 6-35
4.6.1 假塑性流体的搅拌功率 …… 6-35
4.6.2 宾汉塑性流体的搅拌功率 …… 6-41
4.6.3 触变性流体的搅拌功率 …… 6-42
4.6.4 黏弹性流体的混合及功率 …… 6-42
参考文献 …… 6-44

5 固液悬浮 …… 6-45

5.1 过程特征及其基本原理 …… 6-45
5.1.1 固体颗粒悬浮状态 …… 6-45
5.1.2 固体颗粒的沉降速度 …… 6-45
5.1.3 固液悬浮机理 …… 6-47
5.2 搅拌设备选型 …… 6-47
5.2.1 搅拌桨的型式 …… 6-47
5.2.2 搅拌桨参数的确定 …… 6-47
5.2.3 搅拌釜的结构 …… 6-48
5.3 搅拌桨的工艺设计 …… 6-48
5.3.1 悬浮临界转速 …… 6-48
5.3.2 工艺设计 …… 6-50
5.3.3 固液悬浮搅拌桨设计实例 …… 6-51
5.4 带导流筒的搅拌釜 …… 6-53
5.4.1 流动特性 …… 6-53
5.4.2 搅拌桨型式 …… 6-53
5.4.3 导流筒直径与釜直径之比 …… 6-53
5.4.4 固液传质 …… 6-54
参考文献 …… 6-55

6 气液分散 …… 6-56

6.1 过程特征 …… 6-56
6.1.1 通气式气液搅拌器及其釜体结构 …… 6-56
6.1.2 自吸式气液搅拌器及釜体结构 …… 6-57
6.2 气液搅拌釜的分散特性 …… 6-59
6.2.1 搅拌釜内的气液流动状态 …… 6-59
6.2.2 最大通气速度 …… 6-60
6.2.3 气泡直径、气含率、比表面积 …… 6-60
6.3 气液搅拌釜的传质特性 …… 6-62
6.4 搅拌器型式的选择 …… 6-63
6.5 通气时的功率计算 …… 6-63
6.5.1 通气功率 …… 6-63
6.5.2 不通气时的功率确定 …… 6-65

参考文献 …… 6-68

7　液液分散 …… 6-70

7.1　过程特征 …… 6-70
7.2　液液搅拌釜的分散特性 …… 6-71
7.3　桨型选择与釜体结构 …… 6-73
7.4　达到要求的分散程度所需的搅拌功率 …… 6-73
参考文献 …… 6-76

8　气液固三相混合 …… 6-77

8.1　过程特征 …… 6-77
8.2　气液固三相混合原理 …… 6-77
8.2.1　气液分散 …… 6-77
8.2.2　固体颗粒悬浮 …… 6-78
8.3　搅拌设备选型 …… 6-79
参考文献 …… 6-79

9　粉体混合 …… 6-81

9.1　过程特征 …… 6-81
9.2　粉体混合特性 …… 6-81
9.3　粉体混合设备的设计 …… 6-83
参考文献 …… 6-86

10　搅拌釜的传热 …… 6-88

10.1　搅拌釜内壁传热膜系数 h 的计算 …… 6-88
10.1.1　涡轮类搅拌桨、带挡板釜 …… 6-88
10.1.2　涡轮类搅拌桨、无挡板釜 …… 6-88
10.1.3　三叶推进式搅拌桨 …… 6-89
10.1.4　六叶后弯式搅拌桨 …… 6-89
10.1.5　MIG 搅拌桨 …… 6-89
10.1.6　螺带式搅拌桨 …… 6-89
10.2　搅拌釜内盘管外侧传热膜系数 h_i 的计算 …… 6-92
10.2.1　涡轮搅拌桨、无挡板釜 …… 6-92
10.2.2　涡轮搅拌桨、有挡板釜 …… 6-92
10.2.3　三叶推进式搅拌桨 …… 6-92
10.2.4　六叶后弯式搅拌桨 …… 6-92
10.2.5　双层盘管 …… 6-92
10.3　搅拌釜内垂直管外壁传热膜系数 h_c 的计算 …… 6-92
10.4　搅拌釜内垂直板式蛇管的传热膜系数 h'_c 的计算 …… 6-93
10.5　计算实例 …… 6-93

11 搅拌釜的 CFD 模拟与优化 …… 6-95

11.1 搅拌釜内流动场的 CFD 模拟 …… 6-95
11.1.1 单相流场 …… 6-95
11.1.2 多相流场 …… 6-98
11.2 搅拌釜内浓度场的 CFD 模拟 …… 6-101
11.2.1 相内质量传递 …… 6-101
11.2.2 相际质量传递 …… 6-101
11.3 搅拌釜内温度场的 CFD 模拟 …… 6-103
11.4 搅拌釜内反应过程的 CFD 模拟 …… 6-104
参考文献 …… 6-105

12 搅拌釜的放大 …… 6-106

12.1 前言 …… 6-106
12.2 搅拌釜放大的准则及方法 …… 6-106
12.3 几何相似放大时搅拌性能参数的变化关系 …… 6-107
12.4 互溶液体混合过程的放大 …… 6-108
12.4.1 几何相似放大 …… 6-108
12.4.2 非几何相似放大 …… 6-108
12.5 气液分散、液液分散过程的放大 …… 6-110
12.6 固液悬浮过程的放大 …… 6-111
12.7 气液固三相体系的放大 …… 6-111
参考文献 …… 6-113

13 混合过程强化新技术 …… 6-114

13.1 动静转子混合技术 …… 6-114
13.1.1 动静转子反应器的原理 …… 6-114
13.1.2 动静转子反应器 …… 6-114
13.1.3 研究方法 …… 6-114
13.1.4 应用 …… 6-116
13.2 高速撞击流混合技术 …… 6-117
13.2.1 撞击流技术原理 …… 6-117
13.2.2 撞击流的特性 …… 6-117
13.2.3 撞击流技术的研究 …… 6-118
13.2.4 撞击流的应用 …… 6-119
13.3 微通道混合技术 …… 6-120
13.3.1 微通道混合技术的原理及特点 …… 6-120

13.3.2 微通道反应器 …… 6-121
13.3.3 应用 …… 6-121
13.4 旋转填充床混合技术 …… 6-122
13.4.1 旋转填充床技术的原理 …… 6-122
13.4.2 旋转填充床反应器 …… 6-123
13.4.3 旋转填充床的研究 …… 6-125
13.4.4 旋转填充床的应用 …… 6-125
参考文献 …… 6-126

符号说明 …… 6-128

本卷索引 …… 本卷索引 1

第1篇

化工基础数据

主 稿 人、编写人员：马沛生　天津大学教授
谢　闯　天津大学副研究员
审 稿 人：夏淑倩　天津大学教授

第一版编写人员名单
编写人员：吴鹤峰　王抚华　徐明善　赵纪堂
俞电儿　胡秀华
审 校 人：朱自强　萧成基

第二版编写人员名单
主 稿 人：麻德贤
编写人员：麻德贤　阚丹峰　罗北辰　金彰礼

1

引言

1.1 化工数据概述

化工数据是化工热力学学科中的一个分支，有广义和狭义两种理解：广义的化工数据是指与化工生产有关的各种数据，包括基本物性常数、热力学数据、微观数据、传递性质数据、与安全和环保等内容有关的数据、反应速率数据等。狭义的理解所包括的范围要小些，不包括反应速率数据，一般也不包括毒性、闪点、爆炸范围等数据。化工数据中的绝大部分是各种纯物质或混合物的物理或化学性质，因此也被称为物化性质或简称为物性。化工数据广泛应用于化学工程计算，在任何类别的化工设计、生产、科研工作中都是必不可少的。在过程模拟计算中所花的时间绝大部分是有关化工数据的计算。化工数据的可靠性在很大程度上决定了许多化学工程计算和过程模拟计算的可靠性。本章所指的化工数据是狭义的理解，也是最常见的理解方式。

1.2 化工数据内容范围

化工数据的主要内容包括：

(1) 定义 各项化工数据的名称、概念和定义。

(2) 测定方法 物性数据的测定方法有的与该物性的定义直接联系，有的与一些模型及方程（公式）有关。不同的测定方法有不同的难度，也有不同的可靠性。

(3) 数据的整理与评价 通过各种检索系统找到的有关数据有时是一致的，有时是矛盾的，使用者难于选择。数据评价工作的任务是排除相对不可靠的数据，提出一个或一批推荐值供使用，这些数据推荐值有时在数据类期刊中发表，有时也出现在化学化工数据库中，更多的是以数据手册形式出现。

(4) 数据的关联 除了个别化工数据是定值以外，绝大部分数据是温度、压力或组成的函数，不可能在所有工业所需要的条件下，全部具有对应的实验值。因此常利用或选择合适的关联式，进行数据拟合，可以在实验数据范围内进行良好的内插。

(5) 估算方法 化工过程中实际处理物系的物性很多情况下是缺乏实验值的，估算是解决这一问题所必需的主要手段。估算方法是化工数据中很重要的组成部分。

主要的化工数据项目见表 1-1-1，同时给出了有关它们的测定、数据收集和评价及估算方法的基本情况。

本手册涉及在化工设计中常用的物质和数据种类，对各项化工数据均按照上述化工数据内容范围的框架进行介绍。限于篇幅，本篇不涉及数据的测定方法和评价细节等内容。

表 1-1-1 主要化工数据项目表

分类	项目	数据测定	数据收集	数据评价	估算方法	
					多少	可靠性
基本物性常数	三相点(T_{tr})	少	少	少	少	差
	熔点(T_m)和凝固点(T_f)	多	多	少	少	差
	(常压)沸点(T_b)	多	多	少	少	差
	临界温度(T_c)	较少	多	多	多	好
	临界压力(p_c)	较少	多	多	多	较好
	临界体积(V_c)	较少	多	多	多	好
	临界压缩因子(Z_c)	少	多	少	少	较差
	偏心因子(ω)	较少	较多	少	较少	较好
	常温密度(ρ)或相对密度(d_4^t)	多	多	少	少	差
	常温折射率(n)	多	多	少	少	差
微观参数	偶极矩(μ)	多	多	较多	少	差
	Lennard-Jones 参数(L-J,12-6)	较少	多	较少	少	差
热力学性质	气体 pVT(包括超临界区 pVT)	较少	较少	少	多	好
	气体第二维里系数(B)	较多	较多	较少	较多	好
	液体密度(d)	多	少	少	较多	较好
	蒸气压(p_v)	多	多	多	多	好
	气体(比)热容(C_{pG})	多	多	较多	多	好
	液体(比)热容(C_{pL})	多	较多	较少	较多	较好
	固体(比)热容(C_{pS})	较多	较多	较少	少	差
	超额体积(V^E)	较多	多	少	少	差
	超额焓(H^E)	较多	多	少	少	差
	蒸发焓($\Delta_v H$)	多	多	较多	多	好
	熔化焓($\Delta_m H$)	多	较多	少	少	差
	升华焓($\Delta_s H$)	少	少	少	少	差
	标准燃烧焓($\Delta_c H^\ominus$)	多	多	多	少	差
	标准生成焓($\Delta_f H^\ominus$)	多	多	多	多	好
	标准 Gibbs 生成自由能($\Delta_f G^\ominus$)	少	多	多	多	较好
	熵(S)	多	多	多	多	好
相平衡数据	汽液平衡(VLE)	多	多	多	少	较差
	气液平衡(GLE)	多	多	较少	少	较差
	液液平衡(LLE)	多	多	较多	少	差
	固液平衡(SLE)	多	较多	较多	少	差
	固固平衡(SSE)	多	较少	较少	少	较差
	气固平衡(GSE)	较少	少	少	少	差
	超临界萃取(SFE)	较少	少	少	少	差

续表

分类	项目	数据测定	数据收集	数据评价	估算方法	
					多少	可靠性
传递性质	气体黏度(η_G)	少	较多	较多	较多	较差
	液体黏度(η_L)	较多	较多	较少	较多	较差
	气体热导率(λ_G)	少	较少	少	较少	差
	液体热导率(λ_L)	少	较少	少	较少	差
	表面张力(σ)	多	多	较多	较多	较差
	气体扩散系数(D_G)	少	少	少	较少	差
	液体扩散系数(D_L)	少	少	少	较少	差

关于相平衡关系的数据，由于涉及VLE、LLE、SLE等多种相平衡，且每种相平衡中包含有数量巨大的多元体系，在第1篇的有效篇幅内，难以有效概括这些数据。而在手册第10、13、14、15篇中，会具体涉及各种相平衡，在这些篇章中有针对性地引入相关相平衡数据，可能更加合理有效。因此，本篇不涉及相平衡数据。

1.3 化工数据查找指南

数据收集、整理、评估和回归的成果大量反映在数据手册中，数据手册作为中间媒介，是化工数据中的一个重要组成部分。

某些杂志上也发表数据整理、评估、回归工作的文献，这样的杂志主要是《化学评论》(Chemical Review) 和《物理和化学文献数据杂志》(Journal of Physical and Chemical Reference Data)。

寻找化工数据的首要途径还是用数据手册。不同类型的化工数据，其对应的数据手册会有针对性地介绍。

寻找化工数据的主要途径有三个：①原始文献；②数据手册或手册型文献；③化学化工数据库。第①种方法过于麻烦，使用也有一定难度，且难于保证其可靠性。

化工数据手册很多，但质量可靠性相差很大，为此要注意如下几点：

① 要查清该手册所引数据是实验值还是估算值。更严谨的数据手册所引用的数据给出了可能的误差或质量码（即数据的可靠等级），有一些数据手册只是从其他数据手册转引的数据，因而混入了很多估算值，对一般模拟计算或工程计算影响不大。

② 严格的关联或计算。例如对沸点相差较大的二元理想物系进行精馏计算时，如物质沸点的所选数据与实际偏差1℃，一般对计算结果影响不大。但如果该体系的两物质真实沸点相差小于5℃时，所选沸点数据偏差1℃就会产生很大影响。由此可知在化工计算中，要尽可能选用经过评估的数据手册。

③ 有许多化工数据手册是综合性的，即几乎包括所有的重要物质和常用物质的属性，但结构略复杂的化合物的数据鲜有手册收集。另一类手册是专项手册，即专注于一类或一项物性。这样的手册常由相关的数据专家编写，对该项数据的选用也更加严谨，这类手册更可靠，也是本篇编者选用手册中的首选。这类手册已涉及许多物性，例如临界参数、蒸气压、

气体第二维里系数、（比）热容、生成热和燃烧热、相变热、黏度、热导率和表面张力等。应该注意到，在期刊《物理和化学文献数据杂志》（J Phys Chem Ref Data）上的每一篇文章有十几页只讨论一项数据，也相当于一本小型数据手册。

还应注意到一些综合性数据手册是分册出版的，一个分册只涉及一项物性，由此也保证了每本专项手册数据的可靠性。

④ 除个别基础物性（例如临界参数）外，一般都是温度和压力的函数，因此只提供一个温度下的物性数据，在工程计算中难以使用。一本良好的化工数据手册对多数物性要给出好的关联式，并给出关联系数，例如一般使用 Antoine 方程关联蒸气压数据。

压力对物性值有影响，但压力对物性值的影响没有温度对物性值的影响敏感。

⑤ 化工数据手册要适应化学工业所涉及物质数极大的事实，所涉及的物质数少了，在实际中使用就要受限。一般来说，基础化工就要涉及上千种化学物质，如要包括精细化学品，物质数至少上万。由此出现了很多物质分类手册，例如烃类物性手册、无机物物性手册等。由于精细化学品品种太多，一般再按其中的分类出版，如溶剂手册等。

⑥ 如同所有著作一样，使用数据手册，一定要注意出版年代。新的化工物性测定技术在不断出现，只有新的手册才能容纳这些新数据。也要指出，有一些数据手册，出版年代比较近，但数据只是从一些陈旧的手册中转载的一些数据，其实际使用价值也有限。

除了化工数据手册外，人们还广泛使用化工数据库寻找化工数据。在使用化工数据库时，也一定要注意数据库的质量，也就是最好选用评审型数据库，即选用经过评价的数据。当然也应该关注数据库的建立年代及数据更新的版本。一般来说，未说明数据质量、数据来源及更新年代的数据库不是一个好数据库。

2

纯物质基本物性

2.1 沸点

沸点一般指“常压沸点”（T_b），即纯物质蒸气压在 101.325kPa 时所对应的平衡温度。数据手册上也常常见到不同压力下的平衡温度，这样的沸点要注明压力。近年已有个别的手册把沸点的标准状态从 1atm（1atm=101325Pa）改为 0.1MPa（1bar），相应地出现了大气压沸点（abp）和巴沸点（bbp）之分，由于绝大多数手册至今所登载的还是 abp，本篇只讨论常压沸点。

2.1.1 沸点常用数据源

除在沸点前要分解或聚合的不稳定化合物外，一般纯物质的沸点均已测定过。许多综合性手册中登载有大量沸点数据，Beilstein 手册[1]和 Gmelin 手册[2]是堆集型，更多的手册是评价型的（提供推荐值）。在众多手册中数据量最大的是 CRC 手册[3,4]，使用最多和最方便的还有 TRC 的系列相关手册[5~8]。最常见物质的沸点可见马沛生等的手册[9,10]。不同手册中查得的数据有差异，但一般差别不大。某些常见有机物和无机物的基本物性分别见表 1-2-1、表 1-2-2。

2.1.2 沸点的估算方法

2.1.2.1 分子量法

该方法为经验关联式，适用于碳原子数在 4～17 之间的有机化合物。该方法计算简单，但误差较大，对精度要求不高的场合可以用于估算常压沸点。

$$\lg T_b = 1.929(\lg M_w)^{0.4134} \tag{1-2-1}$$

式中 T_b——常压沸点，K（下同）；

M_w——分子量。

2.1.2.2 Constantinous-Gani（C-G）基团贡献法

如对计算精度要求较高，有实用价值的只有基团贡献法。在基团贡献法中，除早期的方法和 20 世纪 80 年代的 Joback 法外，20 世纪 90 年代又出现了考虑邻近基团的基团法。Constantinous-Gani 法简单可靠，应为首选方法[11]。

$$T_b = 204.359 \times \ln(\sum n_i \Delta T_{mi} + \sum n_j \Delta T_{mj}) \tag{1-2-2}$$

式中，T_b 的单位为 K；ΔT_{mi} 为一级基团贡献值（表 1-2-3）；ΔT_{mj} 为二级基团贡献值（表 1-2-4）。

式(1-2-2) 用 392 数据点考核，若不考虑 ΔT_{mj}，平均误差为 2.04%，加上 ΔT_{mj} 后，平均误差为 1.42%。

表 1-2-1 某些有机纯物质的基本物性[9]

物质名称	T_m/℃	T_b/℃	μ/D	T_c/K	p_c/MPa	V_c/($cm^3 \cdot mol^{-1}$)	Z_c	ω
甲烷	−182.46	−161.5	0.00G	190.564	4.599	98.60	0.286	0.011
乙烷	−182.79	−88.6	0.00G	305.32	4.872	145.5	0.279	0.099
丙烷	−187.75	−42.11	0.00G	369.83	4.248	200	0.277	0.152
丁烷	−138.3	−0.5	0.00G	425.12	3.796	255	0.274	0.199
异丁烷	−159.59	−11.7	0.13G	407.8	3.640	259	0.278	0.177
戊烷	−129.67	36.06	0.00G	469.7	3.370	311	0.268	0.249
己烷	−95.27	68.72	0.00G	507.6	3.025	368	0.264	0.305
2-甲基戊烷	−153.60	60.21	0.00G	497.7	3.04	368	0.270	0.278
3-甲基戊烷	−162.89	63.3	0.00G	504.6	3.12	368	0.274	0.274
2,2-二甲基丁烷	−99.0	49.7	0.00G	489.0	3.10	358	0.279	0.234
2,3-二甲基丁烷	−128.1	58.0	0.00G	500.0	3.15	361	0.279	0.248
庚烷	−90.55	98.38	0.00G	540.2	2.74	428	0.261	0.351
辛烷	−56.73	125.62	0.00G	568.7	2.49	492	0.259	0.396
2,5-二甲基己烷	−91.14	109.1	0.00G	550.0	2.49	482	0.262	0.358
3,3-二甲基己烷	−126.2	111.9	0.00G	562.0	2.65	443	0.251	0.320
壬烷	−53.47	150.8	0.00G	594.6	2.29	555	0.257	0.438
2,3,3,4-四甲基戊烷	−102.1	141.5		607.6	2.72			0.313
癸烷	−29.61	174.1	0.00G	617.7	2.11	624	0.256	0.484
十三烷	−5.35	235.4	0.00G	675	1.68	823	0.246	0.619
十四烷	5.87	253.5	0.00G	693	1.57	894	0.244	0.662
十五烷	9.95	270.6	0.00G	708	1.48	966	0.243	0.705
十六烷	18.18	286.9	0.00G	723	1.40	1034	0.241	0.747
十七烷	21.97	303	0.00G	736	1.34	1103	0.242	0.768
十八烷	28.17	316	0.00G	747	1.29	1189	0.247	0.795
十九烷	31.5	330	0.00G	755	1.16			0.820
二十烷	36.48	344.1	0.00G	768	1.07			0.876
乙烯	−169.1	−103.8	0.00G	282.34	5.041	131.1	0.2815	0.085
丙烯	−185.30	−47.6	0.37G	364.9	4.60	184.6	0.2798	0.142
1-丁烯	−185.33	−6.3	0.34G	419.5	4.02	240.8	0.2775	0.187
顺-2-丁烯	−138.89	3.72	0.30G	435.5	4.21	233.8	0.272	0.203
反-2-丁烯	−105.52	0.88	0.00G	428.6	4.10	237.7	0.2735	0.218

续表

物质名称	T_m/℃	T_b/℃	μ/D	T_c/K	p_c/MPa	V_c/(cm^3·mol^{-1})	Z_c	ω
异丁烯	−140.7	−7.0	0.50G	417.9	4.000	238.8	0.2749	0.189
1-戊烯	−165.13	30.0	0.47L	464.8	3.56	298.4	0.275	0.233
顺-2-戊烯	−151.35	36.9		475	3.69			0.241
反-2-戊烯	−140.20	36.3		475	3.65			0.237
2-甲基-1-丁烯	−137.53	31.1	0.51G	465	3.45			0.229
3-甲基-1-丁烯	−168.41	20.1	0.32G	467.0	3.53	304.9	0.277	0.229
2-甲基-2-丁烯	−133.72	38.5		470	3.42			0.277
乙炔	-81.5_{t_p}	-84.7_{sub}	0.00G	308.3	6.138	112.2	0.2687	0.187
丙炔	−103.0	−23.2	0.78G	402.4	5.63	163.5	0.275	0.216
1-丁炔	−125.7	8.1	0.81G	440	4.60	208	0.262	0.247
丙二烯	−136.4	−34.8	0.00G	394	5.25			
1,2-丁二烯	−136.20	11.0	0.40G					
1,3-丁二烯	−108.9	−4.6	0.00G	425	4.32	221	0.270	0.193
环丙烷	−127.6	−31	0.00G	398.0	5.54	162	0.272	0.134
环丁烷	−90.7	12.5	0.00G					
环戊烷	−93.4	49.2	0.00L	511.7	4.51	259	0.275	0.194
甲基环戊烷	−142.42	71.8	0.00L	532.7	3.79	318	0.272	0.230
乙基环戊烷	−138.42	103.5	0.00G	569.5	3.40	375	0.269	0.272
1,1-二甲基环戊烷	−69.43	87.8	0.00G					
1-顺-2-二甲基环戊烷	−53.67	99.5	0.00G					
1-反-2-二甲基环戊烷	−117.6	91.9	0.00G					
1-顺-3-二甲基环戊烷	−133.67	91.7	0.00G					
1-反-3-二甲基环戊烷	−133.9	90.7	0.00G					
1-甲基-反-3-乙基环戊烷	−108	121						
环己烷	6.7	80.7	0.61G	553.8	4.08	308	0.273	0.212
甲基环己烷	−126.6	100.9	0.00G	572.1	3.48	369	0.270	0.235
乙基环己烷	−111.28	131.8	0.00G	606.9				
1,1-二甲基环己烷	−33.31	119.5	0.00G					
1-顺-2-二甲基环己烷	−49.83	129.7						
1-反-2-二甲基环己烷	−88.12	123.4	0.00G					
1-顺-3-二甲基环己烷	−75.51	124.4	0.00G					

续表

物质名称	T_m/℃	T_b/℃	μ/D	T_c/K	p_c/MPa	V_c/(cm^3·mol^{-1})	Z_c	ω
1-反-3-二甲基环己烷	−90.05	120.1	0.00G					
1-顺-4-二甲基环己烷	−87.4	124.3	0.00G					
1-反-4-二甲基环己烷	−36.9	119.3	0.00G	587.7				
环戊烯	−135.02	44.2	0.20G	506.5	4.80	245	0.279	0.195
苯	5.54	80.08	0.00G	562.05	4.895	256	0.268	0.211
甲苯	−95.0	110.60	0.36G	591.75	4.108	316	0.264	0.264
乙苯	−94.95	136.2	0.59G	617.15	3.609	374	0.263	0.304
邻二甲苯	−25.16	144.4	0.62G	630.3	3.732	370	0.263	0.313
间二甲苯	−47.85	139.1	0.32G	617.0	3.541	375	0.259	0.326
对二甲苯	13.3	138.3	0.00G	616.2	3.511	378	0.259	0.326
丙苯	−99.52	159.2	0.37(B)	638.35	3.200	440	0.265	0.346
异丙苯	−96.01	152.4	0.39L	631.0	3.209			0.338
环己基苯	7.02	239						
联苯	68.93	255.2	1.16(B)	773	3.38	497	0.262	0.366
二苯基甲烷	25.22	264.2	0.26(B)	760	2.71	563	0.241	0.462
萘	80.22	218.0	0.00(B)	748.4	4.05	407	0.265	0.302
茚	−1.45	182.5	0.67(B)					
金刚烷	270.1	sub						
芴	114.76	294	0.25(B)					
苊	89.4	280						
蒽	216	341.3	0.00(B)					
菲	99	338.4	0.00(B)	869				
氟甲烷	−143.3	−78.4	1.85G	317.4	5.87	109	0.243	0.204
二氟甲烷	−136.8	−51.65	1.96G	351.25	5.783	122	0.242	0.276
三氟甲烷	−155.18	−82.0	1.65G	299.00	4.80	135	0.260	0.267
四氟甲烷	−183.58	−127.9	0.00G	227.5	3.68	142	0.276	0.186
氟乙烷	−143.2	−37.7	1.84G	375.3	5.04	159	0.257	0.209
氯甲烷	−97.6	−24.1	1.87G	416.25	6.68	140	0.271	0.153
二氯甲烷	−95	39.8	1.60G	508.0	6.35			0.192
三氯甲烷	−63.47	61.2	1.01G	536.2	5.33	244	0.291	0.213
四氯甲烷	−22.8	76.7	0.00G	556.3	4.54	276	0.271	0.193

续表

物质名称	T_m/℃	T_b/℃	μ/D	T_c/K	p_c/MPa	V_c/(cm^3·mol^{-1})	Z_c	ω
氯乙烷	−138	12.3	2.05G	460	5.2	159	0.257	0.204
1,1-二氯乙烷	−96.93	56.3	2.06G	523.4	5.06	236	0.274	0.244
氯乙烯	−153.84	−13.8	1.45G	429	5.3	181	0.269	0.101
1,1-二氯乙烯	−122.5	31.6	1.34G					
顺-1,2-二氯乙烯	−80.0	60	1.90G	536				
反-1,2-二氯乙烯	−49.8	47.64	0.00(CCl_4)	515.5				
氯苯	−45.2	131.6	1.69G	633	4.53	308	0.265	0.251
溴甲烷	−93.7	3.4	1.81G	464				
四溴甲烷	90	189.5	0					
甲醇	−97.5	64.5	1.70G	512.90	8.094	117	0.222	0.566
乙醇	−114.14	78.24	1.69G	513.90	6.168	168	0.243	0.637
1-丙醇	−124.39	97.04	1.68G	536.44	5.179	218	0.253	0.628
2-丙醇	−87.91	82.21	1.66G	508.3	4.764	222	0.250	0.669
1-丁醇	−88.60	117.6	1.66G	563.42	4.425	274	0.259	0.595
2-丁醇	−88.44	99.4	1.66(B)	532.03	4.226	269	0.257	0.571
异丁醇	−101.96	107.84	1.64G	547.8	4.295	274	0.258	0.589
叔丁醇	25.81	82.3	1.67(B)	506.2	3.972	275	0.259	0.616
苯甲醇	−15.5	205.3	1.71G	715	4.3			
乙二醇	−13	197.5	2.31(Dio)	720	8			1.137
1,2-丙二醇	−60	187.3	3.63L	676.4	5.941	247	0.261	1.107
1,4-丁二醇	20.43	229.5	3.93L	723.8	5.52			1.189
甘油	18.2	289	4.21L	850	7.5			1.320
苯酚	40.89	181.8	1.45G	694.2	5.93			0.426
邻苯二酚	104.6	246	2.60(B)					
间苯二酚	109.8	280	2.09(B)	836	6.24			0.677
对苯二酚	173	288	1.40(B)					
双酚 A	160	220						
甲醚	−141.49	−24.8	1.30G	400.3	5.34	166	0.267	0.204
甲基乙基醚	−113	6	1.23G	437.9	4.38	222	0.267	0.219
甲基丙基醚		38.5	1.24(B)	476.2	3.801			0.271
甲基异丙基醚		30.8	1.247	464.4	3.762			0.279

续表

物质名称	T_m/℃	T_b/℃	μ/D	T_c/K	p_c/MPa	V_c/(cm^3·mol^{-1})	Z_c	ω
乙醚	−116.22	34.4	1.15G	466.7	3.644	281	0.264	0.285
苯甲醚	−37.3	153.6	1.36G	646.5	4.24	341	0.269	0.369
苯乙醚	−29.6	169.8	1.41G	647	3.4			0.415
环氧乙烷	−112.46	10.4	1.89G	469	7.2	142	0.262	0.198
四氢呋喃	−108.38	66.0	1.63G	540.5	5.19	224	0.259	0.226
呋喃	−85.58	31.3	0.66G	490.2	5.3	218	0.294	0.200
甲醛	−92	−19.1	2.33G					
乙醛	−123.4	20.8	2.69G	466		154		
丙醛	−80	48.0	2.52G	503.6	5.04	204	0.246	0.302
丁醛	−96.86	74.8	2.72G	522.3	4.41	258	0.262	0.345
异丁醛	−72.1	64.1	2.70G	544	5.1			0.370
苯甲醛	−57.12	178.7	2.80G	695	4.7			0.305
丙酮	−94.9	56.08	2.88G	508.1	4.700	213	0.237	0.306
2-丁酮	−86.67	79.6	2.76(B/Dio)	536.7	4.207	267	0.252	0.324
环己酮	−27.93	155.4	3.08G	665	4.6			0.450
光气	−127.77	7.5	1.17G					
乙酰氯	−112.7	51	2.72G					
苯酰氯	−0.5	201	3.15(B)					
甲酸	8.3	101	1.42G	588				
乙酸	17	117.9	1.74G	590.7	5.78	171	0.201	0.462
丙酸	−20.5	141.5	1.75G	598.5	4.67	233	0.219	0.536
丁酸	−5.12	163.7	1.23L	615.2	4.06	292	0.232	0.604
苯甲酸	122.34	250.2	1.00(B)					
草酸	189.5_{dec}	157_{sub}	2.63(Dio)					
丁二酸	185	234	2.20G	851	6.59			0.991
间苯二甲酸	348.0	sub	2.27(Dio)					
对苯二甲酸		300_{sub}						
乙酸酐	−73.4	139.5	2.80G	606	4.0			0.840
甲酸甲酯	−99.7	31.6	1.77G	487.2	6.00	172	0.255	0.254
甲酸乙酯	−79.6	54.09	1.93G	508.4	4.74	229	0.257	0.285
甲酸丙酯	−92.9	80.6	1.91(B)	538.0	4.06	285	0.259	0.318

续表

物质名称	T_m/℃	T_b/℃	μ/D	T_c/K	p_c/MPa	V_c/($cm^3 \cdot mol^{-1}$)	Z_c	ω
乙酸甲酯	−98.2	56.7	1.68G	506.5	4.750	228	0.257	0.325
乙酸乙酯	−83.8	77.1	1.78G	523.3	3.87	286	0.255	0.366
乙酸丁酯	−77.0	126.0	1.84L	575.6	3.14			0.410
苯甲酸甲酯	−12.35	199	2.53(B)	702	4.02	396	0.273	0.415
苯甲酸苯酯	63	314						
糠醇	−14.5	168	1.92(B)					
糠醛	−38.1	161.7	3.60(B)					
甲胺	−93.42	−6.4	1.31G	430.8	7.62	138	0.295	0.281
二甲胺	−93	7.3	1.03G	437.2	5.340			0.294
乙胺	−81	16.6	1.22G	456.5	5.6	181	0.286	0.285
苯胺	−6.0	184.1	1.53G	705	5.63	294	0.280	0.404
N-甲基苯胺	−57	197	1.68(B)	701	5.18			0.480
苄胺		185	1.38(B)					
二苯胺	53.2	305.1	1.08(B)					
氰化氢	−13.28	25.63	2.98G	456.7	5.39	138	0.199	0.410
乙腈	−44	81.6	3.92G	545.5	4.85	173	0.185	0.338
丙腈	−93	97.3	4.02G	561.3	4.26	246	0.225	0.325
丁腈	−111.76	117.6	4.07G	585.4	3.88			0.371
丙烯腈	−83.51	77.2	3.87G	540	4.66			0.350
苯腈	−12.82	191	4.18G	700	4.2			0.352
甲肼	−52.3	83						
乙肼		101						
吡咯	−23.39	129.74	1.84G	640	5.7			0.378
吡啶	−41.63	115.2	2.19G	620.0	5.64	247	0.270	0.239
喹啉	−14.78	237.1	2.29G	782	5.78			0.329
硝基甲烷	−28.7	101.19	3.46G					
硝基苯	5.65	210.7	4.22G					

续表

物质名称	T_m/℃	T_b/℃	μ/D	T_c/K	p_c/MPa	V_c/(cm^3·mol^{-1})	Z_c	ω
亚硝酸甲酯	−16	−12						
亚硝酸乙酯		17.5						
甲酰胺	2.57	217	3.73G					
N,*N*-二甲基甲酰胺	−60.3	152.8	3.82G					
丙烯酰胺	85	192.6						
乙酰胺	80.16	222.0	3.76G					
乙醇胺	10.4	170.3	0.78(Dio)					
二乙醇胺	27.9	271.2	0.85(Dio)					
三乙醇胺	21.5	350	1.08(Dio)					
N-甲基-2-吡咯烷酮	−24.0	204.2	4.09(B)					
吗啉	−4.8	128.2	1.54(B)					
N-甲酰吗啉	21	236～237						
甲硫醇	−122.98	6.0	1.52G	470	7.23	147	0.272	0.146
乙硫醇	−147.89	35.0	1.58G	499	5.49	207	0.274	0.192
二甲硫醚	−98.26	37.32	1.50G	503	5.53	203.7	0.269	0.189
二乙硫醚	−103.9	92.1	1.54G	557.8	3.90	317.6	0.267	0.294
二甲二硫醚	−84.67	109.72	1.97(B)	607.8	5.07			0.265
二乙二硫醚	−101.5	154.0	1.96(B)	642				
硫酸二甲酯	−31.8	186						
二甲亚砜	18.52	191.9	3.96G					
环丁砜	28.45	286	4.69(B)					

注：1. T_m、T_b列中下标含义：dec—分解；sub—升华；t_p—三相点。

2. μ 列中字母含义：G—气相测定；L—液相测定；(B)—苯为溶剂；(CCl_4)—四氯化碳为溶剂；(Dio)—二氧六环为溶剂。

表 1-2-2 某些无机纯物质的基本物性[9]

物质名称	T_m/℃	T_b/℃	μ/D	T_c/K	p_c/MPa	V_c/($cm^3\cdot mol^{-1}$)	Z_c	ω
氮	−210.0	−195.798	0.00G	126.19	3.39	90	0.291	0.040
氧	−218.79	−182.953	0.00G	154.58	5.043	73	0.286	0.022
臭氧	−193	−111.35	0.53G	261.1	5.57	89	0.228	0.227
氢	−259.16	−252.762	0.00G	33.14	1.296	65	0.306	−0.220
氦		−268.928	0.00G	5.195	0.2275	57	0.300	−0.390
氩	−189.34	−185.847	0.00G	150.69	4.863	75	0.291	0.000
氟	−219.67	−188.11	0.00G	144.41	5.172	66	0.284	0.059
氯	−101.5	−34.04	0.00G	417.0	7.991	123	0.283	0.069
溴	−7.2	58.8	0.00G	588	10.34	127	0.269	0.119
碘	113.7	184.4	0.00G	819		155		
水	0.00	100.00	1.85G	647.10	22.06	56	0.230	0.345
双氧水	−0.43	150.2	1.57G	728①	22①			0.360
氟化氢	−83.36	20	1.82G	461	6.48	69	0.117	0.383
氯化氢	−114.17	−85	1.08G	324.7	8.31	81	0.249	0.132
溴化氢	−86.80	−66.38	0.79G	363.2	8.55			0.069
硫化氢	−85.5	−59.55	0.97G	373.1	9.00	99	0.287	0.083
硫酸	10.31	337	2.73G					
硝酸	−41.6	83	2.17G					
一氧化氮	−163.6	−151.74	0.15G	180	6.48	58	0.240	0.585
二氧化氮	−93	−21.3	0.32G					
一氧化二氮	−90.8	−88.48	0.18G	309.52	7.245	97	0.273	0.849
三氧化二氮	−101.1	约 3	2.12G					
四氧化二氮	−9.3	21.15	0.00G	431	10.1	167	0.471	1.007
五氧化二氮		33_{sub}	1.40(CCl_4)					
氨	−77.73	−33.33	1.47G	405.56	11.357	69.8	0.235	0.252
一氧化碳	−205.02	−191.5	0.11G	132.86	3.494	93	0.294	0.066
二氧化碳	-56.558_{t_p}	-78.464_{sub}	0.00G	304.13	7.375	94	0.274	0.228
氧硫化碳	−138.8	−50	0.71G	375	5.88	137	0.258	0.097
二硫化碳	−112.1	46	0.00G	552	7.90	173	0.298	0.108
二氧化硫	−75.5	−10.05	1.63G	430.64	7.884	122	0.269	0.245
三氧化硫	62.2		0.00G	491.0	8.2	127	0.255	0.422
六氟化硫	-49.60_{t_p}	-63.8_{sub}	0.00G	318.72	3.77	197	0.280	0.215

① 外推值。

注：1. T_m、T_b 列中下标的含义：t_p—三相点；sub—升华。

2. ω 列中字母含义：G—气相测定；(CCl_4)—四氯化碳为溶剂。

表 1-2-3 C-G 法一级基团贡献值[11]

基团	ΔT_{bi}	ΔT_{mi}	ΔT_{ci}	Δp_{ci}	ΔV_{ci}	$\Delta \omega_i$
$-CH_3$	0.8894	0.4640	1.6781	0.019904	75.04	0.29602
$-CH_2-$	0.9225	0.9246	3.4920	0.010558	55.76	0.14691
$>CH-$	0.6033	0.3557	4.0330	0.001315	31.53	−0.07063
$>C<$	0.2878	1.6497	4.8823	0.010404	−0.34	−0.35125
$CH_2=CH-$	1.7827	1.6472	5.0146	0.025014	116.48	0.40842
$-CH=CH-$	1.8433	1.6322	7.3691	0.017865	95.41	0.25424
$CH_2=C<$	1.7117	1.7899	6.5081	0.022319	91.83	0.22309
$-CH=C<$	1.7957	2.0018	8.9582	0.012590	73.27	0.23492
$>C=C<$	1.8881	5.1175	11.3764	0.002044	76.18	−0.21017
$CH\equiv C-$	2.3678	3.9106	7.5433	0.014827	93.31	0.61802
$-C\equiv C-$	2.5645	9.5793	11.4501	0.004115	76.27	
$CH_2=C=CH-$	3.1243	3.3439	9.9318	0.031270	148.31	0.73865
$(=CH-)_A$	0.9297	1.4669	3.7337	0.007542	42.15	0.15188
$(=C<)_A$	1.6254	0.2098	14.6409	0.002136	39.85	0.02725
$(=\overset{\vert}{C}-)_A CH_3$	1.9669	1.8635	8.2130	0.019360	103.64	0.33409
$(=\overset{\vert}{C}-)_A CH_2-$	1.9478	0.4177	10.3229	0.012200	100.99	0.14598
$(=\overset{\vert}{C}-)_A CH<$	1.7444	−1.7567	10.4664	0.002769	71.20	−0.08807
$-CF_3$	1.2880	3.2411	2.4778	0.044232	114.80	0.50023
$-CF_2-$	0.6115		1.7399	0.012884	95.19	
$>CF-$	1.1739		3.5192	0.004673		
$(=\overset{\vert}{C}-)_A F$	0.9442	2.5015	2.8977	0.013027	56.72	0.26254
$-CCl_3$	4.5797	10.2337	18.5875	0.034935	210.31	0.61662
$-CCl_2-$	3.5600					
$>CCl-$	2.2073	9.8409	11.3959	0.003086	79.22	
$-CH_2Cl$	2.9637	3.3376	11.0752	0.019789	115.64	0.57021

续表

基团	ΔT_{bi}	ΔT_{mi}	ΔT_{ci}	Δp_{ci}	ΔV_{ci}	$\Delta \omega_i$
—CHCl—	2.6948	2.9933	10.8632	0.011360	103.50	
$—CHCl_2$	3.9300	5.1638	16.3945	0.026808	169.51	0.71592
$(=\overset{\vert}{C}-)_A Cl$	2.6293	2.7336	14.1565	0.013135	101.58	
$Cl—\overset{\vert}{C}=CH—$	1.7824	1.5598	5.4334	0.016004	56.78	
—Br	2.6495	3.7442	10.5371	−0.001771	82.81	0.27778
—I	3.6650	4.6089	17.3947	0.002753	82.81	0.23323
$—CCl_2F$	2.8881	7.4756	9.8408	0.035446	182.12	0.50260
$—CClF_2$	1.9163	2.7523	4.8923	0.039004	147.53	0.54685
—HCClF	2.3086					
—F(除上述外)	1.0081	1.9623	1.5974	0.014434	37.83	0.43796
—OH	3.2152	3.5979	9.7292	0.005148	38.97	1.52370
$(=\overset{\vert}{C}-)_A OH$	4.4014	13.7349	25.9145	−0.007444	31.62	0.73657
—CHO	2.8526	4.2927	10.1986	0.014091	86.35	0.96265
$CH_3CO—$	3.5668	4.8776	13.2896	0.025073	133.96	1.01522
$—CH_2CO—$	3.8967	5.66422	14.6273	0.017841	111.95	0.63264
—COOH	5.8337	11.5630	23.7593	0.011507	101.88	1.67037
—COO—	2.6446	3.4448	12.1084	0.011294	85.88	
HCOO—	3.1459	4.2250	11.6057	0.013797	105.65	0.76454
$CH_3COO—$	3.6360	4.0823	12.5965	0.029020	158.90	1.13257
$—CH_2COO—$	3.3950	3.5572	3.8116	0.021836	136.49	
$CH_3O—$	2.2536	2.9248	6.4737	0.021836	136.49	0.75574
$—CH_2O—$	1.6249	2.0695	6.0723	0.015135	72.86	0.44184
$>CHO—$	1.1557	4.0352	5.0663	0.009857	58.65	0.21808
$FCH_2O—$	2.5892	4.5047	9.5059	0.009011	68.58	0.50922
$—C_2H_5O_2$	5.5566		17.9668	0.025435	167.54	

续表

基团	ΔT_{bi}	ΔT_{mi}	ΔT_{ci}	Δp_{ci}	ΔV_{ci}	$\Delta \omega_i$
$>C_2H_4O_2$	5.4248					
$-CH_2NH_2$	3.1656	6.7684	12.1726	0.012558	131.28	0.79963
$>CHNH_2$	2.5983	4.1187	10.2075	0.010694	75.27	
CH_3NH-	3.1376	4.5341	9.8544	0.012589	121.52	0.95344
$-CH_2NH-$	2.6127	6.0609	10.4677	0.010390	99.56	0.55018
$>CHNH$	1.5780	3.4100	7.2121	−0.000462	91.65	0.38623
$CH_3N<$	2.1647	4.0580	7.6924	0.015874	125.98	0.38447
$-CH_2N<$	1.2171	0.9544	5.5172	0.004917	67.05	0.07508
$(=\overset{\vert}{C}-)_A NH_2$	5.4736	10.1031	28.7570	0.001120	63.58	0.79337
$-CH_2CN$	5.0525	4.1859	20.3781	0.036133	158.31	
$-C_5H_4N$	6.2800		29.1528	0.029565	248.31	
$>C_5H_3N$	5.9234	12.6275	27.9464	0.025653	170.27	
$-CH_2NO_2$	5.7619	5.5424	24.7369	0.020974	165.31	
$>CHNO_2$	5.0767	4.9738	23.2050	0.012241	142.27	
$(=\overset{\vert}{C}-)_A NO_2$	6.0837	8.4724	34.5870	0.015050	142.58	
$HCON(CH_2-)_2$	7.2644					
$-CONH_2$	10.3428	31.2786	65.1053	0.004266	144.31	
$-CON(CH_3)_2$	7.6904	11.3770	36.1403	0.040419	250.31	
$-CON(CH_2-)_2$	6.7822					
$-CH_2SH$	3.2914	3.0044	13.8058	0.013572	102.52	
CH_3S-	3.6796	5.0506	14.3969	0.016048	130.21	

续表

基团	ΔT_{bi}	ΔT_{mi}	ΔT_{ci}	Δp_{ci}	ΔV_{ci}	$\Delta\omega_i$
$-CH_2S-$	3.6763	3.1468	17.7916	0.011105	116.50	0.4253
$>CHS-$	2.6812					
$-C_4H_3S$	5.7093					
$>C_4H_2S$	5.8260					

注：A—芳烃环；ω—偏心因子。

表 1-2-4 C-G 法二级基团贡献值[11]

基团	ΔT_{bj}	ΔT_{mj}	ΔT_{cj}	Δp_{cj}	ΔV_{cj}	$\Delta\omega_j$
$(CH_3)_2CH-$	−0.1157	0.0381	−0.5334	0.000488	4.00	0.01740
$(CH_3)_3C-$	−0.0489	−0.2355	−0.5143	0.001410	5.72	0.01922
$-CH(CH_3)CH(CH_3)-$	0.1798	0.4401	1.0699	−0.001849	−3.98	−0.00475
$-CH(CH_3)C(CH_3)_2-$	0.3189	−0.4923	1.9886	−0.005198	−10.81	−0.02883
$-C(CH_3)_2C(CH_3)_2-$	0.7273	6.0650	5.8254	−0.013230	−23.00	−0.08623
$CH_n{=}CH_m-CH_p-CH_k$ $k,n,m,p\in(0,2)$	0.1589	1.9913	0.4402	0.001186	−7.81	0.01648
$CH_3-CH_m{=}CH_n$ $m,n\in(0,2)$	0.0668	0.2476	0.0167	−0.000183	−0.98	0.00619
$-CH_2-CH_m{=}CH_n$ $m,n\in(0,2)$	−0.1406	−0.5870	−0.5231	0.003538	2.81	−0.0115
$>CH-CH_m{=}CH_n$ 或 $-\overset{|}{\underset{|}{C}}-CH_m{=}CH_n$ $m,n\in(0,2)$	−0.0900	−0.2361	−0.3850	0.005675	8.26	0.02778
$(C)_nC_m\ \ m>1$	0.0511	−2.8298	2.1160	−0.002546	−17.55	−0.11024
三元环	0.4745	1.3772	−2.3305	0.003714	−0.14	0.17563
四元环	0.3563		−1.2978	0.001171	−8.51	0.22216
五元环	0.1919	0.6824	−0.6785	0.000424	−8.66	0.16284
六元环	0.1957	1.5656	0.8479	0.002257	16.36	−0.03065
七元环	0.3489	6.9707	3.6714	−0.009799	−27.00	−0.02094

续表

基团	ΔT_{bj}	ΔT_{mj}	ΔT_{cj}	Δp_{cj}	ΔV_{cj}	$\Delta \omega_j$
$CH_m{=}CH_nF$ $m,n\in(0,2)$	−0.1168	−0.0514	−0.4996	0.000319	−5.96	
$CH_m—CH_nBr$ $m,n\in(0,2)$	−0.3201	−1.6425	−1.9334	−0.004305	5.07	
$CH_m{=}CH_nI$ $m,n\in(0,2)$	−0.4453					
$(=\overset{\vert}{C}-)_A Br$	−0.6776	2.5832	−2.2974	0.009027	−8.32	−0.03078
$(=\overset{\vert}{C}-)_A I$	−0.3678	−1.5511	2.8907	0.008247	−3.41	0.00001
>CHOH	−0.5385	−0.5480	−2.8035	−0.004393	−7.77	0.03654
>COH（—C(OH)<）	−0.6331	0.3189	−3.5442	0.000178	15.11	0.21106
$(—CH_m-)_R OH$ $m\in(0,1)$	−0.0690	9.5209	0.3233	0.006917	−22.97	
$CH_m(OH)CH_n(OH)$ $m,n\in(0,2)$	1.4108	0.9124	5.4941	0.005052	3.97	
>CHCHO 或 —C(<)CHO	−0.1074	2.0547	−1.5826	0.003659	−6.64	
$(=\overset{\vert}{C}-)_A CHO$	0.0735	−0.6697	1.1696	−0.002481	6.64	
$CH_3COCH_2—$	0.0224	−0.2951	0.2996	0.001474	−5.10	−0.20789
$CH_3COCH<$ 或 $CH_3COC(<)—$	0.0920	−0.2986	0.5018	−0.002303	−1.22	−0.1657
$-(\overset{\vert}{C}-)_R=O$	0.5580	0.7143	2.9571	0.003818	−19.66	
>CHCOOH 或 —C(<)COOH	−0.1552	−3.1034	−1.7493	0.004920	5.59	0.08774
$-(\overset{\vert}{C}-)_A COOH$	0.7801	28.4324	6.1279	0.000344	−4.15	
—CO—O—CO—	−0.1977	−2.3598	−2.7617	−0.004877	−1.44	0.91939
$CH_3COOCH<$ 或 $CH_3COOC(<)—$	−0.2383	0.4838	−1.3406	0.000659	−2.93	0.26623
$—COCH_2COO—$ 或 $—CO\underset{\vert}{C}HCOO—$ 或 $—CO\overset{\vert}{\underset{\vert}{C}}COO—$	0.4456	0.0127	2.5413	0.001067	−5.91	

续表

基团	ΔT_{bj}	ΔT_{mj}	ΔT_{cj}	Δp_{cj}	ΔV_{cj}	$\Delta\omega_j$
$(=\overset{\mid}{C}-)_A COO$	0.0835	−2.0198	−3.4235	−0.000541	26.05	
$CH_m-O-CH_n=CH_p$ $m,n,p\in(0,2)$	0.1134	0.2476	1.0159	−0.000878	2.97	
$(=\overset{\mid}{C}-)_A O-CH_m$ $m\in(0,3)$	−0.2596	0.1175	−5.3307	−0.002249	−0.45	
$CH_m(NH_2)CH_n(NH_2)$ $m,n\in(0,2)$	0.4247	2.5114	2.0699	0.002148	5.80	
$(CH_m)_R NH_p (CH_n)_R$ $m,n,p\in(0,2)$	0.2499	1.0729	2.1345	0.005947	−13.80	−0.13106
$CH_m(OH)CH_n(NH_p)$ $m,n,p\in(0,2)$	1.0682	2.7826	5.4864	0.001408	4.33	
$(CH_m)_R S(CH_n)_R$ $m,n\in(0,2)$	0.4408	−0.2914	4.4847			−0.01509

注：R—非芳烃环；A—芳烃环；ω—偏心因子。

2.2 熔点

纯物质的熔点（T_m）是晶体与液体在本身蒸气下相平衡的温度。对纯物质而言，凝固点（T_f）和熔点应该相同，但实际总存在一定量的杂质，实测二者值有一定的差异。压力对熔点的影响极小，因此工程上一般不区分有无外压存在下的 T_m。三相点（T_{tr}）是指纯物质气、液、固三相处于平衡的温度（及对应的压力），也是物质的基本物性。T_{tr}与 T_m基本上也十分接近，在工程应用上，T_{tr}与 T_m（T_f）也是常常不分的。

不是所有物质均具有 T_m（或 T_f），加热熔化前发生分解的物质缺乏熔点，此外还有许多物质在冷却时发生玻璃态转变而缺乏转折点。

2.2.1 熔点常用数据源

纯物质的 T_m数据是比较充足的，载沸点数据的手册都载有熔点数据。与沸点一样，使用最多和最方便的手册有 CRC 手册[4]、TRC 手册等[1~10,12,13]。手册中一般不记载玻璃态转变的温度，个别的手册在栏中列入很宽的温度范围表示玻璃态改变。

2.2.2 熔点的估算方法

熔点的估算方法有两类，一类是利用其他物性进行计算，但由于缺乏沸点下的液体密度等物性，使用起来较困难，计算误差也较大。

另一类可靠和方便的估算方法是基团贡献法（C-G 法），C-G 法考虑了邻近基团的贡献，是更为准确的方法。

$$T_m=102.425\ln(\sum n_i\Delta T_{mi}+\sum n_j\Delta T_{mj}) \tag{1-2-3}$$

式中，T_m 的单位为K；ΔT_{mi} 为一级基团贡献值（表1-2-3），若只考虑这一级，平均误差为8.90%；ΔT_{mj} 为二级基团贡献值（表1-2-4），若兼顾这一级，平均误差为7.23%。

2.3 临界参数

临界参数包括临界温度（T_c）、临界压力（p_c）、临界体积（V_c）、临界密度（ρ_c）和临界压缩因子（Z_c）。

临界点是流体能分成两相和不能分成两相的分界点，或者说，在临界点处，处于平衡的两相热力学性质趋于一致。该定义对纯物质和混合物均成立。临界参数是最重要的物性参数之一，很多估算方法和计算公式都以临界参数作为物性计算的参照点，其准确与否常影响许多计算方法应用的成败。

在物性项中，对临界参数的评价是很严谨和系统的。

2.3.1 临界参数数据源

至今已测临界参数的物质只在千种上下。由于至今还没有测定高温下太易分解或太易聚合化合物临界性质的方法，在许多数据手册中见到的许多复杂结构或不稳定化合物的临界参数并不是实验值。本篇只提供实验值。

20世纪50年代开始，人们多次对有机化合物进行了严谨的评价工作。在20世纪末到21世纪初，Ambrose、Kudchadker、Marsh、Tsonopoulos等进行了系统的整理及评价工作。近来开始了新一轮临界性质整理、评价高潮。国外从1995～2015年，在“J Chem Eng Data”杂志上系统发表了严格评价临界性质的论文，并提供了推荐值[14～22]；国内马沛生等也进行了系统的临界参数评价工作[23～26]。这批评价工作的特点是：不但推荐了数据，还给出了数据的可靠性（质量码）。这些整理工作中都容纳了新数据，且进行了严谨评价，应该是首选的数据源。单质及无机化合物临界参数的严格评价工作已空缺多年，它们的新测定工作也极少，主要的数据来源于《化工物性数据简明手册》[9]。

2.3.2 临界参数的估算方法

在所有的临界参数中，ρ_c与V_c可以互算。Z_c可按定义$\left(Z_c=\dfrac{p_cV_c}{RT_c}\right)$，利用其他临界参数进行计算。临界参数的估算方法集中在T_c、p_c、V_c的计算上。

目前用于估算临界参数的实用方法为基团（贡献）法，其计算精度明显优于其他方法。在基团法中，发展的方向是双水平基团法。目前常用的双水平基团法为首选的方法。

2.3.2.1 MXXC法

$$T_c=T_b/[0.573430+1.07746\sum n_i\Delta T_i-1.78632(\sum n_i\Delta T_i)^2]\quad(\mathrm{K})\tag{1-2-4a}$$

$$p_c=0.101325\ln T_b/[0.047290+0.28903\sum n_i\Delta p_i-0.051180(\sum n_i\Delta p_i)^2]\quad(\mathrm{MPa})\tag{1-2-4b}$$

$$V_c=28.89746+14.75246\sum n_i\Delta V_i+6.038530/\sum n_i\Delta V_i\quad(\mathrm{cm^3\cdot mol^{-1}})\tag{1-2-4c}$$

式(1-2-4a)～式(1-2-4c)中的基团贡献值见表1-2-5。

表 1-2-5 MXXC 法官能团贡献值

官能团	ΔT_c	Δp_c	ΔV_c	官能团	ΔT_c	Δp_c	ΔV_c
$-CH_3$	0.0184	0.1068	4.4735	$=CF-$	0.0205	0.0969	−4.0561
$-CH_2-$	0.0200	0.0849	3.5649	$(-CF_2-)_R$	0.0311	0.1468	4.8351
$>CH-$	0.0128	0.0647	2.2064	$(-F)_{AC}$	0.0057	0.0668	1.8469
$>C<$	0.0047	0.0366	1.0738	$-CCl_3$	0.0452	0.2277	14.0188
$=CH_2$	0.0119	0.0965	3.6174	$-CCl_2-$	0.0282	0.1587	9.2805
$=CH-$	0.0159	0.0590	2.7312	$>CCl-$	0.0117	0.1153	5.6184
$=C<$	0.0213	0.0569	1.7955	$=CCl-$	0.0114	0.1153	5.6184
$=C=$	0.0092			$(-Cl)_{AC}$	0.0140	0.0859	2.8881
$\equiv CH$	−0.0220	0.0695	2.8131	$(-Cl)_F$	0.0152	0.0827	3.5259
$\equiv C-$	0.0020	0.0018	1.8255	$(-H)_{F,Cl}$	0.0081	0.0016	0.4916
$(-CH_3)_{RC}$	0.0058	0.1222	4.5589	$-Br$	0.0087	0.0785	4.7187
$(-CH_2-)_R$	0.0110	0.0613	3.1398	$(-Br)_{AC}$	(0.0173)	(0.0952)	(3.9762)
$(>CH-)_R$	0.0278	0.0421	2.6036	$-I$	(0.0047)		
$(=CH-)_R$	0.0093	0.0558	2.9792	$(-I)_{AC}$	(0.0167)	(0.1016)	(5.8081)
$(-CH_3)_{AC}$	0.0201	0.1253	4.3789	$-OH$	0.0726	−0.0159	1.4920
$(-CH_2-)_{AC}$	0.0269	0.1336	3.4414	$(-OH)_{RC}$	0.0282	(−0.0633)	
$(>CH-)_{AC}$	0.0262	0.1095	1.9472	$(-OH)_{AC}$	0.0269	−0.0324	−0.2014
$(=CH-)_A$	0.0077	0.0427	2.8582	$-CHO$	(0.0467)		
$(=C<)_A$	0.0148	0.0167	1.7158	$>C=O$	0.0332	0.0473	2.5146
$(-CH_3)_N$	0.0290			$(>C=O)_{RC}$	0.0352	0.0752	
$(=CH-)_N$	0.0099	0.0371	2.6926	$-COOH$	0.0898	0.1357	5.1564
$(=C<)_N$	0.0053	0.0511	2.2395	$-COO-$	0.0469	0.0837	5.1258
$-CF_3$	0.0524	0.2468	6.6216	$-C(=O)-O-C(=O)-$	(0.4460)	(0.1626)	

续表

官能团	ΔT_c	Δp_c	ΔV_c	官能团	ΔT_c	Δp_c	ΔV_c
$-CF_2-$	0.0362	0.1589	5.3239	$=O$	(0.0136)	(0.0789)	(1.7704)
$-\overset{\vert}{C}F-$	0.0103	0.0556	4.1673	$-O-$	0.0183	0.0233	0.5893
$=CF_2$	0.0453	0.1643	4.6069	$(-O-)_R$	−0.0002	0.0046	0.8796
$-NH-$	0.0220	0.0627		$(-O-)_{AC}$	0.0228	0.0228	
$-\overset{\vert}{N}-$	(0.0112)	(0.0203)	(1.8112)	$-NH_2$	0.0235	0.0106	2.3731
$(-NH-)_R$	0.0191	−0.0332	2.3331	$(=N-)_A$	0.0064	−0.0010	1.5491
$(=N-)_R$	0.0786			$NH=N-$	(0.5169)	(−0.0082)	(11.9125)
$(-NH_2)_{AC}$	0.0499	0.1184	0.3192	$-SH$	0.0036	0.0101	3.5132
$(-NH-)_{AC}$	0.0340	−0.0727		$-S-$	0.0124	0.0097	2.8133
				$(-S-)_R$	0.0066	−0.0173	0.9381
				$>S=O$	(0.0500)	(−0.0013)	(7.7784)
				$=S$	(−0.0023)	(0.0188)	(3.1346)

注：1. 下标 A—芳烃环；R—非芳烃环；N—萘环；AC—与芳烃环相连；RC—与非芳烃环相连；$(-Cl)_F$表示含氟烷烃中的氯；$(-H)_{F,Cl}$表示含氟或含氯烷烃中碳原子上的氢；括号中的数据因考核时可用实验数据少，可靠性差。

2. 对 MXXC 法进一步改进见 LM 法[48]。

2.3.2.2 C-G 法

绝大多数估算临界性质的基团法需要使用常压沸点 T_b。对于在沸点前分解的物质，缺乏 T_b，大部分基团法无法使用，可用 C-G 法[11]，基团值可查表 1-2-3、表 1-2-4。

$$T_c=181.728\ln\left(\sum n_i\Delta T_{ci}+\sum n_j\Delta T_{cj}\right)\quad(K)\tag{1-2-5a}$$

$$p_c=0.13705+0.1\left(0.100220+\sum n_i\Delta p_{ci}+\sum n_j\Delta p_{cj}\right)^{-2}\quad(MPa)\tag{1-2-5b}$$

$$V_c=-4.350+\left(\sum n_i\Delta V_{ci}+\sum n_j\Delta V_{cj}\right)\quad(cm^3\cdot mol^{-1})\tag{1-2-5c}$$

2.3.2.3 Klinswicz-Reid 法

在精度要求不高的情况下，可利用 Klinswicz-Reid[27]法计算，该法为简单的关联式：

$$T_c=50.2-0.16M+1.41T_b\quad(K)\tag{1-2-6a}$$

$$\left(\frac{M}{10p_c}\right)^{1/2}=0.335+0.009M+0.019n_A\tag{1-2-6b}$$

$$V_c=20+0.088M+13.4n_A\quad(cm^3\cdot mol^{-1})\tag{1-2-6c}$$

式中，p_c的单位为 MPa；M 为分子量；n_A为分子中的原子数。

【例 1-2-1】 估算乙苯的临界参数。实验值为 $T_c=617.20K$，$p_c=3.609MPa$，$V_c=374cm^3\cdot mol^{-1}$，相关的实验值有 $T_b=409.3K$，$d_4^{20}=0.867$，$M=106.168$。

解 (1) MXXC 法 基团为 5 个 $(=CH-)_A$，1 个 $(=C)_A$，1 个 $(-CH_2-)_{AC}$，1 个 CH_3。

$\sum n_i\Delta T_{ci}=5\times0.0077+0.0148+0.0269+0.0184=0.0986$

$\sum n_i \Delta p_{ci}=5\times 0.0427+0.0167+0.1336+0.1068=0.4706$

$\sum n_i \Delta V_{ci}=5\times 2.8582+1.7158+3.4414+4.4735=23.9217$

由式(1-2-4) 得：

$T_c=409.3\times(0.573430+1.07746\times 0.0986-1.78632\times 0.0986^2)^{-1}=618.00(\mathrm{K})$

$p_c=0.101325\times \ln 409.3\times(0.047290+0.28903\times 0.4706-0.051180\times 0.4706^2)^{-1}=3.544(\mathrm{MPa})$

$V_c=28.89746+14.75246\times 23.9217+6.038530/23.9217=382.0\ (\mathrm{cm^3\cdot mol^{-1}})$

(2) C-G法 基团为5个 $(=\!\mathrm{CH}-)_\mathrm{A}$，1个 $(=\!\overset{|}{\mathrm{C}}\!-)_\mathrm{A}\mathrm{CH_2}-$ ，1个$-\mathrm{CH_3}$，无二级基团。

$\sum n_i \Delta T_{ci}=5\times 3.7337+10.3229+1.6781=30.6695$

$\sum n_i \Delta p_{ci}=5\times 0.007542+0.012200+0.019904=0.069814$

$\sum n_i \Delta V_{ci}=5\times 42.15+100.99+75.04=386.78$

由式(1-2-5) 得：

$T_c=181.728\times \ln 30.6695=622.10(\mathrm{K})$

$p_c=0.13705+0.1\times(0.100220+0.069814)^{-2}=3.596(\mathrm{MPa})$

$V_c=-4.350+386.78=382.43(\mathrm{cm^3\cdot mol^{-1}})$

(3) Klinswicz-Reid法 由式(1-2-6) 得：

$T_c=50.2-0.16\times 106.168+1.41\times 409.3=610.33(\mathrm{K})$

$\left(\dfrac{106.168}{10p_c}\right)^{1/2}=0.335+0.009\times 106.168+0.019\times 18$

$p_c=3.984\mathrm{MPa}$

$V_c=20+0.088\times 106.168+13.4\times 18=270.6(\mathrm{cm^3\cdot mol^{-1}})$

2.4 偏心因子

偏心因子 ω 是在对应状态法中被广泛应用的第三参数，在热力学计算中占有非常重要的地位，其定义为：

$$\omega=-\lg p_{\mathrm{vr}(T_r=0.7)}-1.000 \tag{1-2-7a}$$

式中，$p_{\mathrm{vr}(T_r=0.7)}$为 $T_r=0.7$ 时的对比饱和蒸气压。

$$p_{\mathrm{vr}}=p_\mathrm{v}/p_c \tag{1-2-7b}$$

式中，p_v为饱和蒸气压。

$$T_r=T/T_c \tag{1-2-7c}$$

ω 值反映了分子的形状和极性，随分子结构的复杂程度和极性的增加而增加。除 H_2 和He外，ω 值都是正值，一般小于1，大部分在0～0.5。常被引用的手册有马沛生等的手册[9,10]，也包括Reid等的专著[27]、Daubert和Danner手册[12]、Yaws手册[28]等。

如果在手册中未找到 ω 值，可按定义进行估算，即首先估算 p_c、T_c，然后寻找合适的(实验的或估算的) p_v温度关系，按定义式计算。每个 p_v温度关系式都可对应一个 ω 估算关系。

也可利用基团贡献法计算 ω 值，C-G法计算公式[29]：

$$\exp\left(\frac{\omega}{0.4085}\right)^{0.5050}-1.1507=\sum n_i\omega_{1j}+A\sum n_j\omega_{2j} \tag{1-2-8}$$

式中，A 为邻近基团影响修正项。若 A 取 0，即表示不考虑邻近基团项；若 A 取 1，表示系统考虑邻近基团项。一级基团 ω_{1i} 见表 1-2-3，二级基团 ω_{2j} 见表 1-2-4。

在精度要求不高时，可利用两种第三参数的关系式实现简单互求[30]：

$$Z_c=0.2908-0.099\omega+0.04\omega^2 \tag{1-2-9}$$

2.5 微观参数

2.5.1 偶极矩

偶极矩（μ）用来表示分子的极性大小，μ 为向量，方向由分子的正电中心指向负电中心，常用单位为 D(debye)，SI 单位为 $J^{1/2}\cdot m^{3/2}$（$1D=3.162\times10^{-25}\ J^{1/2}\cdot m^{3/2}$）。一般有机分子的 μ 值在 0～5D，一些大分子的 μ 能超过 17D。μ 值与所处的状态有关，使用时应注意相态、温度和溶剂。最重要的 μ 值数据手册为 McClelland 手册[31]，数据量大，且注明了各种条件下的不同值，但整理工作已过去很多年，新数据未包括在内。

μ 值难以估算，对芳烃类化合物可使用 Fishtime 提出的基团贡献法[32]。

$$\frac{(\varepsilon-1)M}{(\varepsilon+2)d}=\frac{4\pi N\alpha}{9\varepsilon_0 kT}+\frac{4\pi N\mu^2}{9\varepsilon_0 kT} \tag{1-2-10}$$

式中，ε，ε_0 为在介质和真空中的介电常数（无量纲）；M 为摩尔质量，$g\cdot mol^{-1}$；d 为摩尔密度，$g\cdot mol^{-3}$；N 为 Avogadro 数，6.02×10^{23} 个分子$\cdot mol^{-1}$；α 为极化率；k 为 Boltzmann常数，$1.3806\times10^{-23} J\cdot K^{-1}$；$T$ 为温度，K。

2.5.2 极化率

不论是否具有极性，分子处于电场中时，由于电子云变形，可产生附加的诱导偶极矩（μ'），μ' 与电场强度成正比，其比例系数即为极化率（α）。

α 与分子大小和极性有关，分子越大，越容易极化，α 就大。形状和大小相同的分子，μ 越大，电子云越不容易变形，α 越小。

α 可由 Clausius-Mossoti 式计算：

$$\frac{\varepsilon-1}{\varepsilon+2}\times\frac{1}{d}=\frac{1}{3}N\alpha \tag{1-2-11}$$

或者由 Lorentz-Lorenz 式计算：

$$\frac{n^2-1}{n^2+2}\times\frac{1}{d}=\frac{1}{3}N\alpha \tag{1-2-12}$$

式中，ε 为介质中的介电常数（无量纲）；d 为密度，$g\cdot cm^{-3}$；n 为折射率；N 为 Avogadro 数。

2.5.3 Lennard-Jones 12-6 参数

Lennard-Jones 12-6 参数（简称 L-J 12-6 势）是用来模拟两个电中性分子或原子间相互作用势能的简单数学模型。L-J 势以分子间距 r 为唯一变量，包含 ε 和 σ 两个参数，形式为：

$$\phi(r)=4\varepsilon\left[\left(\frac{\sigma}{r}\right)^{12}-\left(\frac{\sigma}{r}\right)^{6}\right] \tag{1-2-13}$$

式中，r 为分子间距；$\phi(r)$ 为相应势能；ε 为势能穴最低位能，即最稳定位置时的能量，是模型的能量参数；σ 为势能为零时的分子间距，可理解为一种硬球直径，是模型的几何参数。

为方便起见，常用 ε/k（单位为 K）和 b 代替表示 ε 和 σ 两个参数，其中：

$$b=\frac{2}{3}\pi N\sigma^{3} \tag{1-2-14}$$

式中，N 为 Avogadro 数。

L-J 12-6 参数的数据，主要见于 Svehla 的工作[27,33]（基于气体黏度）以及王延儒和马沛生的工作[34]（基于第二维里系数）。

当缺乏实验值时，L-J 12-6 参数可用 T_c、p_c、Z_c 或 T_c、p_c、ω 三参数求得。Stiel 和 Thodos 等提出[35]，对于大多数有机物的计算式为：

$$\varepsilon/k=65.3T_cZ_c^{18/5}\quad(\text{K}) \tag{1-2-15a}$$

$$\sigma=0.1866V_c^{1/3}Z_c^{18/5}(\text{Å},1\text{Å}=10^{-10}\text{m}) \tag{1-2-15b}$$

或

$$\sigma=0.812(T_c/p_c)^{1/3}\quad(\text{Å}) \tag{1-2-15c}$$

或

$$b_0=(0.676/Z_c^{2.60})(T_c/p_c)\quad(\text{cm}^3\cdot\text{mol}^{-1}) \tag{1-2-15d}$$

Tee 等的方法是[36]：

$$\sigma\left(\frac{p_c}{T_c}\right)^{1/3}=2.3551-0.087\omega \tag{1-2-16a}$$

$$\varepsilon/kT_c=0.7915+0.1693\omega \tag{1-2-16b}$$

在式(1-2-15)、式(1-2-16) 中，T_c单位为 K，p_c的单位为 atm，V_c的单位为 $\text{cm}^3\cdot\text{mol}^{-1}$。

2.6 定位分布贡献法估算物性

2008 年以来，王强、贾青竹、夏淑倩、马沛生建立了用于有机物热力学性质预测的新方法，即定位分布贡献方法。该方法简述为：有机物热力学性质均可通过广义定位分布贡献函数描述。它由新定义的基团划分方式、定位因子、广义定位分布贡献函数三部分构成。

经过百多年的努力，常规使用的一级贡献、二级贡献或三级贡献的方法就是尽可能通过基团划分方式，区分出更多的有机物结构，以达到提高预测精度目的，但其依然只能区分为数不多的若干有机物。定位分布贡献方法认为，有机物同分异构体的区别在于关键基团的位置差异，比如链烃化合物所有同分异构体的根本区别就在于“叔碳”和“季碳”位置不同，而其位置差异的区别在 IUPAC 中的有机物系统命名法有着明确定义。定位分布贡献方法找到了这种位置的关键基团，“叔碳”“季碳”“双键”“三键”“羟基”“羧基”及“顺式”和“反式”结构，并且将这些基团的位置定义为定位因子 P_k，定位因子的取值就是系统命名法中基团所在的位置数值。因为系统命名法在区分有机物结构上的逻辑是完备的，这里的定位因子依附于系统命名法，所以，可以说定位分布贡献方法已经完整地解决了物性计算中所需的全部有机物同分异构体的分辨问题。

同时，定位分布贡献方法提出了广义定位分布贡献函数，它将有机物的临界温度、临界压力、临界体积、临界压缩因子、偏心因子、沸点、熔点、闪点、蒸发焓和熔化焓等性质，用一个完全相同的广义定位分布贡献函数予以表示，并且具有非常好的稳定性和准确性。其表示式如下：

$$f=f_0+\sum_i A_i N_i+\sum_j A_j \tanh\frac{N_j}{N}+\sum_k A_k P_k+a_1\exp\frac{1}{Mw}+a_2\exp\frac{1}{N} \tag{1-2-17a}$$

$$N=\sum_i N_i+\sum_j N_j \tag{1-2-17b}$$

式中，N_i 为以饱和碳为中心的基团；N_j 为以非饱和碳及非碳为中心的基团；P_k 为定位因子；f 为上面所提及的十个热力学性质。

这形成了事实上的有机物性质预测的统一方法，并且这个方法计算的准确性在相同样本及样本量比较前提下，均大幅度优于 Joback 方法、Constantinous-Gani 方法、Marrero-Marejon 和 Pardillo-Fontdevila 方法、Marrero J 和 Gani R 方法[37~47]。

由于基团贡献及定位因子数值量大，在本书中难以一一列出，读者可阅读已经发表的论文[37~47]。总之，定位分布贡献方法的主要优点是：

① 解决了全部有机物同分异构体的分辨问题，也是唯一能够区分顺反异构、旋光异构有机化合物物性的方法。

② 较 2007 年以前报道的方法，提供了更可靠的物性数据预测值。

③ 提供了复杂结构的有机化合物物性数据估算值。

④ 使用统一的广义定位分布贡献函数，不仅可简化计算，也便于使用软件计算。

⑤ 把物性数据估算的使用范围扩大，例如对于有机物和药物的毒性及活性的预测。

但是该方法和所有基于基团贡献思想所推导、演化出来的其他方法一样，对于未知标准基团构成的有机物无能为力，也不能对新结构类型进行预测。这属于基团贡献方法思想的缺陷。

定位分布贡献法估算的优点，可以通过计算实例说明，表 1-2-6 是用该法估算一些物性的估算值与实验值对比。

表 1-2-6 用定位分布贡献法估算一些物性的估算值与实验值对比

物性	物质	实验值	估算值
熔点/K	4-甲基-顺-2-戊烯	138.75	141.38
	4-甲基-反-2-戊烯	132.35	132.66
临界温度/K	1,2-二甲苯	616.2	615.72
	1,3-二甲苯	630.3	625.82

由于估算式比较复杂，本书不详细介绍，请使用者查阅所列文献。通过表 1-2-6 还说明本法的重要优点：它可以估算出其他所有估算方法难以分辨的顺、反异构及其他一些同分异构体的物性差别。

参考文献

[1] Beilstein F K. Beilstein Handhuch der Organischen Chemie. Berlin: Springer, 1976.

[2] Leigh G J. Gmelin Handbook of Inorganic and Organometallic Chemistry. Berlin: Springer, 1995.

[3] Weast R C，Astle M J. CRC Handbook of Data on Organic Compounds. Boca Raton：CRC Press，1995.
[4] Lide D R. CRC Handbook of Chemistry and Physics. 80th ed. Boca Raton：CRC Press，2005-2006.
[5] Hall K R，Wilholt R C. Selected Values of Properties of Hydrocarbons and Related Compounds. College Station：TRC，1981.
[6] Hall K R. Selected Values of Properties of Chemical Compounds. College Station：TRC，1981.
[7] Wilhoit C. TRC Thermodynamic Tables-Hydrncarbons. College Station：TRC，1987.
[8] Marsh K N，Bruce E，Gammon，Randolph C，et al. TRC Thermodynamic Tables-Non-Hydrncarbons. College Station：TRC，1987.
[9] 马沛生，等 . 化工物性数据简明手册 . 北京：化学工业出版社，2013.
[10] 马沛生 . 有机化合物实验物性数据手册——含碳、氢、氧、卤部分 . 北京：化学工业出版社，2006.
[11] Constantinous L，Gani R. AIChE J，1994，40：1697.
[12] Daubert T E，Danner R P. Data Compilation of Properties of Pure Compounds. New York：AIchE，1985.
[13] Smith B D，Srivastava R. Thermodynamic Data for Pure Compounds. Amsterdam：Elsevier，1986.
[14] Ambrose D，Tsonopoulos C. J Chem Eng Data，1995，40 (3)：531.
[15] Gude M，Teja A S. J Chem Eng Data，1995，40 (5)：1025.
[16] Daubert T E. J Chem Eng Data，1996，41 (3)：365.
[17] Tsonopoulos C，Ambrose D. J Chem Eng Data，1996，41 (4)：645.
[18] Kudchadker A P，Ambrose D. J Chem Eng Data，2001，46 (3)：457.
[19] Tscnopoulos C，Ambrose D. J Chem Eng Data，2001，46 (3)：480.
[20] Marsh K N，Young C L，Morton D W，et al. J Chem Eng Data，2010，55 (3)：1509.
[21] Marsh K N，Abramson A，Ambrose D，et al. J Chem Eng Data，2007，52 (5)：305.
[22] Ambrose D，Tsonopolos C，Nikitin ED，et al. J Chem Eng Data，2015，60：3444.
[23] 马沛生 . 石油化工，1999，28：32.
[24] 马沛生，高进 . 石油化工，1998，27：425.
[25] 马沛生，梁英华 . 石油化工，1996，25：628.
[26] 马沛生，张东明 . 石油化工，1995，24：233.
[27] Reid R C，Pransnitz J M，Sherwood T K. The Propertoes of Gases and Liquid. 3rd ed. New York：McGraw-Hill，1977.
[28] Yaws C L. Chemical Properties Handbook. New York：McGraw-Hill，1999.
[29] Devoua S，Pendyala V R. Ind Eng Chem Res，1992，31 (8)：112.
[30] Hansch C，Leo A，Unger S H，et al. J Med Chem，1973，16 (11)：1207.
[31] McClelland A L. Table of Experimental Dipole Momento. San Francisco：Freeman，1963.
[32] Vetere A. Fluid Phase Equil，1995，109 (109)：17.
[33] Svehla R A. NASA Tech Rep R-132. Cleveland，1962.
[34] 王延儒，马沛生 . 化工学报，1988，39 (5)：608.
[35] Reid R C，Sherwood T K. The Properties of Gases and Liquids：2nd ed. New York：McGraw-Hill，1966.
[36] Tee L S，Gotoh S，Stewart W E. Ind Eng Chem Fundam，1966，5 (3)：356.
[37] Wang Q，Ma P S，Jia Q Z，et al. J Chem Eng Data，2008，53：1103.
[38] Wang Q，Jia Q Z，Ma P S，et al. J Chem Eng Data，2008，53：1877.
[39] Jia Q Z，Wang Q，Ma P S，et al. J Chem Eng Data，2008，53：2606.
[40] Wang Q，Ma P S. 中国化学工程学报 (英)，2009，17：468.
[41] Wang Q，Ma P S，Xia S Q. 中国化学工程学报 (英)，2009，17：254.
[42] Jia Q Z，Wang Q，Ma P S. J Chem Eng Data，2010，55 (12)：5614.
[43] Wang Q，Jia Q Z，Ma P S. J Chem Eng Data，2009，54：1916.
[44] Wang Q，Jia Q Z，Ma P S. J Chem Eng Data，2012，57：169.
[45] Jia Q Z，Wang Q，Ma P S，et al. J Chem Eng Data，2012，57：3357.
[46] Jia Q Z，Wang Q，Xia S Q. Chemosphere，2014，108：383.
[47] Shahid K，Wang Q，Jia Q Z，et al. 中国化学工程学报 (英)，2016，24：1464.
[48] Liang Y，Ma P. Chinese J Chem Eng，2000，8：74.

3 蒸气压和相变焓

3.1 数据源

3.1.1 蒸气压数据源

液体或固体在固定温度下有与之相平衡的蒸气，其压力称为饱和蒸气压，简称蒸气压(p_v)。对纯物质而言，一定温度下，p_v为常数，混合物的蒸气压与组成有关，但一般被列入气液平衡中讨论。若压力不太高，特别是在常压附近，外压对蒸气压的影响可忽略不计。固体的蒸气压又称为升华压，除少数物质外，其值远远小于液体的蒸气压。

纯物质的p_v数据十分丰富，多以温度关联式的形式存在。在众多的关联式中，Antoine方程简单、可靠，已整理的数据丰富，是公认常用的关联方程。Antoine方程不仅适合常压范围，在高压范围的误差也不大，足以满足工程计算的需求，但不宜进行外推，只宜在提供的温度范围内进行内插。

Antoine方程表达式为[1]：

$$\lg p_v = A - B/(C+t) \tag{1-3-1a}$$

或

$$\ln p_v = A - B/(C+t) \tag{1-3-1b}$$

式中，A、B、C为Antoine参数。不同物质的Antoine常数数据多集中在中、低压范围(0.1～270kPa)。收集Antoine方程数据最多的手册是LB手册[1]，此外还可查阅TRC手册[2~5]、Boublick等手册[6]、Stephenson手册[7]、化工物性数据简明手册[8]、有机化合物实验物性相关手册[8,24]。

常用的有机物和无机物的Antoine方程常数分别见表1-3-1、表1-3-2。

表 1-3-1 Antoine方程常数[8](有机物)

物质名	A	B	C	温度范围/K	
甲烷	5.963551	438.5193	−0.9394	91	190
乙烷	6.0567	687.3	−14.46	90	133
	5.95405	663.72	−16.469	133	198
	6.106759	720.7483	−8.9237	160	300
丙烷	6.6956	1030.7	−7.79	101	165
	5.963088	816.4206	−24.7784	166	231
	6.079206	873.8370	−16.3891	244	311
丁烷	6.0127	961.7	−32.14	138	196
	5.93266	935.773	−34.361	196	288
	6.105086	1025.781	−22.3093	294	344
异丁烷	5.32368	739.94	−43.15	120	188

续表

物质名	*A*	*B*	*C*	温度范围/K	
	6.00272	947.54	−24.28	188	278
	6.121062	1010.474	−15.5876	278	344
戊烷	5.99466	1073.139	−40.188	223	352
	6.28417	1260.973	−14.031	350	422
2-甲基丁烷	5.95805	1040.73	−37.705	216	323
	6.39629	1325.048	1.244	320	391
2,2-二甲基丙烷	5.83916	938.234	−37.901	259	298
	6.08953	1080.237	−17.896	312	385
	6.542310	1416.437	32.1790	344	433
己烷	6.89538	1549.94	−19.15	182	247
	6.00139	1170.875	−48.833	250	358
	6.4106	1469.286	−7.702	347	451
2-甲基戊烷	5.98332	1145.8	−45.335	250	348
庚烷	6.75691	1599.5	−29.95	185	274
	6.02023	1263.91	−56.718	274	388
	6.995341	2134.258	58.9813	420	532
辛烷	6.56398	1606.62	−42.89	217	294
	6.05075	1356.36	−63.515	298	423
	6.23406	1492.068	−45.851	428	510
	7.66614	3108.961	159.091	506	569
壬烷	9.2671	3131.8	29.7	221	315
	6.07356	1438.03	−70.456	315	449
癸烷	7.7056	2431.8	−10.06	241	338
	6.06853	1495.17	−79.292	338	468
	6.04899	1482.502	−80.635	447	526
	9.71412	6858.314	454.63	524	617
十一烷	6.0971	1569.57	−85.45	356	499
十二烷	6.62064	1942.122	−65.587	278	400
	6.12285	1639.27	−91.315	367	530
十三烷	6.9054	2151.6	−63.03	291	384
	6.13246	1690.67	−98.93	384	540
十四烷	6.94289	2236.75	−66.88	280	399
	6.1379	1740.88	−105.43	399	559
十五烷	7.5981	2752.3	−40.65	333	413
	6.14849	1789.95	−111.77	413	577
十六烷	7.19842	2522	−65.79	291	426
	6.15357	1830.51	−118.7	426	594
乙烯	5.979965	612.5245	−15.1848	104	176
	5.87310	584.293	−18.288	149	189
	6.402225	800.8744	14.0346	200	282
丙烯	6.48447	934.227	−14	100	163
	5.95606	789.624	−25.57	163	238
	6.088813	851.3585	−16.9080	244	311
	6.651058	1185.489	31.9997	273	364
1-丁烯	6.7447	1175.63	−13.52	120	194
	5.9178	908.8	−34.615	194	288
	6.05416	970.771	−27.089	267	345
	6.77294	1482.801	48.073	342	411
顺-2-丁烯	6.38127	1086.09	−26.17	136	203

续表

物质名	A	B	C	温度范围/K	
	6.00958	967.32	−35.277	205	298
	6.104010	1017.939	−28.4204	278	358
	6.94808	1643.833	104.145	383	431
反-2-丁烯	6.27279	1062.92	−23.86	168	201
	6.00827	967.5	−32.31	201	288
	6.54020	1274.473	7.499	313	385
	6.94828	1643.833	64.733	382	428
异丁烯	6.41259	1078.57	−19.41	133	194
	5.80956	866.25	−38.51	194	288
	6.27428	1095.288	−9.441	310	376
	7.64267	2336.466	160.311	371	418
1-戊烯	6.76566	1323.6	−18.74	138	222
	5.96914	1044.01	−39.7	222	318
	6.306944	1244.139	−13.9318	273	473
顺-2-戊烯	6.68458	1318.85	−23.16	143	228
	6.02473	1052.44	−44.457	228	328
反-2-戊烯	6.59318	1290.5	−24.1	142	228
	6.02473	1080.76	−40.583	228	328
2-甲基-1-丁烯	6.53281	1254.5	−23.89	140	223
	6.09149	1124.33	−36.52	229	328
3-甲基-1-丁烯	6.6662	1253.84	−18.39	133	213
	5.94945	1012.37	−36.503	213	308
2-甲基-2-丁烯	6.57599	1297.31	−24.22	143	229
	6.286407	1208.302	−28.7949	194	291
	6.04808	1099.054	−39.836	276	344
1-己烯	6.72755	1442.59	−25.04	156	247
	5.9826	1148.62	−47.81	247	358
顺-2-己烯	6.16295	1258.57	−39.299	254	365
反-2-己烯	6.01832	1173.34	−48.62	254	364
顺-3-己烯	6.00344	1164.13	−48.401	252	363
反-3-己烯	6.0427	1180.71	−47.766	253	363
2-甲基-1-戊烯	5.9752	1138.52	−48.446	249	358
乙炔	6.27098	726.768	−18.008	192	308
丙炔	6.24555	935.09	−29.57	187	266
	6.81779	1321.342	27.993	257	402
1-丁炔	6.15272	1009.000	−37.903	194	283
2-丁炔	6.18046	1093.44	−38.19	245	320
环丙烷	6.019525	859.1052	−26.256	183	241
	6.40545	1068.315	3.164	239	298
	6.668383	1261.041	33.06	293	398
环丁烷	6.02828	1017.135	−32.872	199	286
环戊烷	6.06783	1152.57	−38.64	236	348
甲基环戊烷	6.18199	1295.54	−34.76	255	373
乙基环戊烷	6.00807	1296.209	−52.755	302	378
苯	6.01907	1204.682	−53.072	279	377
	6.06832	1236.034	−48.99	353	422
	6.3607	1466.083	−15.44	420	502
	7.51922	2809.514	171.489	501	562
甲苯	7.5727	2124.65	5.95	181	278

续表

物质名	A	B	C	温度范围/K	
	6.05043	1327.62	−55.525	286	410
	6.12072	1374.901	−49.657	383	445
乙苯	5.6643	1250.06	−73.31	199	300
	6.06991	1416.922	−60.716	298	420
	6.10898	1445.262	−57.128	409	459
邻二甲苯	7.5862	2277.61	0.0	250	307
	6.09789	1458.076	−60.109	313	445
	6.46119	1772.963	−18.84	471	571
	7.91427	3735.582	229.953	567	630
间二甲苯	6.03914	1425.44	−60.15	227	303
	6.14051	1468.703	−57.03	309	440
对二甲苯	6.14779	1475.767	−55.241	286	453
	6.44333	1735.196	−19.846	460	553
	7.84182	3543.356	208.522	551	616
萘	6.13555	1733.71	−71.291	368	523
	6.13398	1735.26	−70.82	418	613
蒽	6.53182	2550.737	−51.394	496	614
菲	6.37081	2329.54	−77.87	356	650
四氟甲烷	5.96254	513.129	−15.474	89	163
	6.23758	599.591	−3.252	160	197
	6.99757	936.128	45.844	195	227
氯乙烷	6.09088	1020.63	−35.58	211	305
	6.14258	1053.998	−30.686	285	344
	6.4495	1248.788	−3.798	334	413
	6.70739	1465.147	29.696	403	460
1,1-二氯乙烷	6.1678	1201.05	−41.88	228	352
	6.14443	1216.12	−36.579	323	535
1,2-二氯乙烷	6.16284	1278.323	−49.456	242	373
1-氯丙烷	6.07655	1125.09	−43.29	238	341
氯乙烯	5.99348	895.539	−34.816	187	259
	5.21029	559.842	−84.717	259	327
1,1-二氯乙烯	6.09904	1100.431	−35.876	245	306
氯苯	6.10416	1431.813	−55.515	335	405
	6.62988	1897.41	5.21	405	597
(氯甲基)苯	6.68263	1932.14	−39.396	295	453
溴甲烷	6.08455	986.59	−34.83	201	296
四溴甲烷	4.89693	873.53	−160.55	370	497
甲醇	7.4182	1710.2	−22.25	175	273
	7.23029	1595.671	−32.245	278	338
乙醇	8.9391	2381.5	0.0	210	271
	7.30243	1630.868	−43.569	273	352
1-丙醇	8.7592	2506	0.0	200	228
	6.97878	1497.734	−69.056	321	368
2-丙醇	9.6871	2626	0.0	195	228
	6.86634	1360.183	−75.557	325	362
	6.40823	1107.303	−103.944	379	461
	7.02506	1588.226	−33.839	453	508
1-丁醇	8.9241	2697	0.0	209	251
	6.54172	1336.026	−96.348	323	413

续表

物质名	A	B	C	温度范围/K	
	7.05559	1738.4	−46.544	413	550
2-丁醇	7.50959	1751.931	−52.906	210	303
	6.34976	1169.754	−103.388	303	403
	6.12622	1050.17	−117.808	395	485
	6.61842	1439.696	−55.524	476	536
异丁醇	9.8507	2875	0.0	202	243
	6.49241	1271.027	−97.758	313	411
	6.14833	1077.094	−121.099	401	493
	6.70286	1525.5	−50.929	483	548
叔丁醇	6.35045	1104.341	−101.315	299	375
	6.27388	989.74	−124.966	356	480
	6.87411	1577.41	−24.596	453	506
苯甲醇	8.963	3214	0.0	293	313
	6.39383	1655.003	−101.300	358	425
	6.7069	1904.3	−73.15	385	573
乙二醇	7.13856	2033.185	−74.214	338	573
1,2-丙二醇	7.91179	2554.9	−28.611	318	461
1,4-丁二醇	7.53422	2292.1	−86.69	380	510
甘油	10.39913	4480.5	0.0	293	343
	5.13022	990.45	−245.819	469	563
苯酚	6.57957	1710.287	−80.273	314	395
	6.25543	1515.182	−98.368	380	455
	6.34757	1482.82	−113.862	455	655
邻苯二酚	7.98960	3144.241	7.478	392	519
间苯二酚	6.1041	1745.2	−133.81	392	463
	6.52635	1918.1	−128.65	419	550
	7.16673	2359.273	−92.188	446	510
对苯二酚	7.00575	2321.92	−95.235	448	559
双酚 A	9.4293	4439.51	−35.708	466	634
甲醚	6.44136	1025.56	−17.1	183	265
	6.09534	880.813	−33.007	241	303
	6.28318	987.484	−16.813	293	360
	7.48877	1971.127	122.787	349	400
甲基乙基醚	5.00683	504.49	−112.4	216	299
	5.30082	523.34	−124.745	281	433
甲基丙基醚	6.02543	1071.218	−45.218	253	328
	6.22322	1193.578	−28.564	325	407
	7.4099	3256.879	112.964	401	476
甲基异丙基醚	6.046	1054.063	−43.038	250	325
乙醚	6.04972	1066.052	−44.147	212	293
	6.05933	1067.576	−44.217	305	360
	6.37811	1276.822	−14.869	351	420
	6.98097	1794.569	−57.993	417	467
苯甲醚	6.23361	1529.735	−65.088	347	427
苯乙醚	6.17151	1529.380	−76.108	365	443
环氧乙烷	6.25267	1054.240	−35.420	224	285
四氢呋喃	6.59372	1446.150	−23.168	274	308
	6.12023	1202.394	−46.883	296	373
	6.63507	1626.656	15.041	379	479

续表

物质名	A	B	C	温度范围/K	
	6.73137	1702.922	23.613	467	541
呋喃	6.10013	1160.851	−45.41	238	363
甲醛	6.32524	972.500	−28.821	164	251
乙醛	6.3859	1115.1	−29.015	238	285
	6.45597	1170.93	−20.498	283	385
丙醛	6.2336	1180	−42.0	250	330
丁醛	5.68618	994.1	−78.05	293	349
	5.40874	1182.472	0.0	348	423
苯甲醛	7.4764	2455.4	0.0	273	373
	6.21282	1618.669	−67.156	312	481
	6.28780	1682.466	−58.948	465	541
丙酮	3.6452	469.5	−108.21	178	243
	6.25017	1214.208	−43.148	259	351
	6.69966	1542.465	0.447	374	464
	7.56948	2457.295	122.324	457	508
2-丁酮	6.247219	1294.53	−47.442	294	352
	6.22518	1286.794	−47.766	353	403
	6.45545	1456.517	−24.944	397	479
环己酮	6.10133	1494.166	−63.751	353	439
光气	6.06819	986.45	−37.88	240	281
	6.81263	1428.299	16.439	280	341
	6.37426	1144.238	−19.373	338	410
	6.58798	1303.455	4.738	406	455
乙酰氯	6.05379	1106.001	−50.704	266	324
苯酰氯	6.65026	2006.37	−38.409	305	470
甲酸	6.5028	1563.28	−26.09	283	384
乙酸	6.5729	1572.32	−46.777	290	396
	6.82561	1748.572	−28.259	391	447
	7.22638	2101.805	12.244	437	535
	8.44129	3628.209	182.674	525	593
丙酸	6.67457	1615.227	−68.362	328	438
	9.24101	2835.99	−23.07	414	511
丁酸	11.53324	5291.631	128.778	301	358
	6.67596	1642.683	−85.137	350	452
	7.3554	2180.05	−29.337	437	592
苯甲酸	7.80991	2776.12	−43.978	405	523
乙酸酐	6.26759	1440.544	−73.774	337	413
	5.38392	2696.31	17.794	413	526
甲酸甲酯	6.225963	1088.955	−46.675	279	305
	6.39684	1196.323	−32.629	305	443
甲酸乙酯	6.1384	1151.08	−48.94	213	336
	6.4206	1326.4	−26.867	327	498
甲酸丙酯	6.73268	1560.29	−24.287	230	355
	6.2378	1301.3	−46.767	354	518
乙酸甲酯	6.25449	1189.608	−50.035	260	351
乙酸乙酯	6.20229	1232.542	−56.563	271	373
	6.38462	1369.41	−37.675	350	508
乙酸丁酯	6.25496	1432.217	−62.214	333	399
苯甲酸甲酯	8.183	2816.6	0.0	283	323

续表

物质名	A	B	C	温度范围/K	
	6.20322	1656.25	−77.92	373	533
苯甲酸苯酯	6.6127	2470.18	−50.986	370	587
糠醇	8.81987	3223.12	29.705	303	443
糠醛	5.76606	1236.745	−105.782	338	428
	5.62941	1124.583	−124.321	365	444
甲胺	6.47008	1014.927	−39.524	190	267
	6.76954	1174.666	−20.186	263	329
	6.32072	936.232	−50.047	319	381
	8.61285	3135.822	231.226	373	430
二甲胺	6.21132	962.001	−51.298	201	280
	6.20646	965.728	−50.151	277	360
	7.81489	2369.425	141.433	358	438
乙胺	6.57462	1167.57	−34.18	213	297
	6.43082	1140.62	−32.133	290	449
苯胺	8.1019	2728	0.0	273	338
	6.40267	1702.817	−70.155	304	458
	6.44338	1682.148	−78.065	455	523
苄胺	6.71728	1921.37	−49.746	302	458
二苯胺	7.15045	2778.28	−35.102	381	575
	6.5746	2430.7	−43.15	573	673
氰化氢	6.65258	1329.190	−12.773	257	319
	7.13596	1631.43	18.953	298	457
乙腈	6.39532	1420.682	−31.298	288	361
丙腈	4.43910	677.415	−102.599	250	295
	5.89149	1181.562	−66.547	309	371
丁腈	6.25417	1452.206	−48.95	333	401
丙烯腈	6.12021	1288.9	−38.74	257	352
苯腈	6.79506	2066.71	−32.19	301	464
甲肼	5.71853	1014.354	−90.069	275	297
吡咯	6.42113	1502.586	−62.62	339	439
吡啶	6.30308	1448.781	−50.948	296	353
	6.16446	1373.263	−58.18	348	434
	6.284	1455.584	−48.272	431	558
	7.25663	2578.625	115.504	552	620
喹啉	5.94201	1668.355	−86.938	438	511
	7.15102	2846.253	41.795	463	794
硝基甲烷	6.40626	1446.744	−45.572	329	410
	6.10708	1223.640	−77.284	405	476
硝基苯	6.23424	1741.779	−61.893	407	484
	4.06596	323.457	−14.874	512	564
亚硝酸甲酯	6.58183	1181.36	2.85	218	273
亚硝酸乙酯	6.625	1340	0.0	252	276
吗啉	6.4863	1547.56	−54.943	273	318
	6.2852	1447.7	−63.15	317	443
甲硫醇	6.18991	1030.496	−32.82	222	279
	6.13669	1006.199	−35.529	267	359
	6.53487	1278.361	5.318	345	424
	8.49935	3497.599	283.722	414	470
乙硫醇	6.07680	1084.445	−41.776	274	339

续表

物质名	A	B	C	温度范围/K	
	6.10279	1099.374	−39.807	303	375
	6.42565	1328.598	−6.231	365	448
	7.84948	2874.377	200.657	442	499
二甲硫醚	6.27843	1196.875	−30.34	251	293
	6.13402	1124.998	−37.961	307	379
	6.42655	1334.329	−7.456	372	453
	7.36327	2293.043	130.243	447	503
二乙硫醚	6.05239	1257.304	−54.552	319	396
噻吩	6.11360	1260.606	−50.363	278	313
	6.07230	1238.803	−52.679	312	393

表 1-3-2 Antoine 方程常数[8]（无机物）

分子式	物质名	A	B	C	温度范围/℃
Ar	氩	5.74051	304.23	267.31	−179～−102
Br_2	溴	6.0059	1121.5	221.6	−14～81
Cl_2	氯	6.05668	959.178	246.14	−101～−9
D_2O	重水	7.03799	1632.61	224.426	100～150
F_2	氟	5.93031	310.128	267.16	−214～−181
HCl	氯化氢	6.2951	744.491	258.704	−136～−73
H_2O_2	过氧化氢	7.09407	1886.76	220.6	50～173
HCN	氰化氢	5.81634	319.013	266.697	−211～−173
HBr	溴化氢	5.40858	539.624	225.29	−89～−52
HNO_3	硝酸	6.6368	1406.00	221.0	−5～104
HF	氟化氢	6.81010	1478.55	288.22	−67～40
H_2	氢	5.04577	71.615	276.337	−260～−248
H_2O	水	7.07406	1657.46	227.02	10～168
H_2S	硫化氢	6.11878	768.132	247.09	−83～−43
I_2	碘	6.14297	1610.9	205.0	109～214
Kr	氪	5.7556	416.38	264.45	−160～−144
Ne	氖	5.20932	78.377	270.54	−249～−244
NF_3	三氟化氮	5.90455	501.913	257.79	−171～113
NO	一氧化氮	7.86786	682.937	268.27	−178～−133
NO_2	二氧化氮	8.04201	1798.54	276.8	−43～47
NO_2Cl	硝酰氯	4.4972	395.4	174.0	−34～6
N_2	氮	5.61943	255.68	266.55	−219～−183
N_2O	一氧化二氮	6.12881	654.26	247.16	−129～−73
N_2O_5	五氧化二氮	10.7694	2510.0	253.0	−17～44
O_2	氧	5.962	552.5	251.0	−164～−99
PH_3	磷化氢	6.60725	794.496	265.2	−143～−80
P	磷	6.0618	1907.6	190.0	131～317
Rn	氡	6.6204	884.41	255.0	−119～−50
S	硫	5.96849	2500.12	186.30	242～495
SO_3	三氧化硫	8.17573	1735.31	236.49	16～59
Se	硒	6.7565	4213.0	202.0	433～744
SO_2	二氧化硫	6.40718	999.90	237.19	−78～7
Xe	氙	5.76779	566.285	258.65	−115～−93

3.1.2 相变焓数据源

3.1.2.1 相变焓

蒸发焓（$\Delta_v H$）是相变焓中数据量最大的部分，它包括沸点下蒸发焓（$\Delta_v H_b$）、298.15K 下蒸发焓（$\Delta_v H_{298}$）、298.15K 下标准蒸发焓（$\Delta_v H_{298}^{\ominus}$），在工程计算中也需要在任意温度下的蒸发焓（$\Delta_v H_T^{\ominus}$）。

$\Delta_v H_{298}$ 和 $\Delta_v H_{298}^{\ominus}$ 一般相差很小，$\Delta_v H_{298}^{\ominus}$ 用于热力学计算，该值不是直接测量而得的，而是通过热力学关系式，计算与 $\Delta_v H_{298}$ 的差值而得到的，在 Pedley 等的手册[10,11]、Cox 等的手册[12]及马沛生的系列论文[13]都提供了大量数据。

$\Delta_v H$ 可用量热法或蒸气压法求得，前者更可靠些，但实验难度大些，蒸气压法则反之。Majer 等[9]系统收集了从 1930 年以来用量热法测得的 $\Delta_v H_{298}$ 和 $\Delta_v H_b$ 的数据。Chickos 等[14]总结了 1880～2002 年的 $\Delta_v H$ 数据，组成了重要的该项数据手册，此后又整理了 1880～2010 年相变焓数据[15]。具有大量 $\Delta_v H$ 数据的还有 TRC 系列[2~5]及 Yaws 等的手册[16]，Smith 等的手册[17,18]还列有不同温度下的 $\Delta_v H_T$，而 Tamir 等的手册[19]的特点是含有各种相变热数据。

不同温度下的 $\Delta_v H_T$ 与温度关联式可用式（1-3-2）：

$$\Delta_v H_T = A[\exp(-\alpha T_r)](1-T_r)^{\beta} \tag{1-3-2}$$

Majer 等[9]手册[13]中提供了较多物质的上述关联式参数，当 $\alpha = 0$ 时，式(1-3-2) 简化为：

$$\Delta_v H_T = A(1-T_r)^{\beta} \tag{1-3-3}$$

用式(1-3-3) 关联一些简单物质的关联成果见文献[20]。

$\Delta_m H$ 的数据量也很大，早期的收集工作可见 Tamir 等[19]的手册，新一些的数据可见 LB 手册[21]整理成果和 Chickos 等[20]及 Shiu 等[22]的整理工作，后者更有关注与环境有关的化合物的相变焓的特色。

$\Delta_s H$ 的数据量很少，常与 $\Delta_m H$ 出现在同一数据手册中，例如文献[21～23]。

相转变焓（$\Delta_{trs} H$）的数值较小，在化工计算中重要性不大，在一些 $\Delta_m H$ 测定过程中常同时测定了 $\Delta_{trs} H$，因此实测值不是很少，不过数据整理工作很少，LB 手册包括了这一部分数据。熔化焓与凝固焓的绝对值应该相同，由于被测定的物质存在一些杂质，测量时可能有少许差异，在工程中常混用。

3.1.2.2 有机化合物的相变焓

有机化合物的相变焓见表 1-3-3。

表 1-3-3 有机化合物的相变焓[8,24]

物质名称	熔化热		标准汽化热	25℃汽化热	沸点蒸发焓	
	温度/K	$\Delta_m H$ /kJ·mol^{-1}	$\Delta_v H_{298}^{\ominus}$ /kJ·mol^{-1}	$\Delta_v H_{298}$ /kJ·mol^{-1}	温度/K	$\Delta_v H_b$ /kJ·mol^{-1}
甲烷	90.68	0.939			111.7	8.17
乙烷	90.36	0.582			184.55	14.69$^{\Delta}$
丙烷	85.52	3.51			231.1	19.04^{e}D
丁烷	134.87	4.660	21.0	21.62^{e}D	272.7	23.44C

续表

物质名称	熔化热		标准汽化热	25℃汽化热	沸点蒸发焓	
	温度/K	$\Delta_m H$ /kJ·mol^{-1}	$\Delta_v H_{298}^{\ominus}$ /kJ·mol^{-1}	$\Delta_v H_{298}$ /kJ·mol^{-1}	温度/K	$\Delta_v H_b$ /kJ·mol^{-1}
2-甲基丙烷	113.75	4.49	19.3	19.23^{e}D	261.3	21.30C
戊烷	143.48	8.401	26.6	26.43A	309.2	25.79A
2-甲基丁烷	113.38	5.156	24.8	24.85A	301.0	24.69A
2,2-二甲基丙烷	256.5	3.26	22.1	21.84A	282.7	22.74A
己烷	177.87	13.080	31.6	31.56A	341.9	28.85A
2-甲基戊烷	119.55	6.267	29.8	29.89A	333.4	27.79A
辛烷	216.41	20.73	41.5A	41.49A	398.8	34.41A
壬烷	219.69	15.468	46.5A	46.41A	424.0	36.91^{e}B
癸烷	243.53	28.72	51.4A	51.38A	447.3	38.75C
十一烷	247.61	22.18	56.43B	56.43B	469.1	42.52$^{\triangle}$
十二烷	263.58	36.84	61.51B	61.51B	489.5	44.34$^{\triangle}$
十三烷	267.78	28.50	66.43B	66.43B	508.6	45.79$^{\triangle}$
十四烷	279.02	45.07	71.30B	71.30B	526.7	47.79$^{\triangle}$
十五烷	283.10	34.59	76.11B	76.11B	543.8	49.57$^{\triangle}$
乙烯	104.00	3.351				
丙烯	88.2	2.93			225.5	18.42C
1-丁烯	87.81	3.85	20.6	20.22D	266.9	22.07C
顺-2-丁烯	134.27	7.309	22.6	22.16^{e}B	276.9	23.34B
反-2-丁烯	167.63	9.76	21.6	21.40C	274.0	22.72C
异丁烯	132.40	5.92	20.6	20.6	266.3	22.21$^{\triangle}$
1-戊烯	108.03	5.937	25.6	25.47A	303.1	25.20A
顺-2-戊烯	121.79	7.112	26.1	26.8	310.1	26.54$^{\triangle}$
反-2-戊烯	132.94	8.352	26.3	26.7	309.5	26.25$^{\triangle}$
2-甲基-1-丁烯	135.62	7.910	25.7	25.86A	304.3	25.50A
3-甲基-1-丁烯	104.72	5.359	23.9	23.9	293.2	24.39$^{\triangle}$
2-甲基-2-丁烯	139.43	7.597	76.8	27.06	311.7	26.31A
1-己烯	133.39	9.347	30.7	30.6	336.6	28.64$^{\triangle}$
顺-2-己烯	132.04	8.878	31.6	31.5	342.0	28.83$^{\triangle}$
反-2-己烯	140.17	8.26	31.6	31.8	341.0	29.10$^{\triangle}$
顺-3-己烯	135.33	8.246	31.4	31.3	339.6	28.88$^{\triangle}$
反-3-己烯	159.73	11.075	31.7	31.6	340.2	29.10$^{\triangle}$
2-甲基-1-戊烯			30.6	30.5	335.3	28.35$^{\triangle}$
乙炔	192.4	3.76				
1-丁炔	147.45	6.029	23.3	23.7	281.2	24.52C
2-丁炔	240.93	9.235	26.6	26.7	300.1	26.43$^{\triangle}$
环丙烷	145.57	5.443		17.02	240.3	20.05C

续表

物质名称	熔化热		标准汽化热	25℃汽化热	沸点蒸发焓	
	温度/K	$\Delta_m H$ /kJ·mol⁻¹	$\Delta_v H_{298}^{\ominus}$ /kJ·mol⁻¹	$\Delta_v H_{298}$ /kJ·mol⁻¹	温度/K	$\Delta_v H_b$ /kJ·mol⁻¹
环丁烷	182.42	1.09	24.7	23.51^{e}D	285.7	24.19D
环戊烷	179.74	0.609	28.7A	28.52A	322.4	27.30A
甲基环戊烷	130.73	6.929	31.7A	31.64A	345.0	29.08A
乙基环戊烷	134.72	6.86	36.5B	36.5	376.6	31.96^{e}B
苯	278.69	9.866	33.6	33.83A	353.0	30.72A
甲苯	178.18	6.61	38.0A	38.01A	383.8	33.18A
乙苯	178.19	9.16	42.2A	42.24A	409.3	35.57A
邻二甲苯	247.8	13.60	43.5A	43.43A	417.6	36.24^{e}A
间二甲苯	225.31	11.59	42.7A	42.65A	412.3	35.66^{e}A
对二甲苯	286.3	17.11	42.4A	42.3	411.5	35.67A
萘	353.5	19.1	72.4^{s}		491.1	43.42^{Δ}
蒽	492	29.8	101.7^{s}	79.5	615.2	54.92^{Δ}
四氟甲烷	89.55	0.704			145.1	11.69^{Δ}
氟乙烷					235.5	19.96^{Δ}
1,1-二氟乙烷	154.6	1.57			247.4	21.73^{Δ}
1,1-二氯乙烷	176.22	7.87	30.7C	30.62B	330.4	28.85^{e}C
1,2-二氯乙烷	237.2	8.83	35.2B	35.16A	356.6	31.98A
1,1-二氯乙烯	150.9	6.51	26.5	26.48B	304.7	26.14^{e}B
氯苯	227.89	9.56	41.0B	40.97B	404.9	35.19^{e}D
(氯甲基)苯	230	8.74	51.5	50.1	452.6	40.58^{Δ}
溴甲烷	179.47	5.979	23.9	22.81^{e}D	276.6	23.91C
四溴甲烷	363.2	3.95				
甲醇	175.3	3.18	37.6	37.8	337.7	35.21A
乙醇	158.8	4.64	42.46A	42.4	351.5	38.56A
1-丙醇	148.7	5.4	47.5A	47.45A	370.3	41.44B
2-丙醇	185.26	5.410	45.3	45.39A	355.4	39.85B
1-丁醇	184.55	9.372	52.3	52.35A	390.9	43.29B
2-丁醇	184.70	5.970	49.7	49.72A	372.7	40.75B
异丁醇	171.21	6.322	50.8A	50.82A	381.1	41.82A
叔丁醇	298.96	6.70	46.7A	46.69A	355.5	39.07B
苯甲醇	257.6	8.79	67.3	65.5	477.9	51.66^{Δ}
乙二醇	260.6	9.96	67.8	66	470.5	52.49^{Δ}
1,2-丙二醇	240	8.4	64.4	64.5	460.8	54.48^{Δ}
1,4-丁二醇	293.58	18.70	76.6	78.3	501.2	62.43^{Δ}
甘油	291.2	18.30	85.8	91.7	563.2	66.13^{Δ}
苯酚	314.04	11.51	68.7^{s}	58.8	455.0	47.31^{Δ}

续表

物质名称	熔化热		标准汽化热	25℃汽化热	沸点蒸发焓	
	温度/K	$\Delta_m H$ /kJ·mol^{-1}	$\Delta_v H_{298}^{\ominus}$ /kJ·mol^{-1}	$\Delta_v H_{298}$ /kJ·mol^{-1}	温度/K	$\Delta_v H_b$ /kJ·mol^{-1}
邻苯二酚	377.6	22.87		71.9		
间苯二酚	382.5	20.4	93.3^{s}	78.4		
对苯二酚	445.1	27.23	99.2^{s}	84.4	558.2	64.02$^{\triangle}$
双酚 A	433.0	30.10			633.7	72.18$^{\triangle}$
甲醚	131.66	4.936	19.30^{e}D	18.51^{e}D	248.3	21.51C
甲基乙基醚					280.5	26.64$^{\triangle}$
甲基丙基醚	133.97	7.670	27.8	27.60A	312.2	26.75A
甲基异丙基醚	127.94	5.85	26.7A	26.41A	303.9	26.05A
乙醚	149.87	6.82	27.2	27.10A	307.6	26.52A
	156.93	7.19				
苯甲醚	235.77	12.9	46.9B	46.6	426.8	38.97A
苯乙醚			51.0C	51.04C	443.2	41.02$^{\triangle}$
环氧乙烷	160.67	5.17	25.0	24.75^{e}D	283.7	25.54D
四氢呋喃	164.75	8.54	32.0	31.99A	339.1	29.81A
呋喃	187.54	3.80	27.4	27.45A	304.5	27.10A
甲醛	155	7.53			254.1	23.16$^{\triangle}$
乙醛	242.9	1.72	25.7	25.47D	293.3	25.76D
丙醛	171.33	8.59	29.7	29.62A	321.1	28.31A
苯甲醛	216.02	9.320	50.3	49.1	451.9	42.13$^{\triangle}$
丙酮	178.5	5.77	30.8	30.99A	329.3	29.10A
2-丁酮	186.51	8.385	34.6	34.79A	352.8	31.30A
环己酮	245.22	1.328	45.09C	45.06C	428.9	38.76$^{\triangle}$
乙酰氯			30.1		323.9	30.05$^{\triangle}$
苯酰氯			54.8		470.2	43.63$^{\triangle}$
甲酸	281.45	12.68	46.30B	46.3	373.8	22.69D
乙酸	289.79	11.73	51.6	51.6	391.1	23.70B
丙酸	252.65	10.66	57.2	55	414.3	31.22$^{\triangle}$
苯甲酸	396.9	16.99	91.1^{s}	78.9	522.4	50.63$^{\triangle}$
乙酸酐	199.02	10.5	51.9		411.8	40.83$^{\triangle}$
甲酸甲酯			30.6		304.7	27.92B
甲酸乙酯			32.11^{e}C	31.96^{e}B	327.5	29.91B
甲酸丙酯			37.61B	37.53B	354.0	33.61B
乙酸甲酯	174.90	7.486	33.9	32.4	330.1	30.32B
乙酸乙酯	189.30	10.48	35.2	35.60B	350.3	31.94B
乙酸丁酯	196.13	14.59	43.6	43.1	399.2	38.28^{e}C
苯甲酸甲酯	260.78	9.74	55.6	55.6	472.7	44.02$^{\triangle}$

续表

物质名称	熔化热		标准汽化热	25℃汽化热	沸点蒸发焓	
	温度/K	$\Delta_m H$ /kJ·mol^{-1}	$\Delta_v H_{298}^{\ominus}$ /kJ·mol^{-1}	$\Delta_v H_{298}$ /kJ·mol^{-1}	温度/K	$\Delta_v H_b$ /kJ·mol^{-1}
苯甲酸苯酚			99.0			
糠醇	258.60	13.13	61.4		443.2	48.62$^{\Delta}$
糠醛	235.10	14.37	50.6	50.7	434.9	42.15$^{\Delta}$
甲胺	179.70	6.133	24.3	23.37^{e}D	266.8	25.60C
二甲胺	180.97	5.941	25.3	25.05^{e}D	280.0	26.40C
乙胺			26.7		289.7	27.35$^{\Delta}$
苯胺	267.13	10.541	55.83C	55.83C	457.2	42.44^{e}E
二苯胺	326.1	19.9	89.1^{s}		575.2	54.94$^{\Delta}$
氰化氢					298.9	26.90$^{\Delta}$
乙腈	229.33	8.16	32.9	33	354.7	23.33C
丙腈	180.37	5.030	36.0	37.1	371.0	33.74^{e}D
丁腈			39.4	39.33B	390.8	33.68^{e}D
丙烯腈	189.67	6.230		31.6	354.8	30.30$^{\Delta}$
苯腈	260.3	10.98	52.5		464.2	42.53$^{\Delta}$
甲肼	220.79	10.418	40.4	40.37C	364.0	36.12^{e}D
吡咯	249.76	7.908	45.2	45.34^{e}C	403.0	38.75A
吡啶	231.52	8.278	40.21B	40.15A	388.4	35.09A
喹啉	258.37	10.664		58.1	510.8	47.29$^{\Delta}$
硝基甲烷	244.77	9.703	38.36^{e}C	38.27^{e}C	374.4	33.99B
硝基苯	278.80	12.12	55.01B	54.5	484.0	44.08$^{\Delta}$
硝酸甲酯	190.20	8.242	34.1			
硝酸乙酯	178.60	8.527	36.3			
丙烯酰胺	358	15.33			465.8	76.92$^{\Delta}$
吗啉	268.40	14.50		45.3	401.2	38.05$^{\Delta}$
甲硫醇	150.16	59.05	23.8	23.8	279.1	24.57$^{\Delta}$
乙硫醇	125.27	4.98	27.3	27.30A	328.2	26.79A
二甲硫醚	174.91	7.99	27.9	27.9	310.5	27.00A
2-硫丁烷	167.22	9.76	31.99B	31.85A	339.8	29.53A
二乙硫醚	169.24	10.90	35.88^{e}B	35.80^{e}B	365.3	31.77A
噻吩	235.2	4.97	34.79^{e}B	34.70^{e}B	357.3	31.48A
二甲亚砜	291.7	14.37	52.9	52.9	462.2	42.70$^{\Delta}$

注：1. 上角“Δ”为蒸气压法或疑是蒸气压法的相变热，上角“e”表示用外推所得数据，上角“s”表示升华热。

2. A、B、C、D、E为五级质量码，对应的数据误差分别是≤0.25%、≤0.5%、≤1%、≤2%和≤5%。

3.2 估算方法

3.2.1 蒸气压估算方法

蒸气压的估算方法按原理可分为对应状态法、基团贡献法和参考物质法。对应状态法最简便，但过于依赖临界参数；基团贡献法只需 T_b，误差也更小；参考物质法的使用场合十分有限。固体的蒸气压估算方法极少，且实用时较困难，本篇不做论述。

蒸气压的数据极为丰富，如能查到相关数据，根据关联式进行计算的误差很小，是首选的方法。

3.2.1.1 对应状态法

(1) Lee-Kesler 法[25] 此方法为三参数对应状态法，计算需要 T_c、p_c、ω，在常压附近效果不佳，在高压下效果较好。其方法如下：

$$\ln p_{vr}=f^{(0)}+\omega f^{(1)} \tag{1-3-4a}$$

$$f^{(0)}=5.92714-\frac{6.09648}{T_r}-1.28862\ln T_r+0.169347T_r^6 \tag{1-3-4b}$$

$$f^{(1)}=15.2518-\frac{15.6875}{T_r}-13.472\ln T_r+0.43577T_r^6 \tag{1-3-4c}$$

$p_{vr}=p_v/p_c$；$T_r=T/T_c$；ω 为偏心因子。

(2) Thek-Stiel 法[26] 此法在三参数对应状态法的基础上引入该物质的沸点蒸发焓（$\Delta_v H_b$），可提高计算精度。

$$\ln p_{vr}=A\left(1.14893-\frac{1}{T_r}-0.11719T_r-0.03174T_r^2-0.375\ln T_r\right)+$$

$$(1.042a_c-0.4628A)\times\left(\frac{T_r^B-1}{B}+0.040\right) \tag{1-3-5a}$$

$$A=\frac{\Delta_v H_b}{RT_c(1-T_{br})^{0.375}} \tag{1-3-5b}$$

$$B=5.2691+2.0752A-3.1738h \tag{1-3-5c}$$

其中：

$$h=T_{br}\frac{\ln(p_c/101.325)}{1-T_{br}} \tag{1-3-5d}$$

$$T_{br}=T_b/T_c^*$$

$$\alpha_c=\frac{0.315\phi_b+\ln(p_c/101.325)}{0.0838\phi_b-\ln T_{br}} \tag{1-3-5e}$$

$$\phi_b=-35+\frac{36}{T_{br}}+42\ln T_{br}-T_{br}^6 \tag{1-3-5f}$$

3.2.1.2 基团贡献法

基团法原来难以用于 p_v 一类物性的温度关系式估算中，在 20 世纪 80 年代，有人曾提出过一批基团法。它们很烦琐，还只能用于个别门类的化合物。

在20世纪90年代中期，有人提出了基团对应态法（CSGC），它使用基团法得出模拟的临界参数（T_c^*、p_c^*），进而计算模拟的对比温度（T_r^*）和对比压力（p_r^*），进而使用对应状态法的简单关系式。该法不需要实测的 T_c、p_c，使用不受限制，精度也高。估算 p_v 时有 CSGC-PR 和 CSGC-PRV 法两种。

CSGC-PR 法所用的对应状态法为 Riedel 方程，CSGC-PR 法的关系式为[27]：

$$\ln p_{vr}^* = \ln(p_v/p_c^*) = A - \frac{B}{T_r^*} + C\ln T_r^* + DT_r^{*6} \tag{1-3-6a}$$

$$T_c^* = T_b/[A_T + B_T\sum n_i\Delta T_i + C_T(\sum n_i\Delta T_i)^2 + D_T(\sum n_i\Delta T_i)^3] \tag{1-3-6b}$$

$$p_c^* = \frac{101.325\ln T_b}{A_p + B_p\sum n_i\Delta p_i + C_p(\sum n_i\Delta p_i)^2 + D_p(\sum n_i\Delta p_i)^3} \tag{1-3-6c}$$

$$T_r^* = T/T_c^*, p_r^* = p/p_r^*, T_{br} = T_b/T_c^* \tag{1-3-6d}$$

$$A = -35Q, B = -36Q, C = 42Q + \alpha_c, D = -Q \tag{1-3-7a}$$

$$\Psi_b = -35 + \frac{36}{T_{br}^*} + 42\ln T_{br}^* - T_{br}^{*6} \tag{1-3-7b}$$

$$\alpha_c = \frac{0.315\Psi_b + \ln(p_c^*/101.325)}{0.0838\Psi_b - \ln T_{br}^*} \tag{1-3-7c}$$

$$Q = 0.0838(3.758 - \alpha_c) \tag{1-3-7d}$$

CSGC-PRV[28]法为 CSGC-PR 法的改进，式中(1-3-5)～式(1-3-7b)不变，而式(1-3-7c)改为：

$$\alpha_c = \frac{aK\Psi_b + \ln(p_c/101.325)}{0.0828\Psi_b - \ln T_{br}^*} \tag{1-3-7e}$$

$$Q = K(\alpha - \alpha_c) \tag{1-3-7f}$$

$$K = B_1 + C_1 h \tag{1-3-7g}$$

其中，h 的计算仍按照下式计算：

$$h = T_{br}\frac{\ln(p_c/101.325)}{1 - T_{br}} \tag{1-3-8}$$

式中贡献值见表 1-3-4。

表 1-3-4 CSGC 基团贡献法①

基团	CSGC-PR		CSGC-PRV	
	$\Delta T_i\times10^4$	$\Delta p_i\times10^3$	ΔT_i	Δp_i
$-CH_3$	140.86	104.75	1.289328×10^{-2}	1.130499×10^{-1}
$-CH_2-$	125.20	48.64	7.993925×10^{-2}	2.978450×10^{-2}
>CH—	97.94	16.68	8.153738×10^{-3}	1.473930×10^{-2}
>C<	27.54	−2.86	2.648251×10^{-3}	-1.034649×10^{-2}
$=CH_2$	113.63	95.44	4.893323×10^{-3}	-1.300384×10^{-3}

续表

基团	CSGC-PR		CSGC-PRV	
	$\Delta T_i \times 10^4$	$\Delta p_i \times 10^3$	ΔT_i	Δp_i
$=CH-$	134.87	56.43	2.032874×10^{-2}	1.165579×10^{-1}
$=C<$	228.86	56.29	8.481611×10^{-3}	-2.365345×10^{-2}
$=C=$	22.39	20.49	3.636841×10^{-3}	1.699634×10^{-2}
$\equiv CH$	1.43	10.05	-1.242958×10^{-2}	-1.188953×10^{-1}
$\equiv C-$	98.27	2.02	1.115805×10^{-2}	1.620223×10^{-2}
$(-CH_2-)_R$	129.50	75.29	1.094650×10^{-2}	7.298776×10^{-2}
$(>CH-)_R$	119.05	70.48	8.151127×10^{-3}	5.398496×10^{-2}
$(>C<)_R$	−36.43	20.27	-1.648189×10^{-3}	2.058146×10^{-2}
$(-CH_3-)_{RC}$	106.77	51.51	8.656351×10^{-3}	5.685920×10^{-2}
$(-CH_2-)_{RC}$	117.57	59.24	1.312153×10^{-2}	8.501253×10^{-2}
$(>CH-)_{RC}$	126.37	47.41	1.316913×10^{-2}	6.677334×10^{-2}
$(>C<)_{RC}$	101.11	90.83	1.398816×10^{-2}	8.781165×10^{-2}
$(=CH-)_R$	201.32	113.79	1.513071×10^{-2}	1.053589×10^{-1}
$(=C<)_R$	−165.68	−105.90	-1.336586×10^{-2}	-1.174881×10^{-1}
$(=CH-)_{RC}$	232.82	42.71	1.154902×10^{-1}	7.732928×10^{-1}
$(=CH-)_A$	83.68	43.80	2.189409×10^{-3}	8.321123×10^{-3}
$(=C<)_A$	115.77	1.09	1.314290×10^{-2}	-2.987942×10^{-3}
$(-CH_3)_{AC}$	151.88	123.97	1.481549×10^{-2}	1.683788×10^{-1}
$(-CH_2-)_{AC}$	174.00	100.97	1.848496×10^{-2}	1.585617×10^{-1}
$(-CH<)_{AC}$	14.17	−24.94	-2.800235×10^{-5}	-3.044871×10^{-3}
$(>C<)_{AC}$	97.77	6.82	1.715993×10^{-2}	9.704386×10^{-2}

续表

基团	CSGC-PR		CSGC-PRV	
	$\Delta T_i \times 10^4$	$\Delta p_i \times 10^3$	ΔT_i	Δp_i
$(=CH-)_{AC}$			2.425444×10^{-2}	2.255078×10^{-1}
$(=CH-)_{N}$	108.93	45.33	4.218553×10^{-3}	2.171776×10^{-2}
$(=C\lt)_{N}$	62.37	67.90	4.921004×10^{-3}	2.206958×10^{-2}
$(-CH_3)_{NC}$	248.47	89.60	4.653370×10^{-3}	1.696082×10^{-2}
$-OH$	1017.00	1.78	6.347175×10^{-1}	2.540116×10^{-1}
$(-OH)_{RC}$	225.88	−281.97	6.655772×10^{-1}	1.465452×10^{-1}
$(-OH)_{AC}$	88.73	−116.34	2.723527×10^{-2}	9.409080×10^{-2}
$(-OH)_{NC}$			2.723527×10^{-2}	9.409080×10^{-2}
$\gt C=O$	187.40	−10.71	9.060709×10^{-2}	5.332700×10^{-1}
$(\gt C=O)_{R}$			-3.404373×10^{-2}	-2.974005×10^{-1}
$(\gt C=O)_{AC}$			9.060709×10^{-2}	5.332700×10^{-1}
$-O-$	176.17	27.55	5.376704×10^{-3}	-3.515195×10^{-2}
$(-O-)_{R}$			2.165702×10^{-2}	2.246245×10^{-2}
$(-O-)_{AC}$			2.024808×10^{-1}	1.251710
$-CHO$	767.71	337.48	8.684855×10^{-2}	5.112221×10^{-1}
$(-CHO)_{AC}$	536.46	255.93	5.327859×10^{-2}	3.548566×10^{-1}
$-COOH$	1381.60	209.87	1.333476×10^{-1}	-1.882639×10^{-1}
$HCOO-$	294.12	46.19	-1.083930×10^{-2}	-1.878295×10^{-1}
$-COO-$	188.41	−487.60	1.891209×10^{-1}	1.028720
$(-COO-)_{RC}$			9.183671×10^{-2}	3.380205×10^{-1}
$(-COO-)_{AC}$	892.07	496.59	3.197867×10^{-1}	2.637868
$-CN$	334.95	130.14	-3.113567×10^{-2}	-2.296671×10^{-1}

续表

基团	CSGC-PR		CSGC-PRV	
	$\Delta T_i \times 10^4$	$\Delta p_i \times 10^3$	ΔT_i	Δp_i
$—NH_2$	−18.93	−84.92	9.321225×10^{-2}	4.012307×10^{-1}
—NH—	−319.57	−211.72	3.302158×10^{-1}	3.551120×10^{-1}
—N＜	338.14	123.74	8.741078×10^{-3}	-3.396663×10^{-2}
$(—NH—)_R$	78.16	14.74	-4.044688×10^{-2}	-3.534350×10^{-1}
$(—N＜)_R$			3.710362×10^{-1}	-3.995446×10^{-1}
$(—NH_2)_{RC}$	60.03	25.93	5.619518×10^{-3}	-7.295492×10^{-2}
$(—NH—)_{RC}$			7.376891×10^{-2}	2.171551×10^{-1}
$(—NH_2)_{AC}$	−31.50	−16.98	5.010918×10^{-3}	-3.614151×10^{-2}
$(—NH—)_{AC}$	4.02	−83.52	2.844383×10^{-1}	7.298434×10^{-1}
$(＞N—)_{AC}$	14.09	−40.95	6.709445×10^{-3}	-3.358816×10^{-2}
$(═N—)_R$	9.71	−1.23	5.118933×10^{-2}	2.566903×10^{-1}
$(═N—)_N$	20.26	−1.43	9.581268×10^{-3}	-1.354552×10^{-2}
$(—NH—)_N$	22.75	−44.66		
$—NH—NH_2$			1.367542×10^{-1}	4.838872×10^{-1}
$＞N—NH_2$			1.627085×10^{-2}	-1.931975×10^{-1}
—NH—NH—			2.114394×10^{-1}	7.995355×10^{-1}
＞N—NH—			1.260750×10^{-1}	6.452011×10^{-1}
$—NO_2$			-6.515329×10^{-2}	-3.982151×10^{-1}
$(—NO_2)_{AC}$			6.201568×10^{-2}	4.122383×10^{-1}
$—NO_3$			2.614848×10^{-2}	2.867892×10^{-2}
$(—N═C═O)_{AC}$			-2.892279×10^{-1}	-7.191281×10^{-1}
HCONH—			-4.683700×10^{-2}	-4.060869×10^{-1}

续表

基团	CSGC-PR		CSGC-PRV	
	$\Delta T_i\times10^4$	$\Delta p_i\times10^3$	ΔT_i	Δp_i
HCON<			1.829033×10^{-1}	1.527640
$-CONH_2$			-1.283574×10^{-1}	-6.607320×10^{-1}
—CON<			1.083766×10^{-1}	1.256596
HON<			5.037509×10^{-2}	-1.923141×10^{-1}
—ONH—			-4.575049×10^{-2}	-4.452628×10^{-1}
—SH	29.01	14.78	2.386981×10^{-1}	1.524973
$(-SH)_{RC}$	8.05	−2.58	-5.975845×10^{-2}	-3.954835×10^{-1}
$(-SH)_{AC}$	−1.62	11.82	1.363307×10^{-2}	1.143264×10^{-1}
—S—	22.49	70.17	-2.824910×10^{-3}	-7.249904×10^{-2}
$(-S-)_R$	27.71	10.67	2.891732×10^{-1}	2.5253297
$(-S-)_{RC}$	11.39	−29.40	-2.413177×10^{-2}	-2.505129×10^{-1}
$(-S-)_{AC}$	9.37	−15.89	4.855040×10^{-2}	2.772185×10^{-1}
>S=O			-1.739028×10^{-1}	-6.988602×10^{-1}
—N=C=S			-1.375077×10^{-1}	-5.657116×10^{-1}
$-CF_3$	31.01	13.95	1.884312×10^{-2}	9.489442×10^{-2}
$-CF_2-$	24.14	13.76	2.010911×10^{-3}	-3.762818×10^{-3}
—CF<	5.58	52.50	-3.513743×10^{-2}	-2.105940×10^{-1}
$-CH_2F$	19.14	82.87	-4.318760×10^{-2}	-2.703869×10^{-1}
—CHF—	13.85	64.94		
$(-CF_2-)_R$	12.40	56.51	2.061992×10^{-3}	3.858006×10^{-4}
$(>CF-)_R$	18.22	32.40	-1.937633×10^{-4}	3.134348×10^{-1}
$(-CHF-)_R$	−2.41	19.67	2.245615×10^{-4}	-3.381150×10^{-2}

续表

基团	CSGC-PR		CSGC-PRV	
	$\Delta T_i\times10^4$	$\Delta p_i\times10^3$	ΔT_i	Δp_i
$(-CF_3)_{AC}$	21.62	15.60	4.425654×10^{-2}	5.599119×10^{-2}
$(-CF_2-)_{RC}$	13.61	14.62	5.526211×10^{-2}	3.457830×10^{-2}
$(-CF_3)_{RC}$	19.30	11.29	3.554312×10^{-2}	2.597630×10^{-1}
$=CF_2$	45.76	21.01	2.529769×10^{-2}	1.177477×10^{-1}
$=CF-$	31.05	11.53	3.310645×10^{-1}	3.250163×10^{-1}
$(=CF-)_A$	27.80	12.75	6.324403×10^{-3}	1.642765×10^{-2}
$-CCl_3$	47.08	28.37	-3.496026×10^{-2}	-1.620658×10^{-1}
$>CCl-$	27.04	28.14	-1.840532×10^{-2}	-5.309023×10^{-2}
$-CHCl_2$	39.38	15.48	5.060756×10^{-2}	2.420356×10^{-1}
$-CH_2Cl$	17.28	78.17	-1.246862×10^{-3}	-3.305379×10^{-2}
$-CHCl-$	16.46	85.99	-1.506944×10^{-1}	-4.247985×10^{-1}
$=CCl_2$	15.24	85.70	1.584108×10^{-2}	7.581799×10^{-2}
$=CCl-$	26.09	70.10	7.488549×10^{-2}	4.113140×10^{-1}
$=CHCl$	13.18	77.90	5.995261×10^{-3}	1.613066×10^{-2}
$(=CCl-)_A$	21.64	10.02	3.123268×10^{-2}	1.886302×10^{-1}
$-CBr<$	36.62	15.52	-1.125262×10^{-1}	-6.284788×10^{-1}
$-CH_2Br$	16.27	89.31	2.255557×10^{-2}	1.196800×10^{-1}
$-CHBr-$			-8.135760×10^{-2}	-4.715582×10^{-2}
$=CHBr$	50.35	18.73	-1.637071×10^{-1}	-4.703335×10^{-1}
$(=CBr-)_A$	17.00	81.57	6.525511×10^{-2}	4.337566×10^{-1}
$(-Br)_{NC}$	−8.66	26.64	5.250937×10^{-2}	1.532999

续表

基团	CSGC-PR		CSGC-PRV	
	$\Delta T_i\times10^4$	$\Delta p_i\times10^3$	ΔT_i	Δp_i
$—CH_2I$			-1.378930×10^{-1}	-5.335401×10^{-1}
$(—Cl)_A$	53.54	26.95	1.115606×10^{-1}	7.948757×10^{-1}
$—CF_2Cl$			1.352768×10^{-2}	9.208224×10^{-2}
$—CFCl_2$			9.666672×10^{-2}	8.069795×10^{-1}
═CFCl			5.608741×10^{-3}	2.581311×10^{-2}
—CHClBr			2.766420×10^{-2}	1.343279×10^{-1}

注：A—芳烃环；AC—与芳烃环相连；R—非芳烃环；RC—与非芳烃环相连；N—萘环；NC—与萘环相连。

此外，为提高精度，对特殊物质的基团进行了单独处理（表1-3-5）。

表1-3-5 CSGC方程参数

参数	CSGC-PR	CSGC-PRV			
		酸类	醇类	酚类	其他化合物
A_T	5.782585×10^{-1}	6.551553×10^{-1}	5.851082×10^{-1}	6.362774×10^{-1}	6.132766×10^{-1}
B_T	1.061273	1.141874	1.100562	1.113575	1.084774
C_T	−1.778714	−2.834326	−2.205523	−1.876662	−1.569118
D_T	-4.998375×10^{-1}	−3.108935	1.051925	-1.311262×10	−1.632325
A_p	4.564342×10^{-2}	2.790627×10^{-1}	-1.529622×10^{-1}	1.005617×10^{-1}	1.095919×10^{-1}
B_p	3.046466×10^{-1}	9.349121×10^{-2}	5.236894×10^{-1}	4.065005×10^{-1}	2.454982×10^{-1}
C_p	-6.52039×10^{-2}	3.609353	2.256011×10^{-1}	-2.111099×10^{-1}	3.661256×10^{-2}
D_p	-4.390779×10^{-2}	-6.914342×10	-5.390259×10^{-1}	-7.183142×10^{-2}	-3.532772×10^{-2}
B_1		-1.624981×10^{-1}	4.326826×10^{-1}	1.976406×10^{-1}	9.213472×10^{-2}
C_1		7.640398×10^{-2}	-4.316181×10^{-2}	-5.707464×10^{-3}	-7.009105×10^{-4}
α		8.574154	2.637826	5.387067	3.763755

【例1-3-1】 估算乙苯在347.25K下的蒸气压，已知其$T_b=409.3K$，$T_c=617.2K$，$p_c=3609kPa$，$\omega=0.299$，实验值$p^*=13.332kPa$。

解 $T_r=347.25/T_c=0.5626$

$$T_{br}=T_b/T_c=409.3/617.2=0.6632$$

$$1-T_r=1-0.5626=0.4374$$

$$1-\frac{1}{T_r}=1-\frac{1}{0.5626}=-0.7775$$

$$1-T_{br}=1-0.6632=0.3368$$

$$1-\frac{1}{T_{br}}=1-\frac{1}{0.6632}=-0.5079$$

$$\ln T_b=\ln 409.3=6.014$$

$$h=T_{br}\frac{\ln(p_c/101.325)}{1-T_{br}}=0.6632\,\frac{\ln(3609/101.325)}{0.3368}=7.034$$

(1) Lee-Kesler 方程　由式(1-3-4a)～式(1-3-4c) 得：

$$f^{(0)}=5.92714-\frac{6.09648}{0.5626}-1.28862\ln 0.5626+0.169347\times 0.5626^6=-4.16255$$

$$f^{(1)}=15.2518-\frac{15.6875}{0.5626}-13.472\ln 0.5626+0.43577\times 0.5626^6=-4.8694$$

$$\ln\frac{p^s}{3609}=f^{(0)}+\omega f^{(1)}=-4.16255-0.299\times 4.8694$$

则

$$p^s=13.101\text{kPa}$$

(2) CSGC-PR 式　乙苯的基团是 1 个—CH_3，1 个 $(—CH_2—)_{AC}$，1 个 $(=C\langle)_A$，5 个 $(=CH—)_A$。

由表 1-3-4 求得：

$$\sum\Delta T_i=(140.86+174.00+115.77+5\times 83.68)\times 10^{-4}=0.084903$$

$$\sum\Delta p_i=(104.75+100.97+1.09+5\times 43.80)\times 10^{-3}=0.42581$$

由式(1-3-6b)、式(1-3-6c)，并利用表 1-3-5 中系数得：

$$T_c^*=\frac{409.3}{0.5782585+1.061273\times 0.084903-1.1778714\times 0.084903^2-0.4998375\times 0.084903^3}=620.56(\text{K})$$

$$p_c^*=\frac{101.325\times 6.014}{0.04564342+0.3046466\times 0.42581-0.0652039\times 0.42581^2-0.04390779\times 0.42581^3}=3805.2(\text{kPa})$$

$$T_r^*=\frac{347.25}{T_c^*}=\frac{347.25}{620.56}=0.5596$$

$$T_{br}^*=\frac{409.3}{T_c^*}=0.6596$$

$$\Psi_b=-35+\frac{36}{0.6596}+42\times\ln 0.6596-0.6596^6=2.020$$

$$\alpha_c=\frac{0.315\times 2.020+\ln(3805.2/101.325)}{0.0838\times 2.020-\ln 0.6596}=7.280$$

$$Q=0.0838\times(3.758-7.280)=-0.2952$$

$$A=-35\times(-0.2952)=10.33$$
$$B=-36\times(-0.2952)=10.63$$
$$C=42\times(-0.2952)+7.280=-5.116$$
$$D=0.2952$$

由式(1-3-6a) 得：

$$\ln\frac{p^s}{3805.2}=10.33-\frac{10.63}{0.5596}-5.116\ln 0.5596+0.2952\times 0.5596^6=-5.6866$$

则
$$p^s=12.903\text{kPa}$$

3.2.2 蒸发焓的估算方法

3.2.2.1 沸点下蒸发焓（$\Delta_v H_b$）的估算方法

(1) 对应状态法 蒸气压（p_v）和 $\Delta_v H$ 有严格的关系，当使用对应状态法估算蒸气压时，上述关系即成为 $\Delta_v H$ 的对应状态估算法。一般计算较简单，但需要可靠的临界参数，计算误差受其影响。

a. Clausius-Clapeyron 方程

根据蒸气压（p_v）与 $\Delta_v H$ 的严格关系，可使用在沸点时的 Clausius-Clapeyron 方程，进行计算沸点下蒸发焓：

$$\Delta_v H_b=RT_c\Delta_v Z_b T_{br}\frac{\ln\dfrac{p_c}{0.101325}}{1-T_{br}} \tag{1-3-9}$$

式(1-3-9) 是估算时重要的基础性方程，其他对应状态法大多是基于该式的改进。计算精度取决于 $\Delta_v Z_b$的准确度。不同的对应状态法主要是针对 $\Delta_v Z_b$进行的不同处理。

若令 $\Delta_v Z_b=1$，即简化为 Giacalone 方程[25]：

$$\Delta_v H_b=RT_c T_{br}\frac{\ln\dfrac{p_c}{0.101325}}{1-T_{br}} \tag{1-3-10}$$

该式的一般估值偏高。

b. Riedel 方程[29]

$$\Delta_v H_b=1.093RT_c T_{br}\frac{\ln\dfrac{p_c}{0.101325}-1}{0.930-T_{br}} \tag{1-3-11}$$

c. Chen 方程[30]

$$\Delta_v H_b=RT_c T_{br}\frac{3.978T_{br}-3.938+1.555\ln\dfrac{p_c}{0.101325}}{1.07-T_{br}} \tag{1-3-12}$$

d. Vetere 方程[31]

$$\Delta_v H_b = RT_c T_{br} \frac{0.4343\ln\frac{p_c}{0.101325} - 0.68859 + 0.89584 T_{bc}}{0.37691 - 0.37306 T_{br} + 0.14878 \frac{0.101325}{p_c}\frac{1}{T_{br}^2}} \tag{1-3-13}$$

从式(1-3-10)～式(1-3-13)，T_c 是临界温度，K；T_{br} 是对比沸点；p_c 是临界压力，MPa；$\Delta_v H_b$ 的单位与 R 的单位有关。

(2) 基团贡献法 可以直接用基团法估算 $\Delta_v H_b$，其中最简单的是 Joback-Reid 法[32]

a. Joback-Reid 法[32]

$$\Delta_v H_b = 15.30 + \sum n_i \Delta_i \quad (\text{kJ}\cdot\text{mol}^{-1}) \tag{1-3-14}$$

本法的基团划分过于简单，所用数据源也不太严谨，自报误差较大。

b. 马沛生等法[33]

$$\Delta_v H_b = A + \sum n_i \Delta_i \tag{1-3-15}$$

$$\Delta_v H_b^2 = A_0 + \sum n_i \Delta_i \tag{1-3-16}$$

$$\Delta_v H_b = A + \sum n_i (\Delta_i^0 + x_i \Delta_i^1) \tag{1-3-17}$$

$$\Delta_v H_b^2 = A_0 + \sum n_i (\Delta_i^0 + x_i \Delta_i^1) \tag{1-3-18}$$

式中，Δ_i、Δ_i^0 及 Δ_i^1 为基团贡献值；n_i 为该物质中的基团数。

x_i 的定义为：

$$x_i = \frac{\text{化合物中 } i \text{ 种基团数}}{\text{该化合物的基团总数}} \tag{1-3-19}$$

由式(1-3-19) 可见，它表示基团在该化合物中的“浓度”，文献 [33] 首次提出这一概念，并把它引入基团法。

用 385 个化合物的 $\Delta_v H_b$ 数据考核这 4 个方程，发现引入 x_i 后 [式(1-3-16)、式(1-3-17)]，有一定优点 [优于式(1-3-14)、式(1-3-15)]；而式(1-3-18) 优于式(1-3-17)，其平均误差分别为 1.5% 和 1.62%。使用式 (1-3-18) 的基团贡献值见表 1-3-6，A_0 为 158.834，$\Delta_v H_b$ 单位为 kJ·mol^{-1}[33]。

(3) 由蒸发熵求取 $\Delta_v H_b$ 若求得了沸点下蒸发熵 ($\Delta_v S_b$)，乘以 T_b 即得 $\Delta_v H_b$，因此求取 $\Delta_v S_b$ 的方法也是求取 $\Delta_v H_b$ 方法。求 $\Delta_v S_b$ 最简单的关系式是早年就提出来的 Trouton 规则。

a. Trouton 规则

$$\Delta_v S_b = \frac{\Delta_v H_b}{T_b} = 88\text{J}\cdot\text{mol}^{-1}\cdot\text{K}^{-1} \tag{1-3-20}$$

一般来说，T_b 增大时 $\Delta_v S_b$ 也增大，其不是常数，对于缔合物质的误差更可达 20%，因此式(1-3-20) 是一个很粗略的方程。

b. 马沛生-赵兴民新基团法[34]

$$\Delta_v S_b = 86.9178 + \sum \Delta S_i \quad (\text{J}\cdot\text{mol}^{-1}\cdot\text{K}^{-1}) \tag{1-3-21}$$

由计算所得的 $\Delta_v S_b$ 乘以 T_b，即可得到 $\Delta_v H_b$。式(1-3-21) 中基团贡献值 ΔS_i 见表 1-3-7。

表 1-3-6 用基团法直接估算 $\Delta_v H_b$ 的基团贡献值

参数	—CH$_3$	>CH$_2$	>CH—	>C<	=CH$_2$	=CH—	=C<	=C=	≡CH	≡C—
Δ_i^0	−17.520	190.833	194.137	300.930	−48.056	183.837	288.393	261.561	−63.962	335.530
Δ_i^1	70.037	−27.228	118.629	−254.898	102.144	−18.966	39.342	0	325.169	−377.866
参数	(>CH$_2$)$_R$	(>CH—)$_R$	(>C<)$_R$	(=CH—)$_R$	(=C<)$_R$	(—CH$_3$)$_{RC}$	(>CH$_2$)$_{RC}$	(>CH—)$_{RC}$	(>C<)$_{RC}$	(=CH—)$_A$
Δ_i^0	66.607	318.838	448.250	176.209	76.720	5.858	286.450	493.356	438.749	334.843
Δ_i^1	56.308	−309.575	−995.223	−90.751	139.472	107.010	−819.399	−1295.300	−0.004	−201.927
参数	(=C<)$_A$	(—CH$_3$)$_{AC}$	(>CH$_2$)$_{AC}$	(>C<)$_{AC}$	—CH$_2$F	—CHF$_2$	>CHF	—CF$_3$	>CF$_2$	>CF—
Δ_i^0	−77.397	−28.018	47.913	0.079	462.539	34.494	0	−83.404	387.215	540.562
Δ_i^1	811.464	−9.101	−0.084	0	0.028	0	−1.195	−391.197	−223.200	0
参数	(—F)$_{RC}$	(>CF$_2$)$_{RC}$	(—F)$_{AC}$	(—CF$_3$)$_{AC}$	—CH$_2$Cl	—CHCl$_2$	>CHCl	—CCl$_3$	>CCl—	=CCl$_2$
Δ_i^0	161.321	1915.650	−147.993	−85.688	426.003	789.328	439.281	1177.760	495.174	520.965
Δ_i^1	0.002	−0.003	−78.331	0.002	11.528	−168.633	−56.155	−799.133	0	0.970

续表

参数	=CHCl	$(Cl)_{AC}$	$-CH_2Br$	>CHBr	>CBr—	$-CH_2I$	>CHI	>CI—	$-CF_2Br$	—CFClBr
Δ_i^0	305.677	−141.482	579.052	584.957	582.244	701.958	743.999	724.172	602.204	368.656
Δ_i^1	0	1562.670	−52.482	−63.970	−0.001	−29.422	−59.738	−0.731	−316.370	0
参数	>CFCl	$-CF_2Cl$	—CHClBr	—CHFCl	$-CH_2OH$	>CHOH	>COH—	—CHO	>C=O	$(>C=O)_R$
Δ_i^0	407.295	−129.749	908.655	187.064	1128.310	902.248	456.408	390.739	644.875	857.829
Δ_i^1	0.003	1404.150	0	22.959	542.976	1431.290	3230.930	193.012	−428.108	−709.774
参数	—COOH	—COO—	$(-COO-)_{RC}$	—O—	$(-O-)_R$	$(O)_{AC}$	$-NH_2$	>NH	>N—	$(>NH)_R$
Δ_i^0	385.279	363.706	652.059	158.991	171.714	301.366	286.164	113.081	262.389	706.203
Δ_i^1	0.158	1315.350	−0.006	115.484	385.822	0	410.002	1155.660	0	0.254
参数	$(>N-)_R$	$(=N-)_R$	$(NH_2)_{RC}$	$(NH_2)_{AC}$	—CN	$-NHNH_2$	$=NNH_2$	—NHNH—	$-NO_2$	—SH
Δ_i^0	335.149	756.803	338.518	650.748	786.625	1128.320	842.329	1019.050	2089.400	382.830
Δ_i^1	0	−1046.260	−0.005	0.006	−572.207	−0.002	−0.004	−0.002	−2220.820	−1.217
参数	$(-SH)_{RC}$	—S—	$(-S-)_R$	—COS	$-CH_2CH_2OH$					
Δ_i^0	404.843	474.819	429.818	525.869	1177.840					
Δ_i^1	0.002	16.899	437.273	1234.360	97.751					

注：R—非芳烃环；A—芳烃环；RC—与非芳烃环相连；AC—与芳烃环相连。

表 1-3-7 式(1-3-21)中基团贡献值 ΔS_i[34] 单位：$J \cdot mol^{-1} \cdot K^{-1}$

非环基团					
$—CH_3$	−1.43477	$—CH_2—$	0.18656	>CH—	1.27315
>C<	1.698077	$=CH_2$	−2.60440	=CH—	0.99458
=C<	2.50428	=C=	0.61072	≡CH	0.68170
≡C—	1.86679	$—CH_2F$	10.70200	$—CHF_2$	0.17150
$=CF_2$	−2.48046	$—CF_2—$	0.96341	>CF—	3.24697
$—CH_2Cl$	1.06175	$—CHCl_2$	2.07363	$—CCl_3$	1.01919
—CHCl—	0.04378	>CCl—	2.41736	=CHCl	0.51964
$=CCl_2$	0.72724	$—CH_2Br$	0.61462	—CHBr—	0.34029
>CBr—	1.70036	$—CH_2I$	−0.20456	—CHI—	0.47073
>CI—	1.60407	$—CF_2Cl$	1.08167	$—CFCl_2$	−4.02309
—CHFCl	0.70034	—CFCl—	0.00001	—CHClBr	2.41696
$—CF_2Br$	−1.14156	—CFClBr	−0.60841	$—CH_2OH$	20.73950
>CHOH	21.90800	>C(—)OH	21.97611	—CHO	3.69299
>C=O	3.39457	—COO—	6.87737	—O—	2.65641
—COS	4.56971	O=C(—)—O—C(—)=O	15.97601	$—O—CH_2CH_2OH$	8.66733
$—NH_2$	5.65673	—NH—	3.86298	>N—	3.67625
—CN	1.67411	$—NHNH_2$	13.74770	$=NNH_3$	12.76911
—NHNH—	13.56420	$—NO_2$	3.47383	$—NO_3$	7.42947
—SH	0.98987	—S—	2.39961		
环中基团					
$—CH_2—$	−0.43744	>CH—	0.57966	>C<	1.02830
=CH—	−0.78038	=C<	−0.89522	>C=O	4.35729
—NH—	6.60287	=N—	10.12250	>N—	5.61753
—S—	3.87556	—O—	3.11435		

续表

与环相连基团					
$-CH_3$	−1.48445	$-CH_2-$	0.03176	$>CH-$	2.04483
$>C<$	2.21868	$-F$	−1.12292	$-CF_2-$	7.78873
$-OH$	19.41000	$-COO-$	5.66269	$-NH_2$	3.46378
$-SH$	1.39761				
芳烃中基团					
$=CH-$	−0.08451	$=C<$	0.94853		
与芳环相连基团					
$-CH_3$	−0.29355	$-CH_2-$	1.56046	$>CH-$	1.18641
$=CH-$	3.18353	$>C<$	1.89327	$=C<$	3.89295
$-F$	−0.50872	$-CF_3$	−3.09845	$-Cl$	−0.79379
$-I$	−1.83480	$-OH$	10.48920	$-O-$	5.29535
$-CHO$	6.98096	$-CH_2OH$	18.07230	$-COO-$	6.07815
$O{=}\overset{\vert}{C}{-}O{-}\overset{\vert}{C}{=}O$	0.05886	$-NH_2$	6.70416		

计算酸与多元醇时，要用单独的基团值进行修正，见表1-3-8。

表1-3-8　酸和多元醇的基团值[34]　　单位：$J \cdot mol^{-1} \cdot K^{-1}$

基团	ΔS_i(酸)	ΔS_i(多元醇)
$-CH_3$	15.056	18.295
$-CH_2-$	15.750	4.208
$>CH-$	16.994	−11.267
$-COOH$	−37.903	
$-OH$		−3.120

马沛生-赵兴民新基团法的误差很小，是推荐的计算 $\Delta_v S_b$ 与 $\Delta_v H_b$ 的方法。

3.2.2.2　298K下标准蒸发焓（$\Delta_v H_{298}^{\ominus}$）的估算方法

仍有许多化合物缺乏 $\Delta_v H_{298}^{\ominus}$，影响了气、液生成焓间的相互计算。由于 $\Delta_v H_{298}^{\ominus}$ 比 $\Delta_v H_{298}$ 更重要，估算方法集中在 $\Delta_v H_{298}^{\ominus}$ 中，实用的估算方法为基团贡献法。其中最重要的是C-G法[35]，估算式为：

$$\Delta_v H_{298}^{\ominus} = 6.829 + \sum n_i \Delta H_i + \sum n_j \Delta H_j \tag{1-3-22}$$

仍采用一级及二级基团，n_i、n_j 分别为一级和二级基团数；ΔH_i、ΔH_j 分别为一级和二级基团贡献值。一级、二级基团贡献值见表1-3-9a、表1-3-9b。

表 1-3-9a C-G 法一级基团值 单位：kJ·mol^{-1}

基团	ΔH_i	基团	ΔH_i
$\mathrm{-CH_3}$	4.116	$\mathrm{-I}$	14.364
$\mathrm{-CH_2-}$	4.650	$\mathrm{-CCl_2F}$	13.322
$\mathrm{>CH-}$	2.771	$\mathrm{-CClF_2}$	8.301
$\mathrm{>C<}$	1.284	$\mathrm{-OH}$	24.529
$\mathrm{CH_2{=}CH-}$	6.714	$\mathrm{(=\overset{\mid}{C}-)_A OH}$	40.246
$\mathrm{-CH{=}CH-}$	7.370	$\mathrm{CH_3CO-}$	18.999
$\mathrm{CH_2{=}C<}$	6.797	$\mathrm{-CH_2CO-}$	20.041
$\mathrm{-CH{=}C<}$	8.178	$\mathrm{-COOH}$	43.046
$\mathrm{>C{=}C<}$	9.342	$\mathrm{CH_3COO-}$	22.709
$\mathrm{CH{\equiv}C-}$	7.751	$\mathrm{-CH_2COO-}$	17.759
$\mathrm{-C{\equiv}C-}$	11.549	$\mathrm{CH_3O-}$	10.919
$\mathrm{CH_2{=}C{=}CH-}$	12.318	$\mathrm{-CH_2O-}$	7.478
$\mathrm{(=CH-)_A}$	4.098	$\mathrm{>CHO-}$	5.708
$\mathrm{(=C<)_A}$	12.552	$\mathrm{FCH_2O-}$	11.227
$\mathrm{(=\overset{\mid}{C}-)_A CH_3}$	9.776	$\mathrm{-CH_2NH_2}$	14.599
$\mathrm{(=\overset{\mid}{C}-)_A CH_2-}$	10.185	$\mathrm{>CHNH_2}$	11.876
$\mathrm{(=\overset{\mid}{C}-)_A CH<}$	8.834	$\mathrm{CH_3NH-}$	14.452
$\mathrm{-CF_3}$	8.901	$\mathrm{{=}CH_2NH-}$	14.481
$\mathrm{-CF_2-}$	1.860	$\mathrm{CH_3N<}$	6.947
$\mathrm{>CF-}$	8.901	$\mathrm{-CH_2N<}$	6.918
$\mathrm{(=\overset{\mid}{C}-)_A F}$	4.877	$\mathrm{(=\overset{\mid}{C}-)_A NH_2}$	28.453

续表

基团	ΔH_i	基团	ΔH_i
$-CCl_2-$	17.574	$-CH_2CN$	22.340
$>CCl-$	9.818	$-CH_2NO_2$	30.644
$-CH_2Cl$	13.780	$>CHNO_2$	26.277
$-CHCl-$	11.985	$-CH_2SH$	14.931
$-CHCl_2$	19.208	CH_3S-	16.921
$(=\overset{\mid}{C}-)_A Cl$	11.883	$-CH_2S-$	17.117
$Cl-(\overset{\mid}{C}=\overset{\mid}{C}-)$		$>CHS-$	13.265
$-Br$	11.423	$-C_4H_3S-$	27.966
$-CHO$	12.909		

注：A—芳烃环。

表 1-3-9b C-G 法二级基团值　　单位：kJ·mol^{-1}

基团	ΔH_j	基团	ΔH_j
$(CH_3)_2CH-$	0.292	六元环	−0.905
$(CH_3)_3C-$	−0.720	七元环	−0.847
$-CH(CH_3)CH(CH_3)-$	0.868	酯环侧链 C 环 C_m，$m>1$	−0.114
$-CH(CH_3)C(CH_3)_2-$	1.027	$(=\overset{\mid}{C}-)_A Br$	−7.488
$CH_n=CH_m-CH_p-CH_k$ $k,n,m,p\in(0,2)$	2.057	$(=\overset{\mid}{C}-)_A I$	−4.864
$CH_3-CH_m=CH_n$ m,$n\in(0,2)$	−0.073	$>CHOH$	−1.398
$>CH-CH_m=CH_n$ 或 $-\overset{\diagdown}{\underset{\diagup}{C}}-CH_m=CH_n$ $m,n\in(0,2)$	0.345	$-\overset{\diagdown}{\underset{\diagup}{C}}OH$	0.320
		$(CH_m-)_R OH$ $m\in(0,1)$	4.626
五元环	−0.568	$CH_m(OH)CH_n(OH)$ $m,n\in(0,2)$	−3.661

续表

基团	ΔH_j	基团	ΔH_j
$>CHCHO$ 或 $>CCHO$	0.207	$-(C)_A-COOH$	8.502
		—CO—O—CO—	1.517
$(=C)_A-CHO$	−3.410	$CH_3COOCH<$ 或 $CH_3COOC<$	−3.345
CH_3COCH_2-	−0.668		
$CH_3COCH<$ 或 $CH_3COC<$	0.071	$(CH_m)_RNH_p(CH_n)_R$ $m,n,p\in(0,2)$	2.311
		$(CH_m)_RS(CH_n)_R$ $m,n\in(0,2)$	0.972
$-(C)_R=O$	0.744		

注：A—芳烃环；R—非芳烃环。

【例 1-3-2】 估算 1-丁醇和 2-丁醇的 $\Delta_v H_{298}^{\ominus}$，推荐值为 52.35kJ·mol^{-1}及 49.72kJ·mol^{-1}。

解 正丁醇含有基团 CH_3、CH_2 以及 OH，不含二级基团。因此，由式(1-3-22)、表 1-3-9a和表 1-3-9b 的基团贡献值计算，即：

$$\Delta_v H_{298}^{\ominus}=6.829+4.116+3\times4.650+24.529=49.42(\text{kJ}\cdot\text{mol}^{-1})$$

2-丁醇含有一级基团 CH_3、CH_2、CH 和 OH，而且也含有二级基团 CHOH，贡献值为 −1.398。再一次由式(1-3-22)、表 1-3-9a 和表 3-12b 的基团贡献值计算，即：

$$\Delta_v H_{298}^{\ominus}=6.829+2\times4.116+4.650+2.771+24.529-1.398=45.61(\text{kJ}\cdot\text{mol}^{-1})$$

注意：本例中，对 2-丁醇引入二级基团项，实际上使估算更差，而不是更好。引入二级基团项在 2/3 的情况下可以提高推算准确度，而在另外 1/3 的情况下导致准确度更差。

3.2.2.3 任意温度蒸发焓（$\Delta_v H_T$）

(1) 对应状态法计算 $\Delta_v H_T$ 可以直接用经验关系得出 $\Delta_v H_T$ 的对应状态计算法，这样的方法缺少理论依据，但可免除计算 $\Delta_v Z$ 的麻烦。这种对应状态法又常使用 ω 作为第三参数，Pitzer 等的方法是一个典型的例子。

a. Pitzer 法[36]

该法为对应状态法，计算方便，在对精度要求不高的场合使用。

$$\frac{\Delta_v H}{RT_c}=\frac{T_r}{R}[\Delta_v S^{(0)}+\omega\Delta_v S^{(1)}+\omega^2\Delta_v S^{(2)}] \tag{1-3-23a}$$

或：

$$\frac{\Delta_v H}{RT_c}=\frac{T_r}{R}[\Delta_v S^{(0)}+\omega\Delta_v S^{(1)}] \tag{1-3-23b}$$

式中，$\Delta_v S^{(0)}$、$\Delta_v S^{(1)}$、$\Delta_v S^{(2)}$ 为 T_r 的函数，可从 Pitzer 等的论文[36]中找到，其使用范围为 $0.56<T_r\leqslant1.0$。

b. 刘文玉-马沛生温度关联式[23]

$$\Delta_v H = A(1-T_r)^{0.285}\exp(-0.285T_r) \tag{1-3-24}$$

(2) 由已知的 $\Delta_v H_T$ 计算 如已知不同温度下、某点可靠的 $\Delta_v H_T$（一般是 $\Delta_v H_{298}$ 或 $\Delta_v H_b$），可用下列温度关联式，误差也不大。

Watson 方程[37]

$$\Delta_v H_2 = \Delta_v H_1 \left(\frac{1-T_{r2}}{1-T_{r1}}\right)^n \tag{1-3-25}$$

式中，$\Delta_v H_1$ 为某温度 T_1 下的已知蒸发焓，其对比温度为 T_{r1}；$\Delta_v H_2$ 为所求温度 T_2（对比温度为 T_{r2}）下的未知蒸发焓；n 值一般可选为 0.375 或 0.38。

(3) 基团对应状态法 (CSGC-HW1) 基团对应状态法是把基团法和对应状态法相结合的方法，应用于 $\Delta_v H_T$ 计算也很成功。CSGC 可以用于从 $\Delta_v H_b$ 求取 $\Delta_v H_T$，即 CSGC-HW1[38]，后者的基本关系式为：

$$\Delta_v H_T = \Delta_v H_b \left(\frac{1-T_r^*}{1-T_{br}^*}\right)^q \tag{1-3-26}$$

式中，

$$T_r^* = \frac{T}{T_c^*}, T_{br}^* = \frac{T_b}{T_c^*} \tag{1-3-26a}$$

$$q = aT_{br}^* + b \tag{1-3-26b}$$

T_c^* 是模拟的临界温度。

$$T_c^* = \frac{T_b}{A_T + B_T\sum n_i \Delta T_i + C_T(\sum n_i \Delta T_i)^2 + D_T(\sum n_i \Delta T_i)^3} \tag{1-3-26c}$$

$A_T = 0.5782359$，$B_T = 1.064102$，$C_T = -1.780121$，$D_T = -0.5002329$，$a = 0.7815677$，$b = -0.1072383$，回归平均误差为 0.56%。CSGC-HW1 法基团贡献值 Δ_T 见表 1-3-10。

其后，又有 CSGC-MHW 法[38,39]发表，估算效果大致与 CSGC-HW1 相当。

表 1-3-10 CSGC-HW1 法 Δ_T 基团贡献值

基团	Δ_T	基团	Δ_T
$—CH_3$	1.510725×10^{-2}	$=C<$	9.800723×10^{-3}
$—CH_2—$	1.724960×10^{-2}	$=C=$	2.367769×10^{-3}
$>CH—$	8.206141×10^{-3}	$\equiv CH$	1.784879×10^{-4}
$>C<$	2.200289×10^{-3}	$\equiv C—$	-1.937481×10^{-3}
$=CH_2$	1.151103×10^{-2}	$(—CH_2—)_R$	1.177097×10^{-2}
$(—CH_2—)_R$	1.177097×10^{-2}	$(>CH—)_R$	9.362444×10^{-3}
$=CH—$	1.359028×10^{-2}	$(>C<)_R$	-4.191567×10^{-4}

续表

基团	Δ_T	基团	Δ_T
$(—CH_3)_{RC}$	9.480162×10^{-3}	$(=N—)_A$	2.143643×10^{-2}
$(—CH_2—)_{RC}$	1.194979×10^{-2}	$(—NH_2)_{AC}$	1.167201×10^{-1}
$(=CH—)_{RC}$	-5.167713×10^{-4}	$—CN$	4.429363×10^{-2}
$(>C<)_{RC}$	1.680153×10^{-2}	$(—CN)_{RC}$	4.668695×10^{-2}
$(—CH=)_R$	1.288065×10^{-2}	$—NO_2$	3.868289×10^{-2}
$(=C<)_R$	-1.011081×10^{-1}	$—SH$	1.282602×10^{-2}
$(=CH—)_{RC}$	1.109243×10^{-2}	$—S—$	8.997162×10^{-3}
$(=CH—)_A$	1.953138×10^{-2}	$(—S—)_R$	8.092776×10^{-3}
$(=C<)_A$	2.111048×10^{-2}	$—CSO—$	4.026105×10^{-2}
$(—CH_3)_{AC}$	1.953138×10^{-2}	$(—SH)_{RC}$	6.339581×10^{-3}
$(—CH_2—)_{AC}$	2.111048×10^{-2}	$(—SH)_{AC}$	4.929587×10^{-3}
$(>C<)_{AC}$	1.951424×10^{-3}	$—CF_3$	3.071368×10^{-2}
$—OH$	1.327208×10^{-1}	$—CF_2—$	2.296236×10^{-2}
$—O—$	1.382214×10^{-2}	$—CF<$	5.112411×10^{-2}
$(—O—)_R$	5.035264×10^{-3}	$—CHF_2$	4.324814×10^{-2}
$>C=O$	3.335130×10^{-2}	$—CH_2F$	3.048606×10^{-3}
$—CHO$	2.545107×10^{-2}	$(—CF_2—)_R$	2.317780×10^{-2}
$—COOH$	-3.496539×10^{-1}	$(—CF<)_R$	1.702169×10^{-2}
$HCOO—$	4.016020×10^{-2}	$(—CF=)_A$	1.838424×10^{-2}
$—COO—$	5.102944×10^{-2}	$(—CF_3)_{AC}$	4.197127×10^{-2}
$—NH_2$	5.379153×10^{-2}	$—CCl_3$	4.468359×10^{-2}
$—NH—$	3.768647×10^{-2}	$—CCl<$	2.296236×10^{-2}
$—N<$	-9.525362×10^{-3}	$—CHCl_2$	5.160032×10^{-2}
$(—NH—)_R$	1.611774×10^{-2}	$—CH_2Cl$	2.379402×10^{-2}
$(—NH_2)_{RC}$	4.459879×10^{-2}	$—CHCl—$	2.016681×10^{-2}

续表

基团	Δ_T	基团	Δ_T
$=CCl_2$	2.738311×10^{-2}	$-CH_2I$	3.226361×10^{-2}
$=CHCl$	-6.984272×10^{-5}	$>CI-$	1.856501×10^{-2}
$(-CCl=)_A$	1.804573×10^{-2}	$-CF_2Cl$	3.238498×10^{-2}
$-CH_2Br$	2.354890×10^{-2}	$-CFClH$	2.299236×10^{-2}
$-CHBr-$	2.354890×10^{-2}	$-CFCl-$	2.840858×10^{-2}
$>CBr-$	-1.608204×10^{-2}	CF_2Br-	3.954288×10^{-2}
$-CHI-$	2.486769×10^{-2}	$CClBrH-$	4.342815×10^{-2}

注：A—芳烃环；AC—与芳烃环相连；R—非芳烃环；RC—与非芳烃环相连。

3.2.2.4 混合液体蒸发焓

混合液体蒸发焓有微分蒸发焓 $\Delta_v H^{diff}$ 和积分蒸发焓 $\Delta_v H^{int}$ 两种，前者代表蒸发前后其组成由泡点变成露点，而温度和压力不变，该值在精馏塔逐板计算中是必不可少的。$\Delta_v H^{int}$ 又分为 $(\Delta_v H^{int})_{p,x}$ 和 $(\Delta_v H^{int})_{T,x}$ 两种，前者所代表的等压和等组成的情况用于间歇精馏，后者为等温和等组成，在工业中应用很少。

在文献中的数据大部分为 $\Delta_v H^{diff}$，利用热力学关系式可从 $\Delta_v H^{diff}$ 计算 $\Delta_v H^{int}$，但计算式比较复杂。由于 $\Delta_v H^{diff}$ 数据很不充分，因此其计算或估算方法也是很有意义的，按 УпoвеRко 等的方法[40]：

$$\Delta_v H^{diff}=\frac{\Delta_v H^{(1)} p_{v1}\gamma_1 x_1+\Delta_v H^{(2)} p_{v2}\gamma_2 x_2}{p_{v1}\gamma_1 x_1+p_{v2}\gamma_2 x_2} \quad (1\text{-}3\text{-}27)$$

式中，$\Delta_v H^{(1)}$、$\Delta_v H^{(2)}$ 为纯组分 1、2 的蒸发热；p_{v1}、p_{v2} 为纯组分 1、2 的蒸气压；γ_1、γ_2 为溶液中组分 1、2 的活度系数。由于活度系数求取比较困难，使用式(1-3-27) 有困难，因而常用简化式：

$$\Delta_v H^{diff}=y_1\Delta_v H^{(1)}+y_2\Delta_v H^{(2)} \quad (1\text{-}3\text{-}28)$$

$$\Delta_v H^{diff}=x_{w1}\Delta_v H^{(1)}+x_{w2}\Delta_v H^{(2)} \quad (1\text{-}3\text{-}29)$$

式中，x_w 为溶液的质量组成。

3.2.3 熔化焓的估算方法

不同化合物熔化焓（$\Delta_m H$）的变化规律很复杂，其值不仅与基团和分子结构有关，与晶型相关性也很大，而晶型又与分子构型有关。光学或立体异构间的分子的 $\Delta_m H$ 可相差很大，普通的基团贡献法误差很大，估算十分困难。一般可利用熔化熵（$\Delta_m S_m$）计算。

对单原子固体，Richards 提出以下经验规则：

$$\Delta_m S_m \approx R \quad (1\text{-}3\text{-}30)$$

即熔点下的熔化熵近似等于气体常数 R。此规则适用范围很小，只对某些金属适用。

对有机物的数据比较，发现以下粗略的关系：

$$\Delta_m S_m=\frac{\Delta_m H_m}{T_m}\approx 56.48\text{J}\cdot\text{mol}^{-1}\cdot\text{K}^{-1} \tag{1-3-31}$$

该式很不准确，对有些物质的计算误差高达几倍。

更广泛的讨论见相关专著[41]。

3.2.4 升华焓的估算方法

3.2.4.1 蒸发焓与熔化焓加和法

升华焓 $\Delta_s H$ 可由熔点 T_m下的蒸发焓 $\Delta_v H$ 与熔化焓 $\Delta_m H$ 加和得到，即：

$$\Delta_s H=\Delta_v H+\Delta_m H \tag{1-3-32}$$

式(1-3-32) 可作为工程粗略估算用。虽然 $\Delta_m H$ 的估算误差较大，但所占的比重一般较小（一般不到 1/4)，对整体的误差影响不太大。

3.2.4.2 Clausius-Clapeyron 方程

升华热或焓（$\Delta_s H$）表示气、固两相间相变的热或焓变。量热测量值很少，一般通过固体蒸气压值，结合 Clausius-Clapeyron 方程求得。

利用固体蒸气压数据，采用式(1-3-33) 计算：

$$\frac{dp_v}{dT}=\frac{\Delta_s H}{T\Delta_s H}=\frac{\Delta_s H}{\frac{RT^2}{p_v}\Delta_s Z} \tag{1-3-33}$$

由于压力较低，$\Delta_s Z$ 可取 1，利用式(1-3-33) 求取 $\Delta_s H$ 的困难，在于难以找到不同温度下固体的蒸气压。

3.2.4.3 Klages 沸点关联估算法

Klages 沸点关联估算法[42]可作为一般工程计算用。

对非极性或弱极性有机物：

$$\Delta_s H_T^{\ominus}=22.6+1.51T_b \quad (\text{J}\cdot\text{mol}^{-1}) \tag{1-3-34}$$

对含氢键化合物：

$$\Delta_s H_T^{\ominus}=28.5+0.188T_b \quad (\text{J}\cdot\text{mol}^{-1}) \tag{1-3-35}$$

某些物质常温下是固体，它们的 T_b是无法测定的，因此这一方法亦受到一定的限制。

3.2.5 溶解焓（热）$\Delta_{sol}H$ 的估算方法

对于溶解度不大的物质其溶解焓可按式(1-3-36a)[43]计算：

$$\Delta_{sol}H=\frac{8.314T_1T_2\ln(C_1/C_2)}{T_1-T_2} \tag{1-3-36a}$$

式中，$\Delta_{sol}H$ 为溶解焓，J•mol^{-1}；C_1，C_2为物质在温度 T_1(K)、T_2(K) 时的溶解度。如溶质为气体亦可以溶质的分压 p_1、p_2代替 C_1、C_2。

对一般情况可按式(1-3-36b) 计算：

$$\Delta_{sol}H=-8.3147T^2\frac{d\ln\gamma_i}{dT} \tag{1-3-36b}$$

式中，γ_i为该浓度时的溶质 i 的活度系数。

若溶质溶解时无化学作用产生，即不发生分子的离解或缔合作用（自缔合或相互缔合，形成络合物等）时，对于气态溶质，溶解焓数值可用蒸发焓的负值；对于固态溶质，可以其熔化焓数值代替；对于液态溶质，溶解焓即为混合焓，若形成理想溶液，混合焓为零；形成非理想溶液时，可用式（1-3-36b）估算。

参考文献

[1] Landolt-Börnstein. Numerical Data and Functional Relationships in Science and Technology. New Series，Group TD，Physical Chemistry，vol20，Subvolume A Vapor Pressure and Antoine Constants for Hydrocarbons，and Sulfur. Selenium，Tellurium，and Halogen Containing Organic Compounds，1999.

[2] Hall K R，Wilhoit R C. Selected Values of Properties of Hydrocarbons and Related Compounds. College Station：TRC，1981.

[3] Hall K R. Selected Values of Properties of Chemical Compounds. College Station：TRC，1981.

[4] TRC Thermodynamic Tables-Hydrocarbons. College Station： TRC，1987.

[5] TRC Thermodynamic Tables-Non-Hydrocarbons. College Station： TRC，1987.

[6] Boublick T，Fried V，Hala E. The Vapor Pressure of Pure Substances. Amsterdam：Elsevier，1973；2nd ed. New York：Elsevier，1984.

[7] Stephenson R M. Handbook of the Thermodynamics of Organic Compounds. New York：Elsevier，1987.

[8] 马沛生，夏淑倩．化工物性数据简明手册．北京：化学工业出版社，2013.

[9] Majer V，Svoboda V. Enthalpies of Vaporization of Organic Compounds，A Critical Review and Data Compilation. Oxford：Blavkwell，1985.

[10] Pedley J B，Naylor R D，Kirby S B. Thermochemical Data of Organic Compounds. 2nd ed. London：Chapman and Hall，1986.

[11] Pedley J B. Thermochemical Data Structures of Organic Compounds，vol 1，2. College Station： T R C，1994.

[12] Cox J D，Pilcher G. Thermochemistry of Organic and Organometallic Compounds. London： Academic，1970.

[13] 马沛生．石油化工，1980，9：125，138；1982，11：810；1983，12：47，104.

[14] Chickos J S，Jr Acree W F. J Phys Chem Ref Data，2003，32： 519.

[15] Jr Acree W F，Chickos J S. J Phys Chem Ref Data，2010，39：04310-04311.

[16] Yaws C L，Yang H C，Cowley W A. Hydrocarbon Process，1990，69（6）：87.

[17] Smith B D，Srivastava R. Thermodynamic Data for Pure Compounds. Part A，Hydrocarbons and Ketones. Amstendam：Elsevier，1986.

[18] Smith B D，Srivastava R. Thermodynamic Data for Pure Compounds. Part B，Halogenated Hydrocarbons and Alcohols. Amstendam：Elsevier，1986.

[19] Tamir A，Tamir E，Stephan K. Heats of Phase Change of Pure Components and Mixtures. Amsterdam：Elsevier，1983.

[20] Chickos J S，Jr Acree W F，Lielbman J F. J Phys Chem Ref Data，1999，28：1535.

[21] Landolt-Börnstein. Numerical Data and Functional Relationships in Science and Technology，New Series，Group Ⅳ Physical Chemistry. vol 8，Thermodynamic Properties of Organic Compounds and Their Mixtures，subvolume A. Enthalpies of Fusion and Transition of Organic Compounds. Berlin： Springer，1993.

[22] Shiu Wanying，Ma Kuoching. J Phys Chem Ref Data，2000，29：41.

[23] 刘文玉，马沛生. 石油化工，1984，13：264.

[24] 马沛生．有机化合物实验物性数据手册——含碳、氢、氧、卤部分．北京：化学工业出版社，2006.

[25] Lee B I，Kesler，M G. AIChE J，1975，21：510.

[26] Thek R E，Stiel I I. AIChE J，1966，12：599；1967，13：626.

[27] 李平，马沛生，等．化工学报，1995，46：332.

[28] Li ping，Ma Peisheng. Fluid Phase Equil，1994，101：101.

[29] Riedel L. Chem Eng Tech，1954，26：679.

[30] Chen N H. J Chem Eng Data，1965，10：207.

[31] Vetere A. Fluid Phase Equil, 1995, 10: 207.
[32] Joback K G, Reid R C. Chem Eng Comm, 1987, 57: 233
[33] 马沛生，许文，等. 石油化工，1992，21：613.
[34] Ma Peisheng, Zhao Xingmin. Ind Eng Chem Res, 1993, 32: 3180.
[35] Constantinous L, Gani R. AIChE J, 1994, 40: 1697.
[36] Pitzer K S, Lielmezs D Z, Curl R F, et al. J Am Chem Soc, 1955, 77: 3433.
[37] Watson K M. Ind Eng Chem, 1943, 35: 398.
[38] Li Ping, Liang Yinghua, Ma Peisheng, Zhu Chen. Fluid Phase Equil, 1997, 137: 63.
[39] 李平，马沛生，朱晨. 高校化学工程学报，1997，11：78.
[40] Уиовeʀко В В, Фрни Цb жур ФнзХнм, 1948, 22: 1126; 1948, 22: 1135; 1948, 22: 1263.
[41] [美]波林 B E，普劳斯尼茨 J M，奥康奈尔 J P. 气液物性估算手册. 赵红玲，等译. 北京：化学工业出版社，2006.
[42] 赵国良，靳长德. 有机物热力学数据的估算. 北京：高等教育出版社，1983.
[43] Allen L. J Chem Phys, 1959, 31: 1039.

4

热化学数据

热化学数据可包括（比）热容、燃烧焓、生成焓、熵、生成 Gibbs 自由能、相变热（焓）等，其中相变热已在第 3 章讨论过了。

4.1 （比）热容

热容（heat capacity）表示物系升高 1℃ 时所吸收的热。过程所处条件不同，热容值不同。热容可分恒压热容（C_p）和恒容热容（C_V），其标准单位为 $J \cdot mol^{-1} \cdot K^{-1}$。另外工程上常以单位质量表示，单位是 $J \cdot g^{-1} \cdot K^{-1}$。

4.1.1 （比）热容数据源

气体（比）热容（C_{pG}）包括理想气体（比）热容（$C_{pG}^{\ominus}$）与真实气体（比）热容（C_{pG}）。绝大多数情况下，也可以把常压下的气体（比）热容视为理想气体（比）热容。$C_{pG}^{\ominus}$可从光谱数据求得，其数值一般很接近于常压下的 C_{pG}。

有机化合物的 C_{pG}数据，可查询手册文献［1～7，13］

无机化合物的 C_{pG}数据，可查询手册文献［7～10］。

液体（比）热容有好几种，常用的为 C_{pL}，还有 $C_{\sigma L}$和 C_{SL}。当 $T_r<0.8$ 时，可以认为 C_{pL}、$C_{\sigma L}$和 C_{SL}在同一温度下的数值相同。

有机化合物的 C_{pL}数据，可以查询：API 手册[1]、Zabransky 等手册[11]。

同时可以查询一些有关热力学的专用手册，如：Domalski 发表的新成果[12]和马沛生等的《化工物性数据简明手册》[7]。

理想气体的摩尔热容及液体的摩尔热容常表示为温度的多项式，常见理想气体和常用液体的摩尔热容-温度关联式及系数见表 1-4-1、表 1-4-2，298.15K 下摩尔热容数据见表 1-4-8。

$$C_{pG}^{\ominus}/R=a_0+a_1T+a_2T^2+a_3T^3+a_4T^4 \tag{1-4-1}$$

表 1-4-1 理想气体摩尔热容-温度关联式及系数[12]

物质名称	a_0	$a_1\times10^3/K^{-1}$	$a_2\times10^5/K^{-2}$	$a_3\times10^8/K^{-3}$	$a_4\times10^{11}/K^{-4}$	温度范围/K
甲烷	4.568	−8.975	3.631	−3.407	1.091	50～1000
乙烷	4.178	−4.427	5.660	−6.651	2.487	50～1000
丙烷	3.847	5.131	6.011	−7.893	3.079	50～1000
丁烷	1.5780	71.769	−25.437	43.427	—	50～298
异丁烷	3.351	17.833	5.477	−8.099	3.243	50～1000
戊烷	7.554	−0.368	11.846	−14.939	5.753	200～1000
2-甲基戊烷	2.096	46.419	3.124	−6.829	2.902	200～1000
3-甲基戊烷	0.433	11.143	0.730	−1.612	0.690	200～1000

续表

物质名称	a_0	$a_1\times10^3/K^{-1}$	$a_2\times10^5/K^{-2}$	$a_3\times10^8/K^{-3}$	$a_4\times10^{11}/K^{-4}$	温度范围/K
2,2-二甲基丁烷	3.007	39.059	4.851	−8.243	3.367	200～1000
2,3-二甲基丁烷	−2.214	74.352	−3.697	0.273	0.308	200～1000
辛烷	10.824	4.983	17.751	−23.137	8.980	200～1000
2,4-二甲基己烷	−3.372	108.645	−7.267	2.176	−0.103	200～1000
2,5-二甲基己烷	−1.367	87.285	−1.799	−3.343	1.857	200～1000
3,3-二甲基己烷	−2.093	94.480	−2.808	−2.811	1.816	200～1000
2,3,4-三甲基戊烷	−8.070	142.730	−16.064	11.693	−3.713	200～1000
2,3,3,4-四甲基戊烷	−9.189	161.921	−17.927	12.689	−3.869	200～1000
壬烷	12.152	4.575	20.416	−26.777	10.465	200～1000
癸烷	13.467	4.139	23.127	−30.477	11.970	200～1000
己烷	8.831	−0.166	14.302	−18.314	7.124	200～1000
乙烯	4.221	−8.782	5.795	−6.729	2.511	50～1000
丙烯	3.834	3.893	4.688	−6.013	2.283	50～1000
1-丁烯	4.389	7.984	6.143	−8.197	3.165	50～1000
顺-2-丁烯	5.584	−4.890	9.133	−10.975	4.085	50～1000
反-2-丁烯	3.689	19.184	2.230	−3.426	1.256	50～1000
异丁烯	3.231	20.949	2.313	−3.949	1.566	50～1000
1-戊烯	−0.194399	433.600	−23.5063	4.96319	—	298～1500
顺-2-戊烯	−14.284	459.809	−25.3897	5.45368	—	298～1500
1-己烯	1.36242	529.163	−29.0025	6.18625	—	298～1500
1-庚烯	2.1405	623.366	−34.3489	7.3588	—	298～1500
乙炔	2.410	10.926	−0.255	−0.790	0.524	50～1000
丙炔	3.158	12.210	1.167	−2.316	1.002	50～1000
1-丁炔	2.995	20.800	1.560	−3.462	1.524	50～1000
2-丁炔	4.247	12.322	2.604	−3.623	1.340	50～1000
丙二烯	3.403	6.271	3.388	−5.113	2.161	50～1000
1,3-丁二烯	3.607	5.085	8.253	−12.371	5.321	50～1000
2-甲基-1,3-丁二烯	2.748	27.727	3.138	−6.354	2.839	50～1000
环丙烷	4.493	−18.097	12.744	−16.049	6.426	50～1000
环丁烷	4.739	−16.423	14.488	−18.041	7.089	50～1000
环戊烷	5.019	−19.734	17.917	−21.696	8.215	50～1000
甲基环戊烷	5.379	−8.258	17.293	−21.646	8.263	50～1000
乙基环戊烷	5.847	−0.048	17.507	−22.495	8.656	50～1000
1,1-二甲基环戊烷	−6.9581	92.1748	−5.4104	1.2141	—	298～1500
1-顺-2-二甲基环戊烷	−6.6880	91.5367	−5.3911	1.2189	—	298～1500
环己烷	4.035	−4.433	16.834	−20.775	7.746	100～1000
甲基环己烷	3.148	18.438	13.624	−18.793	7.364	50～1000
乙基环己烷	2.832	37.258	10.853	−16.463	6.594	50～1000
1-顺-3-二甲基环己烷	3.916	19.015	15.623	−20.836	7.945	50～1000

续表

物质名称	a_0	$a_1\times10^3/K^{-1}$	$a_2\times10^5/K^{-2}$	$a_3\times10^8/K^{-3}$	$a_4\times10^{11}/K^{-4}$	温度范围/K
1-反-3-二甲基环己烷	3.877	19.308	15.485	−20.672	7.890	50～1000
1-顺-4-二甲基环己烷	3.846	20.752	14.987	−20.319	7.843	50～1000
1-反-4-二甲基环己烷	3.902	20.058	15.345	−20.707	7.974	50～1000
环庚烷	3.995	5.299	17.971	−24.179	9.665	50～1000
环辛烷	4.236	13.119	16.313	−21.072	7.987	50～1000
环戊烯	4.555	−12.408	15.195	−19.676	7.900	50～1000
3-甲基环戊烯	−0.476	34.540	4.623	−8.124	3.338	298～1000
4-甲基环戊烯	−0.264	32.939	5.039	−8.561	3.492	298～1000
环己烯	3.874	−0.909	14.902	−19.907	8.011	50～1000
苯	3.551	−6.184	14.365	−19.807	8.234	50～1000
甲苯	3.866	3.558	13.356	−18.659	7.690	50～1000
乙苯	4.544	10.578	13.644	−19.276	7.885	50～1000
丙苯	4.759	23.956	11.859	−17.393	7.064	50～1000
异丙苯	2.985	34.196	11.938	−20.152	8.923	50～1000
邻二甲苯	3.289	34.144	4.989	−8.355	3.338	50～1000
间二甲苯	4.002	17.537	10.590	−15.037	6.008	50～1000
对二甲苯	4.113	14.909	11.810	−16.724	6.736	50～1000
丙苯	4.759	23.956	11.859	−17.393	7.064	50～1000
异丙苯	2.985	34.196	11.938	−20.152	8.923	50～1000
1-甲基-2-乙基苯	4.054	38.893	5.965	−9.743	3.851	50～1000
1-甲基-3-乙基苯	4.925	20.631	12.162	−17.300	6.937	50～1000
1-甲基-4-乙基苯	5.097	17.385	13.600	−19.299	7.817	50～1000
1,2,3-三甲苯	4.042	31.152	10.185	−16.262	6.922	50～1000
1,2,4-三甲苯	5.319	20.074	12.034	−16.873	6.687	50～1000
1,3,5-三甲苯	5.305	20.039	11.606	−16.317	6.503	50～1000
联苯	−0.843	61.392	6.352	−13.754	6.169	200～1000
顺十氢萘	−5.445	80.068	5.065	−11.756	5.088	298～1000
反十氢萘	−2.155	53.852	12.610	−20.981	9.066	298～1000
1,2,3,4-四氢萘	3.688	14.872	18.407	−26.622	11.085	50～1000
萘	2.889	14.306	15.978	−23.930	10.173	50～1000
茚满	−6.668	85.579	−2.843	−2.828	1.884	298～1000
茚	−7.247	90.987	−5.706	0.300	0.755	298～1000
蒽	2.577	31.826	18.811	−29.722	12.840	50～1000
菲	2.374	38.372	16.471	−26.813	11.640	50～1000
氟甲烷	4.561	−10.437	4.813	−5.069	1.769	50～1000
二氟甲烷	4.150	−5.584	4.384	−5.160	1.920	50～1000
三氟甲烷	3.450	3.480	3.012	−4.452	1.834	50～1000

续表

物质名称	a_0	$a_1\times10^3/K^{-1}$	$a_2\times10^5/K^{-2}$	$a_3\times10^8/K^{-3}$	$a_4\times10^{11}/K^{-4}$	温度范围/K
四氟甲烷	2.643	15.383	0.853	−2.940	1.469	50～1000
氟乙烷	3.881	1.616	4.799	−6.161	2.364	50～1000
四氟乙烯	2.223	36.551	−4.776	3.283	−0.931	200～1000
氯甲烷	3.578	−1.750	3.071	−3.714	1.408	200～1000
二氯甲烷	2.710	11.561	0.324	−1.370	0.662	200～1000
氯氟甲烷	3.838	−0.357	3.341	−4.443	1.777	50～1000
氯乙烷	3.029	9.885	2.967	−4.550	1.871	200～1000
1,1-二氯乙烷	2.610	24.853	−0.675	−1.035	0.643	200～1000
1,2-二氯乙烷	2.990	23.197	−0.404	−1.133	0.617	298～1000
1-氯丙烷	4.365	9.895	5.366	−7.708	3.120	200～1000
氯乙烯	1.930	15.469	0.341	−1.692	0.833	200～1000
1,1-二氯乙烯	1.117	32.830	−3.862	2.374	−0.584	200～1000
三氯乙烯	2.545	34.863	−4.515	2.974	−0.783	200～1000
四氯乙烯	3.618	41.050	−6.307	4.779	−1.424	200～1000
顺-1-氯丙烯	0.045	30.383	−0.820	−1.062	0.650	298～1000
反-1-氯丙烯	1.342	26.631	−0.349	−1.343	0.716	298～1000
3-氯丙烯	1.514	27.065	−0.226	−1.600	0.838	298～1000
氯苯	0.104	38.288	1.808	−5.732	2.718	200～1000
1,2-二氯苯	0.439	50.660	−1.554	−2.291	1.471	200～1000
1,3-二氯苯	0.471	50.844	−1.591	−2.277	1.474	200～1000
1,4-二氯苯	0.451	50.815	−1.574	−2.291	1.476	200～1000
氯三氟乙烯	2.539	37.709	−5.149	3.641	−1.048	200～1000
甲醇	4.714	−6.986	4.211	−4.443	1.535	50～1000
乙醇	4.396	0.628	5.546	−7.024	2.685	50～1000
1-丙醇	4.712	6.565	6.310	−8.341	3.216	50～1000
2-丙醇	3.334	18.853	3.644	−6.115	2.543	50～1000
1-丁醇	4.467	16.395	6.688	−9.690	3.864	50～1000
2-丁醇	3.860	28.561	2.728	−5.140	2.117	50～1000
乙二醇	2.160	26.015	0.747	−2.802	1.306	298～1000
苯酚	2.582	17.501	8.894	−14.435	6.317	50～1000
2-甲酚	3.123	31.032	6.152	−10.805	4.642	50～1000
3-甲酚	2.876	26.142	8.544	−14.238	6.189	50～1000
4-甲酚	2.881	27.407	7.943	−13.423	5.843	50～1000
甲醚	4.361	6.070	2.899	−3.581	1.282	100～1000
乙醚	4.612	37.492	−1.870	1.316	−0.698	100～1000
甲基叔丁基醚	4.7610	34.697	1.6628	−3.0226	0.9719	200～1500
二甲氧基甲烷	4.7495	2.9608	9.4423	−13.134	5.4234	298～1000

续表

物质名称	a_0	$a_1\times10^3/K^{-1}$	$a_2\times10^5/K^{-2}$	$a_3\times10^8/K^{-3}$	$a_4\times10^{11}/K^{-4}$	温度范围/K
1,2-二甲氧基乙烷	0.7868	55.404	−3.1562	0.78983	−0.06578	298～1500
二乙二醇二甲醚	−4.6073	11.926	−13.237	9.3362	−2.8959	298～1200
环氧乙烷	4.455	−14.249	9.233	−11.320	4.443	50～1000
1,2-环氧丙烷	3.743	4.068	6.629	−9.047	3.638	50～1000
四氢呋喃	5.171	−19.464	16.460	−20.420	8.000	50～1000
呋喃	3.816	−10.453	12.446	−16.907	7.020	50～1000
1,4-二氧六环	3.730	1.851	11.781	−15.602	6.177	50～1000
甲醛	4.434	−7.008	2.934	−2.887	0.955	50～1000
乙醛	4.379	0.074	3.740	−4.477	1.641	50～1000
丙醛	7.506	−7.682	7.095	−7.595	2.635	273～1000
丙烯醛	3.437	11.032	3.604	−5.895	2.526	50～1000
苯甲醛	−3.003	64.902	−3.025	−1.200	1.103	298～1000
丙酮	5.126	1.511	5.731	−7.177	2.728	200～1000
2-丁酮	6.349	11.062	4.851	−6.484	2.469	200～1000
2-戊酮	7.836	9.051	8.063	−10.847	4.283	200～1000
3-戊酮	8.071	13.654	6.120	−8.337	3.253	200～1000
环己酮	4.416	−1.248	17.367	−23.640	9.595	50～1000
甲酸	3.809	−1.568	3.587	−4.410	1.672	50～1000
乙酸	4.375	−2.397	6.757	−8.764	3.478	50～1000
苯甲酸	1.306	24.118	7.524	−11.831	4.902	298～1000
乙酸酐	1.426	41.403	−1.0432	−0.9232	0.4417	200～1500
氯乙酸	9.027	33.218	−3.370	1.759	−0.358	298～1000
甲酸甲酯	2.277	18.013	1.160	−2.921	1.342	298～1000
乙酸甲酯	4.242	14.388	3.338	−4.930	1.931	298～1000
乙酸乙酯	8.4007	9.9029	4.4692	−4.9467	−1.4876	200～1500
γ-丁内酯	−1.250	40.401	0.355	−3.344	1.619	298～1000
2-甲氧基乙醇	1.3730	41.726	−2.1497	0.3746	0.0141	298～1500
2-乙氧基乙醇	−0.0256	58.779	−3.6082	0.9859	−0.0901	298～1500
糠醛	−2.981	64.147	−5.470	1.979	−0.148	298～1000
甲胺	4.193	−2.122	4.039	−4.738	1.751	50～1000
二甲胺	2.469	15.462	2.642	−4.025	1.564	273～1000
乙胺	4.640	2.069	5.797	−7.659	3.043	50～1000
1-丙胺	4.142	12.606	5.471	−7.524	2.918	50～1000
2-丙胺	3.633	22.221	3.094	−5.375	2.236	50～1000
三甲胺	1.660	27.899	2.517	−5.097	2.190	298～1000
苯胺	2.598	19.936	8.438	−13.368	5.630	50～1000
氰化氢	1.746	40.864	5.752	−11.863	5.469	298～1000

续表

物质名称	a_0	$a_1\times10^3/K^{-1}$	$a_2\times10^5/K^{-2}$	$a_3\times10^8/K^{-3}$	$a_4\times10^{11}/K^{-4}$	温度范围/K
乙腈	3.623	5.808	1.666	−2.317	0.891	200～1000
丙烯腈	3.317	11.545	1.971	−3.557	1.551	50～1000
乙二腈	3.276	18.807	−2.964	2.498	−0.824	298～1000
吡咯	3.554	−6.426	12.231	−16.957	7.095	50～1000
吡啶	−3.505	49.389	−1.746	−1.595	1.097	298～1000
甲酰胺	1.335	14.656	−0.342	−0.109	0.007	298～1000
N-甲基甲酰胺	2.655	15.081	1.980	−3.232	1.263	298～1000
乙酰胺	2.149	18.422	1.174	−2.492	1.025	298～1000
甲硫醇	4.119	1.313	2.591	−3.212	1.208	50～1000
乙硫醇	3.894	12.951	2.052	−3.287	1.312	50～1000
二甲硫醚	3.535	17.530	0.596	−1.632	0.696	273～1000
二乙硫醚	4.335	26.082	3.959	−6.881	2.900	273～1000
噻吩	3.063	1.520	9.514	−14.129	6.088	50～1000
氟	3.3469	0.4665	0.5264	−0.7936	0.33035	50～1000
氯	3.0560	5.3708	−0.8098	0.5693	−0.15256	50～1000
溴	3.2118	7.1600	−1.5277	1.4446	−0.49867	50～1000
氢	2.8833	3.6807	−0.7720	0.6915	−0.2125	50～1000
氮	3.5385	−0.2611	0.0074	0.1574	−0.09887	50～1000
氧	3.6297	−1.7943	0.6579	−0.6007	0.17861	50～1000
一氧化碳	3.912	−3.913	1.182	−1.302	0.515	50～1000
二氧化碳	3.259	1.356	1.502	−2.374	1.056	50～1000
硫化碳	1.983	15.456	−2.276	1.765	−0.547	298～1000
二硫化碳	2.803	13.475	−1.889	1.376	−0.408	298～1000
二氧化硫	4.147	−2.234	2.344	−3.271	1.393	50～1000
三氧化硫	3.426	6.479	1.691	−3.356	1.590	50～1000
水	4.395	−4.186	1.405	−1.564	0.632	50～1000
氟化氢	3.901	−3.708	1.165	−1.465	0.639	50～1000
氯化氢	3.827	−2.936	0.879	−1.031	0.439	50～1000
硫化氢	4.266	−3.438	1.319	−1.331	0.488	50～1000
氨	4.238	−4.215	2.041	−2.126	0.761	50～1000
硝酸	1.031	23.959	−2.214	0.976	−0.156	298～1000
一氧化氮	4.534	−7.644	2.066	−2.156	0.806	50～1000
二氧化氮	4.294	−4.805	2.758	−3.417	1.365	50～1000
一氧化二氮	3.165	3.401	0.989	−1.880	0.890	50～1000
三氧化二氮	5.274	14.163	−0.988	−0.266	0.434	50～1000
四氧化二氮	3.374	27.257	−1.917	−0.616	0.859	50～1000
五氧化二氮	4.485	27.987	−1.123	−1.563	1.116	50～1000

$$C_{pL}/R=A_1+A_2\left(\frac{T}{100}\right)+A_3\left(\frac{T}{100}\right)^2+A_4\left(\frac{T}{100}\right)^3 \tag{1-4-2}$$

表 1-4-2 常用液体摩尔热容-温度关联式及系数[7]

物质名称	A_1	A_2	A_3	A_4	温度范围/K	质量码
甲烷	0.220171	15.5058	−13.6204	4.39183	93.4～120.0	Ⅲ
	6.34768	0.187047	−0.854778	0.845826	120.0～150.0	Ⅲ
	−279.361	571.605	−381.800	85.5004	150.0～180.0	Ⅳ
乙烷	6.47989	4.33507	−3.63542	1.07473	91.0～150.0	Ⅱ
	10.5600	−3.82507	1.80467	−0.134180	150.0～220.0	Ⅲ
	−91.0276	134.703	−61.1628	9.40635	220.0～285.0	Ⅳ
	−3901.70	41109.4	−14438.3	1690.94	285.0～300.0	Ⅴ
丙烷	10.6721	−2.47879	2.76588	−0.779894	81.1～115.0	Ⅱ
	8.91913	2.09404	−1.21050	0.372679	115.0～200.0	Ⅲ
	9.77891	0.766209	−0.520000	0.251610	200.0～288.8	Ⅲ
丁烷	5.67977	12.1759	−6.31507	1.20130	139.9～212.5	Ⅲ
	16.0048	−2.40270	0.546403	0.124837	212.5～305.4	Ⅳ
	−85.1845	96.7365	−31.7845	3.63177	305.4～365.0	Ⅴ
戊烷	20.6489	−4.67097	1.47802	0.0178895	148.6～210.0	Ⅱ
	23.5167	−8.76790	3.42894	−0.291780	210.0～290.0	Ⅱ
	15.4905	−0.656308	0.715984	0.00784618	290.0～393.1	Ⅳ
己烷	37.8235	−22.9497	9.41150	−1.12003	180.4～250.0	Ⅱ
	18.3886	0.372208	0.0827402	0.123801	250.0～330.0	Ⅲ
	48.6200	−27.2300	8.49557	−0.732523	330.0～463.1	Ⅳ
庚烷	60.5796	−44.5053	17.2771	−2.05823	182.6～260.0	Ⅰ
	26.5839	−5.27942	2.19023	−0.124016	260.0～400.0	Ⅰ
	−44.1272	47.5629	−10.9451	0.960829	400.0～490.0	Ⅱ
	−14276.9	8761.52	−1789.30	121.938	490.0～520.0	Ⅱ
辛烷	64.1761	−41.1774	14.5979	−1.53018	222.6～300.0	Ⅱ
	22.8750	0.123696	0.830836	-5.05476×10^{-4}	300.0～463.0	Ⅲ
壬烷	123.776	−101.511	36.1333	−4.07916	225.0～300.0	Ⅱ
	−83.1340	105.399	−32.8368	3.58418	300.0～373.1	Ⅲ
癸烷	86.9177	−54.7110	18.2488	−1.81898	247.0～314.0	Ⅱ
	32.8132	−3.01891	1.78633	−0.0713739	314.0～462.4	Ⅲ
十三烷	55.6085	−9.93489	2.58183	—	271.7～373.1	Ⅲ
十四烷	−28.3427	78.6707	−27.2348	3.34284	282.7～310.0	Ⅱ
	128.838	−73.4398	21.8331	−1.93328	310.0～433.3	Ⅳ
十五烷	221.520	−157.919	48.3676	−4.68280	285.5～373.1	Ⅲ
十六烷	169.484	−106.995	32.9166	−3.12299	293.1～350.0	Ⅱ
	98.8261	−46.4313	15.6126	−1.47499	350.0～453.0	Ⅴ

续表

物质名称	A_1	A_2	A_3	A_4	温度范围/K	质量码
十七烷	61.7909	−5.83983	2.22416	—	299.0～401.0	Ⅱ
十八烷	72.8757	−10.4237	2.94698	—	300.0～401.0	Ⅱ
十九烷	52.6380	3.62494	0.936989	—	305.0～453.0	Ⅲ
二十烷	17.2485	−92.4405	27.1671	−2.35443	310.9～398.1	Ⅱ
1-丁烯	16.3560	−5.93600	2.88498	−0.345255	81.3～200.0	Ⅱ
	13.5057	−1.65800	−0.744315	0.0118853	200.0～310.0	Ⅱ
	−208.986	213.656	−68.7120	7.48030	310.0～366.5	Ⅴ
1-戊烯	18.2932	−4.45103	1.90781	−0.122834	108.8～250.0	Ⅱ
	25.2519	−12.8203	5.26598	−0.572429	250.0～366.5	Ⅴ
4-甲基-1-戊烯	16.9996	0.558370	−0.439679	0.283278	118.9～300.0	Ⅳ
	33.2602	−15.5660	4.87640	−0.299573	300.0～460.0	Ⅳ
1-庚烯	29.8111	−11.2277	4.61440	−0.448681	157.1～343.1	Ⅱ
苯	20.5209	−7.34142	2.64185	−0.217800	279.0～380.0	Ⅱ
	−25.0391	28.6271	−6.82355	0.612497	380.0～490.0	Ⅳ
	−1304.20	811.788	−166.652	11.4852	490.0～540.0	Ⅳ
甲苯	21.6638	−7.51813	2.97181	−0.255049	162.0～350.0	Ⅱ
	6.44050	5.49414	−0.731388	0.0957235	350.0～500.0	Ⅲ
	−878.996	536.756	−106.984	7.17922	500.0～570.0	Ⅳ
乙苯	24.5111	−8.61648	3.69008	−0.349739	178.2～320.0	Ⅰ
	11.5169	3.56556	−0.116810	−0.0468117	320.0～550.0	Ⅲ
邻二甲苯	22.7698	−5.97535	2.66140	−0.227424	251.6～350.0	Ⅱ
	10.1285	4.85463	−0.430255	0.0666358	350.0～550.0	Ⅳ
间二甲苯	20.4036	−4.53989	2.18373	−0.167503	232.3～400.0	Ⅱ
	−10.1961	18.3199	−3.49978	0.302503	400.0～550.0	Ⅳ
对二甲苯	18.9182	−3.52833	1.98719	−0.157030	288.1～420.0	Ⅱ
	−28.1655	30.0765	−5.99961	0.474737	420.0～573.2	Ⅳ
丙苯	29.5099	−11.0557	4.61193	−0.442290	180.9～391.4	Ⅱ
异丙苯	27.2341	−9.48884	4.33658	−0.438437	179.9～300.0	Ⅱ
	18.3451	−0.599914	1.37360	−0.109218	300.0～412.8	Ⅳ
丁苯	29.6024	−8.14834	3.56054	−0.293465	193.8～500.0	Ⅰ
	−265.381	169.013	−31.9194	2.07595	500.0～640.0	Ⅲ
仲丁苯	14.5530	4.91228	−0.125403	0.0439919	288.1～565.0	Ⅱ
	−6089.12	3245.80	−573.734	33.8852	565.0～640.0	Ⅳ
异丁苯	13.6911	4.67541	−0.177255	—	288.1～401.3	Ⅱ
叔丁苯	19.9730	−0.502192	1.48326	−0.0994957	220.4～520.0	Ⅱ
	−29.3364	28.9165	−4.34183	0.282093	500.0～620.0	Ⅳ
萘	12.7115	1.99429	0.760133	−0.0702083	357.0～520.0	Ⅲ

续表

物质名称	A_1	A_2	A_3	A_4	温度范围/K	质量码
	−47.6592	36.8236	−5.93780	0.359147	520.0～700.0	Ⅴ
二氟甲烷	11.0069	−0.308467	−0.762033	0.305663	141.2～260.0	Ⅳ
	−83.6697	108.934	−42.7783	5.69236	260.0～320.0	Ⅳ
	−10828.9	10182.5	3190.78	333.609	320.0～342.2	Ⅳ
三氟甲烷	14.2743	−5.87612	2.12935	−0.0557150	120.6～220.0	Ⅲ
	−95.9837	144.338	−66.0137	10.2295	220.0～275.0	Ⅲ
	−21880.9	23909.7	−8707.98	1057.74	275.0～293.2	Ⅳ
1,1-二氟乙烷	11.2439	1.19775	−0.941433	0.294346	162.6～314.9	
1,1,1-三氟乙烷	10.6075	1.76313	−1.08728	0.372614	164.8～280.0	Ⅱ
	−538.048	589.608	−211.032	25.3660	280.0～330.0	Ⅳ
1,1,1,2-四氟乙烷	127.436	−172.216	86.3585	−14.2523	174.2～200.0	Ⅳ
	15.4984	−4.49011	2.58714	−0.305680	200.0～247.1	Ⅳ
五氟乙烷	6.84907	9.78813	−4.46906	0.864196	175.9～278.0	Ⅲ
1,2-二氯乙烷	16.5741	−1.63920	0.431238	—	238.7～353.1	Ⅲ
1-氯丙烷	5.02540	4.85863	−0.418194	—	200.0～314.1	Ⅲ
氯苯	16.1929	−0.871082	0.510687	—	230.0～355.3	Ⅴ
甲醇	10.2627	−1.46311	0.0247615	0.137299	180.0～300.0	Ⅱ
	4.60447	4.19511	−1.86132	0.346863	300.0～400.0	Ⅲ
	−406.188	312.289	−78.8849	6.76550	400.0～503.1	Ⅳ
乙醇	2.07658	10.5152	−4.80453	0.859018	220.0～290.0	Ⅰ
	35.4340	−23.9925	7.09467	−0.508705	290.0～378.2	Ⅱ
1-丙醇	24.6530	−12.1271	3.37763	−0.0460571	260.0～330.0	Ⅱ
	137.215	−114.527	34.4334	−3.18607	330.0～463.0	Ⅳ
2-丙醇	112.266	−104.486	35.3190	−3.62370	270.0～360.0	Ⅳ
	−126.606	94.5415	−19.9519	1.49184	360.0～473.2	Ⅴ
1-丁醇	14.5002	2.95483	−2.45761	0.748081	188.2～310.0	Ⅱ
	183.900	−160.980	50.4246	−4.93818	310.0～390.0	Ⅲ
	−424.762	306.916	−69.4514	5.29730	390.0～466.6	Ⅴ
2-丁醇	−15.5915	13.1671	—	—	288.1～318.1	Ⅲ
异丁醇	7.00477	11.8353	−6.43604	1.38412	180.0～290.0	Ⅱ
	157.438	−143.786	47.2263	−4.78398	290.0～370.0	Ⅱ
	−167.897	119.896	−24.0024	1.62877	370.0～493.1	Ⅴ
叔丁醇	−2667.83	2568.98	−819.242	87.4310	298.1～310.0	Ⅱ
	−126.998	110.111	−26.0590	2.14247	310.0～453.1	Ⅲ
1-戊醇	13.5109	8.53794	−5.06874	1.17501	198.7～295.0	Ⅱ
	159.851	−140.283	45.3789	−4.52529	295.0～380.0	Ⅱ

续表

物质名称	A_1	A_2	A_3	A_4	温度范围/K	质量码
	−270.913	199.643	−44.0269	3.31220	380.0～463.4	Ⅳ
2-戊醇	19.0093	−25.5273	−1.99299	1.04067	137.2～280.0	Ⅱ
	260.971	−259.500	90.5943	−9.98164	280.0～367.4	Ⅳ
3-戊醇	−10.6151	41.5934	−21.7141	4.18554	210.2～260.0	Ⅱ
	471.228	−514.379	192.121	−23.2293	260.0～280.0	Ⅱ
	18.7635	−29.5959	18.9846	−2.61775	280.0～367.7	Ⅳ
2-甲基-1-丁醇	14.2612	6.18333	−4.35172	1.18800	124.1～347.1	Ⅳ
3-甲基-1-丁醇	10.9482	9.25929	−4.77571	1.08729	138.7～357.4	Ⅳ
2-甲基-2-丁醇	647.895	−634.517	211.779	−22.9935	267.6～347.5	Ⅳ
1-己醇	13.5937	12.3650	−6.39986	1.33886	227.3～300.0	Ⅲ
	182.261	−156.302	49.8225	−4.90808	300.0～400.0	Ⅲ
	−638.849	459.396	−104.060	7.91111	400.0～462.0	Ⅳ
3-甲基-3-戊醇	−177.174	135.946	−24.7416	1.04013	278.1～373.1	Ⅲ
1-庚醇	88.2673	−65.8074	21.6800	−1.95480	240.0～320.0	Ⅱ
	247.728	−215.302	68.3972	−6.82117	320.0～380.0	Ⅱ
	−295.845	214.000	−44.6259	3.09796	380.0～570.7	Ⅳ
1-辛醇	179.804	−154.131	51.0285	−5.16315	260.7～390.0	Ⅱ
	−320.088	230.397	−47.5668	3.26365	390.0～550.6	Ⅳ
2-乙基-1-己醇	33.5616	−10.6242	4.07540	—	153.3～353.1	Ⅳ
1-壬醇	253.461	−219.931	71.4159	−7.23003	281.1～380.0	Ⅲ
	−450.176	335.571	−74.7690	5.59320	380.0～464.2	Ⅳ
1-癸醇	261.039	−224.049	72.8226	−7.37927	282.9～375.0	Ⅱ
	−298.860	223.871	−46.6226	3.23808	375.0～450.0	Ⅱ
	−233.522	180.231	−36.9044	2.51648	450.0～570.7	Ⅳ
1-十一醇	202.596	−166.989	55.3706	−5.58180	297.1～390.0	Ⅲ
	−330.796	243.312	−49.8348	3.41011	390.0～523.4	Ⅴ
1-十二醇	308.282	−258.196	82.5802	−8.28399	298.1～380.0	Ⅲ
	−413.138	311.347	−67.2995	4.86334	380.0～486.0	Ⅳ
1-十四醇	222.827	−176.719	58.8986	−5.98507	312.0～400.0	Ⅳ
	−688.384	506.690	−111.954	8.25261	400.0～480.0	Ⅳ
	659.962	−336.027	63.6124	−3.93947	480.0～573.0	Ⅳ
1-十五醇	984.427	−822.789	242.184	−23.2657	318.4～384.0	Ⅱ
1-十六醇	890.027	−755.550	227.949	−22.3720	327.6～387.2	Ⅳ
1-十八醇	301.548	−235.565	76.8013	−7.71879	332.6～380.0	Ⅲ
	−309.133	246.551	−50.0713	3.41038	380.0～622.9	Ⅴ
乙二醇	5.88415	4.37971	−0.109376	—	262.0～493.1	Ⅳ
甘油	9.16889	5.73727	—	—	293.1～382.7	Ⅴ

续表

物质名称	A_1	A_2	A_3	A_4	温度范围/K	质量码
2,6-二甲酚	10.6124	5.16988	—	—	318.7～600.0	Ⅴ
2-氯酚	41.6416	−10.4980	1.77851	—	293.1～353.1	Ⅳ
3-氯酚	−26.2580	30.4931	−4.26736	—	313.1～353.1	Ⅳ
4-氯酚	22.5112	1.65996	—	—	323.1～353.1	Ⅳ
甲基叔丁基醚	17.8157	−0.998240	0.878769	—	168.3～325.1	Ⅱ
乙基叔丁基醚	17.8578	1.08212	0.608335	—	179.3～341.1	Ⅳ
丁基乙烯基醚	−145.476	122.607	−29.2739	2.41580	315.0～515.0	Ⅴ
四氢吡喃	2.97067	5.04659	—	—	297.6～327.5	Ⅳ
苯乙酮	14.5507	3.03448	0.123033	−0.00168711	298.2～650.0	Ⅳ
	−24060.2	11114.5	−1709.33	87.6624	650.0～700.0	Ⅳ
二苯酮	17.4521	5.79223	—	—	271.4～439.7	Ⅳ
2,4-戊二酮	5.09972	8.93993	−0.757459	—	254.8～360.0	Ⅲ
2-丁酮	18.9452	−1.36988	0.374249	0.0344146	190.8～353.1	Ⅱ
环己酮	17.8872	−2.43413	1.19516	—	244.8～308.1	Ⅲ
丙烯酸	28.1387	−8.82167	1.65470	—	293.5～329.1	Ⅲ
乙酸甲酯	20.8435	−4.78198	1.18059	—	176.7～313.1	Ⅳ
乙酸乙烯酯	29.5030	−14.9299	6.05166	−0.705349	188.8～330.0	Ⅲ
	12.6241	25.6346	−5.09281	0.506343		Ⅳ
碳酸二甲酯	20.3033	−1.25037	0.170694	0.0668822	288.1～490.0	Ⅲ
	−4655.09	2859.39	−583.087	39.6901	490.0～540.0	Ⅲ
丙烯酸丁酯	1.67318	4.03814	—	—	295.0～415.0	Ⅳ
甲基丙烯酸丁酯	36.0401	−5.80098	1.67129	—	199.3～323.8	Ⅲ
苯甲酸甲酯	31.3157	−9.24588	3.27286	−0.255440	262.5～530.0	Ⅱ
	−283.651	168.991	−30.3384	1.85612	530.0～660.0	Ⅲ
邻苯二甲酸二乙酯	34.6350	0.592402	0.859320	—	273.0～415.0	Ⅲ
邻苯二甲酸二丁酯	83.5067	−40.8178	15.6736	−1.65682	180.0～320.0	Ⅲ
	12.6241	25.6346	−5.09281	0.506343	320.0～447.3	Ⅳ
邻苯二甲酸双(2-乙基己基)酯	121.326	−53.7424	19.3342	−1.82508	195.0～370.0	Ⅲ
	−12.3666	54.6570	−9.96296	0.814295	370.0～461.9	Ⅳ
二乙二醇	5.48991	10.3054	−0.764956	—	273.1～513.2	Ⅳ
糠醛	−281.207	270.728	−81.4232	8.19410	288.7～422.0	Ⅴ
苯胺	15.0819	4.86333	−1.21548	0.160321	270.2～420.0	Ⅱ
	56.7903	−25.2839	6.06307	−0.426459	420.0～570.0	Ⅱ
	−76.3668	406.536	−69.6948	4.00383	570.0～680.0	Ⅲ
乙腈	7.64495	1.57191	−0.149141	—	234.2～333.0	Ⅲ
吡啶	15.1863	−2.80185	1.31862	−0.0979324	239.7～350.0	Ⅱ
	10.3394	1.48393	0.0515615	0.0272838	350.0～560.0	Ⅳ

续表

物质名称	A_1	A_2	A_3	A_4	温度范围/K	质量码
硝基甲烷	20.9732	−7.96430	2.31812	−0.189026	249.8～360.0	Ⅲ
	3.26255	6.77427	−1.77348	0.188944	360.0～473.2	Ⅲ
甲酰胺	21.0920	−6.09729	1.13100	—	276.8～328.1	Ⅲ
N-甲基甲酰胺	9.60363	1.82794	—	—	283.1～328.1	Ⅲ
N,*N*-二甲基甲酰胺	13.0506	4.51158	−1.84340	0.289996	212.6～423.2	Ⅳ
乙醇胺	10.3390	3.20506	—	—	299.1～397.8	Ⅳ
N,*N*-二甲基乙醇胺	6.94478	5.94073	—	—	299.1～397.8	Ⅳ
二乙醇胺	29.6248	−5.13210	1.85100	—	299.1～397.8	Ⅳ
二甲亚砜	4.86997	10.8521	−3.09858	0.329476	295.8～415.1	Ⅲ
环丁砜	8.49829	4.66945	−0.115118	—	303.1～555.1	Ⅳ

注：质量码Ⅰ、Ⅱ、Ⅲ、Ⅳ、Ⅴ分别代表回归误差为<0.1%、<0.3%、<0.5%、<1%、<3%。

4.1.2 （比）热容的估算方法

4.1.2.1 理想气体或低压（$p\to 0$）真实气体摩尔热容估算

（1）Joback 法 这是最简单的基团贡献法[14]：

$$C_{pG}^{\ominus}=(\sum\Delta a-37.93)+(\sum\Delta b+0.21)T+(\sum\Delta c-3.9\times10^{-4})T^2+(\sum\Delta d+2.06\times10^{-7})T^3 \quad (\mathrm{J\cdot mol^{-1}\cdot K^{-1}}) \tag{1-4-3}$$

式中，基团贡献值见表1-4-3。

表1-4-3 Joback 法计算理想气体摩尔热容的基团贡献值[7]

基团	Δa	Δb	Δc	Δd
	$\mathrm{J\cdot mol^{-1}\cdot K^{-1}}$			
非环增量				
$-CH_3$	1.95×10^{1}	-8.08×10^{-3}	1.53×10^{-4}	-9.67×10^{-8}
$>CH_2$	-9.09×10^{-1}	9.50×10^{-2}	-5.44×10^{-5}	1.19×10^{-8}
$>CH-$	-2.30×10^{1}	2.04×10^{-1}	-2.65×10^{-4}	1.20×10^{-7}
$>C<$	-6.62×10^{1}	4.27×10^{-1}	-6.41×10^{-4}	3.01×10^{-7}
$=CH_2$	2.36×10^{1}	-3.81×10^{-2}	1.72×10^{-4}	-1.03×10^{-7}
$=CH-$	-8.00	1.05×10^{-1}	-9.63×10^{-5}	3.56×10^{-8}
$=C<$	-2.81×10^{1}	2.08×10^{-1}	-3.06×10^{-4}	1.46×10^{-7}
$=C=$	2.74×10^{1}	-5.57×10^{-2}	1.01×10^{-4}	-5.02×10^{-8}
$\equiv CH$	2.45×10^{1}	-2.71×10^{-2}	1.11×10^{-4}	-6.78×10^{-8}
$\equiv C-$	7.87	2.01×10^{-2}	-8.33×10^{-6}	1.39×10^{-9}

续表

基团	Δa	Δb	Δc	Δd
	J·mol⁻¹·K⁻¹			
环增量				
—CH_2—	−6.03	8.54×10^{-2}	-8.00×10^{-6}	-1.80×10^{-8}
>CH—	-2.05×10^{1}	1.62×10^{-1}	-1.60×10^{-4}	6.24×10^{-8}
>C<	-9.09×10^{1}	5.57×10^{-1}	-9.00×10^{-4}	4.69×10^{-7}
═CH—	−2.14	5.74×10^{-2}	-1.64×10^{-6}	-1.59×10^{-8}
═C<	−8.25	1.01×10^{-1}	-1.42×10^{-4}	6.78×10^{-8}
卤增量				
—F	2.65×10^{1}	-9.13×10^{-2}	1.91×10^{-4}	-1.03×10^{-7}
—Cl	3.33×10^{1}	-9.63×10^{-2}	1.87×10^{-4}	-9.96×10^{-8}
—Br	2.86×10^{1}	-6.49×10^{-2}	1.36×10^{-4}	-7.54×10^{-8}
—I	3.21×10^{1}	-6.41×10^{-2}	1.26×10^{-4}	-6.87×10^{-8}
氧增量				
—OH(醇)	2.57×10^{1}	-6.91×10^{-2}	1.77×10^{-4}	-9.88×10^{-8}
—OH(酚)	−2.81	1.11×10^{-1}	-1.16×10^{-4}	4.94×10^{-8}
—O—(非环)	2.55×10^{1}	-6.32×10^{-2}	1.11×10^{-4}	-5.48×10^{-8}
—O—(环)	1.22×10^{1}	-1.26×10^{-2}	6.03×10^{-5}	-3.86×10^{-8}
>C═O (非环)	6.45	6.70×10^{-2}	-3.57×10^{-5}	2.86×10^{-9}
>C═O (环)	3.04×10^{1}	-8.29×10^{-2}	2.36×10^{-4}	-1.31×10^{-7}
O═CH—(醛)	3.09×10^{1}	-3.36×10^{-2}	1.60×10^{-4}	-9.88×10^{-8}
—COOH(酸)	2.41×10^{1}	4.27×10^{-2}	8.04×10^{-5}	-6.87×10^{-8}
—COO—(酯)	2.45×10^{1}	4.02×10^{-2}	4.02×10^{-5}	-4.52×10^{-8}
═O(除去以上的)	6.82	1.96×10^{-2}	1.27×10^{-5}	-1.87×10^{-8}
氮增量				
—NH_2			1.64×10^{-4}	-9.76×10^{-8}
>NH (非环)	−1.21	7.62×10^{-2}	-4.86×10^{-5}	1.05×10^{-8}
>NH (环)	1.18×10^{1}	-2.30×10^{-3}	1.70×10^{-4}	-6.28×10^{-8}
>N— (非环)	-3.11×10^{1}	2.27×10^{-1}	-3.20×10^{-4}	1.46×10^{-7}
—N═(环)	8.83	-3.84×10^{-3}	4.35×10^{-5}	-2.60×10^{-8}
═NH	5.69×10^{1}	-4.12×10^{-3}	1.28×10^{-4}	-8.88×10^{-8}
—CN	3.65×10^{1}	-7.33×10^{-2}	1.84×10^{-4}	-1.03×10^{-7}
—NO_2	2.59×10^{1}	-3.74×10^{-3}	1.29×10^{-4}	-8.88×10^{-8}

续表

基团	Δa	Δb	Δc	Δd
	$J\cdot mol^{-1}\cdot K^{-1}$			
硫增量				
SH	3.53×10^{1}	-7.58×10^{-2}	1.85×10^{-4}	-1.03×10^{-7}
S(非环)	1.96×10^{1}	-5.61×10^{-3}	4.02×10^{-5}	-2.76×10^{-8}
S(环)	1.67×10^{1}	4.81×10^{-3}	2.77×10^{-5}	-2.11×10^{-8}

(2) C-G 法[15] 该估算方法已在第 2 章提及，用于 $c_{pG}^{\ominus}$ 的计算式是：

$$C_{pG}^{\ominus}=(-19.779+\sum n_i\Delta C_{pAi}+W\sum n_j\Delta C_{pAj})+(22.598+\sum n_i\Delta C_{pBi}+W\sum n_j\Delta C_{pBj})\theta+(-10.7983+\sum n_i\Delta C_{pCi}+W\sum n_j\Delta C_{pCj})\theta^2 \quad (J\cdot mol^{-1}\cdot K^{-1}) \tag{1-4-4a}$$

$$\theta=(T-298)/700 \tag{1-4-4b}$$

一级及二级基团值见表 1-4-4a、表 1-4-4b，W 值可取 0（只考虑一级基团）或 1（考虑二级基团）。

表 1-4-4a C-G 法估算 $C_{pG}^{\ominus}$ 的一级基团值[16]

基团	$\Delta C_{pAi}/J\cdot mol^{-1}\cdot K^{-1}$	$\Delta C_{pBi}/J\cdot mol^{-1}\cdot K^{-1}$	$\Delta C_{pCi}/J\cdot mol^{-1}\cdot K^{-1}$
$-CH_3$	35.1152	39.5923	−9.9232
$-CH_2-$	22.6346	45.0933	−15.7033
$>CH-$	8.9272	59.9786	−29.5143
$>C<$	0.3456	74.0368	−45.7878
$CH_2{=}CH-$	49.2506	59.3840	−21.7908
$-CH{=}CH-$	35.2248	62.1924	−24.8156
$CH_2{=}C<$	37.6299	62.1285	−26.0637
$-CH{=}C<$	21.3528	66.3947	−29.3703
$>C{=}C<$	10.2797	65.5372	−30.6057
$CH_2{=}C{=}CH-$	66.0574	69.3936	−25.1081
$CH{\equiv}C-$	45.9768	20.6417	−8.3297
$-C{\equiv}C-$	26.7371	21.7676	−6.4481
$({=}CH)_A$	16.3794	32.7433	−13.1692
$({=}C|)_A$	10.4283	25.3634	−12.7283
$({=}C|)_A CH_3$	42.8569	65.6464	−21.0670
$({=}C|)_A CH_2-$	32.8206	70.4153	−28.9361

续表

基团	ΔC_{pAi}/J·mol^{-1}·K^{-1}	ΔC_{pBi}/J·mol^{-1}·K^{-1}	ΔC_{pCi}/J·mol^{-1}·K^{-1}
$(=\overset{\vert}{C})_A \gt CH$	19.9504	81.8764	−40.2864
$-CF_3$	63.2024	51.9366	−28.6308
$-CF_2-$	44.3567	44.3567	−23.2820
$(=\overset{\vert}{C})_A F$	30.1696	30.1696	−13.3722
$-CCl_3$	56.1685	46.9337	−31.3325
$-CCl_2-$	78.6054	32.1318	−19.4033
$-\overset{\vert}{C}Cl-$	29.1848	52.3817	−30.8526
$-CHCl_2$	60.8262	41.9908	−20.4091
$-CH_2Cl$	48.4648	37.2370	−13.0635
$-CHCl-$	36.5885	47.6004	−22.8148
$(=\overset{\vert}{C})_A Cl$	33.6450	23.2759	−12.2406
$Cl(\overset{\vert}{C}=\overset{\vert}{C})$	25.8094	−5.2241	1.4542
$-Br$	28.0260	−7.1651	2.4332
$-I$	29.1815	−9.7846	3.4554
$-F$（除上述外）	22.2082	−2.8385	1.2679
$-OH$	27.2107	2.7609	1.3060
$(=\overset{\vert}{C})_A OH$	39.7112	35.5676	−15.5875
$-CHO$	40.7501	19.6990	−5.4360
CH_3CO-	59.3032	67.8149	−20.9948
$-COOH$	46.5577	48.2322	−20.4868
$HCOO-$	51.5048	44.4133	−19.6155
CH_3COO-	66.8423	102.4553	−43.3306
CH_3O-	50.5604	38.9681	−4.7799
$-CH_2O-$	39.5784	41.8177	−11.0837
$\gt CHO-$	25.6750	24.7281	4.2419
$\gt CHNH_2$	44.1122	77.2155	−33.5086
CH_3NH-	53.7012	71.7948	−22.9685
$-CH_2NH-$	44.6388	68.5041	−26.7106
$CH_3N\lt$	41.4064	85.0996	−35.6318

续表

基团	ΔC_{pAi}/J·mol^{-1}·K^{-1}	ΔC_{pBi}/J·mol^{-1}·K^{-1}	ΔC_{pCi}/J·mol^{-1}·K^{-1}
$-CH_2N<$	30.1561	81.6814	−36.1441
$(=C-)_A NH_2$	47.1311	51.3326	−25.0276
$-CH_2CN$	58.2837	49.6388	−15.6291
$-C_5H_4N$	84.7602	177.2513	−72.3213
$-CH_2NO_2$	63.7851	83.4744	−35.1171
$>CHNO_2$	51.1442	94.2934	−45.2029
$-CH_2SH$	58.2445	46.9958	−10.5106
CH_3S-	57.7670	44.1238	−9.5565
$-CH_2S-$	45.0314	55.1432	−18.7776
$>CHS-$	40.5275	55.0141	−31.7190
$>C_4H_2S$	80.3010	132.7786	−58.3241

注：A—芳烃环。

表 1-4-4b C-G 法估算 $C_{pG}^{\ominus}$ 的二级基团值[16]

基团	ΔC_{pA_j}/J·mol^{-1}·K^{-1}	ΔC_{pB_j}/J·mol^{-1}·K^{-1}	ΔC_{pC_j}/J·mol^{-1}·K^{-1}
$(CH_3)_2CH-$	0.5830	−1.2002	−0.0584
$(CH_3)_3C-$	0.3226	2.1309	−1.5728
$-CH(CH_3)CH(CH_3)-$	0.9668	−2.0762	0/3148
$-CH(CH_3)C(CH_3)_2-$	−0.3082	1.8969	−1.64556
$-C(CH_3)_2C(CH_3)_2-$	−0.1201	4.2846	−2.0262
$CH_p=CH_m-CH_n-CH_k$　$k,n,m,p\in(0,2)$	2.6142	4.4511	−5.9808
$CH_3-CH_m=CH_n$　$m,n\in(0,2)$	−1.3913	−1.5496	2.5899
$-CH_2-CH_m=CH_n$　$m,n\in(0,2)$	0.2630	−2.3428	0.8975
$>CH-CH_m=CH_n$ 或 $>C-CH_m=CH_n$　$m,n\in(0,2)$	6.5145	−17.5541	10.6977
$\neq C-)_R C_m$　$m>1$	4.1707	−3.1964	−1.1997
三元环	8.5546	−22.9771	10.7278
四元环	3.1721	−10.0834	4.9674
五元环	−5.9060	−1.8710	4.2945

续表

基团	ΔC_{pA_j} /J·mol⁻¹·K⁻¹	ΔC_{pB_j} /J·mol⁻¹·K⁻¹	ΔC_{pC_j} /J·mol⁻¹·K⁻¹
六元环	−3.9682	17.7889	−9.660
七元环	−3.2746	32.1670	−17.8246
CH_m ═CH_n—Br	−1.6978	1.0477	0.2022
(═C—)$_A$Br	−2.2923	3.1142	−1.4995
(═C—)$_A$I	−0.3162	2.3711	−1.4825
>CHOH	2.4484	−0.0765	0.1460
>COH	−1.5252	−7.6380	8.1795
CH_3COCH_2—	3.7978	−7.3251	2.5312
(═C—)$_A$COOH	−15.7667	−0.1174	6.1191
CH_3COOCH< 或 CH_3COOC≤			
—CO—O—CO—	−6.4072	15.2583	−8.3149
$(CH_m)_R$—S—$(CH_n)_R$ $m,n\in(0,2)$	−2.7407	11.1033	−11.0878

注：A—芳烃环；R—非芳烃环。

4.1.2.2 真实气体摩尔热容热力学计算

真实气体摩尔热容一般通过理想气体摩尔热容相关的关联式计算。

(1) 基于 pVT 关系 虽有严格的热力学关系式，可以根据 pVT 关系式求取真实气体与理想气体摩尔热容之差（$C_{pG}-C_{pG}^{\ominus}$），但在式中需用一系列 pVT 偏导关系式，因而不便实用，不是一般工程计算中选用的方法。

(2) Lee-Kesler 法

$$C_{pG}-C_{pG}^{\ominus}=\Delta C_{pG}=(\Delta C_{pG})^{(0)}+\omega(\Delta C_{pG})^{(1)} \tag{1-4-5}$$

式中，$(\Delta C_{pG})^{(0)}$为简单流体贡献项；$(\Delta C_{pG})^{(1)}$为偏差项。它们与 T_r、p_r的关系式可查阅马沛生等编著的《化工数据》[16]。

4.1.2.3 混合气体摩尔热容估算

气体混合物的摩尔热容可按摩尔分数加和求取，即：

$$C_{pGm}=\sum y_i C_{pGi} \tag{1-4-6}$$

式中，y_i为摩尔分数；C_{pGi}为第 i 组分的摩尔热容。

4.1.2.4 纯液体摩尔热容的关联及估算

(1) 利用关联式 物质的摩尔热容数据很多，如能查到实验值，最优先采用关联式来计算。

最重要的是 Zabransky、Domalski 等的三次整理[17,18]，所提出的数据关联式为：

$$C_{pL}/R=A_1+A_2\left(\frac{T}{100}\right)+A_3\left(\frac{T}{100}\right)^2+A_4\left(\frac{T}{100}\right)^3 \tag{1-4-7}$$

当温度范围不大时，取 $A_4=0$ 或 $A_3=A_4=0$。

Yaws[19]手册中补充了一些物质，其关联式为：

$$C_{pL}=A+BT+CT^2+DT^3 \tag{1-4-8}$$

但该书未区分实验值和估算值，另外扩大（外推）了适用范围（至临界点），可靠性差些，在高温区更是如此，最新数据可查阅马沛生等编著的《化工物性数据简明手册》[7]。

（2）对应状态法

① Rowlinson-Bondi 法[20]　适用于较小的 T_r值或者 T_r值接近于1时的情况。

$$\frac{C_{pL}-C_{pG}^{\ominus}}{R}=1.45+0.45(1-T_r)^{-1}+0.25\omega\left[17.11+25.2(1-T_r)^{1/3}T_r^{-1}+1.742(1-T_r)^{-1}\right] \tag{1-4-9}$$

式中　$C_{pG}^{\ominus}$——蒸气（低压下或理想气体）的摩尔恒压热容；

ω——偏心因子。

② Tyagi 法[21]

$$C_{SL}-C_{pG}^{id}=\frac{dH_{SL}}{dT}-C_{pG}^{id}=\frac{d(H_{SL}-H_G^{id})}{dT} \tag{1-4-10}$$

式中，C_{SL}为饱和液体比热容；C_{pG}^{id}为理想气体恒压比热容；H_{SL}为饱和线上的液体焓；$(H_{SL}-H_G^{id})$ 可用多种方法求得。

Tyagi 从烃类出发，并把它推广到所有流体。式(1-4-10) 求导项如下：

$$\frac{d(H_{SL}-H_G^{id})}{dT}=R\left[(-A_3-6A_4T_r^2-42A_5T_r^6)+p_r(-A_7-6A_8T_r^2-12A_9T_r^3p_r)+\omega(2A_{10}T_r-12A_{13}T_r^3p_r^2)\right] \tag{1-4-11}$$

式中，$A_3=-6.90287$，$A_4=-4.87895$，$A_5=0.33448$，$A_7=-0.286517$，$A_8=0.18940$，$A_9=-0.002584$，$A_{10}=8.7015$，$A_{13}=0.002255$。

式(1-4-11) 适用的 T_r的范围为 0.45～0.98。

（3）基团贡献法（Ruzicka-Domalski）　该法于1993年提出，克服了旧有基团贡献法的缺点，是最优先选用的估算方法。

$$C_{pL}=\sum n_ia_i+(\sum n_ib_i)T+(\sum n_id_i)T^2 \tag{1-4-12}$$

式中，a_i、b_i、d_i 中的值可查询马沛生编著的《化工数据》[16]。

4.1.2.5　混合液体（溶液）比热容估算

液体混合物可按摩尔分数（x_i）或质量分数（x_{wi}）来求取比热容 C_{pLm}，如下：

$$C_{pLm}=\sum x_iC_{pLi} \tag{1-4-13a}$$

$$C_{pLm}=\sum x_{wi}C_{pLi} \tag{1-4-13b}$$

式中，x_{wi}及 C_{pLi}是以质量单位表示，忽略了混合焓变，误差偏大。固体溶质溶于液体所形成的混合物比热容也可按式(1-4-13a)、式(1-4-13b) 计算。

室温下水溶液比热容的估算：

$$C_{pLm}=4.184(1-0.7x_w)\ \text{(无机水溶液)}\quad (\mathrm{J\cdot g^{-1}\cdot K^{-1}}) \tag{1-4-14a}$$

$$C_{pLm}=4.184(1-0.45x_w)\ \text{(有机水溶液)}\quad (\mathrm{J\cdot g^{-1}\cdot K^{-1}}) \tag{1-4-14b}$$

4.1.2.6　固体摩尔热容估算

不同温度下固体比热容的数据不充分，故而常常用离子加和的方法，但只适用于无机盐，具体可见马沛生等编著的《化工数据》[16]。

固体摩尔热容缺乏系统估算方法，首选利用关联式计算。

无机盐摩尔热容的计算采用 Mostafa 法。

$$C_{p\mathrm{S}}=\sum\Delta a_i+\sum\Delta b_i\times10^{-3}T+\sum\frac{\Delta c_i\times10^6}{T^2}+\sum\Delta d_i\times10^{-6}T^2 \quad (\mathrm{J\cdot mol^{-1}\cdot K^{-1}}) \tag{1-4-15}$$

式中，Δa_i、Δb_i、Δc_i、Δd_i 为基团贡献值[20]，基团一般按离子计。但也把 CO、H_2O 作为基团，因而本法也可用于含 CO 基配位体和水合晶体（含结晶水盐）。

4.2 焓和熵

4.2.1 焓

焓（enthalpy）是热力学函数，没有绝对值，在化工热力学只用到焓变（ΔH）。它包括三种情况：相变过程的焓变、由温度压力改变引起的焓变及反应过程的焓变，本节主要讨论前面两种。

4.2.1.1 相变焓

相变过程的焓变：定温下，一定量的物质由 α 相转变为 β 相过程的焓变，可用 $\Delta_\alpha^\beta H$ 来表示。

相变过程的焓变中，最重要的是不同温度下的蒸发焓变（$\Delta_v H_T$）值，可使用关联式：

$$\Delta_v H_T=A[\exp(-\alpha T_r)](1-T_r)^\beta \quad (\mathrm{kJ\cdot mol^{-1}}) \tag{1-4-16}$$

式中，A、α、β 为关联系数，另外还需要该物质的 T_c值，最近的整理工作见马沛生等编著的《化工物性数据简明手册》[7]。

4.2.1.2 温度压力改变引起的焓变

等压下，温度引起的焓变可以使用 C_p 与 T 的关联式求取：

$$(\Delta H)_p=\int_{T_1}^{T_2}C_p\mathrm{d}T \tag{1-4-17a}$$

等温下，压力改变引起的焓变可以由下列关系式求解：

$$(\Delta H)_T=\int_{p_1}^{p_2}\left[V-T\left(\frac{\partial V}{\partial T}\right)_p\right]\mathrm{d}p \tag{1-4-17b}$$

式(1-4-17b) 可用物系的 pVT 关系（包括数据）求解。

常用物质 298.15K 下的标准生成焓见表 1-4-8。

4.2.2 熵

4.2.2.1 熵的数据源

熵（entropy）与焓不同，熵有绝对值，称为规定熵，常以 100kPa 下为标准态。

含有熵的数据手册大致与比热容数据同步。298.15K 下熵值可以从很多手册中查到[1~6,7]，不同温度下的熵值可从热力学基本关系式求出的熵值与 298.15 下的熵差值求得。

常用物质 298.15K 下的熵值见表 1-4-8。

4.2.2.2 熵的估算

熵的数据量虽然很大，但仍有许多化合物（特别是结构复杂的化合物）缺乏有实测基础的 $S^{\ominus}$ 值，因此估算方法仍有重要意义。现有的方法限于估算 $S^{\ominus}_{G,298}$。这些方法都是基团法，例如 Benson[22,23]法、ABWY[24]法等，应该注意到这些方法发表已过去许多年，因此未经过许多新数据的考核。

4.3 燃烧焓、生成焓、生成 Gibbs 自由能

4.3.1 燃烧焓

4.3.1.1 燃烧焓（燃烧热）的数据源

燃烧热（heat of combustion）是指 1mol 物质燃烧所放出的热，相应的焓变称为燃烧焓变（$\Delta_c H$），且一般规定燃烧反应前后各物质均处于标准状态（$\Delta_c H^{\ominus}$）。

载有燃烧焓的数据手册同时有生成焓的数据。

4.3.1.2 燃烧焓的估算

有关燃烧焓的估算方法很少，目前只有一个 Cardozo 法[21,25,26]，且只能用于 298.15K 下，该法的关系式为：

$$\Delta_c H^{\ominus}_{G,298} = -198.42 - 615.14N \quad (1\text{-}4\text{-}18a)$$

$$\Delta_c H^{\ominus}_{L,298} = -196.98 - 610.13N \quad (1\text{-}4\text{-}18b)$$

$$\Delta_c H^{\ominus}_{S,298} = -206.21 - 606.56N \quad (1\text{-}4\text{-}18c)$$

$$N = N_c + \sum \Delta N_i \quad (1\text{-}4\text{-}18d)$$

式中，N 为当量链长；N_c 为化合物中的碳原子数；ΔN_i 为各种结构和相态的修正系数，见表 1-4-5，对于正构烃烷，ΔN_i 为零。

表 1-4-5 Cardozo 法计算燃烧热修正系数[16]

物质种类	修正结构	修正性质	ΔN_i(g)	ΔN_i(l)	ΔN_i(s)	备注
B_1	C—C 支链(烷)	支链	$-0.031-0.012\ln N_c$	$-0.031-0.012\ln N_c$	$-0.031-0.012\ln N_c$	①
B_2	C—C 支链(其他)	支链	−0.02	−0.02	−0.02	
C_1	环丙烷类		−0.06	−0.102		②
C_2	环丁烷类		−0.16	−0.17		②
C_3	环戊烷类		−0.277	−0.283	−0.25	②
C_4	环己烷类		−0.311	−0.311	−0.278	②
C_5	环庚烷类		−0.29	−0.297		②
C_6	环辛烷类及以上		−0.256	−0.269	−0.271	②
D_1	1-烯烃	双键	−0.189	−0.189	−0.189	③
D_2	i-烯烃($i\neq1$)	双键	−0.205	−0.208	−0.218	③
D_3	顺式		0.004	0.003	0.003	③
D_4	反式		−0.003	−0.002	−0.002	③

续表

物质种类	修正结构	修正性质	ΔN_i(g)	ΔN_i(l)	ΔN_i(s)	备注
E_1	1-炔烃	三键	−0.314	−0.342		③
E_2	*i*-炔烃($i\neq1$)	三键	−0.34	−0.347		③
F_1	伯醇	—OH	−0.246	−0.297	−0.30	
F_2	仲醇	—OH	−0.27	−0.32	−0.33	
F_3	叔醇	—OH	−0.30	−0.36	−0.33	
G	醛	═O	−0.525	−0.551	−0.52	
H	酮	—O	−0.576	−0.609	−0.57	
I	羧酸	—OOH	−0.94	−1.033	−1.038	
J	酯	—OO—	−0.857	−0.93	−0.90	
K	内酯		−0.108	−1.13	−1.19	②
L	醚	—O—	−0.197	−0.212	−0.25	
M_1	伯胺	NH_2	0.24	0.21	0.18	
M_2	仲胺	＞NH	0.30	0.27	0.16	
M_3	叔胺	＞N—	0.32	0.33	0.14	
N	酰胺	—ONH_2		−0.542	−0.542	
O	内酰胺				−0.80	②
P	氨基酸				附加−0.043	④
Q	二肽				Σ氨基酸+0.44	①
R	二酮基哌嗪				Σ氨基酸+0.59	①
S_1	1-硝基	—NO_2	−0.22	−0.27		
S_2	2-硝基	—NO_2	−0.26	−0.27	−0.28	
S_3	二硝基	$(NO_2)_2$		−0.50	−0.50	
S_4	三硝基	$(NO_2)_3$			−0.64	
T	腈	≡N	−0.322	−0.36		
U	硫醚	—S—	0.553	0.535		
V	二硫醚	—SS—	1.049			
W	伯硫醇	—SH	0.546	0.524		
X_1	氟化物	—F	−0.26	−0.26		
X_2	氯化物	—Cl	−0.28	−0.30	−0.30	
X_3	溴化物	—Br	−0.30	−0.33		

续表

物质种类	修正结构	修正性质	ΔN_i(g)	ΔN_i(l)	ΔN_i(s)	备注
X_4	碘化物	—I	−0.31	−0.34	−0.34	
Y_1	苯环		−1.167	−1.173	−1.173	②
Y_2	邻位		−0.006	−0.006	−0.006	
Y_3	间位		−0.002	−0.002	−0.002	
Y_4	对位		−0.001	−0.001	−0.001	
Z	线形多环芳烃				$0.0248-0.236N_c$	⑤
AA	醌				−0.86	
BB	吡啶类		−0.914	−0.95		②
CC	*N*-酰苯胺				−0.50	⑥
DD	四唑类				0.12	②
EE	吡咯类		−0.60	−0.65	−0.69	②
FF	噻吩类		−0.303	−0.327		②
GG_1	单糖	呋喃环			−0.52	②
GG_2	单糖	吡喃环			−0.50	②
HH_1	双糖和低聚糖	呋喃环			−0.50	②⑦
HH_2	双糖和低聚糖	吡喃环			−0.47	②⑦

① 支链烷烃修正系数上限为−0.003。

② N_c中包括环状化合物中成环的碳原子；与环上碳原子相连和与其他碳原子相连的基团还要考虑次级基团，另外与环上碳原子相连的碳链的支链修正值也要计算。

③ 此项修正是通用性的，可用于各种多重键，顺反修正也是通用的。

④ 氨基酸的修正项按氨基和羧酸基相加后再加−0.043；对于氨基酸衍生物，修正项为氨基酸再加衍生基团。

⑤ 计算线形多环芳烃修正参数时，用构成基础结构的碳原子数，对一些非线形多环芳烃（如菲）也能很好适用，但对多环缩合烃、芘和氟化萘计算时，偏差可达2%。

⑥ 对 *N*-酰苯胺用结构 NH—和═O 提供的修正参数是有效的，对其余分子，可用一般规则。

⑦ 氧桥可看作醚键，其余部分，可用一般规则。

4.3.2 生成焓

4.3.2.1 生成焓的数据源

生成焓（enthalpy of formation）是由稳定态单质直接化合生成1mol 某化合物的焓变。通常使用标准状态下的值，称为标准生成焓（$\Delta_f H^\ominus$），简称生成焓，单位 kJ·mol^{-1}。

生成焓可查询的手册如下：有机物 $\Delta_f H^\ominus$ 手册[1~8,27,28]，有机物在不同温度下的 $\Delta_f H$ 手册[6]，无机物生成焓手册[9]、DIPPR 手册[29]及马沛生等编著的《化工物性数据简明手册》[7]，马沛生[30]对相关的数据源进行了详细的总结。总的来说，对结构不是很复杂的化合物，实验数据是齐全的。

4.3.2.2 生成焓的估算

(1) Joback 法　在估算 $\Delta_f H^\ominus_{298}$的各种方法中，主要只能适用于气相，其中最简单的是

Joback 法[14,25]，其计算式为：

$$\Delta_f H^{\ominus}_{g,298}=68.29+\sum n_i \Delta H_i \quad (kJ\cdot mol^{-1}) \tag{1-4-19}$$

式中，各基团增量见表 1-4-6。

表 1-4-6 Joback 法基团增量[7] 单位：kJ · mol^{-1}

基团	ΔH	ΔG	基团	ΔH	ΔG	基团	ΔH	ΔG
非环			═CH—	2.09	11.30	—COOH(酸)	−426.72	−387.87
—CH_3	−76.45	−43.96				—COO—(酯)	−337.92	−301.95
—CH_2—	−20.64	8.42	═C<	46.43	54.05	═(其他)	−247.61	−250.83
>CH—	29.89	58.36	卤			氮		
			—F	−251.92	−247.19	—NH_2	−22.02	14.07
>C<	82.23	116.02	—Cl	−71.55	−64.31	>NH（非环）	53.47	89.39
═CH_2	−9.63	3.77	—Br	−29.48	−38.06			
═CH—	37.93	48.53	—I	21.06	5.74	>NH（环）	31.65	75.61
═C<	83.99	92.36	氧			>N—	123.34	163.16
═C═	142.14	136.70	—OH(醇)	−208.04	−189.20	—N═(非环)	23.61	
≡CH	79.30	77.71	—OH(酚)	−221.65	−197.37	—N═(环)	55.52	79.93
≡C—	115.51	109.82	—O—(非环)	−132.22	−105.00	═NH	93.70	119.66
环			—O—(环)	−138.16	−98.22	—CN	88.43	89.22
—CH_2—	−26.80	−3.68	>C═O（非环）	−133.22	−120.50	—NO_2	−66.57	−16.83
>CH—	8.67	40.99				硫		
			>C═O（环）	−164.50	−126.27	—SH	−17.33	−22.99
>C<	79.92	87.88	—CHO(醛)	−162.03	−143.48	—S—(非环)	41.87	33.12
						—S—(环)	39.10	27.76

【例 1-4-1】 用 Joback 法估算 2-甲基-2-丁硫醇的 $\Delta_f H^{\ominus}_{298}$，实验值为 −127.1kJ·mol^{-1}。

从表 1-4-6 中查得基团值为：

基本值	68.29
3 个—CH_3	3×(−76.45)
1 个—CH_2—	−20.64
一个 >C<	82.23
一个—SH	−17.33

$\Delta_f H^{\ominus}_{298}=-116.80kJ\cdot mol^{-1}$

(2) C-G 法[15] 该法把基团贡献值分为第一级和第二级，后者也可认为是邻近基团的影响，用该法处理其他物性问题已在前面介绍过，其计算式为：

$$\Delta_f H^{\ominus}_{G,298}=10.835+\sum n_i \Delta H_i+\sum n_j \Delta H_j \quad (kJ\cdot mol^{-1}) \tag{1-4-20}$$

式中，ΔH_i，ΔH_j 为第一级和第二级基团值（表 1-4-7a、表 1-4-7b），相应的基团数为 n_i，n_j。

表 1-4-7a C-G 法估算 $\Delta_f H_{298}^{\ominus}$ 和 $\Delta_f G_{298}^{\ominus}$ 的第一级基团值[15] 单位：kJ·mol^{-1}

基团	ΔH_i	ΔG_i	基团	ΔH_i	ΔG_i
$—CH_3$	−45.947	−8.030	—C≡C—	227.368	216.328
$—CH_2—$	−20.763	8.231	$(=CH—)_A$	11.189	22.533
$>CH—$	−3.766	19.848	$(=\overset{\vert}{C}—)_A$	27.016	30.485
$>C<$	17.119	37.977	$(=\overset{\vert}{C}—)_A CH_3$	−19.243	22.505
$CH_2=CH—$	53.712	84.926	$(=\overset{\vert}{C}—)_A CH_2—$	9.404	41.228
—CH=CH—	69.939	92.900	$(=\overset{\vert}{C}—)_A CH<$	27.671	52.948
$CH_2=C<$	64.145	88.420	$—CCl_3$	−107.188	−53.332
$—CH=C<$	82.528	93.745	$—CF_3$	−679.195	−626.580
$>C=C<$	104.293	116.613	$—CHCl_2$	−82.921	−35.814
$CH_2=C=CH—$	197.322	221.308	$—CH_2Cl$	−73.568	−33.373
CH≡C—	220.803	217.003	—CHCl—	−63.795	−31.502
$>CCl—$	−57.795	−25.261	$—C_2H_5O_2$	−334.125	−241.373
$(>C=\overset{\vert}{C}—)—Cl$	−36.097	−28.148	$—CH_2NH_2$	−15.505	58.085
$(=\overset{\vert}{C}—)_A F$	−161.740	−144.549	$>CHNH_2$	3.320	63.051
$(=\overset{\vert}{C}—)_A Cl$	−16.752	−0.596	$CH_3NH—$	5.432	82.471
—Br	1.834	−1.721	$—CH_2NH—$	23.101	95.888
—I	57.546	46.945	$>CHNH—$	26.718	85.001
$—CClF_2$	−446.835	−392.975	$CH_3N<$	54.929	128.602
$—CCl_2F$	−258.960	−209.337	$—CH_2N<$	69.885	132.756
—F(除上述外)	−223.398	−212.718	$(=\overset{\vert}{C}—)_A NH_2$	20.079	68.861
—OH	−181.422	−158.589	$—CH_2CN$	88.298	−349.439
$(=\overset{\vert}{C}—)_A OH$	−164.609	−132.097	$—C_5H_4N$	134.062	199.958
—CHO	−129.158	−107.858	$>C_5H_3N$	139.758	199.288
$CH_3CO—$	−182.329	−131.366	$—CH_2NO_2$	−66.138	17.963
$—CH_2CO—$	−164.410	−132.386	$>CHNO_2$	59.142	18.088
—COOH	−396.242	−349.439	$(=\overset{\vert}{C}—)_A NO_2$	−7.365	60.161
HCOO—	−332.822	−288.902	$—CONH_2$	−203.188	−136.742
—COO—	−313.545	−281.495	$—CONHCH_3$	−67.778	
$CH_3COO—$	−389.737	−318.616	$—CONHCH_2—$	−182.096	
$—CH_2COO—$	−359.258	−291.188	$—CON(CH_3)_2$	−189.888	−65.642
$CH_3O—$	−163.569	−105.767	$—CONCH_3CH_2—$	−46.562	
$—CH_2O—$	151.143a	−101.563	$—CH_2SH$	−8.253	16.731
$>CHO—$	−129.488	−92.099	$CH_3S—$	−2.084	30.222
$CH_2FO—$	−140.313	−90.883	$—CH_2S—$	18.022	38.346

表 1-4-7b C-G 法估算 $\Delta_f H_{298}^{\ominus}$ 和 $\Delta_f G_{298}^{\ominus}$ 的第二级基团值[16] 单位：$kJ \cdot mol^{-1}$

基团	ΔH_j	ΔG_j
$(CH_3)_2CH—$	−0.860	0.297
$(CH_3)_3C—$	−1.338	0.399
$—CH(CH_3)CH(CH_3)—$	6.771	6.342
$—CH(CH_3)C(CH_3)_2—$	7.205	7.466
$>CH—CH_m{=}CH_n$ 或 $—\overset{\diagdown}{\underset{\diagup}{C}}—CH_m{=}CH_n$ $m,n \in (0,2)$	4.504	1.013
$—(\overset{\diagdown}{\underset{\diagup}{C}})_R C_m$ $m>1$	1.252	1.041
三元环	104.800	94.564
四元环	99.455	92.573
五元环	13.782	5.733
六元环	−9.660	−8.180
七元环	15.465	20.597
$CH_m{=}CH_n—Br$	11.989	12.373
$(=\overset{\vert}{C})_A Br$	12.285	14.161
$(=\overset{\vert}{C})_A I$	11.207	12.530
$>CHOH$	−3.887	−6.770
$—\overset{\diagdown}{\underset{\diagup}{C}}OH$	−24.125	−20.770
$CH_m(OH)CH_n(OH)$ $m,n \in (0,2)$	0.366	3.805
$>CHCHO$ 或 $—\overset{\diagdown}{\underset{\diagup}{C}}CHO$	−2.092	−1.359
$(=\overset{\vert}{C})_A CHO$	−3.173	−2.602
$CH_3COCH_2—$	0.975	0.075
$—C(CH_3)_2C(CH_3)_2—$	14.271	16.224
$CH_n{=}CH_m—CH_p—CH_k$ $k,n,m,p \in (0.2)$	−8.392	−5.505
$CH_3—CH_m{=}CH_n$ $m,n \in (0,2)$	0.474	0.950
$—CH_2—CH_m{=}CH_n$ $m,n \in (0,2)$	1.472	0.699
$CH_3COCH<$ 或 $CH_3CO\overset{\diagup}{\underset{\diagdown}{C}}—$	4.573	
$(>C)_R{=}O$	14.145	23.539
$>CHCOOH$ 或 $—\overset{\diagdown}{\underset{\diagup}{C}}COOH$	1.279	2.149
$(=\overset{\vert}{C})_A COOH$	12.245	10.715

续表

基团	ΔH_j	ΔG_j
$CH_3COOCH<$ 或 $CH_3COOC<$	−7.807	−6.208
—CO—O—CO—	−16.097	−11.809
$(=C<)_A COO$—	−9.874	−7.415
$CH_m—O—CH_n=CH_p$ $m,n,p\in(0,2)$	−8.644	−13.167
$(=C<)_A O—CH_m$ $m\in(0,3)$	1.532	−0.654
$—COCH_2COO—$或$—CHCHCOO—$或 $—COCCOO—$	37.462	29.181
$(CH_m)_R NH_p(CH_n)_R$ $m,n,p\in(0,2)$	0.351	8.846
$CH_m(OH)CH_n(NH)$ $m,n\in(0,2)$	−2.992	−1.600
$CH_m(NH_2)CH_n(NH_2)$ $m,n\in(0,2)$	2.855	1.858
$CH_m(NH)_2COOH$ $m\in(0,2)$	11.740	
$(CH_m)_R S(CH_n)_R$ $m,n\in(0,2)$	−0.329	−2.091

注：R—非芳烃环；A—芳烃环。

4.3.3 生成 Gibbs 自由能

4.3.3.1 生成 Gibbs 自由能数据源

生成 Gibbs 自由能（$\Delta_f G$）是指由稳定单质生成 1mol 该物质时，所涉及化学反应的 Gibbs 自由能改变。手册中的数据都是标准状态下的（$\Delta_f G_{298}^{\ominus}$）。

可查询 $\Delta_f G_{298}^{\ominus}$的常用手册有：TRC 手册系列[2,3,6]、马沛生等编著的《化工物性数据简明手册》[7]《有机化合物实验物性数据手册——含碳、氢、氧、卤部分》[13]等。

常用物质的标准 Gibbs 自由能见表 1-4-8。

表 1-4-8 热化学数据[7]

物质名称	相态	$\Delta_f H_{298}^{\ominus}$ /kJ·mol^{-1}	$S_{298}^{\ominus}$ /J·mol^{-1}·K^{-1}	$\Delta_f G_{298}^{\ominus}$ /kJ·mol^{-1}	$C_{p,298}^{\ominus}$ /J·mol^{-1}·K^{-1}
甲烷	g	−74.48	186.38	−50.5	35.69
乙烷	g	−83.85	229.23	−31.9	52.47
丙烷	g	−104.68	270.31	−24.3	73.60
丁烷	g	−126.8	309.91	−15.9	98.49
	l	−147.8	231.0	−15.2	142.89
异丁烷	g	−135.0	295.50	−21.4	96.65
	l	−154.3	217.94	−17.8	142.50
戊烷	l	−173.55	263.47	−10.00	167.19

续表

物质名称	相态	$\Delta_f H_{298}^{\ominus}$ /kJ·mol^{-1}	$S_{298}^{\ominus}$ /J·mol^{-1}·K^{-1}	$\Delta_f G_{298}^{\ominus}$ /kJ·mol^{-1}	$C_{p,298}^{\ominus}$ /J·mol^{-1}·K^{-1}
	g	−146.82	349.56	−8.6	120.04
2-甲基丁烷	l	−178.57	260.54	−14.14	164.80
	g	−153.34	343.74	−13.5	118.87
2,2-二甲基丙烷	l	−190.37			172.00
	g	−167.99	306.00	−16.8	120.83
己烷	l	−198.7	296.10	−4.2	195.02
	g	−167.2	388.85	−0.1	142.59
2-甲基戊烷	l	−204.64	290.79	−8.56	193.93
	g	−174.77	380.98	−5.3	142.21
3-甲基戊烷	l	−202.38	292.55	−6.83	190.66
	g	−172.09	383.0	−3.3	140.12
庚烷	l	−224.22	328.57	1.23	224.98
	g	−187.15	428.1	8.3	165.2
辛烷	l	−250.04	361.12	6.32	25
	g	−208.5	467.35	16.6	187.78
乙烯	g	52.5	219.25	68.5	42.90
丙烯	g	20.0	266.73	62.5	64.32
	l	1.7	195.7	65.3	102
1-丁烯	g	−0.5	307.86	70.4	85.56
	l	−21.1	229.06	73.2	124.9
顺-2-丁烯	g	−7.1	301.31	65.8	80.15
	l	−29.7	220	67.4	127.0
反-2-丁烯	g	−11.4	296.33	62.9	87.67
	l	−33.0			124.4
异丁烯	g	−16.9	293.20	58.4	88.09
	l	−37.5			131.0
1-戊烯	l	−46.97	262.60	77.94	154.0
	g	−21.51	345.81	78.61	106.44
顺-2-戊烯	l	−53.49	258.61	72.61	151.8
	g	−26.65	346.27	73.29	101.75
反-2-戊烯	l	−57.98	256.52	68.74	156.98
	g	−31.30	340.41	70.42	108.45
2-甲基-1-丁烯	l	−60.96	253.97	66.52	157.3
	g	−35.10	339.6	67.1	110.0
3-甲基-1-丁烯	l	−51.60	253.5	76.02	156.06
	g	−27.75	332.92	76.36	109.12
2-甲基-2-丁烯	l	−68.07	251.2	60.24	152.80
	g	−41.00	338.7	61.4	105.0
1-己烯	l	−74.2	295.18	81.6	183.30
	g	−43.5	384.64	85.7	128.74
1-庚烯	l	−98.37	327.65	88.37	211.79

续表

物质名称	相态	$\Delta_f H^{\ominus}_{298}$ /kJ·mol^{-1}	$S^{\ominus}_{298}$ /J·mol^{-1}·K^{-1}	$\Delta_f G^{\ominus}_{298}$ /kJ·mol^{-1}	$C^{\ominus}_{p,298}$ /J·mol^{-1}·K^{-1}
	g	−62.72	423.59	95.40	150.75
乙炔	g	228.2	200.92	210.7	43.99
丙炔	g	184.5	248.47	193.5	60.73
1-丁炔	g	165.23	290.50	202.4	81.36
	l	141.88	205.35	204.29	122.8
2-丁炔	g	145.7	283.16	185.0	77.79
	l	119.1	195.10	184.6	125.19
丙二烯	g	190.5	243.77	201.3	59.03
1,3-丁二烯	g	110.0	278.78	150.6	79.88
	l	87.9	199.07	152.13	125.2
2-甲基-1,3-丁二烯	g	75.8	314.67	146.3	102.69
	l	49.0	228.28	150.2	151.05
环丁烷	l	3.72	181.75	112.09	109.3
	g	28.37	264.40	112.1	70.56
环戊烷	l	−105.8	204.26	36.5	126.87
	g	−77.1	292.86	39.0	82.76
甲基环戊烷	l	−137.9	247.94	31.97	158.70
	g	−106.2	339.9	36.7	109.5
1,1-二甲基环戊烷	l	−172.05	265.01	33.42	186.70
	g	−138.24	359.28	39.13	126.69
1-顺-2-二甲基环戊烷	l	−165.27	269.16	38.97	190.66
	g	−129.42	365.14	46.12	126.69
环己烷	l	−156.19	204.35	26.72	156.48
	g	−123.29	297.39	32.1	105.34
甲基环己烷	l	−190.08	247.94	20.42	184.5
	g	−154.68	343.34	27.36	135.8
乙基环己烷	l	−212.13	280.91	29.24	211.79
	g	−172.09	382.58	38.97	163.9
1,1-二甲基环己烷	l	−218.74	267.23	26.71	209.24
	g	−180.87	365.0	35.8	158.5
苯	l	48.99	173.45	124.33	135.95
	g	82.89	269.30	129.8	82.43
甲苯	l	12.18	220.96	114.00	157.29
	g	50.2	320.99	122.3	103.75
乙苯	l	−12.34	255.18	119.92	185.96
	g	29.92	360.63	130.7	127.40
邻二甲苯	l	−24.35	246.61	110.46	188.07
	g	19.08	353.94	122.1	132.31
间二甲苯	l	−25.36	253.25	107.47	188.44
	g	17.32	358.65	118.9	125.71

续表

物质名称	相态	$\Delta_f H_{298}^{\ominus}$ /kJ·mol^{-1}	$S_{298}^{\ominus}$ /J·mol^{-1}·K^{-1}	$\Delta_f G_{298}^{\ominus}$ /kJ·mol^{-1}	$C_{p,298}^{\ominus}$ /J·mol^{-1}·K^{-1}
对二甲苯	l	−24.35	247.15	110.30	181.66
	g	18.06	352.34	121.5	126.02
丙苯	l	−38.33	287.78	124.85	214.72
	g	7.91	398.19	138.16	146.90
异丙苯	l	−41.13	277.57	125.09	215.40
	g	4.02	386.11	139.1	159.69
丁苯	l	−63.18	321.21	130.67	243.39
	g	−13.05	437.86	146.01	169.08
仲丁苯	l	−66.40			251.0
	g	−17.36			
异丁苯	l	−69.79			251.7
	g	−21.51			
叔丁苯	l	−70.71	278.7	135.8	240
	g	23.26			
1-甲基-2-丙基苯	l	−72.47			241.0
	g	−21.38			173.9
1-甲基-3-异丙基苯	l	−78.62			246.6
	g	−29.92			
1-甲基-4-丙基苯	l	−75.06			
	g	−25.65			
1-甲基-2-异丙基苯	l	−73.30			246.8
	g	−23.89			
1-甲基-3-异丙基苯	l	−78.62			246.6
	g	−29.92			
1-甲基-4-异丙基苯	l	−78.03	307	120	237.7
	g	−29.16			173.7
1,2-二乙苯	l	−68.49			257.0
	g	−17.61			
1,3-二乙苯	l	−73.51			248.7
	g	−22.38			
1,4-二乙苯	l	−72.84			239.1
	g	−20.75			176.15
氟甲烷	g	−255.0	222.82	−231.0	37.51
二氟甲烷	g	−452.3	246.7	−424.7	42.88
三氟甲烷	g	−693.3	259.6	−658.8	50.98
四氟甲烷	g	−933.5	261.40	−888.8	61.05
氟乙烷	g		265.1		59.61
氯甲烷	g	−82.0	234.30	−58.4	40.73
	l				81.2
二氯甲烷	l	−124.26	178.7	−70.42	100.0
	g	−95.4	270.44	−68.8	50.88

续表

物质名称	相态	$\Delta_f H_{298}^{\ominus}$ /kJ·mol^{-1}	$S_{298}^{\ominus}$ /J·mol^{-1}·K^{-1}	$\Delta_f G_{298}^{\ominus}$ /kJ·mol^{-1}	$C_{p,298}^{\ominus}$ /J·mol^{-1}·K^{-1}
三氯甲烷	l	−134.31	202.9	−73.93	113.8
	g	−102.9	295.61	−70.1	65.38
四氯甲烷	l	−128.41	216.19	−60.50	131.4
	g	−95.8	310.02	−53.5	83.43
氯乙烷	g	−112.3	275.89	−60.4	62.64
	l	−132.80	−190.79	−55.62	108.8
1,1-二氯乙烷	g	−130.1	305.17	−73.2	76.32
	l	−160.92	211.75	−76.32	126.27
1,2-二氯乙烷	l	−167.99	208.53	−82.42	129
	g	−132.84	305.96	−74.2	77.32
氯乙烯	g	28.5	264.08	41.1	53.60
	l	14.6			89.45
氯苯	l	11.0	209.2	89.4	150.80
	g	52.0	314.14	99.3	97.99
氟三氯甲烷	g	−283.7	309.9	−244.4	78.09
	l	−301.3	225.4	−236.8	121.8
甲醇	l	239.1	127.24	−166.88	81.08
	g	−201.5	239.88	−161.6	44.06
乙醇	l	−276.98	161.04	−174.18	112.25
	g	−234.01	280.64	−166.7	65.21
1-丙醇	l	−302.71	192.80	−168.78	143.73
	g	−255.18	322.58	−159.8	85.56
2-丙醇	l	−317.86	180.58	−180.29	154.4
	g	−27.42	309.20	−173.6	89.32
1-丁醇	l	−327.31	226.4	−162.72	177
	g	−274.97	361.59	−150.0	108.03
环己醇	l	−348.11	199.6	−133.3	212
	g	−286.10	353.06	−116.7	132.70
乙二醇	l	−455.34	153.39	−319.74	149.6
	g	−387.56	303.81	−296.6	82.7
甘油	l	−668.52	204.47	−476.98	218.9
	g	−582.8			
苯酚	c	−165.06	144.01	−50.46	143.72
	g	−96.40	314.92	−32.5	103.22
2-甲酚	c	−204.60	165.44	−55.69	154.56
	g	−128.57	352.70	−34.3	127.30
3-甲酚	l	−194.01	212.59	−59.16	224.93
	g	−132.30	356.15	−40.1	124.68
4-甲酚	c	−199.28	167.32	−50.96	150.25
	g	−125.35	350.86	−31.5	124.97
甲醚	g	−184.1	267.34	−112.9	65.57

续表

物质名称	相态	$\Delta_f H_{298}^{\ominus}$ /kJ·mol⁻¹	$S_{298}^{\ominus}$ /J·mol⁻¹·K⁻¹	$\Delta_f G_{298}^{\ominus}$ /kJ·mol⁻¹	$C_{p,298}^{\ominus}$ /J·mol⁻¹·K⁻¹
甲基乙基醚	g	−216.4	309.25	−117.0	93.30
	l				140.8
甲基丙基醚	l	−265.96	262.9	−110.08	165.4
	g	−238.03	352.0	−97.49	
甲基异丙基醚	g	−252.04	341.6	−121.84	
	l	−278.7	253.7	−122.3	161.9
乙醚	g	−251.21	342.67	−121.1	119.46
	l	−279.3	253.5	−122.8	172.5
甲基叔丁基醚	l	−313.56	265.3	−119.96	187.5
	g	−283.47	357.8	−117.45	
环氧乙烷	g	−52.63	242.99	−13.2	47.86
	l	−77.57	153.80	−11.59	89.90
1,2-环氧丙烷	g	−94.68	281.15	−25.1	72.55
	l	−122.59	196.27	−28.66	122.5
四氢呋喃	g	−184.18	302.41	−81.1	76.25
	l	−216.27	203.9	−83.93	124.1
甲醛	g	−108.57	218.76	−102.5	35.39
乙醛	g	−166.19	263.95	−133.0	55.32
	l	−192.88	117.3	−115.9	89.05
丙酮	g	−217.3	295.46	−152.8	74.52
	l	−248.1	200.0	−155.2	126.6
2-丁酮	l	−273.3	239.0	−151.4	158.9
	g	−238.7	339.47	−146.6	103.26
环己酮	l	−271.2			176.6
	g	−226.2	330.5	−89.2	116.19
甲酸	l	−425.1	131.84	−362.6	99.17
	g	−378.7	248.99	−350.9	45.68
乙酸	l	−484.30	158.0	−388.9	123.1
	g	−432.54	283.47	−383.1	63.44
丙烯酸	l	−383.76	226.4	−307.1	144.2
	g	−323.5	307.73	−271.0	81.80
苯甲酸	c	−385.2	167.57	−245.3	146.5
	g	−290.1	369.10	−210.3	103.47
甲酸甲酯	l	−386.10			119.7
	g	−355.51	284.14	−297.82	66.53
甲酸乙酯	l	−430.5			143.9
	g	−398.3			89.0
乙酸甲酯	l	−445.8			141
	g	−411.9	324.38	−325.4	86.03
乙酸乙酯	l	−478.82	259.4	−332.52	170
	g	−443.42	359.4	−326.90	113.64

续表

物质名称	相态	$\Delta_f H_{298}^{\ominus}$ /kJ·mol^{-1}	$S_{298}^{\ominus}$ /J·mol^{-1}·K^{-1}	$\Delta_f G_{298}^{\ominus}$ /kJ·mol^{-1}	$C_{p,298}^{\ominus}$ /J·mol^{-1}·K^{-1}
乙酸丁酯	l	−528.82			228.4
	g	−485.22			151.5
γ-丁内酯	l	−420.9			
	g	−366.5			
二乙二醇	l	−628.5			258.4
	g	−571.2			
糠醛	l	−201.6	217.99	−119.1	163
	g	−151.0	333.29	−102.9	
甲胺	l	−47.3	150.2	35.6	102.1
	g	−23.0	242.89	32.2	50.05
二甲胺	l	−43.9	182.3	70.1	137.7
	g	−18.6	270.69	69.1	70.46
乙胺	l	−74.1			
	g	−47.4	283.78	36.4	71.54
苯胺	l	31.5	191.29	149.6	191.9
	g	87.1	317.9	167.4	107.90
乙腈	l	31.4	149.62	77.1	177.4
	g	64.3	243.40	82.4	52.25
丙烯腈	l	147.1	178.91	185.9	107
	g	180.6	273.98	191.1	63.94
吡啶	l	100.2	177.90	181.5	133
	g	140.4	282.55	190.7	77.62
硝基苯	l	12.5	224.3	142.8	189.6
	g	67.5	348.8	160.8	120.4
甲酰胺	l	−254.0			107.6
	g	−186.2	248.68	−140.3	44.69
N,*N*-二甲基甲酰胺	l	−239.3			150
	g	−191.7			
丙烯酰胺	c	−212.1			110.6
	l	−224.0			
	g	−130.2			
乙醇胺	l				195.5
甲硫醇	l	−46.7	169.12	−8.1	96.4
	g	−22.9	255.14	−9.8	50.26
乙硫醇	l	−73.6	207.22	−5.6	118
	g	−46.3	296.25	−2.4	73.01
二甲硫醚	l	−65.4	196.40	5.8	118
	g	−37.5	285.96	7.1	74.06
二乙硫醚	l	−119.4	269.28	11.3	171.4
	g	−83.6	368.13	17.8	116.57
氮	g	0.0	191.61	0.0	29.12

续表

物质名称	相态	$\Delta_f H_{298}^{\ominus}$ /kJ·mol⁻¹	$S_{298}^{\ominus}$ /J·mol⁻¹·K⁻¹	$\Delta_f G_{298}^{\ominus}$ /kJ·mol⁻¹	$C_{p,298}^{\ominus}$ /J·mol⁻¹·K⁻¹
氧	g	0.0	205.15	0.0	29.38
氟	g	0.0	202.79	0.0	31.30
氯	g	0.0	223.08	0.0	33.95
氟化氢	g	−273.3	173.78	−275.4	29.14
氯化氢	g	−92.3	186.9	−95.3	29.14
一氧化氮	g	91.3	210.8	87.6	29.87
二氧化氮	g	33.2	240.1	51.3	37.2
三氧化二氮	g	86.6	314.7	142.4	72.7
	l	50.3			
氨	g	−45.9	192.77	−16.4	35.1
一氧化碳	g	−110.5	197.66	−137.2	29.14
二氧化碳	g	−393.5	213.78	−394.4	37.13
二氧化硫	g	−296.8	248.37	−300.1	39.9
	l	−320.5			
三氧化硫	g	−395.7	256.8	−371.1	50.7
	l	−441.2	113.8	−373.8	
	c	−454.5	70.7	−374.2	
硫化碳	g	−138.3	231.57	−165.5	41.51

注：$\Delta_f H_{298}^{\ominus}$为生成热；$S_{298}^{\ominus}$为熵；$\Delta_f G_{298}^{\ominus}$为生成 Gibbs 自由能、$C_{p,298}^{\ominus}$为标准摩尔热容；g 为气相；l 为液相；c 为晶相。

4.3.3.2 生成 Gibbs 自由能的估算

(1) Joback 法[14] 其计算式为：

$$\Delta_f G_{g,298}^{\ominus} = 53.88 + \sum n_i \Delta G_i \tag{1-4-21}$$

式中，基团贡献值见表 1-4-6。

(2) C-G 法[15] 其计算式为：

$$\Delta_f G_{g,298}^{\ominus} = 14.828 + \sum n_i \Delta G_i + \sum n_j \Delta G_j \tag{1-4-22}$$

式中，ΔG_i，ΔG_j 分别为第一级和第二级基团值，见表 1-4-7a、表 1-4-7b。

参考文献

[1] Cox J D，Pilcher G. Thermochemistry of Organic and Organometallic Compounds. London：Academic，1970.

[2] Hall K R，Wilhoit R C. Selected Values of Properties of Hydrocarbons and Related Compounds. College Station：TRC. Thermodynamics Research Center，1981.

[3] Hall K R. Selected Values of Properties of Chemical Compounds. College Station：TRC，1981.

[4] Marsh K N，Bruce E，Gammon，Randolph C，et al. TRC Thermodynamic Tables-Hydrocarbons. College Station：TRC. Thermodynamics Research Center，1987.

[5] Marsh K N，Bruce E，Gammon，Randolph C，et al. TRC Thermodynamic Tables-Non-Hydrocarbons. College Station：TRC，1987.

[6] Frenkel M，Kabo G J，Marsh K N，et al. College Station：TRC，1994.

[7] 马沛生．化工物性数据简明手册．北京：化学工业出版社，2013.

[8] Knacke O，Kubashewski O，Hesselmann K. Thermochemical Properties of Inoganic Substances. Berlin：Springer，1991.

[9] Binnewies M，Mike M. Thermochemical Data of Elements and Compounds. Weinheim：Wiley--VCH，1999.

[10] Barin L．Thermochemical Data of Pure Substances. Weinheim：VCH，1995.

[11] Zabransky M，Ruzick Jr V，Domalski E S，et al. J Phys Chem Ref Data，1996，Supplement/Monogragh vol 1-3.

[12] Domalski E S，Hearing E D. J Phys Chem Ref Data，1996，25：1.

[13] 马沛生．有机化合物实验物性数据手册——含碳、氢、氧、卤部分．北京：化学工业出版社，2006.

[14] Joback K G，Reid R C. Chem Eng Comm，1987，57：233.

[15] Constantinous L，Gani R. AIChE J，1994，40(10)：1697.

[16] 马沛生．化工数据．北京：中国石化出版社，2003.

[17] Zabransky M，Jr Ruzicka V，Majer V R，et al. J Phys Chem Ref Data，1996(6)：5.

[18] Zabransky M，Jr Ruzicka V，Domalski E S. J Phys Chem Ref Data，2001(5)：1199.

[19] Yaws C L. Chemical Properties Handbook. New York：McGraw-Hill，1999.

[20] Reid R C. et al. The Properties of Gases and liquids：4th ed. New York：McGraw-Hill，1987.

[21] Tyagi K P. Ind Eng Chem Proc Des Dev，1975，14：484.

[22] Benson S W. Thermochemical Kinetics：2nd ed. New York：Wiley，1976.

[23] Benson S W，Buss J H. J Chem Phys，1969，29：279.

[24] Yoneda Y. Bull Chem Soc Japan，1979，52(5)：1297. .

[25] Cardozo R L. AIChE J，1986，32(5)：844.

[26] Reid R C，Prausnitz J M，Sherwood T K. The Properties of Gases and Liquids. 3rd ed. New York：McGraw-Hill，2000.

[27] Pedley J B，et al. Thermochemical Data and structures of Organic Compounds：vol 1，vol 2. London：Chapman and Hall，1994.

[28] Pedley J B，Naylor R D，Kirby S B. Thermochemical Data of Organic Compounds. 2nd ed. London：Chapman and Hall，1986.

[29] Daubert T E，Danner R P. Physical and Thermodynamic Properties of Pure Compounds. New York：AIChE，1985.

[30] 马沛生．化工数据教程．天津：天津大学出版社，2008.

5

pVT 及相平衡

物质的压力（p）、体积（V）和温度（T）都是重要的热力学性质和化工数据。通过热力学关系式，可计算系列热力学性质，随着分子热力学的发展，也可用于计算流体的传递性质。pVT 之间的函数关系一直是热力学研究中的核心问题之一。固体 pVT 关系主要体现在密度中，后者受温度压力影响不大，在工程计算中一般以室温下的数据为代表。因此在化工计算中，更重要的、更复杂的是流体 pVT 关系。

相平衡关系是分离过程（精馏、吸收、萃取、结晶等）计算的重要基础，在相平衡关系中，除相平衡模型（方程）外，相平衡数据也是必不可少的。

本章主要介绍 pVT 和相平衡关系中的数据部分。有关 pVT 及相平衡中的数学模型及关系式，请阅读本书化工热力学（第 3 篇）、结晶（第 10 篇）、气体吸收（第 12 篇）、蒸馏（第 13 篇）、萃取及浸取（第 15 篇）等部分。

5.1 纯液体 pVT

液体 pVT 关系体现为液体密度数据。液体密度数据常用相对密度表达，即与 4℃的液体水密度相比的密度值，其符号为 d_4^t，上标 t 表明其温度，最常见的是 d_4^{20} 或 d_4^{25}。

5.1.1 纯液体密度数据源

液体相对密度数据中数据量最大的是 d_4^{20} 和 d_4^{25}，这种数据常和沸点（T_b）、熔点（T_m）出现在同一手册甚至在同一表中，也同样缺少严格评价。CRC 手册中含有大量有机和无机化合物的常温液体密度[61,62]。其他包含大量常温液体密度数据的手册有：TRC 手册[1~4]、Daubert 和 Danner 手册[5]、Stephenson 手册[6]、Beilstein 手册[7] 和 Gmelin 手册[8] 及马沛生等整理的结果[9]。

不同温度下的相对密度值（d_4^t）也很重要，但更少评价，涉及的手册也少得多，重要的有 TRC[1~4] 手册、Smith-Srivastava[10] 手册、Beilstein 手册[7] 和 Gmelin[8] 手册。LB 手册[11] 系统地发表了不同温度下的密度值，数据量极大。

5.1.2 利用关联式计算液体密度

如所查物质能找到相关的实验值，采用关联式进行内插所得结果误差较小，是首选方法。

烃类化合物实测密度值多，也有系统的关联工作，最好的关联成果发表在 LB 手册中，最常用的关联方程是：

$$\rho = A + BT + CT^2 + DT^3 + ET^4 \tag{1-5-1}$$

关联系数见表1-5-1，ρ 的单位是 $kg \cdot m^{-3}$；T 的单位是K。

表1-5-1 烃类液体密度-温度关联式及系数

物质名称	A	B	C	D	E	温度范围/K
(1)饱和烃						
甲烷	531.752	-2.19382×10^{-4}	-1.76410×10^{-2}	1.18522×10^{-4}	-3.49068×10^{-7}	90.7～158
乙烷	725.893	-0.421275	-6.84937×10^{-3}	3.22751×10^{-5}	-6.36130×10^{-8}	90.4～250
丙烷	820.464	-1.01300	-2.71229×10^{-4}	3.32129×10^{-6}	-1.12912×10^{-8}	85.5～288
丁烷	892.907	-1.45679	2.87931×10^{-3}	-5.35281×10^{-6}	—	134.9～340
异丁烷	870.930	-1.36494	2.56419×10^{-3}	-5.32743×10^{-6}	—	113.6～326
戊烷	844.981	-3.96708×10^{-5}	-6.41926×10^{-3}	2.05075×10^{-5}	-2.48872×10^{-8}	143.4～376
2-甲基丁烷	902.305	-1.14389	1.36945×10^{-3}	-2.58533×10^{-6}	—	124.9～350
2,2-二甲基丙烷	1257.76	-4.89349	1.39491×10^{-3}	-1.71210×10^{-5}	—	256.9～347
己烷	937.132	-1.25662	1.94678×10^{-3}	-3.04242×10^{-6}	—	183.2～405
2-甲基戊烷	890.411	-0.665046	-5.72771×10^{-4}	2.75153×10^{-7}	—	117.5～398
3-甲基戊烷	922.491	-0.853757	-9.17694×10^{-5}	—	—	233～404
2,2-二甲基丁烷	971.537	-1.70856	3.51419×10^{-3}	-4.90828×10^{-6}	—	273～391
2,3-二甲基丁烷	958.089	-1.54915	3.22772×10^{-3}	-4.75815×10^{-6}	—	207.9～400
庚烷	870.405	-2.38753×10^{-5}	-4.65917×10^{-3}	1.20253×10^{-5}	-1.20791×10^{-8}	183～432
辛烷	871.125	-1.77599×10^{-5}	-3.84659×10^{-6}	8.89185×10^{-6}	-8.37602×10^{-9}	245.5～455
壬烷	989.958	-1.26401	1.78973×10^{-3}	-2.20470×10^{-6}	—	233～475
癸烷	999.915	-1.25380	1.72986×10^{-3}	-2.02707×10^{-6}	—	243～493

续表

物质名称	A	B	C	D	E	温度范围/K
(1)饱和烃						
十三烷	965.891	−0.711824	-9.45851×10^{-6}	—	—	267.8～373
十四烷	1093.40	−1.73979	2.82238×10^{-3}	-2.49190×10^{-6}	—	278.7～523
十五烷	1059.18	−1.54195	2.71745×10^{-3}	-2.87122×10^{-6}	—	288～388
十六烷	956.848	−0.557634	-2.68578×10^{-4}	1.24436×10^{-7}	—	293～537.5
十七烷	1026.08	−1.11241	1.28506×10^{-3}	-1.28491×10^{-6}	—	293～523
十八烷	1033.31	−1.10745	1.16042×10^{-3}	-1.04359×10^{-6}	—	293～521.8
十九烷	1012.92	−0.854024	2.71670×10^{-4}	—	—	293～372.5
二十烷	1062.99	−1.34491	1.94291×10^{-3}	-1.85316×10^{-6}	—	293～409
(2)烯烃						
乙烯	790.538	−1.42956	2.03831×10^{-3}	-8.06366×10^{-6}	—	105～187
丙烯	786.151	−0.539081	-2.76124×10^{-4}	-3.54749×10^{-6}	—	198.3～291
1-丁烯	1075.89	−3.11140	8.59564×10^{-3}	-1.22256×10^{-5}	—	195～336
顺-2-丁烯	933.576	−1.19491	1.23705×10^{-3}	-2.69228×10^{-6}	—	213～353
反-2-丁烯	920.124	−1.34714	2.16497×10^{-3}	-4.24197×10^{-6}	—	213～353
异丁烯	877.238	−0.910578	5.59375×10^{-4}	-2.53103×10^{-6}	—	203～333
1-戊烯	834.745	−0.136320	-2.18110×10^{-3}	1.32050×10^{-6}	—	173～371
1-己烯	912.576	−0.701974	-3.58237×10^{-4}	-1.11325×10^{-7}	—	153～403
1-庚烯	905.638	−0.535736	-5.98300×10^{-4}	—	—	173～430
1-辛烯	1043.30	−1.73892	3.23466×10^{-3}	-3.83180×10^{-6}		193～440

续表

物质名称	A	B	C	D	E	温度范围/K
(2)烯烃						
1-壬烯	983.489	−1.09686	1.32620×10^{-3}	-1.85089×10^{-6}	—	193～473
1-癸烯	985.288	−0.998163	9.31025×10^{-4}	-1.26563×10^{-6}	—	213～473
(3)炔烃、二烯烃及其他不饱和烃						
乙炔	917.135	−1.56373	—	—	—	191.4～246
丙炔	964.669	−1.09235	-3.25915×10^{-4}	—	—	216～321
1-丁炔	979.146	−1.10278	—	—	—	242～282
2-丁炔	3120.80	−15.8898	2.59282×10^{-2}	—	—	273～300
1-戊炔	975.234	−0.961977	—	—	—	273～313
1-己炔	1007.60	−0.997715	—	—	—	273～333
1,3-丁二烯	940.255	−1.26916	1.75710×10^{-3}	3.89538×10^{-6}	—	213～340
异戊二烯	979.87	−1.020	—	—	—	289～303
(4)环烷烃及环烯烃						
环丙烷	1654.74	−9.97937	3.66243×10^{-2}	-4.96798×10^{-5}	—	193～335
环丁烷	961.715	−0.914896	—	—	—	194.7～293
环戊烷	913.652	-1.01827×10^{-5}	-1.81801×10^{-3}	-2.88017×10^{-6}	8.10380×10^{-9}	188.6～420
甲基环戊烷	1206.19	−2.81171	6.40249×10^{-3}	-7.28464×10^{-6}	—	273～430
乙基环戊烷	940.285	−0.316123	-9.43225×10^{-4}	—	—	275.3～440
1,1-二甲基环戊烷	1010.86	−0.875856	—	—	—	288～303
1-顺-2-二甲基环戊烷	1034.67	−0.894116	—	—	—	273～303
1-反-2-二甲基环戊烷	1012.39	−0.890688	—	—	—	273～303
1-顺-3-二甲基环戊烷	1024.00	−0.951237	—	—	—	288～303
1-反-3-二甲基环戊烷	1022.88	−0.867855	—	—	—	293～303
1-甲基-反-3-乙基环戊烷	1008.38	−0.840	—	—	—	293～298
环己烷	970.258	-1.88659×10^{-5}	-4.23488×10^{-3}	9.37240×10^{-6}	-8.64854×10^{-9}	280～445

续表

物质名称	A	B	C	D	E	温度范围/K
(4)环烷烃及环烯烃						
甲基环己烷	966.739	-2.48282×10^{-5}	-4.97048×10^{-3}	1.26438×10^{-5}	-1.20215×10^{-8}	178～460
乙基环己烷	1024.40	−0.806381	—	—	—	273～313
1,1-二甲基环己烷	1016.99	−0.805772	—	—	—	273～303
1-顺-2-二甲基环己烷	1031.75	−0.802866	—	—	—	273～313
1-反-2-二甲基环己烷	991.644	−0.676113	-2.03176×10^{-4}	—	—	273～313
1-顺-3-二甲基环己烷	1037.66	−1.04011	3.87507×10^{-4}	—	—	273～313
1-反-3-二甲基环己烷	1111.35	−1.40304	9.84496×10^{-4}	—	—	273～313
1-顺-4-二甲基环己烷	1024.60	−0.824605	—	—	—	273～313
1-反-4-二甲基环己烷	1064.62	−1.22900	6.78048×10^{-4}	—	—	273～313
环庚烷	798.067	1.38830	-6.26106×10^{-3}	5.70644×10^{-6}	—	273～485
环辛烷	998.119	-1.48110×10^{-5}	-3.36957×10^{-3}	6.56657×10^{-6}	-5.13236×10^{-9}	288～520
环戊烯	902.675	0.168263	-2.09440×10^{-3}	—	—	259.4～308
1-甲基环戊烯	1055.67	−0.940052	—	—	—	273～303
3-甲基环戊烯	1057.63	−1.000	—	—	—	291～298
4-甲基环戊烯	1062.22	−1.000	—	—	—	289～298
1-乙基环戊烯	1032.07	−0.800	—	—	—	288～293
环己烯	3305.84	−23.3992	7.53148×10^{-2}	-8.36824×10^{-5}	—	254～353
1-甲基环己烯	72.4928	5.83494	-1.13084×10^{-2}	—	—	273～315.3
3-甲基环己烯	945.780	−0.491219	—	—	—	287～299
4-甲基环己烯	362.077	4.23781	-9.36895×10^{-3}	—	—	273～293
1-乙基环己烯	1975.64	−6.89646	1.01037×10^{-2}	—	—	288.4～303
亚甲基环己烷	1031.75	−0.778988	—	—	—	273～334

续表

物质名称	A	B	C	D	E	温度范围/K
(5)芳烃						
苯	1114.71	-2.46925×10^{-5}	-5.75335×10^{-3}	1.41802×10^{-5}	-1.33393×10^{-8}	273～449.6
甲苯	1186.21	−1.47573	2.08566×10^{-3}	-2.61945×10^{-6}	—	178～473.4
乙苯	1166.29	−1.35889	1.81018×10^{-3}	-2.24496×10^{-6}	—	178～490
邻二甲苯	1051.74	-1.60308×10^{-5}	-3.74223×10^{-3}	7.97764×10^{-6}	-6.92785×10^{-9}	253～502
间二甲苯	1182.88	−1.57531	2.53122×10^{-3}	-2.95434×10^{-6}	—	243～493.6
对二甲苯	1035.87	-1.54210×10^{-5}	-3.79683×10^{-3}	8.08567×10^{-6}	-7.08870×10^{-9}	293～493
丙苯	1134.25	−1.17575	1.33755×10^{-3}	-1.68910×10^{-6}	—	178～431.9
异丙苯	1151.71	−1.29010	1.59210×10^{-3}	-1.92207×10^{-6}	—	243～470
1-甲基-2-乙基苯	1121.41	−0.821219	—	—	—	284.6～303
1-甲基-3-乙基苯	1116.36	−0.857988	—	—	—	287～303
1-甲基-4-乙基苯	1113.29	−0.859482	—	—	—	284.5～435
1,2,3-三甲苯	1101.65	−0.625417	-2.78063×10^{-4}	—	—	273～303
1,2,4-三甲苯	1087.89	−0.652348	-2.42183×10^{-4}	—	—	273～368
1,3,5-三甲苯	1084.88	−0.658999	-3.09524×10^{-4}	—	—	293～438
丁苯	1084.37	−0.764957	—	—	—	273～360.5
仲丁苯	759.455	1.46229	-3.79532×10^{-4}	—	—	273～318
异丁苯	1087.70	−0.800	—	—	—	277～303
叔丁苯	1109.30	−0.828098	—	—	—	273～363.9
1,4-二乙苯	1118.53	−0.873090	—	—	—	287～303
1,4-二异丙苯	1073.37	−0.734892	—	—	—	287～303
苯乙烯	1168.52	−0.879715	-5.46317×10^{-5}	—	—	255.4～418
联苯	1233.16	-1.43033×10^{-5}	-4.16894×10^{-3}	8.20920×10^{-6}	-5.64637×10^{-9}	293～618.5

续表

物质名称	A	B	C	D	E	温度范围/K
(5)芳烃						
二苯基甲烷	1224.98	−0.721739	-8.65342×10^{-5}	1.63332×10^{-9}	—	284～523
1,1-二苯基乙烷	1225.40	−0.771150	—	—	—	273～372
顺十氢萘	1113.45	−0.721771	-5.96927×10^{-5}	—	—	273～373
反十氢萘	1088.46	−0.746329	—	—	—	273～373
1,2,3,4-四氢萘	1181.47	−0.670557	-1.80616×10^{-4}	—	—	273～473
萘	1217.17	−0.564297	-3.22739×10^{-4}	—	—	323～520
1-甲基萘	1235.41	−0.733646	—	—	—	273～373.4
2-甲基萘	1192.55	−0.549012	-3.04402×10^{-4}	—	—	295～490
1-乙基萘	1213.00	−0.700	—	—	—	273～358
2-乙基萘	1200.26	−0.710	—	—	—	273～358
茚满	1214.94	−0.859235	—	—	—	273～373
茚	1222.39	−0.774111	—	—	—	277～313
蒽	1374.16	−0.819355	—	—	—	490.7～557.8

对饱和醇常用 Francis 方程[12]进行关联：

$$\rho=A-Bt-\frac{C}{E-t} \tag{1-5-2}$$

ρ 的单位是 $g\cdot cm^{-3}$；t 的单位是℃。关联系数见表 1-5-2。

以上两项成果都用实验值关联，排除了估算值，表 1-5-2 中的成果发表时间较早，并未包括新数据。

表 1-5-2　饱和醇液体密度-温度关联式及系数

物质名称	A	$B\times10^3$	C	E	温度范围/℃
甲醇	0.84638	0.9321	423.28	11641	20～50
	0.86867	0.6111	17.267	283.08	40～180
乙醇	1.16261	0.0413	173.37	485.70	−24～55
	1.17171	−0.1460	175.57	472.62	40～180
1-丙醇	0.88813	0.5448	21.536	313.09	−21～180
2-丙醇	1.21666	0.2849	291.13	704.16	−54～20
	0.96262	0.3632	61.725	383.28	−20～167

续表

物质名称	A	$B\times10^3$	C	E	温度范围/℃
1-丁醇	0.87172	0.5363	13.026	273.80	−33～147
2-丁醇	2.25464	−0.1898	2041.65	1426.50	−20～140
异丁醇	0.91253	0.4480	2041.65	1426.50	−20～147
叔丁醇	0.87919	1.0881	−4226.2	−59630	20～100
1-戊醇	0.97611	0.3874	73.73	500	−20～120
2-戊醇	0.91413	0.4585	26.772	300	−20～110
2-甲基-2-丁醇	1.54925	−0.0407	578.02	800	0～140
3-甲基-2-丁醇	1.56856	−0.2865	514.33	700	15～105
1-己醇	1.16584	0.2013	232.59	700	−20～159
1-庚醇	1.03886	0.3553	121.49	600	0～140
1-辛醇	0.99077	0.3627	75.70	500	−15～140
2-乙基-1-己醇	0.97581	0.5194	76.96	600	0～100
1-壬醇	0.84096	0.6495	—	—	−5～35
1-癸醇	1.01817	0.3668	105.03	600	5～140
1-十一醇	0.92501	0.5281	47.57	600	20～85
1-十二醇	1.0113	0.4729	130.74	800	20～300
1-十四醇	0.96230	0.5495	89.74	800	20～300
1-十六醇	0.9360	0.5863	66.00	800	20～300
1-十八醇	0.89397	0.6388	27.76	300	60～300

对于其他各类物质，也有数量不等的实测值，其中绝大部分是常压沸点前的密度。Yaws[13]提出普遍化的关联方程是：

$$\rho_s = AB^{-(1-T_r/T_c)^n} \tag{1-5-3}$$

式中，ρ_s 为饱和液体密度；A，B 为物质特性常数；T_r 为对比温度。Yaws 等从饱和液体密度实验数据，回归得到了 700 种有机化合物特性常数 A 和 B 的值，表 1-5-3 列出了其中一部分物质的 A、B 值。

表 1-5-3 部分有机物液体密度与温度指数型关联式及系数

物质名称	A	B	n	T_c	温度范围/K
(1)C-H-卤化合物					
氟甲烷	0.29788	0.24153	0.28540	317.70	131.35～317.70
四氟甲烷	0.62949	0.28390	0.29095	227.50	89.56～227.50
氟乙烷	0.29307	0.27099	0.24420	376.31	129.95～375.31
四氟乙烯	0.57587	0.26880	0.28571	306.45	142.00～306.45
氯甲烷	0.35821	0.26109	0.28690	416.25	175.45～416.25
二氯甲烷	0.45965	0.25678	0.29020	510.00	178.01～510.00
三氯甲烷	0.49807	0.25274	0.28766	536.40	209.63～536.40

续表

物质名称	A	B	n	T_c	温度范围/K
(1)C-H-卤化合物					
四氯化碳	0.56607	0.27663	0.29000	556.35	250.33～556.35
氯乙烷	0.32259	0.27464	0.23140	460.35	136.75～450.35
1,1-二氯乙烷	0.41231	0.26533	0.28700	523.00	176.19～523.00
1,2-二氯乙烷	0.46501	0.28742	0.31041	561.00	237.49～561.00
1-氯丙烷	0.31422	0.27365	0.28570	503.15	150.35～503.15
氯乙烯	0.34897	0.27070	0.27160	432.00	119.36～432.00
1,1-二氯乙烯	0.43624	0.29000	0.28571	482.00	150.65～482.00
顺-1,2-二氯乙烯	0.43930	0.26128	0.28570	527.00	193.15～527.00
反-1,2-二氯乙烯	0.44616	0.26700	0.28570	508.00	223.35～508.00
三氯乙烯	0.50416	0.26952	0.28571	571.00	188.40～571.00
四氯乙烯	0.66671	0.32758	0.35630	620.00	250.80～620.00
3-氯丙烯	0.32483	0.25957	0.28570	514.15	138.65～514.15
2-氯-1,3-丁二烯	0.33147	0.26427	0.27860	525.00	143.15～525.00
1,2-二氯苯	0.41887	0.26112	0.30815	705.00	256.15～705.00
1,3-二氯苯	0.41882	0.26147	0.31526	683.95	248.39～683.95
1,4-二氯苯	0.41880	0.26276	0.30788	684.75	326.14～684.75
氯氟甲烷	0.44380	0.23000	0.28571	424.91	140.16～424.91
溴氯甲烷	0.68686	0.27700	0.28570	557.00	185.20～557.00
二氯氟甲烷	0.52414	0.27110	0.28571	451.58	138.15～451.58
氯二氟甲烷	0.51858	0.26605	0.28123	369.30	115.73～369.30
氯三氟甲烷	0.58753	0.27896	0.29070	301.96	92.15～301.96
二氟二氯甲烷	0.57494	0.27880	0.29650	384.95	115.15～384.95
氟三氯甲烷	0.56082	0.27556	0.28571	471.20	162.04～471.20
溴三氟甲烷	0.74110	0.26995	0.28006	340.15	105.15～340.15
溴氯二氟甲烷	0.67201	0.25624	0.26440	426.15	113.65～426.15
1-氯-1,1-二氟乙烷	0.42636	0.24537	0.29800	410.20	142.35～410.20
氯五氟乙烷	0.61452	0.28454	0.28530	353.15	173.71～353.15
1,2-二氯四氟乙烷	0.57270	0.26920	0.27450	418.85	179.15～418.85
1,1,2-三氯三氟乙烷	0.57596	0.27178	0.28040	487.25	238.15～487.25
1,2-二氟四氯乙烷	0.57239	0.26740	0.28570	551.00	299.15～551.00
1,2-二溴四氟乙烷	0.76194	0.26172	0.26547	487.80	162.65～487.80
氯三氟乙烯	0.55068	0.25930	0.30740	379.15	115.00～379.15
(2)C-H-O 化合物					
烯丙醇	0.28347	0.25408	0.28571	545.05	144.15～545.05
环己醇	0.29681	0.24340	0.28570	625.15	296.60～625.15
苯甲醇	0.32318	0.26404	0.22400	677.00	257.85～677.00
乙二醇	0.32503	0.25499	0.17200	645.00	260.15～645.00

续表

物质名称	A	B	n	T_c	温度范围/K
(2)C-H-O 化合物					
1,2-丙二醇	0.31839	0.26106	0.20459	626.00	213.15～626.00
甘油	0.34908	0.24902	0.15410	723.00	291.33～723.00
苯酚	0.41476	0.32162	0.32120	694.25	314.06～694.25
2-甲酚	0.38355	0.30518	0.30990	697.55	304.19～697.55
3-甲酚	0.34663	0.28268	0.27070	705.85	285.39～705.85
4-甲酚	0.38059	0.29920	0.33410	704.65	307.93～704.65
(3)C-H-O 化合物					
4-乙酚	0.32672	0.26930	0.28570	716.45	318.23～716.45
双酚 A	0.33722	0.28100	0.28571	849.00	426.15～849.00
2-氯乙醇	0.37979	0.26160	0.21893	585.00	205.65～585.00
甲醚	0.26390	0.26325	0.28060	400.10	131.66～400.10
乙醚	0.27267	0.27608	0.29358	466.70	156.85～466.70
甲基叔丁基醚	0.26791	0.27032	0.28290	497.10	164.55～497.10
甲基乙烯基醚	0.27658	0.26436	0.25805	437.00	151.15～437.00
乙基乙烯基醚	0.27750	0.26793	0.28571	475.15	157.35～475.15
二乙烯基醚	0.28036	0.27600	0.28571	463.00	172.05～463.00
苯甲醚	0.32318	0.26404	0.22400	677.00	257.85～677.00
苯乙醚	0.30533	0.25467	0.28571	647.15	243.63～647.15
二苯醚	0.34314	0.27600	0.26661	763.00	300.02～763.00
二甲氧基甲烷	0.35726	0.30576	0.31755	480.60	168.35～480.60
1,2-二甲氧基乙烷	0.29886	0.26183	0.28571	536.15	215.15～536.15
二乙二醇二甲醚	0.30306	0.25214	0.28570	604.00	203.15～604.00
二乙二醇二乙醚	0.29057	0.25504	0.28570	624.00	228.85～624.00
环氧乙烷	0.31402	0.26089	0.28253	469.15	161.45～469.15
1,2-环氧丙烷	0.31226	0.27634	0.29353	482.25	161.22～482.25
四氢呋喃	0.27750	0.26793	0.28571	475.15	157.35～475.15
呋喃	0.31281	0.24724	0.26050	490.15	187.55～490.15
1,4-二氧六环	0.31132	0.26192	0.27997	628.00	267.95～628.00
乙醛	0.28207	0.26004	0.27760	461.00	150.15～461.00
丁醛	0.26623	0.24820	0.28570	525.00	176.75～525.00
苯甲醛	0.32759	0.25780	0.28500	695.00	247.15～695.00
丙酮	0.27728	0.25760	0.29903	508.20	178.45～508.20
2-丁酮	0.26760	0.25140	0.28570	535.00	186.48～535.50
2-戊酮	0.28617	0.26662	0.32850	561.08	196.29～561.08
3-戊酮	0.25635	0.24291	0.27364	560.95	234.18～560.95
3-甲基-2-丁酮	0.27526	0.26204	0.28570	553.00	181.15～553.00

续表

物质名称	A	B	n	T_c	温度范围/K
(3)C-H-O 化合物					
亚异丙基丙酮	0.27648	0.25438	0.28484	600.00	220.15～600.00
环己酮	0.31558	0.27183	0.27167	629.15	242.00～629.15
苯乙酮	0.31955	0.25470	0.29062	701.00	293.65～701.00
2,4-戊二酮	0.30995	0.25792	0.25054	602.00	249.65～602.00
三氯乙醛	0.51178	0.26596	0.27840	565.00	216.00～565.00
甲酸	0.36821	0.24296	0.23663	580.00	281.55～580.00
乙酸	0.35182	0.26954	0.26843	592.71	289.81～592.71
丙酸	0.32283	0.25916	0.27644	604.00	252.45～604.00
丁酸	0.31132	0.26192	0.27997	628.00	267.95～628.00
异丁酸	0.30227	0.25490	0.26860	609.15	227.15～609.15
丙烯酸	0.34645	0.25822	0.30701	615.00	286.65～615.00
甲基丙烯酸	0.31044	0.24380	0.28570	643.00	288.15～643.00
苯甲酸	0.35235	0.24812	0.28570	751.00	395.52～751.00
丁二酸	0.39352	0.21091	0.28571	806.00	461.15～806.00
乙酸酐	0.33578	0.24080	0.26990	569.15	200.15～569.15
顺丁烯二酸酐	0.44777	0.26141	0.35584	721.00	326.00～721.00
甲酸甲酯	0.34143	0.25838	0.27680	487.20	174.15～487.20
甲酸乙酯	0.33311	0.26940	0.29354	508.40	193.55～508.40
乙酸甲酯	0.32119	0.25855	0.27450	506.80	175.15～506.80
乙酸乙酯	0.30654	0.25856	0.27800	523.30	189.60～523.30
乙酸丙酯	0.29499	0.25600	0.27830	549.40	178.15～549.40
乙酸丁酯	0.29857	0.26058	0.30900	579.65	199.65～579.65
丙酸甲酯	0.30991	0.25865	0.27700	530.60	185.65～530.60
丙酸乙酯	0.30663	0.26280	0.29420	546.00	199.25～546.00
异丁酸乙酯	0.29410	0.26107	0.28571	553.15	185.00～553.15
丙烯酸甲酯	0.32153	0.25534	0.28571	536.00	196.32～536.00
丙烯酸乙酯	0.31019	0.25833	0.28571	553.00	201.95～553.00
丙烯酸丙酯	0.30211	0.25955	0.28571	569.00	273.15～569.00
丙烯酸丁酯	0.29947	0.25838	0.30843	598.00	208.55～598.00
甲基丙烯酸甲酯	0.30985	0.25357	0.28571	564.00	224.95～564.00
甲基丙烯酸乙酯	0.30100	0.25690	0.28571	577.00	223.15～577.00
甲基丙烯酸丙酯	0.29277	0.25580	0.28571	599.00	223.00～599.00
甲基丙烯酸丁酯	0.28691	0.25450	0.28570	616.00	223.00～616.00
乙酸乙烯酯	0.31843	0.25803	0.28270	524.00	180.35～524.00
草酸二乙酯	0.35132	0.25332	0.33419	646.00	232.55～646.00
邻苯二甲酸二丁酯	0.32901	0.25148	0.37367	781.00	238.15～781.00

续表

物质名称	A	B	n	T_c	温度范围/K
(3)C-H-O 化合物					
邻苯二甲酸双(2-乙基己基)酯	0.27512	0.23675	0.28571	851.00	254.00～851.00
对苯二甲酸二甲酯	0.36710	0.26885	0.26120	772.00	413.80～772.00
碳酸二乙酯	0.33184	0.26670	0.28570	576.00	230.15～576.00
γ-丁内酯	0.32486	0.24071	0.26500	739.00	229.78～739.00
2-甲氧基乙醇	0.31877	0.25504	0.28570	564.00	188.05～564.00
2-乙氧基乙醇	0.31086	0.25983	0.28570	569.00	183.00～569.00
四氢糠醇	0.35218	0.28281	0.23330	639.00	193.00～639.00
糠醇	0.37299	0.27753	0.23180	632.00	258.52～632.00
二乙二醇	0.34013	0.26112	0.24220	744.60	262.70～774.60
二乙二醇单甲醚	0.32247	0.25180	0.28570	630.00	197.15～630.00
三乙二醇	0.33903	0.26071	0.20960	700.00	265.79～700.00
四乙二醇	0.33834	0.24768	0.28570	722.00	268.15～722.00
水杨醛	0.35733	0.25345	0.26250	680.00	266.15～680.00
糠醛	0.37235	0.26030	0.28570	657.00	236.65～657.00
乙酰乙酸乙酯	0.31956	0.24910	0.28570	643.00	234.15～643.00
(4)C-H-N 和 C-H-O-N 化合物					
甲胺	0.20168	0.21405	0.22750	430.05	179.69～430.05
二甲胺	0.24110	0.26785	0.24800	437.65	180.96～437.65
乙胺	0.24773	0.25651	0.28589	456.15	192.15～456.15
1-丙胺	0.22763	0.23878	0.24610	496.95	190.15～496.95
三甲胺	0.23283	0.25703	0.26870	433.25	156.08～433.25
苯胺	0.31190	0.25000	0.28571	699.00	267.13～699.00
N-甲基苯胺	0.28754	0.24324	0.25374	701.55	216.15～701.55
1,6-己二胺	0.24507	0.28300	0.28751	663.00	313.95～663.00
氰化氢	0.19501	0.18589	0.28206	456.65	259.91～456.65
乙腈	0.23730	0.22642	0.28128	545.50	229.32～545.50
丙烯腈	0.25030	0.22930	0.28939	535.00	189.63～535.00
己二腈	0.26638	0.23008	0.28379	781.00	275.64～781.00
吡咯烷	0.28603	0.26233	0.26330	568.55	215.31～568.55
氮杂环己烷	0.27645	0.25460	0.27140	594.05	262.65～594.05
吡咯	0.29168	0.24703	0.24793	639.75	249.74～639.75
吡啶	0.30752	0.24333	0.30450	619.95	231.53～619.95
硝基苯	0.36140	0.24731	0.28570	719.00	278.91～719.00
甲酰胺	0.27633	0.20352	0.25178	771.00	275.70～771.00
N-甲基甲酰胺	0.27473	0.22427	0.27470	721.00	269.35～721.00
N,N-二甲基甲酰胺	0.27376	0.23013	0.27630	647.00	212.72～647.00

续表

物质名称	A	B	n	T_c	温度范围/K
(4)C-H-N和C-H-O-N化合物					
乙酰胺	0.28126	0.21906	0.28570	761.00	354.15～761.00
丙烯酰胺	0.27378	0.25200	0.28571	710.00	357.65～710.00
乙醇胺	0.27149	0.22411	0.20150	638.00	283.65～638.00
二乙醇胺	0.30126	0.23968	0.18920	715.00	301.15～715.00
三乙醇胺	0.31608	0.24801	0.20350	787.00	294.35～787.00
丙酮氰醇	0.28033	0.23985	0.28570	647.00	253.15～647.00
N-甲基-2-吡咯烷酮	0.31372	0.25432	0.27360	724.00	249.15～724.00
吗啉	0.31566	0.25657	0.25640	618.00	270.05～618.00
(5)C-H-S和C-H-S-O化合物					
甲硫醇	0.33179	0.28018	0.28523	469.95	150.18～469.95
乙硫醇	0.30092	0.26940	0.27866	499.15	125.26～499.15
二甲硫醚	0.30676	0.26780	0.28571	503.04	174.88～503.04
二乙硫醚	0.28226	0.26333	0.27445	557.15	169.20～557.15
二甲二硫醚	0.37382	0.27705	0.31143	606.00	188.44～606.00
二乙二硫醚	0.34157	0.27764	0.30060	642.00	171.63～642.00
四氢噻吩	0.35416	0.29726	0.24882	631.95	176.99～631.95
噻吩	0.38423	0.28195	0.30770	579.35	234.94～579.35
硫酸二甲酯	0.43048	0.25926	0.37020	758.00	241.35～758.00
二甲亚砜	0.34418	0.25344	0.32197	726.00	291.67～726.00
环丁砜	0.40060	0.26983	0.30400	849.00	300.75～849.00
(6)无机化合物、单质和金属有机化合物					
氮	0.31205	0.28479	0.29250	126.10	63.15～126.10
氧	0.43533	0.28772	0.29240	154.58	54.35～154.58
氟	0.57092	0.28518	0.29000	144.31	53.48～144.31
氯	0.56600	0.27315	0.28830	417.15	172.12～417.15
水	0.34710	0.27400	0.28571	647.13	273.16～647.13
氟化氢	0.29041	0.17660	0.37330	461.15	189.79～461.15
氯化氢	0.44134	0.26957	0.31870	324.65	158.97～324.65
硫酸	0.42169	0.19356	0.28570	925.00	283.46～925.00
硝酸	0.43471	0.23110	0.19170	520.00	231.55～373.15
二氧化氮	0.54240	0.27210	0.24320	431.35	293.15～431.35
氨	0.23689	0.25471	0.28870	405.65	195.41～405.65
二硫化碳	0.47589	0.28749	0.32260	552.00	161.11～552.00
二氧化硫	0.51726	0.25514	0.28930	430.75	197.67～430.75
三氧化硫	0.63003	0.19602	0.41787	490.85	289.95～490.85

5.1.3 纯液体密度的估算

5.1.3.1 沸点下液体密度的估算

(1) Tyn-Calus 法[63] Tyn 和 Calus 提出的方法是用 V_c 计算，平均误差为 1.88%。

$$V_b = 0.285V_c^{1.048} \tag{1-5-4}$$

(2) 刘国杰法（基团贡献法）[64] 刘国杰等提出的方程为：

$$V_b = \sum n_i \Delta V_{bi} \quad (\mathrm{cm^3 \cdot mol^{-1}}) \tag{1-5-5}$$

此法划分基团较多，多种液体 V_b 值计算的平均误差约为 1%，不适用于多卤化物，基团贡献值见表 1-5-4[14]。

表 1-5-4 V_b 的基团贡献值

基团	ΔV_b	基团	ΔV_b	基团	ΔV_b
$-CH_3$	27.4	—OH	13.1	>S=O	28.0
$-CH_2-$	21.3	—CHO	27.8	—F	11.6
>CH—	15.3	>C=O	22.7	—Cl	23.2
>C<	10.5	—O—	9.5	—Br	28.5
=C=	13.9	—COO—	31.2	—I	38.0
=CH—	16.7	—COOH	36.8	$-H(-CH_3,-CN,-SN)$	10.3
$=CH_2$	24.7	=O	10.4	$-H(-NH_2,-Cl)$	7.9
=C<	11.7	$-NH_2$	16.7	—H(—OH)	5.6
≡CH	20.9	—NH—	11.7	>P—	24.0
≡C—	14.0	>N—	6.3	—P= (>)	24.0
$-CH_2-$(环)	19.6	=N—	9.4	$>PO_4$	57.7
>CH—（环）	15.5	—CN	29.3	>Si<	30.5
>C<（环）	12.0	$-NO_2$	32.1	>Sn<	40.2
=CH—(环)	16.0	—S—	21.2	>Ti<	34.4
=C<（环）	10.5	=S	24.2		
—SH	26.8	=S=	23.0		

5.1.3.2 饱和液体密度的估算

(1) Riedel 法[15]

$$\frac{d_s}{d_c} = \frac{V_c}{V_s} = 1 + 0.85(1-T_r) + (1.6916 + 0.9846\omega)(1-T_r)^{1/3} \tag{1-5-6}$$

这是一个 20 世纪 50 年代使用的三参数对应状态法。

(2) Mchaweh-Mulen 等的方法[16,17]

$$\frac{d_s}{d_c} = 1 + 1.169\tau^{1/3} + 1.818\tau^{2/3} - 2.658\tau + 2.161\tau^{4/3}$$

$$\tau = 1 - T_r/[1 + m(1 - T_r^{1/2})]^2$$

$$m = 0.480 + 1.574\omega - 0.176\omega^2 \tag{1-5-7}$$

这是一个在 2004 年及 2006 年发表的三参数对应状态法，自报误差为 1%～3%。

(3) GCVOL 法（基团贡献法） 基团法估算饱和液体密度始于 20 世纪 70 年代；在 90 年代，基团法有了很大发展。GCVOL 法是一个典型代表[18,19]，该法无需临界参数，尤其适用于缺乏该类数据的精细化学品，误差较小，可用于各种温度，可用于估算液体聚合物的密度。计算式为：

$$d_s = \frac{M}{V_s} = \frac{M}{\sum n_i \Delta v_i}$$

$$\Delta v_i = A_i + B_i T + C_i T^2 \tag{1-5-8}$$

式中，A_i、B_i、C_i 为基团值（表 1-5-5）。该法处理 262 个化合物的平均误差约为 1%。

表 1-5-5 GCVOL 法基团值

基团	A /cm³·mol⁻¹	10^3B /cm³·mol⁻¹·K⁻¹	10^5C /cm³·mol⁻¹·K⁻²	实例
$-CH_3$	18.960	45.58	0	丁烷:2—CH₃,2—CH₂—
$-CH_2-$	12.520	12.94	0	2-甲基丙烷:3—CH₃,1 >CH—
>CH—	6.297	−21.92	0	2,2-二甲基丙烷:4—CH₃,1 >C<
>C<	1.296	−59.66	0	
(—CH═)A	10.090	17.37	0	苯:6(—CH═)A
(—CH₃)AC	23.580	24.43	0	甲苯:5(—CH═)A,1(—CH₃)AC
(—CH₂—)AC	18.160	−8.589	0	乙苯:5(—CH═)A,1(—CH₂)AC,1—CH₃
(>CH—)AC	8.925	−31.86	0	异丙苯:5(—CH═)A,1(>CH—)AC,2—CH₃
(>C<)AC	7.369	−83.60	0	叔丁苯:5(—CH═)A,1(>C<)AC,3—CH₃
CH₂═	20.630	31.43	0	1-己烯:1—CH₃,3—CH₂—,1CH₂═,1—CH═
—CH═	6.761	23.97	0	2-己烯:2—CH₃,2—CH₂—,2—CH═
>C═	−0.3971	−14.10	0	2-甲基-2-丁烯:3—CH₃,1—CH═,1 >C═
—CH₂OH	39.460	−110.60	23.31	1-己醇:1—CH₃,4—CH₂—,1—CH₂OH
>CHOH	40.920	−193.20	32.21	2-己醇:2—CH₃,3—CH₂—,1 >CHOH
(—OH)AC	41.200	−164.20	22.78	苯酚:5(—CH═)A,1(—OH)AC
CH₃CO—	42.180	−67.17	22.58	甲基乙基酮:1—CH₃,1—CH₂—,1CH₃CO—
—CH₂CO—	48.560	−170.40	32.15	二乙基酮:2—CH₃,1—CH₂—,1—CH₂CO—
>CHCO—	25.170	−185.60	28.59	二异丙基酮:4—CH₃,1 >CH—,1 >CHCO—

续表

基团	A /$cm^3 \cdot mol^{-1}$	$10^3 B$ /$cm^3 \cdot mol^{-1} \cdot K^{-1}$	$10^5 C$ /$cm^3 \cdot mol^{-1} \cdot K^{-2}$	实例
—CHO	12.090	45.25	0	1-己醛:1—CH_3,4—CH_2—,1—CHO
CH_3COO—	42.820	−20.50	16.42	乙酸丁酯:1—CH_3,3—CH_2—,1CH_3COO—
—CH_2COO—	49.730	−154.10	33.19	丙酸丁酯:2—CH_3,3—CH_2—,1—CH_2COO—
>CHCOO—	43.280	−168.70	33.25	异丁酸甲酯:3—CH_3,1 >CHCOO—
—COO—	14.230	11.93	0	甲基丙烯酸甲酯:2—CH_3,1CH_2═,1 >C═O ,1—COO—
(—COO—)$_{AC}$	43.060	−147.20	20.93	苯甲酸甲酯:1—CH_3,5(—CH═)$_A$,1(—COO—)$_{AC}$
CH_3O—	16.660	74.31	0	甲基乙基醚:1—CH_3,1—CH_2—,1CH_3O—
—CH_2O—	14.410	28.54	0	二乙基醚:2—CH_3,1—CH_2—,1—CH_2O—
>CHO—	35.070	−199.70	40.93	二异丙基醚:4—CH_3,1 >CH—, >CHO—
—C(<)—O—	30.120	−247.30	40.69	二叔丁基醚:6—CH_3,1 >C< ,1—C(<)—O
—CH_2Cl	25.29	49.11	0	1-氯丁烷:1—CH_3,2—CH_2—,1—CH_2Cl
>CHCl	17.40	27.24	0	2-氯丙烷:2—CH_3,1 >CHCl
>CCl—	37.62	−179.1	32.47	2-氯-2-甲基丙烷:3—CH_3,1 >CCl—
—$CHCl_2$	36.45	54.31	0	1,1-二氯乙烷:1—CH_3,1—$CHCl_2$
—CCl_3	48.74	65.53	0	1,1,1-三氯乙烷:1—CH_3,1—CCl_3
(—Cl)$_{AC}$	23.51	9.303	0	氯苯:1(═C<)$_A$,1(—Cl)$_{AC}$
—C(<)—OH	37.8699	−287.098	48.97	叔丁醇:3—CH_3,1 —C(<)—OH
—C≡CH	27.8327	−28.813	18.49	1-丁炔:1—CH_3,1—CH_2—,1—C≡CH
—COOH	40.0107	−94.367	18.33	癸酸:1—CH_3,8—CH_2—,1—COOH
═C═校正	14.1610	−58.082	16.86	1,2-丁二烯:1—CH_3,1CH_2═,1—CH═,1 >C═ ,1 项校正
C_5 环校正	19.8947	−103.645	30.38	环戊烷:5—CH_2—,1 项校正
C_6 环校正	21.9038	−105.403	25.07	环己烷:6—CH_2—,1 项校正

注：A—芳烃环；AC—与芳烃环相连。

【例 1-5-1】 用基团法估算 2-甲基-2-丙醇在 298.15K 的 V_s，其 $T_c=506.2K$，$p_c=3.972MPa$，$V_c=275cm^3 \cdot mol^{-1}$，$Z_c=0.259$，$T_b=355.49K$，$\omega=0.613$，$\mu=1.7D$，$M=74.123$，实验值为 $94.88cm^3 \cdot mol^{-1}$。

解 叔丁醇有 3 个 CH_3，一个 COH，由式(1-5-8) 得：

$$V_s=(3\times 18.960+37.8699)+(3\times 45.58-287.098)\times \frac{298.15}{1000}+48.97\times 298.15^2\times 10^{-5}$$

$$=93.45\ (cm^3 \cdot mol^{-1})$$

若用两种对应状态法式(1-5-6) 及式(1-5-7) 计算，得 V_s 分别为 $96.24cm^3 \cdot mol^{-1}$ 及

95.24$cm^3 \cdot mol^{-1}$。

5.1.3.3 过冷液体密度

压力不高时，工程计算中常将过冷液体密度和饱和液体密度混用。但在高压或接近临界点时，二者的差异明显，不可忽略，常用三参数对应状态法，并利用饱和液体密度进行计算。

(1) Yen-Woods 法[20] 用于计算纯物质液体在任何压力下以及 $T_r<1$ 的温度下的密度 ρ：

$$\frac{\rho-\rho_s}{\rho_c}=\Delta\rho_r+\delta_{Z_c} \tag{1-5-9}$$

式中，ρ_c 为临界密度，$mol \cdot cm^{-3}$；ρ_s，ρ 为同一温度下的饱和液体密度和过冷液体密度；$\Delta\rho_r$为压力校正值。

$$\Delta\rho_r=E+F\ln\Delta p_r+G\exp(H\Delta p_r) \tag{1-5-10}$$

式中，$\Delta\rho_r=\dfrac{p-p_s}{p_c}$，$p_s$ 为饱和蒸气压。

$E=0.714-1.626(1-T_r)^{1/3}-0.646(1-T_r)^{2/3}+3.699(1-T_r)-2.198(1-T_r)^{4/3}$

$F=0.268T_r^{2.0967}/[1.0+0.8(-\ln T_r)^{0.441}]$

$G=0.05+4.221(1.01-T_r)^{0.75}\exp[-7.848(1.01-T_r)]$

$H=-10.6+45.22(1-T_r)^{1/3}-103.79(1-T_r)^{2/3}+114.44(1-T_r)-47.38(1-T_r)^{4/3}$

式(1-5-9) 中，δ_{Z_c}为 Z_c的校正值（$Z_c=0.27$ 时，$\delta_{Z_c}=0$）。

$$\delta_{Z_c}=I+J\ln\Delta p_r+K\exp(L\Delta p_r) \tag{1-5-11}$$

式(1-5-11) 中：

$I=a_1+a_2(1-T_r)^{1/3}+a_3(1-T_r)^{2/3}+a_4(1-T_r)+a_5(1-T_r)^{4/3}$

$J=b_1+b_2(1-T_r)^{1/3}+b_3(1-T_r)^{2/3}+b_4(1-T_r)+b_5(1-T_r)^{4/3}$

$K=c_1+c_2(1-T_r)^{1/3}+c_3(1-T_r)^{2/3}+c_4(1-T_r)+c_5(1-T_r)^{4/3}$

$L=d_1+d_2(1-T_r)^{1/3}+d_3(1-T_r)^{2/3}+d_4(1-T_r)+d_5(1-T_r)^{4/3}$

常数 $a_1\sim a_5$、$b_1\sim b_5$、$c_1\sim c_5$、$d_1\sim d_5$ 与 Z_c有关，$Z_c=0.23$、0.25、0.29 时的常数值见表 1-5-6。

表 1-5-6 计算 δ_{Z_c} 的常数

常数	$Z_c=0.29$	$Z_c=0.25$	$Z_c=0.23$
a_1	−0.0817	0.0933	0.0890
a_2	0.3274	−0.3445	−0.4344
a_3	−0.5014	0.4042	0.7915
a_4	0.3870	−0.2083	−0.7654
a_5	−0.1342	0.05473	0.3367
b_1	−0.0230	0.0220	0.0674
b_2	−0.0124	−0.003363	−0.06109
b_3	0.1625	−0.07960	0.06261
b_4	−0.2135	0.08546	−0.2378
b_5	0.08643	−0.02170	0.1665

续表

常数	$Z_c=0.29$	$Z_c=0.25$	$Z_c=0.23$
c_1	0.05626	0.01937	−0.01393
c_2	−0.3518	−0.03055	−0.003459
c_3	0.6194	0.06130	−0.1611
c_4	−0.3809	0	0
d_1	−21.0	−16.0	−6.550
d_2	55.174	30.699	7.8027
d_3	−33.637	19.645	15.344
d_4	−28.100	−81.305	−37.04
d_5	23.277	47.031	20.169

(2) Chang-Zhao 法[21]　Chang-Zhao 法也是一种用 ω 的三参数对应状态法。

$$\frac{d_s}{d}=\frac{V}{V_s}=\frac{A+2.810^C(p_r-p_{Vr})}{A+2.810(p_r-p_{Vr})}=\frac{Ap_c+2.810^C(p-p_V)}{Ap_c+2.810(p-p_V)}$$

$$A=99.42+6.502T_r-78.68T_r^2-75.18T_r^3+41.49T_r^4+7.257T_r^2$$

$$B=0.38144-0.30144\omega-0.08457\omega^2$$

$$C=(1.1-T_r)^B \tag{1-5-12}$$

式中，V_s是由 Spencer-Danner[22] 法算得的。用 18 个物质、1126 个实验点考验所得平均误差为 0.96%。实际使用时，也可以用其他估算法求取 V_s。

5.2 混合液体 pVT

混合液体一般分为三类：有机混合液、含水有机液、含水无机液。

5.2.1 混合液体密度数据源

混合液体密度数据源可参见 Wismiak 和 Tamir 的手册[23]，电解质水溶液密度参见 Aseyev 手册[24]，无机物水溶液密度见 Sohenl 等的手册[25]。

5.2.2 混合液体密度估算（混合规则）

5.2.2.1 利用关联式

计算有机混合液、含水有机液的密度常组成多项式进行关联。最简单的为王克强关联式[26]：

$$d^{-2/3}=a+bx_w+cx_w^2 \tag{1-5-13}$$

式中，d 为液体密度；x_w 为质量分数；a，b，c 为回归系数。

5.2.2.2 混合规则

液体混合物密度推算，在压力不高、混合物组分间的性质差别不大的时候，可以用 Amagat 规则：

$$V_m^l = \sum_i x_i V_i^l \tag{1-5-14}$$

对于各种计算方法，都各有一套混合规则。

如 Yen-Woods 法中的 T_{cm}、V_{cm}、Z_{cm}的计算都用 Kay 规则：

$$T_{cm} = \sum_i x_i T_{ci}, V_{cm} = \sum_i x_i V_{ci}, Z_{cm} = \sum_i x_i Z_{ci} \tag{1-5-15}$$

有些混合物 pVT 方程中，采用更复杂的混合规则，例如：

$$\left.\begin{aligned}
V_m^* &= \frac{1}{4}\left[\sum_i x_i V_i^* + 3\left(\sum_i x_i V_i^{*2/3}\right)\left(\sum_i x_i V_i^*\right)\right] \\
V_{ij}^* T_{cij} &= (V_i^* T_{ci} V_j^* T_{cj})\ 1/2 \\
T_{cm} &= \frac{\sum_i \sum_j x_i x_j V_{ij}^* T_{cij}}{V_m^*} \\
\omega_{SRKm} &= \sum_i x_i \omega_{SRKi} \\
p_{cm} &= \frac{(0.291 - 0.080\omega_{SRKm}) R T_{cm}}{V_m^*}
\end{aligned}\right\} \tag{1-5-16}$$

计算式中 T_{cm}、p_{cm}称为虚拟临界参数，它只是用于计算混合物 pVT 值，而不是接近实际的临界点。

5.3 气体 pVT

气体的 pVT 常用维里方程计算，其中 Dymond 的专著[27]收集了许多维里系数值，其中第二维里系数 B 值最多，约有 270 种纯物质的值，第三维里系数 C 值少得多。该手册列出了每组数据的测定方法、可靠性；对于一些重要物质，数据量大，不同作者的成果均被列入，但一般不作数据推荐。该手册也含有 500 多组混合物维里系数数据。另外，还有两本著名的维里方程手册[28,29]，后者专门提供气体混合物的维里系数。一些手册[29,30]中也用表列出烃、卤烃、酮类有机物的 B 值，但表中值不是原始实验值。包含高压气体 pVT 数据的物质不多，按 Mason 等专著中[31]对 1920～1967 年 pVT 数据的总结，包括的纯物质为 33 个无机物和单质、159 个有机物，测定成果分别为 286 套和 429 套数据，包括高压 pVT 数据的物质分别为 20 个和 46 个；涉及混合物 198 组、346 套数据，其中具有高压 pVT 的为 108 组。通过分子热力学关系，气体 pVT 和维里系数可以互算，但至今还只有理论意义。

5.4 相平衡

工程中相平衡的计算一般专指混合物的相平衡，因为纯物质相平衡的计算简单得多，也已在其蒸气压、熔化（或凝固）热力学关系中解决了。

工程中相平衡的数据主要包括汽液平衡（VLE）、气液平衡（GLE）、液液平衡（LLE）、固液平衡（SLE）、固固平衡（SSE）。

5.4.1 VLE 数据

VLE 数据量极大，在 20 世纪中曾有多个系列数据手册出版，其中最著名的是

Gmehling 等的 Dydmond 数据库手册[32]，至少已有 20 余册。这套手册提供了原始数据，还给出了多个重要的活度系数方程的关联系数及关联误差，对有大量实测结果的物系（例如甲醇/水）还给出了可靠值的推荐意见。另一些手册只提供了文献源，没有提供测定结果，这样的手册是很受使用者欢迎的，当然也可以直接使用该数据库，该库中存有的 VLE 数据量比出版的手册中多很多。

在上述 Gmehling 等 VLE 数据手册出版后，一些早年的 VLE 数据手册很少被使用了，但另有一些有特色的数据手册仍有重要性，其中包括：

① Wichterle 等的 VLE 系列手册[33]：该手册的特点是不提供具体的实验和回归值，只提供物系及相应的测定条件，因而在单位页码范围内，有更多物系信息。缺点是还需要读者自己去查看原始文献。

② Knapp 等的手册[34]：该手册的特点是用状态方程处理加压下的低沸点物系，4 卷本，发表于 1982 年及 1989 年，这些数据及关联结果在其他手册是缺失的。

③ Maczynski 等手册[35]：这是一套 5 卷本手册，其特点是用修正的 RK 方程处理高沸点 VLE 数据，包括高达 20 个碳的烷烃和 14 个碳的醇的数据。

④ Gmehling 等的无限稀释活度系数数据手册[36]，由无限稀释活度系数数据可推算 VLE 值。

⑤ 共沸物数据是 VLE 数据的一部分，先前有 Horsley 手册[37]，1973 年出版的第三版包括前两版的内容。更新更全的还是 Gmehling 等的手册[38]。

对工程人员所需的 VLE 数据，除 x-y-T-p 数值关系外，更方便的是找到合适的关系式及相应的关联系数（见本手册第 9、13 篇）。

5.4.2 GLE 数据

GLE 数据是计算吸收操作相平衡基础，数据量也很大。在常压附近只需要 Henry 系数，即只需要一点 GLE 数据，就可在一段压力范围内使用。在较高压力下，Henry 定律误差增大，因此需要各温度分别在不同压力下的溶解度值。

Gerrard 在 1976 年[39]及 1980 年[40]曾两次出版 gle 数据手册，Fogg 和 Gerrard[41]在 1991 年又有一本新的手册出版。

内容更丰富的是由 IUPAC 主办，系统收集、整理、关联和评价各类溶解度的数据，称为“Solubility Data Series”[42,43]，1979 年开始出版，其中包括 GLE、LLE、LSE，有 GLE 的一种或几种气体在不同溶剂中的数据。例如第 1 卷是 He 和 Ne，第 2 卷是 Kr、Xe 和 Rn，第 4 卷是 Ar，第 5/6（合）卷是 H_2 和 D_2，第 7 卷是 O_2 和 O_3，第 8 卷是氮氧化合物，第 9 卷是 C_2H_6，第 10 卷是 N_2 和空气，第 12 卷是 SO_2、Cl_2、F_2 和氯化物，第 21 卷是 NH_3、胺、光气，第 24 卷是丙烷、丁烷和异丁烷，第 27/28（合）卷是 CH_4，第 32 卷是 H_2S、硫化重氢、H_2Se，第 43 卷是 CO，第 45/46（合）卷是不同气体在熔盐中，第 50 卷是 CO_2 在非水溶剂中，第 57 卷是 C_2H_4，第 60 卷是甲烷卤化物在水中，第 62 卷是 CO_2 在水和电解质水溶液中，第 67 卷是乙烷和乙烯的卤化物在水中（GLE 和 LLE），第 68 卷是 C_3～C_{14} 饱和烃在水中（GLE 和 LLE），第 70 卷是气体在玻璃态聚合物中，第 76 卷是 C_2H_2，第 80 卷是气体氟化物、硼、氮、硫、碳、硅气体氟化物和氟化氙在所有溶剂中（也包括 LLE、SLE）。更应注意，该系列手册还在不断出版新的整理成果。这套手册收集数据齐全，使用方便。该系列手册前 65 卷由 Pergamon 及牛津出版社分别出版，从第 66 卷开始，在“J

Phys Chem Ref Data"上发表，该期刊每期只发表几篇（甚至只有一篇）论文，每期可能就是一本手册。除了上述手册外，还可以查阅 Stephen 等译自俄文的 3 卷（7 本）手册[44]，优点是包括了更多的多元物系，不足之处是发表年代已久，未包括新数据。

Wisniak 和 Herskowitz 的手册是索引型的[45]，具体数据要找原始文献。

5.4.3 LLE 数据

LLE 数据在液液萃取计算中必不可少，其数据量也很大，在 GLE 数据中提到的"Solubility Data Series"中就有大量 LLE 数据的收集和整理，例如第 15 卷是醇与水，第 20 卷是卤苯、甲苯酚与水，第 29 卷是 Hg 在液体、压缩气体、熔点或其他元素中，第 33 卷链烷酸碱金属熔盐的 LLE 及 SLE，第 47 卷是碱金属和氨基卤化物在水和重水中，第 48、49 卷是酯在水中，第 56 卷是醇与烃，第 69 卷是三元烃-水体系，第 71、72 卷是硝基甲烷和水或有机溶剂，第 77 卷是硝基烷烃与水或有机溶剂，第 78 卷是含乙腈二元体系，第 81 卷是烃与水或海水（数据修订及补充），第 82 卷是醇与水（数据修订及补充），第 83 卷是乙腈（三元及四元系统）。

上述手册收集数据齐全，当然也受出版年代限制。此外，LLE 数据手册还有 DECHEMA 手册[46]。该手册的优点是关联工作做得好。此外还有 Stephen 等手册[47]和 Wisniak 和 Tamir 手册[48]，后者是索引型手册，即还要从文献中寻找原始数据。

5.4.4 SLE 数据（或 LSE）

这类数据可分为两类，一类是组分间熔点相差很大，可明确区分溶质和溶剂的，例如氯化钠和水。对这类物质寻找数据的首选还是"Solubility Data Series"[42,43]。在该系列手册中 LSE 数据占有最大比例。例如第 54 卷是多环芳烃在纯溶剂或二元溶剂中，第 58、59 卷是多环芳烃在二元非水液体中。在需要 LSE 数据时首先可从该系列手册中查找，也可以查阅 Frier 手册[49]，此外还可查 Stephen 等手册[47]、Wisniak 等手册[48]。另外一类是物系组分间熔点相差不大、难以区分溶剂和溶质的，例如正丙苯和异丙苯的，这类体系的 LSE 常用相图表示，可查阅手册 [50～55]，其中手册 [54] 是索引型的。

5.4.5 辛醇/水分配系数

辛醇/水分配系数（K_{ow}或 $K_{i,ow}$或 P_i），其定义为：

$$K_{ow}=\frac{i\ 组分在辛醇相中的浓度(c_{oi})}{i\ 组分在水相中的浓度(c_{wi})} \tag{1-5-17}$$

由定义可知，K_{ow}是一种多元液液平衡，只用于环境，有一定特殊性，一般不列入化工热力学著作。所讨论的物质都是溶解度极小的，因为规定溶质 i 的浓度小于 $0.01\text{mol}\cdot\text{L}^{-1}$，测定在室温（25℃±5℃）下进行，在此温度范围内常把 K_{ow}视为常数，也与浓度无关，虽然从热力学角度是不严格的，K_{ow}数据与一般的化工数据相比，也是不很严格的。

按热力学关系，K_{ow}与 i 组分的活度系数 γ_{wi}、γ_{oi}的关系是：

$$K_{ow}=\frac{\gamma_{wi}V_{wm}}{\gamma_{oi}V_{om}} \tag{1-5-18}$$

式中，V_{om}为辛醇层的摩尔体积；V_{wm}为水层的摩尔体积。在环境计算时，式(1-5-18)上可近似为：

$$K_{ow}=0.15\frac{\gamma_{wi}}{\gamma_{oi}} \tag{1-5-19}$$

式(1-5-19) 也表明 K_{ow}的计算需要活度系数（γ_i 在很稀条件下的组成关系式），也又一次表明了 K_{ow}的相平衡特性。对于常见的有机物，由于 γ_{oi} 变化范围常有限，K_{ow} 主要决定于 γ_{wi}，即 K_{ow} 主要决定于有机物的水溶性（或亲水性）。

K_{ow}是温度的函数，但温度效应不大，更因为有关环境的温度范围不大，通常只关注室温下的 K_{ow}，并视其为常数。

K_{ow}数据值很大，所以习惯用 $\lg K_{ow}$ 整理数据。早期的整理工作可见 Hansch 和 Lee 著作[56]，Sangster[57]整理了 600 个化合物的 K_{ow}，随后又有 Leo[58] 及 Hansch 等[59]的整理工作。

如从以上整理工作及数据库中找不到所需 K_{ow}时，可选用基团法估算，例如 Meylan 等的方法[60]。

参考文献

[1] Hall K R，Wilhoit R C. Selected Values of Properties of Hydrocarbons and Related Compounds. College Station: TRC，1981.

[2] Hall K R. Selected Values of Properties of Hydrocarbons and Related Compounds. College Station: TRC，1981.

[3] Frenkel M. TRC Thermodynamic Tables-Hydrocarbons. College Station: TRC，1987.

[4] Marsh K N. TRC Thermodynamic Tables-Non-Hydrocarbons. College Station: TRC，1987.

[5] Daubert T E，Danner R P. Data Compilation Tables of Pure Compounds. New York: AIChE，1985.

[6] Stephenson R M Handbook of the Thermodynamics of Organic Compounds. New York: Elsevier，1987.

[7] Beilstein F K. Beilstein Handbuch der Organization Chem. Berlin: Springer，1976.

[8] Leigh G J. Gmelin Handbook of Inorganic and Organometallic Chemistry. Berlin: Springer，1995.

[9] 马沛生，夏淑清，夏清．化工物性数据简明手册．北京：化学工业出版社，2013.

[10] Smith B D，Srivastava R. Thermodynamic Data for Pure Compounds. Amsterdam: Elsevier，1986.

[11] Landolt-Bornstein Numerical Data and Functional Relationships in Science and Technology: New Series，Group Ⅳ，Physical Chemistry. Belin: Springer.

vol 1，Density of Liquid Systems，part a，Nonaqueous Systems and Ternary Aqueous Systems，1974.

vol 1，Density of Liquid Systems，part b，Density of Binary Aqueous and Heat Capacities of Liquid Systems，1977.

vol 8，Thermodynamic Properties of Organic Compounds and Their Mixtures，Subvolume B，Density of Aliphatic Hydrocarbons Alkane 1996.

vol 8，Thermodynamic Properties of Organic Compounds and Their Mixtures，Subvolume C，Density of Aliphatic Hydrocarbons，Alkanes，Alkynes and Miscellaneous Compounds，1996.

vol 8，Thermodynamic Properties of Organic Compounds and Their Mixtures，Subvolume D，Density of Monocyclic Hydrocarbons，1997.

vol 8，Thermodynamic Properties of Organic Compounds and Their Mixtures，Subvolume E，Density of Aromatic Hydrocarbons，1998.

vol 8，Thermodynamic Properties of Organic Compounds and Their Mixtures，Subvolume F，Density of Polycyclic Hydrocarbons，1999.

vol 8，Thermodynamic Properties of Organic Compounds and Their Mixtures，Subvolume G，Density of Alcohols Hydrocarbons，2002.

vol 8，Thermodynamic Properties of Organic Compounds and Their Mixtures，Subvolume I，Density of Phenols，Aldehydes，Ketones，Acids，Cyanogens and Nitrohydrocarbons，2002.

vol 8，Thermodynamic Properties of Organic Compounds and Their Mixtures，Subvolume J，Density of Halohydrocarbons，2003.

第1篇

vol 21, Virial Coefficient of Pure Gases, 2002.
[12] Wilhoit R C. J Phys Chem Ref Data, 1974, 2 (Supple 1): 1.
[13] Yaws C L. Chemical Properties Handbook. New York: McGraw-Hill, 1999.
[14] 刘国杰，贺网兴．化学工程，1990，18(4)：62.
[15] Riedel L. Chem Ing Tech, 1954: 259.
[16] Mchaweh A, AlsayghA, Nasrifar Kh. Fluid Phase Equil, 2004, 224: 157.
[17] Mchaweh A, Cachadina I, Parra M I. Ind Eng Chem Res, 2006, 45: 1840.
[18] Elbro H S, Fredenslund A, Rasmusem P. Ind Eng Chem Res, 1991, 30: 2576.
[19] Tsibanogiannik I N, Kalospiros N S, Tassios D P. Ind Eng Chem Res, 1994, 33: 1641.
[20] Yen L C, Woods S S. AIChE J, 1996, 12: 95.
[21] Chang C H, Zhao C. Fluid Phase Equil , 1990, 58: 231.
[22] Spencer C F, Danner R P. J Chem Eng Data, 1972, 17: 236.
[23] Wismiak J, Tamir A. Mixing and Excess Thermodynamics Properties, a Literature Source Book. Supple 2, Amsterdam: Elsevier, 1986.
[24] Aseyev G G, Zaytse V. Volumetric Properties of Electrolyte Solution. New York: Madison Avenue, 1997.
[25] Sohenl O, Novotny P. Densities of Aqueous Solutions of Inorganic Substances. Elsevier: Elsevier Amsterdan, 1985.
[26] 王克强．化学工程，1994，22(3)：49.
[27] Dymond J H. The Virial Coefficients of Pure Gases & Mixtures-A Critical Compilation. Oxford: Clarendon, 1980.
[28] Cholinski J, Szafranski A, Wyrzykowska-Stankiewica D. Computer-Aided Second Virial Coefficients for pure Organic Compunds and for Binary Organic Mixtures. Warsaw: Polish Scientific, 1982-1983.
[29] Warowny W, Stecki J. The Second Cross Virial Coefficients of Gases Mixtures. Warsaw: Polish scientific, 1979.
[30] Smith B D, Srivastava R, Thermodynamic Data for Pure Compounds. Amesterdam: Elsevier, 1986.
[31] Mason E A, Spurling J H. The Virial Equation of State. Pergmon, Oxford, 1969.
[32] Gmehling J, Onken U. Vapor-Liquid Equilibrium Data Collection. Frankfurt: DECHEMA.
Part 1, Aqueous-Organic System, 1977: part 1a, Supplement 1, 1981; part 1b, Supplement 2, 1985.
Part 2a, Alcohols, Supplement 1, 1977, part 2b, Alclhols and Phenols, 1990.
Part 2c, Alcohols, Supplement 1, 2001, part 2d, Alcohols and Phenols, Supplement 2, 1982.
Part 2e Alcohols and Phenols, Supplement 3, 1988, part 2f, Alcohols and Phenols, Supplement 4, 1990.
Part 3/4 Aldehydes, Ketones, Ethers, 1979, part 3a, Aldehyde, Supplement 1, 1993.
Part 3b, Ketones, Supplement 1, 1993, part 4a, Ethers, Supplement 1, 1996.
Part 4b, Ethers, Supplement 3, 1999.
Part 5, Carboxylic Acides, Anhydrides, Esters, 2001, part 5a, Carbonoxylic Acides, Anhydrides, Supplement 1, 2002, part 5b, Esters, Supplement 2, 2002.
Part 6a, Aliphatic Hydrocarbons $C_4 \sim C_6$ 2nd ed, 1997.
Part 6b, Aliphatic Hydrocarbons $C_7 \sim C_{18}$ 2nd ed, 1997, part 6c, Aliphatic Hydrocarbons, Supplement 1, 1983, part 6d/6e, Aliphatic Hydrocarbons $C_4 \sim C_{30}$, 1999.
Part 7, Aromatic Hydrocarbons, 2nd ed, 1997, Part 7a/7b, Supplement 1, 2000.
Part 8, Halogen, Nitrogen, Sulfur and Other compounds, 1984, part 8a, Halogen, Nitrogen, Sulfur and Other compounds, Supplement 1, 2001.
[33] Wichterle I, Linke T, Hala E. Vapor-Liquid Equilibrium Data Bibliography, 1973; Supplement 1, 1976; Supplement 2, 1979; Supplement 2, 1979; Supplement 3, 1982; Supplement 4, 1985, Amsterdam: Elsvier.
[34] Knapp H, Doring R, Dellrich L, Plocker U, Prausnitz J M. Vapour-Liquid Equilibrium for Mixtures of Low Boiling Substances, Frankfurt: DECHEMA. part 1, Binary Systems, 1982; part 2, Ternary Systems, 1989; part 3, Ternary Systems 1989; part 4, Ternary Systems, 1989.
[35] Maczynski A, et al. Vapor-Liquid Equilibria. vol 1, Hydrocarbons, Part1; vol 2, Hydrocarbons, vol 3 Alcohols+ Aliphatic Hydrocarbons; vol 4, Alcohols + Non-Aliphatic Hydrocarbons; vol 5, Alcohols and Ethers. Warzawa: TDC, 1998.
[36] Gmehling T, Tigegs D, Medina A, et al. Activity Coefficients at Infinite Dilution. Frankfurt: DECHEMA, part 1,

1986; part 2, 1986; part 3, 1994; part 4, 1994.
[37] Horsley I H. Azeotropic Data Ⅲ. Washington: ACS, 1973.
[38] Gmehling J, Menko J, Krafczyk J, Fisherk. Azeotropic Data. 2nd ed. Weinheim: VCH, 1994, 2004.
[39] Gerrard W. Solubilities of Gases and Liquids. New York: Plenum, 1976.
[40] Gerrard W. Gas Solubilities. xford: Pergamon, 1980.
[41] Fogg P G T, Gerrard W. Solubilities of Gases in Liquids, a Critical Evaluation of Gas/Liquid Systems in Theory and Practice. Chichester: Wiley, 1991.
[42] Solubility Data Series. Editors-in-Chief: Kertes A S. vol 1-38, Oxford: Pergamon; Lorimer J W. vol 39-53, vol 54-62, Oxford: Pergamon; Saloman M. vol 63-65, Oxford: Pergamon.
vol 1, Clever H L. Helium and Neon, 1979.
vol 2, Clever H L. Krypton, Xenon and Radon, 1979.
vol 3, Salomon M. Silver Azide, Cyanide, Cyanamides, Cyanate, Selenocyanate and Thiocyanate, 1979.
vol 4, Clever H L. Argon, 1980.
vol 5/6, Young C L. Hydrogen and Deuterium, 1981.
vol 7, Battino R. Oxygen and Ozone, 1981.
vol 8, Young C L. Oxides of Nitrogen, 1981.
vol 9, Hayduk W. Ethane, 1982.
vol 10, Battino R. Nitrogen and Air, 1982.
vol 11, Scrosati B. et al. Alkali Metal, Alkaline Earth Metal and Ammonium Halides, Amide Solvents, 1980.
vol 12, Young C L. Sulfur Dioxide, Chlorine, Fluorine and Chlorine Oxides, 1983.
vol 13, Siekierski S, et al. Scandium, Yttrium, Lanthanum and Lanthanide Nitrates, 1983.
vol 14, Miyamoto H, et al. Alkaline Earth Metal Halates, 1983.
vol 15, Barton A F M. Alcohols with Water, 1984.
vol 16/17, Tomlinson E, et al. Antibiotics: 1 beta-Lactam Antibiotics, 1984.
vol 18, Popovych O. Tetraphenylborates, 1985.
vol 19, Young C L. Cumulative Index: Volumes 1-18, 1985.
vol 20, Horvath A L, et al. Halogenated Benzenes, Toluenes and Phenols with Water, 1985.
vol 21, Young C L, et al. Ammonia, Amines, Phosphine, Arsine, Stibine, Silane, Germane and Stannane in Organic Solvents, 1985.
vol 22, Mioduski T, et al. Scandium, Yttrium, Lanthanum and Lanthanide Halides in Non-aqueous Solvents, 1985.
vol 23, Dirkse T P, Copper, Silver, Gold and Zinc, Cadmium, Mercury Oxides and Hydroxides, 1986.
vol 24, Hayduk W. Propane, Butane and 2-Methylpropane, 1986.
vol 25, Hirayama C, et al. Metals in Mercury, 1986.
vol 26, Masson M R, et al. Sulfites, Selenites and Tellurites, 1986.
vol 27/28, Clever H L, et al. Methane, 1987.
vol 29, Clever H L. Mercury in Liquids, Compressed Gases, Molten Salts and Other Elements, 1987.
vol 30, Miyamoto H, et al. Alkali Metal Halates, Ammonium Iodate and Iodic Acid, 1987.
vol 31, Eysseltova J, et al. Alkali Metal Orthophosphates, 1988.
vol 32, Fogg P G T, et al. Hydrogen Sulfide, Deuterium Sulfide and Hydrogen Selenide, 1988.
vol 33, Franzosini P. Molten Alkali Metal Alkanoates, 1988.
vol 34, Paruta A N, et al. 4-Aminobenzenesulfonamides, Part Ⅰ: Non-cyclic Substituents, 1988.
vol 35, Paruta A N, et al. 4-Aminobenzenesulfonamides, Part Ⅱ: 5-membered Heterocyclic Substituents, 1988.
vol 36, Paruta A N, et al. 4-Aminobenzenesulfonamides, Part Ⅲ: 6-membered Heterocyclic Substituents and Miscellaneous Systems, 1988.
vol 37, Shaw D G. Hydrocarbons with Water and Seawater, Part Ⅰ: Hydrocarbons C_5 to C_7, 1989.
vol 38, Shaw D G. Hydrocarbons with Water and Seawater, Part Ⅱ: Hydrocarbons C_8 to C_{36}, 1989.
vol 39, Young C L. Cumulative Index: Volumes 20-38, 1989.
vol 40, Hala J, Halides. Oxyhalides and Salts of Halogen Complexes of Titanium, Zirconium, Hafnium, Vanadium, Niobium and Tantalum, 1989.

vol 41，Chan C-Y，et al. Alkaline Earth Metal Perchlorates，1989.
vol 42，Fogg P G T，et al. Hydrogen Halides in Non-aqueous Solvents，1990.
vol 43，Cargill R W. Carbon Monoxide，1990.
vol 44，Miyamoto H，et al. Copper and Silver Halates，1990.
vol 45/46，Tomkins R P T，et al. Gases in Molten Salts，1991.
vol 47，Cohen-Adad R，et al. Alkali Metal and Ammonium Halides in Water and Heavy Water，1991.
vol 48，Getzen F，et al. Esters with Water. Part I：Esters 2-C to 6-C，1992.
vol 49，Getzen F，et al. Esters with Water. Part II：Esters 7-C to 32-C，1992.
vol 50，Fogg P G T. Carbon Dioxide in Non-aqueous Solvents at Pressures Less Than 200 kPa，1992.
vol 51，Osteryoung J G，et al. Intermetallic Compounds in Mercury，1992.
vol 52，Lambert I，et al. Alkaline Earth Hydroxides in Water and Aqueous Solutions，1992.
vol 53，Young C L. Cumulative Index：Volumes 40-52，1993.
vol 54，Acree W E. Polycyclic Aromatic Hydrocarbons in Pure and Binary Solvents，1994.
vol 55，Siekierski S，et al. Actinide Nitrates，1994.
vol 56，Shaw D，et al. Alcohols with Hydrocarbons，1994.
vol 57，Hayduk W. Ethene，1994.
vol 58，Acree W E. Polycyclic Aromatic Hydrocarbons：Binary Non-aqueous Systems，Part Ⅰ：Solvents A-E，1995.
vol 59，Acree W E. Polycyclic Aromatic Hydrocarbons：Binary Non-aqueous Systems，Part Ⅱ：Solvents F-Z，1995.
vol 60，Horvath A L，et al. Halogenated Methanes with Water，1995.
vol 61，Chan C-Y，et al. Alkali Metal and Ammonium Perchlorates，Part Ⅰ：Lithium and Sodium Perchlorates，1996.
vol 62，Scharlin P. Carbon Dioxide in Water and Aqueous Electrolyte Solutions，1996.
vol 63，Borgstedt H U，et al. Metals in Liquid Alkali Metals，Part Ⅰ：Be to Os，1996.
vol 64，Borgstedt H U，et al. Metals in Liquid Alkali Metals，Part Ⅱ：Co to Bi，1996.
vol 65，Fritz J J，et al. Copper（Ⅰ）Halides and Pseudohalides，1996.
[43] IUPAC-NIST Solubility Data Series，J Phys Chem Ref Data.
vol 66，Eysseltova J，et al. Ammonium phosphates. 1998，27：1289.
vol 67，Horvath A L，et al. Halogenated ethanes and ethenes with water. 1999，28：395.
vol 68，Horvath A L，et al. Halogenated aliphatic hydrocarbon compounds C_3 ~ C_{14} with water. 1999，28，649.
vol 69，Skrzecz A，et al. Ternary alcohol-hydrocarbon-water systems. 1999，28：983.
vol 70，Paterson R，et al. Solubility of gases in glassy polymers. 1999，28：1255.
vol 71，Sazonov V P，et al. Nitromethane with water or organic solvents：Binary systems. 2000，29：1165.
vol 72，Sazonov V P，et al. Nitromethane with water or organic solvents：Ternary and quaternary systems. 2000，29：1447.
vol 73，Balarew C，et al. Metal and ammonium formate systems. 2001，30：1.
vol 74，Hala J，et al. Actinide carbon compounds. 2001，30：531.
vol 75，Borgstedt H U，et al. Nonmetals in liquid alkali metals. 2001，30：835.
vol 76，Fogg，PGT，et al. Solubility of ethyne in liquids. 2001，30：1693.
vol 77，Sazonov V P，et al. C^{2+} nitroalkanes with water or organic solvents：Binary and multicomponent systems. 2002，31：1.
vol 78，Sazonov V P，et al. Acetonitrile binary systems. 2002，31：989.
vol 79，Hala J. Alkali and alkaline earth metal pseudohalides. 2004，33：1.
vol 80，Clever H L，et al. Gaseous fluorides of boron，nitrogen，sulfur，carbon，and silicon and solid xenon fluorides in all solvents. 2005，34：201.
vol 81，Maczynski A，et al. Hydrocarbons with water and seawater：Part 1. C_5 hydrocarbons with water. 2005，34：441.
vol 81，Maczynski A，et al. Hydrocarbons with water and seawater：Part 2. Benzene with water and heavy water. 2005，34：477.
vol 81，Maczynski A，et al. Hydrocarbons with water and seawater：Part 3. C_6H_8 ~ C_6H_{12} hydrocarbons with water

and heavy water. 2005, 34: 657.

vol 81, Maczynski A, et al. Hydrocarbons with water and seawater: Part 4. C_6H_{14} hydrocarbons with water. 2005, 34: 709.

vol 81, Maczynski A, et al. Hydrocarbons with water and seawater: Part 5. C_7 hydrocarbons with water and heavy water. 2005, 34: 1399.

vol 81, Shaw D G, et al. Hydrocarbons with water and seawater: Part 6. C_8H_8 ~ C_8H_{10} hydrocarbons with water. 2005, 34: 1489.

vol 81, Shaw D G, et al. Hydrocarbons with water and seawater: Part 7. C_8H_{12} ~ C_8H_{18} hydrocarbons with water. 2005, 34: 2261.

vol 81, Shaw D G, et al. Hydrocarbons with water and seawater: Part 8. C_9 hydrocarbons with water. 2005, 34: 2299.

vol 81, Shaw D G, et al. Hydrocarbons with water and seawater: Part 9. C_{10} hydrocarbons with water. 2006, 35: 93.

vol 81, Shaw D G, et al. Hydrocarbons with water and seawater: Part 10. C_{11} and C_{12} hydrocarbons with water. 2006, 35: 153.

vol 81, Shaw D G, et al. Hydrocarbons with water and seawater: Part 11. C_{13} ~ C_{36} hydrocarbons with water. 2006, 35: 687.

vol 81, Shaw D G, et al. Hydrocarbons with water and seawater: Part 12. C_5 ~ C_{26} hydrocarbons with seawater. 2006, 35: 785.

vol 81, Shaw D G, et al. Hydrocarbons with water and seawater revised and updated: Part 7. C_8H_{12} ~ C_8H_{18} hydrocarbons with water (vol 34, 2261, 2005). 2015, 44: 023102.

vol 82, Maczynski A, et al. Alcohols with water: Part 1. C_4 alcohols with water. 2007, 36: 59.

vol 82, Maczynski A, et al. Alcohols with water: Part 2. C_5 alcohols with water. 2007, 36: 133.

vol 82, Maczynski A, et al. Alcohols with water: Part 3. C_6 alcohols with water. 2007, 36: 399.

vol 82, Maczynski A, et al. Alcohols with water: Part 4. C_7 alcohols with water. 2007, 36: 445.

vol 82, Maczynski A, et al. Alcohols with water: Part 5. C_8 ~ C_{17} alcohols with water. 2007, 36: 685.

vol 83, Sazonov V P, et al. Acetonitrile: Ternary and quaternary systems. 2007, 36: 733.

vol 84, Hala J, et al. Solubility of inorganic actinide compounds. 2007, 36: 1417.

vol 85, Miyamoto H, et al. Transition and 12 ~ 14 main group metals, lanthanide, actinide, and ammonium halates. 2008, 37: 933.

vol 86, Maczynski A, et al. Ethers and ketones with water: Part 1. C_2 ~ C_5 ethers with water. 2008, 37: 1119.

vol 86, Maczynski A, et al. Ethers and ketones with water: Part 2. C_6 ethers with water. 2008, 37: 1147.

vol 86, Maczynski A, et al. Ethers and ketones with water: Part 3. C_7 ~ C_{14} ethers with water. 2008, 37: 1169.

vol 86, Maczynski A, et al. Ethers and ketones with water: Part 4. C_4 and C_5 ketones with water. 2008, 37: 1517.

vol 86, Maczynski A, et al. Ethers and ketones with water: Part 5. C_6 ketones with water. 2008, 37: 1575.

vol 86, Maczynski A, et al. Ethers and ketones with water: Part 6. C_7 ~ C_{12} ketones with water. 2008, 37: 1611.

vol 87, Mioduski T, et al. Rare earth metal chlorides in water and aqueous systems: Part 1. scandium group (Sc、Y、La). 2008, 37: 1765.

vol 87, Mioduskia T, et al. Rare earth metal chlorides in water and aqueous systems: Part 2. light lanthanides (Ce-Eu). 2009, 38:441.

vol 87, Mioduski T, et al. Rare earth metal chlorides in water and aqueous systems: Part 3. heavy lanthanides (Gd-Lu). 2009, 38: 925.

vol 88, Goral M, et al. Esters with water: Part 1. C_2 to C_4 esters. 2009, 38: 1093.

vol 88, Goral M, et al. Esters with water: Part 2. C_5 and C_6 esters. 2010, 39: 013102.

vol 88, Goral M, et al. Esters with water: Part 3. C_7 to C_9 esters. 2010, 39: 023102.

vol 88, Goral M, et al. Esters with water: Part 4. C_{10} to C_{32} esters. 2010, 39: 033107.

vol 89, Eysseltova J, et al. Alkali metal nitrates: Part 1. lithium nitrate. 2010, 39: 033104.

vol 90, Goto A, et al. Hydroxybenzoic acid derivatives in binary ternary and multicomponent systems: Part Ⅰ. hydroxybenzoic acids, hydroxybenzoates, and hydroxybenzoic acid salts in water and aqueous systems. 2011,

40：013101.

vol 90，Goto A，et al. Hydroxybenzoic acid derivatives in binary and ternary systems：Part Ⅱ. hydroxybenzoic acids，hydroxybenzoates and hydroxybenzoic acid salts in nonaqueous systems. 2011，40：023102.

vol 91，Goral M，et al. Phenols with water：Part 1. C_6 and C_7 phenols with water and heavy water. 2011，40：033102.

vol 91，Goral M，et al. Phenols with water：Part 2. C_8 to C_{15} alkane phenols with water. 2011，40：033103.

vol 92，Gamsjager H，et al. Metal carbonates：Part 1. solubility and related thermodynamic quantities of cadmium（Ⅱ）carbonate in aqueous systems. 2011，40：043104.

vol 93，Eysseltova J，et al. Potassium sulfate in water. 2012，41：013103.

vol 94，Mioduski T，et al. Rare earth metal iodides and bromides in water and aqueous systems：Part 1. iodides. 2012，41：013104.

vol 94，Mioduski T，et al. Rare earth metal iodides and bromides in water and aqueous systems：Part 2. bromides. 2013，42：013101.

vol 95，De Visscher A，et al. Alkaline earth carbonates in aqueous systems：Part 1. Introduction，Be and Mg. 2012，41：013105.

vol 95，De Visscher A，et al. Alkaline earth carbonates in aqueous systems：Part 2 Ca. 2012，41：023105.

vol 96，Goral M，et al. Amines with water Part 1. C_4 ~ C_6 aliphatic amines. 2012，41：043106.

vol 96，Goral M，et al. Amines with water Part 2. C_7 ~ C_{24} aliphatic amines. 2012，41：043107.

vol 96，Goral M，et al. Amines with water Part 3. Non-aliphatic amines. 2012，41：043108.

vol 97，Fogg P G T，et al. Solubility of higher acetylenes and triple bonded derivatives. 2013，42：013102.

vol 98，Acree W E. Solubility of polycyclic aromatic hydrocarbons in pure and organic solvent mixtures：Part 1. binary solvent mixtures. 2013，42：013103.

vol 98，Acree W E. Solubility of polycyclic aromatic hydrocarbons in pure and organic solvent mixtures：Part 2. ternary solvent mixtures. 2013，42：013104.

vol 98，Acree W E. Solubility of polycyclic aromatic hydrocarbons in pure and organic solvent mixtures：Part 3. Neat organic solvents. 2013，42：013105.

vol 99，Acree W E. Solubility of benzoic acid and substituted benzoic acids in both neat organic solvents and organic solvent mixtures. 2013，42：033103.

vol 100，Mioduski T，et al. Rare earth metal fluorides in water and aqueous systems：Part 1. Scandium group（Sc、Y、La）. 2014，43：013105.

vol 100，Mioduski T，et al. Rare earth metal fluorides in water and aqueous systems：Part 2. Light lanthanides（Ce-Eu）. 2015，44：013102.

vol 100，Mioduski T，et al. Rare earth metal fluorides in water and aqueous systems：Part 2. Light lanthanides（Ce-Eu）. 2015，44：013102.

vol 100，Mioduski T，et al. Rare earth metal fluorides in water and aqueous systems：Part 3. Heavy lanthanides（Gd-Lu）. 2015，44.

vol 101，Goral M，et al. Alcohols plus hydrocarbons plus water. Part 1. C_4 ~ C_{10} alcohols. 2014，43：023101.

vol 101，Oracz P，et al，Alcohols plus hydrocarbons plus water. Part 3. C_1 ~ C_3 alcohols + aromatic hydrocarbons. 2016，45：033102.

vol 101，Oracz P，et al. Alcohols plus hydrocarbons plus water. Part 2. C_1 ~ C_3 alcohols + aliphatic hydrocarbons. 2016，45：033103.

vol 102，Acree W E. Solubility of nonsteroidal anti-inflammatory drugs（NSAIDs）in neat organic solvents and organic solvent mixtures. 2014，43：023102.

vol 103，Clever H L，et al. Oxygen and ozone in water，aqueous solutions and organic liquids（Supplement to Solubility Data Series Volume 7）. 2014，43：033102.

[44] Stephen H，Stephen T. Solubilities of Inorganic and Organic Compounds. Oxford：Pergamon.

vol 1，Binary Systems，part 1-2，1963.

vol 2，Ternary Systems，part 1-2，1964.

vol 3，Ternary and Multicomponent Systems，part 1-3，1979.

[45] Wisniak J, Herskowitz M. Solubilitiy of Gases and Solids. Amesterdam: Elsevier, 1984.
[46] Sorenson J M, Arlt W. Liquid-Liquid Equilibrium Data Collection, Frankfurt: DECHEMA, part 1, Binary System, 1979; part 2, Ternary Systems, 1980; part 3, Ternary and Quarternary Systems, 1980; part 4, Supplement 1, 1987.
[47] Stephen H, Stephen T. Solubilities of Inoganic and Organic Compunds. Oxford: Pergamon, vol 1, Binary Systems, part 1-2, 1963; vol 2, Ternary Systems, part 1-2, 1964; vol 3, Ternary and Multicomonent Systems, part 1-3, 1979.
[48] Wisniak J, Tamir A. Liquid-Liquid Equilibrium and Extraction, A literature Source Book. Amsterdam: Elsevier, part A, 1980; part B, 1981; Supplement 1, 1985; Suppliment 2, 1989.
[49] Frier R K. Agueous Solubility Data for Inorgnic and Organic Compounds, vol 1-2. Berlin: Walter de Gruyter, 1976.
[50] Szafranski A, Cholinski J, Wyrzyknka-stankiewicz A. Solid-Liquid Equilibrium. Warsav: PWN, 1983-1984.
[51] Nyvtt J. Solid-Liquid Phase Equilibria. Amersterdam: Elsevier, 1977.
[52] Posypaiko V I, Alekseeva E A. Phase Equilibria in Binary Halides. New York: IFI/Plenum, 1987.
[53] Knapp H, Teller M, Langhorst H. Solid-Liquid Equilibrium Data Collection, Binary Systems. Frankfurt: DECHEM, 1998.
[54] Wisniak J. Phase Diagrams, a Literature Source Book. Amsterdam: Elsevier, 1986.
[55] Sangster J. J Phys Chem Ref Data, 1977, 26: 351.
[56] Hansch C, Lee A. Substituent Constants for Correlation Analysis in Chemistry and Biology. New York. Wiley, 1979.
[57] Sangster J. J Phys Chem Ref Data, 1989, 18: 1111.
[58] Leo A. Chem Rev, 1993, 93: 1281.
[59] Hansch C, Leo A, Hoekman D. Exploring QSAR, volume 2: Hydrophobic, Electronic and Steric Constants. Washington: ACS, 1995.
[60] Meylan W M, Howard P H. J Pharm Sci, 1993, 84: 83.

6

传递过程相关数据

化工过程相关的计算中，除前述热力学性质外，还与黏度、热导率、表面张力等性质有关。

6.1 黏度

气体黏度 η_G 的测定难度太大，已测数据的物质种类不足 200 种，所测温度范围一般也不大。1967 年前的数据见堆集型的 LB 手册[1,2]；1980 年以前的数据见 Chaney 等的索引型手册[2]。另外 Yaws 著有专用型黏度手册[3]。

液体黏度 η_L 易测定，数据极为丰富，但多散见在各类杂志中，少有重要的整理成果。LB 手册[1,2,4]系统归纳了 1967 年前的纯液体和一些混合物的黏度数据。Chaney 的手册[5]提供了数据索引材料。Cao 的论文[6]集中提供了大量数据。Janz 等[7]系统整理了熔岩及其混合物的黏度数据。一些低温工程所需物质的黏度可见陈国邦等的手册[10]。一些气液黏度-温度关联式及关联系数见 Assesl 等的论文[46]。

用分子热力学方法可根据气体 pVT 数据算得气体黏度，由于气体 pVT 测定比气体黏度测定简单得多，因此该法有一定实用意义，但至今该法主要还只是理论意义。

6.1.1 常用气体黏度-温度关联式及其系数

η_G随温度升高而升高，常用的关联式是 $\eta_G=A+BT+CT^2+DT^3$，关联系数可见多本手册，如《化工物性数据简明手册》和《有机化合物实验物性数据手册》[8,9]，部分摘录见表 1-6-1，其中可能混有一些估算值。从这两手册还可查到 25℃下的黏度值。

表 1-6-1 常用气体黏度-温度关联式及系数

$\eta_G=A+BT+CT^2+DT^3$，$\eta_G/10^{-6}\text{Pa·s}$，$T/\text{K}$

物质名称	A	B	$C\times10^4$	$D\times10^7$	温度范围/K	η_G (298.15K)
甲烷	−25.04741	0.4464143	−2.416987	0.7408245	77～1050	110.72
乙烷	−59.95067	0.7606900	−10.60053	7.497305	298～468	93.92
	0.514	0.33449	−0.71071	—	150～1000	
丙烷	−35.72364	0.5431196	−6.383480	4.605245	283～503	82.61
丁烷	−57.71274	0.7017845	−11.55349	9.521931	298～478	75.33
异丁烷	5.731459	0.2125295	1.045577	−1.273363	273～548	74.92
戊烷	−3.202	0.26746	−0.66178	—	303～900	
	31.06704	−0.003069870	5.786930	−4.777220	303～548	

续表

物质名称	A	B	$C\times10^4$	$D\times10^7$	温度范围/K	η_G (298.15K)
2-甲基丁烷	−0.842	0.26759	−0.68487	—	301～1000	
	124.5925	−0.7253704	2.488349	−21.55207	309～463	
己烷	−8.222	0.26229	−0.57366	—	300～1000	
	−14.34341	0.2823665	−1.036797	0.5144425	345～548	
2-甲基戊烷	−2.338	0.24813	−0.59665	—	333～1000	
庚烷	29.65401	24.13206	3.226834	−1.880215	310～548	
辛烷	−7.357298	0.2691293	−2.532777	2.218180	310～569	
乙烯	−48.28501	0.6815708	−7.062543	3.890992	298～577	101.50
	−3.985	0.38726	−1.1227	—	150～1000	
丙烯	138.7961	−0.9170700	34.56214	−31.99701	298～398	86.28
	−7.230	0.34180	−0.94516	—	193～1000	
1-丁烯	−9.143	0.31562	−0.84164	—	175～800	77.48
顺-2-丁烯	−9.923	0.32622	−1.0258	—	277～450	78.22
反-2-丁烯	−9.923	0.32622	−1.0258	—	277～450	78.22
异丁烯	−8.630	0.32415	−0.71963	—	175～1000	81.62
乙炔	−27.78138	0.6211448	−875.0718	8.272758	293～603	102.15
丙炔	−9.626	0.35605	−1.1504	—	173～573	86.30
1,3-丁二烯	10.256	0.26833	−0.41148	—	250～650	86.60
环戊烷	−128.5673	1.358773	−30.65316	27.05058	297～457	76.64
甲基环戊烷	−4.640	0.26892	−0.60039	—	345～1000	
乙基环戊烷	−5.163	0.25421	−0.57884	—	377～1000	
环己烷	−182.6114	1.427304	−25.50517	17.71099	398～523	
甲基环己烷	−3.574	0.24991	−0.53652	—	374～994	
乙基环己烷	−6.237	0.23574	−0.50889	—	405～995	
环己烯	−6.359	0.27997	−0.62110	—	356～1000	
苯	−100.0005	0.9588451	−16.75760	13.10318	303～473	75.69
	−0.151	0.25706	−0.089797	—	287～628	
甲苯	11.97075	0.1589756	1.481784	−1.089621	343～594	65.89
乙苯	−4.267	0.24735	−0.54264	—	409～1000	
邻二甲苯	−19.763	0.28022	−0.59293	—	250～1000	58.51
间二甲苯	−21.620	0.27820	−0.60531	—	250～1000	55.94
对二甲苯	−17.226	0.25098	−0.28232	—	286～1000	55.09
异丙苯	−12.027	0.25591	−0.43606	—	150～1000	60.40
氯甲烷	90.68353	−0.5403063	30.19171	−33.60420	238～353	109.47
三氯甲烷	167.7694	−1.023285	35.48980	−30.73778	303～473	102.25
四氯化碳	−7.745	0.39481	−1.1150	—	280～800	100.06
甲醇	−104.9103	0.9969420	−14.62659	10.19204	303～477	96.27
	−14.236	0.38935	−0.62762	—	240～1000	

续表

物质名称	A	B	$C\times10^4$	$D\times10^7$	温度范围/K	η_G (298.15K)
乙醇	−50.13613	0.5484663	−4.772092	2.228804	303～473	89.20
	1.499	0.30741	0.44479	—	200～1000	
1-丙醇	−14.894	0.32171	−0.58021	—	200～1000	75.87
2-丙醇	−10.859	0.30873	−0.48098	—	200～1000	76.91
1-丁醇	−11.144	0.28790	−0.56275	—	391～1000	
2-丁醇	−14.992	0.31418	−0.55185	—	373～993	
异丁醇	−11.412	0.27821	−0.029510	—	175～1100	71.27
叔丁醇	−72.29239	0.6906819	−9.211512	5.378106	303～473	
甲醚	−4.276	0.30262	0.63528	—	216～373	91.60
乙醚	−41.33173	0.4094129	−1.226820	−1.737128	298～473	75.65
	−7.932	0.30235	−0.73858	—	200～1000	
环氧乙烷	−12.180	0.37672	−0.77599	—	250～1000	93.24
丙酮	−35.35341	0.3808681	1.024450	−1.017178	303～477	
2-丁酮	3.010	0.22899	0.078593	—	273～573	71.99
乙酸	−28.660	0.23510	2.2087	—	366～523	
丁酸	−5.781	0.26159	−0.34903	—	268～1000	69.11
乙酸酐	−1.485	0.28869	−0.23391	—	295～993	82.51
乙酸甲酯	−14.780	0.33569	−0.64353	—	200～1000	79.59
乙酸乙酯	−86.20016	0.7940702	−11.84665	8.043529	303～473	76.03
	−9.259	0.30725	−0.71069	—	190～1000	
甲胺	17.58038	0.2140673	1.847336	−1.334952	273～673	89.97
	−5.334	0.34181	−0.74297	—	267～1000	
乙胺	−5.538	0.30778	−0.64363	—	290～1000	80.51
苯胺	−6.918	0.25935	−0.34348	—	458～1000	
乙腈	−1.384	0.25204	−0.24595	—	308～750	
吡啶	−5.739	0.27135	−0.17202	—	369～998	
甲硫醇	−39.380	0.46695	−0.62465	—	273～473	94.29
乙硫醇	−15.432	0.35300	−0.68454	—	308～998	
二甲硫醚	−14.076	0.35306	−0.62780	—	310～990	
二乙硫醚	−13.578	0.30021	−0.49223	—	365～1000	
噻吩	−23.815	0.36576	−0.49330	—	293～997	80.85
环丁砜	−3.749	0.22530	0.061191	—	301～1000	
氮	−6.844285	0.8300310	−8.449881	4.759126	120～320	175.52
	13.83748	0.6595158	−4.007159	1.434574	298～973	
	178.8112	0.1723301	0.9418415	−0.3411963	871～1552	

续表

物质名称	A	B	$C\times10^4$	$D\times10^7$	温度范围/K	η_G (298.15K)
氧	−27.43187	1.017306	−9.169703	4.523673	298～767	201.85
	133.5100	0.3729040	−0.1055472	−0.08311313	758～1700	
氢	55.66226	−0.003752775	5.101536	−4.035575	293～478	88.03
	35.93088	0.1806690	0.01806435	−0.1380471	321～1060	
水	−36.826	0.42900	−0.16200	—	280～1073	89.68
硫化氢	−14.839	0.51000	−1.2600	—	230～570	125.96
一氧化氮	39.92	0.53700	−1.2400	—	150～1500	189.04
氨	87.67103	−0.4732701	23.72103	−21.51838	217～421	101.28
	−92.19620	0.8764315	−9.903094	6.133328	423～673	
二氧化碳	−45.36826	1.064789	−22.04499	27.46951	203～310	150.50
	−23.36074	0.6697764	−3.277614	0.9487054	238～973	
二硫化碳	242.0151	−1.775744	58.82605	−53.59412	303～473	99.14
	−7.702	0.36594	−0.25416	—	273～583	
二氧化硫	40.15817	0.1271712	7.393617	−5.785261	238～673	129.10
空气	−6.349105	0.7990330	−6.146396	2.611219	298～873	

6.1.2 空气的黏度

空气的黏度见表1-6-2。

表1-6-2 空气在不同温度和压力下的黏度数据 单位：μPa·s

压力/MPa	温度/K						
	273	300	340	380	420	460	500
0.1	17.2	18.6	20.6	22.4	24.1	25.7	27.2
1	17.3	18.7	20.7	22.5	24.1	25.7	27.2
5	17.9	19.2	21.1	22.8	24.4	26.0	27.5
10	19.5	20.5	22.1	23.6	25.1	26.5	28.0
15	21.5	22.1	23.4	24.7	26.0	27.3	28.6
20	23.7	24.0	24.8	25.9	27.0	28.2	29.4

6.1.3 常用液体物质黏度关联式及其系数

η_L 随温度升高而变小，常用关联式有如下两种：

① $\lg\eta_L=A+\dfrac{B}{T}$

② $\lg\eta_L=A+\dfrac{B}{C-T}$

手册中有许多关联系数值，由于实测值很大，这些系数可靠性较好，但有的做了外推。

表 1-6-3 中提供了部分物质的上述两式关联系数，引自马沛生的著作[8,9]。

表 1-6-3 液体黏度-温度关联式及系数

(1) $\lg\eta_L=A+\frac{B}{T}$，(2) $\lg\eta_L=A+\frac{B}{C-T}$ η_L/Pa·s，T/K

物质名称	A	B	C	温度范围/K	方程	温度点值	
						温度/℃	η_L/mPa·s
丁烷	−5.1430	−528.24	−88.682	180～310	(2)	0	0.2080
异丁烷	−4.8098	312.65	—	200～280	(1)	0	0.2140
戊烷	−4.4907	−224.14	31.92	150～330	(2)	30	0.2050
己烷	−4.2463	−118.06	134.87	270～340	(2)	20	0.3200
庚烷	−4.7163	−356.13	24.593	190～370	(2)	21.7	0.4027
辛烷	−5.1030	−632.42	−51.438	270～400	(2)	30	0.4720
壬烷	−4.7864	−440.73	24.243	270～380	(2)	20	0.7105
癸烷	−4.5740	−343.92	68.462	240～380	(2)	20	0.9019
1-戊烯	−4.7345	305.20	—	180～280	(1)	0	0.2400
2-甲基-2-丁烯	−4.7741	322.29	—	270～310	(1)	20	0.2114
2-甲基-1-戊烯	−2.5684	−236.49	536.99	290～330	(2)	20	0.2900
1-庚烯	−4.7028	−367.41	0.52937	270～370	(2)	20	0.35
反-2-辛烯	−5.3398	−836.02	−115.97	290～380	(2)	20	0.5060
1,3-丁二烯	−6.0528	−973.83	−145.12	250～400	(2)	20	0.149
异戊二烯	−4.7797	326.58	—	270～310	(1)	20	0.2155
环戊烷	−4.7916	419.62	—	270～320	(1)	30	0.3880
甲基环戊烷	−5.5016	−940.03	−132.64	240～330	(2)	30	0.4480
环己烷	−5.1466	625.44	—	280～360	(1)	30	0.8200
甲基环己烷	−4.5348	−319.07	64.712	270～380	(2)	52.3	0.5046
乙基环己烷	−4.5094	−338.98	56.684	270～320	(2)	20	0.839
苯	−4.4925	−253.37	99.248	280～350	(2)	20	0.6502
乙苯	−4.8421	−519.36	−18.754	270～410	(2)	15	0.697
邻二甲苯	−4.8927	−553.59	−14.003	260～420	(2)	13	0.8940
间二甲苯	−4.8271	−505.32	−19.347	270～410	(2)	20	0.6150
对二甲苯	−5.2463	−826.32	−109.48	280～410	(2)	30	0.5680
异丙苯	−4.8910	524.64	—	270～320	(1)	20	0.7880
苯乙烯	−4.6087	−343.56	61.746	270～420	(2)	20	0.7490
三氯甲烷	−4.4573	−325.76	23.789	210～360	(2)	31.6	0.5093
四氯化碳	−5.1325	−722.90	−42.672	270～460	(2)	20	0.9650
3-氯丙烯	−4.7522	372.37	—	270～320	(1)	20	0.3300
二氯氟甲烷	−4.6041	−336.39	−6.3451	220～350	(2)	18	0.3367
氯二氟甲烷	−4.7458	−328.78	−25.019	200～300	(2)	26	0.1834
二氟二氯甲烷	−4.3063	213.62	—	210～330	(1)	0	0.2990

续表

物质名称	A	B	C	温度范围/K	方程	温度点值	
						温度/℃	η_L/mPa·s
甲醇	−4.9016	−449.49	23.551	180～290	(2)	25	0.5470
乙醇	−5.5972	−846.95	−24.124	210～350	(2)	25	1.056
1-丙醇	−5.7281	−853.50	15.262	210～370	(2)	30	1.7220
2-丙醇	−6.3050	−1009.2	18.917	270～360	(2)	30	1.7650
1-丁醇	−5.9719	1007.0	—	220～390	(1)	25	2.524
2-丁醇	−5.2749	−452.89	134.40	280～370	(2)	25.3	3.0810
异丁醇	−6.1025	−946.92	37.007	270～380	(2)	20	4.02
叔丁醇	−4.7679	−239.20	198.59	300～360	(2)	30	3.3160
烯丙醇	−5.5749	793.29	—	280～370	(1)	30	1.072
环己醇	−4.8184	−388.21	189.65	300～440	(2)	132	0.9880
乙二醇	−4.5448	−417.05	146.53	280～420	(2)	25	14.78
苯酚	−4.3571	−267.31	181.96	300～460	(2)	80.2	1.6080
苯甲醚	−5.0140	−639.91	−15.876	280～430	(2)	55.9	0.6920
环氧乙烷	−4.6446	312.90	—	220～290	(1)	15	0.283
丙酮	−4.6125	−298.48	26.203	180～320	(2)	10	0.3562
2-戊酮	−4.7986	438.45	—	270～380	(1)	20	0.489
环己酮	−5.0732	708.98	—	280～430	(1)	85.5	07990
甲酸	−4.4442	−311.11	106.61	280～380	(2)	30	1.443
丙酸	−4.8207	−561.55	−8.1224	270～420	(2)	28.2	0.9790
丁酸	−4.9362	623.19	—	270～430	(1)	18	1.5910
己二酸	−5.8513	1586.0	—	445～465	(1)	176.5	4.8
乙酸酐	−4.5804	−374.60	49.411	270～410	(2)	20	0.9010
乙酸乙酯	−4.8721	−452.07	−3.4748	270～350	(2)	30	0.4000
乙酸丁酯	−4.7722	−431.58	29.726	270～380	(2)	35	0.6042
碳酸二甲酯	−3.7328	−35.269	227.61	290～380	(2)	20	0.625
碳酸二乙酯	−3.7980	−65.04	202.89	290～400	(2)	20	0.813
甲胺	−4.6228	−198.43	71.960	200～310	(2)	20.1	0.231
二甲胺	−5.1197	413.84	—	280～310	(1)	25	0.186
苯胺	−4.4670	−327.72	138.45	280～460	(2)	30	3.1760
氰化氢	−4.6541	−217.40	61.204	250～300	(2)	25	0.1834
乙腈	−4.8242	−430.37	13.170	280～360	(2)	41.4	0.3080
吡啶	−4.1172	−174.52	133.66	270～390	(2)	30	0.8290
硝基苯	−4.4054	−372.85	75.641	270～500	(2)	20	2.014
N,*N*-二甲基甲酰胺	−3.6398	−56.047	194.25	270～320	(2)	25	0.7912
乙硫醇	−4.6584	333.01	—	270～300	(1)	20	0.2999
二甲硫醚	−4.6126	317.90	—	270～310	(1)	20.2	0.2927

续表

物质名称	A	B	C	温度范围/K	方程	温度点值	
						温度/℃	η_L/mPa·s
二乙硫醚	−5.0494	−622.24	−73.352	270～370	(2)	24.6	0.4237
二甲亚砜	−4.3585	−323.95	102.62	290～400	(2)	25	1.991
氟	−4.0425	−19.965	39.377	60～85	(2)	−200	0.349
溴	−4.2380	−329.88	26.153	270～330	(2)	10.4	1.1040
水	−4.5318	−220.57	149.39	270～380	(2)	10	1.3072
氨	−4.3044	−94.129	108.28	200～240	(2)	−45	0.3002
氯化氢	−3.8799	104.67	—	160～190	(1)	−90	0.493

水在各种压力、温度下的黏度数据见表1-6-4。

表 1-6-4 水在各种压力、温度下的黏度 单位：μPa·s

压力/MPa	温度/K						
	273	300	340	380	420	460	500
0.1	1792	854	423	12.5	14.1	15.7	17.3
1	1790	854	423	263	186	15.4	17.1
5	1780	854	424	264	187	145	118
10	1769	853	425	266	189	146	119
15	1759	852	426	267	190	147	120
20	1749	852	427	268	191	148	122

6.1.4 黏度的估算方法

6.1.4.1 气体黏度的关联式及估算

(1) 气体黏度、温度关联式 对已有一些η_G数据的，首选关联式内插。最常用的是温度多项式：

$$\eta_G=A+BT+CT^2+DT^3$$

温度范围不大时，可取更少参数的多项式（此时取$D=0$，$C=0$）关联，进行内插。表1-6-1就是按上式进行关联的一些成果。

缺乏数据的，分情形按以下方法进行估算。

(2) 低压纯气体黏度估算

a. 势能函数法 对已有L-J 12-6参数的物质，优先采用势能函数法。

Chapman和Enskog提出下列关系式[11]：

$$\eta_G=2.6695\times10^{-5}\frac{(MT)^{1/2}}{\sigma^2\Omega_V}(\text{Pa·s}) \tag{1-6-1}$$

式中，Ω_V为碰撞积分，反映分子间作用力。若能在理论上严格计算，就可从微观上直

接计算 η_G，但由于分子间作用力的复杂性，严格计算是困难的，实际上是求助于一些半理论半经验的势能函数模型，其中最常用的是 Lennard-Jones 12-6 模型，其关系式为：

$$\varepsilon = 4\varepsilon_0\left[\left(\frac{\sigma}{r}\right)^{12} - \left(\frac{\sigma}{r}\right)^{6}\right] \tag{1-6-2a}$$

式中，ε_0，σ 为物质的势能参数。用式(1-6-2a) 计算的 Ω_V 值见表 1-6-5[11]，从该表中可由无量纲的 T^* 查得 Ω_V 值，而：

$$T^* = \frac{kT}{\varepsilon_0} \tag{1-6-2b}$$

式中，k 为 Boltzman 常数。

表 1-6-5 利用 L-J 12-6 势能模型计算 Ω_V

T^*	Ω_V	T^*	Ω_V	T^*	Ω_V	T^*	Ω_V
0.30	2.785	1.30	1.399	2.60	1.081	4.60	0.9422
0.35	2.628	1.35	1.375	2.70	1.069	4.70	0.9382
0.40	2.492	1.40	1.353	2.80	1.058	4.80	0.9343
0.45	2.368	1.45	1.333	2.90	1.048	4.90	0.9305
0.50	2.257	1.50	1.314	3.00	1.039	5.00	0.9269
0.55	2.156	1.55	1.296	3.10	1.030	6.0	0.8963
0.60	2.065	1.60	1.279	3.20	1.022	7.0	0.8727
0.65	1.982	1.65	1.264	3.30	1.014	8.0	0.8538
0.70	1.908	1.70	1.248	3.40	1.007	9.0	0.8379
0.75	1.841	1.75	1.234	3.50	0.9999	10.0	0.8242
0.80	1.780	1.80	1.221	3.60	0.9932	20.0	0.7432
0.85	1.725	1.85	1.209	3.70	0.9870	30.0	0.7005
0.90	1.675	1.90	1.197	3.80	0.9811	40.0	0.6718
0.95	1.629	1.95	1.186	3.90	0.9755	50.0	0.6504
1.00	1.587	2.00	1.175	4.00	0.9700	60.0	0.6335
1.05	1.549	2.10	1.156	4.10	0.9649	70.0	0.6194
1.10	1.514	2.20	1.138	4.20	0.9600	80.0	0.6076
1.15	1.482	2.30	1.122	4.30	0.9553	90.0	0.5973
1.20	1.452	2.40	1.107	4.40	0.9507	100.0	0.5882
1.25	1.424	2.50	1.093	4.50	0.9464	200.0	0.5320
						300.0	0.5016
						400.0	0.4811

Ω_V 也可通过与 Keufeld 等的关系式[12]计算，可在工程计算时代替表 1-6-5。

$$\Omega_V = \frac{1.16145}{(T^*)^{0.14874}} + \frac{0.52487}{\exp(0.77320T^*)} + \frac{2.16178}{\exp(2.43787T^*)} \tag{1-6-3}$$

b. Bromley-Wiley 法（极性分子）

$$\eta_G = 26.695\left[\frac{1}{\sigma^2}\left(\frac{M\varepsilon}{k}\right)^{1/2}\right]\Phi \quad (\mu P) \tag{1-6-4}$$

在文献[13,14]所提供的表中，可由 T^* 查得 Φ 值，而在 $T^*=10\sim400$ 范围内：

$$\Phi = 0.878T^{*0.645} \tag{1-6-5}$$

以上计算方法，要依赖于 Lennard-Jones 12-6 参数 σ 和 ε/k，由于具有这两个参数的物质仅几百种，常常不得不使用临界参数估算 σ 和 ε/k，这是因为临界参数值略多于 σ 和 ε/k，而其估算也可靠得多。若直接用临界参数值，式(1-6-4) 可改写为：

$$\eta_G = 33.3\left[\frac{(MT_c)^{1/2}}{V_c^{2/3}}\right]\Phi \quad (10^{-7}\,Pa\cdot s) \tag{1-6-6}$$

式中，V_c 的单位为 $cm^3\cdot mol^{-1}$；T_c的单位为 K。

c. Chung 法（极性分子）

$$\eta_G = 4.0785\times10^{-5}\frac{F_c(MT)^{1/2}}{V_c^{2/3}\Omega_V} \tag{1-6-7}$$

式中，Ω_V仍用式(1-6-3) 计算，而 T^*、F_c分别为：

$$T^* = 1.2593T_r \tag{1-6-8a}$$

$$F_c = 1-0.2756\omega+0.059035\mu_r^4+K \tag{1-6-8b}$$

$$\mu_r = 131.3\frac{\mu_p}{V_c^{1/2}T_c^{1/2}} \tag{1-6-8c}$$

式中，μ_p的单位为 D，$1D=3.34\times10^{-30}C\cdot m$；$V_c$单位为 $cm^3\cdot mol^{-1}$；T_c单位为 K；μ_r 是无量纲的。K 为含氢键物质所用校正项，例如，甲醇为 0.2152、乙醇为 0.1748、正丙醇和异丙醇为 0.1435、正丁醇和异丁醇为 0.1317、正戊醇为 0.1216、正己醇为 0.1142、正庚醇为 0.1087、乙酸为 0.09155、水为 0.07591。对于其他醇类，可按相对分子质量（M）大小按式(1-6-8d) 计算：

$$K = 0.0682+0.276659\frac{17\times\text{羟基数}}{M} \tag{1-6-8d}$$

使用本法对 17 种非极性气体计算，平均误差为 1.6%；对 13 种极性气体计算，平均误差为 1.38%。

d. Lucas 法[15,16]　Lucas 法属于对应状态法。

$$\eta_G\xi = [0.807T_r^{0.618}-0.357\exp(-0.449T_r)+0.340\exp(-4.058T_r)+0.018]F_P^0F_Q^0 \tag{1-6-9}$$

式中，ξ 可用临界参数表达，其单位为黏度的倒数，而 $\eta_G\xi$ 是无量纲的。

$$\xi = 0.03792\left(\frac{T_c}{M^3p_c^4}\right)^{1/6} \tag{1-6-10}$$

F_P^0和 F_Q^0分别为极性校正和量子校正，前者以对比偶极矩 μ_r 为参照。

$$\mu_r = 524.6\frac{\mu^2p_c}{T_c^2} \tag{1-6-11}$$

式中，偶极矩 μ_r的单位为 D；p_c的单位为 MPa；T_c的单位为 K。

$F_P^0 = 1 \qquad (0.022\leqslant\mu_r<0.075)$

$\quad = 1+30.55(0.292-Z_c)^{1.72} \qquad (0.022\leqslant\mu_r<0.075)$

$=1+30.55(0.292-Z_c)^{1.72}|0.96+0.1(T_r-0.7)|\ (0.075\leqslant\mu_r)$

$=F_Q^0$（只用于量子气体） (1-6-12a)

$$F_Q^0=1.22Q^{0.15}\{1+0.00385[(T_r-12)^2]^{1/M}\mathrm{sign}(T_r-12)\} \quad (1\text{-}6\text{-}12b)$$

式中，$\mathrm{sign}(T_r-12)=\begin{cases}1, & T_r-12>0\\ -1, & T_r-12<0\end{cases}$

不同量子气体取不同的相对分子质量及 Q 值，即 $Q=1.38$(He)、0.76(H_2)、0.52(D_2)。

【例 1-6-1】 估算 $CHClF_2$ 在 50℃、常压下的 η_G。已知实验值为 134×10^{-6} Pa·s，此外 $M=86.469$，$T_c=369.38$K，$p_c=5.00$MPa，$V_c=166\mathrm{cm^3\cdot mol^{-1}}$，$Z_c=0.270$，$\omega=0.215$，$\mu=1.4$D，Lennard-Jones 12-6 参数为 $\sigma=0.4803$nm，$\varepsilon/k=297.2$K。

解 $T_r=\dfrac{323.15}{369.38}=0.8750$

(1) 由势能函数法估算

① 用式(1-6-2b)、式(1-6-3) 得：

$$T^*=kT/\varepsilon_0=323.15/297.2=1.0873$$

$$\Omega_V=\frac{1.16145}{1.0873^{0.14874}}+\frac{0.52487}{\exp(0.77320\times1.0873)}+\frac{2.16178}{\exp(2.43787\times1.0873)}=1.5261$$

再用式(1-6-1b) 计算，得：

$$\eta_G=2.6695\times10^{-5}\times\frac{(84.469\times323.15)^{1/2}}{4.803^2\times1.5261}\times1.00=126.75\times10^{-6}(\mathrm{Pa\cdot s})$$

② 若用 Chung 法，按极性气体修正，用式(1-6-8a)～式(1-6-8b) 计算，得：

$$T^*=1.2593\times0.8750=1.1019$$

$$\mu_r=131.3\times\frac{1.4}{166^{1/2}\times369.38^{1/2}}=0.7423$$

$$F_c=1-0.2756\times0.215+0.059035\times0.7423^4+0.0682=1.0269$$

仍用式(1-6-3) 计算得：

$$\Omega_V=\frac{1.16145}{1.1019^{0.14874}}+\frac{0.52487}{\exp(0.77320\times1.1019)}+\frac{2.16178}{\exp(2.43787\times1.1019)}=1.5161$$

再用式(1-6-7) 计算，得：

$$\eta_G=40.785\times\frac{1.0269\times(86.469\times369.38)^{1/2}}{166^{2/3}\times1.5161}=152.88\mu\mathrm{P}$$

(2) 由对应状态法估算

由 Lucas 法，得：

$$\mu_r=524.6\times\frac{1.4^2\times5.0}{369.38^2}=0.03768$$

$$\xi=0.03792\times\left(\frac{369.38}{86.469^3\times5.0^4}\right)^{1/6}=3.736\times10^{-3}\mu\mathrm{P}^{-1}$$

再由式(1-6-9) 得：

$$\eta_G\times3.736\times10^{-3}=[0.807\times0.8750^{0.618}-0.357\exp(-0.499\times0.8750)+0.340\exp(-4.058\times0.8750)+0.018]\times1.0431\times1=0.5520$$

$$\eta_G=147.77\mu\mathrm{P}=147.77\times10^{-6}\ \mathrm{Pa\cdot s}$$

(3) 低压混合气体黏度估算

a. Wilke 法[17] 当具有纯物质的 η_G 数据时，可利用式(1-6-13) 计算。该式是一个最简单的纯经验式，基本式为：

$$\eta_{Gm}=\frac{\sum y_i\eta_{Gi}}{\sum y_i\Phi_{ij}} \tag{1-6-13}$$

$$\Phi_{ij}=\frac{[1+(\eta_{Gi}/\eta_{Gj})^{1/2}(M_i/M_j)^{1/4}]^2}{[8(1+M_i/M_j)]^{1/2}} \tag{1-6-14a}$$

$$\Phi_{ji}=\frac{\eta_{Gj}}{\eta_{Gi}}\times\frac{M_i}{M_j}\Phi_{ij} \tag{1-6-14b}$$

对二元系：

$$\eta_{Gm}=\frac{y_1\eta_{G1}}{y_1+y_2\Phi_{12}}+\frac{y_2\eta_{G2}}{y_2+y_1\Phi_{21}} \tag{1-6-15a}$$

$$\Phi_{21}=\frac{[1+(\eta_{G1}/\eta_{G2})^{1/2}(M_2/M_1)^{1/4}]^2}{[8(1+M_1/M_2)]^{1/2}} \tag{1-6-15b}$$

$$\Phi_{21}=\Phi_{12}\frac{\eta_{G2}}{\eta_{G1}}\times\frac{M_1}{M_2} \tag{1-6-15c}$$

式中，y 为分子分数。Wilke 用 17 个二元物系考验该式，自报平均误差小于 1%，并可适应在 η_{Gm}-y 关系中出现的极大值。随后有许多研究者评价此式，并发现此式对非极性混合物效果是很好的，也有人注意到对含氢混合物的误差要大些[16]。

b. Lucas 法[16] 该法无须纯物质的 η_G 数据，前述纯物质的 Lucas 法式(1-6-9)～式(1-6-12) 仍可用于混合物，只是要改成混合物的临界参数。

$$T_{cm}=\sum y_iT_{ci} \tag{1-6-16a}$$

$$p_{cm}=RT_{cm}\frac{\sum y_iZ_{ci}}{\sum y_iV_{ci}} \tag{1-6-16b}$$

$$M_m=\sum y_iM_i \tag{1-6-16c}$$

$$F^0_{Pm}=\sum y_iF^0_{Pi} \tag{1-6-16d}$$

$$F^0_{Qm}=(\sum y_iF^0_{Qi})A \tag{1-6-16e}$$

式中，当 $M_H/M_L>9$，且 $y_H<0.7$ 时：

$$A=1-0.01\left(\frac{M_H}{M_L}\right)^{0.87} \tag{1-6-16f}$$

M_H和 M_L分别代表混合物中最高和最低相对分子质量。其他情况下，$A=1$。

(4) 加压纯气体黏度估算 采用 Lucas 法[15,16]计算加压纯气体的黏度无需低压气体黏度，也与 pVT 关系无关，通用性更广。不但可在低压下使用，还可在高压下使用，在计算式中是把 η_G/η^0_G 与 T_r、p_r相联系的。

$$\eta_G=\frac{ZF_PF_Q}{\xi} \tag{1-6-17}$$

式中，ξ 的定义见式(1-6-10)；Z 值按式(1-6-18a) 和式(1-6-18b) 计算，即当 $T_r\leqslant1.0$ 及 $p_r<(p_v/p_c)$ 时：

$$Z=0.600+0.760p_r^{\alpha}+(6.990p_r^{\alpha}-0.6)(1-T_r) \tag{1-6-18a}$$

其中，$\alpha=3.262+14.98p_r^{5.508}$，$\beta=1.390+5.746p_r$，当 $1<T_r<40$ 及 $0<p_r<100$ 时：

$$Z=\eta_G^0\xi\left[1+\frac{ap_r^{1.3088}}{bp_r^f+(1+cp_r^d)^{-1}}\right] \tag{1-6-18b}$$

$$a=\frac{0.001245}{T_r}\exp(5.1726T_r^{-0.3286}) \tag{1-6-19a}$$

$$b=a(1.6553T_r-1.2723) \tag{1-6-19b}$$

$$c=\frac{0.4489}{T_r}\exp(3.0578T_r^{-37.7332}) \tag{1-6-19c}$$

$$d=\frac{1.7368}{T_r}\exp(2.2310T_r^{-7.6351}) \tag{1-6-19d}$$

$$f=0.9425\exp(-0.1853T_r^{0.4489}) \tag{1-6-19e}$$

式(1-6-18b) 中，$\eta_G\xi$ 用式(1-6-9) 计算；而式(1-6-17) 中，F_p 和 F_Q 是压力对 F_p^0 和 F_Q^0 的修正。

$$F_p=\frac{1+(F_p^0-1)(Z/\eta_G^0\xi)^{-13}}{F_p^0} \tag{1-6-20a}$$

$$F_Q=\frac{1+(F_Q^0-1)\left[\frac{\eta_G^0\xi}{Z}-0.007\left(\ln\frac{Z}{\eta_G^0\xi}\right)^4\right]}{F_Q^0} \tag{1-6-20b}$$

F_p^0、F_Q^0 仍用式(1-6-12) 计算。在低压时，$Z=\eta_G^0\xi$，$F_p=F_Q=1$，$\eta_G\to\eta_G^0$。

(5) 加压混合气体黏度估算 加压下混合气体黏度可用 Lucas 法，属对应状态法，因此要配合临界参数的混合规则。用 Lucas 法[16]时，混合规则仍用式(1-6-16)，最后计算仍用式(1-6-17)，要注意各项计算中都要用混合物性质及相应的混合规则。

6.1.4.2 液体黏度的估算

(1) 液体黏度温度关联式 液体黏度的数据极为丰富，查得相关黏度数据后，首选用关联式内插。常用的液体黏度的温度关联式为：

$$\lg\eta_L=A+\frac{B}{T} \tag{1-6-21a}$$

$$\lg\eta_L=A+\frac{B}{C-T} \tag{1-6-21b}$$

$$\eta_L=AT^B \tag{1-6-21c}$$

(2) 纯液体黏度估算

a. CSGC-VK 法（$T_r<0.75$ 时） CSGC-VK[18]也用于 η_L 计算，是把对应状态法与基团法的结合：

$$\ln(\eta_L/\eta_c^*)=A+B/T_r^* \tag{1-6-22}$$

而定义 η_c^* 为：

$$\eta_c^*=C\left(\frac{M^3p_c^{*4}}{T_c^*}\right)^{1/6} \tag{1-6-23a}$$

T_c^*、p_c^* 仍为虚拟的临界参数，计算式为：

$$T_c^*=T_b/[A_T+B_T\sum n_i\Delta_T+C_T(\sum n_i\Delta_T)^2+D_T(\sum n_i\Delta_T)^3] \tag{1-6-23b}$$

$$p_c^*=101.325\times\ln T_b/[A_p+B_p\sum n_i\Delta p+C_p(\sum n_i\Delta p)^2+D_p(\sum n_i\Delta p)^3] \tag{1-6-23c}$$

虚拟混合物临界参数 T_{CH}、p_{CH} 未必是更接近混合物临界值实验值，只是要求能顺利使用带压下气液黏度计算。

A、B、C、A_T、B_T、C_T、D_T、A_p、B_p、C_p、D_p 为11个关联系数（表1-6-6）。从表中可见，本法对酚及酸类需要分别列出不同的系数值，86个基团值见表1-6-7。用366个化合物的2777个实验点回归，平均误差为5.44%。另外，考核了15个未参加回归的化合物，CSGC-VK的误差为2.40%。

表 1-6-6 CSGC-VK 法的关联系数

系数	酚类	酸类	其他化合物	系数	酚类	酸类	其他化合物
A	−10.07583	−5.26057	−3.29835	D_T	−142.4604	−11.9647	8.2234
B	3.51629	2.13966	1.27666	A_p	0.15580	1.32160	0.44455
C	4.08626	0.24700	0.04111	B_p	0.37028	1.12096	0.90345
A_T	0.67740	0.45124	0.63982	C_p	−0.58930	−3.02660	−0.50640
B_T	1.21505	1.84061	−1.74951	D_p	0.50936	5.78457	0.90257
C_T	−8.83238	−1.3054	0.02035				

表 1-6-7 CSGC-VK 方程基团值

基团	ΔT	Δp	基团	ΔT	Δp
$-CH_3$	0.022831	0.00401	$-CHCl-$	0.01473	−0.01937
$-CH_2-$	0.00600	0.10229	$-CHCl_2$	0.05009	−0.02082
$>CH-$	0.01052	0.50734	$-CBr_3$	0.18763	1.35986
$>C<$	−0.02027	−0.00062	$-CH_2Br$	0.03014	−0.08345
$=CH_2$	0.01033	−0.08642	$-CHBr_2$	0.13278	0.76661
$=CH-$	0.00783	0.16390	$-CHBr-$	0.09226	0.79931
$=C<$	−0.03932	−0.00496	$-CH_2I$	0.04049	0.03503
$(-CH_2-)_R$	0.03351	0.15261	$-CHI-$	0.05408	0.42217
$(>CH-)_R$	−0.04428	−0.06383	$=CCl_2$	0.03142	0.00925
$(>C<)_R$	−0.08472	−0.25593	$=CHCl$	0.01561	−0.04412
$(=CH-)_R$	0.02214	0.10637	$=CHBr$	0.03913	0.04029
$(-CH_3)_{RC}$	0.09136	0.60560	$(-CHBr-)_R$	0.02040	0.33706
$(-CH_2-)_{RC}$	0.02688	0.69129	$(-CHCl-)_R$	0.01753	0.26349
$(=CH-)_A$	0.02318	0.09123	$(=CF-)_A$	−0.01416	−0.15733
$(=C<)_A$	−0.04534	0.13706	$(=CCl-)_A$	−0.02713	−0.16091
$(-CH_3)_{AC}$	0.03779	−0.03562	$(=CBr-)_A$	−0.03925	−0.23692
$(-CH_2-)_{AC}$	−0.05206	−0.46790	$(=CI-)_A$	−0.02889	−0.04841

续表

基团	ΔT	Δp	基团	ΔT	Δp
(>CH—)$_{AC}$	0.00004	0.39552	(—CF$_3$)$_{RC}$	0.01460	−0.01675
(=CH—)$_{AC}$	0.03005	0.34894	(—Br)$_{RC}$	1.09821	−4.51697
(=CH—)$_N$	0.03317	0.71799	—CF$_2$Cl	0.08543	0.43626
(>C=)$_N$	−0.35507	0.70691	—CFCl$_2$	0.10495	0.53209
—CF$_3$	0.12129	0.74342	—CCl$_2$Br	0.21526	5.51562
—CF$_2$—	−0.00612	0.02896	—OH	−0.04106	0.40926
—CHF$_2$	−0.03980	−0.25095	(—OH)$_{RC}$	0.09343	−0.39112
—CH$_2$F	0.10577	0.57981	(—OH)$_{AC}$	−0.00330	−0.24026
—CCl$_3$	0.16797	1.41293	—CHO	0.09557	0.37566
—CCl<	0.18609	1.36568	>C=	0.00074	−0.07156
—CH$_2$Cl	0.03303	−0.09619	(>C=O)$_R$	0.06037	0.46622
(>C=O)$_{AC}$	0.02649	0.13653	(—NH$_2$)$_{AC}$	0.15253	0.71092
—COCl	0.02848	−0.07811	(—NH—)$_{AC}$	0.19607	1.14008
—COOH	−0.20033	−0.26959	(>N—)$_{AC}$	0.16834	1.36308
HCOO—	0.04244	−0.13271	—NO$_2$	0.35266	0.31292
—COO—	0.00599	−0.06130	(—NO$_2$)$_{AC}$	0.10645	0.47314
—O—	0.04612	0.46375	—COONH—	0.21384	1.20642
(—O—)$_R$	−0.00165	−0.15507	—COONH$_2$	0.23107	0.74908
(—O—)$_{AC}$	0.03387	0.14930	HCONH—	0.31189	0.84616
—CN	0.08202	0.38893	HCON<	0.02220	−0.01950
—NH$_2$	006739	−0.10852	—CONH$_2$	0.22842	0.88540
—NH—	0.01444	−0.00452	—S—	−0.00627	−0.11495
>N—	0.06304	0.86140	(—S—)$_R$	0.05838	0.12640
(—NH—)$_R$	0.13364	0.66860	—SH	0.01407	−0.22036
(=N—)$_R$	0.01502	−0.31036	>S=O	0.12068	0.78479
(—NH$_2$)$_{RC}$	0.14216	0.56887	—NCS	0.01167	−0.07963

注：A—芳烃环；AC—与芳烃环相连；R—非芳烃环；RC—与非芳烃环相连；N—萘环。

b. Letsou-Stiel 法（$T_r>0.75$ 时） 在低 T_r下，估算方法常是基于 $\lg\eta_L$ 与 $1/T$ 的直线关系，这种直线关系在 $T_r>0.7$（相应带压）时要发生偏离。在接近 T_c处，有几种对应状态法是可被选择的，其中 Letsou-Stiel 法[19]三参数对应状态法最常用。

$$\eta_L \xi = (\eta_L \xi)^{(0)} + \omega (\eta_L \xi)^{(1)} \tag{1-6-24}$$

在不同 T_r 下，$(\eta_L \xi)^{(0)}$ 和 $(\eta_L \xi)^{(1)}$ 的值见表 1-6-8，此外也可用回归式(1-6-25) 求得：

表 1-6-8　Letsou-Stiel 法的 $(\eta_L \xi)^{(0)}$ 和 $(\eta_L \xi)^{(1)}$ 值

T_r	$(\eta_L \xi)^{(0)}$	$(\eta_L \xi)^{(1)}$	T_r	$(\eta_L \xi)^{(0)}$	$(\eta_L \xi)^{(1)}$
0.76	32.8	38.8	0.90	20.9	8.9
0.78	30.9	33.8	0.92	19.1	7.5
0.80	29.0	29.3	0.94	17.5	4.2
0.82	27.1	25.0	0.96	15.9	1.4
0.84	25.4	20.5	0.98	14.4	0.0
0.86	23.6	17.1	1.00	7.2	2.2
0.88	22.0	13.5			

$$(\eta_L \xi)^{(0)} = (2.648 - 3.725 T_r + 1.309 T_r^2) \times 10^{-3} \tag{1-6-25a}$$

$$(\eta_L \xi)^{(1)} = (7.425 - 13.39 T_r + 5.933 T_r^2) \times 10^{-3} \tag{1-6-25b}$$

η_L 的单位是 mPa·s，ξ 仍用式(1-6-10) 计算。

c. Lucas 对应态法（高压下）　中、低压（与饱和蒸气压相当时）下液体的黏度无明显变化，但压力很高时可能会有数量级的增加，且温度越低，压力影响越大。

1981 年，Lucas 提出了经验性三参数对应态估算方法[15]：

$$\frac{\eta_L}{\eta_{SL}} = \frac{1 + D\left(0.472090 \dfrac{p - p_v}{p_c}\right)^A}{1 + C\omega \dfrac{p - p_v}{p_c}} \tag{1-6-26a}$$

$$A = 0.99906 - \frac{0.00046739}{1.05228 T_r^{-0.038770} - 1.05134} \tag{1-6-26b}$$

$$D = \frac{0.325700}{(1.00384 - T_r^{2.57327})^{0.290633}} - 0.208632 \tag{1-6-26c}$$

$$C = -0.079206 + 2.16158 T_r - 13.4040 T_r^2 + 44.1706 T_r^3 - 84.8291 T_r^4 + 96.1209 T_r^5 - 59.8127 T_r^6 + 15.6719 T_r^7 \tag{1-6-26d}$$

式中，η_{SL} 为饱和液体黏度；ω 为偏心因子；p_v 为蒸气压。

(3) 液体混合物黏度估算　采用 Grunberg-Nissan 法[20,21] 计算液体混合物黏度的公式如下：

$$\ln \eta_{Lm} = \sum X_i \ln \eta_{Li} + \frac{1}{2} \sum \sum X_i X_j G_{ij} \tag{1-6-27}$$

对二元物系：

$$\ln \eta_{Lm} = X_1 \ln \eta_{L1} + X_2 \ln \eta_{L2} + X_1 X_2 G_{12} \tag{1-6-27a}$$

式中，G_{ij} 为二元交互参数，最好由实验值拟合。若 $G_{ij} = 0$，式(1-6-27) 就简化为：

$$\ln \eta_{Lm} = X_1 \ln \eta_{L1} + X_2 \ln \eta_{L2} \tag{1-6-27b}$$

(4) 悬浮液黏度的估算

a. 对潮湿状态下能“自由流动”的固体（如金属粉、玻璃珠），当固体的体积分数 $\phi_s<0.4$，用 Kunitz 式：

$$\frac{\eta_m}{\eta_L}=\frac{1+0.5\phi_s}{(1-\phi_s)^4} \tag{1-6-28}$$

式中 η_m——悬浮液黏度，mPa·s；

η_L——纯液体黏度，mPa·s；

ϕ_s——固体体积分数。

当 $\phi_s<0.1$ 时，此式较准确。

b. 对不能自由流动的固体（如黏土、白垩、淀粉、石墨），如采用式(1-6-28) 计算，结果会偏高。对这类体系可采用式(1-6-29)～式(1-6-31)：

含有一定直径球粒的悬浮液：

$$\frac{\eta_m}{\eta_L}=\frac{1}{1-\dfrac{\phi_s}{0.460-0.00158\left(\dfrac{\eta_L}{R}\right)^{0.469}}} \tag{1-6-29}$$

式中，$R=\dfrac{\rho_l}{\rho_s}$（如 $R<1$，则取 ρ_s/ρ_l）；ρ_l，ρ_s为液相密度、固相密度。

式(1-6-29) 在 $\phi_s\leqslant0.3$ 时，可以得到很满意的结果。含相同大小的立方体（如盐）或圆粒（如喷砂）的悬浮液：

$$\frac{\eta_m}{\eta_L}=\frac{0.403}{0.403-\phi_s} \tag{1-6-30}$$

直径不相同的球状物的悬浮液：

$$\frac{\eta_L\phi_s}{\eta_m-\eta_L}=0.460-0.00158\left(\frac{\eta_L}{R}\right)^{0.469}-0.79\phi_s \tag{1-6-31}$$

(5) 熔盐化合物黏度估算 高温混合熔盐可用作热载体，其黏度值对工业设计很重要。文献中已经有整理过的大批纯熔盐和混合熔盐的黏度数据[7]，并已用摩尔分数进行线性关联。更复杂的关联方程可用 Young-O'Connell 方程[13,22]。

二元：

$$\eta_{Lm}^{-1}=\frac{X_1^2}{\eta_{L1}}+\frac{X_2^2}{\eta_{L1}}+\frac{2X_1X_2}{\eta_{12}} \tag{1-6-32a}$$

多元：

$$\eta_{Lm}^{-1}=\sum\sum(X_iX_j/\eta_{ij}) \tag{1-6-32b}$$

$$\ln(\eta_{ij}/\eta_{ij}^*)=-2.11+2.17\frac{T_{ij}^*}{T}-0.06\left(\frac{T}{T_{ij}^*}\right)^8 \tag{1-6-33a}$$

$$(\eta_{ij}^*)^{-1}=\frac{1}{2}\left(\frac{1}{\eta_i^*}+\frac{1}{\eta_j^*}\right) \tag{1-6-33b}$$

$$T_{ij}^*=(T_i^*T_j^*)^{1/2}\left(1-0.37\frac{|V_i^*-V_j^*|}{V_i^*-V_j^*}\right) \tag{1-6-33c}$$

式中，T^*、V^*、η^*为纯组分的特性参数。一些主要熔盐的特性参数见表 1-6-9，从表 1-6-9 中可见，本法只适用于处理 1-1（价）型混合熔盐。

表 1-6-9 一些熔盐的特性参数[22]

物质名称	T^*/K	V^*/$cm^3 \cdot mol^{-1}$	η^*/mPa·s	物质名称	T^*/K	V^*/$cm^3 \cdot mol^{-1}$	η^*/mPa·s
LiCl	1239	31.47	0.639	NaI	1093	57.88	0.985
NaCl	1121	38.17	1.183	KI	997	68.97	1.469
KCl	1040	48.73	1.180	RbI	983	75.16	1.204
RbCl	1003	54.10	1.289	CsI	1024	85.78	1.283
CsCl	1008	62.46	1.022	$LiNO_3$	1038	46.23	0.686
LiBr	1319	39.47	0.477	$NaNO_3$	908	51.02	0.839
NaBr	1110	45.37	1.132	KNO_3	906	61.10	0.927
KBr	1017	56.15	1.191	$RbNO_3$	890	67.59	1.178
RbBr	991	61.78	1.384	$CsNO_3$	886	75.35	1.287
CsBr	989	70.13		NaOH	1175	26.79	0.526
LiI	1162	49.24	0.699	KOH	1256	38.65	0.314

6.2 热导率

热导率也称导热系数，是重要的传递性质之一，在传热过程计算中必不可少。它的定义是单位面积、单位时间所传递的热量，相应的单位（按 SI）是 $W \cdot m^{-1} \cdot K^{-1}$。

气、液、固三相均有相应的热导率，分别用 λ_G、λ_L、λ_S表示，λ_G和 λ_L变化多，是本篇介绍的重点。在数值上，λ_L大致上为 λ_G的 10～100 倍。

6.2.1 热导率数据源

热导率的数据远少于黏度数据，主要的索引型手册为 Chaney 等的著作[5]。进行收集和评价的综合型手册有 Vargaftik 手册[23]。Jamieson 手册[24]则专门收集了有机物及其混合物的 λ_L。Daubert-Danner 手册[25,26]和 Yaws 手册[27]包含了更多的化合物。表1-6-10～表 1-6-12 引自马沛生等的著作[8~10]。Touloukian 等[45]系统手册中包括了三本金属和非金属固体及非金属气、液热导率数据，但发表年代是 1970 年，一些更新的关联式及系数见 Assesl 等论文[46]。

6.2.1.1 常用气体热导率

λ_G-T 关联式常用简单的多项式，$\lambda_G = A + BT + CT^2$，常见气体对应的关联系数见表 1-6-10。

表 1-6-10 气体热导率-温度关联式及系数

$\lambda_G = A + BT + CT^2$，$\lambda_G$/$W \cdot m^{-1} \cdot K^{-1}$，$T$/K

物质名称	A	B	C	温度范围/K	λ_G^{25}
甲烷	−0.00935	1.4028×10^{-4}	3.3180×10^{-8}	97～1400	0.03542
乙烷	−0.01936	1.2547×10^{-4}	3.8298×10^{-8}	225～825	0.02145
丙烷	−0.00869	6.6409×10^{-5}	7.8760×10^{-8}	233～373	0.01811
丁烷	−0.00182	1.9396×10^{-5}	1.3818×10^{-7}	225～675	0.01625
异丁烷	−0.00115	1.4943×10^{-5}	1.4921×10^{-7}	261～673	0.01657

续表

物质名称	A	B	C	温度范围/K	λ_G^{25}
乙烯	−0.00123	3.6219×10^{-5}	1.2459×10^{-7}	150～750	0.02064
丙烯	−0.01116	7.5155×10^{-5}	6.5558×10^{-8}	250～1000	0.01708
1-丁烯	−0.00293	3.0205×10^{-5}	1.0192×10^{-7}	225～800	0.01504
顺-2-丁烯	−0.02545	1.2682×10^{-4}	2.2968×10^{-9}	273～1273	0.01257
反-2-丁烯	−0.02331	1.2197×10^{-4}	4.7243×10^{-9}	285～1257	0.01348
异丁烯	−0.00327	3.0146×10^{-5}	1.2529×10^{-7}	250～850	0.01686
乙炔	−0.00358	6.2542×10^{-5}	7.0646×10^{-8}	200～600	0.02135
丙炔	−0.01650	1.0715×10^{-4}	6.5108×10^{-9}	250～1000	0.01603
丙二烯	−0.01973	1.1713×10^{-4}	9.5083×10^{-10}	315～999	
1,3-丁二烯	−0.00085	7.1537×10^{-6}	1.6202×10^{-7}	250～850	0.01569
异戊二烯	−0.0843734	5.39191×10^{-4}	-6.9294×10^{-7}	273～323	0.0148
环戊烷	−0.02062	9.4739×10^{-5}	3.5560×10^{-8}	273～1000	0.01079
甲基环戊烷	−0.00746	2.5087×10^{-5}	1.3442×10^{-7}	345～1000	
环己烷	−0.0175348	8.22614×10^{-5}	3.9047×10^{-8}	273～423	0.01046
	−0.00159	-1.7494×10^{-7}	1.4588×10^{-7}	325～650	
甲基环己烷	−0.01221	6.8869×10^{-5}	4.7632×10^{-8}	374～994	
环己烯	−0.01193	7.1179×10^{-5}	4.2228×10^{-8}	356～996	
苯	0.0124752	-8.02924×10^{-5}	2.44270×10^{-7}	250～600	0.00997
	−0.00565	3.4493×10^{-5}	6.9298×10^{-8}	325～700	
甲苯	0.0063736	-1.55760×10^{-5}	1.47299×10^{-7}	273～473	0.015
	−0.00776	4.4905×10^{-5}	6.4514×10^{-8}	350～800	
乙苯	−0.00797	4.0572×10^{-5}	6.7289×10^{-8}	400～825	
邻二甲苯	−0.00979	7.4087×10^{-5}	1.8418×10^{-8}	400～825	
间二甲苯	0.0073426	7.1459×10^{-6}	5.0463×10^{-8}	273～573	0.014
	−0.00375	2.9995×10^{-5}	7.4603×10^{-8}	400～825	
对二甲苯	−0.00870	4.7349×10^{-5}	5.8829×10^{-8}	400～825	
丙苯	−0.02709	1.0607×10^{-4}	-2.0873×10^{-9}	432～1000	
异丙苯	−0.00803	4.2071×10^{-5}	1.1791×10^{-7}	400～650	
苯乙烯	−0.00712	4.5538×10^{-5}	3.9529×10^{-8}	273～973	0.00997
四氟乙烯	−0.00736	8.0682×10^{-5}	-1.4513×10^{-8}	198～1000	0.01541
氯甲烷	−0.00185	2.0296×10^{-5}	7.3234×10^{-8}	213～715	0.01071
三氯甲烷	−0.00019	2.2269×10^{-5}	1.2257×10^{-9}	273～573	0.00656
四氯甲烷	−0.00070	2.2065×10^{-5}	6.7913×10^{-9}	255～556	0.00649
氯乙烷	−0.00291	3.1284×10^{-5}	5.5316×10^{-8}	273～773	0.01113
氯乙烯	−0.00764	5.8427×10^{-5}	2.4051×10^{-8}	260～1000	0.01192
3-氯丙烯	−0.00787	4.8625×10^{-5}	3.4407×10^{-8}	318～1000	
2-氯-1,3-丁二烯	−0.00442	4.0609×10^{-5}	4.1938×10^{-8}	333～1000	
氯三氟甲烷	−0.00381	4.8679×10^{-5}	1.7208×10^{-8}	192～600	0.01223

续表

物质名称	A	B	C	温度范围/K	λ_G^{25}
氯苯	−0.00974	4.5774×10^{-5}	4.3529×10^{-8}	400～1000	
甲醇	0.00234	5.4340×10^{-6}	1.3154×10^{-7}	273～684	0.01565
乙醇	−0.00556	4.3620×10^{-5}	8.5033×10^{-8}	351～991	
1-丙醇	−0.00333	2.8691×10^{-5}	1.0222×10^{-7}	372～720	
2-丙醇	0.07775	-3.6017×10^{-4}	5.7593×10^{-7}	355～450	
甲醚	−0.03150	1.5032×10^{-4}	1.3879×10^{-9}	273～1500	0.01344
乙醚	−0.00032	1.6530×10^{-5}	1.1709×10^{-7}	200～600	0.01502
甲基叔丁基醚	0.00443	-1.1115×10^{-5}	1.1739×10^{-7}	273～1000	0.01155
甲醛	0.00171	1.9431×10^{-5}	9.5287×10^{-8}	254～994	0.01597
乙醛	−0.00181	2.1187×10^{-5}	8.0192×10^{-8}	200～700	0.01164
丙酮	−0.00084	8.7475×10^{-6}	1.0676×10^{-7}	273～572	0.01126
2-丁酮	0.00169	-2.1055×10^{-6}	1.1764×10^{-7}	353～993	
环己酮	0.00192	-7.2593×10^{-6}	1.3921×10^{-7}	400～1000	
乙酸	0.00234	-6.5956×10^{-6}	1.1569×10^{-7}	295～687	0.01066
乙酸酐	−0.00846	5.2818×10^{-5}	1.7355×10^{-8}	413～993	
乙酸甲酯	−0.00524	4.0236×10^{-5}	5.7371×10^{-8}	277～771	0.01186
乙酸乙酯	0.00207	-4.8558×10^{-6}	1.1222×10^{-7}	273～1000	0.01060
甲胺	−0.01136	8.0400×10^{-5}	5.8607×10^{-8}	287～800	0.01782
苯胺	−0.01796	8.3464×10^{-5}	1.5022×10^{-9}	458～1000	
丙烯腈	0.00997	-4.5594×10^{-5}	1.5030×10^{-7}	273～1000	0.00974
N,*N*-二甲基甲酰胺	−0.01632	7.1845×10^{-5}	1.7748×10^{-8}	439～1000	
乙酰胺	−0.00804	4.5522×10^{-5}	1.5108×10^{-8}	494～994	
乙醇胺	0.00878	-2.9523×10^{-5}	8.6097×10^{-8}	400～1000	
甲硫醇	−0.00561	5.3048×10^{-5}	2.7049×10^{-8}	279～639	0.01261
乙硫醇	−0.00817	6.0155×10^{-5}	1.7688×10^{-8}	308～998	
二甲硫醚	−0.00827	6.0624×10^{-5}	1.8376×10^{-8}	310～990	
二乙硫醚	−0.01485	7.5068×10^{-5}	1.8733×10^{-8}	365～1000	
二甲亚砜	−0.01136	6.3395×10^{-5}	1.1846×10^{-8}	482～1000	
环丁砜	−0.00950	4.8342×10^{-5}	1.9246×10^{-8}	558～1000	

6.2.1.2 常用液体热导率

常见有机物的液体热导率-温度关联式及系数值见表1-6-11，单质和无机物的见表1-6-12，其中也有一些外推值及估算值。

表 1-6-11 液体热导率-温度关联式及系数（有机物）

$$\lg\lambda_L = A + B\left(1-\frac{T}{C}\right)^{2/7}，\lambda_L/W·m^{-1}·K^{-1}，T/K$$

物质名称	A	B	C	温度范围/K	λ_L^{25}
甲烷	−1.0976	0.5387	190.58	91～181	
乙烷	−1.3474	0.7003	305.42	90～290	
丙烷	−1.2171	0.6611	369.82	85～351	0.1588
丁烷	−1.8929	1.2585	425.18	135～404	0.1046
异丁烷	−1.6862	0.9802	408.14	114～388	0.0972
戊烷	−1.2287	0.5322	469.65	143～446	0.1480
乙烯	−1.3314	0.8527	282.36	104～268	
丙烯	−1.4376	0.7718	364.76	88～347	0.1089
1-丁烯	−1.6539	0.9786	419.59	88～399	0.1078
顺-2-丁烯	−1.6584	0.9867	435.58	134～414	0.1125
反-2-丁烯	−1.6736	0.9990	428.63	168～407	0.1090
异丁烯	−1.4902	0.8491	417.90	133～397	0.1270
丙二烯	−1.6287	0.9897	393.15	137～373	0.1074
1,3-丁二烯	−1.6512	0.9899	425.37	164～404	0.1122
异戊二烯	−1.7942	1.1542	484.00	127～460	0.1213
环戊烷	−1.6175	0.9240	511.76	179～486	0.1266
甲基环戊烷	−1.6949	0.9753	532.79	131～506	0.1193
环己烷	−1.6817	0.9649	553.54	280～526	0.1236
甲基环己烷	−1.7992	1.0419	572.19	147～544	0.1109
环戊烯	−1.6455	0.9742	507.00	138～482	0.1290
环己烯	−1.6375	0.9374	560.40	170～532	0.1309
苯	−1.6846	1.0520	562.16	279～534	0.1456
甲苯	−1.6735	0.9773	591.79	178～562	0.1338
乙苯	−1.7498	1.0437	617.17	178～586	0.1302
邻二甲苯	−1.7372	1.0282	630.37	248～599	0.1315
间二甲苯	−1.7286	1.0193	617.05	225～586	0.1305
对二甲苯	−1.7354	1.0254	616.26	286～585	0.1299
异丙苯	−1.1835	0.3543	631.15	177～600	0.1293
苯乙烯	−1.7023	1.0002	648.00	243～616	0.1369
萘	−1.0304	0.1860	748.35	353～711	—
四氟甲烷	−1.7559	0.9890	227.50	90～216	—
氯乙烯	−1.7110	0.9777	432.00	119～410	0.0974
氯苯	−1.6502	0.9051	632.35	228～601	0.1271
氯三氟甲烷	−1.6922	0.9350	301.96	93～287	—
氟三氯甲烷	−1.9663	1.2354	471.20	162～448	0.0915
甲醇	−1.1793	0.6191	512.58	175～487	0.2322
乙醇	−1.3172	0.6987	516.25	159～490	0.1694

续表

物质名称	A	B	C	温度范围/K	λ_L^{25}
1-丙醇	－1.2131	0.5097	536.71	147～510	0.1553
2-丙醇	－1.3721	0.6580	508.31	185～483	0.1378
1-丁醇	－1.3120	0.6190	562.93	184～535	0.1538
2-丁醇	－1.4633	0.7473	536.01	158～509	0.1346
异丁醇	－1.3936	0.6487	547.73	165～520	0.1332
叔丁醇	－1.2018	0.3521	506.20	299～481	
环己醇	－1.3475	0.5719	625.15	297～594	0.1342
乙二醇					0.2560
1,2-丙二醇	－0.8118	0.1372	626.00	213～595	0.2006
甘油	－0.3550	－0.2097	723.00	293～550	0.2916
苯酚	－1.1489	0.4091	694.25	314～660	—
甲醚	－1.5099	0.9936	400.10	132～380	0.1453
乙醚	－1.5629	0.9357	466.70	159～443	0.1369
甲基叔丁基醚	－1.3554	0.5475	497.10	165～472	0.1164
环氧乙烷	－1.4656	0.8777	469.15	161～446	0.1557
乙醛	－1.4826	0.9821	461.00	150～438	0.1766
丙酮	－1.3857	0.7643	508.20	178～483	0.1615
2-丁酮	－1.4647	0.7938	535.50	186～509	0.1460
环己酮	－1.7647	1.0954	629.15	242～598	0.1403
乙酸	－1.2836	0.5893	592.71	290～563	0.1581
乙酸酐	－1.3593	0.7106	569.15	200～541	0.1643
乙酸甲酯	－1.6616	1.0979	506.80	175～481	0.1550
乙酸乙酯	－1.6938	1.0862	523.30	190～497	0.1445
γ-丁内酯	－1.6401	0.9843	739.00	230～702	0.1619
甲胺	－1.0947	0.5539	430.05	180～409	0.1997
乙胺	－0.7418	0.0838	456.15	192～433	0.2090
苯胺	－1.3485	0.6888	699.00	267～664	0.1734
氰化氢	－1.4117	1.0351	456.65	260～434	0.2256
丙烯腈	－2.1221	1.7052	535.00	190～508	0.1694
吡啶	－1.2083	0.5146	619.95	232～589	0.1653
硝基苯	－1.3942	0.6571	719.00	279～683	0.1478
N,N-二甲基甲酰胺	－1.4326	0.8321	647.00	213～615	0.1840
丙烯酰胺	－1.7139	1.0196	710.00	358～678	—
乙醇胺	－1.3743	1.0185	638.00	284～606	0.2995
二甲硫醚	－1.6145	0.9868	503.04	175～478	0.1409
二乙硫醚	－1.6613	0.9782	557.15	169～529	0.1332
四氢噻吩	－1.6093	0.9128	631.95	177～600	0.1417
噻吩	－1.4069	0.7030	579.35	235～550	0.1462

单质和无机物的 λ_L 仍用简单的多项式见表 1-6-12。

表 1-6-12 液体热导率-温度关联式及系数（无机物和单质）

$\lambda_L=A+BT+CT^2$，λ_L/W·m^{-1}·K^{-1}，T/K

物质名称	A	B	C	温度范围/K	λ_L^{25}
氮	0.2130	-4.2052×10^{-4}	-7.2951×10^{-6}	70～126	—
氧	0.2320	-5.6357×10^{-4}	-3.8093×10^{-6}	50～155	—
氟	0.2758	-1.6297×10^{-3}	-3.7475×10^{-18}	53～130	—
氯	0.2246	-6.4000×10^{-5}	-7.8800×10^{-7}	172～410	0.135
水	-0.2758	4.6120×10^{-3}	-5.5391×10^{-6}	273～633	0.607
氟化氢	0.6678	-4.7997×10^{-4}	-1.0548×10^{-6}	204～415	0.431
氯化氢	0.8045	-2.1020×10^{-3}	-2.3238×10^{-16}	273～323	0.178
硫酸	0.1553	1.0699×10^{-3}	-1.2858×10^{-6}	263～833	0.360
硝酸	-0.2535	2.9368×10^{-3}	-3.6854×10^{-6}	233～468	0.294
氨	1.1626	-2.2840×10^{-3}	3.1245×10^{-18}	220～400	0.480
二氧化硫	0.3822	-6.2540×10^{-4}	-5.6891×10^{-19}	200～400	0.196
三氧化硫	0.9288	-3.0803×10^{-3}	2.6600×10^{-6}	290～481	0.247

6.2.2 热导率的估算方法

6.2.2.1 气体热导率的估算

(1) 低压纯气体热导率估算 低压气体的 λ_G，随温度的上升而上升。一般来说，$d\lambda_G/dT$ 的变化为 $4\times10^{-5}\sim1.2\times10^{-4}$ W·m^{-1}·K^{-2}，而对于具有极性或复杂结构的化合物，$d\lambda_G/dT$ 较大。最常用的关联式是：

$$\lambda_G=A+BT+CT^2$$

a. Chung 等法（低压）[28]

$$\frac{\lambda_G M}{1000\eta_G C_V}=\frac{3.75\psi}{C_V/R} \tag{1-6-34}$$

$$\psi=1+\alpha\frac{0.215+0.28288\alpha-1.061\beta+0.26665Z}{0.6366+\beta Z+1.061\alpha\beta} \tag{1-6-35a}$$

$$\alpha=\frac{C_V}{R}-\frac{3}{2} \tag{1-6-35b}$$

$$\beta=0.7862-0.7109\omega+1.3168\omega^2 \tag{1-6-35c}$$

$$Z=2.0+10.5T_r^3 \tag{1-6-35d}$$

式(1-6-34)、式(1-6-35a)～式(1-6-35d)，基本上只适用于非极性化合物，除 η_G、C_V 值外，物质的特性通过偏心因子 ω 及 T_c 来计算。其中 ω 是用来计算 β 值，对极性化合物，β 应取专用值，例如下述物质的 β 值为：氨 1.08、水 0.78、二氧化硫 1.16、甲醇 1.31、乙醇 1.38、正丙醇 1.43、乙醚 1.48、丙酮 1.42、乙酸乙酯 1.44，若缺乏 β 值，可取 β 值为 0.758。原作者用非极性化合物及部分极性化合物（即一些有 β 值的化合物）的实验数据进行了较为广泛的考核，结果表明，非极性化合物的平均误差小于 2%，极性化合物的平均误差不大于 7%。

b. Chung 等法（高压校正）[28] 对常压公式的改进：

$$\lambda_G=\frac{3.12\times 10^4\eta_G^0\psi}{M}(G_2^{-1}+B_{6y})+qB_7y^2T_r^{1/2}G_2 \quad (\mathrm{W\cdot m^{-1}\cdot K^{-1}}) \tag{1-6-36}$$

$$y=V_c/(6V) \tag{1-6-37a}$$

$$G_1=(1-0.5y)/(1-y)^3 \tag{1-6-37b}$$

$$q=0.1134\,(T_c/M)^{1/2}V_c^{-2/3} \tag{1-6-37c}$$

$$G_2=\frac{(B_1/y)[1-\exp(-B_4y)]+B_2G_1\exp(B_5y)+B_3G_1}{B_1B_4+B_2+B_3} \tag{1-6-37d}$$

$$B_i=a_i+b_i\omega+c_i\mu_r^4+d_iK \tag{1-6-38}$$

其中，$\mu_r=131.3\dfrac{\mu_P}{(V_cT_c)^{1/2}}$。

K 仍为含氢键物质的专用校正因子，式(1-6-38) 中的系数值见表 1-6-13。式(1-6-36) 中，η_G^0 为低压气体黏度，$\mathrm{N\cdot s\cdot m^{-2}}$（最好用实验值）；$M$ 为相对分子质量。原作者自报该法误差一般为 5%～8%，但只涉及非极性化合物及简单分子。

表 1-6-13 式(1-6-38) 中各系数值

i	a_i	b_i	c_i	d_i	i	a_i	b_i	c_i	d_i
1	2.4166	0.7824	−0.91858	121.72	5	0.79274	0.82019	−0.69369	6.3173
2	−0.50924	−1.5094	−49.991	69.983	6	−5.8634	12.801	9.5893	65.529
3	6.6107	5.6207	64.760	27.039	7	91.089	128.11	−54.217	523.81
4	14.543	−8.9139	−5.6379	74.344					

(2) 低压混合气体热导率估算 低压混合气体的热导率可采用 Wassiljewa 法[29]估算：

$$\lambda_{Gm}=\sum_{i=1}\frac{y_i\lambda_i}{\sum y_iA_{ij}} \tag{1-6-39}$$

式中，y_i 为分子分数；A_{ij} 为交互作用系数，$y_{ij}=y_{ji}$，原则上要用实验数据反求，而 $A_{ij}=1$，对二元物系：

$$\lambda_{Gm}=\frac{y_1\lambda_1}{y_1+y_2A_{12}}+\frac{y_2\lambda_2}{y_2+y_1A_{12}} \tag{1-6-40}$$

6.2.2.2 液体热导率的估算

(1) 纯液体热导率估算 正常沸点下的液体热导率 λ_b（$\mathrm{mW\cdot m^{-1}\cdot K^{-1}}$），可按式 (1-6-41) 由该液体的摩尔质量计算：

$$\lambda_b=\frac{1104}{M^{1/2}} \quad (\mathrm{mW\cdot m^{-1}\cdot K^{-1}}) \tag{1-6-41}$$

其他温度下的热导率，可按如下的 Sato-Riedel 式[30]估算：

$$\lambda=\frac{1104}{M^{1/2}}\frac{[3+20\,(1-T_r)^{2/3}]}{[3+20\,(1-T_{rb})^{2/3}]} \quad (\mathrm{mW\cdot m^{-1}\cdot K^{-1}}) \tag{1-6-42}$$

使用此式，只需 T、T_b、T_c 及 M 等数据。用于估算低分子烃及支链烃时的结果较差，对于非烃类化合物结果较好。

式(1-6-42)的估算误差平均在6%以下。

(2) 混合液体热导率估算 混合液体热导率可由各组分的热导率 λ_i 按质量分数 w_i 进行加和。

$$\lambda_{mix}=w_1\lambda_1+w_2\lambda_2+\cdots=\sum w_i\lambda_i \tag{1-6-43}$$

对于含有强极性组分的二元混合物，可用 Filippov 式计算：

$$\lambda_{mix}=w_1\lambda_1+w_2\lambda_2-0.72w_1w_2|(\lambda_1-\lambda_2)| \tag{1-6-44}$$

【例 1-6-2】 估算2-甲基丁烷（异丁烷）气态在0.1MPa、100℃时的热导率。已知实验值为 $0.022\mathrm{W\cdot m^{-1}\cdot K^{-1}}$。

解 可以查得 $T_c=460.39\mathrm{K}$，$p_c=3.381\mathrm{MPa}$，$V_c=308.3\mathrm{cm^3\cdot mol^{-1}}$，$Z_c=0.272$，$w=0.229$，$M=72.151\mathrm{g\cdot mol^{-1}}$。

首先用 Chung 等的关系式估算2-甲基丁烷的黏度，此外，$\mu_r=0$，$k=0$，$T^*=1.2593$，$T_r=1.020$，$\Omega_v=0.576$。

由式(1-6-7)得：

$$\eta_G=8.72\times10^{-6}\mathrm{N\cdot s\cdot m^{-2}}$$

$$C_V=C_p-8.3=135.8(\mathrm{J\cdot mol^{-1}\cdot K^{-1}})$$

Chung 等的方法，由式(1-6-34)得：

$$\frac{\lambda_G M}{1000\eta_G C_V}=\frac{3.75\psi}{C_V/R}$$

根据式(1-6-35b)的定义，得：

$$\alpha=135.8/8.314-1.5=14.83$$

由式(1-6-35c)得：

$$\beta=0.7862-0.7109\times0.229+1.3168\times0.229^2=0.692$$

$$T_r=373/460.39=0.810$$

由式(1-6-35d)，得：

$$Z=2.0+10.5\times0.810^2=8.90$$

$$\psi=1+14.83[(0.215+0.28288\times14.83-1.061\times0.692+0.26665\times8.90)/(0.6366+0.692\times8.90+1.061\times14.83\times0.692)]=6.071$$

$$\lambda_G=\frac{3.75\times6.071}{135.8/8.314}\times\frac{8.72\times10^{-6}\times135.8}{72.151\times10^{-3}}=2.29\times10^{-2}(\mathrm{W\cdot m^{-1}\cdot K^{-1}})$$

6.3 扩散系数

扩散可通过压力梯度（压力扩散）、温度梯度（热扩散）、外力梯度（强制扩散）以及浓度梯度等产生，本篇只讨论浓度梯度导致的扩散。在含有多组分的体系中，各组分因浓度梯度朝着减小浓度差的方向流动，分子扩散系数（简称扩散系数）表达了该过程的强度和推动力，满足 Fick 定律。

$$J=-D\frac{\mathrm{d}c}{\mathrm{d}z} \tag{1-6-45}$$

式中，J 为扩散通量；$\mathrm{d}c/\mathrm{d}z$ 为浓度梯度；D 为分子扩散系数，简称扩散系数。

表 1-6-14 某些气体二组分扩散系数[23] （101.325kPa）

物质	气体二组分扩散系数 D/cm^2•s										
	t/℃	空气	氩	氢	氧	氮	二氧化碳	一氧化二氮	甲烷	乙烷	乙烯
乙酸	0	0.1064		0.416			0.0716				
丙酮	0	0.109		0.361							
氨		0.247(22℃)	0.232(22℃)	0.745(0℃)		0.248(22℃)					
苯胺	0	0.0610									
	30	0.075									
氩	20					0.194					
苯	0	0.077		0.306	0.0797	0.102(38.2℃)	0.0528				
正丁醇	0	0.0703		0.2716			0.0476				
	30	0.088									
异丁醇	0	0.0727		0.2771			0.0483				
二氧化碳	0	0.138		0.550	0.139			0.096	0.153		
	20										
	25		0.1652(44℃)					0.0996①	0.00215②		
二硫化碳	0	0.0892		0.369			0.063				
一氧化碳	0		0.188(22.6℃)	0.651	0.185		0.137				0.116
四氯化碳	0			0.293	0.0636						
氯苯	30	0.075									
氯仿	0	0.091									
联苯	0	0.0610									
乙烷	0			0.459							
乙醇	0			0.377			0.0686				
乙醚	0	0.0778		0.298			0.0546				
乙酸乙酯	0	0.0715		0.273			0.0487				
	30	0.089									
乙醇	0	0.102		0.375			0.0685				
乙烯	0			0.486							

续表

物质	气体二组分扩散系数 $D/cm^2 \cdot s$										
	t/℃	空气	氩	氢	氧	氮	二氧化碳	一氧化二氮	甲烷	乙烷	乙烯
甲酸	0	0.1308		0.510			0.0874				
氦	0		0.641								
	20					0.705					
氢	0	0.611			0.697	0.674	0.550	0.535	0.625	0.459	0.486
	25		0.828(14.8℃)				0.646		0.726	0.537	0.726
	500				4.2						
氰化氢	0	0.173									
过氧化氢	60	0.188									
碘	0	0.07				0.070					
汞	0	0.112		0.53		0.13					
甲烷	500				1.1						
甲醇	0	0.132		0.506			0.0879				
萘	0	0.0513									
氮	0				0.181						
	20		0.194								
	25						0.165		0.216	0.148	0.163
一氧化二氮	0			0.535			0.096				
氧	0	0.178		0.697			0.139				
正丙醇	0	0.085		0.315			0.0577				
异丙醇	0	0.0818									
	30	0.101									
甲苯	0	0.076	0.071								
	30	0.088									
水	0	0.220		0.75			0.138				
	450				1.3						

① 42.663kPa。

② 4053kPa。

注：其他不同温度下液体二组分的扩散系数，可参考文献［36］。

对二元系统，$D_{AB}=D_{BA}$，可用一个扩散系数代表，又称互扩散系数。自扩散系数在工程实践中少用，本篇暂不涉及。固体中的扩散系数和微孔中的扩散系数可认为不属于化工数据的范围，本篇也不讨论。

6.3.1 扩散系数数据源

扩散系数的实测值不多，早期数据多收集在LB手册中[1]，该手册收集了1967年前的二元和多元的扩散系数。Marrero和Mason[31]系统收集了D_G值，有74个二元系统。Lugg系统收集了147个有机物在空气中的D_G值[32]。另外Manner等[33]和Pathak等[34]收集了较多的D_G值；Hayduk和Laudie[35]收集了气体或液体在水中的D_G或D_L。某些气体和液体的二组分扩散系数分别见表1-6-14、表1-6-15。

表1-6-15 某些液体二组分扩散系数（稀溶液）[37] 单位：$cm^2 \cdot s^{-1}$

溶剂 \ 溶质	水		甲醇		乙醇		四氯化碳		苯		甲苯	
	t/℃	$D\times10^5$	t/℃	$D\times10^5$	t/℃	$D\times10^5$	t/℃	$D\times10^5$	t/℃	$D\times10^5$	t/℃	$D\times10^5$
丙酮	15	1.25	15	2.50			20	1.86			20	2.93
苯胺	20	0.92	15	1.49	18.5	2.7						
丙烯醇	15	0.90	15	1.80	25	1.06						
安息香酸							25	0.91			25	1.49
异戊醇	15	0.69	15	1.34	20	0.78			25	1.38		
乙醇	15	1.00			25	1.05			15	1.48	15	3.00
甲酸	25	1.37					25	1.89	15	2.25	25	2.64
甘油	25	0.94			25	0.56			6	1.99		
氯仿			15	2.07	25	1.38						
氯苯									15	2.11	25	2.21
乙酸	15	0.91	15	1.54	15.3	0.64	25	1.50	15	1.42	25	2.26
四氯化碳	25	1.50	15	1.70	25	1.50	25	1.41	15	1.92	25	2.19
溴化乙烯			15	1.95					25	1.91		
尿素	25	1.37			25	0.73			15	1.97		
吡啶	25	0.76	15	1.58	20	1.12						
酚	25	0.89	15	1.40	25	0.89						
正丁醇	15	0.77								25	1.68	
呋喃醛	20	0.92	15	1.70								
正丙醇	15	0.87								15	1.80	
溴苯			15	1.75					15	1.86	25	0.272
苯甲醛			15	1.66					15	1.73		
苯							25	1.38	25	2.14		
水	25	2.27	15	1.78	25	1.13						
甲醇	15	1.28	25	2.27					15	2.00		
碘	25	1.25	25	1.74	25	1.30	25	1.45	25	1.98	25	2.1
氮	20	1.639										

续表

溶质＼溶剂	水		甲醇		乙醇		四氯化碳		苯		甲苯	
	t/℃	$D\times10^5$	t/℃	$D\times10^5$	t/℃	$D\times10^5$	t/℃	$D\times10^5$	t/℃	$D\times10^5$	t/℃	$D\times10^5$
硝酸	20	2.60										
氨	20	1.761										
乙炔	20	1.561										
氢	20	5.131										
氢氧化钠	20	1.511										
二氧化碳	20	1.769										
氧	20	1.80										
硫酸	20	1.731										
硫化氢	20	1.411										
盐酸	20	2.639										
氯化钠	20	1.35										

6.3.2 扩散系数估算方法

6.3.2.1 气体 D_G的估算

在压力为 10～500kPa 下的低密度气体的扩散系数，可用 Wilke-Lee 法[38]估算，估算式如下：

$$D_{G,AB}=\frac{\left(0.303-\frac{0.098}{M_{AB}^{0.5}}\right)T^{3/2}}{pM_{AB}^{0.5}\sigma_{AB}^{2}\Omega_{D}}\quad(cm^2\cdot s^{-1})\tag{1-6-46}$$

$$M_{AB}=2\left[(1/M_A)+(1/M_B)\right]^{-1}\tag{1-6-46a}$$

$$\sigma_{AB}=\frac{1}{2}(\sigma_A+\sigma_B)\tag{1-6-46b}$$

每一组分的 σ，可用 $\sigma=1.18V_b^{1/3}$，V_b是沸点下的摩尔体积。

$$\Omega_D=\frac{1.06036}{(T^*)^{0.15610}}+\frac{0.19300}{\exp(0.47635T^*)}+\frac{1.03587}{\exp(1.52996T^*)}+\frac{1.76474}{\exp(3.89411T^*)}\tag{1-6-46c}$$

$$T^*=\frac{kT}{\varepsilon_{AB}}\tag{1-6-46d}$$

$$\varepsilon_{AB}=(\varepsilon_A\varepsilon_B)^{1/2}\tag{1-6-46e}$$

每一组分的 $\varepsilon/k=1.15T_b$。

式中，p 为压力，kPa；T 为温度，K；M 为摩尔质量；σ 为特征长度；Ω_D为扩散碰撞积分，是温度的函数；k 为 Boltzman 常数；ε 为势能常数。

在中低压时，$D_{G,AB}$与压力成反比；在高压下，压力对 $D_{G,AB}$的影响只能做出粗略的计算，例如，Lugg[39]曾提出温度和压力同时校正的简易计算法：

$$D_{G,298}=D_{G,T}\left(\frac{298}{T}\right)^{n}\frac{p}{101.325} \tag{1-6-47}$$

$D_{G,298}$为 298K 下的扩散系数，若取 n 为 2，误差小于 5%。

6.3.2.2 液体中 D_L 的估算

液体无限稀释扩散系数（$D_{L,AB}^{\infty}$）指纯 B 中所含微量 A 的液体扩散系数，它可以用来估算其他浓度下的 $D_{L,AB}$。在工程计算中，$D_{L,AB}^{\infty}$可适用于 A 的浓度为 5%，甚至 10%。

$D_{L,AB}^{\infty}$可用 Hayduk-Minhas 法[40]进行估算，本法按不同溶剂-溶质关系，选用不同的计算式。

对烃类溶液：

$$D_{L,AB}^{\infty}=1.33\times10^{-7}\frac{T^{1.47}\eta_B^{\varepsilon}}{V_{bA}^{0.71}}\quad(\mathrm{cm^2\cdot s^{-1}}) \tag{1-6-48}$$

$$\varepsilon=(10.2/V_{bA})-0.791 \tag{1-6-49}$$

式中，η_B为溶剂黏度，MPa·s；V_{bA}为 A 在沸点下的摩尔体积，$\mathrm{cm^3\cdot mol^{-1}}$；$\varepsilon$ 为介电常数。

对水溶液：

$$D_{L,AB}^{\infty}=(0.125V_{bA}^{-0.19}-0.0365)\times10^{-7}T^{1.52}\eta_B^{\varepsilon}\quad(\mathrm{cm^2\cdot s^{-1}}) \tag{1-6-50}$$

$$\varepsilon=(9.58/V_{bA})-1.12 \tag{1-6-51}$$

对于一般非电解质非水溶液[16]：

$$D_{L,AB}^{\infty}=0.155\times10^{-7}T^{1.29}\frac{V_{bB}^{0.27}\sigma_B^{0.125}}{V_A^{0.42}\sigma_A^{0.105}\eta_B^{0.92}}\quad(\mathrm{cm^2\cdot s^{-1}}) \tag{1-6-52}$$

式中，σ 为表面张力，$\mathrm{mN\cdot m^{-2}}$。

温度对液体扩散系数的影响可由式(1-6-53) 估算[41]：

$$D_{L,AB}^{\infty}=kT^{0.5}(V-V_{Bo}) \tag{1-6-53}$$

式中，V 为物系的摩尔体积，$\mathrm{cm^3\cdot mol^{-1}}$；$k$，$V_{Bo}$为关联参数。

6.3.2.3 超临界条件下的扩散系数估算

超临界条件下的扩散系数可用 Liu、Wang、Lu 法[42]估算：

$$\ln\frac{D_{21}^{\infty}}{T^{1/2}V_1}=A+\frac{\alpha V'(3V'-4)}{(1-V')^2}+\frac{B}{RTV_1} \tag{1-6-54}$$

$$V'=V_0/V_1 \tag{1-6-55}$$

式中，A、B、α、V_0为 4 个待定参数，其中，V_0为容积参数，其单位与溶剂的体积单位一致；V_1为混合物摩尔体积，由于溶质量极小，溶液体积可用纯溶剂 V_1代替。

6.3.2.4 无限稀释时二元液体的扩散系数估算

可用 Wilke-Chang 式[43]估算：

$$D_{12}^{\infty}=7.4\times10^{-8}(\beta M_{r,2})^{1/2}T/\eta_2V_{m,1}^{0.6} \tag{1-6-56}$$

式中 D_{12}^{∞}——极低浓度的溶质 1 在溶剂 2 中的扩散系数，$\mathrm{cm^2\cdot s^{-1}}$；

$M_{r,2}$——溶剂 2 的摩尔质量；

T——温度，K；

η_2——溶剂 2 的黏度；

$V_{m,1}$——溶质 1 在正常沸点下的分子体积；

β——溶剂 2 的缔合参数，无量纲，水为 2.6、甲醇为 1.9、乙醇为 1.5，其他非缔合液体为 1。

6.4 表面张力

液体内部分子所受其他分子的吸引力各方向相同，而液体表面分子受上方蒸气分子的引力远小于受下层液体分子的引力，使液面趋于吸往液体内部，此种内向引力使表面尽量收缩而形成表面张力（σ）。表面张力定义为单位表面长度所具有的反抗表面积增加的力，对应在恒温、恒压下增加单位表面积时，体系 Gibbs 自由能增量，称为表面自由能（γ）。σ 与 γ 有相同的量纲，用同样单位时有同样的数值。

气液、液液、固液、气固界面间都有内向引力，统称为界面张力。在各种界面张力中，气液（或汽液）表面间的表面张力在化工应用中最重要，是本篇的重点。其他界面张力有时也比较重要，但实验数据少，应用也不多，数据规律尚未显现，本篇不做讨论。

6.4.1 表面张力数据源

至今引用最多的表面张力数据是 Jasper[44] 整理的不同温度下的数据，其中绝大多数物质都列出了不同温度下的 σ 值。最新成果是 1997 年的 LB 手册[5]，该手册收集了大量纯物质的 σ 值，并首次收集了液体混合物数据。由于表面张力所测温度范围不大，一般只用最简单的关联方程 $\sigma=a-bt$，表 1-6-16 在上述两个文献基础上，提供了上式的关联系数，并给出了三个温度下的表面张力值[9,10]。

表 1-6-16 液体的表面张力-温度关联式与系数及温度点值[9,10]

$\sigma=a-bt$，σ/mN·m^{-1}，t/℃

物质名称	a	b	温度范围/℃	t/℃	σ	t/℃	σ	t/℃	σ
甲烷				−176.31	15.98	−132.22	7.38	−89.47	0.642
乙烷	1.24	0.1660	−140～−90	−183.28	33.27	−68.43	13.13	29.29	0.1332
丙烷	9.22	0.0874	−90～10	0.00	10.18	41.52	4.42	91.73	0.278
丁烷	14.87	0.1206	−70～20	−136.96	34.21	−45.34	21.08	9.12	14.01
异丁烷	12.83	0.1236	−70～20	0.00	13.01	46.60	6.94	126.64	0.365
乙烯	−2.73	0.1854	−160～−110	−157.2	25.91	−153.2	24.96	−149.2	24.20
丙烯	9.99	0.1427	−80～−30	−62.0	18.93	−22.9	13.17		
1-丁烯	15.19	0.1323	−70～−20	−55.0	22.48	−15.0	17.14	20.0	12.60
异丁烯	14.84	0.1319	−50～20	−50.0	21.68	−20.0	17.41	20.0	12.27
乙炔	3.42	0.1935	−90～−50	−81.8	19.28	−56.0	14.31		
丙炔	14.51	0.1482	−90～−40	−90.0	27.85	−60.0	23.40	−40.0	20.44
环戊烷	25.53	0.1462	5～50	−34.2	30.69	17.2	22.97	35.0	20.68
甲基环戊烷	24.63	0.1163	10～60	14.8	23.00	20.0	22.30	41.2	19.88
环己烷	27.62	0.1188	5～70	10.0	26.1	30.0	24.0	60.0	20.5
甲基环己烷	26.11	0.1130	5～60	20.0	23.78	35.0	22.16	54.7	20.07

续表

物质名称	a	b	温度范围/℃	t/℃	σ	t/℃	σ	t/℃	σ
苯				20.0	28.89	100.0	18.61	280.0	0.37
甲苯	30.90	0.1189	10～100	26.1	27.76	56.2	24.28	89.3	20.01
乙苯	31.48	0.1094	10～100	0.0	31.38	50.0	25.74	100.0	20.70
邻二甲苯	32.51	0.1101	10～100	0.0	32.28	50.0	26.76	100.0	21.5
间二甲苯	31.23	0.1104	10～100	0.0	30.92	50.0	25.36	100.0	20.10
对二甲苯	30.69	0.1074	20～100	20.0	28.31	60.0	24.02	100.0	20.10
异丙苯	30.32	0.1054	10～100	10.0	29.27	40.0	26.09	80.0	21.89
氯甲烷	19.5	0.1650	10～30	0.0	19.5	30.0	14.6		
二氯甲烷	30.41	0.1284	20～40	20.0	27.84	25.0	27.20	35.0	25.91
三氯甲烷	29.91	0.1295	15～75	0.0	29.90	20.0	27.20	50.0	23.03
四氯化碳	29.49	0.1224	15～105	−20.0	30.7	25.0	26.24	49.9	23.10
氯乙烯				25.0	16.0	100.0	5.4		
氯苯	35.97	0.1191	10～130	160.0	16.62	240.0	8.94	333.0	1.47
甲醇	24.00	0.0773	10～60	−47.4	28.73	12.4	23.03	37.1	20.92
乙醇	24.05	0.0832	10～70	−50.2	28.38	15.0	22.49	39.7	20.48
1-丙醇	25.26	0.0777	10～90	−30.0	27.85	5.2	24.78	44.3	21.61
2-丙醇	22.90	0.0789	10～80	25.0	20.9	46.7	19.0	80.3	15.9
1-丁醇	27.18	0.08983	10～100	−35.1	28.95	20.3	24.29	39.9	22.78
2-丁醇				10.0	23.54	30.0	21.83	80.0	17.45
异丁醇	24.53	0.0795	10～100	−5.0	24.74	20.0	22.73	45.0	21.01
叔丁醇	22.21	0.0900	25～65	25.0	19.98	45.0	18.11	65.0	16.38
环己醇	35.33	0.0906	20～100	19.1	33.52	57.1	29.79	99.1	25.76
乙二醇	50.21	0.0890	20～140	25.0	48.2	96.0	42.3	197.0	31.5
甘油				20.0	59.4	60.0	57.4	150.0	48.8
甲醚	14.97	0.1478	−70～−25	−42.0	21.3	−20.0	17.9	−10.6	16.5
乙醚	18.92	0.0908	15～30	126.0	5.19	136.0	4.34	148.0	3.29
环氧乙烷	27.66	0.1664	−50～20	−52.0	36.4	−5.0	28.4		
呋喃				16.4	24.57	20.0	24.10	30.0	23.38
乙醛	23.90	0.1360	10～50	0.1	23.9	25.0	20.6	50.0	17.0
丁醛	26.67	0.0925	10～70	20.0	24.28				
环戊酮	35.55	0.1100	5～100	20.0	33.31	64.1	28.57	86.5	26.01
环己酮	37.67	0.1242	5～100	20.0	35.05	80.0	27.79		
甲酸	39.87	0.1098	15～90	13.0	38.21	46.3	35.16	75.0	31.49
乙酸	29.58	0.0994	20～90	20.0	27.50	50.0	24.22	80.0	21.00
丙酸	28.68	0.0993	15～90	−35.1	32.8	40.8	24.5	140.3	14.9
丁酸	28.35	0.0920	20～90	20.0	26.74	30.0	25.57	40.0	24.72
苯甲酸				130.0	31.20	150.0	29.52		

续表

物质名称	a	b	温度范围/℃	t/℃	σ	t/℃	σ	t/℃	σ
甲酸甲酯	28.29	0.1572	10～100	80.0	15.70	140.0	7.54	200.0	0.87
甲酸乙酯	26.47	0.1315	10～40	22.9	23.56	41.4	21.03		
乙酸甲酯	27.95	0.1289	10～60	20.0	24.80	30.0	23.23	50.0	20.29
乙酸乙酯	26.29	0.1161	10～100	20.0	23.52	40.0	21.29	60.0	19.01
乙酸丁酯	27.55	0.1068	10～100	15.5	25.66	20.0	25.09	30.0	23.98
糠醛	46.41	0.1327	10～100	20.0	41.90	30.0	40.68	40.0	39.45
γ-丁内酯				10.0	45.21	40.0	41.88	70.0	37.94
甲胺	22.87	0.1488	15～40	−69.0	31.90	−30.0	26.63	−10.0	24.02
乙胺	22.63	0.1372	15～40	−74.0	28.9	15.0	20.56	35.0	17.82
苯胺	44.83	0.1085	15～90	20.0	43.4	50.0	39.8	90.0	35.0
氰化氢				−13.30	22.16	10.0	19.45	25.0	17.78
乙腈	31.82	0.1263	20～60	25.0	28.66	35.0	27.40	45.0	26.13
丙烯腈	29.58	0.1178	15～60	15.1	27.76	17.8	27.53	40.6	24.80
吡啶	39.82	0.1306	20～85	0.0	39.62	20.0	36.79	40.0	34.12
喹啉	45.25	0.1063	10～100	301.0	15.5	331.0	12.3	371.0	8.86
硝基苯	46.34	0.1157	40～200	20.0	42.59	40.0	40.24	60.0	37.88
N,*N*-二甲基甲酰胺				4.7	38.16	34.7	35.83	54.7	32.03
甲硫醇	28.09	0.1696	15～40	9.8	26.44	33.3	22.42	43.5	20.73
乙硫醇	25.06	0.0793	15～30	9.4	24.30	16.5	23.88	17.2	23.59
二甲硫醚	26.07	0.0805	10～20	20.0	24.4	25.0	23.9	30.0	23.1
二乙硫醚	27.33	0.1106	10～60	20.0	25.2	25.0	24.5	30.0	23.9
二甲二硫醚	36.75	0.1343	15～60	20.0	33.6	25.0	32.8	30.0	32.2
噻吩	34.00	0.1328	20～60	15.0	33.34	20.0	32.62	30.0	31.13
二甲亚砜	45.78	0.1145	20～60	17.9	43.93	80.3	36.42	169.3	26.20
环丁砜				30.0	50.18	40.0	48.79	60.0	46.80
氮气	26.42	0.2265	−195～−183	−198.92	8.44	−172.73	4.04	−152.91	0.644
氧气	−33.72	0.2561	−202～−184	−193.39	15.88	−160.36	7.83	−126.30	0.959
氢气				−252.17	1.805	−248.25	1.145	−244.03	0.468
氟气	−16.10	0.1646	−202～−188	−206.94	18.85	−201.10	17.02	−196.00	15.73
氯气	19.87	0.1897	−80～−30	−60.0	31.2	10.0	20.0	50.0	13.4
水	75.83	0.1477	10～100	0.01	75.64	20.0	72.74	370.0	0.45
双氧水	78.97	0.1549	2～20	0.2	78.73	11.0	77.51	18.2	75.94
氟化氢	10.41	0.07867	−80～20	−81.8	17.70	−23.2	12.00	18.2	8.63
溴化氢	13.10	0.2079	−75～−50	−91.3	30.19	−74.9	26.44	−46.0	22.67
硫化氢				−84.1	33.418	−75.7	31.645	−66.2	29.613
硫酸				10.0	52.92	30.0	52.23	50.0	51.70
硝酸				0.0	43.56	20.0	41.15	40.0	37.76

续表

物质名称	a	b	温度范围/℃	t/℃	σ	t/℃	σ	t/℃	σ
氨				−75.3	43.45	−56.4	39.22	−39.4	35.38
一氧化碳	−30.20	0.2073	−192～−182	−193.65	10.01	−188.60	8.91	−183.76	7.88
二氧化碳				−56.60	16.90	0.00	4.57	28.8	0.148
二硫化碳	35.29	0.1484	10～60	20.0	32.32	30.0	30.99	45.0	28.81
二氧化硫	26.58	0.1948	−50～10	−50.0	34.48	20.0	22.19	100.0	7.60
四氯化硅	20.78	0.099624	5～50	−20.0	23.8	23.0	19.28	55.0	15.73

6.4.2 表面张力的估算方法

随温度升高，气液两相性质及相应的分子作用力变得接近，表面张力变小，至临界点处，σ 为零。当 T_r在 0.4～0.7 时，常用简单的线性关联式：

$$\sigma=a-bt \tag{1-6-57}$$

式中，有两个参数 a 和 b。由于实验测定集中在此区间，此关联式在工程上使用频率高，此式为最常用的关联式。

当温度范围较大时，可用对比型指数关联式：

$$\sigma=\sigma_0(1-T_r)^m \tag{1-6-58}$$

式中，T_r为对比温度；σ_0，m 为关联系数。为了使用方便，有时把 m 取为定值，例如 Reid 等[16]建议取 m 为 1.22。对不同化合类型的化合物，m 可取不同值[26]，例如烷基苯、链烷烃、链烯烃的 m 可取为 1.25，对醇类取 m 为 1.00。

6.4.2.1 纯液体表面张力估算

纯液体的表面张力可用 Macled-Sugden 法估算：

$$\sigma^{1/4}=[P](\rho_L-\rho_V) \tag{1-6-59}$$

式中 σ——表面张力，$mN \cdot m^{-1}$；

ρ_L，ρ_V——液体、饱和蒸气的密度，$mol \cdot cm^{-3}$；

$[P]$——等张比容，可按表 1-6-17 给出的分子结构常数加和求取。

表 1-6-17 计算等张比容的结构常数

官能团	结构常数	官能团	结构常数	官能团	结构常数
C	9.0	—COO—	63.8	S	49.1
H	15.5	—COOH	73.8	P	40.5
$—CH_3$	55.5	—OH	29.8	F	26.1
$—CH_2—$	40.0	$—NH_2$	42.5	Cl	55.2
$CH_3—CH(CH_3)—$	133.3	—O—	20.0	Br	68.0
$CH_3—CH_2—CH(CH_3)—$	171.9	$—NO_2$(亚硝基)	74	I	90.3
$CH_3—CH_2—CH_2—CH(CH_3)—$	211.7	$—NO_3$(硝基)	93	双键	
$CH_3—CH(CH_3)—CH_2—$	173.3	$—CO(NH_2)$	91.7	端键	19.1
$CH_3—CH_2—CH(C_2H_5)—$	209.5	═O(酮)		2,3 位置	17.7
$CH_3—C(CH_3)_2—$	170.4	三碳原子	22.3	3,4 位置	16.3
$CH_3—CH_2—C(CH_3)_2—$	207.5	四碳原子	20.0	三键环化合物	40.6
$CH_3—CH(CH_3)—CH(CH_3)—$	207.9	五碳原子	18.5		
$CH_3—CH(CH_3)—C(CH_3)_2—$	243.5	六碳原子	17.3	三元环	12.5
$C_6H_5—$	189.6	—CHO	66	四元环	6.0
		O(除上述情况以外)	20	五元环	3.0
		N(除上述情况以外)	17.5	六元环	0.8

此法对氢键型液体一般误差小于5%～10%，非氢键型液体误差更要小一些，但由于表面张力与密度是四次方关系，密度的影响很大，应予以注意。

基团贡献法也可直接用于估算表面张力，但限于估算20℃或沸点下的表面张力。

6.4.2.2 有机溶液表面张力的估算

对于有机溶液也可用 Macleod-Sugden 法估算：

$$\sigma_m^{1/4}=\sum_{i=1}[P_i](\rho_{Lm}x_i-\rho_{Vm}y_i) \tag{1-6-60}$$

式中 σ_m——混合物的表面张力，$mN\cdot m^{-1}$；

$[P_i]$——i 组分的等张比容；

x_i，y_i——液相、气相的分子分数；

ρ_{Lm}，ρ_{Vm}——混合物液相、气相的密度，$mol\cdot cm^{-3}$。

6.4.2.3 有机水溶液表面张力的估算

有机水溶液的 σ_m 与组成的关系比一般有机溶液复杂，更远离线性关系，但上述估算方法有时仍能使用。

对于很稀水溶液，可用式(1-6-61) 估算[27]：

$$\frac{\sigma_m}{\sigma_w}=1-0.411\lg\left(1+\frac{x}{a}\right) \tag{1-6-61}$$

式中，σ_w 为同温下纯水的表面张力；x 为有机物的分数；a 为各有机物的特征参数，有很大变化范围。例如，a 的丙酸、正丙醇、异丙醇、乙酸甲酯为0.0026，正丁酸、异丁酸、正丁醇、异丁醇为0.00070，正戊酸、异戊酸、正戊醇、异戊醇为0.00017，2-丁酮、正丙胺为0.0019，3-戊酮、甲酸丙酯、乙酸乙酯、丙酸甲酯为0.00085，丙酸乙酯、乙酸丙酯为0.00031，丙酸丙酯为0.00010。有一些化合物 a 值更小，例如正己酸为 7.5×10^{-5}，正庚酸为 1.7×10^{-5}，正辛酸为 0.34×10^{-5}，正癸酸为 0.025×10^{-5}。由以上数值可见，a 值无规律性，在一定程度上，式(1-6-61) 是个关联式。

参考文献

[1] Landolt-Börnstein Zahlenwerte und Fungtiones aus Physiks. Chemie Astronomie und Technik. Berlin: Springer. II Bard, 5Teil, Bondteil, a Transportphanomene I, Viscositot und Diffusion, 1969.

[2] Landolt-Börnstein Zahlenwerte und Fungtiones aus Physiks. Chemie Astronomie und Technik. Berlin: Springer. II Band, 5Teil, Bondteil, a Transportphanomene a Viskositat and Diffusĭon, 1969.

[3] Yaws G L. Handbook of Viscosity Gulf. Houston, 1994. vol1, Oranic Compounds $C_1\sim C_4$; vol 2, Organic Compounds $C_5\sim C_7$; vol 3, Organic Compounds $C_8\sim C_{28}$.

[4] Landolt-Börnstein Numerical Data and Functinal Relationships in Science and Technology. New Series, Group Ⅳ, Physical Chemistry. Berlin: Springer. vol 16, Surface Tension of Pure Liquids and Binary Liquid Mixture, 1997.

[5] Chaney J F, Ramdas V, Rodriguez C R, Wu M H. Thermphysical Properties Research Literature Retrieval Gukle 1900-80. IFI/Plenum. New York: 1982.

[6] Cao W, Fredenslund A, Rasmussen P. Ind Eng Chem Res, 1992, 31: 2603; 1993, 32: 1534.

[7] Janz G J, et al. J Phys Chem Ref Data. 1975, 4: 871; 1979, 8: 125; 1983, 12: 591.

[8] 马沛生. 有机化合物实验物性数据手册——含碳、氢、氧、卤部分. 北京: 化学工业出版社, 2006.

[9] 马沛生, 夏淑倩, 夏清. 化工物性数据简明手册. 北京: 化学工业出版社, 2013.

[10] 陈国邦, 包锐, 黄永华. 低温工程技术数据. 北京: 化学工业出版社, 2006.

[11] Chapman S, Cowling T G. The Mathematical Theory of Nonuiform Gases. New York: Gambride, 1939.
[12] Keufeld P P, Janzen A R, Aziz R A. J Chem Phys, 1972, 57: 1100.
[13] 蒔田董．粘度と熱伝導率．東京：培風館，1975.
[14] Bromley L A, Wiley C R. Ind Eng Chem, 1951, 43: 1641.
[15] Lucas K. Chem Ing Tech, 1974, 46(4): 157; Chem Ing Tech, 1981, 53: 959.
[16] Reid R C, Prausnitz J M, Poling B E. The Properties of Gases and Liquids. 4th ed. New York: McGraw-Hill, 1987.
[17] Wlike C R. J Chem Phys, 1950, 18: 517.
[18] Liang Yinghua, Li Ping, Ma Peishang. Fluid Phase Equil, 2002, 198: 123.
[19] Letsou A, Stiel L I. AIChE J, 1973, 19: 409.
[20] Grunberg L, Nissan A H. Nature, 1949, 164: 799.
[21] Isdale J D, MacGillivray J C, Cartwright G. Viscosity of Organic Liquid Mixtures by a Group Contribution Method. National Engineering Lab Report, East Kilbride, Gasgow, Scotland: 1985.
[22] Young R E, O'Connell J T. Ind Eng Chem Fund, 1971, 10: 418.
[23] Vargaftik N B. Tables on the Thermophysical Properties of Liquids and Gases: 2nd ed, 1972, Eng Trans. New York: Wiley, 1975.
[24] Jamieson D T, Irving J B, Tudhope J S. Liquid Thermal Conductivity, A Data Survey to 1973. Edinburgh: H M Stationary Office, 1975.
[25] Daubert T E, Danner R P. Data Compilation Tables on Properties of Pure Compounds. New York: AIChE, 1985.
[26] Daubert T E, Danner R P. Data Compilation Tables of Properties of Pure Chemicals: Core Edition and Supplement 1-7. Washington DC: Taylor & Francis,1997.
[27] Yaws C L. Chemical Properties Handbook. New York: McGraw Hill, 1999.
[28] Chung T H, Ajlan M, Lee L L, Starling K E, Chung T H, Lee L L. Ind Eng Chem Res, 1988, 27: 671.
[29] Wassiljewa A. Physik Z, 1904, 5: 737.
[30] 佐藤一雄．物性定数推算法．東京：丸善，1954.
[31] Marrero T R, Mason E A. J Phys Chem Ref Data, 1972, 1: 3.
[32] Lugg C A. Anal Chem, 1968, 40: 102.
[33] Manner M, Sorensen J P, Stewart W E. J Chem Eng Data, 1974, 19: 169.
[34] Pathak B K, Singh V N, Singh P C. Can J Chem Eng, 1981, 59: 362.
[35] Hayduk W, Laudie H. AIChE J, 1974, 20: 611.
[36] Fuller E N, Schettler P D, Giddings J C. I E C, 1966, 19(5): 58.
[37] 《化学工程手册》编辑委员会．化学工程手册：第一篇 化工基础数据．北京：化学工业出版社，1984.
[38] Wilke C R, Lee C Y. Ind Eng Chem, 1955, 47: 1253.
[39] Lugg G A. Anal Chem, 1968, 40: 1072.
[40] Hayduk W, Minhas B S. Can J Chem Eng, 1982, 60: 295.
[41] 杨晓宁，马沛生，张建候．化工学报，1993，44：497.
[42] Liu Hongqin, Wang Wenchuan, Lu Huanzhang. Chinese J Chem Eng, 1994, 2: 171.
[43] Wilke C R, Chang P. AIChE J, 1955, 1(2): 264.
[44] Jasper J J. J Phys Chem Hef Data, 1972, 1: 841.
[45] Touloukian Y S, et al. Thermophysical Properties of Matter. New York: IFF/Plenum, Vol 1, 2, 3, 1970.
[46] Assesl M J, Kalyva A E, M nogenidou M L, et al. J Phys Chem Ref Data, 2018, 47: 021501.

符号说明

C_p	定压比热容
C_{pG}	气体（比）热容
C_{pL}	液体（比）热容
C_{pS}	固体（比）热容
C_V	定容比热容
D	分子扩散系数
d_4^t	相对密度
d_c	临界密度
d_s	饱和液体密度
$\Delta_f G$	生成 Gibbs 自由能
ΔH	焓变
$\Delta_c H$	燃烧焓
$\Delta_f H^{\ominus}$	标准生成焓
$\Delta_m H$	熔化焓（热）
$\Delta_m S_m$	摩尔熔化熵
$\Delta_s H$	升华焓（热）
$\Delta_{sol} H$	溶解焓（热）
$\Delta_{trs} H$	晶型转变焓（热）
$\Delta_v H$	蒸发焓（热）
$\Delta_v H_{298}^{\ominus}$	298K 下标准蒸发焓
$\Delta_v H_b$	沸点汽化焓
$\Delta_v H^{diff}$	微分蒸发热
$\Delta_v H^{int}$	积分蒸发热
k	Boltzmann 常数
M	分子量/摩尔质量
N	Avogadro 数
n	折射率
n_A	分子中的原子数
p	压力
p_c	临界压力
p_{cm}	虚拟界压力
p_r	对比压力
p_v	蒸气压
r	分子间距
ρ	密度
ρ_c	临界密度

ρ_s	饱和液体密度
S	熵
$\Delta_v S_b$	沸点下蒸发熵
T	温度
T_b	（常压）沸点
T_c	临界温度
T_{cm}	虚拟界温度
T_f	凝固点
T_m	熔点
T_r	对比温度
T_{tr}	三相点
V	体积
V_b	沸点下的摩尔体积
V_{bi}	基团摩尔体积
V_c	临界体积
V_r	对比体积
V_S	液体摩尔体积
V_{SC}	气体参数
x_w	质量分数
y_i	摩尔分数
Z_c	临界压缩因子
α	极化率
γ	表面自由能
ε	介质中介电常数
ε_0	真空中介电常数
η_G	气体黏度
η_L	液体黏度
λ	热导率
λ_b	正常沸点下的液体热导率
λ_G	气体热导率
λ_L	液体热导率
λ_S	固体热导率
μ	偶极矩
ρ	密度
σ	表面张力
ω	偏心因子

第2篇

化工数学

主 稿 人：鲁习文　华东理工大学教授

编写人员：夏宁茂　华东理工大学教授　鲁习文　华东理工大学教授

解惠青　华东理工大学教授　张新发　华东理工大学副教授

钱夕元　华东理工大学教授　秦　衍　华东理工大学副教授

李建奎　华东理工大学教授　杨勤民　华东理工大学讲师

廖　杰　华东理工大学副教授　赵建丛　华东理工大学副教授

邓淑芳　华东理工大学副教授　鲍　亮　华东理工大学副教授

苏纯洁　华东理工大学副教授　朱　焱　华东理工大学副教授

姬　超　华东理工大学副教授　江志松　华东理工大学副教授

审 稿 人：李　希　浙江大学教授

第一版编写人员名单

编写人员：吴乙申　宋　彬　李昌文　徐自新

王彩凤　戴家幸　张建初　夏宁茂

审 校 人：郑　炽　周春晖

第二版编写人员名单

主 稿 人、编写人员：谢国瑞

1

数学基础及常用公式

作为研究化工类型生产过程共性规律的一门技术学科，化学工程是化工生产的重要技术与理论基础。研究化学工程不仅需要化学学科知识，而且还需要数学、机械、电气、仪表控制等学科的知识，其中数学方法的合理使用对化学工程学科的发展起了关键性的作用。

与一般的科学与工程相似，化工的基本问题常可归入三个范畴[1]。

(1) 稳态问题 (steady state problems) 这类问题希望确定系统的形态，其结果不会随时间变化而改变，例如热传导中的稳定温度分布，化学反应中的平衡态。

(2) 特征值问题 (eigenvalue problems) 该问题是平衡问题的扩展，它希望能确定某些参数的临界值以及对应的稳定的形态。特征值问题有时也产生于传播问题与平稳问题，例如化工中的热传递与某种边界条件给定时的谐振问题。

(3) 传播问题 (propagation problems) 这些问题希望能用系统的初始信息来预测系统的后续行为，常被称为随时间变化的瞬变（或非稳态）现象，例如化学反应的瞬时状态、流体中压力波的传递、吸收塔的瞬间行为等。

很显然，以上问题的研究都离不开数学。实际上正像学者的研究报告所断言：现在数学已经成为跨越化工过程、材料与产品的主要研究手段与方法[2]。

1.1 数学模型、常数及计算用表

早期的化学工程学主要采取“经验归纳法”，它通过大量的实验，对影响过程的变量关系进行归纳，例如利用物理学的相似论和量纲分析来发现热交换过程中的传热系数。然而随着学科的发展与计算机技术的广泛使用，以数学模型为主的“演绎模型法”则逐步成为当前的主要研究方法。利用数学模型，不仅可以帮助解决化学工程中的有关工程问题，如反应过程的开发和工程放大、过程的优化与操作控制；还可以以工程问题的规律和方法为着眼点，解决化学实验室所需解决的某些关键问题，如复杂反应系统的动力学规律、失活过程的动力学、宏观因素（传热、传质流动等）影响下的动力学规律等[3]。数学模型的建立与分析过程可以用图 2-1-1 进行说明。

数学模型的建立需要逐步实现。首先对化工对象的实质要进行概括，然后在合理简化的基础上，利用各种数学工具（例如确定性的微积分、随机性的统计、离散时的元胞自动机以及几何拓扑与人工智能等方法）建立初步的模型，并对其中重要的参数进行估计。在实际中模型常需调试，在应用时也常需要对其解进行讨论与分析。在很多场合下，模型的解是可以求取的，其求取方法可以有很多。例如简单场合的解析解，复杂场合的

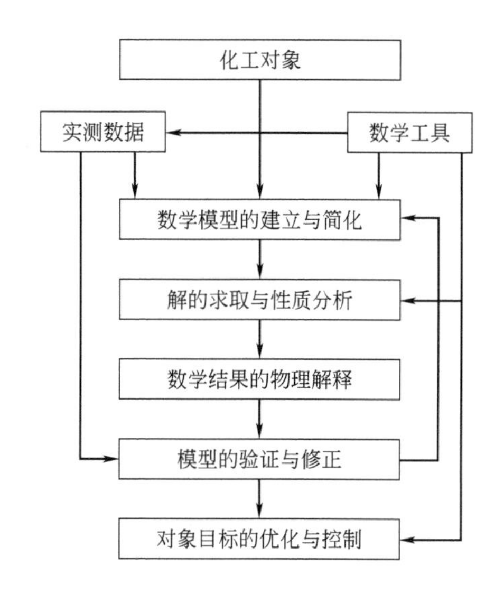

图 2-1-1 数学模型的建立与分析过程

数值解或模拟解。对于模型解性质的分析可以在解的求取后进行，也可在求取前进行（例如利用微分方程解的定性理论，稳定解、周期解的存在性分析，以及动力体系中平衡态个数变化的分歧理论等）。数学模型的建立要有一定的预假设条件，例如统计推断模型中干扰因素的正态性、方差齐性等。这些假设条件应该予以必要的验证，以保证数学模型基础的可靠性。

数学常数见表 2-1-1。

表 2-1-1 数学常数

数学常数	说明
$\pi=3.1415926536$	初等几何，三角中的常数
$e=2.7182818285$	自然对数的底
$\gamma=0.5772156649$	欧拉常数 $\gamma=\lim\limits_{n\to\infty}(\sum\limits_{m=1}^{n}\frac{1}{m}-\ln n)$
$\ln\pi=1.1447298858$	以 e 为底的自然对数
$\lg\pi=0.4971498727$	以 10 为底的对数
rad① $=57.2957795131°$	弧度与度数的转换
deg② $=0.0174532925$rad	度数与弧度的转换

① rad 即弧度（radian）的简写。

② deg 即度数（degree）的简写。

另外，处理随机问题时常用的正态分布表、t 分布（上侧）分位数表、χ^2 分布（上侧）分位数表、F 分布（上侧）分位数表分别见表 2-1-2 至表 2-1-5[4]。

表 2-1-2 正态分布表

$$\phi(z)=\int_{-\infty}^{z}\frac{1}{\sqrt{2\pi}}\mathrm{e}^{-\frac{u^2}{2}}\mathrm{d}u$$

z	0.00	0.01	0.02	0.03	0.04
0.0	0.50000	0.50399	0.50798	0.51197	0.51595
0.1	0.53983	0.54379	0.54776	0.55172	0.55567
0.2	0.57926	0.58317	0.58706	0.59095	0.59483
0.3	0.61791	0.62172	0.62551	0.62930	0.63307
0.4	0.65542	0.65910	0.66276	0.66640	0.67003
0.5	0.69146	0.69497	0.69847	0.70194	0.70540
0.6	0.72575	0.72907	0.73237	0.73565	0.73891
0.7	0.75803	0.76115	0.76424	0.76730	0.77035
0.8	0.78814	0.79103	0.79389	0.79673	0.79954
0.9	0.81594	0.81859	0.82121	0.82381	0.82639
1.0	0.84134	0.84375	0.84631	0.84849	0.85083
1.1	0.86433	0.86650	0.86864	0.87076	0.87285
1.2	0.88493	0.88686	0.88877	0.89065	0.89251
1.3	0.90320	0.90490	0.90658	0.90824	0.90988
1.4	0.91924	0.92073	0.92219	0.92364	0.92506
1.5	0.93319	0.93448	0.93574	0.93699	0.93822
1.6	0.94520	0.94630	0.94738	0.94845	0.94950
1.7	0.95543	0.95637	0.95728	0.95818	0.95907
1.8	0.96407	0.96485	0.96562	0.96637	0.96711
1.9	0.97128	0.97193	0.97257	0.97320	0.97381
2.0	0.97725	0.97778	0.97831	0.97882	0.97932
2.1	0.98214	0.98257	0.98300	0.98341	0.93882
2.2	0.98610	0.98645	0.98679	0.98713	0.98745
2.3	0.98928	0.98956	0.98983	0.99010	0.99036
2.4	0.99180	0.99202	0.99224	0.99245	0.99266
2.5	0.99379	0.99396	0.99413	0.99430	0.99446
2.6	0.99534	0.99547	0.99560	0.99573	0.99585
2.7	0.99653	0.99664	0.99674	0.99683	0.99693
2.8	0.99744	0.99752	0.99760	0.99767	0.99774
2.9	0.99813	0.99819	0.99825	0.99831	0.99836
3.0	0.99865	0.99869	0.99874	0.99878	0.99882
3.1	0.99903	0.99906	0.99910	0.99913	0.99916
3.2	0.99931	0.99934	0.99936	0.99938	0.99940
3.3	0.99952	0.99953	0.99955	0.99957	0.99958
3.4	0.99966	0.99968	0.99969	0.99970	0.99971
3.5	0.99977	0.99978	0.99978	0.99979	0.99980
3.6	0.99984	0.99985	0.99985	0.99986	0.99986
3.7	0.99989	0.99990	0.99990	0.99990	0.99991
3.8	0.99993	0.99993	0.99993	0.99994	0.99994
3.9	0.99995	0.99995	0.99996	0.99996	0.99996

续表

z	0.05	0.06	0.07	0.08	0.09
0.0	0.51994	0.52392	0.52790	0.53188	0.53586
0.1	0.55962	0.56356	0.56749	0.57142	0.57534
0.2	0.59871	0.60257	0.60642	0.61026	0.61409
0.3	0.63683	0.64058	0.64431	0.64803	0.65173
0.4	0.67364	0.67724	0.68082	0.68438	0.68793
0.5	0.70884	0.71226	0.71566	0.71904	0.72240
0.6	0.74215	0.74537	0.74857	0.75175	0.75490
0.7	0.77337	0.77637	0.77935	0.78230	0.78523
0.8	0.80234	0.80510	0.80785	0.81057	0.81327
0.9	0.82894	0.83147	0.83397	0.83646	0.83891
1.0	0.85314	0.85543	0.85769	0.85993	0.86214
1.1	0.87493	0.87697	0.87900	0.88100	0.88297
1.2	0.89435	0.89616	0.89796	0.89973	0.90147
1.3	0.91149	0.91308	0.91465	0.91621	0.91773
1.4	0.92647	0.92785	0.92922	0.93056	0.93189
1.5	0.93943	0.90462	0.94179	0.94295	0.94408
1.6	0.95053	0.95154	0.95254	0.95352	0.95448
1.7	0.95994	0.96080	0.96164	0.96246	0.96327
1.8	0.96784	0.96856	0.96926	0.96995	0.97062
1.9	0.97441	0.97500	0.97558	0.97615	0.97670
2.0	0.97982	0.98030	0.98077	0.98124	0.98169
2.1	0.98422	0.98461	0.98500	0.98537	0.98574
2.2	0.98778	0.98809	0.98840	0.98870	0.98899
2.3	0.99061	0.99086	0.99111	0.99134	0.99158
2.4	0.99286	0.99305	0.99324	0.99343	0.99361
2.5	0.99461	0.99477	0.99492	0.99506	0.99520
2.6	0.99598	0.99609	0.99621	0.99632	0.99643
2.7	0.99702	0.99711	0.99720	0.99728	0.99736
2.8	0.99781	0.99788	0.99795	0.99801	0.99807
2.9	0.99841	0.99846	0.99851	0.99856	0.99861
3.0	0.99886	0.99889	0.99893	0.99897	0.99900
3.1	0.99918	0.99921	0.99924	0.99926	0.99929
3.2	0.99942	0.99944	0.99946	0.99948	0.99950
3.3	0.99960	0.99961	0.99962	0.99964	0.99965
3.4	0.99972	0.99973	0.99974	0.99975	0.99976
3.5	0.99981	0.99981	0.99982	0.99983	0.99983
3.6	0.99987	0.99987	0.99988	0.99988	0.99989
3.7	0.99991	0.99992	0.99992	0.99992	0.99992
3.8	0.99994	0.99994	0.99995	0.99995	0.99995
3.9	0.99996	0.99996	0.99996	0.99997	0.99997

表 2-1-3 t 分布（上侧）分位数表

ν \ α	0.40	0.25	0.10	0.05	0.025	0.01	0.005	0.0025	0.001	0.0005
1	0.325	1.000	3.078	6.314	12.706	31.821	63.657	127.32	318.31	636.62
2	0.289	0.816	1.886	2.920	4.303	6.965	9.925	14.089	23.326	31.598
3	0.277	0.765	1.638	2.353	3.182	4.541	5.841	7.453	10.213	12.924
4	0.271	0.741	1.533	2.132	2.776	3.747	4.604	5.598	7.713	8.610
5	0.267	0.727	1.476	2.015	2.571	3.365	4.032	4.773	5.893	6.869
6	0.265	0.727	1.440	1.943	2.447	3.143	3.707	4.317	5.208	5.959
7	0.263	0.711	1.415	1.895	2.365	2.998	3.499	4.019	4.785	5.408
8	0.262	0.706	1.397	1.860	2.306	2.896	3.355	3.833	4.501	5.041
9	0.261	0.703	1.383	1.833	2.262	2.821	3.250	3.690	4.297	4.781
10	0.260	0.700	1.372	1.812	2.228	2.764	3.169	3.581	4.144	4.587
11	0.260	0.697	1.363	1.796	2.201	2.718	3.106	3.497	4.025	4.437
12	0.259	0.695	1.356	1.782	2.179	2.681	3.055	3.428	3.930	4.318
13	0.259	0.694	1.350	1.771	2.160	2.650	3.012	3.372	3.852	4.221
14	0.258	0.692	1.345	1.761	2.145	2.624	2.977	3.326	3.787	4.140
15	0.258	0.691	1.341	1.753	2.131	2.602	2.947	3.286	3.733	4.073
16	0.258	0.690	1.337	1.746	2.120	2.583	2.921	3.252	3.686	4.015
17	0.257	0.689	1.333	1.740	2.110	2.567	2.898	3.222	3.646	3.965
18	0.257	0.688	1.330	1.734	2.101	2.552	2.878	3.197	3.610	3.922
19	0.257	0.688	1.328	1.729	2.093	2.539	2.861	3.174	3.579	3.883
20	0.257	0.687	1.325	1.725	2.086	2.528	2.845	3.153	3.552	3.850
21	0.257	0.686	1.323	1.721	2.080	2.518	2.831	3.135	3.527	3.819
22	0.256	0.686	1.321	1.717	2.074	2.508	2.819	3.119	3.505	3.792
23	0.256	0.685	1.319	1.714	2.069	2.500	2.807	3.104	3.485	3.767
24	0.256	0.685	1.318	1.711	2.064	2.492	2.797	3.091	3.467	3.745
25	0.256	0.684	1.316	1.708	2.060	2.485	2.787	3.078	3.450	3.725
26	0.256	0.684	1.315	1.706	2.056	2.479	2.779	3.067	3.435	3.707
27	0.256	0.684	1.314	1.703	2.052	2.473	2.771	3.057	3.421	3.690
28	0.256	0.683	1.313	1.701	2.048	2.467	2.763	3.047	3.408	3.674
29	0.256	0.683	1.311	1.699	2.045	2.462	2.756	3.038	3.396	3.659
30	0.256	0.683	1.310	1.697	2.042	2.457	2.750	3.030	3.385	3.646
40	0.255	0.681	1.303	1.684	2.021	2.423	2.704	2.971	3.307	3.551
60	0.254	0.679	1.296	1.671	2.000	2.390	2.660	2.915	3.232	3.460
120	0.254	0.677	1.289	1.658	1.980	2.358	2.617	2.860	3.160	3.373
∞	0.253	0.674	1.282	1.645	1.960	2.326	2.576	2.807	3.090	3.291

注：ν=自由度。

表 2-1-4 χ^2 分布（上侧）分位数表

ν \ α	0.995	0.990	0.975	0.950	0.500	0.050	0.025	0.010	0.005
1	0.00	0.00	0.00	0.00	0.45	3.84	5.02	6.63	7.88
2	0.01	0.02	0.05	0.10	1.39	5.99	7.38	9.21	10.60
3	0.07	0.11	0.22	0.35	2.37	7.81	9.35	11.34	12.84
4	0.21	0.30	0.48	0.71	3.36	9.49	11.14	13.28	14.86
5	0.41	0.55	0.83	1.15	4.35	11.07	12.38	15.09	16.75
6	0.68	0.87	1.24	1.64	5.35	12.59	14.45	16.81	18.55
7	0.99	1.24	1.69	2.17	6.35	14.07	16.01	18.48	20.28
8	1.34	1.65	2.18	2.73	7.34	15.51	17.53	20.09	21.96
9	1.73	2.09	2.70	3.33	8.34	16.92	19.02	21.67	23.59
10	2.16	2.56	3.25	3.94	9.34	18.31	20.48	23.21	25.19
11	2.60	3.05	3.82	4.57	10.34	19.68	21.92	24.72	26.76
12	3.07	3.57	4.40	5.23	11.34	21.03	23.34	26.22	28.30
13	3.57	4.11	5.01	5.89	12.34	22.36	24.74	27.69	29.82
14	4.07	4.66	5.63	6.57	13.34	23.68	26.12	29.14	31.32
15	4.60	5.23	6.27	7.26	14.34	25.00	27.49	30.58	32.80
16	5.14	5.81	6.91	7.96	15.34	26.30	28.85	32.00	34.27
17	5.70	6.41	7.56	8.67	16.34	27.59	30.19	33.41	35.72
18	6.26	7.01	8.23	9.39	17.34	28.87	31.53	34.81	37.16
19	6.84	7.63	8.91	10.12	18.34	30.14	32.85	36.19	38.58
20	7.43	8.26	9.59	10.85	19.34	31.41	34.17	37.57	40.00
25	10.52	11.52	13.12	14.61	24.34	37.65	40.65	44.31	46.93
30	13.79	14.95	16.79	18.49	29.34	43.77	46.98	50.89	53.67
40	20.71	22.16	24.43	26.51	39.34	55.76	59.34	63.69	66.77
50	27.99	29.71	32.36	34.76	49.33	67.50	71.42	76.15	79.49
60	35.53	37.48	40.48	43.19	59.33	79.08	83.30	88.38	91.95
70	43.28	45.44	48.76	51.74	69.33	90.53	95.02	100.42	104.22
80	51.17	53.54	57.15	60.39	79.33	101.88	106.63	112.33	116.32
90	59.20	61.75	65.65	69.13	89.33	113.14	118.14	124.12	128.30
100	67.33	70.06	74.22	77.93	99.33	124.34	129.56	135.81	140.17

注：ν=自由度。

表 2-1-5 *F* 分布(上侧)分位数表

$F_{0.25},\nu_1,\nu_2$

分母自由度(ν_2) \ 分子自由度(ν_1)	1	2	3	4	5	6	7	8	9	10	12	15	20	24	30	40	60	120	∞
1	5.83	7.50	8.20	8.58	8.82	8.98	9.10	9.19	9.26	9.32	9.41	9.49	9.58	9.63	9.67	9.71	9.76	9.80	9.85
2	2.57	3.00	3.15	3.23	3.28	3.31	3.34	3.35	3.37	3.38	3.39	3.41	3.43	3.43	3.44	3.45	3.46	3.47	3.48
3	2.02	2.28	2.36	2.39	2.41	2.42	2.43	2.44	2.44	2.44	2.45	2.46	2.46	2.46	2.47	2.47	2.47	2.47	2.47
4	1.81	2.00	2.05	2.06	2.07	2.08	2.08	2.08	2.08	2.08	2.08	2.08	2.08	2.08	2.08	2.08	2.08	2.08	2.08
5	1.69	1.85	1.88	1.89	1.89	1.89	1.89	1.89	1.89	1.89	1.89	1.89	1.88	1.88	1.88	1.88	1.87	1.87	1.87
6	1.62	1.76	1.78	1.79	1.79	1.78	1.78	1.78	1.77	1.77	1.77	1.76	1.76	1.75	1.75	1.75	1.74	1.74	1.74
7	1.57	1.70	1.72	1.72	1.71	1.71	1.70	1.70	1.70	1.69	1.68	1.68	1.67	1.67	1.66	1.66	1.65	1.65	1.65
8	1.54	1.66	1.67	1.66	1.66	1.65	1.64	1.64	1.63	1.63	1.62	1.62	1.61	1.60	1.60	1.59	1.59	1.58	1.58
9	1.51	1.62	1.63	1.63	1.62	1.61	1.60	1.60	1.59	1.59	1.58	1.57	1.56	1.56	1.55	1.54	1.54	1.53	1.53
10	1.49	1.60	1.60	1.59	1.59	1.58	1.57	1.56	1.56	1.55	1.54	1.53	1.52	1.52	1.51	1.51	1.50	1.49	1.48
11	1.47	1.58	1.58	1.57	1.56	1.55	1.54	1.53	1.53	1.52	1.51	1.50	1.49	1.49	1.48	1.47	1.47	1.46	1.45
12	1.46	1.56	1.56	1.55	1.54	1.53	1.52	1.51	1.51	1.50	1.49	1.48	1.47	1.46	1.45	1.45	1.44	1.43	1.42
13	1.45	1.55	1.55	1.53	1.52	1.51	1.50	1.49	1.49	1.48	1.47	1.46	1.45	1.44	1.43	1.42	1.42	1.41	1.40
14	1.44	1.53	1.53	1.52	1.51	1.50	1.49	1.48	1.47	1.46	1.45	1.44	1.43	1.42	1.41	1.41	1.40	1.39	1.38
15	1.43	1.52	1.52	1.51	1.49	1.48	1.47	1.46	1.46	1.45	1.44	1.43	1.41	1.41	1.40	1.39	1.38	1.37	1.36
16	1.42	1.51	1.51	1.50	1.48	1.47	1.46	1.45	1.44	1.44	1.43	1.41	1.40	1.39	1.38	1.37	1.36	1.35	1.34
17	1.42	1.51	1.50	1.49	1.47	1.46	1.45	1.44	1.43	1.43	1.41	1.40	1.39	1.38	1.37	1.36	1.35	1.34	1.33
18	1.41	1.50	1.49	1.48	1.46	1.45	1.44	1.43	1.42	1.42	1.40	1.39	1.38	1.37	1.36	1.35	1.34	1.33	1.32
19	1.41	1.49	1.49	1.47	1.46	1.44	1.43	1.42	1.41	1.41	1.40	1.38	1.37	1.36	1.35	1.34	1.33	1.32	1.30
20	1.40	1.49	1.48	1.47	1.45	1.44	1.43	1.42	1.41	1.40	1.39	1.37	1.36	1.35	1.34	1.33	1.32	1.31	1.29
21	1.40	1.48	1.48	1.46	1.44	1.43	1.42	1.41	1.40	1.39	1.38	1.37	1.35	1.34	1.33	1.32	1.31	1.30	1.28
22	1.40	1.48	1.47	1.45	1.44	1.42	1.41	1.40	1.39	1.39	1.37	1.36	1.34	1.33	1.32	1.31	1.30	1.29	1.28

续表

ν_2 \ ν_1		分子自由度(ν_1)																		
		1	2	3	4	5	6	7	8	9	10	12	15	20	24	30	40	60	120	∞
分母自由度(ν_2)	23	1.39	1.47	1.47	1.45	1.43	1.42	1.41	1.40	1.39	1.38	1.37	1.35	1.34	1.33	1.32	1.31	1.30	1.28	1.27
	24	1.39	1.47	1.46	1.44	1.43	1.41	1.40	1.39	1.38	1.38	1.36	1.35	1.33	1.32	1.31	1.30	1.29	1.28	1.26
	25	1.39	1.47	1.46	1.44	1.42	1.41	1.40	1.39	1.38	1.37	1.36	1.34	1.33	1.32	1.31	1.29	1.28	1.27	1.25
	26	1.38	1.46	1.45	1.44	1.42	1.41	1.39	1.38	1.37	1.37	1.35	1.34	1.32	1.31	1.30	1.29	1.28	1.26	1.25
	27	1.38	1.46	1.45	1.43	1.42	1.40	1.39	1.38	1.37	1.36	1.35	1.33	1.32	1.31	1.30	1.28	1.27	1.26	1.24
	28	1.38	1.46	1.45	1.43	1.41	1.40	1.39	1.38	1.37	1.36	1.34	1.33	1.31	1.30	1.29	1.28	1.27	1.25	1.24
	29	1.38	1.45	1.45	1.43	1.41	1.40	1.38	1.37	1.36	1.35	1.34	1.32	1.31	1.30	1.29	1.27	1.26	1.25	1.23
	30	1.38	1.45	1.44	1.42	1.41	1.39	1.38	1.37	1.36	1.35	1.34	1.32	1.30	1.29	1.28	1.27	1.26	1.24	1.23
	40	1.36	1.44	1.42	1.40	1.39	1.37	1.36	1.35	1.34	1.33	1.31	1.30	1.28	1.26	1.25	1.24	1.22	1.21	1.19
	60	1.35	1.42	1.41	1.38	1.37	1.35	1.33	1.32	1.31	1.30	1.29	1.27	1.25	1.24	1.22	1.21	1.19	1.17	1.15
	120	1.34	1.40	1.39	1.37	1.35	1.33	1.31	1.30	1.29	1.28	1.26	1.24	1.22	1.21	1.19	1.18	1.16	1.13	1.10
	∞	1.32	1.39	1.37	1.35	1.33	1.31	1.29	1.28	1.27	1.25	1.24	1.22	1.19	1.18	1.16	1.14	1.12	1.08	1.00

$F_{0.10}, \nu_1, \nu_2$

ν_2 \ ν_1		分子自由度(ν_1)																		
		1	2	3	4	5	6	7	8	9	10	12	15	20	24	30	40	60	120	∞
分母自由度(ν_2)	1	39.86	49.50	53.59	55.83	57.24	58.20	58.91	59.44	59.86	60.19	60.71	61.22	61.74	62.00	62.26	62.53	62.79	63.06	63.33
	2	8.53	9.00	9.16	9.24	9.29	9.33	9.35	9.37	9.38	9.39	9.41	9.42	9.44	9.45	9.46	9.47	9.47	9.48	9.49
	3	5.54	5.46	5.39	5.34	5.31	5.28	5.27	5.25	5.24	5.23	5.22	5.20	5.18	5.18	5.17	5.16	5.15	5.14	5.13
	4	4.54	4.32	4.19	4.11	4.05	4.01	3.98	3.95	3.94	3.92	3.90	3.87	3.84	3.83	3.82	3.80	3.79	3.78	3.76
	5	4.06	3.78	3.62	3.52	3.45	3.40	3.37	3.34	3.32	3.30	3.27	3.24	3.21	3.19	3.17	3.16	3.14	3.12	3.10
	6	3.78	3.46	3.29	3.18	3.11	3.05	3.01	2.98	2.96	2.94	2.90	2.87	2.84	2.82	2.80	2.78	2.76	2.74	2.72
	7	3.59	3.26	3.07	2.96	2.88	2.83	2.78	2.75	2.72	2.70	2.67	2.63	2.59	2.58	2.56	2.54	2.51	2.49	2.47

续表

ν_2 \ ν_1	1	2	3	4	5	6	7	8	9	10	12	15	20	24	30	40	60	120	∞
8	3.46	3.11	2.92	2.81	2.73	2.67	2.62	2.59	2.56	2.54	2.50	2.46	2.42	2.40	2.38	2.36	2.34	2.32	2.29
9	3.36	3.01	2.81	2.69	2.61	2.55	2.51	2.47	2.44	2.42	2.38	2.34	2.30	2.28	2.25	2.23	2.21	2.18	2.16
10	3.29	2.92	2.73	2.61	2.52	2.46	2.41	2.38	2.35	2.32	2.28	2.24	2.20	2.18	2.16	2.13	2.11	2.08	2.06
11	3.23	2.86	2.66	2.54	2.45	2.39	2.34	2.30	2.27	2.25	2.21	2.17	2.12	2.10	2.08	2.05	2.03	2.00	1.97
12	3.18	2.81	2.61	2.48	2.39	2.33	2.28	2.24	2.21	2.19	2.15	2.10	2.06	2.04	2.01	1.99	1.96	1.93	1.90
13	3.14	2.76	2.56	2.43	2.35	2.28	2.23	2.20	2.16	2.14	2.10	2.05	2.01	1.98	1.96	1.93	1.90	1.88	1.85
14	3.10	2.73	2.52	2.39	2.31	2.24	2.19	2.15	2.12	2.10	2.05	2.01	1.96	1.94	1.91	1.89	1.86	1.83	1.80
15	3.07	2.70	2.49	2.36	2.27	2.21	2.16	2.12	2.09	2.06	2.02	1.97	1.92	1.90	1.87	1.85	1.82	1.79	1.76
16	3.05	2.67	2.46	2.33	2.24	2.18	2.13	2.09	2.06	2.03	1.99	1.94	1.89	1.87	1.84	1.81	1.78	1.75	1.72
17	3.03	2.64	2.44	2.31	2.22	2.15	2.10	2.06	2.03	2.00	1.96	1.91	1.86	1.84	1.81	1.78	1.75	1.72	1.69
18	3.01	2.62	2.42	2.29	2.20	2.13	2.08	2.04	2.00	1.98	1.93	1.89	1.84	1.81	1.78	1.75	1.72	1.69	1.66
19	2.99	2.61	2.40	2.27	2.18	2.11	2.06	2.02	1.98	1.96	1.91	1.86	1.81	1.79	1.76	1.73	1.70	1.67	1.63
20	2.97	2.59	2.38	2.25	2.16	2.09	2.04	2.00	1.96	1.94	1.89	1.84	1.79	1.77	1.74	1.71	1.68	1.64	1.61
21	2.96	2.57	2.36	2.23	2.14	2.08	2.02	1.98	1.95	1.92	1.87	1.83	1.78	1.75	1.72	1.69	1.66	1.62	1.59
22	2.95	2.56	2.35	2.22	2.13	2.06	2.01	1.97	1.93	1.90	1.86	1.81	1.76	1.73	1.70	1.67	1.64	1.60	1.57
23	2.94	2.55	2.34	2.21	2.11	2.05	1.99	1.96	1.92	1.89	1.84	1.80	1.74	1.72	1.69	1.66	1.62	1.59	1.55
24	2.93	2.54	2.33	2.19	2.10	2.04	1.98	1.94	1.91	1.88	1.83	1.78	1.73	1.70	1.67	1.64	1.61	1.57	1.53
25	2.92	2.53	2.32	2.18	2.09	2.02	1.97	1.93	1.89	1.87	1.82	1.77	1.72	1.69	1.66	1.63	1.59	1.56	1.52
26	2.91	2.52	2.31	2.17	2.08	2.01	1.96	1.92	1.88	1.86	1.81	1.76	1.71	1.68	1.65	1.61	1.58	1.54	1.50
27	2.90	2.51	2.30	2.17	2.07	2.00	1.95	1.91	1.87	1.85	1.80	1.75	1.70	1.67	1.64	1.60	1.57	1.53	1.49
28	2.89	2.50	2.29	2.16	2.06	2.00	1.94	1.90	1.87	1.84	1.79	1.74	1.69	1.66	1.63	1.59	1.56	1.52	1.48
29	2.89	2.50	2.28	2.15	2.06	1.99	1.93	1.89	1.86	1.83	1.78	1.73	1.68	1.65	1.62	1.58	1.55	1.51	1.47
30	2.88	2.49	2.28	2.14	2.03	1.98	1.93	1.88	1.85	1.82	1.77	1.72	1.67	1.64	1.61	1.57	1.54	1.50	1.46

分子自由度(ν_1)；分母自由度(ν_2)

续表

ν_2 \ ν_1		1	2	3	4	5	6	7	8	9	10	12	15	20	24	30	40	60	120	∞
分母自由度（ν_2）	40	2.84	2.44	2.23	2.09	2.00	1.93	1.87	1.83	1.79	1.76	1.71	1.66	1.61	1.57	1.54	1.51	1.47	1.42	1.38
	60	2.79	2.39	2.18	2.04	1.95	1.87	1.82	1.77	1.74	1.71	1.66	1.60	1.54	1.51	1.48	1.44	1.40	1.35	1.29
	120	2.75	2.35	2.13	1.99	1.90	1.82	1.77	1.72	1.68	1.65	1.60	1.55	1.48	1.45	1.41	1.37	1.32	1.26	1.19
	∞	2.71	2.30	2.08	1.94	1.85	1.77	1.72	1.67	1.63	1.60	1.55	1.49	1.42	1.38	1.34	1.30	1.24	1.17	1.00

$F_{0.05}$，ν_1，ν_2

ν_2 \ ν_1		1	2	3	4	5	6	7	8	9	10	12	15	20	24	30	40	60	120	∞
分母自由度（ν_2）	1	161.4	199.5	215.7	224.6	230.2	234.0	236.8	238.9	240.5	241.9	243.9	245.9	248.0	249.1	250.1	251.1	252.2	253.3	254.3
	2	18.51	19.00	19.16	19.25	19.30	19.33	19.35	19.37	19.38	19.40	19.41	19.43	19.45	19.45	19.46	19.47	19.48	19.49	19.50
	3	10.13	9.55	9.28	9.12	9.01	8.94	8.89	8.85	8.81	8.79	8.74	8.70	8.66	8.64	8.62	8.59	8.57	8.55	8.53
	4	7.71	6.94	6.59	6.39	6.26	6.16	6.09	6.04	6.00	5.96	5.91	5.86	5.80	5.77	5.75	5.72	5.69	5.66	5.63
	5	6.61	5.79	5.41	5.19	5.05	4.95	4.88	4.82	4.77	4.74	4.68	4.62	4.56	4.53	4.50	4.46	4.43	4.40	4.36
	6	5.99	5.14	4.76	4.53	4.39	4.28	4.21	4.15	4.10	4.06	4.00	3.94	3.87	3.84	3.81	3.77	3.74	3.70	3.67
	7	5.59	4.74	4.35	4.12	3.97	3.87	3.79	3.73	3.68	3.64	3.57	3.51	3.44	3.41	3.38	3.34	3.30	3.27	3.23
	8	5.32	4.46	4.07	3.84	3.69	3.58	3.50	3.44	3.39	3.35	3.28	3.22	3.15	3.12	3.08	3.04	3.01	2.97	2.93
	9	5.12	4.26	3.86	3.63	3.48	3.37	3.29	3.23	3.18	3.14	3.07	3.01	2.94	2.90	2.86	2.83	2.79	2.75	2.71
	10	4.96	4.10	3.71	3.48	3.33	3.22	3.14	3.07	3.02	2.98	2.91	2.85	2.77	2.74	2.70	2.66	2.62	2.58	2.54
	11	4.84	3.98	3.59	3.36	3.20	3.09	3.01	2.95	2.90	2.85	2.79	2.72	2.65	2.61	2.57	2.53	2.49	2.45	2.40
	12	4.75	3.89	3.49	3.26	3.11	3.00	2.91	2.85	2.80	2.75	2.69	2.62	2.54	2.51	2.47	2.43	2.38	2.34	2.30
	13	4.67	3.81	3.41	3.18	3.03	2.92	2.83	2.77	2.71	2.67	2.60	2.53	2.46	2.42	2.38	2.34	2.30	2.25	2.21
	14	4.60	3.74	3.34	3.11	2.96	2.85	2.76	2.70	2.65	2.60	2.53	2.46	2.39	2.35	2.31	2.27	2.22	2.18	2.13
	15	4.54	3.68	3.29	3.06	2.90	2.79	2.71	2.64	2.59	2.54	2.48	2.40	2.33	2.29	2.25	2.20	2.16	2.11	2.07

续表

分母自由度(ν_2) \ 分子自由度(ν_1)	1	2	3	4	5	6	7	8	9	10	12	15	20	24	30	40	60	120	∞
16	4.49	3.63	3.24	3.01	2.85	2.74	2.66	2.59	2.54	2.49	2.42	2.35	2.28	2.24	2.19	2.15	2.11	2.06	2.01
17	4.45	3.59	3.20	2.96	2.81	2.70	2.61	2.55	2.49	2.45	2.38	2.31	2.23	2.19	2.15	2.10	2.06	2.01	1.96
18	4.41	3.55	3.16	2.93	2.77	2.66	2.58	2.51	2.46	2.41	2.34	2.27	2.19	2.15	2.11	2.06	2.02	1.97	1.92
19	4.38	3.52	3.13	2.90	2.74	2.63	2.54	2.48	2.42	2.38	2.31	2.23	2.16	2.11	2.07	2.03	1.98	1.93	1.88
20	4.35	3.49	3.10	2.87	2.71	2.60	2.51	2.45	2.39	2.35	2.28	2.20	2.12	2.08	2.04	1.99	1.95	1.90	1.84
21	4.32	3.47	3.07	2.84	2.68	2.57	2.49	2.42	2.37	2.32	2.25	2.18	2.10	2.05	2.01	1.96	1.92	1.87	1.81
22	4.30	3.44	3.05	2.82	2.66	2.55	2.46	2.40	2.34	2.30	2.23	2.15	2.07	2.03	1.98	1.94	1.89	1.84	1.78
23	4.28	3.42	3.03	2.80	2.64	2.53	2.44	2.37	2.32	2.27	2.20	2.13	2.05	2.01	1.96	1.91	1.86	1.81	1.76
24	4.26	3.40	3.01	2.78	2.62	2.51	2.42	2.36	2.30	2.25	2.18	2.11	2.03	1.98	1.94	1.89	1.84	1.79	1.73
25	4.24	3.39	2.99	2.76	2.60	2.49	2.40	2.34	2.28	2.24	2.16	2.09	2.01	1.96	1.92	1.87	1.82	1.77	1.71
26	4.23	3.37	2.98	2.74	2.59	2.47	2.39	2.32	2.27	2.22	2.15	2.07	1.99	1.95	1.90	1.85	1.80	1.75	1.69
27	4.21	3.35	2.96	2.73	2.57	2.46	2.37	2.31	2.25	2.20	2.13	2.06	1.97	1.93	1.88	1.84	1.79	1.73	1.67
28	4.20	3.34	2.95	2.71	2.56	2.45	2.36	2.29	2.24	2.19	2.12	2.04	1.96	1.91	1.87	1.82	1.77	1.71	1.65
29	4.18	3.33	2.93	2.70	2.55	2.43	2.35	2.28	2.22	2.18	2.10	2.03	1.94	1.90	1.85	1.81	1.75	1.70	1.64
30	4.17	3.32	2.92	2.69	2.53	2.42	2.33	2.27	2.21	2.16	2.09	2.01	1.93	1.89	1.84	1.79	1.74	1.68	1.62
40	4.08	3.23	2.84	2.61	2.45	2.34	2.25	2.18	2.12	2.08	2.00	1.92	1.84	1.79	1.74	1.69	1.64	1.58	1.51
60	4.00	3.15	2.76	2.53	2.37	2.25	2.17	2.10	2.04	1.99	1.92	1.84	1.75	1.70	1.65	1.59	1.53	1.47	1.39
120	3.92	3.07	2.68	2.45	2.29	2.17	2.09	2.02	1.96	1.91	1.83	1.75	1.66	1.61	1.55	1.55	1.43	1.35	1.25
∞	3.84	3.00	2.60	2.37	2.21	2.10	2.01	1.94	1.88	1.83	1.75	1.67	1.57	1.52	1.46	1.39	1.32	1.22	1.00

续表

$F_{0.025}, \nu_1, \nu_2$

ν_2 \ ν_1		分子自由度(ν_1)																		
		1	2	3	4	5	6	7	8	9	10	12	15	20	24	30	40	60	120	∞
分母自由度(ν_2)	1	647.8	799.5	864.2	899.6	921.8	937.1	948.2	956.7	963.3	968.6	976.7	984.9	993.1	997.2	1001	1006	1010	1014	1018
	2	38.51	39.00	39.17	39.25	39.30	39.33	39.36	39.37	39.39	39.40	39.41	39.43	39.45	39.46	39.46	39.47	39.48	39.49	39.50
	3	17.44	16.04	15.44	15.10	14.88	14.73	14.62	14.54	14.47	14.42	14.34	14.25	14.17	14.12	14.08	14.04	13.99	13.95	13.90
	4	12.22	10.65	9.98	9.60	9.36	9.20	9.07	8.98	8.90	8.84	8.75	8.66	8.56	8.51	8.46	8.41	8.36	8.31	8.26
	5	10.01	8.43	7.76	7.39	7.15	6.98	6.85	6.76	6.68	6.62	6.52	6.43	6.33	6.28	6.23	6.18	6.12	6.07	6.02
	6	8.81	7.26	6.60	6.23	5.99	5.82	5.70	5.60	5.52	5.46	5.37	5.27	5.17	5.12	5.07	5.01	4.96	4.90	4.85
	7	8.07	6.54	5.89	5.52	5.29	5.12	4.99	4.90	4.82	4.76	4.67	4.57	4.47	4.42	4.36	4.31	4.25	4.20	4.14
	8	7.57	6.06	5.42	5.05	4.82	4.65	4.53	4.43	4.36	4.30	4.20	4.10	4.00	3.95	3.89	3.84	3.78	3.73	3.67
	9	7.21	5.71	5.08	4.72	4.48	4.32	4.20	4.10	4.03	3.96	3.87	3.77	3.76	3.61	3.56	3.51	3.45	3.39	3.33
	10	6.94	5.46	4.83	4.47	4.24	4.07	3.95	3.85	3.78	3.72	3.62	3.52	3.42	3.37	3.31	3.26	3.20	3.14	3.08
	11	6.72	5.26	4.63	4.28	4.04	3.88	3.76	3.66	3.59	3.53	3.43	3.33	3.23	3.17	3.12	3.06	3.00	2.94	2.88
	12	6.55	5.10	4.47	4.12	3.89	3.73	3.61	3.51	3.44	3.37	3.28	3.18	3.07	3.02	2.96	2.91	2.85	2.79	2.72
	13	6.41	4.97	4.35	4.00	3.77	3.60	3.48	3.39	3.31	3.25	3.15	3.05	2.95	2.89	2.84	2.78	2.72	2.66	2.60
	14	6.30	4.86	4.24	3.89	3.66	3.50	3.38	3.29	3.21	3.15	3.05	2.95	2.84	2.79	2.73	2.67	2.61	2.55	2.49
	15	6.20	4.77	4.15	3.80	3.58	3.41	3.29	3.20	3.12	3.06	2.96	2.86	2.76	2.70	2.64	2.59	2.52	2.46	2.40
	16	6.12	4.69	4.08	3.73	3.50	3.34	3.22	3.12	3.05	2.99	2.89	2.79	2.68	2.63	2.57	2.51	2.45	2.38	2.32
	17	6.04	4.62	4.01	3.66	3.44	3.28	3.16	3.06	2.98	2.92	2.82	2.72	2.62	2.56	2.50	2.44	2.38	2.32	2.25
	18	5.98	4.56	3.95	3.61	3.38	3.22	3.10	3.01	2.93	2.87	2.77	2.67	2.56	2.50	2.44	2.38	2.32	2.26	2.19
	19	5.92	4.51	3.90	3.56	3.33	3.17	3.05	2.96	2.88	2.82	2.72	2.62	2.51	2.45	2.39	2.33	2.27	2.20	2.13
	20	5.87	4.46	3.86	3.51	3.29	3.13	3.01	2.91	2.84	2.77	2.68	2.57	2.46	2.41	2.35	2.29	2.22	2.16	2.09
	21	5.83	4.42	3.82	3.48	3.25	3.09	2.97	2.87	2.80	2.73	2.64	2.53	2.42	2.37	2.31	2.25	2.18	2.11	2.04
	22	5.79	4.38	3.78	3.44	3.22	3.05	2.93	2.84	2.76	2.70	2.60	2.50	2.39	2.33	2.27	2.21	2.14	2.08	2.00
	23	5.75	4.35	3.75	3.41	3.18	3.02	2.90	2.81	2.73	2.67	2.57	2.47	2.36	2.30	2.24	2.18	2.11	2.04	1.97

续表

ν_2 \ ν_1		分子自由度(ν_1)																		
		1	2	3	4	5	6	7	8	9	10	12	15	20	24	30	40	60	120	∞
分母自由度(ν_2)	24	5.72	4.32	3.72	3.38	3.15	2.99	2.87	2.78	2.70	2.64	2.54	2.44	2.33	2.27	2.21	2.15	2.08	2.01	1.94
	25	5.69	4.29	3.69	3.35	3.13	2.97	2.85	2.75	2.68	2.61	2.51	2.41	2.30	2.24	2.18	2.12	2.05	1.98	1.91
	26	5.66	4.27	3.67	3.33	3.10	2.94	2.82	2.73	2.65	2.59	2.49	2.39	2.28	2.22	2.16	2.09	2.03	1.95	1.88
	27	5.63	4.24	3.65	3.31	3.08	2.92	2.80	2.71	2.63	2.57	2.47	2.36	2.25	2.19	2.13	2.07	2.00	1.93	1.85
	28	5.61	4.22	3.63	3.29	3.06	2.90	2.78	2.69	2.61	2.55	2.45	2.34	2.23	2.17	2.11	2.05	1.98	1.91	1.83
	29	5.59	4.20	3.61	3.27	3.04	2.88	2.76	2.67	2.59	2.53	2.43	2.32	2.21	2.15	2.09	2.03	1.96	1.89	1.81
	30	5.57	4.18	3.59	3.25	3.03	2.87	2.75	2.65	2.57	2.51	2.41	2.31	2.20	2.14	2.07	2.01	1.94	1.87	1.79
	40	5.42	4.02	3.46	3.13	2.90	2.74	2.62	2.53	2.45	2.39	2.29	2.18	2.07	2.01	1.94	1.88	1.80	1.72	1.64
	60	5.29	3.93	3.34	3.01	2.79	2.63	2.51	2.41	2.33	2.27	2.17	2.06	1.94	1.88	1.82	1.74	1.67	1.58	1.48
	120	5.15	3.80	3.23	2.89	2.67	2.52	2.39	2.30	2.22	2.16	2.05	1.94	1.82	1.76	1.69	1.61	1.53	1.43	1.31
	∞	5.02	3.69	3.12	2.79	2.57	2.41	2.29	2.19	2.11	2.05	1.94	1.83	1.71	1.64	1.57	1.48	1.39	1.27	1.00

$F_{0.01}$，ν_1，ν_2

ν_2 \ ν_1		分子自由度(ν_1)																		
		1	2	3	4	5	6	7	8	9	10	12	15	20	24	30	40	60	120	∞
分母自由度(ν_2)	1	4052	4999.5	5403	5625	5764	5859	5928	5982	6022	6056	6106	6157	6209	6235	6261	6287	6313	6339	6366
	2	98.50	99.00	99.17	99.25	99.30	99.33	99.36	99.37	99.39	99.40	99.42	99.43	99.45	99.46	99.47	99.47	99.48	99.49	99.50
	3	34.12	30.82	29.46	28.71	28.24	27.91	27.67	27.49	27.35	27.23	27.05	26.87	26.69	26.60	26.50	26.41	26.32	26.22	26.13
	4	21.20	18.00	16.69	15.98	15.52	15.21	14.98	14.80	14.66	14.55	14.37	14.20	14.02	13.93	13.84	13.75	13.65	13.56	13.46
	5	16.26	13.27	12.06	11.39	10.97	10.67	10.46	10.29	10.16	10.05	9.89	9.72	9.55	9.47	9.38	9.29	9.20	9.11	9.02
	6	13.75	10.92	9.78	9.15	8.75	8.47	8.26	8.10	7.98	7.87	7.72	7.56	7.40	7.31	7.23	7.14	7.06	6.97	6.88
	7	12.25	9.55	8.45	7.85	7.46	7.19	6.99	6.84	6.72	6.62	6.47	6.31	6.16	6.07	5.99	5.91	5.82	5.74	5.65
	8	11.26	8.65	7.59	7.01	6.63	6.37	6.18	6.03	5.91	5.81	5.67	5.52	5.36	5.28	5.20	5.12	5.03	4.95	4.86

续表

ν_2 \ ν_1		分子自由度(ν_1)																		
		1	2	3	4	5	6	7	8	9	10	12	15	20	24	30	40	60	120	∞
分母自由度(ν_2)	9	10.56	8.02	6.99	6.42	6.06	5.80	5.61	5.47	5.35	5.26	5.11	4.96	4.81	4.73	4.65	4.57	4.48	4.40	4.31
	10	10.04	7.56	6.55	5.99	5.64	5.39	5.20	5.06	4.94	4.85	4.71	4.56	4.41	4.33	4.25	4.17	4.08	4.00	3.91
	11	9.65	7.21	6.22	5.67	5.32	5.07	4.89	4.74	4.63	4.54	4.40	4.25	4.10	4.02	3.94	3.86	3.78	3.69	3.60
	12	9.33	6.93	5.95	5.41	5.06	4.82	4.64	4.50	4.39	4.30	4.16	4.01	3.86	3.78	3.70	3.62	3.54	3.45	3.36
	13	9.07	6.70	5.74	5.21	4.86	4.62	4.44	4.30	4.19	4.10	3.96	3.82	3.66	3.59	3.51	3.43	3.34	3.25	3.17
	14	8.86	6.51	5.56	5.04	4.69	4.46	4.28	4.14	4.03	3.94	3.80	3.66	3.51	3.43	3.35	3.27	3.18	3.09	3.00
	15	8.68	6.36	5.42	4.89	4.56	4.32	4.14	4.00	3.89	3.80	3.67	3.52	3.37	3.29	3.21	3.13	3.05	2.96	2.87
	16	8.53	6.23	5.29	4.77	4.44	4.20	4.03	3.89	3.78	3.69	3.55	3.41	3.26	3.18	3.10	3.02	2.93	2.84	2.75
	17	8.40	6.11	5.18	4.67	4.34	4.10	3.93	3.79	3.68	3.59	3.46	3.31	3.16	3.08	3.00	2.92	2.83	2.75	2.65
	18	8.29	6.01	5.09	4.58	4.25	4.01	3.84	3.71	3.60	3.51	3.37	3.23	3.08	3.00	2.92	2.84	2.75	2.66	2.57
	19	8.18	5.93	5.01	4.50	4.17	3.94	3.77	3.63	3.52	3.43	3.30	3.15	3.00	2.92	2.84	2.76	2.67	2.58	2.49
	20	8.10	5.85	4.94	4.43	4.10	3.87	3.70	3.56	3.46	3.37	3.23	3.09	2.94	2.86	2.78	2.69	2.61	2.52	2.42
	21	8.02	5.78	4.87	4.37	4.04	3.81	3.64	3.51	3.40	3.31	3.17	3.03	2.88	2.80	2.72	2.64	2.55	2.46	2.36
	22	7.59	5.72	4.82	4.31	3.99	3.76	3.59	3.45	3.35	3.26	3.12	2.98	2.83	2.75	2.67	2.58	2.50	2.40	2.31
	23	7.88	5.66	4.76	4.26	3.94	3.71	3.54	3.41	3.30	3.21	3.07	2.93	2.78	2.70	2.62	2.54	2.45	2.35	2.26
	24	7.82	5.61	4.72	4.22	3.90	3.67	3.50	3.36	3.26	3.17	3.03	2.89	2.74	2.66	2.58	2.49	2.40	2.31	2.21
	25	7.77	5.57	4.68	4.18	3.85	3.63	3.46	3.32	3.22	3.13	2.99	2.85	2.70	2.62	2.54	2.45	2.36	2.27	2.17
	26	7.72	5.53	4.64	4.14	3.82	3.59	3.42	3.29	3.18	3.09	2.96	2.81	2.66	2.58	2.50	2.42	2.33	2.23	2.13
	27	7.68	5.49	4.60	4.11	3.78	3.56	3.39	3.26	3.15	3.06	2.93	2.78	2.63	2.55	2.47	2.38	2.29	2.20	2.10
	28	7.64	5.45	4.57	4.07	3.75	3.53	3.36	3.23	3.12	3.03	2.90	2.75	2.60	2.52	2.44	2.34	2.26	2.17	2.06
	29	7.60	5.42	4.54	4.04	3.73	3.50	3.33	3.20	3.09	3.00	2.87	2.73	2.57	2.49	2.41	2.33	2.23	2.14	2.03
	30	7.56	5.39	4.51	4.02	3.70	3.47	3.30	3.17	3.07	2.98	2.84	2.70	2.55	2.47	2.39	2.30	2.21	2.11	2.01
	40	7.31	5.18	4.31	3.83	3.51	3.29	3.12	2.99	2.89	2.80	2.66	2.52	2.37	2.29	2.20	2.11	2.02	1.92	1.80
	60	7.08	4.98	4.13	3.65	3.34	3.12	2.95	2.82	2.72	2.63	2.50	2.35	2.20	2.12	2.03	1.94	1.84	1.73	1.60
	120	6.85	4.79	3.95	3.48	3.17	2.96	2.79	2.66	2.56	2.47	2.34	2.19	2.03	1.95	1.86	1.76	1.66	1.53	1.38
	∞	6.63	4.61	3.78	3.32	3.02	2.80	2.64	2.51	2.41	2.32	2.18	2.04	1.88	1.79	1.70	1.59	1.47	1.32	1.00

注：ν=自由度。

1.2 代数公式与不等式

1.2.1 代数式运算

(1) 幂的运算律 下列各式中，对底数 a、b 都有使等号两边皆有意义的限制。

$a^m a^n = a^{m+n}$，$\dfrac{a^m}{a^n} = a^{m-n}$，$(a^m)^n = a^{mn}$

$(ab)^n = a^n b^n$，$\left(\dfrac{a}{b}\right)^n = \dfrac{a^n}{b^n}$，$a^{1/m} = \sqrt[m]{a}$

$a^{n/m} = (a^n)^{\frac{1}{m}}$，$\sqrt{x^2} = |x|$（$x$ 的绝对值）

对于 $x \geqslant 0$，$y \geqslant 0$，有 $\sqrt{xy} = \sqrt{x}\sqrt{y}$

对于 $x > 0$，有 $\sqrt[n]{x^m} = x^{m/n}$；$\sqrt[n]{\dfrac{1}{x}} = \dfrac{1}{\sqrt[n]{x}}$

(2) 乘法和因式分解公式

$(x+a)(x+b) = x^2 + (a+b)x + ab$，$(a \pm b)^2 = a^2 \pm 2ab + b^2$

$\left(\sum_{i=1}^{n} a_i\right)^2 = \sum_{i=1}^{n} a_i^2 + 2\sum_{i \neq j} a_i a_j$，$(a \pm b)^3 = a^3 \pm 3a^2 b + 3ab^2 \pm b^3$

$\left(\sum_{i=1}^{n} a_i\right)^3 = \sum_{i=1}^{n} a_i^3 + 3\sum_{i \neq j} a_i^2 a_j + 6\sum_{i<j<k} a_i a_j a_k$

$a^2 - b^2 = (a-b)(a+b)$

$a^n - b^n = (a-b)(a^{n-1} + a^{n-2}b + a^{n-3}b^2 + \cdots + ab^{n-2} + b^{n-1})$（$n$ 为正整数）

$a^n + b^n = (a+b)(a^{n-1} - a^{n-2}b + a^{n-3}b^2 - \cdots + ab^{n-2} - b^{n-1})$（$n$ 为偶数）

$a^n + b^n = (a+b)(a^{n-1} - a^{n-2}b + a^{n-3}b^2 - \cdots - ab^{n-2} + b^{n-1})$（$n$ 为奇数）

1.2.2 二项式定理

$$(a+b)^n = a^n + na^{n-1}b + \frac{n(n-1)}{2!}a^{n-2}b^2 + \cdots + \frac{n(n-1)\cdots[n-(k-1)]}{k!}a^{n-k}b^k + \cdots + b^n \tag{2-1-1}$$

即 $(a+b)^n = \sum_{i=0}^{n} C_n^i a^{n-i} b^i$，这里 n 是正整数，$C_n^i = \dfrac{n!}{i!\,(n-i)!}$。

二项式定理还可以推广到 n 是任意实数的情形，即当 $|x| < 1$ 时，有

$$(1+x)^n = \sum_{i=0}^{\infty} \binom{n}{i} x^i = 1 + nx + \frac{n(n-1)}{2!}x^2 + \cdots + \frac{n(n-1)\cdots[n-(k-1)]}{k!}x^k + \cdots$$

1.2.3 数列

按照一定顺序排列着的一列数 $a_1, a_2, a_3, \cdots, a_n, \cdots$ 叫作数列，记作 $\{a_n\}$。

(1) 等差数列 数列 $a_1, a_1+d, a_1+2d, \cdots$ 称作等差数列，d 称为公差。通项（第 n 项）

$a_n=a_1+(n-1)d$，前 n 项的和：$S_n=\sum_{i=1}^{n}a_i=\frac{a_1+a_n}{2}n=na_1+\frac{n(n-1)}{2}d$。

(2) 等比数列 等比数列 $a_1, a_1q, a_1q^2, \cdots$ 称为等比数列，q 称为公比。通项 $a_n=a_1q^{n-1}$，前 n 项的和：$S_n=\frac{a_1-a_nq}{1-q}=\frac{a_1(1-q^n)}{1-q}=\frac{a_1(q^n-1)}{q-1}(q\neq1)$。

(3) 某些数列的前 n 项之和

$$1+3+5+\cdots+(2n-1)=n^2, 2+4+6+\cdots+2n=n(n+1)$$

$$1^2+3^2+5^2+\cdots+(2n-1)^2=\frac{1}{3}n(4n^2-1)$$

$$1^3+3^3+5^3+\cdots+(2n-1)^3=n^2(2n^2-1)$$

$$1\cdot2+2\cdot3+3\cdot4+\cdots+n(n+1)=\frac{1}{3}n(n+1)(n+2)$$

$$1\cdot2\cdot3+2\cdot3\cdot4+3\cdot4\cdot5+\cdots+n(n+1)(n+2)=\frac{1}{4}n(n+1)(n+2)(n+3)$$

$$\frac{1}{1\cdot2}+\frac{1}{2\cdot3}+\frac{1}{3\cdot4}+\cdots+\frac{1}{n(n+1)}=1-\frac{1}{n+1}$$

$$\frac{1}{1\cdot2\cdot3}+\frac{1}{2\cdot3\cdot4}+\frac{1}{3\cdot4\cdot5}+\cdots+\frac{1}{n(n+1)(n+2)}=\frac{1}{2}\left[\frac{1}{1\cdot2}-\frac{1}{(n+1)(n+2)}\right]$$

1.2.4 排列、组合

(1) 排列 从 m 个元素里，每次取出 n 个元素，按照一定的顺序摆成一排，叫作从 m 个元素里每次取出 n 个元素的排列。

从 m 个元素每次取出 n 个元素，所作出的不同排列的种数，用符号 A_m^n 表示，当 $m=n$ 时（即 m 个元素的全排列），通常用符号 P_m 表示，即 $P_m=A_m^m$。

$$A_m^n=m(m-1)(m-2)\cdots(m-n+1)=\frac{n!}{(m-n)!} \tag{2-1-2}$$

式中，$m!=1\cdot2\cdot3\cdots(m-1)m$，叫作 m 的阶乘，并规定 $0!=1$。

$$P_m=A_m^m=m(m-1)(m-2)\cdots2\cdot1=m!$$

(2) 组合 从 m 个元素里，每次取出 n 个元素，按任意顺序并成一排，叫作从 m 个元素里每次取出 n 个元素的组合。

从 m 个元素每次取出 n 个元素，所作出的不同组合的种数，用符号 C_m^n 表示。

$$C_m^n=\frac{A_m^n}{P_m}=\frac{m(m-1)(m-2)\cdots(m-n+1)}{m!}=\frac{P_m}{P_nP_{m-n}}=\frac{m!}{n!\,(m-n)!} \tag{2-1-3}$$

性质：

$$C_m^n=C_m^{m-n}, C_m^n+C_m^{n-1}=C_{m+1}^n \tag{2-1-4}$$

第2篇

1.2.5 自然数之幂的求和公式

$$\sum_{j=1}^{n} j = \frac{n(n+1)}{2},\ \sum_{j=1}^{n} j^2 = \frac{1}{6}n(n+1)(2n+1)$$

$$\sum_{j=1}^{n} j^3 = \frac{1}{4}n^2(n+1)^2,\ \sum_{j=1}^{n} j^4 = \frac{1}{30}n(n+1)(2n+1)(3n^2+3n-1)$$

$$\sum_{j=1}^{n} j^5 = \frac{1}{12}n^2(n+1)^2(2n^2+2n-1)$$

$$\sum_{j=1}^{n} j^6 = \frac{1}{42}n(n+1)(2n+1)(3n^4+6n^3-3n+1)$$

$$\sum_{j=1}^{n} j^7 = \frac{1}{24}n^2(n+1)^2(3n^4+6n^3-n^2-4n+2)$$

$$\sum_{j=1}^{n} j^8 = \frac{1}{90}n(n+1)(2n+1)(5n^6+15n^5+5n^4-15n^3-n^2+9n-3)$$

$$\sum_{j=1}^{n} j^9 = \frac{1}{20}n^2(n+1)^2(2n^6+6n^5+n^4-8n^3+n^2+6n-3)$$

$$\sum_{j=1}^{n} j^{10} = \frac{1}{66}n(n+1)(2n+1)(3n^8+12n^7+8n^6-18n^5-10n^4+24n^3+2n^2-15n+5)$$

1.2.6 对数及其运算规律

(1) 定义 若 $a^x=b(a>0,\ a\neq 1)$，则 x 叫作以 a 为底的 b 的对数，记作 $x=\log_a b$，当 $a=10$ 时，$\log_{10} b$ 记作 $\lg b$，叫作常用对数。当 $a=\mathrm{e}$ 时，$\log_a b$ 记作 $\ln b$，叫作自然对数。

(2) 性质

$a^{\log_a b}=b$，$\log_a a^x=x$，$\log_a 1=0$，$\log_a a=1$

(3) 运算法则

$\log_a(b_1 b_2 \cdots b_n)=\log_a b_1+\log_a b_2+\cdots+\log_a b_n$，其中，$b_1$，$b_2$，…，$b_n$ 均大于零。

$\log_a\left(\frac{b_1}{b_2}\right)=\log_a b_1-\log_a b_2$，其中 b_1，b_2 均大于零。

$\log_a b^x=x\log_a b$，其中 x 为任意实数，而 $b>0$。

$\log_a \sqrt[x]{b}=\frac{1}{x}\log_a b$，$\log_a \frac{1}{b}=-\log_a b$

(4) 换底公式

$\log_a b=\frac{\log_c b}{\log_c a}$，$\ln b=\frac{\lg b}{\lg \mathrm{e}}$

$\lg b\approx 0.4342944819\ln b$，$\ln b\approx 2.3025850930\lg b$

1.2.7 合比、分比

在比例式 $a:b=c:d$（或写成$\frac{a}{b}=\frac{c}{d}$）中，有 $ad=bc$。

比例的变换公式：

更比公式 $a:c=b:d$，$d:b=c:a$

反比公式 $b:a=d:c$

合比公式 $(a+b):b=(c+d):d$

分比公式 $(a-b):b=(c-d):d$

合分比公式 $(a+b):(a-b)=(c+d):(c-d)$

若 $a:b=c:d=e:f$，则有 $\frac{la+mc+ne}{lb+md+nf}=\frac{a}{b}$，$\frac{\sqrt[n]{la^n+mc^n+ne^n}}{\sqrt[n]{lb^n+md^n+nf^n}}=\frac{a}{b}$

1.2.8 待定型表

待定型表可见表 2-1-6。

表 2-1-6 待定型表[1]

形式	例子	备注
$(\infty)(0)$	xe^{-x}	$x\to\infty$
0^0	x^x	$x\to0^+$
∞^0	$(\tan x)^{\cos x}$	$x\to\frac{1}{2}\pi^-$
1^∞	$(1+x)^{1/x}$	$x\to0^+$
$\infty-\infty$	$\sqrt{x+1}-\sqrt{x-1}$	$x\to\infty$
$\frac{0}{0}$	$\frac{\sin x}{x}$	$x\to0$
$\frac{\infty}{\infty}$	$\frac{e^x}{x}$	$x\to\infty$

1.2.9 不等式

(1) 不等式的基本性质

若 $a>b>0$，$\sigma>0$，则 $a^\sigma>b^\sigma$。

若 $a>b>0$，$\sigma<0$，则 $0<a^\sigma<b^\sigma$。

若 $a>b>0$，n 为正整数，则 $\sqrt[n]{a}>\sqrt[n]{b}$。

若 $\frac{a}{b}<\frac{c}{d}$，且 b、d 同号，则 $\frac{a}{b}<\frac{a+c}{b+d}<\frac{c}{d}$。

(2) 绝对值不等式

① $-|a|\leqslant a\leqslant|a|$。

② $||a_1|-|a_2||\leqslant|a_1\pm a_2|\leqslant|a_1|+|a_2|$。

③ $|\sum a_i|\leqslant\sum|a_i|$，等号当且仅当所有的 a_i 同号时成立。

④ 若 $|a|\leqslant b$，则 $-b\leqslant a\leqslant b$。

⑤ 若 $|a|>b$，则 $a>b$ 或 $a<-b$。

(3) 常用不等式

① 当 $0<a<1$ 时，有 $(1+x)^a\leqslant1+ax\ (x\geqslant-1)$；当 $a<0$ 或 $a>1$ 时，有 $(1+x)^a\geqslant$

$1+ax(x\geqslant -1)$。式中，等号当且仅当 $x=0$ 时成立。

② 算术-几何不等式：

设 A_n 与 G_n 分别表示 n 个正数 $a_1,a_2,\cdots,a_n$ 的算术与几何平均值，则有 $A_n\geqslant G_n$，即

$$\frac{a_1+a_2+\cdots+a_n}{n}\geqslant (a_1a_2\cdots a_n)^{1/n} \tag{2-1-5}$$

等号当且仅当所有的 a_i 都相等时成立。

③ Carleman 不等式：

对上面定义的 A_n 与 G_n，有不等式关系

$$\sum_{r=1}^{n}(a_1a_2\cdots a_r)^{1/r}\leqslant neA_n \tag{2-1-6}$$

其中的 e=2.71828，为自然对数的底。

④ Cauchy-Schwarz 不等式：

设 $\boldsymbol{a}=(a_1,a_2,\cdots,a_n)$，$\boldsymbol{b}=(b_1,b_2,\cdots,b_n)$，其中 a_i 与 b_i 是实数或复数，则有

$$\left|\sum_{k=1}^{n}a_kb_k\right|^2\leqslant \left(\sum_{k=1}^{n}|a_k|^2\right)\left(\sum_{k=1}^{n}|b_k|^2\right) \tag{2-1-7}$$

等号成立当且仅当向量 $\boldsymbol{a}$ 与 $\boldsymbol{b}$ 线性相关（即一个向量是另一个向量的常数倍）。

⑤ Minkowski 不等式：

设 $a_1,a_2,\cdots,a_n$ 与 $b_1,b_2,\cdots,b_n$ 是两组复数，则对任意实数 $p>1$，有

$$\left(\sum_{k=1}^{n}|a_k+b_k|^p\right)^{1/p}\leqslant \left(\sum_{k=1}^{n}|a_k|^p\right)^{1/p}+\left(\sum_{k=1}^{n}|b_k|^p\right)^{1/p} \tag{2-1-8}$$

⑥ Hölder 不等式：

设 $a_1,a_2,\cdots,a_n$ 与 $b_1,b_2,\cdots,b_n$ 是两组复数，同时设 p 与 q 是两个正数，满足条件 $\frac{1}{p}+\frac{1}{q}=1$，则下式成立

$$\left|\sum_{k=1}^{n}a_kb_k\right|\leqslant \left(\sum_{k=1}^{n}|a_k|^p\right)^{1/p}\left(\sum_{k=1}^{n}|b_k|^q\right)^{1/q} \tag{2-1-9}$$

⑦ Lagrange 恒等式：

设 $a_1,a_2,\cdots,a_n$ 与 $b_1,b_2,\cdots,b_n$ 是实数，则有

$$\left(\sum_{k=1}^{n}a_kb_k\right)^2=\left(\sum_{k=1}^{n}a_k^2\right)\left(\sum_{k=1}^{n}b_k^2\right)-\sum_{1\leqslant k\leqslant j\leqslant n}(a_kb_j-a_jb_k)^2 \tag{2-1-10}$$

1.3 平面三角函数公式

1.3.1 角与三角函数

(1) 角 角是由一条射线绕其端点从初始位置旋转到终止位置所生成的。射线的初始位

置是角的始边，终止位置是角的终边，端点是角的顶点。若旋转是逆时针方向的，则角的值为正；若旋转是顺时针方向的，则角的值为负。

角的度量常采用六十进制和弧度制，前者是把射线旋转一周生成的角（称为周角）等分为 360 度，1 度（degree）等分为 60 分，一分等分为 60 秒。在弧度制中，一弧度（radian）表示长度等于圆半径的弧所对的圆心角的大小。2π 弧度$=360°$，1 弧度$=57.29578°$，$1°=0.01745$ 弧度，1 分$=0.00029089$ 弧度。

度数为 90°的角称为直角，度数为 180°的角称为平角，小于 90°而大于 0°的角称为锐角，大于 90°而小于 180°的角称为钝角。若两角 α 与 β 有 $\alpha+\beta=90°$ 的关系，则称两角互余。若两角 α 和 β 有 $\alpha+\beta=180°$，则称两角互补。当射线旋转一周后继续旋转，就得到大于 360°的角。

(2) 三角函数 对任意角 α［如图 2-1-2(a) 所示的 α 是第二象限正角］，在 α 的终边上任取一点 $P(x, y)$，$oP=r=\sqrt{x^2+y^2}$，角 α 的三角函数的定义如下：

正弦函数 $\sin\alpha=\dfrac{y}{r}$，余弦函数 $\cos\alpha=\dfrac{x}{r}$；

正切函数 $\tan\alpha=\dfrac{y}{x}$，余切函数 $\cot\alpha=\dfrac{x}{y}$；

正割函数 $\sec\alpha=\dfrac{r}{x}$，余割函数 $\csc\alpha=\dfrac{r}{y}$。

本定义对于其他象限的正角或负角也是适用的。特别需指出的是，当 $r=1$，α 是第一象限角时，如图 2-1-2(b) 所示，$\sin\alpha=CB$，$\cos\alpha=oC$，$\tan\alpha=AD$，$\cot\alpha=ME$，$\sec\alpha=oD$，$\csc\alpha=oE$。当 α 是其他象限角时，也有类似的几何解释[5]。

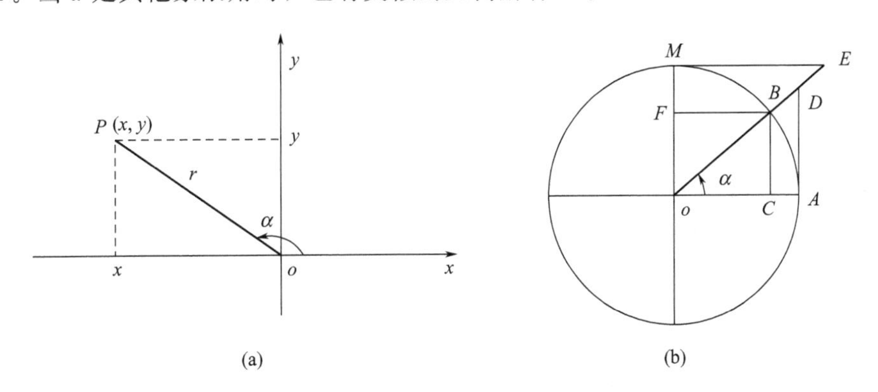

图 2-1-2 三角函数的定义

1.3.2 诱导公式

三角函数具有表 2-1-7 所示的公式。

表 2-1-7 诱导公式表

函数＼角	$-\alpha$	$\dfrac{\pi}{2}\pm\alpha$	$\pi\pm\alpha$	$\dfrac{3}{2}\pi\pm\alpha$	$2k\pi\pm\alpha$
sin	$-\sin\alpha$	$\cos\alpha$	$\mp\sin\alpha$	$-\cos\alpha$	$\pm\sin\alpha$
cos	$\cos\alpha$	$\mp\sin\alpha$	$-\cos\alpha$	$\pm\sin\alpha$	$\cos\alpha$
tan	$-\tan\alpha$	$\mp\cot\alpha$	$\pm\tan\alpha$	$\mp\cot\alpha$	$\pm\tan\alpha$

续表

函数＼角	$-\alpha$	$\frac{\pi}{2}\pm\alpha$	$\pi\pm\alpha$	$\frac{3}{2}\pi\pm\alpha$	$2k\pi\pm\alpha$
cot	$-\cot\alpha$	$\mp\tan\alpha$	$\pm\cot\alpha$	$\mp\tan\alpha$	$\pm\cot\alpha$
sec	$\sec\alpha$	$\mp\csc\alpha$	$-\sec\alpha$	$\pm\csc\alpha$	$\sec\alpha$
csc	$-\csc\alpha$	$\sec\alpha$	$\mp\csc\alpha$	$-\sec\alpha$	$\pm\csc\alpha$

1.3.3 特殊角的三角函数值

对于特殊的角度，其三角函数值见表 2-1-8。

表 2-1-8 特殊角的三角函数值

α(度)	α(弧度)	$\sin\alpha$	$\cos\alpha$	$\tan\alpha$	$\cot\alpha$	$\sec\alpha$	$\csc\alpha$
0	0	0	1	0	∞	1	∞
30	$\frac{\pi}{6}$	$\frac{1}{2}$	$\frac{\sqrt{3}}{2}$	$\frac{\sqrt{3}}{3}$	$\sqrt{3}$	$\frac{2\sqrt{3}}{3}$	2
45	$\frac{\pi}{4}$	$\frac{\sqrt{2}}{2}$	$\frac{\sqrt{2}}{2}$	1	1	$\sqrt{2}$	$\sqrt{2}$
60	$\frac{\pi}{3}$	$\frac{\sqrt{3}}{2}$	$\frac{1}{2}$	$\sqrt{3}$	$\frac{\sqrt{3}}{3}$	2	$\frac{2\sqrt{3}}{3}$
90	$\frac{\pi}{2}$	1	0	∞	0	∞	1
180	π	0	-1	0	∞	-1	∞
270	$\frac{3\pi}{2}$	-1	0	∞	0	∞	-1
360	2π	0	1	0	∞	1	∞

1.3.4 三角恒等式

(1) 同角三角函数之间的关系

① $\sin\alpha\csc\alpha=1$，$\cos\alpha\sec\alpha=1$，$\tan\alpha\cot\alpha=1$

$\sin^2\alpha+\cos^2\alpha=1$，$1+\tan^2\alpha=\sec^2\alpha$，$1+\cot^2\alpha=\csc^2\alpha$

$\tan\alpha=\frac{\sin\alpha}{\cos\alpha}$，$\cot\alpha=\frac{\cos\alpha}{\sin\alpha}$

② 当 $0°\leqslant\alpha\leqslant90°$时，下列关系成立：

$$\sin\alpha=\sqrt{1-\cos^2\alpha}=\frac{\cos\alpha}{\cot\alpha}=\cos\alpha\tan\alpha=\frac{\tan\alpha}{\sqrt{1+\tan^2\alpha}}=\frac{1}{\sqrt{1+\cot^2\alpha}}=\frac{\sqrt{\sec^2\alpha-1}}{\sec\alpha}$$

$$\cos\alpha=\sqrt{1-\sin^2\alpha}=\frac{\sin\alpha}{\tan\alpha}=\sin\alpha\cot\alpha=\frac{\cot\alpha}{\sqrt{1+\cot^2\alpha}}=\frac{1}{\sqrt{1+\tan^2\alpha}}=\frac{\sqrt{\csc^2\alpha-1}}{\csc\alpha}$$

(2) 两角和（差）的三角公式

$\sin(\alpha\pm\beta)=\sin\alpha\cos\beta\pm\cos\alpha\sin\beta$，$\cos(\alpha\pm\beta)=\cos\alpha\cos\beta\mp\sin\alpha\sin\beta$

$\tan(\alpha\pm\beta)=\frac{\tan\alpha\pm\tan\beta}{1\mp\tan\alpha\tan\beta}$，$\cot(\alpha\pm\beta)=\frac{\cot\alpha\cot\beta\mp1}{\cot\alpha\pm\cot\beta}$

(3) 三角函数的和差与积的关系

$\sin\alpha\sin\beta=\frac{1}{2}[\cos(\alpha-\beta)-\cos(\alpha+\beta)]$，$\cos\alpha\cos\beta=\frac{1}{2}[\cos(\alpha+\beta)+\cos(\alpha-\beta)]$

$\sin\alpha\cos\beta=\frac{1}{2}[\sin(\alpha+\beta)+\cos(\alpha-\beta)]$，$\sin\alpha+\sin\beta=2\sin\frac{\alpha+\beta}{2}\cos\frac{\alpha-\beta}{2}$

$\sin\alpha-\sin\beta=2\sin\frac{\alpha-\beta}{2}\cos\frac{\alpha+\beta}{2}$，$\cos\alpha+\cos\beta=2\cos\frac{\alpha+\beta}{2}\cos\frac{\alpha-\beta}{2}$

$\cos\alpha-\cos\beta=-2\sin\frac{\alpha+\beta}{2}\sin\frac{\alpha-\beta}{2}$，$\tan\alpha\pm\tan\beta=\frac{\sin(\alpha\pm\beta)}{\cos\alpha\cos\beta}$

$\cot\alpha\pm\cot\beta=\pm\frac{\sin(\alpha\pm\beta)}{\sin\alpha\sin\beta}$

$\sin^2\alpha-\sin^2\beta=\cos^2\beta-\cos^2\alpha=\sin(\alpha+\beta)\sin(\alpha-\beta)$

$\cos^2\alpha-\sin^2\beta=\cos^2\beta-\sin^2\alpha=\cos(\alpha+\beta)\cos(\alpha-\beta)$

$a\sin\alpha+b\cos\alpha=A\sin(\alpha+\beta)$，其中 $A=\sqrt{a^2+b^2}$，$\cos\beta=\frac{a}{\sqrt{a^2+b^2}}$，$\sin\beta=\frac{b}{\sqrt{a^2+b^2}}$

(4) 倍角与半角的三角函数

$\sin2\alpha=2\sin\alpha\cos\alpha$，$\cos2\alpha=\cos^2\alpha-\sin^2\alpha=1-2\sin^2\alpha=2\cos^2\alpha-1$

$\tan2\alpha=\frac{2\tan\alpha}{1-\tan^2\alpha}$，$\cot2\alpha=\frac{\cot^2\alpha-1}{2\cot\alpha}$

$\sin3\alpha=3\sin\alpha-4\sin^3\alpha$，$\cos3\alpha=4\cos^3\alpha-3\cos\alpha$

$\tan3\alpha=\frac{3\tan\alpha-\tan^3\alpha}{1-3\tan^2\alpha}$，$\cot3\alpha=\frac{\cot^3\alpha-3\cot\alpha}{3\cot^2\alpha-1}$

$\sin4\alpha=4\sin\alpha\cos\alpha-8\sin^3\alpha\cos\alpha$，$\cos4\alpha=8\cos^4\alpha-8\cos^2\alpha+1$

$\sin n\alpha=n\cos^{n-1}\alpha\sin\alpha-C_n^3\cos^{n-3}\alpha\sin^3\alpha+C_n^5\cos^{n-5}\alpha\sin^5\alpha-\cdots$

$\cos n\alpha=\cos^n\alpha-C_n^2\cos^{n-2}\alpha\sin^2\alpha+C_n^4\cos^{n-4}\alpha\sin^4\alpha-\cdots$

$\sin\frac{\alpha}{2}=\pm\sqrt{\frac{1-\cos\alpha}{2}}$，$\cos\frac{\alpha}{2}=\pm\sqrt{\frac{1+\cos\alpha}{2}}$

$\tan\frac{\alpha}{2}=\pm\sqrt{\frac{1-\cos\alpha}{1+\cos\alpha}}=\frac{\sin\alpha}{1+\cos\alpha}=\frac{1-\cos\alpha}{\sin\alpha}$

$\cot\frac{\alpha}{2}=\pm\sqrt{\frac{1+\cos\alpha}{1-\cos\alpha}}=\frac{1+\cos\alpha}{\sin\alpha}=\frac{\sin\alpha}{1-\cos\alpha}$

(5) 三角之和为180°的三角函数间的关系

设 $\alpha+\beta+\gamma=180°$，则有以下关系式：

$$\sin\alpha+\sin\beta+\sin\gamma=4\cos\frac{\alpha}{2}\cos\frac{\beta}{2}\cos\frac{\gamma}{2}$$

$$\cos\alpha+\cos\beta+\cos\gamma=4\sin\frac{\alpha}{2}\sin\frac{\beta}{2}\sin\frac{\gamma}{2}+1$$

$$\sin\alpha+\sin\beta-\sin\gamma=4\sin\frac{\alpha}{2}\sin\frac{\beta}{2}\cos\frac{\gamma}{2}$$

$$\sin^2\alpha+\sin^2\beta+\sin^2\gamma=2\cos\alpha\cos\beta\cos\gamma+2$$

$$\tan\alpha+\tan\beta+\tan\gamma=\tan\alpha\tan\beta\tan\gamma$$

$$\sin2\alpha+\sin2\beta+\sin2\gamma=4\sin\alpha\sin\beta\sin\gamma$$

1.3.5 三角形边角关系及其解法

定义三角形，其边 a、b、c 与角 A、B、C 有对应关系，如图 2-1-3 所示。

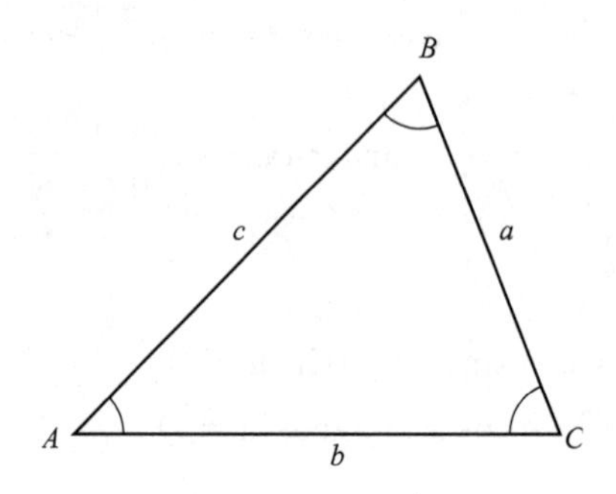

图 2-1-3 三角形边角对应关系

(1) 正弦定理

$$\frac{a}{\sin A}=\frac{b}{\sin B}=\frac{c}{\sin C}=2R$$

式中，R 为$\triangle ABC$ 的外接圆半径。

(2) 余弦定理

$a^2=b^2+c^2-2bc\cos A$，$b^2=c^2+a^2-2ca\cos B$，$c^2=a^2+b^2-2ab\cos C$。

(3) 正切定理

$$\frac{a+b}{a-b}=\frac{\tan\dfrac{A+B}{2}}{\tan\dfrac{A-B}{2}},\ \frac{b+c}{b-c}=\frac{\tan\dfrac{B+C}{2}}{\tan\dfrac{B-C}{2}},\ \frac{a+c}{a-c}=\frac{\tan\dfrac{A+C}{2}}{\tan\dfrac{A-C}{2}}$$

(4) 其他关系 设 s 是$\triangle ABC$ 的面积，r 及 R 分别为$\triangle ABC$ 的内切圆及外接圆的半径，则：

$s=\dfrac{1}{2}(a+b+c)$，$a=b\cos C+c\cos B$。

$$\sin A=\frac{2}{bc}\sqrt{s(s-a)(s-b)(s-c)},\ \sin\frac{A}{2}=\sqrt{\frac{(s-b)(s-c)}{bc}},\ \cos\frac{A}{2}=\sqrt{\frac{s(s-a)}{bc}}$$

$$\tan\frac{A}{2}=\frac{1}{s-a}\sqrt{\frac{(s-a)(s-b)(s-c)}{s}}=\frac{r}{s-a}$$

上列各式中，用 b 代替 a，c 代替 b，a 代替 c，B 代替 A，C 代替 B，A 代替 C，均可生成另外两个公式，例如还有公式 $c=a\cos B+b\cos A$，$b=c\cos A+a\cos C$ 等等，其余的公式不再另写。

$$r=\sqrt{\frac{(s-a)(s-b)(s-c)}{s}},\ R=\frac{a}{2\sin A}=\frac{abc}{4s}$$

(5) 直角三角形解法 定义直角三角形，其边 a、b、c 与角 A、B、C 关系如图 2-1-4 所示。

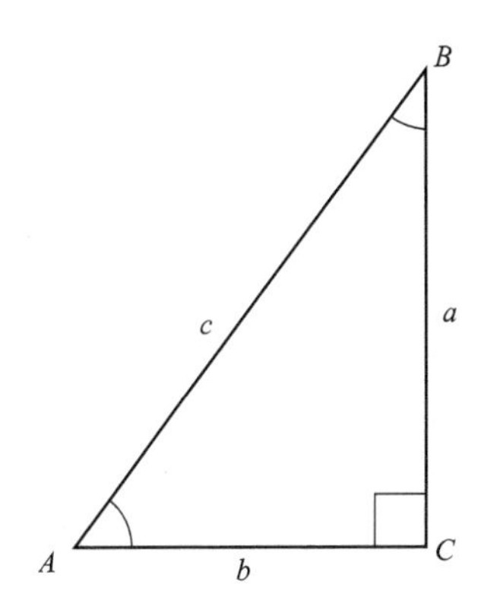

图 2-1-4 直角三角形边角对应关系

则其边角间有表 2-1-9 所示的转换关系。

表 2-1-9 直角三角形边角转换关系

已知元素	其他元素的求法
任意一边及一锐角(例如 a 及 A)	$B=90°-A$, $b=a\cot A=a\tan B$, $c=\sqrt{a^2+b^2}$
任意两边(例如 a 及 c)	$b=\sqrt{c^2-a^2}$, $\sin A=\frac{a}{c}$, $B=90°-A$

对应于图 2-1-3 的斜三角形，则成立表 2-1-10 所示的边角关系。

表 2-1-10 斜三角形边角转换关系

<table>
<tr><th>已知元素</th><th colspan="2">其他元素的求法</th></tr>
<tr><td>一边 a 及两角 B、C</td><td colspan="2">$A=180°-(B+C)$, $b=-\frac{a\sin B}{\sin A}$, $c=-\frac{a\sin C}{\sin A}$</td></tr>
<tr><td>两边 a、b 及夹角 C</td><td colspan="2">$c=\sqrt{a^2+b^2-2ab\cos C}$, $\sin A=\frac{a\sin C}{c}$, $\sin B=\frac{b\sin C}{c}$</td></tr>
<tr><td>三边 a、b、c</td><td colspan="2">$\cos A=\frac{b^2+c^2-a^2}{2bc}$, $\cos B=\frac{c^2+a^2-b^2}{2ca}$, $\cos C=\frac{a^2+b^2-c^2}{2ab}$
或用 1.3.5 节(4)中的公式，先求出 $\frac{A}{2}$、$\frac{B}{2}$、$\frac{C}{2}$，再得出 A、B、C</td></tr>
<tr><td>两边 a、b 及其中一边的对角 A</td><td>$\sin B=\frac{b\sin A}{a}$
$C=180°-(A+B)$
$c=\frac{a\sin C}{\sin A}$</td><td>$b\sin A<a$ 时，有两解
$b\sin A>a$ 时，无解
$b\sin A=a$ 时，有一解</td></tr>
</table>

1.3.6 有关反三角函数的一些恒等式

$$\arcsin x \pm \arcsin y = \arcsin(x\sqrt{1-y^2} \pm y\sqrt{1-x^2})$$

$$\arccos x \pm \arccos y = \arccos[xy \mp \sqrt{(1-x^2)(1-y^2)}]$$

$$\arctan x \pm \arctan y = \arctan \frac{x \pm y}{1 \mp xy}$$

$$\text{arccot}\, x \pm \text{arccot}\, y = \text{arccot} \frac{xy \mp 1}{y \pm x}$$

注：以上四式仅当左端两角之和(或差)在主值范围之内时，等式才成立。

$$\sin(\arcsin x) = \cos(\arccos x) = \tan(\arctan x) = x$$

$$\sin(\arccos x) = \sqrt{1-x^2}$$

$$\tan(\arcsin x) = \frac{x}{\sqrt{1-x^2}}，\cos(\text{arccot}\, x) = \frac{x}{\sqrt{1+x^2}}$$

$$\arcsin x + \arccos x = \frac{\pi}{2}，\arctan x + \text{arccot}\, x = \frac{\pi}{2}。$$

1.3.7 三角函数值的近似计算

(1) 几个近似等式 若 $|\theta|$ 很小，(θ 用弧度表示)，则

$$\sin\theta \approx \theta，\tan\theta \approx \theta，\cos\theta \approx 1 - \frac{\theta^2}{2}$$

(2) 一些常用的不等式

$$\sin\theta < \theta < \tan\theta，\cos\theta < \frac{\sin\theta}{\theta} < 1，\sqrt{1-\theta^2} < \frac{\sin\theta}{\theta} < 1，\theta\sqrt{1-\theta^2} < \sin\theta < \theta，$$

$$\cos\theta < \frac{\theta}{\tan\theta} < 1，\theta\left(1 - \frac{\theta^2}{2}\right) < \sin\theta < \theta，\theta < \tan\theta < \frac{\theta}{\sqrt{1-\theta^2}}$$

(3) 三角函数的幂级数展开式

$$\sin x = x - \frac{x^3}{3!} + \frac{x^5}{5!} - \frac{x^7}{7!} + \cdots \quad (|x| < \infty)$$

$$\cos x = 1 - \frac{x^2}{2!} + \frac{x^4}{4!} - \frac{x^6}{6!} + \cdots \quad (|x| < \infty)$$

$$\tan x = x + \frac{x^3}{3} + \frac{2x^5}{15} + \frac{17x^7}{315} + \cdots \quad \left(|x| < \frac{\pi}{2}\right)$$

$$\cot x = \frac{1}{x} - \frac{x}{3} - \frac{x^3}{45} - \frac{2x^5}{945} - \cdots \quad (0 < |x| < \pi)$$

$$\sec x = 1 + \frac{x^2}{2} + \frac{5x^4}{24} + \frac{61x^6}{720} + \cdots \quad \left(|x| < \frac{\pi}{2}\right)$$

$$\csc x=\frac{1}{x}+\frac{x}{6}+\frac{7x^3}{360}+\frac{31x^5}{15120}+\cdots\ (0<|x|<\pi)$$

1.4 几何图形与初等几何[5]

1.4.1 平面图形

1.4.1.1 直线围成的图形

(1) 三角形

① 三角形面积（图 2-1-5）：

$$A=\frac{1}{2}bh=\frac{1}{2}ab\sin C=\sqrt{s(s-a)(s-b)(s-c)}$$

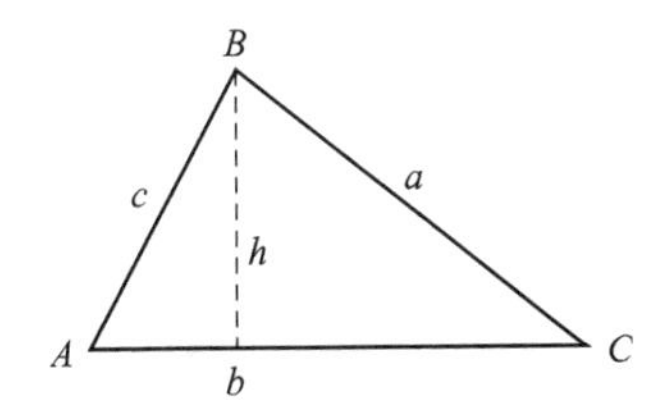

图 2-1-5 三角形面积

式中，$s=\frac{1}{2}(a+b+c)$。

② 内切圆半径 r 与三边关系（图 2-1-6）：

$$r=\sqrt{\frac{(s-a)(s-b)(s-c)}{s}}$$

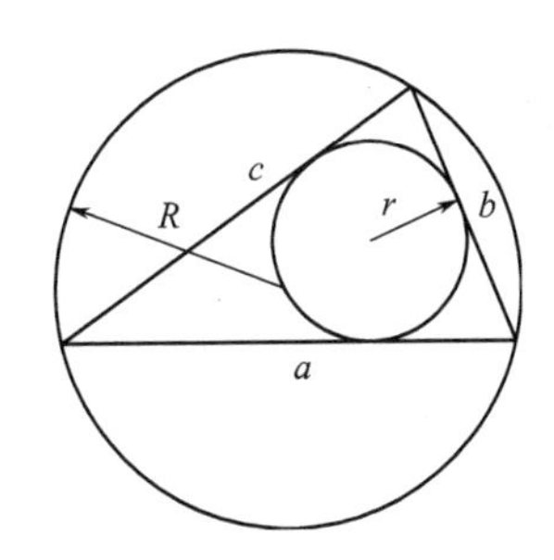

图 2-1-6 内切圆、外接圆半径

③ 外接圆半径 R 与三边关系（图 2-1-6）：

$$R=\frac{abc}{4\sqrt{s(s-a)(s-b)(s-c)}}$$

(2) 四边形

① 矩形面积 $A=ab$，其中 a、b 是其边长。

② 平行四边形面积 $A=ah=ab\sin\alpha$（图 2-1-7）。

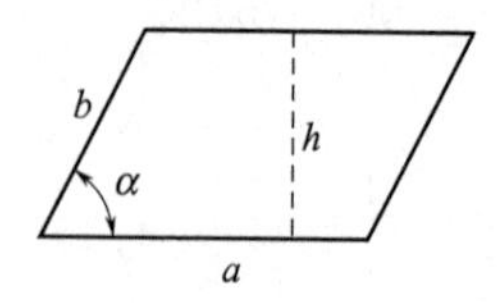

图 2-1-7 平行四边形面积

③ 梯形面积 $A=\frac{1}{2}(a+b)h$，其中 a、b 是两平行边长，h 是高。

④ 菱形面积 $A=\frac{1}{2}ab$，其中 a、b 是对角线的长。

⑤ 任意四边形面积 $A=\frac{1}{2}ab\sin\theta$，其中 a、b 是对角线的长，θ 是两对角线夹角。

(3) 正多边形

① 正多边形的度量关系：如图 2-1-8 所示，设正多边形的边数为 n，每边的长为 l，内角为 θ，中心角为 β，面积为 A，外接圆半径为 R，内切圆半径为 r，则有下列度量关系。

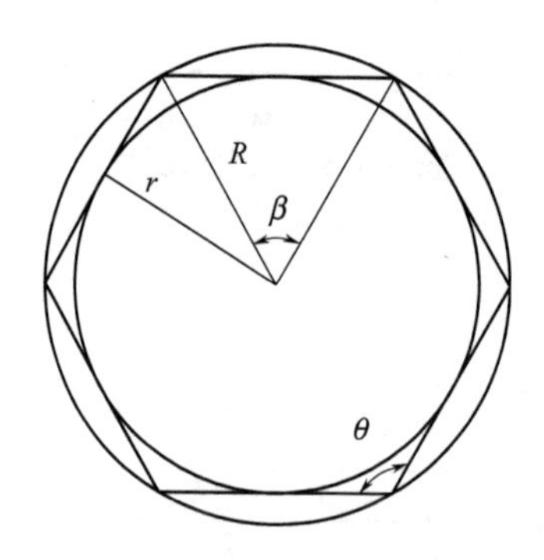

图 2-1-8 正多边形

$$\beta=\frac{360^\circ}{n}\qquad \theta=\frac{(n-2)180^\circ}{n}\qquad l=2r\tan\frac{\beta}{2}=2R\sin\frac{\beta}{2}$$

$$A=\frac{1}{4}nl^2\cot\frac{180^\circ}{n}\qquad R=\frac{l}{2}\csc\frac{180^\circ}{n}\qquad r=\frac{1}{2}\cot\frac{180^\circ}{n}$$

② 对于边长为 l 的正多边形，其面积、内切圆半径、外接圆半径的计算公式见表 2-1-11。

③ 半径为 r 的圆内接正 n 边形的面积及周长：

$$\text{面积 } A=\frac{nr^2}{2}\sin\frac{360^\circ}{n}，\text{周长 } P=2nr\sin\frac{360^\circ}{n}$$

④ 半径为 r 的圆外切正 n 边形面积：

$$A=nr^2\tan\frac{180^\circ}{n}$$

表 2-1-11 边长为 l 的正多边形计算公式

名称	面积	内切圆半径	外接圆半径
正三角形	$0.4330l^2$	$0.2887l$	$0.5774l$
正方形	$1.0000l^2$	$0.5000l$	$0.7071l$
正五边形	$1.7205l^2$	$0.6882l$	$0.8507l$
正六边形	$2.5981l^2$	$0.8660l$	$1.0000l$
正七边形	$3.6339l^2$	$1.0383l$	$1.1523l$
正八边形	$4.8284l^2$	$1.2072l$	$1.3066l$
正九边形	$6.1818l^2$	$1.3737l$	$1.4619l$
正十边形	$7.6942l^2$	$1.5388l$	$1.6180l$

1.4.1.2 曲线围成的平面图形

(1) 圆 设 c 为圆周长，r 为半径，D 为直径，A 为面积，θ 为中心角（弧度），s 为 θ 对应的弧长，l 为 θ 对应的弦长，H 为弓形的高，$d=r-H$（图 2-1-9）。它们之间存在如下的关系：

$$c=2\pi r=\pi D(\pi=3.14159),s=r\theta=\frac{1}{2}D\theta$$

$$l=2\sqrt{r^2-d^2}=2r\sin\frac{\theta}{2}=2d\tan\frac{\theta}{2},d=\frac{1}{2}\sqrt{4r^2-l^2}=\frac{1}{2}l\cot\frac{\theta}{2}$$

$$\theta=\frac{s}{r}=2\cos^{-1}\frac{d}{r}=2\sin^{-1}\frac{l}{D},A=\pi r^2=\frac{\pi}{4}D^2$$

$$扇形面积=\frac{1}{2}rs=\frac{1}{2}r^2\theta$$

$$弓形面积=\frac{1}{2}r^2(\theta-\sin\theta)=r^2\cos^{-1}\frac{r-H}{r}-(r-H)\sqrt{2rH-H^2}$$

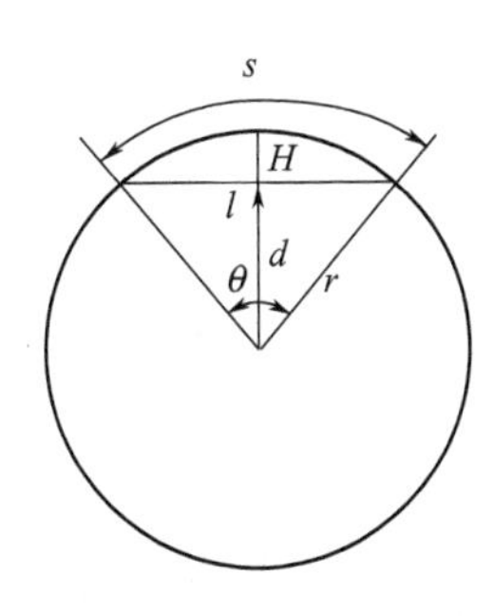

图 2-1-9 圆及线段 d

(2) 环 即夹在半径为 r_1 和 r_2 的两圆之间的图形：

$$面积 A=\pi(r_1+r_2)(r_1-r_2)$$

(3) 椭圆 如图 2-1-10 所示，长短半轴分别记为 a 和 b：

$$\text{面积 } A=\pi ab\text{，周长 } c=4aE(k)$$

式中，$k=1-\left(\dfrac{b^2}{a^2}\right)$，而 $E(k)$ 是第一类完全椭圆积分。周长近似值为 $c\approx\pi\sqrt{\dfrac{a^2+b^2}{2}}$。

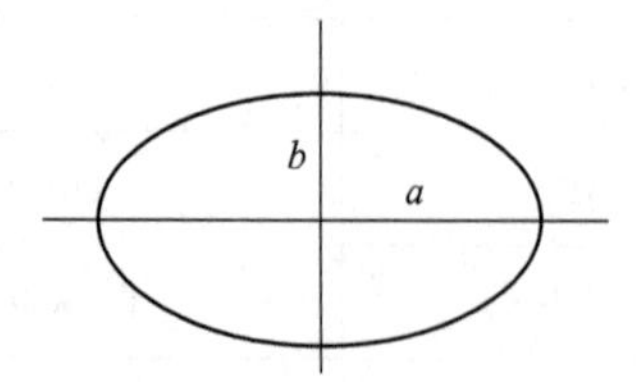

图 2-1-10 椭圆及半轴

(4) 抛物线 如图 2-1-11 所示：

$$\text{弧 } EFG \text{ 的长度}=\sqrt{4x^2+y^2}+\frac{y^2}{2x}\ln\frac{2x+\sqrt{4x^2+y^2}}{y}$$

$$\text{截下部分 } EFGE \text{ 的面积}=\frac{4}{3}xy$$

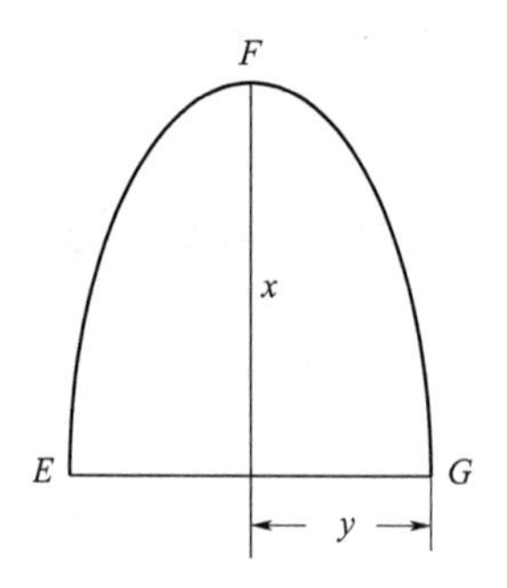

图 2-1-11 抛物线

(5) 曲边梯形 曲线 $y=f(x)$，$y=g(x)$和直线 $x=a$，$x=b$ 所围成平面图形(图 2-1-12)的面积：

$A=\int_a^b[f(x)-g(x)]\mathrm{d}x$ ，这里 $f(x)\geqslant g(x)$。当 $g(x)\equiv 0$ 时，$A=\int_a^b f(x)\mathrm{d}x$ 。

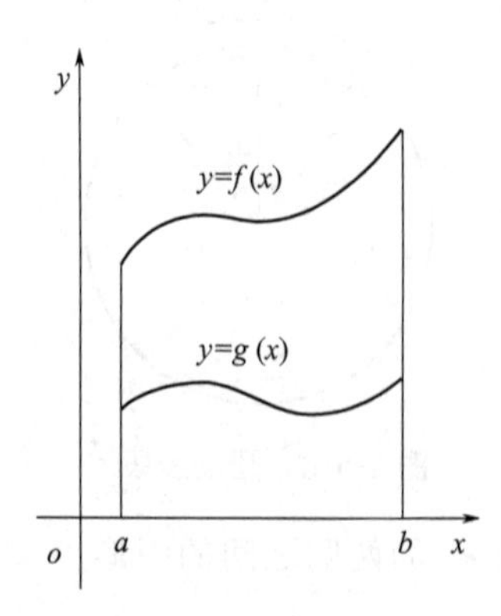

图 2-1-12 曲线围成图形

(6) 参数方程曲边梯形 由参数方程 $\begin{cases}x=x(t)\\y=y(t)\end{cases}(T_1\leqslant t\leqslant T_2)$给出的曲边梯形（图 2-1-13）的面积：

$$A=\int_{T_2}^{T_1}y(t)x'(t)\mathrm{d}t$$

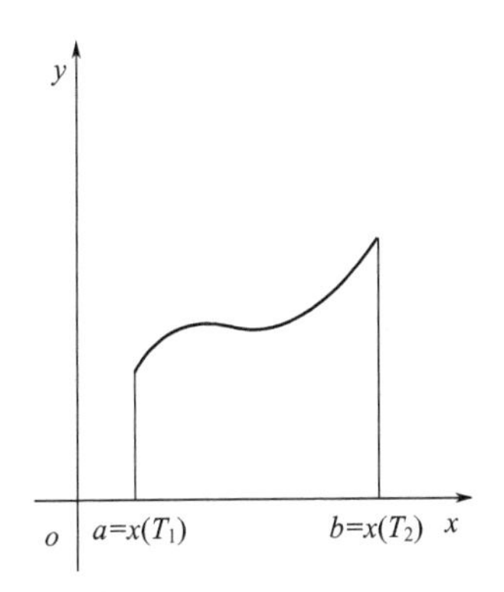

图 2-1-13 曲边梯形面积

(7) 极坐标系曲线 由极坐标方程 $r=f(\theta)$ 给出的曲边与射线 OA 及 OB 所围成区域 D（图 2-1-14）的面积：

$$A=\iint_D r\,\mathrm{d}r\,\mathrm{d}\theta=\frac{1}{2}\int_{\alpha}^{\beta}r^2\,\mathrm{d}\theta$$

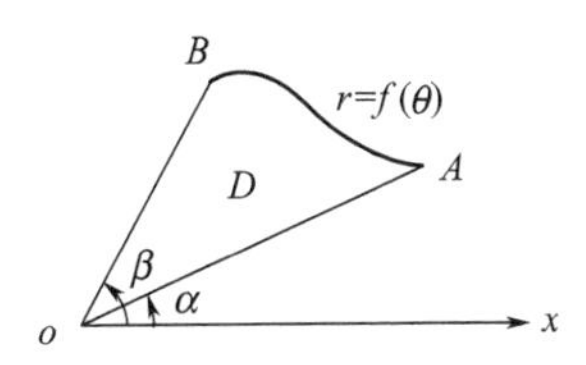

图 2-1-14 极坐标系区域

(8) 简单闭曲线 平面上如图 2-1-15 所示的简单闭曲线 c 所围成区域 D 的面积：

$$A=\iint_D \mathrm{d}x\,\mathrm{d}y=\frac{1}{2}\oint x\,\mathrm{d}y-y\,\mathrm{d}x$$

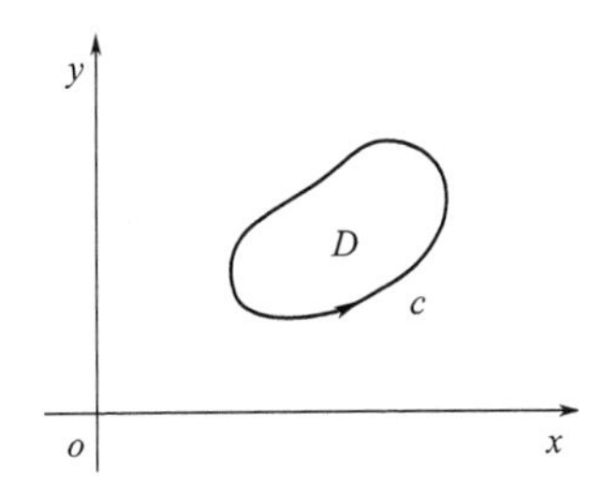

图 2-1-15 简单闭曲线围成区域

1.4.2 立体图形

(1) 平面围成的立体图形

① 立方体：体积$=a^3$，表面积$=6a^2$，对角线长$=\sqrt{3}a$。其中 a 是立方体一边之长。

② 长方体：体积$=abc$，表面积$=2(ab+bc+ac)$，对角线长$=\sqrt{a^2+b^2+c^2}$，其中 a、b、c 是长方体的边长。

③ 棱柱体：体积＝底面积×高，侧面积＝正截面周长×侧棱长。

④ 棱锥体：体积$=\frac{1}{3}$×底面积×高，侧面积$=\frac{1}{2}$×底面积×斜高$=\frac{1}{2}$×边数×每边长×斜高。

⑤ 棱台：体积$=\frac{1}{3}(A_1+A_2+\sqrt{A_1A_2})h$，其中 h 为高，A_1、A_2 为上、下底面面积。正棱台的侧面积$=\frac{1}{2}$×上、下底的周长之和×斜高。

⑥ 以 l 为棱长的正多面体的体积与表面积，可用表 2-1-12 直接计算。

表 2-1-12 棱长为 l 的正多面体的体积与表面积的计算公式

各面形状	名称	体积	表面积
正三角形	正四面体	$0.1179l^3$	$1.7321l^2$
正方形	正六面体	$1.0000l^3$	$6.0000l^2$
正三边形	正八面体	$0.4714l^3$	$3.4641l^2$
正五角形	正十二面体	$7.6631l^3$	$20.6485l^2$
正三角形	正二十面体	$2.1817l^3$	$8.6603l^2$

(2) 曲面围成的立体体积

① 圆柱：体积$=\pi R^2H$，侧面积$=2\pi RH$，其中 R 是底半径，H 是柱高。

② 圆锥：体积$=\frac{1}{3}\pi R^2H$，侧面积$=\pi RL$，其中 R 是底半径，H 是锥高，$L=\sqrt{R^2+H^2}$。

③ 圆台：体积$=\frac{1}{3}\pi H(R_1^2+R_2^2+R_1R_2)$，侧面积$=\pi(R_1+R_2)L$。如图 2-1-16 所示。

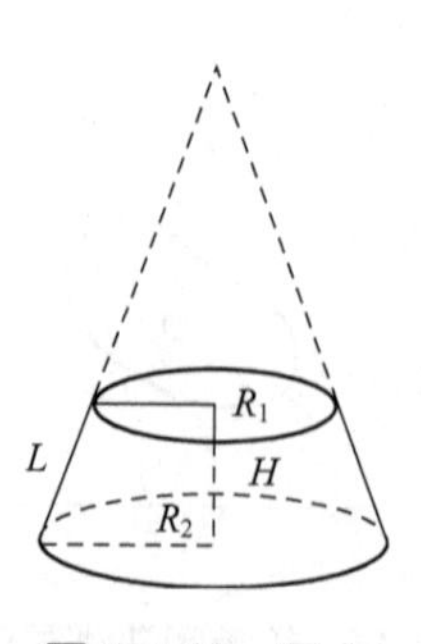

图 2-1-16 圆台

④ 球：球体体积$=\frac{4}{3}\pi R^3=\frac{1}{6}\pi D^3$，球缺体积$=\frac{1}{6}\pi h_1(3r_2^2+h_1^2)=\pi h_1^2\left(R-\frac{h_1}{3}\right)$，球台体积$=\frac{1}{6}\pi h_2(3r_1^2+3r_2^2+h_2^2)$，球面锥体体积$=\frac{2}{3}\pi R^2 h_1=\frac{1}{6}\pi D^2 h_1$。球面面积$=4\pi R^2=\pi D^2$。球冠面积$=2\pi Rh_1=\pi Dh_1$（不包括底面），球带面积$=2\pi Rh_2$。如图 2-1-17 所示。

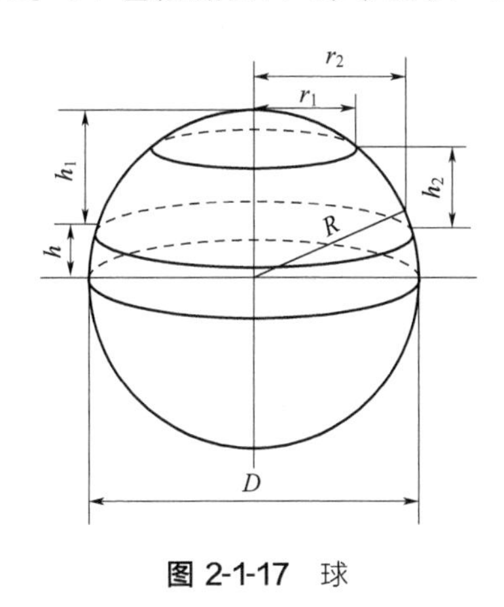

图 2-1-17　球

⑤ 椭球：椭球体积$=\frac{4}{3}\pi abc$，其中 a、b、c 是半轴长度。旋转椭球：椭圆绕着它的长轴旋转而成的立体体积$=\frac{4}{3}\pi ab^2$，表面积$=2\pi b^2+2\pi(ab/e)\sin^{-1}e$，其中 a、b 分别是椭圆的长、短半轴，e 是离心率；椭圆绕着它的短轴旋转而成的立体体积$=\frac{4}{3}\pi a^2 b$，表面积$=2\pi a^2+\pi(b^2/e)\ln\frac{1+e}{1-e}$。

⑥ 旋转体：

a. 由曲线 $y=y(x)$ 及直线 $x=a$，$x=b$，$y=0$ 所围成的图形，绕 ox 轴旋转所形成旋转体体积：

$$V=\pi\int_a^b y^2(x)\mathrm{d}x$$

b. 由曲线 $y=y(x)(a\leqslant x\leqslant b)$绕 ox 轴旋转所形成旋转曲面的面积：

$$A=2\pi\int_a^b y\sqrt{1+y'^2}\,\mathrm{d}x$$

c. 古鲁金公式：平面上一曲线段，绕着平面上不穿过此曲线的轴旋转而成的旋转曲面面积 $A=2\pi\overline{y}s$，其中 s 为曲线段长度，$\overline{y}$ 为曲线重心到旋转轴的距离。

由一平面图形绕着平面上不穿过此图形的轴旋转而成的旋转体体积 $V=2\pi\,\overline{y}A$，其中 A 为平面图形的面积，$\overline{y}$ 为平面图形的重心到旋转轴的距离。

d. 环形曲面［由半径是 r 的圆绕着离开圆心的距离为 $R(R>r)$ 的一条直线旋转而形成的曲面］所围立体体积与表面积：体积$=2\pi^2Rr^2$，表面积$=4\pi^2Rr$。如图 2-1-18 所示。

⑦ 其他立体体积与曲面面积：

a. 若已知立体垂直于 x 轴的截面面积为 $s(x)$，且两端的截面交 x 轴于 a 和 b。则立体

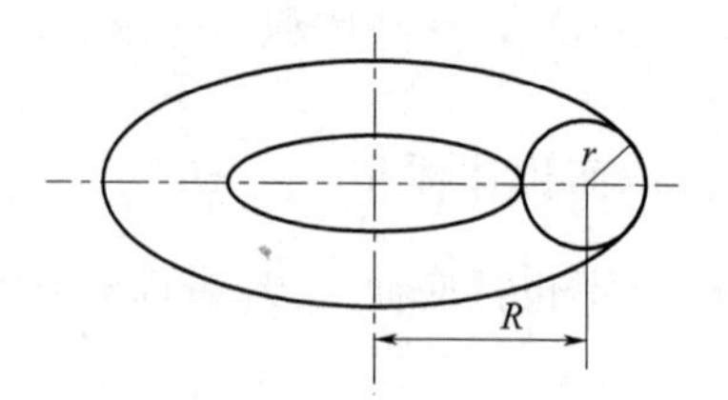

图 2-1-18 环形曲面围成的立体

体积 $V=\int_a^b s(x)\mathrm{d}x$ 。如图 2-1-19 所示。

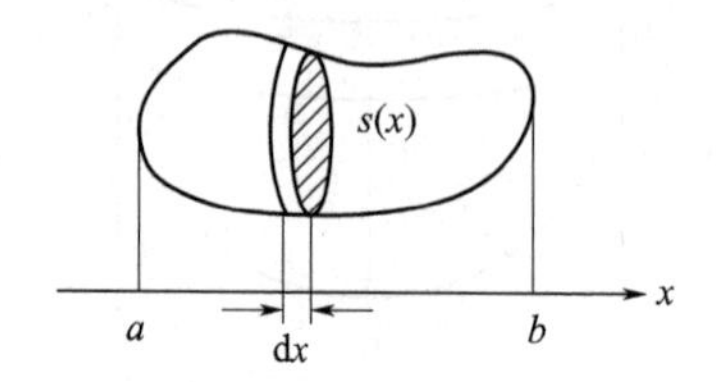

图 2-1-19 截面积已知的立体

b. 以 xoy 面上区域D为底，以曲面 $z=z(x,y)$为顶，母线垂直于 xoy 面的直柱体体积 $V=\iint\limits_D z\,\mathrm{d}x\,\mathrm{d}y$ 。如图 2-1-20 所示。

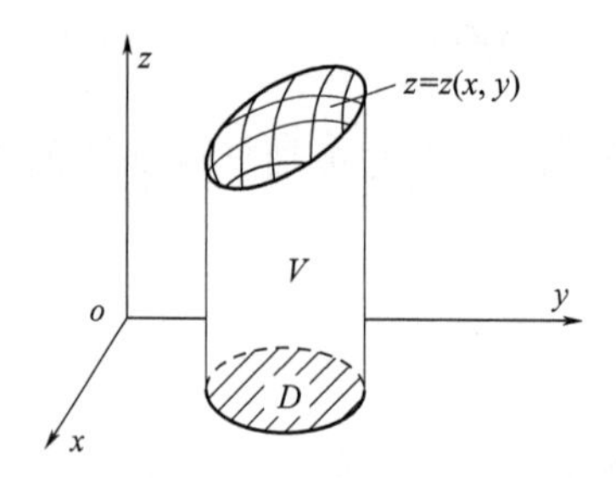

图 2-1-20 直柱体

c. 若曲面 $z=z(x,y)$ 在 xoy 面上的投影区域为 D，则曲面面积 $A=\iint\limits_D\sqrt{1+z_x'^2+z_y'^2}\,\mathrm{d}x\,\mathrm{d}y$（图 2-1-20）。

d. 柱面 $F(x,y)=0$ 夹在曲面 $z=z(x,y)$与 xoy 平面间的侧面积 $A=\int\limits_{c(A,B)}z(x,y)\mathrm{d}s=\int_a^b z(x,y)\sqrt{1+y'^2}\,\mathrm{d}x$ 。式中 c 为柱面的准线，$\mathrm{d}s$ 表示 $c(A,B)$ 的弧元素，y'为由 $F(x,y)=0$ 求得的导数（图 2-1-21）。

e. 空间域 Ω 的体积 $V=\iiint\limits_\Omega \mathrm{d}v=\iint\limits_D[z_2(x,y)-z_1(x,y)]\mathrm{d}x\,\mathrm{d}y$ 。式中 z_1，z_2 分别为 Ω 的上下边界曲面，D 是 Ω 在 xoy 平面上的投影（图 2-1-22）。

f. 曲面 $x=x(u,v)$，$y=y(u,v)$，$z=z(u,v)$在 uv 平面域 D 上的曲面面积 $A=\iint\limits_D\sqrt{EG-F^2}\,\mathrm{d}u\,\mathrm{d}v$ 。

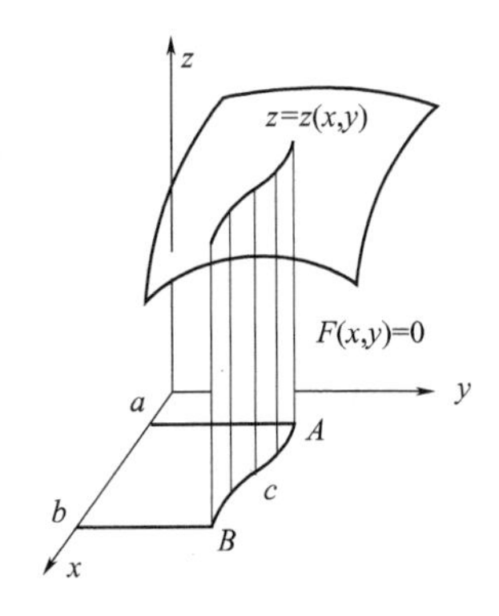

图 2-1-21 空间柱面的侧面积

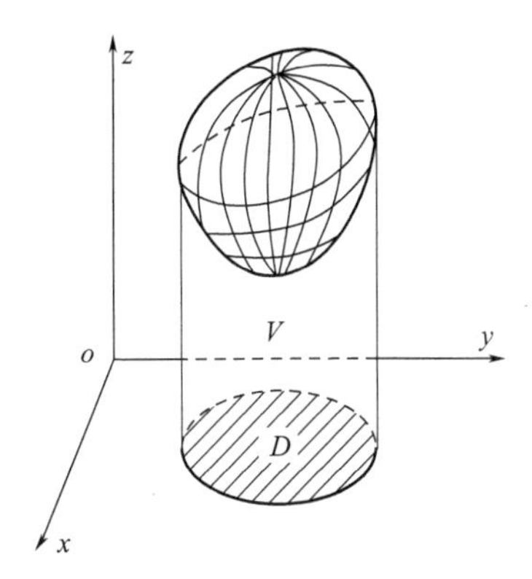

图 2-1-22 空间立体体积

其中 $E=\left(\frac{\partial x}{\partial u}\right)^2+\left(\frac{\partial y}{\partial u}\right)^2+\left(\frac{\partial z}{\partial u}\right)^2$，$F=\frac{\partial x}{\partial u}\times\frac{\partial x}{\partial v}+\frac{\partial y}{\partial u}\times\frac{\partial y}{\partial v}+\frac{\partial z}{\partial u}\times\frac{\partial z}{\partial v}$，$G=\left(\frac{\partial x}{\partial v}\right)^2+\left(\frac{\partial y}{\partial v}\right)^2+\left(\frac{\partial z}{\partial v}\right)^2$。

1.4.3 基本初等函数及其图形

(1) 幂函数

$y=x^{\alpha}$（α 为常数）

当 $\alpha>0$ 时，$y=x^{\alpha}$ 的图像是 α 次抛物线（图 2-1-23 只给出了第一象限内的图像）。

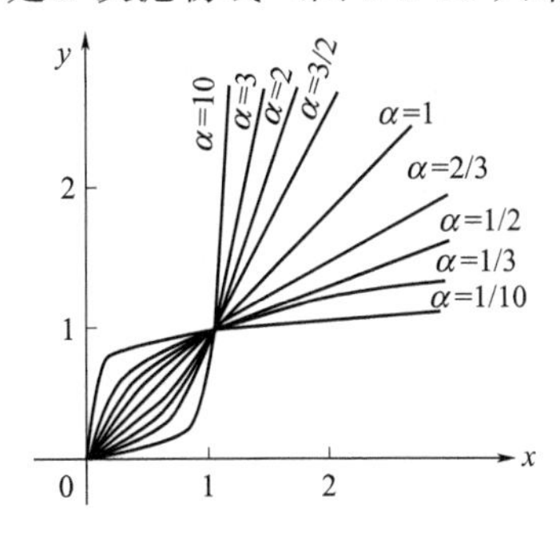

图 2-1-23 抛物线第一象限图像

当 $\alpha<0$ 时，$y=x^{\alpha}$ 的图像是 α 次双曲线（图 2-1-24 只给出了第一象限内的图像）。

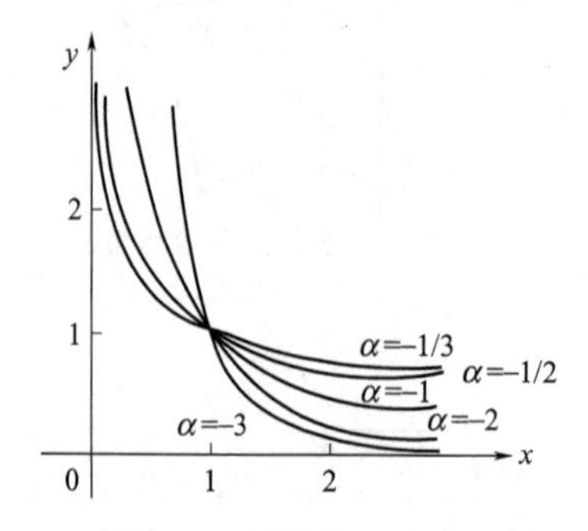

图 2-1-24 双曲线第一象限图像

(2) 指数函数

$$y=a^{x}(a>0,a\neq1)(\text{图 2-1-25})$$

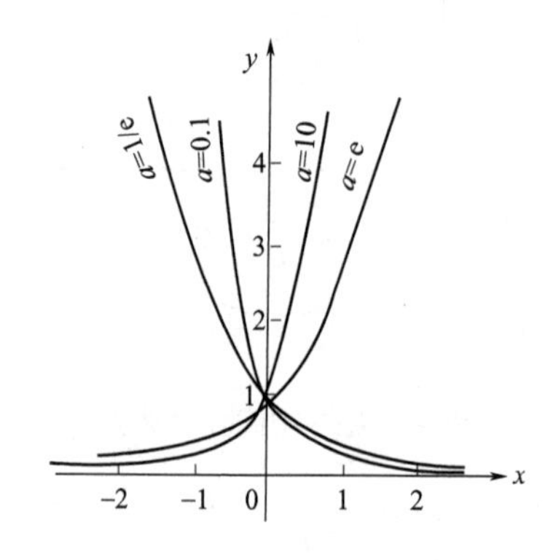

图 2-1-25 指数函数图像

(3) 对数函数

$$y=\log_{a}x(a>0,a\neq1)(\text{图 2-1-26})$$

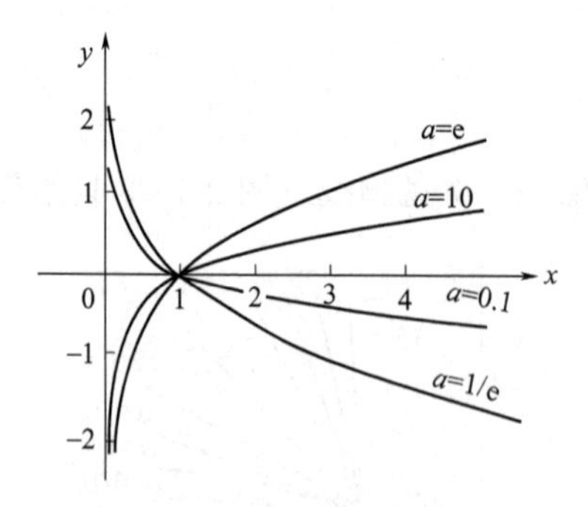

图 2-1-26 对数函数图像

(4) 三角函数

正弦函数 $y=\sin x$（图 2-1-27），余弦函数 $y=\cos x$（图 2-1-28）。

正切函数 $y=\tan x$（图 2-1-29），余切函数 $y=\cot x$（图 2-1-30）。

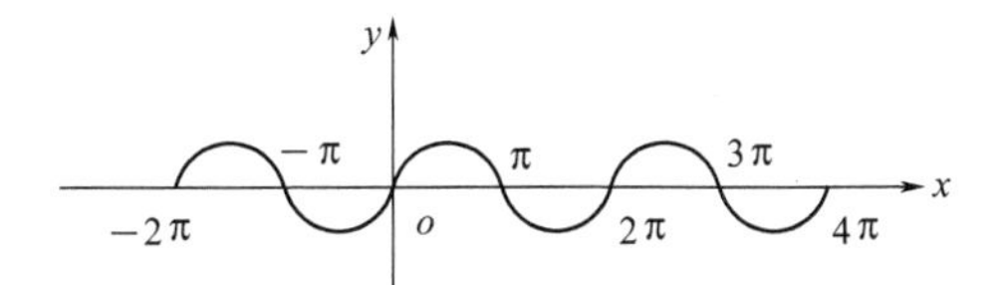

图 2-1-27　正弦函数图像

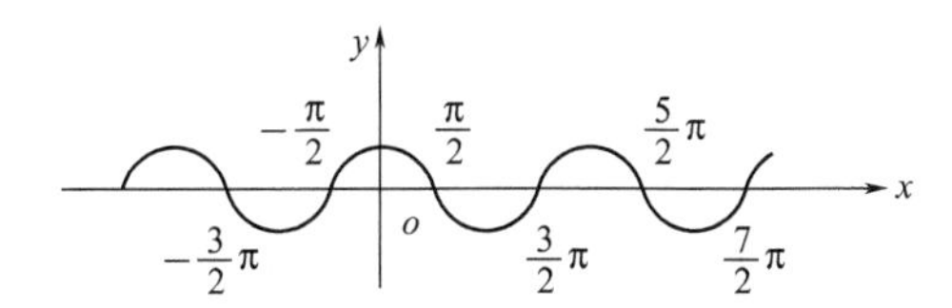

图 2-1-28　余弦函数图像

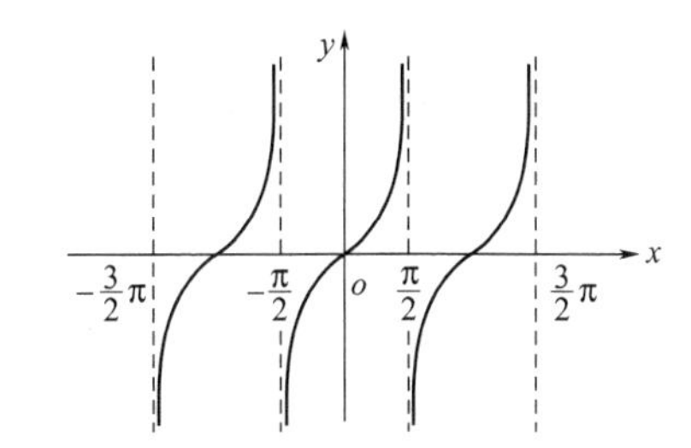

图 2-1-29　正切函数图像

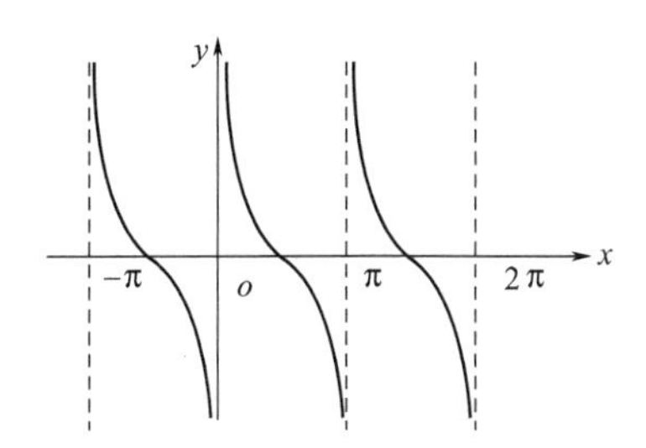

图 2-1-30　余切函数图像

(5) 反三角函数

① 反正弦函数：若 $\sin y = x$，则记 $y = \mathrm{Arcsin}x$，称为 x 的反正弦函数，这是一个多值函数，其函数值落在 $\left[-\frac{\pi}{2}, \frac{\pi}{2}\right]$ 内的部分，记为 $\arcsin x$，称为反正弦函数的主值（图 2-1-31）。

$$y = \mathrm{arcsin}x = k\pi + (-1)^k \arcsin x\ (k\ \text{为整数}),\ -\frac{\pi}{2} \leqslant \arcsin x \leqslant \frac{\pi}{2}$$

② 反余弦函数：

$$y = \mathrm{arccos}x = 2k\pi \pm \arccos x\ (k\ \text{为整数})$$

式中，$\arccos x$ 为反余弦函数的主值（图 2-1-32），$0 \leqslant \arccos x \leqslant \pi$。

③ 反正切函数：

$$y = \mathrm{arctan}x = k\pi + \arctan x\ (k\ \text{为整数})$$

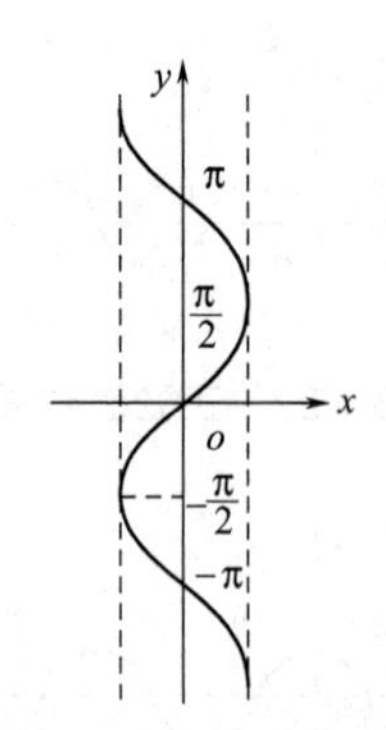

图 2-1-31 反正弦函数图像

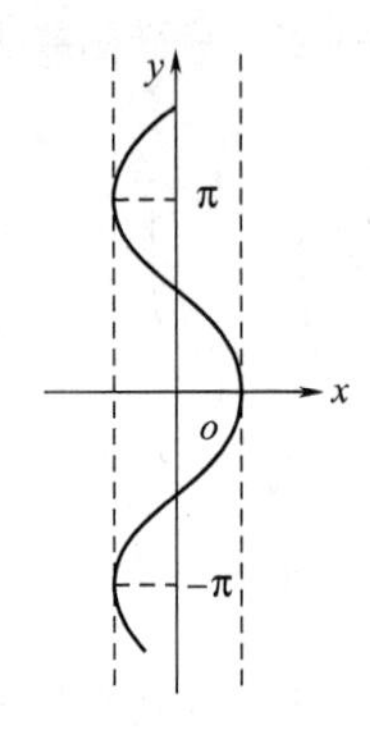

图 2-1-32 反余弦函数图像

式中，arctan$x$ 为反正切函数的主值（图 2-1-33），$-\frac{\pi}{2}<\arctan x<\frac{\pi}{2}$。

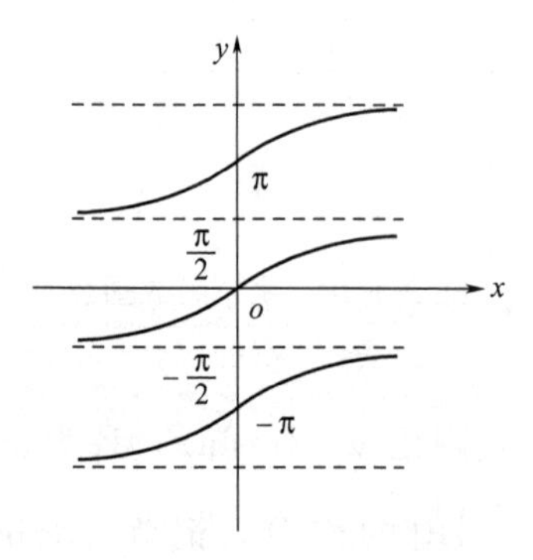

图 2-1-33 反正切函数图像

④ 反余切函数：

$$y=\mathrm{arccot}x=k\pi+\mathrm{arccot}x\,(k\ 为整数)$$

式中，arccot$x$ 为反余切函数的主值（图 2-1-34），$0<\mathrm{arccot}x<\pi$。

(6) 双曲函数

① 定义

双曲正弦函数 $\sinh x=\frac{e^x-e^{-x}}{2}$。双曲余弦函数 $\cosh x=\frac{e^x+e^{-x}}{2}$。

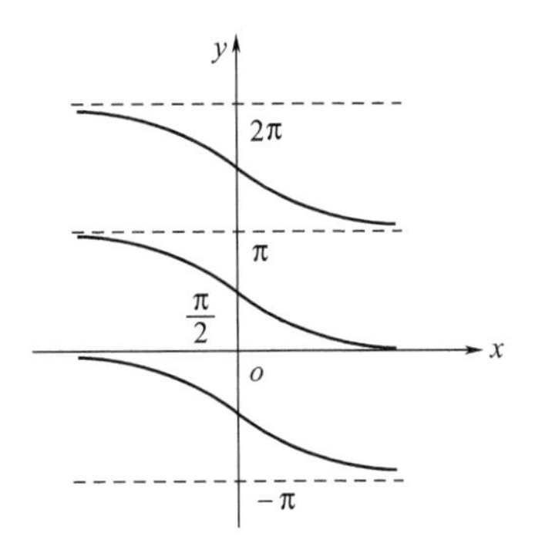

图 2-1-34 反余切函数图像

双曲正切函数 $\tanh x=\dfrac{e^{x}-e^{-x}}{e^{x}+e^{-x}}$。双曲余切函数 $\coth x=\dfrac{e^{x}+e^{-x}}{e^{x}-e^{-x}}$。

双曲正割函数 $\operatorname{sech} x=\dfrac{2}{e^{x}+e^{-x}}$。双曲余割函数 $\operatorname{csch} x=\dfrac{2}{e^{x}-e^{-x}}$。

② 基本关系

$$\frac{\sinh x}{\cosh x}=\tanh x \quad \frac{\cosh x}{\sinh x}=\coth x \quad \tanh x\coth x=1$$

$$\cosh^{2}x-\sinh^{2}x=1 \qquad \operatorname{sech}^{2}x+\tanh^{2}x=1 \qquad \coth^{2}x-\operatorname{csch}^{2}x=1$$

③ 图像 可见图 2-1-35。

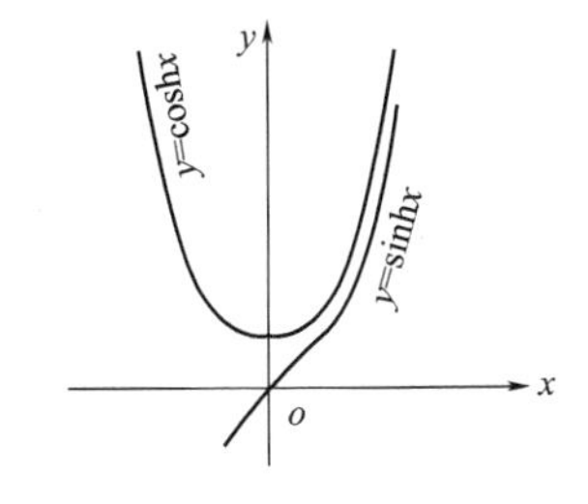

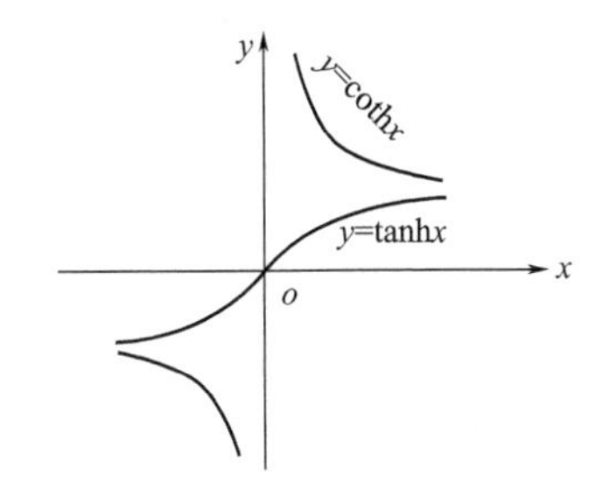

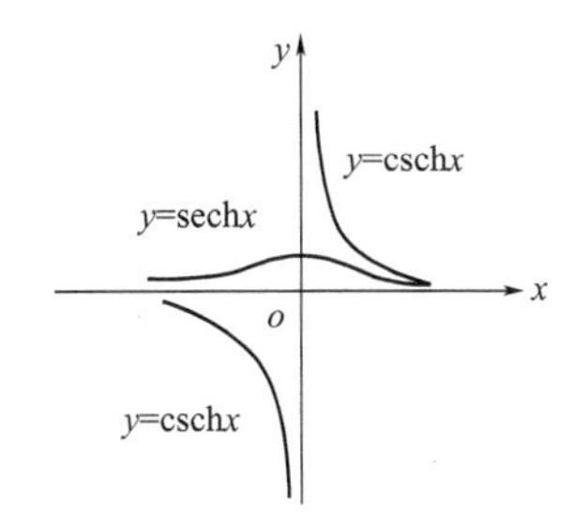

图 2-1-35 双曲函数图像

(7) 反双曲函数 反双曲函数为双曲函数的反函数，分别记为 arsinh$x$、arcosh$x$、artanh$x$、arcoth$x$、arsech$x$、arcsch$x$，依次称为反双曲正弦函数、反双曲余弦函数、反双曲正切函数、反双曲余切函数、反双曲正割函数、反双曲余割函数。它们的图像见图 2-1-36。

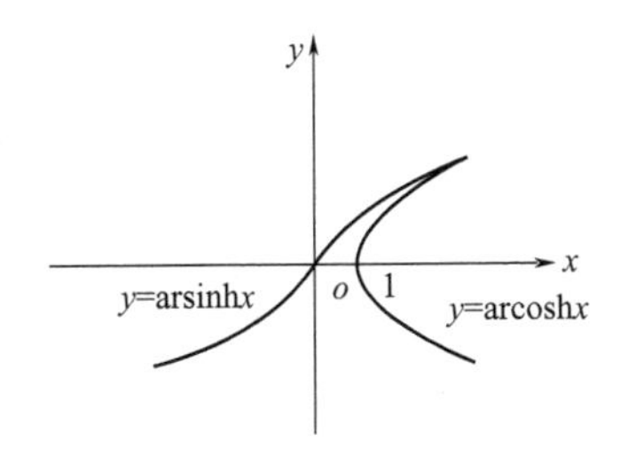

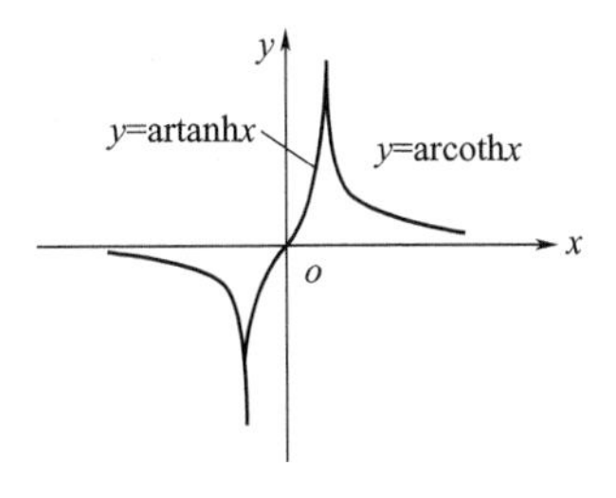

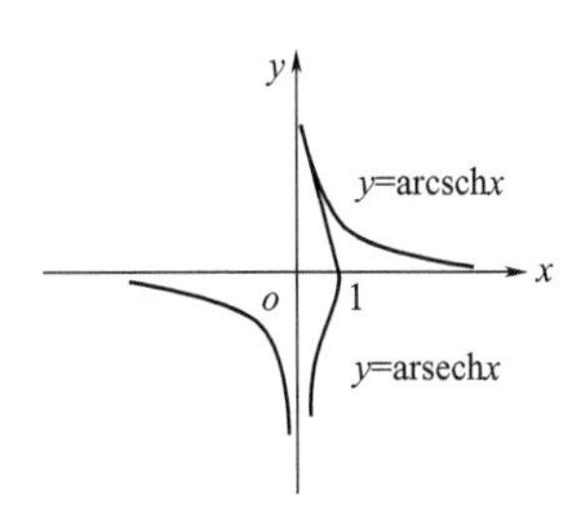

图 2-1-36 反双曲函数图像

(8) 正弦衰减振荡曲线 其图像见图 2-1-37，对应的方程为：$y=\mathrm{e}^{-ax}\sin bx$（$a>0$）

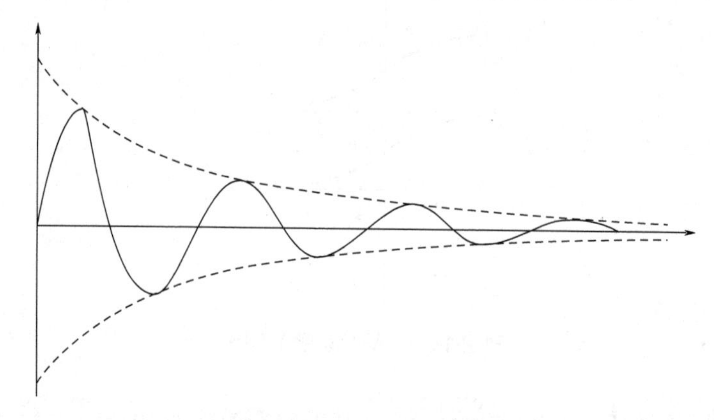

图 2-1-37 正弦衰减振荡曲线图像

(9) 正态分布密度函数 $y=\frac{1}{\sqrt{2\pi}\sigma}\mathrm{e}^{-\frac{(x-\mu)^2}{2\sigma^2}}$的图像可见图 2-1-38，其中 μ、$\sigma>0$ 且为常数，它们的意义可见 7.1.2.3 节。

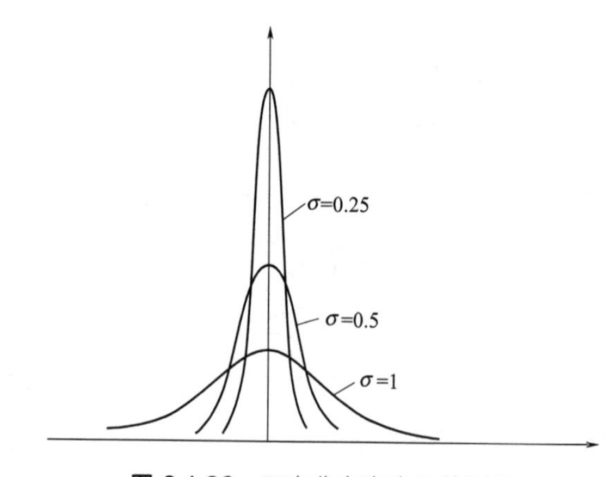

图 2-1-38 正态分布密度函数图像

参考文献

[1] Maloney J O. Perry's chemical engineer's handbook. 8th ed. New York: McGraw-Hill Companies Inc, 2008.

[2] Ramkrishna D, Amundson N R. Mathematics in chemical engineering: A 50 year introspection. AIChE J, 2004, 50 (1): 7-23.

[3] 陈敏恒，袁渭康．化学反应工程中的模型方法．化学工程，1980，(1)：1-12.

[4] Montgomery D C. Design and analysis of experiments. 6th ed. Hoboken, NJ: John Wiley & Sons Inc. 2005.

[5] 吴乙申，等．化学工程手册：第二篇 化工应用数学．北京：化学工业出版社，1983.

2

代数

2.1 线性代数

2.1.1 行列式理论

(1) 行列式的定义与计算 n^2 个数排成 n 行 n 列，按照一定的规则可以代表一个数，这个数就称为一个行列式，它等于所有取自不同行不同列的 n 个元素的乘积项 $a_{1j_1}a_{2j_2}\cdots a_{nj_n}$ 的代数和，其符号根据列标排列的奇偶性来确定。如果列标排列 $j_1\cdots j_n$ 为偶排列，则取正号，否则取负号。给出一个具体的数值行列式，可以用行列式的一些性质计算出行列式的值。

(2) 行列式的应用与克拉默法则 引进行列式的最初目的是解线性方程组。按照克拉默法则，n 个方程 n 个未知数的线性方程组，如果其系数行列式不为零，那么这个线性方程组有唯一解，其解可以用行列式清楚表达出来。对于更一般的线性方程组，行列式也可以起到一定的作用。

(3) 行列式按一行（列）展开 行列式可以按照一行（列）展开成为这行（列）元素与其对应的代数余子式的乘积之和。更一般的结果有拉普拉斯（P. S. Laplace）展开定理，这是行列式按照一行或者一列展开的进一步推广。和行列式的性质结合起来，可简化行列式的计算并有效地计算出行列式的值。

2.1.2 线性方程组

(1) 线性方程组求解的高斯消元法 高斯消元法本质上是用了矩阵的行初等变换。其基本思路是运用三种类型的线性方程组的同解变形把一个线性方程组化成具有阶梯状的线性方程组，从而可以非常方便地判别这个线性方程组是否有解，如果有解，也可以非常方便地得出解的一般形式。

(2) 向量、相关性及 n 维向量空间 一个数域中的 n 个数排成一个有序数组，就组成了一个 n 维向量。向量可以定义加法及数乘运算，满足一般的运算法则。所有的数域 P 上的 n 维向量全体按照加法和数乘运算就构成了一个 n 维向量空间。如果一个向量可以写成其余的若干向量的线性组合，那么这个向量就称为可以由其余向量线性表出。如果一个向量组里的每个向量都可以由另外一个向量组线性表出，那么就称这个向量组可以由另外一个向量组线性表出。如果两个向量组可以互相线性表出，那么就称这两个向量组等价。对于一个向量组 $\alpha_1,\alpha_2,\cdots,\alpha_s$，如果存在数域 P 里面的不全为零的数 $k_1,k_2,\cdots,k_n$，使得 $k_1\alpha_1+k_2\alpha_2+\cdots+k_s\alpha_s=0$，那么就称 $\alpha_1,\alpha_2,\cdots,\alpha_s$ 线性相关。否则就称它是线性无关的。线性无关及线性相关是线性代数里极其重要的概念。一个向量组，如果它有一个部分组是线性无关的，并且再添加任何一个向量进去就是线性相关了，那么这个部分组就称为这个向量组的一个极大线性无关组。向量组的任意两个极大线性无关组都是等价的。因此一个向量组的任意一个极大线性无关组所含的向量个数为这个向量组的秩。

(3) 矩阵的秩 把 $s\times n$ 个数排成 s 行 n 列所构成的一个表就称为一个矩阵。矩阵的秩是矩阵理论的一个非常基本的概念，它可以有两种定义方法，一个是用矩阵的行向量组或列向量组的秩来定义，一个可以用矩阵的子式来定义。这两种定义实际上是相通的。关于矩阵的秩，有若干个很有趣的不等式。

(4) 线性方程组有解判别定理 有了矩阵的秩的概念以后，就可以对线性方程组给出比较深入的研究了。一个线性方程组有解的充要条件是它的系数矩阵的秩等于增广矩阵的秩。对于常数项都为零的齐次线性方程组，还可以判断它是否只有零解还是有无穷多组解。

(5) 解的结构 线性方程组的解的结构分两个方面来考虑。首先是考虑齐次线性方程组。在此情形，先引进齐次线性方程组的基础解系。它是齐次线性方程组的若干个线性无关的解，并且其他的任意解都可以写成这些解的线性组合。可以证明齐次线性方程组的基础解系里面的解向量个数一定是 $n-r$ 个，这里 n 是未知量的个数，r 是系数矩阵的秩。对于非齐次线性方程组，它的通解可以表示为它的一个特解加上这个非齐次线性方程组对应的齐次线性方程组的通解。齐次线性方程组的所有解实际上构成了一个 $n-r$ 维的向量空间[1]。

(6) 原子矩阵 物理化学中，矩阵、向量以及线性方程组可以得到充分的运用[2]。

设存在由四种物质 CH_4、CH_2O、O_2、H_2O 组成的集合。原子和分子组合的向量为：

$$B=\begin{pmatrix}H\\C\\O\end{pmatrix},\ A=\begin{pmatrix}CH_4\\CH_2O\\O_2\\H_2O\end{pmatrix}$$

原子矩阵写为：

$$\beta=\begin{bmatrix}4&1&0\\2&1&1\\0&0&2\\2&0&1\end{bmatrix}$$

$r(\beta)=3$，所以存在一个独立的化学反应。写出线性方程组：

$$(a_1,a_2,a_3,a_4)\begin{bmatrix}4&1&0\\2&1&1\\0&0&2\\2&0&1\end{bmatrix}=0$$

即

$$\begin{cases}4a_1+2a_2+2a_4=0\\a_1+a_2=0\\a_2+2a_3+a_4=0\end{cases}$$

解该方程组得：$a_2=a_4=-a_1$，$a_3=a_1$。所以对上述物质体系，独立反应具有：

$$a_1CH_4+a_1O_2-a_1CH_2O-a_1H_2O=0$$

即

$$CH_4+O_2=CH_2O+H_2O$$

2.1.3 矩阵代数

(1) 矩阵的运算 对于两个具有相同形状的矩阵，可以定义这两个矩阵的加法，通过加法所得的矩阵的每个位置的元素等于对应位置的数相加。对于一个数以及一个矩阵，可以定义这个数和这个矩阵的数乘，所得的矩阵的每个位置的元素等于这个数与原矩阵这个位置的数的乘积。对于矩阵 $A=(a_{ij})_{s\times n}$，$B=(b_{jk})_{n\times m}$，定义这两个矩阵的乘积 $AB=(c_{ik})_{s\times m}$，其中 $c_{ik}=\sum_{j=1}^{n}a_{ij}b_{jk}$。矩阵的加法满足交换律、结合律。矩阵的乘法满足结合律但是一般不满足交换律。矩阵的加法和乘法还满足左（右）分配律。元素全为零的矩阵称为零矩阵，两个非零的矩阵，其乘积有可能为零矩阵。对角元全为 1 的 $n\times n$ 矩阵称为 n 阶单位阵，一般记为 I。

(2) 可逆矩阵 对矩阵 A，如果存在矩阵 B，使得 $AB=BA=I$，则称 A 可逆，B 为 A 的逆，易证明如果 A 可逆，则它的逆是唯一的，A 的逆记为 A^{-1}。只有方阵才可能称为可逆阵。如果 A 可逆，则 $A^{-1}=\frac{1}{|A|}A^*$，式中 $|A|$ 为 A 的行列式，A^* 为 A 的伴随矩阵。

(3) 矩阵的初等变换与初等矩阵 对于任一 $s\times n$ 矩阵，可以对它的行进行以下三种类型的行变换：①互换两行；②某一行乘以一个非零常数；③某一行的倍数加到另外一行。这三种变换称为矩阵的行初等变换。对等地，也可以进行三种类型的列变换。行变换以及列变换统称为矩阵的初等变换。任一 $s\times n$ 矩阵都可以通过行初等变换变为阶梯型矩阵。

对单位阵进行一次初等变换所得的矩阵称为初等矩阵。与三种类型的初等变换对应的有三种类型的初等矩阵。一个重要的结果是：对矩阵作行（列）初等变换，相当于对这个矩阵左（右）乘相应的初等矩阵。任何一个矩阵，都可以经过一系列的初等变换化为 $\begin{bmatrix} I_r & 0 \\ 0 & 0 \end{bmatrix}$ 的形式，这里 I_r 为 r 阶单位阵，r 为原矩阵的秩。运用初等变换，可以很方便地求出一个可逆矩阵的逆矩阵[1]。

(4) 化学计量中的数据矩阵[3] 校正分析理论是化学计量的重要组成部分。化学量测体系给出的数据可分为测量值、向量和矩阵。多元校正分析正是基于对这些化学量测数据矩阵的分析。

对于组分数为 p 的混合体系，可通过一定的手段配制各组分浓度不同的 n 个样品。设配制的样品中各组分的浓度构成的矩阵为：

$$C=\begin{bmatrix} c_{11} & c_{12} & \cdots & c_{1n} \\ c_{21} & c_{22} & \cdots & c_{2n} \\ \vdots & \vdots & \vdots & \vdots \\ c_{p1} & c_{p2} & \cdots & c_{pn} \end{bmatrix}$$

式中，c_{ij} 为第 j 个组分在第 i 个样品中的浓度，每列代表一个样品。再设每个组分的吸收光谱为：

$$\varepsilon=\begin{bmatrix}\varepsilon_{11} & \varepsilon_{12} & \cdots & \varepsilon_{1p}\\ \varepsilon_{21} & \varepsilon_{22} & \cdots & \varepsilon_{2p}\\ \vdots & \vdots & \vdots & \vdots\\ \varepsilon_{m1} & \varepsilon_{m2} & \cdots & \varepsilon_{mp}\end{bmatrix}$$

式中，ε_{ij} 为组分 j 在第 i 个波长下的摩尔吸光系数，每列代表一个组分的吸收光谱。

此时，在 m 个波长下检测每个样品的吸光度，则第 i 个样品在第 j 个波长下的吸光度为：$a_{ij}=\sum\limits_{k=1}^{p}\varepsilon_{ik}c_{kj}$，即 $A=\varepsilon C$。

2.1.4 二次型

(1) 二次型定义及其矩阵表示 n 个变量的二次齐次式：

$$a_{11}x_1^2+2a_{12}x_1x_2+\cdots+2a_{1n}x_1x_n+a_{22}x_2^2+\cdots+2a_{2n}x_2x_n+\cdots+a_{nn}x_n^2$$

该式称为一个 n 元二次型。令 $A=(a_{ij})_{n\times n}$，其中 $a_{ij}=a_{ji}$，i，$j=1$，…，n，$x=(x_1,x_2,\cdots,x_n)^T$，则二次型可以写成矩阵形式 x^TAx。A 称为这个二次型的矩阵，A 的秩称为这个二次型的秩。

(2) 线性替换与矩阵的合同 对于 n 元变量 $x=(x_1,x_2,\cdots,x_n)^T$ 和 $y=(y_1,y_2,\cdots,y_n)^T$ 以及可逆 n 阶方阵 C，变量变换 $x=Cy$ 称为一个非退化线性替换。非退化线性替换可以把一个二次型化为另一个二次型：$x^TAx=(Cy)^TA(Cy)=y^T(C^TAC)y$，新的二次型的矩阵为 C^TAC。A 和 C^TAC 的关系是所谓的合同关系。很容易验证，对称矩阵的合同关系是对称矩阵之间的一个等价关系。两个二次型之间的关系实际上就是这两个二次型的矩阵之间的关系。非退化线性替换把一个二次型变为另一个二次型，前后两个二次型的矩阵之间的关系就是合同关系。如何找到一个非退化线性替换，将一个二次型化为一个比较简单易处理的二次型显然是一个比较重要的问题。

(3) 化二次型为标准型与规范型 可以证明，任意一个二次型都可以经过一系列的非退化线性替换化为只有平方项的形式，这个只有平方项的二次型称为原二次型的标准型。在复数范围内，还可以进一步化为平方项的系数全为1的形式，而在实数范围内，也可以进一步将二次型化为平方项系数只是1或者−1的形式。这两者分别称为复数范围内和实数范围内的规范型。惯性定理表明，规范型具有唯一性。

2.1.5 线性空间与线性变换简介

(1) 线性空间定义与简单性质、子空间 对于非空集合 V 及实数域或者复数域 P，在集合 V 的任两元素 α、β 间定义了一个代数运算加法：$\alpha+\beta$，在 P 的任意元素 k 和 V 的任意元素 α 之间定义了一个数乘：$k\alpha$，如果这两种运算满足如下的8条规则，则称 V 为 P 上线性空间或向量空间：①对于 V 中任意元素 α、β，有 $\alpha+\beta=\beta+\alpha$；②对于 V 中任意元素 α、β、γ，都有 $(\alpha+\beta)+\gamma=\alpha+(\beta+\gamma)$；③在 V 中有一个零元素0，对于 V 中任意元素 α 都有 $0+\alpha=\alpha$；④对于 V 中每个元素 α，都有 V 中元素 β（称为 α 的负元素）使得 $\alpha+\beta=0$；⑤对 V

中任意元素α都有$1\alpha=\alpha$；⑥对于P中任意数k、l，V中任意元素α都有$k(l\alpha)=(kl)\alpha$；⑦对于P中任意数k、l，V中任意元素α都有$(k+l)\alpha=k\alpha+l\alpha$；⑧对于$P$中任意数$k$，$V$中任意元素$\alpha$、$\beta$，都有$k(\alpha+\beta)=k\alpha+k\beta$。

对于线性空间V的非空子集W，如果W中元素关于V中的加法和数乘运算也构成一个线性空间，则称W为V的一个子空间。要验证W为V的子空间，只要验证W中元素关于V中的加法与数乘运算封闭即可。

线性空间的应用范围很广，一般考虑较多的是由一些向量组成的线性空间。易证明，线性空间中零元素以及任意一个元素的负元素都是唯一的；$0\alpha=0$，$k0=0$，$(-1)\alpha=-\alpha$；如果$k\alpha=0$，那么$k=0$或者$\alpha=0$。

(2) 线性空间的维数与基 线性空间中的向量可以定义线性组合、线性表出和线性相关、线性无关的概念。如果线性空间V中有n个线性无关的向量，并且没有更多数目的线性无关的向量，那么n称为V的维数，记为$n=\dim V$，V就称为n维线性空间。n维线性空间V中任一由n个线性无关的向量构成的有序线性无关向量组称为V的一个基。不同基之间的关系可以用过渡矩阵来描述，而过渡矩阵是一个$n\times n$的可逆阵。给定一个基以后，线性空间V中的向量就可以表示为基的线性组合，组合系数称为这个向量在这个基下的坐标。同一个向量在不同基下的坐标一般是不同的，这不同基下的坐标可以用这两个不同基的过渡矩阵来描述。

(3) 线性变换的定义与运算 线性空间V的一个变换T称为线性变换，如果对于V中的任意元素α、β和任意数k，都有$T(\alpha+\beta)=T(\alpha)+T(\beta)$，$T(k\alpha)=kT(\alpha)$。也就是说，变换$T$保持向量的加法和数乘运算。线性变换在很多方面都有重要的应用。线性变换可以定义加法、数乘以及乘法运算，V上线性变换全体按照线性变换的加法和数乘运算也构成一个线性空间。线性变换也有逆变换的概念。

(4) 特征值与特征向量 设T为线性空间V的一个线性变换。如果存在非零向量α及数λ_0，使得$T(\alpha)=\lambda_0\alpha$，则称$\lambda_0$为线性变换$T$的一个特征值，$\alpha$称为$T$的属于特征值$\lambda_0$的一个特征向量。对应到矩阵上，如果对一个方阵$A$，存在非零列向量$x$及数$\lambda_0$，使得$Ax=\lambda_0 x$，则称$\lambda_0$为方阵$A$的一个特征值，$x$为$A$的属于特征值$\lambda_0$的特征向量。对于一个固定的特征值$\lambda_0$来说，属于$\lambda_0$的所有特征向量全体加上零向量构成了一个子空间，称为特征值λ_0的特征子空间。

取定n维线性空间V的一个基后，求V的线性变换T的特征值和特征向量可以如下进行：首先给出T在V的这个基下的矩阵A，然后考虑行列式$|\lambda I-A|$，这是一个变量为λ的首项系数为1的n次多项式，该多项式的所有根就是T的所有特征值。对于T的任一特征值λ_0，解齐次线性方程组：

$$(\lambda_0 I-A)x=0$$

它的任一非零解x_0就是T的属于特征值λ_0的特征向量在给定基下的坐标。至于求方阵A的特征值和特征向量，可以直接和上面一样对A进行。

(5) 线性变换的矩阵与矩阵的相似 设V为n维线性空间，$\alpha_1,\alpha_2,\cdots,\alpha_n$为$V$的一个基，则对于线性变换$T$，有唯一的矩阵$A$，使得

$$T(\alpha_1,\alpha_2,\cdots,\alpha_n)=(\alpha_1,\alpha_2,\cdots,\alpha_n)A$$

A 称为线性变换 T 在基 $\alpha_1,\alpha_2,\cdots,\alpha_n$ 下的矩阵。取定 V 的一组基以后，可以通过上述式子得到 V 上线性变换全体和所有 $n\times n$ 方阵全体的一个一一对应，并且这个对应是保持加法、数乘、乘法运算的，这个对应实际上是线性空间的同构。

设 $\alpha_1,\alpha_2,\cdots,\alpha_n$ 和 $\beta_1,\beta_2,\cdots,\beta_n$ 为 V 的两个基，P 为可逆阵，满足

$$(\beta_1,\beta_2,\cdots,\beta_n)=(\alpha_1,\alpha_2,\cdots,\alpha_n)P$$

设线性变换 T 的矩阵为 A：

$$T(\alpha_1,\alpha_2,\cdots,\alpha_n)=(\alpha_1,\alpha_2,\cdots,\alpha_n)A$$

则

$$T(\beta_1,\beta_2,\cdots,\beta_n)=(\beta_1,\beta_2,\cdots,\beta_n)(P^{-1}AP)$$

这是同一个线性变换在不同基下的矩阵之间的关系，由此可以引入矩阵的相似：两个 $n\times n$ 矩阵 A 与 B 称为相似的，如果存在可逆阵 P，使得 $B=P^{-1}AP$。矩阵的相似是一个 $n\times n$ 矩阵集合里的一个等价关系。任何一个矩阵，都相似于一个最简单、最标准的形式的矩阵，这就是所谓的若尔当标准型。若尔当标准型的最大用处是计算矩阵的方幂以及计算方阵幂级数，在工程技术方面十分有用[1]。

(6) 在主成分分析中的应用[3] 主成分分析又称为抽象因子分析。它首先将数字矩阵通过协方差矩阵进行分解，得到各特征值 λ 以及相应的特征向量 α，然后根据特征值的大小，或采用基于最小二乘的各种误差判据，或按特征值从大到小对应的特征向量和行向量进行短路复原等方法，得到原始数据矩阵的主要因子数。这些因子数对应的特征向量和行向量表示了原始数据矩阵的主要信息。

2.1.6 欧氏空间

(1) 欧氏空间定义与基本性质 设 V 是一个实数域 R 上一个线性空间，在 V 上定义了一个二元实函数，称为内积，记为 (α,β)，满足：①$(\alpha,\beta)=(\beta,\alpha)$；②$(k\alpha,\beta)=k(\alpha,\beta)$；③$(\alpha+\beta,\gamma)=(\alpha,\gamma)+(\beta,\gamma)$；④$(\alpha,\alpha)\geqslant 0$，$(\alpha,\alpha)=0$ 当且仅当 $\alpha=0$。式中，α、β、γ 是 V 中任意向量，k 是任意实数。这样的线性空间称为欧氏空间。记 $|\alpha|=\sqrt{(\alpha,\ \alpha)}$ 称为向量 α 的长度。记 $\langle\alpha,\beta\rangle=\arccos\dfrac{(\alpha,\beta)}{|\alpha||\beta|}$ 为非零向量 α、β 的夹角。对于任意向量 α、β，有 $|(\alpha,\beta)|\leqslant|\alpha||\beta|$，且等号当且仅当 α、β 线性相关时成立，这称为柯西不等式。如果 $(\alpha,\beta)=0$，则称 α、β 正交，称长度为 1 的向量为单位向量。

(2) 标准正交基与施密特正交化 n 维欧氏空间中 n 个两两正交的单位向量所构成的基称为标准正交基。标准正交基用起来十分方便。设 $\alpha_1,\alpha_2,\cdots,\alpha_n$ 为一个普通的基，令

$$\xi_1=\alpha_1,\quad \eta_1=\frac{\xi_1}{|\xi_1|},\quad \xi_m=\alpha_m-\sum_{i=1}^{m-1}(\alpha_m,\eta_i)\eta_i,\quad \eta_m=\frac{\xi_m}{|\xi_m|},m=2,\cdots,n$$

则 $\eta_1,\eta_2,\cdots,\eta_m$ 为一个标准正交基。这样一个由普通的基得到标准正交基的方法称为施密特正交化。

(3) 正交阵与正交变换 一个实方阵 A 如果满足 $A^TA=I$，则称 A 为一个正交阵。A 为正交阵当且仅当 A 的列向量组为两两正交的单位向量组，也当且仅当它的行向量组为两

两正交的单位向量组。欧氏空间中保持向量内积不变的线性变换称为正交变换。T 为正交变换当且仅当 T 保持向量的长度不变，它也等价于 T 把 A 的标准正交基变为标准正交基，或者等同于 T 在任一标准正交基下的矩阵为正交阵。

(4) 实对称阵的正交相似标准型 实对称矩阵的特征值均为实数，并且属于不同特征值的特征向量是正交的。对于实对称矩阵 A 与 B，如果存在正交阵 Q，使得 $B=Q^TAQ$，则称 A 与 B 是正交相似的。可以验证，正交相似为实对称矩阵之间的一种等价关系。可以证明，对实对称矩阵 A，一定存在正交阵 Q，使得 Q^TAQ 为对角阵，也就是说，对角阵为正交相似的标准型。由于正交相似是不改变方阵的特征值的，所以，如果实对称矩阵 A 与对角阵 D 正交相似，那么 D 的对角元恰好为 A 的 n 个特征值。基于此，有一个把实对称矩阵通过正交相似化为对角阵的方法。

对于实对称矩阵 A，首先求出它的所有特征值 $\lambda_1,\lambda_2,\cdots,\lambda_s$，它们都是实数。设每个特征值 λ_i 为 n_i 重的。对每个特征值 λ_i，由于 A（正交）相似于对角阵，所以 λ_i 的特征子空间恰好为 n_i 维的。解齐次线性方程组 $(\lambda_i I-A)x=0$，求出它的特征子空间的 n_i 个线性无关的向量 $\alpha_{i,1},\cdots,\alpha_{i,n_i}$，运用施密特正交化，可以得到 λ_i 的特征子空间的一个标准正交基 $\eta_{i,1},\cdots,\eta_{i,n_i}$，这样就得到 n 个特征向量 $\alpha_{1,1},\cdots,\alpha_{1,n_1},\alpha_{2,1},\cdots,\alpha_{2,n_2},\cdots,\alpha_{s,1},\cdots,\alpha_{s,n_s}$，它们分别属于 s 个两两不同的特征值 $\lambda_1,\lambda_2,\cdots,\lambda_s$，是 n 个两两正交的单位特征向量。令

$$Q=(\alpha_{1,1},\cdots,\alpha_{1,n_1},\alpha_{2,1},\cdots,\alpha_{2,n_2},\cdots,\alpha_{s,1},\cdots,\alpha_{s,n_s})$$

则 Q 为正交阵，并且 Q^TAQ 为对角阵[1]。

2.2 矩阵分析

2.2.1 向量范数

向量范数是描述向量大小的。设 V 为实数域或复数域上的一个线性空间，对 V 中任一向量 α，都有一个实数 $\|\alpha\|$ 与它对应，满足：① $\|\alpha\|\geqslant 0$，且 $\|\alpha\|=0$ 当且仅当 $\alpha=0$；②对任一数 k，$\|k\alpha\|=|k|\cdot\|\alpha\|$；③对 V 中的任意向量 α、β，有 $\|\alpha+\beta\|\leqslant\|\alpha\|+\|\beta\|$。称 $\|\alpha\|$ 为向量 α 的范数，称定义了范数的向量空间为赋范线性空间。同一个线性空间可以有不同的范数，例如，对于 $V=R^n$，可以定义 2-范数 $\|\ \|_2$：对 $x=(x_1,x_2,\cdots,x_n)^T$，$\|x\|_2=\sqrt{\sum_{i=1}^n x_i^2}$；也可以定义 p 范数 $\|\ \|_p(0<p<1)$：对 $x=(x_1,x_2,\cdots,x_n)^T$，$\|x\|_p=(\sum_{i=1}^n|x_i|^p)^{\frac{1}{p}}$。

2.2.2 矩阵范数

如果对于任意一个 $s\times n$ 复矩阵 A，都有一个实数 $\|A\|$ 与之对应，满足：① $\|A\|\geqslant 0$，且 $\|A\|=0$ 当且仅当 $A=0$；②对任意数 k，有 $\|kA\|=|k|\,\|A\|$；③对任意两个 $s\times n$ 复矩阵 A、B，$\|A+B\|\leqslant\|A\|+\|B\|$；④对任意两个可以相乘的矩阵 B、C，有 $\|BC\|\leqslant\|B\|\,\|C\|$。比较常用的是方阵的诱导范数，它是用向量范数来定义的：对方阵 A，

$\|A\|$定义为$\max\limits_{x=1}\|Ax\|$。

2.2.3 方阵的谱半径

一个方阵A的所有特征值构成的集合称为A的谱，方阵A的特征值的模的最大值称为A的谱半径，记为$\rho(A)$。一个常用的结果是，对方阵A的任一诱导范数$\|A\|$，有$\rho(A)\leqslant\|A\|$。

2.2.4 用距离做样本间的分类

为了对量测数据进行分类，须对数据进一步处理，以便从分类中确定分类的尺度（标准）。然后根据分类尺度进行分类或识别。除了用相关系数、相似系数以及斜交空间距离这些尺度外，还可以用距离进行分类。在距离分类中，欧氏空间距离和闵科夫斯基(H. Minkowski，1864—1909)距离是比较常用的。

① 欧氏空间距离：$D_{ij}=\sqrt{\sum\limits_{k=1}^{n}(x_{ik}-x_{jk})^2}$；

② 闵科夫斯基距离：$D_{ij}=\left[\sum\limits_{k=1}^{n}|x_{ik}-x_{jk}|^p\right]^{\frac{1}{p}}(0<p<1)$。

这实际上就是向量的2-范数以及p范数。

2.2.5 方阵函数与函数矩阵

(1) 矩阵序列与矩阵级数 把一个$s\times n$矩阵的无穷序列$A_0,A_1,\cdots,A_k$，记为$\{A_k\}_{k=1}^{\infty}$，其中$A_k=(a_{ij}^{(k)})$。如果存在$s\times n$矩阵$A_k=(a_{ij})$，使得$\lim\limits_{k\to\infty}a_{ij}^{(k)}=a_{ij}$，$i=1,\cdots,s;j=1,\cdots,n$，则称矩阵序列$\{A_k\}_{k=1}^{\infty}$收敛于$A$，$A$称为此序列的极限，记为$\lim\limits_{k\to\infty}A_k=A$，否则，称此序列为发散的。设$\{A_k\}_{k=1}^{\infty}$为一个$s\times n$矩阵的无穷序列，称无穷和$A_0+A_1+\cdots+A_k+\cdots$为由$\{A_k\}_{k=1}^{\infty}$生成的无穷级数，记为$\sum\limits_{k=0}^{\infty}A_k$。对任意有限非负整数$l$，称$S_l=\sum\limits_{k=0}^{l}A_k$为该级数的部分和，称序列$\{S_l\}_{l=1}^{\infty}$为该级数的部分和序列。如果$\lim\limits_{l\to\infty}S_l=S$则称该级数收敛，且称$S$为该级数的和，记为$\sum\limits_{k=0}^{\infty}A_k=S$。一个重要的结果是：对方阵$A$，$\lim\limits_{k\to\infty}A^k=0$的充要条件是$\rho(A)<1$。

更常用的是方阵的幂级数$\sum\limits_{k=0}^{\infty}c_kA^k$，它的敛散性与相应的复变量幂级数$\sum\limits_{k=0}^{\infty}c_k\lambda^k$的敛散性有密切的关系。设幂级数$\sum\limits_{k=0}^{\infty}c_k\lambda^k$的收敛半径是$R$，用方阵$A$替换该幂级数中的$\lambda$得到方阵幂级数$\sum\limits_{k=0}^{\infty}c_kA^k$，则当$\rho(A)<R$时，该方阵幂级数收敛，当$\rho(A)>R$时发散。$\rho(A)=R$时是否收敛需要具体讨论。

(2) 方阵函数及其计算 设幂级数$\sum\limits_{k=0}^{\infty}c_k\lambda^k$的收敛半径为$R$，且在收敛域内$\sum\limits_{k=0}^{\infty}c_k\lambda^k=$

$f(\lambda)$。当方阵 A 的谱半径 $\rho(A)<R$ 时，定义 $f(A)=\sum\limits_{k=0}^{\infty}c_k A^k$，并称 $f(A)$ 为 A 的方阵函数。典型的方阵函数有：

$$e^A=\sum_{k=0}^{\infty}\frac{1}{k!}A^k,\rho(A)<+\infty;$$

$$\sin A=\sum_{k=0}^{\infty}\frac{(-1)^k}{(2k+1)!}A^{2k+1},\rho(A)<+\infty;$$

$$\cos A=\sum_{k=0}^{\infty}\frac{(-1)^k}{(2k)!}A^{2k},\rho(A)<+\infty。$$

给定具体方阵 A，计算 $f(A)$ 可以用方阵 A 的若尔当标准型，也可以利用方阵 A 的最小多项式或特征多项式进行。

(3) 函数矩阵及其应用 简单地说，以函数作为元素的矩阵就称为函数矩阵。如果矩阵 $A(t)=(a_{ij}(t))$的每个元素 $a_{ij}(t)$ 都是定义在同一区间上的函数，则称 $A(t)$ 为定义在该区间上的一个函数矩阵。又若每个 $a_{ij}(t)$ 在定义区间上有界、连续、可微、可积，则称 $A(t)$ 在该区间上有界、连续、可微、可积。由此可以将高等数学上的许多概念移植到函数矩阵上来。函数矩阵经常用在解常微分方程组方面[4]。

2.2.6 在简单不可逆反应系统中的应用

在化学反应中，有些反应的速率常数很小，所以示意反应机理可以用另一种方式近似[2]。例如，连串反应系统就是用 $A_1\xrightarrow{k_1}A_2\xrightarrow{k_2}A_3$ 作一般性概括。这个系统的动力学方程就是：

$$\begin{cases}\dfrac{dA_1}{d\theta}=-k_1A_1\\ \dfrac{dA_2}{d\theta}=k_1A_1-k_2A_2\\ \dfrac{dA_3}{d\theta}=k_2A_2\end{cases}$$

记

$$A=(A_1,A_2,A_3)^T,K=\begin{bmatrix}-k_1 & 0 & 0\\ k_1 & -k_2 & 0\\ 0 & k_2 & 0\end{bmatrix}$$

则上述方程组就是矩阵微分方程：

$$\frac{dA}{d\theta}=KA$$

K 的特征多项式为：$\Phi(\lambda)=\det(\lambda I-A)=\lambda(\lambda+k_1)(\lambda+k_2)$，所以特征值是：

$$\lambda_1=0,\lambda_2=-k_1,\lambda_3=-k_2$$

相应的特征向量为：

$$x_1=\begin{pmatrix}0\\0\\1\end{pmatrix},\ x_2=\begin{pmatrix}1-\dfrac{k_1}{k_2}\\ \dfrac{k_1}{k_2}\\ -1\end{pmatrix},\ x_3=\begin{pmatrix}0\\1\\-1\end{pmatrix}$$

所以 $A_1^{(i)}=x_1+x_2=\begin{pmatrix}1-\dfrac{k_1}{k_2}\\ \dfrac{k_1}{k_2}\\ 0\end{pmatrix}$，$A_2^{(i)}=x_1+x_3=\begin{pmatrix}0\\1\\0\end{pmatrix}$。这在实际化学反应中具有实际意义。

2.3 矩阵计算

矩阵计算主要包括如下三类问题：①求解线性方程组，即给定 n 阶非奇异矩阵 A 和 n 维向量 b，求向量 x 使得 $Ax=b$；②矩阵特征值问题，即给定方阵 A，求它的部分或全部特征值及其相应的特征向量；③线性最小二乘问题，即给定 $m\times n$ 矩阵 A 和 m 维向量 b，求 n 维向量 x，使得 $\|Ax-b\|_2=\min\{\|Ay-b\|_2 | y\in R^n\}$。

2.3.1 矩阵的列主元 LU 分解

设 $A\in R^{n\times n}$，矩阵的列主元 LU 分解是指 $PA=LU$，其中 P 是排列矩阵，L 是单位下三角矩阵，U 是上三角矩阵。

矩阵的列主元 LU 分解本质上为列选主元的高斯消去法，算法如下。

算法一

For $k=1, \cdots, n-1$

确定 p，使得 $|a_{pk}|=\max\{|a_{ik}|, i=k, \cdots, n\}$；

交换 A 的第 k 行与第 p 行；

$u(k)=p$（记录置换矩阵 $P_k=R_{k,p}$）

$$a_{ik}=a_{ik}/a_{kk}, i=k+1, \cdots, n$$
$$a_{jl}=a_{jl}-a_{jk}a_{kl}, j、l=k+1, \cdots, n$$

矩阵 L 的严格下三角部分、U 的上三角部分分别存储在 A 的相应位置，$P=P_nP_{n-1}\cdots P_1$。

2.3.2 由 LU 分解求解非奇异线性方程组

如果已知 A 的列主元 LU 分解 $PA=LU$，则线性方程组 $Ax=b$ 的解可通过求解如下两个三角形方程组得到：

①求解 $Ly=Pb$ 得到 y；②求解 $Ux=y$ 得到 x。

注意到 L 为下三角矩阵，$Ly=Pb$ 可由前代法求解。下面给出求解 $Ly=z$（L 为下三角矩阵）的算法，得到的解向量 y 存储在右端向量 z 占用的存储空间中。

算法二

For $j=1, \cdots, n-1$

$z_j = z_j / l_{jj}$

$z_k = z_k - z_j l_{kj}$，$k = j+1$，…，n

End

$z_n = z_n / l_{nn}$

类似地，由于 U 为上三角矩阵，$Ux = y$ 可由回代法求解，算法如下，得到的解向量 x 存储在右端项 y 占用的存储空间中。

算法三

For $j = n, n-1, \cdots, 2$

$y_j = y_j / u_{jj}$

$y_k = y_k - y_j u_{kj}$，$k = 1$，…，$j-1$

End

$y_1 = y_1 / u_{11}$

LU 分解是求解中小型线性方程组的一种有效方法。对于大型线性方程组，迭代法往往更有效，关于求解线性方程组的迭代法，可参见文献［5］。

2.3.3 矩阵的 QR 分解

设 A 是 $m \times n (m \geqslant n)$ 矩阵，则 A 有 QR 分解：

$$A = Q \begin{bmatrix} R \\ 0 \end{bmatrix}$$

式中，Q 是正交矩阵；R 是具有非负对角元的上三角矩阵。当 $m = n$ 且 A 非奇异时，上述分解是唯一的。

实现 QR 分解最常用的方法是利用 Householder 变换。Householder 变换是指：

$$H = I - 2\omega\omega^T$$

式中，$\omega \in R^n$，且 $\| \omega \|_2 = 1$。该变换的主要作用是，可以通过适当选取 $\omega \in R^n$，将一个非零向量的若干个指定分量化为 0。具体地，设 $0 \neq x \in R^n$，令：

$$\omega = \frac{x + \operatorname{sign}(x_1) \| x \|_2 e_1}{\| x + \operatorname{sign}(x_1) \| x \|_2 e_1 \|_2} = \frac{v}{\| v \|_2}$$

则 $Hx = -\operatorname{sign}(x_1) \| x \|_2 e_1$，即 Householder 变换将 x 的后 $n-1$ 个分量化为 0。下面给出由 Householder 变换计算 A 的 QR 分解的算法［其中 A ($j : n$，$j : n$) 表示由 A 的后 $n-j+1$ 行、后 $n-j+1$ 列构成的子阵］。

算法四

$Q = I_n$

For $i = 1$，…，n；

产生矩阵 H_j，使得$[a_{jj}, a_{j+1,j}, \cdots, a_{nj}]^T$ 的后 $n-j$ 个分量为 0；

计算 $Q = Q \operatorname{diag}(I_{j-1}, H_j)$；

计算 $A(j:n, j:n) = H_j A(j:n, j:n)$；

End

事实上，由于 Householder 矩阵完全由 v 确定，因此计算过程中只要存储 v 即可，并不需要计算与存储 Householder 矩阵。此外，矩阵的 QR 分解可由 Matlab 命令[Q,R]=qr(A)求出。

2.3.4 由 QR 分解求解矩阵特征值问题

基于 QR 分解，可以得到求解特征值问题的 QR 方法，这是目前求解矩阵全部特征值和特征向量的最有效方法之一。

对给定的 n 阶矩阵 A，QR 方法的基本迭代格式如下：

$$A_0=A$$
$$A_{m-1}=Q_mR_m, A_m=R_mQ_m, m=1,2,\cdots$$

式中，Q_m 为酉矩阵；R_m 为上三角矩阵。可以证明，每个 A_m 都与原矩阵 A 相似，在适当条件下，A_m 的（大部分）下三角元都趋于零，因此 A_m 的对角元即为 A 的特征值近似值。需要指出的是，A 的全部特征值及其相应的特征向量可由 Matlab 命令 eig(A) 求出[6]。

关于矩阵特征值问题的求解还有很多有效的方法，尤其是对于大型稀疏矩阵，具体方法可参考文献［6］。

2.3.5 矩阵的奇异值分解 SVD

设 A 为 $m\times n$ 阶实矩阵，则 A^TA 的特征值的非负平方根

$$\sigma_i=\sqrt{\lambda_i(A^TA)}, i=1,\cdots,n$$

称为 A 的奇异值。

A 的奇异值分解是指：

$$U^TAV=\begin{bmatrix}\Sigma & 0\\ 0 & 0\end{bmatrix}, \Sigma=\mathrm{diag}(\sigma_1,\cdots,\sigma_r)$$

式中，U 为 m 阶正交矩阵；V 为 n 阶正交矩阵。V 的第 i 列 v_i 称为相应于奇异值 σ_i 的一个单位右奇异向量，U 的第 i 列 u_i 称为相应于 σ_i 的一个单位左奇异向量。事实上，v_i 为 A^TA 相应于 σ_i^2 的特征向量，u_i 为 AA^T 相应于 σ_i^2 的特征向量。矩阵 A 的奇异值分解可由 Matlab 命令 svd(A) 求出，具体算法较复杂，可参见文献［7］。

2.3.6 由 SVD 求解线性最小二乘问题

设 A 为 $m\times n$ 矩阵，rank(A)=n，A 的奇异值分解为：

$$U^TAV=\begin{bmatrix}\Sigma\\ 0\end{bmatrix}$$

式中，$\Sigma=\mathrm{diag}(\sigma_1,\cdots,\sigma_n)$，$\sigma_1\geqslant\cdots\geqslant\sigma_n>0$。记

$$U=[U_1,U_2](U_1\in R^{m\times n}),\ c=\begin{bmatrix}c_1\\ c_2\end{bmatrix}=U^Tb$$

则

$$\| Ax-b \|_2^2 = \left\| \begin{bmatrix} \Sigma \\ 0 \end{bmatrix} V^T x - \begin{bmatrix} c_1 \\ c_2 \end{bmatrix} \right\|_2^2 = \| c_2 \|_2^2 + \| \Sigma V^T x - c_1 \|_2^2$$

因此，最小二乘问题 $\| Ax-b \|_2 = \min\{ \| Ay-b \|_2 | y \in R^n \}$ 的解为：

$$x = V\Sigma^{-1} c_1 = V\Sigma^{-1} U_1^T b$$

2.3.7 化工案例

物料衡算是石油化工计算中最基本、最重要的运算之一，是过程设计、过程控制、过程优化以及热量衡算的基础。物料衡算的基础是质量守恒定律，最终衡算式往往表现为含有多个未知数的线性方程组。下面给出具体算例[8]。

丙烷燃烧时要使空气过量 25%。求每 100mol 烟道气需加入多少丙烷和空气？此时可获得以下线性方程组：

$$\begin{bmatrix} 0 & 1 & 0 & -\frac{1}{3} & 0 & 0 \\ 0 & 1 & 0 & 0 & -\frac{1}{4} & 0 \\ 0.21 & 0 & 0 & -1 & -\frac{1}{2} & -1 \\ 0.79 & 0 & -1 & 0 & 0 & 0 \\ 0 & 0 & 1 & 1 & 1 & 1 \\ 0.042 & 0 & 0 & 0 & 0 & -1 \end{bmatrix} \begin{bmatrix} x_1 \\ x_2 \\ x_3 \\ x_4 \\ x_5 \\ x_6 \end{bmatrix} = \begin{bmatrix} 0 \\ 0 \\ 0 \\ 0 \\ 100 \\ 0 \end{bmatrix}$$

式中，$x_1,\cdots,x_6$ 分别为入口空气，入口丙烷，烟道气中氮、二氧化碳、水蒸气、氧。

用列主元 LU 分解法求解以上方程组。首先由算法一计算系数矩阵 A 的列主元 LU 分解 $PA=LU$，得到：

$$P = \begin{bmatrix} 0 & 0 & 0 & 1 & 0 & 0 \\ 0 & 1 & 0 & 0 & 0 & 0 \\ 0 & 0 & 0 & 0 & 1 & 0 \\ 0 & 0 & 1 & 0 & 0 & 0 \\ 1 & 0 & 0 & 0 & 0 & 0 \\ 0 & 0 & 0 & 0 & 0 & 1 \end{bmatrix}$$

$$L = \begin{bmatrix} 1 & 0 & 0 & 0 & 0 & 0 \\ 0 & 1 & 0 & 0 & 0 & 0 \\ 0 & 0 & 1 & 0 & 0 & 0 \\ 0.26582 & 0 & 0.26582 & 1 & 0 & 0 \\ 0 & 1 & 0 & 0.26333 & 1 & 0 \\ 0.053165 & 0 & 0.053165 & 0.042 & -0.046494 & 1 \end{bmatrix}$$

$$U=\begin{bmatrix} 0.79 & 0 & -1 & 0 & 0 & 0 \\ 0 & 1 & 0 & 0 & -0.25 & 0 \\ 0 & 0 & 1 & 1 & 1 & 1 \\ 0 & 0 & 0 & -1.2658 & -0.76582 & -1.2658 \\ 0 & 0 & 0 & 0 & 0.45167 & 0.3333 \\ 0 & 0 & 0 & 0 & 0 & -0.9845 \end{bmatrix}$$

由算法二求解方程组求解 $Ly=Pb$ 得到：

$$y=[0 \quad 0 \quad 100 \quad -26.582 \quad 7 \quad -3.8745]^T$$

最后由算法三求解 $Ux=y$ 得到：

$$x=[93.703 \quad 3.1484 \quad 74.025 \quad 9.4453 \quad 12.594 \quad 3.9355]^T$$

参考文献

[1] 王萼芳，石生明．高等代数：第三版．北京：高等教育出版社，2003.

[2] 潘亚明，朱鹤孙．化学与化工中的数学方法．北京：北京理工大学出版社，1993：279，301.

[3] 许国根，许萍萍．化学化工中的数学方法及 MATLAB 实现．北京：化学工业出版社，2008：211，189.

[4] 于寅．高等工程数学：第四版　第一部分．武汉：华中科技大学出版社，2012.

[5] Saad Y. Iterative methods for sparse linear systems：Second edition. Philadelphia：SIAM，2003.

[6] Bai Z，Demmel J，Dongarra J，et al. Templates for the solution of algebraic eigenvalue problems：A practical guide. Philadelphia：SIAM，2000.

[7] Golub G H，Van Loan C F. Matrix computations：third edition. London：JHU Press，1996.

[8] 陈无咎，刘涛，蔡宏斌，等．炼油技术与工程，2013，43（12）：47-50.

3

解析几何

在化工过程或设备装置的设计过程中，为了能够用数字或者数学方法探讨化工问题，需要将空间（或者平面）位置用一组有序数来描述。这类将几何图形与数字相关联的数学问题就是解析几何。它用一个有序数（坐标）组来表示空间（或者平面）中的点，这样空间上点之间的几何关系就可以用坐标（数值）之间的代数关系来表示。于是对反应装置中某个位置化合物的数量或者性能就能用坐标（数值）的函数关系来描述了。

3.1 平面解析几何

3.1.1 坐标系

坐标系是解析几何中最基本的概念。坐标系可以有效地将平面中的某个位置与一组有序数建立起一一对应的关系。最常用的坐标系是直角坐标系。将两条直线 Ox、Oy（坐标轴）垂直相交于原点 O（图 2-3-1），选取两轴的正方向和单位长度，建立直角坐标系（也称为笛卡尔直角坐标系）。对于平面上任意的一个点 P，过 P 且平行于 Oy 的直线交 x 轴 Ox 于点 P'，过 P 且平行于 Ox 的直线交 y 轴 Oy 于点 P''，记有向距离 $x=OP'$（沿 x 轴正方向为正），$y=OP''$（沿 y 轴正方向为正），则点 P 与唯一的一对有序实数组（x，y）建立了一一对应的关系，有序实数组（x，y）称为点 P 的坐标或者笛卡尔坐标。在直角坐标系中，两个坐标轴将空间分成四个象限，如图 2-3-1 所示，分别称为第Ⅰ、Ⅱ、Ⅲ、Ⅳ象限。平面上任意两个点（x_1，y_1）和（x_2，y_2）之间的距离公式为 $d=\sqrt{(x_2-x_1)^2+(y_2-y_1)^2}$。

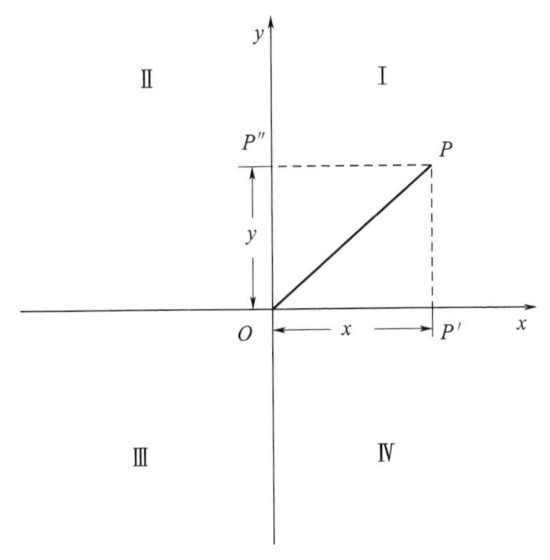

图 2-3-1 直角坐标系

另一个常用的坐标系是极坐标系。它由一个点 O（极点），以该点为端点的一条射线（极轴）和单位长度组成（图 2-3-2）。对于平面上任意的一个点 P，记 OP 的距离为 ρ，极轴绕极点沿逆时针方向旋转到 OP 经过的转角为 θ（以弧度表示），则除极点外点 P 与有序实数组（ρ，θ）（$\rho>0$）是一一对应的，称有序实数组（ρ，θ）为点 P 的极坐标。另外，约定极点 O 的极坐标为（0，θ）。

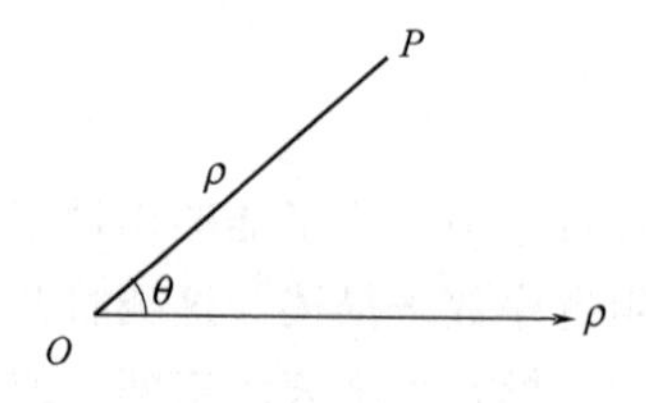

图 2-3-2 极坐标系

一个点的极坐标（ρ，θ）与直角坐标（x，y）的转换关系（图 2-3-3）为 $x=\rho\cos\theta$，$y=\rho\sin\theta$，或者 $\rho=\sqrt{x^2+y^2}$，$\theta=\arctan\dfrac{y}{x}$。

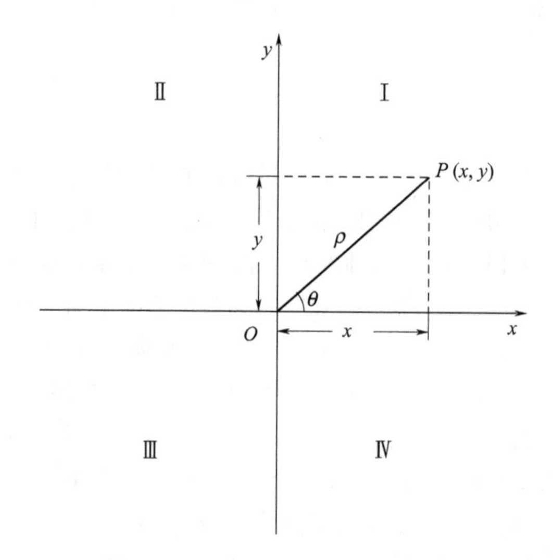

图 2-3-3 直角坐标系和极坐标系

平面上以（ρ_1，θ_1）和（ρ_2，θ_2）为极坐标的任意两个点之间的距离公式为：

$$d=\sqrt{\rho_1^2+\rho_2^2-2\rho_1\rho_2\cos(\theta_2-\theta_1)}$$

3.1.2 直线

在给定平面直角坐标系下，关于 x 和 y 的任意线性方程 $Ax+By+C=0$ 表示一条直线（图 2-3-4），这里的 A 和 B 不同时为零。反之，平面上的任何一条直线可由线性方程 $Ax+By+C=0$ 表示。当 $C=0$ 时表示直线过原点；当 $A=0$ 时，直线平行于 y 轴；当 $B=0$ 时，直线平行于 x 轴。

表 2-3-1 列出了直线方程的一些特殊表达形式。

例如在高分子化学中[1]，材料的特性黏数 $[\eta]$ 与分子量 M 存在关系 $[\eta]=KM^{\alpha}$，式中 K、α 是与材料有关的常数。为了估计 K、α，一般可以对上述关系式两边取对数，得到

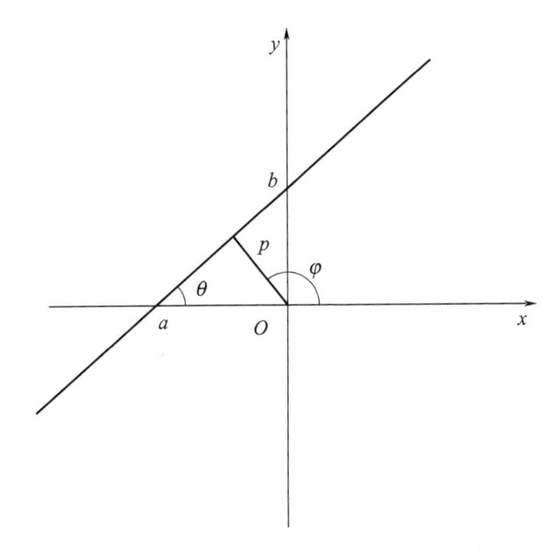

图 2-3-4 直线方程

表 2-3-1 直线方程的一些特殊表达形式

项目	已知条件	直线方程
斜截式	与 x 轴正向的夹角为 θ，交 y 轴于 $y=b$（在 y 轴上的截距）	$y=kx+b$，$k=\tan\theta$ 为直线的斜率
截距式	交 x 轴于 $x=a$，交 y 轴于 $y=b$	$\frac{x}{a}+\frac{y}{b}=1$
法向式	从原点到直线的有向垂线的长度 p，x 轴正向与该有向垂线的夹角（逆时针方向）为 φ（图 2-3-4）	$x\cos\varphi+y\sin\varphi=p$，$\varphi=\frac{\pi}{2}+\theta$
点斜式	过点 (x_0, y_0)，且有斜率 k	$y-y_0=k(x-x_0)$
两点式	过不重合的两点 (x_1, y_1)，(x_2, y_2)	$\frac{y-y_1}{y_2-y_1}=\frac{x-x_1}{x_2-x_1}$ 或 $\begin{vmatrix} x & y & 1 \\ x_1 & y_1 & 1 \\ x_2 & y_2 & 1 \end{vmatrix}=0$

$y=\ln K+\alpha x$，式中 $y=\ln[\eta]$，$x=\ln M$。注意到这是平面上的一条直线方程，故常可以通过回归分析方法（参见 7.2.4.1），用实验数据求取系数 K、α。

点 (x_0, y_0) 到直线 $Ax+By+C=0$ 的距离 $d=\frac{|Ax_0+By_0+C|}{\sqrt{A^2+B^2}}$。

对于两条直线 $y=k_1x+b_1$，$y=k_2x+b_2$，通过两条直线的系数可以得到直线之间的关系：当 $k_1=k_2$ 且 $b_1=b_2$ 时，两条直线重合；当 $k_1=k_2$ 且 $b_1\neq b_2$ 时，两条直线平行；当 $k_1\neq k_2$ 时，两条直线相交，交点为 $x=\frac{b_1-b_2}{k_2-k_1}$，$y=\frac{k_2b_1-k_1b_2}{k_2-k_1}$。若记两条直线的夹角 γ，则 $\tan\gamma=\frac{k_2-k_1}{k_1k_2+1}$；当 $k_1k_2=-1$ 时，两条直线相互垂直。

3.1.3 圆锥曲线

圆锥曲线或二次曲线是由关于 x 和 y 的二次方程

$$a_{11}x^2+2a_{12}xy+a_{22}y^2+2a_1x+2a_2y+a_0=0 \tag{2-3-1}$$

表示的曲线。根据不变量

$$I_1=a_{11}+a_{22},I_2=\begin{vmatrix}a_{11} & a_{12}\\ a_{12} & a_{22}\end{vmatrix},I_3=\begin{vmatrix}a_{11} & a_{12} & a_1\\ a_{12} & a_{22} & a_2\\ a_1 & a_2 & a_0\end{vmatrix}$$

和半不变量

$$K_1=\begin{vmatrix}a_{11} & a_1\\ a_1 & a_0\end{vmatrix}+\begin{vmatrix}a_{22} & a_2\\ a_2 & a_0\end{vmatrix}$$

可对圆锥曲线的形状分类，列表如表 2-3-2 所示。

表 2-3-2 圆锥曲线形状分类

条件	$I_2<0$	$I_2=0$	$I_2>0$
$I_3\neq 0$	双曲线	抛物线	当 $I_1I_3>0$ 时，是虚椭圆；当 $I_1I_3<0$ 时，是椭圆；当 $I_1{}^2=4I_2$ 时，是圆
$I_3=0$	一对相交直线	当 $K_1<0$ 时，是一对平行直线；当 $K_1=0$ 时，是一对重合直线；当 $K_1>0$ 时，是一对虚平行直线	平面中的点

通过适当的坐标系旋转和平移，可将圆锥曲线方程(2-3-1) 化为表 2-3-3 所示标准型。

表 2-3-3 圆锥曲线标准型

曲线名称		标准方程	标准方程的系数与不变量、半不变量的关系
椭圆		$\frac{x^2}{a^2}+\frac{y^2}{b^2}=1$	$a^2=-\frac{I_3}{\lambda_1I_2},b^2=-\frac{I_3}{\lambda_2I_2}$，式中 λ_1、λ_2 是方程 $\lambda^2-I_1\lambda+I_2=0$ 的两个解，且 $\lambda_1\geqslant\lambda_2$
双曲线		$\frac{x^2}{a^2}-\frac{y^2}{b^2}=1$	$a^2=-\frac{I_3}{\lambda_1I_2},b^2=\frac{I_3}{\lambda_2I_2}$，其中 $\lambda_1<\lambda_2$
抛物线		$y^2=4px$	$p=\frac{1}{2I_1}\sqrt{-\frac{I_3}{I_1}}$，此时取 $\lambda_2=0$
退化曲线	点	$\frac{x^2}{a^2}+\frac{y^2}{b^2}=0$	$a^2=\frac{1}{\lambda_1},b^2=\frac{1}{\lambda_2}$
	两条相交直线	$\frac{x^2}{a^2}-\frac{y^2}{b^2}=0$	$a^2=-\frac{1}{\lambda_1},b^2=\frac{1}{\lambda_2}$，其中 $\lambda_1<\lambda_2$
	两条平行直线	$x^2=a^2$	$a^2=-\frac{K_1}{I_1^2}$
	一对重合直线	$x^2=0$	

例如在半径为 R 的管子中[2]，如果流体呈层流状态，则流速 $y=q(R^2-x^2)$ 是关于 x 的抛物线，$x(\leqslant R)$ 为流体距管子中心的距离，常数 $q=\dfrac{p_1-p_2}{4\mu l}$，式中，$p_1$、$p_2$ 表示管子两端的压强，μ 为流体的黏度，l 为管子的长度。

表 2-3-4 列出一些常见曲线。

表 2-3-4 常见曲线

曲线名称	直角坐标系下的方程	极坐标系下的方程	图形
圆	$x^2+y^2=a^2$	$\rho=a$	图 2-3-5
	$x^2+y^2-2ay=a^2$	$\rho=2a\sin\theta$	图 2-3-6
	$x^2+y^2-2ax=a^2$	$\rho=2a\cos\theta$	图 2-3-7
	$x^2+y^2-2bx\cos\beta-2by\sin\beta=a^2$	$\rho^2-2b\rho\cos(\theta-\beta)-a^2=0$	
圆锥曲线	$(1-\varepsilon^2)x^2+y^2+4\varepsilon px-4p^2=0$ 式中 ε 为非负常数	$\rho=\dfrac{2p}{1+\varepsilon\cos\theta}$	当 $\varepsilon<1$ 时，为椭圆（图 2-3-8）
			当 $\varepsilon>1$ 时，为双曲线（图 2-3-9）
			当 $\varepsilon=1$ 时，为抛物线（图 2-3-10）

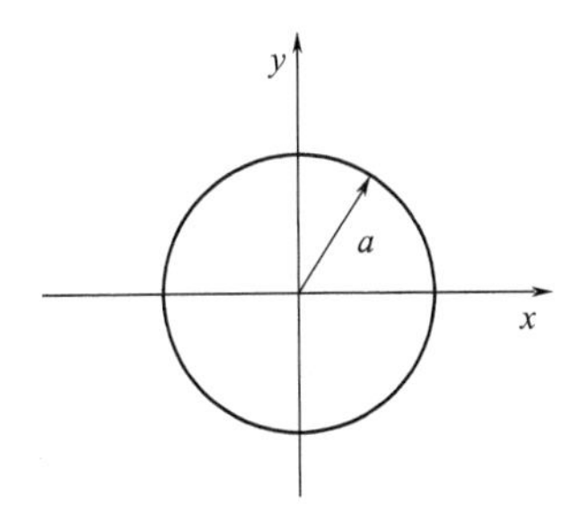

图 2-3-5 圆（Ⅰ）

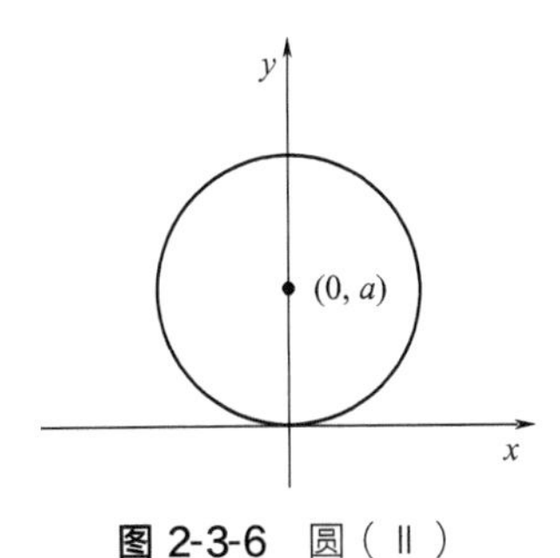

图 2-3-6 圆（Ⅱ）

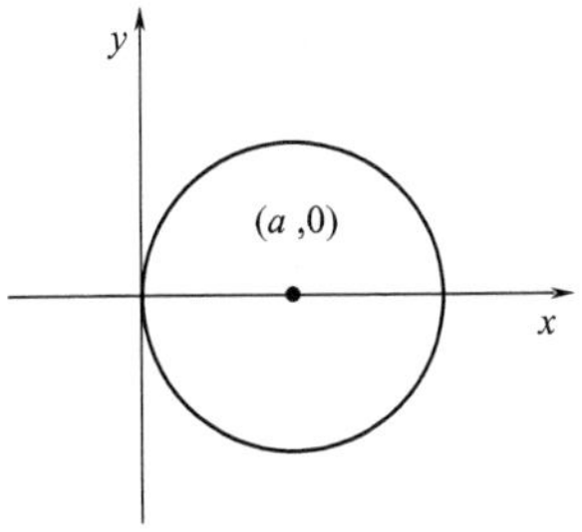

图 2-3-7 圆（Ⅲ）

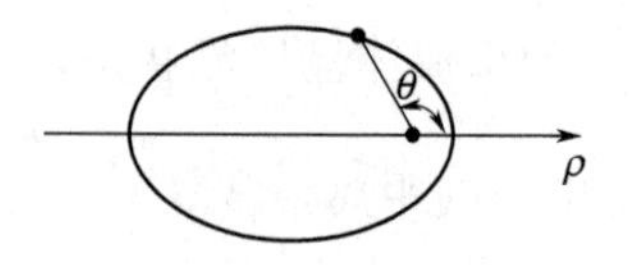

图 2-3-8 椭圆

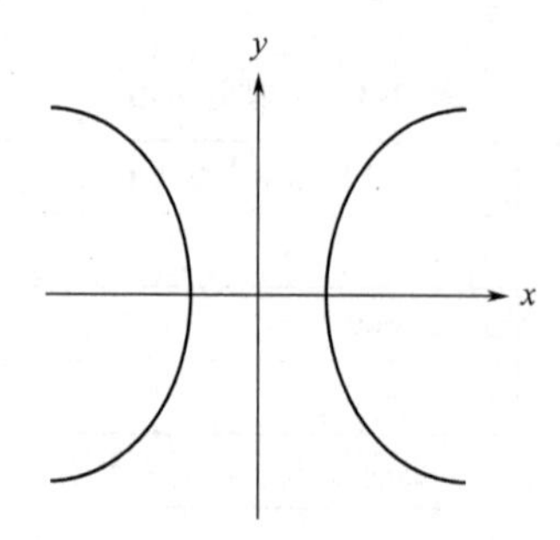

图 2-3-9 双曲线

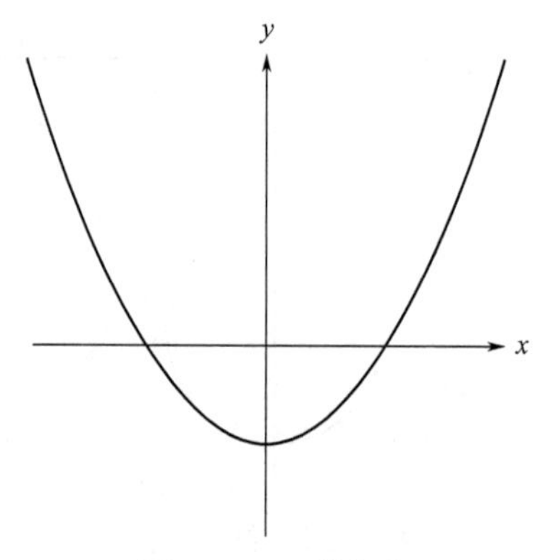

图 2-3-10 抛物线

圆锥曲线也可表述为：到定点的距离与到固定直线（准线）的距离之比为非负常数 ε 的点轨迹。对于表 2-3-4 中的圆锥曲线方程 $\rho=\dfrac{2p}{1+\varepsilon\cos\theta}$，非负常数 ε 称为离心率。当曲线为抛物线时，离心率 $\varepsilon=1$；当曲线为双曲线时，离心率 $\varepsilon>1$；当曲线为椭圆时，离心率 $\varepsilon<1$；当曲线为圆时，离心率为 $\varepsilon=0$。

3.1.4 曲线与方程

表 2-3-5 列出了曲线的性质与曲线方程的某些特征之间的对应关系。

表 2-3-5 曲线的性质与曲线方程的某些特征之间的对应关系

曲线的性质	方程的特征
极值或最值	对于曲线 $y=f(x)$，如果对某个点 x_0，存在正实数 δ，使得对任意点 $x\in(x_0-\delta,x_0+\delta)$，有 $f(x_0)\geqslant f(x)$ 成立，则 x_0 称为极大值点，其函数值 $f(x_0)$ 称为极大值；如果对任意点 $x\in(x_0-\delta,x_0+\delta)$，有 $f(x_0)\leqslant f(x)$ 成立，则 x_0 称为极小值点，其函数值 $f(x_0)$ 称为极小值；极大值和极小值统称极值 如果任何定义域上的点 x，有 $f(x_0)\geqslant f(x)$[或者 $f(x_0)\leqslant f(x)$]，则 x_0 称为最大(小)值点，其函数值 $f(x_0)$ 称为最大(小)值，统称最值 注：用微积分的方法可以求得

续表

曲线的性质	方程的特征
对称性	对于曲线 $F(x,y)=0$ 1. 如果 $F(x,y)=F(x,-y)$，则曲线关于 x 轴对称 2. 如果 $F(x,y)=F(-x,y)$，则曲线关于 y 轴对称 3. 如果 $F(x,y)=F(-x,-y)$，则曲线关于坐标原点中心对称 4. 如果 $F(x,y)=F(y,x)$，则曲线关于直线 $y=x$ 对称
渐近性	对于曲线 $y=f(x)$，如果存在某条直线 $L: y=kx+b$，使得当曲线上的点 P 沿着曲线 $y=f(x)$ 远离原点时，P 与直线 L 的距离趋于 0，则直线 L 称为曲线 $y=f(x)$ 的渐近线。此时有 $k=\lim\limits_{x\to+\infty}\frac{f(x)}{x}$ 且 $b=\lim\limits_{x\to+\infty}[f(x)-kx]$ 或者 $k=\lim\limits_{x\to-\infty}\frac{f(x)}{x}$ 且 $b=\lim\limits_{x\to-\infty}[f(x)-kx]$。如果 $\lim\limits_{x\to x_0^+}f(x)=\infty$ 或者 $\lim\limits_{x\to x_0^-}f(x)=\infty$，则 $x=x_0$ 是曲线 $y=f(x)$ 的铅直渐近线；如果 $\lim\limits_{x\to+\infty}f(x)=b$ 或者 $\lim\limits_{x\to-\infty}f(x)=b$，则 $y=b$ 是曲线 $y=f(x)$ 的水平渐近线
交点	该点同时满足所有的曲线方程，可以通过联立相应的方程求解得到

例如，速度处于 v 和 $v+\mathrm{d}v$ 间的分子数的分布函数称为麦克斯韦-玻耳兹曼分布[3]。N 个气体分子（质量 m），在温度 T 时的密度函数为：

$$f(v)=4\pi N\left(\frac{m}{2\pi kT}\right)^{\frac{3}{2}}v^2\exp\left\{-\frac{m}{2kT}v^2\right\}$$

由于 $\lim\limits_{v\to+\infty}f(v)=0$，因此麦克斯韦-玻耳兹曼分布的密度函数具有水平渐近线。

3.1.5 参数方程

表 2-3-6 列出常见曲线的参数方程及其参数的意义。

表 2-3-6 常见曲线的参数方程及其参数的意义

曲线	普通方程	参数方程	参数的意义
椭圆	$\frac{(x-h)^2}{a^2}+\frac{(y-k)^2}{b^2}=1$ 当 $a=b$ 时，为圆 $(x-h)^2+(y-k)^2=a^2$	$\begin{cases}x=h+a\cos\theta\\y=k+b\sin\theta\end{cases}$	参数 θ 为点 (x,y) 和中心 (h,k) 的连线与 x 轴正向的夹角
半圆	$y=\sqrt{a^2-x^2}$	$\begin{cases}x=-\frac{at}{\sqrt{1+t^2}}\\y=\frac{a}{\sqrt{1+t^2}}\end{cases}$	参数 t 为斜率，即 $t=\frac{\mathrm{d}y}{\mathrm{d}x}$
悬链线	$y=\frac{a}{2}(\mathrm{e}^{\frac{x}{a}}+\mathrm{e}^{-\frac{x}{a}})$ $=a\cosh\frac{x}{a}$	$\begin{cases}x=a\sinh^{-1}\frac{s}{a}\\y=a^2+s^2\end{cases}$	参数 s 为 $(0,a)$ 到 (x,y) 的弧长，如图 2-3-11 所示
旋轮线		$\begin{cases}x=a(\phi-\sin\phi)\\y=a(1-\cos\phi)\end{cases}$	参数 ϕ 如图 2-3-12 所示

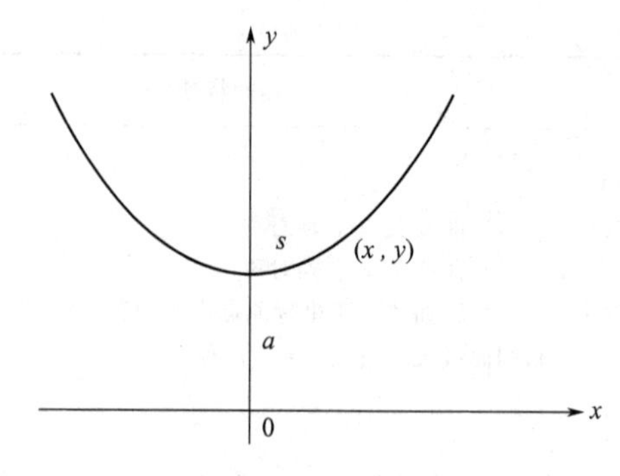

图 2-3-11 悬链线

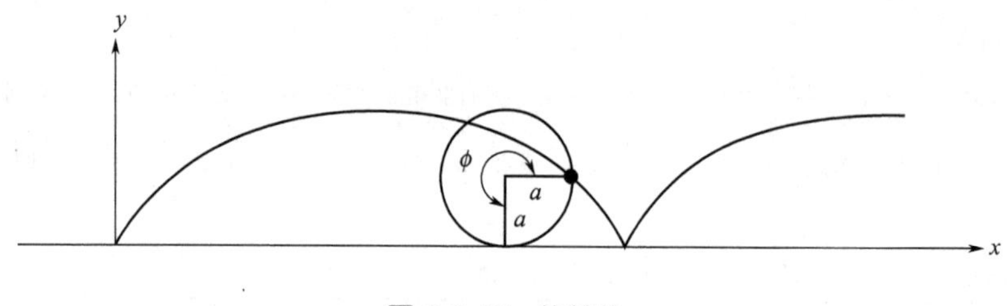

图 2-3-12 旋轮线

3.2 空间解析几何

3.2.1 坐标系

常见的坐标系主要有下面三个。

(1) 直角坐标系 在空间上给定过点 O 的三个相互垂直的坐标轴（按右手螺旋方向分别为 x 轴、y 轴、z 轴）建立的坐标系称为直角坐标系。其中含两个坐标轴的平面称为坐标面（例如含 x 轴和 y 轴的平面称为 xOy 坐标面）。三个坐标面把空间分成八部分（图 2-3-13)，分别称为第Ⅰ、Ⅱ、Ⅲ、Ⅳ、Ⅴ、Ⅵ、Ⅶ、Ⅷ卦限。空间上点 P 用一个有序三元数组 (x,y,z) 表示（图 2-3-14)，称为坐标，记为 $P(x,y,z)$。例如，原点的坐标为 $(0,0,0)$。

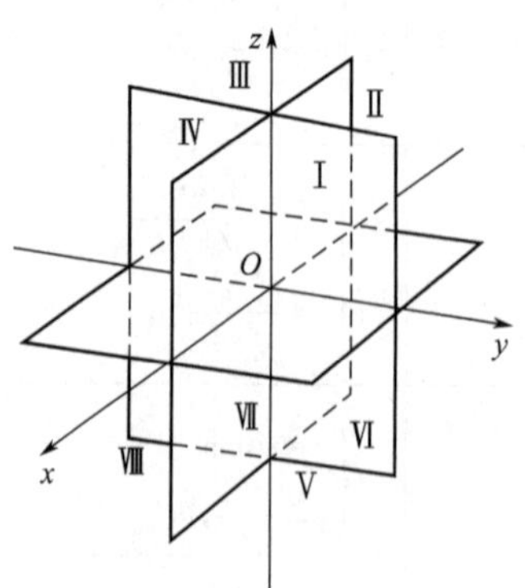

图 2-3-13 直角坐标系（Ⅰ）

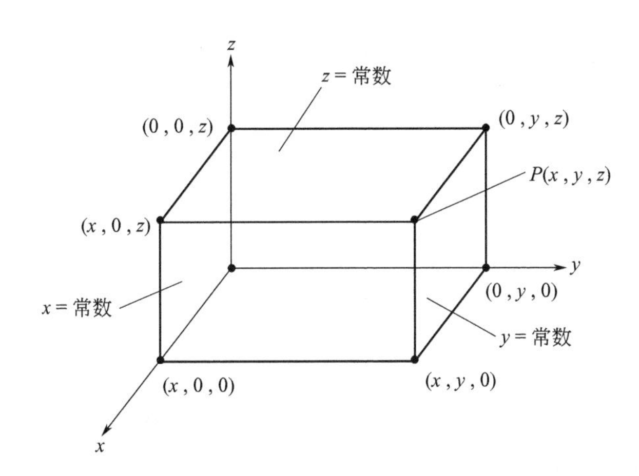

图 2-3-14 直角坐标系（Ⅱ）

(2) 球面坐标系 由空间上点 O 和一个有序三元实数组（R,θ,ϕ）建立的坐标系称为球面坐标系，其中 R、θ、ϕ 的几何意义如图 2-3-15 所示。直角坐标［设点坐标为（x,y,z）］与球面坐标之间的转换关系为 $x=R\sin\phi\cos\theta$，$y=R\sin\phi\sin\theta$，$z=R\cos\phi$；或者 $R=\sqrt{x^2+y^2+z^2}$，$\theta=\arctan\dfrac{y}{x}$，$\phi=\arccos\dfrac{z}{\sqrt{x^2+y^2+z^2}}$，其中 $R\geqslant0$，$0\leqslant\phi\leqslant\pi$，$0\leqslant\theta<2\pi$。

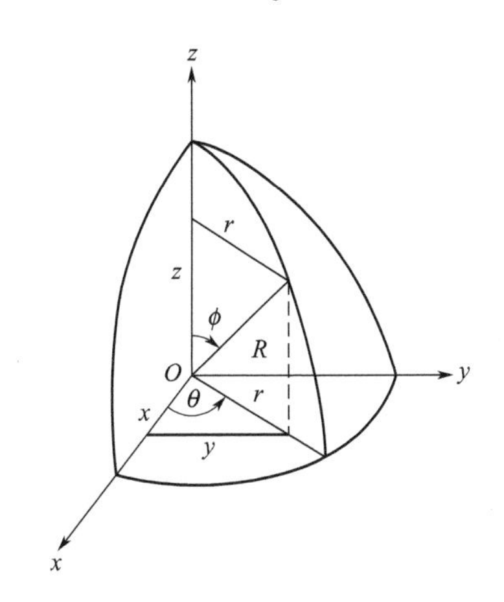

图 2-3-15 球面坐标系

(3) 柱面坐标系 由空间上点 O 和一个有序三元实数组（r，θ，z）建立的坐标系称为柱面坐标系，其中 r、θ、z 的几何意义如图 2-3-16 所示。直角坐标［设点的坐标为（x,y,z）］与柱面坐标之间的转换关系为 $x=r\cos\theta$，$y=r\sin\theta$，$z=z$；或者 $r=\sqrt{x^2+y^2}$，$\theta=\arctan\dfrac{y}{x}$，$z=z$，$r\geqslant0$，$0\leqslant\theta<2\pi$。

(4) 直角坐标系及其基本关系 在直角坐标系下，点 P_1（x_1,y_1,z_1）与 $P_2(x_2,y_2,z_2)$之间的距离公式是：

$$d=\sqrt{(x_2-x_1)^2+(y_2-y_1)^2+(z_2-z_1)^2}$$

$P_1(x_1,y_1,z_1)$与 $P_2(x_2,y_2,z_2)$可以连成一条有向直线 $\boldsymbol{P_1P_2}$，设有向直线 $\boldsymbol{P_1P_2}$ 与 x 轴、

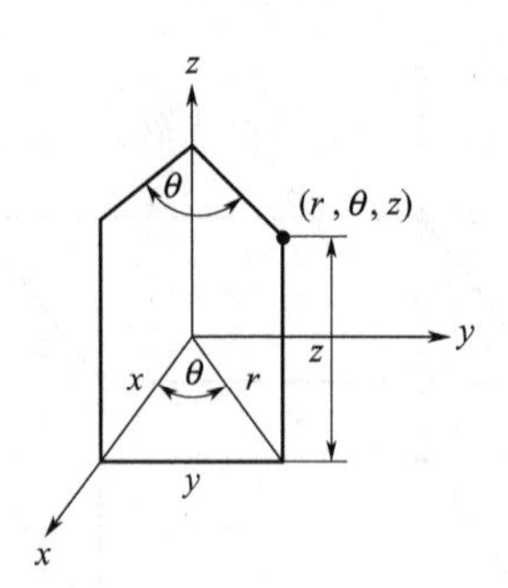

图 2-3-16 柱面坐标系

y 轴、z 轴的夹角分别为 α、β、γ，则 α、β、γ 称为有向直线 $\boldsymbol{P}_1\boldsymbol{P}_2$ 的方向角；$\cos\alpha$、$\cos\beta$、$\cos\gamma$ 称为有向直线 $\boldsymbol{P}_1\boldsymbol{P}_2$ 的方向余弦，且有：

$$\cos\alpha=\frac{x_2-x_1}{d},\ \cos\beta=\frac{y_2-y_1}{d},\ \cos\gamma=\frac{z_2-z_1}{d}$$

式中，d 为 P_1 与 P_2 的距离。显然有 $\cos^2\alpha+\cos^2\beta+\cos^2\gamma=1$。

方向余弦分别为（$\cos\alpha_1$，$\cos\beta_1$，$\cos\gamma_1$）及（$\cos\alpha_2$，$\cos\beta_2$，$\cos\gamma_2$）的两条有向直线的夹角为 θ，则 $\cos\theta=\cos\alpha_1\cos\alpha_2+\cos\beta_1\cos\beta_2+\cos\gamma_1\cos\gamma_2$。两条直线垂直的充分必要条件是 $\cos\alpha_1\cos\alpha_2+\cos\beta_1\cos\beta_2+\cos\gamma_1\cos\gamma_2=0$。

3.2.2 平面和直线

(1) 平面 在直角坐标系下，一个关于 x、y、z 的线性方程，即

$$Ax+By+Cz+D=0$$

表示一个平面方程，其中的系数 A、B 和 C 不同时为零，向量（A，B，C）称为平面的法向量。而且任何一个平面都可以表示为形如上式的关于 x、y、z 的线性方程。表 2-3-7 给出一些特殊形式的平面方程。

表 2-3-7 特殊形式的平面方程

名称	已知条件	平面方程
截距式	平面分别交 x 轴、y 轴、z 轴于 $(a,0,0)$，$(0,b,0)$，$(0,0,c)$，a、b、c 称为截距	$\frac{x}{a}+\frac{y}{b}+\frac{z}{c}=1$
点法式	平面过点 (x_0,y_0,z_0)，且有法线方向 (A,B,C)	$A(x-x_0)+B(y-y_0)+C(z-z_0)=0$
三点式	平面过三个点 $P_1(x_1,y_1,z_1)$，$P_2(x_2,y_2,z_2)$，$P_3(x_3,y_3,z_3)$，且这三点不在同一条直线上	$\begin{vmatrix} x & y & z & 1 \\ x_1 & y_1 & z_1 & 1 \\ x_2 & y_2 & z_2 & 1 \\ x_3 & y_3 & z_3 & 1 \end{vmatrix}=0$

点 $P(x_0, y_0, z_0)$ 到平面 $Ax+By+Cz+D=0$ 的距离为：

$$d=\frac{|Ax_0+By_0+Cz_0+D|}{\sqrt{A^2+B^2+C^2}}$$

例如，在化学中，关于未取代的反应速率 k 与取代化合物的反应速率 k_0 之比的塔夫脱(Taft) 公式[3]为：$\lg\frac{k}{k_0}=\rho^*\sigma^*+sE_s$，式中 σ^* 为极性取代基常数，E_s 是空间效应的取代基常数，ρ^* 和 s 是依赖于反应种类的参数。此公式说明：$\lg\frac{k}{k_0}$ 和 σ^*、E_s 在一个平面方程上。

(2) 直线 在直角坐标系下，两个联立的平面方程：$A_1x+B_1y+C_1z+D_1=0$ 和 $A_2x+B_2y+C_2z+D_2=0$ 表示一条直线方程，其中要求（A_1、B_1、C_1）与（A_2、B_2、C_2）不成比例。该直线的方向向量为（A，B，C），其中 $A=B_1C_2-C_1B_2$，$B=C_1A_2-A_1C_2$，$C=A_1B_2-B_1A_2$。表 2-3-8 给出一些特殊形式的直线方程。

表 2-3-8 特殊形式的直线方程

名称	已知条件	平面方程
两点式	直线过点 $P_1(x_1,y_1,z_1)$ 和 $P_2(x_2,y_2,z_2)$	$\frac{x-x_1}{x_2-x_1}=\frac{y-y_1}{y_2-y_1}=\frac{z-z_1}{z_2-z_1}$
点向式	直线过点 (x_0,y_0,z_0)，且有方向向量 (A,B,C)	$\frac{x-x_0}{A}=\frac{y-y_0}{B}=\frac{z-z_0}{C}$
参数方程		$\begin{cases}x=x_0+At,\\y=y_0+Bt,\\z=z_0+Ct,\end{cases}$ 其中 t 为参数

给定一条过点 $P(x_0,y_0,z_0)$，且有方向向量 (A,B,C) 的直线，点 $P_1(x_1,y_1,z_1)$ 到该直线的距离为：

$$d=\left\{(x_1-x_0)^2+(y_1-y_0)^2+(z_1-z_0)^2-\frac{[(x_1-x_0)A+(y_1-y_0)B+(z_1-z_0)C]^2}{A^2+B^2+C^2}\right\}^{\frac{1}{2}}$$

3.2.3 曲面

在直角坐标系下，一个三元方程 $F(x,y,z)=0$，或者 $z=f(x,y)$ 表示的是一个曲面方程。曲面的参数方程为：

$$\begin{cases}x=x(u,v),\\y=y(u,v),\\z=z(u,v),\end{cases}\quad \begin{matrix}a\leqslant u\leqslant b\\c\leqslant v\leqslant d\end{matrix}$$

式中，u 和 v 称为曲面的参数，也称为曲线坐标。

最常见的曲面是平面，它是一个关于 x、y、z 的一次方程 $Ax+By+Cz+D=0$。如果曲面的方程是关于 x、y、z 的二次方程，则称为二次曲面，常见的二次曲面如表 2-3-9 所示。

表 2-3-9 常见的二次曲面

曲面名称	方程	图形
椭球面	$\frac{x^2}{a^2}+\frac{y^2}{b^2}+\frac{z^2}{c^2}=1$	图 2-3-17

续表

曲面名称	方程	图形
单叶双曲面	$\frac{x^2}{a^2}+\frac{y^2}{b^2}-\frac{z^2}{c^2}=1$	图 2-3-18
双叶双曲面	$\frac{x^2}{a^2}+\frac{y^2}{b^2}-\frac{z^2}{c^2}=-1$	图 2-3-19
椭圆抛物面	$\frac{x^2}{a^2}+\frac{y^2}{b^2}=2z$	图 2-3-20
双曲抛物面	$\frac{x^2}{a^2}-\frac{y^2}{b^2}=2z$	图 2-3-21
椭圆柱面	$\frac{x^2}{a^2}+\frac{y^2}{b^2}=1$	图 2-3-22
双曲柱面	$\frac{x^2}{a^2}-\frac{y^2}{b^2}=1$	图 2-3-23
抛物柱面	$y=2a^2x^2$	图 2-3-24

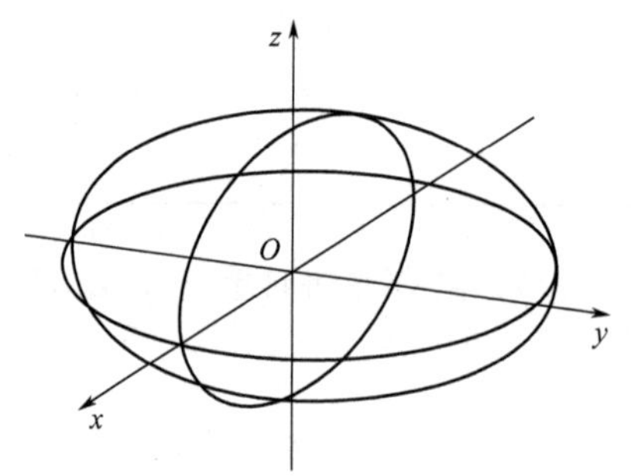

图 2-3-17　椭球面$\frac{x^2}{a^2}+\frac{y^2}{b^2}+\frac{z^2}{c^2}=1$

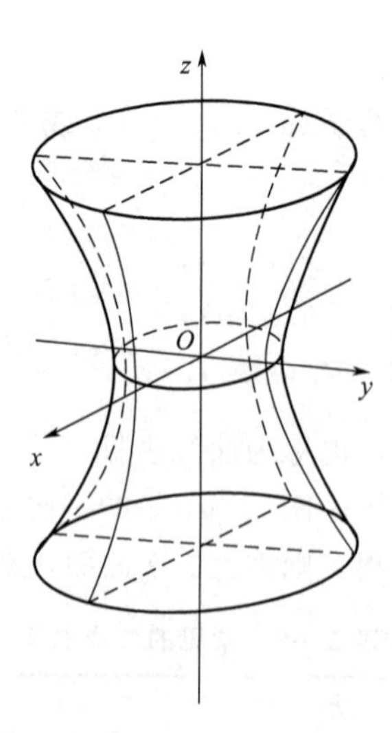

图 2-3-18　单叶双曲面$\frac{x^2}{a^2}+\frac{y^2}{b^2}-\frac{z^2}{c^2}=1$

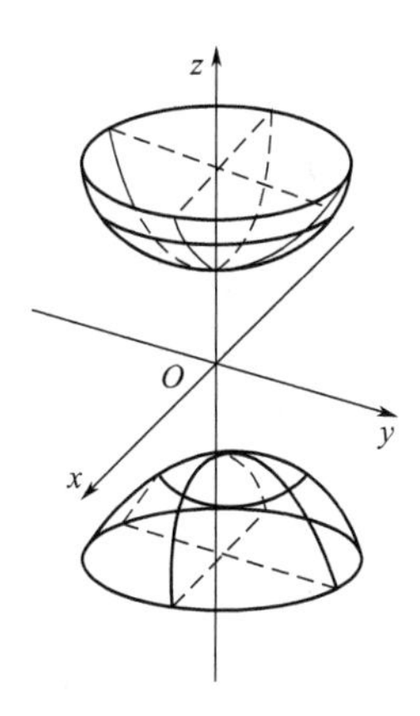

图 2-3-19 双叶双曲面$\frac{x^2}{a^2}+\frac{y^2}{b^2}-\frac{z^2}{c^2}=-1$

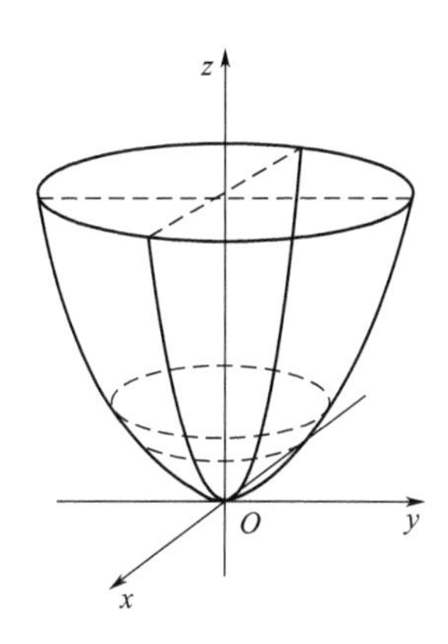

图 2-3-20 椭圆抛物面$\frac{x^2}{a^2}+\frac{y^2}{b^2}=2z$

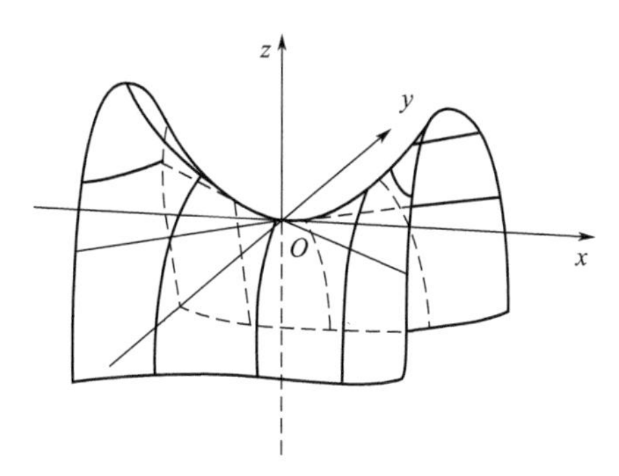

图 2-3-21 双曲抛物面$\frac{x^2}{a^2}-\frac{y^2}{b^2}=2z$

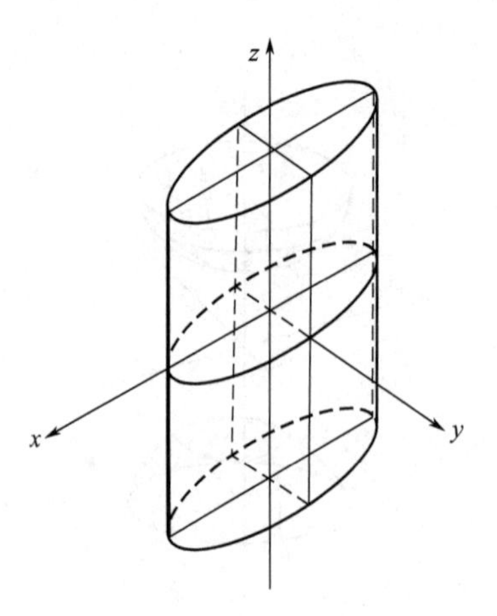

图 2-3-22 椭圆柱面$\frac{x^2}{a^2}+\frac{y^2}{b^2}=1$

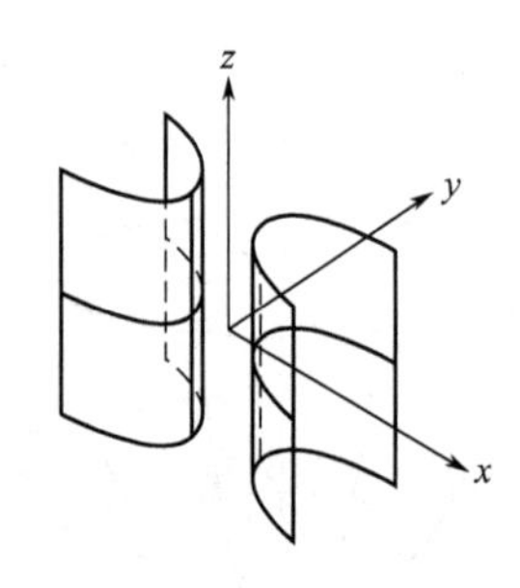

图 2-3-23 双曲柱面$\frac{x^2}{a^2}-\frac{y^2}{b^2}=1$

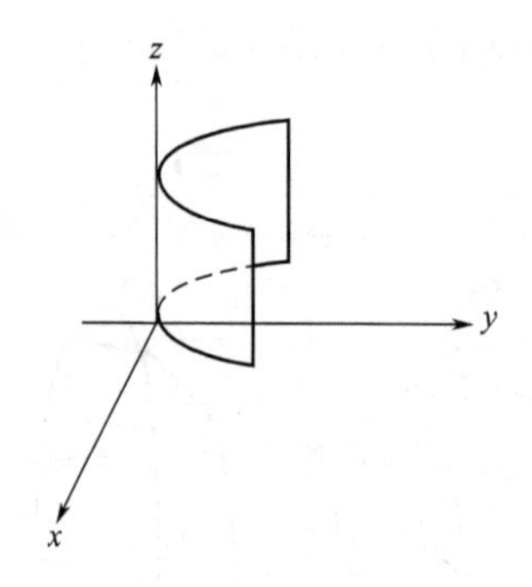

图 2-3-24 抛物柱面 $y=2a^2x^2$

3.2.4 空间曲线

空间中两个不同曲面 $F(x,y,z)=0$ 和 $G(x,y,z)=0$ 相交，可得到一条空间曲线。其方程可以通过联立这两个曲面方程得到。曲线的另外一种表示方法是利用参数方程

$$\begin{cases}x=f(t)\\ y=g(t) \quad (a\leqslant t\leqslant b)\\ z=h(t)\end{cases}$$

来表示，式中 t 为曲线的参数。

3.2.5 化工案例

在化工设备中，反应罐是常见的容器。若要详细讨论反应罐中的反应过程，则需要精确描述反应罐的位置。现在讨论一个中间为圆柱体（半径为 R，高度为 l），两头为球冠［高度为 $h(<R)$］组成的反应罐，则反应罐可以作如下的数学描述：首先以圆柱体的对称轴为 z 轴，圆柱体对称轴的中点为原点，建立直角坐标系，则圆柱面的方程为 $x^2+y^2=R^2$，$\left(-\frac{l}{2}\leqslant z\leqslant\frac{l}{2}\right)$，而其两边的球冠方程分别为：

$$x^2+y^2+\left(z+\frac{l}{2}+h-\frac{R^2+h^2}{2h}\right)^2=\frac{(R^2+h^2)^2}{4h^2}\left(-\frac{l}{2}-h\leqslant z\leqslant-\frac{l}{2}\right)$$

$$x^2+y^2+\left(z-\frac{l}{2}-h+\frac{R^2+h^2}{2h}\right)^2=\frac{(R^2+h^2)^2}{4h^2}\left(\frac{l}{2}\leqslant z\leqslant\frac{l}{2}+h\right)$$

其中圆柱面 $x^2+y^2=R^2$ 与球冠 $x^2+y^2+\left(z+\frac{l}{2}+h-\frac{R^2+h^2}{2h}\right)^2=\frac{(R^2+h^2)^2}{4h^2}$ $\left(-\frac{l}{2}-h\leqslant z\leqslant-\frac{l}{2}\right)$的交线就是一个落在平面 $z=-\frac{l}{2}$上，圆心为$\left(0, 0, -\frac{l}{2}\right)$，半径为 R 的圆。其反应罐的体积为 $\pi R^2 l+\frac{\pi}{3}h(3R^2+h^2)$。

在化工中常见的管道连接是直线，但是若希望流体沿管道流下的速度最快（不计摩擦力），则可以将其问题转化为数学问题：找连接两定点 A、B 的光滑曲线，在不计摩擦力的情况下，使一质点在重力作用下沿曲线以最短时间从 A 点滑到 B 点，这就是数学中的最速下降曲线问题。以 A 为坐标原点，重力方向为 y 轴，建立平面直角坐标系，设另一个点 $B(x_1, y_1)$。假设质点所要求的曲线为 $y=y(x)$，由动量守恒定律可知：

$$\frac{1}{2}m\left(\frac{\mathrm{d}s}{\mathrm{d}t}\right)^2=mgy$$

式中，s 为弧长；$\frac{\mathrm{d}s}{\mathrm{d}t}$为曲线上在点$(x, y)$处的速度，故 $\mathrm{d}s=\sqrt{1+[y'(x)]^2}\,\mathrm{d}x$，于是有 $\mathrm{d}t=\sqrt{\frac{1+y'^2}{2gy}}\,\mathrm{d}x$。最速下降曲线问题转化为变分问题：求曲线 $y=y(x)$在满足 $y(0)=0$，$y(x_1)=y_1$ 的条件下，使得 $J(y(x))=\int_0^{x_1}\sqrt{\frac{1+y'^2}{2gy}}\,\mathrm{d}x$ 达到最小。利用变分法可知曲线 $y=y(x)$满足方程 $1+y'^2=2yy''$和边值条件 $y(0)=0$，$y(x_1)=y_1$。求解得到：

$$\begin{cases}x=y_1(t-\sin t)\\ y=y_1(1-\cos t)\end{cases}\left(0\leqslant t\leqslant\frac{\pi}{2}\right)$$

也就是说管道弯曲成旋轮线形状，这样在不计摩擦力的情况下流体沿管道流下时间是最短的。

参考文献

[1] [德]沃尔默特 B. 高分子化学基础：中册．黄家贤，译．北京：化学工业出版社，1986：51.
[2] 吕树申，祁存谦，莫冬传．化工原理．北京：化学工业出版社，2015：9.
[3] [日]妹尾学．化工公式手册．李学芬，曹镛，译．北京：科学出版社，1987：177-289.

4

微积分：微分、积分、无穷级数

第 2 篇

4.1 微分学

4.1.1 导数的概念

4.1.1.1 函数的导数

定义 4.1 设函数 $y=f(x)$ 在点 x_0 的某邻域内有定义，自变量 x 在 x_0 处取得增量 Δx（确保点 $x_0+\Delta x$ 仍在该邻域内）时，函数值 y 取得相应的增量 $\Delta y=f(x_0+\Delta x)-f(x_0)$。如果极限

$$\lim_{\Delta x\to 0}\frac{\Delta y}{\Delta x}=\lim_{\Delta x\to 0}\frac{f(x_0+\Delta x)-f(x_0)}{\Delta x} \tag{2-4-1}$$

存在，则称函数 $y=f(x)$ 在点 x_0 处可导，并称该极限值为函数 $y=f(x)$ 在点 x_0 的导数，记为 $f'(x_0)$，或记为 $y'|_{x=x_0}$，$\left.\frac{\mathrm{d}y}{\mathrm{d}x}\right|_{x=x_0}$ 或 $\left.\frac{\mathrm{d}f(x)}{\mathrm{d}x}\right|_{x=x_0}$。如果极限方程(2-4-1)不存在，则称函数 $f(x)$ 在点 x_0 处不可导[1]。

如果函数 $y=f(x)$ 在开区间 I 内的每个点都可导，则称函数 $y=f(x)$ 在开区间 I 内可导。此时，对于每一个 $x\in I$，都对应着函数 $y=f(x)$ 的一个确定的导数值，于是构成一个新的函数，称该函数为 $y=f(x)$ 的导函数，记为 y'、$f'(x)$、$\frac{\mathrm{d}y}{\mathrm{d}x}$ 或 $\frac{\mathrm{d}f(x)}{\mathrm{d}x}$。通常情况下，导函数也简称为导数。

4.1.1.2 基本求导公式与函数求导的四则运算法则

基本求导公式和函数求导的四则运算法则在函数的求导运算中起着非常重要的作用。归纳如下：

(1) 基本求导公式

① $(C)'=0$，

② $(x^{\mu})'=\mu x^{\mu-1}$（μ 为常数），

③ $(\sin x)'=\cos x$，

④ $(\cos x)'=-\sin x$，

⑤ $(\tan x)'=\sec^2 x$，

⑥ $(\cot x)'=-\csc^2 x$，

⑦ $(\sec x)'=\sec x\tan x$，

⑧ $(\csc x)'=-\csc x\cot x$，

⑨ $(a^x)'=a^x\ln a$，

⑩ $(\mathrm{e}^x)'=\mathrm{e}^x$，

⑪ $(\log_a x)'=\frac{1}{x\ln a}$，

⑫ $(\ln x)'=\frac{1}{x}$，

⑬ $(\arcsin x)'=\frac{1}{\sqrt{1-x^2}}$，

⑭ $(\arccos x)'=-\frac{1}{\sqrt{1-x^2}}$,

⑮ $(\arctan x)'=\frac{1}{1+x^2}$,

⑯ $(\operatorname{arccot} x)'=-\frac{1}{1+x^2}$,

⑰ $(\operatorname{arcsec} x)'=\frac{1}{x\sqrt{x^2-1}}$,

⑱ $(\operatorname{arccsc} x)'=-\frac{1}{x\sqrt{x^2-1}}$,

⑲ $(\sinh x)'=\cosh x$,

⑳ $(\cosh x)'=\sinh x$,

㉑ $(\tanh x)'=\operatorname{sech}^2 x$,

㉒ $(\coth x)'=-\operatorname{csch}^2 x$,

㉓ $(\operatorname{sech} x)'=-\tanh x\operatorname{sech} x$,

㉔ $(\operatorname{csch} x)'=-\coth x\operatorname{csch} x$,

㉕ $(\operatorname{arsinh} x)'=\frac{1}{\sqrt{1+x^2}}$,

㉖ $(\operatorname{arcosh} x)'=\frac{1}{\sqrt{x^2-1}}$,

㉗ $(\operatorname{artanh} x)'=\frac{1}{1-x^2}$,

㉘ $(\operatorname{arcoth} x)'=\frac{1}{1-x^2}$,

㉙ $(\operatorname{arsech} x)'=-\frac{1}{x\sqrt{1-x^2}}$,

㉚ $(\operatorname{arcsch} x)'=-\frac{1}{x\sqrt{1+x^2}}$。

(2) 函数求导的四则运算法则

设 $u=u(x)$，$v=v(x)$ 都可导，则

① $(u\pm v)'=u'\pm v'$,

② $(Cu)'=Cu'$（C 是常数），

③ $(uv)'=u'v+uv'$,

④ $\left(\frac{u}{v}\right)'=\frac{u'v-uv'}{v^2}(v\neq 0)$。

4.1.1.3 高阶导数

定义 4.2 如果函数 $f(x)$ 的导数 $f'(x)$ 在点 x 处可导，即

$$\lim_{\Delta x\to 0}\frac{\Delta f'(x)}{\Delta x}=\lim_{\Delta x\to 0}\frac{f'(x+\Delta x)-f'(x)}{\Delta x}$$

存在，则称 $f(x)$ 在 x 处二阶可导，且称上述极限为 $f(x)$ 在 x 的二阶导数，记为 $f''(x)$、y''、$\frac{d^2y}{dx^2}$或$\frac{d^2f}{dx^2}$，其中$\frac{d^2y}{dx^2}=\frac{d}{dx}\left(\frac{dy}{dx}\right)$。由此可继续定义三阶或更高阶的导数，并依次记为 $y^{(k)}$或 $\frac{d^ky}{dx^k}$ $(k=3,4,\cdots,n)$。二阶及二阶以上的导数统称为高阶导数；而一阶导数即为通常的导数。为讨论方便，约定 $f^{(0)}(x)=f(x)$。一些常见函数的高阶导数公式如下：

① $y=x^n$（n 为正整数），$y'=nx^{n-1}$，…，$y^{(n)}=n!$，$y^{(n+1)}=0$,

② $y=\sqrt{x}$，$y^{(n)}=\frac{(-1)^{n-1}\cdot 1\cdot 3\cdot 5\cdots(2n-3)}{2^n}x^{-\left(n-\frac{1}{2}\right)}$ $(n\geqslant 2)$,

③ $y=(1+x)^m$，$y^{(n)}=m(m-1)(m-2)\cdots(m-n+1)(1+x)^{m-n}$,

④ $y=\sin x$，$y^{(n)}=\sin\left(x+\frac{n\pi}{2}\right)$,

⑤ $y=\cos x$，$y^{(n)}=\cos\left(x+\frac{n\pi}{2}\right)$,

⑥ $y=a^x$，$y^{(n)}=a^x(\ln a)^n$,

⑦ $y=e^{ax+b}$，$y^{(n)}=a^n e^{ax+b}$,

⑧ $y=\log_a x$，$y^{(n)}=\frac{(-1)^{n-1}(n-1)!}{x^n\ln a}$,

⑨ $y=\ln(1+x)$，$y^{(n)}=(-1)^{n-1}\dfrac{(n-1)!}{(1+x)^n}$，

⑩ $y=e^{ax}\sin bx$，$y^{(n)}=(a^2+b^2)^{n/2}e^{ax}\sin(bx+n\phi)$，其中 $\phi=\arcsin\dfrac{b}{\sqrt{a^2+b^2}}$，

⑪ $y=u(x)v(x)$，$y^{(n)}=\sum\limits_{i=0}^{n}C_n^i u^{(n-i)}(x)v^{(i)}(x)$。

4.1.1.4 利用导数符号研究函数的单调性

设 I 是一个区间，函数 $y=f(x)$ 在区间 I 上可导，

① 若对任意的 $x\in I$ 都有 $f'(x)\geqslant 0$，则 $y=f(x)$必在区间 I 单调递增；

② 若对任意的 $x\in I$ 都有 $f'(x)\leqslant 0$，则 $y=f(x)$必在区间 I 单调递减。

4.1.1.5 函数的极值与曲线的拐点

定义 4.3 设函数 $f(x)$ 点 x_0 的某邻域内有定义，若对于其内不同于 x_0 的每个点 x 都有：

① $f(x)<f(x_0)$成立，则称 $f(x_0)$为 $f(x)$的一个极大值，称 x_0 为一个极大点；

② $f(x)>f(x_0)$成立，则称 $f(x_0)$为 $f(x)$的一个极小值，称 x_0 为一个极小点。

极大值和极小值统称为极值，极大点和极小点统称为极值点。

若 $f'(x_0)=0$(或不存在)且 $f'(x)$在 x 通过 x_0 时变号，则 $f(x_0)$为极值。若当 x 渐增通过 x_0 时，$f'(x)$的符号由正变负，则 $f(x_0)$为极大值；若当 x 渐增通过 x_0 时，$f'(x)$的符号由负变正，则 $f(x_0)$为极小值。

若 $f'(x_0)=0$ 且 $f''(x_0)\neq 0$，则 $f(x_0)$必为极值。当 $f''(x_0)<0$ 时，$f(x_0)$为极大值；当 $f''(x_0)>0$ 时，$f(x_0)$为极小值。

定义 4.4 若函数 $f(x)$的二阶导数 $f''(x)$在某区间上是正的，即 $f''(x)>0$，则称函数所表示的曲线弧在该区间内是下凸(∪)的；若 $f''(x)$在某区间上是负的，即 $f''(x)<0$，则称函数所表示的曲线弧在该区间内是上凸(∩)的。

定义 4.5 若函数 $f(x)$具有二阶导数(或二阶导数为∞)，则称它的下凸与上凸曲线弧的分界点为函数曲线的拐点。

若 $f''(x_0)=0$ 且当 x 渐增通过 x_0 时，$f''(x)$变号(由正变负或由负变正)，则点$(x_0, f(x_0))$是曲线 $y=f(x)$的一个拐点。

4.1.2 复合函数的求导

定理 4.1 设 $u=g(x)$在点 x 可导，$y=f(u)$在点 $u=g(x)$可导，则复合函数 $y=f(g(x))$在点 x 可导，且

$$[f(g(x))]'=f'(u)g'(x)\big|_{u=u(x)} \text{或写为} \frac{dy}{dx}=\frac{dy}{du}\times\frac{du}{dx}。$$

本定理又称为复合函数求导的链式法则[1]，可推广至多个中间变量的情形。以两个中间变量为例，设 $y=f(u)$，$u=g(v)$，$v=\varphi(x)$均可导，则复合函数 $y=f(g(\varphi(x)))$的导数为：

$$\frac{dy}{dx}=\frac{dy}{du}\times\frac{du}{dv}\times\frac{dv}{dx}$$

4.1.2.1 隐函数求导法

若函数 $y=f(x)$由一个方程 $F(x, y)=0$ 确定，则称这样的函数为隐函数。求隐函数的导数时，只需将方程 $F(x, y)=0$ 两边都对 x 求导，同时把 y 看作中间变量，则可得到一个关于$\frac{\mathrm{d}y}{\mathrm{d}x}$的方程，解出$\frac{\mathrm{d}y}{\mathrm{d}x}$即可。

4.1.2.2 由参数方程所确定的函数的求导法

参数方程的一般形式为：

$$\begin{cases} x=\varphi(t) \\ y=\psi(t) \end{cases}, \quad \alpha \leqslant t \leqslant \beta$$

若 $x=\varphi(t)$与 $y=\psi(t)$都可导，且 $\varphi'(t)\neq 0$，$x=\varphi(t)$具有反函数 $t=\varphi^{-1}(x)$，则 $y=y(x)$可以看成是复合函数 $y=\psi(\varphi^{-1}(x))$，故

$$\frac{\mathrm{d}y}{\mathrm{d}x}=\frac{\mathrm{d}y}{\mathrm{d}t}\times\frac{\mathrm{d}t}{\mathrm{d}x}=\psi'(t)[\varphi^{-1}(x)]'=\frac{\psi'(t)}{\varphi'(t)}$$

4.1.3 函数的微分

4.1.3.1 函数可微和函数的微分的概念

定义 4.6 设函数 $y=f(x)$在 x_0 的某个邻域 $N(x_0)$内有定义，任取自变量的增量 Δx 使 $x_0+\Delta x\in N(x_0)$，若存在常数 A(与 Δx 无关)，使函数值的增量 $\Delta y=f(x_0+\Delta x)-f(x_0)$能表示为 $\Delta y=A\Delta x+o(\Delta x)$，其中 $o(\Delta x)$表示 Δx 的高阶无穷小量，即满足 $\lim\limits_{\Delta x\to 0}\frac{o(\Delta x)}{\Delta x}=0$，则称函数 $y=f(x)$在点 x_0 可微，并称 $A\Delta x$ 是函数 $y=f(x)$在点 x_0 的微分，记为 $\mathrm{d}y$，即

$$\mathrm{d}y=A\Delta x$$

函数的微分 $\mathrm{d}y=A\Delta x$ 和函数值的增量 $\Delta y=f(x_0+\Delta x)-f(x_0)$都是 Δx 的函数，前者是后者的线性逼近函数，在点 x_0 附近起到“以直代曲”的效果[1]。

函数 $f(x)$在点 x_0 可微当且仅当它在点 x_0 可导，且在此条件下可得到上述定义中的常数 $A=f'(x_0)$。当 Δx 非常接近零时，通常将其改记为 $\mathrm{d}x$，并称之为自变量的微分，于是有 $\mathrm{d}y=f'(x_0)\mathrm{d}x$。

若函数 $f(x)$在区间(a, b)内的每点都可微，则称它在这个区间上可微，且有 $\mathrm{d}y=f'(x)\mathrm{d}x$。

4.1.3.2 基本微分公式和微分的四则运算法则

由函数的微分表达式 $\mathrm{d}y=f'(x)\mathrm{d}x$ 及基本求导公式和求导的四则运算法则，可得到基本微分公式和微分的四则运算法则。

4.1.3.3 复合函数的微分法则

性质 4.1(一阶微分形式的不变性) 设函数 $y=f(u)$和 $u=g(x)$都可微，则复合函数 $y=f(g(x))$也可微，而且有：

$$dy=f'(g(x))g'(x)dx$$

因为 $du=g'(x)dx$，所以上式可表示为：

$$dy=f'(u)du \tag{2-4-2}$$

该式恰是 u 为自变量时的微分，这表明无论 u 是中间变量还是自变量，微分式(2-4-2) 总成立。这个性质称为一阶微分形式的不变性。该性质经常用于求复合函数的微分。

4.1.4 偏导数与全微分

定义 4.7 设 $z=f(x, y)$是 x，y 的函数，则定义$\frac{\partial f}{\partial x}$、$\frac{\partial f}{\partial y}$如下：

$$\frac{\partial f}{\partial x}(x,y)=\lim_{\Delta x\to 0}\frac{f(x+\Delta x,y)-f(x,y)}{\Delta x}$$
$$\frac{\partial f}{\partial y}(x,y)=\lim_{\Delta y\to 0}\frac{f(x,y+\Delta y)-f(x,y)}{\Delta y}$$

它们分别称为 $f(x, y)$在点(x, y)处对于 x 和 y 的偏导数。上述$\frac{\partial f}{\partial x}$也可记为 f_x 或 z_x，$\frac{\partial f}{\partial y}$也可记为 f_y 或 z_y。

同样，对于二元以上的多元函数，可类似地定义偏导数。求多元函数的偏导数本质上是一元函数的求导问题，比如求$\frac{\partial f}{\partial x}$时，只要把 x 之外的其他自变量暂时看成常数，得到一个关于 x 的一元函数，求这个一元函数关于 x 的导数即得$\frac{\partial f}{\partial x}$[1,2]。

定义 4.8 若函数 $z=f(x, y)$ 的全增量 Δz 可表示为：

$$\Delta z=f(x+\Delta x,y+\Delta y)-f(x,y)=A\Delta x+B\Delta y+o(\sqrt{\Delta x^2+\Delta y^2})$$

式中，A、B 与 Δx、Δy 无关（但可与 x、y 有关），$o(\sqrt{\Delta x^2+\Delta y^2})$ 为关于 $\sqrt{\Delta x^2+\Delta y^2}$的高阶无穷小量(即满足 $\lim\limits_{\substack{\Delta x\to 0\\ \Delta y\to 0}}\frac{o(\sqrt{\Delta x^2+\Delta y^2})}{\sqrt{\Delta x^2+\Delta y^2}}=0$)，则称函数 $f(x, y)$在点(x, y)可微，并称 $A\Delta x+B\Delta y$ 为 $f(x, y)$在点(x, y)的全微分，记为：

$$dz=df(x,y)=A\Delta x+B\Delta y$$

定理 4.2 (可微的必要条件) 如果函数 $z=f(x, y)$在点(x, y)可微，则在点(x, y)处$\frac{\partial f}{\partial x}$、$\frac{\partial f}{\partial y}$都存在，且$\frac{\partial f}{\partial x}=A$，$\frac{\partial f}{\partial y}=B$（其中 A、B 的定义见定义 4.8）。

4.1.5 化工案例

(1) 化工中的一些变化率问题 函数的导数描述函数的瞬时变化率。在蒸发、蒸馏和干燥等化工操作中，要用到各种热的传递，其中的传热速率为传热量关于时间的导数[3]。化工生产涉及的物料大部分是流体，流体流动产生的压强为压力关于承载面积的导数，流体流动的速度为流体位移关于时间的导数。溶质从溶液中结晶时，晶核的生成速率为单位体积晶浆中的晶核数目关于时间的导数，晶体的成长速率为晶体的平均粒度关于时间的导数。

(2) 利用导数建立数学模型 把初始温度为 T_0 的物体置于温度为 T_A 的环境中，T_A 比 T_0 低。在时刻 t，物体温度下降到 T。其实验方程可表示为：

$$t=\frac{1}{k}\ln\frac{T_0-T_A}{T-T_A}\quad (k\ 为常数) \tag{2-4-3}$$

这个公式只反映了时间 t 和温度 T 之间的数学关系，并没有描述其中的物理机制。现引入导数，假定冷却速度$\frac{dT}{dt}$和其对应时刻的温差 $T-T_A$ 成正比，比例系数为常数 k，则：

$$\frac{dT}{dt}=k(T-T_A) \tag{2-4-4}$$

拿实验结果与式(2-4-4) 的积分结果相比较，就可知式(2-4-4) 的设想是否正确。若式(2-4-4) 的积分结果与式(2-4-3) 相同，则式(2-4-4) 的设想是正确的。式(2-4-3) 和式(2-4-4) 是同一现象的不同表现形式。用哪个都可以，但式(2-4-4) 从本质出发，揭示了 t 和 T 的物理关系。这样用含有导数的方程来描述物理现象，往往可以知道其物理意义。相反，考虑某种模型，建立描述这种模型的微分方程，把微分方程的解和实验结果相比较，就能检验模型正确与否[4]。

(3) 利用导数和偏导数建立热传导方程 这里仅以一维热传导为例，它是其他类型热传导的基础[5,6]。考虑一根均匀细杆的热传导问题（图 2-4-1）。它的侧面是绝热的，而且其横截面积足够小，以至于在任何时刻都可以把断面上所有点的温度看作是相同的。根据傅里叶定律，若物体的温度不是均匀的，那么它里面就会发生热流，由高温流向低温。设截面积为 S，热量为 Q_1，温度分布函数为 $T(x,t)$，热传导率为常数 k，则在 x 处截面的热量输入速率为：

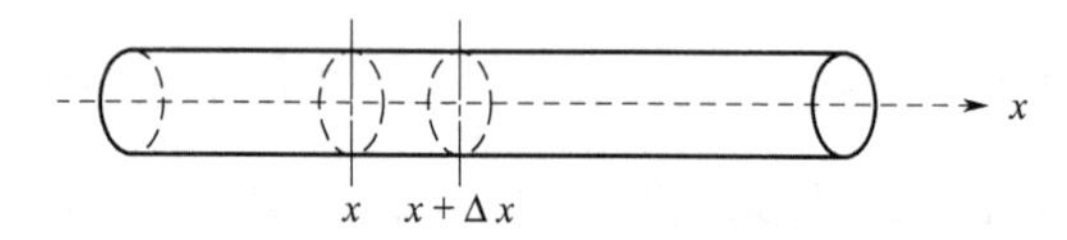

图 2-4-1 一维热传导

$$\frac{dQ_1}{dt}=-kS\frac{\partial T(x,t)}{\partial x}$$

其中负号表示热量流动方向与温度降低的方向一致。在 $x+\Delta x$ 处截面的热量的输出速率为：

$$\frac{dQ_2}{dt}=-kS\frac{\partial T(x+\Delta x,t)}{\partial x}$$

因此微元段的热量积累率为$\frac{dQ_1}{dt}-\frac{dQ_2}{dt}=kS\left[\frac{\partial T(x+\Delta x,t)}{\partial x}-\frac{\partial T(x,t)}{\partial x}\right]$。

另一方面，由实验知道，上述微元段的热量积累率正比于热量变化率和该微元段的质量，可表示为：

$$c\rho S\Delta x\ \frac{\partial T}{\partial t}$$

式中，c 为比热容；ρ 为密度；$\rho S\Delta x$ 为微元段的质量。因此有：

$$kS\left[\frac{\partial T(x+\Delta x,t)}{\partial x}-\frac{\partial T(x,t)}{\partial x}\right]=c\rho S\Delta x\ \frac{\partial T}{\partial t}$$

即

$$\frac{k}{c\rho\Delta x}\left[\frac{\partial T(x+\Delta x,t)}{\partial x}-\frac{\partial T(x,t)}{\partial x}\right]=\frac{\partial T}{\partial t}$$

上式两边取极限（令 $\Delta x\to 0$），并记$\frac{k}{c\rho}=\alpha^2$，得到一维热传导的方程：

$$\frac{\partial T}{\partial t}=\alpha^2\ \frac{\partial^2 T}{\partial x^2}$$

4.2 一元函数的积分学

4.2.1 不定积分及其计算

4.2.1.1 原函数与不定积分的概念

如果在某区间 I 上的可导函数 $F(x)$的导函数为 $f(x)$，即对任意 $x\in I$，都有 $F'(x)=f(x)$或 $\mathrm{d}F(x)=f(x)\mathrm{d}x$，则称函数 $F(x)$为 $f(x)$在区间 I 上的一个原函数[2]。

若函数 $f(x)$在区间 I 上存在原函数 $F(x)$，则 $f(x)$的所有原函数可以表示为 $F(x)+C$(其中 C 为任意常数)。

定义 4.9 在区间 I 上，函数 $f(x)$的带有任意常数项的原函数称为 $f(x)$在区间 I 上的**不定积分**，记作 $\int f(x)\mathrm{d}x$ 。其中“$\int$”称为积分号，x 称为积分变量，$f(x)$称为被积函数，$f(x)\mathrm{d}x$ 称为被积表达式，C 称为积分常数。

由此定义及前面的叙述知，若函数 $F(x)$是 $f(x)$在区间 I 上的一个原函数，则

$$\int f(x)\mathrm{d}x=F(x)+C$$

性质 4.2（不定积分对被积函数的线性运算性质）

① $\left[\int f(x)\mathrm{d}x\right]'=f(x)$ 或 $\mathrm{d}\int f(x)\mathrm{d}x=f(x)\mathrm{d}x$；

② $\left[\int F'(x)\mathrm{d}x\right]=F(x)+C$ 或 $\int \mathrm{d}F(x)=F(x)+C$；

③ $\int kf(x)\mathrm{d}x=k\int f(x)\mathrm{d}x\quad(k \text{ 是常数,且 } k\neq 0)$；

④ $\int[f(x)\pm g(x)]\mathrm{d}x=\int f(x)\mathrm{d}x\pm\int g(x)\mathrm{d}x$。

4.2.1.2 不定积分的换元积分法

(1) 不定积分的第一换元法（凑微分法） 若 $F'(u)=f(u)$，且 $u=\varphi(x)$可导，则有换

元公式：

$$\int f(\varphi(x))\varphi'(x)\mathrm{d}x=\left(\int f(u)\mathrm{d}u\right)\Big|_{u=\varphi(x)}=F(u)+C=F(\varphi(x))+C$$

(2) 不定积分的第二换元法 如果积分 $\int f(x)\mathrm{d}x$ 不易计算，可设 $x=\varphi(t)$，其中 $\varphi(t)$ 的导数 $\varphi'(t)$ 是连续函数，并且 $\varphi'(t)\neq 0$，则所求不定积分可转化为 $\int f(x)\mathrm{d}x=\int f(\varphi(t))\varphi'(t)\mathrm{d}t$。若能算出 $\int f(\varphi(t))\varphi'(t)\mathrm{d}t=F(t)+C$，则 $\int f(x)\mathrm{d}x=F(\varphi^{-1}(x))+C$，其中 $t=\varphi^{-1}(x)$ 为函数 $x=\varphi(t)$ 的反函数。

4.2.1.3 基本不定积分公式

① $\int 0\mathrm{d}x=C$；

② $\int x^{\mu}\mathrm{d}x=\dfrac{1}{\mu+1}x^{\mu+1}+C(\mu\neq -1)$；

③ $\int \dfrac{1}{x}\mathrm{d}x=\ln|x|+C$；

④ $\int \dfrac{1}{1+x^2}\mathrm{d}x=\arctan x+C$；

⑤ $\int \dfrac{1}{\sqrt{1-x^2}}\mathrm{d}x=\arcsin x+C$；

⑥ $\int \sin x\mathrm{d}x=-\cos x+C$；

⑦ $\int \cos x\mathrm{d}x=\sin x+C$；

⑧ $\int \sec^2 x\mathrm{d}x=\tan x+C$；

⑨ $\int \csc^2 x\mathrm{d}x=-\cot x+C$；

⑩ $\int a^x\mathrm{d}x=\dfrac{1}{\ln a}a^x+C(a>0,a\neq 1)$；

⑪ $\int \mathrm{e}^x\mathrm{d}x=\mathrm{e}^x+C$；

⑫ $\int \tan x\sec x\mathrm{d}x=\sec x+C$；

⑬ $\int \cot x\csc x\mathrm{d}x=-\csc x+C$；

⑭ $\int \tan x\mathrm{d}x=-\ln|\cos x|+C$；

⑮ $\int \cot x\mathrm{d}x=\ln|\sin x|+C$；

⑯ $\int \sec x\mathrm{d}x=\ln|\sec x+\tan x|+C$；

⑰ $\int \csc x\mathrm{d}x=\ln|\csc x-\cot x|+C$；

⑱ $\int \frac{1}{a^2+x^2}\mathrm{d}x = \frac{1}{a}\arctan\frac{x}{a}+C$；

⑲ $\int \frac{1}{\sqrt{a^2-x^2}}\mathrm{d}x = \arcsin\frac{x}{a}+C$；

⑳ $\int \frac{1}{\sqrt{x^2+a^2}}\mathrm{d}x = \ln\left|x+\sqrt{x^2+a^2}\right|+C$；

㉑ $\int \frac{1}{\sqrt{x^2-a^2}}\mathrm{d}x = \ln\left|x+\sqrt{x^2-a^2}\right|+C$。

4.2.1.4 分部积分法

设函数 $u=u(x)$ 与 $v=v(x)$ 具有连续导数，则有分部积分公式：

$$\int u(x)\mathrm{d}v(x) = u(x)v(x) - \int v(x)\mathrm{d}u(x)$$

4.2.2 定积分

4.2.2.1 定积分的概念

定义 4.10 设函数 $f(x)$ 在区间 $[a,b]$ 上有界，在 $[a,b]$ 中任意插入 $n-1$ 个分点：

$$a=x_0<x_1<x_2<x_3<\cdots<x_{n-1}<x_n=b$$

并在每个小区间 $[x_{i-1},x_i]$ $(i=1,2,\cdots,n)$ 上面任取一个点 ξ_i $(i=1,2,\cdots,n)$（称为介点），记：

$$\Delta x_i = x_i - x_{i-1}(i=1,2,\cdots,n),\quad \lambda=\max_{1\leqslant i\leqslant n}\{\Delta x_i\}$$

若 $\lim\limits_{\lambda\to 0}\sum\limits_{i=1}^{n} f(\xi_i)\Delta x_i$ 存在，且该极限与各个分点 x_i 和各个介点 ξ_i 的取法无关，则称函数 $f(x)$ 在区间 $[a,b]$ 上可积，称该极限 I 为函数 $f(x)$ 在区间 $[a,b]$ 上的定积分[2]（简称积分），记作 $\int_a^b f(x)\mathrm{d}x$，即

$$I=\int_a^b f(x)\mathrm{d}x = \lim_{\lambda\to 0}\sum_{i=1}^{n} f(\xi_i)\Delta x_i$$

注：

① 在式子 $\int_a^b f(x)\mathrm{d}x$ 中，$f(x)$ 称为被积函数，$f(x)\mathrm{d}x$ 称为被积表达式，x 称为积分变量，a 和 b 分别称为积分下限和积分上限，$[a,b]$ 称为积分区间。$\sum\limits_{i=1}^{n} f(\xi_i)\Delta x_i$ 称为函数 $f(x)$ 的积分和。

② 规定：$\int_a^a f(x)\mathrm{d}x=0$，$\int_a^b f(x)\mathrm{d}x = -\int_b^a f(x)\mathrm{d}x$。

③ 如果 $f(x)$ 在区间 $[a,b]$ 上连续，则 $f(x)$ 在区间 $[a,b]$ 上可积。

④ 规定（广义积分）：$\int_a^{+\infty} f(x)\mathrm{d}x = \lim\limits_{b\to+\infty}\int_a^b f(x)\mathrm{d}x$，$\int_{-\infty}^{b} f(x)\mathrm{d}x = \lim\limits_{a\to-\infty}\int_a^b f(x)\mathrm{d}x$，

$$\int_{-\infty}^{+\infty} f(x)\mathrm{d}x = \int_{-\infty}^{c} f(x)\mathrm{d}x + \int_{c}^{+\infty} f(x)\mathrm{d}x \text{（对任意 } c \in R \text{）。}$$

4.2.2.2 定积分的若干基本性质

性质 4.3 对任意常数 α 和 β 有 $\int_a^b [\alpha f(x) + \beta g(x)]\mathrm{d}x = \alpha \int_a^b f(x)\mathrm{d}x + \beta \int_a^b g(x)\mathrm{d}x$，即定积分对被积函数具有线性运算性质。

性质 4.4 $\int_a^b 1\mathrm{d}x = \int_a^b \mathrm{d}x = b - a$ 。

性质 4.5 $\int_a^b f(x)\mathrm{d}x = \int_a^c f(x)\mathrm{d}x + \int_c^b f(x)\mathrm{d}x$ ，即定积分对于积分区间具有可加性。

性质 4.6 如果对任意的 $x \in [a, b]$都有 $f(x) \leqslant g(x)$，则 $\int_a^b f(x)\mathrm{d}x \leqslant \int_a^b g(x)\mathrm{d}x$ 。

性质 4.7(积分中值定理) 如果函数 $f(x)$在区间$[a, b]$上连续，则至少存在一点 $\xi \in [a, b]$，使得 $\int_a^b f(x)\mathrm{d}x = f(\xi)(b-a)$。

4.2.3 微积分基本定理

设函数 $f(x)$在区间$[a, b]$上连续，则对 $x \in [a, b]$，$\int_a^x f(t)\mathrm{d}t$ 为 $f(t)$在$[a, x]$上的定积分。如果 x 变动，则 $\int_a^x f(t)\mathrm{d}t$ 就是关于 x 的函数，记作 $\Phi(x) = \int_a^x f(t)\mathrm{d}t$ 。该函数称为变上限积分函数[2]。如果函数 $f(x)$在区间$[a, b]$上连续，则变上限积分函数 $\Phi(x) = \int_a^x f(t)\mathrm{d}t$ 在$[a, b]$上可导，并且 $\Phi'(x) = \frac{\mathrm{d}}{\mathrm{d}x}\int_a^x f(t)\mathrm{d}t = f(x)$。

4.2.3.1 微积分基本定理(牛顿-莱布尼兹公式)

定理 4.3 设函数 $f(x)$在区间$[a, b]$上连续，$F(x)$为 $f(x)$在区间$[a, b]$上的一个原函数，则 $\int_a^b f(x)\mathrm{d}x = F(b) - F(a) = F(x)\big|_a^b$。

4.2.3.2 定积分的积分法

(1)定积分的第一换元法(凑微分法) 设 $u = g(x)$，如果 $g'(x)$在$[a, b]$上连续，$f(u)$在 $g(x)$的值域区间上连续，则 $\int_a^b f(g(x))g'(x)\mathrm{d}x = \int_a^b f(g(x))\mathrm{d}g(x) = \int_{g(a)}^{g(b)} f(u)\mathrm{d}u$。

(2)定积分的第二换元法 设 $f(x)$在$[a, b]$上连续，若变换 $x = g(t)$满足：①$g(t)$在闭区间$[\alpha, \beta]$(或$[\beta, \alpha]$)上有连续导数 $g'(t)$；②当$t \in [\alpha, \beta]$(或 $t \in [\beta, \alpha]$)时有 $a \leqslant g(t) \leqslant b$；③$g(\alpha) = a$，$g(\beta) = b$，则有 $\int_a^b f(x)\mathrm{d}x = \int_\alpha^\beta f(g(t))g'(t)\mathrm{d}t$。

(3)定积分的分部积分法 设函数 $u(x)$和 $v(x)$在$[a, b]$上有连续导数，则：

$$\int_a^b u(x)\mathrm{d}v(x) = u(x)v(x)\big|_a^b - \int_a^b v(x)\mathrm{d}u(x)$$

(4) 利用对称性计算定积分 若 $f(x)$在$[a, b]$上可积，$f(x)$的图形关于点$\left(\frac{a+b}{2}, c\right)$中心对称，则 $\int_a^b f(x)\mathrm{d}x = c(b-a)$。

4.2.4 化工案例

4.2.4.1 用定积分对简单蒸馏过程进行数学描述

取 W 为某时刻釜中的液相量，它随时间而变，由初态 W_1 变至终态 W_2；x 为该时刻釜中液相的浓度，它由初态 x_1 降至终态 x_2；y 为该时刻由釜中蒸出的汽相浓度，它也随时间而变。若在时间微元 $\mathrm{d}\tau$ 内蒸出的物料量为 $\mathrm{d}W$，釜内液相浓度相应地由 x 降为 $x-\mathrm{d}x$，对该时间微元作物料衡算得[3]：

$$Wx = y\mathrm{d}W + (W-\mathrm{d}W)(x-\mathrm{d}x)$$

略去二阶无穷小量，上式整理为：

$$\frac{\mathrm{d}W}{W} = \frac{\mathrm{d}x}{y-x}$$

上式积分得：

$$\ln\frac{W_1}{W_2} = \int_{x_2}^{x_1}\frac{\mathrm{d}x}{y-x}$$

4.2.4.2 用定积分计算化工中塔式设备的塔高

在不少塔式萃取设备中，萃取相与萃余相呈逆流微分接触，两相中的溶质浓度沿塔高连续变化[4]。设萃取相自下而上连续通过萃取塔，如图 2-4-2 所示。经过塔高微元 $\mathrm{d}H$ 时，萃取相单位塔截面的流率 E 及溶质浓度 y 分别发生了微小变化 $\mathrm{d}E$ 和 $\mathrm{d}y$，即在塔高微元内，两项传质的结果使萃取相中的溶质组分增加了 $\mathrm{d}(Ey)$。以此塔高微元为控制体，对溶质组分作物料衡算可得：

$$\mathrm{d}H = \frac{\mathrm{d}(Ey)}{k_y a(y_e - y)}$$

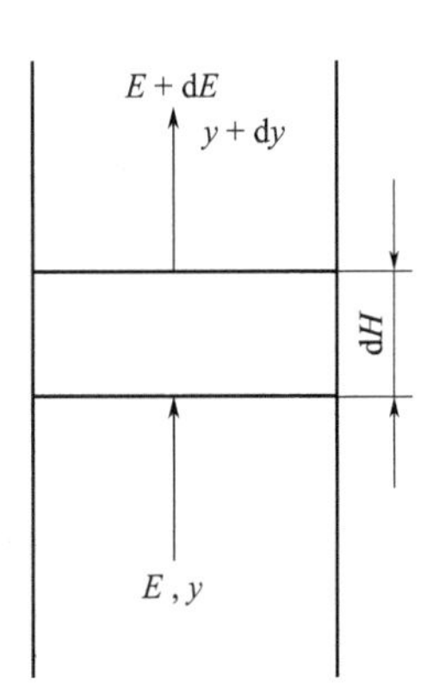

图 2-4-2 萃取相经塔高微元的变化

式中，k_y 为总传质系数；a 为单位设备体积的传质表面积；y_e 为与塔内任意截面的萃余相溶质浓度 x 平衡的萃取相溶质浓度。设萃取相在塔底、塔顶处的溶质浓度分别为 y_{in} 和 y_{out}，近似假定萃取相中非溶质组分的总量变化不大，则上式积分得：

$$H=\int_{y_{in}}^{y_{out}}\frac{E\mathrm{d}y}{k_{y}a(y_{e}-y)}=\int_{y_{in}}^{y_{out}}\frac{E}{k_{y}a\ (1-y)_{m}}\times\frac{(1-y)_{m}\mathrm{d}y}{(1-y)(y_{e}-y)}\approx H_{OE}N_{OE}$$

式中，$H_{OE}=\dfrac{E}{k_{y}a\ (1-y)_{m}}$为传质单元的高度；$N_{OE}=\displaystyle\int_{y_{in}}^{y_{out}}\frac{(1-y)_{m}\mathrm{d}y}{(1-y)(y_{e}-y)}$为传质单元数；$(1-y)_{m}=\dfrac{(1-y)-(1-y_{e})}{\ln\dfrac{1-y}{1-y_{e}}}$。传质单元数 N_{OE}可直接按工艺条件及相平衡数据计算，传质单元高度可视具体设备及操作条件由实验测得。

4.3 无穷级数

4.3.1 级数的概念

定义 4.11 给定一个数列$\{a_n\}$，将其各项依次用“+”号连接起来的表达式 $a_1+a_2+\cdots+a_n+\cdots$叫作一个无穷级数或数项级数，也常简称为级数，通常简记为 $\sum\limits_{i=1}^{\infty}a_i$ 。其中，a_i 叫作级数的通项或一般项。

级数的前 n 项之和，记作

$$S_n=\sum_{i=1}^{n}a_i=a_1+a_2+\cdots+a_n$$

称为级数的部分和。部分和构成的数列 $\{S_n\}$ 称为级数的部分和数列。

定义 4.12 若级数的部分和数列 $\{S_n\}$ 收敛于某个常数 S，即 $\lim\limits_{n\to\infty}S_n=S$，则称级数收敛，$S$ 称作级数的和，记作

$$S=\sum_{i=1}^{\infty}a_i=a_1+a_2+\cdots+a_n+\cdots$$

若级数的部分和数列 $\{S_n\}$ 发散，则称级数发散。

4.3.1.1 几个常见的级数

(1) 几何级数（等比级数）

$$\sum_{i=1}^{\infty}aq^{i-1}=a+aq+aq^2\cdots+aq^{n-1}+\cdots$$

式中，非零常数 a 称为首项；非零常数 q 称为公比。当 $q=1$ 时，级数发散；当 $q\neq1$ 时，级数的部分和数列 $S_n=a+aq+aq^2+\cdots+aq^{n-1}=\dfrac{a(1-q^n)}{1-q}$。当$|q|<1$ 时，级数收敛，级数的和为$\dfrac{a}{1-q}$；当$|q|\geqslant1$ 时，级数发散。

（2）p-级数

$$\sum_{i=1}^{\infty}\frac{1}{i^p}=1+\frac{1}{2^p}+\frac{1}{3^p}\cdots+\frac{1}{n^p}+\cdots$$

当 $p>1$ 时，级数收敛；当 $p\leqslant 1$ 时，级数发散；当 $p=1$ 时，称此级数为调和级数。

4.3.1.2　收敛级数的基本性质

① 级数 $\sum_{i=1}^{\infty}a_i$ 收敛的必要条件是 $\lim_{i\to\infty}a_i=0$。即，若 $\lim_{i\to\infty}a_i\neq 0$，则级数 $\sum_{i=1}^{\infty}a_i$ 发散。特别注意，当 $\lim_{i\to\infty}a_i=0$ 时不一定有 $\sum_{i=1}^{\infty}a_i$ 收敛。

② 去掉、增加或改变级数的有限项，不会改变级数的敛散性。但要注意若原级数收敛，改变后的级数的和可能会改变。

③ 若级数 $\sum_{i=1}^{\infty}a_i$ 与 $\sum_{i=1}^{\infty}b_i$ 均收敛，其和分别为 A 和 B，则级数 $\sum_{i=1}^{\infty}(\alpha a_i+\beta b_i)$ 亦收敛，其和为 $\alpha A+\beta B$，其中 α、β 为任意常数。

④ 若级数收敛，则对其任意加括号后所构成的新级数仍然收敛，且新级数的和不变。反之不成立，即加括号后的新级数收敛，但原级数不一定收敛。

4.3.2　正项级数及其敛散性判别法

定义 4.13　若级数 $\sum_{i=1}^{\infty}a_i$ 中的每一项都是非负的（即 $a_i\geqslant 0$），则称级数 $\sum_{i=1}^{\infty}a_i$ 为正项级数。

对于正项级数的敛散性，通常有如下判别法。

（1）收敛准则　正项级数 $\sum_{i=1}^{\infty}a_i$ 收敛的充分必要条件是它的部分和数列 $\{S_n\}$ 有界。

（2）比较判别法　设 $\sum_{i=1}^{\infty}a_i$ 与 $\sum_{i=1}^{\infty}b_i$ 都是正项级数，且 $a_i\leqslant b_i$ $(i\geqslant N)$，若 $\sum_{i=1}^{\infty}b_i$ 收敛，则 $\sum_{i=1}^{\infty}a_i$ 亦收敛；反之，若 $\sum_{i=1}^{\infty}a_i$ 发散，则 $\sum_{i=1}^{\infty}b_i$ 亦发散。

（3）比较判别法的极限形式　设 $\sum_{i=1}^{\infty}a_i$ 与 $\sum_{i=1}^{\infty}b_i$ 都是正项级数，且 $\lim_{i\to\infty}\frac{a_i}{b_i}=c$，$c$ 为非零常数，则 $\sum_{i=1}^{\infty}a_i$ 与 $\sum_{i=1}^{\infty}b_i$ 具有相同的敛散性。

（4）比值判别法（达朗贝尔判别法）　设 $\sum_{i=1}^{\infty}a_i$ 是正项级数，且 $\lim_{i\to\infty}\frac{a_{i+1}}{a_i}=c$，则 $c<1$ 时，级数收敛；$c>1$ 时，级数发散；$c=1$ 时，该判别法给不出敛散性结论。

（5）根值判别法（柯西判别法）　设 $\sum_{i=1}^{\infty}a_i$ 是正项级数，且 $\lim_{i\to\infty}\sqrt[i]{a_i}=c$，则 $c<1$ 时，级数收敛；$c>1$ 时，级数发散；$c=1$ 时，该判别法给不出敛散性结论。

(6) 积分判别法 设 $\sum_{i=1}^{\infty} a_i$ 是正项级数，若 $a_i = f(i)$，且 $f(x)$在$[1, +\infty)$上是正的单调递减的连续函数，则级数 $\sum_{i=1}^{\infty} a_i$ 与极限 $\lim_{b \to +\infty} \int_1^b f(x) \mathrm{d}x$ 具有相同的敛散性。

4.3.3 绝对收敛与条件收敛

定义 4.14 若级数 $\sum_{i=1}^{\infty} |a_i|$ 收敛，则称级数 $\sum_{i=1}^{\infty} a_i$ 绝对收敛；若级数 $\sum_{i=1}^{\infty} |a_i|$ 发散，且级数 $\sum_{i=1}^{\infty} a_i$ 收敛，则称级数 $\sum_{i=1}^{\infty} a_i$ 条件收敛。

定理 4.4 若级数 $\sum_{i=1}^{\infty} a_i$ 绝对收敛，则级数 $\sum_{i=1}^{\infty} a_i$ 一定收敛；反之不一定成立。

定义 4.15 若级数 $\sum_{i=1}^{\infty} a_i$ 的各项正、负交替出现，即具有如下形式：

$$\sum_{i=1}^{\infty} a_i = \sum_{i=1}^{\infty} (-1)^i u_i \text{ 或} \sum_{i=1}^{\infty} a_i = \sum_{i=1}^{\infty} (-1)^{i-1} u_i \quad (u_i > 0)$$

则称级数 $\sum_{i=1}^{\infty} a_i$ 为交错级数。

定理 4.5（莱布尼兹判别法） 设交错级数 $\sum_{i=1}^{\infty} a_i = \sum_{i=1}^{\infty} (-1)^i u_i$ 或 $\sum_{i=1}^{\infty} a_i = \sum_{i=1}^{\infty} (-1)^{i-1} u_i$，其中 $u_i > 0$。若数列$\{u_i\}$单调递减，且$\lim_{i \to \infty} u_i = 0$，则级数 $\sum_{i=1}^{\infty} a_i$ 收敛，且级数的余和 r_n 的符号与余和的第一项 a_{n+1} 的符号相同，余和的绝对值小于余和的第一项的绝对值。

4.3.4 幂级数与泰勒展开

定义 4.16 形如

$$\sum_{i=0}^{\infty} a_i x^i = a_0 + a_1 x + a_2 x^2 \cdots + a_n x^n + \cdots$$

的级数称为 x 的幂级数，其中 $a_i (i=1,2,\cdots)$称为幂级数的系数。当 $x=0$ 时，幂级数显然收敛。

由阿贝尔定理可知，总存在常数 $R \geqslant 0$ 或 $R = +\infty$，使得当$|x| < R$ 时，幂级数绝对收敛；当$|x| > R$ 时，幂级数发散。

该常数 R 称为幂级数的收敛半径，$(-R, R)$ 称为幂级数的收敛区间。当$|x| = R$ 时，幂级数可能收敛也可能发散。使得幂级数收敛的 x 的取值范围称为幂级数的收敛域。对于收敛域中的 x，幂级数的和是 x 的函数，记为 $f(x) = \sum_{i=0}^{\infty} a_i x^i$，称为幂级数的和函数。

定理 4.6（幂级数的收敛半径） 对于幂级数

$$\sum_{i=0}^{\infty} a_i x^i = a_0 + a_1 x + a_2 x^2 \cdots + a_n x^n + \cdots$$

若$\lim\limits_{i\to\infty}\sqrt[i]{|a_i|}=\rho$，则当

① $\rho\in(0,+\infty)$时，幂级数的收敛半径$R=\dfrac{1}{\rho}$；

② $\rho=0$时，幂级数的收敛半径$R=+\infty$；

③ $\rho=+\infty$时，幂级数的收敛半径$R=0$。

注：

① 若将上述定理中的条件$\lim\limits_{i\to\infty}\sqrt[i]{|a_i|}=\rho$改为$\lim\limits_{i\to\infty}\left|\dfrac{a_{i+1}}{a_i}\right|=\rho$，结论仍然成立；

② 若将上述定理中的条件$\lim\limits_{i\to\infty}\sqrt[i]{|a_i|}=\rho$改为$\overline{\lim\limits_{i\to\infty}}\sqrt[i]{|a_i|}=\rho$，结论仍然成立；

③ 若将上述定理中的条件$\lim\limits_{i\to\infty}\sqrt[i]{|a_i|}=\rho$改为$\overline{\lim\limits_{i\to\infty}}\left|\dfrac{a_{i+1}}{a_i}\right|=\rho$，结论仍然成立。

定理 4.7（幂级数的性质） 设幂级数$\sum\limits_{i=0}^{\infty}a_ix^i$的收敛半径为$R$，和函数为$f(x)$，则

① 和函数连续：幂函数的和函数在收敛域上连续；

② 可逐项求导：$f'(x)=\sum\limits_{i=1}^{\infty}ia_ix^{i-1}$ $(|x|<R)$；

③ 可逐项积分：$\int_0^x f(x)\mathrm{d}x=\sum\limits_{i=0}^{\infty}\int_0^x a_ix^i\mathrm{d}x=\sum\limits_{i=0}^{\infty}\dfrac{a_ix^{i+1}}{i+1}(|x|<R)$。

定义 4.17 若函数$f(x)$在x_0点的某邻域内具有一阶直至$n+1$阶导数，则函数在该邻域内可表示为：

$$f(x)=f(x_0)+\frac{f'(x_0)}{1!}(x-x_0)+\frac{f''(x_0)}{2!}(x-x_0)^2+\cdots+\frac{f^{(n)}(x_0)}{n!}(x-x_0)^n+R_n(x)$$

上式称为函数$f(x)$的泰勒展开式，其中$R_n(x)=\dfrac{f^{(n+1)}(\xi)}{(n+1)!}(x-x_0)^{n+1}$，$\xi$介于$x$与$x_0$之间，称为拉格朗日型余项，简称余项。

定义 4.18 若函数$f(x)$在x_0点的某邻域内具有各阶导数，且泰勒展开式中的余项$R_n(x)$满足$\lim\limits_{n\to\infty}R_n(x)=0$，则称$f(x)$在该邻域内可展开为$x-x_0$的幂级数。

$$f(x)=f(x_0)+\frac{f'(x_0)}{1!}(x-x_0)+\frac{f''(x_0)}{2!}(x-x_0)^2+\cdots+\frac{f^{(n)}(x_0)}{n!}(x-x_0)^n+\cdots$$

称为函数$f(x)$在x_0点的泰勒级数。当$x_0=0$时，

$$f(x)=f(0)+\frac{f'(0)}{1!}x+\frac{f''(0)}{2!}x^2+\cdots+\frac{f^{(n)}(0)}{n!}x^n+\cdots$$

称为$f(x)$的麦克劳林级数。

几个常见函数的麦克劳林级数如下：

① $\mathrm{e}^x=1+x+\dfrac{x^2}{2!}+\cdots+\dfrac{x^n}{n!}+\cdots\quad(-\infty,+\infty)$；

② $\ln(1+x)=x-\dfrac{x^2}{2}+\dfrac{x^3}{3}-\dfrac{x^4}{4}+\cdots+(-1)^{n+1}\dfrac{x^n}{n}+\cdots\quad(-1<x\leqslant 1)$；

③ $\sin x = x - \frac{x^3}{3!} + \frac{x^5}{5!} - \frac{x^7}{7!} + \cdots \quad (-\infty, +\infty)$；

④ $\cos x = 1 - \frac{x^2}{2!} + \frac{x^4}{4!} - \frac{x^6}{6!} + \cdots \quad (-\infty, +\infty)$；

⑤ $(1+x)^\alpha = 1 + \sum_{n=1}^{\infty} \frac{\alpha(\alpha-1)\cdots(\alpha-n+1)}{n!} x^n \quad (-1 < x < 1)$。

4.3.5 化工案例

幂级数是无穷次的多项式函数，可用于表示比较复杂的函数，并且它的微分和积分都很好计算，因此是一类得到了广泛应用的函数。比如在化学工业中经常会遇到变系数的线性微分方程，很难得到解析解，这时可考虑采用无穷级数解方程的方法。以二阶微分方程

$$P_2(x)y'' + P_1(x)y' + P_0(x)y = 0$$

为例，其中 $P_0(x)$、$P_1(x)$、$P_2(x)$为关于 x 的多项式。若 $x=a$ 为方程的正常点，即 $P_2(a) \neq 0$，则可得到下列幂级数形式的解：

$$y = \sum_{i=0}^{\infty} a_i x^i = a_0 + a_1 x + a_2 x^2 + \cdots + a_n x^n + \cdots$$

该级数是可微的，将它代入所给的微分方程，比较等式两边对应项的系数，就可求出幂级数中的系数 a_i（$i=0$，1，2，…），从而得到微分方程的解。

参考文献

[1] Green D W, Perry R H. Perry's chemical engineers' handbook, 8th ed. New York: McGraw-Hill, 2007.

[2] 《化学工程手册》编委会．化学工程手册．北京：化学工业出版社，1989.

[3] ［日］河村祐治，等．化工数学．张克，孙登文，译．北京：化学工业出版社，1980.

[4] ［英］Jeson V G. 化工数学方法．邰德荣，等译．北京：化学工业出版社，1982.

[5] 周爱月，李士雨．化工数学．北京：化学工业出版社，2011.

[6] 陈敏恒，等．化工原理．北京：化学工业出版社，2015.

5

微分方程与差分方程

5.1 常微分方程

5.1.1 绪论

微分方程是描述未知函数的导数与自变量之间关系的方程。微分方程的解是一个满足该方程的函数。微分方程的应用十分广泛，广泛应用于解决诸多与导数相关的问题。科学和工程中许多涉及变力的运动学、动力学问题，如空气的阻力为速度的函数的落体运动等问题，很多都可用微分方程求解。

化工生产过程中的诸多特征通常被描述为“三传一反”。“三传”为动量传递（流体输送、过滤、沉降、固体流态化等，遵循流体动力学基本规律）、热量传递（加热、冷却、蒸发、冷凝等，遵循热量传递基本规律）和质量传递（蒸馏、吸收、萃取、干燥等，遵循质量传递基本规律），“一反”为化学反应过程。其中所涉及的传递过程和化学反应，甚至更广泛的流体力学、流变学等基本理论，均由微分方程与其离散形式的差分方程所描述[1,2]。

【例 2-5-1】（化学反应方程） 齐次双分子反应 $A+B \longrightarrow C$ 可以描述为微分方程：

$$\frac{dx}{dt}=k(a-x)(b-x)$$

式中，a 为 A 的初始浓度；b 为 B 的初始浓度；x 为 C 的浓度，$x=x(t)$，其为关于时间 t 的一个函数。

【例 2-5-2】（热传导方程） 运动流体中的热传导。设流体运动的速度分量为 v_x，v_y。描述热传导的微分方程为：

$$\frac{\partial u}{\partial t}+v_x\frac{\partial u}{\partial x}+v_y\frac{\partial u}{\partial y}=\frac{K}{\rho c_p}\left(\frac{\partial^2 u}{\partial x^2}+\frac{\partial^2 u}{\partial y^2}\right)$$

式中，温度 $u=u(x,y,t)$；K 为热导率；ρ 为密度；c_p 为恒定压力下的比热容。

当方程所涉及的函数只依赖于一个变量，它的导数是常导数，则微分方程称为常微分方程。当方程取决于多个自变量，则方程称为偏微分方程。常微分方程和偏微分方程的理论有很大的不同。通常来说后者比前者更难。

微分方程如果所包含的最高阶导数为 n 阶，称为 n 阶微分方程。上述第一个例子中的方程是一阶的，第二个例子是二阶的。一个微分方程的“次数”是指方程消去自变量和它的导数的分数和根号后出现的最高阶导数的次数。

微分方程的解是指满足方程的一个函数，该函数不包含任何导数。常微分方程的一个包含最大可能数量的“任意”常数的解称为通解。“任意”常数的最大数量恰好等于微分方程的阶。如果任意常数的具体值被确定，其结果称为特解。

【例 2-5-3】 $(\mathrm{d}^2x/\mathrm{d}t^2)+k^2x=0$ 的通解是 $x=A\cos kt+B\sin kt$，其中 A，B 是任意常数。一个特解是 $x=\frac{1}{2}\cos kt+3\sin kt$。

一些方程仍然存在通解以外的其他解，这种解称为奇解。微分方程的奇解是任意一个不含于通解的解。

【例 2-5-4】 $y=x(\mathrm{d}y/\mathrm{d}x)-\frac{1}{4}(\mathrm{d}y/\mathrm{d}x)^2$ 有通解 $y=cx-\frac{1}{4}c^2$，其中 c 是任意常数；不难验证，$y=x^2$ 是方程的一个奇解。

5.1.2　一阶微分方程

（1）可分离变量的方程　对微分方程 $M(x,y)\mathrm{d}x+N(x,y)\mathrm{d}y=0$，如果能够变换方程使得 M 不涉及 y 及 N 不涉及 x，则称方程是可分离变量的。此时可直接用积分法得到解，即 $y=\int f(x)\mathrm{d}x+c$。

【例 2-5-5】 两种液体 A 和 B 在容器中一起沸腾。实验可知任何时刻 A 和 B 被蒸发的比例正比于液体状态的 A 的量（记为 x）和 B 的量（记为 y）的比例。这个物理定律表示为 $(\mathrm{d}y/\mathrm{d}t)/(\mathrm{d}x/\mathrm{d}t)=ky/x$ 或 $\mathrm{d}y/\mathrm{d}x=ky/x$，其中 k 是比例常数。分离变量后这个方程可以写成 $\mathrm{d}y/y=k(\mathrm{d}x/x)$，其解为 $\ln y=k\ln x+\ln c$ 或 $y=cx^k$。

（2）恰当方程　方程 $M(x,y)\mathrm{d}x+N(x,y)\mathrm{d}y=0$ 是恰当的，当且仅当 $\partial M/\partial y=\partial N/\partial x$。在这种情况下，存在一个函数 $w=f(x,y)$，使得 $\partial f/\partial x=M$，$\partial f/\partial y=N$，并且 $f(x,y)=C$ 就是所求的解。$f(x,y)$ 计算如下：把 y 当作是常数计算 $\int M(x,y)\mathrm{d}x$ 的值。然后把 x 当作是常数计算 $\int N(x,y)\mathrm{d}x$ 的值。这两个积分的所有不同的项（包括不重复的）的总和即为 $f(x,y)$。

【例 2-5-6】 $(2xy-\cos x)\mathrm{d}x+(x^2-1)\mathrm{d}y=0$ 是恰当的，这是因为 $\partial M/\partial y=2x$，$\partial N/\partial x=2x$。直接计算 $\int M\mathrm{d}x=\int(2xy-\cos x)\mathrm{d}x=x^2y-\sin x$，$\int N\mathrm{d}y=\int(x^2-1)\mathrm{d}y=x^2y-y$。不难验证，方程的解为 $x^2y-\sin x-y=C$。

（3）线性方程　微分方程被称作是线性的，当它关于未知函数及其各阶导数都是线性的，其一阶线性常微分方程的通式为 $\frac{\mathrm{d}y}{\mathrm{d}x}+P(x)y=Q(x)$，其通解为 $y=\mathrm{e}^{-\int P\mathrm{d}x}\left[\int Q\mathrm{e}^{\int P\mathrm{d}x}\mathrm{d}x+c\right]$。

【例 2-5-7】 水槽中最初有 200gal（$1\mathrm{gal}=3.785\mathrm{dm}^3$）的盐溶液，其中溶解了 100lb（1lb=0.45359kg）的盐。现每分钟向水槽中注入含有 4lb 盐的 6gal 盐水。如果混合是完全的，水槽中的盐水以速率为 4gal/min 向外流出，请问 t 时刻水槽中含盐总量 A 为多少？

解　由条件知 A 满足的微分方程为：

$$\mathrm{d}A/\mathrm{d}t+[2/(100+t)]A=4$$

其通解为

$$A=4/3(100+t)+C/(100+t)^2$$

当 $t=0$ 时，$A=100$；所以特解为

$$A=\frac{4}{3}(100+t)-\frac{10^6}{3}/(100+t)^2$$

5.1.3 高阶微分方程

高阶微分方程特别是**二阶方程**非常重要，实际应用中的很多物理问题均可由它们描述。

(1) 方程 $y^{(n)}=f(x)$ 这种形式的微分方程能通过直接 n 次积分求解。积分得到的解将含有 n 个任意常数。

(2) 齐次（右端项为 0）常系数线性微分方程 $y''+ay'+by=0$ 设方程有形如 $y=e^{mx}$ 的解，代入方程得特征方程 $m^2+am+b=0$，微分方程的解依赖于特征方程的根的性质。

① **相异实根** 如果特征方程有相异的实根 r_1 和 r_2，则解为 $y=Ae^{r_1x}+Be^{r_2x}$，其中 A 和 B 是任意常数。

【例 2-5-8】 $y''+4y'+3=0$。特征方程为 $m^2+4m+3=0$。它的根为 -3 和 -1，通解为 $y=Ae^{-3x}+Be^{-x}$。

② **多重实根** 如果 $r_1=r_2$，微分方程的解为 $y=e^{r_1x}(A+Bx)$。

【例 2-5-9】 $y''+4y'+4=0$。特征方程为 $m^2+4m+4=0$，有两个根 -2 和 -2。方程的解为 $y=e^{-2x}(A+Bx)$。

③ **复根** 如果特征根为 $p\pm iq$，则解为 $y=e^{px}(A\cos qx+B\sin qx)$。

【例 2-5-10】 微分方程 $My''+Ay'+ky=0$ 表示质量为 M，弹性常数为 k 及阻尼常数为 A 的一个线性系统的振动。如果 $A<2\sqrt{kM}$，特征方程 $Mm^2+Am+k=0$ 的根为复数 $-\frac{A}{2M}\pm i\sqrt{\frac{k}{M}-\left(\frac{A}{2M}\right)^2}$，则方程的解为：

$$y=e^{-(At/2M)}\left\{c_1\cos\left[\sqrt{\frac{k}{M}-\left(\frac{A}{2M}\right)^2}\right]t+c_2\sin\left[\sqrt{\frac{k}{M}-\left(\frac{A}{2M}\right)^2}\right]t\right\}$$

这个解代表临界下的阻尼振动。

以上结果可直接推广到二阶以上的常系数齐次线性微分方程。这些方程（尤其是二阶）因为容易求解，已经被大量应用于振动、电子电路、扩散过程和热流等问题。

(3) 不显含因变量的二阶微分方程 形如 $F\left(x,\frac{dy}{dx},\frac{d^2y}{dx^2}\right)=0$ 的方程。它可以通过代入 $p=dy/dx$ 和 $dp/dx=d^2y/dx^2$ 化简为一阶微分方程。

(4) 不显含自变量的二阶微分方程 形如 $F\left(y,\frac{dy}{dx},\frac{d^2y}{dx^2}\right)=0$ 的方程。令 $\frac{dy}{dx}=p$，$\frac{d^2y}{dx^2}=p\frac{dp}{dy}$，得到结果为 p 的一阶微分方程 $F\left(y,p,p\frac{dp}{dy}\right)=0$。

【例 2-5-11】 考虑描述毛细现象的二阶方程：

$$\frac{d^2y}{dx^2}=\frac{4y}{c^2}\left[1+\left(\frac{dy}{dx}\right)^2\right]^{3/2}$$

用这种方法求得的解为：

第 2 篇

$$x+\sqrt{c^2-y^2}-\sqrt{c^2-h_0^2}=\frac{c}{2}\left(\cosh^{-1}\frac{c}{y}-\cosh^{-1}\frac{c}{h_0}\right)$$

式中，c，h_0 是物理常数。

【例 2-5-12】 考虑描述在厚度为 L 的多孔催化介质中的化学反应方程：

$$D\frac{\mathrm{d}^2c}{\mathrm{d}x^2}=kf(c),\ \frac{\mathrm{d}c}{\mathrm{d}x}(0)=0,c(L)=c_0$$

式中，D 是扩散系数；k 是反应速率参数；c 是浓度；$kf(c)$ 是反应速率；c_0 是边界处的浓度。把原方程改写为：

$$p\frac{\mathrm{d}p}{\mathrm{d}c}=\frac{k}{D}f(c)$$

积分得到

$$\frac{p^2}{2}=\frac{k}{D}\int_{c(0)}^{c}f(c)\mathrm{d}c$$

如果反应非常快，$c(0)\approx 0$，平均反应速率与 $p(L)$ 有关。由上式可得：

$$p(L)=\left[\frac{2k}{D}\int_{c}^{c_0}f(c)\mathrm{d}c\right]^{1/2}$$

因此，无需求解原方程，即可计算出平均反应速率。

(5) 非齐次线性微分方程 设右边项 $f(x)\neq 0$。考虑二阶方程 $y''+ay'+by=f(x)$，其结果很容易直接推广到更高阶的微分方程。以下将讨论三种通用方法。

① 待定系数法。该方法适用于常系数方程，并且右端 $f(x)$具有特定的函数形式。即要求 $f(x)$是固定类型的函数 x^n(n 为正整数)、e^{mx}、$\cos kx$、$\sin kx$ 及其乘积的线性组合。在这种情况下，方程的解为 $y=H(x)+P(x)$，其中 $H(x)$是通过前面的方法找到的齐次方程的解，$P(x)$为特解，可由表 2-5-1 中的试验解确定，其中：

a. 当 $f(x)$ 由多个项之和组成，$P(x)$ 由每一项分别对应的特解组成；

b. 当试验解的一项已经是齐次解的一部分时，特解的表示形式为试验解乘以 x；

c. 特解中常数（待定系数）的确定：把上述特解代入微分方程，逐项比较系数即可确定这些常数。

表 2-5-1 特解表

$f(x)$	$P(x)$
a(常数)	A(常数)
ax^n	$A_nx^n+A_{n-1}x^{n-1}+\cdots A_1x+A_0$
$a\mathrm{e}^{rx}$	$B\mathrm{e}^{rx}$
$c\cos kx$ $d\sin kx$	$A\cos kx+B\sin kx$
$gx^n\mathrm{e}^{rx}\cos kx$ $hx^n\mathrm{e}^{rx}\sin kx$	$(A_nx^n+\cdots+A_0)\mathrm{e}^{rx}\cos kx+(B_nx^n+\cdots+B_0)\mathrm{e}^{rx}\sin kx$

【例 2-5-13】 $y''+2y'+y=3\mathrm{e}^{2x}-\cos x+x^3$。对应齐次方程的特征方程为$(m+1)^2=0$，所以齐次解为 $y=(c_1+c_2x)\mathrm{e}^{-x}$。为了找到一个特解，用表 2-5-1 中的试验解：

$$y=a_1e^{2x}+a_2\cos x+a_3\sin x+a_4x^3+a_5x^2+a_6x+a_7$$

代入微分方程，比较相同项，即可确定这些常数：

$$a_1=\frac{1}{3},\ a_2=0,\ a_3=-\frac{1}{2},\ a_4=1,\ a_5=-6,\ a_6=18,\ a_7=-24$$

则原方程的解为：

$$y=(c_1+c_2x)e^{-x}+\frac{1}{3}e^{2x}-\frac{1}{2}\sin x+x^3-6x^2+18x-24$$

② 常数变易法。这种方法适用于任何线性方程，尤其是二阶方程，亦可立即推广到高阶。设方程 $y''+a(x)y'+b(x)y=R(x)$，若已用某种方法找到的齐次方程的解为 $y=c_1f_1(x)+c_2f_2(x)$。现假定这个微分方程的特解是 $P(x)=uf_1+vf_2$，其中 u，v 是 x 的待定函数。现需建立两个方程来确定 u，v。第一个方程即要求 uf_1+vf_2 满足微分方程，还需建立另一个方程来确定另一个自由度。常用的一种选择为：

$$u'f_1+v'f_2=0 \text{ 和 } u'f_1'+v'f_2'=R(x)$$

则

$$u'=\frac{du}{dx}=-\frac{f_2}{f_1f_2'-f_2f_1'}R(x)$$

$$v'=\frac{dv}{dx}=\frac{f_1}{f_1f_2'-f_2f_1'}R(x)$$

因为 f_1，f_2 和 R 是已知的，u，v 可以直接积分得到。

【例 2-5-14】 $(1-x^2)\frac{d^2y}{dx^2}-\frac{1}{x}\times\frac{dy}{dx}=x$。齐次方程为：

$$(1-x^2)\frac{d^2y}{dx^2}-\frac{1}{x}\times\frac{dy}{dx}=0$$

令 $dy/dx=p$，化简为$\frac{dp}{p}=\frac{dx}{x(1-x^2)}$。两次积分后，得到齐次解为 $y=c_1\sqrt{x^2-1}+c_2$。现在假设特解具有 $y=u\sqrt{x^2-1}+v$ 的形式。u 和 v 的方程为：

$$u'=du/dx=\sqrt{x^2-1}$$

$$v'=\frac{dv}{dx}=1-x^2$$

所以

$$u=\frac{1}{2}[x\sqrt{x^2-1}-\ln(x+\sqrt{x^2-1})],\ v=x-x^3/3$$

通解为

$$y=c_1\sqrt{x^2-1}+c_2+\frac{x}{2}-\frac{x^3}{6}-\frac{1}{2}\sqrt{x^2-1}\ln(x+\sqrt{x^2-1})$$

第2篇

③ 微扰法。如果常微分方程有一个小参数且不是最高阶导数的系数，微扰法能够给出小参数的解。

【例 2-5-15】 考虑用于在催化剂下的反应扩散的微分方程；该方程是二阶的：$c''=ac^2$，$c'(0)=0$，$c(1)=1$。把方程的解展开成 a 的泰勒级数：

$$c(x,a)=c_0(x)+ac_1(x)+a^2c_2(x)+\cdots$$

以下需要找到函数项系数$\{c_i(x)\}$满足的方程且解出它们。把级数展开代入到原方程给出以下的等式：

$$c_0''(x)+ac_1''(x)+a^2c_2''(x)+\cdots=a\left[c_0(x)+ac_1(x)+a^2c_2(x)+\cdots\right]^2$$
$$c_0'(0)+ac_1'(0)+a^2c_2'(0)+\cdots=0$$
$$c_0(1)+ac_1(1)+a^2c_2(1)+\cdots=1$$

由上得到 a 的各阶次数项分别满足的方程：

$$c_0''=0,c_0'(0)=0,c_0(1)=1$$
$$c_1''=c_0^2,c_1'(0)=0,c_1(1)=0$$
$$c_2''=2c_0c_1,c_2'=0,c_2(1)=0$$

依次进行求解得：

$$c_0(x)=1,c_1(x)=\frac{(x^2-1)}{2},c_2(x)=\frac{5-6x^2+x^4}{12}$$

5.1.4　一些特殊微分方程的例子

(1) 欧拉方程　形如 $x^ny^{(n)}+a_1x^{n-1}y^{(n-1)}+\cdots+a_{n-1}xy'+a_ny=R(x)$的线性方程。通过变量代换 $x=e^t$，该方程可化简为常系数线性方程。为了求解它的齐次方程，将 $y=x^r$ 代入，消去公共项，并且解出由此得到的 r 的多项式。在多个根或复根的情况下，结果的形式为 $y=x^r(\lg x)^r$ 和 $y=x^\alpha[\cos(\beta\lg x)+i\sin(\beta\lg x)]$。

【例 2-5-16】 求解 $x^2y''-2y=0$。令 $y=x^r$，则 $x^r[r(r-1)-2]=0$。$r^2-r-2=0$ 的根为 $r=2$，-1。通解为 $y=Ax^2+B/x$。

方程$(ax+b)^ny^{(n)}+a_1(ax+b)^{n-1}y^{(n-1)}+\cdots+a_ny=R(x)$。通过变换 $ax+b=z$ 把方程化简为欧拉形式。它能够在不改变变量的情况下求解，齐次方程的解有 $y=(ax+b)^r$ 的形式。

(2) Bessel 方程　一般 Bessel 方程是指线性方程：

$$x^2(\mathrm{d}^2y/\mathrm{d}x^2)+(1-2\alpha)x(\mathrm{d}y/\mathrm{d}x)+[\beta^2\gamma^2x^{2\gamma}+(\alpha^2-p^2\gamma^2)]y=0$$

该方程可通过级数展开法求出如下形式的解：

$$y=Ax^\alpha J_p(\beta x^\gamma)+Bx^\alpha J_{-p}(\beta x^\gamma)\quad(\text{当 } p \text{ 不为整数时})$$
$$y=Ax^\alpha J_p(\beta x^\gamma)+Bx^\alpha Y_p(\beta x^\gamma)\quad(\text{当 } p \text{ 为整数时})$$

当 p 不为整数时，

$$J_p(x)=\left(\frac{x}{2}\right)^p\sum_{k=0}^{\infty}\frac{(-1)^k\ (x/2)^{2k}}{k!\ \Gamma(p+k+1)},J_{-p}(x)=\left(\frac{x}{2}\right)^{-p}\sum_{k=0}^{\infty}\frac{(-1)^k\ (x/2)^{2k}}{k!\ \Gamma(k+1-p)}$$

其中伽马函数

$$\Gamma(n)=\int_0^{\infty} x^{n-1}\mathrm{e}^{-x}\mathrm{d}x \qquad n>0$$

当 p 为整数时，

$$J_p(x)=\left(\frac{x}{2}\right)^p\sum_{k=0}^{\infty}\frac{(-1)^k\ (x/2)^{2k}}{k!\ (p+k)!}$$

称为第一类 p 阶 Bessel 函数。另外，

$$Y_p(x)=\frac{[J_p(x)\cos(p\pi)-J_{-p}(x)]}{\sin(p\pi)}$$

如果 p 是整数或零，上式右边由其极限值代替。

以上级数对所有的 x 都收敛。Bessel 方程和 Bessel 函数的重要性在于，许多线性微分方程的解能够由它们表示出来。

【例 2-5-17】 $\mathrm{d}^2y/\mathrm{d}x^2+[9x-(63/4x^2)]y=0$。改写该方程为一般形式：

$$x^2(\mathrm{d}^2y/\mathrm{d}x^2)+\left(9x^3-\frac{63}{4}\right)y=0$$

因此 $\alpha=\frac{1}{2}$，$\gamma=\frac{3}{2}$；$\beta=2$，$p=\frac{8}{3}$。因为 $p\neq$整数，解为：

$$y=Ax^{1/2}J_{8/3}(2x^{3/2})+Bx^{1/2}J_{-8/3}(2x^{3/2})$$

【例 2-5-18】 楔形散热片上的热流可以描述为方程 $x^2(\mathrm{d}^2y/\mathrm{d}x^2)+x(\mathrm{d}y/\mathrm{d}x)-a^2xy=0$，其中 $y=T-T_{\mathrm{air}}$，a 为物理常量；x 为到散热片末端的距离。通过与标准 Bessel 方程比较，得出 $\alpha=0$，$p=0$，$\gamma=\frac{1}{2}$，$\beta^2=-4a^2$ 或 $\beta=2ai$。其解为：

$$y=AJ_0(2ai\sqrt{x})+BY_0(2ai\sqrt{x})$$

(3) Legendre 方程 $(1-x^2)y''-2xy'+n(n+1)y=0$，$n\geqslant 0$，当 n 不是整数时，解为：

$$y=Au_n(x)+Bv_n(x)$$

其中

$$u_n(x)=1-\frac{n(n+1)}{2!}x^2+\frac{n(n-2)(n+1)(n+3)}{4!}x^4-\frac{n(n-2)(n-4)(n+1)(n+3)(n+5)}{6!}x^6+\cdots$$

$$v_n(x)=x-\frac{(n-1)(n+2)}{3!}x^3+\frac{(n-1)(n-3)(n+2)(n+4)}{5!}x^5-\cdots$$

当 n 是一个偶数或零，u_n 是一个 x 的多项式。如果 n 是一个奇数，则 v_n 是一个多项式。级数的收敛区间是 $-1<x<1$。如果 n 是一个整数，令

$$P_n(x)=\frac{u_n(x)}{u_n(1)}(n\text{ 是偶数或零}),P_n(x)=\frac{v_n(x)}{v_n(1)}(n\text{ 是奇数})$$

第 2 篇

这个多项式 P_n 即为所谓的 Legendre 多项式，$P_0(x)=1$，$P_1(x)=x$，$P_2(x)=\frac{1}{2}(3x^2-1)$，$P_3(x)=\frac{1}{2}(5x^3-3x)$，…

（4）Hermite 方程 $y''-2xy'+2ny=0$。其解为 n 阶 Hermite 多项式，当 n 为正整数或零时，

$$y=AH_n(x), H_0(x)=1, H_1(x)=2x, H_2(x)=4x^2-2,$$
$$H_3(x)=8x^3-12x, H_4(x)=16x^4-48x^2+12, \cdots,$$
$$H_{r+1}(x)=2xH_r(x)-2rH_{r-1}(x)$$

【例 2-5-19】 $y''-2xy'+6y=0$。该方程为 $n=3$ 的 Hermite 方程。故解为：

$$y=AH_3=A(8x^3-12x)$$

（5）Chebyshev 方程 $(1-x^2)y''-xy'+n^2y=0$。这里 n 为正整数或零。其解为 n 阶 Chebyshev 多项式：

$$y=AT_n(x),\ T_0(x)=1, T_1(x)=x, T_2(x)=2x^2-1,$$
$$T_3(x)=4x^3-3x, T_4(x)=8x^4-8x^2+1, \cdots, T_{r+1}(x)=2xT_r(x)-T_{r-1}(x)$$

【例 2-5-20】 $(1-x^2)y''-xy'+36y=0$。该方程为 $n=6$ 的 Chebyshev 方程，其解为：

$$y=T_6(x)=2xT_5(x)-T_4(x)=2x(2xT_4-T_3)-T_4=32x^6-48x^4+18x^2-1$$

5.2 偏微分方程

包含两个或两个以上的自变量情形的分析常常需要用到偏微分方程。

【例 2-5-21】 方程$\partial T/\partial t=K(\partial^2 T/\partial x^2)$表示非稳态的一维热传导。

【例 2-5-22】 一个末端固定的均匀横梁的横向运动方程为$\frac{\partial^4 y}{\partial x^4}+\frac{\rho}{EI}\times\frac{\partial^2 y}{\partial t^2}=0$。

【例 2-5-23】 活塞运动时后面气体的膨胀可描述为方程组

$$\frac{\partial u}{\partial t}+u\frac{\partial u}{\partial x}+\frac{c^2}{\rho}\times\frac{\partial \rho}{\partial x}=0,\ \frac{\partial \rho}{\partial t}+u\frac{\partial \rho}{\partial x}+\rho\frac{\partial u}{\partial x}=0$$

【例 2-5-24】 透热体的加热可以描述为方程 $\alpha(\partial^2\theta/\partial x^2)+\beta e^{-\gamma z}=\partial\theta/\partial t$。

偏微分方程$\partial^2 f/\partial x\partial y=0$ 能够通过两次积分求解得到 $f=g(x)+h(y)$，其中 $g(x)$ 和 $h(y)$ 是任意可微函数。这个结果说明偏微分方程的通解可包含任意函数，不同于常微分方程的通解仅包含任意常数。目前已有很多求解偏微分方程通解的方法，然而，在大多数偏微分方程的应用中，通解的使用并不多见。通常，在实际应用中，偏微分方程的解必须同时满足方程和由问题决定的某些附加条件，这些条件称为初始条件或边界条件。例如，在热传导过程中，这些条件可以是，壁面温度为一个固定常数 $T(x_0)=T_0$，或者绝热条件即温度不会穿过壁面扩散，或者其他条件。除少数情况（一些一阶微分方程，波动方程的 D'Alembert 解以及其他）可以通过这些附加条件确定该任意函数，这样的求解过程通常是不可行的。更多的做法是直接确定一组特解再作线性结合，其中系数待定，并且由边界条件确定。目前很多理

论分析的结果仅适用于线性齐次偏微分方程的情形。这种方程具有线性可加性：即如果 f_1，f_2，…，f_n，…均为方程的解，且级数 $f=\sum_{i=1}^{\infty} f_i$ 收敛且逐项可微，则该级数也是一个解。

5.2.1 输运方程：一阶拟线性偏微分方程

考虑方程

$$a\frac{\partial u}{\partial x}+b\frac{\partial u}{\partial y}=f$$

式中，a，b 和 f 取决于 x，y 和 u，且 $a^2+b^2\neq 0$。该方程可用特征线法求解。引入参数 s，定义特征方程

$$\frac{\mathrm{d}x}{\mathrm{d}s}=a,\ \frac{\mathrm{d}y}{\mathrm{d}s}=b,\ \frac{\mathrm{d}u}{\mathrm{d}s}=f$$

从初始条件出发，沿特征线积分即可求解原方程。对于一个确定的参数值 s，x 和 y 的值表示空间位置，原方程在该处的解为 u。如果 a 和 b 依赖于 x，y 和 u，方程称为拟线性的；如果 a，b 和 f 都仅依赖于 x 和 y 而不依赖于 u，则方程称为线性的。

线性双曲型方程的一个例子为对流方程

$$\frac{\partial c}{\partial t}+u\frac{\partial c}{\partial x}+v\frac{\partial c}{\partial y}=0$$

式中，u 和 v 分别是 x 和 y 方向的速度分量。描述填充床或色谱柱上流动和吸附的方程为拟线性方程

$$\phi\frac{\partial c}{\partial t}+\phi u\frac{\partial c}{\partial x}+(1-\phi)\frac{\mathrm{d}f}{\mathrm{d}c}\times\frac{\partial c}{\partial t}=0$$

式中，$n=f(c)$ 为吸附剂上的浓度和流体浓度之间的关系。

5.2.2 二阶拟线性偏微分方程及其典型代表

自然界中的很多现象都可由二阶拟线性偏微分方程描述。当然，更高阶的方程在弹性力学、振动理论和其他地方也有重要的应用。

考虑如下形式的二阶拟线性偏微分方程：

$$a\frac{\partial^2 u}{\partial x^2}+b\frac{\partial^2 u}{\partial x\partial y}+c\frac{\partial^2 u}{\partial y^2}=f$$

式中，a，b，c 和 f 依赖于 x，y，u，$\partial u/\partial x$ 和$\partial u/\partial y$。当判别式 $b^2-4ac>0$，$=0$ 或 <0 时，该方程称为双曲型、抛物型或椭圆型。因为 a，b，c 和 f 依赖于方程的解，方程的类型在不同的 x 和 y 的位置可以不同。传递现象（例如振动的传播）通常由双曲型方程描述，描述稳态现象的方程通常为椭圆型，而描述不稳定扩散或热传导的方程为抛物型。不同类型的方程的分析方法非常不同。

(1) 椭圆型

Laplace 方程：$\partial^2 u/\partial x^2+\partial^2 u/\partial y^2=0$

Poisson 方程：$\partial^2 u/\partial x^2+\partial^2 u/\partial y^2=g(x,y)$

这类方程不包含时间变量，因此通常用于描述稳态情形。Laplace 方程又名调和方程、位势方程，由法国数学家拉普拉斯首先提出而得名。拉普拉斯方程在电磁学、天文学和流体力学等领域具有广泛运用。Laplace 方程的解称为调和函数，可用于描述流体力学中不可压流的无旋运动的速度势；在均匀固体中的稳定温度场，以及均匀介质中扩散现象的稳定状态，均可由调和函数来描述。密度分布为 d 的物体的引力势 V 可描述为 Poisson 方程：

$$\partial^2 V/\partial x^2+\partial^2 V/\partial y^2+\partial^2 V/\partial z^2=-4\pi d$$

(2) 抛物型 热传导方程$\partial T/\partial t=\partial^2 T/\partial x^2+\partial^2 T/\partial y^2$。该方程描述不平衡或不稳定状态的热传导和扩散。

(3) 双曲型 波动方程$\partial^2 u/\partial t^2=c^2(\partial^2 u/\partial x^2+\partial^2 u/\partial y^2)$。该方程描述自然界中不同类型的波动现象。

5.2.3 一些常用解法

偏微分方程的求解方法之一是将偏微分方程化简为一个或多个常微分方程。然后通过组合常微分方程的解得偏微分方程的解并同时满足边界条件。常见的方法如下。

(1) 相似变量 这里“相似”的物理意义可能为内部相似或自相似。

【例 2-5-25】 一个浸入在流体中的无限宽平板的温度分布 θ 满足方程$\partial\theta/\partial x=(A/y)(\partial^2\theta/\partial y^2)$，边界条件为：$x=0$，$y>0$ 时 $\theta=0$；$y=\infty$，$x>0$ 时 $\theta=0$；$y=0$，$x>0$ 时 $\theta=1$。现假设该方程和边界条件有形式为 $\theta=f(y/x^n)=f(u)$的解，其中 $u=\infty$时 $\theta=0$，$u=0$ 时 $\theta=1$。在方程中消去 x 和 y，使方程的解仅依赖于单一变量 u。在这种情形下，因为 $u=y/x^n$，经过一些计算得到$\partial\theta/\partial x=-(nu/x)(\mathrm{d}\theta/\mathrm{d}u)$，$\partial^2\theta/\partial y^2=(1/x^{2n})(\mathrm{d}^2\theta/\mathrm{d}u^2)$，代入原方程得$-(1/x)nu(\mathrm{d}\theta/\mathrm{d}u)=(1/x^{3n})(A/u)(\mathrm{d}^2\theta/\mathrm{d}u^2)$。为使这个方程只是 u 的一个函数，选取 $n=\dfrac{1}{3}$，得到 $(\mathrm{d}^2\theta/\mathrm{d}u^2)+(u^2/3A)(\mathrm{d}\theta/\mathrm{d}u)=0$。对这个常微分方程两次积分和代入边界条件可得解：

$$\theta=\int_u^{\infty}\exp(-u^3/9A)\mathrm{d}u\Big/\int_0^{\infty}\exp(-u^3/9A)\mathrm{d}u$$

(2) 群方法 通常来说，当一个自变量没有特定的物理标度（或者它趋于无穷大）时，可以考虑相似变换。这样变换之后的方程包含的自变量个数将比原方程减少一个。

【例 2-5-26】 找出下面问题的相似变量

$$\frac{\partial c}{\partial t}=\frac{\partial}{\partial x}\left[D(c)\frac{\partial c}{\partial x}\right],\ c(0,t)=1,\ c(\infty,t)=0,\ c(x,0)=0$$

注意到长度趋于无穷，于是考察相似变换

$$\bar{t}=a^{\alpha}t,\ \bar{x}=a^{\beta}x,\ \bar{c}=a^{\gamma}c$$

代入后，方程变为

$$a^{\alpha-\gamma}\frac{\partial\bar{c}}{\partial\bar{t}}=a^{2\beta-\gamma}\frac{\partial}{\partial\bar{x}}\left[D(a^{-\gamma}\bar{c})\frac{\partial\bar{c}}{\partial\bar{x}}\right]$$

新方程与原方程有相同形式，当

$$\gamma=0，\alpha-\gamma=2\beta-\gamma \text{ 即 } \alpha=2\beta$$

于是，选取新自变量

$$\eta=\frac{x}{t^{\delta}}，\delta=\frac{\beta}{\alpha}$$

方程的解为

$$c(x,t)=f(\eta)t^{\gamma/\alpha}$$

由上述分析，这里 $\gamma=0$ 和 $\delta=\beta/\alpha=\frac{1}{2}$。因此选取变换：

$$\eta=\frac{x}{\sqrt{4D_0 t}}，c(x,t)=f(\eta)$$

则有

$$\frac{\mathrm{d}}{\mathrm{d}\eta}\left[D(c)\frac{\mathrm{d}f}{\mathrm{d}\eta}\right]+2\eta\frac{\mathrm{d}f}{\mathrm{d}\eta}=0，f(0)=1,f(\infty)=0$$

因此，原偏微分方程简化为一个两点边值问题。当扩散系数为常数时，解为误差函数，可通过查表得数值解，即

$$c(x,t)=1-\mathrm{erf}\eta=\mathrm{erfc}\eta，\mathrm{erf}\eta=\int_0^{\eta}\mathrm{e}^{-\xi^2}\mathrm{d}\xi/\int_0^{\infty}\mathrm{e}^{-\xi^2}\mathrm{d}\xi$$

(3) 变量分离法 该方法在某些特定的实际应用中非常有效。假设偏微分方程有形如 $U=f(x)g(y)$ 的解，代入方程，若能把包含 x 的项和包含 y 的项分别放到方程的两端，则偏微分方程称为是 x，y 变量分离的。这种情况下，方程的一边为关于 x 的函数，另一边为 y 的函数，则方程的两边相等仅当每一边均为常数，用 λ 表示。因此问题再次化简为求解常微分方程。

【例 2-5-27】 求解 Laplace 方程 $\partial^2V/\partial x^2+\partial^2V/\partial y^2=0$，边界条件 $V(0,y)=0$，$V(l,y)=0$，$V(x,\infty)=0$，$V(x,0)=f(x)$ 表示在 y 方向无限大且在 x 方向宽为 l 的平板上的位势的稳定状态，其中 $f(x)$，$x\in[0,1]$ $(y=0)$ 为给定函数，且与两端边界条件相容。

解 为得到边值问题的解，设 $V(x,y)=f(x)g(y)$，代入微分方程得：

$$f''(x)g(y)+f(x)g''(y)=0 \quad 或 \quad g''(y)/g(y)=-f''(x)/f(x)=\lambda^2$$

该方程组亦即

$$g''(y)-\lambda^2 g(y)=0 \quad 和 \quad f''(x)+\lambda^2 f(x)=0$$

其解分别为

$$g(y)=A\mathrm{e}^{\lambda y}+B\mathrm{e}^{-\lambda y}，f(x)=C\sin\lambda x+D\cos\lambda x$$

则

$$f(x)g(y)=(A\mathrm{e}^{\lambda y}+B\mathrm{e}^{-\lambda y})(C\sin\lambda x+D\cos\lambda x)$$

第2篇

现利用边界条件 $V(0,y)=0$，即对所有的 y，$f(0)g(y)=(A\mathrm{e}^{\lambda y}+B\mathrm{e}^{-\lambda y})D\equiv0$。因此易得 $D=0$。则解的形式为 $\sin\lambda x(A\mathrm{e}^{\lambda y}+B\mathrm{e}^{-\lambda y})$，其中任意常数 C 可暂时消去。进一步利用边界条件 $V(l,y)=0$，即 $\sin\lambda l(A\mathrm{e}^{\lambda y}+B\mathrm{e}^{-\lambda y})\equiv0$。显然 y 的函数不为零，因此 $\sin\lambda l=0$ 或$\lambda_n=n\pi/l$，$n=1$，2，…，其中 λ_n＝第 n 个特征值。

现在得到的解形式为 $\sin(n\pi x/l)(A\mathrm{e}^{n\pi y/l}+B\mathrm{e}^{-n\pi y/l})$。因为 $V(x,\infty)=0$，而当 $y\to\infty$ 时 e^y 为无穷大，故 A 必须取为零。则该解记作 $B_n\sin(n\pi x/l)\mathrm{e}^{-n\pi y/l}$，其中 B_n 是任意常数。注意到微分方程是线性和齐次的，所以 $\sum\limits_{n=1}^{\infty}B_n\mathrm{e}^{-n\pi y/l}\sin(n\pi x/l)$ 也是它的一个解。最后注意到 $y=0$ 处的边界条件，把 $f(x)$ 作正弦级数展开可知 $B_n=\dfrac{2}{l}\int_0^l f(x)\sin(n\pi x/l)\mathrm{d}x=$ $f(x)$ 的傅里叶正弦系数。

此外，容易验证这个级数的收敛性和可微性。因此原方程的解为：

$$V(x,y)=\sum_{n=1}^{\infty}B_n\mathrm{e}^{-n\pi y/l}\sin\frac{n\pi x}{l}$$

【例 2-5-28】 用分离变量法求解扩散方程：

$$\frac{\partial c}{\partial t}=\frac{\partial}{\partial x}\left[D(c)\frac{\partial c}{\partial x}\right],\ c(0,t)=1,\ c(\infty,t)=0,\ c(x,0)=0$$

解 首先变换问题使边界条件是齐次的（右边项为零）。令

$$c(x,t)=1-x+u(x,t)$$

则 $u(x,t)$ 满足

$$\frac{\partial u}{\partial t}=D\frac{\partial^2 u}{\partial x^2},\ u(x,0)=x-1,\ u(0,t)=0,\ u(1,t)=0$$

假设有一个解的形式为 $u(x,t)=X(x)T(t)$，给出

$$X\frac{\mathrm{d}T}{\mathrm{d}t}=DT\frac{\mathrm{d}^2X}{\mathrm{d}x^2}$$

因为两边都是常数，这可以给出下列常微分方程，然后求解。

$$\frac{1}{DT}\times\frac{\mathrm{d}T}{\mathrm{d}t}=-\lambda,\ \frac{1}{X}\times\frac{\mathrm{d}^2X}{\mathrm{d}x^2}=-\lambda$$

这些方程的解为：

$$T=A\mathrm{e}^{-\lambda Dt},\ X=B\cos\sqrt{\lambda}x+E\sin\sqrt{\lambda}x$$

合并后 $u(x,t)$ 的解为：

$$u=A(B\cos\sqrt{\lambda}x+E\sin\sqrt{\lambda}x)\mathrm{e}^{-\lambda Dt}$$

应用边界条件 $u(0,t)=0$ 给出 $B=0$。则解为：

$$u=A(\sin\sqrt{\lambda}x)\mathrm{e}^{-\lambda Dt}$$

其中常数因子 E 已经被消去。在 $x=L$ 处应用边界条件得：

$$0=A(\sin\sqrt{\lambda}L)e^{-\lambda Dt}$$

当 $A=0$ 时，等式自然成立，得平凡零解。为求非平凡解，选取 λ 满足

$$\sin\sqrt{\lambda}L=0,\ \sqrt{\lambda}L=n\pi$$

因此

$$\lambda=\frac{n^2\pi^2}{L^2}$$

于是原方程有以下形式的解

$$u=A\left(\frac{\sin n\pi x}{L}\right)e^{-n^2\pi^2Dt/L^2}$$

由线性可加性，这些函数的无穷级数

$$u=\sum_{n=1}^{\infty}A_n\left(\frac{\sin n\pi x}{L}\right)e^{-n^2\pi^2Dt/L^2}$$

也是原方程的解。为进一步确定该级数中的系数，在 $t=0$ 处，利用初始条件得：

$$x-1=\sum_{n=1}^{\infty}A_n\left(\frac{\sin n\pi x}{L}\right)$$

上式两端乘以$\frac{\sin m\pi x}{L}$且对 x：$0\rightarrow L$ 上积分即得：

$$\frac{A_mL}{2}=\int_0^L(x-1)\sin m\pi x\,dx$$

从而可给出原方程完整的解。

(4) 积分变换法 微分方程的求解方法中有多种积分变换法。在这里只讨论拉普拉斯变换（其他的参阅“积分变换”）。单侧拉普拉斯变换由方程 $L[f(t)]=\int_0^{\infty}f(t)e^{-st}dt$ 定义，记为 $L[f(t)]$。它有很多重要的性质。这里与微分方程求解相关的为：

$$L[f'(t)]=sL[f(t)]-f(0),\ L[f''(t)]=s^2L[f(t)]-sf(0)-f'(0),$$
$$L[f^{(n)}(t)]=s^nL[f(t)]-s^{n-1}f(0)-s^{n-2}f'(0)-\cdots-f^{(n-1)}(0)$$

对偏微分方程需注意变换所对应的变量，以避免混淆。例如对 $y=y(x,t)$

$$L_t\left[\frac{\partial y}{\partial t}\right]=sL[y(x,t)]-y(x,0),\ L_t\left[\frac{\partial y}{\partial x}\right]=\frac{dL_t[y(x,t)]}{dx}$$

另外，该变换是线性的，例如 $L[af(t)+bg(t)]=aL[f(t)]+bL[g(t)]$，这使得它在求解一些线性方程时成为一个实用的工具。该变换使求解常微分方程简化为求解关于 $L[y]$ 的代数方程，偏微分方程的解简化为常微分方程的解。然后通过查表得到逆变换，或通过复杂的反演方法得到原方程的解。

【例 2-5-29】 方程$\partial c/\partial t=D(\partial^2c/\partial x^2)$表示在半无限介质中的扩散，$x\geqslant 0$。边界条件

为 $c(0,t)=c_0$，$c(x,0)=0$。对方程两边关于 t 作拉普拉斯变换，得到

$$\int_0^{\infty} e^{-st}\frac{\partial^2 c}{\partial x^2}dt=\frac{1}{D}\int_0^{\infty} e^{-st}\frac{\partial c}{\partial t}dt$$

或

$$\frac{d^2 F}{dx^2}=(1/D)sF-c(x,0)=\frac{sF}{D}$$

其中 $F(x,s)=L_t[c(x,t)]$。因此

$$\frac{d^2 F}{dx^2}-\left(\frac{s}{D}\right)F=0$$

另外，边界条件转化为 $F(0,s)=c_0/s$。故该常微分方程的解为 $F(x,s)=(c_0/s)e^{-\sqrt{s/D}x}$，满足 $F(0,s)=c_0/s$ 和当 $x\to\infty$ 时 F 仍然有限。查表得到满足这个条件的函数的拉普拉斯变换式：

$$c(x,t)=c_0\left(1-\frac{2}{\sqrt{\pi}}\int_0^{x/2\sqrt{Dt}} e^{-u^2}du\right)$$

(5) 渐进展开 在一些问题中，最高阶导数前面的系数包含一个很小的参数，可把原方程的解按照小参数作级数展开，再渐近匹配各阶项的系数，从而构造原方程的解，见文献[3，4]。

5.3 差分方程

差分方程又称递推关系式，是含有未知函数及其差分，但不含有导数的方程。满足该方程的函数称为差分方程的解。差分方程是微分方程的离散化。化学工程中包含很多具有阶段式发展特征的化工过程，例如蒸馏、分段萃取系统和吸收塔。这些操作过程通常可由差分方程给出各阶段发展过程的递推关系式，其中取自变量为整数。

5.3.1 有限差分运算与差分方程基本概念

(1) 有限差分运算 选取 x 方向上的等距节点 x_n，函数 $y=f(x)$ 在 x_n 的相应值为 $y_n=f(x_n)$。定义 $f(x)$ 的**一阶前向差分**表示为 $\Delta f(x)=f(x+h)-f(x)$，其中 $h=x_n-x_{n-1}$ 为节点间距。

【例 2-5-30】 令 $f(x)=x^2$。则 $\Delta f(x)=(x+h)^2-x^2=2hx+h^2$。

类似定义**二阶前向差分**：

$$\Delta\Delta f(x)=\Delta^2 f(x)=\Delta f(x+h)-\Delta f(x)=f(x+2h)-2f(x+h)+f(x)$$

【例 2-5-31】 $f(x)=x^2$，则

$$\Delta^2 f(x)=\Delta[\Delta f(x)]=\Delta 2hx+\Delta h^2=2h(x+h)-2hx+h^2-h^2=2h^2$$

同理，n 阶前向差分定义为：

$$\Delta^n f(x)=\Delta[\Delta^{n-1} f(x)]$$

另外，函数 $f(x)$ 的一阶后向差分定义为：

$$\nabla f(x)=f(x)-f(x-h)$$

一阶中心差分定义为：

$$\delta f(x)=f[x+(h/2)]-f[x-(h/2)]$$

运算符 Δ 的一些重要性质：如果 C 是任何常数，$\Delta C=0$；如果 $f(x)$ 是任何周期为 h 的函数，$\Delta f(x)=0$（事实上，这里周期为 h 的周期函数与常量在差分中具有相同的作用）；

$$\Delta[f(x)+g(x)]=\Delta f(x)+\Delta g(x)；\Delta^m[\Delta^n f(x)]=\Delta^{m+n} f(x)；$$

$$\Delta[f(x)g(x)]=f(x)\Delta g(x)+g(x+h)\Delta f(x)$$

$$\Delta\left[\frac{f(x)}{g(x)}\right]=\frac{g(x)\Delta f(x)-f(x)\Delta g(x)}{g(x)g(x+h)}$$

【例 2-5-32】 计算 $\Delta(x\sin x)$：

$$\begin{aligned}\Delta(x\sin x)&=x\Delta\sin x+\sin(x+h)\Delta x\\&=2x\sin(h/2)\cos[x+(h/2)]+h\sin(x+h)\end{aligned}$$

（2）差分方程的基本概念 差分方程是差分和自变量之间的一个关系，$\phi(\Delta^n y,\Delta^{n-1}y,\cdots,\Delta y,y,x)=0$，其中 ϕ 是某个给定的函数。一般情况下，相邻节点之间的间隔是任意实数 h，而不是 1，可以通过代入 $x=hx'$ 化简成间隔为 1。因此，以下均假定相邻节点之间的间隔为 1。

【例 2-5-33】 $f(x+1)-(\alpha+1)f(x)+\alpha f(x-1)=0$。采用符号 $y_x=f(x)$。则这个方程写为：

$$y_{x+1}-(\alpha+1)y_x+\alpha y_{x-1}=0$$

【例 2-5-34】 $y_{x+2}+2y_x y_{x+1}+y_x=x^2$。

【例 2-5-35】 $y_{x+1}-y_x=2^x$。

差分方程的阶是指差分方程中最大和最小自变量之差。比如，第一个例子和第二个例子都是 2 阶的，而第三个例子是 1 阶的。线性差分方程是指方程中不包含任何因变量及其差分的乘积或其他非线性形式。以上第一个例子和第三个例子是线性的，而第二个例子是非线性的。

差分方程的解是指满足方程的离散函数。如果差分方程是 n 阶的，通解涉及 n 个任意常数。

5.3.2 线性差分方程求解

（1）方程 $\Delta^n y=a$（a 为常数） $\Delta^n y=a$ 的解是一个 n 次多项式加上一个任意周期为 1 的周期函数，即

$$y=(ax^n/n!)+c_1x^{n-1}+c_2x^{n-2}+\cdots+c_n+f(x)，其中\ f(x+1)=f(x)。$$

【例 2-5-36】 $\Delta^3 y=6$。它的解为 $y=x^3+c_1x^2+c_2x+c_3+f(x)$；$c_1$、$c_2$、$c_3$ 是任意常数，且 $f(x)$ 是一个任意周期为 1 的周期函数。

第2篇

(2) 方程 $y_{x+1}-y_x=\phi(x)$ 这个方程表明未知函数的一阶差分等于给定的函数 $\phi(x)$。它的解是通过“有限次积分”或求和得到的，与通过积分求解微分方程 $\mathrm{d}y/\mathrm{d}x=\phi(x)$ 类似。当这里只有有限数量的数据点时，很容易写出 $y_x=y_0+\sum_{t=1}^{x}\phi(t-1)$，其中数据点从1到 x 编号。

【例 2-5-37】 如果 $\phi(x)=1$，则 $y_x=x$。如果 $\phi(x)=x$，则 $y_x=[x(x-1)]/2$。如果 $\phi(x)=a^x$，$a\neq0$，则 $y_x=a^x/(a-1)$。这里所有的情况 $y_0=0$。

其他例子可以通过求和来求值，即

$$y_2=y_1+\phi(1),\ y_3=y_2+\phi(2)=y_1+\phi(1)+\phi(2),$$

$$y_4=y_3+\phi(3)=y_1+\phi(1)+\phi(2)+\phi(3),\cdots,y_x=y_1+\sum_{t=1}^{x-1}\phi(t)$$

【例 2-5-38】 $y_{x+1}-ry_x=1$，r 为常数，$x>0$ 且 $y_0=1$。对于 $r\neq1$，$y_1=1+r$，$y_2=1+r+r^2$，…，$y_x=1+r+\cdots+r^x=(1-r^{x+1})/(1-r)$，对于 $r=1$，$y_x=1+x$。

(3) 线性差分方程 n 阶线性差分方程的一般形式为

$$P_n y_{x+n}+P_{n-1}y_{x+n-1}+\cdots+P_1 y_{x+1}+P_0 y_x=Q(x)$$

式中，$P_n\neq0$，$P_0\neq0$，P_j（$j=0$，…，n）是 x 的函数。

① 常系数且 $Q(x)=0$（齐次） 设方程有形如 $y_x=c\beta^x$ 的试验解。把试验解代入到差分方程，得到 β 的一个 n 次多项式。如果这个多项式的解记为 β_1，β_2，…，β_n，则有下列情况的结果：a. 如果所有的 β_j 是实数且不相等，则解为 $y_x=\sum_{j=1}^{n}c_j\beta_j^x$，其中 c_1，…，c_n 是任意常数；b. 如果是重复实根，比方说，β_j 有 m 重根，则 β_j 对应的部分解是 $\beta_j^x(c_1+c_2x+\cdots+c_mx^{m-1})$；c. 如果根是共轭复数，比方说，$a+ib=p\mathrm{e}^{i\theta}$ 和 $a-ib=p\mathrm{e}^{-i\theta}$，对应于这一对的部分解是 $p^x(c_1\cos\theta x+c_2\sin\theta x)$；d. 如果根是多重共轭复数，比如，$a+ib=p\mathrm{e}^{i\theta}$ 和 $a-ib=p\mathrm{e}^{-i\theta}$ 是 m 重的，则对应部分的解为：

$$p^x[(c_1+c_2x+\cdots+c_mx^{m-1})\cos\theta x+(d_1+d_2x+\cdots+d_mx^{m-1})\sin\theta x]$$

【例 2-5-39】 方程 $y_{x+1}-(\alpha+1)y_x+\alpha y_{x-1}=0$，$y_0=c_0$ 和 $y_{m+1}=x_{m+1}/k$。该方程表示在分段式逆流液-液萃取系统的残留液中转印材料的稳态组分。这里 y 是阶段变量 x 的函数，α 为某一参数。通过代入试验解 $y_x=c\beta^x$，得出结果 $\beta^2-(\alpha+1)\beta+\alpha=0$，使得 $\beta_1=1$，$\beta_2=\alpha$。通解为 $y_x=c_1+c_2\alpha^x$。代入附加条件得 $c_1=c_0-c_2$，$c_2=(y_{m+1}-c_0)/(\alpha^{m+1}-1)$，于是原方程的解为 $(y_x-c_0)/(y_{m+1}-c_0)=(\alpha^x-1)/(\alpha^{m+1}-1)$。

【例 2-5-40】 $y_{x+3}-3y_{x+2}+4y_x=0$。令 $y_x=c\beta^x$，代入方程得 $\beta^3-3\beta^2+4=0$，解得 $\beta_1=-1$，$\beta_2=2$，$\beta_3=2$。从而通解为 $y_x=c_1(-1)^x+2^x(c_2+c_3x)$。

【例 2-5-41】 $y_{x+1}-2y_x+2y_{x-1}=0$。解得特征根 $\beta_1=1+i$，$\beta_2=1-i$。$p=\sqrt{1+1}=\sqrt{2}$，$\theta=\pi/4$。解为 $y_x=2^{x/2}[c_1\cos(x\pi/4)+c_2\sin(x\pi/4)]$。

② 常系数且 $Q(x)\neq0$（非齐次） 在这种情况下，通解是通过首先得到齐次解，如 y_x^H，然后加上 $Q(x)\neq0$ 的特解如 y_x^p。这里有多种求得特解的方法。

a. 待定系数法 当 $Q(x)$ 为函数 e^{bx}，a^x，x^p（p 是一个正整数或零），$\cos cx$ 和 $\sin cx$

的线性组合及其乘积，可使用该方法。

【例 2-5-42】 $y_{x+1}-3y_x+2y_{x-1}=1+a^x$，$a\neq0$。齐次解为 $y_x^H=c_1+c_2 2^x$。1 的族是 1，a^x 的族是 a^x。但是，1 是齐次方程组的解。所以，尝试 $y_x^p=Ax+Ba^x$。代入方程得到：

$$y_x=c_1+c_2 2^x-x+\frac{a}{(a-1)(a-2)}a^x(a\neq1,a\neq2)$$

如果 $a=1$，$y_x=c_1+c_2 2^x-2x$；如果 $a=2$，$y_x=c_1+c_2 2^x-x+x2^x$。

b. 常数变异法　这个方法适用于一般线性方程。以二阶方程 $y_{x+2}+Ay_{x+1}+By_x=\phi(x)$ 为例。假设齐次解已经通过某个方法找到，记为 $y_x^H=c_1u_x+c_2v_x$。假设一个特解为 $y_x^p=D_xu_x+E_xv_x$，其中 E_x 和 D_x 通过下列方程组求解得到：

$$E_{x+1}-E_x=\frac{u_{x+1}\phi(x)}{u_{x+1}v_{x+2}-u_{x+2}v_{x+1}}$$

$$D_{x+1}-D_x=\frac{v_{x+1}\phi(x)}{v_{x+1}u_{x+2}-v_{x+2}u_{x+1}}$$

则通解为 $y_x=y_x^p+y_x^H$。

③ 变系数方程　常数变异法也同样适用于变系数线性差分方程。但仍需其他求解变系数齐次方程的方法。

a. 常数变易法求解方程 $y_{x+1}-a_xy_x=0$　假设这个方程对于 $x\geqslant0$ 和 $y_0=c$ 是成立的，方程的解为：

$$y_x=c\prod_{n=1}^{x}a_{n-1}$$

【例 2-5-43】 $y_{x+1}+\frac{x+2}{x+1}y_x=0$。该方程的解为：

$$y_x=c\prod_{n=1}^{x}\left(-\frac{n+1}{n}\right)=c\,(-1)^x\,\frac{2}{1}\times\frac{3}{2}\cdots\frac{x+1}{x}=(-1)^xc(x+1)$$

【例 2-5-44】 $y_{x+1}-xy_x=0$。该方程的解为 $y_x=c(x-1)!$

b. 降阶法　若通过观察法或其他方法可得一个齐次解 u_x，则由原方程可得一个关于 $v_x=y_x/u_x$ 的低阶方程。由此产生的方程必须满足 $v_x=$常数或 $\Delta v_x=0$。因此如果引进新变量 $U_x=\Delta(y_x/u_x)$，方程即可降阶。

【例 2-5-45】 $(x+2)y_{x+2}-(x+3)y_{x+1}+y_x=0$。通过观察即可发现 $u_x=1$ 为它的一个解。令 $U_x=\Delta y_x=y_{x+1}-y_x$。得到 $(x+2)U_{x+1}-U_x=0$，它的阶数比原方程低一阶。最后 y_x 的完全解为：

$$y_x=c_0\sum_{n=0}^{x}\frac{1}{n!}+c_1$$

c. 因式分解　如果差分方程能够分解，则它的通解能够通过求解两个或更多个连续的低阶方程来得到。考虑 $y_{x+2}+A_xy_{x+1}+B_xy_x=\phi(x)$。如果存在 a_x，b_x 使得 $a_x+b_x=-A_x$ 和 $a_xb_x=B_x$，则差分方程可以写为 $y_{x+2}-(a_x+b_x)\ y_{x+1}+a_xb_xy_x=\phi(x)$。首先

求解 $U_{x+1}-b_xU_x=\phi(x)$，再求解 $y_{x+1}-a_xy_x=U_x$。

【例 2-5-46】 $y_{x+2}-(2x+1)y_{x+1}+(x^2+x)y_x=0$。令 $a_x=x$，$b_x=x+1$，则原问题转化为先求解 $u_{x+1}-(x+1)u_x=0$，再求解 $y_{x+1}-xy_x=u_x$。

d. 变换法　若差分方程形如 $af_{x+2}y_{x+2}+bf_{x+1}y_{x+1}+cf_xy_x=\phi(x)$，$a$、$b$、$c$ 为常数，则代入 $u_x=f_xy_x$，原方程化简为一个常系数方程。

【例 2-5-47】 $(x+2)^2y_{x+2}-3(x+1)^2y_{x+1}+2x^2y_x=0$。令 $u_x=x^2y_x$，则方程可化成 $u_{x+2}-3u_{x+1}+2u_x=0$，其为线性方程，易由前面的方法求解。

变换 $u_x=y_x/f_x$ 可把方程 $f_xf_{x+1}y_{x+2}+bf_xf_{x+2}y_{x+1}+cf_{x+1}f_{x+2}y_x=\phi(x)$ 化简为一个常系数方程。

【例 2-5-48】 $x(x+1)y_{x+2}+3x(x+2)y_{x+1}-4(x+1)(x+2)y_x=x$。令 $u_x=y_x/f_x=y_x/x$。则 $y_x=xu_x$，$y_{x+1}=(x+1)u_{x+1}$ 和 $y_{x+2}=(x+2)u_{x+2}$。代入方程得到一个常系数的线性方程

$$(x+1)(x+2)u_{x+2}+3x(x+2)u_{x+1}-4x(x+1)(x+2)u_x=x$$

或

$$u_{x+2}+3u_{x+1}-4u_x=1/(x+1)(x+2)$$

5.3.3 非线性差分方程：Riccati 差分方程

Riccati 方程 $y_{x+1}y_x+ay_{x+1}+by_x+c=0$ 是一个非线性方程，比如在蒸馏问题中可遇到。该方程能够通过化简为线性形式求解。令 $y=z+h$。方程变成：

$$z_{x+1}z_x+(h+a)z_{x+1}+(h+b)z_x+h^2+(a+b)h+c=0$$

如果 h 的取值为 $h^2+(a+b)h+c=0$ 的一个根且方程除以 $z_{x+1}z_x$，则得到

$$[(h+b)/z_{x+1}]+[(h+a)/z_x]+1=0$$

这是一个常系数线性方程。解为：

$$y_x=h+\frac{1}{c\left[-\dfrac{a+h}{b+h}\right]^x-\dfrac{1}{(a+h)+(b+h)}}$$

参考文献

[1] Walas S M. Modeling with differential equations in chemical engineering. Boston: Butterworth-Heinemann, 1991.

[2] Green D W, Perry R H. Perry's chemical engineers' handbook, 7th ed. New York: McGraw-Hill, 1997.

[3] Villadsen J, Michelsen M L. Solution of differential equation models by polynomial approximation. Englewood Cliffs. New Jersey: Prentice-Hall, 1978.

[4] Bender C M, Orszag S A. Advanced mathematical methods for scientists and engineers. New York: McGraw-Hill Inc, 1978.

积分方程与积分变换

第2篇

6.1 复变函数理论

6.1.1 复变函数的导数

定义 6.1 设复变函数 $w=f(z)$ 在复数点 z_0 的某邻域内有定义，$z_0+\Delta z$ 是该邻域内任一点，如果极限 $\lim\limits_{\Delta z\to 0}\dfrac{f(z_0+\Delta z)-f(z_0)}{\Delta z}$ 存在，则称 $f(z)$ 在点 z_0 可导，此极限值称为 $f(z)$ 在点 z_0 的导数，记作 $f'(z_0)$ 或 $\left.\dfrac{\mathrm{d}w}{\mathrm{d}z}\right|_{z_0}$。即 $f'(z_0)=\lim\limits_{\Delta z\to 0}\dfrac{f(z_0+\Delta z)-f(z_0)}{\Delta z}$。

(1) 导数的计算法则

设 $f(z)$、$g(z)$ 在区域 D 内可导，则有

① $[f(z)\pm g(z)]'=f'(z)\pm g'(z)$。

② $[f(z)g(z)]'=f'(z)g(z)+f(z)g'(z)$。

③ $\left[\dfrac{f(z)}{g(z)}\right]'=\dfrac{f'(z)g(z)-f(z)g'(z)}{g^2(z)}\quad [g(z)\neq 0]$。

(2) 可导的判别方法

设 $f(z)=u(x,y)+iv(x,y)$ 在区域 D 内有定义，则 $f(z)$ 在 D 内一点 $z=x+iy$ 可导的充要条件是 $u(x,y)$ 和 $v(x,y)$ 在 (x,y) 点可微，且在该点满足柯西-黎曼方程 $\dfrac{\partial u}{\partial x}=\dfrac{\partial v}{\partial y}$，$\dfrac{\partial u}{\partial y}=-\dfrac{\partial v}{\partial x}$，并且 $f'(z)=\dfrac{\partial u}{\partial x}+i\dfrac{\partial v}{\partial x}=\dfrac{\partial v}{\partial y}-i\dfrac{\partial u}{\partial y}=\dfrac{\partial u}{\partial x}-i\dfrac{\partial u}{\partial y}=\dfrac{\partial v}{\partial y}+i\dfrac{\partial v}{\partial x}$。

(3) 可导的充分条件

设 $f(z)=u(x,y)+iv(x,y)$ 在 $z_0=x_0+iy_0$ 的邻域内有定义，若 u_x、u_y、v_x、v_y 在 (x_0, y_0) 点连续，且在该点满足 C-R 方程，则 $f(z)$ 在 z_0 点可导。

6.1.2 解析函数与奇点

定义 6.2 若复变函数 $f(z)$ 在点 z_0 及其邻域内处处可导，则称 $f(z)$ 在 z_0 点解析。若 $f(z)$ 在区域 D 内每一点都解析，则称 $f(z)$ 在区域 D 内解析，或称 $f(z)$ 是区域 D 内的一个**解析函数**。区域 D 称为 $f(z)$ 的解析区域。

如果函数 $f(z)$ 在点 z_0 不解析，则称 z_0 为 $f(z)$ 的**奇点**。若 z_0 是函数 $w=f(z)$ 的奇点，而函数 $f(z)$ 在 z_0 的某去心邻域内是解析的，则称 z_0 为 $f(z)$ 的**孤立奇点**。

(1) 解析函数运算法则 两个在区域 D 内解析的函数的和、差、积、商（除去分母为

零的点）仍为解析函数；由解析函数所构成的复合函数也是解析函数。

例如，多项式函数在复平面上处处解析；有理分式函数$\dfrac{P(z)}{Q(z)}$在分母不为零的点解析，而且使得分母为零的点是它的奇点。

复变函数$f(z)=u(x,y)+iv(x,y)$在区域D内解析的**充要条件**是：①$u(x,y)$和$v(x,y)$在D内可微；②满足C-R方程：$\dfrac{\partial u}{\partial x}=\dfrac{\partial v}{\partial y}$，$\dfrac{\partial u}{\partial y}=-\dfrac{\partial v}{\partial x}$。

复变函数$f(z)=u(x,y)+iv(x,y)$在区域D内解析的**充分条件**是：①u_x、u_y、v_x、v_y在D内连续；②$u(x,y)$、$v(x,y)$在D内满足C-R方程。

(2) 初等函数的解析性 e^z、$\sin z$、$\cos z$、z^n（n为整数）在复平面上处处解析，$\ln z$的各个分支均在除去原点及负实轴的复平面内解析。

6.1.3 复变函数的积分

若函数$w=f(z)=u(x,y)+iv(x,y)$在光滑曲线C上连续，则$f(z)$沿曲线C的积分存在，并且$\int_C f(z)\mathrm{d}z=\int_C u(x,y)\mathrm{d}x-v(x,y)\mathrm{d}y+i\int_C v(x,y)\mathrm{d}x+u(x,y)\mathrm{d}y$。

6.1.3.1 复变函数积分的基本运算性质

① $\int_{C^-} f(z)\mathrm{d}z=-\int_C f(z)\mathrm{d}z$，$C^-$是与$C$方向相反的曲线；

② $\int_{C_1} f(z)\mathrm{d}z+\int_{C_2} f(z)\mathrm{d}z=\int_{C_1+C_2} f(z)\mathrm{d}z$，$C_1$与$C_2$是首尾相接的曲线；

③ $\int_C f(z)\mathrm{d}z\pm\int_C g(z)\mathrm{d}z=\int_C [f(z)\pm g(z)]\mathrm{d}z$；

④ $\int_C kf(z)\mathrm{d}z=k\int_C f(z)\mathrm{d}z$（$k$为复常数）

柯西积分定理：设函数$f(z)$在复平面上的单连通区域D内解析，C为区域D内任意一条简单闭曲线，则$\oint_C f(z)\mathrm{d}z=0$。

6.1.3.2 复变函数积分的计算方法

① 设光滑曲线C的参数方程为：$z(t)=x(t)+iy(t)$，$\alpha\leqslant t\leqslant\beta$，令$z'(t)=x'(t)+iy'(t)$，则有

$$\int_C f(z)\mathrm{d}z=\int_\alpha^\beta f[z(t)]z'(t)\mathrm{d}t$$

【例 2-6-1】 计算$\oint_C \dfrac{1}{(z-z_0)^n}\mathrm{d}z$，其中$n$为正整数，$C$为以$z_0$为圆心，$r$为半径的正向圆周。

解 曲线C的参数方程可写为

$$z=z_0+re^{it}\ (0\leqslant t\leqslant 2\pi)$$

于是

$$z-z_0=re^{it},\ \mathrm{d}z=re^{it}i\mathrm{d}t$$

所以有

$$\oint_C \frac{1}{(z-z_0)^n}\mathrm{d}z=\int_0^{2\pi}\frac{i}{(re^{it})^n}re^{it}\,\mathrm{d}t=\frac{i}{r^{n-1}}\int_0^{2\pi}e^{i(1-n)t}\,\mathrm{d}t=\begin{cases}2\pi i & (n=1)\\0 & (n\neq 1)\end{cases}$$

② 设函数 $f(z)$ 在单连通区域 D 内解析，$G(z)$ 是 $f(z)$ 的一个原函数，则对 $\forall a,b\in D$，有 $\int_a^b f(z)\mathrm{d}z=G(b)-G(a)$ 。

【例 2-6-2】 计算积分 $\int_0^{1+i} z^2\mathrm{d}z$ 。

解 由于函数 z^2 在复平面内解析,积分与路径无关。所以

$$\int_0^{1+i} z^2\mathrm{d}z=\frac{1}{3}z^3\Big|_0^{1+i}=\frac{1}{3}(1+i)^3=-\frac{2}{3}+\frac{2}{3}i$$

③ 复合闭路定理：多连通区域 D 由简单闭曲线 C 的内部以及 C_1，C_2，C_3，…，C_n 的外部围成，C_1，C_2，C_3，…，C_n 全包含在 C 的内部，并且它们互不包含互不相交，$f(z)$ 在 D 内解析，在其边界连续，则

$$\oint_C f(z)\mathrm{d}z=\oint_{C_1} f(z)\mathrm{d}z+\oint_{C_2} f(z)\mathrm{d}z+\cdots+\oint_{C_n} f(z)\mathrm{d}z$$

【例 2-6-3】 设 C 是复平面内包含 z_0 的任意一条简单闭曲线，证明

$$\frac{1}{2\pi i}\oint_C \frac{1}{(z-z_0)^n}\mathrm{d}z=\begin{cases}1 & (n=1)\\0 & (n\neq 1)\end{cases}$$

证明 在 C 包含的区域内作一个以 z_0 为圆心、以 r 为半径的正向小圆周 C_r，由于

$$\oint_{C_r} \frac{1}{(z-z_0)^n}\mathrm{d}z=\begin{cases}2\pi i & (n=1)\\0 & (n\neq 1)\end{cases}$$

由复合闭路定理，有

$$\frac{1}{2\pi i}\oint_C \frac{1}{(z-z_0)^n}\mathrm{d}z=\frac{1}{2\pi i}\oint_{C_r} \frac{1}{(z-z_0)^n}\mathrm{d}z=\begin{cases}1 & (n=1)\\0 & (n\neq 1)\end{cases}$$

④ 若函数 $f(z)$ 在简单正向闭曲线 C 所围成的区域 D 内解析，在区域 D 的边界 C 上连续，z_0 是区域 D 内任意一点，则 $\oint_C \frac{f(z)}{z-z_0}\mathrm{d}z=2\pi i f(z_0)$ 。

【例 2-6-4】 计算积分 $\frac{1}{2\pi i}\oint_{|z|=4}\frac{\cos z}{z}\mathrm{d}z$ 。

解 $f(z)=\cos z$ 在 $|z|\leqslant 4$ 解析，于是有 $\frac{1}{2\pi i}\oint_{|z|=4}\frac{\cos z}{z}\mathrm{d}z=f(0)=\cos 0=1$。

⑤ 设 $f(z)$ 在 D 内解析，在区域 D 的边界 C 上连续，C 为正向简单闭曲线，则 $f^{(n)}(z)$ 在 D 内解析，且有 $\oint_C \frac{f(z)}{(z-z_0)^{n+1}}\mathrm{d}z=\frac{2\pi i}{n!}f^{(n)}(z_0)$ 。

【例 2-6-5】 计算积分 $\oint_C \frac{\sin z}{(z-i)^3}\mathrm{d}z$ ，C 为任一包含 $z=i$ 的正向简单闭曲线。

解 $\sin z$ 在 D 内解析，则

$$\oint_C \frac{\sin z}{(z-i)^3}\mathrm{d}z=\frac{2\pi i}{(3-1)!}(\sin z)''\bigg|_{z=i}=-\pi i\sin i=\frac{\pi}{2}(\mathrm{e}-\mathrm{e}^{-1})$$

6.1.4 留数理论

(1) 孤立奇点的三种类型 设 z_0 为 $f(z)$ 的孤立奇点，若 $\lim\limits_{z\to z_0}f(z)$ 存在（为有限值），则 z_0 为 $f(z)$ 的可去奇点；若 $f(z)=\dfrac{h(z)}{(z-z_0)^m}$，这里，$h(z_0)\neq 0$，并且 $h(z)$ 在 z_0 的邻域内解析，则 z_0 为 $f(z)$ 的 m 级极点；若 $\lim\limits_{z\to z_0}f(z)$ 不存在也不为无穷大，则 z_0 为 $f(z)$ 的本性奇点。

(2) 留数的定义 $\dfrac{1}{2\pi i}\oint_C f(z)\mathrm{d}z$ 称为 $f(z)$ 在 z_0 点的留数，记为

$$\mathrm{Res}[f(z),z_0]=\frac{1}{2\pi i}\oint_C f(z)\mathrm{d}z$$

其中，C 为该邻域内任意一条包含 z_0 的简单闭曲线。

(3) 极点处留数的计算方法

① 若 z_0 为 $f(z)$ 的 m 级极点，则

$$\mathrm{Res}[f(z),z_0]=\frac{1}{(m-1)!}\lim_{z\to z_0}\frac{\mathrm{d}^{m-1}}{\mathrm{d}z^{m-1}}[(z-z_0)^m f(z)]$$

② 若 z_0 为 $f(z)$ 的一级极点，则

$$\mathrm{Res}[f(z),z_0]=\lim_{z\to z_0}(z-z_0)f(z)$$

③ 设 z_0 为 $f(z)=\dfrac{p(z)}{q(z)}$的一级极点，其中 $p(z)$、$q(z)$ 在 z_0 解析，若 $p(z_0)\neq 0$，$q(z_0)=0$，$q'(z_0)\neq 0$，则 $\mathrm{Res}[f(z),z_0]=\dfrac{p(z_0)}{q'(z_0)}$。

(4) 利用留数计算积分（留数定理） 设 C 为一条简单正向闭曲线，若 $f(z)$ 在 C 上连续，在 C 所包围的区域 D 内除有限个孤立奇点 z_1，z_2，…，z_k 外解析，则

$$\oint_C f(z)\mathrm{d}z=2\pi i\sum_{j=1}^{k}\mathrm{Res}[f(z),z_j]$$

【例 2-6-6】 计算积分 $\oint_C \dfrac{z\mathrm{e}^z}{z^2-1}\mathrm{d}z$，$C$ 为正向圆周 $|z|=2$。

解 $f(z)=\dfrac{z\mathrm{e}^z}{z^2-1}$有两个一级极点 $z=\pm 1$，且这两个极点在 $|z|<2$ 内，所以有

$$\begin{aligned}\oint_C \frac{z\mathrm{e}^z}{z^2-1}\mathrm{d}z&=2\pi i\ (\mathrm{Res}[f(z),1]+\mathrm{Res}[f(z),-1])\\&=2\pi i[\lim_{z\to 1}(z-1)f(z)+\lim_{z\to -1}(z+1)f(z)]\\&=2\pi i\left(\frac{\mathrm{e}}{2}+\frac{\mathrm{e}^{-1}}{2}\right)=2\pi i\cosh 1\end{aligned}$$

6.2 积分方程

6.2.1 基本概念

定义 6.3 含有未知函数积分的方程称为积分方程。

例如

$$\phi(x)=\lambda\int_0^n \cos(x)\phi(t)\mathrm{d}t \tag{2-6-1}$$

$$\phi(x)-\lambda\int_0^1 \phi^2(y)\mathrm{d}y=1 \tag{2-6-2}$$

都是含有未知函数 $\phi(x)$ 的积分方程（其中 λ 为参数）。

定义 6.4 若积分方程线性地含有未知函数，则称为线性积分方程［如式(2-6-1)］，否则称为非线性积分方程［如式(2-6-2)］。

下面对线性积分方程进行分类[1]。

定义 6.5 形如

$$\int_a^b K(x,t)\varphi(t)\mathrm{d}t=f(x) \tag{2-6-3}$$

$$\varphi(x)=\lambda\int_a^b K(x,t)\varphi(t)\mathrm{d}t+f(x) \tag{2-6-4}$$

$$a(x)\varphi(x)=\lambda\int_a^b K(x,t)\varphi(t)\mathrm{d}t+f(x) \tag{2-6-5}$$

的方程被称为费雷德霍姆积分方程。式(2-6-3)、式(2-6-4)、式(2-6-5) 分别称为第一类、第二类、第三类费雷德霍姆积分方程。其中 $\varphi(x)$ 为未知函数，$K(x,t)$ 和 $a(x)$、$f(x)$ 是已知函数，它们分别定义在区域 $a\leqslant x\leqslant b$、$a\leqslant t\leqslant b$ 和区间 $a\leqslant x\leqslant b$ 上，λ 为参数（也可以是复的）。

定义 6.6 形如

$$\int_a^x K(x,t)\varphi(t)\mathrm{d}t=f(x) \tag{2-6-6}$$

$$\varphi(x)=\lambda\int_a^x K(x,t)\varphi(t)\mathrm{d}t+f(x) \tag{2-6-7}$$

$$a(x)\varphi(x)=\lambda\int_a^x K(x,t)\varphi(t)\mathrm{d}t+f(x) \tag{2-6-8}$$

的方程分别称为第一类、第二类、第三类沃尔泰拉积分方程。

沃尔泰拉积分方程可视作费雷德霍姆积分方程的特殊情形，即在费雷德霍姆积分方程中假定 $x\leqslant t$ 时，有 $K(x,t)=0$。但是这两类方程之间有着很大的差别。

对于方程(2-6-5)和方程(2-6-8)，若 $a(x)$恒不为零，用 $a(x)$除以这两个方程的两边，则它们分别转化为方程(2-6-4)和方程(2-6-7)。当 $a(x)\equiv 0$ 时，第三类方程即化为第一类方程。

上述方程都可以从一维推广到多维。例如对一维方程(2-6-4)，易得：

$$\varphi(p)=\lambda\int_D K(P,Q)\varphi(Q)\mathrm{d}Q+f(p)$$

式中，$P\in D$，$Q\in D$，D 为 R^n 中的有界域。

下面主要介绍一维情形下的结论。在 n 维场合下，它们也是正确的。

定义 6.7 在上述诸方程中，$K(x,t)$ 称为积分方程的核。在第二类（或第三类）积分方程中，$f(x)$ 称为方程的自由项，当 $f(x)\equiv 0$ 时，称积分方程是齐次的，否则是非齐次的。例如称

$$\varphi(x)=\lambda\int_a^b K(x,t)\varphi(t)\mathrm{d}t \tag{2-6-9}$$

为第二类费雷德霍姆齐次积分方程。

定义 6.8 若 $\lambda=\lambda_0$ 时，方程(2-6-9) 具有不恒等于零的解，则称 λ_0 为积分方程的特征值。而方程 $\varphi(x)=\lambda_0\int_a^b K(x,t)\varphi(t)\mathrm{d}z$ 的一切不恒等于零的解，都称为对应于特征值 λ_0 的特征函数。

对于确定的特征值 $\lambda=\lambda_0$，必存在着有限个线性无关的特征函数 $\varphi_1(x)$，$\varphi_2(x)$，…，$\varphi_k(x)$，使得每个对应于 λ_0 的特征函数都可以用 $\varphi_1(x)$，$\varphi_2(x)$，…，$\varphi_k(x)$ 线性表示。这时数 k 称为特征值 λ_0 的秩。不同的特征值可以有不同的秩。

定义 6.9 称

$$\psi(x)=\lambda\int_a^b K(t,x)\psi(t)\mathrm{d}t+f(x) \tag{2-6-10}$$

为方程(2-6-4) 的转置方程。又称

$$\psi(x)=\lambda\int_a^b K(t,x)\psi(t)\mathrm{d}t \tag{2-6-11}$$

为方程(2-6-9) 的转置方程。

不少求解微分方程的问题可化为求解积分方程的问题。

【例 2-6-7】 对于下列二阶微分方程的边值问题

$$\begin{cases}\dfrac{\mathrm{d}^2y}{\mathrm{d}x^2}+\lambda y=0\\ y(0)=0,y(1)=0\end{cases}\quad \text{其中 }\lambda\text{ 为参数}$$

的求解，可通过二次积分，再交换积分次序，化归为求解费雷德霍姆积分方程：

$$y(x)=\lambda\int_0^1 K(x,t)y(t)\mathrm{d}t$$

其中

$$K(x,t)=\begin{cases}t(1-x)(0\leqslant t\leqslant x)\\ x(1-t)(x\leqslant t\leqslant 1)\end{cases}$$

【例 2-6-8】 对于三维拉普拉斯方程球的诺依曼问题

$$\begin{cases}\Delta u(P)=0(P\in Q,Q\text{ 为一球体})\\ \left.\dfrac{\partial u}{\partial n}\right|_S=f(P_S)(P_S\in S,S=\partial Q)\end{cases}$$

设解 $u(P)$ 为单层位势

$$u(P)=\iint_S \frac{\omega(Q)}{r_{PQ}}\mathrm{d}S_Q$$

式中，$\omega(Q)$ 为待求的密度函数，它满足：

$$\omega(P_S)=\frac{1}{2\pi}\iint_S \omega(Q)\frac{\cos(r_{P_SQ},n_{P_S})}{r_{P_SQ}^2}\mathrm{d}S_Q+\frac{1}{2\pi}f(P_S)$$

6.2.2 积分方程的解法

定义 6.10 如果费雷德霍姆方程的核 $K(x,t)$ 可以写成

$$K(x,t)=\sum_{i=1}^{n}\alpha_i(x)\beta_i(t) \tag{2-6-12}$$

则称 $K(x,t)$ 为退化核。

可以认为函数 $\alpha_i(x)(i=1,2,\cdots,n)$ 是线性无关的，$\beta_i(t)(i=1,2,\cdots,n)$ 也是线性无关的。否则，$K(x,t)$ 就可以写成项数少于 n 的退化核。

退化核的积分方程的解法可化归为求解线性代数方程组。将方程(2-6-12) 代入方程(2-6-4)，得

$$\varphi(x)=\lambda\sum_{i=1}^{n}\alpha_i(x)\int_a^b\beta_i(t)\varphi(t)\mathrm{d}t+f(x) \tag{2-6-13}$$

令 $x_i=\int_a^b\beta_i(t)\varphi(t)\mathrm{d}t$ ，于是式(2-6-13) 可以改写为：

$$\varphi(x)=\lambda\sum_{i=1}^{n}\alpha_i(x)x_i+f(x) \tag{2-6-14}$$

再以 $\beta_i(x)$ 乘等式两边，并对 x 从 a 到 b 积分，就可得到含有未知量 $x_i(i=1,2,\cdots,n)$ 的线性代数方程组

$$x_j-\lambda\sum_{i=1}^{n}C_{ji}x_i=f_j(j=1,2,\cdots,n) \tag{2-6-15}$$

其中

$$C_{ji}=\int_a^b\beta_j(x)\alpha_i(x)\mathrm{d}x,f_j=\int_a^b\beta_j(x)f(x)\mathrm{d}x$$

若方程组的系数所组成的行列式不为零，则方程组有唯一的一组解 x_1，x_2，…，x_n。把它们代入方程(2-6-14) 即得积分方程(2-6-13) 的解。若方程组的系数行列式等于零，则齐次线性方程

$$x_j-\lambda\sum_{i=1}^{n}C_{ji}x_i=0(j=1,2,\cdots,n) \tag{2-6-16}$$

有非零解。设 x_1，x_2，…，x_n 为一组非零解，则函数 $\varphi(x)=\lambda\sum_{i=1}^{n}x_i\alpha_i(x)$ 即为齐次积分

方程

$$\varphi(x)=\lambda\sum_{i=1}^{n}\alpha_i(x)\int_a^b\beta_i(t)\varphi(t)\mathrm{d}t \tag{2-6-17}$$

的一个非零解。假定 $(x_1,x_2,\cdots,x_n)$ 和 $(x'_1,x'_2,\cdots,x'_n)$ 为方程组(2-6-16) 的两个线性无关的解向量，则

$$\varphi_1(x)=\lambda\sum_{i=1}^{n}x_i\alpha_i(x),\ \varphi_2(x)=\lambda\sum_{i=1}^{n}x'_i\alpha_i(x)$$

为积分方程(2-6-17) 的两个线性无关的解，它们都是积分方程的特征函数。

【例 2-6-9】 解方程 $\varphi(x)=-\lambda\int_0^1(x^2t+xt^2)\varphi(t)\mathrm{d}t+f(x)$ 。

注意到，这里 $K(x,t)=-(x^2t+xt^2)$；$\alpha_1(x)=-x^2$，$\alpha_2(x)=-x$；$\beta_1(t)=t$，$\beta_2(t)=t^2$，故

$C_{11}=\int_0^1\beta_1(x)\alpha_1(x)\mathrm{d}x=-\frac{1}{4}$，$C_{12}=-\frac{1}{3}$，$C_{21}=-\frac{1}{5}$，$C_{22}=-\frac{1}{4}$。从而对应的代数方程组为：

$$\begin{cases}\left(1+\dfrac{\lambda}{4}\right)x_1+\dfrac{\lambda}{3}x_2=f_1\\ \dfrac{\lambda}{5}x_1+\left(1+\dfrac{\lambda}{4}\right)x_2=f_2\end{cases}$$

令系数行列式为零，得 $\lambda=60\pm16\sqrt{15}$，当 λ 取这两个特征值时，齐次积分方程 $\varphi(x)+\lambda\int_0^1(x^2t+xt^2)\varphi(t)\mathrm{d}t=0$，有非零解：$\varphi(x)=C\left(x\mp\frac{5}{\sqrt{15}}x^2\right)$ (C 为任意常数)。对于 λ 的其他值，原非齐次积分方程均有唯一解 $\varphi(x)=f(x)-x_1\lambda x^2-x_2\lambda x$，其中的 x_1，x_2 可由代数方程组唯一确定。

连续函数 $K(x,t)$ 可以用多项式一致逼近，因此核 $K(x,t)$ 可以用退化核一致逼近，于是可以利用求解退化核方程来求积分方程的近似解。

积分方程有时也可用数值方法求解，具体请见第 8 章的说明。

设第二类费雷德霍姆积分方程 $\varphi(x)=\lambda\int_a^b K(x,t)\varphi(t)\mathrm{d}t+f(x)$ 的解可表示为 λ 的幂级数：

$$\varphi(x)=\varphi_0(x)+\lambda\varphi_1(x)+\lambda^2\varphi_2(x)+\cdots \tag{2-6-18}$$

假定这级数在 $[a,\ b]$ 上对 x 是一致收敛的，将它代入方程(2-6-4)，比较 λ 的同次幂的系数，得

$$\varphi_0(x)=f(x)$$

$$\varphi_1(x)=\int_a^b K(x,t)\varphi_0(t)\mathrm{d}t$$

$$\varphi_2(x)=\int_a^b K(x,t)\varphi_1(t)\mathrm{d}t$$

……

$\varphi_n(x)=\int_a^b K(x,t)\varphi_{n-1}(t)\mathrm{d}t$

……

若 $f(x)$ 和 $K(x,t)$ 分别在 $[a, b]$ 上和正方形域 $K_0(a\leqslant x\leqslant b, a\leqslant t\leqslant b)$ 上是连续的，则有

$$|f(x)|\leqslant m, |K(x,t)|\leqslant M$$

由此可估出

$$|\lambda^n\varphi_n(x)|\leqslant m, [|\lambda|M(b-a)]^n$$

于是，当

$$|\lambda|<\frac{1}{M(b-a)} \tag{2-6-19}$$

时，级数(2-6-18) 对于 x 在 (a, b) 内是绝对且一致收敛的，其和函数 $\varphi(x)$ 是方程(2-6-4) 的连续解。

6.3 积分变换

积分变换是通过积分将某一个函数类的函数，变换为另一个函数类中的函数的方法[2]。常称如下含参变量 s 的积分

$$T[f(x)]=\int_a^b K(s,x)f(x)\mathrm{d}x=F(s) \tag{2-6-20}$$

为**积分变换**。式中 $K(s,x)$ 称为积分变换的核函数，它是 s 和 x 的已知函数；$f(x)$ 为原函数（或象原函数）；$F(s)$ 为象函数。若 a 和 b 为有限值，则式(2-6-20) 称为有限积分变换。一般情况下，$f(x)$ 和 $F(s)$ 是一一对应的。

常见的积分变换根据核函数的不同有以下几种：

(1) 傅里叶 (Fourier) 变换 当自变量的变化范围是 $(-\infty, \infty)$，则可采用

$$F(s)=\int_{-\infty}^{\infty}\mathrm{e}^{-isx}f(x)\mathrm{d}x, \quad K(s,x)=\mathrm{e}^{isx}$$

(2) 拉普拉斯 (Laplace) 变换 当自变量的变化范围是 $(0, \infty)$，则可采用

$$F(s)=\int_0^{\infty}\mathrm{e}^{-sx}f(x)\mathrm{d}x, \quad K(s,x)=\mathrm{e}^{-sx}$$

(3) 汉开尔 (Hankel) 变换 当自变量的变化范围是 $(0, \infty)$，且对柱面坐标的边界条件 $r=0$，$r=\infty$时，$f=0$，有

$$F(s)=\int_0^{\infty}xJ_n(sx)f(x)\mathrm{d}x, \quad K(s,x)=xJ_n(sx)$$

式中，$J_n(sx)$ 是第一类 n 阶贝塞尔 (Bessel) 函数。

第2篇

（4）梅林（Mellin）变换 当自变量的变化范围是（0，∞），微分方程中有变系数，则可采用

$$F(s)=\int_0^{\infty} x^{s-1} f(x)\mathrm{d}x,\quad K(s,x)=x^{s-1}$$

（5）傅里叶正弦与余弦变换 当自变量的变化范围是（0，∞），且函数 $f(x)$ 在 $x=0$ 处的函数值已知，则可采用

$$F(s)=\int_0^{\infty} \sin(sx) f(x)\mathrm{d}x,\quad K(s,x)=\sin(sx)$$

当自变量的变化范围是（0，∞），且函数$\frac{\partial f}{\partial x}$在 $x=0$ 处的函数值已知，则可采用

$$F(s)=\int_0^{\infty} \cos(sx) f(x)\mathrm{d}x,\quad K(s,x)=\cos(sx)$$

（6）有限的傅里叶正弦与余弦变换 当自变量的变化范围是（0，a）（a 为有限值），且函数 $f(x)$ 在 $x=0$ 处的函数值，a 已知，则可采用

$$F(s)=\int_0^{a} \sin\left(\frac{s\pi x}{a}\right) f(x)\mathrm{d}x,\quad K(s,x)=\sin\left(\frac{s\pi x}{a}\right)$$

当自变量的变化范围是（0，a）（a 为有限值），且函数$\frac{\partial f}{\partial x}$在 $x=0$ 处的函数值，a 已知，则可采用

$$F(s)=\int_0^{a} \cos\left(\frac{s\pi x}{a}\right) f(x)\mathrm{d}x,\quad K(s,x)=\cos\left(\frac{s\pi x}{a}\right)$$

利用积分变换求解微分方程的一般步骤是[3]：

① 利用积分变换将微分方程转化为代数方程（n 个自变量的偏微分方程转化为 $n-1$ 个自变量的方程）或降阶的微分方程；

② 求解积分变换后的象函数 $F(s)$；

③ 求象函数 $F(s)$ 的逆变换即可得到原微分方程的解 $f(x)$。

6.3.1 傅里叶变换的概念

函数 $f(t)$ 的傅里叶变换为

$$F(w)=F[f(t)]=\int_{-\infty}^{+\infty} f(t)\mathrm{e}^{-jwt}\mathrm{d}t \tag{2-6-21}$$

式中，w 为参数；j 为虚数；$f(t)$ 在（$-\infty$，$+\infty$）上满足条件：

① $f(t)$ 在任一有限区间上满足 Dirichlet 条件（即：a. 连续或只有有限个第一类间断点；b. 只有有限个极值点）；

② 在无限区间（$-\infty$，$+\infty$）上绝对可积，即 $\int_{-\infty}^{+\infty}|f(t)|\mathrm{d}t$ 收敛。

在 $f(t)$ 的傅里叶变换(2-6-21）中，$F(w)$ 称为 $f(t)$ 的象函数，$f(t)$ 称为 $F(w)$ 的象原函数

$$f(t)=\frac{1}{2\pi}\int_{-\infty}^{+\infty}F(w)\mathrm{e}^{jwt}\,\mathrm{d}w \tag{2-6-22}$$

式(2-6-22) 称为 $F(w)$ 的傅里叶逆变换，记作

$$f(t)=F^{-1}[F(w)] \tag{2-6-23}$$

6.3.2 傅里叶变换的性质

(1) 线性性质 设 $F_1(w)=F[f_1(t)]$, $F_2(w)=F[f_2(t)]$，α 和 β 是常数，则

$$F[\alpha f_1(t)\pm\beta f_2(t)]=\alpha F_1(w)\pm\beta F_2(w) \tag{2-6-24}$$

即函数线性组合的傅里叶变换等于各函数傅里叶变换的线性组合。

傅里叶逆变换也具有线性性质，即

$$F^{-1}[\alpha F_1(w)\pm\beta F_2(w)]=\alpha f_1(t)\pm\beta f_2(t) \tag{2-6-25}$$

(2) 位移性质

$$F[f(t\pm\tau)]=\mathrm{e}^{\pm jw\tau}F[f(t)] \tag{2-6-26}$$

即函数 $f(t)$ 沿 t 轴左移或右移 τ 的傅里叶变换等于 $f(t)$ 的傅里叶变换乘以因子 $\mathrm{e}^{\pm jw\tau}$。同样，逆变换的位移性质可写作

$$F^{-1}[F(w\pm w_0)]=f(t)\mathrm{e}^{\mp jw_0t} \tag{2-6-27}$$

(3) 微分性质

$$F[f'(t)]=jwF[f(t)] \tag{2-6-28}$$

即函数求导后取傅里叶变换等于这个函数傅里叶变换乘以 jw，对二阶或高阶导数，有

$$F[f''(t)]=-w^2F[f(t)] \tag{2-6-29}$$

$$F[f^{(n)}(t)]=(jw)^nF[f(t)] \tag{2-6-30}$$

同样，对于象函数，设 $F(w)=F[f(t)]$，则

$$\frac{\mathrm{d}}{\mathrm{d}w}[F(w)]=-jF[tf(t)] \tag{2-6-31}$$

$$\frac{\mathrm{d}^n}{\mathrm{d}w^n}[F(w)]=(-j)^nF[t^nf(t)] \tag{2-6-32}$$

(4) 积分性质

$$F\left[\int_{-\infty}^{t}f(t)\mathrm{d}t\right]=\frac{1}{jw}F[f(t)] \tag{2-6-33}$$

即函数积分后取傅里叶变换等于该函数的傅里叶变换除以 jw。

(5) 乘积定理 设 $F_1(w)=F[f_1(t)]$，$F_2(w)=F[f_2(t)]$，$F_1(w)$和 $F_2(w)$的共轭函数分别为$\overline{F_1(w)}$和$\overline{F_2(w)}$，则有

$$\int_{-\infty}^{+\infty}f_1(t)f_2(t)\mathrm{d}t=\frac{1}{2\pi}\int_{-\infty}^{+\infty}\overline{F_1(w)}F_2(w)\mathrm{d}w=\frac{1}{2\pi}\int_{-\infty}^{+\infty}F_1(w)\overline{F_2(w)}\mathrm{d}w \tag{2-6-34}$$

（6）Parseval 等式

$$\int_{-\infty}^{+\infty}[f(t)]^2\mathrm{d}t=\frac{1}{2\pi}\int_{-\infty}^{+\infty}|F(w)|^2\mathrm{d}w \tag{2-6-35}$$

式中，$F(w)=F[f(t)]$。式(2-6-35) 的证明，可通过在式(2-6-34) 中令 $f_1(t)=f_2(t)$得到。

一般地，令

$$S(w)=F[w]^2 \tag{2-6-36}$$

称 $S(w)$ 为能量谱密度（或能量密度函数），它可以决定函数 $f(t)$ 的能量分布规律，式(2-6-35) 左边一项表示 $f(t)$ 的总能量。

6.3.3 卷积定理

设 $F_1(w)=F[f_1(t)]$，$F_2(w)=F[f_2(t)]$，则有

$$F[f_1(t)*f_2(t)]=F_1(w)F_2(w) \tag{2-6-37}$$

$$F[f_1(t)f_2(t)]=\frac{1}{2\pi}F_1(w)*F_2(w) \tag{2-6-38}$$

其中

$$f_1(t)*f_2(t)=\int_{-\infty}^{+\infty}f_1(\tau)f_2(t-\tau)\mathrm{d}\tau \tag{2-6-39}$$

称为函数 $f_1(t)$ 与 $f_2(t)$ 的卷积，卷积显然有性质：

① $f_1(t)*f_2(t)=f_2(t)*f_1(t)$

② $f_1(t)*[f_2(t)+f_3(t)]=f_1(t)*f_2(t)+f_1(t)*f_3(t)$

一般地，卷积定理可推广为

$$F[f_1(t)*f_2(t)*\cdots*f_n(t)]=F_1(w)F_2(w)\cdots F_n(w) \tag{2-6-40}$$

$$F[f_1(t)f_2(t)\cdots f_n(t)]=\frac{1}{2\pi}F_1(w)*F_2(w)*\cdots*F_n(w) \tag{2-6-41}$$

应该指出，卷积定理提供了卷积（2-6-39）计算的简便方法，即将卷积运算化为乘积运算，于是卷积成为一种特别有用且计算方便的方法。

6.3.4 傅里叶变换在化学与化工中的应用

【例 2-6-10】 一截面为正方形无限长的柱体，正方形边长为 π，在方柱一侧上温度恒定，其余三个侧面温度为 0，试确定柱内温度分布的规律。

解 一截面为正方形无限长的柱体的热传导问题可简化为二维平面问题。设 $T(x,y)$ 表示温度，则定解问题为

$$\frac{\partial^2 T}{\partial x^2}+\frac{\partial^2 T}{\partial y^2}=0(0<x<\pi,0<y<\pi) \tag{2-6-42}$$

边界条件

$$T(0,y)=0,\ T(\pi,y)=0 \tag{2-6-43}$$

$$T(x,0)=0,\ T(x,\pi)=T_0(T_0\text{ 为常数}) \tag{2-6-44}$$

对原方程取关于 x 的有限傅里叶变换，令 $\overline{T}(\omega,y)=\int_0^{\pi}T(x,t)e^{-i\omega x}dx$ ，利用傅里叶变换的微分性质，将原方程式(2-6-42) 变为

$$\frac{d^2\overline{T}(\omega,y)}{dy^2}-\omega^2\overline{T}(\omega,y)=0 \tag{2-6-45}$$

将边界条件(2-6-44) 相应地变换为

$$\overline{T}(\omega,0)=0 \tag{2-6-46}$$

$$\overline{T}(\omega,\pi)=\frac{-T_0}{\omega}[(-1)^{\omega}-1] \tag{2-6-47}$$

变换后的方程式(2-6-45) 满足边界条件式(2-6-46) 的解为

$$\overline{T}(\omega,y)=C\sinh(\omega y) \tag{2-6-48}$$

式中，C 是常数，运用边界条件式(2-6-47) 可知

若 ω 为偶数，$\overline{T}(\omega,y)=0$

若 ω 为奇数，$\overline{T}(\omega,y)=\dfrac{2T_0}{\omega\sinh(\omega\pi)}\sinh(wy)$

可利用反演的公式确定温度分布 $T(x,y)$ 为

$$T(x,y)=\frac{4T_0}{\pi}\sum_{n=0}^{\infty}\frac{\sinh[(2n+1)y]\sin[(2n+1)x]}{(2n+1)\sinh[(2n+1)\pi]}$$

式中，取 $2n+1=\omega$。

6.3.5 拉普拉斯变换的定义

设函数 $f(t)$ 当 $t\geqslant 0$ 时有定义，且积分 $\int_0^{+\infty}f(t)e^{-st}dt$ （s 是复参量）在 s 的某一域内收敛，则该积分确定的函数可写作

$$F(s)=\int_0^{+\infty}f(t)e^{-st}dt \tag{2-6-49}$$

式中，$F(s)$ 为 $f(t)$ 的拉普拉斯变换，或象函数，记为 $F(s)=L[f(t)]$。

若 $F(s)$ 是 $f(t)$ 的拉普拉斯变换，则称 $f(t)$ 为 $F(s)$ 的拉普拉斯逆变换，或象原函数，记为 $f(t)=L^{-1}[F(s)]$。由定义可知，$f(t)$ 的拉普拉斯变换就是 $f(t)u(t)e^{-\beta t}$ 的傅里叶变换。

应该指出，虽然拉普拉斯变换存在的条件比傅里叶变换存在的条件弱得多，但是毕竟还是有一定的条件要求的，拉普拉斯变换的存在定理指出了函数 $f(t)$ 应该满足的两个条件：

① 在 $t\geqslant 0$ 的任一有限区间上分段连续；

② 当 $t\to+\infty$时，$f(t)$ 的增长速度不超过某一指数函数。

6.3.6 拉普拉斯变换的性质

(1) 线性性质 设 $L[f_1(t)]=F_1(s)$,$L[f_2(t)]=F_2(s)$，α 和 β 是常数，则有

$$L[\alpha f_1(t)\pm\beta f_2(t)]=\alpha L[f_1(t)]\pm\beta L[f_2(t)] \tag{2-6-50}$$

$$L^{-1}[\alpha F_1(s)\pm\beta F_2(s)]=\alpha L^{-1}[F_1(s)]\pm\beta L^{-1}[F_2(s)] \tag{2-6-51}$$

即拉普拉斯变换是线性变换。

(2) 位移性质 若$L[f(t)]=F(s)$，且$t<0$时，$f(t)=0$，则对任一非负实数τ和任一常数a，有

$$L[f(t-\tau)]=\mathrm{e}^{-s\tau}F(s) \tag{2-6-52}$$

$$L[\mathrm{e}^{at}f(t)]=F(s-a) \tag{2-6-53}$$

(3) 微分性质 若$L[f(t)]=F(s)$,则有

$$L[f'(t)]=sF(s)-f(0) \tag{2-6-54}$$

$$L[f''(t)]=s^2F(s)-sf(0)-f'(0) \tag{2-6-55}$$

$$L[f^n(t)]=s^nF(s)-s^{n-1}f(0)-s^{n-2}f'(0)-\cdots-f^{(n-1)}(0) \tag{2-6-56}$$

利用微分性质可把$f(t)$的常（或偏）微分方程，简化为$F(s)$的代数（或常微分）方程。这在化工与控制等问题的求解与分析中都有着重要的作用。

对于象函数，也有如下的微分性质，即若

$L[f(t)]=F(s)$，则有$F'(s)=L[-tf(t)]\cdots F^n(s)=L[(-t)^nf(t)]$

(4) 积分性质 若设$L[f(t)]=F(s)$，则有

$$L\left[\int_0^t f(\tau)\mathrm{d}\tau\right]=\frac{1}{s}F(s) \tag{2-6-57}$$

一般地，有

$$L\left[\underbrace{\int_0^t \mathrm{d}\tau\int_0^t \mathrm{d}\tau\cdots\int_0^t}_{n} f(\tau)\mathrm{d}\tau\right]=\frac{1}{s^n}F(s) \tag{2-6-58}$$

象函数的积分性质为

$$\int_s^{\infty}F(s)\mathrm{d}s=L\left[\frac{1}{t}f(t)\right] \tag{2-6-59}$$

一般地，有

$$\underbrace{\int_s^{\infty}\mathrm{d}s\int_s^{\infty}\mathrm{d}s\cdots\int_s^{\infty}}_{n}F(s)\mathrm{d}s=L\left[\frac{1}{t^n}f(t)\right] \tag{2-6-60}$$

(5) 相似性质 设a为任意正常数，则有

$$L\left[f\left(\frac{t}{a}\right)\right]=aF(as) \tag{2-6-61}$$

式中，$L[f(t)]=F(s)$。

(6) 极限性质 设当$t\to 0$或$t\to\infty$时，$f(t)$的极限存在，且$L[f(t)]=F(s)$，则有

$$f(0)=\lim_{s\to\infty}F(s) \tag{2-6-62}$$

$$f(\infty)=\lim_{s\to 0}sF(s) \tag{2-6-63}$$

式(2-6-62) 和式(2-6-63) 分别称为初值定理和终值定理，它们可用来从象函数计算函数的初值与终值。

应该指出，式(2-6-62) 和式(2-6-63) 只适用于 $f(t)$ 极限存在的情况，即若 $f(t)$ 极限存在则 $sF(s)$ 的极限存在，但反之则并不成立。例如，当 $t\to\infty$时，$f(t)=\sin t$ 的极限不存在，而它的拉普拉斯变换 $F(s)=1/(s^2+1)$ 的极限$\lim\limits_{x\to 0} sF(s)=0$，所以此时终值定理是不成立的。

6.3.7 卷积定理

若 $f_1(t)$ 和 $f_2(t)$ 满足拉普拉斯变换存在定理中的条件，且

$$L[f_1(t)]=F_1(s), L[f_2(t)]=F_2(s) \tag{2-6-64}$$

则有

$$L[f_1(t)*f_2(t)]=F_1(s)*F_2(s) \tag{2-6-65}$$

$$L[f_1(t)f_2(t)]=\frac{1}{2\pi j}\int_{\beta-j\infty}^{\beta+j\infty}F_1(s_1)F_2(s-s_1)\mathrm{d}s_1 \tag{2-6-66}$$

其中 $\beta>\beta_1$，$\mathrm{Re}(s)>\beta_2+\beta$，$\beta_1$ 和 β_2 分别为 $f_1(t)$ 和 $f_2(t)$ 的增长指数。

一般地，有

$$L[f_1(t)*f_2(t)*\cdots*f_n(t)]=F_1(s)*F_2(s)*\cdots F_n(s) \tag{2-6-67}$$

应该指出，傅里叶变换中定义的卷积(2-6-39) 在拉普拉斯变换中意义相同。但是在拉普拉斯变换中，只定义 $f(t)$ 在 $t\geqslant 0$ 时有意义，故若无特别声明，假定 $f(t)$ 在 $t<0$ 时恒为零，于是 $f_1(t)$ 和 $f_2(t)$ 的卷积可以定义为

$$f_1(t)*f_2(t)=\int_{-\infty}^{+\infty}f_1(\tau)f_2(t-\tau)\mathrm{d}\tau$$

进而化作

$$\begin{aligned}f_1(t)*f_2(t)&=\int_{-\infty}^{0}f_1(\tau)f_2(t-\tau)\mathrm{d}\tau\\&\quad+\int_0^t f_1(\tau)f_2(t-\tau)\mathrm{d}\tau+\int_t^{+\infty}f_1(\tau)f_2(t-\tau)\mathrm{d}\tau\\&=\int_0^t f_1(\tau)f_2(t-\tau)\mathrm{d}\tau\end{aligned}$$

即在拉普拉斯变换中，$f_1(t)$ 与 $f_2(t)$ 的卷积应该是[4]：

$$f_1(t)*f_2(t)=\int_0^t f_1(\tau)f_2(t-\tau)\mathrm{d}\tau$$

6.3.8 拉普拉斯变换在化学与化工中的应用

【例 2-6-11】 一半无限体 $x>0$，开始温度为零，由 $t=0$ 开始，使 $x=0$ 的表面温度为 $T_0>0$，求物体在任意时间 $t>0$ 时的温度分布。

解 该问题为一半无限体非稳态的热传导问题，定解问题的方程

$$\frac{\partial T}{\partial t}=\alpha^2\frac{\partial^2 T}{\partial t^2}(x>0,t>0) \tag{2-6-68}$$

$$T(x,0)=0 \tag{2-6-69}$$

$$T(0,t)=T_0,\ T(\infty,t)\text{有界} \tag{2-6-70}$$

设 $L[T(x,t)]=\overline{T}(x,s)$，对原方程取拉普拉斯变换（表 2-6-1），并运用初始条件，原方程和边界条件转化为

$$s\overline{T}=\alpha^2\frac{\mathrm{d}^2\overline{T}}{\mathrm{d}x^2},\ \overline{T}(0,s)=\frac{T_0}{s} \tag{2-6-71}$$

求解此方程，得

$$\overline{T}(x,s)=\frac{T_0}{s}\mathrm{e}^{-\frac{x\sqrt{s}}{\alpha}} \tag{2-6-72}$$

再对 $\overline{T}(x,s)$ 作拉普拉斯反变换，因为

$$L^{-1}\left[\frac{\mathrm{e}^{-b\sqrt{s}}}{s}\right]=\mathrm{erfc}\left(\frac{b}{2\sqrt{t}}\right) \tag{2-6-73}$$

得原方程的解

$$T(x,t)=L^{-1}[\overline{T}(x,s)]=T_0\mathrm{erfc}\left(\frac{x}{2\alpha\sqrt{t}}\right) \tag{2-6-74}$$

表 2-6-1 常用函数的拉普拉斯变换

序号	原函数 $f(t)$	拉普拉斯变换 $F(s)$
1	$\delta(t)$	1
2	$\delta(t-kT)$	e^{-kTs}
3	1	$\frac{1}{s}$
4	t	$\frac{1}{s^2}$
5	$\frac{t^2}{2}$	$\frac{1}{s^3}$
6	e^{-at}	$\frac{1}{s+a}$
7	$t\mathrm{e}^{-at}$	$\frac{1}{(s+a)^2}$
8	$1-\mathrm{e}^{-at}$	$\frac{a}{s(s+a)}$
9	$\sin\omega t$	$\frac{\omega}{s^2+\omega^2}$
10	$\cos\omega t$	$\frac{s}{s^2+\omega^2}$
11	$\mathrm{e}^{-at}\sin\omega t$	$\frac{\omega}{(s+\omega)^2+\omega^2}$
12	$\mathrm{e}^{-at}\cos\omega t$	$\frac{s+\omega}{(s+\omega)^2+\omega^2}$

6.3.9 z 变换

实践中常会碰到一些函数，它的数据结构是离散的。例如，在实验室中测量一个连续函数 $f(t)$，对它在一个离散点集 $\{t_i\}$ 上进行采样。使这种离散数据流的数学处理更加容易的变换工具是 z 变换[5]。

令 $f^{\circ}(t)=f(t_k)$，其中 $t_k=k\Delta t$，$k=0,1,2,\cdots$，利用 δ 函数的性质，$f^{\circ}(t)$ 可进一步的表示为

$$f^{\circ}(t)=\sum_{k=0}^{\infty}f(t_k)\delta(t-t_k)$$

施行拉普拉斯变换

$$F(s)=L[f^{\circ}(t)]=\sum_{k=0}^{\infty}f(t_k)\mathrm{e}^{-st_k}=\sum_{k=0}^{\infty}f(t_k)\mathrm{e}^{-s\Delta tk}$$

引进变量 $z=\mathrm{e}^{s\Delta t}$，称和式 $F(z)=\sum_{k=0}^{\infty}f(t_k)z^{-k}$ 为 $f(t_k)$ 的 z 变换，记为 $Z[f(t_k)]=F(z)$。

类似于拉普拉斯变换在微分方程中的应用，z 变换可以将差分方程的求解转化为代数方程的求解，例如对于 $y(k)$ 的差分方程

$$y(k)+a_1y(k-1)+a_2y(k-2)=b_1u(k)$$

施行 z 变换

$$(1+a_1z^{-1}+a_2z^{-2})Y(z)=U(z)$$

于是有

$$Y(z)=\frac{U(z)}{1+a_1z^{-1}+a_2z^{-2}}$$

一般通过 z 变换表（表 2-6-2）找出原函数的表达形式，即可得原方程的解。

表 2-6-2 z 变换表

序号	原函数 $f(k)$	z 变换 $F(z)$
1	$1(k)$	$\frac{1}{1-z^{-1}}$
2	$k\Delta t$	$\frac{\Delta tz^{-1}}{(1-z^{-1})^2}$
3	$(k\Delta t)^{n-1}$	$\lim\limits_{a\to 0}(-1)^{n-1}\frac{\partial^{n-1}}{\partial a^{n-1}}\left(\frac{1}{1-\mathrm{e}^{-a\Delta t}z^{-1}}\right)$
4	$\sin ak\Delta t$	$\frac{z^{-1}\sin a\Delta t}{(1-2z^{-1}\cos a\Delta t+z^{-2})}$
5	$\cos ak\Delta t$	$\frac{1-z^{-1}\cos a\Delta t}{(1-2z^{-1}\cos a\Delta t+z^{-2})}$
6	$\mathrm{e}^{-ak\Delta t}$	$\frac{1}{1-\mathrm{e}^{-a\Delta t}z^{-1}}$

续表

序号	原函数 $f(k)$	z 变换 $F(z)$
7	$\mathrm{e}^{-bk\Delta t}\cos ak\Delta t$	$\dfrac{1-z^{-1}\mathrm{e}^{-b\Delta t}\cos a\Delta t}{1-2z^{-1}\mathrm{e}^{-b\Delta t}\cos a\Delta t+z^{-2}\mathrm{e}^{-2b\Delta t}}$
8	$\dfrac{1}{b}\mathrm{e}^{-bk\Delta t}\sin ak\Delta t$	$\dfrac{1}{b}\times\dfrac{z^{-1}\mathrm{e}^{-b\Delta t}\sin a\Delta t}{1-2z^{-1}\mathrm{e}^{-b\Delta t}\cos a\Delta t+z^{-2}\mathrm{e}^{-2b\Delta t}}$

参考文献

[1] 叶其孝，沈永欢．实用数学手册．北京：科学出版社，2006.
[2] 陈晋南．高等化工数学．北京：北京理工大学出版社，2007.
[3] 潘亚明，朱鹤孙．化学与化工中的数学方法．北京：北京理工大学出版社，1993.
[4] 周爱月．化工数学．北京：化学工业出版社，2001.
[5] 钟玉泉．复变函数论，北京：高等教育出版社，2004.

7

随机对象的处理与分析方法

考虑到化工对象的复杂性，在建立模型与分析处理问题时，常常会遇到多变的、不易确定的情况。对于这类问题，有时可以引进随机化思维方式，用“统计”或“随机分析”等方法加以处理，而其基础则是数学中的“概率论”。与确定性思维方式不同，它往往更注重对象的宏观特征与总体把握。

7.1 概率基础

7.1.1 随机事件与概率

(1) 随机现象 在概率统计与随机分析中讨论的主要对象是随机现象（包括随机变量与随机过程）。所谓随机，指的是随意的，即在一定条件下，事情产生的结果可能有多种，且预先不一定知道何种结果将会发生。例如：抛一枚硬币时，有可能正面朝上，也有可能反面朝上；在股票交易中，下一秒的股票交易价格可能上涨，也可能下跌。在这种不确定的现象中，有一类现象，从整体角度看，它的发生具有某种规律性（例如出现机会的大小或概率大小），这种类型的不确定现象便是概率统计中讨论的重点，常称为随机现象。

(2) 样本空间与随机事件 在概率论中对随机现象可能结果的多样性，可以用引进样本点与样本空间的办法加以简化[1]。随机现象的每种基本结果对应于一个样本点 ω，则基本结果全体就构成样本空间 Ω。例如抛一枚硬币的样本空间为 $\Omega=\{\omega_1,\omega_2\}$，其中 ω_1 表示正面朝上，ω_2 表示反面朝上；而掷一颗骰子时，出现的点数可以构成空间 $\Omega=\{1,2,\cdots,6\}$，或 $\{\omega_1,\omega_2,\cdots,\omega_6\}$。作为随机事件（常用大写字母 A，B 等表示），可以是由单个样本点构成的基本事件 $A=\{\omega_2\}$，也可以是由多个样本点构成的复合事件 $B=\{\omega_1,\omega_3,\omega_5\}$，后者的含义为掷出的点数是奇数。应该注意的是：有了事件之后，讨论的视角范围不再局限于 Ω 中的单个样本点 ω，而是扩展到 Ω 中样本点的子集。有时把所关心的子集全体记为 $\Im$，称为集合的类（即以子集为元素所构成的集合）。用符号表示即讨论对象由原来的 $\{\omega,\Omega\}$ 演变成了新的 $(A,\Im)$。进一步为讨论方便，常假设 $\Im$ 包含空集 Φ 与 Ω 本身，前者为不可能事件，后者为必然事件。事件是概率统计讨论的主要对象。与集合相似，事件间也有各种关系与运算。例如：包含关系、相等关系、对立关系、互不相容关系，以及事件间的并、交、差、余等运算。

(3) 概率 对于样本空间 Ω 中的任一随机事件 A，可以定义实值函数 $P(A)$（称为事件 A 发生的概率）满足以下三个公理：

① 非负性：$P(A)\geqslant 0$

② 规范性：$P(\Omega)=1$

③ 可列可加性：对于可列个互不相容的随机事件 $A_1,A_2,\cdots,A_n,\cdots$，有

$$P(\bigcup_{n=1}^{\infty} A_n)=\sum_{n=1}^{\infty} P(A_n)$$

这里“可列个”的含义为：事件 A 的下标 $1,2,\cdots,n,\cdots$ 是相互离散的，而不是像 $[0,1]$ 区间内的数一样，相互挤在一起。区间 $[0,1]$ 内包含的数的个数，比可列个数要多得多，称为不可列个。

样本空间在引入概率后，就可以构成所谓的概率空间 $(\Omega,\mathfrak{F},P)$，并以此作为讨论问题的基础框架。应该指出对于同样的 $(\Omega,\mathfrak{F})$ 有时可以定义不同的 P，例如 $(\Omega,\mathfrak{F},P_1)$，$(\Omega,\mathfrak{F},P_2)$，常称其为概率（或概率测度）的变换，并用以讨论各种比较深入的问题。对于概率 P，可由上面的公理推出下面各种性质：

① 不可能事件的概率为 0，即 $P(\Phi)=0$；

② 有限可加性：若事件 $A_1,A_2,\cdots,A_n$ 互不相容，则 $P(\bigcup_{i=1}^{n} A_i)=\sum_{i=1}^{n} P(A_i)$；

③ $P(\overline{A})=1-P(A),P(A-B)=P(A)-P(AB)$；

④ 单调性：若 $A\supset B$，则 $P(A)\geqslant P(B)$；

⑤ 半可加性：$P(A\cup B)\leqslant P(A)+P(B)$。

a. 条件概率

定义 7.1 设 A,B 是概率空间 $(\Omega,\mathfrak{F},P)$ 中两事件，$P(B)>0$，则定义

$$P(A|B)=P(AB)/P(B) \tag{2-7-1}$$

并称其为“在事件 B 发生条件下，事件 A 发生的条件概率”，简称为“条件概率”。直观的讲，条件概率意味着“A 在 B 中所占的比例”。

【例 2-7-1】 设样本空间 Ω 含有 25 个等可能的样本点，事件 A 含有 15 个样本点，事件 B 含有 7 个样本点，交事件 AB 含有 5 个样本点（图 2-7-1）。这时有 $P(A)=15/25$，$P(B)=7/25$，$P(AB)=5/25$。故在 B 发生条件下，A 发生的条件概率为

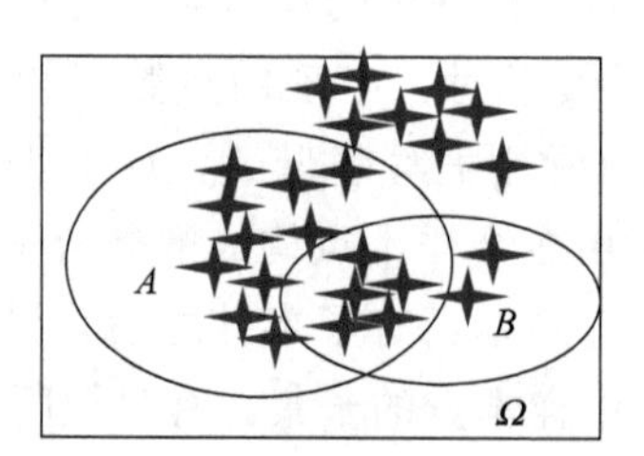

图 2-7-1 样本空间与样本点

$$P(A|B)=P(AB)/P(B)=\frac{5/25}{7/25}=\frac{5}{7}$$

这正好是 A 在 B 中所占的比例。

如果在 B 固定的情况下，记 $P_2(A)\triangleq P(A|B)$，则我们可以把 $P_2(A)$ 理解为 $(\Omega,\mathfrak{F})$ 上的一个新的概率（或概率测度）。即原来的 $(\Omega,\mathfrak{F},P)$ 变成了新的 $(\Omega,\mathfrak{F},P_2)$。从而易知前面提到的关于概率 P 的各种性质，对概率 $P_2(A)$（或条件概率 $P(A|B)$）同样适用。例如 $P(A|B)\triangleq P_2(A)\geqslant 0$，$P(\Omega|B)\triangleq P_2(\Omega)=1$ 等。利用条件概率（定义 7.1），可以得到

事件交的概率的计算定理，即：

定理 7.1 对于给定的概率空间 $(\Omega,\mathfrak{I},P)$。设 A,B 为任意事件，则当 $P(B)>0$ 时，有 $P(AB)=P(A|B)P(B)$；当 $P(A)>0$ 时，有 $P(AB)=P(B|A)P(A)$。

b. 事件独立性

定义 7.2 对于随机事件 A,B，若有 $P(AB)=P(A)P(B)$，则称 A 与 B 相互独立；否则称 A 与 B 相互不独立。显然当 $P(B)>0$ 时，独立的条件可改为 $P(A|B)=P(A)$。而当 $P(A)>0$ 时，则条件可改为 $P(B|A)=P(B)$。

性质：若事件 A 与 B 独立，则 A 与 $\overline{B}$ 独立，$\overline{A}$ 与 B 独立，$\overline{A}$ 与 $\overline{B}$ 也独立。

c. 全概率公式与贝叶斯 (Bayes)公式

(a) 全概率公式 设事件 $B_1,B_2,\cdots,B_n$ 为样本空间的一个分割，即 $B_1,B_2,\cdots,B_n$ 互不相容，且 $\bigcup_{i=1}^{n} B_i=\Omega$（图 2-7-2）。在条件 $P(B_i)>0(i=1,2,\cdots,n)$ 成立时，对任一事件 A，必有 $P(A)=\sum_{i=1}^{n}P(B_i)P(A \mid B_i)$。

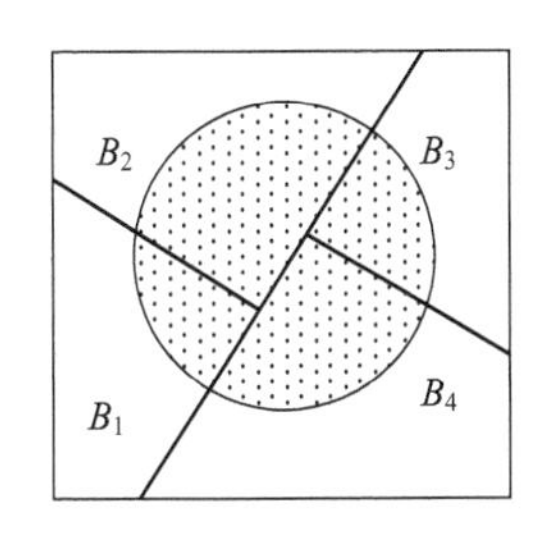

图 2-7-2 n= 4 时 Ω 的一个分割

(b) 贝叶斯公式 设事件 $B_1,B_2,\cdots,B_n$ 是样本空间 Ω 的一个分割，则对任一事件 A，在条件 $P(A)>0,P(B_i)>0(i=1,2,\cdots,n)$ 成立时，必有：

$$P(B_i \mid A)=\frac{P(B_i)P(A \mid B_i)}{\sum_{j=1}^{n}P(B_j)P(A \mid B_j)}\ (i=1,2,\cdots,n)$$

在随机过程与随机分析中，“条件概率”还被用来描述所谓的“马尔科夫过程”的定义与性质。与其相应的“条件期望”还被广泛地用于对“鞅过程”等的讨论与分析中。

7.1.2 抽样数据的“描述统计”和随机变量的“概率分布”

7.1.2.1 抽样数据的描述统计

随机对象的概率往往涉及整体。当所考察对象的概率特性不甚明了时，对其进行一定的抽样，对由此得到的抽样数据进行必要的分析，往往有助于发现被考察对象的随机特性。

(1) 频率分布表与直方图 在很多情况下，“频率”可作为“概率”的近似；“累计频率”可作为随机变量“分布函数”（参见 7.1.2.2 节）的近似。它们的计算可以通过建立频率分布表的方法进行。

【例 2-7-2】 为分析某工厂的生产能力，随机调查了该厂 20 名工人每天生产某产品的数量，得到的数据如下：

160 196 164 148 170

175 178 166 181 162

161 168 166 162 172

156 170 157 162 154

对这 20 个数据进行整理：

① 确定分组数 k。分组数 k 一般在 5～20 个之间，且较多取为等分组。具体分组数可根据抽样数据的个数多少来确定。个数较少的分成 5 组或 6 组；数据在 100 个左右可分为 7～10组；个数在 200 个左右的可分为 9～13 组；个数为 300 左右以及以上的可分为 12～20 组。本例只有 20 个数据，故可取分组数 $k=5$。

② 确定每组组距。一般常选相等的组距 d，其计算公式为：

$$\text{组距 } d=\frac{(\text{样本最大观察值}-\text{样本最小观察值})}{\text{组数 } k}$$

本例中 $d=\dfrac{196-148}{5}=9.6\approx10$。

③ 确定每组组限。各组区间端点为 $a_0, a_1=a_0+d, \cdots, a_k=a_{k-1}+d$，形成分组区间：

$$(a_0, a_1], (a_1, a_2], \cdots, (a_{k-1}, a_k]$$

式中，a_0略小于最小观察值；a_k略大于最大观察值；本例中 $a_0=147$，$a_5=197$，于是本例的分组区间为

$$(147,157], (157,167], (167,177], (177,187], (187,197]$$

④ 计算样本数据落入各个区间的个数（或频数），并进一步计算频数与总数的比（频率），以及相应的累计频率，这样可得表 2-7-1。

表 2-7-1 例 2-7-2 的频率分布表

组序	分组区间	频数	频率	累计频率/%
1	(147,157]	4	0.20	20
2	(157,167]	8	0.40	60
3	(167,177]	5	0.25	85
4	(177,187]	2	0.10	95
5	(187,197]	1	0.05	100
合计		20	1	

⑤ 直方图显示。频数分布常用直方图表示，它在组距相等的场合常用宽度相等的长条矩形表示，矩形高低表示频率大小，即横坐标表示随机变量的取值区间，纵坐标表示落在相应区间内的频数，这样就得到了频数直方图（图 2-7-3）。

若把纵坐标改为频率就可得频率直方图。另外为使各长条矩形面积之和为 1，可将纵轴取为频率/组距，如此得到的直方图称为单位频率直方图，或简称为频率直方图。这三种直方图外观没有区别，其差别仅在于纵轴的不同，故有时（像 Excel 软件中图形显示）就不再加以严格区分。

当抽样数据个数较多时，上面的计算过程及图形显示常常可用 Excel 等软件完成。

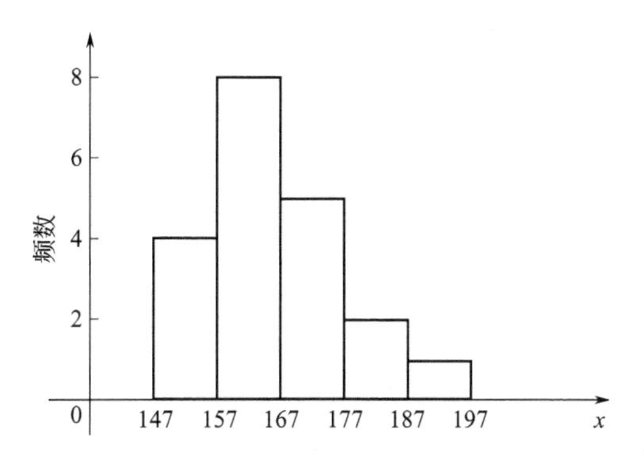

图 2-7-3 频数直方图

(2) 样本数据分布中心的描述 描写一组样本数据分布中心的量，可以有样本的均值(mean)、中位数(median)、众数(mode)等。在统计中它们常与一些“统计量”相对应。具体定义如下：

① 样本均值 $\overline{x}=\frac{1}{n}\sum_{i=1}^{n}x_i$，其中 $\{x_1,x_2,\cdots,x_n\}$ 为一组样本数据。例如现有 5 个数据 $\{140,150,155,130,145\}$，其均值

$$\overline{x}=\frac{140+150+155+130+145}{5}=144$$

它描述了这组数据（数值）的算术平均值。

② 样本中位数 Me。将原始数据按数值大小从小到大重新排序，结果记为

$$x_{(1)}\leqslant x_{(2)}\leqslant\cdots\leqslant x_{(n)}$$

处于中间位置的数称为中位数，记为 Me。具体计算公式为：

$Me=x_{(\frac{n+1}{2})}$(当 n 为奇数时)；或 $Me=\frac{1}{2}[x_{(\frac{n}{2})}+x_{(\frac{n}{2}+1)}]$(当 n 为偶数时)

例如，一组（共 13 个）数据，按大小重新排序后为 $\{2,3,4,4,5,5,5,5,6,6,7,7,8\}$。处于中间位置的是$\frac{n+1}{2}=\frac{13+1}{2}=7$，故 $Me=x_{(7)}=5$。又如，一组（共 10 个）数据，排序后为 $\{3,15,28,29,29,30,31,33,35,67\}$。由于 $n=10$ 为偶数，先找出 $x_{(\frac{n}{2})}=x_{(\frac{10}{2})}=x_{(5)}=29$，$x_{(\frac{n}{2}+1)}=x_{(\frac{10}{2}+1)}=x_{(6)}=30$，代入公式后，得

$$Me=\frac{1}{2}[x_{(5)}+x_{(6)}]=\frac{1}{2}(29+30)=29.5$$

与样本均值相比，$\overline{x}$ 是数值中心，Me 是位置中心，当样本数据存在比较大的误差，且样本数据分布不对称时，样本均值会受较大的影响。但对于中位数，由于样本数据中有一半比它小，一半比它大，故不易受极端误差数据影响，从而更能正确反映数据的中心。

③ 样本众数 Mod。它是一组数据中出现频数最大的数（不一定唯一）。例如，对于数据组 $\{2,3,3,3,3,4,4,5,6,6,6,6,6,7,7,8\}$，其中每个数出现的频数为

数值	2	3	4	5	6	7	8
频数	1	4	2	1	5	2	1

故这组数据的众数 $Mod=6$。

众数也是一个能反映数据分布集中趋势的量。它不易受到极端误差数据的影响，且具有既适用于“定量”场合，又适用于“定性”场合的优点。但由于不一定唯一（甚至可能不存在），故在实际使用时，它的普及性不如中位数。

(3) 样本数据离散程度描述 描述一组样本数据离散程度的量常有：极差（range)、标准偏差（standard deviation)、样本方差（variance）等。

① 极差 R。$R=x_{\max}-x_{\min}=x_{(n)}-x_{(1)}$，即极差等于样本数据中的最大值与最小值之差。例如对上面样本均值 $\overline{x}$ 定义中的例子，由于 $x_{\max}=155$，$x_{\min}=130$，故极差 $R=155-130=25$。由定义易知：在极差小的数组中，数据比较靠拢。

② 标准偏差 σ_{n-1}

$$\sigma_{n-1}=\sqrt{\frac{1}{n-1}\sum_{i=1}^{n}(x_i-\overline{x})^2}$$

它可以衡量数组中 x_i 与均值 $\overline{x}$ 间差距的大小。当 σ_{n-1} 比较小时，说明 x_i 都聚集在 $\overline{x}$ 附近(即数据不分散)。

注：有的文献中用 $\sigma_n=\sqrt{\frac{1}{n}\sum_{i=1}^{n}(x_i-\overline{x})^2}$ 来代替此处的 σ_{n-1}，然而在统计中可以证明：当 n 比较小的时候，使用 σ_{n-1}（相对于 σ_n）有时会更“准确”。

③ 样本方差 S_{n-1}^2

$$S_{n-1}^2=\sigma_{n-1}^2=\frac{1}{n-1}\sum_{i=1}^{n}(x_i-\overline{x})^2=\frac{1}{n-1}\left[\sum_{i=1}^{n}x_i^2-n\overline{x}^2\right]$$

例如对于样本数组 {140,150,155,130,145}。由于 $\overline{x}=144$，所以

$$S_{n-1}^2=\frac{1}{5-1}[(140-144)^2+(150-144)^2+(155-144)^2+(130-144)^2+(145-144)^2]=92.5$$

$$\sigma_{n-1}=\sqrt{92.5}=9.62$$

有的文献中会用 $S_n^2=\sigma_n^2$ 代替 S_{n-1}^2，但由于存在“系统偏差”，故当 n 较小时，常推荐使用 S_{n-1}^2。

除此之外，样本数组的离散程度还可以用其他方法进行描述。例如：第一分位数 Q_1 和第三分位数 Q_3。它们又往往可以与“最小观测值” $x_{\min}=x_{(1)}$、“最大观测值” $x_{\min}=x_{(n)}$ 和“中位数” Me 一起构成（5 个数的）数组，来描述该数据组分布的整个轮廓。其中 Q_1 与 Q_3（常称为“分位数”或“下侧分位数”）可以采用与中位数 Me 类似的方法计算。即先把原始数据按由小到大重新排序，构成

$$x_{(1)}\leqslant x_{(2)}\leqslant\cdots\leqslant x_{(n)}$$

处于中间位置的是 Me，处于左边 1/4 位置的是 Q_1，处于左边 3/4 位置的是 Q_3。例如，当原始数据组为 {88,93,92,95,87,90,88,93,90,89,90} 时，重新排序后变为

{ 87,88,88,89,90,90,90,92,93,93,95 }

显然 $Me=90$，$Q_1=88$，$Q_3=93$。有的文献在分析数组时，也用 $Q_3-Q_1=93-88=5$ 来描

述该数组的离散程度。它与极差有类似的作用，但可减少极差数据可能带来的部分不良影响。

上面提到的几个办法有时可以被灵活地加以组合，来综合描述统计数据组分布的大致轮廓。例如美国数学会把 2004—2005 学年某类型大学教师的年收入数据进行分析归纳得到图 2-7-4。

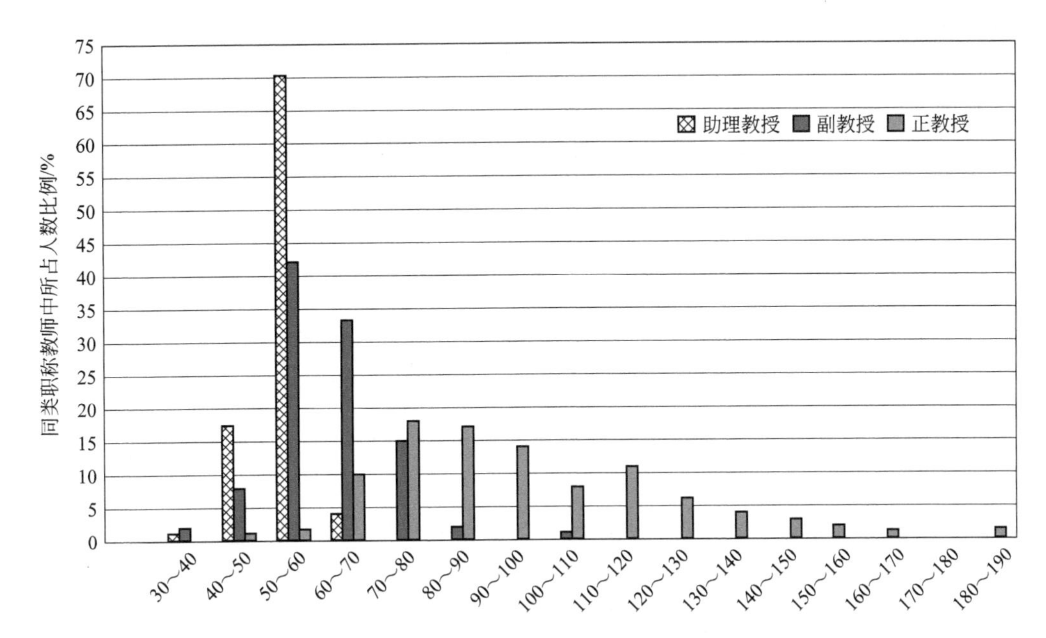

图 2-7-4　2004—2005 学年美国某类型大学教师年收入情况分析（以千美元计）

职称	2004—2005 年					2003—2004 年
	样本数	Q_1	Me	Q_3	$\overline{x}$	$\overline{x}$
助理教授	116	60730	63060	65960	63129	60483
副教授	158	62120	69730	76250	70671	67619
正教授	749	87060	100910	123420	105529	102519

注：共调查 25 所学校，其中反馈学校 21 所（占 84%）。

7.1.2.2　随机变量的概率分布及数字特征

定义 7.3　在 $(\Omega,\mathfrak{F},P)$ 概率空间框架下，给定实值函数 $\xi=\xi(\omega),\omega\in\Omega$。若对一切 $x\in R$，总成立 $A=\{\omega|\xi(\omega)\leqslant x\}\in\mathfrak{F}$（“可测性”要求），则称 ξ 为随机变量（简称 $r.v.$）。有时为强调 ξ 与 $\mathfrak{F}$ 的关系，又称 ξ 为 $\mathfrak{F}$ 可测的随机变量，记为 $\xi\in\mathfrak{F}$。这里的“属于”关系，实际上对 ξ（或事件 A）的取值范围提出了一定的要求。

随机变量的“可测性”要求，常被用来定义随机分析中一些重要的概念，例如“随机微分方程”“可料过程”“停时”等。其中有关“停时”及其分布的讨论，还被广泛地应用在化工各种问题的深入研究中。

定义 7.4　设 ξ 是定义在 $(\Omega,\mathfrak{F},P)$ 上的随机变量，对任意的实数 $x\in R$，称：

$$F_{\xi}(x)=P\{\omega|\xi(\omega)\leqslant x\}\triangleq P(\xi\leqslant x) \tag{2-7-2}$$

为 ξ 的分布函数。有时简记为 $F(x)$。

很明显，上述定义中对 ξ 是随机变量（或 $\xi \in \mathfrak{F}$）的要求，能确保其分布函数的存在性。故任意一个随机变量都对应有唯一的分布函数；但同样的分布函数有时可以对应不同的随机变量。其原因是分布函数仅描述了随机变量的概率特性，而概率特性只是随机变量众多特性中的一种特性（当然是很重要的特性）。有时为区分这种与“高等数学”中函数“相等”不一样的特性，常记为 $\xi \sim F(x)$（注意不是等号），并称随机变量 ξ 服从 $F(x)$ 对应的分布，或者 ξ 服从于 $F(x)$。

分布函数基本性质（或充要条件）具体如下。

① 非降性：$F(x)$ 是定义在整个实数轴上的单调非降函数，即对任意的 $x_1 < x_2$，有 $F(x_1) \leqslant F(x_2)$。

② 0-1 性：对任意的 $x \in R$，有 $0 \leqslant F(x) \leqslant 1$，且有 $F(-\infty) = \lim\limits_{x \to -\infty} F(x) = 0$，$F(+\infty) = \lim\limits_{x \to +\infty} F(x) = 1$。

③ 右连左极性：$F(x)$ 是 x 的右连续函数，同时具有左极限。即对任意的 $x_0 \in R$，总有 $F(x_0) = F(x_0 + 0) = \lim\limits_{x \to x_0^+} F(x)$，与 $F(x_0 - 0) = \lim\limits_{x \to x_0^-} F(x)$。

利用分布函数的差，可以方便地计算随机变量落在各种区间里的概率，例如，对任意实数 $a < b$，有：

$$\begin{gathered} P(a < \xi \leqslant b) = F(b) - F(a),\ P(\xi > b) = 1 - F(b) \\ P(\xi < a) = F(a-0),\ P(\xi = a) = F(a) - F(a-0) \\ P(a \leqslant \xi < b) = F(b-0) - F(a-0) \end{gathered} \tag{2-7-3}$$

随机变量常常可以分成以下几种类型：

(1) 离散型随机变量与分布律

定义 7.5 设 R 上的“阶梯型函数” $F(x)$，满足分布函数定义中的三个充要条件，则称其对应的随机变量为离散型随机变量。这种随机变量的可能取值 $x_1, x_2, \cdots, x_n, \cdots$ 是离散的。对应的概率满足非负规范要求，即若令 $P\{\xi = x_i\} = p_i (i = 1, 2, \cdots, n, \cdots)$，则有 $p_i \geqslant 0$，$\sum\limits_{i=1}^{\infty} p_i = 1$。而对应的分布常称为（离散型）概率分布列（或分布律），有时可用表 2-7-2 格式表示。

表 2-7-2 离散型随机变量分布律

ξ	$x_1, x_2, \cdots, x_n, \cdots$
P	$p_1, p_2, \cdots, p_n \cdots$

(2) 连续型随机变量与密度函数

定义 7.6 设随机变量 ξ 的分布函数为 $F(x)$，如果存在一个定义在实数轴 R 上的，非负可积函数 $p(x)$，使得有：

$$F(x) = \int_{-\infty}^{x} p(t) \mathrm{d}t,\ x \in R \tag{2-7-4}$$

则称 ξ 为具有密度函数 $p(x)$ 的连续型随机变量。

“密度函数”曲线，与抽样统计中的“单位频率直方图”相对应；而使 $p(x)$ 达最大值

的 x，则相应于那里的“众数”。与离散型随机变量不同，连续型随机变量的取值范围常常“连续”地布满一个（或几个）区间。另外连续型随机变量的分布函数是连续的。当它可导时，在可导点成立求导关系 $F'(x)=p(x)$。此时随机变量取单点值的概率为 0，而落入区间的概率可以用积分表示，即

$$P(\xi \in [a,b])=P(\xi \in (a,b])=F(b)-F(a)=\int_a^b p(t)\mathrm{d}t \tag{2-7-5}$$

对于二维的随机向量（ξ,η）[或$(\xi(\omega),\eta(\omega))$]，我们亦可类似地定义分布函数：

$$F_{\xi\eta}(x,y)=P\{\omega|\xi(\omega)\leqslant x,\eta(\omega)\leqslant y\}(x,y)\in R\times R \tag{2-7-6}$$

而当存在非负函数 $p(x,y)$，使得对所有的$(x,y)\in R\times R$，成立：

$$F_{\xi\eta}(x,y)=\int_{-\infty}^{x}\int_{-\infty}^{y}p(u,v)\mathrm{d}u\mathrm{d}v \tag{2-7-7}$$

则称（ξ,η）为连续型随机向量，同时称 $p(x,y)$ 是（ξ,η）的概率密度函数（或简称为密度函数）。有时为强调它与（ξ,η）的关系，而记为 $p_{\xi\eta}(x,y)$。

随机变量的独立性具体如下。

定义 7.7 设（ξ,η）为二维随机向量，若对任意$(x,y)\in R\times R$，成立分布函数乘法关系：

$$F_{\xi\eta}(x,y)=F_{\xi}(x)F_{\eta}(y) \tag{2-7-8}$$

或概率乘法关系：

$$P\{\omega \mid \xi(\omega)\leqslant x,\eta(\omega)\leqslant y\}=P\{\omega \mid \xi(\omega)\leqslant x\}P\{\omega \mid \eta(\omega)\leqslant y\}$$

则称随机变量 ξ,η 是相互独立的。

在离散的场合，上述乘法关系等价于对（ξ,η）的任意一组可能取值（x,y），有

$$P\{\omega \mid \xi(\omega)=x,\eta(\omega)=y\}=P\{\omega \mid \xi(\omega)=x\}P\{\omega \mid \eta(\omega)=y\} \tag{2-7-9}$$

对连续型随机向量则有密度乘法关系：

$$p_{\xi\eta}(x,y)=p_{\xi}(x)p_{\eta}(y),\ (x,y)\in R\times R \tag{2-7-10}$$

随机变量数字特征具体如下。

(1) 数学期望

定义 7.8 设 ξ 为离散型随机变量，其分布律为：$P(\xi=x_i)=p_i$，$i=1,2,\cdots,n,\cdots$。若“绝对收敛条件”：$\sum_{i=1}^{\infty}|x_i|p_i<\infty$ 被满足，则称 $E\xi \triangleq \sum_{i=1}^{\infty}x_i p_i$ 为 ξ 的“数学期望”，或“期望”(expectation)。

期望是对随机变量平均取值的一种描述，相当于描述统计中的样本平均值 $\bar{x}$。容易知道并非每一个随机变量都存在数学期望。而定义中的“绝对收敛条件”可以保证：ξ 取值 x_i 次序的改变，不会影响 $E\xi$ 的计算结果。

若随机变量为连续型时，其期望用密度函数定义：$E\xi \triangleq \int_{-\infty}^{+\infty}xp(x)\mathrm{d}x$，其中的 $p(x)$ 为密度函数，而绝对收敛条件则相应地改为$\int_{-\infty}^{+\infty}|x|p(x)\mathrm{d}x<\infty$。

（2）数学期望性质

① 线性性质 设 ξ 为随机变量，其期望存在。a,b 为两个（确定性）常数，则有：$E(a\xi+b)=aE\xi+b$。

② 单调性 设 $f(x)\leqslant g(x)$，它们都是连续或分段连续函数，$f(\xi)$ 与 $g(\xi)$ 的期望都存在，则 $Ef(\xi)\leqslant Eg(\xi)$。

③ 乘法公式 设 ξ 与 η 相互独立。当 ξ,η 与其乘积 $\xi\eta$ 的期望都存在时，必成立期望乘法公式：$E(\xi\eta)=E\xi E\eta$。

（3）方差

定义 7.9 若 $E(\xi-E\xi)^2$ 存在，则称其为随机变量 ξ 的方差（variance），记为 $D\xi$（或 $Var\xi$），即 $D\xi=E(\xi-E\xi)^2$。在实际使用时，还会用到与 ξ 具有相同量纲的量$\sqrt{D\xi}$，称其为标准差（或均方差），并记为 σ。

方差可以描述随机变量分布的离散程度。当 ξ 是离散型时，$D\xi=\sum_i(x_i-E\xi)^2p_i$，其中的 $p_i=P\{\omega|\xi(\omega)=x_i\}$；当 ξ 是连续型时，$D\xi=\int_{-\infty}^{+\infty}(x-E\xi)^2p(x)\mathrm{d}x$。

（4）方差的性质

① $D\xi=E\xi^2-(E\xi)^2$ （2-7-11）

② 常数的方差为 0。即若 C 为确定性常数，则 $DC=0$。

③ 若 a,b 为两个确定性常数，ξ 为方差存在的随机变量，则 $D(a\xi+b)=a^2D\xi$。

④ 设随机变量 ξ 具有大于 0 的方差 $D\xi$，令 $\xi^*=(\xi-E\xi)/\sqrt{D\xi}$，则有 $E\xi^*=0$，$D\xi^*=1$。常称 ξ^* 为标准化随机变量。

⑤ 切比雪夫不等式：设 $\xi(\omega)$ 为具有限方差的随机变量。则对任何 $\varepsilon>0$ 有估计式：

$$P\{\omega\,\|\,\xi(\omega)-E\xi|\geqslant\varepsilon\}\leqslant\frac{D\xi}{\varepsilon^2} \tag{2-7-12}$$

（5）协方差与相关系数

定义 7.10 设 $E\xi$，$E\eta$，$E(\xi\eta)$ 都存在，则称

$$\mathrm{Cov}(\xi,\eta)=E\{(\xi-E\xi)(\eta-E\eta)\}=E\xi\eta-(E\xi)(E\eta)$$

为（ξ,η）的协方差（covariance）。

定义 7.11 设 $D\xi$，$D\eta$，$Cov(\xi,\eta)$ 都存在，$D\xi\neq0$，$D\eta\neq0$，则称

$$\rho_{\xi\eta}=\frac{\mathrm{Cov}(\xi,\eta)}{\sqrt{D\xi}\sqrt{D\eta}}$$

为 ξ,η 的相关系数。相关系数可以描述随机变量 ξ,η 间的线性相关程度。

（6）相关系数的性质

① $|\rho_{\xi\eta}|\leqslant1$

② $\rho_{\xi\eta}=\pm1$ 的充要条件是：$\xi(\omega)$ 与 $\eta(\omega)$ 间“几乎处处”有线性关系。即存在常数 $a\neq0$ 与 b，使 $P\{\omega|\eta(\omega)=a\xi(\omega)+b\}=1$。并且当 $a>0$ 时，$\rho_{\xi\eta}=+1$；当 $a<0$ 时，$\rho_{\xi\eta}=-1$。

③ 当 $\rho_{\xi\eta}=0$ 时，称 ξ,η 不相关。可以证明：若 ξ,η 相互独立，而且方差存在，则 ξ,η 必不相关。这说明“独立”比“不相关”的要求高。即：在方差存在的条件下，独立必不相

关；而反之则不然。

“相关系数”能用来描述随机变量间的线性相关程度。它在统计的“回归分析”中有重要的应用，还可用于预防“多重共线性”问题的发生。另外应指出的是相关系数能描述随机变量间的线性关系，而不一定能描述其他的函数关系。

7.1.2.3 常用的随机变量

(1) 两点分布 设$\xi(\omega)$是离散随机变量，其可能取值为0或1（代表失败或成功），对应的分布律用表2-7-3表示。

表 2-7-3 两点分布的分布律

ξ	0	1
P	q	p

其中的$0<p<1$，$q=1-p$。其期望与方差分别为

$$E\xi=0\times q+1\times p=p,\ D\xi=E\xi^2-(E\xi)^2=(0^2\times q+1^2\times p)-p^2=pq$$

其分布函数用图2-7-5表示。

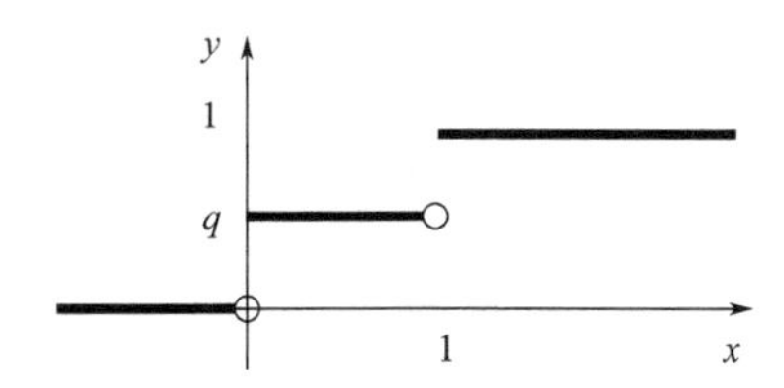

图 2-7-5 两点分布的分布函数

$$F(x)=\begin{cases}0, x<0\\ q, 0\leqslant x<1\\ 1, 1\leqslant x\end{cases}$$

(2) 二项分布 $B(n,p)$ 设有一批产品数量众多，其合格品率为$p(0<p<1)$，废品率为$q=1-p$。今从中抽取n个，其中合格品数为ξ，则ξ的取值可能为0，1，2，…，n。相应的概率为$P(\xi=k)=\binom{n}{k}p^kq^{n-k}$，$(k=0,1,2,\cdots,n)$。称这种随机变量服从的分布为二项分布（binomial distribution），并记为$\xi\sim B(n,p)$。二项分布常可用于独立重复试验的场合，例如考察有n个随机试验组成的随机现象，它满足如下条件：重复进行n次随机试验，这n次试验间相互独立，每次试验仅有两个可能结果，每次试验成功概率均为p，失败概率均为q，此时令ξ为n次重复试验中成功出现的次数，则$\xi\sim B(n,p)$。

【例 2-7-3】 某车间有200台独立工作的车床，各台车床开工概率都是0.6，开工时每台车床耗电1kW，问供电局至少要供给此车间多少电力（kW），才能以99.9%的概率保证车间不会因供电不足而影响生产？

解 200台车床独立工作，可看作进行200次独立的重复试验。设$\xi=\xi(\omega)$为实际开工的车床数，则$\xi\sim B(n,p)$，其中$n=200$，$p=0.6$。令x(kW)为供电局的供电数，则要求的是最小正整数x，使不等式成立：

$$P\{\omega\mid 0\leqslant\xi(\omega)\leqslant x\}\geqslant 0.999$$

此问题可用 Excel 里的统计函数 BINOMDIST 进行计算，当该函数的第四个参数设为 TURE 时，其函数的返回值是累计概率，故常常可以调整第一个参数，以求出最小正整数解 x。实际上由于 BINOMDIST（140，200，0.6，TURE）$=0.998687<0.999$，而 BINOMDIST（141，200，0.6，TURE）>0.999，故解为 141(kW)。

(3) 泊松分布 $P(\lambda)$ 设随机变量 ξ 的取值范围为：$k=0,1,2,\cdots$，其对应的概率为：

$$P(\xi=k)=\frac{\lambda^k}{k!}e^{-\lambda}(\lambda>0 \text{ 为常数})$$

则称 ξ 服从泊松分布 $P(\lambda)$，记为 $\xi\sim P(\lambda)$。

泊松分布的期望与方差分别为：$E\xi=\lambda$，$D\xi=\lambda$。实践中它常与单位时间（面积、产品）上的计数过程有关。例如单位时间内电话总机接到的电话数、一个铸件上的砂眼数等。在随机分析中，它又是构成所谓泊松过程，或"带跳"的随机微分方程的重要基础。

(4) 正态分布 $N(\mu,\sigma^2)$ 若连续型随机变量 ξ，具有如下形式的密度函数

$$p(x)=\frac{1}{\sqrt{2\pi}\sigma}\exp\left[-\frac{(x-\mu)^2}{2\sigma^2}\right],\ -\infty<x<+\infty$$

式中，μ，σ^2 为常数，且通常 $\sigma>0$。则该随机变量称为正态变量，记为 $\xi\sim N(\mu,\sigma^2)$。正态分布的均值为 μ，方差为 σ^2。

正态分布是概率论中最重要的分布，它广泛地存在于现实世界中，其理由可以用所谓的"中心极限定理"加以解释。实践中当所考察的对象可由若干独立的随机变量叠加而成，而各单项随机变量都不起很突出的作用时，该随机对象就可以认为近似服从正态分布。

正态分布的各种概率可由 Excel 里的统计函数得到，亦可通过查找标准化后的 $N(0,1)$ 分布函数 $\Phi(x)$ 的有关表格进行计算。实际上，对于 $\xi\sim N(\mu,\sigma^2)$，若令 $\eta=(\xi-\mu)/\sigma$，则 $\eta\sim N(0,1)$，从而对 ξ 的分布函数，有公式：

$$F_\xi(x)=\int_{-\infty}^{x}\frac{1}{\sqrt{2\pi}\sigma}e^{-\frac{(x-\mu)^2}{2\sigma^2}}dx=\int_{-\infty}^{\frac{(x-\mu)}{\sigma}}\frac{1}{\sqrt{2\pi}}e^{-\frac{y^2}{2}}dy=\Phi\left(\frac{x-\mu}{\sigma}\right)$$

【例 2-7-4】 "正态概率纸"与汽车轮胎寿命临界值的界定。

某汽车轮胎制造厂为了给予新生产的 JB007 型轮胎以一定的使用寿命保证，对产品进行了一系列测试。测试结果如下（单位：km）。

75007　77443　78302　81109　80146　73535　74883　79339　78059　74010
79799　73672　82066　76974　79211　70494　72638　76303　74987　80451

问这种型号轮胎的寿命是否服从正态分布？另外若要求不超过 4%的轮胎可以更换，则其使用寿命下限应规定为多少公里？

分析　上述问题涉及判别对象是否服从正态分布的问题，其方法有很多种。例如，可以采用"统计"中的总体分布假设检验。但是为方便计，有时也可用所谓的"正态概率纸"来进行判断，此时也可同时对参数 μ，σ^2 进行估计。所谓"正态概率纸"，是一种特殊的坐标纸。它与"对数坐标纸"类似，其坐标纸的横坐标以等间隔进行标记，而纵坐标是按标准正态分布的分布函数值标记。即在等间隔的纵坐标，原来标以 y 的地方，重新标以数值 $\Phi(y)$，其中的 Φ 为 $N(0,1)$ 的分布函数。当某随机变量 $\xi\sim N(\mu,\sigma^2)$ 时，其分布函数

$F_\xi(x)=\Phi\left(\frac{x-\mu}{\sigma}\right)$，这种函数在现在的坐标系下是一条直线 $y=\frac{x-\mu}{\sigma}$。利用这一点，就可以判断一组随机变量样本值所对应的分布是否服从正态分布。

今假设有 10 个抽样数

$$100.5,90.0,100.7,97.0,99.0,105.0,95.0,86.0,91.7,83.0$$

首先将数据按从小到大的次序重新排列，$x_{(1)}\leqslant x_{(2)}\leqslant\cdots\leqslant x_{(10)}$，利用所谓的“经验分布函数的修正”，将点 $\left(x_{(i)},\ \frac{i-0.375}{n+0.25}\right)(i=1,2,\cdots,n,n=10)$，逐一标记在正态概率纸上。观察上述 n 个点的位置，若在一条直线附近，则认为其分布是正态的。具体计算结果如表 2-7-4 所示。

表 2-7-4 计算数值表

i	$x_{(i)}$	$\frac{i-0.375}{n+0.25}$	i	$x_{(i)}$	$\frac{i-0.375}{n+0.25}$
1	83.0	0.061	6	97.0	0.549
2	86.0	0.159	7	99.0	0.646
3	90.0	0.256	8	100.5	0.743
4	91.7	0.354	9	100.7	0.841
5	95.0	0.451	10	105.0	0.939

利用所得到的“拟合直线”，在正态的情况下还可以进一步估计其参数 μ，σ。实际上，如果注意到 $F_\xi(\mu)=\Phi(0)=0.5$，$F_\xi(\mu+\sigma)=\Phi(1)=0.8413$，为估计 μ 与 σ，可以从纵轴为 0.5 处画一条水平直线交“拟合直线”于点 A，点 A 对应的横坐标就是 μ 的一个近似估计。类似地，从纵轴为 0.8413 处，画一条水平直线交“拟合直线”于点 B，则点 B 的横坐标为 $\mu+\sigma$。对上面所给 10 个抽样数据，可得 $\mu=95$，$\sigma=7$（见图 2-7-6）。上述利用正态概率纸进行判别的思想可以用计算机编程加以实现，它被广泛地应用在“回归分析”与“试验设计”的数据分析中。在计算过程中之所以使用点 $\left(x_{(i)},\ \frac{i-0.375}{n+0.25}\right)$，其理由可参阅参考文献［2］，而正态概率纸的样式也可参阅参考文献［2］。

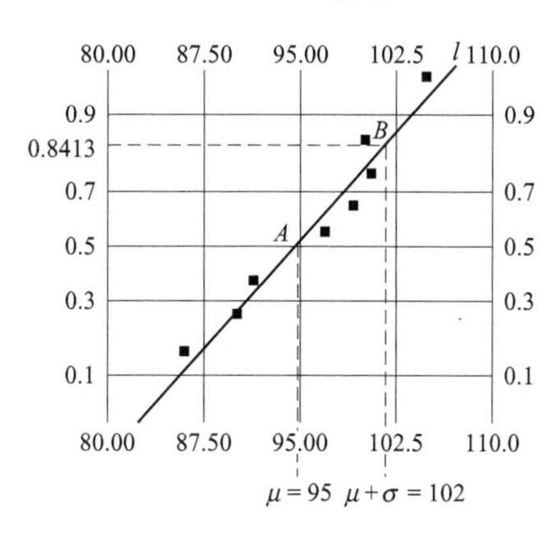

图 2-7-6 正态概率图

解 把例 2-7-4 中的 20 个样本数据重新排序，变为次序统计量 $x_{(1)}\leqslant x_{(2)}\leqslant\cdots\leqslant x_{(20)}$，将点 $\left(x_{(i)},\ \frac{i-0.375}{n+0.25}\right)(i=1,2,\cdots,n,\ n=20)$ 逐一标记在正态概率纸上，画出“拟合直线”

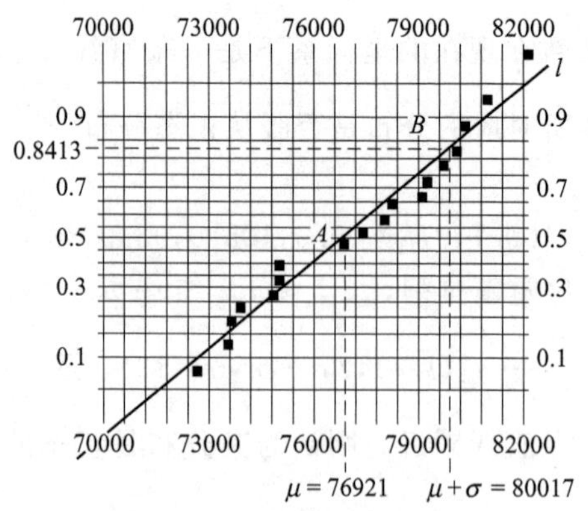

图 2-7-7 轮胎寿命拟合图

(图 2-7-7)。由图 2-7-7 不难判断：其拟合得比较好（更仔细时，可用统计中“回归直线样本相关系数”等方法，判断其拟合程度的好坏），并且得到估计的均值 $\mu=76921$，$\sigma=3096$，故 $\xi\sim N(76921,\ 3096^2)$。

下面进一步设法求公司要求的使用寿命下限 $\tilde{x}$，使满足条件 $P(\xi\leqslant\tilde{x})\leqslant 0.04$。为此作标准化变换 $\frac{\xi-\mu}{\sigma}=\eta$，注意到 $\eta\sim N(0,1)$，这样由不等式关系：

$$P(\xi\leqslant\tilde{x})=P\left(\frac{\xi-\mu}{\sigma}\leqslant\frac{\tilde{x}-\mu}{\sigma}\right)=\Phi\left(\frac{\tilde{x}-\mu}{\sigma}\right)\leqslant 0.04$$

通过查正态分布函数表，可以发现 $\tilde{x}\leqslant\mu-1.750\sigma=715023(\mathrm{km})$，这就是公司保证的轮胎使用寿命的下限。

其他常用随机变量分布及数字特征可见表 2-7-5。

表 2-7-5 随机变量分布及数字特征表[1]

分布名称	概率分布或密度函数	数学期望	方差
退化分布 $I(x-c)$	$P_c=1$（c 为常数）	c	0
伯努利分布 （两点分布）	$p_k=\begin{cases}q,k=0\\p,k=1\end{cases}$ $0<p<1,q=1-p$	p	pq
二项分布 $B(n,p)$	$b(k;n,p)=\binom{n}{k}p^kq^{n-k}$ $k=0,1,\cdots,n$ $0<p<1,q=1-p$	np	npq
泊松分布 $P(\lambda)$	$p(k;\lambda)=\frac{\lambda^k}{k!}\mathrm{e}^{-\lambda},k=0,1,2,\cdots$ $\lambda>0$	λ	λ
几何分布	$g(k;p)=q^{k-1}p$ $k=1,2,\cdots$ $0<p<1,q=1-p$	$\frac{1}{p}$	$\frac{q}{p^2}$
超几何分布	$p_k=\frac{\binom{M}{k}\binom{N-M}{n-k}}{\binom{N}{n}},k=0,1,2\cdots,\min(M,n)$, $M\leqslant N,n\leqslant N,M,N,n$ 为正整数	$\frac{nM}{N}$	$\frac{nM}{N}\left(1-\frac{M}{N}\right)\frac{N-n}{N-1}$

续表

分布名称	概率分布或密度函数	数学期望	方差
巴斯卡分布	$p_k=\binom{k-1}{r-1}p^r q^{k-r}, k=r,r+1,\cdots$ $0<p<1, q=1-p, r$ 为正整数	$\frac{r}{p}$	$\frac{rq}{p^2}$
正态分布 (高斯分布) $N(a,\sigma^2)$	$p(x)=\frac{1}{\sqrt{2\pi}\sigma}e^{-\frac{(x-a)^2}{2a^2}}$ $-\infty<x<\infty, a, \sigma>0$,常数	a	σ^2
均匀分布 $U[a,b]$	$p(x)=\begin{cases}\frac{1}{b-a}, a\leqslant x\leqslant b,\\ 0,其他\end{cases}$ $a<b$,常数	$\frac{a+b}{2}$	$\frac{(b-a)^2}{12}$
指数分布 $E(\lambda)$	$p(x)=\begin{cases}\lambda e^{-\lambda x}, x\geqslant 0,\\ 0,其他\end{cases}$ $\lambda>0$,常数	λ^{-1}	λ^{-2}
χ^2分布	$p(x)=\begin{cases}\frac{1}{2^{\frac{n}{2}}\Gamma\left(\frac{n}{2}\right)}x^{\frac{n}{2}-1}e^{-\frac{x}{2}}, x\geqslant 0\\ 0, x<0\end{cases}$ n 为正整数	n	$2n$
柯西分布	$p(x)=\frac{1}{\pi}\times\frac{\lambda}{\lambda^2+(x-\mu)^2}$ $-\infty<x<\infty, \lambda>0, \mu$ 常数	不存在	不存在
t 分布	$p(x)=\frac{\Gamma\left(\frac{n+1}{2}\right)}{\sqrt{n\pi}\Gamma\left(\frac{n}{2}\right)}\left(1+\frac{x^2}{n}\right)^{-\frac{n+1}{2}}$ $-\infty<x<\infty, n$ 为正整数	$0(n>1)$	$\frac{n}{n-2}(n>2)$
F 分布	$p(x)=\begin{cases}\frac{\Gamma\left(\frac{k_1+k_2}{2}\right)}{\Gamma\left(\frac{k_1}{2}\right)\Gamma\left(\frac{k_2}{2}\right)}k_1^{\frac{k_1}{2}}k_2^{\frac{k_2}{2}}\frac{x^{\frac{k_1}{2}-1}}{(k_2+k_1x)^{\frac{k_1+k_2}{2}}}, x\geqslant 0\\ 0, x<0\end{cases}$ k_1, k_2为正整数	$\frac{k_2}{k_2-2}$ $(k_2>2)$	$\frac{2k_2^2(k_1+k_2-2)}{k_1(k_2-2)^2(k_2-4)}$ $(k_2>4)$

7.2 统计推断

7.2.1 随机样本统计量及分布

(1) 总体与样本 在数理统计学中，常把研究对象的全体称为总体或者母体（population），而把构成总体的每个成员称为个体（individual）。例如为研究某厂生产的一批显示器的平均寿命，从该批产品中抽取一部分进行寿命测试，并以此推断整批产品的平均寿命。在此，整批显示器就构成了一个总体，而其中的每个显示器就是一个个体。显示器有很多特征，如色彩、亮度等，但在本问题中，关心的仅是其寿命。故若抛开实际背景，总体就是一堆数，这堆数中有大有小，有的出现机会大，有的出现机会小。因此用一个概率分布去描述与刻画总体是合适的。在这个意义下，总体就是一个分布，而其数量指标就是服从这个分布的随机变量。以后常把总体记为 $\xi,\eta,\cdots$。

为了考察总体的性质，可以从中抽取一部分个体，称之为样本（sample）。假设从整批中抽取了 100 个显示器进行寿命测试，则称从总体中抽取了一个容量为 100 的样本，记为 $(X_1,X_2,\cdots,X_{100})$，100 称为样本容量（sample size）。应该指出的是：样本具有所谓的两重性：一方面，由于样本是从总体中随机抽取的，抽取前无法预知它们的数值，故可以引进 ω 把样本看成随机变量，用大写字母 $(X_1,X_2,\cdots,X_n)$ 表示；另一方面，样本在抽取后，一经观测，其数值就确定了。因此样本又是一组具体的数值，用小写字母 $(x_1,x_2,\cdots,x_n)$ 表示，称其为样本观察值。

（2）简单随机样本 从总体中抽取样本可以有不同的抽法，为了能对总体作出较可靠的推断，就希望样本能较好地代表总体。一个理想的抽样方法，希望样本满足以下两个要求。

① 代表性：即要求总体中每一个个体都有同等机会被选入样本，这就意味着样本的每个分量 X_i 与总体同分布。

② 独立性：即要求样本中每个分量的取值不影响其他分量的取值，这就意味着 $X_1,X_2,\cdots,X_n$ 相互独立。

为了方便起见，将满足上述两个要求的样本称为简单随机样本（simple random sample），也简称样本。于是样本 $X_1,X_2,\cdots,X_n$ 可以看成是相互独立的服从同一分布的随机变量，其共同的分布即为总体的分布。在概率中“独立同分布”有时简写为 $i.i.d.$（independent identically distributed）。设总体 ξ 具分布函数 $F(x)$，$(X_1,X_2,\cdots,X_n)$ 为取自该总体的容量为 n 的样本，则样本的分布函数为

$$F(x_1,x_2,\cdots,x_n)=\prod_{i=1}^{n}F(x_i) \tag{2-7-13}$$

利用总体样本的概念，可以给“数理统计”一个简洁的定义。简单的说，“数理统计”就是研究如何从总体中抽取样本，并利用所获得的样本信息，对总体进行推断的过程，即“统计推断”过程[1]。

（3）统计量

定义 7.12 设 $(X_1,X_2,\cdots,X_n)$ 为总体的样本，T 为样本的函数，即 $T=T(X_1,X_2,\cdots,X_n)$。若 T 的表达式中不含任何未知参数，则称 T 为统计量（statistic）。

例如，设总体 $\xi\sim N(\mu,\sigma^2)$，其中的 μ 已知，σ^2 未知。又设 $(X_1,X_2,\cdots,X_n)$ 为 ξ 的一个样本，$\overline{X}=\frac{1}{n}\sum_{i=1}^{n}X_i$。则 $\frac{1}{n}\sum_{i=1}^{n}X_i$，$\frac{1}{n}\sum_{i=1}^{n}(X_i-\overline{X})^2$，$\sum_{i=1}^{n}(X_i-\mu)^2$ 均为统计量，而 $\sum_{i=1}^{n}\left(\frac{X_i-\mu}{\sigma}\right)^2$ 就不是统计量，因为其中含有未知参数 σ。由上述定义不难发现，统计量也是随机变量。

常用的统计量列举如下。

样本均值：$\overline{X}=\frac{1}{n}\sum_{i=1}^{n}X_i$。

样本方差：$S_{n-1}^2=\frac{1}{n-1}\sum_{i=1}^{n}(X_i-\overline{X})^2$ [有的定义为 $S_n^2=\frac{1}{n}\sum_{i=1}^{n}(X_i-\overline{X})^2$]。

样本标准差：$\sigma_{n-1}=S_{n-1}=\sqrt{\frac{1}{n-1}\sum_{i=1}^{n}(X_i-\overline{X})^2}$。

K 阶样本矩：$\overline{X}^k=\frac{1}{n}\sum_{i=1}^{n}X_i^k$。

次序统计量：将样本的各个分量 $X_1,X_2,\cdots,X_n$，按其观察值从小到大的次序重新排列，得到 $X_{(1)}\leqslant X_{(2)}\leqslant\cdots\leqslant X_{(n)}$。常称 $X_{(i)}$ 为样本的第 i 个“次序统计量”，特别称 $X_{(1)}=\min\limits_{1\leqslant i\leqslant n}X_i$ 为最小次序统计量，$X_{(n)}=\max\limits_{1\leqslant i\leqslant n}X_i$ 为最大次序统计量。

样本中位数：

$$Me=\begin{cases}X_{\left(\frac{n+1}{2}\right)}, & n\text{ 为奇数}\\ \frac{1}{2}\left[X_{\left(\frac{n}{2}\right)}+X_{\left(\frac{n}{2}+1\right)}\right], & n\text{ 为偶数}\end{cases}$$

极差：$R=X_{(n)}-X_{(1)}=\max\limits_{1\leqslant i\leqslant n}X_i-\min\limits_{1\leqslant i\leqslant n}X_i$

这里给出的统计量都是随机变量，而在“描述统计”中给出的是观察值，一旦给定，它就是确定性的。

(4) 统计量分布 常把统计量服从的分布称为抽样分布。当母体 $\xi\sim N(\mu,\sigma^2)$ 时，统计量分布具有以下重要定理。

定理 7.2 设 $(X_1,X_2,\cdots,X_n)$ 是取自正态母体的样本，则有结论：

① $\overline{X}$ 与 S_{n-1}^2 相互独立；

② $\overline{X}\sim N\left(\mu,\frac{\sigma^2}{n}\right)$，$\frac{\overline{X}-\mu}{\sigma/\sqrt{n}}\sim N(0,1)$；

③ $\frac{(n-1)S_{n-1}^2}{\sigma^2}\sim\chi^2(n-1)$；

④ $\frac{\overline{X}-\mu}{S_{n-1}}\sqrt{n}\sim t(n-1)$。

定理 7.3 设 $(X_1,X_2,\cdots,X_m)$ 是来自正态分布 $N(\mu_1,\sigma_1^2)$ 的样本，$(Y_1,Y_2,\cdots,Y_n)$ 是来自正态分布 $N(\mu_2,\sigma_2^2)$ 的样本，其中$\sigma_1^2=\sigma_2^2$。又设两样本相互独立。用 $\overline{X}$，$\overline{Y}$ 分别表示其样本均值，S_x^2，S_y^2 分别表示其样本方差。则

$$\frac{(\overline{X}-\overline{Y})-(\mu_1-\mu_2)}{S_w\sqrt{\frac{1}{m}+\frac{1}{n}}}\sim t(m+n-2)$$

式中，S_w^2 为 S_x^2 与 S_y^2 的加权平均值，即

$$S_w=\sqrt{\frac{(m-1)S_x^2+(n-1)S_y^2}{m+n-2}}$$

定理 7.4 设定理7.2的假设条件成立，则$\frac{S_x^2}{S_y^2} \sim F(m-1,n-1)$。若其中的“方差相等”条件不满足，即$\sigma_1^2 \neq \sigma_2^2$，则此时有$\frac{S_x^2/\sigma_1^2}{S_y^2/\sigma_2^2} \sim F(m-1,n-1)$。

上述定理涉及的t分布、χ^2分布、F分布，都是统计里常用到的概率分布。它们都可以由独立的、服从标准正态分布的随机变量构造出来。详细的分布密度函数以及数字特征见表2-7-5，具体的概率计算也可通过Excel中的函数加以实现。

7.2.2 参数估计

参数估计的形式有“点估计”与“区间估计”两种，所谓“点估计”，就是选择一个统计量$\hat{\theta}=\hat{\theta}(X_1,X_2,\cdots,X_n)$作为未知参数的估计值。所谓“区间估计”，就是寻找两个统计量$\hat{\theta}_L=\hat{\theta}_L(X_1,X_2,\cdots,X_n)$，$\hat{\theta}_U=\hat{\theta}_U(X_1,X_2,\cdots,X_n)$，使得由其构成的区间$[\hat{\theta}_L,\hat{\theta}_U]$，能以一定的概率覆盖未知参数。由于样本$(X_1,X_2,\cdots,X_n)$的随机性，所以点估计$\hat{\theta}$，与区间估计$[\hat{\theta}_L,\hat{\theta}_U]$都是随机的。很明显，用“随机性”的统计量，来估计“确定性”的参数，往往会有很大的不确定性，故如何用概率方法控制这种不确定性就显得很有必要。

7.2.2.1 矩法点估计

这种估计方法的思想是：用“样本矩”估计相应的“总体矩”，用样本矩的函数估计相应的总体矩的函数。例如用“样本均值”估计“总体均值”，用“样本方差”估计“总体方差”。

【例2-7-5】 从某工厂生产的一批铆钉中随机有放回地抽取12个，测得头部直径分别为：

13.30　13.38　13.40　13.43　13.32　13.48　13.51　13.31　13.34　13.47　13.44　13.50

试求其均值μ与标准差σ的估计。

解 用矩法估计可得

$$\hat{\mu}=\overline{X}=\frac{1}{12}(13.30+13.38+\cdots+13.50)=\frac{160.88}{12}=13.41$$

$$\hat{\sigma}^2=S_{n-1}^2=\frac{1}{12-1}[(13.30-13.41)^2+\cdots+(13.50-13.41)^2]$$

$$=\frac{1}{11}\left[13.30^2+\cdots+13.50^2-\frac{160.88^2}{12}\right]=0.0058$$

$$\hat{\sigma}=S_{n-1}=\sqrt{S_{n-1}^2}=\sqrt{0.0058}=0.0762$$

注： ① 在计算样本方差S_{n-1}^2时，常使用简化公式：

$$S_{n-1}^2=\frac{1}{n-1}\sum_{i=1}^{n}(X_i-\overline{X})^2=\frac{1}{n-1}\left[\sum_{i=1}^{n}X_i^2-n\overline{X}^2\right]$$

② 在这批铆钉总数不是太大时，有放回的抽样可保证样本的独立同分布性。

7.2.2.2 极大似然点估计

设总体 X 的分布已知，但含未知参数 θ。对连续性总体，设其密度为 $p(x;\theta)$；对离散型总体，设其分布率为 $P(X=x_i)=P(x_i;\theta)$，$i=1,2,\cdots$。为估计未知参数，从总体获得一组样本观察值 $x_1,x_2,\cdots,x_n$，将观察值代入样本联合密度（概率）中，可构造含未知参数 θ 的所谓"似然函数"：

$$L(\theta)=\prod_{i=1}^{n}P(x_i,\theta)$$

如果能找到 $\hat{\theta}$，满足 $L(\hat{\theta})=\max L(\theta)$，则 $\hat{\theta}$ 就是 θ 的极大似然估计。

【例 2-7-6】 有一批产品，为考察其不合格率 p，从中有放回地抽取 10 个进行观察。引进随机变量 X 来表示产品是否合格，令 $X=\begin{cases}0 & 合格\\1 & 不合格\end{cases}$，则 $X\sim B(1,p)$，$0<p<1$。假设抽取的样本为 $(X_1,X_2,\cdots,X_{10})$，相应的观察值为 $(x_1,x_2,\cdots,x_{10})$，其中 $x_i=0$ 或 1。显然样本 $(X_1,X_2,\cdots,X_{10})$ 恰好取到观察值 $(x_1,x_2,\cdots,x_{10})$ 的概率，可用样本的独立同分布性加以计算：

$$P\{\omega\mid X_1=x_1,X_2=x_2,\cdots,X_{10}=x_{10}\}=\prod_{i=1}^{10}p^{x_i}(1-p)^{1-x_i}=p^{\sum_{i=1}^{10}x_i}(1-p)^{10-\sum_{i=1}^{10}x_i}$$

令不妨假定一组观察值 $(x_1,x_2,\cdots,x_{10})=(1,0,0,1,0,\cdots,0)$，即观察 10 个产品，其中有 2 个不合格，8 个合格，则上述联合分布概率可写为：

$$P\{\omega\mid X_1=1,X_2=0,X_3=0,X_4=1,X_5=0,\cdots,X_{10}=0\}=p^2(1-p)^8$$

为求 p 使上式达最大，可以用求导法，即令 $\frac{\mathrm{d}}{\mathrm{d}p}\{p^2(1-p)^8\}=0$ 后，可得 $p=0.2$。

点估计方法有很多，而评估各种方法优劣的标准常有：

① 无偏性　设 $\hat{\theta}$ 是 θ 的一个估计量，若其期望 $E(\hat{\theta})=\theta$，则称 $\hat{\theta}$ 是未知参数 θ 的一个无偏估计；否则称 $\hat{\theta}$ 是 θ 的有偏估计。显然，无偏估计要优于有偏估计。

② 有效性　设 θ 是总体的一个参数，其参数空间为 H。又设 $\hat{\theta}_1$ 和 $\hat{\theta}_2$ 是 θ 的两个无偏估计。如果对一切 $\theta\in H$，有 $D(\hat{\theta}_1)\leqslant D(\hat{\theta}_2)$，且至少有一个 $\theta\in H$，使得上述不等式严格成立，则称 $\hat{\theta}_1$ 比 $\hat{\theta}_2$ 有效。

7.2.2.3 置信区间与置信水平

设 θ 是总体的一个参数，其参数空间为 H，$(X_1,X_2,\cdots,X_n)$ 为取自总体的一个样本，若对事先给定的 $\alpha(0<\alpha<1)$，存在两个统计量 $\hat{\theta}_L=\hat{\theta}_L(X_1,X_2,\cdots,X_n)$ 和 $\hat{\theta}_U=\hat{\theta}_U(X_1,X_2,\cdots,X_n)$，满足对任意的 $\theta\in H$ 有概率估计 $P_\theta\ \{\hat{\theta}_L\leqslant\theta\leqslant\hat{\theta}_U\}=1-\alpha$，其中 P_θ 是指总体分布中参数取为 θ 时的概率分布。则称随机区间 $[\hat{\theta}_L,\ \hat{\theta}_U]$ 为 θ 的"置信水平"为 $1-\alpha$ 的"置信区间"(confidence interval)，称 $\hat{\theta}_L$ 和 $\hat{\theta}_U$ 分别为"置信下限"和"置信上限"。

现设总体 $\xi\sim N(\mu,\sigma^2)$，其中 $\sigma>0$ 已知，$(X_1,X_2,\cdots,X_n)$ 为 ξ 的样本，要求 μ 的置信水平为 $1-\alpha$ 的置信区间。

由定理7.1知道$\overline{X}\sim N\left(\mu,\frac{\sigma^2}{n}\right)$，令$U=\frac{\overline{x}-\mu}{\sigma}\sqrt{n}$，则$U\sim N(0,1)$。因此，对于给定的置信水平$1-\alpha$，通过查正态分布的上侧分位数表（或者Excel函数），可得到相应的临界值$U_{\frac{\alpha}{2}}$(其含义见图2-7-8)。

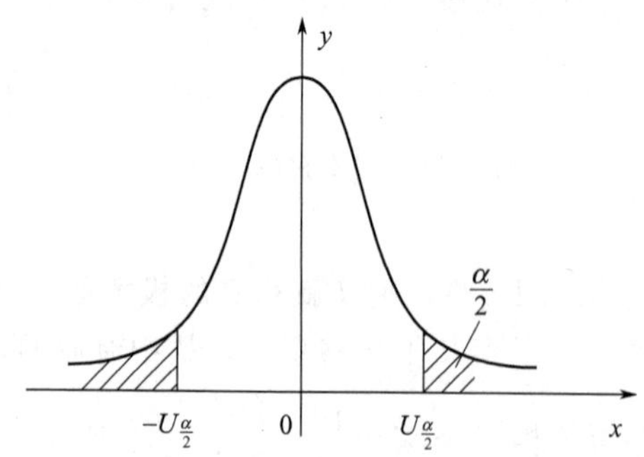

图2-7-8 正态分布的上侧分位数临界值

满足条件$P\{U>U_{\frac{\alpha}{2}}\}=\frac{\alpha}{2}$或

$$p\left\{-U_{\frac{\alpha}{2}}\leqslant\frac{\overline{X}-\mu}{\sigma}\sqrt{n}\leqslant U_{\frac{\alpha}{2}}\right\}=1-\alpha$$

进一步展开有

$$p\left\{\overline{X}-U_{\frac{\alpha}{2}}\frac{\sigma}{\sqrt{n}}\leqslant\mu\leqslant\overline{X}+U_{\frac{\alpha}{2}}\frac{\sigma}{\sqrt{n}}\right\}=1-\alpha$$

根据置信区间的定义，参数μ的一个置信水平为$1-\alpha$的置信区间为：

$$\left[\overline{X}-U_{\frac{\alpha}{2}}\frac{\sigma}{\sqrt{n}},\overline{X}+U_{\frac{\alpha}{2}}\frac{\sigma}{\sqrt{n}}\right] \tag{2-7-14}$$

其中μ的置信下限为$\hat{\mu}_L=\overline{X}-U_{\frac{\alpha}{2}}\frac{\sigma}{\sqrt{n}}$，置信上限为$\hat{\mu}_U=\overline{X}+U_{\frac{\alpha}{2}}\frac{\sigma}{\sqrt{n}}$。

在上述问题中，若母体的方差σ^2预先未知，则μ的置信区间要改为

$$\left[\overline{X}-t_{\frac{\alpha}{2}}(n-1)\frac{S_{n-1}}{\sqrt{n}},\ \overline{X}+t_{\frac{\alpha}{2}}(n-1)\frac{S_{n-1}}{\sqrt{n}}\right] \tag{2-7-15}$$

其中的$t_{\frac{\alpha}{2}}(n-1)$则是参数为$(n-1)$的$t$分布的上侧$\alpha/2$分位数。

对于母体的方差，亦可类似给出区间估计。即若$\xi\sim N(\mu,\sigma^2)$，其中均值μ未知。则水平为$1-\alpha$的，方差σ^2的置信区间为：

$$\left[\frac{(n-1)S_{n-1}^2}{\chi_{\frac{\alpha}{2}}^2(n-1)},\frac{(n-1)S_{n-1}^2}{\chi_{1-\frac{\alpha}{2}}^2(n-1)}\right] \tag{2-7-16}$$

【例2-7-7】 某溶液中的甲醛浓度服从正态分布，从中抽取了容量为4的样本，求得样本均值$\overline{X}=8.34(\%)$，样本标准差$S_{n-1}=0.03(\%)$，试分别求正态均值μ以及标准差σ的95%的置信区间。

解 先求正态均值的μ的置信区间，由于σ未知，故可用t分布以及公式(2-7-15)来

求取。注意到 $\overline{X}=8.34$，$S_{n-1}=0.03$，$n=4$，$\alpha=0.05$，查上侧分位数表可得 $t_{\frac{\alpha}{2}}(3)=3.1824$，从而正态均值 μ 的 95%的置信区间为：

$$\left[8.34-3.1824\times\frac{0.03}{\sqrt{4}},8.34+3.1824\times\frac{0.03}{\sqrt{4}}\right]=[8.292,8.388]$$

再用公式(2-7-16) 求取 σ 的置信区间。由 $n=4$，$\alpha=0.05$，查上侧分位数表可得 $\chi^2_{0.025}(3)=9.348$，$\chi^2_{0.975}(3)=0.216$，故正态标准差 σ 的 95%的置信区间为：

$$\left[\frac{\sqrt{4-1}\times0.03}{\sqrt{9.348}},\frac{\sqrt{4-1}\times0.03}{\sqrt{0.216}}\right]=[0.017,0.112]$$

对于两个正态分布的均值差，方差比的置信区间，亦可类似得到。

7.2.3 假设检验

7.2.3.1 假设检验的一般步骤与基本概念

假设检验（hypothesis test）是统计推断中一种常用方法，可用于对于总体的参数、分布、独立性等进行判断。其基本思路是小概率事件否定法。

检验具体步骤：

① 根据问题要求，提出合适的原假设 H_0 和备选假设 H_1；

② 选取合适的检验统计量（例如 U），由样本观察值计算对应统计量的测试值 $\hat{U}$；

③ 对于给定的小概率 α（又称显著性水平），求出临界值，用它划分接受域 W_0 和拒绝域 W_1，使得

$$P\{U\in W_1 \mid H_0 \text{ 为真}\}\leqslant\alpha$$

④ 若测试值 $\hat{U}$ 落入 W_1（拒绝域），则拒绝 H_0；若测试值 $\hat{U}$ 落入 W_0（接受域），则接受 H_0（更确切地，应是“不拒绝 H_0”）。

检验注意事项：

(1) 显著性水平与二类错误 计算统计量的测试值 $\hat{U}$ 时，要使用样本数据，它会有一定的随意性（随机性），这就使得 $\hat{U}$ 也会有随机性。当 H_0 为真时，理应抽到合适的样本，使 $\hat{U}$ 值落入接受域。一旦由于随机性，$\hat{U}$ 值落入了拒绝域，而作出 H_0 为不真的误判时，说明这次检验犯了错误，常称这类错误为“第一类错误”（或“拒真错误”）。上述检验步骤③说明，本检验法犯第一类错误的概率为 α。

检验法可能犯的第二类错误是：H_0 本身不正确，但统计量的样本观察值 $\hat{U}$ 却落入了接受域 W_0。按照检验步骤④，常会错误地推断 H_0 为真（或接受 H_0）。此时所犯错误称为“第二类错误”（又称“纳伪错误”）。对应的概率记为 β，它也是个条件概率：

$$P\{U\in W_0 \mid H_0 \text{ 不为真}\}=\beta$$

理想的检验方法当然希望 α 和 β 都是很小的正数。但在样本容量 n 固定时，要使它们同时都很小，通常是不可能的。鉴于此，统计学家常建议在检验时只控制（限定）α，并由此

确定接受域 W_0 与拒绝域 W_1。这种检验法常称为显著性检验法，对应的犯第一类错误的最小上界（仍记为 α），常被称为显著性水平。

(2) H_0 与 H_1 的选取 首先 H_0 与 H_1 不能轻易互换。这从上述（只控制 α，不控制 β 的）判别过程中，已经可以看出。另外，为使提出的判断更准确，常建议要注意尊重原假设，以及控制严重后果两个原则，其中尊重原假设的意思是：如果没有充分的理由就不要轻易否定原假设，这与法官的疑罪从无原则有些类似[1]。

7.2.3.2 正态总体参数的假设检验

方差 $\sigma^2=\sigma_0^2$ 已知时，单个正态总体 $N(\mu,\sigma^2)$ 均值 μ 的检验方法可见表 2-7-6。

其中的 $U_{\frac{\alpha}{2}}$ 与 U_α 分别为正态分布 $N(0,1)$ 的上侧 $\alpha/2$ 与 α 分位数。

【例 2-7-8】 某药厂用一台包装机包装硼酸粉，标准规定每台净质量为 0.5kg。设每台质量服从正态分布，且根据以往经验，其标准 $\sigma=0.014$kg。某天开工后，为检验包装机的工作是否正常，随机抽取它所包装的硼酸粉 10 袋，其净质量（kg）分别为：

0.496　0.510　0.515　0.506　0.518　0.512　0.524　0.497　0.488　0.511

表 2-7-6 单个正态总体方差已知时的均值假设检验

待估参数	原假设 H_0	备择假设 H_1	统计量及分布	拒绝域 W_1
均值 μ	$\mu=\mu_0$	$\mu\neq\mu_0$	$U=\dfrac{\overline{X}-\mu_0}{\sigma_0/\sqrt{n}}\sim N(0,1)$	$\lvert U\rvert>U_{\frac{\alpha}{2}}$
	$\mu=\mu_0$ $\mu\geqslant\mu_0$	$\mu<\mu_0$ $\mu<\mu_0$	$U=\dfrac{\overline{X}-\mu_0}{\sigma_0/\sqrt{n}}\sim N(0,1)$	$U<-U_\alpha$
	$\mu=\mu_0$ $\mu\leqslant\mu_0$	$\mu>\mu_0$ $\mu>\mu_0$	$U=\dfrac{\overline{X}-\mu_0}{\sigma_0/\sqrt{n}}\sim N(0,1)$	$U>U_\alpha$

问这台包装机的工作是否正常（显著性水平 $\alpha=0.05$）。

解 设每袋净质量为随机变量 X，它服从正态分布 $N(\mu,0.014^2)$，由于 $\mu=0.5(=\mu_0)$ 时，包装机工作正常，故现在要判断 μ 是否等于 μ_0，或者说可以令：

$$H_0:\mu=\mu_0,H_1:\mu\neq\mu_0$$

对照表 2-7-6 的第一行，注意到现在的 $n=10$，$\overline{X}=0.5077$，故 $\hat{U}=\dfrac{0.5077-0.5}{0.014/\sqrt{10}}=1.7393$。

根据 $\alpha=0.05$，查表得 $U_{\frac{\alpha}{2}}=U_{0.025}=1.96$，故 $W_0=[-1.96,1.96]$，W_1 为 $(-\infty,-1.96)\cup(1.96,+\infty)$。把其与 $\hat{U}$ 比较后，由于 $\hat{U}\in W_0$，故不能拒绝 H_0，即不能认为这台包装机工作不正常。

由上述计算过程可以看出测试值 $\hat{U}$ 是个非常关键的值，把它与临界值 $U_{\frac{\alpha}{2}}$ 相比较后，就可做出统计判断。这里进行比较的是测试值与临界值，然而在很多软件（或文献）中还有一种概率比较法，常称为 P 值检验法（probability value test）。在这种方法里，把 $\hat{U}$ 折合成 P 值 $\hat{P}$，把临界值返回到原来的 α，然后进行比较。所谓 P 值，指的是“在 H_0 成立的前提

下，检验方案中涉及的统计量，达到其观察值，与沿 H_1 方向超过其观察值的总概率”。其含义可见图 2-7-9。对于例 2-7-8，由于统计量为 $U=\dfrac{\overline{X}-\mu_0}{\sigma_0/\sqrt{n}}$，观察值为 $\hat{U}=1.7393$，H_1 为双侧方向，故对应的 P 值为 $\hat{p}=P\{\omega|U(\omega)\geqslant 1.7393\}=0.082$。

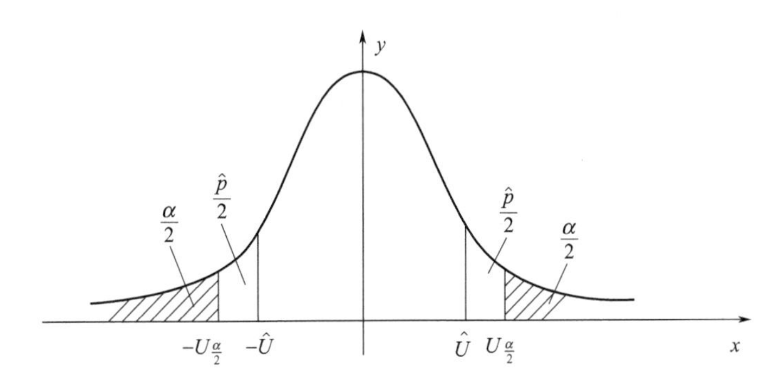

图 2-7-9 正态分布的 P 值与上侧分位数临界值

容易看出，当 $\hat{p}>\alpha$ 时，观察值落入接受域，从而可方便地根据 $0.082>0.05=\alpha$，做出判断：接受 H_0（更确切地说，是“不拒绝 H_0”）。

当正态总体 $N(\mu,\sigma^2)$ 的参数 σ^2 未知时，可用表 2-7-7 对均值 μ 进行检验。

表 2-7-7 单个正态总体方差未知时的均值假设检验

待估参数	原假设 H_0	备择假设 H_1	统计量及使用分布	拒绝域 W_1
均值 μ	$\mu=\mu_0$	$\mu\neq\mu_0$	$T=\dfrac{\overline{X}-\mu_0}{S_{n-1}/\sqrt{n}}-t(n-1)$	$\lvert T\rvert>t_{\frac{\alpha}{2}}(n-1)$
	$\mu=\mu_0$	$\mu<\mu_0$		$T<-t_\alpha(n-1)$
	$\mu\geqslant\mu_0$	$\mu<\mu_0$		$T<-t_\alpha(n-1)$
	$\mu=\mu_0$	$\mu>\mu_0$		$T>t_\alpha(n-1)$
	$\mu\leqslant\mu_0$	$\mu>\mu_0$		$T>t_\alpha(n-1)$

在进行方差检验时，一般常用 χ^2 分布或 F 分布进行讨论。由于这两个分布的密度函数不对称，所以与前面不同，在计算拒绝域边界时，会使用不对称的两个临界值。

单个正态分布 $N(\mu,\sigma^2)$ 方差 σ^2 的假设检验可以使用表 2-7-8。

表 2-7-8 单个正态总体方差的假设检验

待估参数	条件	原假设 H_0	备择假设 H_1	统计量及使用分布	拒绝域 W_1
σ^2	已知 $\mu=\mu_0$	$\sigma^2=\sigma_0^2$	$\sigma^2\neq\sigma_0^2$	$\chi^2=\dfrac{\sum_{i=1}^{n}(Z_i-\mu_0)^2}{\sigma_0^2}\sim\chi^2(n)$	$\chi^2<\chi^2_{1-\frac{\alpha}{2}}$ 或 $\chi^2>\chi^2_{\frac{\alpha}{2}}$
		$\sigma^2=\sigma_0^2$ $\sigma^2\geqslant\sigma_0^2$	$\sigma^2<\sigma_0^2$		$\chi^2<\chi^2_{1-\alpha}$
		$\sigma^2=\sigma_0^2$ $\sigma^2\leqslant\sigma_0^2$	$\sigma^2>\sigma_0^2$		$\chi^2>\chi^2_\alpha$

续表

待估参数	条件	原假设 H_0	备择假设 H_1	统计量及使用分布	拒绝域 W_1
σ^2	未知 μ	$\sigma^2=\sigma_0^2$	$\sigma^2\neq\sigma_0^2$	$\chi^2=\frac{(n-1)S_{n-1}^2}{\sigma_0^2}\sim\chi^2(n-1)$	$\chi^2<\chi_{1-\frac{\alpha}{2}}^2$ 或 $\chi^2>\chi_{\frac{\alpha}{2}}^2$
		$\sigma^2=\sigma_0^2$ $\sigma^2\geqslant\sigma_0^2$	$\sigma^2<\sigma_0^2$		$\chi^2<\chi_{1-\alpha}^2$
		$\sigma^2=\sigma_0^2$ $\sigma^2\leqslant\sigma_0^2$	$\sigma^2>\sigma_0^2$		$\chi^2>\chi_{\alpha}^2$

表2-7-8中，当均值已知时，使用的统计量 $\chi^2=\frac{\sum_{i=1}^{n}(X_i-\mu_0)^2}{\sigma_0^2}$，有时也被写成 $\frac{(n-1)S_{n-1}^2+n(\overline{X}-\mu_0)^2}{\sigma_0^2}$。实际上经简单的代数计算，可以证明它们两者是相等的。

对于两个正态总体的“均值差”与“方差比”，亦可以类似地进行检验。而当母体不服从正态分布时，有时可以利用所谓的中心极限定理，对大样本问题，近似利用与正态分布时类似的方法进行检验。假设检验还被广泛地使用于总体分布，或独立性的假设检验。当然对样本容量往往有更进一步的要求，详细方法及例子可以参考有关书籍和文献。

7.2.4 回归分析

回归分析是统计中应用十分广泛的一个分支，涉及内容主要是建立数学模型。但与一般的建模方法不同，这里比较强调“简明扼要”。具体讲有以下特点：①注意宏观趋势，不过多的纠结于微观细节；②抓住模型中主要的线性部分；③努力减少自变量个数。回归时线性模型并不局限于 $Y=\beta_0+\beta_1x_1+\beta_2x_2$ 这样的形式。像 $Y=\beta_0+\beta_1x_1+\beta_2x_2+\beta_3x_1x_2$ 这种含有非线性乘积项的形式，也可通过引进新变量，把它化为 $Y=\beta_0+\beta_1x_1+\beta_2x_2+\beta_3x_3$ 这样的线性形式。另外由于回归时，涉及的主要是回归系数（$\beta_0,\beta_1,\beta_2,\beta_3$），所以尽管上面例子中 Y 与 x_1，x_2 间有非线性关系，但模型本身相对于系数（$\beta_0,\beta_1,\beta_2,\beta_3$）而言仍是线性的，所以常把这一类都归为线性模型[3]。在后面的试验设计中，可以看出：乘积项 X_1X_2 往往涉及 X_1 变量与 X_2 变量间的交互作用，从而回归模型既可考察单个因子的作用，也可考察多因子交互作用的影响。

回归分析方法的步骤[1,3]：

① 在适当（预假设）条件下，给出（初步）回归模型：

$$Y=\beta_0+\beta_1X+\varepsilon$$

式中，X 为非随机的确定性变量。通常称 X 为自变量（或解释变量），称 Y 为响应变量（或被解释变量）。ε 为随机变量，服从正态分布 $N(0,\sigma^2)$。

② 收集试验数据（x_i,y_i），$i=1,2,\cdots,n$。利用它计算模型中三个待估参数（β_0,β_1,σ^2）。

③ 对回归模型进行 F 假设检验，对回归系数进行 t 假设检验。

④ 利用“残差分析”验证第一步中的预假设条件，检测试验数据中可能存在的离群数据（outliers）。

⑤ 对回归结果进行调整与总结，求出回归方程并进行解释。

回归时涉及随机变量，所以针对其概率特性的讨论就显得非常重要。这说明回归分析中遇到的问题及采用的方法，与“高等数学”中简单的求导配直线方法，有着很多实质性的差别。例如一般不能简单地用数学恒等变形原理，由回归方程：$Y=\beta_0+\beta_1 X$，推导出新关系式：$X=-\frac{\beta_0}{\beta_1}+\frac{1}{\beta_1}Y$。

7.2.4.1 一元线性回归

(1) 回归模型及参数估计 两个变量间的一元线性回归模型为：

$$Y=\beta_0+\beta_1 X+\varepsilon \tag{2-7-17}$$

式中，X 为非随机的确定性变量；(β_0,β_1) 为待估系数。ε 为随机误差项，它是一个特殊的随机变量，反映了未被引入线性关系的其他因素（包括随机误差）对 Y 的影响。即不能由 X 与 Y 之间的线性关系所解释的因素。

由于 (β_0,β_1) 未知，需要根据观察到的数据 (x_i,y_i)，$i=1,2,\cdots,n$ 对其进行估计，这样模型方程(2-7-17) 可更仔细地写为：

$$y_i=\beta_0+\beta_1 x_i+\varepsilon_i \quad i=1,2,\cdots,n \tag{2-7-18}$$

为后面讨论方便，常预假设随机变量 $\varepsilon_i(i=1,2,\cdots,n)$ 满足下列条件：

① 正态性：ε_i 都服从相同的正态分布 $N(0,\sigma^2)$。

② 独立性：n 个 ε_i 间相互独立。

③ 方差齐性：n 个 ε_i 服从的分布中，方差 σ^2 为同一常数，即与 i 无关。

注意到误差项 ε_i 中的方差也是未知的，从而使我们的待定系数由 2 个 (β_0,β_1) 增加到 3 个 $(\beta_0,\beta_1,\sigma^2)$。

利用极大似然估计法，首先可得到参数的三个点估计式：

$$\hat{\beta}_1=\frac{L_{xy}}{L_{xx}},\ \hat{\beta}_0=\overline{y}-\hat{\beta}_1\overline{x},\ \hat{\sigma}^2=\frac{1}{n}SS_E \tag{2-7-19}$$

其中的

$$\overline{x}=\frac{1}{n}\sum_{i=1}^{n}x_i\ ,\ \overline{y}=\frac{1}{n}\sum_{i=1}^{n}y_i\ ,\ L_{xy}=\sum_{i=1}^{n}(x_i-\overline{x})(y_i-\overline{y})$$

$$L_{xx}=\sum_{i=1}^{n}(x_i-\overline{x})^2\ ,\ SS_E=\sum_{i=1}^{n}(y_i-\hat{\beta}_0-\hat{\beta}_1 x_i)^2 \tag{2-7-20}$$

常称 SS_E 为误差平方和或残差平方和（sum squares due to error），它在后面的方差分析及自变量讨论时有重要的作用。

可以证明：$\frac{1}{\sigma^2}SS_E\sim\chi^2(n-2)$，注意到 $E\chi^2(n-2)=(n-2)$，故为了得到 σ^2 的无偏估计，常把式(2-7-19) 中的表达式加以修正，即令

$$\hat{\sigma}^2=\frac{1}{n-2}SS_E \tag{2-7-21}$$

并以此作为 σ^2 的点估计。

式(2-7-19) 中给出的统计量 $\hat{\beta}_0$，$\hat{\beta}_1$ 都服从正态分布，而分布中的两个参数分别为：

$$E\hat{\beta}_0=\beta_0,\ D\hat{\beta}_0=\sigma^2\left[\frac{1}{n}+\frac{(\overline{x})^2}{\sum_{i=1}^{n}(x_i-\overline{x})^2}\right]=\sigma^2\left[\frac{1}{n}+\frac{(\overline{x})^2}{L_{xx}}\right]$$

$$E\hat{\beta}_1=\beta_1,\ D\hat{\beta}_1=\frac{\sigma^2}{\sum_{i=1}^{n}(x_i-\overline{x})^2}=\frac{\sigma^2}{L_{xx}}$$

令 $S_{\hat{\beta}_0}=\sqrt{D\hat{\beta}_0}\mid_{\sigma=\hat{\sigma}}$，$S_{\hat{\beta}_1}=\sqrt{D\hat{\beta}_1}\mid_{\sigma=\hat{\sigma}}$，其中的 $\hat{\sigma}$ 可用式(2-7-21) 计算，这时在置信水平 $1-\alpha$ 下，参数 β_0 的“置信区间”为：

$$[\hat{\beta}_0-S_{\hat{\beta}_0}\times t_{\alpha_2}(n-2),\ \hat{\beta}_0+S_{\hat{\beta}_0}\times t_{\alpha_2}(n-2)] \tag{2-7-22}$$

系数 β_1 的“置信区间”为：

$$[\hat{\beta}_1-S_{\hat{\beta}_1}\times t_{\alpha_2}(n-2),\ \hat{\beta}_1+S_{\hat{\beta}_1}\times t_{\alpha_2}(n-2)] \tag{2-7-23}$$

【例 2-7-9】 恩格尔系数的估算。所谓恩格尔系数是由德国统计学家恩格尔提出的，反映食品支出与收入水平之间比例关系的系数。在最简单的恩格尔系数模型中，假设商品价格不变，而食品支出 Y 与收入水平 X 间可用线性关系表示，即 $Y=\beta_0+\beta_1 X$。然而如果考虑到时间与随机因素的存在，进一步把关系式表示为 $Y_t=\beta_0+\beta_1 X_t+\varepsilon_t$，其中 X_t，Y_t 分别为人均月收入与月支出的第 t 次观察值，而 ε_t 为由观察误差及其他因素合并而成的随机变量。它们相互独立且服从相同的正态分布 $N(0,\sigma^2)$。今设法用抽样数据对三个参数进行估计并检验，最后用估计关系式进行预测。已知的 15 个抽样数据见表 2-7-9。

表 2-7-9 恩格尔系数的估算数据

编号 t	1	2	3	4	5	6	7	8	9	10	11	12	13	14	15
人均月收入 X	1020	960	970	1020	910	1580	540	830	1230	1060	1290	1380	810	920	640
人均月支出 Y	270	260	250	280	270	360	190	260	310	310	340	380	270	280	200

解 利用表 2-7-9 中的数据及公式(2-7-19)、公式(2-7-20)、公式(2-7-21)，不难算出

$$\hat{\beta}_0=99.87,\ \hat{\beta}_1=0.1802,\ \hat{\sigma}^2=334.37,\ \hat{\sigma}=18.286,\ SS_E=4346.82$$

于是回归方程为

$$\hat{Y}_t=\hat{\beta}_0+\hat{\beta}_1 X_t=99.87+0.1802X_t$$

根据此式，可算出食品支出在月收入中所占比例（恩格尔系数）：

$$\frac{\hat{Y}_t}{X_t}=\frac{99.87}{X_t}+0.1802$$

这说明恩格尔系数会随 X_t 的增大而减小。

进一步用公式(2-7-22)、公式(2-7-23) 可得到 β_0，β_1 的区间估计，对于我们的例子

$$S_{\hat{\beta}_1}=\frac{\hat{\sigma}}{\sqrt{L_{xx}}}=\frac{18.286}{\sqrt{1043693}}=0.0179$$

取 $\alpha=0.05$，代入 $n=15$，查 t 分布表，可得 β_1 的置信区间为：

$$[0.1802-0.0179\times 2.1604,\ 0.1802+0.0179\times 2.1604]=[0.1415,\ 0.2189]$$

类似可得 β_0 的置信区间=[59.4817，140.2615]。

(2) 模型整体的 *F* 检验与可决系数 检验回归的效果可以用 F 检验法，以及可决系数来判断。所谓 F 检验法就是检查变量 X 与 Y 间是否存在线性关系的一种假设检验方法。由于使用此方法时需要引进服从 F 分布的统计量，为简单计，有时就直接称此检验法为 F 检验法。具体检验步骤为：

① 提出假设。H_0：$\beta_1=0$，H_1：$\beta_1\neq 0$

② 构建统计量。

$$F=\frac{SS_R/1}{SS_E/(n-2)}\overset{(H_0\text{成立})}{\sim}F(1,n-2) \tag{2-7-24}$$

其中的 $SS_R=\sum_{i=1}^{n}(\hat{y}_i-\overline{y})^2$ 为回归平方和（sum squares due to regression），它反映了 $\hat{y}_i$ 的波动。而 $\hat{y}_i=\hat{\beta}_0+\hat{\beta}_1 x_i$，它表示自变量 X 变化时，由线性回归方程所带来的 Y 的取值变化。另外 $SS_E=\sum_{i=1}^{n}(y_i-\hat{y}_i)^2$ 是残差平方和，它反映了 y_i 的波动中，不能用线性关系解释的其他因素对 Y 取值的影响。SS_E 的大小在一定程度上反映了回归方程拟合效果的好坏，特别当观察数据全部落在一条直线上时，$SS_E=0$。统计量 F 的定义式(2-7-24) 中，SS_R 的分母 1 与 SS_E 的分母（$n-2$），分别被称为它们的自由度。它们实际上反映了 SS_R 与 SS_E 的定义式中独立变量的个数。

在统计中经常要用到一个重要的关系式：

$$SS_T=SS_E+SS_R \tag{2-7-25}$$

其中的 $SS_T=\sum_{i=1}^{n}(y_i-\overline{y})^2$ 称为总偏差平方和（total sum of squares），它可反映 y_i 的波动情况。当 y_i 稳定时，SS_T 较小；而当 y_i 变化激烈时，SS_T 则会比较大。

③ 把样本值代入统计量，进行检验。

对给定的显著性水平 α，当 $F>F_\alpha(1,n-2)$ 时，拒绝 H_0，这说明线性回归方程显著。当 $F<F_\alpha(1,n-2)$ 时，不能拒绝 H_0（注意：不是武断的接受 H_0），即无充分证据表明回归方程显著。此时存在两种可能：a. β_1 确实等于 0（或绝对值很小）。这说明可能选错了自变量，以致不存在线性关系。b. β_1 实际上不等于 0，但目前的证据不够充分，或许是样本太少，以致误差干扰太大，掩盖了自变量的作用。到底发生了哪种情况，需要进行具体分析。但无论如何，此时说明用原始数据导出的回归方程不理想，不适宜直接应用。

对于恩格尔系数（例 2-7-9），不难算得 $SS_R=33893.18$，注意到 $SS_E=4346.82$，进而由公式(2-7-24) 得到 F 检验统计量的值 $F=101.3641$，与分位数 $F_{0.05}(1,13)=4.6672$ 相比

较后可知：统计量观察值落入拒绝域，故判断变量 X 与 Y 之间（在显著性水平 $\alpha=0.05$ 下），有显著的统计线性相关关系。

在考察与解释回归方程拟合好坏时，还有一个简单的方法，即利用所谓的可决系数（coefficient of determination）来进行，有时简记它为 R^2（R square）。

实际上定义

$$R^2=\frac{SS_R}{SS_T}=1-\frac{SS_E}{SS_T} \tag{2-7-26}$$

它反映了在总体偏差平方和 SS_T 中，能由线性回归方程所解释的 SS_R 所占的比例。其取值范围在 $[0,1]$。对于恩格尔系数（例 2-7-9），$R^2=0.886328$。它说明我们导出的线性回归模型，能解释食品月支出 Y 的总波动中约 89％的原因。

(3) 回归模型的预测 回归模型常可用于预测与优化。例如试验设计中常用到的响应曲面法就是利用回归模型找出梯度方向，然后再逐步调优。对于预测值，一般亦可有点估计与区间估计。当自变量指定值为 x_f 时，其响应变量 y_f 的点估计式为：

$$\hat{y}_f=\hat{\beta}_0+\hat{\beta}_1 x_f \tag{2-7-27}$$

而 y_f 的区间估计，可用 t 分布的（上侧）分位数表示，即置信水平为 $(1-\alpha)$ 的置信区间为

$$\left[\hat{y}_f-S_{ef}\times t_{\frac{\alpha}{2}}(n-2),\ \hat{y}_f+S_{ef}\times t_{\frac{\alpha}{2}}(n-2)\right] \tag{2-7-28}$$

其中的

$$S_{ef}^2=\hat{\sigma}^2\left[1+\frac{1}{n}+\frac{(x_f-\overline{x})^2}{\sum_{i=1}^{n}(x_i-\overline{x})^2}\right] \tag{2-7-29}$$

当 x_f 变化时，置信区间(2-7-28) 给出了一个以回归直线 $y_f=\hat{\beta}_0+\hat{\beta}_1 x_f$ 为中心，中间窄、左右两边宽的平面区域（图 2-7-10）。

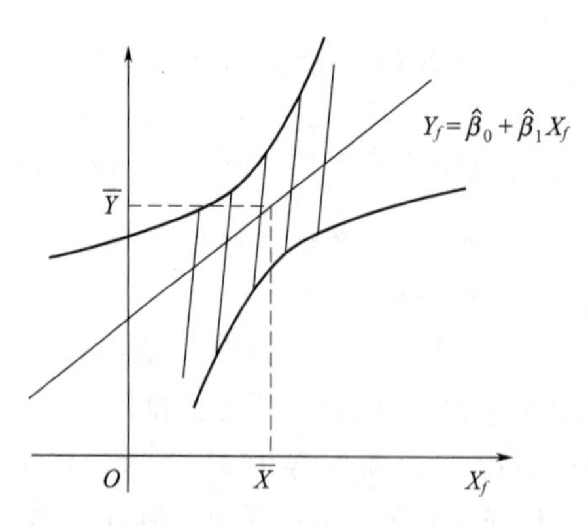

图 2-7-10 响应变量预测区域

当 n 充分大时，由于 $S_{ef}\approx\hat{\sigma}$，$t_{\frac{\alpha}{2}}(n-2)\approx U_{\frac{\alpha}{2}}$，故置信区间(2-7-28) 化简为

$$\left[\hat{y}_f-\hat{\sigma}\times U_{\frac{\alpha}{2}},\hat{y}_f+\hat{\sigma}\times U_{\frac{\alpha}{2}}\right] \tag{2-7-30}$$

这是一个以 $y_f=\hat{\beta}_0+\hat{\beta}_1 x_f$ 为中心的带状区域。

对于恩格尔系数（例 2-7-9），如假定 $x_f=2000$，代入回归方程可得点估计：

$\hat{y}_f=99.87+0.1802x_f=460.27$(元)。为求$\alpha=0.05$ 时的置信区间，注意到

$$S_{ef}=18.286\times\left[1+\frac{1}{15}+\frac{(2000-1010.67)^2}{1043693}\right]^{\frac{1}{2}}=25.89$$

而临界值 $t_{\frac{\alpha}{2}}(n-2)=t_{0.025}(13)=2.1604$，代入公式(2-7-28)，可得在置信水平 95%时，y_f 的预测区间为 [404.34,516.19]。

回归模型在应用时，要注意它只能解释变量间是如何关联的，而不能误用作因果关系的一种证据。另外 X 与 Y 的位置不能轻易调换，因为在前面预假设的模型(2-7-17) 中 X 是确定性的，而 Y 是随机的。

7.2.4.2 多元线性回归

多元线性回归的模型为：

$$Y=\beta_0+\beta_1 X_1+\beta_2 X_2+\cdots+\beta_p X_p+\varepsilon \tag{2-7-31}$$

这里自变量的个数增加到了 p 个，其回归系数等的计算公式也会烦琐一些。但好在有很多软件可供选择，故不存在太大的问题。然而自变量个数多了后会产生变量筛选等新的问题。

(1) 回归模型参数的点估计 设观察数据为 $(y_i,x_{i1},x_{i2},\cdots,x_{ip})(i=1,2,\cdots,n)$。代入模型(2-7-31)，使用矩阵形式表示后可得

$$Y=X\beta+\varepsilon \tag{2-7-32}$$

其中 $Y=\begin{pmatrix}y_1\\y_2\\\vdots\\\vdots\\\vdots\\y_n\end{pmatrix}_{n\times1}$，$X=\begin{pmatrix}1&x_{11}&x_{12}&\cdots&x_{1p}\\1&x_{21}&x_{22}&\cdots&x_{2p}\\\vdots&\vdots&\vdots&\vdots&\vdots\\1&x_{n1}&x_{n2}&\cdots&x_{np}\end{pmatrix}_{n\times(p+1)}$，$\beta=\begin{pmatrix}\beta_0\\\beta_1\\\vdots\\\vdots\\\vdots\\\beta_p\end{pmatrix}_{(p+1)\times1}$，$\varepsilon=\begin{pmatrix}\varepsilon_1\\\varepsilon_2\\\vdots\\\vdots\\\vdots\\\varepsilon_n\end{pmatrix}_{n\times1}$

令 $L=X^TX$，设其满秩，即 L 的逆矩阵存在，此时可以估计

$$\hat{\beta}=L^{-1}X^TY,\ \hat{\sigma}^2=\frac{(Y-X\hat{\beta})^T(Y-X\hat{\beta})}{n-p-1}=\frac{SS_E}{n-p-1} \tag{2-7-33}$$

(2) 模型方程及参数的假设检验 多元线性回归模型拟合程度的整体检验，可以采用与一元时相似的 F 检验法。但此时的 $H_0:\beta_1=\beta_2=\cdots=\beta_p=0,H_1:\beta_1,\beta_2,\cdots,\beta_p$ 不全为 0。而检验统计量及使用的分布则为：

$$F=\frac{SS_R/p}{SS_E/(n-p-1)}\sim F(p,n-p-1) \tag{2-7-34}$$

相应的拒绝域 W_1 为 $(F_\alpha(p,n-p-1),+\infty)$。而接受域 W_0 为 $(0,F_\alpha(p,n-p-1))$。

与一元线性回归的假设检验不同的是：在多元回归时，还需要对每个回归系数 $\beta_j(j=0,1,2,\cdots,p)$ 进行检验。用以考察相应的自变量 X_j 对响应变量 Y 的线性作用是否显著。为

此，对每一个 $j=0,1,2,\cdots,p$，分别考虑以下的检验：

假设 $H_0:\beta_j=0$，$H_1:\beta_j\neq 0$

并引进统计量：

$$t_{\hat{\beta}_j}=\hat{\beta}_j/S_{\hat{\beta}_j} \tag{2-7-35}$$

式中，$\hat{\beta}_j$ 是回归系数的估计值，可由式(2-7-33) 计算。而 $S_{\hat{\beta}_j}$ 是 $\hat{\beta}_j$ 标准差的估计值，它可按下式计算：

$$S_{\hat{\beta}_j}=\sqrt{\frac{SS_E}{n-p-1}\times\psi_{jj}} \tag{2-7-36}$$

其中的 ψ_{jj} 是矩阵 $L^{-1}=(X^TX)^{-1}$ 的第 j 个对角元素。可以证明统计量 $t_{\hat{\beta}_j}\sim t(n-p-1)$。故对于给定的显著性水平 α，若 $|t_{\hat{\beta}_j}|>t_{\frac{\alpha}{2}}(n-p-1)$，则该统计量落入拒绝域，即认为对应的变量 X_j 对响应变量 Y 的线性影响是显著的。若 $|t_{\hat{\beta}_j}|<t_{\frac{\alpha}{2}}(n-p-1)$，说明统计量落入接受域，此时无法断言自变量 X_j 对响应变量 Y 是否有显著的线性影响。

(3) 多重共线性问题与修正可决系数 多元线性回归时常会碰到 F 检验通过，而部分 t 检验通不过的现象。造成此现象的原因是多方面的，不能简单地归结为对应的自变量不起作用。实际上统计量 $t_{\hat{\beta}_j}$ 落入接受域时，有可能确实 H_0 为真，即 $\beta_j=0$。也可能 H_0 不真，即 $\beta_j\neq 0$，但证据不足。除了以上原因外，还有一个可能原因，就是存在所谓的多重共线性问题 (multicollinearity)。简单讲这指的是回归自变量之间存在高相关性。例如原来的模型是 $\hat{y}=b_0+b_1x$。然而有时把 x 拆成两个自变量，即 $x=x_1+2x_2$，其中 $x_1=x/2$，$x_2=x/4$。此时，如果硬把 x_1 与 x_2 视作两个新的回归自变量，并构造回归模型 $\hat{y}=b_0+b_{11}x_1+b_{12}x_2$，再对此新模型进行回归并检验时，就有可能产生 F 检验通过、而两个 t 检验都通不过的尴尬结果（即 $t_{\hat{b}_{11}}$ 和 $t_{\hat{b}_{12}}$ 都落入接受域）。其原因则是由变量 x_1 与 x_2 的高相关性而引起的。事实上如果 $b_{11}=0$ 成立，则 x_1 的作用可由 x_2 代替。如果 $b_{12}=0$，则 x_2 的作用可由 x_1 代替。此时 F 检验仍然通过，但是如果同时有 $b_{11}=0$，$b_{12}=0$，则常会使 F 检验通不过了。统计学家为了避免这一类使人头痛问题的发生，往往在回归前，先进行相关性分析。对于相关系数的值大于 0.7 的变量进行筛选，仅留下最有用的，然后再进行回归（参考文献[3]）。另外把高相关性的自变量剔除，亦可使回归系数计算公式(2-7-33) 中的逆矩阵存在，这也从另外一个角度保证了回归过程能顺利地进行下去。

总之，对于 F 检验通过，而部分 t 检验通不过的问题，可以针对不同原因，采用三种改进方法：①计算相关系数，利用 0.7 的阈值，剔除可能产生多重共线性问题的回归自变量；②针对 $\beta_j=0$，在原模型中剔除第 j 个自变量 X_j 后，重新进行回归；③考虑到样本数据的可能不足，有时可采取补充新观察值，以增加样本容量的方法加以改进。

在多元回归时，还常常建议采用修正可决系数 (adjusted R square)。其定义为：

$$R_a^2=1-\frac{SS_E/(n-p-1)}{SS_T/(n-1)}=1-\frac{MS_E}{MS_T} \tag{2-7-37}$$

其中的 MS_E 与 MS_T 分别被称为误差平均平方和与总偏差平均平方和。与一元回归时的可决系数 R^2 计算式(2-7-26) 相比较，可知有关系

$$R_a^2=1-(1-R^2)\frac{n-1}{n-p-1}$$

故它兼顾了变量个数 $p+1$，又考虑到了 R^2 的值。作为一个综合指标，常被统计学家用作衡量多元线性回归效果优劣的程度。但要指出的是 $R^2\in[0,1]$，但 R_a^2 有时可能会变成负数。此时为避免不必要的麻烦，有的统计软件就会强制性地令它为 0。

7.2.4.3　残差分析

残差分析（residual analysis）指的是回归后，对残差 $e_i=y_i-\hat{y}_i$，$i=1,2,\cdots,n$ 进行分析，以验证回归前预假设的条件，同时对观察数据及结果进行讨论。其中 y_i 为观察数据中响应变量的值，而 $\hat{y}_i=\hat{\beta}_0+\hat{\beta}_i x_{i1}+\cdots+\hat{\beta}_p x_{ip}$ 为回归模型计算值（即预测值）。

(1) 模型预假设条件的验证　在回归前曾对模型中的误差项 ε_i，$i=1,2,\cdots,n$ 提出过正态性、独立性与方差齐性的要求。由于统计中遇到的很多实际问题，在事先往往不能确定这些要求是否被满足，所以利用观察数据进行事后验证，就显得十分重要。而此时的残差分析就是一个十分简便的方法。当 ε_i 满足三性要求时，残差 e_i 也近似满足三性，这就为通过 e_i 的特性，倒过来验证 ε_i 的预假设条件提供了方便。

为验证正态性常可利用正态概率纸（或某种软件），以观察其是否服从正态分布，对应的均值是否为零，方差是否也符合预假设要求。为验证独立性与方差齐性，则常可通过作残差图，观察其形状的办法加以判断[3]。

残差图有以下几种。第一种是以残差 e_i 为纵坐标，以某种回归变量 $X_j(j=1,2,3,\cdots,p)$ 为横坐标所作的散点图。这种图有 p 个。第二种是以 e_i 为纵坐标，以预测值 $\hat{y}_i$ 为横坐标所作的散点图。即使对于多元线性回归，这种图也只有一张。由于图的张数少，故常被众多统计学家所采用。

常见的残差图可能会是以下几种形态（图 2-7-11）。

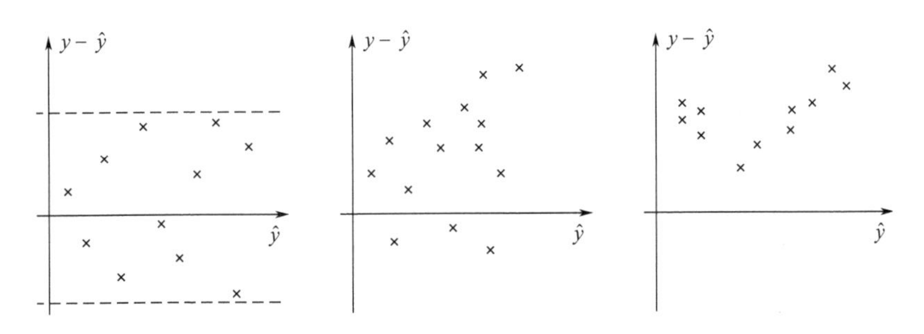

图 2-7-11　残差图的各种形态

观察最左边图中的散点，发现他们比较均匀地落在以零为中心的上下宽度相等的水平带状区域内，从而可推断 ε_i 基本上符合独立性、方差齐性均值为 0 的预假设要求。上图中间的散点，它们随 $\hat{y}$ 的变化，其上下变化的幅度也会有所变化，这说明 ε_i 不符合方差齐性的预假设要求。这种情况在回归时是不希望发生的。上面最右边的图中的散点虽然也呈现方差非齐性的不足，但注意到它们的散布呈现一定的规律（例如抛物线），这时，统计学家常建议可作适当的自变量变换，以改变方差非齐性的问题。

第
2
篇

(2) 数据诊断 利用残差分析还可对原始数据进行诊断，常见的有离群数据（outlier），与强影响力数据（influential data）的检测（图 2-7-12）。

图 2-7-12(a) 中，一个观察数据与其他数据的明显不合群，即与其他数据所表现的趋势或模式不匹配，常把这种数据称为离群数据或异常数据。产生这种数据的原因是多方面的，有的是数据记录有误，有的是该数据产生的前提（或背景）与其他数据不一样（例如实验方法不同、突发事件的存在等）。另一种数据称为具强影响力（或具大杠杆率）的数据。如图 2-7-12(b)所示，该图右下方一个观察数据的存在，会在很大程度上改变其他数据的回归结果。其产生原因，有时是由于存在离群的 y 值，有时则是由于极端 x 值的存在。由于这种数据的存在与否，对回归结果影响很大，故在处理时需要特别仔细（当然不是轻易地予以删除）。

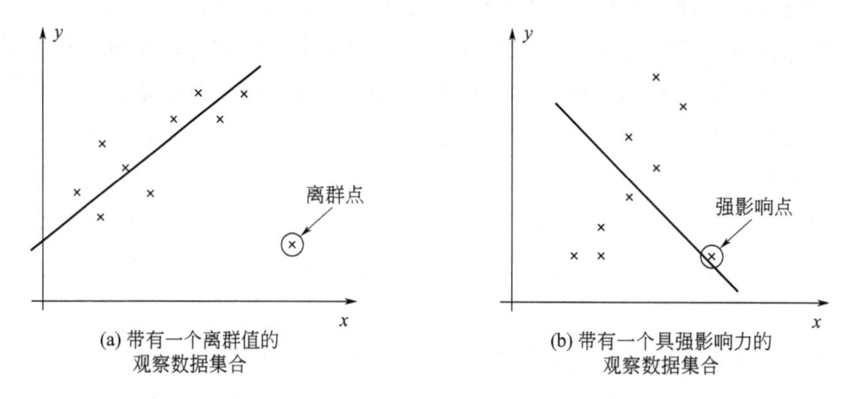

(a) 带有一个离群值的观察数据集合

(b) 带有一个具强影响力的观察数据集合

图 2-7-12 数据诊断

除了观察数据散点图的方法外，在多元线性回归时，离群数据的检测问题，还可通过把残差标准化后，利用它服从 t 分布，而 t 分布随机变量以大概率落在（$-2,+2$）[或（$-3,+3$）] 范围内的特性来判断发现。

7.3 试验的设计与分析

试验设计方法基本原则：在化工的过程开发与工程设计中经常要进行一些试验，并通过对试验结果的分析取得一些有用的信息。例如：如何设定某些参数以提高产出，或改善产品质量的稳定性。在试验的条件不能轻易变动时，常常可以收集历史数据，利用上一节提到的回归分析等工具对数据进行分析并提出改进和建议。然而在很多场合，特别是产品开发的前期，试验条件允许人为调节，此时本节所介绍的试验设计与分析方法就是一种比较高效的工具。试验设计方法充分注意到了如何区分随机误差与系统误差。在使用时一般要考虑三个基本原则：试验的随机性，试验的重复性，以及合理的分批试验。所谓随机性，指的是试验的先后次序不是人为硬性指定，而是随机选定。具体讲如果要做 8 个试验，则可在 Excel 表格中把它们列成一列，然后引进函数 RAND（ ），使之产生一列随机数，再按随机数大小重新对 8 个试验先后次序进行排列（表 2-7-10）。

表 2-7-10 试验次序的随机化

试验次序	Excel 随机数(已重新排序)	试验对象
1	12417	试验 3
2	21238	试验 8
3	36481	试验 1
4	52286	试验 4
⋮	⋮	⋮
8	89323	试验 6

随机安排试验先后次序，可以减少一些潜在的试验误差。在后面几节的介绍中经常会提到这一安排方法。

第二个原则重复性，指的是在同一条件下，做多次（例如 $n=10$ 次）试验。应该指出，这里的重复试验并不是反复测样，也不是同一条件下同时做多个试验。这里的重复试验，其先后次序应按照上面提到的随机性原则，由函数 RAND（ ）确定。一般讲重复试验的误差要比反复测样的试样误差大，另外人们常推荐在不同条件下重复试验时，其试验次数最好取的相同[4]。

试验设计的第三个原则合理分批，常可用于试验条件改变的场合，例如，当试验原料短缺，不足以支撑一组（共 10 次）试验时，可以把它们（10 次）试验分成 2 批，每批使用同一种原料。这种方法有时可以帮助排除因原料改变对试验结果的可能干扰。有时亦可应用于所谓鲁棒性的分析。

实验设计中涉及的参变量，可以是定量的，例如温度、压力；也可以是定性的，例如原料产地。下面将以定量变量为主，分别介绍常用的析因试验设计、分批析因试验设计与部分析因试验设计，另外还简单介绍正交试验设计方法。

7.3.1 方差分析

试验中广泛存在着误差，有些是系统误差，有些是随机误差。对试验结果进行分析时，如何区分不同误差，发现参变量的真实作用，就成为各种分析工具的首要任务。而统计中的方差分析（analysis of variance——ANOVA），就是一种使用相当广泛的工具。

（1）方差分析的正态数学模型 若需要考虑某个因子的影响，该因子有 $i=1,2,\cdots,a$ 种不同的水平。在每个水平下，我们进行 $j=1,2,\cdots,n$ 次重复试验。试验结果用 y_{ij} 表示，即

$$y_{ij}=\mu+\tau_i+\varepsilon_{ij},\ \begin{cases}i=1,2,\cdots,a\\ j=1,2,\cdots,n\end{cases} \tag{2-7-38}$$

式中，μ，τ_i 为确定性常数，反映该因子在不同水平下对输出的贡献，ε_{ij} 代表试验误差。今假设各误差间相互独立，且都服从均值为 0，方差为 σ^2 的正态分布，即 $\varepsilon_{ij}\sim N(0,\sigma^2)$，这样 y_{ij} 就服从分布 $N(\mu+\tau_i,\sigma^2)$。常称式(2-7-38) 为正态模型。试验的目的是从 y_{ij} 中区分出 ε_{ij}，同时通过比较 τ_i 的大小，筛选出所需要的信息。

（2）平方和分解式 为描述输出数据 y_{ij} 的波动，可以引进总偏差平方和

$$SS_T=\sum_{i=1}^{a}\sum_{j=1}^{n}(y_{ij}-\overline{y}_{..})^2 \tag{2-7-39}$$

式中，$y_{..}=\sum_{i=1}^{a}\sum_{j=1}^{n}y_{ij}$ ，$\overline{y}_{..}=\frac{1}{an}y_{..}=\frac{1}{an}\sum_{i=1}^{a}\sum_{j=1}^{n}y_{ij}$ 。它们分别代表了所有输出值 y_{ij} 的总和，以及其平均值。显然，如 y_{ij} 数值比较平稳，则 SS_T 会比较小；若 y_{ij} 数值变化大，则 SS_T 也会比较大。故 SS_T 可以总体反映输出值 y_{ij} 偏差的大小。注意到该值与试验水平数 a 以及重复次数 n 有关。为更好体现单次试验的效果，往往把它除以所谓的自由度 $(an-1)$，得到平均偏差平方和：

$$MS_T=\frac{1}{an-1}SS_T \tag{2-7-40}$$

这里的自由度指的是表达式(2-7-39) 中独立随机变量的个数。它对于构成方差分析中的试验统计量 F_0 是很重要的。

方差分析中重要的理论基础是下述平方和分解式：

$$SS_T=SS_{TM}+SS_E \tag{2-7-41}$$

与$\overline{y}_{..}$类似，我们用 $\overline{y}_{i.}=\frac{1}{n}\sum_{j=1}^{n}y_{ij}$ ，$i=1,2,\cdots,a$ 表示因子在第 i 种水平下，经过 n 次试验后，其结果的均值。并定义

$$SS_E=\sum_{i=1}^{a}\sum_{j=1}^{n}(y_{ij}-\overline{y}_{i.})^2, SS_{TM}=n\sum_{i=1}^{a}(\overline{y}_{i.}-\overline{y}_{..})^2 \tag{2-7-42}$$

很明显 SS_E 描述了每个水平下，由于重复试验所产生的误差影响。而 SS_{TM} 描述了由于因子水平变化带来的输出的波动，它反映了因子水平变化对输出的影响。常称 SS_E 为误差平方和，SS_{TM}为因子偏差平方和。它们分别有自由度（$an-a$），（$a-1$）。这样与平方和分解式(2-7-41) 相似，亦可有自由度分解式 $(an-1)=(an-a)+(a-1)$。令 $N=an$ 为试验总次数，则自由度分解式可以改写为：

$$N-1=(N-a)+(a-1) \tag{2-7-43}$$

(3) 方差分析中的假设检验 在正态模型式(2-7-38) 下进行假设检验时，可以设

$$\begin{aligned}&H_0:\tau_1=\tau_2=\cdots=\tau_a=0\\&H_1:\tau_i\neq 0\quad（至少有一个 i）\end{aligned} \tag{2-7-44}$$

当 H_0成立时，说明因子的水平变化不影响输出，即因子的 a 种水平间的作用没有显著差异（简称该因子不显著）。反之，当 H_0不成立时，因子的不同水平间的作用有显著差异（简称该因子显著）。

为进行统计检验，引进统计量

$$F_0=\frac{SS_{TM}/(a-1)}{SS_E/(N-a)}\triangleq\frac{MS_{TM}}{MS_E} \tag{2-7-45}$$

可以证明：MS_E 是随机误差 ε_{ij} 的方差 σ^2 的无偏估计。同时如果原假设 H_0不成立，则 MS_{TM} 的期望值将大于σ^2，即 F_0 分子的期望值将大于分母的期望值，从而使得在 F_0 值充分大时拒绝 H_0，换句话说，可以用（$F_\alpha(a-1,N-a),+\infty$）作为拒绝域。即当 $F_0>F_\alpha(a-1,N-a)$ 时，拒绝 H_0。认为所考察因子的水平变化对输出有实质性影响。其中（$a-1,N-a$）为 F 分布的二个参数值，$F_\alpha(a-1,N-a)$ 是 F 分布的上侧 α 分位数（或临界值）。

在统计学中 α 是个较小的数（例如，0.01，0.05，0.1），称为显著性水平（significance level）。它实际上是个拒真概率，即 $\alpha=P$（F_0 落入拒绝域｜H_0 为真）。注意到对于具有同样参数（$a-1,N-a$）的 F 分布，其临界值有关系：$F_{0.1}>F_{0.05}>F_{0.01}$。在实践中当 $F_0>F_{0.01}(a-1,N-a)$ 时，说明该因子水平的改变，对试验结果有高度显著影响，记作 **；当 $F_{0.05}(a-1,N-a)>F_0>F_{0.01}(a-1,N-a)$ 时，说明该因子水平改变，对试验结果有显著影响，记作 *；当 $F_{0.1}(a-1,N-a)>F_0>F_{0.05}(a-1,N-a)$ 时，说明该因子水平改变对试验结果有一定影响，记作⊗。而当 $F_0<F_{0.1}(a-1,N-a)$ 时，说明该因子水平改变对试验结果无显著影响。

【例 2-7-10】 现有甲、乙、丙三个工厂生产同一种零件，为了解不同工厂的零件强度有无明显的差异，现分别从每个工厂随机抽取四个零件测试其强度，数据如表 2-7-11 所示，试问工厂间零件强度是否相同？

表 2-7-11　零件强度测试值

工厂	零件强度			
甲	115	116	98	83
乙	103	107	118	116
丙	73	89	85	97

利用方差分析法进行讨论，具体过程可以用计算机软件实现。例如在 Excel 的数据分析工具包里，可以找到单因子方差分析工具，输入数据后就可以得到方差分析表（ANOVA）（图 2-7-13）。

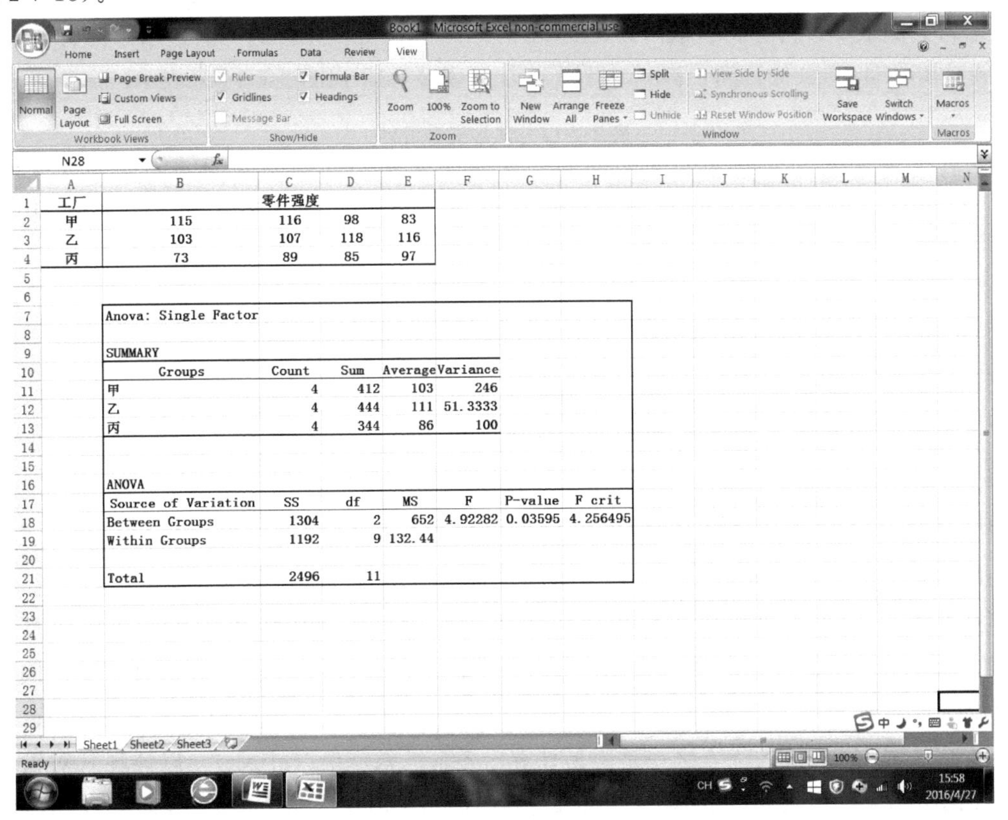

工厂	零件强度			
甲	115	116	98	83
乙	103	107	118	116
丙	73	89	85	97

Anova: Single Factor

SUMMARY

Groups	Count	Sum	Average	Variance
甲	4	412	103	246
乙	4	444	111	51.3333
丙	4	344	86	100

ANOVA

Source of Variation	SS	df	MS	F	P-value	F crit
Between Groups	1304	2	652	4.92282	0.03595	4.256496
Within Groups	1192	9	132.44			
Total	2496	11				

图 2-7-13　方差分析 Excel 软件输出

从图 2-7-13 的表格中可找到 F 值 4.92282。这就是所需要的 F_0 统计量计算值。而右边的 F crit＝4.256495，则是所谓的临界值 $F_{0.05}(2,9)$。由于 4.92282＞4.256495，故计算出的统计量 F_0 落入拒绝域。实际上 $F_{0.01}(2,9)=8.02151$，故 $F_0\in(F_{0.05}(2,9),F_{0.01}(2,9))$，这说明本例中三个工厂的产品强度间有显著差异。表中的 Total 行代表合计，故 $2496=SS_T$，$11=N-1=an-1=3\times4-1$。表中的 Within Groups 行代表组内，即重复试验所产生的误差影响，故 $1192=SS_E$，而对应 df 列下的 9 则代表误差平方项的自由度 $N-a=an-a=3\times4-3=9$。相应的 Between Groups 代表组间，即因子不同水平产生的影响，故 $1304=SS_{TM}$，$652=MS_{TM}$。另外 ANOVA 表中的 P-value＝0.03595，这是对应于 F 值 4.92282 的 P 值。由于该 P 值易于跟所要求的 α 值相比较，所以在很多统计软件中都列出该值。具体讲由于本例的 P 值介于 0.01 与 0.05 之间，故可知该因子对试验结果有显著影响（*）。至于 P 值如何计算，则可参考前面几节的有关内容。

7.3.2 析因试验设计

与**回归分析**方法不同，当试验的条件可以自由设定时，人们常使用**析因试验设计法**（factorial experiment design）来安排试验条件。此方法不仅可以考察单个因子的作用，还可考察因子间的交互作用。由于其效率较高，故在模型优化过程中常可进一步利用对应的梯度向量，采用**响应曲面法**（response surface method）逐步调优，以达较理想的结果。

设待考察因子为 A，B，C。每个因子有高与低 2 个水平（常记高水平为＋1，低水平为－1）。具体试验设计可用空间立方体的 8 个顶点表示。若以符号 (l) 代表（A，B，C）三个因子均为低水平，符号 a 代表（A，B，C）三个因子为（高，低，低）水平，符号 bc 代表（A，B，C）为（低，高，高）水平等，常用表 2-7-12 或图 2-7-14 来表示。

表 2-7-12 试验安排设计

初始设计试验序号	因子			试验符号
	A	B	C	
1	－	－	－	(l)
2	＋	－	－	a
3	－	＋	－	b
4	＋	＋	－	ab
5	－	－	＋	c
6	＋	－	＋	ac
7	－	＋	＋	bc
8	＋	＋	＋	abc

常称这种安排试验的方法为 2^3 析因试验设计，很明显它的试验条件在改变时，往往要同时涉及多个因子。其试验表具有某种正交性，即不同因子所对应的试验水平向量是正交的。例如 A 因子下的试验水平列向量为 $(-1,+1,-1,+1,-1,+1,-1,+1)^T$，$B$ 因子下的对应列向量为 $(-1,-1,+1,+1,-1,-1,+1,+1)^T$，这 2 个向量的数量积为 0，所以它们是正交的。该试验的优点之一是容易计算出各自的效应值（effect），以体现其对输出变量变化的贡献大小。例如因子 A 的效应值可以用高水平时 4 个试验值的平均，与低水平时 4 个试验值的平均之间的差来体现，即

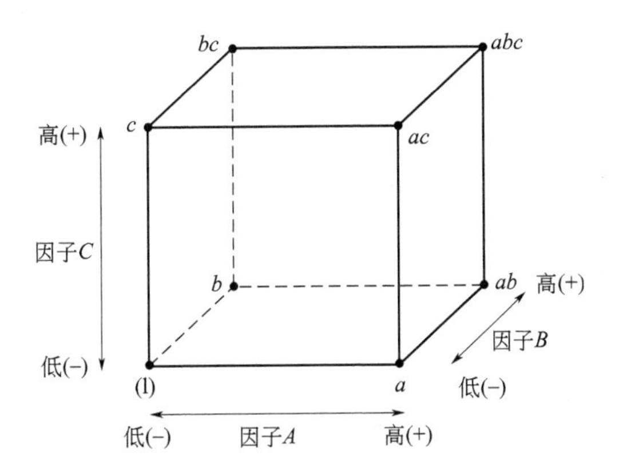

图 2-7-14　试验安排设计

$$A=\overline{y}_{A^+}-\overline{y}_{A^-}=\frac{a+ab+ac+abc}{4}-\frac{(1)+b+c+bc}{4}$$

与试验表 2-7-12 对照后发觉：如果把因子列下面的±号的含义，由原来的高低水平，改变为计算时的代数符号，则上式的分子正好是该表因子下的±号列与试验符号列相乘的结果。比如对因子 A 的效应值，可以有：

$$A=\frac{-(1)+a-b+ab-c+ac-bc+abc}{4} \tag{2-7-46}$$

对于因子 B 和 C，它们的效应值亦可类似由表 2-7-11 直接给出，即

$$B=\frac{-(1)-a+b+ab-c-ac+bc+abc}{4} \tag{2-7-47}$$

$$C=\frac{-(1)-a-b-ab+c+ac+bc+abc}{4} \tag{2-7-48}$$

当因子数为 K，重复试验数为 n 时，上述效应值亦可类似计算。此时的分母应由上面的 4 改为 $n2^{K-1}$，而分子的试验符号列的输出，应理解为在同一试验条件下 n 次重复试验结果之和。例如 a 表示在（A，B，C）为（高，低，低）水平下重复 n 次试验所得输出结果之和。另外应该指出的是效应值不仅可以表示各因子的水平变化对输出变量的影响大小，更可直接用在回归模型系数的计算中。例如，把上述因子 A，B，C 分别记为 x_1，x_2，x_3，输出记为 y，则线性回归模型（仅考虑单个因子的作用）为：

$$y=\beta_0+\beta_1x_1+\beta_2x_2+\beta_3x_3$$

其中截距常数项 β_0 为所有 8 个试验结果值的平均，即

$$\beta_0=\frac{(1)+a+b+ab+c+ac+bc+abc}{8} \tag{2-7-49}$$

而系数 β_1，β_2，β_3 则分别为 A，B，C 效应值的一半，即

$$\beta_1=\frac{A}{2}=\frac{-(1)+a-b+ab-c+ac-bc+abc}{8} \tag{2-7-50}$$

$$\beta_2=\frac{B}{2}=\frac{-(1)-a+b+ab-c-ac+bc+abc}{8} \tag{2-7-51}$$

$$\beta_3=\frac{C}{2}=\frac{-(1)-a-b-ab+c+ac+bc+abc}{8} \tag{2-7-52}$$

其之所以要除以 2，是因为回归系数对应的是因子单位水平变化的输出变化，而效应值对应的是因子高水平与低水平对输出的影响，而高水平（+1）与低水平（−1）之间的差是 2 个单位值。

表 2-7-12 不仅可用于考察单因子的影响，还可进一步用于考察因子间的交互作用。具体进行时，先要把表 2-7-12 扩展为表 2-7-13。

表 2-7-13　2^3 设计中因子效应计算代数符号

试验符号	因子效应							
	I	A	B	AB	C	AC	BC	ABC
(1)	+	−	−	+	−	+	+	−
a	+	+	−	−	−	−	+	+
b	+	−	+	−	−	+	−	+
ab	+	+	+	+	−	−	−	−
c	+	−	−	+	+	−	−	+
ac	+	+	−	−	+	+	−	−
bc	+	−	+	−	+	−	+	−
abc	+	+	+	+	+	+	+	+

不难发现 AB 列下的±号可以由 A 列下的±号，与 B 列下的±号相乘而得。对 AC，BC 与 ABC 列，其±号亦可由相应列的±号相乘而得。此表还可用来计算交互作用的效应值。例如当因子数 $K=3$，重复试验数 $n=1$ 时，因子 A 与因子 B 的交互作用的效应值为：

$$\begin{aligned}AB&=\frac{1}{2^{k-1}n}[+(1)-a-b+ab+c-ac-bc+abc]\\&=\frac{1}{4}[+(1)-a-b+ab+c-ac-bc+abc]\end{aligned} \tag{2-7-53}$$

类似有：

$$AC=\frac{1}{4}[+(1)-a+b-ab-c+ac-bc+abc] \tag{2-7-54}$$

$$BC=\frac{1}{4}[+(1)+a-b-ab-c+ac+bc+abc] \tag{2-7-55}$$

$$ABC=\frac{1}{4}[-(1)+a+b-ab+c-ac-bc+abc] \tag{2-7-56}$$

常称上述效应值计算公式中的分子，为效应对比值（contrast）。该值可直接用来计算方差分析中的因子偏差平方和，即

$$SS=\frac{(\text{contrast})^2}{2^K n} \tag{2-7-57}$$

例如当 $K=3$，$n=1$ 时

$$SS_A=\frac{1}{2^3\times 1}(\text{contrast})^2=\frac{1}{8}[-(1)+a-b+ab-c+ac-bc+abc]^2$$

$$SS_{AB}=\frac{1}{8}[+(1)-a-b+ab+c-ac-bc+abc]^2$$

【例 2-7-11】 在研究 GMA/MBAA/AA 三元共聚大孔树脂的合成优化过程中，选择交联度（A)、致孔剂甲酰胺用量（B）和 GMA 含量（C）为三个可调因子，BSA 吸附量（R）为待优化的输出变量。希望通过实验，找到使 R 达到极大的各因子水平。

研究分两步进行。第一步分析 A，B，C 三个因子对 R 的影响。第二步通过梯度法利用响应曲面逐步调优。注意到三个因子的高低水平分别列在表 2-7-14 中。

表 2-7-14 试验因子高低水平

因子/%(质量分数)	水平	
	低	高
交联度	14	30
致空剂用量	150	300
GMA 含量	20	40

利用公式 $(2C_i-C_i^H-C_i^I)/(C_i^H-C_i^I)$，$i=1,2,3$。把因子水平规范化，其中 C_i^H，C_i^I 分别表示各因子的高水平与低水平。这样

$$A=\frac{2C_1-30-14}{30-14}=\frac{2C_1-44}{16}=\frac{C_1-22}{8}$$

$$B=\frac{2C_2-300-150}{300-150}=\frac{2C_2-450}{150}=\frac{C_2-225}{75}$$

$$C=\frac{2C_3-40-20}{40-20}=\frac{2C_3-60}{20}=\frac{C_3-30}{10}$$

选用表 2-7-12 所示的格式安排实验，并把实验结果列在表 2-7-15 中[5]。

表 2-7-15 例 2-7-11 试验设计及结果

初始设计试验序号	因子			试验符号	BSA 吸附量/(mg/g 湿树脂)
	A	B	C		
1	−	−	−	(1)	3.2
2	+	−	−	a	4.8
3	−	+	−	b	3.4
4	+	+	−	ab	6.7
5	−	−	+	c	4.1
6	+	−	+	ac	8.2
7	−	+	+	bc	5.6
8	+	+	+	abc	9.1

应用公式(2-7-46) 和公式(2-7-57) 可得因子的效应值及对应的因子偏差平方和：

$$A=\frac{1}{4}(-3.2+4.8-3.4+6.7-4.1+8.2-5.6+9.1)=\frac{1}{4}(12.5)=3.125$$

$$SS_A=\frac{1}{8}(12.5)^2=19.531$$

其中的效应对比值为 12.5。类似地有：

$$B=\frac{1}{4}(-3.2-4.8+3.4+6.7-4.1-8.2+5.6+9.1)=\frac{1}{4}(4.5)=1.125$$

$$SS_B=\frac{1}{8}(4.5)^2=2.531$$

$$C=\frac{1}{4}(8.9)=2.225 \qquad SS_C=\frac{1}{8}(8.9)^2=9.90$$

$$AB=\frac{1}{4}(1.1)=0.275 \qquad SS_{AB}=\frac{1}{8}(1.1)^2=0.151$$

$$AC=\frac{1}{4}(2.7)=0.675 \qquad SS_{AC}=\frac{1}{8}(2.7)^2=0.911$$

$$BC=\frac{1}{4}(0.3)=0.075 \qquad SS_{BC}=\frac{1}{8}(0.3)^2=0.011$$

$$ABC=\frac{1}{4}(-2.3)=-0.575 \qquad SS_{ABC}=\frac{1}{8}(-2.3)^2=0.661$$

由效应值大小可以看出：交联度（A）对 BSA 吸附量（R）的影响最大，其次是 GMA 含量（C），再次是致孔剂用量（B）。而所有的 2 因子及 3 因子交互作用对 R 的影响都很小，这可用效应绝对值的半正态概率图来初步判别[5]，也可按照例 2-7-10 所示方差分析法仔细分析。但应该指出的是，在例 2-7-10 中为构成统计量F_0，要求其分母MS_E中的自由度$(an-a)\neq 0$，换句话说 $n\neq 1$。所以，一般在进行方差分析时，常希望试验能重复进行。对本例讲 $n=1$，所以必须另外设法构建误差项SS_E或MS_E。注意到本例中所有交互项的影响都很小，所以常可把它们归到噪声项或误差项，这时可以令$SS_E=SS_{AB}+SS_{AC}+SS_{BC}+SS_{ABC}=1.735$，相应的自由度$df_E=df_{AB}+df_{AC}+df_{BC}+df_{ABC}=1+1+1+1=4$。详细计算结果可见表 2-7-16。

表 2-7-16 例 2-7-11 试验结果方差分析表

方差来源	SS	df	MS	F_0	P 值	显著影响
A	19.531	1	19.531	45.028	0.0026	* *
B	2.531	1	2.531	5.835	0.0731	⊗
C	9.90	1	9.90	22.824	0.0088	* *
误差	1.735	4	0.4338			
合计	33.697	7				

由表 2-7-16 可知：$SS_{\text{Total}}=SS_A+SS_B+SS_C+SS_E=33.697$，$df_{\text{Total}}=df_A+df_B+df_C+df_E=7$。另外注意到 A，B，C 三个因子的统计量F_0的值分别为 45.028，5.835，22.824，它们对应的 P 值为 0.0026，0.0731，0.0088，与常用的拒真概率 $\alpha=0.01$，0.05，0.1 相比较后可知：因子 A，C 对输出R 有高度显著影响，记为 * *；而因子 B 对 R 有一

定的影响，记为⊗。

本例研究的第二步要设法找到能极大化 R 的因子水平。为此我们把上面计算出的“因子效应值”代入到公式(2-7-49)～式(2-7-52)，得到回归方程模型：

$$R=\beta_0+\beta_1 A+\beta_2 B+\beta_3 C=5.64+\frac{3.125}{2}A+\frac{1.125}{2}B+\frac{2.225}{2}C$$
$$=5.64+1.56A+0.56B+1.11C \tag{2-7-58}$$

由此方程，可以找到使 R 增加的梯度方向（1.56，0.56，1.11）。论文作者沿此方向继续做实验，最后发现当交联度为 38%，GMA 含量为 44%，致孔剂用量为 272%时达到最佳点。此时树脂对 BSA 的静态吸附量为 25.6mg/g 湿树脂。

以上的计算分析过程均可用软件来实现。比如用 Design Expert 软件，对例 2-7-11 重新进行讨论，可以得到一些表格及图形。其中有的表格是相应于表 2-7-15 的试验设计及结果，有的表格是相应于表 2-7-16 的方差分析表。在方差分析表中还可以发现回归模型，以及修正可决系数。该软件还可用效应半正态图来选择有效因子及进行残差分析，以判断误差项的正态性是否可以得到保证。

7.3.3　试验的分批与混杂现象

7.3.3.1　试验的分批

析因试验在设计时常要求对试验次序进行随机化处理，以减少可能存在的潜在误差。同时常希望能重复试验，以便更容易找到误差项，并把它从总偏差平方和中分离出来。然而随着因子数、水平数、重复数的增加，总的试验次数也会呈指数型快速上升。这就产生了一系列的问题，例如：试验材料的短缺、人手的局限等。故一般常希望对数目过大的试验进行分批（blocking）。那么分批后的试验是否存在各批之间的系统差距，而这些差距又是否会影响对原问题的考察，这些都是分批设计时要考虑的问题。

【例 2-7-12】　为进行某 2^2 析因试验，希望重复 3 次，其原材料分别选自 3 个不同地区。为此把 12 次的试验分成 3 批，每批进行一组完整的 $2^2=4$ 次试验，每组试验用一个地区的原材料。今希望研究来自不同地区的原材料对试验结果是否有明显的影响。这类问题对生产的稳定性考虑常常是有用的，具体试验如表 2-7-17 所示。

表 2-7-17　分 3 批的试验设计及结果

第一批		第二批	第三批	合计
(1)＝28		25	27	80
$a=36$		32	32	100
$b=18$		19	23	60
$ab=31$		30	29	90
批合计	$B_1=113$	$B_2=106$	$B_3=111$	$y_{..}=\sum_{i=1}^{3}B_i=330$

因子效应计算的代数符号按表 2-7-18 进行。

表 2-7-18 因子效应计算的代数符号

试验符号	因子效应			
	I	A	B	AB
(1)	+	−	−	+
a	+	+	−	−
b	+	−	+	−
ab	+	+	+	+

故因子效应分别是：

$$A=\frac{1}{n2^{K-1}}(\text{contrast})=\frac{1}{3\times 2^{2-1}}(-80+100-60+90)=\frac{50}{6}=8.3333$$

$$B=\frac{1}{6}(-80-100+60+90)=-5$$

$$AB=\frac{1}{6}(80-100-60+90)=-1.6666$$

利用式(2-7-57)，相应的因子偏差平方和为：

$$SS_A=n2^{K-2}(A)^2=3\times 2^{2-2}\times(8.3333)^2=208.33$$

$$SS_B=75.00\quad SS_{AB}=8.33$$

而各批之间的偏差平方和，可以类似于总偏差平方和式(2-7-39) 来加以定义，即：

$$SS_{\text{Blocks}}=\sum_1^3\frac{(B_i-\overline{y}_{..})^2}{4}=\sum_1^3\frac{B_i^2}{4}-\frac{1}{12}(y_{..})^2$$

$$=\frac{(113)^2+(106)^2+(111)^2}{4}-\frac{(330)^2}{12}=6.50$$

其中 $\overline{y}_{..}=\frac{y_{..}}{3}$，相应地：

$$SS_{\text{Total}}=\sum_{i=1}^3\sum_{j=1}^4 y_{ij}^2-\frac{(y_{..})^2}{12}$$

$$=(28^2+25^2+27^2+36^2+32^2+32^2+18^2+19^2+23^2+31^2+30^2+29^2)-\frac{1}{12}(330)^2$$

$$=323.00$$

$$SS_E=SS_{\text{Total}}-SS_A-SS_B-SS_{AB}-SS_{\text{Blocks}}$$

$$=323.00-208.33-75.00-8.33-6.50=24.84$$

从而构成方差分析表 2-7-19（ANOVA)。

表 2-7-19 例 2-7-12 方差分析

方差来源	SS	df	MS	F_0	P 值	显著影响
分批	6.50	2	3.25			
A	208.33	1	208.33	50.32	0.0004	* *
B	75.00	1	75.00	18.12	0.0053	* *
AB	8.33	1	8.33	2.01	0.2060	
误差	24.84	6	4.14			
合计	323.00	11				

在表 2-7-19 中分三批进行了试验，故自由度$df_{\text{Blocks}}=3-1=2$。进行了 3×4=12 次试验，故$df_{\text{Total}}=12-1=11$。从表 2-7-19 中可以看出 Blocks（批）对输出的影响非常小，这意味着本过程的产品对不同地区的原料并不敏感。同时 AB 交互作用对产品的影响也不显著。另外为减少潜在的误差，对试验的先后顺序也进行了随机化处理，但这里的随机化是分批进行的，就是说首先对第一批的四个试验次序进行随机化排序，再对第二批四个试验随机排序，最后对第三批进行随机排序。这与不分批进行试验时，3×4=12 个试验要一起进行随机排序是不一样的。

7.3.3.2 分批试验中的混杂现象

对一组完整的析因试验进行分批时，常会产生所谓的混杂现象（confounding）。例如对 2 因子 2 水平的 $2^2=4$ 类型的析因试验进行如图 2-7-15 的分批。

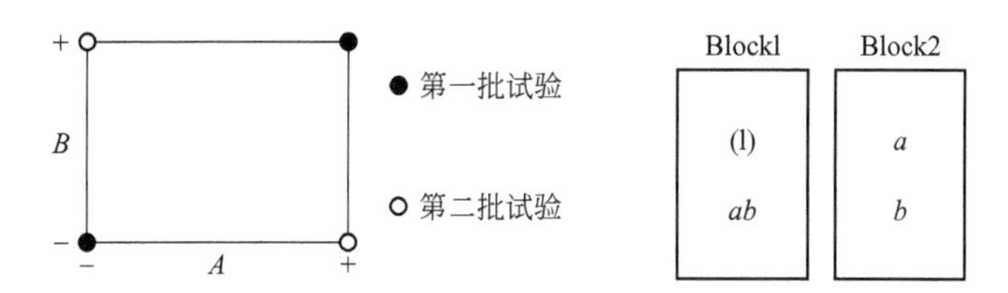

图 2-7-15 分 2 批进行的 2^2 析因试验

分批后因子效应的计算可仿例 2-7-12 进行，例如：

$$A=\frac{1}{n2^{K-1}}(\text{contrast})=\frac{1}{2}[-(1)+a-b+ab]$$

$$B=\frac{1}{2}[-(1)-a+b+ab]$$

$$AB=\frac{1}{2}[(1)-a-b+ab]$$

相应的：

$$SS_A=n2^{K-2}(A)^2=(A)^2\,SS_B=(B)^2$$

$$SS_{AB}=(AB)^2=\frac{1}{4}[(1)-a-b+ab]^2$$

然而，由于此地进行了分批，还需计算批之间的偏差平方和：

$$SS_{\text{Blocks}}=\sum_{i=1}^{2}\frac{(B_i-\overline{y}_{..})^2}{2}=\sum_{i=1}^{2}\frac{B_i{}^2}{2}-\frac{(y_{..})^2}{4}$$

$$=\frac{[(1)+ab]^2+(a+b)^2}{2}-\frac{[(1)+ab+a+b]^2}{4}$$

$$=\frac{1}{4}[(1)-a-b+ab]^2$$

把上述 SS_{Blocks} 与 SS_{AB} 右边的计算表达式比较之后，发觉它们完全相同。这说明仅凭右边的表达式计算结果，很难区分究竟是 AB 交互作用的贡献，还是 Blocks（批）作用的贡献。在试验设计中常称这种现象为混杂现象。

如进一步注意到在上面的分批设计中，混杂仅影响了对 AB 的判断，它对低价的因子的作用并不会产生误判。故混杂现象虽然对分析因子的作用可能会带来不便，但这种只影响高阶、不影响低阶的特点，有时还可被用来帮助进行分批试验的设计。

7.3.3.3 分批试验设计

弄清混杂结构，同时忽略高阶交互项的思路，有时可帮助进行合适的分批设计。

【例 2-7-13】 对例 2-7-11 的 BSA 吸附量 R 进行研究时，若可以忽略 ABC 交互项的影响，试对这个 2^3 析因试验进行分批设计，并根据试验结果对因子效应进行讨论。

今运用混杂工具，对本例的（$2^3=8$ 个）试验进行分批。考虑到高阶交互项 ABC 的影响可以忽略，在分 2 批且不影响低阶因子分析的要求下，可以根据表 2-7-13 进行设计。今把该表中 ABC 列中对应于“－”的 4 个试验归到第一批试验，表中对应于“＋”的 4 个试验归到第二批，则可以产生表 2-7-20 所示的结果。

表 2-7-20 例 2-7-13 分批试验结果

Block1	Block2	合计
$(1)=3.2$	$a=4.8$	
$ab=6.7$	$b=3.4$	
$ac=8.2$	$c=4.1$	
$bc=5.6$	$abc=9.1$	
$B_1=23.7$	$B_2=21.4$	$y_{..}=\sum B_i=45.1$

根据以上结果及表 2-7-13 计算因子的效应，例如：

$$A=\frac{1}{n2^{K-1}}(\text{contrast})$$

$$=\frac{1}{1\times 2^{3-1}}(-3.2+4.8-3.4+6.7-4.1+8.2-5.6+9.1)=3.125$$

$$B=\frac{1}{4}(-3.2-4.8+3.4+6.7-4.1-8.2+5.6+9.1)=1.125$$

注意到由于计算公式与实验数据与例 2-7-11 完全相同，故本例的其他效应值与偏差平方和的计算结果与例 2-7-11 完全相同。但此地要去掉 ABC 的交叉项，同时多计算一个批的影响。

$$SS_{\text{Blocks}}=\sum_{i=1}^{2}\frac{B_i^2}{4}-\frac{(y_{..})^2}{8}=\frac{1}{4}(23.7^2+21.4^2)-\frac{45.1^2}{8}=0.66125$$

其方差分析见表 2-7-21。

表 2-7-21 例 2-7-13 分批试验方差分析表

方差来源	SS	df	MS	F_0	P 值	显著影响
分批	0.661	1	0.661			
A	19.531	1	19.531	54.6067	0.005125	* *
B	2.531	1	2.531	7.0764	0.076329	⊗
C	9.90	1	9.90	27.6794	0.01338	*
误差	1.073	3	0.358			
合计	33.697	7				

其中由于重复试验次数 $n=1$，故把影响较小的 SS_{AB}，SS_{AC}，SS_{BC} 归到误差项，即令 $SS_E=SS_{AB}+SS_{AC}+SS_{BC}=0.151+0.911+0.011=1.073$。由表的显示结果还可以看出 2 批试验间偏差很小，同时在显著性水平 $\alpha=0.1$ 的设定下，可以认为三个因子 A，B，C 都是对 R 有一定影响的有效因子。

【例 2-7-14】 今假设上面例子中的 2 批试验分别由 2 人完成，其中第 2 人由于经验不足，在试验结果的观察中产生系统偏差 5.0，此时的试验结果见表 2-7-22。

表 2-7-22 例 2-7-14 分批试验结果

Block1	Block2	合计
$(1)=3.2$	$a=9.8$	
$ab=6.7$	$b=8.4$	
$ac=8.2$	$c=9.1$	
$bc=5.6$	$abc=14.1$	
$B_1=23.7$	$B_2=41.4$	$y_{..}=65.1$

此时因子 A 的效应值及偏差平方和为：

$$\begin{aligned}A&=\frac{1}{4}[-(1)+a-b+ab-c+ac-bc+abc]\\&=\frac{1}{4}(-3.2+9.8-8.4+6.7-9.1+8.2-5.6+14.1)\end{aligned}$$

$$=\frac{1}{4}(12.5)=3.125$$

$$SS_A=19.531$$

经比较发觉计算结果与例 2-7-13 完全相同。究其原因发觉其公式中的 a，b，c，abc 四项由于正负号相同，故把第 2 批中出现的系统偏差 5.0 给抵消掉了。由此可以联想到因子 B，C 及交互因子 AB，AC，BC 的效应值及偏差平方和也应该不发生变化，即此时：

$$SS_B=2.53 \quad SS_C=9.90 \quad SS_{AB}=0.15 \quad SS_{AC}=0.91 \quad SS_{ABC}=0.01$$

然而

$$SS_{\text{Blocks}}=\sum_{i=1}^{2}\frac{B_i^2}{4}-\frac{(y_{..})^2}{8}=\frac{1}{4}(23.7^2+41.4^2)-\frac{65.1^2}{8}=39.16$$

它对应的效应值

$$\text{Block 效应}=\overline{y}_{\text{Block1}}-\overline{y}_{\text{Block2}}=\frac{23.7}{4}-\frac{41.4}{4}=-4.425$$

与例 2-7-13 中的批效应值

$$\text{Block 效应}=\overline{y}_{\text{Block1}}-\overline{y}_{\text{Block2}}=\frac{23.7}{4}-\frac{21.4}{4}=0.575$$

相比较，正好相差 5.0，这说明通过分批试验也可同时检出批之间的系统误差。

在上述例子中，常把一些较小的交互项影响归入误差，此想法的理由是可以把数学模型式(2-7-38) 改为：

$$y_{ijkl}=\mu+\tau_i+\beta_j+\gamma_k+\delta_l+\varepsilon_{ijkl}$$

式中，τ_i，β_j，γ_k 分别体现了因子 A，B，C 的影响，而 δ_l 则体现了批的影响。此模型的合适性，特别是误差项 ε_{ijkl} 的独立、正态、0 均值、等方差等要求，也常常可以用回归分析中的残差分析方法加以验证。

7.3.4 部分析因试验设计与因子的别名现象

进行一组完整的 2 水平 K 因子的析因试验，常需进行 2^K 个试验。当因子数 K 增加时，其对应的试验数会呈指数型快速增长。例如 $K=2$ 时仅需 $2^2=4$ 次试验，但当 $K=6$ 时，则需做 $2^6=64$ 次试验。这 64 次试验对应的总自由度 $df_{\text{Total}}=64-1=63$。然而其中对应于主因子的自由度仅为 6，对应于 2 因子交互作用的自由度仅$C_6^2=6!/2!4!=15$，余下的63－6－15＝42 个自由度对应于 3 因子或更多因子的交互作用。当这些高阶交互作用的影响可以忽略时，这 64 次试验的次数显然有些多余。从而可以考虑：是否能适当减少试验次数，但其前提当然是不影响对主因子与低价交互作用的效应分析。现在介绍的**部分析因试验设计**(fractional factorial experiment design) 就很好地解决了这一问题。

7.3.4.1 部分试验设计的生成器

例如对完整的 2^3 试验，原先要进行 8 次试验，今考虑能否减少一半，变为 4 次试验。为此首先列出与表 2-7-13 相似的因子效应计算代数符号表（表 2-7-23）。

表 2-7-23 2^{3-1}析因试验设计因子效应计算代数符号表

试验符号	因子效应							
	I	A	B	C	AB	AC	BC	ABC
a	+	+	−	−	−	−	+	+
b	+	−	+	−	−	+	−	+
c	+	−	−	+	+	−	−	+
abc	+	+	+	+	+	+	+	+
ab	+	+	+	−	+	−	−	−
ac	+	+	−	+	−	+	−	−
bc	+	−	+	+	−	−	+	−
(1)	+	−	−	−	+	+	+	−

与表 2-7-13 相比，ABC 列中带“+”号的 4 个试验现在归在了上面 4 行，而带“−”号的 4 个试验则归在了下面 4 行。另外为方便对试验结果的分析，对列也根据因子个数的多少重新进行了排序。这样在进行 2^{3-1}试验设计时，就可选上面 4 个试验，或下面 4 个试验。若选上面 4 个试验，则令 ABC 为试验设计生成器，又称 $I=+ABC$ 为定义关系式；若选下面 4 个试验，则“生成器”为$-ABC$，定义关系式为 $I=-ABC$。即存在如图 2-7-16 的两种可能选择。

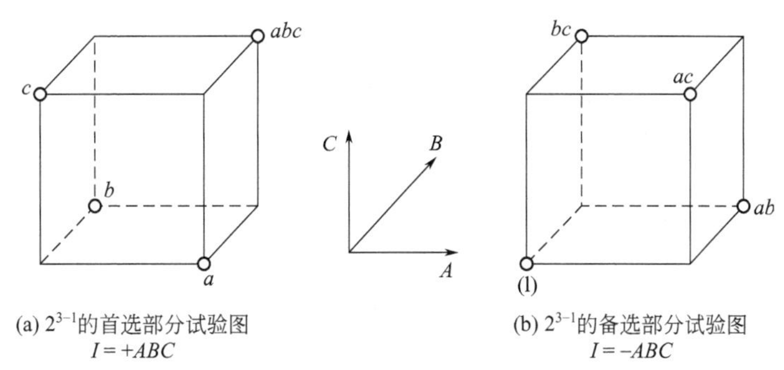

(a) 2^{3-1}的首选部分试验图 $I=+ABC$

(b) 2^{3-1}的备选部分试验图 $I=-ABC$

图 2-7-16 不同生成器的 2^{3-1}析因试验设计

如果对 2^{3-1}部分试验，用关系式 $I=+ABC$ 产生，则共需进行一组 4 个试验，即 $\{a, b, c, abc\}$。这组试验的总自由度 $df_{\text{Total}}=4-1=3$，由此可设法找出 3 个因子的效应。实际上从表 2-7-23 的上半部可知 A、B、C 的效应分别为：

$$[A]=\frac{1}{2}(a-b-c+abc)$$

$$[B]=\frac{1}{2}(-a+b-c+abc)$$

$$[C]=\frac{1}{2}(-a-b+c+abc)$$

类似可发现一级交互作用的效应为：

$$[AB]=\frac{1}{2}(-a-b+c+abc)$$

$$[AC]=\frac{1}{2}(-a+b-c+abc)$$

$$[BC]=\frac{1}{2}(a-b-c+abc)$$

7.3.4.2 因子的别名现象

注意到上例中 $[A]=[BC]$，$[B]=[AC]$，$[C]=[AB]$。与分批试验类似，这里产生了因子效应的"混杂"，就是说仅凭$\frac{1}{2}(a-b-c+abc)$的计算结果，不能区分究竟是 A 的贡献，还是 BC 的贡献。这种不能区分的现象是由于试验次数减少所付出的代价，在试验设计中常称这种现象为：因子的"别名"或"重名"现象（Alias)。即 A 与 BC 互为别名；B 和 AC、C 和 AB 亦分别互为别名。这种现象在部分析因试验设计时，要引起充分的注意，并设法把它们加以区分。别名的各种结构可由定义关系式得到。例如对于 $I=+ABC$ 关系式，两边同时乘以 A，并注意到 $A^2=I$ 后，可得 $A=AI=AABC=IBC=BC$，这表明 A 与 BC 互为别名。类似可得 $B=BI=BABC=AB^2C=AC$，以及 $C=CI=CABC=ABC^2=AB$。这样可知，B 与 AC、C 与 AB 互为别名。一般情况下的别名结构，还可由参考文献［4］查得。

7.3.4.3 部分析因试验设计的分辨度

在析因试验设计中，常用符号2_{III}^{3-1}来表示上面例子设计的主要特点。其右上角的 3－1（$=K-1$）表示：原先为 $2^3=8$ 个试验，现压缩为 $2^2=4$ 个试验。符号右下角的罗马字符号，则代表所谓的分辨度（resolution)。它是对于试验次数减少后，产生的因子效应混杂状况的一种度量。所谓分辨度Ⅲ指的是：在别名结构中，与单个因子效应产生别名的，至少要由 2 个（2=3－1 个）因子（或更多因子）产生的交互效应。一般讲，如对分辨度有选择余地，则分辨度高的设计效果更好。

【例 2-7-15】 今对例 2-7-11 所示 BSA 吸附量优化模型设计2_{III}^{3-1}部分试验，采用定义关系式 $I=+ABC$，可得表 2-7-24。

由此可算出效应值，由于存在混杂，故用中括号表示计算结果，以便与真正效应值区分：

$$[A]=\frac{1}{2}(-4.1+4.8-3.4+9.1)=3.2$$

$$[B]=\frac{1}{2}(-4.1-4.8+3.4+9.1)=1.8$$

$$[C]=\frac{1}{2}(4.1-4.8-3.4+9.1)=2.5$$

表 2-7-24 例 2-7-15 的部分析因试验设计及结果

试验序号	完整的 2^2 基础试验设计		2_{III}^{3-1} $I=+ABC$			试验符号	R
	A	B	A	B	$C=AB$		
1	－	－	－	－	＋	c	4.1
2	＋	－	＋	－	－	a	4.8
3	－	＋	－	＋	－	b	3.4
4	＋	＋	＋	＋	＋	abc	9.1

如果据经验可忽略 BC，AB，AC 交互项影响，则最后可得回归模型

$$R=5.35+\frac{3.2}{2}A+\frac{1.8}{2}B+\frac{2.5}{2}C=5.35+1.6A+0.9B+1.25C$$

此方程与例 2-7-11 中 2^3 试验结果［式(2-7-58)］相比，虽略显粗糙，但总的趋势是相同的，其存在的差别是由于此地的 $[A]=3.2$ 中混入了例 2-7-11 中的 A 的效应与 BC 的效应。这从 $3.2=3.125+0.075$ 关系式可立即看出。其右边的 3.125 与 0.075 正好是例 2-7-11 中 A 的效应值与 BC 的效应值。对于［B］和［C］的别名关系，亦可从等式 $1.8=1.125+0.675$，$2.5=2.225+0.275$ 中看出，由此可以发现存在别名关系：

$$[A]=A+BC,\ [B]=B+AC,\ [C]=C+AB$$

如果试验者预先对交互项影响大小不是很清楚，为从别名效应中把交互项分离出来，可以添加试验。例如，可以用定义关系式 $I=-ABC$ 来设计另一组 2^{3-1}_{III} 试验，仍沿用例 2-7-11 的数据，则可得表 2-7-25。

表 2-7-25 不同定义关系式下的试验设计及结果

试验序号	完整的 2^2 基础试验设计		2^{3-1}_{III} $I=-ABC$			试验符号	R
	A	B	A	B	$C=-AB$		
1	−	−	−	−	−	(1)	3.2
2	+	−	+	−	+	ac	8.2
3	−	+	−	+	+	bc	5.6
4	+	+	+	+	−	ab	6.7

由此给出因子效应及别名结构

$$[A]'=\frac{1}{2}(-3.2+8.2-5.6+6.7)=3.05\rightarrow[A]'=A-BC$$

$$[B]'=\frac{1}{2}(-3.2-8.2+5.6+6.7)=0.45\rightarrow[B]'=B-AC$$

$$[C]'=\frac{1}{2}(-3.2+8.2+5.6-6.7)=1.95\rightarrow[C]'=C-AB$$

这样可以去除别名产生的混杂现象：

$$A\ 效应=\frac{1}{2}([A]+[A]')=\frac{1}{2}(3.2+3.05)=3.125$$

$$BC\ 效应=\frac{1}{2}([A]-[A]')=\frac{1}{2}(3.2-3.05)=0.075$$

类似地

$$B\ 效应=\frac{1}{2}([B]+[B]')=\frac{1}{2}(1.8+0.45)=1.125$$

$$AC\ 效应=\frac{1}{2}([B]-[B]')=\frac{1}{2}(1.8-0.45)=0.675$$

$$C\ 效应=\frac{1}{2}([C]+[C]')=\frac{1}{2}(2.5+1.95)=2.225$$

$$AB\ 效应=\frac{1}{2}([C]-[C]')=\frac{1}{2}(2.5-1.95)=0.275$$

部分析因设计法常用于因子的筛选工作。在过程优化的响应曲面法中亦可用此法，以减少总的试验次数。而其中涉及的别名结构表在很多软件中都可以查到（例如 Design Expert）。

7.3.5 正交试验设计

由 Taguchi 等人发展起来的正交试验设计法，由于使用方便直观，曾被广泛应用于工业界。其主要思想是利用现成的正交表，进行设计试验，并进行数据分析。最简单的正交表是 $L_4(2^3)$（表 2-7-26）。

表 2-7-26 $L_4(2^3)$ 正交表

试验号 \ 列号	1	2	3
1	1	1	1
2	1	2	2
3	2	1	2
4	2	2	1

在上面的符号中，“L”代表正交表。L 的下角数字“4”代表正交表有 4 行，即将做 4 次试验。括号内的指数“3”代表正交表有 3 列，它最多容许安排 3 个因子或交互因子（与析因试验设计不同，在那里数字“3”代表有 3 个因子，其中不包括交互因子）。括号内的数字“2”代表正交表内仅有 2 种数字。对于单个因子，常用 1 代表因子的低水平，2 代表高水平。为便于与析因试验设计相比较，如果把上标中的“1”改为“－”，“2”改为“＋”，则原有的 $L_4(2^3)$ 表可变为表 2-7-27。

表 2-7-27 $L_4(2^3)$ 正交表的不同形式

试验号 \ 列号	1	2	3
1	－	－	－
2	－	＋	＋
3	＋	－	＋
4	＋	＋	－

它与例 2-7-15 中以 $I=-ABC$ 为定义关系式的 2_{III}^{3-1} 部分试验设计极为相似，只是此地的 1，2，3 列号分别改为 B，A，C 即可。由此可以想象正交试验设计实际上是某种类型的部分析因设计，然而由于此地采用了数字 1，2 代表单因子的低、高水平，所以在效应计算时其方法略有不同，但其本质是相同的。另外，前面提到混杂或别名问题，在此地也同样存在。故对其结构，以及可能带来的不便亦要引起充分的注意。

正交试验设计在使用时常分为表头设计与数据分析两部分。为方便说明与比较，仍沿用例 2-7-15 表 2-7-25 的数据。在例 2-7-15 的 BSA 吸附量优化过程中，存在 A，B，C 三个因子。为简单计，不妨设因子间的交互作用可以忽略，或归到误差项，这样在表头设计时，每个因子占正交表 1 列（3 个因子共占 3 列），另外每个因子的水平仅有高低 2 种。从而可选 $L_4(2^3)$ 正交表，其中 4 是所需的试验次数（一般情况下，次数少时可节省试验成本）。一旦选定了正交表，就可在列号处填上相应的因子名称，并按正交表指出的试验条件进行试验，然后把试验结果填入表中右边的 R 列，并按照表中的“1”与“2”数字分别计算各因子在低水平与高水平时的输出值之和并加以比较，具体可见表 2-7-28。

表 2-7-28　与例 2-7-15 中表 2-7-25 对应的正交试验设计

试验序号	A	B	C	试验符号	R
1	1	1	1	(1)	3.2
2	1	2	2	bc	5.6
3	2	1	2	ac	8.2
4	2	2	1	ab	6.7
I_j	8.8	11.4	9.9		
II_j	14.9	12.3	13.8		
$\frac{I_j-II_j}{2}$	−3.05	−0.45	−1.95		

表 2-7-28 中 A 列下的 I_j 数字 8.8 是该列中对应于数字“1”的两个输出 R 值之和，即 $I_A=8.8=3.2+5.6$。相应地，$I_B=3.2+8.2=11.4$，$I_C=3.2+6.7=9.9$。表 2-7-28 中 II_j 中的数字代表相应地因子列中的数字“2”对应的两个输出 R 值之和。例如 $II_A=8.2+6.7=14.9$。类似地，$II_B=5.6+6.7=12.3$，$II_C=5.6+8.2=13.8$。表中最后一行 $\frac{I_j-II_j}{2}$ 的分子表示各因子列中高低水平输出值之差，从而 $\frac{I_A-II_A}{2}=\frac{8.8-14.9}{2}=-3.05$，类似地，$\frac{I_B-II_B}{2}=-0.45$，$\frac{I_C-II_C}{2}=-1.95$。把这些数值与例 2-7-15 中的$[A]'$，$[B]'$，$[C]'$相比较，发觉它们的绝对值相同，至多相差一个正负号，然而这些可能存在的正负号差别，并不会影响后面可能要计算的偏差平方和以及方差分析。

在交互作用必须考虑的场合，要使用文献提供的正交试验设计交互作用表，以帮助确定各因子（包括交互作用）所占的正交表中列的位置，完成所谓的表头设计任务。例如对于例 2-7-11 这种 2 水平 3 因子的试验，共需考察单因子 A，B，C，以及 2 因子的交互作用 AB，AC，BC，3 因子交互作用 ABC，共计 7 列。这样就可选用 $L_8(2^7)$ 类型的正交表，其对应的两列间的交互作用可见表 2-7-29。

表 2-7-29　$L_8(2^7)$ 两列间交互作用表

列号（　）＼列号	1	2	3	4	5	6	7
	(1)	3	2	5	4	7	6
		(2)	1	6	7	4	5
			(3)	7	6	5	4
				(4)	1	2	3
					(5)	3	2
						(6)	1
							(7)

表2-7-29可帮助查出正交表中任何两列的交互作用列。例如第1列与第2列的交互作用列是第3列；第2列与第4列的交互作用列是第6列等等。

在表头设计时还要顾及自由度，其有关定义及一般规则为：正交表总自由度$df_{总}$＝试验总次数－1；正交表每列自由度$df_{列}$＝此列水平数－1；因子A自由度df_A＝因子A的水平数－1；而因子A，B交互作用的自由度$df_{AB}=df_A\times df_B$。而表头设计一般要求所考察的因子以及交互作用的自由度总和，必须不大于所选正交表的总自由度。现仍以例2-7-11的数据进行分析，考虑到该例中$df_A=df_B=df_C=df_{AB}=df_{AC}=df_{BC}=df_{ABC}=1$。其自由度总和为7。这样根据一般原则可选$L_8(2^7)$正交表，这是因为该表总自由度$df_{总}=7$，它与各因子的自由度总和相等。选定该表后，可以用交互作用表进行表头设计。具体讲，先在$L_8(2^7)$表头第1，2列处分别填上A，B两个因子，然后根据交互作用表把AB交互项放在第3列，下面的第4列填上C因子后，再考虑AC的位置。由于A在第1列、C在第4列，由交互表第1列与第4列的交互项必须放在第5列，这样在表头设计时的第5列处可填上AC项，余者类推。最后可得表2-7-30。

表2-7-30 例2-7-11的正交试验表头设计

表头设计	A	B	AB	C	AC	BC	ABC
列号	1	2	3	4	5	6	7

下面可根据$L_8(2^7)$正交表所示，填上数字“1”和“2”，并按照表所示的试验条件(treatment combination)，填上试验输出值R。表中I_j，II_j的计算方法与前面例子相同，最后可得表2-7-31。

把这里的结果与例2-7-11中的因子效应值对比后发觉：除可能的±号外，其绝对值完全相同，同样这些差别也并不影响偏差平方和的计算，以及方差分析。

若希望进一步对数据进行方差分析，则在设计表头时，还需留出一些空白列，或把次要项归入误差列，以便计算残差平方和SS_E，以及构造统计量F_0。例如对上述$L_8(2^7)$的例子，若表头上7列被A，B，AB，C，AC，BC，ABC全部占满，则无法进行方差分析。但是若把交互项AB，AC，BC，ABC归入到误差项（这一步，在很多软件中都可以通过效应半正态图来选择实现），则方差分析可以与析因试验设计时一样进行，并得到与表2-7-16类似的分析表。

表2-7-31 例2-7-11的正交试验设计及结果分析

试验序号	A	B	AB	C	AC	BC	ABC	试验符号	试验结果R
1	1	1	1	1	1	1	1	(1)	3.2
2	1	1	1	2	2	2	2	c	4.1
3	1	2	2	1	1	2	2	b	3.4
4	1	2	2	2	2	1	1	bc	5.6
5	2	1	2	1	2	1	2	a	4.8
6	2	1	2	2	1	2	1	ac	8.2
7	2	2	1	1	2	2	1	ab	6.7
8	2	2	1	2	1	1	2	abc	9.1

续表

试验序号	A	B	AB	C	AC	BC	ABC	试验符号	试验结果 R
I_j	16.3	20.3	23.1	18.1	23.9	22.7	23.7		
II_j	28.8	24.8	22.0	27.0	21.2	22.4	21.4		
$\frac{(I_j-II_j)}{4}$	−3.125	−1.125	+0.275	−2.225	+0.675	+0.075	+0.575		

正交试验设计方法，在试验的安排及数据的分析计算方面，均可表格化，故较受广大工作者欢迎。但相比析因试验设计法，它还存在着一些缺陷，例如体现因子对输出贡献的数值(I_j-II_j)，其含义不是十分清晰，亦不能直接用来计算回归方程的系数。另外还要随时留意混杂与别名所带来的各种问题。

7.4 随机过程与随机分析

7.4.1 随机过程

在许多实际问题中，需要接连不断地对随机现象作观察，以了解其演变过程。这种需求促进了随机过程理论的诞生。例如在 [0,1] 时间段内，连续观察在液面上作布朗（Brown）运动的微粒。如果用（X_t,Y_t）表示时间 t 时粒子的位置，则（X_t,Y_t）就构成了一个二维随机过程。直观上讲，所谓随机过程就是一族（以时间 t 为参数的）随机变量或随机向量。以后常用 $X_t,t\in T$ 来表示。当然与普通随机变量相似，为能用概率讨论 X_t 的各种性质，对它的所谓可测性会提出一定的要求。当参数 t 给定时（例如 $t=t_0$），这时随机过程 $X_t=X_{t_0}$就是一个随机变量。这样对一般随机变量进行描述的工具在这里都可以使用。例如数学期望 EX_{t_0}、方差 σ^2、概率分布、矩等。但当时间不固定在某一点时，就会产生一些比较复杂的问题。例如当 $t=t_1$，t_2 时，相应的两个随机变量的关系问题；当 t 在一个区间内连续变化时，X_t 显现出来的所谓样本轨道的分析性质等[6]。这些问题在讨论随机过程时都是要加以注意的。

常用的随机过程有：

(1) 独立随机过程 设有随机过程 $\{X_t:t\in T\}$，如果该过程在任意时刻的状态和其他时刻的状态之间互不影响，或者更严格地讲，对于时间 t 的任意 n 个数值 $t_1,t_2,t_3,\cdots,t_n(t_i\in T)$，如果随机变量 $X_{t_1},X_{t_2},X_{t_3},\cdots,X_{t_n}$是相互独立的，则称该过程为独立随机过程。用分布函数描写，即$F(X_1,X_2,\cdots,X_n;t_1,t_2,\cdots,t_n)=\prod\limits_{i=1}^{n}F(x_i,t_i)$。其中分布函数的定义是：$F(x_1,x_2,\cdots,x_n;t_1,t_2,\cdots,t_n)=P\{X_{t_1}\leqslant x_1,X_{t_2}\leqslant x_2,\cdots,X_{t_n}\leqslant x_n\}$。又常称上述函数为随机过程的有限维分布函数。

(2) 正态过程 设随机过程 $\{X_t:t\in T\}$ 的任意有限维分布都是正态分布，则称该过程为正态过程。容易看出，正态过程有密度函数，其有限维的概率密度是：

$$p(x_1,x_2,\cdots,x_n;t_1,t_2,\cdots,t_n)=\frac{1}{(2\pi)^{\frac{n}{2}}|B|^{\frac{1}{2}}}\exp\left\{-\frac{1}{2}(x-a)^TB^{-1}(x-a)\right\}$$

式中，x，a 是 n 维列向量，$x=(x_1,x_2,\cdots,x_n)^T$，$a=(a_1,a_2,\cdots,a_n)^T$（$a_i=EX_{t_i}$ 为期望值，$i=1,2,\cdots,n$）。而 B 为 $n\times n$ 的协方差矩阵 $B_{n\times n}=(\mathrm{cov}(X_{t_i},X_{t_j}))$。

（3）独立增量过程 对于随机过程 X_t，$t\geqslant 0$，若对任意正常数 $n\geqslant 3$，以及任意的 $0\leqslant t_1<t_2<\cdots<t_n$，随机变量 $X_{t_2}-X_{t_1},X_{t_3}-X_{t_2},\cdots,X_{t_n}-X_{t_{n-1}}$ 相互独立，则称随机过程 X_t，$t\geqslant 0$ 为独立增量过程，又称可加过程。例：若以 X_t 表示某电话总机在时间区间 $[0,t]$ 内接到的呼唤次数。则 X_t，$t\geqslant 0$ 是一个独立增量过程，因为它在互不相交的时间区间内发生的呼唤次数可以认为是相互独立的。

（4）维纳（Wiener）过程 设随机过程 X_t，$t\geqslant 0$ 满足以下条件：

① X_t，$t\geqslant 0$ 是独立增量过程，$X_0=0$；

② 对任意的 $0\leqslant s<t$，过程的增量 X_t-X_s 服从正态分布 $N(0,\sigma^2(t-s))$，其中 $\sigma>0$ 为常数。

此时称 X_t，$t\geqslant 0$ 为维纳过程。特别当 $\sigma=1$ 称其为标准维纳过程（图 2-7-17）。易知 $X_t=X_t-X_0\sim N(0,\sigma^2 t),t>0$，故 $E(X_t)=0,D(X_t)=\sigma^2 t$。常用标准维纳过程描绘布朗运动，它被广泛地应用于 Ito 随机积分，而且是 Ito 型随机微分方程和随机分析的重要基础。

（5）泊松（Poisson）过程 设随机过程 X_t，$t\geqslant 0$ 满足以下条件：

① X_t，$t\geqslant 0$ 是取非负整数值的独立增量过程，$X_0=0$；

② 对任意的 $0\leqslant s<t$，过程的增量 X_t-X_s 服从参数为 $\lambda(t-s)$ 的泊松分布。即有

$$P\{X_t-X_s=k\}=\frac{\lambda(t-s)^k}{k!}\mathrm{e}^{-\lambda(t-s)},\quad k=0,1,2,\cdots$$

式中，$\lambda>0$ 为常数。此时称 X_t，$t\geqslant 0$ 为具有强度 λ 的齐次泊松过程（图 2-7-18）。易知 $X_t=X_t-X_0$ 服从参数为 λt 的泊松分布，其均值 $EX_t=\lambda t$，方差 $DX_t=\lambda t$。在自然界中，有许多随机现象可用泊松过程来描述。这种随机现象可以看作是由源源不断出现的随机事件所构成的随机过程。若把这里的随机事件看成质点，那么这种随机过程就叫作随机点过程或随机质点流。例如：电话总机接到的呼唤鱼贯而来，形成一个呼唤流；在某公交车站的乘客形成乘客流；某保险公司接到的索赔形成索赔流。在描述有“跳”的随机微分方程中也常用到泊松过程。

（6）马尔可夫过程

这种过程在实际中也经常会碰到，其特点体现在：过程所对应的各个时刻的随机变量之间有一定（特殊）的相依性。具体讲就是“过去”只影响“现在”而不影响“将来”。用数学语言描述，即对任意的 $t_1<t_2<\cdots<t_n<t_{n+1}$，$t_i\in T$，下述条件分布存在，且满足等式关系：

$$P\{X_{t_{n+1}}\leqslant y\,|\,X_{t_1}=x_1,X_{t_2}=x_2,\cdots,X_{t_n}=x_n\}=P\{X_{t_{n+1}}\leqslant y\,|\,X_{t_n}=x_n\}$$

式中，y 是任意实数，$x_1,x_2,\cdots,x_n$ 是该过程可以达到的状态。此等式关系有时形象地记为 $P\{$将来｜过去，现在$\}=P\{$将来｜现在$\}$。当时间集离散，状态集亦离散时，马尔可夫过程常称为马尔可夫链，简称马氏链。

与随机变量类似，为便于讨论其概率特性，常引进符号 ω，而把随机过程 X_t 写成 $X_t(\omega)$ 或 $X(t,\omega)$，这样的记号更便于讨论随机过程样本曲线的性质。例如对任意的维纳过程，可以适当地修正其样本曲线（即对一切 $t\in T$，容许在零概率集上修改随机过程，涉及

的零概率集容许随选定的 t 而变化)。修正的结果可以使其样本(轨道)曲线为连续函数。由于新的修正后的随机过程仍是一个维纳过程，且与原过程有相同的概率分布，故一般不再加以区分。即以后认为维纳过程总具有连续的样本曲线。甚至可以在维纳过程的定义中增加一个条件：它是一个具有连续样本曲线的随机过程(图 2-7-17)。对于泊松过程，类似地，也可以在定义中增加一个条件：全部轨道是只取非负整数值的，单调增加的，跳为 1 的，右连左极的阶梯函数(所谓“右连左极”是指在任意时刻 $t_0 \in T$，样本曲线存在左极限，同时又是右连续函数，即 $\lim\limits_{t \to t_0^-} X(t, \omega)$ 存在，$\lim\limits_{t \to t_0^+} X(t, \omega) = X(t_0, \omega)$)(图 2-7-18)。

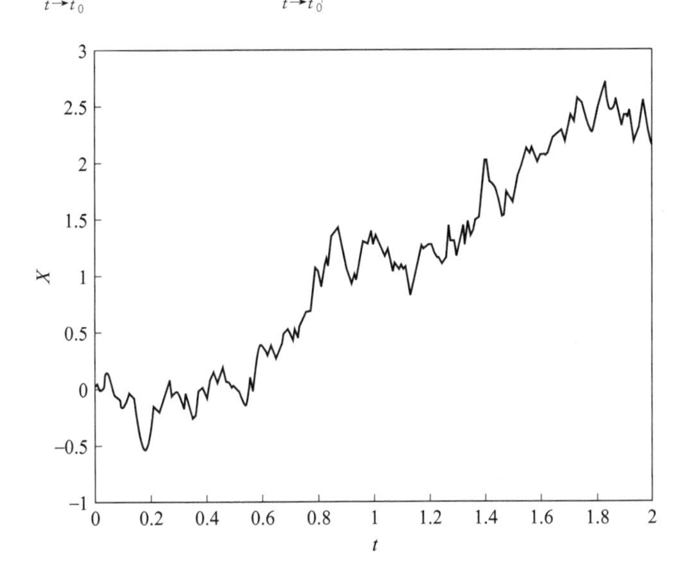

图 2-7-17 维纳(Wiener)过程样本曲线

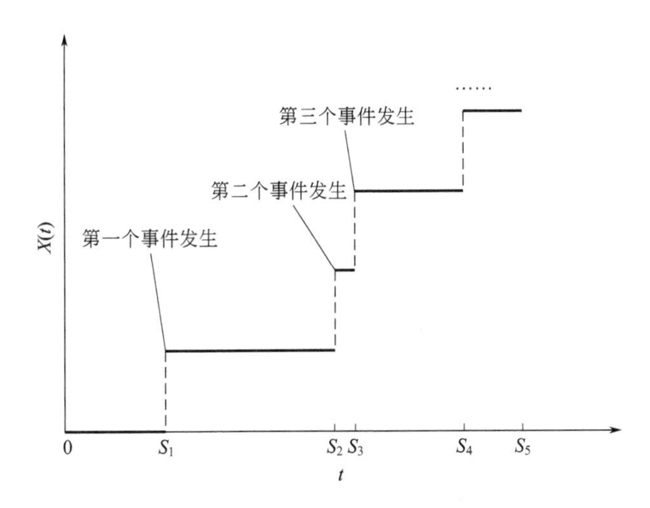

图 2-7-18 泊松(Poisson)过程样本曲线

由于平时观察到的随机过程往往都是它的样本曲线，所以上面这种二元函数的表示方法对于深入研究随机过程会带来很多方便。

7.4.2 白噪声与随机微积分

噪声广泛地存在于现实世界，特别是所谓的**白噪声**(white noise)更为广大工程人员所熟悉。其中白是借用了光学中白色光源均匀地包含了各种频率可见光的性质和名称。在随机分析中，白噪声 $\xi(t,\omega)$ 不是一个常规的随机过程，它往往可理解为维纳过程的**广义导数** $\xi(t,\omega)=\dfrac{dW(t,\omega)}{dt}$[7,8]。这里广义是指维纳过程的样本（轨道）曲线虽然处处连续，但并不光滑（图 2-7-17），所以它并不存在普通意义下的导数。当一个系统可用微分方程描述，后来又添加了白噪声的干扰后，其对应的系统就从确定性问题转化为随机性问题：

$$\frac{dX_t}{dt}=f(t,X_t)\longrightarrow\frac{dX(t,\omega)}{dt}=f(t,X(t,\omega))+G(t,X(t,\omega))\xi(t,\omega)$$

进一步把 $\dfrac{dW(t,\omega)}{dt}=\xi(t,\omega)$ 代入上述随机方程后，可以得到：

$$\frac{dX(t,\omega)}{dt}=f(t,X(t,\omega))+G(t,X(t,\omega))\frac{dW(t,\omega)}{dt}$$

两边同时乘以 dt 后，就可以得到随机方程的微分形式：

$$dX(t,\omega)=f(t,X(t,\omega))dt+G(t,X(t,\omega))dW(t,\omega) \tag{2-7-59}$$

或积分形式

$$X(t,\omega)=X(t_0,\omega)+\int_{t_0}^{t}f(s,X(s,\omega))ds+\int_{t_0}^{t}G(s,X(s,\omega))dW(s,\omega) \tag{2-7-60}$$

在上述表达式中，第一个积分 $\int_{t_0}^{t}f(s,X(s,\omega))ds$（对于固定的 ω）可以理解为关于时间变量 s 的普通的积分。然而第二个积分 $\int_{t_0}^{t}G(s,X(s,\omega))dW(s,\omega)$ 却涉及关于维纳过程 $W(s,\omega)$的积分。若仍沿用习惯的（固定 ω 后）关于时间变量的积分的思路来考察，则研究后发觉：常规的积分定义（例如黎曼积分、斯蒂杰尔斯积分、勒贝格积分等）在这里都是行之无效的，这就促使我们去重点考察关于维纳过程积分的新定义。日本学者 Ito（伊藤清）对此做出了很大贡献。为了能仔细导出 Ito 积分的定义与性质，首先把维纳过程记为二元可测函数 $X(t,\omega)$，把被积分的随机过程简记为 $G(t,\omega)$，然后设法考察 $\int_{t_0}^{t}G(s,\omega)dW(s,\omega)$。众所周知，普通的积分都是和式的极限，所以很容易想象上述积分能否也定义为某种和式的极限。即考虑

$$\int_{t_0}^{t}G(s,\omega)dW(s,\omega)\triangleq\lim\sum G(s_i,\omega)[W(s_{i+1},\omega)-W(s_i,\omega)]$$

注意到右边出现了乘积项 $G(s_i,\omega)[W(s_{i+1},\omega)-W(s_i,\omega)]$，在概率论中对随机变量乘积的处理远比对和的处理要复杂，但当两个随机变量独立时，问题却会变得相对简单。联想到维纳过程具有增量的独立性，而上面积分定义式中出现的乘积项中出现的正好是维纳过程的增量。这就促使引进下面的所谓非预期（nonanticipating）的名称。

首先为讨论方便，引进概率空间(F,Ω,P)，其中 Ω 为样本空间或者样本全体，F 为 Ω 中一些子集所构成的集合称为σ-代数，P 是定义在 F 上的概率（有时称概率测度）。在讨论随机过程时，由于时间变量 t 的存在，需要考虑 t 变化时，F 可能的变化。如果把 F 理解为

一个人处理问题的经验或者信息，把 t 理解为一个人的年龄。那么当人的年龄增加时，其对应的经验或信息亦会增加。这个例子启发我们在 F 的基础上添加 F_t 的记号。F_t 是一族 σ-代数，随着 t 的增加，F_t 会越来越大。在 Ito 积分中常设维纳过程是定义在 (F,Ω,P) 上的随机过程，而记由 $W(u,\omega),u\in[t_0,s]$ 所生成的 σ-代数为 $B(t_0,s)$，又记 B_t^+ 为 $(W(s,\omega)-W(t,\omega)),t\leqslant s<\infty$ 所生成的 σ-代数。由维纳过程的独立增量性可知 $B(t_0,t)$ 与 B_t^+ 相互独立。

定义 7.13 设 t_0 是一个固定的非负常数，F_t 是 F 中的子 σ-代数组成的 σ-代数族。$t\geqslant t_0$，若 F_t 符合以下三个要求，则称 F_t 关于 W_t 是非预期的（nonanticipating）：

① $F_s\subset F_t$，$t_0\leqslant s\leqslant t$；

② $F_t\supset B_{(t_0,t)}$，$t\geqslant t_0$；

③ F_t 与 B_t^+ 独立，$t\geqslant t_0$。

以后常取 F_t 为包含 $B_{(t_0,t)}$ 与某随机变量 C 的最小的 σ-代数，即

$$F_t \triangleq \mathscr{U}(B_{(t_0,t)},C)$$

式中，C 是个与 $B_{t_0}^+$ 独立的随机变量。

定义 7.14 可积函数集合 $M_2[t_0,t]$。设 $G=G(s,\omega)$ 是定义在 $[t_0,t]\times\Omega$ 上的关于 (s,ω) 的二元可测函数，又设对任意的 $s\in[t_0,t]$，$G(s,\omega)$ 是 F_s 可测的 [即 $G(s,\omega)$ 关于 F_s 是适应可测函数]，其中 F_s 是定义 7.13 中的非预期的 σ-代数族，此时称 $G(s,\omega)$ 关于 F_s 是非预期的。而进一步如果它的样本函数 $G(s,\omega)$，关于第一个自变量 s，以概率 1 是 $L_2[t_0,t]$ 可积的，即

$$\int_{t_0}^{t}|G(s,\omega)|^2\mathrm{d}s<\infty \quad \text{a. s.} \tag{2-7-61}$$

此时把 $G(s,\omega)$ 函数全体记为 $M_2[t_0,t]$，上式中 a. s. 的意思是几乎必然成立，这意味着使上式不成立的 ω 的全体一定是零概集（此集合的概率为 0）。

定义 7.15 简单函数的 Ito 积分。若 $G(s,\omega)\in M_2[t_0,t]$，同时存在与 ω 无关的分割 $t_0<t_1<t_2<\cdots<t_n=t$，当 $s\in[t_{i-1},t_i]$ 时 $G(s,\omega)=G(t_{i-1},\omega),i=1,2,\cdots,n$，此时称 G 为简单函数。对于它可定义

$$\int_{t_0}^{t}G(s,\omega)\mathrm{d}W(s,\omega)=\sum_{i=1}^{n}G(t_{i-1},\omega)[W(t_i,\omega)-W(t_{i-1},\omega)] \tag{2-7-62}$$

定义 7.16 M_2 函数的 Ito 积分。若 $G(s,\omega)\in M_2[t_0,t]$，则总存在一列简单函数 $G_n(s,\omega)\in M_2[t_0,t]$，使得

$$\lim_{n\to\infty}\int_{t_0}^{t}[G(s,\omega)-G_n(s,\omega)]^2\mathrm{d}s=0 \quad \text{a. s.}$$

此时可定义 G 的 Ito 积分

$$I(G)=\int_{t_0}^{t}G(s,\omega)\mathrm{d}W(s,\omega)=\lim_{n\to\infty}\int_{t_0}^{t}G_n(s,\omega)\mathrm{d}W(s,\omega) \tag{2-7-63}$$

式中，$I(G)$ 为一个随机变量，同时它只依赖于 G 而与 G_n 序列的选择无关 [注：在式 (2-7-63) 中的随机变量极限收敛性为按概率收敛，常记为 P 收敛]。

若对被积函数添加条件，那么上述积分定义式（2-7-63）中的收敛性亦会有所加强。

定理 7.5 若函数 $G(s,\omega)\in M_2[t_0,t]$，同时 $\int_{t_0}^{t}E[G^2(s,\omega)]\mathrm{d}s<\infty$，则必存在 $M_2[t_0,t]$中的简单函数列 $G_n(s,\omega)$ 使得有：

$$\lim_{n\to\infty}\int_{t_0}^{t}E[G(s,\omega)-G_n(s,\omega)]^2\mathrm{d}s=0$$

$$\lim_{n\to\infty}\int_{t_0}^{t}G_n(s,\omega)\mathrm{d}W(s,\omega)\xlongequal{L_2}\int_{t_0}^{t}G(s,\omega)\mathrm{d}W(s,\omega) \tag{2-7-64}$$

上述由式(2-7-64) 定义的 Ito 积分具有以下性质：

定理 7.6 设 $G(s,\omega),G_1(s,\omega),G_2(s,\omega)\in M_2[t_0,t]$，则

① 成立线性关系：设 a，b 为任意确定性常数，则

$$\int_{t_0}^{t}[aG_1(s,\omega)+bG_2(s,\omega)]\mathrm{d}W(s,\omega)=a\int_{t_0}^{t}G_1(s,\omega)\mathrm{d}W(s,\omega)+b\int_{t_0}^{t}G_2(s,\omega)\mathrm{d}W(s,\omega)$$

② 对 $N>0,C>0$，估计：

$$P\{\omega\,\|\int_{t_0}^{t}G(s,\omega)\mathrm{d}W(s,\omega)\,|>C\}\leqslant\frac{N}{C}+P\{\omega\,|\int_{t_0}^{t}G^2(s,\omega)\mathrm{d}W(s,\omega)>N\}$$

③ 若 $G_n(s,\omega)\in M_2[t_0,t]$，同时 $\lim\limits_{n\to\infty}\int_{t_0}^{t}[G(s,\omega)-G_n(s,\omega)]^2\mathrm{d}s\xrightarrow{P}0$，则

$$\lim_{n\to\infty}\int_{t_0}^{t}G_n(s,\omega)\mathrm{d}W(s,\omega)\xlongequal{P.}\int_{t_0}^{t}G(s,\omega)\mathrm{d}W(s,\omega)$$

④ 若 $\int_{t_0}^{t}E[G^2(s,\omega)]\mathrm{d}s<\infty$，那么

$$E[\int_{t_0}^{t}G(s,\omega)\mathrm{d}W(s,\omega)]=0$$

$$E[\int_{t_0}^{t}G(s,\omega)\mathrm{d}W(s,\omega)]^2=\int_{t_0}^{t}E[G^2(s,\omega)]\mathrm{d}s$$

进一步可以变动积分上限 t，且规定 $t_0\leqslant t\leqslant T$ 时，则可以证明如下。

定理 7.7 设 $G(s,\omega)\in M_2[t_0,t]$，$X(t,\omega)=\int_{t_0}^{t}G(s,\omega)\mathrm{d}W(s,\omega)$，$t_0\leqslant t\leqslant T$，而 T 为一固定时刻，则有：

① $X(t,\omega)$ 是 F_t 可测的，即 $X(t,\omega)$ 是 F_t 适应可测过程。

② 假设 $\int_{t_0}^{t}E[G^2(s,\omega)]\mathrm{d}s<\infty$，$t\in[t_0,T]$，那么 $(X(t,\omega),F_t)$ 构成的一个所谓"鞅过程"。同时对 $t,s\in[t_0,T]$有矩估计：

$$EX(t,\omega)=0\quad E[X(t,\omega)X(s,\omega)]=\int_{t_0}^{\min(s,t)}E[G^2(u,\omega)]\mathrm{d}u$$

另外对所有的 $c>0$ 与 $t_0\leqslant a\leqslant b\leqslant T$ 有概率与期望估计式：

$$P\{\omega\,|\sup_{a\leqslant t\leqslant b}|X(t,\omega)-X(a,\omega)|>C\}\leqslant\int_a^b E[G^2(s,\omega)]\mathrm{d}s/C^2$$

$$E\{\sup_{a\leqslant t\leqslant b}|X(t,\omega)-X(a,\omega)|^2\}\leqslant 4\int_a^b E[G^2(s,\omega)]\mathrm{d}s$$

注：鞅过程是一类重要的随机过程，它广泛地存在于现实世界，其最初的来源是对公正赌博的描述[9]。维纳过程是一个特殊的鞅过程，前面随机积分定义中，出现在 $\mathrm{d}W(s,\omega)$ 中的维纳过程，有时也可以被推广到鞅过程，甚至半鞅过程。

③ $X(t,\omega)$ 以概率 1 具有连续样本函数。

④ 若对某自然数 k，有 $\int_a^t E[G^{2k}(s,\omega)]\mathrm{d}s < \infty$， $t_0 \leqslant a \leqslant t \leqslant T$，则

$$E\mid X(t,\omega)-X(a,\omega)\mid^{2k} \leqslant (k(2k-1))^{k-1}(t-a)^{k-1}\int_a^t E[G^{2k}(s,\omega)]\mathrm{d}s$$

利用上面积分的概念，马上可以定义所谓的 Ito 型的随机微分（简称为微分）：

定义 7.17 设 $G(s,\omega)$如前所述，$X(t_0,\omega)$ 是 F_{t_0} 可测的随机度量，$f(t,\omega)$ 是定义在 $[t_0,T]\times\Omega$ 上关于 (t,ω) 的可测函数，对于任意的 $t\in[t_0,T]$，$f(t,\omega)$关于第二个自变量 ω，是 F_t 可测的，同时其积分 $\int_{t_0}^T \mid f(s,\omega)\mid \mathrm{d}s < \infty$，a. s. 。这时如果存在一个随机过程 $X(t,\omega)$，使得积分关系式成立：

$$X(t,\omega)=X(t_0,\omega)+\int_{t_0}^t f(s,\omega)\mathrm{d}s+\int_{t_0}^t G(s,\omega)\mathrm{d}W(s,\omega),\ \text{a. s.} \tag{2-7-65}$$

那么称 $X(t,\omega)$具有微分 $f(t,\omega)\mathrm{d}t+G(t,\omega)\mathrm{d}W(t,\omega)$，记为

$$\mathrm{d}X(t,\omega)=f(t,\omega)\mathrm{d}t+G(t,\omega)\mathrm{d}W(t,\omega)\quad t\in[t_0,T] \tag{2-7-66}$$

由该定义可以看出所给微分其实不是普通的微分，在随机分析中它不过是积分关系的一种简略表现形式。在定义中关于时间 t 的积分 $\int_{t_0}^t f(s,\omega)\mathrm{d}s$ 应理解为沿着轨道（样本）曲线的积分，即对固定的 $\omega\in\Omega$，它就是普通的勒贝格积分。

7.4.3 Ito 公式与随机微分方程

随机微分有着与普通微分不同的含义与性质，例如对复合函数的微分就有下面重要的 Ito 微分定理[9]：

定理 7.8 设函数 $F(t,X)=F(t,X_1,\cdots,X_m)$，其导数 $F_0(t,X)\triangleq\frac{\partial}{\partial t}F(t,X)$，$F_i(t,X)\triangleq\frac{\partial}{\partial x_i}F(t,X_1,\cdots,X_m)$， $F_{ij}(t,X)=\frac{\partial^2}{\partial x_i\partial x_j}F(t,X_1,\cdots,X_m)$，都是连续函数。如果$y(t,\omega)=F(t,X(t,\omega))=F(t,X_1(t,\omega),X_2(t,\omega),\cdots,X_m(t,\omega))$，而

$$\mathrm{d}X_i(t,\omega)=a_i(t,\omega)\mathrm{d}t+b_i(t,\omega)\mathrm{d}W(t,\omega),i=1,2,\cdots,m$$

式中，$a_i(t,\omega)$，$b_i(t,\omega)$都满足随机微分（定义 7.17）中相应的假设条件，则存在下面的复合函数求导公式（Ito 公式）：

$$\begin{aligned}\mathrm{d}y(t,\omega)&=\mathrm{d}F(t,X(t,\omega))\\&=\{F_0(t,X(t,\omega))+\sum_{i=1}^m F_i(t,X(t,\omega))a_i(t,\omega)+\frac{1}{2}\sum_{i,j=1}^m F_{ij}(t,X(t,\omega))\\&\quad b_i(t,\omega)b_j(t,\omega)\}\mathrm{d}t+\{\sum_{i=1}^m F_i(t,X(t,\omega))b_i(t,\omega)\}\mathrm{d}W(t,\omega)\end{aligned} \tag{2-7-67}$$

例如：已知 $dW(t,\omega)=0dt+1dW(t,\omega)$，令 $F(t,X)=X^2$，利用 Ito 公式，有 $dW^2(t,\omega)=dt+2W(t,\omega)dW(t,\omega)$，写成积分形式：$W^2(t,\omega)=t+2\int_0^t W(s,\omega)dW(s,\omega)$ 或 $\int_0^t W(s,\omega)dW(s,\omega)=\dfrac{W^2(s,\omega)}{2}-\dfrac{t}{2}$。

这与常规积分公式显然不一致，为帮助记忆，有时可以利用表 2-7-32。

表 2-7-32 Ito 公式示意图

×	dw	dt
dw	dt	0
dt	0	0

即 $dW\times dW\to dt$、$dW\times dt\to 0$、$dt\times dt\to 0$，这样 Ito 公式（2-7-67）就可以理解为直至两阶的，通常的复合函数的微分公式了。

现考虑如下形式的随机方程（初值问题）：

$$\begin{cases}dX(t,\omega)=f(t,X(t,\omega))dt+G(t,X(t,\omega))dW(t,\omega)\\ X(t_0,\omega)=C(\omega)\end{cases}\quad t_0\leqslant t\leqslant T<\infty \tag{2-7-68}$$

或等价地

$$X(t,\omega)=C(\omega)+\int_{t_0}^t f(s,X(s,\omega))ds+\int_{t_0}^t G(s,X(s,\omega))dW(s,\omega)$$

$$t_0\leqslant t\leqslant T<\infty \tag{2-7-69}$$

定义 7.18 一个随机过程 $X(t,\omega)$ 称为上述微分方程（初值问题）的解，如果它满足以下三个条件：

① 对所有的 $t\in[t_0,T]$，$X(t,\omega)$是 F_t 可测的，或者说它是非预期的；

② 函数 $f(t,X(t,\omega))$与 $G(t,X(t,\omega))$也是 F_t 可测的，同时以概率 1 有：

$$\int_{t_0}^t |f(s,X(s,\omega))|ds<\infty;\quad \int_{t_0}^T |G(s,X(s,\omega))|^2 ds<\infty$$

③ 对任意的 $t\in[t_0,T]$，式(2-7-69) 以概率 1 成立。

对于其解的存在唯一性，可以有[6]：

定理 7.9 对于方程式(2-7-68) 或式(2-7-69)，假设

① $f(t,x)$,$G(t,x)$ 是定义在$[t_0,T]\times(-\infty,\infty)$上关于 (t,x) 的可测函数；

② 存在常数 k，使得对 $t\in[t_0,T]$与 $x,y\in(-\infty,\infty)$成立：

$|f(t,x)-f(t,y)|+|G(t,x)-G(t,y)|\leqslant k|x-y|$（Lipschitz 条件）

$|f(t,x)|^2+|G(t,x)|^2\leqslant k(1+|x|^2)$（线性增长条件）

③ 初值 $C(\omega)$与$(W(t,\omega)-W(t_0,\omega))$,$t_0\leqslant t$ 相互独立，且 $EC^2(\omega)<\infty$，此时随机方程存在唯一解 $X(t,\omega)$，满足以下条件：

① $X(t,\omega)$ 的样本函数以概率 1 连续，同时 $X(t_0,\omega)=C(\omega)$；

② $\sup\limits_{t_0\leqslant t\leqslant T} EX^2(t,\omega)<\infty$。

如果 $X_1(t_1,\omega)$与 $X_2(t_2,\omega)$是方程的两个解，都满足上述①、②两个条件，则有

$$P\{\omega \mid \sup_{t_0\leqslant t\leqslant T}|X_1(t,\omega)-X_2(t,\omega)|=0\}=1$$

进一步还可以有下列关于解的性质的定理。

定理 7.10 设定理 7.9 中条件满足，又设关于初始条件有 $EC^{2n}(\omega)<\infty$，其中 n 为正整数，则随机微分方程(2-7-68) 的解具有矩估计式：

$$E[X^{2n}(t,\omega)]\leqslant(1+EC^{2n}(\omega))\exp\{k_1(t-t_0)\}$$

$$E[X(t,\omega)-C(\omega)]^{2n}\leqslant D(1+EC^{2n}(\omega))(t-t_0)^n\exp\{k_1(t-t_0)\}$$

其中 $t_0\leqslant t\leqslant T<\infty$，$k_1=2n(2n+1)(k^2+1)$，$D$ 为只依赖于 n，k，$T-t_0$ 的常数。

定理 7.11 设定理 7.9 中保证解存在唯一性的假设条件被满足，则其解 $X(t,\omega)$在 $t\in[t_0,T]$时是个马尔可夫过程，当 $t=t_0$ 时，它的分布等于 $C(\omega)$ 的分布。进一步假设方程系数 $f(t,x)$，$G(t,x)$是 t 的连续函数，则此时方程的解 $X(t,\omega)$，$t\in[t_0,T]$是个扩散过程，它的偏移系数为 $f(t,x)$，扩散系数是 $G^2(t,x)$。

对于线性方程：

$$\begin{cases}\mathrm{d}X(t,\omega)=[a(t)+A(t)X(t,\omega)]\mathrm{d}t+[b(t)+B(t)X(t,\omega)]\mathrm{d}W(t,\omega)\\X(t_0,\omega)=C(\omega)\end{cases}\quad t_0\leqslant t\leqslant T<\infty$$

可以有解：

$$X(t,\omega)=\Phi(t,\omega)\{C(\omega)+\int_{t_0}^{t}\Phi^{-1}(s,\omega)[a(s)-B(s)b(s)]\mathrm{d}s+\int_{t_0}^{t}\Phi^{-1}(s,\omega)b(s)\mathrm{d}W(s,\omega)\}$$

其中

$$\Phi(t,\omega)=\exp\left\{\int_{t_0}^{t}\left[A(s)-\frac{B^2(s)}{2}\right]\mathrm{d}s+\int_{t_0}^{t}B(s)\mathrm{d}W(s,\omega)\right\}$$

特别对于 Langevin 方程：

$$\begin{cases}\mathrm{d}X(t,\omega)=-\alpha X(t,\omega)\mathrm{d}t+\sigma\mathrm{d}W(t,\omega)\\X(0,\omega)=C(\omega)\end{cases}\quad 0\leqslant t\leqslant T<\infty$$

其解为：

$$X(t,\omega)=\mathrm{e}^{-\alpha t}C(\omega)+\sigma\int_{0}^{t}\mathrm{e}^{-\alpha(t-s)}\mathrm{d}W(s,\omega)$$

常称其为 Ornstein-Uhlenbeck 过程。

除了初值问题，随机微分方程还可以有边值问题与终值问题（或倒向问题）等，它们广泛地存在于近代的工程、控制和金融等问题中。

7.5 随机模拟

所谓随机模拟（simulation），是设法利用数字计算机来模拟现实世界中随机对象的一种方法[10]。例如产生一组服从标准正态分布 $N(0,1)$ 的随机变量，模拟一个银行的服务系统，其中顾客光临的时刻，与银行对顾客的服务时间都是随机的。

7.5.1 随机变量的模拟方法

7.5.1.1 伪随机数的模拟

目前常用的各种模拟方法往往都以伪随机数模拟（pseudorandom number simulation）作为基础。它实际上是产生一组服从（0,1）间均匀分布的随机模拟样本。之所以称为“伪”随机数，则是由于尽管它在统计特征上与一组独立的均匀分布相差无几，但由于它是按固定算法产生的，当某些初始参数给定后，它产生的都是相同的数组，所以严格讲它还不是一组真正的、服从独立均匀分布的模拟样本值。但从使用的角度讲，这些已经足够了。具体产生的过程为：

① 给出一个初值 x_0；

② 利用下面的递推公式，计算 x_n，$n\geqslant 1$：

$$x_n=ax_{n-1}(modm) \tag{2-7-70}$$

式中，a 与 m 是预先给定的两个正整数，而（$modm$）指的是把等式右边的 ax_{n-1} 除以 m 后，取其余数，再把它记为 x_n。例如，当 $a=3$，$m=8$，$x_{n-1}=5$ 时，$x_n=3\times5-8=7$。由此可知，x_n 总会落入 $[0,m)$ 的区间范围中。

③ 令$\dfrac{x_n}{m}$为伪随机数。它就是服从（0,1）均匀分布随机变量的样本值的近似值（或模拟值）。

上面的方法称为乘同余法。然而在使用该法时应注意 x_0,a，m 的设置问题。例如当 x_0 取为一个正整数时，由于 a 与 m 都是正整数，故由公式（2-7-70）递推得到的 x_n 总是取 0，1,…,$(m-1)$中的某个正整数值，从而经有限次（至多 m 次）递推后，会产生重复的数值。这将给实际使用带来很大的不便，故在选择 a 与 m 时常建议要符合以下标准：

① 对任何初值 x_0，按递推公式产生的序列要具有独立均匀分布的统计特性；

② 对任何初值 x_0，在重复数值出现前，要能产生个数比较多的随机数；

③ 在使用数字计算机产生的随机数时，对应的数字计算要比较有效。

为符合上面三个要求，一般往往选 m 为能与计算机字长匹配的大的素数。例如对于 32 位字长的二进制计算机（其中第一位用来表示＋、－号），可以选 $m=2^{31}-1$，$a=7^5=16807$；对于 36 位字长的计算机，则可选 $m=2^{35}-31$，$a=5^5$[10]。

当然产生伪随机数不一定非用乘同余法公式（2-7-70），有时亦可取 $x_n=(ax_{n-1}+c)(modm)$ 来代替公式（2-7-70），此时称其为混合同余法，因为算法中既包含乘法，又包含加法。在这种场合，人们往往选 m 等于计算机字长，因为它会使数字运算 $(ax_{n-1}+c)(modm)$ 变得更有效。

【例 2-7-16】 定积分计算的蒙特卡罗（Monte-Carlo）法。

设 $g(x)$ 是给定的 [0,1] 区间上的连续函数，令 $\theta=\int_0^1 g(x)\mathrm{d}x$，如果 U 为一个服从（0,1）均匀分布的随机变量，则由于其密度函数恒为 1，故可把 θ 改写为：

$$\theta=E[g(U)]$$

从而当 U_1，…，U_n 为独立的服从（0,1）均匀分布的随机变量时，$g(U_1)$,$g(U_2)$…,$g(U_n)$ 也是具均值 θ 的独立同分布随机变量。从而由所谓的强大数定律可知，当 $n\rightarrow\infty$时，以概率

1 成立：

$$\lim_{n\to\infty}\sum_{k=1}^{n}\frac{g(U_k)}{n}=E[g(U)]=\theta$$

这样利用计算机产生的一组伪随机数，以及公式$[g(U_1)+g(U_2)+\cdots+g(U_n)]/n$可以方便地获得$\theta$的近似值。

利用上面方法产生的随机数不但可以模拟服从（0,1）均匀分布的随机变量，还可通过简单的线性变换，模拟其他区间上的均匀分布。例如若注意到$U\sim U(0,1)$，则$2U\sim U(0,2)$，从而$2U-1\sim U(-1,1)$。这说明把伪随机数代入到公式$2U-1$后就可模拟区间（-1,1）上的均匀分布。

由于伪随机数在随机模拟中被广泛地应用，故很多软件都具有能生成它的子程序（或函数）供人们随时调用。例如在 Excel 中的函数 RAND（）就能产生（0,1）区间上的随机数。

7.5.1.2 反变换模拟方法

所谓反变换法(inverse transform method)，指的是对给定的随机变量分布函数$F(x)$，设法利用其反函数$F^{-1}(x)$获取该随机变量模拟样本值的方法。具体讲，可以证明：若U是个服从（0,1）区间均匀分布的随机变量，而$F(x)$是某连续型随机变量的分布函数，在它的取值范围内，$F(x)$具有反函数$F^{-1}(x)$，则由

$$X=F^{-1}(x)|_{x=U}\triangleq F^{-1}(U) \tag{2-7-71}$$

所定义的随机变量必定具分布函数$F(x)$。

【例 2-7-17】 指数分布$E(\lambda)$的模拟。

为方便计，令$\lambda=1$。注意到该随机变量的取值范围为$x\geqslant0$，故只需在$[0,+\infty)$内考察$F(x)$及其反函数$F^{-1}(x)$。从指数分布的密度

$$p(x)=\begin{cases}e^{-x} & x\geqslant0\\0 & x<0\end{cases}$$

可知$x\geqslant0$时的分布函数$F(x)=1-e^{-x}$，它的反函数$F^{-1}(x)=-\ln(1-x)$。从而可以利用式(2-7-71)，把模拟$U(0,1)$分布的伪随机数U代入后，用$-\ln(1-U)$来模拟指数分布$E(1)$。在实际使用时，为节省运算量，注意到$(1-U)$亦是个服从$U(0,1)$的均匀分布，故常以$-\ln U$替代$-\ln(1-U)$来模拟$E(1)$。而当指数分布中的参数λ是其他值时，则常以

$$X=-\frac{1}{\lambda}\ln U \tag{2-7-72}$$

来模拟它。

对于离散型随机变量，反变换法中要处理的不是分布函数$F(x)$，而是其分布律。例如要模拟一个随机变量，使其具分布律：

$$P(X=x_j)=p_j\quad j=0,1,2,\cdots,\quad \sum_j p_j=1$$

式中，x_j,p_j是已知的，且$x_0<x_1<\cdots<x_{n-1}<x_n<\cdots$。

与连续型模拟相似，先产生一个随机数$U\sim U(0,1)$，把它的模拟值与p_i相比较，以产生X的模拟值，具体讲，令：

$$X=\begin{cases}x_0 & 若U<p_0\\ x_1 & 若p_0\leqslant U<p_0+p_1\\ \vdots & \vdots\\ x_j & 若\sum_{i=1}^{j-1}p_i\leqslant U<\sum_{i=1}^{j}p_i\\ \vdots & \vdots\end{cases} \tag{2-7-73}$$

就可以了。

【例 2-7-18】 试模拟随机变量，使其具有分布律（表 2-7-33）：

表 2-7-33 模拟随机变量的分布律

X	1	2	3	4
P	0.20	0.15	0.25	0.40

解 先产生随机数 U，利用式(2-7-73) 可以构成以下算法：

若$U<0.20$，令 $X=1$，且终止；

若$U<0.35$，令 $X=2$，且终止；

若$U<0.60$，令 $X=3$，且终止；

否则，令 $X=4$。

对于等概率分布，往往可以导出比式(2-7-73) 更简单的公式，例如对于具等概率分布的随机变量（表 2-7-34）。

表 2-7-34 具等概率分布的随机变量

X	1	2	3	…	n
P	$1/n$	$1/n$	$1/n$	…	$1/n$

仿例 2-7-18，先产生随机数 U，利用式(2-7-73) 可产生以下算法：

$$X=j,若\frac{j-1}{n}\leqslant U<\frac{j}{n}\quad j=1,2,\cdots,n$$

注意到上式等价于：$X=j$，若 $j-1\leqslant nU<j$，换言之，可以有模拟公式：

$$X=\mathrm{Int}(nU)+1 \tag{2-7-74}$$

其中，$\mathrm{Int}(x)$ 有时记为 $[x]$，是取整函数，例如 $\mathrm{Int}(3.5)=3$。

【例 2-7-19】 试模拟几何分布：

$$P(X=i)=pq^{i-1},\ i\geqslant 1,\ q=1-p$$

解 注意到几何分布可等价地由下法产生：对一个（成功率为 p 的）服从二点分布的随机变量，反复进行独立试验，直至取得首次成功。故：

$$\sum_{i=1}^{j-1}P(X=i)=1-q^{j-1},\ j\geqslant 1$$

这样式(2-7-73) 中对随机数 U 进行比较的不等式可简化为

$$1-q^{j-1}\leqslant U<1-q^{j}$$

或

$$q^{j}<1-U\leqslant q^{j-1}$$

代入式(2-7-73) 后，知 $X=\mathrm{Min}\{j: q^{j}<1-U\}$，再取对数后上式可改为：$X=\mathrm{Min}\{j: j<\ln(1-U)/\ln q\}$，或 $X=\mathrm{Int}\left[\dfrac{\ln(1-U)}{\ln q}\right]+1$，再注意到 $1-U$ 也是 (0,1) 间的均匀分布，最后可得模拟公式

$$X=\mathrm{Int}\left(\frac{\ln U}{\ln q}\right)+1 \tag{2-7-75}$$

【例 2-7-20】 试模拟泊松分布 $P(\lambda)$

$$P(X=i)=\mathrm{e}^{-\lambda}\frac{\lambda^{i}}{i!}\triangleq p_{i},\ i=0,1,\cdots$$

解 先注意到泊松分布的概率分布具关系式 $p_{i+1}=\dfrac{\lambda}{i+1}p_{i}$，$i\geqslant 0$，故在使用公式 (2-7-73) 时，可引进中间变量 $F=F(i)=P\{x\leqslant i\}$，从而有算法：

Step 1：生成随机数 U；

Step 2：令 $i=0, p=\mathrm{e}^{-\lambda}$，$F=p$；

Step 3：若 $U<F$，令 $X=i$，且终止；

Step 4：$p=\lambda p/(i+1)$，$F=F+p$，$i=i+1$；

Step 5：转向 Step 3。

注：Step 4 中算式 $p=\lambda p/(i+1)$，指的是把原先 p 值代入等式右边表达式，然后将其计算结果再赋予左边的 p 变量。例如，$\lambda=1, i=2, p=3$ 时，由于等式右边计算结果为 $(1\times 3)/(2+1)=1$，故经 Step 4 后 p 变成新的值 1，而不是原来的值 3。对 Step 4 中另外两个算式也可类似计算。像这种可以节省变量设置的方法，在计算机程序设计时是常用的方法。

7.5.1.3 "纳-拒"模拟技术

在不方便应用反变换模拟法时，"纳-拒"技术 (acceptance-rejection technique) 常常可以帮助模拟一些重要的随机变量。这个技术要求：先设法模拟一个比较简单的随机变量，以其为基础，然后以一定的概率接受（或拒绝）：把该基础变量模拟值定义为新模拟值。具体讲，如果要模拟一个随机变量 X 使它具有密度函数 $f(x)$。常可以先模拟一个具密度 g 的随机变量 Y，然后以 $f(Y)/g(Y)$ 的某个倍数值作为控制概率，让 X 接受 Y（或拒绝 Y）的模拟值。为此先设 c 为一个上界，使满足：对所有的 y 成立不等式关系

$$f(y)/g(y)\leqslant c \tag{2-7-76}$$

则本模拟技术可以有算法：

Step 1：产生（模拟）Y，使具密度 g；

Step 2：产生随机数 U；

Step 3：若 $U\leqslant\dfrac{f(Y)}{cg(Y)}$，令 $X=Y$；否则，返回 Step 1。

【例 2-7-21】 试用纳-拒技术模拟服从 gamma（3/2,1）分布的随机变量。

解 服从 gamma（3/2,1）分布的随机变量具有密度函数

$$f(x)=\begin{cases}Kx^{1/2}\mathrm{e}^{-x} & x>0\\ 0 & 其他\end{cases}$$

其中常数 $K=1/\Gamma\left(\frac{3}{2}\right)=2/\sqrt{\pi}$。注意到该随机变量的取值范围集中在（0,+∞），且均值为 3/2，故自然地可取具相同均值的指数分布 $E\left(\frac{2}{3}\right)$为基础随机变量 Y。其对应的密度函数为：

$$g(x)=\begin{cases}\frac{2}{3}\mathrm{e}^{-2x/3} & x>0\\ 0 & 其他\end{cases}$$

为使用本模拟算法，还应确定上界 c，为此注意到：

$$\frac{f(x)}{g(x)}=\frac{3K}{2}x^{\frac{1}{2}}\mathrm{e}^{-\frac{x}{3}},\ x>0$$

用取导数并令其为零的方法，容易发现，当 $x=\frac{3}{2}$时，上式达极大。故可令

$$c=\operatorname*{Max}_{x>0}\frac{f(x)}{g(x)}=\frac{f(x)}{g(x)}\bigg|_{x=\frac{3}{2}}=\frac{3K}{2}\left(\frac{3}{2}\right)^{\frac{1}{2}}\mathrm{e}^{-\frac{1}{2}}=\frac{3^{\frac{3}{2}}}{(2\pi\mathrm{e})^{1/2}}$$

它满足不等式(2-7-76)，从而可用来产生算法中 Step 3 中的控制概率：

$$\frac{f(y)}{cg(y)}=(2\mathrm{e}/3)^{1/2}y^{1/2}\mathrm{e}^{-y/3}$$

再利用例 2-7-17 公式(2-7-72) 的指数分布 $E(2/3)$ 模拟法，可得 gamma(3/2,1) 的模拟算法：

Step 1：生成随机数 U_1，同时令 $Y=-\frac{3}{2}\ln(U_1)$；

Step 2：生成随机数 U_2；

Step 3：若 $U_2<(2\mathrm{e}Y/3)^{1/2}\mathrm{e}^{-Y/3}$，则令 $X=Y$；否则返回 Step 1。

【例 2-7-22】 试模拟标准正态分布 $N(0,1)$。

解 为生成正态随机变量 $Z\sim N(0,1)$，先设法生成其绝对值$|Z|$，然后再以等概率方法把正负值分开。注意到$|Z|$具密度

$$f(x)=\begin{cases}\frac{2}{\sqrt{2\pi}}\mathrm{e}^{-\frac{x^2}{2}} & x>0\\ 0 & 其他\end{cases}$$

其取值范围为（0,+∞）。为方便起见，仍取指数分布为基础参考随机变量，并令其参数为 $\lambda=1$。此时其密度为

$$g(x)=\begin{cases}\mathrm{e}^{-x} & x>0\\ 0 & 其他\end{cases}$$

故由 $f(x)/g(x)=\sqrt{2/\pi}\mathrm{e}^{x-x^2/2}$，$(x>0)$，可得 $c=\underset{x>0}{\mathrm{Max}}\dfrac{f(x)}{g(x)}=\dfrac{f(1)}{g(1)}=\sqrt{2\mathrm{e}/\pi}$，从而由

$$\frac{f(x)}{cg(x)}=\exp\left\{x-\frac{x^2}{2}-\frac{1}{2}\right\}=\exp\left\{-\frac{(x-1)^2}{2}\right\}$$

可得 $|Z|$ 的模拟算法：

Step 1：生成随机数 U_1，同时令 $Y=-\ln U_1$；

Step 2：生成随机数 U_2；

Step 3：若 $U_2<\exp\left\{-\dfrac{(Y-1)^2}{2}\right\}$，则令 $X=Y$；否则，返回 Step 1。

为生成 $Z\sim N(0,1)$，则可在上面的基础上再增加两步：

Step 4：生成随机数 U_3；

Step 5：若 $U_3\leqslant\dfrac{1}{2}$，令 $Z=X$；否则，令 $Z=-X$。

7.5.1.4 别名模拟方法

别名模拟方法（alias method）适用于离散随机变量。其基本思想是：当其取值状态有限时，可以把对应的概率分布分解为有限个服从两点分布的概率分布加权之和，从而利用7.1.1节中的全概率公式思想，把问题简化为对样本空间 Ω 的分解，以及对有限个两点分布随机变量的模拟。具体的做法往往可以采取分解与模拟两步来进行。

例如有服从三点分布的离散随机变量 X，其分布律见表2-7-35。

表 2-7-35 三点分布 X 的分布律

X	x_1	x_2	x_3
P	7/16	1/2	1/16

$$(x_1<x_2<x_3)$$

(1) 第一步分解 首先把上述 X 的分布律表中的概率取出，构成三维向量 $\vec{p}=(p_1,p_2,p_3)=(7/16,1/2,1/16)$。若有办法（见例2-7-23），可以找到两个三维向量：$Q^{(1)}=(0,7/8,1/8)$，$Q^{(2)}=(7/8,1/8,0)$，使得具关系式：

$$\vec{p}=(p_1,p_2,p_3)=(7/16,1/2,1/16)=\frac{1}{2}[Q^{(1)}+Q^{(2)}] \tag{2-7-77}$$

同时注意到：如果把 $Q^{(1)}$ 与 $Q^{(2)}$ 中的0分量去除，则它们可分别对应于两个服从两点分布的随机变量（表2-7-36）。其中 $Q^{(1)}$ 对应于 Y_1，$Q^{(2)}$ 对应于 Y_2。

表 2-7-36 X 的别名模拟分解

Y_1	x_2	x_3	Y_2	x_1	x_2
P	7/8	1/8	P	7/8	1/8

(2) 第二步模拟 对 X 的模拟，利用7.1.1节中的全概率公式，可以通过 Y_1，Y_2 的模拟来实现。例如为模拟 X，希望进行16次试验，其中约有一半机会（即8次）$X=x_2$。而这个过程可以有另一种试验安排方法，即16次中有一半（即8次）用 Y_1 作试验对象。它取

到的 x_2 次数约为 7 次；而 16 次试验中另一半（即 8 次）用 Y_2 作试验对象，它取到 x_2 的次数约为 1 次，合并起来总共 16 次试验中，取到 x_2 的次数约为 8 次，从而用第二种模拟方法产生的结果与第一种方法是相同的。

由于两点分布可用反变换模拟公式(2-7-73) 简单地生成，选择 Y_i 可用公式(2-7-74) 实现，从而可以产生对 X 的别名模拟算法：

Step 1：产生随机数 U_1，令 $N=\mathrm{Int}(2U_1)+1$；

Step 2：若 $N=1$，则产生随机数 U_2，且令

$$X=\begin{cases}x_2 & 若\ U_2<7/8\\ x_3 & 若\ 7/8\leqslant U_2<1\end{cases}，停止；$$

Step 3：若 $N=2$，则产生随机数 U_3，且令

$$X=\begin{cases}x_1 & 若\ U_3<7/8\\ x_2 & 若\ 7/8\leqslant U_3<1\end{cases}，停止。$$

从上面的例子可以看出对 $\vec{p}$ 向量进行适当的分解，在本模拟过程中起了很关键的作用。其实在一般的 n 维情况下，可以证明必定存在 $Q^{(i)}, i=1,2,\cdots,n-1$，使得成立

$$\vec{p}=(p_1,p_2,\cdots,p_n)=\frac{1}{n-1}[Q^{(1)}+Q^{(2)}+\cdots+Q^{(n-1)}] \tag{2-7-78}$$

式中，$Q^{(i)}$ 均为 n 维行向量，且每个行向量中最多只有两个非零分量，它们分别代表了两点分布的概率分布。

在进行具体分解时，往往要用到下面的引理：

引理：设 $\vec{p}=(p_1,p_2,\cdots,p_n)$ 是某离散随机变量的分布律，则

① 存在一个 i，$1\leqslant i\leqslant n$，使得 $p_i<1/(n-1)$；

② 对应于上述 i，还可找到另一个 $j(j\neq i)$，使得 $p_i+p_j\geqslant 1/(n-1)$。

此引理可帮助找到分解式(2-7-78) 中每个 $Q^{(i)}$ 中非零分量的位置。

【例 2-7-23】 试用别名法模拟四点分布离散随机变量 X，其分布律见表 2-7-37。

表 2-7-37 四点分布随机变量 X 的分布律

X	1	2	3	4
P	7/16	1/4	1/8	3/16

解

① 第一步：分解

记 $$\vec{p}=(p_1,p_2,p_3,p_4)=(7/16,1/4,1/8,3/16)$$

设法寻找 $Q^{(i)}, i=1,2,3$，使式(2-7-78)成立，即

$$\vec{p}=\frac{1}{3}[Q^{(1)}+Q^{(2)}+Q^{(3)}] \tag{2-7-79}$$

利用引理，分析 $\vec{p}$ 中分量，发现 $p_3=\frac{1}{8}<\frac{1}{n-1}=\frac{1}{4-1}=\frac{1}{3}$，而 $p_3+p_1=1/8+7/16=9/16$

$\geqslant 1/3$。从而可以指定非零位置变量 $i=3$，$j=1$，并令 $Q^{(1)}=(Q_1^{(1)},0,Q_3^{(1)},0)$。其中 $Q_1^{(1)}$ 与 $Q_3^{(1)}$ 可以是非零常数，且 $Q_1^{(1)}+Q_3^{(1)}=1$。为方便确定 $Q_1^{(1)}$，常规定把 $\vec{p}$ 中 p_3 的值全部赋予 $Q_3^{(1)}$。从而由式(2-7-79)，可知 $p_3=\frac{1}{3}Q_3^{(1)}$，从而解出 $Q_3^{(1)}=3p_3=3\times\frac{1}{8}=\frac{3}{8}$。接着由 $Q^{(1)}$ 向量的概率规范性，即 $Q_1^{(1)}+Q_2^{(1)}+Q_3^{(1)}+Q_4^{(1)}=Q_1^{(1)}+Q_3^{(1)}=1$，解出 $Q_1^{(1)}=1-Q_3^{(1)}=\frac{5}{8}$。这样第一个两点分布已确定，它服从表 2-7-38 的分布。

表 2-7-38　X 的别名模拟分解 Y_1

Y_1	1	2	3	4
P	5/8	0	3/8	0

下面再求 $Q^{(2)}$ 与 $Q^{(3)}$，为此令 $\vec{P}^{(3)}=\frac{1}{2}\left[Q^{(2)}+Q^{(3)}\right]$。这样式(2-7-79) 就变为：

$$\vec{p}=\frac{1}{3}Q^{(1)}+\frac{2}{3}\vec{P}^{(3)} \tag{2-7-80}$$

注意到 $Q^{(1)}$ 已确定，故由上式可方便地解出

$$\vec{P}^{(3)}=\frac{3}{2}\left[\vec{p}-\frac{1}{3}Q^{(1)}\right]$$

即 $\vec{P}^{(3)}=(11/32,3/8,0,9/32)$。

进一步，如果注意到 $\vec{P}^{(3)}$ 的分量之和为 1，把其中的分量 0 去掉后，余下的分量可以组成一个 $n=3$ 时的概率分布。故可继续使用 $n=3$ 时引理所示方法，找到 $Q^{(2)}$ 以及 $Q^{(3)}$。具体为：若令 $\vec{P}^{(3)}=(p_1^{(3)},p_2^{(3)},p_3^{(3)},p_4^{(3)})$，由于 $p_3^{(3)}=0$，故可视其为 $n=3$ 时的一个概率分布向量，从而由引理发现取 $i=2$，$j=4$ 时，$p_i^{(3)}=\frac{3}{8}<\frac{1}{n-1}=\frac{1}{2}$，$p_i^{(3)}+p_j^{(3)}=\frac{3}{8}+\frac{9}{32}=\frac{21}{32}\geqslant\frac{1}{n-1}=1/2$。这样仿前，可指令 $Q^{(2)}=(0,Q_2^{(2)},0,Q_4^{(2)})$。把 $p_2^{(3)}$ 的值全部赋予 $Q_2^{(2)}$，从而有 $Q_2^{(2)}=2p_2^{(3)}=2\times\frac{3}{8}=3/4$。接着有 $Q_4^{(2)}=1-Q_2^{(2)}=1-\frac{3}{4}=1/4$，这样第二个两点分布已确定（表 2-7-39）。

表 2-7-39　X 的别名模拟分解 Y_2

Y_2	1	2	3	4
P	0	3/4	0	1/4

最后一个向量 $Q^{(3)}$ 则可由 $\vec{P}^{(3)}$ 以及 $Q^{(2)}$ 直接算出，即

$$Q^{(3)}=2\vec{P}^{(3)}-Q^{(2)}=(11/16,0,0,5/16)$$

其对应的两点分布见表 2-7-40。

表 2-7-40 X 的别名模拟分解 Y_3

Y_3	1	2	3	4
P	11/16	0	0	5/16

至此已经实现了对$\vec{p}$的分解，它具有式(2-7-79) 的结构。

② 第二步：模拟

对 X 的模拟，可以通过对 Y_1，Y_2，Y_3 的模拟来实现。

为此先在 $1,2,\cdots,(n-1)$中按等概率用公式（2-7-74）选取一个数，记为随机变量 N。设与其对应的向量为 $Q^{(N)}$，而该向量中的非零分量处在 i_N 与 j_N 位置，则可利用两点分布的反变换法对 X 进行模拟。具体算法为：

Step 1：产生随机数 U_1，令 $N=\mathrm{Int}[(n-1)U_1]+1$；

Step 2：产生随机数 U_2，令

$$X=\begin{cases} i_N & 若\ U_2<Q_{i_N}^{(N)} \\ j_N & 其他 \end{cases}$$

7.5.2 随机模型模拟法

7.5.2.1 非齐次泊松过程的模拟

在涉及计数的随机现象中，常会遇到泊松过程。若该过程的强度 λ 恒为常数时，称其为齐次泊松过程，当过程的强度 λ 是 t 的函数 $\lambda(t)$ 时，则称其为非齐次泊松过程。齐次泊松过程的模拟，常常可以通过先对指数分布 $E(\lambda)$ 的模拟来间接实现。实际上若以某银行在任何长为 T 的时间段内，来访的客户人数 N 作为例子，则可以证明：当考察的时间段比较短时，该过程可以用齐次泊松过程来近似，而相继两个顾客来访时间的间隔必定服从指数分布 $E(\lambda)$。从而常可以用（独立的）指数分布和来模拟齐次泊松分布。具体算法为：

Step 1：$t=0, I=0$；

Step 2：产生一个随机数 U；

Step 3：$t=t-\frac{1}{\lambda}\ln U$；若 $t>T$，则终止；

Step 4：$I=I+1$，$S(I)=t$；

Step 5：返回 Step 2。

其中，$S(1),S(2),\cdots,S(I)$分别代表了第 1、第 2、…、第 I 个事件发生（访客来访）的具体时间；而最后得到的 I 值，则代表了 $[0,T]$ 时间段内事件发生的总次数（即来访的客户总人数）。另外在上面的 Step 3 中，应用了生成指数分布 $E(\lambda)$ 的公式(2-7-72)。

对于具有强度函数 $\lambda(t)$ 的非齐次的泊松过程，常可用细化或随机抽样方法进行模拟。该方法首先要选择一个与 $\lambda(t)$ 相应的正常数 λ，使得对所有 $0\leqslant t\leqslant T$，成立不等式关系 $\lambda(t)\leqslant\lambda$。此时可以证明："如果一个强度为常数 λ 的齐次泊松过程，在时刻 t 发生了一个事件，而该事件以概率$\frac{\lambda(t)}{\lambda}$被检测到，并重新计数，则该被重新计数的过程，就构成了一个强度为 $\lambda(t)$ 的非齐次泊松过程"[10]。利用该性质，就可产生下面的非齐次泊松过程的模拟算法：

Step 1：$t=0$，$I=0$

Step 2：产生一个随机数 U_1；

Step 3：$t=t-\frac{1}{\lambda}\ln U_1$；若 $t>T$，则终止；

Step 4：产生一个随机数 U_2；

Step 5：若 $U_2<\lambda(t)/\lambda$，则令 $I=I+1$，$S(I)=t$；

Step 6：返回 Step 2。

其中，U_1，U_2 可以用前面介绍过的伪随机数生成方法加以模拟，而在 Step 3 中，则应用了公式(2-7-72) 来生成指数分布 $E(\lambda)$。

7.5.2.2 离散随机系统的模拟

(1) 创建变量进行模拟 对随机系统进行模拟时，（在分析的基础上）先要创建一些变量，同时指明可能发生的事件。其中的变量常常包括：

① 时间变量 t，它表示模拟过程所经历的时间；

② 计数变量，它记录了时刻 t 之前所产生的事件数；

③ 系统状态变量（SS），它表示在 t 时刻，本系统的各种状态。

而所谓的事件指的是：它发生时，会导致上述变量产生变化（或被更新）；而所谓的事件表则常被用来记录（或指出）在最近的将来所要发生的事件及对应的时间。

今用下面的排队服务系统作为例子，说明如何通过模拟来获取所需要的各种信息。设在某机构（例如银行）内有一个工作站，以接待并处理来访人员的各种问题。用 Y 表示每位来访人员所需被服务的时间，它是个随机变量，对应的分布为 G；用非齐次泊松过程表示来访人员的数目，它是随机的，对应的强度函数为 $\lambda(t)$，$t\geqslant 0$。为简单计，设只有一位接待员。若该接待员有空，则来访人员可立即请他处理解决问题；如他没有空（例如还正在接待前面的访客），则来访人员必须按到达时间前后，进行排队，等候服务。工作站规定每天接待的时间为 $[0,T]$，过了时间 T，则不容许新人员入内排队，但若工作站内尚有排队等候的人员，则工作人员必须要全部处理完以后，才能离开工作站。今希望模拟该过程，并从中了解：

① 来访客人在站内平均逗留时间；

② 工作人员在时间 T 以后，平均还要花多长时间才能离开工作站。

(2) 具体模拟方法

① 来访人员的到达时间模拟：

记 T_s 为时间 s 后，首位来访人员到达的时刻，则它可用下面的算法子程序进行模拟：

Step 1：令 $t=s$；

Step 2：生成随机数 U_1；

Step 3：令 $t=t-\frac{1}{\lambda}\ln U_1$；

Step 4：生成随机数 U_2；

Step 5：若 $U_2<\lambda(t)/\lambda$，则令 $T_s=t$，且终止；

Step 6：返回 Step 2。

② 建立各种变量与事件：

时间变量：t；

计数变量：

N_A：到时刻 t 为止，来访的总人数；

N_D：到时刻 t 为止，离开的总人数；

状态变量 SS：

n：在 t 时刻，尚在工作站内的来访总人数；

事件表 EL：

t_A：时刻 t 以后，下一位来访者到达工作站时间；

t_D：现正被接待的来访者离开工作站的时间（若无人员需要被接待时，令 $t_D=\infty$）；

输出变量：

$A(i)$：第 i 位来访人员到达工作站的时间；

$D(i)$：第 i 位来访人员离开工作站的时间；

T_p：最后一位来访人员在 T 后多长时间才离开工作站。

③ 列出模拟过程：其中的 T_0, T_1 都用前面的 T_s 子程序模拟产生。

首先对系统进行初始化：

令 $t=N_A=N_D=0$；

设 $n=0$（表示刚开始时，无人员来访与离开）；

产生 T_0，并令 $t_A=T_0, t_D=\infty$（表示第一位人员将于 T_0 时刻来访）。

接着按不同情况进行模拟：

Case 1：$t_A \leqslant t_D$，$t_A \leqslant T$

重设：$t=t_A$（表示已把观察时刻移到 t_A）

重设：$N_A=N_A+1$（表示来访总人数增加 1 人）

$n=n+1$（表示尚在工作站内的来访人数增加 1 人）

采集输出数据，即令 $A(N_A)=t$（第 N_A 位访客的到达时间）

生成 T_t，并重设 $t_A=T_t$（这是下一位人员来访时间）

若 $n=1$，则生成 Y，并重设 $t_D=t+Y$（表示工作人员可为来访者服务）

Case 2：$t_D<t_A$，$t_D \leqslant T$

重设：$t=t_D$（观察时刻移到 t_D）

$n=n-1$（尚在站内的来访人员数减少 1 人）

$N_D=N_D+1$（在时刻 t，有 1 人离开）

采集输出数据，即令 $D(N_D)=t$（第 N_D 位访客的离开时间）

若 $n=0$，重设 $t_D=\infty$；否则，生成 Y，同时重设 $t_D=t+Y$；

Case 3：$\min(t_A, t_D)>T$，$n>0$

重设 $t=t_D$，$n=n-1$，$N_D=N_D+1$

采集输出数据 $D(N_D)=t$，

若 $n>0$，生成 Y，且重设 $t_D=t+Y$；

Case 4：$\min(t_A, t_D)>T$，$n=0$

采集输出数据 $T_p=\max(t-T, 0)$，并停止。

上面整个流程可用图 2-7-19 表示。该模拟过程进行到停止（Stop）时，会自动停下来，此时可以从 N_A，N_D，T_p，以及 $A(i)$，$D(i)$，$i=1, 2, \cdots, N_A$ 中采集到各种信息。至此模拟进行了第一个回合。对第二个回合，需要重新进行初始化，并按前一回合的流程再进行一遍，同时采集第二回合的各种信息。这种过程反复多次后，可以把所积累的信息进行算术平均，以获得所希望的有关 T_p ,$D(i)-A(i)$,$D-A$ 的各种数值，并供进一步的分析与决策使用。

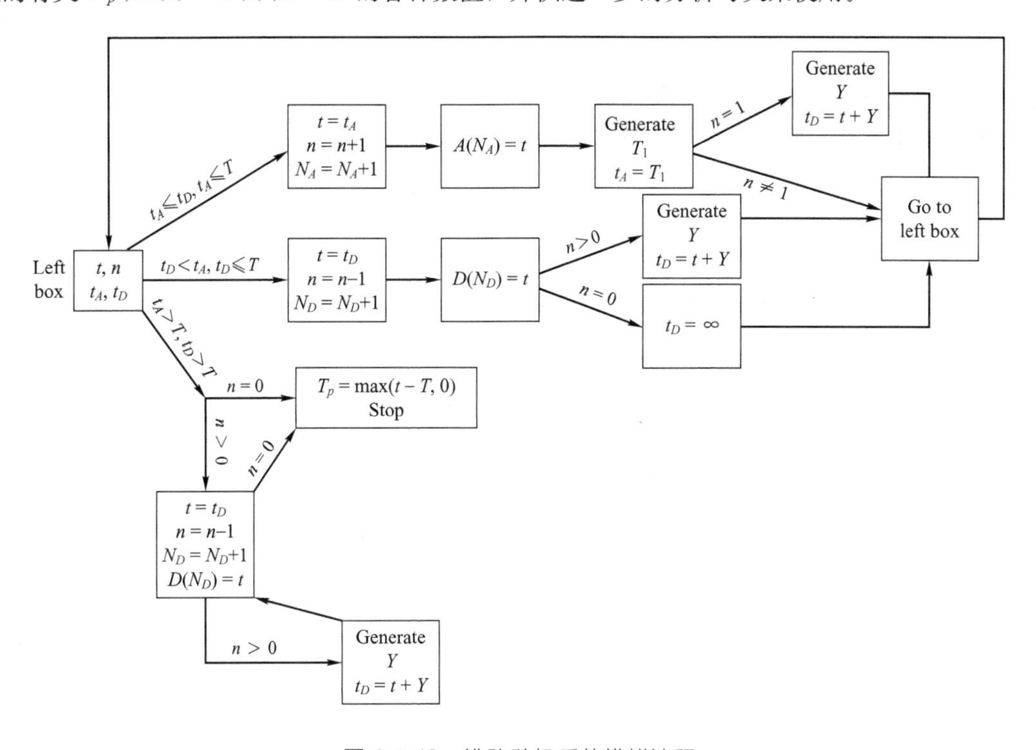

图 2-7-19 排队随机系统模拟流程

参考文献

[1] 夏宁茂，秦衍，倪中新．新编概率论与数理统计：第 2 版．上海：华东理工大学出版社，2012.

[2] 茆诗松，程依明，濮晓龙．概率论与数理统计教程．北京：高等教育出版社，2004.

[3] Anderson D R，Sweeney D J，Williams T A. Statistics for business and economics. 10th Ed. Mason，OH：Thomson South-Western，2008.

[4] Montgomery D C. Design and analysis of experiments. Hoboken，N J：John Wiley & Sons Inc.，2005.

[5] 周武源，宁方红，刘坐镇，邬行彦．析因设计法优化 GMA/MBAA/AA 三元共聚大孔树脂的合成．化工学报，2005，56（5）：932-936.

[6] Gihman I I，Skorhod A V. Stochastic differential equations. New York，Heidelberg，Berlin：Springer-Verlag，1972.

[7] Arnold L. Stochastic differential equations theory and application. New York：John Wiley and Sons Inc，1974.

[8] Øksendal B. Stochastic differential equations 4th Ed. Berlin，Heidelberg，New York：Springer-Verlag，1995.

[9] 何声武，汪嘉冈，严加安．半鞅与随机分析．北京：科学出版社，1995.

[10] Ross S M. 统计模拟：第 3 版．王兆军，陈广雷，邹长亮，译．北京：人民邮电出版社，2007.

8

常微分方程数值解

8.1 常微分方程初值问题的数值解法

未知函数是一元函数的微分方程称作常微分方程。微分方程的通解中包含了很多的解，如果要求出某一个确定的解，需要借助于初值条件或者边值条件。如果所有的条件都在某一个起点（或终点）上给定，该问题就是一个初值（或终值、倒向）问题，一般可以从该点出发正向（或逆向）进行求解。如果初始条件在两个不同的点上给出，就是一个两点边值问题，它比较复杂，具体内容将在下一节进行讨论。另外应该注意的是：在用数值方法求解时，方程解的存在性必须得到保证。

本节中，主要考察如下的一阶方程的初值问题：

$$\begin{cases} y'=f(x,y) \\ y(x_0)=y_0 \end{cases}$$

只要函数 $f(x,y)$ 适当光滑，比如满足 Lipschitz 条件，理论上就可以保证该初值问题的解 $y=y(x)$ 存在并且唯一[1]。

常微分方程初值问题来源很广，包括集总参数模型、搅拌槽反应器的瞬态模型等。虽然也有多种解析方法可以求解常微分方程，但是解析方法往往只能求解一些特殊类型的方程，实际问题中得到的常微分方程主要依靠各种数值方法进行求解。而所谓数值解法，就是寻求常微分方程的解在一系列离散点

$$x_1<x_2<\cdots<x_n<x_{n+1}<\cdots$$

上的近似值 $y_1,y_2,\cdots,y_n,y_{n+1},\cdots$。相邻的两个节点之间的距离 $h_i=x_{i+1}-x_i$ 称为步长，一般情况下，步长是一个固定的值。

常微分方程初值问题的数值解法往往依照节点的顺序，一步一步向前推进计算。如果在计算 y_{i+1} 时只用到 y_i 的值，则称为单步法，如果需要用到 $y_i,y_{i-1},\cdots,y_{i-k+1}$ 等多个节点的函数值，则称为多步法（或称 k 步法）。

8.1.1 Euler 方法

在常用的单步法中最直观的是 Euler 法，格式如下：

$$y_{n+1}=y_n+hf(x_n,y_n)$$

可以利用 Taylor 展开来分析各种数值方法的精度。为了简化分析，往往假定 y_n 是准确的，即 $y_n=y(x_n)$ 成立的前提下，对误差 $y_{n+1}-y(x_{n+1})$ 进行估计，这种误差称为局部截断误差[1]。

Euler 法的局部截断误差为：$y(x_{n+1})-y_{n+1}=\frac{h^2}{2}y''(\xi)\approx\frac{h^2}{2}y''(x_n)$。

如果把 Euler 法公式中等号右侧的 $f(x_n,y_n)$ 替换为 $f(x_{n+1},y_{n+1})$，则得到了所谓后退的 Euler 法：

$$y_{n+1}=y_n+hf(x_{n+1},y_{n+1})$$

后退的 Euler 法和 Euler 法相比，有着很大的区别。Euler 法可以一步步直接计算 y_{n+1}，这种类型的方法称为**显式方法**。而后退的 Euler 法其实是一个关于 y_{n+1} 的非线性方程，要从这个方程中求出 y_{n+1}，一般需要利用迭代法来求解这个非线性方程，这种类型的公式称为隐式方法。

通过分析可以得到后退的 Euler 法的局部截断误差为 $y(x_{n+1})-y_{n+1}\approx-\frac{h^2}{2}y''(x_n)$。观察即知，后退的 Euler 法和 Euler 法相比，局部截断误差相差一个正负号，所以将这两种方法结合起来，可以得到如下的梯形法：

$$y_{n+1}=y_n+\frac{h}{2}[f(x_n,y_n)+f(x_{n+1},y_{n+1})]$$

梯形法是一种二阶隐式方法。当梯形法结合有限差分方法用于求解偏微分方程时，也被称为 Crank-Nicolson 方法。隐式方法对于任意步长都是稳定的，但是每次迭代，都需要求解非线性方程。在求解时，可以利用逐次迭代法，或者 Newton-Raphson 方法。

梯形法的局部误差主项为 $-\frac{h^3}{12}y'''(x_n)$，精度比后退的 Euler 法和 Euler 法都要高，但是梯形法算法复杂，每次要计算 y_{n+1} 的值，都需要反复迭代多次，计算量很大，而且难以预估。为了控制计算量，通常只迭代一次就转入下一步的计算，从而大大减少计算量。这种简化了的梯形法也称为改进的 Euler 法：

$$\begin{cases}K_1=f(x_n,y_n)\\K_2=f(x_{n+1},y_n+hK_1)\\y_{n+1}=y_n+\frac{h}{2}(K_1+K_2)\end{cases}$$

8.1.2 Runge-Kutta 方法

本节介绍 Runge-Kutta 方法，它也是一种常用的显式方法。首先说明，如果一种方法的局部截断误差为 $O(h^{p+1})$，则称该方法具有 p 阶精度。通过利用 Taylor 级数，可以得到各阶 Runge-Kutta 方法。Euler 法其实就可以看作一阶的 Runge-Kutta 方法，而改进的 Euler 法则是二阶 Runge-Kutta 方法。二阶 Runge-Kutta 方法是指一大类方法，格式多种多样，比如

$$\begin{cases}y_{n+1}=y_n+hK_2\\K_1=f(x_n,y_n)\\K_2=f\left(x_n+\frac{h}{2},y_n+\frac{h}{2}K_1\right)\end{cases}$$

也是一种二阶 Runge-Kutta 方法，称为中点公式，相当于数值积分的中矩形公式。

三阶 Runge-Kutta 方法的一种格式为：

$$\begin{cases} y_{n+1}=y_n+\dfrac{h}{6}(K_1+4K_2+K_3) \\ K_1=f(x_n,y_n) \\ K_2=f(x_n+\dfrac{h}{2},y_n+\dfrac{h}{2}K_1) \\ K_3=f(x_n+h,y_n-hK_1+2hK_2) \end{cases}$$

该公式也称为三阶 Kutta 方法。

下面的经典格式是一种常用的四阶 Runge-Kutta 格式：

$$\begin{cases} y_{n+1}=y_n+\dfrac{h}{6}(K_1+2K_2+2K_3+K_4) \\ K_1=f(x_n,y_n) \\ K_2=f(x_n+\dfrac{h}{2},y_n+\dfrac{h}{2}K_1) \\ K_3=f(x_n+\dfrac{h}{2},y_n+\dfrac{h}{2}K_2) \\ K_4=f(x_n+h,y_n+hK_3) \end{cases}$$

该格式的截断误差为 $O(h^5)$。常用的微分方程求解软件包 RKF45 就是基于该方法编写的。这里需要指出的是，由于 Runge-Kutta 方法是基于 Taylor 展开得到的，因而该方法要求所求的解应该具有比较好的光滑性质，如果解的光滑性比较差，那么即使使用四阶的 Runge-Kutta 方法，求出的解的精度可能还不如改进的欧拉方法[1]。

一般来说，要想得到高精度的解，就需要采用高阶的方法进行计算。四阶 Runge-Kutta 方法之所以常用，一方面就是因为它是一种高阶方法，而另一方面则是由于该方法不需要借助于别的方法来开始计算。四阶 Runge-Kutta 方法的缺点在于每步迭代需要计算四次函数值。在一些问题中，函数值的计算非常花时间，这时，每步迭代需要计算几次函数值就是一个非常重要的问题。

利用 Richardson 外推技巧可以提高算法的精度。举例来讲，对于某一个 p 阶方法，取步长为 h，计算一步。然后把步长改为 $h/2$ 后用该方法再计算两步。此时如果把计算一步得到的结果记为 y_1，把迭代两步得到的结果记为 y_2，则利用下面的式子可以得到一个更好的结果

$$y=\frac{2^p y_2-y_1}{2^p-1}$$

当然，这里的 h 必须足够小，以保证该算法的确是 p 阶收敛的。而且类似于数值积分的 Romberg 算法，这种外推技巧可以反复使用[2]。

很多显式方法在计算新时刻的值时，需要知道前面若干时刻的值才能进行。因此对于高阶显式方法来说，要特别注意，在开始第一步计算时，除了已知的初始条件外，还需要另外几个时刻的值。为了解决这个问题，可以取一个很小的步长，先借助于 Euler 法计算几步得

到相应几个时刻的值，然后再用高阶方法开始计算。方法的误差、阶数、每步迭代时函数值的计算，以及稳定性等问题可以参见相关文献[3]。

对于高阶微分方程

$$y^{(n)}+F(y^{(n-1)},y^{(n-2)},\cdots,y',y)=0$$

的初值问题，初始条件为

$$G_i(y^{(n-1)}(0),y^{(n-2)}(0),\cdots,y'(0),y(0))=0,\quad i=1,\cdots,n$$

只要引进新的变量

$$y_i\equiv y^{(i-1)}=\frac{\mathrm{d}^{(i-1)}y}{\mathrm{d}t^{(i-1)}}=\frac{\mathrm{d}}{\mathrm{d}t}y^{(i-2)}=\frac{\mathrm{d}y_{i-1}}{\mathrm{d}t}$$

即可将高阶微分方程转化为如下的一阶方程组

$$\frac{\mathrm{d}y_1}{\mathrm{d}t}=y_2$$

$$\frac{\mathrm{d}y_2}{\mathrm{d}t}=y_3$$

$$\frac{\mathrm{d}y_3}{\mathrm{d}t}=y_4$$

$$\vdots$$

$$\frac{\mathrm{d}y_n}{\mathrm{d}t}=-F(y_{n-1},y_{n-2},\cdots,y_2,y_1)$$

初始条件中的变量相应地化为 $y_1(0),\cdots,y_n(0)$，也就是 $y(0),\cdots,y^{(n-1)}(0)$。如果采用向量的记号，上面的一阶微分方程组还可以写为一个方程

$$\frac{\mathrm{d}\boldsymbol{y}}{\mathrm{d}t}=\boldsymbol{f}(t,\boldsymbol{y})$$

因此，对于前面讨论的几种方法，它们对于多个方程都适用。

8.1.3 算法的稳定性

考察某个数值方法的稳定性时，通常只检验该方法求解如下模型方程时的稳定性：

$$y'=\lambda y$$

式中，λ 为复数，为了保证微分方程的稳定性，一般假设 λ 的实部小于 0，即 $Re(\lambda)<0$。

对于一般的方程，可以通过局部线性化化为该形式。而对于 n 个方程的方程组，则可以线性化为 $y'=Ay$，其中 A 为 $n\times n$ 的 Jacobi 矩阵，即 $A_{ij}=\frac{\delta f_i}{\delta y_j}$。

要讨论算法稳定性的范围，必须考虑矩阵 $\mathbf{A}$ 的每个特征值。对于线性问题来说，矩阵的特征值不会发生变化。而对于非线性问题，方程求解通常要进行局部线性化，对应的矩阵特征值与稳定区间也会相应地发生变化。

① 对于 Euler 法，其绝对稳定区间为$-2<\lambda h<0$；

② 对于二阶 Runge-Kutta 方法，其绝对稳定区间为$-2<\lambda h<0$；

③ 对于三阶 Runge-Kutta 方法，其绝对稳定区间为$-2.51<\lambda h<0$；

④ 对于四阶 Runge-Kutta 方法，其绝对稳定区间为 $-2.78<\lambda h<0$。

接着，对极限环做个简要的介绍[2]：一个二维平面或二维流形上的极限环是相空间里的一个闭合的轨迹，使得至少另一个轨迹会随自变量变化而逐渐逼近它（在自变量趋于正无穷或负无穷的时候）。比如，如果当时间趋于正无穷时，所有的邻近轨迹都趋近于极限环，那么所在的流形被称为稳定的，或者称极限环是稳定的（吸引的）。反之，如果时间趋于负无穷时，所有的邻近轨迹都趋近于极限环，那么称流形是不稳定的或者极限环是不稳定的(非吸引的)。在所有其他情况下，流形既不是稳定的也不是不稳定的。这些方面的内容涉及非线性方程或常微分方程的解，也涉及混沌、分形，以及一些不常见的化工设备的操作。文献[4]对这些方面的内容与算法作了介绍，而文献[5]则进行了综述。

8.1.4 刚性问题

在求解线性微分方程组

$$\frac{\mathrm{d}y}{\mathrm{d}t}=\boldsymbol{A}\boldsymbol{y}$$

时，有时会出现解的分量间数量级差别很大的情形。这种数量级的大差别会给数值求解带来很大的困难。这类问题往往称为刚性问题。

令 λ_i 为矩阵 $\boldsymbol{A}$ 的特征值，且满足条件 $Re(\lambda_i)<0$，$i=1,2,\cdots,n$，定义刚性比为：

$$s=\frac{\max\limits_{1\leqslant i\leqslant n}|Re(\lambda_i)|}{\min\limits_{1\leqslant i\leqslant n}|Re(\lambda_i)|}$$

当 $s=20$ 时，所讨论的问题不是刚性问题；如果 $s=10^3$，该问题就是刚性的；而如果 $s=10^6$，则问题就是非常刚性的[2]。如果问题是刚性的，则迭代计算时必须选取非常小的迭代步长，此时整个迭代计算过程将会非常耗时。很多化学反应器问题就是刚性的，在求解这类问题时，一些软件包，例如 RKF45，会返回给用户一条提示，说明该问题不适合用该软件包进行求解。此时往往要采用向后差分隐式方法。在利用 MATLAB 这一软件求解常微分方程时，它的内置程序 ode45 就是采用了 RKF45 程序，而它的内置程序 ode15s 采用的是改进的向后差分法。关于这两个算法的细节可以参见文献[6]。必须说明的是，刚性问题导致的必须用小步长计算区间的问题，是刚性问题系统本身的病态性质引起的。

如果问题是非线性的，可以对解进行展开

$$\frac{\mathrm{d}y_i}{\mathrm{d}t}=f_i[y(t^n)]+\sum_{j=1}^{n}\frac{\partial f_i}{\partial y_j}[y_j-y_j(t^n)]$$

此时问题刚性与否就依赖于当前时刻的解。因此一个非线性问题，可以在某些时间段是刚性的，而在另一些时间段不是刚性的。

有时希望在不计算特征值的情况下，判断问题是否属于刚性。此时可以观察：如果针对不同对象（或现象）的时间常数，有不同的数量级，则问题往往就是刚性的。比如在分析填充床反应器时，对于不同现象的时间常数分别如下[2]。

(1) 对应于流速的时间

$$t_{\text{flow}}=\frac{L}{u}=\frac{\phi AL}{Q}$$

式中，Q 是体积流量率；A 是交叉区域的面积；L 是填充床的长度；ϕ 是空隙比。

(2) 对应于反应的时间

$$t_{r\times n}=\frac{1}{k}$$

式中，k 是速度常数。

(3) 对应于催化剂中扩散的时间

$$t_{\text{内扩散}}=\frac{\varepsilon R^2}{D_e}$$

式中，ε 是催化剂的孔隙率；R 是催化剂的半径；D_e 是催化剂的扩散系数。

(4) 对应于热传导的时间

$$t_h=\frac{R^2}{\alpha}=\frac{\rho_s C_s R^2}{k_e}$$

式中，ρ_s 是催化剂的密度；C_s 是每单位质量的催化剂的热能；k_e 是催化剂的热传导性；α 是热扩散率。

具体地，对于汽车的尾气净化系统，内部的扩散时间常数为 0.3s，热传导对应的为 21s，体积流速对应的则为 0.003s。体积流速如此之快，可以认为是瞬间完成的。问题的刚性大约为 7000，必须用隐式格式来求解该问题，可参见文献[2]。

8.1.5 微分代数系统

有时候，模型中包含的是带有代数方程约束条件的常微分方程。比如，蒸馏塔的某个平衡状态方程[3]为：

$$M\frac{\mathrm{d}x^n}{\mathrm{d}t}=V^{n+1}y^{n+1}-L^n x^n-V^n y^n+L^{n-1}x^{n-1}$$

$$x^{n-1}-x^n=E^n(x^{n-1}-x^{*,n})$$

$$\sum_{i=1}^{N}x_i=1$$

式中，x 和 y 分别代表液体和气体的摩尔分数；L 和 V 分别是液体和气体的流速；M 是滞留量，上标代表塔板数；E 代表效率；x^* 为平衡状态的浓度；第三个方程代表一个约束条件，即所有质量分数的和应该等于 1。这就是一个微分代数系统[2]。

微分代数方程可以写为如下一般形式：

$$F\left(t,y,\frac{\mathrm{d}y}{\mathrm{d}t}\right)=0$$

在利用后退的 Euler 法求解该方程时，常把非线性的微分方程替换为非线性的代数方程：

$$F\left(t, y^{n+1}, \frac{y^{n+1}-y^{n}}{\Delta t}\right)=0$$

为从该方程中求出 y^{n+1}，可以采用 Newton-Raphson 法。对于给定的步长，如果迭代了几步以后，发现算法没有收敛，则可以取一个更小的步长，然后重新运行算法。

微分代数系统比一般的微分方程组复杂，而且微分代数系统的解也不一定存在。Pontelides 等[7]在讨论时引入了一个新的概念——指标。一般来说，指标是指把微分代数系统化为微分方程组时，关于时间求导的最少次数。对于蒸馏塔模型的微分代数系统来说，Pontelides 等证明了指标依赖于对塔的压力。其他学者在文献中也分别给出了一些关于微分代数系统的化工实例，参见相关文献[2]、[8]。

8.2 常微分方程边值问题

一维的扩散问题可以转化为常微分方程边值问题，边值条件在两个点处给出，比如一边浓度是固定的，另一边通量是固定的。边值问题解的存在唯一性不易得到保证。而且即使解存在，但由于条件是在两个不同的点处给出的，不可能像显式方法那样，从某个初始位置开始进行计算。所以对于边值问题，必须设法采用新的方法来求解。

8.2.1 有限差分法

要用有限差分法进行计算，首先以步长 h 将区间 $[a,b]$ 等分为若干份，得到一系列节点

$$x_1=a, x_2=a+h, x_3=a+2h, \cdots, x_n=b$$

未知函数 $y(x)$ 在点 x_i 处的函数值记为 $y_i=y(x_i)$。通过在节点处进行 Taylor 展开就可以得到有限差分方法。

一阶导数的表达式有多种格式，这里取为

$$y'(x_i)=\frac{y(x_{i+1})-y(x_{i-1})}{2h}+O(h^2)$$

二阶导数的表达式取为

$$y''(x_i)=\frac{y(x_{i+1})-2y(x_i)+y(x_{i-1})}{h^2}+O(h^2)$$

求解微分方程时，在第 i 个点处的导数值就用上面这些式子代入。

【例 2-8-1】 考虑管状反应器中的对流、扩散，反应方程为[2]

$$\frac{1}{Pe}\times\frac{\mathrm{d}^2 y}{\mathrm{d}x^2}-\frac{\mathrm{d}y}{\mathrm{d}x}=Da\times R(y)$$

有限差分法为

$$\frac{1}{Pe}\times\frac{y_{i+1}-2y_i+y_{i-1}}{h^2}-\frac{y_{i+1}-y_{i-1}}{2h}=Da\times R(y_i)$$

该方程中的 i 从 2 到 $n-1$，也就是对应于内点的部分。显然方程中会出现 y_1 和 y_n，不过这两个点处的函数值要由边界条件确定。

如果边界条件包含导数，对应的表达式可以写为

$$\left.\frac{\mathrm{d}y}{\mathrm{d}x}\right|_1=\frac{y_2-y_1}{h}$$

有时取一个区域外的虚点 $y_0(x_0=-h)$，然后有

$$\left.\frac{\mathrm{d}y}{\mathrm{d}x}\right|_1=\frac{y_2-y_0}{2h}$$

由于引入了一个新的变量 y_0，那么此时就需要增加一个方程，也就是对应于 $i=1$ 的情况。有限差分法经常会得到一个三对角方程组，对这样的方程组已有了很成熟的求解方法，比如追赶法[1]。

第2篇

【例 2-8-2】 用有限差分法求解 $c=3$ 时的反应扩散问题

$$\frac{\mathrm{d}^2y}{\mathrm{d}x^2}=c^2y,\quad y'(0)=0,\quad y(1)=1$$

求解要分几步进行。首先取三个点，将区域划分为两个区间进行计算。接着依次对 4 个区间、8 个区间、16 个区间……的情况依次进行计算，从而得到一个迭代序列，迭代若干步以后，就可以开始观察迭代是否收敛。

具体讲，对于上面的例子，先讨论两个区间的情况：取三个点为：$x_1=0$，$x_2=0.5$，$x_3=1.0$，此时步长 $h=0.5$。把对应的三个未知函数值表示为 y_1，y_2，y_3。另取一个虚的点 $x_0=-0.5$。由上面的讨论可得如下 4 个代数关系式：

$$\frac{y_0-y_2}{2h}=0,\quad \frac{y_0-2y_1+y_2}{h^2}-c^2y_1=0$$

$$\frac{y_1-2y_2+y_3}{h^2}-c^2y_2=0,\quad y_3=1$$

求解可得 $y_1=0.12451$，$y_2=0.26459$，$y_3=1.0$。

接着对 4 个区间、8 个区间和 16 个区间的情况分别进行求解。把 $x=0$ 处的浓度值 y_1 列在表 2-8-1 所示。

表 2-8-1 区间个数、步长与浓度值对应关系

区间个数	步长 h	y_1
2	0.5	0.1245136
4	0.25	0.1060892
8	0.125	0.1010530
16	0.0625	0.0997615

y_1 的精确值为 0.0993279。对于不同的步长 h，把相应的误差列在表 2-8-2 中。

表 2-8-2 相应误差对照

区间个数	步长 h	y_1 的误差
2	0.5	0.0251856
4	0.25	0.0067612
8	0.125	0.0017250
16	0.0625	0.0004335

如果逐步迭代下去，计算得到的解会收敛到精确解。

8.2.2 正交配置法

正交配置法在化学工程领域，特别是化学反应工程中有广泛的应用。在正交配置法中，常选一列正交多项式 $P_m(x)$ 为基函数，引进展开式：

$$y(x)=\sum_{m=0}^{N}a_m P_m(x)$$

然后计算微分方程解 $y(x)$ 在配置点处的值[2]。所谓的配置点常取为一个正交多项式的根。这种方法首先由 Lanczos 提出，后来 Villadsen 和 Stewart 作出了重要的改进[2]。

上述方法对于反应扩散问题求解特别有效。特别当解是光滑的时候，该方法的效率比较高。而如果解在某些区域有剧烈变化时，则建议采用有限差分法。由于此时的误差和 $[1/(1-N)]^{N-1}$ 成正比，因此随着展开项基函数个数 N 的增加，误差会快速下降[2]。

8.2.3 Galerkin 有限元法

用有限元方法求解微分方程要分几步进行[2]。

① 首先对整个区域要进行分解。每个子区域都是一个简单的部分，这种简单部分就称作有限元。单元的形状原则上是任意的。二维问题一般采用三角形单元或矩形单元，三维空间可采用四面体或多面体等。每个单元的顶点称为节点。

② 在每个单元内，用设定的近似函数，分片表示待求的未知函数。近似函数常由未知函数及其导数、在单元各节点处的数值，利用插值关系来表达。

③ 接着利用 Galerkin 方法进行求解。该方法可用下面多孔催化剂颗粒中的反应扩散方程进行说明[2]：

$$\frac{d^2y}{dx^2}=c^2R(y)$$

$$\frac{dy}{dx}(0)=0,\quad y(1)=1$$

把方程的解按照给定的基函数 $\{b_i(x)\}$ 进行展开

$$y(x)=\sum_{i=1}^{NT}a_i b_i(x)$$

式中，组合系数 $\{a_i\}$ 是未知的。然后把这个形式解代入到原微分方程中，得到残量表达式，把残量与基函数进行正交化，从而求出组合系数 $\{a_i\}$，这就是 Galerkin 方法的基本思想。

参考文献

[1] 李庆扬，王能超，易大义．数值分析．武汉：华中科技大学出版社，2006.
[2] Green D，Perry R H. Perry's chemical engineers' handbook. New York：McGraw-Hill Education，2007.
[3] Finlayson B A. Nonlinear analysis in chemical engineering. Seattle：Ravenna Park，2003.
[4] Kubicek M，Marek M. Computational methods in bifurcation theory and dissipative structures. Berlin：Springer-Verlag，1983.
[5] Doherty M F，Ottino J M. Chem Eng Sci，1988，43（2）：139-183.
[6] Shampine L F，Reichelt M W. SIAM J Sci Comput，1997，18（1）：1-22.
[7] Pontelides C C，Gritsis D，Morison K R，et al. Comput Chem Eng，1988，12（5）：449-454.
[8] Byrne G D，Ponzi P R. Comput Chem Eng，1988，12（5）：377-382.

9

最优化方法

9.1 最优化问题及最优性条件

9.1.1 最优化问题

化工领域内广泛存在着一类需要做最优决策、最优预测的问题，对这些问题利用数学建模方法分析建立的数学问题就属于最优化问题，因此最优化方法也在化学工程理论研究和实际操作中得到了广泛应用。

最优化问题一般可以表示为如下形式：

$$\min \quad f(x)$$
$$\text{s.t.} \begin{cases} g_i(x) \leqslant 0, i=1,2,\cdots,l \\ h_j(x)=0, j=1,2,\cdots,m \end{cases} \tag{2-9-1}$$

式中，$x=(x_1,x_2,\cdots,x_n)^T \in R^n$ 为 n 维向量，而 $x_1,x_2,\cdots,x_n$ 也称为决策变量；$f(x)$称为目标函数；$g_i(x) \leqslant 0(i=1,2,\cdots,l)$称为不等式约束；$h_j(x)=0(j=1,2,\cdots,m)$称为等式约束。

问题（2-9-1）也称为连续型优化问题，它主要包括线性规划和非线性规划两类。当目标函数 $f(x)$ 和约束条件中的函数 $g_i(x)$、$h_j(x)$ 均为线性函数时，上述最优化问题称为线性规划（简写为 LP）；而如果 $f(x)$ 和 $g_i(x)(i=1,2,\cdots,l)$，$h_j(x)(j=1,2,\cdots,m)$中至少有一个不是线性函数时，则称上述最优化问题为非线性规划问题（简写为 NLP）。

如果问题（2-9-1）中变量 x 进一步增加只能取整数值的约束，则称之为离散型优化问题，也称为整数规划问题（简写为 IP)。整数规划问题也可以根据目标函数和约束条件中的函数是否为线性函数而类似地划分为整数线性规划和整数非线性规划两类。

在上述最优化问题中，满足约束条件的 x 称为可行解或可行点，全体可行解的集合称为可行集或可行域，记为 D，即

$$D=\{x \mid g_i(x) \leqslant 0, i=1,2,\cdots,l; h_j(x)=0, j=1,2,\cdots,m; x \in R^n\}$$

因此最优化问题也可以表示为

$$\min \quad f(x)$$
$$\text{s.t.} \quad x \in D \tag{2-9-2}$$

当 $D=R^n$ 时，即自变量 x 的可行域是整个 n 维空间时，上述优化问题也称为无约束优化问题；否则称为约束优化问题。如果 $f(x)$ 是 D 上的凸函数，则问题（2-9-2）也称为凸规划。

优化问题的最优解可以分为如下两种。

定义 9.1 给定点 $x^* \in D$，如果对任意的 $x \in D$ 都有 $f(x^*) \leqslant f(x)$，则称点 x^* 为最优化问题（2-9-2）的全局最优解。

定义 9.2 给定点 $x^* \in D$，如果存在一个邻域 $N(x^*)$，使得对任意的 $x \in N(x^*) \cap D$ 都有 $f(x^*) \leqslant f(x)$，则称点 x^* 为最优化问题（2-9-2）的局部最优解。

最优解 x^* 所对应的目标函数值 $f(x^*)$ 称为最优值。若把上述定义中的不等式换为严格不等式 $f(x^*) < f(x)(x \neq x^*)$，则可得相应的严格全局最优解和严格局部最优解的定义。

9.1.2 最优性条件

优化问题的最优解所应具备的特征，称为最优性条件。对于无约束优化问题

$$\min \quad f(x) \tag{2-9-3}$$

有如下的最优性条件。

定理 9.1 （一阶必要条件） 设函数 $f(x)$ 在点 x^* 处可微，且 x^* 是问题（2-9-3）的局部最优解，则有 $\nabla f(x^*) = 0$。

定理 9.2 （二阶充分条件） 设 $f(x)$ 在点 x^* 的邻域内有二阶连续偏导数。若 $\nabla f(x^*) = 0$，而海赛矩阵 $\nabla^2 f(x^*)$ 正定，则 x^* 是 $f(x)$ 的局部极小点。

如果 $f(x)$ 是凸函数，则有如下的最优性条件。

定理 9.3 如果 $f(x)$ 是 R^n 上的可微凸函数，则点 x^* 是 $f(x)$ 的全局极小点的充分必要条件是 $\nabla f(x^*) = 0$。

给定下面的约束最优化问题

$$\begin{aligned} & \min \quad f(x) \\ & \text{s. t.} \begin{cases} g_i(x) \leqslant 0, i = 1, 2, \cdots, l \\ h_j(x) = 0, j = 1, 2, \cdots, m \end{cases} \end{aligned} \tag{2-9-4}$$

记可行域 $D = \{x \mid g_i(x) \leqslant 0, i = 1, 2, \cdots, l; h_j(x) = 0, j = 1, 2, \cdots, m; x \in R^n\}$。可得如下最优性条件。

定理 9.4 （库恩-塔克条件） 设点 $x^* \in D$，令 $I(x^*) = \{i \mid g_i(x^*) = 0, 1 \leqslant i \leqslant l\}$。$f(x)$ 和 $g_i(x)[i \in I(x^*)]$ 在点 x^* 处可微，$g_i(x)[i \notin I(x^*)]$ 在点 x^* 处连续，$h_j(x^*)$ $(j = 1, 2, \cdots, m)$ 在点 x^* 处连续可微。$\{\nabla g_i(x^*), \nabla h_j(x^*) \mid i \in I(x^*); j = 1, 2, \cdots, m\}$ 线性无关。如果 x^* 是约束极值问题(2-9-4)的极小点，则必存在一组实数 λ_i 和 σ_j 使其满足下面的条件

$$\begin{cases} \nabla f(x^*) + \sum_{i=1}^{l} \lambda_i \nabla g_i(x^*) + \sum_{j=1}^{m} \sigma_j \nabla h_j(x^*) = 0 \\ \lambda_i g_i(x^*) = 0, i = 1, 2, \cdots, l \\ \lambda_i \geqslant 0, i = 1, 2, \cdots, l \end{cases} \tag{2-9-5}$$

条件（2-9-5）称为约束优化问题的库恩-塔克条件，简记为 K-T 条件。满足 K-T 条件的点称为约束优化问题的 K-T 点。

9.2 最优化算法

9.2.1 非线性规划问题算法

对于非线性规划问题，常用的求解方法是利用下降迭代算法。所谓**迭代**，就是从一个点 $x^{(k)}$ 出发，按照某种规则产生后继点 $x^{(k+1)}$，然后用 $x^{(k+1)}$ 代替 $x^{(k)}$，重复上述过程，从而产生点列 $\{x^{(k)}\}$。所谓下降，指的是对目标函数 $f(x)$，每次迭代所产生的后继点的目标函数值 $f(x^{(k+1)})$ 要小于当前迭代点的函数值 $f(x^{(k)})$。

对于无约束非线性规划问题：

$$\min \quad f(x) \tag{2-9-6}$$

(1) 下降迭代算法的一般步骤

第 1 步：确定一个初始点 $x^{(1)}$，令 $k:=1$。

第 2 步：确定迭代点 $x^{(k)}$ 处的一个下降方向 $d^{(k)}$。

第 3 步：确定搜索步长 λ_k，使得 $f(x^{(k)}+\lambda_k d^{(k)})<f(x^{(k)})$。

第 4 步：令 $x^{(k+1)}=x^{(k)}+\lambda_k d^{(k)}$，令 $k:=k+1$。

第 5 步：判断点 $x^{(k)}$ 是否满足停止条件。是，则算法结束，输出点 $x^{(k)}$；否则转第 2 步。

对于问题(2-9-6)，当目标函数可微时，可以利用最速下降法求解，其详细步骤如下。

(2) 最速下降法步骤

第 1 步：给定初始迭代点 $x^{(1)}$，计算精度 $\varepsilon>0$，令 $k:=1$。

第 2 步：计算 $\nabla f(x^{(k)})$。如果 $\|\nabla f(x^{(k)})\|<\varepsilon$，则算法结束，输出 $x^{(k)}$ 作为极小点的估计值。否则，令 $d^{(k)}=-\nabla f(x^{(k)})$。利用一维搜索求搜索步长 λ_k，使其满足 $f(x^{(k)}+\lambda_k d^{(k)})=\min\limits_{\lambda\geqslant 0} f(x^{(k)}+\lambda d^{(k)})$。

第 3 步：令 $x^{(k+1)}=x^{(k)}+\lambda_k d^{(k)}$。令 $k:=k+1$。返回第 2 步。

利用最速下降法求解优化问题时，一般开始的几步目标函数值下降较快，但其整体的收敛速度是较慢的，仅仅是线性收敛的算法。因此通常将最速下降法和其他算法结合使用，即先利用最速下降法求解几步，找到比较好的极小点的近似值后，在以其作为其他算法的初始点继续求解。

当问题（2-9-6）的目标函数为正定二次函数时，即 $f(x)=\dfrac{1}{2}x^TQx+b^Tx+c$，其中 $Q\in R^{n\times n}$ 为对称正定矩阵，$b\in R^n$，$c\in R$，FR 共轭梯度法是常用的一种求解算法。其详细步骤如下。

(3) FR 共轭梯度法步骤

第 1 步：任取初始点 $x^{(1)}$，计算 $\nabla f(x^{(1)})$，令 $k:=1$。

第 2 步：若 $\nabla f(x^{(1)})=0$，则算法结束，输出极小点 $x^*=x^{(1)}$。否则，令 $d^{(1)}=-\nabla f(x^{(1)})$，计算步长 $\lambda_1=-\dfrac{\nabla f(x^{(1)})^T d^{(1)}}{d^{(1)T}Qd^{(1)}}$。令 $x^{(2)}=x^{(1)}+\lambda_1 d^{(1)}$。令 $k:=k+1$。

第 3 步：计算 $\nabla f(x^{(k)})$，若 $\nabla f(x^{(k)})=0$，则算法结束，输出极小点 $x^*=x^{(k)}$。否则

令 $d^{(k)}=-\nabla f(x^{(k)})+\alpha_{k-1}d^{(k-1)}$，其中 $\alpha_{k-1}=\dfrac{\|\nabla f(x^{(k)})\|^2}{\|\nabla f(x^{(k-1)})\|^2}$。计算步长 $\lambda_k=-\dfrac{\nabla f(x^{(k)})^T d^{(k)}}{d^{(k)T}Qd^{(k)}}$。

第 4 步：令 $x^{(k+1)}=x^{(k)}+\lambda_k d^{(k)}$。令 $k:=k+1$。转第 3 步。

对于正定二次函数，共轭梯度法具有二次终止性，即最多经过 n 次迭代即可求得问题 (2-9-6) 的全局最优解。

对具有一阶连续偏导数的无约束最优化问题式(2-9-6)，在不使用 Hesse 矩阵的下降迭代算法中，拟牛顿算法是一类很重要的算法，其中 DFP 算法是最有效的拟牛顿算法之一。下面给出 DFP 算法的算法步骤。

(4) DFP 算法步骤

第 1 步：给定初始点 $x^{(1)}$，初始的正定矩阵 $H_1=I$。允许误差 $\varepsilon>0$。令迭代次数 $k:=1$。

第 2 步：计算搜索方向 $d^{(k)}=-H_k\nabla f(x^{(k)})$。

第 3 步：令 $x^{(k+1)}=x^{(k)}+\lambda_k d^{(k)}$，其中搜索步长 λ_k 满足 $f(x^{(k)}+\lambda_k d^{(k)})=\min\limits_{\lambda} f(x^{(k)}+\lambda d^{(k)})$。

第 4 步：若 $\|\nabla f(x^{(k+1)})\|\leqslant\varepsilon$，则算法结束，输出极小点的估计值 $x^*=x^{(k+1)}$。否则，转第 5 步。

第 5 步：记 $y_k=\nabla f(x^{(k+1)})-\nabla f(x^{(k)})$，$s_k=x^{(k+1)}-x^{(k)}$。利用公式

$$H_{k+1}=H_k+\frac{s_k s_k^T}{s_k^T y_k}-\frac{H_k y_k y_k^T H_k}{y_k^T H_k y_k}$$

计算矩阵 H_{k+1}。令 $k:=k+1$，转第 2 步。

当无约束最优化问题的目标函数可以写成如下形式时

$$\min\quad f(x)=\sum_{i=1}^{m} f_i^2(x) \tag{2-9-7}$$

该问题称为最小二乘问题。

如果问题(2-9-7) 中，每个函数 $f_i(x)$ 均为线性函数：

$$f_i(x)=a_i^T x-b_i,\ i=1,2,\cdots,m$$

式中，$a_i\in R^n$ 为 n 维列向量；$b_i\in R(i=1,2,\cdots,m)$。此时问题 (2-9-7) 可以表示为

$$\min\quad f(x)=\sum_{i=1}^{m}(a_i^T x-b_i)^2 \tag{2-9-8}$$

称为线性最小二乘问题。

线性最小二乘问题可以用矩阵形式表示。令 $A=(a_1,a_2,\cdots,a_m)^T$，$b=(b_1,b_2,\cdots,b_m)^T$，则问题 (2-9-8) 可以记为

$$\min\quad f(x)=\|Ax-b\|^2 \tag{2-9-9}$$

线性最小二乘问题的最优解有如下性质。

定理 9.5 x^* 是线性最小二乘问题(2-9-9) 的最优解的充分必要条件是

$$A^T A x^* = A^T b \tag{2-9-10}$$

且它有唯一最优解的充分必要条件是矩阵 A 列满秩。

若矩阵 A 不是列满秩，则方程组（2-9-10）有无穷多个解。利用矩阵的广义逆可求得线性最小二乘问题的最小 2-范数解。

如果问题（2-9-7）中，$f_i(x)$ 均连续可微，且其中至少有一个为非线性函数，则该问题称为**非线性最小二乘问题**。非线性最小二乘问题的一个经典的算法是 Gauss-Newton 算法，下面给出其算法步骤。

（5）Gauss-Newton 算法步骤

第1步：给定初始点 $x^{(1)} \in R^n$，计算精度 $\varepsilon > 0$。令 $k=1$。

第2步：计算向量 $f^{(k)} = [f_1(x^{(k)}), f_2(x^{(k)}), \cdots, f_m(x^{(k)})]^T$ 和矩阵

$$A_k = \begin{bmatrix} \nabla f_1 (x^{(k)})^T \\ \nabla f_2 (x^{(k)})^T \\ \vdots \\ \nabla f_m (x^{(k)})^T \end{bmatrix}。$$

令 $\nabla^2 \varphi(x) = 2A_k^T A_k$，$\nabla f(x^{(k)}) = 2A_k^T f^{(k)}$。

第3步：解线性方程组

$$\nabla^2 \varphi(x) \alpha^{(k)} = -\nabla f(x^{(k)}) \tag{2-9-11}$$

求得 Gauss-Newton 方向 $d^{(k)}$。

第4步：求解下面的一维搜索问题

$$\min_{\lambda} f(x^{(k)} + \lambda d^{(k)})$$

求得最优步长 λ_k。令 $x^{(k+1)} = x^{(k)} + \lambda_k d^{(k)}$。

第5步：如果 $\| \nabla f(x^{(k+1)}) \| \leqslant \varepsilon$，则算法结束，得解 $x^{(k+1)}$。否则，令 $k := k+1$。转第2步。

Gauss-Newton 算法在迭代过程中要求矩阵 A_k 列满秩，否则会导致矩阵 $A_k^T A_k$ 奇异，从而使得方程组（2-9-11）求解困难，难以得到搜索方向 $d^{(k)}$。为了克服这个困难，Levenberg 和 Marquardt 先后提出了一种改进的方法，并在理论上进行了探讨。该方法即称为 Levenberg-Marquardt 算法，简称 L-M 算法。L-M 方法的基本思想是将一个正定对角矩阵 αI 加到 $A_k^T A_k$ 上去，使其变为条件数较好的对称正定矩阵，从而建立起有效的修正的最小二乘算法。下面给出 L-M 算法的算法步骤。

（6）L-M 算法步骤

第1步：任取初始点 $x^{(1)}$。给定初始参数 $\alpha_1 > 0$，增长因子 $\beta > 1$。允许误差 $\varepsilon > 0$。计算 $f(x^{(1)})$。令 $\alpha := \alpha_1$，$k := 1$。

第2步：令 $\alpha := \alpha / \beta$。计算 $f^{(k)} = [f_1(x^{(k)}), f_2(x^{(k)}), \cdots, f_m(x^{(k)})]^T$ 和矩阵

$$A_k = \begin{bmatrix} \nabla f_1 (x^{(k)})^T \\ \nabla f_2 (x^{(k)})^T \\ \vdots \\ \nabla f_m (x^{(k)})^T \end{bmatrix}。$$

第 3 步：解方程

$$(A_k^T A_k+\alpha I)d=-A_k^T f^{(k)}$$

求得搜索方向 $d^{(k)}$。令 $x^{(k+1)}=x^{(k)}+d^{(k)}$。

第 4 步：计算 $f(x^{(k+1)})$。若 $f(x^{(k+1)})<f(x^{(k)})$，则转第 5 步；否则转第 6 步。

第 5 步：若 $\|A_k^T f^{(k)}\|\leqslant\varepsilon$，则停止计算，得到解 $\bar{x}=x^{(k+1)}$；否则，令 $k:=k+1$，返回第 2 步。

第 6 步：若 $\|A_k^T f^{(k)}\|\leqslant\varepsilon$，则停止计算，得到解 $\bar{x}=x^{(k)}$；否则，令 $\alpha:=\beta\alpha$，转第 3 步。

对于约束最优化问题

$$\begin{aligned}&\min\quad f(x)\\&\text{s.t.}\begin{cases}g_i(x)\leqslant 0,i=1,2,\cdots,l\\h_j(x)=0,j=1,2,\cdots,m\end{cases}\end{aligned}\tag{2-9-12}$$

罚函数法是一种常用的方法。罚函数法的基本思想是将对约束条件的违反度作为惩罚项加入到目标函数中，从而将约束最优化问题转化为一个无约束最优化问题。常用的罚函数法有外点法和内点法两种。

① 外点法算法步骤

第 1 步：给定初始点 $x^{(0)}$，初始罚因子 $\lambda_1>0$，放大系数 $\alpha>1$。允许误差 $\varepsilon>0$。令 $k:=0$。

第 2 步：以 $x^{(k)}$ 为初始点，求解辅助的无约束最优化问题

$$\min\quad F(x,\lambda_k)=f(x)+\lambda_k p(x)$$

式中，$p(x)=\sum_{i=1}^{l}\max^2\{g_i(x),\ 0\}+\sum_{j=1}^{m}h_j^2(x)$，而 $F(x,\ \lambda_k)$ 称为罚函数。得到极小点 $x^*(\lambda_k)$，记为 $x^{(k+1)}=x^*(\lambda_k)$。

第 3 步：如果 $\lambda_k p(x^{(k+1)})<\varepsilon$，则 $x^{(k+1)}$ 就是问题(2-9-12)的最优解的近似值，算法结束，输出 $x^{(k+1)}$；否则，转第 4 步。

第 4 步：令 $\lambda_{k+1}=\alpha\lambda_k$，$k:=k+1$。转第 2 步。

外点法的算法步骤中，第 2 步求解辅助的无约束最优化问题时，可以利用无约束最优化问题的相关算法。而且可以证明，在一定条件下，外点法产生的点列的任一聚点均为原问题的最优解。此外，如果罚因子 λ_k 增长的速度较快，则算法也有较快的收敛速度。但在实际计算时，一般不会让罚因子增长速度太快。因为当罚因子充分大时，外点法的罚函数会出现病态，导致无约束最优化问题的求解困难。

内点法的基本思想是在可行区域的边界上设置障碍，使得算法在运算过程中迭代点始终被限制在可行域内部。因此内点法只能处理优化问题只含不等式约束的情况。即如下形式的最优化问题

$$\begin{aligned}&\min\quad f(x)\\&\text{s.t.}\ g_i(x)\geqslant 0,i=1,2,\cdots,l\end{aligned}\tag{2-9-13}$$

下面给出内点法的算法步骤。

② 内点法算法步骤

第1步：给定初始点 $x^{(0)}\in \mathrm{int}D$，初始障碍因子 $\mu_1>0$，缩小系数 $0<\beta<1$。允许误差 $\varepsilon>0$。令 $k:=0$。

第2步：以 $x^{(k)}$ 为初始点，求解辅助的无约束最优化问题

$$\min_{\mathrm{int}D}\quad G(x,\mu_k)=f(x)+\mu_k q(x)$$

得到极小点 $x^*(\mu_k)$，记为 $x^{(k+1)}=x^*(\mu_k)$。

第3步：如果 $\mu_k q\ (x^{(k+1)})<\varepsilon$，则 $x^{(k+1)}$ 就是问题（2-9-12）的最优解的近似值，算法结束，输出 $x^{(k+1)}$；否则转第4步。

第4步：令 $\mu_{k+1}=\beta\mu_k$，$k:=k+1$。转第2步。

内点法的算法步骤中，其中第2步的 $q(x)$ 称为障碍项，其常用形式有如下两种：

$$q(x)=-\sum_{i=1}^{l}\ln g_i(x),\ q(x)=\sum_{i=1}^{l}\frac{1}{g_i(x)}$$

而对以罚函数 $G(x,\mu_k)$ 为目标函数的无约束最优化问题的求解，可以利用无约束最优化问题的算法来完成。同样可以证明，在一定条件下，内点法产生的点列的任一聚点均为原问题的最优解。

下面给出两个应用实例。

【例 2-9-1】 多操作周期的锅炉蒸汽系统优化调度问题[1]。

一个生产过程有 m 台锅炉，其中1台作为备用。以此生产过程的总时间为基准，划分为 K 个区间，将生产时间内的总费用作为目标函数，则可得到目标函数

$$\min\quad C=\sum_{i=1}^{m}\left[a_i\sum_{k=1}^{K}y(i,k)F(i,k)+b_i\sum_{k=1}^{K}zs(i,k)\right]$$

式中，C 为总费用；a_i 为燃料成本；b_i 为锅炉维护清洗费用；$F(i,k)$ 为第 i 台锅炉在第 k 个区间内的燃料消耗量；$zs(i,k)$ 为锅炉停运状态，$zs(i,k)=1$ 表示第 i 台锅炉在第 k 个区间内停运清洗，$zs(i,k)=0$ 则表示该台锅炉在该区间内停运但未清洗；$y(i,k)$ 为锅炉运行状态，$y(i,k)=1$ 表示第 i 台锅炉在第 k 个区间内运行，$y(i,k)=0$ 则表示该台锅炉在第 k 个区间内停运。

约束条件如下。

燃料消耗量：$$F(i,k)=\int_0^{\Delta t(k)}D_{i,t}\Delta H/[B\eta(i,t)]\mathrm{d}t$$

式中，$\Delta t(k)$ 表示第 k 个区间的长度；$D_{i,t}$ 表示第 i 台锅炉在 t 时刻的蒸汽供应量；ΔH 表示水在锅炉中的焓变；$\eta(i,t)$ 表示第 i 台锅炉在 t 时刻的效率。

每个周期满足蒸汽负荷的需求：$$\sum_{i=1}^{m}D_{i,t}\geqslant Q_t$$

式中，Q_t 为第 t 个周期的蒸汽需用量。

总时间范围约束：$$\sum_{k\in K}\Delta t(k)=H$$

式中，H 为总生产时间。

每台锅炉的最大和最小产汽量的限制：$D_i^L \leqslant D_{i,t} \leqslant D_i^U$

式中，D_i^L 和 D_i^U 分别为第 i 台锅炉的最小和最大产气量。

本问题中 $y(i,k)$ 为整数变量，$D_{i,t}$ 为连续变量，因此构成了一个混合整数非线性规划问题。求解方法为将非线性规划问题在迭代点处线性近似后，通过求解线性规划问题并利用最速下降的思想产生迭代点列，最终逼近原问题最优解。

【例 2-9-2】 最小二乘法计算程序升温脱附活化能[2]。

程序升温脱附（temperature programmed desorption，TPD）技术是目前表征吸附剂/催化剂表面能量和动力学参数（速率常数的指前因子）的一种最常用方法。而脱附活化能的大小反映吸附质从吸附剂表面解吸的难易程度，是脱附过程的一个最基本的热力学参数。由 TPD 理论，若假设催化剂表面均匀，则吸附剂脱附过程可用 Polanyi-Wingner 方程表示：

$$\frac{\mathrm{d}\theta}{\mathrm{d}t}=k_a(1-\theta)^n C_g-k_d\theta^n \tag{2-9-14}$$

式中，θ 为吸附剂表面覆盖率；k_a 为吸附速率常数；k_d 为脱附速率常数；t 为时间；n 为吸附或脱附级数，对于脱附过程，n 的取值一般为 1 或 2；C_g 为气体浓度。

当脱附过程中吸附可被忽略，且温度是随着时间线性上升，即有 $T=T_0+\beta t$，其中 β 为线性升温速率，则利用 Arrhenius 方程，上述方程可改写为

$$-\frac{\mathrm{d}\theta}{\theta^n}=\frac{A}{\beta}\exp\left(-\frac{E_d}{RT}\right)\mathrm{d}t \tag{2-9-15}$$

式中，A 为脱附速度常数的指前因子；E_d 为平均脱附活化能；R 为理想气体常数；T 为开尔文温度。

假设吸附剂从程序升温的起始温度时为饱和吸附，那么积分下限可以认为 $\theta_0=1$，T_0 为程序升温的起始温度，则对式(2-9-15) 积分可得

$$n=1\text{ 时：}\ln\left(\frac{\theta_0}{\theta}\right)=\frac{A}{\beta}\left(\frac{RT^2}{E_d}\right)\left(1-\frac{2RT}{E_d}\right)\exp\left(-\frac{E_d}{RT}\right)$$

$$n=2\text{ 时：}\frac{1}{\theta}\left(1-\frac{\theta}{\theta_0}\right)=\frac{A}{\beta}\left(\frac{RT^2}{E_d}\right)\left(1-\frac{2RT}{E_d}\right)\exp\left(-\frac{E_d}{RT}\right)$$

假设吸附剂表面能量均匀，则 E_d 可视为一常数，即表示平均脱附活化能。并认为 A 与温度无关。则可选择当样品处于某一段稳定的线性升温范围内，将一系列不同温度 T_i 所对应的覆盖率 θ_i 代入上式，建立最小二乘问题的模型

$$n=1\text{ 时：}\min\sum_i\left[\ln\left(\frac{\theta_0}{\theta}\right)-\frac{A}{\beta}\left(\frac{RT^2}{E_d}\right)\left(1-\frac{2RT}{E_d}\right)\exp\left(-\frac{E_d}{RT}\right)\right]^2$$

$$n=2\text{ 时：}\min\sum_i\left[\frac{1}{\theta}\left(1-\frac{\theta}{\theta_0}\right)-\frac{A}{\beta}\left(\frac{RT^2}{E_d}\right)\left(1-\frac{2RT}{E_d}\right)\exp\left(-\frac{E_d}{RT}\right)\right]^2$$

然后利用最小二乘法得到最优的脱附活化能 E_d 和指前因子 A。

9.2.2 线性规划问题算法

如果最优化问题的目标函数和约束条件中的函数均为线性函数，则称之为线性规划问题（linear programming，LP）。线性规划问题的一般形式可以表示如下：

$$\max(\min) z=\sum_{i=1}^{n} c_i x_i$$

$$\text{s.t.}\begin{cases} a_{11}x_1+a_{12}x_2+\cdots+a_{1n}x_n \leqslant (=,\geqslant) b_1 \\ \vdots \\ a_{m1}x_1+a_{m2}x_2+\cdots+a_{mn}x_n \leqslant (=,\geqslant) b_m \\ x_i \geqslant 0, i=1,2,\cdots,k \end{cases}$$

式中，c_i，a_{ij}，b_j 为已知的常数，且有 $m<n$。满足线性规划问题的所有约束条件的点构成的集合称为线性规划问题的可行域。

线性规划问题的具体模型形式多样，为了便于分析和求解，称下面的线性规划问题为**标准型**：

$$\max z=\sum_{i=1}^{n} c_i x_i$$

$$\text{s.t.}\begin{cases} a_{11}x_1+a_{12}x_2+\cdots+a_{1n}x_n = b_1 \\ \vdots \\ a_{m1}x_1+a_{m2}x_2+\cdots+a_{mn}x_n = b_m \\ x_i \geqslant 0, i=1,2,\cdots,n \end{cases}$$

式中，目标函数需要求最大值，而所有的约束条件均为等式约束，且要求所有的 $b_i \geqslant 0$。约束条件 $x_i \geqslant 0$ 称为非负约束，所有的变量都要满足非负约束。

上述线性规划问题也可以用矩阵和向量如下表示。

$$\max \quad z=c^T x$$

$$\text{s.t.} \begin{cases} Ax=b \\ x \geqslant 0 \end{cases}$$

式中，$c=(c_1,c_2,\cdots,c_n)^T$，$x=(x_1,x_2,\cdots,x_n)^T$，$A=(a_{ij})_{m\times n}$，$b=(b_1,b_2,\cdots,b_m)^T$。A 称为系数矩阵，b 称为右端向量。而且一般假设系数矩阵 A 的秩为 m。此时可行域为$D=\{x \mid Ax=b, x\geqslant 0, x\in R^n\}$。

线性规划问题的可行域是凸集，如果线性规划问题存在最优解，则一定在凸集的某个顶点上存在最优解。利用此性质，美国数学家丹齐格（G. B. Dantzig）1947 年提出了求解线性规划问题的单纯形算法，后来的学者又对其进行了一些改进。目前单纯形算法是求解线性规划问题的一种使用方便、行之有效的算法，其平均收敛速度为线性收敛，但是最坏情况下是指数时间收敛的。为此，1984 年印度数学家卡马卡（N. Karmarkar）提出了求解线性规划的一个多项式时间算法，其计算复杂性为 $O(n^{3.5}L^2)$（n 是问题中变量的维数；L 是问题的输入长度）。

下面列举一个应用实例。

【例 2-9-3】 克雷伯氏杆菌发酵生产 1,3-丙二醇的代谢通量优化分析[3]。

代谢通量分析（metabolic flux analysis，MFA）是代谢工程中常用的定量分析方法。MFA 围绕胞内代谢反应、使用物料衡算方法，对所有主要的胞内反应建立一个基于化学计量的代谢流平衡模型（metabolic flux balancemodel，MFB），并利用该模型计算不同途径的代谢流分布，是代谢工程中用以指导遗传操作的重要工作。下面研究利用克雷伯氏杆菌发酵生产1,3-丙二醇的代谢通量优化分析问题。首先构建出甘油发酵生成1,3-丙二醇的主要代谢网络图（见参考文献[3]），并假设代谢网络处于准稳态，即：①假设细胞内的中间代谢物处于拟稳态，其浓度变化速率为0；②还原当量和能量供需平衡。

则可建立如下的优化模型。其中目标函数为 $\max Z=\sum_i c_i r_i$ ，Z 是代谢通量 r_i 的线性组合，c_i 是代谢通量 r_i 的计量系数。约束条件为通量平衡模型 $Sr=b$，式中 S 为代谢网络中计量系数矩阵，r 为代谢通量向量，b 为胞内代谢净输出。对于厌氧可以建立11个质量平衡方程，对于微氧可以建立18个质量平衡方程（见文献[3]）。由于所得优化模型中目标函数和约束条件均由线性函数组成，因此属于线性规划模型。通过求解此问题即可求得最优代谢通量分布。

第2篇

9.2.3 整数规划问题算法

如果最优化问题中某些变量只能取整数值，则称之为整数规划问题。如果线性规划问题中某些变量只能取整数值，则称之为整数线性规划问题。本节主要讨论整数线性规划问题，并简称为整数规划问题，记为IP，其数学形式一般可如下表示：

$$\max z=\sum_{i=1}^{n} c_i x_i$$

$$\text{s.t.}\begin{cases} a_{11}x_1+a_{12}x_2+\cdots+a_{1n}x_n=b_1 \\ \vdots \\ a_{m1}x_1+a_{m2}x_2+\cdots+a_{mn}x_n=b_m \\ x_i\geqslant 0, i=1,2,\cdots,n \\ x_i \text{ 取整数}, i=1,2,\cdots k \end{cases}$$

如果 $k=n$，则上述问题称为纯整数规划问题；若 $k<n$，则称为混合整数规划问题。如果整数变量的取值限定为只能取0或1，则称为0-1规划问题。

【例2-9-4】 现有 n 种物品要装入一集装箱中，每种物品的数量不限。已知第 $i(i=1,2,\cdots,n)$ 种物品一盒的体积为 v_i，价值为 c_i。集装箱的最大容积为 V。问：应该如何装箱才能使集装箱中的物品价值最大。

建立模型：设第 $i(i=1,2,\cdots,n)$ 种物品装 x_i 盒。集装箱中物品的总价值为 C。则上述问题的数学模型为

$$\max C=\sum_{i=1}^{n} c_i x_i$$

$$\text{s.t.}\begin{cases} \sum_{i=1}^{n} v_i x_i \leqslant V \\ x_i \geqslant 0 \text{ 且取整数}, i=1,2,\cdots,n \end{cases}$$

上述问题的模型即为一个纯整数规划问题。

整数规划属于强NP-难的问题，因此对一般的整数规划问题，不存在多项式时间的最优算法，割平面算法、分枝定界算法、隐枚举算法、动态规划算法等是一些常用的方法。下面

主要介绍分枝定界算法。

给定一个整数规划问题，称去掉其中的取整约束后所得的线性规划问题为原整数规划问题的伴随线性规划。如果伴随线性规划问题的最优解是整数解，则该整数解也就是原整数规划问题的最优解；如果伴随线性规划问题的最优解不是整数解，则其对应的最优值是原整数规划问题的最优值的上界。

分枝定界算法的基本思想是对给定的整数规划问题，首先求解其伴随线性规划问题。如果伴随线性规划问题的最优解是整数解，则已求得整数规划问题的最优解。如果伴随线性规划问题的最优解不是整数解，则可得整数规划问题的最优值的一个上界，另外任取整数规划问题的一个可行解的目标值作为下界。然后选择一个最优解中取值不是整数的变量 x_i，并设在最优解中 x_i 的取值为 a_i。构造两个新的约束条件 $x_i \leqslant [a_i]$ 和 $x_i \geqslant [a_i]+1$（式中，$[a_i]$ 表示 a_i 的取整值)，将这两个约束条件分别加入原伴随线性规划问题，将其分枝为两个子线性规划问题，而原整数规划的最优解一定包含在这两个子线性规划问题的可行区域内。下面分别求解这两个子问题，并根据子问题的最优解是否为整数解来确定是否需要继续分枝，同时根据子问题的最优值对整数规划问题的上下界进行调整。重复上述过程直到最终上下界相等，此时取到下界的整数解即为原整数规划问题的最优解。下面给出分枝定界算法的详细步骤。

第 1 步（初始化)：记要求解的整数规划问题为 A，其对应的伴随线性规划问题记为 B。

求解问题 B，其解有以下三种情况：

① B 无可行解，则 A 亦无可行解；

② B 的最优解 x^* 为整数解，则 x^* 亦为 A 的最优解；

③ B 的最优解 x^* 不是整数解，则记 x^* 所对应的目标函数值为问题 A 的目标函数值的上界 $\bar{z}$，并记下界为 $\underline{z}$。

第 2 步（迭代)：

① 分枝：设 B 的最优解 x^* 中第 i 个变量 x_i 的取值不是整数，其值为 a_i。构造两个约束条件 a. $x_i \leqslant [a_i]$和 b. $x_i \geqslant [a_i]+1$。将约束条件 a. 和 b. 分别加入问题 B 形成两个子问题 B_1 和 B_2。求出新分枝的子问题的最优解。

② 定界：记当前所有分枝中最优解的最大目标值为新的上界 $\bar{z}$，当前所有分枝中最大的整数最优解的目标值为新的下界 $\underline{z}$。

③ 剪枝：剪去最优值不大于 $\underline{z}$ 的分枝，剪去已求得整数最优解的分枝。

④ 任取一个未剪去的分枝重复上述步骤，直到 $\bar{z}=\underline{z}$，此时分枝中目标值取到 $\underline{z}$ 的整数最优解即为问题 A 的最优解。

下面给出一个整数规划问题的应用实例。

【例 2-9-5】 多产品批处理过程调度的 MILP 模型[4]。

单阶段多产品批处理过程是化学工业中常见的一种生产线。下面在考虑顺序相关建立时间的基础上，建立具有并行处理设备的单阶段多产品批处理过程短期调度问题的数学模型。对此问题首先给出如下假设：①所有相关参数都是确定性的；②每一种产品需要生产一个或多个批次；③顺序相关建立时间不但与批次处理的顺序相关，而且与处理的设备相关；④处理时间和产品都相同的批次才可视为相同的批次；⑤除设备以外不考虑其他资源约束。

下面建立问题的优化模型。首先建立问题的约束条件：

(1) 时间间隙和产品的分配关系

$$\sum_{i \in I} X_{i,k} = 1, \forall k \in K \tag{2-9-16}$$

$$\sum_{k \in K} X_{i,k} = n_i, \forall i \in I \tag{2-9-17}$$

式中，I 为产品集；K 为时间间隙集合；变量 $X_{i,k}=1$ 或 0 表示第 i 个产品的一个批次是否分配给第 k 个时间间隙；n_i 表示第 i 个产品的批次总数。因此条件式(2-9-16) 表示在产品集 I 中有且仅有一个批次分配给第 k 个间隙，而条件式(2-9-17) 要求产品 i 分配给时间间隙次数的总和应等于该产品的批次数量。

(2) 设备分配给时间间隙的约束

$$\sum_{j \in J} Y_{j,k} = 1, \forall k \in K \tag{2-9-18}$$

$$Y_{j,k} + Y_{j',k'} \leqslant 1, \forall j, j' \in J; k, k' \in K; j' < j; k' \geqslant k \tag{2-9-19}$$

$$Y_{j,k} + Y_{j',k'} \leqslant 1, \forall j, j' \in J; k, k' \in K; j' > j; k' \leqslant k \tag{2-9-20}$$

式中，J 为设备集。变量 $Y_{i,k}=1$ 或 0 表示第 j 个设备是否分配给第 k 个时间间隙。条件式(2-9-18) 表示有且仅有一个设备分配给每个时间间隙。条件式(2-9-19) 表示当设备 j 分配给时间间隙 k 时，则设备 1，2，…，$j-1$ 都不能分配给时间间隙 k，$k+1$，…，$\bar{k}$（式中 $\bar{k}$ 表示最后一个时间间隙)。而条件式(2-9-20) 则表示当设备 j 分配给时间间隙 k 时，则设备 $j+1$，$j+2$，…都不能分配给时间间隙 1，2，…，k。

(3) 辅助变量的引进

$$X_{i,k} = \sum_{j \in J} W_{i,j,k}, \forall i \in I, k \in K \tag{2-9-21}$$

$$Y_{i,k} = \sum_{i \in I} W_{i,j,k}, \forall j \in J, k \in K \tag{2-9-22}$$

其中变量 $W_{i,j,k}=1$ 或 0 表示产品 i 的一个批次和设备 j 是否同时分配给时间间隙 k。

(4) 产品批次与设备间的分配关系

$$\sum_{i \in I} \sum_{j \in J \backslash J_i} \sum_{k \in K} W_{i,j,k} = 0 \tag{2-9-23}$$

式中，J_i 表示能处理产品 i 的设备集。因此上述条件说明产品 i 只能由 J_i 中的设备处理。

(5) 处理时间的约束

$$t^e_{k,j} - t^s_{k,j} = \sum_{i \in I_j} W_{i,j,k} p_{i,j}, \forall k \in K, j \in J \tag{2-9-24}$$

式中，I_j 表示可以由设备 j 处理的产品集；$t^s_{k,j}$，$t^e_{k,j}$ 分别表示时间间隙 k 在设备 j 上的开始和结束时间；$p_{i,j}$ 表示产品 i 在设备 j 上的处理时间。因此条件式(2-9-24) 表示产品 i 在时间间隙 k 中在设备 j 上处理所需满足的处理时间约束。

(6) 不同产品在同一设备上处理的约束

$$t^s_{k+1,j} - t^e_{k,j} - \sum_{i' \in I_j} W_{i',j,k} \tau_{i,i',j} \geqslant -U(1 - W_{i,j,k+1}), \forall j \in J, i \in I_j, k \in K \backslash \{\bar{k}\} \tag{2-9-25}$$

$$t^{s}_{k+1,j}-t^{e}_{k,j}\geqslant 0,\forall j\in J,k\in K\backslash\{\bar{k}\} \tag{2-9-26}$$

式中，$\tau_{i,i',j}$ 表示设备 j 处理完 i' 的一个批次后，紧接着处理 i 的一个批次所必需的顺序相关建立时间。而 U 表示一个充分大的正数。因此条件式(2-9-25) 和式(2-9-26) 要求设备 j 在分配给两个连续时间间隙时，其前后的结束时间和开始时间差必须大于顺序相关建立时间。

(7) 生产时间 MS 的约束

$$MS\geqslant t^{e}_{k,j},\forall j\in J \tag{2-9-27}$$

上述条件表示生产时间必须大于等于各个设备上最后一个时间间隙的结束时间。

问题的目标函数为 min MS，即生产时间最小。

上述问题是一个混合整数线性规划问题，可以利用分枝定界法求解。

9.2.4 智能优化算法

智能优化算法包括遗传算法、禁忌搜索、模拟退火、神经网络等。这些算法都是基于模拟或揭示某些自然现象或过程而构造的，其思想和内容涉及数学、物理学、生物进化、人工智能、神经科学和统计力学等方面，为解决复杂问题提供了新的思路和手段。下面分别介绍其相应的算法思想或原理。

(1) 遗传算法 遗传算法（genetic algorithm，GA）是 20 世纪 70 年代由美国的 Holland 教授发展起来的模拟生物进化过程的计算模型，是自然遗传学与计算机科学相互结合、相互渗透而形成的新的计算方法。

遗传算法是以达尔文的自然选择学说为基础发展起来的，自然选择学说包含以下三个方面：

① 遗传：即生物群体中亲代把生物信息通过基因交给子代，子代和亲代总是具有相同或相似的性状。有了这个特征，物种才能稳定存在。

② 变异：亲代和子代之间以及子代的不同个体之间的差异，称为变异。变异是随机发生的，变异的选择和积累是生命多样性的根源。

③ 生存斗争和适者生存：生物群体中具有适应性变异的个体被保留下来形成种群，不具有适应性变异的个体被淘汰，通过一代代的生存环境的选择作用，性状逐渐与祖先有所不同，演变为新物种。

遗传算法的主要思想是将问题的求解表示为染色体的适者生存的过程，通过染色体群的一代代不断进化，包括选择、交叉和变异等过程，最终收敛到最适应环境的个体，从而求得问题的最优解或满意解。

遗传算法的主要步骤如下：首先对优化问题的解进行编码，并称一个解的编码为一个染色体，组成编码的元素称为基因。编码的目的主要是确定优化问题解的表现形式并有利于之后遗传算法的计算。其次是适应函数的构造和应用。适应函数基本上是依据优化问题的目标函数而定。当适应函数确定后，自然选择的规律是按照适应函数值的大小决定的概率分布来确定哪些染色体适应生存，哪些会被淘汰。生存下来的染色体组成种群，形成一个可以繁衍下一代的群体。第三是染色体的结合，双亲的遗传基因是通过编码之间的交配达成下一代的产生，从而得到一个新的解。最后是变异，新解产生过程中可能发生基因变异，变异指的是某些解的编码发生变化，使解具有更大的遍历性。

在遗传算法的应用过程中，编码方式、适应函数的设计、交叉和变异方式的设计对算法的运算效果起着重要的作用。

(2) 禁忌搜索算法 禁忌搜索算法（tabu search，TS）是由美国的 Fred Glover 教授 1986 年提出的，是局部搜索算法的一种推广，也是对人类具有记忆能力的寻优过程的模拟。

禁忌搜索算法通过邻域搜索的方法来寻找最优解，并在此过程中引入一个灵活的存储结构和相应的禁忌准则来避免迂回搜索，并通过藐视准则来赦免一些被禁忌的优良状态，进而保证多样化的有效探索以最终实现全局优化。禁忌搜索算法的主要步骤是：给定优化问题 $\min\limits_{x \in D} f(x)$，禁忌搜索算法首先确定一个初始可行解 x，定义可行解 x 的邻域 $N(x)$，然后从邻域中挑选一个能改进当前解 x 的移动并得到一个新的解 x'。再从新解 x' 开始，重复搜索。为避免陷入循环和局部最优，构造一个短期循环记忆表——禁忌表（tabuList），禁忌表中存放刚刚进行过的 $|T|$（$|T|$ 称为禁忌表长度）个邻域移动，这些移动称作为禁忌移动（tabu move）。对于当前的移动，在以后的 T 次循环内是禁止的，以避免回到原先的解，$|T|$ 次以后释放该移动。禁忌表是一个循环表，搜索过程中被循环的修改，使禁忌表始终保存着 $|T|$ 个移动。即使引入了一个禁忌表，禁忌搜索算法仍有可能出现循环。因此必须给定停止准则以避免算法出现循环。当迭代内所发现的最好解无法改进时，则算法停止。

禁忌搜索算法在使用时，禁忌规则的设定、禁忌表的长度等都会对算法的运算效果产生重要的影响。

(3) 蚁群算法 蚁群算法是由意大利学者 M. Dorigo 等于 1991 年提出，是模仿了自然界中真实蚂蚁觅食的群体行为的一种仿生优化算法，具有较强的鲁棒性、优良的分布式计算机制等特点。

蚁群觅食时寻路过程具有如下特征：即通过在路径上释放的信息素来寻找路径。当它们遇到一个还没走过的路口时，就随机地挑选一条路径前进，并释放出与路径长度有关的信息素。蚂蚁走过的路径越长，在该路径释放的信息量越少。当后来的蚂蚁再次碰到这个路口的时候，选择信息量较大路径的概率较大。这样就形成了一个正反馈机制，最优路径上的信息量越来越大，而其他路径上的信息量却会随着时间的流逝而逐渐减少，最终整个蚁群会找出最优路径。

蚁群算法的主要方法是将优化问题的解集用一个图来表示，确定图上每条路径的初始信息素和信息素的挥发及增强规则。在图上设置一组人工蚁群，并确定蚁群在图上的移动规则。然后通过模拟人工蚁群在图上的搜索过程，使得最优路径上的信息素不断增强，非最优路径上的信息素逐渐挥发消失，最终搜索得到最优路径。

蚁群算法是一种自组织性的并行算法，具有正反馈性和较强的鲁棒性，其求解不依赖于初始路径的选择，易于推广应用。

下面给出两个应用实例。

【例 2-9-6】 多相多组分化学反应平衡和相平衡计算问题[5]。

多相多组分化学反应平衡和相平衡的计算是热力学研究的基础问题，同时也是化工流程模拟的重要环节，建立快速、稳定的求解方法具有重要的理论和现实意义。

对于多组分多相系统，在给定温度和压力时，体系的 Gibbs 自由能可由式(2-9-28)表示

$$G = \sum_{j=1}^{C} \sum_{l=1}^{P} n_{jl} \mu_{jl} \tag{2-9-28}$$

当系统达到平衡时，G 将达到最小值，同时满足下列约束条件。

① 物料守恒：当同时有化学反应平衡和相平衡时，应遵守原子守恒约束。

$$\sum_{j=1}^{C}\sum_{l=1}^{P} m_{jk} n_{jl} = b_k \tag{2-9-29}$$

当只有相平衡时，遵守物质的总量守恒

$$\sum_{l=1}^{P} n_{jl} = n_j^T \tag{2-9-30}$$

② 变量边界约束：当同时有化学反应平衡和相平衡时，有

$$0 \leqslant m_{jk} \leqslant b_k \tag{2-9-31}$$

当只有相平衡时，有

$$0 \leqslant n_{jl} \leqslant n_j^T \tag{2-9-32}$$

求解以式(2-9-28) 为目标函数，式(2-9-29)～式(2-9-32) 为约束条件的最小值问题，即可得到平衡组成。而此问题为非线性规划问题。

以甲醇合成过程中的反应平衡和相平衡问题为例，组分 CO、CO_2、H_2、H_2O、CH_3OH、CH_4 在 473.15K 和 10.13MPa 下 $C_{18}H_{38}$（重油）存在时为汽-液-液三相共存（其中 CH_4 和 $C_{18}H_{38}$不参与反应）。对此问题采用十进制方式编码，并针对约束条件采用了动态边界可行域编码方法。动态边界可行域编码方法的具体实现方法如下：以组分 CO 为例，用 N_{CO}^T，N_{CO}^1，N_{CO}^2，N_{CO}^3分别表示 CO 的总量及在第 1，2，3 相中的量，对 N_{CO}^T，N_{CO}^1，N_{CO}^2进行编码并设置边界如下：$N_{CO}^T \in [0,15]$，$N_{CO}^1 \in [0,N_{CO}^T]$，$N_{CO}^2 \in [0,N_{CO}^T - N_{CO}^1]$，而 N_{CO}^3由公式 $N_{CO}^3 = N_{CO}^T - N_{CO}^1 - N_{CO}^2$计算得到。其他组分可类似编码。这样体系中共有 16 个编码变量，其他 10 个变量经计算得到。对上述编码利用遗传算法进行求解，和其他方法相比可以得到满意的结果。

【例 2-9-7】 精馏分离序列优化综合问题[6]。

对于精馏分离序列综合问题，由于精馏分离序列与二叉树具有相同结构特征，因此采用二叉树是描述精馏分离序列的恰当的数据结构。二叉树的具体结构可以如下组织：将根结点和中间结点与切分点对应，叶子结点与纯组分对应，从而形成一种表达合法可行分离序列的完全模式。若摘除所有对应纯组分的叶子结点，保留与切分点对应的根结点和中间结点，进而可形成一种表达合法可行分离序列的简捷模式。因此，精馏分离序列的切分点序列表达可由完全模式二叉树的嵌套括号字符串形式和简捷模式二叉树的前序遍历或后序遍历准确地描述。其中后序遍历能够反映切分结构层次关系，通过逐层递推可以计算分离费用。

对二叉树的结构利用禁忌搜索算法进行求解，首先要设计二叉树的邻域结构，其具体步骤如下：①随机产生可能切分点序数排列，由此建立初始二叉树；②在可能切分点顺序排列中随机选取两相邻切分点数字，在二叉树中确定其对应数字结点的位置；③层次较高（靠近叶子结点）的结点数字替换层次较低（靠近根结点）的结点数字；④删除替换数字结点，若相应左子树或右子树存在，则后继结点升级替补；⑤当替换结点数字大于被替换结点数字时被替换数字结点插入原位置左子树成为其后继结点，当替换结点数字小于被替换结点数字时被替换数字结点插入原位置右子树成为其后继结点。

对于具有上述邻域结构的精馏分离序列综合问题，下面设计自适应的并行禁忌搜索算法。其中禁忌算法的相关组成要素如下：

① 禁忌对象：由于检索二叉树后序遍历为数字串，因此禁忌对象采用数字串解向量表达。

② 评价函数：以相对费用函数作为评价指标。

③ 特赦准则：常见两种破禁水平情况。当候选最优解优于已知最优解时，则无视其禁忌属性，直接选取它为当前解；当候选最优解劣于已知最优解时，如果所有候选解都被禁忌，就将候选最优解作为当前解，以避免算法死锁。

④ 终止规则：当搜索进程达到规定最大迭代次数时，或者已知最优解在限定迭代次数内没有改进时，则算法终止。

算法的自适应机制如下：当已知最优解更新时，则认为发现有希望区域，此时应该减少禁忌长度并增加候选解集规模，以实现集中化搜索；当已知最优解出现有限次重复时，则需要改进当前参数以避免循环，此时可以增加禁忌长度并减少候选解数目，以进行分散化搜索。算法的并行搜索是通过搜索任务分配安排，进而实现多任务并行处理来实现的。对 N 组分精馏分离序列问题，考虑启用$\frac{N-1}{2}$个搜索线程分别设置各自的算法参数共同搜索可行域空间。同时通过已知最优解共享和禁忌表同步更新实现各线程之间相互协作，从而保证搜索的多样性和有效性，减少算法对初始解的依赖。当然，各搜索线程仍通过动态调整禁忌长度和候选解集规模独立实现自适应搜索。

参考文献

[1] 刘平平，马昕，高东，等．化工学报，2013，64(12)：4515-4521.

[2] 刘道胜，韩春玉，段林海，等．物理化学学报，2009，25(3)：470-476.

[3] 张青瑞，修志龙，曾安平．化工学报，2006，57(6)：1403-1409.

[4] 陈昌领，袁德成，邵惠鹤．上海交通大学学报，2002，36(8)：1132-1137.

[5] 安维中，胡仰栋，袁希钢．化工学报，2003，54(5)：691-394.

[6] 董宏光，秦立民，王涛，等．化工学报，2004，55(10)：1669-1673.

10

图论

10.1 图论的基本概念

10.1.1 图的定义与矩阵表示

现实世界的许多事例可以用图形来描述，这种图形是由一个点集以及这个点集中的某些点对的连线构成。人们主要感兴趣的是给定两点是否有一根线连接，而连接的方式则无关紧要。这类事例的数学抽象就产生了图的概念。

一个图 G 是指一个有序三元组$(V(G),E(G),\phi_G)$，其中 $V(G)$是非空的顶点集，$E(G)$是不与 $V(G)$相交的边集，而 ϕ_G 是关联函数，它使 G 的每条边对应于 G 的无序顶点对(不必相异)。若 e 是一条边，而 u 和 v 是使得 $\phi_G(e)=uv$ 的顶点，则称 e 连接 u 和 v，顶点 u 和 v 称为 e 的端点。下面的例子有助于阐明图的定义。

【例 2-10-1】 如图 2-10-1 所示，$G=(V(G),E(G),\phi_G)$，其中 $V(G)=\{u,v,w,x,y\}$，$E(G)=\{a,b,c,d,e,f,g,h\}$，而 ϕ_G 定义为 $\phi_G(a)=uv$，$\phi_G(b)=uu$，$\phi_G(c)=vw$，$\phi_G(d)=wx$，$\phi_G(e)=vx$，$\phi_G(f)=wx$，$\phi_G(g)=ux$，$\phi_G(h)=xy$。

图论中的大多数定义和概念是根据图形表示提出来的。一条边的端点称为与这条边关联，反之亦然。与同一条边关联的两个顶点称为相邻的，与同一个顶点关联的两条边也称为相邻的。端点重合为一点的边称为环，端点不相同的边称为连杆，连接两个相同顶点的边的条数称为边的重数，重数大于 1 的边称为重边。例如，图 2-10-1 中 G 的边 b 是一个环，G 的其余边都是连杆，d 和 f 是重边。既没有环也没有重边的图称为简单图。

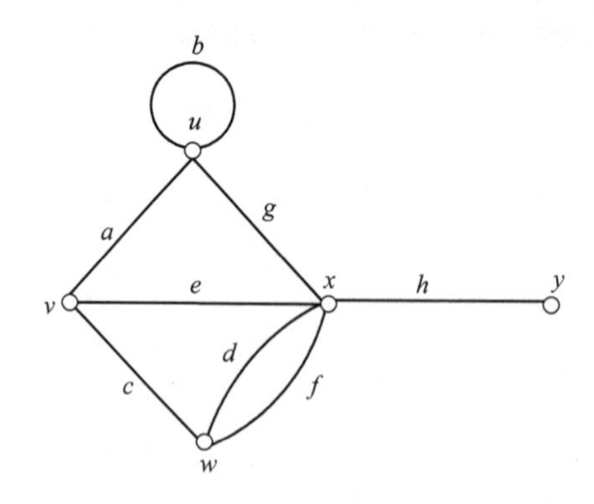

图 2-10-1 图G 的形式

图 G 的顶点 v 的度 $d_G(v)$是指 G 中与 v 关联的边的数目，每个环算作两条边。用 $\delta(G)$ 和 $\Delta(G)$分别表示 G 的顶点的最小度和最大度，度数为 0 的点称为孤立点。如果 I 中的任意两个顶点都不相邻，图 G 的顶点集的一个子集 I 称为 G 的一个独立集。图的两条边是独立的，若它们没有公共点，称 $E(G)$ 的没有任何边相邻的子集为边独立集。图可以分成无向图和有向图，无向图的每一条边都是没有方向的。但是在很多实际情况中，需要的是每个连杆都有指定方向的图，例如在化工生产流程中，各流股中的流体大多具有一定的流动方向。如果把这些问题用图形来表示，那么结点之间的连接关系是有方向的，这就产生了有向图的概念。每一条边均为有向边(也称为弧)的图称为有向图(见图 2-10-2)。在有向图中，射入一个顶点的边的数目称为该顶点的入度，由一个顶点射出的边数称为该顶点的出度，而顶点的入度与出度之和为该顶点的度数。有向图中只有出度的顶点叫作源，只有入度的顶点叫作汇。例如图 2-10-2 中顶点 v_5 的入度为 1，出度为 3，度数为 4。

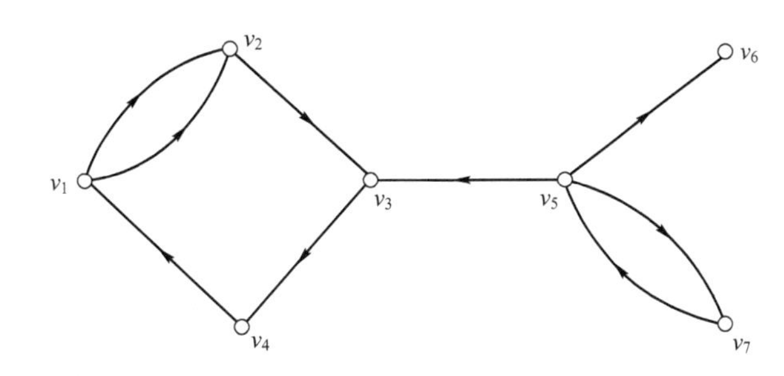

图 2-10-2 顶点 v_5 的说明

每两个不同的顶点之间都有一条边相连的简单图称为完全图，n 个顶点(顶点的个数也称为阶数)的完全图记为 K_n。二部图是指具有二分类(X,Y)的图，它的点集可以分解为两个(非空)子集 X 和 Y，使得每条边的一个端点在 X 中，另一个端点在 Y 中。完全二部图是指具有二分类(X,Y)的简单二部图，其中 X 的每个顶点与 Y 的每个顶点相连。若 $|X|=m$，$|Y|=n$，则这样的完全二部图记为 $K_{m,n}$。

如果 $V(H)\subseteq V(G)$，$E(H)\subseteq E(G)$，且 H 中边的重数不超过 G 中对应边的重数，则称 H 是 G 的子图，记为 $H\subseteq G$。G 的生成子图是指满足 $V(H)=V(G)$ 的子图 H。

下面介绍几种图的运算法则。设 G_1 和 G_2 是 G 的子图，定义如下。

① 并：是将 G_1 和 G_2 中所有的边组成的图，记作 $G_1\cup G_2$，其顶点集为 $V(G_1)\cup V(G_2)$，其边集为 $E(G_1)\cup E(G_2)$，在并中，等同的边只能出现一次。

② 交：由 G_1 和 G_2 中公共边组成的图，记为 $G_1\cap G_2$，此时 G_1 和 G_2 至少要有一个公共顶点。

③ 差：G_1 和 G_2 的差 G_1-G_2 是由 G_1 去掉 G_2 中的边组成的图。

④ 对称差：G_1 和 G_2 的对称差 $G_1\oplus G_2$ 是 G_1 和 G_2 的并去掉 G_1 与 G_2 的差所得到的图，即 $G_1\oplus G_2=(G_1\cup G_2)-(G_1\cap G_2)$。

对于任意无向图 G，对应着一个 $v\times v$ 矩阵，称为 G 的邻接矩阵 $A(G)=[a_{ij}]$，其中 a_{ij} 是连接 v_i 和 v_j 的边的数目。对于有向图 G，也对应着一个 $v\times v$ 的邻接矩阵 $B(G)=[b_{ij}]$，式中，b_{ij} 是从顶点 v_i 射出并射入顶点 v_j 的有向边的数目。图 2-10-3 给出了无向图、有向图以及它们的邻接矩阵。更多有关图的基本概念与定义请参考文献[1]。

10.1.2 路、连通与树

图 G 的一条途径是指一个有限非空序列 $W=v_0e_1v_1e_2v_2\cdots e_kv_k$，它的项交替地为顶点和边，使得对 $1\leqslant i\leqslant k$，e_i 的端点是 v_{i-1} 和 v_i，称 W 是从 v_0 到 v_k 的一条途径，整数 k 称

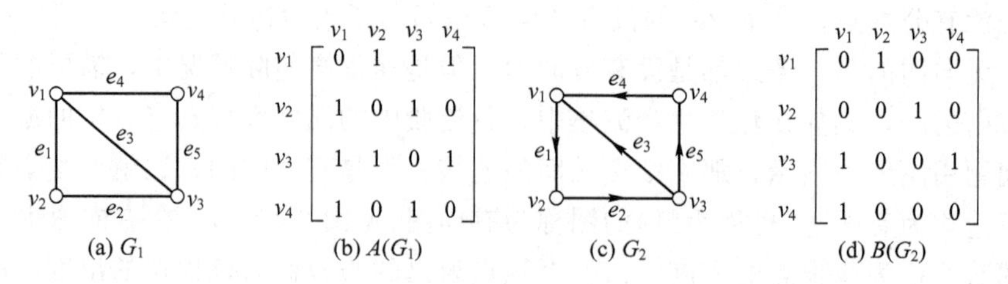

图 2-10-3 无向图、有向图以及它们的邻接矩阵

为 W 的长。若途径 W 的边 e_1，e_2，…，e_k 互不相同，则 W 称为迹。若它有正的长且起点和终点相同，称一条途径是闭的。若一条闭迹的起点和内部顶点互不相同，则它称为圈，也称为回路。又若途径 W 的顶点 v_0，v_1，…，v_k 也互不相同，则 W 称为路。例如图 2-10-4 中 $uavfyfvgyhwbv$ 是一条途径，$wcxdyhwbvgy$ 是一条迹，$ydxcwhy$ 是一个圈，$xcwhyeuav$ 是一条路。

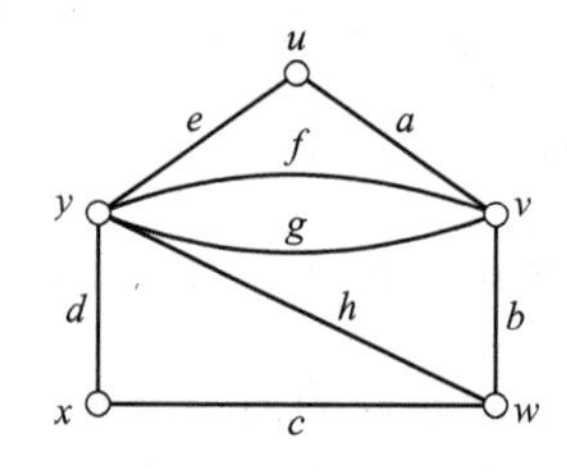

图 2-10-4 无向图

在有向图中，若两个顶点之间按有向边方向与其他顶点连接的点、边交替序列，则称为通路，例如图 2-10-5 中的 $v_1e_1v_2e_2v_3e_4v_4$。起始顶点和终止顶点为同一顶点的通路，称为回路，例如图 2-10-5 中的 $v_1e_1v_2e_2v_3e_4v_4e_5v_5e_6v_3e_3v_1$。除起始点外其余顶点均仅通过一次的回路称为环路，例如图 2-10-5 中 $v_1e_1v_2e_2v_3e_3v_1$ 与 $v_3e_4v_4e_5v_5e_6v_3$ 为两个环路。

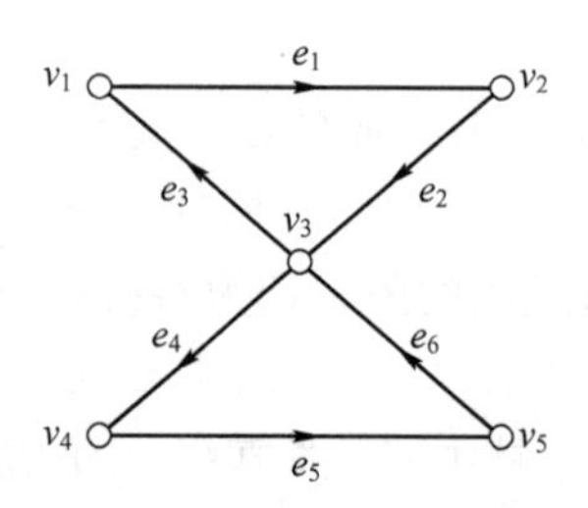

图 2-10-5 有向图

如果在 G 中存在(u,v)路，G 的两个顶点 u 和 v 称为连通的。从 u 到 v 的最短路的长度称为 u 到 v 的距离，记为 $d_G(u,v)$。当图中任意一对顶点均可以通过路来连接时，称该图为连通图。连通是顶点集 V 上的一个等价关系，于是存在 V 的一个分类，把 V 分成非空子集 V_1，V_2，…，V_ω，使得两个顶点 u 和 v 是连通的当且仅当它们属于同一个子集 V_i。子图 $G[V_1]$，$G[V_2]$，…，$G[V_\omega]$称为 G 的分支。若 G 只有一个分支，则称 G 是连通的，否则称 G 是不连通的。G 的分支个数记为 $\omega(G)$。图 G 的割边是指使得 $\omega(G-e)>\omega(G)$的边 e。图 2-10-6 画出了连通和不连通的图。

不包含圈的图称为无圈图，连通的无圈图称为树。图 2-10-7 给出了有六个顶点的树。

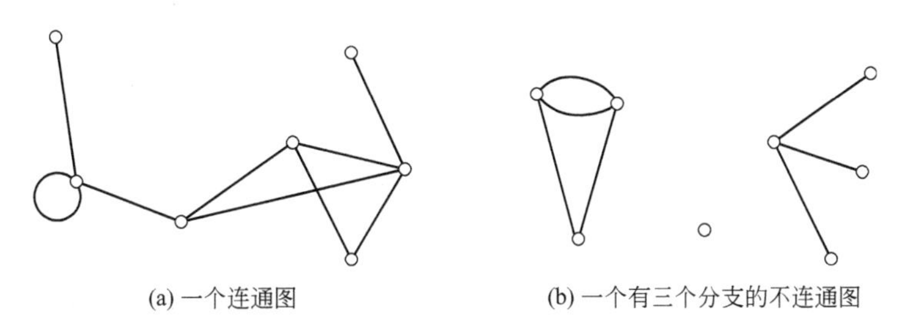

(a) 一个连通图　　(b) 一个有三个分支的不连通图

图 2-10-6 连通和不连通的图

一棵 n 阶树 T 的边数为 $n-1$。图 G 的一个生成子图 T 如果是一棵树，则称它为图 G 的一棵生成树 T。G 中不属于 T 的边称为连枝。由于 T 的边集是含 G 的全部顶点的边数最少的集合，因此在 T 中每加进一条连枝将形成回路。这种回路叫图 G 关于树 T 的基本回路。由所有的连枝和 T 形成的所有基本回路构成基本回路组。

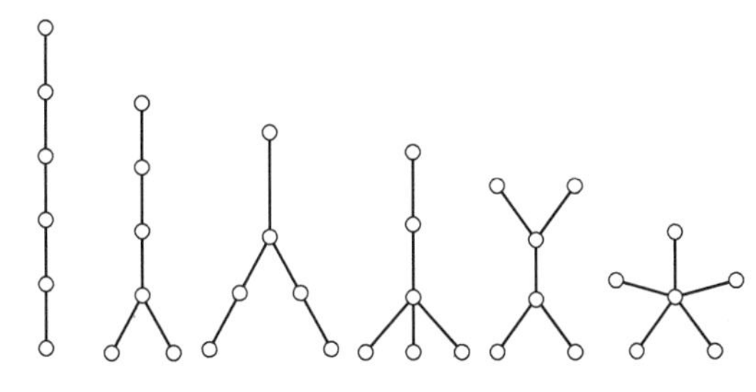

图 2-10-7 有六个顶点的树

10.1.3 平面图

如果一个图能画在平面上使得它的边仅在端点相交，则称这个图为可嵌入平面的，或称为平面图。图 2-10-8(a) 似乎不是平面图，若将其变换成另一种画法，如图 2-10-8 (b) 就一清二楚了，(b) 表示 (a) 中的平面图的一个平面嵌入，也称为平图。

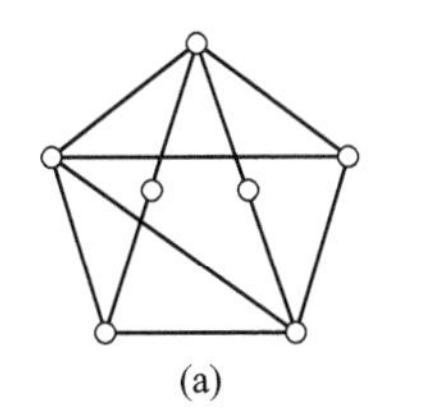

(a)

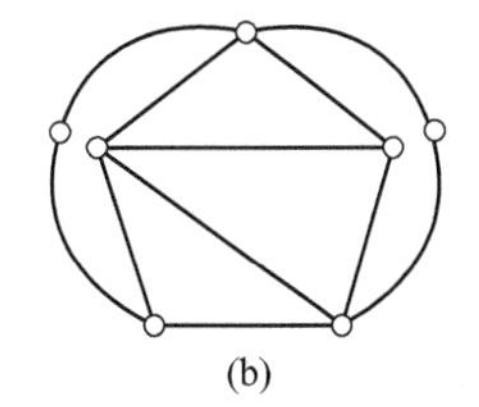

(b)

图 2-10-8 平面图

一个非空平图 G 把平面划分成若干个连通区域，这些区域称为 G 的面。用 $F(G)$ 和 $\phi(G)$ 分别表示平图 G 的面集和面的数目。例如，对于图 2-10-9 中所示的平图 G，$F(G)=\{f_1,f_2,f_3,f_4,f_5,f_6\}$，$\phi(G)=|F(G)|=6$，$|V(G)|=8$，$|E(G)|=12$。关于平面图的顶点数、边数和面数，有个著名的欧拉公式：

设 G 是连通平图，则 $|V(G)|-|E(G)|+|F(G)|=2$。

波兰数学家 Kuratowski 给出了平面图的判别准则：一个图是平面图当且仅当它不包含完全图 K_5 或完全二部图 $K_{3,3}$ 的剖分图。其中图 G 的一个剖分图是指把 G 的边进行一系列剖分得到的一个图。图 2-10-10 中分别给出了 K_5 和 $K_{3,3}$ 的一个剖分图。

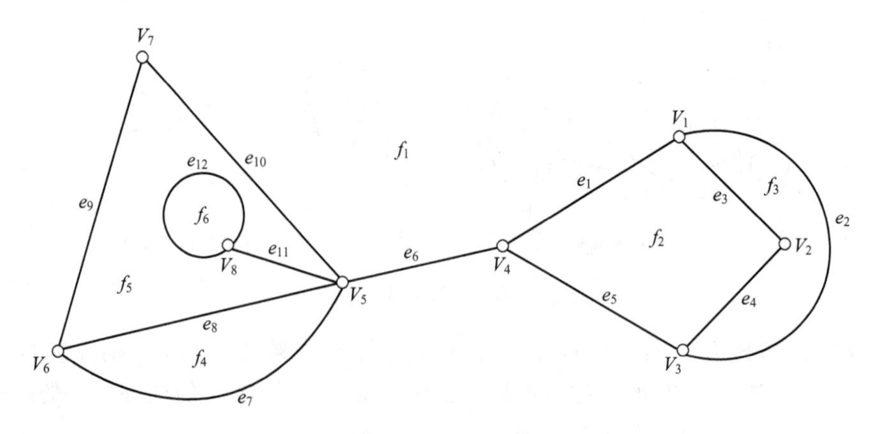

图 2-10-9 平图

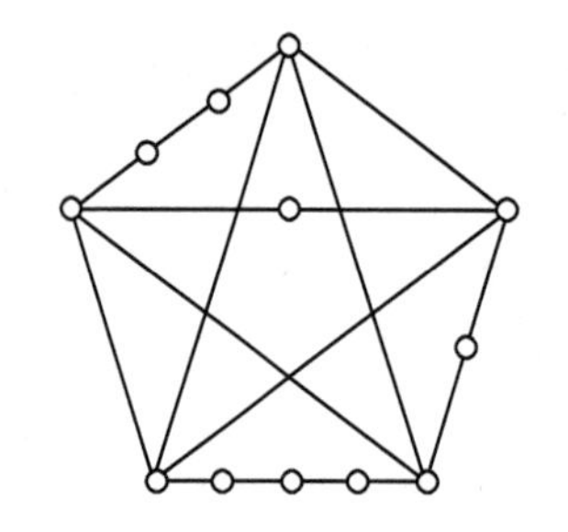

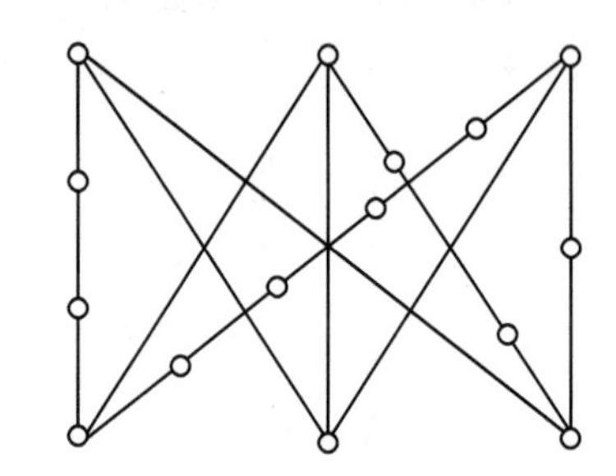

图 2-10-10 剖分图

10.1.4 化学图

在化学中，图可以描述不同的内容，如分子、反应、晶体、聚合物、簇等。其共同特征是点及其点间的连接。点可以是原子、分子、电子、分子片段、原子团及轨道等。点间的连接可以是键、键及非键作用、反应的某些步、重排、van der Waals 力等等。

化学图中的一类为分子图，即结构图。若仅考虑原子间的连接关系，则用图或树状图来表示分子的结构是一件非常自然的事情。1975 年的诺贝尔化学奖获得者 Vlado Prelog 教授曾多次强调过将图论应用于化学的重要性。化学中的分子结构、分子中各层的能量都可以用图来表示。图和化学物质之间有两种对应关系，在化学中有很多应用：①一个图对应于一个分子，即顶点代表原子而边表示化学共价键（这种图可称为结构图或分子图）。②图对应于一种反应混合物，顶点代表化学物质而边表示这些物质间的转化（这种图可称为反应图）。前一类图推动了 Cayley 去发展一种链烷的构造异构体计数方法；后来它又导致 Polya 发现了他的强有力的计数定理，这个定理甚至可用于立体化学问题。有了化学这样一个繁殖的基地，图论被广泛用来解决化学问题。在分子图（结构图）中，为了简单起见，一般将氢原子略去，此时结构图称为分子骨架或隐氢图。分子图中一般不考虑几何的、立体及手性的因素，即便如此，分子图仍可以较好地用于化合物物理化学性质的预测，这是化学图论得以发展的重要原因。

现在化学家们能根据简单图的结构来预言小的链烷和链烷醇的异构体数。学习有机化学的人被告知 C_3H_8、C_4H_{10} 和 C_5H_{12} 分别有 1 个、2 个和 3 个异构体，这是因为只能造出这么多的结构式。化学异构体，尤其是链烷 C_nH_{2n+2} 的结构异构体的计数，是一个有趣的数学问题。仅描述链烷中的碳原子，1874—1875 年间，Cayley 用图论中树的概念，将这些异构体和顶点度数至多为 4 的树之间进行了一一对应（图 2-10-11），从而数出了链烷的结构异构体数。1932—1934 年间，Blair 和 Henze 完成了链烷和烷基的所有结构异构体的计数，不像 Cayley 那样仅考虑结构异构体，他们还考虑了立体异构体，并提出了可以求得乙烯系的不饱和碳氢化合物的异构体数的方法，以及求得脂肪族化合物主要类型的结构异构体数的方法。1935—1937 年间，Polya 发现了一个更为有限的定理来更直接更好地解决计数定理，标志着图的计数理论的一个新纪元的开始。更多有关化学图的基本概念、定义及其应用请参考文献[2]。

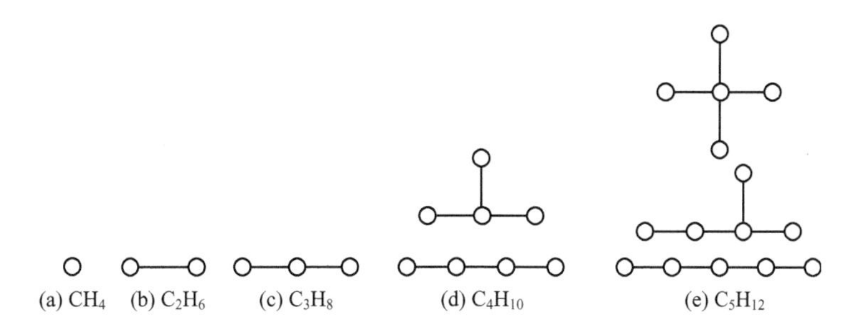

图 2-10-11 至多具有 5 个顶点的树

10.1.5 具体案例：图论解析化学反应体系——电镀过程中的氢电极反应

任何化学反应体系都可以用无向图来表示：点表示物种，边表示基元步骤。图中的点被分为两类：终端点（代表反应物和产物）和中间点（代表中间物），后者被认为不稳定的点。边也分为两类：单边和支边，后者指相应的基元步骤必须用两条（或两条以上）边来表示。

Happel 将反应机理分为直接机理和带有循环的机理两类，并指出前者是某种意义上的最小机理，后者可以通过前者的线性组合得到。对于给定的反应体系，它的所有直接机理的集合——直接机理集 $\{M\}$ 是该体系的属性。应用图论的方法时，任何直接机理可以用一个只有唯一流向的有向子图来表示。即：如果改变此子图中任何一边的方向，那么或者必须改变所有边的方向以保持合理的流向（可逆反应），或者引起流向的中断。

寻找直接机理集 $\{M\}$ 的方法如下：

① 依据假设的基元步骤，画出机理网络图。

② 网络图还原成简单连通图 G。

③ 选择一颗生成树 T，它必然包含反应物到产物的一条路 P_0。

④ 用 G-T 子图中边集和 T 构成基本回路组 C。

⑤ 由 C 的对称差运算得到环路集。

⑥ 由 P_0 和环路集中每条环路的对称差运算得到许多路，最小化运算后得到路集 $\{P\}$。

⑦ 对照网络图，将含有重边的路分解，删去含有属于同一支边的两条（或两条以上）边的那些路，经最小化运算后，得到合理的路集 $\{P'\}$。

⑧ 将每条合理路从反应物到产物指定方向使之成为有向子图。如果路中包含支边，所有支边必须一起画出，并按照假定的基元步骤取向。

⑨ 所得有向子图如果不包含以源或汇的形式出现的中间点，那么它已经是一个完整机理。如果有以源或汇的形式存在的中间点，必须补加必要的基元步骤予以消除，有多少种补

加方式就产生多少个完整机理。

⑩ 所有衍生出来的机理进行最小化运算，并检查流向是否唯一，这样就得到了直接机理集 $\{M\}$。

应用举例[3]：电镀过程中的氢电极反应：$2H^+ + 2e \rightleftharpoons H_2(*)$。
假设机理：S_1 $H^+ + e \rightleftharpoons H$，$S_2$ $H^+ + H + e \rightleftharpoons H_2$，$S_3$ $H + H \rightleftharpoons H_2$。
机理网络图和还原之后的简单连通图见图 2-10-12。

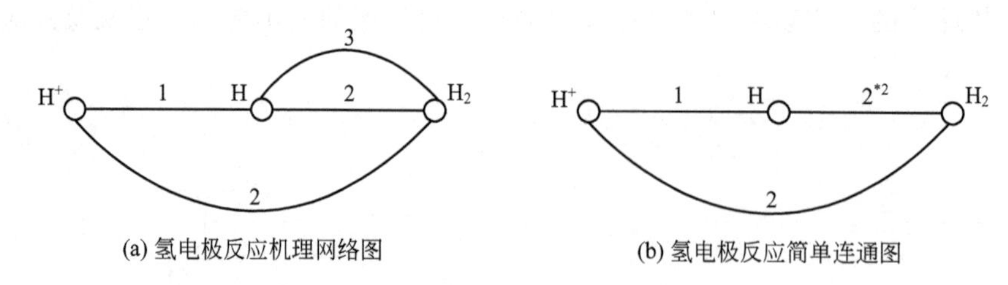

图 2-10-12 网络图、连通图

其中简单连通图中的边 $2^{*2}=(2/3)$，它表示一条二重边。取生成树 $T=(1,2^{*2})$，此例中也是 H^+ 和 H_2 之间的一条路 P_0。$G-T=(2)$，因此，G 只有一个基本回路 $C=(1,2,2^{*2})$。找路集 $P_0=(1,2^{*2})$。$P_1=P_0 \oplus C=(1,2^{*2}) \oplus (1,2,2^{*2})=(2)$，所以，路集 $\{P\}=\{P_0,P_1\}$。P_0 中包含重边，可分解成两条路：$P_0-1=(1,2)$ 和 $P_0-2=(1,3)$，但是P_0-1中包含了 P_1，由最小化运算应删去前者，这样得到合理路集$\{P'\}=\{P_0-2,P_1\}$。

由 $P_0-2=(1,3)$，取向[图 2-10-13(a)]后已经是一个完整机理，所以 $m_1=(1,3)$。

由 $P_1=(2)$，取向[图 2-10-13(b)]后中间点 H 形成源。有两种补加边的方式：加边 1 或边 3，于是得到两个机理[图 2-10-13(c)和(d)]。$m_2=(1,2)$，$m_3=(2,-3)$，m_3 中 3 前面的负号表示它的取向和假设的基元步骤规定的方向相反。这样，共衍生出三个机理，它们都只有唯一流向，互不包含。直接机理集$\{M\}=\{m_1, m_2, m_3\}$。

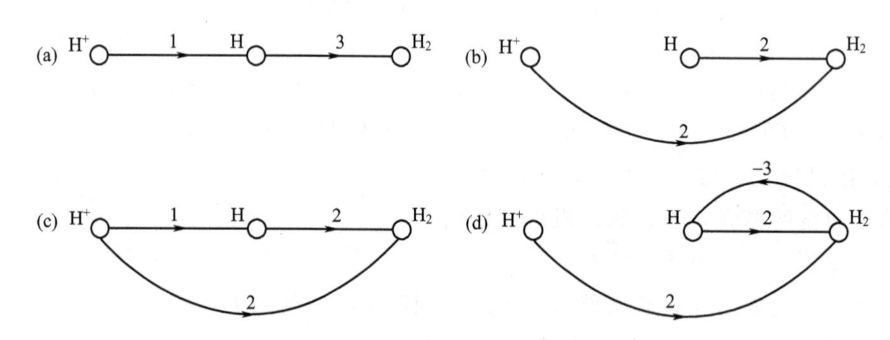

图 2-10-13 氢电极的直接机理图

10.2 分子图的拓扑指标

10.2.1 引言

如果图中的每个顶点代表分子中的一个原子，每条边代表原子之间形成的化学键，这种图就叫分子图。

尽管分子的几何参数，比如原子间的距离、键角能够被测定，但是由于存在着各种分子内的运动，比如分子振动、内转动等，在分子中原子的位置是不固定的，同时，分子的几何性质也受到周围环境的不可忽视的影响，比如在晶体情况下压力等的影响，在溶液情况下溶剂的影响等。由分子内部的运动和各种外部影响所引起的分子图形的几何形状的改变，可以看成是连续的形变，或拓扑变形，因为没有键的破坏和形成。尽管分子的若干几何性质发生了改变，但分子中原子间相互关联的性质保持不变，而分子中原子相互连通的全部信息确定了分子的拓扑性质。因此，分子图表达了分子的拓扑性质。如果两个分子中的原子之间具有相同的连通性质，或者说，它们具有相同的分子图，那么就可以说这两个分子的拓扑性质是相同的。

在化学中，当顶点和边代表不同的事物时，相应的图 $G=(V, E)$ 就表示不同的化学结构。当圈中的顶点代表分子中的每个原子，边代表它们之间的化学键时，所构成的图就是分子的完全图，见图 2-10-14。

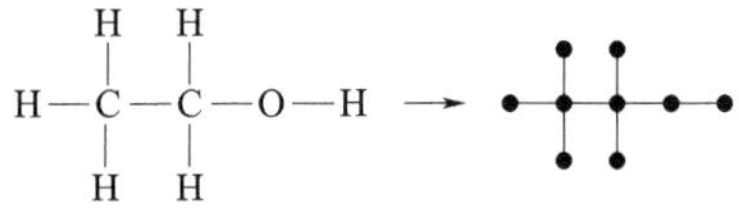

图 2-10-14 分子的完全图

在考虑饱和及共轭的碳氢化合物时，顶点只代表碳原子而略去氢原子，边只代表碳-碳原子之间的化学键，这种图叫作分子的骨架，如图 2-10-15 所示。

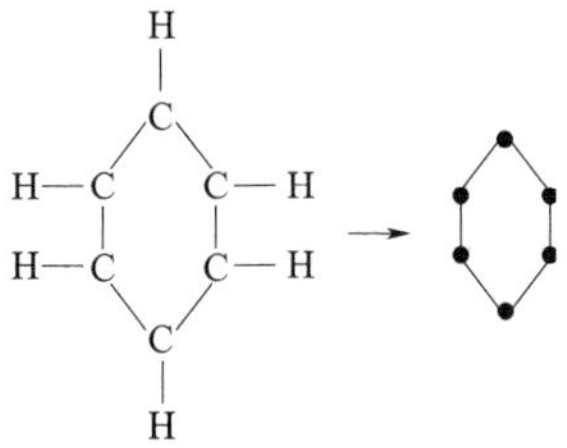

图 2-10-15 分子的骨架

如前所述，可以用分子图表达分子的拓扑性质。但从本质上来看，分子图是个非数值的数学对象。分子的各种可以测量的性质，通常又都是用数值表达的。因此，为了把分子的拓扑性质与分子的各种可测量的性质联系起来，必须首先把在分子图中所获得的信息转变为一种能用数值表达的量。一般来说，把分子图中不依赖于顶点标号方式而改变的量叫作分子图的拓扑不变量。例如，顶点的数目、边的数目、等长度路径的数目、邻接矩阵的顶点度等等。分子图的各种不变量，就是能够起这种作用的量。也就是说，分子图的不变量不但可以定量地表达分子的结构，而且可以用来表达分子的结构与性能之间的关系。通常就把具有这种作用的分子图的不变量叫作分子拓扑指标。

近些年来，由于生物医学中寻找新药物的需要，分子图的拓扑指标的逆问题（即给定一个指标数值，人们想设计出具有该给定指标数值并以分子图的形式给出的化合物）也得到了重视。人们常常需要寻找具有某种要求的化学或物理性质的新药物。一个自然的问题是，这样的药物或物质存在吗？在什么范围内可以确定它（们）？为了合成所期望的新药物或物质，一般先利用经验公式确定出这种物质的分子图形所应具有的拓扑指标值，然后利用计算机搜索，建立具有这种指标值的所有可能的分子图形的数据库，最后在库中选择最理想且能够合成的图形去合成它们。这一过程中重要的一步是建立具有指定拓扑指标值的分子图形的数据库，建立这个数据库所要解决的问题就是求解具有给定拓扑指标值的分子图的问题。因此，对此问题的深入研究对于有目的地合成新药物具有重要的指导意义。

现在，分子拓扑指标已达上百种之多，有大量的博士论文致力于这方面的研究工作，如文献[4]。常见的分子拓扑指标包括 Wiener 指标、Randic 指标、Hosoya 指标、Merrifield-Simmons 指标等等，其中 Wiener 指标是目前化学界公认的第一个分子拓扑指标。各种分子拓扑指标有着各自的优点，本节主要讨论其中一部分重要的分子拓扑指标及它们的应用。

10.2.2 Randic 指标

在 1975 年，克罗地亚化学家 Milan Randic 致力于建立一个适合描述有机分子，尤其是对于拥有碳原子架的碱类分支程度的数学模型。出于这个目的，他提出了一对拓扑指标 $R(R_{-1}, R_{-\frac{1}{2}})$ 来衡量饱和烃的碳原子架的分支程度。Milan Randic 将该指标称为分支指标，后来的研究者统称该指标为 Randic 指标，记为 $R(G)$，其定义如下[5]：

$$R(G)=\sum_{uv\in E(G)}\frac{1}{\sqrt{\mathrm{d}(u)\mathrm{d}(v)}}$$

Milan Randic 指出：碱类 C_nH_{2n+2} 对于固定的 n，当其 Randic 指标减小时，它们的分支程度会增加。Milan Randic 认识到 Randic 指标与碱类的一些物理-化学性质有着密切的联系，这些性质包括沸点、色谱保留值、生成焓、表面积等。在接下来的数年里，有关 Randic 指标的研究成果不断的涌现，它在定量构效关系和定量结构性能关系中的大量应用，使之成为最受欢迎的分子结构描述指标之一，用来预测有机化合物的物理化学特性，尤其是药理性质。

【例 2-10-2】 一条六角链（苯烃）是一个六角系统，一个六角系统是指一个 2-连通的平面图[6]，其中每一个内面的边界是边长为 1 的正六边形。六角系统在理论化学方面十分重要，因为它们是苯分子结构的自然图形表示。六角链具有如下性质：①它没有一个顶点同时属于 3 个六边形；②每个六边形至多与 2 个六边形邻接。六角链是苯分子的一个重要子类（即不含分枝的完全冷凝苯类）。六角系统和六角链如图 2-10-16 所示。

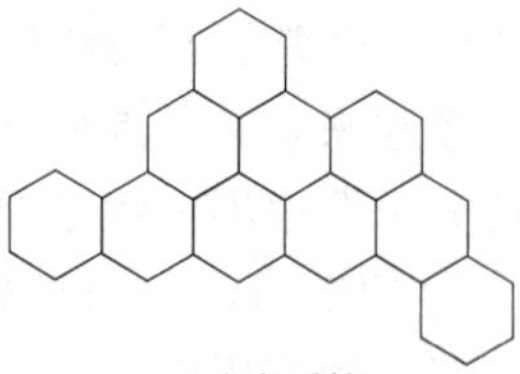

(a) 六角系统

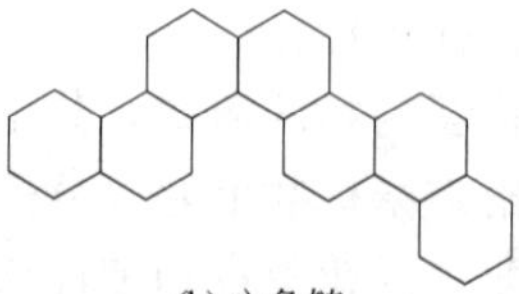

(b) 六角链

图 2-10-16 六角系统和六角链

用 β_n 表示含有 n 个六边形的六角链的集合。设 $B_n\in\beta_n$，若 B_n 中六边形 II 有 2 个相邻的六边形，它们与 H 的公共边不是 H 的一组对边，则称 H 是一个转向六边形。用 $\tau(B_n)$ 表示 B_n 中转向六边形的个数。通俗的说，在 B_n 中顺序连接各六边形的中心，形成一条折线，这条折线转向的次数就是 $\tau(B_n)$。于是 $0 \leqslant \tau(B_n) \leqslant n-2$，其中 $\tau(B_1)=\tau(B_2)=0$。当 $\tau(B_n)=0$ 时，B_n 称为线性链，用 L_n 表示；当 $\tau(B_n)=n-2$ 时，B_n 称为之字形链，用 Z_n 表示。

定理 10.1：对于 $n \geqslant 1$，$B_n \in \beta_n$，有

① $R(B_n)=3+\frac{1}{3}(2\sqrt{6}+1)(n-1)+\left(\frac{5}{6}-\frac{1}{3}\sqrt{6}\right)\tau(B_n)$；

② 在 β_n 中，$R(B_n)$ 是转向六边形个数的单调递增函数；

③ $R(L_n) \leqslant R(B_n) \leqslant R(Z_n)$，等号成立当且仅当 $B_n=L_n$ 或 Z_n。

在完全冷凝苯类中，任何 3 个六边形不共点，它们又可进一步分成不含分枝的(其中每个六边形至多有 2 个相邻的六边形)，和含分枝的(其中至少有 3 个相邻的六边形)，前者就是上面讨论的六角链。用 ε_n 表示含有 n 个六边形的完全冷凝苯类的集合，即由 n 个六边形组成的且其中任何 3 个六边形都不共点的六角系统的集合。对于 $C_n \in \varepsilon_n$，若 C_n 中的 1 个六边形有 3 个相邻六边形，则称这个六边形为 C_n 的一个分枝六边形，记 $b(C_n)$ 为 C_n 的分枝六边形的个数。C_n 中转向六边形的定义与 B_n 中的相同，仍用 $\tau(C_n)$ 表示 C_n 中转向六边形的个数。

① $R(C_n)=\left(\frac{8}{3}-\frac{2}{3}\sqrt{6}\right)+\frac{1}{3}(2\sqrt{6}+1)n+\left(\frac{5}{6}-\frac{1}{3}\sqrt{6}\right)\tau(C_n)+\left(\frac{5}{2}-\sqrt{6}\right)b(C_n)$，其中 τ，b 分别为 C_n 中转向六边形和分枝六边形的个数；

② 在 ε_n 中，$R(C_n)$ 是关于 τ 和 b 的单调递增函数；

③ $R(L_n) \leqslant R(C_n) \leqslant R(D_n)$，其中 L_n 为线性六角链，$D_n \in \gamma_n$，γ_n 表示含有 n 个六边形且其中有 $\frac{n-2}{2}$ 分枝六边形的至多 1 个转向六边形的完全冷凝苯类的集合。

10.2.3 Hosoya 指标和 Merrifield-Simmons 指标

作为组合化学中的两个著名指标，图 G 的 Hosoya 指标和 Merrifield-Simmons 指标分别定义为图的包括空边集在内的独立边集总数和包括空点集在内的点独立集总数，这两个指标分别记为 $z(G)$ 和 $i(G)$。Hosoya 指标在 1971 年由日本化学家 Haruo Hosoya 引入[7]，该指标在研究某些碳水化合物的分子结构与物理、化学性质的关系时起了重要的作用。Merrifield-Simmons 指标在 1989 年由美国化学家 Richard E. Merrifield 和 Howard E. Simmons 引入[8]。特别地，对于 n 个点的路 P_n，有 $i(P_n)=F_{n+2}$，其中 F_{n+2} 表示第 $(n+2)$ 个 Fibonacci 数。目前已经证明，Hosoya 指标与无环烷烃的沸点有很大的相关性，而 Merrifield-Simmons 指标也与沸点有关。

1993 年，Ivan Gutman[9] 研究了六角链关于这两个拓扑指标的极值问题，得出了在所有由 n 个六角形构成的六角链中，六角直链具有最大的 Merrifield-Simmons 指标和最小的 Hosoya 指标，他的工作大大推进了六角链关于不同类型的拓扑指标的极值问题的研究。1998 年，张莲珠证明了六角锯齿链具有最小的 Merrifield-Simmons 指标和最大的 Hosoya 指标[10]。关于最大和最小的 Merrifield-Simmons 指标和 Hosoya 指标，有篇相关的综述，见文献[11]。

两个或多个苯环通过一条割边连接组成的芳烃叫作多环芳香烃碳氢化合物；两个或更多的苯环直接通过割边连接组成的化合物称作联苯化合物。多联苯链是由 n 个苯环 B_1，B_2，…，B_n 组成，其中对任意正整数 k 和 j（$1 \leqslant k < j \leqslant n$），当且仅当 $j = k + 1$ 时，B_k 和 B_j 才由一条割边连接，且每一个苯环和一条割边的公共顶点是三度点。图 2-10-17 为多联苯化合物的分子结构图。关于多联苯链的两个指标的计算问题及相应的极图问题有很多研究工作，为化学工作者进一步研究多联苯链的相关性质提供了依据。感兴趣的读者可参考文献[12]等。

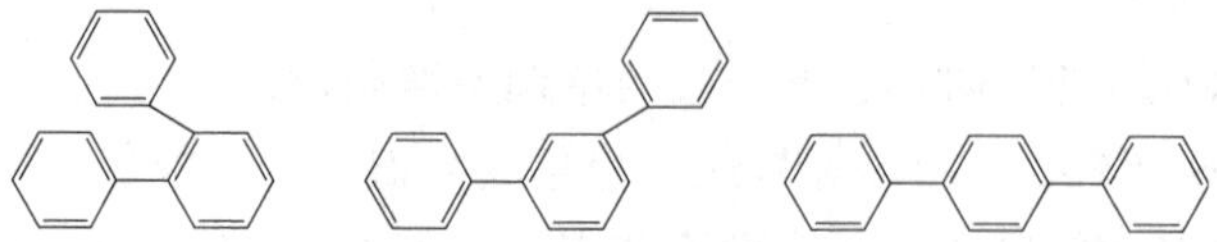

图 2-10-17 多联苯化合物的分子结构

有机化学中，脂环烃分子中两个碳环共用一个碳原子的环烃称为螺环烃。螺环化合物是一类重要的脂环烃。若两个多边形通过共用一个点相连，称这种连接方式为螺接，其中共用点为螺接点。多边形螺环链是一个由 N 个多边形 C_{m1}，C_{m2}，…，C_{mN} 构成的1-连通图，它满足：①对任意正整数 k 和 j（$1 \leqslant k < j \leqslant N$），$C_{mk}$ 和 C_{mj} 以螺接的方式连接当且仅当 $j = k + 1$；②每个顶点最多属于两个多边形，其中螺接点为 4 度点。这里 C_{mi} 表示边数为 m_i 的正多边形，m_i 是大于等于 3 的整数。这些图在有机化学中可以看作多螺环化合物（单环之间共用一个碳原子的多环烷烃为螺环烷烃）的分子结构，此图视为分子图，是一类重要的线形的、无分支的、饱和的多螺环化合物的简单分子结构图，故命名为多边形螺环链。有关多边形螺环链的 Hosoya 指标的极值或极图问题也有很多研究成果，感兴趣的读者可参考文献[13]等，这些为研究其相关的化学性质具有一定的实际意义。

10.2.4 Wiener 指标

一个连通图的 Wiener 指标是图中所有无序顶点对之间的距离之和，定义如下：

$$W(G) = \sum_{u,v \in V(G)} d_G(u,v)$$

这一概念是由化学家 Wiener 提出的[14]，该指标是目前在化学界公认的第一个分子拓扑指标，它是有机化学中定量研究有机化合物构造性关系的一个十分成功的工具。利用 Wiener 指标，Wiener 提出了碳氢化合物中具有确切的物理化学性质的分子模型。有关这一领域的研究活动在化学界就一直没有停止。在化学中，Wiener 指标是用图的理论建立分子模型时最频繁使用的概念之一。特别是对树和六角系统的研究中，Wiener 指标的研究较多，关于这方面的文献可参考文献［15］、［16］等。

例如，应用图论方法，借助 Wiener 指标等拓扑指标，进一步从分子的结构出发，深入探讨烷烃同分异构体之间的内在联系，建立一个预测饱和烷烃正常沸点与其分子结构间更为准确的定量关系式。

近代结构化学的研究成果指出，物质沸点的影响因素虽然很多，但主要取决于分子间的作用力，分子间的吸引力越大，则沸点越高。而分子间作用力与分子极性、分子大小、分子形状以及分子内聚力的强弱有着密切的关系。烷烃的分子连通图可用隐氢的碳原子骨架来表示，距离矩阵充分包含了分子的主要结构信息，其矩阵元素反映了以化学键相连的碳原子之间距离的大小，距离越大则作用力越小。对碳原子数为 n 的烷烃分子，距离矩阵记为 $D=[d_{ij}]$，其中矩阵元素 d_{ij} 表示第 i 个碳原子到第 j 个碳原子之间的 C—C 键数。Wiener 指标是一个表征分子紧密程度的结构参数，指标越大，表明分子越大，对称性越差，结构越松散，同分异构体具有不同的 Wiener 指标值。经过对各个拓扑指标与烷烃分子结构之间进行深入研究，最终确认烷烃的正常沸点 ΔT_b 与 Wiener 指标 W 及其他两个与距离矩阵相关的极性数指标 P 和内聚力指标 F 之间存在一种线性关系[17]，利用该线性关系，只要根据烷烃的分子结构写出相应的分子连通图与距离矩阵，即可求得拓扑指标 W、P、F，进而计算烷烃的沸点。这种方法不依赖任何热力学参数，可以方便地利用计算机建立分子矩阵信息数据库，并通过对烷烃分子矩阵信息的处理存储，进而达到对烷烃沸点自动分析处理的目的。

10.3 过程系统的结构分析

10.3.1 引言

现代化的大型化工企业是一个规模庞大、构造复杂、影响因素众多的大型过程系统。要描述这样的系统需要用到成千上万个方程式，其中常常会出现某些必须同时求解的非线性的，代数、微分方程混杂的方程组。当其维数很高时，即使使用电子计算机进行求解也存在较大困难。此时就需要采用结构分析的方法进行系统分解，把一个大型系统分成若干相互独立的子系统，然后按一定的次序计算，迭代求解。

对于过程系统而言，系统结构分析通常涉及以下几个步骤：

① 系统结构的数学描述。对化工流程图作适当的归纳和简化，将其变成由节点和边组成的流程拓扑图，再以矩阵的形式描述图中的结构信息。

② 系统的分隔。利用系统结构矩阵进行必须联立求解子系统的识别，将整个系统分隔成若干个相对独立的整体——不可再分块，并确定各个不可再分块的计算顺序。

③ 不可再分块的切断。对必须联立求解的不可再分块进行切断运算，切断块内的所有再循环流股，确定具有最佳计算效率的切断方案。

④ 计算次序的确定。根据切断结果和不可再分块内流股的方向，确定各不可再分块内所有单元的计算顺序，然后产生一个总的模拟迭代计算次序。

本节主要介绍怎样利用图论相关知识对系统结构进行数学描述，并对系统进行分割。对于不可再分块的切断是对分隔后得到的系统数学模型的进一步降阶，采用迭代求解的方式，详细介绍请参见文献 [18]。

化工流程图过于复杂和精细，并不适合用于系统的结构分析，过程系统的结构描述要适用于计算机的存储和结构分析的数学运算，所得到的系统分解结果要能直接用于系统数学模拟计算，因此有必要对化工流程进行归纳、简化和数学描述。对于系统结构模型，要求把系统各单元设备之间的相互连接关系，以及物料流和能量流的输入输出关系表示出来。这种关系可以用结构单元图表示。结构单元图也称为信息流程图。结构单元图用数学形式表示，即得到系统的结构模型。

化工过程系统的工艺流程如何转化为结构单元图，可参考图 2-10-18。

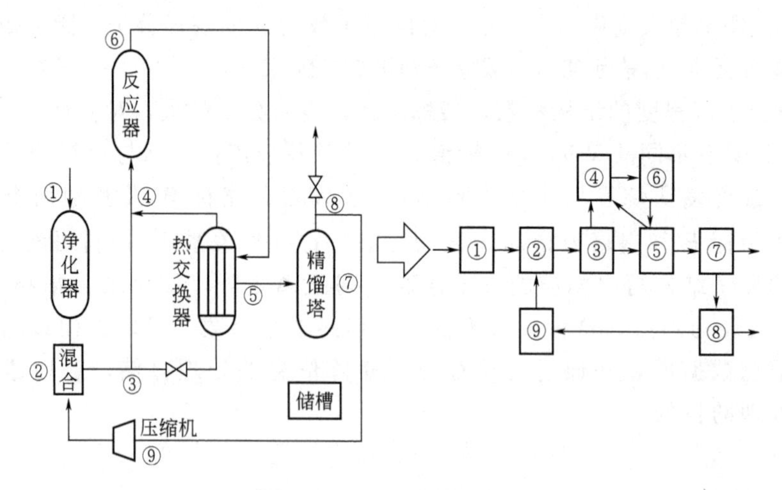

图 2-10-18 工艺流程转化

结构单元图由结构单元与流股构成。结构单元也称为节点，可以是一个单元设备，也可以是一个发生了物料流或能量流变化的虚拟单元，而不发生任何物理或化学变化的单元可以简化掉（如储槽），不在结构单元图中出现。对代表物料流和能量流的流股分别进行编号，在结构单元图中以边的形式出现。利用节点和边的结合对系统结构进行数学描述，构成结构单元图。

整体，即不可再分块，通常是由多个相互关联的环路组成，这些环路具有至少一个公共节点，这对于过程系统的网络拓扑分析具有特殊意义。

在一个不可再分块中存在的所有环路可以用环路矩阵 R 来表示，环路矩阵的列为边号 j，在过程系统中即为流股号；矩阵的行为不可再分块中的环路号为 i。环路矩阵 R 的元素 r_{ij} 定义为布尔值。

$$r_{ij}=\begin{cases}1, & \text{若边 } j \text{ 属于环路 } i \\ 0, & \text{否则}\end{cases}$$

比如对于某过程系统（图 2-10-19），根据整体的概念，可以得到该系统中两个环路所构成的整体（图 2-10-20）。

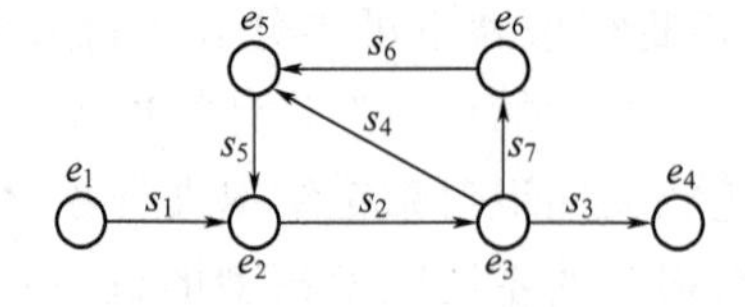

图 2-10-19 过程系统

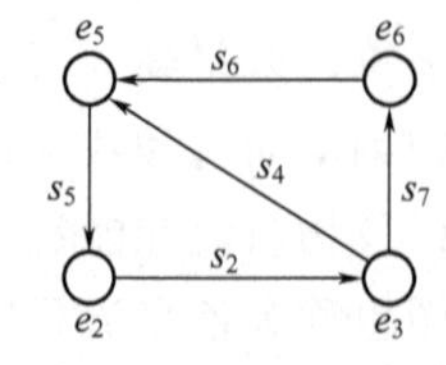

图 2-10-20 整体（不可再分块）

使用以下环路矩阵来表示图 2-10-21 所示的不可再分块。

$$R=\begin{bmatrix} 1 & 1 & 1 & 0 & 0 \\ 1 & 0 & 1 & 1 & 1 \end{bmatrix}\begin{matrix} 环_1 \\ 环_2 \end{matrix}$$

（列依次为 s_2、s_4、s_5、s_6、s_7）

图 2-10-21 环路矩阵

10.3.2 系统分隔的树搜索法

系统分隔的目的是识别必须联立求解子系统，将整个系统分隔成若干个相对独立的不可再分块，并确定各个不可再分块的计算顺序。这个过程在数学上是一个降阶的过程，将求解高维数学问题降阶成求解一系列低维数学问题，从而使工程问题得到简化，求解变得容易，计算效率相对提高。

图（系统）的分隔的思路可以归纳成下面几条：

① 任取图中的一个节点 e_i，沿有向边搜索路，看是否能找到回到该节点 e_i 的环路；

② 若找不到这样的环路，则e_i单独构成一个独立可结算的整体（不可再分块）；

③ 若找到环路，则e_i于环路中其他节点一起构成环，并属于某个整体（不可再分块）k_i；

④ 用步骤①～③的方法继续考察下一个节点e_i，直到找遍所有的节点及它们所在的环路；检查所有的环路，看是否有公共节点；

⑤ 凡是具有公共节点的环以及这些环所包含的节点应属于同一个整体（不可再分块）；

⑥ 按各整体间有向边的方向，判断整体（不可再分块）间的计算次序。

下面介绍利用树搜索法进行系统分隔。树搜索法是一种基于路搜索法树状搜索原理的系统分解（结构分析）方法，树搜索法既可用于对不可再分块搜索环，也可直接用于系统在找出所有环路的同时对系统进行分隔（找出不可再分块及不可再分块间的计算顺序）。树搜索法是一种全面的、使用起来十分方便的方法。

树搜索法的基本思路如下：

① 由图建立描述系统的邻接矩阵。

② 找到所有具有系统输入的单元，并从这些单元开始搜索。

③ 沿有向边方向前溯，每添加一个前溯节点，马上回溯，检查有无相同的节点。若无，则继续前溯，构成枝；若有，则找到一个环路，将其记录在案，并停止该枝的生长，然后转向其他分枝搜索。

④ 继续搜索，逐步构成树，直至全部枝条停止生长。

⑤ 收集找到的所有环路，合并具有公共节点的环，构成若干个整体（不可再分块）。

⑥ 根据有向边的方向确定所有不可再分块的计算次序。

10.3.3 甲醇合成系统的分隔

下面结合甲醇合成流程，介绍树搜索法在系统分隔中的应用。甲醇合成流程是一个经典的流程，图 2-10-22 为某厂甲醇合成系统的流程简图。

过程系统中定义的单元并非总是与流程图中的设备一一对应，比如图 2-10-22 中三段往复式压缩机应分解为三个压缩段和三个冷却段。

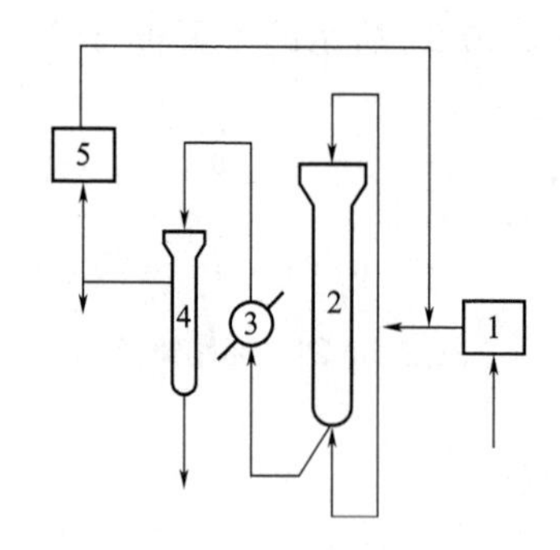

图 2-10-22 甲醇合成系统流程的简图

1—三段往复式压缩机；2—甲醇合成塔；3—水冷却器；
4—分离塔；5—循环压缩机

将图 2-10-22 的流程经分解整理后改画成图，即得到甲醇合成系统的模块框图，如图 2-10-23 所示。由图 2-10-23可见该甲醇合成系统由 16 个单元组成。

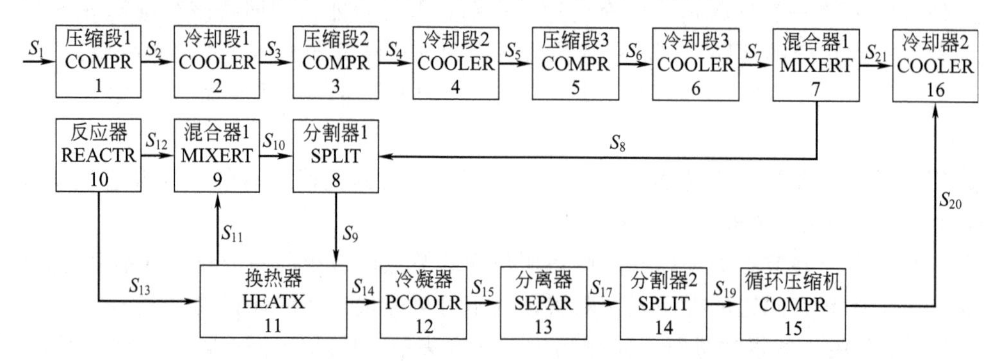

图 2-10-23 甲醇合成系统的模块框图

可得到图 2-10-24 所示邻接矩阵。

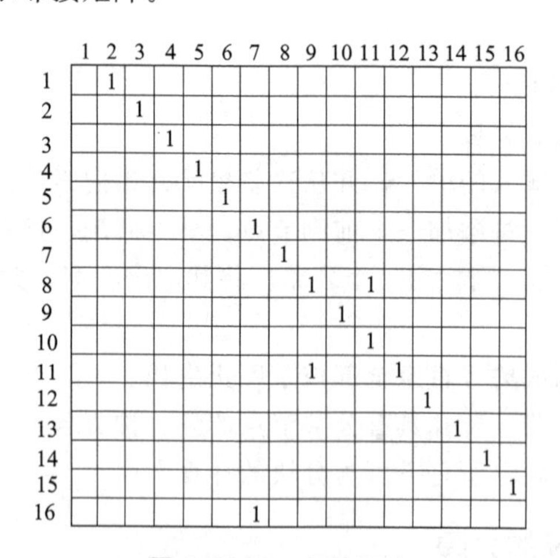

	1	2	3	4	5	6	7	8	9	10	11	12	13	14	15	16
1		1														
2			1													
3				1												
4					1											
5						1										
6							1									
7								1								
8									1		1					
9										1						
10											1					
11									1			1				
12													1			
13														1		
14															1	
15																1
16							1									

图 2-10-24 邻接矩阵

根据树搜索环路思路，搜索过程如图 2-10-25 所示。

可得该系统实际包含三个环路：

① 环 9-10-11-9；

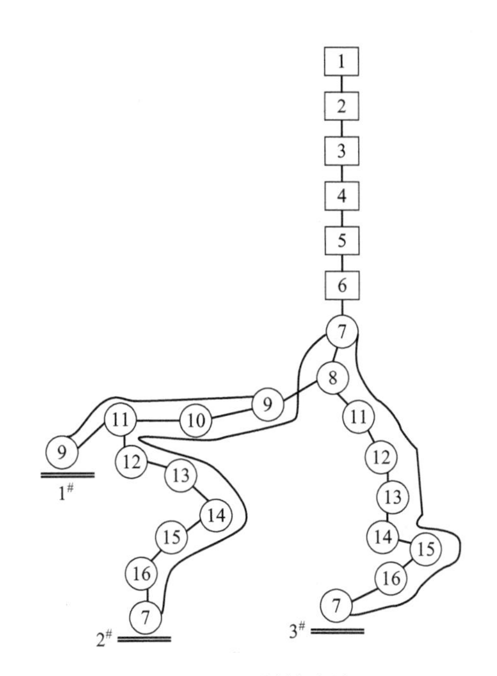

图 2-10-25 树搜索流程

② 环 7-8-9-10-11-12-13-14-15-16-7；

③ 环 7-8-11-12-13-14-15-16-7。

根据环路矩阵定义，生成该系统三个环路所对应的环路矩阵如表 2-10-1 所示。

表 2-10-1 环路矩阵

环路	流股											
	S_8	S_9	S_{10}	S_{11}	S_{12}	S_{13}	S_{14}	S_{15}	S_{17}	S_{19}	S_{20}	S_{21}
1				1	1	1						
2	1	1					1	1	1	1	1	1
3	1		1		1	1	1	1	1	1	1	1

具有公共节点的环路可合并成不可再分块，同时根据有向边方向可确定其计算的先后次序，见表 2-10-2。

表 2-10-2 不可再分块

不可再分块	计算顺序	不可再分块包含的单元
P_1	1	{1}
P_2	2	{2}
P_3	3	{3}
P_4	4	{4}
P_5	5	{5}
P_6	6	{6}
P_7	7	{7,8,9,10,11,12,13,14,15,16}

由表2-10-2可见，通过系统分隔，甲醇合成系统可以分成7个不可再分块，不可再分块P_1至P_6均仅含有一个功能单元，不可再分块P_7则含有10个功能单元、3个环路，如图2-10-26所示。

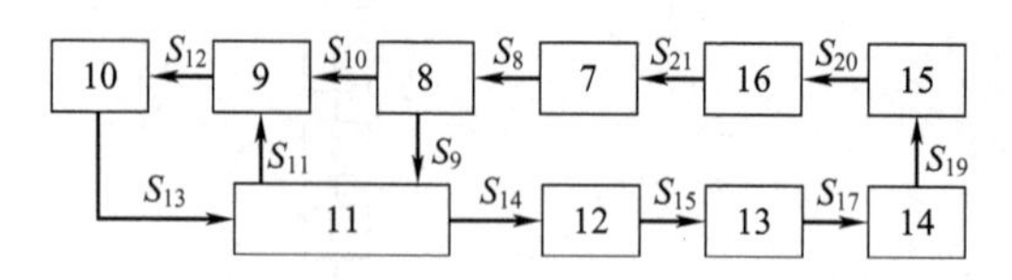

图2-10-26 不可再分块P_7

至此完成了对甲醇合成系统的分隔。更多系统结构分析实例，参见文献[18]。

参考文献

[1] Bondy J A, Murty U S R. Graph theory. Graduate Texts in Mathematics 244. New York: Springer, 2008.

[2] 许禄，胡昌玉．应用化学图论．北京：科学出版社，2000.

[3] 殷福珊．化学通报，1986,（12）：12-16，28.

[4] 潘向峰．化学及网络中的某些图论问题的研究．合肥：中国科学技术大学，2006.

[5] Randic M. J Am Chem Soc, 1975, 97（23）：6609-6615.

[6] 邓汉元，夏建业，夏方礼．湖南师范大学自然科学学报，2003，26（3）：10-13.

[7] Hosoya H. Bull Chem Soc Jpn, 1971, 44（9）：2332-2339.

[8] Merrifield R E, Simmons H E. Topological methods in chemistry. New York: Wiley, 1989.

[9] Gutman I. J Math Chem, 1993, 12（1-4）：197-210.

[10] 张莲珠．系统科学与数学，1998，18（4）：460-465.

[11] Wagner S, Gutman I. Acta Appl Math, 2010, 112（3）：323-346.

[12] Bai Y L, Zhao B, Zhao P Y. MATCH Commun Math Comput Chem, 2009, 62（3）：649-656.

[13] 陈香莲，白亚丽，赵飚．数学的实践与认识，2012，42（23）：149-156.

[14] Wiener H. J Am Chem Soc, 1947, 69（1）：17-20.

[15] Dobrynin A A, Gutman I, Klavzar S, et al. Acta Appl Math, 2002, 72（3）：247-294.

[16] Xu L Q, Guo X F. MATCH Commun Math Comput Chem, 2006, 55（1）：137-158.

[17] 安红钢，岳国仁．天然气化工，1999，24（4）：54-59.

[18] 王弘轼．化工过程系统工程．北京：清华大学出版社，2006.

11

量纲分析

量纲分析（dimensional analysis）是20世纪初提出的、在物理和工程领域中建立数学模型的一种方法。它在理论与实验的基础上，利用物理定律的量纲齐次原则，确定各物理量之间的关系。对于化学工程中的一些问题，有时用分析方法求解，难以得到满意的结果。对于这种情况，运用量纲分析法处理化工中的问题，虽然不能对问题给出完整的数学模型，但能确定所研究问题中各变量的数学基本关系。为了弥补关系式的不完整部分，往往需要运用和设计中的原型相似的模型进行实验，通过实验的辅助，对某些参数进行测定，一般就能较为充分地得到化工问题的所有变量之间的关系。因此，在解决化学工程中的一些问题时，量纲分析法和无量纲化方法提供了一个新的途径。

11.1 量纲齐次原则

在解决化工问题的过程中，人们经常遇到许多物理量，如长度、面积、体积、时间、速度、加速度、质量、动量、流量等。这些物理量是有量纲的，有些物理量的量纲是基本的，另一些物理量的量纲可以用基本量纲表示。在化学工程中，一些常用的物理量的名称、记号和量纲如表2-11-1所示[1]。

表2-11-1 化学工程中一些常见物理量的量纲

名称	记号	量纲	名称	记号	量纲
长度	l	L	压力、切应力	p、τ	$ML^{-1}T^{-2}$
时间	t	T	重力加速度	g	LT^{-2}
质量	m	M	密度	ρ	ML^{-3}
力	F	LMT^{-2}	动力黏性系数	μ	$ML^{-1}T^{-1}$
速度	v	LT^{-1}	运动黏性系数	v	$L^{-2}T^{-1}$
加速度	a	LT^{-2}	动量	J	MLT^{-1}
面积	A	L^2	流量	q_v	L^3T^{-1}

例如在研究动力学问题时，基本物理量纲是长度 l、时间 t 和质量 m 的量纲：L、T和M。其他物理量的量纲可用这三个基本量纲表示，比如，速度 v 的单位是m/s，因为距离 l 的量纲是L，而时间 t 的量纲是T，因此速度 v 的量纲是 LT^{-1}。

任何有物理意义的方程或关系式，等式两端的量纲必须保持一致，这就是量纲齐次原则或称量纲齐次性（dimensional homogeneity）。量纲分析是利用量纲齐次原则寻求物理量之间的关系。量纲齐次原则是傅里叶于1822年提出来的，它是量纲分析法的理论基础，也可具体表述为：任何有物理意义的方程或关系式中每一项的量纲必定相同，只有相同类型的物理量才能相加减，也就是相同量纲的物理量才可以相加减或比较大小。当然，相同量纲和不同单位的物理量之间只要将其单位稍加换算也是可以相互加减和比较大小的。

为了简单地说明量纲齐次原则，现以力学中的物理现象——单摆周期为例说明。

【例 2-11-1】 单摆周期[2]

单摆周期的关系式为 $t_{周期}=2\pi\sqrt{l/g}$。假设以前只见过单摆的物理现象，而不知道这个表明单摆周期的关系式时，可以根据单摆运动的有关物理量，用量纲齐次原则进行如下探索。

在单摆运动中，出现的物理量有长度 l、时间 t、质量 m、重力加速度 g，各自的量纲分别是 L、T、M 和 LT^{-2}。

在物理现象中，根据数学分析的方法，知道这四个物理量之间有如下的关系：

$$t^{\alpha_1}l^{\alpha_2}m^{\alpha_3}g^{\alpha_4}=常数$$

式中，α_1，α_2，α_3，α_4 是待定参数。假设 t 为因变量，其余变量为自变量，那么上述关系可以写成如下函数形式：

$$t=常量\times l^{\alpha}m^{\beta}g^{\gamma}$$

式中，指数 α、β 和 γ 是待定的未知数。式中的变量用它们的量纲代替后，得到量纲关系式：

$$T=L^{\alpha}M^{\beta}(LT^{-2})^{\gamma}=L^{\alpha+\gamma}M^{\beta}T^{-2\gamma}$$

由于上式的左边可以写成 $L^0M^0T^1$，故有

$$L^0M^0T^1=L^{\alpha+\gamma}M^{\beta}T^{-2\gamma}$$

但一个具有物理意义的关系式，其各项的基本量纲必然相同，或者说，是满足量纲的齐次性条件的。于是，上式两边的每个量纲的指数必然相同，即

$$\begin{aligned}&L:\alpha+\gamma=0\\&M:\beta=0\\&T:-2\gamma=1\end{aligned}$$

解这些方程后得：$\alpha=1/2$，$\gamma=-1/2$

因此

$$t=常量\times l^{\frac{1}{2}}g^{-\frac{1}{2}}=\lambda\sqrt{\frac{l}{g}}$$

式中，λ 是待定常数。这个数学表达式与已知的单摆周期是一致的，只是在建立这个数学模型时，没有说明这个无量纲常量 λ 的值，这个常数仅由数学建模的量纲齐次原则难以确定，可由实验来确定该参数。

在确定单摆周期的过程中，量纲分析法是个通过分析实际问题中各有关因素的量纲，利

用量纲齐次性原则，探索描述问题的规律。

11.2 π 定理及其应用

前面已经阐述了量纲齐次性原则的方法及如何应用，从确定单摆周期的例子中可见，只要问题中有关物理量的数目不超过基本量纲的数目，那么由量纲齐次性原则就不难确定所研究问题的数学模型。然而，如果所研究问题中的物理量数目大于选定的基本量纲数目时，就带来难度。对于一般的情形，白金汉所提出的著名 π 定理是解决问题的一种有效方法。白金汉的 π 定理如下：

假设在某化工问题的研究中，需要考虑 n 个因素 q_1，q_2，…，q_n，问题是：找出这些变量之间内在联系的数学模型。

假设这 n 个因素有关系：$f(q_1,q_2,\cdots,q_n)=0$。

对于该问题，假设 y_1，y_2，…，y_m 是基本量纲，并且 $m\leqslant n$，q_1，q_2，…，q_n 的量纲可表示为

$$[q_j]=\prod_{i=1}^{m} y_i^{a_{ij}},j=1,2,\cdots,n$$

量纲矩阵记作 $A=(a_{ij})_{m\times n}$ 且 $rk(A)=r$。线性齐次方程组 $Ay=0$ 有 $n-r$ 个基本解：

$$x_s=(x_{s1},x_{s2},\cdots,x_{sn})^T,s=1,2,\cdots,n-r$$

则 $\pi_s=\prod_{j=1}^{n} q_j^{x_{sj}}$ 为 $n-r$ 个相互独立的无量纲量，且

$$F(\pi_1,\pi_2,\cdots,\pi_{n-r})=0 \text{ 与 } f(q_1,q_2,\cdots,q_n)=0 \text{ 等价}$$

式中，F 未知，需要通过其他实验或其他手段确定。

11.3 应用举例

为了阐明 π 定理的应用，现举两例：波浪对航船的阻力和光滑管紊流的量纲分析。

【例 2-11-2】 波浪对航船的阻力[2]

设航船阻力 F，航船速度 v，船体尺寸 l，浸没面积 s，海水密度 ρ，重力加速度 g。

它们之间的相互关系的数学模型为：$f(g,l,\rho,v,s,F)=0$

根据物理知识有：$[g]=LT^{-2},[l]=L,[\rho]=L^{-3}M,[v]=LT^{-1},[s]=L^2,[f]LMT^{-2}$

$$A=\begin{bmatrix}1 & 1 & -3 & 1 & 2 & 1\\0 & 0 & 1 & 0 & 0 & 1\\-2 & 0 & 0 & -1 & 0 & -2\end{bmatrix}\begin{matrix}(L)\\(M)\\(T)\end{matrix}$$

$(g)\quad(l)\quad(\rho)\quad(v)\quad(s)\quad(F)$

，rank $(A)=3$，$Ax=0$ 有三个基本解：

$$\begin{cases} x_1 = \left(-\frac{1}{2}, -\frac{1}{2}, 0, 1, 0, 0\right)^T \\ x_2 = (0, -2, 0, 0, 1, 0)^T \\ x_3 = (-1, -3, -1, 0, 0, 1)^T \end{cases} \quad \text{由此根据量纲分析有} \begin{cases} \pi_1 = g^{-\frac{1}{2}} l^{-\frac{1}{2}} v \\ \pi_2 = l^{-2} s \\ \pi_3 = g^{-1} l^{-3} \rho^{-1} F \end{cases}$$

$$F(\pi_1, \pi_2, \pi_3) = 0 \text{ 与 } f(g, l, \rho, v, s, F) = 0 \text{ 等价}$$

由 $F(\pi_1, \pi_2, \pi_3)=0$ 能够得到 $\pi_3=\psi(\pi_1, \pi_2)$。这样 $F=l^3 g\rho\psi(\pi_1, \pi_2)$，其中 ψ 未定，$\pi_1=\frac{v}{\sqrt{gl}}$，$\pi_2=\frac{s}{l^2}$。通过航船模型，很容易确定原型船所受阻力 F。

已知模型船所受阻力 $F_1=l_1^3 g_1 \rho_1 \psi(\pi'_1, \pi'_2)$，其中 $\pi'_1=\frac{v_1}{\sqrt{g_1 l_1}}$，$\pi'_2=\frac{s_1}{{l_1}^2}$，模型船的参数 F_1，s_1，l_1，v_1，ρ_1，g_1 均已知。

可得原型船所受阻力 $F=l^3 g\rho\psi(\pi_1, \pi_2)$，其中 $\pi_1=\frac{v}{\sqrt{gl}}$，$\pi_2=\frac{s}{l^2}$，原型船的参数 F 未知，其他 s，l，v，ρ，g 已知。

在做实验时，选取：$\pi_1=\pi'_1$，即 $\left(\frac{v_1}{v}\right)^2=\frac{l_1}{l}$；，$\pi_2=\pi'_2$，即 $\frac{s_1}{s}=\left(\frac{l_1}{l}\right)^2$ 和 $\rho=\rho_1$，$g=g_1$。这样有 $\frac{F}{F_1}=\left(\frac{l}{l_1}\right)^3$，于是就得到了航船阻力 F 的数学表达式为：

$$F=\left(\frac{l}{l_1}\right)^3 F_1$$

【例 2-11-3】 光滑管紊流的量纲分析[1]

紊流通过光滑管时，单位管长的压头损失 $\Delta h/l$ 应和速度 u、直径 d、重力 g、密度 ρ、动力黏性系数 μ 有关。现用量纲分析法决定其方程

$$f\left(\frac{\Delta h}{l}, u, d, g, \rho, \mu\right)=0$$

的一般形式。

显然，$\Delta h/l$ 是由物理量组成的无量纲组合，它是一个 π 参量，即 $\pi_1=\Delta h/l$。

如果选取 u，d 和 ρ 作为重复出现的基本量，现把这些量和 μ 组成第二个无量纲配合，即

$$\pi_2=u^{\alpha_2} d^{\beta_2} \rho^{\gamma_2} \mu$$

把各量的量纲代入，得量纲方程为

$$(\mathrm{LT}^{-1})^{\alpha_2} \mathrm{L}^{\beta_2} (\mathrm{ML}^{-3})^{\gamma_2} \mathrm{M}^{-1} \mathrm{L}^{-1} = \mathrm{L}^0 \mathrm{T}^0 \mathrm{M}^0$$

上式两边每个量纲的指数必须相同。先看 L，有

$$\alpha_2+\beta_2-3\gamma_2-1=0$$

类似的对于 T 和 M 有

$$-\alpha_2-1=0$$

$$\gamma_2+1=0$$

解以上线性方程组得

$$\alpha_2=-1,\ \beta_2=-1,\ \gamma_2=-1$$

故得

$$\pi_2=u^{-1}d^{-1}\rho^{-1}\mu$$

现把三个基本量和 g 配合成无量纲参量

$$\pi_3=u^{\alpha_3}d^{\beta_3}\rho^{\gamma_3}g=(\mathrm{LT}^{-1})^{\alpha_3}\mathrm{L}^{\beta_3}(\mathrm{ML}^{-3})^{\gamma_3}\mathrm{LT}^{-2}$$

同上法，写出 L，T，M 的指数方程为

$$\begin{aligned}\alpha_3+\beta_3-3\gamma_3+1&=0\\ -\alpha_3\qquad\qquad -2&=0\\ \gamma_3\qquad\qquad\quad &=0\end{aligned}$$

解这些方程，得出

$$\alpha_3=-2,\ \beta_3=1,\ \gamma_3=0$$

$$\pi_3=u^{-2}d^1\rho^0g$$

于是三个无量纲参量为

$$\pi_1=\frac{\Delta h}{l},\ \pi_2=\frac{\mu}{ud\rho},\ \pi_3=\frac{gd}{u^2}$$

或

$$F\left(\frac{\Delta h}{l},\frac{ud\rho}{\mu},\frac{u^2}{gd}\right)=0$$

如果有需要，为了更明确地显示 π 参量的物理意义，可以把这些 π 参量的分式倒转过来。这并不影响方程的量纲齐次性条件，因为各 π 都是无量纲量。上式中的第二个参量，显然就是雷诺数 $Re=ud/v$，而第三个参量的现有形式则很接近于动压头的写法。解出单位长的压头损失

$$\frac{\Delta h}{l}=f_1\left(Re,\frac{u^2}{gd}\right)$$

通常使用的公式是

$$\frac{\Delta h}{l}=f(Re)\frac{1}{d}\times\frac{u^2}{2g}$$

或

$$\Delta h=f(Re)\frac{l}{d}\times\frac{u^2}{2g}$$

式中，$f(Re)$ 可以通过实验决定。实际上就是通过雷诺数变化的沿程阻力系数 λ。同时可见，由于上式中所出现的变量数目减少，将使实验过程大为简化。

参考文献

[1] 李鹤年．流体力学．第2版．北京：中国建筑工业出版社，2004.
[2] 姜启源，谢金星，叶俊．数学模型．第3版．北京：高等教育出版社，2003.

12

张量与连续介质力学

12.1 张量初步

12.1.1 张量的定义

按照量的方向数不同，可以将物理量作出表 2-12-1 所示的分类，即标量无须方向数，如温度、密度等；矢量则除大小外还须指明方向，如位移和速度，故其方向数为 1；张量则除自身的方向外，还须表明作用面的法线方向，故方向数为 2；高阶张量则无明确的物理含义，仅具数学上的意义。从张量的观点可以将矢量看作一阶张量，而标量是坐标不变量，可以看作零阶张量。

表 2-12-1　物理量的分类

物理量名称	举例	方向数
标量	温度、密度	0
矢量	位移、速度	1
张量	应力、速度梯度	2
高阶张量		>2

张量 T（如为二阶）又可分为逆变（指标在上角）T^{ij}、协变（指标在下角）T_{ij} 和混合（指标上、下角都有）T^i_j 张量三类。

12.1.2 逆变张量、协变张量和混合张量的定义

各种张量是由满足一定关系的一组元素（或称分量）所组成的整体，元素的个数由空间维数 N 和张量的阶数 n 决定。在三维空间 $N=3$，在此基础上，给出各种张量的定义。

(1) 一阶逆变张量（矢量）　如果有 $3^1=3$ 个元素 A^i，$i=1$，2，3，其坐标变换服从下式所示的规则：

$$\bar{A}^{\alpha}(z)=\frac{\partial z^{\alpha}}{\partial x^{i}}A^{i}$$

则由这三个元素所组成的整体就称为一阶逆变张量。

(2) 二阶逆变、协变和混合张量　如果有 $3^2=9$ 个元素 $A^{ij}(A_{ij})$，i，$j=1$，2，3，其坐标变换服从下式所示的规则：

$$\bar{A}^{\alpha\beta}(z)=\frac{\partial z^{\alpha}}{\partial x^{i}}\times\frac{\partial z^{\beta}}{\partial x^{j}}A^{ij}$$

则由这9个元素所组成的整体就称为二阶逆变张量。

如果 A_{ij} 的坐标变换服从下式所示的规则：

$$\bar{A}_{\alpha\beta}(z)=\frac{\partial x^{i}}{\partial z^{\alpha}}\times\frac{\partial x^{j}}{\partial z^{\beta}}A_{ij}$$

则由这9个元素所组成的整体就称为二阶协变张量。

如果 A_{j}^{i} 的坐标变换服从下式所示的规则：

$$\bar{A}_{j}^{i}(x)=\frac{\partial x^{i}}{\partial z^{\alpha}}\times\frac{\partial z^{\beta}}{\partial z^{j}}A_{\beta}^{\alpha}(z)$$

则由这9个元素所组成的整体就称为二阶混合张量。

二阶张量均可以写成方阵的形式。以二阶逆变张量为例：

$$A^{ij}=\begin{bmatrix}A^{11} & A^{12} & A^{13}\\ A^{21} & A^{22} & A^{23}\\ A^{31} & A^{32} & A^{33}\end{bmatrix}$$

12.1.3　张量代数

（1）张量的加法和减法　只有相同阶数和相同的自由标的两张量才能相加或相减。$A_{k}^{ij}+B_{k}^{ij}$ 和 $A_{k}^{ij}-B_{k}^{ij}$ 服从相同的变换规则，其和及差也将是相同类型的张量。

（2）张量的乘法　两个形如 $\bar{B}^{\alpha}\bar{A}^{\beta\gamma}$ 的张量之积将会有三个自由指标并且服从如下的变换规则：

$$C^{\alpha\beta\gamma}=\bar{B}^{\alpha}\bar{A}^{\beta\gamma}=\frac{\partial z^{\alpha}}{\partial x^{i}}\times\frac{\partial z^{\beta}}{\partial x^{j}}\times\frac{\partial z^{\gamma}}{\partial x^{k}}C^{ijk}$$

此乘积称为两个张量 $\bar{B}$ 和 $\bar{A}$ 的外积。

（3）张量的除法（商律）　考虑如下方程

$$A(r,s,t)B^{st}=C^{\tau}$$

式中，$A(r,s,t)$ 是一个未知张量属性的三指标符号；B^{st} 是一个任意二阶逆变张量；C^{τ} 已知是一个逆变矢量。假设上述量在 x 坐标系中定义，其相应的量在 z 坐标系中以上面加“—”来表示，则有：

$$\bar{A}(\alpha,\beta,\gamma)=\frac{\partial z^{\alpha}}{\partial x^{\gamma}}\times\frac{\partial x^{r}}{\partial z^{\beta}}\times\frac{\partial x^{\gamma}}{\partial z^{r}}A(r,s,t)$$

代入前式，则得：

$$C^{r}=A_{st}^{r}B^{st}$$

这相当于在某种条件下，知道 C 和 B 的张量属性，可推知 A，此为张量的商律。

12.2　连续介质力学

12.2.1　连续介质

连续介质指的是空间中这样一个区域，其各种性质如温度、压力、密度、速度的改变都是连续的。假如无限分割，对于这些无限小的体积元仍然可以定义各种物理量，直到接近分子尺寸为止。

连续介质中的应力：考虑以溶液空间某一固定点 P 为例，无论哪种力，均可设想它作用在 P 点附近微小区域内的一团流体上。现考虑包括 P 点在内的一个微分面积 ΔA，它的法向矢量方向为 n。假设作用在 ΔA 上的力为 ΔF。在用 ΔA 内两个轴和 n 组成的坐标系，可以将矢量 ΔF 分解为三个分量，即 ΔF_{n_1}，ΔF_{n_2}，ΔF_{n_3}。

将 P 点的应力矢量定义为：

$$T=\lim_{\Delta A\to 0}\frac{\Delta F}{\Delta A}$$

可以证明，表征应力所需最大信息为作用力 F 分解到三个彼此正交面的分量。从任意方向作用于一个小立方体微元（以 $ABCDEFG$ 表示）上的一个面如 $ABCD$ 的力可以分解为三个分量，即作用于 x^1 方向上的力 $T_{11}\mathrm{d}x^2\mathrm{d}x^3$，作用于 x^2 方向上的力 $T_{12}\mathrm{d}x^2\mathrm{d}x^3$ 以及作用于 x^3 方向上的力 $T_{13}\mathrm{d}x^2\mathrm{d}x^3$。同样，在 $BCFE$ 面上，在 x^1 方向上的力 $T_{21}\mathrm{d}x^1\mathrm{d}x^3$，作用于 x^2 方向上的力 $T_{22}\mathrm{d}x^1\mathrm{d}x^3$ 以及作用于 x^3 方向上的力 $T_{23}\mathrm{d}x^1\mathrm{d}x^3$，以及作用于 $DCFG$ 面上的力，在 x^1 方向上的力 $T_{31}\mathrm{d}x^1\mathrm{d}x^2$，作用于 x^2 方向上的力 $T_{32}\mathrm{d}x^1\mathrm{d}x^2$ 以及作用于 x^3 方向上的力 $T_{33}\mathrm{d}x^1\mathrm{d}x^2$。

可以证明，如果知道以上 9 个分量，就能求得在任何坐标系中的分量值。由此可以汇总为应力张量分量矩阵：

$$T=\begin{bmatrix}T_{xx} & T_{xy} & T_{xz}\\ T_{yx} & T_{yy} & T_{yz}\\ T_{zx} & T_{zy} & T_{zz}\end{bmatrix}$$

式中，应力张量分量 T_{ij} 是作用在垂直于 x^1 方向的单位面积上在 x^1 方向上的力。分量 T_{xx}，T_{yy}，T_{zz} 称为法向应力，而混合分量 T_{12}，T_{13} 等称为剪切应力。

根据力学原理，可以证明，应力张量为对称张量。即只需知道 6 个分量，而不是 9 个就可以完全表征某一点的应力状态。特别有如下一些应力状态的特殊类型。

① 长时间处于静止状态的液体：立方体的任何面上不存在应力切向分量，而在互相垂直的三个面上应力的法向分量相同，仅有各向同性压力 p 存在。此时应力张量为：

$$T=\begin{bmatrix}-p & 0 & 0\\ 0 & -p & 0\\ 0 & 0 & -p\end{bmatrix}$$

② 在处理不可压缩流体在形变或流动过程中的应力状态时，常将应力张量分为两部分，即：

$$T_{ij}=-p\delta_{ij}+\tau_{ij}$$

③ 在考虑各向同性连续介质的应力状态时，简单剪切流的最一般可能的应力状态为：

$$\begin{bmatrix} T_{11} & T_{12} & 0 \\ T_{21} & T_{22} & 0 \\ 0 & 0 & T_{33} \end{bmatrix}=\begin{bmatrix} -p & 0 & 0 \\ 0 & -p & 0 \\ 0 & 0 & -p \end{bmatrix}+\begin{bmatrix} \tau_{11} & \tau_{12} & 0 \\ \tau_{21} & \tau_{22} & 0 \\ 0 & 0 & \tau_{33} \end{bmatrix}$$

12.2.2 动力学（运动）方程式

（1）质量守恒 考虑笛卡尔坐标系下一个微分体积元，边长为 dx_i，流体密度为 ρ。则质量在此微分体内可能的积累速率为：

$$\frac{\partial}{\partial t}(\rho dx_1 dx_2 dx_3)=\frac{\partial \rho}{\partial t}dx_1 dx_2 dx_3$$

按照质量守恒定律，则有：

$$\frac{\partial \rho}{\partial t}+\frac{\partial}{\partial x_1}(\rho v_1)+\frac{\partial}{\partial x_2}(\rho v_2)+\frac{\partial}{\partial x_3}(\rho v_3)=0$$

或者写成：

$$\frac{\partial \rho}{\partial t}+\frac{\partial}{\partial x_m}(\rho v_m)=0$$

如介质流动是稳态的，则有：

$$\frac{\partial}{\partial x_m}(\rho v_m)=0$$

对于不可压缩流体，更进一步可以简化为：

$$\frac{\partial v_m}{\partial x_m}=0$$

（2）力（线动量）守恒 考虑作用在微元体上的诸力和此材料微元的加速度，根据牛顿第二定律有：

$$(\sum F_i)_i=ma_i$$

式中，$\sum F_i$ 为在 x_i 方向上的合力或净力；a_i 为在同一方向上的加速度；m 为质量（$m=\rho dx_1 dx_2 dx_3$）。考虑微元体的加速度在一个移动的或物质坐标系中，其间的关系为：

$$v_i=v_i(x_1,x_2,x_3,t)$$

于是

$$dv_i=\frac{\partial v_i}{\partial x_1}dx_1+\frac{\partial v_i}{\partial x_2}dx_2+\frac{\partial v_i}{\partial x_3}dx_3+\frac{\partial v_i}{\partial t}dt=\frac{\partial v_i}{\partial x_m}dx_m+\frac{\partial v_i}{\partial t}dt$$

上式遍除以 dt，并注意到 $\frac{dx_m}{dt}=v_m$，则上式变成：

$$\frac{dv_i}{dt}=\frac{\partial v_i}{\partial t}+v_m\frac{\partial v_i}{\partial x_m}$$

记

$$\frac{Dv_i}{Dt}=\frac{\partial v_i}{\partial t}+v_m\frac{\partial v_i}{\partial x_m}$$

代入牛顿第二定律则可得：

$$(\sum F_i)_i=\rho\frac{Dv_i}{Dt}dx_1dx_2dx_3$$

再转入讨论等式的左边逐项力的计算。

考虑连续介质微元体的表面力，可得：

$$(\sum 表面力)_i=\frac{\partial T_{mi}}{\partial x_m}dx_1dx_2dx_3$$

代入牛顿第二定律并考虑包括压力，可得：

$$\rho\frac{Dv_i}{Dt}=-\delta_{im}\frac{\partial p}{\partial x_m}+\frac{\partial \tau_{mi}}{\partial x_m}+\rho g_i=-\frac{\partial p}{\partial x_i}+\frac{\partial \tau_{mi}}{\partial x_m}+\rho g_i$$

上式即经典流体力学中的运动的应力方程式，又称为柯西（Cauchy）应力方程。

(3) 守恒方程的张量表示 为了能将这些守恒方程推广应用于其他坐标系，必须按每一个出现在方程的量的张量属性，进行适当的代换，如将所有的偏导数换成协变导数，外推所有的哑标到自由指标的每个值以及改写所有的张量性质的量为物理分量，其中应力张量 T 为一个二阶张量。表 2-12-2 列出了守恒方程的张量形式。

表 2-12-2 广义坐标系中的守恒原理（张量形式）

连续性方程式	$\frac{\partial\rho}{\partial t}+(\rho v_m)_{,m}=0$
对不可压缩流体	$v^m_{,m}=0$
运动的应力方程式	$\rho\left[\frac{\partial v_i}{\partial t}+v^m v^i_{,m}\right]=T^{im}_{,m}+\rho g^i=-g^{im}\frac{\partial p}{\partial x^m}+\tau^{im}_{,m}+\rho g^i$

12.3 流体

12.3.1 牛顿流体

牛顿黏性定律：在层流区其剪应力和剪切速率之间呈现正比关系，即：

$$\tau=\mu\left(\frac{dv_x}{dy}\right)=\mu\dot{\gamma}$$

式中，μ 为流体的黏度。凡满足此式所示规律的流体均称为牛顿流体。

牛顿流体的流动曲线仅需要一个简单的物性——黏度 μ 即可确定。牛顿流体的特性通常在下列系统中发现：①所有的气体；②所有的液体或低分子量（小分子）物料的溶液。对牛顿流体来说，其黏性能量的损耗是由于分子间不规则的相互撞击的结果，而这些分子又以相当小为其基本特征。

12.3.2 非牛顿流体

凡是剪应力与剪切速率之间不满足正比例关系的一切流体统称为非牛顿流体。如最常见和最重要的高分子溶液和熔体、油漆和涂料，生活用品如牙膏、化妆品、洗涤剂等。

近代非牛顿流体又可分为下列三大类：

① 广义牛顿流体　广义牛顿流体包括拟塑性流体、宾汉塑性流体和胀塑性流体。拟塑性流体不具有屈服应力，其特点是剪切变稀，即剪切速率增大则黏度减小。拟塑性流体是目前工业上最常用的非牛顿流体之一。涨塑性流体表现出的特性与拟塑性流体相反，其表观黏度随剪切速率的增加而增大。胀塑性流体也称为幂律流体。

② 黏弹性流体　黏弹性流体具有很多固体属性，其重要的表现是其因流动而发生的变形可以得到弹性恢复或部分恢复。它又可分为线性黏弹性和非线性黏弹性两大类。

③ 触变流体　触变流体黏度不仅与剪切速率有关，而且随受剪的持续时间而降低，这是因为受剪后其结构破坏。

12.3.3 非牛顿流体物质函数的连续介质力学描述

连续介质力学可以应用于描述非牛顿流体的流变行为，把非牛顿流体流动性概括成一些物质函数，将物质看作是连续介质，描述介质对应力或应变（速率）的响应。

表征非牛顿流体流变特征的物质函数因场合不同而不同。典型的流场有三个：简单剪切流场、小振幅震荡流场和拉伸流场。

(1) 稳态简单剪切流的三个物质函数　简单剪切场由两个平行平板组成，其中上板移动时，两板间的流体受剪形成线性速度分布。如设此为 y，x 两维流场，则剪切速率 $\dot{\gamma}=\frac{\mathrm{d}v_x}{\mathrm{d}y}$，运动学条件（或称速度场）为：

$$v_x=\dot{\gamma}\,y,v_y=v_z=0$$

可以用此式进行描述的流场还有管流、同轴圆筒间 Couette 流和锥板间的剪切流等。

此流场的形变速率张量为：

$$d=\frac{1}{2}\begin{bmatrix}0 & \dot{\gamma} & 0\\ \dot{\gamma} & 0 & 0\\ 0 & 0 & 0\end{bmatrix}$$

式中，$\dot{\gamma}=\dot{\gamma}_{xy}=\mathrm{d}v_x/\mathrm{d}y$。

对非牛顿流体，还需要三个独立的物质函数才能描述其流变行为。分别是剪切黏度函数 $\eta(\dot{\gamma})$，第一法向应力系数 $\varphi_1(\dot{\gamma})$和第二法向应力系数 $\varphi_2(\dot{\gamma})$。可以看出，非牛顿流体的

剪切黏度 η 是 $\dot{\gamma}$ 的函数，随 $\dot{\gamma}$ 而变。

(2) 拉伸黏度 拉伸流场中唯一的物质函数是拉伸黏度，即

$$\eta_{\varepsilon}(k)=\frac{\tau_{11}-\tau_{22}}{k}$$

(3) 针对单轴拉伸（如纤维纺丝） 稳态单轴拉伸的速度场为

$$v_x=kx, v_y=-\frac{1}{2}ky, v_z=-\frac{1}{2}kz$$

此流场的应变速率张量为

$$d=\begin{bmatrix} k & 0 & 0 \\ 0 & -k/2 & 0 \\ 0 & 0 & -k/2 \end{bmatrix}$$

式中，k 为拉伸速率，$k=\mathrm{d}v_E/\mathrm{d}x$。

(4) 针对平面拉伸 平面拉伸的速度场为

$$v_x=kx, v_y=-ky, v_z=0$$

此流场的形变速率张量为

$$d=\begin{bmatrix} k & 0 & 0 \\ 0 & -k & 0 \\ 0 & 0 & 0 \end{bmatrix}$$

式中，k 为拉伸速率，$k=\mathrm{d}v_E/\mathrm{d}x$。

请注意，式中用到了应力张量 τ，对于稳定剪切流仅需 5 个应力分量就可以完全表达。其张量表达式为：

$$\tau=\begin{bmatrix} \tau_{11} & \tau_{12} & 0 \\ \tau_{21} & \tau_{22} & 0 \\ 0 & 0 & \tau_{33} \end{bmatrix}$$

式中，τ_{12} 称为剪切应力，分量 τ_{11}，τ_{22}，τ_{33} 称为法向应力。下标 1 表示流动的方向，2 表示垂直于流动的方向（即速率梯度方向），下标 3 表示中性方向，仅有几何意义。

更详尽的论述可参见文献 [1]。

参考文献

[1] 江体乾．化工流变学．上海：华东理工大学出版社，2004.

13

拓扑方法

13.1 拓扑空间与连续映射

13.1.1 拓扑空间[1,2]

在高等数学中，主要涉及单变量和多变量的连续函数，它们的定义域和值域都是欧氏空间（直线、平面或空间等），或是其中的一部分。但是，许多数学分支的活动范围早已突破了欧氏空间的限制，甚至也超出了度量空间的领域。拓扑空间是欧氏空间和度量空间的抽象和推广，它是一种用来刻画拓扑性质的新的空间结构，以替代欧氏结构和度量结构。拓扑空间的定义如下。

定义：设 X 是一个非空集合。X 的一个子集族 τ 称为 X 的一个拓扑，如果它满足

① X，$\varnothing$都包含在 τ 中；

② τ 中任意多个成员的并集仍在 τ 中；

③ τ 中有限多个成员的交集仍在 τ 中。

集合 X 和它的一个拓扑 τ 一起称为一个拓扑空间，记作 (X,τ)。称 τ 中的成员为这个拓扑空间的开集。

对于实数集 R，容易验证集族$\{\varnothing, (a,+\infty), (-\infty,b), (a,b), R\}$（这里$-\infty<a<+\infty$，$-\infty<b<+\infty$）满足上面定义中的条件①，②，③。即它是实数集 R 上的一个拓扑。在这个拓扑下，称实数集 R 为实数空间。显然实数空间 R 上的任何一个开区间都是开集。

下面还可以给出几个拓扑空间的例子。

设 X 是一个非空集合，集族$\{\varnothing,X\}$是 X 上的一个拓扑，也就是这个集族满足上面的三个条件，这个拓扑称为集合 X 上的平庸拓扑。

设 $X=\{a,b,c\}$，集族$\{\varnothing, \{a\},\{a,b\}, \{a,b,c\}\}$是集合 X 上的一个拓扑。

13.1.2 连续映射与同胚映射[1,2]

先回顾高等数学中函数连续性的定义。

设 f：$R\rightarrow R$ 是一个函数，$x_0\in R$。f 在点 x_0 处连续的含义有多种描述方法，举例如下。

① 用序列语言：如果序列$\{x_n\}$收敛到 x_0，则序列$\{f(x_n)\}$收敛到 $f(x_0)$；

② 用 $\varepsilon-\delta$ 语言：对任意的正数 $\varepsilon>0$，总可找到 $\delta>0$，使得当$|x-x_0|<\delta$ 时，总有$|f(x)-f(x_0)|<\varepsilon$。

③ 用开集语言：若 U 是包含 $f(x_0)$ 的开集，则存在包含 x_0 的开集 V，使得 $f(V)\subset U$。

$\varepsilon-\delta$ 法用到 R 中的距离概念；序列方法用的也是距离，因为 x_n 收敛到 x_0，也就是 $|x_n-x_0|\to 0$。因此，这两种方法可直接用来规定度量空间之间映射的连续性。第三种方法则绕开了度量，直接用 R 中的开集刻画连续性。于是，只要知道集合的哪些子集是开集，就可规定映射的连续性概念。第三种方法可以用来定义一般拓扑空间之间的连续性。

定义：设 X 和 Y 是两个拓扑空间，f：$X\to Y$ 是一个映射。如果 Y 中的每一个开集 U 的原像 $f^{-1}(U)$ 是 X 中的一个开集，则称 f 是从 X 到 Y 的一个连续映射。

设 R 是实数空间，容易验证映射 $f(x)=x^2$ 是一个连续映射。

设 X 是一个拓扑空间，恒同映射 id：$X\to X$ [即 $id(x)=x$，$\forall x\in X$]是一个连续映射。

定义：设 X 和 Y 是两个拓扑空间。如果 f：$X\to Y$ 是一个一一对应映射，并且 f 和 f^{-1}：$Y\to X$ 都是连续的，则称 f 是一个同胚映射。当存在 X 到 Y 的同胚映射时，就称 X 与 Y 同胚。

三角形与圆形同胚，而直线与圆形不同胚，因为直线挖去一点后不连通，而圆周挖去一点后仍然连通，关于连通的概念见下文。

13.2 几个重要的拓扑性质

13.2.1 连通性[1,2]

普通几何中的图形的连通性是一个非常直观的概念，几乎无须给出数学定义。例如，在圆锥曲线中，椭圆和抛物线是连通的，而双曲线是不连通的。但是，对于一些复杂的图形，就不能凭直观得到结果。下面就是一个这样的例子。

设 R^2 的一个子集 X 是由 A 和 B 两部分构成的，其中：

$$A=\left\{(x,\sin\frac{1}{x})\,|\,x\in(0,1)\right\}$$

$$B=\{(0,y)\,|\,-1\leqslant y\leqslant 1\}$$

该集合的图形如图 2-13-1 所示，单凭直观，很难判断 X 是否是连通的。实际上，可以证明它是“连通”的，但非“道路连通”的。

对图形连通性认识的不断深化，可以把其作为拓扑概念给出定义。直观上的连通有两种含义：一是图形不能分割成互不“粘连”的两部分；二是图形上任何两点可以用图形上的线连接。在拓扑学中，这两种含义分别抽象成连通性和道路连通性两个概念。

定义：拓扑空间 X 如果不能分解为两个非空不相交开集的并，则称为连通的。

连通性是拓扑空间的一个拓扑不变性质，即两个拓扑空间之间若存在一个同胚映射，其中一个空间是连通的，则另一个空间也是连通的。由于连通空间在连续映射下的像是连通的，常常从一些已知的连通空间来论证其他空间的连通性。例如，应用实数空间 R 的连通性构造连续映射：

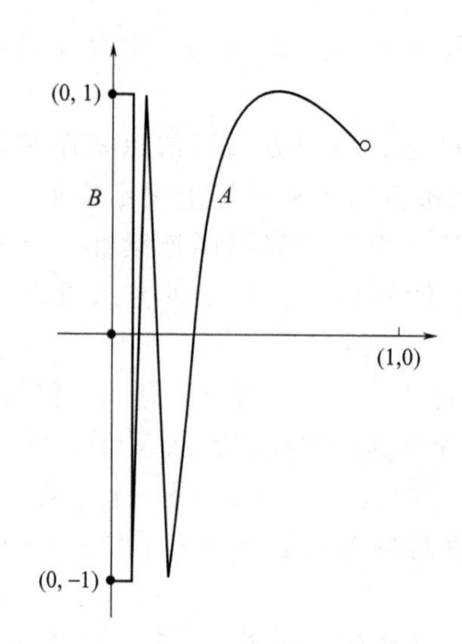

图 2-13-1 集合的图形

$$f:R\rightarrow S^1, f(x)=e^{i2\pi x}, \forall x\in R$$

上面映射中，S^1 是复平面上的单位圆周，因此 S^1 是连通的。

设 $A\subset R$，容易证明 A 连通等价于 A 是区间。

设 X 是一个连通空间，f：$X\rightarrow R$ 是一个连续映射，则 $f(R)$ 是一个区间。

结合上面的两个定理，可以证明和深刻理解高等数学中的介值定理和不动点定理。

道路连通是在直观连通概念基础上演化而来的另一个拓扑性质。道路概念是曲线这种直观概念的抽象化。曲线可看作点运动的轨迹。如果把运动的起、终时刻记作 0 和 1，那么运动就是闭区间 [0,1] 到空间的一个连续映射，曲线就是这个映射的象集。下面是道路的定义。

定义：设 X 是拓扑空间，从单位闭区间 $I=[0,1]$ 到 X 的一个连续映射 a：$I\rightarrow X$ 称为 X 上的一条道路。把点 $a(0)$ 和 $a(1)$ 分别称为 a 的起点和终点，统称端点。道路是指映射本身，而不是它的象集。

定义：拓扑空间 X 称为道路连通的，如果 $\forall x$，$y\in X$，存在 X 中分别以 x 和 y 为起点和终点的道路。

这里是道路连通的例子。例如 R^n 是道路连通的。对 $\forall x$，$y\in R^n$，可作道路 a 为 $a(t)=(1-t)x+ty$，$\forall t\in I=[0,1]$。a 分别以 x，y 为起点和终点。若 A 是 R^n 中的凸集，容易证明 A 也是道路连通的。

道路连通的空间一定连通，而且道路连通空间的连续映像是道路连通的。但是连通空间不一定道路连通。

13.2.2 紧致性

研究紧致空间的主要原因之一是因为它们（以某种方式）类似于有限集合，从而在有限集合里有很多重要结果的证明，可以方便地被移植到紧致空间上[1,2]。我们知道，闭区间上的连续函数是有界的，可以达到它的最大值和最小值，并且是一致连续的。在证明这些结论时都用到这样一个事实：有界闭区间上的每个序列都有收敛的子序列。这种性质称为列紧性。

拓扑空间称为列紧的，如果它的每个序列都有收敛的子序列。

容易证明：定义在列紧拓扑空间 X 上的连续函数 f：$X \to R$ 必有界，并能达到最大、最小值。

刻画闭区间上同一特性的另一种概念是紧致性。虽然它没有列紧性那样自然和直观，但更能体现拓扑特性。在拓扑空间中，序列不是一种很好的表达方式，而紧致性所用的开集表达方式，从拓扑的观点看更为自然。

设 X 是一个拓扑空间。如果 X 的每一个开覆盖有一个有限子覆盖，则称拓扑空间 X 是一个紧致空间。例如实数空间 R 上的任意有界闭区间在子空间拓扑下是紧致的。含有有限个元素的拓扑空间一定是紧致空间。紧致空间在连续映射下紧致。对于度量空间，列紧和紧致是等价的。但对于一般的拓扑空间来说，它们并不等价。

13.2.3 拓扑性质与同胚[1,2]

拓扑学是数学中几何学的一个分支，它研究的是几何图形在连续变换下的不变性质——拓扑性质（所谓连续变换，形象地说就是允许伸缩和扭曲等变形，但不许隔断和黏合）。拓扑性质体现的是图形整体结构上的特性。一方面可以从拓扑变换或同胚概念来描述拓扑性质，反过来另一方面拓扑性质也是研究图形同胚问题的一个有力武器。判断两个图形是否同胚，这是拓扑学的一个基本问题，就是要把图形按照是否同胚加以分类，找出刻画每一个分类的特征。如果能说明两个图形有不同的拓扑性质，则它们一定不同胚。例如有理数集 X 作为实数空间 R 的子空间和实数空间 R 是不同胚的，因为前者不连通，后者连通。有界闭区间 I 作为实数空间 R 的子空间和实数空间 R 是不同胚的，因为前者紧致，后者不紧致。

13.2.4 具体应用

带有反应和传递的化学系统定态解的本质和它们的稳定性。从拓扑的观点，定态方程的解可以描述为连续映射的不动点。用拓扑中的概念，譬如不动点指标结合同伦论，Gavalas[3]分析了带有反应和传递的化学系统定态解的本质和它们的稳定性。

在化学工程中，应用拓扑学原理寻求分子结构的拓扑不变量，用数字进行表征，建立结构与性能之间的数量关系并用以预测分子的性质，指导新物质的合成[4]。

13.3 同伦

13.3.1 引言[1,2]

代数拓扑学的基本思想是对拓扑空间建立以代数概念（如群、交换群、环等）为形式的拓扑不变量，从而把代数方法引进拓扑学的研究中来。要判定空间不同胚，可以应用拓扑性质，例如连通性、紧致性等去判定。但是这些概念能解决的问题太少，例如 S^2（2 维球面）与 $T^2=S^1\times S^1$（2 维环面），S^2 与 D^2（圆盘）等不同胚的判定，在这些问题上，代数拓扑将表现出它的威力。

同伦论和同调论是代数拓扑学的两大支柱。

13.3.2 映射的同伦[1,2]

同伦就是映射的连续变形。设 X 和 Y 是两个拓扑空间，记 $C(X, Y)$是 X 到 Y 的所有连续映射的集合。设 f，$g \in C(X,Y)$，所谓 f 与 g 同伦，就是指 f 可以连续地变为 g。这意味着在每一时刻 $t \in I$，有一连续映射 $h_t \in C(X,Y)$，$h_0 = f$，$h_1 = g$，并且 h_t 对 t 有连续的依赖关系。同时对 $\forall x \in X$，定义了一条连接 $f(x)$和 $g(x)$的路径。确切的定义如下。

定义：设 f，$g \in C(X,Y)$。如果有连续映射 $H: X \times I \rightarrow Y$，使得对 $H: X \times I \rightarrow Y$，$\forall x \in X$，$H(x,0) = f(x)$，$H(x,1) = g(x)$，则称 f 与 g 同伦，称 H 是连接 f 和 g 的一个同伦。对定义的理解可参见图 2-13-2。

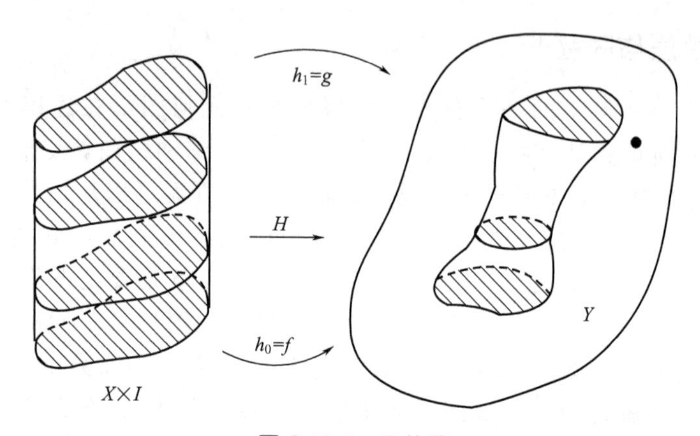

图 2-13-2 同伦图

下面是一些同伦的例子。

【例 2-13-1】 取 $X = R$，$Y = R$，$f(x) = 1$ 和 $g(x) = -1$，则 f 和 g 通过下面的函数同伦：

$$H(x,t) = 1 - 2t$$

注意此例中 $H(x,t)$ 不依赖于变量 x，它是个特例。

【例 2-13-2】 取 $X = [0,1]$，$Y = C$，$f(x) = e^{2i\pi x}$ 和 $g(x) = 0$。f 是一个以原点为圆心的单位圆，g 是原点。f 与 g 通过下面的连续函数同伦：

$$H(x,t) = (1-t)e^{2i\pi x}$$

几何上看，对每个值 t，函数 $h_t(x) = H(x,t)$ 描绘一个以原点为圆心，半径为 $1-t$ 的圆。

13.3.3 多相反应混合物相图分析、共沸混合物的计算

Doherty[5]应用同伦论研究了多相反应混合物的相图，这使相图结构的全局性质得到了更好的理解，而且这个性质不依赖于相平衡的数据和研究所用的模型。

由非理想多组分混合物的热力学模型预测的共沸混合物计算的问题是一个多维求根问题。这个问题是非常复杂的，主要是由于多重解的出现，约束在混合物上和现实中气液平衡描述的复杂性。Fidkowski[6]、Wasylkiewicz[7]等运用同伦方法，给出了一个有效的寻找解的方法。

参考文献

[1] 尤承业．基础拓扑学讲义．北京：北京大学出版社，1997.

[2] 熊金城．点集拓扑讲义．第4版．北京：高等教育出版社，2011.

[3] Gavalas G R. Nonlinear differential equations of chemically reacting systems. New York：Springer Verlag，1968.

[4] 石海信，黄冬梅，谭铭基，等．拓扑学原理在化学化工中的应用．化学工程师，2010，(7)：38-45.

[5] Doherty M F. A topological theory of phase-diagrams for multiphase reacting mixtures. Proc Royal Soc Math Phys Sci，1990，430 (1880)：669-678.

[6] Fidkowski Z T，Malone M F，Doherty M F. Computing azeotropes in multicomponent mixtures. Comput Chem Eng，1993，17 (12)：1141-1155.

[7] Wasylkiewicz S K，Doherty M F，Malone M F. Computing all homogeneous and heterogeneous azeotropes in multicomponent mixtures. Ind Eng Chem Res，1999，38 (12)：4901-4912.

14

元胞自动机

14.1 元胞自动机概述

14.1.1 引言

自然界存在着各式各样的复杂系统，但是对于这些复杂系统，如果着眼于它的局部结构以及这个局部结构的演化规则，就可以发现，这些局部结构以及相应的演化规则并不复杂，有时还相当简单，但由于各部分之间存在着一定的关联（或称耦合），最后表现出的整体形态却可以极其复杂。元胞自动机就是为处理这样的复杂系统而产生的一种理想化的数学模型。从数学上看，元胞自动机也可以看成一类无穷维动力系统，其特点是空间、时间和状态都离散，同时每一个元胞只取有限多个状态。

元胞自动机最早是由 J. Neumann 在 20 世纪 50 年代提出来的，用于模拟生命系统所具有的自复制功能[1~4]。20 世纪 60 年代，Hedlund 运用纯数学方法对元胞自动机作了较为全面的研究，证明了许多深刻的结论[5]。20 世纪 70 年代，Conway 提出了著名的生命游戏(game of life)，他只用了一个二维元胞自动机，却能模拟出自然界中生存、灭绝、竞争和繁衍等生命活动的现象。生命游戏是元胞自动机广阔应用背景的一个方面的体现，引起了广泛的关注。20 世纪 80 年代，Wolfram 通过大量的计算机实验，按照在计算机上所观察到的动力学行为将所有元胞自动机分成以下四大类[6~8]。

① 趋于一个空间平稳构型，即每个元胞处于相同状态；

② 趋于一系列简单的稳定结构或周期结构；

③ 表现出混沌的非周期行为；

④ 出现复杂的局部结构，或者说是局部混沌，其中有些会不规则地传播。

前三类相当于低维动力系统中常见的不动点、周期轨和混沌，第四类则被认为是可以与生命系统等复杂系统相比拟的自组织行为。按照 Wolfram 的观点，元胞自动机的动力学行为可以归纳成数量如此之少的四类，这是非常有意义的发现。它反映出这种分类可能具有某种普适性，很可能有许多物理系统或生命系统可以按照这样的分类进行研究，尽管在细节上可以不同，但每一类中的行为在定性上是相同的。这是第一次对元胞自动机进分类，能够用计算机来模拟，也比较直观。

在图 2-14-1 中给出了六个一维元胞自动机的计算机实验结果，其中包含了上述四类行为，每一个图的第一行表示初始时刻 $t=0$ 的构形中的有限部分，它是随机选取的。其余各行均是从上一行按照所标出的局部规则计算所得出的结果。在图形中用白格代表符号 0，用黑格代表符号 1。在计算机上运行时对两端采用周期边界条件，这相当于将有限多个元胞布置在一个圆周上来应用局部规则。

图 2-14-1 六个一维元胞自动机的计算机模拟

但这种分类是现象学分类，并不是严格的数学定义，缺乏严格的理论支持。对于给定的一个元胞自动机，到底属于哪一类，有时是有争议的。后来许多学者为了完善这个分类，从各种不同的角度给出了许多不同的分类，但由于这些分类都是数学意义上的分类，比较抽象，这里就不介绍了。

14.1.2 一维元胞自动机的定义

本节介绍一维元胞自动机的定义。考虑在双侧无穷直线上有无限多个分布在整数格点上的元胞（或称细胞、格点），每个元胞有 k 个状态，用符号 0，1，…，$k-1$ 表示。令 $A=\{0,1,\cdots,k-1\}$ 代表每个元胞的状态集合。

双侧无穷直线上整数点位置元胞的所有状态可以用一个双侧无穷序列 $x=\cdots x_{-1}x_0x_1\cdots$（$x_i\in A$）来表示，这个序列被称为元胞自动机的一个构形，所有构形的集合称为构形空间，记为 A^z。

以下假定时间是离散的，对一个构形来说，每一个元胞都同时发生变化。记 x^t 为元胞自动机在 t 时刻的构形，则时刻 $t+1$ 的构形 x^{t+1}完全由 x^t 决定，时刻 $t+1$ 的第 i 个元胞的状态是由时刻 t 的第 i 个元胞以及相邻距离不超过 r 的 $2r$ 个元胞的状态所决定的，用公式写出来即：

$$x_i^{t+1}=f(x_{i-r}^t\cdots x_{i-1}^t x_i^t x_{i+1}^t\cdots x_{i+r}^t)$$

式中，f 与 i，t 无关。事实上，f 是 A^{2r+1}到 A 的一个映射。利用 f 可诱导出映射 F：$A^z\rightarrow A^z$，满足：

$$F(x)_i=f(x_{i-r}\cdots x_{i-1}x_ix_{i+1}\cdots x_{i+r})$$

式中，$F(x)_i$ 表示构型 $F(x)$ 的第 i 个整数点位置的状态。

为了规范化，可以将上面的叙述写成如下定义。

定义 14.1 映射 F：$A^z\rightarrow A^z$ 称为一个元胞自动机，若存在 $r>0$ 及 f：$A^{2r+1}\rightarrow A$，使得对任意的构形 $x=\cdots x_{-1}x_0x_1\cdots$，满足：

$$F(x)_i=f(x_{i-r}\cdots x_{i-1}x_ix_{i+1}\cdots x_{i+r})$$

式中，f 称为元胞自动机的局部规则；r 称为邻域半径；F 称为元胞自动机的全局规则。

如果把元胞自动机看成某一现象的演化，那么它存在局部规则可以解释成：一件事情会不会发生只与周围有限范围内的条件有关，与时间、地点无关。这表明了元胞自动机的局部性、定常性与空间齐性的性质。

定义 14.2 若元胞自动机的邻域半径为 $r=1$，状态数为 $k=2$，令状态集为 $A=\{0,1\}$，则元胞自动机 F：$A^z\rightarrow A^z$ 称为初等元胞自动机（elementary cellular automata，ECA）。

初等元胞自动机的局部规则事实上是映射 f：$A^3\rightarrow A$，满足：

$$x_i^{t+1}=f(x_{i-1}^tx_i^tx_{i+1}^t),\forall i\in Z$$

全局规则 F 满足 $F(x)_i=f(x_{i-1}x_ix_{i+1})$，$i\in Z$。这时自变量只有八种可能组合，只要给定 f 在这八个自变量组合上的值，f 就完全确定了。图 2-14-2(a) 即是一个例子，在第一行列出了从 111 到 000 的八种组合。

在每种组合的下方标出 f 的值，在图 2-14-2(b) 中的第一行代表某个构形中的一段，第二行则是按照 f 从第一行得到的符号串，它在两端各少一个符号，因为那要取决于第一行两端尚未写出的符号。

(a)
111 110 101 100 011 010 001 000
1 0 0 0 0 1 1 0

(b)
01011111010101001110 1
1001110010101010100

图 2-14-2 一个具体的例子

由此可见，$A=\{0,1\}$ 和 $r=1$ 时，f 只有 $2^8=256$ 种可能性。它们对应于 256 个不同的初等元胞自动机。

对于初等元胞自动机，S. Wolfram 给了一个编号方式。以图 2-14-2(a) 为例，将 f 的八个值按从左到右的顺序看成一个八位的二进制数 10000110，然后计算它的十进制值，得到：

$$2^7+2^2+2^1=134$$

这就是这个元胞自动机的编号，今后称它为 134 号初等元胞自动机。反之，对于从 0 到 255 中的任何一个十进制数，容易将它改写成八位的二进制数 $a_7a_6\cdots a_1a_0$，然后按照 $111\rightarrow a_7$，$110\rightarrow a_6$，…，$000\rightarrow a_0$ 定义局部映射 f。这样就完全确定了一个初等元胞自动机。

14.1.3 二维元胞自动机的定义

为了便于理解，先对二维元胞自动机的定义采用形象化描述，这样，读者自己也容易推广到三维元胞自动机。这里假定时间是离散的，每个元胞的状态是离散的，空间也是离散的。

① 构型。一维元胞自动机的构型是数轴上的整点位置及其元胞的状态，二维元胞自动机就对应平面上的整点位置及其元胞的状态，或者等价地平面的方格及其状态［见图 2-14-3

(b)]。从这里可以看出，元胞自动机的维数就是其构型的维数。根据现实的需要，二维元胞自动机的构型还可以有一些变形，见图 2-14-3(a)、(c)。

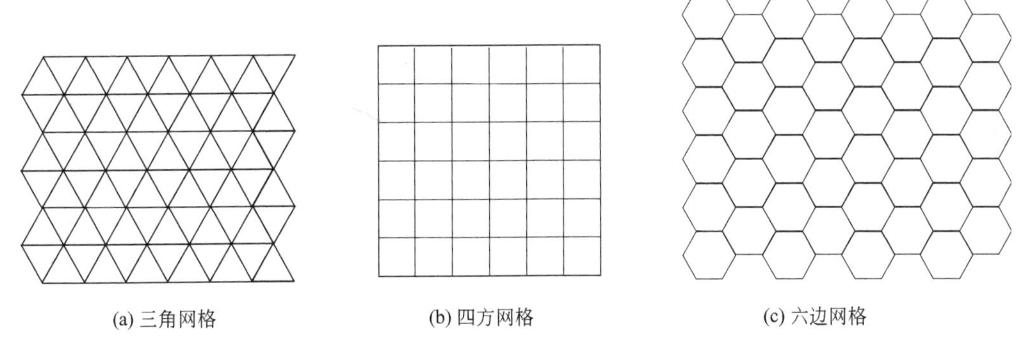

图 2-14-3 二维元胞自动机的三种构型

② 邻域。对于二维元胞自动机，其中任意一个元胞（或者格点）的邻域就是到这个元胞的距离为有限数的所有元胞的集合（含自已），且每一个元胞的邻域都是一致的。图 2-14-4 中给出了最为常见的三种邻域。(a) 中的 von Neumann 型邻域中含有 5 个元胞。

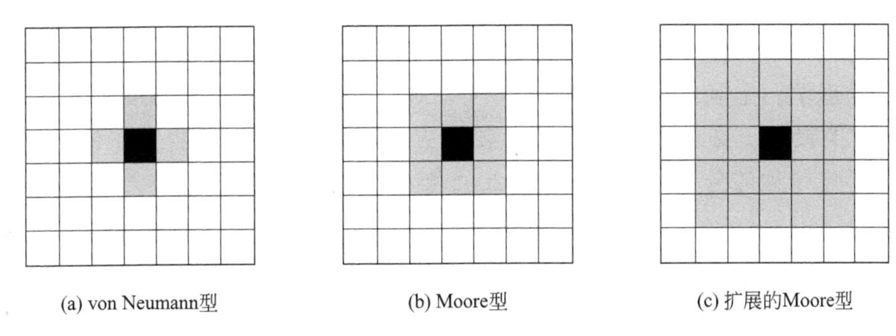

图 2-14-4 二维元胞自动机的邻域

③ 元胞的状态。元胞的状态是离散变化的，且只能有有限种。

④ 局部规则。元胞自动机的局部规则给出了每个元胞的变化规则。元胞下一时刻的状态取决于该元胞所在邻域内的所有元胞当前时刻的状态。对于图 2-14-4(a) 中 von Neumann 型邻域而言，中间黑色的元胞下一个时刻的状态由其上下左右及自己 5 个元胞当前的状态决定。元胞自动机的局部规则决定了其全局的演化。于是，在确定了邻域及其局部规则后就确定了一个二维元胞自动机。

14.1.4 高维元胞自动机的定义

二维和二维以上的元胞自动机称为高维元胞自动机。接下来给出高维元胞自动机的数学定义[9]。事实上，该定义也适用于一维元胞自动机。用 Z^d 表示 d 维空间中的整数位置(即每个分量都是整数)，整数位置上放置的元胞及其状态用映射 c：$Z^d \to S$ 来表示，也称为一个构型。其中有限集 S 为元胞的状态集。设 $N=(\vec{x}_1,\vec{x}_2,\cdots,\vec{x}_n)$ 为 n 个向量构成的集合，这里向量 $\vec{x}_i \in Z^d$，$i=1，2，\cdots，n$。于是一个元胞在位置 $\vec{x} \in Z^d$ 处的邻域集合规定为：

$$\vec{x}+\vec{x}_i, i=1,2,\cdots,n$$

称映射 $f: S^n \to S$ 为局部规则，这里 n 与 $N=(\vec{x}_1,\vec{x}_2,\cdots,\vec{x}_n)$ 中的 n 一致。假设 c 为时刻 t 的一个构型，其在 $t+1$ 时刻的构型为 e，则 e 在位置 $\vec{x}$ 处元胞的状态为 $e(\vec{x})$，它应该由 t 时刻、$\vec{x}$ 的邻域内 n 元胞的状态决定，决定的规则就是局部规则 $f: S^n \to S$，写出来就是：

$$e(\vec{x})=f(\mathrm{c}(\vec{x}+\vec{x}_1),\mathrm{c}(\vec{x}+\vec{x}_2),\cdots,\mathrm{c}(\vec{x}+\vec{x}_n))$$

这样就诱导出一个全局规则 G，满足 $G(c)=e$。一个 d 维元胞自动机就规定为一个三元组 (S,N,f)，式中 S 为状态集合，N 为邻域，f 为局部规则。

14.2 元胞自动机的应用

14.2.1 引言

元胞自动机提出的初衷就是为了模拟自然界中的许多复杂现象，因此其应用非常广泛。它可用来研究现实生活中很多一般现象，其中包括通信、信息传递、计算、构造、生长、复制、竞争与进化等。它涉及的领域至少包括社会学、生物学、生态学、信息科学、计算机科学、数学、物理学、化学、地理、环境、军事学等。

谈到元胞自动机，必须谈到美国科学家 S. Wolfram（前文已经提到，他给出了元胞自动机的一个影响深远的分类），以及他在 2002 年出版的颇有争议的书《一种新科学》（*A New Kind of Science*）[10]。书中称，宇宙的运行和演化就是一个元胞自动机，并大胆提出，方程（主要指微分方程）乃是几个世纪以来数学和理论科学用以求解科学问题的基本工具，但用这种方法分析一些复杂现象，如天气变化却常常十分困难，要么因变量太多而根本无法得到合适的方程式，要么方程式本身极其复杂难以求解。他建议，应该舍弃方程式，把元胞自动机作为分析问题的工具。这种仅仅用简单局部规则的元胞自动机就可演变出复杂系统，并能更精确、更轻易地模拟出各种复杂现象，诸如从雪花的增长到宇宙的演化，等等。Wolfram 还说，这种方法之所以成功不是因为它有多高明，而是世界本身就是如此，从基本粒子相互作用到生命现象，本质上都是一些计算过程。他根据这种思路对一系列问题提出了新的解释。在书中，Wolfram 还提出了许多轰动性的结论，也因此遭到许多学者的批评和非议。但即使在那些反对他的人中，也有人认为，在最近 350 年中，他与牛顿离得最近。

14.2.2 生命游戏

生命游戏并不是通常意义下的电脑游戏，它实际上就是一个二维元胞自动机。生命游戏是由英国科学家 J. Conway 提出，最初于 1970 年 10 月在《科学美国人》杂志，由 Martin Gardner 撰写的“数学游戏”专栏中出现。

设想世界是一堆平面上的方格子（元胞）构成的封闭空间，尺寸为 N（也可以是无穷大）的空间就有 $N\times N$ 个格子。而每一个格子都可以看成一个生命体，每个生命都有生和死两种状态，如果该格子生就显示黑色，死则显示白色。每一个格子（元胞）旁边都有邻居格子存在，如果把 3×3 的 9 个格子构成的正方形规定为其中心格子的局部邻域，也就是 Moore 型邻域。其局部规则，也就是每个格子（元胞）的生死遵循下面的原则：

① 如果一个元胞周围有 3 个元胞为生（一个元胞周围共有 8 个元胞），则该元胞下一时刻为生（即该元胞若原先为死，则转为生，若原先为生，则保持不变）；

② 如果一个元胞周围有 2 个元胞为生，则该元胞下一时刻的生死状态保持不变；

③ 在其他情况下，该元胞下一时刻都为死（即该元胞若原先为生，则转为死，若原先为死，则保持不变）。

在设定图像中每个像素的初始状态后，依据上述的游戏规则就可以演绎生命的变化，由于初始状态和迭代次数不同，将会得到令人叹服的优美图案。这样，仅仅运用简单的 3 条规则，就把这些若干个格子（生命体）构成了一个复杂的动态世界给刻画出来。

14.2.3 元胞自动机在化学工程中的应用

元胞自动机在化学工程中的应用目前主要集中在生物化工领域。比较领先的工作要数 K. Zygourakis，他和他的合作者们在 20 世纪 90 年代前，运用一个二维元胞自动机去模拟锚定依赖性生长的接触抑制细胞在一个汇流单层面上的增生情况[11,12]。利用这个模型，可以精确地模拟在增生的过程中，细胞数量的动态变化，并且能够更好地解释初始细胞在空间中的分布如何影响不移动细胞的增生率。起初，这个二维元胞自动机的每个元胞只取两种状态，后来为了预测和描述更加精确，就将元胞的状态增加到 6 个。

由于元胞自动机自身的特色，可以预测，元胞自动机在化学工程中，尤其是生物化工中将会有更加广泛的应用。

参考文献

[1] Shannon C，McCarthy J. Automata studies. New Jersey：Princeton University Press，1956：43.

[2] Neumann J. The computer and the brain. New Heaven：Yale University Press，1956.

[3] Neumann J. Theory of self-reproducing automata. Chicago：University of Illinois Press，1966.

[4] Wolfram S. Nature，1984，311（5985）：419.

[5] Hedlund G. Mathematical Systems Theory，1969，3：320.

[6] Wolfram S. Cellular automata and complexity（Collected papers）. New York：Addison- Wesley，1994.

[7] Wolfram S. Theory and applications of cellular automata. Singapore：World Scientific，1986.

[8] 谢惠民．复杂性与动力系统．上海：上海科技出版社，1994.

[9] Kari J. Theoretical Computer Science，2005，334（1-3）：3-33.

[10] Wolfram S. A new kind of science. Champaign IL：Wolfram Media，2002.

[11] Zygourakis K，Bizios R，Markenscoff P. Biotech Bioeng，1991，38（5）：459.

[12] Zygourakis K，Markenscoff P，Bizios R. Biotech Bioeng，1991，38（5）：471.

第3篇

化工热力学

主 稿 人、编写人员：刘洪来　华东理工大学教授
审 稿 人：胡　英　中国科学院院士，华东理工大学教授

第一版编写人员名单
编写人员：侯虞钧　章思规
审 校 人：卢焕章

第二版编写人员名单
主稿人、编写人员：胡　英

1

引论

1.1 沿革

热力学是物理学的一个分支学科，于19世纪中叶开始形成。最初只是研究热能与机械能间的转换，以后逐渐扩展到研究与热现象有关的各种能量转换和状态变化的规律。在热力学定律中，最基本的是第一定律和第二定律。前者表示能量在转换过程中数量守恒，后者从能量转换所受到的限制，论证了宏观过程的方向。它们具有普遍意义，在各个领域得到广泛的应用。当应用于化学领域，形成了化学热力学，内容有热化学、相平衡和化学平衡理论。当应用于热力工程，形成了工程热力学，主要研究蒸汽机、内燃机、燃气轮机、冷冻机等的工作过程和工质的热力学性质，探讨提高能量转换效率的途径。化工热力学则是在化学热力学和工程热力学的基础上，伴随着化学工业的发展而逐步形成的。由于蒸馏、吸收、萃取、结晶、吸附等单元操作以及各种类型反应装置的出现，在研究开发和设计中要求提供多组分系统的温度、压力、各相组成和各种热力学性质间相互关系的数学模型，它不仅需要热力学原理，还需要适用于从低压到高压包括临界区，从非极性到极性以至形成氢键，从小分子、离子到高分子和生物大分子系统的分子热力学理论模型，还需要解决相应的复杂的计算方法，这些都远远超出了传统化学热力学的内容。另外，化工生产中能量消耗在生产费用中占有很高的比例，涉及的工质比一般热力工程的要复杂得多，因此更需要研究能量包括低品位能量的有效利用，建立适合化工过程的热力学分析方法。1939年，美国麻省理工学院H. C. Weber教授编写了《化学工程师用热力学》；1944年，美国耶鲁大学B. F. Dodge教授写出了名为《化工热力学》的教科书。由此化工热力学逐步形成化学工程中的一个分支学科。随着化学工业规模的扩大，新过程的开发，以及计算机的使用，化工热力学的研究和应用有了较大的发展。世界各国的化工热力学专家在1977年举行了首届化工过程设计中的流体性质和相平衡国际会议（PPEPPD），以后每三年一次，还出版了国际性杂志《Fluid Phase Equilibria》。我国也已出版了多种化工热力学教材[1~7]、专著和参考书[8~18]以及各种译著[19~25]。

1.2 热力学常用术语

为了对热力学内容有准确无误的理解，这里需要对一些常用术语加以说明。

1.2.1 系统和环境

系统指研究的对象，包括物质和空间。环境指系统以外有关的物质和空间。系统与环境间由实际的或假想的、固定的或可移动的边界分开，彼此可以有也可以没有能量或物质的传递。按照系统与环境间能量和物质传递的不同情况，可将系统分为：

（1）封闭系统 只有能量传递，没有物质传递。

（2）敞开系统 既有能量传递，也有物质传递。

（3）孤立系统 既无能量传递，也无物质传递。

1.2.2 状态和状态函数

状态是系统一切性质的总和，由状态单值决定的那些性质统称为状态函数。

（1）平衡态 热力学中所研究的状态，一般都是平衡态，这时系统处于热平衡、力平衡、相平衡和化学平衡状态，与环境无关的平衡称为内部平衡，与环境有关的平衡称为外部平衡。相平衡和化学平衡是内部平衡。热平衡和力平衡要求系统内温度均匀和压力均匀，是内部平衡；又要求系统与环境温度相等和压力相等，所以也是外部平衡。

（2）有关平衡态的基本假定 根据经验，对于一个均相系统，如果没有除压力以外的其他广义力，为确定平衡态，除了系统中每一种物质的数量外，还需要确定两个独立的状态函数。如果考虑广义力，每个广义力还需再增加一个独立的状态函数。

状态函数按其与物质数量的关系分为两类：

① 强度性质 将系统人为地划分为若干部分，对各部分来说，如果某性质仍保持原来的数值，该性质即为强度性质。如温度、压力、密度等。

② 广延性质 又称容量性质。如某性质与这部分中所含物质的数量成正比，该性质即为广延性质，如体积、能量等。

状态函数的基本特征：状态一定，状态函数的数值一定；状态变化，状态函数的变化值取决于初终态，与变化的过程无关。表达各状态函数间相互关系的方程称为状态方程。在化工热力学中通常狭义地指表达压力 p、体积 V、温度 T 和物质的量 n 间相互关系的方程。

1.2.3 过程

过程是指在一定的环境条件下，系统从一个状态到另一个状态的变化过程。常见的有：

（1）恒温过程 系统与环境温度相等并恒定。

（2）恒压过程 系统与环境压力相等并恒定。

（3）绝热过程 系统与环境间隔绝热的传递。

（4）循环过程 封闭系统经历一系列变化后复原。

（5）稳流过程 敞开系统虽有物质和能量流进流出，但系统中没有物质和能量积累。

（6）可逆过程 在无限接近平衡并且没有摩擦力的条件下进行的过程。在同样的平衡条件下，正逆过程都可能进行，逆向进行时，系统和环境在过程中每一步的状态都是原来正向进行时的重演。系统经历可逆循环过程复原后，环境中不会遗留永久性的不可逆变化。

（7）不可逆过程 一切实际过程都是不可逆过程。在同样的环境条件下，逆过程不可能进行。系统经历不可逆循环过程复原后，环境中将遗留永久性的不可复原的变化。

1.2.4 热力学标准状态

许多热力学性质不知道也没有必要知道绝对值，因而需要指定统一的参考态。热力学标准状态规定如下。

气体：在标准压力 $p^{\ominus}$ 下处于理想气体状态的纯物质，符号用$^{\ominus}$(g)。这是一种虚拟状态，可通过下列步骤达到：首先降低压力至趋近于零，然后设想取消分子间相互作用变为理想气体，再升高压力至 $p^{\ominus}$。

液体和固体：标准压力 $p^{\ominus}$下的液态和固态纯物质，符号用$^{\ominus}$(l) 和$^{\ominus}$(s)。

$p^{\ominus}$通常取0.1MPa或101325Pa（1atm）。物质在热力学标准状态下的性质决定于物质的本性，以及所具有的温度。

1.2.5 本篇若干符号规定

$V_m=V/n$ V_m 为摩尔体积，等于体积除以物质的量。

$V^*_{m,B}$ $V^*_{m,B}$为纯物质B的摩尔体积。

$\Delta_{vap}V_m=V_m(g)-V_m(l)$ $\Delta_{vap}V_m$ 为摩尔蒸发体积。

$\Delta_{fus}V_m=V_m(l)-V_m(s)$ $\Delta_{fus}V_m$ 为摩尔熔化体积。

$\Delta_{sub}V_m=V_m(g)-V_m(s)$ $\Delta_{sub}V_m$ 为摩尔升华体积。

有以下两点需要说明。

① 关于物质的量，它是物质中指定的基本单元的数目 N 除以阿伏伽德罗常数 N_A，符号用 n，对于物质B：

$$n_B=N_B/N_A \tag{3-1-1}$$

物质的量的单位是mol，在使用物质的量时，原则上应指明基本单元，除非是约定俗成。基本单元可以是原子、分子、离子、自由基、电子等，或是这些粒子的特定组合。例如1mol H_2，或1mol $2H_2$，或1mol H，但1mol氢就不明确。又如1mol Ca^{2+}，或1mol $\frac{1}{2}Ca^{2+}$，但1mol钙离子就不明确。

② 关于化学反应，一般可写为：

$$0=\sum_B \nu_B B \tag{3-1-2}$$

式中，B为反应物或产物；ν_B为B的计量系数，反应物取负值，产物取正值。例如 $0=-N_2-3H_2+2NH_3$，$\nu_{N_2}=-1$，$\nu_{H_2}=-3$，$\nu_{NH_3}=2$。对于化学反应，同样使用物质的量。例如1mol($-N_2-3H_2+2NH_3$)，或1mol($-0.5N_2-1.5H_2+NH_3$)，两者的体积变化相差一倍。因此，原则上也应指明基本单元。例如前者的标准摩尔反应体积：

$$\Delta_r V^{\ominus}_m=-V^{\ominus}_{m,N_2}(g)-3V^{\ominus}_{m,H_2}(g)+2V^{\ominus}_{m,NH_3}(g)$$

式中，$V^{\ominus}_{m,B}(g)$ 是物质B在气体热力学标准状态下的摩尔体积。

实际应用时，如不会引起误解，可相应简化。

1.3 解决实际问题的框架

化工热力学的任务概括地说有两个方面：一是平衡研究；二是过程的热力学分析。

平衡研究对于单相系统来说主要是物性研究，要得出一定温度、压力和组成下的密度、热容、熵、逸度系数、活度系数等热力学性质，它是进一步研究多相系统和化学反应系统的基础，也是过程热力学分析的基础。对于多相系统，主要是研究相平衡时温度、压力与各相组成以及各种热力学性质间的相互依赖关系，它直接为选择分离方法以及单元操作装置的研究设计和优化服务。对于化学反应系统，主要是研究化学平衡时温度、压力与组成间的相互依赖关系，为反应装置的研究设计提供理想极限。

过程的热力学分析是从有效利用能量的角度研究实际生产过程的效率。它有两个层次：一是能量衡算，计算过程实际消耗的热、机械功、电功等；二是进一步分析能量品位的变化。热力学原理告诉我们，功的品位比热高，较高温度热源提供的热比较低温度热源提供的品位高。实际生产过程总是伴随着能量品位的降级，一个效率较高的过程应该是能量品位降低较少的过程。热力学分析可指明过程中引起能量品位严重降低的薄弱环节，提供改进方向。

解决上述实际问题的框架一般由下列四个步骤组成：

① 选择切题的热力学关系式；

② 输入足够数量的性质以表征系统；

③ 输入独立变量或条件；

④ 输出从属变量，即所需结果。

对于平衡研究，举一个单元系统气液平衡的例子，要求计算摩尔蒸发热 $\Delta_{vap}H_m$。切题的热力学关系式是 Clapeyron 方程 $dp^*/dT=\Delta_{vap}H_m/T\Delta_{vap}V_m$，式中 p^* 是饱和蒸气压。按相律可求得自由度为 1，只有一个独立变量，现取温度，要求一定温度下的蒸发热。但是仅仅输入 T，并不能得到 $\Delta_{vap}H_m$，因为 Clapeyron 方程是一个普遍性的关系式，并不认识所研究的具体系统。必须输入足够数量的性质来表征具体系统，对于这个例子，就是要输入该系统的饱和蒸气压随温度的变化率 dp^*/dT，以及 $\Delta_{vap}V_m$。最后输出 $\Delta_{vap}H_m$。

对于过程的热力学分析，举一个流体压缩或膨胀的例子，要求恒温下的理想功 W_R。切题的热力学关系式是 $W_R=-\int_{V_1}^{V_2}p\,dV$。给出条件是 n、T、p_1 和 p_2。但是仅仅输入这些条件并不能得到 W_R，因为该式是一个普遍性的关系式，必须输入足够数量的性质来表征具体系统，对于此例，要输入该系统在一定 n、T 下 p 和 V 的关系。最后得出 W_R。

由以上讨论可见，为解决一个实际问题，有两个前提：一是切题的热力学关系式；二是输入为表征系统所必需的性质。前一个原则上应由经典热力学提供，后一个却并不属于经典热力学的范畴，它由两条途径解决，直接输入实验数据或输入分子热力学模型包括一定的模型参数。用分子热力学模型表征实际系统使应用更为简便也更常用。对于上面的例子，就可以利用状态方程，在输入状态方程参数后，可以计算一定 T、p 下气体和液体的体积，以及饱和蒸气压随温度的变化。分子热力学模型主要有状态方程和过量函数模型两大类，它们是实际系统的近似描述。构作时多采用分子热力学方法，从系统的微观结构出发，进行统计力学理论推导，并结合实验或计算机模拟的结果引入合理的简化[26]。

参考文献

[1] 朱自强，吴有庭．化工热力学．第三版．北京：化学工业出版社，2010.

[2] 马沛生，李永红．化工热力学（通用型）．第二版．北京：化学工业出版社，2009.

[3] 施云海，王艳莉，彭阳峰，等．化工热力学．第二版．上海：华东理工大学出版社，2013.

[4] 陈钟秀，顾飞燕，胡望明．化工热力学．第三版．北京：化学工业出版社，2012.

[5] 陈光进．化工热力学．北京：石油工业出版社，2006.

[6] 陈新志，蔡振云，胡望明，等．化工热力学．第四版．北京：化学工业出版社，2015.
[7] 冯新，宣爱国，周彩荣，等．化工热力学．北京：化学工业出版社，2009.
[8] 朱自强，姚善泾，金彰礼．流体相平衡原理及其应用．杭州：浙江大学出版社，1990.
[9] 胡英．流体的分子热力学．北京：高等教育出版社，1983.
[10] 胡英，刘国杰，徐英年，等．应用统计力学——流体物性的研究基础．北京：化学工业出版社，1990.
[11] 胡英．近代化工热力学——应用研究的新进展．上海：上海科技文献出版社，1994.
[12] 郭天民等．多元汽液平衡和精馏．北京：化学工业出版社，1983.
[13] 李以圭．金属溶剂萃取热力学．北京：清华大学出版社，1988.
[14] 袁一，胡德生．化工过程热力学分析方法．北京：化学工业出版社，1985.
[15] 骆赞椿，徐汛．化工节能热力学原理．北京：烃加工出版社，1990.
[16] 党洁修，涂敏端．化工节能基础．过程热力学分析．成都：成都科技大学出版社，1987.
[17] 赵家凤，薛荣书，朱昌厚，等．㶲理论及其工程应用．重庆：重庆大学出版社，1992.
[18] 王琨．物理化学数据查阅指南．上海：上海科学技术文献出版社，1990.
[19] [美]史密斯 J M，范内斯 H C，阿博特 M M. 化工热力学导论．第七版．刘洪来，陆小华，陈新志，等译．北京：化学工业出版社，2007.
[20] Prausnitz J M，et al. 流体相平衡的分子热力学．骆赞椿，吕瑞东，刘国杰，等译，北京：化学工业出版社，1990.
[21] Sandler S I. 化学与工程热力学．吴志高，冯国祥，徐汛，等译．北京：化学工业出版社，1985.
[22] 赵广绪（Chao K C)，[美]格林肯 R A（GreenkornR A). 流体热力学：平衡理论的导论．浙江大学化工系分离工程教研室译．北京：化学工业出版社，1984.
[23] Smith J M，van Ness H C. 化工热力学．田福助，译．北京：世界图书出版公司，1990.
[24] [美]Walas S M. 化工相平衡．韩世钧，等译．北京：中国石化出版社，1991.
[25] Prausnitz J M，Lichtenthaler R N，de Azevedo E G. 流体相平衡的分子热力学．原著第三版．陆小华，刘洪来，译．北京：化学工业出版社，2006.
[26] Hu Y，Liu H L. Fluid Phase Equilibria，2006，241（1)：248.

2

热力学基本定律

2.1 热力学第零定律

当两个系统分别与第三个系统达到热平衡时，这两个系统彼此也达到热平衡。由此定律逻辑可以得出，系统存在一个可作冷热度量的性质，即温度。系统达到热平衡的标志是系统内各个部分以及环境具有相同的温度。

2.2 热力学第一定律

封闭系统与环境间以热和功的形式传递的能量，等于系统内能的变化。它是能量守恒原理的一个特例。第一定律可用式(3-2-1)表示为：

$$Q+W=\Delta U,\ \text{đ}Q+\text{đ}W=\mathrm{d}U \tag{3-2-1}$$

式中，U 为内能，是系统内部所有的分子间相互吸引或排斥的分子间位能、分子的移动、转动、振动、电子运动、核运动能量的总和。但不包括系统作为一个整体运动的动能和在重力场中的位能；Q 为热，是由于系统与环境温度有差别而引起的从高温物体到低温物体的能量传递，吸热为正，放热为负；W 为功，是除热以外系统与环境间的能量传递，得功为正，做功为负；由于 Q、W 不仅取决于状态变化，还与过程有关，对无限小过程中的热和功，不能用全微分，故采用符号 đQ、đW，以与全微分符号 d 相区别。

(1) 体积功 是由系统体积增大或减小而引起的能量传递，符号用 W_{vol}，定义为：

$$W_{\mathrm{vol}}=-\int_{V_1}^{V_2} p_{\mathrm{ext}}\mathrm{d}V \tag{3-2-2}$$

式中，p_{ext}为环境的压力。使用 p_{ext}是约定俗成。如达到力平衡，$p_{\mathrm{ext}}=p$，则

$$W_{\mathrm{vol}}=-\int_{V_1}^{V_2} p\,\mathrm{d}V \tag{3-2-3}$$

(2) 非体积功 除体积功外的其他功，符号用 W'。

将式(3-2-1) 用于恒容且不做非体积功，$W=0$，则

$$Q_V=U_2-U_1=\Delta U \tag{3-2-4}$$

式中，Q_V为恒容热效应，该式表明恒容且不做非体积功时系统与环境交换的热，取决于初终态，与过程无关。

(3) 焓 符号用 H，定义为：

$$H=U+pV \tag{3-2-5}$$

将式(3-2-1) 用于恒压且不做非体积功，$W=-p(V_2-V_1)$，则

$$Q_p-p(V_2-V_1)=U_2-U_1=\Delta U,\ Q_p=\Delta H=H_2-H_1 \tag{3-2-6}$$

式中，Q_p为恒压热效应，该式表明恒压且不做非体积功时系统与环境交换的热，取决于初终态，与过程无关。

(4) 恒容热容 符号用 C_V，定义为：

$$C_V=\text{đ}Q_V/\mathrm{d}T=(\partial U/\partial T)_V \tag{3-2-7}$$

(5) 恒压热容 符号用 C_p，定义为：

$$C_p=\text{đ}Q_p/\mathrm{d}T=(\partial H/\partial T)_p \tag{3-2-8}$$

2.2.1 第一定律对化学反应的应用

(1) Hess 定律 化学反应的热效应仅与反应物的最初状态和产物的最终状态有关，而与其中间步骤无关。这里的热效应，是指不做非体积功时的热。Hess 定律应在恒容或恒压时使用。

(2) 标准摩尔反应焓 $\Delta_r H_m^{\ominus}$，定义为：

$$\Delta_r H_m^{\ominus}=\sum_B \nu_B H_{m,B}^{\ominus} \tag{3-2-9}$$

式中，$H_{m,B}^{\ominus}$为热力学标准状态下 B 的摩尔焓。

(3) 标准摩尔生成焓 简称生成热，恒温时由最稳定的单质生成 1mol 物质的标准摩尔反应焓。符号用 $\Delta_f H_m^{\ominus}$。例如 $C_3H_8(g)$：

$$\Delta_f H_{m,C_3H_8(g)}^{\ominus}=-3H_{m,C(石墨)}^{\ominus}-4H_{m,H_2(g)}^{\ominus}+H_{m,C_3H_8(g)}^{\ominus}$$

式中，C 的最稳定单质是石墨。对于任意化学反应，标准摩尔反应焓可由反应物和产物的标准摩尔生成焓分别乘以相应计量系数加和而得：

$$\Delta_r H_m^{\ominus}=\sum_B \nu_B \Delta_f H_{m,B}^{\ominus} \tag{3-2-10}$$

例如反应 $0=-2C_2H_5OH(l)+C_4H_6(g)+2H_2O(l)+H_2(g)$

$$\Delta_r H_m^{\ominus}=-2\Delta_f H_{m,C_2H_5OH(l)}^{\ominus}+\Delta_f H_{m,C_4H_6(g)}^{\ominus}+2\Delta_f H_{m,H_2O(l)}^{\ominus}$$

H_2是最稳定的单质，$\Delta_f H_{m,H_2(g)}^{\ominus}=0$。

(4) 标准摩尔燃烧焓 简称燃烧热，是恒温时 1mol 物质完全燃烧时的标准摩尔反应焓。符号用 $\Delta_c H_{m,B}^{\ominus}$。燃烧产物指定为 $CO_2(g)$、$H_2O(l)$、$SO_2(g)$、$N_2(g)$ 等。例如$C_6H_5NH_2(l)$：

$$\Delta_c H_{m,C_6H_5NH_2(l)}^{\ominus}=-H_{m,C_6H_5NH_2(l)}^{\ominus}-7.75H_{m,O_2(g)}^{\ominus}+6H_{m,CO_2(g)}^{\ominus}+3.5H_{m,H_2O(l)}^{\ominus}+0.5H_{m,N_2(g)}^{\ominus}$$

对于任意化学反应，标准摩尔反应焓可由反应物和产物的标准摩尔燃烧焓分别乘以相应计量系数的负值加和而得：

$$\Delta_r H_m^\ominus = -\sum_B \nu_B \Delta_c H_{m,B}^\ominus \tag{3-2-11}$$

例如反应 $0=-2C_2H_5OH(l)+C_4H_6(g)+2H_2O(l)+H_2(g)$，则

$$\Delta_r H_m^\ominus = 2\Delta_c H_{m,C_2H_5OH(l)}^\ominus - \Delta_c H_{m,C_4H_6(g)}^\ominus - \Delta_c H_{m,H_2(g)}^\ominus$$

注意，$\Delta_c H_{m,H_2O(l)}^\ominus=0$，$\Delta_c H_{m,H_2(g)}^\ominus=\Delta_f H_{m,H_2O(l)}^\ominus$。

(5) Kirchhoff 定律

$$d\Delta_r H_m^\ominus/dT=\Delta_r C_{pm}^\ominus \tag{3-2-12}$$

式中，$\Delta_r C_{pm}^\ominus=\sum_B \nu_B C_{pm,B}^\ominus$，即标准摩尔反应恒压热容；$C_{pm,B}^\ominus$为热力学标准状态下 B 的摩尔恒压热容。Kirschhoff 定理的式(3-2-12) 是式(3-2-8) 应用于化学反应的直接结果，可用来计算标准摩尔反应焓随温度的变化。通常 $C_{pm}^\ominus$与温度的关系可表达为：

$$C_{pm}^\ominus=a+bT+cT^2 \tag{3-2-13}$$

$$\Delta_r C_{pm}^\ominus=\Delta_r a+\Delta_r bT+\Delta_r cT^2 \tag{3-2-14}$$

代入式(3-2-12) 积分可得：

$$\Delta_r H_m^\ominus(T)=\Delta H_0+\Delta_r aT+(\Delta_r b/2)T^2+(\Delta_r c/3)T^3 \tag{3-2-15}$$

式中，ΔH_0 为积分常数。

由式(3-2-15) 可见，只要知道一个温度下的标准摩尔反应焓，求出积分常数 ΔH_0 后，就可以计算其他温度下的标准摩尔反应焓。注意使用式(3-2-15) 时，在所计算的温度区间内应无相变化。

各种物质的 $\Delta_f H_{m,B}^\ominus$(298.15K)、$\Delta_c H_{m,B}^\ominus$(298.15K)、$C_{pm}^\ominus(T)$ 或 a、b、c 可由本手册第一篇查得。

2.2.2 第一定律对敞开系统的应用

设有图 3-2-1 所示生产装置，由泵和管式反应器组成，虚线以内充满物料的空间选作系统，这是一个敞开系统，如果没有物质和能量的积累，即为稳流过程。现取一定时间为基准，有一定数量的物料在 T_1、p_1下流入系统，体积为V_1，带入能量由三部分组成，即内能 U_1、动能 E_{k1}、位能 E_{p1}，

$$E_{k1}=mv_1^2/2,\ E_{p1}=mgh_1 \tag{3-2-16}$$

式中，m 为该时间段内流入系统物料的质量；v_1 为物料流入时的线速度；h_1 为物料流

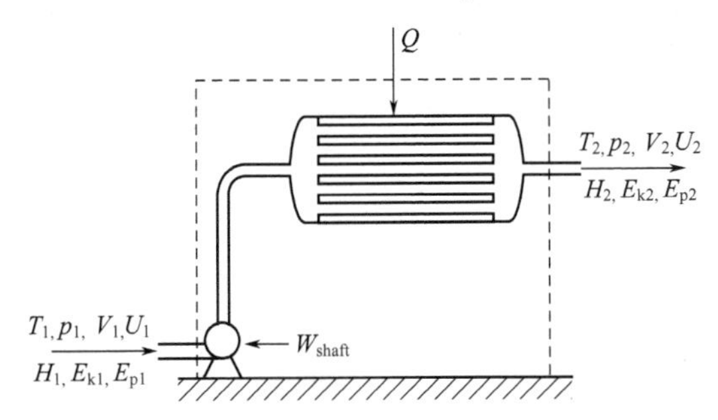

图 3-2-1 第一定律对敞开系统的应用

入时相对于某基准平面的高度；g 为重力加速度。

与此同时，有相同质量的物料在 T_2、p_2 下由系统流出，体积为 V_2，带出能量为 U_2、E_{k2}、E_{p2}，

$$E_{k2}=mv_2^2/2,\ E_{p2}=mgh_2 \tag{3-2-17}$$

式中，v_2 为物料流出时的线速度；h_2 为物料流出时相对于某基准平面的高度。

将第一定律推广，可写出能量衡算式：

$$Q+W=\Delta U+\Delta E_k+\Delta E_p=U_2+E_{k2}+E_{p2}-U_1-E_{k1}-E_{p1} \tag{3-2-18}$$

式中，$W=W_{vol}+W_{shaft}$；$W_{vol}=p_1V_1-p_2V_2$；W_{shaft} 为轴功，通过动力装置例如泵所传递的功，是一种非体积功。

以焓的定义式(3-2-5) 代入：

$$Q+W_{shaft}=\Delta H+\Delta E_k+\Delta E_p \tag{3-2-19}$$

如不计动能和位能的变化，

$$Q+W_{shaft}=\Delta H=H_2-H_1 \tag{3-2-20}$$

如没有轴功，

$$Q=\Delta H=H_2-H_1 \tag{3-2-21}$$

注意此式与式(3-2-6) 的 $Q_p=\Delta H$ 不同，它不要求恒压，适用于敞开系统稳流过程。

2.3 热力学第二定律

热力学第二定律的通俗表述方法有两种。

① Clausius 表述　热从低温物体传给高温物体而不产生其他变化是不可能的。

② Kelvin 表述　从一个热源吸热，使之完全转化为功而不产生其他变化是不可能的。

这两种表述方法表明，在能量守恒的前提下，有的过程是不可能发生的。由此可引申出实际过程有一定的方向，即在同样条件下逆过程是不可能发生的，并引申出过程进行存在限度，它是可能与不可能的分界。热力学第二定律是在研究提高热机效率的过程中诞生的，其作用已远远超出热机的范畴，它是一个有关宏观过程方向和限度的具有普遍意义的定律。

(1) 热机效率　热机是在两个热源下工作，由高温热源吸热，一部分传给低温热源，另一部分转变为作功的机器。它是蒸汽机等热力装置的模型。工作过程见图 3-2-2，工作介质从温度为 T_{surr1} 的高温热源吸热 Q_1 并膨胀，接着绝热膨胀降温，然后放热 Q_2 给温度为 T_{surr2} 的低温热源并压缩，最后绝热压缩升温完成循环，总共作功 W。按第一定律，

$$Q_1+Q_2+W=0 \tag{3-2-22}$$

热机效率符号用 η，定义为：

$$\eta=-W/Q_1=(Q_1+Q_2)/Q_1 \tag{3-2-23}$$

它是从高温热源所吸的热转变为功的分数。

(2) 卡诺定理　所有工作于两个一定温度的热源之间的热机，以可逆热机的热机效率为

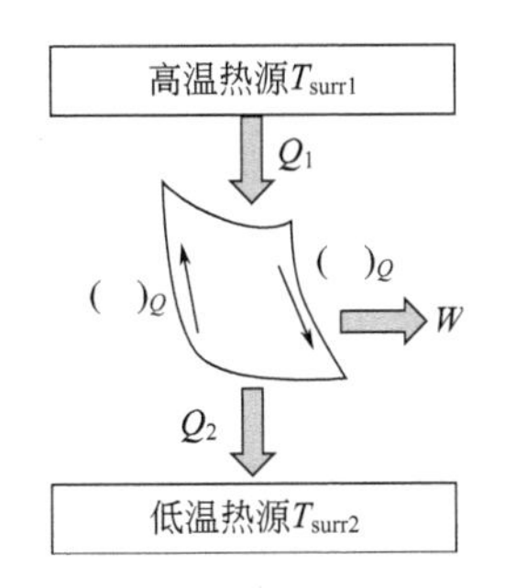

图 3-2-2 热机工作过程

最大。可逆热机又称卡诺机或卡诺循环，它由高温下吸热 Q_{R_1} 和低温下放热 Q_{R_2} 的两个恒温可逆过程和两个绝热可逆过程组成，作功为 W_R。如将上述循环逆转，称为逆卡诺机，参见图 3-2-3，这时得功 $W_{\overline{R}}$，从低温吸热 $Q_{\overline{R}_2}$，高温下放热 $Q_{\overline{R}_1}$，并且 $W_{\overline{R}}=-W_R$，$Q_{\overline{R}_2}=-Q_{R_2}$，$Q_{\overline{R}_1}=-Q_{R_1}$。逆卡诺机是冷冻机和热泵的理想模型。卡诺定理可由热力学第二定律证得。它的含义在于：不论工作介质是什么物质，也不论过程中发生什么变化包括相变化和化学变化，只要是在同样的两个热源下工作，只要是可逆热机，就具有相同的最大效率。由第二定律可证得：

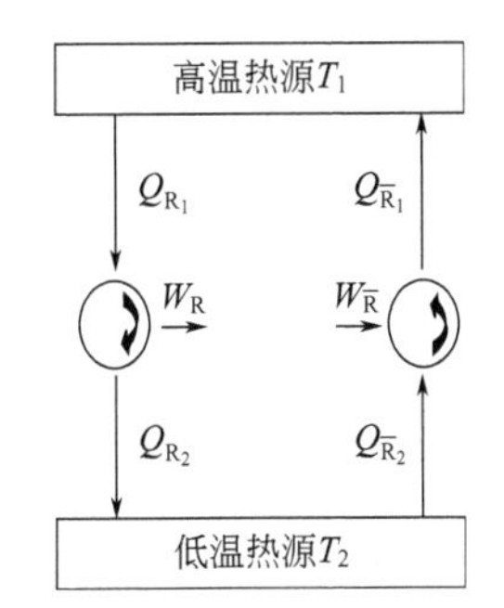

图 3-2-3 卡诺机和逆卡诺机

$$\begin{aligned}\eta_R&=-W_R/Q_{R_1}=(Q_{R_1}+Q_{R_2})/Q_{R_1}\\&=(T_{surr1}-T_{surr2})/T_{surr1}=(T_1-T_2)/T_1\end{aligned}\tag{3-2-24}$$

或
$$\frac{Q_{R_1}}{T_{surr1}}+\frac{Q_{R_2}}{T_{surr2}}=\frac{Q_{R_1}}{T_1}+\frac{Q_{R_2}}{T_2}=0\tag{3-2-25}$$

式中，T_{surr1} 和 T_{surr2} 为高温热源和低温热源的温度，由于可逆，$T_{surr1}=T_1$，$T_{surr2}=T_2$。式(3-2-24) 表明，最大效率与温差成正比。

(3) 能量的品位 由卡诺定理可以引申出：不同形式传递的能量具有不同的品位。①功的品位比热高。因为功可以任意地变为热，例如通过摩擦，热却不能任意地变为功。卡诺定理告诉我们，从高温热源所吸的热，最多只有 η_R 部分变为功，η_R 决定于高温热源和低温热源的温差，温差愈大，转变效率愈高，但不论多高，η_R 总是小于 1。②从较高温热源所吸的热比较低温热源所吸的热品位高，因为前者可以做更多的功。

(4) Clausius 不等式 实际热机的效率总是比可逆热机小，$\eta\leqslant\eta_R$，等号即为可逆热机，是实际热机的极限。以式(3-2-24) 代入，

$$\eta=(Q_1+Q_2)/Q_1\leqslant\eta_R=(T_{surr1}-T_{surr2})/T_{surr1}$$

或
$$\frac{Q_1}{T_{surr1}}+\frac{Q_2}{T_{surr2}}\leqslant 0 \tag{3-2-26}$$

推广至任意循环，可写出

$$\oint dQ/T_{surr}\leqslant 0 \tag{3-2-27}$$

等号即为可逆循环，这时 $T_{surr}=T$

$$\oint đQ_R/T=0 \tag{3-2-28}$$

由此可逻辑得出，在初终态Ⅰ和Ⅱ之间，$\int_{\text{I}}^{\text{II}} đQ_R/T$ 与途径无关，$đQ_R/T$ 是全微分，并且

$$\int_{\text{I}}^{\text{II}} đQ_R/T\geqslant\int_{\text{I}}^{\text{II}} đQ/T \tag{3-2-29}$$

式(3-2-27)、式(3-2-29) 即为 Clausius 不等式，它表明：可逆过程的热温商$\left(\int đQ_R/T\right)$总是比不可逆过程的热温商$\left(\int đQ/T\right)$要大。

(5) 熵 由于 $đQ_R/T$ 是全微分，定义

$$dS=đQ_R/T,\ \Delta S=S_{\text{II}}-S_{\text{I}}=\int_{\text{I}}^{\text{II}} đQ_R/T \tag{3-2-30}$$

式中，S 为熵。统计力学指出，它是系统混乱程度的度量。

(6) 不可逆程度 以式(3-2-30) 代入式(3-2-29)

$$T_{surr}dS-đQ\geqslant 0 \tag{3-2-31}$$

$$\int_{S_1}^{S_2} T_{surr}dS-Q\geqslant 0 \tag{3-2-32}$$

$TdS-đQ$ 或 $\int_{S_1}^{S_2} T_{surr}dS-Q$ 称为不可逆程度。由此可见，可逆过程的不可逆程度为零，实际的不可逆过程的不可逆程度大于零，不可逆程度小于零是不可能的。

下面进一步讨论不可逆程度的意义，参阅图 3-2-4。设系统在温度为 T 时进行一实际的无限小的不可逆过程，见图 3-2-4 左侧，内能变化 dU，功和热分别为 $đW$ 和 $đQ$，环境温度为 T_{surr}。如系统进行可逆过程产生同样的无限小变化，功和热分别为 $đW_R$ 和 $đQ_R$，这时环境温度应为 T。为使用与实际过程同样的环境，可将此 $đQ_R$ 通过卡诺机产生功 $đW_{Rc}$，并放热 $đQ_{R_0}$ 给温度为 T_{surr} 的环境，$đQ_R=đW_{RC}+đQ_{R_0}$，见图 3-2-4 右侧。按式(3-2-25) 和式(3-2-30)，

$$dQ_{R_0}/T_{surr}=dQ_R/T=dS \tag{3-2-33}$$

代入不可逆程度的式(3-2-31)，

$$T_{surr}dS-dQ=dQ_{R_0}-dQ=-dW_R-dW_{Rc}+dW=-dW_{ideal}+dW=dW_{lost} \tag{3-2-34}$$

式中，$W_{ideal}=W_R+W_{Rc}$，是 T_{surr} 条件下的理想功；$W_{lost}=-W_{ideal}+W$，是功损失。

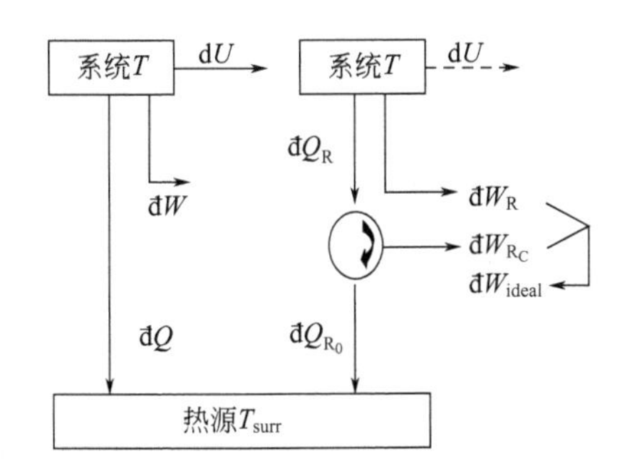

图 3-2-4　不可逆程度的含义

由此可见，不可逆程度就是功损失。可逆过程做最大的理想功，没有功损失。不可逆过程有功损失，功损失愈多，不可逆程度愈大。不可逆的含义正在于所得的功少于所应得的功，或所费的功多于所当费的功；这是不可复原的损失。

(7) 熵增原理　将式(3-2-31)、式(3-2-32) 用于孤立系统或绝热系统，由于 $đQ=0$，不可逆程度相当于

$$\mathrm{d}S\geqslant 0,\ \Delta S\geqslant 0 \tag{3-2-35}$$

即熵增原理。它表明，孤立系统或绝热系统中若进行不可逆过程，系统的熵必增大；若进行可逆过程，系统的熵不变；系统的熵减小是不可能的。

(8) 亥姆霍兹函数　又称自由能，符号用 A，定义为：

$$A=U-TS \tag{3-2-36}$$

在恒温的条件下应用不可逆程度的式(3-2-31)，得

$$T_{\mathrm{surr}}\mathrm{d}S-đQ=T\mathrm{d}S-đQ=\mathrm{d}(TS)-\mathrm{d}U+đW=-\mathrm{d}A+đW\geqslant 0 \tag{3-2-37}$$

$$\mathrm{d}A_T\leqslant đW,\ \mathrm{d}A_T=đW_{\mathrm{R}} \tag{3-2-38}$$

如果是恒温恒容，$W_{\mathrm{vol}}=0$，以 W'表示非体积功，则

$$\mathrm{d}A_{T,V}\leqslant đW',\ \mathrm{d}A_{T,V}=đW'_{\mathrm{R}} \tag{3-2-39}$$

如果是恒温恒容又不做非体积功，则

$$\mathrm{d}A_{T,V,đW'=0}\leqslant 0 \tag{3-2-40}$$

亥姆霍兹函数总是减小，所以又称恒温恒容位。

(9) 吉布斯函数　又称自由焓，符号用 G，定义为：

$$G=H-TS=U+pV-TS=A+pV \tag{3-2-41}$$

在恒温恒压的条件下应用不可逆程度的式(3-2-31)，则：

$$\begin{aligned}T_{\mathrm{surr}}\mathrm{d}S-đQ&=T\mathrm{d}S-đQ\\&=\mathrm{d}(TS)-\mathrm{d}U-p\mathrm{d}V+đW'\\&=\mathrm{d}(TS)-\mathrm{d}U-\mathrm{d}(pV)+đW'\\&=-\mathrm{d}G+đW'\geqslant 0\end{aligned} \tag{3-2-42}$$

$$\mathrm{d}G_{T,p}\leqslant đW',\ \mathrm{d}G_{T,p}=đW'_{\mathrm{R}} \tag{3-2-43}$$

如果是恒温恒压又不做非体积功，则：

$$dG_{T,p,đW'=0} \leqslant 0 \tag{3-2-44}$$

吉布斯函数总是减小，所以又称恒温恒压位。

2.4 热力学第三定律

1902年，Richards研究了凝聚系统中一些原电池反应的 ΔH 和 ΔG 随温度的变化，发现 $\lim\limits_{T\to 0}(\Delta H-\Delta G)=0$。1906年，Nernst注意到 ΔH 与 ΔG 趋于相等的方式，提出假设：当温度趋于0K时，ΔH 与 ΔG 随温度变化的曲线相切，切线与温度坐标平行，即 $\lim\limits_{T\to 0}\Delta S=0$。可用文字表述为：当温度趋于0K时，凝聚系统中恒温过程的熵变趋于零，称为Nernst热定理。由于反应中熵不变，不同物质在0K时的熵原则上可以任意选取。1912年，Planch作了一个最方便的选择，称为Planch假设，表述为：纯物质在0K时的摩尔熵为零。1920年，Lewis和Gibson考虑到如果不是完美晶体，即使0K仍可能有一定的无序，使熵增加，因而提出修正：0K时完美晶体的熵等于零。1927年，F. E. Simon进一步提出：当温度趋于0K，系统中仅涉及处于内部平衡的纯物质时，则恒温过程的熵变趋于零。这个由Simon修正的Nernst热定理，就是热力学第三定律。Lewis和Gibson修正的Planch假设，也可以作为热力学第三定律。用式(3-2-45) 表示：

$$\Delta S(0\text{K})=0,\ S_{\text{m,B}}^{*}(0\text{K})=0 \tag{3-2-45}$$

在统计力学中，熵按式(3-2-46) 定义：

$$S=k\ln\Omega \tag{3-2-46}$$

式中，k 为Boltzmann常数；Ω 为热力学概率，宏观状态对应的微观状态总数，是系统混乱度的度量。

当温度趋于0K，所有热运动停止，因为只有一种微观状态，因而 $\Omega=1$，$S=0$。这样定义的熵因而又称为热熵。

3

热力学关系式

3.1 热力学基本方程

对于含有 K 个组分的均相系统，如无除压力外的其他广义力，热力学基本方程共四个：

$$\mathrm{d}U = T\mathrm{d}S - p\mathrm{d}V + \sum_{i=1}^{K}\mu_i \mathrm{d}n_i \tag{3-3-1}$$

$$\mathrm{d}H = T\mathrm{d}S + V\mathrm{d}p + \sum_{i=1}^{K}\mu_i \mathrm{d}n_i \tag{3-3-2}$$

$$\mathrm{d}A = -S\mathrm{d}T - p\mathrm{d}V + \sum_{i=1}^{K}\mu_i \mathrm{d}n_i \tag{3-3-3}$$

$$\mathrm{d}G = -S\mathrm{d}T + V\mathrm{d}p + \sum_{i=1}^{K}\mu_i \mathrm{d}n_i \tag{3-3-4}$$

式中，μ_i 为组分 i 的化学位，按式(3-3-5) 定义：

$$\mu_i = \left(\frac{\partial U}{\partial n_i}\right)_{S,V,n[i]} = \left(\frac{\partial H}{\partial n_i}\right)_{S,p,n[i]} = \left(\frac{\partial A}{\partial n_i}\right)_{T,V,n[i]} = \left(\frac{\partial G}{\partial n_i}\right)_{T,p,n[i]} \tag{3-3-5}$$

下标 $n[i]$ 表示除 n_i 外其他组分的量保持恒定。如有其他广义力 X 和相应的广义位移 Y，上面方程要增加一项 $X\mathrm{d}Y$。例如界面张力 σ 和界面面积 A，则增加一项 $\sigma\mathrm{d}A$。

热力学基本方程可由有关平衡态的基本假定以及第一、第二定律导得。按平衡态的基本假定，可将内能表达为：

$$U = U(S, V, n_1, \cdots, n_K) \tag{3-3-6}$$

写出全微分式：

$$\mathrm{d}U = \left(\frac{\partial U}{\partial S}\right)_{V,n_j}\mathrm{d}S + \left(\frac{\partial U}{\partial V}\right)_{S,n_j}\mathrm{d}V + \sum_{i=1}^{K}\left(\frac{\partial U}{\partial n_i}\right)_{S,V,n[i]}\mathrm{d}n_i \tag{3-3-7}$$

下标 n_j 表示所有组分的量均恒定，此式与过程是否可逆无关。为求前两个偏导数，在各物质的量均恒定的条件下，将第一定律用于可逆过程：

$$\mathrm{d}U = \text{đ}Q_\mathrm{R} + \text{đ}W_\mathrm{R} = \text{đ}Q_\mathrm{R} - p\mathrm{d}V \tag{3-3-8}$$

以第二定律的式(3-2-30) $\mathrm{d}S = \text{đ}Q_\mathrm{R}/T$ 代入：

$$\mathrm{d}U = T\mathrm{d}S - p\mathrm{d}V \tag{3-3-9}$$

与式(3-3-7) 相比较，得：

$$\left(\frac{\partial U}{\partial S}\right)_{V,n_j}=T,\ \left(\frac{\partial U}{\partial V}\right)_{S,n_j}=-p \tag{3-3-10}$$

再以式(3-3-5) 化学位定义式代入，即得式(3-3-1)，然后结合 H、A、G 的定义式，即得式(3-3-2)～式(3-3-4)。

对于式(3-3-6)，它的所有变量都是广延性质，当所有独立变量都增大 a 倍，从属变量也将增大 a 倍，这正是一阶齐次函数的特点，

$$U(aS,aV,an_1,\cdots,an_K)=aU(S,V,n_1,\cdots,n_K) \tag{3-3-11}$$

根据齐次函数的 Euler 定理，可立即写出：

$$U=\left(\frac{\partial U}{\partial S}\right)_{V,n_j}S+\left(\frac{\partial U}{\partial V}\right)_{S,n_j}V+\sum_{i=1}^{K}\left(\frac{\partial U}{\partial n_i}\right)_{S,V,n[i]}n_i \tag{3-3-12}$$

以式(3-3-10) 和式(3-3-5) 代入，并结合 H、A、G 的定义式，则：

$$U=TS-pV+\sum_{i=1}^{K}n_i\mu_i \tag{3-3-13}$$

$$H=TS+\sum_{i=1}^{K}n_i\mu_i \tag{3-3-14}$$

$$A=-pV+\sum_{i=1}^{K}n_i\mu_i \tag{3-3-15}$$

$$G=\sum_{i=1}^{K}n_i\mu_i \tag{3-3-16}$$

这四个式子是热力学基本方程的积分形式。

热力学基本方程代表了一个 $K+3$ 维的热力学曲面，坐标有四种选择，但它们都是完全等价的，其中每一种都包含有系统的全面信息。

如果系统有 π 个相，可将上述均相方程用于每一相，加和即得整个系统的基本方程：

$$B=\sum_{\zeta=1}^{\pi}B^{(\zeta)},\mathrm{d}B=\sum_{\zeta=1}^{\pi}\mathrm{d}B^{(\zeta)},\ B=U、H、A、G \tag{3-3-17}$$

3.1.1 热力学偏导数关系式

由热力学基本方程直接可得：

$$-p=\left(\frac{\partial U}{\partial V}\right)_{S,n_j}=\left(\frac{\partial A}{\partial V}\right)_{T,n_j} \tag{3-3-18}$$

$$V=\left(\frac{\partial H}{\partial p}\right)_{S,n_j}=\left(\frac{\partial G}{\partial p}\right)_{T,n_j} \tag{3-3-19}$$

$$T=\left(\frac{\partial U}{\partial S}\right)_{V,n_j}=\left(\frac{\partial H}{\partial S}\right)_{p,n_j} \tag{3-3-20}$$

$$-S=\left(\frac{\partial A}{\partial T}\right)_{V,n_j}=\left(\frac{\partial G}{\partial T}\right)_{p,n_j} \tag{3-3-21}$$

3.1.2 Maxwell 关系式

利用状态函数的两阶偏导数与求导次序无关的原理，还可得出 Maxwell 关系式：

$$-\left(\frac{\partial T}{\partial V}\right)_{S,n_j}=\left(\frac{\partial p}{\partial S}\right)_{V,n_j},\ \left(\frac{\partial T}{\partial p}\right)_{S,n_j}=\left(\frac{\partial V}{\partial S}\right)_{p,n_j} \tag{3-3-22}$$

$$\left(\frac{\partial S}{\partial V}\right)_{T,n_j}=\left(\frac{\partial p}{\partial T}\right)_{V,n_j},\ -\left(\frac{\partial S}{\partial p}\right)_{T,n_j}=\left(\frac{\partial V}{\partial T}\right)_{p,n_j} \tag{3-3-23}$$

$$\left(\frac{\partial \mu_i}{\partial T}\right)_{V,n_j}=-\left(\frac{\partial S}{\partial n_i}\right)_{T,V,n[i]},\ \left(\frac{\partial \mu_i}{\partial T}\right)_{p,n_j}=-\left(\frac{\partial S}{\partial n_i}\right)_{T,p,n[i]} \tag{3-3-24}$$

$$\left(\frac{\partial \mu_i}{\partial p}\right)_{T,n_j}=\left(\frac{\partial V}{\partial n_i}\right)_{T,p,n[i]},\ \left(\frac{\partial \mu_i}{\partial V}\right)_{T,n_j}=-\left(\frac{\partial p}{\partial n_i}\right)_{T,V,n[i]} \tag{3-3-25}$$

3.1.3 Gibbs-Helmholtz 方程

式(3-3-21) 还可化为 **Gibbs-Helmholtz 方程**：

$$\left[\frac{\partial(A/T)}{\partial(1/T)}\right]_{V,n_j}=U,\ \left[\frac{\partial(G/T)}{\partial(1/T)}\right]_{p,n_j}=H \tag{3-3-26}$$

3.2 用 pVT 和 C_p 表达热力学偏导数

组成不变时，由 p、V、T、S、U、H、A、G 8 个状态函数可组成 336 个一阶偏导数，由于：

① 倒数关系式

$$\left(\frac{\partial Z}{\partial X}\right)_Y=\left(\frac{\partial X}{\partial Z}\right)_Y^{-1} \tag{3-3-27}$$

② 循环关系式

$$\left(\frac{\partial Z}{\partial X}\right)_Y\left(\frac{\partial X}{\partial Y}\right)_Z\left(\frac{\partial Y}{\partial Z}\right)_X=-1 \tag{3-3-28}$$

独立的一阶偏导数共 112 个。其中有两类共 6 个可通过实验直接测定。

(1) 由 *pVT* 实验测定的偏导数

① 热膨胀系数

$$\alpha=\frac{1}{V}\left(\frac{\partial V}{\partial T}\right)_p \tag{3-3-29}$$

② 等温压缩系数

$$\beta=-\frac{1}{V}\left(\frac{\partial V}{\partial p}\right)_T \tag{3-3-30}$$

③ 热压力系数

$$\gamma=\left(\frac{\partial p}{\partial T}\right)_V \tag{3-3-31}$$

$$\alpha/\beta\gamma=-1 \tag{3-3-32}$$

$\left(\frac{\partial V}{\partial T}\right)_p$、$\left(\frac{\partial V}{\partial p}\right)_T$、$\left(\frac{\partial p}{\partial T}\right)_V$ 中只有两个是独立的。

(2) 由量热实验测定的偏导数

$$\left(\frac{\partial H}{\partial T}\right)_p=C_p,\ \left(\frac{\partial U}{\partial T}\right)_V=C_V \tag{3-3-33}$$

又由于 $dS=đQ_R/T$，$đQ_p=dH$，$đQ_V=dU$

$$\left(\frac{\partial S}{\partial T}\right)_p=\frac{C_p}{T},\ \left(\frac{\partial S}{\partial T}\right)_V=\frac{C_V}{T} \tag{3-3-34}$$

其他的大量偏导数不能直接由实验测定，应用时首先需要将它们化为那些可以测定的偏导数的组合。推导时需应用热力学基本方程和偏导数关系式。下面列出一些重要的结果，它们在各种热力学计算中经常用到，它们的推导可参阅文献［1，2］。

$$\left(\frac{\partial p}{\partial S}\right)_V=T\left(\frac{\partial p}{\partial T}\right)_V\Big/C_V \tag{3-3-35}$$

$$\left(\frac{\partial U}{\partial V}\right)_T=T\left(\frac{\partial p}{\partial T}\right)_V-p \tag{3-3-36}$$

$$\left(\frac{\partial U}{\partial p}\right)_V=C_V\left(\frac{\partial T}{\partial p}\right)_V \tag{3-3-37}$$

$$\left(\frac{\partial H}{\partial p}\right)_T=-T\left(\frac{\partial V}{\partial T}\right)_p+V \tag{3-3-38}$$

$$\left(\frac{\partial T}{\partial p}\right)_H=\left[T\left(\frac{\partial V}{\partial T}\right)_p-V\right]\Big/C_p \tag{3-3-39}$$

$$C_p-C_V=T\left(\frac{\partial V}{\partial T}\right)_p\left(\frac{\partial p}{\partial T}\right)_V=-T\left(\frac{\partial V}{\partial T}\right)_p^2\left(\frac{\partial p}{\partial V}\right)_T=-T\left(\frac{\partial p}{\partial T}\right)_V^2\left(\frac{\partial V}{\partial p}\right)_T \tag{3-3-40}$$

$$\left(\frac{\partial C_p}{\partial p}\right)_T=-T\left(\frac{\partial^2 V}{\partial T^2}\right)_p,\ \left(\frac{\partial C_p}{\partial V}\right)_T=-T\left(\frac{\partial^2 V}{\partial T^2}\right)_p\left(\frac{\partial p}{\partial V}\right)_T \tag{3-3-41}$$

$$\left(\frac{\partial C_V}{\partial V}\right)_T=T\left(\frac{\partial^2 p}{\partial T^2}\right)_V,\ \left(\frac{\partial C_V}{\partial p}\right)_T=T\left(\frac{\partial^2 p}{\partial T^2}\right)_V\left(\frac{\partial V}{\partial p}\right)_T \tag{3-3-42}$$

(3) 由 Bridgeman 表测定的偏导数 如将 $Z(X,Y)$ 以 $X=X(p,T)$ 和 $Y=Y(p,T)$ 代入，得 $Z=Z(p,T)$。按偏导数原理：

$$\left(\frac{\partial Z}{\partial X}\right)_Y=\frac{\left(\frac{\partial Z}{\partial T}\right)_p\left(\frac{\partial Y}{\partial p}\right)_T-\left(\frac{\partial Z}{\partial p}\right)_T\left(\frac{\partial Y}{\partial T}\right)_p}{\left(\frac{\partial X}{\partial T}\right)_p\left(\frac{\partial Y}{\partial p}\right)_T-\left(\frac{\partial X}{\partial p}\right)_T\left(\frac{\partial Y}{\partial T}\right)_p}$$

令 $(\partial Z)_Y=\left(\frac{\partial Z}{\partial T}\right)_p\left(\frac{\partial Y}{\partial p}\right)_T-\left(\frac{\partial Z}{\partial p}\right)_T\left(\frac{\partial Y}{\partial T}\right)_p$，$(\partial X)_Y=\left(\frac{\partial X}{\partial T}\right)_p\left(\frac{\partial Y}{\partial p}\right)_T-\left(\frac{\partial X}{\partial p}\right)_T\left(\frac{\partial Y}{\partial T}\right)_p$

得

$$\left(\frac{\partial Z}{\partial X}\right)_Y=\frac{(\partial Z)_Y}{(\partial X)_Y} \tag{3-3-43}$$

Bridgeman 将 p、V、T、S、U、H、A、G 8 个状态函数按各种可能组合得出的 $(\partial X)_Y$ 列表，见表 3-3-1。使用十分方便。

表 3-3-1 Bridgeman 表

X	Y				
	p	V	T	S	U
p	0	$-b$	-1	$-C_p/T$	$-(C_p-pb)$
V	b	0	$-a$	$-(C_pa+Tb^2)/T$	$-(C_pa+Tb^2)$
T	1	a	0	$-b$	$-(Tb+pa)$
S	C_p/T	$(C_pa+Tb^2)/T$	b	0	$-p(C_pa+Tb^2)/T$
U	C_p-pb	C_pa+Tb^2	$Tb+pa$	$p(C_pa+Tb^2)/T$	0
H	C_p	C_pa+Tb^2-Vb	$-V+Tb$	$-VC_p/T$	$-V(C_p-pb)-p(C_pa+Tb^2)$
A	$-(S+pb)$	$-Sa$	pa	$pC_pa/T+Sb+pb^2$	$p(C_pa+Tb^2)+S(Tb+pa)$
G	$-S$	$-(Sa+Vb)$	$-V$	$Sb-VC_p/T$	$-V(C_p-pb)+S(Tb+pa)$

X	Y		
	H	A	G
p	$-C_p$	$S+pb$	S
V	$-(C_pa+Tb^2-Vb)$	Sa	$Sa+Vb$
T	$-(-V+Tb)$	$-pa$	V
S	VC_p/T	$-(pC_pa/T+Sb+pb^2)$	$-Sb+VC_p/T$
U	$V(C_p-pb)+p(C_pa+Tb^2)$	$-[p(C_pa+Tb^2)+S(Tb+pa)]$	$V(C_p-pb)-S(Tb+pa)$
H	0	$(S+pb)(V-Tb)-pC_pa$	$V(C_p+S)-TSb$
A	$-(S+pb)(V-Tb)+pC_pa$	0	$-S(V+pa)-pVb$
G	$-V(C_p+S)+TSb$	$S(V+pa)+pVb$	0

注：$a=(\partial V/\partial p)_T$，$b=(\partial V/\partial T)_p$。

还有一种 Jacobian 法[3~5]，可推广应用于具有更多独立变量的系统。

对于理想气体，遵从 $pV=nRT$，许多偏导数具有简单形式，如：

$$\left(\frac{\partial U}{\partial V}\right)_T=\left(\frac{\partial U}{\partial p}\right)_T=\left(\frac{\partial H}{\partial p}\right)_T=\left(\frac{\partial H}{\partial V}\right)_T=0 \tag{3-3-44}$$

$$C_p-C_V=R \tag{3-3-45}$$

$$\left(\frac{\partial C_V}{\partial p}\right)_T=\left(\frac{\partial C_V}{\partial V}\right)_T=\left(\frac{\partial C_p}{\partial p}\right)_T=\left(\frac{\partial C_p}{\partial V}\right)_T=0 \tag{3-3-46}$$

3.3 偏摩尔量和 Gibbs-Duhem 方程

3.3.1 偏摩尔量

组分 i 的偏摩尔量 $B_{m,i}$ 定义为：

$$B_{m,i}=\left(\frac{\partial B}{\partial n_i}\right)_{T,p,n[i]} \tag{3-3-47}$$

式中，B 为广延性质，如 V、U、H、S、A、G 等。下标中必须包含 T、p。$B^*_{m,i}$ 则为纯组分 i 的摩尔量。由式(3-3-5) 可知化学位 μ_i 即偏摩尔吉布斯函数，但并非偏摩尔内能、偏摩尔焓或偏摩尔亥姆霍兹函数。按平衡态的基本假定，B 可以表示为：

$$B=B(T,p,n_1,\cdots,n_K) \tag{3-3-48}$$

$$\mathrm{d}B=\left(\frac{\partial B}{\partial T}\right)_{p,n_j}\mathrm{d}T+\left(\frac{\partial B}{\partial p}\right)_{T,n_j}\mathrm{d}p+\sum_{i=1}^{K}B_{\mathrm{m},i}\mathrm{d}n_i \tag{3-3-49}$$

式中，B 和 n_j 是广延性质，T 和 p 是强度性质，按齐次函数的 Euler 原理，可直接写出：

$$B=\sum_{i=1}^{K}n_iB_{\mathrm{m},i} \tag{3-3-50}$$

当混合物性质可近似看作由相应纯组分性质加和而得时，$B_{\mathrm{m},i}\approx B^*_{\mathrm{m},i}$，则：

$$B=\sum_{i=1}^{K}n_iB^*_{\mathrm{m},i} \tag{3-3-51}$$

一般情况下，$B_{\mathrm{m},i}$不等于$B^*_{\mathrm{m},i}$，且随浓度变化。

前面的各种热力学关系中，如将所有广延性质改为相应的偏摩尔量，关系式依然成立。

如

$$H_{\mathrm{m},i}=U_{\mathrm{m},i}+pV_{\mathrm{m},i}\text{，}A_{\mathrm{m},i}=U_{\mathrm{m},i}-TS_{\mathrm{m},i} \tag{3-3-52}$$

$$G_{\mathrm{m},i}=H_{\mathrm{m},i}-TS_{\mathrm{m},i}=U_{\mathrm{m},i}+pV_{\mathrm{m},i}-TS_{\mathrm{m},i}=A_{\mathrm{m},i}+pV_{\mathrm{m},i} \tag{3-3-53}$$

$$\left(\frac{\partial H_{\mathrm{m},i}}{\partial T}\right)_{p,nj}=C_{p,\mathrm{m},i}\text{，}\left(\frac{\partial U_{\mathrm{m},i}}{\partial T}\right)_{V,nj}=C_{V,\mathrm{m},i} \tag{3-3-54}$$

$$\left(\frac{\partial \mu_i}{\partial T}\right)_{p,n_j}=-S_{\mathrm{m},i}\text{，}\left(\frac{\partial \mu_i}{\partial p}\right)_{T,n_j}=V_{\mathrm{m},i} \tag{3-3-55}$$

$$\left[\frac{\partial(\mu_i/T)}{\partial(1/T)}\right]_{p,n_j}=H_{\mathrm{m},i} \tag{3-3-56}$$

3.3.2 偏摩尔量和总体摩尔量的关系

总体摩尔量 B_m是混合物的 B 除以各组分的物质的量之和，

$$B_\mathrm{m}=B\Big/\sum_{i=1}^{K}n_i=B/n=\sum_{i=1}^{K}x_iB_{\mathrm{m},i} \tag{3-3-57}$$

式中，$n=\sum_{i=1}^{K}n_i$ 为混合物中各组分的总数量；$x_i=n_i/n$ 为组分 i 的摩尔分数。

$B_{\mathrm{m},i}$和 B_m的关系为：

$$B_{\mathrm{m},i}=\left(\frac{\partial nB_\mathrm{m}}{\partial n_i}\right)_{T,p,n[i]}=B_\mathrm{m}+n\left(\frac{\partial B_\mathrm{m}}{\partial n_i}\right)_{T,p,n[i]} \tag{3-3-58}$$

一般 B_m表示为摩尔分数 x_i 的函数，对 n_i 求导不便，可按式(3-3-59) 变换为对 x_i 求导，

$$\left(\frac{\partial B_\mathrm{m}}{\partial n_i}\right)_{T,p,n[i]}=\sum_{k=1}^{K-1}\left(\frac{\partial B_\mathrm{m}}{\partial x_k}\right)_{T,p,x[k,K]}\left(\frac{\partial x_k}{\partial n_i}\right)_{n[i]} \tag{3-3-59}$$

下标 $x[k,K]$ 表示除 x_k 和 x_K 外，其他组分的摩尔分数均恒定，x_K 不能恒定是因为 $\sum_{i=1}^{K}x_i=1$ 。推导得：

$$B_{\mathrm{m},i}=B_{\mathrm{m}}+\left(\frac{\partial B_{\mathrm{m}}}{\partial x_i}\right)_{T,p,x[i,K]}-\sum_{k=1}^{K-1}x_k\left(\frac{\partial B_{\mathrm{m}}}{\partial x_k}\right)_{T,p,x[k,K]} \tag{3-3-60}$$

$$B_{\mathrm{m},K}=B_{\mathrm{m}}-\sum_{k=1}^{K-1}x_k\left(\frac{\partial B_{\mathrm{m}}}{\partial x_k}\right)_{T,p,x[k,K]} \tag{3-3-61}$$

以化学位为例，将 B_{m}由 G_{m}取代，得：

$$\mu_i=G_{\mathrm{m}}+\left(\frac{\partial G_{\mathrm{m}}}{\partial x_i}\right)_{T,p,x[i,K]}-\sum_{k=1}^{K-1}x_k\left(\frac{\partial G_{\mathrm{m}}}{\partial x_k}\right)_{T,p,x[k,K]} \tag{3-3-62}$$

$$\mu_K=G_{\mathrm{m}}-\sum_{k=1}^{K-1}x_k\left(\frac{\partial G_{\mathrm{m}}}{\partial x_k}\right)_{T,p,x[k,K]} \tag{3-3-63}$$

与式(3-3-59) 不同，求导变换也可采用式(3-3-64) 形式：

$$\left(\frac{\partial B_{\mathrm{m}}}{\partial n_i}\right)_{T,p,n[i]}=\sum_{k=1}^{K}\left(\frac{\partial B_{\mathrm{m}}}{\partial x_k}\right)_{T,p,x[k]}\left(\frac{\partial x_k}{\partial n_i}\right)_{n[i]} \tag{3-3-64}$$

下标 $x[k]$ 表示除 x_k外，其他摩尔分数均恒定，这时 $\sum_{i=1}^{K}x_i=1$ 将不再被遵守，因而这是一种形式化的处理方法。推导得：

$$B_{\mathrm{m},i}=B_{\mathrm{m}}+\left(\frac{\partial B_{\mathrm{m}}}{\partial x_i}\right)_{T,p,x[i]}-\sum_{k=1}^{K}x_k\left(\frac{\partial B_{\mathrm{m}}}{\partial x_k}\right)_{T,p,x[k]} \tag{3-3-65}$$

以化学位为例，将 B_{m}由 G_{m}取代，得：

$$\mu_i=G_{\mathrm{m}}+\left(\frac{\partial G_{\mathrm{m}}}{\partial x_i}\right)_{T,p,x[i]}-\sum_{k=1}^{K}x_k\left(\frac{\partial G_{\mathrm{m}}}{\partial x_k}\right)_{T,p,x[k]} \tag{3-3-66}$$

式(3-3-66) 的优点是不需区分 $i\neq K$ 和 $i=K$，但允许 $\sum_{i=1}^{K}x_i\neq 1$，在物理意义上有缺陷。

3.3.3 Gibbs-Duhem 方程

将式(3-3-50) 微分：

$$\mathrm{d}B=\sum_{i=1}^{K}(n_i\mathrm{d}B_{\mathrm{m},i}+B_{\mathrm{m},i}\mathrm{d}n_i) \tag{3-3-67}$$

与式(3-3-49) 比较得：

$$\sum_{i=1}^{K}n_i\mathrm{d}B_{\mathrm{m},i}=\left(\frac{\partial B}{\partial T}\right)_{p,n_j}\mathrm{d}T+\left(\frac{\partial B}{\partial p}\right)_{T,n_j}\mathrm{d}p \tag{3-3-68}$$

或

$$\sum_{i=1}^{K}x_i\mathrm{d}B_{\mathrm{m},i}=\left(\frac{\partial B_{\mathrm{m}}}{\partial T}\right)_{p,x_j}\mathrm{d}T+\left(\frac{\partial B_{\mathrm{m}}}{\partial p}\right)_{T,x_j}\mathrm{d}p \tag{3-3-69}$$

由式(3-3-69) 还可直接写出：

$$\sum_{i=1}^{K}x_i\left(\frac{\partial B_{\mathrm{m},i}}{\partial x_k}\right)_{T,p,x[k,K]}=0\quad(k=1,2,\cdots,K-1) \tag{3-3-70}$$

式(3-3-68)～式(3-3-70) 即 Gibbs-Duhem 方程。应用于化学位，注意$(\partial G/\partial T)_{p,n_j}=-S$，$(\partial G/\partial p)_{T,n_j}=V$，可得：

$$\sum_{i=1}^{K} x_i \mathrm{d}\mu_i = -S_{\mathrm{m}}\mathrm{d}T + V_{\mathrm{m}}\mathrm{d}p \tag{3-3-71}$$

$$\sum_{i=1}^{K} x_i \left(\frac{\partial \mu_i}{\partial x_k}\right)_{T,p,x[k,K]} = 0 \quad (k=1,2,\cdots,K-1) \tag{3-3-72}$$

3.4　平衡判据和相律

3.4.1　平衡判据

在 2.3 节中已得不可逆程度 $T_{\mathrm{surr}}\mathrm{d}S - \text{đ}Q \geqslant 0$。对于一般的封闭系统，为简单起见，可设已处于热平衡和力平衡，所有不可逆性均来自相变化和化学变化。如果不考虑除压力以外的其他广义力，以 $T_{\mathrm{surr}}=T$ 以及 $\text{đ}Q=-\mathrm{d}U+p\mathrm{d}V$ 代入，并结合 H、A、G 的定义式，可得：

$$\mathrm{d}U - T\mathrm{d}S + p\mathrm{d}V \leqslant 0 \tag{3-3-73}$$

$$\mathrm{d}H - T\mathrm{d}S - V\mathrm{d}p \leqslant 0 \tag{3-3-74}$$

$$\mathrm{d}A + S\mathrm{d}T + p\mathrm{d}V \leqslant 0 \tag{3-3-75}$$

$$\mathrm{d}G + S\mathrm{d}T - V\mathrm{d}p \leqslant 0 \tag{3-3-76}$$

由式(3-3-73)和式(3-3-74) 可直接写出：

$$\mathrm{d}S_{U,V,\text{đ}W'=0} \geqslant 0,\ \mathrm{d}S_{H,p,\text{đ}W'=0} \geqslant 0 \tag{3-3-77}$$

即孤立系统的熵增原理。将式(3-3-73)～式(3-3-76) 与热力学基本方程式(3-3-1)～式(3-3-4) 比较，得：

$$\mathrm{d}U_{S,V,\text{đ}W'=0} = \mathrm{d}H_{S,p,\text{đ}W'=0} = \mathrm{d}A_{T,V,\text{đ}W'=0} = \mathrm{d}G_{T,p,\text{đ}W'=0} = \sum_{i=1} \mu_i \mathrm{d}n_i \leqslant 0 \tag{3-3-78}$$

说明在恒熵恒容、恒熵恒压、恒温恒容、恒温恒压并且不做非体积功的条件下，实际不可逆过程的 U、H、A、G 分别减小，平衡态时则具有极小值。在这些条件下 U、H、A、G 的微变均等于 $\sum_{i=1}^{K}\mu_i \mathrm{d}n_i$，而 $\sum_{i=1}^{K}\mu_i \mathrm{d}n_i$ 则不论在什么条件下都减小，平衡态时具有极小值。如果是多相系统：

$$\sum_{\zeta=1}^{\pi} \sum_{i=1}^{K} \mu_i^{(\zeta)} \mathrm{d}n_i^{(\zeta)} \leqslant 0 \tag{3-3-79}$$

(1) 相平衡判据　将式(3-3-79) 应用于相平衡：

$$\mu_i^{(1)} = \mu_i^{(2)} = \cdots = \mu_i^{(\pi)} \quad i=1,\cdots,K \tag{3-3-80}$$

(2) 化学平衡判据　将式(3-3-79) 应用于化学平衡：

$$\sum_{\mathrm{B}} \nu_{\mathrm{B}} \mu_{\mathrm{B}} = 0 \tag{3-3-81}$$

3.4.2 相律

强度性质反映系统质的特征，相律则回答在诸多强度性质中独立的有几个。

对于一个含有 K 个组分、存在 π 个相和 R 个独立的化学反应的系统，每个相由 T、p、x_1、…、x_{K-1} 共 $K+1$ 个强度性质决定着该相的性质，π 个相共 $\pi(K+1)$ 个强度性质决定着系统的性质。由于热平衡，各相温度相等；力平衡，各相压力相等；相平衡，K 个组分在各相中化学位相等，可列出 $(K+2)(\pi-1)$ 个限制方程。每个独立的化学反应有 $\sum_B \nu_B \mu_B = 0$，R 个反应有 R 个限制方程。如果还有其他的独立的限制共 R' 个，如电中性限制、配料比限制、计量系数限制等，又有 R' 个限制方程。将 $\pi(K+1)$ 减去限制方程总数，即得独立的强度性质数。

$$F=\pi(K+1)-(K+2)(\pi-1)-R-R'$$
$$=K-\pi+2-R-R' \tag{3-3-82}$$

式中，F 为自由度，即独立的强度性质数。式(3-3-82) 即相律。

3.5 稳定性判据

平衡态可区分为稳定平衡态、介稳平衡态和不稳定平衡态。以重力作用下的小球在曲面上的状态作类比（见图 3-3-1）。图 3-3-1 中 1 是稳定平衡态，如施加微扰产生位移，位能将升高，小球将抵抗这一微扰而重新复原；2 是介稳平衡态，如施加较小微扰，行为和 1 相同，但当施加较大微扰，小球将越过位垒进入更稳定的状态 1；3 是不稳定平衡态，施加任意微扰，位能将降低，小球将加强这一微扰而离开平衡位置。

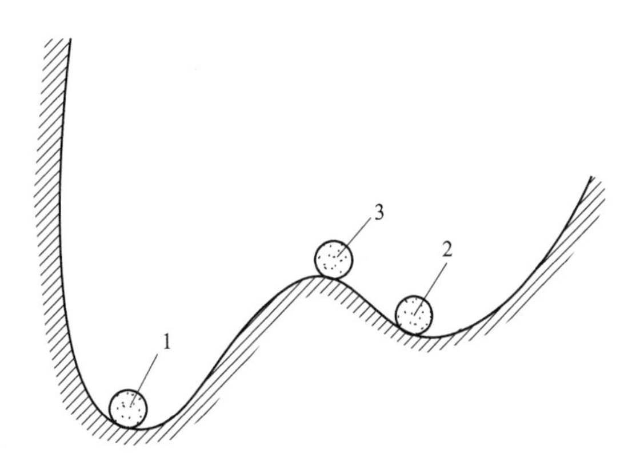

图 3-3-1 重力作用下的小球在曲面上的状态

1—稳定平衡；2—介稳平衡；3—不稳定平衡

上面介绍的平衡判据适用于稳定平衡和介稳平衡，这时 S 有极大值，U、H、A、G 有极小值。当施加微扰，在热力学曲面上产生的位移为：

$$\delta S_{U,V}<0 \tag{3-3-83}$$

$$\delta U_{S,V}>0,\ \delta H_{S,p}>0,\ \delta A_{T,V}>0,\ \delta G_{T,p}>0 \tag{3-3-84}$$

$$\sum_{i=1}^{K}\mu_i\delta n_i>0 \tag{3-3-85}$$

以上均不考虑广义力。如为不稳定平衡，当施加微扰，产生的位移为：

$$\delta S_{U,V}>0 \tag{3-3-86}$$

$$\delta U_{S,V}<0,\ \delta H_{S,p}<0,\ \delta A_{T,V}<0,\ \delta G_{T,p}<0 \tag{3-3-87}$$

$$\sum_{i=1}^{K}\mu_i\delta n_i<0 \tag{3-3-88}$$

在稳定与不稳定的边界，所有上述位移等于零。

(1) 热稳定性 由于吸热或放热引起的微扰对系统稳定性的影响。由式(3-3-84)可得到[3,6]热稳定性条件为：

$$C_V>0 \tag{3-3-89}$$

(2) 机械稳定性 由于做功或得功引起的微扰对系统稳定性的影响。由式(3-3-84)可得到[3,6]机械稳定性条件为：

$$\left(\frac{\partial p}{\partial V_m}\right)_T<0,\ \left(\frac{\partial^2 A_m}{\partial V_m^2}\right)_T>0 \tag{3-3-90}$$

以单元系为例，见图3-3-2和图3-3-3的p-V_m和A_m-V_m恒温线。图中ab段符合式(3-3-90)，是稳定的液相，b点为饱和液体，压力即为饱和蒸气压；bc段仍符合式(3-3-90)，但压力低于饱和蒸气压，是过饱和液体，属介稳平衡；cde段不符合式(3-3-90)，是不稳定平衡，系统处于该段时将分裂为气液两相；ef段又符合式(3-3-90)，但压力高于饱和蒸气压，是过饱和蒸气，属介稳平衡，f点则为饱和蒸气；fg段符合式(3-3-90)，是稳定的气相。在c和e两点，是稳定和不稳定的分界，

$$\left(\frac{\partial p}{\partial V_m}\right)_T=0,\ \left(\frac{\partial^2 A_m}{\partial V_m^2}\right)_T=0 \tag{3-3-91}$$

连接各恒温线的饱和液相点和饱和气相点的曲线称为双节线，又称气液平衡包线。连接各恒温线上c点和e点的曲线称为旋节线。在双节线和旋节线之间的区域为介稳区，旋节线以内应为不稳定区，双节线以外为稳定区。由图还可见，随温度升高，b和f、c和e逐渐相互靠拢，最后会聚为一点C，即临界点，这时，

$$\left(\frac{\partial^2 p}{\partial V_m^2}\right)_T=0,\ \left(\frac{\partial^3 A_m}{\partial V_m^3}\right)_T=0 \tag{3-3-92}$$

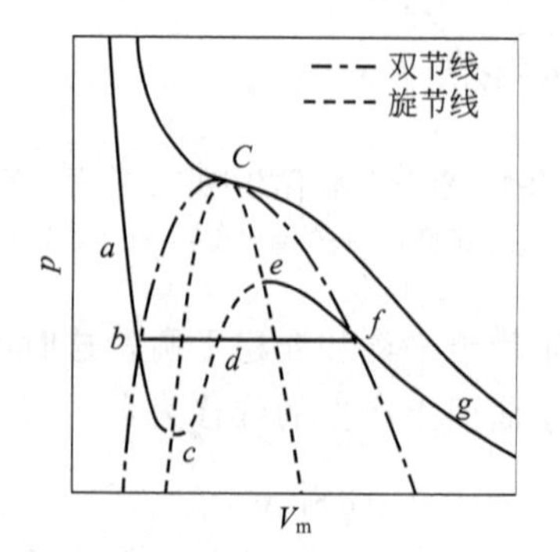

图3-3-2 单元系的p-V_m图

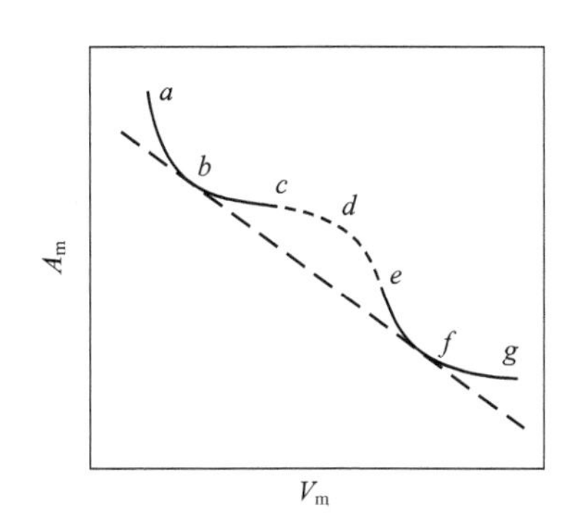

图 3-3-3 单元系的 A_m-V_m图

由于 $dA_T = -p dV$，$(\partial^3 A_m/\partial V_m^3)_T$ 和$(\partial^2 p/\partial V_m^2)_T$ 完全等价。式(3-3-92) 连同式(3-3-91) 即为临界点的条件。

(3) 扩散稳定性 不同组分分子扩散引起的微扰对稳定性的影响。由式(3-3-84) 可得扩散稳定性条件为：

$$\left(\frac{\partial^2 G_m}{\partial x_1^2}\right)_{T,p} > 0 \tag{3-3-93}$$

图 3-3-4 画出二元系的 G_m-x_1 恒温线，图中 ab、fg 符合式(3-3-93)，为稳定的液相，bf 两点是共轭的饱和液相，按相平衡判据式(3-3-80)，则：

$$\mu_1^{(b)} = \mu_1^{(f)}, \ \mu_2^{(b)} = \mu_2^{(f)} \tag{3-3-94}$$

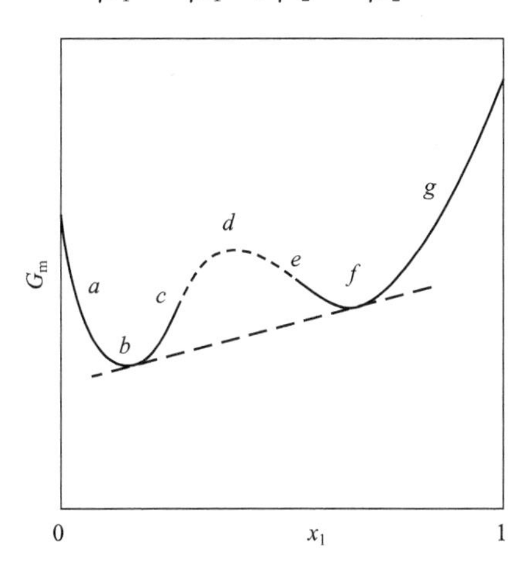

图 3-3-4 二元系的G_m-x_1图

以式(3-3-62)和式(3-3-63) 代入，则：

$$\mu_1 = G_m^{(b)} + [1 - x_1^{(b)}]\left(\frac{\partial G_m}{\partial x_1}\right)_{T,p}^{(b)} = G_m^{(f)} + [1 - x_1^{(f)}]\left(\frac{\partial G_m}{\partial x_1}\right)_{T,p}^{(f)} \tag{3-3-95}$$

$$\mu_2 = G_m^{(b)} - x_1^{(b)}\left(\frac{\partial G_m}{\partial x_1}\right)_{T,p}^{(b)} = G_m^{(f)} - x_1^{(f)}\left(\frac{\partial G_m}{\partial x_1}\right)_{T,p}^{(f)} \tag{3-3-96}$$

两式相减得：

第 3 篇

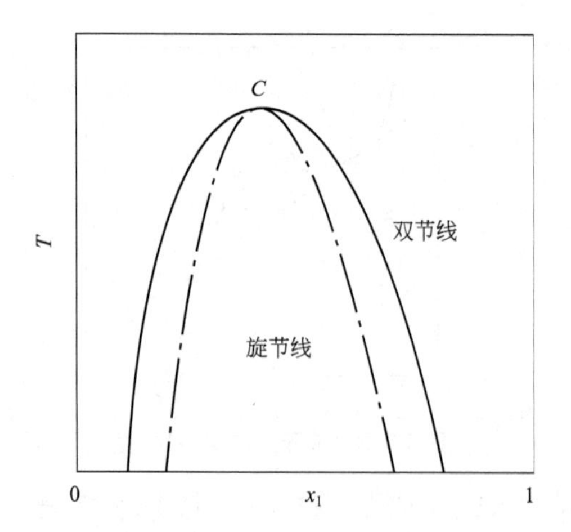

图 3-3-5 二元系液液平衡相图

$$\left(\frac{\partial G_{\mathrm{m}}}{\partial x_1}\right)_{T,p}^{(b)}=\left(\frac{\partial G_{\mathrm{m}}}{\partial x_1}\right)_{T,p}^{(f)}=\mu_1-\mu_2 \tag{3-3-97}$$

由以上三式可见两共轭液相点具有公切线。bc、ef 两段仍满足式(3-3-93)，为过饱和溶液，属介稳平衡；cde 段不符合式(3-3-93)，为不稳定平衡，系统将分裂为两饱和液相。c、e 两点是稳定与不稳定的分界，是一个拐点，

$$\left(\frac{\partial^2 G_{\mathrm{m}}}{\partial x_1^2}\right)_{T,p}=0 \tag{3-3-98}$$

连接各恒温线的共轭液相点的曲线也称为双节线或液液平衡包线。连接各恒温线上 c 点和 e 点的曲线也称为旋节线。图 3-3-5 在 T-x_1 图上画出液液平衡包线和旋节线，同样，在包线与旋节线之间为介稳区，在旋节线以内应为不稳定区，在包线以外为稳定区。随温度升高，包线与旋节线会聚于 C 点，称为临界会溶点。这时，

$$\left(\frac{\partial^3 G_{\mathrm{m}}}{\partial x_1^3}\right)_{T,p}=0 \tag{3-3-99}$$

式(3-3-99) 连同式(3-3-98) 即为临界会溶点的条件。

对多组分系统，稳定性条件为：

$$D_{\mathrm{sp}}=\begin{vmatrix} G_{1,1} & G_{1,2} & \cdots & G_{1,K-1} \\ G_{2,1} & G_{2,2} & \cdots & G_{2,K-1} \\ \cdots & \cdots & \cdots & \cdots \\ G_{K-1,1} & G_{K-1,2} & \cdots & G_{K-1,K-1} \end{vmatrix}\geqslant 0 \tag{3-3-100}$$

$D_{\mathrm{sp}}=0$ 则为介稳与不稳定的分界，即稳定的极限。其中

$$G_{i,j}=\left(\frac{\partial^2 G_{\mathrm{m}}}{\partial x_i \partial x_j}\right)_{T,p,x[i,j,K]} \tag{3-3-101}$$

对于高分子系统，有时采用质量分数 w_i 表征系统的组成，则式(3-3-100) 中的元素可用 G_{wij} 代替，定义为：

$$G_{wij}=\left(\frac{\partial^2 G_w}{\partial w_i \partial w_j}\right)_{T,p,w[i,j,K]} \tag{3-3-102}$$

G_w是单位质量的吉布斯函数：

$$G_w=\frac{G}{\sum_{i=1}^{K} n_i M_i} \tag{3-3-103}$$

更多时候使用体积分数 ϕ_i 表征高分子系统的组成，$\phi_i=\frac{n_i V_{\mathrm{m},i}^*}{\sum_{j=1}^{K} n_j V_{\mathrm{m},j}^*}$ 或 $\phi_i=\frac{n_i r_i}{\sum_{j=1}^{K} n_j r_j}$，$V_{\mathrm{m},i}^*$ 和 r_i 分别是纯组分 i 的摩尔体积和链长。则式(3-3-100) 中的元素可用 $G_{\phi ij}$ 代替，定义为：

$$G_{\phi ij}=\left(\frac{\partial^2 G_\phi}{\partial \phi_i \partial \phi_j}\right)_{T,p,\phi[i,j,K]} \tag{3-3-104}$$

G_ϕ 是单位体积或 1mol 链节的吉布斯函数：

$$G_\phi=G\Big/\sum_{i=1}^{K} n_i V_{\mathrm{m},i}^* \quad \text{或} \quad G_\phi=G\Big/\sum_{i=1}^{K} n_i r_i \tag{3-3-105}$$

相应地，多组分系统临界会溶点条件为：

$$D_{\mathrm{sp}}=\begin{vmatrix} G_{1,1} & G_{1,2} & \cdots & G_{1,K-1} \\ G_{2,1} & G_{2,2} & \cdots & G_{2,K-1} \\ \cdots & \cdots & \cdots & \cdots \\ G_{K-1,1} & G_{K-1,2} & \cdots & G_{K-1,K-1} \end{vmatrix}=0$$

$$D_{\mathrm{cr}}=\begin{vmatrix} D_1 & D_2 & \cdots & D_{K-1} \\ G_{2,1} & G_{2,2} & \cdots & G_{2,K-1} \\ \cdots & \cdots & \cdots & \cdots \\ G_{K-1,1} & G_{K-1,2} & \cdots & G_{K-1,K-1} \end{vmatrix}=0 \tag{3-3-106}$$

式中

$$D_i=\left(\frac{\partial D_{\mathrm{sp}}}{\partial x_i}\right)_{T,p,x[i,K]} \tag{3-3-107}$$

如果采用质量分数 w_i 或体积分数 ϕ_i 表征系统的组成，除了式(3-3-106) 中的 $G_{i,j}$ 用 G_{wij} 或 $G_{\phi ij}$ 代替外，式中的 D_i 也应该由 D_{wi} 或 $D_{\phi i}$ 代替：

$$D_{wi}=\left(\frac{\partial D_{\mathrm{sp}}}{\partial w_i}\right)_{T,p,w[i,K]} \quad \text{或} \quad D_{\phi i}=\left(\frac{\partial D_{\mathrm{sp}}}{\partial \phi_i}\right)_{T,p,\phi[i,K]} \tag{3-3-108}$$

应用式(3-3-100) 和式(3-3-106) 时需要保持恒温恒压的条件下求 G 对组成的二阶和三阶偏导数，这对以 T、V 为独立变量的系统颇为不便，此时可以通过下列变换，得到扩散稳定性的另一种形式：

$$G_{i,j}=A_{i,j}-A_{i,V}A_{V,j}/A_{V,V} \tag{3-3-109}$$

$$D_{sp}=\begin{vmatrix} A_{V,V} & A_{V,1} & A_{V,2} & \cdots & A_{V,K-1} \\ A_{1,V} & A_{1,1} & A_{1,2} & \cdots & A_{1,K-1} \\ \cdots & \cdots & \cdots & \cdots & \cdots \\ A_{K-1,V} & A_{K-1,1} & A_{K-1,2} & \cdots & A_{K-1,K-1} \end{vmatrix} \geqslant 0 \tag{3-3-110}$$

其中

$$A_{i,j}=\left(\frac{\partial^2 A_m}{\partial x_i \partial x_j}\right)_{T,V_m,x[i,j,K]} \tag{3-3-111}$$

$$A_{V,i}=A_{i,V}=\left(\frac{\partial^2 A_m}{\partial V_m \partial x_i}\right)_{T,x[i,K]} \tag{3-3-112}$$

$$A_{V,V}=\left(\frac{\partial^2 A_m}{\partial V_m^2}\right)_{T,x} \tag{3-3-113}$$

临界点则由下列方程确定

$$D_{sp}=\begin{vmatrix} A_{V,V} & A_{V,1} & A_{V,2} & \cdots & A_{V,K-1} \\ A_{1,V} & A_{1,1} & A_{1,2} & \cdots & A_{1,K-1} \\ \cdots & \cdots & \cdots & \cdots & \cdots \\ A_{K-1,V} & A_{K-1,1} & A_{K-1,2} & \cdots & A_{K-1,K-1} \end{vmatrix}=0$$

$$D_{cr}=\begin{vmatrix} D_V & D_1 & D_2 & \cdots & D_{K-1} \\ A_{1,V} & A_{1,1} & A_{1,2} & \cdots & A_{1,K-1} \\ \cdots & \cdots & \cdots & \cdots & \cdots \\ A_{K-1,V} & A_{K-1,1} & A_{K-1,2} & \cdots & A_{K-1,K-1} \end{vmatrix}=0 \tag{3-3-114}$$

式中

$$D_V=\left(\frac{\partial D_{sp}}{\partial V_m}\right)_{T,x} \quad D_i=\left(\frac{\partial D_{sp}}{\partial x_i}\right)_{T,V_m,x[i,K]} \tag{3-3-115}$$

如果采用质量分数 w_i 或体积分数 ϕ_i 表征系统的组成，则定义：

$$A_w=\frac{A}{\sum_{i=1}^{K} n_i M_i},\ A_\phi=\frac{A}{\sum_{i=1}^{K} n_i V_{m,i}^*} \quad 或 \quad A_\phi=\frac{A}{\sum_{i=1}^{K} n_i r_i} \tag{3-3-116}$$

扩散稳定性式(3-3-110) 中的元素可用式(3-3-117) 代替：

$$A_{wij}=\left(\frac{\partial^2 A_w}{\partial w_i \partial w_j}\right)_{T,V_m,w[i,j,K]},\ A_{wVi}=A_{wiV}=\left(\frac{\partial^2 A_w}{\partial V_m \partial w_i}\right)_{T,w[i,K]},\ A_{wVV}=\left(\frac{\partial^2 A_w}{\partial V_m^2}\right)_{T,w} \tag{3-3-117}$$

或

$$A_{\phi ij}=\left(\frac{\partial^2 A_\phi}{\partial \phi_i \partial \phi_j}\right)_{T,V_m,\phi[i,j,K]},\ A_{\phi Vi}=A_{\phi iV}=\left(\frac{\partial^2 A_\phi}{\partial V_m \partial \phi_i}\right)_{T,\phi[i,K]},\ A_{\phi VV}=\left(\frac{\partial^2 A_\phi}{\partial V_m^2}\right)_{T,\phi} \tag{3-3-118}$$

式(3-3-114) 中的 D_V 和 D_i 则由式(3-3-119) 代替：

$$D_{wV}=\left(\frac{\partial D_{\mathrm{sp}}}{\partial V_{\mathrm{m}}}\right)_{T,w}\quad D_{wi}=\left(\frac{\partial D_{\mathrm{sp}}}{\partial w_i}\right)_{T,V_{\mathrm{m}},w[i,K]}\quad \text{或}\ D_{\phi V}=\left(\frac{\partial D_{\mathrm{sp}}}{\partial V_{\mathrm{m}}}\right)_{T,\phi}\quad D_{\phi i}=\left(\frac{\partial D_{\mathrm{sp}}}{\partial \phi_i}\right)_{T,V_{\mathrm{m}},\phi[i,K]}\tag{3-3-119}$$

关于稳定性和临界现象的进一步讨论，读者可参阅文献［7，8］。

3.6 逸度和逸度系数

3.6.1 逸度

在应用平衡判据时，需要将化学位表达为 T、p、x 的函数，这种函数将随系统特性而异。按式(3-3-55)，$\mathrm{d}\mu_i=V_{\mathrm{m},i}\mathrm{d}p$，式中 $V_{\mathrm{m},i}(T，p，x)$ 如用实际系统的 pVT 关系代入，形式将十分冗长，给进一步推导带来不便。为此，引入一个新的热力学函数，称为逸度。对于混合物中某组分 i 的逸度 f_i，定义为：

$$\mu_i=\mu_i^{\ominus}(\mathrm{g})+RT\ln(f_i/p^{\ominus})\tag{3-3-120}$$

式中，$\mu_i^{\ominus}$ (g) 为气体热力学标准状态下组分 i 的化学位 μ_i。按式(3-3-120) 定义的 f_i 并不限用于气体，同样可用于液体或固体。如为纯组分 i，逸度用 f_i^* 表示。如果将混合物看作整体，逸度用 f 表示，定义为：

$$G_{\mathrm{m}}=G_{\mathrm{m}}^{\ominus}(\mathrm{g})+RT\ln(f/p^{\ominus})\tag{3-3-121}$$

式中，$G_{\mathrm{m}}^{\ominus}$ (g) 为气体热力学标准状态下混合物的摩尔吉布斯函数 G_{m}。

对于理想气体混合物，以 $pV_{\mathrm{m},i}=x_iRT$ 代入 $\mathrm{d}\mu_i=V_{\mathrm{m},i}\mathrm{d}p$，自 $p^{\ominus}$积分至 px_i，可得：

$$\mu_i^{(\mathrm{ig})}=\mu_i^{\ominus}(\mathrm{g})+RT\ln(px_i/p^{\ominus})\tag{3-3-122}$$

可见

$$f_i^{(\mathrm{ig})}=px_i\tag{3-3-123}$$

同理

$$f^{(\mathrm{ig})}=p\tag{3-3-124}$$

根据这两个公式，可将逸度看作有效压力。

(1) 逸度随温度压力的变化 按式(3-3-55) 和式(3-3-56)：

$$\left[\frac{\partial\ln(f_i/p^{\ominus})}{\partial p}\right]_{T,x}=\frac{V_{\mathrm{m},i}}{RT}\tag{3-3-125}$$

$$\left[\frac{\partial\ln(f_i/p^{\ominus})}{\partial T}\right]_{p,x}=-\frac{H_{\mathrm{m},i}-H_{\mathrm{m},i}^{\ominus}(\mathrm{g})}{RT^2}\tag{3-3-126}$$

$$\left[\frac{\partial\ln(f/p^{\ominus})}{\partial p}\right]_{T,x}=\frac{V_{\mathrm{m}}}{RT}\tag{3-3-127}$$

$$\left[\frac{\partial\ln(f/p^{\ominus})}{\partial T}\right]_{p,x}=-\frac{H_{\mathrm{m}}-\sum_{i=1}^{K}x_iH_{\mathrm{m},i}^{\ominus}(\mathrm{g})}{RT^2}\tag{3-3-128}$$

式中，$H_{\mathrm{m},i}^{\ominus}$ (g) 为气体热力学标准状态下的偏摩尔焓 $H_{\mathrm{m},i}$。

(2) f_i与 f 的关系 $\ln(f_i/p^{\ominus}x_i)$正好是 $n\ln(f/p^{\ominus})$的偏摩尔量[3,6]。按式(3-3-60)

和式(3-3-61)，以 $\ln(f_i/p^{\ominus}x_i)$ 和 $n\ln(f/p^{\ominus})$ 取代 $B_{m,i}$ 和 B_m，

$$\ln\left(\frac{f_i}{p^{\ominus}x_i}\right)=\ln\left(\frac{f}{p^{\ominus}}\right)+\left[\frac{\partial\ln(f/p^{\ominus})}{\partial x_i}\right]_{T,p,x[i,K]}-\sum_{k=1}^{K-1}x_k\left[\frac{\partial\ln(f/p^{\ominus})}{\partial x_k}\right]_{T,p,x[k,K]} \tag{3-3-129}$$

$$\ln\left(\frac{f_K}{p^{\ominus}x_K}\right)=\ln\left(\frac{f}{p^{\ominus}}\right)-\sum_{k=1}^{K-1}x_k\left[\frac{\partial\ln(f/p^{\ominus})}{\partial x_k}\right]_{T,p,x[k,K]} \tag{3-3-130}$$

(3) 逸度的 Gibbs-Duhem 式 按式(3-3-69)，并以式(3-3-127)和式(3-3-128)代入，得：

$$\sum_{i=1}^{K}x_i\,\mathrm{dln}\frac{f_i}{p^{\ominus}}=\frac{\sum_{i=1}^{K}x_iH_{m,i}^{\ominus}(g)-H_m}{RT^2}\mathrm{d}T+\frac{V_m}{RT}\mathrm{d}p \tag{3-3-131}$$

(4) 逸度形式的相平衡判据 由 $\mu_i^{(\alpha)}=\mu_i^{(\beta)}$，得

$$f_i^{(\alpha)}=f_i^{(\beta)},\ i=1,2,\cdots,K \tag{3-3-132}$$

3.6.2 逸度系数

混合物中组分 i 的逸度系数 φ_i 按式(3-3-133)定义：

$$\varphi_i=f_i/px_i \tag{3-3-133}$$

如为纯组分 i，用 φ_i^* 表示；如将混合物作为整体，用 φ 表示：

$$\varphi_i^*=f_i^*/p,\ \varphi=f/p \tag{3-3-134}$$

(1) 逸度系数随温度压力的变化 由式(3-3-125)～式(3-3-128)得：

$$\left(\frac{\partial\ln\varphi_i}{\partial p}\right)_{T,x}=\frac{V_{m,i}}{RT}-\frac{1}{p} \tag{3-3-135}$$

$$\left(\frac{\partial\ln\varphi_i}{\partial T}\right)_{p,x}=-\frac{H_{m,i}-H_{m,i}^{\ominus}(g)}{RT^2} \tag{3-3-136}$$

$$\left(\frac{\partial\ln\varphi}{\partial p}\right)_{T,x}=\frac{V_m}{RT}-\frac{1}{p} \tag{3-3-137}$$

$$\left(\frac{\partial\ln\varphi}{\partial T}\right)_{p,x}=-\frac{H_m-\sum_{i=1}^{K}x_iH_{m,i}^{\ominus}(g)}{RT^2} \tag{3-3-138}$$

(2) $\boldsymbol{\varphi_i}$ 与 $\boldsymbol{\varphi}$ 的关系 $\ln\varphi_i$ 也正好是 $n\ln\varphi$ 的偏摩尔量[3]。与式(3-3-129)和式(3-3-130)类似：

$$\ln\varphi_i=\ln\varphi+\left(\frac{\partial\ln\varphi}{\partial x_i}\right)_{T,p,x[i,K]}-\sum_{k=1}^{K-1}x_k\left(\frac{\partial\ln\varphi}{\partial x_k}\right)_{T,p,x[k,K]} \tag{3-3-139}$$

$$\ln\varphi_K=\ln\varphi-\sum_{k=1}^{K-1}x_k\left(\frac{\partial\ln\varphi}{\partial x_k}\right)_{T,p,x[k,K]} \tag{3-3-140}$$

(3) 逸度系数的 Gibbs-Duhem 式　由式(3-3-131) 和式(3-3-133) 得：

$$\sum_{i=1}^{K} x_i \mathrm{d}\ln\varphi_i = \frac{\sum_{i=1}^{K} x_i H_{\mathrm{m},i}^{\ominus}(\mathrm{g}) - H_{\mathrm{m}}}{RT^2}\mathrm{d}T + \left(\frac{V_{\mathrm{m}}}{RT} - \frac{1}{p}\right)\mathrm{d}p \tag{3-3-141}$$

3.7　偏离函数和剩余函数

由于不清楚 U、H、A、G 等热力学函数的绝对值，因此常使用相对值，偏离函数和剩余函数是两种常用的相对值。

(1) 偏离函数　是指相对于同样温度、同样组成、压力为 $p^{\ominus}$ 的理想气体混合物，热力学函数的差值。对于某热力学函数 B，偏离函数 $B^{(d)}$ 定义为：

$$B^{(d)} = B(T,p,x) - B(\mathrm{ig},T,p^{\ominus},x) \tag{3-3-142}$$

(2) 剩余函数　有两种定义。

① 是指相对于同样温度、同样组成、同样压力的理想气体混合物，热力学函数的差值。对于某热力学函数 B，剩余函数 $B^{(r_1)}$ 定义为：

$$B^{(r_1)} = B(T,p,x) - B(\mathrm{ig},T,p,x) \tag{3-3-143}$$

② 是指相对于同样温度、同样组成、同样体积的理想气体混合物，热力学函数的差值。对于某热力学函数 B，剩余函数 $B^{(r_2)}$ 定义为：

$$B^{(r_2)} = B(T,V,x) - B(\mathrm{ig},T,V,x) \tag{3-3-144}$$

上一小节定义的逸度系数就是一种剩余性质，按式(3-3-120)、式(3-3-122) 和式(3-3-133)，

$$RT\ln\varphi_i = \mu_i(T,p,x) - \mu_i(\mathrm{ig},T,p,x) = \mu_i^{(r_1)} \tag{3-3-145}$$

同理

$$RT\ln\varphi = G_{\mathrm{m}}(T,p,x) - G_{\mathrm{m}}(\mathrm{ig},T,p,x) = G_{\mathrm{m}}^{(r_1)} \tag{3-3-146}$$

下面用 pVT 关系来表达各种偏离函数和剩余函数。可以通过图 3-3-6 所示过程的计算来实现。先将压力为 p^+、体积为 V^+ 的理想气体混合物降压至零，再按实际的混合物增压至 p，体积减至 V，最后得 $B^{(e)}$。

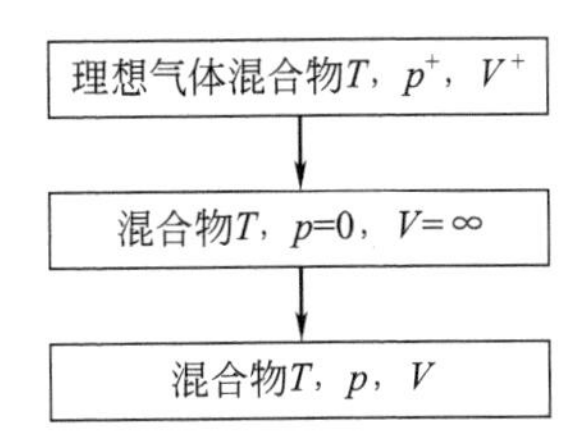

图 3-3-6　$B^{(d)}$ 和 $B^{(r)}$ 的计算

计算 $B^{(d)}$ 时：$p^+ = p^{\ominus}$，$V^+ = nRT/p^{\ominus}$，$e = d$；

计算 $B^{(r_1)}$ 时：$p^+ = p$，$V^+ = nRT/p$，$e = r_1$；

计算 $B^{(r_2)}$ 时：$p^+ = nRT/V$，$V^+ = V$，$e = r_2$。

第3篇

3.7.1 以 p、T 为独立变量表达偏离函数和剩余函数

由热力学基本方程式(3-3-2)，$\mathrm{d}H=T\mathrm{d}S+V\mathrm{d}p$，得：

$$\left(\frac{\partial H}{\partial p}\right)_T=T\left(\frac{\partial S}{\partial p}\right)_T+V \tag{3-3-147}$$

按 Maxwell 式(3-3-23)，$(\partial S/\partial p)_T=-(\partial V/\partial T)_p$，代入式(3-3-147) 得：

$$\left(\frac{\partial H}{\partial p}\right)_T=V-T\left(\frac{\partial V}{\partial T}\right)_p \tag{3-3-148}$$

对于理想气体，$(\partial V/\partial T)_p=nR/p$，$(\partial H/\partial p)_T=0$。各热力学函数的 $B^{(e)}$ 可直接写出：

$$H^{(e)}=\int_0^p\left[V-T\left(\frac{\partial V}{\partial T}\right)_p\right]\mathrm{d}p \tag{3-3-149}$$

$$U^{(e)}=\int_0^p\left[V-T\left(\frac{\partial V}{\partial T}\right)_p\right]\mathrm{d}p-pV+nRT \tag{3-3-150}$$

$$S^{(e)}=\int_0^p\left[\frac{nR}{p}-\left(\frac{\partial V}{\partial T}\right)_p\right]\mathrm{d}p+nR\ln\frac{p^+}{p} \tag{3-3-151}$$

$$A^{(e)}=\int_0^p\left(V-\frac{nRT}{p}\right)\mathrm{d}p-pV+nRT-nRT\ln\frac{p^+}{p} \tag{3-3-152}$$

$$G^{(e)}=\int_0^p\left(V-\frac{nRT}{p}\right)\mathrm{d}p-nRT\ln\frac{p^+}{p} \tag{3-3-153}$$

为导出 φ_i 和 φ，按式(3-3-145)，$RT\ln\varphi_i=\mu_i^{(r_1)}=[\partial G^{(r_1)}/\partial n_i]_{T,p,n[i]}$

$$RT\ln\varphi_i=\int_0^p\left(V_{\mathrm{m},i}-\frac{RT}{p}\right)\mathrm{d}p \tag{3-3-154}$$

$$RT\ln\varphi=\int_0^p\left(V_{\mathrm{m}}-\frac{RT}{p}\right)\mathrm{d}p \tag{3-3-155}$$

3.7.2 以 V、T 为独立变量表达偏离函数和剩余函数

由热力学基本方程式(3-3-1)，$\mathrm{d}U=T\mathrm{d}S-p\mathrm{d}V$，得：

$$\left(\frac{\partial U}{\partial V}\right)_T=T\left(\frac{\partial S}{\partial V}\right)_T-p \tag{3-3-156}$$

按 Maxwell 式(3-3-23)，$(\partial S/\partial V)_T=(\partial p/\partial T)_V$，代入式(3-3-156) 得：

$$\left(\frac{\partial U}{\partial V}\right)_T=T\left(\frac{\partial p}{\partial T}\right)_V-p \tag{3-3-157}$$

对于理想气体，$(\partial p/\partial T)_V=nR/V$，$(\partial U/\partial V)_T=0$。各热力学函数的 $B^{(e)}$ 可直接写出：

$$U^{(e)}=\int_\infty^V\left[T\left(\frac{\partial p}{\partial T}\right)_V-p\right]\mathrm{d}V \tag{3-3-158}$$

$$H^{(e)}=\int_\infty^V\left[T\left(\frac{\partial p}{\partial T}\right)_V-p\right]\mathrm{d}V+pV-nRT \tag{3-3-159}$$

$$S^{(e)}=\int_{\infty}^{V}\left[\left(\frac{\partial p}{\partial T}\right)_V-\frac{nR}{V}\right]\mathrm{d}V-nR\ln\frac{V^+}{V} \tag{3-3-160}$$

$$A^{(e)}=\int_{\infty}^{V}\left(\frac{nRT}{V}-p\right)\mathrm{d}V+nRT\ln\frac{V^+}{V} \tag{3-3-161}$$

$$G^{(e)}=\int_{\infty}^{V}\left(\frac{nRT}{V}-p\right)\mathrm{d}V+pV-nRT+nRT\ln\frac{V^+}{V} \tag{3-3-162}$$

为导出 φ_i，按式(3-3-145)，$RT\ln\varphi_i=\mu_i^{(r_1)}=[\partial A^{(r_1)}/\partial n_i]_{T,V,V^+,n[i]}$，并注意 $V^+=nRT/p$，$V/V^+=pV/nRT=Z$。

$$RT\ln\varphi_i=\int_{\infty}^{V}\left[\frac{RT}{V}-\left(\frac{\partial p}{\partial n_i}\right)_{T,V,n[i]}\right]\mathrm{d}V-RT\ln Z \tag{3-3-163}$$

为导出 φ，按式(3-3-146)，$RT\ln\varphi_i=G_{\mathrm{m}}^{(r_1)}$

$$RT\ln\varphi=\int_{\infty}^{V_{\mathrm{m}}}\left(\frac{RT}{V_{\mathrm{m}}}-p\right)\mathrm{d}V_{\mathrm{m}}+RT(Z-1)-RT\ln Z \tag{3-3-164}$$

在应用时，如有 $V=V(n,T,p)$形式的 pVT 关系，使用式(3-3-149)～式(3-3-155)，如有 $p=p(n,T,V)$形式的 pVT 关系，使用式(3-3-158)～式(3-3-164)。

3.8 活度和活度系数

逸度的计算要用到状态方程，并由 $p=0$ 或 $V=\infty$的理想气体状态积分至所研究的状态，对于液相或固相，需要跨越两相共存区，对状态方程的要求比较高。实践中还发展了一种不需要跨越两相区的方法，即引入活度。

3.8.1 理想溶液

（1）Raoult 定律 溶液中组分 i 的蒸气压 p_i 正比于摩尔分数，比例系数为纯组分 i 的饱和蒸气压 p_i^*。

$$p_i=p_i^* x_i \tag{3-3-165}$$

稀溶液的溶剂近似遵守 Raoult 定律。

（2）Lewis-Randall 规则 溶液中组分 i 的逸度 f_i 正比于摩尔分数，比例系数为纯组分在系统温度、压力下的逸度 $f_i^*(T,p)$。

$$f_i=f_i^*(T,p)x_i \tag{3-3-166}$$

利用式(3-3-125) 可求得 $f_i^*(T,p)$与 $f_i^*(T,p_i^*)$的关系为：

$$f_i^*(T,p)=f_i^*(T,p_i^*)\exp\left(\frac{1}{RT}\int_{p_i^*}^{p}V_{\mathrm{m},i}^*\mathrm{d}p\right) \tag{3-3-167}$$

式中，exp 项称为 Poynting 因子。当压力较低时，$f_i=p_i$，$f_i^*=p_i^*$，Lewis-Randall 规则还原为 Raoult 定律。稀溶液的溶剂近似遵守 Lewis-Randall 规则。

（3）Henry 定律 溶液中组分 i 的蒸气压 p_i 正比于摩尔分数，比例系数 $K_{\mathrm{H}i}$称为 Henry

常数。溶质浓度除用分子分数 x_i 表示外，还常用质量摩尔浓度（物质的量除以溶剂的质量）m_i 或物质的量浓度（物质的量除以混合物的体积）c_i 表示，这时溶液中组分 i 的蒸气压 p_i 正比于 m_i 或 c_i，比例系数 $K_{\mathrm{H}i(m)}$ 和 $K_{\mathrm{H}i(c)}$ 也称为 Henry 常数。

$$\begin{aligned}p_i&=K_{\mathrm{H}i}x_i\\&=K_{\mathrm{H}i(m)}(m_i/m^{\ominus})\\&=K_{\mathrm{H}i(c)}(c_i/c^{\ominus})\end{aligned}\tag{3-3-168}$$

严格的表示应将 p_i 改为逸度 f_i，$K_{\mathrm{H}i}$、$K_{\mathrm{H}i(m)}$ 和 $K_{\mathrm{H}i(c)}$ 改为 $K_{\mathrm{H}i}(T,p)$、$K_{\mathrm{H}i(m)}(T,p)$ 和 $K_{\mathrm{H}i(c)}(T,p)$：

$$\begin{aligned}f_i&=K_{\mathrm{H}i}(T,p)x_i\\&=K_{\mathrm{H}i(m)}(T,p)(m_i/m^{\ominus})\\&=K_{\mathrm{H}i(c)}(T,p)(c_i/c^{\ominus})\end{aligned}\tag{3-3-169}$$

稀溶液的溶质近似遵守 Henry 定律。

图 3-3-7(a) 画出了组分 1 的逸度随浓度的变化，当 $x_1\rightarrow1$，是溶剂，与 $f_1=f_1^*x_1$ 线相切；当 $x_1\rightarrow0$，是溶质，与 $f_1=K_{\mathrm{H}1}x_1$ 线相切。由图可见，$K_{\mathrm{H}i}$ 相当于一种虚拟组分 i 的逸度，这种虚拟组分 i 的性质与无限稀释时组分 i 的性质相同。图 3-3-7(b) 是溶质 2 的逸度随 m_2 或 c_2 的变化，$K_{\mathrm{H}2(m)}$ 和 $K_{\mathrm{H}2(c)}$ 是系统温度压力下虚拟的浓度为 $m^{\ominus}$ 和 $c^{\ominus}$ 的溶液中溶质的逸度，在这种虚拟溶液中，溶质所处环境与无限稀释时相同。注意 $K_{\mathrm{H}2(m)}/m^{\ominus}$ 和 $K_{\mathrm{H}2(c)}/c^{\ominus}$ 与 $m^{\ominus}$ 和 $c^{\ominus}$ 的选择无关。$m^{\ominus}$ 通常取 $1\mathrm{mol\cdot kg^{-1}}$，$c^{\ominus}$ 通常取 $1\mathrm{mol\cdot dm^{-3}}$ 或 $1\mathrm{mol\cdot m^{-3}}$。

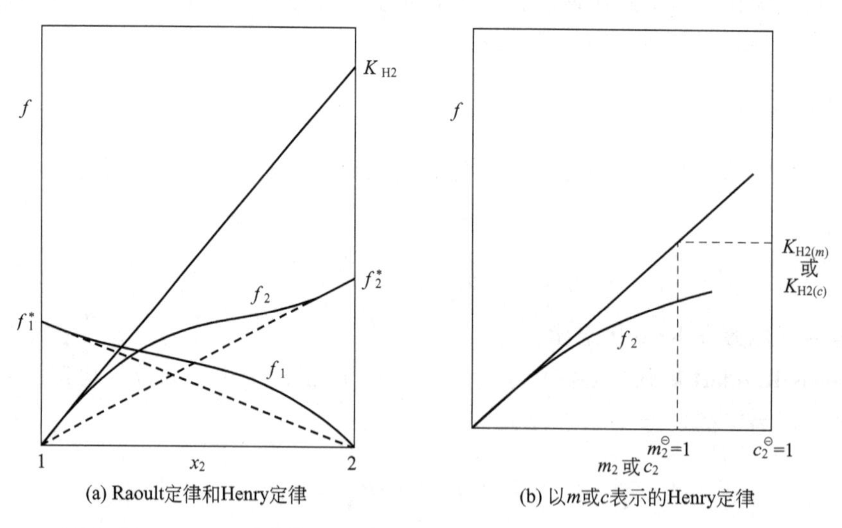

图 3-3-7 Raoult 定律和 Henry 定律以及以 m 或 c 表示的 Henry 定律

Henry 常数随压力的变化与式(3-3-167) 类似，

$$K_{\mathrm{H}i}(T,p)=K_{\mathrm{H}i}(T,p^{\ominus})\exp\left(\frac{1}{RT}\int_{p^{\ominus}}^{p}V_{\mathrm{m},i}^{\infty}\mathrm{d}p\right)\tag{3-3-170}$$

式中，$V_{\mathrm{m},i}^{\infty}$ 为组分 i 在无限稀释时的偏摩尔体积。

① 理想稀溶液　溶质严格遵守 Henry 定律，相应地溶剂严格遵守 Lewis-Randall 规则

(Raoult 定律）的溶液。无限稀释溶液是严格的理想稀溶液。

② 理想溶液　在全浓度范围，各组分均严格遵守 Lewis-Randall 规则（Raoult 定律）的溶液。

3.8.2 活度

对于理想溶液，以 Lewis-Randall 规则式(3-3-166）代入逸度定义式(3-3-120)，得：

$$\mu_i=\mu_i^{\ominus}(\mathrm{g})+RT\ln(f_i^* x_i/p^{\ominus})=\mu_{i,\mathrm{I}}^{**}+RT\ln x_i \tag{3-3-171}$$

式中

$$\mu_{i,\mathrm{I}}^{**}=\mu_i^*=\mu_i^{\ominus}(\mathrm{g})+RT\ln(f_i^*/p^{\ominus}) \tag{3-3-172}$$

$\mu_{i,\mathrm{I}}^{**}$ 或 μ_i^* 是在系统温度压力下纯组分 i 的化学位，聚集状态与混合物的聚集状态相同。

对于理想稀溶液，以 Henry 定律式(3-3-169）代入逸度定义式(3-3-120)，对于溶质 i 有：

$$\begin{aligned}\mu_i&=\mu_{i,\mathrm{II}}^{**}+RT\ln x_i\\&=\mu_{i,\mathrm{III}}^{**}+RT\ln(m_i/m^{\ominus})\\&=\mu_{i,\mathrm{IV}}^{**}+RT\ln(c_i/c^{\ominus})\end{aligned} \tag{3-3-173}$$

式中

$$\begin{aligned}\mu_{i,\mathrm{II}}^{**}&=\mu_i^{\ominus}(\mathrm{g})+RT\ln(K_{\mathrm{H}i}/p^{\ominus})\\\mu_{i,\mathrm{III}}^{**}&=\mu_i^{\ominus}(\mathrm{g})+RT\ln(K_{\mathrm{H}i(m)}/p^{\ominus})\\\mu_{i,\mathrm{IV}}^{**}&=\mu_i^{\ominus}(\mathrm{g})+RT\ln(K_{\mathrm{H}i(c)}/p^{\ominus})\end{aligned} \tag{3-3-174}$$

$\mu_{i,\mathrm{II}}^{**}$ 是在系统温度压力下虚拟纯组分 i 的化学位，它的逸度即 Henry 常数 $K_{\mathrm{H}i}$，$\mu_{i,\mathrm{III}}^{**}$ 和 $\mu_{i,\mathrm{IV}}^{**}$ 是在系统温度压力下浓度为 $m^{\ominus}$ 和 $c^{\ominus}$ 的虚拟溶液中组分 i 的化学位，在这种虚拟纯组分中，分子 i 所处环境与无限稀释时相同，其逸度即 Henry 常数 $K_{\mathrm{H2}(m)}$ 和 $K_{\mathrm{H2}(c)}$。对于溶剂即采用式(3-3-172)。

由上可见，对于理想溶液和理想稀溶液，组分 i 的化学位与 $\ln x_i$、$\ln(m_i/m^{\ominus})$ 或 $\ln(c_i/c^{\ominus})$ 呈简单的顺变关系。

对于实际溶液，化学位与摩尔分数或浓度的关系要复杂得多。为了简化进一步推导和运算，与引入逸度类似，引入一个新的热力学函数，称为活度 a_i，定义为：

$$\mu_i=\mu_i^{**}+RT\ln a_i \tag{3-3-175}$$

式中，μ_i^{**} 为活度标准状态下的化学位，即 $\mu_i(a_i=1)$，它可以选择上述 $\mu_{i,\mathrm{I}}^{**}$、$\mu_{i,\mathrm{II}}^{**}$、$\mu_{i,\mathrm{III}}^{**}$、$\mu_{i,\mathrm{IV}}^{**}$ 中的任一个，但相对应的活度也不相同。

$$\begin{aligned}\mu_i&=\mu_{i,\mathrm{I}}^{**}+RT\ln a_{i,\mathrm{I}}\\&=\mu_{i,\mathrm{II}}^{**}+RT\ln a_{i,\mathrm{II}}\\&=\mu_{i,\mathrm{III}}^{**}+RT\ln a_{i,\mathrm{III}}\\&=\mu_{i,\mathrm{IV}}^{**}+RT\ln a_{i,\mathrm{IV}}\end{aligned} \tag{3-3-176}$$

因为 $\mu_i=\mu_i^{\ominus}(\mathrm{g})+RT\ln(f_i/p^{\ominus})$，以式(3-3-172)和式(3-3-173）分别代入，可得：

$$a_{i,\mathrm{I}}=f_i/f_i^* \tag{3-3-177}$$

$$a_{i,\mathrm{II}}=f_i/K_{\mathrm{H}i},\ a_{i,\mathrm{III}}=f_i/K_{\mathrm{H}i(m)},\ a_{i,\mathrm{IV}}=f_i/K_{\mathrm{H}i(c)} \tag{3-3-178}$$

可统一写成：

$$a_i=f_i/f_i^{**} \tag{3-3-179}$$

$f_i^{**}=f_i^*$、$K_{\mathrm{H}i}$、$K_{\mathrm{H}i(m)}$、$K_{\mathrm{H}i(c)}$分别是处于上述四种活度标准状态下组分 i 的逸度，活度则是相对逸度或有效浓度。

通常溶液中所有组分均采用第一种活度，并称该溶液为对称系统；如有的组分在系统温度压力下不存在液态纯物质，如一般电解质，需采用第二、第三或第四种活度，则称为非对称系统。

(1) 活度与温度、压力的关系 由式(3-3-125)～式(3-3-128) 结合式(3-3-177) 和式(3-3-179) 可直接写出：

$$\left(\frac{\partial \ln a_i}{\partial p}\right)_{T,x}=\frac{V_{\mathrm{m},i}-V_{\mathrm{m},i}^{**}}{RT} \tag{3-3-180}$$

$$\left(\frac{\partial \ln a_i}{\partial T}\right)_{p,x}=\frac{-H_{\mathrm{m},i}+H_{\mathrm{m},i}^{**}}{RT^2} \tag{3-3-181}$$

式中，$V_{\mathrm{m},i}^{**}$和$H_{\mathrm{m},i}^{**}$分别为活度标准状态下的偏摩尔体积和偏摩尔焓。

(2) 不同活度间的换算式 由式(3-3-177) 和式(3-3-179) 得：

$$a_{i,j}=a_{i,\mathrm{I}}f_i^*/f_j^{**} \tag{3-3-182}$$

式中，$j=\mathrm{II}$、III、IV，f_j^{**} 为活度标准状态下的逸度，分别取 $K_{\mathrm{H}i}$、$K_{\mathrm{H}i(m)}$ 或 $K_{\mathrm{H}i(c)}$。

(3) 活度形式的相平衡判据 由 $f_i^{(\alpha)}=f_i^{(\beta)}$，

$$a_i^{(\alpha)}f_i^{**(\alpha)}=a_i^{(\beta)}f_i^{**(\beta)} \tag{3-3-183}$$

式中，f_i^{**} 取 f_i^*、$K_{\mathrm{H}i}$、$K_{\mathrm{H}i(m)}$或$K_{\mathrm{H}i(c)}$。如两相采用相同的活度标准状态，则：

$$a_i^{(\alpha)}=a_i^{(\beta)} \tag{3-3-184}$$

如α相用第Ⅰ种活度，β相用第Ⅱ、Ⅲ、Ⅳ种活度，则得：

$$a_{i,\mathrm{I}}^{(\alpha)}f_i^*=a_{i,\mathrm{II}}^{(\beta)}K_{\mathrm{H}i}=a_{i,\mathrm{III}}^{(\beta)}K_{\mathrm{H}i(m)}=a_{i,\mathrm{IV}}^{(\beta)}K_{\mathrm{H}i(c)} \tag{3-3-185}$$

具体选择何种 f_i^{**}，需根据具体情况视计算方便而定。例如液液相平衡，α为富 i 相，i 可视为溶剂，则可以取第Ⅰ种活度；β为贫 i 相，i 可视为溶质，可以取第Ⅱ、Ⅲ或Ⅳ种活度。

3.8.3 活度系数

相应地分别定义活度不同标准状态下组分 i 的活度系数 γ_i 为：

$$\gamma_{i,\mathrm{I}}=a_{i,\mathrm{I}}/x_i,\ \gamma_{i,\mathrm{II}}=a_{i,\mathrm{II}}/x_i \tag{3-3-186}$$

$$\gamma_{i,\mathrm{III}}=a_{i,\mathrm{III}}m^{\ominus}/m_i,\ \gamma_{i,\mathrm{IV}}=a_{i,\mathrm{IV}}c^{\ominus}/c_i, \tag{3-3-187}$$

代入式(3-3-179)，相应地可将逸度表达为：

$$\begin{aligned} f_i &= f_i^* x_i \gamma_{i,\mathrm{I}} \\ &= K_{\mathrm{H}i} x_i \gamma_{i,\mathrm{II}} \\ &= K_{\mathrm{H}i(m)} (m_i/m^{\ominus}) \gamma_{i,\mathrm{III}} \\ &= K_{\mathrm{H}i(c)} (c_i/c^{\ominus}) \gamma_{i,\mathrm{IV}} \end{aligned} \tag{3-3-188}$$

对于理想溶液，$\gamma_{i,\mathrm{I}}=1$。对于理想稀溶液，溶剂的 $\gamma_{i,\mathrm{I}}=1$，溶质的 $\gamma_{i,\mathrm{II}}=\gamma_{i,\mathrm{III}}=\gamma_{i,\mathrm{IV}}=1$。注意虽然 $a_{i,\mathrm{III}}$ 和 $a_{i,\mathrm{IV}}$ 与 $m^{\ominus}$ 和 $c^{\ominus}$ 的选择有关，但 $\gamma_{i,\mathrm{III}}$ 和 $\gamma_{i,\mathrm{IV}}$ 的数值却与 $m^{\ominus}$ 和 $c^{\ominus}$ 的选择无关。

(1) 活度系数间的换算式 因为逸度 f_i 与活度标准状态的选择无关，据此四种活度系数间可以进行相互换算。

$$\gamma_{i,\mathrm{II}}=(f_i^*/K_{\mathrm{H}i})\gamma_{i,\mathrm{I}}=\gamma_{i,\mathrm{III}}/x_1=\gamma_{i,\mathrm{IV}}V_{\mathrm{m},1}^*/V_{\mathrm{m}} \tag{3-3-189}$$

(2) 活度系数与温度、压力的关系 同式(3-3-180) 和式(3-3-181)：

$$\left(\frac{\partial \ln\gamma_i}{\partial p}\right)_{T,x}=\left(\frac{\partial \ln a_i}{\partial p}\right)_{T,x}=\frac{V_{\mathrm{m},i}-V_{\mathrm{m},i}^{**}}{RT} \tag{3-3-190}$$

$$\left(\frac{\partial \ln\gamma_i}{\partial T}\right)_{p,x}=\left(\frac{\partial \ln a_i}{\partial T}\right)_{p,x}=\frac{-H_{\mathrm{m},i}+H_{\mathrm{m},i}^{**}}{RT^2} \tag{3-3-191}$$

① 正偏差 组分逸度大于 Lewis-Randall 规则的计算值，$f_i>f_i^* x_i$，$\gamma_{i,\mathrm{I}}>1$。

② 负偏差 组分逸度小于 Lewis-Randall 规则的计算值，$f_i<f_i^* x_i$，$\gamma_{i,\mathrm{I}}<1$。

图 3-3-8 表示了理想溶液、正偏差和负偏差系统组分逸度和第一种活度系数随组成的变化。除了上述规律外，由图还可见，不论哪种类型：

$$x_2\to 0,\ \gamma_{1,\mathrm{I}}\to 1;\ x_2\to 1,\ \gamma_{2,\mathrm{I}}\to 1$$

对于第二种活度系数，正好相反：

$$x_2\to 0,\ \gamma_{2,\mathrm{II}}\to 1;\ x_2\to 1,\ \gamma_{1,\mathrm{II}}\to 1$$

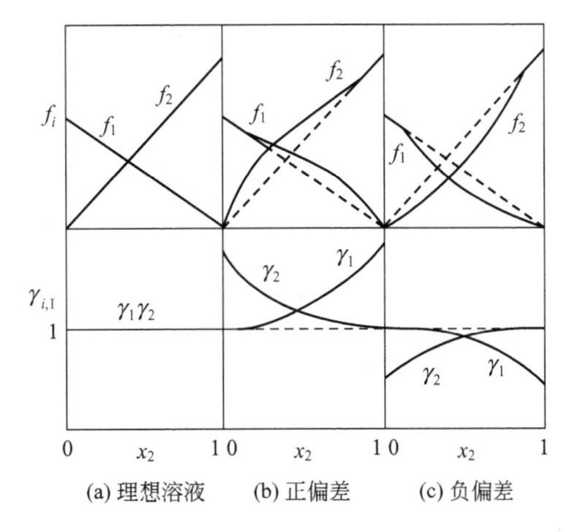

图 3-3-8 逸度和活度系数随组成的变化

第3篇

3.9 混合函数和过量函数

(1) 混合函数 处于活度标准状态的组分混合形成混合物时广延性质的变化。符号用 $\Delta_{\text{mix}}B$ 表示：

$$\Delta_{\text{mix}}B = B - \sum_{i=1}^{K} n_i B_{\text{m},i}^{**} = \sum_{i=1}^{K} n_i (B_{\text{m},i} - B_{\text{m},i}^{**}) \tag{3-3-192}$$

式中，B 为广延性质，如 V、S、U、H、A、G 等；$B_{\text{m},i}^{**}$ 为活度标准状态时的广延性质，采用第一种活度时为 $B_{\text{m},i}^{*}$，采用第二、第三或第四种活度时为 $B_{\text{m},i}^{\infty}$。例如：

$$\Delta_{\text{mix}}G = \sum_{i=1}^{K} n_i (\mu_{\text{m},i} - \mu_{\text{m},i}^{**}) \tag{3-3-193}$$

$$\Delta_{\text{mix}}H = \sum_{i=1}^{K} n_i (H_{\text{m},i} - H_{\text{m},i}^{**}) \tag{3-3-194}$$

$$\Delta_{\text{mix}}S = \sum_{i=1}^{K} n_i (S_{\text{m},i} - S_{\text{m},i}^{**}) \tag{3-3-195}$$

$$\Delta_{\text{mix}}V = \sum_{i=1}^{K} n_i (V_{\text{m},i} - V_{\text{m},i}^{**}) \tag{3-3-196}$$

对于理想溶液或理想稀溶液，按式(3-3-171)和式(3-3-173)，得：

$$\Delta_{\text{mix}}G(\text{i,sol}) = \sum_{i=1}^{K} n_i RT\ln x_i \tag{3-3-197}$$

由于$(\partial G/\partial T)_{p,x} = -S$，$(\partial G/\partial p)_{T,x} = V$，$H = G + TS$

$$\Delta_{\text{mix}}S(\text{i,sol}) = \sum_{i=1}^{K} n_i R\ln x_i \tag{3-3-198}$$

$$\Delta_{\text{mix}}H(\text{i,sol}) = 0，\Delta_{\text{mix}}V(\text{i,sol}) = 0 \tag{3-3-199}$$

对于实际溶液，按式(3-3-175)，得：

$$\Delta_{\text{mix}}G = \sum_{i=1}^{K} n_i RT\ln a_i \tag{3-3-200}$$

其他混合函数可利用式(3-3-180)和式(3-3-181) 导出。

(2) 过量函数 也称为超额函数，实际溶液混合函数与理想溶液混合函数之差。符号用 B^{E}，

$$B^{\text{E}} = \Delta_{\text{mix}}B - \Delta_{\text{mix}}B(\text{i,sol}) \tag{3-3-201}$$

例如 G^{E}、H^{E}、S^{E}、V^{E} 等。原来存在于各热力学函数之间的关系对过量函数依然成立，例如：

$$\left(\frac{\partial G^{\text{E}}}{\partial T}\right)_{p,x} = -S^{\text{E}}，\left[\frac{\partial (G^{\text{E}}/T)}{\partial (1/T)}\right]_{p,x} = H^{\text{E}}，\left(\frac{\partial G^{\text{E}}}{\partial p}\right)_{T,x} = V^{\text{E}} \tag{3-3-202}$$

$$G^{\text{E}} = H^{\text{E}} - TS^{\text{E}} = U + pV^{\text{E}} - TS^{\text{E}} = A^{\text{E}} + pV^{\text{E}} \tag{3-3-203}$$

图 3-3-9 和图 3-3-10 画出了若干二元系的 $V_{\mathrm{m}}^{\mathrm{E}}$、$H_{\mathrm{m}}^{\mathrm{E}}$、$S_{\mathrm{m}}^{\mathrm{E}}$ 和 $G_{\mathrm{m}}^{\mathrm{E}}$ 随浓度的变化，其中有的大于零，有的小于零。对于 $V_{\mathrm{m}}^{\mathrm{E}}$、$H_{\mathrm{m}}^{\mathrm{E}}$ 和 $S_{\mathrm{m}}^{\mathrm{E}}$，还出现 S 形曲线，在一段区间大于零，而在另一段区间小于零，表现出复杂的形态。这些系统都是对称系统。

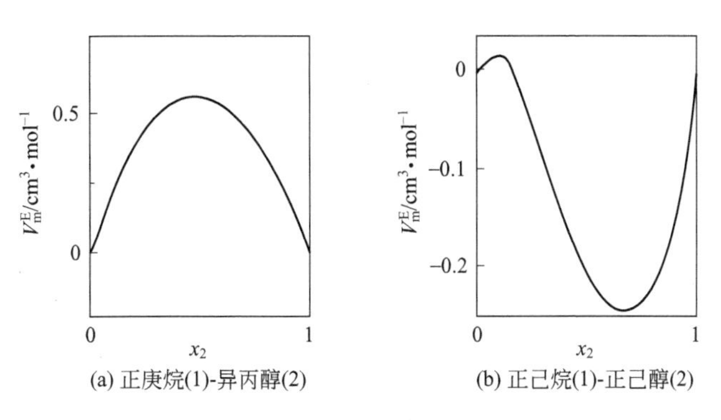

图 3-3-9 298.15K 时过量体积随组成的变化

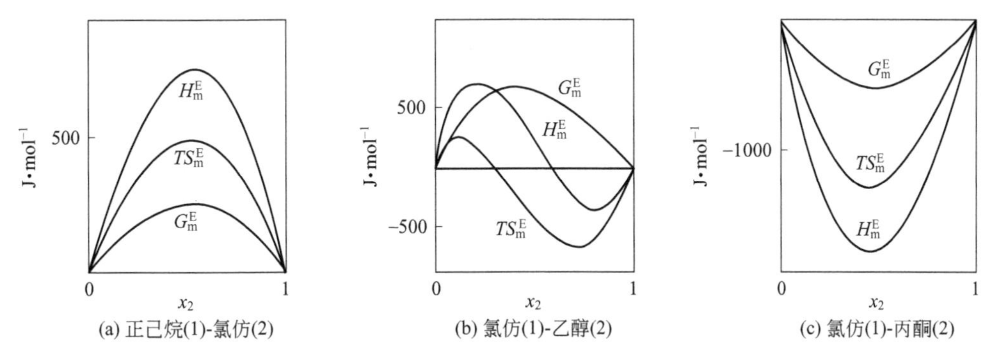

图 3-3-10 323.15K 时过量焓、过量熵、过量吉布斯函数随组成的变化

(3) 过量吉布斯函数与活度系数的关系 按式(3-3-197)和式(3-3-200)，得：

$$G^{\mathrm{E}}=\Delta_{\mathrm{mix}}G-\Delta_{\mathrm{mix}}G(\mathrm{i},\mathrm{sol})=\sum_{i=1}^{K}n_iRT\ln\gamma_i \tag{3-3-204}$$

偏摩尔过量吉布斯函数为：

$$\begin{aligned}G_{\mathrm{m},i}^{\mathrm{E}}&=\left(\frac{\partial G^{\mathrm{E}}}{\partial n_i}\right)_{T,p,n[i]}=\left\{\frac{\partial[G-G(\mathrm{i},\mathrm{sol})]}{\partial n_i}\right\}_{T,p,n[i]}\\&=\mu_i-\mu_i(\mathrm{i},\mathrm{sol})=RT\ln\gamma_i\end{aligned} \tag{3-3-205}$$

可见，$\ln\gamma_i$ 是 G^{E}/RT 的偏摩尔量。相应的总体摩尔量称为 Q 函数，定义为：

$$Q=G^{\mathrm{E}}/nRT=G_{\mathrm{m}}^{\mathrm{E}}/RT \tag{3-3-206}$$

以式(3-3-204) 代入：

$$Q=\sum_{i=1}^{K}x_i\ln\gamma_i \tag{3-3-207}$$

按偏摩尔量和总体摩尔量的关系式(3-3-60)和式(3-3-61)，

$$\ln\gamma_i = Q + \left(\frac{\partial Q}{\partial x_i}\right)_{T,p,x[i,K]} - \sum_{k=1}^{K-1} x_k \left(\frac{\partial Q}{\partial x_k}\right)_{T,p,x[k,K]} \tag{3-3-208}$$

$$\ln\gamma_K = Q - \sum_{k=1}^{K-1} x_k \left(\frac{\partial Q}{\partial x_k}\right)_{T,p,x[k,K]} \tag{3-3-209}$$

注意式中偏导数下标是恒温恒压，在实际应用时常希望解除这一限制，可利用式(3-3-210)转化：

$$\begin{aligned}\left(\frac{\partial Q}{\partial x_i}\right)_{x[i,K]} &= \left(\frac{\partial Q}{\partial x_i}\right)_{T,p,x[i,K]} + \left(\frac{\partial Q}{\partial T}\right)_{p,x}\left(\frac{\partial T}{\partial x_i}\right)_{x[i,K]} + \left(\frac{\partial Q}{\partial p}\right)_{T,x}\left(\frac{\partial p}{\partial x_i}\right)_{x[i,K]} \\ &= \left(\frac{\partial Q}{\partial x_i}\right)_{T,p,x[i,K]} - \frac{H_m^E}{RT^2}\left(\frac{\partial T}{\partial x_i}\right)_{x[i,K]} + \frac{V_m^E}{RT}\left(\frac{\partial p}{\partial x_i}\right)_{x[i,K]}\end{aligned} \tag{3-3-210}$$

$$\left(\frac{\partial Q}{\partial T}\right)_{p,x} = \frac{\partial (G_m^E/RT)}{\partial T} = -\frac{H_m^E}{RT^2} \tag{3-3-211}$$

$$\left(\frac{\partial Q}{\partial p}\right)_{T,x} = \frac{\partial (G_m^E/RT)}{\partial p} = \frac{V_m^E}{RT} \tag{3-3-212}$$

以式(3-3-210)代入式(3-3-208)和式(3-3-209)，得：

$$\begin{aligned}\ln\gamma_i = Q &+ \left(\frac{\partial Q}{\partial x_i}\right)_{x[i,K]} - \sum_{k=1}^{K-1} x_k \left(\frac{\partial Q}{\partial x_k}\right)_{x[k,K]} + \frac{H_m^E}{RT^2}\left\{\left(\frac{\partial T}{\partial x_i}\right)_{x[i,K]} - \sum_{k=1}^{K-1} x_k\left(\frac{\partial T}{\partial x_k}\right)_{x[k,K]}\right\} + \\ &\frac{V_m^E}{RT}\left\{\left(\frac{\partial p}{\partial x_i}\right)_{x[i,K]} - \sum_{k=1}^{K-1} x_k\left(\frac{\partial p}{\partial x_k}\right)_{x[k,K]}\right\}\end{aligned} \tag{3-3-213}$$

$$\ln\gamma_K = Q - \sum_{k=1}^{K-1} x_k \left(\frac{\partial Q}{\partial x_k}\right)_{x[k,K]} - \frac{H_m^E}{RT^2}\sum_{k=1}^{K-1} x_k\left(\frac{\partial T}{\partial x_k}\right)_{x[k,K]} + \frac{V_m^E}{RT}\sum_{k=1}^{K-1} x_k\left(\frac{\partial p}{\partial x_k}\right)_{x[k,K]} \tag{3-3-214}$$

这些式子可用来由Q函数计算活度系数。

由式(3-3-204)可以看到G^E的一个特点，如果采用第一种活度，对于正偏差溶液，$\gamma_{i,\mathrm{I}}>1$，$G^E>0$；对于负偏差溶液，$\gamma_{i,\mathrm{I}}<1$，$G^E<0$。因此，图3-3-10(a)的正己烷-氯仿是正偏差，(b)氯仿-乙醇也是正偏差，(c)氯仿-丙酮则是负偏差。

(4) 活度系数的Gibbs-Duham方程 按式(3-3-69)和式(3-3-70)，

$$\sum_{i=1}^{K} x_i \mathrm{d}\ln\gamma_i = \left(\frac{\partial Q}{\partial T}\right)_{p,x}\mathrm{d}T + \left(\frac{\partial Q}{\partial p}\right)_{T,x}\mathrm{d}p = -\frac{H_m^E}{RT^2}\mathrm{d}T + \frac{V_m^E}{RT}\mathrm{d}p \tag{3-3-215}$$

$$\sum_{i=1}^{K} x_i \left(\frac{\partial \ln\gamma_i}{\partial x_k}\right)_{T,p,x[k,K]} = 0 \qquad k=1,2,\cdots,K-1 \tag{3-3-216}$$

3.10 缔合系统的热力学

像H_2O、NH_3、H_2S、醇、羧酸等分子间存在氢键等特殊作用。而丙酮-氯仿这类系统，虽然同一组分的分子间不存在氢键，但不同组分的分子间可以形成氢键，这些特殊作用比一般分子间的范德华相互作用要大得多，但比共价键的能量要小得多，可以称为弱化学作用。对于这些分子间存在氢键等弱化学作用的系统，可以采用化学平衡原理进行处理。

3.10.1 缔合系统的化学位

为简单计，讨论二元系，但其结论对多元系完全适用。对于由 A 和 B 组成的二元系，由于分子间的弱化学作用，系统中实际存在着单体 A_1 和 B_1，以及各种缔合体 A_i、B_j 和 A_iB_j，它们之间存在下列自缔合和交叉缔合反应平衡：

$$iA_1 \rightleftharpoons A_i \qquad jB_1 \rightleftharpoons B_j \qquad iA_1 + jB_1 \rightleftharpoons A_iB_j \tag{3-3-217}$$

根据化学平衡判据式(3-3-81)，有：

$$i\mu_{A_1} = \mu_{A_i} \qquad j\mu_{B_1} = \mu_{B_j} \qquad i\mu_{A_1} + j\mu_{B_1} = \mu_{A_iB_j} \tag{3-3-218}$$

若以系统中实际存在的物种的量为独立变量，则在一定温度、压力下，系统的吉布斯函数的变化可表示为：

$$dG = \sum_{i=1}^{\infty}\mu_{A_i}dn_{A_i} + \sum_{j=1}^{\infty}\mu_{B_j}dn_{B_j} + \sum_{i=1}^{\infty}\sum_{j=1}^{\infty}\mu_{A_iB_j}dn_{A_iB_j} \tag{3-3-219}$$

以式(3-3-218) 代入：

$$dG = \mu_{A_1}\left(\sum_{i=1}^{\infty}i\,dn_{A_i} + \sum_{i=1}^{\infty}\sum_{j=1}^{\infty}i\,dn_{A_iB_j}\right) + \mu_{B_1}\left(\sum_{j=1}^{\infty}j\,dn_{B_j} + \sum_{i=1}^{\infty}\sum_{j=1}^{\infty}j\,dn_{A_iB_j}\right) \tag{3-3-220}$$

由于热力学是唯象的，并不受基本单元的不同指定的影响。例如，可以不问系统中实际存在的缔合细节，仍将两种单体 A_1 和 B_1 指定为基本单元。这样，从表观上可得：

$$dG = \mu_A dn_A + \mu_B dn_B \tag{3-3-221}$$

式中，A、B 均按单体计算。另外，由物料衡算：

$$dn_A = \sum_{i=1}^{\infty}i\,dn_{A_i} + \sum_{i=1}^{\infty}\sum_{j=1}^{\infty}i\,dn_{A_iB_j} \tag{3-3-222}$$

$$dn_B = \sum_{j=1}^{\infty}j\,dn_{B_j} + \sum_{i=1}^{\infty}\sum_{j=1}^{\infty}j\,dn_{A_iB_j} \tag{3-3-223}$$

代入式(3-3-221)，得：

$$dG = \mu_A\left(\sum_{i=1}^{\infty}i\,dn_{A_i} + \sum_{i=1}^{\infty}\sum_{j=1}^{\infty}i\,dn_{A_iB_j}\right) + \mu_B\left(\sum_{j=1}^{\infty}j\,dn_{B_j} + \sum_{i=1}^{\infty}\sum_{j=1}^{\infty}j\,dn_{A_iB_j}\right) \tag{3-3-224}$$

比较式(3-3-220) 和式(3-3-224)，可得：

$$\mu_A = \mu_{A_1},\ \mu_B = \mu_{B_1} \tag{3-3-225}$$

式(3-3-225) 表明，存在弱化学作用的混合物如将单体作为基本单元，各组分的化学位 μ_A 和 μ_B 应等于真正的单体的化学位 μ_{A_1} 和 μ_{B_1}。

根据逸度的定义，可写出：

$$\mu_{A}=\mu_{A}^{\ominus}(g)+RT\ln(f_{A}/p^{\ominus}),\ \mu_{B}=\mu_{B}^{\ominus}(g)+RT\ln(f_{B}/p^{\ominus}) \tag{3-3-226}$$

$$\mu_{A_i}=\mu_{A_i}^{\ominus}(g)+RT\ln(f_{A_i}/p^{\ominus})$$

$$\mu_{B_j}=\mu_{B_j}^{\ominus}(g)+RT\ln(f_{B_j}/p^{\ominus}) \tag{3-3-227}$$

$$\mu_{A_iB_j}=\mu_{A_iB_j}^{\ominus}(g)+RT\ln(f_{A_iB_j}/p^{\ominus})$$

式中，$\mu_{A_i}^{\ominus}(g)$、$\mu_{B_j}^{\ominus}(g)$ 和 $\mu_{A_iB_j}^{\ominus}(g)$ 分别是处于气体热力学标准态的纯 A_i、B_j 和 A_iB_j 缔合体的化学位。由于处于理想气体状态的纯 A 或纯 B 气体应完全离解为单体，因此 $\mu_{A}^{\ominus}(g)=\mu_{A_1}^{\ominus}(g)$，$\mu_{B}^{\ominus}(g)=\mu_{B_1}^{\ominus}(g)$，联合式(3-3-225)～式(3-3-227) 得：

$$f_{A}=f_{A_1},\ f_{B}=f_{B_1} \tag{3-3-228}$$

式(3-3-228) 表明，存在弱化学作用的混合物如将单体作为基本单元，各组分的表观逸度 f_A 和 f_B 应等于真正单体的逸度 f_{A_1} 和 f_{B_1}。

以式(3-3-225) 和式(3-3-228) 所表达的规律，可以更普遍地叙述为：当达到平衡时，混合物中某组分的化学位或逸度，应等于与计算该组分的数量时所采用的基本单元一致的那种真正的物质的化学位或逸度。例如水溶液中电解质 AB 部分离解为 A^+ 和 B^-。如以 AB 为基本单元，则电解质的化学位和逸度，应等于未离解的 AB 的化学位和逸度。

3.10.2 缔合平衡常数

将式(3-3-227) 代入式(3-3-218)，得：

$$K_{A_i}^{\ominus}=\frac{f_{A_i}/p^{\ominus}}{(f_{A_1}/p^{\ominus})^i}=\exp\left[\frac{i\mu_{A_1}^{\ominus}(g)-\mu_{A_i}^{\ominus}(g)}{RT}\right]=\exp\left(-\frac{\Delta G_{A_i}^{\ominus}}{RT}\right) \tag{3-3-229}$$

$$K_{B_j}^{\ominus}=\frac{f_{B_j}/p^{\ominus}}{(f_{B_1}/p^{\ominus})^j}=\exp\left[\frac{j\mu_{B_1}^{\ominus}(g)-\mu_{B_j}^{\ominus}(g)}{RT}\right]=\exp\left(-\frac{\Delta G_{B_j}^{\ominus}}{RT}\right) \tag{3-3-230}$$

$$K_{A_iB_j}^{\ominus}=\frac{f_{A_iB_j}/p^{\ominus}}{(f_{A_1}/p^{\ominus})^i(f_{B_1}/p^{\ominus})^j}=\exp\left[\frac{i\mu_{A_1}^{\ominus}(g)+j\mu_{B_1}^{\ominus}(g)-\mu_{A_iB_j}^{\ominus}(g)}{RT}\right]=\exp\left(-\frac{\Delta G_{A_iB_j}^{\ominus}}{RT}\right) \tag{3-3-231}$$

式中，$K_{A_i}^{\ominus}$、$K_{B_j}^{\ominus}$ 和 $K_{A_iB_j}^{\ominus}$ 分别是由单体缔合形成 A_i、B_j 和 A_iB_j 缔合体时的缔合平衡常数，$\Delta G_{A_i}^{\ominus}$、$\Delta G_{B_j}^{\ominus}$ 和 $\Delta G_{A_iB_j}^{\ominus}$ 为缔合反应的吉布斯函数变化，它们只与系统温度有关，与系统压力和实际组成无关。由 $G=H-TS$，缔合平衡常数可以写成：

$$\ln K_{A_i}^{\ominus}=\Delta S_{A_i}^{\ominus}/R-\Delta H_{A_i}^{\ominus}/RT \tag{3-3-232}$$

$$\ln K_{B_j}^{\ominus}=\Delta S_{B_j}^{\ominus}/R-\Delta H_{B_j}^{\ominus}/RT \tag{3-3-233}$$

$$\ln K_{A_iB_j}^{\ominus}=\Delta S_{A_iB_j}^{\ominus}/R-\Delta H_{A_iB_j}^{\ominus}/RT \tag{3-3-234}$$

式中，$\Delta S_{A_i}^{\ominus}$、$\Delta S_{B_j}^{\ominus}$ 和 $\Delta S_{A_iB_j}^{\ominus}$ 为缔合熵，$\Delta H_{A_i}^{\ominus}$、$\Delta H_{B_j}^{\ominus}$ 和 $\Delta H_{A_iB_j}^{\ominus}$ 为相应的缔合焓，它们可以由气相 $pVTx$ 实验数据、红外光谱、NMR 化学位移等实验数据结合一定的缔合模型和物理相互作用模型关联得到[9,10]。

实际系统中的缔合情况比较复杂，特别是水、醇等物质可以形成无限线性缔合体，其混合物系统则可以形成无限线性交叉缔合体 A_iB_j，原则上 i 和 j 可以是任意正整数。要从实验数据中确定所有缔合体的缔合常数是不可能的。对于这类混合物，实用上都是在一定的假设基础上进行简化。例如，对于自缔合 $iA_1 \rightleftharpoons A_i$，可以做如下变换：

$$\begin{aligned}\Delta G_{A_i}^{\ominus} &= \mu_{A_i}^{\ominus}(g) - i\mu_{A_1}^{\ominus}(g)\\ &= [\mu_{A_i}^{\ominus}(g) - \mu_{A_{i-1}}^{\ominus}(g) - \mu_{A_1}^{\ominus}(g)] + [\mu_{A_{i-1}}^{\ominus}(g) - \mu_{A_{i-2}}^{\ominus}(g) - \mu_{A_1}^{\ominus}(g)] + \cdots +\\ &\quad [\mu_{A_2}^{\ominus}(g) - 2\mu_{A_1}^{\ominus}(g)]\\ &= \Delta G_A^{\ominus}(i) + \Delta G_A^{\ominus}(i-1) + \cdots + \Delta G_A^{\ominus}(2)\end{aligned} \tag{3-3-235}$$

这相当于将缔合反应 $iA_1 \rightleftharpoons A_i$ 表示为逐级缔合的形式，即

$$2A_1 \rightleftharpoons A_2;\ A_2 + A_1 \rightleftharpoons A_3;\ \cdots;\ A_{i-1} + A_1 \rightleftharpoons A_i \tag{3-3-236}$$

由于每一级缔合反应都是增加一个氢键，所以可以假设：

$$\Delta G_A^{\ominus}(i) = \Delta G_A^{\ominus}(i-1) = \cdots = \Delta G_A^{\ominus}(2) \tag{3-3-237}$$

则相应的每一级的缔合常数也可以假设相等，因此高级缔合的缔合常数可以由二级缔合的缔合常数计算：

$$K_{A_i}^{\ominus} = (K_{A_2}^{\ominus})^{i-1} \tag{3-3-238}$$

同理，得

$$K_{B_j}^{\ominus} = (K_{B_2}^{\ominus})^{j-1} \tag{3-3-239}$$

对于交叉缔合，情况要复杂一些，因为交叉缔合体 A_iB_j 中，原则上 i 和 j 可以是任意正整数，而且 A 和 B 可以任意排列，即 A-B、A-A 和 B-B 缔合键的数目是可变的。胡英等[11,12]将交叉缔合简化为：

$$A_1 + B_1 \rightleftharpoons (AB)_1 \tag{3-3-240}$$

$$(AB)_{k-1} + AB \rightleftharpoons (AB)_k \tag{3-3-241}$$

并假设

$$K_{(AB)_k}^{\ominus} = [K_{(AB)_2}^{\ominus}]^{k-1} \tag{3-3-242}$$

采用上述近似，对于含有交叉缔合的二元系，只需要 4 个缔合常数 $K_{A_2}^{\ominus}$、$K_{B_2}^{\ominus}$、$K_{AB}^{\ominus}$和$K_{(AB)_2}^{\ominus}$即可。对于多元系，可做类似处理。

上述缔合热力学既适用于气相缔合也适用于液相缔合。对于只涉及液相的缔合作用，由于压力变化对液体性质的影响很小，可以进一步简化处理，详细可参见文献 [3,13]。

3.11 电解质溶液的热力学

电解质溶液的最大特点是溶液中不仅存在分子，如溶剂分子和未离解的电解质分子，还存在由电解质离解产生的带正电荷或负电荷的离子。由于离子之间的相互作用属长程相互作用，比常规分子间的 van der Waals 相互作用强得多，是电解质溶液非理想性的主要来源。根据电解质在溶剂中的离解能力，理论上可分为两大类电解质溶液：第一类电解质溶液中的电解质是完全离解的，没有未离解分子或正负离子缔合物，如碱金属、碱土金属、过渡金属

的卤化物以及一些过氯酸盐的水溶液等可归入此类。第二类电解质溶液中的电解质则是部分离解的，溶液中有未离解的、原子间按共价键形式结合的分子，如各种强酸和弱酸、弱碱的水溶液；或有正负离子缔合形成的离子对，如二价金属的硫酸盐以及一些强碱的水溶液等。习惯上所称的强电解质和弱电解质并没有严格的定义。通常将第二类电解质中在较稀浓度下有未离解分子的，如醋酸、氨、亚硫酸等，称为弱电解质，其他的统称为强电解质。

3.11.1 电解质溶液的活度和活度系数

(1) 活度和活度系数 完全严格的第一类电解质溶液实际上是不存在的。电解质溶液中除溶剂和正负离子外，都应有未离解的电解质存在，包括分子和离子对，也就是说所有的电解质溶液都应是第二类。对于电解质 $M_{\nu_+}X_{\nu_-}$，按式(3-3-243) 离解：

$$M_{\nu_+}X_{\nu_-} \rightleftharpoons \nu_+ M^{z_+} + \nu_- X^{z_-} \tag{3-3-243}$$

例如 $H_2SO_4 \rightleftharpoons 2H^+ + SO_4^{2-}$，$\nu_+=2$，$\nu_-=1$，$z_+=+1$，$z_-=-2$。因为溶液是电中性的，应有

$$\nu_+ z_+ = |\nu_- z_-| \tag{3-3-244}$$

如以 1 表示溶剂，2 表示电解质，2u、+、− 分别表示未离解的电解质和正、负离子，对于由式(3-3-243) 表示的离解平衡，按式(3-3-81) 可写出化学位等式：

$$\mu_{2u} = \nu_+\mu_+ + \nu_-\mu_- \tag{3-3-245}$$

按式(3-3-176)，各物质的化学位可用相应活度表示为：

$$\mu_1 = \mu_{1,\mathrm{I}}^{**} + RT\ln a_{1,\mathrm{I}} \tag{3-3-246}$$

$$\mu_{2u} = \mu_{2u,\mathrm{III}}^{**} + RT\ln a_{2u,\mathrm{III}} \tag{3-3-247}$$

$$\mu_+ = \mu_{+,\mathrm{III}}^{**} + RT\ln a_{+,\mathrm{III}} \tag{3-3-248}$$

$$\mu_- = \mu_{-,\mathrm{III}}^{**} + RT\ln a_{-,\mathrm{III}} \tag{3-3-249}$$

式中，溶剂采用的是第Ⅰ种活度，$\mu_{1,\mathrm{I}}^{**}$ 是第Ⅰ种活度标准状态下、即系统温度压力下纯溶剂的化学位 μ_1^*。对于未离解的电解质和正负离子，则按电解质溶液的惯例，采用第Ⅲ种活度，$\mu_{i,\mathrm{III}}^{**}$ 是第Ⅲ种活度标准状态下、即系统温度压力下质量摩尔浓度为 $m^\ominus$ 的虚拟溶液中该物质 i 的化学位，这种虚拟溶液的性质和无限稀释时相同，$m^\ominus$ 一般取 $1\text{mol}\cdot\text{kg}^{-1}$。按式(3-3-186)和式(3-3-187) 可定义电解质溶液中各组分的活度系数：

$$a_{1,\mathrm{I}} = x_1\gamma_{1,\mathrm{I}} \tag{3-3-250}$$

$$a_{2u,\mathrm{III}} = (m_{2u}/m^\ominus)\gamma_{2u,\mathrm{III}} \tag{3-3-251}$$

$$a_{+,\mathrm{III}} = (m_+/m^\ominus)\gamma_{+,\mathrm{III}} \tag{3-3-252}$$

$$a_{-,\mathrm{III}} = (m_-/m^\ominus)\gamma_{-,\mathrm{III}} \tag{3-3-253}$$

式(3-3-243) 的离解平衡常数按式(3-3-245) 可写为：

$$K^\ominus = a_{+,\mathrm{III}}^{\nu_+} a_{-,\mathrm{III}}^{\nu_-} / a_{2u,\mathrm{III}} = \exp[(\mu_{2u,\mathrm{III}}^{**} - \nu_+\mu_{+,\mathrm{III}}^{**} - \nu_-\mu_{-,\mathrm{III}}^{**})/RT] \tag{3-3-254}$$

式中忽略了 $\int V_{\mathrm{m},i}^{\infty}\mathrm{d}p$ 的贡献。

如果电解质的离解度很大，特别是当浓度不高时，实际离解接近完全，未离解的电解质理论上仍旧是存在的，但实际已不能测出，这时可认为是第一类电解质。由于定义为完全离解，谈论浓度为 $m^{\ominus}$ 的未离解电解质的虚拟溶液已无意义，$\mu_{2u,Ⅲ}^{**}$ 无法合理定义，式(3-3-247) 所表达的 μ_{2u} 和 $a_{2u,Ⅲ}$ 的关系就带有不确定性。为了解决这一困难，在电解质溶液的热力学中，为未离解的电解质定义了第Ⅴ种活度标准状态，在这种状态下：

$$\mu_{2u,V}^{**}=\nu_{+}\mu_{+,Ⅲ}^{**}+\nu_{-}\mu_{-,Ⅲ}^{**} \tag{3-3-255}$$

式(3-3-255) 就是第Ⅴ种活度标准状态的定义式，相应地，

$$\mu_{2u}=\mu_{2u,V}^{**}+RT\ln a_{2u,V} \tag{3-3-256}$$

$a_{2u,V}$ 是未离解电解质的第Ⅴ种活度。以 $a_{2u,V}$ 和 $\mu_{2u,V}^{**}$ 取代式(3-3-254) 中的 $a_{2u,Ⅲ}$ 和 $\mu_{2u,Ⅲ}^{**}$，并以式(3-3-255) 代入，得：

$$K^{\ominus}=a_{+,Ⅲ}^{\nu_{+}}a_{-,Ⅲ}^{\nu_{-}}/a_{2u,V}=1 \tag{3-3-257}$$

式(3-3-257) 表示，对于第一类电解质溶液，未离解电解质采用第Ⅴ种活度等价于人为指定离解平衡常数等于 1。

热力学并不计较微观结构或机理，对于电解质溶液，也可以形式上将电解质作为整体对待，即不计其离解的细节，这时可以写出电解质作为整体的化学位 μ_2。根据 3.10.1 节的讨论，某组分的化学位，应与计量该组分时所采用的基本单元一致的那种真实的物质的化学位相等。这就是说，μ_2 应与实际的未离解电解质的化学位 μ_{2u} 相等，

$$\mu_2=\mu_{2u} \tag{3-3-258}$$

如果将 μ_2 与电解质作为整体的活度 a_2 相联系，

$$\mu_2=\mu_2^{**}+RT\ln a_2 \tag{3-3-259}$$

这里还需要为 μ_2^{**} 指定活度的标准状态。通常就采用与未离解电解质相同的活度标准状态。对第一种电解质溶液：

$$\mu_2^{**}=\mu_{2u,V}^{**} \tag{3-3-260}$$

$$a_2=a_{2u,V}=a_{+,Ⅲ}^{\nu_{+}}a_{-,Ⅲ}^{\nu_{-}} \tag{3-3-261}$$

式(3-3-261) 用到了式(3-3-257)。对第二种电解质溶液：

$$\mu_2^{**}=\mu_{2u,Ⅲ}^{**} \tag{3-3-262}$$

$$a_2=a_{2u,Ⅲ}=a_{+,Ⅲ}^{\nu_{+}}a_{-,Ⅲ}^{\nu_{-}}/K^{\ominus} \tag{3-3-263}$$

式(3-3-263) 用到了式(3-3-254)。

(2) 各种类型活度间的换算 由上面介绍可知，对于电解质及离子，主要采用第Ⅲ种活度，浓度采用质量摩尔浓度 m_i，这在稀溶液时使用特别方便，浓度不随温度压力而变。但在实际工作中，人们常采用物质的量浓度 c_i，一方面因为体积便于量度；另一方面，又与统计力学理论中常用的数密度一致。这时，需要采用第Ⅳ种活度，它与活度系数的关系为：

$$a_{i,Ⅳ}=(c_i/c^{\ominus})\gamma_{i,Ⅳ} \tag{3-3-264}$$

$c^{\ominus}$ 通常取 1mol·dm^{-3}。近年来，由于生产实际更多地遇到浓溶液，工程设计对计算准确度

的要求也愈来愈高，在分子热力学模型中更多地借鉴常规的超额函数模型，或状态方程，特别是在处理混合溶剂系统时，应用分子分数 x_i 来表达浓度更为方便。这时，需要采用第Ⅱ种活度：

$$a_{i,\mathrm{II}}=x_i\gamma_{i,\mathrm{II}} \tag{3-3-265}$$

因而就产生了一个各种类型活度或活度系数间的换算问题。

在 3.8.2 节中，这个问题已原则上解决，按式(3-3-189)，$\gamma_{i,\mathrm{II}}=\gamma_{i,\mathrm{III}}/x_1=\gamma_{i,\mathrm{IV}}V^*_{\mathrm{m},1}/V_{\mathrm{m}}$。由于 $x_1=M_1^{-1}/(M_1^{-1}+\sum\limits_{j\neq1}m_j)$，$\sum\limits_{j\neq1}$ 表示求和遍及除溶剂 1 以外的所有未离解的电解质和各种离子，式(3-3-189) 又可化为：

$$\gamma_{i,\mathrm{II}}=\gamma_{i,\mathrm{III}}(1+M_1\sum_{j\neq1}m_j) \tag{3-3-266}$$

式(3-3-266) 可用来进行 $\gamma_{i,\mathrm{II}}$ 和 $\gamma_{i,\mathrm{III}}$ 间的换算。另外，密度 $\rho=(n_1M_1+\sum\limits_{j\neq1}n_jM_j)/V$，又纯溶剂的密度 $\rho_1=M_1/V^*_{\mathrm{m},1}$，代入式(3-3-189)，得：

$$\gamma_{i,\mathrm{II}}=\gamma_{i,\mathrm{IV}}[\rho+\sum_{j\neq1}c_j(M_1-M_j)]/\rho_1 \tag{3-3-267}$$

式(3-3-267)可用来进行 $\gamma_{i,\mathrm{II}}$ 和 $\gamma_{i,\mathrm{IV}}$ 间的换算。由式(3-3-266)和式(3-3-267) 还可求出 $\gamma_{i,\mathrm{III}}$ 和 $\gamma_{i,\mathrm{IV}}$ 间的换算式：

$$\gamma_{i,\mathrm{IV}}=\gamma_{i,\mathrm{III}}\rho_1(1+\sum_{j\neq1}m_jM_j)/\rho \tag{3-3-268}$$

或

$$\gamma_{i,\mathrm{III}}=\gamma_{i,\mathrm{IV}}(\rho-\sum_{j\neq1}c_jM_j)/\rho_1 \tag{3-3-269}$$

式(3-3-266)～式(3-3-269) 可在不同场合下选择使用。

(3) 平均离子活度 前面所定义的离子活度虽然很严格，但由于溶液中正负离子总是同时存在的，并不能由实验测得单个离子的活度。在电解质溶液的热力学中提出平均离子活度 $a_\pm$ 的概念，它可以由实验测定，定义为：

$$a_\pm=(a_+^{\nu_+}a_-^{\nu_-})^{1/\nu} \tag{3-3-270}$$

$\nu=\nu_++\nu_-$。对三种不同类型活度分别有：

$$a_{\pm,\mathrm{II}}=(a_{+,\mathrm{II}}^{\nu_+}a_{-,\mathrm{II}}^{\nu_-})^{1/\nu} \tag{3-3-271}$$

$$a_{\pm,\mathrm{III}}=(a_{+,\mathrm{III}}^{\nu_+}a_{-,\mathrm{III}}^{\nu_-})^{1/\nu} \tag{3-3-272}$$

$$a_{\pm,\mathrm{IV}}=(a_{+,\mathrm{IV}}^{\nu_+}a_{-,\mathrm{IV}}^{\nu_-})^{1/\nu} \tag{3-3-273}$$

进一步定义平均离子分子分数 $x_\pm$、平均离子质量摩尔浓度 $m_\pm$、平均离子量浓度 $c_\pm$ 如下：

$$x_\pm=(x_+^{\nu_+}x_-^{\nu_-})^{1/\nu} \tag{3-3-274}$$

$$m_\pm=(m_+^{\nu_+}m_-^{\nu_-})^{1/\nu} \tag{3-3-275}$$

$$c_\pm=(c_+^{\nu_+}c_-^{\nu_-})^{1/\nu} \tag{3-3-276}$$

相应的，可以定义三种平均离子活度系数：

$$\gamma_{\pm,\mathrm{II}}=(\gamma_{+,\mathrm{II}}^{\nu_+}\gamma_{-,\mathrm{II}}^{\nu_-})^{1/\nu} \tag{3-3-277}$$

$$\gamma_{\pm,\mathrm{III}}=(\gamma_{+,\mathrm{III}}^{\nu_+}\gamma_{-,\mathrm{III}}^{\nu_-})^{1/\nu} \tag{3-3-278}$$

$$\gamma_{\pm,\mathrm{IV}}=(\gamma_{+,\mathrm{IV}}^{\nu_+}\gamma_{-,\mathrm{IV}}^{\nu_-})^{1/\nu} \tag{3-3-279}$$

由上述各式可得：

$$a_{\pm,\mathrm{II}}=x_\pm\gamma_{\pm,\mathrm{II}} \tag{3-3-280}$$

$$a_{\pm,\mathrm{III}}=(m_\pm/m^\ominus)\gamma_{\pm,\mathrm{III}} \tag{3-3-281}$$

$$a_{\pm,\mathrm{IV}}=(c_\pm/c^\ominus)\gamma_{\pm,\mathrm{IV}} \tag{3-3-282}$$

三种平均离子活度系数间仍可用式(3-3-266)～式(3-3-269) 换算。

将电解质形式上作为整体时的电解质活度 a_2 与平均离子活度的关系，可将式(3-3-272)与式(3-3-261)和式(3-3-263) 联合而得。对第一种电解质溶液：

$$a_2=a_{+,\mathrm{III}}^{\nu_+}a_{-,\mathrm{III}}^{\nu_-}=a_\pm^{\nu} \tag{3-3-283}$$

对第二种电解质溶液：

$$a_2=a_{+,\mathrm{III}}^{\nu_+}a_{-,\mathrm{III}}^{\nu_-}/K^\ominus=a_\pm^{\nu}/K^\ominus \tag{3-3-284}$$

所有的电解质溶液严格地说都是第二种，它们只有未离解的分子和离子缔合体的差异。如果可以确切知道 $K^\ominus$，由此将得到真正的平均离子活度，这里以符号 $a_\pm^\times$ 表示。但是在实际工作中，常常将电解质溶液按第一种形式处理，这时形式上得到的平均离子活度 $a_\pm$，通常称为计量平均离子活度。$a_\pm$ 和 $a_\pm^\times$ 间的关系可按下面的方法得到：按式(3-3-258)，$\mu_2=\mu_{2\mathrm{u}}$，再按式(3-3-245)，$\mu_{2\mathrm{u}}=\nu_+\mu_++\nu_-\mu_-$，注意 μ_2 是客观的性质，不随按何种形式处理而异，因此可以写出：

$$\nu_+\mu_+^\times+\nu_-\mu_-^\times=\nu_+\mu_++\nu_-\mu_- \tag{3-3-285}$$

上标×表示真正的，没有上标表示按第一种电解质溶液表观处理。如离子化学位同样用第Ⅲ种活度表达，则得：

$$a_{+,\mathrm{III}}^{\times\nu_+}a_{-,\mathrm{III}}^{\times\nu_-}=a_{+,\mathrm{III}}^{\nu_+}a_{-,\mathrm{III}}^{\nu_-} \tag{3-3-286}$$

$$a_{\pm,\mathrm{III}}^\times=a_{\pm,\mathrm{III}} \tag{3-3-287}$$

说明平均离子活度不因处理方法而异。注意不能简单地将式(3-3-283) 与式(3-3-284) 相等来求 $a_\pm^\times$ 和 $a_\pm$ 的关系，因为这两式中的 a_2 的活度标准状态不同。以式(3-3-281) 代入式(3-3-287)，得：

$$(m_\pm^\times/m^\ominus)\gamma_{\pm,\mathrm{III}}^\times=(m_\pm/m^\ominus)\gamma_{\pm,\mathrm{III}} \tag{3-3-288}$$

式中，$m_\pm^\times$ 是真正的平均离子质量摩尔浓度；$m_\pm$ 则是表观假设完全离解的相应量。如电解质总浓度为 m_2，离解度为 α，则

$$m_+^\times=\alpha\nu_+m_2,\ m_-^\times=\alpha\nu_-m_2,\ m_\pm^\times=(\nu_+^{\nu_+}\nu_-^{\nu_-})^{1/\nu}\alpha m_2 \tag{3-3-289}$$

$$m_+=\nu_+m_2,\ m_-=\nu_-m_2,\ m_\pm=(\nu_+^{\nu_+}\nu_-^{\nu_-})^{1/\nu}m_2 \tag{3-3-290}$$

联立两式，得：

$$\gamma_{\pm,\mathrm{III}}=\alpha\gamma_{\pm,\mathrm{III}}^{\times} \tag{3-3-291}$$

有时正负离子间形成缔合物，其组成与原来电解质不同，例如形成中间离子 $CaCl^-$，或络离子 $Fe(CN)_6^{4-}$ 等。设缔合物分子式为 $M_{n+}X_{n-}$。这时，式(3-3-287)和式(3-3-288)依然成立。现设 $m_2\nu_+$ 个正离子中有 $(1-\alpha)m_2\nu_+$ 个与负离子形成 $M_{n+}X_{n-}$，而溶液中没有未离解的 $M_{\nu+}X_{\nu-}$，这时负离子应有 $(1-\alpha)m_2\nu_+n_-/n_+$ 个形成 $M_{n+}X_{n-}$，自由正负离子的数量分别为 $m_2\nu_+$ 和 $m_2\nu_- -(1-\alpha)m_2\nu_+n_-/n_+$，即

$$m_+^{\times}=m_2\nu_+\alpha \tag{3-3-292}$$

$$m_-^{\times}=m_2\nu_- -m_2\nu_+(1-\alpha)n_-/n_+ \tag{3-3-293}$$

$$m_{\pm}^{\times}=\{(\nu+\alpha)^{\nu_+}[\nu_- -\nu_+(1-\alpha)n_-/n_+]^{\nu_-}\}^{1/\nu}m_2 \tag{3-3-294}$$

表观的 $m_{\pm}$ 仍按式(3-3-290) 计算，将式(3-3-294)和式(3-3-290) 代入式(3-3-288) 得：

$$\gamma_{\pm,\mathrm{III}}=\{\alpha^{\nu_+}[1-(1-\alpha)\nu_+n_-/(n_+\nu_-)]^{\nu_-}\}^{1/\nu}\gamma_{\pm,\mathrm{III}}^{\times} \tag{3-3-295}$$

3.11.2 电解质溶液的渗透压和渗透系数

考虑一个如图 3-3-11 的系统，该系统由一张半透膜分隔成 α 和 β 两部分。溶剂 (1) 可透过半透膜，而溶质 (2) 则不可透过。α 相和 β 相温度相同；α 相的压力为 p，β 相的压力则为 $p+\pi$；α 相和 β 相中溶剂 (1) 的化学位分别为：

$$\mu_1^{(\alpha)}=\mu_1^*(T,p) \tag{3-3-296}$$

$$\mu_1^{(\beta)}=\mu_1^*(T,p+\pi)+RT\ln a_{1,\mathrm{I}} \tag{3-3-297}$$

假设液体的摩尔体积不随压力而变，则由式(3-3-55) 得：

$$\mu_1^*(T,p+\pi)=\mu_1^*(T,p)+\pi V_{\mathrm{m},1}^* \tag{3-3-298}$$

式中，$V_{\mathrm{m},1}^*$ 为纯溶剂 (1) 的摩尔体积。系统达到平衡时，半透膜两侧的溶剂的化学位相等，即

$$\mu_1^{(\alpha)}=\mu_1^{(\beta)} \tag{3-3-299}$$

将式(3-3-296)～式(3-3-298) 代入式(3-3-299)，得：

$$\pi=-(RT/V_{\mathrm{m},1}^*)\ln a_{1,\mathrm{I}} \tag{3-3-300}$$

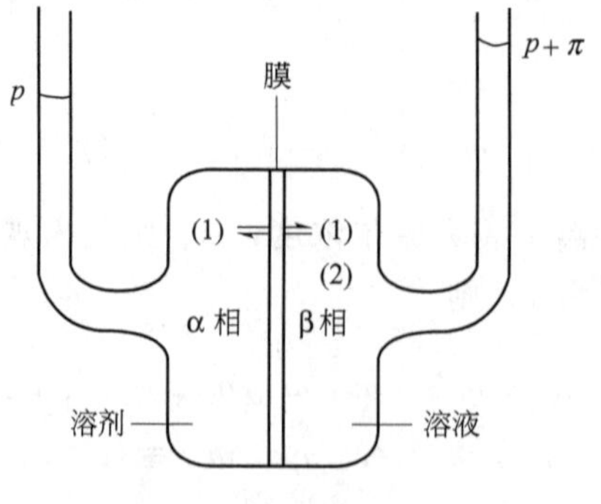

图 3-3-11 膜渗透系统

式中，π 称为渗透压。对于理想溶液，$\alpha_{1,\mathrm{I}}=x_1$，

$$\pi(\mathrm{i},\mathrm{sol})=-(RT/V_{\mathrm{m},1}^{*})\ln x_1 \tag{3-3-301}$$

定义溶剂的渗透系数 ϕ：

$$\phi=\pi/\pi(\mathrm{i},\mathrm{sol}) \tag{3-3-302}$$

ϕ 同样度量溶剂偏离理想的程度。式(3-3-300)和式(3-3-301) 代入式(3-3-302)，得：

$$\ln\alpha_{1,\mathrm{I}}=\phi\ln x_1 \tag{3-3-303}$$

则溶液的化学势可表示为：

$$\mu_1=\mu_1^{*}+\phi RT\ln x_1 \tag{3-3-304}$$

当电解质溶液不是很浓时，溶剂的活度系数与 1 相差很小，不能敏感地反映溶液的非理想性。例如 25℃下，$2\mathrm{mol}\cdot\mathrm{kg}^{-1}$ 的 KCl 水溶液，$x_2=0.0672$，$\gamma_{\pm,\mathrm{II}}=0.614$，$\gamma_{1,\mathrm{I}}=1.004$，而 $\phi=0.944$，可见比 $\gamma_{1,\mathrm{I}}$ 要敏感得多，溶剂的渗透系数 ϕ 可以使溶剂偏离理想的程度得到较灵敏的反映。

因为 $x_1=1-\sum\limits_{j\neq1}m_j/\left(M_1^{-1}+\sum\limits_{j\neq1}m_j\right)$，如溶液较稀，$\sum\limits_{j\neq1}m_j$ 很小，$x_1\approx1-M_1\sum\limits_{j\neq1}m_j$，代入式(3-3-304)，并将 $\ln x_1$ 展开后仅取首项，得：

$$\mu_1=\mu_1^{*}-\phi RTM_1\sum_{j\neq1}m_j \tag{3-3-305}$$

或

$$\ln a_{1,\mathrm{I}}=-\phi M_1\sum_{j\neq1}m_j \tag{3-3-306}$$

这两式也可作为渗透系数的定义式，称为实用的渗透系数，并且比式(3-3-304) 更为常用。式(3-3-304) 定义的渗透系数通常称为合理的渗透系数。对于上述 KCl 溶液，按此式计算 $\phi=0.912$。当浓度非常稀，式(3-3-304) 和式(3-3-306) 所得 ϕ 应相同。

需要注意的是，上述方法定义渗透系数时，溶剂的标准状态是系统温度和压力 $p+\pi$。

3.11.3　活度系数和渗透系数间的关系

对于单电解质溶液，正如 γ_1 和 γ_2 间可通过 Gibbs-Duhem 式相互关联一样，ϕ 和 γ_2 也可利用该式相互推算。如将电解质形式上作为整体处理，按式(3-3-71)，恒温恒压下可写出：

$$n_1\mathrm{d}\mu_1+n_2\mathrm{d}\mu_2=0 \tag{3-3-307}$$

以 $n_1=M_1^{-1}$，$n_2=m_2$ 以及 $\mu_i=\mu_i^{**}+RT\ln a_i$ 代入，得：

$$M_1^{-1}\mathrm{d}\ln a_{1,\mathrm{I}}+m_2\mathrm{d}\ln a_2=0 \tag{3-3-308}$$

注意电解质活度类型可任意选择。以式(3-3-283) 或式(3-3-284) 代入，

$$M_1^{-1}\mathrm{d}\ln a_{1,\mathrm{I}}+\nu m_2\mathrm{d}\ln a_{\pm,\mathrm{III}}=0 \tag{3-3-309}$$

由于式(3-3-284) 中的 $K^{\ominus}$ 是常数，因此在式(3-3-309) 中不出现。以式(3-3-281) 代入，按式(3-3-289)，$m_{\pm}=(\nu_+^{\nu_+}\nu_-^{\nu_-})^{1/\nu}\alpha m_2$，$\alpha$ 为离解度，得：

第3篇

$$M_1^{-1}\mathrm{d}\ln a_{1,\mathrm{I}}+\nu m_2\mathrm{d}\ln(\alpha m_2/m^{\ominus})+\nu m_2\mathrm{d}\ln\gamma_{\pm,\mathrm{III}}=0 \tag{3-3-310}$$

再以式(3-3-306) 代入，$\sum_{j\neq 1}m_j=(1-\alpha+\alpha\nu)m_2$，得：

$$\mathrm{d}\ln\gamma_{\pm,\mathrm{III}}=[(1-\alpha+\alpha\nu)/\nu]\mathrm{d}\phi-\mathrm{d}\ln(\alpha m_2/m^{\ominus})+(\phi/\nu m_2)\mathrm{d}[(1-\alpha+\alpha\nu)m_2] \tag{3-3-311}$$

该式将 ϕ 的变化与 $\gamma_{\pm,\mathrm{III}}$ 的变化联系起来。

如果是第一类电解质溶液，$\alpha=1$，式(3-3-311) 简化为：

$$\mathrm{d}\ln\gamma_{\pm,\mathrm{III}}=\mathrm{d}\phi+(\phi-1)\mathrm{d}\ln(m_2/m^{\ominus}) \tag{3-3-312}$$

当 $m_2=0$，$\phi=1$，$\gamma_{\pm,\mathrm{III}}=1$。以此为下限积分式(3-3-312)，得：

$$\ln\gamma_{\pm,\mathrm{III}}=\phi-1+\int_0^{m_2}(\phi-1)\mathrm{d}\ln(m_2/m^{\ominus}) \tag{3-3-313}$$

式(3-3-313) 可由一定浓度范围内的 ϕ 求得 $\gamma_{\pm,\mathrm{III}}$。式(3-3-312) 还可变为：

$$\mathrm{d}[m_2(\phi-1)]=m_2\mathrm{d}\ln\gamma_{\pm,\mathrm{III}} \tag{3-3-314}$$

在同样下限时积分式(3-3-314)，得：

$$\phi=1+m_2^{-1}\int_1^{\gamma_{\pm,\mathrm{III}}}m_2\mathrm{d}\ln\gamma_{\pm,\mathrm{III}} \tag{3-3-315}$$

式(3-3-315) 可由一定浓度范围内的 $\gamma_{\pm,\mathrm{III}}$ 求得 ϕ。

3.11.4 电解质溶液的过量函数

和非电解质溶液一样，过量函数常用来表达电解质溶液的非理想性，在建立分子热力学模型时，也常表现为过量吉布斯函数模型，并由此得到活度系数、渗透系数和其他过量函数。前面已经指出，过量函数一般适用于第Ⅰ种或第Ⅱ种活度，如果要研究第Ⅲ种或第Ⅳ种活度，则可应用式(3-3-266)和式(3-3-267) 进行换算。

由 3.9 节可知，混合吉布斯函数应为：

$$\Delta_{\mathrm{mix}}G=G-\sum_{i=1}^{K}n_iG_{\mathrm{m},i}^{**}=G-\sum_{i=1}^{K}n_i\mu_i^{**} \tag{3-3-316}$$

式中，$G_{\mathrm{m},i}^{**}$ 或 μ_i^{**} 为处于第Ⅰ或第Ⅱ种活度标准状态下组分 i 的化学位，对溶剂取第Ⅰ种，对离子和未离解电解质取第Ⅱ种。过量吉布斯函数则定义为：

$$G^{\mathrm{E}}=\Delta_{\mathrm{mix}}G-\Delta_{\mathrm{mix}}G^{(\mathrm{i,sol})} \tag{3-3-317}$$

按式(3-3-205)，

$$(\partial G^{\mathrm{E}}/\partial n_i)_{T,p,n[i]}=\mu_i-\mu_i^{(\mathrm{i,sol})}=RT\ln\gamma_i \tag{3-3-318}$$

式中，上标 i,sol 是指理想稀溶液。

对于溶剂 1，可用式(3-3-319) 求得第Ⅰ种活度系数：

$$\ln\gamma_{1,\mathrm{I}}=(\partial G^{\mathrm{E}}/\partial n_1)_{T,p,n[1]}/RT \tag{3-3-319}$$

按 ϕ 的定义式(3-3-305)，并以式(3-3-319) 代入，得

$$\ln a_{1,\mathrm{I}}=\ln x_1+\ln\gamma_{1,\mathrm{I}}=-\phi M_1\sum_{j\neq1}m_j \tag{3-3-320}$$

$$\phi=-\{(\partial G^{\mathrm{E}}/\partial n_1)_{T,p,n[1]}/RT+\ln x_1\}/\left(M_1\sum_{j\neq1}m_j\right) \tag{3-3-321}$$

如果溶液很稀，$x_1\approx1-M_1\sum_{j\neq1}m_j$，将 $\ln x_1$展开并取首项，得：

$$1-\phi=(\partial G^{\mathrm{E}}/\partial n_1)_{T,p,n[1]}/\left(RTM_1\sum_{j\neq1}m_j\right) \tag{3-3-322}$$

如设溶剂质量为 n_w，$n_1=n_w/M_1$，式(3-3-322) 变为：

$$1-\phi=(\partial G^{\mathrm{E}}/\partial n_w)_{T,p,n[1]}/\left(RT\sum_{j\neq1}m_j\right) \tag{3-3-323}$$

对于离子和未离解电解质，可用式(3-3-324) 求得第Ⅱ种活度系数：

$$\ln\gamma_{i,\mathrm{II}}=(\partial G^{\mathrm{E}}/\partial n_i)_{T,p,n[i]}/RT \tag{3-3-324}$$

如果对某对正负离子采用平均离子活度系数，设该对离子折合为某电解质的量为 n_i，$n_+=n_i\nu_+$，$n_-=n_i\nu_-$，

$$\ln\gamma_{+,\mathrm{II}}=(\partial G^{\mathrm{E}}/\partial n_i)_{T,p,n[i]}/(\nu_+RT) \tag{3-3-325}$$

$$\ln\gamma_{-,\mathrm{II}}=(\partial G^{\mathrm{E}}/\partial n_i)_{T,p,n[i]}/(\nu_-RT) \tag{3-3-326}$$

代入式(3-3-278)，可得：

$$\ln\gamma_{\pm,\mathrm{II}}=(\partial G^{\mathrm{E}}/\partial n_i)_{T,p,n[i]}/(\nu RT) \tag{3-3-327}$$

以上各式适用于混合电解质溶液。如为混合溶剂系统，活度系数式依旧，但这时一般不用渗透系数。有了 $\gamma_{\pm,\mathrm{II}}$，则 $\gamma_{\pm,\mathrm{III}}$、$\gamma_{\pm,\mathrm{IV}}$ 不难利用求得式(3-3-265)和式(3-3-266) 换算。

如已知 ϕ 和 $\gamma_{\pm,\mathrm{II}}$，当可得到 G^{E}，按式(3-3-318)，得：

$$G^{\mathrm{E}}=\sum_{i=1}^{K}n_iRT\ln\gamma_i \tag{3-3-328}$$

注意除溶剂 1 外，$n_i=n_wm_i$，n_w 为溶剂的质量，以式(3-3-323) 代入式(3-3-328)，得：

$$G^{\mathrm{E}}/RT=n_w(1-\phi)\sum_{j\neq1}m_j+n_w\sum_{j\neq1}m_j\ln\gamma_{i,\mathrm{II}} \tag{3-3-329}$$

对于单电解质溶液，设离解度为 α，如再按式(3-3-277) 引入平均活度系数，式 (3-3-329) 变为：

$$G^{\mathrm{E}}/RT=n_wm_2[(1-\phi)(1-\alpha+\alpha\nu)+\alpha\nu\ln\gamma_{\pm,\mathrm{II}}+(1-\alpha)\ln\gamma_{2u,\mathrm{II}}] \tag{3-3-330}$$

如为第一类电解质溶液，又可简化为：

$$G^{\mathrm{E}}/RT=n_wm_2\nu(1-\phi+\ln\gamma_{\pm,\mathrm{II}}) \tag{3-3-331}$$

在上述活度系数和渗透系数的基础上，运用经典热力学方法，还可得到其他过量函数。以单电解质为例，由 ϕ 和 $\gamma_{\pm,\mathrm{II}}$ 求取过量焓。如将电解质形式上作为整体，按式(3-3-306)、式(3-3-247)、式(3-3-258)、式(3-3-263)、式(3-3-272) 以及式(3-3-80)，只是将第Ⅲ种活度改为第Ⅱ种：

$$\mu_1=\mu^*-\phi RTM_1m_2(1-\alpha+\alpha\nu) \tag{3-3-332}$$

$$\mu_2=\mu_{2u}=\mu^{**}_{2u,\text{II}}+RT\ln a_{2u,\text{II}}=\mu^{**}_{2u,\text{II}}+\nu RT\ln x_{\pm}+\nu RT\ln\gamma_{\pm,\text{II}}-RT\ln K^{\ominus} \tag{3-3-333}$$

按式(3-3-56)，$\partial(\mu_i/T)/\partial(1/T)=H_{\text{m},i}$，可得偏摩尔焓：

$$H_{\text{m},1}=H^*_{\text{m},1}+RT^2M_1m_2\left[(1-\alpha+\alpha\nu)\left(\frac{\partial\phi}{\partial T}\right)_{p,m_2}+\phi(\nu-1)\left(\frac{\partial\alpha}{\partial T}\right)_{p,m_2}\right] \tag{3-3-334}$$

$$H_{\text{m},2}=H^{**}_{\text{m},2u}-\nu RT^2\left(\frac{\partial\ln\alpha}{\partial T}\right)_{p,m_2}-\nu RT^2\left(\frac{\partial\ln\gamma_{\pm,\text{II}}}{\partial T}\right)_{p,m_2}+RT^2\left(\frac{\partial\ln K^{\ominus}}{\partial T}\right)_{p,m_2} \tag{3-3-335}$$

式中，$H^{**}_{\text{m},2u}$为虚拟的、纯的未离解电解质的偏摩尔焓，这种虚拟电解质的性质和无限稀释时一样。

如为第一类电解质溶液，$K^{\ominus}=1$，$\alpha=1$，按式(3-3-255)，

$$H^{**}_{\text{m},2u}=\nu_+H^{**}_{\text{m},+}+\nu_-H^{**}_{\text{m},-} \tag{3-3-336}$$

式中，$H^{**}_{\text{m},+}$和$H^{**}_{\text{m},-}$即无限稀释时离子的偏摩尔焓$H^{\infty}_{\text{m},+}$和$H^{\infty}_{\text{m},-}$。式(3-3-334) 和式(3-3-335) 可简化为：

$$H_{\text{m},1}=H^*_{\text{m},1}+RT^2M_1m_2\nu\left(\frac{\partial\phi}{\partial T}\right)_{p,m_2} \tag{3-3-337}$$

$$H_{\text{m},2}=\nu_+H^{\infty}_{\text{m},+}+\nu_-H^{\infty}_{\text{m},-}-\nu RT^2\left(\frac{\partial\ln\gamma_{\pm,\text{II}}}{\partial T}\right)_{p,m_2} \tag{3-3-338}$$

$n_w=n_1M_1$，$n_2=n_wm_2$，过量焓可表示为：

$$\begin{aligned}H^{\text{E}}&=n_1(H_{\text{m},1}-H^*_{\text{m},1})+n_2(\nu_+H^{\infty}_{\text{m},+}+\nu_-H^{\infty}_{\text{m},-})\\&=n_wm_2\nu RT^2\left[\left(\frac{\partial\phi}{\partial T}\right)_{p,m_2}-\left(\frac{\partial\ln\gamma_{\pm,\text{III}}}{\partial T}\right)_{p,m_2}\right]\end{aligned} \tag{3-3-339}$$

由式(3-3-339) 可根据ϕ、$\gamma_{\pm,\text{II}}$对温度的偏导数求得过量焓。进一步对温度求导还可以得到过量热容C^{E}_p。至于过量熵S^{E}，可按$S^{\text{E}}=(H^{\text{E}}-G^{\text{E}})/T$计算。

又按式(3-3-55)，$(\partial\mu_i/\partial p)_T=V_{\text{m},i}$，原则上可求偏摩尔体积。但$\phi$和$\gamma_{\pm,\text{II}}$对压力不太敏感，$V_{\text{m},i}$和$V^{\text{E}}$还是直接测定更为准确。

如为第二类电解质溶液，应由式(3-3-334)和式(3-3-335) 出发计算过量焓，但要注意标准状态。

3.12 多分散系统的连续热力学

石油、煤焦油、页岩油以及它们的馏分、植物和动物油脂、高分子溶液或共混物，都属于多分散系统，其中含有真正的组分可多达几百种乃至更多。要确切知道每一组分的含量非常困难。通常的做法是利用某种性质的一个连续分布函数来表征组成，例如分子量分布。又如石油馏分中采用的实沸点曲线，它是利用一定理论塔板数的分馏柱，按一定的馏出速度，

记录馏出量随沸点的变化。有时单用一个性质还不足以表征，因为对非同系物来说，沸点相近可能摩尔质量相差很远，因此需要利用第二种性质，例如芳香度，以度量芳香烃相对于烷烃和环烷烃所占的比重。这时，需用二维分布来表达组成。对于上述以某种性质的连续分布来表征组成的系统，简称连续系统，它的热力学处理方法需要考虑这种连续分布的特点。

设有一多分散混合物，其组成用某性质 I 的连续分布表征，其概率密度函数 $F(I)$ 和分布函数 $D(I)$ 见图 3-3-12(a)。

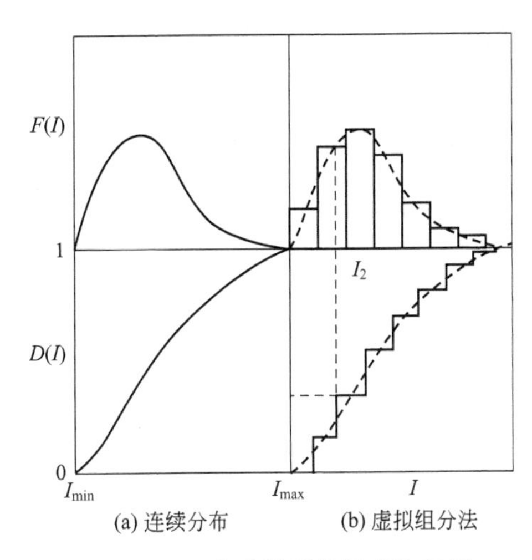

图 3-3-12 多分散系统组成的表征

$$D(I)=\int_{I_{\min}}^{I} F(I)\mathrm{d}I \tag{3-3-340}$$

$F(I)\mathrm{d}I$ 就是性质在 $I \sim I+\mathrm{d}I$ 区间的物质的量占总量的分数，按归一化，

$$D(I_{\max})=\int_{I_{\min}}^{I_{\max}} F(I)\mathrm{d}I=1 \tag{3-3-341}$$

$I_{\min}$和 $I_{\max}$分别是 I 性质区间的最小值和最大值，显然，$F(I_{\min})=F(I_{\max})=0$。$D(I)$则为性质在 $I_{\min}\sim I$ 区间的物质的量占总量的分数，$D(I_{\min})=0$。

对于这种多分散系统，最常用的近似处理方法是虚拟组分法，见图 3-3-12(b)。它将整个 I 区间划分为若干段，图中为 8 段，每一段用一个平均的 I 值来代表，例如图中第二段的 I_2，它是该段的中点值。这种方法的实质是将第 i 段混合物当作具有一定 I_i 值的虚拟纯组分 i，原来曲线下面所包面积，即以矩形面积代替，也就是它的含量。

$$x_i=\int_{I_i-\Delta I_i/2}^{I_i+\Delta I_i/2} F(I)\mathrm{d}I \approx F(I_i)\Delta I_i \tag{3-3-342}$$

$$D(I_i+\Delta I_i/2)=\sum_{j=1}^{i} x_j=\int_{I_{\min}}^{I_i+\Delta I_i/2} F(I)\mathrm{d}I \approx \sum_{j=1}^{i} F(I_j)\Delta I_j \tag{3-3-343}$$

式中，ΔI_i 为第 i 段的宽度。如果 $F(I)$ 表达的是质量分布，则式(3-3-342)和式(3-3-343) 中的 x_i 应用质量分数 w_i 代替。如果 $F(I)$ 仅代表一部分物质，其占总物质的量的分数为 x_c，则 x_i 应为虚拟组分 i 占那一部分物质的分数，即式(3-3-342) 计算得到的 x_i 应乘以 x_c。经过这样处理后，这一多分散系统即近似地被看作由若干个虚拟组分组成的多组分系统，可按前面几节的方法进行热力学计算。

虚拟组分法是一种粗糙近似。采用连续分布表达组成的热力学方法称为连续热力学。关于多分散系统的连续热力学理论可以参阅文献［14～24］，其中 Kehlen 和 Ratzsch 等[14～20]对泛函法连续热力学理论进行了系统的研究。胡英等[22～24]则采用离散组分法建立了连续系统的相平衡和稳定性理论。有一点需要指出，当连续系统还原为离散组分的混合物时，以前导出的那些适用于离散组分混合物的公式都应该恢复，这可以用于检验连续热力学公式的可靠性。

3.12.1 多分散系统的偏摩尔量

设有一广延性质 B，对于由 K 个离散组分组成的系统，简称离散系统，按式(3-3-48)，$B=B(T,p,n_1,\cdots,n_K)$。对于连续系统，其中除 K 个离散组分外，还有一段（也可以是若干段）连续组分，它以概率密度函数 $F(I)$ 表征，总量为 n_c，式(3-3-48) 应扩展为：

$$B=B(T,p,n_1,\cdots,n_K,n_cF) \tag{3-3-344}$$

由于 F 是一个函数，因此 B 是一个泛函，它的含义在于：除指定 T、p、n_i、n_c等变量的数值外，还需指定函数 F 的形式，泛函 B 才有一定的数值。

泛函 B 的全微分 δB 可表达为：

$$\delta B=\frac{\delta B}{\delta T}\delta T+\frac{\delta B}{\delta p}\delta p+\sum_{i=1}^{K}\frac{\delta B}{\delta n_i}\delta n_i+\int_{I_{\min}}^{I_{\max}}\frac{\delta B}{\delta n_I}\delta[n_cF(I)]\mathrm{d}I \tag{3-3-345}$$

式中，δ 指泛函的微变，对于一般函数即还原为 d。式中最后一项是指连续组分的总量及其分布的变化对 B 的变化的贡献，其中 $n_cF(I)\mathrm{d}I$ 即 $I\sim I+\mathrm{d}I$ 区间的物质的量，n_I 即可理解为这一数量的缩写，整个连续组分的贡献应在 $I_{\min}$ 到 $I_{\max}$ 间积分而得。偏导数 $\delta B/\delta n_I$ 可以看作是连续组分的偏摩尔量，符号用 $B_{\mathrm{m},I}$，按其物理意义，得：

$$\begin{aligned}B_{\mathrm{m},I}&=\frac{\delta B}{\delta n_I}\\&=\lim_{\substack{\Delta n_cF(I)\to 0\\ \Delta I\to 0}}\left\{\frac{B[T,p,n_1,\cdots,n_K,n_cF(I)+\Delta n_cF(I)]-B[T,p,n_1,\cdots,n_K,n_cF(I)]}{\Delta n_cF(I)\Delta I}\right\}\end{aligned} \tag{3-3-346}$$

式中，$\Delta n_cF(I)\Delta I$ 可参见图 3-3-13 中的阴影小区域，它是 $I\sim I+\mathrm{d}I$ 区间物质数量的变化。在具体运算时，由于 B 中包含有 $n_cF(I)$ 的函数积分，以 f 表示这一函数，Ψ 表示这一积分，则：

$$\Psi=\int_{I_{\min}}^{I_{\max}}f[n_cF(I)]\mathrm{d}I \tag{3-3-347}$$

而 δn_I 仅指在 $I\sim I+\mathrm{d}I$ 的微分区间中物质的量的变化，其他区间的物质的量仍保持不变，因此：

$$\frac{\delta\Psi}{\delta n_I}=\frac{\delta f[n_cF(I)]}{\delta[n_cF(I)]} \tag{3-3-348}$$

这就是说，虽然 Ψ 是一个积分，它对 n_I 的偏导数等于被积函数 $n_cF(I)$ 的偏导数。以偏摩

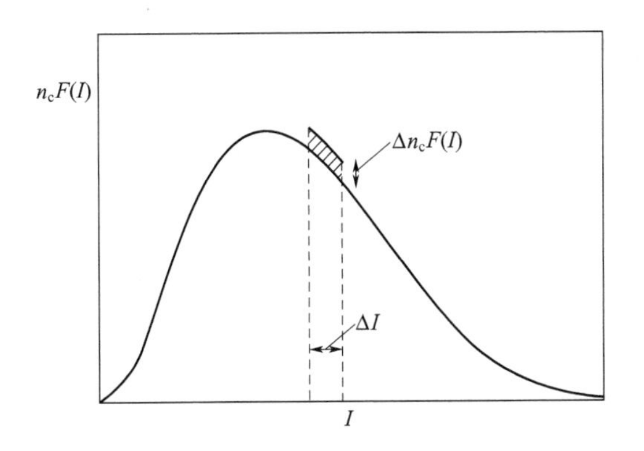

图 3-3-13　泛函微变

尔量的符号代入式(3-3-345)，得：

$$\delta B=\frac{\delta B}{\delta T}\delta T+\frac{\delta B}{\delta p}\delta p+\sum_{i=1}^{K}B_{\mathrm{m},i}\delta n_i+\int_{I_{\min}}^{I_{\max}}B_{\mathrm{m},I}\delta[n_cF(I)]\mathrm{d}I \tag{3-3-349}$$

定义连续组分的分子分数 x_I 为：

$$x_I=n_I/n \tag{3-3-350}$$

$$n=\sum_{i=1}^{K}n_i+n_c \tag{3-3-351}$$

式中，n 是物质总量。类似于式(3-3-60) 和式(3-3-61)，可以写出：

$$B_{\mathrm{m},i}=B_{\mathrm{m}}+\left(\frac{\partial B_{\mathrm{m}}}{\partial x_i}\right)_{T,p,x[i,K]}-\sum_{k=1}^{K-1}x_k\left(\frac{\partial B_{\mathrm{m}}}{\partial x_k}\right)_{T,p,x[k,K]}-\int_{I_{\min}}^{I_{\max}}\frac{n_c}{n}F(I)\left(\frac{\partial B_{\mathrm{m}}}{\partial x_I}\right)_{T,p,x[I,K]}\mathrm{d}I \tag{3-3-352}$$

$$B_{\mathrm{m},I}=B_{\mathrm{m}}+\left(\frac{\partial B_{\mathrm{m}}}{\partial x_I}\right)_{T,p,x[I,K]}-\sum_{k=1}^{K-1}x_k\left(\frac{\partial B_{\mathrm{m}}}{\partial x_k}\right)_{T,p,x[k,K]}-\int_{I_{\min}}^{I_{\max}}\frac{n_c}{n}F(I^+)\left(\frac{\partial B_{\mathrm{m}}}{\partial x_{I^+}}\right)_{T,p,x[I^+,K]}\mathrm{d}I^+ \tag{3-3-353}$$

这里是以离散组分 K 的 x_K 作为从属变量的。也可形式上将所有 x 均作为独立变量，利用关系式：

$$\left(\frac{\partial B_{\mathrm{m}}}{\partial x_i}\right)_{T,p,x[i,K]}=\left(\frac{\partial B_{\mathrm{m}}}{\partial x_i}\right)_{T,p,x[i]}-\left(\frac{\partial B_{\mathrm{m}}}{\partial x_K}\right)_{T,p,x[K]} \tag{3-3-354}$$

可得：

$$B_{\mathrm{m},i}=B_{\mathrm{m}}+\left(\frac{\partial B_{\mathrm{m}}}{\partial x_i}\right)_{T,p,x[i]}-\sum_{k=1}^{K}x_k\left(\frac{\partial B_{\mathrm{m}}}{\partial x_k}\right)_{T,p,x[k]}-\int_{I_{\min}}^{I_{\max}}\frac{n_c}{n}F(I)\left(\frac{\partial B_{\mathrm{m}}}{\partial x_I}\right)_{T,p,x[I]}\mathrm{d}I \tag{3-3-355}$$

$$B_{\mathrm{m},I}=B_{\mathrm{m}}+\left(\frac{\partial B_{\mathrm{m}}}{\partial x_I}\right)_{T,p,x[I]}-\sum_{k=1}^{K}x_k\left(\frac{\partial B_{\mathrm{m}}}{\partial x_k}\right)_{T,p,x[k]}-\int_{I_{\min}}^{I_{\max}}\frac{n_c}{n}F(I^+)\left(\frac{\partial B_{\mathrm{m}}}{\partial x_{I^+}}\right)_{T,p,x[I^+]}\mathrm{d}I^+ \tag{3-3-356}$$

3.12.2 多分散系统的化学位、逸度和活度

由式(3-3-349) 可写出连续系统的热力学基本方程：

$$\delta U = T\delta S - p\delta V + \sum_{i=1}^{K}\mu_i \delta n_i + \int_{I_{\min}}^{I_{\max}} \mu_I \delta[n_c F(I)]\mathrm{d}I \tag{3-3-357}$$

$$\delta H = T\delta S - V\delta p + \sum_{i=1}^{K}\mu_i \delta n_i + \int_{I_{\min}}^{I_{\max}} \mu_I \delta[n_c F(I)]\mathrm{d}I \tag{3-3-358}$$

$$\delta A = -S\delta T - p\delta V + \sum_{i=1}^{K}\mu_i \delta n_i + \int_{I_{\min}}^{I_{\max}} \mu_I \delta[n_c F(I)]\mathrm{d}I \tag{3-3-359}$$

$$\delta G = -S\delta T + V\delta p + \sum_{i=1}^{K}\mu_i \delta n_i + \int_{I_{\min}}^{I_{\max}} \mu_I \delta[n_c F(I)]\mathrm{d}I \tag{3-3-360}$$

$$0 = S\delta T + V\delta p - \sum_{i=1}^{K} n_i \delta\mu_i - \int_{I_{\min}}^{I_{\max}} n_c F(I)\delta(\mu_I)\mathrm{d}I \tag{3-3-361}$$

式(3-3-361) 即为连续系统的 Gibbs-Duhem 方程。式中 μ_I 是连续组分的化学位：

$$\mu_I = \left(\frac{\delta U}{\delta n_I}\right)_{S,V,n[I]} = \left(\frac{\delta H}{\delta n_I}\right)_{S,p,n[I]} = \left(\frac{\delta A}{\delta n_I}\right)_{T,V,n[I]} = \left(\frac{\delta G}{\delta n_I}\right)_{T,p,n[I]} \tag{3-3-362}$$

连续组分的逸度 f_I 和逸度系数 φ_I 的关系为：

$$\mu_I = \mu_I^{\ominus}(\mathrm{g}) + RT\ln(f_I/p^{\ominus}) \tag{3-3-363}$$

$$\varphi_I = f_I/px_I \tag{3-3-364}$$

式中，$\mu_I^{\ominus}(\mathrm{g})$ 是热力学标准状态下连续组分的化学位，即系统温度和压力 $p^{\ominus}$ 下理想气体状态的化学位。

连续组分的活度 a_I 和活度系数 γ_I 定义为：

$$\mu_I = \mu_I^{**} + RT\ln a_I \tag{3-3-365}$$

$$\mu_I^{**} = \mu_I^{\ominus}(\mathrm{g}) + RT\ln(f_I^{**}/p^{\ominus}) \tag{3-3-366}$$

$$\gamma_I = a_I/x_I \tag{3-3-367}$$

式中，μ_I^{**} 是活度的标准状态下的化学位；f_I^{**} 是相应的逸度。和离散组分类似，活度标准状态也可以有多种选择。

3.12.3 多分散系统的相平衡

如果采用虚拟组分法处理连续组分，则平衡判据与离散系统的是一致的，即式(3-3-80)。如果采用连续热力学处理，对于连续系统中的离散组分，相平衡判据仍为式(3-3-80)，连续组分的相平衡判据则为：

$$\mu_I^{(\alpha)} = \mu_I^{(\beta)}, \quad I_{\min} < I < I_{\max} \tag{3-3-368}$$

根据式(3-3-363)和式(3-3-364)，可得相平衡的逸度判据：

$$f_I^{(\alpha)} = f_I^{(\beta)} \tag{3-3-369}$$

$$(x_I\varphi_I)^{(\alpha)} = (x_I\varphi_I)^{(\beta)} \tag{3-3-370}$$

或

$$[x_c F(I)\varphi_I]^{(\alpha)}=[x_c F(I)\varphi_I]^{(\beta)} \tag{3-3-371}$$

式中，$x_c=n_c/n$，再按式(3-3-365)～式(3-3-367)，可得平衡判据：

$$(f_I^{**}a_I)^{(\alpha)}=(f_I^{**}a_I)^{(\beta)} \tag{3-3-372}$$

$$(f_I^{**}x_I\gamma_I)^{(\alpha)}=(f_I^{**}x_I\gamma_I)^{(\beta)} \tag{3-3-373}$$

或

$$[f_I^{**}x_c F(I)\gamma_I]^{(\alpha)}=[f_I^{**}x_c F(I)\gamma_I]^{(\beta)} \tag{3-3-374}$$

如 α 相用逸度，β 相用活度，则得：

$$p[x_c F(I)\phi_I]^{(\alpha)}=[f_I^{**}x_c F(I)\gamma_I]^{(\beta)} \tag{3-3-375}$$

3.12.4 多分散系统的稳定性判据

如果采用虚拟组分法处理连续组分，则稳定性理论与离散系统的稳定性理论是一致的。困难在于虚拟组分的数目比较多，计算将变得非常复杂。这里介绍胡英等借用虚拟组分法推导得到的连续系统的稳定性判据，具体推导过程可以参阅文献［22～24］。

设系统由一个多分散的同系物（组分 c）和一个溶剂（组分 K）组成。系统的亥姆霍兹函数可表示为 T、V_m、连续组分的总摩尔分数 x_c（$x_K=1-x_c$）和 $x_c\overline{I}$的函数，即

$$A_m=\sum_{i=1}^{K}x_i(A_{m,i}^{\ominus}+RT\ln x_i)-RT\ln(V_m/RT)+A_m^r(T,V_m,x_c,x_c\overline{I})=A_m^{id}+A_m^r \tag{3-3-376}$$

设$\overline{I}^n$ 为 I 的 n-阶矩：

$$\overline{I}^n=\int_{I_{min}}^{I_{max}}I^n F(I)\mathrm{d}I \tag{3-3-377}$$

式中，$\overline{I}$ 为分布变量 I 的平均值。

(1) 稳定性判据 类似于离散系统扩散稳定性的推导，可以得到连续系统的稳定性判据：

$$D_{sp}=\begin{vmatrix} A_{VV}^{id}+A_{VV}^r & A_{VX}^r & A_{VI}^r \\ A_{VX}^r+\overline{I}A_{VI}^r & j_c+j_K+A_{XX}^r+\overline{I}A_{IX}^r & A_{IX}^r+\overline{I}A_{II}^r \\ \mu_{(2)}A_{VI}^r & -j_c\overline{I}+\mu_{(2)}A_{VX}^r & j_c+\mu_{(2)}A_{II}^r \end{vmatrix}\geqslant 0 \tag{3-3-378}$$

式(3-3-378) 可以进一步写成：

$$D_{sp}=\begin{vmatrix} A_{VV}^{id}+A_{VV}^r & A_{VX}^r \\ A_{VX}^r & j_c+j_K+A_{XX}^r \end{vmatrix}+\frac{x_c\mu_{(2)}}{RT}E=D_{sp}^{dis}+\frac{x_c\mu_{(2)}}{RT}E\geqslant 0 \tag{3-3-379}$$

$$E=\begin{vmatrix} A_{VV}^{id}+A_{VV}^r & A_{VI}^r & A_{VX}^r \\ A_{VI}^r & A_{II}^r & A_{IX}^r \\ A_{VX}^r & A_{IX}^r & j_c+j_K+A_{XX}^r \end{vmatrix} \tag{3-3-380}$$

第3篇

式中，下标 X 表示求关于 x 的全导数，即

$$A_X=\frac{\mathrm{D}A_{\mathrm{m}}(x_{\mathrm{c}},x_{\mathrm{c}}\overline{I})}{\mathrm{D}x_{\mathrm{c}}}=\left(\frac{\delta A_{\mathrm{m}}}{\delta x_{\mathrm{c}}}\right)_{x_{\mathrm{c}}\overline{I}}+\left(\frac{\delta A_{\mathrm{m}}}{\delta x_{\mathrm{c}}\overline{I}}\right)_{x_{\mathrm{c}}}\left(\frac{\delta x_{\mathrm{c}}\overline{I}}{\delta x_{\mathrm{c}}}\right)=\left(\frac{\delta A_{\mathrm{m}}}{\delta x_{\mathrm{c}}}\right)_{x_{\mathrm{c}}\overline{I}}+\overline{I}\left(\frac{\delta A_{\mathrm{m}}}{\delta x_{\mathrm{c}}\overline{I}}\right)_{x_{\mathrm{c}}} \tag{3-3-381}$$

式中，$j_{\mathrm{c}}=RT/x_{\mathrm{c}}$，$j_{\mathrm{K}}=RT/(1-x_{\mathrm{c}})$，$\mu_{(2)}=\overline{I^2}-\overline{I}^2$。

由式(3-3-379) 可见，稳定性判据可以分为两部分，如将连续组分视为一个组分，则第一部分与二元系的稳定性判据相同；第二部分则与连续组分的分布有关。如果连续组分的分布是 δ 函数（即单分散的），那么 $\overline{I}$ 是常数，$\mu_{(2)}=0$，退化为二元系的稳定性判据。$D_{\mathrm{sp}}=0$ 即为旋节面表达式。

(2) 临界点判据 类似于离散系统，可以写出连续系统的临界点判据：

$$D_{\mathrm{sp}}=0$$

$$\begin{aligned}D_{\mathrm{cr}}=&\begin{vmatrix}A_{VV}^{\mathrm{id}}+A_{VV}^{\mathrm{r}} & A_{VX}^{\mathrm{r}}\\ \delta D_{\mathrm{sp}}^{\mathrm{dis}}/\delta V_{\mathrm{m}} & \mathrm{D}D_{\mathrm{sp}}^{\mathrm{dis}}/\mathrm{D}x_{\mathrm{c}}\end{vmatrix}+\frac{x_{\mathrm{c}}\mu_{(2)}}{RT}\begin{vmatrix}A_{VV}^{\mathrm{id}}+A_{VV}^{\mathrm{r}} & A_{VX}^{\mathrm{r}}\\ \delta E/\delta V_{\mathrm{m}} & \mathrm{D}E/\mathrm{D}x_{\mathrm{c}}\end{vmatrix}+\\&\frac{\mu_{(2)}}{RT}E+\frac{x_{\mathrm{c}}\mu_{(2)}}{RT}\begin{vmatrix}A_{VV}^{\mathrm{id}}+A_{VV}^{\mathrm{r}} & A_{VI}^{\mathrm{r}} & A_{VX}^{\mathrm{r}}\\ A_{VI}^{\mathrm{r}} & A_{II}^{\mathrm{r}} & A_{IX}^{\mathrm{r}}\\ \delta D_{\mathrm{sp}}/\delta V_{\mathrm{m}} & \delta D_{\mathrm{sp}}/\delta x_{\mathrm{c}}\overline{I} & \delta D_{\mathrm{sp}}/\delta x_{\mathrm{c}}\end{vmatrix}+\\&\frac{x(\overline{I^2}^2-\overline{I^3}\,\overline{I})}{RT}[(A_{VV}^{\mathrm{id}}+A_{VV}^{\mathrm{r}})A_{II}^{\mathrm{r}}-A_{VI}^{\mathrm{r}2}]E+\frac{x_{\mathrm{c}}\eta}{RT}[A_{VX}^{\mathrm{r}}A_{VI}^{\mathrm{r}}-(A_{VV}^{\mathrm{id}}+A_{VV}^{\mathrm{r}})A_{IX}^{\mathrm{r}}]E\\=&0\end{aligned} \tag{3-3-382}$$

式中，$\eta=\overline{I^3}-\overline{I^2}\,\overline{I}$。式(3-3-382) 中第一项与二元系的临界点判据相同，剩下的项与连续组分的分布有关。当连续组分的分布为 δ 分布时，$\mu_{(2)}=0$，$\eta=0$，退化为二元系临界点的判据。

参考文献

[1] 侯虞钧，章思规．化学工程手册．第 3 篇：化工热力学．北京：化学工业出版社，1986.
[2] 胡英．化学工程手册．第 2 版．第 3 篇：化工热力学．北京：化学工业出版社，1993.
[3] 胡英．流体的分子热力学．北京：高等教育出版社，1983.
[4] Sandler S I. 化学与工程热力学．吴志高，冯国祥，徐汛，等译．北京：化学工业出版社，1985.
[5] 赵广绪（Chao K C），［美］格林肯 R A（Greenkorn R A）．流体热力学：平衡理论的导论．浙江大学化工系分离工程教研室译．北京：化学工业出版社，1984.
[6] 胡英．近代化工热力学——应用研究的新进展．上海：上海科技文献出版社，1994.
[7] Modell M，Reid R C. Thermodynamics and Its Application. 2nd Ed. Prentice-Hall Inc，1983.
[8] Rowlison J S，Swinton F L. Liquids and Liquid Mixtures. 3rd Ed. London：Butterworth Scientific，1982.
[9] 洪建康，王琨，胡英．高校化学工程学报，1993，7：200.
[10] 洪建康，韩崇家，胡英．化工学报，1993，44：1，10.
[11] Hu Y，Azevedo E，Ludecke D，et al. Fluid Phase Equilibria，1984，17：303.
[12] Hong J K，Hu Y. Fluid Phase Equilibria，1989，51：37.

[13] Acree W E. Thermodynamic Properties of Nonelectrolyte Solutions. Orlando: Academic Press, 1984.
[14] Ratzsch M T, Kehlen H. Fluid Phase Equilibria, 1983, 14: 225.
[15] Ratzsch M T, Kehlen H, Bergmann J. Z Phys Chem (Leipzig), 1983, 264: 318.
[16] Kehlen H, Ratzsch M T, Bergmann J. AIChE J, 1985, 31: 1136.
[17] Kehlen H, Ratzsch M T, Bergmann J. J Macromol Sci Chem, 1987, A 24: 1.
[18] Beerbaum S, Bergmann J, Kehlen H, et al. J. Macromol Sci Chem, 1987, A 24: 1445.
[19] Browarzik D, Kehlen H. Fluid Phase Equilibria, 1996, 123: 17.
[20] Browarzik D, Kowalewski M, Kehlen H. Fluid Phase Equilibria, 1998, 142: 149.
[21] Cotterman R L, Bender R, Prausnitz J M. Ind Eng Chem Process Des Dev, 1985, 24: 194.
[22] Hu Y, Ying X G. Fluid Phase Equilibria, 1996, 127: 21.
[23] Hu Y, Prausnitz J M. Fluid Phase Equilibria, 1997, 130: 1.
[24] Cai J, Liu H L, Hu Y, et al. Fluid Phase Equilibria, 2000, 168: 91.

4

实验数据和分子热力学模型

输入实验数据或分子热力学模型，是解决热力学问题时为表征系统所采用的两种方法，后者更为常用。

4.1 实验数据综述

化工热力学常用的实验数据有以下方面：

(1) 物性数据 分子量、沸点、凝固点、蒸气压、临界温度、临界压力、临界密度、偏心因子、表面张力、介电常数、折射率、溶解度参数等。

(2) *pVT* 数据 密度、热膨胀系数、等温压缩系数、热压力系数、压缩因子、维里系数等。

(3) 热力学数据 焓、熵、逸度系数、活度系数、偏离函数、剩余函数、过量函数等。

(4) 热化学数据 热容、蒸发热、熔化热、混合热、生成热、燃烧热、溶解热、吸附热等。

(5) 相平衡数据 气液平衡、恒沸点、溶解度、液液平衡、液固平衡等。

本手册第一篇编入了许多常用数据，更广泛的内容则记载于各种综合性或专业性手册、专业工具书、参考书以及专业期刊杂志中。王琨[1]的《物理化学数据查阅指南》系统地介绍了上述数据的资料来源，马沛生对物性数据和手册也有详细评述。数据的估算方法可参阅 Reid、Prausnitz 和 Poling 的文献［2，3］。由 IUPAC 物理化学分会热力学委员会编辑出版的实验热力学系列丛书《Experimental Thermodynamics》有上述数据实验方法的详细介绍[4~9]。

4.2 物性和热化学数据的估算

化工过程计算所需要的物性数据和热化学数据，除了直接的实验测定外，文献上还发展了多种估算方法，它们都是在大量实验数据的基础上，经过分析整理而建立的经验方法。其中，基团贡献方法受到了更广泛的关注。化合物的品种浩繁，但构成化合物的常见基团不过几十种，如果能够由分子结构对物质的物性进行预测，就可以在产品设计开发阶段节约大量的物性测试费用。

基团贡献法的出发点是：假设系统的性质可由构成该系统所有分子的各种基团的性质，以及各种基团间相互作用的性质加和而得。由于基团的种类要比分子的种类少很多，这就有可能用为数不多的基团性质和基团相互作用性质，去预测各种纯物质和混合物的性质。最简单而又直观的选择是原子加和，例如分子的质量由原子加和而得。但这种简单加和未能计及分子中各种化学键的特性，进一步发展为键加和，但未能计及各种近邻化学键之间的相互影响。现在流行的基团加和法，将若干关系密切的键综合成基团，又引入各种近邻相互作用，以至次近邻相互作用和各种立体异构的影响，预测已达到相当准确的程度，受到工程界普遍欢迎。

4.2.1 临界点、沸点、凝固点的估算

临界点、沸点、凝固点是纯物质的重要特征点，文献中已报道了多种方法可以估算物质的临界温度、临界压力、临界体积、沸点（常压）温度和凝固点温度，在文献［2］中有比较多的介绍和应用举例，这里介绍目前应用得比较多的 Joback 基团贡献法，它是在 Lydersen 方法的基础上改进而成。临界性质 T_c、p_c和 V_c，以及沸点温度 T_b和凝固点温度 T_f分别由式(3-4-1)～式(3-4-5) 计算：

$$T_c=T_b[0.584+0.965\sum\Delta_T-(\sum\Delta_T)^2]^{-1} \tag{3-4-1}$$

$$p_c=(0.113+0.0032n_A-\sum\Delta_p)^{-2} \tag{3-4-2}$$

$$V_c=17.5+\sum\Delta_V \tag{3-4-3}$$

$$T_b=198+\sum\Delta_b \tag{3-4-4}$$

$$T_f=122+\sum\Delta_f \tag{3-4-5}$$

以上各式中，T_c、T_b和 T_f的单位是 K；p_c的单位是 bar（$1bar=10^5Pa$）；V_c的单位是 $cm^3\cdot mol^{-1}$；n_A为分子中的原子数。表 3-4-1 列出了 Joback 方法的基团贡献值。

表 3-4-1 临界点性质、沸点和凝固点的 Joback 基团贡献值

基团	Δ				
	T_c	p_c	V_c	T_b	T_f
非环基团					
$-CH_3$	0.0141	−0.0012	65	23.58	−5.10
$>CH_2$	0.0189	0	56	22.88	11.27
$>CH-$	0.0164	0.0020	41	21.74	12.64
$>C<$	0.0067	0.0043	27	18.25	46.43
$=CH_2$	0.0113	−0.0028	56	18.18	−4.32
$=CH-$	0.0129	−0.0006	46	24.96	8.73
$=C<$	0.0117	0.0011	38	24.14	11.14
$=C=$	0.0026	0.0028	36	26.15	17.78
$\equiv CH$	0.0027	−0.0008	46	9.20	−11.18
$\equiv C-$	0.0020	0.0016	37	27.38	64.32
环形基团					
$-CH_2-$	0.0100	0.0025	48	27.15	7.75
$>CH-$	0.0122	0.0004	38	21.78	19.88
$>C<$	0.0042	0.0061	27	21.32	60.15
$=CH-$	0.0082	0.0011	41	26.73	8.13
$=C<$	0.0143	0.0008	32	31.01	37.02

续表

基团	Δ				
	T_c	p_c	V_c	T_b	T_f
卤素基团					
—F	0.0111	−0.0057	27	−0.03	−15.78
—Cl	0.0105	−0.0049	58	38.13	13.55
—Br	0.0133	0.0057	71	66.86	43.43
—I	0.0068	−0.0034	97	93.84	41.69
含氧基团					
—OH(醇)	0.0741	0.0112	28	92.88	44.45
—OH(酚)	0.0240	0.0184	−25	76.34	82.83
—O—(非环)	0.0168	0.0015	18	22.42	22.23
—O—(环)	0.0098	0.0048	13	31.22	23.05
＞C═O(非环)	0.0380	0.0031	62	76.75	61.20
＞C═O(环)	0.0284	0.0028	55	94.97	75.97
O═CH—(醛)	0.0379	0.0030	82	72.24	36.90
—COOH(羧酸)	0.0791	0.0077	89	169.09	155.50
—COO—(酯)	0.0481	0.0005	82	81.10	53.60
═O(除上以外)	0.0143	0.0101	36	−10.50	2.08
含氮基团					
$—NH_2$	0.0243	0.0109	38	73.23	66.89
＞NH(非环)	0.0295	0.0077	35	50.17	52.66
＞NH(环)	0.0130	0.0114	29	52.82	101.51
＞N—(非环)	0.0169	0.0074	9	11.74	48.84
—N═(非环)	0.0255	−0.0099	—	74.60	—
—N═(环)	0.0085	0.0076	34	57.55	68.40
—CN	0.0496	−0.0101	91	125.66	59.89
$—NO_2$	0.0437	0.0064	91	152.54	127.24
含硫基团					
—SH	0.0031	0.0084	63	63.56	20.09
—S—(非环)	0.0119	0.0049	54	68.78	34.40
—S—(环)	0.0019	0.0051	38	52.10	79.93

4.2.2 热化学数据的Benson基团贡献法

该方法主要用来预测化合物的$C_{pm}^{\ominus}$、$S_m^{\ominus}$和$\Delta_f H_m^{\ominus}$等热化学数据。Benson选择分子中一些价数大于1的原子作为关键原子，并指明该关键原子以化学键相连的近邻原子，即形成基团。例如C—(C)(H)$_3$，关键原子是C，它与另一个C和三个H通过化学键相连，相当于与一个C原子相连的甲基。由此可见，除H、Cl、F等的键外（它们是一价，不选作关键原子），每一个化学键的贡献都由两个基团所共同承担。Benson的表格有各种基团对$\Delta_f H_m^{\ominus}$(g,298K)、$S_m^{\ominus}$ (g,298K)以及从300K到1500K的$C_{pm}^{\ominus}$(g)的贡献，可由Benson的著作[10]以及文献[2]中查得。这些表格中的数据都是气体热力学标准状态下的数据。Dueros在Benson基团的基础上发展了蒸发热的基团加和，两者结合即可得液体的数据。文献[2]中也有蒸发热的估算方法。

在计算$S_m^{\ominus}$(g,298K)时，除按基团加和外，还需加入对称校正项$R\ln\sigma$和光学异构体校正项$-R\ln\eta$，其中σ为对称数，它是外对称数$\sigma_{外}$和内对称数$\sigma_{内}$之积。$\sigma_{外}$指整个分子绕对称轴旋转360°时与原来分子位形重合的次数，例如苯有一个六次对称轴，它垂直于苯分子平面，一个二次对称轴，它平行于平面，$\sigma_{外}=6\times2=12$；又如甲烷有四个三次对称轴，$\sigma_{外}=3\times4=12$。$\sigma_{内}$指分子内的基团绕单键旋转360°时所出现的重复位形的次数，例如丙酮有两个甲基，每个甲基有一个三次对称轴，$\sigma_{内}=3\times3=9$，整个分子又有一个二次对称轴，$\sigma_{外}=2$，$\sigma=\sigma_{外}\times\sigma_{内}=2\times9=18$；又如新戊烷，$\sigma_{外}$和甲烷一样为12，四个甲基有$\sigma_{内}=3^4=81$，$\sigma=\sigma_{外}\times\sigma_{内}=12\times81=972$。$\eta$为光学异构体的个数。

Reid等[2]的著作中还有其他方法如Joback基团贡献法等的介绍。

4.2.3 溶解度参数的估算

溶解度参数定义为单位体积液态纯组分i蒸发能的平方根，符号用δ_i：

$$\delta_i=(\Delta_{vap}U_{m,i}/V_{m,i}^*)^{0.5} \tag{3-4-6}$$

Hansen等将溶解度参数分解为色散溶解度参数δ_d、偶极定向溶解度参数δ_p和氢键溶解度参数δ_h，液体总的溶解度参数则由式(3-4-7)计算：

$$\delta^2=\delta_d^2+\delta_p^2+\delta_h^2 \tag{3-4-7}$$

文献[11]中给出了常用溶剂和高聚物的δ_d、δ_p和δ_h，它们在许多领域获得了广泛的应用。

Hoftyzer和van Krevelen[12]将溶解度参数分解为基团的贡献，用下列三个公式分别计算色散溶解度参数δ_d、偶极定向溶解度参数δ_p和氢键溶解度参数δ_h：

$$\delta_d=\left(\sum_i \nu_i F_{d,i}\right)/V_m^* \tag{3-4-8}$$

$$\delta_p=\left(\sum_i \nu_i F_{p,i}^2\right)^{1/2}/V_m^* \tag{3-4-9}$$

$$\delta_h=\left(\sum_i \nu_i E_{h,i}/V_m^*\right)^{1/2} \tag{3-4-10}$$

式中，ν_i是分子中i基团的数目。式(3-4-9)中，当分子中有两个相同的极性基团出现在对称位置时计算结果应该乘以一个对称因子：如果有一个对称面，对称因子为0.5；如果有两个对称面，对称因子为0.25；如果对称面大于2则为0。不同基团的F_d、F_p和E_h见表3-4-2。其他一些学者给出的基团贡献的具体数值可能与Hoftyzer和van Krevelen给出的结果有比较大的差异，尽管如此，不同方法计算得到的物质的溶解度参数相差不大，重要的是采用的F_d、F_p和E_h的基团参数必须自洽，不同方法的参数不能混用。除了Hoftyzer和van Krevelen基团贡献法外，还可以采用Hoy建立的基团贡献法计算溶解度参数[13]，但计算方法要比 Hoftyzer 和 van Krevelen 基团贡献法要略微复杂一点。具体计算示例可参阅文献［11］。

表 3-4-2 不同基团的色散、偶极定向和氢键溶解度参数的基团贡献值

结构基团	$F_{d,i}$ /($J^{1/2}\cdot cm^{3/2}\cdot mol^{-1}$)	$F_{p,i}$ /($J^{1/2}\cdot cm^{3/2}\cdot mol^{-1}$)	$E_{h,i}$ /($J\cdot mol^{-1}$)
$-CH_3$	420	0	0
$-CH_2-$	270	0	0
>CH—	80	0	0
>C<	−70	0	0
$=CH_2$	400	0	0
=CH—	200	0	0
=C<	70	0	0
—(环己基)	1620	0	0
—(苯基)	1430	110	0
—(亚苯基)—(*o*,*m*,*p*)	1270	110	0
—F	(220)	—	—
—Cl	450	550	400
—Br	(550)	—	—
—CN	430	1100	2500
—OH	210	500	20000
—O—	100	400	3000
—COH	470	800	4500
—CO—	290	770	2000
—COOH	530	420	10000
—COO—	390	490	7000
HCOO—	530	—	—
$-NH_2$	280	—	8400
—NH—	160	210	3100
—N<	20	800	5000
$-NO_2$	500	1070	1500
—S—	440	—	—
$=PO_4-$	740	1890	13000
环	190	—	—
一个对称面	—	0.50×	—
两个对称面	—	0.25×	—
多个对称面	—	0×	0×

4.3 过量函数（活度系数）模型

过量函数模型通常采用$G_m^E=G_m^E(T,x,a,b,\cdots)$或$Q=Q(T,x,a,b,\cdots)$的形式，$a$、$b$、…为模型参数。应用 Gibbs-Helmholtz 式(3-3-26) $[\partial(G/T)/\partial(1/T)]_{p,x}=H$，可以得到$H_m^E=H_m^E(T,x,a,b,\cdots)$，但不能得到$V_m^E$，因为模型中略去了压力的影响。过量函数模型大都是在一定的溶液理论的基础上加以修正而建立的。目前流行的有两大类：一类称为Wohl型，它计入两分子、三分子乃至更多的分子间的相互作用，有一个总包的普遍方程，即 Wohl 方程，引入不同条件，可以得到不同模型。第二类称为局部组成型，它主要考虑到分子紧邻区域的组成与平均组成不一致，根据对局部组成的不同假设，也可以得到不同的模型。

4.3.1 Wohl 型过量函数（活度系数）模型

Wohl 型过量函数模型的基础是正规溶液理论。所谓正规溶液，是指由纯组分混合的混合熵和理想溶液的混合熵相同的溶液，换句话说，所有非理想性完全来自混合内能或过量内能的贡献。正规溶液假设$S^E=0$，$V^E=0$，Wohl 型模型的总包方程可写为：

$$Q=\left(\sum_{i=1}^{K}q_ix_i\right)\left(\sum_{i=1}^{K}\sum_{j=1}^{K}z_iz_ja_{ij}+\sum_{i=1}^{K}\sum_{j=1}^{K}\sum_{k=1}^{K}z_iz_jz_ka_{ijk}+\sum_{i=1}^{K}\sum_{j=1}^{K}\sum_{k=1}^{K}\sum_{l=1}^{K}z_iz_jz_kz_la_{ijkl}+\cdots\right) \tag{3-4-11}$$

式中，q_i是组分i的有效摩尔体积；z_i为有效体积分数：

$$z_i=q_ix_i\Big/\left(\sum_{j=1}^{K}q_jx_j\right) \tag{3-4-12}$$

a_{ij}、a_{ijk}、a_{ijkl}、…分别度量相应下标的两分子、三分子、四分子、…相互作用，$a_{ii}=a_{iii}=a_{iiii}=\cdots=0$。经过不同的假设和简化，可以得到几种常用的过量函数模型。

(1) Bragg-Williams 方程 Bragg-Williams 方程是在液体的格子模型基础上假设随机混合而建立起来的，可表示为：

$$Q=\frac{1}{2}\sum_{i=1}^{K}\sum_{j=1}^{K}\beta_{ij}x_ix_j \tag{3-4-13}$$

β_{ij}为组分i与组分j之间的相互作用参数（$\beta_{ii}=\beta_{jj}=0$），是温度的函数。对于二元系，

$$Q=\beta_{12}x_1x_2 \tag{3-4-14}$$

按式(3-3-208)和式(3-3-209) 可导得活度系数式如下：

$$\ln\gamma_{i,\mathrm{I}}=\sum_{j=1}^{K}\sum_{k=1}^{K}x_jx_k(\beta_{ij}-\beta_{jk}/2) \tag{3-4-15}$$

对于二元系，活度系数为：

$$\ln\gamma_{1,\mathrm{I}}=\beta_{12}x_2^2,\ \ln\gamma_{2,\mathrm{I}}=\beta_{12}x_1^2 \tag{3-4-16}$$

(2) 非随机因子模型 基于随机混合的 Bragg-Williams 方程假设分子i周围出现分子i

和分子 j 的概率之比与 i 和 j 的总摩尔分数 x_i 和 x_j 之比相等，$2N_{ii}/N_{ij}=x_i/x_j$，N_{ii} 和 N_{ij} 分别为液体中 i-i 和 i-j 相邻分子对的数目。事实上，由于 i-i、j-j 和 i-j 分子间相互作用能的差异，分子 i 周围出现分子 i 和分子 j 的概率之比会偏离随机混合假设的结果，相互作用能差异愈大，偏离程度也愈大。为了估算这种混合的非随机性对系统能量的影响，刘洪来等引入非随机因子 Γ_{ij} 予以表达[14~16]：

$$\frac{2N_{ii}}{N_{ij}}=\Gamma_{ij}\frac{x_i}{x_j} \tag{3-4-17}$$

对于多元系，非随机因子 Γ_{ij} 可表示为：

$$\Gamma_{ij}^{-1}=\sum_{k=1}^{K}x_k\exp[(w_{ij}+w_{ik}-w_{jk})/2] \tag{3-4-18}$$

$w_{ij}=(2\varepsilon_{ij}-\varepsilon_{ii}-\varepsilon_{jj})/(kT)$ 为组分 i 和 j 之间的对比交换能，ε_{ij} 是与温度无关的 i-j 分子对的相互作用能。

在此基础上，建立了过量吉布斯函数（Q 函数）的非随机因子模型：

$$\begin{aligned}Q=&\frac{z}{4}\sum_{i=1}^{K}\sum_{j=1}^{K}x_ix_jw_{ij}-\frac{z}{16}\sum_{i=1}^{K}\sum_{j=1}^{K}x_ix_jw_{ij}^2+\\&\frac{z}{8}\sum_{i=1}^{K}\sum_{j=1}^{K}\sum_{k=1}^{K}x_ix_jx_kw_{ij}w_{ik}-\frac{cz}{16}\left(\sum_{i=1}^{K}\sum_{j=1}^{K}x_ix_jw_{ij}\right)^2\end{aligned} \tag{3-4-19}$$

式中，$c=1.1$。对于二元系，可表示为：

$$Q=\frac{z}{2}w_{12}x_1x_2-\frac{cz}{4}w_{12}^2x_1^2x_2^2 \tag{3-4-20}$$

如果式(3-4-19) 和式(3-4-20) 只取第一项，并令 $\beta_{ij}=zw_{ij}/2$，它们即回归为 Bragg-Williams 随机混合方程。按式(3-3-208) 和式(3-3-209)，可导得活度系数式：

$$\begin{aligned}\ln\gamma_{i,\mathrm{I}}=&\frac{z}{2}\left[\sum_{j=1}^{K}\sum_{k=1}^{K}x_jx_k(w_{ij}-w_{jk}/2)\right]-\frac{z}{8}\left[\sum_{j=1}^{K}\sum_{k=1}^{K}x_jx_k(w_{ij}^2-w_{jk}^2/2)\right]+\\&\frac{z}{8}\left[\sum_{j=1}^{K}\sum_{k=1}^{K}\sum_{l=1}^{K}x_jx_kx_l(w_{ij}w_{ik}+2w_{ij}w_{jk}-2w_{jk}w_{jl})\right]-\\&\frac{cz}{16}\left(\sum_{j=1}^{K}\sum_{k=1}^{K}x_jx_kw_{jk}\right)\left[\sum_{j=1}^{K}\sum_{k=1}^{K}x_jx_k(4w_{ij}-3w_{jk})\right]\end{aligned} \tag{3-4-21}$$

对于二元系，活度系数为：

$$\ln\gamma_{1,\mathrm{I}}=\frac{z}{2}w_{12}x_2^2-\frac{cz}{4}w_{12}^2x_1x_2^2(2-3x_1) \tag{3-4-22}$$

$$\ln\gamma_{2,\mathrm{I}}=\frac{z}{2}w_{12}x_1^2-\frac{cz}{4}w_{12}^2x_2x_1^2(2-3x_2) \tag{3-4-23}$$

非随机因子模型虽然没有考虑由于分子大小不同引起的排列组合熵的贡献，但实际考虑了非随机混合引起的局部有序性的熵贡献。要考虑分子大小差异引起的排列组合熵的贡献，可以将分子看成是由多个链节组成的直链分子，由不同方法计算直链分子在格点上的排列组合 Ω，然后利用 Boltzmann 方程 $S=-k\ln\Omega$ 计算排列组合熵，这部分内容将在高分子溶液的分子热力学模型部分介绍。

Bragg-Williams 方程和非随机因子模型都只有一个反映分子间相互作用的参数，好处是计算比较简单。对于二元系，Q 函数对于组成是对称的，所以由它们计算的其他过量性质和活度系数也是对称的，特别是由它们计算得到的二元液液平衡相图也是关于 $x_1=x_2=0.5$ 对称的，即任何系统的临界会溶组成 $x_c=0.5$，这当然与实际情况有差距。主要是上述模型没有考虑分子大小的差异，理论上只适用于各组分的分子大小完全相同的系统。这限制了上述模型在实际工程计算中的应用。

工程实际计算中更常用的 Wohl 型模型包括 Margules、van Laar 和溶解度参数模型。其中 Margules 和 van Laar 模型都是两参数模型，灵活性大大增加。而溶解度参数模型则可以在一定程度上根据纯物质性质预测混合物性质。

(3) Margules 方程 对于二元系，Margules 方程可表示为：

$$Q=x_1x_2^2A_{12}+x_1^2x_2A_{21} \tag{3-4-24}$$

$$\ln\gamma_{1,\mathrm{I}}=[A_{12}+2(A_{21}-A_{12})x_1]x_2^2 \tag{3-4-25}$$

$$\ln\gamma_{2,\mathrm{I}}=[A_{21}+2(A_{12}-A_{21})x_2]x_1^2 \tag{3-4-26}$$

Margules 模型在推广至多元系时需要增添多元参数。

(4) van Laar 方程 对于二元系，van Laar 方程可表示为：

$$Q=x_1x_2A_{12}A_{21}/(A_{12}x_1+A_{21}x_2) \tag{3-4-27}$$

$$\ln\gamma_{1,\mathrm{I}}=A_{12}[A_{21}x_2/(A_{12}x_1+A_{21}x_2)]^2 \tag{3-4-28}$$

$$\ln\gamma_{2,\mathrm{I}}=A_{21}[A_{12}x_1/(A_{12}x_1+A_{21}x_2)]^2 \tag{3-4-29}$$

van Laar 方程在拟合二元系数据时效果很好，但推广至多元系时，理论推导要求满足式(3-4-30)：

$$(A_{ij}/A_{ji})(A_{jk}/A_{kj})(A_{ki}/A_{ik})=1 \tag{3-4-30}$$

当三对二元系分别独立拟合得到参数时，往往不能符合式(3-4-30)。

(5) 溶解度参数模型 溶解度参数模型可表示为：

$$Q=\frac{1}{2}\left(\sum_{k=1}^{K}x_kV_{\mathrm{m},k}^*\right)\sum_{i=1}^{K}\sum_{j=1}^{K}\phi_i\phi_j(\delta_i-\delta_j)^2/(RT) \tag{3-4-31}$$

式中，$\phi_i=x_iV_{\mathrm{m},i}^*\Big/\left(\sum_{k=1}^{K}x_kV_{\mathrm{m},k}^*\right)$，为体积分数。对于二元系

$$Q=(x_1V_{\mathrm{m},1}^*+x_2V_{\mathrm{m},2}^*)\phi_1\phi_2(\delta_1-\delta_2)^2/RT \tag{3-4-32}$$

按式(3-3-208)和式(3-3-209)，可导得活度系数式：

$$\ln\gamma_{i,\mathrm{I}}=V_{\mathrm{m},i}^*(\delta_i-\bar{\delta})^2/RT \tag{3-4-33}$$

式中，$\bar{\delta}=\sum_{k=1}^{K}\phi_k\delta_k$。对于二元系，$\bar{\delta}=\phi_1\delta_1+\phi_2\delta_2$，则活度系数为：

$$\ln\gamma_{1,\mathrm{I}}=V_{\mathrm{m},1}^{*}\phi_2^2(\delta_1-\delta_2)^2/RT \tag{3-4-34}$$

$$\ln\gamma_{2,\mathrm{I}}=V_{\mathrm{m},2}^{*}\phi_1^2(\delta_1-\delta_2)^2/RT \tag{3-4-35}$$

当 $\phi_2\rightarrow1$，组分1处于无限稀释状态，$\gamma_{2,\mathrm{II}}=1$

$$\ln\gamma_{1,\mathrm{I}}^{\infty}=V_{\mathrm{m},1}^{*}(\delta_1-\delta_2)^2/RT \tag{3-4-36}$$

式中，$\gamma_{1,\mathrm{I}}^{\infty}$ 为组分1的无限稀释活度系数。按式(3-3-189)，$f_i^*\gamma_{i,\mathrm{I}}=K_{\mathrm{H}i}\gamma_{i,\mathrm{II}}$，$K_{\mathrm{H}i}$ 为 Henry 常数，则

$$K_{\mathrm{H1}}=f_1^*\gamma_{1,\mathrm{I}}^{\infty}=f_1^*\exp[V_{\mathrm{m},1}^{*}(\delta_1-\delta_2)^2/RT] \tag{3-4-37}$$

同理

$$K_{\mathrm{H2}}=f_2^*\gamma_{2,\mathrm{I}}^{\infty}=f_2^*\exp[V_{\mathrm{m},2}^{*}(\delta_1-\delta_2)^2/RT] \tag{3-4-38}$$

以上计算活度系数和 Henry 常数式的最大特点是只需知道纯组分的溶解度参数，就可以计算混合物的性质。对许多含非极性组分的溶液，溶解度参数模型是较好的半定量活度系数表达式。因为在推导中作了许多简化假设，不能指望预测计算与实验结果之间定量上完全一致，但是在没有任何混合物数据时，对于近似计算，即大致上预测非极性系统的平衡性质，溶解度参数模型还是可以获得有意义的结果的。

溶解度参数模型对非极性溶液取得较好的效果，但 $\gamma_{i,\mathrm{I}}\geqslant1$ 只适用于正偏差系统。对于一些效果比较差的系统，可以引入二元相互作用参数 l_{ij} 提高计算效果。这时，过量函数 Q 和活度系数分别为：

$$Q=\frac{1}{2}\left(\sum_{k=1}^{K}x_kV_{\mathrm{m},k}^{*}\right)\sum_{i=1}^{K}\sum_{j=1}^{K}\phi_i\phi_j[(\delta_i-\delta_j)^2+2l_{ij}\delta_i\delta_j]/RT \tag{3-4-39}$$

$$\ln\gamma_{i,\mathrm{I}}=V_{\mathrm{m},i}^{*}\sum_{j=1}^{K}\sum_{k=1}^{K}\phi_j\phi_k(D_{ji}-D_{jk}/2)/RT \tag{3-4-40}$$

式中，$D_{ji}=(\delta_i-\delta_j)^2+2l_{ij}\delta_i\delta_j$。对于二元系

$$\ln\gamma_{1,\mathrm{I}}=V_{\mathrm{m},1}^{*}\phi_2^2[(\delta_1-\delta_2)^2+2l_{12}\delta_1\delta_2]/RT \tag{3-4-41}$$

$$\ln\gamma_{2,\mathrm{I}}=V_{\mathrm{m},2}^{*}\phi_1^2[(\delta_1-\delta_2)^2+2l_{12}\delta_1\delta_2]/RT \tag{3-4-42}$$

溶解度参数模型严格地说只适用于非极性溶液，因为只有这时才能说近于随机混合，$S^{\mathrm{E}}=0$。然而鉴于它有一定的预测性能，许多工作尝试将这一模型推广到极性和含氢键的系统，取得了一定的成功。

以上三个模型都以正规溶液为基础，$S^{\mathrm{E}}=0$，按 $(\partial G/\partial T)_p=-S$，$G^{\mathrm{E}}$ 应不随温度而变。事实上，G^{E} 总是随温度而变的，那些模型参数也随温度而变。由此可见，它们都带有经验的性质。

4.3.2 局部组成型过量函数(活度系数)模型

局部组成理论认为，由于 i-i 与 i-j 分子对的相互作用能不同，因此在某 i 分子的邻近，其局部的分子分数与溶液的平均分子分数不一定相等。例如当1-1和2-2的相互吸引作用显著大于1-2时，则在分子1周围出现分子1的概率将比随机混合时高一些。同样，在分子2周围出现分子2的概率也比随机混合时高一些；而分子1周围出现分子2的概率以及分子2

周围出现分子1的概率将比随机混合时低一些。当1-1和2-2的相互吸引作用显著小于1-2时，则在每一个分子的近邻将出现尽可能多的1-2对。局部分子分数用x_{ji}表示，代表i分子周围分子j的局部分子分数。局部分子分数必须满足归一化条件，即

$$\sum_{j=1}^{K} x_{ji}=1,\ i=1,\cdots,K \tag{3-4-43}$$

i分子周围出现i分子和j分子的概率不仅取决于体相组成x_i和x_j，还与相互作用的强弱差别有关。局部组成理论假设相互作用的强弱可用Boltzmann因子$\exp(-\varepsilon_{ij}/kT)$来度量。局部组成$x_{ji}$正比于$x_j$和Boltzmann因子的乘积，即

$$x_{ji} \propto x_j \exp(-\varepsilon_{ji}/kT) \tag{3-4-44}$$

如果式(3-4-44)对于不同组分的比例系数相同，可写出：

$$\frac{x_{ji}}{x_{ii}}=\frac{x_j \exp(-\varepsilon_{ji}/kT)}{x_i \exp(-\varepsilon_{ii}/kT)} \tag{3-4-45}$$

结合式(3-4-43)和式(3-4-45)，可导得：

$$x_{ji}=\frac{x_j \exp[-(\varepsilon_{ji}-\varepsilon_{ii})/kT]}{\sum_{k}^{K} x_k \exp[-(\varepsilon_{ki}-\varepsilon_{ii})/kT]} \tag{3-4-46}$$

由此出发，可导得各种不同的局部组成模型。

(1) Wilson方程 Wilson[17]从无热溶液($w_{ij}=0$)的似晶格理论出发，将Flory-Huggins方程[见式(3-4-137)]中的体积分数ϕ_i改为局部组成ϕ_{ii}

$$Q=G^{\mathrm{E}}/nRT=\sum_{i=1}^{K} x_i \ln(\phi_{ii}/x_i) \tag{3-4-47}$$

$$\phi_{ii}=\frac{x_{ii} V_{\mathrm{m},i}^{*}}{\sum_{j=1}^{K} x_{ji} V_{\mathrm{m},j}^{*}} \tag{3-4-48}$$

将式(3-4-46)代入，得：

$$\phi_{ii}=\frac{x_i V_{\mathrm{m},i}^{*}}{\sum_{j=1}^{K} x_j V_{\mathrm{m},j}^{*} \exp[-(\varepsilon_{ji}-\varepsilon_{ii})/kT]} \tag{3-4-49}$$

令

$$\Lambda_{ji}=(V_{\mathrm{m},j}^{*}/V_{\mathrm{m},i}^{*})\exp[-(\varepsilon_{ji}-\varepsilon_{ii})/kT] \tag{3-4-50}$$

将式(3-4-49)和式(3-4-50)代入式(3-4-47)，可得过量函数模型：

$$Q=-\sum_{i=1}^{K} x_i \ln\left(\sum_{j=1}^{K} \Lambda_{ji} x_j\right) \tag{3-4-51}$$

按式(3-3-208)和式(3-3-209)，可导得活度系数式：

$$ln\,\gamma_{i,\mathrm{I}}=1-\ln\sum_{j=1}^{K} \Lambda_{ji} x_j-\sum_{j=1}^{K}\left(\Lambda_{ij} x_j / \sum_{k=1}^{K} \Lambda_{kj} x_k\right) \tag{3-4-52}$$

对于二元系，式(3-4-51) 和式(3-4-52) 可分别简化为：

$$Q=-x_1\ln(x_1+\Lambda_{21}x_2)-x_2\ln(x_2+\Lambda_{12}x_1) \tag{3-4-53}$$

$$\ln\gamma_{1,\mathrm{I}}=-\ln(x_1+\Lambda_{21}x_2)+x_2\left(\frac{\Lambda_{21}}{x_1+\Lambda_{21}x_2}-\frac{\Lambda_{12}}{x_2+\Lambda_{12}x_1}\right) \tag{3-4-54}$$

$$\ln\gamma_{2,\mathrm{I}}=-\ln(x_2+\Lambda_{12}x_1)+x_1\left(\frac{\Lambda_{12}}{x_2+\Lambda_{12}x_1}-\frac{\Lambda_{21}}{x_1+\Lambda_{21}x_2}\right) \tag{3-4-55}$$

由式(3-4-51) 和式(3-4-52) 可见，它们只涉及二元参数 Λ_{ij}，当由二元系实验数据拟合求得后，即可由它们计算多元系的过量性质和活度系数，这就可以仅由二元数据预测多元系的性质。大量实践表明，Wilson 模型确实是一个比较好的活度系数关联式，在关联和预测气液平衡数据方面获得广泛应用，对醇-烃系统特别适用。

按照 Wilson 模型建立的基本假定，溶液的过量焓为零。将式(3-4-51) 代入式(3-3-202)，得：

$$H_{\mathrm{m}}^{\mathrm{E}}=R\left[\frac{\partial Q}{\partial(1/T)}\right]_x=\sum_{i=1}^{K}\frac{x_i\sum\limits_{j=1}^{K}\Lambda_{ji}x_j[(\varepsilon_{ji}-\varepsilon_{ii})/k]}{\sum\limits_{j=1}^{K}\Lambda_{ji}x_j} \tag{3-4-56}$$

即溶液的超额焓不为零，这与该模型的基本出发点是相矛盾的。对于这个问题可以这样来看，当导出 Flory-Huggins 理论计算式时，是假设没有混合热，混合是随机的，但 Wilson 方程用局部体积分数 ϕ_{ii}代替体积分数 ϕ_i。这实际上是假设实际溶液等价于一个各组分体积分数为 ϕ_{ii}的虚拟的无热溶液，但它仅仅是等价，并不排斥一个实际的非随机混合的溶液形成时有热效应产生。原则上可以根据实验获得的气液平衡、活度系数或过量函数等性质，关联得到 $(\varepsilon_{ji}-\varepsilon_{ii})/k$，进一步用式(3-4-56) 预测过量焓 H^{E}；也可以反过来利用实验获得的过量焓数据拟合二元参数，再预测活度因子或气液平衡。但遗憾的是，多数情况下并不令人满意，最好将 G^{E}和 H^{E}一起用来拟合参数，也可以将 $(\varepsilon_{ji}-\varepsilon_{ii})/k$ 表达为温度的函数，以提高拟合精度。

Wilson 模型还有一个重要的特点或缺陷，是它不能用于液相部分互溶的场合。以二元系为例，已知

$$\begin{aligned}G_{\mathrm{m}}&=x_1G_{\mathrm{m},1}^{*}+x_2G_{\mathrm{m},2}^{*}+\Delta_{\mathrm{mix}}G_{\mathrm{m}}(\mathrm{i.\,sol})+RTQ\\&=x_1G_{\mathrm{m},1}^{*}+x_2G_{\mathrm{m},2}^{*}+x_1RT\ln x_1+x_2RT\ln x_2-\\&\quad x_1RT\ln(x_1+\Lambda_{21}x_2)-x_2RT\ln(x_2+\Lambda_{12}x_1)\end{aligned} \tag{3-4-57}$$

将式(3-4-57) 对 x_1求两阶偏导数：

$$\left(\frac{\partial^2G_{\mathrm{m}}}{\partial x_1^2}\right)_T=RT\left[\frac{1}{x_1}\left(\frac{\Lambda_{21}}{x_1+\Lambda_{21}x_2}\right)^2+\frac{1}{x_2}\left(\frac{\Lambda_{12}}{x_2+\Lambda_{12}x_1}\right)^2\right]>0 \tag{3-4-58}$$

可见，二阶偏导数不可能小于零，按照稳定性判据式(3-3-93)，Wilson 模型描述的液体不可能出现液液分相现象，因此该模型不适合液相部分互溶系统的关联计算。

(2) NRTL 方程 NRTL 是 Non-Random Two Liquid 的缩写。其中 NR 是指非随机性，如果混合是完全随机的，则不存在局部组成的问题，正因为分子间相互作用有差异，混合出

现非随机性，因此局部组成就和整体组成出现差异。TL 则指双液体，即采用了双流体理论。NRTL 方程是 Renon 和 Prausnitz[18] 建立的，他们将局部组成与整体组成和分子间相互作用能之间的关系式(3-4-45) 修正为：

$$\frac{x_{ji}}{x_{ii}}=\frac{x_j\exp(-\alpha_{ij}\varepsilon_{ji}/kT)}{x_i\exp(-\alpha_{ij}\varepsilon_{ii}/kT)} \tag{3-4-59}$$

$\alpha_{ij}=\alpha_{ji}$，称为非随机因子（注意，这里的非随机因子与前面介绍的非随机因子模型中的 Γ_{ij} 不同），是一个与配位数有关的参数。相应的式(3-4-46) 变为：

$$x_{ji}=\frac{x_j\exp[-\alpha_{ij}(\varepsilon_{ji}-\varepsilon_{ii})/kT]}{\sum_k^K x_k\exp[-\alpha_{ik}(\varepsilon_{ki}-\varepsilon_{ii})/kT]} \tag{3-4-60}$$

在计算过量函数时，采用多流体理论，忽略过量熵的贡献，可以得到 Q 函数为：

$$Q=\sum_{i=1}^K x_i\left(\sum_{j=1}^K \tau_{ji}G_{ji}x_j/\sum_{k=1}^K G_{ki}x_k\right) \tag{3-4-61}$$

其中

$$\tau_{ji}=(\varepsilon_{ji}-\varepsilon_{ii})/kT,\ G_{ji}=\exp(-\alpha_{ij}\tau_{ji}) \tag{3-4-62}$$

按式(3-3-208) 和式(3-3-209)，可导得活度系数式：

$$\ln\gamma_{i,\mathrm{I}}=\frac{\sum_{j=1}^K\tau_{ji}G_{ji}x_j}{\sum_{k=1}^K G_{ki}x_k}+\sum_{j=1}^K\frac{G_{ij}x_j}{\sum_{k=1}^K G_{kj}x_k}\left(\tau_{ij}-\frac{\sum_{l=1}^K x_l\tau_{lj}G_{lj}}{\sum_{k=1}^K G_{kj}x_k}\right) \tag{3-4-63}$$

对于二元系，式(3-4-61) 和式(3-4-63) 可分别简化为：

$$Q=x_1x_2\left(\frac{\tau_{21}G_{21}}{x_1+x_2G_{21}}+\frac{\tau_{12}G_{12}}{x_2+x_1G_{12}}\right) \tag{3-4-64}$$

$$\ln\gamma_{1,\mathrm{I}}=x_2^2\left[\frac{\tau_{21}G_{21}^2}{(x_1+x_2G_{21})^2}+\frac{\tau_{12}G_{12}}{(x_2+x_1G_{12})^2}\right] \tag{3-4-65}$$

$$\ln\gamma_{2,\mathrm{I}}=x_1^2\left[\frac{\tau_{12}G_{12}^2}{(x_2+x_1G_{12})^2}+\frac{\tau_{21}G_{21}}{(x_1+x_2G_{21})^2}\right] \tag{3-4-66}$$

NRTL 模型有三个参数，即 α_{12}、$(\varepsilon_{21}-\varepsilon_{11})/k$ 和 $(\varepsilon_{12}-\varepsilon_{22})/k$。Renon 和 Prausnitz[18] 列出了一些系统 α_{12} 的推荐值，如果采用这些推荐值，则 NRTL 模型实际上就是一个两参数模型。与 Wilson 模型一样，NRTL 模型也能够仅由二元系数据拟合参数后预测多元系的活度系数，且 NRTL 模型具有与 Wilson 模型大体相同的拟合和预测精度。与 Wilson 模型不同的是，NRTL 模型可以用于液相部分互溶系统。

(3) UNIQUAC 方程 Wilson 模型建立时忽略了过量焓 H^E 对 G^E 的贡献，而 NRTL 模型则忽略了过量熵 S^E 的贡献。按 $G^E=H^E-TS^E$，完整的 G^E 应该包含 H^E 和 S^E 两部分的贡献，其中过量熵的贡献应该包含分子大小差异引起的排列组合熵的贡献和局部有序（局部组成）引起的熵贡献。Abrams 和 Prausnitz[19] 建立的 UNIQUAC 模型就是基于上述思想发展起来的。

UNIQUAC 模型的基础是液体的似晶格理论，假设所有的分子可以看成是链状分子，而分子的大小则可以用其链节数 r_i 的多少代表，分子的邻座数为 zq_i，它与链节数 r_i 的关系由 $q_i=[r_i(z-2)+2]/z$ 给出，q_i 为组分 i 的表面积参数，z 为格点的邻座数。定义组分 i 的体积分数 ϕ_i 和面积分数 θ_i 分别为：

$$\phi_i=\frac{x_i r_i}{\sum_{j=1}^{K} x_j r_j},\ \theta_i=\frac{x_i q_i}{\sum_{j=1}^{K} x_j q_j} \tag{3-4-67}$$

UNIQUAC 模型将 Q 函数分解为组合贡献和剩余贡献两部分：

$$Q=Q_{\text{com}}+Q_{\text{res}} \tag{3-4-68}$$

组合贡献 Q_{com} 计及由于分子大小差异（链节数不同）引起的排列组合熵，采用无热溶液似晶格理论的 Staverman-Guggenheim 模型：

$$Q_{\text{com}}=\sum_{i=1}^{K} x_i \ln\frac{\phi_i}{x_i}+\frac{z}{2}\sum_{i=1}^{K} q_i x_i \ln\frac{\theta_i}{\phi_i} \tag{3-4-69}$$

剩余贡献 Q_{res} 是由分子间的相互作用引起的能量变化及其由于局部有序化引起的熵变化的综合贡献，其形式类似于 Wilson 模型：

$$Q_{\text{res}}=-\sum_{i=1}^{K} q_i x_i \ln\left[\sum_{j=1}^{K}\theta_j G_{ji}\right] \tag{3-4-70}$$

式中，$G_{ji}=\exp[-(\varepsilon_{ji}-\varepsilon_{ii})/kT]$。代入式(3-3-208) 和式(3-3-209)，得各组分的活度系数 $\ln\gamma_{i,\text{I}}$ 也可表示为组合贡献 $\ln\gamma_{i,\text{I(com)}}$ 与剩余贡献 $\ln\gamma_{i,\text{I(res)}}$ 之和

$$\ln\gamma_{i,\text{I}}=\ln\gamma_{i,\text{I(com)}}+\ln\gamma_{i,\text{I(res)}} \tag{3-4-71}$$

$$\ln\gamma_{i,\text{I(com)}}=\ln(\phi_i/x_i)+(zq_i/2)\ln(\theta_i/\phi_i)+l_i-(\phi_i/x_i)\sum_{j=1}^{K} x_j l_j \tag{3-4-72}$$

$$\ln\gamma_{i,\text{I(res)}}=q_i\left[1-\ln\left(\sum_{j=1}^{K}\theta_j G_{ji}\right)-\sum_{j=1}^{K}\left(\theta_j G_{ij}/\sum_{k=1}^{K}\theta_k G_{kj}\right)\right] \tag{3-4-73}$$

其中

$$l_i=z(r_i-q_i)/2-(r_i-1) \tag{3-4-74}$$

对于二元系，以上各式可简化为：

$$\begin{aligned}Q=&x_1\ln\frac{\phi_1}{x_1}+x_2\ln\frac{\phi_2}{x_2}+\frac{z}{2}q_1x_1\ln\frac{\theta_1}{\phi_1}+\frac{z}{2}q_2x_2\ln\frac{\theta_2}{\phi_2}-\\&q_1x_1\ln(\theta_1+\theta_2G_{21})-q_2x_2\ln(\theta_2+\theta_1G_{12})\end{aligned} \tag{3-4-75}$$

$$\begin{aligned}\ln\gamma_{1,\text{I}}=&\ln(\phi_1/x_1)+(zq_1/2)\ln(\theta_1/\phi_1)+\phi_2(l_1-r_1l_2/r_2)-\\&q_1\ln(\theta_1+\theta_2G_{21})+\theta_2q_1[G_{21}/(\theta_1+\theta_2G_{21})-G_{12}/(\theta_2+\theta_1G_{12})]\end{aligned} \tag{3-4-76}$$

$$\begin{aligned}\ln\gamma_{2,\text{I}}=&\ln(\phi_2/x_2)+(zq_2/2)\ln(\theta_2/\phi_2)+\phi_1(l_2-r_2l_1/r_1)-\\&q_2\ln(\theta_2+\theta_1G_{12})+\theta_1q_2[G_{12}/(\theta_2+\theta_1G_{12})-G_{21}/(\theta_1+\theta_2G_{21})]\end{aligned} \tag{3-4-77}$$

Wilson、NRTL 和 UNIQUAC 三个局部组成模型的一个显著特点是不需要多元参数，仅用二元参数就可以使用于多元系。另外，温度的影响已包含于模型中。

局部组成模型在活度系数关联计算中已占主导地位，对非极性、极性乃至含氢键的系统都可应用。对于非极性系统特别是烃类系统，溶解度参数模型由于能够直接使用纯组分性质，也受到重视。

4.3.3 过量函数(活度系数)的估算

(1) ASOG 基团贡献法 ASOG 是基团解析（analytical solution of group）的缩写。类似于 UNIQUAC 模型，ASOG 基团贡献法也将活度系数的对数分成两部分贡献之和，一部分为与各组分的分子体积差异有关的组合贡献项，另一部分为与基团之间的相互作用能有关的剩余贡献项。

$$\ln\gamma_{i,\mathrm{I}}=\ln\gamma_{i,\mathrm{I(com)}}+\ln\gamma_{i,\mathrm{I(res)}} \tag{3-4-78}$$

组合贡献由无热溶液的 Flory-Huggins 模型计算，其中的体积分数由分子的原子分数计算，但分子中的氢原子数不计在内。

$$\ln\gamma_{i,\mathrm{I(com)}}=\ln\left(\frac{v_i}{\sum_{j=1}^{K}x_jv_j}\right)+0.4343\left(1-\frac{v_i}{\sum_{j=1}^{K}x_jv_j}\right) \tag{3-4-79}$$

式中，v_i 是组分 i 分子中除了氢原子以外的其他原子的总数。

剩余贡献表达为该分子所包含的基团的贡献总和，即

$$\ln\gamma_{i,\mathrm{I(res)}}=\sum_{k=1}v_{ik}\left(\ln\Gamma_k-\ln\Gamma_{i,k}^*\right) \tag{3-4-80}$$

式中，v_{ik} 是组分 i 分子中第 k 种基团的数目，对于水取 $v_{\mathrm{H_2O},i}=1.6$，次甲基取 $v_{\mathrm{CH},i}=0.8$，$v_{\mathrm{C},i}=0.5$；Γ_k 是溶液中 k 基团的活度系数：

$$\ln\Gamma_k=1-\ln\Big(\sum_{l=1}a_{lk}X_l\Big)-\sum_{l=1}\Big(a_{kl}X_l/\sum_{m=1}a_{ml}X_m\Big) \tag{3-4-81}$$

X_k 为 k 基团的基团摩尔分数，由式(3-4-82) 计算：

$$X_k=\frac{\sum_{j=1}^{K}v_{jk}x_j}{\sum_{k=1}\sum_{j=1}^{K}v_{jk}x_j} \tag{3-4-82}$$

$\Gamma_{i,k}^*$ 是 k 基团在系统温度压力下的纯组分 i 中的活度系数，仍由式(3-4-81) 计算，但基团摩尔分数由式(3-4-83) 计算：

$$X_k^*=\frac{v_{ik}}{\sum_{k=1}^{N_g}v_{ik}} \tag{3-4-83}$$

式(3-4-81) 中的 a_{kl} 和 a_{lk} 是基团 k 和基团 l 之间的与温度有关的相互作用参数，由式(3-4-84)计算：

$$a_{lk}=\exp(m_{lk}+n_{lk}/T) \tag{3-4-84}$$

第3篇

m_{kl}和m_{lk}、n_{kl}和n_{lk}是基团k和基团l之间的与温度无关的相互作用参数，由实验数据回归得到。不同基团间的相互作用参数的具体数值见文献［20，21］。

(2) UNIFAC 基团贡献法 UNIFAC 基团贡献模型是 Fredenslund 等[22,23]基于 UNIQUAC 模型建立的，分别采用无热溶液的 Staverman-Guggenheim 理论和 UNIQUAC 的剩余贡献计算式（3-4-71）的组合项和剩余项。因为组合熵的贡献与分子大小和形状有关，必须将分子作为一个整体来计算，但分子的大小参数则可以用基团贡献法计算，在 UNIFAC 基团贡献模型中，先由基团的体积参数R_k和面积参数Q_k计算分子的体积参数r和面积参数q：

$$r_i = \sum_{k=1} v_{ik} R_k \text{，} q_i = \sum_{k=1} v_{ik} Q_k \tag{3-4-85}$$

然后由 Staverman-Guggenheim 理论计算组合贡献：

$$\ln\gamma_{i,\mathrm{I(com)}} = \ln(\phi_i/x_i) + (zq_i/2)\ln(\theta_i/\phi_i) + l_i - (\phi_i/x_i)\sum_{j=1}^{K} x_j l_j \tag{3-4-86}$$

类似于 ASOG 模型，剩余贡献也表达为该分子所包含的基团的贡献总和，即

$$\ln\gamma_{i,\mathrm{I(res)}} = \sum_{k=1} v_{ik}(\ln\Gamma_k - \ln\Gamma_{i,k}^{*}) \tag{3-4-87}$$

但基团活度系数的表达式采用 UNIQUAC 的形式，即

$$\ln\Gamma_k = Q_k\left[1 - \ln\left(\sum_{m=1}\Theta_m\psi_{mk}\right) - \sum_{m=1}\left(\Theta_m\psi_{km}/\sum_{n=1}\Theta_n\psi_{nm}\right)\right] \tag{3-4-88}$$

$$\Theta_m = \frac{X_m Q_m}{\sum_{n=1} X_n Q_n} \tag{3-4-89}$$

$$\psi_{nm} = \exp(-a_{nm}/T) \tag{3-4-90}$$

式中，Θ_m为基团m的面积分数；a_{nm}为基团n和m之间的相互作用能参数，$a_{nm} \neq a_{mn}$。

UNIFAC 基团贡献法将分子的官能团分成不同的主基团，而在一个主基团下面又分成若干个子基团，例如，主基团CH_2下面分CH_3、CH_2、CH 和 C 四个子基团；主基团 C═C 则分为CH_2═CH、CH ═CH、CH ═C 和CH_2═C 四个子基团。基团的体积参数R_k和面积参数Q_k可根据 Bondi[24]给出的 van der Waals 基团体积V_{wk}和表面积A_{wk}由式(3-4-91）计算得到：

$$R_k = V_{wk}/15.17 \text{，} Q_k = A_{wk}/(2.5\times10^9) \tag{3-4-91}$$

归一化因子 15.17 和 2.5×10^9 是由 Abrams 和 Prausnitz[19]在建立 UNIQUAC 模型时确立的。

UNIFAC 基团之间的相互作用能参数a_{nm}和a_{mn}主要通过大量气液平衡实验数据，并结合一些无限稀释活度系数的实验数据关联得到。UNIFAC 模型规定同一个主基团所属的子基团之间的相互作用能参数等于零，例如CH_3和 C 之间、CH ═CH 和CH_2═C 之间的相互作用能参数均为零。属于不同主基团的子基团之间的相互作用能参数与这两个主基团之间的相互作用能参数相同，例如CH_3与 CH ═CH 之间的相互作用能参数和 C 与CH_2═C 之间的相互作用能参数是相同的，它们均等于CH_2与 C ═C 两个主基团之间的相互作用能参数。因此 UNIFAC 基团贡献法的参数表中只列出主基团之间的相互作用能参数，这就大大减少

了基团相互作用能参数的数目。经过许多学者的努力，UNIFAC 基团贡献法已覆盖了相当数量的基团[25~29]，据 Wittig 等[29]报道，截至 2002 年 7 月，UNIFAC 已包含了 64 个主基团 100 多个子基团，由于采用与温度无关的相互作用能参数，其温度范围主要覆盖 0～150℃。除了一些已经发表的相互作用能参数数据，有很多数据只有 UNIFAC 财团成员才能获得，或者需要向该机构购买。相互作用矩阵中还有许多空白，主要是缺乏相应的实验数据进行关联。因此，要完全填满 UNIFAC 参数表，还有赖于大量的实验测试工作。UNIFAC 基团贡献法已在气液平衡的预测中获得巨大成功，一些大型的过程模拟商业软件都嵌入了 UNIFAC 基团贡献预测方法。

UNIFAC 基团相互作用能参数主要来自对气液平衡数据的关联，用于液液平衡的预测效果自然不是非常令人满意，一些学者[30,31]专门为液液平衡确定了一套特殊的参数，效果有所改善。Hooper 等[32]则为水-烃类系统构建了特殊的基团相互作用能参数。另一些学者[33~36]则致力于构建能统一预测气液平衡、液液平衡、过量焓和无限稀释活度系数的 UNIFAC 参数，改进主要从两个方面进行，对活度系数的组合项进行了修正，以适用于分子体积差别巨大的混合物：

$$\ln\gamma_{i,\mathrm{I(com)}}=1-V_i'+\ln V_i'-5q_i[1-V_i/F_i+\ln(V_i/F_i)] \tag{3-4-92}$$

其中

$$V'_i=\frac{r_i^{3/4}}{\sum_j x_j r_j^{3/4}},\ V_i=\frac{r_i}{\sum_j x_j r_j},\ F_i=\frac{q_i}{\sum_j x_j q_j} \tag{3-4-93}$$

r_i 和 q_i 可根据基团的相应参数，由式(3-4-85) 计算。对于活度系数的剩余项，仍由式(3-4-87) 和式(3-4-88) 计算，但式(3-4-90) 中的基团相互作用参数考虑温度的影响，即

$$\psi_{nm}=\exp[-(a_{nm}+b_{nm}T+c_{nm}T^2)/T] \tag{3-4-94}$$

式中，a_{nm}、b_{nm} 和 c_{nm} 是基团 n 与基团 m 的相互作用参数，上述文献中有它们的列表。关于 UNIFAC 基团贡献模型的进展及应用情况，读者可进一步参阅文献 [37]。

(3) COSMO 模型 COSMO 是类导体屏蔽模型（conductor-like screening model）的缩写。COSMO 的出发点是混合物中溶质的溶解吉布斯函数与其活度系数的关系。所谓溶解吉布斯函数，是指恒温恒压下，溶剂分子 i 从理想气体相的一个固定位置转移到流体相的一个固定位置时的吉布斯函数变化，表述为 $\Delta G_i^{\mathrm{sol}}$[38]。根据 Ben-Naim 的推导，混合物中某组分 i 的活度系数为：

$$\ln\gamma_{i,\mathrm{I}}=(\Delta G_i^{\mathrm{sol}}-\Delta G_i^{*\,\mathrm{sol}})/kT+\ln(\rho_i/x_i\rho_i^*) \tag{3-4-95}$$

式中，$\Delta G_i^{*\,\mathrm{sol}}$ 是溶剂 i 的一个分子从理想气体相的一个固定位置转移到纯流体相的一个固定位置时的溶解吉布斯函数变化。如果假设液体的混合体积为零，则式(3-4-95) 的最后一项为零。

1995 年，Klamt[39]提出了一种估算 $\Delta G_i^{\mathrm{sol}}-\Delta G_i^{*\,\mathrm{sol}}$ 的 COSMO-RS 方法，可以在完全没有实验数据的情况下，直接从量子化学的计算结果预测溶液中各组分的活度系数，并形成了能够替代 UNIFAC 的活度系数计算软件包。但模型未能正确地收敛于一些边界条件，活度系数不满足热力学一致性。2002 年，Lin 和 Sandler[40]做了改进，重新推导了化学位和活度系数表达式，提出了片段活度系数的类导体屏蔽模型 COSMO-SAC，也形成了计算软件包。2005 年，Grensemann 和 Gmehling 发展了另一个类似的预测方法 COSMO-RS (ol)[41]。下面介绍 COSMO-SAC 模型的计算方法。

根据 COSMO-SAC 模型，混合物中组分 i 的活度系数可由式(3-4-96) 计算：

$$\ln\gamma_{i,\mathrm{I}}=\ln\gamma_{i,\mathrm{com}}+(\Delta G_i^{\mathrm{res}}-\Delta G_i^{*\mathrm{res}})/kT \tag{3-4-96}$$

式中，$\ln\gamma_{i,\mathrm{com}}$是由分子大小和形状差异引起的组合贡献，由 Staverman-Guggenheim 理论式(3-4-86) 计算。$\Delta G_i^{\mathrm{res}}$ 是混合物中组分 i 分子从完全屏蔽状态恢复到实际的屏蔽状态时的自由能变化，$\Delta G_i^{*\mathrm{res}}$ 是纯组分 i 中的恢复自由能。由各种量子力学软件包（如 DMol3、MOPAC 等）可以计算分子的屏蔽电荷密度。将分子的表面积划分成 A_{eff}大小的表面片段，定义组分 i 分子屏蔽电荷密度分布 $p_i(\sigma)$ 为分子表面发现一个屏蔽电荷密度为 σ 的表面片段的概率。则混合物总的屏蔽电荷密度分布 $p_{\mathrm{s}}(\sigma)$ 为：

$$p_{\mathrm{s}}(\sigma)=\frac{\sum_i x_i n_i p_i(\sigma)}{\sum_i x_i n_i}=\frac{\sum_i x_i (A_i/A_{\mathrm{eff}}) p_i(\sigma)}{\sum_i x_i (A_i/A_{\mathrm{eff}})}=\frac{\sum_i x_i A_i p_i(\sigma)}{\sum_i x_i A_i} \tag{3-4-97}$$

式中，A_i为分子 i 的面积（或称空穴面积，将分子移去后，由介质包围的空穴的面积）；A_{eff}为有效片段面积；n_i为分子 i 的片段数。

ASOG 和 UNIFAC 等基团贡献法是将混合物中所有分子打碎成独立的基团，混合物的过量吉布斯函数（剩余部分）可以由基团间的相互作用计算，并得到基团活度系数，而分子的活度系数则是基团活度系数的加和。类似地，COSMO 模型则相当于将混合物中的分子打碎成表面片段的混合物，而混合物的过量吉布斯函数（剩余部分）可以由表面片段间的相互作用计算，并得到片段活度系数，而分子的活度系数则是其表面片段活度系数的加和。令 $\Gamma_{\mathrm{s}}(\sigma_m)$ 和 $\Gamma_i(\sigma_m)$ 分别是混合物中和纯液体 i 中第 m 种片段的活度系数，σ_m是这种片段的屏蔽电荷密度，则

$$\ln\Gamma_{\mathrm{s}}(\sigma_m)=-\ln\sum_{\sigma_n} p_{\mathrm{s}}(\sigma_n)\Gamma_{\mathrm{s}}(\sigma_n)\exp[-\Delta W(\sigma_m,\sigma_n)/kT] \tag{3-4-98}$$

$$\ln\Gamma_i(\sigma_m)=-\ln\sum_{\sigma_n} p_i(\sigma_n)\Gamma_i(\sigma_n)\exp[-\Delta W(\sigma_m,\sigma_n)/kT] \tag{3-4-99}$$

式中，$\Delta W(\sigma_m,\sigma_n)$ 定义为：

$$\Delta W(\sigma_m,\sigma_n)=E_{\mathrm{pair}}(\sigma_m,\sigma_n)-E_{\mathrm{pair}}(0,0) \tag{3-4-100}$$

$\Delta W(\sigma_m,\sigma_n)$ 称为交换能，它是由一个中性对形成 m-n 片段对所需的能量。片段对的能量 $E_{\mathrm{pair}}(\sigma_m,\sigma_n)$ 由三部分构成：错配能 E_{mf}、氢键相互作用能 E_{hb}和非静电相互作用能 E_{ne}：

$$\begin{aligned}E_{\mathrm{pair}}(\sigma_m,\sigma_n)&=E_{\mathrm{mf}}(\sigma_m,\sigma_n)+E_{\mathrm{hb}}(\sigma_m,\sigma_n)+E_{\mathrm{ne}}(\sigma_m,\sigma_n)\\&=(\alpha'/2)(\sigma_m+\sigma_n)^2+c_{\mathrm{hb}}\max[0,\sigma_{\mathrm{acc}}-\sigma_{\mathrm{hb}}]\min[0,\sigma_{\mathrm{don}}+\sigma_{\mathrm{hb}}]+c_{\mathrm{ne}}\end{aligned} \tag{3-4-101}$$

式中，$\alpha'=(0.64\times0.3\times A_{\mathrm{eff}})/\varepsilon_0$，$\varepsilon_0$为真空电容率；$\sigma_{\mathrm{acc}}$和 σ_{don}是 σ_n和σ_m中的较大值和较小值；σ_{hb}是氢键阈值。由式可见，除非 σ_n和σ_m有相反符号，并且受体（acceptor）和授体（donor）的电荷密度分别超过阈值 σ_{hb}和$-\sigma_{\mathrm{hb}}$，$E_{\mathrm{hb}}(\sigma_n,\sigma_m)=0$；非静电相互作用能 $E_{\mathrm{ne}}(\sigma_n,\sigma_m)$ 假设为常数 c_{ne}，它在 $E_{\mathrm{pair}}(\sigma_m,\sigma_n)-E_{\mathrm{pair}}(0,0)$ 时消去。所以式(3-4-100) 的交换能为：

$$\Delta W(\sigma_m,\sigma_n)=(\alpha'/2)(\sigma_m+\sigma_n)^2+c_{\mathrm{hb}}\max[0,\sigma_{\mathrm{acc}}-\sigma_{\mathrm{hb}}]\min[0,\sigma_{\mathrm{don}}+\sigma_{\mathrm{hb}}] \tag{3-4-102}$$

组分 i 的活度系数 $\gamma_{i,\mathrm{I}}$ 与片段活度系数 $\Gamma(\sigma)$ 的关系为：

$$\ln\gamma_{i,\mathrm{I}}=\ln\gamma_{i,\mathrm{com}}+n_i\sum_{\sigma_m}p_i(\sigma_m)[\ln\Gamma_s(\sigma_m)-\ln\Gamma_i(\sigma_m)] \tag{3-4-103}$$

关于 COSMO-SAC 模型在气液和液液平衡中应用的评述可参阅文献 [42]。

4.4 电解质溶液的过量函数(活度系数)模型

经过近 100 年的发展，特别是随着现代统计力学理论在电解质溶液中的应用，电解质溶液理论也取得长足发展，建立了多个在工程计算上有广泛应用的模型，详细介绍可阅读参考书[43~48]。

4.4.1 Debye-Huckel 模型

每一个离子周围，平均来说被一个带有相反电荷的球形离子氛所包围，离子与离子氛间的相互作用，使实际电解质溶液的行为偏离理想稀溶液。Debye-Huckel 由此建立了电解质溶液理论，并导得：

$$\ln\gamma_{i,\mathrm{II}}=\frac{Az_+z_-\sqrt{I}}{1+Ba\sqrt{I}} \tag{3-4-104}$$

式中，$I=\frac{1}{2}\sum_i m_i z_i^2$，称为离子强度；$a$ 为其他离子能接触中心离子的极限距离，以 nm 为单位，是离子特性参数；$A=\frac{e^3N_A^{1/2}\rho_s^{1/2}}{4\pi\sqrt{2}(\varepsilon_r\varepsilon_0kT)^{3/2}}$，$B=\left(\frac{2e^2N_A\rho_s}{\varepsilon_r\varepsilon_0kT}\right)^{1/2}$，$e$ 为单位电荷的电量，ρ_s 为溶剂的密度，ε_0 为真空中的介电常数，ε_r 为溶剂的相对介电常数。对于 25℃时的水溶液，$A=1.17086\mathrm{mol}^{-1/2}\cdot\mathrm{kg}^{1/2}$，$B=3.28159\mathrm{mol}^{-1/2}\cdot\mathrm{kg}^{-1/2}\cdot\mathrm{nm}^{-1}$。

当溶液浓度很稀，式(3-4-104) 可变为：

$$\ln\gamma_{i,\mathrm{II}}=Az_+z_-\sqrt{I} \tag{3-4-105}$$

称为 Debye-Huckel 极限定律。相应的渗透系数为：

$$\phi=1+A_\phi z_+z_-\sqrt{I},\ A_\phi=A/3 \tag{3-4-106}$$

4.4.2 Pitzer 模型

Pitzer 将离子处理为带电硬球，并引入经验的维里展开，以计及非静电相互作用。导得：

$$\ln\gamma_{i,\mathrm{II}}=-z_+z_-f^\gamma+m_2(2v_+v_-/v)B_\pm^\gamma+m_2^2[2(v_+v_-)^{1.5}/v]C_\pm^\gamma \tag{3-4-107}$$

$$\phi-1=-z_+z_-f^\phi+m_2(2v_+v_-/v)B_\pm^\phi+m_2^2[2(v_+v_-)^{1.5}/v]C_\pm^\phi \tag{3-4-108}$$

其中

$$f^\gamma=-A_\phi[\sqrt{I}/(1+b\sqrt{I})]+(2/b)\ln(1+b\sqrt{I}),\ b=1.2 \tag{3-4-109}$$

$$f^\phi=-A_\phi[\sqrt{I}/(1+b\sqrt{I})] \tag{3-4-110}$$

$$B_{\pm}^{\gamma}=2\beta_0+(2\beta_1/\alpha_1^2 I)[1-(1+\alpha_1\sqrt{I}-0.5\alpha_1^2 I)\times\exp(-\alpha_1\sqrt{I})]+$$
$$(2\beta_2/\alpha_2^2 I)[1-(1+\alpha_2\sqrt{I}-0.5\alpha_2^2 I)\times\exp(-\alpha_2\sqrt{I})] \tag{3-4-111}$$

$$B_{\pm}^{\phi}=\beta_0+\beta_1\exp(-\alpha_1\sqrt{I})+\beta_2\exp(-\alpha_2\sqrt{I}) \tag{3-4-112}$$

$$C_{\pm}^{\gamma}=3C_{\pm}^{\phi}/2 \tag{3-4-113}$$

对于1-1型、2-1型、1-2型、3-1型、4-1型、5-1型电解质，$\alpha_1=2.0$，$\alpha_2=0.0$。对于2-2型电解质，$\alpha_1=1.4$，$\alpha_2=12$。各种电解质的β_0、β_1、β_2、$C_{\pm}^{\phi}$已列表备查，详见文献[44，45]。参数与温度关系的讨论可参阅文献[49,50]。对于混合电解质溶液，可参阅文献[51]。陆小华、王延儒和时钧[52]对Pitzer参数以及对混合溶剂的推广进行了深入研究。

4.4.3 局部组成模型

Pitzer模型只考虑了离子间相互作用的贡献，对于浓度在$6.0\text{mol}\cdot\text{kg}^{-1}$以下的完全电离的第一类电解质溶液取得很大的成功。但对于电解质浓溶液、弱电解质溶液、混合溶剂电解质溶液等，还有待进一步完善。对于这类电解质溶液，需要进一步考虑离子-分子、分子-分子间包括溶剂间的短程相互作用。有鉴于此，Chen等[53,54]将电解质溶液的过量吉布斯函数分为离子间长程静电相互作用和所有粒子（包括离子、分子、溶剂）间短程相互作用的贡献两部分：

$$G^{\mathrm{E}}=G_{\mathrm{pdh}}^{\mathrm{E}}+G_{\mathrm{lc}}^{\mathrm{E}} \tag{3-4-114}$$

式中，$G_{\mathrm{pdh}}^{\mathrm{E}}$为长程的静电相互作用贡献，采用Pitzer改进的Debye-Huckel模型，溶剂以纯液体为参考态，离子以无限稀释为参考态：

$$\frac{G_{\mathrm{pdh,m}}^{\mathrm{E}}}{RT}=-\frac{4\left(\sum_k x_k\right)A_{\phi}I_x}{b\sqrt{M_{\mathrm{s}}}}\ln(1+b\sqrt{I_x}) \tag{3-4-115}$$

式中，$A_{\phi}=A/3$，b是与离子最近距离有关的参数，取为14.9；$I_x=\sum_k x_k z_k^2/2$是以离子摩尔分数为单位的离子强度；M_{s}为溶剂的分子量；$\sum_k$是对所有离子求和。离子i的活度系数的静电贡献部分可导得：

$$\ln\gamma_{i,\mathrm{II},\mathrm{pdh}}=-\frac{A_{\phi}}{\sqrt{M_{\mathrm{s}}}}\left[\frac{2z_i^2}{b}\ln(1+b\sqrt{I_x})+\frac{z_i^2\sqrt{I_x}-2I_x^{3/2}}{1+b\sqrt{I_x}}\right] \tag{3-4-116}$$

式中，z_i是离子电荷的绝对值。对于溶剂分子，$z_i=0$，因此式(3-4-116)可化为：

$$\ln\gamma_{\mathrm{s},\mathrm{I},\mathrm{pdh}}=\frac{2A_{\phi}I_x^{3/2}}{\sqrt{M_{\mathrm{s}}}(1+b\sqrt{I_x})} \tag{3-4-117}$$

对于短程作用，采用NRTL模型。设溶液中有分子s、正离子c和负离子a，假设在s周围有s、a、c组成的具有局部组成的配位圈，并且维持电中性，而由于同性相斥，在c周围只有a、s，a周围只有c、s，也具有局部组成。则短程作用对过量吉布斯函数的贡献为：

$$\frac{G_{\mathrm{lc,m}}^{\mathrm{E}}}{RT}=(X_{\mathrm{cs}}+X_{\mathrm{as}})X_{\mathrm{s}}\tau_{\mathrm{ca,s}}+z_{\mathrm{c}}X_{\mathrm{c}}X_{\mathrm{sc}}\tau_{\mathrm{s,ca}}+z_{\mathrm{a}}X_{\mathrm{a}}X_{\mathrm{sa}}\tau_{\mathrm{s,ca}}-$$

$$X_c(\tau_{s,ca}+G_{cs}\tau_{ca,s})-X_a(\tau_{s,ca}+G_{as}\tau_{ca,s}) \tag{3-4-118}$$

该式已经将第一种活度标准状态转变为第二种活度标准状态。式中，$X_j=x_jC_j$，C_j 为与粒子带电量有关的参数，对于离子，$C_j=|z_j|$，对于分子，$C_j=1$。X_{ij} 为局部组成，满足：

$$X_{cs}+X_{as}+X_{as}=X_{sc}+X_{ac}=X_{sa}+X_{ca}=1 \tag{3-4-119}$$

$$X_{is}=X_iG_{is}/(X_aG_{as}+X_cG_{cs}+X_sG_{ss}),\ i=s,a,c \tag{3-4-120}$$

$$X_{ac}=X_a/(X_a+X_sG_{sc,ac}),\ X_{ca}=X_c/(X_c+X_sG_{sa,ca}) \tag{3-4-121}$$

其中

$$G_{ji}=\exp(-\alpha_{ji}\tau_{ji}),\ \tau_{ji}=(g_{ji}-g_{ii})/RT,\ g_{ji}=g_{ij},\ \alpha_{ji}=\alpha_{ij} \tag{3-4-122}$$

$$G_{ji,ki}=\exp(-\alpha_{ji,ki}\tau_{ji,ki}),\ \tau_{ji,ki}=(g_{ji}-g_{ki})/RT \tag{3-4-123}$$

根据局部电中性假设，有

$$X_{cs}=X_{as},\ G_{cs}=G_{as} \tag{3-4-124}$$

进一步假设

$$\alpha_{as}=\alpha_{cs}=\alpha_{ca,s},\ \alpha_{sc,ac}=\alpha_{sa,ca}=\alpha_{s,ca},\ \alpha_{ca,s}=\alpha_{s,ca} \tag{3-4-125}$$

则得：

$$\tau_{as}=\tau_{cs}=\tau_{ca,s},\ \tau_{sc,ac}=\tau_{sa,ca}=\tau_{s,ca} \tag{3-4-126}$$

对于单一电解质溶液，模型共有三个可调参数 $\alpha_{ca,s}$、$\tau_{ca,s}$ 和 $\tau_{s,ca}$。

相应地，正、负离子和溶剂的活度系数分别为：

$$\ln\gamma_{c,\mathrm{II},lc}=\frac{X_s^2\tau_{cs}G_{cs}}{(X_cG_{cs}+X_aG_{as}+X_s)^2}-\frac{z_aX_aX_s\tau_{sa}G_{sa}}{(X_c+X_sG_{sa})^2}+\frac{z_cX_s\tau_{sc}G_{sc}}{(X_a+X_sG_{sc})^2}-z_c\tau_{sc}-\tau_{cs}G_{cs} \tag{3-4-127}$$

$$\ln\gamma_{a,\mathrm{II},lc}=\frac{X_s^2\tau_{as}G_{as}}{(X_cG_{cs}+X_aG_{as}+X_s)^2}-\frac{z_cX_cX_s\tau_{sc}G_{sc}}{(X_a+X_sG_{sc})^2}+\frac{z_aX_s\tau_{sa}G_{sa}}{(X_c+X_sG_{sa})^2}-z_a\tau_{sa}-\tau_{as}G_{as} \tag{3-4-128}$$

$$\ln\gamma_{s,\mathrm{I},lc}=X_{cs}\tau_{cs}+X_{as}\tau_{as}+\frac{z_cX_cX_a\tau_{sc}G_{sc}}{(X_a+X_sG_{sc})^2}+\frac{z_aX_aX_c\tau_{sa}G_{sa}}{(X_c+X_sG_{sa})^2}-\frac{X_cX_s\tau_{cs}G_{cs}}{(X_cG_{cs}+X_aG_{as}+X_s)^2}-\frac{X_aX_s\tau_{as}G_{as}}{(X_cG_{cs}+X_aG_{as}+X_s)^2} \tag{3-4-129}$$

将上述三式分别与式(3-4-116) 和式(3-4-117) 相加，即可得到电解质溶液 NRTL 模型的正离子、负离子和溶剂的活度系数表达式。一般情况下可以取 $\alpha_{ca,s}=0.2$，这样对于单一电解质溶液，NRTL 模型只包含两个可调参数。

除了 NRTL 模型，Sander 等[55,56]在 UNIQUAC 基础上结合 Debye-Huckel 理论提出了扩展的 UNIQUAC 模型。Kikic 等[57]则采用类似方法建立了扩展的 UNIFAC 模型，可用于电解质-混合溶剂系统的气液平衡计算。李继定等[58,59]提出了包括长程相互作用项、中程相互作用项和短程相互作用项的 LIQUAC 方程。这些局部组成模型在实际应用中都有比较好的效果和灵活性。

4.4.4 电解质溶液的积分方程理论和微扰理论

电解质溶液模型的最新发展主要是在统计力学的积分方程理论和微扰理论的基础上发展实用的工程计算模型，多数是在 Blum 的平均球近似（MSA）结果的基础上研究电解质溶液。

Blum 采用 MSA 简化 OZ 积分方程中的离子间直接相关函数与离子间位能函数的关系，对具有不同大小和不同电荷的带电硬球混合物（原始模型）获得了解析式。其过量亥姆霍兹函数可表达为离子间硬球排斥作用的贡献和离子间静电相互作用的贡献两项之和：

$$\frac{\beta A^{\mathrm{r}}}{V}=\frac{\beta \Delta A^{\mathrm{r(HS)}}}{V}+\frac{\beta \Delta A^{(e)}}{V} \tag{3-4-130}$$

硬球排斥作用的贡献采用 Mansoori-Carnahan-Starling-Leland[60,61]状态方程计算：

$$\frac{\beta \Delta A^{\mathrm{r(HS)}}}{V}=\left(\frac{\zeta_2^3}{\zeta_3^2}-\zeta_0\right)\ln\Delta+\frac{\pi\zeta_1\zeta_2}{2\Delta}+\frac{\pi\zeta_2^3}{6\zeta_3\Delta^2} \tag{3-4-131}$$

离子间静电作用的贡献由 Blum[62]的 MSA 计算：

$$\frac{\beta \Delta A^{(e)}}{V}=-\frac{\alpha_0^2}{4\pi}\sum_{i=1}^{K}\frac{\rho_{i0}z_i}{1+\sigma_i\Gamma}\left(z_i\Gamma+\frac{\pi\sigma_i P_n}{2\Delta}\right)+\frac{\Gamma^3}{3\pi} \tag{3-4-132}$$

式中，σ_i 是离子 i 的硬球直径；Γ 是 MSA 的屏蔽因子，由式(3-4-133) 和式(3-4-134)计算：

$$P_n=\sum_{i=1}^{K}\frac{\rho_{i0}\sigma_i z_i}{1+\sigma_i\Gamma}\bigg/\left(1+\frac{\pi}{2\Delta}\sum_{i=1}^{K}\frac{\rho_{i0}\sigma_i^3}{1+\sigma_i\Gamma}\right) \tag{3-4-133}$$

$$4\Gamma^2=\alpha_0^2\sum_{i=1}^{K}\frac{\rho_{i0}}{(1+\sigma_i\Gamma)^2}\left(z_i-\frac{\pi\sigma_i^2 P_n}{2\Delta}\right)^2 \tag{3-4-134}$$

其中：

$$\alpha_0^2=\beta e^2/\varepsilon;\ \beta=1/kT;\ \Delta=1-\pi\zeta_3/6;\ \zeta_k=\sum_{i=1}^{K}\rho_{i0}\sigma_i^k \tag{3-4-135}$$

Ball 等[63]计算表明，上述 MSA 模型只用一个可调参数即可在 $6\mathrm{mol\cdot kg^{-1}}$ 浓度范围内很好地关联电解质溶液的渗透系数。

在 Blum 的 MSA 理论基础上可以进一步考虑离子间的其他相互作用，从而改进模型的计算精度。例如，Copeman 和 Stein[64]在 MSA 的基础上计入两分子和三分子间相互作用的贡献，并相应地有两个可调参数，使活度系数的计算有很大改进；胡英等[65,66]采用简化微扰理论进一步计及离子-离子和离子-分子间的色散、偶极和诱导偶极作用，建立了气体在电解质溶液中的 Henry 常数模型，在浓度高达 $10\mathrm{mol\cdot dm^{-3}}$、温度达 300℃的范围内对不同气体在 1-1 型电解质溶液中的 Henry 常数的预测效果极为满意。关于在严格的微扰理论基础上构建电解质溶液模型的进展情况，读者可以参阅李以圭和陆九芳的专著[46]。

4.5 高分子系统的混合亥姆霍兹函数模型

高分子是经由化学反应将单体分子连接在一起而形成的，其相对摩尔质量可以在 10^3～10^7 甚至更高。化学合成得到的高分子称为合成高分子，如聚乙烯、聚苯乙烯等；自然界中由生物合成的称为生物高分子（或生物大分子），如蛋白质、DNA 等。许多高分子具有链状结构，使分子具有很大柔性，几乎可以任意地弯曲。

4.5.1 Flory-Huggins 模型

在高分子系统领域中，最基本也是最常用的分子热力学模型就是 Flory-Huggins 模型[67,68]，它是在液体的密堆积格子模型基础上建立的。假设液体由不可压缩的格子堆积而成，系统中高分子 i 的数目为 N_i，每个分子有 r_i 个链节，每个链节占 1 个格位，总的格位数为 N_r，高分子 i 的体积分数为 ϕ_i，则

$$N_r = \sum_{i=1}^{K} N_i r_i,\ \phi_i = N_i r_i / N_r \tag{3-4-136}$$

当 i 分子的一个链节与 j 分子的一个链节占据相邻的格位时，其相互作用能为 $-\varepsilon_{ij}$。Flory 和 Huggins 在此模型的基础上导得混合亥姆霍兹函数为：

$$\frac{\Delta_{mix}A}{N_r kT} = \sum_{i=1}^{K} \frac{\phi_i}{r_i}\ln\phi_i + \frac{1}{2}\sum_{i=1}^{K}\sum_{j=1}^{K}\chi_{ij}\phi_i\phi_j \tag{3-4-137}$$

式中，$\chi_{ij}=zw_{ij}/2kT=z(\varepsilon_{ii}+\varepsilon_{jj}-2\varepsilon_{ij})/2kT$ 是度量分子间相互作用的参数，称为 Flory-Huggins 参数，它是温度的函数。$w_{ij}=\varepsilon_{ii}+\varepsilon_{jj}-2\varepsilon_{ij}$ 称为链节交换能，$w_{ij}>0$ 表示 i 与 j 是相互排斥的，$w_{ij}<0$ 则为吸引，$w_{ij}=0$ 称为无热溶液，这时相同分子链节间的作用能与不同分子链节间的作用能相等。在恒温下对 n_i 求偏导，得组分 i 的活度系数：

$$\ln\gamma_{i,\mathrm{I}} = \ln(\phi_i/x_i) + \sum_{j=1}^{K}\phi_j\left(1-\frac{r_i}{r_j}\right) + r_i\left(\sum_{j=1}^{K}\phi_j\chi_{ij} - \frac{1}{2}\sum_{j=1}^{K}\sum_{k=1}^{K}\phi_j\phi_k\chi_{jk}\right) \tag{3-4-138}$$

对于二元系，可以直接写出：

$$\ln\gamma_{1,\mathrm{I}} = \ln(\phi_1/x_1) + \phi_2\left(1-\frac{r_1}{r_2}\right) + r_1\chi_{12}\phi_2^2 \tag{3-4-139}$$

$$\ln\gamma_{2,\mathrm{I}} = \ln(\phi_2/x_2) + \phi_1\left(1-\frac{r_2}{r_1}\right) + r_2\chi_{12}\phi_1^2 \tag{3-4-140}$$

密堆积格子的体积不受温度和压力的影响，所以 $\Delta_{mix}G=\Delta_{mix}A$，按式(3-3-106)，可以导得二元系稳定与不稳定的分界，即旋节线，以及临界会溶点的条件：

$$\frac{1}{\phi_1 r_1} + \frac{1}{\phi_2 r_2} - 2\chi_{12} = 0 \tag{3-4-141}$$

$$-\frac{1}{\phi_1^2 r_1} + \frac{1}{\phi_2^2 r_2} = 0 \tag{3-4-142}$$

式(3-4-141) 即旋节线方程，联立式(3-4-141)、式(3-4-142)，得临界温度和临界体积分数：

第3篇

$$\chi_{12c}=zw_{12}/2kT_c=(1+\sqrt{r_1/r_2})^2/2,\ \phi_{2c}=(1+\sqrt{r_2/r_1})^{-1} \tag{3-4-143}$$

由式(3-4-143) 可见，只有当 $\chi_{12}>0$ 或 $w_{12}>0$ 时，即 1-2 间相互排斥时才有临界点，w_{12} 愈大，T_c愈高。临界体积分数则只取决于分子的链长之比，r_2/r_1 愈大，临界体积分数 ϕ_{2c} 愈小。

Flory-Huggins 模型虽然基本上反映了高分子溶液的特征，但定量效果较差。

4.5.2 修正的 Freed 模型

20 世纪 80 年代中期开始，Freed 和他的同事们[69~71]发展了一个格子集团理论（lattice cluster theory，LCT)，这个理论为 Flory-Huggins 格子构建了一个巨配分函数，他们采用了类似于 Mayer 处理非理想流体的方法，对配分函数作集团展开，得到了按 z^{-1} 和 w_{ij}/kT 作双重展开的多项式。完整的 LCT 理论的混合亥姆霍兹函数表达式包含了 100 多项，从工程应用的角度来说，LCT 过于复杂并不实用，即使用于理论之间的比较研究，也需要经过仔细推敲、归类简化。为此，胡英、刘洪来等[72~74]对该理论进行了经验性的简化，既保持了模型的精度，其表达式又获得大幅简化，并在此基础上考虑交换能随温度的变化，建立了双重格子模型（DLM)。其二元系的混合亥姆霍兹函数可表示为：

$$\frac{\Delta_{\text{mix}}A}{N_r kT}=\frac{\phi_1}{r_1}\ln\phi_1+\frac{\phi_2}{r_2}\ln\phi_2+2\frac{w_{12}}{kT}\phi_1\phi_2-1.5c_2\left(\frac{w_{12}}{kT}\right)^2\phi_1^2\phi_2^2+\frac{w_{12}}{kT}\phi_1\phi_2\left(\frac{\phi_1}{r_2}+\frac{\phi_2}{r_1}\right)+c_s\frac{4}{9}\left(\frac{1}{r_1}-\frac{1}{r_2}\right)^2\phi_1\phi_2 \tag{3-4-144}$$

式中，$c_2=1.074$，$c_s=0.3$。

4.5.3 LSAFT 模型

根据 Gibbs-Helmholtz 方程，系统的混合亥姆霍兹函数可以由混合热力学能对温度积分得到，即：

$$\Delta_{\text{mix}}A/T=(\Delta_{\text{mix}}A/T)_{1/T\to0}+\int_0^{1/T}(\Delta_{\text{mix}}U)\text{d}(1/T) \tag{3-4-145}$$

$(\Delta_{\text{mix}}A/T)_{1/T\to0}$是温度无穷大时系统的混合亥姆霍兹函数，此时链节间的相互作用对系统的热力学性质已经没有影响，所以它就是系统的无热混合熵 $-T\Delta_{\text{mix}}S_0$，可以由 Staverman-Guggenheim 无热溶液模型计算。右边的第二项是链节间相互作用对系统混合亥姆霍兹函数的剩余贡献，它包括混合内能和由于链节间的相互作用引起的熵效应两部分，杨建勇、刘洪来等[75]采用链状高分子系统的缔合统计力学理论，建立了 LSAFT 模型：

$$\begin{aligned}\frac{\Delta_{\text{mix}}A}{N_r kT}=&\sum_{i=1}^{K}\frac{\phi_i}{r_i}\ln\phi_i+\frac{z}{2}\sum_{i=1}^{K}\phi_i\frac{q_i}{r_i}\ln\frac{\theta_i}{\phi_i}+\frac{z}{4(kT)}\sum_{i=1}^{K}\sum_{j=1}^{K}\phi_i\phi_j w_{ij}-\\&\frac{z}{16(kT)^2}\sum_{i=1}^{K}\sum_{j=1}^{K}\phi_i\phi_j w_{ij}^2+\frac{z}{8(kT)^2}\sum_{i=1}^{K}\sum_{j=1}^{K}\sum_{k=1}^{K}\phi_i\phi_j\phi_k w_{ij}w_{ik}-\\&\frac{cz}{16(kT)^2}\left(\sum_{i=1}^{K}\sum_{j=1}^{K}\phi_i\phi_j w_{ij}\right)^2+\sum_{i=1}^{K}\frac{r_i-1+\lambda_i}{r_i}\phi_i\ln\left(\sum_{j=1}^{K}\phi_j\Gamma_{ij}^{-1}\right)\end{aligned} \tag{3-4-146}$$

式中，$c=1.074$，z 为格子的邻座数，通常取 $z=6$。

$$\Gamma_{ij}=\sum_{i=1}^{K}\phi_k \exp\left(\frac{w_{ij}+w_{ik}-w_{jk}}{2kT}\right) \tag{3-4-147}$$

$$\lambda_i=\frac{(r_i-1)(r_i-2)}{r_i^2}\times(0.1321r_i+0.5918) \tag{3-4-148}$$

如果 $r_i=1$，则式(3-4-146) 还原为小分子溶液的非随机因子模型，即式(3-4-19)。该模型还被进一步推广至枝状高分子溶液[76]。关于 LSAFT 模型的进展及其应用情况，读者可以参阅文献 [16,77]。

4.5.4 随机共聚物的混合亥姆霍兹函数模型

随机共聚物中，两种以上的单体随机连接成链状高分子。由于共聚物中不同单体间性质的差异，即使是两个相同链长但单体 A 和 B 相对含量不同的共聚物混合，也不能指望它们一定会相互溶解。Brinke 等[78]在 Flory-Huggins 理论的基础上对随机共聚物的相行为进行了分析，建立了相应的混合亥姆霍兹函数模型。

设组分 1 为 AB 随机共聚物，链长为 r_1，其中 A 的单体分数为 x，B 的单体分数为 $1-x$；组分 2 为 CD 随机共聚物，链长为 r_2，其中 C 的单体分数为 y，D 的单体分数为 $1-y$。两者混合形成共混物，则其混合亥姆霍兹函数可以用前述任意一个均聚高分子系统的混合亥姆霍兹函数模型计算，只要将其中的链节交换能 w_{12} 改为有效链节交换能 w_{12}^{eff}：

$$w_{12}^{\text{eff}}=xyw_{\text{AC}}+(1-x)yw_{\text{BC}}+x(1-y)w_{\text{AD}}+(1-x)(1-y)w_{\text{BD}}-x(1-x)w_{\text{AB}}-y(1-y)w_{\text{CD}} \tag{3-4-149}$$

其中

$$w_{ij}=\varepsilon_{ii}+\varepsilon_{jj}-2\varepsilon_{ij},\ i,j=\text{A,B,C,D} \tag{3-4-150}$$

Brinke 等的方法的出发点是认为随机共聚物溶液中，单体在系统中是随机排列的。陈霆等[79,80]的研究表明，只要单体间相互作用的差异不是非常大，Brinke 等的随机排列假设的误差就不大，上述方法的计算效果是令人满意的。当单体间相互作用的差异比较大时，随机排列假设不再适用，模型需要考虑这种非随机性的影响。辛琴等[81]正是基于这样的考虑建立了随机共聚高分子系统的 LSAFT 模型。

4.5.5 高分子系统的 COSMO 法

许多学者试图将 UNIFAC 基团贡献法推广至高分子溶液，但效果并不令人满意[82,83]。胡英等[84]在修正的 Freed 模型基础上建立了基团贡献模型，由于该方法将溶剂中和高分子中出现的相同基团分开考虑，模型对高分子溶液气液平衡和溶剂在高分子中的无限稀释活度系数的预测结果令人满意。但由于实验数据的匮乏，适用的溶剂和高分子的范围不够广。原则上不需要实验数据，仅根据分子结构通过量化计算即可预测溶液热力学性质的 COSMO 方法自然也受到青睐。但 COSMO 方法在计算屏蔽电荷密度分布 $p_s(\sigma)$ 时首先需要进行分子结构优化，这对于小分子没有问题，但对于高分子来说就是一个巨大的困难。首先，高分子的分子量非常大，目前的量化计算方法还难以对它进行有效计算；其次，高分子往往非常柔软，其构型数目巨大，难以一一搜索比较；最后，同一高分子在不同溶剂中的团聚状态差别很大。杨犁等[85]提出了一种新的方案，比较好地解决了这个问题。

COSMO 方法的核心是屏蔽电荷密度分布 $p_s(\sigma)$。高分子链是由一系列重复单元所组成的长链，长链的 $p_s(\sigma)$ 无法得到，但重复单元的 $p_s(\sigma)$ 可方便得到，杨犁等设想从重复单

元的 $p_s(\sigma)$ 得到长链的 $p_s(\sigma)$。具体做法如下。

首先是确定最小且合适的高分子重复结构单元。通常情况下，重复单元是不饱和链段，例如聚乙烯的重复单元是—CH_2—CH_2—。在 COSMO 计算过程中，为了获得重复结构的片段电荷密度分布，需要先为其两端的不饱和键加上头基团，而氢原子通常是最好的选择。但是在某些情况下，例如，重复单元含有侧链基团或者是其结构由非碳原子组成时，需要选择如甲基—CH_3这样比较大的基团来代替氢原子作为头基，这样可减小头基对其电子构型分布的影响。然而，增大头基势必会引起真实重复单元电子结构的失真。为了消除头基引起的失真，考虑到分子的链较长时能减弱头基的影响，采用了以下策略：

构建包含 1、2、3、…到 10 个最小重复单元的不同多聚体，每个多聚体两端的不饱和键都加上相同的两个头基。

然后对多聚体进行结构优化和屏蔽电荷密度分布 $p_s(\sigma)$ 计算，同时可以得到多聚体的体积和表面积。上述相邻两个多聚体间刚好相差一个最小重复单元结构。因此，通过相邻的多聚体的 $p_s(\sigma)$ 之差就可算出重复结构单元的 $p_s(\sigma)$，这一 $p_s(\sigma)$ 可以近似认为是高分子的重复结构单元的真实屏蔽电荷密度分布。同时相邻多聚体的体积和表面积之差即近似为重复结构的体积和表面积。由于一共构建了 10 个多聚体，可获得 9 组重复单元的 $p_s(\sigma)$、体积和表面积，将 9 组样本看作一个系综，从中选取适当的样本数作数学平均即可得到真实重复单元的电荷密度分布 $p_s(\sigma)$、体积和表面积。为了消除头基引起的 $p_s(\sigma)$ 波动，通常只选取最后 4 个样本作为计算需要的系综，即 7-6 型、8-7 型、9-8 型和 10-9 型之间的差值。

高分子的总体积和总面积则可以根据最小重复单元结构的体积和表面积乘以重复单元数得到，它们分别除以归一化分子体积和分子表面积参数即可得到组合贡献计算所需的高分子体积参数 r 和面积参数 q。

4.6 pVT 状态方程

经过一百多年的努力，状态方程的发展已能成功应用于计算从球形小分子到链状高分子、从非极性流体到强极性和缔合性流体、从电解质到离子液体和聚电解质溶液的各种热力学性质和复杂相平衡计算，因而得到广泛的应用。由于不同物系中分子间相互作用有较大差异，针对不同物系开发了不同的状态方程，有些状态方程具有比较好的统计力学基础，例如维里方程。工程上比较实用的状态方程多数是经验或半经验方程，它们一般先按纯物质建立，混合物则被处理为一虚拟的纯物质，其特性参数由纯物质参数和混合物组成按一定的混合规则求得。

4.6.1 维里方程

由统计力学可严格导得：

$$Z=\frac{pV_m}{RT}=1+\frac{B(T)}{V_m}+\frac{C(T)}{V_m^2}+\frac{D(T)}{V_m^3}+\cdots \tag{3-4-151}$$

式中，B、C、D、…分别为第二、第三、第四、……、维里系数，分别对应于二、三、四、……、分子间相互作用。维里方程除式(3-4-151) 外，还可表示为：

$$Z=1+B^+(T)p+C^+(T)p^2+D^+(T)p^2+\cdots \tag{3-4-152}$$

式中，B^+、C^+、D^+、…也称为第二、第三、第四、……、维里系数，它们与B、C、D、…间的关系如下：

$$B/RT=B^+ \tag{3-4-153}$$

$$(C-B^2)/(RT)^2=C^+ \tag{3-4-154}$$

$$(D-3BC+2B^3)/(RT)^3=D^+ \tag{3-4-155}$$

对于混合物：

$$B=\sum_{i=1}^{K}\sum_{j=1}^{K}y_i y_i B_{ij} \tag{3-4-156}$$

$$C=\sum_{i=1}^{K}\sum_{j=1}^{K}\sum_{k=1}^{K}y_i y_j y_k C_{ijk} \tag{3-4-157}$$

按照统计力学，维里系数可以根据分子间相互作用位能函数$\varepsilon(r)$计算：

$$B=-2\pi N_A\int_0^{\infty}f_{12}r_{12}^2\,\mathrm{d}r_{12} \tag{3-4-158}$$

$$C=-\frac{8}{3}\pi^2 N_A^2\int_0^{\infty}\int_0^{\infty}\int_{r_{12}-r_{13}}^{r_{12}+r_{13}}f_{12}f_{13}f_{23}\,\boldsymbol{r}_{12}\boldsymbol{r}_{13}\boldsymbol{r}_{23}\,\mathrm{d}\boldsymbol{r}_{12}\mathrm{d}\boldsymbol{r}_{13}\mathrm{d}\boldsymbol{r}_{23} \tag{3-4-159}$$

式中，$f_{ij}=\exp[-\varepsilon(r_{ij})/kT]-1$。实用上，维里系数主要根据低压$pVT$等实验数据获得。

对于纯物质和混合物的第二维里系数，已经积累了大量的数据[86]。在 Pitzer-Curl 模型[87]基础上提出的 Tsonopoulos 关联式[88]可以预测不同物质的第二维里系数：

$$B_r=Bp_c/RT_c=B_r^{(0)}+\omega B_r^{(1)}+a/T_r^6-b/T_r^8 \tag{3-4-160}$$

$$B_r^{(0)}=0.1445-0.330/T_r-0.1385/T_r^2-0.0121/T_r^3-0.000607/T_r^8 \tag{3-4-161}$$

$$B_r^{(1)}=0.0637+0.331/T_r^2-0.423/T_r^3-0.008/T_r^8 \tag{3-4-162}$$

式中，ω为物质的偏心因子，定义为：

$$\omega=-\lg p^*_{r(T_r=0.7)}-1.0 \tag{3-4-163}$$

$T_r=T/T_c$为对比温度；$p_r^*=p^*/p_c$为对比饱和蒸气压；p^*为饱和蒸气压；a和b为极性和氢键参数，对于非极性物质，$a=0$，对于极性物质，a可以由对比偶极矩计算：

$$\mu_r=10^5\mu^2 p_c/T_c^2 \tag{3-4-164}$$

式中，μ为偶极矩，单位为 D（德拜，debye）；p_c和T_c分别为临界压力和临界温度，单位为 bar 和 K。不同类型物质的a的计算方法见表 3-4-3。

表 3-4-3 Tsonopoulos 第二维里系数关联式的极性参数 a

物质分类	a
酮、醛、腈、醚、酯、NH_3、H_2S、HCN	$-2.112\times10^{-4}\mu_r-3.877\times10^{-21}(\mu_r)^8$
硫醇	0
单卤代烷烃	$2.078\times10^{-4}\mu_r-7.048\times10^{-21}(\mu_r)^8$
醇	0.0878
酚	-0.0136

第3篇

对于非氢键物质，$b=0$；对于醇类物质，其值在 0.03～0.06 之间，具体数值可参见文献 [89]。

4.6.2 立方型方程

立方型方程是能展开为体积的三次多项式的状态方程，多是在 van der Waals 方程的基础上对斥力项和引力项作不同修正而得。目前应用最广泛的是 SRK 方程、PR 方程、PT 方程。

(1) Soave-Redlich-Kwong 方程 简称 SRK 方程[90]：

$$p=\frac{RT}{V_m-b}-\frac{a}{V_m(V_m+b)} \tag{3-4-165}$$

$$a=0.42748\alpha(T_r)R^2T_c^2/p_c \tag{3-4-166}$$

$$b=0.8664RT_c/p_c \tag{3-4-167}$$

$$\alpha(T_r)=[1+m(1-T_r^{0.5})]^2,\ T_r=T/T_c \tag{3-4-168}$$

$$m=0.480+1.574\omega-0.176\omega^2 \tag{3-4-169}$$

注：SRK 方程是 Soave 在 Redlich-Kwong 方程[91]基础上改进而得，RK 方程形式上与式(3-4-165) 相同，只是 $\alpha(T_r)=T_r^{-0.5}$。

(2) Peng (彭定宇)-Robinson 方程 简称 PR 方程[92]：

$$p=\frac{RT}{V_m-b}-\frac{a}{V_m(V_m+b)+b(V_m-b)} \tag{3-4-170}$$

$$a=0.45724\alpha(T_r)R^2T_c^2/p_c \tag{3-4-171}$$

$$b=0.07880RT_c/p_c \tag{3-4-172}$$

$$\alpha(T_r)=[1+m(1-T_r^{0.5})]^2 \tag{3-4-173}$$

$$m=0.37464+1.54226\omega-0.26992\omega^2 \tag{3-4-174}$$

(3) Patel-Teja 方程 简称 PT 方程[93]：

$$p=\frac{RT}{V_m-b}-\frac{a}{V_m(V_m+b)+c(V_m-b)} \tag{3-4-175}$$

$$a=\Omega_a\alpha(T_r)R^2T_c^2/p_c \tag{3-4-176}$$

$$b=\Omega_bRT_c/p_c \tag{3-4-177}$$

$$c=\Omega_cRT_c/p_c \tag{3-4-178}$$

$$\Omega_c=1-3Z_c \tag{3-4-179}$$

$$\Omega_a=3Z_c^2+3(1-2Z_c)\Omega_b+\Omega_b^2+1-3Z_c \tag{3-4-180}$$

Ω_b是式(3-4-181) 中的最小根

$$\Omega_b^3+(2-3Z_c)\Omega_b^2+3Z_c^2\Omega_b-Z_c^3=0 \tag{3-4-181}$$

$$\alpha(T_r)=[1+m(1-T_r^{0.5})]^2 \tag{3-4-182}$$

$$m=0.452413+1.30982\omega-0.295937\omega^2 \tag{3-4-183}$$

Z_c为临界压缩因子 p_cV_c/RT_c，可以采用实验值。对于非极性物质，可以根据偏心因子，由式(3-4-184) 估算：

$$Z_c = 0.329032 - 0.076799\omega + 0.0211947\omega^2 \tag{3-4-184}$$

以上是三种最常用的立方型方程，其中 m 和 Z_c 如直接用 pVT 数据拟合求得，效果将更好。

(4) 立方型方程的普遍式 除了上面提到的 SRK、PR 和 PT 三个常用的立方型状态方程外，文献中还报道了多个立方型状态方程，它们都是对 van der Waals 方程吸引项的改进，表 3-4-4 列出了部分立方型状态方程的吸引项[94]。也有对排斥项进行修正的，但通常情况下会形成非立方型状态方程。

表 3-4-4 对 van der Waals 方程吸引项的改进

作者	方程(吸引项)
Redlich-Kwong (RK) (1949)	$a/[T^{1.5}V(V+b)]$
Soave (SRK) (1972)	$a(T)/[V(V+b)]$
Peng-Robinson (PR) (1976)	$a(T)/[V(V+b)+b(V-b)]$
Fuller(1976)	$a(T)/[V(V+cb)]$
Heyen(1980)(Sandler, 1994)	$a(T)/\{V^2+[b(T)+c]V-b(T)c\}$
Schmidt-Wenzel(1980)	$a(T)/(V^2+ubV+wb^2)$
Harmens-Knapp(1980)	$a(T)/[V^2+cbV-(c-1)b^2]$
Kubic(1982)	$a(T)/(V+c)^2$
Patel-Teja(PT)(1982)	$a(T)/[V(V+b)+c(V-b)]$
Adachi 等(1983)	$a(T)/[(V-b_2)(V+b_3)]$
Stryjek-Vera(SV)(1986)	$a(T)/(V^2+2bV-b^2)$
Yu 和 Lu(1987)	$a(T)/[V(V+c)+b(3V+c)]$
Trebble-Bishnoi(TB)(1987)	$a(T)/[V^2+(b+c)V-(bc+d^2)]$
Schwartzentruber 和 Renon(1989)	$a(T)/[(V+c)(V+2c+b)]$

Martin[95]曾提出立方型方程的普遍式：

$$p = \frac{RT}{V_m} - \frac{\alpha(T)}{(V_m+\beta)(V_m+\gamma)} + \frac{\delta(T)}{V_m(V_m+\beta)(V_m+\gamma)} \tag{3-4-185}$$

将 α、β、γ、δ 代入不同量，结合体积平移，可得各种立方型方程。

Abbott[96]也提出过一个立方型方程的普遍式：

$$p = \frac{RT(V_m^2+\alpha V_m+\beta)}{V_m^3+\lambda V_m^2+\mu V_m+\nu} \tag{3-4-186}$$

如果仅为 SRK、PR 和 PT 写出普遍式，可用：

$$p = \frac{RT}{V_m-b} - \frac{a}{V_m^2+ubV_m+wb^2} \tag{3-4-187}$$

SRK：$u=1$，$w=0$；PR：$u=2$，$w=-1$；PT：$u=1+c/b$，$w=-c/b$；van der Waals：$u=0$，$w=0$。

立方型状态方程中，与分子间相互作用有关的参数 a 与温度有关，一般可表示为 $a=$

$a_c\alpha(T_r)$，a_c为临界温度时的参数 a，一般是通过将状态方程应用于纯物质的临界点得到。$\alpha(T_r)$ 随温度的变化关系对于气液平衡（饱和蒸气压）的计算非常关键，SRK、PR 和 PT 方程都采用了式(3-4-168) 的形式，它对于烷烃等非极性物质的效果尚可，对于极性比较强或有氢键等特殊作用的物质，效果就不是很好。文献中报道了大量不同形式的 $\alpha(T_r)$ 表达式，通常包含有 1～3 个经验参数，它们需要由纯物质的饱和蒸气压数据回归得到。表 3-4-5 总结了一些效果比较好的表达式[97]，读者可以根据实际情况选择合适的。

表 3-4-5 立方型状态方程吸引参数的温度系数 $\alpha(T_r)$

序号	$\alpha(T_r)$
1	$[1+m_1(1-T_r^{0.5})]^2$
2	$\exp[m_1(1-T_r^{m_2})]$
3	$[1+m_1(1-T_r^{0.5})-m_2(1-1/T_r)]^2$
4	$[1+m_1(1-T_r^{0.5})-m_2(1-T_r)(0.7-T_r)]^2$
5	$[1+m_1(1-T_r^{0.5})+m_2(1-T_r^{0.5})^2+m_3(1-T_r^{0.5})^3]^2$
6	$1+m_1(T_r-1)+m_2(T_r^{0.5}-1)$
7	$1+m_1(1-T_r)+m_2(1/T_r-1)$
8	$\{1+[m_1+m_2(1+T_r^{0.5})(0.7-T_r)](1-T_r^{0.5})\}^2$
9	$10^{[m_1(m_2+m_3T_r+m_4T_r^2)(1-T_r)]}$
10	$\exp[m_1(1-T_r)]$
11	$\exp[m_1(1-T_r)+m_2(1-T_r^{0.5})^2]$
12	$1+m_1(1-T_r^{2/3})+m_2(1-T_r^{2/3})^2+m_3(1-T_r^{2/3})^3$
13	$[1+m_1(1-T_r^{0.5})-(1-T_r^{0.5})(m_2+m_3T_r+m_4T_r^2)]^2$
14	$\exp[m_1(1-T_r)\lvert 1-T_r\rvert^{m_2-1}+m_3(1/T_r-1)]$
15	$T_r^{m_1(m_2-1)}\exp[m_3(1-T_r^{m_1m_2})]$
16	$1+m_1(1-T_r)+m_2(1-T_r^{0.5})^2$
17	$\exp[(m_1+m_2T_r)(1-T_r^{m_3})]$
18	$\exp\{m_1(1-T_r)[1+m_2(1-T_r^{0.5})^2+m_3(1-T_r^{0.5})^3]^2\}$
19	$\exp\{m_1-m_2T_r)[1-m_3^{\ln(T_r)}]\}$
20	$\exp[m_1T_r+m_2\ln(T_r)+m_3(1-T_r^{0.5})]$

4.6.3 立方型方程的混合规则

立方型状态方程应用于混合物时，需要为 a、b 和 c 等参数构建与混合物组成的关系，即混合规则。

(1) 二次型混合规则 原则上，与分子间相互作用有关的参数 a 等常用二次型混合规则：

$$a=\sum_{i=1}^{K}\sum_{j=1}^{K}x_ix_ja_{ij}\text{，}a_{ij}=(1-k_{ij})\sqrt{a_ia_j} \tag{3-4-188}$$

式中，k_{ij}是对几何平均计算 i-j 分子对相互作用参数的校正，它应该是一个绝对值比较小的数值。与分子体积相关的参数 b 和 c 等参数常用线性混合规则：

$$b=\sum_{i=1}^{K}x_ib_i\text{，}c=\sum_{i=1}^{K}x_ic_i\text{，}\omega=\sum_{i=1}^{K}x_i\omega_i \tag{3-4-189}$$

有时为了提高对混合物的关联精度，对体积相关的参数也采用二次型混合规则：

$$b=\sum_{i=1}^{K}\sum_{j=1}^{K}x_ix_jb_{ij}\text{，}b_{ij}=(1-l_{ij})(b_i+b_j)/2 \tag{3-4-190}$$

式中，l_{ij}是对算术平均计算i-j分子对体积参数的校正。同时关联可调参数k_{ij}和l_{ij}时，实际关联得到的结果会比较大，不太符合其物理意义，但作为工程应用没有问题。

（2）利用G^E的混合规则 对于强极性和含氢键的系统，一般的混合规则不能适用；另一方面，前面介绍的过量函数模型能很好关联此类系统的相平衡，但又不能像状态方程那样容易推广至高压。Vidal 等[98,99]尝试将两者的长处结合起来，取得成功。其基本做法是将立方型状态方程用于计算高压下液体混合物的过量吉布斯函数，这时$V_m=b$，$V_{m,i}^*=b_i$，对于 SRK 方程可以得到：

$$G_m^E(p=\infty)=-\left(\frac{a}{b}-\sum_{i=1}^{K}x_i\frac{a_i}{b_i}\right)\ln 2 \tag{3-4-191}$$

$$a=\left[\sum_{i=1}^{K}x_i\frac{a_i}{b_i}-\frac{G_m^E(p=\infty)}{\ln 2}\right]b \tag{3-4-192}$$

对于其他两参数立方型方程，可得普遍式：

$$a=\left[\sum_{i=1}^{K}x_i\frac{a_i}{b_i}-\frac{G_m^E(p=\infty)}{\lambda}\right]b \tag{3-4-193}$$

对于 van der Waals 方程，$\lambda=1$；对于 SRK 方程，$\lambda=\ln 2$；对于 PR 方程，$\lambda=\ln[(2+\sqrt{2})/(2-\sqrt{2})]/2\sqrt{2}$。其中$b=\sum_{i=1}^{K}x_ib_i$。假设前面介绍的过量吉布斯函数模型能够用于计算$G_m^E(p=\infty)$，则式(3-4-193)即构成了立方型状态方程参数a的混合规则。

按照统计力学理论的结果，低压下混合物的第二维里系数与组成呈二次函数的关系，即式(3-4-156)。而采用上述 Vidal 混合规则后，由立方型状态方程获得的第二维里系数将不再满足这个条件。为此，Wong（汪上晓）-Sandler[100]提出了一个可以避免这一缺陷的混合规则：

$$a=\left(\sum_{i=1}^{K}x_i\frac{a_i}{b_i}-\frac{G_{m,\infty}^E}{\lambda}\right)b \tag{3-4-194}$$

$$b=\sum_{i=1}^{K}\sum_{j=1}^{K}x_ix_j(b-a/RT)_{ij}/(1+Q) \tag{3-4-195}$$

$$Q=(G_{m,\infty}^E/\lambda RT)\sum_{i=1}^{K}x_i(a_{ii}/b_iRT) \tag{3-4-196}$$

$$(b-a/RT)_{ij}=\frac{1}{2}(b_i-a_{ii}/RT+b_j-a_{jj}/RT)(1-l_{ij}) \tag{3-4-197}$$

前面介绍的过量函数模型原则上都可以代入式(3-4-193)或式(3-4-194)，获得立方型状态方程的混合规则。

4.6.4 多参数方程

(1) Benedict-Webb-Rubin 方程[101] 简称BWR方程：

$$p=RT\rho+(B_0RT-A_0-C_0/T^2)\rho^2+(bRT-a)\rho^3+a\alpha\rho^6$$
$$+(c\rho^3/T^2)(1+\gamma\rho^2)\exp(-\gamma\rho^2) \quad (3\text{-}4\text{-}198)$$

式中，$\rho=1/V_m$；A_0、B_0、C_0、a、b、c、α、γ为BWR方程的特征参数，需根据物性数据求取。

Nicolas等[102]根据Lennard-Jones流体pVT关系、内能、相平衡等热力学性质的分子模拟结果，提出了含有32个普适性常数的改进BWR方程，称为MBWR方程。Johnson等[103]重新模拟了广泛温度、压力范围的LJ流体的pVT和其他热力学性质，用新数据关联得到MBWR方程的普适性常数，使之对LJ流体的pVT性质、内能、相平衡等性质的计算效果令人满意。

$$p^*=\rho^*T^*+\sum_{i=1}^{8}a_i\rho^{*(i+1)}+F\sum_{i=1}^{6}b_i\rho^{*(2i+1)} \quad (3\text{-}4\text{-}199)$$

式中，$p^*=p\sigma^3/\varepsilon$，$T^*=kT/\varepsilon$，$\rho^*=(N/V)\sigma^3$，$F=\exp(-\gamma\rho^{*2})$，$\gamma=3.0$。$a_i$和$b_i$是对比温度$T^*$的函数，见表3-4-6。其中$x_j(j=1,2,\cdots,32)$为普适性常数，见表3-4-7。

表 3-4-6 MBWR方程参数 a_i 和 b_i

i	a_i	b_i
1	$x_1T^*+x_2\sqrt{T^*}+x_3+x_4/T^*+x_5/T^{*2}$	$x_{20}/T^{*2}+x_{21}/T^{*3}$
2	$x_6T^*+x_7+x_8/T^*+x_9/T^{*2}$	$x_{22}/T^{*2}+x_{23}/T^{*4}$
3	$x_{10}T^*+x_{11}+x_{12}/T^*$	$x_{24}/T^{*2}+x_{25}/T^{*3}$
4	x_{13}	$x_{26}/T^{*2}+x_{27}/T^{*4}$
5	$x_{14}/T^*+x_{15}/T^{*2}$	$x_{28}/T^{*2}+x_{29}/T^{*3}$
6	x_{16}/T^*	$x_{30}/T^{*2}+x_{31}/T^{*3}+x_{32}/T^{*4}$
7	$x_{17}/T^*+x_{18}/T^{*2}$	
8	x_{19}/T^{*2}	

表 3-4-7 MBWR方程的普适性常数 x_j

j	x_j	j	x_j
1	0.8623085097507421	9	$2.798291772190376\times10^3$
2	2.976218765822098	10	$-4.8394220260857657\times10^{-2}$
3	−8.402230115796038	11	0.9963265197721935
4	0.1054136629203555	12	$-3.698000291272493\times10^1$
5	−0.8564583828174598	13	$2.084012299434647\times10^1$
6	1.582759470107601	14	$8.305402124717285\times10^1$
7	0.7639421948305453	15	$-9.574799715203068\times10^2$
8	1.753173414312048	16	$-1.477746229234994\times10^2$

续表

j	x_j	j	x_j
17	$6.398607852471505\times10^{1}$	25	$-1.131607632802822\times10^{2}$
18	$1.603993673294834\times10^{1}$	26	$-8.867771540418822\times10^{3}$
19	$6.805916615864377\times10^{1}$	27	$-3.986982844450543\times10^{1}$
20	$-2.791293578795945\times10^{3}$	28	$-4.689270299917261\times10^{3}$
21	-6.245128304568454	29	$2.593535277438717\times10^{2}$
22	$-8.116836104958410\times10^{3}$	30	$-2.694523589434903\times10^{3}$
23	$1.488735559561229\times10^{1}$	31	$-7.218487631550215\times10^{2}$
24	$-1.059346754655084\times10^{4}$	32	$1.721802063863269\times10^{2}$

应用于实际流体时，MBWR 方程只有两个物质特性参数 ε 和 σ 需要根据实验数据关联得到，比 BWR 方程的 8 个参数大大减少。

(2) Martin-侯虞钧方程[104] 简称 MH 方程：

$$p=\sum_{k=1}^{5} f_k(T)/(V_m-b)^k \tag{3-4-200}$$

式中

$$f_1(T)=RT \tag{3-4-201}$$

$$f_2(T)=A_2+B_2T+C_2\exp(-5.475T/T_c) \tag{3-4-202}$$

$$f_3(T)=A_3+B_3T+C_3\exp(-5.475T/T_c) \tag{3-4-203}$$

$$f_4(T)=A_4+B_4T \tag{3-4-204}$$

$$f_5(T)=B_5T \tag{3-4-205}$$

式中，A_i、B_i 和 b 为方程的特征参数。MH 方程可以看作是由截止到第五维里系数的维里方程经体积平移 $V_m \rightarrow V_m-b$ 而得，其参数可根据物性数据，如临界点数据和饱和蒸气压数据等，求取。

4.6.5 基于微扰理论的状态方程

多参数方程一般由维里方程发展而得，它们能提供准确度高的 pVT 关系，常用来准确计算随温度变化的热力学性质如 H、S 等。但它们往往包含比较多的可调参数，需要从实验数据回归得到，对于实验数据比较稀少的物质，使用起来颇不方便。

Vera 和 Prausnitz[105]用统计力学中的配分函数重新对 van der Waals 状态方程进行了理论推导，建立了 van der Waals 普遍化配分函数，针对非球形链状分子则引入 Prigogine 提出的广义外自由度概念。在此基础上，学者们相继建立了几种可用于实际流体的微扰理论状态方程。这些状态方程都只包含少数几个反映分子特征和相互作用性质的分子参数，为实际应用时从少量实验数据获得模型参数提供了极大的方便。

(1) Alder 微扰方程[106] 该方程是在硬球流体状态方程的基础上，加上方阱相互作用的微扰项而得到。虽然它并不是直接从 van der Waals 普遍化配分函数推导得到，但它仍可以纳入这一理论框架中。其剩余亥姆霍兹函数可表示为：

$$A^r=\frac{\eta(4-3\eta)}{(1-\eta)^2}+\sum_{m=1}^{9}\sum_{n=1}^{4}A_{mn}(3\sqrt{2}/\pi)^m\eta^m\tilde{T}^{-n} \tag{3-4-206}$$

式中，$\eta=\pi N_{A}\sigma^3/6V_m$；$\widetilde{T}=kT/\varepsilon$。$\sigma$ 和 ε 分别是分子的直径和相互作用能，是分子的特征参数，一般由物质的 pVT、饱和蒸气压、饱和蒸气和饱和液体体积的实验数据回归得到。A_{mn} 是根据方阱流体热力学性质的计算机模拟数据拟合得到的普适性常数，见表 3-4-8。

表 3-4-8 Alder 方程的普适性常数 A_{mn}

m	A_{m1}	A_{m2}	A_{m3}	A_{m4}
1	−7.0346	-0.33015580×10^{1}	-0.11868777×10^{1}	-0.51739049×10^{0}
2	−7.2736	-0.98155782×10^{0}	0.72447507×10^{1}	0.25259812×10^{1}
3	−1.2520	0.22122115×10^{3}	-0.17432407×10^{2}	-0.41346808×10^{1}
4	6.0825	-0.19121478×10^{4}	0.19666211×10^{2}	0.23434564×10^{1}
5	6.8	0.86413158×10^{4}	-0.85145188×10^{1}	
6	1.7	-0.22911464×10^{5}		
7		0.35388809×10^{5}		
8		-0.29353643×10^{5}		
9		0.10090478×10^{5}		

(2) PHCT 方程[107] 该方程是微扰硬链理论（perturbation hard chain theory）的简称，它由 Beret 和 Prausnitz 在普遍化 van der Waals 配分函数理论的基础上建立起来的。其剩余亥姆霍兹函数可表示为：

$$A^{r}=c\,\frac{\eta(4-3\eta)}{(1-\eta)^2}+c\sum_{m=1}^{9}\sum_{n=1}^{4}A_{mn}(3\sqrt{2}/\pi)^m\eta^m\,\widetilde{T}^{-n} \tag{3-4-207}$$

式中，$\eta=\pi N_{A}r\sigma^3/6V_m$；$\widetilde{T}=ckT/\varepsilon q$，其中 ε/k 为每个链节的吸引能参数，q 为一个分子的外表面积；$3c$ 为一个分子的外自由度。PHCT 将线性分子看成是由 r 个具有方阱相互作用能的硬球连接而成，链节间相切而不重叠，但分子的构型是固定不变的。PHCT 方程中的三个分子特征参数 c、$\varepsilon q/k$ 和 $r\sigma^3$ 可以从实验数据回归得到，对于正烷烃、芳烃、多环化合物，这些特性参数与物质的分子量成很好的线性关系。对于球形分子，$c=1$ 和 $r=1$，式(3-4-207)回归至 Alder 方程。普适性常数 A_{mn} 仍沿用 Alder 的结果。

(3) COR 方程[108] 该方程是 Chain of Rotator 方程的简称，它与 PHCT 方程的差别是，认为具有方阱相互作用势的链节可以有一定的重叠：

$$z=1+\frac{\eta(4-2\eta)}{(1-\eta)^3}+\frac{c}{2}(\alpha-1)\,\frac{3\eta+3\alpha\eta^2-(\alpha+1)\eta^3}{(1-\eta)^3}+\left[1+\frac{c}{2}(B_0+B_1/\widetilde{T}+B_2\widetilde{T})\right]\sum_{m=1}^{6}\sum_{n=1}^{4}mA_{mn}(3\sqrt{2}/\pi)^m\eta^m\widetilde{T}^{-n} \tag{3-4-208}$$

$\alpha=1$，表示硬球之间没有重叠，式(3-4-208) 硬球部分的贡献回归至 PHCT 方程的硬球贡献。虽然最后一项的形式与 Alder 和 PHCT 类似，但普适性常数 B_n 和 A_{mn} 已经重新关联，其中 $B_0=0.20095$，$B_1=0.019$，$B_2=-0.0632$，A_{mn} 见表 3-4-9。郭天民等[109]还将 COR 方程改进为立方型方程，称为 CCOR 方程。

表 3-4-9 COR 方程的普适性常数 A_{mn}

m	A_{m1}	A_{m2}	A_{m3}	A_{m4}
1	−9.04214	−1.12517	−0.809958	−0.672378
2	−125.11	548.709	−838.503	438.783
3	525.415	−2566.20	4398.77	−2482.01
4	−859.803	4471.80	−8598.81	5289.80
5	634.635	−3402.75	7409.90	−5017.09
6	−167.336	939.226	2365.34	1784.58

(4) PSCT 方程[110] 该方程是微扰软链理论（perturbed soft chain theory）的简称，链节间的相互作用采用 LJ 势能函数，其剩余亥姆霍兹函数可表示为：

$$A^{\mathrm{r}}=c\left[\frac{\eta(4-3\eta)}{(1-\eta)^2}+\frac{A_1^{\mathrm{LJ}}/NkT}{1-A_2^{\mathrm{LJ}}/A_1^{\mathrm{LJ}}}\right] \tag{3-4-209}$$

$$\frac{A_1^{\mathrm{LJ}}}{NkT}=\frac{1}{\widetilde{T}}\sum_{m=1}^{6}A_{1m}(3\sqrt{2}/\pi)^m\eta^m \tag{3-4-210}$$

$$\frac{A_2^{\mathrm{LJ}}}{NkT}=\frac{1}{\widetilde{T}^2}\sum_{m=1}^{4}\left[\frac{C_{1m}(3\sqrt{2}/\pi)^m\eta^m}{2}+C_{2m}(3\sqrt{2}/\pi)^{m+1}\eta^{m+1}+\frac{C_{3m}(3\sqrt{2}/\pi)^{m+2}\eta^{m+2}}{2}\right] \tag{3-4-211}$$

式中，$\eta=\pi N_{\mathrm{A}}rd^3/6V_{\mathrm{m}}$。

$$d/\sigma=a_0+a_1\widetilde{T}+a_2\widetilde{T}^2+a_3\widetilde{T}^3+a_4\widetilde{T}^4 \tag{3-4-212}$$

式中，A_{1m}、C_{nm} 和 a_n 是普适性常数。

(5) PACT 方程[111] 该方程是微扰各向异性链理论（perturbed anisotropic chain theory）的简称，它在 PSCT 的基础上进一步考虑偶极和四极作用的贡献。

$$A^{\mathrm{r(PACT)}}=A^{\mathrm{r(PSCT)}}+c\left[\frac{A_2^{\mathrm{dd}}/NkT}{(1-A_3^{\mathrm{dd}}/A_2^{\mathrm{dd}})}+\frac{A_2^{\mathrm{QQ}}/NkT}{(1-A_3^{\mathrm{QQ}}/A_2^{\mathrm{QQ}})}\right] \tag{3-4-213}$$

$$\frac{A_2^{\mathrm{dd}}}{NkT}=-\frac{2.9619(3\sqrt{2}/\pi)\eta}{\widetilde{T}_\mu^2}J^{(6)} \tag{3-4-214}$$

$$\frac{A_3^{\mathrm{dd}}}{NkT}=\frac{43.596(3\sqrt{2}/\pi)^2\eta^2}{\widetilde{T}_\mu^3}K^{\mathrm{dd}} \tag{3-4-215}$$

$$\frac{A_2^{\mathrm{QQ}}}{NkT}=-\frac{12.44(3\sqrt{2}/\pi)\eta}{\widetilde{T}_{\mathrm{Q}}^2}J^{(10)} \tag{3-4-216}$$

$$\frac{A_3^{\mathrm{QQ}}}{NkT}=\frac{2.611(3\sqrt{2}/\pi)\eta}{\widetilde{T}_{\mathrm{Q}}^3}J^{(15)}+\frac{77.716(3\sqrt{2}/\pi)^2\eta^2}{\widetilde{T}_{\mathrm{Q}}^3}K^{\mathrm{QQ}} \tag{3-4-217}$$

$$\widetilde{T}_\mu=\frac{ckT}{\varepsilon_\mu q},\ \varepsilon_\mu q=\frac{\mu^2}{r\sigma^3} \tag{3-4-218}$$

$$\widetilde{T}_{\mathrm{Q}}=\frac{ckT}{\varepsilon_{\mathrm{Q}}q},\ \varepsilon_{\mathrm{Q}}q=\frac{Q^2}{(r\sigma^3)^{5/3}} \tag{3-4-219}$$

上述各式中，J 和 K 为积分函数，均可从 Gubbins 和 Twu[112] 的文献中查得。

4.7 对应状态原理

对应状态原理是立方型方程应用于临界状态的逻辑推论。例如 van der Waals 方程，利用临界点时 $(\partial p/\partial V)_T=0$，$(\partial^2 p/\partial V^2)_T=0$，可得：

$$p_r=\frac{8}{3}\times\frac{T_r}{V_r-1/3}-\frac{3}{V_r^2} \tag{3-4-220}$$

$$Z_c=p_cV_c/RT_c=3/8 \tag{3-4-221}$$

式中，$p_r=p/p_c$，$T_r=T/T_c$，$V_r=V/V_c$，分别称为对比压力、对比温度和对比体积。式(3-4-220) 表明 V_r 可表达为 p_r 和 T_r 的普适函数：

$$V_r=V_r(p_r,T_r) \tag{3-4-222}$$

并且各种物质应具有相同的临界压缩因子。

4.7.1 两参数对应状态方法

由式(3-4-220) 可以得到一系列对应状态关系式，均为 p_r 和 T_r 的普适函数。

(1) 压缩因子 $$Z=Z(p_r,T_r) \tag{3-4-223}$$

(2) 维里系数 $$B_r=p_cB/RT_c=B_r(T_r) \tag{3-4-224}$$

(3) 偏离焓

$$-\frac{H_m^{(d)}}{RT_c}=-\frac{H_m^{(d)}}{RT_c}(p_r,T_r)\text{ 或 }\frac{H_m^{\ominus}(g)-H_m}{RT_c}=\frac{H_m^{\ominus}(g)-H_m}{RT_c}(p_r,T_r) \tag{3-4-225}$$

(4) 偏离熵

$$-\frac{S_m^{(d)}}{R}=-\frac{S_m^{(d)}}{R}(p_r,T_r)-\ln\frac{p^{\ominus}}{p}\text{或}\frac{S_m^{\ominus}(g)-S_m}{R}=\frac{S_m^{\ominus}(g)-S_m}{R}(p_r,T_r)-\ln\frac{p^{\ominus}}{p} \tag{3-4-226}$$

(5) 偏离恒压热容

$$-\frac{C_{pm}^{(d)}}{R}=-\frac{C_{pm}^{(d)}}{R_c}(p_r,T_r)\text{ 或 }\frac{C_{pm}^{\ominus}(g)-C_{pm}}{R}=\frac{C_{pm}^{\ominus}(g)-C_{pm}}{R}(p_r,T_r) \tag{3-4-227}$$

(6) 逸度系数 $$\ln\varphi=\ln\varphi(p_r,T_r) \tag{3-4-228}$$

(7) 饱和蒸气压 $$p_r^*=p^*/p_c=p_r^*(T_r) \tag{3-4-229}$$

由以上可以总结出两参数对应状态原理：当不同物质具有相同的对比压力和对比温度时，即处于对应状态，它们具有相同的对比性质。由上可见，Z、B_r、$H_m^{(d)}/RT_c$、$S_m^{(d)}/R-\ln(p^{\ominus}/p)$、$C_{pm}^{(d)}/R$、$\ln\varphi$、$p_r^*$ 均为对比性质。注意 B、$H_m^{(d)}$、$S_m^{(d)}$ 和 p^* 等虽是热力学性质，但不是对比热力学性质，它们在 p_r、T_r 相同时并不相等。

以偏离焓的对应状态关系式为例，按式(3-3-149)，

$$H_{\mathrm{m}}^{(\mathrm{d})}=\int_0^p\left[V_{\mathrm{m}}-T\left(\frac{\partial V_{\mathrm{m}}}{\partial T}\right)_p\right]\mathrm{d}p=-RT^2\int_0^p\left(\frac{\partial Z}{\partial T}\right)_p\mathrm{d}\ln p=-RT_{\mathrm{c}}T_{\mathrm{r}}^2\int_0^{p_{\mathrm{r}}}\left(\frac{\partial Z}{\partial T_{\mathrm{r}}}\right)_{p_{\mathrm{r}}}\mathrm{d}\ln p_{\mathrm{r}} \tag{3-4-230}$$

由于 $Z=Z(p_{\mathrm{r}},T_{\mathrm{r}})$，因此

$$-\frac{H_{\mathrm{m}}^{(\mathrm{d})}}{RT_{\mathrm{c}}}=T_{\mathrm{r}}^2\int_0^{p_{\mathrm{r}}}\left[\frac{\partial Z(p_{\mathrm{r}},T_{\mathrm{r}})}{\partial T_{\mathrm{r}}}\right]_{p_{\mathrm{r}}}\mathrm{d}\ln p_{\mathrm{r}}=-\frac{H_{\mathrm{m}}^{(\mathrm{d})}}{RT_{\mathrm{c}}}(p_{\mathrm{r}},T_{\mathrm{r}}) \tag{3-4-231}$$

即式(3-4-225)。

两参数对应状态原理有严格的理论基础，统计力学证明，一切可以用两参数位能函数描述分子间相互作用的系统，例如 Lennard-Jones 位能函数 $\varepsilon=4\varepsilon_0[(\sigma/r)^{12}-(\sigma/r)^6]$，都遵守两参数对应状态原理。

4.7.2 三参数对应状态方法

两参数对应状态方法在具体应用时准确度不高，其原因在于用两参数位能函数并不能准确地描述分子间相互作用，例如用 Kihara 位能函数就比 Lennard-Jones 位能函数更好，但前者有三个特征参数。有鉴于此，Pitzer 在对应状态方法中引入了偏心因子作为第三参数，压缩因子的三参数对应态关系式：

$$Z=Z^{[0]}(p_{\mathrm{r}},T_{\mathrm{r}})+\omega Z^{[1]}(p_{\mathrm{r}},T_{\mathrm{r}}) \tag{3-4-232}$$

式中，$Z^{[0]}$ 为简单流体（$\omega=0$）的压缩因子，即式(3-4-223)；$Z^{[1]}$ 为 Z-ω 线性关系斜率。

类似于式(3-4-225)～式(3-4-229)，相应地有一系列三参数对应状态关系式，其简单流体的贡献以及对 ω 关系的斜率均为 T_{r} 和 p_{r} 的普适函数。

(1) 偏离焓

$$-\frac{H_{\mathrm{m}}^{(\mathrm{d})}}{RT_{\mathrm{c}}}=\frac{H_{\mathrm{m}}^{\ominus}(\mathrm{g})-H_{\mathrm{m}}}{RT_{\mathrm{c}}}=\left[\frac{-H_{\mathrm{m}}^{(\mathrm{d})}}{RT_{\mathrm{c}}}\right]^{[0]}(p_{\mathrm{r}},T_{\mathrm{r}})+\omega\left[\frac{-H_{\mathrm{m}}^{(\mathrm{d})}}{RT_{\mathrm{c}}}\right]^{[1]}(p_{\mathrm{r}},T_{\mathrm{r}}) \tag{3-4-233}$$

(2) 偏离熵

$$-\frac{S_{\mathrm{m}}^{(\mathrm{d})}}{R}=\frac{S_{\mathrm{m}}^{\ominus}(\mathrm{g})-S_{\mathrm{m}}}{R}=\left[\frac{-S_{\mathrm{m}}^{(\mathrm{d})}}{R}\right]^{[0]}(p_{\mathrm{r}},T_{\mathrm{r}})+\omega\left[\frac{-S_{\mathrm{m}}^{(\mathrm{d})}}{R}\right]^{[1]}(p_{\mathrm{r}},T_{\mathrm{r}})-\ln\frac{p^{\ominus}}{p} \tag{3-4-234}$$

(3) 偏离恒压热容

$$-\frac{C_{p\mathrm{m}}^{(\mathrm{d})}}{R}=\frac{C_{p\mathrm{m}}^{\ominus}(\mathrm{g})-C_{p\mathrm{m}}}{R}=\left[\frac{-C_{p\mathrm{m}}^{(\mathrm{d})}}{R}\right]^{[0]}(p_{\mathrm{r}},T_{\mathrm{r}})+\omega\left[\frac{-C_{p\mathrm{m}}^{(\mathrm{d})}}{R}\right]^{[1]} \tag{3-4-235}$$

(4) 逸度系数

$$\ln\varphi=\ln\varphi^{[0]}(p_{\mathrm{r}},T_{\mathrm{r}})+\omega\ln\varphi^{[1]}(p_{\mathrm{r}},T_{\mathrm{r}}) \tag{3-4-236}$$

(5) 饱和蒸气压

$$p_{\mathrm{r}}^{*}=p_{\mathrm{r}}^{*[0]}(T_{\mathrm{r}})+\omega p_{\mathrm{r}}^{*[1]}(T_{\mathrm{r}}) \tag{3-4-237}$$

(6) 普遍化 BWR 方程 Lee 和 Kesler[113] 在 Pitzer 的三参数对应状态方法的基础上，发展了一个普遍化的修正 BWR 方程，称为 Lee-Kesler 方程，用来计算上述对应状态关系式

中的那些普适性函数。方程如下：

$$Z=\frac{p_r V_r}{T_r}=1+\frac{B}{V_r}+\frac{C}{V_r^2}+\frac{D}{V_r^5}+\frac{c_4}{T_r^3 V_r^2}\left(\beta+\frac{\gamma}{V_r^2}\right)\exp\left(-\frac{\gamma}{V_r^2}\right) \tag{3-4-238}$$

式中，$V_r=p_c V_m/RT_c$

$$B=b_1-b_2/T_r-b_3/T_r^2-b_4/T_r^3 \tag{3-4-239}$$

$$C=c_1-c_2/T_r+c_3/T_r^2 \tag{3-4-240}$$

$$D=d_1+d_2/T_r \tag{3-4-241}$$

b_1、b_2、b_3、b_4、c_1、c_2、c_3、c_4、d_1、d_2、β、γ 为普适性常数，见表 3-4-10。

表 3-4-10 Lee-Kesler 方程的普适性参数值

参数	简单流体	参考流体	参数	简单流体	参考流体
b_1	0.1181193	0.2026579	c_3	0.0	0.016901
b_2	0.265728	0.331511	c_4	0.042724	0.041577
b_3	0.154790	0.027655	$d_1\times10^4$	0.155488	0.48736
b_4	0.030323	0.203488	$d_2\times10^4$	0.623689	0.0740336
c_1	0.0236744	0.0313385	β	0.65392	1.226
c_2	0.0186984	0.0503618	γ	0.060167	0.03754

对于简单流体，解得 V_r 为 $V_r^{[0]}$：

$$Z^{[0]}(p_r,T_r)=p_r V_r^{[0]}/T_r \tag{3-4-242}$$

然后以正辛烷为参考流体 $\omega_R=0.3978$，以同样 T_r 和 p_r 代入式(3-4-238)，但参数采用表 3-4-10 中的参考流体参数，解出 V_r 为 $V_r^{[R]}$：

$$Z^{[R]}(p_r,T_r)=p_r V_r^{[R]}/T_r \tag{3-4-243}$$

任何其他偏心因子为 ω 的流体可按式(3-4-244) 计算：

$$Z=Z^{[0]}(p_r,T_r)+\frac{\omega}{\omega_R}\{Z^{[R]}(p_r,T_r)-Z^{[0]}(p_r,T_r)\} \tag{3-4-244}$$

与式(3-4-232) 比较，可见：

$$Z^{[1]}(p_r,T_r)=\frac{1}{\omega_R}\{Z^{[R]}(p_r,T_r)-Z^{[0]}(p_r,T_r)\} \tag{3-4-245}$$

由式(3-4-238) 可进一步导得：

$$\frac{H_m^{(d)}}{RT_c}=-T_r\left(Z-1-\frac{b_2+2b_3/T_r+3b_4/T_r^2}{T_r V_r}-\frac{c_2-3c_3/T_r^2}{2T_r V_r^2}+\frac{d_2}{5T_r V_r^5}+3E\right) \tag{3-4-246}$$

式中，$E=\frac{c_4}{2T_r^3\gamma}\left[\beta+1-\left(\beta+1+\frac{\gamma}{V_r^2}\right)\exp\left(-\frac{\gamma}{V_r^2}\right)\right]$

$$\frac{S_{\mathrm{m}}^{(\mathrm{d})}}{R}=-\ln Z+\frac{b_1+b_3/T_{\mathrm{r}}^2+2b_4/T_{\mathrm{r}}^3}{V_{\mathrm{r}}}+\frac{c_1-2c_3/T_{\mathrm{r}}^3}{2V_{\mathrm{r}}^2}+\frac{d_1}{5V_{\mathrm{r}}^5}-2E-\ln\frac{p^{\ominus}}{p} \tag{3-4-247}$$

$$\ln\varphi=Z-1-\ln Z+\frac{B}{V_{\mathrm{r}}}+\frac{C}{2V_{\mathrm{r}}^2}+\frac{D}{5V_{\mathrm{r}}^5}+E \tag{3-4-248}$$

与求得 $Z^{[0]}$ 和 $Z^{[1]}$ 的方法类似，由此可得 $[-H_{\mathrm{m}}^{(\mathrm{d})}/RT_{\mathrm{c}}]^{[0]}$、$[-H_{\mathrm{m}}^{(\mathrm{d})}/RT_{\mathrm{c}}]^{[1]}$、$[-S_{\mathrm{m}}^{(\mathrm{d})}/R]^{[0]}$、$[-S_{\mathrm{m}}^{(\mathrm{d})}/R]^{[1]}$、$\ln\varphi^{[0]}$、$\ln\varphi^{[1]}$ 等以 T_{r} 和 p_{r} 为变量的普适性函数。所有这些普适性函数已列成表格，见本手册第 1 篇化工基础数据。

三参数对应状态方法的进展和更广泛的应用，可参阅朱自强的综述文章[114]。

4.7.3 量子流体的对应状态方法

对应状态原理在进行推导时，使用的是经典统计力学方法，忽略了移动自由度的量子化效应。对于 H_2、Ne、He 等称为**量子流体**的轻分子，移动量子化十分显著，在使用对应状态方法时，需要进行修正。Chueh 和 Prausnitz[115] 建议采用下列公式来计算临界参数，以代替实验的临界参数：

$$T_{\mathrm{c}}=T_{\mathrm{c}}^{\circ}/(1+21.8/MT) \tag{3-4-249}$$

$$p_{\mathrm{c}}=p_{\mathrm{c}}^{\circ}/(1+42.2/MT) \tag{3-4-250}$$

$$V_{\mathrm{c}}=V_{\mathrm{c}}^{\circ}/(1-9.91/MT) \tag{3-4-251}$$

式中，M 为分子量；T_{c}°、p_{c}°、V_{c}°为特性参数，见表 3-4-11。

表 3-4-11 量子气体的临界特性参数

参数	Ne	^{4}He	^{3}He	H_2	HD	HT	D_2	DT	T_2
T_{c}°/K	45.5	10.47	10.55	43.6	42.9	42.3	43.6	43.5	43.8
p_{c}°/MPa	2.73	0.676	0.601	2.05	1.99	1.94	2.04	2.06	2.08
V_{c}°/$\mathrm{cm^3\cdot mol^{-1}}$	40.3	37.5	42.6	51.5	52.3	52.9	51.8	51.2	51.0

4.7.4 对应状态原理的混合规则

对应状态方法应用于混合物时，需要建立由组分的临界参数和组成求取混合物的临界参数的混合规则。最简单的是 Kay 规则，即简单加和规则。

$$p_{\mathrm{c}}=\sum_{i=1}^{K}x_i p_{\mathrm{c}i},\ T_{\mathrm{c}}=\sum_{i=1}^{K}x_i T_{\mathrm{c}i} \tag{3-4-252}$$

更灵活可采取式(3-4-253)：

$$T_{\mathrm{c}}=\sum_{i=1}^{K}\sum_{j=1}^{K}x_i x_j T_{\mathrm{c}ij} \tag{3-4-253}$$

$$V_{\mathrm{c}}=\sum_{i=1}^{K}\sum_{j=1}^{K}x_i x_j V_{\mathrm{c}ij} \tag{3-4-254}$$

$$\omega=\sum_{i=1}^{K}x_i\omega_i \tag{3-4-255}$$

$$Z_c = 0.2905 - 0.085\omega \tag{3-4-256}$$

$$p_c = Z_c R T_c / V_c \tag{3-4-257}$$

$$T_{cij} = (T_{ci} + T_{cj}) k_{ij}^{+}/2 \text{ 或 } T_{cij} = (T_{ci} T_{cj})^{1/2}(1 - k_{ij}) \tag{3-4-258}$$

$$V_{cij} = [(V_{ci}^{1/3} + V_{cj}^{1/3})/2]^3 \tag{3-4-259}$$

式中，k_{ij}^{+}和k_{ij}为二元相互作用参数。

对 Lee-Kesler 方程，式(3-4-253) 可改为：

$$T_c = \sum_{i=1}^{K} \sum_{j=1}^{K} x_i x_j V_{cij}^{1/4} T_{cij} / V_c^{1/4} \tag{3-4-260}$$

在利用式(3-4-232)～式(3-4-237) 计算混合物的 Z、$-H_m^{(d)}/RT_c$、$-S_m^{(d)}/R$、$-C_{pm}^{(d)}/R$、$\ln\varphi$ 时，只要按混合物的 p_c、T_c求得 p_r、T_r，计算时和纯物质一样。对于偏摩尔性质，则还需利用 3.3.2 节中偏摩尔量和总体摩尔量的关系。

以组分逸度系数为例，按式(3-3-139) 和式(3-3-140)，先将这两式写成通式：

$$\ln\varphi_i = \ln\varphi - \sum_{j=1, j\neq i}^{K} x_j \left(\frac{\partial \ln\varphi}{\partial x_j}\right)_{T,p,x[j,K]} \tag{3-4-261}$$

由于 $\ln\varphi$ 是 p_r、T_r和 ω 的函数，将式(3-4-261) 展开：

$$\ln\varphi_i = \ln\varphi - \sum_{j=1, j\neq i}^{K} x_j \left\{ \begin{aligned} &\left(\frac{\partial \ln\varphi}{\partial p_r}\right)_{T_r,\omega} \left(\frac{\partial p_r}{\partial x_j}\right)_{T,p,x[j,K]} + \left(\frac{\partial \ln\varphi}{\partial T_r}\right)_{p_r,\omega} \left(\frac{\partial T_r}{\partial x_j}\right)_{T,p,x[j,K]} \\ &+ \left(\frac{\partial \ln\varphi}{\partial \omega}\right)_{T_r,p_r} \left(\frac{\partial \omega}{\partial x_j}\right)_{T,p,x[j,K]} \end{aligned} \right\} \tag{3-4-262}$$

利用式(3-3-137) 和式(3-3-138)：

$$\left(\frac{\partial \ln\varphi}{\partial p_r}\right)_{T_r,\omega} = \frac{Z-1}{p_r} \tag{3-4-263}$$

$$\left(\frac{\partial \ln\varphi}{\partial T_r}\right)_{p_r,\omega} = -\frac{H_m - \sum_{j=1}^{K} x_j H_{m,j}^{\ominus}(g)}{R T_r^2 T_c} = -\frac{H_m^{(d)}}{R T_c} \times \frac{1}{T_r^2} \tag{3-4-264}$$

又由式(3-4-236)，

$$\left(\frac{\partial \ln\varphi}{\partial \omega}\right)_{T_r,p_r} = \ln\varphi^{[1]} \tag{3-4-265}$$

代入式(3-4-262)，得：

$$\begin{aligned} \ln\varphi_i = &\ln\varphi(p_r T_r) - \frac{Z(p_r,T_r)-1}{p_c} \sum_{j=1,j\neq i}^{K} x_j \left(\frac{\partial p_c}{\partial x_j}\right)_{x[j,K]} + \\ &\frac{-H_m^{(d)}}{RT_c}(p_r,T_r) \times \frac{1}{T} \sum_{j=1,j\neq i}^{K} x_j \left(\frac{\partial T_c}{\partial x_j}\right)_{x[j,K]} - \ln\varphi^{[1]}(p_r,T_r) \sum_{j=1,j\neq i}^{K} x_j \left(\frac{\partial \omega}{\partial x_j}\right)_{x[j,K]} \end{aligned} \tag{3-4-266}$$

式中，$(\partial p_c/\partial x_j)$、$(\partial T_c/\partial x_j)$、$(\partial \omega/\partial x_j)$ 可由混合规则式(3-4-253)～式(3-4-260)求得。

4.8 缔合系统的状态方程

前面介绍的状态方程适用于非极性、弱极性或极性物质。对于像 H_2O、NH_3、H_2S、醇、羧酸等分子间存在氢键等特殊作用的系统，效果不是很令人满意。已经发展了两条途径解决这个问题，一种是将氢键作用处理为化学平衡；另一种是采用特殊的近程作用势能函数模型近似描述氢键缔合作用，并采用统计力学方法获得氢键缔合作用对状态函数的贡献。

4.8.1 基于缔合平衡的状态方程

Heidemann 和 Prausnitz 在 1976 年首次建立了包含缔合作用的纯物质状态方程，缔合体之间的物理作用采用 van der Waals 状态方程[116]。1984 年，胡英等将其推广至混合物，并建立了一个普遍化的、原则上可以将任何缔合机理和任何物理作用模型相结合的热力学框架，应用于气体在水中的溶解度、缔合系统的气液平衡以及混合物超额性质计算时，获得令人满意的结果[117～119]。Ikonomou 和 Donohue[120] 则将化学缔合平衡理论与 PACT 方程结合，建立了缔合微扰各向异性链理论（APACT）。

由 A 和 B 组成且表观摩尔分数为 x_A 和 x_B 的二元混合物，基于缔合平衡的状态方程可写成：

$$Z=\frac{pV}{n_0RT}=\left(\frac{n_T}{n_0}\right)(1+Z^{hs}+Z^{LJ}+\cdots) \tag{3-4-267}$$

式中，n_0 为假设分子间不存在缔合作用时的总物质的量（$n_0=n_A+n_B$），n_T 为达到缔合平衡后系统中各种缔合体的分子总物质的量。根据缔合平衡的普遍式(3-3-229)：

$$iA_1 \rightleftharpoons A_i \quad jB_1 \rightleftharpoons B_j \quad iA_1+jB_1 \rightleftharpoons A_iB_j \tag{3-4-268}$$

有

$$n_T=\sum_{i=1}^{\infty}n_{A_i}+\sum_{j=1}^{\infty}n_{B_j}+\sum_{i=1}^{\infty}\sum_{j=1}^{\infty}n_{A_iB_j} \tag{3-4-269}$$

$$n_0=\sum_{i=1}^{\infty}in_{A_i}+\sum_{j=1}^{\infty}jn_{B_j}+\sum_{i=1}^{\infty}\sum_{j=1}^{\infty}(i+j)n_{A_iB_j} \tag{3-4-270}$$

$$x_{A_i}=n_{A_i}/n_T;\ x_{B_j}=n_{B_j}/n_T;\ x_{A_iB_j}=n_{A_iB_j}/n_T \tag{3-4-271}$$

根据组成归一化条件和物料衡算：

$$\sum_{i=1}^{\infty}x_{A_i}+\sum_{j=1}^{\infty}x_{B_j}+\sum_{i=1}^{\infty}\sum_{j=1}^{\infty}x_{A_iB_j}=1 \tag{3-4-272}$$

$$\sum_{i=1}^{\infty}ix_{A_i}+\sum_{i=1}^{\infty}\sum_{j=1}^{\infty}ix_{A_iB_j}=\left(\frac{n_0}{n_T}\right)x_A;\ \sum_{j=1}^{\infty}jx_{B_j}+\sum_{i=1}^{\infty}\sum_{j=1}^{\infty}jx_{A_iB_j}=\left(\frac{n_0}{n_T}\right)x_B \tag{3-4-273}$$

各缔合体的摩尔分数还必须满足式(3-3-229)～式(3-3-231) 的缔合平衡式，即

第3篇

$$K^{\ominus}_{A_i}=\frac{x_{A_i}}{(x_{A_1})^{i-1}}\times\frac{\varphi_{A_i}}{(\varphi_{A_1})^{i-1}}\times\frac{1}{(p/p^{\ominus})^{i-1}} \tag{3-4-274}$$

$$K^{\ominus}_{B_j}=\frac{x_{B_j}}{(x_{B_1})^{j-1}}\times\frac{\varphi_{B_j}}{(\varphi_{B_1})^{j-1}}\times\frac{1}{(p/p^{\ominus})^{j-1}} \tag{3-4-275}$$

$$K^{\ominus}_{A_iB_j}=\frac{x_{A_iB_j}}{(x_{A_1})^{i}(x_{B_1})^{j}}\times\frac{\varphi_{A_iB_j}}{(\varphi_{A_1})^{i}(\varphi_{B_1})^{j}}\times\frac{1}{(p/p^{\ominus})^{i+j-1}} \tag{3-4-276}$$

各缔合体的逸度系数由式(3-3-163) 计算：

$$RT\ln\varphi_i=\int_{\infty}^{V}\left\{\frac{RT}{V}-\left(\frac{\partial p}{\partial n_i}\right)_{T,V,n[i]}\right\}\mathrm{d}V-RT\ln Z \tag{3-4-277}$$

结合式(3-4-271)～式(3-4-277) 和式(3-4-267) 可以解得各缔合体的摩尔分数和 n_T/n_0，由式(3-3-228) 可以得到 A 和 B 的表观逸度。

4.8.2 基于统计缔合理论的状态方程

基于缔合平衡的状态方程由于必须计算各缔合体的逸度系数，它与缔合体之间的物理作用有关，化学作用和物理作用是耦合在一起的，使计算变得非常复杂。但如果为物理作用模型假设合适的混合规则，并对缔合机理进行适当简化，例如只考虑二缔体等，可以使计算大为简化。

基于缔合统计力学的状态方程则将化学作用与物理作用的贡献分开，使计算更为简单。目前常用的有两种氢键缔合作用模型，黏滞点（point-sticky）模型和黏滞球（shield-sticky）模型。

(1) 黏滞点模型 黏滞点模型认为一个分子可以有多个缔合位点，例如 M 个，每个缔合位点只能与另一个分子的一个缔合位点形成缔合（键）。Chapman 等[121]在缔合系统的热力学微扰理论基础上建立了统计缔合流体理论（SAFT）。设 X^A 是缔合位点 A 尚未形成缔合（键）的摩尔分数，由于分子间缔合作用引起的系统的亥姆霍兹函数的变化为：

$$\beta\Delta A^{\mathrm{ass}}/N_0=\sum_{A}^{M}[\ln X^A-X^A/2]+M/2 \tag{3-4-278}$$

其中

$$X^A=\left(1+\sum_{B}\rho_0X^B\Delta^{AB}\right)^{-1} \tag{3-4-279}$$

$$\Delta^{AB}=\kappa^{AB}d^3\tau_{AB}^{-1}g(d) \tag{3-4-280}$$

式中，$\tau_{AB}^{-1}=\exp(\beta\delta\varepsilon_{AB})-1$ 为一个分子的 A 缔合位点与另一个分子的 B 缔合位点的缔合强度参数。$g(d)$ 为非缔合的参考系统的径向分布函数，可以采用硬球流体的径向分布函数近似：

$$g(d)=(1-\eta/2)/(1-\eta)^3 \tag{3-4-281}$$

式中，$\eta=\pi\rho_0d^3/6$ 为系统的对比密度。

不同缔合位点相互之间有的可以形成缔合作用，有的却不能形成缔合作用。根据不同情况可以将其划分为如表 3-4-12 所示的几种不同的缔合类型，相应地可以获得解析的 X^A 表达式。对于实际缔合流体，根据不同缔合基团的电子受体和授体的情况，可以将其归于不同的缔合类型，如表 3-4-13 所示。以醇类物质为例，理论上醇分子中的每个羟基基团 OH 有三个缔合位点，两个在 O 原子上，属于电子授体位点，标注为 A 和 B，另一个在 H 原子上，为电子受体位点，标注为 C。同为电子授体位点的 A 和 B 是相同的，它们之间不能形成缔合作用，其缔合强度参数 Δ 为零。A/B 与 C 之间可以通过电子授受形成缔合作用，其缔合强度参数 Δ 不为零，严格来说它属于表 3-4-13 中的类型 3B。但 A 与 C 和 B 与 C 之间的缔合作用是相同的，无法区别，可以近似将其看成一个 O 原子缔合位点与一个 H 原子缔合位点的相互缔合，即缔合类型 2B。其他物质有类似情况。

上述 SAFT 模型可直接推广至混合物，即：

$$\beta\Delta A^{\text{ass}}/N_0=\sum_i x_i\left[\sum_{A_i}^{M}(\ln X^{A_i}-X^{A_i}/2)+M_i/2\right] \tag{3-4-282}$$

由于缔合对系统压缩因子的贡献为：

$$Z^{\text{ass}}=\frac{\beta[p(\alpha)-p(\alpha=0)]}{\rho_0}=\rho_0\left(\frac{\partial\beta\Delta A^{\text{ass}}}{\Delta\partial\rho_0}\right)_T=\sum_i x_i\sum_{A_i}^{M}\left(\frac{1}{X^{A_i}}-\frac{1}{2}\right)\rho_0\left(\frac{\partial X^{A_i}}{\partial\rho_0}\right)_T \tag{3-4-283}$$

其中

$$X^{A_i}=\left(1+\sum_j\sum_{B_j}\rho_{j0}X^{B_j}\Delta^{A_iB_j}\right)^{-1} \tag{3-4-284}$$

$$\Delta^{A_iB_j}=\kappa^{A_iB_j}d_{ij}^3\tau_{A_iB_j}^{-1}g_{ij}(d_{ij}),\ d_{ij}=(d_{ii}+d_{jj})/2 \tag{3-4-285}$$

$$g_{ij}(d_{ij})=\frac{1}{1-\zeta_3}+\frac{3d_{ii}d_{jj}}{d_{ii}+d_{jj}}\times\frac{\zeta_2}{(1-\zeta_3)^2}+2\left(\frac{d_{ii}d_{jj}}{d_{ii}+d_{jj}}\right)^2\frac{\zeta_2^2}{(1-\zeta_3)^3} \tag{3-4-286}$$

$$\zeta_k=(\pi/6)\sum_i\rho_{i0}d_{ii}^k,\ k=1,2,3 \tag{3-4-287}$$

表 3-4-12 不同缔合类型的未缔合位点分数 X^A

缔合类型	Δ 近似	X^A近似	X^A表达式
1	$\Delta^{AA}\neq0$		$[-1+(1+4\rho_0\Delta)^{1/2}]/(2\rho_0\Delta)$
2A	$\Delta^{AA}=\Delta^{AB}=\Delta^{BB}\neq0$	$X^A=X^B$	$[-1+(1+8\rho_0\Delta)^{1/2}]/(4\rho_0\Delta)$
2B	$\Delta^{AA}=\Delta^{BB}=0;\Delta^{AB}\neq0$	$X^A=X^B$	$[-1+(1+4\rho_0\Delta)^{1/2}]/(2\rho_0\Delta)$
3A	$\Delta^{AA}=\Delta^{AB}=\Delta^{BB}=\Delta^{AC}=\Delta^{BC}=\Delta^{CC}\neq0$	$X^A=X^B=X^C$	$[-1+(1+12\rho_0\Delta)^{1/2}]/(6\rho_0\Delta)$
3B	$\Delta^{AA}=\Delta^{AB}=\Delta^{BB}=\Delta^{CC}=0;\Delta^{AC}=\Delta^{BC}\neq0$	$X^A=X^B$; $X^C=2X^A-1$	$\{-(1-\rho_0\Delta)+[(1+\rho_0\Delta)^2+4\rho_0\Delta]^{1/2}\}/(4\rho_0\Delta)$
4A	$\Delta^{AA}=\Delta^{AB}=\Delta^{BB}=\Delta^{AC}=\Delta^{BC}=\Delta^{CC}=$ $\Delta^{AD}=\Delta^{BD}=\Delta^{CD}=\Delta^{DD}\neq0$	$X^A=X^B=X^C=X^D$	$[-1+(1+16\rho_0\Delta)^{1/2}]/(8\rho_0\Delta)$
4B	$\Delta^{AA}=\Delta^{AB}=\Delta^{BB}=\Delta^{AC}=\Delta^{BC}=\Delta^{CC}=\Delta^{DD}=0$; $\Delta^{AD}=\Delta^{BD}=\Delta^{CD}\neq0$	$X^A=X^B=X^C$; $X^D=3X^A-2$	$\{-(1-2\rho_0\Delta)+[(1+2\rho_0\Delta)^2+4\rho_0\Delta]^{1/2}\}/(6\rho_0\Delta)$
4C	$\Delta^{AA}=\Delta^{AB}=\Delta^{BB}=\Delta^{CC}=\Delta^{CD}=\Delta^{DD}=0$; $\Delta^{AC}=\Delta^{AD}=\Delta^{BC}=\Delta^{BD}\neq0$	$X^A=X^B=X^C=X^D$	$[-1+(1+8\rho_0\Delta)^{1/2}]/4\rho_0\Delta$

表 3-4-13 实际缔合流体的缔合类型

物质	严格的缔合类型	近似缔合类型
羧酸	1	1
醇	3B	2B
水	4C	3B
叔胺	1	无自缔合
仲胺	2B	2B
伯胺	3B	3B
氨	4B	3B

（2）黏滞球模型 设混合物由 K 种组分组成，组分 i 的分子数为 N_{i0}，数密度为 $\rho_{i0}=N_{i0}/V$（$i=1$，…，K），相应的硬球直径为 σ_i，系统总数密度为 $\rho_0=\sum\limits_{i=1}^{K}\rho_{i0}$，系统总分子数为 $N_0=\sum\limits_{i=1}^{K}N_{i0}$。若组分 i 分子和组分 j 分子之间具有特殊的缔合作用能形成缔合体，采用黏滞球模型描述这种缔合作用，则分子间相互作用的 Mayer 函数表示为：

$$f_{ij}=\begin{cases}-1+\tau_{ij}^{-1}\sigma_{ij}\delta(r_{ij}-\sigma_{ij})/12 & r_{ij}\leqslant\sigma_{ij}\\ \exp(-\beta\varepsilon_{ij})-1 & r_{ij}>\sigma_{ij}\end{cases} \tag{3-4-288}$$

式中，$\tau_{ij}^{-1}=\exp(\beta\delta\varepsilon_{ij})-1$ 为组分 i 分子和组分 j 分子之间的黏滞参数；$\delta\varepsilon_{ij}$ 为缔合能量；$\beta=1/kT$；$\delta(r_{ij}-\sigma_{ij})$ 是 Dirac 函数。周浩等[122]导得由于分子间缔合作用对亥姆霍兹函数的贡献为：

$$\beta\Delta A^{\mathrm{ass}}/N_0=\sum_i x_i[\ln X_i+(1-X_i)/2] \tag{3-4-289}$$

其中

$$X_i=\left(1+\sum_j\rho_{j0}X_j\Delta_{ij}\right)^{-1} \tag{3-4-290}$$

$$\Delta_{ij}=\frac{\pi}{3}\kappa_{ij}\sigma_{ij}^3\tau_{ij}^{-1}y_{ij}^{(2e)} \tag{3-4-291}$$

$$\kappa_{ij}=\frac{\kappa_{ii}+\kappa_{jj}}{2},\ \sigma_{ij}=\frac{\sigma_i+\sigma_j}{2},\ \delta\varepsilon_{ij}=(\delta\varepsilon_{ii}\delta\varepsilon_{jj})^{1/2} \tag{3-4-292}$$

相应地，由于缔合对系统压缩因子的贡献为：

$$Z^{\mathrm{ass}}=\frac{\beta[p(\alpha)-p(\alpha=0)]}{\rho_0}=\rho_0\left(\frac{\partial\beta\Delta A^{\mathrm{ass}}}{\partial\rho_0}\right)_T=\sum_i x_i\left(\frac{1}{X_i}-\frac{1}{2}\right)\rho_0\left(\frac{\partial X_i}{\partial\rho_0}\right)_T \tag{3-4-293}$$

其中

$$\rho_0\left(\frac{\partial X_i}{\partial\rho_0}\right)=-X_i^2\left\{\sum_j\rho_{j0}\Delta_{ij}\left[\rho_0\left(\frac{\partial X_j}{\partial\rho_0}\right)+X_j\left(1+\rho_0\frac{\partial\ln y_{ij}^{(2e)}}{\partial\rho_0}\right)\right]\right\} \tag{3-4-294}$$

如果不同组分之间不存在交叉缔合，则式(3-4-290)和式(3-4-293)分别退化为[123]：

$$X_i=\left(\sqrt{1+4\rho_{i0}\Delta_{ii}}-1\right)/2\rho_{i0}\Delta_{ii} \tag{3-4-295}$$

$$Z^{\mathrm{ass}}=-\sum_i \frac{1}{2}x_i(1-X_i)\left[1+\rho_0\frac{\partial \ln y_{ii}^{(2e)}}{\partial \rho_0}\right] \tag{3-4-296}$$

$y_{ij}^{(2e)}(\sigma_{ij})$ 是空穴相关函数：

$$y_{ij}^{(2e)}=-\frac{3.309095\eta+0.097105}{(1-\eta)}+\frac{0.097105}{(1-\eta)^2}-2.75503\ln(1-\eta) \tag{3-4-297}$$

$$\rho_0\frac{\partial \ln y_{ij}^{(2e)}}{\partial \rho_0}=\eta\frac{\partial \ln y_{ij}^{(2e)}}{\partial \eta}=\eta\left[\frac{2.445935}{(1-\eta)}-\frac{0.309095\eta+0.097105}{(1-\eta)^2}+\frac{0.19421}{(1-\eta)^3}\right] \tag{3-4-298}$$

上述缔合统计力学导出的结果可以与4.6节介绍的任何一个状态方程结合，构成缔合流体的状态方程，如Kontogeorgis等[124,125]将SRK方程与SAFT方程结合，建立了CPA方程：

$$Z=\frac{V_{\mathrm{m}}}{V_{\mathrm{m}}-b}-\frac{a/RT}{(V_{\mathrm{m}}+b)}-\frac{1}{2}\left(1+\rho\frac{\partial \ln g}{\partial \rho}\right)\sum_i x_i\sum_{A_i}(1-X_{A_i}) \tag{3-4-299}$$

马俊等[126,127]将PR方程与黏滞球模型结合，建立了CPA-SSM方程：

$$Z=\frac{V_{\mathrm{m}}}{V_{\mathrm{m}}-b}-\frac{aV_{\mathrm{m}}/RT}{V_{\mathrm{m}}(V_{\mathrm{m}}+b)+b(V_{\mathrm{m}}-b)}+\sum_i x_i\left(\frac{1}{X_i}-\frac{1}{2}\right)\rho_0\left(\frac{\partial X_i}{\partial \rho_0}\right)_T \tag{3-4-300}$$

4.9 高分子系统的状态方程

高分子的特点是分子量巨大，分子可以看成是由链节连接而成。在4.5节介绍了高分子系统的混合亥姆霍兹函数模型，它们适用于液体混合物热力学性质和液液相平衡的计算，但它们不能反映系统压力变化的影响。要考虑压力的影响，特别是进行气液平衡计算，需要合适的高分子系统的状态方程。目前常用的高分子系统方程主要包括胞腔模型、格子流体模型和自由空间链状流体状态方程三类。

4.9.1 胞腔模型

Prigogine-Flory-Patterson 理论将分子分割成 r 个链节，每个链节实际占据的体积为 υ，其硬心体积为 υ^*，每一链节的外自由度为 $3c$。设每个链节有 s 个邻座数，相邻两个链节的相互作用能为 $-\varepsilon/\upsilon$，则一个分子所受到的由所有其他分子的吸引力所产生的分子间平均势能为：

$$\frac{E_0}{2}=\frac{-rs\varepsilon}{2\upsilon} \tag{3-4-301}$$

系统的位形配分函数为：

$$\Phi_{\mathrm{p}}=\Phi_{\mathrm{comb}}\left[\gamma_0(\upsilon^{1/3}-\upsilon^{*1/3})\right]^{rNc}e^{-E_0/kT} \tag{3-4-302}$$

式中，Φ_{comb} 为组合因子。由位形配分函数与压力的关系 $p=kT(\partial \ln\Phi_{\mathrm{p}}/\partial V)_T$ 可以得到

液体的状态方程：

$$\frac{\tilde{p}\tilde{v}}{\tilde{T}}=\frac{\tilde{v}^{1/3}}{\tilde{v}^{1/3}-1}-\frac{1}{\tilde{v}\tilde{T}} \tag{3-4-303}$$

式中

$$\tilde{T}=T/T^*,\ \tilde{p}=p/p^*,\ \tilde{v}=v/v^* \tag{3-4-304}$$

$$T^*=s\varepsilon/2v^*ck,\ p^*=s\varepsilon/2v^{*2},\ ck=p^*v^*/T^* \tag{3-4-305}$$

纯物质的分子特征参数 p^*、v^* 和 T^* 可以用压力趋近于零时的密度数据、热膨胀系数 α、以及热压力系数 γ 确定，具体方法可参阅文献［128，129］。

对于二元混合物，pVT 关系仍符合式(3-4-303)，分子特征参数由下列混合规则计算：

$$p^*=\phi_1p_1^*+\phi_2p_2^*-\phi_1\theta_2X_{12},\qquad c=\phi_1c_1+\phi_2c_2 \tag{3-4-306}$$

$$\frac{1}{T^*}=\frac{\phi_1p_1^*/T_1^*+\phi_2p_2^*/T_2^*}{\phi_1p_1^*+\phi_2p_2^*-\phi_1\theta_2X_{12}} \tag{3-4-307}$$

式中

$$\phi_i=\frac{N_ir_i}{\sum_jN_jr_j},\ \theta_i=\frac{N_is_i}{\sum_jN_js_j},\ X_{12}=\frac{s_1(\varepsilon_{11}+\varepsilon_{22}-2\varepsilon_{12})}{2v^{*2}} \tag{3-4-308}$$

计算化学位及与熵有关的混合物热力学性质时，需要考虑组合因子 Φ_{comb} 的贡献，可以由无热溶液的 Flory-Huggins 理论或 Guggenheim 理论计算。

4.9.2 格子流体模型

格子流体模型将链状分子看成由 r 个体积相等的链节组成，流体由链状分子与空穴混合而成，空穴的体积与一个链节的体积相等，空穴与空穴及空穴与其他组分链节间的相互作用等于0。密堆积链状分子与密堆积空穴混合的混合亥姆霍兹函数，形式上与4.5节高分子系统的混合亥姆霍兹函数模型完全一样，区别在于格子流体模型中包含了一个空穴组分，所以它将纯组分流体也看成是分子与空穴的混合物。

由 Sanchez 和 Lacombe[130] 发展的混合物格子流体模型，用 Flory-Huggins 理论计算分子与空穴0的混合亥姆霍兹函数：

$$\frac{\Delta_{\mathrm{mix}}A}{N_1kT}=\varphi_0\ln(\varphi_0)+\sum_{i=1}^{K}\frac{\varphi_i}{r_i}\ln\varphi_i+\frac{z}{2kT}\varphi_0\sum_{i=1}^{K}\varphi_i\varepsilon_{ii}+\frac{z}{4kT}\sum_{i=1}^{K}\sum_{j=1}^{K}\varphi_i\varphi_iw_{ij} \tag{3-4-309}$$

式中，N_1为流体的总点数：

$$N_1=N_{\mathrm{r}}+N_0=\sum_{i=1}^{K}N_ir_i+N_0 \tag{3-4-310}$$

设每个链节（空穴）的体积为 v^*，则

$$V=(N_{\mathrm{r}}+N_0)v^*,\ \tilde{\rho}=N_{\mathrm{r}}/N_1=N_{\mathrm{r}}v^*/V \tag{3-4-311}$$

$$\varphi_i=N_ir_i/N_1=\phi_i\tilde{\rho},\ \phi_i=N_ir_i/N_{\mathrm{r}},\ \varphi_0=N_0/N_1=1-\tilde{\rho} \tag{3-4-312}$$

式(3-4-309) 可写成：

$$\frac{\Delta_{\rm mix}A}{N_{\rm r}kT}=\frac{1-\tilde{\rho}}{\tilde{\rho}}\ln(1-\tilde{\rho})+\frac{1}{r_{\rm a}}\ln\tilde{\rho}+\sum_{i=1}^{K}\frac{\phi_i}{r_i}\ln\phi_i+$$
$$\frac{z}{2kT}(1-\tilde{\rho})\sum_{i=1}^{K}\phi_i\varepsilon_{ii}+\frac{z}{4kT}\tilde{\rho}\sum_{i=1}^{K}\sum_{j=1}^{K}\phi_i\phi_i w_{ij} \tag{3-4-313}$$

式中，$r_{\rm a}^{-1}=\sum_{i=1}^{K}r_1^{-1}\phi_i$ 。由 $p=-(\partial A/\partial V)_{T,x}$ 可得状态方程：

$$\frac{pv^*}{kT}=-\ln(1-\tilde{\rho})-\left(1-\frac{1}{r_{\rm a}}\right)\tilde{\rho}-\frac{z}{2kT}\tilde{\rho}^2\sum_{i=1}^{K}\phi_i\varepsilon_{ii}+\frac{z}{4kT}\tilde{\rho}^2\sum_{i=1}^{K}\sum_{j=1}^{K}\phi_i\phi_i w_{ij} \tag{3-4-314}$$

组分 i 的化学位可由式(3-4-315) 得到：

$$\frac{\mu_i-\mu_i^*}{kT}=\left[\frac{\partial(\Delta_{\rm mix}A/kT)}{\partial N_i}\right]_{T,V,N[i]} \tag{3-4-315}$$

注意，式(3-4-315) 中的 μ_i^* 是密堆积时纯组分 i 的化学位，它与系统温度压力下纯组分的化学位是有差别的。

胡英等[131]结合 Revised Freed 模型提出了另一种构建格子流体模型的方法。他们设计了两步过程来求得混合亥姆霍兹函数：第一步是由密堆积的纯组分混合形成密堆积的高分子混合物，其混合亥姆霍兹函数模型可以由 4.5 节介绍的任意一个高分子系统的混合亥姆霍兹函数模型计算；第二步是向密堆积格子混合物充入空穴“0”，形成一定温度压力下的实际高分子混合物。为了计算第二步的亥姆霍兹函数，将第一步形成的密堆积混合物看成是一个虚拟的具有 $r_{\rm a}$ 个链节的纯物质 a，它与空穴形成格子流体。

$$\Delta_{\rm mix}A=\Delta_{\rm mix}A_{\rm I}+\Delta_{\rm mix}A_{\rm II} \tag{3-4-316}$$

状态方程仍由 $p=-(\partial A/\partial V)_{T,x}$ 得到。因为第一步是密堆积格子的混合，与压力无关，所以对状态方程没有贡献。组分 i 的化学位仍由式(3-4-315) 得到，它由密堆积混合的贡献和向密堆积格子混合物充入空穴的贡献两部分组成：

$$\frac{\mu_i-\mu_i^*}{kT}=\left(\frac{\mu_i-\mu_i^*}{kT}\right)_{\rm I}+\left(\frac{\mu_i-\mu_i^*}{kT}\right)_{\rm II} \tag{3-4-317}$$

许笑春等[132~134]将上述格子流体理论与 LSAFT 混合亥姆霍兹函数模型结合，用于计算常规流体、离子液体和高分子系统的相平衡，也取得令人满意的效果。

4.9.3 自由连接链状态方程

将链状流体的分子近似为由 r 个球形链节连接而成的柔性链，链节之间可以有硬球排斥作用、色散作用、氢键缔合作用甚至静电作用（聚电解质）等。球形链节连接成柔性链对系统自由能或状态方程的贡献可以由化学缔合的统计力学理论在假设缔合强度无穷大的情况下得到。在此基础上，近年来已经发展了多个适用于链状流体和高分子系统的状态方程。

(1) SAFT 方程 Huang 和 Radosz[135] 在 SAFT 基础上通过引入方阱色散贡献将 Chapman等[121]建立的 SAFT 方程推广到实际非缔合和缔合流体，已被广泛应用于小分子、聚合物、缔合流体、离子液体等复杂体系热力学性质的研究中。其剩余亥姆霍兹自由能表示为：

$$\frac{\beta A^{\mathrm{r}}}{N_0}=r\left(\frac{\beta A^{\mathrm{hs}}}{rN_0}+\frac{\beta A^{\mathrm{disp}}}{rN_0}\right)+\frac{\beta A^{\mathrm{chain}}}{N_0}+\frac{\beta A^{\mathrm{ass}}}{N_0} \tag{3-4-318}$$

$$Z=1+r(Z^{\mathrm{hs}}+Z^{\mathrm{disp}})+Z^{\mathrm{chain}}+Z^{\mathrm{ass}} \tag{3-4-319}$$

其中

$$\frac{\beta A^{\mathrm{hs}}}{rN_0}=\frac{4\eta-3\eta^2}{(1-\eta)^2} \tag{3-4-320}$$

$$z^{\mathrm{hs}}=\frac{4\eta-2\eta^2}{(1-\eta)^3} \tag{3-4-321}$$

$$\frac{\beta A^{\mathrm{disp}}}{rN_0}=\sum_{m=1}^{9}\sum_{n=1}^{4}D_{mn}(3\sqrt{2}/\pi)^m\eta^m\left(\frac{u}{kT}\right)^n \tag{3-4-322}$$

$$z^{\mathrm{disp}}=\sum_{m=1}^{9}\sum_{n=1}^{4}mD_{mn}(3\sqrt{2}/\pi)^m\eta^m\left(\frac{u}{kT}\right)^n \tag{3-4-323}$$

$$\frac{\beta A^{\mathrm{chain}}}{N_0}=(1-r)\ln\frac{1-\eta/2}{(1-\eta)^3} \tag{3-4-324}$$

$$z^{\mathrm{chain}}=(1-r)\frac{5\eta/2-\eta^2}{(1-\eta)(1-\eta/2)} \tag{3-4-325}$$

$$\frac{\beta A^{\mathrm{ass}}}{N_0}=\sum_{\alpha}\left(\ln X^{\alpha}-\frac{X^{\alpha}}{2}\right)+\frac{M}{2} \tag{3-4-326}$$

$$z^{\mathrm{ass}}=\rho\sum_{\alpha}\left(\frac{1}{X^{\alpha}}-\frac{1}{2}\right)\frac{\partial X^{\alpha}}{\partial\rho} \tag{3-4-327}$$

$$X^{\alpha}=1\Big/\left(1+N_{\mathrm{A}}\sum_{\beta}\rho X^{\beta}\Delta^{\alpha\beta}\right) \tag{3-4-328}$$

$$\Delta^{\alpha\beta}=g(d)[\exp(\varepsilon^{\alpha\beta}/kT)-1]\kappa^{\alpha\beta}\sigma^3 \tag{3-4-329}$$

$$g(d)=(1-\eta/2)/(1-\eta)^3 \tag{3-4-330}$$

$$\eta=\frac{\pi\rho r v^0}{3\sqrt{2}},\ v^0=v^{00}\left[1-0.12\exp\left(-\frac{3u^0}{kT}\right)\right]^3,\ \sigma^3=\frac{\sqrt{2}v^{00}}{N_{\mathrm{A}}},\ u=u^0\left(1+\frac{10}{T}\right) \tag{3-4-331}$$

SAFT 方程有 3 个（非缔合性流体）或 5 个（缔合性流体）参数，包括：分子链长 r，链节体积 v^{00}，链节间色散相互作用能 u^0，缔合作用能 $\varepsilon^{\alpha\beta}$，缔合体积 $\kappa^{\alpha\beta}$，它们可以根据液体的饱和蒸气压、饱和液体体积、单相区的 pVT 等实验数据回归得到。

SAFT 方程中，链节间的相互作用只考虑了硬球排斥作用和色散作用，后者用方阱势能函数近似，其对亥姆霍兹函数的贡献采用了 Alder 方程的形式，但其普适性常数 D_{mn} 取自 Chen 和 Kreglewski[136]关联氩气的 pVT、内能和第二维里系数得到的结果（见表 3-4-14）。成链作用只考虑了相邻链节相关性的贡献，且忽略了方阱吸引作用的影响。

表 3-4-14　SAFT 方程的普适性常数 D_{mn}

m	D_{m1}	D_{m2}	D_{m3}	D_{m4}
1	−8.8043	2.9396	−2.8225	0.3400
2	4.1646270	−6.0865383	4.7600148	−3.1875014
3	−48.203555	40.137956	11.257177	12.231796

续表

m	D_{m1}	D_{m2}	D_{m3}	D_{m4}
4	140.43620	−76.230797	−66.382743	−12.110681
5	−195.23339	−133.70055	69.248785	
6	113.51500	860.25349		
7		−1535.3224		
8		1221.4261		
9		−409.10539		

由于 SAFT 方程取得的巨大成功，许多学者提出了多种改进的 SAFT 方程，如 PHSC[137]、VR-SAFT[138]、PC-SAFT[139]。关于 SAFT 方程的改进及其应用的进展情况，可以参阅文献［94，140］。

（2）SWCF 方程 胡英等[141]根据化学缔合的统计力学理论得到缔合性链状流体的剩余亥姆霍兹函数压缩因子表达式：

$$\frac{\beta A^{\mathrm{r}}}{N_0}=r\frac{\beta A^{\mathrm{r}}(\alpha=0)}{rN_0}-r_{S_iS_{i+1}}\ln y_{S_iS_{i+1}}^{(2e)}-r_{S_iS_{i+2}}\ln y_{S_iS_{i+2}}^{(2e)}+\frac{\beta A^{\mathrm{ass}}}{N_0} \tag{3-4-332}$$

$$Z=\frac{pV}{N_0kT}=rZ(\alpha=0)-\left[(r-1)+r_{S_iS_{i+1}}\eta\frac{\partial\ln y_{S_iS_{i+1}}^{(2e)}}{\partial\eta}+r_{S_iS_{i+2}}\eta\frac{\partial\ln y_{S_iS_{i+2}}^{(2e)}}{\partial\eta}\right]+Z^{\mathrm{ass}} \tag{3-4-333}$$

式中，$A^{\mathrm{r}}(\alpha=0)$ 和 $Z(\alpha=0)$ 分别是未成链的单体系统的剩余亥姆霍兹函数和压缩因子，$r_{S_iS_{i+1}}$ 和 $r_{S_iS_{i+2}}$ 是链状分子中相邻和相间链节对的数目，可以根据分子结构确定。$y_{S_iS_{i+1}}^{(2e)}$ 和 $y_{S_iS_{i+2}}^{(2e)}$ 是相邻和相间链节对的空穴相关函数。刘洪来等[123,142]用硬球排斥和方阱吸引近似单体间的相互作用，在成链贡献中考虑链状分子相邻和相间链节对的相关性并忽略链节间方阱吸引作用对它们的影响，用黏滞球模型计算氢键缔合作用的贡献。得到 SWCF 方程为：

$$\frac{\beta A^{\mathrm{r}}}{N_0}=\frac{\beta A^{\mathrm{r(HSCF)}}}{N_0}+\frac{\beta A^{\mathrm{SW}}}{N_0}+\frac{\beta A^{\mathrm{ass}}}{N_0} \tag{3-4-334}$$

$$Z=Z^{\mathrm{HSCF}}+Z^{\mathrm{SW}}+Z^{\mathrm{ass}} \tag{3-4-335}$$

其中

$$\frac{\beta A^{\mathrm{r(HSCF)}}}{N_0}=\frac{(3+a-b+3c)\eta-(1+a+b-c)}{2(1-\eta)}+\frac{1+a+b-c}{2(1-\eta)^2}+(c-1)\ln(1-\eta) \tag{3-4-336}$$

$$Z^{\mathrm{HSCF}}=\frac{1+a\eta+b\eta^2-c\eta^3}{(1-\eta)^3} \tag{3-4-337}$$

$$\frac{\beta A^{\mathrm{SW}}}{N_0}=r\sum_{m=1}^{9}\sum_{n=1}^{4}A_{mn}(3\sqrt{2}/\pi)^m\eta^m\widetilde{T}^{-n} \tag{3-4-338}$$

$$Z^{\mathrm{SW}}=r\sum_{m=1}^{9}\sum_{n=1}^{4}mA_{mn}(3\sqrt{2}/\pi)^m\eta^m\widetilde{T}^{-n} \tag{3-4-339}$$

第3篇

式中

$$a=\sum_i x_i r_i\left(1+\frac{r_{S_iS_{i+1}}}{r_i}a_2+\frac{r_{S_iS_{i+1}}}{r_i}\times\frac{r_{S_iS_{i+2}}}{r_i}a_3\right) \tag{3-4-340}$$

$$b=\sum_i x_i r_i\left(1+\frac{r_{S_iS_{i+1}}}{r_i}b_2+\frac{r_{S_iS_{i+1}}}{r_i}\times\frac{r_{S_iS_{i+2}}}{r_i}b_3\right) \tag{3-4-341}$$

$$c=\sum_i x_i r_i\left(1+\frac{r_{S_iS_{i+1}}}{r_i}c_2+\frac{r_{S_iS_{i+1}}}{r_i}\times\frac{r_{S_iS_{i+2}}}{r_i}c_3\right) \tag{3-4-342}$$

$$r=\sum_i x_i r_i,\ \phi_i=\frac{x_i r_i}{r},\ \eta=\frac{\pi N_A}{6V_m}\sum_i x_i r_i \sigma_i^3 \tag{3-4-343}$$

$$\widetilde{T}^{-1}=\frac{\sum_i\sum_j\phi_i\phi_j(\varepsilon_{ij}/kT)\sigma_{ij}^3}{\sum_i\sum_j\phi_i\phi_j\sigma_{ij}^3},\ \varepsilon_{ij}=(1-k_{ij})(\varepsilon_i\varepsilon_j)^{1/2},\ \sigma_{ij}=\frac{(1-l_{ij})(\sigma_i+\sigma_j)}{2} \tag{3-4-344}$$

$\beta A^{\mathrm{ass}}/N_0$ 和 Z^{ass} 由黏滞球模型式(3-4-289)～式(3-4-298) 计算。

SWCF 方程也有 3 个（非缔合性流体）或 5 个（缔合性流体）参数，包括：分子链长 r，链节直径 σ，链节间方阱相互作用能 ε，缔合作用能 $\delta\varepsilon$，缔合体积 κ，它们可以根据液体的饱和蒸气压、饱和液体体积、单相区的 pVT 等实验数据回归得到。SWCF 方程不仅可以应用于常规流体的 pVT、相平衡和热力学性质计算，对于共聚高分子熔体及离子液体的相变行为也能够令人满意地予以关联[143,144]。与动态密度泛函理论结合，还可以用于描述共混（共聚）高分子熔体的微观相变及其结构演化过程，特别是可以反映压力的影响[145,146]。李进龙等[147～149]进一步用变阱宽方阱相互作用势近似链节间的相互吸引作用，同时考虑吸引作用对成链贡献的影响，建立了变阱宽方阱链流体（SWCF-VR）状态方程，计算效果进一步提高。

关于 SWCF 状态方程的研究和应用进展情况，读者可以参阅文献 [150,151]。

参考文献

[1] 王琨．物理化学数据查阅指南．上海：上海科学技术文献出版社，1990.
[2] Reid R C，Prausnitz J M，Poling B E. The Properties of Gases and Liquids. 4th ed，McGraw-Hill，1987.
[3] Nieto-Draghi C，Fayet G，Creton B，et al. Chem Rev，2015，115：13093.
[4] McCullough J P，Scott D W. Experimental Thermodynamics. Vol. Ⅰ. Calorimetry of Non-Reacting Systems. London：Butterwoth，1968.
[5] Le Neidre B，Vodar B. Experimental Thermodynamics. Vol. Ⅱ. Experimental Thermodynamics of Non-Reacting Fluids. London：Butterwoth，1975.
[6] Wakeham W A，Nagashima A，Sengers J V. Experimental Thermodynamics. Vol. Ⅲ. Measurement of the Transport Properties of Fluids. Oxford：Blackwell Scientific Publications，1991.
[7] Marsh K N，O' Hare P A G. Experimental Thermodynamics. Vol. Ⅳ. Solution Calorimetry. Oxford：Blackwell Scientific Publications，1994.
[8] Sengers J V，Kayser R F，Peters C J，et al. Experimental Thermodynamics. Vol. Ⅴ. Equation of State for Fluids and Fluid Mixtures. Amsterdam：Elsevier，2000.

[9] Goodwin A R H, Marsh K N, Wakeham W A. Experimental Thermodynamics. Vol. Ⅵ. Measurement of the Thermodynamic Properties of Single Phases. Amsterdam: Elsevier, 2003.
[10] Benson S W. Thermochemical Kinetics. New York: Wiley, 1968.
[11] Barton A F M. CRC handbook of solubility parameters and other cohesion parameters. Boca Raton: CRC Press, 1991.
[12] van Krevelen D W. Properties of polymers. 3rd Ed. Amsterdam: Elsevier, 1990.
[13] Hoy K L. J. Paint Technol., 1970, 42: 76; J. Coated Fabrics, 1989, 19: 53.
[14] Yan Q L, Liu H L, Hu Y. Fluid Phase Equilibria, 2004, 218: 157.
[15] Yang J Y, Xin Q, Sun L, et al. J Chem Phys, 2006, 125: 164506.
[16] 辛琴，许笑春，黄永民，等．中国科学：B辑，2008，38：947.
[17] Wilson G M. J Am Chem Soc, 1964, 86: 127.
[18] Renon H, Prausnitz J M. AIChE J, 1968, 14: 135.
[19] Abrams D, Prausnitz J M. AIChE J, 1975, 21: 116.
[20] Tochigi K, Tiegs D, Gmehling J, Kojima K. J Chem. Eng Jpn, 1990, 23: 453.
[21] Tochigi K. Fluid Phase Equilibria, 1998, 144: 343.
[22] Fredenslund A, Jones R L, Prausnitz J M. AIChE J, 1975, 21: 1086.
[23] Fredenslund A, Gmehling J, Rasmussen P. Vapor-liquid equilibria using UNIFAC, a group-contribution method. Amsterdam: Elsevier, 1977.
[24] Bondi A. Physical Properties of Molecular Crystals, Liquids and Glasses. New York: Wiley, 1968.
[25] Gmehling J, Rasmussen P, Fredenslund A. Ind Eng Chem Process Des Dev, 1982, 21: 118.
[26] Macedo E A, Weidlich U, Gmehling J, et al. Ind Eng Chem Process Des Dev, 1983, 22: 676.
[27] Tiegs D, Gmehling J, Rasmussen P, et al. Ind Eng Chem Res, 1987, 26: 159.
[28] Hansen H K, Rasmussen P, Fredenslund A, et al. Ind Eng Chem Res, 1991, 30: 2352.
[29] Wittig R, Lohmann J. Gmehling J, Ind Eng Chem Res, 2003, 42: 183.
[30] Magnussen T, Rasmussen P, Fredenslund A. Ind Eng Chem Res, 1981, 20: 331.
[31] Gupte P A, Danner R P. Ind Eng Chem Res, 1987, 26: 2036.
[32] Hooper H H, Michel S, Prausnitz J M. Ind Eng Chem Res, 1988, 27: 2182.
[33] Weidlich U, Gmehling J. Ind Eng Chem Res, 1987, 26: 1372.
[34] Larsen B L, Rasmussen P, Fredenslund A. Ind Eng Chem Res, 1987, 26: 2274.
[35] Gmehling J, Li J D, Schiller M. Ind Eng Chem Res, 1993, 32: 178.
[36] Gmehling J, Lohmann J, Jakob A, et al. Ind Eng Chem Res, 1998, 37: 4876.
[37] Gmehling J. Fluid Phase Equilibria, 1998, 144: 37; J Chem Thermodyn, 2009, 41: 731.
[38] Ben-Naim A. J Phys Chem, 1978, 82: 792.
[39] Klamt A, Krooshof G J P, Taylor R. AIChE J, 2002, 48: 2332.
[40] Lin S T, Sandler S I. Ind Eng Chem Res, 2002, 41: 899.
[41] Grensemann H, Gmehling J. Ind Eng Chem Res, 2005, 44: 1610.
[42] Chen W L, Hsieh C M, Yang L, et al. Ind Eng Chem Res, 2016, 55: 9312.
[43] 胡英．近代化工热力学——应用研究的新进展．上海：上海科技文献出版社，1994.
[44] 李以圭．金属溶剂萃取热力学．北京：清华大学出版社，1988.
[45] Zemaitis J F, Clark D M, Rafal M, et al. Handbook of Aqueous Electrolyte Thermodynamics. New York: AIChE, 1986.
[46] 李以圭，陆九芳．电解质溶液理论．北京：清华大学出版社，2005.
[47] 黄子卿．电解质溶液理论导论．修订版．北京：科学出版社，2010.
[48] Horvath A L. Handbook of Aqueous Electrolyte Solutions, Physical Properties, Estimation and Correlation Methods. England: Ellis Horwood Ltd, 1985.
[49] Pitzer K S, Peterson J F, Silvester L F. J Solution Chem, 1978, 7: 45.
[50] Pitzer K S, Rogers P S Z. J Phys Chem Ref Data, 1982, 11: 15.
[51] Pitzer K S. Activity Coefficients in Electrolyte Solutions. Vol 1//Pytkowicz. R M. Boca Raton: CRC Press, 1979.
[52] 陆小华，王延儒，时钧．化工学报，1989，40：293，301；1990，41：695.
[53] Chen C C, Britt H I, Boston J F, et al. AIChE J, 1982, 28: 188.

[54] Chen C C, Evans L B. AIChE J, 1986, 32: 444.
[55] Sander B, Fredenslund A, Rasmussen P. Chem Eng Sci, 1986, 41: 1171.
[56] Sander B, Rasmussen P, Fredenslund A. Chem Eng Sci, 1986, 41: 1185.
[57] Kikic I, Fremeglia M, Rasmussen P. Chem Eng Sci, 1991, 46: 2775.
[58] Li J D, Polka H M, Gmehling J. Fluid Phase Equilibria, 1994, 94: 89.
[59] Polka H M, Li J D, Gmehling J. Fluid Phase Equilibria, 1994, 94: 115.
[60] Carnahan N F, Starling K E. J Chem Phys, 1969, 51: 635.
[61] Mansoori G A, Carnahan N F, Starling K E, et al. J Chem Phys, 1971, 54: 1523.
[62] Blum L. Molec Phys, 1975, 30: 1529.
[63] Ball F X, Planche H, Furter W, et al. AIChE J, 1985, 31: 1233.
[64] Copeman T W, Stein F P. Fluid Phase Equilibria, 1986, 30: 237; 1987, 35: 165.
[65] Hu Y, Xu Y N, Prausnitz J M. Fluid Phase Equilibria, 1985, 23: 15.
[66] Xu Y N, Hu Y. Fluid Phase Equilibria, 1986, 30: 221.
[67] Flory P J. J Chem Phys, 1942, 10: 51.
[68] Huggins M L. J Phys Chem, 1942, 46: 151.
[69] Freed K F. J Phys A: Math Gen, 1985, 18: 871.
[70] Bawendi M G. Freed K F. J Chem Phys, 1988, 88: 2741.
[71] Dudowicz J, Freed K F. Macromolecules, 1991, 24: 5076.
[72] Hu Y, Lambert S M, Soane D S, et al. Macromolecules, 1991, 24: 4356.
[73] Hu Y, Liu H L, Soane D S, et al. Fluid Phase Equilibria, 1991, 67: 65.
[74] Hu Y, Liu H L, Shi Y H. Fluid Phase Equilibria, 1996, 117: 100.
[75] Yang J Y, Yan Q L, Liu H L, et al. Polymer, 2006, 47: 5187.
[76] Yang J Y, Peng C J, Liu H L, et al. Fluid Phase Equilibria, 2006, 244: 188.
[77] Liu H L, Hu Y, Xiao X Q, et al. Adv Chem Eng, 2011, 40: 153.
[78] Brinke G Ten, Karasz F E, MacKnight W J. Macromolecules, 1983, 16: 1827.
[79] Chen T, Liu H L, Hu Y. Macromolecules, 2000, 33: 1904.
[80] Chen T, Peng C J, Liu H L, et al. Fluid Phase Equilibria, 2005, 233: 73.
[81] Xin Q, Peng C J, Liu H L, et al. Fluid Phase Equilibria, 2008, 267: 163.
[82] Oishi T, Prausnitz J M. Ind Eng Chem Process Des Dev, 1978, 17: 333.
[83] Elbro H S, Fredenslund A, Rasmussen P. Macromolecules, 1990, 23: 4707.
[84] Hu Y, Zhou H, Liu H L, et al. Fluid Phase Equilibria, 1997, 134: 43.
[85] Yang L, Xu X C, Peng C J. AIChE J, 2010, 56: 2687.
[86] Dymond J H, Smith E B. The Second Virial Coeffecient of Pure Gases and Mixtures: A Critical Compolation. Orford: Clarendon Press, 1969.
[87] Pitzer K S, Curl R F. J Am Chem Soc, 1957, 79: 2369.
[88] Tsonopoulos G C. AIChE J, 1974, 17: 263; 1975, 21: 827; 1978, 24: 1112.
[89] Tarakad R R, Danner R P. AIChE J, 1977, 23: 685.
[90] Soave G. Chem Eng Sci, 1972, 27: 1197.
[91] Redlich O, Kwong J N S. Chem Rev, 1949, 44: 233.
[92] Peng D Y, Robinson D B. Ind Eng Chem Fundam, 1976, 15: 59.
[93] Patel N C, Teja A S. Chem Eng Sci, 1982, 37: 463.
[94] Wei Y S, Sadus R J. AIChE J, 2000, 46: 169.
[95] Martin J J. Ind Eng Chem Fundam, 1979, 18: 811.
[96] Abbott M M. Equation of State in Eng Res. Adv Chem Ser, New York, 1979.
[97] Young A F, Pessoa F L P, Ahon V R R. Ind Eng Chem Res, 2016, 55: 6506.
[98] Vidal J. Chem Eng Sci, 1978, 33: 787.
[99] Huron M J, Vidal J. Fluid Phase Equilibria, 1979, 3: 255.
[100] Wong S H, Sandler S I. AIChE J, 1992, 38: 671.
[101] Benedict M, Webb G B, Rubin L C. Chem Eng Progr, 1951, 47: 419.

[102] Nicolas J J，Gubbins K E，Streett W B，Tildesley D J. Mol Phys，1979，37：1429.
[103] Johnson J K，Zollweg J A，Gubbins K E. Mol Phys，1992，78：591.
[104] 侯虞钧，张彬，唐宏青．化工学报，1981，(1)：1.
[105] Beret S，Prausnitz J M. Chem Eng J，1972，3：1.
[106] Alder B J，Young D A，Mark M A. J Chem Phys，1972，56：3013.
[107] Beret S，Prausnitz J M. AIChE J，1975，21：1123.
[108] Chien C H，Greenkorn R A，Chao K C. AIChE J，1983，29：560.
[109] 郭天民．化学工程，1986，14(1)：1；14(2)：1；14(3)：1.
[110] Morris W Q，Vimalchand P，Donohue H D. Fluid Phase Equilibria，1987，32：103.
[111] Vimalchand P，Donohue H D. Ind Eng Chem Fundam，1985，24：346.
[112] Gubbins K E，Twu C H. Chem Eng Sci，1978，33：863，879.
[113] Lee B I，Kesler M G. AIChE J，1975，21：510.
[114] 朱自强．化学工程，1986，14(3)：27.
[115] Chueh P L，Prausnitz J M. Ind Eng Chem Fundam，1967，6：492.
[116] Heidemann R A，Prausnitz J M. Proc Nat Acad Sci，1976，73：1773.
[117] Hu Y，Azevedo E，Ludecke D，et al. Fluid Phase Equilibria，1984，17：303.
[118] Hong J K，Hu Y. Fluid Phase Equilibria，1989，51：37.
[119] Zhao J Y，Hu Y. Fluid Phase Equilibria，1990，57：89.
[120] Ikonomou G D，Donohue M D. AIChE J，1986，32：1716.
[121] Chapman W G，Gubbins K E，Jackson G，et al. Fluid Phase Equilibria，1989，52：311；Ind Eng Chem Res，1990，29：1709.
[122] 周浩，刘洪来，胡英．华东理工大学学报，1998，24：209；化工学报，1998，49：1.
[123] Liu H L，Zhou H，Hu Y. Chinese J Chem Eng，1996，4：95.
[124] Kontogeorgis G M，Voutsas E C，Yakoumis I V，et al. Ind Eng Chem Res，1996，35：4310.
[125] Kontogeorgis G M，Michelsen M L，Folas G K，et al. Ind Eng Chem Res，2006，45：4855，4869.
[126] Ma J，Li J L，Fan D F，et al. Chinese J Chem Eng，2011，19：1009.
[127] Ma J，Li J L，He C C，et al. Fluid Phase Equilibria，2012，330：1.
[128] 胡英．流体的分子热力学．北京：高等教育出版社，1983.
[129] Prausnitz J M，Lichtenthaler R N，de Azevedo E G. 流体相平衡的分子热力学．原著第三版．陆小华，刘洪来，译．北京：化学工业出版社，2006.
[130] Sanchez I C，Lacombe R H. J Phys Chem，1976，80：2352，2568；Macromolecules，1978，11：1145.
[131] Hu Y，Ying X G，Wu D T，et al. Fluid Phase Equilibria，1992，83：289；1994，98：113；Chinese J Chem Eng，1995，3：11.
[132] Xu X C，Liu H L，Peng C J，et al. Fluid Phase Equilibria，2008，265：112.
[133] Xu X C，Peng C J，Cao G P，et al. Ind Eng Chem Res，2009，48：7828.
[134] Xu X C，Peng C J，Liu H L，et al. Ind Eng Chem Res，2009，48：11189；Fluid Phase Equilibria，2011，302：260.
[135] Huang S H，Radosz M. Ind Eng Chem Res，1990，29：2284；1991，30：1994.
[136] Chen S S，Kreglewski A，Ber Bunsen ges Phys Chem，1977，81：1048.
[137] Song Y H，Lambert S M，Prausnitz J M. Macromolecules，1994，27：441.
[138] Gil-Villegas A，Galindo A，Whitehead P J，et al. J Chem Phys，1997，106：4168.
[139] Gross J，Sadowski G. Fluid Phase Equilibria，2000，168：183.
[140] Tan S P，Adidharma H，Radosz M. Ind Eng Chem Res，2008，47：8063.
[141] Hu Y，Liu H L，Prausnitz J M. J Chem Phys，1996，104：396.
[142] Liu H L，Hu Y. Fluid Phase Equilibria，1996，122：75；1997，138：69；Ind Eng Chem Res，1998，37：3058.
[143] Peng C J，Liu H L，Hu Y. Fluid Phase Equilibria，2002，201：19；2002，202：67；2003，206：147.
[144] Wang T F，Peng C J，Liu H L，et al. Ind Eng Chem Res，2007，46：4323.
[145] Xu H，Liu H L，Hu Y. Macrom Theory Simu，2007，16：262；Chem Eng Sci，2007，62：3494.
[146] Xu H，Wang T F，Huang Y M，et al. Ind Eng Chem Res，2008，47：6368.
[147] Li J L，He H H，Peng C J，et al. Fluid Phase Equilibria，2009，276：57；2009，286：8.

第3篇

[148] Li J L，Tong M，Peng C J，et al. Fluid Phase Equilibria，2009，287：50.
[149] He C C，Li J L，Ma J，et al. Fluid Phase Equibria，2011，302：139.
[150] Liu H L，Xu H，Chen H Y，et al. Struct Bond，2008，131：109.
[151] 李进龙，何昌春，彭昌军，等．中国科学：化学，2010，40：1198.

5

过程的热力学性质计算

化工生产中，流体的 pVT 状态发生变化的过程比比皆是。最常见的流体输送、反应和分离装置的进料出料、物料的储存和转移，都伴随着温度压力密度以至组成和相态的变化，人们关心的是这些变化所必须付出的代价，即所消耗的功和热。为了节省能量，还要注意能量的回收利用，例如高温高压的流体如何通过热能动力装置（例如透平）做功。有时需要制冷，使高温高压流体通过节流，在绝热下变为低温低压，这种制冷的条件是什么。诸如此类问题，都涉及过程的热力学性质计算。

在 1.3 节中已经指出，要解决一个实际问题，首先要选择切题的热力学关系式，而具有同等重要性的是还要输入足够数量的实验数据或分子热力学模型来表征所研究的系统，然后才是输入独立变量和输出从属变量即所需结果。

进行过程的热力学性质计算，需要解决的问题主要是功和热，有时还需要估计过程的最终状态。对于封闭系统，切题的热力学关系式是式(3-5-1)～式(3-5-3)：

$$W=W_{\mathrm{vol}}+W'=-\int_{V_1}^{V_2}p_{\mathrm{ext}}\mathrm{d}V+W' \tag{3-5-1}$$

$$Q=\Delta U-W$$

在极限或可逆的条件下，按式(3-2-30)，得：

$$Q_{\mathrm{R}}=\int_{S_1}^{S_2}T\mathrm{d}S\,,\ W_{\mathrm{R}}=\Delta U-\int_{S_1}^{S_2}T\mathrm{d}S \tag{3-5-2}$$

恒温下，按式(3-2-38)，得：

$$W_{\mathrm{R}}=\Delta A_T \tag{3-5-3}$$

对于敞开系统稳流过程，则由式(3-2-19) 和式(3-3-2)，得：

$$Q+W=\Delta H+\Delta E_{\mathrm{k}}+\Delta E_{\mathrm{p}} \tag{3-5-4}$$

$$\Delta H=\int_{p_1}^{p_2}V\mathrm{d}p+\int_{S_1}^{S_2}T\mathrm{d}S+\sum_{i=1}^{K}\int_{n_{i1}}^{n_{i2}}\mu_i\mathrm{d}n_i \tag{3-5-5}$$

在极限和可逆条件下，$\sum_{i=1}^{K}\mu_i\mathrm{d}n_i=0$，则：

$$\int_{S_1}^{S_2}T\mathrm{d}S=Q_{\mathrm{R}} \tag{3-5-6}$$

$$W_{\mathrm{R}}=\int_{p_1}^{p_2}V\mathrm{d}p+\Delta E_{\mathrm{k}}+\Delta E_{\mathrm{p}} \tag{3-5-7}$$

如果没有轴功，即一般的管道中的流体流动：

$$\int_{p_1}^{p_2} V\mathrm{d}p + \Delta E_\mathrm{k} + \Delta E_\mathrm{p} = 0 \tag{3-5-8}$$

这就是 Bernoulli 方程。由式(3-5-2)、式(3-5-3)、式(3-5-6)、式(3-5-7) 可见，可逆过程的热和功可按系统状态函数的变化进行计算。虽然实际过程总是不可逆过程，另外，还有摩擦损耗等非热力学因素，但它提供了理想的极限，因而常在计算中使用。

为表征所研究的系统，可输入实验数据。对某些常用的物质如水蒸气、氨、乙烯等，已经绘制了各种专用热力学图表，主要有：

(1) 压-焓图 以 p 和 H 分别为纵坐标、横坐标，画有等熵线、等温线、等容线，以及饱和液体线、饱和蒸气线和等气化率线等。示意图见图 3-5-1。

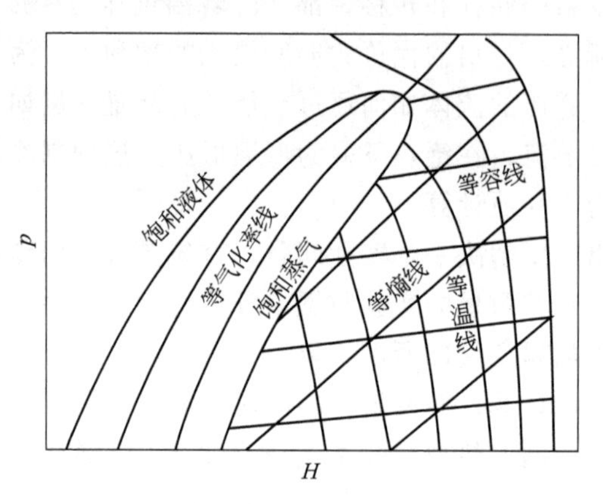

图 3-5-1 压-焓图

(2) 焓-熵图 以 H 和 S 分别为纵坐标、横坐标，画有等压线、等温线、饱和线、等气化率线等。

(3) 温-熵图 以 T 和 S 分别为纵坐标、横坐标，画有等压线、等容线、等焓线、饱和线、等气化率线等，示意图见图 3-5-2。

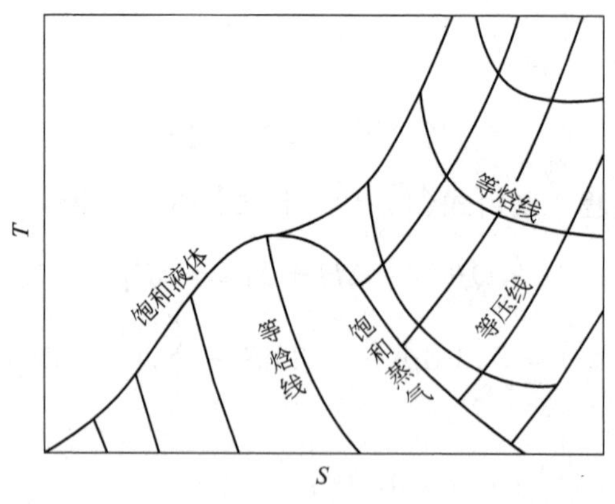

图 3-5-2 温-熵图

还有许多数据表格，可以读出更准确的数据。本手册第 1 篇中有常用的图表和表格备查。

为表征所研究的系统，更常用的是分子热力学模型。为计算过程的热力学性质，主要采用状态方程或对应状态方法，见 4.2 节和 4.6 节。

下面分别讨论几种常见的过程。

5.1 恒温过程

$$n, T, p_1 \longrightarrow n, T, p_2$$

对于封闭系统，n 是物质的量；对于敞开系统稳流过程，n 是单位时间流入或流出的物质的量。

恒温过程中各热力学性质可由式(3-3-158)～式(3-3-162) 计算得到：

$$\Delta U = U_2^{(e)} - U_1^{(e)} = \int_{V_1}^{V_2}\left[T\left(\frac{\partial p}{\partial T}\right)_V - p\right]\mathrm{d}V \tag{3-5-9}$$

$$\Delta H = H_2^{(e)} - H_1^{(e)} = \int_{V_1}^{V_2}\left[T\left(\frac{\partial p}{\partial T}\right)_V - p\right]\mathrm{d}V + p_2V_2 - p_1V_1 \tag{3-5-10}$$

$$\Delta S = S_2^{(e)} - S_1^{(e)} = \int_{V_1}^{V_2}\left(\frac{\partial p}{\partial T}\right)_V \mathrm{d}V \tag{3-5-11}$$

$$\Delta A = A_2^{(e)} - A_1^{(e)} = \Delta U - T\Delta S = -\int_{V_1}^{V_2} p\,\mathrm{d}V \tag{3-5-12}$$

$$\Delta G = G_2^{(e)} - G_1^{(e)} = \Delta H - T\Delta S = -\int_{V_1}^{V_2} p\,\mathrm{d}V + p_2V_2 - p_1V_1 \tag{3-5-13}$$

$$Q_R = T\Delta S \tag{3-5-14}$$

$$W_R = \Delta A \tag{3-5-15}$$

$$W_R = \Delta H - Q_R + \Delta E_k + \Delta E_p = \Delta G + \Delta E_k + \Delta E_p \tag{3-5-16}$$

5.2 绝热过程

$$n, T_1, p_1 \xrightarrow{Q=0} n, p_2$$

对于绝热压缩或绝热膨胀，给定条件通常是初态的温度和压力以及终态压力，终态温度应按绝热条件计算而得，计算的根据为 $Q=0$，

$$đW = \mathrm{d}U,\ đW = \mathrm{d}H + \mathrm{d}E_k + \mathrm{d}E_p \tag{3-5-17}$$

对于可逆绝热过程，如为封闭系统，且不做非体积功：

$$\mathrm{d}U = đW_R = -p\,\mathrm{d}V \tag{3-5-18}$$

如为敞开系统稳流过程：

$$đW = \mathrm{d}H + \mathrm{d}E_k + \mathrm{d}E_p = \mathrm{d}U + \mathrm{d}(pV) + \mathrm{d}E_k + \mathrm{d}E_p \tag{3-5-19}$$

注意，$-\mathrm{d}(pV)$ 就是流动时的体积功。按式(3-5-7)，如可逆，

$$đW_R = V\mathrm{d}p + \mathrm{d}E_k + \mathrm{d}E_p \tag{3-5-20}$$

同样得

$$\mathrm{d}U = -p\,\mathrm{d}V \tag{3-5-21}$$

这就是说，$\mathrm{d}U = -p\,\mathrm{d}V$ 同时适用于封闭系统以及敞开系统中的可逆绝热过程。现即由此式导出终态温度。

首先，对 $\mathrm{d}U$ 进一步运算，

$$\mathrm{d}U=\left(\frac{\partial U}{\partial T}\right)_V \mathrm{d}T+\left(\frac{\partial U}{\partial V}\right)_T \mathrm{d}V=C_V \mathrm{d}T+\left(\frac{\partial U}{\partial V}\right)_T \mathrm{d}V \tag{3-5-22}$$

以式(3-3-36) 代入，

$$\mathrm{d}U=C_V \mathrm{d}T+T\left(\frac{\partial p}{\partial T}\right)_V \mathrm{d}V-p\,\mathrm{d}V \tag{3-5-23}$$

与式(3-5-18) 相比较得：

$$C_V \mathrm{d}T=-T\left(\frac{\partial p}{\partial T}\right)_V \mathrm{d}V \tag{3-5-24}$$

式中，$\mathrm{d}V=\left(\frac{\partial V}{\partial T}\right)_p \mathrm{d}T+\left(\frac{\partial V}{\partial p}\right)_T \mathrm{d}p$，再以式(3-3-40) 的 $C_p-C_V=T\left(\frac{\partial V}{\partial T}\right)_p\left(\frac{\partial p}{\partial T}\right)_V$ 和 $\left(\frac{\partial V}{\partial T}\right)_p\left(\frac{\partial T}{\partial p}\right)_V\left(\frac{\partial p}{\partial V}\right)_T=-1$ 代入，得

$$C_p \mathrm{d}T=T\left(\frac{\partial V}{\partial T}\right)_p \mathrm{d}p \tag{3-5-25}$$

这两式可以计算可逆绝热过程中温度随体积或随压力的变化。

(1) 理想气体可逆绝热过程 以 $pV=nRT$ 代入式(3-5-25)：

$$\frac{C_{pm}}{T}\mathrm{d}T=\frac{R}{p}\mathrm{d}p \tag{3-5-26}$$

积分此式，并引入热容比 $\gamma=C_{pm}/C_{Vm}$，并注意 $C_{pm}-C_{Vm}=R$，可得：

$$p_1V_1^{\gamma}=p_2V_2^{\gamma} \tag{3-5-27}$$

$$T_1V_1^{\gamma-1}=T_2V_2^{\gamma-1} \tag{3-5-28}$$

$$T_1p_1^{1-\gamma}=T_2p_2^{1-\gamma} \tag{3-5-29}$$

这三式同时适用于封闭系统和敞开系统稳流过程，但必须是绝热可逆过程。以 p_1、T_1 和 p_2 代入，可解得终态温度 T_2。下面计算可逆功。

对于封闭系统，以式(3-5-27) 代入 $W_\mathrm{R}=-\int_{V_1}^{V_2}p\,\mathrm{d}V$，如设 C_p、C_V 不随温度而变，可得：

$$W_\mathrm{R}=\frac{p_1V_1}{\gamma-1}\left[\left(\frac{p_2}{p_1}\right)^{\frac{\gamma-1}{\gamma}}-1\right]=\frac{nRT_1}{\gamma-1}\left[\left(\frac{p_2}{p_1}\right)^{\frac{\gamma-1}{\gamma}}-1\right]=nC_V(T_2-T_1)=\Delta U \tag{3-5-30}$$

对于敞开系统稳流过程，以式(3-5-27) 代入式(3-5-7)，并设 C_p、C_V 不随温度而变，可得：

$$\begin{aligned}W_\mathrm{R}&=\frac{\gamma p_1V_1}{\gamma-1}\left[\left(\frac{p_2}{p_1}\right)^{\frac{\gamma-1}{\gamma}}-1\right]+\Delta E_\mathrm{k}+\Delta E_\mathrm{p}=\frac{n\gamma RT_1}{\gamma-1}\left[\left(\frac{p_2}{p_1}\right)^{\frac{\gamma-1}{\gamma}}-1\right]+\Delta E_\mathrm{k}+\Delta E_\mathrm{p}\\&=nC_{pm}(T_2-T_1)+\Delta E_\mathrm{k}+\Delta E_\mathrm{p}=\Delta H+\Delta E_\mathrm{k}+\Delta E_\mathrm{p}\end{aligned} \tag{3-5-31}$$

(2) 实际流体可逆绝热过程 按式(3-3-41)，$\left(\frac{\partial C_p}{\partial p}\right)_T=-T\left(\frac{\partial^2 V}{\partial T^2}\right)_p$，由于理想气体的 $\left(\frac{\partial^2 V}{\partial T^2}\right)_p=0$，则：

$$C_p(T,p)=C_p^{\ominus}(g,T)-\int_0^p T\left(\frac{\partial^2 V}{\partial T^2}\right)_p dp \tag{3-5-32}$$

式中，$C_p^{\ominus}(g,T)$ 是温度为 T 时，气体热力学标准状态下的恒压热容，仅与温度有关。代入式(3-5-25)，并积分：

$$\int_{T_1}^{T_2}\left[C_p^{\ominus}(g,T)-\int_0^p T\left(\frac{\partial^2 V}{\partial T^2}\right)_p dp\right]dT=\int_0^p T\left(\frac{\partial V}{\partial T}\right)_p dp \tag{3-5-33}$$

以一定的状态方程代入，可以由 p_1、T_1和 p_2解得终态温度 T_2。计算比较复杂。如有专用热力学图表，由于绝热可逆过程是恒熵过程，那就方便得多了。

5.3 恒焓过程

节流膨胀可近似看作敞开系统稳流过程，并且是绝热又无轴功，如略去动能和位能的变化，按式(3-2-19)，$\Delta H=0$，是恒焓过程。节流过程中当流体压力由 p_1降至 p_2，温度的变化由节流系数（又称 Joule-Thomson 系数）μ_{JT}决定，定义为：

$$\mu_{JT}=\left(\frac{\partial T}{\partial p}\right)_H \tag{3-5-34}$$

由式(3-3-39)，$\mu_{JT}=\left(\frac{\partial T}{\partial p}\right)_H=\left[T\left(\frac{\partial V}{\partial T}\right)_p-V\right]\Big/C_p$，可得

$$C_p dT=\left[T\left(\frac{\partial V}{\partial T}\right)_p-V\right]dp \tag{3-5-35}$$

以式(3-5-32) 代入并积分，得：

$$\int_{T_1}^{T_2}\left[C_p^{\ominus}(g,T)-\int_0^p T\left(\frac{\partial^2 V}{\partial T^2}\right)_p dp\right]dT=\int_{p_1}^{p_2}\left[T\left(\frac{\partial V}{\partial T}\right)_p-V\right]dp \tag{3-5-36}$$

代入一定的状态方程，可由 p_1、T_1和 p_2解得终态温度 T_2。计算比较复杂。如有专用热力学图表，利用恒焓的特点，计算就十分简便。

如果是理想气体，$\mu_{JT}=0$，节流过程温度不变。对于实际流体，当温度处于一定范围，并且压力不是太高，$\mu_{JT}>0$，节流过程温度降低，可以用于制冷。如压力过高，$\mu_{JT}<0$，节流后温度反而升高。$\mu_{JT}=0$ 则为分界，这时的温度压力关系称为转变曲线。

5.4 多变过程

实际过程往往既不完全恒温，也不完全绝热，而是处于其间，称为多变过程。对于理想气体，考虑到恒温时 $pV=C$，可逆绝热时为 $pV^{\gamma}=C$，因而多变过程可以近似地采用：

$$pV^{m}=C \tag{3-5-37}$$

m 约在 1.2～1.5 之间。

对于封闭系统的可逆功，可导得：

$$W_{\mathrm{R}}=-\int_{V_1}^{V_2}p\,\mathrm{d}V=\frac{p_1V_1}{m-1}\left[\left(\frac{p_2}{p_1}\right)^{\frac{m-1}{m}}-1\right] \tag{3-5-38}$$

对于敞开系统稳流过程的可逆轴功，可导得：

$$W_{\mathrm{R}}=\int_{p_1}^{p_2}V\mathrm{d}p+\Delta E_{\mathrm{k}}+\Delta E_{\mathrm{p}}=\frac{mp_1V_1}{m-1}\left[\left(\frac{p_2}{p_1}\right)^{\frac{m-1}{m}}-1\right]+\Delta E_{\mathrm{k}}+\Delta E_{\mathrm{p}} \tag{3-5-39}$$

过程的热力学分析

6.1 能量衡算

对于大规模化工生产过程，能量有效利用的程度是过程是否先进的重要标志。热力学第一定律告诉我们，能量是守恒的，在此基础上进行的能量衡算，可以对能量有效利用的程度有一个初步的概念。例如一个换热器，加热介质为高压蒸气输入一定的能量 E_{in}，其中一部分传给被加热的物料 E_{ob}，也有一部分能量随加热介质离开换热器成为乏蒸气而带走 E_{out}，此外由于保温不良而散热也损失了一部分能量 E_{lost}。从收支来说，由于能量不生不减总是平衡的，从目标来说，则是希望输入的能量能最大限度地转化为被加热物料的能量。又如一个余热回收装置，高温气体输入一定的能量，其中一部分由透平输出所回收的功，另一部分由冷却水带走。收支也是平衡的，但人们希望能得到更多的功。由此提出一种效率，符号用 η_{I}：

$$\eta_{\mathrm{I}}=E_{ob}/E_{in} \tag{3-6-1}$$

因为是在热力学第一定律基础上得到的，称为第一定律效率。η_{I}越大，能量利用程度越高。

第一定律效率计算的主要内容就是能量衡算，写出通式：

$$\text{输入的能量 } E_{in}=\text{输出的能量 } E_{out}+\text{系统中能量的积累 } E_{integ} \tag{3-6-2}$$

对于封闭系统，输入输出的能量就是热和功，能量的积累就是内能的变化，式(3-6-2)变为：

$$Q+W=U_2-U_1 \tag{3-6-3}$$

对于敞开系统，输入输出的能量除了热和轴功外，还包括物料进出时带进带出的焓、动能和位能，式(3-6-2) 具体化为：

$$Q+W_{shaft}-\Delta H-\Delta E_k-\Delta E_p=\Delta E_{integ} \tag{3-6-4}$$

如为稳流过程，$\Delta E_{integ}=0$，即为：

$$Q+W_{shaft}=\Delta H+\Delta E_k+\Delta E_p \tag{3-6-5}$$

第一定律效率简明直观。但由于对输入和获得的不同标准，虽对同类装置可用以评价节能效果和装置性能，对不同类装置却难以相互比较。上面提到的换热器和余热回收装置，输入虽都是热，获得的前者为热，后者为功。而如制冷装置或热泵，却是输入功后，使热从低温传给高温，它们的第一定律效率将大于1。在一个大型工厂里，各不同部分或不同装置可以有不同的第一定律效率，但效率最低的不一定是最薄弱的环节。

第一定律效率最主要的缺陷在于，它没有涉及能量的品位。在 2.3 节中已经提到，功的品位高于热，高温热源的热比低温热源的热品位高。另外，第一定律效率也没有涉及能量转换时受到的限制。例如从高温热源吸热做功，是不可能实现完全转换的，必定有一部分热传给低温热源，它的最大效率即卡诺热机的效率，$\eta_R=(T_1-T_2)/T_1$，要大于这个效率是不可能的。从这个观点，一个换热器的效率再高，但高温介质原来可以做的功没有做，就是很大的损失，而一个余热利用装置虽然效率似乎较低，但却不能以 100%转化作为标准，因为它不可能超过卡诺热机的效率。

更科学的效率必须在热力学第二定律的基础上才能得到。

6.2 理想功和功损失

热力学第二定律研究能量有效利用的出发点是过程的不可逆程度。可逆过程效率最高，是实际过程的极限，却是永远不可能达到的。自然界的实际过程都是不可逆过程，不可逆程度就是功损失，它表示了所得之功少于所可得之功，或所费之功多于所当费之功。在 2.3 节中已在 Clausius 不等式的基础上定义了不可逆程度，即：

$$T_{\text{surr}}\,\mathrm{d}S-\text{đ}Q \quad 或 \quad \int_{S_1}^{S_2} T_{\text{surr}}\,\mathrm{d}S-Q$$

并论证了它就是理想功与实际功之差，也就是功损失。现在要进一步讨论，为了使不可逆程度的度量更具有普遍性，选取一个作为共同基准的参考环境，其温度指定为 T_0，通常 T_0 可取大气温度。

6.2.1 封闭系统的理想功和功损失

参见图 3-6-1。设系统在过程中温度由 T_1 变为 T_2，环境温度相应由 T_{surr1} 变为 T_{surr2}，功和热分别为 W 和 Q，$Q=\int \text{đ}Q$。为采用统一的温度为 T_0 的基准环境，将这些 đQ 从环境中取出（$-$đQ），通过在 T_{surr} 和 T_0 之间的卡诺热机做功 W_C，并放热 Q_0 给基准热源。按 2.3 节的卡诺定理，得：

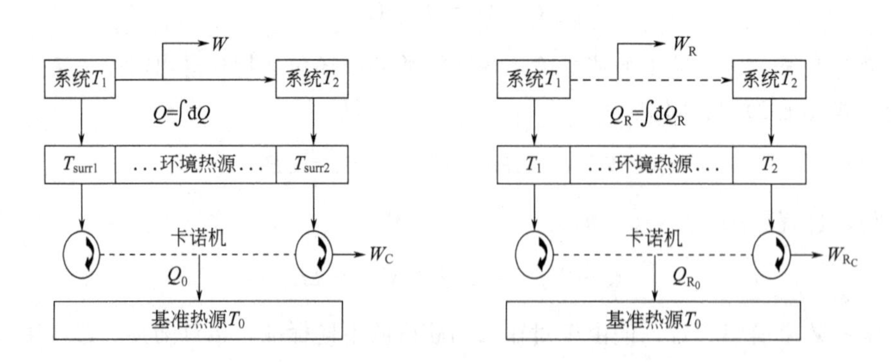

图 3-6-1 封闭系统的理想功和功损失

$$\int_1^2 \frac{\text{đ}Q}{T_{\text{surr}}}=\frac{Q_0}{T_0} \tag{3-6-6}$$

Clausius 不等式相应地由 $\Delta S-\int_1^2 \text{đ}Q/T_{\text{surr}}\geqslant 0$ 变为：

$$\Delta S-\frac{Q_0}{T_0}\geqslant 0 \tag{3-6-7}$$

不可逆程度则为 $T_0\Delta S-Q_0$。

如在同样状态变化之间进行可逆过程，环境温度应同步由 T_1 变为 $T_2(T_{\text{surr}}=T)$，功和热分别为 W_R 和 Q_R，$Q_R=\int \text{đ}Q_R$。现同样将这些 $\text{đ}Q_R$ 从环境中取出（$-\text{đ}Q_R$），通过在 T 和 T_0 之间的卡诺热机做功 W_{R_C}，并放热 Q_{R_0} 给基准热源。这时

$$\int_1^2 \frac{\text{đ}Q_R}{T}=\frac{Q_{R_0}}{T_0}=\Delta S \tag{3-6-8}$$

将此式代入不可逆程度：

$$T_0\Delta S-Q_0=Q_{R_0}-Q_0 \tag{3-6-9}$$

由式(3-6-3) 得：

$$Q_{R_0}=\Delta U-W_R-W_{R_C}\text{，}Q_0=\Delta U-W-W_C \tag{3-6-10}$$

代入式(3-6-9)，不可逆程度演化为：

$$T_0\Delta S-Q_0=-(W_R+W_{R_C})+(W+W_C)=-W_{\text{ideal}}+W_{\text{real}}=W_{\text{lost}} \tag{3-6-11}$$

式中，$W_{\text{ideal}}=W_R+W_{R_C}$ 为理想功，包括可逆功以及利用卡诺热机在基准热源条件下所做的功；$W_{\text{real}}=W+W_C$ 为实际功，包括过程中的功以及利用卡诺热机在基准热源条件下所做的功；W_{lost} 为损失功。可见不可逆程度即功损失。由式(3-6-11) 还可得：

$$W_{\text{ideal}}=Q_0+W_{\text{real}}-T_0\Delta S=\Delta U-T_0\Delta S \tag{3-6-12}$$

说明在基准热源条件下，理想功只决定于系统的初终态，与过程无关。

6.2.2 敞开系统稳流过程的理想功和功损失

参见图 3-6-2。设在单位时间内流入流出的物料状态分别为 T_1、p_1、V_1 和 T_2、p_2、V_2，带入带出的热力学函数和动能位能分别为 U_1、H_1、S_1、E_{k_1}、E_{p_1} 和 U_2、H_2、S_2、E_{k_2}、E_{p_2}，环境温度沿系统长度方向由 T_{surr1} 变为 T_{surr2}，轴功和热分别为 W_{shaft} 和 Q，$Q=\int \text{đ}Q$。为采用统一的温度为 T_0 的基准环境，将这些 $\text{đ}Q$ 从环境中取出（$-\text{đ}Q$），通过在 T_{surr} 和 T_0 之间的卡诺热机做功 W_C，并放热 Q_0 给基准热源。按 2.3 节的卡诺定理，

$$\int_1^2 \frac{\text{đ}Q}{T_{\text{surr}}}=\frac{Q_0}{T_0} \tag{3-6-13}$$

不可逆程度则为 $T_0\Delta S-Q_0$。

如在同样进出状态间进行可逆过程，环境温度沿系统长度同步地由 T_1 变为 $T_2(T_{\text{surr}}=T)$，功和热分别为 $W_{R,\text{shaft}}$ 和 Q_R，$Q_R=\int \text{đ}Q_R$。现同样将这些 $\text{đ}Q_R$ 从环境中取出（$-\text{đ}Q_R$），通过在 T 和 T_0 之间的卡诺热机做功 W_{R_C}，并放热 Q_{R_0} 给基准热源，同样，

$$\int_1^2 \frac{\text{đ}Q_R}{T}=\frac{Q_{R_0}}{T_0}=\Delta S \tag{3-6-14}$$

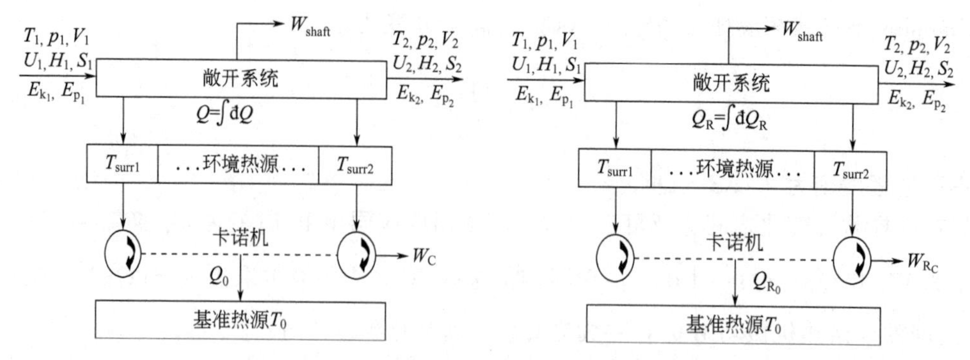

图 3-6-2 敞开系统稳流过程的理想功和功损失

将此式代入不可逆程度，

$$T_0\Delta S-Q_0=Q_{R_0}-Q_0 \tag{3-6-15}$$

由式(3-6-3)，

$$Q_{R_0}=\Delta H+\Delta E_k+\Delta E_p-W_{R,shaft}-W_{R_C} \tag{3-6-16}$$

$$Q_0=\Delta H+\Delta E_k+\Delta E_p-W_{shaft}-W_C \tag{3-6-17}$$

代入式(3-6-15)，不可逆程度演化为：

$$T_0\Delta S-Q_0=-(W_{R,shaft}+W_{R_C})+(W_{shaft}+W_C)=-W_{ideal}+W_{real}=W_{lost} \tag{3-6-18}$$

式中，$W_{ideal}=W_{R,shaft}+W_{R_C}$为理想功，包括可逆轴功以及利用卡诺热机在基准热源条件下所做的功；$W_{real}=W_{shaft}+W_C$为实际功，包括过程中的轴功以及利用卡诺热机在基准热源条件下所做的功；W_{lost}为损失功。可见不可逆程度即功损失。由式(3-6-18)还可得：

$$W_{ideal}=Q_0+W_{real}-T_0\Delta S=\Delta H+\Delta E_k+\Delta E_p-T_0\Delta S \tag{3-6-19}$$

说明在基准热源条件下，理想功只取决于进出敞开系统物流的状态，与实际过程无关。

定义第二定律效率η_{II}为：

$$\eta_{\text{II}}=W_{real}/W_{ideal} \tag{3-6-20}$$

对于消耗功的过程，如冷机、热泵：

$$\eta_{\text{II}}=W_{ideal}/W_{real} \tag{3-6-21}$$

η_{II}是功损失的度量，它可以用来科学地评价实际过程中能量有效利用的程度。只有当进行理想的可逆过程时，$\eta_{\text{II}}=1$。

6.3 有效能和有效能分析

上面已经证明理想功只取决于初终态或进出系统物流的状态，由此逻辑可以得出，只要指定基准环境，就能得到一个状态函数，以代表系统做功的能力。该状态函数称为有效能，又称**可用能**，定义为：处于某状态的系统，在基准环境的条件下经历可逆过程达到与该基准环境平衡时所做的有用功，即为系统在该状态时的有效能，符号用E_x。基准环境的温度为

T_0，可取大气温度或 298.15K，压力为 p_0，可取 0.1MPa 或 0.101325MPa。

对于封闭系统，所谓有用功，指理想功并扣除反抗 p_0 的体积功，因为后者往往难以利用，可写为：

$$E_x = -(W_{ideal} - W_{vol}) = -W_{ideal} - p_0(V_0 - V) \tag{3-6-22}$$

式中，V_0为与基准环境达到平衡后系统的体积。以式(3-6-12) 代入，

$$\begin{aligned} E_x &= -\Delta U + T_0\Delta S - p_0(V_0 - V) = -(U_0 - U) + T_0(S_0 - S) - p_0(V_0 - V) \\ &= -(G_0 - G) - S(T_0 - T) + V(p_0 - p) \end{aligned} \tag{3-6-23}$$

式中，U_0、S_0、G_0分别为与基准环境达到平衡后系统的内能、熵和吉布斯函数。定义中减去 $p_0(V_0 - V)$ 是一种约定俗成。

对于敞开系统，所谓有用功即理想功，

$$E_x = -W_{ideal} \tag{3-6-24}$$

以式(3-6-19) 代入：

$$\begin{aligned} E_x &= -\Delta H - \Delta E_k - \Delta E_p + T_0\Delta S = -(H_0 - H) + T_0(S_0 - S) + E_k + E_p \\ &= -(G_0 - G) - S(T_0 - T) + E_k + E_p \end{aligned} \tag{3-6-25}$$

式中，H_0为与基准环境达到平衡后系统的焓。注意与基准环境达到平衡后，动能和位能均为零。

为了对过程进行有效能分析，还需对与环境相互传递的热和功定义有效能。其中功由于可以自由转换，即定义为有效能。但对封闭系统来说，一般不应包括体积功，因为在式(3-6-23) 中已经扣除了反抗基准环境压力的体积功。对敞开系统，则指轴功。至于热，应视热源温度而异，由热源温度 T_{surr}与基准环境温度 T_0间的卡诺热机所做的功来定义。定义时功和热均取绝对值，衡算时再区分得失或流入流出，

功：

$$E_{xW} = W - W_{vol}\text{（封闭系统）} \tag{3-6-26}$$

$$E_{xW} = W_{shaft}\text{（敞开系统）} \tag{3-6-27}$$

热：

$$E_{xQ} = \int \frac{T_{surr} - T_0}{T_{surr}} đQ \tag{3-6-28}$$

物料的有效能又可区分为：

(1) 物理有效能 系统由于温度压力与基准环境不同而具有的有效能。在定义式(3-6-23) 和式(3-6-25) 中，V_0、U_0、S_0、H_0、G_0等是当系统的组成不变，而温度压力变为 T_0、p_0后的热力学性质。

(2) 化学有效能 系统与基准环境间进行可逆的物质交换，包括物理扩散和化学反应，达到平衡时所做的有用功。这是一个很复杂的问题，因为需要为每一种物质确定一个能照顾到各方面、又为人们所公认的标准状态。例如，O_2和 N_2通常选大气，H_2选海洋中的水，C 选大气中的 CO_2，看来似乎合理，但实际的大气和海水到处都有差别，并且常常并未达到平衡。有的更为困难，例如 S，是选纯硫黄，还是硫铁矿，还是天然石膏，或大气中的 SO_2，任意性很大。现行的有几种模型，如 Azargut 模型和龟山-吉田模型等，可参阅一些参考书[1~4]。

文献中还间或出现一个名词，称无效能，符号用 A_n，即能量中扣除有效能后的无效部

分。具体来说，对于

封闭系统：　$A_n = U - E_x = U_0 - T_0(S_0 - S) + p_0(V_0 - V)$　(3-6-29)

敞开系统：　$A_n = H - E_x = H_0 - T_0(S_0 - S)$　(3-6-30)

功：　$A_n = 0$　(3-6-31)

热：　$A_n = Q - E_x = \int \frac{T_0}{T_{surr}} \delta Q$　(3-6-32)

(3) 有效能分析　引入有效能概念后，对于实际过程，可进行有效能分析，并定义有效能效率 η_{EX}。

① 对于**封闭系统**

$$\eta_{EX} = \sum_f E_{xf} \Big/ \sum_i E_{xi} \tag{3-6-33}$$

式中，$\sum_i E_{xi} = E_x$(初态)$+E_{xQ}$(吸热)$+E_{xW}$(得功)；$\sum_f E_{xf} = E_x$(终态)$+E_{xQ}$(放热)$+E_{xW}$(做功)。η_{EX}的物理意义是过程进行前的有效能中，有多少分数在过程进行后依然存在。

② 对于**敞开系统稳流过程**

$$\eta_{EX} = \sum_o E_{xo} \Big/ \sum_i E_{xi} \tag{3-6-34}$$

式中，$\sum_i E_{xi} = E_x$(流入)$+E_{xQ}$(吸热)$+E_{xW}$(得轴功)；$\sum_o E_{xo} = E_x$(流出)$+E_{xQ}$(放热)$+E_{xW}$(做轴功)。η_{EX}的物理意义是流入的有效能中，有多少分数在流出后依然存在。

由上可见，有效能分析实际上是一个有效能衡算。但是要注意有效能和能量不同，它并不守恒，而是不断地减少的。不可逆过程的本质就是能量品位的降低，有效能减少，减少量即功损失，

$$W_{lost} = \sum_i E_{xi} - \sum_{f,o} E_{xf,o} \tag{3-6-35}$$

能量有效利用就是要尽量提高 η_{EX}，减少 W_{lost}。

参考文献

[1] 袁一，胡德生．化工过程热力学分析方法．北京：化学工业出版社，1985.
[2] 骆赞椿，徐汛．化工节能热力学原理．北京：烃加工出版社，1990.
[3] 党洁修，涂敏端．化工节能基础．过程热力学分析．成都：成都科技大学出版社，1987.
[4] 赵家凤，薛荣书，朱昌厚，等．㶲理论及其工程应用．重庆：重庆大学出版社，1992.

7

相平衡计算

为解决一个具体的相平衡问题，除了应有切题的普遍性的热力学关系式，并确定独立变量后，还应输入足够的性质来表征所研究的系统。在化工热力学中，主要采用输入分子热力学模型的方法，但在有些场合，直接输入实验数据有特殊的作用。

相平衡问题往往表现为：已知一个相的组成 $x^{(\alpha)}$，求另一相的组成 $x^{(\beta)}$；或已知系统的总组成 z，求分相后各相的组成 $x^{(\alpha)}$ 和 $x^{(\beta)}$。定义组分 i 在 α 相中和 β 相中分配的平衡常数 $K_i^{(\alpha,\beta)}$ 为：

$$K_i^{(\alpha,\beta)}=x_i^{(\alpha)}/x_i^{(\beta)} \tag{3-7-1}$$

相平衡问题的中心，主要是对 $K_i^{(\alpha,\beta)}$ 的计算。

解决相平衡问题最切题的热力学关系式就是相平衡判据，按式(3-3-80) 和式(3-3-132)：

$$\mu_i^{(\alpha)}=\mu_i^{(\beta)}\text{，}f_i^{(\alpha)}=f_i^{(\beta)}\text{，}i=1,2,\cdots,K \tag{3-7-2}$$

在 3.6 节和 3.8 节中，已经介绍了两种计算逸度的方法，即逸度系数和活度系数方法，前者须采用状态方程，后者须采用过量函数模型。具体应用于式(3-7-2) 时因而有三种不同的选择：

① α 相和 β 相都采用逸度系数和状态方程。以式(3-3-133) 代入式(3-7-2)：

$$px_i^{(\alpha)}\varphi_i^{(\alpha)}=px_i^{(\beta)}\varphi_i^{(\beta)} \tag{3-7-3}$$

$$K_i^{(\alpha,\beta)}=\varphi_i^{(\beta)}/\varphi_i^{(\alpha)} \tag{3-7-4}$$

这种选择可用于气液平衡和液液平衡，特别是高压气液平衡。

② α 相（例如气相）采用逸度系数和状态方程，β 相（例如液、固相）采用活度系数和过量函数模型。以式(3-3-133) 和式(3-3-188) 代入式(3-7-2)，

$$\begin{aligned}px_i^{(\alpha)}\varphi_i^{(\alpha)}&=f_i^{*(\beta)}x_i^{(\beta)}\gamma_{i,\mathrm{I}}^{(\beta)}=K_{\mathrm{H}i}^{(\beta)}x_i^{(\beta)}\gamma_{i,\mathrm{II}}^{(\beta)}=K_{\mathrm{H}i(m)}^{(\beta)}(m_i^{(\beta)}/m^{\ominus})\gamma_{i,\mathrm{III}}^{(\beta)}\\&=K_{\mathrm{H}i(c)}^{(\beta)}\ (c_i^{(\beta)}/c^{\ominus})\ \gamma_{i,\mathrm{IV}}^{(\beta)}\end{aligned} \tag{3-7-5}$$

$$K_i^{(\alpha,\beta)}=f_i^{*(\beta)}\gamma_{i,\mathrm{I}}^{(\beta)}/p\varphi_i^{(\alpha)}=K_{\mathrm{H}i}^{(\beta)}\gamma_{i,\mathrm{II}}^{(\beta)}/p\varphi_i^{(\alpha)} \tag{3-7-6}$$

如应用第Ⅲ或第Ⅳ种活度，$K_i^{(\alpha,\beta)}$ 需重新定义或进行浓度单位换算。这种选择常用于气液平衡和气固平衡。

③ α 相和 β 相都采用活度系数和过量函数模型。如 α 相和 β 相均采用第一种活度系数：

$$f_i^{*(\alpha)}x_i^{(\alpha)}\gamma_{i,\mathrm{I}}^{(\alpha)}=f_i^{*(\beta)}x_i^{(\beta)}\gamma_{i,\mathrm{I}}^{(\beta)} \tag{3-7-7}$$

这种选择往往在液液平衡计算时采用，这时 $f_i^{*(\alpha)}=f_i^{*(\beta)}$

$$K_i^{(\alpha,\beta)}=\gamma_{i,\mathrm{I}}^{(\beta)}/\gamma_{i,\mathrm{I}}^{(\alpha)} \tag{3-7-8}$$

如α相和β相分别采用第一种和第二种活度系数：

$$f_i^{*(\alpha)} x_i^{(\alpha)} \gamma_{i,\mathrm{I}}^{(\alpha)} = K_{\mathrm{H}i}^{(\beta)} x_i^{(\beta)} \gamma_{i,\mathrm{II}}^{(\beta)} \tag{3-7-9}$$

$$K_i^{(\alpha,\beta)} = K_{\mathrm{H},i}^{(\beta)} \gamma_{i,\mathrm{II}}^{(\beta)} / f_i^{*(\alpha)} \gamma_{i,\mathrm{I}}^{(\alpha)} \tag{3-7-10}$$

如应用第Ⅲ种或第Ⅳ种活度，$K_i^{(\alpha,\beta)}$需重新定义或进行浓度单位换算。这种选择常用于液液平衡和液固平衡计算。

7.1 气液平衡计算

气液平衡计算有泡点计算、露点计算和闪蒸计算三种，通常都需要使用分子热力学模型。下面分别扼要介绍，详细可参阅参考文献［1～3］。

7.1.1 泡点计算

目的是求液相在一定压力下的沸点即泡点，或一定温度下的蒸气压，以及平衡的气相组成。输入的独立变量为x_1，…，x_{K-1}以及T或p，要求输出y_1，…，y_{K-1}以及p或T。最切题的普遍热力学关系式为$f_i^{(\mathrm{V})}=f_i^{(\mathrm{L})}$，这是一个$K$维方程组。实践中，可简化为一元方程求根，中心是建立泡点方程。

根据y_i必须满足归一化条件$\sum_{i=1}^{K} y_1=1$，以式(3-7-1)代入，

$$\sum_{i=1}^{K} K_i x_i = 1 \tag{3-7-11}$$

这就是泡点方程，式中K_i即相平衡常数$K_i^{(\mathrm{V,L})}=y_i/x_i$，可采用上面介绍过的任一个公式计算。例如采用式(3-7-4)，可得

$$\sum_{i=1}^{K} [\varphi_i^{(\mathrm{L})} x_i / \varphi_i^{(\mathrm{V})}] = 1 \tag{3-7-12}$$

式中，$\varphi_i^{(\mathrm{L})}$是T、p、x_1，…，x_{K-1}的函数；$\varphi_i^{(\mathrm{V})}$是T、p、y_1、…、y_{K-1}的函数。运算时，先代入y_1、…、y_{K-1}的初值，方程中就只含一个未知数，即p或T，解得后根据$y_i=K_i x_i$计算y_1、…、y_{K-1}的新值，反复迭代直至收敛。为计算φ_i需要使用状态方程，它就是为表征系统所应输入的模型。在使用状态方程计算φ_i时，例如使用式(3-3-163)，在积分下限和压缩因子Z中，包含有未知数体积$V^{(\mathrm{V})}$或$V^{(\mathrm{L})}$，也要用状态方程求取。又如采用式（3-7-6），则：

$$\sum_{i=1}^{K} f_i^{*(\mathrm{L})} x_i \gamma_{i,\mathrm{I}}^{(\mathrm{L})} / [p \varphi_i^{(\mathrm{V})}] = 1 \tag{3-7-13}$$

式中，$\gamma_{i,\mathrm{I}}$是T、p、x_1、…、x_{K-1}的函数，迭代运算与式(3-7-12）相同。除了计算$\varphi_i^{(\mathrm{V})}$需要状态方程外，计算$\gamma_{i,\mathrm{I}}^{(\mathrm{L})}$需要活度系数模型，它们都是为表征系统所应输入的模型。此外还需要$f_i^{*(\mathrm{L})}$，它是系统温度压力的函数，可利用式(3-3-167）计算，得：

$$f_i^{*(\mathrm{L})}(T,p) = f_i^{*}(T,p_i^{*}) \exp\left[\int_{p_i^*}^{p} V_{\mathrm{m},i}^{*(\mathrm{L})} \mathrm{d}p / RT\right]$$

$$= p_i^* \varphi_i^* (T, p_i^*) \exp\left[\int_{p_i^*}^{p} V_{m,i}^{*(L)} dp/RT\right] \tag{3-7-14}$$

式中，p_i^* 和 $V_{m,i}^{*(L)}$ 分别是纯液体 i 的饱和蒸气压和摩尔体积；$\varphi_i^*(T, p_i^*)$ 是纯物质 i 饱和蒸气的逸度系数，可用纯物质的状态方程计算。当系统压力不太高时，Poynting 因子常常可以忽略不计。

如果液相采用第二种活度系数，需要知道 K_{Hi}，可直接采用实验数据，或采用估算用的半经验关联式，后者可参阅文献 [1] 和 [4]。应该注意 K_{Hi} 与 f_i^* 类似，也与压力有关，换算式类似于式(3-7-14)，只是 $V_{m,i}^*$ 应改为 $V_{m,i}^{\infty}$，即无限稀释下的偏摩尔体积。

图 3-7-1 是液相采用活度系数模型、气相采用状态方程时，泡点温度和气相组成的计算框图。

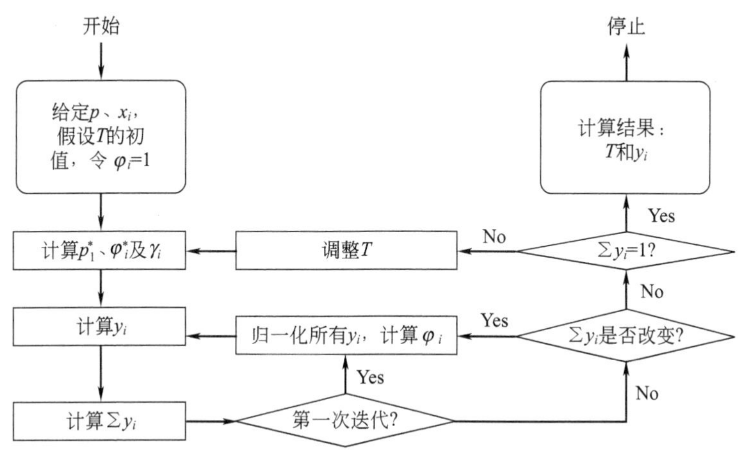

图 3-7-1 泡点温度和气相组成的计算框图

7.1.2 露点计算

目的是求气相在一定压力下的露点，或一定温度即露点下的压力，以及平衡的液相组成。输入的独立变量为 y_1、…、y_{K-1} 以及 T 或 p，要求输出 x_1、…、x_{K-1} 以及 p 或 T。根据 x_1、…、x_{K-1} 必须满足归一化条件 $\sum_{i=1}^{K} x_i = 1$，以式(3-7-1) 代入，得：

$$\frac{\sum_{i=1}^{K} y_i}{K_i} = 1 \tag{3-7-15}$$

称为露点方程。按照平衡常数计算的不同选择，分别得到：

$$\sum_{i=1}^{K} [\varphi_i^{(V)} y_i / \varphi_i^{(L)}] = 1 \tag{3-7-16}$$

$$\sum_{i=1}^{K} [p y_i \varphi_i^{(V)} / f_i^{*(L)} \gamma_{i,\mathrm{I}}^{(L)}] = 1 \tag{3-7-17}$$

如果采用第二种活度，需要将式(3-7-17) 中的 $f_i^{*(L)}$ 和 $\gamma_{i,\mathrm{I}}^{(L)}$ 置换成 $K_{H,i}^{(L)}$ 和 $\gamma_{i,\mathrm{II}}^{(L)}$。

露点方程的具体求解和求解泡点方程时类似。

图 3-7-2 是液相采用活度系数模型、气相采用状态方程时，露点压力和液相组成的计算框图。

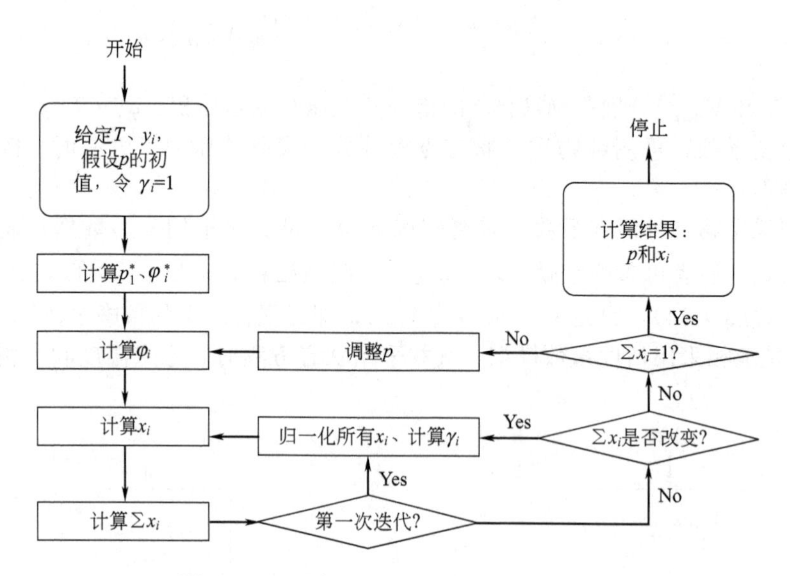

图 3-7-2 露点压力和液相组成的计算框图

7.1.3 闪蒸计算

目的是求一定温度压力下，混合物分相后的气液两相组成。输入的独立变量为 T、p 和混合物的总组成 z_1、…、z_{K-1}，输出为 x_1、…、x_{K-1} 和 y_1、…、y_{K-1} 以及气相分数 η，定义为：

$$\eta = n^{(\mathrm{V})}/n \tag{3-7-18}$$

有一点需要说明，按相律，$F=K-2+2-0-0=K$，但现在输入了 $K+1$ 个变量，因此输出的不仅 x_1、…、x_{K-1} 和 y_1、…、y_{K-1} 等强度性质，还输出了另外一个变量即 η，经验表明，这样的计算效率较高。根据物料衡算，并以式(3-7-1) 代入，得

$$z_i = (1-\eta)x_i + \eta y_i = (1-\eta+\eta K_i)x_i, \quad i=1,\cdots,K \tag{3-7-19}$$

由式(3-7-19) 可解得气相和液相组成：

$$x_i = z_i/(1-\eta+\eta K_i),\ y_i = K_i x_i \quad i=1,\cdots,K \tag{3-7-20}$$

由于 x_1、…、x_K 必须归一，$\sum_{i=1}^{K} x_i = 1$，以式(3-7-20) 代入得：

$$\sum_{i=1}^{K} z_i/(1-\eta+\eta K_i) = 1 \tag{3-7-21}$$

称为闪蒸方程。式中 K_i 可用本节中的任一个表达式计算，计算时需要输入状态方程或活度系数模型以表征系统。首先可假设 x_1、…、x_{K-1} 和 y_1、…、y_{K-1} 的初值，利用闪蒸方程解得 η 后，代入式(3-7-20) 得到 x_1、…、x_{K-1} 和 y_1、…、y_{K-1} 的新值，反复迭代直至收敛。

闪蒸计算前需要判断系统是否处于两相区，即系统稳定性判定，可以采用第 3.5 节介绍的稳定性判据进行判断。实用上根据计算得到的气化分数来判断，如果气化分数 $\eta \leqslant 0$，则

原始物料为液相；如果 $\eta \geqslant 1$ 则为气相。

7.2 液液平衡计算

液液平衡的计算和闪蒸计算非常类似，输入 T、p 和混合物总组成 z，输出分相后两液相的组成 $x^{(\alpha)}$、$x^{(\beta)}$ 以及 β 相分数 η，其中

$$\eta = n^{(\beta)}/n \tag{3-7-22}$$

将 $K_i^{(\alpha,\beta)} = x_i^{(\alpha)}/x_i^{(\beta)}$ 简记为 K_i，根据物料衡算并以式(3-7-1) 代入，得

$$z_i = (1-\eta)x_i^{(\alpha)} + \eta x_i^{(\beta)} = (1-\eta+\eta K_i)x_i^{(\alpha)} \tag{3-7-23}$$

由于 $x_i^{(\alpha)}$ 必须归一，$\sum\limits_{i=1}^{K} x_i^{(\alpha)} = 1$，以式(3-7-23) 代入得：

$$\sum_{i=1}^{K} z_i/(1-\eta+\eta K_i) = 1 \tag{3-7-24}$$

这就是计算液液平衡的方程，在输入状态方程或活度系数模型以表征系统后，即可迭代求得 $x_i^{(\alpha)}$ 和 $x_i^{(\beta)}$。

7.3 液固平衡计算

以某固体组分 1 在液态溶剂（可以是纯溶剂或混合溶剂）中的溶解度为例，按照相平衡原理，有 $f_1^{(S)} = f_1^{(L)}$。固相中的溶剂可略去，因此不必列出溶剂组分的等式，并且可写出 $f_1^{(S)} = f_1^{*(S)}$，后者是纯固体的特性，并依赖于系统的温度和压力。对于 $f_1^{(L)}$，由于系统温度压力下一般不存在纯组分 1 的液体，因此通常采用第 Ⅱ 种活度来表示，$f_1^{(L)} = K_{H1}x_1\gamma_{1,\mathrm{II}}$，$K_{H1}$ 也是温度和压力的函数。代入 $f_1^{(S)} = f_1^{(L)}$，得：

$$f_1^{*(S)} = K_{H1}x_1\gamma_{1,\mathrm{II}} \tag{3-7-25}$$

式中，$\gamma_{1,\mathrm{II}}$ 的计算需要活度系数模型，连同 $f_1^{*(S)}$ 和 K_{H1}，是必须输入以表征系统的性质。独立变量为 T 和 p，输入后即可输出溶解度，即 x_1。

输入 $f_1^{*(S)}$ 和 K_{H1} 并不是唯一的选择，另一种更实用的方法是：对 $f_1^{(L)}$，采用第一种活度，$f_1^{(L)} = f_1^{*(L)}x_1\gamma_{1,\mathrm{I}}$，$f_1^{*(L)}$ 可看作是系统温度压力下过冷液体 1 的逸度。代入 $f_1^{(S)} = f_1^{(L)}$，得：

$$f_1^{*(S)} = f_1^{*(L)}x_1\gamma_{1,\mathrm{I}} \tag{3-7-26}$$

比值 $f_1^{*(L)}/f_1^{*(S)}$ 可由组分 1 的熔化热 $\Delta_{\mathrm{fus}}H_{\mathrm{m},1}$ 和液态、固态的恒压热容 $C_{\mathrm{pm},1}^{(L)}$、$C_{\mathrm{pm},1}^{(S)}$ 求得。设在系统压力下纯组分 1 的熔点为 $T_{\mathrm{f},1}$，由于压力对熔点影响较小，$T_{\mathrm{f},1}$ 可近似地用常压熔点或三相点 $T_{\mathrm{t},1}$ 代替。在 $T_{\mathrm{f},1}$ 下，$\Delta_{\mathrm{fus}}G_{\mathrm{m},1}(T_{\mathrm{f},1}) = 0$。而在系统温度压力下，$\Delta_{\mathrm{fus}}G_{\mathrm{m},1}$ 与 $f_1^{*(L)}/f_1^{*(S)}$ 通过式(3-7-27) 相联系：

$$\Delta_{\mathrm{fus}}G_{\mathrm{m},1}(T) = G_{\mathrm{m},1}^{*(L)} - G_{\mathrm{m},1}^{*(S)} = RT\ln[f_1^{*(L)}/f_1^{*(S)}] \tag{3-7-27}$$

第 3 篇

由于 $[\partial(G/T)/\partial T]_p=-H/T^2$，因此

$$\left[\frac{\partial(\Delta_{fus}G_{m,1}/T)}{\partial T}\right]_p=-\frac{\Delta_{fus}H_{m,1}}{T^2} \tag{3-7-28}$$

如设 $\Delta_{fus}C_{pm,1}=C_{pm,1}^{(L)}-C_{pm,1}^{(S)}$ 不随温度而变，可得：

$$\Delta_{fus}H_{m,1}(T)=\Delta_{fus}H_{m,1}(T_{f,1})+\Delta_{fus}C_{pm,1}(T-T_{f,1}) \tag{3-7-29}$$

代入式(3-7-28)，并在 $T_{f,1}\sim T$ 间积分得：

$$\Delta_{fus}G_{m,1}(T)=\Delta_{fus}H_{m,1}(T_{f,1})\left(1-\frac{T}{T_{f,1}}\right)+\Delta_{fus}C_{pm,1}T\ln\left(\frac{T_{f,1}}{T}\right)+\Delta_{fus}C_{pm,1}(T-T_{f,1}) \tag{3-7-30}$$

以式(3-7-30) 和式(3-7-27) 代入式(3-7-26)，得：

$$\begin{aligned}\ln x_1&=-\Delta_{fus}G_{m,1}(T)RT-\ln\gamma_{1,\mathrm{I}}\\&=-\frac{\Delta_{fus}H_{m,1}(T_{f,1})}{R}\left(\frac{1}{T}-\frac{1}{T_{f,1}}\right)+\frac{\Delta_{fus}C_{pm,1}}{R}\left[\ln\left(\frac{T}{T_{f,1}}\right)+\left(\frac{T_{f,1}}{T}-1\right)\right]-\ln\gamma_{1,\mathrm{I}}\end{aligned} \tag{3-7-31}$$

以 $T_{f,1}$、$\Delta_{fus}H_{m,1}(T_{f,1})$、$C_{pm,1}^{(L)}$、$C_{pm,1}^{(S)}$ 和适当的活度系数模型代入式(3-7-31) 即可计算溶解度 x_1。

如果溶液为理想溶液，则式(3-7-31) 变为：

$$\ln x_1=-\frac{\Delta_{fus}H_{m,1}(T_{f,1})}{R}\left(\frac{1}{T}-\frac{1}{T_{f,1}}\right)+\frac{\Delta_{fus}C_{pm,1}}{R}\left[\ln\left(\frac{T}{T_{f,1}}\right)+\left(\frac{T_{f,1}}{T}-1\right)\right] \tag{3-7-32}$$

称为理想溶解度。由式(3-7-32) 可见，理想溶解度只与溶质 1 的纯物质性质有关，而与溶剂 2 的性质无关。一般情况下，$\Delta_{fus}C_{pm,1}$ 很小，对溶解度计算的影响也不大，常常可以忽略。

如果在所关注的温度区间，溶剂 2 也可以固体的形式析出，则式(3-7-31) 同样也适用，但相应的物性都是溶剂 2 的物性，即

$$\ln x_2=-\frac{\Delta_{fus}H_{m,2}(T_{f,2})}{R}\left(\frac{1}{T}-\frac{1}{T_{f,2}}\right)+\frac{\Delta_{fus}C_{pm,2}}{R}\left[\ln\left(\frac{T}{T_{f,2}}\right)+\left(\frac{T_{f,2}}{T}-1\right)\right]-\ln\gamma_{2,\mathrm{I}} \tag{3-7-33}$$

当组分 1 和组分 2 同时析出时，称为最低共熔点，其温度和组成称为低共熔温度和低共熔组成，它们可以通过联立求解式(3-7-31) 和式(3-7-33) 得到。

如果固体能够形成固相溶液，则液固平衡的计算与气液平衡的计算类似。

7.4 电解质溶液的相平衡计算

原则上，前面讨论的相平衡计算方法都适合于电解质溶液，但有一些特点需要介绍。以 H_2O 洗脱 Cl_2 为例，存在下列平衡：

$$H_2O(g)\rightleftharpoons H_2O(aq)$$

$$Cl_2(g) \rightleftharpoons Cl_2(aq) \tag{3-7-34}$$

$$Cl_2(aq) + H_2O(aq) \rightleftharpoons H^+ + Cl^- + HClO(aq) \tag{3-7-35}$$

$$HClO(aq) \rightleftharpoons H^+ + ClO^-$$

$$H_2O(aq) \rightleftharpoons H^+ + OH^- \tag{3-7-36}$$

其中式(3-7-34)是气液平衡，式(3-7-35)和式(3-7-36)是离解平衡。虽然表观上只有 Cl_2 和 H_2O，但由上述平衡可见，总共有 7 个组分。应用相律时，$K=7$，气液两相，$\pi=2$；三个反应，$R=3$；此外还有两个限制，一个是电中性限制，

$$m_{H^+} = m_{Cl^-} + m_{ClO^-} + m_{OH^-} \tag{3-7-37}$$

另一个是化学计量系数限制，

$$m_{HClO} = m_{Cl^-} - m_{ClO^-} \tag{3-7-38}$$

因此，$R'=2$，$F=7-2+2-3-2=2$，自由度为 2。如选择 T 和 y_{Cl_2} 为独立变量，则它们的数值确定后，p、m_{Cl_2}、m_{H^+}、m_{Cl^-}、m_{OH^-}、m_{ClO^-}、m_{HClO} 7 个变量应该确定，这相当于一个露点计算。

为了输出这 7 个变量，需列出下列热力学关系式：

$$f_{H_2O}^{(g)} = f_{H_2O}^{(aq)},\ f_{Cl_2}^{(g)} = f_{Cl_2}^{(aq)} \tag{3-7-39}$$

$$K_1^{\ominus} = a_{H^+} a_{Cl^-} a_{HClO} / (a_{Cl_2} a_{H_2O}) \tag{3-7-40}$$

$$K_2^{\ominus} = a_{H^+} a_{ClO^-} / a_{HClO} \tag{3-7-41}$$

$$K_3^{\ominus} = a_{H^+} a_{OH^-} / a_{H_2O} \tag{3-7-42}$$

这 5 个关系加上电中性限制和化学计量系数限制式共 7 个方程，原则上在输入独立变量后应能解出 7 个变量。

但是光有热力学关系式还不够，还需输入足够性质来表征所研究的系统。它们是：

① H_2O、Cl_2 的气相逸度系数 $\varphi_{H_2O}^{(g)}$、$\varphi_{Cl_2}^{(g)}$，其需要使用一定的状态方程进行计算；

② 离解平衡常数 $K_1^{\ominus}$、$K_2^{\ominus}$、$K_3^{\ominus}$；

③ 各分子和离子的液相活度系数，需要过量函数模型，以及相应的活度标准态参数，如 $f_{H_2O}^{*}$、$K_{H(m),Cl_2}$、$K_{H(m),HClO}$ 等。

综上所述，整个热力学框架与一般相平衡计算类似，但是由于既有分子又有离子，既有相平衡又有离解平衡，计算要复杂得多。

7.5 多分散系统的相平衡计算

7.5.1 具有简单分布函数的系统

下面以 Cotterman 等[5]的工作为例，介绍具有简单分布的多分散系统气液平衡的计算。设气液两相均为非理想态，但可统一用 RK 方程计算：

$$p = \frac{RT}{V_m - b} - \frac{a(T)}{V_m(V_m - b)} \tag{3-7-43}$$

系统中既有离散组分，又有连续组分。液相连续组分遵从 Γ 分布：

$$F^{(\mathrm{L})}(I)=\frac{[I-\gamma^{(\mathrm{L})}]^{\alpha^{(\mathrm{L})}-1}}{[\beta^{(\mathrm{L})}]^{\alpha^{(\mathrm{L})}}\Gamma[\alpha^{(\mathrm{L})}]}\times\exp\left[\frac{I-\gamma^{(\mathrm{L})}}{\beta^{(\mathrm{L})}}\right] \tag{3-7-44}$$

分布变量 I 采用分子量，$\alpha^{(\mathrm{L})}$、$\beta^{(\mathrm{L})}$、$\gamma^{(\mathrm{L})}$ 为 Γ 分布的特征参数，其中 γ 即 $I_{\min}$，是分布曲线的起始点，分布曲线另一端延伸至无穷，$I_{\max}=\infty$。$\Gamma(\alpha)$ 为 Γ 函数。方差 σ^2 和平均值 θ 与 Γ 分布特征参数的关系为：

$$\sigma^2=\alpha\beta^2,\ \theta=\alpha\beta+\gamma \tag{3-7-45}$$

先计算气相分布 $F^{(\mathrm{V})}(I)$。

对于离散组分，不需要多加讨论，对于连续组分，由式(3-3-371)，得：

$$x_{\mathrm{c}}^{(\mathrm{V})}F^{(\mathrm{V})}(I)\varphi_I^{(\mathrm{V})}=x_{\mathrm{c}}^{(\mathrm{L})}F^{(\mathrm{L})}(I)\varphi_I^{(\mathrm{L})} \tag{3-7-46}$$

其关键是获得 φ_I，可利用式(3-7-43) 并假设一定的混合规则得到。对于既有离散组分又有连续组分的系统，可以写出：

$$a=\sum_{i=1}^{K}\sum_{j=1}^{K}x_ix_ja_{ij}+2\sum_{i=1}^{K}x_ix_{\mathrm{c}}\int_I F(I)a_{iI}\,\mathrm{d}I+x_{\mathrm{c}}^2\int_I\int_{I^+}F(I)F(I^+)a_{II^+}\,\mathrm{d}I\,\mathrm{d}I^+ \tag{3-7-47}$$

$$b=\sum_{i=1}^{K}x_ib_i+x_{\mathrm{c}}\int_I F(I)b_I\,\mathrm{d}I \tag{3-7-48}$$

式中

$$a_{ij}=\sqrt{a_ia_j}(1-k_{ij}) \tag{3-7-49}$$

$$a_{iI}=\sqrt{a_ia_I}(1-k_{iI}),\ a_{II^+}=\sqrt{a_Ia_{I^+}}(1-k_{II^+}) \tag{3-7-50}$$

式中，a_i、a_I、b_i、b_I 为纯组分参数，对离散组分 i 由 pVT 关系式和饱和蒸气压拟合求得，对连续组分，Cotterman 等[5]根据 C_4-C_{40} 正构烷烃的 a、b 与分子量的关系总结出：

$$a_I^{1/2}=a_{(0)}(T)+a_{(1)}(T)I,\ b_I=b_{(0)}+b_{(1)}I \tag{3-7-51}$$

k_{ij}、k_{iI}、k_{II^+} 为交叉相互作用参数，它们是可调的。离散组分的逸度系数可由式(3-3-163) 计算。连续组分的逸度系数可自式(3-3-362)～式(3-3-364) 出发导得类似的式子：

$$RT\ln\varphi_I=-RT\ln Z+\int_\infty^V\left[\frac{RT}{V}-\left(\frac{\partial p}{\partial n_I}\right)_{T,V,n[I]}\right]\mathrm{d}V \tag{3-7-52}$$

以状态方程混合规则、式(3-7-43)、式(3-7-47) 和式(3-7-48) 代入，其中积分 $\int_I\cdots\mathrm{d}I$ 的求导按式(3-3-348) 的泛函求导方法进行，结果为：

$$RT\ln\varphi_i=RT\ln\frac{V_{\mathrm{m}}}{V_{\mathrm{m}}-b}+RT\frac{b_i}{V_{\mathrm{m}}-b}+\frac{ab_i}{b^2}\left(\ln\frac{V_{\mathrm{m}}+b}{V_{\mathrm{m}}}-\frac{b}{V_{\mathrm{m}}+b}\right)-\frac{2}{b}\left[\sum_{j=1}^{K}x_ja_{ij}+x_{\mathrm{c}}\int_I F(I)a_{iI}\,\mathrm{d}I\right]\times\ln\frac{V_{\mathrm{m}}+b}{V_{\mathrm{m}}}-RT\ln Z \tag{3-7-53}$$

$$RT\ln\varphi_I=RT\ln\frac{V_{\mathrm{m}}}{V_{\mathrm{m}}-b}+RT\frac{b_I}{V_{\mathrm{m}}-b}+\frac{ab_I}{b^2}\left(\ln\frac{V_{\mathrm{m}}+b}{V_{\mathrm{m}}}-\frac{b}{V_{\mathrm{m}}+b}\right)-$$

$$\frac{2}{b}\left[\sum_{j=1}^{K} x_j a_{jI} + x_c \int_I F(I^+) a_{iI} \mathrm{d}I^+\right] \times \ln \frac{V_m + b}{V_m} - RT\ln Z \tag{3-7-54}$$

将式(3-7-54)用于汽液两相，可得：

$$\varphi_I^{(L)} / \varphi_I^{(V)} = \exp(C_1 + C_2 I) \tag{3-7-55}$$

C_1、C_2中包含了那些液相和气相的$V_m^{(V)}$、$V_m^{(L)}$、$a^{(V)}$、$a^{(L)}$、$b^{(V)}$、$b^{(L)}$、$x_c^{(V)}$、$x_c^{(L)}$以及T、p等。以式(3-7-44) 和式(3-7-55) 代入式(3-7-46)：

$$\begin{aligned} F^{(V)}(I) &= \frac{x_c^{(L)}}{x_c^{(V)}} \exp(C_1 + C_2 I) \times \frac{[I-\gamma^{(L)}]^{\alpha^{(L)}-1}}{\beta^{(L)\alpha^{(L)}} \Gamma[\alpha^{(L)}]} \times \exp\left[-\frac{I-\gamma^{(L)}}{\beta^{(L)}}\right] \\ &= \frac{x_c^{(L)}}{x_c^{(V)}} \times \frac{\exp(C_1 + C_2 I)}{[1-\beta^{(L)}]^{\alpha^{(L)}}} \times \frac{[I-\gamma^{(L)}]^{\alpha^{(L)}-1}}{\{\beta^{(L)}/[1-C_2\beta^{(L)}]\}^{\alpha^{(L)}} \Gamma[\alpha^{(L)}]} \times \exp\left\{-\frac{I-\gamma^{(L)}}{\beta^{(L)}/[1-C_2\beta^{(L)}]}\right\} \end{aligned} \tag{3-7-56}$$

由于$F^{(V)}(I)$ 必须归一，$\int_I F^{(V)}(I)\mathrm{d}I = 1$，可得：

$$\frac{x_c^{(L)}}{x_c^{(V)}} = \frac{\exp(C_1 + C_2 I)}{[1 - C_2\beta^{(L)}]^{\alpha^{(L)}}} \tag{3-7-57}$$

并得

$$F^{(V)}(I) = \frac{[I-\gamma^{(V)}]^{\alpha^{(V)}-1}}{\beta^{(V)\alpha^{(V)}} \Gamma[\alpha^{(V)}]} \exp\left[-\frac{I-\gamma^{(V)}}{\beta^{(V)}}\right] \tag{3-7-58}$$

其中

$$\alpha^{(V)} = \alpha^{(L)},\ \gamma^{(V)} = \gamma^{(L)} \tag{3-7-59}$$

$$\beta^{(V)} = \frac{\beta^{(L)}}{1 - C_2\beta^{(L)}} \tag{3-7-60}$$

由此可见，尽管推导式很长，结果却很简单。如果液相遵从Γ分布，气相将同样遵从Γ分布，且其分布特征参数可由液相特征参数简单计算而得。这就说明，尽管是一个具有非常多组分的复杂混合物，运用连续热力学方法，却是意外简单。

需要注意的是，上述简单结果成立的前提是，液相符合Γ分布，气液相都可用立方型状态方程，可以采用式(3-7-47)～式(3-7-50) 所示的混合规则，且状态方程参数与分布参数I成式(3-7-51) 的关系。任何一个条件不符，就不一定能获得这个结果。

7.5.2 具有任意分布函数的系统

7.5.1节介绍的方法有一个弱点，即不能指望所有实际系统都具有像Γ分布那样比较简单的分布。例如将两种馏分掺和时，在概率密度函数曲线上就可能出现两个极值。此外，理论上还有一个更为根本的问题，如果气液两相都遵从同样的Γ分布，当将它们作为整体，总的系统并不遵从同样的分布。由式(3-7-44) 可知，两个Γ分布相加，得出的就不再是Γ分布，其他分布也一样。因此必须进一步发展适用于任意分布的连续热力学方法。

对于上面这个例子，可以把液相的任意分布函数分成L段，每一段都可以用Γ分布函数近似，假设第i段液相分布函数的参数为$\alpha_i^{(L)}$、$\beta_i^{(L)}$和$\gamma_i^{(L)}$，气液相非理想性仍用RK方程计算，则可以证明，气相也是分段服从 Γ 分布的，第 i 段的分布函数为：

$$F_i^{(V)}(I)=\frac{C_{3i}}{\sum_{i=1}^{L}C_{3i}C_{4i}}\times\frac{[I-\gamma_i^{(V)}]^{\alpha_i^{(V)}-1}}{\beta_i^{(V)\alpha_i^{(V)}}\Gamma[\alpha_i^{(V)}]}\exp\left[-\frac{I-\gamma_i^{(V)}}{\beta_i^{(V)}}\right] \tag{3-7-61}$$

其中

$$C_{3i}=\frac{\exp[C_{1i}+C_{2i}\gamma_i^{(L)}]}{[1-C_{2i}\beta_i^{(L)}]^{\alpha_i^{(L)}}},\ C_{4i}=\int_{I_{i-1}}^{I_i}\frac{[I-\gamma_i^{(V)}]^{\alpha_i^{(L)-1}}}{\beta_i^{(V)\alpha_i^{(V)}}\Gamma[\alpha_i^{(V)}]}\exp\left[-\frac{I-\gamma_i^{(V)}}{\beta_i^{(V)}}\right]\mathrm{d}I \tag{3-7-62}$$

$$\alpha_i^{(V)}=\alpha_i^{(L)},\ \gamma_i^{(V)}=\gamma_i^{(L)},\ \beta_i^{(V)}=\beta_i^{(L)}/[1-C_{2i}\beta_i^{(L)}] \tag{3-7-63}$$

$$x_c^{(V)}/x_c^{(L)}=\sum_{i=1}^{L}C_{3i}C_{4i} \tag{3-7-64}$$

Cotterman 和 Prausnitz[6]为解决这一问题，提出了 Gauss 积分法，该方法实际上仍是虚拟组分法，只是虚拟组分由 Gauss 积分法的求积点所确定而已。Wang 和 Whiting[7]采用样条函数来逼近任意分布。英徐根等[8]又在样条函数的基础上提出了一种导数法，解决了任意分布系统的相平衡计算问题。下面介绍这种导数法。

以闪蒸计算为例，z、x、y 分别表示进料、液相和气相组成。对于离散组分，式(3-7-20) 给出了液相组成与进料组成的关系：

$$x_i=z_i/(1-\eta+\eta K_i) \tag{3-7-65}$$

式中，$\eta=n^{(V)}/n$ 为气化分数，$K_i=\varphi_i^{(L)}/\varphi_i^{(V)}$ 为相平衡常数。对于连续组分，可写出相应方程：

$$x_c F^{(L)}(I)=\frac{z_c F^{(F)}(I)}{1-\eta+\eta K(I)} \tag{3-7-66}$$

式中，上标 F 指进料；x_c、z_c分别为液相及进料中连续组分总的分子分数；$K(I)$ 为连续组分 I 的相平衡常数，即

$$K(I)=\varphi_I^{(L)}/\varphi_I^{(V)} \tag{3-7-67}$$

将式(3-7-66) 对 I 求导：

$$x_c F_I^{(L)}(I)=x_c\frac{\partial F^{(L)}(I)}{\partial I}=\frac{x_c F^{(L)}(I)F_I^{(F)}(I)}{F^{(F)}(I)}-\frac{\eta[x_c F^{(L)}(I)]^2 K_I(I)}{z_c F^{(F)}(I)} \tag{3-7-68}$$

式中，$K_I(I)=\partial K(I)/\partial I$。前文曾导出式(3-7-55)，$K(I)=\exp(C_1+C_2 I)$，它是在假设气液相均可用 RK 方程计算非理想性，且 $a_I^{1/2}$ 和 b_I 均与 I 呈线性关系，即在式(3-7-43) 和式(3-7-51) 的基础上导出的。这一线性关系对使用Γ分布时至关重要，可由一相的分布特征参数计算另一相的特征参数，如果偏离线性，这种方便就不复存在。对于一般情况，可不受此限制，$K(I)$ 可表达为：

$$K(I)=\exp(C_0+C_1 I+C_2 I^2+\cdots) \tag{3-7-69}$$

$$K_I(I)=(C_1+2C_2 I+\cdots)K(I) \tag{3-7-70}$$

导数法的具体算法是：当已知进料组成，将连续组分的分布函数 $F^{(F)}(I)$ 划分成 $L+1$

段，可以得到 $L+2$ 个节点上的 $F^{(F)}(I_l)(l=0,\cdots,L+1)$，其中 $I_0=I_{\min}$，$I_{L+1}=I_{\max}$。按样条函数法原理，可以唯一地得到插值于这些节点间的三次样条函数及其对 I 的导数：

$$F_I^{(F)}(I)=M_l\frac{(I_{l+1}-I)^3}{6\Delta I_l}+M_{l+1}\frac{(I-I_l)^3}{6\Delta I_l}+\frac{[6F^{(F)}(I_l)-M_l\Delta I_l^2](I_{l+1}-I)}{6\Delta I_l}+\frac{[6F^{(F)}(I_{l+1})-M_{l+1}\Delta I_l^2](I-I_l)}{6\Delta I_l},\ I_l\leqslant I\leqslant I_{l+1},l=0,\cdots,L \tag{3-7-71}$$

$$F_I^{(F)}(I)=-M_l\frac{(I_{l+1}-I)^2}{2\Delta I_l}+M_{l+1}\frac{(I-I_l)^2}{2\Delta I_l}+\frac{F^{(F)}(I_{l+1})-F^{(F)}(I_l)}{\Delta I_l}-\frac{\Delta I_l(M_{l+1}-M_l)}{6},\ I_l\leqslant I\leqslant I_{l+1},l=0,\cdots,L \tag{3-7-72}$$

式中，$\Delta I_l=I_{l+1}-I_l$，M_l 是 $F^{(F)}(I)$ 在 l 节点上的两阶导数，$M_l=F_{II}^{(F)}(I_l)$，可以由式(3-7-73) 根据各个节点上的 $F^{(F)}(I_l)$ 解得（其中 $M_0=M_{L+1}=0$）：

$$\Delta I_{l-1}M_{l-1}+2(\Delta I_{l-1}+\Delta I_l)M_l+\Delta I_{l+1}M_{l+1}-6\left[\frac{F^{(F)}(I_{l+1})-F^{(F)}(I_l)}{\Delta I_l}-\frac{F^{(F)}(I_l)-F^{(F)}(I_{l-1})}{\Delta I_{l-1}}\right]=0,\ l=1,\cdots,L \tag{3-7-73}$$

各个节点上的 $F_I^{(F)}(I_l)$ 可由式(3-7-72)计算。

现在可利用式(3-7-66)和式(3-7-68)计算各节点上液相的 $x_cF^{(L)}(I_l)$ 和 $x_cF_I^{(L)}(I_l)$，并方便地写出插值于它们间的三次插值函数：

$$x_cF^{(L)}(I)=\left[3\frac{I_l-I}{\Delta I_{l-1}}-2\frac{(I_l-I)^3}{(\Delta I_{l-1})^3}\right]x_cF^{(L)}(I_{l-1})+\left[3\frac{(I-I_{l-1})^2}{(\Delta I_{l-1})^2}-2\frac{(I-I_{l-1})^3}{(\Delta I_{l-1})^3}\right]x_cF^{(L)}(I_l)+\left[\frac{(I_l-I)^2}{\Delta I_{l-1}}-\frac{(I_l-I)^3}{(\Delta I_{l-1})^2}\right]x_cF_I^{(L)}(I_{l-1})-\left[\frac{(I-I_{l-1})^2}{\Delta I_{l-1}}-\frac{(I-I_{l-1})^3}{(\Delta I_{l-1})^2}\right]x_cF_I^{(L)}(I_l) \tag{3-7-74}$$

$$I_{l-1}\leqslant I\leqslant I_l,\ l=1,\cdots,L+1$$

液相中连续组分的总的分子分数 x_c 可按式(3-7-75) 计算：

$$x_c=\int_{I_{\min}}^{I_{\max}}x_cF^{(L)}(I)\mathrm{d}I \tag{3-7-75}$$

气相组成和分布函数 $y_cF^{(V)}(I)$ 不难按类似方法计算。在所有上述公式中，最后只有一个未知数，即气化分数 η。构作目标函数：

$$f(\eta)=\sum_{i=1}^{K}y_i+y_c-\sum_{i=1}^{K}x_i-x_c=0 \tag{3-7-76}$$

可解出 η，并同时得到 x_c、y_c、$F^{(L)}(I)$、$F^{(V)}(I)$、x_i 和 y_i。

7.6 高分子溶液的相平衡计算

高分子的一个特点是它的多分散性。与生物合成的情况相比，工业合成高分子时，不同高分子的链生长并不是均匀的，而是受系统中单体扩散和链生长反应两个因素的控制，结果导致不同的高分子链具有不同的长度，所以合成高分子材料是由不同摩尔质量的均聚高分子混合而成，即它们有一个摩尔质量的分布范围，称为高分子的多分散性。因此，高分子材料不能由单一的摩尔质量来表征，而必须由一个统计平均值来描述，称为平均摩尔质量。这个平均值可以用不同的方法来表示，包括数均摩尔质量 M_n、重均摩尔质量 M_w 和 z 均摩尔质量 M_z，它们分别按式(3-7-77)～式(3-7-79) 计算

$$M_n=\sum_i n_i M_i / \sum_i n_i = 1/\sum_i w_i M_i \tag{3-7-77}$$

$$M_w=\sum_i n_i M_i^2 / \sum_i n_i M_i = \sum_i w_i M_i \tag{3-7-78}$$

$$M_z=\sum_i n_i M_i^3 / \sum_i n_i M_i^2 = M_w^{-1}\sum_i w_i M_i^2 \tag{3-7-79}$$

式中，w_i 为质量分数：

$$w_i=n_i M_i / \sum_j n_j M_j \tag{3-7-80}$$

M_w 对高分子量的分子更加灵敏，因此对于多分散的高分子来说，M_w 总是比 M_n 大。所以 M_w 和 M_n 的比值总是大于 1，称为分散度或分散指数。分子大小的分布越宽，M_w 与 M_n 的差异就越大，因此分散度或分散指数常作为摩尔质量分布宽度的度量。完全单分散的高分子有 $M_w/M_n=1.0$。一般多分散高分子的 M_w/M_n 在 1.5～2.0。平均摩尔质量相等的同一个高分子的两个样品，如果它们的摩尔质量分布不同，即分散度 M_w/M_n 不同，其物理化学性质也会有所不同。

高分子由于拥有很大的分子量，它们一般不挥发，在气液两相达到平衡时，气相中往往只有溶剂，因此进行相平衡计算时只要列出溶剂的平衡条件，即

$$\mu_i^{(V)}=\mu_i^{(L)} \text{ 或 } f_i^{(V)}=f_i^{(L)},\ i=1,\cdots,N_s \tag{3-7-81}$$

式中，N_s 为系统中的溶剂数目。前面介绍的高分子系统混合亥姆霍兹函数模型或状态方程均可以用于 $\mu_i^{(L)}$ 或 $f_i^{(L)}$ 的计算。以二元高分子溶液为例，按照 Flory-Huggins 理论，溶剂 1 的活度系数可由式(3-4-138) 计算，则化学位为

$$\mu_1^{(L)}=\mu_1^{\ominus}(g)+RT\ln(f_i^*/p^{\ominus})+RT[\ln\phi_1+\phi_2(1-r_1/r_2)+r_2\chi_{12}\phi_2^2] \tag{3-7-82}$$

$$\mu_1^{(V)}=\mu_1^{\ominus}(g)+RT\ln[f_1^{(V)}/p^{\ominus}] \tag{3-7-83}$$

代入式(3-7-81)，得

$$p/p_1^*=(\varphi_1^*/\varphi_1)\exp[\ln\phi_1+\phi_2(1-r_1/r_2)+r_2\chi_{12}\phi_2^2] \tag{3-7-84}$$

式中，p_1^* 和 φ_1^* 分别为纯溶剂的饱和蒸气压和逸度系数；p 和 φ_1 分别为高分子溶液的饱和蒸气压和逸度系数；φ_1^* 和 φ_1 可以用第 4 节介绍的任一个状态方程计算。χ_{12} 称为 Flory-Huggins 参数。若高分子与溶剂间的 Flory-Huggins 参数 χ_{12} 已知，即由式(3-7-84) 计算高分子溶液的饱和蒸气压。反之，也可以根据高分子溶液饱和蒸气压的测定，计算 Flory-Huggins 参数 χ_{12}：

$$\chi_{12}=[\ln(p\varphi_1/p_1^*\varphi_1^*)-\ln\phi_1-\phi_2(1-r_1/r_2)]/r_2\phi_2^2 \tag{3-7-85}$$

一般情况下，实验得到的 χ_{12} 并非总是常数，而是溶液组成的函数。

高分子的多分散性对高分子溶液气液平衡的影响并不是很大，通常情况下可以用重均分子量代表。

高分子溶液的液液平衡要比一般小分子溶液复杂得多，除了一般系统所常见的上部会溶温度（UCST）外，更多地出现下部会溶温度（LCST），或同时具有 UCST 和 LCST，有时还出现计时沙漏型，或环形部分互溶区。不仅压力对这些复杂的液液相图有影响，高分子的分子量大小也有显著影响。图 3-7-3 是压力对聚苯乙烯（PS）/丙酮系统液液平衡的影响[9,10]。由该图可见，在一定压力下（如 20MPa、50MPa 或 100MPa），高分子溶液同时具有 UCST 和 LCST。前者在一定的温度以下有部分互溶区，溶液分裂为一个很稀的和另一个稍浓的高分子溶液，在 UCST 以上则完全互溶，这主要是低温下高分子与溶剂的排斥相互作用增大；后者在一定的温度以上出现部分互溶区，分裂为两个相，在 LCST 以下则完全互溶。这就是说，一定组成的聚苯乙烯溶液在低温下部分互溶，随着温度升高超过 UCST 后互溶了，温度再升高超过 LCST 后又部分互溶了，而且互溶性随温度升高愈来愈小。这主要是随着温度的升高，溶剂的密度减小，对高分子的溶解性也降低。由图还可见，随压力降低，UCST 和 LCST 互相愈来愈靠近，当压力为零，即压力很小时，上下部分互溶区连成一片，形成中间狭小的计时沙漏形部分互溶区，在这个区间内，温度从低到高全是部分互溶的。图 3-7-4 是（重均）分子量对聚苯乙烯（PS）/丙酮系统液液平衡的影响[11]。由该图可见，分子量的影响类似于压力的影响，分子量愈大，溶剂与高分子的互溶性愈差；反之，分子量愈小，溶剂与高分子的互溶性愈好。图 3-7-5 是聚乙二醇（PEG）-水二元系的液液平衡相图[12]。图中呈现环形部分互溶区，也就是说，温度很低或很高都互溶，而在中间一段温度内部分互溶，它也是同时具有 UCST 和 LCST 的，但 UCST 在 LCST 之上，而图 3-7-3 中，UCST 在 LCST 之下。由图 3-7-4 还可见，随聚乙二醇的摩尔质量增大，部分互溶区扩大。

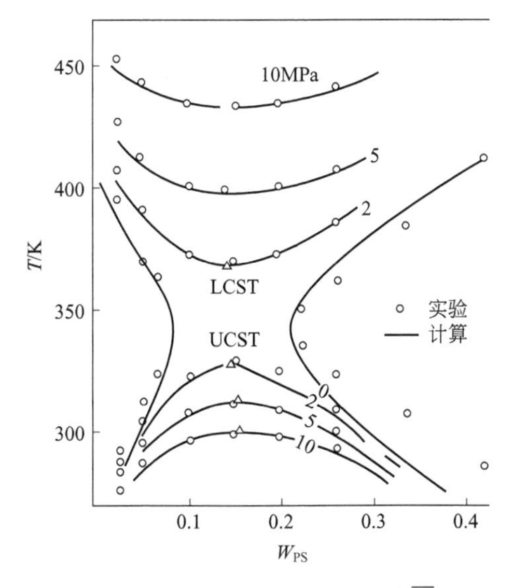

图 3-7-3 不同压力时聚苯乙烯/丙酮系统的相图（$\overline{M}_w$= 20400g·mol^{-1}）

单分散高分子溶液相平衡的计算原理和一般系统的相同，但由于摩尔质量很大，计算难度较大，计算时需要采取一些特殊处理，以保证迭代计算的收敛。图 3-7-3 中的实线是胡英等[13]用高分子溶液的格子流体模型计算的结果，图 3-7-5 中的实线则是他们用双重格子模

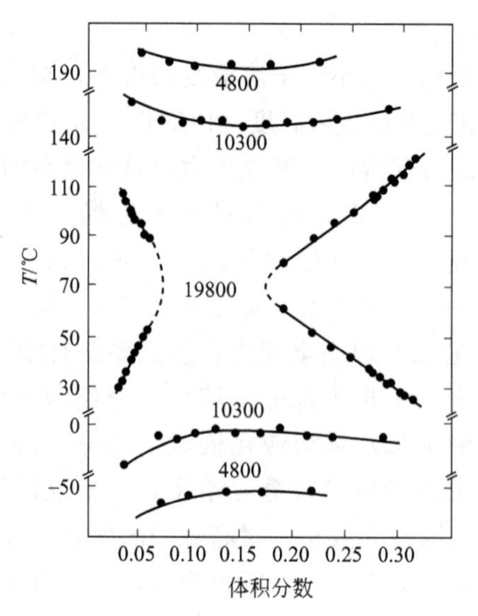

图 3-7-4 不同重均分子量时聚苯乙烯/丙酮系统的相图

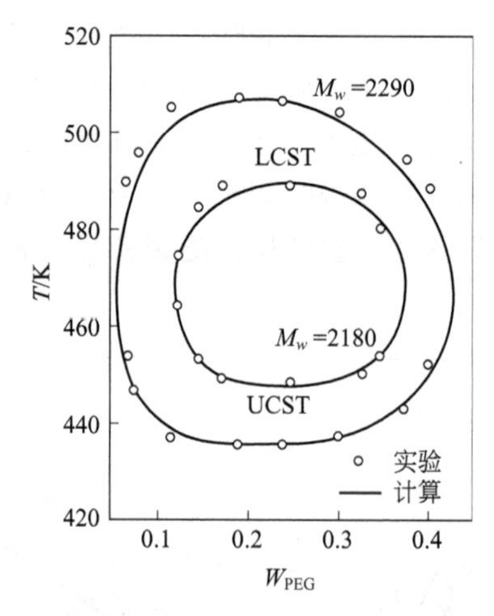

图 3-7-5 聚乙二醇（PEG）-水二元系的液液平衡相图

型计算的结果。图 3-7-4 中的实线是采用 Prigogine-Flory-Patterson 理论计算的结果[11]。

对于多分散高分子溶液，实质上已经是一个多元系了，它的液液平衡有一些很重要的特点。图 3-7-6 是一个多分散聚苯乙烯-环已烷溶液的液液平衡相图，图中雾点线表示溶液降温时开始分相（出现浑浊）的温度随组成的变化，对于单分散高分子的溶液，雾点线也就是液液平衡包线。但是对于多分散高分子溶液来说，分相后的共轭相中，高分子物质的摩尔质量分布与原来主相的分布是不同的，因而并不像单分散高分子的溶液那样，共轭相在雾点线的另一端，而是自行连成一条曲线，称为影子线。两条曲线的交点 C，即为会溶点（液液平衡临界点），它并不处于曲线的最高点。

对多分散高分子溶液液液相平衡的计算，需要考虑高分子的摩尔质量分布，计算要复杂得多[14]。胡英等将前面介绍的多分散系统闪蒸计算的导数法推广应用于多分散高分子溶液，取得令人满意的效果，具体计算过程可参阅文献［15，16］。

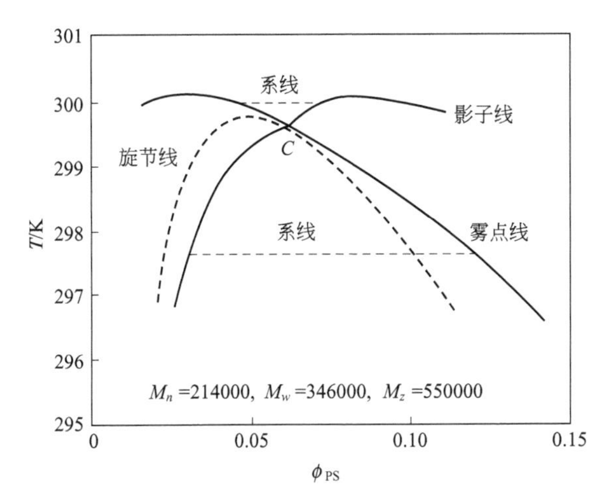

图 3-7-6 多分散聚苯乙烯-环己烷溶液的液液平衡相图

7.7 气液相平衡计算——由 T、p、x 推算 y

以上介绍的各种相平衡计算中，需要输入适用于不同相的分子热力学模型来表征所研究的系统。本节介绍一种适用于气液平衡（特别是低压气液平衡），输入实验数据来代替液相分子热力学模型的气液平衡计算方法。

按照相律，在气液平衡的 T、p、x 和 y 四个变量中，只有两个是独立变量，当给定了四个变量中的任意两个，并输入合适的能表征该系统特征的分子热力学模型（状态方程或/和过量函数模型），即可根据相平衡原理计算得到另两个变量，这就是前面所讨论的气液相平衡的有模型计算法。如果不是输入分子热力学模型而是通过实验测定第三个变量，则原则上第四个变量可由它们通过相平衡计算确定。由于计算过程中没有引入模型，称为气液平衡的无模型计算法。由于实际测定中气相取样和组成测定是最困难的，一般是恒定温度 T 下由静态法测定一系列液相组成 x 对应的系统总压 p（溶液的饱和蒸气压），或恒定压力 p 下由沸点仪测定一系列液相组成对应的系统温度 T（溶液的沸点），然后由热力学原理计算与液相组成对应的气相组成 y，简单地说就是 T、p、x 推算 y。所谓无模型法并不是绝对的，有时仍需要采用合适的模型计算一部分非关键性的决定系统特征的性质，例如气相逸度系数等。总之，至少是大大减少了模型的使用。这一方法可以利用一些较易准确测定的数据如温度、压力和液相组成，来准确推算不易准确测定的数据如气相组成。这种计算在热力学上是完全严格的，如此得到的完整气液平衡数据具有高度可靠性。

T、p、x 推算 y 的方法都是在 Gibbs-Duhem（G-D）方程的基础上建立起来的。根据应用 G-D 方程方式上的不同，可以归结为两大类：其一是直接法，它是将式(3-3-131）表示的逸度的 G-D 方程同时应用于气液两相而得到联系 T、p、x 和 y 的共存方程，解此共存方程即可实现由 T、p、x 推算 y 的目的，直接法的计算效率比较低，尤其是推广至三组分以上的多元系非常困难，具体可参阅［17］和［18］；另一种是间接法，它首先计算过量 Gibbs 函数 Q，根据 Q 与活度系数的关系（隐含了 G-D 方程）计算液相活度系数，从而实现间接计算气相组成的目的。下面简单介绍间接法的计算原理。

气液平衡时，按相平衡判据，$f_i^{(V)}=f_i^{(L)}(i=1, \cdots, K)$，如气相采用逸度系数、液相

采用第Ⅰ种活度系数分别计算气液相的非理想性，得

$$py_i\varphi_i = p_i^* \varphi_i^* x_i \gamma_{i,\mathrm{I}} \exp[V_{\mathrm{m},i}^{*(\mathrm{L})}(p-p_i^*)/RT],\ i=1,2,\cdots,K \tag{3-7-86}$$

整理式(3-7-86) 可得系统总压 p，

$$p=\sum_{i=1}^{K} py_i = \sum_{i=1}^{K} p_i^* \varphi_i^* x_i \gamma_{i,\mathrm{I}} \exp[V_{\mathrm{m},i}^{*(\mathrm{L})}(p-p_i^*)/RT]/\varphi_i \tag{3-7-87}$$

式中，$\gamma_{i,\mathrm{I}}$ 用式(3-3-213) 和式(3-3-214) 代入，得

$$p=\sum_{i=1}^{K} \frac{p_i^* \varphi_i^* x_i \exp[V_{\mathrm{m},i}^{*(\mathrm{L})}(p-p_i^*)/RT]}{\varphi_i} \exp\left\{Q+\left(\frac{\partial Q}{\partial x_i}\right)_{x[i,K]}-\sum_{k=1}^{K-1} x_k\left(\frac{\partial Q}{\partial x_k}\right)_{x[k,K]}+\frac{H_{\mathrm{m}}^{\mathrm{E}}}{RT^2}\left[\left(\frac{\partial T}{\partial x_i}\right)_{x[i,K]}-\sum_{k=1}^{K-1} x_k\left(\frac{\partial T}{\partial x_k}\right)_{x[k,K]}\right]-\frac{V_{\mathrm{m}}^{\mathrm{E}}}{RT}\left[\left(\frac{\partial p}{\partial x_i}\right)_{x[i,K]}-\sum_{k=1}^{K-1} x_k\left(\frac{\partial p}{\partial x_k}\right)_{x[k,K]}\right]\right\} \tag{3-7-88}$$

注意当 $i=K$，式中对 x_K 的偏导数全为零。式(3-7-88) 的意义在于：如果暂时不考虑 p_i^*、φ_i^*、$V_{\mathrm{m},i}^{*(\mathrm{L})}$、$\varphi_i$、$H_{\mathrm{m}}^{\mathrm{E}}$ 和 $V_{\mathrm{m}}^{\mathrm{E}}$，则式中除了 Q 以外，其他的变量就是已输入的 T、p、x_i。而 Q 函数正是 T、p、x_i 的函数，式(3-7-88) 实质上是一个 Q 函数的偏微分方程，只要有足够数量的一系列 T、p、x_i 的实验数据，覆盖各种可能的组成变化，原则上可以解得 $Q=Q(T,p,x_i)$。有了 Q，可用式(3-3-213) 和式(3-3-214) 计算 $\gamma_{i,\mathrm{I}}$，代入式(3-7-86) 即可求得 y_i。至于那些暂时放在一边的变量：其中 p_i^*、φ_i^* 和 $V_{\mathrm{m},i}^{*(\mathrm{L})}$ 是纯组分性质，与混合物无关；φ_i 取决于气相组成 y_i，可利用上次迭代的 y_i 值计算，但还需要使用合适的状态方程，从这个意义上说，T、p、x 推算 y 并不是完全的无模型，但当压力不太高时，气相非理想性远没有液相的那样强烈，在压力较低时，采用截止到第二维里系数的维里方程足以估算这种非理想性，甚至可以令 $\varphi_i=1$，也不致带入严重误差；至于 $H_{\mathrm{m}}^{\mathrm{E}}$ 和 $V_{\mathrm{m}}^{\mathrm{E}}$，后者很小，常可忽略，前者对于恒温数据不起作用，对于恒压数据，实践证明略去后影响不大。总之，这一方法基本上不使用模型，或者严格地说，不使用液相活度系数模型，而它是气液平衡计算中最关键的模型。

式(3-7-88) 原则上可以求解，但实践上却有很大困难，因为导数出现在 exp 中，是一个超越型的偏微分方程，没有解析解，只能通过数值方法求解。国内外学者已发展了多种方法，根据所采用数值方法的不同，可以分为几种类型：第一种方法是选择一个过量函数模型代入式(3-7-88)，利用一系列 T、p、x 的实验数据，拟合得到模型参数和 Q 函数[19]。这种方法虽然方便，但在热力学原理上有缺陷，因为理论上并不需要液相模型。此外，其计算准确度也受到所选模型可靠性的限制，对于多元系问题更突出。第二种是 Mixon 等[20]发展的有限差分法，它以差分来逼近式(3-7-88) 中的导数，然后利用 Newton 法迭代求得离散格点上的 Q 值。这种方法不依赖于任何过量函数模型，是严格的无模型法。它对二元系的计算非常成功，得到广泛的应用。但用于三元系时，收敛速度极慢，且求解过程不稳定[17,21]。第三种是样条函数法，包括适用于二元系的三次样条函数法[22]和适用于任意组分数的曲面样条函数法[23,24]。特别是曲面样条函数法，它不仅能方便地用于二元系和三元系，也能成功地应用于多元系，更重要的是不同组分数的计算方法可以统一在一个框架下。大量实例计算表明，没有收敛的困难，不受多元系 Q 函数曲面类型的限制。

图 3-7-7 和图 3-7-8 画出了用曲面样条函数法得到的二氯甲烷 (1)-氯仿 (2)-四氯化碳

(3) 三元系在 45℃时，和丙酮 (1)-氯仿 (2)-乙醇 (3) 在 101.325kPa 下的 Q 函数曲面。前者比较简单，三个二元系和三元系都表现出正偏差。后者相当复杂，其中氯仿-乙醇和丙酮-乙醇两个二元系是正偏差，氯仿-乙醇二元系还有最低恒沸点，而丙酮-氯仿二元系则是一个负偏差系统，并有一个最高恒沸点，三元系的 Q 函数曲面则呈现复杂多变的形状。对于这两个三元系，推算都取得很好效果，计算的气相组成与实验值的均方误差均在 0.01 左右，迭代次数前者 4 次，后者也只有 9 次。这应该说是对这一方法严峻的考验。

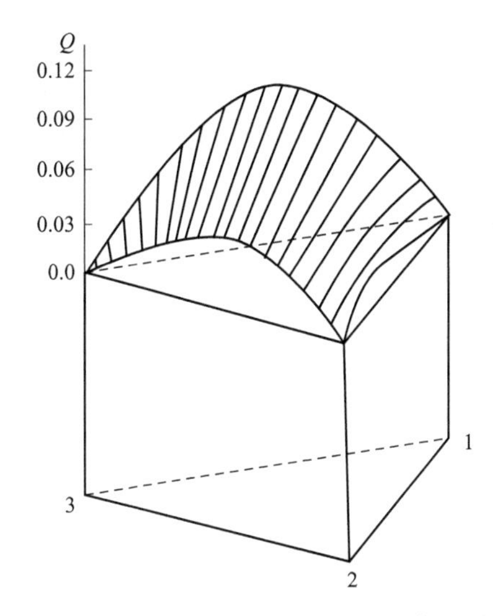

图 3-7-7 二氯甲烷(1)-氯仿(2) -四氯化碳(3)
三元系在 45℃下的 Q 函数曲面

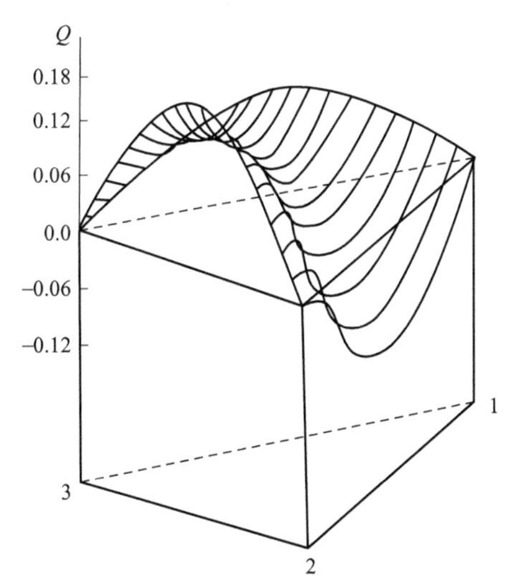

图 3-7-8 丙酮(1)-氯仿(2)-乙醇(3) 三元系
在 101.325kPa 下的 Q 函数曲面

曲面样条函数法也已成功地应用于四元系的推算。对环己烷 (1)-苯(2)-异丙醇 (3)-甲乙酮 (4) 在 101.325kPa 下的恒压数据，推算的气相组成误差分别为 $\Delta y_1=0.0133$、$\Delta y_2=0.0134$、$\Delta y_3=0.0133$ 和 $\Delta y_4=0.0095$，迭代共 36 次。对乙醇 (1)-氯仿 (2)-丙酮 (3)-正己烷 (4) 在 55℃下的恒压数据，推算的气相组成误差分别为 $\Delta y_1=0.0144$、

$\Delta y_2=0.0145$、$\Delta y_3=0.0288$ 和 $\Delta y_4=0.0201$，迭代共 25 次。详细结果参见文献 [24]，结果令人满意。

7.8 热力学一致性检验

气液平衡时有 T、p、x 和 y 四个变量，相律告诉我们其中只有两个是独立变量，如果实验测定了第三个变量，则理论上可以根据热力学关系计算得到第四个变量，前面介绍的由 T、p、x 数据推算 y 就是这种情况。另一方面，气液平衡时的四个变量都是实验可以直接测定得到的。则实验测得的四个变量必须符合热力学关系，这就是热力学一致性的要求。考察实验得到的气液平衡数据是否符合热力学一致性要求，称为热力学一致性检验。

(1) 斜率检验法 热力学一致性校验的基础是 Gibbs-Duhem 方程。根据式(3-3-215)，对于二元系，活度系数的 Gibbs-Duhem 方程可表示为

$$x_1\mathrm{d}\ln\gamma_{1,\mathrm{I}}+x_2\mathrm{d}\ln\gamma_{2,\mathrm{I}}=-\frac{H_\mathrm{m}^\mathrm{E}}{RT^2}\mathrm{d}T+\frac{V_\mathrm{m}^\mathrm{E}}{RT}\mathrm{d}p \tag{3-7-89}$$

如果忽略温度压力对 Q 函数的影响，则式(3-7-89) 变为：

$$x_1\mathrm{d}\ln\gamma_{1,\mathrm{I}}+x_2\mathrm{d}\ln\gamma_{2,\mathrm{I}}=0 \tag{3-7-90}$$

式(3-7-90) 对 x_1 求导，得

$$x_1\frac{\mathrm{d}\ln\gamma_{1,\mathrm{I}}}{\mathrm{d}x_1}+x_2\frac{\mathrm{d}\ln\gamma_{2,\mathrm{I}}}{\mathrm{d}x_1}=0 \tag{3-7-91}$$

理论上，可以直接用式(3-7-91) 检验气液平衡数据是否符合热力学一致性，亦即根据气液平衡实验数据，由式(3-7-86) 计算各组分的液相活度系数：

$$\gamma_{i,\mathrm{I}}=p_i^*\varphi_i^*x_i\exp[V_{\mathrm{m},i}^{*(\mathrm{L})}(p-p_i^*)/RT]/(py_i\varphi_i),\ i=1,2,\cdots,K \tag{3-7-92}$$

以 $\ln\gamma_{1,\mathrm{I}}$ 和 $\ln\gamma_{2,\mathrm{I}}$ 对 x_1 作图，并获取不同组成下曲线的斜率，然后代入式(3-7-91)，看是否满足 Gibbs-Duhem 方程，这种检验方法称为斜率法。看起来斜率法既简单又严格，但却不太有实用价值，因为要准确获取曲线的斜率是比较困难的。因此，斜率法只能提供一种粗略的热力学一致性检验方法，只能作为定性的方法应用。例如，在给定组成下，如果 $\mathrm{d}\ln\gamma_{1,\mathrm{I}}/\mathrm{d}x_1$ 是正值，那么 $\mathrm{d}\ln\gamma_{2,\mathrm{I}}/\mathrm{d}x_1$ 必须是负值；如果 $\mathrm{d}\ln\gamma_{1,\mathrm{I}}/\mathrm{d}x_1$ 等于零，则 $\mathrm{d}\ln\gamma_{2,\mathrm{I}}/\mathrm{d}x_1$ 也必须等于零。因此，斜率法能方便地用来检验实验数据中的严重误差。

(2) 面积检验法 这是 Herington[25] 发展起来的一种比较简单而有效的定量检验气液平衡数据热力学一致性的方法。

根据过量吉布斯函数 Q 与活度因子的关系，式(3-3-207)，对于二元系有

$$Q=x_1\ln\gamma_{1,\mathrm{I}}+x_2\ln\gamma_{2,\mathrm{I}} \tag{3-7-93}$$

在恒温、恒压下对 x_1 求导，得

$$\frac{\mathrm{d}Q}{\mathrm{d}x_1}=x_1\frac{\mathrm{d}\ln\gamma_{1,\mathrm{I}}}{\mathrm{d}x_1}+\ln\gamma_{1,\mathrm{I}}+x_2\frac{\mathrm{d}\ln\gamma_{2,\mathrm{I}}}{\mathrm{d}x_1}-\ln\gamma_{2,\mathrm{I}} \tag{3-7-94}$$

将式(3-7-91) 代入式(3-7-94)，得

$$\frac{\mathrm{d}Q}{\mathrm{d}x_1}=\ln(\gamma_{1,\mathrm{I}}/\gamma_{2,\mathrm{I}}) \tag{3-7-95}$$

对 x_1 从 $x_1=0$ 到 $x_1=1$ 积分，并注意到 $Q(x_1=0)=0$ 和 $Q(x_1=1)=0$，得

$$\int_{x_1=0}^{x_1=1}\frac{\mathrm{d}Q}{\mathrm{d}x_1}\mathrm{d}x_1=\int_{x_1=0}^{x_1=1}\ln\frac{\gamma_{1,\mathrm{I}}}{\gamma_{2,\mathrm{I}}}\mathrm{d}x_1=0 \tag{3-7-96}$$

上式表明，如以 $\ln(\gamma_{1,\mathrm{I}}/\gamma_{2,\mathrm{I}})$ 对 x_1 作图，在 $x_1=0\sim1$ 的区间内曲线与 x_1 轴所包面积应等于零。典型曲线如图 3-7-9 所示，曲线与 x_1 轴所包面积等于零，这就意味着，如果根据某组气液平衡数据计算得到各组分的活度系数，并以 $\ln(\gamma_{1,\mathrm{I}}/\gamma_{2,\mathrm{I}})$ 对 x_1 作图，当 x_1 轴上方的面积（面积 A）等于 x_1 轴下方的面积（面积 B）时，该组数据是满足热力学一致性要求的。

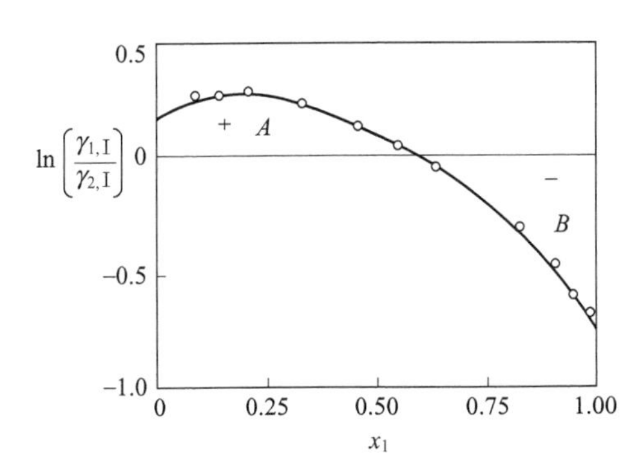

图 3-7-9 30～35℃范围内，乙醇(1)-甲基环己烷(2)二元系的活度系数比值随组成的变化关系

由于实验数据总有一定的误差，通常 x_1 轴上方的面积不会严格等于 x_1 轴下方的面积。存在一定大小的误差应该是允许的。一般情况下，如果

$$D=\left|\frac{(\text{面积}\ A)-(\text{面积}\ B)}{(\text{面积}\ A)+(\text{面积}\ B)}\right|\times100<2\sim5 \tag{3-7-97}$$

即可认为该组气液平衡实验数据是符合热力学一致性的。

式(3-7-95) 是在恒温、恒压条件下推导得到的。但实际系统的气液平衡都是在恒温或者恒压条件下获得的，这时需要考虑温度或压力变化对 Q 函数的影响。将式(3-3-215) 代入式(3-7-94)，得

$$\frac{\mathrm{d}Q}{\mathrm{d}x_1}=\ln(\gamma_{1,\mathrm{I}}/\gamma_{2,\mathrm{I}})-\frac{H_\mathrm{m}^\mathrm{E}}{RT^2}\times\frac{\mathrm{d}T}{\mathrm{d}x_1}+\frac{V_\mathrm{m}^\mathrm{E}}{RT}\times\frac{\mathrm{d}p}{\mathrm{d}x_1} \tag{3-7-98}$$

对 x_1 从 $x_1=0$ 到 $x_1=1$ 积分，得

$$\int_{x_1=0}^{x_1=1}\ln\frac{\gamma_{1,\mathrm{I}}}{\gamma_{2,\mathrm{I}}}\mathrm{d}x_1=\int_{x_1=0}^{x_1=1}\left(\frac{H_\mathrm{m}^\mathrm{E}}{RT^2}\times\frac{\mathrm{d}T}{\mathrm{d}x_1}-\frac{V_\mathrm{m}^\mathrm{E}}{RT}\times\frac{\mathrm{d}p}{\mathrm{d}x_1}\right)\mathrm{d}x_1 \tag{3-7-99}$$

对于恒温数据，H_m^E 项消失，通常 V_m^E 很小可以忽略不计，式(3-7-99) 仍可应用。如为恒压数据，V_m^E 项消失，而 H_m^E 通常是不能忽略的。但通常实验条件下的过量焓数据难以获得，可以采用下面的方法检验。先由式(3-7-97) 计算 D 值，然后与另一数量 J 比较。J 由式

(3-7-100)计算：

$$J=150\tau/T_{\mathrm{m}},\ \tau=|T_1-T_2| \tag{3-7-100}$$

T_{m}为整个组成范围内的最低沸点，T_1和T_2分别为组分 1 和 2 的沸点温度。如果有恒沸点，T_{m}仍为整个组成范围内的最低沸点，T_1和T_2则分别为整个组成范围内的最低和最高沸点。

如果$D-J<10$，则一般可以认为实验数据是符合热力学一致性的。

面积校验法简单易行，缺点是缺乏严密的误差分析，使结果带有一定的任意性。例如，面积检验法由于采用活度因子的比值，即

$$\frac{\gamma_{1,\mathrm{I}}}{\gamma_{2,\mathrm{I}}}=\frac{y_1\varphi_1 p_2^*\varphi_2^* x_2\exp[V_{\mathrm{m},2}^{*(\mathrm{L})}(p-p_2^*)/RT]}{y_2\varphi_2 p_1^*\varphi_1^* x_1\exp[V_{\mathrm{m},1}^{*(\mathrm{L})}(p-p_1^*)/RT]} \tag{3-7-101}$$

因为低压下 Poynting 因子和气相逸度系数对活度系数的影响很小，所以面积检验法对压力测量误差很不敏感。

(3) y 检验法 前面介绍的由T、p、x推算y的方法也可用来检验气液相平衡实验数据的热力学一致性。具体做法是，由T、p、x推算得到的y与实验值比较，如果$\Delta y\leqslant 0.01$满足，即通过校验，哪一点不满足即该点有问题，如有相当多的数据不满足则整个数据系列有疑问。也可以用y的推算值与实验值的平均误差来判断数据的整体质量，例如$\Delta\overline{y}\leqslant 0.01$。这一方法还可以应用于多元系。但以$\Delta\overline{y}\leqslant 0.01$作为热力学一致性的判断标准，无法反映$\Delta y$的离散情况及$y$是否存在系统偏差。

(4) 统计检验法 y检验法的缺点是缺乏严格的误差分析。理论上任何严格符合热力学一致性的一组T、p、x、y数据必然满足 Gibbs-Duhem 方程。但是，从实验误差原理分析，由于实验设备、物料纯度以及操作熟练程度的限制，使T、p、x、y的实验测定不可避免地都带有一定误差，包括随机误差和系统误差，因此这种遵守不是绝对的。由于存在误差，因此应将T、p、x、y的实验数据看成是随机变量，通常可以假设它们符合正态分布，可以严格使用统计误差分析理论检验T、p、x、y实验数据的热力学一致性，这样才能使一致性检验避免任意性。另外，不同研究人员测定的数据误差也不尽相同，有优有次，应分等级。胡英等[26]在直接推算气相组成法的基础上，发展了一种整体统计检验法，根据误差传递，将数据按质量分为五个等级，其中第五级即认为不符合热力学一致性。刘洪来则进一步将该方法发展成可区分随机误差和系统误差的方法，一些系统虽然能通过随机误差检验，但却不一定能通过系统误差检验，具体可参阅文献 [27]。

参考文献

[1] 朱自强，姚善泾，金彰礼．流体相平衡原理及其应用．杭州：浙江大学出版社，1990.

[2] 郭天民，等．多元汽液平衡和精馏．北京：化学工业出版社，1983.

[3] [美] Walas S M. 化工相平衡．韩世钧，等译．北京：中国石化出版社，1991.

[4] Prausnitz J M，Lichtenthaler R N，de Azevedo E G. 流体相平衡的分子热力学．原著第三版．陆小华，刘洪来，译．北京：化学工业出版社，2006.

[5] Cotterman R L，Bender R，Prausnitz J M. Ind Eng Chem Process Des Dev，1985，24：194.

[6] Cotterman R L，Prausnitz J M. Ind Eng Chem Process Des Dev，1985，24：434.

[7] Wang S H，Whiting W B. Chem Eng Comm，1988，71：137.

[8] Ying X G，Ye R Q，Hu Y. Fluid Phase Equilibria，1989，53：407.
[9] Zeman L，Patterson D. J Phys Chem，1972，76：1214.
[10] Myrat C D，Rowlinson J S. Polymer，1965，6：645.
[11] Siow K S，Delmas G，Patterson D. Macromolecules，1972，5：29.
[12] Saeki S，Kuwahara N，Nakata M，et al. Polymer，1976，17：685.
[13] Hu Y，Ying X G，Wu D T，et al. Fluid Phase Equilibria，1993，83：289.
[14] Kurata M. Thermodynamics of Polymer Solutions. London：Harwood Academic Publisher，1982.
[15] 胡英．近代化工热力学——应用研究的新进展．上海：上海科技文献出版社，1994.
[16] Hu Y，Ying X G，Wu D T，et al. Macromolecules，1993，26：6817；Chinese J Chem Eng，1994，2(3)：125.
[17] 胡英．流体的分子热力学．北京：高等教育出版社，1983.
[18] 胡英，英徐根．化工学报，1980，(1)：27.
[19] Abbott M M，van Ness H C. Fluid Phase Equilibria，1977，1：3.
[20] Mixon F O，Gomowski B，Carpenter B H. Ind Eng Chem Fundam，1965，4：455.
[21] 胡英，英徐根，张鸿喆．化工学报，1979，(2)：153.
[22] 刘洪来，英徐根，胡英．化工学报，1991，42：393.
[23] 刘洪来，英徐根，胡英．化工学报，1991，42：400.
[24] Hu Y，Liu H L，Prausnitz J M. Fluid Phase Equilibria，1994，95：73.
[25] Herington E F G. Nature，1947，160：610；J Inst Petrol，1957，37：457.
[26] 胡英，英徐根，唐小琪．华东化工学院学报，1984，(2)：205.
[27] 刘洪来．相平衡测定、Tpxy相互推算以及分子热力学模型研究．上海：华东化工学院，1991.

8

化学平衡

8.1 标准平衡常数

对于任意化学反应，可以写出反应式或计量方程

$$0=\sum_{B}\nu_{B}B=-dD-eE-\cdots+gG+rR+\cdots \tag{3-8-1}$$

当反应物和产物均处于热力学标准状态时，$\Delta_r G_m^{\ominus}=\sum_{B}\nu_B\mu_B^{\ominus}$，$\mu_B^{\ominus}$ 是处于热力学标准状态下组分 B 的化学位，称为标准化学位。$\Delta_r G_m^{\ominus}$ 称为标准摩尔反应吉布斯函数，只决定于反应本性和温度，定义标准平衡常数 $K^{\ominus}$ 为：

$$K^{\ominus}=\exp(-\Delta_r G_m^{\ominus}/RT)=\exp\left(-\sum_{B}\nu_B\mu_B^{\ominus}/RT\right) \text{或} \Delta_r G_m^{\ominus}=\sum_{B}\nu_B\mu_B^{\ominus}=-RT\ln K^{\ominus} \tag{3-8-2}$$

$K^{\ominus}$决定于 $\Delta_r G_m^{\ominus}$，而对于一个化学反应来说，$\Delta_r G_m^{\ominus}$ 与计量方程(3-8-1) 的写法有关，例如氨的合成或分解，可以写出：

$$0=-N_2-3H_2+2NH_3 \quad \Delta_r G_m^{\ominus}(1)$$

$$0=-(1/2)N_2-(3/2)H_2+NH_3 \quad \Delta_r G_m^{\ominus}(2)$$

$$0=-2NH_3+N_2+3H_2 \quad \Delta_r G_m^{\ominus}(3)$$

显然，$\Delta_r G_m^{\ominus}(2)=\Delta_r G_m^{\ominus}(1)/2$，$\Delta_r G_m^{\ominus}(3)=-\Delta_r G_m^{\ominus}(1)$，由式(3-8-2) 有，$K^{\ominus}(2)=K^{\ominus}(1)^{1/2}$，$K^{\ominus}(3)=1/K^{\ominus}(1)$。因此，写出一个化学反应的标准平衡常数时，必须明确指明其计量方程。

假如有三个化学反应 (1)、(2) 和 (3)，如果反应 (3) 的计量方程是反应 (1) 和 (2) 的计量方程之和，则 $K^{\ominus}(3)=K^{\ominus}(1)K^{\ominus}(2)$；如果反应 (3) 的计量方程是反应 (1) 和 (2) 的计量方程之差，则 $K^{\ominus}(3)=K^{\ominus}(1)/K^{\ominus}(2)$。

对不同类型的化学反应，$K^{\ominus}$有不同的内涵，这是因为对于气相、液相和固相物质，热力学标准状态可以有各种不同的选择。

如果反应系统达到化学平衡时，按式(3-3-81)：

$$\sum_{B}\nu_B\mu_B=0 \tag{3-8-3}$$

8.1.1 气相化学反应

如果反应系统中的各组分均处于气态并达到化学平衡时，以式(3-3-122) 代入式(3-8-3)：

$$\sum_{\mathrm{B}} \nu_{\mathrm{B}} \mu_{\mathrm{B}}^{\ominus}(\mathrm{g}) + RT\ln \prod_{\mathrm{B}} (f_{\mathrm{B}}^{\mathrm{eq}}/p^{\ominus})^{\nu_{\mathrm{B}}} = 0 \tag{3-8-4}$$

式中，$f_{\mathrm{B}}^{\mathrm{eq}}$ 是系统达到化学平衡时组分 B 的逸度。按式(3-8-2)，对于气体反应，其标准摩尔反应吉布斯函数和标准平衡常数为

$$\Delta_{\mathrm{r}} G_{\mathrm{m}}^{\ominus} = \sum_{\mathrm{B}} \nu_{\mathrm{B}} \mu_{\mathrm{B}}^{\ominus}(\mathrm{g}) = -RT\ln K^{\ominus} \tag{3-8-5}$$

代入式(3-8-4) 有

$$K^{\ominus} = \prod_{\mathrm{B}} (f_{\mathrm{B}}^{\mathrm{eq}}/p^{\ominus})^{\nu_{\mathrm{B}}} = \prod_{\mathrm{B}} (f_{\mathrm{B}}^{\mathrm{eq}})^{\nu_{\mathrm{B}}} (p^{\ominus})^{-\sum_{\mathrm{B}} \nu_{\mathrm{B}}} = K_f (p^{\ominus})^{-\sum_{\mathrm{B}} \nu_{\mathrm{B}}} \tag{3-8-6}$$

上式表明，$K^{\ominus}$ 只决定于反应本性和温度的常数，与系统的压力以及各物质的平衡组成无关。$K^{\ominus}$ 的值与 $p^{\ominus}$ 的取值有关（过去多取 101.325kPa 或 1atm，现在统一取 100kPa）。式(3-8-6) 还表明，$K_f = \prod_{\mathrm{B}} (f_{\mathrm{B}}^{\mathrm{eq}})^{\nu_{\mathrm{B}}}$ 也是只决定于反应本性和温度的常数，与系统的压力以及各物质的平衡组成无关，称为逸度表示的平衡常数，这是一种实用的平衡常数。与 $K^{\ominus}$ 不同，K_f 不受 $p^{\ominus}$ 选取的影响。

按式(3-3-133)，混合物中组分 B 的逸度可表示为

$$f_{\mathrm{B}}^{\mathrm{eq}} = p y_{\mathrm{B}}^{\mathrm{eq}} \varphi_{\mathrm{B}}^{\mathrm{eq}} \tag{3-8-7}$$

则逸度表示的平衡常数可写为

$$K_f = \prod_{\mathrm{B}} (p y_{\mathrm{B}}^{\mathrm{eq}} \varphi_{\mathrm{B}}^{\mathrm{eq}})^{\nu_{\mathrm{B}}} = \prod_{\mathrm{B}} (p y_{\mathrm{B}}^{\mathrm{eq}})^{\nu_{\mathrm{B}}} \prod_{\mathrm{B}} (\varphi_{\mathrm{B}}^{\mathrm{eq}})^{\nu_{\mathrm{B}}} = K_p K_{\varphi} \tag{3-8-8}$$

$K_p = \prod_{\mathrm{B}} (p y_{\mathrm{B}}^{\mathrm{eq}})^{\nu_{\mathrm{B}}}$ 称为分压表示的平衡常数，也是一种实用的平衡常数，但它不是严格的常数。$K_{\varphi} = \prod_{\mathrm{B}} (\varphi_{\mathrm{B}}^{\mathrm{eq}})^{\nu_{\mathrm{B}}}$ 称为逸度系数比，仅在形式上与平衡常数相同，它是反应物质的特性，但并非平衡常数。因为逸度系数是温度、压力和组成的函数，由式(3-8-8) 可见，K_p 不仅决定于反应本性和温度，也与压力和平衡组成有关。只有当压力趋于零，反应系统可看成理想气体混合物时，$\varphi_{\mathrm{B}}^{\mathrm{eq}}=1$，$K_{\varphi}=1$，$K_p$ 才等于 K_f，才是只决定于反应本性和温度的常数，即

$$K_f = \lim_{p \to 0} K_p \tag{3-8-9}$$

因为气体的逸度系数不能直接测量，实用上常常实验测定一系列压力下的 K_p，然后利用式(3-8-9) 外推至压力趋于零时得到 K_f，然后由式(3-8-8) 得到标准平衡常数 $K^{\ominus}$。

8.1.2　多相化学反应

如果反应系统中有几个相，并且除了气相外，反应物或产物中有一个或几个纯物质液体或固体，这时标准平衡常数 $K^{\ominus}$ 仍按式(3-8-2) 定义，但式中 $\mu_{\mathrm{B}}^{\ominus}$ 对气体组分取 $\mu_{\mathrm{B}}^{\ominus}(\mathrm{g})$，对液体或固体组分则取 $\mu_{\mathrm{B}}^{\ominus}(\mathrm{l})$ 或 $\mu_{\mathrm{B}}^{\ominus}(\mathrm{s})$。设组分 E 为纯液体或纯固体，系统温度压力下的化学位 μ_{E} 与液体或固体热力学标准状态下的 $\mu_{\mathrm{E}}^{\ominus}(\mathrm{l})$ 或 $\mu_{\mathrm{E}}^{\ominus}(\mathrm{s})$ 的关系可利用式(3-3-25) 求得：

$$\mu_{\mathrm{E}}-\mu_{\mathrm{E}}^{\ominus}(\mathrm{l}\text{或 s})=\int_{p^{\ominus}}^{p}V_{\mathrm{m,E}}^{*}\mathrm{d}p \tag{3-8-10}$$

式中，$V_{\mathrm{m,E}}^{*}$为纯物质E液体或固体的摩尔体积。当气相组分仍以式(3-3-122)，纯液体或纯固体组分E则以式(3-8-10) 代入式(3-8-3)，结合$K^{\ominus}$的定义式(3-8-2)，得：

$$K^{\ominus}=\prod_{\mathrm{B}\neq\mathrm{E}}(f_{\mathrm{B}}^{\mathrm{eq}}/p^{\ominus})^{\nu_{\mathrm{B}}}\exp\left(\nu_{\mathrm{E}}\int_{p^{\ominus}}^{p}V_{\mathrm{m,E}}^{*}\mathrm{d}p/RT\right)=K^{+}\exp\left(\nu_{\mathrm{E}}\int_{p^{\ominus}}^{p}V_{\mathrm{m,E}}^{*}\mathrm{d}p/RT\right) \tag{3-8-11}$$

注意K^{+}中纯液体或纯固体组分E的逸度$f_{\mathrm{E}}^{\mathrm{eq}}/p^{\ominus}$不出现。如果压力不太高，系统压力$p$离热力学标准态压力$p^{\ominus}$不远，exp积分项可略，则：

$$K^{\ominus}=K^{+} \tag{3-8-12}$$

与气相反应一样，也可以定义K_{f}、K_{p}和K_{φ}，但相应的纯液体或纯固体组分E的逸度、分压和逸度系数不出现在相应的定义式中。

8.1.3 溶液化学反应

溶液反应分液态混合物中的反应和溶液中的反应两种情况。

(1) 液态混合物中的化学反应 这时$\mu_{\mathrm{B}}^{\ominus}$取液体热力学标准状态，也就是$p^{\ominus}$下纯液体B的化学位$\mu_{\mathrm{B}}^{\ominus}(\mathrm{l})$，这意味着使用第一种活度。液态混合物中组分B的化学位按式(3-3-176)得到

$$\mu_{\mathrm{B}}=\mu_{\mathrm{B,I}}^{**}+RT\ln a_{\mathrm{B,I}} \tag{3-8-13}$$

$\mu_{\mathrm{B,I}}^{**}$是系统温度和压力下，纯液体B的化学位。$a_{\mathrm{B,I}}$是组分B的第一种活度。$\mu_{\mathrm{B}}^{\ominus}(\mathrm{l})$与$\mu_{\mathrm{B,I}}^{**}$的关系可利用式(3-3-25) 得到

$$\mu_{\mathrm{B,I}}^{**}-\mu_{\mathrm{B}}^{\ominus}(\mathrm{l})=\int_{p^{\ominus}}^{p}V_{\mathrm{m,B}}^{*}\mathrm{d}p \tag{3-8-14}$$

$V_{\mathrm{m,B}}^{*}$为液态纯物质B的摩尔体积。以式(3-8-13) 和式(3-8-14) 代入式(3-8-3)

$$\begin{aligned}\sum_{\mathrm{B}}\nu_{\mathrm{B}}\mu_{\mathrm{B}}=0&=\sum_{\mathrm{B}}\left[\nu_{\mathrm{B}}\mu_{\mathrm{B}}^{\ominus}(\mathrm{l})+\nu_{\mathrm{B}}RT\ln a_{\mathrm{B,I}}^{\mathrm{eq}}+\nu_{\mathrm{B}}\int_{p^{\ominus}}^{p}V_{\mathrm{m,B}}^{*}\mathrm{d}p\right]\\&=-RT\ln K^{\ominus}+RT\ln\left[\prod_{\mathrm{B}}(a_{\mathrm{B,I}}^{\mathrm{eq}})^{\nu_{\mathrm{B}}}\right]+\sum_{\mathrm{B}}\left[\nu_{\mathrm{B}}\int_{p^{\ominus}}^{p}V_{\mathrm{m,B}}^{*}\mathrm{d}p\right]\end{aligned} \tag{3-8-15}$$

当压力不太高时，式(3-8-15) 中的积分项可略，这时液态混合物中化学反应的标准平衡常数为

$$K^{\ominus}=\exp\left[-\sum_{\mathrm{B}}\nu_{\mathrm{B}}\mu_{\mathrm{B}}^{\ominus}(\mathrm{l})/RT\right]\approx\prod_{\mathrm{B}}(a_{\mathrm{B,I}}^{\mathrm{eq}})^{\nu_{\mathrm{B}}}=K_{a} \tag{3-8-16}$$

其中$K_{a}=\prod_{\mathrm{B}}(a_{\mathrm{B,I}}^{\mathrm{eq}})^{\nu_{\mathrm{B}}}$称为活度表示的平衡常数。由式(3-8-16) 可见，只有在系统压力不太高时，K_{a}才等于标准平衡常数$K^{\ominus}$。液态混合物中化学反应的标准平衡常数仍按式(3-8-2) 计算，但其中的$\mu_{\mathrm{B}}^{\ominus}$改为$\mu_{\mathrm{B}}^{\ominus}(\mathrm{l})$。

按式(3-3-186)，液态混合物中组分B的活度可表示为

$$a_{\mathrm{B,I}}^{\mathrm{eq}}=x_{\mathrm{B}}^{\mathrm{eq}}\gamma_{\mathrm{B,I}}^{\mathrm{eq}} \tag{3-8-17}$$

则活度表示的平衡常数可写为

$$K_a=\prod_{\mathrm{B}}(x_{\mathrm{B}}^{\mathrm{eq}}\gamma_{\mathrm{B,I}}^{\mathrm{eq}})^{\nu_{\mathrm{B}}}=\prod_{\mathrm{B}}(x_{\mathrm{B}}^{\mathrm{eq}})^{\nu_{\mathrm{B}}}\prod_{\mathrm{B}}(\gamma_{\mathrm{B,I}}^{\mathrm{eq}})^{\nu_{\mathrm{B}}}=K_xK_\gamma \tag{3-8-18}$$

$K_x=\prod_{\mathrm{B}}(x_{\mathrm{B}}^{\mathrm{eq}})^{\nu_{\mathrm{B}}}$称为摩尔分数表示的平衡常数，也是一种实用的平衡常数，但它不是严格的常数。$K_\gamma=\prod_{\mathrm{B}}(\gamma_{\mathrm{B,I}}^{\mathrm{eq}})^{\nu_{\mathrm{B}}}$称为活度系数比，仅在形式上与平衡常数相同，它是反应物质的特性，但并非平衡常数。因为活度系数是温度、压力和组成的函数，由式(3-8-18) 可见，K_γ不仅决定于反应本性和温度，也与平衡组成有关。只有当液态混合物是理想溶液时，$\gamma_{\mathrm{B,I}}^{\mathrm{eq}}=1$，$K_\gamma=1$，$K_x$才等于$K_a$，才是只决定于反应本性和温度的常数。

上述各式也适用于固态混合物中的化学反应，但其中的$\mu_{\mathrm{B}}^{\ominus}$需改为$\mu_{\mathrm{B}}^{\ominus}$ (s)。

(2) 溶液中的化学反应 所谓溶液中的化学反应有两种情况：一种是所有反应物的浓度都比较低，可以看成是溶质，即溶液中的溶质反应；另一种情况是其中一个反应物的浓度比较高，既是反应物也是溶剂，即溶剂参与的溶液反应。

对于溶液中的溶质反应，如果采用第二种活度，则上述液态混合物中的反应平衡的公式仍旧适用，只是其中的$\mu_{\mathrm{B}}^{\ominus}$取系统温度、压力$p^{\ominus}$下组分B无限稀释时的化学位$\mu_{\mathrm{B}}^{\ominus}(\infty$, dil)，组分B的化学位按式(3-3-176) 得到

$$\mu_{\mathrm{B}}=\mu_{\mathrm{B,II}}^{**}+RT\ln a_{\mathrm{B,II}} \tag{3-8-19}$$

$\mu_{\mathrm{B}}^{\ominus}$ (∞, dil) 与$\mu_{\mathrm{B,II}}^{**}$的关系为

$$\mu_{\mathrm{B,II}}^{**}-\mu_{\mathrm{B}}^{\ominus}(\infty,\mathrm{dil})=\int_{p^{\ominus}}^{p}V_{\mathrm{m,B}}^{\infty}\mathrm{d}p \tag{3-8-20}$$

$V_{\mathrm{m,B}}^{\infty}$为无限稀释时组分B的偏摩尔体积。以式(3-8-19) 和式(3-8-20) 代入式(3-8-3)，

$$K^{\ominus}=\prod_{\mathrm{B}}(a_{\mathrm{B,II}}^{\mathrm{eq}})^{\nu_B}\exp\left(\sum_{\mathrm{B}}\nu_{\mathrm{B}}\int_{p^{\ominus}}^{p}V_{\mathrm{m,B}}^{\infty}\mathrm{d}p/RT\right)=K_{a,\mathrm{II}}\exp\left(\sum_{\mathrm{B}}\nu_{\mathrm{B}}\int_{p^{\ominus}}^{p}V_{\mathrm{m,B}}^{\infty}\mathrm{d}p/RT\right) \tag{3-8-21}$$

式中

$$K_{a,\mathrm{II}}=\prod_{\mathrm{B}}(a_{\mathrm{B,II}}^{\mathrm{eq}})^{\nu_{\mathrm{B}}} \tag{3-8-22}$$

当压力不太高，p离$p^{\ominus}$不远，式(3-8-21) 中exp的积分项可略，则：

$$K^{\ominus}\approx K_{a,\mathrm{II}} \tag{3-8-23}$$

按式(3-3-186)，溶液中组分B的活度可表示为

$$a_{\mathrm{B,II}}^{\mathrm{eq}}=x_{\mathrm{B}}^{\mathrm{eq}}\gamma_{\mathrm{B,II}}^{\mathrm{eq}} \tag{3-8-24}$$

$K_{a,\mathrm{II}}$可写为

$$K_{a,\mathrm{II}}=\prod_{\mathrm{B}}(x_{\mathrm{B}}^{\mathrm{eq}}\gamma_{\mathrm{B,II}}^{\mathrm{eq}})^{\nu_{\mathrm{B}}}=\prod_{\mathrm{B}}(x_{\mathrm{B}}^{\mathrm{eq}})^{\nu_{\mathrm{B}}}\prod_{\mathrm{B}}(\gamma_{\mathrm{B,II}}^{\mathrm{eq}})^{\nu_{\mathrm{B}}}=K_xK_{\gamma,\mathrm{II}} \tag{3-8-25}$$

当反应物浓度很稀，可以看成无限稀释理想溶液时，$\gamma_{B,II}^{eq}=1$，$K_{\gamma,II}=\prod_B(\gamma_{B,II}^{eq})^{\nu_B}=1$，$K_x=\prod_B(x_B^{eq})^{\nu_B}=K_{a,II}$，只决定于反应本性和温度的常数。

对于溶液中的溶质反应，更多时候采用质量摩尔浓度 m 或体积摩尔浓度 c 表示溶质的浓度。这时通常采用第三种或第四种活度 $a_{B,III}$ 或 $a_{B,IV}$，相应的活度系数为 $\gamma_{B,III}$ 或 $\gamma_{B,IV}$，$\mu_B^{\ominus}$ 取系统温度下、压力为 $p^{\ominus}$、浓度 $m^{\ominus}$ 或 $c^{\ominus}$ 的理想稀溶液中组分 B 的化学位 $\mu_B^{\ominus}(m^{\ominus})$ 或 $\mu_B^{\ominus}(c^{\ominus})$。当压力不太高时，

$$K^{\ominus}=\exp\left[-\sum_B\nu_B\mu_B^{\ominus}(m^{\ominus})/RT\right]\approx\prod_B(a_{B,III}^{eq})^{\nu_B}=K_{a,III} \tag{3-8-26}$$

或

$$K^{\ominus}=\exp\left[-\sum_B\nu_B\mu_B^{\ominus}(c^{\ominus})/RT\right]\approx\prod_B(a_{B,IV}^{eq})^{\nu_B}=K_{a,IV} \tag{3-8-27}$$

按式(3-3-186)，稀溶液中组分 B 的活度可表示为

$$a_{B,III}^{eq}=(m_B^{eq}/m^{\ominus})\gamma_{B,III}^{eq} \text{ 或 } a_{B,IV}^{eq}=(c_B^{eq}/c^{\ominus})\gamma_{B,IV}^{eq} \tag{3-8-28}$$

K_a 可写为

$$K_{a,III}=\prod_B[(m_B^{eq}/m^{\ominus})\gamma_{B,III}^{eq}]^{\nu_B}=\prod_B[(m_B^{eq}/m^{\ominus})]^{\nu_B}\prod_B(\gamma_{B,III}^{eq})^{\nu_B}=K_mK_{\gamma,III} \tag{3-8-29}$$

或

$$K_{a,IV}=\prod_B[(c_B^{eq}/c^{\ominus})\gamma_{B,IV}^{eq}]^{\nu_B}=\prod_B[(c_B^{eq}/c^{\ominus})]^{\nu_B}\prod_B(\gamma_{B,IV}^{eq})^{\nu_B}=K_cK_{\gamma,IV} \tag{3-8-30}$$

当反应物浓度很稀，可以看成无限稀释理想溶液时，$\gamma_{B,III}^{eq}=1$ 或 $\gamma_{B,IV}^{eq}=1$，$K_{\gamma,III}=\prod_B(\gamma_{B,III}^{eq})^{\nu_B}=1$ 或 $K_{\gamma,IV}=\prod_B(\gamma_{B,IV}^{eq})^{\nu_B}=1$，$K_m=\prod_B(m_B^{eq}/m^{\ominus})^{\nu_B}=K_{a,III}$ 或 $K_c=\prod_B(c_B^{eq}/c^{\ominus})^{\nu_B}=K_{a,IV}$，这时 K_m 或 K_c 是只决定于反应本性和温度的常数。

对于溶剂参与的溶液反应，上面这些公式基本上都适用，但需要注意几点：

① 对于溶剂 A，标准化学位 $\mu_A^{\ominus}$ 取 $p^{\ominus}$ 下纯液体 A 的化学位 $\mu_A^{\ominus}$(l)，活度采用第一种活度。

② 对于溶质 B，根据溶质浓度的不同表示方法，$\mu_B^{\ominus}$ 可以取系统温度、压力 $p^{\ominus}$ 下组分 B 无限稀释时的化学位 $\mu_B^{\ominus}$（∞，dil)，或 $\mu_B^{\ominus}(m^{\ominus})$ 和 $\mu_B^{\ominus}(c^{\ominus})$，相应的活度和活度系数分别取第二、第三或第四种活度和活度系数。

③ 除了 $K^{\ominus}$ 和 K_a 外，类似于 K_x，可以定义 K_m 和 K_c。

由以上介绍可见，对于不同类型的反应，标准平衡常数的定义有些细微的变化，主要是依赖于相态，以及选用无限稀释性质的虚拟态。但是不论哪一种，$K^{\ominus}$ 都是只决定于反应本性和温度的常数。实际应用时则采用 K_f 和 K_a，其中对于气相反应，K_f 也是只依赖于反应本性和温度的常数，而对于多相化学反应和溶液化学反应，K_f 和 K_a 严格来说还受压力的影响，只有当压力离 $p^{\ominus}$ 不远，影响可以忽略不计时，才是决定于反应本性和温度的常数。

8.2 由热力学性质计算标准平衡常数

由式(3-8-2)，如能求得化学反应的标准摩尔反应吉布斯函数 $\Delta_r G_m^\ominus$ 即可得到标准平衡常数 $K^\ominus$。

8.2.1 利用标准生成焓、标准熵和标准恒压热容计算

由吉布斯函数的定义 $G=H-TS$，应用于化学反应，得

$$\Delta_r G_m^\ominus(T)=\Delta_r H_m^\ominus(T)-T\Delta_r S_m^\ominus(T) \tag{3-8-31}$$

由于物质的标准摩尔生成焓 $\Delta_f H_{m,B}^\ominus$ (298.15)、标准摩尔燃烧焓 $\Delta_c H_{m,B}^\ominus$ (298.15)、标准摩尔熵 $S_{m,B}^\ominus$ (298.15) 以及标准摩尔恒压热容 $C_{pm,B}^\ominus$很容易由各种热化学手册查得，或由 4.5 节的 Benson 基团贡献法估计，可以利用这些数据和式(3-8-31) 计算 $\Delta_r G_m^\ominus$，并由式(3-8-2) 得 $K^\ominus$。

按式(3-2-10)、式(3-2-11)，得：

$$\Delta_r H_m^\ominus(298.15)=\sum_B \nu_B \Delta_f H_{m,B}^\ominus(298.15)=-\sum_B \nu_B \Delta_c H_{m,B}^\ominus(298.15) \tag{3-8-32}$$

$$\Delta_r S_m^\ominus(298.15)=\sum_B \nu_B S_{m,B}^\ominus(298.15) \tag{3-8-33}$$

$$\Delta_r C_{pm}^\ominus=\sum_B \nu_B C_{pm,B}^\ominus \tag{3-8-34}$$

按式(3-3-33)、式(3-3-34)，$(\partial H/\partial T)_p=C_p$，$(\partial S/\partial T)_p=C_p/T$，得：

$$\Delta_r H_m^\ominus(T)=\Delta_r H_m^\ominus(298.15)+\int_{298.15}^{T}\Delta_r C_{pm}^\ominus \mathrm{d}T \tag{3-8-35}$$

$$\Delta_r S_m^\ominus(T)=\Delta_r S_m^\ominus(298.15)+\int_{298.15}^{T}\frac{\Delta_r C_{pm}^\ominus}{T}\mathrm{d}T \tag{3-8-36}$$

代入式(3-8-31)，得：

$$\Delta_r G_m^\ominus(T)=\Delta_r H_m^\ominus(298.15)-T\Delta_r S_m^\ominus(298.15)+\int_{298.15}^{T}\Delta_r C_{pm}^\ominus \mathrm{d}T-T\int_{298.15}^{T}\frac{\Delta_r C_{pm}^\ominus}{T}\mathrm{d}T \tag{3-8-37}$$

8.2.2 利用标准生成吉布斯函数、标准生成焓和标准恒压热容计算

有时可查得标准摩尔生成吉布斯函数 $\Delta_f G_{m,B}^\ominus$ (298.15)，则 298.15K 下的标准摩尔反应吉布斯函数 $\Delta_r G_m^\ominus$ (298.15) 可由式(3-8-38) 计算

$$\Delta_r G_m^\ominus(298.15)=\sum_B \nu_B \Delta_f G_{m,B}^\ominus(298.15) \tag{3-8-38}$$

按 Gibbs-Helmholtz 方程式(3-3-26)，$[\partial(G/T)/\partial T]_p=-H/T^2$，得：

$$\frac{\Delta_r G_m^\ominus(T)}{T}=\frac{\Delta_r G_m^\ominus(298.15)}{298.15}-\int_{298.15}^{T}\frac{\Delta_r H_m^\ominus}{T^2}\mathrm{d}T \tag{3-8-39}$$

以式(3-8-35) 代入，得：

$$\frac{\Delta_r G_m^{\ominus}(T)}{T}=\frac{\Delta_r G_m^{\ominus}(298.15)}{298.15}-\int_{298.15}^{T}\frac{1}{T^2}\left[\Delta_r H_m^{\ominus}(298.15)+\int_{298.15}^{T}\Delta_r C_{pm}^{\ominus}\mathrm{d}T\right]\mathrm{d}T \tag{3-8-40}$$

注意在应用式(3-8-37)、式(3-8-40) 时，积分区间中如反应物或产物有相变化，需添加相变焓和相变熵。

8.3 平衡组成的计算

(1) 反应进度 反应中各反应物和产物具有不同的化学计量系数，为统一表示反应进程，引入反应进度 ξ，定义为

$$\xi=(n_B-n_B^0)/\nu_B \tag{3-8-41}$$

式中，n_B^0 为反应开始时物质 B 的量；n_B为在反应某时刻物质 B 的量。

(2) 物质总量 系统中物质的总量 n 为：

$$n=\sum_B n_B=\sum_B(n_B^0+\nu_B\xi) \tag{3-8-42}$$

式中求和时应包括惰性物质，它的计量系数为零。

$$x_B=n_B/n=(n_B^0+\nu_B\xi)/n \tag{3-8-43}$$

平衡组成的计算首先要将 $K^{\ominus}$ 化为平衡组成 x_B^{eq} 或 y_B^{eq} 的函数。

8.3.1 一般化学反应

以 $f_B^{eq}=py_B^{eq}\varphi_B^{eq}$ 代入式(3-8-6)

$$K^{\ominus}=\prod_B(f_B^{eq}/p^{\ominus})^{\nu_B}=\prod_B(py_B^{eq}\varphi_B^{eq})^{\nu_B}(p^{\ominus})^{-\sum_B\nu_B} \tag{3-8-44}$$

以式(3-8-43) 代入：

$$K^{\ominus}=\prod_B[p(n_B^0+\nu_B\xi^{eq})\varphi_B^{eq}/np^{\ominus}]^{\nu_B} \tag{3-8-45}$$

式中，ξ^{eq}为平衡时的反应进度。在一定的温度压力和一定初始组成 n_B^0 的条件下，式(3-8-45) 只有一个未知数即 ξ^{eq}，解得后代入式(3-8-43) 即可求得平衡组成 y_B^{eq}。但要注意，φ_B是 y_B的函数，除非假设为理想溶液，遵守 Lewis-Randall 规则式(3-3-166)，φ_B可用纯物质的 φ_B^* 代替，否则需要迭代才能求得 ξ^{eq}。如果系统的压力较低，近似可作为理想气体处理，则 $\varphi_B=1$，这时

$$K^{\ominus}=\prod_B[p(n_B^0+\nu_B\xi^{eq})/np^{\ominus}]^{\nu_B} \tag{3-8-46}$$

该式可以方便地求解。

如为多相化学反应，计算方法类似，只是需要注意物质总量 n 的计算不包括液体或固体组分。

8.3.2 溶液化学反应

以液态混合物中的化学反应为例，如果系统压力较低，p 和$p^{\ominus}$接近，将$a_{B,I}=x_B\gamma_{B,I}$代入式(3-8-18)

$$K^{\ominus}\approx K_a=\prod_B(x_B^{eq}\gamma_{B,I}^{eq})^{\nu_B}=\prod_B[(n_B^0+\nu_B\xi^{eq})\gamma_{B,I}^{eq}/n]^{\nu_B} \tag{3-8-47}$$

在一定温度、压力和一定初始组成 n_B^0 的条件下，式(3-8-47) 只有一个未知数即 ξ^{eq}，解得后代入式(3-8-43) 即可求得平衡组成 x_B^{eq}。但要注意，$\gamma_{B,I}$ 是 x_B 的函数，需要迭代才能求解 ξ^{eq}。如果液态混合物可近似作为理想溶液，则 $\gamma_{B,I}=1$，这时

$$K^{\ominus}=K_x=\prod_B[(n_B^0+\nu_B\xi^{eq})/n]^{\nu_B} \tag{3-8-48}$$

如将 $a_{B,II}=x_B\gamma_{B,II}$ 代入式(3-8-18)，结果与式(3-8-47) 类似，只是 $\gamma_{B,I}$ 变为 $\gamma_{B,II}$。

第3篇

8.4 各种因素对平衡组成的影响

$K^{\ominus}$是不依赖于压力的常数，压力对平衡组成的影响源于压力对逸度系数和活度系数的影响。温度则直接影响 $K^{\ominus}$，也影响逸度系数或活度系数，进而影响平衡组成。

8.4.1 一般化学反应的压力影响

按式(3-8-44)，$K^{\ominus}$可表示为

$$K^{\ominus}=\prod_B(py_B^{eq}\varphi_B^{eq}/p^{\ominus})^{\nu_B}=K_y\prod_B(p\varphi_B^{eq}/p^{\ominus})^{\nu_B} \tag{3-8-49}$$

式中，$K_y=\prod_B(y_B^{eq})^{\nu_B}$。在研究压力对平衡组成的影响时，主要关心的就是压力与 K_y 的关系。

按式(3-3-125)，$[\partial\ln(f_i/p^{\ominus})/\partial p]_{T,x}=V_{m,i}/RT$，由于 $f_i=py_i\varphi_i$，

$$\left[\frac{\partial\ln(p\varphi_B/p^{\ominus})}{\partial p}\right]_{T,y}=\frac{V_{m,B}}{RT} \tag{3-8-50}$$

将式(3-8-49) 取对数后对 p 求导（注意 $K^{\ominus}$与压力无关）：

$$\begin{aligned}\left(\frac{\partial\ln K_y}{\partial p}\right)_T&=-\sum_B\nu_B\left[\frac{\partial\ln(p\varphi_B^{eq}/p^{\ominus})}{\partial p}\right]_T\\&=-\sum_B\nu_B\left[\frac{\partial\ln(p\varphi_B^{eq}/p^{\ominus})}{\partial p}\right]_{T,y}-\sum_B\nu_B\left[\frac{\partial\ln(p\varphi_B^{eq}/p^{\ominus})}{\partial\xi^{eq}}\right]_{T,p}\left(\frac{\partial\xi^{eq}}{\partial p}\right)_T\end{aligned} \tag{3-8-51}$$

公式右侧第二项的含义是由于压力改变使平衡组成改变因而引起逸度系数的变化。如近似忽略这一变化，并以式(3-8-50) 代入，得

$$\left(\frac{\partial\ln K_y}{\partial p}\right)_T=-\frac{1}{RT}\sum_B\nu_BV_{m,B}=-\frac{\Delta_rV_m}{RT} \tag{3-8-52}$$

式中，$\Delta_r V_m$ 为摩尔反应体积。由式(3-8-52) 可见，如 $\Delta_r V_m<0$，反应时体积减小，$(\partial \ln K_y/\partial p)_T>0$，平衡产率将随压力升高而升高；反之，如 $\Delta_r V_m>0$，反应时体积增大，$(\partial \ln K_y/\partial p)_T<0$，平衡产率将随压力升高而下降。

如果向反应系统中添加惰性气体，这时式(3-8-42) 需对系统中所有物质加和，包括惰性气体组分，由式(3-8-43) 可见，这相当于降低压力。

8.4.2 溶液化学反应的压力影响

按式(3-8-15)，$K^\ominus$可表示为

$$K^\ominus=\prod_B (a_{B,I}^{eq})^{\nu_B}\prod_B \exp\left(\nu_B\int_{p^\ominus}^{p} V_{m,B}^{*}dp/RT\right)$$

$$=K_x\prod_B (\gamma_{B,I}^{eq})^{\nu_B}\prod_B \exp\left(\nu_B\int_{p^\ominus}^{p} V_{m,B}^{*}dp/RT\right) \tag{3-8-53}$$

式中，$K_x=\prod_B (x_B^{eq})^{\nu_B}$ 。按式(3-3-190)

$$\left(\frac{\partial \ln\gamma_{B,I}}{\partial p}\right)_{T,x}=\frac{V_{m,B}-V_{m,B}^{**}}{RT} \tag{3-8-54}$$

将式(3-8-53) 取对数后对 p 求导：

$$\left(\frac{\partial \ln K_x}{\partial p}\right)_T=-\sum_B \nu_B\left[\left(\frac{\partial \ln\gamma_{B,I}^{eq}}{\partial p}\right)_T+\frac{V_{m,B}^{*}}{RT}\right] \tag{3-8-55}$$

式中

$$\left(\frac{\partial \ln\gamma_{B,I}^{eq}}{\partial p}\right)_T=\left(\frac{\partial \ln\gamma_{B,I}^{eq}}{\partial p}\right)_{T,x}+\left(\frac{\partial \ln\gamma_{B,I}^{eq}}{\partial \xi^{eq}}\right)_{T,p}\left(\frac{\partial \xi^{eq}}{\partial p}\right)_T \tag{3-8-56}$$

略去公式右侧第二项，并以式(3-8-54) 代入，进一步代入式(3-8-55)，得

$$\left(\frac{\partial \ln K_x}{\partial p}\right)_T=-\frac{1}{RT}\sum_B \nu_B V_{m,B}=-\frac{\Delta_r V_m}{RT} \tag{3-8-57}$$

和式(3-8-52) 完全相同。此式表明，压力对溶液反应平衡组成的影响同样决定于反应体积变化，当 $\Delta_r V_m<0$，压力升高有利；反之，当 $\Delta_r V_m>0$，压力降低有利。

8.4.3 温度影响

按 Gibbs-Helmholtz 方程式(3-3-26)，$[\partial(G/T)/\partial T]_p=-H/T^2$ ，因此

$$\frac{d\ln K^\ominus}{dT}=\frac{\Delta_r H_m^\ominus}{RT^2} \tag{3-8-58}$$

显然，吸热反应由于 $\Delta_r H_m^\ominus>0$，升高温度使 $K^\ominus$ 增大对平衡有利，放热反应由于 $\Delta_r H_m^\ominus<0$，温度升高使 $K^\ominus$ 降低对平衡不利。

8.5 多个化学反应同时存在时的平衡

多个化学反应同时存在并达到平衡时，每一个化学反应都达到平衡，又称同时平衡。有

两种计算平衡组成的方法。

8.5.1 平衡常数法

当系统中存在 R 个独立的化学反应，应有 R 个独立的标准平衡常数。可为 R 个独立反应分别采用反应进度 ξ_k，$k=1$，…，R，任一物质 B 的数量 n_B 与初始量 n_B^0 应满足下列关系：

$$n_B = n_B^0 + \sum_{k=1}^{R} \nu_{Bk}\xi_k \tag{3-8-59}$$

式中，ν_{Bk} 为第 k 个反应中物质 B 的化学计量系数。如对该反应 B 是惰性物质，则 $\nu_{Bk}=0$。独立反应数的确定方法，对于数目不太多的情况，可根据经验直观判断；如个数很多，需采用矩阵法，可参考文献［1，2］。

在求解平衡组成时，按式(3-8-45)、式(3-8-47)，可为每一个独立的化学反应列出，

$$K_k^{\ominus} = \prod\nolimits_B [p(n_B^0 + \nu_{Bk}\xi_k^{eq})\varphi_B^{eq}/np^{\ominus}]^{\nu_{Bk}}, k=1,\cdots,R \tag{3-8-60}$$

或

$$K_k^{\ominus} = \prod\nolimits_B [(n_B^0 + \nu_{Bk}\xi_k^{eq})\gamma_{B,I}^{eq}/n]^{\nu_{Bk}} \prod\nolimits_B \exp\left(\nu_{B,k}\int_{p^{\ominus}}^{p} V_{m,B}^{*}dp/RT\right), k=1,\cdots,R \tag{3-8-61}$$

原则上可以解出 R 个 ξ_k^{eq}，注意 φ_B、$\gamma_{B,I}$ 都是 ξ_k 的函数，需要迭代求解。

8.5.2 最小吉布斯函数法

如果独立反应数很多，上面联立解 R 维方程组的方法效率很低，这时采用最小吉布斯函数法的效率比较高。

设有 K 个组分，按式(3-3-16)，$G=\sum_{i=1}^{K} n_i\mu_i$，以 $\mu_i=\mu_i^{\ominus}+RT\ln(py_i\varphi_i/p^{\ominus})$ 代入

$$G = \sum_{i=1}^{K} n_i\mu_i^{\ominus} + \sum_{i=1}^{K} n_i RT\ln(py_i\varphi_i/p^{\ominus}) \tag{3-8-62}$$

如设各元素最稳定单质的 $G_m^{\ominus}$（元素）为零，则 $\mu_i^{\ominus}$ 可用标准生成吉布斯函数 $\Delta_f G_{m,i}^{\ominus}$ 取代，

$$G = \sum_{i=1}^{K} n_i \Delta_f G_{m,i}^{\ominus} + \left(\sum_{i=1}^{K} n_i\right) RT\ln(p/p^{\ominus}) + RT\sum_{i=1}^{K} n_i \ln y_i + RT\sum_{i=1}^{K} n_i \ln\varphi_i \tag{3-8-63}$$

当达到平衡时，G 应具有极小值，同时，它还应满足元素守恒所施加的限制。设有 M 种元素，A_k 为第 k 种元素的总量，可写出：

$$\sum_{i=1}^{K} n_i a_{ik} = A_k, k=1,\cdots,M \tag{3-8-64}$$

式中，a_{ik} 为第 i 种组分的分子中第 k 种元素的数量。在式(3-8-64) 的限制下求 G 的极值，可采用 Lagrange 未定乘数法。将式(3-8-64) 乘以未定乘数 λ_k，加入式(3-8-63)，构成：

第3篇

$$F=G+\sum_{k=1}^{M}\lambda_k\sum_{i=1}^{K}n_i a_{ik} \tag{3-8-65}$$

G 的条件极值也就是 F 的极值。将 F 对 n_i 求偏导，并令其等于零，得：

$$\frac{\partial F}{\partial n_i}=\Delta_f G_{m,i}^{\ominus}+RT\ln(p/p^{\ominus})+RT\ln y_i+RT\ln\varphi_i-\sum_{k=1}^{M}a_{ik}\lambda_k=0,\ i=1,\cdots,K \tag{3-8-66}$$

即

$$y_i=(p^{\ominus}/\varphi_i p)\exp\left(\sum_{k=1}^{M}a_{ik}\lambda_k/RT-\Delta_f G_{m,i}^{\ominus}/RT\right) \tag{3-8-67}$$

将式(3-8-64) 两边除以 $n=\sum_{i=1}^{K}n_i$ ，得：

$$\sum_{i=1}^{K}y_i a_{ik}=A_k/n,\ k=1,\cdots,M \tag{3-8-68}$$

当 $k=1$ 时

$$1/n=\sum_{i=1}^{K}y_i a_{i1}/A_1 \tag{3-8-69}$$

代入式(3-8-68)，得：

$$\sum_{i=1}^{K}y_i a_{ik}=(A_k/A_1)\sum_{i=1}^{K}y_i a_{i1}=0,k=2,\cdots,M \tag{3-8-70}$$

再加组成归一化条件

$$\sum_{i=1}^{K}y_i-1=0 \tag{3-8-71}$$

式(3-8-70)、式(3-8-71) 为 M 维方程组。以式(3-8-67) 的 y_i 代入后，有 M 个未知数，即 M 个未定乘数 λ_k，$k=1$，…，M。用 Newton-Raphson 法迭代求解，得出所有 λ_k 后，代入式(3-8-67) 可求得平衡组成 y_i^{eq}。

8.6 化学反应的方向和限度，等温方程

对于化学反应 $0=\sum_B\nu_B B$，按过程可逆性判据式(3-2-44)，$dG_{T,p,dW'=0}=\sum_{\alpha=1}^{\pi}\sum_{i=1}^{K}\mu_i^{(\alpha)}dn_i^{(\alpha)}\leqslant 0$，可以写出

$$dG_{T,p,dW'=0}=\sum_B\nu_B\mu_B d\xi\leqslant 0 \tag{3-8-72}$$

或

$$(dG/d\xi)_{T,p,W'=0}=\sum_B\nu_B\mu_B=\Delta_r G_m=-A\leqslant 0 \tag{3-8-73}$$

式中，A 为反应的亲和势；$\Delta_r G_m$为反应摩尔吉布斯函数，它们依赖于反应系统所处的状态，按式(3-8-73)，可用来对一定状态下反应的方向和限度做出判断：

$A>0$，$\Delta_r G_m<0$：反应为不可逆过程，系统未达到平衡，反应可以正向进行；

$A=0$，$\Delta_r G_m=0$：反应为可逆过程，达到化学平衡；

$A<0$，$\Delta_r G_m>0$：反应不可能进行，系统未达到平衡，实际反应只能逆向进行。

对于气相化学反应，若系统处于某指定状态，为判断该状态是否已达到平衡或未达到平衡，以 $\mu_B=\mu_B^{\ominus}(g)+RT\ln(f_B/p^{\ominus})$代入 $\Delta_r G_m=\sum_B \nu_B\mu_B$，得

$$\Delta_r G_m=\sum_B \nu_B\mu_B=\sum_B \nu_B\mu_B^{\ominus}(g)+RT\ln\prod_B(f_B/p^{\ominus}) \tag{3-8-74}$$

公式右侧第一项按式(3-8-5)、式(3-8-6) 与平衡常数相关，

$$\sum_B \nu_B\mu_B^{\ominus}(g)=-RT\ln K^{\ominus}=-RT\ln[K_f(p^{\ominus})^{-\sum_B \nu_B}] \tag{3-8-75}$$

式(3-8-74) 右边第二项则代表系统的指定状态。按式(3-8-76) 定义逸度比 J_f：

$$J_f=\prod_B(f_B)^{\nu_B} \tag{3-8-76}$$

它形式上与 K_f 相同，但其中组分的逸度系数 f_B是系统指定状态的而不是化学平衡时的 f_B^{eq}。将式(3-8-75)、式(3-8-76) 代入式(3-8-74) 和式(3-8-73)，得：

$$\Delta_r G_m=RT\ln(J_f/K_f)\leqslant 0 \tag{3-8-77}$$

用此式可由指定状态的 J_f和平衡常数 K_f计算 $\Delta_r G_m$，并进行反应方向和限度的判断。

如果反应系统的压力很低可看作理想气体，式(3-8-77) 可简化为

$$\Delta_r G_m=RT\ln(J_p/K_p)\leqslant 0 \tag{3-8-78}$$

将式(3-8-76) 中的 f_B改为分压 p_{y_B}或 p_B，即为 J_p。

对于有纯液体或纯固体参与的多相化学反应，式(3-8-77) 仍然适用，但纯液体或纯固体组分 E 的 f_E不再出现在 J_f计算式(3-8-76) 中。

对于液态或固态混合物中的化学反应，式(3-8-77) 可推广为

$$\Delta_r G_m=RT\ln(J_a/K_a)\leqslant 0 \tag{3-8-79}$$

式中，J_a为系统指定状态的活度比，参照式(3-8-16)，定义为

$$J_a=\prod_B(a_{B,I})^{\nu_B} \tag{3-8-80}$$

注意，J_a中的活度 $a_{B,I}$ 是系统指定状态的，而 K_a 中则是化学平衡时的 $a_{B,I}^{eq}$。如果液态或固态混合物是理想溶液，则式(3-8-79) 可简化为

$$\Delta_r G_m=RT\ln(J_x/K_x)\leqslant 0 \tag{3-8-81}$$

将式(3-8-80) 中的 $a_{B,I}$ 改成摩尔分数 x_B，即为 J_x。

总结式(3-8-77)、式(3-8-78)、式(3-8-79) 和式(3-8-81)，得到化学反应的普遍判别式：

$$\Delta_r G_m=RT\ln(J/K)\leqslant 0 \tag{3-8-82}$$

它们都称为化学反应的等温方程，用于判断不同类型反应的方向和限度：

$J<K$：系统未达平衡，反应正向进行；

$J=K$：系统已达化学平衡；

$J>K$：系统未达平衡，反应逆向进行。

参考文献

[1] 金克新，赵传钧，马沛生. 化工热力学. 天津：天津大学出版社，1990.

[2] Smith W R. Theoretical Chemistry, Advances and Perspectives. Vol. 5//Erying H, Henderson D. Academic Press，1980.

界面与吸附现象的热力学

9.1 吸附量

吸附平衡与一般相平衡的区别在于要考虑界面相，首先要解决如何描述界面相的组成。有两种方法。

9.1.1 Guggenheim 法

将界面相看作有一定厚度，因而有一定体积。设组分 i 在界面相 σ 中的数量为 $n_i^{(\sigma)}$，各组分总量为 $n^{(\sigma)}$，$n^{(\sigma)}=\sum_{i=1}^{K}n_i^{(\sigma)}$，摩尔分数 $x_i^{(\sigma)}=n_i^{(\sigma)}/n^{(\sigma)}$。

（1）单位面积吸附量 符号用 Γ，定义为：

$$\Gamma=n^{(\sigma)}/A_{\mathrm{s}}=1/A_{\mathrm{sm}} \tag{3-9-1}$$

$$\Gamma_i=n_i^{(\sigma)}/A_{\mathrm{s}}=\Gamma x_i^{(\sigma)}=x_i^{(\sigma)}/A_{\mathrm{sm}} \tag{3-9-2}$$

式中，A_{s}为界面面积；A_{sm}为摩尔界面面积，$A_{\mathrm{sm}}=A_{\mathrm{s}}/n^{(\sigma)}$。

（2）界面覆盖率 符号用 θ，定义为：

$$\theta=\Gamma/\Gamma_0 \tag{3-9-3}$$

$$\theta_i=\Gamma_i/\Gamma_0=x_i^{(\sigma)}\theta \tag{3-9-4}$$

式中，Γ_0为界面上覆盖单分子层时的吸附量。如果界面上发生多分子层吸附，θ 或 θ_i 可能大于 1。

（3）相对单位面积吸附量 符号用 $\Gamma_{i(1)}$，定义为：

$$\Gamma_{i(1)}=\Gamma_i-\Gamma_1 x_i^{(\beta)}/x_1^{(\beta)} \tag{3-9-5}$$

式中，$x_i^{(\beta)}$ 为体相 β 中组分 i 的摩尔分数。引入 $\Gamma_{i(1)}$ 是因为界面相边界难以确定，因而 Γ_i 有任意性，将随边界上下移动而变。$\Gamma_{i(1)}$ 是相对于组分 1 的吸附量，与边界移动无关。

9.1.2 Gibbs 法

Gibbs 描述界面相组成的方法是将界面相模型化，如图 3-9-1 所示，α 和 β 设为液相和气相。由图可见，溶剂 1 在液相中浓度很高，气相中很低，在界面相 σ 中则有一个由高到低的分布；溶质 i 虽然同样在液相中浓度较气相中高，但在界面相中有很显著的富集作用，浓度虽然也是一个分布，但出现极值。Gibbs 为了解决界面相边界难以确定的困难，将界面相设想为一厚度为零的平面，见图中 ss'，界面相是没有体积的，

$$V=V^{(\alpha)}+V^{(\beta)} \tag{3-9-6}$$

式中，V、$V^{(\alpha)}$和$V^{(\beta)}$分别为系统总体积、α相和β相体积。各组分浓度分布以阶梯线取代，界面相中组分i的总量$n_i^{(\sigma)}$按式(3-9-7)计算：

$$n_i^{(\sigma)}=n_i-V^{(\alpha)}c_i^{(\alpha)}-V^{(\beta)}c_i^{(\beta)}=n_i-Vc_i^{(\alpha)}+V^{(\beta)}[c_i^{(\alpha)}-c_i^{(\beta)}] \tag{3-9-7}$$

式中，c_i为组分i的体积摩尔浓度。将式(3-9-7)分别用于溶剂1和溶质i，并消去其中的$V^{(\beta)}$，得：

$$n_i^{(\sigma)}=n_i-n_1^{(\sigma)}\frac{c_i^{(\alpha)}-c_i^{(\beta)}}{c_1^{(\alpha)}-c_1^{(\beta)}}=[n_i-Vc_i^{(\alpha)}]-[n_1-Vc_1^{(\alpha)}]\frac{c_i^{(\alpha)}-c_i^{(\beta)}}{c_1^{(\alpha)}-c_1^{(\beta)}} \tag{3-9-8}$$

公式右侧不再有$V^{(\alpha)}$和$V^{(\beta)}$，因而与ss'的位置无关。

相对单位面积吸附量　符号仍用$\Gamma_{i(1)}$，定义为：

$$\Gamma_{i(1)}=\Gamma_i-\Gamma_1\frac{c_i^{(\alpha)}-c_i^{(\beta)}}{c_1^{(\alpha)}-c_1^{(\beta)}} \tag{3-9-9}$$

式中，Γ_i和Γ_1仍按式(3-9-2)计算。$\Gamma_{i(1)}$与ss'的位置无关。既然无关，最实用的选择就是使$\Gamma_1=0$，见图3-9-1，这时溶剂1的阶梯线与实际分布间的正面积和负面积绝对值相等。

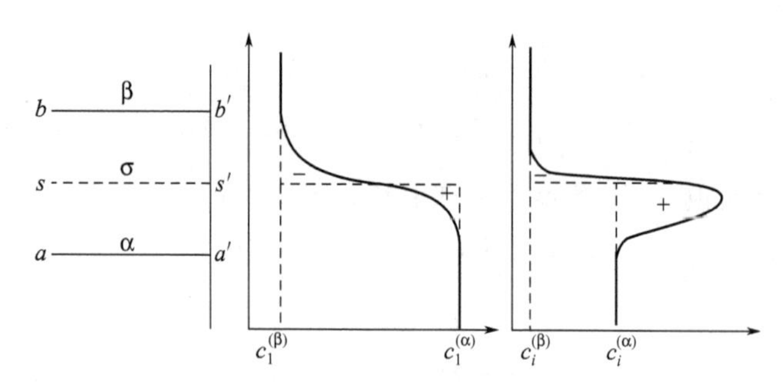

图 3-9-1 Gibbs吸附模型

$$\Gamma_{i(1)}=\Gamma_i\ (\Gamma_1=0) \tag{3-9-10}$$

$\Gamma_{i(1)}>0$时为正吸附；$\Gamma_{i(1)}<0$时为负吸附。

9.2 界面热力学

9.2.1 热力学基本方程

$$\mathrm{d}U^{(\sigma)}=T^{(\sigma)}\mathrm{d}S^{(\sigma)}-p^{(\sigma)}\mathrm{d}V^{(\sigma)}+\sigma\mathrm{d}A_s+\sum_{i=1}^{K}\mu_i^{(\sigma)}\mathrm{d}n_i^{(\sigma)} \tag{3-9-11}$$

$$\mathrm{d}H^{(\sigma)}=T^{(\sigma)}\mathrm{d}S^{(\sigma)}+V^{(\sigma)}\mathrm{d}p^{(\sigma)}+\sigma\mathrm{d}A_s+\sum_{i=1}^{K}\mu_i^{(\sigma)}\mathrm{d}_i^{(\sigma)} \tag{3-9-12}$$

$$\mathrm{d}A^{(\sigma)}=-S^{(\sigma)}\mathrm{d}T^{(\sigma)}-p^{(\sigma)}\mathrm{d}V^{(\sigma)}+\sigma\mathrm{d}A_s+\sum_{i=1}^{K}\mu_i^{(\sigma)}\mathrm{d}n_i^{(\sigma)} \tag{3-9-13}$$

$$dG^{(\sigma)}=-S^{(\sigma)}dT^{(\sigma)}+V^{(\sigma)}dp^{(\sigma)}+\sigma dA_s+\sum_{i=1}^{K}\mu_i^{(\sigma)}dn_i^{(\sigma)} \tag{3-9-14}$$

与一般系统的式(3-3-1)～式(3-3-4) 相比较，可见多了 σdA_s，其中 σ 为界面张力，它是一种广义力，定义为：

$$\sigma=\left[\frac{\partial U^{(\sigma)}}{\partial A_s}\right]_{S,V,n}=\left[\frac{\partial H^{(\sigma)}}{\partial A_s}\right]_{S,p,n}=\left[\frac{\partial A^{(\sigma)}}{\partial A_s}\right]_{T,V,n}=\left[\frac{\partial G^{(\sigma)}}{\partial A_s}\right]_{T,p,n} \tag{3-9-15}$$

根据二阶偏导数与求导次序无关，可写出：

$$\left(\frac{\partial\sigma}{\partial T}\right)_{p,A_s,n}=-\left[\frac{\partial S^{(\sigma)}}{\partial A_s}\right]_{T,p,n} \tag{3-9-16}$$

$$\left(\frac{\partial\sigma}{\partial T}\right)_{V,A_s,n}=-\left[\frac{\partial S^{(\sigma)}}{\partial A_s}\right]_{T,V,n} \tag{3-9-17}$$

由于 $A=U-TS$，$G=H-TS$，由以上三式可得，

$$\left[\frac{\partial H^{(\sigma)}}{\partial A_s}\right]_{T,p,n}=\sigma-T\left(\frac{\partial\sigma}{\partial T}\right)_{p,A_s,n} \tag{3-9-18}$$

$$\left[\frac{\partial U^{(\sigma)}}{\partial A_s}\right]_{T,V,n}=\sigma-T\left(\frac{\partial\sigma}{\partial T}\right)_{V,A_s,n} \tag{3-9-19}$$

类似还可写出：

$$\left[\frac{\partial\sigma}{\partial p^{(\sigma)}}\right]_{T,A_s,n}=-\left[\frac{\partial V^{(\sigma)}}{\partial A_s}\right]_{T,p,n} \tag{3-9-20}$$

$$\left[\frac{\partial\sigma}{\partial V^{(\sigma)}}\right]_{T,A_s,n}=-\left[\frac{\partial p^{(\sigma)}}{\partial A_s}\right]_{T,V,n} \tag{3-9-21}$$

这些公式描述了 σ 随 p、V、T 变化的规律。

与一般系统的式(3-3-13)～式(3-3-16) 类似，可以写出：

$$U^{(\sigma)}=T^{(\sigma)}S^{(\sigma)}-p^{(\sigma)}V^{(\sigma)}+\sigma A_s+\sum_{i=1}^{K}n_i^{(\sigma)}\mu_i^{(\sigma)} \tag{3-9-22}$$

$$H^{(\sigma)}=T^{(\sigma)}S^{(\sigma)}+\sigma A_s+\sum_{i=1}^{K}n_i^{(\sigma)}\mu_i^{(\sigma)} \tag{3-9-23}$$

$$A^{(\sigma)}=-p^{(\sigma)}V^{(\sigma)}+\sigma A_s+\sum_{i=1}^{K}n_i^{(\sigma)}\mu_i^{(\sigma)} \tag{3-9-24}$$

$$G^{(\sigma)}=\sigma A_s+\sum_{i=1}^{K}n_i^{(\sigma)}\mu_i^{(\sigma)} \tag{3-9-25}$$

将式(3-9-25) 微分并与式(3-9-14) 比较，得：

$$0=S^{(\sigma)}dT-V^{(\sigma)}dp+A_s d\sigma+\sum_{i=1}^{K}n_i^{(\sigma)}d\mu_i^{(\sigma)} \tag{3-9-26}$$

它就是界面相的 Gibbs-Duhem 方程。

9.2.2 平衡判据

对于图 3-9-1 所示的由 α、β、σ 三相组成的系统，除已为界面相写出基本方程外，对 α、

β相，

$$dU^{(\alpha)} = T^{(\alpha)} dS^{(\alpha)} - p^{(\alpha)} dV^{(\alpha)} + \sum_{i=1}^{K} \mu_i^{(\alpha)} dn_i^{(\alpha)} \tag{3-9-27}$$

$$dU^{(\beta)} = T^{(\beta)} dS^{(\beta)} - p^{(\beta)} dV^{(\beta)} + \sum_{i=1}^{K} \mu_i^{(\beta)} dn_i^{(\beta)} \tag{3-9-28}$$

对整个系统：

$$dU = dU^{(\alpha)} + dU^{(\beta)} + dU^{(\sigma)} \tag{3-9-29}$$

当达到平衡，可设想系统与环境隔离，形成孤立系统，这时在相间如有任意极微量物质转移，相应产生体积、熵和界面面积的变化。由于在平衡下进行的是可逆过程，

$$dS = dS^{(\alpha)} + dS^{(\beta)} + dS^{(\sigma)} = 0 \tag{3-9-30}$$

由于孤立系统，$dU=0$，$đW=0$，则

$$đW = -p^{(\alpha)} dV^{(\alpha)} - p^{(\beta)} dV^{(\beta)} - p^{(\sigma)} dV^{(\sigma)} + \sigma dA_s = 0 \tag{3-9-31}$$

此外，根据物质守恒原理，得

$$dn_i = dn_i^{(\alpha)} + dn_i^{(\beta)} + dn_i^{(\sigma)} = 0 \tag{3-9-32}$$

将这些公式代入式(3-9-29) 以及式(3-9-11)、式(3-9-27) 和式(3-9-28)，可得：

$$[T^{(\alpha)} - T^{(\beta)}]dS^{(\alpha)} + [T^{(\sigma)-T^{(\beta)}}]dS^{(\sigma)} - [p^{(\alpha)} - p^{(\beta)}]dV^{(\alpha)}$$
$$-[p^{(\sigma)} - p^{(\beta)}]dV^{(\sigma)} + \sigma dA_s + \sum_{i=1}^{K}\{[\mu_i^{(\alpha)} - \mu_i^{(\beta)}]dn_i^{(\alpha)} + [\mu_i^{(\sigma)} - \mu_i^{(\beta)}]dn_i^{(\sigma)}\} = 0 \tag{3-9-33}$$

由于 $dS^{(\alpha)}$、$dS^{(\sigma)}$、$dn_i^{(\alpha)}$ 和 $dn_i^{(\sigma)}$ 都可以独立变化，$dV^{(\alpha)}$、$dV^{(\sigma)}$ 和 dA_s 则由于界面可能存在曲率而相互有一定关联。为了满足式(3-9-33)，所有可以独立地任意变化的项的系数应为零，所有相关项则联合为零，由此的平衡判据如下：

$$T^{(\alpha)} = T^{(\beta)} = T^{(\sigma)} \tag{3-9-34}$$

$$\mu_i^{(\alpha)} = \mu_i^{(\beta)} = \mu_i^{(\sigma)}, i = 1, \cdots, K \tag{3-9-35}$$

$$-[p^{(\alpha)} - p^{(\beta)}]dV^{(\alpha)} - [p^{(\sigma)} - p^{(\beta)}]dV^{(\sigma)} + \sigma dA_s = 0 \tag{3-9-36}$$

9.2.3 Laplace 方程

设界面有一定曲率，α 相是半径为 r 的球体，为使问题简化，采用 Gibbs 界面相模型，这时 $dV^{(\sigma)}=0$，式(3-9-36) 变为

$$p^{(\alpha)} - p^{(\beta)} = \sigma \frac{dA_s}{dV^{(\alpha)}} \tag{3-9-37}$$

由于 $A_s=4\pi r^2$，$V^{(\alpha)}=4\pi r^3/3$，$dA_s/dV^{(\alpha)}=2/r$，得

$$\Delta p = p^{(\alpha)} - p^{(\beta)} = 2\sigma/r \tag{3-9-38}$$

这就是 Laplace 方程。此式表明，球体内的压力比外面高，r 愈小，差别愈大。

9.2.4 Kelvin 方程

曲率半径为 r 的液面与平面的吉布斯函数差可利用式(3-3-19) $(\partial G/\partial p)_T=V$ 得到：

$$G_{\mathrm{m}}(r)-G_{\mathrm{m}}(r=\infty)=\int_{p}^{p+\Delta p}V_{\mathrm{m}}^{(\mathrm{L})}\mathrm{d}p \tag{3-9-39}$$

如忽略 $V_{\mathrm{m}}^{(\mathrm{L})}$ 随压力的微小变化，以式(3-9-38) 代入，得

$$G_{\mathrm{m}}(r)-G_{\mathrm{m}}(r=\infty)=2V_{\mathrm{m}}^{(\mathrm{L})}\sigma/r \tag{3-9-40}$$

由于 $G_{\mathrm{m}}=G_{\mathrm{m}}^{\ominus}+RT\ln p$，$p$ 为平衡的气相压力，即饱和蒸气压 p^*，代入式(3-9-40) 得：

$$RT\ln[p^*(r)/p^*]=2V_{\mathrm{m}}^{(\mathrm{L})}\sigma/r \tag{3-9-41}$$

式中，p^* 和 $p^*(r)$ 分别为平面和曲率半径为 r 的液面上的饱和蒸气压。式(3-9-41) 即 **Kelvin 方程**，它表明球面上的饱和蒸气压比平面大，曲率半径愈小，蒸气压愈大。

第3篇

9.2.5 界面化学位

对于一般体相，可用逸度或活度来表达化学位，对于界面，情况要复杂一些。

由式(3-9-25) 出发，$G^{(\sigma)}=\sigma A_{\mathrm{s}}+\sum_{i=1}^{K}n_i^{(\sigma)}\mu_i^{(\sigma)}$，其中界面面积 A_{s}可表达为：

$$A_{\mathrm{s}}=\sum_{i=1}^{K}n_i^{(\sigma)}A_{\mathrm{sm}i} \tag{3-9-42}$$

式中，$A_{\mathrm{sm}i}$为组分 i 的偏摩尔界面面积。代入式(3-9-25)，得

$$G^{(\sigma)}=\sum_{i=1}^{K}n_i^{(\sigma)}[\mu_i^{(\sigma)}+\sigma A_{\mathrm{sm}i}] \tag{3-9-43}$$

由式可见，1mol 组分 i 在混合物条件下对界面吉布斯函数的贡献不仅是 $\mu_i^{(\sigma)}$，还要加上 $\sigma A_{\mathrm{sm}i}$。

界面化学位的符号用 ξ_i 表示，定义为：

$$\xi_i=\mu_i^{(\sigma)}+\sigma A_{\mathrm{sm}i} \tag{3-9-44}$$

$$G^{(\sigma)}=\sum_{i=1}^{K}n_i^{(\sigma)}\xi_i \tag{3-9-45}$$

注意 ξ_i 不要与 $\mu_i^{(\sigma)}$ 混淆，后者是界面相中组分 i 的化学位，ξ_i 是界面相中组分 i 的界面化学位。

正像体相中 μ_i 可用 a_i 表达，界面相中的 ξ_i 也可用界面相中组分 i 的活度 $a_i^{(\sigma)}$ 和活度系数 $\gamma_i^{(\sigma)}$ 表达：

$$\xi_i=\xi_i^{**}+RT\ln a_i^{(\sigma)}=\xi_i^{**}+RT\ln x_i^{(\sigma)}\gamma_i^{(\sigma)} \tag{3-9-46}$$

式中，ξ_i^{**} 为活度标准状态下组分 i 的界面化学位，如不指明，用第一种活度。ξ_i^{**} 可用式(3-9-47) 表达：

$$\xi_i^{**}=\mu_i^{*(\sigma)}+\sigma_i^* A_{smi}^* \tag{3-9-47}$$

式中，$\mu_i^{*(\sigma)}$、σ_i^*、A_{smi}^*均指纯组分i的性质。

当使用平衡判据时，还需要用$\mu_i^{(\sigma)}$，因为它与体相的$\mu_i^{(\alpha)}$、$\mu_i^{(\beta)}$相等。联合式(3-9-44)、式(3-9-46)和式(3-9-47)，得

$$\mu_i^{(\sigma)}=\mu_i^{*(\sigma)}+RT\ln[x_i^{(\sigma)}\gamma_i^{(\sigma)}]+\sigma_i^* A_{smi}^*-\sigma A_{smi} \tag{3-9-48}$$

如不计A_{smi}^*与A_{smi}的差别，则

$$\mu_i^{(\sigma)}=\mu_i^{*(\sigma)}+RT\ln[x_i^{(\sigma)}\gamma_i^{(\sigma)}]+\pi A_{smi}^* \tag{3-9-49}$$

式中，$\pi=\sigma^*-\sigma$，称为**铺展压**，它是溶剂纯界面张力与溶液界面张力之差。

9.2.6 Gibbs吸附等温式

将界面Gibbs-Duhem式(3-9-26)用于恒温恒压：

$$-A_s\mathrm{d}\sigma=\sum_{i=1}^{K}n_i^{(\sigma)}\mathrm{d}\mu_i^{(\sigma)} \tag{3-9-50}$$

将式(3-9-2)代入得：

$$-\mathrm{d}\sigma=\sum_{i=1}^{K}\Gamma_i\mathrm{d}\mu_i^{(\sigma)}=\Gamma\sum_{i=1}^{K}x_i^{(\sigma)}\mathrm{d}\mu_i^{(\sigma)} \tag{3-9-51}$$

这个公式称为Gibbs吸附等温式。由于$\mu_i^{(\sigma)}=\mu_i^{(\alpha)}$，它表达了体相组成对吸附量的影响。如果用Gibbs界面模型，$\Gamma_1=0$，对于二元系：

$$-\mathrm{d}\sigma=\Gamma_{2(1)}\mathrm{d}\mu_2^{(\alpha)} \tag{3-9-52}$$

以$\mu_i=\mu_i^{**}+RT\ln a_i$代入，得：

$$\Gamma_{2(1)}=-\frac{a_2^{(\alpha)}}{RT}\times\frac{\mathrm{d}\sigma}{\mathrm{d}a_2^{(\alpha)}} \tag{3-9-53}$$

如近似将体相看作理想溶液或理想稀溶液：

$$\Gamma_{2(1)}=-\frac{x_2^{(\alpha)}}{RT}\times\frac{\mathrm{d}\sigma}{\mathrm{d}x_2^{(\alpha)}} \tag{3-9-54}$$

或

$$\Gamma_{2(1)}=-\frac{c_2^{(\alpha)}}{RT}\times\frac{\mathrm{d}\sigma}{\mathrm{d}c_2^{(\alpha)}} \tag{3-9-55}$$

由式可见，可由实验测得的界面张力随体相浓度的变化求得吸附量。当$\mathrm{d}\sigma/\mathrm{d}c_2^{(\alpha)}<0$，$\Gamma_{2(1)}>0$为正吸附；$\mathrm{d}\sigma/\mathrm{d}c_2^{(\alpha)}>0$，$\Gamma_{2(1)}<0$为负吸附。

9.3 混合物的界面张力

混合物的气液界面张力和液液界面张力是重要的基础物性数据，它们对蒸馏、吸收和萃

取过程的传质效率有显著的影响，对于泡沫、乳状液的形成及其稳定起着关键的作用。在化工、冶金、食品等过程的开发、设计及其优化中有着非常重要的应用，特别当涉及界面传热、传质过程时，界面张力数据更是必不可少。下面介绍几种有一定预测性能的热力学方法。

9.3.1 界面化学位法

当系统达到平衡时，界面相中的化学位 $\mu_i^{(\sigma)}$ 与液相中的化学位 $\mu_i^{(L)}$ 相等，分别以式(3-9-49) 和式(3-3-176) 代入，并注意 $\mu_i^{*(\sigma)}=\mu_i^*$，可得：

$$RT\ln[x_i^{(L)}\gamma_{i,I}^{(L)}]=RT\ln[x_i^{(\sigma)}\gamma_{i,I}^{(\sigma)}]+(\sigma_i^*-\sigma)A_{smi}^* \tag{3-9-56}$$

整理后得：

$$\sigma=\sigma_i^*+\frac{RT}{A_{smi}^*}\ln\frac{x_i^{(\sigma)}\gamma_{i,I}^{(\sigma)}}{x_i^{(L)}\gamma_{i,I}^{(L)}} \tag{3-9-57}$$

该式称为 Butler 方程。移项后，得：

$$x_i^{(\sigma)}=\frac{x_i^{(L)}\gamma_{i,I}^{(L)}}{\gamma_{i,I}^{(\sigma)}}\exp\left[\frac{A_{smi}^*}{RT}(\sigma-\sigma_i^*)\right] \tag{3-9-58}$$

界面相组成必须归一化，即

$$\sum_{i=1}^{K}x_i^{(\sigma)}=\sum_{i=1}^{K}\frac{x_i^{(L)}\gamma_{i,I}^{(L)}}{\gamma_{i,I}^{(\sigma)}}\exp\left[\frac{A_{smi}^*}{RT}(\sigma-\sigma_i^*)\right]=1 \tag{3-9-59}$$

在此式中，界面相组成 $x_i^{(\sigma)}$ 不见了，当然，$\gamma_{i,I}^{(\sigma)}$ 仍然依赖于 $x_i^{(\sigma)}$。

如设体相和界面相都是理想溶液，式(3-9-59) 变为

$$\sum_{i=1}^{K}x_i^{(L)}\exp\left[\frac{A_{smi}^*}{RT}(\sigma-\sigma_i^*)\right]=1 \tag{3-9-60}$$

此式可根据纯组分的界面张力 σ_i^*，以及相应的摩尔界面面积 A_{smi}^*，预测在体相浓度为 $x_i^{(L)}$ 时混合物的界面张力。Goldsack 等[1] 利用这一方法预测了许多二元系的气液界面张力。Sprow 和 Prausnitz[2] 用溶解度参数来表达活度系数，有一定的改善。Bahramian 等[3] 将这一方法应用于离子型表面活性剂与非离子聚合物的混合物水溶液以及离子型表面活性剂与具有相反电荷的聚电解质的混合物水溶液气液界面张力的计算，也取得令人满意的结果。

9.3.2 Gibbs-Duhem 方程法

按式(3-9-26)，可写出恒温恒压时二元系界面相的 Gibbs-Duhem 方程如下：

$$A_{sm}\mathrm{d}\sigma+x_1^{(\sigma)}\mathrm{d}\mu_1^{(\sigma)}+x_2^{(\sigma)}\mathrm{d}\mu_2^{(\sigma)}=0 \tag{3-9-61}$$

对于体相（液相），按式(3-3-71)，相应地有：

$$x_1^{(L)}\mathrm{d}\mu_1^{(L)}+x_2^{(L)}\mathrm{d}\mu_2^{(L)}=0 \tag{3-9-62}$$

由于 $\mu_i^{(\sigma)}=\mu_i^{(L)}=\mu_i$，将上述两式中的 $\mathrm{d}\mu_2$ 消去，并引入：

$$A_{sm} = x_1^{(\sigma)} A_{sm1} + x_2^{(\sigma)} A_{sm2} \tag{3-9-63}$$

可得

$$x_1^{(\sigma)} = \frac{x_1^{(L)} - x_2^{(L)} A_{sm2}^* (d\sigma/d\mu_1)}{1 + x_2^{(L)} (A_{sm1}^* - A_{sm2}^*)(d\sigma/d\mu_1)} \tag{3-9-64}$$

式中 $d\sigma/d\mu_1$用$[d\sigma/dx_1^{(L)}]/[d\mu_1/dx_1^{(L)}]$取代，得

$$\frac{d\sigma}{dx_1^{(L)}} = \frac{[x_1^{(L)} - x_1^{(\sigma)}][d\mu_1/dx_1^{(L)}]}{x_2^{(L)} A_{sm2}^* + x_2^{(L)} (A_{sm1}^* - A_{sm2}^*) x_1^{(\sigma)}} \tag{3-9-65}$$

进一步设：

$$\sigma = x_1^{(\sigma)} \sigma_1^* + x_2^{(\sigma)} \sigma_2^* \tag{3-9-66}$$

代入式(3-9-65) 得：

$$\frac{d\sigma}{dx_1^{(L)}} = \frac{[(\sigma_1^* - \sigma_2^*) x_1^{(L)} - \sigma_1^* + \sigma_2^*][d\mu_1/dx_1^{(L)}]}{x_2^{(L)} (\sigma - \sigma_2^*)(A_{sm1}^* - A_{sm2}^*) + x_2^{(L)} A_{sm2}^* (\sigma_1^* - \sigma_2^*)} \tag{3-9-67}$$

式中 $d\mu_1/dx_1^{(L)}$ 是体相性质，如设为理想溶液，$d\mu_1/dx_1^{(L)} = RT/x_1^{(L)}$。式(3-9-67) 是一个 σ 对 $x_1^{(L)}$ 的微分方程，可用差分法或 Runge-Kutta 法求解。

戎宗明等[4]用这一方法预测了许多二元系的气液界面张力，效果令人满意。

9.3.3 实用的界面张力模型

按定标粒子理论，气液界面张力 σ 可表达为[5]

$$\sigma = \frac{kT}{4\pi d^2}\left[\frac{12\eta}{1-\eta} + 18\left(\frac{\eta}{1-\eta}\right)^2\right] - \frac{pd}{2} \tag{3-9-68}$$

式中，d 为分子的硬球直径；p 和 T 分别为系统的压力和温度。公式右侧第二项的贡献比较小，通常可忽略不计，即纯流体界面张力可简化为：

$$\sigma \approx \frac{kT}{4\pi d^2}\left[\frac{12\eta}{1-\eta} + 18\left(\frac{\eta}{1-\eta}\right)^2\right] \tag{3-9-69}$$

η 为对比密度，对于链长为 γ，链节直径为 d 的链状流体

$$\eta = \frac{\pi}{6} \rho \gamma d^3 \tag{3-9-70}$$

令：

$$\psi = \frac{12\eta}{1-\eta} + 18\left(\frac{\eta}{1-\eta}\right)^2 \tag{3-9-71}$$

式(3-9-69) 可重新整理成

$$\frac{6d^2}{\psi} = \frac{kT}{4\pi} \tag{3-9-72}$$

上式表明，温度一定时，任何物质（包括混合物）的 $\sigma d^2/\psi$ 都相等。据此，可方便地将混合物的界面张力和纯流体的界面张力联系起来，即：

$$\frac{\sigma_m d_m^2}{\psi_m}=\frac{kT}{4\pi}=\sum_{i=1}^{K} x_i\left(\frac{\sigma_i d_i^2}{\psi_i}\right) \tag{3-9-73}$$

由此，混合物界面张力为：

$$\sigma_m=\frac{\psi_m}{d_m^2}\sum_{i=1}^{K} x_i \frac{\sigma_i d_i^2}{\psi_i} \tag{3-9-74}$$

这里 x_i 为组分 i 的摩尔分数，ψ_m 和 d_m 分别采用式(3-9-75) 和式(3-9-76) 计算：

$$\psi_m=\frac{12\eta_m}{1-\eta_m}+18\left(\frac{\eta_m}{1-\eta_m}\right)^2 \tag{3-9-75}$$

$$d_m^3=\sum_{i=1}^{K}\sum_{j=1}^{K} x_i x_j d_{ij}^3 \tag{3-9-76}$$

η_m 为混合物的对比密度，则

$$\eta_m=\frac{\pi}{6}\sum_{i=1}^{K} x_i \rho_i \gamma_i d_i^3 \tag{3-9-77}$$

交叉直径的计算可采用式(3-9-78) 计算：

$$d_{ij}=\frac{(d_i+d_j)}{2}\left[1+3\eta_m\left(\frac{d_i-d_j}{d_i+d_j}\right)^2\right]^{1/3}(1-l_{ij}) \tag{3-9-78}$$

式中，l_{ij} 为二元可调参数。

混合物的对比密度可以根据压缩系数计算：

$$\eta_m=\frac{p\pi}{6zRT}\sum_{i=1}^{K} x_i \gamma_i d_i^3 \tag{3-9-79}$$

而压缩因子 z 则可以采用合适的状态方程计算。

李进龙等[6]利用这一方法，由纯物质界面张力计算了多种混合物的界面张力，效果令人满意。

9.4 分子热力学模型

和一般系统的相平衡计算一样，涉及界面时同样需要输入足够的性质来表征系统，选用分子热力学模型是常用的方法。

9.4.1 过量函数模型

4.3 节中介绍的那些分子热力学模型，如溶解度参数、Margules 方程、van Laar 方程、Wilson 方程、NRTL 方程、UNIQUAC 方程等，都可以使用于界面相。20 世纪 80 年代以来，还发展了一种空穴溶液模型[7]。在许多情况下，假设为理想溶液常能取得良好效果，理想溶液本质上也是一种模型。

9.4.2 界面状态方程

和流体一样，界面相也可以用状态方程描述，只是变量不是 p、V、T、x_i，而是铺展

压 π、界面面积 A_{sm}、温度 T 和界面相组成 $x_i^{(\sigma)}$。由界面状态方程 $\pi=\pi[T, A_{sm}, x_i^{(\sigma)}]$，可利用 Gibbs 吸附等温式得到实用的吸附等温式。

例如类似于理想气体可写出理想界面状态方程：

$$\pi A_{sm}=RT \tag{3-9-80}$$

设为纯物质，$x_i^{(\sigma)}=1$，按式(3-9-50)，当 $\pi=\sigma^*-\sigma$，则

$$-A_{sm}^* d\sigma=A_{sm}^* d\pi=d\mu^{(\sigma)}=d\mu^{(\alpha)} \tag{3-9-81}$$

以 $\mu^{(\alpha)}=\mu^{\ominus}(g)+RT\ln[f^{(\alpha)}/p^{\ominus}]$以及式(3-9-80) 代入，

$$-d\ln A_{sm}^*=d\ln[f^{(\alpha)}/p^{\ominus}] \tag{3-9-82}$$

按式(3-9-1)，$A_{sm}=1/\Gamma$，又按式(3-9-3)，$\Gamma=\theta\Gamma_0$，代入式(3-9-82) 以 $f^{(\alpha)}=0$，$\theta=0$ 为下限积分，得：

$$f^{(\alpha)}=K_H^{(\sigma)}\theta \quad 或 \quad \theta=kf^{(\alpha)} \tag{3-9-83}$$

式中，$K_H^{(\sigma)}$ 为界面相的 Herry 常数。如压力不太高，

$$p=K_H^{(\sigma)}\theta \quad 或 \quad \theta=kp \tag{3-9-84}$$

这两个公式就是界面吸附的 Herry 定律，是一种吸附等温式。表 3-9-1 列出了几种界面状态方程。

表 3-9-1 界面状态方程和吸附等温式

界面状态方程	相应的吸附等温式
$\pi A_{sm}=RT$	$\ln kp=\ln\theta$
$\pi(A_{sm}-b)=RT$	$\ln kp=\theta/(1-\theta)+\ln[\theta/(1-\theta)]$
$(\pi+a/A_{sm}^2)(A_{sm}-b)=RT$	$\ln kp=\theta/(1-\theta)+\ln[\theta/(1-\theta)]-c\theta$
$(\pi+a/A_{sm}^3)(A_{sm}-b)=RT$	$\ln kp=\theta/(1-\theta)+\ln[\theta/(1-\theta)]-c\theta^2$
$(\pi+a/A_{sm}^3)(A_{sm}-b/A_{sm})=RT$	$\ln kp=1/(1-\theta)+(1/2)\ln[\theta/(1-\theta)]-c\theta, c=2a/bRT$
$\pi A_{sm}=RT+\alpha\pi-\beta\pi^2$	$\ln kp=(\phi^2/2\omega)+(1/2\omega)(\phi+1)[(\phi-1)^2+2\omega]^{1/2}$ $-\ln\{(\phi-1)+[(\phi-1)^2+2\omega]^{1/2}\}, \phi=1/\theta, \omega=2\beta RT/\alpha^2$

9.4.3 实用的吸附等温式

吸附等温式表达恒温下压力或浓度与吸附量或界面覆盖率的关系。

Langmuir 吸附等温式：

$$\theta=bp/(1+bp) \tag{3-9-85}$$

Freundlich 吸附等温式：

$$\theta=Ap^{1/n} \tag{3-9-86}$$

Frumkin-Slygin 吸附等温式：

$$\theta = A\ln Cp \tag{3-9-87}$$

BET 吸附等温式：

$$\theta = \frac{c(p/p^*)}{(1-p/p^*)(1-p/p^*+cp/p^*)} \tag{3-9-88}$$

Ruthven 分子筛吸附等温式：

$$\theta = \frac{kp+(kp)^2R_1+\cdots+(kp)^mR_{m-1}/(m-1)!}{1+kp+(kp)^2R_1/2!+\cdots+(kp)^mR_m/m!} \tag{3-9-89}$$

Dubinin 吸附等温式：

$$\ln\theta = -D[\ln(p^*/p)]^2 \tag{3-9-90}$$

以上各式中，除 θ 和 p 外，其他均为方程的经验参数，p^* 为饱和蒸气压。

9.5 气固吸附平衡

下面作为一个实例，介绍 Myers 和 Prausnitz[8] 的理想吸附溶液理论。按式(3-9-48)：

$$\mu_i^{(\sigma)} = \mu_i^{**(\sigma)} + RT\ln[x_i^{(\sigma)}\gamma_i^{(\sigma)}] + A_{\text{sm}i}(\sigma_i^{**}-\sigma) \tag{3-9-91}$$

式中，$\mu_i^{**(\sigma)}$ 为界面活度标准状态下的化学位；σ_i^{**} 为界面活度标准状态下的界面张力。如取第一种活度，即为 $\mu_i^{*(\sigma)}$ 和 σ_i^*。现在选用一种特殊的界面活度标准状态，在这种状态下，纯物质 i 吸附于界面上不仅与混合物有相同的温度，而且有相同的界面张力或铺展压，$\sigma_i^{**}=\sigma$，$\pi^{**}=\sigma_i^*-\sigma_i^{**}=\pi=\sigma_i^*-\sigma$。式(3-9-91) 变为：

$$\mu_i^{(\sigma)} = \mu_i^{**(\sigma)} + RT\ln[x_i^{(\sigma)}\gamma_i^{(\sigma)}] \tag{3-9-92}$$

式中

$$\mu_i^{**(\sigma)} = \mu_i^{\ominus}(\text{g}) + RT\ln[f_i^{*(\alpha)}(\pi)/p^{\ominus}] \tag{3-9-93}$$

此式表示 $\mu_i^{**(\sigma)}$ 可用纯物质在体相中的逸度 $f_i^{*(\alpha)}$ 来表示［压力不高时即 $p_i^{*(\alpha)}$］。当体相具有这一逸度或压力时，界面相具有与混合物相同的铺展压。代入式(3-9-92)，得：

$$\mu_i^{(\sigma)} = \mu_i^{\ominus}(\text{g}) + RT\ln[f_i^{*(\alpha)}(\pi)/p^{\ominus}] + RT\ln[x_i^{(\sigma)}\gamma_i^{(\sigma)}] \tag{3-9-94}$$

当吸附达到平衡时，$\mu_i^{(\alpha)}=\mu_i^{(\sigma)}$，体相 $\mu_i^{(\alpha)}=\mu_i^{\ominus}(\text{g})+RT\ln[py_i\varphi_i^{*(\alpha)}/p^{\ominus}]$，可得：

$$py_i\varphi_i^{*(\alpha)} = f_i^{*(\alpha)}(\pi)x_i^{(\sigma)}\gamma_i^{(\sigma)} \tag{3-9-95}$$

这个公式和一般相平衡计算式形式上一样。

现在的问题是如何求得 $f_i^{*(\alpha)}(\pi)$。首先要计算混合物的铺展压 π，按界面相的 Gibbs-Helmholtz 方程式(3-9-50)：

$$\begin{aligned} -A_{\text{sm}}\text{d}\sigma = -A_{\text{sm}}\text{d}\pi &= \sum_{i=1}^{K}x_i^{(\sigma)}\text{d}\mu_i^{(\sigma)} \\ &= \sum_{i=1}^{K}x_i^{(\sigma)}\text{d}\mu_i^{(\alpha)} = RT\sum_{i=1}^{K}x_i^{(\sigma)}\text{d}\ln[py_i\varphi_i^{(\alpha)}/p^{\ominus}] \end{aligned} \tag{3-9-96}$$

积分此式可得 π。对于纯物质 i，$x_i^{(\sigma)}=y_i=1$，

$$\pi^*=\int_0^p \frac{RT}{A_{\rm sm}^*}{\rm d}\ln p\varphi_i^* \tag{3-9-97}$$

由于 $A_{\rm sm}^*=1/\Gamma$，如有实验吸附等温线 $\Gamma=\Gamma(p)$，读出混合物下的 p，$f_i^*(\pi)=p\varphi_i^*$。

Myer 和 Prausnitz 设界面相为理想溶液，并略去气相非理想性，式(3-9-95) 变为：

$$py_i=p_i^{*(\alpha)}(\pi)x_i^{(\sigma)} \tag{3-9-98}$$

关于气固平衡更多的讨论以及气-液、液-固吸附等的热力学，可参阅文献 [9～11]。

尽管相界面通常只有几个分子约零点几纳米到几纳米的厚度，但由于相界面区的密度和/或组成变化剧烈，相界面区的分子受到不对称的作用力，往往表现出与体相很不一样的性质，它与物体的黏附、浸润、润滑、电性质、光学性质、渗透性、生物兼容性、化学反应能力等密切相关。当分散相的尺寸小到纳微尺度时，相界面区的物质所占比例急剧增加，相界面所起的作用就非常显著。另外，两亲性的分子极易在表界面区富集形成致密的具有一定取向的单（或多）分子膜，从而阻碍物质通过表界面的传递，使界面传递成为多相化工过程的控制步骤。由于可以处理非均匀的密度分布，密度泛函理论成为研究界面现象最强有力的理论手段之一，这方面的详细介绍可以参阅胡英和刘洪来的专著[12]。

参考文献

[1] Goldsack D E，White B R. Can J Chem，1983，61：1725.

[2] Sprow F B，Prausnitz J M. Can J Chem Eng，1983，45：25.

[3] Bahramian A，Thomas R K，Penfold J. J Phys Chem B，2014，118：2769.

[4] 戎宗明，陆曜南，胡英．华东化工学院学报，1986，12：577.

[5] Reiss H，Frisch H L，Helfand E，et al. J Chem Phys，1960，32：119.

[6] Li J L，Ma J，Peng C J，et al. Ind Eng Chem Res. 2007，46：7267.

[7] Suwanayuen S，Danner R P. AIChE J，1980，26：68，76.

[8] Myers A L，Prausnitz J M. AIChE J，1965，11：121.

[9] 胡英．近代化工热力学——应用研究的新进展．上海：上海科技文献出版社，1994.

[10] [美]亚当森 A W. 表面物理化学．第三版．顾惕人，译．北京：科学出版社，1984.

[11] Yang R T. Gas Separation by Adsorption Processes. Butterworth，1987.

[12] 胡英，刘洪来．密度泛函理论．上海：科学出版社，2016.

10

电化学过程的热力学

电化学过程与一般化学反应的区别，从形式上来说，反应在电极的表面上进行，溶液中有离子的迁移，并有电能的输入和输出。从热力学原理分析，最显著的特征是各相电位不同，过程进行时不仅做体积功，还伴随电功，由此带来许多特点。

一般恒温恒压下的化学反应只涉及体积功，按式(3-2-44)，$dG_{T,\ p,\ dW'=0} \leqslant 0$，反应中吉布斯函数必定减少。例如锌片直接与硫酸铜接触发生反应，

$$0 = -Zn - CuSO_4(aq) + ZnSO_4(aq) + Cu$$

锌失去电子被氧化为锌离子，铜离子直接获得这些电子而被还原为铜，在各物质均处于热力学标准状态的情况下，

$$\Delta_r G_m^{\ominus} = -212.3 kJ \cdot mol^{-1} < 0 \text{（不可逆过程）}$$

$$\Delta_r H_m^{\ominus} = Q_p = -217.1 kJ \cdot mol^{-1} \text{（放热）}$$

10.1 两种电化学过程

在电化学过程中，系统对外输出电功或环境对系统输入电功，应采用式(3-2-43)，

$$\Delta G_{T,p} \leqslant W'_{ele} \tag{3-10-1}$$

根据 $\Delta G_{T,p}$ 大于零还是小于零，可分为两类：

(1) $\Delta G_{T,p} < 0$ 的过程 按式(3-10-1)，这类过程可以对外输出电功，$W'_{ele} < 0$，最大可输出 $W'_{ele} = \Delta G_{T,p}$。上述反应组成 Daniel 电池即铜锌电池后，每摩尔反应最大可输出 212.3kJ 电功。当输出最大电功时，应为可逆过程，这时，

$$Q_R = T\Delta_r S_m^{\ominus} = \Delta_r H_m^{\ominus} - \Delta_r G_m^{\ominus} = -4.8 kJ \cdot mol^{-1}$$

只放热 $-4.8 kJ \cdot mol^{-1}$，比一般反应时的 $-217.1 kJ \cdot mol^{-1}$ 小得多，原因是做了电功。实际放电为不可逆过程，输出电功比 $-212.3 kJ \cdot mol^{-1}$ 少，放热则比 $-4.8 kJ \cdot mol^{-1}$ 多。这种电化学过程是化学电源的基本过程。

(2) $\Delta G_{T,p} > 0$ 的过程 按式(3-10-1)，这类过程必须得到电功才能进行，$W'_{ele} > 0$，最少应得 $W'_{ele} = \Delta G_{T,p}$。例如上述铜锌电池外加电压进行电解，反应逆转，$\Delta_r G_m^{\ominus} = 212.3 kJ \cdot mol^{-1}$，$\Delta_r H_m^{\ominus} = 217.1 kJ \cdot mol^{-1}$，每摩尔反应最少应得 212.3kJ 电功，并吸热 $4.8 kJ \cdot mol^{-1}$。实际电解为不可逆过程，消耗电功比 $212.3 kJ \cdot mol^{-1}$ 还要大，并逐步由吸热转为放热。这种电化学过程是电解和电冶炼工业的基本过程。氯碱、电解铝、电解镁等工业的基本过程都是 $\Delta G_{T,p} > 0$ 的过程。

10.2 电化学位

电化学过程由于有不同电极和电解质溶液，是一个多相系统，各相不仅相态和化学组成不同，电位也有差异。在为每一相写出热力学基本方程时，形式上仍和式(3-3-1)～式(3-3-4)一样，例如：

$$dU = T dS - p dV + \sum_i \mu_i dn_i$$

但其中 μ_i 已经不是通常意义下的化学位，它称为电化学位，定义为：

$$\mu_i = \mu_i^0 + z_i F\psi \tag{3-10-2}$$

式中，μ_i^0 是电位为零时的化学位，即通常的化学位；z_i 是组分 i 的电荷数；F 是法拉第常数（$96485C \cdot mol^{-1}$）；ψ 是电位。电化学位的含义在于，在计算内能、焓、亥姆霍兹函数、吉布斯函数时，还应包括组分所带电荷在一定电位下所产生的电能的贡献。

当电化学过程达到平衡时，类似于平衡判据式(3-3-79)的推导，可得：

$$\sum_{\zeta=1}^{\pi} \sum_{i=1}^{K} \mu_i^{(\zeta)} dn_i^{(\zeta)} \leqslant 0 \tag{3-10-3}$$

式中求和遍及 π 个相和 K 个组分。

对于电化学反应 $\sum_B \nu_B B = 0$，平衡判据为：

$$\sum_B \nu_B \mu_B = 0 \tag{3-10-4}$$

对于带电物质在相间的传递，平衡判据为：

$$\mu_i^{(1)} = \mu_i^{(2)} = \cdots = \mu_i^{(\pi)}, \ i = 1, \cdots, K \tag{3-10-5}$$

这两个公式和一般系统的式(3-3-80)、式(3-3-81)相同，但要注意，这里的 μ_B 或 μ_i 是电化学位。

10.3 电池的电动势

以下列电池为例

$$Cu^{(L)} | Zn | ZnCl_2(aq) | AgCl | Ag | Cu^{(R)} \tag{3-10-6}$$

其中左边是一个锌电极，右边是一个氯化银电极，$Cu^{(L)}$、$Cu^{(R)}$ 分别是左边和右边的导线，“|”即界面。电池一经建立，各相即存在一定的电位，界面两边就有一定的电位差。当没有外接负载，在开路下进行一微元过程时，电池反应为：

$$\sum_B \nu_B B = -Zn - 2AgCl - 2e(R) + 2e(L) + ZnCl_2 + 2Ag = 0 \tag{3-10-7}$$

此式表示，不仅有 Zn 和 2AgCl 反应生成 $ZnCl_2$ 和 2Ag，左边右边还分别得到和失去两个电子。式(3-10-4)具体化为：

$$\sum_{B}\nu_B\mu_B = -\mu_{Zn} - 2\mu_{AgCl} - 2\mu_e^{(R)} + 2\mu_e^{(L)} + \mu_{ZnCl_2} + 2\mu_{Ag} = 0 \quad (3\text{-}10\text{-}8)$$

式中，μ_e是电子的化学位，按式(3-10-2)，由于 $z_e=-1$，则

$$\mu_e^{(L)} = -F\psi^{(L)},\ \mu_e^{(R)} = -F\psi^{(R)} \quad (3\text{-}10\text{-}9)$$

代入式(3-10-8)，得：

$$2\mu_{Ag} + \mu_{ZnCl_2} - \mu_{Zn} - 2\mu_{AgCl} = -2F[\psi^{(R)} - \psi^{(L)}] = -2FE \quad (3\text{-}10\text{-}10)$$

式中，$E=\psi^{(R)}-\psi^{(L)}$为电动势，它是开路下电池中界面电位差的代数和，或电池的两电极的电位差，或电池的端电压。

由于电池反应从整体来说没有电荷积累，所有反应物和产物都是中性物质，因此 $\mu_B=\mu_B^0$。$2\mu_{Ag}+\mu_{ZnCl_2}-\mu_{Zn}-2\mu_{AgCl}$即一般化学反应$-Zn-2AgCl+ZnCl_2+2Ag=0$ 的反应吉布斯函数变化 $\Delta_r G_m$。因而可写出通式，

$$\Delta_r G_m = W'_{ele,R} = -nFE \quad (3\text{-}10\text{-}11)$$

式中，n 为 1mol 反应所通过的电荷数（mol）；$W'_{ele,R}$是在可逆条件下的电功。不论是化学电源还是电解，当外加电压与电动势绝对值相等，但方向相反时，所进行的电化学过程为可逆过程。

10.3.1 电动势与活度的关系

对于任意化学反应 $\sum_{B}\nu_B B=0$，反应吉布斯函数变化为：

$$\Delta_r G_m = \sum_{B}\nu_B\mu_B \quad (3\text{-}10\text{-}12)$$

代入 $\mu_B=\mu_B^{**}+RT\ln a_B$，得

$$\Delta_r G_m = \sum_{B}\nu_B\mu_B^{**} + \sum_{B}\nu_B RT\ln a_B \quad (3\text{-}10\text{-}13)$$

式中，μ_B^{**} 对于离子为 $\mu_{B,Ⅲ}^{**}$ 相应活度为 $a_{B,Ⅲ}$，对于纯固体如金属或纯液体如汞，则为 μ_B^*(s) 或 μ_B^*(l)，相应的活度 $a_B=1$。注意 μ_B^{**} 是在系统压力下的性质，如果压力不高，与 $p^\ominus$ 相差不大，可近似用 $\mu_B^\ominus$ 代替，

$$\Delta_r G_m = \sum_{B}\nu_B\mu_B^\ominus + \sum_{B}\nu_B RT\ln a_B = \Delta_r G_m^\ominus + \sum_{B}\nu_B RT\ln a_B \quad (3\text{-}10\text{-}14)$$

式中，$\Delta_r G_m^\ominus = \sum_{B}\nu_B\mu_B^\ominus$ 为标准摩尔反应吉布斯函数。

如该反应在电池中进行，代入式(3-10-11)，得

$$E = E^\ominus - (RT/nF)\sum_{B}\nu_B\ln a_B \quad (3\text{-}10\text{-}15)$$

式中，$E^\ominus=-\Delta_r G_m^\ominus/nF$，称为**标准电动势**，它是各物质活度 a_B均为 1 时的电动势。

10.3.2 电动势与平衡常数的关系

按式(3-8-17)，则

$$K_a \approx K^{\ominus}=\exp\left(-\sum_{B}\nu_B\mu_B^{\ominus}/RT\right) \tag{3-10-16}$$

由于 $E^{\ominus}=-\Delta_r G_m^{\ominus}/nF=-\sum\limits_{B}\nu_B\mu_B^{\ominus}/nF$，代入式(3-10-16)：

$$E^{\ominus}=\frac{RT}{nF}\ln K^{\ominus}=\frac{RT}{nF}\ln K_a \tag{3-10-17}$$

10.3.3 电动势与温度的关系

按 Gibbs-Helmholtz 方程式(3-3-26)，可导得：

$$\Delta H=\Delta G+T\Delta S=\Delta G-T\left(\frac{\partial \Delta G}{\partial T}\right)_p \tag{3-10-18}$$

以式(3-10-11) 代入，则

$$-\Delta_r H_m=nF\left[E-T\left(\frac{\partial E}{\partial T}\right)_p\right] \tag{3-10-19}$$

$$\Delta_r S_m=nF\left(\frac{\partial E}{\partial T}\right)_p \tag{3-10-20}$$

由这些公式，可根据电动势随温度变化的测定，计算反应焓和反应熵。反之，已知反应焓和反应熵，就可以计算电动势及其随温度的变化。

10.3.4 电化学过程的有效能

电功可以任意地转换，是品位最高的能量，因此电功即可定义为有效能，其过程热力学分析原理不变。

10.4 膜电位与 Donnan 平衡

设膜两边的溶液（α）和（β）达到平衡，按式(3-10-5)，可写出电化学位等式如下：

$$\mu_i^{(\alpha)}[T,p^{(\alpha)},\psi^{(\alpha)}]=\mu_i^{(\beta)}[T,p^{(\beta)},\psi^{(\beta)}] \tag{3-10-21}$$

两相压力可以不同。以式(3-10-2) 代入，其中电位为零时的 μ_i^0 按式(3-3-176) 以第四种活度表示，得：

$$\mu_{i,\text{IV}}^{**}[T,p^{(\alpha)}]+RT\ln a_{i,\text{IV}}^{(\alpha)}+z_iF\psi^{(\alpha)}=\mu_{i,\text{IV}}^{**}[T,p^{(\beta)}]+RT\ln a_{i,\text{IV}}^{(\beta)}+z_iF\psi^{(\beta)} \tag{3-10-22}$$

又按式(3-3-55)，$(\partial\mu_i/\partial p)_{T,n_j}=V_{m,i}$，由于第四种活度以无限稀释的虚拟纯物质为标准态，$V_{m,i}$ 应使用无限稀释时的偏摩尔体积 $V_{m,i}^{\infty}$，

$$\mu_{i,\text{IV}}^{**}[T,p^{(\beta)}]-\mu_{i,\text{IV}}^{**}[T,p^{(\alpha)}]=\int_{p^{(\alpha)}}^{p^{(\beta)}}V_{m,i}^{\infty}\,dp \tag{3-10-23}$$

联合式(3-10-22) 和式(3-10-23)，得：

$$-F\Delta\psi/RT=z_i^{-1}\left\{\ln[a_{i,\mathrm{N}}^{(\beta)}/a_{i,\mathrm{N}}^{(\alpha)}]+\int_{p^{(\alpha)}}^{p^{(\beta)}}V_{\mathrm{m},i}^{\infty}\mathrm{d}p/RT\right\}=\ln\lambda \tag{3-10-24}$$

式中，$\Delta\psi=\psi^{(\beta)}-\psi^{(\alpha)}$为膜电位，$\lambda$ 称为 Donnan 分配系数。

设膜一边的 α 相溶液中有 1-1 型电解质 MX，初始浓度为 c_{MX}^0，另一边的 β 相溶液中有蛋白质大分子，浓度为 c_{R}，它可以离解为 M^+ 与 R^-。蛋白质离子 R^- 很大，不能透过该膜，M^+ 和 X^- 则能自由通过。当达到平衡时，α 相浓度的减小值为 x，两相中各离子浓度为：

	M^+	X^-	⋮	M^+	X^-	R^-	
(α)	c_{MX}^0-x	c_{MX}^0-x	⋮	$c_{\mathrm{R}}+x$	x	c_{R}	(β)

按式(3-10-24)，如忽略 $V_{\mathrm{m},i}^{\infty}\mathrm{d}p$ 的影响，并以体积摩尔浓度代替活度，可得

$$\lambda=\frac{a_{\mathrm{M^+}}^{(\beta)}}{a_{\mathrm{M^+}}^{(\alpha)}}=\left[\frac{a_{\mathrm{X^-}}^{(\beta)}}{a_{\mathrm{X^-}}^{(\alpha)}}\right]^{-1}=\frac{c_{\mathrm{R}}+x}{c_{\mathrm{MX}}^0-x}=\left(\frac{x}{c_{\mathrm{MX}}^0-x}\right)^{-1} \tag{3-10-25}$$

$$x=(c_{\mathrm{MX}}^0)^2/(c_{\mathrm{R}}+2c_{\mathrm{MX}}^0) \tag{3-10-26}$$

由式可见，如 $c_{\mathrm{R}}=0$，$x=c_{\mathrm{MX}}^0/2$，即一半电解质透过膜进入 β 相；而有了蛋白质大分子后，透过量将减小，并且随 c_{R} 增大，x 更为减小，电解质在膜两边分配不均。这个现象称为 Donnan 平衡，常见于大分子电解质溶液的膜平衡。

对电化学过程的进一步讨论可参阅有关物理化学和电化学的专著。

11

不可逆过程的热力学

11.1 基本假定

实际的过程如扩散、热传导、黏滞流动、电传导、相变化和化学变化都是不可逆过程，它们随时间推移而改变状态，其方向总是从非平衡态趋向平衡态。热力学主要研究平衡态，所有的热力学函数如内能、焓、熵、亥姆霍兹函数、吉布斯函数以及温度、压力等都是状态函数，状态就是指平衡态，这就是说它们都是按平衡态来定义的。那么，热力学是否能用于涉及非平衡态的不可逆过程呢？

实际上，在 2.3 节热力学第二定律中，已经引入了不可逆程度的概念，定义为 $T_{\mathrm{surr}}\mathrm{d}S-\text{đ}Q$，并指出，当 $T_{\mathrm{surr}}\mathrm{d}S-\text{đ}Q>0$ 时，系统处于非平衡态。既然热力学函数都是按平衡态来定义的，怎么可以用于非平衡态呢？这里实际上已经用了两个基本假定，只是在那时尚未明确指出而已。

11.1.1 局部平衡假定

当系统温度、压力和组成不均匀，是一种非平衡态。我们可将整个系统划分为若干个子系统，它们的范围足够小，以至可以认为其中的温度、压力和组成是均匀的；当然也不能过小，达到分子尺度，以至不能应用宏观方法处理。局部平衡假定假设每一个子系统均处于平衡态，而子系统之间则并未达到平衡，整个系统仍处于非平衡态。根据子系统的划分方法，可区别两种系统：

(1) 离散系统　系统由有限数目的子系统所构成，子系统间各种性质呈不连续变化。

(2) 连续系统　子系统已小到可以作为微元处理，各种性质在系统空间中呈连续变化。但是这种微元仍比分子尺度大得多，仍可应用宏观方法处理。

由于这一假定，可以对每一个子系统严格定义热力学函数，分别研究它们的不可逆程度，整个系统的不可逆程度则为所有子系统的不可逆程度之和。

11.1.2 不完全平衡假定

或称介稳平衡假定。许多时候系统的温度、压力和组成是均匀的，但由于过冷、过热、过饱和或偏离化学平衡，仍为非平衡态。按 3.5 节稳定性判据一节的讨论，这时仍可看作平衡态，只是它们的稳定性较之完全的或稳定的平衡态为低，是一种不完全的或介稳的平衡态，极端情况下甚至可以是不稳定的平衡态。这种状态相对于稳定平衡来说是一种非平衡态，但仍可应用平衡态方法处理。

这两个基本假定，正是不可逆过程热力学的基础。由它们出发，可以应用热力学方法来处理不可逆过程，并得到许多带有普遍性的规律。和平衡态热力学所得到的那些普遍规律一样，它们与系统的微观本性及分子间相互作用的本性无关。不可逆过程热力学特别适用于有多种基本过程相互耦合的情况。例如电化学过程，同时存在电荷传递与离子迁移；又如生物化学过程，以氧化磷酸化产生 ATP 为例，它是若干化学过程与传递过程耦合的结果。

本章下文首先从不可逆程度引申出熵流和熵产生的概念，进而引入不可逆过程的广义推动力和相应的广义通量，然后介绍线性唯象关系以及 Onsager 倒易关系，它们是近代不可逆过程热力学的基石，最后是应用。详细讨论可参考文献［1～3］。

11.2 熵流和熵产生

按不可逆程度的定义式(3-2-31)，$T_{\mathrm{surr}}\mathrm{d}S-\text{đ}Q\geqslant 0$，如 $T_{\mathrm{surr}}=T$，可以写出：

$$\mathrm{d}S-\text{đ}Q/T\geqslant 0 \tag{3-11-1}$$

(1) 熵流 定义为：

$$\mathrm{d_e}S=\text{đ}Q/T \tag{3-11-2}$$

设环境是一个温度为 T 的无限大的热源，环境的熵变即为 $-\text{đ}Q/T$，因此 $\mathrm{d_e}S$ 可以理解为由系统流向环境的熵，即熵流。

(2) 熵流率 单位时间的熵流，用 $\mathrm{d_e}S/\mathrm{d}t$ 表示。

(3) 熵产生 定义为总熵变扣除熵流后的部分，则

$$\mathrm{d_i}S=\mathrm{d}S-\mathrm{d_e}S=\mathrm{d}S-\text{đ}Q/T \tag{3-11-3}$$

与式(3-11-1) 比较，可得：

$$\mathrm{d_i}S\geqslant 0 \tag{3-11-4}$$

由式可见，熵产生就是当 $T_{\mathrm{surr}}=T$ 时的不可逆程度（除以 T），它永远大于零，不可逆过程总是伴随着正的熵产生。

(4) 熵产生率 单位时间的熵产生，用 $\mathrm{d_i}S/\mathrm{d}t$ 表示。

11.2.1 离散系统的熵产生率

设系统分为两个子系统（1）和（2），系统作为整体是封闭的，但每一个子系统则是开放的，子系统间有物质和能量的传递。对于第一个子系统，热力学第一定律给出：

$$\mathrm{d}U^{(1)}=\text{đ}Q^{(1)}+\text{đ}W^{(1)}+\text{đ}\Phi^{(1,2)}=\text{đ}Q^{(1)}-p^{(1)}\mathrm{d}V^{(1)}+\text{đ}\Phi^{(1,2)} \tag{3-11-5}$$

式中

$$\text{đ}\Phi^{(1,2)}=\text{đ}Q^{(1,2)}+\sum_i[U_{\mathrm{m},i}^{(1)}-U_{\mathrm{m},i}^{(2)}]\mathrm{d}n_i^{(1,2)} \tag{3-11-6}$$

它是子系统（1）和（2）之间的能量传递，包括热传递 $\text{đ}Q^{(1,2)}$ 和由于物质传递 $\mathrm{d}n_i^{(1,2)}$ 而伴随的内能变化，$U_{\mathrm{m},i}$ 是偏摩尔内能。$\text{đ}Q^{(1)}$ 和 $\text{đ}W^{(1)}$ 则为子系统（1）与环境间交换的热和功。又按热力学基本方程式(3-3-1)：

$$\text{đ}U^{(1)}=T^{(1)}\mathrm{d}S^{(1)}-p^{(1)}\mathrm{d}V^{(1)}+\sum_i\mu_i^{(1)}\mathrm{d}n_i^{(1)} \tag{3-11-7}$$

式中，$\sum_i \mu_i^{(1)} dn_i^{(1)}$ 可分解为两部分：

$$\sum_i \mu_i^{(1)} dn_i^{(1)} = \sum_i \mu_i^{(1)} dn_i^{(1,2)} + \sum_B \nu_B^{(1)} \mu_B^{(1)} d\xi^{(1)} = \sum_i \mu_i^{(1)} dn_i^{(1,2)} - A^{(1)} d\xi^{(1)} \tag{3-11-8}$$

其中第一部分是子系统（1）和（2）之间物质传递的贡献，第二项是化学反应的贡献，$A^{(1)} = -\sum_B \nu_B^{(1)} \mu_B^{(1)}$ 是化学反应的亲和势。联合式(3-11-5)、式(3-11-7)和式(3-11-8)，得：

$$dS^{(1)} = \frac{đQ^{(1)}}{T^{(1)}} + \frac{đ\Phi^{(1,2)}}{T^{(1)}} - \frac{1}{T^{(1)}} \sum_i \mu_i^{(1)} dn_i^{(1,2)} + \frac{1}{T^{(1)}} A^{(1)} d\xi^{(1)} \tag{3-11-9}$$

相应地对第二个子系统有：

$$dS^{(2)} = \frac{đQ^{(2)}}{T^{(2)}} + \frac{đ\Phi^{(2,1)}}{T^{(2)}} - \frac{1}{T^{(2)}} \sum_i \mu_i^{(2)} dn_i^{(2,1)} + \frac{1}{T^{(2)}} A^{(2)} d\xi^{(2)} \tag{3-11-10}$$

注意 $đ\Phi^{(1,2)} = -đ\Phi^{(2,1)}$，$dn_i^{(1,2)} = -dn_i^{(2,1)}$。

系统总的熵流率和熵产生率为：

$$\frac{d_e S}{dt} = \frac{1}{T^{(1)}} \times \frac{đQ^{(1)}}{dt} + \frac{1}{T^{(2)}} \times \frac{đQ^{(2)}}{dt} \tag{3-11-11}$$

$$\frac{d_i S}{dt} = \left[\frac{1}{T^{(1)}} - \frac{1}{T^{(2)}}\right] \frac{đ\Phi^{(1,2)}}{dt} - \sum_i \left[\frac{\mu_i^{(1)}}{T^{(1)}} - \frac{\mu_i^{(2)}}{T^{(2)}}\right] \frac{dn_i^{(1,2)}}{dt} + \frac{A^{(1)}}{T^{(1)}} \times \frac{d\xi^{(1)}}{dt} + \frac{A^{(2)}}{T^{(2)}} \times \frac{d\xi^{(2)}}{dt} \tag{3-11-12}$$

由式（3-11-12）可见，熵产生有三部分贡献，公式右侧第一项是子系统间能量传递的贡献，包括伴随物质传递的能量传递；第二项是子系统间物质传递的贡献；第三项是化学反应的贡献。

如果有 π 个子系统，可写出：

$$\frac{d_e S}{dt} = \sum_{\alpha=1}^{\pi} \frac{1}{T^{(\alpha)}} \times \frac{đQ^{(\alpha)}}{dt} \tag{3-11-13}$$

$$\begin{aligned} \frac{d_i S}{dt} = & \sum_{\alpha=1}^{\pi} \sum_{\beta>\alpha}^{\pi} \left[\frac{1}{T^{(\alpha)}} - \frac{1}{T^{(\beta)}}\right] \frac{đ\Phi^{(\alpha,\beta)}}{dt} \\ & - \sum_{\alpha=1}^{\pi} \sum_{\beta>\alpha}^{\pi} \sum_i \left[\frac{\mu_i^{(\alpha)}}{T^{(\alpha)}} - \frac{\mu_i^{(\beta)}}{T^{(\beta)}}\right] \frac{dn_i^{(\alpha,\beta)}}{dt} + \sum_{\alpha=1}^{\pi} \frac{A^{(\alpha)}}{T^{(\alpha)}} \times \frac{d\xi^{(\alpha)}}{dt} \end{aligned} \tag{3-11-14}$$

如果是电化学过程，μ_i 为电化学位，按式(3-10-2）计算。亲和势 $A = -\sum_B \nu_B \mu_B$ 中的 μ_B 也是电化学位。

如果计及重力：

$$\mu_i = \mu_i^0 + M_i g h \tag{3-11-15}$$

式中，μ_i^0 是不计及重力时的化学位；M_i 为摩尔质量；g 为重力加速度；h 为高度。

11.2.2 连续系统的熵产生率

对于一个三维空间的连续系统，将式(3-11-14)推广可得：

$$\sigma=\nabla(1/T)J_{\phi}-\sum_{i}\nabla(\mu_{i}/T)J_{i}+(A/T)r \tag{3-11-16}$$

式中，σ 为单位体积的熵产生率；∇为梯度 grad 算符；J_{ϕ} 为单位时间单位体积的能量传递；J_i是单位时间单位体积组分 i 数量的变化；r 是化学反应速率，即单位体积中 ξ 随时间的变化率。

11.3 广义推动力和广义通量

由式(3-11-14)和式(3-11-16)可见，各种过程对熵产生率的贡献均可表达为一种推动力与相应通量的乘积。例如能量传递为$[1/T^{(1)}-1/T^{(2)}]$与$đ\Phi^{(1,2)}/\mathrm{d}t$的乘积，物质传递为$-[\mu_i^{(1)}/T^{(1)}-\mu_i^{(2)}/T^{(2)}]$与$\mathrm{d}n_i^{(1,2)}/\mathrm{d}t$的乘积，化学反应为$A/T$与$\mathrm{d}\xi/\mathrm{d}t$的乘积。现以$X_k$表示广义推动力，$J_k$表示相对应的广义通量，则熵产生率可用以下通式表示：

$$\frac{\mathrm{d_i}S}{\mathrm{d}t}=\sum_{k}J_{k}X_{k}\geqslant 0 \tag{3-11-17}$$

力和通量的选择有一定的任意性。可以选择一组新的推动力 X_k^+，它们是原来一组推动力 J_k 的线性组合，相应地有一组新的通量 J_k^+，但熵产生率仍保持不变：

$$\frac{\mathrm{d_i}S}{\mathrm{d}t}=\sum_{k}J_{k}X_{k}=\sum_{k}J_{k}^{+}X_{k}^{+}\geqslant 0 \tag{3-11-18}$$

在计算通量时，还可以任意选择参照系，例如指定某一组分的通量为零，其他组分的通量则采用相对于该组分的相对值，这样做常可使方程简化。

11.3.1 通量和推动力间的关系

当系统达到平衡时，所有推动力均消失，所有通量都变为零。因此自然地假设，至少在接近平衡时，通量与推动力间呈线性关系，它相当于 Taylor 级数展开取线性项。对于热传导和扩散，经验的 Fourier 定律和 Fick 定律都符合这一线性假设，说明这种假设的适用性很强。对于化学反应，则通常只有在离平衡态不远时，才能近似地认为是线性的，离平衡较远时则具有显著的非线性。本节将指出，如果符合线性假设，热力学方法将给出有关那些线性系数间相互关系的普遍性规律，在研究不可逆过程时有重要的应用。

所谓线性关系并不是简单地说只有对应的推动力才对通量有线性的影响，而是所有其他的推动力都以线性的形式影响着这一通量。如有 n 对广义推动力和广义通量，线性关系假设给出：

$$\begin{aligned}J_1&=L_{11}X_1+L_{12}X_2+\cdots+L_{1n}X_n\\J_2&=L_{21}X_1+L_{22}X_2+\cdots+L_{2n}X_n\\&\cdots\\J_n&=L_{n1}X_1+L_{n2}X_2+\cdots+L_{nn}X_n\end{aligned} \tag{3-11-19}$$

这一线性方程组称为唯象关系。它是独立于热力学之外的一种假设，或一种模型。L_{ij}称为唯象系数。其中L_{ii}反映相对应的推动力X_i对通量J_i的直接影响，如电导率、热导率、扩散系数等，它们恒为正值；L_{ij}则代表第j种推动力X_j对第i种通量J_i的相关影响，例如热传导可以影响扩散，即热扩散，电流引起物质传递，即电渗等。L_{ij}可正可负，但也受到一定限制。设有两对推动力和通量，以式(3-11-19) 代入式(3-11-17)，

$$\frac{\mathrm{d_i}S}{\mathrm{d}t}=J_1X_1+J_2X_2=L_{11}X_1^2+(L_{12}+L_{21})X_1X_2+L_{22}X_2^2\geqslant 0 \tag{3-11-20}$$

这是一个二次式，正定的充分必要条件除$L_{11}>0$和$L_{22}>0$外，还有

$$(L_{12}+L_{21})^2<4L_{11}L_{22} \tag{3-11-21}$$

11.3.2 Onsager倒易定理

在上述唯象关系的基础上，Onsager于1931年引入一个倒易定理：

$$L_{ij}=L_{ji} \tag{3-11-22}$$

这个定理可由涨落理论和微观可逆性加以证明[1,2]。Onsager倒易定理表明，当通量J_i受到推动力X_j影响时，通量J_j以同样的唯象系数受到推动力X_i的影响。这个关系当线性的唯象关系成立时带有普遍性，与系统的微观本性无关，与推动力的微观本性也没有关系。

11.4 应用举例

11.4.1 动电现象

设有两个容器（1）和（2）由毛细管沟通，容器内盛有电解质溶液或胶体溶液。两相温度相等但压力和电位不等，由此引起电荷流动和物质传递。按式(3-11-12)，其中电化学位以式(3-10-2) 代入，则

$$\begin{aligned}\frac{\mathrm{d_i}S}{\mathrm{d}t}&=-\frac{1}{T}\sum_i[\mu_i^{(2)}-\mu_i^{(1)}]\frac{\mathrm{d}n_i^{(2,1)}}{\mathrm{d}t}\\&=-\frac{1}{T}\sum_i[\mu_i^{0(2)}-\mu_i^{0(1)}]\frac{\mathrm{d}n_i^{(2,1)}}{\mathrm{d}t}-\frac{1}{T}\sum_i z_iF[\psi^{(2)}-\psi^{(1)}]\frac{\mathrm{d}n_i^{(2,1)}}{\mathrm{d}t}\\&=-\frac{1}{T}\sum_i V_{\mathrm{m},i}\Delta p\frac{\mathrm{d}n_i^{(2,1)}}{\mathrm{d}t}-\frac{1}{T}\sum_i z_iF\Delta\psi\frac{\mathrm{d}n_i^{(2,1)}}{\mathrm{d}t}\end{aligned} \tag{3-11-23}$$

推导中用到了$\mathrm{d}\mu_i^0=V_{\mathrm{m},i}\mathrm{d}p$。引入通量$J$和$I$，则

$$J=-\sum_i V_{\mathrm{m},i}\frac{\mathrm{d}n_i^{(2,1)}}{\mathrm{d}t},I=-\sum_i z_iF\frac{\mathrm{d}n_i^{(2,1)}}{\mathrm{d}t} \tag{3-11-24}$$

相应推动力$\Delta p/T$和$\Delta\psi/T$。唯象关系式(3-11-19) 给出：

$$I=L_{11}\Delta\psi/T+L_{12}\Delta p/T \tag{3-11-25}$$

$$J=L_{21}\Delta\psi/T+L_{22}\Delta p/T \tag{3-11-26}$$

按 Onsager 倒易定理式(3-11-22)，$L_{12}=L_{21}$。

现在来看各唯象系数的意义。首先，L_{11}与 Δp 为零时溶液的电导率有关，L_{22}与 $\Delta\psi$ 为零时溶液的黏滞性有关，这是很直观的。至于 L_{12}和 L_{21}，它们和下面的一些物理现象有关系。

(1) 流致电势 它是电流为零时单位压力差所产生的电位差。由式(3-11-25)，当 $I=0$，

$$(\Delta\psi/\Delta p)_{I=0}=-L_{12}/L_{11} \tag{3-11-27}$$

(2) 电渗 它是均匀压力下单位电流所产生的物质通量。由式(3-11-25) 和式(3-11-26)，当 $\Delta p=0$，

$$(J/I)_{\Delta p=0}=L_{21}/L_{11} \tag{3-11-28}$$

(3) 电渗压 它是物质通量为零时单位电位差所产生的压力差。由式(3-11-26)，当 $J=0$，

$$(\Delta p/\Delta\psi)_{J=0}=-L_{21}/L_{22} \tag{3-11-29}$$

(4) 流致电流 它是在电位差为零时单位物质通量所产生的电流。由式(3-11-25) 和式(3-11-26)，$\Delta\psi=0$，得：

$$(I/J)_{\Delta\psi=0}=L_{12}/L_{22} \tag{3-11-30}$$

由 Onsager 倒易关系 $L_{12}=L_{21}$进一步可得：

$$(\Delta\psi/\Delta p)_{I=0}=-(J/I)_{\Delta p=0} \tag{3-11-31}$$

$$(\Delta p/\Delta\psi)_{J=0}=-(I/J)_{\Delta\psi=0} \tag{3-11-32}$$

这两个关系将两个不同的物理现象联系起来。例如，测定了压力差所产生的电位差，即流致电势，就知道了电流引起的物质通量，即电渗，反之亦然。这就和在平衡态热力学中所得到的一些规律一样，例如根据 Clapeyron 方程，只要测定了饱和蒸气压随温度的变化，就能得到蒸发热；又如根据 Gibbs-Duhem 方程，只要测定一系列温度、压力和液相组成，就能计算出气相组成。这种普遍性规律具有高度可靠性，与系统的微观本性以及过程的微观机理无关。不可逆过程热力学的一个重要意义，就在于给出了许多不同现象之间相互关系的普遍规律。关于动电现象的不可逆热力学分析的最新应用参见文献 [4]。除了动电现象外，类似的还有温差致压力差现象（Knudsen 效应）、热电现象（Peltier 效应），浓度差引起热传递(Dufour 效应)，以及热扩散现象等，详见文献 [1，2]。

11.4.2 膜过程

由阳离子交换膜隔开的两个溶液形成一个浓差电池，见图 3-11-1。溶液中有 HCl、NaCl 和 H_2O，膜的氢型和钠型分别记为 HM 和 NaM，它们由交换反应相联系：

$$\mathrm{NaM}+\mathrm{HCl}\rightleftharpoons\mathrm{HM}+\mathrm{NaCl}$$

电池两边各有一 Ag｜AgCl 电极，以施加一定的电位差 $\Delta\psi$。设溶液和膜的每一局部均与气相达到气液平衡，按相律，自由度 $F=5-2+2-1=4$，再加一个电位，共有 5 个独立变量，在一定温度下，μ_{H_2O}、μ_{NaCl}、μ_{HCl}以及 ψ 可以独立变化。将式(3-11-16) 应用于该膜过程，可以确定有四个推动力，即四个梯度$-\partial\mu_{HCl}/\partial x$、$-\partial\mu_{NaCl}/\partial x$、$-\partial\mu_{H_2O}/\partial x$ 和$-\partial\psi/\partial x$，

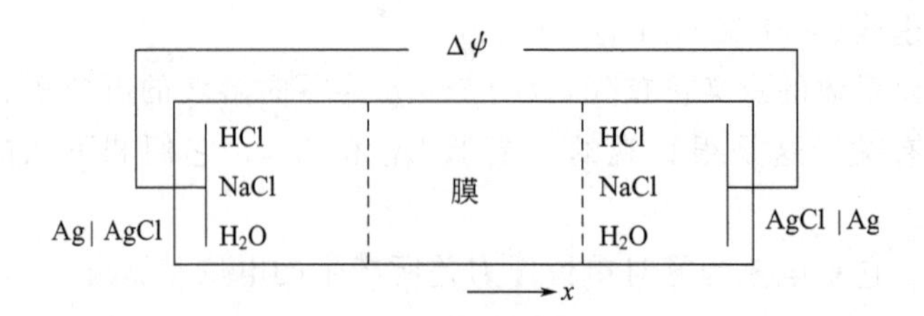

图 3-11-1 用膜隔开的浓差电池

相应地有四个通量，即 J_{HCl}、J_{NaCl}、J_{H_2O}和电流 I。分别以 1、2、3、4 标记 HCl、NaCl、H_2O 和 I，可按式(3-11-19) 写出如下唯象关系：

$$J_1=-L_{11}\frac{\partial\mu_1}{\partial x}-L_{12}\frac{\partial\mu_2}{\partial x}-L_{13}\frac{\partial\mu_3}{\partial x}-L_{14}\frac{\partial\psi}{\partial x} \tag{3-11-33}$$

$$J_2=-L_{21}\frac{\partial\mu_1}{\partial x}-L_{22}\frac{\partial\mu_2}{\partial x}-L_{23}\frac{\partial\mu_3}{\partial x}-L_{24}\frac{\partial\psi}{\partial x} \tag{3-11-34}$$

$$J_3=-L_{31}\frac{\partial\mu_1}{\partial x}-L_{32}\frac{\partial\mu_2}{\partial x}-L_{33}\frac{\partial\mu_3}{\partial x}-L_{34}\frac{\partial\psi}{\partial x} \tag{3-11-35}$$

$$J_4=-L_{41}\frac{\partial\mu_1}{\partial x}-L_{42}\frac{\partial\mu_2}{\partial x}-L_{43}\frac{\partial\mu_3}{\partial x}-L_{44}\frac{\partial\psi}{\partial x} \tag{3-11-36}$$

关系式中并未出现 $\partial\mu_{HM}/\partial x$ 和 $\partial\mu_{NaM}/\partial x$，一方面是由于上述交换反应；另一方面可应用 Gibbs-Duhem 方程，因而并非独立变量；也没有出现 $\partial p/\partial x$，是因为它由挥发性组分 HCl 和 H_2O 的化学位所决定。但应注意，化学位与压力有关。

由唯象关系式(3-11-33)～式(3-11-36) 可知，共有 16 个唯象系数。根据 Onsager 倒易定理式(3-11-22)，共写出 6 个 $L_{ij}=L_{ji}$ 关系式。进一步考虑到电流是由 HCl 和 NaCl 所承担，$J_1+J_2=J_4$，代入式(3-11-33)、式(3-11-34) 和式(3-11-36)，得：

$$\begin{aligned}&(L_{11}+L_{21}-L_{41})\frac{\partial\mu_1}{\partial x}+(L_{12}+L_{22}-L_{42})\frac{\partial\mu_2}{\partial x}+\\&(L_{13}+L_{23}-L_{43})\frac{\partial\mu_3}{\partial x}+(L_{14}+L_{24}-L_{44})\frac{\partial\psi}{\partial x}=0\end{aligned} \tag{3-11-37}$$

由于四个梯度均可独立变化，为满足式(3-11-37)，四个系数应分别为零，这样又可列出 4 个关系式。因此最后还剩 6 个唯象系数需要由实验测定。由此可见，不可逆过程热力学的意义，由于存在一些普遍关系式，使实验工作量大为减少。

实践中，L_{44}可通过测定膜电导得到。利用 Hittorf 实验在无浓度梯度下测定 HCl 的迁移数 t_1和 NaCl 的迁移数 t_2，由式(3-11-33)、式(3-11-34) 和式(3-11-36) 得：

$$t_1=(J_1/J_4)_{\partial\mu_i/\partial x=0}=L_{14}/L_{44} \tag{3-11-38}$$

$$t_2=(J_2/J_4)_{\partial\mu_i/\partial x=0}=L_{24}/L_{44} \tag{3-11-39}$$

由上述两式可分别求得 L_{14} 和 L_{24}。L_{34}可利用测定纯水在一定电位差下的通量，按式(3-11-35) 求得，或根据电渗、流致电势测定。L_{11}、L_{12}、L_{22}、L_{13}、L_{23}、L_{33}可由电流为零时的纯扩散实验测得其平均值。详情可参阅文献 [3]。

11.4.3 连串反应的稳态

设有一敞开系统，其中存在一共 r 步的连串化学反应，反应物 A_0 和最终产物 A_r 可以和环境交换，因而可列出下列 $r+2$ 个反应式：

$$
\begin{aligned}
A_0(\text{surr}) &\longrightarrow A_0 \quad &(0)\\
A_0 &\longrightarrow A_1 \quad &(1)\\
A_1 &\longrightarrow A_2 \quad &(2)\\
&\cdots\longrightarrow &\\
A_{r-1} &\longrightarrow A_r \quad &(r)\\
A_r &\longrightarrow A_r(\text{surr}) \quad &(r+1)
\end{aligned}
\tag{3-11-40}
$$

当处于稳态时：

$$\frac{d\xi_0}{dt}=\frac{d\xi_1}{dt}=\frac{d\xi_2}{dt}=\cdots=\frac{d\xi_r}{dt}=\frac{d\xi_{r+1}}{dt} \tag{3-11-41}$$

ξ_i 为第 i 步的反应进度。

由于系统是均匀的，内部无能量传递和物质传递，只有反应，再加两个系统与环境间的物质传递，可按式(3-11-12) 写出熵产生率：

$$\frac{d_i S}{dt}=\frac{1}{T}\sum_{i=0}^{r+1}A_i\frac{d\xi_i}{dt} \tag{3-11-42}$$

式中，$A_0=\mu_{A_0}-\mu_{A_0(\text{surr})}$，$A_1=\mu_{A_1}-\mu_{A_0}$，$A_2=\mu_{A_2}-\mu_{A_1}$，…，$A_r=\mu_{A_r}-\mu_{A_{r-1}}$，$A_{r+1}=\mu_{A_{r(\text{surr})}}-\mu_{A_r}$。

按唯象关系式(3-11-19)，得：

$$\frac{d\xi_i}{dt}=\sum_{j=0}^{r+1}L_{ij}\frac{A_j}{T} \tag{3-11-43}$$

代入式(3-11-42)，得：

$$\frac{d_i S}{dt}=\sum_{i=0}^{r+1}\sum_{j=0}^{r+1}L_{ij}\frac{A_i}{T}\frac{A_j}{T} \tag{3-11-44}$$

现在证明在稳态条件下，即稳流过程中，熵产生率最小。

当熵产生率最小，$d_i S/dt$ 应为极值。当给定 $\mu_{A_0(\text{surr})}$ 和 $\mu_{A_r(\text{surr})}$，可知

$$\sum_{i=0}^{r+1}A_i=\mu_{A_r(\text{surr})}-\mu_{A_0(\text{surr})} \tag{3-11-45}$$

为定值。因此，$d_i S/dt$ 的极值是在式(3-11-45) 被遵守的条件下的条件极值。利用 Lagrange 未定乘数法，将条件式(3-11-45) 乘以未定乘数 -2λ，并与式(3-11-44) 相加，再对每一个 A_i/T 求导并令其为零，得：

$$2\sum_{i=0}^{r+1}L_{ij}\frac{A_j}{T}-2\lambda=0,\quad j=0,1,\cdots,r,r+1 \tag{3-11-46}$$

代入式(3-11-43)，可见：

$$\frac{\mathrm{d}\xi_i}{\mathrm{d}t}=\lambda, \quad i=0,1,\cdots,r,r+1 \tag{3-11-47}$$

它就是式(3-11-41)。由此可见，当处于稳态时，熵产生率确实是最小。注意稳态并非平衡态，虽然系统中各组分浓度不随时间而变，但由于反应物不断流入，产物不断流出，仍在进行实际的不可逆过程。

通过本节介绍的实例可知，不可逆过程热力学在研究不同过程的相关或耦合，以及稳态等方面，有着重要的作用。正是由于相关或耦合，使单独看来甚至违反热力学第二定律的过程能够有效地进行。例如某组分逆浓度梯度扩散，单独来看是不可能的，但如同时存在电位梯度或温度梯度，通过相关的唯象系数，在一定条件下它又可能进行。生物体常常向更为有序的方向发展，就是这种耦合作用的结果。还有稳态，它使得熵产生率降至最小，这不仅在工业生产有重要价值，生物体也常常有这种功能，它常在一定约束条件下向定态发展，使不可逆程度降至最低。

以上介绍都是基于在线性唯象关系的假设的基础上的。不可逆过程热力学的近代进展是向非线性开拓，这方面已取得巨大进展，可用来讨论自组织现象、耗散过程、混沌状态等非常有价值有意义的问题。

参考文献

[1] 普里高京 J. 不可逆过程热力学导论．徐锡申，译．北京：科学出版社，1960.
[2] [加] Yao Y L. 不可逆过程热力学．鲜于玉琼，张经坤，译．北京：科学出版社，1981.
[3] Førland K S, Førland T, Ratkje S K. Irreversible Thermodynamics, Theory and Applications. John Wiley & Sons, 1988.
[4] Bentien A, Okada T, Kjelstrup S. J Phys Chem C, 2013, 117: 1582.

符号说明

A	亥姆霍兹函数，J；化学反应的亲和势，$J \cdot mol^{-1}$
A_s	界面面积，m^2
A_n	无效能，J
a	活度
$a_{\pm}$	平均离子活度
B	第二维里系数，$m^3 \cdot mol^{-1}$；任意广延性质
B_m	B 的摩尔量
$B_{m,i}^{*}$	纯组分 i 的 B 的摩尔量
$B_{m,i}$	组分 i 的 B 的偏摩尔量
$B^{(d)}$	B 的偏离函数
$B^{(r)}$	B 的剩余函数
B^E	B 的过量或超额函数
$\Delta_{mix}B$	B 的混合函数
$\Delta_r B_m^{\ominus}$	B 的标准摩尔反应量
$\Delta_f B_m^{\ominus}$	B 的标准摩尔生成量
$\Delta_c B_m^{\ominus}$	B 的标准摩尔燃烧量
$\Delta_{vap} B_m$	B 的摩尔蒸发量
$\Delta_{fus} B_m$	B 的摩尔熔化量
$\Delta_{sub} B_m$	B 的摩尔升华量
C	热容，$J \cdot K^{-1}$；第三维里系数，$m^6 \cdot mol^{-2}$
C_p	恒压热容，$J \cdot K^{-1}$
C_V	恒容热容，$J \cdot K^{-1}$
c	量浓度$mol \cdot m^{-3}$；分子外自由度参数
$c_{\pm}$	平均离子量浓度，$mol \cdot m^{-3}$
D	分布函数
$d_e S$	系统向环境的熵流，$J \cdot K^{-1}$
$d_i S$	熵产生，$J \cdot K^{-1}$
D_{sp}	旋节线行列式
D_{cr}	临界点行列式
E	能量，J；电动势，V
E_k	动能，J
E_p	位能，J
E_x	有效能，J
F	自由度；Faraday 常数，$C \cdot mol^{-1}$；概率密度函数
f	逸度，Pa
G	吉布斯函数，自由焓，J

g	重力加速度，$m \cdot s^{-2}$；径向分布函数
H	焓，J
h	高度，m
I	离子强度，$mol \cdot kg^{-1}$；电流，A；分布变量
J	通量
$K^{\ominus}$	标准平衡常数
K_f	用逸度表示的平衡常数
K_p	用压力表示的平衡常数
K_φ	逸度系数比
K_a	用活度表示的平衡常数
K_x	用摩尔分数表示的平衡常数
K_γ	活度系数比
$K_i^{\alpha,\beta}$	相平衡常数
K_{Hi}	Henry 常数
k	Boltzmann 常数；二元相互作用参数
L_{ij}	广义通量和广义推动力之间关系的唯象系数
l	二元相互作用参数
M	摩尔质量
M_n	数均摩尔质量
M_w	重均摩尔质量
M_z	z 均摩尔质量
m	质量，kg；质量摩尔浓度，$mol \cdot kg^{-1}$
$m_\pm$	平均离子质量摩尔浓度，$mol \cdot kg^{-1}$
N_A	Avogadro 常数，mol^{-1}
n	物质的量，mol
p	压强，Pa
p_{ext}	环境压力，Pa
Q	热，J；Q 函数；四偶极矩
Q_R	可逆过程的热，J
Q_p	恒压热效应，J
Q_V	恒容热效应，J
q	分子表面积参数
R	气体通用常数，$J \cdot K^{-1} \cdot mol^{-1}$
r	化学反应速率，s^{-1}；分子体积参数；高分子链长
S	熵，$J \cdot K^{-1}$
T	温度，K
T_{surr}	环境温度，K
t	时间，s；迁移数
U	内能，J
V	体积，m^3
v	线速度，$m \cdot s^{-1}$
W	功，J
W_{vol}	体积功，J
W'	非体积功，J

W_{ideal}	理想功，J
W_{lost}	损失功，J
W_R	可逆过程的功，J
W_{real}	实际功，J
W_{shaft}	轴功，J
w	对比交换能
X	广义力；广义推动力；基团摩尔分数
x	液、固相摩尔分数
$x_{\pm}$	平均离子分子分数
Y	广义位移
y	气相摩尔分数；空穴相关函数
Z	压缩因子
z	配位数；电荷数
α	离解度；热膨胀系数，K^{-1}
β	等温压缩系数，Pa^{-1}；二元相互作用参数
Γ	非随机因子；基团活度系数；单位面积吸附量，$mol \cdot m^{-2}$
$\Gamma_{i(1)}$	相对单位面积吸附量，$mol \cdot m^{-2}$
γ	活度系数；热压力系数，$Pa \cdot K^{-1}$；热容比
$\gamma_{\pm}$	平均离子活度系数
ε	分子间相互作用能，J；介电常数
δ	溶解度参数，$J^{0.5} \cdot m^{-1.5}$
η	效率；气化分率；对比密度
Θ	基团面积分数
θ	表面覆盖率；分子面积分数
λ	未定乘数；Donnan 分配系数
μ	化学位，$J \cdot mol^{-1}$；偶极矩，$C \cdot m$、D（debye，德拜）
ν	计量系数
ξ	反应进度；界面化学位，$J \cdot mol^{-1}$
π	渗透压，$N \cdot m^{-1}$
σ	界面张力，$N \cdot m^{-1}$；熵产生率，$J \cdot K^{-1} \cdot s^{-1}$；分子（链节）碰撞直径，m
ϕ	渗透系数；体积分数；能量传递，J
φ	逸度系数
χ	Flory-Huggins 参数
ψ	电位，V
$\Delta\psi$	膜电位，V
ω	偏心因子
Ω	热力学概率

上标

$\ominus$	热力学标准状态
*	纯物质
**	活度标准状态
∞	无限稀释
ass	缔合贡献
chain	成链贡献

disp	色散作用贡献
eq	平衡时的性质
hs	硬球相互作用贡献
HSCF	硬球链流体贡献
sw	方阱相互作用贡献

下标

$()_{n[i]}$	除 n_i 外其他组分的量恒定
$()_{n_j}$	所有组分的量均恒定
$(\ )_{x[i,K]}$	除 x_i 和 x_K 外其他组分的摩尔分数恒定
b	沸点性质
com	组合贡献
d	色散贡献
f	凝固点性质
h	氢键贡献
m	摩尔性质
p	极性贡献
r	对比性质
res	剩余贡献
c	临界性质；连续组分性质

相态

(g),(G),(v),(V)	气相
(l),(L)	液相
(s),(S)	固相
(ig)	理想气体
(i，sol)	理想溶液
(∞dil)	无限稀释
(σ)	界面相

第 4 篇

流体流动

主 稿 人：戴干策　华东理工大学教授
编写人员：戴干策　华东理工大学教授
　　　　　宗　原　华东理工大学副研究员

第一版编写人员名单

编写人员：周肇义　陈书鑫　刘静芳
审 校 人：张洪沅

第二版编写人员名单

主 稿 人：戴干策
编写人员：戴干策　方图南　蔡志武

1

流体流动的基本原理与基本方程

1.1 流体的物理属性

流体是由运动分子组成的。但工程上在考察流体宏观运动规律时，通常将流体看作充满所在空间、内部无任何空隙的连续体，流体质量在空间连续分布，这就是流体的连续介质假定。

考察流体运动，经常提及流体质点（或微团）。流体质点的尺寸远小于放置在流体中的物体或流体所处空间的尺寸，但远大于分子自由程。它含有足够多的分子，能用统计平均的方法求出流体宏观特征量，如压力、密度、宏观速度等，可以对这些宏观量的变化进行考察。

流体受力后导致运动，流体的物理属性是运动状态不同的内因。对于流体运动有影响的物性主要是密度、黏度、压缩性、表面张力、蒸汽压、比热容等。

(1) 黏性 流体不能保持一定的形状，任何微小的剪切力都可以使通常的流体发生很大的变形。流体受到剪切力作用时，抵抗变形的特性叫黏性。实际流体都是有黏性的，但各种流体的黏性有很大差异，常见的空气、水黏性很小，而蜂蜜、甘油黏性则很大。

黏性流体运动时，剪切应力与剪切变形率成正比，用数学式表示为

$$\tau_{yx}=\mu\frac{\mathrm{d}u_x}{\mathrm{d}y} \tag{4-1-1}$$

这一方程式称为牛顿黏性定律。式中 τ_{yx} 的下标，第一个字母 y 表示剪切应力的作用面垂直于 y 轴，第二个字母 x 表示力的方向，τ_{yx} 即表示作用在 y 等于常数的平面上沿 x 方向的剪应力；系数 μ 称为动力黏度，简称黏度；速度梯度 $\mathrm{d}u_x/\mathrm{d}y$ 即剪切（变形）率。

黏度的单位在 SI 制中是 $\mathrm{N \cdot s \cdot m^{-2}}$ 或 $\mathrm{Pa \cdot s}$，在 CGS 制中是 $\mathrm{s \cdot dyn \cdot cm^{-2}}$，又称为泊（P）。1 泊＝100 厘泊(cp)＝$10^{-1}$ $\mathrm{N \cdot s \cdot m^{-2}}$。将泊或厘泊换算成 SI 制单位，只需将其数值分别乘以 0.1 和 0.001。

黏度 μ 与密度 ρ 之比 υ($\upsilon=\mu/\rho$)称为运动黏度。其单位是 $\mathrm{m^2 \cdot s^{-1}}$，通常将 $\mathrm{cm^2 \cdot s^{-1}}$ 称为斯托克斯（St），1 斯托克斯＝$10^{-4}\mathrm{m^2 \cdot s^{-1}}$。

纯液体的黏度以及液体混合物的黏度参见第 1 篇有关内容。

黏度与温度有关，低密度气体的黏度随温度上升而增大，液体的黏度随温度上升而降低。温度对于某些液体和气体黏度的影响分别示于图 4-1-1 和图 4-1-2。

黏度与温度的关系，亦可通过近似计算得到。对于气体

$$\frac{\mu}{\mu_0}=\left(\frac{T}{T_0}\right)^{3/2}\frac{T_0+B}{T+B} \tag{4-1-2}$$

式中，$B=110.4$；T_0、μ_0分别为参考温度和参考黏度。

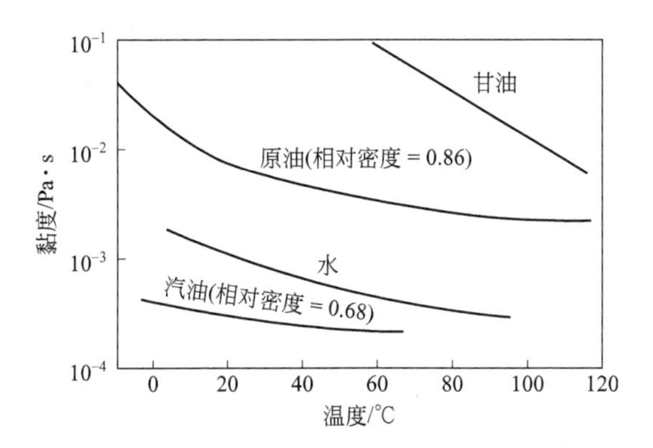

图 4-1-1　某些液体的黏度与温度的关系

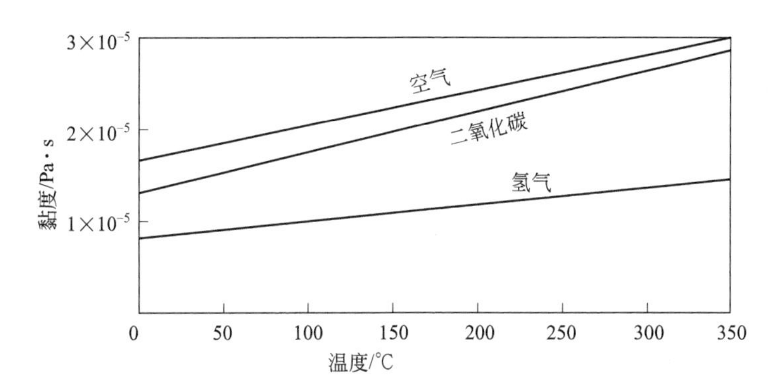

图 4-1-2　某些气体的黏度与温度的关系

对于水而言

$$\mu=\frac{0.001779}{1+0.03368T+0.0022099T^2}(\mathrm{Pa\cdot s}) \tag{4-1-3}$$

压力对流体黏度的影响一般可以忽略。但在系统压力较高时，则需要考虑压力对黏度的影响：

$$\mu=\mu_0 e^{\alpha p} \tag{4-1-4}$$

式中，μ_0 为 0.1MPa 下的液体黏度；α 为黏压指数，与物性有关。

黏性遵循牛顿黏性定律的流体称为牛顿流体，不遵循这一规律的称为非牛顿流体。

黏度数据的来源，虽然可做理论近似预估，但对工程实际物系、复杂物系，目前还主要依靠流变测定。所用仪器种类繁多，如毛细管式、转筒式、锥板式、落球式等，参见本篇 13.4 节。

(2) 压缩性　流体体积或密度随压力变化的性质称为压缩性。一般来说，液体的压缩性很小。例如水在相当大的压力范围内，液体密度几乎是常数，因而可以认为液体是不可压缩的。在温度不变的情况下，每增加一个大气压，水的体积仅比原来减小 0.005%左右。但在特殊情况下，如在水中爆炸或水击等问题，则必须把液体看成是可压缩的。

气体一般视为可压缩的，但如果压力差较小，运动速度较小，并且没有很大的温差，实际上气体所产生的体积变化也不大。这时，可以近似地将气体视为不可压缩流体。

(3) 表面张力 在气液界面、互不相溶的两种液体界面、甚至某些液固界面（例如水银与玻璃的界面）都会出现表面张力。表面张力对流动产生的影响一般很小，与其他作用力相比通常可以忽略。但在研究毛细现象，具有自由面的流动以及两相流动如液滴、气泡的形成，液体射流，涂布流等问题时[1]，则必须考虑表面张力作用。一般气液相体系中称表面张力，而液液相体系称界面张力。

表面张力对运动的影响，往往通过附加压力、附加表面运动表现出来。曲面两侧的附加压差是

$$\Delta p=\sigma\left(\frac{1}{R_1}+\frac{1}{R_2}\right) \tag{4-1-5}$$

式中，R_1、R_2为曲面的两个主曲率半径；σ为液体表面张力。

表面张力与温度、浓度有关。当表面上不同区域的温度或浓度互不相同时，就产生表面张力梯度，从而引起表面层内和邻近流体的运动，这称为玛兰哥尼效应[2]。若这一效应由温度引起，又称为热毛细现象[2]。这些现象在传热、传质研究中有重要意义。

表面张力及其与温度的关系参见第1篇有关章节。

1.2 流体运动学

1.2.1 流动的分析描述

描述流体运动的方法有两种，即拉格朗日法和欧拉法。

拉格朗日法着眼于流体质点的位置随时间的变化，为了解整个流体运动的情况需要用某种数学方法区别不同的流体质点。通常取初始时刻流体质点的坐标，即$t=0$时质点的坐标(a,b,c)，并称之为拉格朗日坐标。对于某一给定的质点，a、b、c是确定的常数，在整个运动过程中，它始终表示同一个流体质点。不同的质点则有不同的a、b、c值，所以也称为流体坐标。运动的流体质点经历一段时间以后，在任意时刻t到达的新位置(x,y,z)可以由标号(a,b,c)及时间t决定。

$$\boldsymbol{r}=\boldsymbol{r}(a,b,c,t) \tag{4-1-6}$$

式中，$\boldsymbol{r}$为流体质点的矢径，将式(4-1-6)对t求一阶、两阶偏导数可分别得到流体质点运动的速度和加速度。

欧拉法不跟踪个别流体质点，而注视固定位置的空间点，考察速度以及其他物理量如压力、密度等在流体运动的全部空间范围内的分布，以及这种分布随时间的变化。例如，速度的数学式表示为

$$u=u(\boldsymbol{r},t) \tag{4-1-7}$$

研究化工中的流动问题，多数使用欧拉法。但在考虑扩散之类的问题时也用拉格朗日法。

1.2.2 流动的几何描述

用几何方法表示流体的运动，可用轨线或流线。流体质点位置随时间的变化称为轨线

（迹线）。而所谓流线是这样的曲线，对于某一固定时刻，曲线上任一点的速度方向与曲线在该点的切线方向重合。于是流线上各点的切线方向表示速度的方向，而流线的疏密表示速度的大小（图 4-1-3）。

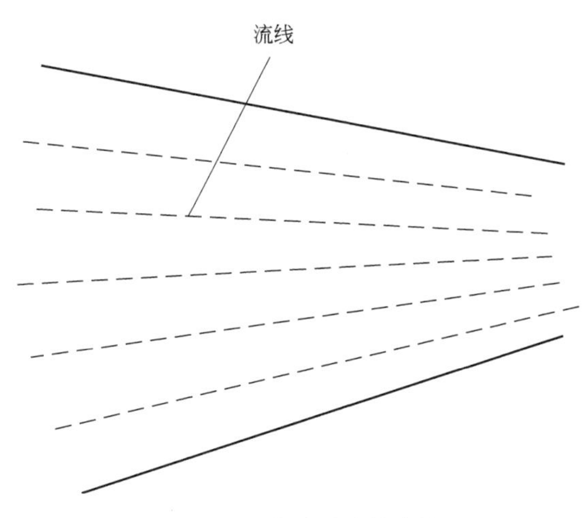

图 4-1-3　渐缩管中的流线

根据流线的定义，流线的微分方程是

$$\frac{\mathrm{d}x}{u_x(x,y,z,t)}=\frac{\mathrm{d}y}{u_y(x,y,z,t)}=\frac{\mathrm{d}z}{u_z(x,y,z,t)} \tag{4-1-8}$$

式中，u_x、u_y、u_z 是速度 u 在 x、y、z 方向上的分量。

轨线和流线具有不同的内容和意义。轨线是同一质点在不同时刻形成的曲线，它与拉格朗日观点相联系；而流线则是同一时刻不同质点所组成的曲线，它与欧拉观点相联系。在非定常运动时，流线和轨线是不重合的；而在定常运动时，二者重合。

1.2.3　流体微团运动分析

流体微团运动有四种基本形式，参见图 4-1-4。

平移：流体微团保持其原来的形状、大小和对角线方向，只产生线位移；

线变形：流体微团改变了形状，但各边的夹角不变；

角变形：流体微团形状改变，各边间的夹角改变，但微团对角线方向未变；

旋转：流体微团保持其原来的形状，对角线的方向产生偏移，旋转某一角度。

以下给出流体微团变形和旋转运动特征量的数学表达式。

① 线变形率（$\dot{\varepsilon}$）表示单位时间内长度的改变与原来长度之比，亦称拉伸变形率：

$$\dot{\varepsilon}_{xx}=\frac{\partial u_x}{\partial x},\ \dot{\varepsilon}_{yy}=\frac{\partial u_y}{\partial y},\dot{\varepsilon}_{zz}=\frac{\partial u_z}{\partial z} \tag{4-1-9}$$

② 角变形率（$\dot{\gamma}$）表示单位时间内夹角的平均变化，亦称剪切变形率：

$$\dot{\gamma}_{xy}=\frac{1}{2}\left(\frac{\partial u_x}{\partial y}+\frac{\partial u_y}{\partial x}\right)$$

$$\dot{\gamma}_{yz}=\frac{1}{2}\left(\frac{\partial u_y}{\partial z}+\frac{\partial u_z}{\partial y}\right) \tag{4-1-10}$$

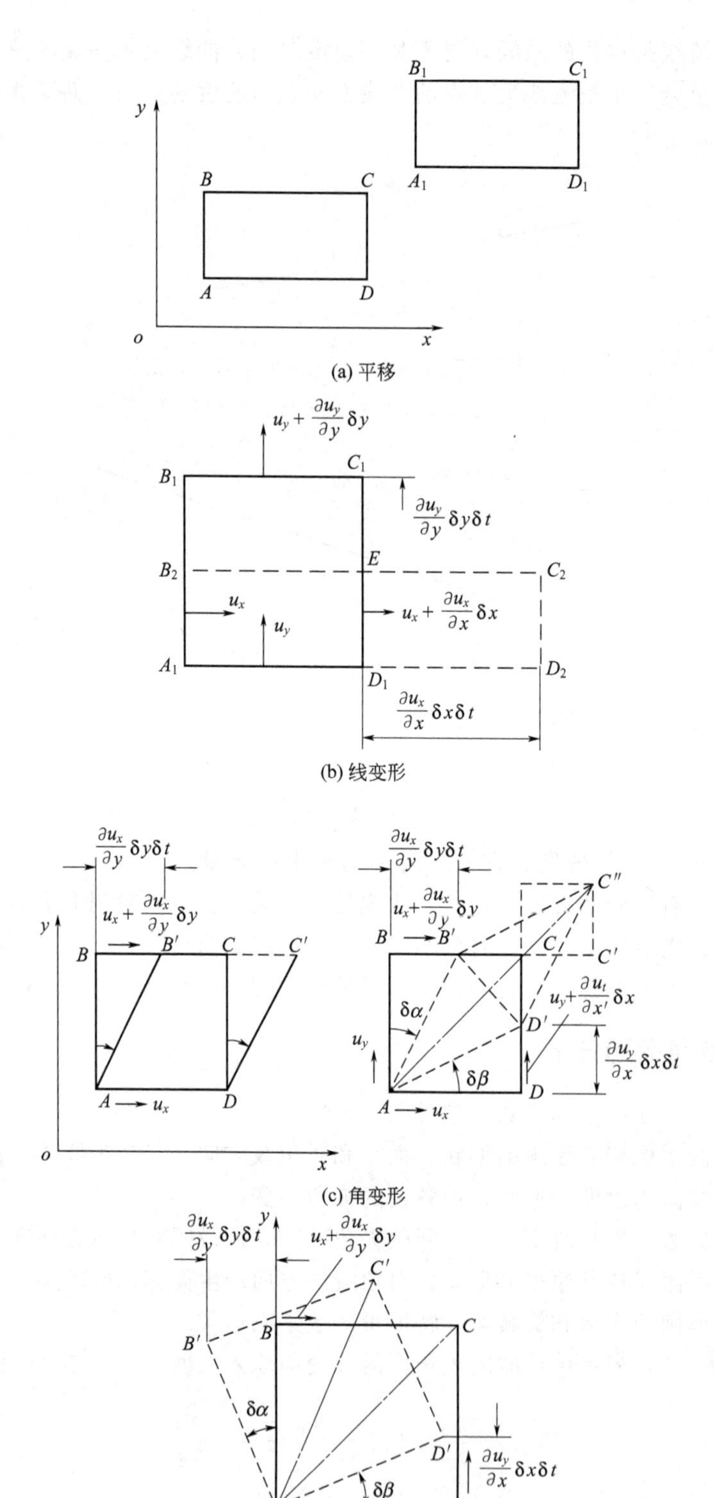

图 4-1-4 流体微团运动的四种基本形式

$$\dot{\gamma}_{zx}=\frac{1}{2}\left(\frac{\partial u_z}{\partial x}+\frac{\partial u_x}{\partial z}\right)$$

上述表达式指出，线变形表现为平行于运动方向的速度梯度，而角变形则体现在垂直于运动方向的速度梯度。

表示旋转运动的特征量常用速度的旋度，称为涡量 Ω。它是旋转角速度 ω 的 2 倍，即

$$\begin{aligned}\omega_x&=\frac{1}{2}\left(\frac{\partial u_z}{\partial y}-\frac{\partial u_y}{\partial z}\right)=\frac{1}{2}\Omega_x\\\omega_y&=\frac{1}{2}\left(\frac{\partial u_x}{\partial z}-\frac{\partial u_z}{\partial x}\right)=\frac{1}{2}\Omega_y\\\omega_z&=\frac{1}{2}\left(\frac{\partial u_y}{\partial x}-\frac{\partial u_x}{\partial y}\right)=\frac{1}{2}\Omega_z\end{aligned}\tag{4-1-11}$$

1.2.4 流体运动的分类

流动的分类可以按不同的标准：按照所考虑的影响流动的物性，常将流体分成不同的类型，或者称为不同的流体模型。

根据流体黏性、流体黏度引起的摩擦作用，可将流体分为黏性流体与理想流体。当流体的黏性力与惯性力或压力相比可忽略时，可将流体处理为理想流体。根据流体压缩性，将流体分成可压缩和不可压缩。这一分类的依据主要是气体的运动速度。当气流速度 u 与声速 u_s 相比很小时，则气体可近似作为不可压缩流体（$u/u_s=Ma$，称为马赫数）。

根据流体与固体的相对关系，可分为外流和内流。外流亦称绕流，这是指流体绕过置于无限流体中的物体或物体在无界流体中运动，如空气绕过机翼。内流亦称管流，这是指流体处于固体壁面所限制的空间内流动。

按运动与时间的关系可分为定常运动与非定常运动。所有描述流动的物理量都不依赖于时间，称为定常运动。这时物理量对时间的偏导数为 0。若此偏导不为 0，则流动称为非定常的。

以空间为标准，按流场描述所需要空间坐标的数目，流动可分为一维、二维或三维流动。一般来说，流动是三维的，即表征流动的物理量如速度是（x,y,z）三个坐标的函数。显然，减少自变量可使问题的研究变得简便。因此，在许多情况下可对问题作不同程度的简化而构成一维、二维流动。在 x、y、z 直角坐标系中，如果确实或近似认为 z 方向的速度分量 $u_z\approx 0$，$\partial(\quad)/\partial t=0$，这就是二维流动。对于管道内的流动，应用截面平均流速作为计算的依据，这就构成了一维流动。

1.2.5 二维流动与流函数

对于二维流动，由连续性方程（4-1-39）和流线方程（4-1-8）可以引进流函数，给流动问题的求解提供重要数学工具。流函数 ψ 与速度分量的关系

$$u_x=\frac{\partial\psi}{\partial y},\ u_y=-\frac{\partial\psi}{\partial x}\tag{4-1-12}$$

采用流函数来描述二维流动时，连续性方程自然满足。

ψ=常数，则曲线（等流函数线）是流线。流经任意曲线 AB 的流量 Q

$$Q=\int_A^B \mathrm{d}\psi=\psi_A-\psi_B \tag{4-1-13}$$

有旋流动时（参见本篇第 2 章），流函数服从泊松方程：

$$\frac{\partial^2\psi}{\partial x^2}+\frac{\partial^2\psi}{\partial y^2}=2\omega \tag{4-1-14}$$

无旋流动时，

$$\frac{\partial^2\psi}{\partial x^2}+\frac{\partial^2\psi}{\partial y^2}=0 \tag{4-1-15}$$

1.3 流体运动的守恒原理和宏观衡算

工程上有些流动问题不需要了解控制体内速度、压力变化（流场结构），仅着重于系统（设备）进出口流动参数的相互关系。解决这类问题，可取控制体，依据守恒原理进行宏观衡算。

1.3.1 控制体和控制面

运用物理学的守恒原理分析流体流动时，由于流体本身不能保持其位置或形状，通常只能在流场中选择固定体积的空间即控制体作为考察的对象。控制体的形状和大小可以根据流动情况和边界任意选取，但一经选定，其形状和位置相对于坐标系统就不再改变。控制体所围空间区域的边界面称为控制面，控制面必须是封闭的。

1.3.2 质量守恒

流动的质量衡算式称为连续性方程，是流动的基本方程之一。非定常流动状态下一维流动时质量衡算的表达式是

$$W_1-W_2=\frac{\mathrm{d}M}{\mathrm{d}t} \tag{4-1-16}$$

式中，W 为质量流量，$W=\rho uA$，ρ 为流体密度，u 为截面平均流速，A 为截面积；下标 1、2 表示流动方向的两点 x_1 和 x_2，控制体为线段 $\overline{x_1x_2}$，其内的物质量为 $M=\int_{x_1}^{x_2}\rho A\,\mathrm{d}x$；$\mathrm{d}M/\mathrm{d}t$ 为控制体内物质的增量。将 M、W 值代入式(4-1-16)，则有

$$\rho_1u_1A_1-\rho_2u_2A_2=\frac{\mathrm{d}}{\mathrm{d}t}\int_{x_1}^{x_2}\rho A\,\mathrm{d}x \tag{4-1-17}$$

定常流动时，则有

$$\rho_1u_1A_1=\rho_2u_2A_2 \tag{4-1-18}$$

对于不可压缩流体，ρ 为常数，则

$$u_1A_1=u_2A_2 \tag{4-1-19}$$

若系统为多组分，以 a_i 表示 i 组分的质量分数，即 $a_i=W_i/W$，则对 i 组分有

$$W_1 a_{i1}-W_2 a_{i2}=\frac{\mathrm{d}M_i}{\mathrm{d}t} \tag{4-1-20}$$

对于 n 个组分的系统，式(4-1-20) 可给出 $n-1$ 个方程，另加一个总的质量守恒方程。

1.3.3 能量守恒

(1) 流动系统的机械能衡算 在流体流动系统中，如果没有加热和冷却，忽略黏性，流体的密度或比容不变，为不可压缩流体。对这种系统进行能量衡算，只需进行机械能衡算。对于满足上述条件，且无外功加入的流动系统中，可能发生变化的机械能有位能、静压能和动能。定常流动时，对于图 4-1-5 所示系统，输入流体的质量流量为 W_1，位置高度为 z_1，静压力为 p_1，截面上的均匀流速为 u_1；输出流体的质量流量为 W_2，位置高度为 z_2，静压力为 p_2，均匀流速为 u_2。输入和输出的总机械能相等，则

$$W_1 g z_1+W_1\frac{p_1}{\rho}+\frac{1}{2}W_1 u_1^2=W_2 g z_2+W_2\frac{p_2}{\rho}+\frac{1}{2}W_2 u_2^2 \tag{4-1-21}$$

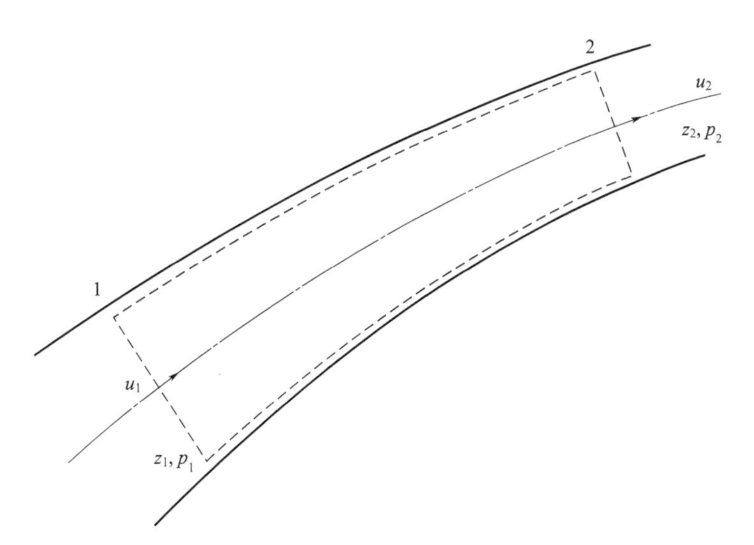

图 4-1-5 流动系统的机械能衡算

按连续性方程，$W_1=W_2$，式(4-1-21) 可以改写为

$$z_1+\frac{p_1}{\rho g}+\frac{u_1^2}{2g}=z_2+\frac{p_2}{\rho g}+\frac{u_2^2}{2g} \tag{4-1-22}$$

式(4-1-22) 称为伯努利 (Bernoulli) 方程。它适用于不可压缩的理想流体作定常流动而无外功输入的情况。严格地说，它适用于理想流体流场中一条流线的机械能衡算。

(2) 黏性流体的机械能衡算 对黏性流体进行机械能衡算，前述方程需作两方面的修正，一是黏性摩擦造成机械能损耗；二是黏性流体在管内流动时，截面上速度不均匀，因而截面上各点动能不再相等，近壁处动能小，而中心处动能大，必须采用该截面上的平均动能。由于 $\overline{u}^2\neq\overline{u^2}$，即速度平方的平均值并不等于平均速度的平方。因此，应用平均速度进行动能计算时，需要校正。

这样，校正后的黏性流体机械能衡算式为

$$z_1+\frac{p_1}{\rho g}+\frac{\alpha_1 u_1^2}{2g}=z_2+\frac{p_2}{\rho g}+\frac{\alpha_2 u_2^2}{2g}+h_f \tag{4-1-23}$$

式中，h_f为单位质量流体的平均机械能损耗；α_1、α_2为动能校正系数，管流、层流时 $\alpha=2$，湍流时 $\alpha=1.05$。

(3) 可压缩流体的机械能衡算 当气体的压缩性不能忽略时，其密度将随压力而变。此时对一维管流做机械能衡算时，如不考虑黏性，则应写为

$$gz_1+\frac{u_1^2}{2}=gz_2+\frac{u_2^2}{2}+\int_{p_1}^{p_2}\frac{\mathrm{d}p}{\rho} \tag{4-1-24}$$

对于可逆等温过程，$p/\rho=$常数，则

$$\int_{p_1}^{p_2}\frac{\mathrm{d}p}{\rho}=\frac{p_1}{\rho_1}\ln\frac{p_2}{p_1}$$

对于可逆绝热过程，$pv^{\gamma}=$常数，则

$$\int\frac{\mathrm{d}p}{\rho}=\frac{\gamma}{\gamma-1}\left(\frac{p_2}{\rho_2}-\frac{p_1}{\rho_1}\right) \tag{4-1-25}$$

式中，$\gamma=c_p/c_v$，即定压比热容与定容比热容之比，称为绝热指数。

(4) 伯努利方程的应用 伯努利方程表明流动过程中不同形式能量之间的转换。在工程计算中经常用于确定流动参数之间的相互关系。也是流量测量的基本原理。

① 重力射流。位能和动能的相互转换如图 4-1-6 所示，容器下部有一相距液面为 h 的小孔，液面处受大气压 p_a的作用，B 处液体成自由射流由小孔流出，该处压力也为大气压 p_a。器底至小孔的中心距离为 z_B。

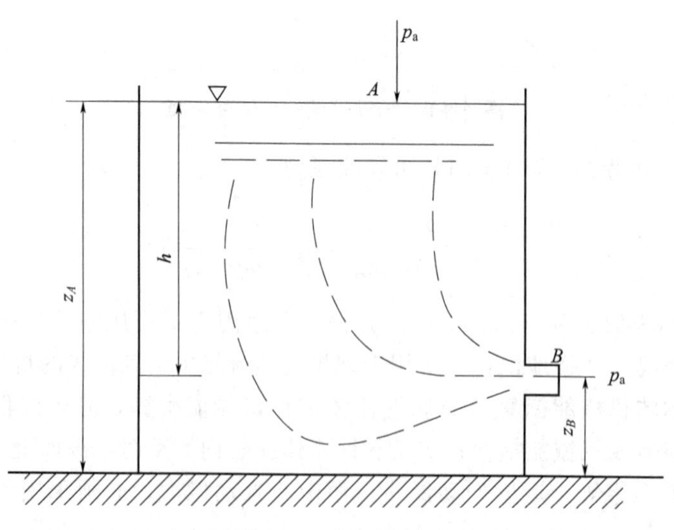

图 4-1-6 重力射流

设截面 A 处的速度为 u_A，B 处速度为 u_B；z_A、z_B 分别为 A、B 面的高度；忽略小孔处流动不均匀的影响，则根据伯努利方程可以得到

$$gz_A+\frac{p_a}{\rho}+\frac{u_A^2}{2}=gz_B+\frac{p_a}{\rho}+\frac{u_B^2}{2} \tag{4-1-26}$$

设容器截面积为 A_1，小孔截面积为 A_0，则根据连续性方程应有 $A_1u_A=A_0u_B$。由于 $A_1 \gg A_0$，因此 $u_A \ll u_B$，与 u_B^2 相比，u_A^2 可以忽略，于是

$$u_B=\sqrt{2g(z_A-z_B)}=\sqrt{2gh} \tag{4-1-27}$$

此例表明，按已知的位差可以计算流体流动所能达到的速度，反之，可按需要的流速，决定应该给予的位差。

② 压力射流。压力能与动能的相互转换如图 4-1-7 所示，容器中的压力 p_1 大于大气压 p_a，气体在 p_1 作用下由小孔流出，速度为 u，设 p_1 保持恒定。应用伯努利方程可得

$$u=\sqrt{2\frac{p_1-p_a}{\rho}}=\sqrt{\frac{2\Delta p}{\rho}} \tag{4-1-28}$$

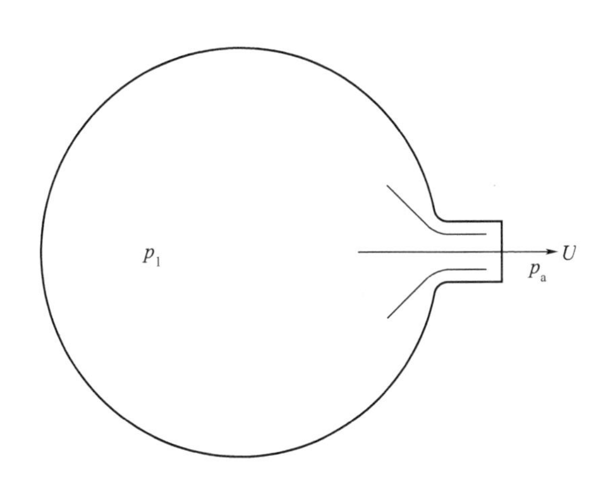

图 4-1-7　压力射流

显然，此式只适用于 Δp 较小，流体可作为不可压缩处理的情况。利用式(4-1-28) 可以估计气体作为不可压缩处理时的极限速度，其值大小与流体作为不可压缩流体的许可范围有关。p 是标准大气压，$\gamma=1.4$，相应地，$\Delta p \approx 1.4\times 1.0133\times 10^5\times 0.01=1418.6\text{N}\cdot\text{m}^{-2}$，取 ρ 的平均值为 $1.226\text{kg}\cdot\text{m}^{-3}$，则得

$$u=\sqrt{\frac{2\Delta p}{\rho}}\approx 48.1(\text{m}\cdot\text{s}^{-1})$$

如果许可密度变化 10%，则许可的极限速度增大 $\sqrt{10}$ 倍，即为 $152.1\text{m}\cdot\text{s}^{-1}$。

③ 驻点压力。动能与压力能的相互转换如图 4-1-8 所示，流体以 U_∞ 速度流动，如在此均匀流场里放置一个障碍物，则紧靠物体前缘的流体将受到阻碍而向各个方向分散并绕过物体。在受阻区域的中心点 s，流体被滞止，该处的速度为零，此点称为驻点。设未受扰动流体的压力能为 p_0/ρ，驻点处的压力能为 p_s/ρ，按伯努利方程，则

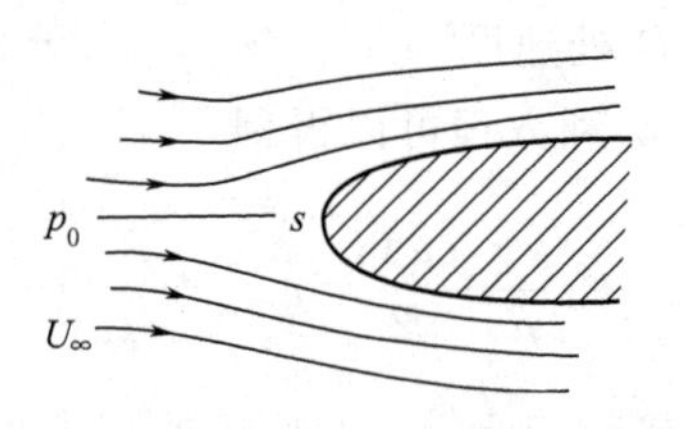

图 4-1-8 驻点压力

$$p_s/\rho+0=p_0/\rho+\frac{U_\infty^2}{2}$$

于是

$$p_s=p_0+\frac{\rho U_\infty^2}{2} \tag{4-1-29}$$

显然，p_s 大于 p_0，两者的差值为 $\rho U_\infty^2/2$。p_s 为驻点压力，亦称冲压力。

基于这一关系式，可设计测速装置（毕托管），该装置如图 4-1-9 所示，改写式(4-1-29)，可得

$$u_A=\sqrt{\frac{2(p_B-p_A)}{\rho}} \tag{4-1-30}$$

或

$$u_A=\sqrt{\frac{2R(\rho_1-\rho)g}{\rho}} \tag{4-1-31}$$

式中，ρ_1 为 U 形压差计中指示液的密度；ρ 为管中流体密度；R 为 U 形压差计读数。不难看出，毕托管测定的是点速度，利用毕托管可以测得沿截面的速度分布。

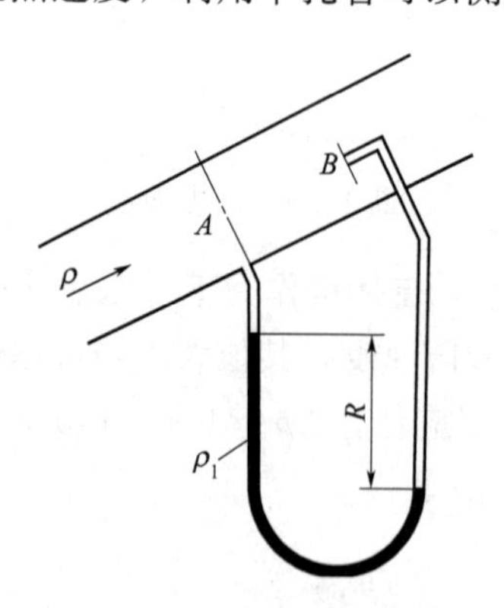

图 4-1-9 毕托管测速装置

为进一步阐述伯努利方程的应用，下面再举两个实例。

【例 4-1-1】 文丘里管测定气体流量。文丘里管为一根渐缩渐扩管，可用于测量流量。图 4-1-10 所示Ⅰ、Ⅱ处的速度分别为 u_1、u_2，横截面积分别为 A_1、A_2，压力分别为 p_1、p_2，试求截面Ⅰ处的流体速度 u_1 与 p_1、p_2 的关系。假定自管的入口到最小截面的区域内气体按绝热定律变化。

解 气体绝热膨胀下的伯努利方程为

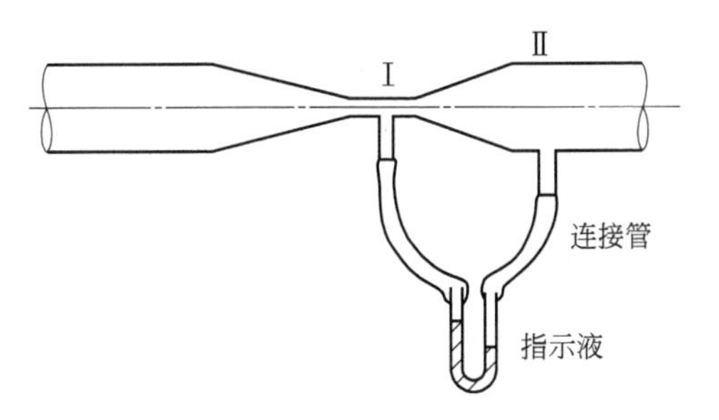

图 4-1-10　例 4-1-1 附图

$$\frac{\gamma}{\gamma-1}\times\frac{p_1}{\rho_1}+\frac{1}{2}u_1^2=\frac{\gamma}{\gamma-1}\times\frac{p_2}{\rho_2}+\frac{1}{2}u_2^2$$

连续性方程为

$$\rho_1 u_1 A_1=\rho_2 u_2 A_2$$

由以上两式可求得

$$u_1^2=\frac{\dfrac{2\gamma}{\gamma-1}\left(\dfrac{p_1}{\rho_1}-\dfrac{p_2}{\rho_2}\right)}{\left(\dfrac{p_1}{\rho_2}\right)^2\dfrac{A_1^2}{A_2^2}-1}$$

因为

$$\frac{p_1}{\rho_1}=\left(\frac{\rho_1}{\rho_2}\right)^{\gamma}$$

故

$$u_1^2=\frac{\dfrac{2\gamma}{\gamma-1}\dfrac{p_1}{\rho_1}\left[1-\left(\dfrac{p_2}{\rho_1}\right)^{\frac{\gamma-1}{\gamma}}\right]}{\left(\dfrac{p_1}{\rho_2}\right)^{\frac{2}{\gamma}}\left(\dfrac{A_1}{A_2}\right)^2-1}$$

因此，已知 p_1、p_2、ρ_1，即可推知速度。

【例 4-1-2】 堰顶溢流。在水流中设置的障碍壁，称为堰。水流从堰顶溢流而过，出现水面落差，这类现象就是堰顶溢流（如图 4-1-11 所示）。溢流现象颇为复杂，现作如下简化假定：

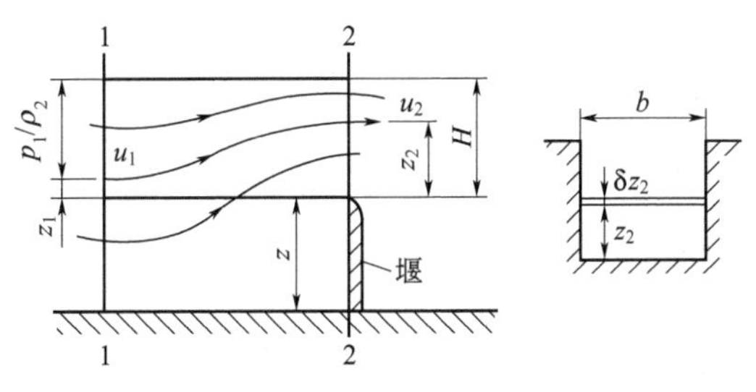

图 4-1-11　例 4-1-2 附图

① 上游流动均匀，压力服从静力学方程 $p=\rho gh$；

② 自由面保持水平，直至堰壁。水流质点水平地通过堰顶，与堰平面垂直；

③ 堰顶水流的压力为大气压。

设堰顶宽为 b，试求堰顶溢流的流量 Q 与堰上游液流高度 H 之间的关系。

解 在所给假定的基础上，水流视为理想流体流动，于截面1—1、截面2—2任选一根流线，列出伯努利方程

$$H+\frac{u_1^2}{2g}=0+\frac{u_2^2}{2g}+z_2 \tag{①}$$

式中，H 是自由面的高度，$H=z_1+p_1/(\rho g)$。

由式①得

$$u_2=\left[2g\left(H-z_2+\frac{u_1^2}{2g}\right)\right]^{1/2} \tag{②}$$

上式表明，u_2随 z_2变化，水流通过深度为 δz_2 的截面的流量为 $u_2b\delta z_2$，所以总流量

$$\begin{aligned}Q&=b\int_0^H u_2\mathrm{d}z_2=b\sqrt{2g}\int_0^H\left(H-z_2+\frac{u_1^2}{2g}\right)^{1/2}\mathrm{d}z_2\\&=-\frac{2}{3}b\sqrt{2g}\left[\left(H-z_2+\frac{u_1^2}{2g}\right)^{3/2}\right]\int_0^H\mathrm{d}z_2\\&=\frac{2}{3}b\sqrt{2g}\left[\left(H+\frac{u_1^2}{2g}\right)^{3/2}-\left(\frac{u_1^2}{2g}\right)^{3/2}\right]\end{aligned} \tag{③}$$

由于 u_1取决于 Q，因此需要用试差法求解上式。因 $u_1^2/(2g)$ 与 H 相比很小，为计算方便，可以忽略，得

$$Q\approx\frac{2}{3}b\sqrt{2g}H^{\frac{3}{2}} \tag{④}$$

为了使在简化条件下所得的计算结果更好地与实际相符，必须引进流量系数 C_b，以修正忽略水流收缩、黏性等因素所产生的偏差，通常 $C_b\approx0.6$。

在化工设备板式塔中，常用堰顶溢流。已知过堰的液流量，就可计算堰上的液层高度，并确定塔板的液层阻力。改写式④则可得到所需的计算公式

$$H=C_w\left(\frac{Q}{b}\right)^{2/3} \tag{4-1-32}$$

C_w是由实验确定的系数。

1.3.4 动量守恒

在流动系统中动量守恒原理一般表达为：作用在控制体上所有外力的总和等于流体通过控制体的动量变化率。由于动量是矢量，故计算中通常应用投影方程。对于图4-1-12所示的非均匀管段，x 方向的动量守恒式为

$$p_1A_1-p_2A_2-F_x+\int_{x_1}^{x_2}\rho gA\cos\alpha\,\mathrm{d}x=(\rho_2A_2u_2)u_2-(\rho_1A_1u_1)u_1+\frac{\mathrm{d}}{\mathrm{d}t}\int_{x_1}^{x_2}\rho uA\,\mathrm{d}x \tag{4-1-33}$$

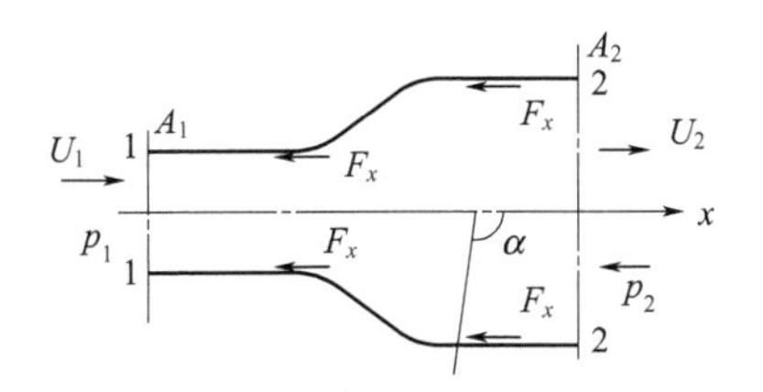

图 4-1-12　动量守恒

式中，A_1、u_1、p_1及A_2、u_2、p_2分别为截面1—1及截面2—2的面积、流速、压力；F_x为管壁对流体作用力总和的x方向分量；α为x轴与重力的夹角。定常流动时，等式右端最后一项为零。

动量守恒定律和机械能守恒定律都是考察流体流动时必须遵循的规律。应用机械能守恒定律时，机械能的损耗通常认为很小，可以忽略；或者可采用其他方法进行估算，否则机械能衡算式中将出现未知的h_f项。对于动量守恒定律来讲，则不涉及是否存在能耗的问题，它只是将力和动量变化率联系起来。因此当无法确定机械能损耗，而不能有效地应用机械能衡算时，可以应用动量守恒定律来确定流体流动中各运动参数之间的变化关系。但是应用动量守恒定律也有其前提，即必须确定边界上的作用力。

【例 4-1-3】　射流吸入设空气以速度u_1，自截面积为A_1的喷嘴喷出，其体积流量为Q_1。该射流进入截面积为A_2的导管，见图4-1-13。假设射流喷嘴截面及管截面上的速度u_1和u_2都是均匀的。射流将“吸入”周围的空气，两者在导管内混合，经数倍于导管直径的距离后，速度趋向均匀。应用动量守恒定律，可计算射流吸入的体积流量Q_2。在这种流动中，由于射流的突然扩大和吸入气体间的激烈混合，必有机械能损耗，因此难以有效地使用能量守恒方程。

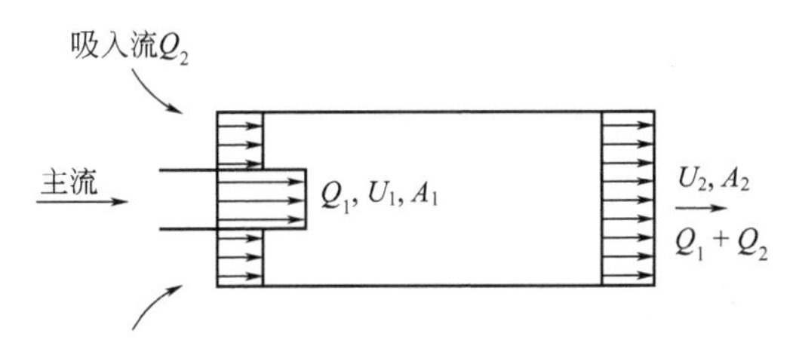

图 4-1-13　例 4-1-3 附图

解　设导管两端敞开，因而压力均为大气压，并作如下简化假定：①壁面摩擦力F_f很小，可以忽略，于是外力和为零；②吸入气体的动量远小于射流的动量，也可忽略。因此，定常流动时的动量守恒定律为

$$\rho Q_1 u_1=\rho(Q_1+Q_2)u_2 \tag{4-1-34}$$

或

$$\rho u_1^2 A_1=\rho u_2^2 A_2 \tag{4-1-35}$$

由式(4-1-34)得

$$u_2\frac{Q_2}{Q_1}=u_1-u_2$$

即

$$\frac{Q_2}{Q_1}=\frac{u_1}{u_2}-1$$

改写式(4-1-35) 为
$$\frac{u_1}{u_2}=\sqrt{\frac{A_2}{A_1}}$$

从而得到吸入比 Q_2/Q_1为：

$$\frac{Q_2}{Q_1}=\sqrt{\frac{A_2}{A_1}}-1 \tag{4-1-36}$$

式(4-1-36) 提供了射流吸入比的估算式。如果忽略混合时的能量损失，从机械能衡算式也可以导出一个吸入比的计算式。但实验证明，式(4-1-36) 更接近于实际。

式(4-1-36) 表明，A_2增大，吸入比将随之增大。但适用范围有限，因为在推导时假设导管出口处流速均匀。如 A_2过大，此前提将不再成立。

1.3.5 动量矩守恒

控制体动量矩守恒是前述动量守恒原理的延伸，用于分析带有旋转的流体运动，特别是流体机械中的流动。动量矩也称为角动量。纯旋转流动中角动量的算式为

$$L=r\cdot r\cdot \omega\cdot m=r\cdot u_\theta\cdot m=r^2\cdot\omega\cdot m$$

式中，u_θ 为旋转线速度，见图 4-1-14。

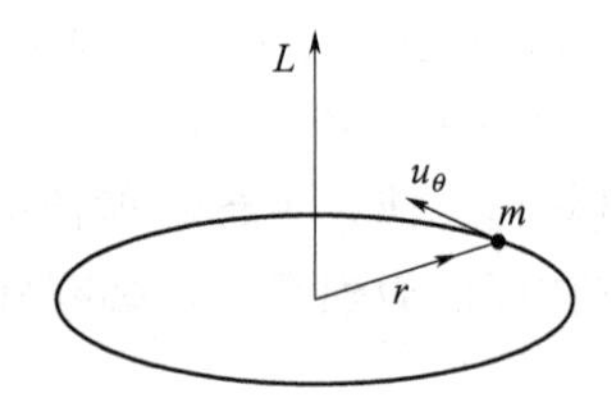

图 4-1-14 动量矩守恒

对固定转轴的角动量衡算式

$$\frac{\mathrm{d}M}{\mathrm{d}t}=(ru_\theta)_1 m_1-(ru_\theta)_2 m_2+T \tag{4-1-37}$$

在定常流动中，$\mathrm{d}M/\mathrm{d}t=0$，于是

$$T=\dot{m}[(ru_\theta)_2-(ru_\theta)_1] \tag{4-1-38}$$

式(4-1-38) 称为动量矩守恒方程，式中 T 为力矩；$\dot{m}$ 为质量流量；r 为半径；下标1,2分别代表进、出控制面。式(4-1-38) 有时称为欧拉涡轮方程。

【例 4-1-4】 离心水泵叶轮转速为 $1800\mathrm{r\cdot min^{-1}}$(如图 4-1-15 所示)，水流在半径 0.025m 处进入叶片，半径 0.150m 处离开，总流量 $0.379\mathrm{m^3\cdot min^{-1}}$。假定水流进、出切向速度等于对应半径处叶轮的切向速度，试求定态下叶轮所受力矩。

解 质量流量 $\dot{m}=0.379\mathrm{m^3\cdot min^{-1}}\times 998\mathrm{kg\cdot m^{-3}}=378\mathrm{kg\cdot min^{-1}}$

进出口水流切向速度：

$$u_{\theta,1}=r_1\omega, u_{\theta,2}=r_2\omega$$

由欧拉涡轮方程：

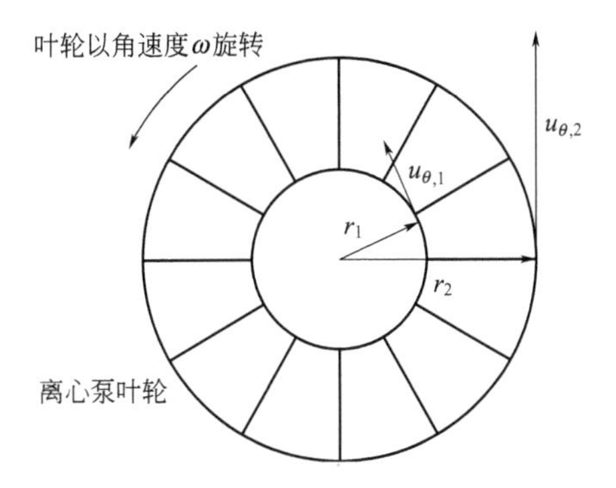

图 4-1-15 例 4-1-4 附图

$$T=\dot{m}\omega(r_2^2-r_1^2)=378\text{kg}\cdot\text{min}^{-1}\frac{2\pi\times1800}{\text{min}}\Big/\left(\frac{60\text{s}}{\text{min}}\right)^2(0.150\text{m}\times0.150\text{m}-0.025\text{m}\times0.025\text{m})$$

$$=26.0\text{N}\cdot\text{m}$$

这是作用在叶轮上的净力矩，是轴作用于叶片上的正力矩与叶轮/流体之间摩擦负力矩的代数和。如欲求得轴上总力矩，则必须给出摩擦阻力。

1.4 流体运动微分方程

化工中多数流动问题，前述有限控制体宏观衡算不能提供足够的流场信息。例如速度、压力随位置的变化，剪切应力沿表面的分布等。这种情况下必须取流场中很小的区域，在无穷小控制体上建立衡算关系。区别于有限控制体法，通常称为微分分析[1]。

1.4.1 连续性微分方程

在直角坐标系中，立方微元体质量衡算得到的连续性微分方程为

$$\frac{\mathrm{D}\rho}{\mathrm{D}t}=\frac{\partial\rho}{\partial t}+u_x\frac{\partial\rho}{\partial x}+u_y\frac{\partial\rho}{\partial y}+u_z\frac{\partial\rho}{\partial z}=-\rho\left(\frac{\partial u_x}{\partial x}+\frac{\partial u_y}{\partial y}+\frac{\partial u_z}{\partial z}\right) \tag{4-1-39}$$

当流体不可压缩，密度 ρ 为常数，$\frac{\mathrm{D}\rho}{\mathrm{D}t}=0$，上式简化为

$$\frac{\partial u_x}{\partial x}+\frac{\partial u_y}{\partial y}+\frac{\partial u_z}{\partial z}=0 \tag{4-1-40}$$

这是最常用的连续性方程的形式。

对于二维运动，连续性方程式为

$$\frac{\partial u_x}{\partial x}+\frac{\partial u_y}{\partial y}=0 \tag{4-1-41}$$

1.4.2 理想流体动量守恒微分方程

在直角坐标系中，理想流体在三个坐标轴方向的运动微分方程是

$$\frac{\partial u_x}{\partial t}+u_x\frac{\partial u_x}{\partial x}+u_y\frac{\partial u_x}{\partial y}+u_z\frac{\partial u_x}{\partial z}=X-\frac{1}{\rho}\times\frac{\partial p}{\partial x}$$
$$\frac{\partial u_y}{\partial t}+u_x\frac{\partial u_y}{\partial x}+u_y\frac{\partial u_y}{\partial y}+u_z\frac{\partial u_y}{\partial z}=Y-\frac{1}{\rho}\times\frac{\partial p}{\partial y} \tag{4-1-42}$$
$$\frac{\partial u_z}{\partial t}+u_x\frac{\partial u_z}{\partial x}+u_y\frac{\partial u_z}{\partial y}+u_z\frac{\partial u_z}{\partial z}=Z-\frac{1}{\rho}\times\frac{\partial p}{\partial z}$$

这组方程也称欧拉方程。式中 X、Y、Z 是体积力在坐标轴方向上的分量。假设流体不可压缩，且 $\rho=\cos nt$，作定常运动，体积力有势，则欧拉方程沿流线积分可得伯努利方程。

对于静止流体，方程（4-1-42）中速度分量为零，给出流体平衡微分方程将其积分，可得静力学基本方程

$$\frac{p_1}{\rho}+gz_1=\frac{p_2}{\rho}+gz_2 \tag{4-1-43}$$

或
$$p_2=p_1+\rho g(z_1-z_2)=p_1+\rho gh$$

上述方程适用于重力场中处于平衡状态下的不可压缩流体，表明静压力仅取决于垂直位置，而与水平位置无关。

1.4.3 黏性流体动量方程——应力形式

以应力表示的黏性流体动量方程，在直角坐标系中可表达为

$$\rho\frac{\mathrm{D}u_x}{\mathrm{D}t}=\left(\frac{\partial\sigma_{xx}}{\partial z}+\frac{\partial\tau_{yx}}{\partial y}+\frac{\partial\tau_{zx}}{\partial z}\right)+\rho x$$
$$\rho\frac{\mathrm{D}u_y}{\mathrm{D}t}=\left(\frac{\partial\tau_{xy}}{\partial x}+\frac{\partial\sigma_{yy}}{\partial y}+\frac{\partial\tau_{zy}}{\partial z}\right)+\rho y \tag{4-1-44}$$
$$\rho\frac{\mathrm{D}u_z}{\mathrm{D}t}=\left(\frac{\partial\tau_{xz}}{\partial x}+\frac{\partial\tau_{yz}}{\partial y}+\frac{\partial\sigma_{zz}}{\partial z}\right)+\rho z$$

这组方程对任何黏性液体、任何运动状态都是适用的，但方程数与未知量数不相等。为使这组方程在原则上成为可解，必须进一步考虑应力和应变率之间的关系，即本构方程，补足所需关系。

1.4.4 奈维-斯托克斯（Navier-Stokes）方程

对不可压缩牛顿流体，剪切力与剪切速率间的关系是

$$\tau_{xy}=\tau_{yx}=\mu\left(\frac{\partial u_x}{\partial y}+\frac{\partial u_y}{\partial x}\right)$$
$$\tau_{xz}=\tau_{zx}=\mu\left(\frac{\partial u_x}{\partial z}+\frac{\partial u_z}{\partial x}\right) \tag{4-1-45}$$
$$\tau_{yz}=\tau_{zy}=\mu\left(\frac{\partial u_y}{\partial z}+\frac{\partial u_z}{\partial y}\right)$$

法向应力与线变形速率之间的关系是

$$
\begin{aligned}
\sigma_{xx} &= -p + 2\mu \frac{\partial u_x}{\partial x} \\
\sigma_{yy} &= -p + 2\mu \frac{\partial u_y}{\partial y} \\
\sigma_{zz} &= -p + 2\mu \frac{\partial u_z}{\partial z}
\end{aligned}
\tag{4-1-46}
$$

压力 p 是三个法向应力平均值，且取负号：

$$
p = -\left(\frac{1}{3}\right)(\sigma_{xx} + \sigma_{yy} + \sigma_{zz})
$$

将式(4-1-46) 代入式(4-1-44)，可得黏性流体的运动微分方程：

$$
\begin{aligned}
\rho \frac{\mathrm{D}u_x}{\mathrm{D}t} &= \rho\left(\frac{\partial u_x}{\partial t} + u_x \frac{\partial u_x}{\partial y} + u_y \frac{\partial u_x}{\partial y} + u_z \frac{\partial u_x}{\partial z}\right) \\
&= -\frac{\partial p}{\partial y} + u\left(\frac{\partial^2 u_x}{\partial x^2} + \frac{\partial^2 u_x}{\partial y^2} + \frac{\partial^2 u_x}{\partial z^2}\right) + \rho X \\
\rho \frac{\mathrm{D}u_y}{\mathrm{D}t} &= \rho\left(\frac{\partial u_y}{\partial t} + u_x \frac{\partial u_y}{\partial x} + u_y \frac{\partial u_y}{\partial y} + u_z \frac{\partial u_y}{\partial z}\right) \\
&= -\frac{\partial p}{\partial y} + u\left(\frac{\partial^2 u_y}{\partial x^2} + \frac{\partial^2 u_y}{\partial y^2} + \frac{\partial^2 u_y}{\partial z^2}\right) + \rho Y \\
\rho \frac{\mathrm{D}u_z}{\mathrm{D}t} &= \rho\left(\frac{\partial u_z}{\partial t} + u_x \frac{\partial u_z}{\partial x} + u_y \frac{\partial u_z}{\partial y} + u_z \frac{\partial u_z}{\partial z}\right) \\
&= -\frac{\partial p}{\partial z} + u\left(\frac{\partial^2 u_z}{\partial x^2} + \frac{\partial^2 u_z}{\partial y^2} + \frac{\partial^2 u_z}{\partial z^2}\right) + \rho Z
\end{aligned}
\tag{4-1-47}
$$

这组方程称为奈维-斯托克斯方程，是牛顿第二定律在黏性流体层流运动时的具体表达形式。

1.4.5 运动方程的定解条件与无滑移条件

为了从运动微分方程确定某给定情况下流体运动速度及压力的变化规律，必须给出初始条件和边界条件，称为方程定解条件。初始条件是待求函数初始时的空间分布，定常运动不需要初始条件。边界条件是待求函数在流动空间边界上的值，它们在不同的具体问题中是不相同的。

当流体沿不可穿透的固体表面运动时，紧靠固体壁面的流体，会像贴在固体壁上一样，即沿表面无滑动，称为无滑移条件（no slip condition）。在静止的固体表面上，流体的速度必须为零，即 $u=0$。

当壁面运动时，流体速度与壁面速度相等。

无滑移条件是黏性流体运动与理想流体运动的一个本质区别。理想流体仅限定法向速度 $u_n=0$。稀薄气体流动是个例外，高分子熔体也可能存在壁面滑移[3]。

1.5 奈维-斯托克斯方程的解

黏性流体运动方程组中有四个未知数（三个速度分量 u_x、u_y、u_z 及压力 p），它们是独

立变数 x、y、z、t 以及一些参数如 ρ、μ、g 等的函数。假设 ρ、μ 为常数，体积力仅有重力，则四个未知数有四个方程（三个运动方程和一个连续性方程）。原则上说问题可解。但由于这组方程中包含未知量的乘积，如 $u_x(\partial u_x/\partial x)$等，方程是非线性的，求解其一般解在数学上有极大的困难，只能在某些特定情况下求解。

求解运动方程有三种方法：精确解、近似解和数值解。

1.5.1 精确解

运动方程建立 150 多年以来，已得到约 80 个精确解[4]。从求解情况看，绝大多数是忽略变位加速度的非线性项而求得的线性解。涉及的流动类型及流场几何形状，有库特流(Couette 流，定常及非定常)、管流、驻点流、旋转流以及具有移动边界的流动、边界上的吸入流等[5,6]。

求解奈维-斯托克斯方程，可得速度分布和流量与压降关系，部分结果见表 4-1-1。其中定常直圆管层流是经典的 Hagen-Poiseuille 流。

表 4-1-1 层流时的速度分布和流量与压降的关系

类型	速度分布	流量与压降的关系
圆管	$u_z=\dfrac{1}{4\mu}\left(\dfrac{\Delta p}{L}\right)(R^2-r^2)$	$Q=\dfrac{\pi}{8\mu}\left(\dfrac{\Delta p}{L}\right)R^4$
平行平板	$u_x=\dfrac{h^2}{2\mu}\left(\dfrac{\Delta p}{L}\right)(1-y^2/h^2)$	$Q=\dfrac{2h^3}{3\mu}\left(\dfrac{\Delta p}{L}\right)B$
圆心圆管环隙	$u_x=\dfrac{1}{4\mu}\left(\dfrac{\Delta p}{L}\right)\left[a^2-r^2+(a^2-b^2)\dfrac{\ln(a/r)}{\ln(b/a)}\right]$	$Q=\dfrac{\pi}{8\mu}\left(\dfrac{\Delta p}{L}\right)\left[a^4-b^4-\dfrac{(a^2-b^2)^2}{\ln(a/b)}\right]$
椭圆管	$u_x=\dfrac{1}{2\mu}\left(\dfrac{\Delta p}{L}\right)\dfrac{a^2b^2}{a^2+b^2}\left(1-\dfrac{y^2}{a^2}-\dfrac{z^2}{b^2}\right)$	$Q=\dfrac{\pi}{4\mu}\left(\dfrac{\Delta p}{L}\right)\dfrac{a^3b^3}{a^2+b^2}$
等边三角形管道	$u_x=\dfrac{\Delta p/L}{2\sqrt{3}a\mu}\left(z-\dfrac{1}{2}a\sqrt{3}\right)(3y^2-z^2)$	$Q=\dfrac{a^4\sqrt{3}}{320\mu}\left(\dfrac{\Delta p}{L}\right)$
矩形管	$u_x=\dfrac{16a^2}{\mu\pi^3}\left(\dfrac{\Delta p}{L}\right)\sum\limits_{i=1,3,5\cdots}^{\infty}(-1)^{\frac{i-1}{2}}\left[1-\dfrac{\cosh(i\pi z/2a)}{\cosh(i\pi b/2a)}\right]$	$Q=\dfrac{4ba^3}{3\mu}\left(\dfrac{\Delta p}{L}\right)\left[1-\dfrac{192a}{\pi^5 b}\times\sum\limits_{i=1,3,5\cdots}^{\infty}\dfrac{\tanh(i\pi b/2a)}{i^5}\right]$

表 4-1-2 为库特流的速度分布。

表 4-1-2　库特流的速度分布

平行平板，上板移动底板固定	$u=U\dfrac{y}{h}$
伴有压力梯度库特流	$u=U\dfrac{y}{h}-\dfrac{h^2}{2\mu}\times\dfrac{\mathrm{d}p}{\mathrm{d}x}\times\dfrac{y}{h}\left(1-\dfrac{y}{h}\right)$，不同压力梯度下速度分布见图 4-1-16
同轴旋转圆柱(下标 o 表示外筒，i 表示内筒)	$u_\theta=\dfrac{\omega_o R_o^2-\omega_i R_i^2}{R_o^2-R_i^2}r+\dfrac{(\omega_i-\omega_o)R_o^2R_i^2}{R_o^2-R_i^2}\times\dfrac{1}{r}$

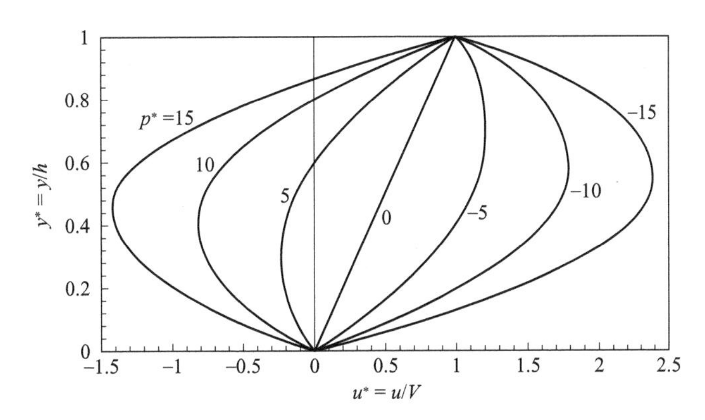

图 4-1-16　施加压力梯度时库特流无量纲速度分布

1.5.2　近似解

为扩大基本方程的可解范围，解决更多的工程实际问题，发展了许多近似解法[7~9]。依照雷诺数的大小，有极慢运动近似（$Re\leqslant1$）和边界层近似（$Re\gg1$）。此外还有摄动法、润滑近似、准定常近似等。

绕球极慢流动近似解所得主要结果为

速度分布：

$$u_r=U\cos\theta\left[1-\frac{3}{2}\times\frac{a}{r}+\frac{1}{2}\left(\frac{a}{r}\right)^3\right]$$
$$u_0=U\sin\theta\left[1-\frac{3}{4}\times\frac{a}{r}-\frac{1}{4}\left(\frac{a}{r}\right)^3\right] \tag{4-1-48}$$

压力分布：

$$p=\frac{3}{2}\mu\frac{Ua}{r^2}\cos\theta+p_0 \tag{4-1-49}$$

斯托克斯阻力公式：

$$F_D=6\pi\mu aU \tag{4-1-50}$$

式中，F_D为总曳力；a 为球的半径；U 为来流速度；p_0为来源压力。上式适用于 $Re=aU\rho/\mu<1$ 的情况，是低雷诺数下曳力与速度的关系式。

第4篇

【例 4-1-5】 环隙中的层流。黏性流体（$\rho=1.18\times10^3\ kg\cdot m^{-3}$，$\mu=0.0045N\cdot s\cdot m^{-2}$）以流量 $12mL\cdot s^{-1}$通过直径 4mm 水平管。请计算：①计算离进口 1m 管长处压降；②若直径 2mm 杆置于 4mm 直径的管内，形成对称环隙，求 1mm 管长压降，流量与①相同。

解 ① 平均速度

$$U=\frac{Q}{\frac{\pi}{4}D^2}=\frac{(12mL\cdot s^{-1})\times(10^{-6}m^3\cdot mL^{-1})}{\left(\frac{\pi}{4}\right)\times(0.004m)^2}=0.955m\cdot s^{-1}$$

$$Re=\frac{\rho UD}{\mu}=\frac{(1.18\times10^3kg\cdot m^{-3})\times(0.955m\cdot s^{-1})\times(0.004m)}{0.0045N\cdot s\cdot m^{-2}}=1000$$

$$\Delta p=\frac{8\mu lQ}{\pi R^4}=\frac{8\times(0.0045N\cdot s\cdot m^{-2})\times(1m)\times(12\times10^{-6}m^3\cdot s^{-1})}{\pi(0.002m)^4}=8.59kPa$$

② 环隙中流动

$r_0=0.002m$，$r_i=0.001m$

$$U=\frac{Q}{\pi(r_0^2-r_i^2)}=\frac{12\times10^{-6}m^3\cdot s^{-1}}{\pi[(0.002m)^2-(0.001m)^2]}=1.27m\cdot s^{-1}$$

基于水力直径计算 Re：

$$D_h=2(r_0-r_i)=2\times(0.002m-0.001m)=0.002m$$

$$Re=\frac{\rho D_h U}{\mu}=\frac{(1.18\times10^3kg\cdot m^{-3})\times(0.002m)\times(1.27m\cdot s^{-1})}{0.0045N\cdot s\cdot m^{-2}}=666$$

$$\Delta p=\frac{8\mu lQ}{\pi}\left[r_0^4-r_i^4-\frac{(r_0^2-r_i^2)^2}{\ln(r_0/r_i)}\right]^{-1}=\frac{8\times(0.0045N\cdot s\cdot m^{-2})\times(1m)\times(12\times10^{-6}m^3\cdot s^{-1})}{\pi}\times$$

$$\left\{(0.002m)^4-(0.001m)^4-\frac{[(0.002m)^2-(0.001m)^2]^2}{\ln(0.002m/0.001m)}\right\}^{-1}=68.2kPa$$

计算结果表明，环隙中的压降远大于直圆管。

计算不同半径时，得到 $\Delta p_{环隙}/\Delta p_{圆管}$ 如图 4-1-17 所示。

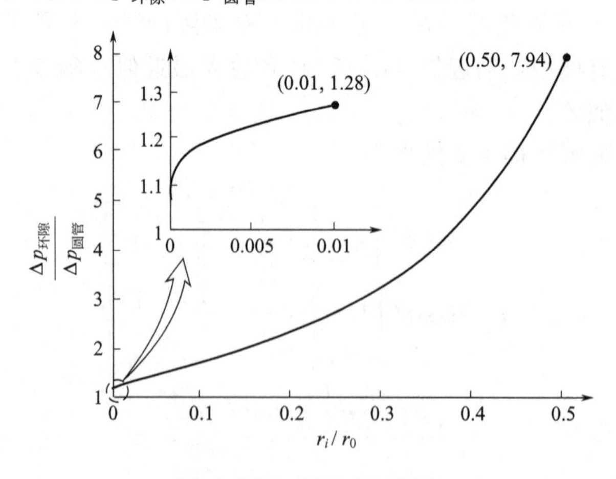

图 4-1-17 例 4-1-5 附图

当内管径仅为外管径的 0.01，$\Delta p_{环隙}/\Delta p_{圆管}=1.28$；若 $r_i/r_0=0.50$，则 $\Delta p_{环隙}/$

$\Delta p_{圆管}=7.94$。

【例 4-1-6】 水平微锥形管中的压降-润滑近似图如图 4-1-18 所示，为一微斜锥形管，试由 Poiseuille 方程推出压降与流量的关系。

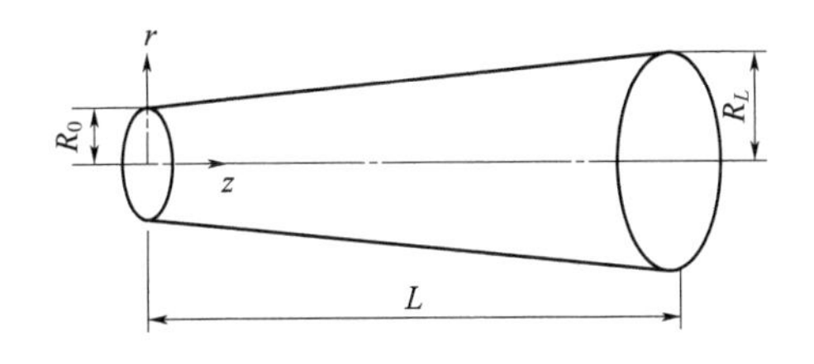

图 4-1-18 例 4-1-6 附图

解 轴向距离 z 处的管半径为

$$R(z)=R_0+\frac{(R_L-R_0)}{L}z \quad ①$$

由于坡度很小，假定滑润近似可以适用，将非平行表面之间的流动近似看作流过平行表面的流动。这样，Poiseuille 方程可以适用；但由于 $R(z)$ 不断变化，需以 $\mathrm{d}p/\mathrm{d}z$ 代替 $\Delta p/L$。于是

$$Q=\frac{\pi R^4}{8\mu}\left(\frac{\mathrm{d}p}{\mathrm{d}z}\right) \quad ②$$

微分式①，以 $\mathrm{d}R$ 代替 $\mathrm{d}z$，代入上式得

$$Q=\frac{\pi R^4}{8\mu}\left(\frac{\mathrm{d}p}{\mathrm{d}z}\right)\left(\frac{R_L-R_0}{L}\right)$$

移项积分得

$$Q=\frac{3\pi}{8\mu}\times\frac{\Delta p}{L}\times\frac{R_0-R_L}{R_L^{-3}-R_0^{-3}} \quad ③$$

或

$$Q=\frac{\pi\Delta p}{8\mu L}R_0^4\left[1-\frac{(R_L/R_0)^2-3\,(R_L/R_0)^3}{1+(R_L/R_0)+(R_L/R_0)^2}\right] \quad ④$$

此式表示，将 Poiseuille 方程乘以校正系数（上式中的方括号部分）即得微锥形管的流量公式。

1.5.3 数值解

奈维-斯托克斯方程是非线性方程，叠加原理不能应用，导致求解的极大困难。随着数值方法和计算机技术的迅速发展，N-S 方程数值求解，构成计算流体力学，本章最后一节将作简要论述。

1.6 流体动力相似与相似律

黏性流体运动规律通过量纲分析可以得到一些重要结果，对指导流体流动的模拟实验研

究以及实验数据处理有重要意义[10,11]。

对绕过一定形状物体的外流，或通过一定几何截面封闭区域的内流，形状几何相似，其特征尺寸 l 是一个关键物理量；此外，表示流体本身物理特征的运动黏度 $\nu=\mu/\rho$ 是出现在奈维-斯托克斯方程中唯一的物性参数；解该方程获得的是速度 u 及比值 p/ρ 的函数。流动特性通过边界条件依赖于运动物体的形状、尺寸以及其速度。当形状给定时，流动将完全取决于三个关键参数：表示几何特性的长度尺度 l，流体物理特性 ν 以及主流速度 u。量纲分析给出一个无量纲数，称为 Reynolds 数：

$$Re=\frac{\rho ul}{\mu}=\frac{ul}{\nu} \tag{4-1-51}$$

任何其他无量纲数可以表示成 Re 的函数。

若以 l 为特征长度，U 为特征速度，引入无量纲量 r/l、u/U。因为 Re 是唯一无量纲数，显然解不可压缩流动方程所得速度分布应是以下函数关系：

$$\frac{u}{U}=f\left(\frac{r}{l},Re\right) \tag{4-1-52}$$

上述关系表明，相同类型的两种不同流动，当 Re 相等，其速度 u/U 是比值 r/l 的相同函数。只要将坐标与速度的量度比值加以改变，即可由一种流动转化为另一种。这两种流动被称为是相似的。相同类型的流动，Re 相等则相似，这就是流动的相似律。

类似地对压力分布有：

$$p=\rho U^2 f\left(\frac{r}{l},\ Re\right) \tag{4-1-53}$$

当重力有重要影响时，对 l，u，ν 和 g 作量纲分析除得到 Re 外，还给出另一个无量纲数 Fr，称为 Froude 数：

$$Fr=\frac{U}{\sqrt{lg}} \tag{4-1-54}$$

对于非定常流，特征时间 τ 亦为重要参数，l，u，ν 和 τ 给出又一新的无量纲数 Strouhal 数：

$$St=\frac{U\tau}{l} \tag{4-1-55}$$

此时当两个无量纲数 Re，St 分别相等，则两流动相似。

1.7 层流与湍流及临界 Re 数

1880 年，雷诺用染色示踪的方法，观察玻璃管内水流运动状态，发现低流量下染色条纹保持直线、均匀，流动光滑、有序，这种状态称为层流；增加流量，条纹弯曲、变形、断裂，进一步增加水流速度，条纹不再存在，染色完全分散在整个水流中，流动混杂无序，这种状态定义为湍流。层流-湍流的过渡称为转捩，处于二者之间的状态称为过渡流。状态的转变取决于流体平均速度、管径以及流体物性黏度与密度。前面已经指出，对这四个参数量纲分析得到无量纲数 Re。流动状态的判别因此以 Re 数为准则。在光滑直管中，$Re=2300$，层流开始转变为过渡流，由于临界速度对管内初始扰动、壁面粗糙度等因素十分敏感，状态转变可能是在一个范围，对光滑直圆管内牛顿流体：

$Re \leqslant 2300$ 层流

$2300 \leqslant Re \leqslant 4000$ 过渡流

$Re \geqslant 4000$ 湍流

过渡流显现流动在层流与湍流间转换，其特征是发生间断性的湍流。仔细地消除扰动，层流可以维持至 $Re=100000$[12]。

而对非牛顿流体特别是黏弹性流体，流动状态的转变，至今尚无满意的数值判据。临界雷诺数随流场几何变化而显著变化，部分层流转变的临界雷诺数见表 4-1-3。

表 4-1-3　部分层流转变的临界雷诺数

流场	雷诺数的定义	临界值
圆直管内的流动	$Re=Du\rho/\mu$	2300
非圆直管内的流动	$Re=d_c u\rho/\mu$ （d_c—当量直径）	2000
圆射流	$Re=du\rho/\mu$ （d—孔口直径）	300
绕圆柱流动的边界层	$Re=du\rho/\mu$ （d—圆柱直径）	3×10^5
平板上方的流动边界层	$Re=Ux\rho/\mu$ （U—来流速度；x—离前缘的距离）	5×10^5
垂直平板降膜流	$Re=Uh\rho/\mu$ （h—离顶部的垂直距离）	370
平行平板	$Re=Uh\rho/\mu$ （h—平行平板间的距离）	1000
明渠流动	$Re=Uh\rho/\mu$ （h—水面到河道底部的距离）	500

1.8　流动可视化与流动测量

研究流体运动规律的方法，除理论解析、数值计算之外，实验观测是最早使用且目前仍然是最基本的方法。

流动测量技术可分为两种类型：一是使用速度、压力、力矩等测量仪器（传感器），定量测量局部或整个设备中的这些物理量，并可借助于计算机，配以必要的辅助设备形成在线测量系统。如热线热膜风速仪、激光测速仪（laser doppler anemometry，LDA）、粒子图像测速仪（particle image velocimetry，PIV，micro-PIV 以及 stereo PIV）等[13]。

二是可视化，观察流场特点，称为流场显示技术（flow visualization）[14]。这是流动分析最有效的工具，给出一幅流场“全景”，而不仅是一组数据表，显然更有助于对复杂流场的理解。全流场的实验数据对数值解的验证更为有效。

流场显示技术可分为示踪法和光学法。

① 示踪法：采用染色、气泡、烟雾颗粒等多种类型的示踪剂，它们随着流体运动，间接反映实际流型，以流线、轨线或脉线等表达，如图 4-1-19 所示。这种方法主要用于不可压缩流体的运动，依照所选示踪剂还可分为壁面显示法（涂膜、线簇）、直接注入（荧光染料）法、化学反应法（生烟）、电控氢泡法等。

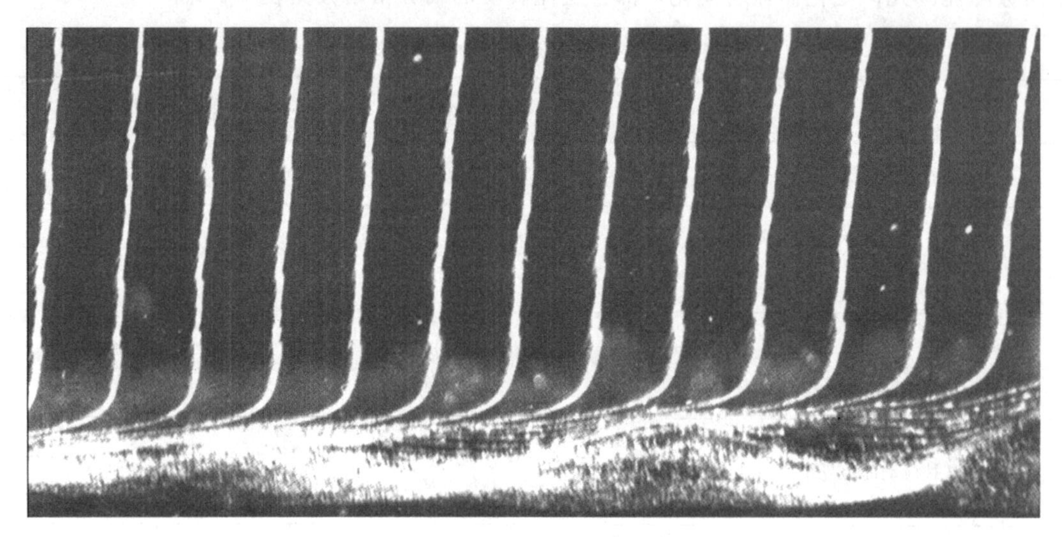

图 4-1-19 氢泡示踪平板边界层速度分布[12]

② 光学法：通过流体密度变化引起折射率的变化，显示流动特征，主要用于可压缩流体，包括纹影法和干涉法。

参考文献

[1] 戴干策，陈敏恒．化工流体力学：第二版．北京：化学工业出版社，2005.

[2] Probstain R F. 物理-化学流体动力学导论．戴干策，方图南，范自辉，译．上海：华东化工学院出版社，1992.

[3] Denn M M. AIChE Journal，2004，50(10)：2335.

[4] White F M，Corfield I. Viscous fluid flow. New York：McGraw-Hill，2006.

[5] Schlichting H，Gersten K. Boundary-Layer theory. Springer Science & Business Media，2003.

[6] Panton R L. Incompressible flow. John Wiley & Sons，2006.

[7] 严宗毅．低雷诺数流理论．北京：北京大学出版社，2002.

[8] Leal L G. Advanced transport phenomena：Fluid mechanics and convective transport processes. Cambridge University Press，2007.

[9] Guyon E，Hulin J P，Mitescu C D，et al. Physical hydrodynamics. Oxford University Press，2015.

[10] Tan Q M. Dimensional analysis: With case studies in mechanics. Springer Science & Business Media, 2011.
[11] Zohuri B. Dimensional analysis and self-similarity methods for engineers and scientists. Springer, 2015.
[12] Yunus A C, Cimbala J M. Fluid mechanics: Fundamentals and applications: 3rd Ed. McGraw Hill Publication, 2014.
[13] Raffel M, Willert C E, Wereley S, et al. Particle image velocimetry: A practical guide. Springer, 2013.
[14] 范洁川. 近代流动显示技术. 北京: 国防工业出版社, 2002.

2 有旋流动与无旋流动

2.1 定义

流体微团运动，旋转是其运动形式之一，物理上的特征为：微团保持原来形状，而对角线偏移一个角度［图 4-1-4(d)］。数学上表示旋转运动的特征量用速度的旋度（矢量），称为涡量 Ω（vorticity），见式(4-1-11)。涡量可理解为流体微团绕其中心作刚性旋转角速度的两倍。具有涡量的流场称为有旋流动或旋涡运动；具有应变速率而无旋转的流场称为无旋流动或势流。涡量场指涡量的空间分布，而涡旋（vortex）则是指集中涡，即涡量聚集的涡结构。

各种涡旋的尺度非常宽广，从液氦中的量子涡 10^{-8}cm 到大气环流的数千公里，而银河系中的涡旋星系的尺度则以光年计。

简单流场中的涡旋易于分辨，复杂流场中涡旋虽已给出判据，但并未获得公认[1]。

螺旋度（helicity）的密度定义为 $h=\boldsymbol{u}\boldsymbol{\omega}$，在整个流场中的积分 $H=\int h\,\mathrm{d}V$ 称为螺旋度，与三维流场中涡系的拓扑结构（如涡管的缠绕和扭结数）密切相关，对湍流涡旋研究有重要意义。

2.2 涡旋运动特征

(1) 涡线、涡管 涡量场的几何表征用涡线，其定义与流线类似，线上各点的切线与该点的涡量方向相同。涡量场中，任一非涡线的封闭曲线上每点作涡线得到涡管，而涡线则为涡管的壁面。

(2) 涡管强度 J 即涡通量，用涡量与涡管截面的乘积表示涡旋的强弱：

$$J=\Omega A=2\omega A \tag{4-2-1}$$

(3) 速度环量 Γ 考虑速度在某曲线上的投影 u_1，沿封闭曲线积分

$$\Gamma=\oint u\cos(u,l)\mathrm{d}l=2\iint \omega_n \mathrm{d}A=J \tag{4-2-2}$$

Γ 即为沿该封闭曲线的速度环量。上式建立了涡通量与速度环量之间的关系，称为斯托克斯（Stokes）定理。

(4) 涡旋运动基本定理

① Thomson 定理 沿任何由流体质点组成的封闭周线的速度环量不随时间变化，$\mathrm{D}\Gamma/\mathrm{D}t=0$。

② Helmholtz 定理

a. 同一时刻涡管各截面上的强度相等。

b. 涡管在运动过程中，一直保持为相同流体质点组成的涡管。

c. 涡管强度不随时间变化。

根据上述定理，当涡管被拉伸，涡管截面积减小，涡旋切向速度增加。这就是涡量的拉伸强化原理。

2.3 涡旋的产生、扩展与消失——黏性作用

前述涡旋定理适用于无黏性、正压流体在有势质量力作用下定常运动。若运动开始时为无旋流动，流体中没有涡旋，则以后也不会有涡旋；反之，若原来有涡旋，则涡旋不消失。亦即流场中涡旋不能自行产生，也不能自行消灭，谓之涡旋保持性。但当三个条件中任何一个得不到满足时，体积力无势，或温度引起密度变化（斜压流体），或流体黏性不可忽略，均可导致流体运动过程中速度环量发生变化，亦即涡旋可以产生或消失。由于实际流体总是有黏性的，因而黏性是最经常起作用的因素；特别重要的是，黏性导致涡旋产生，下面用边界层理论对其做出解释。

在黏性流体中，黏性使涡旋产生，也使涡旋扩展、衰减以致消失。涡量扩展的机理是动量交换，通过对流扩散和分子扩散完成。涡量从强向弱扩展，直至涡量相等，因而黏性流体中不存在涡旋保持性[2]。

2.4 典型涡旋流动——Euler 方程或 N-S 方程解析解[1,3]

2.4.1 二维无黏涡旋

(1) 点涡

$$u_\theta=\frac{\Gamma}{2\pi r} \tag{4-2-3}$$

(2) 兰金涡（Rankine）

$$\begin{aligned} u_\theta&=\frac{\Gamma}{2\pi r_0^2}r=\Omega r \quad & r\leqslant r_0 \\ u_\theta&=\frac{\Gamma}{2\pi r} \quad & r>r_0 \end{aligned} \tag{4-2-4a}$$

压强分布

$$\begin{aligned} p&=p_\infty-\frac{\rho\Gamma^2}{4\pi^2 r_0^2}\left(1-\frac{r^2}{2r_0^2}\right) \quad & r\leqslant r_0 \\ p&=p_\infty-\frac{\rho\Gamma^2}{\delta\pi}\times\frac{1}{r^2} \quad & r>r_0 \end{aligned} \tag{4-2-4b}$$

(3) Kirchhoff 椭圆涡 具有均匀涡量 ω 的椭圆形涡斑（vortex patch）以恒定角速度

$\Omega=\omega ab/(a+b)^2$ 绕其自身均匀旋转并保持形状不变。

2.4.2 二维黏性涡旋，黏性效应：涡量扩散与能量耗散

(1) Oseen 涡

$$u_\theta=\frac{\Gamma_0}{2\pi r}\left[1-\exp\left(-\frac{r^2}{4\nu t}\right)\right]\qquad u_r=u_z=0 \tag{4-2-5a}$$

$$\omega_z=\frac{\Gamma_0}{4\pi\nu t}\exp\left(-\frac{r^2}{4\nu t}\right)\qquad \omega_r=\omega_z=0 \tag{4-2-5b}$$

速度分布与涡量衰减分别见图 4-2-1 和图 4-2-2。

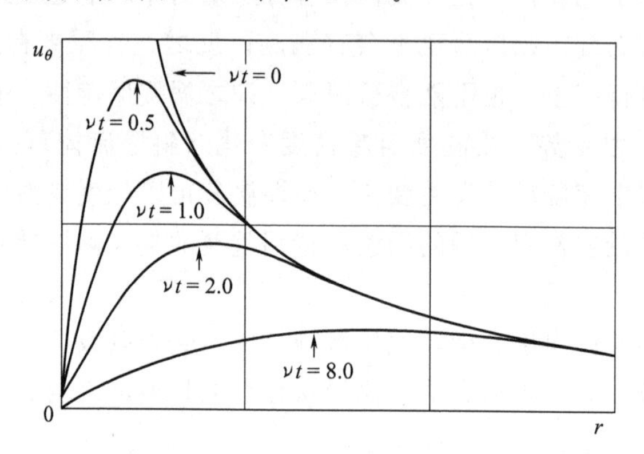

图 4-2-1 Oseen 涡的速度剖面

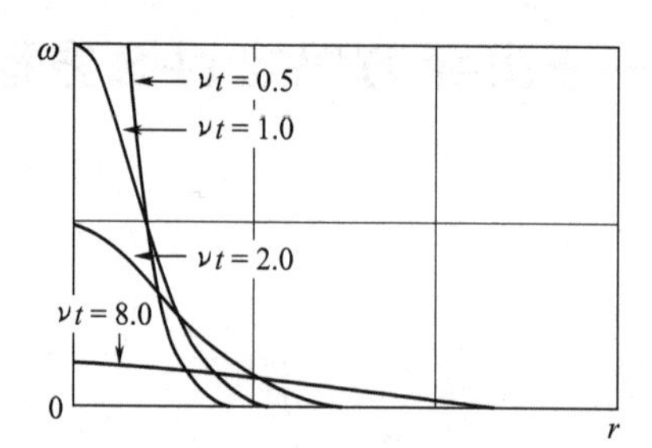

图 4-2-2 Oseen 涡涡量的衰减

(2) Taylor 涡

$$u_\theta=\frac{Mr}{4\pi\nu t^2}\exp\left(-\frac{r^2}{4\nu t}\right) \tag{4-2-6a}$$

$$\omega_z=\frac{M}{2\pi\nu t^2}\left(1-\frac{r^2}{4\nu t}\right)\exp\left(-\frac{r^2}{4\nu t}\right) \tag{4-2-6b}$$

(3) Burgers 涡——轴向拉伸的定常轴对称涡

$$u_\theta=\frac{\Gamma_0}{2\pi r}\left[1-\exp\left(-\frac{ar^2}{2\nu}\right)\right] \tag{4-2-7a}$$

$$\omega_z=\frac{a\Gamma_0}{2\pi\nu}\exp\left(-\frac{ar^2}{2\nu}\right)\qquad \omega_r=\omega_\theta=0 \tag{4-2-7b}$$

Burgers 涡计入了涡旋运动中普遍存在的三维效应，与 Rankine 涡和 Oseen 涡相比更接近现实，能反映某些涡旋流动的主要特性，见图 4-2-3。

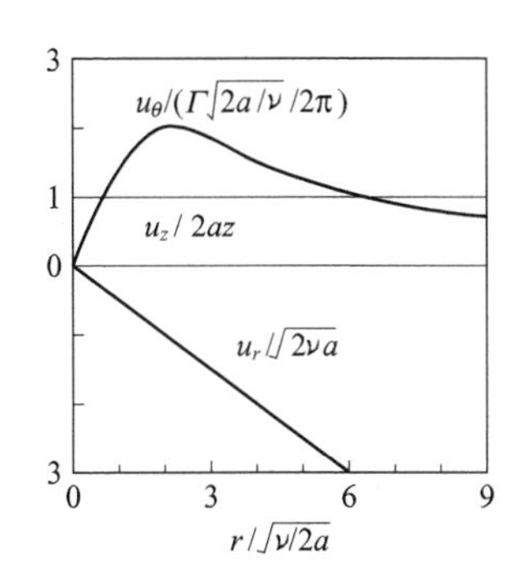

图 4-2-3 Burgers 涡的速度分布

此外常见涡还有 Sullivan、Batchelor、Hill 涡等[1~4]。

2.5 无旋运动特征与速度势

对于无旋流动，可以避开运动方程非线性困难，求解流动问题。在运动无旋的条件下，有速度势 φ 存在，它和速度的关系是

$$u_x=\frac{\partial \varphi}{\partial x},\ u_y=\frac{\partial \varphi}{\partial y},\ u_z=\frac{\partial \varphi}{\partial z}$$

代入连续性方程，得到速度势的拉普拉斯方程

$$\frac{\partial^2 \varphi}{\partial x^2}+\frac{\partial^2 \varphi}{\partial y^2}+\frac{\partial^2 \varphi}{\partial z^2}=0 \tag{4-2-8}$$

这是线性微分方程，适用于叠加原理。解这一方程，得到速度分布，再由伯努利方程，可以得到压力分布[5]。

表 4-2-1 和图 4-2-4 分别给出了若干基本流的流函数和速度势。

表 4-2-1 基本无旋流的流函数

均匀流	$\varphi=Ux+C$ $\psi=Uy+C$
径向流(极坐标中的源与汇)	$\varphi=\frac{Q}{2\pi}\ln r$ $\psi=\frac{Q}{2\pi}\theta$
环流	$\varphi=\frac{\Gamma}{2\pi}\theta$ $\psi=-\frac{\Gamma}{2\pi}\ln r$
偶极流	$\varphi=\frac{M}{2\pi}\times\frac{x}{x^2+y^2}$ $\psi=-\frac{M}{2\pi}\times\frac{y}{x^2+y^2}$

第 4 篇

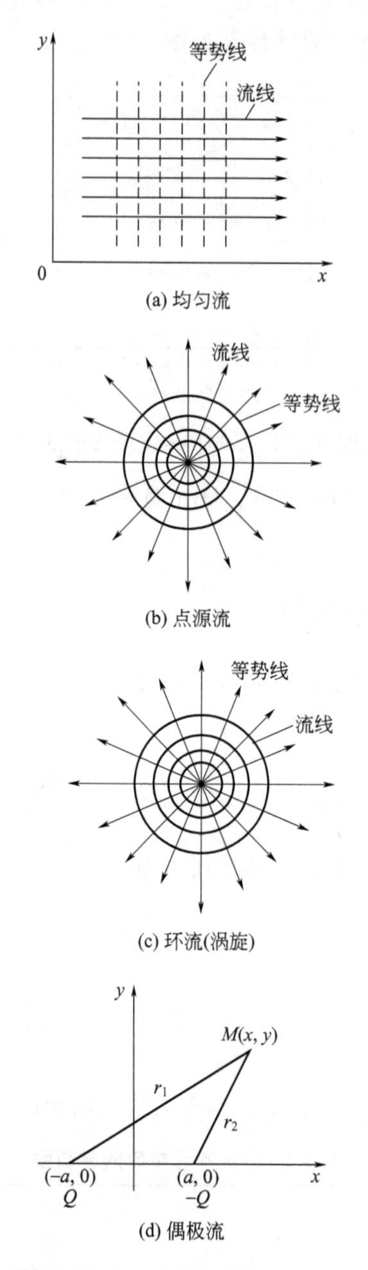

图 4-2-4 无旋流的等势线与流线

2.6 无旋流理论的应用

无旋运动势流理论是经典流体力学重要的组成部分，理论成熟，在热传导、弹性、电磁领域都有应用。但用于流体流动，会出现“阻力为零”这一有违实际的 D'Alembert 悖论。随着19世纪中叶黏性流理论——Prandtl 边界层理论的形成，无旋势流理论在流体力学中不再占有中心地位，但它在某些方面仍有重要应用，特别是在空气动力学中，例如绕流线型物体压力分布计算、机翼外力等[6]。此外，在液体中，如流化床中气泡运动、表面波动等，均可应用无旋流理论作近似分析[7]。

最后，应该指出的是，绕流问题中，边界层以外的大部分区域是无旋流；壁面上黏性涡的产生，即本节所阐述的有旋流与无旋流，实际上是理解边界层理论所必需的基础[8]。

参考文献

[1] Wu J Z, Ma H Y, Zhou M D. Vorticity and vortex dynamics. Springer Science & Business Media, 2007.
[2] Lugt H J. Introduction to vortex theory. Vortex Flow Press, 1996.
[3] 童秉纲．涡运动理论．合肥：中国科学技术大学出版社，2009.
[4] Wu J Z, Ma H Y, Zhou M D. Vortical flows. Springer, 2015.
[5] 戴干策，陈敏恒．化工流体力学：第二版．北京：化学工业出版社，2005.
[6] 厄特尔．普朗特流体力学基础：第十一版．朱自强，等译．北京：科学出版社，2008.
[7] Batchelor G K. An introduction to fluid dynamics. Cambridge University Press, 2000.
[8] Guyon E, Hulin J P, Mitescu C D, et al. Physical hydrodynamics. Oxford University Press, 2015.

3

边界层理论与外部绕流

流动绕过浸没于流体中的物体，物体完全为流体所包围，称为外流，这种现象广泛存在于自然界和工业，最为常见的是空气绕飞行器的流动。外流包含多种流体力学现象，与物体形状、尺寸、方位、速度、流体性质等因素密切相关，即使最简单的球形、圆柱形，流型随 *Re* 的变化也颇复杂。

3.1 边界层概念及平面上的边界层

空气、水等低黏度流体与物体表面接触并有相对运动时，在高雷诺数下，壁面附近的流动可近似地分成两个区域：①靠近表面的薄层，被 Prandtl 称为边界层，其中法向速度梯度很大。描述流体运动必须用奈维-斯托克斯方程，即使黏度很低，黏性力与惯性力相比有同样量级；②离开表面较远的区域，速度梯度近似为零，黏性影响可以忽略，流体运动服从欧拉方程。沿平板上的边界层见图 4-3-1。边界层理论是描述高雷诺数下流动渐近行为的理论[1]，不仅适用于沿固体壁面的流动，也适用于无壁面约束的自由剪切层，如射流、尾流等，只要雷诺数足够大。

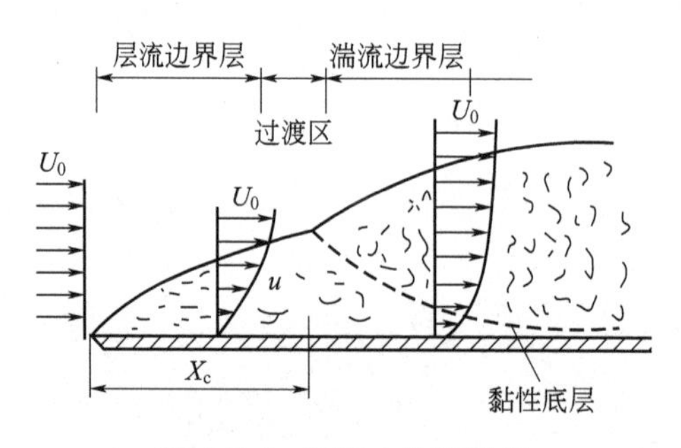

图 4-3-1 平板上的边界层

(1) 边界层中的流动状态 随着 *Re* 数的增大，边界层中的流动状态从层流转变为湍流。对于平板上的边界层，由层流转变为湍流的临界雷诺数为

$$Re_x=\frac{xU}{\nu}=5\times10^5\sim2\times10^6 \tag{4-3-1}$$

式中，x 为离开前缘的距离；U 为来流速度。

(2) 边界层厚度 δ 沿表面的外法线方向，流体运动速度从零逐渐增加，在垂直距离 δ 处，流速接近于来流速度（$u_x=0.99U$），此 δ 称为边界层厚度。边界层一般很薄，$\delta/x\ll1$。其值可由测量或计算得到。物理上，它代表涡量扩散距离的数量级，不是精确值。另有位移厚度、动量损失厚度，用于表征能量损失[2]。

(3) 边界层动量微分方程 从二维奈维-斯托克斯方程出发，经量级比较，Prandtl 导出平板上的边界层方程为

$$u_x \frac{\partial u_x}{\partial x} + u_y \frac{\partial u_x}{\partial y} = -\frac{1}{\rho} \times \frac{\partial p}{\partial x} + \nu \frac{\partial^2 u_x}{\partial y^2} \tag{4-3-2a}$$

$$\frac{\partial p}{\partial y} = 0 \tag{4-3-2b}$$

这组方程中的式(4-3-2b) 表明，边界层中无法向压力梯度。

(4) 边界层动量积分关系式 卡门导出的边界层动量积分关系式为

$$\int_0^\delta \frac{\partial}{\partial x}[u_x(U-u_x)]\mathrm{d}y + \frac{\mathrm{d}U}{\mathrm{d}x}\int_0^\delta (U-u_x)\mathrm{d}y = \frac{\tau_\mathrm{w}}{\rho} \tag{4-3-3}$$

由上述边界层微分方程可求得相似解，或用积分关系式近似计算得到边界层中的速度分布、剪应力及边界层厚度。表 4-3-1 给出了光滑平板边界层特性的部分计算结果[1,3]。

表 4-3-1 平行于均匀流的光滑平板上层流与湍流边界层特征

性质	层流	湍流①	湍流②
边界层厚度	$\frac{\delta}{x}=\frac{4.91}{\sqrt{Re_x}}$	$\frac{\delta}{x}\cong\frac{0.16}{(Re_x)^{1/7}}$	$\frac{\delta}{x}\cong\frac{0.38}{(Re_x)^{1/5}}$
位移厚度	$\frac{\delta^*}{x}=\frac{1.72}{\sqrt{Re_x}}$	$\frac{\delta^*}{x}\cong\frac{0.020}{(Re_x)^{1/7}}$	$\frac{\delta^*}{x}\cong\frac{0.048}{(Re_x)^{1/5}}$
动量厚度	$\frac{\theta}{x}=\frac{0.664}{\sqrt{Re_x}}$	$\frac{\theta}{x}\cong\frac{0.016}{(Re_x)^{1/7}}$	$\frac{\theta}{x}\cong\frac{0.037}{(Re_x)^{1/5}}$
局部摩擦系数	$C_{f,x}=\frac{0.664}{\sqrt{Re_x}}$	$C_{f,x}\cong\frac{0.027}{(Re_x)^{1/7}}$	$C_{f,x}\cong\frac{0.059}{(Re_x)^{1/5}}$

① 得自 1/7 幂律。

② 1/7 幂律结合管内湍流经验数据。

平板上层流边界层厚度约为

$$\delta = 5.0\sqrt{\frac{\nu x}{U}} \tag{4-3-4}$$

壁附近速度分布可近似写为

$$\left.\begin{aligned} \boldsymbol{u}_x &\cong \frac{\boldsymbol{U}\boldsymbol{y}}{\delta} \\ \boldsymbol{u}_y &\cong \frac{\boldsymbol{U}\boldsymbol{y}^2}{\delta^3} \end{aligned}\right\} \tag{4-3-5}$$

【例 4-3-1】 层流边界层与湍流边界层的比较。20℃空气以 $10.0\mathrm{m \cdot s^{-1}}$ 的速度流过长度为 1.52m 的光滑平板，试计算：

(1) 以 $x=1$ 处 $u=u(y)$ 表示层流/湍流边界层分布；

(2) 比较 $x=L$ 处两种状态下局部摩擦阻力系数；

(3) 比较层流与湍流边界层增长。

解 (1) 20℃空气的运动黏度 $\nu=1.516\times10^{-5}\mathrm{m^2 \cdot s^{-1}}$

当 $x=L$ 时，$Re_x=\dfrac{Ux}{\nu}=\dfrac{10\times1.52}{1.516\times10^{-5}}=1.00\times10^6$

这一 Re_x 值处在层流与湍流之间的过渡区域，作层流与湍流的速度分布比较是必要的。

在层流情况下，$\delta_{层}=\dfrac{4.91x}{\sqrt{Re_x}}=\dfrac{4.91\times1520}{\sqrt{1.00\times10^6}}=7.46\text{mm}$

在湍流情况下，$\delta_{湍}=\dfrac{0.16x}{(Re_x)^{1/7}}=\dfrac{0.16\times1520}{(1.00\times10^6)^{1/7}}=33.79\text{mm}$

以 y-u 为参数，层流与湍流边界层比较如图 4-3-2 和图 4-3-3 所示。

比较表明：①湍流边界层厚度远大于层流边界层厚度，约为 4.5 倍；②近壁处 u-y 斜率湍流时很陡。

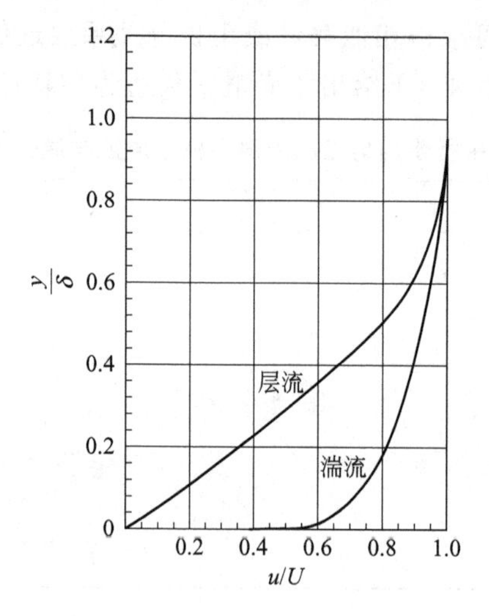

图 4-3-2 无量纲边界层厚度

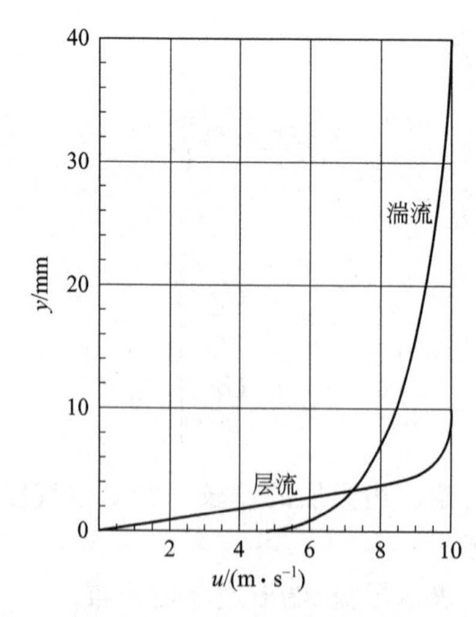

图 4-3-3 边界层速度分布

（2）局部摩擦阻力系数

层流

$$C_{f,x}=\frac{0.664}{\sqrt{Re_x}}=\frac{0.664}{\sqrt{1.00\times10^6}}=6.64\times10^{-4}$$

湍流

$$C_{f,x}=\frac{0.027}{(Re_x)^{1/7}}=\frac{0.027}{(1.00\times10^6)^{1/7}}=3.8\times10^{-3}$$

湍流时的 C_f 约为层流时的 5 倍。

(3) 湍流计算时假定从平板起点已是湍流边界层，但实际上流动是从层流经过渡流最终成为湍流。作为比较，假定整个边界层中流动完全为层流或完全为湍流时，δ-x 的关系如图 4-3-4所示。

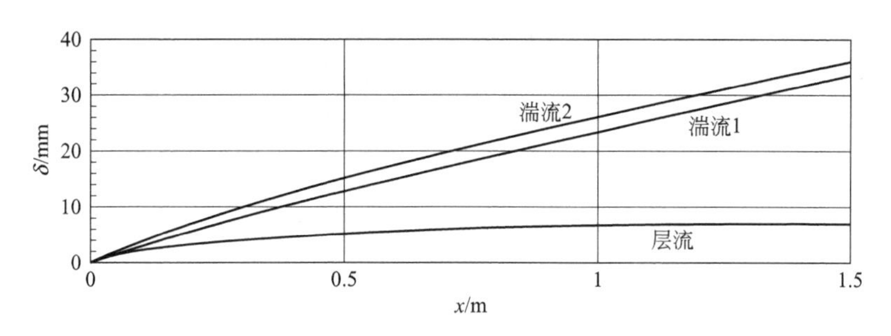

图 4-3-4 层流/湍流边界层增长

[湍流 1 曲线基于 $\frac{\delta}{x}\cong\frac{0.16}{(Re_x)^{1/7}}$；湍流 2 曲线基于 $\frac{\delta}{x}\cong\frac{0.38}{(Re_x)^{1/5}}$]

3.2 曲面上的边界层及边界层分离

沿流动方向，通道截面积发生变化（收缩或扩张），则外流的速度和压力沿流动方向均会发生变化，这对边界层中的流动有显著影响。如果外流减速，压力沿流动方向增大，出现逆压力梯度。当逆压力梯度足够大时，近物体表面的流体在逆压力梯度作用下会停止前进，甚至向上游返回。随着回流向上游扩展，边界层越来越远地被推离物理表面，与壁面脱离形成旋涡，这就是边界层分离现象。如图 4-3-5 所示。图中在“3”处有 $\frac{\partial u_x}{\partial y}=0$，而在其下游“4”处，壁面附近的流体运动反向，$\frac{\partial u_x}{\partial y}<0$，而外缘仍然向前流动，故在“4”处出现拐点。此时，曲面壁面以及“4”处速度均为零。分离点可定义为：紧靠边壁的边界层中前进和回流之间的极限，即图中“3”处。虚线 3-4′-5′是分离边界层的边缘。

柱体绕流时，层流分离点在 $\theta=81°$（从前驻点算起），湍流分离点在 $\theta=130°$，见图 4-3-6。

边界层分离的若干工程实例示于图 4-3-7。

【例 4-3-2】 层流边界层的近似计算不可压缩流体绕长度为 L 的平板运动，来流速度为 U，试求边界层厚度 δ 随距离 x 的变化规律。

解 设速度 u_x 可用 y 三次方的多项式表示

$$u_x=a+by+cy^2+dy^3$$

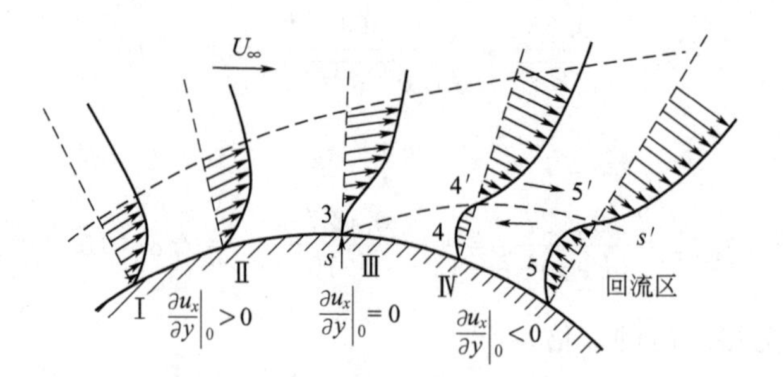

图 4-3-5　曲面上的边界层分离现象

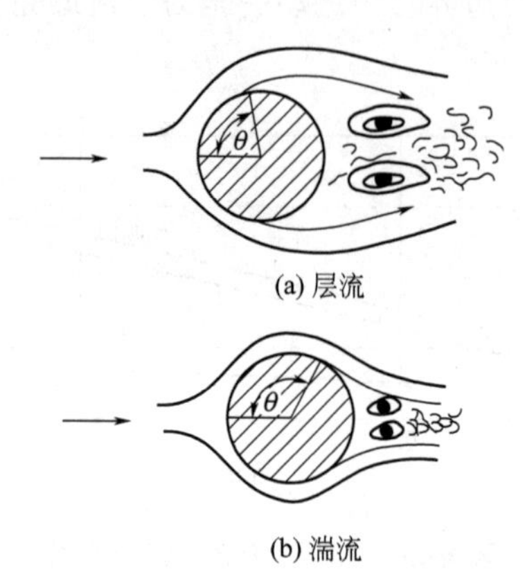

(a) 层流

(b) 湍流

图 4-3-6　绕柱体流动时的分离点

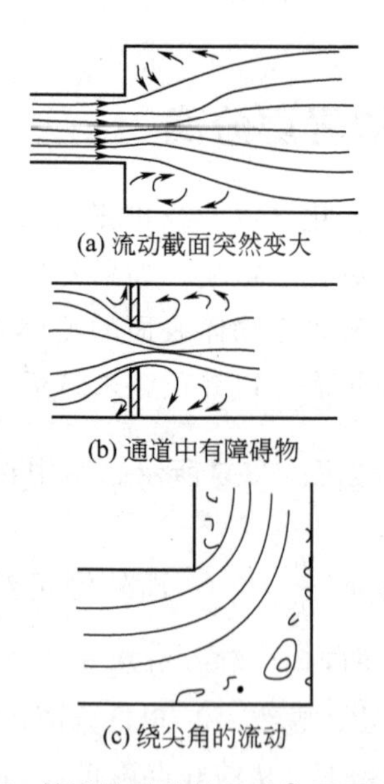

(a) 流动截面突然变大

(b) 通道中有障碍物

(c) 绕尖角的流动

图 4-3-7　管道流动中的几种边界层分离现象

式中，a、b、c、d 为待定系数，由边界条件决定。

边界条件是：$y=0$（固体表面）处，$u_x=0$；$y=\delta$（边界层外缘），$u_x=U$；$\tau=\mu(\mathrm{d}u_x/\mathrm{d}y)=0$，则有 $\mathrm{d}u_x/\mathrm{d}y=0$。在固体壁面上，$u_x=u_y=0$。

由式(4-3-2a) 得

$$\left(\frac{\partial^2 u_x}{\partial y^2}\right)_{y=0}=\frac{1}{\mu}\times\frac{\mathrm{d}p}{\mathrm{d}x}$$

由于 $\mathrm{d}p/\mathrm{d}x=0$，所以$(\partial^2 u_x/\partial y^2)_{y=0}=0$，由这四个边界条件可决定 4 个系数为：

$$a=0；b=\frac{3}{2}\times\frac{U}{\delta}；c=0；d=-\frac{U}{2\delta^3}$$

由此得速度分布为

$$u_x=\frac{U}{2\delta}\left(3y-\frac{y^3}{\delta^2}\right) \quad ①$$

由牛顿黏性定律

$$\tau_w=\mu\left(\frac{\mathrm{d}u_x}{\mathrm{d}y}\right)_{y=0}$$

将式①微分代入上式得

$$\tau_w=\frac{3}{2}\mu\frac{U}{\delta} \quad ②$$

对平板，$U(\mathrm{d}U/\mathrm{d}x)=0$，边界层动量积分关系式(4-3-3) 可写成

$$\frac{\mathrm{d}}{\mathrm{d}x}(U^2\theta)=\tau_w/\rho \quad ③$$

式中

$$\begin{aligned}\theta&=\int_0^\delta\frac{U_x}{U}\left(1-\frac{U_x}{U}\right)\mathrm{d}y\\&=\int_0^\delta\frac{1}{2\delta}\left(3y-\frac{y^3}{\delta^2}\right)\left[1-\frac{1}{2\delta}\left(3y-\frac{y^3}{\delta^2}\right)\right]\mathrm{d}y\\&=\frac{39}{280}\delta\end{aligned}$$

代入式③并积分得

$$\frac{13}{280}\rho U\delta^2=\mu x+c$$

因为当 $x=0$ 时，$\delta=0$，所以 $c=0$，于是得

$$\delta=4.64\sqrt{\frac{vx}{U}} \quad ④$$

3.3 圆柱绕流

3.3.1 尾流边界层

边界层近似不限于沿壁面流动，同样的方程可以适用于自由剪切层（free shear layer），

如射流、尾流和混合层。只要 Re 数足够大，这些区域细薄，黏性力不可忽略。尾流边界层见图 4-3-8[3]。

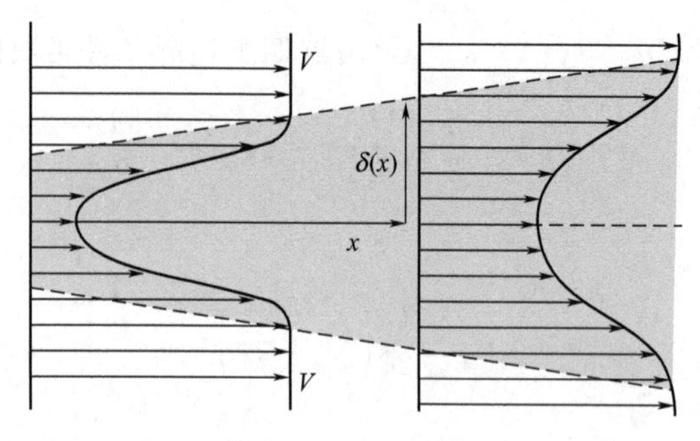

图 4-3-8 尾流边界层

3.3.2 尾流结构随 Re 变化

绕平板流动如图 4-3-9 所示[4]。

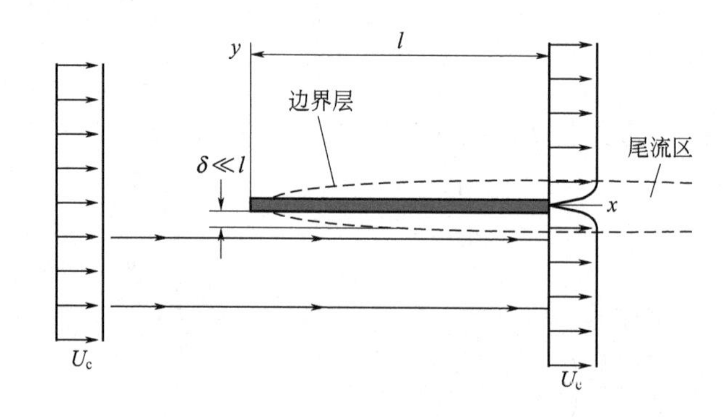

图 4-3-9 绕平板流动

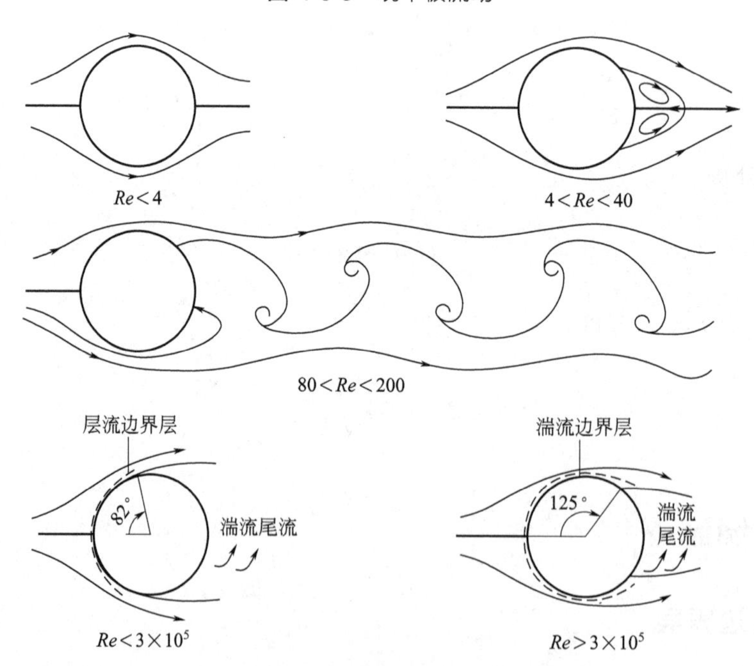

图 4-3-10 绕圆柱流动

绕圆柱流动如图 4-3-10 所示[5]。

高雷诺数，$Re<3\times10^5$，边界层保持层流，尾流是完全湍流。层流边界层在离前驻点82°左右分离。

管排时，斯特劳哈尔数（Strouhal number）定义为：$St=\frac{fL}{U}$，式中 f 为涡脱落频率；L 为特征长度；U 为来流速度。另外，结合管排结构，利用图 4-3-11 可获知斯特劳哈尔数。

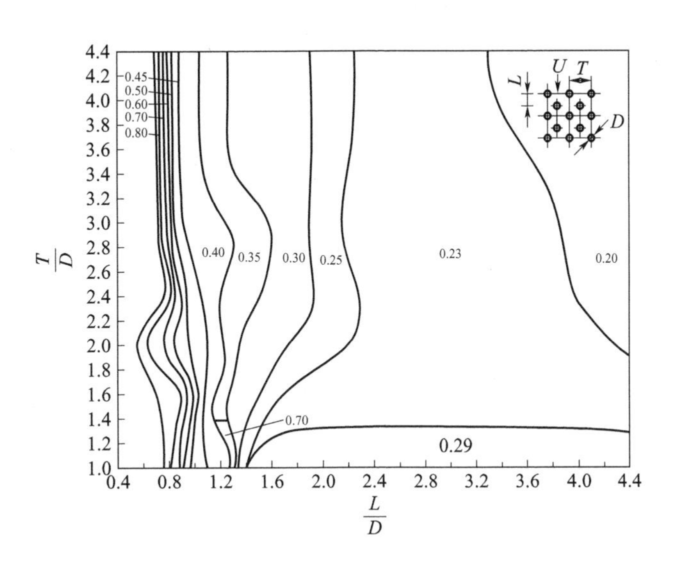

图 4-3-11 管排斯特劳哈尔数

$Re>200$，涡流不稳定、不规则，但尾流中的流动持续存在，对应于 $St=0.21$ 的强频率分量，Re 很高，如 5000，周期性不再（能够感受）存在，尾流归于完全湍流。

3.4 传热和传质边界层

将流动边界层的概念推广到温度场，可导出传热边界层；将流动边界层的概念推广到浓度场，可导出传质边界层[6]。

3.4.1 传热边界层

当流体流过与其温度不同的固体表面时，因存在温度差而传热。无论加热还是冷却，温度变化主要发生在壁面附近的薄层中。薄层之外温度几乎是均匀的。薄层中温度梯度很大，因而分子导热的作用不可忽略，这和沿壁面流动必须考虑壁面附近分子黏性的情况类似。传热中具有上述特点的边界附近的薄层称为传热边界层或温度边界层，见图 4-3-12。

传热边界层的微分方程式

$$u_x\frac{\mathrm{d}T}{\mathrm{d}x}+u_y\frac{\mathrm{d}T}{\mathrm{d}y}=\alpha\frac{\partial^2 T}{\partial y^2} \tag{4-3-6}$$

传热边界层的积分关系式是

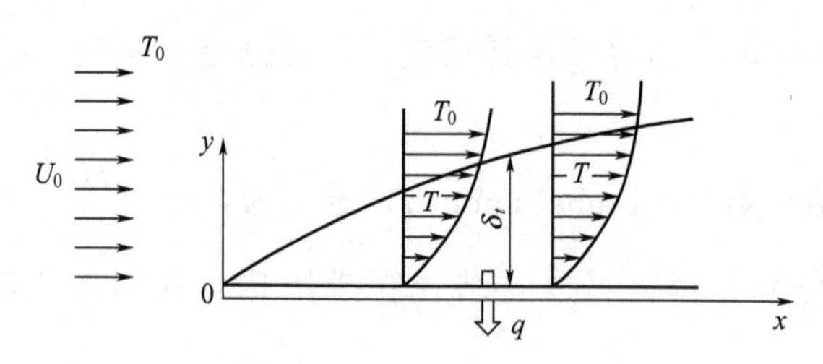

图 4-3-12 传热边界层

$$\frac{\partial}{\partial x}\int_0^{\delta_t} u_x (T - T_0)\mathrm{d}y = -\alpha \left.\frac{\partial T}{\partial y}\right|_{y=0} \tag{4-3-7}$$

式中，α 为导温系数。δ_t 为传热边界层的厚度，它和流动边界层的关系为

$$\delta_t = \frac{\delta}{Pr^{1/3}} \tag{4-3-8}$$

式中，$Pr = \nu/\alpha$，称为 Prandtl 数。当 $Pr = 1$ 时，传热边界层与流动边界层厚度相等。当 $Pr > 1$ 时，黏性扩散强于热量扩散，流动边界层厚于温度边界层；当 $Pr < 1$ 时，对于黏性液体弱于热量扩散，流动边界层薄于温度边界层。黏性液体 $Pr \gg 1$，液态金属 $Pr \ll 1$。不同 Pr 数时，两种边界层的相对关系如图 4-3-13 所示。

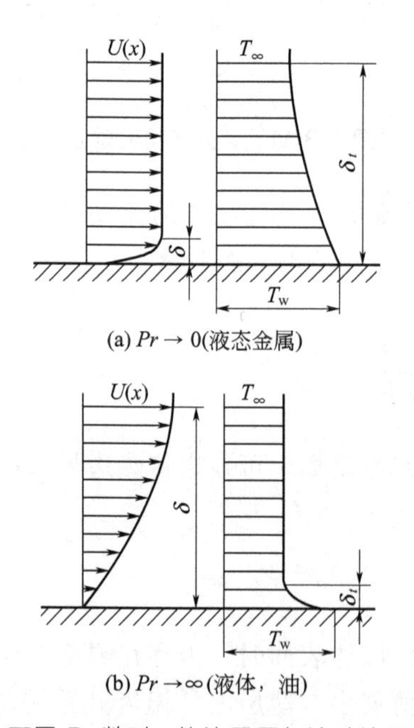

图 4-3-13 不同 Pr 数时，热边界层与流动边界的相对关系

【例 4-3-3】 传热边界层计算。设有长度为 L 的平板，流体沿平板流动，板上温度恒定为 T_w，热边界层以外流体温度为 T_0，试求温度分布、热边界层厚度和传热膜系数。

解 为方便起见，将流体温度以过余温度 θ 表示，即

$$\theta = T - T_w,\ \theta_0 = T_0 - T_w$$

假设温度分布可用多项式表示

$$\theta=a+by+cy^2+dy^3$$

式中，a、b、c 和 d 为待定系数，可由边界条件决定。

边界层条件为：

表面上，$y=0$ 时，$\theta=0$；

$$\frac{\mathrm{d}\theta}{\mathrm{d}y}=\text{常数}；\frac{\partial^2\theta}{\partial y^2}=0$$

热边界层边缘，$y=\delta_t$，$\theta=\theta_0=$常数，$\dfrac{\partial\theta}{\partial y}=0$，由以上四个边界条件可以决定四个系数：

$$a=0,\ b=\frac{3}{2}\times\frac{\theta_0}{\delta_t},\ c=0,\ d=-\frac{\theta_0}{2\delta_t^3}$$

温度分布为

$$\frac{\theta}{\theta_0}=\frac{T-T_\mathrm{w}}{T_0-T_\mathrm{w}}=\frac{3}{2}\left(\frac{y}{\delta_t}\right)-\frac{1}{2}\left(\frac{y}{\delta_t}\right)^3 \quad ①$$

由已知的温度分布和速度分布，计算如下积分

$$\int_0^{\delta_t}(T_0-T)u_x\mathrm{d}y=\int_0^{\delta_t}(\theta_0-\theta)u_x\mathrm{d}y$$

$$=\int_0^{\delta_t}\theta_0U_\infty\left[1-\frac{3}{2}\left(\frac{y}{\delta_t}\right)+\frac{1}{2}\left(\frac{y}{\delta_t}\right)^3\right]\left[\frac{3}{2}\left(\frac{y}{\delta}\right)-\frac{1}{2}\left(\frac{y}{\delta}\right)^3\right]\mathrm{d}y$$

$$=\theta_0U_\infty\delta\left[\frac{3}{20}\left(\frac{\delta_t}{\delta}\right)^2-\frac{3}{280}\left(\frac{\delta_t}{\delta}\right)^3\right]$$

忽略右端第二项，代入热边界层积分关系式(4-3-7)，并根据

$$\left.\frac{\mathrm{d}\theta}{\mathrm{d}y}\right|_{y=0}=\frac{3}{2}\times\frac{\theta_0}{\theta_t},\ \frac{\delta_t}{\delta}=\beta$$

于是有

$$\frac{3}{20}\theta_0U_\infty\frac{\mathrm{d}}{\mathrm{d}x}(\beta^2\delta)=\frac{3}{2}a\ \frac{\theta_0}{\beta\delta}$$

或

$$\frac{1}{10}U_\infty\left(\beta^3\delta\ \frac{\mathrm{d}\delta}{\mathrm{d}x}+2\beta^2\delta^2\ \frac{\mathrm{d}\beta}{\mathrm{d}x}\right)=a \quad ②$$

考虑温度分布与速度分布有相同形式，可以认为 δ_t 和 δ 以相同方式依赖于 x，若传热边界层和流动边界层均从 $x=0$ 开始发展，这就有理由假设 $\mathrm{d}\beta/\mathrm{d}x=0$，于是

$$\frac{1}{10}U_\infty\beta^3\delta\ \frac{\mathrm{d}\delta}{\mathrm{d}x}=a \quad ③$$

由平板动量边界层近似计算得到

$$\delta\ \frac{\mathrm{d}\delta}{\mathrm{d}x}=\frac{140}{13}\times\frac{\nu}{U_\infty}$$

将这一结果代入式③，并近似地$\sqrt[3]{130/140}\approx0.98\approx1$，则

$$\frac{\delta_t}{\delta}=Pr^{1/3}$$

从而得

$$\delta_t=\frac{4.64x}{\sqrt{(Re)_x}\sqrt[3]{Pr}} \quad ④$$

下面接着求传热膜系数。

由温度分布式①可得贴近壁面处过余温度对 y 的导数

$$\left.\frac{\partial\theta}{\partial y}\right|_{y=0}=\frac{3\theta_0}{2\delta_t} \quad ⑤$$

由于贴近壁面的流体无滑移，该层内的热量传递只能依靠传导。由傅里叶定律，导热量为$-k(\partial T/\partial y)|_{y=0}$；根据热量守恒，它应该等于流体沿壁面时带走的对流换热量。由此可得

$$h\Delta T=-k\left.\frac{\partial T}{\partial y}\right|_{y=0}.$$

此处 ΔT 指流体与壁面之间的温差，由式⑤，得

$$h=-\frac{k}{\Delta T}\times\left.\frac{\partial T}{\partial y}\right|_{y=0}=\frac{k}{\theta_0}\times\left.\frac{\partial\theta}{\partial y}\right|_{y=0}=\frac{k}{\theta_0}\times\frac{3\theta_0}{2\delta_t}=\frac{3k}{2\delta_t} \quad ⑥$$

此式表明，传热膜系数与传热边界层厚度 δ_t 成反比。式⑥两端各乘以 x/k，并将式④代入，可转化为无量纲形式：

$$Nu_x=\frac{hx}{k}=0.323(Re)^{1/2}(Pr)^{1/3} \quad ⑦$$

Nu_x 称为努塞尔数，下标 x 表示为平板上离前缘不同距离处的局部值。对于整个板来说，可由 $x=0$ 到 $x=x$ 之间进行积分，即可求得由 $x=0$ 到 x 板长的传热膜系数的平均值

$$h_m=\frac{1}{x}\int_0^x h\,\mathrm{d}x=\frac{1}{x}\int_0^x cx^{-1/2}\,\mathrm{d}x=2cx^{-1/2}=2h \quad ⑧$$

式中，c 代表式⑦中所有与 x 无关的量及常数项的乘积，因此得

$$\frac{h_m x}{h}=0.646(Re)^{1/2}(Pr)^{1/3} \quad ⑨$$

式⑧表明，从 $0\to x$ 之间的平均膜系数为 x 处局部膜系数值的两倍。

3.4.2 传质边界层

当流体与所流过的固体（或另一种流体）表面之间有浓度差时，就会在两者之间发生物质传递。只要 Peclet 数 $Pe=UL/D$ 足够大，就可以认为对流扩散在物质传递中起主要作用，仅在固体表面附近的薄层内，由于浓度梯度很大，分子扩散与对流扩散同等重要，这个薄层就称为传质边界层或扩散边界层。

定常情况下传质边界层中对流扩散方程是

$$u_x \frac{\partial c}{\partial x}+u_y \frac{\partial c}{\partial y}=D \frac{\partial^2 c}{\partial y^2} \tag{4-3-9}$$

传质边界层积分关系式是

$$\frac{\partial}{\partial x}\int_0^{\delta_c} u_x (c-c_0)\mathrm{d}y=-D \left.\frac{\partial c}{\partial y}\right|_{y=0} \tag{4-3-10}$$

式中，c 为扩散组分的浓度；c_0 为来流浓度。

传质边界层的厚度 δ_c 与流动边界层的厚度 δ 的关系为

$$\delta_c=\frac{\delta}{Sc^{1/3}} \tag{4-3-11}$$

式中，Sc 为 Schmidt 数，$Sc=v/D$，对大多数液体，$Sc \cong 10^3$，传质边界层的厚度大约是流动边界层的 0.1。

由式(4-3-4) 及式(4-3-11)，可得

$$\delta_c \cong D^{1/3} v^{1/6}\sqrt{\frac{x}{U}} \tag{4-3-12}$$

3.5 高速边界层

高速条件下，边界层中温度上升，流体可压缩，传热问题突出。高速边界层理论参见郭永怀《边界层理论讲义》[7]。

参考文献

[1] Schlichting H, Gersten K. Boundary-Layer theory. Springer Science & Business Media, 2003.
[2] 戴干策，陈敏恒．化工流体力学：第二版．北京：化学工业出版社，2005.
[3] Yunus A C, Cimbala J M. Fluid mechanics: Fundamentals and applications. 3rd Ed. McGraw Hill Publication, 2014.
[4] Munson B R, Young D F, Okiishi T H. Fundamentals of fluid mechanics. 5th edition. John Wiley & Sons Inc, 2006.
[5] Kundu P K, Cohen I M. Fluid mechanics 4th. 4th edition. Oxford: Elsevier, 2008.
[6] Bird R B, Stewart W E, Lightfoot E N, et al. Introductory transport phenomena. Wiley Global Education, 2015.
[7] 郭永怀．边界层理论讲义．合肥：中国科学技术大学出版社，2008.

4

湍流理论与实验观测

4.1 湍流基本特征

湍流是高 Re 数下发生的一种流动状态，其基本特征包括以下几方面。

(1) 随机性 在给定位置，湍流的速度大小和方向不断变化，不能以时间、空间坐标的确定性函数给予描述。速度大小的变化频率很高，幅度有时也很大，但总是围绕一定值变化，这种现象称为速度脉动。

(2) 涡量 湍流结构是不同大小的旋涡，从小到大（多）尺度连续时最基本的特征。这些涡旋合并、分割、拉伸、旋转。旋涡拉伸作为湍流的非线性表现，是维持涡量三维脉动的关键过程。

(3) 扩散性 湍流运动促进物质之间的迅速混合，提高扩散速率，湍流扩散较分子扩散的传递速率大几个数量级。这是化工过程常在湍流状态下进行的主要原因。

(4) 耗散性 湍流中存在能量级串，小涡旋从大涡旋获得的能量，通过黏性转变为热；没有连续的能量供给，湍流将衰减。

(5) 拟序性 湍流的产生和维持过程中，存在着尺度的间歇现象和周期性猝发过程，湍流流动并非完全杂乱无序，而是存在某种近似有组织结构、拟序结构。条带、猝发、涡旋，是壁面附近湍流形成的结构特征。

总之，湍流既不是确定的，也不是完全随机的。因为拟序结构的发生，表明空间存在有限特征尺度。

4.2 湍流运动基本方程

湍流运动时，空间给定点上的瞬时速度（u）随时间不断变化。选取一定的时间间隔，计算速度的平均值，即时均速度 $\overline{u}$。于是，瞬时速度就是时均速度与脉动速度的向量和。如图 4-4-1 所示。

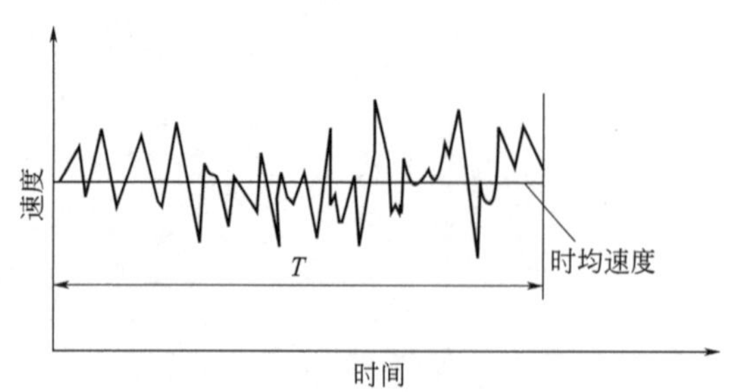

图 4-4-1 定常湍流运动的时均速度

$$u=\overline{u}+u' \tag{4-4-1}$$

其中

$$\overline{u}=\frac{1}{T}\int_0^T u(x,y,z,t)\mathrm{d}t \tag{4-4-2}$$

脉动速度一般不大，管流时其值仅为时均速度的百分之几到百分之十几，但对流体运动却有重要影响。

对连续性方程和奈维-斯托克斯方程进行时均化运算，得到不可压缩流体的湍流运动的基本方程组[1,2]。

连续性方程：

$$\frac{\partial u_x}{\partial x}+\frac{\partial u_y}{\partial y}+\frac{\partial u_z}{\partial z}=0 \tag{4-4-3}$$

运动方程：

$$\begin{aligned}
\rho\left(u_x\frac{\partial u_x}{\partial x}+u_y\frac{\partial u_x}{\partial y}+u_z\frac{\partial u_x}{\partial z}\right)&=-\frac{\partial p}{\partial x}+\mu\nabla^2 u_x-\rho\left(\frac{\partial\overline{u_x'^2}}{\partial x}+\frac{\partial\overline{u_x'u_y'}}{\partial y}+\frac{\partial\overline{u_x'u_z'}}{\partial z}\right)+\rho x\\
\rho\left(u_x\frac{\partial u_y}{\partial x}+u_y\frac{\partial u_y}{\partial y}+u_z\frac{\partial u_y}{\partial z}\right)&=-\frac{\partial p}{\partial y}+\mu\nabla^2 u_y-\rho\left(\frac{\partial\overline{u_y'u_x'}}{\partial x}+\frac{\partial\overline{u_y'^2}}{\partial y}+\frac{\partial\overline{u_y'u_z'}}{\partial z}\right)+\rho y\\
\rho\left(u_x\frac{\partial u_z}{\partial x}+u_y\frac{\partial u_z}{\partial y}+u_z\frac{\partial u_z}{\partial z}\right)&=-\frac{\partial p}{\partial z}+\mu\nabla^2 u_z-\rho\left(\frac{\partial\overline{u_z'u_x'}}{\partial x}+\frac{\partial\overline{u_z'u_y'}}{\partial y}+\frac{\partial\overline{u_z'^2}}{\partial z}\right)+\rho z
\end{aligned} \tag{4-4-4}$$

此方程称为雷诺方程。与奈维-斯托克斯方程相比，出现 9 个新项，它们具有应力的量纲，称为雷诺应力：

$$\begin{matrix}
-\rho\overline{u_x'^2}, & -\rho\overline{u_x'u_y'}, & -\rho\overline{u_x'u_z'}\\
-\rho\overline{u_y'u_x'}, & -\rho\overline{u_y'^2}, & -\rho\overline{u_y'u_z'}\\
-\rho\overline{u_z'u_x'}, & -\rho\overline{u_z'u_y'}, & -\rho\overline{u_z'^2}
\end{matrix} \tag{4-4-5}$$

三个是正应力，六个是剪切应力，它们代表脉动对时均运动的影响。

在管内当 $Re=100000$ 时，得 $\tau^{(t)}/\tau=1000$，即湍流时的附加应力为层流时的切应力的 1000 倍。这就表明，尽管脉动速度通常只不过是平均速度的百分之几，但其影响却十分显著[3]。

4.3 湍流半经验理论

雷诺方程是不封闭的，无法求解，封闭该方程组的方法就构成不同的湍流理论[1,2]。

4.3.1 Boussinesq 湍流黏度

假定雷诺应力正比于速度梯度

$$\tau_{yx}^{(t)}=\rho\mu_t\frac{\partial u_x}{\partial y} \tag{4-4-6a}$$

$$\tau=(\mu+\rho\mu_t)\frac{\partial u_x}{\partial y} \tag{4-4-6b}$$

式中，μ_t 称为湍流黏度。它不是物性常数，而随流动特征变化。对于湍流情况下的热量传递和质量传递，可引入类似的关系式，分别称为湍流热导率和湍流扩散系数。三者为同一数量级，甚至相等。它们的值可由实验测定或半经验关联式得到。

4.3.2 Prandtl 混合长

仿照气体分子运动论，假定

$$\tau_{yx}^{(t)}=\rho l^2\left(\frac{\mathrm{d}u_x}{\mathrm{d}y}\right)\left|\frac{\mathrm{d}u_x}{\mathrm{d}y}\right| \tag{4-4-7}$$

$$\mu_t=\rho l^2\left(\frac{\mathrm{d}u}{\mathrm{d}y}\right)$$

式中，l 为混合长；μ_t 为湍流黏度。类似地，对于热量传递和质量传递，有

$$q_t=-C_pK_t\frac{\partial T}{\partial y}=-C_p\rho l_T^2\left|\frac{\partial u_x}{\partial y}\right|\frac{\partial T}{\partial y} \tag{4-4-8a}$$

$$M_t=-\rho D_t\frac{\partial C}{\partial y}=-\rho l_M^2\left|\frac{\partial u_x}{\partial y}\right|\frac{\partial C}{\partial y} \tag{4-4-8b}$$

μ_t 与 K_t、D_t 的比值，μ_t/K_t、μ_t/D_t 分别称为湍流普朗特数和湍流斯密特数。

这些半经验理论现在称为平均场封闭模式，或“0”方程模式。这种模式比较简单，计算结果符合某些重要的工程实际，有一定应用范围。各种不同的湍流模型参见有关专著[4,5]。

【例 4-4-1】 空气流过宽 1.0m、高 0.24m 的矩形通道，中心速度 $1.0\mathrm{m\cdot s^{-1}}$，基于幂律速度分布，估计壁与中心之间中点上涡流黏度值。

解 由管流剪切应力分布方程 $\tau=-r(p_1-p_2)/(2\Delta x)$，并结合式(4-4-6b)，得

$$\tau=\frac{r}{2}\left(-\frac{\mathrm{d}p}{\mathrm{d}x}\right)=(\mu+\rho\mu_t)\frac{\mathrm{d}u_x}{\mathrm{d}y}$$

或

$$\mu+\rho\mu_t=\frac{(r/2)(-\mathrm{d}p/\mathrm{d}x)}{\mathrm{d}u_x/\mathrm{d}y}=\frac{-(r/2)(-\mathrm{d}p/\mathrm{d}x)}{\mathrm{d}u_x/\mathrm{d}r}$$

式中，$y=r_{壁}-r$，$\mathrm{d}y=-\mathrm{d}r$。由管流湍流的幂律速度分布

$$\frac{u}{u_{中心}}=\left(1-\frac{r}{r_{壁}}\right)^{\frac{1}{n}}$$

求得：

$$\frac{\mathrm{d}u_x}{\mathrm{d}r}=\frac{-u_{中心}}{nr_{壁}}\left(1-\frac{r}{r_{壁}}\right)^{\frac{1-n}{n}}$$

为求取湍流黏度需计算压力梯度。通道中心速度为 $1m \cdot s^{-1}$，由中心最大速度与平均速度关系可估计平均速度约为 $0.82m \cdot s^{-1}$，通道水力直径 $D_h=0.0915m$，$Re=20000$。假定相对粗糙度为 4×10^{-5}，摩擦因子为 0.0065，由此可得压力梯度 $-0.0286Pa \cdot m^{-1}$。

取 $n\approx7$，$r_{壁}$ 相当于壁面到通道中心的距离，为 0.122m。

$$\frac{du_x}{dr}=\frac{-1.00}{7\times0.122}\times(1-0.5)^{\frac{1-7}{7}}=-2.12s^{-1}$$

故

$$\mu+\rho\mu_t=\frac{-(0.122/2)\times0.0286}{-2.12}=8.24\times10^{-4}Pa \cdot s$$

通常取比值

$$\frac{\mu_t}{\mu}=\frac{\mu_t}{\mu/\rho}=\frac{\mu+\rho\mu_t}{\mu}-1\approx\frac{\mu+\rho\mu_t}{\mu}=\frac{8.24\times10^{-4}N \cdot s \cdot m^{-2}}{1.21\times10^{-5}N \cdot s \cdot m^{-2}}\approx68$$

对给定近似速度分布，给定点上雷诺应力 68 倍于黏性应力。

4.3.3 壁面湍流多层结构

固壁上的摩擦力或具有不同速度的流体层作相对流动，且强度较大时，均会产生湍流。这两种情况下所产生的湍流有明显不同，通常将由固壁产生并连续给予影响的湍流称为壁湍流，如绕流时边界层中的湍流、管流和渠道中的湍流等。不受壁面限制的湍流，如射流称为自由湍流。因壁面的有无以及多少，湍流各有不同的特点。这几种湍流的时均流速，在垂直于流动的方向上均有变化，故统称为剪切湍流。壁附近的流动同时受到黏性剪切应力和湍流剪切应力的作用，但随着离开壁面距离的不同，两种剪切应力的大小及其所起的作用，差异颇大。一般说来，离壁面愈近，黏性剪切应力愈大；在离开壁面相当距离之后，黏性剪切应力的影响可以忽略，只是雷诺应力起主要作用。由于不同区域由不同的因素起主要作用，故使壁面湍流边界层的分析趋于复杂。不像层流边界层那样，可采用适当的无量纲参数 η，将整个边界层内的速度分布表示成一条 (u_x/U)-η 曲线。湍流时，不同区域有不同的特征尺度，不能用一个组合参数去描述整个边界层的流动现象。可以认为，这是湍流边界层区别于层流边界层的一个基本特点。依据壁湍流的这种特性，可以采用内层-外层多层模型处理湍流边界层。

按流动特性区分为多层结构是壁湍流的特点，对管流和绕流均可进行这种区分。

4.3.4 圆管湍流速度分布

(1) Nikuradse 光滑管经验公式 幂律型：

$$\frac{u_x}{U}=\left(\frac{y}{R}\right)^{\frac{1}{n}}=\left(\frac{R-r}{R}\right)^{\frac{1}{n}} \tag{4-4-9}$$

式中，n 随 Re 数变化，见表 4-4-1。

表 4-4-1 圆管湍流幂律速度分布幂指数 n 与 Re 数关系

Re	4×10^3	$10^4\sim3\times10^4$	1.2×10^5	3.5×10^5	3×10^6
n	6	7	8	9	10

第4篇

(2) 对数速度分布 按湍流半经验理论，导得结果见表4-4-2。

表4-4-2 圆管湍流对数速度分布

光滑管	黏性底层	$y^+=\dfrac{yu^*}{v}<5$	$u^+=y^+$
	过渡区	$5<y^+<30$	$u^+=11.5\lg y^+-3.05$
	湍流区	$y^+>30$	$u^+=5.75\lg y^++5.5$

注：$u^+=u_x/u^*$，$u^*=\sqrt{\tau_w/\rho}$。

(3) 粗糙管

$$u^+=2.5\ln\frac{y}{\varepsilon}+B \tag{4-4-10}$$

式中，ε为绝对粗糙度；粗糙函数 B 为粗糙因子（$u^*\varepsilon/v$）的函数，见图4-4-2。各种管道的粗糙度见后文中的表4-6-5。

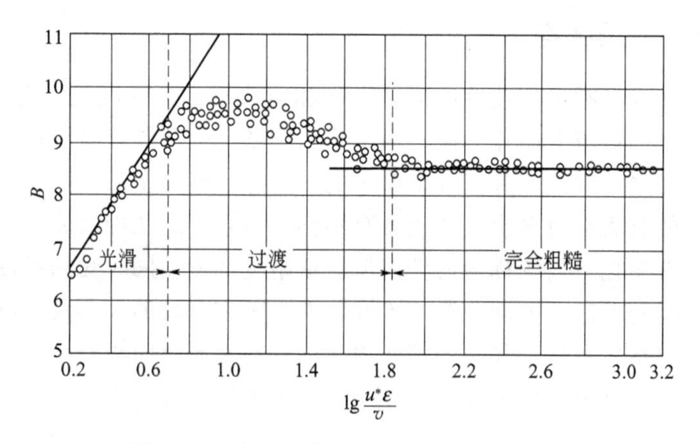

图4-4-2 粗糙函数 B 与（$u^*\varepsilon/v$）的关系

(4) 圆管中层流内层厚度

① 对光滑管且 $Re<10^5$，层流内层厚度为 δ_e：

$$\frac{\delta_e}{D}=\frac{25.2}{Re^{7/8}} \tag{4-4-11}$$

② 当 $10^5<Re<3\times10^6$，层流内层厚度为 δ_e：

$$\frac{\delta_e}{D}=\frac{65}{Re\,(0.0032+0.221Re-0.237)^{1/2}} \tag{4-4-12}$$

(5) 早期圆管湍流的新检验 由湍流半经验理论导出的湍流速度分布对数律中含有一些经验常数，需由实验得到。早期主要基于Nikuradse[6]（1932）的实验数据，得出卡门常数 $\kappa\approx0.40$，$C_1\approx5.5$。20世纪90年代有研究者扩大实验的 Re 数达到10倍于Nikuradse的实验雷诺数，证实了对数关系区域的存在，但卡门常数值略有差异。还有学者[7]认为速度分布的幂律较对数律更有适应性，对此还有争议。Barenblatt[8]给出新的幂律公式：

$$\frac{u}{u^*}=\left(\frac{1}{\sqrt{3}}\ln Re+\frac{5}{2}\right)\left(\frac{yu^*}{v}\right)^{3/(2\ln Re)} \tag{4-4-13}$$

4.3.5 湍流边界层

湍流边界层具有复杂的多层结构。近固体表面有黏性底层，经过渡层，成为速度分布以对数律表示的湍流层，而后湍流程度有所衰减，边界层逐渐趋于“结束”。在边界层中湍流与非湍流的外流之间有一过渡的黏性顶层。黏性底层、过渡层、对数律层统称为内层；边界层中其余部分包括黏性顶层，称为外层。内外层有联系，但存在不同机制。详见表 4-4-3 及图 4-4-3。

表 4-4-3 湍流壁区及其特征

区域	位置	速度分布	特性
内层	$y/\delta<0.1$		与外流速度 U 及边界层厚度无关
黏性底层	$y^+<5$	$u^+=y^+$	与黏性应力相比雷诺应力可以忽略
过渡区	$5<y^+<30$	$u^+=11.51y^+-3.05$	黏性底层与对数律层之间的区域
黏性壁区	$y^+<50$	$u^+=5.75y^++5.5$	黏性对剪切应力起显著作用
外层	$y^+>50$		黏度对速度分布的直接影响可以忽略
重叠区	$y^+>50,y/\delta<0.1$		内、外层重叠区域(高 Re 数)
对数律层	$y^+>30,y/\delta<0.3$	$u^+=5.85\ln y^++5.56$	对数律适用

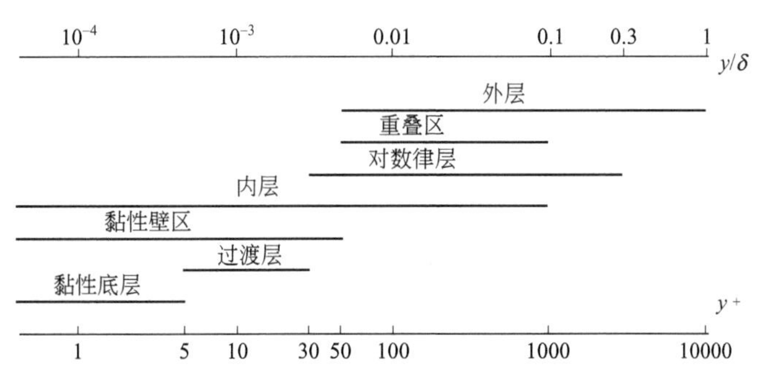

图 4-4-3 湍流壁区（以 y/δ 、y^+ 定义）

(1) 外层速度分布 在湍流边界层的外层区域，速度分布不受黏性的直接影响。边界层中速度相对于外流的速度差，即速度亏损 $U-u_x$，它和距离的关系为

$$\frac{U-u_x}{u^*}=f_2\left(\frac{y}{\delta}\right) \tag{4-4-14}$$

这是零压梯度边界层中速度分布较好的近似形式，称为速度亏损。

$$\frac{U-u_x}{u^*}=-8.61\ln\left(\frac{y}{\delta}\right) \tag{4-4-15}$$

第4篇

该式适用于零压梯度边界层 $y/\delta>0.15$ 的外层区域。

(2) 平板湍流边界层厚度

$$\frac{\delta}{x}=\frac{0.37}{Re_x^{0.2}} \tag{4-4-16}$$

湍流边界层中黏性底层厚度

$$\frac{\delta_e}{x}=\frac{73.8}{Re_x^{0.9}} \tag{4-4-17}$$

式中，$Re_x=Ux/v$。

【例 4-4-2】 湍流边界层速度分布。如图 4-4-4 所示，20℃空气以 $V=10\text{m}\cdot\text{s}^{-1}$ 的速度，流过长度为 $x=15.2\text{m}$ 的平板边界层，请给出湍流边界层 u-y 分布；比较七分之一律、对数律所给出的速度分布。

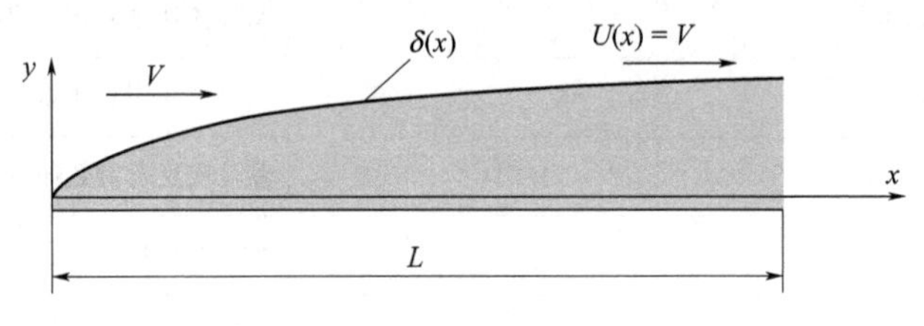

图 4-4-4 例 4-4-2 附图

解
$$Re_x=\frac{Vx}{v}=\frac{10.0\text{m}\cdot\text{s}^{-1}\times15.2\text{m}}{1.516\times10^{-5}\text{m}^2\cdot\text{s}^{-1}}=1.00\times10^7$$

这一 Re_x 值足够高，可以假定平板上边界层从起点已成为湍流。

边界层厚度
$$\delta\approx\frac{0.16x}{(Re_x)^{1/7}}=0.240\text{m}$$

摩擦阻力系数
$$C_{f,x}=\frac{0.027}{(Re_x)^{1/7}}=2.7\times10^{-3}$$

摩擦速度
$$u^*=\sqrt{\frac{\tau_w}{\rho}}=V\sqrt{\frac{C_{f,x}}{2}}=10.0\text{m}\cdot\text{s}^{-1}\times\sqrt{\frac{2.7\times10^{-3}}{2}}=0.367\text{m}\cdot\text{s}^{-1}$$

对数律中 u-y 呈隐函数，解该方程
$$y=\frac{\nu}{u^*}e^{\kappa\left(\frac{u}{u^*}-B\right)} \tag{①}$$

边界层中速度由壁面为零到边界层外缘为 U。从七分之一律及方程①可以给出 $Re_x=1.00\times10^7$ 时的 u-y 分布如图 4-4-5 所示。(已知 $\kappa=0.40\sim0.41$，$B=5.0\sim5.5$。)

4.3.6 自由湍流：射流

流体以速度 U_0 自直径为 d_n 的管嘴流出。只要流出速度不很低，经过很短的距离，射流即变成完全的湍流。由于湍流脉动，射流与周围流体相混，宽度不断扩展，扩张角约为 12°～14°，其速度则不断减慢，最后消失。在这段距离内经历了从发展到消失的过程，如图 4-4-6 所示。

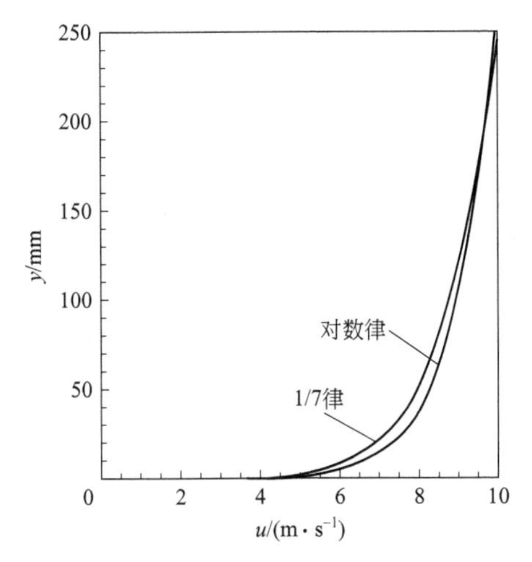

图 4-4-5 平板湍流边界层速度分布对比

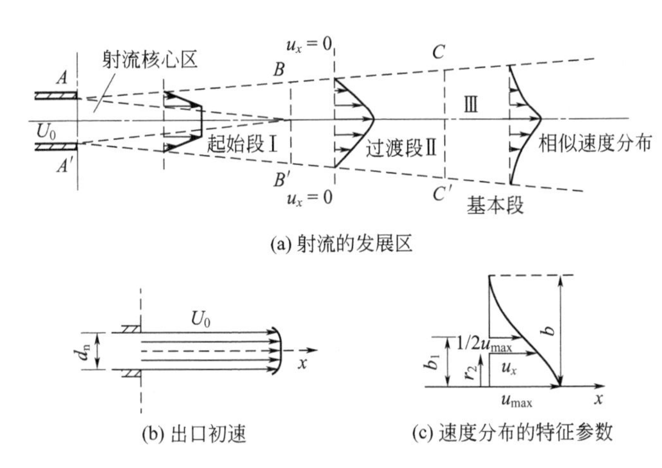

图 4-4-6 射流的发展过程

射流中的速度分布具有高斯分布的形式。平面射流的速度分布大致为

$$\frac{u_x}{u_{max}}=\exp\left[-0.69\frac{y^2}{(b_{1/2})^2}\right] \tag{4-4-18}$$

圆射流的速度分布大致为

$$\frac{u_x}{u_{max}}=\exp\left[-\frac{r^2}{(b_{1/2})^2}\right] \tag{4-4-19}$$

式中，$b_{1/2}$为射流的半宽度

$$b_{1/2}=cx \tag{4-4-20}$$

对于平面射流 $c\approx0.114$，圆射流 $c\approx0.0848$，因而近似有 $b_{1/2}=0.1x$；u_{max}为射流截面上（轴线处）的最大速度，对平面射流

$$\frac{u_{max}}{U_0}=3.50\sqrt{\frac{b_0}{x}} \tag{4-4-21}$$

圆射流

$$\frac{u_{\max}}{U_0}=6.2\frac{d_{\mathrm{n}}}{x} \tag{4-4-22}$$

式中，x 是离开喷嘴的距离；b_0 为狭缝的半高；d_{n} 为喷嘴直径。

【例 4-4-3】 卷吸量的估计。平面射流，已知速度分布如式(4-4-18) 所示，试求卷吸量(或流量比)。

解 当 x 超过起始段长度后，某截面射流总流量 Q 可由速度分布的积分求得

$$Q=\int_{-\infty}^{+\infty}u_x\mathrm{d}y=u_{\max}\int_{-\infty}^{+\infty}\exp\left[-0.69\frac{y^2}{(b_{1/2})^2}\right]\mathrm{d}y=u_{\max}\frac{0.1x\sqrt{\pi}}{\sqrt{0.69}}\approx 0.213xu_{\max}$$

初始截面上单位宽度的流量 $Q_0=2b_0U_0$，所以

$$\frac{Q}{Q_0}=0.213\frac{u_{\max}}{U_0}\times\frac{x}{2b_0}=(2.57\times0.213)\sqrt{\frac{x}{2b_0}}\approx0.55\sqrt{\frac{x}{2b_0}}$$

4.4 湍流统计理论及其应用

湍流是变化剧烈的随机运动，因而用统计方法研究湍流是很自然的。基于20世纪30～40年代Taylor和Kolmogorov等经典研究，奠定了湍流统计理论的基础[9,10]。起初，远不如半经验理论那样受到关注，但随着湍流混合（微观混合）[11]、湍流传递特别是湍流反应流理论和计算方法等都以湍流统计理论为依据取得了长足的发展，因而越来越受到重视。Fox[12]及Jakobsen[13]探讨了湍流统计理论在化学反应器工程中的应用。

4.4.1 湍流统计特性参数

完整地描述湍流脉动速度的特性，用概率密度函数描述。对理想湍流，这一函数接近于高斯分布。最理想化的湍流模型是Taylor引进的均匀各向同性湍流。

① 均匀湍流：湍流脉动的统计特性与流场中的位置无关。

② 各向同性湍流：湍流量脉动的统计特性与空间方向无关。

工程实际中的湍流、剪切湍流的脉动，均偏离高斯分布。鉴于分布函数的复杂性，研究湍流统计特性，通常借助于脉动速度的数字特征，包括平均值和相关矩。

(1) 均方脉动速度、湍流强度 脉动速度对时间平均值为零，但脉动速度平方的平均值并不为零。为表示偏离平均速度的湍流脉动数量的大小，将脉动速度 u_i' 的均方根值定义为湍流强度

$$\tilde{u}_i=\sqrt{\overline{u_i'^2}} \tag{4-4-23}$$

式中，下标 i 指坐标轴的方向 x、y、z，有时也用1、2、3。

相对湍流强度指脉动速度方差与平均流动速度的比值 $\tilde{u}_i/U$。

单位质量流体的湍流动能定义为$(\overline{u_i'^2})/2$。三个分量之和定义为湍流总动能：

$$k=\frac{1}{2}(\overline{u_x'^2}+\overline{u_y'^2}+\overline{u_z'^2}) \tag{4-4-24}$$

湍流运动的流体，单位质量所具有的动能大于非湍流运动以相同平均速度运动的流体。湍流越强，湍流动能越大。

（2）相关函数与相关系数 统计学中用“相关”表示两随机变量相互影响的程度，即用两点上随机变量乘积的平均值表示。

Taylor 最早用来表示湍流场的统计特性。

① 一阶相关。压力/速度相关：

$$p_i=\overline{p'u_i'} \tag{4-4-25}$$

② 二阶相关。两点脉动速度乘积的平均值，称为相关函数：

$$(Q_{ij})_{AB}=\overline{(u_i')_A\ (u_j')_B} \tag{4-4-26}$$

如 A 点与 B 点重合，式(4-4-26) 所示就是雷诺应力。

相关系数定义为，两不同位置（或时刻）的脉动速度乘积的平均值与脉动速度均方根值乘积的比值。由于速度和距离都是矢量，速度相关必须用分量表示。设某时刻空间两点 A 与 B，则相关系数 R_{ij} 为

$$(R_{ij})_{AB}=\frac{\overline{(u_i')_A\ (u_j')_B}}{(\sqrt{\overline{u_i'^2}})_A\ (\sqrt{\overline{u_j'^2}})_B}=\frac{\overline{(u_i')_A\ (u_j')_B}}{(\widetilde{u_i})_A\ (\widetilde{u_j})_B} \tag{4-4-27}$$

u_i、u_j 取不同的速度分量就得到一系列相关系数。

③ 纵向相关与横向相关。对于均匀各向同性湍流，相关研究可以大大简化，按它们的特性可以证明，9 个相关系数可由两个相关系数确定，一是纵向相关系数，另一个是横向相关系数。为此常给以专门符号：纵向相关系数用 $f(r)$，横向相关系数用 $g(r)$，如图 4-4-7 所示。

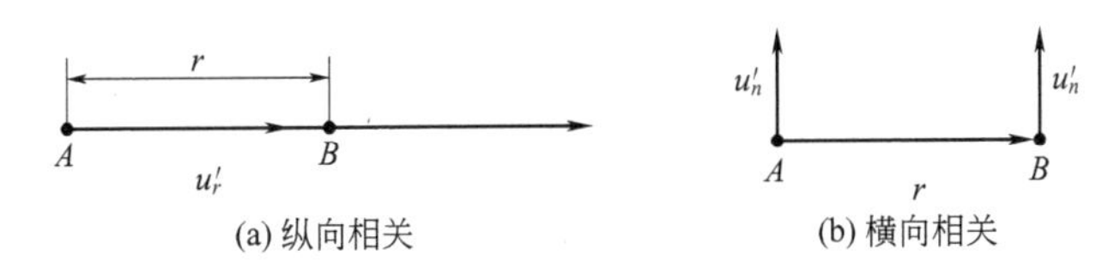

图 4-4-7 二阶各向同性相关

$$f(r)=\frac{\overline{(u_r')_A(u_r')_B}}{\tilde{u}^2} \tag{4-4-28a}$$

$$g(r)=\frac{\overline{(u_n')_A(u_n')_B}}{\tilde{u}^2} \tag{4-4-28b}$$

式中，下标 r 是指相同于距离方向的速度分量；n 是指垂直于距离方向的分量。

可以证明，两者之间有如下关系：

$$g(r)=f(r)+\frac{r}{2}\times\frac{\partial f(r)}{\partial r} \tag{4-4-29}$$

④ 欧拉时间相关。同一空间点（x_0），不同时刻相同脉动速度分量之间的相关称为自相关，自相关系数可表示为

$$f(t)=\frac{\overline{u'_x(x_0,t_0+t)u'_x(x_0,t_0)}}{\tilde{u}_x(x_0,t_0+t)\tilde{u}_x(x_0,t_0)} \tag{4-4-30}$$

在均匀定常湍流中，自相关系数与 x_0 及 t_0 无关，于是有

$$f(t)=\frac{\overline{u'_x(t_0+t)u'_x(t_0)}}{\tilde{u}_x^2} \tag{4-4-31}$$

⑤ 三阶相关。参照二阶时的定义式，以速度分量表示，有 27 个三阶相关系数。对于各向同性湍流，只有三个是独立的，它们分别定义为

$$\begin{aligned} k(r)&=\frac{\overline{(u'_r)_A^2(u'_r)_B}}{\tilde{u}^3} \\ h(r)&=\frac{\overline{(u'_n)_A^2(u'_n)_B}}{\tilde{u}^3} \\ q(r)&=\frac{\overline{(u'_n)_A(u'_r)_A(u'_n)_B}}{\tilde{u}^3} \end{aligned} \tag{4-4-32}$$

三者之间也有一定关系。

(3) 湍流尺度 相关系数取值在 +1 与 −1 之间。应用相关系数可以定义某种尺度，称湍流尺度。由于湍流中的涡旋连续变化，不易确定其尺寸，用湍流尺度可近似、定量表示湍流结构或涡旋大小，如以湍流尺度近似涡旋直径。不过这仍只是一个“模糊”概念。

① 积分尺度

$$L_{i,j}=\int_0^{\infty}R_{ij}(r)\mathrm{d}r \tag{4-4-33}$$

称为欧拉尺度。

对于各向同性湍流，纵向积分尺度 L_f 定义为

$$L_f=\int_0^{\infty}f(r)\mathrm{d}r \tag{4-4-34}$$

横向积分尺度 L_g 定义为

$$L_g=\int_0^{\infty}g(r)\mathrm{d}r \tag{4-4-35}$$

两者之间的关系为

$$L_g=\frac{1}{2}L_f \tag{4-4-36}$$

② 微分尺度。当两点距离很近时，相关系数可用来定义湍流微分尺度 λ_f、λ_g，用于表示湍流小涡旋特征。以纵向、横向相关系数表示它们的定义

$$f(r)=1-\frac{r^2}{\lambda_f^2} \tag{4-4-37}$$

其中

$$\frac{1}{\lambda_f^2}=\frac{1}{2\,\overline{u_x'^2}}\overline{\left(\frac{\partial u_x'}{\partial r}\right)_{r=0}^2} \tag{4-4-38}$$

$$g(r)=1-\frac{r^2}{\lambda_g^2} \tag{4-4-39}$$

其中

$$\frac{1}{\lambda_g^2}=\frac{1}{2\,\overline{u_y'^2}}\overline{\left(\frac{\partial u_y'}{\partial r}\right)_{r=0}^2} \tag{4-4-40}$$

湍流纵向、横向微分尺度间的关系

$$\lambda_f=\sqrt{2}\lambda_g \tag{4-4-41}$$

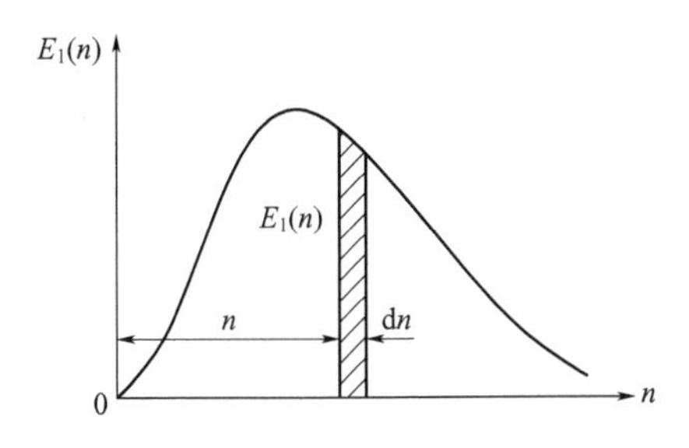

图 4-4-8 湍流能谱

(4) 湍流能谱 湍流脉动可以分解为不同频率（或波长）的波动。湍流能量（脉动能量）由不同频率的波动所提供。在频率 n 到 $n+\mathrm{d}n$ 之间，波动所能提供的能量若为 $E_1(n)$，则在 dn 频率范围内，各种波动的贡献就是 $E_1(n)\mathrm{d}n$（图 4-4-8）。所有频率的各种波动的能量的总和，即为湍动能量 $\tilde{u}_x^2$。

$$\tilde{u}_x^2=\int_0^{\infty}E_1(n)\mathrm{d}n \tag{4-4-42}$$

式中，$E_1(n)$ 为一维能谱函数。鉴于湍流的三维特征，也可导得三维谱。一维和三维谱分析之间的差别和结果可参考文献［1］。

能谱函数与相关系数互为 Fourier 变换。当自相关是时间间隔的函数，则变换的变数是频率；如果自相关是空间间隔的函数，则变换的变数是波数，相应的关系式形式类似，这时的谱称为波谱，前者则为频谱。

波数（κ）与频率（n）之间存在关系，$\kappa_1=\dfrac{2\pi n}{U}$，则 $\mathrm{d}\kappa_1=\dfrac{2\pi\mathrm{d}n}{U}$，由此

$$E_1(\kappa_1)=\frac{U}{2\pi}E_1(n) \tag{4-4-43}$$

能谱函数可以表示相关系数，因此，由能谱函数也可以得到湍流尺度。上述诸多数学表达式的导出、物理解释、计算应用等可参考文献［1，3］。

能谱曲线的一般形状见图 4-4-9，均匀湍流能谱，按波数大小分为不同的区段，这些区段各有不同的特征，受不同因素影响。借助于物理分析和量纲分析，可以了解 $E(\kappa,t)$ 随 κ

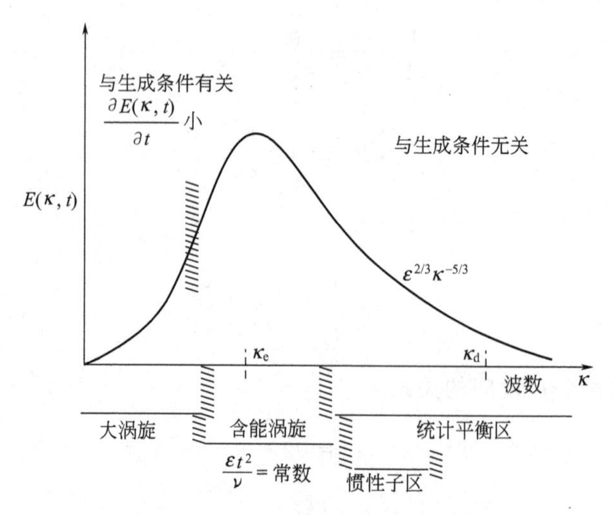

图 4-4-9 不同波数范围内的能谱

的变化。

高 Re 数均匀湍流，大致可分四个区段，即可用四个不同空间尺度描述湍流特征[14]，分别如下。

① 极大尺度区：无界流动所特有。

② 含能尺度区：含能涡决定能量传递速率和湍流传递过程。

③ 惯性子区：外力及耗散作用可以不计，呈现纯能量级串，能谱为著名的 Kolmogorov 谱。

④ 远耗散区：以能谱 κ 的指数递减，其表达式将于后文给出。

4.4.2 均匀湍流及 Kolmogorov 理论

(1) 能量级串 这是不可压缩各向同性湍流中湍流动能输运的机制。最先由 Richardson 提出，后经 Kolmogorov 发展（图 4-4-10）。

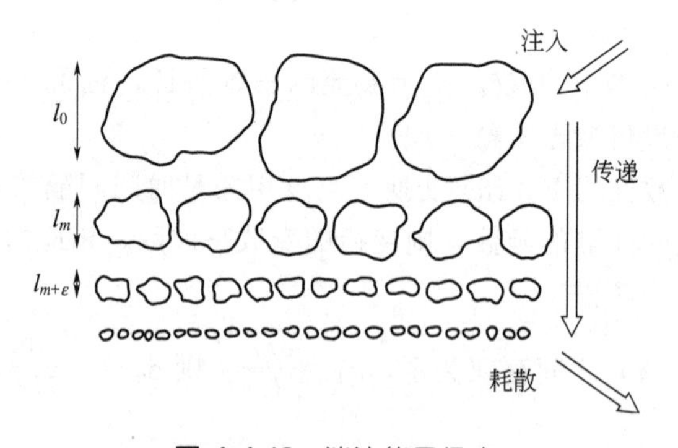

图 4-4-10 湍流能量级串

湍流由不同大小的涡旋（不同尺度）组成，以一定方式注入到平均流的能量，转移到最大涡旋（图中特征尺寸 l_0），这一涡旋不稳定，易破裂，则将接受的能量再传递给邻近较小尺度的运动，这种过程一直顺序依次地重演而无能量耗散，直至某一最小的尺度，通过黏性作用耗散为热。

(2) 标度律与特征尺度 在上述能量级串模型基础上，用量纲分析可以导出描述充分发展湍流的几个重要关系式。

① 能量耗散。最大尺度涡 l，在 l 距离上平均速度变化为 ΔU，相应这些涡的频率为 u/l。ε 表示单位质量流体在单位时间内的平均能量耗散，耗散虽然是由黏性所致，但仍可由描述大尺度运动的物理量 ρ、ΔU 及 l 决定，由这些量只能组成一个与 ε 有相同量纲的数群，即

$$\varepsilon \sim \frac{(\Delta U)^3}{l} \tag{4-4-44}$$

② 局部湍流。考虑涡旋尺寸 λ 远小于基本涡旋 l，但仍大于 λ_0（黏性耗散发生的尺度），这类涡旋的性质为湍流局部性质（远离固体表面）。由 ρ、λ 及 ε 得到的具有速度量纲的唯一组合 $(\varepsilon\lambda)^{1/3}$，即

$$u'_\lambda \sim (\varepsilon\lambda)^{1/3} \tag{4-4-45}$$

与尺度为 λ 的涡旋相关的脉动速度正比于该尺度（距离）的三次方根（Kolmogorov 及 Obukhov 定律）。

由式(4-4-44)，以 ΔU 表示 ε，得

$$u'_\lambda \sim \Delta U \left(\frac{\lambda}{l}\right)^{1/3} \tag{4-4-46}$$

这样，尺度为 λ 的涡旋的脉动速度与主流速度之比为 $(\lambda/l)^{1/3}$。随着速度及尺度减小，Re 数依如下规律相应减少：

$$(Re)_\lambda = \frac{u'_\lambda \lambda^*}{\lambda} \sim \frac{\Delta U(\lambda)^{4/3}}{\nu(l)^{1/3}} = Re\left(\frac{\lambda}{l}\right)^{4/3} \tag{4-4-47}$$

在某一尺度 λ_0，$(Re)_{\lambda_0} \approx 1$，黏性耗散发生，$\lambda_0$ 称为内尺度（internal scale），为湍流最小涡旋的量级。

$$\lambda_0 \sim \frac{1}{Re^{3/4}} \tag{4-4-48}$$

λ_0 随 Re 数增加迅速减小。

尺度 $\lambda \sim l$ 之间的范围被称为能量区间。流体动能的大部分集中在这一区间。$\lambda \leqslant \lambda_0$ 为耗散区。当 Re 数很大，两区域相差甚远，它们之间的区域称为惯性子区，$\lambda_0 \leqslant \lambda \leqslant 1$。

高 Re 数流动中，相邻间距 l（l 在惯性子区）的两点的分量形式速度差的统计矩（所谓的速度结构函数）对 l 呈幂律次规律，这就是湍流的标度律[10]。对湍流基本机理的认识、湍流多尺度现象的理解有重要意义。

(3) Kolmogorov 相似律

① 第一相似假定：局部各向同性和局部相似 随着波数增多，小旋涡区内，湍流方向性消失，具有各向同性性质。在这一区域（统计平衡区）$r \ll 1$，小尺度运动的统计量具有通用形式而且唯一地决定 ε 及 ν。

特征速度和特征长度由量纲分析得到

$$\lambda_0 = (\nu^3/\varepsilon)^{1/4} \tag{4-4-49}$$

$$u_0=(\nu\varepsilon)^{1/4} \tag{4-4-50}$$

能谱形式为

$$E(\kappa)=\nu^{\frac{5}{4}}\varepsilon^{\frac{1}{4}}\Psi(\kappa\lambda_0) \tag{4-4-51}$$

② 第二相似假定：惯性子区 $\lambda_0\leqslant\lambda\leqslant1$。尺度 l 运动的统计量只取决于 ε，而与黏度 ν 无关。惯性能量传递是控制因素，故称惯性子区。

$$E(\kappa)=A_\kappa\varepsilon^{2/3}\kappa^{-5/3} \tag{4-4-52}$$

式(4-4-52) 称为能谱的 $-5/3$ 定律；$E(\kappa)$ 按 $-5/3$ 次方迅速减小。

在比惯性子区更高的波数范围（黏性子区）：

$$E(\kappa)=(\text{常数})\varepsilon^2\nu^{-4}\kappa^{-7} \tag{4-4-53}$$

显然，在这一区域黏性起更大作用。

(4) Kolmogorov 理论的实验验证 对 Kolmogorov 谱计算，一直到 1962 年尚未得到确认。随后在大气与海洋湍流中，易于实现 Re 数为 $10^7\sim10^8$，以及一些超大型风洞得到的结果证实了 $-5/3$ 定律以及第一相似定律。目前一些争议及相关研究仍在继续进行中，新近提出的一种湍流中的层次结构模型[15]引发关注[16]。

4.5 剪切湍流拟序结构

湍流脉动场中，小尺度不规则脉动伴随着若干有序大尺度运动，这就是湍流拟序结构或相干结构（coherent structure）。这种大尺度运动在湍流场中触发的时间和地点是不确定的，但一经发生就以某种确定的序列排列。有以下两种典型的拟序结构[17]。

(1) 混合层拟序结构 速度方向相同、大小不等的两股流体汇合。一侧是氮和氩的混合气体，另一侧是密度相同的氦气。用光学纹影法显示湍流混合层中的涡结构，如图 4-4-11 所示。

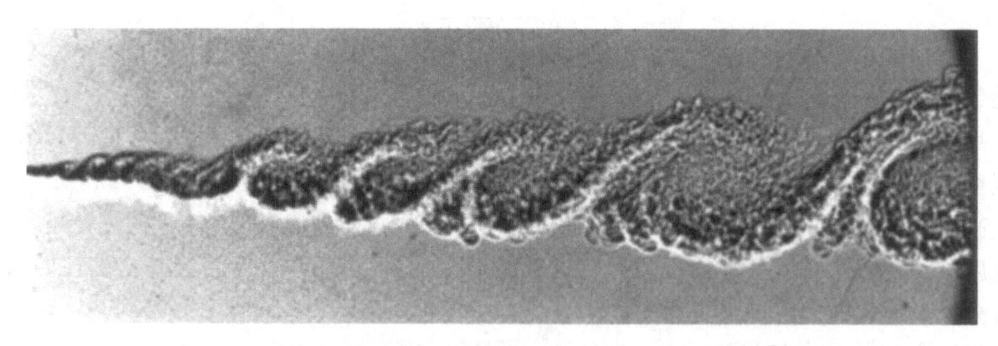

图 4-4-11 湍流混合层中的涡结构（Brown 和 Roshko，1974）

它是一排规则的大尺度展向涡，并有大量小尺度的湍流夹带在大涡上。这个实验证明：大尺度展向涡合并是混合层湍流传递的主要机制。

(2) 壁湍流的拟序结构 用脉冲电解氢气泡作示踪剂，观察边界层可发现，近壁 $y^+=5$ 处出现条带结构，为流向涡的痕迹。条带出现后缓慢升起，在 $y^+=15\sim30$ 处振动、破裂。上升条带是一种 Π 形或马蹄形涡。条带破裂的过程称为猝发。破裂伴随着加速向下的流动，称为下扫。下扫的扰动在壁面附近诱发新的条带结构，于是又一次出现拟序运动。但并不是所有下扫都能诱发条带，条带持续时间长短不一。底层出现拟序结构的平均周期或两次猝发的平均时间间隔约为 $T_B=6\delta/U$，δ 为边界层厚度。

内层猝发向外抛出的涡将寄生在外层，外层界面附近有较多的中等尺度的展向涡，湍流边界层的内、外层间存在相互作用，内层的拟序运动由外层的扰动激励产生。边界层内层、外层的拟序结构分别见图 4-4-12、图 4-4-13。

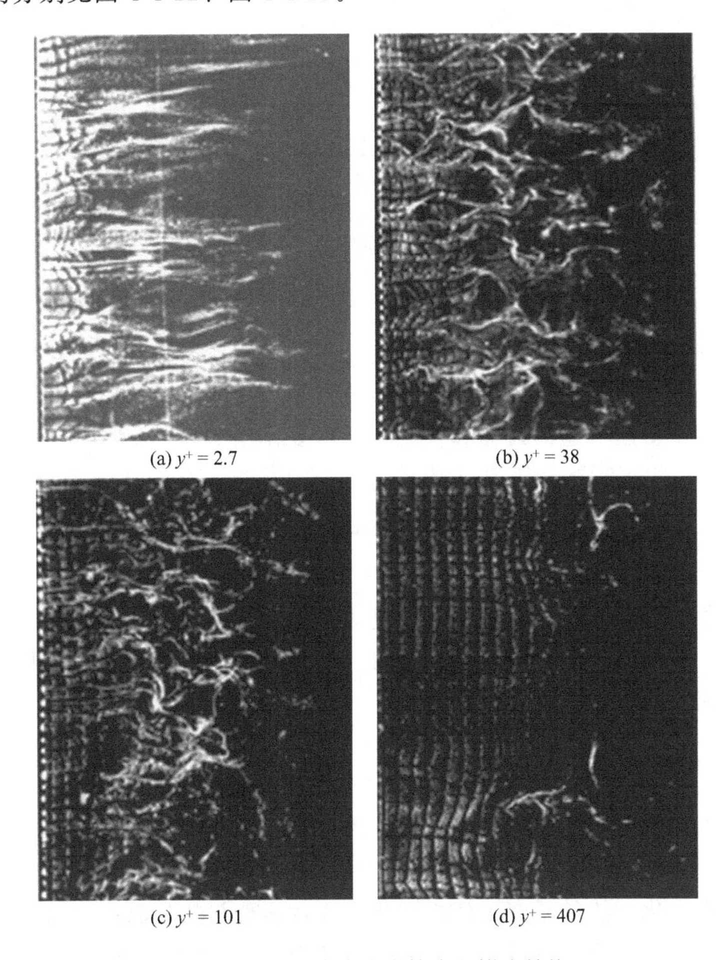

图 4-4-12 湍流边界层的内层拟序结构

（水平氢泡线显示，引自 van Dyke，1982）

(3) 研究湍流拟序结构的意义和应用 湍流场中充满各种大小不同的涡旋。其中有规律的涡旋即拟序结构，存在于大量随机小涡背景流场之中。拟序结构是湍流场中分解出来的一部分结构，它随流动类型和边界条件变化。随机小涡则基本上与流动类型及边界条件无关，有一定共性。

各种尺度涡之间存在相互作用，一方面是大涡逐渐演化形成随机小涡，伴随能量串级过程；另一方面小涡相互作用，逐渐自组织形成有规律的大涡，这是能量耗散过程。湍流场中同时存在这两种过程，任何尺度的结构都在不断演化。

对湍流中涡结构的认识，特别是拟序结构的发现，表明湍流不是完全无序的，从而出现一种可能，从大体上可重复非定常流，了解湍流定常时均规律。拟序结构具有强烈的卷吸作

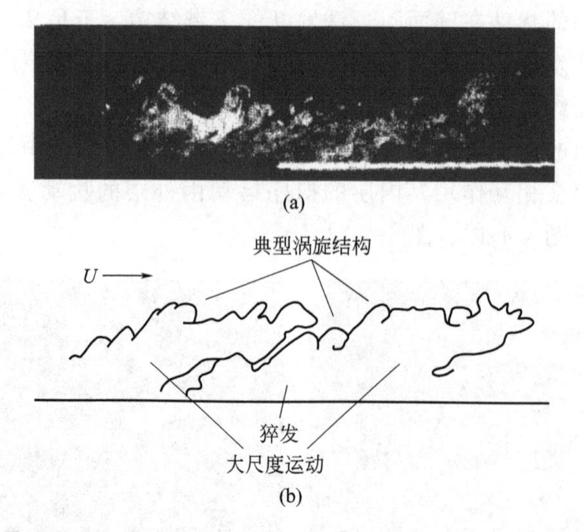

图 4-4-13 湍流边界层的外层烟气显示图（Falco，1977）

用，将周围流体卷入结构中，大涡对湍流传递起主要作用，影响混合与化学反应。

猝发现象的发现则从结构上揭示近壁区湍流雷诺应力的来源。对湍流状态下壁面热量传递、物质传递机理及传递模型的建立和检验将起重要作用[17]。

4.6 湍流参数的实验测量

由于湍流现象的复杂，至今对于湍流运动规律的了解还主要依靠实验。测量速度的一般仪器（如毕托管）不能用于测量湍流脉动分量。测量脉动速度的主要工具是热丝（热膜）流速仪和激光流速仪[18]。

4.6.1 热丝流速仪

热丝流速仪由热丝传感器和相应的电子线路组成。将一短而细的金属丝通以电流加热，放置于流场中作为传感元件。由于强制对流作用，金属丝被流动流体冷却。当速度变化时，热丝散热量将发生变化，热丝温度也随之变化。通过测量与热丝温度相对应的热丝电阻，即可确定热丝电阻与流体速度的对应关系。常用探针有线探针和膜探针两大类，如图 4-4-14 所示。

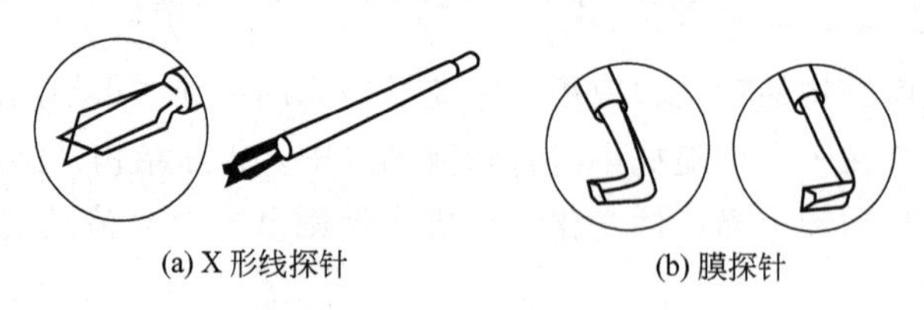

图 4-4-14 探针

热丝流速仪具有惯性小、频率响应宽、灵敏度高、对流场干扰小等优点，可用来测定湍流中的时均流速、脉动速度以及其他的随机特性。

4.6.2　激光流速仪

以激光为光源，当激光照射到跟随流体一起运动的微粒上时，激光被运动着的微粒所散射，散射光的频率相对于入射光的频率，此频率偏移正比于流动速度，测量出散射光的频率偏移（称为多普勒频移），就可得到流体运动的速度。测量系统主要包括光学系统和信号处理系统，如图 4-4-15 所示。

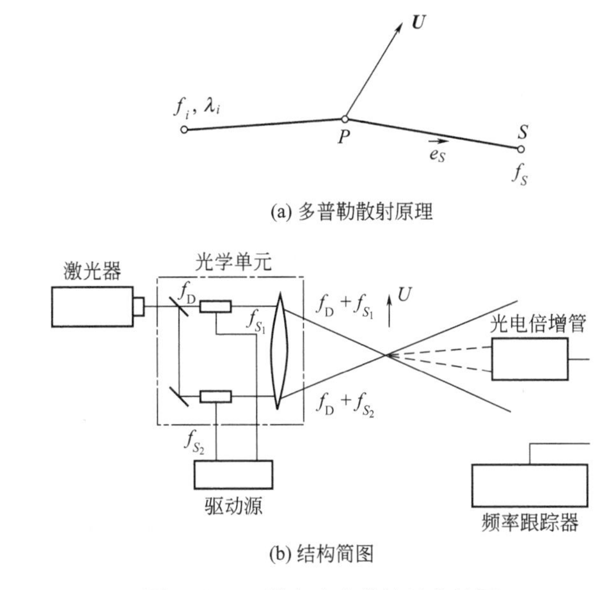

(a) 多普勒散射原理

(b) 结构简图

图 4-4-15　激光多普勒流速仪简图

激光流速仪的特点是非接触测量，激光交点就是测量点，可用于高温、高压、强腐蚀性流体中的测量，对流场无干扰，测速范围宽，可以从 mm·s^{-1}到 km·s^{-1}，并且能在很小的体积中测量，动态响应快，是研究湍流特性的良好手段。

4.6.3　粒子图像测速法

粒子图像测速法是在计算机和图形处理技术下发展而成的一种光学流体测量技术。该技术采用两个时间间隔很短的激光脉冲光源照亮需要测试的流场，同时利用 CCD 相机记录示踪粒子图像。将图像分割成许多查问区，并对两帧查问区内的每个像素作互相关计算。相似的像素会产生一个峰值信号，从而识别出粒子的平均位移，获得速度矢量。

粒子图像测速系统主要由四个部分构成：激光光源发射器、CCD 摄像头、同步控制系统、图像采集和矢量计算软件，如图 4-4-16 所示。粒子图像测速法不需要将测量传感器放入流场中就能获得瞬态的流动信息，而且测量精度高、测速范围大，并且可以测量两相流。虽然粒子成像测速技术只能够把激光面上的速度矢量描绘出来，但是采用立体测量可以在瞬间记录整个区域的三维速度矢量。

4.6.4　管流实验测定结果

Laufer[3] 对空气在管内流动时湍流强度及湍流剪切应力的测量如图 4-4-17 与图 4-4-18 所示。

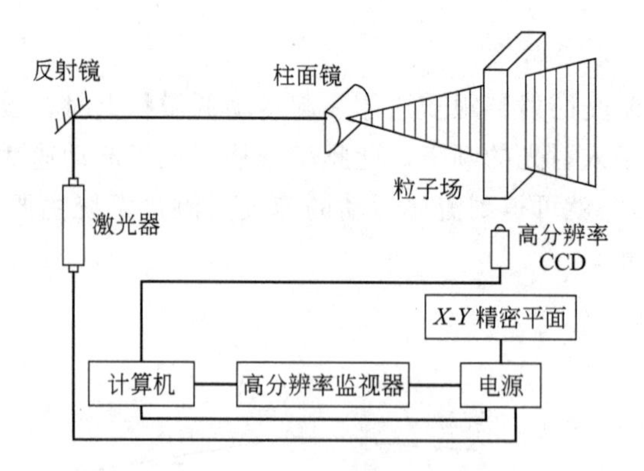

图 4-4-16 粒子图像测速法测量简图

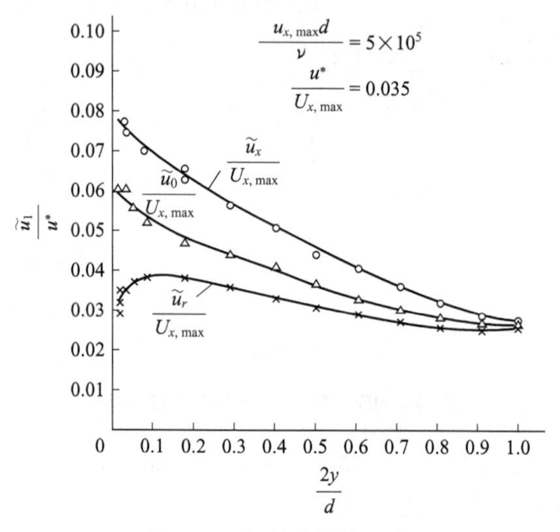

图 4-4-17 管内湍流强度

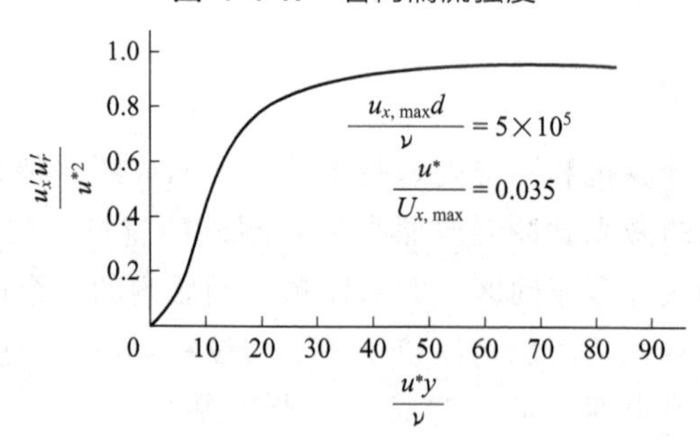

图 4-4-18 管内湍流剪切应力

4.7 流动控制

以被动或主动装置，使流动行为发生所期望的变化，称为流动控制（flow control）。这是对流场特性进行控制，而不是通过手工或自动阀件对流量所作的调节。

早期流动控制起源于吸入或吹出以延迟边界层分离，达到降低流动阻力的目的。经过半个多世纪的发展，流动控制（包括层流控制、湍流控制、壁面流动控制和自由流动控制，实现层流/湍流提前或延迟转捩、抑制或强化湍流、防止或诱导分离等），不仅用于减阻，还用于流体混合、液体雾化、污水治理以及湍流燃烧等领域。因而流动控制已经成为流体力学的前沿。湍流理论、控制理论、材料科学、微电子机械系统（micro-electro mechanical system，MEMS）技术等方面的发展，特别是壁湍流的拟序结构的发现，以及此后对该结构特征本质的深入理解，推动流动控制从经验走向科学。

混合、反应流传热传质强化要求提高控制效率，减少能耗，促进流动优化控制技术和理论的发展[19,20]。

参考文献

[1] Pope S B. Turbulent flows. Cambridge University Press，2000.

[2] Schlichting H，Gersten K. Boundary-Layer theory. Springer Science & Business Media，2003.

[3] John Laufer. The structure of turbulence in fully developed pipe flow，National Bureau of Standards，1953.

[4] Lauder B，Spalding D. Mathematical models of turbulence. Academic Press，1972.

[5] Schiestel R. Modeling and simulation of turbulent flows. John Wiley & Sons，2010.

[6] Nikuradse J. Forsch. Arb Ing-Wes，1932，356.

[7] Zagarola M V，Smits A J. Journal of Fluid Mechanics，1998，373：33.

[8] Barenblatt G. Journal of Fluid Mechanics，1993，248：513.

[9] Friedlander S K，Topper L. Turbulence：Classic papers on statistical theory. Interscience Publishers，1961.

[10] Frisch U. Turbulence：The legacy of an kolmogorov. Cambridge University Press，1995.

[11] Bałdyga J，Bourne J R. Turbulent mixing and chemical reactions. Wiley，1999.

[12] Fox R O，Stiles H L. Computational models for turbulent reacting flows. Cambridge University Press Cambridge，2003.

[13] Jakobsen H A. Chemical reactor modeling. Berlin：Springer-Verlag，2008.

[14] Zhou Y，Speziale C G，董务民，李家春. 湍流基础问题研究进展：能源传递、相互作用尺度、各向同性衰减的自保持性. 力学进展，2000，30(1)：95.

[15] Guyon E，Hulin J P，Mitescu C D，et al. Physical hydrodynamics. Oxford University Press，2015.

[16] 佘振苏，苏卫东. 湍流中的层次结构和标度律. 力学进展，1999，29(3)：289.

[17] 张兆顺，崔桂香，许春晓. 湍流理论与模拟. 北京：清华大学出版社，2005.

[18] Tropea C，Yarin A L，Foss J F. Springer handbook of experimental fluid mechanics. Springer Science & Business Media，2007.

[19] Aamo O M，Krstić M. Flow control by feedback. Berlin：Springer，2002. 475.

[20] Gad-El-Hak M. Flow control：Passive，active and reactive flow management. Cambridge University Press，2000.

5

流动稳定性

流动受到扰动，其状态是保持原状还是改变，取决于流动的稳定性。如果流动使扰动逐渐减弱且最后消失，则流动是稳定的。相反，如果扰动后的流场不能回归到原来的流动状态，则流动是不稳定的。

5.1 两类不稳定：对流/绝对不稳定

不同流动受扰后的不稳定行为可能很不相同。流场中任何固定位置的扰动均随时间衰减，即所有增长的扰动都会从其引发处流向下游，不存在向上游传播扰动的机理，这就是所谓的对流不稳定性[1]，例如边界层流动［图 4-5-1(a)］。如果流场中所有增长着的扰动的群传播速度为零（扰动不随对流而移动），局部扰动随时间增长，这种流动是绝对不稳定的，例如圆柱尾流受扰动后逐渐形成卡门涡街［图 4-5-1(b)］。

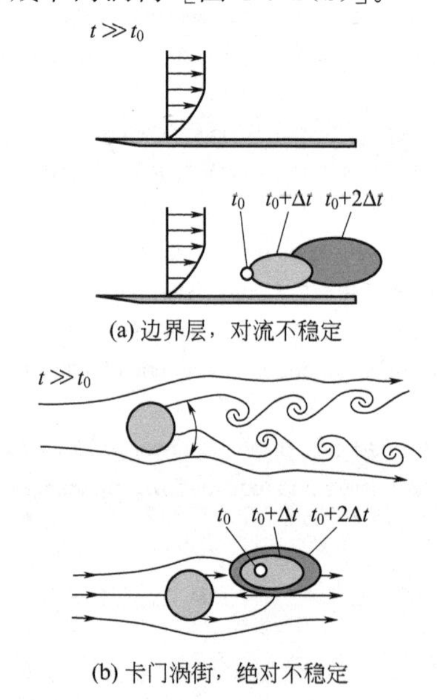

图 4-5-1 在对流和绝对不稳定性中不稳定扰动的发展

工程上存在各种流动不稳定现象，层流/湍流转捩是最常见的。一些化工设备中流动的复杂结构也与流动不稳定性有关。

5.2 Benard 涡和 Benard 对流

相隔狭小距离（h）的两平板间，液体静止，下板面加热至温度 T_1，上板面保持温度

T_2。当温差 $\Delta T=T_1-T_2$ 超过某一临界值，水平液体层内出现蜂窝状涡胞，成为 Benard 涡。涡胞中液体围绕其中心运动，相邻涡胞内的液体运动方向相反。涡胞平面形状接近于正凸多边形。一般呈六角形（四边形到七边形也常发生）。

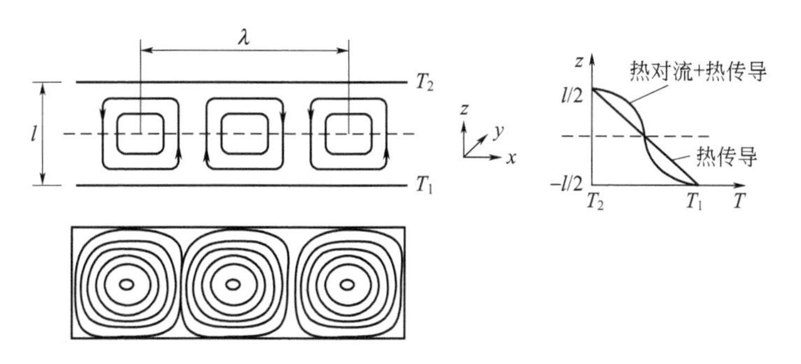

图 4-5-2 热 Benard 对流

形成 Benard 涡的临界条件由 Rayleigh 数表示：

$$Ra=\frac{\rho c_p g\beta\Delta Th^3}{\kappa\nu} \tag{4-5-1}$$

式中，β 为液体热膨胀系数；ν 为动力黏度；κ 为热导率；纯流体对流时的临界值约为 $Ra=1708$。

图 4-5-2 所示为热 Benard 对流。

5.3 Marangoni 对流和扩散对流

在自由液体表面或不互溶液体界面，界面应力梯度将导致对流。设表面应力与温度的函数关系式为：

$$\sigma(T)=\sigma_0-r(T-T_0) \tag{4-5-2}$$

式中，$r=-\mathrm{d}\sigma/\mathrm{d}T$（表面应力随温度下降率）。因而，温度高则界面张力低，故界面上液体从暖区向冷区流动（见图 4-5-3、图 4-5-4）。若温度梯度沿界面方向，则有热毛细对流，也属于 Marangoni 对流；若温度梯度沿法向，则类似于 Benard 对流，称为 Marangoni 对流。发生这种对流的临界条件由 Marangoni 数决定：

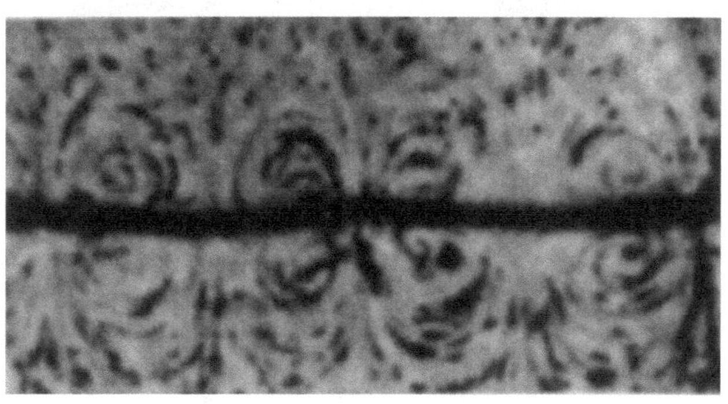

图 4-5-3 液体界面处的 Marangoni 对流

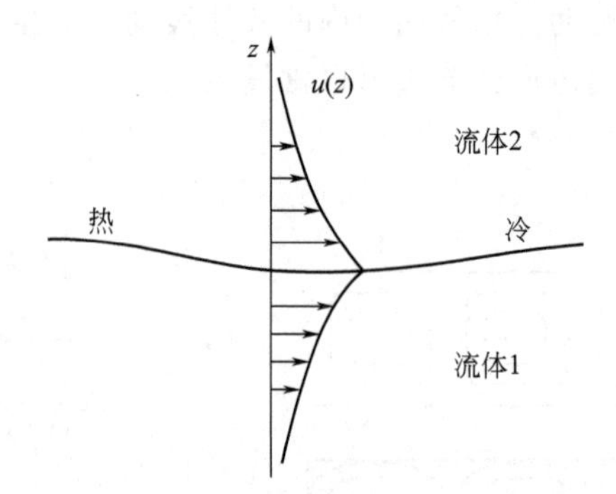

图 4-5-4 两种液体界面处的 Marangoni 对流

$$Ma=\frac{\frac{\mathrm{d}\sigma}{\mathrm{d}T}\Delta Tl}{\rho_m\nu\kappa} \tag{4-5-3}$$

稳定性理论计算给出，当扰动波的临界波数 $a_{cr,t}=1.99$ 时，临界 Ma 数为 79.6。

保持温度不变，传质可以引发沿界面的浓度梯度，也可能造成界面张力梯度，从而造成传质 Marangoni 对流。

5.4 Taylor 涡

两同轴圆柱体，流体处于环隙间，内、外圆柱可以同时或其中一个发生旋转，但旋转角速度不同。这是一种结构简单的反应器、萃取器，但随着转速变化可以产生极为复杂的流型，并伴随着很高的传热、传质系数。当外圆柱静止，内圆柱旋转角速度 Ω 很低时，可以观察到流体的均匀周向运动。但当旋转转速超过某一临界值，离心不稳定性的发展，导致定常、封闭、环形涡卷的出现，这些涡卷周期性地一层重叠在一层之上，相邻涡卷旋转方向相反，质点轨迹是绕环形周向中心线的螺旋线（图 4-5-5）。

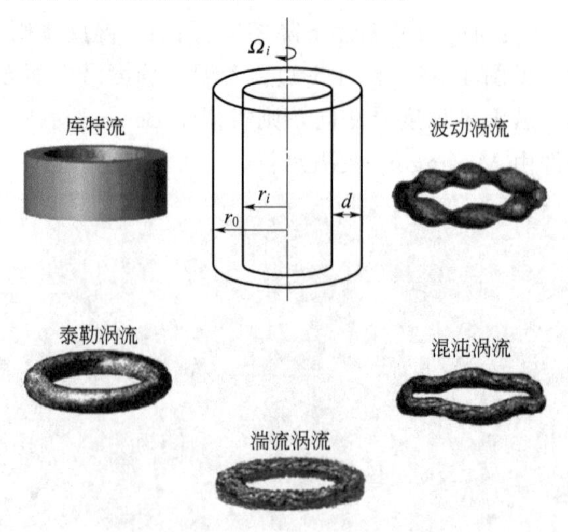

图 4-5-5 泰勒库特流的流动结构（From Deshmukh 等）

Taylor 最早研究发现这种现象，故称 Taylor 涡。临界值的判别按 Taylor 数：

$$Ta=\frac{\Omega R^{1/2}d^{3/2}}{\gamma}=41.2 \tag{4-5-4}$$

随着 Ta 数超过临界值，一系列流动结构可能相继出现[2]：波动涡流（wavy vortex flow，WVF）、混沌涡流（chaotic vortex flow，CVF）和湍流泰勒涡流（turbulent taylor vortex flow，TTVF）等。

参考文献

[1] 厄特尔．普朗特流体力学基础：第十一版．朱自强，等译．北京：科学出版社，2008.
[2] Joshi J B，Tabib M V，Deshpande S S，et al. Industrial & Engineering Chemistry Research，2009，48（17）：8244.

6

流体阻力计算

6.1 流体阻力的分类和机理

黏性流体沿固体壁面流动时产生的阻力，是指单位质量流体的机械能损失。流体在封闭通道或明渠中流动（称为内部流动）产生机械能损失的根本原因是流体内的黏性耗散。流体在直管中流动因不同速度的流体层间的内摩擦（层流）及流体中的涡旋（湍流）导致的机械能损失称为直管阻力。流体通过各种管件因流道方向和截面的变化产生大量涡旋，由此导致的机械能损失称为局部阻力。流体在管路中的阻力是直管阻力和局部阻力之和。

流体绕过固体颗粒或其他物体的流动称为外部流动或绕流。流体与固体间的相互作用表现在界面上的作用力为剪切应力与法向应力。它们的合力为 F_P 与 F_L，如图 4-6-1 所示。与流动方向一致，作用于物体上的力 F_P 称为曳力，与曳力大小相等方向相反的阻力作用于流体上。与流动方向垂直的分量 F_L 称为升力。

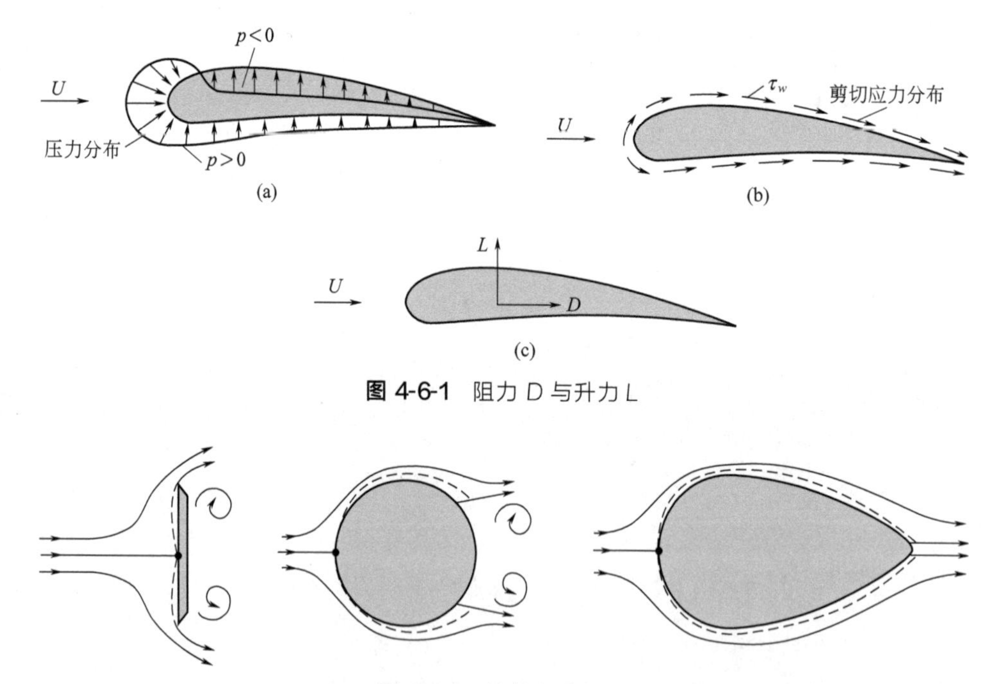

图 4-6-1 阻力 D 与升力 L

图 4-6-2 钝体与良绕体

外流结构与物体形状密切相关。良绕体或钝体是常见的两类[1]，它们的阻力大小及其构成很不相同。剪切应力构成摩擦阻力，与边界层特征有关（图 4-6-2）；法向应力（压力）构成压力阻力，与物体形状及流动分离有关。考虑三种物体：圆盘、圆球和流线体，它们垂直于流动方向的截面相同，均为湍流。圆盘、圆球阻力主要是压力阻力，摩擦阻力很小，圆

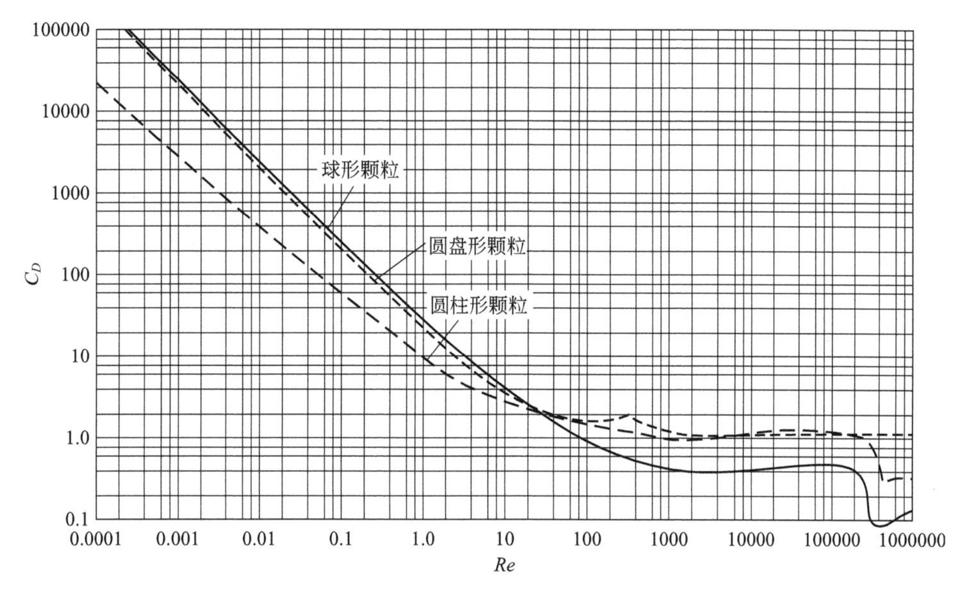

图 4-6-3 阻力系数 C_D与 Re 关系

球总阻力是圆盘的 1/3。良绕体的阻力主要是摩擦阻力，压力阻力很小；流线体总阻力是圆盘的 1/40。阻力系数 C_D 与 Re 的关系见图 4-6-3[1]。部分几何结构的曳力系数参见表 4-6-1 至表 4-6-3[2]。

表 4-6-1 低 *Re* 曳力系数

物体	$C_D=F/(0.5\rho U^2 A)$ ($Re\leqslant 1$)	物体	C_D
圆盘(垂直于流动) U → D	$20.4/Re$	圆球 U → D	$24.0/Re$
圆盘(平行于流动) U → D	$13.6/Re$	半球 U → D	$22.2/Re$

表 4-6-2 二维规则物体常用曳力系数

形状	参考面积 A (b=长度)	曳力系数 $C_D=\dfrac{F}{0.5\rho U^2 A}$		雷诺数 $Re=\rho UD/\mu$
		R/D	C_D	
D R 方杆(边角修圆)	$A=bD$	0	2.2	$Re=10^5$
		0.02	2.0	
		0.17	1.2	
		0.33	1.0	

续表

<table>
<tr><th rowspan="3">形状</th><th rowspan="3">参考面积 A
(b=长度)</th><th colspan="3">曳力系数
$C_D=\frac{F}{0.5\rho U^2 A}$</th><th rowspan="3">雷诺数
$Re=\rho UD/\mu$</th></tr>
<tr><th rowspan="2"> 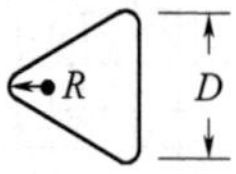R/D</th><th colspan="2">C_D</th></tr>
<tr><th>→</th><th>←</th></tr>
<tr><td rowspan="4">R D
等边三角形</td><td rowspan="4">$A=bD$</td><td>0</td><td>1.4</td><td>2.1</td><td rowspan="4">$Re=10^5$</td></tr>
<tr><td>0.02</td><td>1.2</td><td>2.0</td></tr>
<tr><td>0.08</td><td>1.3</td><td>1.9</td></tr>
<tr><td>0.25</td><td>1.1</td><td>1.3</td></tr>
<tr><td> 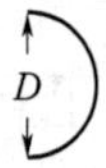D
半圆壳</td><td>$A=bD$</td><td colspan="3">→2.3
←1.1</td><td>$Re=2\times10^4$</td></tr>
<tr><td> D
半圆柱</td><td>$A=bD$</td><td colspan="3">→2.15
←1.15</td><td>$Re>10^4$</td></tr>
<tr><td> 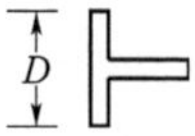D
T 形梁</td><td>$A=bD$</td><td colspan="3">→1.80
←1.65</td><td>$Re>10^4$</td></tr>
<tr><td> 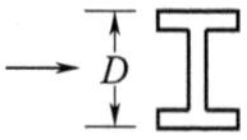D
工字梁</td><td>$A=bD$</td><td colspan="3">2.05</td><td>$Re>10^4$</td></tr>
<tr><td> 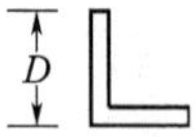D
角</td><td>$A=bD$</td><td colspan="3">→1.98
←1.82</td><td>$Re>10^4$</td></tr>
<tr><td> 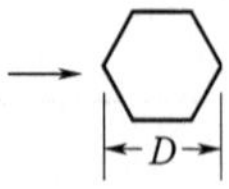D
六边形</td><td>$A=bD$</td><td colspan="3">1.0</td><td>$Re>10^4$</td></tr>
<tr><td rowspan="7"> 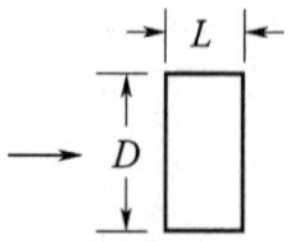L
D
矩形</td><td rowspan="7">$A=bD$</td><td>L/D</td><td colspan="2">C_D</td><td rowspan="7">$Re=10^5$</td></tr>
<tr><td>≤0.1</td><td colspan="2">1.9</td></tr>
<tr><td>0.5</td><td colspan="2">2.5</td></tr>
<tr><td>0.65</td><td colspan="2">2.9</td></tr>
<tr><td>1.0</td><td colspan="2">2.2</td></tr>
<tr><td>2.0</td><td colspan="2">1.6</td></tr>
<tr><td>3.0</td><td colspan="2">1.3</td></tr>
</table>

表 4-6-3　三维规则物体常用曳力系数

形状	参考面积 A	曳力系数 $C_D=\frac{F}{1/2\rho U^2 A}$		雷诺数 $Re=\rho UD/\mu$
 实体半球	$A=\frac{\pi}{4}D^2$	→1.12 ←0.42		$Re>10^4$
 空心半球	$A=\frac{\pi}{4}D^2$	→1.42 ←0.38		$Re>10^4$
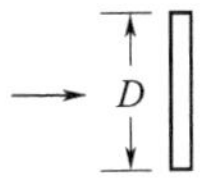 薄壁圆盘	$A=\frac{\pi}{4}D^2$	→2.3 ←1.1		$Re=2\times10^3$
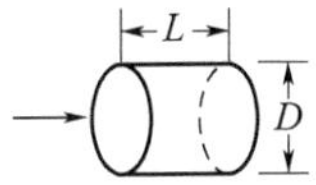 平行于流动的圆杆	$A=\frac{\pi}{4}D^2$	L/D	C_D	$Re>10^5$
		0.5	1.1	
		1.0	0.93	
		2.0	0.83	
		4.0	0.85	
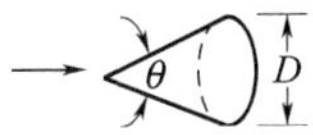 锥	$A=\frac{\pi}{4}D^2$	$\theta/(°)$	C_D	$Re>10^4$
		10	0.30	
		30	0.55	
		60	0.80	
		90	1.15	
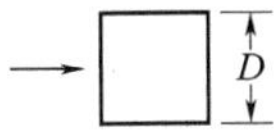 立方体	$A=D^2$	1.05		$Re>10^4$
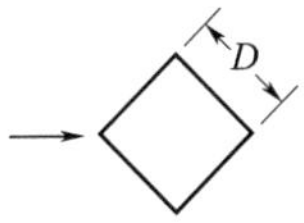 立方体	$A=D^2$	0.8		$Re>10^4$
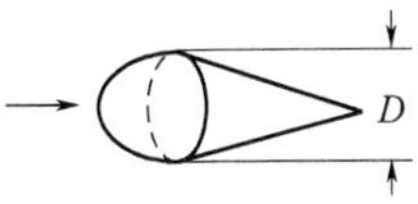 流线体	$A=\frac{\pi}{4}D^2$	0.04		$Re>10^4$

物体周围的流动对称不产生升力，如物体不对称或产生不对称流动会产生升力。黏性对升力影响不显著，常用理想流体势流理论来估计升力，环量对升力有重要意义。

$$F_L = \rho U \Gamma \tag{4-6-1}$$

式中，Γ 为环量。旋转圆球的升力系数如图 4-6-4 所示。

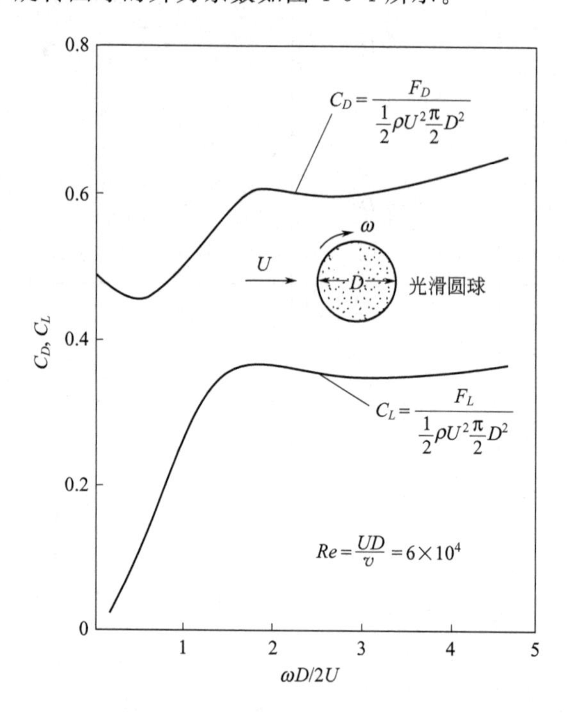

图 4-6-4 旋转圆球的升力和阻力系数

6.2 管路阻力

6.2.1 管道与管件

管流系统的基本部件包括管道与管件以及泵和阀门。它们的规格、名称、标准号、外径×壁厚、材料、使用条件（温度、压力、耐蚀性等），可由相关产品目录和国家标准查得。

6.2.2 管路进口段压力与剪切应力

恒定直径管中，充分发展定常流动可由重力或压力驱动。对水平管重力效应可以忽略（除了管截面上静压变化，重力的影响通常可以不计）。上下游截面间压差 $\Delta p=p_1-p_2$ 驱动流体，黏性效应产生的阻力与压力平衡，从而使流体在管内稳定流动，无加速度。

在非充分发展流动区域（如管流进口段），流体流动时加速或减速［速度分布从进口处均匀到进口段结束的充分发展（抛物线）速度分布］，因此在进口段，压力、黏性和惯性（加速）达到平衡。形成如图 4-6-5 所示的压力沿水平管的分布。进口段的压力梯度$\partial p/\partial x$的绝对值大于充分发展段的$\partial p/\partial x=-\Delta p/l$ 的常数值。

沿水平管非零压力梯度是黏性作用的结果，如果黏度为零，压力将是常数，不存在压力

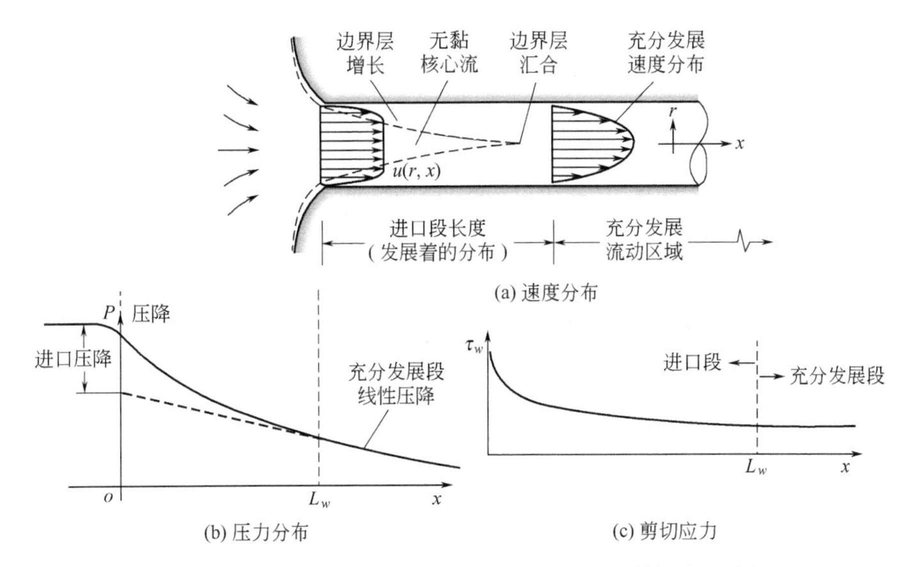

(b) 压力分布　　(c) 剪切应力

图 4-6-5　管流进口段的速度分布、压力分布、剪切应力变化

降。可从两个观点解释：从力平衡，压力需要克服产生的黏性力；从能量平衡，压力所作的功克服黏性能量耗散。如果管道不是水平的，沿管的压力梯度部分是由于该方向流体重力的作用，重力是流动的推动力还是阻力，取决于流体是“上山”还是“下山”。

管流的性质强烈依赖于流动状态，即层流或湍流，这两种状态下剪切应力性质不同。层流剪切应力是随机运动分子之间的动量传递（微观现象）。湍流剪切应力主要是随机有限大小微团之间的动量传递（宏观现象）。

进口段的长度是 Re 数的函数则可如下表示。

（1）层流

$$\frac{L_e}{D}=0.05Re \tag{4-6-2}$$

当 $Re=20$，进口段长度大约为一个直径；但随速度线性增加，在层流极限 $Re=2300$，$L_e=138D$ （White）[3]，可能是最长的发展段。

（2）湍流

$$\frac{L_e}{D}=1.359Re^{1/4}$$

进口段长度与 Re 关系见表 4-6-4。

表 4-6-4　湍流时，不同雷诺数下的进口段长度

Re_d	4000	10^4	10^5	10^6	10^7	10^8
L_e/D	18	20	30	44	65	95

6.2.3　直管阻力

单位质量流体沿直管流动的机械能损失 h_f 按式(4-6-3) 计算（充分发展，定常不可压缩管流）：

$$h_f=\lambda\frac{L}{D}\times\frac{u^2}{2} \tag{4-6-3}$$

或

$$h_f=4f\frac{L}{D}\times\frac{u^2}{2} \tag{4-6-4}$$

式中　λ——摩擦因子，无量纲；

L，D——管长和管径，m；

u——以流动截面计的平均流速，$m \cdot s^{-1}$；

f——范宁（Fanning）摩擦因子，$f=\lambda/4$。

摩擦因子 λ 是 Re、粗糙度和管道几何形状的函数。

层流（$Re<2000$）时的摩擦因子与管壁粗糙度无关

$$\lambda=\frac{64}{Re} \tag{4-6-5}$$

式中，雷诺数 $Re=Du\rho/\mu$。

湍流（$Re>2000$）的摩擦因子与 Re 和管壁粗糙度 ε 有关，见图4-6-6。湍流的 λ 可分成三个区域：水力光滑管区、过渡区和阻力平方区（或完全湍流区）。

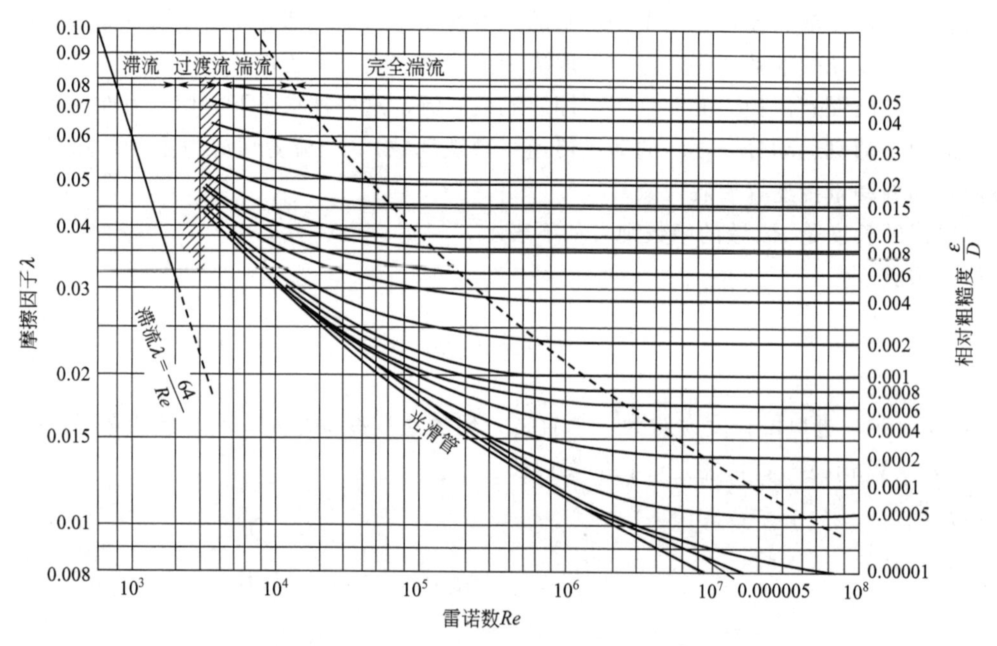

图4-6-6　摩擦因子 λ 与 Re 及相对粗糙度 $\frac{\varepsilon}{D}$ 的关系

（1）水力光滑管区　当工业管道的相对粗糙度 $\frac{\varepsilon}{D}<\frac{15}{Re}$ 时，因粗糙表面的波峰埋于流体的层流内层中，摩擦因子 λ 可按光滑管计算。绝对粗糙度并不直接衡量表面粗糙度对流动的影响，而取决于它与黏性内层厚度的相对值。

当 $3\times10^3<Re<4\times10^6$ 时，用Prandtl-Karman公式计算：

$$\frac{1}{\sqrt{\lambda}}=2\lg(Re\sqrt{\lambda})-0.8 \tag{4-6-6}$$

当 $3\times10^{3}<Re<10^{5}$ 时，也可用 Blasius 公式计算：

$$\lambda=\frac{0.3164}{Re^{0.25}} \tag{4-6-7}$$

(2) 阻力平方区 当工业管道的 $\frac{\varepsilon}{D}\geqslant\frac{560}{Re}$ 时，摩擦因子 λ 与 Re 无关，而只取决于相对粗糙度 ε/D。此时可用卡门式计算 λ：

$$\frac{1}{\sqrt{\lambda}}=1.74-2\lg\left(\frac{2\varepsilon}{D}\right) \tag{4-6-8}$$

(3) 过渡区 $\frac{15}{Re}\leqslant\frac{\varepsilon}{D}<\frac{560}{Re}$ 时可用 Colebrook 公式计算 λ：

$$\frac{1}{\sqrt{\lambda}}=1.74-2\lg\left(\frac{2\varepsilon}{D}+\frac{18.7}{Re\sqrt{\lambda}}\right) \tag{4-6-9}$$

在 ε/D 很小时，式(4-6-9) 中右侧括号内的第一项可以略去，该式即简化为式(4-6-6)；而当 Re 很大或 $\frac{\varepsilon}{D}$ 很大时，式(4-6-9) 右方括号内的第二项可省略，该式即简化为式(4-6-8)。因此在湍流区内一般工程计算建议使用式(4-6-8) 即可。Moody 按式(4-6-8) 绘成图 4-6-6，结合图 4-6-7 可方便使用。式(4-6-8) 简化为显式[4]：

$$\frac{1}{\sqrt{\lambda}}=-1.8\lg\left[\frac{6.9}{Re_D}+\left(\frac{\varepsilon/D}{3.7}\right)^{1.11}\right] \tag{4-6-10}$$

尼古拉兹曾用均匀粒度的砂粒黏于管壁以构成均匀粗糙度的人工粗糙管，其绝对粗糙度 ε 为已知，并由此研究出高度湍流区的 λ-$\frac{\varepsilon}{D}$ 关系。实际工业管道的粗糙度是不均匀的，在高度湍流区，与粗糙度为 ε 的人工粗糙管具有等同 λ 值的实际管道的粗糙度称为工业管道的当量粗糙度，其值列于表 4-6-5。

表 4-6-5 某些工业管道的当量粗糙度 ε[6]

金属管道	ε/mm	非金属管道	ε/mm
新的无缝钢管	0.02～0.10	清洁的玻璃管	0.0015～0.01
中等腐蚀的无缝钢管	约 0.4	橡皮软管	0.01～0.03
铜管、铅管	0.01～0.05	木管(板刨得较好)	0.30
铝管	0.015～0.06	木管(板刨得较粗)	1.0
普通镀锌钢管	0.1～0.15	上釉陶器管	1.4
新的焊接钢管	0.04～0.10	石棉水泥管(新)	0.05～0.10
使用多年的煤气总管	约 0.5	石棉水泥管(中等状况)	约 0.60
新铸铁管	0.25～1.0	混凝土管(表面抹得较好)	0.3～0.8
使用过的水管(铸铁管)	约 1.4	水泥管(表面平整)	0.3～0.8

6.2.4 局部阻力

流体流经弯头、阀门等管件时，单位质量流体的机械能损失称为局部阻力。管路的局部

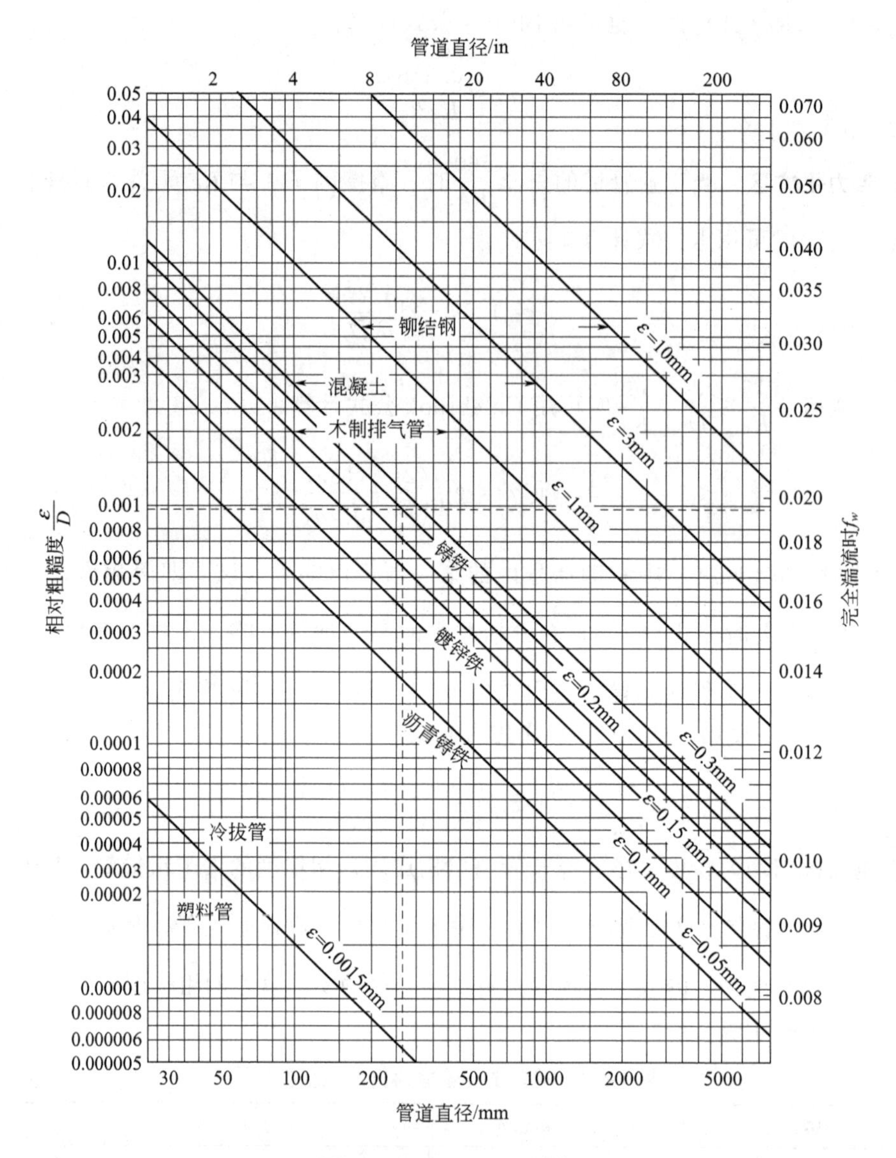

图 4-6-7 相对粗糙度[5]

阻力是各个管件的局部阻力之和。每一管件的局部阻力可用阻力系数法或当量长度法计算。即

$$h_f = \zeta \frac{u^2}{2} \tag{4-6-11a}$$

或

$$h_f = \lambda \frac{L_e}{D} \times \frac{u^2}{2} \tag{4-6-11b}$$

式中，ζ、L_e 各自为管件局部阻力系数和当量长度。当量长度法因误差较大，现已较少应用。常用管件的局部阻力系数见表 4-6-6，流体通过各种管件、阀门和管内障碍物的阻力更详细的计算可参阅有关专著[5~9]。早期数据过于保守，误差也较大，因制造差异，误差可达±50%。典型工业阀门几何结构见图 4-6-8。

表 4-6-6 管件和阀门的局部阻力系数 ζ

管件和阀件名称	ζ 值	
标准弯头	45°, $\zeta=0.35$	90°, $\zeta=0.75$
90°方形弯头	1.3	
180°回弯头	1.5	
活管接头	0.4	

弯管

R/d \ φ	30°	45°	60°	75°	90°	105°	120°
1.5	0.08	0.11	0.14	0.16	0.175	0.19	0.20
2.0	0.07	0.10	0.12	0.14	0.15	0.16	0.17

突然扩大：$\zeta=(1-A_1/A_2)^2 \quad h_f=\zeta\dfrac{u_1^2}{2}$

A_1/A_2	0	0.1	0.2	0.3	0.4	0.5	0.6	0.7	0.8	0.9	1.0
ζ	1	0.81	0.64	0.49	0.36	0.25	0.16	0.09	0.04	0.01	0

突然缩小：$\zeta=0.5(1-A_2/A_1) \quad h_f=\zeta\dfrac{u_2^2}{2}$

A_2/A_1	0	0.1	0.2	0.3	0.4	0.5	0.6	0.7	0.8	0.9	1.0
ζ	0.5	0.45	0.40	0.35	0.30	0.25	0.20	0.15	0.10	0.05	0

管件和阀件名称	ζ 值
流入大容器的出口	$\zeta=1$（用管中流速）
入管口（容器→管）	$\zeta=0.5$

水泵进口

没有底阀	2～3								
有底阀	d/mm	40	50	75	100	150	200	250	300
	ζ	12	10	8.5	7.0	6.0	5.2	4.4	3.7

闸阀

全开	3/4 开	1/2 开	1/4 开
0.17	0.9	4.5	24

标准截止阀（球心阀）：全开 $\zeta=6.4$；1/2 开 $\zeta=9.5$

蝶阀

α	5°	10°	20°	30°	40°	45°	50°	60°	70°
ζ	0.24	0.52	1.54	3.91	10.8	18.7	30.6	118	751

旋塞

θ	5°	10°	20°	40°	60°
ζ	0.05	0.29	1.56	17.3	206

管件和阀件名称	ζ 值	
角阀（90°）	5	
单向阀	摇板式 $\zeta=2$	球形单向阀 $\zeta=70$
水表（盘形）	7	

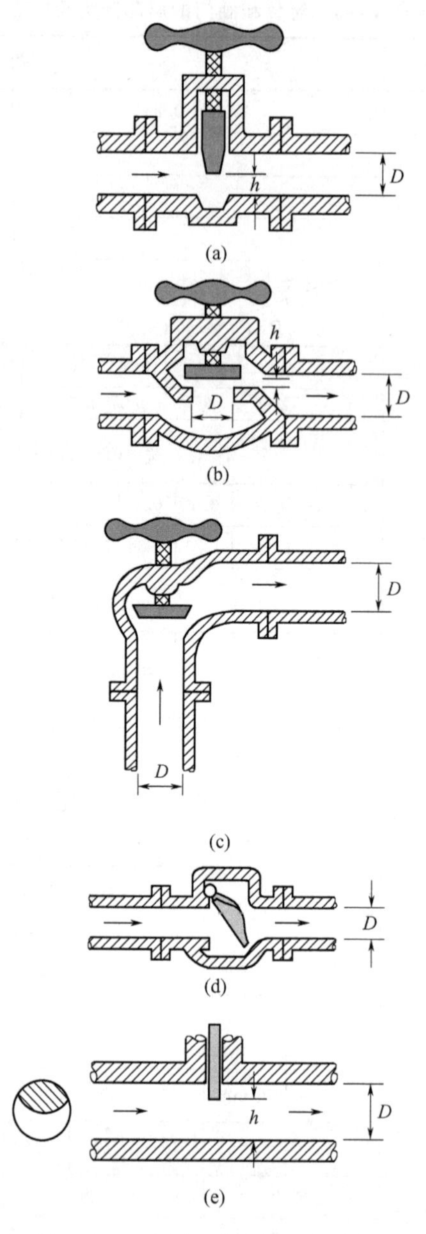

图 4-6-8 典型工业阀门几何结构

6.2.5 非常规管道阻力计算

非直、非圆、变截面等管路阻力计算的一些经验阻力系数，列于下文。

(1) 蛇管阻力 流体在螺旋形蛇管中流动时，在垂直于流动方向上（流动截面上）产生二次流，从而使蛇管的阻力大于等长度的直管。蛇管的阻力仍按式(4-6-2)计算，但以弯管的摩擦因子 λ_0 代替直管 λ，其比值按下列公式计算。

① 层流

当

$$Re<40\sqrt{\frac{R_c}{R}},\quad \frac{\lambda_0}{\lambda}=1 \tag{4-6-12}$$

当
$$40\sqrt{\frac{R_c}{R}}<Re<2000\sqrt{\frac{R_c}{R}},\quad \frac{\lambda_0}{\lambda}=0.288Re^{0.36}\left(\frac{R}{R_c}\right)^{0.18} \tag{4-6-13}$$

② 湍流　$Re=1.5\times10^4\sim10^5$ 时，

$$\frac{\lambda_0}{\lambda}=1+0.075Re^{1/4}\left(\frac{R_c}{R}\right)^{1/2} \tag{4-6-14}$$

式中，R_c，R 分别为蛇管的曲率半径和圆管半径。蛇管中层流向湍流过渡的临界雷诺数为

$$Re=2100\left[1+12\left(\frac{R}{R_c}\right)^{1/2}\right] \tag{4-6-15}$$

(2) 非圆形直管阻力　流体在非圆形截面的管道中流动时，区分稳定层流与湍流的临界雷诺数仍是2000，只是 Re 中的管径用当量直径 d_e 代替。非圆管的当量直径 d_e 定义为

$$d_e=\frac{4\times\text{流动截面}}{\text{浸润周边}}=4r_e \tag{4-6-16}$$

式中，r_e 称为水力半径。对圆管 $D=d_e$，但 $r=2r_e$。应当注意，当量直径原则上是一种处理非圆形管阻力的经验方法，主要适用于湍流。

流体在非圆形直管内层流流动时，可用相应的边界条件求解运动方程，获得单位管长压降与流量的关系式。工程上为方便起见，将非圆管层流的阻力也写成式(4-6-2) 的形式，且摩擦因子 λ 也与 Re 成反比，比例系数与管截面形状有关。因此，可将非圆管的摩擦因子表示成圆管的摩擦因子与形状因子 F_s 的乘积，即

$$\lambda=\frac{64}{Re}F_s \tag{4-6-17}$$

几种截面的形状因子见表 4-6-7。

表 4-6-7　层流时非圆管的形状因子 F_s

截面形状	F_s
矩形 （a—短边；b—长边）	$F_s=1.5\quad\left(\frac{a}{b}\approx0\right)$ $F_s=0.89\quad\left(\frac{a}{b}=1\right)$
椭圆形 （a—长半轴；b—短半轴）	$F_s=\frac{1}{8}\left(\frac{d_e}{b}\right)^2\left[1+\left(\frac{b}{a}\right)^2\right]$
圆环 （d—内径；D—外径）	$F_s=\frac{\left(1-\frac{d}{D}\right)^2}{1+\left(\frac{d}{D}\right)^2+\frac{1-(d/D)^2}{\ln d/D}}$
等边三角形	$F_s=0.833$

(3) 变截面管阻力 工业使用的变截面管有渐扩和渐缩两种，见图 4-6-9。

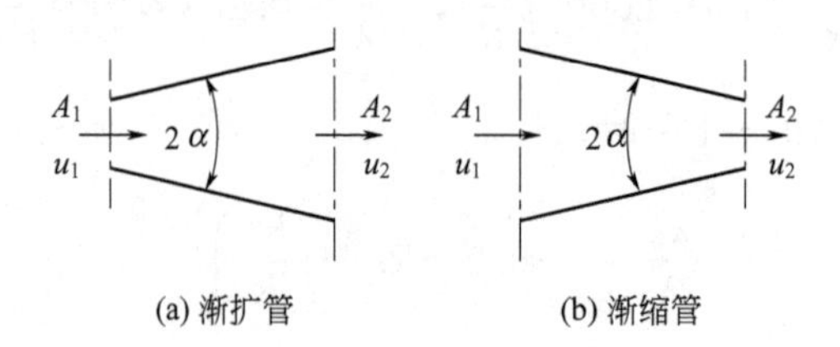

(a) 渐扩管　(b) 渐缩管

图 4-6-9 渐扩管和渐缩管

① 渐扩管。流体在渐扩管中流动随锥角 2α 的增大出现以下四种基本的流态。

a. 稳定流动：在 $2\alpha \leqslant 4°$的渐扩管内没有流动分离现象。

b. 不稳定分离流动：分离的范围随时间而变化，截面上速度分布不均匀。

c. 完全发展的分离流动：渐扩管的主要部分充满反向回流。

d. 射流状态：全周边上发生流动分离。

渐扩管的阻力与锥角 2α、进出口截面之比 A_1/A_2 以及 Re 有关。定义阻力系数和 Re 数均以渐扩管入口截面的参数值为准。工程上为方便起见，将渐扩管阻力表示成沿长度的摩擦阻力和由于截面变化引起的阻力之和。即

$$\zeta = \zeta_f + \zeta_d \tag{4-6-18}$$

沿长度的摩擦阻力系数 ζ_f 为

$$\zeta_f = \frac{\lambda}{8\sin\alpha}\left[1 - \left(\frac{A_1}{A_2}\right)^2\right] \tag{4-6-19}$$

式中 λ——直管摩擦因子，可按式(4-6-8) 计算。

因截面变化的阻力系数 ζ_d 为

$$\zeta_d = C_d\left(1 - \frac{A_1}{A_2}\right)^2 \tag{4-6-20}$$

式中，$\left(1 - \frac{A_1}{A_2}\right)^2$ 为突然扩大的局部阻力系数；C_d 为缓和系数，见图 4-6-10(b)。

② 渐缩管。流体在渐缩管中流动一般不产生分离现象，只有当收缩角过大，因缩脉扩张会造成小范围的流动分离。渐缩管的阻力系数也可表示为沿长度上的摩擦阻力系数 ζ_f 与截面变化附加的阻力系数之和，即

$$\zeta = \zeta_f + \zeta_d \tag{4-6-21}$$

$$\zeta_f = \frac{\lambda}{8\sin\alpha}\left[\left(\frac{A_1}{A_2}\right)^2 - 1\right] \tag{4-6-22}$$

$$\zeta_c = C_c \frac{\left(1 - \frac{A_1}{A_2}\right)}{2} \tag{4-6-23}$$

式中，C_c 为渐缩管的缓和系数，见图 4-6-10(a)。

6.2.6 多孔管的阻力

流体流过多孔管的同时从侧壁的小孔流出（或流入），总管内的流速是沿程变化的。计

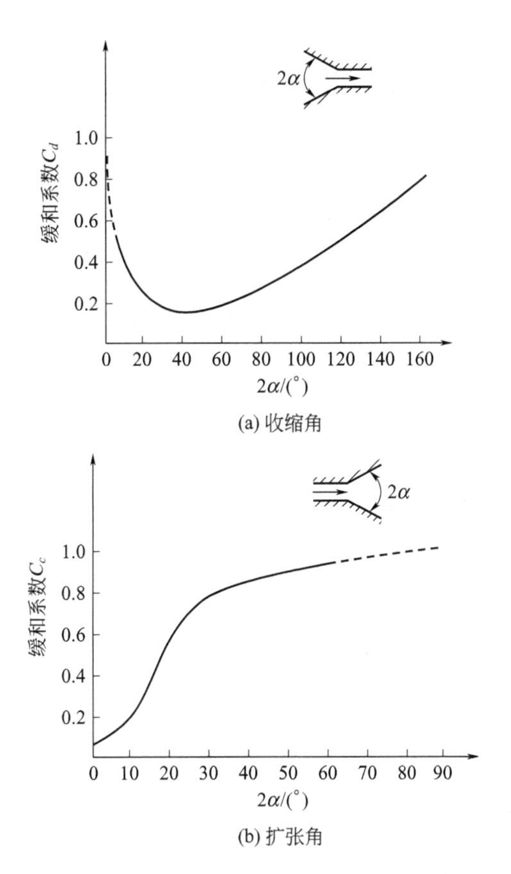

(a) 收缩角

(b) 扩张角

图 4-6-10 扩张管和渐缩管的缓和系数

算多孔管的阻力时，可把连续间隔开孔的多孔管看作沿程连续均匀泄流（或汇流）的管道。设多孔管具有均匀的圆截面，且流出（或流入）的流量是沿程均布的，即单位长度的流出体积流量 q_r 为一常数；并设摩擦因子 λ 为一常数，则图 4-6-11 所示的多孔管泄流时的阻力为

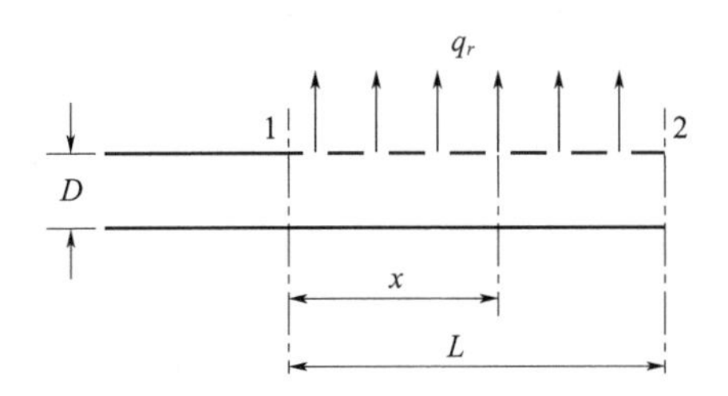

图 4-6-11 多孔管泄流时的阻力

$$h_{f_{1-2}}=\lambda\ \frac{8}{\pi^2}\times\frac{L}{D^5}\left(Q_2^2+Q_2Q_r+\frac{Q_r^2}{3}\right) \tag{4-6-24}$$

或

$$h_{f_{1-2}}=\lambda\ \frac{8}{\pi^2}\times\frac{L}{D^5}(Q_2+0.55Q_r)^2 \tag{4-6-25}$$

式中 Q_2——截面 2 处多孔管的体积流量，$m^3 \cdot s^{-1}$；

Q_r——截面 1 至 2 处多孔管的体积流量，$m^3 \cdot s^{-1}$。

即 $$Q_r=q_rL \tag{4-6-26}$$

当多孔管末端封闭，$Q_2=0$，$Q_r=Q_1$，则流经多孔管的阻力是等长度无泄流时阻力的1/3。汇流时的阻力为

$$h_f=\lambda\frac{8}{\pi^2}\times\frac{L}{D^5}\left(Q_1^2+Q_2Q_r+\frac{Q_r^2}{3}\right)=\lambda\frac{8}{\pi^2}\times\frac{L}{D^5}(Q_1+0.55Q_r)^2 \tag{4-6-27}$$

当汇流管始端封闭，$Q_1=0$，$Q_2=Q_r$，则多孔汇流管的阻力是等长度直管阻力的1/3。

多孔管管壁由于有流体的流出（或流入），沿程摩擦因子比没有流体流入（流出）时大，并有如下经验关系：

$$\lambda=0.11\left[\frac{\varepsilon}{D}+\frac{68}{Re}+\left(90\frac{u_r}{u_1}\right)^2\right]^{1/4} \tag{4-6-28}$$

式中，u_r 是单位管壁面积的流出（或流入）流量，$m^3\cdot m^{-2}\cdot s^{-1}$。

即 $$u_r=\frac{Q_r}{\pi LD}=\frac{q_r}{\pi D} \tag{4-6-29}$$

6.2.7 非等温流动的阻力

当流动流体与管壁之间有温度差异，流体受到加热或冷却时，流体的黏度和密度将各处不同，从而影响流体的速度分布和流动阻力[8]。非等温流动的摩擦因子 λ_H 可表示成等温摩擦因子λ 乘以修正系数ψ，即

$$\lambda_H=\lambda\psi \tag{4-6-30}$$

当 $Re<2100$ 时，

$$\psi=\left(\frac{\mu_w}{\mu}\right)^{0.38}\text{（加热）} \tag{4-6-31}$$

$$\psi=\left(\frac{\mu_w}{\mu}\right)^{0.23}\text{（冷却）} \tag{4-6-32}$$

当 $Re\geqslant2100$ 时，

$$\psi=\left(\frac{\mu_w}{\mu}\right)^{0.17}\text{（加热）} \tag{4-6-33}$$

$$\psi=\left(\frac{\mu_w}{\mu}\right)^{0.11}\text{（冷却）} \tag{4-6-34}$$

以上计算中，利用管道进、出口流体主体温度平均值下的黏度μ 以及壁温下的黏度μ_w，计算 Re 数。

6.3 管路计算

管路按其配置情况分为简单管路和复杂管路。详细计算参阅相关手册[8]，管路计算按

工程目的可分为设计计算和操作计算两大类。下面给出简要的计算方法，不同类型管路的计算机分析参见相关专著[10]。

6.3.1 简单管路

简单管路包括沿程管径相同的管路和若干段管径不等的管道组成的串联管路。对图4-6-12所示的管路，不可压缩流体通过长为 L、管径为 D 的管路由恒定液位 1 向液位 2 流动，对此可列出以下三个方程。

(1) 连续性方程

$$Q=\frac{\pi}{4}D^2u=\text{const} \tag{4-6-35}$$

(2) 机械能衡算方程

$$\left(\frac{p_1}{\rho}+H_1g\right)=\left(\frac{p_2}{\rho}+H_2g\right)+\left(\lambda\frac{L}{D}+\sum\zeta\right)\frac{u^2}{2} \tag{4-6-36}$$

(3) 摩擦因子计算式 见式(4-6-5) 或式(4-6-7)。

以上三式中包含 11 个变量（$Q,u,p_1,p_2,H_1,H_2,L,D,\varepsilon,\lambda,\sum\zeta$）。设计计算是给定输送任务、选择合理的参数、设计经济合理的管路。典型的命题是：给定 Q、L、H_1、H_2、p_2，要求配置管件和管材（ε、$\sum\zeta$），选取适当的流速 u，计算 λ、p_1（代表操作时的能量消耗）、D（管路投资费），使操作费及投资费之和为最小。

管内流速的选择是按流动时不发生水击、振动及其他经济因素决定的，常用的流速范围见表 4-6-8。更详细的资料见相关手册[11]。

表 4-6-8 某些流体在管内的常用流速范围

介质及条件		流速/$(m\cdot s^{-1})$	介质及条件	流速/$(m\cdot s^{-1})$
水及黏度相近液体,$p=0.1\sim0.3$MPa(表压)		0.5～2	低压蒸汽 $p<1$MPa	15～20
水及黏度相近液体,$p=1\sim8$MPa(表压)		2～3	中压蒸汽 1MPa$\leqslant p<$4MPa	20～40
冷凝水(自流)		0.2～0.5	高压蒸汽 4MPa$\leqslant p\leqslant$12MPa	40～60
油及黏度大的液体			压缩气体(真空)	5～10
0.050Pa·s	D_g25	0.5～0.9	$p<0.3$MPa(表压)	8～12
	D_g50	0.7～1.0	0.3MPa$\leqslant p<$0.6MPa(表压)	10～20
	D_g100	1.0～1.6	0.6MPa$\leqslant p<$1.0MPa(表压)	10～15
1Pa·s	D_g25	0.1～0.2	1MPa$\leqslant p<$2MPa(表压)	8～12
	D_g50	0.16～0.25	2.0MPa$\leqslant p\leqslant$3.0MPa(表压)	3～6
	D_g100	0.25～0.35	烟道气(烟道内)	3～6
乙醚、苯、二硫化碳		<1	烟道气(管路内)	3～4

【例 4-6-1】 简单管路的设计计算。将 20℃水由图 4-6-12 所示的槽 1 向槽 2 输送。两槽均敞口，管路全长 300m，用 ϕ48mm×3.5mm 的水煤气管（$\varepsilon=0.2$mm），全部管件的局部阻力系数为$\sum\zeta=10.1$。求流量 $Q=5\text{m}^3\cdot\text{h}^{-1}$ 所需的两槽位差 ΔH。

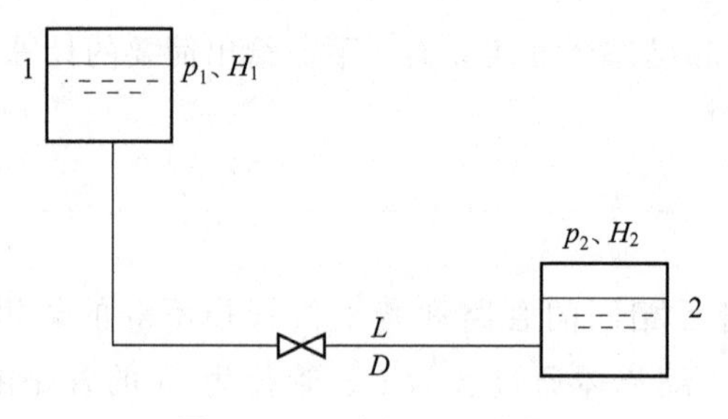

图 4-6-12 例 4-6-1 附图

解 取 20℃水的密度为 $1000\text{kg}\cdot\text{m}^{-3}$，黏度 $\mu=1\times10^{-3}\text{Pa}\cdot\text{s}$。

$$u=\frac{Q}{\frac{\pi}{4}D^2}=\frac{5/3600}{\frac{\pi}{4}\times0.041^2}=1.05\text{m}\cdot\text{s}^{-1}$$

$$Re=\frac{Du\rho}{\mu}=\frac{0.041\times1.05\times1000}{0.001}=4.3\times10^4$$

$$\frac{\varepsilon}{D}=\frac{0.2\times10^{-3}}{0.041}=0.0049$$

迭代计算求得 $\lambda=0.0322$

全管路的阻力为

$$h_f=\left(\lambda\frac{L}{D}+\sum\zeta\right)\frac{u^2}{2}=\left(0.0322\frac{300}{0.041}+10.1\right)\times\frac{1.05^2}{2}=135\text{J}\cdot\text{kg}^{-1}$$

由式(4-6-36) 得

$$\Delta H=H_1-H_2=h_f/g=\frac{135}{9.81}=13.8\text{m}$$

操作型计算是给定管路和操作条件，求流量。这类问题通常要经迭代求解。

【例 4-6-2】 简单管路的操作计算。上例输水管路，已知两槽均为敞口，位差 10m，操作温度 20℃。用 $\phi60\text{mm}\times3.5\text{mm}$ 的水煤气管，$\varepsilon=0.2\text{mm}$，管长 300m。全部局部阻力系数之和 $\sum\zeta=7.84$（相对应的当量长度为 22m）求流量 Q。

解 本题有两种解法。

(1) 设 $u=1.2\text{m}\cdot\text{s}^{-1}$

$$Re=\frac{Du\rho}{\mu}=\frac{0.053\times1.2\times1000}{0.001}=6.36\times10^4$$

$$\frac{\varepsilon}{D}=\frac{0.0002}{0.053}=0.00377$$

由式(4-6-7) 算出 $\lambda=0.0297$。全管阻力为：

$$h_f=\left(\lambda\frac{l}{D}+\sum\zeta\right)\frac{u^2}{2}=\left(0.0297\times\frac{300}{0.053}+7.84\right)\times\frac{1.2^2}{2}=126\text{J}\cdot\text{kg}^{-1}$$

由式(4-6-36) 知管路可以提供的能量为：$(H_1-H_2)g=10\times9.81=98.1\text{J}\cdot\text{kg}^{-1}$

所设流速过高，重设 $u=1.05\text{m}\cdot\text{s}^{-1}$，重复以上计算得 $Re=5.57\times10^4$，$\lambda=0.0299$，

$h_f=97.5\mathrm{J\cdot kg^{-1}}$，此与管路可提供的 $98.1\mathrm{J\cdot kg^{-1}}$ 相近。故所求流量为

$$Q=\frac{\pi}{4}D^2u=\frac{\pi}{4}\times 0.053^2\times 1.05=0.00232\mathrm{m^3\cdot s^{-1}}=8.34\mathrm{m^3\cdot h^{-1}}$$

（2）使用当量长度 L_e 代入式(4-6-36) 得

$$(H_1-H_2)g=\lambda\left(\frac{L+L_e}{D}\right)\frac{u^2}{2}$$

或

$$\lambda u^2=\frac{2(H_1-H_2)gD}{L+L_e} \quad ①$$

由此得

$$Re\sqrt{k}=\sqrt{\frac{2(H_1-H_2)g}{L+L_e}\times\frac{D^3\rho^2}{\mu^2}}=\left(\frac{2\times 10\times 9.81}{300+22}\times\frac{0.053^3\times 1000^2}{0.001^2}\right)^{\frac{1}{2}}=9.52\times 10^3$$

用公式(4-6-9) 算出 $\lambda=0.0299$。代入式①求速度 u，即

$$u=\left[\frac{2(H_1-H_2)gD}{(L+L_e)\lambda}\right]^{1/2}=\left(\frac{2\times 10\times 9.81}{300+22}\times\frac{0.053}{0.0299}\right)^{\frac{1}{2}}=1.04\mathrm{m\cdot s^{-1}}$$

流量

$$Q=\frac{\pi}{4}D^2u=\frac{\pi}{4}\times 0.053^2\times 1.04=0.00229\mathrm{m^3\cdot s^{-1}}=8.26\mathrm{m^3\cdot h^{-1}}$$

两种解法的结果略有差别，其原因是局部阻力系数和当量长度两者的数值不会精确地等同。

对串联管路，式(4-6-36) 可改写为

$$\left(\frac{p_1}{\rho}+H_1g\right)=\left(\frac{p_2}{\rho}+H_2g\right)+\sum h_f \quad (4\text{-}6\text{-}37)$$

总阻力 $\sum h_f$ 是各管段阻力 h_f 之和，即

$$\sum h_f=h_{f_1}+h_{f_2}+\cdots=\left(\lambda\frac{L}{D}+\sum\zeta\right)_1\frac{u_1^2}{2}+\left(\lambda\frac{L}{D}+\sum\zeta\right)_2\frac{u_2^2}{2}+\cdots \quad (4\text{-}6\text{-}38)$$

如果管路中含泵（或风机），则式(4-6-36) 改为

$$\left(\frac{p_1}{\rho}+H_1g\right)+h_e=\left(\frac{p_2}{\rho}+H_2g\right)+\left(\lambda\frac{L}{D}+\sum\zeta\right)\frac{u^2}{2} \quad (4\text{-}6\text{-}39)$$

式中，h_e 是泵或风机需提供的机械能，$\mathrm{J\cdot kg^{-1}}$。

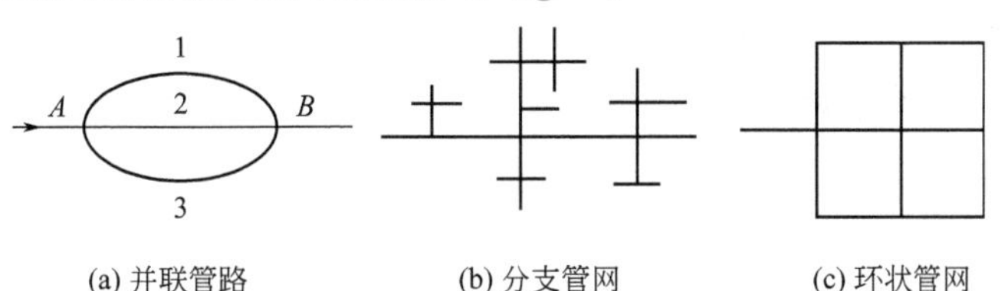

图 4-6-13 复杂管路

6.3.2 复杂管路及管网

复杂管路包括多段管路的并联、串联、分支管网、环状管网以及它们的组合，如图4-6-13所示。

(1) 流体在结点处的能量交换 流体在支管相交的结点处汇合或分流，各股流体在分流或合流时产生的机械能交换可用流体流经三通的阻力表示。单位质量的流体在分流或合流时失去机械能，则阻力系数 ζ 为正；反则为负，ζ 值见图4-6-14、图4-6-15。

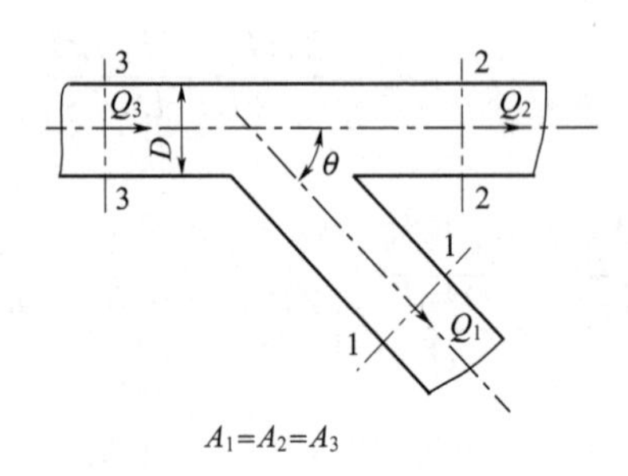

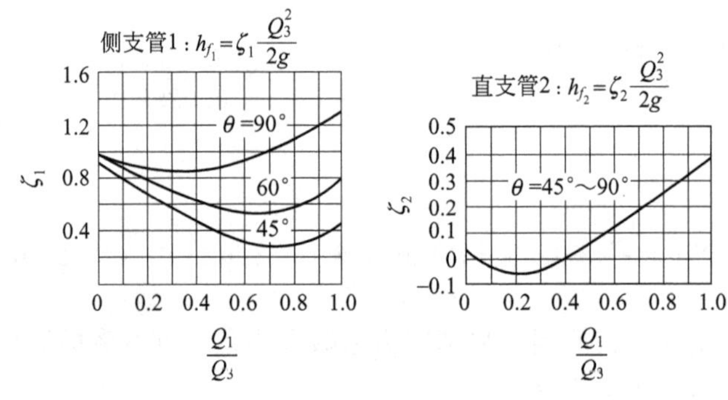

图 4-6-14 分流时三通的阻力系数

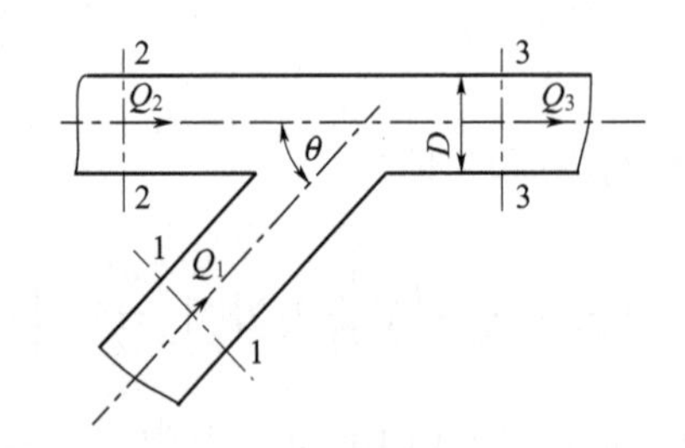

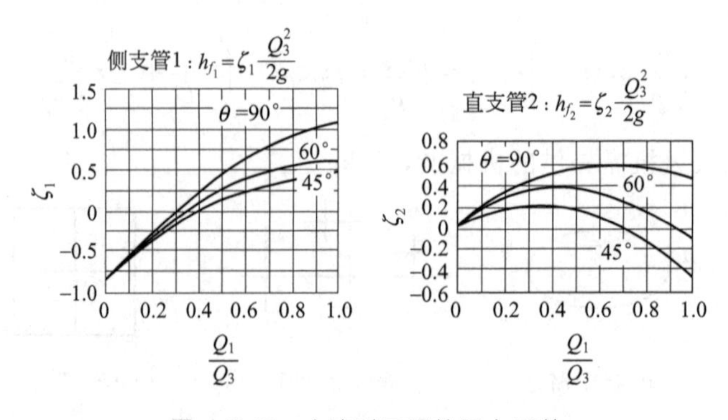

图 4-6-15 合流时三通的阻力系数

在管路计算中，若为长管（$L/D>1000$），可忽略流体在结点处的能量交换，管路阻力只需计及各管段的阻力。由于管段是一个整体，任一管段的流量或任一结点的压力有所变化必将引起全管路各处的流量和压力发生变化。

(2) 并联管路 设有三根不同长度和直径的支管组成一并联管路，见图4-6-13(a)。当忽略结点A和B的能量交换（即忽略A、B两处的局部阻力），则有

$$h_f=\left(\lambda\frac{L}{D}+\Sigma\zeta\right)_1\frac{u_1^2}{2}=\left(\lambda\frac{L}{D}+\Sigma\zeta\right)_2\frac{u_2^2}{2}=\left(\lambda\frac{L}{D}+\Sigma\zeta\right)_3\frac{u_3^2}{2}\tag{4-6-40}$$

各支管的流量分配服从式(4-6-41)

$$Q_1:Q_2:Q_3=\sqrt{\frac{D_1^4}{\left(\lambda\frac{L}{D}+\zeta\right)_1}}:\sqrt{\frac{D_2^4}{\left(\lambda\frac{L}{D}+\zeta\right)_2}}:\sqrt{\frac{D_3^4}{\left(\lambda\frac{L}{D}+\zeta\right)_3}}\tag{4-6-41}$$

总流量：

$$Q=Q_1+Q_2+Q_3$$

(3) 分支管网的计算方法 管网中各管段的长度由输送任务及管路布置决定，先按经济流速初步决定各段管径。分支管路中包含压力已知的若干结点（称自由结点）和压力待定的若干结点（非自由结点），按下法确定各个非自由结点的压力，并计算各管段的流量。

设非自由结点J是几个管段的交点，参见图4-6-16。各管段的长度为L_i，管径为D_i，各端点（与J结点相邻的结点）压力为p_i，且为水平流动，则每一管段的压降为

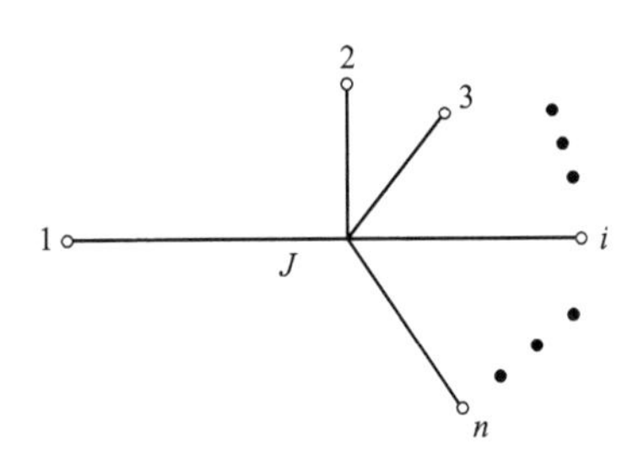

图4-6-16 结点压力p_J的计算

$$p_i-p_J=\lambda_i\frac{L_i}{D_i}\times\frac{u_i^2}{2}\rho\quad(i=1\sim n)\tag{4-6-42}$$

式中，p_J为待定压力；下标i表示相邻的$1\sim n$个结点。

J点的质量守恒式（不可压缩流体）为

$$\sum_{i=1}^{n}Q_{iJ}=0\tag{4-6-43}$$

流量Q_{iJ}以流入J点为正，流出为负。由上两式可得J点压力为

$$p_J=\frac{\sum_{i=1}^{n}(A_ip_i)}{\sum_{i=1}^{n}A_i}\tag{4-6-44}$$

第4篇

式中

$$A_i=(C_i|p_i-p_J|)^{-0.5} \quad (i=1\sim n) \tag{4-6-45}$$

$$C_i=\frac{8\lambda_i L_i}{\pi^2 D_i^5}\rho \quad (i=1\sim n) \tag{4-6-46}$$

与结点有关的各管段流量为

$$Q_{iJ}=A_i(p_i-p_J) \quad (i=1\sim n) \tag{4-6-47}$$

当分支管网中包含 n 个非自由结点，则需先设定一组非自由结点压力的初值 p_J（$J=1\sim n$），对每一非自由结点按式(4-6-44) 求出压力 p_J，并与设定的初值比较，直至迭代收敛。

若管网中各结点之间有位差，则以 $p+\rho gH$ 代替以上各式中的压力 p，其中 H 为位高，上述各式仍然有效。最后，当计算出的流量不满足设计要求，则可调整管径、管件及自由结点的压力重新计算。

【例 4-6-3】 图 4-6-17 所示分支输液管网的管壁粗糙度 $\varepsilon=0.3\text{mm}$，液体密度 $\rho=1000\text{kg}\cdot\text{m}^{-3}$，黏度 $\mu=0.001\text{Pa}\cdot\text{s}$，各管段的长度、管径及已知的结点压力（包括位高，下同）如表 4-6-9 第 2、3、4 列所示。求结点 7、8 的压力及各管段的流量。

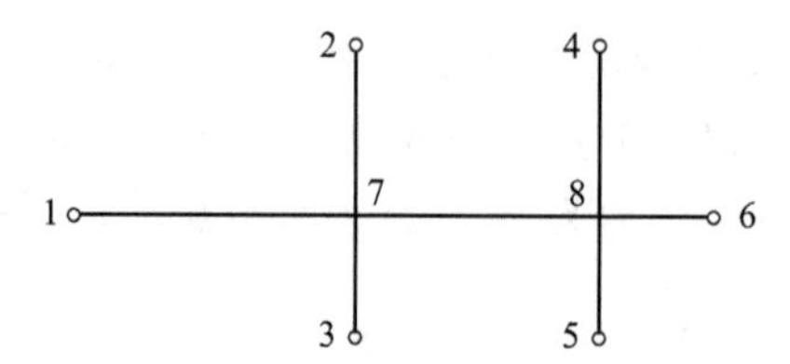

图 4-6-17 例 4-6-3 附图

解 ① 设定初值

$$p_7=3.7\times10^5\text{Pa}$$
$$p_8=2.5\times10^5\text{Pa}$$

一并列入表 4-6-9 第 4 列。同时假定各支管的摩擦因子 $\lambda_i=0.02$（$i=1\sim8$）。

② 由式(4-6-45)、式(4-6-46) 计算各管段的系数 A_i、C_i，列入表 4-6-9 第 5、6 列。

③ 由式(4-6-44) 求出两个非自由结点的压力：

$$p_7'=3.69\times10^5\text{Pa}$$
$$p_8'=2.58\times10^5\text{Pa}$$

④ 用计算值 p_7'、p_8'按式(4-6-47) 算出各管段的流量，列入表 4-6-9 第 7 列。注意，此时 Q_7与 Q_8在数值上并不相等，这是由于压力 p_7、p_8 尚未达到收敛要求的缘故。

⑤ 按表 4-6-9 第 7 列的流量计算各管段的流速、Re 数，并用式(4-6-7) 计算各管段的摩擦因子 $\lambda_i'(i=1\sim8)$。

⑥ 用计算值 p_7'、p_8'及 λ_i'重复以上步骤②～⑤的计算（直接迭代法），也可用其他加快收敛的迭代方法，经多次迭代最终得

$$p_7=3.904\times10^5\text{Pa}$$

$$p_8 = 2.710 \times 10^5 \text{Pa}$$

各管段的流量见表 4-6-9 第 8 列。

表 4-6-9 例 4-6-3 附表

1	2	3	4	5	6	7	8
结点序号	管长 L /m	管径 D /m	压力 p /MPa	C_i	A_i	流量 $Q \times 10^3$ /($m^3 \cdot s^{-1}$)	流量 $Q \times 10^3$ /($m^3 \cdot s^{-1}$)
1 ①—⑦	120	0.05	1.0	6.22×10^9	1.60×10^{-8}	10.1	7.72
2 ②—⑦	40	0.02	0.13	2.03×10^{11}	4.54×10^{-9}	−1.08	−0.759
3 ③—⑦	30	0.025	0.11	4.98×10^{10}	8.79×10^{-9}	−2.27	−1.66
4 ④—⑧	30	0.04	0.12	4.75×10^9	4.02×10^{-8}	−5.53	−4.27
5 ⑤—⑧	20	0.04	0.28	3.17×10^9	1.03×10^{-7}	2.31	1.22
6 ⑥—⑧	10	0.025	0.1	1.66×10^{10}	2.0×10^{-8}	−3.16	−2.25
7 ⑧—⑦	50	0.05	0.37(初值)	2.59×10^9	5.67×10^{-8}	6.38	5.30
8 ⑦—⑧	50	0.05	0.25(初值)	2.59×10^9	5.67×10^{-8}	−6.80	−5.30

(4) 环状管网的计算方法 环状管网由 1 个或多个环路组成，每一环路由 3 根或多根管段形成一封闭管路。流体在环网中流动服从以下两个规则。

① 结点规则：设各结点的流量以流入为正，流出结点为负，则流入任一结点（J）流量的代数和为零：

$$\sum_{i=1}^{n} Q_{iJ} = 0 \tag{4-6-48}$$

② 环路规则：设环路中各个管段的流量及压降以顺时针方向为正，逆时针为负，因环路中任一结点的压力是单值，任一环路 β 中各管段 α 的压降 $\Delta p_{\alpha\beta}$ 的代数和为零

$$\sum_{i=1}^{n} \Delta p_{\alpha\beta} = 0 \tag{4-6-49}$$

当某一管段为两个环路所共有，该管段中的流量及压降对某一环路为正，对另一环路可为负。环网的计算步骤如下。

① 首先按输送任务布置管路，确定每一管段的长度、直径。

② 若全管网有 s 个结点，r 个管段，r 必大于 s。需要先假设 $r-s$ 个独立流量的初值，然后按式(4-6-42) 确定其余 s 个管段的流量初值。

③ 将全管网分成若干个环路（$\beta=1,2,\cdots$），对任一环路 β 将其中的各管段列出标号 $\alpha=1,2,\cdots$，并按上述流量的初值计算各管段的压降 $\Delta p_{\alpha\beta}$：

$$\Delta p_{\alpha\beta}=C_{\alpha\beta}Q_{\alpha\beta}|Q_{\alpha\beta}| \tag{4-6-50}$$

式中，系数 $C_{\alpha\beta}$ 按式(4-6-46) 计算。

④ 求每一环路中各管段压降的代数和 $\sum\limits_{\alpha}\Delta p_{\alpha\beta}$；若 $\sum\limits_{\alpha}\Delta p_{\alpha\beta}\neq 0$，则按式(4-6-51) 求出每一环路流量的修正值 ΔQ_β：

$$\Delta Q_\beta=-\frac{\sum\limits_{\alpha}\Delta p_{\alpha\beta}}{2\sum\limits_{\alpha}(\Delta p_{\alpha\beta}/Q_{\alpha\beta})} \tag{4-6-51}$$

⑤ 第 β 环路中各管段的流量修正为

$$Q_{\alpha\beta}^1=Q_{\alpha\beta}+\Delta Q_\beta \tag{4-6-52}$$

当某管段 α 为两个环路 β、γ 所共有，该管段的流量对 β 环路 $Q_{\alpha\beta}$ 可为正，但对环路 $Q_{\alpha\gamma}$ 则为负，此共有管段的流量应按式(4-6-53) 和式(4-6-54) 修正。

对 β 环路：
$$Q'_{\alpha\beta}=Q_{\alpha\beta}+\Delta Q_\beta-\Delta Q_\gamma \tag{4-6-53}$$

对 γ 环路：
$$Q'_{\alpha\gamma}=Q_{\alpha\gamma}-\Delta Q_\beta+\Delta Q_\gamma \tag{4-6-54}$$

显然
$$Q_{\alpha\beta}=-Q_{\alpha\gamma},\ Q'_{\alpha\beta}=-Q'_{\alpha\gamma}$$

⑥ 重复步骤③～⑤计算，直至流量修正值 ΔQ 足够小为止。

【例 4-6-4】 设有图 4-6-18 所示两个水平环路组成管网向 C、E 两点供水（20℃），$Q_C=0.04\text{m}^3\cdot\text{s}^{-1}$，$Q_E=0.04\text{m}^3\cdot\text{s}^{-1}$，管壁粗糙度 $\varepsilon=0.2\text{mm}$。各管段的编号及管长、管径见图 4-6-18 及表 4-6-10。

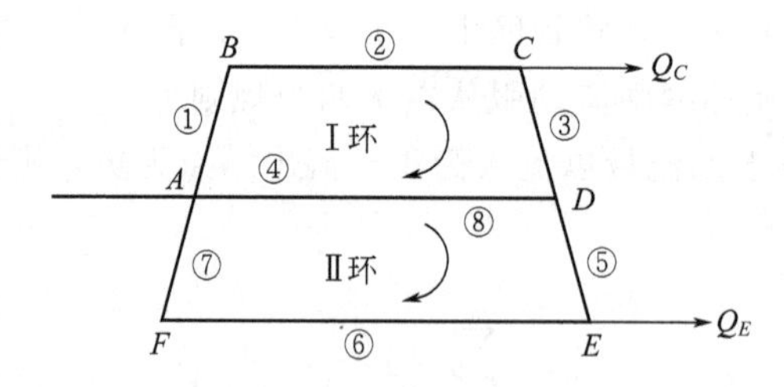

图 4-6-18 例 4-6-4 附图

求：① 各管段的流量；

② 若规定 A 点压力 $p_A=0.15\text{MPa}$，求各点压力。

解 初设各管段的流量，并列于表 4-6-10 第 4 列，其中顺时针方向为正，逆时针方向为负。

由流量和管径求出流速、Re 数并用式(4-6-9) 算出摩擦因子 λ，见表 4-6-9 第 5、6 列；

由式(4-6-46) 计算系数 C，列入表 4-6-10 中第 7 列；再用式(4-6-50) 算出各管段的压降 Δp，列入表 4-6-10 中第 8 列。

按式(4-6-51) 算出环路Ⅰ和环路Ⅱ的流量修正值：

$$\Delta Q_{\mathrm{I}}=-0.23\times10^{-3}\,\mathrm{m^3\cdot s^{-1}}$$

$$\Delta Q_{\mathrm{II}}=-0.406\times10^{-4}\,\mathrm{m^3\cdot s^{-1}}$$

对各管段流量 Q_1 至 Q_8 按式(4-6-50)～式(4-6-52) 修正，修正后的流量见表 4-6-10 第 9 列。

重复以上计算，经多次迭代后最终的流量见表 4-6-10 第 10 列，压降见第 11 列。

各点压力以顺时针方向计算：

$$p_{上游}-p_{下游}=\Delta p_i$$

或

$$p_{下游}=p_{上游}-\Delta p_i$$

于是

$$p_B=p_A-\Delta p_1=0.15-0.00769=0.1424\mathrm{MPa}$$
$$p_C=p_B-\Delta p_2=0.1424-0.0154=0.1270\mathrm{MPa}$$
$$p_D=p_C-\Delta p_3=0.127-(-0.0026)=0.1296\mathrm{MPa}$$
$$p_E=p_D-\Delta p_5=0.1296-0.00256=0.1269\mathrm{MPa}$$
$$p_F=p_E-\Delta p_6=0.1269-(-0.0146)=0.1415\mathrm{MPa}$$

表 4-6-10　例 4-6-4 附表

1		2	3	4	5	6	7	8	9	10	11
管段序号		管长 L /m	管径 D /m	流量 $Q\times10^3$ /($\mathrm{m^3\cdot s^{-1}}$)	流速 u /($\mathrm{m\cdot s^{-1}}$)	λ	C	压降 Δp /Pa	流量 $Q'\times10^3$ /($\mathrm{m^3\cdot s^{-1}}$)	最终流量 $Q\times10^3$ /($\mathrm{m^3\cdot s^{-1}}$)	Δp /Pa
Ⅰ环	①	50	0.10	9.0	1.15	0.0249	1.01×10^5	8.18×10^3	8.77	8.72	7.69×10^3
	②	100	0.10	9.0	1.15	0.0249	2.02×10^5	1.64×10^4	8.77	8.72	1.54×10^4
	③	50	0.20	−31	0.987	0.021	2.66×10^3	-2.56×10^3	−31.2	−31.2	-2.61×10^3
	④	120	0.20	−57	1.81	0.0208	6.31×10^3	-2.05×10^4	−57.2	−57.3	-2.04×10^4
Ⅱ环	⑤	70	0.20	26	0.828	0.0213	3.78×10^3	2.55×10^3	26	26.1	2.56×10^3
	⑥	140	0.08	−4.0	0.796	0.0271	9.38×10^5	-1.5×10^4	−39.6	−3.95	-1.46×10^4
	⑦	80	0.08	−4.0	0.796	0.0271	5.36×10^5	-8.57×10^3	−3.96	−3.95	-8.35×10^3
	⑧	120	0.20	57	1.81	0.0208	6.31×10^3	2.05×10^4	57.2	57.3	2.04×10^4

参考文献

[1] Street R L, Watters G Z, Vennard J K. Elementary fluid mechanics. J Wiley, 1996.

[2] Munson B R, Young D F, Okiishi T H. Fundamentals of fluid mechanics: 5th edition. John Wiley & Sons Inc., 2006.

[3] White F M. Fluid mechanics: 5th. Boston: McGraw-Hill Book Company, 2005.

[4] Haaland S E. Journal of Fluids Engineering, 1983, 105(1): 89.

[5] Gas Processors Suppliers Association. GPSA Press，2004.
[6] 华绍曾．实用流体阻力手册．北京：国防工业出版社，1985.
[7] Fried E，Idelchik I E. Flow resistance：A design guide for engineers. Chem-Mats-Sci-E，1989.
[8] Warring R H. Handbook of valves，piping，and pipelines. Gulf Professional Publishing，1982.
[9] Skousen P L. Valve handbook. McGraw-Hill，2004.
[10] Larock B E，Jeppson R W，Watters G Z. Hydraulics of pipeline systems. CRC press，1999.
[11] 徐宝东．化工管路设计手册．北京：化学工业出版社，2011.

7

流体均布

7.1 流动均匀性的表示方法

流体进入化工设备后的均匀性，对设备性能有重要影响。按照考察均匀性的尺度，可将均布分为两种类型：即流量均匀性与速度均匀性。前者通过特殊的部件如挡板、多孔管、溢流堰等促使流动均匀；后者则取决于通道内流体的动力学条件。截面上速度分布不均匀性的表示方法有以下几种。

(1) 速度比值 K 截面上最大速度 u_{max} 与截面平均速度 U 之比，即

$$K=\frac{u_{max}}{U} \tag{4-7-1}$$

这一表示方法简单明了，尤其当工艺操作中不容许速度过高时，此法颇为适宜。但此法不能反映整个速度场的均匀性，特别当最大速度的分布范围在整个截面上只占很小比例时。截面上非均匀速度分布的若干情况见图 4-7-1。

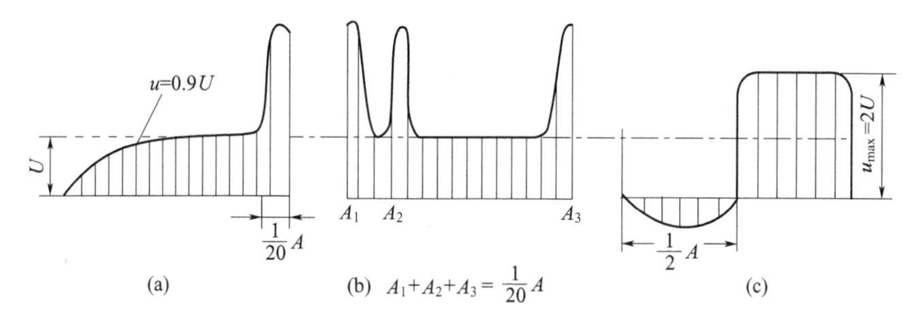

图 4-7-1 截面上的非均匀速度分布

(2) 动能比 N 流体以某种速度分布通过一定截面时，实际动能为 E，以截面平均速度计算的动能 E_m，则两者之比称为动能比：

$$N=\frac{E}{E_m} \tag{4-7-2}$$

(3) 动量比 M_K 截面上流动流体的实际总动量与该截面上按平均速度计算的动量之比，称为动量比：

$$M_K=\frac{\int_A u\,\mathrm{d}w}{UW}=\frac{1}{A}\int_A\left(\frac{u}{U}\right)^2\mathrm{d}A \tag{4-7-3}$$

可以证明，比值 M_K 与 N 总是大于 1 的，与 1 偏差越大，说明速度分布的非均匀性越

大。M_K 与 N 间有如下近似关系：

$$N=3M_K-2 \tag{4-7-4}$$

如图 4-7-1(a)、(b) 所示，$K=u_{max}/U=3$，但高速区很小，仅占总面积 5%时，按这样速度场计算得到的动量计算得 $M_K\approx1.13$，动能比 $N\approx1.4$，其值与 1 相差不大。对图 4-7-1(c)，虽然 $u_{max}/U=2$，但高速区占总面积的一半，且另一半具有负的速度，计算得到 $N\approx4$，$M_K\approx2$ 也很高，这表明非均匀性很大。因此，单纯考察一个不均匀性指标有失偏颇。

7.2 改善流体均匀分布的方法[1]

为获得均匀的速度分布，除选用或设计良好的分布器之外，还需考虑上、下游流动的影响[1,2]。

(1) 分布板 当流体趋近分布板时，在分布板前受阻，形成驻点流动。在驻点处，流体的速度为零，压力升高，形成横向压力梯度，产生横向流动，即一部分流体由轴向流动变为径向流动。正是这一径向流动起到了速度均匀化的作用，使流体均匀分布。分布板的阻力是流体均匀分布的关键，阻力过小，截面上流速大的流体一直往前，偏折微弱，起不了均布作用，因而需要分布板的适宜阻力。此外还需注意分布板相对于进口的距离，靠近进口有利于达到均匀，但过于靠近，仍可能不均匀。

通常用压降表示分布板的阻力特性，即

$$H=\frac{\Delta p}{\rho g}=\zeta_0\frac{u_0^2}{2g} \tag{4-7-5}$$

式中，ζ_0 为分布板小孔阻力系数；u_0 为小孔速度。

凡影响阻力系数的因素均会影响分布板的性能。当 Re 数超过一定值后，Re 数的影响减小，此时阻力系数主要与开孔率、板厚以及孔的形状等因素有关。根据经验，当流经分布板所有流线的压降间的最大差值小于流体流过小孔的阻力的 1/10 时，可能获得流体的均匀分布。

(2) 上、下游流动情况 上游（进口段）应视为设备不可分离的一部分，需尽可能采取措施形成平稳的流动状态。以下几种进口方式（图 4-7-2）均不同程度地造成流体不均匀分布。因此，为使流体从进口狭窄截面到工作截面时不至于突然变化，往往加上扩张管。

当 $A_K/A_0\leqslant3\sim4$，且要求 $M_K<1.2\sim1.3$ 时，可用渐扩管作为进口管。此处 A_K 为工作截面，A_0 为进口管截面。对于圆形管，扩张中心角 $2\theta=8°\sim10°$；对于平面管，$2\theta=12°\sim15°$。一般来说，采用细长扩张管较好。

当令 $A_K/A_0>3\sim4$，或者结构上的原因，不能用长扩张管时，可用短扩张管加导向装置。

为改善流体的初始分布，还可应用预分布器。这对薄层反应器尤为重要，因为薄层反应区自身的流动阻力小，没有纠正流体分布的能力。典型的预分布器见图 4-7-3，有管形、环板形、双锥形等。

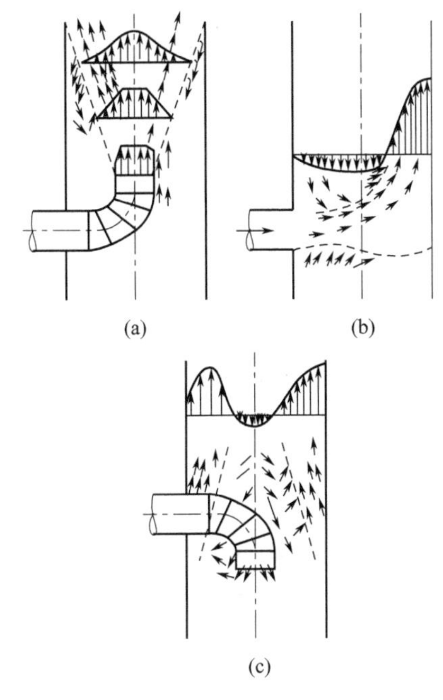

图 4-7-2 各种进口方式

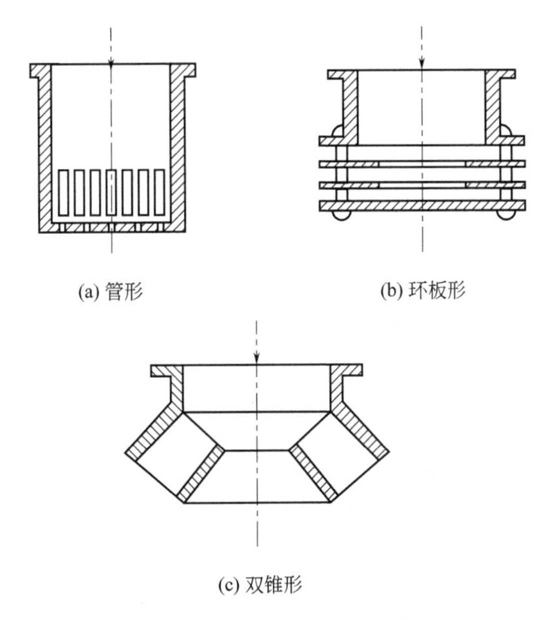

图 4-7-3 典型的气流预分布器

为使流动均匀，良好的下游情况也是必需的。下游的反应器，沿横截面的轴向流动阻力分布应该尽量均匀，如固定床采用紧密装填技术时床层空隙率小而均匀，入口到出口的各流线或流道长度尽量相等，出口管道布置尽量对称等。为选择适宜的出口管径，收缩比不宜过大；安排适当的出口位置，以防止气流偏向而影响均匀性等。

（3）分布管 分布管用于流体流量的均匀分配。分布管由总管及垂直连接于总管侧面的若干分支管组成。支管可以单级或多级，见图 4-7-4。支管可以是具有一定长度的短管，也可以是小孔。总管可以是直管，也可以是弯管、盘管。总管中流体经支管分流而出，总管称为分流管。反之，流体经支管流入总管，则总管称为合流管。工程上常见的有四种类型：即分流管、合流管、Π形分布管（两总管中流动方向相反）、Z形分布管（两总管中流动方向相同），见图4-7-5。

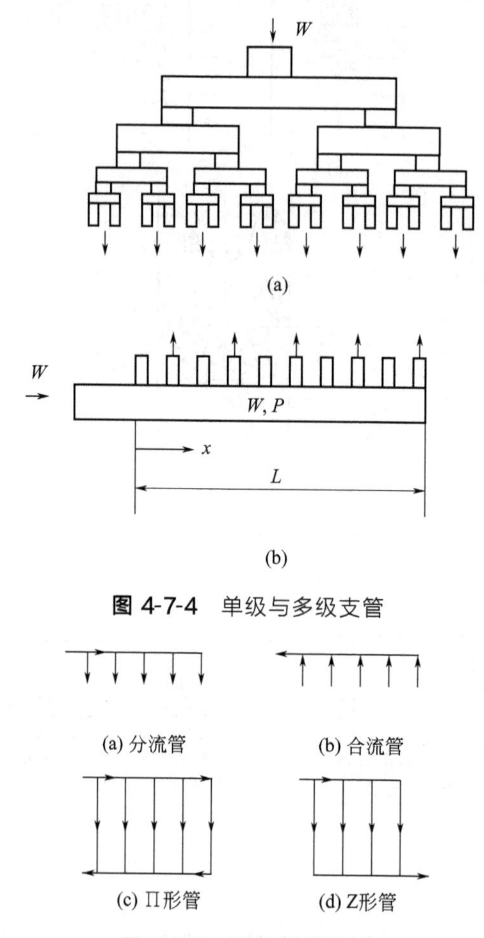

图4-7-4 单级与多级支管

图4-7-5 分布管的类型

流体沿分布管流动时，流量分布如图4-7-6所示。此时总管轴的流动属于变质量流动，前述的伯努利方程不再适用，须进行修正，也可建立沿管流方向的常微分方程来描述。理想的分布状况为图4-7-6(a)，这时，进口流体的动能、动量、沿管长的摩擦损失，通过出口孔的压降以及这些因素间的相互作用达到平衡。如果动量及动能占优势，则支管流量逐渐增大，如图4-7-6(b) 所示；当摩擦阻力占优势，支管流量逐渐减小，如图4-7-6(c) 所示。当存在上游扰动，且动能占优势，则两端流量大，中间流量小，如图4-7-6(d) 所示。

有关分布管结构优化及相关理论探讨参阅相关文献［3，4］，将其应用于各类设备如鼓泡塔、填料塔，则借助于CFD（计算流体力学）进行设计[5,6]。

为使分布管有良好性能，需考虑两个重要比值：

$$\frac{分布管内的动能}{小孔压降}=\frac{\frac{1}{2}\rho AU^{3}}{\xi_{0}\ \frac{u_{0}^{2}}{2g}}\leqslant\frac{1}{10} \tag{4-7-6}$$

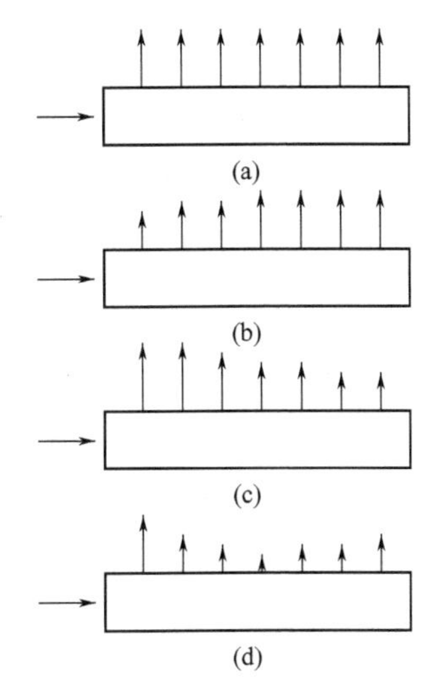

图 4-7-6 分布管中的流量变化

$$\frac{\text{分布管内阻力损失}}{\text{小孔压降}}=\frac{\xi_x \dfrac{U^2}{2g}}{\xi_0 \dfrac{u_0^2}{2g}}=\frac{\xi_x}{\xi_0}\left(\frac{U}{u_0}\right)^2 \leqslant \frac{1}{10} \tag{4-7-7}$$

式中，ξ_x 为多孔管中摩擦阻力系数，取决于 Re 数；ξ_0 为小孔阻力系数，与孔径等因素有关。

增加穿孔压降或降低开孔率均有利于流体的均布，但若开孔率过低、开孔面积过小、孔间距过大，形成死角，则不利于流体均布。

参考文献

[1] 戴干策，任德呈，范自晖．化学工程基础．北京：中国石化出版社，1991.

[2] Idelchik I， Decker N A. Fluid dynamics of industrial equipment： Flow distribution design methods. Taylor & Francis Inc， 1992.

[3] Luo L. Heat and mass transfer intensification and shape optimization： A multi-scale approach. Springer Science & Business Media， 2013.

[4] Wang J. Chemical Engineering Journal， 2011， 168(3)： 1331.

[5] Heggemann M， Hirschberg S， Spiegel L， et al. Chemical Engineering Research and Design， 2007， 85(1)： 59.

[6] Li G， Yang X， Dai G. Chemical Engineering Science， 2009， 64(24)： 5104.

8

可压缩流动

气体速度较低（$Ma<0.3$）时，密度变化较小，近似为不可压缩流体，但当气体高速流动时，压差或密度变化显著，气体的可压缩性不可忽略。这是因为，可压缩流体流动具有许多不可压缩流体流动未曾出现的流动现象，如正/斜激波、流动阻塞等。后者对化工有意义[1]。

高速气流中气体使相当数量的内能转化为动能，以致气体温度降低。当压差为 3.45×10^4Pa，速度达到 $207\text{m}\cdot\text{s}^{-1}$，气体温度可从 20℃降至−3.56℃[2]。伴随高速气流的密度变化，使变量数增加，流动过程受热力学和流体力学共同支配。当气体速度等于或大于局部声速时，超声速流与亚声速流有完全不同的规律。“声障”（阻力在声速附近突然上升）是一种颇为有趣的现象。

8.1 气体流动的摩擦因子和能量方程

气体在管内流动时因上、下游压力、温度的变化影响密度和黏度，压降不再与管长成正比。流经微元管长 dl 的能量方程为

$$g\,dz+d\frac{u^2}{2}+\frac{dp}{\rho}+\lambda\frac{dl}{D}\times\frac{u^2}{2}=0 \tag{4-8-1}$$

通常式(4-8-1) 中的位能项所占比例甚小，或为水平管，则 $g\,dz$ 项可以略去。管中的 Re 数可表示为

$$Re=\frac{GD}{\mu} \tag{4-8-2}$$

式中，G 为质量流量，$\text{kg}\cdot\text{m}^{-2}\cdot\text{s}^{-1}$。若温度变化不大，$Re$ 为一常数；又因气体流动通常 Re 很大，故可将摩擦因子 λ 视为常数。气体流动的 λ 与不可压缩液体的 λ 相同。式(4-8-1) 可积分为

$$G^2\ln\frac{p_1}{p_2}+\int_{p_1}^{p_2}\rho\,dp+\lambda\frac{G^2}{2}\times\frac{L}{D}=0 \tag{4-8-3}$$

8.2 等温流动

理想气体作等温流动时，$p/\rho=\text{const}$，式(4-8-3) 成为

$$G^2\ln\frac{p_1}{p_2}-(p_1-p_2)\rho_m+\lambda\frac{L}{2D}G^2=0 \tag{4-8-4}$$

式中，ρ_m 为平均压强 $(p_1+p_2)/2$ 下的气体密度，$kg \cdot m^{-3}$。当管路较长、管内压力较高时［例如 $L/D>1000$ 及 $\ln(p_1/p_2)=0.1$］，上式中的动能项可省略，此时气体流动可作不可压缩流体的阻力计算，即

$$h_f=\frac{\Delta p}{\rho_m}=\frac{\lambda L}{2D}\left(\frac{G}{\rho_m}\right)^2 \tag{4-8-5}$$

当上、下游压力 p_1、p_2 给定时，管内气体流量 G 为

$$G=\left\{\frac{p_1\rho_1[1-(p_2/\rho_1)^2]}{\frac{\lambda L}{D}-\ln(p_2/p_1)^2}\right\}^{\frac{1}{2}} \tag{4-8-6}$$

G 随 p_2 而变化，并有一最大值 $G_{\max}$

$$G_{\max}=p_2^2\frac{\rho_1}{p_1} \tag{4-8-7}$$

相应下游最高气速为

$$u_{\max}=\sqrt{\frac{p_2}{\rho_2}} \tag{4-8-8}$$

此即为 p_2 处的当地声速。

8.3 绝热流动（等熵流动）

理想气体在绝热条件下，$p/\rho^\gamma=\text{const}$。$\gamma$ 为绝热指数，为定压比热容与定容比热容之比，$\gamma=C_p/C_v$。常温常压 γ 的典型数值为：单原子气体（如氦、氩）$\gamma=1.67$，双原子气体（如氢、氮、CO）$\gamma=1.40$，三原子气体（如 CO_2）$\gamma=1.30$。此时式(4-8-3) 成为

$$G^2\ln\frac{p_1}{p_2}+\frac{\gamma}{\gamma+1}p_1\rho_1\left[\left(\frac{p_2}{p_1}\right)^{\frac{\gamma+1}{\gamma}}-1\right]+\lambda\frac{L}{2D}G^2=0 \tag{4-8-9}$$

当为等温流动，$\gamma=1$，式(4-8-9) 回复为式(4-8-4)。绝热流动时的质量流量为

$$G=\left\{\frac{\frac{\gamma}{\gamma+1}p_1\rho_1\left[1-\left(\frac{p_2}{p_1}\right)^{\frac{\gamma+1}{\gamma}}\right]}{\frac{1}{\gamma}\ln\frac{p_1}{p_2}+\lambda\frac{L}{2D}}\right\}^{\frac{1}{2}} \tag{4-8-10}$$

在相同的上、下游压力及管路条件下，绝热流动的质量流量大于等温流动。

8.4 喷管中的气体流动

(1) 喷管截面与流速的关系 设可压缩流体在渐缩、渐扩喷管中作无摩擦、不计质量力（水平管）的绝热流动，由连续性方程和能量方程得流速与截面的关系为

$$\frac{\mathrm{d}A}{A}=\frac{\mathrm{d}u}{u}(Ma^2-1) \tag{4-8-11}$$

式中 A——喷管的流动截面，m^2；

u——截面为 A 处的流速，$\mathrm{m \cdot s^{-1}}$；

Ma——马赫（Mach）数，定义为

$$Ma=\frac{u}{u_s} \tag{4-8-12}$$

式中，u_s 为当地声速。理想气体的声速与可压缩性 $\mathrm{d}\rho/\mathrm{d}p$ 有关

$$u_s=\sqrt{\frac{\mathrm{d}p}{\mathrm{d}\rho}} \tag{4-8-13}$$

或

$$u_s=\sqrt{2\frac{p}{\rho}}\text{（绝热流动）} \tag{4-8-14}$$

$$u_s=\sqrt{\frac{p}{\rho}}\text{（等温流动）} \tag{4-8-15}$$

式(4-8-11) 说明，对亚声速流动 $Ma<1$，流动截面收缩，流速增大；反之，对超声速流动 $Ma>1$，截面扩大则流速增大。

（2）拉伐尔喷管 图 4-8-1 中，气体在先渐缩后渐扩的拉伐尔喷管中作无摩擦、绝热流动，忽略进口动能后由能量方程得

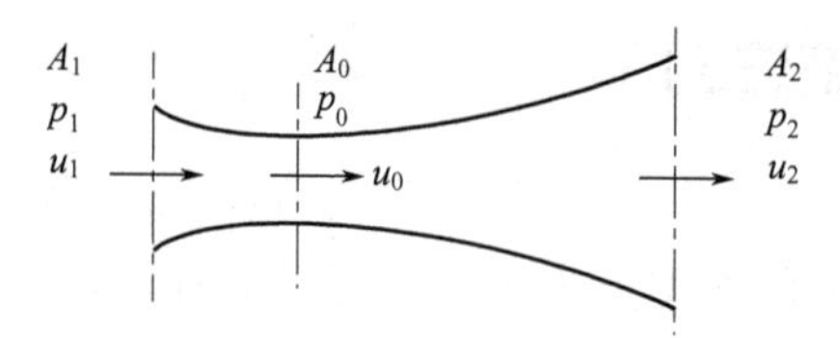

图 4-8-1 拉伐尔喷管

$$u=\sqrt{\frac{2\gamma}{\gamma-1}\times\frac{p_1}{\rho_1}\left[1-\left(\frac{p}{p_1}\right)^{\frac{\gamma-1}{\gamma}}\right]} \tag{4-8-16}$$

式中，p_1、ρ_1 分别是进口截面的压力和气体密度；u、p 分别是任一截面处的流速和压力。若 A 为该处的截面积，则气体的质量流量 $W(\mathrm{kg \cdot s^{-1}})$ 为

$$W=u\rho A=A\sqrt{\frac{2\gamma}{\gamma-1}p_1\rho_1\left[\left(\frac{p}{p_1}\right)^{\frac{2}{\gamma}}-\left(\frac{p}{p_1}\right)^{\frac{\gamma+1}{\gamma}}\right]} \tag{4-8-17}$$

以上各式对亚声速和超声速均适用。在喷管喉部，$A=A_0$，$p=p_0$

$$W=A_0\sqrt{\frac{2\gamma}{\gamma-1}p_1\rho_1\left[\left(\frac{p_0}{p_1}\right)^{\frac{2}{\gamma}}-\left(\frac{p_0}{p_1}\right)^{\frac{\gamma+1}{\gamma}}\right]} \tag{4-8-18}$$

指定喉管面积 A_0，喉部压力 p_0 满足下列条件时 W 达最大值

$$\frac{p_0}{p_1}=\left(\frac{2}{\gamma+1}\right)^{\frac{\gamma}{\gamma-1}} \tag{4-8-19}$$

最大质量流量为

$$W_{\max}=A_0\left(\frac{2\gamma}{\gamma-1}\right)^{\frac{\gamma+1}{2(\gamma-1)}}\times\sqrt{\gamma p_1\rho_1} \tag{4-8-20}$$

喉部最大气速为

$$u_{\max}=\sqrt{\frac{2\gamma}{\gamma+1}\times\frac{p_1}{\rho_1}}=\sqrt{\frac{\gamma p_0}{\rho_0}} \tag{4-8-21}$$

即喉部最大气速等于该处的声速。

当喷管出口压力 p_2 小于式(4-8-19) 算得的 p_0，则气体在扩张管中的流动为超声速流动。出口面积 A_2 与出口压力 p_2 的关系为

$$\frac{A_0}{A_2}=\frac{2\gamma}{\gamma-1}\left(\frac{\gamma+1}{2}\right)^{\frac{\gamma+1}{\gamma-1}}\left(\frac{p_2}{p_1}\right)^{\frac{2}{\gamma}}\left[1-\left(\frac{p_2}{p_1}\right)^{\frac{\gamma-1}{\gamma}}\right] \tag{4-8-22}$$

当气体的进、出口压力 p_1、p_2 及气体流量 W 给定时，可取如下计算步骤：

① 由式(4-8-19) 计算喉部的临界压力 p_0，当出口压力 $p_2<p_0$ 时采用渐缩-渐扩喷管；

② 由式(4-8-18) 计算喉部面积 A_0；

③ 由式(4-8-22) 计算喷管出口面积 A_2。

参考文献

[1] Cengel Y A，Turner R H，Cimbala J M，et al. Fundamentals of thermal-fluid sciences. McGraw-Hill New York，2008.

[2] De Nevers N， Grahn R. Fluid mechanics for chemical engineers. McGraw-Hill， 1991.

9

稀薄气体动力学

稀薄气体动力学，亦称为分子气体动力学，其学科基础是分子运动理论和原子分子物理。现代工业不断朝着极端条件的方向发展，高空、高温、高速、低密度、微尺度等，为稀薄气体效应的发生提供了契机[1]。

稀薄气体动力学的研究方法大致可分为两类[2]：其一是以 Boltzmann 方程为基础，通过描述粒子速度分布函数而获得流动信息，该法为研究稀薄气体流动提供了基本方法；另一种方法是通过直接模拟单个分子的行为，再现流动现象，其中最为典型的当属直接模拟 Monte-Carlo 方法（direct simulation Monte-Carlo，DSMC）。自 20 世纪 90 年代以来，随着 DSMC 方法的日益完善和计算机性能的提高，DSMC 在许多方面显示出优于 Boltzmann 方程解决实际问题的能力[3,4]。

此外，受实际的需要、学科发展的内在动力，以及计算机性能的不断提高，以 DSMC 为代表的粒子方法在更广泛领域得到应用，这方面的工作也颇为活跃[5,6]。一方面，各种流动演化的机制可以从分子水平上得到认识和了解；另一方面，许多复杂流动问题可以通过在不同时空尺度上的非平衡输运得到解答。突出体现在三个领域：航天工业、真空技术和微机电系统。

9.1 克努森数与低压下气体流动状态

气体在低压下流动时，分子平均自由程增大，分子间碰撞频率减少。如果气压很低，分子主要与流道壁面碰撞而分子间碰撞极少，此时的流动特性与一般的不可压缩流动有很大不同。通常用 Kundsen 数 Kn 的大小以区分低压下气体的流动状态

$$Kn=\frac{\bar{\lambda}}{D} \tag{4-9-1}$$

式中，D 为流道直径；$\bar{\lambda}$ 为分子平均自由程，其值为

$$\bar{\lambda}=\frac{kT}{\sqrt{2}\pi\sigma^2 p} \tag{4-9-2}$$

式中，$k=1.38\times10^{-23}\text{J}\cdot\text{K}^{-1}$，称为玻尔兹曼常数；$\sigma$ 为分子有效直径，m，对空气$\sigma=3.72\times10^{-10}\text{m}$[7]。

20℃空气的分子平均自由程是

$$\bar{\lambda}=6.58\times10^{-3}\frac{1}{p} \tag{4-9-3}$$

式(4-9-3) 中 $\bar{\lambda}$ 单位是 m，压力 p 的单位是 Pa。

按 Kn 数或 p、D 的大小，可将低压下气体流动分成以下三种状态。

① 黏滞流：$Kn<0.01$ 或 $pD>0.658\text{Pa}\cdot\text{m}$，此时气体服从牛顿黏性定律，壁面无速度滑移。

② 分子流：$Kn>\frac{1}{3}$或 $pD<0.658\text{Pa}\cdot\text{m}$，气体流动不服从牛顿黏性定律，壁面速度不为零。

③ 过渡流（又称滑流）：$0.01<Kn<\frac{1}{3}$或 $pD=0.0197\sim0.658\text{Pa}\cdot\text{m}$，此时牛顿黏性定律适用，但壁面有速度滑移。

9.2 流导、流量和抽气速率

图 4-9-1 表示由真空容器、管路和真空泵组成的真空系统。管路的流导（conductance）定义为

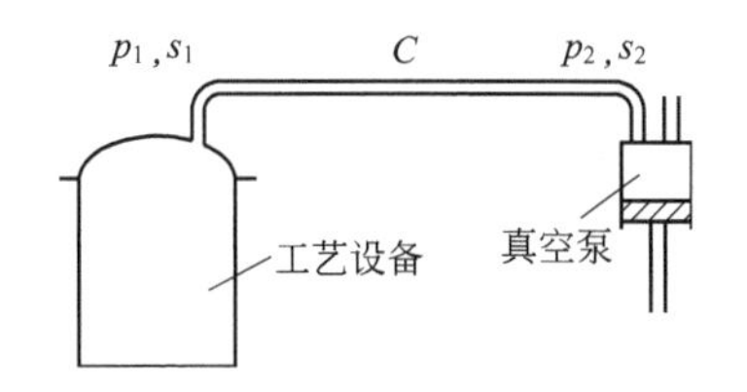

图 4-9-1 真空系统

$$C=\frac{Q}{p_1-p_2} \tag{4-9-4}$$

式中 C——流导，表示单位压差下流经导管的流量，$\text{m}^3\cdot\text{s}^{-1}$；

p_1、p_2——真空容器和真空泵进口处的压力，Pa；

Q——导管两端有压差 p_1-p_2 情况下，流经导管的流量，其单位为 $\text{Pa}\cdot\text{m}^3\cdot\text{s}^{-1}$，因此它代表了压强和体积流量（又称为抽气速度 S，$\text{m}^3\cdot\text{s}^{-1}$）的乘积。即

$$Q=S_1p_1=S_2p_2 \tag{4-9-5}$$

Q 在管路中为一常数（管路不漏气）。流导 C 与抽气速率 S 的单位相同，但 C 反映管道流动阻力的大小，即流导与阻力成反比；而抽气速率 S 则因各点压力不同而异。容器中的抽气速率 S_1 与真空泵抽气速率 S_2 的关系为

$$\frac{1}{C}=\frac{1}{S_1}-\frac{1}{S_2} \tag{4-9-6}$$

或

$$S_2=\frac{S_1}{1-\frac{S_1}{C}} \tag{4-9-7}$$

真空管道的流导 C 小，则阻力大，泵的抽气速率也大。一般设计使 $S_1/S_2=0.6\sim0.8$。

串联管路的总流导 C 与各管段流导 C_i 的关系为

$$\frac{1}{C}=\Sigma\frac{1}{C_i} \tag{4-9-8}$$

并联管路的总流导为

$$C=\Sigma C_i \tag{4-9-9}$$

9.3 黏滞流的流导

黏滞流的流导可按 Poiseuille 公式计算，对圆管是

$$C=\frac{\pi}{128}\times\frac{\overline{p}D^4}{\mu L} \tag{4-9-10}$$

对 20℃的空气，式(4-9-10) 可写为

$$C=1360\frac{\overline{p}D^4}{\mu L} \tag{4-9-11}$$

式中 $\overline{p}$——管内气体的平均压力，Pa；

D、L——管道的内径、长度，m；

μ——气体黏度，Pa•s；

C——流导，$m^3 \cdot s^{-1}$。

9.4 分子流的流导

长圆管 $L/D>20$，按式(4-9-12) 所示的 Knudsen 方程计算：

$$C=\frac{1}{6}\sqrt{\frac{2RT}{M}}\times\frac{D^3}{L}(m^3 \cdot s^{-1}) \tag{4-9-12}$$

式中 R——气体常数，$R=8.314\times10^3 J\cdot kmol^{-1}\cdot K^{-1}$；

T——热力学温度，K；

M——气体分子量，$kg\cdot kmol^{-1}$。

对 20℃的空气，式(4-9-12) 可写为

$$C=121\left(\frac{D^3}{L}\right) \tag{4-9-13}$$

短圆管（$L/D\leqslant20$）C_s 是长圆管的流导 C 乘以某个与 L/D 有关的系数，即

$$C_s=C\left(\frac{1}{1+1.33\frac{D}{L}}\right) \tag{4-9-14}$$

9.5 过渡流的流导

长圆管 $L/D>20$ 可按式(4-9-15) 计算

$$C=\frac{\pi}{128}\times\frac{\overline{p}D^4}{\mu L}+\frac{1}{6}\sqrt{\frac{2\pi RT}{M}}\times\frac{D^3}{L}\times\frac{1+\sqrt{\frac{M}{RT}}\times\frac{\overline{p}D}{\mu}}{1+1.24\sqrt{\frac{M}{RT}}\times\frac{\overline{p}D}{\mu}} \tag{4-9-15}$$

式中各变量的符号同前，单位全部为 SI。当平均压力 $\overline{p}$ 很小时，式(4-9-15) 即简化为 Knudsen 方程 [式(4-9-12)]；当 $\overline{p}$ 很大时，式(4-9-15) 即趋近于黏滞流的 Poiseuille 方程 [式(4-9-10)]。式(4-9-15) 对 20℃空气可简化为

$$C=121\frac{D^3}{L}J \tag{4-9-16}$$

式中系数 J

$$J=11.2\overline{p}D+\frac{1+190.7\overline{p}D}{1+237\overline{p}D} \tag{4-9-17}$$

9.6 管路及阀门的压降

化工行业常见的低真空操作均在黏滞流范围，管路压降可按 Poiseuille 方程计算。高真空下的过渡流或分子流则可先计算管路的流导，然后用式(4-9-4) 求取压降。

各种专用真空阀门的流导可从有关产品样本和手册中查取。其他管件的压降可按一般局部阻力的方法计算。

第4篇

参考文献

[1] 中国科学院．中国学科发展战略·流体动力学．北京：科学出版社，2014：157.
[2] 郭照立，郑楚光．格子 Boltzmann 方法的原理及应用，北京：科学出版社，2009.
[3] Bird G A. Molecular gas dynamics and the direct simulation of gas flows. Oxford: Glarendon Press，1994.
[4] 沈青．稀薄气体动力学．北京：国防工业出版社，2003.
[5] Shen C. Rarefield gas dynamics: Fundamentals, simulations and micro-flows. Berlin: Springer, 2005.
[6] Zhang J，Fan J，Fei F. Effects of convection and solid wall on the diffusion in microscale convection flows. Phys Fluids，2010，22: 122005.
[7] 达道安．真空设计手册．北京：国防工业出版社，1991.

10

非定常流

工程实践中非定常流动相当广泛，而真正的定常流动却很少见。多数非定常流其瞬态性质导致的流动性能变化很小，经常可以忽略，因而可以作为定常流处理。但有些非定常流会造成振动、噪声甚至发生严重损害，例如，水锤[1]、汽蚀等。

10.1 水锤

水流管道中，阀门急速关闭，水流减少，导致压强骤升，并引起高压脉冲波以声速向上游传播，附加压强正负交替，因能量损耗而逐渐变小，最终消失，这一现象称为水锤或水击(water hammer)。

当阀门突然开启时，管道中也会产生水锤。这是有压管道中一种非定常流动现象。因水流微元的压缩性及管道材料的弹性引起。

压强上升值 Δp 由儒科夫斯基公式（1898）给出：

$$\Delta p=\rho a u_0, \quad \Delta H=\frac{\Delta p}{\gamma}=\frac{a u_0}{g} \tag{4-10-1}$$

式中，ρ 为液体密度；a 为声波传播速度；u_0为管内液体流速。

声波传播速度 a 则为

$$a=\frac{\sqrt{\beta/\rho}}{\sqrt{1+\frac{\beta}{E}\times\frac{D}{\delta}}} \tag{4-10-2}$$

式中，β 为液体体积模量，对水，$\beta=20.6\times10^8\,\mathrm{N\cdot m^{-2}}$；$E$ 为管材的弹性模量；D 为管径；δ 为管壁厚度。

对于一般钢管，若 $D/\delta\approx100$，$\beta/E\approx0.01$，式(4-10-2) 给出波速 $a=1000\mathrm{m\cdot s^{-1}}$。如果阀门关闭前水流速度为 $u_0=1.0\mathrm{m\cdot s^{-1}}$，则突然关闭引起的水锤压头可达 $100\mathrm{mH_2O}$。

10.2 汽蚀

管内液体流动，当速度增加到足够大时，压强降至该温度下液体饱和蒸汽压，液体出现局部沸腾，产生蒸汽泡，随液流到达高压区域时瞬息溃灭，这种现象称为空化(cavitation)。不仅是液体蒸发，溶解气体的释放亦可能导致类似现象。空化的形成引起诸多不良效应：效率降低，破坏管道（壁面产生疤痕），以及噪声、振动。但也有若干应用如空化反应器（cavitational reactor）[2]。了解汽蚀对这类水力机械输液管线设计、流体速度测量等有重要意义。

空化形成的临界空化数表示为：

$$\sigma_c = \frac{p - p_v}{\frac{1}{2}\rho u^2} \tag{4-10-3}$$

式中，p 为未扰动流中的压强；p_v 为液体蒸气压；u 为未扰动流的速度。空化数越小，越易出现空化现象。通过孔板的流动，σ_c 值与直径比有关，如图 4-10-1 所示[3]。σ_c 值因几何构型而异，钝体的 σ_c 一般为 1～2.5，流线形结构的 σ_c 为 0.2～0.5。

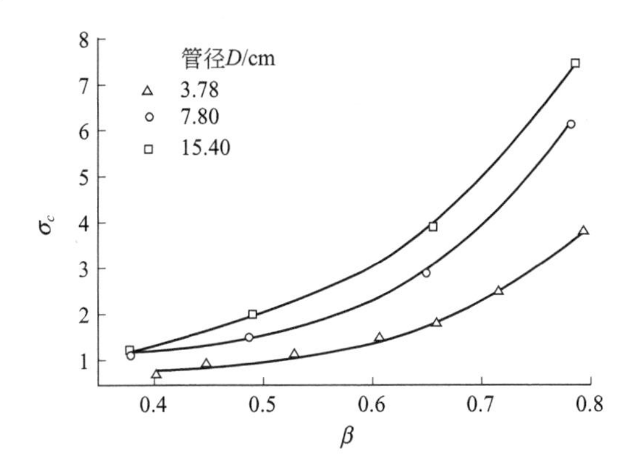

图 4-10-1 临界空化数与直径比的关系

参考文献

[1] Street R L, Watters G Z, Vennard J K. Elementary fluid mechanics. J Wiley, 1996.

[2] Bokhari A, Chuah L F, Yusup S, et al. Bioresource Technology, 2016, 199: 414.

[3] Yan Y, Thorpe R. International Journal of Multiphase Flow, 1990, 16 (6): 1023.

11

多孔介质中的流动

多孔介质是由固体骨架以及骨架间微小孔隙中存在的流体所组成的多相体系。孔隙可以连通或不相连（封闭）。连通孔隙对多孔介质中的流动具有重要意义。压力/重力作用下多孔介质中的流动是自然界、工程上和生物体中的常见现象。地下水、石油、天然气渗流；食品、药材及农产品的干燥；固定床反应器中的气流与过滤悬浮液流；动植物体内通过肺、肿块的生物渗流等等。多孔介质种类繁多，天然多孔介质常是不规则的，还可分为不可压实和可压实，前者为砂砾（gravel）、玻璃体、催化剂；后者为砾岩（sandstone）、纤维层等。人造多孔介质的结构常是规则的，其孔隙形状、尺寸以及连通分布都是特定的。当孔隙完全为流体所充填，则多孔介质是饱和的[1]。

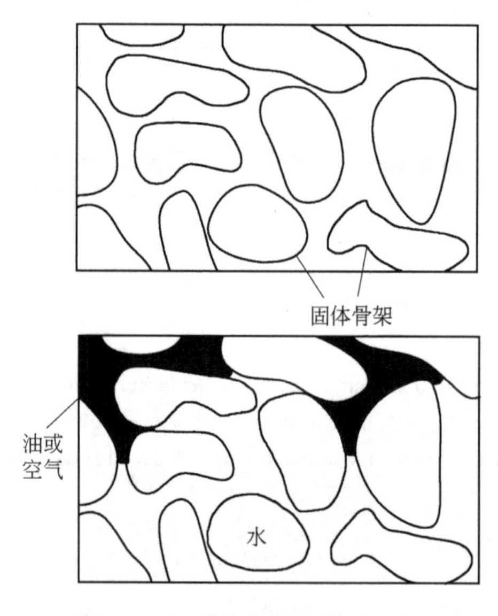

图 4-11-1 单相和两相多孔介质

填充孔隙是单相流体（液体/气体）或多相流体时，相应的流动即为通过多孔介质的单相流或多相流。图 4-11-1 所示为单相和两相多孔介质。油藏工程（oil reservoir engineering）、非水相液体地下水污染（NAPL）、热管技术、多相滴流床反应器等均涉及多孔介质中的多相流[2,3]。

11.1 多孔介质结构

孔隙是多孔介质的基本结构单元，完整地描述多孔介质的结构特征，自然应该涉及孔隙形状大小及其分布。具有纳米级的孔隙是微孔介质（microporous media），包含直径约 2～50nm 的孔隙是介孔介质（mesoporous media），直径大于 50nm 的则为大孔介质（macroporous media）[4]。孔隙分布需借助于统计方法，吸附等湿线亦可在一定程度上反映孔隙特征。

孔隙率 ϕ 常用于表示多孔介质的几何特征，其定义为孔隙总体积 V_0 与多孔介质总体积 V_b 之比：

$$\phi=\frac{V_0}{V_b}\times 100\% \tag{4-11-1}$$

比表面积 a_f 是多孔介质另一个重要几何性质，定义为多孔介质骨架的总面积 A_s 与多孔介质总体积之比 V_b：

$$a_f=\frac{A_s}{V_b} \tag{4-11-2}$$

其单位是 cm^2/cm^3。骨架或颗粒越细，对应的比表面积越大。

多孔介质中孔隙通道一般不是平直的，通道两端直线长度 l 与弯曲通道真实曲线长度 l_e 之比的平方定义为曲直比（tortuosity）：

$$k_{tor}=\left(\frac{l}{l_e}\right)^2 \tag{4-11-3}$$

k_{tor}的值通常小于 1 或等于 1。

渗透率 k 表示多孔介质渗透性强弱的量。多孔介质允许流体通过相互连通的微小空隙流动的性质称为渗透性。渗透率与孔隙大小及其分布等因素有直接关系。

渗透率可分为三类：①绝对渗透率，是通常以空气通过多孔介质测定的渗透率值；②有效渗透率，是考虑了流体性质及其运动特征的渗透率，例如，两相或多相流体渗流时，多孔介质对每一相流体的渗透率总是小于绝对渗透率，称为相渗透率，与该相流体在空隙中所占的体积分数即该相的饱和度等因素有关；③相对渗透率，即相渗透率与绝对渗透率的比值。相对渗透率与饱和度之间的关系曲线称为多孔介质的相对渗透率曲线。

部分常见多孔介质的性质见表 4-11-1。

表 4-11-1 部分常见多孔介质的性质

介质	孔隙度	渗透率 k/cm^2	单位体积表面积$/cm^{-1}$
页岩粉(black slate powder)	0.57～0.66	4.9×10^{-10}～1.2×10^{-9}	7×10^3～8.9×10^3
玻璃纤维	0.88～0.93		560～770
皮革	0.56～0.59	9.5×10^{-10}～1.2×10^{-9}	1.2×10^4～1.6×10^4
砂	0.37～0.50	2×10^{-7}～1.8×10^{-6}	150～220
石英粉	0.37～0.49	1.3×10^{-10}～5.1×10^{-10}	6.8×10^3～8.9×10^3

11.2 多孔介质中流动的基本定律、Darcy定律及其修正

11.2.1 代表性单元体积与体积平均速度

在多孔介质一定范围内取控制体，它的尺度远小于流动区域的宏观尺度，但包含足够多的骨架和孔隙，其中孔隙体积远大于单个孔隙空间，长度尺度比孔尺度至少大一个量级，这个控制体就称为代表性单元体积（representative element volume，REV）。用它求得的任何参数的平均值具有代表性，表征多孔介质中的运动。取体积平均速度 u，它不是空隙中流动的实际速度 u_p。两者之间的关系通过孔隙率 ϕ 确定，$u/\phi=u_p$。

11.2.2 Darcy定律

多孔介质中流动行为的基本规律是达西（Darcy，1856）基于实验观察得到的。

$$u=\frac{k}{\mu}\left(-\frac{\mathrm{d}p}{\mathrm{d}x}\right) \quad 或 \quad \Delta p=-\frac{k}{\mu}u \tag{4-11-4}$$

经验常数 k 称为渗透率，式(4-11-4) 适用于雷诺数小于1～10的低速运动；流动阻力主要由黏性力产生；引入相对渗透系数，达西定律可推广用于多孔介质中的多相流[2]。

11.2.3 Darcy定律修正[4]

当雷诺数增大，惯性力不能忽略时，对达西定律做出修正。

① Forchheimer 修正，适用范围 $Re=100$：

$$\Delta p=-\frac{\mu}{k}u-C_F k^{1/2}\rho|u|u \tag{4-11-5}$$

式(4-11-5) 右端第一项为黏性摩擦阻力，第二项为惯性力产生的形阻，阻力系数 C_F 可近似表示为

$$C_F=\frac{1.75}{\sqrt{150}\,\phi^{\frac{3}{2}}}=\frac{0.143}{\phi^{\frac{3}{2}}} \tag{4-11-6}$$

② 考虑多孔介质固体壁的影响，Brinkman 修正[4]：

$$\Delta p=-\frac{\mu}{k}u+\tilde{\mu}\Delta^2 u \tag{4-11-7}$$

式中，μ 为流体黏度，$\tilde{\mu}$ 为有效黏度，取决于多孔结构的几何特征。对填充球体的多孔介质，Brickman 建议 $\tilde{\mu}$ 可依据 Einstein 方程近似为：

$$\frac{\tilde{\mu}}{\mu}=1+\frac{5}{2}(1-\phi)$$

上述两种修正结合，成为 Brinkman-Forchheimer（B-F 修正），适用于复杂的多孔介质流动。

参考文献

[1] 黄晓明，刘范．多孔介质传热传质理论与应用．北京：科学出版社，2006.

[2] Wang C，Cheng P. Multiphase flow and heat transfer in porous media. Advances in Heat Transfer. 1997，30：93.

[3] Marle C. Multiphase flow in porous media：3rd ed. Gulf Publishing Company，1981.

[4] Bejan A，Dincer I，Lorente S，et al. Porous and complex flow structures in modern technologies. Springer Science & Business Media，2013.

12

气液两相流动

同时存在两种不同物相的物质的流动被称为两相流。这种流动中必定存在一种到几种分界面，而且界面是随着流动变化的。两相流可以分为气/液、气/固、液/固、液/液等类型，含两种以上的相如气/液/固则称为多相流。若其中一相为连续相（液体或气体），另一相为分散相（颗粒、气泡、液滴），这种两相流称为分散两相流（dispersed two-phase flow）或两相均为连续相（如液膜/气体），则称为分离两相流（separated two-phase flow）。多相流在化工反应和分离过程中普遍存在。因而，了解多相流，甚至比单相流更具重要意义。本节着重气/液两相，包括气泡、液滴与液膜动力学及管内气液流动，其余类型的两相流动参见本手册的相关部分。

化工设备中气液两相接触的基本方式有：

① 气泡-液体。气体通过小孔被分散，以气泡形式进入液层，如塔式板、鼓泡塔中的气液分散系；

② 气体-液滴。液体经小孔或喷嘴分散成液滴与气体接触，如喷洒塔中；

③ 气体-液膜。气体与沿壁面流动的液膜接触，如填料塔、湿壁塔中的气液两相系。

对气泡、液滴及液膜基本流动行为的研究，将有助于对设备性能影响因素的分析、过程机理的理解，从而为建立设备模型及正确设计奠定基础。

12.1 气泡/液滴动力学

12.1.1 气泡形成过程及影响气泡大小的因素

气体经过一定深度的液体所淹没的孔口，因气体速度不同可有两种基本的气泡生成方式：气速较低时，在孔口形成离散的单个气泡；气速很高时，形成连续的气体射流，随后射流破裂成不同大小的气泡。给定系统的鼓泡状态如图 4-12-1 所示。

支配气泡形成过程的因素很多：通过孔口的气体流量，操作方式（恒流供气或恒压供气、液体静止或流动等），系统几何特性（孔结构及其尺寸、气室大小），气体/液体物理化学性质（液体黏度、表面张力、气体密度）等；这些参数决定气泡形成方式及气泡初始尺寸。同一因素在不同条件下可以显现不同程度的影响，诸多因素中气体流量是最重要的。

气泡大小随黏度增加，在低流量、高黏度区域黏度影响较显著。有研究认为气泡大小随黏度 $\mu^{0.66}$ 增加，但这不是普遍规律。表面张力效应因孔径大小气速高低而异。表面张力对气泡形成有着较复杂的作用机理，动态和静态表面张力在气泡形成的不同阶段发生作用。“清洁”和“污染”液体的表面张力大小不同，对生成气泡的作用也迥然不同。

孔径是最重要的几何因素，对气泡大小的影响如图 4-12-2 所示。

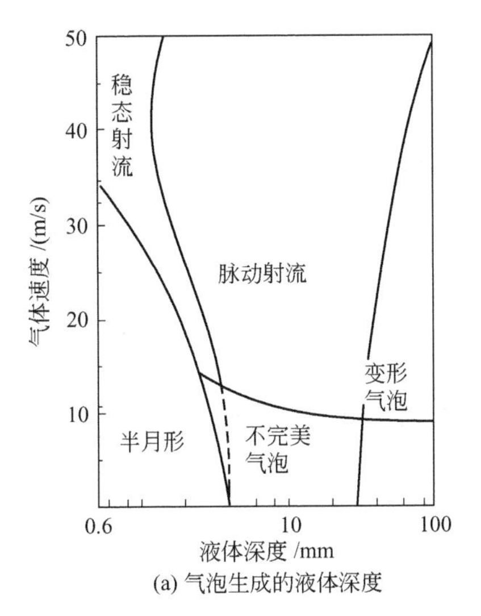

(a) 气泡生成的液体深度

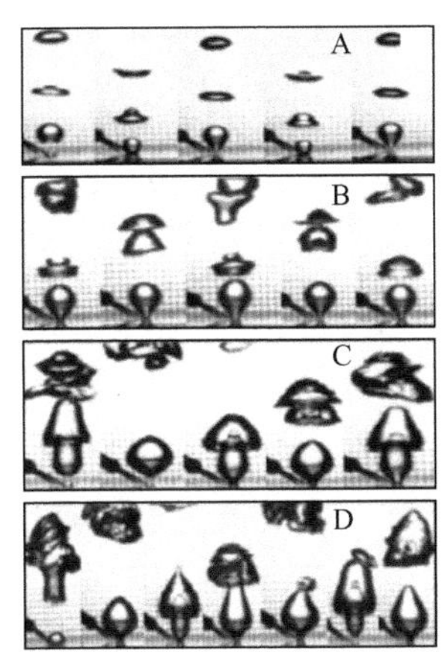

(b) 不同流速下的气泡生成形式

图 4-12-1 给定系统的鼓泡状态

A—单气泡（$q=1.66\text{mL}\cdot\text{s}^{-1}$，$Re_0=68$）；B—气泡对（$q=5.83\text{mL}\cdot\text{s}^{-1}$，$Re_0=238$）；C—双聚并（$q=15\text{mL}\cdot\text{s}^{-1}$，$Re_0=612$）；D—三气泡形成（$q=25\text{mL}\cdot\text{s}^{-1}$，$Re_0=1020$）

运动气泡受多种不同的作用力，不同气速下，起支配作用的力不同。低气速下，浮力与表面张力相平衡，气泡直径 d_{B_0} 可表示为

$$d_{B_0}=\left[\frac{6\sigma d_0}{g(\rho_1-\rho_g)}\right]^{1/3} \tag{4-12-1}$$

此式称为 Tate 公式。当孔径 d_0 与气泡半径相仿时，式(4-12-1) 不适用。

当气速较高，黏性力决定气泡大小：

$$d_{B_0}=0.18d_0^{1/2}Re_0^{1/3},\quad Re_0=\frac{4Q_0\rho_g}{\pi d_0\mu} \tag{4-12-2}$$

当浮力与惯性力平衡，忽略表面张力

$$d_{B_0}=1.11Q_0^{2/5}/g^{1/5} \tag{4-12-3}$$

当浮力与惯性力平衡，则有

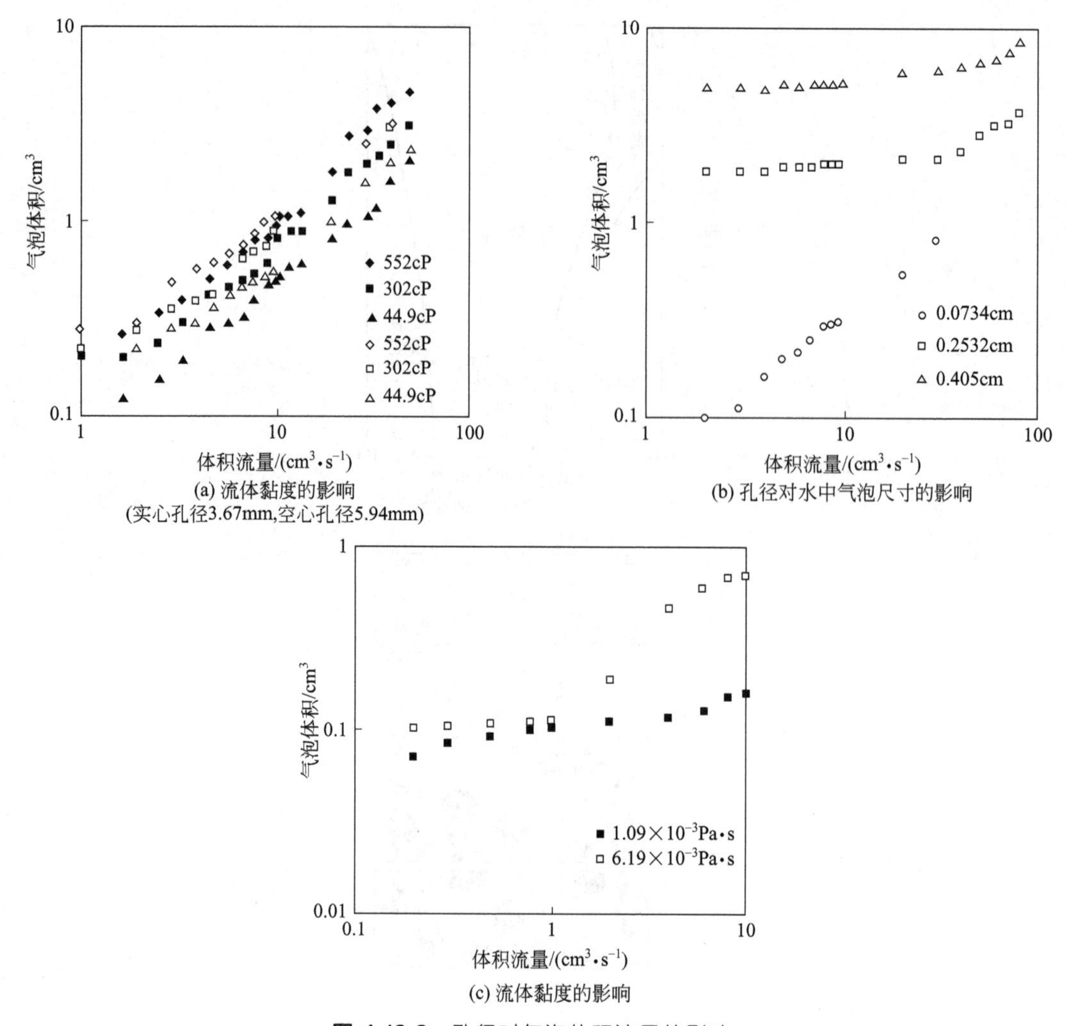

(a) 流体黏度的影响
(实心孔径3.67mm,空心孔径5.94mm)

(b) 孔径对水中气泡尺寸的影响

(c) 流体黏度的影响

图 4-12-2 孔径对气泡体积流量的影响

$$d_{B_0}=\left(\frac{6}{\pi}\right)^{1/3}\left(\frac{4\pi}{3}\right)^{1/12}(15\mu_1 Q_0/2\rho_g g)^{1/4} \tag{4-12-4}$$

当 $Q_0<3\times10^{-6}\,m^3\cdot s^{-1}$，式(4-12-3) 与实验数据符合。式（4-12-4）对 $d_0=6.68\times10^{-4}\,m$，液体黏度 $0.5\sim1.5Pa\cdot s$，$Q_0=2.5\times10^{-6}\,m^3\cdot s^{-1}$ 范围内适用。

上述诸式半经验地给出了不同条件下 d_{B_0} 与 Q_0 之间的关系。更详尽的气泡大小关系式参见文献［1］。

气泡生成大致上可视为序列过程，先后提出了气泡生成一阶段、两阶段和多阶段模型。阶段数随着气体流量和孔尺寸变化。单阶段模型未能被广泛接受。两阶段模型中，第一阶段，气泡膨胀（生长），底部保持与孔口接触，而在第二阶段，气泡底部从孔口上移，并且气泡本身以细径与孔口保持接触。不同研究者对两个阶段机理有不同解释。以力平衡原理为基础有 Kumar[2]、Gaddis 与 Vogelpohl[3] 模型。此外，还有应用势流理论、边界积分法等探讨气泡生成机理。

在流动液体中形成气泡，液体运动方向（并流、逆流或错流）及其速度大小，对气泡形成有影响，过程更复杂些。工业上气泡生成，多数不会是单孔，多孔气泡形成的特点在于，空间上的不均匀性和时间上的动态性。多孔形成气泡时，周围气泡出现，伴生液体流动，孔附近局部液体发生速度变化。任一瞬时各孔可能处于不同状态，有两个极端：阻塞（鼓泡/喷射之间的间隙）和完全开放（喷射）。工业筛板、多孔板气泡生成的分析参见文献［4］。

【例 4-12-1】 单孔气泡形成拟定态与动态的转变。拟定态工况下，气体缓慢增长，惯性力可以忽略，气泡形成受表面张力与浮力控制；动态下，气泡形成受惯性力与浮力控制，表面张力可忽略，试导出此种状态转变的判据。

解 在拟定态情况下，式(4-12-1）适用。气体形成时的半径为：

$$R_{\mathrm{S}}=\left(\frac{3a\sigma}{2\rho g}\right)^{\frac{1}{3}} \qquad ①$$

式中，a 为孔半径。

当气泡形成惯性力控制时，式(4-12-3）适用：

$$R_{\mathrm{I}}=\left(\frac{3Q}{2\pi}\right)^{\frac{2}{5}}\left(\frac{\alpha}{g}\right)^{\frac{1}{5}} \qquad ②$$

α 为附加质量系数，取 $\alpha=11/16$，得到气泡形成时的体积：

$$V_{\mathrm{I}}=1.378\,\frac{Q^{\frac{6}{5}}}{g^{\frac{3}{5}}} \qquad ③$$

如果 $R_{\mathrm{I}}<R_{\mathrm{S}}$，表面张力仍然足够强，气泡增长处于拟定态。当 $R_{\mathrm{I}}=R_{\mathrm{S}}$，将发生控制状态的转变，令①与②结合，给出

$$Q_{\mathrm{SI}}=\pi\left(\frac{2}{3g^{2}\alpha^{3}}\right)^{\frac{1}{6}}\left(\frac{a\sigma}{\rho}\right)^{\frac{5}{6}} \qquad ④$$

对空气/水系统，式④计算给出

$$Q_{\mathrm{SI}}=0.677\mathrm{cm}^{3}\cdot\mathrm{s}^{-1}$$

12.1.2 气泡上升速度及其运动

气泡从孔口脱离后，在浮力作用下上升。静止液体中的上升速度常称为终端速度，在运动液体中则为滑移速度。气泡大小及其上升速度决定气相的停留时间，并因而决定界面传递的接触时间，这是影响气/液接触设备性能的重要参数。

液体中的气泡运动大致区分为四种工况[5]：Stokes、Hadamard、Levich 和 Taylor。它们涉及气泡大小、形状和界面性质（自由或刚性）。

(1) 气泡液滴形态图 气泡、液滴的几何形状，以及它们运动的速度，运动时所受阻力等特性，与滴、泡周围流场有着很复杂的相互关系。它们的形状和大小取决于运动中作用于其上的各种力的平衡。很小的滴、泡可以认为呈球形，而大的滴、泡则会变形；有时与球形差别很大，可以成椭球形，也可以是球帽形，即前部为球形的一部分，而后部则平坦或凹曲。这是气泡的三种形状，还可以进一步细分。Grace 等[6]用三个无量纲数 $Re=\dfrac{\rho_{\mathrm{c}}d_{\mathrm{e}}U}{\mu_{\mathrm{c}}}$，$Eo=\dfrac{g\,\Delta\rho d_{\mathrm{e}}^{2}}{\sigma}$，$Mo=\dfrac{g\mu^{4}\Delta\rho}{\rho^{2}\sigma^{3}}$，给出滴、泡形态图（图 4-12-3）。

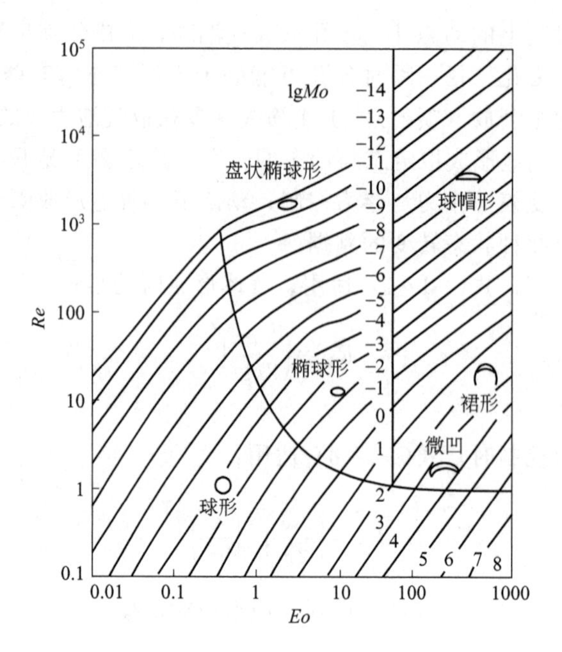

图 4-12-3 重力作用下液体中自由上升或下降的液滴或气泡的形态

(2) 上升速度实验观测与数据关联 液体中气泡相对速度取决于相间相互作用的类型，与边界的相互作用以及外场力如重力的效应，可以表示成如下的一般函数关系：

$$u_r = u_g - u_l = f\left(\frac{u_g}{u_l}, \frac{\rho_g}{\rho_l}, \sigma, \varepsilon, \frac{\rho_l - \rho_g}{\rho_l}, g, \frac{d_B}{T}\right) \tag{4-12-5}$$

理论上建立一般函数关系颇为困难，但可以先给出实验观察结果，然后结合不同工况，分别探讨不同作用力对应的数学模型。总体上来说，单气泡上升速度首先取决于其尺寸。对小气泡而言，上升速度强烈依赖于液体性质，如表面张力、黏度；对大气泡，上升速度对液体性质不敏感。典型结果如图 4-12-4 所示。在环境条件下，气泡上升速度随气泡大小增加，达到峰值；在很小范围内速度随气泡大小增加而下降；此后再随气泡大小的增加，速度略有上升，这与气泡不同形状有关。对于纯净液体或为表面活性物质、电解质所“污染”的液体，气泡上升速度的特征有显著差异。

图 4-12-5 包含了三条曳力曲线。低起始变形，气泡上升速度较低；而高起始变形的气泡，则有较高的上升速度。速度曲线的特征与曳力曲线对应，同时显著表明液体物理性质特别是表面张力与黏度的作用。

运用量纲分析法导出气泡上升速度的一般关系曲线如图 4-12-6 所示。

图 4-12-6 中：

$$F(\text{流动数}) = [gd^{8/3}(\Delta\rho)\rho^{2/3}\mu^{4/3}\sigma^{1/3}] \tag{4-12-6}$$

$$V(\text{速度数}) = (ud^{2/3}\rho^{2/3}\mu^{1/3}\sigma^{1/3}) \tag{4-12-7}$$

实验范围包括：液相密度 $\rho = 722.43 \sim 1196.58\text{kg}\cdot\text{m}^{-3}$，液相黏度 $\mu = 2.33\times10^{-4} \sim 5.9\times10^{-2}\text{Pa}\cdot\text{s}$，表面张力 $\sigma = 1.5\times10^{-2} \sim 7.2\times10^{-2}\text{N}\cdot\text{m}^{-1}$。

气相为空气，气泡大小范围 1.2～15mm，气泡形状包括球形、椭球形及球帽形。将图

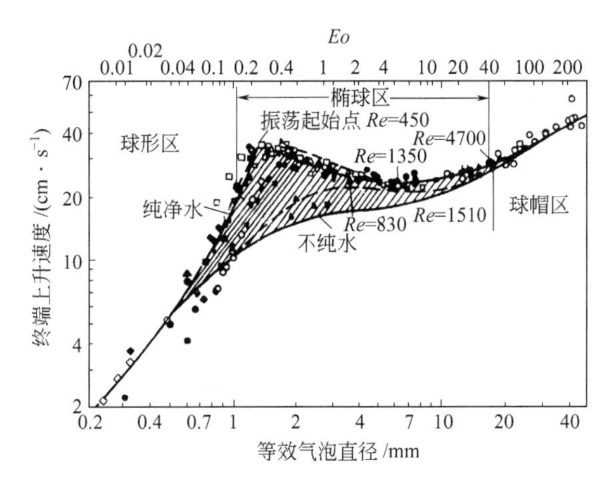

图 4-12-4 气泡上升速度与气泡大小的关系

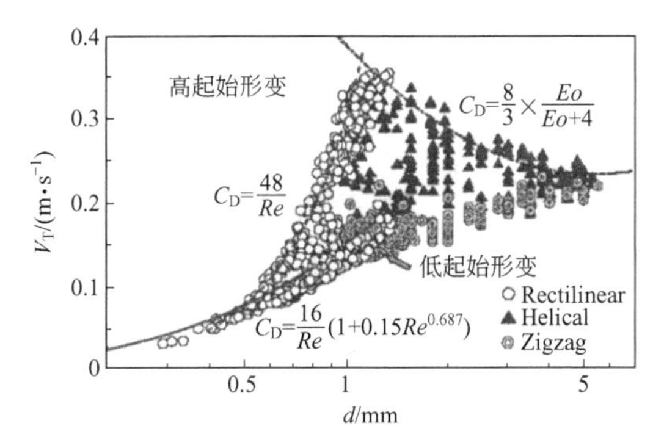

图 4-12-5 起始气泡变形对气泡上升速度的影响

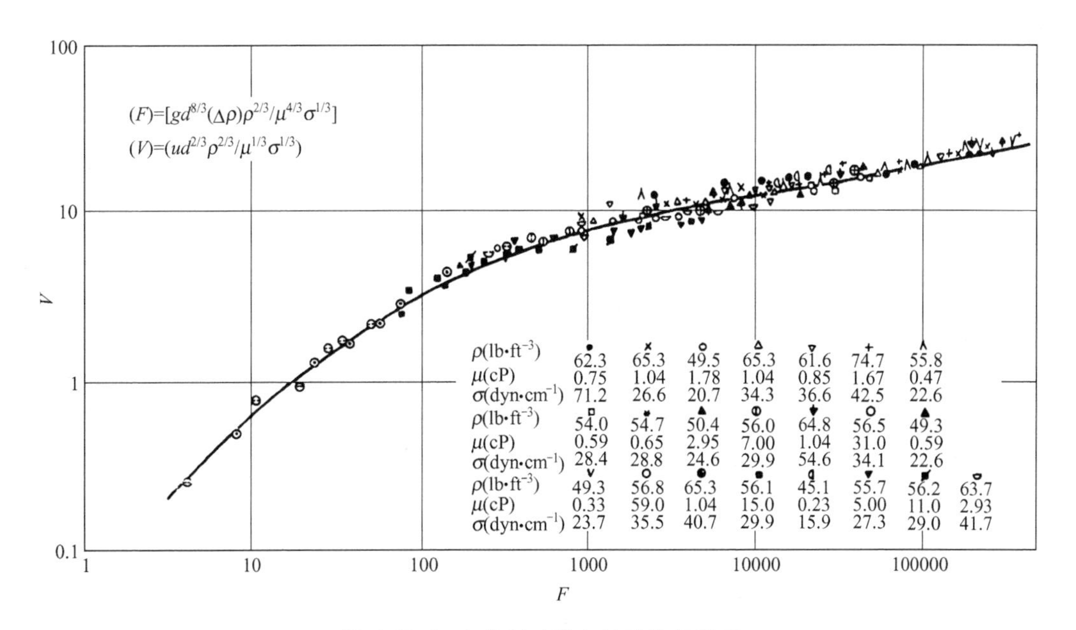

图 4-12-6 气泡速度数与流动数的关系

4-12-6 改换成双对数坐标，可得关联曲线（图 4-12-7）的解析表达式：

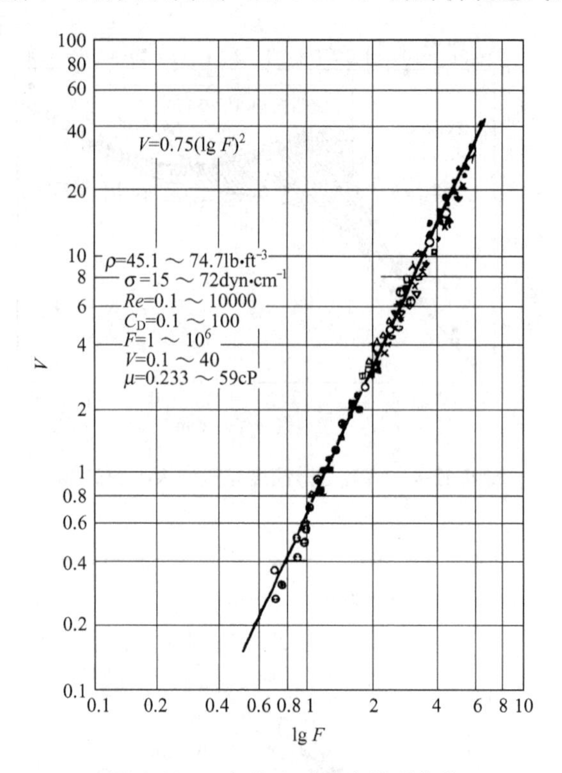

图 4-12-7 气泡上升速度关联曲线

$$V=0.75(\lg F)^2 \tag{4-12-8}$$

适用于 $Re=0.1\sim10^4$，$C_D=0.1\sim10^2$，$F=1\sim10^6$，$V=0.1\sim40$。

椭球状态下，存在表面活性物质，最常用的气泡、液滴终端速度关联式是 Grace 等[6]提出的

$$Re=\frac{\rho d_e U_{T\infty}}{\mu}=(J-0.857)Mo^{-0.149} \tag{4-12-9}$$

式中

$$J=0.94N^{0.757}(2<N\leqslant59.3) \tag{4-12-10}$$

$$J=3.42N^{0.441}(59.3<N) \tag{4-12-11}$$

$$N=\frac{4}{3}Eo\cdot Mo^{-0.49}(\mu/0.0009)^{-0.14} \tag{4-12-12}$$

如不存在表面活性物质，终端速度将增加，如图 4-12-8 所示。

(3) 上升速度计算 理论法求气泡上升速度，按气泡大小，对气泡作受力分析，建立平衡方程，得到不同条件下的阻力，从而计算气泡上升速度。

① 球形小气泡，$Re<1$，曳力 D 为：

$$D=6\pi\mu_c aU\left(\frac{3\kappa+2}{3\kappa+3}\right) \tag{4-12-13}$$

引入阻力系数

$$C_D=\frac{8}{Re}\times\frac{3\kappa+2}{\kappa+1} \tag{4-12-14}$$

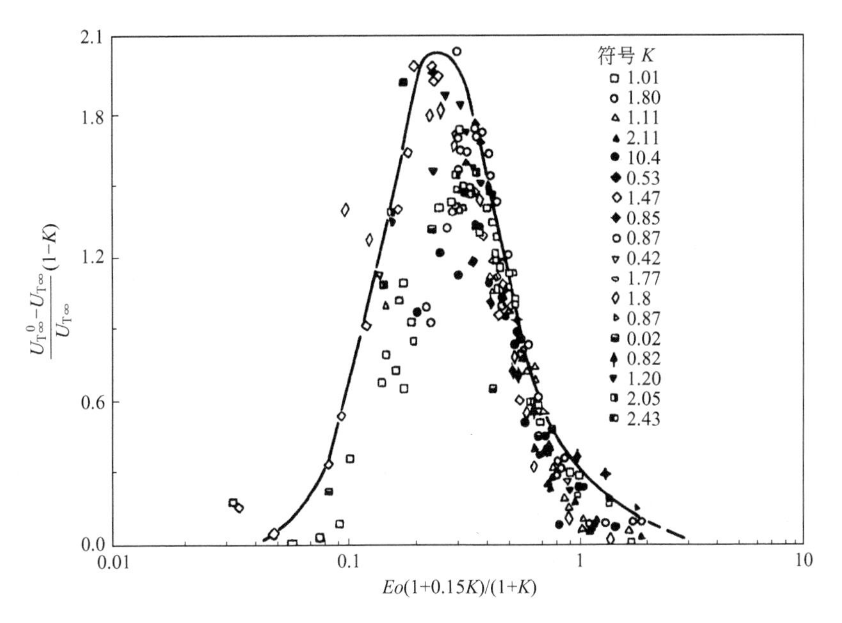

图 4-12-8 有无表面活性物质时气泡与液滴的终端速度的比较

式中，a 为气泡半径，$\kappa=\mu_d/\mu_c$ 为分散相黏度与连续相黏度之比。

终端速度

$$U=\frac{2}{3}ga^2\ \frac{\Delta\rho}{\mu_c}\left(\frac{\kappa+1}{3\kappa+2}\right) \tag{4-12-15}$$

式(4-12-15) 称为 Hadamard-Rybczymski 公式。

对气泡考虑到分散相 μ_d、ρ_d 和连续相相比可以忽略，于是气泡在重力场中的上升速度为

$$U=-\frac{1}{3}\times\frac{ga^2}{\mu_c} \tag{4-12-16}$$

② 中等尺寸气泡，$Re\approx80$，则：

$$D=12\pi a\mu_c U \tag{4-12-17}$$

$$C_D=\frac{48}{Re} \tag{4-12-18}$$

Moore 改进式(4-12-18) 为

$$C_D=\frac{48}{Re}\left(1-\frac{2.21}{\sqrt{Re}}\right) \tag{4-12-19}$$

引用上述阻力公式

$$U=\frac{1}{9}\times\frac{ga^2}{\mu_c} \tag{4-12-20}$$

当 Re 数超过一定值之后，阻力显著上升，这时气泡成为非球形。计算气泡变形，对扁球形气泡，Moore 给出阻力系数公式[7]：

$$C_D=\frac{48G(\chi)}{Re}\left[1+\frac{H(\chi)}{Re^{1/2}}+\cdots\right] \tag{4-12-21}$$

χ 是长短轴之比，$G(\chi)$、$H(\chi)$ 是变形 χ 的函数。

③ 球帽形大气泡

$$U=\frac{2}{3}\sqrt{ga\Delta\rho/\rho_1} \tag{4-12-22}$$

这是 Taylor-Davis 方程，适用于 $Re>40$。

关于低 Re、高 Re、非球形颗粒、气泡、液滴的阻力、运动速度传递特性较详细的论述可参见文献 [8]。诸多研究者给出的气泡阻力系数，上升速度关联式可参见 Joshi 的综述文章[1]。

气泡与壁面的相互作用影响气泡的运动及其动力学行为，通常可引入尺度因子校正边界效应，Sadhal 等壁面作用有过详细的论述[9]。

【例 4-12-2】 球帽形气泡的形状与 Re 数的关系。球帽形气泡以 θ_w 角表示其形状特征（见图 4-12-9）。实验已经证明，这一角度唯一取决于气泡雷诺数（$Re=U_t d_e/\nu$）。假定气泡上升时阻力服从 $F_D=12\pi\mu\alpha U_t$，试由阻力和浮力的平衡决定 θ_w 与 Re 数的关系。

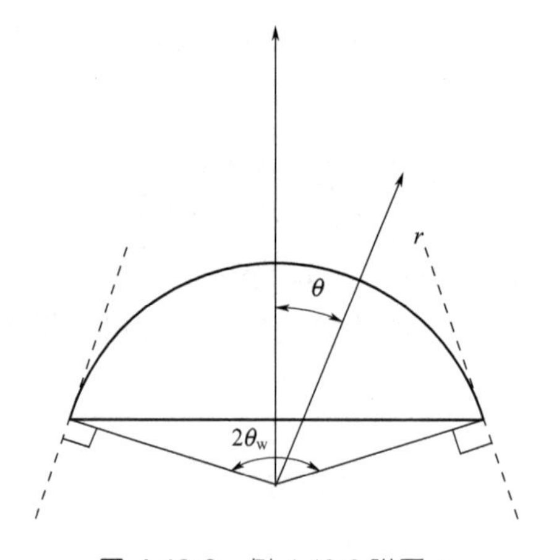

图 4-12-9 例 4-12-2 附图 I

解 气泡上升时阻力

$$F_D=12\pi\mu\alpha U_t \tag{①}$$

气泡浮力

$$F=\frac{\pi d_e^3}{6}\rho g \tag{②}$$

气泡上升时，阻力与浮力应平衡，即

$$12\pi\mu\alpha U_t=\frac{\pi d_e^3}{6}\rho g$$

$$\frac{2a}{d_e}=\frac{g d_e^2}{36\nu U_t} \tag{③}$$

对于球帽形气泡，由图 4-12-9 可知，以尾角 θ_w 与球帽半径 a 为参数表示的球帽气泡体积为

$$\frac{\pi d_e^3}{6}=\pi\alpha^3\left(\frac{1}{3}\cos^3\theta_w-\cos\theta_w+\frac{2}{3}\right) \tag{④}$$

由阻力系数定义，得

$$C_D=\frac{\frac{\pi}{6}d_e^3\rho g}{\frac{\pi}{4}d_e^2\ \frac{1}{2}\rho U_t^2}=\frac{4}{3}\times\frac{d_e g}{U_t^2} \tag{⑤}$$

及 $Re=U_t d_e/\nu$，可得到

$$\frac{Re\cdot C_D}{48}=\frac{9d_e^2}{36\nu U_t}$$

联立上式与式⑤，将式④代入，得

$$\frac{Re\cdot C_D}{48}=\frac{2a}{d_e}=\left(\frac{4}{2-3\cos\theta_w+\cos^3\theta_w}\right)^{\frac{1}{3}} \tag{⑥}$$

考虑气泡上升速度与半径 a 的关系，将式 $U_t=2\sqrt{ga}/3$ 代入式⑥，得

$$\frac{Re\cdot C_D}{48}=\frac{2a}{d_e}=\frac{9U_t^2}{2gd_0}$$

结合式⑤，消去 d_0，则有

$$C_D=\left(\frac{288}{Re}\right)^{\frac{1}{2}} \tag{⑦}$$

由式⑥及式⑦，可得

$$Re=\left(\frac{4}{2-3\cos\theta_w+\cos^3\theta_w}\right)^{\frac{1}{3}} \tag{⑧}$$

式⑧表明了层流角 θ_w 与雷诺数的关系，由此式可计算得出结果，列于表 4-12-1 中。

表 4-12-1 层流角 θ_w 与雷诺数的关系

θ_w	50	60	70	75	80	90	100	120	180
Re	42.6	27.6	19.97	17.46	15.49	12.69	10.89	8.96	8
C_D	2.6	3.23	3.80	4.06	4.31	4.76	5.14	5.67	6

以 $Re=U_t d_e/\nu$ 与 $2\theta_w$ 进行标绘，得到图 4-12-10 曲线。由计算结果：$Re=42.6$，$C_D=2.6$，$2\theta_w=100°$，这与低黏性液体中所观察到的大气泡的尾流角一致。对于黏性液体，可忽略黏性及表面张力，气泡上升速度的经验公式为 $U_t=0.71(gd_e)^{\frac{1}{2}}$，按式⑤计算得 $C_D=2.64$，表明阻力系数也是很接近的。因此，$Re=42.6$ 是式⑦、式⑧两式有效的上限。当 $Re=8$，$2\theta_w=360°$，气泡变成球形，这是上述分析适用的下限。

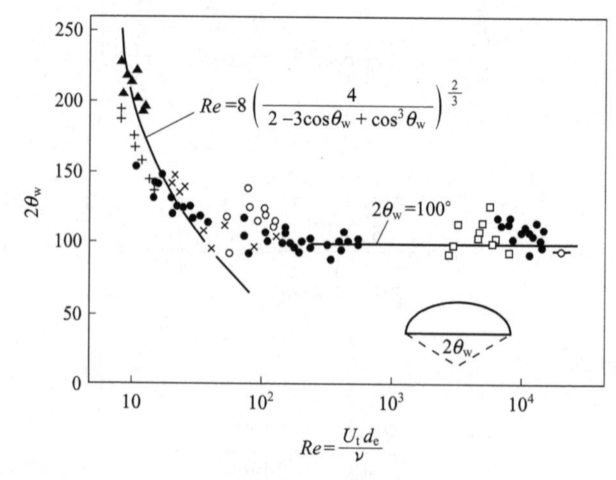

图 4-12-10 例 4-12-2 附图 II

12.1.3 液滴阻力曲线与终端速度曲线

爬流理论解给出球形液滴阻力系数的表达式与球形气泡相同，二者均服从 H-R 公式。

将由 Hadamard-Rybczymski 公式所得的 U_{HR} 与斯托克斯公式所得的 U_{ST} 作比较，得到

$$\frac{U_{HR}}{U_{ST}}=3\frac{\kappa+1}{3\kappa+2}>1 \tag{4-12-23}$$

二者的差异是由于液滴表面的可动性（在剪切应力作用下从前驻点向后驻点移动）以及滴内液体的可动性（内部环流）所造成的。表面可动使得液体中速度梯度较固体界面时小。速度梯度减小，使得在液体中耗散的能量减小，亦即阻力减小。因此液滴的下降速度当然会比固体颗粒的下降速度大。

当液滴 Re 数较高时，特定情况下数值解给出阻力系数关系式：

$$C_D=\frac{26.5}{Re^{0.74}}\left[\frac{(1.3+K^2)^2-0.5}{(1.3+K)(2+K)}\right] \tag{4-12-24}$$

式(4-12-24) 适用于 $Re<50$。

对于液滴阻力曲线 C_D-Re 关系，因不同物系所得的曲线略有不同，但基本趋向是一致的，如图 4-12-11 与图 4-12-12 所示，从液滴运动特性来看，大致可分为以下三个区域。

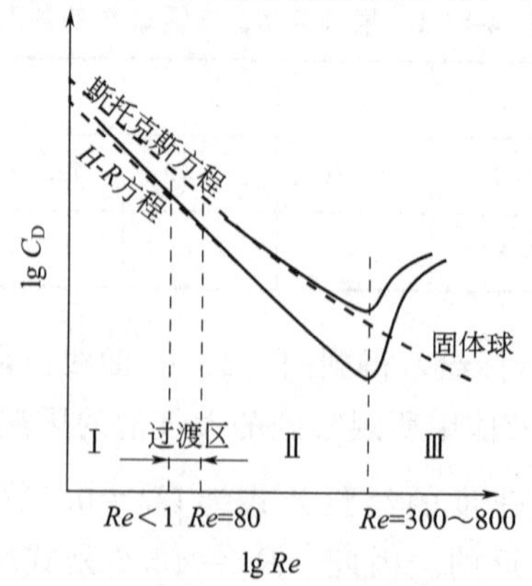

图 4-12-11 液滴阻力系数与雷诺数的关系

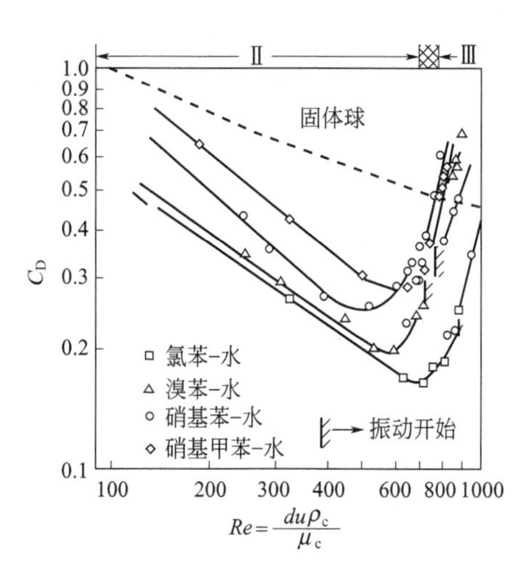

图 4-12-12 实测的纯净系统中液滴的阻力系数

Ⅰ缓慢流动区域，$Re<1$，液滴基本上为球形，阻力相同于固体小球时的值，如果存在内循环，则服从 H-R 公式，经历一过渡区（例如 $Re>80$）之后，转入区域Ⅱ。

Ⅱ该区域的曲线形状偏离固球时的曲线，阻力系数明显地低于相应的固体颗粒，随着 Re 的增大，阻力系数 C_D 减至最低点。阻力之所以较低，不仅是由于表面摩擦减小，还在于边界层分离点后移。

Ⅲ阻力上升区，过了最低点，液滴开始振荡（$Re\approx300$），阻力随雷诺数的增大而升高，这时黏性切应力所产生的阻力较小，阻力主要来自液滴振荡以及与尾流结构有关的压差阻力。

在区域Ⅰ、Ⅱ，系统对表面活性物质很敏感，到区域Ⅲ的后期，影响则较小。

实验测定的典型液滴沉降（或上升）速度曲线，示于图 4-12-13。依液滴直径（或 Re）的不同，也可划分为几个区域，大体上与阻力曲线相当。不同区域终端速度的计算结果，与实验曲线基本上是一致的。

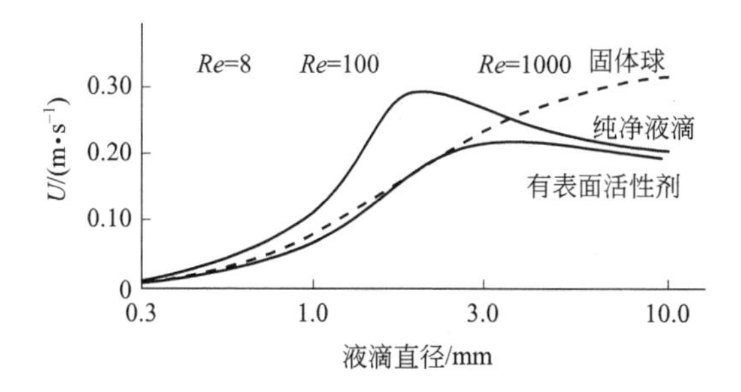

图 4-12-13 液滴终端速度曲线

12.1.4 表面活性物质效应及其相关模型

(1) 表面活性物质的影响 痕量表面活性物质的存在就可能对气泡和液滴的运动产生重大影响。尽管其含量甚微，不会显著改变流体主体的物理性质，但却能消除内循环，以致使阻力显著增大，急剧降低传热、传质速率。高表面张力的一些系统，包括空气/水、水溶液/非极性液体最容易受到这种影响，因为对于这种系统表面张力往往会有显著下降。净化这些物系，去除微量杂质又极为困难，由于这些原因，一些重要的实际物系通常并不遵循 H-R

公式，只对一些经过特别处理的物系，其中不包含表面活性物质，才可应用 H-R 公式。也就是说，理论与实验之间的矛盾，归因于表面活性物质对液滴内循环的阻滞作用[10]，杂质的数量和性质（如可溶性）决定了阻滞效应的大小，在任一相中都不溶解的物质，则显示出最大的阻滞效应。对于连续相黏度与分散相黏度之比较小的系统，表面活性物质影响显著；当连续相黏度与分散相黏度之比较大时，即使对于纯净系统，分散相流体内部的黏性阻力也会限制内循环。

当液滴表面出现振动时，表面活性物质对终端速度影响很大，因为这时内循环大大改变了尾流的结构，延缓了尾涡的脱落。

(2) 表面黏度模型 波希涅斯克提出了表面黏度的假说，认为在液体界面附近，存在着一层起黏性膜作用的薄层。描述界面的特性，除了表面张力、剪切黏度之外，还有表面膨胀黏度 e。这样所得出的结果是

$$U=\frac{\rho_c-\rho_d}{\mu_c}ga^2\left(\frac{1+K+\frac{2}{3}\times\frac{e}{a\mu_c}}{2+3K+\frac{2e}{a\mu_c}}\right) \tag{4-12-25}$$

式(4-12-25) 和 Hadamard-Rybczymski 式相仿，只是多了表面黏度 e 项，当 $e=0$ 和 $e\to\infty$ 时分别成为H-R公式和斯托克斯公式。由于该模型仅考虑了表面有少量表面活性物质的影响，当表面有较大表面张力梯度时就不再适用。

(3) 表面张力梯度模型 弗鲁姆金-列维奇最先考虑了表面活性物质对液滴运动的影响，并作了详尽的分析计算[11,12]。

在发生液滴沉降的液体介质中，如果溶有表面活性物质，则将被吸附在两液体的界面上，表面上的这种物质将因液体的运动而被带至液滴的尾部，于是后驻点处的表面活性物质的浓度最大。由于表面活性物质的浓度发生变化，引起表面张力改变，出现表面张力梯度，从而产生附加的切向力，它的方向是从表面张力较小处指向较大处。这个力将阻碍液滴表面的运动，防止表面活性物质在液滴尾部的连续堆积（图 4-12-14），因而液滴表面的运动也受到阻滞，使终端速度下降。

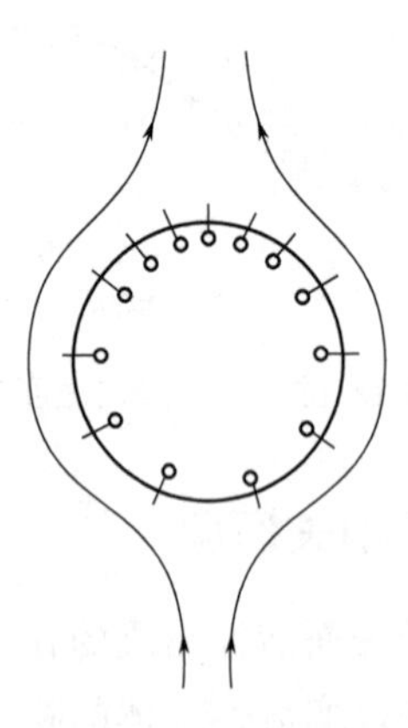

图 4-12-14 液滴表面附近的表面活性物质分布

其后，许多研究者[12~14]对表面活性物质影响作了进一步的研究。近年来，在数值模拟中也逐渐考虑了此影响，并对连续相黏弹性等更为复杂的因素进行了讨论[15]。

12.2 液膜流动

薄层液体沿某种形式的固体壁面流动形成液膜，与液膜相接触的另一相是气体或与液膜不互溶的液体。两相均为连续相，拥有共同的界面，称为分离两相流（separated two-phase flows）。气体或处于静止状态，或相对于壁面与液膜并流/逆流。这样的膜式流动在化学工业及其他工业应用颇广，如垂直冷凝器、膜式蒸发器、填料塔、膜式气液反应器等。

薄膜运动是一种典型的界面流动，形式似乎简单，但自由面的存在，蕴涵着丰富的动力学行为，如界面不稳定、自由面波动、三维时空图像演变等非线性现象。考察液膜流动有着重要的理论意义和实用价值。

12.2.1 基本特性

薄膜流体在重力作用下沿倾斜或垂直壁面运动，在开始的一段距离内，运动是加速的，速度分布沿流动方向发展着，也可称这一段为进口段。经历这一段以后，速度分布恒定，沿流动方向，流动特性不再变化，本节将着重讨论这种流动。

液膜流动是有自由面的运动，了解这种流体运动的主要困难在于，不能预先准确地确定自由面的位置，而液膜流动的许多特性又都和自由面有关。

（1）液膜流动的基本状况 对液膜流动进行的实验观察表明，由于自由面的存在，膜内运动可以有多种不同状态，而不像流体在管内的流动仅存在层流及湍流。膜内流动状态的基本类型可以概括为层流、波动层流、湍流及波动湍流等[5,16,17]。

在低雷诺数下（$Re<20\sim30$），呈现层流状态。雷诺数 $Re=\rho hU/\mu$ 中的特性尺寸是液膜厚度 h，特征速度是液膜截面上的平均速度 U。层流状态下，膜是等厚度的，界面是平静的。

当 $Re>30\sim50$ 时，液膜中除向前流动外，还出现波动。

表面出现波动时，波峰处的膜较厚，该处可能变成局部湍流区域，波动向下游传播，较厚处膜的速度大于层流膜的速度，造成波中的扰动。孤立波通过后，膜又回到层流状态，不会发展或过渡到湍流。

当 $Re=250\sim500$ 时，层流将转变为湍流。湍流状态下，即使雷诺数比临界值大得多，膜中相当厚的一部分仍将是非湍流的“黏性底层”。这可能是液膜内的层流-湍流转变不像管内流动那么明显的一个原因。

需要指出，自由面附近的湍流与固体壁附近的湍流不同，这将在后面详细讨论。

（2）液膜运动分类：壁面膜与自由膜 液膜运动有各种类别，可列举如下。

① 按几何、驱动方式：垂直、倾斜平面上重力驱动；旋转圆盘、圆柱表面离心成膜；内、外管壁液膜；波纹填料表面；各种织态表面、复杂几何表面上液膜；圆环自由膜与强制液膜，边界驱动和压力驱动，铺展膜和沉积膜。

② 按液膜厚度（液膜运动最重要的几何特征）：厚膜（厘米级）、薄膜（毫米级）和超薄膜（微米级）。

③ 按液体性质：牛顿液体、非牛顿液体、黏弹性液体。

④ 按接触相：单相液膜，多相分层液膜，单一液膜/静止气流，液膜/并流或逆流气体，无相变液膜/有相变液膜（蒸发、冷凝、晶体生长）。

⑤ 按自由面数目：液膜为固体壁面支撑，一个自由面称为附壁膜或壁面膜（wall

film)，是最常见的液膜。液体无壁面支撑，拥有两个自由面，称为自由膜（free film），例如两个气泡之间或两个液滴悬浮在第三液体中均有自由膜。工业上最重要的一种自由膜流动是聚酯圆盘反应器中圆盘表面开窗区的液膜[18]。

12.2.2 液膜流体动力学

(1) 液膜层流运动 液膜运动最简单的情况，简化 N-S 方程可以得到解析解。垂直壁面上（2D）液膜特性计算结果是：液膜速度分布

$$U_x = 3U\frac{y}{h}\left(1-\frac{y}{2h}\right),\quad U=\frac{gh^2}{3\nu} \tag{4-12-26}$$

称为 Nusselt 解（1916）。单位湿周上的体积流量是

$$Q=hU=\frac{gh^3}{3\nu} \tag{4-12-27}$$

上式表明，液膜流量与膜厚的 3 次方成正比。

$$h=\left(\frac{3\nu Q}{g}\right)^{1/3} \tag{4-12-28}$$

(2) 液膜波动层流

① 波动起始。随 Re 数增大，液膜出现波动。Kapitza 最早对倾斜表面下降液膜进行实验，观察不稳定的表面波。Kapitza 给出波动起始的临界 Re：

$$Re_c = 0.61(K_F\sin\theta)^{-1/11}$$
$$K_F=\frac{\mu^4 g}{\rho\sigma^3} \tag{4-12-29}$$

对垂直壁面上的水膜，上式给出 $Re_c \approx 5.8$，这一结果适用于长波扰动，相对于短波，还不够精确。Benjamin 等对液膜稳定性分析证实，重力引起的表面波的波长远大于薄膜厚度，临界 $Re_c \approx 1.25\cot\beta$（$\beta$ 为壁面倾角）。对于垂直降膜，流动总是长波不稳定的。此外，液膜流动还存在较短波长的剪切不稳定，有对应的 Re_c。自由面上波动的存在，仅用 Re 判别流动状态不够充分。需要考虑 Fr、We 数。对于水膜重力波 $Fr=1\sim2$ 时，毛细波在 $We\approx1$ 时变得重要。

② 液膜波动状态。如图 4-12-15 所示，液膜表面发生波动前，靠近液体进口，存在光滑区；光滑起始段的长度与湍流边界层形成所需距离相当。早期对波动理论和实验观测认识到：平均膜厚及波动振幅沿流动方向增加；波动振幅随液体黏度增加而减小；波长正比于 $Re^{1/9}\sigma^{1/3}\nu^{2/9}$，波速正比于 $Re^{1/3}$，随流率增加，规则对称波趋于不规则，非对称；波前陡峭，波后平缓；主波及伴随的各种小波随机叠加。

③ 波动特征：孤立波。值得关注的是 Kapitza 观测的结果：层流膜上形成的波主要为近似正弦毛细波短波和一些近似孤立波（solitary wave）长波组成。

小振幅波与孤立波的对比如图 4-12-16 所示。

一些研究者探讨液膜孤立波的性质及其在传递中的作用[19]。

壁面降膜流场演变与边界层流动存在很多相似之处，Chang[20,21] 将其大致分成几个阶段，揭示波动不稳定的发展和一系列重要的非线性行为。

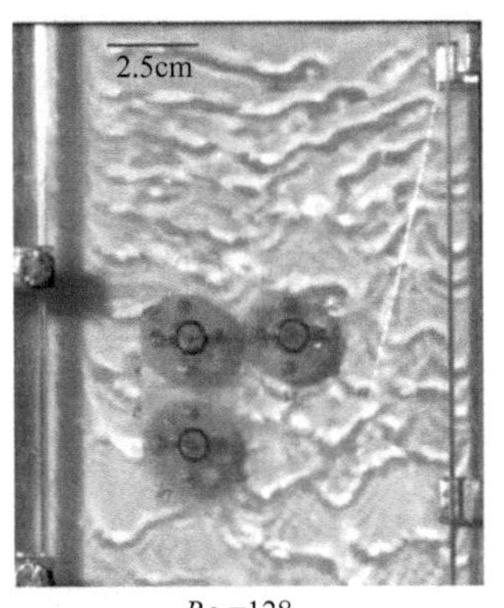

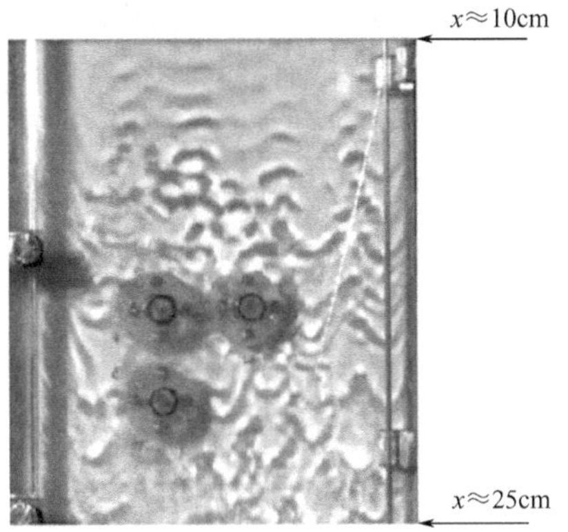

图 4-12-15 不同雷诺数下垂直壁面上的水膜

图 4-12-16 小振幅波与孤立波的对比

不同 Re、Kapitza 数条件下，波动液膜的统计特征及其沿纵向发展，从 20 世纪 70 年代以来受到持续多年的广泛关注[5]。大波、小波双波系统，膜内循环流现象等为液膜传递及其强化机理提供合理解释。

(3) 液膜湍流 液膜中层流/湍流的转捩，研究者给出的临界值并不一致，转捩机制更是缺少共识。液膜很薄，一侧为壁面，一侧为自由面。沿固体壁面的液体中形成湍流边界层，从壁面开始，逐渐延伸到整个膜的厚度。在离开膜的起点足够远处（约 50～100 倍膜厚），可以认为整个膜中是湍流，时均速度可用 1/7 幂律，或对数律表示。壁面为黏性底层。湍流膜厚度可近似表示为

$$h=0.304\left(\frac{\Gamma^{1.75}\mu^{0.25}}{g\rho_1^2}\right)^{1/3} \tag{4-12-30}$$

自由面附近的湍流完全不同于壁面湍流，导致液膜湍流的理论更不完善[22,23]。自由面的显著特点是变形。最常见的表面变形是波，从毛细波至巨波。毛细波波长几微米，振幅几纳米[24]，而巨波高度可达数米。与液膜接触的湍流气流亦可产生波，二者相互作用颇为复杂。

自由面与湍流间的相互作用还远未被研究出来[25]。早期 Levich 对自由面附近湍流特征做过颇有意义的分析，表面张力对自由面附近湍流起阻尼作用，促使湍流衰减，通过量纲分析导出自由面附近黏性薄层的厚度为

$$\delta_1=\left(\frac{\sigma\nu}{\rho u_*^3}\right)^{1/2} \tag{4-12-31}$$

对比固体壁面附近的黏性底层，它们之间有着明显的差别。

波动湍流研究还很不充分，鉴于液膜界面波对传递的强化，因而引发人们对波动湍流的关注[22,23]。

高 Re 数湍流膜的波结构基本不同于低、中 Re 数，膜的特点是主要为长波。受膜内湍流强烈影响，行进速度比液膜平均速度大很多，振幅随 Re 增加。湍流膜上的波高度随机，但大波振幅在 $Re>5000$ 不再随 Re 数增加，而是衬底在高 Re 湍流膜时增厚。

界面波对湍流降膜中速度和湍流的作用如下：大波像液体团在连续衬底上滑移，流向速度的瞬时变化类似，但比膜厚变化延迟。大波对膜内质量传递起显著作用。

12.3 管内气液两相流动

管内气液两相同时流动时，其基本微分方程可以根据质量和动量微分衡算导出，但因为求解域内部的两相边界位置不断变化，求解方程的边界条件难以确定，至今很少解析出结果。两相流动的研究方法，除实验基础上的经验关联，主要是半经验、半理论的模型法和多相流数值模拟[26]。

基于物理观察，简化两相流动现象和机理，做出若干基本假设，建立模型方程。几种主要的简化模型包括均相流动模型、分相流动模型、漂移流动模型等，各有一定的适用范围[27]。

多相流测量（multiphase flow metering，MFM）是实验研究的核心技术，油气工业的需求推动了这类技术发展。关注的测量参数有流型、流体流速、体积流量、质量流量、离散相浓度等。采用的技术大致分为三类：

① 传统单相流仪表与多相流测试模型组合；

② 近代新技术，如激光、微波、光谱等，特别是核磁共振与层析成像[28]；

③ 多传感器信号融合与软测量方法（soft sensing）[29]。

较为深入考察两相流上述几个方面的规律，可参考相关专著[26,27]。本节着重讲解工程上最为关注的管内两相流的流型、含气率和压降计算方法。

12.3.1 基本流动参数

描述流动的常用参数为速度、质量流量和体积流量等。两相流动时，不仅关注总流量，各相的速度和流量也是重要的，而且需要了解各相的相对含量，这是处理总量与各相关系的基础。

(1) 相组成，含气率 局部体积分数 ε_{G_V} 和 ε_{L_V}，指气相、液相在局部位置所占据的体积分数。有时 ε_{G_V} 亦称为含气率或空隙率，ε_{L_V} 称为持液量。若通道截面积为 A，气体和液体所占据的面积分别为 A_G 和 A_L，则面积含气率 ε_{G_A} 和 ε_{L_A} 分别为：

$$\varepsilon_{G_A}=A_G/A,\quad \varepsilon_{L_A}=1-\varepsilon_{G_A}=A_L/A \tag{4-12-32}$$

质量流量分数 x_G 及 x_L，指单位时间通过流动截面的两相流总质量 M 中气相质量所占份额，又称质量含气率，也称干度，其定义式为：

$$x=\frac{M_g}{M}=\frac{M_g}{M_g+M_l} \tag{4-12-33}$$

式中，M_g 和 M_l 分别为气相、液相的质量流量，$kg \cdot s^{-1}$。若两相混合物处于热平衡状态，干度的另一表达式是：

$$x=\frac{i-i_{ls}}{r} \tag{4-12-34}$$

式中，i 为两相混合物的焓，$J \cdot kg^{-1}$；i_{ls} 为液相在饱和湿度下的焓；r 为汽化潜热，$J \cdot kg^{-1}$。$x<0$ 为过冷液体，$x>1$ 为过热蒸汽。

(2) 体积流量、表观速度、相真实速度 体积流量 Q_L 及 Q_G 分别为单位时间流过通道给定截面的液体或气体的总体积，数学上定义为

$$Q_i=\int_A u_i\varepsilon_i \mathrm{d}A,\quad i=\mathrm{L},\mathrm{G} \tag{4-12-35}$$

单位时间通过流通截面积的两相流总体积称为体积流量 Q，$Q=Q_L+Q_G$。

表观速度 U_L 和 U_G，定义为液相或气相的体积流量除以通道总截面积所得的速度，即：

$$U_L=\frac{Q_L}{A},\quad U_G=\frac{Q_G}{A} \tag{4-12-36}$$

两相混合物的表观速度是：

$$U_M=\frac{Q_L+Q_G}{A}=U_L+U_G \tag{4-12-37}$$

相真实速度 u_L 及 u_G，分别为液体或气体速度在其所占截面积上的平均值，即：

$$u_G=\frac{U_G}{\varepsilon_G}=\frac{Q_G}{\varepsilon_G A} \tag{4-12-38}$$

$$u_L=\frac{U_L}{1-\varepsilon_G}=\frac{Q_L}{(1-\varepsilon_G)A} \tag{4-12-39}$$

两相流体平均速度 $u=u_G\varepsilon_G+u_L(1-\varepsilon_G)$。

速度比 s 为：

$$s=\frac{u_G}{u_L}=\frac{U_G}{U_L}=\frac{1-\varepsilon_G}{\varepsilon_G} \tag{4-12-40}$$

(3) 漂移速度与漂移通量 考察两相之间的相对运动，某相与两相流平均速度（假想速度）之差，称为漂移速度：

$$u_{GD}=u_G-u \tag{4-12-41}$$

$$u_{LD}=u_L-u \tag{4-12-42}$$

气液两相之间的滑移速度：

$$u_s = u_G - u_L = \frac{U_G}{\varepsilon} - \frac{U_L}{1-\varepsilon} \tag{4-12-43}$$

消去分母，用于定义漂移通量，建立相流动速度与含气率的关系：

$$U_D = (u_G - u_L)\varepsilon(1-\varepsilon) = U_G(1-\varepsilon) - U_L\varepsilon \tag{4-12-44}$$

12.3.2 基本流型

两相流相互作用，使不同相体积通量下两相流具有不同的相界面形式。相含量及其分布与运动方式的差异，形成了两相流动的不同流型，因此使传热、传质速率、动量损失、停留时间分布等也随之变化。可见，只有确定流型，才能模拟流动，并给出重要的过程设计参数。因此，了解流型是设计两相流动设备的基础。

两相的速率是影响流型的主要因素。此外，管几何尺寸如管径、管的形状（直圆管、弯管、螺旋管），气液两相的物理性质（黏度、表面张力，尤其是密度差），管的方向（水平、垂直、倾斜或重力效应），气、液两相流动方向相同（并流）抑或相反（逆流），均对流型有一定程度的影响，加热和等温、有无相变管内的流型呈现更大差别。对于不同流型的转变，其所依赖的因素及影响程度并不相同。每相的湍动、相界面稳定影响转变，由于两相流固有的复杂性，不同流型间的转变有时难以辨认，加之各研究者所用流型观测方法、设备尺寸等的差别，采用可视观测（目测、电视录像、高速摄影、X射线摄影）或传感测试（电导探针、射线吸收），致使所述各种流型的基本特点及其相互转变的界限不尽相同。下面分别就垂直管和水平管两种情况，阐述各种流型的基本特点及流型转变图。

(1) 垂直管 在一定直径（常用实验范围为2～6cm）的垂直圆管内，气、液两相并流向上。随两相流量不同，可产生4～5种不同的流型，如图4-12-17所示。

① 流型的主要特征。随含气率以及气相速度的增加，依次发生不同流型。

a. 气泡流：液相连续，气相分散，在液相中上升的气泡分散得比较均匀。

b. 弹状流：大部分气体形成弹头形大气泡（有时称为泰勒泡），其直径几乎与管径相当，气泡近周期性地向上运动。少量气体则分散成小气泡处在大气泡之间的液体中（这部分液体通常称为液节）。大气泡周围存在液膜，膜内的液体可能往下流，然而液体的净流动还是向上的。

c. 块状流：它与弹状流有某种相似之处，但运动更为激烈，弹头形气泡变得狭长并扭曲，相邻气泡间的液体被气体反复冲击。这时，液体下流、累积、架桥再次为气体所升举，液体振动和方向交变为其典型特征。

d. 环状流、环状液滴流：液体沿管壁成膜状流动，气体处于管中心成连续相，相界面波动，通常有部分液体分散成小液滴，被气体所夹带。随着液体流量的增加，气相中液滴增多，合并成大液团，它有时称为液丝环状流，这是高流量下两相流的特征。

气液两相的下降流动同样存在上述几种流型，但有不同特点，例如上升流的气泡流，气泡分布在整个截面，而下降流中气泡主要集中在中心部分。

② 流型图。两相流形成不同流型的范围可用流型图表示，图中由转变线划分成几个区域，分别代表不同的流型。图的坐标有几种不同的选择，最简单的一种是，以液体表观速度为横坐标，气体表观速度为纵坐标。显然，这种坐标系仅适用于特定流体，缺少通用性。为

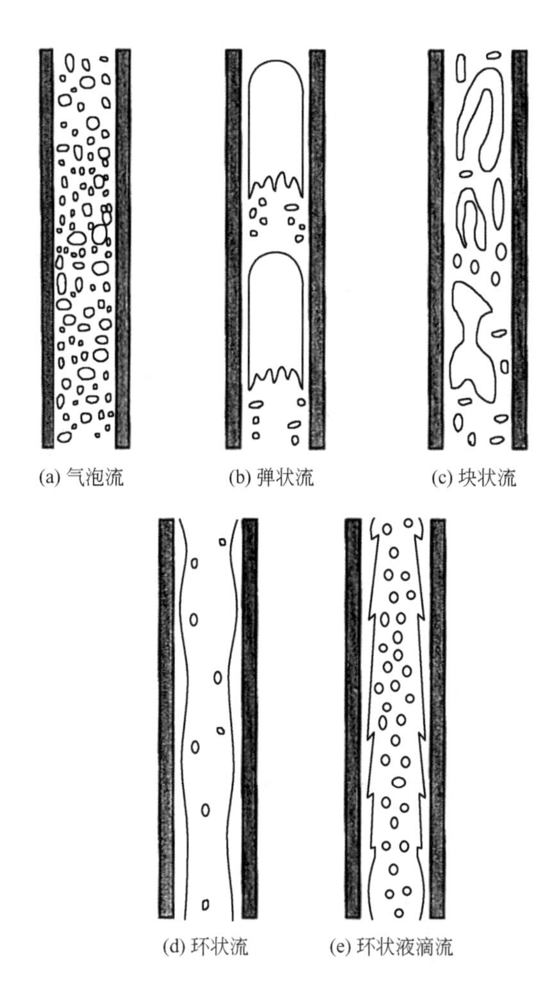

图 4-12-17 气液两相在垂直管内的流动形态

了寻求通用的流型图，考虑采用广义坐标。例如，图 4-12-18 采用液、气相的表观动能通量 $\rho_L U_L^2$ 及 $\rho_G U_G^2$ 作为坐标轴。这样虽有所改进，但仍未包括广泛的液体物性和管径的影响。

由于不同研究者实验结果的差异，流型图会给出不尽一致的流动形式，尤其在近边缘的区域。近年来，一些研究者借助于计算机分析了大量的文献数据[30]，给出了如图 4-12-19 所示的流型图（其中下标 a、w 表示大气压和常温下空气和水）。

(2) 水平管 水平管中重力和流动方向垂直，使重相易于聚集在管底，导致流动不对称，因此水平管中的流型比垂直管中更为复杂。

① 流型特征

a. 气泡流：气泡分散在连续的液相中。当气速较低时，气泡聚集于管顶；随着气速增加，气泡分布趋于均匀。

b. 塞状流：随着气速增加，气泡聚集而形成大气塞。塞状气泡较长，后面有一些小气泡。

c. 分层流：当液相、气相速度都很低时，气液分层流动，液流沿管底，气流沿管顶，截面平滑，相互作用较弱。

d. 波状流：当分层流中气速增加到足够高，界面波动，扰动沿流动方向传播，像波浪一样。

e. 弹状流：当气相流量再增大，气相速度比波状流的速度更高，波动加剧，某些位置

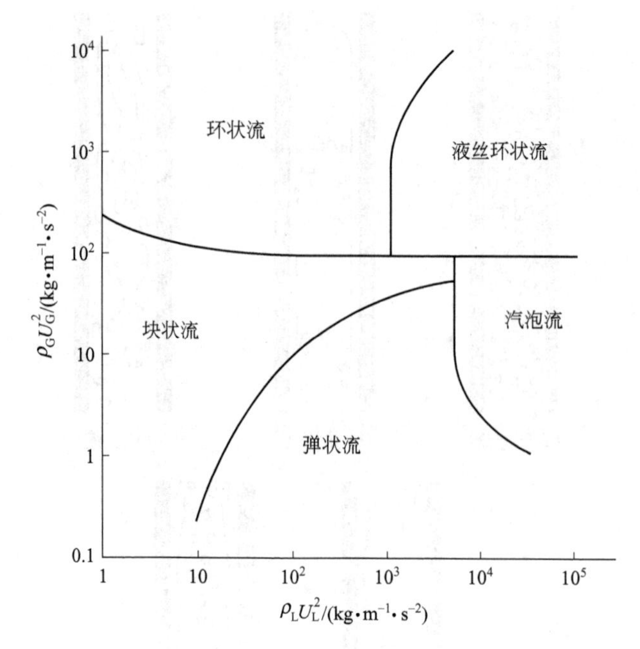

图 4-12-18 垂直管内两相流流型区域

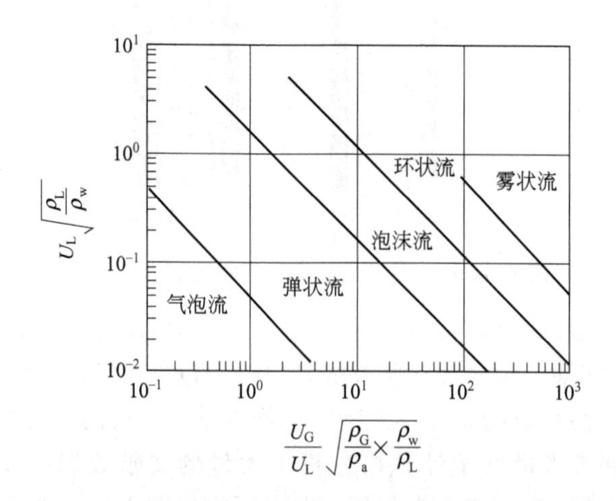

图 4-12-19 垂直管内气液并流向上的两相流流型分区

上，液体直接与管道顶部接触，将位于管道上部的气相分隔成气弹。此时，大气弹在管上部快速移动，而下部则为波状液流。

f. 环状流：当气相流量很高，而液相流量较低时，形成环状流，气相在管道中心，液相在管壁上成液膜流动，由于重力影响，壁面上液膜厚度不均，底部液膜较厚，当壁面粗糙液膜可能不连续。

② 流型图。水平管内两相流动的流型图有多种形式。在石油化工中应用较广的是由贝克提供的图 4-12-20。横坐标是 $m_L\psi$，纵坐标是 m_G/λ，m_L 和 m_G 分别是液相和气相质量通量，参数 λ、ψ 分别定义为：

$$\lambda=\left(\frac{\rho_G}{\rho_a}\times\frac{\rho_L}{\rho_w}\right)^{0.5} \tag{4-12-45}$$

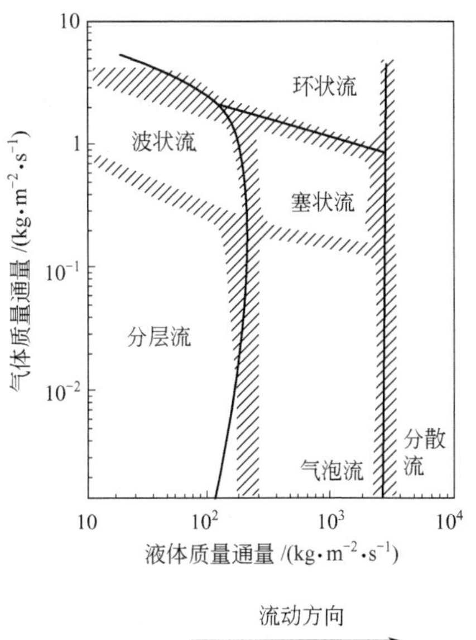

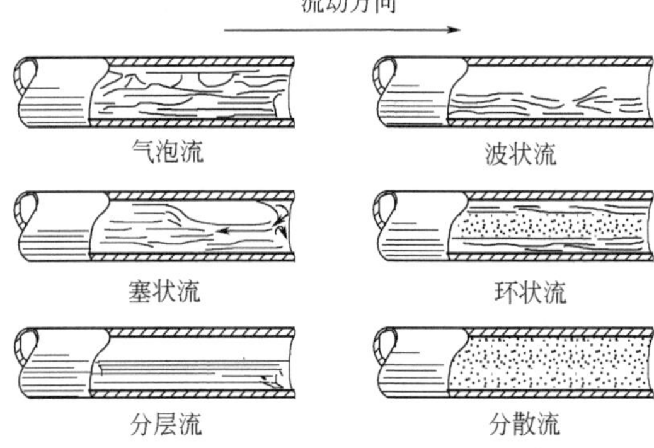

图 4-12-20 水平管内两种流型

$$\psi=\left(\frac{\sigma_w}{\sigma_L}\right)\left[\left(\frac{\mu_L}{\mu_w}\right)\left(\frac{\rho_w}{\rho_L}\right)^2\right]^{1/3} \tag{4-12-46}$$

式中，下标 a、w 指大气压和常温下的空气和水。对于该条件下的空气-水系统，自然 $\lambda=\psi=1$。

贝克原图仅包括少数几个碳氢化合物系统，并不能全面反映系统参数的影响，一些研究者作了修改。Mandhane 根据水平管中气/液两相 5900 多例实验数据，以表观速度为坐标，给出流型划分曲线，其实验范围是，管径 12.7～165.1mm，液相密度 705～1009kg·m^{-3}，气相密度 0.8～50.5kg·m^{-3}，气相动力黏度 3×10^{-4}～9×10^{-9} Pa·s，表面张力24×10^{-3}～103×10^{-3}N·m^{-1}，气相表观速度 0.04～171m·s^{-1}，液相速度 0.09～731cm·s^{-1}。此外，Taitel 和 Dukler 给出了以理论分析为基础的流型图。Taitel 和 Dukler 的理论预测与 Mandhane 的实验曲线的比较示于图4-12-21，结果表明两种方法给出的流型图主要方面是一致的。

【例 4-12-3】 水平管内气液两相流型判别。空气/水体系流过直径 5cm 水平管，水和空气的质量流量分别为 1kg·s^{-1}和 0.1kg·s^{-1}，水和空气密度分别为 1000kg·m^{-3}和 1.2kg·m^{-3}，试由 Mandhane 流型图判别流型。

解 管截面积

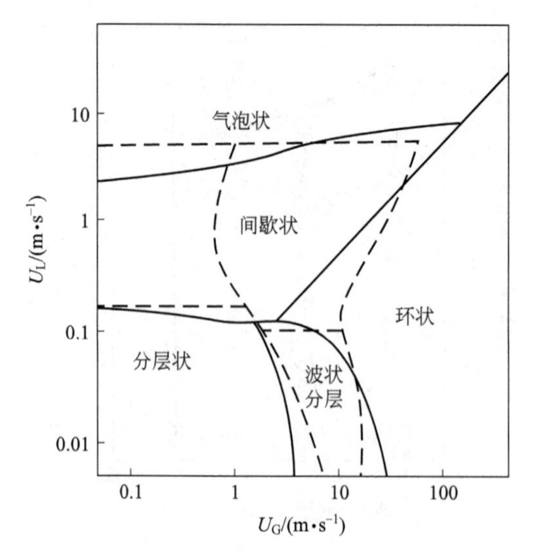

图 4-12-21 水平管内空气/水两相流型

$$A=\left(\frac{\pi}{4}\right)(0.05)^2=0.00196\text{m}^2$$

水的表观速度是

$$U_w=\frac{W_w}{\rho_w A}=\frac{1}{1000\times 0.00196}=0.51\text{m}\cdot\text{s}^{-1}$$

空气的表观速度是

$$U_a=\frac{W_a}{\rho_a A}=\frac{0.1}{1.2\times 0.00196}=42.5\text{m}\cdot\text{s}^{-1}$$

由图 4-12-21 可知，该点处在环雾工况。

12.3.3 持料量

由于气液两相在管道内流动时存在滑动速度，所以管道内的持料量并非仅仅由气液两相的进口流量所决定。与管内流动形态一样，同样是由管道几何条件、操作条件和物性共同决定的。

(1) 含气率 含气率或空泡份额（void fraction），是气液两相流重要的性能参数，许多计算需要含气率，例如静压降计算需估计混合物密度。含气率随流型、流体性质、管径与取向而变化。而流型与取向的作用更为突出。

① 流型的影响[31]。气泡流/气弹流气体流量少量增加，含气率急剧上升。在环状流含气率几乎为常数，即使气体流量大量增加。

含气率与气体流量关系的一般趋势如图 4-12-22 所示。

② 取向。影响显著，变化趋势多样，上升/下降或伴有极值。取向影响可用气相停留时间概念给予解释。气相在管内的停留取决于浮力、惯性力和重力。相反于平均流，产生较长气相停留时间，含气率增加。

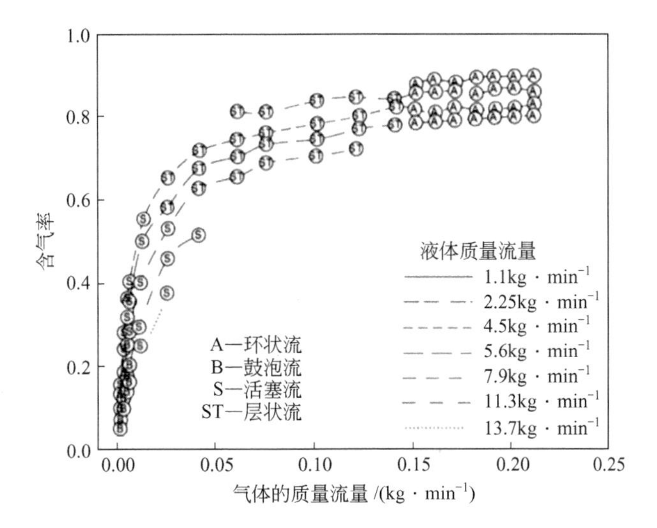

图 4-12-22 水平管中不同流型的含气率随气/液流量的变化

③ 管径。含气率随管径减小而增加，当 $D<7\sqrt{\sigma/[g(\rho_1-\rho_g)]}$ 时，管径对含气率无影响。

(2) 水平管内的持料量

① Hughmark[32]法。采用 Bankoff 因子 $\overline{K}$ 与两相流的雷诺数 Re 和弗鲁德数 Fr_m 以及进口处持液量 C_1[33]相关联。如图 4-12-23 所示，纵坐标为 Bankoff 因子 $\overline{K}$（平均持气量与进口持气量之比），它与平均持气量 $\bar{\varepsilon}_g$ 的关系为：

$$\bar{\varepsilon}_g=\frac{U_{sg}}{U_{sg}+U_{sl}}\overline{K} \tag{4-12-47}$$

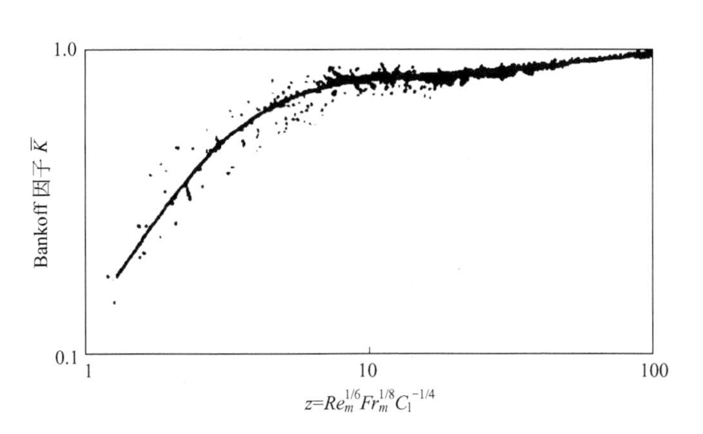

图 4-12-23 Hughmark 持气量关联图

横坐标为无量纲数群

$$Z=Re_m^{1/6}Fr_m^{1/8}C_1^{-1/4} \tag{4-12-48}$$

式中

$$Re_m=\frac{D(\rho_s U_{sg}+\rho_1 U_{sl})}{\bar{\varepsilon}_g\mu_g+\bar{\varepsilon}_1\mu_1} \tag{4-12-49}$$

$$Fr_m=\frac{(U_{sg}+U_{sl})^2}{gD} \tag{4-12-50}$$

$$C_l=\frac{U_{sl}}{U_{sg}+U_{sl}} \tag{4-12-51}$$

图 4-12-23 中的曲线也可用下列关系式计算：

$Z<10$ 时，$\overline{K}=-0.16367+0.31037Z-0.03525Z^2+0.001366Z^3$

$Z\geqslant 10$ 时，$\overline{K}=0.75545+0.003585Z-0.1436\times 10^{-4}Z^2$

② Eaton[34]法。采用图 4-12-24 对持液量 $\bar{\varepsilon}_l$ 进行关联，图中的无量纲数定义如下：

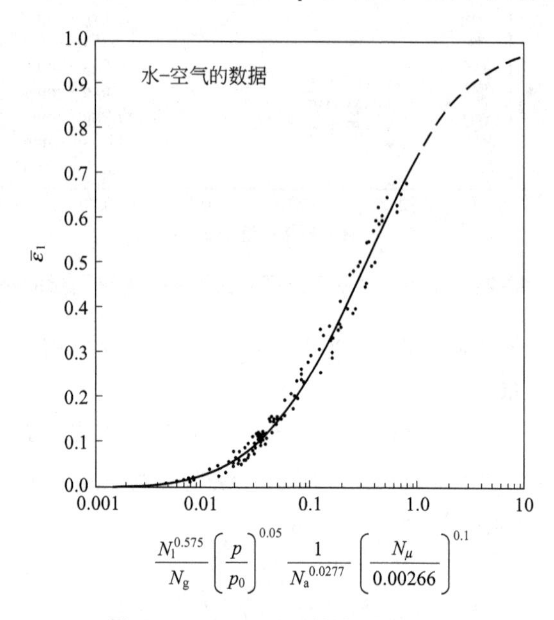

图 4-12-24 Eaton 持液量关联图

气速数
$$N_g=U_{sg}\left(\frac{\rho_l}{g\sigma}\right)^{1/4} \tag{4-12-52}$$

液速数
$$N_l=U_{sl}\left(\frac{\rho_l}{g\sigma}\right)^{1/4} \tag{4-12-53}$$

管径数
$$N_a=D\left(\frac{\rho_l g}{\sigma}\right)^{1/2} \tag{4-12-54}$$

黏度数
$$N_\mu=\mu_l\left(\frac{g}{\rho_l\sigma^3}\right)^{1/4} \tag{4-12-55}$$

另外，横坐标中 p/p_0 为管内压力和大气压力之比，0.00266 为水在 20℃和 1 个大气压时的黏度数。

③ 单相压降比值法。Lockhart 和 Martinelli[35]于 1949 年提出以单相压降比值为参数来关联持液量，以后 Chisholm[36]、Chen 和 Spedding[37]等相继对 Lockhart-Martinelli 关联式做了一些修正。一些研究者[38]对这类方法的不同关联式进行了总结，如图 4-12-25 所示。

Martinelli 参数 X 的定义为

$$X=\sqrt{\frac{(\Delta p/L)_{sl}}{(\Delta p/L)_{sg}}} \tag{4-12-56}$$

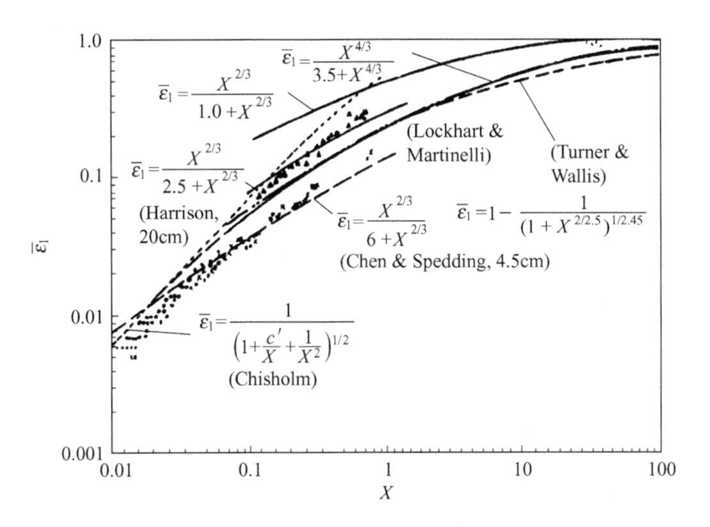

图 4-12-25 持液量与 X 的关联式

$(\Delta p/L)_{\rm sl}$和$(\Delta p/L)_{\rm sg}$为液体和气体单独流经管道时单位长度的压降。根据直管单相流压降公式与 Blasius 摩擦系数经验式，X 又可写为

$$X=\left(\frac{U_{\rm sl}}{U_{\rm sg}}\right)^{7/8}\left(\frac{\rho_1}{\rho_{\rm g}}\right)^{3/8}\left(\frac{\mu_1}{\mu_{\rm g}}\right)^{1/8} \tag{4-12-57}$$

【例 4-12-4】 空气-水在 50mm 内径的水平管道中流动，表观气速$U_{\rm sg}=2\text{m}\cdot\text{s}^{-1}$，表观液速$U_{\rm sl}=0.1025\text{m}\cdot\text{s}^{-1}$，空气黏度$\mu_{\rm g}=1.67\times10^{-5}\text{Pa}\cdot\text{s}$，水的黏度$\mu_1=10^{-3}\text{Pa}\cdot\text{s}$，空气密度$\rho_{\rm g}=1.2\text{kg}\cdot\text{m}^{-3}$，水的密度$\rho_1=10^3\text{kg}\cdot\text{m}^{-3}$，表面张力$\sigma=7.267\times10^{-2}\text{N}\cdot\text{m}^{-1}$，试求管内平均持液量$\bar{\varepsilon}_1$。

解 ① 按 Hughmark 法

用试差法，第一次试算，设$\bar{\varepsilon}_1=0.3$，则$\bar{\varepsilon}_{\rm g}=1-\bar{\varepsilon}_1=0.7$

$$Re_m=\frac{D(\rho_{\rm g}U_{\rm sg}+\rho_1U_{\rm sl})}{\bar{\varepsilon}_{\rm g}\mu_{\rm g}+\bar{\varepsilon}_1\mu_1}=\frac{50\times10^{-3}\times(1.2\times2+10^3\times0.1025)}{0.7\times1.67\times10^{-5}+0.3\times10^{-3}}=1.683\times10^4$$

$$Fr_m=\frac{(U_{\rm sg}+U_{\rm sl})^2}{gD}=\frac{(2+0.1025)^2}{9.81\times50\times10^{-3}}=9.012$$

$$C_1=\frac{U_{\rm sl}}{U_{\rm sg}+U_{\rm sl}}=\frac{0.1025}{2+0.1025}=4.875\times10^{-2}$$

$$Z=Re_m^{1/6}Fr_m^{1/8}C_1^{-1/4}=(1.683\times10^4)^{1/6}\times9.012^{1/8}\times(4.875\times10^{-2})^{-1/4}=14.18$$

因 $Z>10$，则 $\overline{K}=0.75545+0.003585\times14.18-0.1436\times10^{-4}\times14.18^2=0.8034$

$$\bar{\varepsilon}_{\rm g}=\frac{U_{\rm sg}}{U_{\rm sg}+U_{\rm sl}}\overline{K}=\frac{2}{2+0.1025}\times0.8034=0.7642$$

$$\bar{\varepsilon}_1=1-\bar{\varepsilon}_{\rm g}=1-0.7642=0.2358$$

第二次试算，设$\bar{\varepsilon}_1=0.2358$，按同样方法计算；

$Re_m=2.110\times10^4$，Fr_m、C_1 不变，$Z=14.72$，$\overline{K}=0.8051$，$\bar{\varepsilon}_{\rm g}=0.7659$，$\bar{\varepsilon}_1=0.2341$。第三次试算，设$\bar{\varepsilon}_1=0.2341$，同理计算得$\bar{\varepsilon}_1=0.2341$，与假设相符，故$\bar{\varepsilon}_1=0.2341$。

② 按 Eaton 法

$$N_{g}=U_{sg}\left(\frac{\rho_{1}}{g\sigma}\right)^{1/4}=2\times\left(\frac{10^{3}}{9.81\times7.267\times10^{-2}}\right)^{1/4}=12.24$$

$$N_{1}=U_{sl}\left(\frac{\rho_{1}}{g\sigma}\right)^{1/4}=0.1025\times\left(\frac{10^{3}}{9.81\times7.267\times10^{-2}}\right)^{1/4}=0.6273$$

$$N_{a}=D\left(\frac{\rho_{1}g}{\sigma}\right)^{1/2}=50\times10^{-3}\times\left(\frac{10^{3}\times9.81}{7.267\times10^{-2}}\right)^{1/2}=18.37$$

$$N_{\mu}=\mu_{1}\left(\frac{g}{\rho_{1}\sigma^{3}}\right)^{1/4}=10^{-3}\times\left[\frac{9.81}{10^{3}\times(7.267\times10^{-2})^{3}}\right]^{1/4}=2.249\times10^{-3}$$

$$X=\frac{N_{1}^{0.575}}{N_{g}N_{a}^{0.0277}}\left(\frac{p}{p_{0}}\right)^{0.05}\left(\frac{N_{\mu}}{0.00266}\right)^{0.1}$$

$$=\frac{0.6273^{0.575}}{12.24\times18.37^{0.0277}}\times1^{0.05}\times\left(\frac{2.249\times10^{-3}}{0.00266}\right)^{0.1}=5.67\times10^{-2}$$

查图 4-12-24，得 $\overline{\varepsilon}_{1}=0.19$。

③ 按单相压降比值法

$$X=\left(\frac{U_{sl}}{U_{sg}}\right)^{7/8}\left(\frac{\rho_{1}}{\rho_{g}}\right)^{3/8}\left(\frac{\mu_{1}}{\mu_{g}}\right)^{1/8}=\left(\frac{0.1025}{2}\right)^{7/8}\left(\frac{10^{3}}{1.2}\right)^{3/8}\left(\frac{10^{-3}}{1.67\times10^{-5}}\right)^{1/8}=1.543$$

查图 4-12-25，得 $\overline{\varepsilon}_{1}=0.27$。

(3) 垂直管内并流流动时的持料量 气液两相并流向上时的持液量的估计可借鉴水平管中计算持料量的 Hughmark 法与 Lockhart-Martinelli 法。气液两相并流向下时的持料量计算可采用 Beggs 和 Brill 提出的方法[39]。

12.3.4 气液两相流动压降、两相模型

两相流动的压力降是重要的设计参数，在强制对流系统中，可确定所需动力；在自然对流系统中，可决定循环速率及其他有关参数。

已有许多模型和计算方法用于确定两相流的压降，但准确性都不高，有时误差达到50%，甚至100%。原因很多，如进口的影响可达下游几百倍直径的地方，但计算式中未加考虑；又如，两相流型是两相相互作用的结果，流型与压降有对应关系，如图 4-12-26 所示，故压降梯度随流型变化，不同流型适用不同的计算式。因此，需要准确地判断流型。但现有的许多压降计算式为避免上述困难，在归纳实验数据时对流型却未加区别，希望可用于各种气液两相流型，当然误差较大。Mandhane 等[40]曾经收集上万个水平管气液两相流实验数据，用 16 个摩擦阻力公式进行验算，表明按流型选用计算式最为精确。

两相流动的压降是重要的设计参数，由动量衡算可导出两相流压降的基本计算式[41]：

$$\frac{dp}{dz}=\frac{\tau_{W}W_{c}}{A}+m^{2}\frac{d}{dz}\left[\frac{(1-X)^{2}}{\rho_{1}(1-\varepsilon_{g})}+\frac{X^{2}}{\rho_{g}\varepsilon_{g}}\right]+g\rho_{TP}\sin\alpha \tag{4-12-58}$$

式(4-12-58) 右端代表压降的三个组成部分，分别为摩擦项、加速项和重力项，三项的相对大小因具体情况而异，通常加速项可以忽略。

(1) 水平管内的压降 对于水平管内的流动，压降中的重力项为零，加速项可以忽略，因此流体的压力降等于流体的摩擦损失。

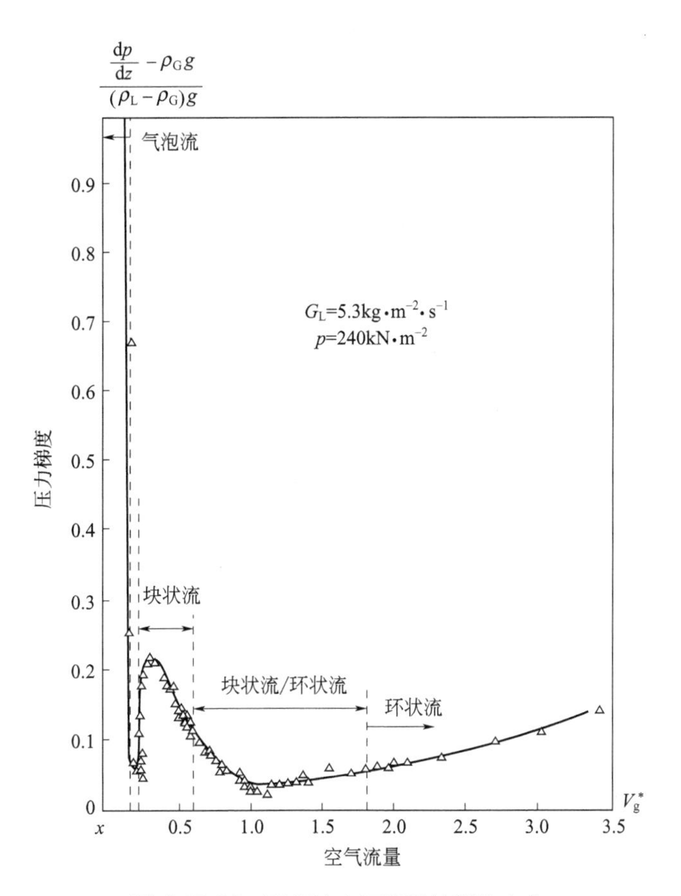

图 4-12-26 两相流中压降随流型的变化

第4篇

① Dukler 法。Dukler 等[42]（1964）根据两相恒定滑动速度的假定提出了摩擦损失计算式：

$$\left(\frac{\Delta p_f}{L}\right)_{TP}=\frac{2f_{TP}G_m^2}{D\rho_m} \tag{4-12-59}$$

式中，f_{TP}为两相流动的摩擦系数；G_m 为气液混合物的质量流速；ρ_m 为气液混合物的密度，其计算公式如下：

$$f_{TP}=\alpha\beta f_1 \tag{4-12-60}$$

$$f_1=0.0014+0.125Re_m^{-0.32} \tag{4-12-61}$$

$$Re_m=\frac{DG_m}{\mu_m} \tag{4-12-62}$$

$$\mu_m=\mu_l C_l+\mu_g(1-C_l) \tag{4-12-63}$$

$$G_m=\rho_g U_{sg}+\rho_l U_{sl} \tag{4-12-64}$$

$$\rho_m=\rho_l C_l+\rho_g(1-C_l) \tag{4-12-65}$$

$$C_l=\frac{U_{sl}}{U_{sg}+U_{sl}} \tag{4-12-66}$$

式中，f_1 是基于混合物雷诺数 Re_m 的单相流动摩擦系数；α，β 为 Dukler 校正系数，分别按式(4-12-67)（或图 4-12-27）、式(4-12-68) 计算。

$$\alpha=1+\{(-\ln C_1)/[1.281-0.478(-\ln C_1)+0.444(-\ln C_1)^2-0.094(-\ln C_1)^3+0.00843(-\ln C_1)^4]\} \tag{4-12-67}$$

$$\beta=\frac{\rho_1 C_1^2}{\rho_m \bar{\varepsilon}_1}+\frac{\rho_g(1-C_1^2)}{\rho_m \bar{\varepsilon}_g} \tag{4-12-68}$$

平均持料量 $\bar{\varepsilon}_g$ 和 $\bar{\varepsilon}_1$ 按 Hughmark 关联式计算。

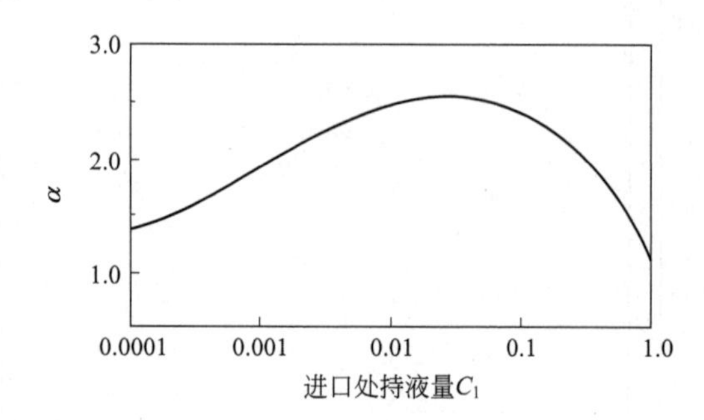

图 4-12-27 Dukler 校正系数 α 和 C_1 的关系

② 分相摩擦因子法。管内气液两相的摩擦压降可通过液体或气体单独流经管道的摩擦压降乘以相应的分相摩擦因子 ϕ_G 和 ϕ_L 来表示，即

$$\left(\frac{\Delta p_f}{L}\right)_{TP}=\phi_G^2\left(\frac{\Delta p_f}{L}\right)_{sg} \tag{4-12-69}$$

$$\left(\frac{\Delta p_f}{L}\right)_{TP}=\phi_L^2\left(\frac{\Delta p_f}{L}\right)_{sl} \tag{4-12-70}$$

另外，气液两相的摩擦压降也可通过假定全部流体（液相和气相）为液体时流经管道的摩擦压降 $(\Delta p_f/L)_{LO}$乘以拟液相摩擦因子 ϕ_{LO}来表示，即

$$\left(\frac{\Delta p_f}{L}\right)_{TP}=\phi_{LO}^2\left(\frac{\Delta p_f}{L}\right)_{LO} \tag{4-12-71}$$

单相摩擦压降可按式(4-12-72) 计算，其中 f 采用 Blasius 摩擦系数经验式(4-12-73)。

$$\left(\frac{\Delta p_f}{L}\right)=\frac{2f\rho U^2}{D} \tag{4-12-72}$$

$$f=C/Re^n \tag{4-12-73}$$

摩擦因子 ϕ_G 和 ϕ_L 分不同的层流、湍流状况与 Martinelli 参数 X 进行关联，见图 4-12-28和表 4-12-2。Chisholm[43] 根据两相受力平衡导出了

$$\phi_L^2=1+\frac{C}{X}+\frac{1}{X^2} \tag{4-12-74}$$

$$\phi_G^2=1+CX+X^2 \tag{4-12-75}$$

摩擦因子 ϕ_{LO}则与 Chisholm 参数进行关联，Y 由式(4-12-76) 定义，并可由阻力降公式加以简化。式中为假定全部流体（液相和气相）为气体时流经管道的摩擦阻力降。Chisholm[43] 提出 ϕ_{LO}与 Y 的关联式(4-12-77)，其中 n 为 Blasius 摩擦系数经验式(4-12-73) 的指数，取 $n=0.25$，B 为经验系数，根据 Y 和 G_m 由表 4-12-3 查出，X 由式(4-12-78) 定义。

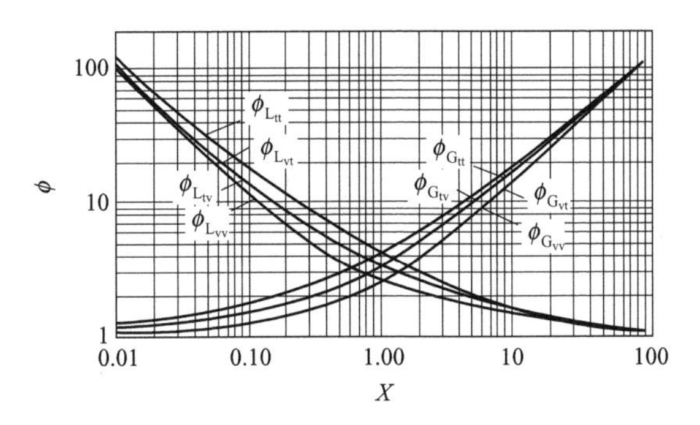

图 4-12-28 摩擦因子 ϕ_G、ϕ_L 与 X 的关系

表 4-12-2 式(4-12-74)和式(4-12-75)中系数 C 的数值

液 相 $Re_{sl}=\rho_l DU_{sl}/\mu_l$	气 相 $Re_{sg}=\rho_g DU_{sg}/\mu_g$	代号	系数 C
湍流 >2000	湍流 >2000	tt	20
层流 <1000	湍流 >2000	vt	10
湍流 >2000	层流 <1000	tv	12
层流 <1000	层流 <1000	vv	5

$$Y=\frac{(\Delta p_f/L)_{GO}}{(\Delta p_f/L)_{LO}} \tag{4-12-76}$$

$$\phi_{LO}^2=1+(Y^2-1)[Bx^{(2-n)/2}(1-x)^{(2-n)/2}+x^{(2-n)}] \tag{4-12-77}$$

$$X=\rho_g U_{sg}/G_m \tag{4-12-78}$$

其中 G_m 由式(4-12-64)计算。

表 4-12-3 式(4-12-77)中的系数 B

Y	$G_m/(\mathrm{kg \cdot m^{-2} \cdot s^{-1}})$	B
≤9.5	≤500	4.8
	$500<G_m<1900$	$2400/G_m$
	≥1900	$55/G_m^{1/2}$
$9.5<Y<28$	≤600	$520/(YG_m^{1/2})$
	>600	$21/Y$
≥28		$15000/(Y^2G_m^{1/2})$

Friedel[44]（1979）提出了另一个关联式

$$\phi_{LO}^2=E+\frac{3.24HF}{Fr^{0.045}We^{0.036}} \tag{4-12-79}$$

$$E=(1-x)^2+x^2\frac{\rho_L}{\rho_G}\times\frac{f_{GO}}{f_{LO}} \tag{4-12-80}$$

$$F=x^{0.78}(1-x)^{0.224} \tag{4-12-81}$$

$$H=\left(\frac{\rho_L}{\rho_G}\right)^{0.91}\left(\frac{\mu_G}{\mu_L}\right)^{0.19}\left(1-\frac{\mu_G}{\mu_L}\right)^{0.7} \tag{4-12-82}$$

$$Fr=\frac{G_m^2}{\rho_H^2 gD} \tag{4-12-83}$$

$$We=\frac{G_{\mathrm{m}}^{2}D}{\rho_{\mathrm{H}}\sigma} \tag{4-12-84}$$

$$\rho_{\mathrm{H}}=\frac{G_{\mathrm{m}}}{U_{\mathrm{sg}}+U_{\mathrm{sl}}} \tag{4-12-85}$$

$$\frac{f_{\mathrm{GO}}}{f_{\mathrm{LO}}}=\left(\frac{\mu_{\mathrm{g}}}{\mu_{1}}\right)^{0.25} \tag{4-12-86}$$

上述两相摩擦压力损失的计算方法，并没有涉及两相流的流型问题，这也可能是导致计算误差的一个原因。目前，还缺乏不同流型时两相流动阻力的试验资料。Chisholm[45]对水平管某些资料的分析表明，当两相流型由分层流、脉动流向气泡流过渡时，式(4-12-74)和式(4-12-75)中的系数C的数值是增加的。对分层流，$C=1.5\sim2.0$；对气泡流，$C=\sqrt{\rho_{\mathrm{L}}/\rho_{\mathrm{G}}}+\sqrt{\rho_{\mathrm{G}}/\rho_{\mathrm{L}}}$。可以预期，考虑流型的计算方法会给出较为精确的结果。

【例 4-12-5】 空气-水在50mm内径的水平管道中流动，表观气速$U_{\mathrm{gl}}=2\mathrm{m\cdot s^{-1}}$；表观液速$U_{\mathrm{sl}}=0.1025\mathrm{m\cdot s^{-1}}$，空气黏度$\mu_{\mathrm{g}}=1.67\times10^{-5}\mathrm{Pa\cdot s}$；水的黏度$\mu_{1}=10^{-3}\mathrm{Pa\cdot s}$，空气密度$\rho_{\mathrm{g}}=1.2\mathrm{kg\cdot m^{-3}}$，水的密度$\rho_{1}=10^{3}\mathrm{kg\cdot m^{-3}}$，试求单位管长压力降。

解 ① 按 Dukler 法

$$C_1=\frac{U_{\mathrm{sl}}}{U_{\mathrm{sg}}+U_{\mathrm{sl}}}=\frac{0.1025}{2+0.1025}=4.875\times10^{-2} \qquad -\ln C_1=3.021$$

$$\begin{aligned}\rho_{\mathrm{m}}&=\rho_1C_1+\rho_{\mathrm{g}}(1-C_1)\\&=10^3\times4.875\times10^{-2}+1.2\times(1-4.875\times10^{-2})\\&=49.89\mathrm{kg\cdot m^{-3}}\end{aligned}$$

$$\begin{aligned}\mu_{\mathrm{m}}&=\mu_1C_1+\mu_{\mathrm{g}}(1-C_1)\\&=10^{-3}\times4.875\times10^{-2}+1.67\times10^{-5}\times(1-4.875\times10^{-2})\\&=6.464\times10^{-5}\mathrm{Pa\cdot s}\end{aligned}$$

$$\begin{aligned}G_{\mathrm{m}}&=\rho_{\mathrm{g}}U_{\mathrm{sg}}+\rho_1U_{\mathrm{sl}}\\&=1.2\times2+10^3\times0.1025\\&=104.9\mathrm{kg\cdot m^{-2}\cdot s^{-1}}\end{aligned}$$

$$\begin{aligned}Re_{\mathrm{m}}&=\frac{DG_{\mathrm{m}}}{\mu_{\mathrm{m}}}\\&=\frac{50\times10^{-3}\times104.9}{6.464\times10^{-5}}=8.114\times10^4\end{aligned}$$

$$\begin{aligned}f&=0.0014+0.125Re_{\mathrm{m}}^{-0.32}\\&=0.0014+0.125\times(8.114\times10^4)^{-0.32}\\&=4.757\times10^{-3}\end{aligned}$$

由式(4-12-67)得

$$\begin{aligned}\alpha&=1+[3.021/(1.281-0.478\times3.021+0.444\times3.021^2-0.094\times3.021^3+0.00843\times3.021^4)]\\&=2.511\end{aligned}$$

由例4-12-4可知，$\bar{\varepsilon}_1=0.23$，$\bar{\varepsilon}_{\mathrm{g}}=0.77$

$$\beta=\frac{\rho_l C_l^2}{\rho_m \bar{\varepsilon}_l}+\frac{\rho_g(1-C_l^2)}{\rho_m \bar{\varepsilon}_g}$$

$$=\frac{10^3\times(4.875\times10^{-2})^2}{49.89\times0.23}+\frac{1.2\times[1-(4.875\times10^{-2})^2]}{49.89\times0.77}$$

$$=0.2383$$

$$f_{TP}=\alpha\beta f$$

$$=2.511\times0.2383\times4.757\times10^{-3}$$

$$=2.846\times10^{-3}$$

$$\left(\frac{\Delta p}{L}\right)_{TP}=\frac{2f_{TP}G_m^2}{D\rho_m}$$

$$=\frac{2\times2.846\times10^{-3}\times104.9^2}{50\times10^{-3}\times49.89}$$

$$=25.11\text{Pa}\cdot\text{m}^{-1}$$

② 按分相摩擦因子法

$$Re_{sg}=\frac{\rho_g DU_{sg}}{\mu_g}=\frac{1.2\times50\times10^{-3}\times2}{1.67\times10^{-5}}=7186$$

$$Re_{sl}=\frac{\rho_l DU_{sl}}{\mu_l}=\frac{10^3\times50\times10^{-3}\times0.1025}{10^{-3}}=5125$$

由例 4-12-4 可知，$X=1.543$，又 $Re_{sg}>2000$，$Re_{sl}>2000$，查图 4-12-28 得 $\phi_{G_{tt}}=5$

$$f_{sg}=0.079/Re_{sg}^{0.25}=0.079/7186^{0.25}=8.580\times10^{-3}$$

$$\left(\frac{\Delta p_f}{L}\right)_{sg}=\frac{2f_{sg}\rho_g U^2}{D}=\frac{2\times8.580\times10^{-3}\times1.2\times2^2}{50\times10^{-3}}=1.647\text{Pa}\cdot\text{m}^{-1}$$

$$\left(\frac{\Delta p_f}{L}\right)_{TP}=\phi_G^2\left(\frac{\Delta p_f}{L}\right)_{sg}=5^2\times1.647=41.18\text{Pa}\cdot\text{m}^{-1}$$

(2) 垂直管内的压降 对于垂直管内的流动，压降中的加速项可以忽略，流体的压力降等于流体的摩擦项与重力项之和。对于摩擦项，Oshinowo[46]根据实验结果，认为当两相向上流动时，在大多数情况下水平管的 Lockhart-Martinelli 关联式仍可采用。Chisholm[45]建议，对垂直上升管，式(4-12-74)、式(4-12-75) 中，取 $C=26$。Friedel 的摩擦损失关联式对水平管和垂直管都适用。因此，垂直管的压降为

$$(\Delta p/L)_{TP}=(\rho_g\varepsilon_g+\rho_l\varepsilon_l)_g+(\Delta p_f/L)_{TP} \tag{4-12-87}$$

另外，Duns 和 Ros[47]提出了一个比较可靠但计算较复杂的垂直管压降关联式。

(3) 局部阻力损失

① 90°弯头。Chisholm[45]建议，两相流体弯头的压降计算方法如下

$$\Delta p_b=\phi_{bLO}^2\Delta p_{bLO} \tag{4-12-88}$$

$$\phi_{bLO}^2=1+(Y^2-1)[B_{bx}^{(2-n)/2}(1-x)^{(2-n)/2}+x^{(2-n)}] \tag{4-12-89}$$

$$B_b=1+\frac{2.2}{C_{dLO}(2+R/D)} \tag{4-12-90}$$

式中，Δp_{bLO}与 C_{dLO}是假设全部流体为液相时弯头的压降与阻力系数；R/D 是弯头的

相对曲率半径。

② 截面积突变。Chisholm[45]（1983）建议，截面积突变时两相流体压降按式(4-12-91)计算

$$\Delta p = \phi_{\mathrm{bLO}}^{2} \Delta p_{\mathrm{LO}} \tag{4-12-91}$$

$$\phi_{\mathrm{bLO}}^{2} = 1 + (Y^2 - 1)[B_{\mathrm{c}} x(1-x) + x^2] \tag{4-12-92}$$

式中，Δp_{LO}是全部流体假定为液相时的压降；B_{c}为经验系数，当截面积突然扩大时，$B_{\mathrm{c}}=0.5$，当截面积突然缩小时，$B_{\mathrm{c}}=1.0$；在确定式(4-12-92）中参量 Y 时，Blasius 指数 n 取零。

③ 三通、阀门。通过三通、阀门的两相流动阻力[48]可对假定的均相流动阻力乘以修正系数 C_{b}而得，即

$$\Delta p_{\mathrm{f}} = C_{\mathrm{b}} f \frac{G_{\mathrm{m}}^2}{2\rho_1}\left[1+\left(\frac{\rho_1}{\rho_{\mathrm{g}}}-1\right)x\right] \tag{4-12-93}$$

$$C_{\mathrm{b}} = 1 + C\left[\frac{x(1-x)\left(1+\dfrac{\rho_1}{\rho_{\mathrm{g}}}\right)\sqrt{1-\dfrac{\rho_{\mathrm{g}}}{\rho_1}}}{1+x\left(\dfrac{\rho_1}{\rho_{\mathrm{g}}}-1\right)}\right] \tag{4-12-94}$$

式中，C 为系数，对于三通，$C=0.75$，对于一般阀门，$C=0.5$，对于截止阀，$C=1.3$。

参考文献

[1] Kulkarni A A, Joshi J B. Industrial & Engineering Chemistry Research, 2005, 44 (16): 5873.
[2] Kumar S B, Moslemian D, Duduković M P. AIChE Journal, 1997, 43 (6): 1414.
[3] Gaddis E, Vogelpohl A. Chemical Engineering Science, 1986, 41 (1): 97.
[4] Loimer T, Machu G, Schaflinger U. Chemical Engineering Science, 2004, 59 (4): 809.
[5] 戴干策，陈敏恒. 化工流体力学：第二版. 北京：化学工业出版社，2005.
[6] Grace J, Wairegi T, Nguyen T. Trans Inst Chem Eng, 1976, 54 (3): 167.
[7] Moore D. Journal of Fluid Mechanics, 1965, 23 (04): 749.
[8] Michaelides E E. Particles, Bubbles & Drops: Their motion, heat and mass transfer. World Scientific, 2006.
[9] Sadhal S, Ayyaswamy P S, Chung J N. Transport Phenomena with Drops and Bubbles. Springer, 1997.
[10] 列维奇. 物理-化学流体动力学. 戴干策，陈敏恒，译. 上海：上海科学技术出版社，1964.
[11] Probstain R F. 物理-化学流体动力学导论. 戴干策，方图南，范自辉，译. 上海：华东化工学院出版社，1992.
[12] Sadhal S, Johnson R E. Journal of Fluid Mechanics, 1983, 126: 237.
[13] Davis R, Acrivos A. Chemical Engineering Science, 1966, 21 (8): 681.
[14] Harper J. Advances in Applied Mechanics, 1972, 12: 59.
[15] Subramanian R, Chhabra R, Dekee D. New York: Hemisphere Pub Corp, 1992.
[16] Fulford G D. Advances in Chemical Engineering, 1964, 5: 151.
[17] 胡军，胡国辉，孙德军，等. 力学进展，2005, 35 (2): 161.
[18] 邓斌，戴干策. 化工学报，2015, 66 (4): 1407.
[19] Kofman N, Ruyer-Quil C, Mergui S. International Journal of Multiphase Flow, 2016, 84: 75.
[20] Chang H C. Physics of Fluids A, 1989, 1 (8): 1314.

[21] Chang H. Annual Review of Fluid Mechanics，1994，26(1)：103.
[22] Kharangate C R，Lee H，Mudawar I. International Journal of Heat and Mass Transfer，2015，81：52.
[23] Mascarenhas N，Mudawar I. International Journal of Heat and Mass Transfer，2013，67：1106.
[24] Aarts D G，Schmidt M，Lekkerkerker H N. Science，2004，304(5672)：847.
[25] Young Y，Ham F，Herrmann M，et al. Annual research briefs-2002. Stanford，CA：Center for Turbulence Research，2002：301.
[26] 车得福，李会雄．多相流及其应用．西安：西安交通大学出版社，2007.
[27] Crowe C T. Multiphase flow handbook. CRC press，2005.
[28] 李海青，乔贺堂．多相流检测技术进展．北京：石油工业出版社，1996.
[29] 李海青，黄志尧．软测量技术原理及应用．北京：化学工业出版社，2000.
[30] Troniewski L，Ulbrich R. Chemical Engineering Science，1984，39(7)：1213.
[31] Cheng L. Frontiers and progress in multiphase flow I. Springer，2014.
[32] Hughmark G. Chemical Engineering Science，1965，20(12)：1007.
[33] 周肇义．化学工程手册．北京：化学工业出版社，1989.
[34] Eaton B A，Knowles C R，Silberbrg I. Journal of Petroleum Technology，1967，19(06)：815.
[35] Lockhart R，Martinelli R. Chem Eng Prog，1949，45(1)：39.
[36] Chisholm D. Journal of Mechanical Engineering Science，1966，8(1)：107.
[37] Chen J，Spedding P. International Journal of Multiphase Flow，1981，7(6)：659.
[38] Spedding P，Chen J. Encyclopedia of Fluid Mechanics，1986，3：492.
[39] Beggs D H，Brill J P. Journal of Petroleum Technology，1973，25(05)：607.
[40] Mandhane J，Gregory G，Aziz K. International Journal of Multiphase Flow，1974，1(4)：537.
[41] 戴干策．化学工程基础：流体流动、传热及传质．北京：中国石化出版社，1991.
[42] Dukler A，Wicks M，Cleveland R. AIChE Journal，1964，10(1)：44.
[43] Chisholm D. International Journal of Heat and Mass Transfer，1973，16(2)：347.
[44] Friedel L. Improved friction pressure drop correlations for horizontal and vertical two-phase pipe flow. European two-Phase Flow Group Meeting. Paper E，1979.
[45] Chisholm D. Two-phase flow in pipelines and heat exchangers. London：Longman Inc，1983.
[46] Oshinowo T，Charles M. The Canadian Journal of Chemical Engineering，1974，52(1)：25.
[47] Duns Jr H，Ros N. Proceedings of the sixth world petroleum congress：Part Ⅱ，Frankfurt am Main，1963：419.
[48] 连桂森．多相流动基础．杭州：浙江大学出版社，1989.

13

非牛顿流体的流动

13.1 按流变行为的分类

许多工程和自然科学领域中涉及高分子熔体和溶液，发酵液、原油、各种浓悬浮体、乳浊液以及泡沫等非牛顿流体。非牛顿流体的流动行为对管道输送、加工设备的设计、合理选择加工方法和操作条件，以及控制过程终点和产品质量等均有密切关系。

广义地说，研究物质流动和变形的科学称为流变学（rheology），描述物质受力与变形之间关系的方程称为流变方程或本构方程（constitutive equation）。牛顿流体的本构方程就是牛顿黏性定律。

13.1.1 非牛顿流体的黏度

非牛顿流体的黏度定义为

$$\eta=\frac{\tau}{\dot{\gamma}} \tag{4-13-1}$$

式中 τ——剪应力，Pa；

η——剪切黏度，又称表观黏度（apparent viscosity），简称黏度，Pa·s；

$\dot{\gamma}$——剪切（应变）率，s^{-1}。

一定温度、压力下非牛顿流体的黏度是剪切率 $\dot{\gamma}$ 的函数，不同 $\dot{\gamma}$ 下黏度的差异可达三个量级以上。表 4-13-1 列出常见加工过程的剪切率范围[1]。

表 4-13-1 常见加工过程的剪切率范围

过程	$\dot{\gamma}/s^{-1}$	应用
悬浮液体中细粉沉降	$10^{-6}\sim10^{-4}$	医药、涂料
表面张力作用下的流平	$10^{-2}\sim10^{-1}$	涂料、油墨
重力作用下的流淌	$10^{-1}\sim10^{1}$	涂料、涂层的流挂
挤出	$10^{0}\sim10^{2}$	聚合物
咀嚼和吞咽	$10^{1}\sim10^{2}$	食物
浸涂	$10^{1}\sim10^{2}$	涂料和甜食
混合和搅拌	$10^{1}\sim10^{3}$	液体加工
管流	$10^{0}\sim10^{3}$	泵送、血液流动

续表

过程	$\dot{\gamma}/s^{-1}$	应用
喷雾和涂刷	$10^3 \sim 10^4$	喷雾干燥、燃油雾化
抹涂	$10^4 \sim 10^5$	护肤膏
液体基料中颜料的研磨	$10^3 \sim 10^5$	油漆、油墨生产
高速涂层	$10^5 \sim 10^6$	造纸
润滑	$10^3 \sim 10^7$	汽油发动机

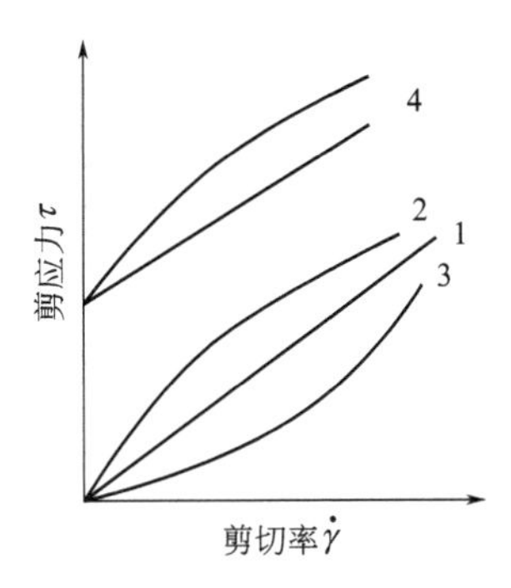

图 4-13-1 广义牛顿流体的流动曲线

1—牛顿型；2—假塑性；3—胀塑性；4—黏塑性

非牛顿流体按流变行为分为广义牛顿流体、依时性流体和黏弹性流体三类。

13.1.2 广义牛顿流体

流变行为与应力史无关的流体称为广义牛顿流体。各类广义牛顿流体的应力与剪切率的关系可用图 4-13-1 所示的流动曲线表示。

(1) 假塑性 (pseudoplastic) 流体 在相当宽的剪切率范围内，流体的黏度随剪切率增大而下降，称剪切变稀，如聚合物液体、浓牛奶等。其流变行为经验地表达成为幂律 (power law 或 Ostwald-de Waele) 关系

$$\tau = K\dot{\gamma}^n \tag{4-13-2}$$

式中 K——稠度系数 (consistency)，$Pa \cdot s^n$；

n——流动 (行为) 指数，无量纲。对假塑性流体 $n<1$，牛顿流体 $n=1$，胀塑性流体 $n>1$。

K、n 与温度、压力有关。压力不太高时，K、n 与温度的关系为[2]

$$K = K_0 \exp\left[\frac{-A(T-T_0)}{T}\right] \tag{4-13-3}$$

$$n = n_0 + \frac{B(T-T_0)}{T_0} \tag{4-13-4}$$

式中 K_0、n_0——参照温度 T_0 下的稠度系数和流动行为指数；

A、B——由实验决定的常数。

幂律模型适用于中等剪切率的情况。为在较宽剪切率范围内表达 τ-$\dot{\gamma}$ 或 η-$\dot{\gamma}$ 关系，已提出了许多模型和相应的流变方程[2,3]，见表 4-13-2。某些流体典型的模型参数见表 4-13-3。

表 4-13-2 广义牛顿流体的流变方程

名称	公式号	方程	模型参数
幂律	(4-13-2)	$\tau=K\dot{\gamma}^n$	K—稠度系数； n—流动行为指数
Eyring	(4-13-5)	$\tau=A\sinh^{-1}\left(\frac{\dot{\gamma}}{B}\right)$	A、B—常数
Sisko	(4-13-6)	$\tau=A\dot{\gamma}+B\dot{\gamma}^n$	A、B、n—常数
Ellis	(4-13-7)	$\tau=\frac{\dot{\gamma}\eta_0}{1+\left(\frac{\tau}{\tau_{1/2}}\right)^{a-1}}$	a—常数，表示 η 对 τ 的依赖性； η_0—零剪切黏度； $\tau_{1/2}$—$\eta=\frac{\eta_0}{2}$时的剪应力
Cross	(4-13-8)	$\frac{\eta-\eta_\infty}{\eta_0-\eta_\infty}=\frac{1}{1+(\lambda\dot{\gamma})^n}$	$\eta_\infty=\lim_{\dot{\gamma}\to\infty}\eta$； $\eta_0=\lim_{\dot{\gamma}\to 0}\eta$。 λ—时间常数； n—常数
Carreau	(4-13-9)	$\frac{\eta-\eta_\infty}{\eta_0-\eta_\infty}=\frac{1}{[1+(\lambda\dot{\gamma})^2]^n}$	η_∞、η_0、λ、n—常数
Bingham	(4-13-10)	$\tau=\tau_y+\eta_B\dot{\gamma}$	τ_y—屈服应力
Casson	(4-13-11)	$\sqrt{\tau}=\sqrt{\tau_y}+\sqrt{\eta_C\gamma}$	τ_y—屈服应力
Herschel-Bulkley	(4-13-12)	$\tau=\tau_y+K\dot{\gamma}^n$	τ_y—屈服应力； K—稠度系数； n—流动行为指数

表 4-13-3 某些流体典型的模型参数

流体	温度/℃	模型	参数
1.5%CMC 水溶液	27	幂律	$K=9.7\text{Pa}\cdot\text{s}^n$；$n=0.4$
0.7%CMC 水溶液	27	幂律	$K=1.5\text{Pa}\cdot\text{s}^n$；$n=0.5$
1%聚氧化乙烯水溶液	20	幂律	$K=0.944\text{Pa}\cdot\text{s}^n$；$n=0.532$
1%聚氧化乙烯水溶液	40	幂律	$K=0.706\text{Pa}\cdot\text{s}^n$；$n=0.544$
聚苯乙烯	149	幂律	$K=1.6\times10^5\text{Pa}\cdot\text{s}^n$；$n=0.4$
番茄酱	25	幂律	$K=18.7\text{Pa}\cdot\text{s}^n$；$n=0.28$

续表

流体	温度/℃	模型	参数
低密度聚乙烯	160	Carreau	$\eta_\infty=53900\text{Pa·s}$；$\eta_\infty=0$；$\lambda=289\text{s}$；$n=0.171$
高密度聚乙烯	160	Carreau	$\eta_\infty=49100\text{Pa·s}$；$\eta_\infty=0$；$\lambda=388\text{s}$；$n=0.171$
钙皂基润滑脂	120	Bingham	$\tau_y=710\text{Pa}$；$\eta_B=6.5\text{Pa·s}$
麦淇淋	30	Bingham	$\tau_y=51\text{Pa}$；$\eta_B=0.72\text{Pa·s}$

(2) 胀塑性 (dilatant) 流体 这种流体的黏度随剪切率增大而加大，又称剪切变稠。某些浓悬浮体如玉米淀粉浆在一定剪切率范围内呈此特性。

表达胀塑性流体的流变行为也用式(4-13-2) 的幂律模型，此时 $n>1$。

(3) 黏塑性 (visco-plastic) 流体 这类流体只有施加的应力超过屈服应力之后流体才能流动，诸如牙膏、化妆品、浓矿砂浆等。超过屈服应力后，应力与 $\dot{\gamma}$ 的关系可以是线性的或非线性的。

黏塑性流体的流变方程[4] 见表 4-13-2。其中 Herschel-Bulkley 模型是纯经验的，式(4-13-12)中当 $n=1$ 即为 Bingham 模型；当 $\tau_y=0$ 时为幂律模型。

13.1.3 依时性流体(触变性)

流体的黏度或应力响应不但与剪切率 $\dot{\gamma}$ 有关，而且与受剪时间有关，即 $\tau=f(\dot{\gamma},t)$。在一定 $\dot{\gamma}$ 下时间 t 趋于无穷，τ 也趋于一平衡值。依时性流体的黏度指此平衡剪应力与 $\dot{\gamma}$ 之比。

在一定 $\dot{\gamma}$ 下，剪应力随剪切持续时间的延续而降低的流体称为触变性 (thixotropic) 流体，如油漆、油煤浆等；反之，在一定 $\dot{\gamma}$ 下剪应力随时间而增大的流体称震凝性 (rheopectic) 流体。除流体中发生化学变化外，震凝性流体一般少见。

图 4-13-2 表示 $\dot{\gamma}$ 随时间线性增加后又线性降低时触变性 (曲线 a) 和震凝性 (曲线 b) 流体的滞后环。此环面积越大，依时性越强。

13.1.4 黏弹性流体

黏弹性流体的应力-应变率关系与全部应力历史有关。聚合物熔体和溶液是典型的黏弹性流体，在定态剪切下表现出前述广义牛顿流体的特性，而当剪切发生变化 (包括扩大、收缩流和非定态流动) 则表现出弹性。黏弹性流体的许多特殊流动现象详见本篇 13.4 节。

13.2 广义牛顿流体的管内流动

13.2.1 充分发展的层流流动

(1) 剪应力分布 对任何广义牛顿流体，管内剪应力沿半径 r 作线性分布

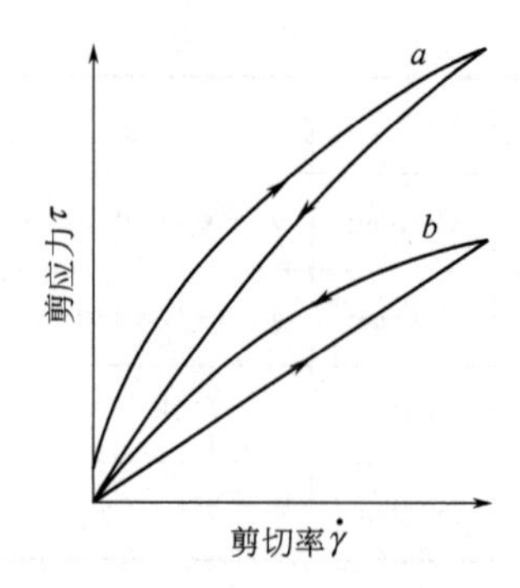

图 4-13-2 依时性流体的滞后环

a—触变性流体；b—震凝性流体

$$\tau=\tau_w\frac{r}{R} \tag{4-13-13}$$

$$\tau_w=\frac{D\Delta p}{4L} \tag{4-13-14}$$

式中 R、D——圆管半径和直径，m；

Δp——流经管长 L 的压降，Pa；

τ_w——管壁剪应力，Pa。

(2) 速度分布 在壁面无滑移条件下，轴向（z）速度 u_z 分布的一般方程为

$$u_z=\frac{R}{\tau_w}\int_{\tau}^{\tau_w}\dot{\gamma}\mathrm{d}\tau \tag{4-13-15}$$

用不同模型的 $\dot{\gamma}$-τ 关系代入式(4-13-15) 即可得圆管内层流的速度分布，详见表 4-13-4。幂律流体和 Bingham 流体管内流动的速度分布如图 4-13-3 所示。

表 4-13-4 几种广义牛顿流体管内充分发展层流的速度分布表达式

模型	速度分布	公式号
牛顿流体	$u_z=\frac{\tau_w}{2\mu}R\left[1-\left(\frac{r}{R}\right)^2\right]$	(4-13-16)
幂律流体	$u_z=\left(\frac{\tau_w}{K}\right)^{1/n}\frac{n}{n+1}R\left[1-\left(\frac{r}{R}\right)^{\frac{n+1}{n}}\right]$	(4-13-17)
Ellis	$u_z=\frac{\tau_w}{2\eta_0}R\left[1-\left(\frac{r}{R}\right)^2\right]+\frac{\tau_w R^a}{\eta_0\tau_{1/2}^{a-1}(a+1)}\left[1-\left(\frac{r}{R}\right)^{a+1}\right]$	(4-13-18)
Bingham	$\dot{\gamma}<\dot{\gamma}_C$ 或 $\tau<\tau_y$，$u_z=\frac{\tau_w}{2\eta_B}R(1-x^2)$	(4-13-19)
	$\dot{\gamma}>\dot{\gamma}_C$ 或 $\tau>\tau_y$，$u_z=\frac{\tau_w}{2\eta_B}R\left[1-\left(\frac{r}{R}\right)^2-2x\left(1-\frac{r}{R}\right)\right]$	(4-13-20)

续表

模型	速度分布	公式号
Herschel-Bulkley	$\dot{\gamma}<\dot{\gamma}_C$ 或 $\tau<\tau_y$，$u_z=\left(\frac{\tau_w}{K}\right)^{\frac{1}{n}}\frac{1}{n+1}R\left(1-x^{\frac{n+1}{n}}\right)$	(4-13-21)
	$\dot{\gamma}>\dot{\gamma}_C$ 或 $\tau>\tau_y$，$u_z=\left(\frac{\tau_w}{K}\right)^{\frac{1}{n}}\frac{1}{n+1}R\left[(1-x)^{\frac{n+1}{n}}-\left(\frac{r}{R}-x\right)^{\frac{n+1}{n}}\right]$	(4-13-22)
Casson	$\dot{\gamma}<\dot{\gamma}_C$ 或 $\tau<\tau_y$，$u_z=\frac{\tau_w}{2\eta_C}R\left(1-\frac{8}{3}x^{\frac{1}{2}}+2x-\frac{1}{3}x^2\right)$	(4-13-23)
	$\dot{\gamma}>\dot{\gamma}_C$ 或 $\tau>\tau_y$，$u_z=\frac{\tau_w}{2\eta_C}R\left\{1-\left(\frac{r}{R}\right)^2-\frac{8}{3}x^{\frac{1}{2}}\left[1-\left(\frac{r}{R}\right)^{\frac{3}{2}}\right]+2x\left(1-\frac{r}{R}\right)\right\}$	(4-13-24)

注：$\dot{\gamma}_C=\frac{R\tau_y}{\tau_w}$；$x=\frac{\tau_y}{\tau_w}$。

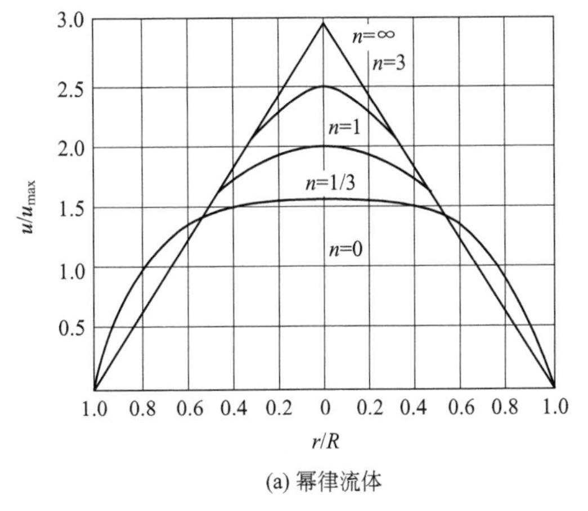

(a) 幂律流体

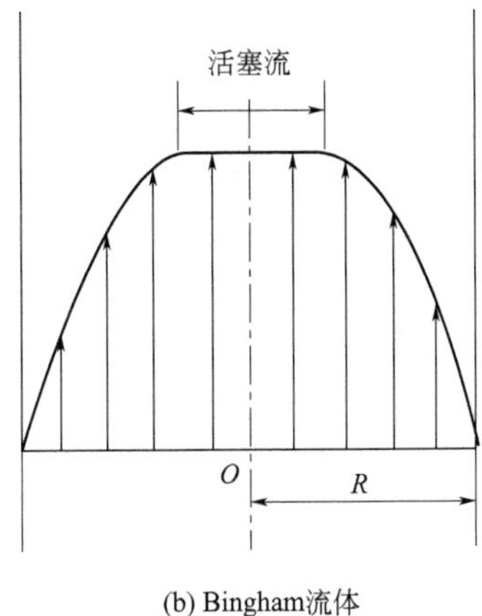

(b) Bingham流体

图 4-13-3 圆管内充分发展层流的速度分布

【例 4-13-1】 试求幂律流体在管内作层流流动时管中心最大速度与平均速度的比值。

解 幂律流体用 $\dot{\gamma}=\frac{\tau}{K}^{\frac{1}{n}}$ 代入式(4-13-15)得

$$u_z=\frac{R}{\tau_w}\int_{\tau}^{\tau_w}\left(\frac{\tau}{K}\right)^{\frac{1}{n}}d\tau=\frac{n}{n+1}R\tau_w^{\frac{1}{n}}\left[1-\left(\frac{\tau}{\tau_w}\right)^{\frac{n+1}{n}}\right]$$

$$u_z=\left(\frac{\Delta p}{2KL}\right)^{\frac{1}{n}}\frac{n}{n+1}R^{\frac{n+1}{n}}\left[1-\left(\frac{r}{R}\right)^{\frac{n+1}{n}}\right]$$

管中心 $r=0$ 处的最大流速为

$$u_{max}=\left(\frac{\Delta p}{2KL}\right)^{\frac{1}{n}}\frac{n}{n+1}R^{\frac{n+1}{n}}$$

平均流速为
$$u=\frac{2\int_0^R u_z\pi r\,dr}{\pi R^2}$$

$$u=\frac{n}{3n+1}R\left(\frac{\tau_w}{K}\right)^{\frac{1}{n}}=\frac{n}{3n+1}\left(\frac{\Delta p}{2KL}\right)^{\frac{1}{n}}R^{\frac{n+1}{n}}$$

最大流速和平均流速之比是

$$\frac{u_{max}}{u}=\frac{3n+1}{n+1}$$

对牛顿流体，$n=1$，$\frac{u_{max}}{u}=2$。

(3) 层流时流量与压降的关系式 体积流量 Q 与点速度的关系为

$$Q=2\int_0^R u_z\pi r\,dr \tag{4-13-25}$$

将各种模型的速度分布代入式(4-13-25)积分，得流量与压降（以 τ_w 的形式表现）的关系式，见表 4-13-5。

表 4-13-5 几种广义牛顿流体在圆管中层流流动的流量公式

模型	流量与压降的关系式(以 τ_w 的形式表现)	公式号
牛顿流体	$\frac{Q}{\pi R^3}=\frac{\tau_w}{4\mu}$	(4-13-26)
幂律流体	$\frac{Q}{\pi R^3}=\frac{n}{3n+1}\left(\frac{\tau_w}{K}\right)^{\frac{1}{n}}$	(4-13-27)
Ellis	$\frac{Q}{\pi R^3}=\frac{\tau_w}{4\eta_0}\left[1+\frac{4}{3+\alpha}\left(\frac{\tau_w}{\tau_{\frac{1}{2}}}\right)^{\alpha-1}\right]$	(4-13-28)

续表

模型	流量与压降的关系式(以 τ_w 的形式表现)	公式号
Bingham	$\frac{Q}{\pi R^3}=\frac{\tau_w}{4\eta_B}\left(1-\frac{4}{3}x+\frac{1}{3}x^4\right)$	(4-13-29)
Herschel-Bulkley	$\frac{Q}{\pi R^3}=\left(\frac{\tau_w}{K}\right)^{1/n}(1-x)^{(1+n)/n}\times\left[\frac{(1-x)^2}{3+1/n}+\frac{2x(1-x)}{2+1/n}+\frac{x^2}{1+1/n}\right]$	(4-13-30)
Casson	$\frac{Q}{\pi R^3}=\frac{\tau_w}{4\eta_C}\left(1-\frac{16}{7}x^{1/2}+\frac{4}{3}x-\frac{1}{21}x^4\right)$	(4-13-31)

注：$x=\frac{\tau_y}{\tau_w}$。

13.2.2 从层流向湍流的过渡

Re 数的临界值取决于非牛顿行为的类型与程度。

(1) 幂律流体 Metzner 和 Reed 定义广义雷诺数为：

$$Re_{MR}=\frac{d^{n'}u^{2-n'}\rho}{K'8^{n'-1}} \tag{4-13-32}$$

参数 K'、n'的获得见本篇 13.5 节。对幂律流体

$$n'=n,\quad K'=K\left(\frac{1+3n}{4n}\right) \tag{4-13-33}$$

因此，幂律流体的广义雷诺数为

$$Re_{MR}=\frac{d^n u^{2-n}\rho}{K\left(\frac{1+3n}{4n}\right)8^{n'-1}} \tag{4-13-34}$$

圆管内由层流向湍流过渡的临界雷诺数 $(Re_{MR})_c$ 按式(4-13-35a) 计算

$$(Re_{MR})_c=\frac{6464}{\phi_{(n)}} \tag{4-13-35a}$$

式中

$$\phi_{(n)}=\frac{(3n+1)^2}{n}\left(\frac{1}{n+2}\right)^{\frac{n+2}{n+1}} \tag{4-13-36}$$

当 $n=0.2\sim1.0$ 时，按式(4-13-35a)、式(4-13-36) 计算得到 $(Re_{MR})_c=2100\sim2400$。

另有研究者认为，单位体积流体的平均动能与壁面剪切应力之比在层流-湍流转变点保持常数。对牛顿流体 $Re_c=2100$，由此对幂律流体导得

$$Re_c=\frac{2100(4n+2)(5n+3)}{3(3n+1)^2} \tag{4-13-35b}$$

上述式(4-13-35a)、式(4-13-35b) 对牛顿流体都得到 2100 的临界值。但式(4-13-35a) 预测，随幂律指数下降，达到最大值 ($n=0.4$) 2400，随后在 $n=0.1$ 降至 1600。后一行为

与 Dodge、Metzner 的观察不符，实验给出 $n'=0.38$ 时层流保持到 $Re_c\approx 3100$。数值计算[5]也证实这种趋向。式(4-13-35b) 预测的 Re_c 随幂律指数 n 的降低单调上升，在极限值 $n=0$ 时，预测值为 4200。尽管式(4-13-35a) 给出 Re_c 与 n 的关系较为复杂，与实验结果有些不符，但通常仍采用上述方程的近似结果。幂律流体的临界雷诺数改为 2000～2500。

(2) Bingham 流体 Hanks 提出 Bingham 流体由层流向湍流过渡的临界雷诺数：

$$(Re_B)_c=\frac{He}{8x}\left(1-\frac{4}{3}x+\frac{1}{3}x^4\right) \tag{4-13-37}$$

式中 Re_B——Bingham 雷诺数，定义为

$$Re_B=\frac{Du\rho}{\eta_B} \tag{4-13-38}$$

Hestrom 数定义为

$$He=\frac{D^2\tau_y\rho}{\eta_B^2} \tag{4-13-39}$$

η_B 是 Bingham 黏度，见表 4-13-2。比值 $x=\tau_y/\tau_w$，在向湍流过渡时的临界值是 x_c，有

$$\frac{x_c}{(1-x_c)^3}=\frac{He}{16800} \tag{4-13-40}$$

另一种近似方法是由式(4-13-41) 计算向湍流过渡的临界流速 u_c：

$$\frac{Du_c\rho}{\eta_B\left(1+\dfrac{\tau_yD}{6\eta_Bu_c}\right)}\approx 2100 \tag{4-13-41}$$

(3) Herschel-Bulkley 模型 Slatter 建议层流-湍流状态转变的雷诺数临界值为 $Re_{mod}=2100$，该修正雷诺数定义为

$$Re_{mod}=\frac{8\rho u_{ann}^2}{\tau_y+m\left(\dfrac{8u_{ann}}{D_{shear}}\right)^n} \tag{4-13-42}$$

其中

$$u_{ann}=\frac{Q-Q_{plug}}{\pi(R^2-R_p^2)} \tag{4-13-43}$$

$$D_{shear}=R-R_p$$

式中，R_p 为活塞流区域半径；R 为管半径；Q 为体积流量；Q_{plug} 为活塞流流量。剪切稀化和屈服应力使流动稳定，延迟了状态转变[6]。

13.2.3 管内湍流的速度分布

幂律流体在光滑管内湍流核心区中的速度分布式为[7]

$$u^+-C_{(y/R,t)}=5.57\lg\ (y^+)^{\frac{1}{n}}-5.57\lg\left(\frac{R^nu_*^{2-n}\rho}{K}\right)^{\frac{1}{n}}+0.984\left(\frac{2}{f}\right)^{\frac{1}{2}}+3.63 \tag{4-13-44}$$

式中，u^+是点速度u_z与摩擦速度u_*之比；y^+的定义是

$$y^+=\frac{y^n u_*^{2-n}\rho}{K} \tag{4-13-45}$$

式中，$y=R-r$。

$$C_{(y/R,t)}=0.05\left(\frac{2}{f}\right)^{\frac{1}{2}}\exp\left[-\frac{(y/R-0.8)^2}{0.15}\right] \tag{4-13-46}$$

式中，f是Fanning摩擦因子。

式(4-13-44) 适用于$n=0.45\sim1.0$的幂律流体。

在贴近壁面的层流内层中，速度分布为

$$u^+=(y^+)^{\frac{1}{n}} \tag{4-13-47}$$

管壁粗糙度影响湍流时的速度分布。但非牛顿流体的层流内层较厚，粗糙度的影响比牛顿流体小。有关粗糙管、非圆管以及更准确的速度分布关系，可参阅有关专著[8]。

13.2.4 流动阻力和摩擦因子

(1) 层流摩擦因子 非牛顿流体在直管内作层流流动的压降Δp与流量Q的关系见表4-13-5（以τ_w的形式表现）。从中可以获得Fanning摩擦因子f的计算值。在层流时f与粗糙度无关。

① 对幂律流体

$$f=\frac{16}{Re_{MR}} \tag{4-13-48}$$

式中，广义雷诺数Re_{MR}的定义见式(4-13-34)。

② 对Bingham流体

$$f=\frac{16}{Re_{MR}}\left(1+\frac{1}{6}\times\frac{He}{Re_B}-\frac{1}{3}\times\frac{He^4}{f^3Re_B^7}\right) \tag{4-13-49}$$

式中，Re_B、He的定义见式(4-13-38)、式(4-13-39)。

③ 对Casson流体

$$f=\frac{16}{Re_c}\left(1-\frac{1}{6}\times\frac{He}{Re_c}+\frac{1}{7}(2f\times He)^{\frac{1}{2}}+\frac{He^4}{21f^3Re_c^7}\right) \tag{4-13-50}$$

式中，Re_c、He的定义见式(4-13-38)、式(4-13-39)，只是以Casson黏度η_C代替η_B。

(2) 湍流摩擦因子

① 摩擦因子的通用关联式。Dodge和Metzner[9]提出光滑管中湍流的Fanning摩擦因子为

$$\frac{1}{\sqrt{f}}=\frac{4.0}{n'^{0.75}}\lg\left(Re_{MR}f^{1-\frac{n'}{2}}\right)-\frac{0.4}{n'^{1.2}} \tag{4-13-51}$$

式中，n'及Re_{MR}见式(4-13-32)。

图 4-13-4 是式(4-13-51)的计算结果(虚线)与实验结果(实线)的比较。对聚合物溶液及悬浮体在 $n=0.36\sim1.0$,$Re_{MR}=2900\sim3600$ 范围内,式(14-13-51)与实验完全吻合。

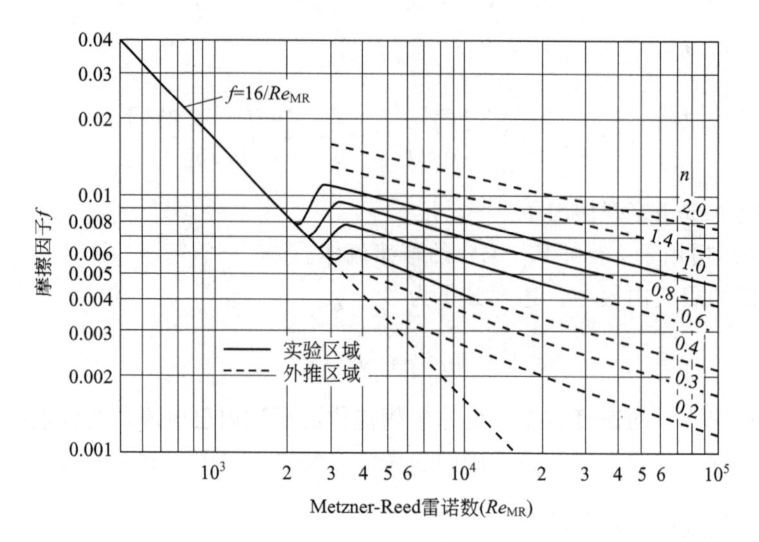

图 4-13-4 广义牛顿流体的 Fanning 摩擦因子

② Bingham 流体。Fanning 摩擦因子可按式(4-13-52)计算

$$\frac{1}{\sqrt{f}}=4.53\lg(1-x)+4.53\lg(Re_B\sqrt{f})-2.3 \tag{4-13-52}$$

对黏塑性流体和幂律流体在完全湍流区,考虑粗糙度 ε 的影响,建议使用式(4-13-53)计算 f

$$\frac{1}{\sqrt{f}}=\frac{4.07}{n}\lg\left(\frac{D}{2\varepsilon}\right)+6.0-\frac{2.65}{n} \tag{4-13-53}$$

(3) 局部阻力 非牛顿流体管内流动的局部阻力仍用牛顿流体的计算方法

$$h_f=\zeta\frac{u^2}{2\alpha}=4f\frac{Le}{D}\times\frac{u^2}{2\alpha} \tag{4-13-54}$$

式中,α 为动能校正系数,牛顿流体层流 $\alpha=0.5$,湍流 $\alpha=1.0$;幂律流体湍流 $\alpha=1.0$,层流则按式(4-13-55)计算:

$$\alpha=\frac{(2n+1)(5n+3)}{3(3n+1)^2} \tag{4-13-55}$$

对黏塑性流体

$$\alpha=\frac{1}{2-\dfrac{\tau_y}{\tau_w}} \tag{4-13-56}$$

非牛顿流体流经管件、阀门、突然缩小等的局部阻力研究不多,一般用式(4-13-32)定义的广义雷诺数 Re_{MR} 并按牛顿流体的方法计算。

对幂律流体层流流动由截面 A_1 突然扩大至 A_2 的局部阻力可由式(4-13-57) 估计

$$h_f=\frac{3n+1}{2n+1}\left[\frac{n+3}{2(5n+3)}\left(\frac{A_1}{A_2}\right)^2-\frac{A_1}{A_2}+\frac{3(3n+1)}{2(5n+3)}\right]u_1^2 \tag{4-13-57}$$

湍流流动突然扩大的局部阻力仍按牛顿流体计算。

(4) 进口段长度及附加阻力　非牛顿流体进口段长度 L_{en} 取管中心速度达到充分发展速度 98%的长度。

① 层流幂律流体 L_{en} 可按图 4-13-5 查取。图中 Re_p 定义为

$$Re_p=\frac{D^n u^{2-n}\rho}{K}$$

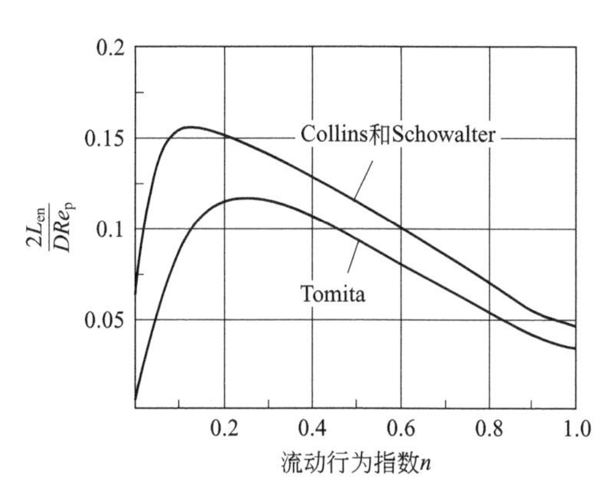

图 4-13-5　幂律流体的层流进口段长度

进口段长度内的沿程阻力是同等长度充分发展流动时的阻力和额外阻力之和，即

$$h_f=h_{fd}+C\frac{u^2}{2} \tag{4-13-58}$$

式中，额外阻力系数 C 见图 4-13-6。

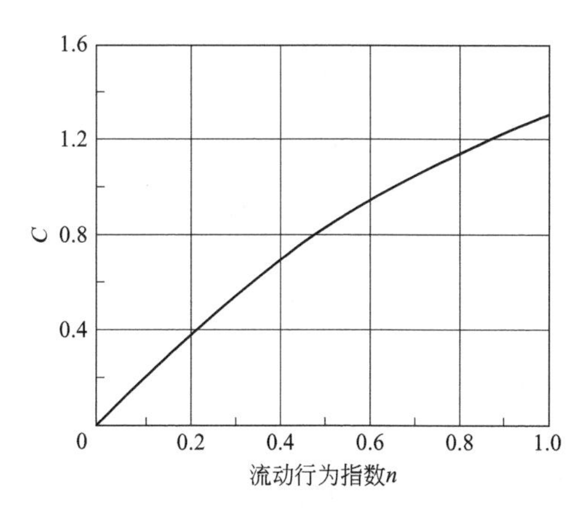

图 4-13-6　幂律流体层流进口段额外阻力系数 C

Bingham 流体层流进口段长度 L_{en} 见图 4-13-7，图中雷诺数 Re_B 的定义见式 (4-13-38)。进口段的额外阻力系数 C 见图 4-13-8。

第4篇

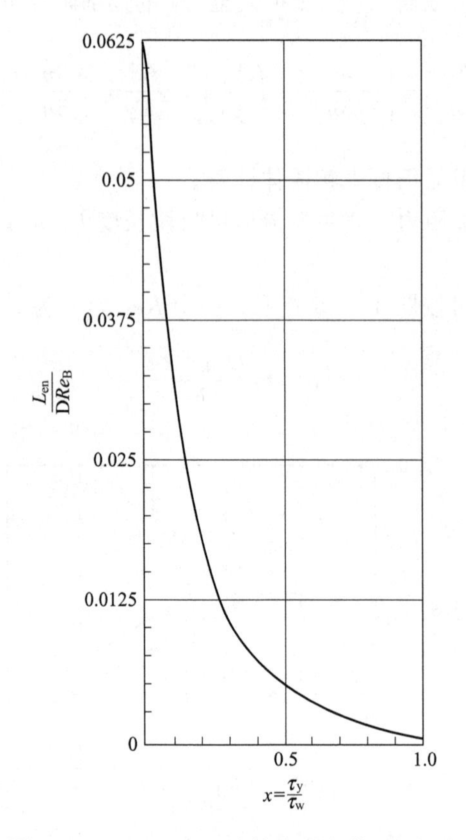

图 4-13-7 Bingham 流体的层流进口段长度

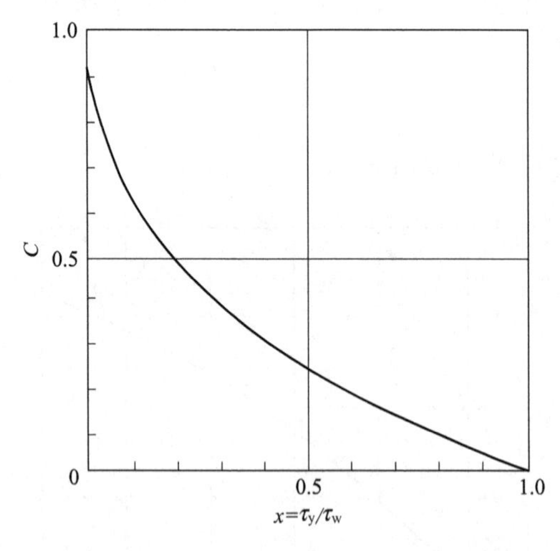

图 4-13-8 Bingham 流体层流进口段的额外阻力系数

② 湍流。少量实验数据表明，非牛顿体的湍流进口段长度 $\frac{L_{en}}{D} \leqslant 15$。这比牛顿流体 $\frac{L_{en}}{D}=15$ 要短得多。湍流进口段压降近似与牛顿体相同。黏弹性流体的进口段长度则较牛顿流体长得多。

13.3 非牛顿流体绕流边界层

黏性流体绕过物体表面，由于无滑移条件，在高 Re 数壁面附近流动近似处理为边界层流。有关牛顿流体的边界层理论参见本篇第 3 章部分。对非牛顿流体，无滑移条件的有效性虽然有争议，但通常仍然认为这一条件是成立的。即便如此，非牛顿流体绕流壁面时的边界层型流动能否成立，需作具体分析。对拟塑性幂律流体 $Re_L=\rho U^{2-n}L^{2-n}/m$。当 $n<2$ 时，Re_L 是速度 U 的单调增函数，边界层将因速度足够大而出现。当 $n>2$ 时，如果 U 太大，边界层将不会形成。当特征速度 U 很小时，尽管 Re_L 很大（$U\to0$，$Re_L\to\infty$），但因幂律模型仅在 $\partial u_x/\partial y$ 相当大时才成立，所以这种情况下边界层型的流动并不能产生。对于 $n>2$，只有保持中等大小的速度，使 $Re_L\approx1$，才可能将流动作边界层近似处理。

假定 $n<2$，满足边界层形成条件，平板上幂律流体，沿流动方向边界层厚度的发展。

$$\frac{\delta}{x}=F(n)Re_x^{-\frac{1}{n+1}} \tag{4-13-59}$$

其中

$$F(n)=\left[\frac{280}{39}(n+1)\left(\frac{3}{2}\right)^n\right]^{\frac{1}{n+1}} \tag{4-13-60}$$

若令 $n=1$，$m=\mu$（牛顿流体），式(4-13-59) 转化为

$$\frac{\delta}{x}=4.64Re_x^{-\frac{1}{2}}$$

边界层增厚速度：

$$\frac{d\delta}{dx}=\frac{1}{n+1}F(n)Re_x^{-\frac{1}{n+1}}$$

或

$$\frac{d\delta}{dx}\approx x^{-\frac{1}{n+1}} \tag{4-13-61}$$

对拟塑性流体（$n<1$），边界层厚度随流动方向距离增长较牛顿流体更为迅速。

壁面剪切应力：

$$\tau_w=\rho U^2(n+1)\left[\frac{3}{2F(n)}\right]^n Re_L^{-\frac{1}{n+1}} \tag{4-13-62}$$

$$C_D=2(n+1)\left[\frac{3}{2}F(n)\right]^n Re_L^{-\frac{1}{n+1}} \tag{4-13-63}$$

13.4 黏弹性流体的流动

13.4.1 黏弹性流体的特异流动行为[2,10]

(1) 爬竿效应（Weissenberg 效应） 当用搅拌轴使容器内的流体作圆周运动时，转轴处的液面沿轴上升，离轴较远处的液面下降。这一行为与牛顿流体正好相反。爬杆效应被解释为垂直于流线方向产生额外的正应力，即黏弹性流体在作剪切流动时产生第一法向应力差

所致。

(2) 挤出胀大（又称 Barus 效应） 黏弹性流体从大容器经管口（模口）流出时，挤出物直径 D_j 将大于管口直径 D。Tanner[11] 提出膨胀比 D_j/D 可达到 3 倍之多。Tanner[11] 提出膨胀比与第一法向应力差之间的关系为

$$\frac{D_j}{D}=\left[1+\frac{1}{8}\left(\frac{N_1}{\tau}\right)_w^2\right]^{\frac{1}{6}} \tag{4-13-64}$$

式中，N_1、τ 分别为管壁处的第一法向应力差和剪应力。

膨胀在聚合物加工中是一种重要现象，现在可利用测量膨胀比获得 N_1 的信息。

(3) 无管虹吸 牛顿流体的虹吸管上端必须插入容器内的液体之中；但对黏弹性流体在形成虹吸流动后，上端管口可以升高，使之高于液面一段距离仍能保持虹吸现象。无管虹吸是构成高分子液体可纺性的必要条件。

(4) 回复现象 施加压力梯度使黏弹性流体在管内流动；当突然移去压力梯度，黏弹性流体将反向移动一段距离后才停止。

(5) 反向次流 在液体中插入一旋转圆盘，形成的主流是切向流，同时在转盘下方形成轴向次流。在牛顿流体中，次流的方向是轴中心处流体向上而四周流体向下；黏弹性流体则相反，轴心处流体向下而容器四周的流体向上运动。反向次流对搅拌、传质等操作是个重要的影响因素。

此外，黏弹性流体尚有熔体破裂、减阻效应（见本篇 13.4.2 节）等许多区别于牛顿流体的特异流动行为[2]。

13.4.2 黏弹性流体的定常剪切行为

(1) 正应力差和正应力系数 黏弹流体在定常剪切流中的正应力差是剪切率 $\dot{\gamma}$ 的函数，即

$$N_1=\tau_{11}-\tau_{22}=\psi_1\dot{\gamma}^2 \tag{4-13-65}$$

$$N_2=\tau_{22}-\tau_{33}=\psi_2\dot{\gamma}^2 \tag{4-13-66}$$

式中 N_1、N_2——第一、第二法向应力差，也称第一、第二正应力差，Pa；

τ_{11}、τ_{22}、τ_{33}——直角坐标中相互垂直的三个方向上的法向应力，Pa；

ψ_1、ψ_2——第一、第二法向应力系数，$Pa\cdot s^2$。

第一法向应力差 N_1 为正；第二法向应力差 N_2 为负，其值比 N_1 小得多，约是 N_1 的 1/10 量级。ψ_1、ψ_2 是剪切率 $\dot{\gamma}$ 的函数，图 4-13-9、图 4-13-10 表示几种流体的法向应力系数与 $\dot{\gamma}$ 的关系。

(2) 湍流减阻（Toms 效应） 含少量高分子量聚合物的水或有机溶液，在湍流流动时的阻力明显低于纯溶剂的阻力，而在层流时溶液的黏度却略高于纯溶剂，即使溶液中高分子物的含量甚微（如 5～100$\mu g\cdot g^{-1}$），均有减阻现象。图 4-13-11 是典型的一例。减阻效果可用减阻百分率 DR 表示：

$$DR=\left(1-\frac{\Delta p}{\Delta p_s}\right)=1-\frac{f}{f_s} \tag{4-13-67}$$

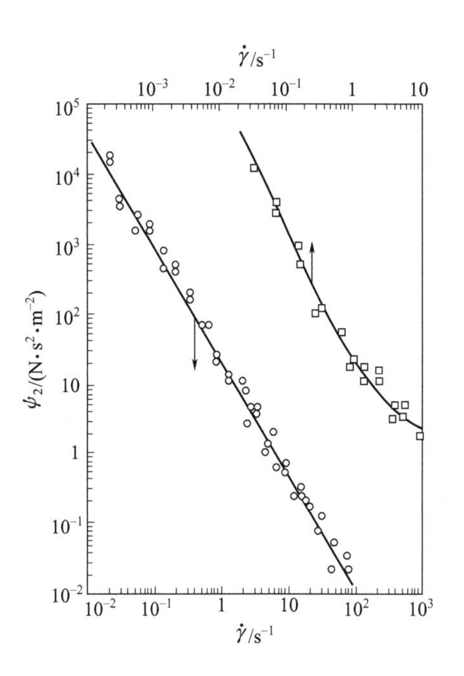

图 4-13-9 聚合物溶液的第二法向应力系数与剪切率的关系

○—含 2.5%聚丙烯酰胺的水/甘油（50/50）溶液；□—含 3%聚氧化乙烯的水/甘油/异丙醇（57/38/5）溶液

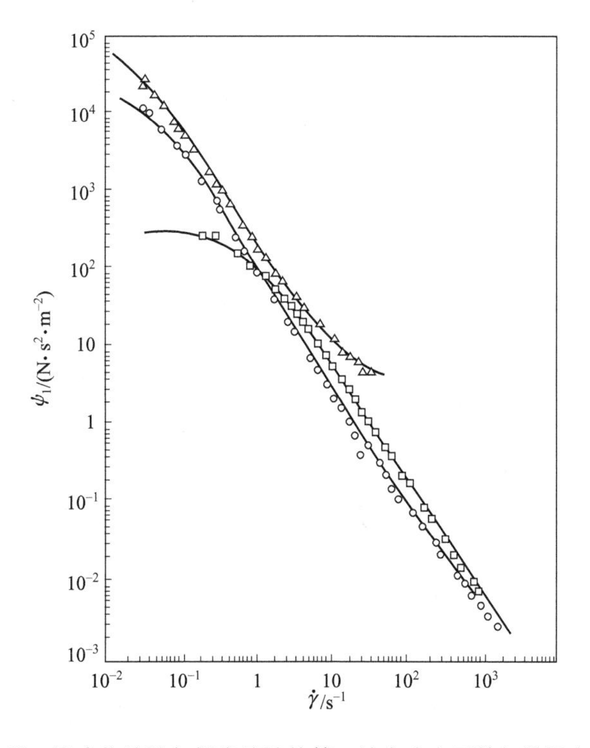

图 4-13-10 聚合物溶液与铝皂溶液的第一法向应力系数与剪切率的关系

○—含 1.5%聚丙烯酰胺的甘油/水混合物；△—2.0%聚异丁烯的伯醇（Primol 355）溶液；□—7%月桂酸铝的萘烷与间甲酚溶液

式中，Δp 为直管流动的压降；f 为 Fanning 摩擦因子；下标 s 表示纯溶剂；溶液雷诺数中的黏度用纯溶剂的黏度。由图 4-13-11 可知，含 $5\mu g \cdot g^{-1}$ 聚氧化乙烯的水溶液在 $Re=10^5$ 时，$DR=40\%$。

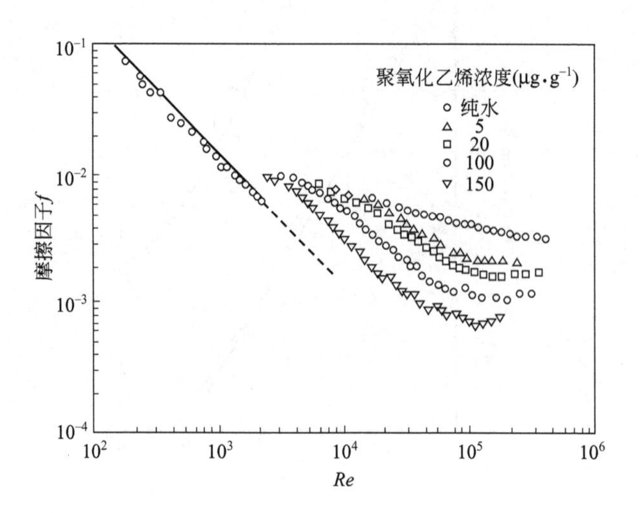

图 4-13-11 聚氧化乙烯水溶液的 Fanning 摩擦因子

聚合物减阻有以下基本规律：

① 减阻效果与管径大小有关。层流时的 Fanning 摩擦因子与一般牛顿流体相同，即 $f=16/Re$。湍流时的摩擦因子光滑管的 Prandtl-Karman 方程

$$\frac{1}{\sqrt{f}}=4.0\lg(Re_B\sqrt{f})-0.4 \tag{4-13-68}$$

只有当 Re 超过某一数值后方有减阻效果，该点称减阻起始点。起始点 Re 与管径有关，而与聚合物浓度无关。管径越大，减阻起始点的 Re 也越大，见图 4-13-12。

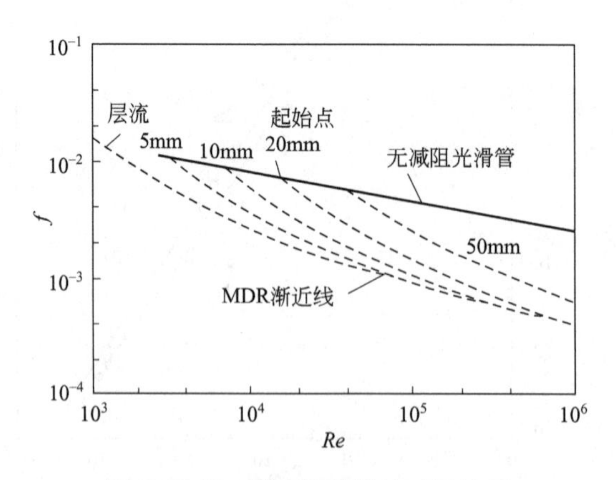

图 4-13-12 聚合物溶液的减阻特征

② 不同管径在减阻起始点的管壁剪应力 τ_w 为一常数，即只有当 $\tau_w>\dot{\tau}_w^*$ 才有减阻现象。$\dot{\tau}_w$ 与聚合物分子旋转半径的三次方成反比。

③ 已经发现，对任何减阻剂和浓度，都存在最大减阻渐近线（MDR），如图 4-13-12 所

示。该线可用式(4-13-69) 表示

$$\frac{1}{\sqrt{f}}=19.0\lg(Re\sqrt{f})-32.4 \tag{4-13-69}$$

④ 在最大减阻线与光滑管 Prandtl-Karman 线之间，减阻效果与聚合物的分子构型和浓度有关。分子量高、长链而较少支化的高分子物减阻效果较好。

⑤ 聚合物经反复使用，或流经泵、阀等经过高剪切后会使分子降解，减阻效果不断下降。

减阻机理的看法不一[2]，一般认为是由于液体的弹性抑制了小涡旋的生成和湍流脉动。目前，减阻已广泛应用于原油输送、航海、消防、灌溉、固体的水力输送等处[1]。

13.4.3 黏弹性流体的本构方程及其力学行为

(1) 线性黏弹流体的力学模型和本构方程 应力、应变与其导数之间呈线性关系的流体称线性黏弹流体。这种流体的应变是全部应力史的函数，多个应力对应变的贡献是独立的，总应变是各个应力贡献的线性加和，此称为 Maxwell 叠加原理。这一理论及下列本构方程仅适用于小应变率的情况。

① Maxwell 模型见图 4-13-13，是由一个黏壶和一个弹簧串联构成黏弹性液体的力学模型，其应力、应变关系为

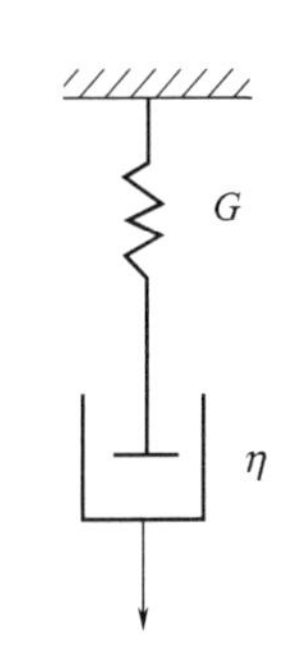

图 4-13-13 Maxwell 模型

$$\tau+\lambda\frac{\partial\tau}{\partial t}=\eta\dot{\gamma} \tag{4-13-70}$$

式中 λ——Maxwell 松弛时间，即 $\lambda=\frac{\eta}{G}$。η 为黏壶的黏度，Pa•s；

G——弹簧的弹性模量，Pa。

② Kelvin（又称 Voigt）模型，见图 4-13-14，是由一个黏壶和一个弹簧并联构成的黏弹性固体力学模型，其应力、应变关系为

$$\tau=G\gamma+\eta\dot{\gamma} \tag{4-13-71}$$

式中，γ 为应变，无量纲。

表 4-13-6 列出常用的几种力学模型及其本构方程。

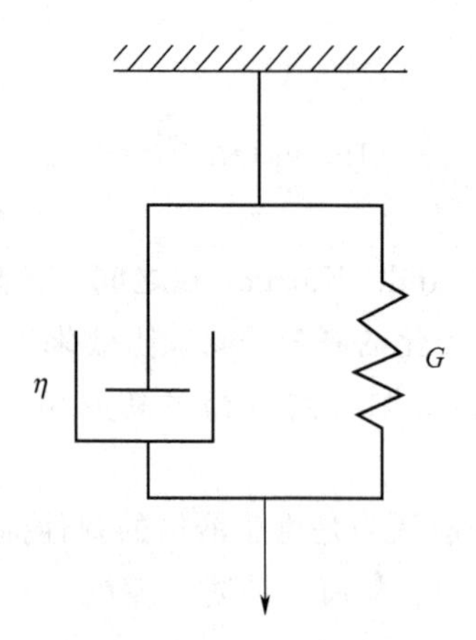

图 4-13-14　Kelvin 模型

表 4-13-6　几种线性黏弹性力学模型及本构方程

模型名称	简图	本构方程	公式号
Maxwell 黏弹液体		$\tau+\lambda\frac{\partial\tau}{\partial t}=\eta\dot{\gamma}$	(4-13-72)
Kelvin 黏弹固体		$\tau=\eta\dot{\gamma}+G\gamma$	(4-13-73)
Jeffreys 黏弹液体		$\tau+\frac{\eta_1+\eta_2}{G}\dot{\tau}=\eta_1\dot{\gamma}+\frac{\eta_1\eta_2}{G}\dot{\gamma}$	(4-13-74)
Jeffreys 黏弹固体		$\tau+\frac{\eta}{G_1+G_2}\dot{\tau}=\frac{G_1G_2}{G_1+G_2}\gamma+\frac{G_2\eta}{G_1+G_2}\dot{\gamma}$	(4-13-75)
Burgers 黏弹液体		$\tau+\left(\frac{\eta_1}{G_1}+\frac{\eta_1+\eta_2}{G_2}\right)\dot{\tau}+\frac{\eta_1\eta_2\dot{\tau}}{G_1G_2}=\eta_1\dot{\gamma}+\frac{\eta_1\eta_2}{G}\ddot{\gamma}$	(4-13-76)

注：$\dot{\gamma}=\frac{\partial r}{\partial t}$；$\dot{\tau}=\frac{\partial\tau}{\partial t}$；$\ddot{\gamma}=\frac{\partial\dot{\gamma}}{\partial t}$；$\ddot{\tau}=\frac{\partial\dot{\tau}}{\partial t}$。

③ 线性黏弹流体的一般本构方程由多个黏壶和弹簧组成各种较为复杂的力学模型，根据线性叠加原理可以得到线性黏弹物体的应力、应变之间关系的一般微分方程：

$$\left(1+\alpha_1\frac{\partial}{\partial t}+\alpha_2\frac{\partial^2}{\partial t^2}+\cdots+\alpha_n\frac{\partial^n}{\partial t^n}\right)\tau=\left(\beta_0+\beta_1\frac{\partial}{\partial t}+\beta_2\frac{\partial^2}{\partial t^2}+\cdots+\beta_m\frac{\partial^m}{\partial t^m}\right)\gamma \tag{4-13-77}$$

式中，α_1、β_1 是物质常数，如各个黏壶的黏度及弹簧的模量等。若 $\beta_0=\eta$，其他系数为零，则上式简化为 Kelvin 模型；若 $\alpha_1=\lambda$，$\beta_1=\eta$，其他系数为零，则上式简化为 Maxwell 模型。

(2) 线性黏弹性流体的蠕变和应力松弛

① 蠕变（creep）是指在恒定应力 τ_0 作用下，应变随时间而变化的关系。其一般式为

$$\gamma=J_{(t)}\tau_0 \tag{4-13-78}$$

式中　$J_{(t)}$——蠕变柔量（compliance），Pa^{-1}。

Maxwell 模型在 $t\geqslant 0$ 施加恒定应力 τ_0，则有

$$\gamma=\left(\frac{1}{G}+\frac{t}{\eta}\right)\tau_0 \tag{4-13-79}$$

Kelvin 模型 $t\geqslant 0$ 施加恒定应力 τ_0，则应变为：

$$\gamma=\frac{\tau_0}{G}(1-e^{-\frac{1}{\lambda'}}) \tag{4-13-80}$$

式中　λ'——推迟时间，即 Kelvin 模型中的$\frac{\eta}{G}$，是应变达最终弹性应变 τ_0/G 的 63.2%时所需的时间。

② 应力松弛（relaxation）是指突然使物体产生应变 γ_0 后，应力随时间而衰减的关系。其一般式为

$$\tau=G_{(t)}\gamma_0 \tag{4-13-81}$$

式中　$G_{(t)}$——松弛模量，Pa。

Maxwell 模型在 $t\geqslant 0$ 保持恒定应变 γ_0，起始应力为 τ_0，则有

$$\tau=\tau_0 e^{-t/\lambda} \tag{4-13-82}$$

式中　λ——Maxwell 松弛时间，s，即应力松弛至初始应力的 36.8%时所需的时间。

柔量 $J_{(t)}$ 和松弛模量 $G_{(t)}$ 都是时间的函数，与应力或应变的大小无关，都是物质函数。

(3) 线性黏弹流体本构方程的积分形式　将各种线性黏弹流体本构方程积分，可得一般形式为

$$\tau=\int_{-\infty}^{t}\psi_{(t-t')}\dot{\gamma}_{(t')}\mathrm{d}t' \tag{4-13-83}$$

或

$$\tau=\int_{-\infty}^{t}M_{(t-t')}\gamma_{(t')}\mathrm{d}t' \tag{4-13-84}$$

式中　$\psi_{(t-t')}$——松弛函数；

$M_{(t-t')}$——记忆函数；它与 $\psi_{(t-t')}$ 的关系为

$$M_{(t-t')}=\frac{\partial}{\partial t'}\psi_{(t-t')} \tag{4-13-85}$$

第4篇

不同力学模型的松弛函数和记忆函数的具体形式不同，对 Maxwell 模型

$$\psi_{(t-t')}=\frac{\eta}{\lambda}e^{\frac{-(t-t')}{\lambda}} \tag{4-13-86}$$

$$M_{(t-t')}=\frac{\eta}{\lambda^2}e^{-\frac{(t-t')}{\lambda}} \tag{4-13-87}$$

(4) 非线性黏弹流体的本构方程 多数聚合物在有限应变率条件下表现非线性黏弹行为。获得非线性黏弹流体的本构方程的途径是：

① 将上述线性黏弹性方程经验地推广至共轴坐标系（corotational coordinate）中；

② 按连续介质理论导出；

③ 基于分子模型导出；

④ 最简单的一例是 Zaremb-Fromm-Dewitt（ZFD）方程，即

$$T_{ij}+\lambda\left(\frac{DT_{ij}}{Dt}+T_{ik}\omega_{kj}-\omega_{ik}T_{kj}\right)=2\eta\dot{\gamma}_{ij} \tag{4-13-88}$$

式中 T_{ij}、$\dot{\gamma}_{ij}$、ω_{kj}——应力张量、应变率张量和旋度张量。

$\frac{D}{Dt}$定义为：

$$\frac{D}{Dt}=\frac{\partial}{\partial t}+(u\nabla) \tag{4-13-89}$$

更为复杂的非线性黏弹性流体本构方程可参阅相关著作[2,10]。

(5) 描述弹性对过程影响的无量纲数群 本质上表征流体弹性的大小是本构方程中的物质函数和物质常数。弹性在加工过程中的相对重要性取决于物质性质和环境条件两方面的对比，通常用以下无量纲数群表示。

① Deborah 数，即

$$De=\frac{\lambda}{\theta} \tag{4-13-90}$$

式中 λ——材料的特征时间常数，如 Maxwell 松弛时间等；

θ——流动过程的特征时间，如流体经过设备的时间等。

② 应力比，即正应力差与剪应力之比

$$S=\frac{\tau_{11}-\tau_{22}}{\tau_{12}} \tag{4-13-91}$$

③ Weissenberg 数，即

$$We=\frac{\lambda u}{L} \tag{4-13-92}$$

式中 μ、L——特征速度和系统尺度。

④ 表示弹性力与黏性力之比的弹性数，即

$$E_L=\frac{\eta\lambda}{\rho L^2} \tag{4-13-93}$$

此外，表征流体弹性大小还常用下列定义的松弛时间

$$\lambda=\frac{\tau_{11}-\tau_{22}}{2\tau_{12}\dot{\gamma}} \tag{4-13-94}$$

此松弛时间中的物理量可用仪器测得，见本篇 13.5 节。

由 De 数和 Wi 数构成的 Pipkin 图有助于本构方程的选择，如图 4-13-15 所示。

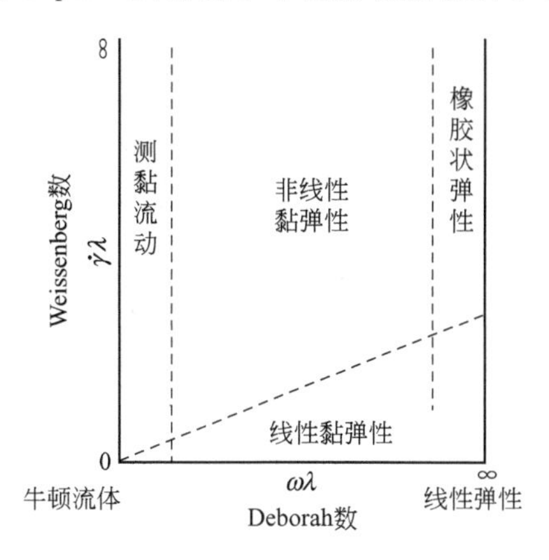

图 4-13-15 不同流动状态的 Pipkin 划分

13.4.4 拉伸流动

(1) 拉伸黏度 纤维纺丝、塑料薄膜吹制、中空吹塑等过程中的拉伸流是流动的主要成分，拉伸流的行为与流体的弹性密切相关。

通常的拉伸流动有单轴拉伸、双轴拉伸与平面拉伸三种，见图 4-13-16。以下叙述除特殊说明外均指单轴拉伸。

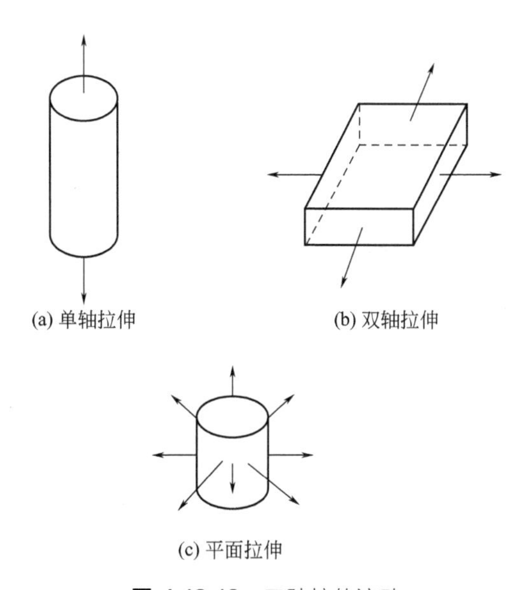

图 4-13-16 三种拉伸流动

长度为 L_0 的材料拉伸至 L 的轴向拉伸应变（hencky strain）是

$$\varepsilon=\int_{L_0}^{L}\frac{\mathrm{d}L}{L}=\ln\frac{L}{L_0} \tag{4-13-95}$$

单轴拉伸的轴向应变率 $\dot{\varepsilon}$ 定义为单位时间内长度的增量与原有长度之比：

$$\dot{\varepsilon}=\frac{\partial \varepsilon}{\partial t}=\frac{\partial u_z}{\partial z} \tag{4-13-96}$$

式中 u_z——轴向速度，为坐标 z 的函数。

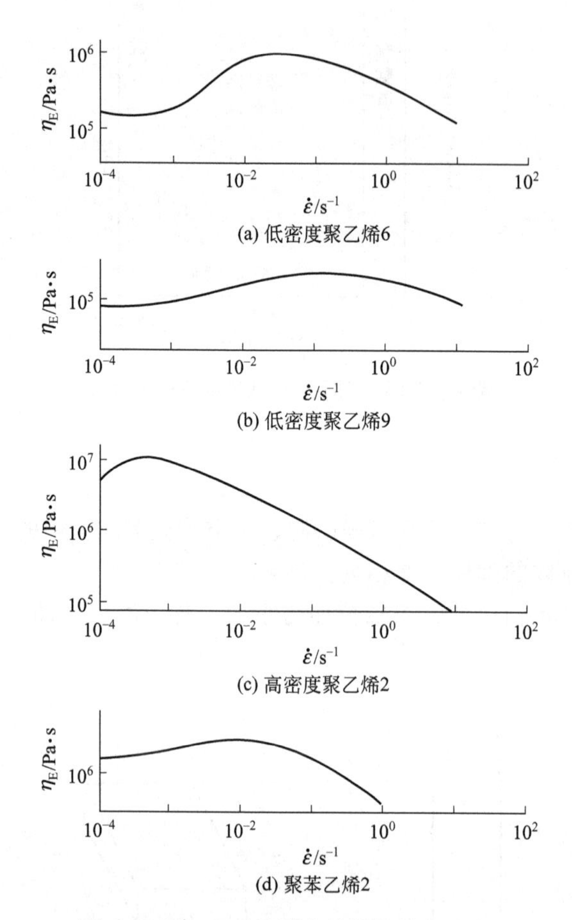

图 4-13-17 四种聚合物熔体的拉伸黏度

拉伸黏度定义为法向应力差与拉伸应变率之比：

$$\eta_E=\frac{\tau_{zz}-\tau_{rr}}{\dot{\varepsilon}} \tag{4-13-97}$$

不可压缩牛顿流体作单轴拉伸时，若径向均匀收缩，轴向速度与半径 r 无关，则拉伸黏度为一常数，且与剪切黏度之间有如下关系（Trouton 关系）：

$$\eta_E=3\mu \tag{4-13-98}$$

非牛顿流体的拉伸黏度比剪切黏度大得多，且与应变率 $\dot{\varepsilon}$ 有关。η_E 随 $\dot{\varepsilon}$ 增加而上升的现象称为拉伸变硬，η_E 随 $\dot{\varepsilon}$ 增加而降低称拉伸变稀。图 4-13-17 是四种聚合物熔体的拉伸黏度，该图表明在小 $\dot{\varepsilon}$ 处拉伸黏度为一常数，随 $\dot{\varepsilon}$ 增加上升，η_E 有一最大值。但各种材料拉伸黏度的曲线形状有很大差异。

(2) Trouton 比值 取下列比值

$$T_R=\frac{\eta_E(\dot{\varepsilon})}{\eta(\dot{\gamma})} \tag{4-13-99}$$

为 Trouton 比值，牛顿流体在任何应变率 $\dot{\varepsilon}$ 下的 T_R 均为 3。非牛顿流体 η ($\dot{\gamma}$) 取 $\dot{\gamma}=\sqrt{3}\dot{\varepsilon}$ 的黏度。纯黏性流体在所有应变率 $\dot{\varepsilon}$ 下的 T_R 也均为 3。反之，$T_R>3$ 是流体弹性的表现。典型的两种高分子溶液的拉伸黏度和 Trouton 比值见图 4-13-18。

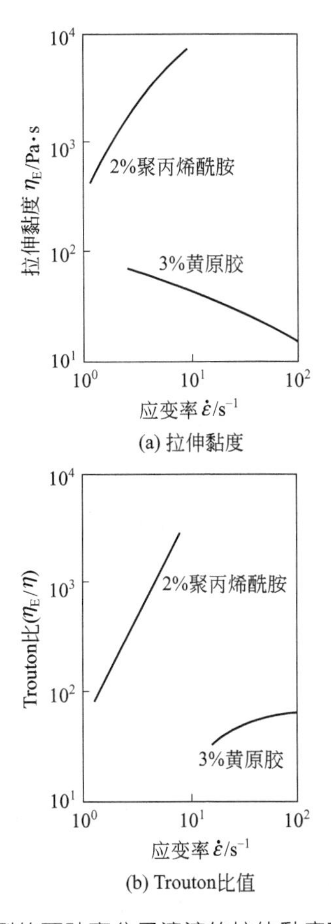

图 4-13-18 典型的两种高分子溶液的拉伸黏度和 Trouton 比值

(3) 拉伸黏度增长函数 若在 $\dot{\varepsilon}=\text{const}$ 条件下作拉伸试验，则法向应力差将随时间而变化，原则上当时间足够长后最终将趋于定值。前述拉伸黏度是指时间的法向应力差与 $\dot{\varepsilon}$ 之比，即指平衡拉伸黏度。在应力发展的每一瞬时，法向应力差与应变率之比称为瞬时拉伸黏度 $\overline{\eta}_E$。瞬时拉伸黏度与时间的关系称为拉伸黏度增长函数，典型的示例见图 4-13-19。图中 $\overline{\eta}_E$ (t，$\dot{\varepsilon}$) 曲线有一最大值。由于实验的困难，常引用此最大值作为拉伸黏度的平衡值，图 4-13-17 中所示的拉伸黏度即取此值。

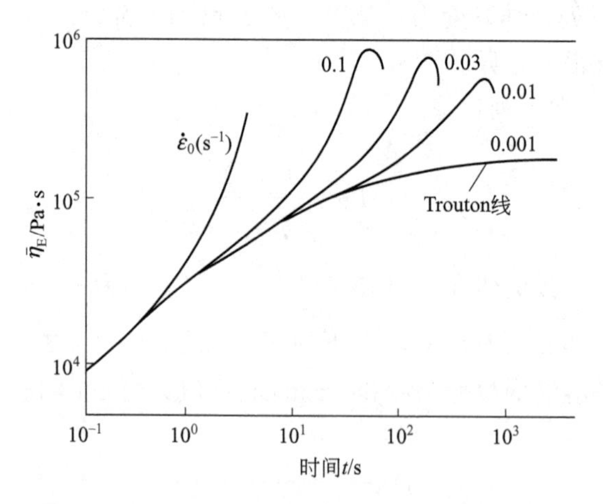

图 4-13-19 低密度聚乙烯的拉伸黏度增长函数

13.5 流变参数的实验测定

13.5.1 毛细管流变仪

(1) 特点 测量流体通过圆管作层流流动时压降与流量的关系，从而获得流体的流动曲线。

毛细管流变仪有恒剪切率和恒剪应力两种基本形式，均能获得高剪切率范围内数据。此外，毛细管温度控制方便，能直接模仿塑料挤出成型、注塑等流动过程。工业上还可测量聚合物熔体的挤出胀大效应和入口的附加压降以推算材料的弹性。

(2) 普遍化流量公式(Rabinowitch-Mooney 方程) 性质未知的流体在圆管中作层流流动时，体积流量和压降的一般关系为

$$\frac{8Q}{\pi D^3}=\frac{1}{\tau_w^3}\int_0^{\tau_w}\tau^2\dot{\gamma}\mathrm{d}\tau \tag{4-13-100}$$

式中，τ_w 为管壁剪应力，见式(4-13-14)。

若 $\int_0^{\tau_w}\tau^2\dot{\gamma}=f(\tau)$ 的关系已知，则式(4-13-100) 经积分后得不同流变模型的流量公式，见表 4-13-5。对式(4-13-100) 求导后可得管壁剪切率 $\dot{\gamma}_w$ 为

$$\dot{\gamma}_w=3\left(\frac{8Q}{\pi D^3}\right)+\frac{D\Delta p}{4L}\times\frac{\mathrm{d}\left(\frac{8Q}{\pi D^3}\right)}{\mathrm{d}\left(\frac{D\Delta p}{4L}\right)} \tag{4-13-101}$$

称为 Rabinowitch-Mooney 方程，式(4-13-101) 可写成

$$\dot{\gamma}_w=\frac{3n'+1}{4n'}\times\frac{8u}{D} \tag{4-13-102}$$

式中

$$n'=\frac{\mathrm{dlg}\left(\frac{D\Delta p}{4L}\right)}{\mathrm{dlg}\left(\frac{8u}{D}\right)} \tag{4-13-103}$$

实验可得测量参数$\frac{8u}{D}$-$\frac{D\Delta p}{4L}$之间的关系，见图 4-13-20。曲线上任一点的切线斜率为n'，切线截距为K'。由此可按式（4-13-100）及式(4-13-101）求出$\dot{\gamma}_w$与τ_w的对应关系，即流动曲线。

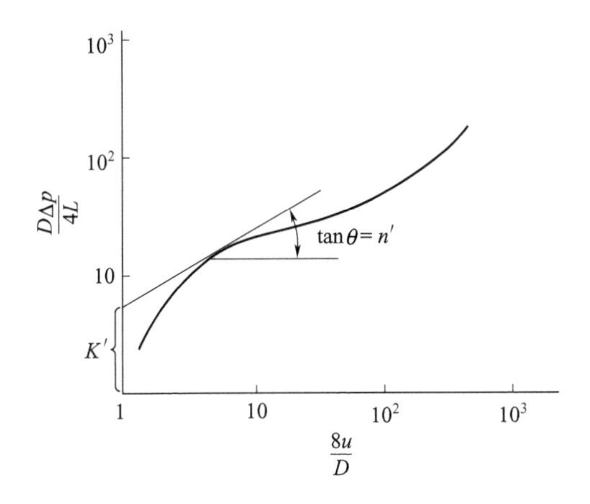

图 4-13-20 参数 K'、n'的确定

若在实验范围内 $\lg\frac{8u}{D}$-$\lg\frac{D\Delta p}{4L}$是直线，则式(4-13-103）写成

$$\frac{D\Delta p}{4L}=K'\left(\frac{8u}{D}\right)^{n'} \tag{4-13-104}$$

此种液体服从幂律模型，且有

$$n'=n$$

$$K'=K\left(\frac{3n+1}{4n}\right) \tag{4-13-105}$$

【例 4-13-2】 用直径为 2mm、长 0.5m 的毛细管黏度计测量苹果沙司在 297K 下的流动曲线。实验测得不同流量下的压降列于表 4-13-7 的第 1、2 行。

① 确定适用于该物料的流变模型及参数；

② 欲将此物料以 $0.5\times10^{-3}\mathrm{m^3\cdot s^{-1}}$的流量在压降 $\Delta p\leqslant15\mathrm{kPa}$ 条件下在管内输送 30m，求合适的管径。

解 ① 参数$\frac{8u}{D}$-$\frac{D\Delta p}{4L}$为

$$\frac{8u}{D}=\frac{32Q}{\pi D^3}=\frac{32}{\pi 0.002^3}Q=\left(\frac{4}{\pi}\times10^9\right)Q$$

$$\frac{D\Delta p}{4L}=\frac{0.002}{4\times0.5}\Delta p=10^{-3}\Delta p$$

将计算结果列于表 4-13-7 第 3、4 行。以$\frac{8u}{D}$-$\frac{D\Delta p}{4L}$作图，见图 4-13-21。在双对数坐标上为一直线，斜率 $n'=0.644$，截距 $K'=0.545$。可知该流体为幂律流体，且

$$n=n'=0.644$$

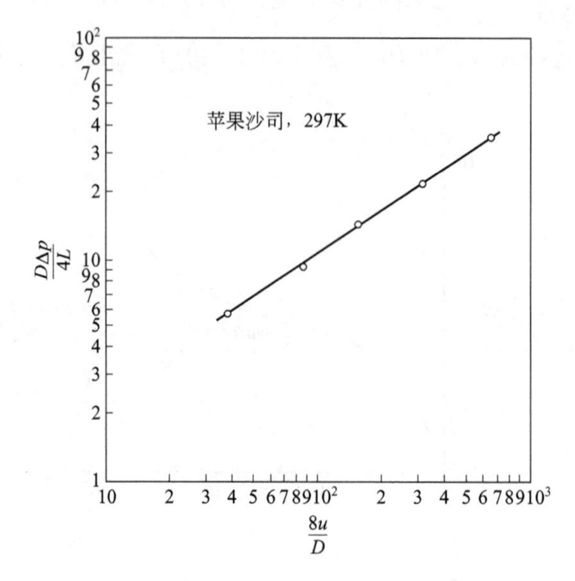

图 4-13-21 例 4-13-2 附图

$$K=K'\left(\frac{4n}{3n+1}\right)^{n}=0.545\left(\frac{4\times 0.644}{3\times 0.644+1}\right)^{0.644}=0.501\text{Pa}\cdot\text{s}^{n}$$

表 4-13-7 例 4-13-2 附表

1	$Q\times 10^{6}/(\text{m}^{3}\cdot\text{s}^{-1})$	0.03	0.065	0.12	0.24	0.50
2	$\Delta p/\text{kPa}$	5.17	9.38	13.9	21.8	34.9
3	$\frac{8u}{D}/\text{s}^{-1}$	38.2	82.8	153	306	636
4	$\frac{D\Delta p}{4L}/\text{Pa}$	5.7	9.38	13.9	21.8	34.9

② 由幂律流体的流量公式(见表 4-13-5) 得

$$D=\left[\frac{8Q}{\pi}\left(\frac{3n+1}{4n}\right)\left(\frac{4LK}{\Delta p}\right)^{\frac{1}{n}}\right]^{\frac{n}{3n+1}}$$

$$=\left[\frac{8\times 0.5\times 10^{-3}}{\pi}\times\left(\frac{3\times 0.644+1}{4\times 0.644}\right)\times\left(\frac{4\times 30\times 0.545}{15000}\right)^{\frac{1}{0.644}}\right]^{\frac{0.644}{3\times 0.644+1}}$$

$$=0.037\text{m}$$

可知适宜的管径为 40mm。

(3) 误差的校正方法

① 实验须在层流区进行，即广义雷诺数

$$Re_{\text{MR}}=\frac{D^{n'}u^{2-n'}\rho}{K'8^{n'-1}}<2100$$

② 端效应校正毛细管进、出口附近的速度分布偏离充分发展的速度分布而造成误差。

可用直径相同、长度不同（L_1、L_2）的两根毛细管在同一流量下测得压降（Δp_1、Δp_2），则有效压降是

$$\frac{\Delta p}{L}=\frac{\Delta p_1-\Delta p_2}{L_2-L_1}$$

③ 壁滑移校正可用长度相同、直径不同（D_1、D_2）的两根毛细管在同一 τ_w 下测得流速（u_1、u_2），则壁面处的滑移速度

$$u_s=\frac{\frac{1}{8}\left(\frac{8u_1}{D_1}-\frac{8u_2}{D_2}\right)}{\frac{1}{D_1}-\frac{1}{D_2}}$$

滑移速度是 τ_w 的函数，即 $u_s=f(\tau_w)$。在不同 τ_w 下按下式求出 $\frac{8u}{D}$ 的有效值（$8u'/D$）

$$\frac{8u'}{D_1}=\frac{8u}{D_1}-\frac{8u_s}{D_2}$$

13.5.2 旋转圆筒流变仪

如图 4-13-22 所示，在两同心圆筒之间放置待测物质。一只筒静止，另一只筒旋转，测量不同角速度下转轴上的扭矩。

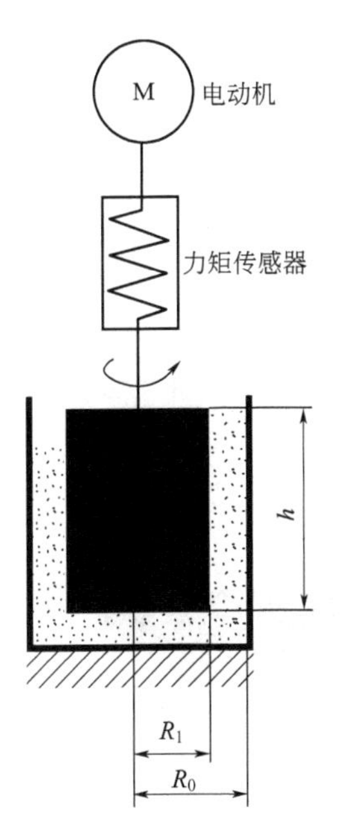

图 4-13-22 旋转圆筒流变仪

内筒壁面的剪应力 τ_i 和剪切率 $\dot{\gamma}_i$ 分别为

$$\tau_i=\frac{M}{2\pi HR_i^2} \tag{4-13-106}$$

$$\dot{\gamma}_{\mathrm{i}}=\frac{2\Omega}{1-\frac{1}{\varepsilon^{2}}} \tag{4-13-107}$$

式中 M——扭矩，N•m；

H——内筒高度，m；

Ω——转筒的角速度，rad•s^{-1}；

ε——外筒、内筒半径之比，$\varepsilon=R_{\mathrm{o}}/R_{\mathrm{i}}$，$R_{\mathrm{o}}$、$R_{\mathrm{i}}$ 分别为外筒和内筒的半径。

式(4-13-107) 是对牛顿流体导出，在 ε 值接近于1（内、外筒间隙很小）时该式也可用于非牛顿流体。如果间隙较大，流体偏离牛顿性较远时，应对式(4-13-107) 进行修正。

对任何广义牛顿流体在 $\varepsilon<1.2$ 时，Krieger 和 Maron 提出计算内筒壁面的 $\dot{\gamma}_{\mathrm{i}}$ 计算式如下：

$$\dot{\gamma}_{\mathrm{i}}=\frac{2Q}{1-\frac{1}{\varepsilon^{2}}}\left\{K_{0}+K_{1}\left(\frac{1}{s}-1\right)+K_{2}\left[\left(\frac{1}{s}-1\right)^{2}+\frac{s'}{s^{3}}\right]\right\} \tag{4-13-108}$$

其中 $K_{0}=\frac{\varepsilon^{2}-1}{\varepsilon^{2}}\left(\frac{1}{2}+\frac{1}{2\ln\varepsilon}+\frac{\ln\varepsilon}{6}\right)$

$K_{1}=\frac{\varepsilon^{2}-1}{2\varepsilon^{2}}\left(1+\frac{2}{3}\ln\varepsilon\right)$

$K_{2}=\frac{\varepsilon^{2}-1}{6\varepsilon^{2}}\ln\varepsilon$

$s=\frac{\mathrm{d}\ln\tau}{\mathrm{d}\ln\Omega}$，$s'=\frac{\mathrm{d}s}{\mathrm{d}\ln n}$

13.5.3 锥板流变仪

如图4-13-23所示，在平板和锥体之间放置待测物料。锥体静止，测量平板在不同角速度下的扭矩，由式(4-13-109) 和式(4-13-110) 计算 $\dot{\gamma}$ 和 τ：

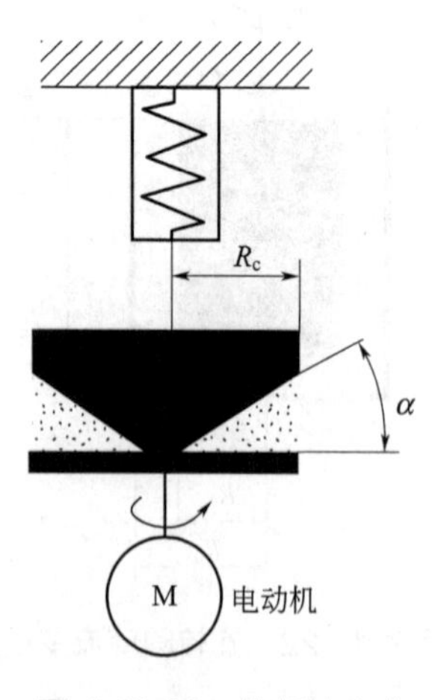

图 4-13-23 锥板流变仪

$$\dot{\gamma}=\frac{\Omega}{\alpha} \tag{4-13-109}$$

$$\tau=\frac{3M}{2\pi R^{3}} \tag{4-13-110}$$

式中 α——锥与板之间的夹角，rad，α 一般很小，仅 0.2°～3°（0.0035～0.0524rad）；

R——锥的外半径，m。

锥板流变仪的特点是夹角中的试样受均匀剪切，各点的剪切率、剪应力相同。这种流变仪还可用来测量第一法向应力差，即

$$N_1=\frac{2F}{\pi R^{2}} \tag{4-13-111}$$

式中 F——锥在转动时由物料作用于锥（或板）的轴向推力，N。

参考文献

[1] Barnes H A, Hutton J F, Walters K. An introduction to rheology. Elsevier, 1989.

[2] Bird R B, Armstrong R C, Hassager O, et al. Dynamics of polymeric liquids. New York: Wiley, 1987.

[3] 戴干策，陈敏恒．化工流体力学：第 2 版．北京：化学工业出版社，2005.

[4] Bird R B, Dai G, Yarusso B J. Rev Chem Eng, 1983, 1 (1): 1.

[5] Rudman M, Blackburn H M, Graham L, et al. Journal of Non-Newtonian Fluid Mechanics, 2004, 118 (1): 33.

[6] Frigaard I, Howison S, Sobey I. Journal of Fluid Mechanics, 1994, 263: 133.

[7] Cheremisinoff N P. 1988.

[8] Chhabra R P, Richardson J F. Non-newtonian flow and applied rheology: Engineering applications. Butterworth-Heinemann, 2011.

[9] Dodge D, Metzner A. AIChE Journal, 1959, 5 (2): 189.

[10] Thien N P. Understanding viscoelasticity: Basics of rheology. Berlin: Springer-Verlag, 2002.

[11] Tanner R I. Engineering rheology. Clarendon, 1985: 355.

14

微流动

14.1　概述

随着特征尺寸的减小，流体分子平均自由程与流动特征尺寸比值相对增大，流体的流动表现出与宏观流动不同的流动规律。液体呈现出“颗粒”性状，气体表现出稀薄效应，边界上的滑移也需要加以考虑；另外，由于流体流动的物理环境及其自身特性发生变化，分子数目、表面张力作用以及温度压力关系等出现很多与常规尺度不同的物理现象，如热蠕变、动电效应、黏性加热等。最为重要的是，微反应器壁面的材质及表面的质量对于微流动的动量和能量的影响极大。虽然在一定的 Kn 数［其定义见式（4-9-1）］范围内，微流动与航空飞行中的稀薄气体流动类似，但大多数情况下，微流动的雷诺数及马赫数都相应较小。而且，典型的微几何结构具有较大比表面积，且通常涉及复杂的动态过程，因而微流动有别于宏观尺度下的流动行为。

一般，将大于 1mm 的尺度称为宏观尺度，1μm～1mm 的尺度称为微尺度。当流道的特征尺寸小于 1μm 时，支配流体流动的物理环境及其自身特性发生变化，流动因而与常规尺度明显不同。随着科学技术的发展，微细加工技术正在进入工程技术领域，设备的微型化发展迅速。因而，探明微尺度条件下流体的流动特征，对微纳零件的制造与微机械装置控制系统的设计十分重要。

14.2　微尺度效应[1～3]

微流动所引起的特殊效应，包括不连续效应、表面优势效应、低雷诺数效应、梯度参数效应等。

（1）不连续效应　不连续效应是稀薄效应中的一种。在滑移区，分子对壁面碰撞进行能量交换的结果，使得紧贴壁面一层（Knudsen 层）的流体速度大于壁面本身的移动速度，形成所谓的“速度滑移”。同样，分子与壁面碰撞时进行的能量交换，使得 Knudsen 层内流体的温度不同于壁面的温度，形成了所谓的“温度突跳”。

（2）表面优势效应　当流动的特征尺度由厘米级至米级减小到微米级至毫米级，表面积与体积之比由 $10^2 m^{-1}$ 量级变为 $10^6 m^{-1}$ 量级。这使得与表面有关的传热、传质过程及表面效应的作用大大加强。

（3）低雷诺数效应　在微流动中定性尺寸 L 会低至微米级，一般情况下流速也不会太高，因此雷诺数会很小，往往都是在层流状态下流动。但是由于速度滑移和层流流动，实际流速更容易接近声速。虽然微流动处于层流状态，但是马赫数接近 1，这与宏观流动有很大差别。

(4) 梯度参数效应 尺度缩小使得流场中某些梯度量变大，与梯度量有关的参数的作用也将增强，例如黏性剪切应力、对流换热系数等。

14.3 控制方程与滑移模型

$Kn \leqslant 0.01$ 的流动为连续介质流动区域（continuum regime），流动可由具有无滑移边界条件的 Navier-Stokes 方程描述。$0.01 \leqslant Kn \leqslant 0.1$，流动处于滑移区，仍可用 Navier-Stokes 描述，但由于壁面附近有一个厚度约为平均自由程厚的底层，即克努森层（Knudsen layer）。因此，在此区域，流动由 Navier-Stokes 方程所控制，边界条件需要采用 Maxwell 速度滑移和 von Smoluchowski 温度跳变条件。$Kn \geqslant 0.1$，流动处于过渡区，需要采用伯纳特方程（Burnett equation）和伍兹方程（Woods equation）对控制方程中应力张量和热通量进行高阶关联。两者均由玻尔兹曼方程推导得到。前者由关于 Kn 的二阶近似得到，后者的应力张量和热通量项在高阶修正中有不同形式。具体可参考文献[4]。

(1) 一阶滑移模型 关于 Kn 的玻尔兹曼方程一阶近似，即可压缩 Navier-Stokes 方程，在滑移区，服从速度滑移和温度跳变边界条件，求解得到：

$$u_s - u_w = \frac{2-\sigma_v}{\sigma_v} \times \frac{1}{\rho\left(\frac{2RT_w}{\pi}\right)^{1/2}} \tau_s + \frac{3}{4} \times \frac{Pr(\gamma-1)}{\gamma\rho RT_w}(-q_s) \tag{4-14-1}$$

$$T_s - T_w = \frac{2-\sigma_T}{\sigma_T} \times \frac{2(\gamma-1)}{\gamma+1} \times \frac{1}{\rho R\left(\frac{2RT_w}{\pi}\right)^{1/2}}(-q_n) \tag{4-14-2}$$

式中，q_n 和 q_s 分别为壁面的法向和切向热通量分量；τ_s 为相应于表面摩擦的黏性应力分量；γ 为比热容的比值；u_w 和 T_w 分别为参照壁面的速度和温度。普朗特数，即 $Pr = C_p\mu/k$。σ_v 和 σ_T 分别为切向动量和能量适应系数。方程(4-14-1) 即 Maxwell 速度滑移边界条件，方程右边第二项与热蠕变有关；方程（4-14-2）即 von Smoluchowski 温度跳变条件。通过采用参照速度和温度进行无量纲化，滑移条件可以写成以下形式，即：

$$U_s - U_w = \frac{2-\sigma_v}{\sigma_v} Kn \frac{\partial U_s}{\partial n} + \frac{3}{2\pi} \times \frac{\gamma-1}{\gamma} \times \frac{Kn^2 Re}{Ec} \times \frac{\partial T}{\partial s} \tag{4-14-3}$$

$$T_s - T_w = \frac{2-\sigma_T}{\sigma_T} \times \frac{2(\gamma-1)}{\gamma+1} \times \frac{Kn}{Pr} \times \frac{\partial T}{\partial n} \tag{4-14-4}$$

式中，n 和 s 分别表示外法线方向和切向的坐标。

(2) 二阶滑移模型只保留关于 Kn 的二阶项而舍去高阶项，得到速度滑移和温度跳变的二阶表达式为：

$$U_s - U_w = \frac{2-\sigma_v}{\sigma_v}\left[Kn\left(\frac{\partial U}{\partial n}\right)_s + \frac{Kn^2}{2}\left(\frac{\partial^2 U}{\partial n^2}\right)_s\right] \tag{4-14-5}$$

$$T_s - T_w = \frac{2-\sigma_T}{\sigma_T} \times \frac{2(\gamma-1)}{\gamma+1} \times \frac{1}{Pr}\left[Kn\left(\frac{\partial T}{\partial n}\right)_s + \frac{Kn^2}{2}\left(\frac{\partial^2 T}{\partial n^2}\right)_s\right] \tag{4-14-6}$$

14.4 微尺度的热效应[5,6]

14.4.1 热蠕变

沿着通道壁面存在切向温度梯度时，稀薄气体可能会因从冷处向热处的温差而蠕动流动，这就是热蠕变或者流逸。

对于 $\lambda<h$ 的稀薄流动，考虑到热蠕变的影响，高阶速度滑移边界条件为：

$$U_s=\frac{1}{2}[(2-\sigma)U_\lambda+\sigma U_w]+U_c \tag{4-14-7}$$

式中，U_c是蠕动速度，表示为：

$$U_c=\frac{3}{4}\times\frac{\mu R}{P}\times\frac{\partial T}{\partial s}$$

式中，$\partial T/\partial s$ 是沿固体表面的切向温度梯度。

此外，热蠕变时通道中流体的质量流量为

$$\dot{M}=-\frac{h^3P}{12\mu RT}\times\frac{dP}{dx}\left[1+6\ \frac{2-\sigma_v}{\sigma_v}(Kn-Kn^2)\right]+\frac{3}{4}\times\frac{\mu h}{T}\times\frac{dT}{dx} \tag{4-14-8}$$

14.4.2 微泊肃叶流（Poiseuille flow）中的热传递

在指定的均匀边界的热通量 q 条件下，对于稳定的热充分发展的平面微槽流的一般热对流问题可以得到一个解析解，需要将温度分为两部分

$$T(x,y)=\frac{\partial T_s}{\partial x}x+\theta(y) \tag{4-14-9}$$

等式右侧前一项代表轴向温度变化，后一项代表横向温度变化。当顶部为绝热条件，底部为恒热流条件时，由流动区域的总能量守恒可以得到沿通道的温度梯度为：

$$\frac{\partial T_s}{\partial x}=\frac{1}{Re\cdot Pr\cdot Q}\left(q+\frac{8}{3}Ec\cdot Pr\right) \tag{4-14-10}$$

通道中相应的横向温度分布为

$$\theta(y)=Re\cdot Pr\ \frac{\partial T_s}{\partial x}\times\left(B\ \frac{y^2}{2}-\frac{y^4}{12}\right)-Ec\cdot Pr\ \frac{y^3}{3}+Cy+D \tag{4-14-11}$$

其中
$$B=1+2\times\left(\frac{2-\sigma_v}{\sigma_v}\right)\times\frac{Kn}{1+\frac{1}{2}Kn}+\frac{3}{2\pi}\times\frac{\gamma-1}{\gamma}\times\frac{Kn^2\cdot Re}{Ec}\times\frac{\partial T_s}{\partial x}$$

$$C=Re\cdot Pr\ \frac{\partial T_s}{\partial x}\times\left(\frac{1}{3}-B\right)+\frac{4}{3}Ec\cdot Pr$$

$$D=\theta_0-\frac{2\gamma}{\gamma+1}\times\frac{Kn}{Pr}q+\frac{5}{3}Ec\cdot Pr-Re\cdot Pr\ \frac{\partial T_s}{\partial x}\times\left(\frac{3}{2}B-\frac{5}{2}\right)$$

式中，θ_0 是参照温度；Ec 数为埃克特数，其定义为 $Ec=u^2/C_p\Delta T$。由 Kn 数对系数 B 和 D 进行的修正反映了热蠕变、速度滑移和温度突跳的影响。当稀薄效应消失时（即 Kn 趋于 0），又复原为连续介质。

14.4.3 微库特流（Couette flow）中的热传递

流动由一个顶面运动速度为 U_0 的移动来驱动。通道内的线性速度分布为：

$$\frac{u}{U_0}=U\left(\frac{y}{h}\right)=\frac{\frac{y}{h}+\frac{2-\sigma_v}{\sigma_v}Kn}{1+2\times\frac{2-\sigma_v}{\sigma_v}Kn}+\frac{3}{2\pi}\times\frac{\gamma-1}{\gamma}\times\frac{Kn^2\cdot Re}{Ec}\times\frac{\partial T_s}{\partial x} \tag{4-14-12}$$

相应地，单位通道宽度上的体积流量是

$$\dot{Q}=\frac{1}{2}+\frac{3}{2\pi}\times\frac{\gamma-1}{\gamma}\times\frac{Kn^2\cdot Re}{Ec}\times\frac{\partial T_s}{\partial x} \tag{4-14-13}$$

假设通道顶面为绝热条件，底部为恒热流条件时，通道截面的温度变化可以由三次多项式描述：

$$\theta(y)=\frac{A}{6}y^3+\frac{B}{2}y^2-\left(\frac{A}{2}+B\right)y+C \tag{4-14-14}$$

式中 $A=\dfrac{Re\cdot Pr\dfrac{\partial T_s}{\partial x}}{1+2Kn}$

$$B=\frac{Re\cdot Pr\cdot Kn\dfrac{\partial T_s}{\partial x}}{1+2Kn}+\frac{3}{2\dfrac{\partial T_s}{\partial x}}\times\frac{\gamma-1}{\gamma}\times\left(\frac{\partial T_s}{\partial x}\right)^2\times\frac{Re^2\cdot Pr\cdot Kn^2}{Ec}-\frac{Ec\cdot Pr}{(1+2Kn)^2}$$

$$C=\theta_0-\frac{2\gamma}{\gamma+1}\times\frac{Kn}{Pr}q$$

并且 $\dfrac{\partial T_s}{\partial x}=\dfrac{2}{Re\cdot Pr\cdot Q}\times\left[q+\dfrac{Ec\cdot Pr}{(1+2Kn)^2}\right]$

14.5 微流道及其特点

微反应器的形式、应用范围不断扩大，微流道的形式也越来越复杂。流体在微尺度的通道内流动，不仅需要考虑宏观管系内流动的各项要求，还要考虑通道微型化以后带来的新特点。其中，进口效应、弯道效应、层流效应、微流通道等是微反应器中共同存在的一些流动现象。

（1）微流道中的混合原则 由于微流道的尺寸很小，大多数都处于层流状态，因此在很大程度上是基于扩散混合而不是借助于湍流，这个过程是在很薄的流体层之间进行的，其实现通常是将主体流分成很小的支流，或是沿流道轴向减小通道宽度来实现。因此具有很大的接触面积和很短的扩散路径。

除扩散以外，也可利用流体的多次分配强化混合，如弯曲、钻孔及转向流等技术。利用这些技术可以强化混合、缩短扩散路径、降低混合时间。

此外，一些辅助扩散机理也用于强化扩散，如机械能、热能、振动能和电能等。基于以上混合概念，流体微混合设备的形式可以分为几种形式：T 形混合装置中两股支流的接触、两股高能碰撞支流、将含一种组分的多股支流注入另一组分的主体流体中、含两种组分的多股支流同时注入混合、两组分流体薄层的多次分叉和重新组合、外加辅助动力源、小流体的周期性注入以及以上 7 种接触方式的混合。

(2) 进口效应 在微流道中，流动通常属于层流状态。在通道的进口处，层流充分发展阶段所需的距离称为动力进口长度。在此区域内，速度不断变化，其速度分布如图 4-14-1 所示。

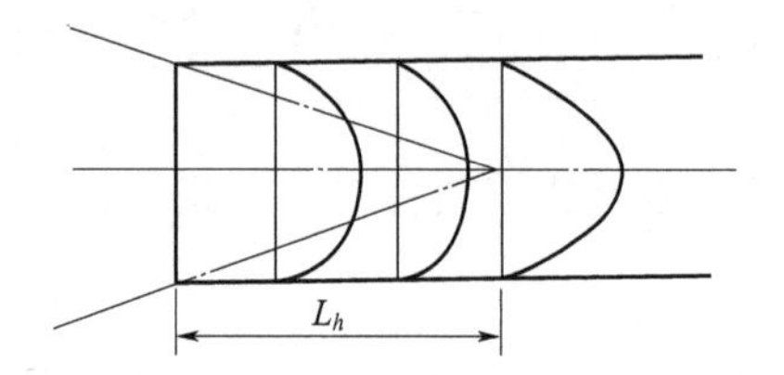

图 4-14-1 微流动的进口过渡区

对于微流道，动力进口长度可表示为：

$$\frac{L_h}{D_h}=\frac{0.6}{1+0.035Re}+0.056Re \tag{4-14-15}$$

由此可知，微流道中进口效应的影响更大。

(3) 层流进样效应[6] 由于层流的影响，当几种液体共同进入一个微通道时，仍保持层流状态，如图 4-14-2(a) 所示。这种分层现象将妨碍两股流体的混合，它们之间的交换只

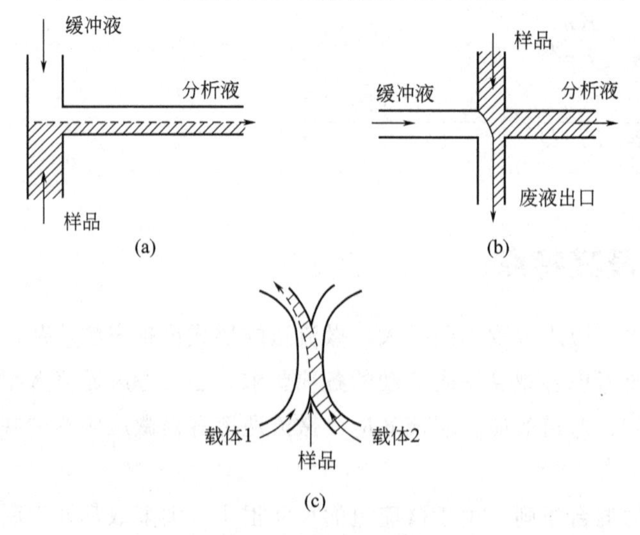

图 4-14-2 分层现象

能通过扩散来进行。采用十字形进口可以弱化分层现象的影响，如图 4-14-2(b) 所示，利用这种现象也可用来控制微流动。图 4-14-2(c) 所示把样品液流夹持在两段载流体中间，控制载体的流速，使样品自左通道或右通道排出。

(4) 弯道效应 在等宽度弯道中，由于内外侧路程不同，造成流道内流体谱带的倾斜和展宽的增大。有效的改进措施是采用细化弯道，如图 4-14-3 所示。

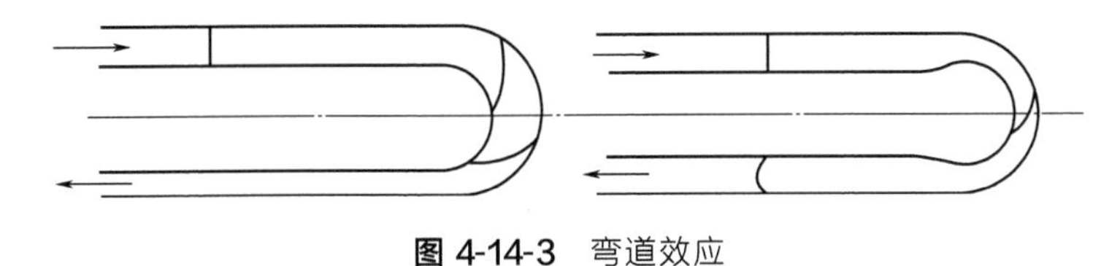

图 4-14-3 弯道效应

参考文献

[1] 林炳承．微纳流控芯片实验室．北京：科学出版社，2013.
[2] 林建忠．微纳流动理论及应用．北京：科学出版社，2010.
[3] Liou William W，Fang Yichuan. Microfluid mechanics principles and modeling. New York：McGraw-Hill，2006.
[4] [美]乔治·埃姆·卡尼亚达克斯，埃里·柏斯考克．微流动——基础与模拟．中国科学院过程工程研究所多相反应重点实验室多相复杂系统与多尺度方法课题组，译．北京：化学工业出版社，2006.
[5] Yarin L P，Mosyak A，Hetsroni G. Fluid flow，heat transfer and boiling in micro-channels. Berlin：Springer，2009.
[6] 计光华，计洪苗．微流动及其元器件．北京：高等教育出版社，2009.

15

计算流体力学

15.1 概述

20 世纪初，随着航空时代的开始，理论流体力学和实验流体力学获得了极大的发展。但由于 Navier-Stokes 方程是非线性方程，实际流动又非常复杂，仅有少量的问题可以得到解析解或摄动解；而实验流体力学在方法和技术迅速发展的条件下，往往还需要耗费大量人力、物力。在此情况下，解决流动问题的实际需要促成了流体力学的新支柱——计算流体力学（computational fluid dynamics，CFD）的诞生和发展。

随着计算机技术和性能的提高、数值理论的进步、工程实践的需要，CFD 将流体力学、传热学、化学反应动力学等与数值计算方法结合，使得计算流体力学迅速成为现代工程应用中解决复杂流动问题的一种常用方法。自 20 世纪 60 年代以来，CFD 的发展主要体现在两个方面[1]：一是对于复杂的涡旋流和分离流流场的计算；二是为理解物理机制而模拟转捩与湍流的流动现象研究。可以发现，通过对流体力学的数值模拟，不仅把科学理论与错综复杂的实际现象联系了起来，同时也开辟了利用 CFD 直接指导实验和设计工作的途径。

不过，研究人员也应充分认识到 CFD 固有的局限性。一方面，CFD 计算的准确性依赖于反映问题实质的数学模型；另一方面，在进行数值计算的过程中不可避免地引入数值误差，导致计算结果与实际情况不符；此外，描述流体流动的偏微分方程组的解的存在性与唯一性等数学问题还远未解决[2]。鉴于 CFD 的重要性，有必要进一步发展相关理论模型和计算方法，使之更好地

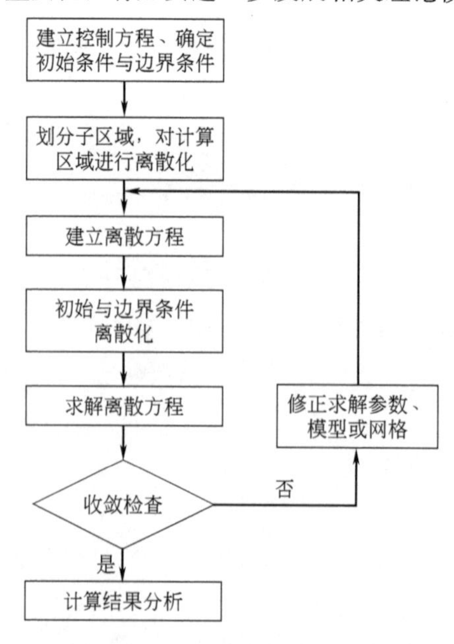

图 4-15-1 CFD 求解的一般过程

推动学科发展和为工程实践服务。

应用 CFD 来模拟求解实际流体流动过程的相关问题时，基本过程如图 4-15-1 所示。

15.2 计算区域及控制方程的离散化

15.2.1 空间区域的离散化

用一组有限个离散的点来代替原来的连续空间。通过把空间上连续的计算区域进行剖分为许多个互不重叠的子区域（sub-domain），确定每个子区域中的节点位置及该节点所代表的控制体积（control volume）。这一过程又称为网格生成，有关网格生成的方法，可参见文献［3～5］。

（1）网格划分 4 要素

节点：需要求解的未知物理量的几何位置。

控制体积：应用控制方程或守恒定律的最小几何单位。

界面：各节点相对应的控制体积的分界面位置。

网格线：沿坐标轴方向联结相邻两节点而形成的曲线簇。

（2）节点划分方法

外节点法：节点位于子区域的角顶上，划分子区域的曲线簇就是网格线，但子区域不是控制体积，如图 4-15-2(a) 所示。

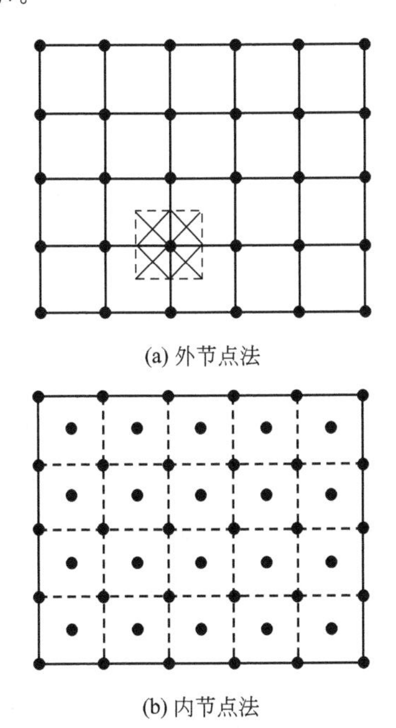

(a) 外节点法

(b) 内节点法

图 4-15-2 直角坐标系中的空间区域离散化方法

内节点法：节点位于子区域的中心，子区域即是控制体积，划分子区域的曲线簇就是控制体的界面线，如图 4-15-2(b) 所示。

（3）网格类型

结构化网格：网格区域内所有的内部点都具有相同的毗邻单元，包括四边形单元（二维）及六面体单元（三维），如图 4-15-3、图 4-15-4 所示。

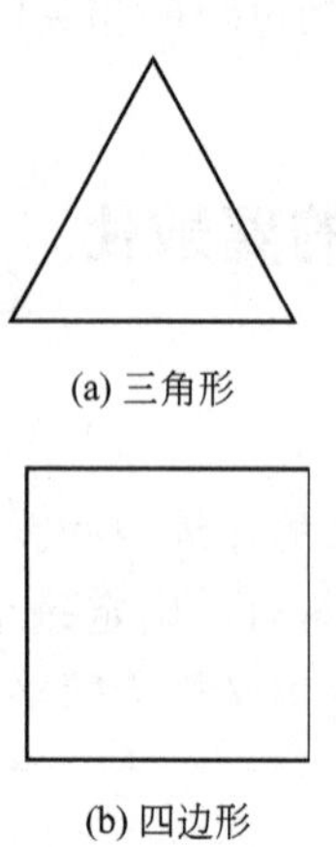

图 4-15-3 常用的二维网格单元

非结构化网格：网格区域内所有的内部点都具有相同的毗邻单元，包括三角形单元（二维）及四面体单元（三维），如图 4-15-3、图 4-15-4 所示。

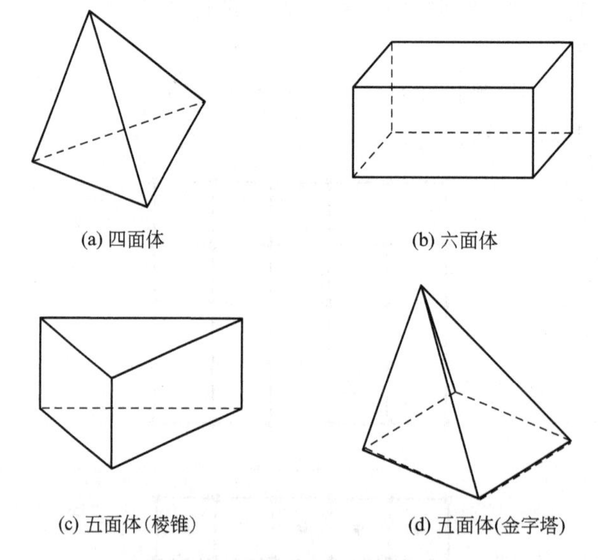

图 4-15-4 常用的三维网格单元

（4）自适应性网格 网格生成时要求在流动参数变化较剧烈的区域内网格点分布密集，因此网格的分布最好要求能根据计算出的流动参数空间变化情况不断调整，从而产生了自适应网格（adaptive meshes），具体可参考文献［6］。

调整方法一般分为两大类：

① 根据计算所得流动参数值，确定新的网格分布，用插值方法计算出新网格节点上的参数值；

② 用动网格方法，使网格坐标与控制方程联立求解。

15.2.2 控制方程的离散化

将描写流动与传热过程的偏微分方程组在计算网格上按照特定的方法离散成代数方程

组，用以进行数值计算。按照应变量在计算网格节点之间的分布假设及推导离散方程的方法不同，控制方程的离散方法主要有：有限差分法、有限体积法、有限元法、边界元法、谱方法等等。其中，有限差分法、有限体积法是 CFD 中主要的离散方法。图 4-15-5 给出了数值求解过程的一般框图。

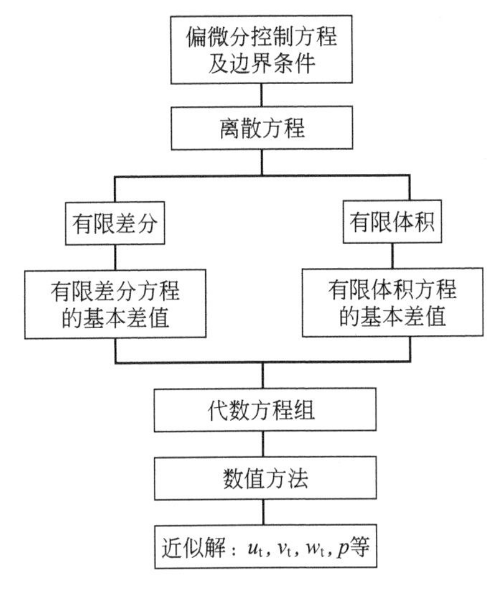

图 4-15-5　数值求解过程框图

(1) 有限差分法　将控制方程中的各阶导数用相应的差分表达式来代替而形成离散的代数方程。由于各阶导数的差分表达式可由 Taylor 级数展开而得到，故而常把这种建立离散方程的方法称为 Taylor 展开法。这种方法较多用于求解双曲型和抛物型问题（发展型问题）。有关差分格式的原理和应用可参见文献［7］。表 4-15-1 列出了一阶、二阶导数常用的几种差分表达式及相应的截断误差[8]。

表 4-15-1　一阶、二阶导数常用的几种差分表达式

导数	差分表达式	截断误差
$\left.\frac{\partial \phi}{\partial x}\right\|_{i,n}$	$\frac{\phi_{i+1}^n-\phi_i^n}{\Delta x}$	$O(\Delta x)$
	$\frac{\phi_i^n-\phi_{i-1}^n}{\Delta x}$	$O(\Delta x)$
	$\frac{\phi_{i+1}^n-\phi_{i-1}^n}{2\Delta x}$	$O(\Delta x^2)$
	$\frac{-3\phi_i^n+4\phi_{i+1}^n-\phi_{i+2}^n}{2\Delta x}$	$O(\Delta x^2)$
	$\frac{3\phi_i^n-4\phi_{i-1}^n+\phi_{i-2}^n}{2\Delta x}$	$O(\Delta x^2)$

第4篇

续表

导数	差分表达式	截断误差
$\left.\dfrac{\partial \phi}{\partial x}\right\|_{i,n}$	$\dfrac{4\phi_{i+1}^n+6\phi_i^n-12\phi_{i-1}^n+2\phi_{i-2}^n}{12\Delta x}$	$O(\Delta x^3)$
	$\dfrac{-2\phi_{i+2}^n+12\phi_{i+1}^n-6\phi_i^n-4\phi_{i-1}^n}{12\Delta x}$	$O(\Delta x^3)$
	$\dfrac{\phi_{i-2}^n-8\phi_{i-1}^n+8\phi_{i+1}^n-\phi_{i+2}^n}{12\Delta x}$	$O(\Delta x^4)$
$\left.\dfrac{\partial^2 \phi}{\partial x^2}\right\|_{i,n}$	$\dfrac{\phi_i^n-2\phi_{i+1}^n+\phi_{i+2}^n}{\Delta x^2}$	$O(\Delta x)$
	$\dfrac{\phi_i^n-2\phi_{i-1}^n+\phi_{i-2}^n}{\Delta x^2}$	$O(\Delta x)$
	$\dfrac{\phi_{i+1}^n-2\phi_i^n+\phi_{i-1}^n}{\Delta x^2}$	$O(\Delta x^2)$
	$\dfrac{-\phi_{i-2}^n+16\phi_{i-1}^n-30\phi_i^n+16\phi_{i+1}^n-\phi_{i+2}^n}{12\Delta x^2}$	$O(\Delta x^4)$

Taylor 级数在时间上的展开方程也可以应用于非稳项 $\partial\phi/\partial t$ 的离散，其表达式与表 4-15-1所列类似。非稳态问题的差分格式可参阅文献[9]。

(2) 有限体积法　将计算域划分为许多控制体积单元，将控制方程对每个控制体积单元积分，得到一组离散方程。为了求出控制体积单元的积分，需要选定未知函数及其导数对时间及空间的局部分布曲线，即型线（profile）。常用的型线有阶梯式分布和分段线形分布，如图 4-15-6 所示。

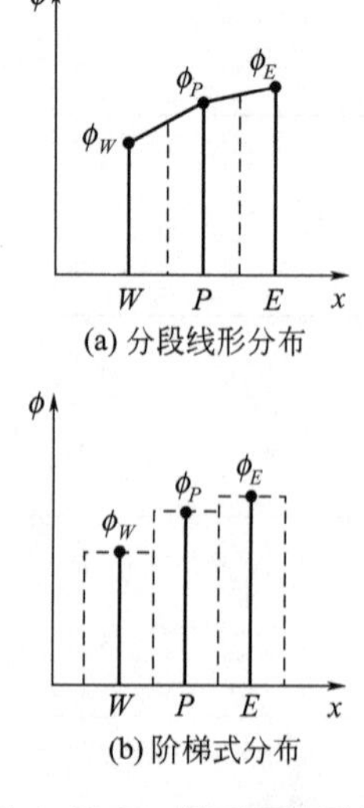

图 4-15-6　常用两种型线

(3) 有限元 有限元的基本思想为：将偏微分方程中的变量，改写成由各变量或其导数的节点值与所选用的插值函数组成的线性表达式，借助于加权余量法或变分原理，将控制偏微分方程离散成代数方程组进行计算求解。采用不同的权函数和插值函数形式，便构成不同的有限元方法。从权函数的选择来说，有配置法、矩量法、最小二乘法和伽辽金法。从插值函数的精度来划分，又分为线形插值函数和高次插值函数等。

15.3 离散方程解法

15.3.1 数值解的计算误差源

(1) 截断误差 在有限时间步长和空间步长下，模型的精确解与数值解之间的差别。

(2) 舍入误差 计算机计算精度与变量真值之间的差别。

(3) 迭代或收敛误差 有限网格节点上的完全收敛解与未完全收敛解之间的区别。

15.3.2 离散方程的数学性质

(1) 相容性 当时间、空间的网格步长趋近于零时，如果离散方程的截断误差趋于零，则称此离散方程与微分方程相容，即离散方程逼近微分方程。显然，当离散方程的截差是O（Δt^m，Δx^n）的形式时（m，n 均大于零)，该离散方程具有相容性。但当截差表达式中含有 $\Delta t/\Delta x$ 项时，相容性仅在一定的条件下才能满足。

(2) 稳定性 在建立差分格式时，在所考虑的网格区域内计算数值 $\phi_{i,j}$ 是分层进行的。在求解过程中，某一时间层引入误差扰动不产生实质性的增长，不会导致差分方程解失真(与微分方程的物理解相比)，则称该离散格式是稳定的。关于离散格式稳定性的严格定义以及其分析，可参见文献[10]。

(3) 收敛性 在相同的初始条件和边界条件下，当网格尺度不断减小，代数方程组的精确解逼近偏微分方程的精确解，即离散误差随网格尺度的加密而减小，则称差分方程的解收敛于微分方程的准确解。

(4) 拉克斯 (Lax) 等价原理[11] 对于适用的线性初值问题所建起来的相容格式，收敛的充分必要条件为差分格式的稳定性，Lax 等价原理的适用条件非常苛刻。对于非线性问题，离散方程的相容性与稳定性仅是获得收敛解的必要条件而非充分条件。

15.3.3 离散方程的直接解法及迭代法

离散方程的求解可以分为直接解法（direct method）及迭代法（iterative method）两大类。所谓直接解法是指通过有限步的数值计算可以获得代数方程真解的方法（设不考虑舍入误差)。迭代法是指重复应用一种算法，经过大量循环最后得到收敛解。

(1) 直接解法 最基本的直接解法是高斯消元法，该方法是基于逐步将多元方程组进行消元简化而化为上三角阵然后逐一回代。假设离散方程可以写成如下形式：

$$A\phi=B \tag{4-15-1}$$

式中，ϕ 为节点未知变量；矩阵 A 包含代数方程的非零系数，其形式如下：

$$A=\begin{bmatrix} A_{11} & A_{12} & A_{13} & \cdots & A_{1n} \\ A_{21} & A_{22} & A_{23} & \cdots & A_{2n} \\ A_{31} & A_{32} & A_{33} & \cdots & A_{3n} \\ \vdots & \vdots & \vdots & & \vdots \\ A_{n1} & A_{n2} & A_{n3} & \cdots & A_{nn} \end{bmatrix} \tag{4-15-2}$$

而矩阵 B 包括变量 ϕ 的已知值，如给定的边界条件或源项。消元过程的第一步从矩阵 A 中的第一列元素 A_{21}，A_{31}，A_{41}，…，A_{n1} 开始。第二行元素减去第一行元素的 A_{21}/A_{11} 倍，第二行的所有元素以及方程右边矩阵 B 的元素随之做出相应的改变。用相似的方法对矩阵 A 中第一列的其他元素 A_{31}，A_{41}，…，A_{n1} 进行处理，使 A_{11} 以下的所有元素都变为 0。完成消元操作后，原来的 A 矩阵变成一个上三角矩阵：

$$U=\begin{bmatrix} A_{11} & A_{12} & A_{13} & \cdots & A_{1n} \\ 0 & A_{22} & A_{23} & \cdots & A_{2n} \\ 0 & 0 & A_{33} & \cdots & A_{3n} \\ \vdots & \vdots & \vdots & & \vdots \\ 0 & 0 & 0 & \cdots & A_{nn} \end{bmatrix} \tag{4-15-3}$$

该算法的这一过程称为向前消元过程，系数矩阵为上三角阵的方程组就能用回代过程来求解。此时，U 矩阵就只包含一个变量 ϕ_n，并且可由式(4-15-4) 求得：

$$\phi_n=\frac{B_n}{U_{nn}} \tag{4-15-4}$$

式中只含有 ϕ_{n-1} 和 ϕ_n。若已知 ϕ_n，则可求出 ϕ_{n-1}。按照以上方法，则可依次求出每个变量 ϕ_i。

ϕ_i 的一般形式可表达为

$$\phi_i=\frac{B_i-\sum\limits_{j=i+1}^{n}A_{ij}\phi_j}{A_{ii}} \tag{4-15-5}$$

(2) 迭代法 对于非线性方程，常用迭代法求解。在迭代法中，先估计一个初值，然后根据方程逐步改进计算结果，直至收敛至某一精度。

① 雅可比 (Jacobi) 迭代。在雅可比迭代法中任一点上未知值的更新是用上一轮迭代中所获得的各邻点之值来计算的，即：

$$\sum_{j=1}^{i-1}A_{ij}\phi_j+A_{ii}\phi_i+\sum_{j=i+1}^{n}A_{ij}\phi_j=B_i \tag{4-15-6}$$

在上述方程中，雅可比迭代法假定变量 ϕ_j（非对角元素）在第 k 步迭代结果为已知，节点变量 ϕ_i 在第 $k+1$ 步为未知，求解 ϕ_i：

$$\phi_i^{(k+1)}=\frac{B_i}{A_{ii}}-\sum_{j=1}^{i-1}\frac{A_{ij}}{A_{ii}}\phi_j^{(k)}-\sum_{j=i+1}^{n}\frac{A_{ij}}{A_{ii}}\phi_j^{(k)} \tag{4-15-7}$$

迭代开始时，假设 ϕ_i 的初值，随后重复使用以上两式，不断迭代，直至收敛。

② 高斯-赛德尔（Gauss-Seidel）迭代。在高斯-赛德尔方法中，每一步计算总是取邻点的最新值来进行。计算过程如式(4-15-8) 所示：

$$\phi_i^{(k+1)}=\frac{B_i}{A_{ii}}-\sum_{j=1}^{i-1}\frac{A_{ij}}{A_{ii}}\phi_j^{(k+1)}-\sum_{j=i+1}^{n}\frac{A_{ij}}{A_{ii}}\phi_j^{(k)} \tag{4-15-8}$$

15.4 求解 Navier-Stokes 方程的压力修正方法

在动量方程中，压力的一阶导数以源项的形式出现，采用常规的网格及中心差分来分散压力梯度时可能导致无法正确检测出压力变化，因此须采取分离式求解法，即 u，v，p 各类变量独立求解。

15.4.1 交错网格

交错网格：把速度 u，v 及压力 p（包括其他标量场及物性参数）分别存储于三套不同网格上的网格系统。图 4-15-7 所示为交错网格。其中速度 u 存在于主控制体积的东、西界面上，速度 v 存在于压力控制体积的南、北界面上，u，v 各自的控制体积则是以速度所在位置为中心。从图中可见，u 控制体积与主控制体积之间在 x 方向上有半个网格步长的错位，而 v 控制体积与主控制体积在 y 方向上有半个步长的错位。

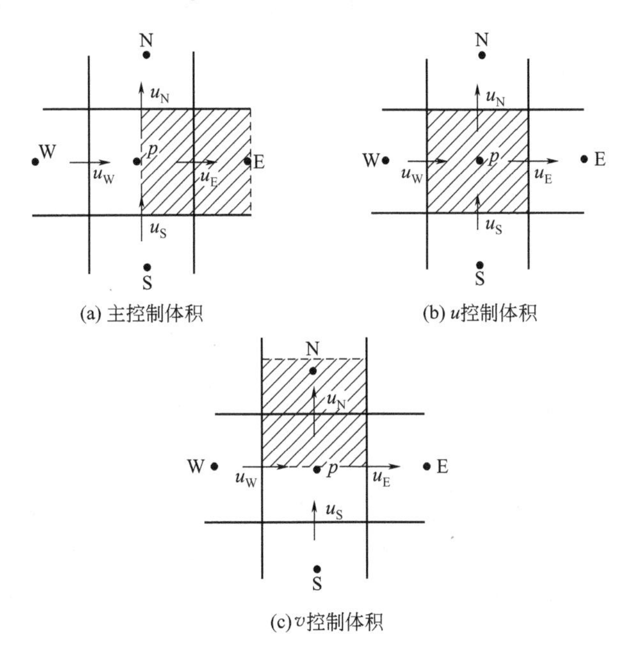

图 4-15-7 交错网格

15.4.2 SIMPLE 算法

为了建立不可压缩流动压力与速度之间的联系，广泛采用的即是求解压力耦合方程的半隐方法（semi-implicit method for pressure-linkage equations，SIMPLE）。

SIMPLE 算法可归纳为以下 4 个基本步骤：

① 假设一个压力场，记为 p^*；

第4篇

② 利用 p^*，求解动量离散方程，得出相应的速度 u^*、v^*；

③ 利用质量守恒方程来改进压力场，要求与改进后的压力场相对应的速度场能满足连续性方程。压力与速度的修正量记为 p'、u'、v'；

④ 以 p^*+p'、u^*+u'及 v^*+v'作为本层次的解，并据此开始下一层次的迭代计算。

15.5 湍流模型

15.5.1 湍流数值模拟方法

(1) 直接模拟 利用三维非稳态的 Navier-Stokes 方程对湍流进行直接数值计算的方法。为了分辨出湍流中详细的空间结构及变化剧烈的时间特性，需要很高的空间和时间分辨率，计算网格与时间步长应小于 Kolmogorov 耗散尺度。

(2) 大涡模拟 利用非稳态的 Navier-Stokes 方程来直接模拟大尺度涡，小尺度涡对大涡的影响通过亚格子 Reynolds 应力模型来考虑。通常，亚格子 Reynolds 应力模型把湍流脉动所造成的影响用一个湍流黏性系数所代替，例如 Smagorinsky 模型等。

(3) 雷诺平均模型 对于高雷诺数湍流运动，涡旋近似于均匀各向同性，当只需描述湍流的统计平均量时，从雷诺平均方程出发，引入雷诺应力的封闭模型，将湍流的脉动值附加项与时均值联系起来，将未知的更高阶的时间平均值表示成较低阶的计算中可以确定的量的函数。

15.5.2 湍流模型

按 Reynolds 时均法，任一变量 ϕ 的时间平均值定义为：

$$\overline{\phi}=\frac{1}{\Delta t}\int_{t}^{t+\Delta t}\phi(t)\mathrm{d}t \tag{4-15-9}$$

Δt 相对于湍流的随机脉动周期而言足够地大，但相对于流场的各种时均量的缓慢变化周期来说，则应足够小。

物理量的瞬时值 ϕ、时均值 $\overline{\phi}$ 及脉动值 ϕ'之间存在如下关系：

$$\phi=\overline{\phi}+\phi' \tag{4-15-10}$$

将瞬时速度表示成时均值与脉动值之和，代入动量方程后产生了包含脉动值的附加项。这些附加项代表了由于湍流脉动所引起的能量转移，其中 $-\overline{\rho u_i' u_j'}$ 称为 Reynolds 应力或湍流应力。为了使方程组得以封闭，湍流模型需要提供特定的关系式，将湍流的脉动值附加项与时均值联系起来。

湍流模型可根据需要的微分方程的个数，分为零方程模型、一方程模型、二方程模型和多方程模型。这里所指的微分方程是指为了封闭时均 Navier-Stokes 方程所需增加的方程。零方程模型包括常系数模型、Prandtl 混合长度理论；一方程模型包括 Spalart-Allmaras 模型、Baldwin-Barth 模型等；二方程模型包括 k-ε 模型以及 k-ω 模型。

(1) 二维 Prandtl 混合长度理论 在二维坐标系中，湍流切应力表示成：

$$-\overline{\rho u'v'}=\rho l_{\mathrm{m}}^{2}\left|\frac{\partial u}{\partial y}\right|\frac{\partial u}{\partial y} \tag{4-15-11}$$

式中，u 为主流的时均速度；y 为与主流方向垂直的坐标；l_m为混合长度，是这种模型中需要加以确定的参数。

表 4-15-2 列出了自由剪切层流动中的混合长度[12]，图 4-15-8 给出了壁面边界层内混合长度 l_m与离开壁面的相对距离 y/δ 按斜坡函数的变化情况。对于圆管内充分发展的流动，混合长度 l_m可按 Nikurades 公式计算：

$$l_m/R=0.14-0.08(1-y/R)^2-0.06(1-y/R)^4 \tag{4-15-12}$$

式中，R 为管道半径，得出式（4-15-12）的实验范围是 $Re=1.1\times10^5\sim3.2\times10^6$。

表 4-15-2 自由剪切层流动中的混合长度[12]

流动形式	平面混合流动	平面射流	圆形射流	径向射流	平面尾迹
l_m/δ	0.07	0.09	0.075	0.125	0.16

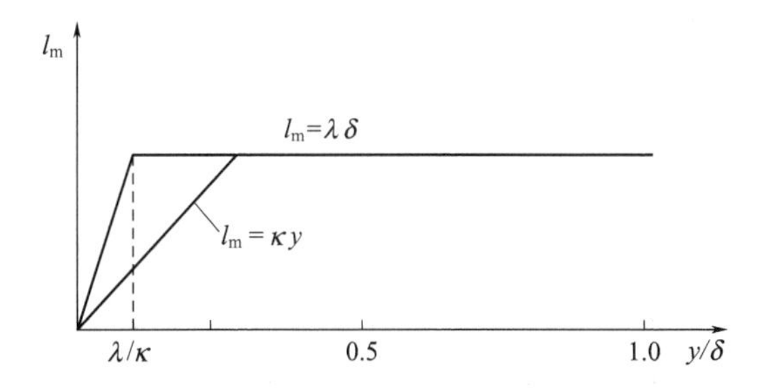

图 4-15-8 壁面边界层内混合长度 l_m 与离开壁面的相对距离 y/δ 按斜坡函数的变化情况

（2）湍流脉动动能方程 将湍流黏性系数 η_t 与脉动的特性速度及尺度乘积相关，可得：

$$\eta_t=c'_\mu\rho k^{1/2}l \tag{4-15-13}$$

式中，c'_μ为经验系数；l 为湍流脉动的长度标尺。为了确定 k，需要建立关于 k 的偏微分方程。

$$\rho\frac{\partial k}{\partial t}+\rho u_j\frac{\partial k}{\partial x_j}=\frac{\partial}{\partial x_j}\left[\left(\eta+\frac{\eta_t}{\sigma_k}\right)\frac{\partial k}{\partial x_j}\right]+\eta_t\frac{\partial u_j}{\partial x_i}\left(\frac{\partial u_j}{\partial x_i}+\frac{\partial u_i}{\partial x_j}\right)-c_D\rho\frac{k^{3/2}}{l} \tag{4-15-14}$$

式中，σ_k 称为脉动动能的 Prandtl 数，其值在 1.0 左右。

（3）标准 *k*-ε 模型 除动量方程以外，标准 k-ε 模型还增加了湍流脉动动能 k 和耗散率 ε 的微分传输方程，其非守恒形式如下。

k 方程：

$$\rho\frac{\partial k}{\partial t}+\rho u_j\frac{\partial k}{\partial x_j}=\frac{\partial}{\partial x_j}\left[\left(\eta+\frac{\eta_t}{\sigma_k}\right)\frac{\partial k}{\partial x_j}\right]+\eta_t\frac{\partial u_j}{\partial x_i}\left(\frac{\partial u_j}{\partial x_i}+\frac{\partial u_i}{\partial x_j}\right)-\rho\varepsilon \tag{4-15-15}$$

ε 方程：

$$\rho\frac{\partial\varepsilon}{\partial t}+\rho\mu_k\frac{\partial\varepsilon}{\partial x_k}=\frac{\partial}{\partial x_k}\left[\left(\eta+\frac{\eta_t}{\sigma_\varepsilon}\right)\frac{\partial\varepsilon}{\partial x_k}\right]+\frac{c_1\varepsilon}{k}\eta_t\frac{\partial u_i}{\partial x_j}\left(\frac{\partial u_i}{\partial x_j}+\frac{\partial u_j}{\partial x_i}\right)-c_2\rho\frac{\varepsilon^2}{k} \tag{4-15-16}$$

式中，c_1、c_2为经验参数，其推荐值分别为：$c_1=1.44$，$c_2=1.92$。

第4篇

标准 k-ε 模型又称为高 Re 数模型，适用于离开壁面一定距离的湍流区域，此时分子黏性相比于湍流黏性可忽略不计。而在与壁面相邻的黏性底层中，湍流 Re 数很小，则必须考虑分子黏性的影响。因此，当采用标准 k-ε 模型时，要求第一个节点布置在对数分布律区域，并采用壁面函数法确定壁面上的当量黏性系数 η_t、当量热导率 λ_t 以及第一个节点上的 k 和 ε。此外，还可以采用低 Re 数 k-ε 模型进行修正。

（4）Reynolds 应力模型 Reynolds 应力模型对时均过程中形成的两速度脉动值乘积的时均值 $\overline{u'_i u'_j}$ 进行直接求解。Reynolds 应力方程如下：

$$\frac{\partial \overline{u'_i u'_j}}{\partial t}+\overline{u}_k\frac{\partial \overline{u'_i u'_j}}{\partial x_k}=-\left(\overline{u'_i u'_k}\frac{\partial \overline{u}_j}{\partial x_k}+\overline{u'_j u'_k}\frac{\partial \overline{u}_i}{\partial x_k}\right)+\overline{\frac{p}{\rho}\left(\frac{\partial u'_j}{\partial x_i}+\frac{\partial u'_i}{\partial x_j}\right)}$$
$$-\frac{\partial}{\partial x_k}\left(\overline{u'_i u'_j u'_k}-v\frac{\partial \overline{u'_i u'_j}}{\partial x_k}+\delta_{i,k}\frac{\overline{u'_j p}}{\rho}+\delta_{j,k}\frac{\overline{u'_i p}}{\rho}\right)-2\mu\overline{\frac{\partial u'_i}{\partial x_k}\times\frac{\partial u'_j}{\partial x_k}} \tag{4-15-17}$$

为了封闭上述方程，将三个脉动值乘积的时均值 $\overline{u'_i u'_j u'_k}$ 进行模化，将其与低阶时均量联系起来，文献［12，13］中有详细介绍。

（5）大涡模拟[14] 大涡模拟通过局部过滤函数，将流场中小尺度涡去除，直接求解大尺度涡运动流场，而对小尺度涡的运动则采用亚格子尺度模型描述。从求解尺度上来说，LES 介于 DNS 和 RANS 之间。

亚格子尺度湍流应力模型为

$$\tau_{ij}-\frac{1}{3}\tau_{kk}\delta_{ij}=-2\mu_t\overline{S}_{ij} \tag{4-15-18}$$

式中，μ_t 是亚格子尺度湍流黏度。亚格子应力的各向同性部分 τ_{kk} 不进行模化，但被加入过滤后的静压项。$\overline{S}_{ij}$ 为求解尺度的应变率，定义为

$$\overline{S}_{ij}=\frac{1}{2}\left(\frac{\partial \overline{u}_i}{\partial \overline{x}_j}+\frac{\partial \overline{u}_j}{\partial \overline{x}_i}\right) \tag{4-15-19}$$

最常用的亚格子尺度模型是 Smagorinsky-Lilly 模型，其中亚格子尺度湍流黏度 μ_t 定义为：

$$\mu_t=\rho L_S^2|\overline{S}| \tag{4-15-20}$$

式中，L_S 为亚格子尺度的混合长，定义为 $L_S=C_S\Delta$；C_S 为 Smagorinsky 常数，范围在 0.065～0.3 之间；Δ 为计算域网格尺度；$|\overline{S}|=\sqrt{2\overline{S}_{ij}\overline{S}_{ij}}$。

Smagorinsky-Lilly 模型将流动假定为充分发展和各向同性的湍流，偏离这些假定所产生的信息均不予考虑。为获得对非均匀流动的自适应性，Germano[15]、Lilly[16] 等提出了自适应性 SGS 模型。当采用自适应性 SGS 模型时，模型参数 C_S 在近壁区自动减小以修正流动性；而当采用原始 Smagorinsky 模型及其他基于 SGS 的模型，也需要采用 RANS 模型中的壁面函数。

15.6 多相流模拟

15.6.1 多相流的数值模拟方法

多相流是指两种或者两种以上不同相的物质同时存在的一种流体运动。多项流体力学的主要研究对象是该系统的流动、传热传质、化学反应、电磁效应等，其中尤为重要的是相与相的质量、动量和能量的相互作用，相间湍流脉动的相互作用也是研究的核心问题。

目前描述多相流流动的数值方法有：欧拉-拉格朗日及欧拉-欧拉两种方法。

(1) 欧拉-拉格朗日方法（离散颗粒模型） 该法将流体处理为连续相，在欧拉坐标下考察流体的运动；将大量粒子、泡沫或液滴视为离散体系，在拉氏坐标下考察其运动。离散相和连续相之间存在动量、质量和能量的传递。欧拉-拉格朗日方法中对离散颗粒的考察又有两种途径，一种是单向模拟，只考察连续相对离散相的作用，而忽略离散相对连续相的影响。这种途径适用于离散相的体积分数较低的情况，否则将带来较大误差。另一途径是考虑连续相与离散相之间的相互作用，在描述连续相的控制方程中增加反映颗粒对气流影响的源项，计算离散相与连续相之间的质量、动量和能量传递。

(2) 欧拉-欧拉方法（双流体模型） 欧拉-欧拉方法把离散相处理为拟流体，认为连续相与离散相是共存且相互渗透的连续介质。两相均在欧拉坐标系下处理，连续相与离散相可采用统一的数值方法描述。为了封闭方程，需要构造离散相湍流和离散相碰撞压力和黏性力。而相间作用力，则通过计算流体微元的曳力系数得到。

常用的基于欧拉-欧拉方法的方法有 VOF 模型、混合物模型及 Eulerian 模型。

15.6.2 多相流数值模型

(1) VOF 模型 VOF 模型是一种在固定的欧拉网格下的表面追踪方法。在 VOF 模型中，不同的流体组分共用着一套动量方程，计算时在整个流场的每个计算单元内，都记录下个流体组分所占有的体积率。VOF 模型的求解方程为：

$$\frac{\partial}{\partial t}(\alpha_q\rho_q)+\nabla(\alpha_q\rho_q\boldsymbol{v}_q)=S_{\alpha_q}+\sum_{p=1}^{n}(\dot{m}_{pq}-\dot{m}_{qp}) \tag{4-15-21}$$

式中，$\dot{m}_{qp}$、$\dot{m}_{pq}$分别为q相至p相、p相至q相的传质量；α_q为q相的相分率。

(2) 混合模型 混合模型是一种简化的多相流模型，求解的是混合物的连续性方程、动量方程、能量方程以及第二相的相分率方程，并通过相对速度描述离散相。典型的应用包括旋风分离器、沉降、低负载的粒子负载流以及气泡流，也可应用于相间没有相对速度的均匀多相流。

混合物模型的控制方程如下：

连续性方程：

$$\frac{\partial}{\partial t}\rho_m+\nabla(\rho_m\boldsymbol{v}_m)=0 \tag{4-15-22}$$

式中，$\boldsymbol{v}_m$为质量平均速度，$\boldsymbol{v}_m=\frac{\sum_{k=1}^{n}\alpha_k\rho_k\boldsymbol{v}_k}{\rho_m}$；混合物密度$\rho_m=\sum_{k=1}^{n}\alpha_k\rho_k$；$n$为相数。

动量方程：

$$\frac{\partial}{\partial t}(\rho_{\mathrm{m}}\boldsymbol{v}_{\mathrm{m}})+\nabla(\rho_{\mathrm{m}}\boldsymbol{v}_{\mathrm{m}}\boldsymbol{v}_{\mathrm{m}})$$

$$=-\nabla p+\nabla[\mu_{\mathrm{m}}(\nabla\boldsymbol{v}_{\mathrm{m}}+\nabla\boldsymbol{v}_{\mathrm{m}}^{T})]+\rho_{\mathrm{m}}g+F+\nabla\left(\sum_{k=1}^{n}\alpha_{k}\rho_{k}\boldsymbol{v}_{\mathrm{dr},k}\boldsymbol{v}_{\mathrm{dr},k}\right)\tag{4-15-23}$$

式中，F 为体积力；混合物黏度 $\mu_{\mathrm{m}}=\sum_{k=1}^{n}\alpha_{k}\mu_{k}$；第二相的漂移速度 $\boldsymbol{v}_{\mathrm{dr},k}=v_{k}-\boldsymbol{v}_{\mathrm{m}}$。

能量方程：$\frac{\partial}{\partial t}\sum_{k=1}^{n}(\alpha_{k}\rho_{k}E_{k})+\nabla\sum_{k=1}^{n}[\alpha_{k}\boldsymbol{v}_{k}(\rho_{k}E_{k}+p)]=\nabla(k_{\mathrm{eff}}\nabla T)+S_{\mathrm{E}}$　(4-15-24)

式中，k_{eff}是有效热导率，$k_{\mathrm{eff}}=\sum\alpha_{k}(k_{k}+k_{\mathrm{t}})$；$k_{\mathrm{t}}$ 是湍流热导率，依赖所选的湍流模型；$E_{k}=h_{k}-\frac{p}{\rho_{k}}+\frac{v_{k}^{2}}{2}$。

相分率方程：

$$\frac{\partial}{\partial t}(\alpha_{p}\rho_{p})+\nabla(\alpha_{p}\rho_{p}\boldsymbol{v}_{\mathrm{m}})=-\nabla(\alpha_{p}\rho_{p}\boldsymbol{v}_{\mathrm{dr},p})+\sum_{p=1}^{n}(\dot{m}_{pq}-\dot{m}_{qp})\tag{4-15-25}$$

(3) 欧拉模型　欧拉模型是多相流数值方法中最复杂的一种模型，又称为双流体模型。其中，连续相与分散相分别被视为连续的系统。欧拉模型对每一相都建立了一套动量方程和连续方程来求解每一相，并通过压力和相间交换系数耦合来计算求解。欧拉模型的应用包括颗粒悬浮、流化床及气泡柱。

欧拉模型的动量方程为：

$$\frac{\partial}{\partial t}(\alpha_{q}\rho_{q}\boldsymbol{v}_{q})+\nabla(\alpha_{q}\rho_{q}\boldsymbol{v}_{q}\boldsymbol{v}_{q})=-\alpha_{q}\nabla p+\nabla\tau_{q}+\alpha_{q}\rho_{q}g$$

$$+\sum_{k=1}^{n}(\boldsymbol{R}_{pq}+\dot{m}_{pq}\boldsymbol{v}_{pq}-\dot{m}_{qp}\boldsymbol{v}_{qp})+(\boldsymbol{F}_{q}+\boldsymbol{F}_{\mathrm{lift},q}+\boldsymbol{F}_{\mathrm{vm},q})\tag{4-15-26}$$

式中，τ_{q} 为 q 项的应力-应变张量，$\tau_{q}=\alpha_{q}\mu_{q}(\nabla\boldsymbol{v}_{q}+\nabla\boldsymbol{v}_{q}^{T})+\alpha_{q}\left(\lambda_{q}-\frac{2}{3}\mu_{q}\right)\nabla\boldsymbol{v}_{q}\boldsymbol{I}$；$\mu_{q}$ 和 λ_{q} 分别为 q 相剪切和整体黏度系数；$\boldsymbol{F}_{q}$ 为外加体积力；$\boldsymbol{F}_{\mathrm{lift},q}$ 为升力；$\boldsymbol{F}_{\mathrm{vm},q}$ 为虚拟质量力；$\boldsymbol{R}_{pq}$ 为相间作用力；p 为系统压力；$\boldsymbol{v}_{qp}$ 为相间速度，当 $\dot{m}_{pq}>0$，$\boldsymbol{v}_{pq}=\boldsymbol{v}_{p}$，当 $\dot{m}_{pq}<0$，$\boldsymbol{v}_{pq}=\boldsymbol{v}_{q}$。

为了封闭式(4-15-26)，必须提供相间作用力 $\boldsymbol{R}_{pq}$ 的定义式。该力与相间摩擦力、压力、内聚力及其他作用力有关。一种关于 $\boldsymbol{R}_{pq}$ 的简单定义式可表达为：$\sum_{p=1}^{n}\overline{R}_{pq}=\sum_{p=1}^{n}K_{pq}(\boldsymbol{v}_{p}-\boldsymbol{v}_{q})$。

(4) 离散颗粒模型　基于欧拉-拉格朗日方法的离散颗粒模型对颗粒相当于直接模拟，不需要构造颗粒湍流模型，但需要给出颗粒间碰撞模型。根据颗粒的轨道模型，可将离散颗粒模型划分为确定轨道模型及随机轨道模型。确定轨道模型如硬球模型和软球模型。前者假定颗粒间的碰撞是具有顺序的二体瞬间碰撞，并根据动量守恒原理处理颗粒间的相互作用；软球模型通过弹性、阻尼及滑移的力学机理考虑颗粒间的相互作用。随机轨道模型运用概率抽样确定颗粒碰撞事件，并采用硬球模型关联碰撞前后的颗粒速度和角速度。随机轨道模型如直接模拟蒙特卡罗方法等[17]。

15.7 反应流模拟

对于伴有化学反应的湍流流动，湍流与反应之间有着强烈的相互作用。反应可通过放热引起密度变化而影响湍流，而湍流又有可能通过浓度及温度脉动而强化组分的混合与传热，从而显著影响反应速率。因此，建立反应与湍流间的相互作用是正确描述湍流反应流的关键之一。此外，对于湍流流动而言，湍流输运项也是需要封闭的。

最简单的湍流反应模型是 Spalding 提出的涡破碎模型[18]。该模型假设化学反应的平均速度与化学动力学无关，而只取决于低温的反应物和高温的燃烧物质间的湍流混合作用。在此基础上，Magnussen 和 Hjertager[19]将涡破碎模型推广到了非预混和部分预混燃烧模型，提出了涡耗散模型及涡耗散概念模型。这些模型适用于线性化学反应，或者相对于湍流时间尺度而言，反应速率能被假设为极“快”或极“慢”时，才能确定平均化学反应速率。对于更一般的情况，如化学反应速率是非线性的、有限速率的化学反应，则需要进一步考虑分子输运和化学动力学等因素的作用。

概率密度函数输运方程模型（probability density function，PDF）[20]联合求解速度和化学热力学参数的概率密度函数，与湍流输运、化学反应速率有关的项均以封闭的形式出现。因而，PDF 法适用于那些必须考虑湍流流动、复杂化学反应机理及其相互耦合的湍流反应流问题。联合 PDF 的维数很大，需要采取特殊的数值方法进行求解，如 Monte Carlo 方法[20]、DQMOM[21]方法等。

15.8 其他数值方法

(1) 格子 Boltzmann 方法 格子 Boltzmann 方法是一个简化的 Boltzmann 方程，基于介观层次的动理学模型，将流体视为大量离散粒子，并通过描述离散流体粒子分布函数在固定格子上的碰撞和迁移过程来获得宏观的流动信息[22~24]。格子 Boltzmann 方程的基本形式如下：

$$f_i(\boldsymbol{x}+\boldsymbol{c}_i \mathrm{d}t, t+\mathrm{d}t)-f_i(\boldsymbol{x}, t)=\Omega_i(\boldsymbol{x}, t) \tag{4-15-27}$$

离散速度 $\boldsymbol{c}_i=c\boldsymbol{e}_i$，$c=\dfrac{\Delta x}{\Delta t}$，$\boldsymbol{e}_i$ 是离散速度单位矢量；Ω_i 是碰撞算子，表示分子间的碰撞对速度分布函数的影响。

格子 Boltzmann 方程和流体动力学方程都是对流体系统守恒特性在不同时空尺度上的描述，二者在一定条件下是一致的。采用与动理学理论 Chapman-Enskog 分析方法类似的多尺度分析方法，可以从格子 Boltzmann 方程推导得到超越 Navier-Stokes 方程的高阶流体动力学方程，具体可参阅文献［25，26］。

格子 Boltzmann 方法可用于描述微尺度、稀薄流动等非连续流动问题。另外，由于格子 Boltzmann 方法的微观粒子背景，可用于处理流体内部及流体与周围环境的相互作用，描述多组分、多相态系统、界面动力学及多孔介质中的复杂流动。此外，格子 Boltzmann 方法的演化过程具有清晰的物理概念，计算简单且容易编程，具有良好的并行性和可扩展性。

(2) 直接模拟蒙特卡罗方法（direct simulation Monte Carlo，DSMC） DSMC 方法是介尺度方法中另一类流体模拟方法。该方法基于分子动力学的直接模拟，用于求解在实际科学和工程中的高克努森数流动问题。其基本思想是，跟踪大量的在统计意义上有代表性的粒子，进一步根据粒子的运动，修正粒子的位置、速度甚至反应流中的化学反应、质量、动量和能量守恒定律。

DSMC是时间精度的显示方法。该方法可以很好地应用到非稳态流动中，包括计算激波、边界层以及高超声速黏性流动和高温稀薄气体动力学中的非定常流动结构。在材料研究领域，DSMC在处理原子核分子水平的材料制备工艺上提供了定量设计的途径。此外，DSMC在MEMS、真空技术方面的应用也很突出。具体可参阅文献［27～30］，了解DSMC的最新进展。

(3) 粒子方法（particle methods） 近20年间，随着计算机的广泛应用和性能的迅速提高，以及粒子模型的不断完善，粒子模型蓬勃发展，是流体力学领域最为活跃的前沿方向之一。

粒子方法通过求解粒子轨迹和特性方程演变的常微分方程组（ordinary differential equations，ODEs），可以描述连续流动的特性。粒子方法采用拉格朗日方程，主要的方法有：涡方法（vortex methods，VMs）和光滑粒子动力学方法（smooth particle hydrodynamics，SPH）方法。通过用等价几分算子代替导数算子，并在粒子位置上分别进行离散，从而将Navier-Stokes方程转化为拉格朗日方程的近似形式。

粒子方法常定义为无网格方法（grid-free methods），因此与基于格子方法相比，具有相当的优势。当对流-扩散方程用拉格朗日方法表示时，粒子方法可随流动图形的指示自动适应计算单元。然而，该方法引入的截断误差能使粒子变形，会导致伪涡结构的产生和演变，为保证模拟的相容性、有效性和精确性，往往需要通过格子更新，使规则的粒子位置得到恢复，但又不削弱该方法固有的使用特性。

有关粒子方法的理论背景、方程、数值运算、面临的问题和挑战等，建议参考文献［31］。

参考文献

[1] Versteeg H, Malalasekera W. An introduction to computational fluid dynamics: The finite volume method. Pearson/Prentice Hall, 1995.

[2] 戴干策，陈敏恒．化工流体力学．北京：化学工业出版社，2005.

[3] Thompson J L, Warsi Z U A, Mastin C W. Numerical grid generation: Foundationss and applications. New York: Elsevier, 1985.

[4] Arcilla A S, Häuser J, Eiseman P R, et al. Numerical grid generation in computational fluid dynamics and related fields. Amsterdam: North-Holland, 1991.

[5] Liseikin V D. Grid generation method. Berlin: Springer-Verlag, 1999.

[6] Plewa Tomasz, Linde Timur, Weirs V Gregory. Adaptive mesh refinement-theory and applications. Proceedings of the Chicago Workshop on Adaptive Mesh Refinement Methods, 2003.

[7] 张涵信，沈孟育．计算流体力学——差分方法的原理及应用．北京：国防工业出版社，2003.

[8] 陶文铨．数值传热学：第二版．西安：西安交通大学出版社，2001.

[9] Richtmyer R D, Morton K W. Difference methods for initial problems: 2nd. New York: Interscience Publishers, 1967.

[10] 南京大学数学系计算数学专业组．偏微分方程数值解法．北京：科学出版社，1979.

[11] Lax P D. Comm Pure & Appl Math, 1954,(7): 159.

[12] Rodi W. Turbulence models and their application in hydraulics. Balkema: Rotterdam, 1993.

[13] Launder B E. Second-moment closures: present and future. International Journal of Heat Fluid Flow, 1989,

10: 282.

[14] 张兆顺，崔桂香，许春晓．湍流大涡数值模拟的理论和应用．北京：清华大学出版社，2008.

[15] Germano M, Piomelli U, Moin P, Cabot W H. Dynamic subgrid-scale eddy viscosity model. In Summer Workshop. Center for Turbulence Research. CA: Stanford, 1996.

[16] Lilly D K. A proposed modification of the germano subgrid-scale closure model. Physics of Fluids, 1992, 4: 633.

[17] 曾卓雄．稠密两相流动湍流模型及其应用．北京：机械工业出版社，2012.

[18] Spalding D B, Mixing and chemical reaction in steady confined turbulent flames, The 13th symposium (International) on combustion. The Combustion Insistute, 1971: 649.

[19] Magnussen B F, Hjertager B H. On mathematical models of turbulent combustion with special emphasis on soot formation and combustion. In 16th Symp. on Combustion. The Combustion Institute, 1976.

[20] 郑楚光，周向阳．湍流反应流的 PDF 模拟．武汉：华中科技大学出版社，2005.

[21] Fox R O. Computational models for turbulent reacting flows. UK: Cambridge, 2003.

[22] 郭照立，郑楚光．格子 Boltzmann 方法的原理与应用．北京，科学出版社，2009.

[23] Sauro S. The lattice Boltzmann equation for fluid dynamics and beyond. Oxford: Clarendon Press, 2001.

[24] Mohamad A A. Lattice Boltzmann method: fundamentals and engineering applications with computer codes. New York: Springer, 2011.

[25] He X Y, Luo L S. Lattice Boltzmann model fr the incompressible Navier-Stokes equation. Journal of Statistical Physics, 1997, 88: 927.

[26] Qian Y H, d' Humieres D, Lallemand P. Lattice BGK models for Navier-Stokes equations. Europhysics Letters, 1992, 17: 479.

[27] Bird G A. Molecular gas dynamics and the direct simulation of gas flows. Oxford: Clarendon Press, 2003.

[28] 沈青．稀薄气体动力学．北京：国防工业出版社，2003.

[29] Oran E S, Oh C K, Cybyk Z C. Direct simulation monte carlo: recent advances and applications. Annu. Rev. Fluid Mech, 1998, 30: 403-441.

[30] Fan J, Boyd I D, Shelton C. Monte Carlo modeling of electron beam physical vapor deposition of vttrium. J Vac Sci Technol A, 2000, 18: 2937-2945.

[31] Koumoutsakos P. Multi-scale flow simulation using particles. Annu Rev Fluid Mehc, 2005, 37: 457-487.

第5篇

流体输送

主 稿 人：席　光　西安交通大学教授

编写人员：谢福海　华陆工程科技有限责任公司(原化工部第六设计院)教授级高级工程师

戴义平　西安交通大学教授

张早校　西安交通大学教授

李　云　西安交通大学教授

高秀峰　西安交通大学副教授

王志恒　西安交通大学副教授

审 稿 人：王尚锦　西安交通大学教授

第一版编写人员名单

编写人员：王迪生　李金钊　张迺卿　张茂文

潘积远　赵士杭　邓冠云

审 校 人：魏立藩　洪国宝

第二版编写人员名单

主 稿 人：魏立藩

编写人员：李金钊　邓　忠

概述

通常物质有固体、液体和气体三种不同的状态（或简称为相）。其中，液体和气体统称为流体。流体是由大量的、不断作热运动而且无固定平衡位置的分子构成的，其没有固定的形状并且具有很好的流动性。

化工流程中所处理的物料大多数是流体（或少量流态化粉体），各种化工过程又多数在流体状态下进行。化工生产中常需要将流体物料通过管道输送到使用的位置，并将流体升压（或降压）达到化工生产的工艺条件。为达此目的，必须给流体补充一定的能量。以流体为工作介质进行能量转换的机器称为流体机械。提供能量的机器（如电动机、汽轮机、燃气机、燃气轮机等）称为驱动机。将驱动机的机械能传给流体，增加流体的能量达到输送和升压目的的机器称为流体输送机械（如泵、鼓风机和压缩机等）。

本篇主要介绍化工生产中应用广泛的流体输送管路、流体输送机械和驱动机（如汽轮机等）。

1

流体输送管路

流体输送依托管路进行。化工生产中流体输送管路（包括管道和管件）串通各单元操作装置，起连接输送作用。

1.1 流体输送管路选择的原则

① 一般化工管路按常规选择，特殊化工介质依据有关规定选择。如剧毒、易燃、易爆介质，要求连接可靠、无泄漏；强腐蚀介质除材质合理选用外，管道壁厚应有一定的腐蚀裕度等。

② 化工厂中介质的流体运动，绝大多数是湍流。当输送流体的流量一定时，管径的大小直接影响经济效果。管径小，介质流速大，管路压降大，从而增加流体输送机械（泵、鼓风机或压缩机）的动力操作费用；反之，增大管径，虽然动力费用减少，但管路建造费用却增加。因此，设计上必须选择合理的管径。

管径的大小，依据化工运行中介质可能出现的最大流量、介质的推荐流速和允许的压降来确定。

③ 根据化工介质的性质、工作温度和工作压力，确定管路合适的材料和压力等级。

④ 输送流体的管路，有时也要考虑防止出现水锤现象，即液体冲击；防止管路的附加应力和温差应力对设备的影响，有时需设置膨胀节及固定支架，以减少管路对设备的作用力。车间之间较长的管路，更应注意热膨胀或冷缩问题。

1.2 管内介质的流速范围

化工流体在管内的流速由介质性质、经济性和安全性来确定。管内各介质常用流速范围见表 5-1-1[1]。表中管道的材质除注明外，一律为碳钢管。

表 5-1-1 管内各介质常用流速范围①

介质	工作条件或管径范围	流速/$m\cdot s^{-1}$
饱和蒸汽	DN＞200 DN＝200～100 DN＜100	30～40 35～25 15～30
饱和蒸汽	p＜1MPa(绝压) p＝1～4MPa(绝压) p＝4～12MPa(绝压)	15～20 20～40 40～60
过热蒸汽	DN＞200 DN＝200～100 DN＜100	40～60 50～30 20～40

续表

介质	工作条件或管径范围	流速/$m \cdot s^{-1}$
二次蒸汽	二次蒸汽要利用时 二次蒸汽不利用时	15～30 60
乏气	排气管:从压力容器排出 从无压容器排出	80 15～30
高压乏气		80～100
压缩气体	真空 p<0.3Pa(表压) p=0.3～0.6MPa(表压) p=0.6～1MPa(表压) p=1～2MPa(表压) p=2～3MPa(表压) p=3～30MPa(表压)	5～10 8～12 20～10 15～10 12～8 8～3 3～0.5
氧气[②]	p=0～0.05MPa(表压) p=0.05～0.6MPa(表压) p=0.6～1MPa(表压) p=1～3MPa(表压)	10～5 8～6 6～4 4～3
煤气	管道长 50～100m p≤0.027MPa p≤0.27MPa p≤0.8MPa	 3～0.75 12～8 12～3
半水煤气	p=0.1～0.15MPa(表压)	10～15
天然气		30
烟道气	烟道内 管路内	3～6 3～4
石灰窑窑气		10～12
氮气	p=5～10MPa(绝压)	2～5
氢氮混合气[③]	p=20～30MPa(绝压)	5～10
氨气	真空 p<0.3MPa(表压) p<0.6MPa(表压) p<2MPa(表压)	15～25 8～15 10～20 3～8
乙烯气	p=22～150MPa(表压)	5～6
乙炔气[④]	p<0.01MPa(表压) p<0.15MPa(表压) p<2.5MPa(表压)	3～4 4～8(最大) 最大 4
氯	气体 液体	10～25 1.5
氯仿	气体 液体	10 2
氯化氢	气体(钢衬胶管) 液体(橡胶管)	20 1.5
溴	气体(玻璃管) 液体(玻璃管)	10 1.2

续表

介质	工作条件或管径范围	流速/m·s^{-1}
氯化甲烷	气体 液体	20 2
氯乙烯 二氯乙烯 三氯乙烯 乙二醇 苯乙烯		2
二溴乙烯	玻璃管	1
水及黏度相似液体	p=0.1～0.3MPa(表压) p≤1MPa(表压) p≤8MPa(表压) p=20～30MPa(表压)	0.5～2 3～0.5 3～2 3.5～2
	热网循环水、冷却水 压力回水 无压回水	0.5～1 0.5～2 0.5～1.2
	往复泵吸入管 往复泵排出管	0.5～1.5 1～2
	离心泵吸入管(常温) 离心泵吸入管(70～110℃) 离心泵排出管 高压离心泵排出管	1.5～2 0.5～1.5 1.5～3 3～3.5
	齿轮泵吸入管 齿轮泵排出管	≤1 1～2
自来水	主管 p=0.3MPa(表压) 支管 p=0.3MPa(表压)	1.5～3.5 1.0～1.5
锅炉给水	p>0.8MPa(表压)	>3
蒸汽冷凝水		0.5～1.5
冷凝水	自流	0.2～0.5
过热水		2
海水、微碱水	p<0.6MPa(表压)	1.5～2.5
油及黏度大的液体	黏度 0.05Pa·s　DN 25 DN 50 DN 100 黏度 0.1Pa·s　DN 25 DN 50 DN 100 DN 200 黏度 1Pa·s　DN 25 DN 50 DN 100 DN 200	0.5～0.9 0.7～1.0 1.0～1.6 0.3～0.6 0.5～0.7 0.7～1.0 1.2～1.6 0.1～0.2 0.16～0.25 0.25～0.35 0.35～0.55

续表

介质	工作条件或管径范围	流速/$m \cdot s^{-1}$
液氨	真空 $p \leqslant 0.6$MPa(表压) $p \leqslant 2$MPa(表压)	0.05～0.3 0.8～0.3 1.5～0.8
氢氧化钠	浓度0～30% 30%～50% 50%～73%	2 1.5 1.2
四氯化碳		2
硫酸	浓度88%～93%(铅管) 93%～100%(铸铁管、钢管)	1.2 1.2
盐酸	衬胶管	1.5
氯化钠	带有固体 无固体	2～4.5 1.5
排出废水		0.4～0.8
泥状混合物	浓度15% 25% 65%	2.5～3.0 3.0～4.0 2.5～3.0
气体	鼓风机吸入管 鼓风机排出管	10～15 15～20
	压缩机吸入管 压缩机排出管 $p<1$MPa $p=1\sim10$MPa $p>10$MPa	10～20 8～10 10～20 8～12
	往复式真空泵吸入管 往复式真空泵排出管	13～16 25～30
	油封式真空泵吸入管	10～13

① 本表所列流速，在选用时还应参照相应的国家标准。

② 氧气流速应参照《氧气站设计规范》(GB 50030—2013)。

③ 氢气流速应参照《氢气站设计规范》(GB 50177—2005)。

④ 乙炔流速应参照《乙炔站设计规范》(GB 50031—1991)。

注：DN为管路的公称直径，mm。

1.3 管径的选择

1.3.1 管径的计算

按预先选取的介质流速计算管径，由式(5-1-1a)、式(5-1-1b) 确定：

$$d=18.8\left(\frac{W}{v\rho}\right)^{1/2} \tag{5-1-1a}$$

或者

$$d=18.8\left(\frac{Q}{v}\right)^{1/2} \tag{5-1-1b}$$

式中 d——管道内径，mm；

W——管内介质质量流量，$kg \cdot h^{-1}$；

Q——管内介质体积流量，$m^3 \cdot h^{-1}$；

ρ——介质在工作条件下的密度，$kg \cdot m^{-3}$；

v——介质在管内的平均流速，$m \cdot s^{-1}$。

1.3.2 利用算图选管径

由表 5-1-1 选出适宜的介质流速，根据需用介质流量，利用算图即可求出管径。由于算图较多，仅介绍常用的，如图 5-1-1～图 5-1-3 所示。

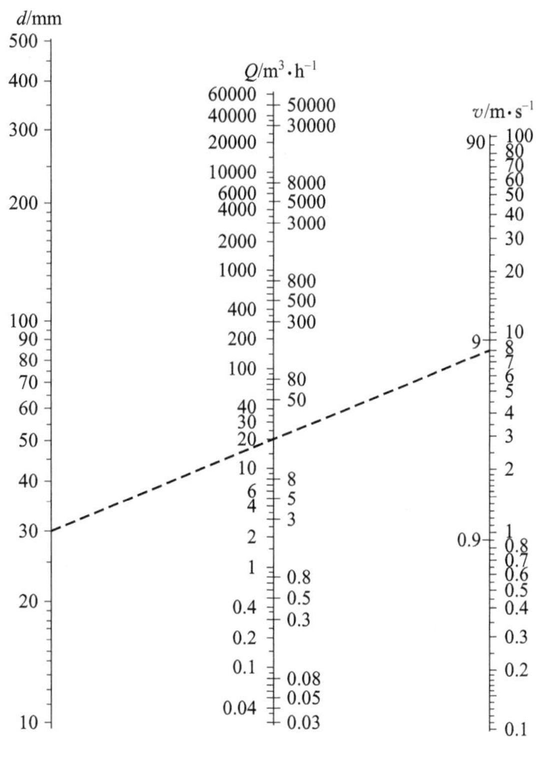

图 5-1-1 流速、流量、管径计算图（一）

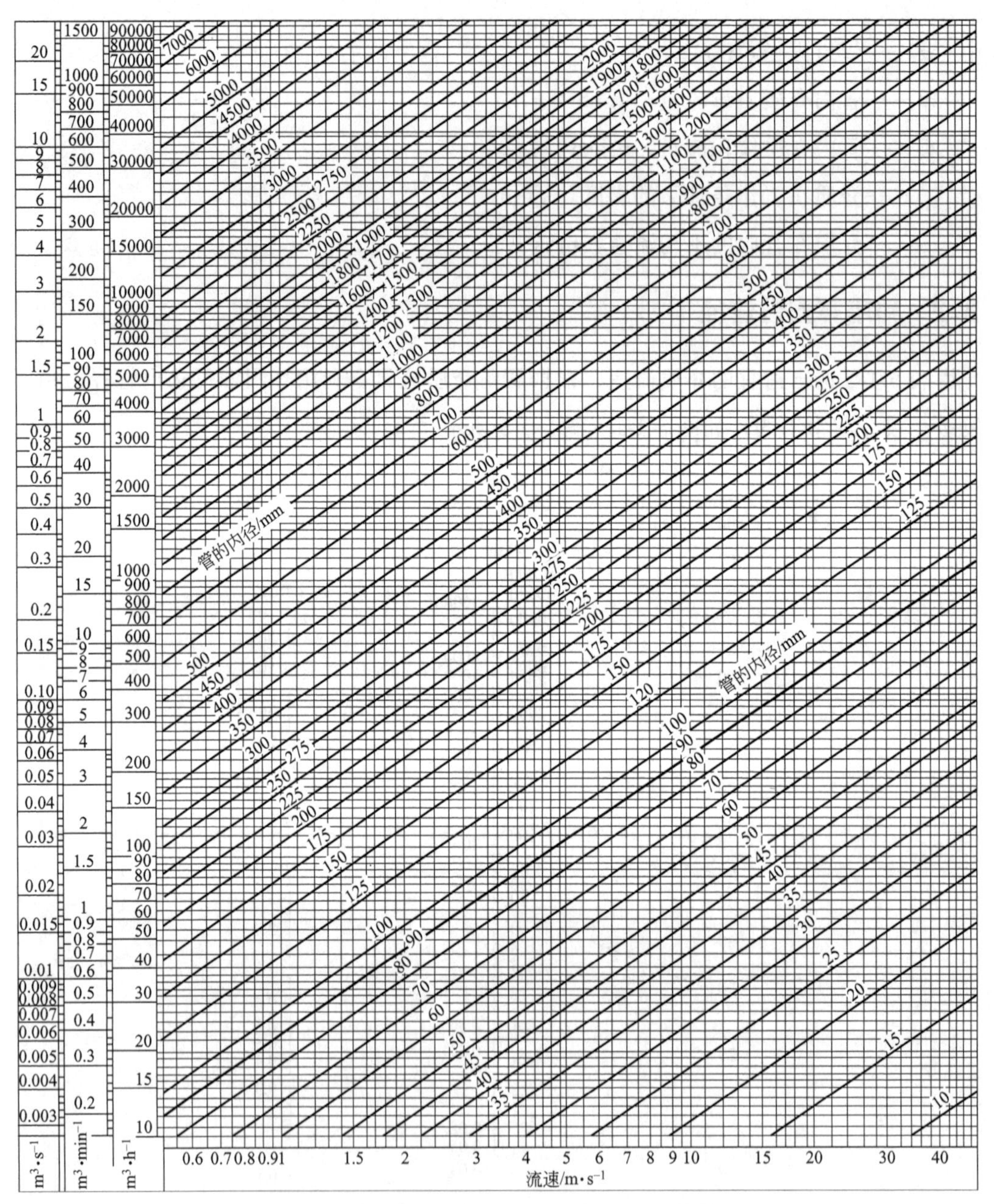

图 5-1-2 流速、流量、管径计算图（二）

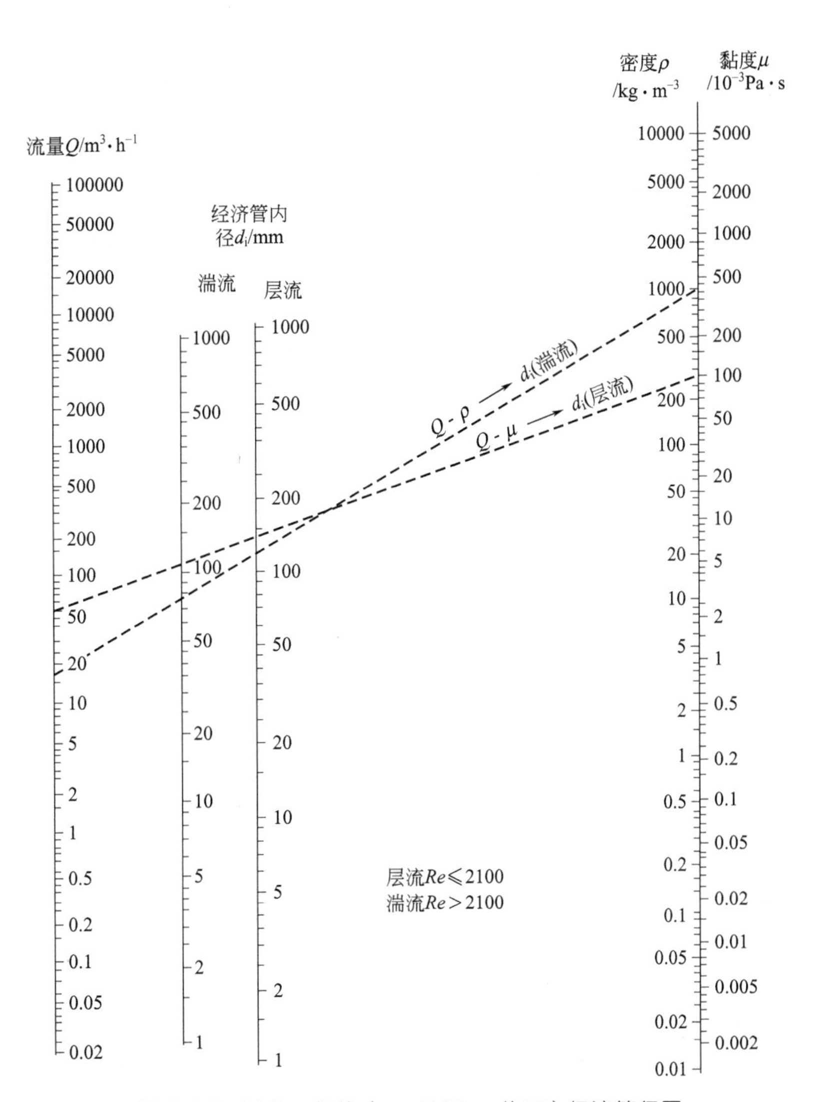

图 5-1-3 液体、气体（p< 1MPa，绝压）经济管径图

1.4 真空管路

在真空状态下，由于气体分子间的间距加大，气体在管路中的碰撞减少，气体的流动大体上属于黏性流或分子流，或者两者之间的中间流状态。

获得真空的装置有各种类型的真空泵，如容积真空泵、射流真空泵和其他类型真空泵。在化工生产中，能否达到预期要求的真空度，除设备选择是否合理和是否严格按照技术文件要求安装外，配管设计的优劣也是重要因素。

为提高真空度，在配管设计上应使吸入气体通过管路和冷凝器时的压降减至最小。因此，管路应尽量缩短，在一般情况下，$S/S_0=0.6\sim0.8$。式中，S 为真空容器排气速度；S_0为泵的排气速度。管路附件，如阀门、弯头等应尽量减少。特别要注意阀门、管路焊缝及法兰连接处的严密性，不允许有泄漏。

真空管路安装完后，应进行系统强度与严密性试验，其强度试验压力为 0.2MPa，严密性试验压力为 0.1MPa。

1.5 压力管道类别、级别

1.5.1 GA类[长输(油气)管道]

长输（油气）管道是指产地、储存库、使用单位之间的用于输送商品介质的管道，划分为 GA1 级和 GA2 级[2]。

(1) GA1 级 符合下列条件之一的长输（油气）管道为 GA1 级：

① 输送有毒、可燃、易爆气体介质，最高工作压力>4.0MPa 的长输管道；

② 输送有毒、可燃、易爆液体介质，最高工作压力≥6.4MPa，并且输送距离（指产地、储存地、用户间的用于输送商品介质管道的长度）≥200km 的长输管道。

(2) GA2 级 GA1 级以外的长输（油气）管道为 GA2 级。

1.5.2 GB类(公用管道)

公用管道是指城市或乡镇范围内的用于公用事业或民用的燃气管道和热力管道，划分为 GB1 级和 GB2 级。城镇燃气管道为 GB1 级，城镇热力管道为 GB2 级。

1.5.3 GC类(工业管道)

工业管道是指企业、事业单位所属的用于输送工艺介质的工艺管道、公用工程管道及其他辅助管道，划分为 GC1 级、GC2 级、GC3 级。

（1）GC1 级 符合下列条件之一的工业管道为 GC1 级：

① 输送 GBZ 230—2010《职业性接触毒物危害程度分级》中规定的毒性程度为极度危害介质、高度危害气体介质和工作温度高于标准沸点的高度危害液体介质的管道；

② 输送 GB 50160—2015《石油化工企业设计防火规范》及 GB 50016—2014《建筑设计防火规范》中规定的火灾危险性为甲、乙类可燃气体或甲类可燃液体（包括液化烃），并且设计压力≥4.0MPa 的管道；

③ 输送流体介质并且设计压力≥10.0MPa，或者设计压力≥4.0MPa、设计温度≥400℃的管道。

（2）GC2 级 除以下规定的 GC3 级管道外，介质毒性危害程度、火灾危险性（可燃性）、设计压力和设计温度小于以上 GC1 级规定的管道。

（3）GC3 级 输送无毒、非可燃流体介质，设计压力≤1.0MPa，并且设计温度>－20℃且<185℃的管道。

1.5.4 GD 类（动力管道）

火力发电厂用于输送蒸汽、汽水两相介质的管道，划分为 GD1 级、GD2 级。

（1）GD1 级 设计压力≥6.3MPa，或者设计温度≥400℃的管道。

（2）GD2 级 设计压力<6.3MPa，且设计温度<400℃的管道。

1.6 《工业金属管道设计规范》的管道分类

《工业金属管道设计规范》（GB 50316—2008）根据输送的流体性质和泄漏时造成的后果，将管道分为五类[3]。

（1）A1 类流体（category A1 fluid）管道 A1 类流体指剧毒流体，在输送过程中如有极少量的流体泄漏到环境中，被人吸入或人体接触时能造成严重中毒，脱离接触后不能治愈。相当于现行国家标准《职业性接触毒物危害程度分级》（GBZ 230—2010）中Ⅰ级（极度危害）毒物。

（2）A2 类流体（category A2 fluid）管道 A2 类流体指有毒流体，接触此类流体后会有不同程度的中毒，脱离接触后可治愈。相当于《职业性接触毒物危害程度分级》（GBZ 230—2010）中Ⅱ级以下（高度、中度、轻度危害）毒物。

（3）B 类流体（category B fluid）管道 B 类流体指在环境或操作条件下是一种气体或可闪蒸产生气体的液体，这些流体能点燃并在空气中连续燃烧。

（4）D 类流体（category D fluid）管道 D 类流体指不可燃、无毒、设计压力≤1.0MPa、设计温度为－20～186℃的流体。

(5) C类流体(category C fluid)管道 C类流体指不包括D类流体的不可燃、无毒的流体。

参考文献

[1] 徐宝东. 化工管路设计手册. 北京:化学工业出版社,2011.

[2] TSGR 1001—2012 压力容器 压力管道设计许可规则.

[3] GB 50316—2008 工业金属管道设计规范.

2

气体输送机械概述

2.1 分类与特点

按作用原理分为容积式和透平式两类，前者靠在汽缸内作往复运动的活塞或旋转运动的机构的作用使气体体积缩小而提高压力；后者靠高速旋转叶轮的作用提高气体的压力和速度，随后在固定元件中使一部分动能进一步转化为气体的压力能。

按结构分类：

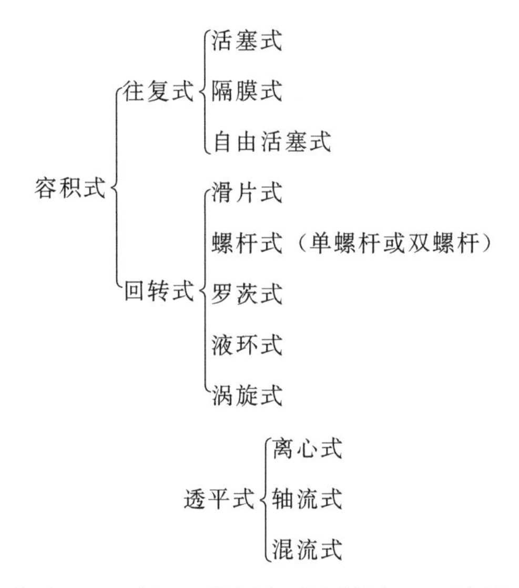

按机械达到的压力区分为：通风机、鼓风机和压缩机。通风机和鼓风机主要用于输送气体；压缩机主要用于提高气体压力。排气压力小于 0.14715MPa 称通风机、大于 0.14715MPa、小于 0.2MPa 称鼓风机；大于 0.2MPa 称压缩机。

活塞式压缩机和透平式压缩机的特点见表 5-2-1。

表 5-2-1　活塞式压缩机和透平式压缩机的特点

活塞式	透平式
①气流速度低，损失小，效率高 ②压力范围广，从低压到超高压范围都适用 ③适应性强，排气压力在较大范围内变动时排气量不变，同一台压缩机还可用于压缩不同的气体 ④外形尺寸及重量较大，结构复杂，易损件多，排气脉动性大，气体中常混有润滑油	①气流速度高，损失大 ②小流量、超高压范围还不适应 ③流量和出口压力的变化由性能曲线决定。若流量过小或出口压力过高，机组进入喘振工况而无法运行 ④外形尺寸及重量较小，结构简单，易损件少，排气均匀无脉动，气体中不含油

各种型式压缩机的压力及气体流量范围见图 5-2-1。

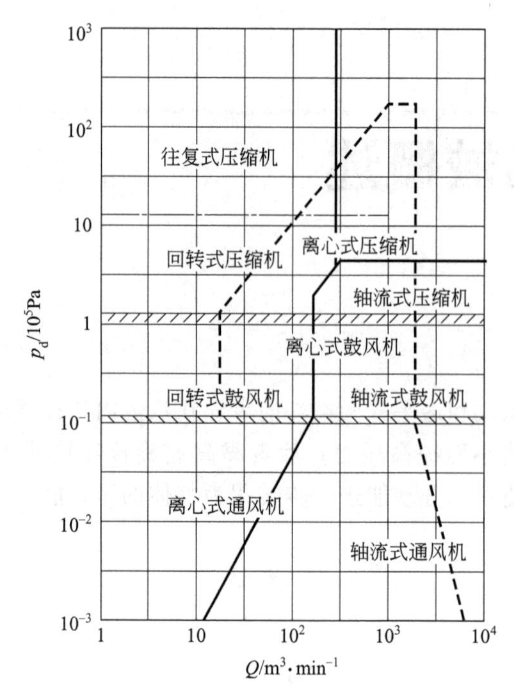

图 5-2-1 各种型式压缩机的压力及气体流量范围[1]

2.2 理论基础

2.2.1 气体状态方程

在压缩机工作循环中，表示气体状态的三个物理量（压力 p、温度 T、容积 V）的变化都遵循气体的状态方程。对于理想气体，其状态方程为：

$$p\,\bar{v}=RT \tag{5-2-1a}$$

或

$$pV=nRT \tag{5-2-1b}$$

对于临界温度较高的气体或气体压力较高，使用理想气体状态方程将产生误差。为此，状态方程中要考虑气体分子的体积和其相互之间的作用力的影响，这时需用实际气体状态方程：

$$p\,\bar{v}=zRT \tag{5-2-2a}$$

或

$$pV=znRT \tag{5-2-2b}$$

式中 p——绝对压力，Pa；

$\bar{v}$——气体摩尔容积，$m^3 \cdot mol^{-1}$；

T——温度，K；

R——通用气体常数；$8.314J \cdot mol^{-1} \cdot K^{-1}$；

V——气体容积，m^3；

n——气体的物质的量，mol；

z——气体压缩因子（根据已知气体的温度、压力查得）。

2.2.2 气体在压缩机内的热力状态变化过程和压缩功

由热力学可知，气体压缩过程的普遍方程式为：

$$pV^m = 常数 \tag{5-2-3}$$

式中 m——压缩指数。

在气体压缩过程中，气体从 p_1 压缩到 p_2 所消耗的功与压缩过程有关，可在 T-S 和 p-V 状态图 5-2-2 上表示出来。

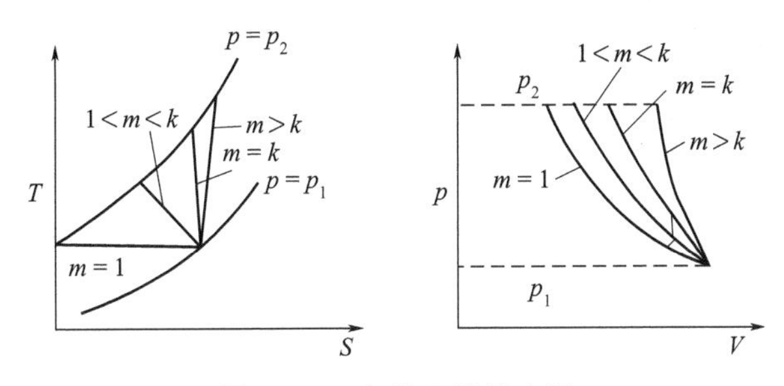

图 5-2-2 气体压缩状态图

(1) 等温压缩 压缩过程中，温度始终保持不变，即 T=常数，指数 $m=1$。

(2) 绝热压缩 在压缩过程中，气体同外界没有热交换且无损失，指数 $m=k$。

(3) 多变压缩 气体在压缩过程中，存在损失并与外界有热交换或无热交换，指数 $1<m<k$ 或 $m>k$。

由热力学可知：$m=1$ 的等温压缩所需的压缩功最小；$1<m<k$ 的多变压缩次之；$m=k$ 的绝热压缩再次之；而以 $m>k$ 的多变压缩过程的压缩功为最大。

理想气体各种压缩过程的压缩功计算公式见表 5-2-2[2]。

表 5-2-2 压缩功计算公式

压缩过程	状态方程	压缩功计算公式
等温压缩	$\frac{p}{\rho}=RT=RT_1=RT_2$	$h_{is}=\int_1^2 \frac{dp}{\rho}=\int_1^2 RT_1 \frac{dp}{p}=RT_1\ln\frac{p_2}{p_1}$
绝热压缩	$pV^k=常数$	$h_{ad}=\int_1^2 \frac{dp}{\rho}=\frac{k}{k-1}RT_1\left[\left(\frac{p_2}{p_1}\right)^{\frac{k-1}{k}}-1\right]$ 或 $h_{ad}=\frac{k}{k-1}R(T_2-T_1)$
多变压缩	$pV^m=常数$	$h_{pol}=\int_1^2 \frac{dp}{\rho}=\frac{m}{m-1}RT_1\left[\left(\frac{p_2}{p_1}\right)^{\frac{m-1}{m}}-1\right]$ 或 $h_{pol}=\frac{m}{m-1}R(T_2-T_1)$

注：k——气体的绝热指数。

绝热指数 $$k=\frac{C_p}{C_V}$$

式中 C_p——比定压热容，$J \cdot kg^{-1} \cdot K^{-1}$；

C_V——比定容热容，$J \cdot kg^{-1} \cdot K^{-1}$。

2.2.3 真实气体压缩功计算

表5-2-2中各式仅适用于理想气体，对于真实气体，这些关系式就不完全适用。由于考虑真实气体分子本身的体积及分子之间的相互作用，其多变压缩功计算式为：

$$h_{\mathrm{pol}}=\frac{k_{\mathrm{T}}}{k_{\mathrm{T}}-1}RT_1\left[\left(\frac{p_2}{p_1}\right)^{\frac{k-1}{k}}-1\right]\frac{z_1+z_2}{z_2} \tag{5-2-4}$$

式中 k_{T}——气体温度等熵指数；

z_1，z_2——名义进气、排气状态下的压缩因子。

如果被压缩气体已有它的热物理状态图和表，则可利用这些图和表来计算。

$$L_{\mathrm{i}}=m(i_2-i_1) \tag{5-2-5}$$

式中 L_{i}——指示功，J；

m——气体的质量流量，$kg \cdot s^{-1}$；

i_1，i_2——进气和排气的焓值，$J \cdot kg^{-1}$。

参考文献

[1]《机械工程师手册》编辑委员会．机械工程师手册．北京：机械工业出版社，2016.

[2] 徐忠．离心压缩机原理．北京：机械工业出版社，1990.

3

容积式压缩机

3.1 活塞式压缩机

活塞式压缩机具有热效率高、排气压力高且几乎不因气量调节而改变等优点。

目前国外大型工艺用活塞式压缩机的平均运转率为96%，其中合成氨用平衡型压缩机运转率达98%～99%。易损件如气阀、活塞杆、填料和活塞环的工作寿命达到8000～10000h以上，轴瓦的工作寿命高达60000h。

3.1.1 分类与结构

活塞式压缩机按汽缸中心线的相对位置分为：卧式、立式、对称平衡式、对置式、角度式（L形、V形、W形、S形等）。

按运动机构的特点分为：有十字头压缩机［图5-3-1(a)，多用于固定式装置］和无十字头压缩机［图5-3-1(b)，多用于移动式装置］。

按轴功率大小分为：微型（轴功率$N_{sh}<10kW$）、小型（$10kW\leqslant N_{sh}<50kW$）、中型（$50kW\leqslant N_{sh}<250kW$）、大型（$N_{sh}\geqslant 250kW$）。

图5-3-1为活塞式压缩机示意图。压缩机结构部件大致可分为如下三大部分[1]：

(1) 工作腔部分 它是直接处理气体的部分，以一级缸为例，它包括汽缸1、活塞2、活塞杆3、吸气阀7和排气阀8等。气体从进气管进入汽缸吸气腔，然后通过吸气阀7进入汽缸工作腔，经压缩提高压力后再通过排气阀8到排气腔中，最后通过排气管流出汽缸。活塞通过活塞杆3由传动部分驱动，活塞上设有活塞环以密封活塞与汽缸的间隙，填料则被用来密封活塞杆通过汽缸的部位。

(2) 传动部分 它是把电动机的旋转运动转化为活塞往复运动的一组驱动机构，包括十字头4、连杆5、曲柄6等。曲柄销与连杆大头相连，连杆小头通过十字头销与十字头相连，最后由十字头与活塞杆相连接。

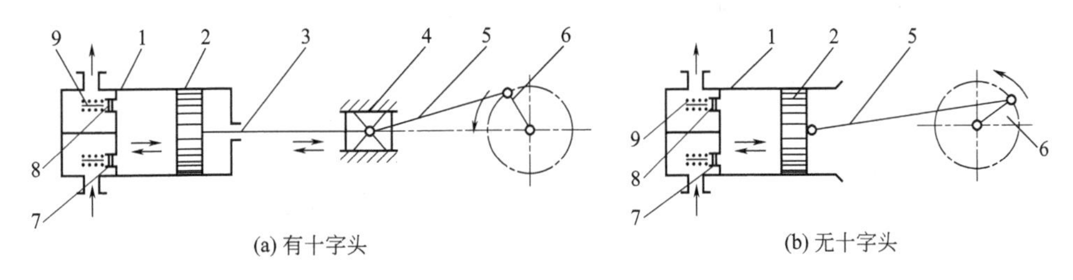

图5-3-1 活塞式压缩机示意图

1—汽缸；2—活塞；3—活塞杆；4—十字头；5—连杆；6—曲柄；7—吸气阀；8—排气阀；9—弹簧

(3) 机身部分 它用来支承（或连接）汽缸部分与传动部分的零部件，包括机身（或称曲轴箱）、中体、中间接筒等，此外还可能安装有其他辅助设备。

图 5-3-1 所示的压缩机确切地讲应称为压缩机主机。一台压缩机除主机外，还必须配以润滑系统、冷却系统、缓冲和减震系统、分离和净化系统、调节系统、安全防护系统。此外，在气体管路系统中还有安全阀、滤清器、缓冲容器等必不可少的附属装置，这样才能稳定、可靠地工作。

3.1.2 工作原理及主要参数

3.1.2.1 工作原理

活塞式压缩机是利用曲柄连杆机构将驱动机的回转运动变为活塞的往复运动，活塞在汽缸内作往复运动，使气体在汽缸内完成进气、压缩、排气等过程，由进、排气阀控制气体进入与排出汽缸，完成提高气体压力的目的。

被压缩气体进入工作腔内完成一次气体压缩称为一级，每个级由进气、压缩、排气等过程组成，完成一次该过程称为一个循环。图 5-3-2(a) 是压缩机的理论循环。0—1 为进气过程；1—2 为压缩过程；2—3 为排气过程；0—1—2—3—0 构成级的理论循环。

图 5-3-2(b) 是压缩机的实际循环，实际循环与理论循环的主要差别在于：①由于存在余隙容积，实际工作循环由膨胀、进气、压缩和排气四个过程组成，而理论循环无膨胀过程；②实际进、排气过程存在阻力损失，使实际进气压力低于进气管内压力，实际排气压力高于排气管内压力，而且压力有波动，温度有变化；③在膨胀和压缩过程中，因气体与汽缸壁的热交换，实际循环中膨胀过程指数和压缩过程指数不断变化，非常数；④实际循环中，活塞环、填料和气阀不可避免漏气，使指示图面积减小。

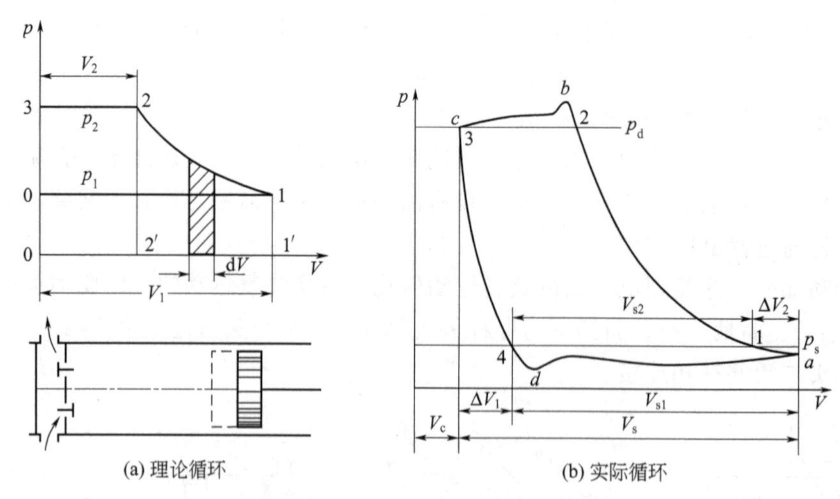

图 5-3-2 压缩机的理论循环和实际循环

0—1 为进气过程；1—2 为压缩过程；2—3 为排气过程；0—1—2—3—0 构成级的理论循环

在工作循环中，表示气体状态的三个物理量（压力 p、温度 T、容积 V）的变化，都遵循气体的状态方程。

通常假定压缩机中的气体压缩过程是按恒定的指数运行的。根据气体与缸壁换热情况的不同，气体压缩过程可分为等温压缩过程、绝热压缩过程和多变压缩过程。

3.1.2.2 主要参数

(1) 指示图 将机器一个工作循环过程中汽缸内压力随容积的变化表示在以压力 p 为纵轴、容积 V 为横轴的坐标上，即称为“压力指示图”，如图 5-3-3 所示。

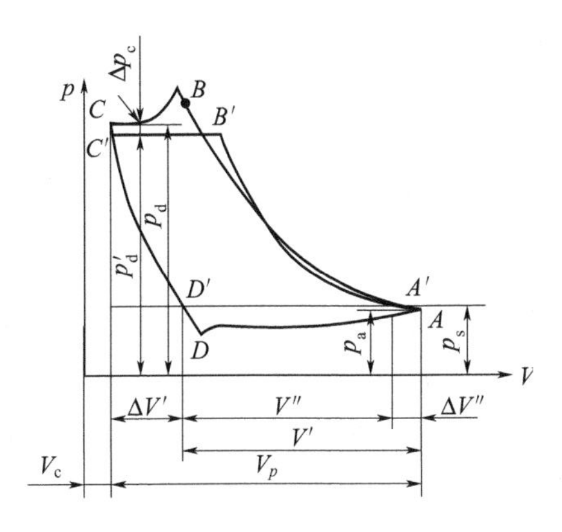

图 5-3-3 压力指示图

A—进气阀关闭终了；B—排气阀开始开启；

C—排气阀关闭终了；D—进气阀开始开启；

$A'B'C'D'A'$—理论循环

根据得到的指示图，可以对压缩机的工作过程进行各种分析计算。例如，根据指示图的面积可以算出汽缸的平均指示压力、指示功率和气阀功率损失；根据吸入线长度可以确定汽缸的实际进气容积；根据排气最高压力可以求出汽缸内实际压力比；根据气体压力所产生的气体力可以作为动力计算和强度校核的依据。另外，由指示图还可以分析判断气阀的工作情况、活塞环和填料是否发生泄漏、进气和排气过程的压力损失、压缩和膨胀过程的热交换情况等，进而根据这些分析和判断对压缩机的某些故障采取相应的措施。

(2) 排气量 也称容积流量或输气量，是指在所要求的排气压力下压缩机最后一级单位时间内排出的气体容积折算到第一级进口压力和温度时的容积值。排气量用 V_d 表示，常用单位是 $m^3 \cdot min^{-1}$（或 $m^3 \cdot h^{-1}$，$m^3 \cdot s^{-1}$，$L \cdot h^{-1}$ 等）。

压缩机的排气量实际上并不是压缩机装置真正供给的气量，而是压缩机的吸入量减掉各级泄漏到压缩机之外的剩余气量。一定压缩机的容积流量随工况和冷却条件等因素的变化而变化，并非定值，压缩机铭牌上标注的排气量是指额定工况下的容积流量数值。

(3) 供气量 也称标准容积流量，是指压缩机单位时间内排出的气体容积折算到标准状态时的干气体容积值。供气量用符号 V_N 表示，单位是 $m^3 \cdot min^{-1}$（或 $m^3 \cdot h^{-1}$）。供气量是用户真正获得的干气体的量，且是整个压缩机装置排出的，而不是仅在最后一级出口处得到的，中间级也可能供气。

工程中常用供气量，是指压缩机单位时间内排出的气体容积折算到标准状态（即压力 $p_0=101.3027kPa$，温度 $T_0=273K$）时的干气体容积值。若把压缩机供气量换算成排气量，两者的换算关系式：

$$V_d=\frac{p_0 T_s}{(p_s-\varphi p_{sa})T_0}V_N \tag{5-3-1}$$

式中 p_s——进气压力，kPa；

T_s——进气温度，K；

p_{sa}——进气温度T_s下的饱和蒸气压力，kPa；

V_d——排气量，$m^3 \cdot min^{-1}$；

V_N——供气量，$m^3 \cdot min^{-1}$；

φ——进气状态的相对湿度。

实际压缩机的排气量为：

$$V=V_t\lambda=V_{t1}\lambda_{V1}\lambda_{p1}\lambda_{t1}\lambda_{g1} \tag{5-3-2}$$

式中 V_{t1}——压缩机第一级汽缸的行程容积，$m^3 \cdot min^{-1}$；

λ_{V1}——第一级汽缸的容积系数，考虑余隙容积存在的影响；

λ_{p1}——第一级汽缸的压力系数，考虑进气终点压力与名义压力偏差的影响；

λ_{t1}——第一级汽缸的温度系数，考虑进气过程中气体被加热的影响；

λ_{g1}——第一级汽缸的气密系数，考虑气体泄漏的影响；

λ——排气系数，见表5-3-1、表5-3-2，表示实际排气量与理论排气量之比。

表5-3-1 气体压缩机排气系数

类型	主要参数			排气系数
	排气量/$m^3 \cdot min^{-1}$	排气压力/MPa	级数	
N_2、H_2气压缩机	≤40	14.81～31.48	4～6	0.73～0.79
	>100	31.48	6	0.75～0.80
石油气压缩机	10～117	1.08～4.22	2～4	0.65～0.80
CO_2压缩机	45～62	20.69	5	0.75～0.76
O_2压缩机	33～120	2.06～4.41	2～4	0.65～0.73

表5-3-2 空气压缩机排气系数

类型	主要参数			排气系数
	排气量/$m^3 \cdot min^{-1}$	排气压力/MPa	级数	
微型	0.15～0.9	0.686	1	0.58～0.60
	0.015～0.05	0.686	1	0.33～0.40
小型 V形、W形	1～3	0.686	2	0.60～0.70
	3～12	0.686	2	0.76～0.85
L形	10～100	0.686	2	0.72～0.82

压缩机的排气量取决于汽缸的行程容积和排气系数。行程容积在压缩机制造时已基本确定，以下着重介绍影响排气系数的因素。

① 容积系数λ_V。理想气体的容积系数为：

$$\lambda_V=1-\alpha(\varepsilon^{1/m}-1) \tag{5-3-3}$$

实际气体的容积系数：

$$\lambda_V = 1 - \alpha\left(\frac{z_s}{z_d}\varepsilon^{1/m} - 1\right) \tag{5-3-4}$$

式中 α——汽缸的相对余隙容积，$\alpha = \frac{V_0}{V_n}$，V_0 为余隙容积，V_n 为汽缸的工作容积，由表5-3-3选取；

ε——汽缸的压力比（p_d/p_s）；

m——多变膨胀过程指数，其值可按表 5-3-4 确定；

z_s，z_d——名义进气、排气状态下的气体压缩系数。

表 5-3-3 相对余隙容积 α 值

使用条件	α 值
低压级	0.07～0.12
中压级	0.09～0.14
高压级	0.11～0.16
超高压	0.25
高速短行程	0.15～0.18

表 5-3-4 多变膨胀过程指数

进气压力/MPa	k 为任意值	$k=1.4$
≤0.15	$1+0.5(k-1)$	1.2
0.15～0.39	$1+0.62(k-1)$	1.25
0.39～0.98	$1+0.75(k-1)$	1.3
0.98～2.94	$1+0.88(k-1)$	1.35
＞2.94	k	1.4

注：k 为绝热指数。

② 压力系数 λ_p。计算式为：

$$\lambda_p = \frac{V'_s}{V''_s} \approx \frac{p'_s}{p''_s} \tag{5-3-5}$$

式中 V'_s，p'_s——进气终了汽缸内容积、压力；

V''_s，p''_s——名义进气容积、压力。

对多级压缩机，Ⅰ级、Ⅱ级 $\lambda_p = 0.95 \sim 0.98$，Ⅲ级以后 $\lambda_p \approx 1$。

③ 温度系数 λ_t。表示进气被加热而使实际进气容积降低的程度，它随压力比的增高而降低，其值可从图 5-3-4 查得。

④ 气密系数 λ_g。用排出气体量与吸入气体量之比值来表示气阀、活塞环、填料及管道、附属设备等密封不严而造成泄漏对行程容积的影响系数，其值一般为 0.90～0.98。

(4) 排气温度 化工用的压缩机常以排气温度为重要的操作指标之一，并借以判断压缩机的运行情况。

排气温度计算式：

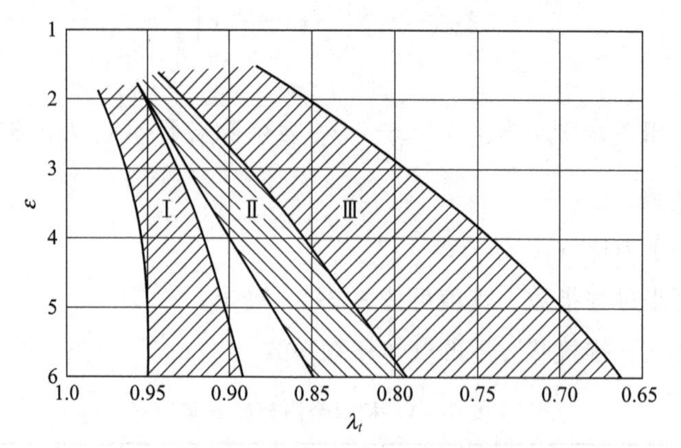

图 5-3-4 温度系数 λ_t 与压力比 ε 的关系[2]

区域：Ⅰ—双原子气体压缩机；Ⅱ—制冷压缩机；Ⅲ—进气温度低于25℃的压缩机

$$T_d = T_s \varepsilon^{\frac{m-1}{m}} \tag{5-3-6}$$

式中 T_s，T_d——进、排气的热力学温度，K；

ε——压力比；

m——压缩过程指数。

排气温度是压缩机安全性的一个重要指标。根据被压缩气体性质的要求，或工作腔中润滑油有效工作的要求，或活塞密封材料要求，排气温度（包括各级排气温度）均有所限制。例如，使用润滑油的压缩机，排气温度的最高值一般限制在160～180℃；石油气压缩机，为防止液化和结焦，其排气温度 $T_d<110℃$；乙炔气压缩机，为防止燃烧爆炸，$T_d<100℃$；氯气压缩机，为防止强烈的腐蚀，$T_d<100℃$；无油润滑压缩机，应由无油密封元件的耐温性能决定排气温度的最高值，如采用氟塑料和聚丙酰胺材料，则 $T_d<170℃$。

(5) 功率和效率

① 指示功率。压缩机在单位时间内消耗的指示功。

对理想气体，指示功率为：

$$N_{id} = \sum N_{idi} = p_{si} V_{thi} \lambda_{Vi} \frac{k_i}{k_i - 1}\left[\left(\frac{p'_{di}}{p'_{si}}\right)^{\frac{k_i-1}{k_i}} - 1\right] \tag{5-3-7}$$

对实际气体，指示功率：

$$N_{id} = \sum N_{idi} = p_{si} V_{thi} \lambda_{Vi} \frac{k_{Ti}}{k_{Ti} - 1}\left[\left(\frac{p'_{di}}{p'_{si}}\right)^{\frac{k_{Ti}-1}{k_{Ti}}} - 1\right] \times \frac{z_{si} + z_{di}}{2 z_{si}} \tag{5-3-8}$$

$$p'_{si} = p_{si}(1 - \delta_{si}) \tag{5-3-9}$$

$$p'_{di} = p_{di}(1 + \delta_{di}) \tag{5-3-10}$$

式中 N_{id}——压缩机指示功率，kW；

k_T——气体的温度绝热指数；

p_{si}，p_{di}——i 级的进、排气压力，kPa；

p'_{si}，p'_{di}——考虑压力损失后，i 级的进气压力和排气压力，如图5-3-5所示；

δ_{si}，δ_{di}——i 级的进、排气压力损失，可在图5-3-5中查得；

V_{thi}——i 级汽缸行程容积，$m^3 \cdot s^{-1}$。

② 轴功率 N_{sh}和驱动机输出功率 N_d。压缩机消耗的功，一部分是直接用于压缩气体的，即指示功；还有一部分用于克服各运动部件的机械摩擦，即摩擦功。主轴需要输入的总功为两者之和，称为轴功，单位时间消耗的轴功称为轴功率，用 N_{sh}表示。指示功率与驱动机功率之比称为机械效率，用 η_m表示，因机械摩擦功率难于精确计算，通常以机械效率予以折算，故轴功率为：

$$N_{sh}=\frac{N_{id}}{\eta_m} \tag{5-3-11}$$

式中，η_m为压缩机的机械效率，一般大、中型压缩机 $\eta_m=0.90\sim0.95$，小型压缩机 $\eta_m=0.85\sim0.90$，微型压缩机 $\eta_m=0.80\sim0.87$，高压循环机 $\eta_m=0.80\sim0.85$。

驱动机与压缩机间若有传动装置，则驱动机输出功率为：

$$N_d=\frac{N_{sh}}{\eta_t} \tag{5-3-12}$$

式中，η_t为传动效率，皮带传动 $\eta_t=0.96\sim0.99$，齿轮传动 $\eta_t=0.97\sim0.99$，半弹性联轴节 $\eta_t=0.97\sim0.99$，刚性联轴节 $\eta_t=1$。

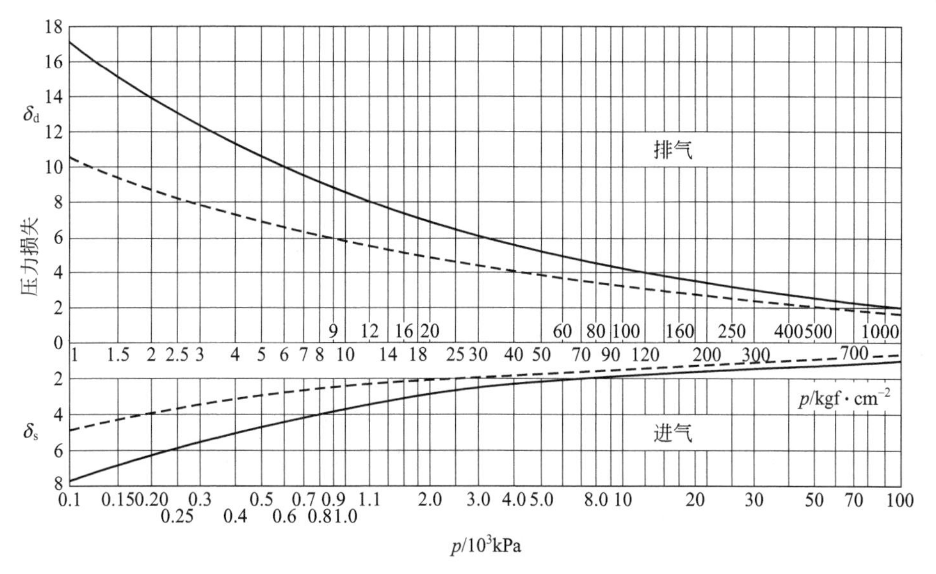

图 5-3-5 进、排气压力损失曲线[2]

实线适用于有较大压力损失的进、排气系统；虚线适用于较小压力损失的系统

选用驱动机时，应有 5%～15%的功率储备。

③ 效率。理想循环功率与实际消耗功率的比值。

a. 等温效率 η_{is}。等温功率 N_{is}与轴功率 N_{sh}之比，常用以衡量水冷式压缩机的经济性。

$$\eta_{is}=\frac{N_{is}}{N_{sh}} \tag{5-3-13}$$

b. 绝热效率 η_{ad}。绝热功率 N_{ad}与轴功率 N_{sh}之比，用以衡量风冷式或高临界温度气体压缩机的经济性。

$$\eta_{ad}=\frac{N_{ad}}{N_{sh}} \tag{5-3-14}$$

绝热效率大致为：大型压缩机 η_{ad}=0.80～0.85；中型压缩机 η_{ad}=0.70～0.80；小型压缩机 η_{ad}=0.65～0.70。

c. 比功率 N_r。在一定排气压力下单位体积排气量消耗的功率，单位 $kW\cdot m^{-3}\cdot min$。比功率用于比较同一类压缩机的经济性，且必须在相同排气压力、进气条件、冷却水入口温度、水耗量等前提下，否则就失去了可比性。比功率常用于衡量空气动力压缩机的热力性能指标，其他压缩机较少应用。

(6) 影响压缩机指示功率的因素

① 进、排气压力的影响。进气压力逐渐下降，排气压力不变的耗功情况如图 5-3-6 所示，先是随 p_1 下降，耗功逐渐增加，当达一定值后，又逐渐减少。以单级为例，如图 5-3-6 所示，指示功耗开始逐渐增加，当达某一压力比时，指示功消耗达最大值，之后又逐渐降低。进气压力是通过压力比的变化来影响指示功率的。

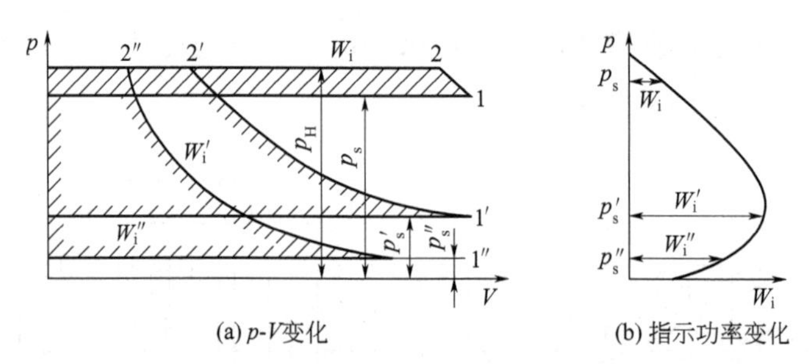

图 5-3-6 排气压力为定值、进气压力变化时对指示功率的影响

② 气体热交换的影响。压缩机的实际过程，介于等温和绝热之间。压缩过程越接近等温，压缩机的功耗越少。

③ 气体性质的影响。气体的重度越大，流动过程的压力损失越大，使指示功率上升。相同的压比，气体的绝热指数越大，压缩过程消耗的指示功率越大。

临界温度对功耗的影响较大，对临界温度较高的气体，如二氧化碳、石油气等，由于内聚力使气体收缩，减少了压缩功耗。因此，这类气体压缩机，若用空气试车时，要特别注意驱动机的超载问题。

④ 压缩机结构的影响。压缩过程的泄漏将增加功耗，阀片的启闭不及时会造成压力损失，增大功耗。

压缩气体在汽缸内以及管道中发生脉动，都会增加指示功率。

3.1.3 结构型式及主要零部件

3.1.3.1 活塞式压缩机的结构型式

(1) 立式压缩机 汽缸中心线与地平面垂直。活塞和汽缸镜面的磨损小且均匀，活塞环的工作条件较好，使用寿命较长；多列结构，使惯性力全部或大部分相互平衡，可选用较高的转速。适用于中、小型压缩机，两列以上时动力平衡性能也比较好，活塞不允许接触汽缸工作壁面的迷宫压缩机目前仍是主要的选择。

(2) 卧式压缩机 汽缸中心线与地平面平行，包括一般卧式（汽缸布置在曲轴一侧）、对称平衡式（汽缸分布在曲轴两侧，且两侧活塞运动两两相向）、对置式（汽缸分布在曲轴两侧，但两侧相对列活塞的运动不对称）；四列或四列以上对称平衡型压缩机及对置式压缩机，电机位于各列间称为H形压缩机，电机位于轴端称为M形压缩机；两列对动压缩机也称D形压缩机。

对称平衡式压缩机［图 5-3-7(a)］的汽缸布置在曲轴两侧，两相对列的曲柄错角为180°，惯性力可完全平衡，转速能提高；相对列的活塞力能互相抵消，减小主轴颈的受力与磨损；动力性能好，方便布置较多汽缸，安装维修方便，特别适用于大、中型结构。但是对称平衡式压缩机有以下缺点：首先，两相对列中总有一列十字头其侧向力向上并贴于上滑道，如图 5-3-7(b) 所示，而在两止点位置时侧向力消失，因重力作用又向下，故造成十字头在运行中有跳动，并导致活塞杆随之摆动，从而影响填料的密封性及耐久性。

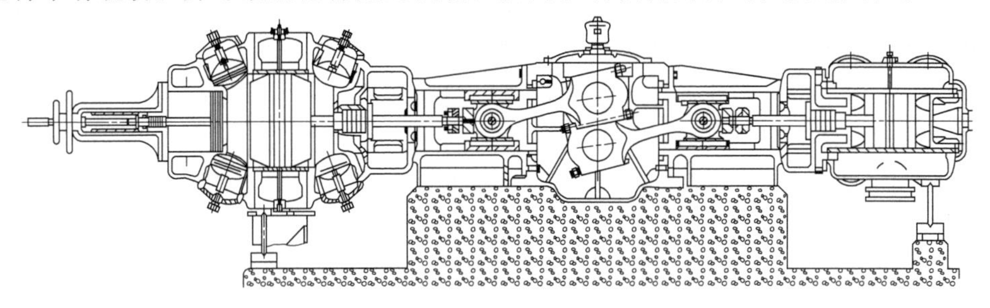

Ⅰ、Ⅱ列纵剖面

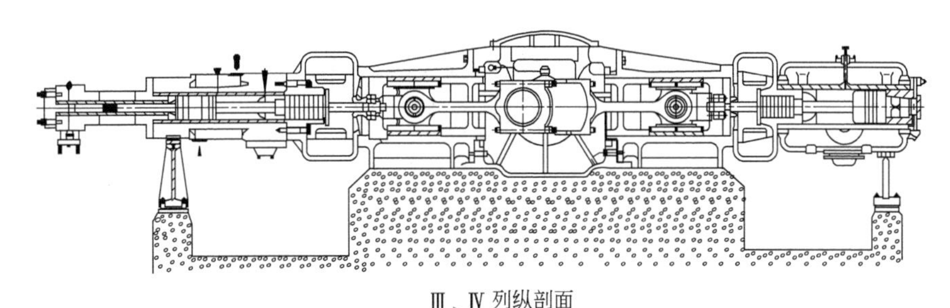

Ⅲ、Ⅳ列纵剖面

(a) 结构[3]

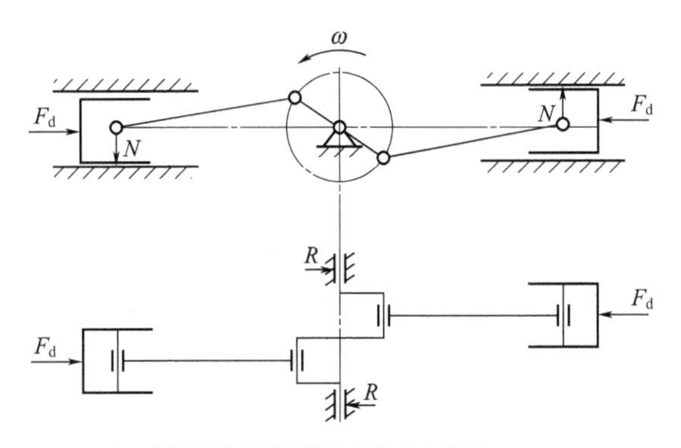

(b) 对称平衡式压缩机十字头受力状况

图 5-3-7 对称平衡式压缩机结构及十字头受力

对置式压缩机设置在曲轴箱两侧的两组汽缸在同一中心线上，由一根活塞杆带动。一边活塞行程方向与另一边活塞行程方向相同，活塞上的气体作用力可互相抵消大部分。活塞直径小，往复惯性力增加较小。对置式压缩机用于超高压压缩机。

汽缸对置而活塞不对动的结构主要为奇数列时采用。采用单一连杆而具有框架式十字头的对置式压缩机必须为偶数列，四列以上也能有较好的动力平衡性。

(3) 角度式压缩机 汽缸中心线具有一定角度，但不等于180°，有V形、W形、L形、S形（扇形）等，结构紧凑，平衡性好。中、小型时可考虑应用，因其动力平衡性较好，两列时其转矩均匀，所需飞轮矩小，L形结构无活塞杆跳动（V形稍有一些）；当压缩机仅需两列且垂直列汽缸不超过2m高度时比较适合，若要做成四列将相当困难，除非用两个机身电动机安装其间；此外，曲轴上的平衡质量与体积较大，给压缩机设计带来一定困难。

3.1.3.2 主要零部件结构

(1) 气阀 活塞式压缩机中随缸内压力的变化而自行启闭的自动阀，是压缩机的主要易损件之一，其好坏将直接影响压缩机运转的经济性和可靠性。它由阀座、阀片、弹簧、升程限制器和紧固螺栓等零件组成。压缩机对气阀的基本要求是：寿命长、阻力小、启闭及时迅速、气密性好、形成的余隙容积小、结构简单、使用方便。

气阀的结构型式有以下几种。

① 环状阀（图5-3-8～图5-3-10）。环状阀由阀座、阀片组成。阀座由一组1～8环直径不同的环形道构成。阀片是一组不同直径的圆形薄片。阀片的启、闭运动借助升程限制器上的导向块导向。

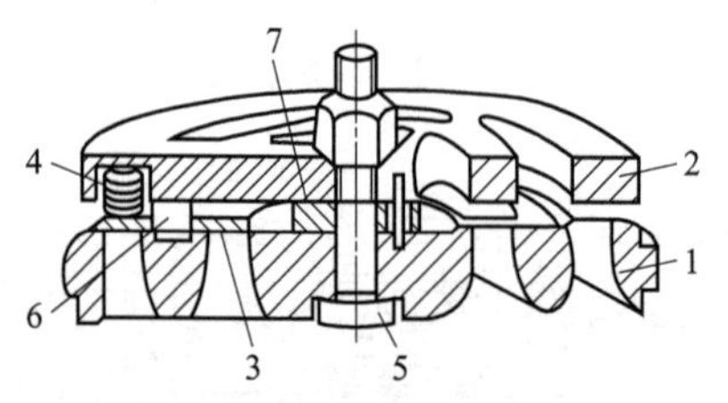

图5-3-8 环状阀

1—阀座；2—阀挡；3—阀片；4—弹簧；5—螺栓；6—导向块；7—垫片

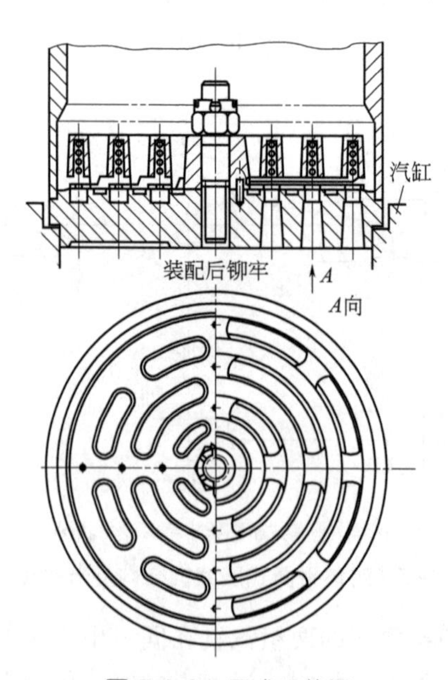

图5-3-9 开式环状阀

环状阀结构简单，容易制造，使用的压力范围广，可用于压力100MPa以下的各种转速的压缩机。为了使用方便，环状阀可制成进、排气通用的结构。

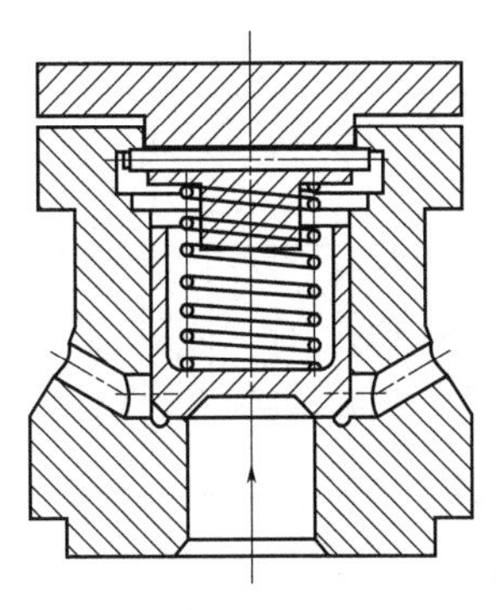

图 5-3-10 高压级用环状阀

② 网状阀（图 5-3-11）。网状阀的各环阀片连在一起呈网状，阀片与升程限制器之间设有一个或几个与阀片形状基本相同的缓冲片。网状阀由阀挡、阀片、缓冲片、弹簧、垫片、销钉、螺栓等组成。

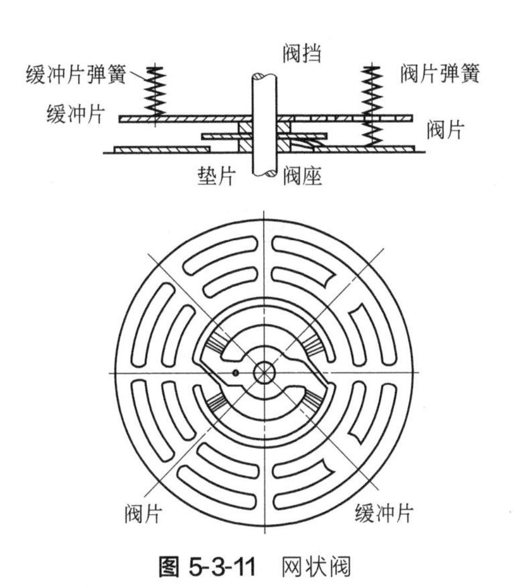

图 5-3-11 网状阀

网状阀片不需要导向，适用于有油或无油润滑压缩机以及压力在 100MPa 以下的各种转速的压缩机。

③ 孔阀。孔阀的阀座通道是圆形孔，阀片有碟状（图 5-3-12）、杯状（图 5-3-13）、菌状（图 5-3-14）等。

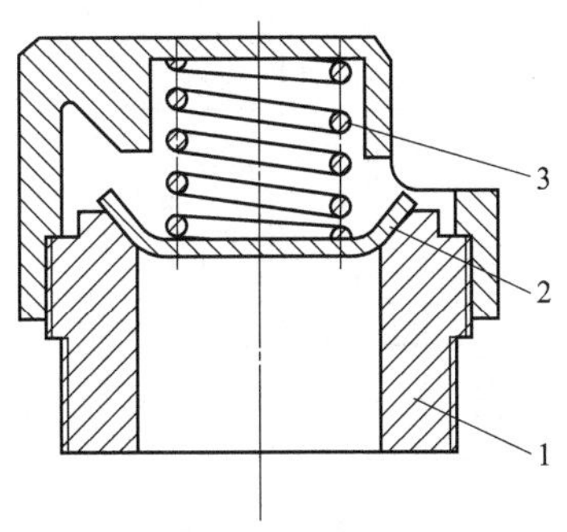

图 5-3-12 碟状阀

1—阀座；2—阀片；3—弹簧

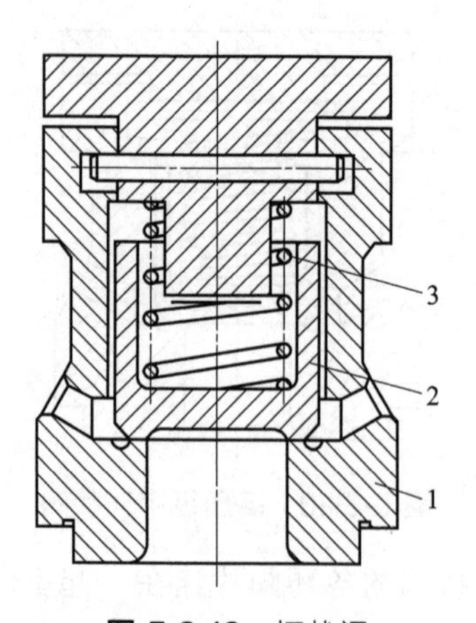

图 5-3-13 杯状阀

1—阀座；2—阀片；3—弹簧

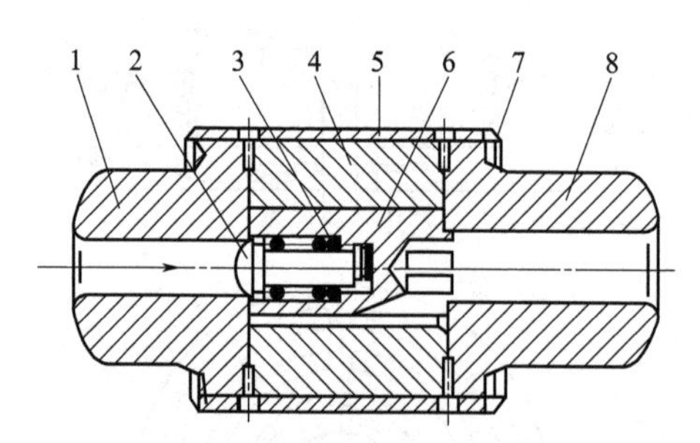

图 5-3-14 高压聚乙烯压缩机用菌状阀

1—阀座；2—阀芯；3—弹簧；4—阀体；
5—阀套；6—阀挡；7—挡环；8—通流器

④ 直流阀。直流阀的阀座通道是截面为矩形的槽，槽的方向与气流方向平行。阀片为弹性材料制成的矩形薄片，既是阀片又是弹簧。

⑤ 气垫阀（图 5-3-15）。气垫阀是一种环形自动阀。其结构特点有两个：一是在升程限制器 5 上有一气垫室 3，使得阀片在运动中产生气垫作用；二是阀片厚度大于升程，阀片始

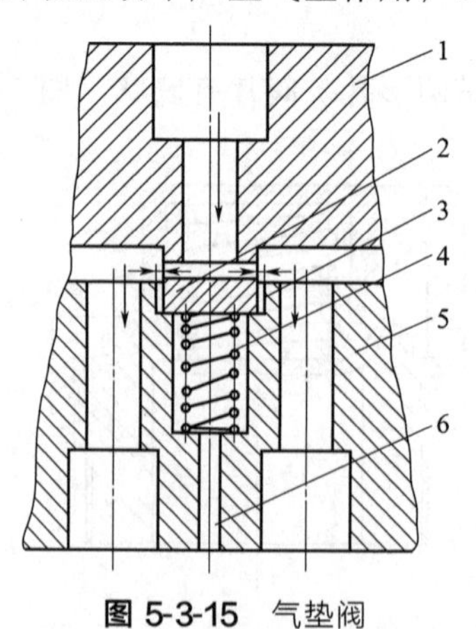

图 5-3-15 气垫阀

1—阀座；2—阀片；3—气垫室；
4—弹簧；5—升程限制器；6—气热孔

终卡在气垫室内，故无导向凸缘。运行中阀片 2 被弹簧 4 推向上方与阀座 1 贴合，这时气垫室内就充满了气体。在阀开启时，气体将阀片推向下方进入气垫室，暂时存在的“气垫”使阀片靠向升程限制器得到缓冲。气热孔 6 是气垫室内气体的节流孔。在阀片全开的瞬间，气垫室内的气体略微滞后地从小孔全部排出。因此，气垫的缓冲作用就会减缓阀片对升程限制器的撞击，从而提高阀片的使用寿命，比普通气阀要高 4～6 倍。当阀片关闭时，气垫室内气体的暂时压降使阀片靠向阀座受到阻力。为使气阀及时关闭，弹簧力应比一般气阀大一些。

气垫阀的压力适应范围宽，在 100MPa 压力下均能保持良好的工作状态。它具有使用寿命长、噪声低、阀片和弹簧可通用互换等特点。但垫片厚，质量大，因此，它对高速压缩机的适应性较差。

按启闭元件所用的材料还可分为金属气阀和塑料气阀。现在一般流量与压力范围内用聚醚醚酮（PEEK）趋势有所增加，其与金属阀片的比较见表 5-3-5。

(2) 活塞和活塞环 活塞是与汽缸相配合的零件，每一种活塞由于取材、工艺等因素又有诸多结构：

① 筒形活塞。用于小型无十字头压缩机。

② 盘形活塞。用于低、中压的双作用汽缸，盘内有加强筋以保证刚性。高转速压缩机为减轻往复质量，采用铸铝活塞；对大直径活塞，可用焊接结构。

表 5-3-5 金属阀片与 PEEK 阀片的比较[4]

项目	金属阀片	PEEK 阀片	备注
阀片形状	环状、网状、碟状、舌状、菌状	环状、网状、菌状、指状	碟状加工困难，舌状用于小、微型，金属菌状用于超高压
加工难易	困难	容易	
阀座通道宽窄/mm	5～12	3～8	PEEK 阀片还可以做成不同宽度
阀片厚度/mm	1～3，气垫阀可达 4	3～6	
升程/mm	1～3	3～6	
阀片撞击噪声	高	低	
气阀直径/mm	可＞300	一般＜250	大直径、压力较高时用菌形与指形
使用压力/MPa	差，可达 150MPa	差，＜15MPa	
材料成本	低	高	目前为金属材料的 5～8 倍
可靠性与寿命	较低	较高	约高 1 倍以上

③ 级差式活塞。多制成滑动式。它有整体式和组合式。多级串联或高压级用隔距环组合活塞。

④ 柱塞。高压小缸径时，活塞环加工困难，采用柱塞密封，柱塞和缸壁间有微小间隙，并在柱塞上设环槽的曲折密封。

活塞环是用来密封活塞与汽缸间隙的元件。活塞环切口常见的有搭切口、斜切口和直切口。活塞环数根据活塞前后的最大压力差选择。超高压缩机的活塞环，压差为 216MPa 时取用5组。

(3) 填料 阻止气体自汽缸与活塞杆之间向外泄漏的密封组件。对填料的基本要求是：密封性能良好，摩擦阻力小并耐用。

压缩机中使用的填料多为自紧式结构，按密封圈的型式分为平面和锥形两类。

① 平面填料。通常应用于工作压力小于9.8MPa的压缩机中。当工作压力小于0.98MPa时，使用三瓣斜口填料。平面填料中使用最多的是三大瓣密封圈结构，每组密封圈由镯形弹簧箍紧套装在活塞杆上，汽缸侧的一环是三瓣，它挡住第二环（六瓣）的径向间隙。这种填料可以自动补偿磨损。

少油或无油润滑压缩机，广泛采用填充聚四氟乙烯三、六瓣填料密封装置。

② 锥形填料。工作压力超过9.8MPa的场合，多采用锥形填料。密封圈由一个单开口的T形环和两个单开口的锥形环组成；用柱销将三个环的开口相互叉开120°定位，组装在支承环及压紧环里面。轴向弹簧使密封圈对活塞杆产生预紧力。锥形填料是靠气体压力自紧密封的。但锥形填料加工困难，而平面填料现在也可获得很好的耐久性，故锥形填料的使用较少。

中等和高压力差的填料组件中，高压侧常设导向套或节流套，用以引导活塞杆运动，并使高压气体的压力脉动性得到缓和，以提高密封元件的使用寿命。

压缩有毒、易燃、易爆和腐蚀性气体，低压侧常设引漏室，并设前置填料，以防止泄漏的气体窜入机身而引起危险。

3.1.4 活塞式压缩机的选型

3.1.4.1 一般选型原则

压缩机的选型可归纳为：一是压缩机技术参数的选择，它包括技术参数对所在化工工艺流程的适应性和技术参数本身的先进性，从而决定压缩机在流程中的适用性。二是压缩机结构性能的选择，它包含压缩机的结构型式、使用性能以及变工况适应性等方面的比较选择，从而影响压缩机所在流程的经济性。因此，压缩机选择的总原则是既适用又经济、安全可靠，并易于变型和制造，维护方便等。

压缩机首先应满足工艺要求，主要有以下几方面：

① 压缩介质对压缩机提出的要求，包括能否允许介质有少量的泄漏、能否允许被润滑剂污染以及排气温度限制等；

② 压缩机的排气量；

③ 压缩机的出、入口压力。

在满足上述工艺要求的前提下，如果有几种类型或型号的压缩机可供选择，再进一步对各种压缩机作选型比较后确定。

化工、石油化工中气体性质对压缩机选用的要求：

① 安全问题。化工、石油化工中被压缩的气体，如果是可燃、易爆的或有腐蚀性的，则对所选用的压缩机（密封结构、润滑设备）、所配用的主电机和辅机、所配用的电动机应有防爆性能，否则应强制通风防爆。

② 压缩过程的液化。化工、石油气在压缩过程中有可能液化，因此应注意凝液的分离

和排除。为避免撞缸事故，压缩机的各级汽缸余隙容积应略大一些，同时曲轴箱应注意适当地密封，以免液化后的气体渗漏到曲轴箱内，降低润滑油的闪点和黏度。

③ 排气温度限制。某些压缩介质在较高的温度下会分解，此时应对排气温度加以限制。如丁二烯在较高温度下会发生聚合反应，产生固体物质堵塞通道，要求各级出口温度低于90℃。

为避免丁二烯、异戊二烯、环戊二烯等在压缩过程中生成聚合物粘在进、排气阀片上，使阀关闭不及时，要求各级排气温度不超过100℃。

活塞式压缩机的排气温度不应超过润滑油的闪点。

另外，压缩有毒性的气体，要充分注意压缩机泄漏量的限制。压缩有腐蚀性的气体，压缩机要注意防腐和选材。

3.1.4.2 选型计算

(1) 明确化工流程原始计算数据[5]

① 气体性质和进气状态。由气体性质确定其绝热指数 k，气体的进气状态，如进气压力 p_s(MPa)、进气温度 T_s(K)、相对湿度 φ。

② 生产规模或流程需要的总供气量。根据生产规模、耗气定额（每吨产品需要消耗的原料气标准体积)，可求得每年流程中所需要的供气量。由于各厂每年实际开车时间不一，故应计算出单位时间的供气量 Q（单位：$m^3 \cdot h^{-1}$)：

$$Q=\frac{\text{生产规模}\times\text{耗气定额}}{\text{年开工时间}(d)\times 24} \tag{5-3-15}$$

③ 流程需要的排气压力。它包括压缩机的终压及各级间压力或中间工序的压力损失。

④ 排气温度的限制。对排气温度有限制要求的，应给出上限或下限指标。

(2) 单机排气量计算 单机排气量计算式：

$$V=\frac{Q}{z}\times\frac{T_s}{273}\times\frac{0.1033}{p_s-\varphi p_{sa}}\times 60 \tag{5-3-16}$$

式中 V——单机排气量，$m^3 \cdot min^{-1}$；

T_s——进气状态的热力学温度，K；

p_{sa}——进气状态的饱和蒸气压，MPa；

z——实际使用压缩机台数（不包括备机)。

3.1.4.3 化工特殊介质用压缩机的选用

(1) 氧气压缩机 氧气易燃，与油混合易燃易爆，因此，氧气压缩机要绝对禁油，应无油润滑或用含6%～8%甘油的蒸馏水润滑。

为避免材料干摩擦起火和防锈，对3MPa以下的汽缸、阀座等，应用铝青铜或锡青铜制造；大于3MPa时，用3Cr13、38CrMoAlA制造。配用防爆电机。

(2) 氢气压缩机 氢气易燃，易渗漏，引爆范围大，当空气中的氢含量占4.1%～74.2%（体积分数）时，温度升高或产生静电火花等均有引起爆炸的可能，因此，电机要防爆或强制通风，亦可隔墙防爆。

(3) 氯气压缩机 氯气剧毒，需严格防止外泄漏，并在压缩机填料和机身间设置负压抽气和正压堵漏的双重防护措施。

氯气有强腐蚀性，对湿氯气的排气温度应控制在90℃以下，干氯气的排气温度控制在130℃以下。

氯气能和润滑油中的烃生成HCl，因此常采用无油润滑或用腐蚀性小的浓硫酸吸水并起润滑作用。

(4) 石油气压缩机 石油气在压缩过程中易液化，为避免产生液击现象，应设有冷凝液排放阀，汽缸余隙容积可适当放大；为避免碳氢化合物结焦，各级排气温度应控制在100℃以下。

石油气与空气混合，易燃易爆，故填料密封应可靠。如结焦过多，也会引起爆炸。因介质易稀释润滑油，造成加速磨蚀，因此，压缩机要采用固体润滑（无油润滑）。压缩机不能用铜材。

(5) 二氧化碳压缩机 二氧化碳遇水汽有强的腐蚀性，故与气体接触的零部件要用不锈钢或钛材制造。

(6) 一氧化碳压缩机 为防止CO外泄漏中毒，压缩机采用负压抽气和正压堵漏的双重防护密封结构。一氧化碳含水分具有腐蚀性，故与气体接触的零部件，大于3MPa时要用不锈钢，3MPa以下时用铝青铜或锡青铜。

(7) 乙炔气压缩机 乙炔高温分解时可产生炭黑和氢，并大量放热引起爆炸。乙炔与铜作用生成爆炸性化合物乙炔铜，故压缩机零部件不可用铜或铜合金材料。

乙炔在空气中的含量为2.5%～8%时均可引起爆炸。为控制爆炸条件，要求线速度小于$1m \cdot s^{-1}$，或转速小于$200r \cdot min^{-1}$，排气温度低于90℃，气流速度小于$20m \cdot s^{-1}$。配用防爆电机。

3.1.5 压缩机的变工况工作

压缩机在运行过程中，某些工艺参数如压力、排气量、转速或气体组成的变化，或输送介质的变化，都会对压缩机的性能产生影响。因此，压缩机变工况运行一般可归纳成压缩机的进气压力、进气温度、排气压力和气体成分四种类型。

当压缩机在变工况运行时，应事先算出压缩机在变工况中运行的实际热力参数及负荷的变化，从而判断压缩机是否适用，并制定新的操作控制指标。

(1) 工艺参数改变对压缩机的影响

① 进气压力变化的影响。若进气压力升高，而排气压力不变，对单级压缩机则压力比降低，容积系数增大，排气量上升；而对多级压缩机主要影响末级压力比（也降低），但衰减很快。

进气压力变化对功率的影响是：当设计压力比大于$1.1(k+1)$（k为绝热指数）时，随着进气压力降低，功率也降低；当设计压力比小于$1.1(k+1)$时，则进气压力下降，反而使功率上升。

进气压力变化对各级排气温度的影响，则根据各级压力比是否发生变化而定。

② 排气压力变化的影响。若进气压力不变，则排气压力的改变主要影响末级的压力比，对排气量影响很小。提高排气压力，末级的功率随着增高，从而影响整机的功耗。

③ 进气温度变化的影响。若进气压力不变，进气温度增高，则气体的比容增大，供气量减少。

进气温度的变化，将使中间冷却器的热负荷发生变化。若回冷不完善，功耗将随着增大。

④ 气体性质变化的影响。气体性质变化时，将通过绝热指数、密度、热导率以及压缩系数等的变化，对压缩机的工作性能产生影响。绝热指数较高的气体，排气量就增大些，压缩功耗有所增加。若密度增大，气体流动阻力增大，使实际压力比上升，排气量有所降低，功耗增大。气体的热导率若增大，则进气过程气体吸热增加，温度系数降低，排气量下降。在高压的场合，对压缩性系数较大的气体，其膨胀过程线陡一些，使功率有所增加，还影响进气压力。

(2) 压缩机变工况计算　对一定质量的气体，其状态参数，即压力、温度和容积服从气体状态方程，三个参数中，只要确定了任意两个，第三个参数随之而定。

由于压缩机的排气量、排气压力（或中间压力）、排气温度以及功率都是压力比的函数，因此，求取变工况后各级汽缸的实际压力比成为变工况计算的关键。

压缩机的变工况运行可能是由一个参数的变化引起的，也可能是由几个参数同时发生变化引起的，对于后一种情况的变工况计算，可以利用叠加原理来处理，即先计算一个参数变化引起的影响后果，在此基础上再顺次把其他参数变化引起的影响结果叠加起来。

3.1.6　压缩机排气量的调节

通常，用户根据最大耗气量来选择压缩机。然而在使用中，由于种种原因，用户对气量的需求常常是变化的，这就需要对压缩机的容积流量进行调节。

(1) 利用驱动机或传动机构的调节

① 停转调节。多用于能间歇操作的场合。多适于小功率压缩机。

② 压缩机与驱动机脱开。借助离合器使传动脱开。驱动机停转调节的缺点是启动频繁，电网波动大，故启停次数受到限制。

变速调节要注意可能会对压缩机的工作产生下列不良影响：转速较低，气阀会产生颤振现象。转速调高时，气阀则会产生延迟关闭。运动部件磨损会增加，噪声、振动增加。会增加润滑油循环率，从而导致压缩机中润滑油量不足。转速降低，还会对采用飞溅润滑或离心泵油润滑的压缩机造成润滑不足的问题。

(2) 作用于管路上的调节　这种调节，结构简单，操作方便，被广泛采用。

① 控制进气调节。利用阀来调节进气或节流的方法调节气量。比较适合于大、中型压缩机不经常调节或调节范围较小的场合。

② 进、排气管连通调节。按其作用方式有自由连通和节流连通两种。自由连通常用于大型高压压缩机，利用释荷空转，调节特性为间断性质；节流连通，能实现连续调节，但功率消耗未能随排气量的减少而降低。

(3) 作用于汽缸和气阀的调节　常用的是顶开吸气阀调节，经济性较好，在中型和大型压缩机上使用较多。特别是部分行程顶开吸气阀，其经济性好，对于自动调节排气量比较方便。容积流量可以在30%～100%进行连续调节。容积流量低于30%时，只能在0～30%实现间断调节，但会使阀片受力恶化，往往影响阀片的使用寿命。

此外，还有连接补助容积调节。它能够实现间断、分级或连续调节，主要用于大、中型压缩机，可靠性较高，是一种较经济的调节方法。

3.2 其他类型压缩机

3.2.1 螺杆式压缩机

（1）构造及特点 螺杆式压缩机的结构型式如图 5-3-16 所示。

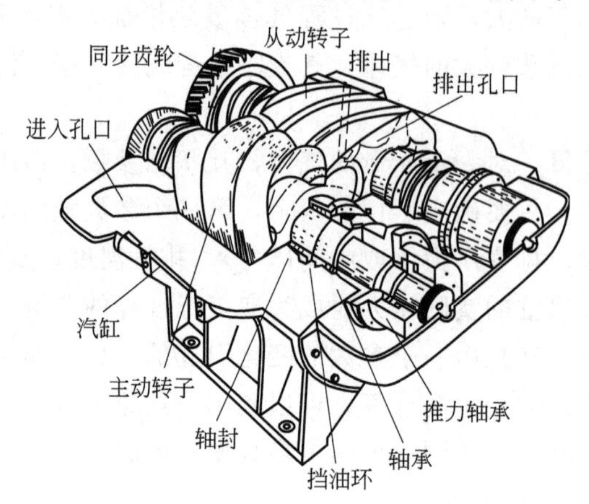

图 5-3-16 螺杆式压缩机结构图

螺杆式压缩机的工作过程如图 5-3-17 所示。

(a) 进气过程

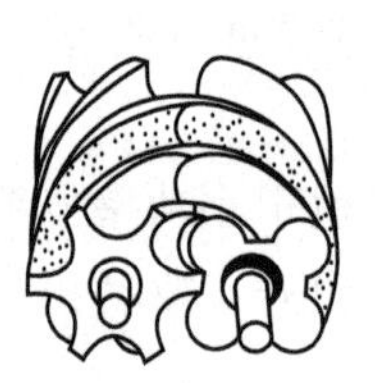
(b) 进气过程结束，压缩过程开始

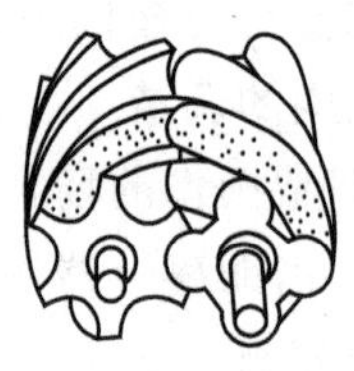
(c) 压缩过程结束，排气过程开始

(d) 排气过程

图 5-3-17 螺杆式压缩机工作过程示意图

在“∞”形的汽缸里，平行配置两个螺旋形的转子，两转子按一定传动比反向旋转，相互啮合工作，基元容积（一对齿槽）的工作过程如图 5-3-17 所示。一般具有凸齿的转子称为主动转子（阳转子），它与原动机连接，功率由此输入；具有凹齿的转子称为从动转子（阴转子）。

当两转子旋转时，其啮合点（密封线）随转子的回转而移动，因此，转子沟槽和缸体形成的密封空间容积也随转子的回转而不断变化，从而形成进气、压缩、排气工作过程。

干式螺杆，阳转子靠同步齿轮带动阴转子。两转子啮合过程相互不接触。

喷油螺杆，阳转子直接驱动阴转子，省去同步装置，结构比较简单。

转子的扭曲螺旋齿面与垂直于转子的轴线平面的交线称转子型线。型线一般有三种：对称圆弧型线；单边修正不对称摆线——圆弧型线；双边修正不对称摆线——包络圆弧型线。不对称型线的轴向气密性较好，比功率及噪声较低。

一般阳转子有四个凸面宽的齿，为左旋向；阴转子有六个凹面窄的齿，为右旋向；阳转子和阴转子的转速比为 1.5∶1。

螺杆式压缩机的特点如下：

① 转速高，其通用的范围是3000～20000r·min^{-1}，个别情况可达40000r·min^{-1}。它能与高速原动机直接相连。因实现高转速，相应重量轻，体积小。

② 螺杆式压缩机转子之间一般是不接触的，所以汽缸内不需润滑，从而使压缩气体纯净，不含油和磨屑。

③ 由于螺杆式压缩机是靠间隙达到密封的，故它颇适用于压缩含有灰分、液滴和微粒硬物的气体。

④ 具有强制输气特点，即排气量几乎不随排气压力而变；并能在宽广的排气量、排气压力和转速范围内工作，其效率变化不大。此外，它没有不稳定工作区，也不发生喘振，所以对变工况具有很好的适应性。

⑤ 螺杆式压缩机结构简单，几乎没有易损零件，运转周期长，易于实现远距离操控或自动化。

⑥ 不足之处是转子表面形状复杂，加工精度高，制造困难；噪声大。

螺杆式压缩机常用范围如下：

螺杆式压缩机广泛应用于化工、矿山、冷冻等工业部门，如化工原料空气的压缩，化工流程中气体的压缩，空分的原料空气压缩，纯氧或纯氮的压缩，医药用的气体压缩，煤气、焦炉气和石油裂解气等污浊气体的压缩输送。

干式（无油）螺杆压缩机常用范围如下：

转速　1800～22000r·min^{-1}；

排气量　3～1000m^3·min^{-1}；

排气压力　<1MPa。

喷油螺杆压缩机常用范围如下：

转速　1000～3000r·min^{-1}；

排气量　5～100m^3·min^{-1}；

排气压力　<1.7MPa。

(2) 主要性能参数

① 排气量。螺杆式压缩机的实际排气量计算式：

$$V=C_{\varphi}C_{n}n_{1}LD_{0}^{2}\lambda \tag{5-3-17}$$

式中　V——实际排气量，m^3·min^{-1}；

C_{φ}——扭角系数，当阳转子的扭角为240°、270°、300°时，C_{φ}值分别为1.00、0.989、0.971；

C_{n}——面积利用系数，$C_{n}=\dfrac{m_{1}(f_{01}+f_{02})}{D_{0}^{2}}$；对称圆弧齿形，$C_{n}=0.462$；不对称摆线——圆弧齿形，$C_{n}=0.521$；不对称摆线——包络圆弧齿形，$C_{n}=0.490$；

m_{1}——阳转子齿数；

f_{01}，f_{02}——阳、阴转子的齿间基圆面积；

n_{1}——阳转子转速，r·min^{-1}；

L——阳转子工作长度，m；

D_{0}——阳转子公称直径，m；

λ——排气系数，λ值与转子型线、间隙值、转子尺寸、转速、有无喷液等因素有关，λ值见表5-3-6。

第5篇

表 5-3-6 常见 λ 值[6]

转子型线	无油螺杆	喷油螺杆
对称型线	0.65～0.90	0.75～0.90
不对称型线	0.90～0.95	0.80～0.95

② 功率及效率。轴功率计算式如下：

$$N_{sh}=\frac{N_{id}}{\eta_m} \tag{5-3-18}$$

式中 N_{id}——指示功率，kW；

η_m——机械效率，$\eta_m=0.95\sim0.98$。

绝热功率计算式为：

$$N_{ad}=1.634p_sV\frac{k}{k-1}(\varepsilon^{\frac{k-1}{k}}-1) \tag{5-3-19}$$

绝热效率（常用来衡量螺杆压缩机的经济性）计算式为：

$$\eta_{ad}=\frac{N_{ad}}{N_{sh}} \tag{5-3-20}$$

低压力比，大、中排气量时，$\eta_{ad}=0.7\sim0.75$；

高压力比，中、小排气量时，$\eta_{ad}=0.6\sim0.7$。

③ 最佳圆周速度。提高主动转子齿顶圆周速度，可以降低通过压缩机间隙的相对泄漏量，因而有利于提高压缩机的容积效率和绝热效率。但它有一个最佳值，圆周速度过高又会使绝热效率降低。

对称圆弧型线螺杆压缩机最佳圆周速度的范围：

无油螺杆压缩机　$u=80\sim120\text{m}\cdot\text{s}^{-1}$；

喷油螺杆压缩机　$u=30\sim50\text{m}\cdot\text{s}^{-1}$。

不对称型线的螺杆压缩机，因其泄漏比对称圆弧型线小，故最佳圆周速度 u 偏低：

无油螺杆式压缩机　$u=70\sim100\text{m}\cdot\text{s}^{-1}$；

喷油螺杆式压缩机　$u=30\sim50\text{m}\cdot\text{s}^{-1}$。

(3) 排气量调节及噪声控制

① 排气量调节

a. 变转速调节。利用可变转速的驱动机驱动的螺杆式压缩机的经济调速范围：

$$n=(0.5\sim0.6)n_0 \tag{5-3-21}$$

式中 n_0——驱动机的额定转速，$\text{r}\cdot\text{min}^{-1}$。

b. 关闭进气口调节。简单方便，广泛用于排气量小于 $20\text{m}^3\cdot\text{min}^{-1}$ 的螺杆式压缩机。

c. 滑阀调节。在汽缸排气侧的两内孔交接处安装滑阀，借油压活塞的推动使滑阀沿与汽缸轴线相平行的方向左右移动。经济性较高，能实现无级调节，但结构复杂。调节范围为额定排气量的 50%～100%，广泛用于制冷、空调螺杆式压缩机。

② 噪声控制。螺杆式压缩机的噪声主要有气动噪声和机械噪声两部分。若不采取消声措施，其噪声强度可达130dB以上。它不但严重干扰周围环境，损伤操作人员健康，有时还将引起焊缝开裂事故。

目前，控制噪声的途径有：

a. 改进结构及加工工艺，正确选择转子型线，改善气流在汽缸内的流动状态，降低涡流现象引起的噪声，合理选择转速，提高转子动平衡性，配备低噪声齿轮及风扇。

b. 将整台机组放在隔声罩或隔声室内，一般可降低噪声20～30dB。

c. 在距压缩机的进、排气孔口尽可能近的地方分别加装进、排气消声器，一般可降低噪声25dB左右。

适合螺杆式压缩机噪声的消声器主要有两种：吸收式消声器和扩张式消声器。

3.2.2 罗茨鼓风机

(1) 应用与结构特点 罗茨鼓风机的使用范围是容积流量0.25～80$m^3 \cdot min^{-1}$，功率0.75～100kW，提升压力20～50kPa，最高可达0.2MPa。罗茨式结构还常用于真空泵，由于其抽速大而被称为快速机械真空泵，多作为前级真空泵使用[4]。

罗茨鼓风机的结构，如图5-3-18所示。在“8”的汽缸内配置两个“8”字形的转子，通过一对同步齿轮的作用，使两转子作相反方向的旋转。在汽缸两侧开有进气和排气孔口，工作时，两转子之间以及转子与汽缸内壁始终保持一定的接触（实际上留有微小间隙，以避免实际工作中热变形引起各部件接触），使进气孔口与排气孔口相互隔绝。转子旋转时，推动汽缸容积内的气体，达到增压鼓风作用。

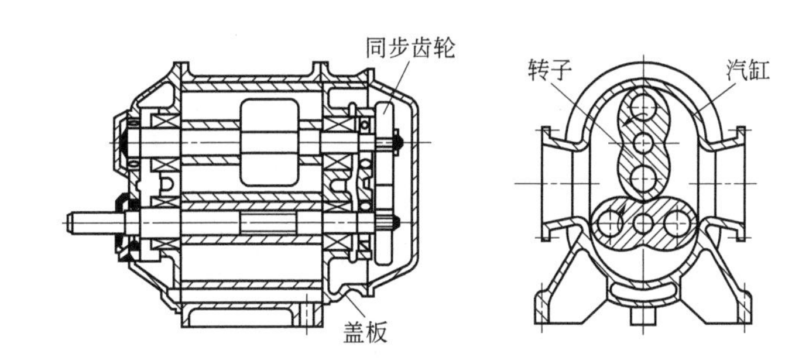

图5-3-18 罗茨鼓风机结构图

罗茨鼓风机的转子叶数（又称叶轮头数）多为2叶或3叶，4叶及4叶以上则很少见。转子型面沿长度方向大多为直叶，这可简化加工；型面沿长度方向扭转的叶片在三叶中有采用，具有进、排气流动均匀，可实现内压缩，噪声及气流脉动小等优点，但加工较复杂，故扭转叶片较少采用。

(2) 主要性能参数

① 排气量。罗茨鼓风机的实际排气量计算式为：

$$V=\frac{\pi}{2}D^2 L C_n n \lambda \tag{5-3-22}$$

式中 V——排气量，$m^3 \cdot min^{-1}$；

D——转子直径，m；

L——转子长度，m；

n——转速，r•min^{-1}；

C_n——面积利用系数$\left(C_n=1-\frac{4S}{\pi D^2}\right.$，$S$ 为转子截面积，m$\left.^2\right)$；

λ——排气系数，一般为0.6～0.9。

② 轴功率

$$N_{sh}=16.34\frac{Vp_d p_s}{\lambda\eta_m} \tag{5-3-23}$$

式中 p_s——进气压力，MPa；

p_d——排气压力，MPa；

η_m——机械效率，$\eta_m=0.87$～0.94。

罗茨鼓风机的容积效率一般为 $\eta_V=0.7$～0.9，绝热效率 η_{ad} 为0.5～0.7。它主要受压力比、转子圆周速度、间隙、冷却、制造精度等因素影响。

(3) 性能曲线 图5-3-19给出了罗茨鼓风机进气压力 p_s 与容积效率 η_V、绝热效率 η_{ad}、排气量 V 以及指示功率 N_{id} 的关系。

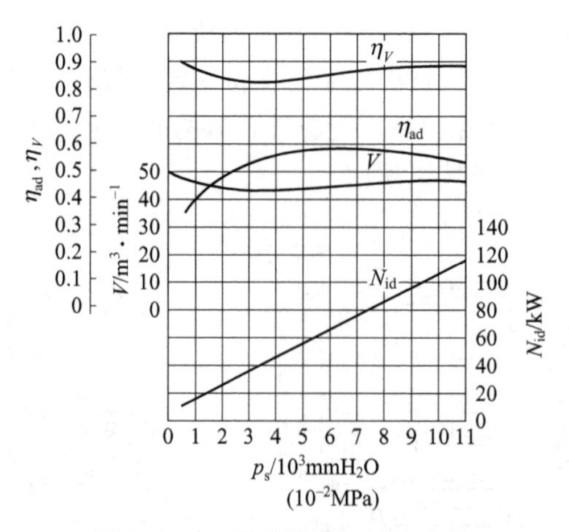

图5-3-19 罗茨鼓风机性能曲线

3.2.3 滑片式压缩机

(1) 应用及结构特点 滑片式压缩机在化学工业中用来输送和加压各种气体。它还适用于小型制冷空调装置和汽车空调系统中，也可作为真空泵使用。

滑片式压缩机多为单级或两级，三级以上较少。单级终了压力0.4MPa（喷油式可达0.7MPa)，双级的可达0.8～1MPa；转速一般为300～3000r·min^{-1}；排气量为5～10000m^3•h^{-1}。用于真空泵时，单级可获5000～4000Pa、95%～96%的真空度，两级可获1500～1000Pa、98.5%～99%的真空度。

按滑片与转子、汽缸之间的不同润滑方式，滑片式压缩机可分为滴油、喷油和无油三类。在化学工业和食品工业中，无油机器可用来输送或加压各种气体，还可作为固体颗粒物料输送的气源。

图5-3-20是滑片式压缩机的结构。它是由机体、转子和滑片三部分组成的。

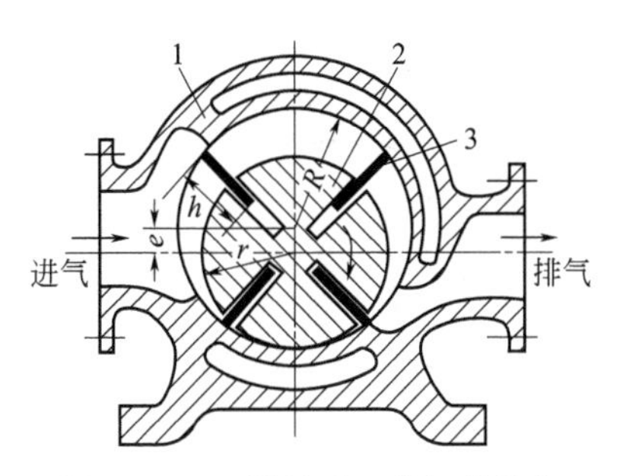

图 5-3-20 滑片式压缩机的结构

1—机体（亦称汽缸）；2—转子；3—滑片

滑片式压缩机的转子偏心配置在汽缸内，转子上开有若干纵向凹槽，在凹槽中装有能径向自由滑动的滑片。由于转子偏心配置，汽缸内壁与转子外表面间构成月牙形的空间。转子旋转时，滑片由于离心力的作用，紧贴在汽缸内壁上，月牙形空间被滑片分隔成若干扇形的基元容积。在转子旋转时，基元容积将由最小值逐渐变化到最大值，然后又逐渐由最大值变化到最小值，形成滑片式压缩机的进气、压缩、排气以及膨胀工作过程。

(2) 主要性能参数及调节

① 排气量：

$$V=(f_m-f_s)Lzn\lambda \tag{5-3-24}$$

$$f_m=R^2\varepsilon\left(2\sin\frac{\beta}{2}+\frac{\varepsilon}{2}\sin\beta-\frac{\varepsilon\beta}{2}+\beta\right) \tag{5-3-25}$$

式中 f_m——基元面积的最大值；

ε——相对偏心，即偏心距与汽缸半径之比；

β——相邻滑片的夹角；

f_s——基元面积最大时，滑片厚度所占面积；

z——滑片数；

L——滑片宽度；

n——机器转速，$r\cdot min^{-1}$；

λ——排气系数，对于空气，喷油时，$\lambda=0.85\sim0.94$；滴油时，$\lambda=0.70\sim0.85$；无油时，$\lambda=0.65\sim0.75$。

② 轴功率：

$$N_{sh}=16.34\frac{p_s V}{\lambda\eta_m}\times\frac{n}{n-1}\left(\frac{p_a}{p_s}^{\frac{n}{n-1}}-1\right) \tag{5-3-26}$$

式中 η_m——机械效率，$\eta_m=0.7\sim0.75$；

n——多变压缩指数，对于空气介质，喷油结构，$n=1.05\sim1.10$；滴油结构，$n=1.35\sim1.45$；干式结构，$n=1.55\sim1.65$。

③ 性能曲线。图 5-3-21 给出不同的排气压力 p_d 时相应的等温效率 η_{is}、轴功率 N_{sh}、排气量 V、排气系数 λ 数值。

④ 排气量调节

a. 变转速调节。滑片式压缩机的排气量和转速呈直线比例关系；且功率下降几乎是与排气量的减少成比例，故调速调节既简单又经济。

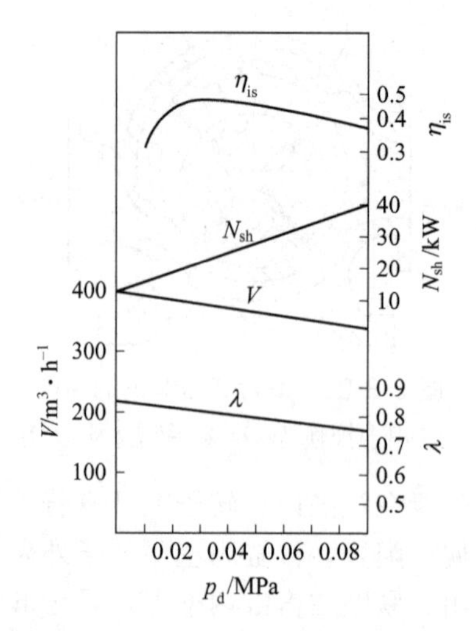

图 5-3-21 滑片式压缩机的性能曲线

b. 停转调节。在中小型机器中，采用电动机驱动的滑片式压缩机常采用此法调节。

c. 进气节流调节。常用于小型机器，在压缩机进气管上设节流阀，使进气节流。

d. 停止进气调节。这种调节方法经济性较好，随进气停止，其指示功率大大降低。

e. 排气管和进气管连通调节，装自动阀调节。

3.2.4 液环式压缩机

液环式压缩机也称液环泵，通常所使用的液体为水，故又称水环泵，在国外有些文献中还称为液体活塞压缩机。

液环式压缩机有两种结构：一种为德国 Franz Wind Hausen 发明的，其结构特点是进、排气直接通过端盖进行；另一种为美国 Houis Nash 于 1903 年发明的，其结构特点是进、排气通过轮壳与分配器进行，该结构在我国也称纳氏泵。

图 5-3-22 为液环式压缩机剖面图。带叶片的转子偏心配置在汽缸内，在汽缸内引进一定量的水或其他黏度小的液体。工作时，由于转子的离心力作用，将液体甩出，形成一个贴在汽缸内表面的液环，转子表面与液环之间产生一个月牙形空间，并被叶片分成若干容积不等的小室，即基元容积。每个基元容积随转子的转动作周期性的扩大与缩小，借此实现压缩机的进气、压缩、排气以及可能有的膨胀过程。

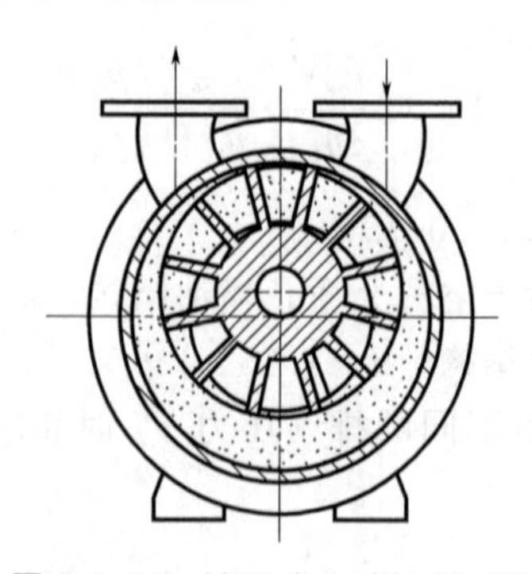

图 5-3-22 液环式压缩机剖面图

液环式压缩机的特点是：

① 气体直接与工作液体环接触，压缩过程冷却良好，可接近等温压缩；

② 叶轮与工作腔无摩擦、磨损，宜于处理易燃、易爆或高温时易分解的气体；

③ 对气体中含有的水分或固体微粒不敏感；

④ 工作腔密封性好；

⑤ 对零件精度要求不高；

⑥ 工作时液力损失大，总效率低；

⑦ 工作液体吸收热量而挥发成气体，并混入被压缩气体，因此，排出气体应进行气-液分离；并且工作腔内也需不断补充液体；

⑧ 工作腔内液体因液力损失与吸收压缩气体的热量温度升高，故需不断置换，以保持工作液体的温度。

液环式压缩机汽缸不需润滑，可作为特殊用途的无润滑压缩机。该机效率很低，总等温效率仅为 0.30～0.45，还要在进入口补充一定量的新液体。容积效率 η_V=0.5～0.8，一般真空泵容积效率较低，压缩机容积效率较高。等温指示效率 η_{is}=0.92～0.95，水力效率 η_w=0.5～0.7，机械效率 η_m=0.98～0.99。

液环式压缩机体积流量最大可达 $80m^3 \cdot min^{-1}$。转速视叶轮大小，处于 n=250～3000$r \cdot min^{-1}$，工作时转子外径线速度一般限制在 14～16$m \cdot s^{-1}$。单级排气压力一般为 0.2MPa（表压），最大可达 0.4MPa（表压）；两级排气压力可达 0.6MPa（表压），特殊设计时可达 2MPa[7]。

液环式压缩机常用在高温下易于分解的气体，如乙炔、硫化氢、硫化碳等；也适合于高温时易于聚合的气体；由于气体不与汽缸表面直接接触，故也适用于压缩具有腐蚀性的气体，如氯气等。液环式结构也常作为真空泵应用，极限真空压力为 3.5kPa。由于其结构简单，无油污染，加之密封性好，因此，在真空方面的应用要多于气体压缩。图 5-3-23 为液环式真空泵/压缩机性能参数范围。

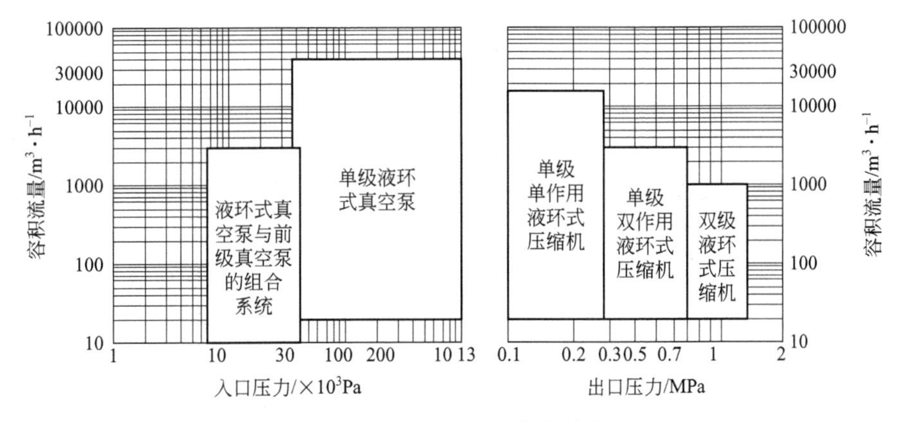

图 5-3-23 液环式真空泵/压缩机性能参数范围（50Hz）

3.2.5 隔膜压缩机

隔膜压缩机因其具有特设的膜片，将被压缩的气体与外界分隔而得名。隔膜压缩机也称“膜式压缩机”。隔膜压缩机的工作原理如图5-3-24所示。汽缸盖（也称上膜板）4 和支承板

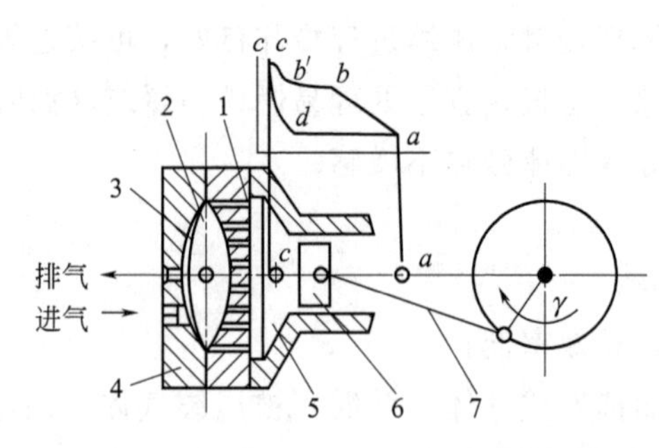

图 5-3-24 隔膜压缩机的工作原理图

1—支承板；2—膜片；3—压缩室；4—汽缸盖；
5—油压室；6—油缸活塞；7—曲柄连杆机构

（也称下膜板或油板）1 上有特殊的曲面凹槽，膜片 2 沿周边被压紧在缸盖和支承板之间，缸盖上的凹面槽和膜片之间所包含的空间构成了密封性能非常好的工作容积（汽缸容积）。曲柄连杆机构 7 带动油缸活塞 6 在油压室 5 内作往复运动，周期性地改变油缸内的油压并推动膜片来回弯曲挠动，这样就使工作容积的大小发生周期性的变化，从而形成压缩机的进气、压缩、排气膨胀过程。膜片每来回挠动一次，就完成了一个循环过程。

隔膜压缩机的级数根据排气压力而定，有单级的，也有二级或多级的，但在三级以上而容量又较大时，为了防止膜片的尺寸过大，前面级常用无油活塞式压缩机进行压缩，最后级用膜片压缩。

隔膜压缩机的膜片驱动形式，可以是机械-液压驱动，也可以是液压-液压驱动。

由于余隙容积小，工作容积的散热面积相对很大，散热良好，因而可以采用很高的压力比，一级压缩压力达 2.5MPa，二级达 25MPa，三级可达 100MPa。隔膜压缩机的最高排气压力可达 700MPa。

鉴于液体的惯性，使得液压缸活塞往复运动不能过快，否则可能使液柱与活塞断开，从而造成液力冲击，所以机器转速一般控制在 $250\sim500\mathrm{r \cdot min^{-1}}$。

由于膜片的变形量有限，处理的气体量一般较小，单机排气量不超过 $100\mathrm{m^3 \cdot h^{-1}}$。为扩大膜式压缩机的排气量，在排气压力超过 98MPa 时，常采用与无油润滑活塞式压缩机串联使用的方案，把膜式压缩机当作增压压缩机使用。这样就把活塞式压缩机容量较大的优点与隔膜压缩机高压力的优点结合在一起。这种组合式隔膜压缩机的排气量可达 $4\mathrm{m^3 \cdot min^{-1}}$，进气压力为大气压时，排气压力达 34.3MPa。

隔膜压缩机的膜腔不需要润滑，密封性很好，气体不与任何润滑剂接触，所以压缩气体的纯洁度极高，特别适用于某些珍贵的稀有气体的压缩、输送或装瓶。也适用于为化学工业、石油工业、空气分离、医药工业以及现代科技试验部门提供高纯度的、压力范围广泛的气体。另外，对于腐蚀性强、有毒、易爆的气体，也宜采用隔膜压缩机。

3.2.6 超高压压缩机

(1) 结构特点 排气压力超过 98MPa 的超高压压缩机，在化工流程中常用于高压法合成聚乙烯的生产中，其结构如图 5-3-25 所示，二段缸结构如图 5-3-26 所示。

超高压压缩机的结构特点：

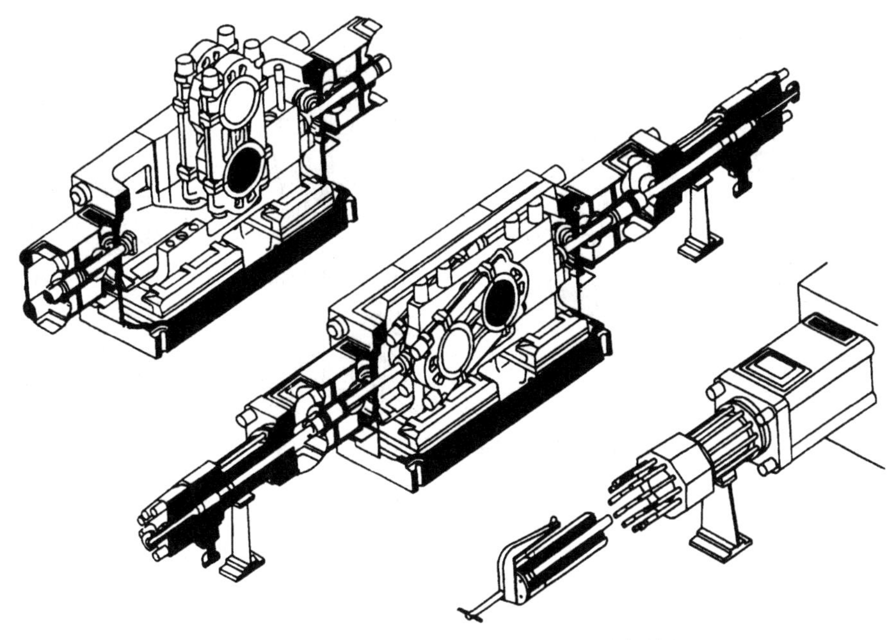

图 5-3-25 大型卧式超高压聚乙烯压缩机结构

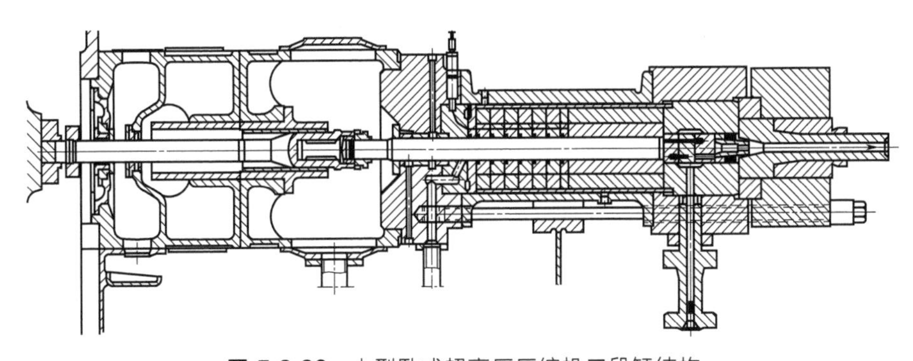

图 5-3-26 大型卧式超高压压缩机二段缸结构

① 中小气量的机器常常采用立式结构，其活塞对中性较好，可改善活塞部件的磨损不均匀性。对置式压缩机活塞力可互相抵消大部分。

② 由于气体压力高，作用在活塞上的推力很大，为了加强十字头的承载能力，十字头销以及十字头工作表面常设置专门的高压注油泵供油。

③ 为了减少汽缸体的应力集中系数，汽缸体的形状往往采用简单的组合筒体。

④ 汽缸套常用具有极高硬度和较高弹性模数的碳化钨材料制造成薄壁结构。

⑤ 汽缸与活塞之间的动密封，有采用组合活塞结构的，也有采用填料密封的柱塞结构的，其润滑剂从填料注入，润滑效果和密封性能较好。

⑥ 气阀的型式有菌状阀、单个组合阀与多个组合阀，见图 5-3-27。对大容量的机器多用小的组合阀并联使用。

⑦ 润滑系统用高压油泵注润滑剂。润滑剂为白油、聚醇、异十二烷或矿物油的混合物。在活塞式结构中，润滑剂是注入气体中的；而柱塞式结构中，润滑剂注入填料中。在活塞或柱塞尾端的填料函中注入润滑剂以冷却及冲洗活塞杆或柱塞；对于运动部件的润滑油与一般

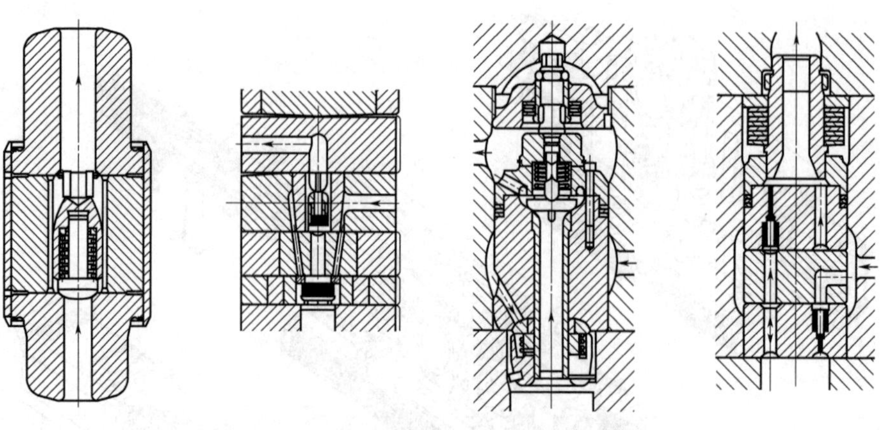

图 5-3-27 各种超高压压缩机气阀结构

压缩机相同。

(2) 超高压压缩机的使用 目前，化工中使用的超高压压缩机最高压力达 147～335MPa。这样高的工作压力，在使用机器时应注意以下问题：

① 压缩机装置中，必须有可靠的监视报警系统，保证安全运行。

② 在高压聚乙烯合成中，在超高压情况下，如果温度过高，会出现爆炸性的热反应，乙烯将分解成炭黑和氢，易堵塞管道和排气口，所以各级的排气温度应限制在 80～120℃。

参考文献

[1] 李云，姜培正．过程流体机械．北京：化学工业出版社，2008.

[2] 西安交通大学压缩机教研室．活塞式压缩机．西安：西安交通大学，1971.

[3] 陈永江．容积式压缩机原理与结构设计．西安：西安交通大学，1985.

[4] 郁永章，姜培正，孙嗣莹．压缩机工程手册．北京：中国石化出版社，2012.

[5] 王迪生，杨绍侃．氮肥工业用活塞式压缩机．西安：陕西科学技术出版社，1983.

[6] 西安交通大学《回转式压缩机》编写组．回转式压缩机．西安：西安交通大学，1974.

[7] 《机械工程手册》编辑委员会编辑组．机械工程手册：通风机、鼓风机、压缩机．第2版．北京：机械工业出版社，1997.

4

速度式（透平式）压缩机

4.1 分类

速度式压缩机按升高压力的大小可划分为：通风机，压力在 0.14715MPa 以下；鼓风机，压力在 0.14715～0.2MPa；压缩机，压力在 0.2MPa 以上。

根据叶片结构型式可分为：离心式、轴流式。

4.2 离心式鼓风机与压缩机

4.2.1 构造与特点

(1) 构造 离心式鼓风机和压缩机由转子、固定元件和轴承三个主要部件组成。图 5-4-1是 30 万吨•年$^{-1}$合成氨装置用合成气压缩机低压缸结构图。

转子由主轴、叶轮、平衡盘、止推盘、联轴器组成。

固定元件由机壳、隔板、密封、蜗壳、进气室组成。

轴承包括径向轴承和止推轴承。

(2) 特点

① 转速高，气流速度大，机器外形尺寸小，重量轻；

② 排气量大，气流平稳，无脉动；

③ 结构较简单，易损件少，气体不易被润滑油所污染，运行周期较长；

④ 可利用副产蒸汽，采用汽轮机直接驱动，便于综合利用热能；

⑤ 操作适应性较差，流量和排气压力的变化范围由性能曲线决定，气体性质对操作性能有较大影响；

⑥ 控制系统是压缩机的重要组成部分；

⑦ 基础受力均匀。

目前离心式压缩机一般适用范围如下：

最小流量 5000m^3•h^{-1}（进口状态）；

最大流量 300000～450000m^3•h^{-1}（进口状态）；

最高出口压力 39.2～72.52MPa；

单缸最多叶轮数 8～12 个；

主轴转速 3000～20000r•min^{-1}；

轴功率 220～74000kW。

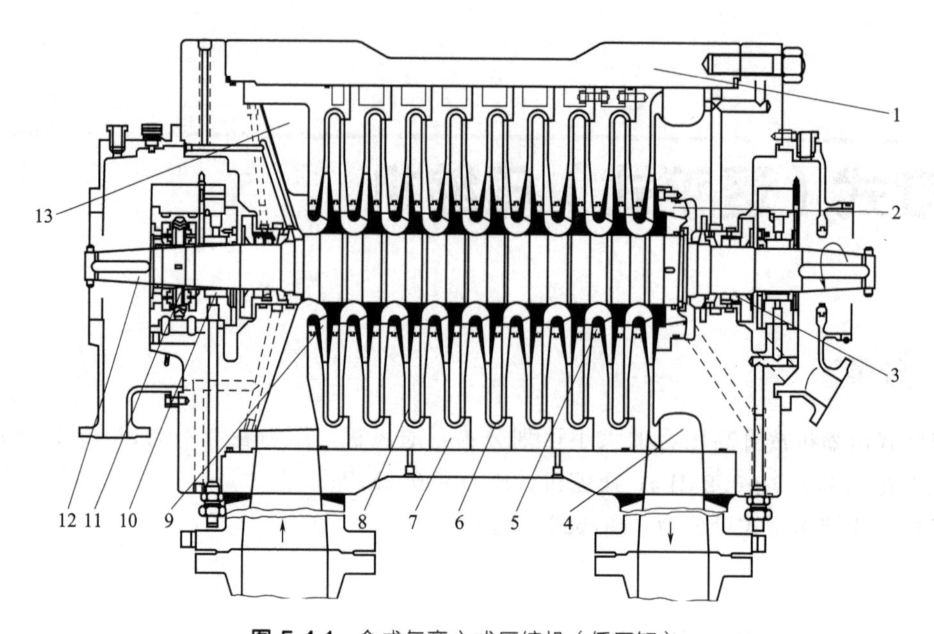

图 5-4-1 合成气离心式压缩机（低压缸）

1—机壳；2—平衡盘；3—浮环密封；4—蜗壳；5—级间密封；6—弯道；
7—隔板；8—回流器；9—叶轮；10—径向轴承；
11—止推轴承；12—主轴；13—进气室

4.2.2 理论基础

离心式鼓风机和压缩机的理论基础，以一个级中的气体流动来说明，当高速旋转的叶轮对气体做功时，表现为气体的动能和温度的提高。叶轮对气体做功的大小为欧拉方程所描述；气体在级中的能量转换由伯努利方程和热力学定律给出。

(1) 叶轮进、出口的气流速度三角形 在高速旋转的叶轮中，气体质点具有相对速度 $\vec{W}$、圆周速度 $\vec{u}$ 和绝对速度 $\vec{C}$ 的运动。将 $\vec{W}$、$\vec{u}$ 和 $\vec{C}$ 三者之间的关系画在一个图上称为速度三角形。速度矢量之关系以三角函数表示：

$$C_{2u}=u_2-C_{2r}\cot\beta_2 \tag{5-4-1}$$

式中 C_{2u}——圆周分速度，$m \cdot s^{-1}$；

C_{2r}——径向分速度，$m \cdot s^{-1}$；

u_2——出口圆周速度，$m \cdot s^{-1}$；

β_2——出口相对速度的气流角，(°)。

(2) 欧拉方程式 理想无限多叶片的叶轮加给每千克气体的理论功 $W_{th\infty}$，用欧拉方程式表示为：

$$W_{th\infty}=h_{th\infty}=C_{2u\infty}u_2-C_{1u\infty}u_1 \tag{5-4-2}$$

式中 $C_{2u\infty}$——叶轮叶片无限多时出口圆周分速度，$m \cdot s^{-1}$；

$C_{1u\infty}$——叶轮叶片无限多时进口圆周分速度，$m \cdot s^{-1}$。

由式(5-4-1) 和式(5-4-2) 可导出每千克气体的能量表达式[1]：

$$h_{\mathrm{th}\infty}=\frac{u_2^2-u_1^2}{2}+\frac{w_1^2-w_2^2}{2}+\frac{c_2^2-c_1^2}{2} \tag{5-4-3}$$

一般离心式鼓风机和压缩机的气流近似径向流入叶轮，没有预旋绕，即 α_1 角近似为 90°，所以 $C_{1u\infty}\approx 0$。事实上叶轮的叶片数是有限的，并存在轴向涡流和气体黏性的影响，使叶轮出口气流方向偏离出口安装角，叶轮所产生的有效能量头将减小。这时气体通过叶轮获得的能量头也可用式(5-4-4)表示：

$$h_{\mathrm{th}}=\varphi_{2u}u_2^2 \tag{5-4-4}$$

叶轮出口处气流的切向分速度系数（又称周速系数）$\varphi_{2u}=\dfrac{C_{2u}}{u_2}$，若只考虑轴向涡流的影响，则叶轮出口的 C_{2u} 减小值由斯陀道拉公式给出：

$$C_{2u}=u_2-C_{2r}\cot\beta_{2\mathrm{g}}-u_2\frac{\pi}{z}\sin\beta_{2\mathrm{g}} \tag{5-4-5}$$

式中 C_{2r}——叶轮出口绝对速度在径向的分速度，$\mathrm{m\cdot s^{-1}}$，可由流量系数 $\varphi_{2r}=\dfrac{C_{2r}}{u_2}$ 中求出；

$\beta_{2\mathrm{g}}$——叶轮叶片出口安装角，(°)；

z——叶轮的叶片数。

(3) 气体流动的能量方程式 气体流动的能量方程式是能量守恒和转换定律的特殊情况。它是联系叶轮叶片功转换气体能量的一个基本方程式。从热力学及气体力学中可知，在恒定流动中，对 1kg 气体而言，如略去位能变化，则驱动机加给鼓风机和压缩机的机械功以及气体与外界的热交换等于气体的焓增（包括气体流动时摩擦功转换成热量使气体的热焓增加值）和动能的变化，即：

$$h_{\mathrm{th}}\pm Q_{\mathrm{W}}=i_2-i_1+\frac{C_2^2-C_1^2}{2} \tag{5-4-6}$$

式中 h_{th}——驱动机加给的机械功，等于叶轮加给单位质量气体的总功，即能量头，$\mathrm{J\cdot kg^{-1}}$；

Q_{W}——气体与外界交换的热量，$\mathrm{J\cdot kg^{-1}}$，正号表示外界加热，负号表示向外散热。

由于机壳向外界传出的热量很小，故 $Q_{\mathrm{W}}\approx 0$，则式(5-4-6)变为：

$$h_{\mathrm{th}}=i_2-i_1+\frac{C_2^2-C_1^2}{2} \tag{5-4-7}$$

式中 i_1，i_2——图 5-4-2 中“1—1”和“2—2”截面处的气体热焓；$i=C_pT$，$\mathrm{J\cdot kg^{-1}}$，其中 C_p 为比定压热容，$\mathrm{J\cdot kg^{-1}\cdot K^{-1}}$；$T$ 为温度，K；

C_1，C_2——截面“1—1”和“2—2”处的气流速度，$\mathrm{m\cdot s^{-1}}$。

如引用滞止温度 T^* 的概念表示气体流动的能量方程式，则更为简便。滞止温度是指流通截面上气体速度按等熵过程滞止到零时所测出的总温度，即：

$$T^*=T+\frac{C^2}{2C_p} \tag{5-4-8}$$

故式(5-4-7)可写成：

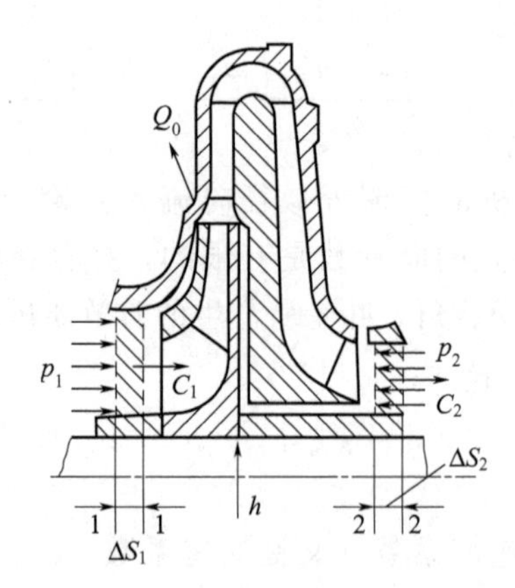

图 5-4-2 导出能量方程式引证图

$$h_{th}=C_p(T_2^*-T_1^*) \tag{5-4-9a}$$

或
$$h_{th}=i_2^*-i_1^* \tag{5-4-9b}$$

式(5-4-6) 即为稳定流动时气体的能量守恒方程式。它具有较普遍的意义。利用能量方程可以计算气体的主要状态参数。

机械守恒能量方程式的另一表达式为伯努利方程，即：

$$h_{th}=\int_1^2\frac{dp}{\rho}+\frac{C_2^2-C_1^2}{2}+h_{hyd} \tag{5-4-10}$$

式中 h_{hyd}——级中流动损失功耗，J·kg^{-1}。

对于稳定的一元流动而言，伯努利方程式具有极为普遍的形式。其实质是：外界传给气体的机械功，用于压缩气体，提高压力，克服损失，并使气体动能发生变化。

(4) 实际功率 根据离心式压缩机的内功率及轴功率，选择合适的驱动机及传动方式。内功率由多变压缩功（多变压头）计算，多变压缩功计算公式见表 5-2-2，用多变压缩过程。一缸内有多个叶轮，无级间冷却者，多变指数大于绝热指数，即 $m>k$。实际内功率一般用下列三种方法估算：

① 根据已有类似的离心式压缩机或模型级测得的级平均多变效率值来估算；

② 采用经过试验的模型级叶轮的数据；

③ 利用压缩机厂商提供的图表。

在多变压头已知时，内功率计算如下：

机器的内功率为各级内功率 N_i之和$\sum N_i$。

级的内功率为：

$$N_i=\frac{Gh_{pol}}{\eta_{pol}} \tag{5-4-11}$$

式中 G——气体的质量流量，kg·s^{-1}；

η_{pol}——多变压缩效率，一般取 $\eta_{pol}=0.70\sim0.84$。

内功率计算不包括机械损失。由于离心式鼓风机和压缩机的机械损失比较小，估算时机械效率可用 0.96～0.99，大功率时选用大值。

机器的轴功率 N_{sh}为机器的内功率与机械损失功耗之和，即：

$$N_{sh}=\frac{\sum N_i}{\eta_m} \tag{5-4-12}$$

式中 η_m——机器的机械效率。

选用驱动机功率：

$$N_d=1.1N_{sh} \tag{5-4-13}$$

4.2.3 结构及主要零部件

(1) 结构 离心式压缩机的结构可分为：水平剖分形、垂直剖分形（或称筒形）、超筒形结构。超筒形结构进口处无导叶，级的隔板是整体型，止推轴承在支承（径向）轴承内侧，轴承和密封是一个整体，轴承跨距较长，叶轮级数较多。就压力而言，筒形结构属于高压型，其他结构则属低、中压型。

(2) 主要零部件

① 叶轮。叶轮的型式有闭式、半开式、开式和混流式四种。

叶轮上的叶片有三种不同的型式：

a. 后弯型。叶片弯曲方向与叶轮旋转方向相反，叶片出口安装角 $\beta_{2g}<90°$，其操作工况范围较宽，性能曲线平坦。

b. 径向型。叶片方向与轴相垂直，叶片出口安装角 $\beta_{2g}=90°$，其效率较低，能量头较大；操作工况范围较窄，性能曲线较陡。

c. 前弯型。叶片弯曲方向与转子旋转方向相同，$\beta_{2g}>90°$（多为 105°～120°），效率低，能量头最大，相应叶轮尺寸小，级数少，机器紧凑。

叶轮按制造工艺可分为铆接型、焊接型、整体型三种型式。

离心式压缩机叶轮中的气体流动是三元、非轴对称、可压缩、黏性的不稳定流动。

为了进一步改善气体动力性能，减少级数，提高效率，利用三元流动理论设计三元叶轮，现已形成标准化、高效率的叶轮体系，单级效率可提高 5%～10%，压力可提高 20%，在相同条件下叶轮直径可减小 20%左右。离心式和混流式三元叶轮已大量应用在压缩机上。

采用钛合金叶轮，离心式压缩机可实现高速化，其圆周速度可达 $600\mathrm{m\cdot s^{-1}}$，重量减轻 50%左右。在相同条件下，可缩小叶轮尺寸，使机组体积减小，重量轻，节省材料。

② 转子。有刚性和挠性转子两种，一般多采用挠性转子。为使机器运行平稳，通常要求工作转速偏离临界转速一定范围：

刚性转子 $n<0.75n_{cr\,\mathrm{I}}$

挠性转子 $1.3n_{cr\,\mathrm{I}}<n<0.7n_{cr\,\mathrm{II}}$

式中 n——工作转速，$\mathrm{r\cdot min^{-1}}$；

$n_{cr\,\mathrm{I}}$——第一临界转速，$\mathrm{r\cdot min^{-1}}$；

$n_{cr\,\mathrm{II}}$——第二临界转速，$\mathrm{r\cdot min^{-1}}$。

③ 轴承

a. 径向轴承（亦称支承轴承）。径向轴承的作用是支承转子的负荷并使转子定心。径向轴承通常都是基于流体动压原理的滑动轴承。常用的有：圆柱轴承、椭圆轴承、多油叶轴承、多油楔轴承、可倾瓦轴承（亦称活支多瓦轴承）以及激励式磁力轴承。

离心式鼓风机和压缩机属高速轻载机器，因此多采用多油楔的可倾瓦轴承，见图 5-4-3。

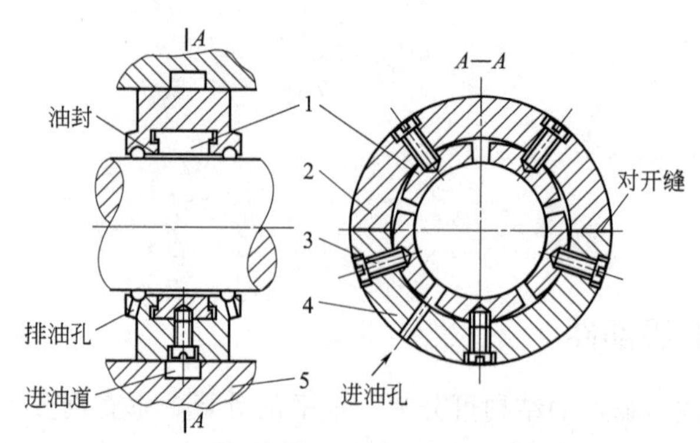

图 5-4-3 多油楔的可倾瓦轴承

1—活动瓦块；2—上轴瓦壳体；3—定位螺钉；

4—下轴瓦壳体；5—轴承座

可倾瓦轴承的特点是：具有极好的抗振性，不易产生油膜振荡。当润滑油通过轴瓦与轴之间的间隙（相对间隙 $\psi=\delta/d=0.0012\sim0.002$）时，每一块瓦都在运行中建立起一个稳定的力，使转子稳稳地处在各油楔的稳定力之间，极大地抑制了轴颈振动的产生，从而建立起高速轻载转子的稳定工况。

b. 止推轴承。止推轴承的作用是承受转子的剩余轴向推力。有整体固定式和多块式，而多块式又有固定多块式、米契尔式和金斯伯雷式。

在高速离心式压缩机中多采用米契尔式（Mitchel）和金斯伯雷式（Kingsbury）止推轴承。

i. 米契尔式止推轴承。图 5-4-4 是几种米契尔式轴承。它是由止推块、基环组成的，止推块与基环之间有一个支点，其中图 5-4-4(a) 的支点为销钉，图 5-4-4(b) 的支点为钢球，图 5-4-4(c)、图 5-4-4(d) 的支点为止推块本身的凸起部分与基环接触处。

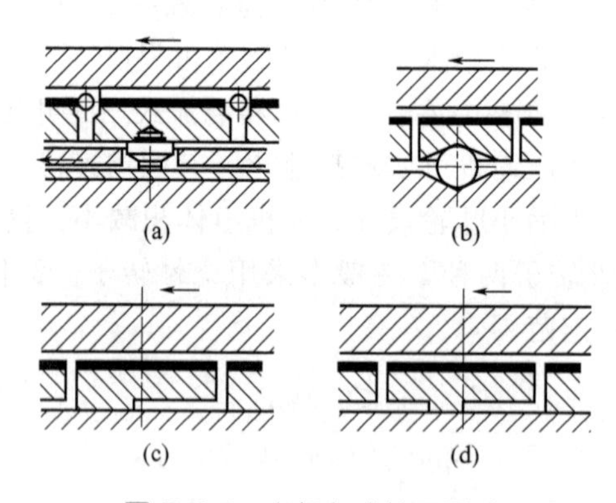

图 5-4-4 米契尔式轴承型式

图 5-4-5 是米契尔式轴承的示意图，它主要由推力盘、止推块和基环组成。止推块直接与基环接触，是单层的，两者之间有一个支点，它一般偏离止推块的中心，止推块可以绕支点摆动，当止推块受力时，可以自动调节止推块位置，形成油楔。

米契尔式轴承最大压力 $p_{max}=25\sim50\mathrm{kgf\cdot cm^{-2}}$（$1\mathrm{kgf\cdot cm^{-2}}=98.0665\mathrm{kPa}$，下同），允许最高线速度接近 $130\mathrm{m\cdot s^{-1}}$。

ii. 金斯伯雷式轴承。金斯伯雷式轴承由止推盘、止推块和基环等组成。止推块下有上水准块、下水准块、基环，是叠层的，见图 5-4-6。

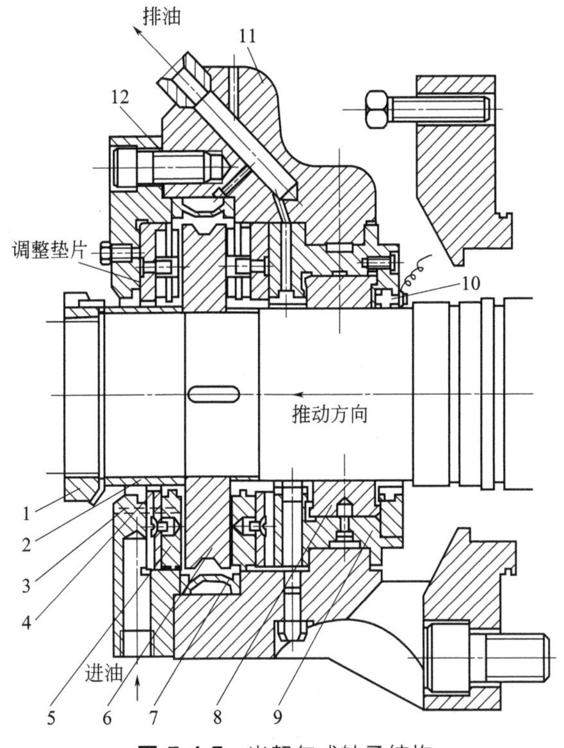

图 5-4-5 米契尔式轴承结构

1—销紧螺母；2—密封环；3—轴位移计；

4—止推轴承基环；5—止推块；6—推力盘；7—蜗壳；

8—可倾瓦；9—轴瓦壳体；10—测振计；11—轴承座；12—盖板

金斯伯雷式止推轴承的特点是：在推力瓦块的下面还设有上、下水准块，当止推盘随轴发生倾斜时，推力瓦块可通过上、下水准块的作用自动找平，使得所有推力瓦块保持在与推力盘均匀接触的同一平面上。这样可以保证所有的推力瓦块均匀承受轴向推力，避免引起局部磨损。

金斯伯雷式轴承特别适用于轴向力不易估算的机器。

它的最高线速度一般为 $80\sim130m\cdot s^{-1}$；最大压力 $p_{max}=30\sim5kgf\cdot cm^{-2}$；承受最大轴向推力达 4～9t。

④ 密封。密封的作用是防止机内气体与大气相互泄漏；防止叶轮间气体的互窜及防止润滑油进入机内。用于机内各级间的密封为内部密封；用于机器与外部环境之间的密封为外部密封或轴端密封。

密封的结构型式按其密封原理区分，有气封和液封两大类。气封又有迷宫式密封和抽气密封等；液封中有固定环密封、浮环密封、固定内装式机械密封等。干气密封取代了传统的密封油系统，得到了广泛的应用。

对化工和石油化工的有毒、易燃、易爆介质的密封，多采用液体密封、抽气密封或充气密封装置。

对高压、有毒、易燃、易爆气体的轴端密封则采用浮环密封和机械密封；平衡盘上的气封往往采用一种抗压差大的蜂窝形的迷宫式密封。

a. 迷宫式密封。迷宫式密封是利用气体经过密封齿与密封面间微小间隙时的节流，达

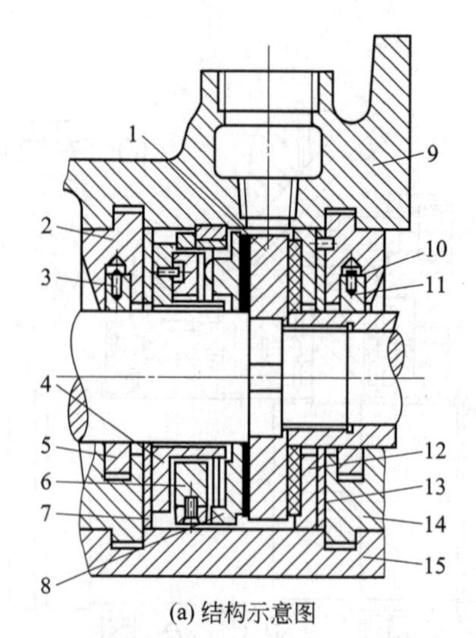

(a) 结构示意图

1—推力盘；2—盖板；3，10—销钉；4—止推盘；
5，11—挡油圈；6—水准块；7—定位垫片；8—止推块；
9—轴承箱盖；12—止推轴承环；13—间隙垫片；
14—盖板；15—轴承箱

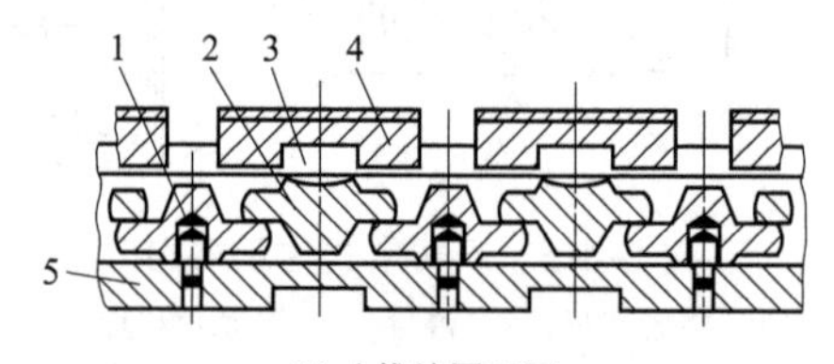

(b) 止推块展开图

1—下水准块；2—上水准块；
3—支承销；4—止推块；5—基环

图 5-4-6 金斯伯雷式轴承

到减少泄漏的目的。它用作级间密封和轴端密封。常用的结构型式有：平滑形、曲折形、阶梯形和蜂窝形等。

b. 充气密封。适用于有毒、易燃、易爆气体的密封。密封气可用空气、氮气或其他惰性气体。密封气的压力要高于被密封气的压力。其结构是出口端通过一道迷宫密封进环形室，环形室由平衡管与低压端相连，以降低密封压力。工作时一部分密封气从密封中漏出，以此来防止有毒气体的泄漏，见图 5-4-7。

c. 抽气密封。它是一种防止有毒气体泄漏的特殊密封装置，见图 5-4-8。用空气或蒸汽作气源，将气体通过引射器形成低于大气压力的抽气系统。引射器的压力必须低于密封腔的压力；而密封腔又要低于大气压力；空气和有毒气体通过管道被引射到室外。为减少有毒气体的泄漏，将机器的高压端与低压端用平衡管相连，降低密封压力差以减少泄漏。

d. 液膜密封。液膜密封是将压力高于被密封气体一定压差的高压密封液注入密封件中，使其在转轴与密封环的间隙中形成稳定液膜，以阻止高压气体的泄漏。密封液通过间隙的节流作用控制液量。它具有密封、润滑和冷却兼有的作用。液膜密封通常用作轴端密封，可以做到气体完全不泄漏。

液膜密封有两种结构形式：

ⅰ. 固定环密封。固定环密封结构类似一个圆柱轴承，有的把固定套筒密封与径向轴承

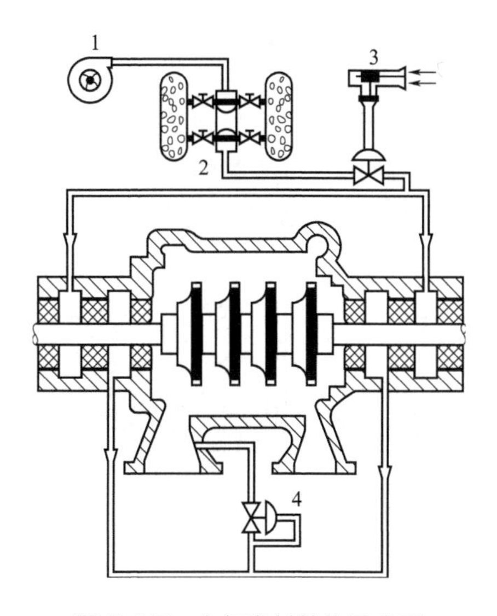

图 5-4-7 充气密封结构示意图

1—气体加压密封装置；2—干燥器；3—压力控制装置（密封外侧）；4—压力控制装置（密封内侧）

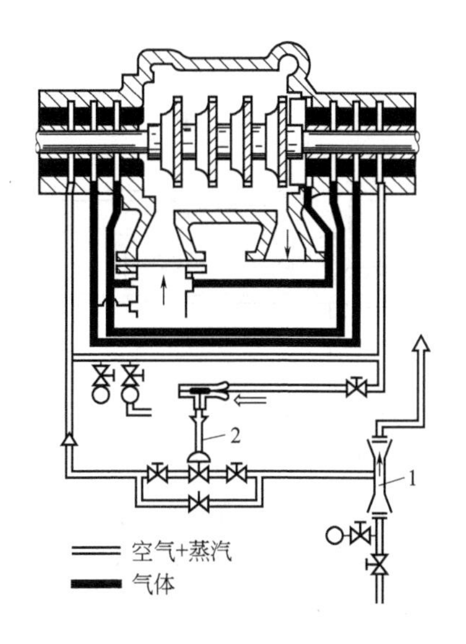

图 5-4-8 抽气密封装置

1—引射器；2—压力控制器

结合在一起，组成轴承-密封联合体。

ⅱ. 浮环密封。浮环密封是高速中、高压离心式压缩机常用的密封结构，见图 5-4-9。

浮环密封的工作原理：利用高于被密封气体的油或水，注入到轴与浮环之间的间隙内。机器运转时，浮环在旋转轴上浮动，这时环与轴之间形成稳定的液膜，阻止高压气体泄漏。其特点是：环与轴能自动调节对中，使用性能好，适应性强。

浮环有宽浮环和窄浮环之分，又有 L 形和矩形。

e. 机械密封。利用动环和静环组成的摩擦面，阻止高压气体泄漏。其特点是密封性能好，结构紧凑；但摩擦副的线速度不能过高；一般在转速 $n \leqslant 3000\text{r}\cdot\text{min}^{-1}$ 时采用。

f. 阻尼环密封。由一组可随轴浮动的石墨环组成密封环，在弹簧作用下端面与密封盒贴紧，防止端面泄漏。它是迷宫式和浮环式密封相结合的变形，多用于轴端密封。也可做成中间充气或中间抽气式，达到完全防止气体泄漏的目的。

g. 干气密封。干气密封的基本结构组成，见图 5-4-10。

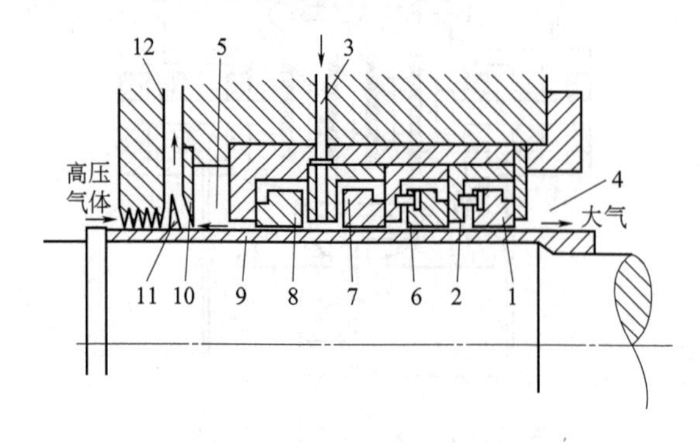

图 5-4-9 浮环密封结构

1,7,8—浮环；2—固定环；3—注油孔；
4—大气侧；5—密封室；6—销钉；9—轴套；
10—挡油板；11—甩油环；12—回油孔

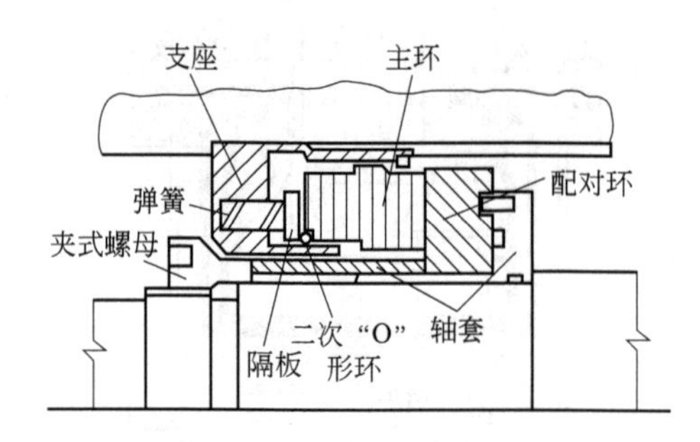

图 5-4-10 干气密封结构

干气密封的动环固定在轴上，随轴旋转，静环是浮动的，可沿轴向移动。动环上刻蚀有螺旋槽。当轴旋转时，气体进入螺旋槽，产生流体动压力，当动压力达到一定数值时，动环与静环分开，形成一定的间隙，并依靠弹簧力、气体静压力和动压力等的平衡作用维持这一间隙，从而减少泄漏。当轴不转动时，密封堰保证了零泄漏密封。

干气密封装置可分为：单端面密封、双端面密封和串联密封。

干气密封的特点：节省能源，正常运转中无磨损，寿命长，不需要密封油系统，避免了油、气污染，转子的稳定性好。

干气密封和磁力轴承相结合，取代传统的密封油和润滑油系统，是离心式压缩机技术上的发展趋势。

4.2.4 选型

(1) 利用图表选型 国内外一些压缩机公司或生产厂家，为便于用户选型，把标准系列产品绘制出选型用曲线图，由图进行型号的选择和功率计算。其基本方法是：根据用户给出的条件，如被压缩的气体、分子量、比热容比（C_p/C_V）、进口压力、进口温度、出口压力、入口流量等，首先计算出压缩比，然后在图中查出叶轮的圆周速度；再根据出口压力确定级数和叶轮直径，由此确定压缩机的型号，最后在图中查出所需功率。

(2) 估算法选型

① 估算法应计算的基本数据

a. 气体常数 R、绝热指数 k 和压缩系数 z；

b. 进口气体的实际流量 V_{tot}；

c. 总压缩比 ε_c；

d. 压缩总温升 Δt_c；

e. 总能量头 h_c；

f. 级数 z；

g. 转速 n；

h. 轴功率 N；

i. 段数 S。

离心式压缩机的规格是根据进口气体流量所需能量头的关系来确定的；压力比、进口温度、质量流量和气体特性等不过是计算进口流量与所需能量头的一些基本数据。因此，选择或比较离心式压缩机应以进口流量和能量头的关系为依据，因为离心式压缩机的设计就是为了将所需流量的工作气体压缩到所需要的压力。

如估算的性能参数在生产厂家定型产品的范围内，则可直接选型订购。

在选型订购压缩机时，应明确以下各项：

a. 压缩机的用途及性能要求；

b. 所压缩气体的名称、分子量、比热容比$\left(k=\dfrac{C_p}{C_V}\right)$、压缩系数（$z$）、干气体组分；

c. 压缩机进口条件，包括进口流量（$m^3 \cdot h^{-1}$）或（$m^3 \cdot min^{-1}$）、相对湿度（%）、进口温度（℃）、进口压力（MPa，绝压或表压）；

d. 压缩机出口排气压力（MPa，绝压或表压）；

e. 冷却水温度（℃）；

f. 驱动机型式和动力源（蒸汽、电力、燃气）；

g. 对包括防喘振调节在内的自动调节系统的要求；

h. 其他特殊要求，如温度限制等。

② 离心式鼓风机的型号。离心式鼓风机的型号由三部分组成：型式、品种和规格。产品样本中均有说明。

结构系列型式代号如下：

A—单级低速离心鼓风机；

B—单级高速离心鼓风机；

C—多级低速离心鼓风机；

D—多级高速离心鼓风机。

输送介质的表示：

空气不表示，其他介质用汉语拼音字头表示，如氨（A）、氟里昂（F）、氢（Q）、氧（Y）、混合气体（H）等，重复的则用两位字头表示。

③ 离心式压缩机型号。离心式压缩机有以下系列：

ⅰ. MCL 系列为低、中压力，水平剖分的多级离心压缩机系列。最高使用压力为 5.7MPa。本系列还可细分为：MCL、2MCL、3MCL 三种类型压缩机。

ⅱ. BCL 系列为中、高压力，多级，筒形结构压缩机系列。最高使用压力达 72.6MPa，适用于各种高压的精炼流程及石油化工流程，如循环氢、高压循环氢、氨合成、甲醇合成、尿素、油田注气等。BCL 系列也可细分为：BCL、2BCL、3BCL 三种类型压缩机。

ⅲ. PCL 系列为天然气管道输送增压用的筒形压缩机系列，最高使用压力 17.7MPa。驱动机是燃气轮机。

离心式压缩机型号由一组字母和一组数字表示，字母表示压缩机的结构型式，数字表示叶轮外径及级数。

4.2.5 主要辅机与辅助设备

(1) 轴向位移安全器 轴向位移安全器监视机器运转时转子的轴向位置。一般在转子轴向位移达到 0.5mm 时发出报警信号，位移值达 0.75mm 时停车。

常用的轴向位移安全器有：电磁式、电触点式、电涡流式和液压式。

(2) 润滑油系统 由油箱、油泵、油冷却器和油过滤器等组成离心式压缩机的润滑油供给系统。图 5-4-11 是一典型的润滑油系统流程图。

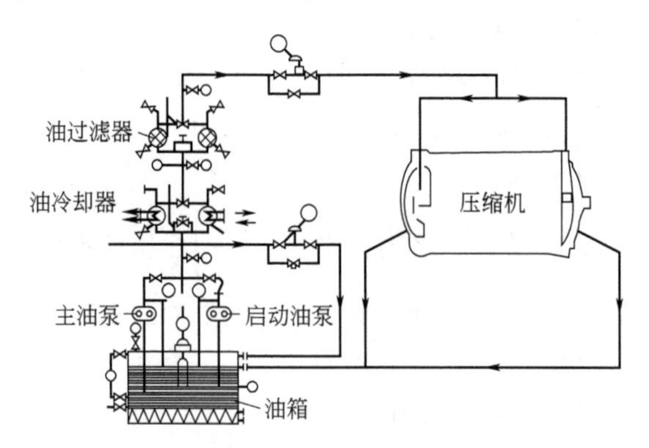

图 5-4-11 润滑油系统流程图

一般润滑油系统安全操作条件见表 5-4-1，也可用制造厂家提供的安全操作条件。

表 5-4-1 润滑油系统安全操作条件

参数	供给条件	报警	停车
供油压力/MPa	0.08～0.15	倾斜垫块轴承<0.07 圆瓦或椭圆瓦轴承<0.05	<0.05 <0.03
轴承温度/℃	35～40	⩾65	⩾75

注：1. 当供油压力低于表中报警油压时，应启动辅助油泵。

2. 轴承测温点在上瓦块背部，接近巴氏合金处。

为确保机组在发生停电、停汽或停车事故时，机器各润滑部位（如轴承）有必要量的润滑油，因而设置事故油箱。将它安装在距机组中心线高 5m 左右的地方，其油量应保证供油时间不少于 5min。对转动惯量较大的机组，应适当增大油箱容积。

(3) 密封油系统 当离心压缩机的轴端密封采用机械密封或液膜密封（包括固定环和浮环）时，需要密封油系统按要求为其供油。由于被密封气体的压力不同，又划分为高压、中压或低压密封。

如果低压密封油系统的被密封气体不污染油质，同时密封油的过滤精度与润滑油精度要求相近，则可公用一个油系统，既供润滑油又供密封油，否则应分成两个系统。

对中、高压密封油系统，多数情况下借用润滑油系统供给低压油，然后再经精过滤器过滤后进入中、高压油泵，升压后送到高位油箱，再通入密封腔进行密封。图 5-4-12 是高压浮环密封油系统[2]。

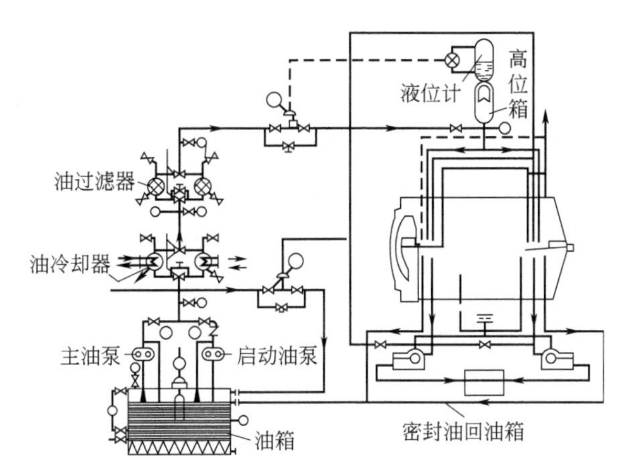

图 5-4-12 高压浮环密封油系统

密封高位油箱位于压缩机轴中心线以上 5m 左右的地方。它的主要作用是维持密封油与被密封气体之间有 0.03～0.1MPa 的压力差（一般控制在 0.045MPa 左右）。油面高度的调节靠调节器和控制阀。

4.2.6 性能曲线、调节

(1) 性能曲线 制造厂将所提供机器的压缩比（或出口压力）、效率、功率等与流量、转速之间的关系绘成曲线图，称为压缩机的性能曲线。图形的含意表示能量头、压力、功率如何随流量的变化而变化。

性能曲线图上有三个重要点，即喘振工况点、滞止工况点和额定工况点。机器在一定转速下，当流量低于某值时，压力突然下降，机器出现周期性吼叫并伴随机器的剧烈振动，便是喘振工况点。当流量大于设计流量并达到某一数值时，气流在流道中出现滞止现象，流量再不会增加，这时的工况称为滞止工况点。设计工况点是机器正常运转和效率最佳之点，等于或低于额定转速。

在特定转速下喘振点与滞止点之间，即最小流量与最大流量之间的区域为稳定工况点，它就是机器的正常运转工况范围。

图 5-4-13 和图 5-4-14 是多级离心式鼓风机和压缩机常用的性能曲线。一般由整机试验获得，或由单机性能试验叠加而成。

多级机器的性能曲线与单级机器的性能曲线基本相同。多级机器由各单级串联而成，考虑级与级间的相互影响，多级机器的稳定工作区要比单级机器的范围小。有中间冷却的串联机组，机器受中间冷却器的影响，气体密度变化较大，会影响性能曲线，操作时要注意协调。对同一机器而言，流量和转速的一次方成正比，能量头和转速的平方成正比，功率和转速的三次方成正比。

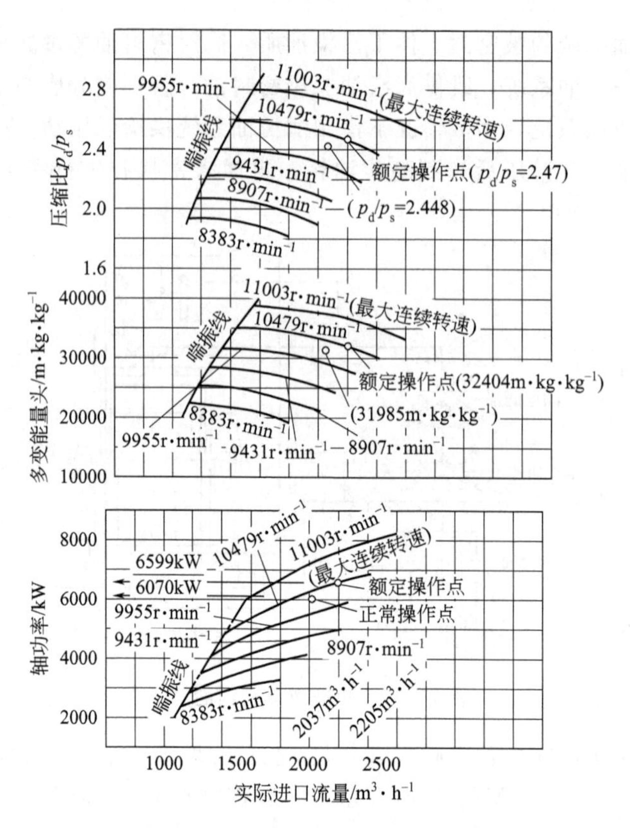

图 5-4-13 合成气离心式压缩机 2BF9 性能曲线

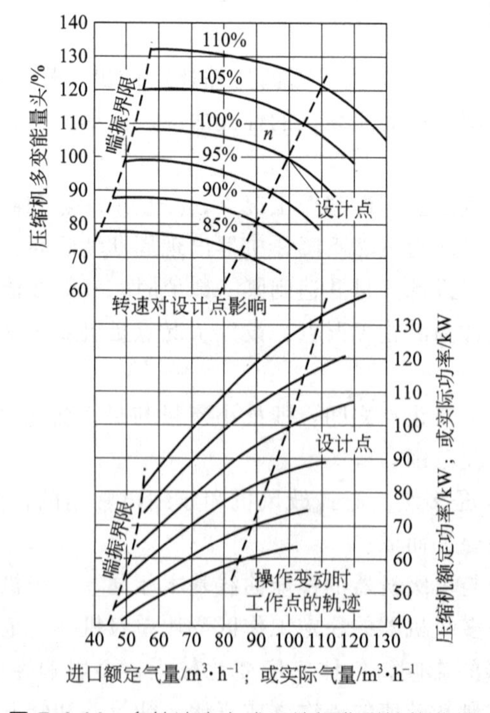

图 5-4-14 多转速离心式压缩机典型性能曲线

（2）调节 在化工、石油化工工艺流程中，如遇到机器需要在变工况情况下运行时，常用调节的方法维持机器的稳定运行，从而避免由于工艺条件的变化造成机器的不稳定工作或发生事故。

常用的几种调节方法有[3]：

① 改变转速。当转速改变时，流量和性能曲线相应改变。此种方法的调节范围广，变工况时经济性最好。它适用于汽轮机、燃气轮机和直流电机驱动的透平机组。

② 进口调节。调节机器进口节流阀的开度，改变机器的性能，以适应管网的特定要求。它有一定的调节范围，调节方法简单，适用于固定转速的机组。

③ 出口节流。调节机器出口管路中闸阀的开度，改变管网特性，以适应流程对流量或压力的特定要求。它耗功不太经济，仅适用于小功率机组的调节。

④ 旁路或放空。生产工艺要求排气量变小时，可采用气体返回进口或直接排入大气的方法。此法不经济，对污染空气的介质不能排空。它一般作空气压缩机防喘振控制调节。

为扩大离心式鼓风机和压缩机的稳定工况范围，可采用几种调节方法联合使用的调节方案。

4.3 轴流式压缩机

轴流式压缩机主要应用在大流量、低压比的情况下，更适宜化工、石油化工装置大型化的需要。其运转的可靠性和经济性都较好，绝热效率比离心式压缩机约高 10%，多方效率达 90%或略高些。在低、中压大容量的范围内有取代离心式压缩机的倾向。

轴流式压缩机内的气体大致沿转轴平行方向流动。它可通过改善叶片间的气流状态，改进气体的动力性能，使之增加叶片的负荷，从而提高每一级叶轮的能量头，又不使效率降低，以达到减少级数、缩小体积、提高效率的目的。

轴流式压缩机的性能范围如下：

排气量 300～25000$m^3 \cdot min^{-1}$；

排气压力 0.3～3.92MPa；

单缸叶轮级数 20 级（最多）；

单级压力比 1.36；

叶片尖端周速 一般＜300$m \cdot s^{-1}$，个别到 4000$m \cdot s^{-1}$；

单缸多方效率 90%左右；

主轴转速 3000～10000$r \cdot min^{-1}$；

所需功率 最大 80000kW。

4.3.1 结构及功能

（1）结构 轴流式压缩机是由转子、定子、汽缸和轴承组成的。

目前，广泛使用的是静叶可动轴流式压缩机，这种结构又可分为单层缸体与双层缸体两种。图 5-4-15 是双层缸体静叶可动轴流式压缩机。单层缸体轴向尺寸较长，径向尺寸相对较小；双层缸体则相反，不易受热变形与热膨胀的影响。

静叶可调结构如图 5-4-16 所示。

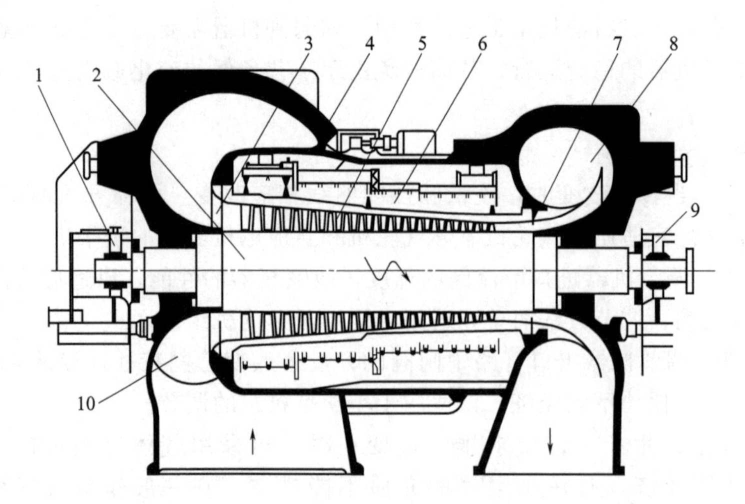

图 5-4-15 双层缸体静叶可动轴流式压缩机纵剖面图

1—前轴承箱；2—转子；3—进口导叶；4—汽缸；5—动叶；
6—静叶；7—出口导叶；8—扩压段；9—后轴承箱；10—收敛段

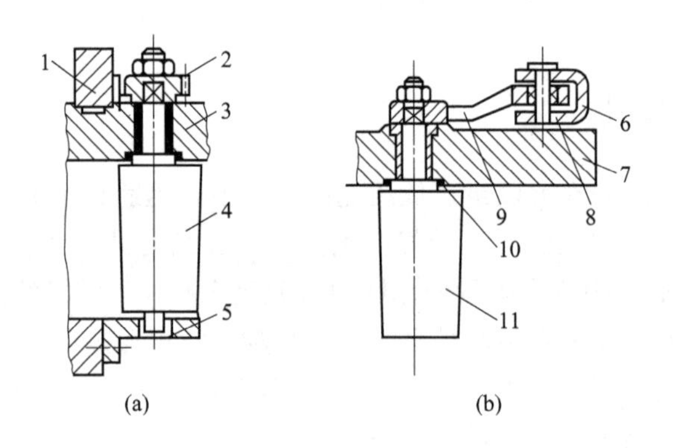

图 5-4-16 静叶可调结构

1—联动齿轮圈；2—小齿轮；3,7—汽缸；4,11—导叶；
5—内环；6—联动环；8—球面轴承；9—摇臂；10—轴套

（2）功能

① 动叶叶栅（亦称工作轮）。当气流通过高速旋转的动叶叶栅时，动叶一方面从驱动机获得机械能（功）；同时，由于动叶与气流的相互作用，将机械能转化为动能，以增加气流的绝对速度，部分动能又转化为静压能，表现为气体压力的升高。

② 静叶叶栅（亦称扩压叶栅）。它将偏转的气流改变流动方向（即角速），均匀地引入下一级动叶叶栅；并将动叶叶栅出口的高速气流逐渐减速，使速度能（动能）转化为气体的静压能，气体的压力增高。

③ 进、出口导叶。进口导叶使进入第一级前的气流偏转，产生负旋绕，并使之略有加速。

出口导叶是一种扩压叶栅，将流出动叶叶栅的偏转气流导向沿轴线的方向，并使气流动能变为静压能。

④ 收敛段、扩压段。收敛段使进入进口导叶之前的气流加速，并使气流具有较均匀的速度场与压力场。

扩压段中的气流速度将继续降低，动能减小，气体继续升压。

4.3.2 特性曲线及其估算

(1) 特性曲线 轴流式压缩机的特性曲线是表征压缩机各稳定工况时的压缩比、效率随转速和流量相互变化的曲线。

特性曲线可以用来判断压缩机在实际运行中偏离设计工况点时的各种运行因素及参数间的相互影响，并能帮助人们确定出在变工况下机组的运行情况，达到安全操作的目的。

轴流式压缩机的通用特性曲线用折合转速 $\overline{n}=n/\sqrt{T_a^*}$、折合流量 $\overline{G}=\dfrac{G\sqrt{T_a^*}}{p_a^*}$、压缩比 ε^* 和绝热效率 η_{ad}^* 四个参数，概括地表示轴流式压缩机的工作特性，如图 5-4-17 所示。

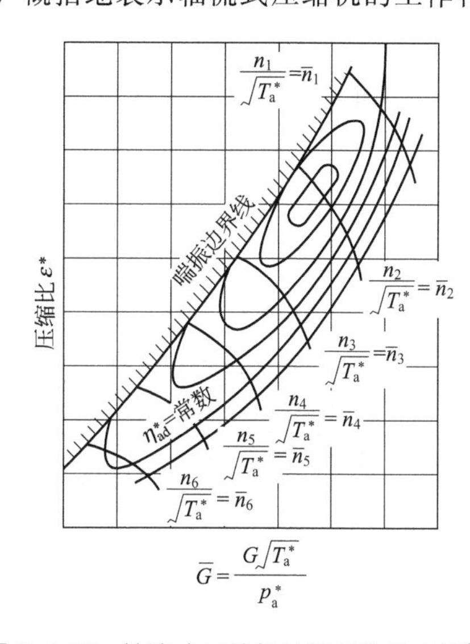

图 5-4-17 轴流式压缩机的通用特性曲线[4]

通用特性曲线具有通用化的特点。它的主要特征是：

① 在表征压缩机工作特性的 ε^*、$\overline{n}$ 和 $\overline{G}$ 三个参数中，只要确定其中任意两个参数，另外一个参数也就相应地可以确定。此时，压缩机只有一个完全确定的运行工况。

② 流经压缩机的流量将随着转速的降低而不断地减少。当折合转速 $\overline{n}$= 常数时，随着折合流量 $\overline{G}$（又称通流能力）的增大，压缩比将逐渐下降。反之，当 $\overline{G}$ 减小时，压缩比 ε^* 将趋于增高。

可调节轴流式压缩机特性曲线见图 5-4-18 和图 5-4-19。

可调节轴流式压缩机的特性曲线是用压差百分比（Δp,%）、静叶角 α、容积流量百分比（V,%）和效率 η 四个参数来表示压缩机工作特性的曲线。

(2) 变工况特性曲线的估算 特性曲线的估算是求取不同转速下改变流量和进口状态时压缩机的参数和稳定工作区的边界（即喘振边界）。

目前，常用的估算方法有平面叶栅法和模化级法，但计算结果与实际测试值有较大的偏差。

4.3.3 调节、防喘振和安全工作区

(1) 调节

① 静叶调节。这种调节方法是利用旋转导向叶片改变级的预旋速度 C_{1u} 的方法。

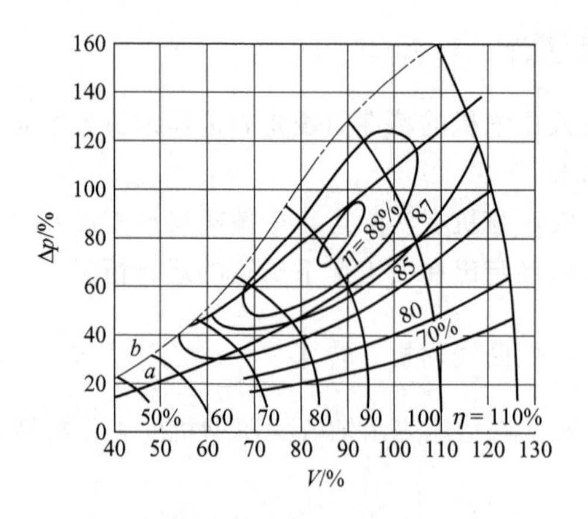

图 5-4-18 静叶调节的轴流式压缩机特性曲线 a、b 工况线

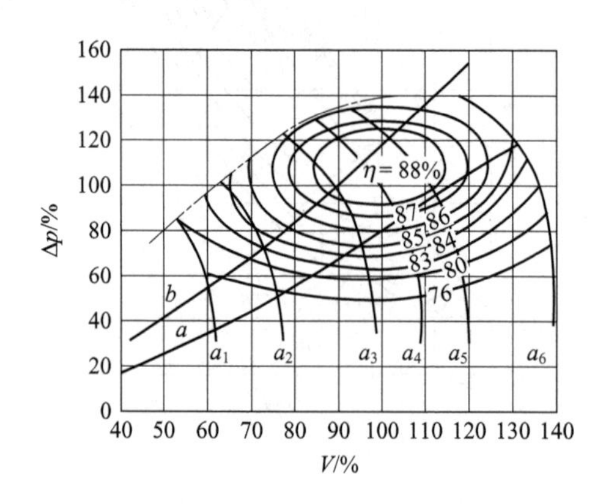

图 5-4-19 转速调节的轴流式压缩机特性曲线 a、b 工况线

大型轴流式压缩机多数带有静叶可调机构。改变静叶角度可在较大范围内改变机组的流量，扩大稳定工作范围。

静叶调节也是防喘振的重要方法，当进口导向叶片转动时，可使气流流入工作轮叶栅的相对速度方向在流量改变时仍保持设计状态的方向，即保持冲角的最佳值，从而避免了气流的分离和喘振。

② 转速调节。它是变工况运行最方便的调节方法，调节时应注意转子、叶片等部件的自振频率是否能与工作转速发生共振。

③ 放气调节。这是改变进入压缩机的气流轴向分速 C_{1z}，即改变压缩机前几级流量的方法，以防止发生喘振。它是空气压缩机常用的调节方法，但经济性差。

④ 双转子法。是利用改变圆周速度 u 以防止喘振的一种方法。当压缩机总压比不超过 4～4.5 时，在非设计状态下，压缩机的各级仍能较好地协调工作。当压缩机总压比提高到 6～7 时，就需要在压缩机某中间级设置放气机构，或采用进口导叶和前两级静叶可调装置。当总压比高达 12 以上时，则采用双转子压缩机进行调节具有显著的优点。双转子法是把一台总压比较高的压缩机分成两台压比较低的压缩机，它们具有不同的转速，从而改善变工况时的流动状态而防止了喘振的发生。

（2）轴流式压缩机的防喘振和安全工作区（图5-4-20）　多级轴流式压缩机的安全运行范围受四条极限界线的限制，即喘振、旋转失速、第一级阻塞和末级阻塞。

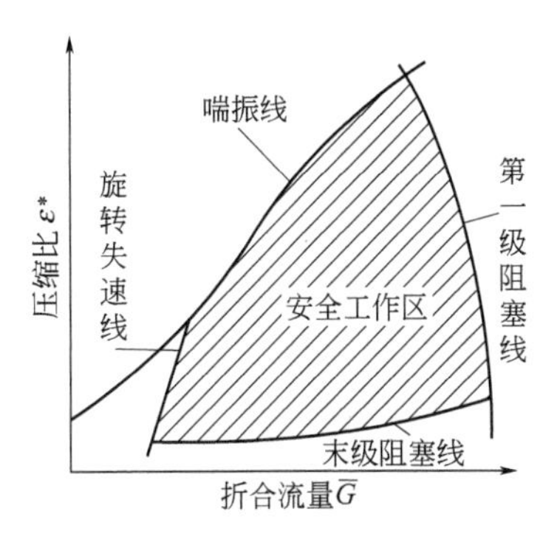

图 5-4-20　压缩机的安全工作区

① 旋转失速。在小流量区域内，气流流入叶栅时的正冲角增大，使叶片背面的气流产生脱离或叫旋转脱离。它不仅在第一级，而且在第二级、第三级……相继出现，再进一步扩大则出现喘振。

旋转失速使叶片产生交变应力，当旋转失速频率与叶片固有频率重合或成整数倍时，会发生共振，出现很大的交变应力，造成叶片疲劳破坏。

② 喘振。当旋转失速进一步发展时，叶片背弧气流会严重脱离，通道受到阻塞，机组发生喘振。

③ 第一级阻塞。当气体流量不断增加时，气流在第一级叶栅中达到声速，这时如再提高转速或改变静叶角，流量也不会再增大，这就是压缩机的第一级阻塞界限，即机器流量的最大值。

④ 末级阻塞。当压缩机出口背压降低时，后面的级会出现气体膨胀，造成末级气流速度增大。当气流速度达到声速时，工况将不受背压变化的影响，这就是末级阻塞现象。把压缩机在不同转速下或不同静叶安装角下的末级阻塞工况点连接起来，成为末级阻塞界限。

为确保轴流式压缩机长周期、安全稳定地在安全工作区正常运行，首先对多级轴流式压缩机设置进口导叶及前三级静叶可调机构，以扩大压缩机的工作范围；另外设置防喘振机构，特别是对高增压比多级轴流式压缩机在中等转速和低转速范围内工作时，更应采用专门的防喘振措施；最后需充分利用上述的调节方法。

4.4　通风机

常用的通风机有离心式和轴流式两大类，其排气压力小于或等于 9.81×10^3 Pa。

（1）离心式通风机　比转速小于100，结构简单，运行可靠，抗腐蚀性好，寿命较长。

（2）轴流式通风机　比转速大于100，结构紧凑，体积小，重量轻，占地空间小，容量大，运行费用低，风量和风压稳定。

4.4.1　化工用通风机的特殊要求

（1）防腐蚀　化工生产中用于输送具有腐蚀性气体的通风机，要注意选材。如输送硫酸、磷酸、盐酸等强腐蚀性的气体，可选用高硅铁和抗氯硅铁；含有硝酸、甲酸、乙酸等气体的应用铝材。

过氯乙烯、酚醛树脂、聚四氟乙烯、聚乙烯等非金属材料制的通风机，可用于一定浓度的酸、碱、盐的腐蚀性气体。

也有的通风机在接触腐蚀性介质的零件表面喷镀一层塑料、防腐漆或衬橡胶等，以达到防腐蚀的目的。

(2) 防爆 用于输送易燃、易爆气体的通风机，由于部件之间碰撞或者转子内部吸进砂粒、铁屑等杂质，容易引起火花，导致气体燃烧爆炸。对低防爆级的通风机，叶轮用铝材，蜗壳用铁或钢；对高防爆级的，全部用铝材，并在蜗壳与轴之间增加密封装置。

在防火防爆要求严格的场合，通风机不能采用皮带轮传动，以免产生静电火花，引起爆炸。

(3) 耐磨 用于输送含有一定量灰尘、砂粒、煤粉的气体通风机，其叶轮表面应渗碳，喷镀三氧化二铝、硬质合金，或堆焊硬质合金，以增加耐磨性。也可在通风机入口管上装除尘器，使气体净化后再进通风机。

(4) 耐高温 输送300℃以上气体的通风机，叶轮要用铬钢、铬镍钼合金钢等材料制造，滚动轴承采用水冷结构。冷态安装时要考虑热态运行时的温差影响。

4.4.2 原理、结构和选型

(1) 离心式通风机的原理与结构 离心式通风机的工作原理是借离心力的作用将气体送出。当叶轮旋转时即带动壳内的气体旋转，使气体产生离心力流向叶轮的外缘处，经通风机壳体排出。因气体由叶轮中心处流向四周，则在叶轮的中心处产生低压，故可将气体吸入壳体内，这样气体便可不断地被吸入和排出。

离心式通风机由进风口、叶轮、蜗壳、出风口和轴承组成。

离心式通风机的基本结构型式见表5-4-2。

表5-4-2 离心式通风机的基本结构型式[5]

型式	A型	B型	C型	D型	E型	F型
结构	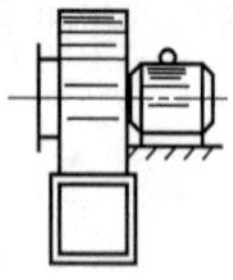	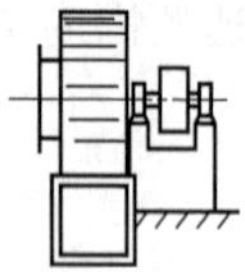	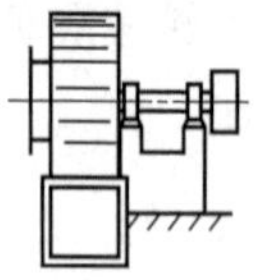	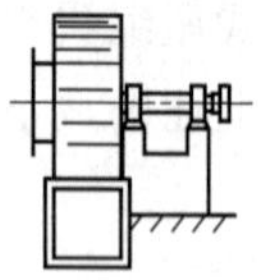	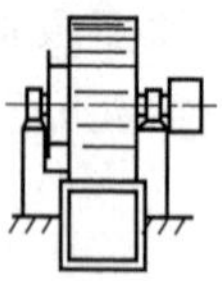	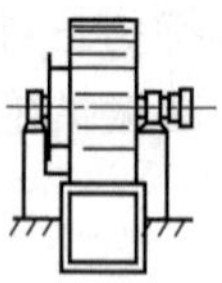
特点	叶轮装在电机轴上	叶轮悬臂，皮带轮在两轴承中间	叶轮悬臂，皮带轮悬臂	叶轮悬臂，联轴器直联传动	叶轮在两轴承中间，皮带轮悬臂传动	叶轮在两轴承中间，联轴器直联传动

(2) 轴流式通风机的原理与结构 轴流式通风机机壳内有一叶轮，当叶轮旋转时，叶片推动气体，使气体沿传动轴的方向前进。

轴流式通风机的基本型式有：筒式、简易筒式和风扇式。

轴流式通风机是由集风器、叶轮、导叶和扩压器等组成的[6]。

① 叶轮。大型轴流式通风机的叶轮由叶片和轮毂组装而成。叶片有等厚圆弧形、中空机翼形和机翼形三种。

② 导叶。导叶有前导叶和后导叶两种。

前导叶的主要作用是使气流进入叶轮前发生偏转，以保证气流按接近零冲角进入叶轮。一般情况下产生负旋绕。

后导叶的作用是将叶轮出口的偏转气流旋回轴向，同时将偏转气流的动能部分转变为压力能。

导叶可制成等厚度圆弧形叶片或机翼形叶片。

③ 集流器、整流罩。集流器的作用是使进气速度场均匀，提高风机效率。其外廓呈圆弧形，圆弧半径应大于叶轮外径的 0.2 倍。

为了减少气流对叶轮轮毂的冲击损失，改善进气条件，减少噪声，最好同时使用集流器和整流罩。

整流罩为半球形、半椭圆形或其他流线型。

④ 出口扩压器。为使流出后导叶的气流部分动能进一步转化为压力能，提高风机使用的经济性，在大型风机的尾部都装有出口扩压器。

扩压器的结构按芯筒型式分为：等直径、流线型、锥形等。其扩张角以 6°～12°为宜。

⑤ 尾部导流体。为提高通风机效率，常用流线型体作为扩压器尾部导流体。

⑥ 叶栅的配置。叶栅配置的型式有：叶轮和后导叶组合的叶栅，前导叶与叶轮或前导叶、叶轮、后导叶组合的叶栅。

(3) 选型

① 类型选择。通常按比转速的大小选择通风机类型：

ⅰ. $n_s<15$，采用罗茨鼓风机或其他回转式风机；

ⅱ. $n_s=15\sim100$，选用离心式通风机；

ⅲ. $n_s>100$，选用轴流式通风机。

② 型号选择及产品用途代号。通风机具体型号依据流量、压力和通风机系统的载荷特性决定。

通风机产品用途代号见表 5-4-3。

表 5-4-3 通风机产品用途代号

用途	代号	用途	代号
排尘通风	C	化工气体输送	HQ
煤粉输送	M	石油炼厂气输送	YQ
工业冷却水通风	L	煤气输送	MQ
锅炉通风	G	空气动力	DL
锅炉引风	Y	防腐蚀气体通风换气	F
工业用炉通风	GY	防爆气体通风换气	B
一般通用通风换气	T	高温气体输送	W
物料粉末输送	FM	热风吹吸	R
空气调节	KT	天然气输送	TQ
降温凉风用	LF	冷冻用	LD

4.5 复合式压缩机

复合式压缩机由轴流式和离心式压缩机组合而成，其特点是兼顾了轴流式压缩机输送大流量能力强、离心式压缩机增压能力强的优点。该类压缩机在大型空分装置中得到广泛的应用，特别适合于需要中间冷却和高效率的场合。图 5-4-21 为复合式压缩机的结构示意图，图 5-4-22 为典型的复合式压缩机转子。

图 5-4-21 复合式压缩机结构示意图

图 5-4-22 典型轴流-离心式压缩机转子[7]

目前常见的复合式压缩机技术参数范围如下：

流量：50000～1300000$m^3 \cdot h^{-1}$；

压比：5.8～22；

驱动：电机或蒸汽轮机。

传统产品中，复合式压缩机的轴流段可多达 10 级，离心段部分可多达 3 级，级数的多少主要根据排气压力等要求确定。近年来，复合式压缩机的重要发展趋势是结合航空发动机的技术进展，采用高负荷、高转速技术减小压缩机转子的尺寸，同等排气压力条件下，轴流段的级数可从 10 级减少到 6 级，离心段的级数可减少到 1 级。由于级数减少，转子的稳定性、机器重量及制造成本都大幅度下降。

4.6 整体内部齿轮压缩机

整体内部齿轮压缩机又称为多轴压缩机或组装型整体齿轮增速离心式压缩机。与一般的单轴多级离心式压缩机不同，整体内部齿轮压缩机采用了多轴多转速、每级都冷却、各级轴向进气和齿轮箱、蜗壳集成在一起的结构。图 5-4-23 为某四轴六级离心式压缩机三维结构图。

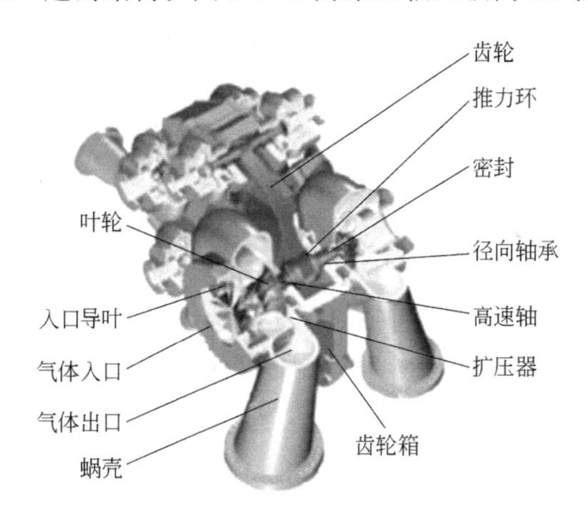

图 5-4-23 某四轴六级离心式压缩机三维结构图

整体内部齿轮压缩机具有如下特点：

① 采用级中间冷却的方式，更接近等温压缩过程，因此，这种压缩机在相同条件下比其他型式压缩机更省功，效率更高。

② 可以满足各级叶轮在更佳的转速下运行。组装离心式压缩机采用了多轴多级的方式，同一转速下最多只有两个叶轮，这样就优化了机组的整体性能。

③ 工况调节范围更宽。叶片调节器不仅可以通过进口节流的方式，根据用户管网的变化对压缩机的压力、流量等参数进行调节，而且可以通过改变进口气流与叶轮旋转方向的角度（进气预选调节）改变压缩机的功耗，真正起到节能的作用。

④ 结构紧凑、占地面积小、安装运输方便。组装式压缩机的结构非常紧凑，它的蜗壳可以直接装配在齿轮箱上，而且在整体布置上，是将压缩机本体（含齿轮箱）、油箱和润滑油系统、电动机甚至较小机型的中间气体冷却器都组装到一个公用底座上。

目前整体内部齿轮压缩机工业应用参数范围如下：

流量：800～580000$m^3 \cdot h^{-1}$；

压比：20～220；

级数：4～8；

驱动：电机。

4.7 磁力轴承离心式压缩机

磁力轴承替代传统滚动轴承和滑动轴承是离心式压缩机的重大技术革新方向之一，采用磁力轴承具有以下优势：

（1）适合更高转速 离心式压缩机自身就有高速性的特点，由于传统轴承（滚动轴承和滑动轴承）的转速极限低，往往要采用齿轮增速等方式实现更高转速，而磁力轴承可实现更高转速，就可以省去齿轮增速模块，减小离心式压缩机系统的整体体积和重量，进一步发挥体积小、重量轻的优势。同时，也除去了齿轮箱带来的噪声。

（2）无接触、无润滑 磁力轴承由于其无接触、无润滑特性，其能耗是传统轴承的

1/5～1/20。同时，相比离心式压缩机常采用的滑动轴承，更是省去一套润滑系统和隔绝润滑介质的密封装置，进一步减小了体积和重量，简化了机械系统结构。

(3) 长寿命、低维护成本 在许多大型或重要离心式压缩机设备中，停车维护往往成本很高且降低了设备产能，而磁力轴承的长寿命、低维护成本特性使得这方面成本降低，这也使得目前磁力轴承设计制造成本高的问题得到缓解。

(4) 可控性强 由于磁力轴承自身带有振动监测、控制功能，能实时对离心式压缩机状态进行监测、调整。对于转子的平衡性要求也不十分苛刻。

磁力轴承离心式压缩机的典型应用领域包括：

① 天然气输送。MANTurbo/S2M 设计制造了 6MW、9000r·min^{-1}的直驱 HOFIM 磁力轴承管道压缩机，如图 5-4-24 所示。

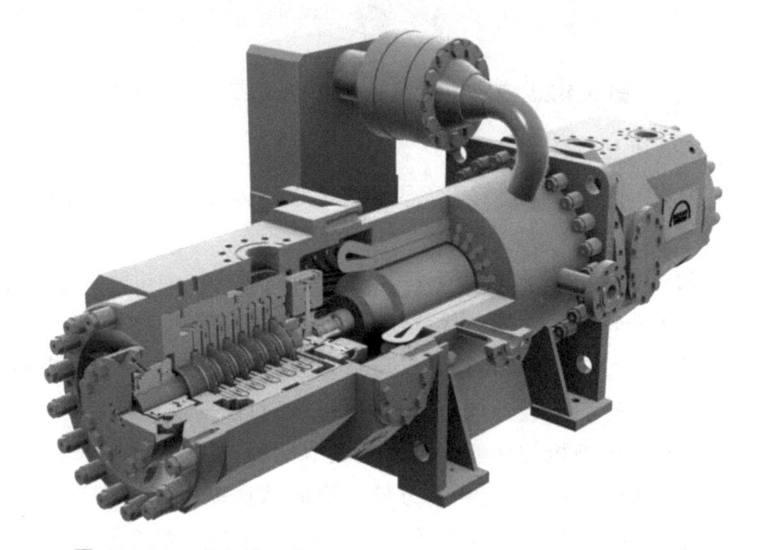

图 5-4-24 磁力轴承管道压缩机（来自 MANTurbo/S2M）

② 制冷应用。图 5-4-25 为 McQuay International 推出的 400～1500 冷吨［1 冷吨（美制）=3.517kW，1 冷吨（日制）=3.861kW，下同］的磁悬浮变频冷水机组 WME，满负荷 COP 值达 6.4，机组压缩机噪声最低至 73dB。

图 5-4-25 WME400～1500 冷水机组（来自 McQuay International）

参考文献

[1] 徐忠．离心式压缩机原理．北京：机械工业出版社，1990.
[2] 《化工厂机械手册》编辑委员会．化工厂机械手册：维护检修常用基础资料（一）．北京：化学工业出版社，1991.
[3] 《机械工程手册》编辑委员会．机械工程手册：通风机、鼓风机、压缩机．第2版．北京：机械工业出版社，1997.
[4] 吕文灿．轴流式压缩机．北京：机械工业出版社，1980.
[5] 沈阳鼓风机研究所．离心式通风机．北京：机械工业出版社，1980.
[6] 《离心式与轴流式通风机》编写组．离心式与轴流式通风机．北京：电力工业出版社，1980.
[7] siemens. com/energy/compression,2013.

5

化工用泵

5.1 特点、分类及工作原理

5.1.1 特点

输送液体或使液体压力增加的机器称为泵。由于化工生产中所输送的液体种类繁多，性质差异很大，如有强烈的腐蚀性、易燃、易爆、有毒、高温、高压、低温、黏性大、易挥发或带有固体颗粒等，因此，对化工用泵有更高的要求：长周期运行，安全可靠，密封性要求严格，有些场合要求绝对不泄漏等。所以对于不同种类的物料，必须选用不同类型的泵。

5.1.2 分类及工作原理

(1) 按工作原理、结构分类

① 叶片式泵。依靠旋转的叶片对液体施加的动力作用，把能量连续传递给液体，使液体的动能和压力能增加，随后通过蜗壳（导轮）扩散管将大部分动能转换为压力能，达到输送液体或增压的目的。

常用的泵型有：离心泵（包括径向离心泵、混流离心泵、屏蔽泵、管道泵、自吸泵和无堵塞泵）、轴流泵、部分流泵（又称高速泵）、旋涡泵等。

② 容积式泵。利用工作室容积周期性的变化，把能量传递给液体，使液体的压力增加。

泵型有：往复泵（包括活塞泵、柱塞泵、隔膜泵、计量泵等）、转子泵（包括齿轮泵、螺杆泵、滑片泵、罗茨泵、凸轮泵、蠕动泵、液环泵等）。

③ 其他类型泵。利用流体能量来输送液体的泵，如喷射泵、酸蛋等；利用电磁力输送电导体流体的电磁泵。

(2) 按化工用途分类 工艺流程泵、公用工程泵、辅助用途泵和管路输送泵。

(3) 按流体性质分类 水泵、耐腐蚀泵（包括耐酸泵、陶瓷泵、玻璃钢泵、衬胶泵、塑料泵、不锈钢泵、高硅铸铁泵、不透性石墨泵、屏蔽泵、磁力泵、隔膜泵、钛泵等）、热液泵、低温或超低温泵、杂质泵、高黏度泵、油泵等。

(4) 按使用条件分类

① 大流量泵及微流量泵。流量分别为：$300m^3 \cdot min^{-1}$及$0.01L \cdot h^{-1}$。

② 高温泵及低温泵。高温达500℃，低温至−253℃。

③ 高压泵及低压泵。高压达200MPa，真空度为2.66～10.66kPa（20～80mmHg）。

④ 高速泵及低速泵。高速达$24000r \cdot min^{-1}$（个别高达$34000r \cdot min^{-1}$），低速$5 \sim 10r \cdot min^{-1}$。

⑤ 高黏度泵。黏度达数万泊（1P=0.1Pa·s,下同）。

⑥ 精确的计量泵。流量的计量精度达到±0.3%。

在化工生产装置中，化工流程泵［进料泵、回流泵、循环泵、塔釜（底）泵、产品泵、输出泵、注入泵、燃料油泵、冲洗泵、补充泵、排污泵等］占总用泵数量的75%～80%，其他则为各种特殊泵。在石油化工厂中，叶片式泵占80%以上；而高低压聚乙烯装置中，则容积式泵居多，占57%～66%。

5.2 叶片式泵

5.2.1 泵的性能参数

(1) 流量 是指单位时间内泵排出口所输出的液体量。常以体积流量 Q($m^3 \cdot h^{-1}$，$m^3 \cdot s^{-1}$，$L \cdot s^{-1}$）表示。叶片式泵的流量与扬程有关，扬程为流量的函数。

(2) 扬程（或压头） 是指泵输送单位质量（容积）液体由泵进口至出口的能量增加值。其值等于泵出口总水头和入口总水头的代数差值，H（m）。

扬程有关闭扬程、静扬程（总静压头）、理论扬程、排出扬程（出口总水头）和吸入扬程（入口总水头）之分。

(3) 功率和效率 泵在单位时间内对液体所做的功，称为有效功率 N_c，其值等于：

$$N_c=\frac{QH\rho}{367} \tag{5-5-1}$$

式中 ρ——液体密度，$kg \cdot m^{-3}$。

泵工作时由驱动机传给泵（轴）的功率，称为轴功率 N。

泵的效率是泵的有效功率与轴功率之比，即：

$$\eta=\frac{N_c}{N}\times 100\% \tag{5-5-2}$$

若泵的效率为已知，则泵的轴功率为：

$$N=\frac{QH\rho}{367\eta} \tag{5-5-3}$$

式中 η——泵的效率。

泵样本或铭牌上给出的功率和效率，非特殊说明者均是用水试验得出的。当输送液体不是清水时，应以液体性质进行性能换算后计算轴功率。

泵的效率与泵的类型和泵的能力大小有关，一般为：

离心式 大型 约85%；

中型 约75%；

小型 约70%。

旋涡式 30%～40%。

(4) 汽蚀余量和吸上真空高度

① 汽蚀。液体在离心泵中流动时，在某一局部地方的压力降低，使该处的液体压力与该介质温度下的饱和蒸气压相等时，液体即汽化而变成蒸气或从液体中析出原先溶解于其中的气体，形成气泡。气泡随液体进入叶轮中压力较高的地方；或由于吸入液体，流速降低而压力增高，重新又凝缩成液体。蒸气凝缩过程进行得很快，周围的液体很快地流向气泡凝缩

处，液体在叶轮内发生猛烈的冲击和响声。此时冲击的压力很大，高达几千大气压，且冲击次数每秒钟达数百次，以致造成泵内液体流通部分表面严重损伤，表面形成凹陷或显微裂缝。这种液体的汽化和凝缩，随之而产生的冲击现象，称为汽蚀或汽穴现象。

为了保证泵操作时不发生汽蚀，应使泵所需要的汽蚀余量比泵的最小汽蚀余量大一裕量。此裕量通常为0.6m。泵需要的允许汽蚀余量为：

$$\Delta h=\Delta h_{\min}+0.6 \tag{5-5-4}$$

离心泵的最小汽蚀余量可按下式估算：

$$\Delta h_{\min}=10\left(\frac{n\sqrt{Q}}{k_{\min}}\right)^{1.33} \tag{5-5-5}$$

式中 n——泵转速，$r \cdot min^{-1}$；

Q——在输送温度下泵的流量，$m^3 \cdot s^{-1}$；

$k_{\min}$——汽蚀比转速，根据泵的比转速由表5-5-1查得。

表5-5-1 比转速 n_s 与汽蚀比转速 $k_{\min}$ 的关系

比转速 n_s	50～70	70～80	80～150	150～200
汽蚀比转速 $k_{\min}$	600～750	800	800～1000	1000～1200

② 吸上真空高度。系指泵将液体从低于泵中心线处吸至泵入口的能量。为保证泵不发生汽蚀，将最大吸上真空高度减去0.6m，即为允许吸上真空高度 H_s。

允许汽蚀余量 Δh 与允许吸上真空高度 H_s 之间的关系为：

$$H_s=\frac{p_s-p_v}{\gamma}+\frac{v_s^2}{2g}-\Delta h \tag{5-5-6}$$

式中 p_s——当地的大气压（绝对），$N \cdot m^{-2}$；

p_v——输送温度下液体的饱和蒸气压（绝对），$N \cdot m^{-2}$；

γ——输送温度下液体的重度，$N \cdot m^{-3}$；

v_s——吸入侧管内液体的流速，$m \cdot s^{-1}$。

在760mmHg、20℃清水的标准状况下，式(5-5-6)变为：

$$H_s=10.09+\frac{v_s^2}{2g}-\Delta h=10-\Delta h \tag{5-5-7}$$

式中 Δh——泵样本给出的允许汽蚀余量值，mH_2O（$1mmH_2O=9.80665N$，下同）；

$\frac{v_s^2}{2g}$——速度头，其值较小，一般可略去不计。

(5) 比转速 n_s 泵在最高效率下运转，产生扬程为1m、流量为 $0.075m^3 \cdot s^{-1}$ 所消耗的功率为1hp（1hp=0.735kW，下同）时的转速，称为这台泵的比转速（亦称比速）。

比转速 n_s 与实际转速、流量、扬程的关系为：

$$n_s=3.65\frac{n\sqrt{Q}}{H^{0.75}} \tag{5-5-8}$$

式中 Q——泵流量，对双吸泵以 $Q/2$ 代入，$m^3 \cdot s^{-1}$；

H——泵单级扬程，m；

n——泵的转速，$r \cdot min^{-1}$。

比转速是一个综合性能参数，其实质是每一类型（相似）泵群的模型泵。

利用比转速可将叶片式泵分成几种基本类型。表 5-5-2 列出了离心泵、混流泵和轴流泵的比转速范围、叶轮形状、叶轮外内径比值和特性。

表 5-5-2　比转速和外轮形状及性能曲线关系[1]

水泵类型	离心泵			混流泵	轴流泵
	低比转速	中比转速	高比转速		
比转速	$50<n_s<80$	$80<n_s<150$	$150<n_s<300$	$300<n_s<500$	$500<n_s<1000$
叶轮简图	$D_0=D_1$, D_2	D_0, D_1, D_2	D_0, D_1, D_2	D_0, D_1, D_2	D_0, D_1, D_2
尺寸比$\frac{D_2}{D_1}$	约 2.5	约 2.0	1.8～1.4	1.2～1.3	1.0
叶片形状	圆柱形	进口处扭曲 出口处圆柱形	扭曲形	扭曲形	扭曲形
性能曲线	H-Q, N-Q, η-Q	H-Q, N-Q, η-Q	H-Q, N-Q, η-Q	H-Q, N-Q, η-Q	H-Q, N-Q, η-Q

泵的比转速大小反映出叶轮形状。低比转速泵在一定转速下流量小，扬程高时的叶轮外径大、内径小、出口宽度窄；而高比转速泵的叶轮外径小、内径大、出口宽度大。

泵的比转速也反映出泵性能的特点。低比转速的离心泵的 N-Q 特性是平坦、上升的特性；高比转速轴流泵、涡流泵的 N-Q 特性是陡降的。低比转速泵的高效率区较宽。

叶片式泵的比转速大小还反映出泵效率的高低，即泵经常运转的经济性。叶片式泵的效率只有在 $n_s=90\sim300$ 时较高（低值是指小流量泵而高值是指大流量泵）。

5.2.2　理论基础、基本方程

泵内流体的动力特性取决于液体速度的方向和大小。液流在叶轮内既有相对运动、绝对运动，又有牵连运动。以相对速度、绝对速度和牵连速度表示。

被输送的液体在泵内流动时获得能量，即泵对液体做了功；液体流动时受到管路系统的阻力，而又损失掉部分能量。

液体在泵内的能量转换中，获得位能、动能和压力能。根据能量守恒定律，总的输入能量与总的输出能量相平衡。以伯努利方程表示，即：

$$E_1+H_{系统}=E_2+\sum h_{损} \tag{5-5-9a}$$

或

$$z_1+\frac{C_1^2}{2g}+\frac{p_1}{\gamma}+H_{系统}=z_2+\frac{C_2^2}{2g}+\frac{p_2}{\gamma}+\sum h_{损} \tag{5-5-9b}$$

式(5-5-9b) 中各项能量表示于图 5-5-1 中。

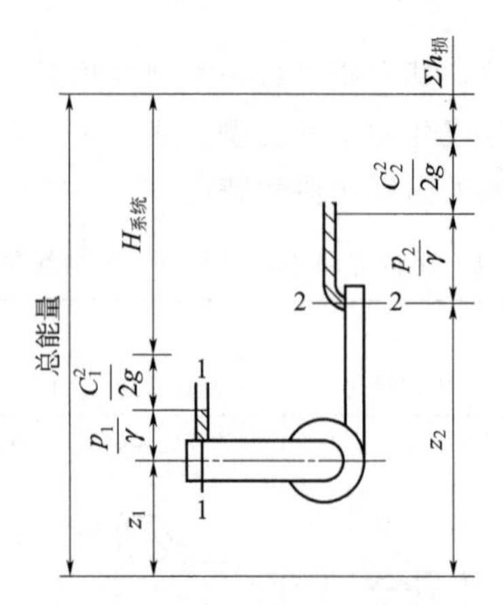

图 5-5-1 能量平衡示意图[2]

式中，各项能量以米液柱（简用米）为单位。这种以液柱高度表示的能量在工程上也叫压头或扬程，其中 z 叫位压头，$\frac{C_2^2}{2g}$叫动压头，$\frac{p}{\gamma}$叫静压头。

将式(5-5-9b) 变换，得到任何管路系统所需要的扬程：

$$H_{系统}=z_2-z_1+\frac{p_2-p_1}{\gamma}+\frac{C_2^2-C_1^2}{2g}+\sum h_{损} \tag{5-5-10}$$

5.2.3 离心泵

化工用泵虽然品种繁多，但使用的离心泵占 80%以上。

离心泵有单吸、双吸、单级、多级、卧式、立式及高速离心泵等。

目前高速离心泵的转速已达 24700r·min^{-1}，单级扬程达 1700m。单吸泵的流量为5.5～1500m^3·h^{-1}，双吸泵的流量为 1200～20000m^3·h^{-1}。

(1) 离心泵的结构及主要部件

① 结构。离心泵主要由两部分组成：

旋转部件——叶轮和轴；

静止部件——壳体、密封、轴承、轴封和托架等。

图 5-5-2～图 5-5-4 分别为多级离心泵，单吸、双吸泵，高速离心泵的结构示意图。

② 主要部件

a. 叶轮。叶轮有单吸式和双吸式之分；按机械结构型式可分为开式、半开式和闭式。

大多数离心泵的叶轮是闭式的（叶片前后均有盖板）和半开式的。

开式叶轮可以输送含有杂质的污水或带有纤维的液体。半开式叶轮在吸液口一侧没有前盖，另一侧有后盖，它用于输送易于沉淀或含有固体颗粒的液体。闭式叶轮多输送不含颗粒杂质的清洁液体。一般讲，闭式叶轮效率高，开式叶轮效率低。

b. 泵体。泵体有水平中分式、垂直剖分式、倾斜剖分式和筒式结构。

采用何种型式的泵体，依据输送液体的温度、性质及泵的运转条件、需要拆卸检修的频繁程度、装置管路布置等诸因素而定。

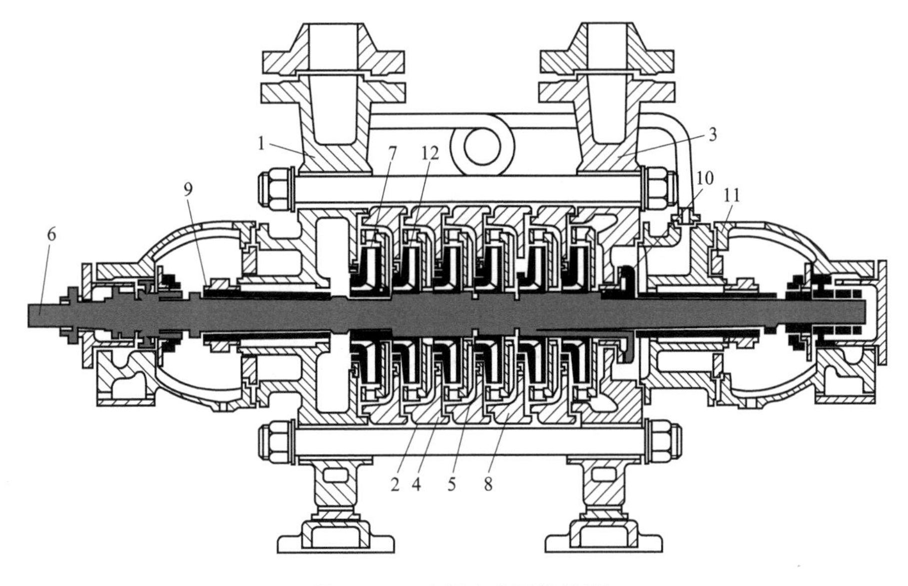

图 5-5-2 多级离心泵结构图

1—吸入段；2—中段；3—吐出段；4—导叶；5—泵体密封圈；
6—泵轴；7—叶轮；8—叶轮密封圈；9—轴套；10—平衡盘；11—托架；12—次级叶轮

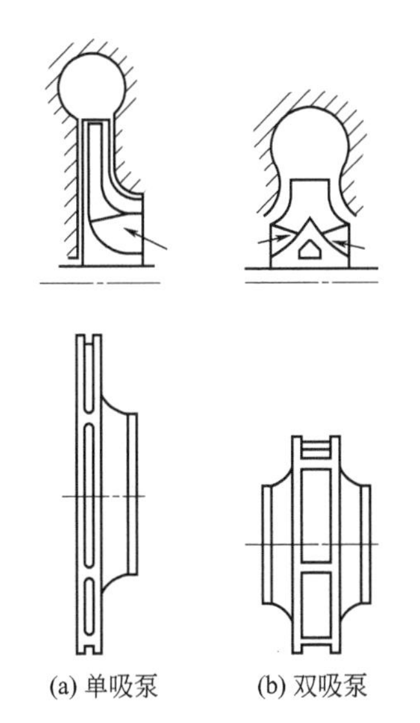

(a) 单吸泵 (b) 双吸泵

图 5-5-3 单吸、双吸泵结构示意图

c. 轴和轴承。泵轴的尺寸和材料应能保证传递驱动机的全部功率。

泵用径向轴承采用标准的滚珠轴承、滚柱轴承或滑动轴承。必要时设推力轴承，当液体温度超过 117℃或轴向力大时，推力轴承应进行水冷。对低温泵的滑动轴承要注意轴承间隙和材料的选取。

d. 轴封。轴封结构主要有填料密封和机械密封。填料密封主要使用石棉盘根填料、柔性石墨、碳纤维填充石墨填料，以及几种新型填料结构，如嵌环式、阶梯式、自调式、反压式及高压填料密封结构。机械密封已在化工用泵上得到广泛应用。

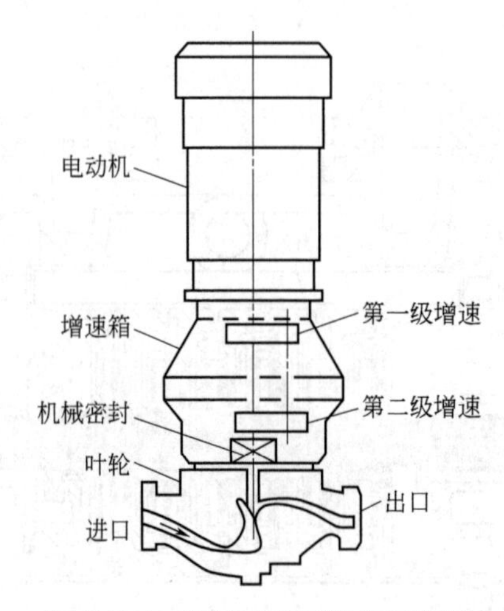

图 5-5-4 高速离心泵结构示意图

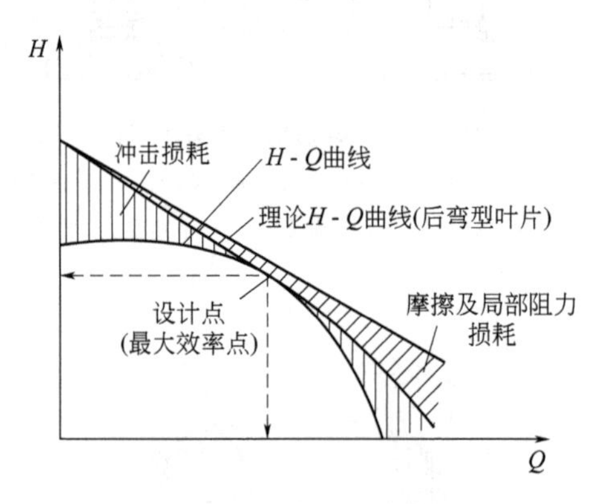

图 5-5-5 离心泵的性能曲线

(2) 离心泵的性能曲线及性能换算

① 性能曲线。泵的最主要运转特性是流量 Q、扬程 H、功率 N 和效率 η，而影响这些性能的变量主要是转速 n 和叶轮的直径 D。

离心泵的性能曲线是反映泵在恒速下流量与扬程（H-Q）、流量与允许吸上真空高度（H_s-Q）或流量与允许汽蚀余量（Δh-Q）关系的曲线，及流量与效率（η-Q）和流量与功率（N-Q）关系的曲线。

一般离心泵叶轮叶片为后弯型，理论 H-Q 是一条向下倾斜的直线，实际 H-Q 曲线是一条抛物线，如图 5-5-5 所示。图 5-5-6 为不同比转速 n_s 下泵的 H-Q、N-Q、和 η-Q 关系曲线。

② 泵的通用性能曲线。把不同转速时泵的性能曲线绘制在图上，就得到所谓的通用性能曲线（图 5-5-7）。

从通用性能曲线上很容易求出任何扬程和流量组合下的转速和效率，因而也能求出功率。由通用性能曲线可知，对于每一台泵，都有一个相对的有限范围，在这个范围内，泵能以接近于最佳值的效率运转。通用性能曲线可较好地决定泵的运转特性。

③ 性能换算

a. 转速改变时的性能换算。符合几何相似和运动相似条件的特性，可近似地按下列公式进行换算：

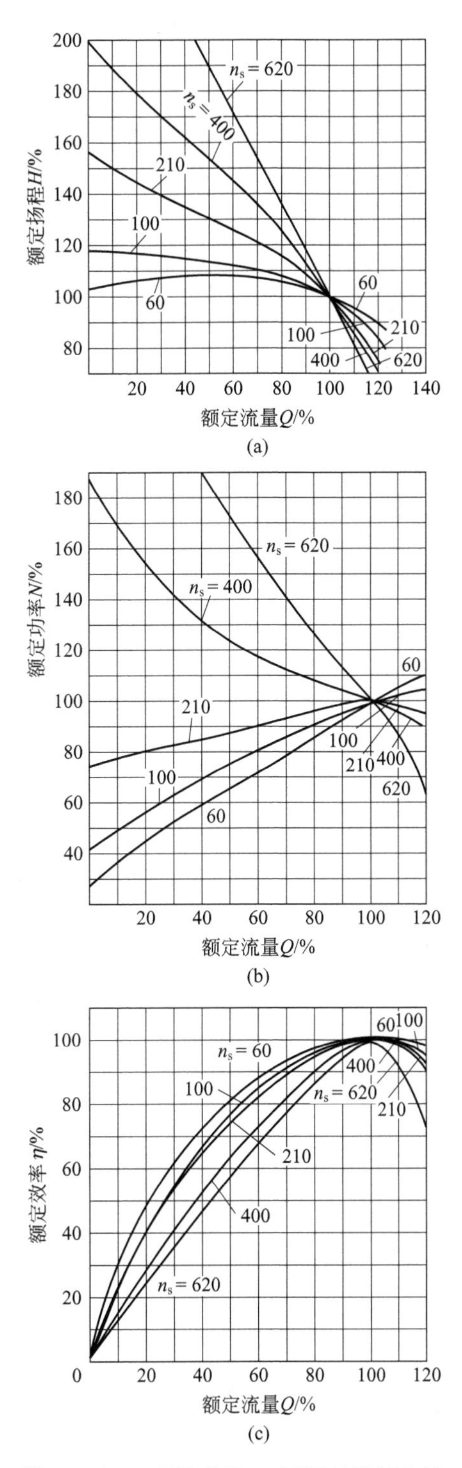

图 5-5-6 不同比转速 n_s 下泵的性能曲线

$$\frac{Q_1}{Q_2}=\frac{n_1}{n_2} \tag{5-5-11}$$

$$\frac{H_1}{H_2}=\left(\frac{n_1}{n_2}\right)^2 \tag{5-5-12}$$

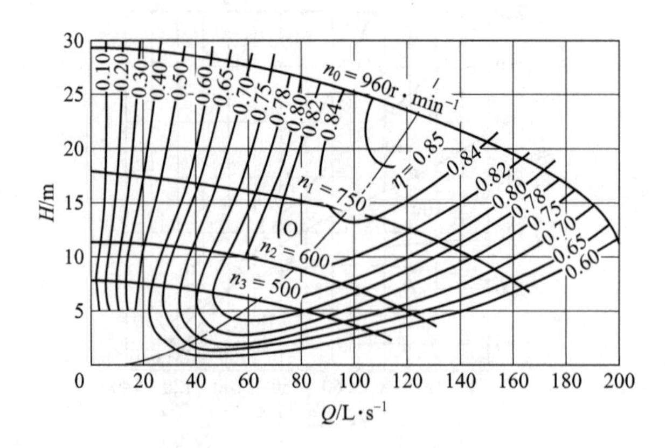

图 5-5-7 离心泵的通用性能曲线

$$\frac{\Delta h_1}{\Delta h_2}=\left(\frac{n_1}{n_2}\right)^2 \tag{5-5-13}$$

$$\frac{N_1}{N_2}=\left(\frac{n_1}{n_2}\right)^3 \tag{5-5-14}$$

式中 $Q_1,H_1,\Delta h_1,N_1$——转速为n_1时泵的流量、扬程、允许汽蚀余量及轴功率；

$Q_2,H_2,\Delta h_2,N_2$——转速为n_2时泵的流量、扬程、允许汽蚀余量及轴功率。

b. 叶轮外径改变时的性能换算。如果将叶轮外径切削变小，出口面积变化不大（泵的效率不变）时，可用下列关系式换算：

$$\frac{Q_1}{Q_2}=\frac{D_1}{D_2} \tag{5-5-15}$$

$$\frac{H_1}{H_2}=\left(\frac{D_1}{D_2}\right)^2 \tag{5-5-16}$$

$$\frac{N_1}{N_2}=\left(\frac{D_1}{D_2}\right)^3 \tag{5-5-17}$$

如果将叶轮外径切削变小，出口面积变化大（泵的效率不变）时，可采用下列关系式换算：

$$\frac{Q_1}{Q_2}=\left(\frac{D_1}{D_2}\right)^2 \tag{5-5-18}$$

$$\frac{H_1}{H_2}=\left(\frac{D_1}{D_2}\right)^2 \tag{5-5-19}$$

$$\frac{N_1}{N_2}=\left(\frac{D_1}{D_2}\right)^4 \tag{5-5-20}$$

通常对于低比转速离心泵，可采用式(5-5-18)～式(5-5-20）进行性能换算。对中、高比转速离心泵，可近似地采用式(5-5-15)～式(5-5-17）进行性能换算。

利用切削叶轮外径的方法改变泵的性能时，叶轮外径的切削量不能过大，以免泵的效率降低过多，叶轮外径允许切削量见表 5-5-3。

表 5-5-3 叶轮外径允许切削量[3]

比转速 n_s	≤60	60～120	120～200
最大切削量 $\left(\frac{D_2-D_2'}{D_2}\right)$/%	20	15	11
比转速 n_s	200～250	250～350	350～450
最大切削量 $\left(\frac{D_2-D_2'}{D_2}\right)$/%	9	7	5

注：D_2'为切削后的叶轮外径。

c. 输送介质改变时的性能换算

ⅰ. 介质重度改变。输送介质重度与常温清水的重度不同时，泵的扬程、流量和效率不变，而泵轴功率则随输送介质重度的变化而变化，即：

$$\frac{N}{N'}=\frac{\gamma}{\gamma'} \tag{5-5-21}$$

式中 N',N——输送介质和常温清水的轴功率；

γ',γ——输送介质和常温清水的重度。

ⅱ. 黏度的影响。当泵输送原油、硫酸等黏度比水大的液体时，因摩擦阻力增大而使能量损失增加，使泵的扬程、流量减小，效率降低，而轴功率、允许汽蚀余量却增大。因此，除输送液体黏度小于 20mPa•s(如汽油、煤油和柴油等）的泵不必进行性能换算外，对输送液体黏度超过 20mPa•s 的泵必须进行性能换算。目前都采用图表法和经验公式进行换算。对液体中含有 0.05mm 以下的固体物，如泥的影响与液体的黏度影响基本相同。

(3) 泵的工作点及调节 在化工装置中，液体输送系统由泵、工艺设备、控制仪表、阀门、管线和管件等组成，亦即由泵和管路系统组成泵装置系统。装置的性能取决于输送系统的性能和泵的性能。

把泵的性能 H-Q 和输送系统性能 $H_{系统}$-Q 用同一比例画在一起，两条曲线的交点 A（图 5-5-8），既符合泵的性能，又符合输送系统的性能，这就是泵运行的“工作点”或称工况点，并有一组扬程 H_A、流量 Q_A、功率 N_A、效率 η_A等装置性能指标。

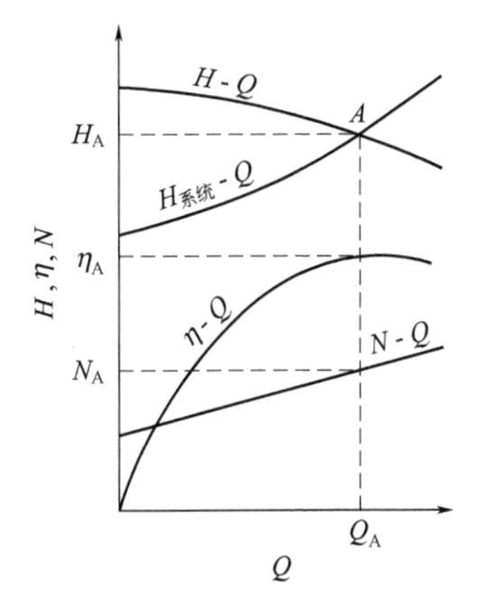

图 5-5-8 装置工作点

一般，正常运行时泵的工作点应落在泵性能曲线的高效区（图 5-5-9）。

第5篇

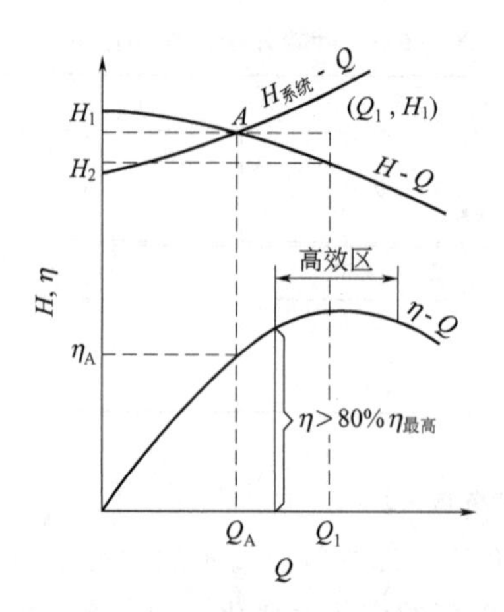

图 5-5-9 高效区运行示意图

泵装置的流量、扬程满足后，能否有效地工作，还必须校核吸入性能是否可靠，即吸入系统的有效汽蚀余量 Δh_a是否能保证大于泵所需要的允许汽蚀余量 [Δh]，或实际吸上真空度是否小于泵允许吸上真空度。用装置性能图 5-5-10 来分析，当工作点 A 落在汽蚀发生点 C（吸入系统性能曲线与允许汽蚀余量性能曲线 [Δh]-Q 的交点）左边时，泵能可靠地吸入，此时液体在进泵前所剩余的能量 Δh_a−[Δh] 能有效地用来制止汽蚀的产生。然而，这部分剩余能量是随着流量的增大而减小的，在到达 C 点时减小至零，因而产生了汽蚀，使泵的性能突然下跌，见图 5-5-10。

从泵装置的性能分析，可以归纳出：

① 只有工作点 A 落在泵的高效区，且在汽蚀点 C 的左边时，才能保证泵装置性能良好，工作可靠。当泵装置发生性能故障时，可利用图 5-5-10 进行分析、校核、寻找故障原因。

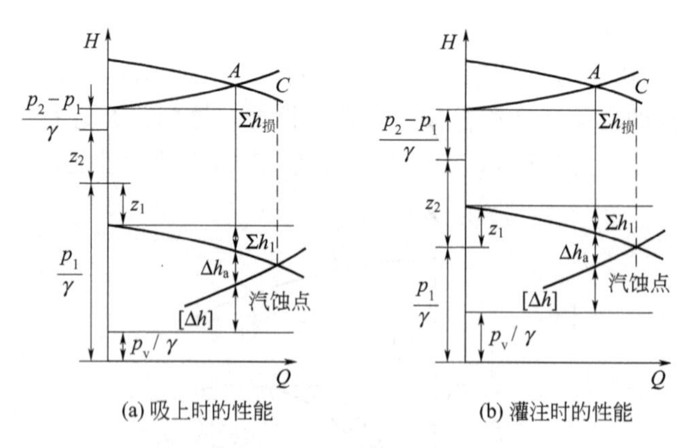

图 5-5-10 泵装置性能分析图

② 如果需要改变泵装置的性能，可以通过改变管路系统的性能或泵的性能来实现。如改变泵出口阀门的开度来调节流量，满足管路系统所需要的扬程；改变泵的转速和级数、切削叶轮外径，以改变泵的性能曲线来移动工作点，达到调节装置性能的目的。

③ 为防止汽蚀的发生，应尽可能地采用最短的管路，减少管件，降低管内流速等，以减小Σh_1，提高 Δh_a。如降低流体温度，也能提高有效汽蚀余量 Δh_a。

④ 因装置系统中压力、液位的波动，使得静扬程发生变化，装置系统性能曲线的起点

不同，造成工作点的自动偏离；或者因电网频率波动，泵转速发生改变，也会引起工作点的自动漂移，这时应注意因汽蚀余量的变化而破坏泵的正常工作。

5.2.4 部分流泵

部分流泵是一种 $\beta_2=90°$开式叶轮的高速泵，是在离心泵高速化的基础上发展起来的一种新型泵。目前，它的最高转速达 24700r•min^{-1}，单级扬程 1760m，输送液体温度 −110～250℃，且能输送含悬浮物较多、黏度（0.5Pa•s)高的液体。它属于高扬程、小流量的离心泵。

(1) 基本原理及结构特点

① 基本原理。部分流泵的原理与离心泵基本相同。一般离心泵从叶轮出来的液体全部流入排出管，而部分流泵内流动的液体只有一部分通过沿圆形壳体的切线方向所引出的锥形扩散管输出，其余液体则随叶轮作强制回转运动，所以这种泵叫部分流泵，又称分流泵或切线泵。

② 结构特点。部分流泵由电机通过增速齿轮驱动。泵体由吸入管、叶轮、壳体和扩散管组成，也有装诱导轮的，见图 5-5-11。

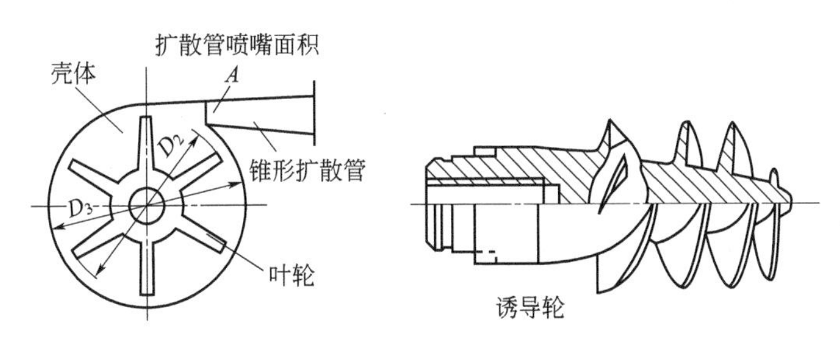

图 5-5-11 部分流泵结构示意图

a. 叶轮。是没有前后盖板的开式轮，叶片是呈放射状的直叶片。

b. 诱导轮。装不等节距诱导轮，适用于较宽的转速和流量范围。

c. 扩散管。采用圆锥形整体扩散管使用效果好，其中心线与蜗壳环形流道外圆切线的夹角 α 对泵的影响大，当 $\alpha\neq0°$时，高速液流进入扩散管喉部时将产生激烈的撞击，并引起脱流，堵塞流道，能量损失增大，泵扬程显著下降。

(2) 主要性能参数

① 流量。泵的最大流量与最高效率值，取决于锥形扩散管的喉部面积 A。相对某一 A，则最高效率点均在最大流量附近，亦即扬程开始下降时的流量。

$$Q=AC \tag{5-5-22}$$

式中 C——扩散管喉部流速，m•s^{-1}；取 $C=(0.65\sim0.7)u_2$。

扩散管的扩散角取 10°～12°。

② 扬程

$$H=\eta\frac{u_2^2}{g} \tag{5-5-23}$$

式中 η——在扩散管内，速度不能全部转变为压力能时的动能转损系数，通常取 $\eta=0.7$。

部分流泵的流量-扬程（功率、效率）关系，见图 5-5-12。

部分流泵与一般离心泵的不同点，在于扩散管喷嘴的断面积 A 对泵的性能影响很大。

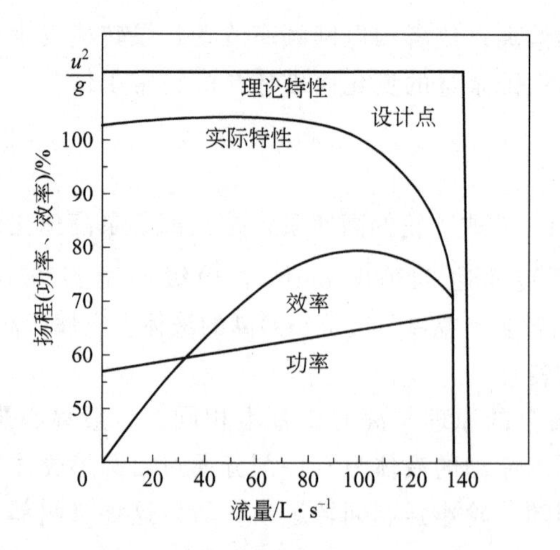

图 5-5-12　部分流泵的流量-扬程（功率、效率）关系图

当液体通过喷嘴面积 A 的速度 Q/A 等于液体的旋转速度 u 时，泵的流量保持不变，扬程下降为零，这种特性称为流量切断特性。

"切断特性"常发生在锥管喉部直径较小时。为避免它的发生，设计点的流量应取切断点流量的 0.8 倍。

5.2.5　旋涡泵

旋涡泵也是一种叶片式泵（亦称涡流泵）。它是由星形叶轮和有环形流道的泵壳组成的，如图 5-5-13 所示。

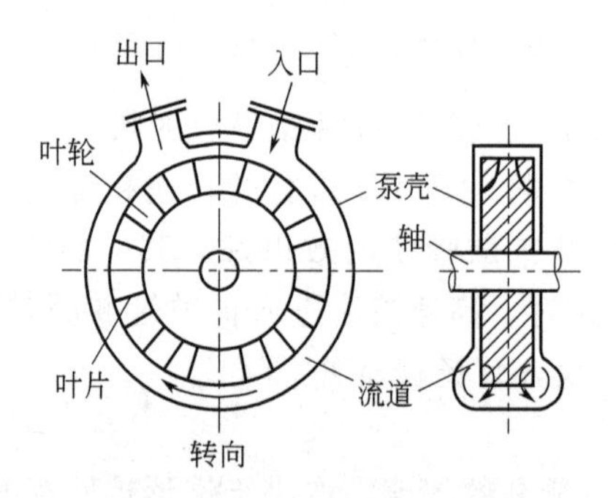

图 5-5-13　旋涡泵结构示意图

旋涡泵的叶轮有开式和闭式。开式叶轮汽蚀性能好，能自吸，可输送液气混合物。闭式叶轮叶片较短，液体从吸入口处进入流道，再从叶轮外周处进入叶轮。闭式叶轮的扬程为开式叶轮的 1.5～3 倍（相同叶轮圆周速度），但不能输送液气混合物。

旋涡泵也是靠离心力作用输送液体的，其工作原理和结构与离心泵有所不同。

旋涡泵的叶轮与泵壳同心安装，因此，彼此间构成了同心流道。泵的吸入口和排出口用"隔壁"隔开，隔壁与叶轮之间留有很小的间隙，借以隔开吸入腔和排出腔。

旋涡泵的工作原理，如图 5-5-14 所示。

旋涡泵与其他类型泵相比具有下列特点：

① 旋涡泵是结构最简单的低比转速泵，在相同叶轮直径和转速下，它的扬程比离心泵高 2～4 倍。

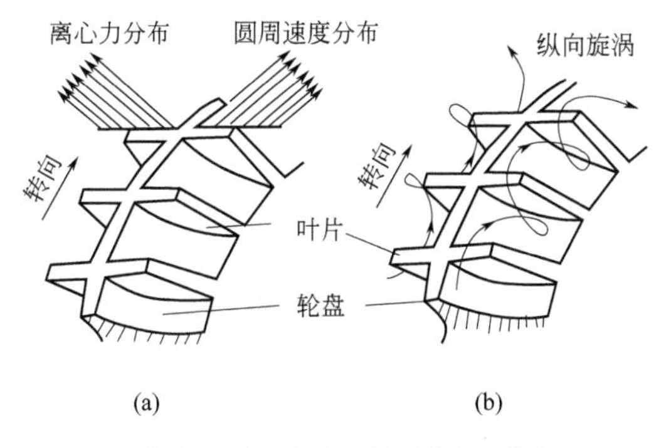

图 5-5-14 旋涡泵的工作原理图

② 开式旋涡泵能自吸，闭式泵应外加自吸装置。开式泵可以输送液气混合物和易挥发性液体。

③ 旋涡泵的效率一般为 20%～50%，只适用于功率小（40kW 以下）、扬程高（5～250m）、流量小（0.1～11L·s^{-1}）的场合。

④ 输送液体的黏度一般不大于 37.33m^2·s^{-1}，如黏度过大，则泵的扬程和效率将降低很多。

⑤ 旋涡泵的性能特点是流量下降时，其扬程、功率反而增加，故采用旁路调节较经济。

⑥ 旋涡泵不能关阀启动，否则容易引起电动机超负荷，所以它与离心泵操作相反，即先开阀、后开泵。

⑦ 闭式旋涡泵的抗汽蚀性差，如在旋涡叶轮前加一级离心式叶轮（离心旋涡泵），即可得到改善。

旋涡泵在化肥、橡胶、化学纤维和医药等部门应用较多。

5.2.6 轴流泵

轴流泵是一种高比转速（n_s>500）、大流量（最大流量 30m^3·s^{-1}）、低扬程泵。

轴流泵的工作原理不是利用离心力，而是高速旋转螺旋桨（即叶片）将液体推进，即利用扩散流动。

轴流泵由三个主要部件组成：吸入室、叶轮、压出室。见图 5-5-15。

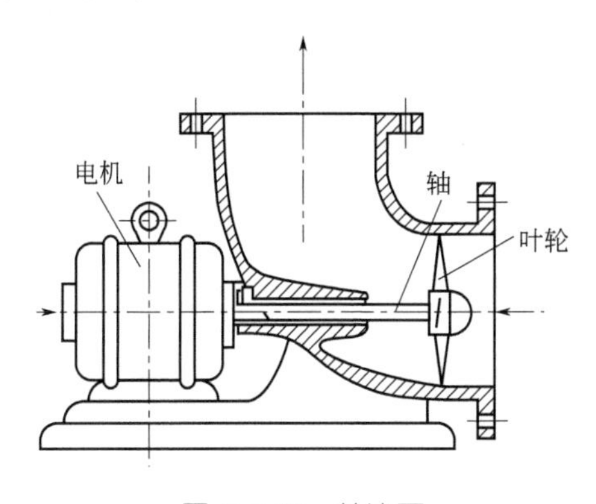

图 5-5-15 轴流泵

轴流泵多数是单级，但高扬程（最高 220m）为多级。

叶轮是具有扭曲叶片的开式叶轮，见图 5-5-16。

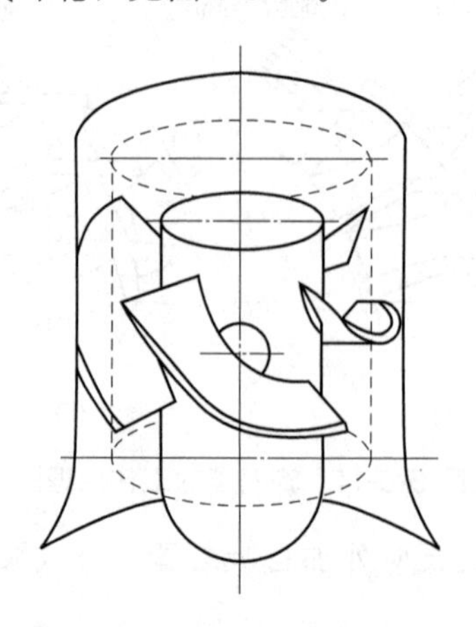

图 5-5-16 轴流泵开式叶轮示意图

叶轮叶片有固定叶片和可调叶片两种。固定叶片与轮毂铸成一体或用螺栓连接，叶片安装角固定；可调叶片借液压或机械传动操纵叶片转动机构来改变叶片安装角，扩大工作范围。

转轴上装有导叶，是一个扩散管段，它起着消除液流旋转分速度及扩散作用；同时一部分动能转换为压力能。

轴流泵的通用工作性能曲线如图 5-5-17 所示。

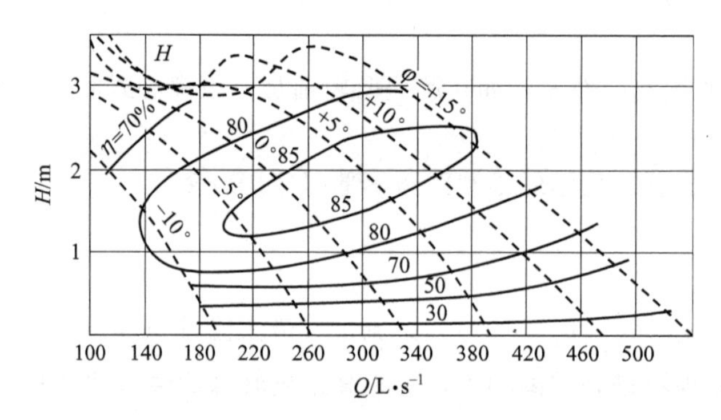

图 5-5-17 轴流泵的通用工作性能曲线

轴流泵的工作性能曲线和离心泵并不完全相同，其 H-Q 线随 Q 的减小而上升，但其中有一段会出现 Q 减小而 H 不增加，甚至有些轴流泵还会出现 Q 减小而 H 也会突然减小的情况。因此轴流泵的 H-Q 线往往呈驼峰状而有不稳定工作段。所以轴流泵应在 H-Q 线最高点右侧的稳定范围内工作。

轴流泵的功率随 Q 减小而增加，并且在 $Q=0$ 时最大。因此轴流泵应在管路中所有阀门全部打开的情况下启动，操作过程中当需要调节流量时，可采用旁路阀将液体放走，而不宜用调节阀的方法来进行调节。

在化工厂中大流量的液体输送和循环、污水输送等场合宜选用轴流泵。

5.3 容积式泵

容积式泵是利用工作室容积周期性变化，把能量传递给液体，使液体的压力增加，以达到液体输送的目的的。

容积式泵有两种类型：具有往复运动工作件的往复泵（柱塞泵、活塞泵、隔膜泵）和有旋转运动工作件的转子泵（齿轮泵、螺杆泵、滑片泵、液环泵、凸轮泵等）[4]。

5.3.1 泵的基本参数

(1) 流量 容积式泵的流量 Q（单位：$m^3 \cdot h^{-1}$），是单位时间内通过排出管排出的液体量，其计算通式为：

$$Q=60Vn\eta_V \tag{5-5-24}$$

式中 V——活塞或转子排挤容积，m^3；

n——转速或往复次数，$r \cdot min^{-1}$，次$\cdot min^{-1}$；

η_V——容积效率。

(2) 轴功率和效率

$$N=\frac{100(p_d-p_s)Q}{367\eta} \tag{5-5-25}$$

式中 N——轴功率，kW；

p_d，p_s——泵出口压力和入口压力，MPa；

Q——流量，$m^3 \cdot h^{-1}$；

η——泵效率，电动往复泵，一般 $\eta=0.65\sim0.85$；蒸汽往复泵，$\eta=0.8\sim0.9$；齿轮泵、三螺杆泵，一般分别为 $\eta=0.6\sim0.75$ 和 $\eta=0.55\sim0.8$；凸轮泵，$\eta=0.6\sim0.8$。

5.3.2 容积式泵的性能曲线和性能换算

(1) 性能曲线 图 5-5-18 为容积式泵恒速下的 Q-p、N-p 和 η-p 性能曲线。

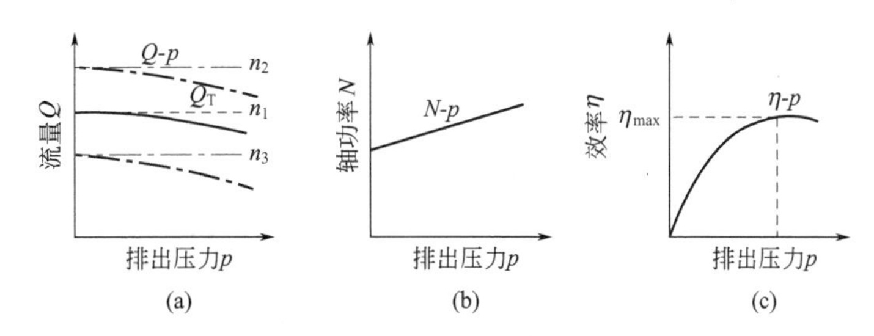

图 5-5-18 容积式泵的性能曲线示意图

由图 5-5-18 可以看出：

① 容积式泵的理论流量 Q_T 与排出压力 p 无关，而随转速升降而增减。

② 泵的轴功率 N 随着排出压力的提高而增大；泵的效率随着排出压力的提高而增大。

③ 输送的液体黏度增大，泵的流量降低、轴功率增加而效率降低；如液体中的气体夹带量及气体溶解量增加，泵的流量减小。

(2) 性能换算

① 转速变化时的性能变化。齿轮泵和螺杆泵的流量随转速的改变而变化，当液体黏度、排出压力不变时，转速降低，则流量 Q、功率 N 将减少，近似换算式为：

第5篇

$$Q_2=\frac{Q_1}{\eta_V}\left[\frac{n_2}{n_1}-(1-\eta_V)\right] \tag{5-5-26}$$

式中 n_1——齿轮泵、螺杆泵的转速，$r \cdot min^{-1}$；

n_2——齿轮泵、螺杆泵转速升（降）后的值，$r \cdot min^{-1}$；

Q_1——转速为n_1时的流量，$m^3 \cdot h^{-1}$；

Q_2——转速为n_2时的流量，$m^3 \cdot h^{-1}$；

η_V——转速为n_1时的容积效率。

功率随转速而变化的换算式：

$$N_2=N_1\frac{\eta}{\eta_V}\times\frac{n_2}{n_1}\left(1+\frac{\eta_V-\eta}{\eta}\sqrt{\frac{n_2}{n_1}}\right) \tag{5-5-27}$$

式中 N_1——齿轮泵、螺杆泵转速为n_1时的轴功率，kW；

N_2——齿轮泵、螺杆泵转速升（降）至n_2时的轴功率，kW；

η_V——转速为n_1、排出压力为p时的容积效率；

η——转速为n_2、排出压力为p时的容积效率。

② 黏度变化时的性能换算。当齿轮泵和螺杆泵的转速、排出压力不变，液体黏度由ν_1增至ν_2时，流量Q的改变，可近似地按下式计算：

$$Q_2=\frac{Q_1}{\eta_{\nu1}}\left[1-(1-\eta_{\nu1})\frac{\nu_1}{\nu_2}\right] \tag{5-5-28}$$

式中 Q_1——液体黏度为ν_1、排出压力为p时的流量，$m^3 \cdot h^{-1}$；

Q_2——液体黏度为ν_2、排出压力为p时的流量，$m^3 \cdot h^{-1}$；

$\eta_{\nu1}$——液体黏度为ν_1、排出压力为p时的容积效率。

轴功率N随黏度变化的近似换算式为：

$$N_2=N_1\frac{\eta_{\nu1}}{\eta_{\nu2}}\left(1+\frac{\eta_{\nu2}-\eta_{\nu1}}{\eta_{\nu1}}\sqrt{\frac{\nu_2}{\nu_1}}\right) \tag{5-5-29}$$

式中 N_2——液体黏度为ν_2、排出压力为p时的轴功率，kW；

N_1——液体黏度为ν_1、排出压力为p时的轴功率，kW；

$\eta_{\nu1}$——液体黏度为ν_1、排出压力为p时的总效率；

$\eta_{\nu2}$——液体黏度为ν_2、排出压力为p时的总效率。

③ 液气夹带和溶解气体的影响。在大气温度和压力下，液气夹带或溶解气体对齿轮泵和螺杆泵流量的影响，可由图5-5-19及图5-5-20查出其校正值后，计算实际流量。或按式(5-5-30)直接计算实际流量Q。

$$Q=\frac{Q'(1-E_n)}{(1-E_n)+E_n\dfrac{p_a}{p_s}} \tag{5-5-30}$$

式中 E_n——常压下液体夹带气体体积分数；

p_a——大气压力（绝对），MPa；

p_s——泵入口压力（绝对），MPa；

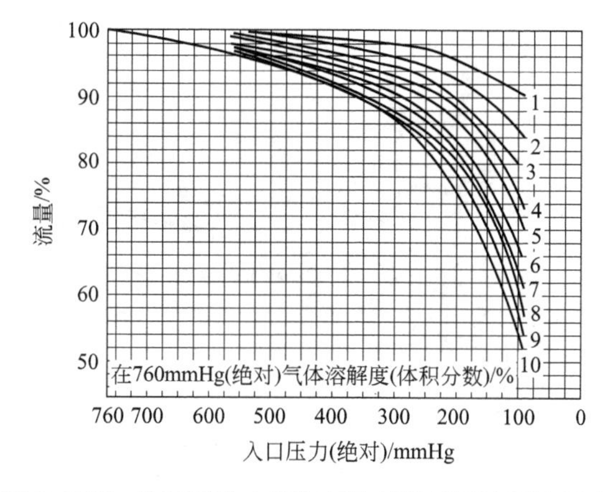

图 5-5-19 饱和液体中溶解气体对转子泵流量的影响

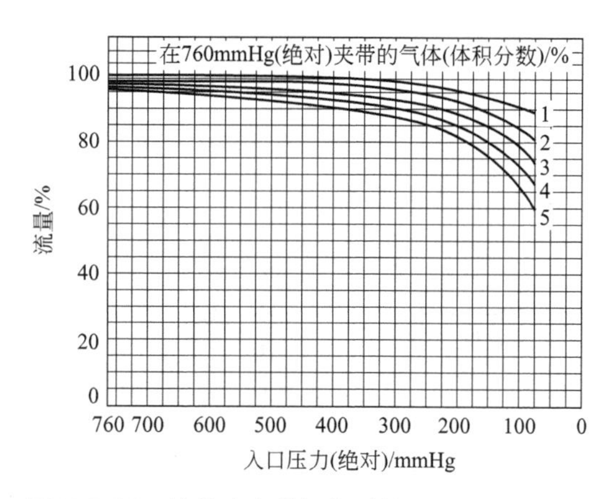

图 5-5-20 液体中夹带气体对转子泵流量的影响

Q'——无气体夹带时的流量，$m^3 \cdot h^{-1}$。

④ 液体重度的影响。泵的轴功率与输送介质重度有关，可用式(5-5-31) 计算：

$$N' = N \frac{\gamma'}{\gamma} \tag{5-5-31}$$

式中 N', N——输送介质和常温清水时的轴功率，kW；

γ', γ——输送介质和常温清水的重度，$N \cdot m^{-3}$。

(3) 泵的调节 容积式泵不能采用关小排出阀的方法调节泵的流量，因为这种调节不仅无效反而浪费能源，甚至使泵的驱动机超负荷。

容积式泵一般采用旁路调节、改变泵转速、改变活塞或柱塞行程和顶开吸入阀的方法来调节流量。

5.3.3 往复泵

往复泵泵头部分主要由泵体（液缸）、活塞（或柱塞）、吸入阀和排出阀组成，如图 5-5-21所示。

往复泵的工作原理：依靠往复运动的活塞将能量直接以静压形式传给液体，以增加液体的动能，将机械能转变为压力能。

第5篇

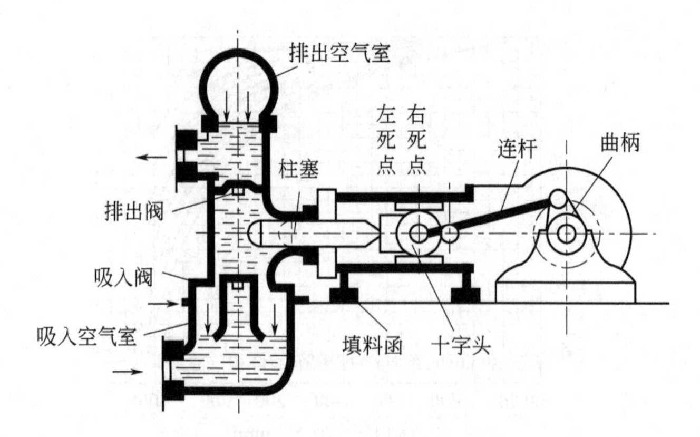

图 5-5-21 电动往复泵示意图

(1) 往复泵的类型 往复泵的类型主要取决于作用方式、传动方式及液缸布置等。

按作用方式分为：电动往复泵、直动往复泵（蒸汽、气动、液动）和隔膜泵（柱塞或双隔膜）[5]。

往复泵又有单作用、双作用；单缸、双缸、多缸；立式、卧式和水平对置式之分。

往复泵类型、结构示例如图 5-5-22 所示。

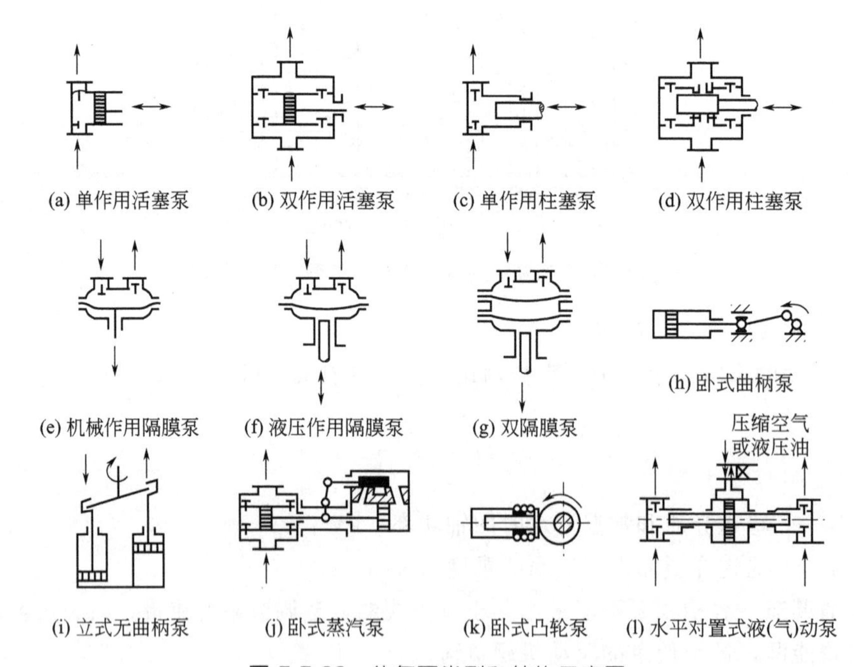

图 5-5-22 往复泵类型和结构示意图

① 电动往复泵。它的活塞由曲柄连杆机构驱动，尽管曲柄回转很均匀（角速度 ω 不变），但活塞的直线运动却是不等速的。因此，电动往复泵的流量是不均匀的，有脉动现象。为克服这一缺点，有的泵设置有吸入空气室和排出空气室。

空气室的作用：当液体经过空气室时，则完全消失它原来的速度和方向，起到缓冲作用。

空气室中一般充满空气。当输送易燃、易爆液体时，应充注惰性气体。

② 蒸汽往复泵。它是以水蒸气为动力，不会产生火花，很安全。因此，特别适用于输

送挥发性、易燃性液体。它的流量也比较平稳。

③ 隔膜泵。当往复泵输送悬浮液、酸液或其他贵重、有毒液体时，为了不使悬浮液、酸液进入泵缸中磨损、腐蚀缸壁及活塞，或不使贵重、有毒液体在轴封处泄漏，常采用隔膜泵头。

泵头中有一层弹性隔膜，用耐磨、耐腐蚀的橡胶、塑料或金属片制成，在隔膜两边均有多孔支承板。当泵的柱塞作往复运动时，液缸内的介质使隔膜也跟着交替地向某一方向弯曲，迫使隔膜另一侧的液体交替地吸入和排出。

还有一种双隔膜的隔膜泵，在两隔膜之间也充注油类等液体。双隔膜比单隔膜更安全、可靠，能适应黏度较高的液体。

隔膜泵的隔膜类型有膜片、波纹管和筒形隔膜等。膜片和波纹管用于机械作用和液压作用的隔膜泵，筒形隔膜只适用于液压作用的隔膜泵。

(2) 往复泵的结构及主要零部件 往复泵由液力端和动力端组成。

① 液力端。由液缸、柱塞或活塞、阀、填料函、集流腔和缸盖组成。

② 动力端。由曲轴、连杆、十字头、中间杆、轴承和机架组成。其基本结构型式为具有滑动轴承或滚动轴承的卧式和立式两种。

③ 填料函。由填料箱、下压套、上压套、填料和压盖组成。填料是V形或人字形的，有些填料使用金属的支承环。填料组合件由上、下支承环和中间的密封环组成。填料函与压力、液体有关，且可使用3～5圈填料或填料组合件。填料或密封环是用加强石棉、聚四氟乙烯、氟丁橡胶或纯金属制成的。

④ 阀。阀由阀座和阀盘组成。阀盘的运动由弹簧或护圈进行控制。

阀的种类有：

a. 平板阀。适用于清洁液体。

b. 锥形阀。适合清洁液体或化学产品。

c. 球阀。适于具有颗粒的液体或高压液体。

d. 塞阀。适用于化学产品。

此外，还有用于悬浮液（泥浆）的特殊锥形阀。

5.3.4 转子泵

常用的转子泵有：螺杆泵、齿轮泵、凸轮泵、高黏度泵和滑板泵。

转子泵由静止的泵壳和旋转的转子组成。它没有吸入阀和排出阀，靠泵体内的转子与液体接触的一侧将能量以静压能的形式直接作用于液体，并借旋转的转子挤压作用排出液体，同时在另一侧留出空间，形成低压，使液体连续地吸入。

转子泵的转速高，压头也较高，流量小，排液均匀，适用于输送黏度高、具有润滑性的液体。螺杆泵、齿轮泵适合输送不含固体颗粒的液体，而凸轮泵可输送含固体颗粒的液体。

(1) 螺杆泵 螺杆泵有单螺杆、双螺杆和三螺杆之分。

图5-5-23是三螺杆泵。它有一个主动转子和两个与它相啮合的起密封作用的转子。当螺杆一边转动一边啮合时，液体被转子上的螺旋槽带动并沿轴向排送。

螺杆泵具有结构紧凑、流量无脉动、运转平稳、噪声低、寿命长、效率高的特点。

(2) 齿轮泵 齿轮泵中有一对啮合的齿轮，其中一个是主动齿轮，用键固定在泵轴上，由原动机带动旋转；另一个是从动齿轮，自由地套在定轴上，见图5-5-24，并与主动齿轮相

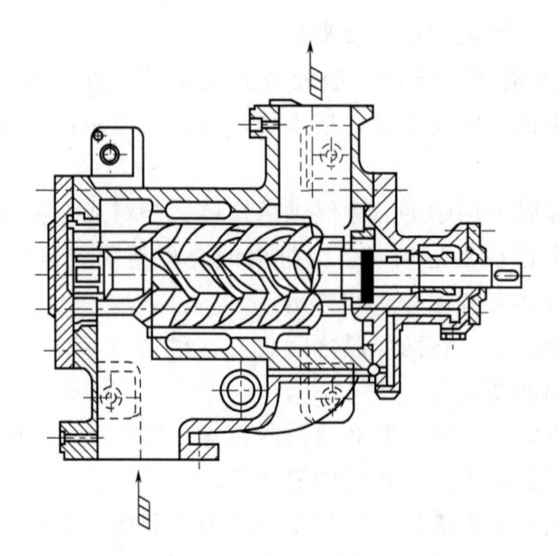

图 5-5-23 三螺杆泵结构示意图

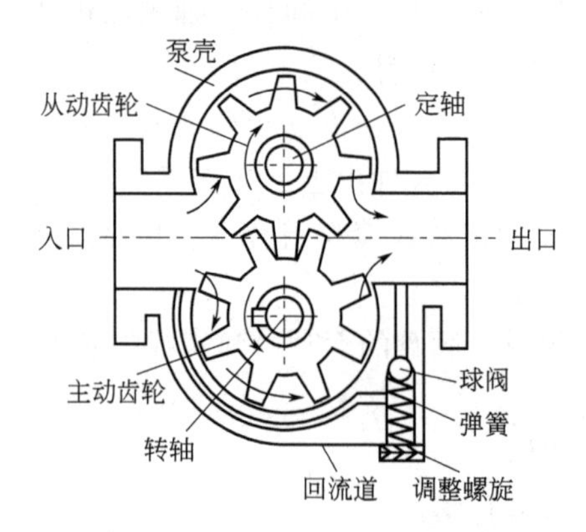

图 5-5-24 齿轮泵结构示意图

啮合而被带动旋转。

齿轮泵的工作原理：利用两齿轮相互啮合过程所引起的工作空间容积变化来输送液体。

齿轮泵的主要类型有：外啮合齿轮泵和内啮合齿轮泵两种。常用来输送油类等黏性液体。

(3) 高黏度泵 输送黏稠物料的泵主要是容积式泵，如内外齿轮泵、单螺杆泵、双螺杆泵、三螺杆泵、凸轮泵和蠕动泵。

(4) 凸轮泵（亦称凸轮转子泵或旋转活塞泵） 如图 5-5-25 所示。凸轮泵又有双叶凸轮和单叶凸轮之分，其工作原理是依靠相互啮合过程中工作容积的变化来输送液体，即凸轮旋转使吸入侧形成低压，抽吸液体，又靠它沿泵体排送到排出口；因叶片和叶片之间的间隙较大，所以能输送介质黏度达 100Pa·s 以上的液体，且流量稳定，脉冲较少，因而在三大合成材料中应用较多，如油类、沥青、树脂、涂料、染料、油漆、石蜡、胶浆、胶液等。若在泵体上设加热夹套，则可以输送常温下为固体的流体，如沥青、树脂、蜡等。

5.3.5 真空泵

利用机械、物理、化学或物理化学方法对容器进行抽气，以获得真空的机器或器械，都叫作真空泵。

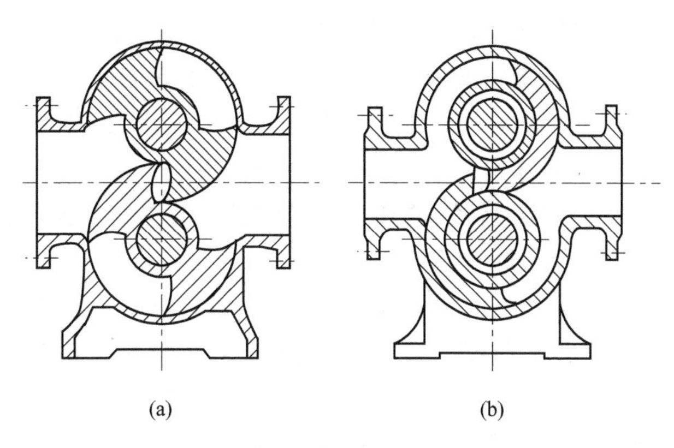

图 5-5-25 凸轮泵结构示意图

真空泵的种类、工作范围见图 5-5-26。

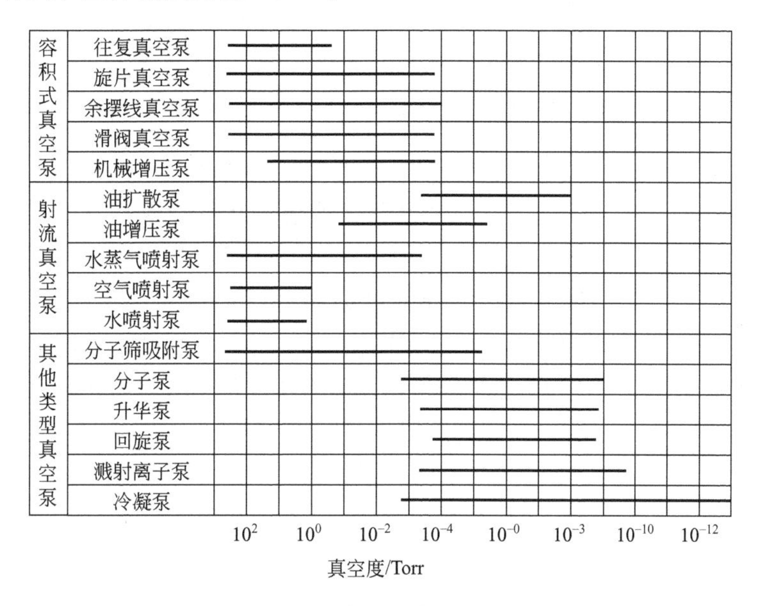

图 5-5-26 真空泵的种类、工作范围

1Torr＝1.3332×10^2Pa，下同

(1) 真空泵的主要性能参数

① 抽气速率（简称抽速）。对于给定气体，在一定温度、压力下，单位时间内从泵吸气口平面处抽除的气体容积，单位 $L \cdot s^{-1}$。

② 抽气量。对于给定气体，在一定温度下，单位时间内从泵吸气口平面处抽除的气体量，单位为 $Pa \cdot L \cdot s^{-1}$。流量单位换算见表 5-5-4。

表 5-5-4 流量单位换算

$Pa \cdot m^3 \cdot s^{-1}$	$Pa \cdot L \cdot s^{-1}$	$Torr \cdot L \cdot s^{-1}$	$\mu mHg \cdot L \cdot s^{-1}$
1	1000	7.5	7.5×10^3
10^{-3}	1	7.5×10^{-3}	7.5
133.332×10^{-3}	133.332	1	1000
133.332×10^{-6}	133.332×10^{-3}	10^{-3}	1

③ 极限真空。真空泵在给定条件下，经充分抽气后所达到的稳定的最低压力。

④ 最大反压力。需要前级真空的真空泵，在一指定的负荷下运转时，其反压力升高到某一定值，则泵失去正常的抽气能力，该反压力称为最大反压力。

⑤ 启动压力。真空泵能够开始启动工作的压力。

(2) 容积式真空泵 它利用回转件或往复运动部件，在泵内连续运动，使泵腔内工作室的容积变化，产生抽气作用达到真空目的。

容积式真空泵有：往复真空泵、旋转真空泵（旋片真空泵、定片真空泵、滑阀真空泵、机械增压泵、余摆线真空泵和水环真空泵等）。化工中常用的是往复真空泵和水环真空泵。

往复真空泵（图 5-5-27）的基本结构与活塞压缩机结构相同。它适用于化工厂中的真空蒸馏、蒸发、结晶、干燥和过滤等过程中以抽除气体。

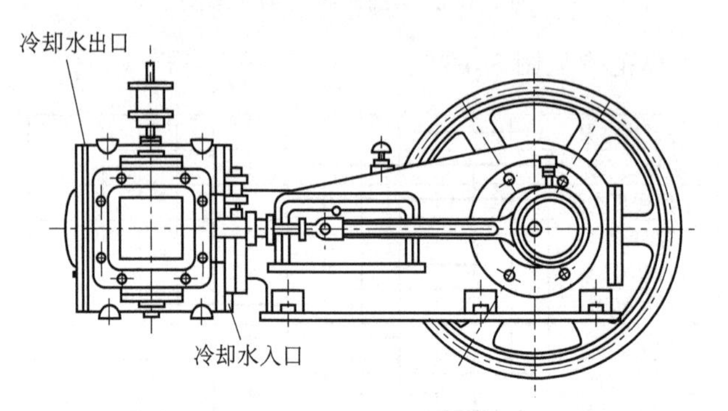

图 5-5-27 W型往复真空泵结构示意图

液环真空泵（亦称水环真空泵）的工作原理是依靠叶轮的旋转把机械能传递给工作液体（旋转液环），又通过液环对气体压缩把能量传递给气体，使其压力升高，达到抽吸真空或压送气体的目的。

液环真空泵（图 5-5-28）的叶轮与泵体呈偏心位置，两端由侧盖封住，侧盖端面上开有吸气和排气口，分别与泵的进、出口相通。

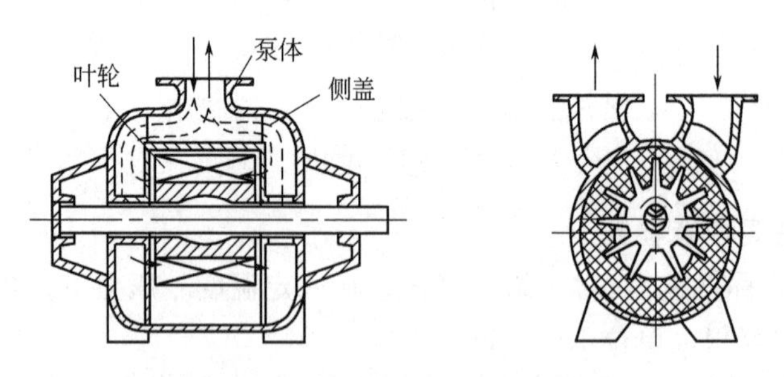

图 5-5-28 液环真空泵结构示意图

目前液环真空泵的最大气量为 $300m^3 \cdot min^{-1}$；单级泵的极限真空可达 4kPa（30mmHg），两极泵达 2kPa（15mmHg），与喷射器串联的达到 0.26～0.66kPa（2～5mmHg）。它主要用于真空蒸发、干燥和水泵引水等。

液环真空泵与气体喷射器串联组成的机组，喷射器连接在液环真空泵的进口，以大气或真空泵本身的排出气体为工作气体，从喷嘴高速射出而将被抽气体带走，使被抽系统达到较高的真空。当真空泵的真空度为 8～4kPa（60～30mmHg）时，使喷射器开始工作较为理想。它广泛用于真空干燥、真空除气、真空脱水及化工、制药等。

(3) 射流真空泵 射流真空泵亦称喷射真空泵，是利用通过喷嘴的高速射流来抽除容器中的气体，以获得真空的设备。

射流真空泵一般由喷嘴、喉管和扩散管等部件组成，见图 5-5-29。

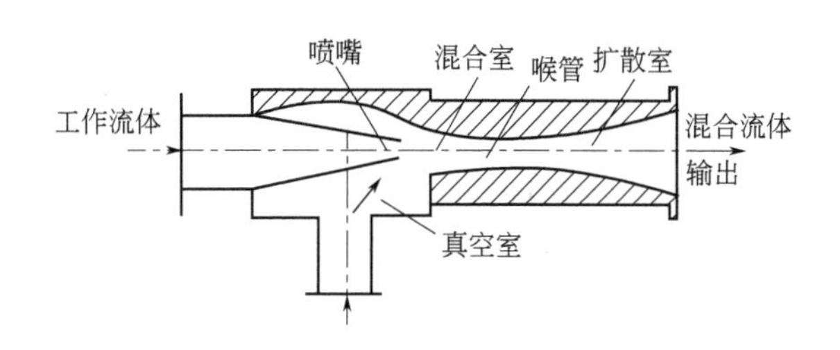

图 5-5-29 射流真空泵结构示意图

射流真空泵的工作流体可以是气体（空气或蒸汽）或液体（水或油）。按工作流体分为：油扩散泵、油增压泵、蒸汽喷射泵、空气喷射泵、水喷射泵以及水抽蒸汽泵、汽水串联喷射泵。

射流真空泵内没有运动部件，因此结构简单，工作可靠，安装、维修方便，密封性好。适用于高温、高压、高真空、强腐蚀性、剧毒和放射性场合，如真空蒸发、真空干燥、真空制冷、真空蒸馏，还可提升酸、碱或含有磨料的悬浮液，也适于强辐射的特殊环境。

射流真空泵除了输送流体外，还发生工作流体与被输送流体的混合，因此可兼作混合反应设备，便于综合利用。还可利用带压的废水、废气、尾气等作工作流体，成为综合利用的节能装置。

(4) 其他类型真空泵 分子筛吸附泵、分子泵、钛升华泵、回旋泵、溅射离子泵和冷凝泵等都是真空泵。这些泵的原理和结构与容积式真空泵、射流真空泵完全不同。它们大多数用来获得超高真空、极高真空和要求没有油、蒸气污染的真空系统。

分子筛吸附泵是在泵体内装填分子筛吸气剂，于液氮温度下吸附气体而获得真空的真空泵。根据液氮冷却方式的不同，分为内冷式分子筛吸附泵和外冷式分子筛吸附泵两种。

分子泵是利用叶片高速旋转（线速度 $150\sim380m\cdot s^{-1}$）把与叶片相碰撞的气体驱向泵的排气口来获得真空的真空泵。分子泵结构多数采用轴流式，与轴流式压缩机结构相似。

钛升华泵是一种吸气剂泵。这种泵是将钛金属加热，使其升华到冷表面上，形成一层层钛膜来吸附气体而达到抽气目的的。

5.3.6 化工特殊用泵

化工生产中液体种类繁多，其性质千差万别。被输送的液体可能具有强烈的腐蚀性和反应性，如酸、碱、盐等；或者易挥发、易燃、易爆、有毒、溶解能力很强；也有的浓稠、黏滞、含有悬浮固体（粒状、块状或纤维状）等。而泵的使用条件往往十分苛刻，温度有可能低于气体的液化点或者高达数百度，压力可高达 210MPa。

化工特殊用泵是随着科学技术和化工生产的发展，在一般通用泵的基础上发展起来的。因此，它具有通用泵所共有的主要性能，只是在使用材料、具体结构上有所不同，别具一格。

(1) 耐腐蚀泵 耐腐蚀泵应能经受住腐蚀性液体的作用，具有一定的使用寿命；同时，具有良好的密封性能。因此，除选材耐腐蚀外，还应有合适的型号和结构。

如离心式耐腐蚀泵。泵与腐蚀性介质接触的部件，选用高硅铸铁、不锈钢、硬铅、塑料、陶瓷、玻璃等耐腐蚀材料制造。

① 高硅铸铁泵

a. 无填料型高硅铸铁泵。采用内叶片结构进行液封。它靠适当调节泵的吸入侧压力来避免运转中的泄漏。

b. 填料型高硅铸铁泵。它用普通的压盖填料作密封。使用中应注意：压盖填料不能在干燥状态下运转，所以要调整内叶片的间隙，以免发生完全干运转。

高硅铸铁泵在化工中应用范围很广。被输送的液体中硫酸占多数，还有盐酸、硝酸、铬酸；对泥浆液体如氧化钛、氧化锰、谷氨酸等也适用；也适用于硫硝混酸、芒硝、硫酸铜、硫酸铝、硫铵母液等的输送。

② 不锈钢泵。叶轮有开式、闭式或带内叶片的开式叶轮；轴封用填料密封或机械密封，用滚珠轴承。

它用于强腐蚀性液体的输送，如稀硫酸、亚硫酸、硝酸、苛性钠等。

③ 钛泵。我国的钛泵有 TB 型和 BL 型两种系列型号。用填料、机械密封。

钛泵用于输送强腐蚀性介质，流量达 $400m^3 \cdot h^{-1}$，扬程 125m（1.226MPa）；输送液体温度为$-45 \sim 180$℃，出口压力不大于 1.6MPa。

④ 陶瓷泵。接触液体的部件用陶瓷制造，对氢氟酸和浓碱以外的其他液体都具有良好的耐腐蚀性能。它的耐热性比塑料泵好，能在$-15 \sim 100$℃工作，效率较高，安装维护方便，因此在化工、石油化工中广泛应用。

轴封采用单端面、单弹簧、外装式、静止型机械密封。动环由特殊陶瓷制造，静环用不透性石墨。叶轮用层压酚醛树脂或钛材。

陶瓷泵的材质较脆，搬运要轻起轻放；安装基础要平整；要防止泵骤热和冰冻，不允许有高于 50℃温差的冷热突变，以防爆裂，造成事故。

⑤ 石墨泵。泵中接触液体介质的过流部件用不透性浸渍石墨和压型石墨制造，即以石墨坯材经热固性树脂浸渍，或以树脂为粘接剂，将石墨粉用模具压制成型。

石墨叶轮为半开式的(也有闭式的)，叶轮与泵轴、轴套用耐酸胶泥粘接在一起。

轴封用单端面、外装式、旋转型机械密封。

石墨泵耐腐蚀性很强，除硝酸、次氯酸、铬酸、95%以上的硫酸外，适用多种腐蚀性液体，特别是盐酸和氢氟酸，具有其他材料不可比拟的耐腐蚀性能。

石墨泵耐热冲击，但机械强度差，搬运时切忌振动和撞击。

泵启动前应先灌泵，开端面密封冷却水，运行中水不得中断，以保证密封的良好工作。

⑥ 塑料泵。塑料泵的类型较多，除离心泵外，还有旋涡泵、往复泵、旋转泵和水喷射泵。

塑料泵制造方便、耐腐蚀性好、成本低廉。

中小型塑料泵一般采用硬聚氯乙烯、聚丙烯、氯化聚醚、氟塑料、聚苯硫醚、玻璃钢和耐酸石棉酚醛塑料制造。大型泵则多为塑料衬里的结构型式。

a. 硬聚氯乙烯泵。它的使用温度为 $0 \sim 40$℃。适于输送 40%液碱、50%硫酸、40%硝酸、25%氨水和 80%乙酸。

b. 聚三氟氯乙烯离心泵。用于大多数有机介质以及温度不高于 100℃的任意浓度的无机酸、碱、盐溶液的输送，特别是能输送氢氟酸。

c. 氯化聚醚泵。是单吸单级离心泵，使用温度 0～110℃。除发烟硫酸、发烟硝酸外，可耐绝大部分任何浓度的酸、碱、盐溶液。

⑦ 玻璃钢离心泵。它的流量范围 1～110$m^3 \cdot h^{-1}$，扬程 8～121m（0.0785～1.187MPa）。使用的玻璃钢有：环氧玻璃钢、聚乙烯醇缩丁醛改性酚醛玻璃钢、酚醛玻璃钢、环氧-酚醛玻璃钢、环氧-聚酯玻璃钢以及聚酯玻璃钢。

⑧ 耐酸石棉酚醛离心泵。液体过流部分用耐酸石棉酚醛塑料制成。轴封采用填料函密封；叶轮轮盘背面设有六个径向背叶片，以降低填料函压力，在运转中即使填料压得很松，也不会产生泄漏。可用于任意浓度的盐酸、乙酸、柠檬酸、磷酸、50%硫酸及上述各酸的盐等。因泵在运转中，填料处于负压，难免吸入空气，因此它不适于输送不宜混入空气的介质。

⑨ 玻璃泵。叶轮、泵壳等与液体接触的过流部分用硬质化学仪器玻璃制造。泵的耐腐蚀性好，且膨胀系数小，耐热性好。

泵叶轮为半开式，用树脂胶合在叶轮轴（从动轴）上。叶轮轴以顺时针方向旋进主轴套筒。主轴套筒用锥端紧固螺钉固定于电机轴上。轴封采用单端面、单弹簧、外装式、旋转型机械密封，能自动润滑，密封性好。端面密封以泵体自身作静环，动环用石墨材料，静密封圈用氯丁橡胶。

BKZ 型玻璃泵能输送温度低于 100℃任何浓度的盐酸、硝酸，温度低于 30℃、浓度低于 60%的硫酸，温度低于 50℃、浓度低于 40%的氢氧化钠和氢氧化钾，有机溶剂等。

玻璃泵启动前务必先灌泵，不得在泵内无液体的情况下空转，否则端面密封会激烈发热而引起玻璃爆裂。当输送液体温度超过气温 60℃，启动前应先用温热液体将泵预热（暖泵）。

⑩ 搪玻璃泵。FT 型耐酸搪玻璃泵是单级、单吸、悬臂式离心泵。接触介质的过流部分用搪玻璃，叶轮用工程塑料——氯化聚醚，经注射成型，用于强腐蚀性介质，应用聚全氟乙丙烯热压成型。轴封用波纹管机械密封。

搪玻璃泵用于输送不含有颗粒及结晶的腐蚀性介质，如浓度为 20%的盐酸、硫酸、硝酸、磷酸、草酸、铬酸、甲酸、乙酸、氢溴酸、乳酸、碳酸钠、磷酸三钠、三氯化铝等。

⑪ 橡胶衬里泵。橡胶是耐化学腐蚀性较好的材料，并能牢固地附着在金属的表面上，耐磨性强，抗冲击性能也好，用于输送混入固体颗粒的液体和腐蚀性液体。

（2）拉波泵 是一种自吸式离心泵，材质多数用铸铁，叶轮用 Cr18Ni9 或铸铁。多用于输送硫酸。

拉波泵的结构特点是：

① 泵盖前有一较大的储液筒，也叫过滤器。筒内有支脚，并可放置筛子，以滤去液体中的杂质。液体中允许夹带少量悬浮颗粒。过滤器底部设有放酸孔。

② 泵体上部有两条通道，一条出液道，一条回流道。回流道供自吸过程时回流循环液体用，正常工作时也输出液体。

③ 泵体上方设有一个横卧的筒体，叫分气器。器底有两个孔口，分别与泵体上的出液道、回流道对接。器内设一隔板，竖在两个孔口之间，其高度约为分气器直径的 2/3。

④ 叶轮为开式，8 枚叶片。

⑤ 轴封采用软填料密封，在主填料压盖上有填料函，构成双道密封，在两道密封填料之间加润滑脂。填料用耐酸石棉软填料。

⑥ 泵的进口高于泵体，在第一次灌泵后，叶轮始终浸没在储液筒的酸液中。

(3) 计量泵 计量泵能实现流量调节、精确计量和将多种液体按不同比例混合输送的目的。

计量泵的计量精度高，有的已达到0.3%，其流量范围为0.01～7000L·h^{-1}。

计量泵有：柱塞泵、隔膜泵和管式蠕动泵。

一般柱塞泵是靠曲柄轴的回转，使柱塞作往复运动，通过吸入阀和排出阀而压送液体。通过改变柱塞冲程来调节泵的排液量达到计量的目的。

隔膜泵是通过隔膜位移来控制泵室容积的变化，将被处理的液体完全隔离在隔膜头中。隔膜基本上是借柱塞泵给予油路中的压力脉动而作往复运动。有时还可用压缩空气作为脉动来推动隔膜；或用电磁振动器来驱动隔膜。

按作用原理，柱塞式和隔膜式计量泵属于容积式往复泵之列。由于往复运动的特点，排液量常出现较大脉动，造成吸液管路中的惯性阻力增大，以致产生汽蚀；有时还会出现过流量等不良现象。这些缺点可通过并联使用，如双缸泵、双列单缸泵、三缸泵、三列单缸泵等，或加脉动缓冲器等措施而得到改善。

多缸泵可以实现两种以上的化学介质按准确的比例输送和混合。

特殊场合应用的计量泵还有：真空抽吸计量泵、气动计量泵、微量计量泵、高黏度计量泵。

柱塞计量泵一般由四部分组成：泵头（或称液力端）、传动机构（或称动力端）、流量调节机构和驱动机。

泵头由于输送介质的特殊要求，如介质的性质、温度、压力和输送条件等，在结构上有很大的差异。常用的有：具有双球阀的柱塞泵头、具有单球阀的柱塞泵头、高黏度液体用的柱塞泵头、具有可装拆阀的柱塞泵头、具有翼阀的柱塞泵头。

不同类型的柱塞式泵头，采用的泵体一般是可以互换的。通常用的泵阀有单球阀、双球阀、锥形阀或圆盘阀。输送气体时多采用圆盘阀；柱塞直径小于52mm的柱塞式泵头用球阀；而柱塞直径超过52mm的柱塞式泵头采用锥形阀。

柱塞式泵头的结构材料，通常是根据计量液体的性质、温度、压力以及输送条件，选用铸铁、铸钢、耐酸不锈钢、合金钢以及塑料等。输送强腐蚀性液体时，可采用如镍、钛、玻璃和聚四氟乙烯等特殊材料以及衬里泵头等。

计量泵的流量调节机构主要有：冲程长度调节、速度调节以及冲程与速度调节相结合的三种调节方式。

冲程长度调节机构又有停车手动调节、运转中手动调节和自动调节三种型式。

停车或运转中的手动调节分别为：直接调节、空程调节或楔形曲轴调节、N形曲轴调节。运行中的自动调节又有气动冲程调节和电动冲程调节两种型式。

计量泵的应用十分广泛，系列化、标准化、通用化的程度比较高。目前，单缸柱塞泵的最低排量为0.00644L·h^{-1}，最高已达67800L·h^{-1}，最大排压50MPa，温度为－180～500℃，计量精度最高达±0.3%，一般为±1%。

隔膜式计量泵应用于要求绝对无泄漏的场合，如输送剧毒、易爆、易燃、贵重、放射性的以及有强刺激性的计量液体。

隔膜式泵头依据其传动装置的型式及排液元件的不同则有：机械传动隔膜式泵头、液压传动隔膜式泵头（图5-5-30）、双隔膜式泵头、波纹管式泵头和脉动器泵头。

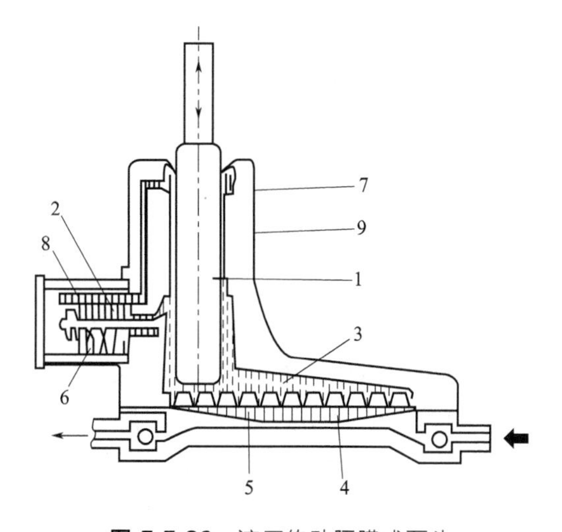

图 5-5-30 液压传动隔膜式泵头

1—柱塞；2—排放阀；3—液压室；4—隔膜；5—限制板；6—给油室；
7—液压密封室；8—旁路管；9—柱塞填料

双隔膜式泵头适用于计量有强黏附性的泥浆、高黏度介质、无毒药品、能与液压介质起强烈反应的液体以及隔膜损坏时将会导致危险的场合。这种泵头有一个用来隔离输送介质的排液隔膜，一个用来隔离液压介质的传动隔膜，以及一个中间泵头。

在双隔膜泵中，广泛采用软水作为中间介质，其他还有乙醇、芳香烃和脂肪烃。为发出隔膜破裂信号，采用一个电极和一个电桥，以测量两隔膜的中间介质的电导率或介电常数的变化。

波纹管式泵头仅用于排压低的场合，特别适用于真空、高温或低温介质的输送。

波纹管通常采用聚四氟乙烯，其最高使用温度为100℃。当使用温度更高或为了特殊的密封性、耐腐蚀性的需要时，推荐采用金属波纹管（Cr-Ni-Mo）。

脉动器泵头用于输送计量易燃流体、沸腾的硫酸、氟化烃等难以处理的液体。图 5-5-31

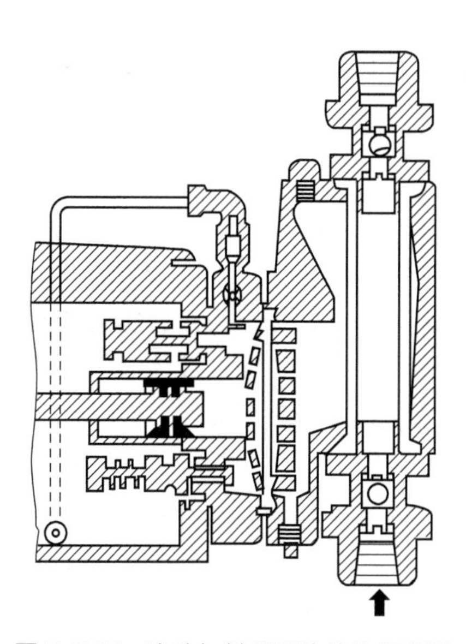

图 5-5-31 脉动加料器泵头结构示意图

为脉动加料器泵头。

脉动器有两层：内层材料一般采用丁腈橡胶；外层材料可用氯丁橡胶、丁钠橡胶、氟基橡胶。

(4) 低温泵和高温泵

① 低温泵。低温泵是在化工、石油化工装置中用来输送液态烃、液化天然气、液态氧、液态氮等液化气体的特殊泵。

低温泵的结构特点如下：

a. 低温泵多数采用立式结构，易于保冷和提高有效汽蚀余量，有利于排气。

b. 泵的总体结构力求对称布置，以便在冷态下能均匀变形。

c. 轴封有填料密封和机械密封。填料密封采用双层填料，在两层之间设一密封腔，从外界通入一种气体（如氮气），以密封液化气。机械密封多采用波纹管型单端面机械密封或双端面机械密封。双端面机械密封在密封室和泵体之间设有缓冲室，可起隔冷作用，同时使密封液压力适应排液压力的变化，为此一般配备衡压器、隔热槽等附属设备。

d. 轴承一般用滚珠轴承，下轴承为导向轴承，浸没在工作介质中运转，并用工作介质进行润滑。为防止由于摩擦发热而引起液化气体气化破坏润滑作用，必须使用润滑性好的材料，如聚四氟乙烯、石墨、耐蚀镍合金等。同时，轴颈应进行表面氮化处理或堆焊硬质合金。

② 高温泵。高温泵输送的液体有：工艺介质和热媒介质。工艺介质不仅温度高，还往往伴随着高压或含有反应生成物等。石化工业中使用的热媒介质有：有机溶剂、熔融盐（最高温度达500℃）、熔融金属（熔融铅温度300～900℃，熔融钠温度450～650℃）等。

为适应高温的要求，泵的转子和泵壳应采用热膨胀系数相近的材料；叶轮、机械密封对泵壳来讲，在装配时应处于相对的同一位置。泵结构应尽可能对称，泵的支承应满足高温时热膨胀的可能。

(5) 酸蛋 酸蛋是一个密闭容器，以容器内液面上的压缩气体的压力来压送液体。

酸蛋的操作步骤是：先打开放空阀，再打开进料阀，待液体灌到一定高度时，关闭进料阀和放空阀，然后打开压缩气体进气阀，进行压送。它还可用来抽吸。

酸蛋结构简单，可用耐腐蚀材料制作或衬里，用来输送强腐蚀的酸液和碱液，也可用来输送肮脏或含有悬浮物的液体。

5.4 无密封离心泵

无密封离心泵，也称无泄漏离心泵，可分为磁力驱动离心泵（以下简称磁力泵）和屏蔽泵，它们在结构上只有静密封而无动密封，输送液体时能保证一滴不漏。随着环境保护要求的不断提高，无密封离心泵的应用也越来越广泛。

5.4.1 磁力泵

5.4.1.1 磁力泵的工作原理

磁力传动是利用磁体能吸引铁磁物质以及磁体或磁场之间有磁力作用的特性，而非铁磁物质不影响或很少影响磁力的大小，因此可以无接触地透过非磁导体（隔离套）进行动力传输。

磁力传动可分为同步或异步设计。大多数磁力泵采用同步设计，如图 5-5-32 所示。电动机通过外部联轴器和外磁钢连在一起，叶轮和内磁钢连在一起。在外磁钢和内磁钢之间设有全密封的隔离套，将内、外磁钢完全隔开，使内磁钢处于介质之中，电机的转轴通过磁钢间磁极的吸力直接带动叶轮同步转动。

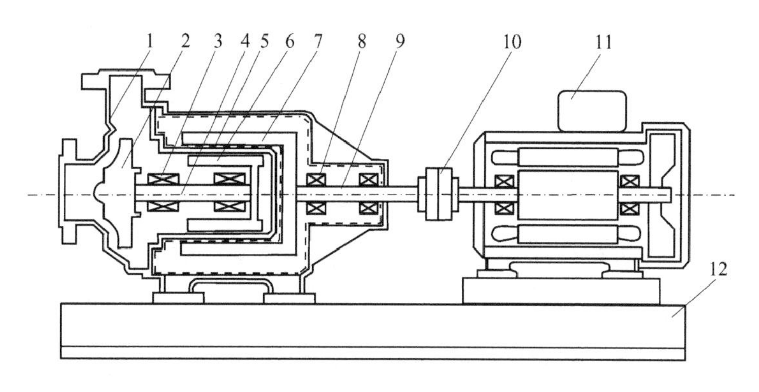

图 5-5-32 磁力泵结构示意图[3]

1—泵体；2—叶轮；3—滑动轴承；4—泵内轴；5—隔离套；
6—内磁钢；7—外磁钢；8—滚动轴承；9—泵外轴；
10—联轴器；11—电机；12—底座

异步设计磁性传动，也称转矩环磁性传动，用笼型结构的转矩环来取代内磁钢，转矩环类似于异步电动机的转子，在外磁钢产生的旋转磁场中产生感应电动势和感应磁场，从而以略低的速度转动。由于内磁钢中无永磁铁，因此其使用温度要高于同步驱动的磁力传动。

5.4.1.2 磁力泵的结构

(1) 磁力耦合器 磁力传动由磁力耦合器来完成。磁力耦合器主要包括内磁钢、外磁钢及隔离套等零部件，是磁力泵的核心部件。磁力耦合器的结构、磁路设计及其各零部件的材料关系磁力泵的可靠性、磁传动效率及寿命。磁力耦合器在规定的环境条件下适用于户外启动和连续操作，不应出现脱耦和退磁现象。

① 内、外磁钢。内磁钢应用黏合剂牢固地固定在导环上，并用包套将内磁钢和介质隔离。包套最小厚度应为 0.4mm，其材料应选用非磁性的材料，并适用于输送的介质。

外磁钢也应用黏合剂牢固地固定在外磁钢导环上。为防止大气腐蚀、事故工况下外磁钢对隔离套的破坏和可能产生的碰撞火花，以及防止装配时外磁钢的损坏，外磁钢内表面最好也应覆以包套，且包套应为不产生火花的材料。

同步磁力耦合器应选用钐钴、铷铁硼等稀土型磁性材料；转矩环传动器可选用钐钴、铷铁硼等稀土型磁性材料，为适应高温条件，也可以采用铝镍钴磁性材料。铷铁硼的磁能积高于钐钴，缺点是使用温度仅为 120℃，且磁稳定性相对较差。钐钴的磁传动效率和磁能积高，并具有极强的抗退磁能力。用于磁力泵的钐钴通常有两种：钐钴 1.5 级 Sm_1Co_5 和 2.17 级 Sm_2Co_{17}。钐钴 1.5 级含钐 35%、钴 65%，最高使用温度 250℃，居里温度 523℃；钐钴 2.17 级含钐 25%，钴 50%，钛、铁等 25%，其最高使用温度达 350℃，居里温度 750℃。详见图 5-5-33。

② 隔离套。隔离套也称隔离罩或密封套，位于内、外磁钢之间，将内、外磁钢完全隔开，介质封闭在隔离套内。隔离套的厚度与工作压力和使用温度有关，太厚，则增加内、外磁钢的间隙尺寸，降低磁传动转矩，并增大了隔离套内的涡流损失，从而影响磁传动效率；

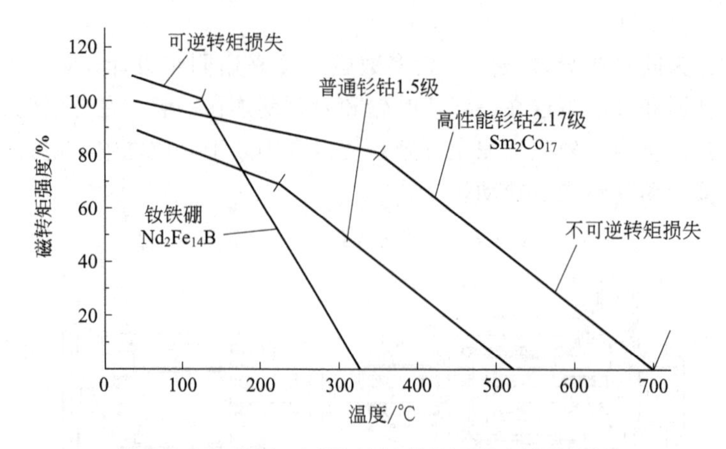

图 5-5-33 温度对磁性材料磁转矩强度的影响[3]

太薄，则影响强度和刚度。

隔离套有金属和非金属两种，金属隔离套存在涡流损失，非金属隔离套无涡流损失。金属隔离套应选用高电阻率的材料，如用哈氏合金、钛合金等，也可选用奥氏体不锈钢，其厚度一般为 1.0～1.2mm。对于小功率的磁力泵，且使用温度较低时，其隔离套也可考虑采用非金属材料，如塑料或陶瓷等。

(2) 滑动轴承 碳化硅陶瓷磁力泵一般采用碳化硅陶瓷轴承。为防止碳化硅中含游离硅，从而降低其耐腐蚀性能，一般要求采用无压烧结的 α 相碳化硅。碳化硅滑动轴承，承载能力高，且具有极强的耐冲蚀、耐化学腐蚀、耐磨损性能和良好的耐热性，使用温度可达 500℃以上。碳化硅滑动轴承的使用寿命一般可达 3 年以上。

碳化硅轴承通常镶装在金属零件上。由于碳化硅热胀系数大大小于一般金属材料，因此在输送高温或低温介质时，应采用特殊的镶装结构（如金属波纹垫）或采用特殊的金属材料（如钛合金）等。

石墨具有较好的自润滑性能，可经受短时间的干运行，使用温度可达 450℃，缺点是耐磨性能较差。石墨滑动轴承的使用寿命一般可达 1 年以上。

(3) 泵保护系统 为提高使用寿命和运转的安全性，磁力泵可以提供以下一种或数种安全保护装置。

① 轴承状态监测器。如果用户需要，一些国际知名厂商可配置非接触式的轴承状态监测器，用于防止轴承磨损失效、联轴器的脱耦、转子卡住及功率系统故障等。

② 电机功率监控器。电机功率监控器通过监测电机功率，来避免发生低流量或干运转。

③ 温度探头。用温度探头（RTD）来监测隔离套的温度，以反映泵在操作中状态的变化。可防止泵的干运转、内外轴承磨损、严重汽蚀、闷泵、泵卡住以及系统过热等。

④ 差压开关。用差压开关来监测泵出口的压力变化，可防止泵的干运转、严重汽蚀、闷泵、泵卡住等。尤其适用于容器卸空或槽车卸载等。

⑤ 第二层保护

a. 承压密闭的磁耦合箱体。隔离套外为磁耦合箱体，如图 5-5-32 的虚线部分。对于高系统压力下输送某些剧毒或易燃化学品时，该箱体应为承压密闭容器，其设计和试验压力值与泵的液力端相同；且泵外轴和磁耦合箱体之间应设节流衬套和机械密封（俗称二次密封）。API 685 推荐此种型式。

b. 双隔离套结构。当采用双隔离套结构时，其外隔离套的设计和试验压力值也应与泵的液力端相同。

⑥ 液体泄漏探头。对于采用第二层保护的磁力泵，应设置液体泄漏探头。对于承压密闭的磁耦合箱体结构的磁力泵，当隔离套破裂或由于其他原因有液体进入磁耦合箱体时，探头就会报警；对于双隔离套结构的磁力泵，当内隔离套破裂或由于其他原因有液体进入内外隔离套之间的腔体时，探头就会报警。

5.4.2 屏蔽泵

5.4.2.1 屏蔽泵的工作原理

屏蔽泵的泵头和电动机都被封闭在一个被泵送介质充满的压力容器内，此压力容器只有静密封。屏蔽泵的叶轮和电动机的转子固定在同一根轴上，利用屏蔽套将电动机的转子和定子隔开，转子在被输送的介质中运转，其动力通过定子磁场传递给转子，详见图 5-5-34。

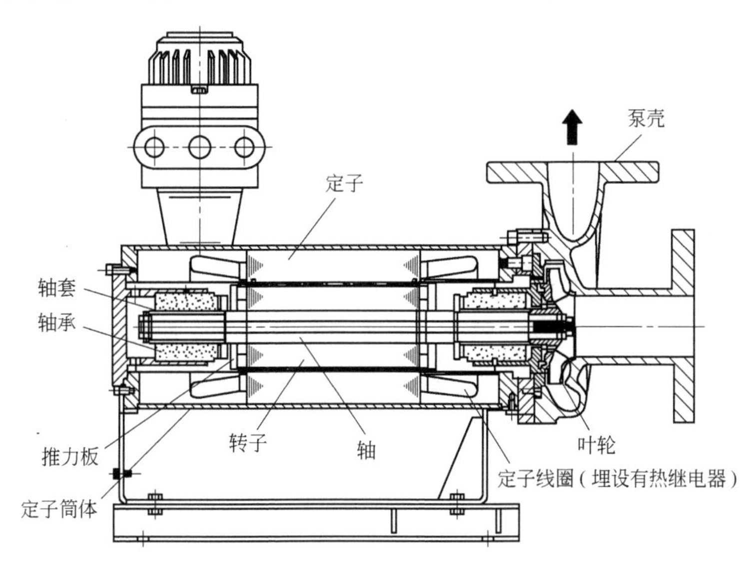

图 5-5-34 普通屏蔽泵结构示意图

被输送的介质从泵进口流入泵壳腔体内部，通过叶轮的旋转升压，大部分介质由泵的出口排出。而一部分介质被导入到电机内部，首先润滑前轴承，然后流经定子屏蔽套与转子屏蔽套的间隙，起冷却电机作用，再去润滑后轴承，最后从尾部进入转子轴的中心通孔回流到泵的入口。介质内部循环是利用泵的出口和入口的差压来实现的。

5.4.2.2 屏蔽泵的类型

根据被输送液体的温度、压力、有无颗粒和黏度高低等不同要求，屏蔽泵一般可分为普通型（基本型），反向环流型（逆循环型），高温型，高熔点型，自吸型，泥浆分离型以及专为船舶、核电站和吸收制冷装置用的各种类型屏蔽泵。

① 普通型（基本型）。主要用于输送汽化压力不高、温度不高、不含颗粒的介质。一般来说，输送介质温度不超过 150℃，基本型采用单级叶轮扬程能达到 220m。

② 反向环流型（逆循环型）。这种型式的屏蔽泵采用的是带副叶轮的高压内循环结构，适合输送易汽化的液体，有时也称为易汽化型，如图 5-5-35 所示。

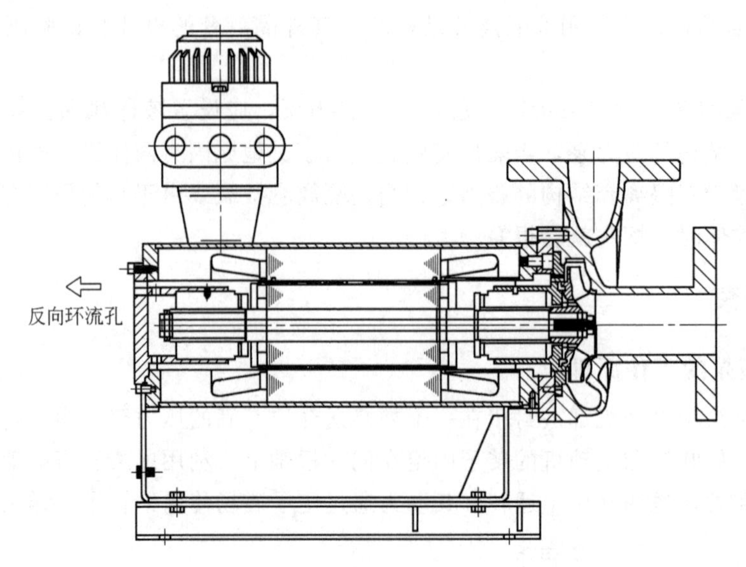

图 5-5-35 反向环流型屏蔽泵外形

介质从泵进口流入泵腔体内部，通过叶轮的旋转升压，大部分介质由泵排出口排出，而一部分介质被导入到电机内部，首先润滑前轴承，然后流经定子屏蔽套与转子屏蔽套的间隙，起冷却电机作用，再去润滑后轴承。与普通型屏蔽泵不同的是，这部分介质不回到泵进口，而是从尾部的反向环流孔流到进口储罐的气相区。

③ 高温型。可输送温度高达450℃的介质。高温型屏蔽泵一般应配有外冷却系统，同时采用隔热盘将电机部分与泵头部分隔开，如图 5-5-36 所示。即使被输送的介质温度高达450℃，在电机内部循环的介质温度也不会超过 100℃，采用普通绝缘等级的电机就可以了。

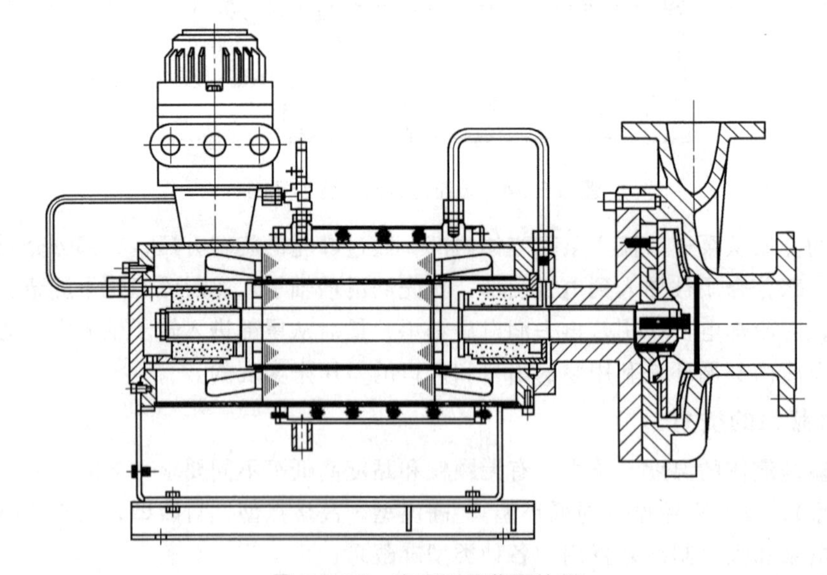

图 5-5-36 高温型屏蔽泵外形

当外部无法提供冷却液，且电机功率较小时，可考虑采用特殊的耐热线圈来适应高温工况，其使用温度一般在 400℃以下。

④ 高熔点型。在屏蔽泵的液力端和电动机侧均带有夹套，夹套中可通入蒸汽或一定温

度的液体防止高熔点液体产生结晶，如图 5-5-37 所示。如果屏蔽泵采用外部循环管，则外部循环管也应采用蒸汽或电伴热。

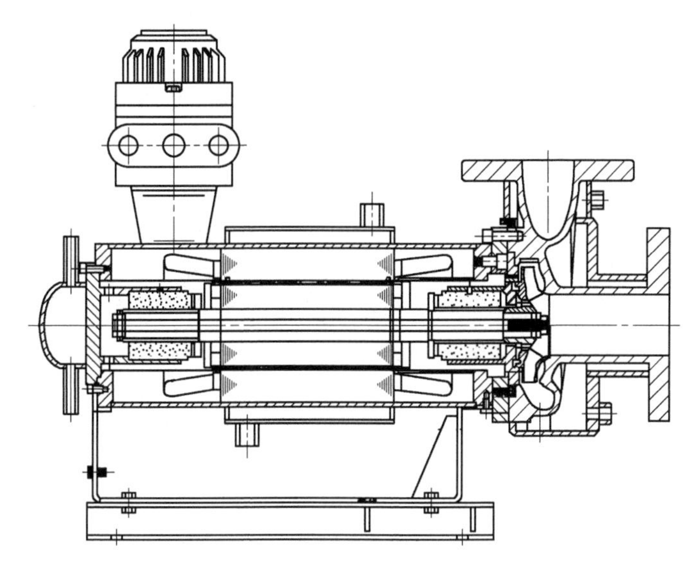

图 5-5-37 高熔点型屏蔽泵外形

⑤ 自吸型。自吸型屏蔽泵适用于从低于泵进口中心线的容器中抽取液体，在屏蔽泵停泵后再次启动时，不必灌泵，泵就可以工作，如图 5-5-38 所示。通常吸入的最大提升高度，即从液面至泵吸入口中心线的距离，最大可达 6～7m。

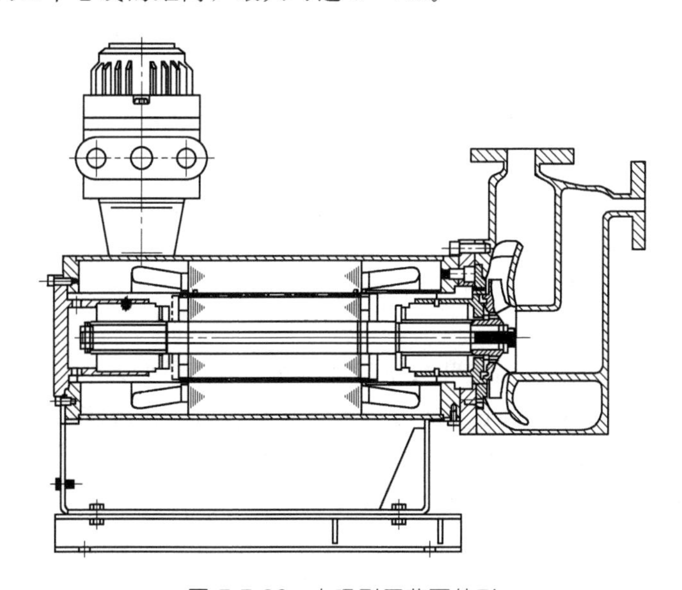

图 5-5-38 自吸型屏蔽泵外形

⑥ 泥浆分离型。用于含有悬浮颗粒的介质输送。泥浆型屏蔽泵在电机侧设置了外部冲洗孔，利用清洁的、适当的冲洗液，从冲洗孔注入电机，以达到冷却电机、润滑轴承的目的。同时为防止颗粒进入电机，会在电机和泵之间设置隔离环或机械密封。

5.4.2.3 屏蔽泵的结构

(1) 液力部件 屏蔽泵的液力部件可以采用与密封泵相同的型式。即可用密封泵的液力端与屏蔽电动机组合构成屏蔽泵，将一般离心泵的叶轮、蜗壳和进出口法兰的结构用在屏蔽泵上。

(2) 轴承 由于转子较长，屏蔽泵需设前后两个滑动轴承座。两个轴承要求精确对中。如果对中不佳，轴承很容易碎裂。

屏蔽泵的滑动轴承均采用液体润滑。为便于液体润滑，滑动轴承内壁以及与推力盘接触的端面一般开有导流槽，根据导流槽的分布形状，屏蔽泵的周长常开的导流槽有直槽、螺旋槽或同时开直槽和螺旋槽。

常见滑动轴承的材料有如下几种：

① 石墨。石墨材质相对较软，并且具有非常好的自润滑性。为了提高其耐磨性能，通常将石墨做浸渍处理，常见的有浸渍树脂和浸渍金属等型式。石墨滑动轴承与表面堆焊钨、铬、钴等硬质合金或等离子喷涂氮化硅一类硬质合金制成的轴套组成摩擦副，使用寿命可达1年以上。

② 碳化硅。碳化硅承载能力高、耐磨性强、硬度高，也是一种非常好的滑动轴承材料。如果使用情况良好，纯烧结α级碳化硅滑动轴承的寿命可达3年以上。

③ 填充聚四氟乙烯。在输送某些强腐蚀性的介质时，滑动轴承也可以选用聚四氟乙烯充碳素纤维、玻璃纤维等非金属材料。

④ 在某些特殊场合，也可以选择陶瓷或者金属作为屏蔽泵的轴承材料。

因为屏蔽泵的轴承不用润滑油润滑，所以它只能承受较小的径向载荷和轴向载荷。设计时，要采用各种办法减少轴承的负荷。减小径向力的方法通常有以下几种：

① 采用双蜗壳壳体。将泵的蜗壳做成带有2个错开180°的隔舌，将流体分成2个相等的部分，由于对称，将产生2个方向相反的径向推力，因而可以减小轴承所受的径向力。但是双蜗壳的结构给铸造、清砂带来很多困难，实际上较少采用。

② 采用圆形泵体。泵体产生的径向力在泵的关闭点（指泵的出口阀全关，流量为零时）与最高效率点之间的范围要比蜗壳型泵体小，特别是在最高效率点时，用来减小径向力的效果最好。但这种泵体水力性能比蜗壳型稍差。

③ 采用多流道泵体。从理论上讲，多流道泵体可使径向合力为零，使轴承不受径向力，实际上，由于制造误差、流道不完全对称等原因，径向力不容易做到完全消除。

减小轴向力的方法如下：

① 采用自动推力平衡装置通过叶轮轮盘背面固定的和可变的2种节流环在流体力的作用下，使叶轮前面和背面压力相平衡的方法来消除轴向力。在正常情况下，推力轴承不受力，只有在启动和意外情况下，止推盘才会与轴承止推面相接触。

② 采用背叶轮推力平衡机构在叶轮背面配有径向布置的叶片，也可大大减小轴向力。

③ 采用平衡盘结构。

以上各种办法各有优缺点，需要根据实践经验和泵的总体设计进行综合考虑和选择。

(3) 屏蔽套 屏蔽泵通常有2个屏蔽套，即定子屏蔽套和转子屏蔽套，用来防止工作介质侵入定子绕组和转子铁芯。由于屏蔽套的存在，使电动机定子和转子之间的间隙加大，同时在屏蔽套中还会产生涡流，增加了功率损耗，造成屏蔽电动机的性能下降。一般来说，屏蔽电动机和传统离心泵所用电动机相比，效率会低一些，大约在5%以内。

对于屏蔽泵，其屏蔽套应选用耐腐蚀性好、强度高的非导磁材料，为了减少因屏蔽套的存在引起的损耗，在设计时必须注意屏蔽电动机的内径要小，屏蔽套的厚度要薄，屏蔽套的材料应为非导磁材料。所以屏蔽电动机一般采用细长的结构，即铁芯长度和内径的比值比较大。屏蔽套材料选用耐腐蚀性好、强度高的非导磁材料，如奥氏体不锈钢、哈氏 B、哈氏 C、钛合金等。哈氏合金材料产生的涡流损失较小，定子屏蔽套优先选用哈氏合金，转子屏蔽套可选用哈氏合金或奥氏体不锈钢。

屏蔽套的厚度一般为 0.4～0.7mm，厚的屏蔽套可以提供较坚固的结构，但引起的能量损失也大，实际设计时，往往选用既有足够安全性又不致造成太大损失的折中方案。

5.4.2.4 屏蔽泵的安全监测和保护装置

为提高使用寿命和运转的安全性，屏蔽泵通常都设有下列保护装置。

(1) 轴承磨损监测器 轴承磨损监测器根据其检测原理通常分为机械式、机械电气式、电气式、电子式等型式。当屏蔽泵运转时，可以通过轴承磨损监测器随时监视轴承的运转情况，当轴承磨损较大时，就要停车检修或更换轴承，在运转时若发生轴承损坏，则立即停车。

机械式监测轴承磨损最为直接，可靠性高，但不可调，没有预警功能。其他型式的轴承监测，可实现现场显示，且可输出 4～20mA 信号以及报警开关信号。图 5-5-34 所示的普通型屏蔽泵所带的轴承磨损监测器即为电子式。

(2) 电流保护器 屏蔽泵在缺液情况下空运转时，会造成泵的损坏。当流量大幅度下降时，电流也会大大降低，此时电流保护器可以发出控制信号，通过用户的保护装置使泵停止运行，防止事故发生。同样，在负载过大时，电流增加较多，电流保护器也会动作，自动切断电流，使电动机停止运转，防止事故发生。

(3) 电动机过热保护 事先将温度传感器预埋在定子三相绕组内，实现超温报警，避免电动机绕组的工作温度超出其绝缘等级的要求，同时是对满足防爆性能中温度组别项的一个补充。

传感器主要分三种：热敏电阻（PTC)、热敏开关和热电阻（如 PT100)。前面两种价格低，使用比较广泛。

热敏开关和热敏电阻均为位式控制，报警温度不可调，而热电阻传感器通过配备相应的显示仪表可以实时监控电动机绕组的温度变化，它通常使用在重要泵位以及特殊绕组型式上。

除以上三种保护装置外，屏蔽泵还可以配置热交换能力监测器、液面监测器或在电动机内部装内压保护器等，以满足不同用途屏蔽泵安全保护的需要。

5.5 流体动密封

化工用泵的可靠性主要是密封问题。密封还直接关系到安全，以及能源和化工物品的节约。因此，重视泵的动密封技术就可以保证化工用泵安全可靠地长周期正常运转，保证化工装置连续地正常生产。

泵常用的流体动密封主要有：填料密封和机械密封。

5.5.1 填料密封

填料密封可用于各种运动形式，如静止、往复运动、旋转运动、螺旋运动等。它结构简单、成本低廉、拆装方便，因此，适应范围广，目前应用仍很普遍。

填料密封由于沿密封方向径向应力分布不合理，致使传统填料密封寿命较短。为解决这一问题，目前开发研制了几种新型填料密封结构，如嵌环式、阶梯式、自调式、反压式和高压填料密封结构。

新的密封填料相继问世，如碳纤维、氟纤维和膨胀石墨等，正取代传统的以石棉为主的填料[6]。

5.5.2 机械密封

机械密封亦称端面密封。目前化工用泵已普遍采用了机械密封。

机械密封应用范围很广，其使用条件已达到：温度－269～1000℃，压力 10^{-8} Pa（真空）～100MPa，最高转速 50000r·min^{-1}[7]。

机械密封的突出优点：密封性好，摩擦功率小，对轴不会磨损，使用期限长，能满足多种工况要求等。

(1) 机械密封的原理和结构 机械密封是一种旋转轴用动密封。它是靠弹性元件对静、动环端面摩擦副的预紧，使密封端面之间的交界（密封界面）形成一微小间隙。当有压介质通过此间隙时，形成极薄的液膜，造成阻力，以阻止介质泄漏。它的主要功用是将易泄漏的轴向密封改变为难泄漏的端面密封。

图 5-5-39 为一般机械密封结构。尽管各种机械密封结构在设计上有很大差别，但所有的机械密封结构都具有四种元件：动密封环、静密封环、弹簧加载装置和静密封元件。

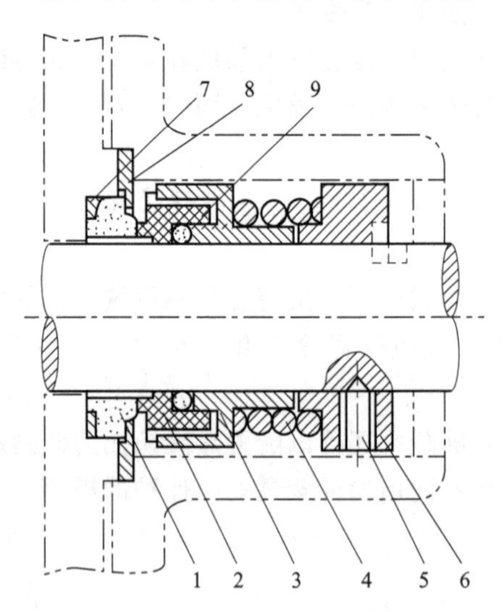

图 5-5-39 一般机械密封结构

1—静环；2—动环；3—推环；4—弹簧；5—弹簧座；6—紧定螺钉；
7—静环密封圈；8—压板；9—动环密封圈

① 动密封环（亦称动环）。它随泵轴一起旋转，并和静环紧密贴合组成密封面，以防止介质泄漏。它与静环作相对滑动，当密封面磨损以后，动环可以轴向移动，进行自动补偿，保持密封面的良好贴合。

② 静密封环（亦称静环）。安装在泵壳体上静止不动。它与动环配对组成密封面（亦称摩擦副），防止介质泄漏。

③ 静环密封圈。采用合成橡胶或聚四氟乙烯等材料制成的“O”形圈、V形圈、楔形环及其他形状的密封圈，以防止静环与压盖之间（或静环座之间）的泄漏，并使静环具有一定的浮动性和缓冲作用。

④ 动环密封圈。采用与静环密封圈相同的密封圈，防止介质从动环与轴之间的间隙中泄漏，并使动环具有一定的浮动性，保证动环与静环良好贴合，当密封面磨损后能使动环产生轴向移动。

⑤ 弹性元件。弹性元件主要起补偿、预紧及缓冲的作用，也是对密封端面产生合理比压的因素。弹性元件主要有弹簧、波纹管、隔膜等。通常采用圆柱螺旋弹簧，但也有采用圆锥弹簧和波形弹簧的。波纹管有橡胶波纹管、聚四氟乙烯波纹管和金属波纹管。

(2) 机械密封的结构型式　机械密封的设计和选择，对使用效果有决定作用，因为一种结构只能适应一定的工作条件。

机械密封结构型式的分类，主要是根据摩擦副的数量及其运动与静止，以及介质的泄漏方向等加以区别。

各种型式机械密封的结构及其特点和适用情况如下：

① 单端面、双端面和多端面机械密封（图5-5-40）。按摩擦副的对数分为单端面、双端面和多端面机械密封。

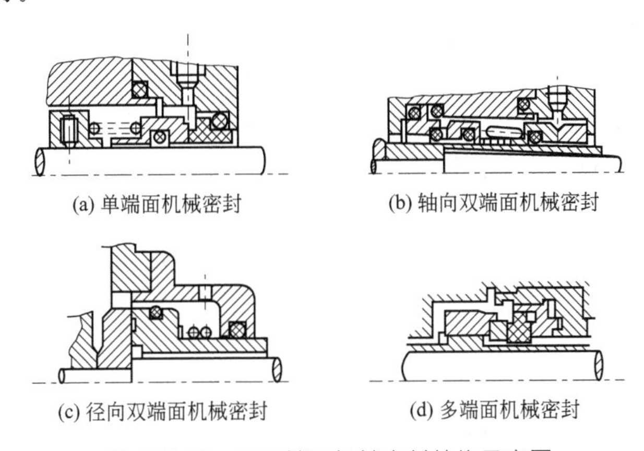

图5-5-40　不同端面机械密封结构示意图

a. 单端面机械密封。由一个动环和一个静环组成一对摩擦副。结构简单，安装方便，使用范围广。

b. 双端面机械密封。由两个动环和两个静环组成两对摩擦副，构成了阻止液体泄漏的双重密封，密封效果好。但结构较为复杂，工作时需要缓冲罐系统，以供运转时冷却、润滑密封摩擦面。所以它用在介质本身润滑性能较差，挥发性较大，且有毒、有悬浮物的液体和贵重液体，以及密封要求很高的场合。

c. 多端面机械密封。带中间环密封属于多端面机械密封，旋转的中间环密封用于高速下降低 pV 值；不旋转的中间环密封，用于高温和高压下减少力变形或热变形。

② 内装式和外装式机械密封（图5-5-41）。按静环装于密封端面的内侧或外侧，分为内装式机械密封和外装式机械密封。

a. 内装式机械密封。弹簧与密封介质接触，不适用于对弹簧有腐蚀性的介质；它利用密封箱内介质压力来密封，这样工作压力范围广。

b. 外装式机械密封。动环安装在密封箱外面，弹簧不与液体介质直接接触，不受介质

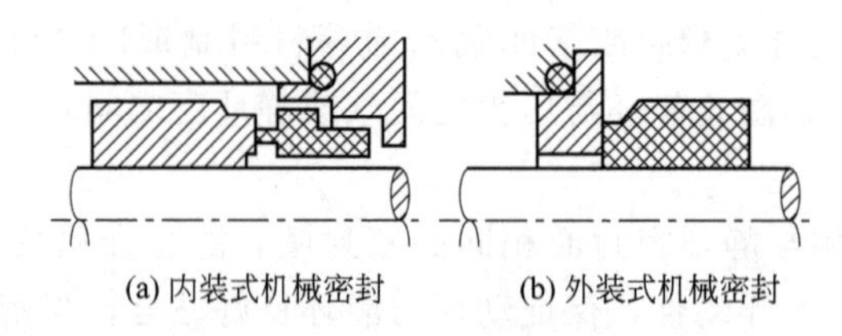

(a) 内装式机械密封 (b) 外装式机械密封

图 5-5-41 内、外装式机械密封示意图

腐蚀，检查与调节也方便。用于强腐蚀、高黏度和易结晶介质，压力较低的场合。

③ 非平衡式、部分平衡式和全平衡式机械密封（图 5-5-42）。平衡型式是依据作用于密封端面的流体压力为卸荷或不卸荷而区分的。

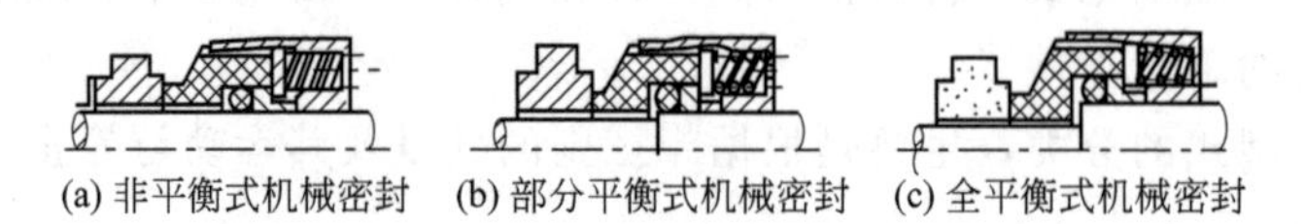

(a) 非平衡式机械密封 (b) 部分平衡式机械密封 (c) 全平衡式机械密封

图 5-5-42 不同平衡型式机械密封示意图

a. 非平衡式机械密封。密封比压随密封介质压力的升高成正比（或线性）增加，而密封端面上所受的作用力随介质压力的变化而有较大变化，只适用于低压密封。

b. 全平衡式机械密封。密封端面上所受的作用力随密封介质压力的升高而变化较小，并能消除一部分压力对摩擦副的作用。它适用于压力较高而压力波动又较大的场合。

c. 部分平衡式机械密封。它介于非平衡式和全平衡式之间。

④ 静止式与旋转式机械密封（图 5-5-43）

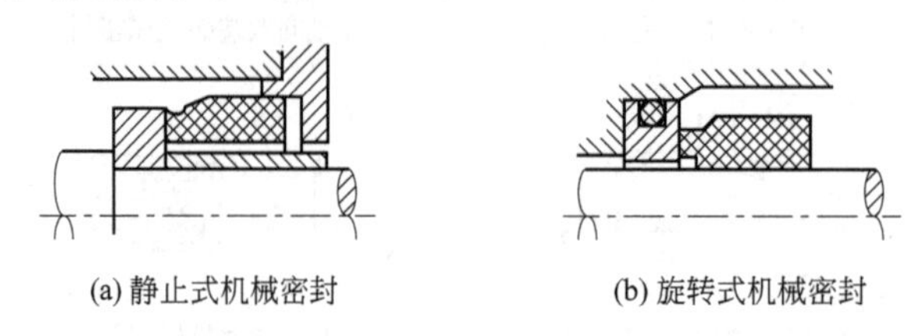

(a) 静止式机械密封 (b) 旋转式机械密封

图 5-5-43 静止式、旋转式机械密封示意图

a. 静止式机械密封。弹簧不随轴一起旋转，因此弹簧力不受离心力的影响，适用于高速泵的密封。

b. 旋转式机械密封。弹簧随轴旋转，弹簧力受离心力的影响，结构简单。

⑤ 内流式与外流式机械密封（图 5-5-44）

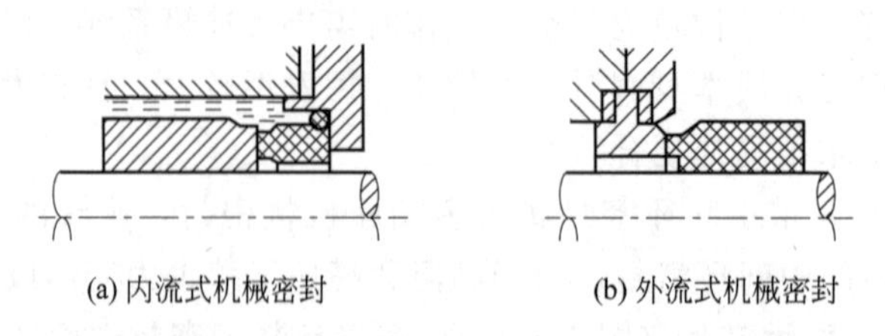

(a) 内流式机械密封 (b) 外流式机械密封

图 5-5-44 内流式、外流式机械密封示意图

a. 内流式机械密封。介质在密封端面上的泄漏方向与离心力方向相反，离心力阻碍着流体的泄漏，因而泄漏量小，适用于含有固体颗粒的介质，可以防止固体颗粒进入密封面。它常用于内装式机械密封中。

b. 外流式机械密封。被密封介质的泄漏方向与离心力方向相同，即介质沿半径方向从端面内周向外漏，泄漏量稍大，常用于外装式结构中。

⑥ 弹簧内置式机械密封、弹簧外置式机械密封（图 5-5-45）。弹簧设置在流体之内的为弹簧内置式机械密封，弹簧设置在流体之外的为弹簧外置式机械密封。

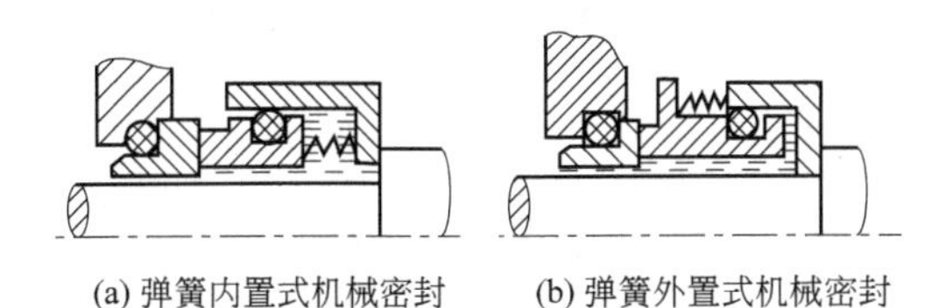

(a) 弹簧内置式机械密封　　(b) 弹簧外置式机械密封

图 5-5-45 弹簧内置式、外置式机械密封示意图

按补偿机械的弹簧数量又分为单弹簧式机械密封和多弹簧式机械密封。按补偿环离密封端面最远的背面处于流体的低压侧或高压侧又分为背面低压式机械密封、背面高压式机械密封。密封端面直接接触的称接触式机械密封，反之为非接触式机械密封。后者又可分为流体静压式和流体动压式机械密封。

(3) 机械密封的选择 机械密封的合理选型不仅决定使用寿命，而且还决定密封的成败。因此，要依据泵用机械密封的使用条件，如腐蚀性、压力、温度、周速和介质性质等，按有关标准合理地选用机械密封。

① 泵用机械密封型式的有关标准

a. 机械密封的型式、主要尺寸、材料和识别标志国家标准（GB/T 6556—2016）[8]

U 型：非平衡式单端面机械密封。

B 型：平衡式单端面机械密封。

UU 型：两端均为非平衡式双端面机械密封。

BB 型：两端均为平衡式双端面机械密封。

UB 型：一端为平衡式结构，另一端为非平衡式结构的机械密封。

b. 泵用机械密封行业标准（JB/T 1472—2011）

103 型：内装、单端面、单弹簧、非平衡型，并圈弹簧传动。

B103 型：内装、单端面、单弹簧、平衡型，并圈弹簧传动。

104 型：内装、单端面、单弹簧、非平衡型，套传动。

B104 型：内装、单端面、单弹簧、平衡型，套传动。

105 型：内装、单端面、多弹簧、非平衡型，螺钉传动。

B105 型：内装、单端面、多弹簧、平衡型，螺钉传动。

114 型：外装、单端面、单弹簧、过平衡型，拨叉传动。

② 泵用耐酸机械密封（图 5-5-46）

151 型：外装、外流、单端面、单弹簧、聚四氟乙烯波纹管型。

152 型：外装、外流、单端面、多弹簧、聚四氟乙烯波纹管型。

153 型：内装、内流、单端面、多弹簧、聚四氟乙烯波纹管型。

154 型：内装、内流、单端面、单弹簧、非平衡型。

耐酸泵用机械密封适用于温度为 0～80℃的酸性液体，转速≤3000r·min^{-1}，其中 153 型、154 型不适用于氢氟酸、发烟硝酸。151 型、152 型、153 型机械密封工作压力为 0～0.5MPa，154 型工作压力为 0～0.6MPa。151 型适用于轴颈 30～60mm，152 型适用于轴颈

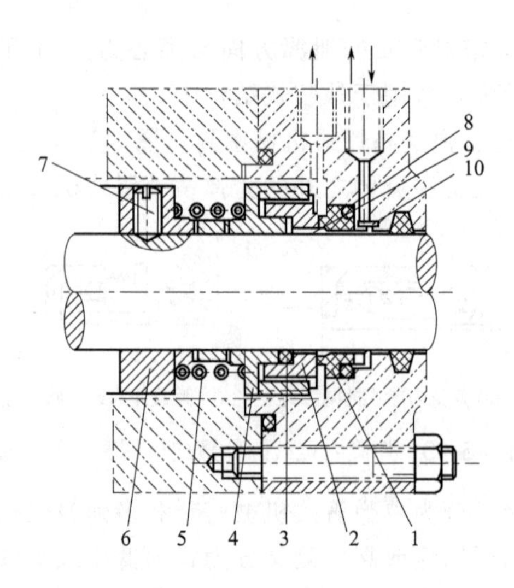

图 5-5-46 泵用耐酸机械密封

1—静环；2—动环；3—动环密封圈；4—推环；5—弹簧；6—弹簧座；
7—紧定螺钉；8—撑环；9—静环密封圈；10—防转销

30～70mm，153 型适用于轴颈 35～70mm，154 型适用于轴颈 35～70mm。

③ 耐碱机械密封

167 型（I105 型）：双端面、多弹簧、非平衡型。

168 型：外装、单端面、单弹簧、聚四氟乙烯波纹管式。

169 型：外装、单端面、多弹簧、聚四氟乙烯波纹管式。

耐碱泵用机械密封适用于温度＜130℃、压力 0～0.5MPa、浓度＜42%、含固相颗粒10%～20%的碱性液体，转速≤3000r·min^{-1}。其中，167 型适用于轴颈 28～85mm，168 型适用于轴颈 30～45mm，169 型适用于轴颈 30～60mm。

④ 依据使用条件选择机械密封

a. 腐蚀性。弱腐蚀介质一般选用内装式机械密封；强腐蚀介质应选用外装式机械密封。

b. 工作压力。压力超过 1MPa 的密封应考虑消除变形的结构，如多端面密封等。当工作压力高于 3MPa 时，视为高压机械密封，应采用平衡型机械密封；超过 15MPa 时，可用多级密封；并逐级降压。通常，被密封介质润滑性好、压力在 0.7MPa 以下的可采用非平衡型机械密封；而黏度低、润滑性差的介质，在 0.2～0.3MPa 的压力下用平衡型机械密封。

c. 介质性质。易结晶、易凝固和黏度高的产品，应采用单个大弹簧结构。易燃、易爆和有毒性的介质，必须考虑双端面或多级密封，以保证绝对密封不漏，见图 5-5-47。

d. 介质温度。被密封介质温度在 80℃以下的用一般机械密封，高于 150℃的为高温机械密封；低于－20℃为低温机械密封。低温液态烃（如乙烷、乙烯、甲烷、烃类等密封温度为－103～－14℃）用深冷机械密封，常用双端面密封。这种密封装置与介质隔离，以防密封端面处于低温下密封圈失效或端面结冰加速磨损，因此泵与轴封之间设置了一个隔离室，使泵与介质密封隔离。采用带隔离室的双端面机械密封，以凝固点为－95℃的甲醇或体积比为1∶1的乙二醇作为密封液。

(4) 机械密封的冷却、冲洗、润滑和保温 从机械密封的工作原理可知，在动环与静环摩擦状态下的机械密封摩擦副端面上需要维持一层液膜，起到润滑作用。润滑能使摩擦副不

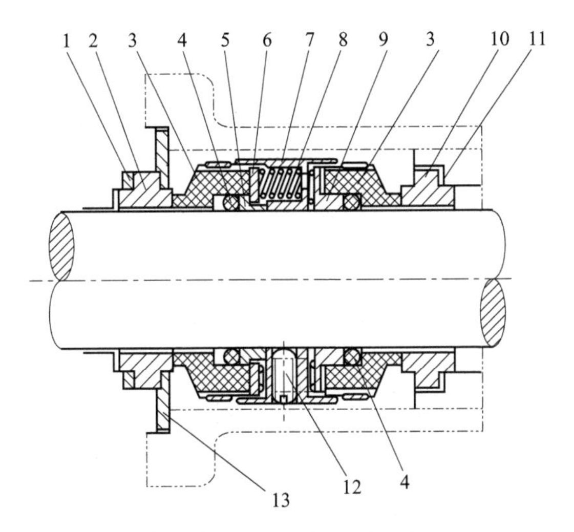

图 5-5-47 双端面机械密封

1—内端静密封圈；2—内端静环；3—动环；4—动环密封圈；5—内端推环；6—推板；7—传动座；8—弹簧；9—外端推环；10—外端静环；11—外端静环密封垫；12—紧固螺钉；13—压板

致过快磨损，并降低功耗和减少摩擦热，保证密封长久地工作而不发生泄漏。

机械密封端面由于互相摩擦会产生热量，使摩擦副温度升高。而温度的升高，又会使密封面间的润滑液黏度降低，液膜破坏，进而强烈磨损，造成恶性循环。为了消除摩擦热的影响，保证密封的正常工作，延长使用寿命，机械密封仍然要冷却和润滑。

如果介质中含有杂质、固体颗粒时，机械密封中应通入清洁的冲洗液进行冲洗，使污物颗粒不致聚于密封面上磨损密封面。

输送易燃、易爆、有毒介质时，采用的双端面机械密封的密封腔内，需要注入密封液，对密封介质起到“堵”和“封”的作用。

因低温而易引起液体固化或结晶的液体，则需要供热保暖，防止结晶、固化，以确保轴封正常运转。

上述诸项要求是相互关联的，如用冲洗液冲洗时，兼有冷却和润滑作用。对低黏性介质，如选用润滑性能良好的密封液时，能改善润滑条件。对易挥发液体或气体介质，密封液可使气体密封转化为液体密封，也有利于润滑；含有固体颗粒或腐蚀性液体，密封液能起到冲洗作用。

① 冲洗型冷却（图 5-5-48）。它是最简单的冷却冲洗法，由泵的出口或高压端引入输送介质，直接冲洗密封端面，随后流入泵腔内。密封腔内的液体不断循环更新，以达到带走摩擦热的作用。如输送介质中含有颗粒杂质等，可在循环液的入口处安装过滤器或另供入带压

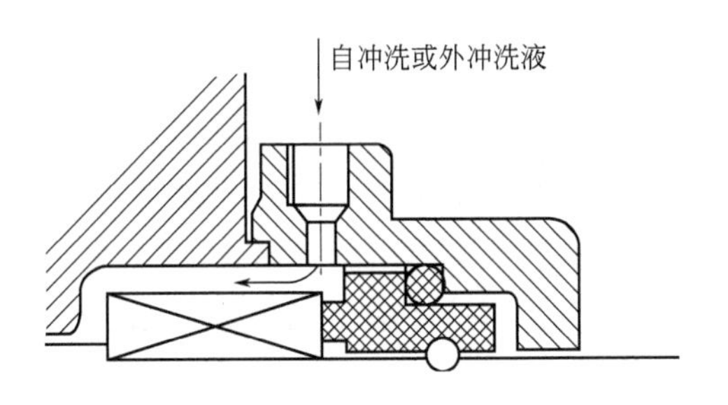

图 5-5-48 冲洗型冷却

的清洁的密封冷却液进行冲洗；如输送高温介质时，可以在自冲洗管路中加冷却器，输送液经冷却后再进入密封腔。

② 冲洗淬冷型冷却（图 5-5-49）。是冲洗、冷却联合型，特别适用于输送挥发、有毒、易结晶和高温易燃液体的密封冷却。

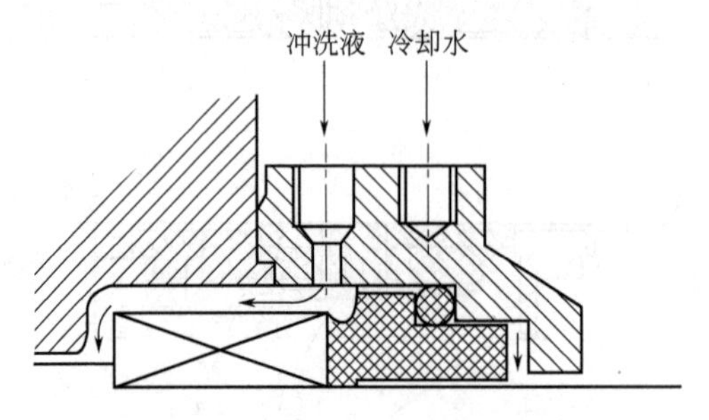

图 5-5-49 冲洗淬冷型冷却

此外，还有淬冷型冷却和具有泵效应的冷却。

③ 循环法冲洗（图 5-5-50）。借助于泵送叶轮使密封腔内介质进行循环，带走热量。此法适用于泵进口、出口压力差很小的场合。

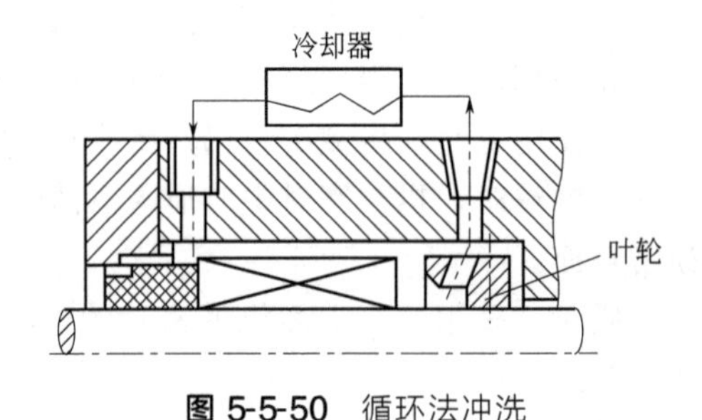

图 5-5-50 循环法冲洗

另外还有：自冲洗、反冲洗、贯穿冲洗、外冲洗以及局部循环法冲洗等。

以上方法均是利用压力差使介质流动而达到冲洗的目的。

5.6 化工用泵的选型

5.6.1 选型依据

泵的选型是根据化工生产对泵的要求，在泵的定型产品（机械产品样本或目录）中选择最合适的类型、型号、规格。化工特殊用泵需要用户（业主、设计院或工程公司）提出泵的性能、尺寸、结构等要求，由制造厂承制。

要做到化工用泵选型合理，除掌握常用泵和特殊泵的构造特点、工作机理、输送性能外，应综合全面考虑，分析比较所有影响因素，抓住关键问题，充分考虑适用、节能及安全原则，尽可能做到相对合理。

化工用泵的选型依据：生产工艺对液体输送量（流量）、装置对泵扬程的要求，以及液体物料性质、操作条件等。

(1) 流量 泵的样本和铭牌上给出的流量是体积流量 Q（$m^3 \cdot h^{-1}$，$L \cdot h^{-1}$），通常是用

清水试验得出的，某些容积式泵是用机械油试验得出的（如齿轮泵、螺杆泵等）。

选泵时通常以最大流量为依据，取正常流量的 1.1 倍。

(2) 扬程 装置系统所需扬程是在流程图确定之后，确定泵周围设备的压力关系、容器间的压差以及对应泵输送液体的管路损失，从而求出该泵的总扬程。

选泵用的扬程值应注意到最低吸入液面和最高送液高度，同时应留有余量，并取系统扬程的 1.05～1.1 倍，作为选型依据。

(3) 液体的性质 液体的性质包括液体介质的名称、物理性质和化学性质。物理性质是指液体的温度、重度、黏度、介质中固体颗粒的直径和含量以及气体的含量等，涉及装置系统扬程、有效汽蚀余量或允许吸上高度等的计算和合适的泵类型。化学性质是指介质的化学腐蚀性能、毒性及易燃、易爆等。它是考虑泵材料、轴封型式及泵类型选择的重要依据。

(4) 装置系统的管路布置条件 指的是泵送液高度、送液路程、送液走向、吸入侧的最低液面、排出侧的最高液面等，以及管道规格、材料、管件规格、数量等，以便进行系统扬程计算和汽蚀余量的校核。

(5) 操作条件 系指液体操作温度，饱和蒸气压，吸入侧容器压力（绝压），排出侧容器压力（绝压），大气压力，环境温度，间歇操作还是连续操作，泵的位置是固定的还是可移动的，还是经常移动的。

5.6.2 选型步骤

(1) 选择类型 每一类型泵只能适用于一定的性能范围和操作条件。依据泵的流量、扬程可粗略地确定泵的类型，见图 5-5-51。

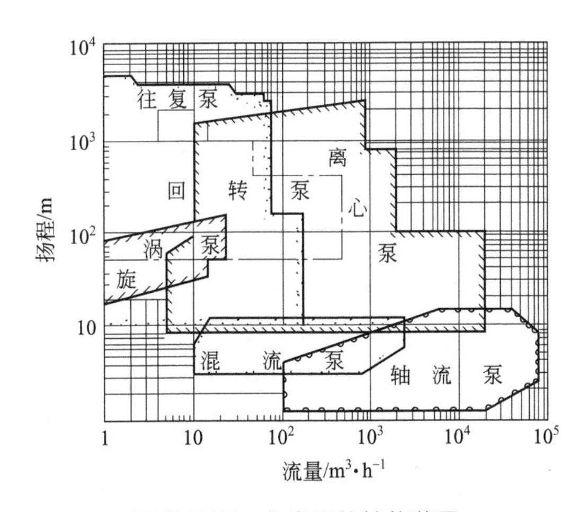

图 5-5-51 各类泵的性能范围

粗略确定泵类型时，还要结合液体的物理性质。一般讲，流量大、扬程低、液体黏度（输送温度下）小于 $650mm^2 \cdot s^{-1}$、液体中气体体积含量低于 5%、固体颗粒在 3%以下的，宜选用离心泵。

流量小、扬程高的选高速离心泵。

输送液体温度为－110～250℃，且含有悬浮颗粒的，宜选部分流泵。

输送介质中夹带气体大于 5%（体积分数），黏度小于 $20 \sim 35mm^2 \cdot s^{-1}$，且流量小、扬程不高、温度低于100℃的选用旋涡泵。

扬程高，流量不太大，输送介质黏度较高，润滑性又较差，且夹带气体体积含量>5%，允许流量有脉动，宜选往复泵。

流量较小，扬程较高，介质黏度大于1Pa•s，具有润滑性，选用转子泵。

介质黏度特别大的，应选用高黏度的齿轮泵、螺杆泵或往复泵等容积泵。

易燃、易爆的介质，宜选用蒸汽驱动的往复泵或电动机防爆的其他类型泵。

剧毒、有放射性物品或贵重介质的，宜选密封性很好的无密封泵如屏蔽泵或磁力泵。

泵启动频繁，经常移动位置，灌泵不方便的场合应选具有自吸能力的容积式泵、自吸离心泵或自吸旋涡泵。对吸入侧压力较低或介质处于气液平衡状态操作时，宜选用吸入性能良好的泵。

输送腐蚀性介质的应选耐腐蚀泵。

液体很脏，可采用酸蛋等空气扬液器。

操作中要求计量的，应选计量泵。

(2) 选择系列、规格、台数和材料 初步确定泵类型后，再选这一类型泵中的产品系列，然后确定泵的具体型号。

根据液体介质的性质确定是水泵、油泵、耐腐蚀泵、杂质泵，还是其他特殊泵。

根据流量大小选单吸泵，还是双吸泵。

根据扬程高低选单级泵，还是多级泵。

由操作温度和物理性质确定选一般泵，还是低温泵，或者是高温泵。

由液体化学性质和操作条件，选耐腐蚀泵、液下耐腐蚀泵或者屏蔽泵或磁力泵。

泵系列选定后，就可按最大流量和放大5%～10%裕量后的扬程在系列特性曲线（型谱图）上确定泵的具体型号。

细选泵的具体型号时，尚须考虑生产过程的工艺特点对泵的要求，如：

将液体输送到必须维持一定液面高度的容器中去的泵，希望在流量有较大变化时扬程变化很小，则选用 H-Q 性能曲线平坦的泵。

若输送的是含有纤维质的介质，当管道一旦堵塞时，泵能产生较高的能量头，以此疏通管路，保持一定的流量，应选流量变化较小而扬程变化较大，即 H-Q 曲线陡一些的泵。

对某些流量变化大而压力较高的场合，如塔用回流泵、产品泵、塔底泵等，不宜选用 H-Q 曲线具有驼峰形的泵，以保证泵工作稳定可靠。

有时往往选不到比较理想的泵，或选后却购不到，这时可采用改变泵性能参数的方法，如降低转速、多级泵抽去一只叶轮、切削叶轮外圆等，进行泵的性能改造。

5.6.3 确定泵的台数、备用率

大型泵效率高于小型泵，因此宁可选用一台大型泵而不用两台小型泵。但遇到下列情况时，可考虑两台泵并联工作，即：流量大，一台泵不能满足要求；或需要有50%备用率的大型泵，可改用两台较小的泵工作，共选三台，其中一台备用；对某些更大型的泵，可选用能满足70%流量要求的两台泵并联工作，不要备用泵。

泵的备用率，应从该泵在工艺流程中的重要性，操作的连续、间歇或长期运转的可靠性，维修能力及泵的价格等方面加以考虑。一般来说，对某些在苛刻条件下操作的泵、产品纯度要求高的泵、加热炉进料泵、燃料油泵等，需要100%的备用率。重要部位的操作泵，如进料泵、回流泵、塔底泵等，应考虑50%～100%的备用率。一般连续操作的产品泵、回流泵、循环泵等，应有33%～50%的备用率。间歇操作的泵，一般不要备用泵。

大型的化工、石油化工装置，为确保装置的长周期运转，泵的备用率应适当提高。

泵的选择中应优选节能型泵。

参考文献

[1] 关醒凡. 现代泵技术手册. 北京: 宇航出版社, 1995.

[2] 黄世桥. 化工用离心泵. 北京: 化学工业出版社, 1982.

[3] 全国化工设备设计技术中心站机泵技术委员会. 工业泵选用手册. 第2版. 北京: 化学工业出版社, 2010.

[4] Korassik I J, 等. 泵手册. 陈允中, 等译. 北京: 机械工业出版社, 1983.

[5] Schulz H. 泵原理、计算与结构. 吴达人, 等译. 北京: 机械工业出版社, 1991.

[6] 胡国桢. 化工密封技术. 北京: 化学工业出版社, 2012.

[7] 顾永泉. 流体动密封. 北京: 石油大学出版社, 1990.

[8] GB/T 6556—2016. 机械密封的型式、主要尺寸、材料和识别标志.

6

压缩机的故障诊断技术及典型案例

压缩机作为流体输送的动力源，需要采用状态监测与故障诊断技术对其运行状态进行监测，以了解其健康状况，判断其是否处于稳定状态，早期发现故障及其原因，并预报故障发展趋势。

压缩机故障诊断技术首先是把各类故障特征进行分类（如按照频域特征分类）、把引起故障（产生故障特征）的直接原因分类，然后弄清楚故障征兆参数与故障原因（机器缺陷、异常）之间的复杂关系。以下通过化工工业压缩机的典型案例介绍压缩机的状态监测与故障诊断系统。

6.1 往复压缩机状态监测与故障诊断

6.1.1 大型往复压缩机的状态监测与故障诊断

大型往复压缩机往往采用计算机进行状态监测与故障诊断[1]。图 5-6-1 是德国学者 Johann Lenz 提出的往复压缩机在线状态监测系统的简图[2]。该系统中，在四缸双作用式往复压缩机上合适的位置分别安装温度传感器、压力变送器、加速度传感器、位移传感器以及触发式传感器，分别检测压缩机的温度、压力、转速、振动等参量。从传感器来的信号，经信号放大后，经过模数转换输入到下位计算机中进行存储及分析处理。下位计算机根据运行状态输出报警信号、预报警信号以及紧急停车信号，同时通过 Modem33.6K/ISDN 由电话线或专用光缆向远程终端（如压缩机制造厂）发送该压缩机运行状态资料。下位计算机还与工厂的中央控制室的上位计算机以及操作室的上位计算机相连，向上位机传递状态监测信息，并接受上位机的指令。在操作室的计算机可以在线分析压缩机的指示图、振动频谱分布等，并根据专用软件 PROGNOST 发出合适的指令。

该系统不仅能实现压缩机的在线状态监测，而且利用现代网络技术将压缩机制造商与最终用户紧紧联系在一起，更便于大型压缩机的状态监控和故障分析处理。

6.1.2 往复压缩机典型故障特征分析与诊断实例

往复机械最主要的信号类型是冲击、漏气和摩擦，在时域的特征如图 5-6-2。由多个汽缸组成的往复压缩机各缸的进排气阀的开启、关闭冲击信号混杂在一起。常见的故障有气阀失效和泄漏、活塞环失效、连杆轴瓦磨损等，对于这些故障的判断可以利用压力-容积图（p-V 图）进行分析，也可以利用振动、超声进行分析[3]。往复机械与旋转设备故障诊断不同之处是不再局限于振动分析作为唯一手段，不再以振幅高低作为判断故障的依据，而是以信号波形在正常位置出现缺失、移位、异常信号作为故障判断的依据[4]。下面以某厂使用

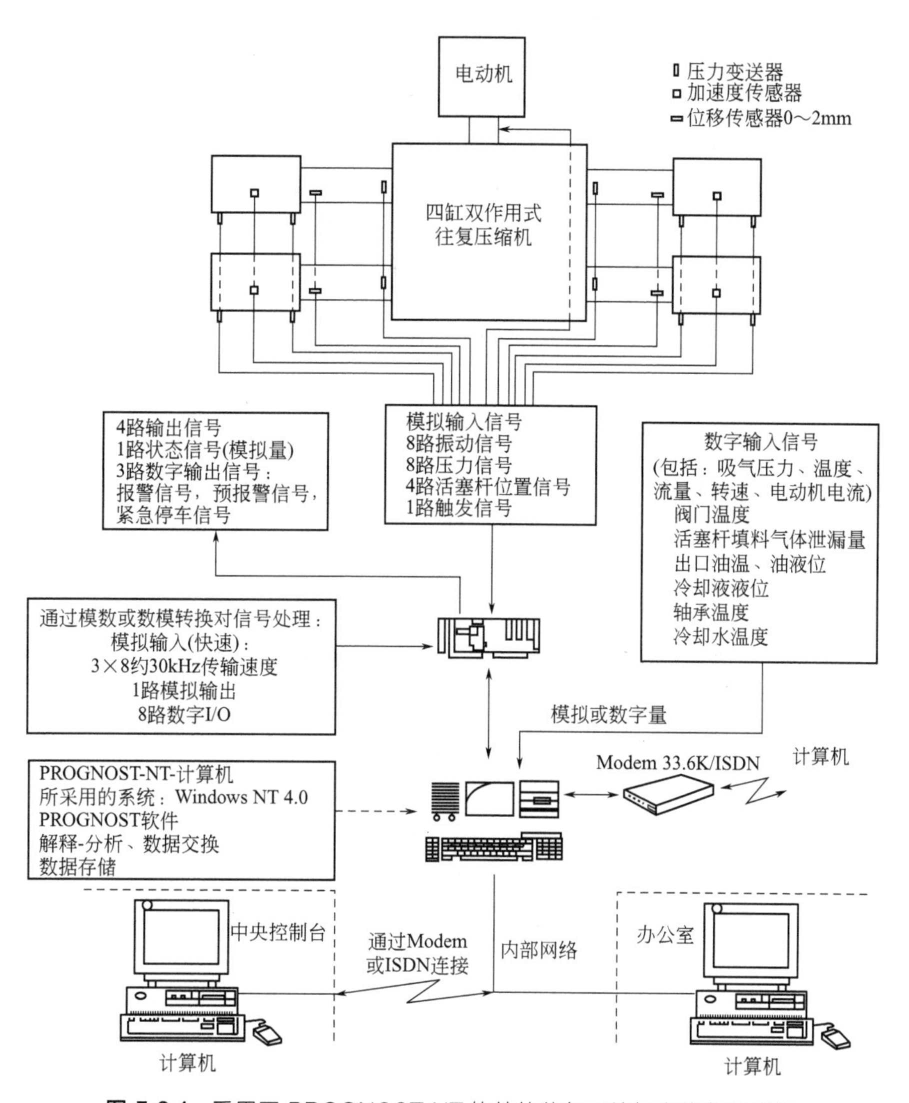

图 5-6-1 采用了 PROGNOST-NT 软件的往复压缩机在线监测系统

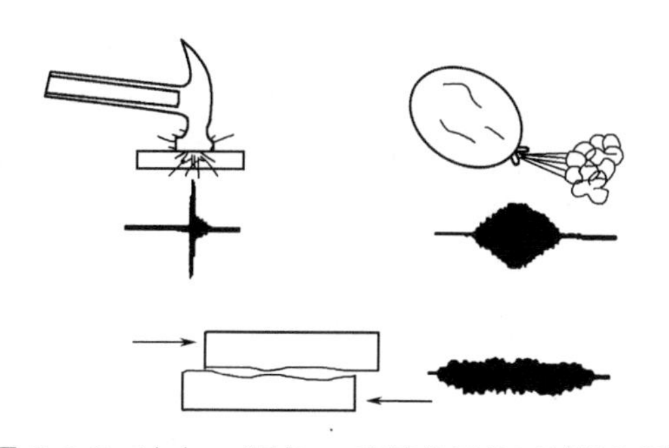

图 5-6-2 冲击、漏气、摩擦信号的时域特征[5]

的往复式压缩机为例介绍故障诊断技术，它将各项参数处理成相对曲轴转角的定项信号进行分析，阀门开启、关闭，十字头运动等事件与曲轴相位对应，由此实现故障分析和预知[5]。相位信号通过下述手段采集：在飞轮罩壳上固定安装磁电式速度传感器，盘车使1缸处于上止点位置，在飞轮上钻孔使其与磁电传感器精确对齐，各缸之间的角度差是固定的，这样在逐缸测试各种类型的信号时便有了一个相位参考基准，就可以将各类信号在一个做功周期内与相应的事件准确对应起来，同时不同缸的同类信号也可以放在一起进行类比判断，哪个缸存在异常就容易显现出来。为进一步消除各缸信号串扰，对振动和超声波信号进行分频段处理，超声波信号取36～44kHz和40～1515kHz，振动高频信号取40～516kHz，振动中频取8～180kHz，振动低频取1～8kHz。高频信号频率高、波长短、方向性好、衰减大，因此抗干扰性强；中、低频信号与之相反，但能反映振动能量的大小。

(1) 气阀的故障机理和特征分析 压缩机气阀为自动阀，由阀座、阀片、弹簧和升程限制器组成，易于损坏，故障率占总故障的60%以上。它的工作状况直接影响压缩机的排气量、功率消耗等性能，并影响运转的可靠性。

① 压力-转角曲线和超声波波形。图5-6-3是使用美国DYNALCO公司Recip2Trap 9260CR往复压缩机状态综合检测仪对1-K2C压缩机缸头端和曲轴端检测而得的缸内压力-转角曲线，与两条压力-转角曲线形状近似的平滑曲线是根据进排气压力、温度、气体组分、余隙等参数计算出来的理论压力-转角曲线；上边两条横向曲线是缸头端的两个排气阀的超声波波形，下边两条横向曲线是曲轴端两个排气阀的超声波波形。

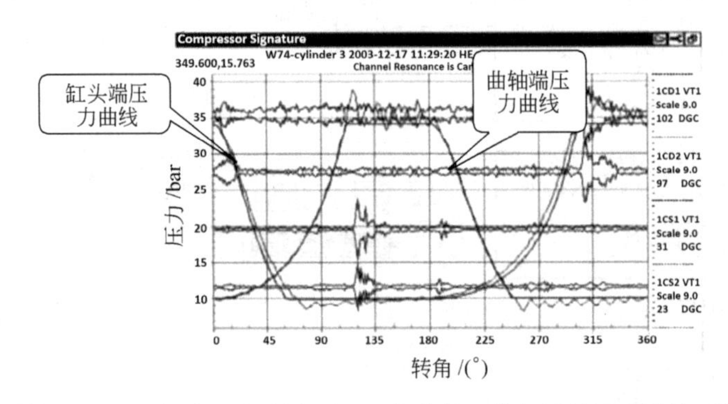

图5-6-3 3# 缸内压力-转角（p-θ）曲线和排气阀的超声波波形[5]

从图5-6-3可以看出，缸头端的缸内压力-转角曲线与理论曲线偏离较大。在膨胀阶段，实际压力曲线向右偏移，说明活塞需要移动更远的行程才能使吸气阀打开；在压缩阶段，实际压力曲线向左偏移，说明排气阀提前开启。这表明排气阀存在漏气。而曲轴端的缸内压力-转角曲线与理论曲线吻合很好。在压力-转角曲线上气阀的开启和关闭位置，4条超声波波形上均有清晰的波峰与之对应。这是常规频谱分析方法很难观察到的。但是，编号为3HD1即最上端的超声波曲线在整个做功周期内基线变宽，表明该阀漏气；编号为3HD2即第二条超声波波形基线有些变宽，很可能是受3HD1阀的影响。

② 气阀的超声波波形。图5-6-4和图5-6-5是这台压缩机3＃缸不同时间所测的8个气阀的超声波波形。图5-6-4中，上半部分4条曲线是缸头端的4个阀的超声波波形，下半部分4条曲线是曲轴端的4个阀的超声波波形；左半部分是排气阀，右半部分是吸气阀。图5-6-4中，对应吸气、排气时间均有明显的波峰出现，而其他部分波形幅值很低，这是正常的。图5-6-5中，左上角的排气阀3HD1（表示3＃缸缸头端排气阀）在整个膨胀、吸气、压缩、排气过程中，基线变宽，在整个做功过程中都存在气体噪声，表明这个气阀漏气，而缸头端的另一排气阀和两个吸气阀也受干扰，波形基线有所变宽。

检查结果：根据测试分析结论，停机进行检修。检查发现曲轴端3HD1排气阀外圈阀片

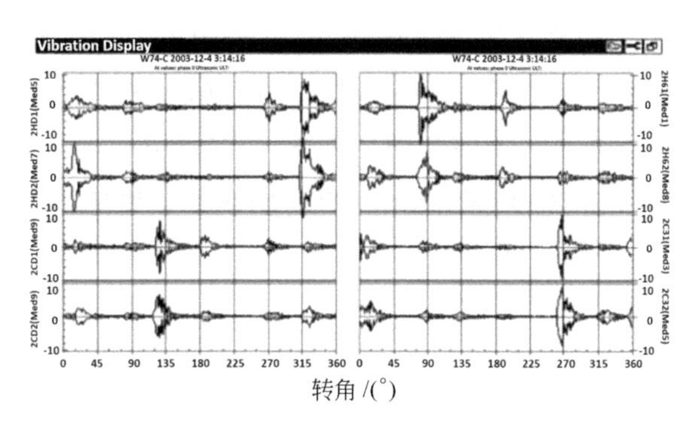

图 5-6-4 气阀正常的超声波波形[5]

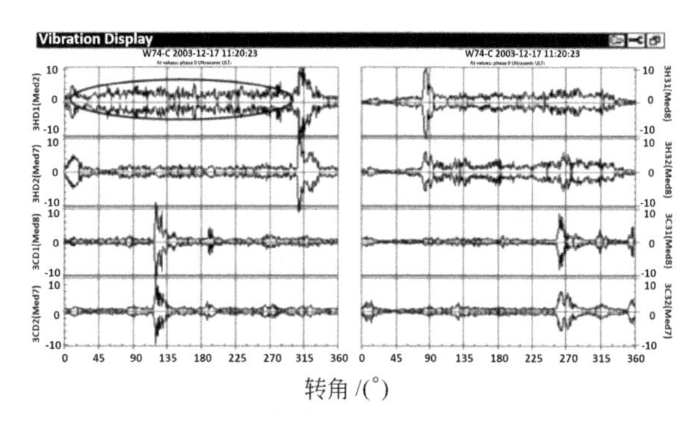

图 5-6-5 气阀漏气的超声波波形[5]

翘曲折断，如图 5-6-6 所示。

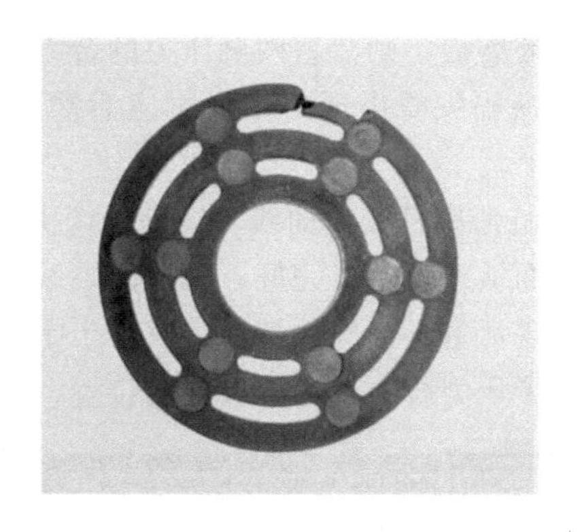

图 5-6-6 损坏的阀片[5]

(2) 连杆大头瓦磨损的故障机理和特征 双作用压缩机的活塞杆受力由作用在活塞两侧的气体压力差，活塞、活塞杆、十字头、连杆产生的往复惯性力，活塞环与汽缸、十字头与滑轨产生的摩擦力组成。由于气体压力、往复运动组件的加速度是瞬时变化的，活塞杆的受力也随之变化。

使用 DYNALCO 公司 Recip2Trap9260CR 往复压缩机状态分析仪测量活塞两侧的压力曲线，计算往复运动组件的往复惯性力，即可求出活塞杆的受力曲线和活塞杆受力反向的角度。当十字头销与衬套、曲轴销与连杆大头瓦的间隙过大时，在活塞杆受力反向时就会产生冲击，间隙大，则冲击的幅值也大。通过在压缩机中体下方测量十字头的低频振动曲线，再与活塞杆受力曲线比较，即可判断连杆大、小头间隙是否正常。

图 5-6-7 是 C200 压缩机 3＃缸活塞杆受力和中体低频振动曲线，在活塞杆受力反向时出现幅值异常的冲击幅值。检查发现连杆大头瓦巴氏合金层已磨穿，如图 5-6-8 所示。如果不及时发现，可能会造成曲轴磨坏、连杆拉断的重大设备事故。

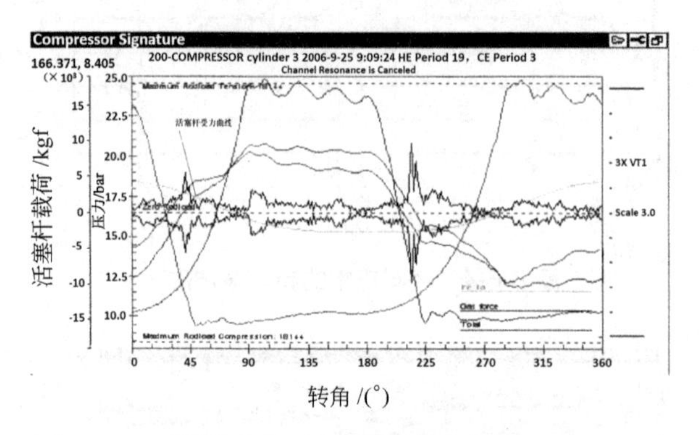

图 5-6-7 活塞杆载荷曲线[6]

图 5-6-8 C200 压缩机 3# 缸连杆大头瓦图[5]

(3) 活塞环烧蚀 若活塞环磨损，则活塞两侧压力的合力反向时，在中体下方所测低频振动信号将出现显著的振幅，振幅尖峰出现的位置对应活塞两侧压力的合力曲线过零线的位置。

图 5-6-9 是 2＃压缩机 3＃缸活塞杆受力曲线，图 5-6-10 是检查发现的活塞环烧蚀照片。活塞的两道支承环烧蚀严重，而活塞环基本完好，因此曲轴端和缸头端的理论压力曲线与实际压力曲线吻合较好，并未出现活塞环漏气的特征。只有十字头下方所测振动信号对支承环磨损敏感，而压力曲线则提供了压力合力过零即反向的位置，对判明故障也是必不可少的。

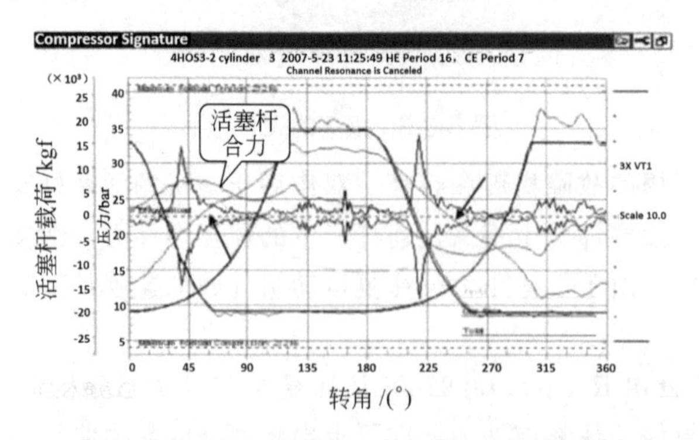

图 5-6-9 2# 压缩机 3# 缸活塞杆受力曲线[5]

若不提前发现故障，很有可能造成活塞磨损、汽缸拉坏的重大设备事故。

(4) 气阀松动 在压缩机每个气阀上采集超声波信号和高频振动信号，超声波信号对气

图 5-6-10 2# 压缩机 3# 缸活塞环烧蚀[5]

阀的漏气很敏感，而振动信号能有效判断气阀出现的冲击。

图 5-6-11 是 1-K2D 压缩机 1♯缸曲轴端 4 个气阀的高频振动信号叠加在压力曲线上。1CS1 即 1♯缸曲轴端北侧吸气阀在 20°～40°的曲轴转角范围内出现了较大的冲击尖峰，该位置并非气阀开启位置，也不是其他气阀串扰所致。当曲轴侧缸内压力开始上升至曲轴转角约 20°后出现的冲击，表明气阀可能存在松动。开始压缩时，气体压力较低，不足以托起气阀，故起始位置无冲击。当压力升至能托起气阀时，气阀冲向阀罩产生冲击信号。

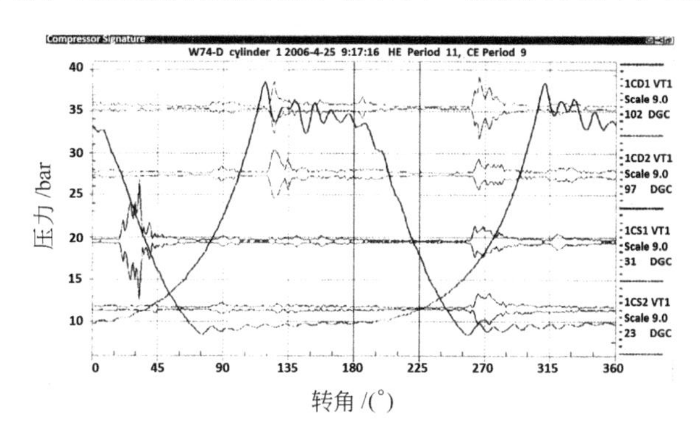

图 5-6-11 1-K2D 压缩机 1# 缸气阀振动波形[5]

检查发现，气阀密封垫圈脱落，气阀便在阀室内反复撞击。

(5) 压缩机汽缸拉缸故障[7,8] 设备信息：信号为 L2-20/8 型空压机气阀的振动信号，是由加速度传感器在阀盖拾取的，采样频率为 20kHz。

测量点为：压缩机汽缸缸盖。

振动频谱图如图 5-6-12 所示。

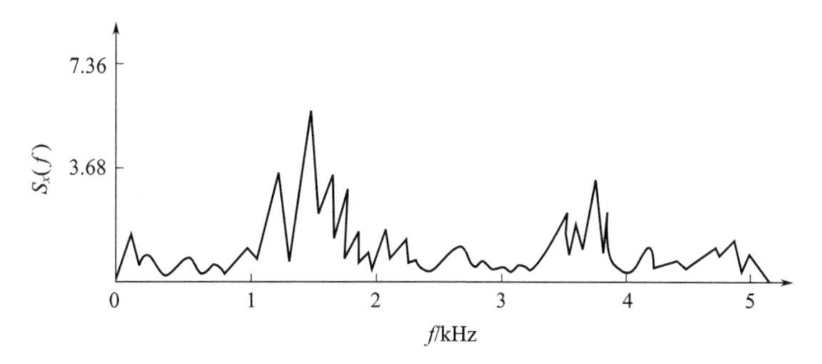

图 5-6-12 汽缸拉缸时的振动频谱图

故障分析：由图 5-6-12 可知，当发生拉缸时在缸体表面的功率谱密度图中高频成分（>3kHz）明显增加。这与正常工作情况下频谱特征不同，说明当发生拉缸时活塞作用为宽频带激励，反映到缸体振动上是能量分布带宽增加，同时总振级测量值明显小于基准值。

(6) 压缩机填料密封失效故障[8] 设备信息：某 2D12-100/8 型空压机，转频为 $n=120\mathrm{r\cdot min^{-1}}$，由加速度传感器在阀盖拾取信号。测点的功率频谱图如图 5-6-13 所示。

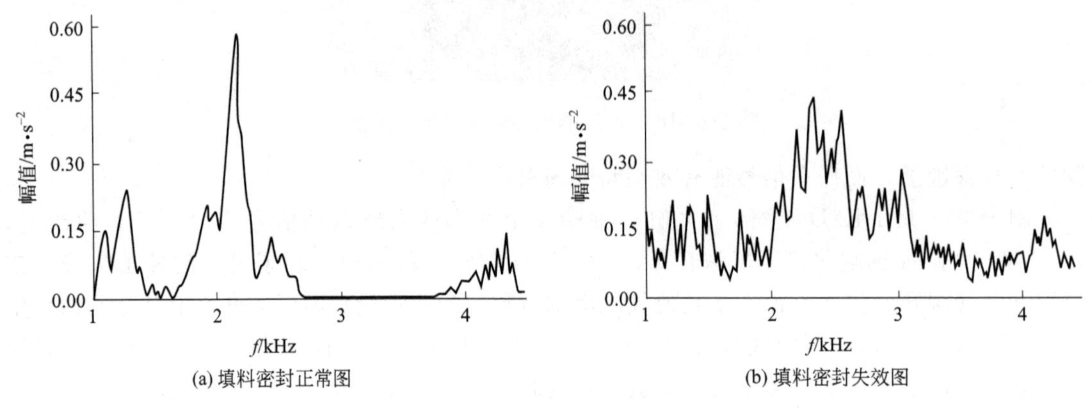

(a) 填料密封正常图　　(b) 填料密封失效图

图 5-6-13 压缩机填料密封功率频谱图

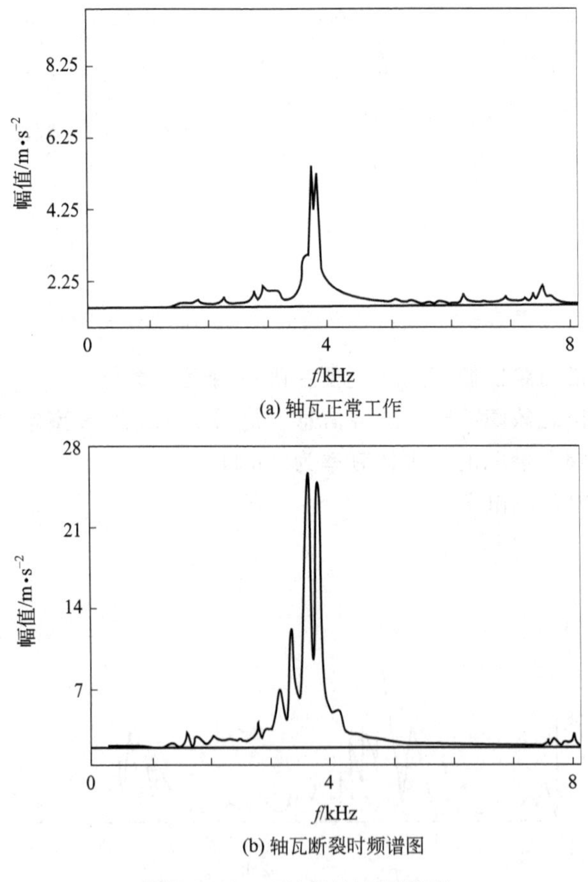

(a) 轴瓦正常工作

(b) 轴瓦断裂时频谱图

图 5-6-14 压缩机轴瓦频谱图

故障分析：由图 5-6-13 可知，当发生密封失效时，通过频谱比较发现，故障时振动频谱图在整个频段上多发生能量集中，并且较为均匀，主频幅值变小且与其他频率下的能量相差不悬殊，干扰频率又很多。

(7) 压缩机轴瓦故障[8]　设备信息：H400-6.5/0.97 制氧空压机，转频为 $n=240\text{r}\cdot\text{min}^{-1}$，测量点为压缩机汽缸缸体。当压缩机轴瓦正常时最大幅值为 $6\text{m}\cdot\text{s}^{-2}$，故障频谱如图 5-6-14 所示。

故障分析：由图 5-6-14 可知，轴瓦断裂时振幅约为 $26\text{m}\cdot\text{s}^{-2}$，是正常时的 4.3 倍。在 FFT 谱图上基频处的幅值有较大攀升，且为振动的主要振源。并且发现该基频频率处的谱峰很突出，且伴有大量的边频带，则说明该压缩机的轴瓦已有故障。

6.2　离心压缩机的状态监测与故障诊断

下面介绍一个离心压缩机状态监测系统，并选一实例对离心压缩机的故障诊断过程进行分析。要详细了解透平机械故障诊断原理与方法，可参阅文献 [9]。

6.2.1　离心压缩机的状态监测

图 5-6-15 是炼油厂普遍应用的透平机械状态监测与诊断系统 S8000PLUS[10]。该系统主要由现场监测站 NET8000PLUS 和 WEB8000PLUS 中心服务器两部分构成。

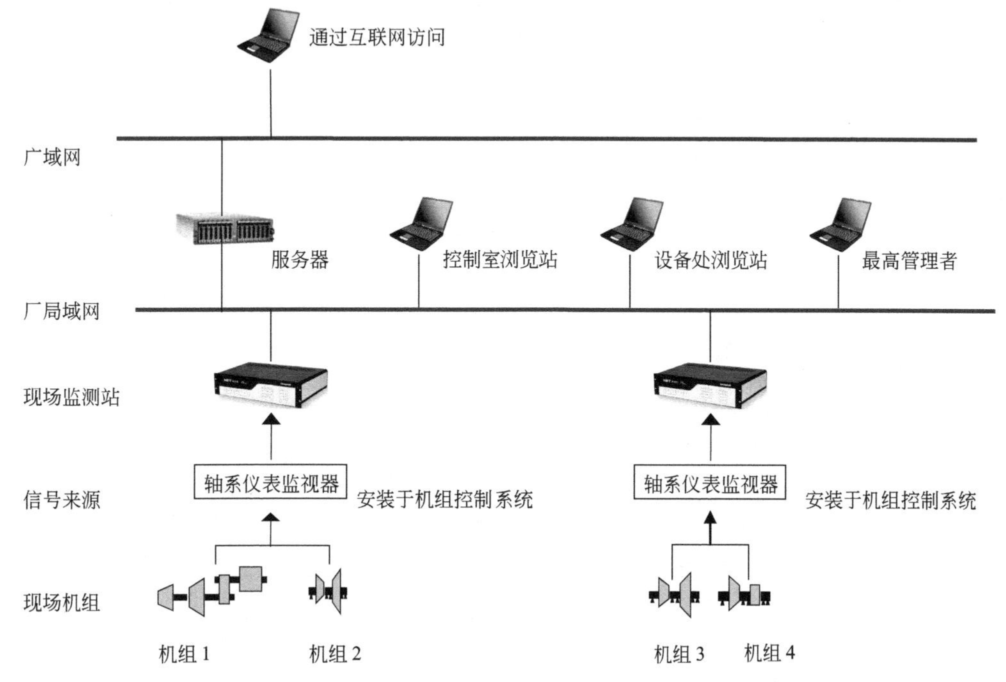

图 5-6-15　离心压缩机在线状态监测框图

现场监测站 NET8000PLUS 通过硬接线与机组二次仪表状态监测专用接口（如 Bently3500 的 20 模块）连接，获取机组轴振动、轴位移、键相等信号，并将这些信号进行处理后再通过 TCP/IP 协议传输给 WEB8000PLUS 服务器。WEB8000PLUS 服务器接收、存储、备份现场监测站上传的数据（包括实时数据、趋势数据、历史数据及启停机数据 4 大类），管理状态监测数据库，向浏览站发布状态监测数据。每台 WEB8000PLUS 可以管理 64 台 NET8000PLUS，全厂可以只设置一台服务器。机组的状态信息可以在现场控制室、设备管理部门以及最高管理者办公室查询并进行诊断，也可以通过互联网随时监控。

6.2.2 透平机械故障一次原因分析[9]

通常发生的透平机械振动故障的一次原因（即产生振动故障的直接原因）分类如表 5-6-1所示，共 10 类 58 种。

表 5-6-1 透平机械故障原因分类

序号	类别	故障	序号	类别	故障
1	转子自身	转子质量偏心	30	电磁力	感应电动机转子偏心
2		轴永久性弯曲	31		感应电动机定子短路
3		轴暂时性弯曲	32		电气问题
4		轴裂纹	33	摩碰	转子与定子干摩擦
5		轴弯曲，刚度不对称	34		转子与定子轴向局部干摩擦
6		轴子上部件松动	35		转子与定子摩碰
7		浮环失浮	36		干涡动
8		转子轴内摩擦	37	流体动力	轴流机叶轮偏心
9		液体陷入转子内部激振	38		隔板倾斜
10	轴系	轴系不平衡	39		叶片激振
11		角对中不良	40		油封受激振动
12		联轴节误差	41		偏隙
13		弹性联轴节偏差	42		透平不均匀进气
14		对中不良	43		喘振
15		联轴节精度过低或损伤	44		旋转失速
16	支承轴系	轴承偏心	45	临界	转子轴承系统临界
17		径向轴承损伤	46		联轴节临界
18		支承松动	47		悬臂临界
19		轴承支承刚度垂直水平不等	48	共振	结构共振
20		油膜涡动	49		倍频谐波共振
21		油膜振荡	50		次谐波共振
22		轴瓦与轴承预紧力不足	51		共振涡动
23		可倾瓦错位	52		转子临界转速
24		轴承箱未充分预紧	53	部件	皮带偏拉力
25		径向轴承间隙过大	54		齿轮偏心
26	电磁力	电动机转子断条	55		滚动轴承缺陷
27		静气隙偏心	56		齿轮缺陷
28		动气隙偏心	57		皮带问题
29		轴磁化	58	其他	临近振源影响

6.2.3 离心压缩机的故障诊断实例

下面介绍一例离心压缩机故障诊断的实际分析过程。

(1) 机组概况 某醇酮装置使用法国 RATEAU 公司制造的离心式空压机 83C102，由高、低压双缸组成，共有 6 段 10 级，由功率为 2700kW、转速 1500$r \cdot min^{-1}$的电动机驱动，经中间增速箱，压缩机额定转速为 15500$r \cdot min^{-1}$。压缩机结构如图 5-6-16 所示。

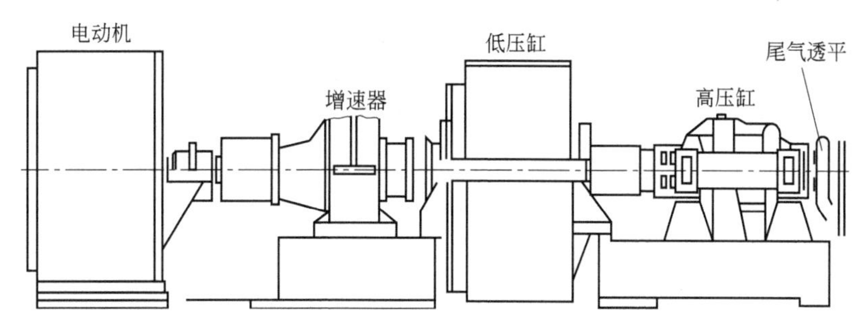

图 5-6-16　离心压缩机组简图

该压缩机设计制造存在先天不足，在现场试车时，高、低压转子均发生强烈振动，经反复调整轴承间隙、精确对中等措施，多次试运转后才投入生产运行。

(2) 机组振动故障问题及影响　该机组自 1980 年投运后一直不稳定，靠近高、低压缸联轴器附近的轴承处转子振动经常报警，甚至联锁停机。自 1987 年以来，低压缸振动值一直波动于 50～80μm，每年多次发生振动停机故障。每次解体大检修均不能一次启动成功，要反复调整轴瓦间隙、调整对中才能勉强投入运行。

据统计，1980～1990 年每年平均故障停机 13 次，年直接经济损失约 136 万元，对生产的影响造成的损失逾千万元，成为老大难问题。

(3) 机组振动故障监测情况　该机组原设计在每个轴承处仅有一个单项探头，且没有设键相信号基准和传感器，因此仅能测振动幅值和波形，做频谱分析，如图 5-6-17 所示，从波形和频谱图均可看出是同频振动占主导。

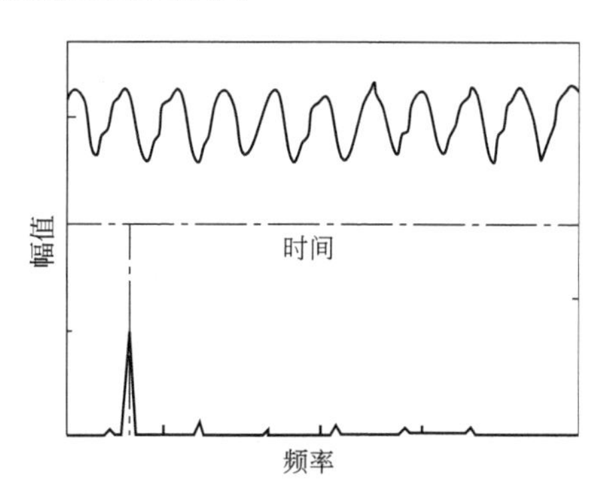

图 5-6-17　压缩机振动波形及频谱图

（1990 年 10 月）

该机组在故障状态下运行十多年，曾采用如下方法消除振动，均未彻底解决：

① 调整轴瓦间隙，更换其他型式的轴承，不能根除振动；

② 采用高速动平衡方法平衡两个转子也没有明显效果；

③ 轴承改型试验归于失败；

④ 现场动平衡，无成效。

(4) 故障诊断措施　1989 年大检修时在压缩机各轴承处加装了双探头，并在低压缸转子上安装了键相传感器，设了键相基准。1989 年 12 月 2 日及 13 日两次现场监测都发现低压缸排气端振动大，分析发现低压缸转子振动同频占主导且相位稳定，其振动波形及频谱如图 5-6-18 所示。分析判定转子轴系运行时动不平衡，即同频振动占主导，相位稳定。因高、

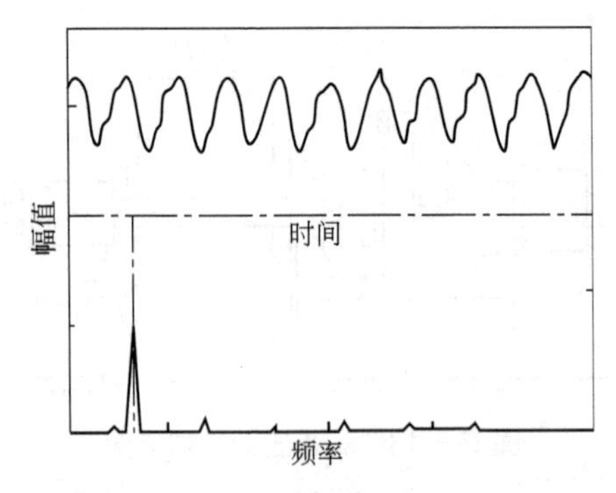

图 5-6-18 压缩机振动波形及频谱图
（1989年12月）

低压转子均做过高速动平衡且达到标准，只是在两转子连起来后整个轴系表现出不平衡现象。

柔性转子轴系动不平衡原因分析：高、低压转子均做过高速动平衡且达到标准，但两转子连起来后并不能确保整个轴系的动平衡，主要应该考虑六维对中问题和在设计上充分考虑转子轴系预负荷的问题。

各段转子系统在组装前都进行了严格的高速动平衡，但是不可能达到完全动平衡，即在组装前各段转子还会有一定的残余不平衡量。在实际组装时，各联轴节定位并不考虑各段转子之间的相对相位，即采用了五维对中方法，而实际各轴段之间的相对相位对系统的整体响应有一定影响。这就是高、低压转子均做过高速动平衡且达到标准，连接在一起却不能确保整个轴系动平衡的原因。合理地调整各段轴之间的相对相位能有效降低轴系振动，采用六维对中的方法有可能解决这一问题。

该机组的法国制造商资料要求在冷态下低压缸转子对轮中心应比高压缸低 0.15mm，现场一直按此数据找正。但由高金吉院士参与的计算和实测表明，实际上冷态时低压缸转子中心应该比高压缸低 0.40mm。如按照 0.40mm 找正，对机组运行可能是好的。但由于是电动机驱动，瞬间启动不能预热，冷态对中差太大对启动十分不利，因此只能维持原设计值。由此可能造成热态时转子之间产生预负荷，转子产生弯曲变形，一则破坏动平衡，二则如按原设计轴承间隙安装，振动也会加剧，甚至轴承受损伤。这可能是为何有时加大轴承间隙会使振动变平稳一些的原因。而由于预负荷的存在，即使经高速动平衡试好的转子，也会发生不同于正常振型挠曲的预负荷挠曲变形，导致整个轴系的动不平衡。

(5) 现场动平衡消振方法 主要包括挠性转子动平衡方法的确定和转子不平衡响应计算及配重平衡面的确定。

鉴于转子轴系振动同频占主导且相位稳定，决定了对该机组在现场做整机全速现场动平衡。首先测定了低压缸出口处三维谱图和矢端图，如图 5-6-19 和图 5-6-20 所示，进一步确定了是轴系不平衡问题。同时认识到采用刚性转子动平衡方法未果，是因为方法不当。该机组第一临界转速为 $9200r\cdot min^{-1}$，第二临界转速为 $18500r\cdot min^{-1}$，其工作转速 $15500r\cdot min^{-1}$介于两者之间。因此决定采用挠性转子动平衡方法。

现场整机动平衡在工作转速甚至工作负荷下进行，一旦平衡下来，机组立即平稳运行。关键在于找到合适校正面，并且要在一处配重，尽可能地不影响其他平面的振动。

对挠性转子动平衡的理想方法应是振型分离法。即在做好转子低速平衡的基础上，利用

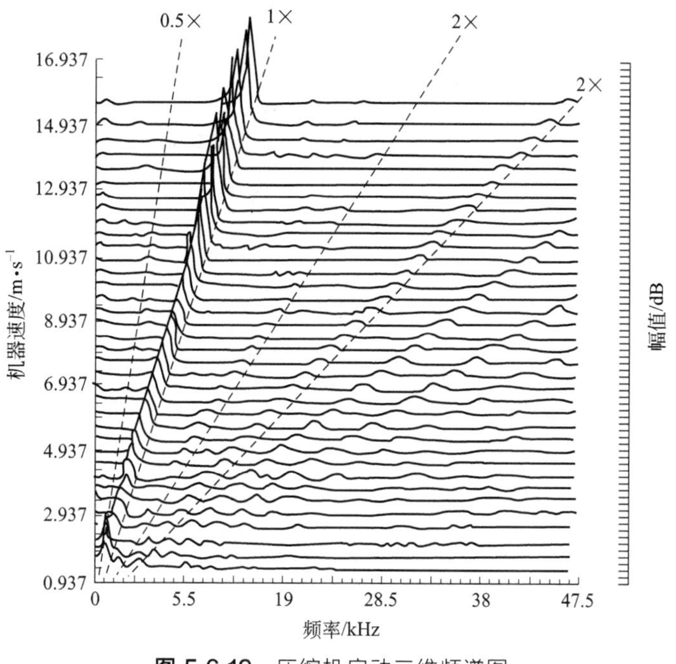

图 5-6-19 压缩机启动三维频谱图

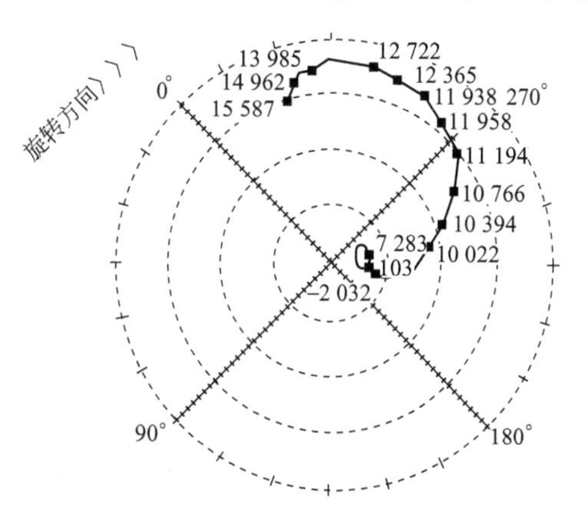

图 5-6-20 压缩机启动极坐标图

各阶主振型之间的正交性，在临界转速附近对各阶主振型由一阶至二阶进行动平衡，并应在多平面上试加重量。由于该机叶轮封闭在缸内，又由电机驱动，启动 8s 即达到正常转速，无法按上述方法进行；又因为动平衡时仅能在低压缸的联轴节上试加重量，所以决定采用影响系数法做双平面现场全速动平衡。

为确定在两联轴节处配加重量是否能明显改变转子轴承振动状态，曾对低压缸转子进行了不平衡响应计算，其结果如表 5-6-2 所示。从中不难看出在工作转速 $15500\mathrm{r \cdot min^{-1}}$ 条件下，在低压缸出口联轴器处加 1000N 力对联轴节重心可产生 38.980μm 的振幅影响，是转子对不平衡响应最敏感处，在其上配重对该平面振动影响大，而对其他平面影响小。而实测结果表明，联轴节的轴承处又为振动最大处，因此在此处配加试重可以改变转子振动状态。

表 5-6-2 83C102 压缩机转子平衡响应计算表

加力位置	响应位置/μm										
	入口轴端	入口对轮重心	入口轴承中心	一级叶轮重心	二级叶轮重心	三级叶轮重心	四级叶轮重心	出口轴承中心	出口轴承测点	出口对轮重心	出口轴端
入口对轮	10.370	6.496	0.194	−0.180	2.143	2.637	2.534	0.027	−0.920	−5.441	−6.355
一级叶轮	−0.284	−0.180	0.037	−0.476	−2.272	−3.230	−2.791	−0.029	1.072	6.336	7.399
二级叶轮	3.188	2.143	−0.015	−2.724	−3.970	−4.142	−3.165	−0.024	1.111	6.536	7.633
三级叶轮	3.926	2.637	−0.025	−3.230	−4.142	−4.065	−2.739	−0.016	0.940	5.510	6.434
四级叶轮	3.776	2.534	−0.031	−2.971	−3.165	−2.739	−0.291	0.043	−0.089	−0.703	−8.827
出口对轮	−8.108	−5.441	0.068	6.336	6.536	5.510	−0.703	0.316	4.238	38.980	47.530

注：15500r·min^{-1}各处加 1000N 力后振动幅值（μm）。

综上所述，采用单平面方法解决挠性转子轴系振动，须符合以下两个条件：

① 机组振动确属转子轴系动不平衡，而不是支承问题；

② 配重的联轴器应是转子不平衡响应敏感处，即在此处配重对该处振动影响较大，而对转子其他部位影响很小。

(6) 现场动平衡消振措施及成效 1990 年 6 月在年度大检修时，对该机组低压缸进行了现场动平衡。开始想按照双平面影响系数法进行动平衡，但在试加重量时，发现仅在排气端联轴节上配重，转子振动值就明显降低。故采用单平面法试验，结果仅试车四次就解决了机组振动问题，且后续一直平稳运行。在联轴节适当位置加 5.4g 小螺钉就解决了十年老大难问题，使故障诊断及现场动平衡技术真正为生产发挥了关键作用。

6.3 往复压缩机管线振动故障诊断案例

容积式压缩机，如往复压缩机，由于其所固有的间歇性吸排气特性，使气流的压力和速度呈周期性变化，即产生气流脉动，会导致较大幅度的压力脉动从而引起管道振动[11]。在往复压缩机广泛应用的石油、化工、天然气等工业现场，由于压力脉动过大产生强烈管道振动的案例极为常见，甚至引起泄漏和爆炸的事故也多有报道。因此对往复压缩机管线振动进行故障诊断及现场消振意义重大，下面介绍一个往复压缩机管线振动故障诊断及现场消振的案例。

(1) 压缩机机组及管线概况 某石化企业采用由 Burckhardt 制造的 K10 超高压乙烯压缩机，该压缩机为双列对称布置，共 10 个汽缸，分为两级压缩，由一级压缩后的工质经级间冷却器冷却后再由二级压缩，之后汇合进入预热器和管式反应器。由功率 22100kW 的电机驱动，压缩机额定转速为 200r·min^{-1}。压缩机机体如图 5-6-21 所示，压缩机出口管线如图 5-6-22 所示。

(2) 压缩机机组管线振动故障及影响 超高压乙烯压缩机自投产以来，其一、二级压缩段出口管线即出现振动较大的问题。首先在二层平台对一级出口管线增加了支承，并采用木质支架分别将一级出口管线和二级出口管线进行加固处理，然而效果并不理想，并出现了加固件被振裂的现象。超高压乙烯压缩机作为为聚合反应提供压力条件的核心设备，其操作压力高达 280MPa，且乙烯为易燃介质，因此现场存在较大的火灾、爆炸等安全隐患。

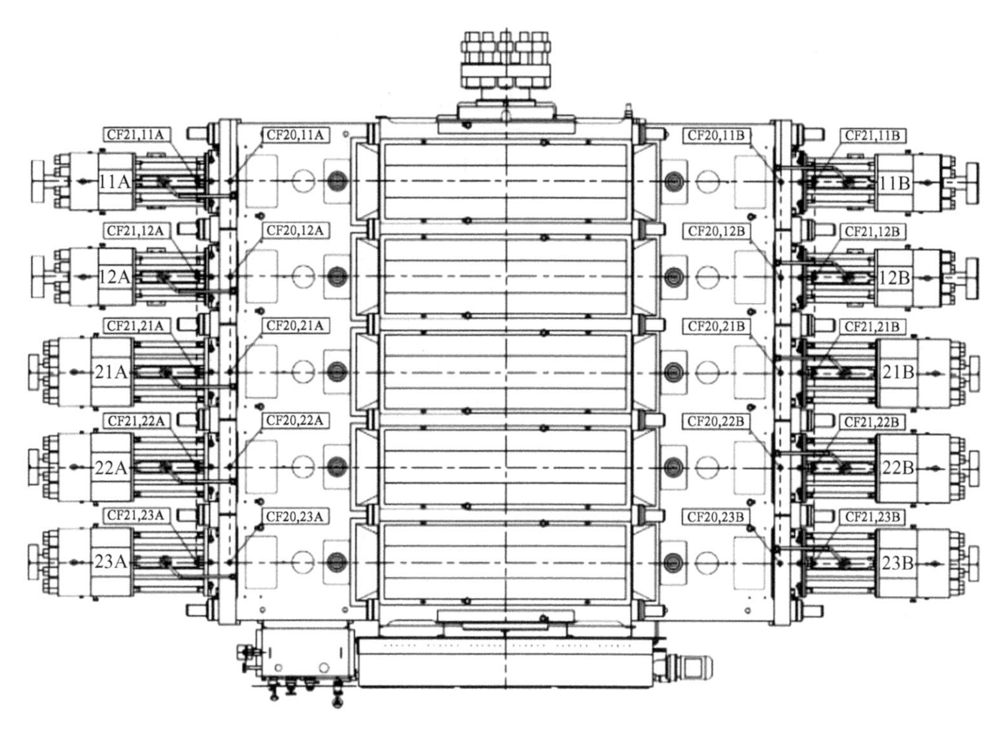

图 5-6-21 K10 超高压压缩机简图

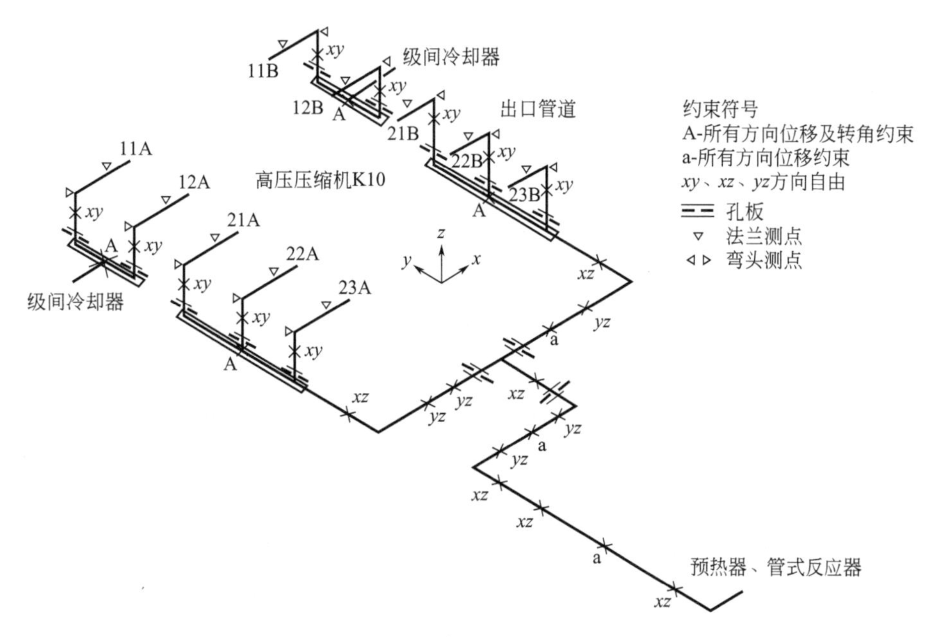

图 5-6-22 K10 超高压压缩机出口管线简图

(3) 机组振动故障监测（压缩机管线振动监测）情况 2007 年 6 月，该装置趋于满负荷生产时，设备监测站连续几天对管线振动情况进行了监测，监测点布置如图 5-6-23 所示，监测结果见表 5-6-3、表 5-6-4。图 5-6-24 为表 5-6-3 所测 23A 管线振动频谱图。

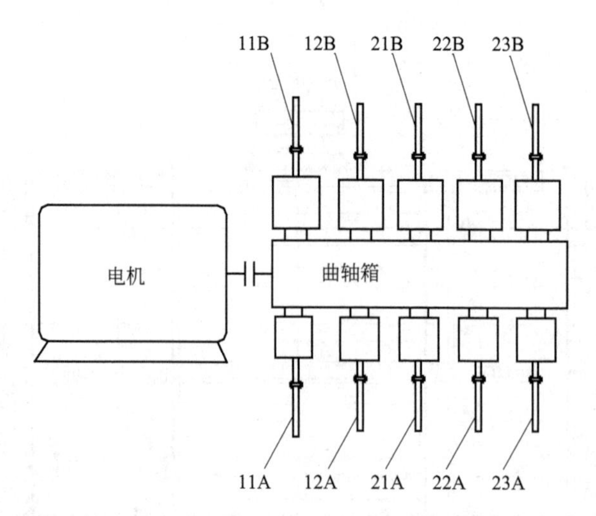

图 5-6-23 超高压压缩机出口管线振动监测测点布置

表 5-6-3 超高压压缩机出口管线振动幅度监测值（2007年6月5日）

测点	振动幅值/μm	测点	振动幅值/μm
11A	918	11B	358
12A	720	12B	373
21A	935	21B	439
22A	926	22B	222
23A	1420	23B	439

表 5-6-4 超高压压缩机出口管线振动幅度连续多日监测值 单位：μm

日期 \ 测点	11A	12A	21A	22A	23A
2007-6-2	917	601	1098	1057	1446
2007-6-3	644	481	930	956	1364
2007-6-4	844	697	927	869	1339
2007-6-5	918	720	935	926	1420

由表5-6-3可知，压缩机出口管线振动值A侧整体上比B侧大。表5-6-4连续多天监测结果显示，A侧管线振动幅度均较大，且二级出口振动幅度高于一级出口。图5-6-24显示，23A管线振动频率主要为主激励频率即压缩机转频的5倍频，其他管线频谱与此类似。

（4）故障诊断措施 一般来说，引起压缩机机组和管线振动的原因通常有两个：一是由于运动机构的动力平衡性差或者基础设计不当；二是由于气流脉动。实践表明：生产中遇到的压缩机装置振动绝大多数是气流脉动引起的。

研究气流脉动引起的管线振动时，将遇到两个同时存在的振动系统[11]。一个是气柱振动系统。管路内充满气体，称为气柱。因为气体可以压缩、膨胀，所以气柱本身是一个具有连续质量的弹性振动系统。这个系统受到一定的激发之后，就会发生振动。压缩机汽缸的周期性排气与吸气，就是对气柱的激发（或称干扰）。气柱振动的结果是管道内的压力产生脉动。另一个是机械振动系统，由管路（包括管道本身、管道附件和支架等）结构系统构成。

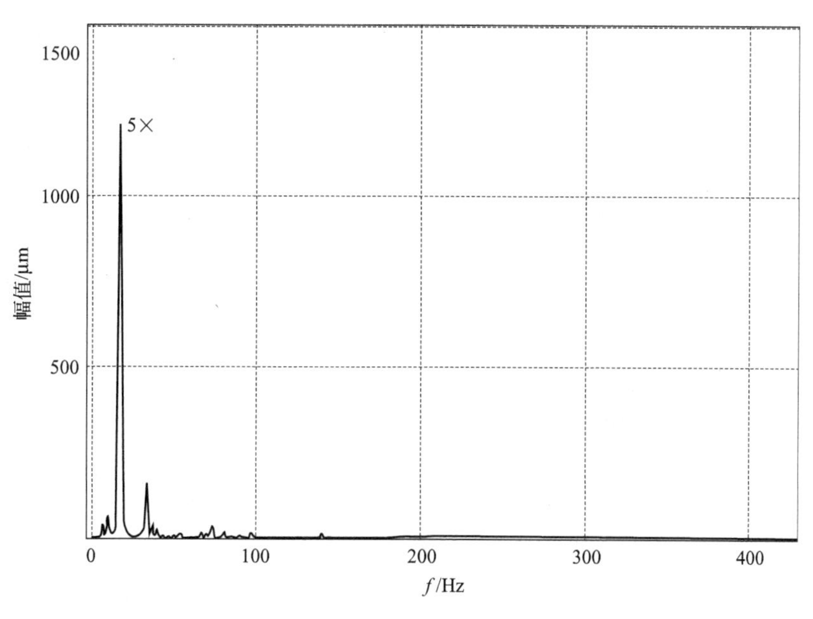

图 5-6-24 23A 管线振动频谱图（2007 年 6 月 5 日）

只要有激发力作用于这个系统上，它就会做出机械振动的响应。过大的气流脉动会在管道弯头处或变截面等部位产生引起管道振动的激振力。更为严重的情况是，当激振力的频率与气柱或管道结构的固有频率接近或重合时，产生气柱或机械共振，将会产生灾难性的后果[12]。

首先利用有限元方法，对出口管道气柱固有频率进行计算[13]。由于操作条件有一定的变化范围，气体参数亦随操作参数发生变化，考虑此不确定性因素，在±12%范围，步进为2%的不同声速下，分别计算气柱固有频率。其中二级出口管线气柱固有频率见表 5-6-5。

表 5-6-5 二级出口管线气柱固有频率 单位：Hz

声速/m·s⁻¹ \ 阶数	1	2	3	4	5	6
1795	133.18	266.38	399.55	532.67	666.01	799.15
1836	136.23	272.47	408.67	544.84	681.23	817.40
1877	139.27	278.55	417.80	557.00	696.44	835.66
1918	142.31	284.64	426.93	569.17	711.65	853.91
1958	145.28	290.57	435.83	581.04	726.49	871.72
1999	148.32	296.66	444.96	593.21	741.71	889.97
2040	151.36	302.74	454.08	605.37	756.92	908.23
2081	154.40	308.83	463.21	617.54	772.13	926.48
2121	157.37	314.76	472.11	629.41	786.97	944.29
2162	160.41	320.85	481.24	641.58	802.18	962.54
2203	163.46	326.93	490.36	653.74	817.40	980.79
2244	166.50	333.02	499.49	665.91	832.61	999.05
2265	168.06	336.13	504.16	672.14	840.40	1008.4

除了做声学分析防止气柱共振，为避免管道的机械共振，还需要得到管道的结构固有频

率。管道系统的实际结构是很复杂的，要得到振动方程的精确解有很大的困难。有限元方法是求解实际复杂管道结构固有频率和振动响应的一种有效方法，根据管道实际结构建立计算模型，形成系统的刚度矩阵和质量矩阵，即可获得管道结构的各阶固有频率、振动模态。其中二级出口管线结构固有频率如表5-6-6所示。

表5-6-6 二级出口管线结构固有频率

阶数	1	2	3	4	5	6
固有频率/Hz	36.024	87.426	96.092	119.23	130.31	183.77

压缩机转速为200r·min^{-1}，由此可知各出口管线主激发频率为3.33Hz，参照表5-6-5气柱固有频率及表5-6-6结构固有频率结果可知，管线的气柱及结构固有频率相比压缩机激励基频来说均有较大的频率间隔，据此可以排除管线发生气柱或者结构共振的可能。故可以判断，管线振动是由过大的气流脉动所导致的，而消减管内脉动就可以控制振动水平。

(5) 现场消振方法及实施效果 由以上分析可以确定出口处振动超标原因为局部气流脉动过大。一般来说，在压缩机进、出口管线安装缓冲器是消减气流脉动最为有效的方法，且根据理论分析，在一定容积的缓冲器出、入口安装孔板，可以将管道内的驻波变换成为行波，从而有效地消减气流脉动，孔板远离缓冲器则消减脉动效果降低[14]。但是对于超高压压缩机，由于低密度聚乙烯（LDPE）聚合条件的要求，其一般操作压力为280MPa左右，在如此高压力的管道安装缓冲器不仅花费高昂而且非常危险（可能发生聚合物堆积），最常采用的方法是在管道合适的位置安装适当尺寸的孔板。通过检查原管道布置情况及孔板安装情况，在压缩机出口第一法兰处，将透镜垫改造为孔板的型式，如图5-6-25所示。

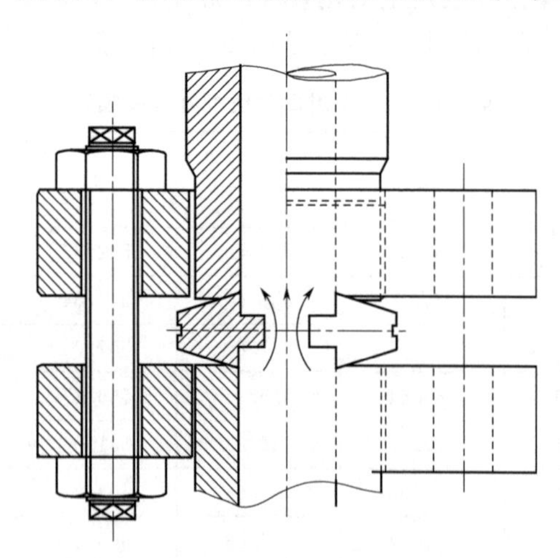

图5-6-25 压缩机出口管线添加孔板型式

改造完成后，在装置正常开车运行之时，对相关管道测点进行了振动测试，并将分析结果与改造之前的测试结果进行对比，结果如表5-6-7所示。

表5-6-7 各测点改造前后振动幅值对比

管道编号	改造前振幅/μm	改造后振幅/μm	振幅变化量/%
11A	918	189	减小79
11B	358	344	减小4

续表

管道编号	改造前振幅/μm	改造后振幅/μm	振幅变化量/%
12A	720	195	减小 73
12B	373	329	减小 12
21A	935	363	减小 61
21B	439	194	减小 56
22A	926	365	减小 61
22B	222	202	减小 9
23A	1420	353	减小 75
23B	439	243	减小 45

由表 5-6-7 改造前后振幅对比可见，本次添加孔板的改造方案减振效果明显，将原管线振动幅度最多降低 79%，且各条管线振动幅度均小于 400μm，因此是一个成功的改造案例。

参考文献

[1] 郁永章．容积式压缩机技术手册．北京：机械工业出版社，2000.
[2] Dr. Johann Lenz. Diagnoseverfahren zur Zustandsbeurteilung von Kolbenverdichtern//1st European Forum for Reciprocating Compressor. 4-5 November 1999, Dresden, Germany.
[3] 《压缩空气站设计手册》编写组．压缩空气站设计手册．北京：机械工业出版社，1993.
[4] （美）汉隆（Paul C. Hanlon）．压缩机手册．郝点，等译．北京：中国石化出版社，2003.
[5] 朱荣乾，张庆龙，胡青宁，等．压缩机技术，2010，（1）：45-48.
[6] 高洪英，张玉伟，黄扶显．设备管理与维修，2013，（3）：47-50.
[7] 林京，刘红星，屈梁生．化工机械，1997，24（3）：168-170.
[8] 孙嗣莹，何云涛，任廷荣．西安交通大学学报，1996，30（8）：51-56.
[9] 高金吉．机器故障诊治与自愈化．北京：高等教育出版社，2012.
[10] 郁永章，姜培正，孙嗣莹．压缩机工程手册．北京：中国石化出版社，2012.
[11] 党锡淇，陈守五．活塞式压缩机气流脉动与管道振动．西安：西安交通大学出版社，1984.
[12] 西安交通大学管道振动研究小组．压缩机技术，1980，（1）：32-37.
[13] Bai W J, Li Y Q, Duan Q. Vibration analysis and transformation of hyper compressor pipeline for LDPE plants//ASME 2013 International Mechanical Engineering Congress & Exposition, 15-21 November 2013, San Diego, USA.
[14] 党锡淇，陈守五，夏永源．西安交通大学学报，1979，12（2）：49-60.

7

工业汽轮机

有别于发电用汽轮机，工业汽轮机是工业生产流水线的一个组成部分，具有如下的特点：

① 工作平稳可靠，不依赖于外界电源，具有很大的超载能力。

② 可以实现热电（功）联供，综合热经济性高。工业汽轮机排出的低压蒸汽和抽汽可以用于某些化工反应的加热。

③ 可以实现废热利用，综合利用工艺副产蒸汽及废热产生的蒸汽。工业炉窑排烟废热及化学反应热可用来产生蒸汽供汽轮机使用，节能降耗减排。

④ 可以实现大功率、变转速、高转速驱动。现代工业汽轮机可以根据工艺流程的需要达到要求的功率，其范围可以不受限制。汽轮机转速可以在75%～105%额定转速甚至更大范围内连续进行调节。

⑤ 相对于电机驱动，具有防火防爆的特点，安全可靠。

⑥ 使用性能好，如可带负荷低速启动，启动升速平稳。

随着化工生产的迅速发展，化工装置的大型化已成为一种必然的趋势。大容量、高转速的透平压缩机组已被广泛采用，如在30万吨·年$^{-1}$合成氨装置中，用汽轮机直接驱动氮氢气压缩机、空气压缩机、原料气压缩机、二氧化碳压缩机及氨冷冻机，所需汽轮机总功率达到40MW。在30万吨·年$^{-1}$乙烯装置中，裂解气压缩机、丙烯压缩机、乙烯压缩机都用汽轮机驱动，总功率为37MW[1]。

据统计，流体输送机械占全国电力消耗的40%以上，其中泵占21%、风机占10%、压缩机占9%。因此，采用工业汽轮机来驱动泵、压缩机、风机等旋转机械，可以实现节能降耗、减排的可持续发展目标，具有重要的工程应用价值。

7.1 汽轮机的基本原理和分类

7.1.1 汽轮机的基本工作原理

汽轮机是以蒸汽为工质的旋转式热能动力机械。蒸汽的热能转变成汽轮机转子旋转的机械功需要经过两次能量转换，即蒸汽流过汽轮机静叶片（第一级称为喷嘴）时将热能转换成蒸汽高速流动的动能，当高速汽流流过动叶片时将蒸汽流动的动能转换成汽轮机转子旋转的机械能，从而驱动其他设备旋转，实现其功能。根据汽轮机类型的不同，有些汽轮机在动叶中也将热能转换成蒸汽的动能[2～4]。

7.1.2 汽轮机的分类

按工作原理分为：

（1）冲动式汽轮机　蒸汽的热能转变成动能的过程仅在静叶（喷嘴）中进行（膨胀），动叶片上只实现蒸汽动能转换成机械能的过程。

（2）反动式汽轮机　蒸汽在静叶（喷嘴）中膨胀，压力、温度下降，流速增加，然后进入动叶片继续膨胀，降压降温，并将蒸汽的动能转换为机械能。严格地说，反动式汽轮机的压降同时在静叶和动叶中实现，既利用了冲动原理，又利用了反动原理。

按蒸汽的流动方向分为：

（1）轴流式汽轮机　在汽轮机内，蒸汽基本上沿轴向流动，如图 5-7-1(a) 所示。

（2）辐流式汽轮机　在汽轮机内，蒸汽基本上沿辐向（径向）流动，图 5-7-1(b) 所示为向心式，图 5-7-1(c) 所示为离心式。

（3）回流（周流）式汽轮机　蒸汽大致沿轮周方向流动的小功率汽轮机，图 5-7-1(d) 所示为回流式。

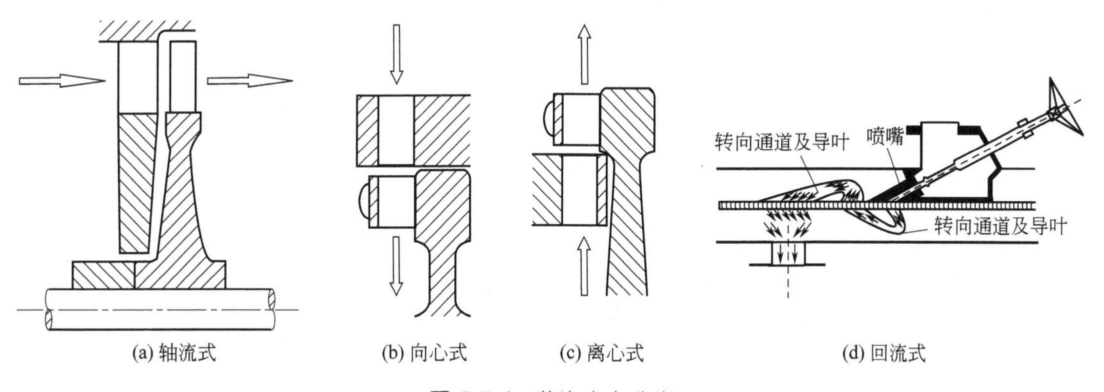

图 5-7-1　蒸汽方向分类

按蒸汽特征分为：

（1）凝汽式汽轮机　蒸汽在汽轮机内做功后，排汽在低于大气压力的真空状态下进入凝汽器凝结成水。

（2）背压式汽轮机　汽轮机排汽压力高于大气压力，排汽可供工业生产或采暖使用，也可以在其他汽轮机中继续膨胀做功；当排汽作为其他中、低压汽轮机的工作蒸汽时，称前置式汽轮机。

（3）抽汽凝汽式汽轮机　进入汽轮机的蒸汽膨胀到一定压力、温度时，抽出一部分蒸汽供工业流程或者其他装备使用，也可以用于加热，剩余部分蒸汽继续膨胀到凝汽器的压力后凝结。当只有一股汽流抽出时，称为一次调节抽汽汽轮机；当有两股汽流抽出时，称为两次调节抽汽式汽轮机；当抽汽压力不进行调节时，称为非调整抽汽汽轮机。生产用抽汽压力变化范围很宽，没有一般规范，根据需要选用；而采暖或生活用汽抽汽压力一般为 0.07～0.25MPa。

（4）抽汽背压式汽轮机　是一种抽汽式汽轮机，但是排汽压力高于大气压力。可以提供两种参数（抽汽和背压）的蒸汽供工艺使用，也可以提供三种参数的蒸汽（两次调节抽汽背压式汽轮机）供工艺使用。

（5）补汽式汽轮机　一般用于废热利用。以充分利用废热为原则，将废热在废热锅炉中产生的不同压力的蒸汽，在不同的位置注入汽轮机做功；当然也可以是工艺流程产生的不同压力的蒸汽，分别注入汽轮机做功。

另外，汽轮机还可按蒸汽初压、汽缸数目、排列方式以及用途等进行分类。

7.2 工业汽轮机的结构及特点

7.2.1 工业汽轮机的结构

工业汽轮机相对于发电用汽轮机来说，其功率等级要小得多，目前世界上最大的常规汽轮机功率达到1200MW，国内最大的汽轮机功率达到1000MW；而工业汽轮机一般在几十兆瓦范围内，因此属于中、小功率的汽轮机，常采用单缸结构，而大功率汽轮机由于参数高、功率大、系统复杂，通常由高、中和低压缸组成，并且具有复杂的给水加热系统[5]。图5-7-2是一种典型的小功率凝汽式汽轮机纵剖面图，它共有六级，由一个调节级和五个压力级组成。

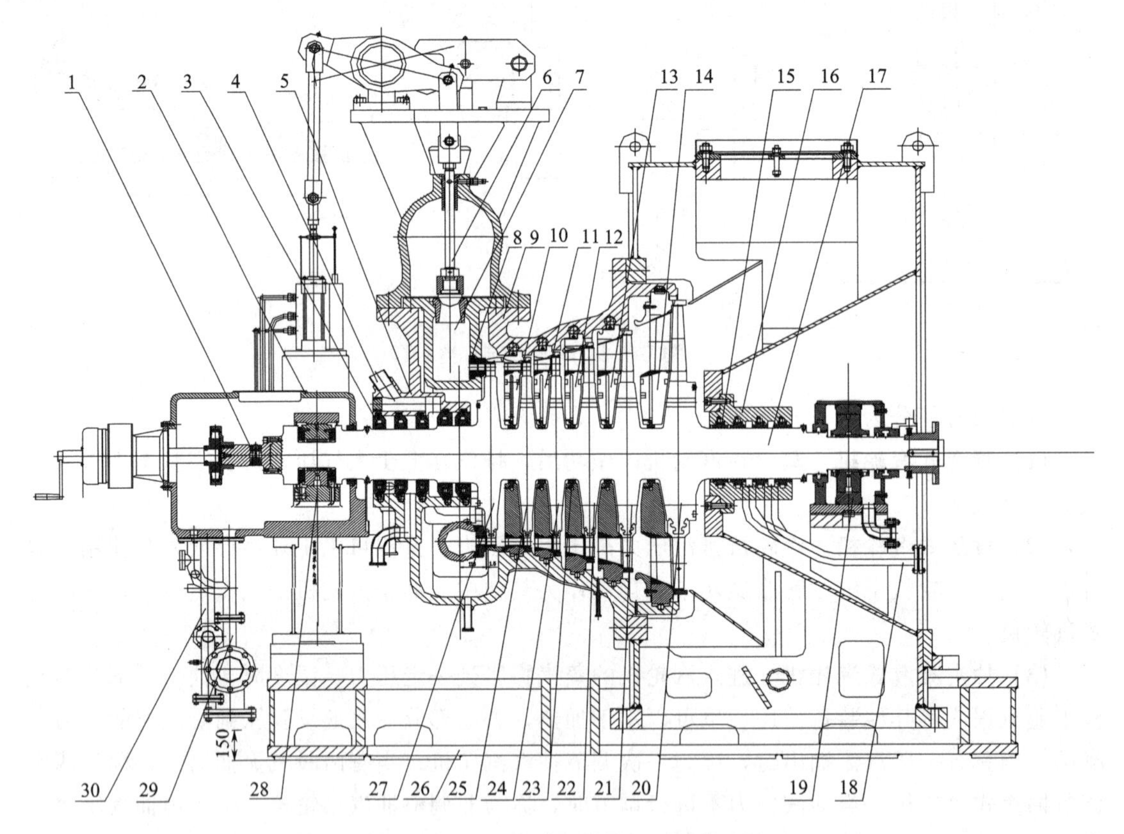

图5-7-2 一种典型的汽轮机纵剖面图

1—危急遮断器；2—前轴承箱；3—前轴封；4—前汽封讯号管；5—前轴封环；6—阀杆；7—喷嘴室；8—第一级喷嘴；9—汽缸；10—第一压力级隔板；11—第二压力级隔板；12—第三压力级隔板；13—第四压力级隔板；14—第五压力级隔板；15—后轴封；16—后轴封环；17—主轴；18—后汽封讯号管；19—径向轴承；20—第五压力级叶轮；21—第四压力级叶轮；22—第三压力级叶轮；23—隔板汽封；24—第二压力级叶轮；25—第一压力级叶轮；26—机架；27—调节级叶轮；28—径向推力联合轴承；29—回油管；30—进油管

汽轮机主要由静子和转子两大部分组成。静子包括汽缸、隔板和静叶栅、进排汽部分、轴端汽封及轴承、轴承座等。转子部分由主轴、叶轮和动叶片、联轴器等组成。为了保证汽轮机安全有效地工作，还配置调节保安系统、汽水系统、油系统及各种辅助设备等。

(1) 汽缸 汽缸的作用主要是将汽轮机的通流部分（喷嘴、隔板、转子等）与大气隔开，保证蒸汽在汽轮机内完成做功过程。

汽轮机在启动、停机和负荷改变时，汽缸各部分的温度都要发生很大的变化，由此引起汽缸的热应力和热变形，在负荷剧烈变动时（如快速停机、急速启动和暖机不良的情况下启动），其值达到最大，容易发生动静部分碰磨，导致事故，因此汽轮机的运行方式、方法要根据机组各部分的受热情况来确定。为确保汽缸各部分受热后能自由膨胀，并尽可能保持膨胀过程中静止和转动部分的同心度，在汽缸、轴承座和机座间装设一系列的滑动横销和纵销，引导汽缸沿垂直方向和轴向膨胀，并有保持汽缸和轴承座中心一致的立销。

(2) 转子 汽轮机中所有转动部件的组合体称转子。转子的作用是把蒸汽的动能转变为汽轮机轴的回转机械能。常用的转子结构型式有：套装转子、整锻转子和焊接转子。

套装转子就是将加工好了的叶片安装在叶轮上，然后将叶轮加热后套装（红套）到转轴上，一般按照松动转速计算红套的过盈量，保证叶轮在机组脱扣转速下的任何转速时，叶轮与转轴之间没有相对位移。整锻转子的轴是一个锻件，在锻件上加工出叶轮及叶片安装槽，然后将叶片安装到叶轮上。为了减小锻件的尺寸，采用焊接转子，先完成小锻件的锻造和加工，然后将其焊接到一起，组成转子，其叶轮、叶片安装与整锻转子类似。

为保证汽轮机正常运行，其工作转速一定要避开转子的临界转速。对于变转速运行的转子，一般要求转子第一临界转速比最高工作转速高20%～25%，若不能设计为刚性轴，则应满足避开率要求。如果其临界转速不能合理避开工作转速，往往采用改变转子结构尺寸(影响最大的是转子跨距)、轴承型式等方法来进行调整。

驱动发电机的转子应该能够承受发电机短路时的最大转矩。

(3) 叶片 叶片按其用途可分为动叶片和静叶片两种。

动叶片的作用是直接装在叶轮或转鼓（反动式汽轮机）上接受静叶（喷嘴）喷出的蒸汽，把蒸汽的动能转变成机械能，使转子旋转。

动叶片由根部、工作部分和顶部三部分组成。

动叶片通过其根部安装在叶轮或转鼓上，其型式有很多，常见的叶根型式如图5-7-3所示。

静叶片（喷嘴）的作用是使得蒸汽在其中膨胀加速，并以一定的角度进入动叶片。在采用双列复速级的汽轮机中，其复速级的第一列动叶片之后的安装在汽缸上的叶片称为转向导叶，其作用与静叶相同。

(4) 汽封 汽封是用于减小汽缸或隔板与转子轴间的环形间隙漏汽的部件，有轴端汽封和隔板汽封之分，对于反动式汽轮机，由于没有隔板，静叶顶部与转子之间也必须设置汽封，以降低漏汽损失。常用的汽封型式有曲径式汽封和炭精环汽封等，目前新型汽封型式包括蜂窝汽封、布莱登汽封等。

① 曲径式汽封。是最常用的汽封型式，常用的有平齿、长短齿、高低齿、侧齿和上下齿等（图5-7-4）。一般平齿泄漏量比较大，高低齿和侧齿密封效果比较好。

② 炭精环汽封。炭精环汽封的每环由3～4个弧段拼成，并用弹簧箍紧。为防止炭精环旋转或偏心，装有止动键。有的炭精环直接与轴或轴套接触，依靠炭精的滑润作用避免过高的摩擦产生。箍紧弹簧的拉紧力保证炭精环对轴或轴套表面的压力为（1.0～1.3）×

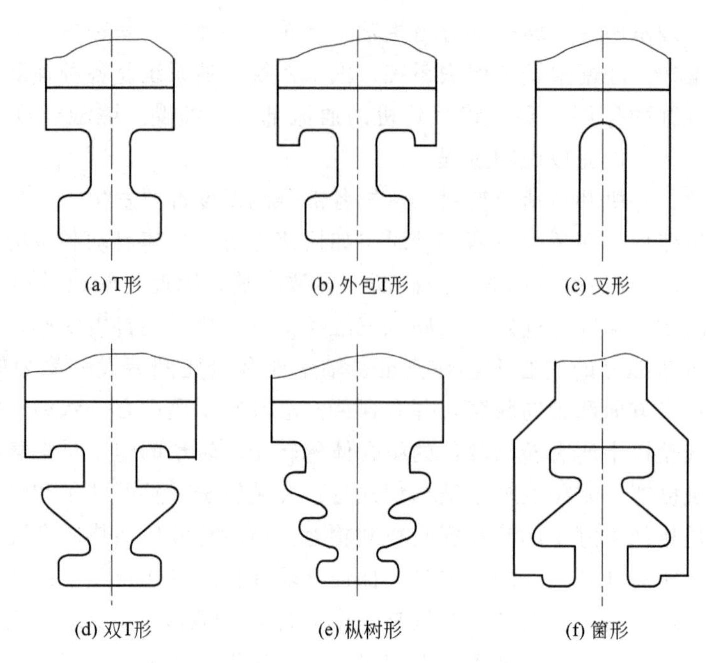

图 5-7-3 常见的叶根结构型式[6]

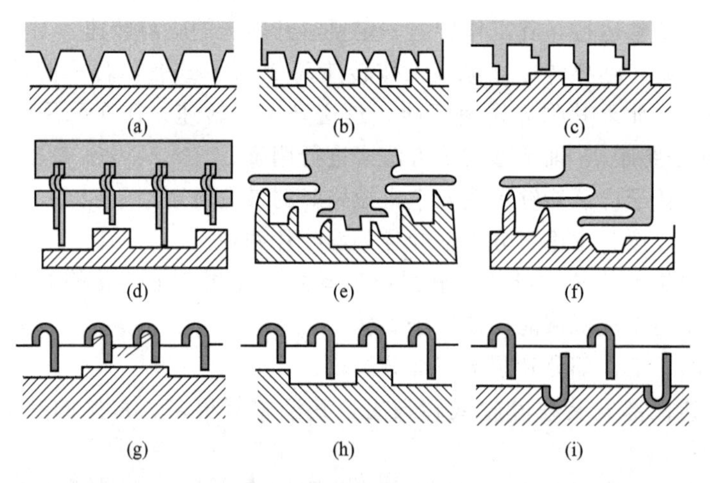

图 5-7-4 曲径式汽封

10^{-2}MPa。

如图 5-7-5 所示，炭精环汽封适用于压差较小（0.5MPa 以下）、轴的圆周速度不大于 35～40m·s^{-1}、工作温度不超过 300℃的小型汽轮机。

③ 蜂窝汽封。汽封形似蜂窝，蒸汽在周向不可流动，可以有效降低泄漏并可以降低转子汽流激振的发生，如图 5-7-6(a) 所示。但安装时间隙不便于测量与控制，材质如果选用不当，则容易损坏，影响密封效果。目前大功率汽轮机中使用比较多。

④ 布莱登汽封。与常用的曲径式汽封类似，但是其间隙通过汽封块外圆上的弹簧可以进行调节以减小漏汽，提高效率，如图 5-7-6(b) 所示。但是随着运行时间的延长，其调节弹簧有可能失效，导致密封功能消失。

⑤ 刷式汽封。如图 5-7-6(c) 所示为鬃毛的尖端间隙密封。冷态时鬃毛尖端刚好离开转

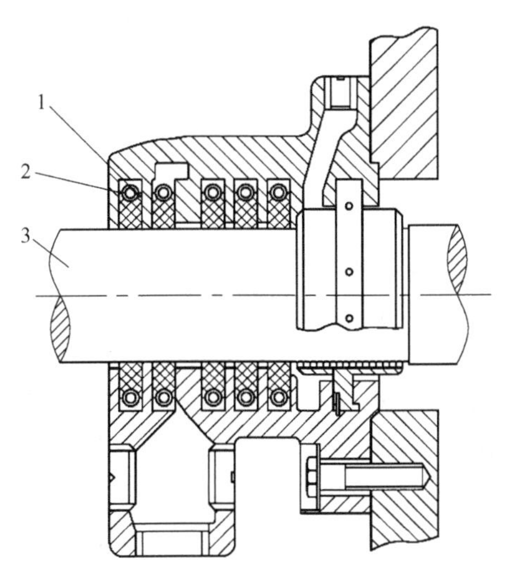

图 5-7-5　炭精环汽封

1—炭精环；2—弹簧；3—轴

子，具备一定间隙；运行时鬃毛与转子表面轻微接触，起到密封的效果。理论上密封性能很好，但是毛刷会脱落、倒伏和磨损，价格高，施工难度大。

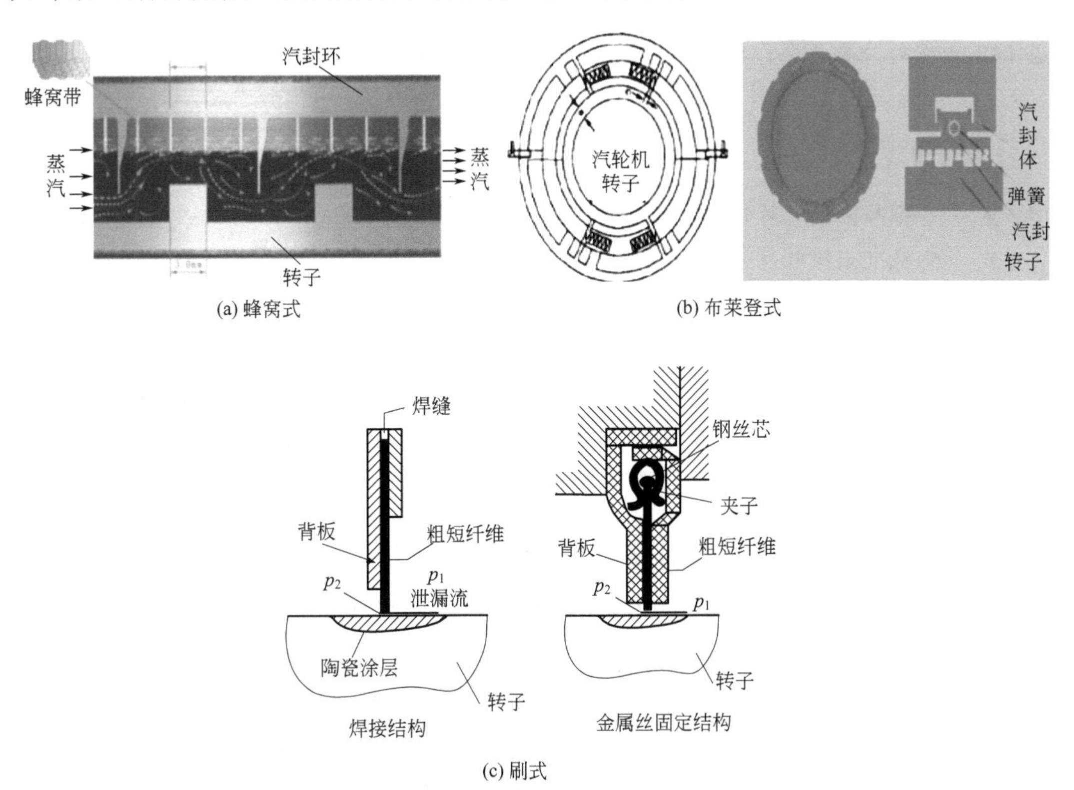

(a) 蜂窝式　(b) 布莱登式

(c) 刷式

图 5-7-6　新型汽封型式

7.2.2　工作特点

(1) 一般特点　工业汽轮机可以直接驱动压缩机、风机和泵等旋转机械。

由于被驱动机械通常采用变转速运行，因此汽轮机也需要采用变转速运行，而且被驱动机械的工作转速远高于发电用汽轮机的工作转速，一般在4000～20000$r \cdot min^{-1}$。由于叶轮和叶片所承受的应力水平与转速的平方成正比，为了保证机组的安全，要求汽轮机叶轮的平均直径不能太大，动叶片不能太长，一般叶顶的线速度在270$m \cdot s^{-1}$左右。

凝汽式汽轮机末级容积流量通常为入口容积流量的50～500倍，导致汽轮机低压级特别是末级叶片过长，为了满足叶片运行安全的需要，解决叶片强度设计的困难，在大功率工业汽轮机中低压部分也可以采用分流结构，也可以只针对末级叶片采用分流，将末级汽流分成两股，分别进两个末级叶轮做功。

工业汽轮机的凝结压力比电站用凝汽式汽轮机的凝结压力要高，一般在0.01～0.02MPa，这样可以减小机组末级叶片的高度，提高机组运行的安全性。

当采用比较高的排汽压力时，可以增加低压末级蒸汽的干度，减小湿汽损失。一般控制汽轮机末级出口湿度≤13%。当蒸汽初温度不变、压力升高时，或者是压力不变、温度降低时，都会引起末级湿度的增加，使凝汽式汽轮机的末级析出更多的水分。水滴对动叶进口边的撞击，一方面使汽轮机的级效率减小，另一方面这种撞击使动叶的金属表面损坏，即称为动叶的水蚀。为了防止水蚀，最后几级动叶的进口边的材料应特殊处理，如镀铬、堆焊硬质合金、电火花硬化（利用电弧将硬质合金喷射并扩散至叶片表面）、表面渗氮等。有的在最后几级叶片上制成去湿结构，利用离心力使水滴分离。也有的高速工业汽轮机，利用腐蚀系数E确定末级叶片是否要作定期更换。

$$E=\frac{(1-x_0)^2}{10p_0}\times\left(\frac{n}{3000}D_{末}\right)^3 \tag{5-7-1}$$

式中 x_0——标准末级叶片进口干度，%；

p_0——标准末级叶片进口压力，MPa；

$D_{末}$——末级动叶外径，m；

n——转速，$r \cdot min^{-1}$。

当$E \leqslant 0.3$时，末级动叶进口边不淬硬；

$E>0.3$时，末级动叶进口边要淬硬，如果不淬硬，则要定期检查予以更换。

汽轮机叶片的腐蚀是由于蒸汽中含有盐和酸类或者是汽轮机停机时漏入蒸汽和空气引起的电化学和化学腐蚀。采用含铬12%以上的不锈钢作汽轮机叶片，可以抵抗这种腐蚀作用。

(2) 轴系及其振动 工业汽轮机由于转速高，而且要求有一定的变速范围，一般在额定转速的75%～105%运转，故汽轮机转子产生振动或共振的可能性也大。为防止事故发生，保证工业汽轮机的安全运行，对汽轮机转子的动平衡和允许振幅值提出了严格的要求[5]。

国际电工委员会（IEC）和国际标准组织（ISO）联合推荐的汽轮机允许振幅值见表5-7-1。

表5-7-1 汽轮机允许振幅值

转速/$r \cdot min^{-1}$	4000	8000	12000	16000	20000	24000	28000
双振幅/mm	<0.0547	<0.0318	<0.0254	<0.0228	<0.0203	<0.0190	<0.0175

(3) 转子的临界转速 转子振动的放大系数计算式为：

$$F=\frac{n_c}{n_1-n_2} \tag{5-7-2}$$

式中 n_c——转子的临界转速，r•min^{-1}；

n_1——低于临界转速、振幅为临界转速处振幅峰值的 0.707 倍处的转速，r•min^{-1}；

n_2——高于临界转速、振幅为临界转速处振幅峰值的 0.707 倍处的转速，r•min^{-1}。

当振动测量探头测出的转子的放大系数大于或等于 2.5 时，振幅峰值处的频率称为临界频率，对应的转速称为临界转速；放大系数低于 2.5 时，称为具有极大阻尼的系统。临界转速应该采用有阻尼转子的不平衡响应分析法确定，临界转速低于最高连续工作转速时（柔性轴），应该在试车台上试验确定。所有工作和停留转速处不应该出现由临界转速所导致的转子共振；制造厂应该进行转子的有阻尼不平衡响应分析。

有阻尼的不平衡响应应该包括：从零到脱扣转速间每个响应转速的振型曲线和对应的振型判定以及高出脱扣转速所出现的振型曲线和振型判定。

对于待定振型，不平衡量按照下述要求配置。通过每个临界转速区时，得出振动测量探头位置处的频率、相位和响应幅值。该不平衡量应该足以增大转子在测量探头位置的位移达到振幅限制值，振幅限制值（单位：mm）按照下式计算[7~9]：

$$\text{振幅限制值}=\sqrt{\frac{12000}{n}}\times 0.0254 \tag{5-7-3}$$

式中 n——最接近临界状态的汽轮机转速，r•min^{-1}。

该不平衡量应大于规定剩余不平衡量限值的两倍，相关规定参见标准 JB/T 6765—1993[10]。

(4) 叶片强度振动 工业汽轮机高速运行时，叶片承受脉动汽流激振力的作用，产生振动。当激振力频率等于叶片自振频率时就会发生共振，导致叶片损坏。叶片振动时，叶片截面中产生交变应力，当叶片某局部的交变应力超过材料的疲劳极限时，叶片便从该处产生裂纹，裂纹处的应力集中会导致裂纹迅速扩展，从而使得叶片断裂。一般情况下，叶片的振动断裂均为疲劳断裂。

工业汽轮机的变速范围在额定转速的 75%～105%，因此必须在比较宽的变速范围内对动叶片进行振动强度校核，即动应力校核，使汽轮机的工作转速不是其自振频率的整数倍，并且在共振状态下也能长期安全运行。这就是工业汽轮机不调频叶片强度振动安全校核。

叶片工作应力包括静应力 σ_{st} 和动应力 σ_D 两部分，即 $\sigma=\sigma_{st}+\sigma_D$。

静应力 σ_{st} 主要由离心拉应力 σ_{ct}、离心弯应力 σ_{cb} 和蒸汽静弯应力 σ_{sb} 组成：

$$\sigma_{st}=\sigma_{ct}+\sigma_{cb}+\sigma_{sb} \tag{5-7-4}$$

动应力主要是汽流不均匀和其他因素引起的周期性激振力所激发的。叶片的动应力与叶片的振幅成正比，振幅又取决于激振力的大小、叶片固有频率与激振频率的比值以及全部有效的阻尼力。阻尼力由围带或阻尼拉筋形成，包括叶根和叶片材料中的阻尼以及流动蒸汽阻尼。

动叶片的损坏一般是动应力过大所致，要准确计算叶片动应力存在困难。因此使用许用应力安全倍率 A_b 来控制叶片的动应力。

对调频叶片和不调频叶片都给出了安全倍率的许用值 $[A_b]$，要求叶片的安全倍率计算

值 $A_b \geqslant [A_b]$（许用安全倍率）。

叶片切向 A_0 型频率与转速频率成倍数的低频激振力共振的许用安全倍率 $[A_b]$ 值如下：

K	2	3	4	5	6	7	8	9	10	11	12	13～20	>20
$[A_b]$	—	10.0	7.8	6.2	5	4.4	4.1	4.0	3.9	3.8	3.7	3.5	3

叶片组的 B_0 型振动频率与静叶（喷嘴）高频激振力共振的许用安全倍率 $[A_b]=10$。

叶片 A_0 型频率与静叶（喷嘴）高频激振力共振的许用安全倍率 $[A_b]$ 值为：

对全周进汽级：$[A_b]=45$

对部分进汽级：$[A_b]=55$

安全倍率的计算公式如下：

$$A_b=\frac{\sigma_a^* K_1 K_2 K_d}{\sigma_{sb}^* K_3 K_4 K_5 K_u} \tag{5-7-5}$$

式中 σ_a^*——耐振强度，叶片材料在其工作温度及平均静应力作用下能承受的最大交变弯曲应力，由叶片材料的耐振强度 σ_a^* 曲线查得；

σ_{sb}^*——在叶片最小惯性轴上投影的蒸汽弯曲应力；

K_1——介质腐蚀系数；

K_2——表面质量系数；

K_d——影响耐振强度的尺寸修正系数；

K_3——有效应力集中系数；

K_4——通道系数，考虑通道积垢的影响；

K_5——流场不均匀系数；

K_u——成组系数。

在耐振强度中，平均静应力 σ_m 用式(5-7-6) 计算：

$$\sigma_m=1.2(\sigma_{ct}+\sigma_{cb}+\sigma_{sb}) \tag{5-7-6}$$

式中 σ_{ct}——离心拉应力；

σ_{cb}——离心力产生的偏心弯应力；

σ_{sb}——总的蒸汽弯应力。

对于调频叶片应同时满足调频指标和安全倍率 A_b 值的要求，同时应该提供共振线图（坎贝尔图或者相当的图线）以证明叶片振动处于安全范围之内，避免出现共振。

调频叶片的许用安全倍率值 $[A_b]$ 如下：

K		2～3	3～4	4～5	5～6
$[A_b]$	自由叶片	4.5	3.7	3.5	3.5
	成组叶片	←3.0→			

其中，K 为低频激振力频率的倍数。

叶片组的 B_0 型振动频率与静叶（喷嘴）高频激振力共振的许用安全倍率按照叶片切向

A_0 型频率与转速频率成倍数的低频激振力共振的许用安全倍率 $[A_b]$ 值进行校核。若 $A_b \geqslant [A_b]$，则是安全的。

整圈连接叶片的 A_b 值要求大于 3.0。

目前提高叶片振动安全性的主要措施包括：

① 调整激振力频率和叶片自振频率的比值，避免叶片产生共振。对调频叶片，改变叶片的自振频率，即改变叶片或叶片组的刚性与惯性。对单只叶片，可改变叶型、叶高或钻减重孔；对叶片组，可改变围带或拉筋的尺寸、截面形状及其与叶片的连接方式，改变成组叶片数与静叶数，提高叶根刚性。对调节级叶片，为调整激振力的频率，可调整配汽，减少隔板中分面漏汽或汽流不均匀的现象，也可改变抽汽口位置及数目，以及采用变节距喷嘴等。

② 降低汽流力在叶片截面中产生的静弯曲应力，以减小叶片中的振动应力。

对于变转速工业汽轮机来说，仅采用这两项措施是不够的，因为要避开所有转速范围内的低阶共振往往是不可能的，即使几个主要运行工况不产生低阶共振也有困难。因此，必须采取其他措施，如增加叶片振动的阻尼、减小激振力、减小汽流的静弯应力。

增大叶片的振动阻尼，常用的方法有：

① 增加拉筋，这是增加叶片阻尼的最有效的措施之一；

② 采用阻尼围带设计；

③ 选择具有良好减振性能的叶片材料。

为确保工业汽轮机在高转速和变速条件下安全可靠运行，还必须注意：

① 工业汽轮机运行工况变化大，调节级、抽汽级和末级的激振力大，要考虑围带和叶根对叶片振动频率的影响，确定计算的可靠性。

② 工业汽轮机运行时的蒸汽品质较差，运行工况变动较为频繁，因此，必须注意过渡区工作叶片的运行可靠性。过渡区是指在设计工况下，叶片之后的过热度≤30℃，叶片前的蒸汽干度 $x \geqslant 0.96$ 的区段。在此区域内工作的叶片，变工况时有可能在湿蒸汽区与过热区反复过渡，使材料的疲劳强度大为降低，并造成腐蚀。为使这一区段的叶片安全运行，应将材料的许用应力降低 50%。

③ 在蒸汽干度 $x < 0.96$ 的湿蒸汽区工作的叶片，常被含有低浓度盐分的凝结水所润湿，应将材料的许用应力降低 20%左右。此外，末几级叶片常在高湿度的蒸汽中工作，为了提高其使用寿命，应采取有效的防水蚀措施。

7.3 工业汽轮机的调节保安系统

工业汽轮机的类型包括凝汽式、背压式和抽汽式，根据其工作转速可以是等转速运行，也可以是变转速运行。

工业汽轮机调节系统要适应工况的变化，实行单参数或多参数调节，其调节的主要对象是转速、压力和流量等。压力调节主要内容包括背压式汽轮机的排汽压力、抽汽式汽轮机的抽汽压力、废热锅炉出口压力、被驱动机械压缩机和泵的出口压力以及风机的进口压力等。

7.3.1 基本调节规律

(1) 凝汽式汽轮机调节 凝汽式汽轮机只输出机械功，有一个调节阀，能够控制一个被调量。作为工业汽轮机时，可以是废热利用带动发电机发电，也可以驱动压缩机、风机和泵等设备。

当凝汽式汽轮机与废热锅炉并列运行时，带动发电机发电。按照废热利用为原则设计汽轮机的调节系统。正常运行时，采用废热锅炉出口压力调节，压力增加时，调压系统控制汽轮机的调节阀开大，维持锅炉出口压力不变；压力降低时，调压器控制汽轮机的调节阀向相反的方向运动，减小调节阀的开度。发电机并入电网运行，靠电网维持机组的转速不变，电功率由电网维持。发电机组并入电网前，必须有转速调节系统工作，在汽轮机甩负荷之后，也必须有调速系统参与工作，防止汽轮机出现危险的超速。因此，转速调节必不可少。

凝汽式汽轮机驱动压缩机、风机和泵等流程机械时，选择被驱动机械的参数进行调节，称为出口压力调节、出口流量调节或者风机进口压力。

采用出口压力调节时，调压系统工作，被驱动机械出口压力升高时，调压系统控制汽轮机的调节阀开度减小，进入汽轮机的蒸汽流量减少，机组功率减小，转速降低，从而使得被驱动机械出口压力维持不变，称为变转速出口压力调节。

采用出口流量调节时，流量调节系统工作，被驱动机械出口流量增加时，流量调节系统控制汽轮机的调节阀开度减小，进入汽轮机的蒸汽流量减少，机组功率减小，转速降低，从而使得被驱动机械出口流量维持不变，称为变转速出口流量调节。

采用风机进口压力调节时，调压系统工作，风机进口压力升高时，压力调节器控制汽轮机的调节阀开度开大，进入汽轮机的蒸汽流量增加，机组功率增大，转速增加，从而使得风机进口压力维持不变，称为变转速进口压力调节。

(2) 背压式汽轮机调节 背压式汽轮机在输出机械功的同时向用户供应一定的热能。有两个被调量——汽轮机功率和供热量，但是只有一个调节阀，因此不能同时满足两者的需要，只能按照热负荷运行或者按照电（机械）负荷运行。当按照热负荷运行时，采用背压调节，在热负荷增加时，汽轮机背压降低，调压系统工作，汽轮机调节阀的开度增加，进汽流量增加，满足热用户的需要，但是电（机械）负荷不能满足用户的需要，只能带动发电机发电，将电能输送到电网，靠电网满足电能用户的要求；但是汽轮发电机组可能发生甩负荷，在发电机并入电网前也需要调节转速，因此，调速系统必不可少；当汽轮机按照电负荷运行时，调速系统工作，转速增加时，调速系统关小调节阀的开度，减少汽轮机功率，满足电负荷的需要，热负荷由热网来维持。

背压式汽轮机与废热锅炉并列运行时，只能带动发电机发电。按照废热利用原则设计汽轮机的调节系统。其调节系统与凝汽式汽轮机与废热锅炉并列运行相同，背压式汽轮机的排汽进入热力管网，背压通过热网来维持。

背压式汽轮机驱动压缩机、风机和泵等流程机械时，选择被驱动机械的参数进行调节，称为出口压力调节、出口流量调节或者进口压力调节，其调节规律与凝汽式汽轮机驱动这些装置时的调节方式相同，其排汽进入热力管网，背压通过热网来维持。

(3) 抽汽式汽轮机调节 抽汽式汽轮机在输出机械功的同时提供热能，有两个调节阀，能够控制两个被调量。

抽汽式汽轮机与废热锅炉并列运行时，一般带动发电机发电，分别选择抽汽压力和锅炉出口压力调节。抽汽压力升高时，抽汽压力调节器控制汽轮机的低压调节阀开大，维持抽汽口压力不变，为了充分利用废热，高压调节阀不变化；当锅炉出口压力升高时，锅炉出口调压器控制汽轮机高压调节阀开大，低压调节阀也开大，维持锅炉出口压力不变化，同时维持抽汽口的压力不变化，但是汽轮机功率增加，多发出的电送入电网。由于是带动发电机组，因此，转速调节系统必不可少，发电机并入电网前和甩负荷后控制汽轮机转速，保证机组的安全。

抽汽式汽轮机带动压缩机、风机和泵等流程机械时，一般选择被驱动机械的一个参数进行调节，另外一个被调参数为抽汽压力。因此，其调节方式为抽汽压力-出口压力调节、抽汽压力-出口流量调节或者抽汽压力-进口压力调节。

① 抽汽压力-出口压力调节。抽汽压力升高时，抽汽压力调节器控制汽轮机的高压调节阀开度减小，进汽流量减小，高压部分功率减小；同时控制低压调节阀开度增加，低压部分流量增加，维持抽汽口的压力不变化，而低压部分功率增加，高压和低压部分功率变化量之和等于零时，机组转速不变化，被驱动机械出口压力不变。

被驱动机械出口压力升高时，出口压力调节器控制汽轮机的高压调节阀开度减小，进汽流量减小，高压部分功率减小；同时控制低压调节阀开度减小，低压部分流量减小，低压部分功率减小，机组转速降低，维持被驱动机械出口压力不变；高压和低压部分流量减少的量相同时，则抽汽口的压力维持不变。

② 抽汽压力-出口流量调节。抽汽压力升高时的调节方式与①相同。

被驱动机械出口流量升高时，出口流量调节器控制汽轮机的高压调节阀开度减小，进汽流量减小，高压部分功率减小；同时控制低压调节阀开度减小，低压部分流量减小，低压部分功率减小，机组转速降低，维持被驱动机械出口流量不变；高压和低压部分流量减少的量相同时，则抽汽口的压力维持不变。

③ 抽汽压力-进口压力调节。抽汽压力升高时的调节方式与①相同。

被驱动机械进口压力升高时，进口压力调节器控制汽轮机的高压调节阀开度增大，汽轮机进汽流量增加，高压部分功率增加；同时控制低压调节阀开度增大，低压部分流量增加，低压部分功率增加，机组转速升高，维持被驱动机械进口压力不变；高压和低压部分流量增加的量相同时，则抽汽口的压力维持不变。

7.3.2 工业汽轮机的调节系统

调节系统的结构型式有：机械式、半液压式、全液压式及电液调节系统等。液压工质一般为透平油，油压 0.6～3MPa，对于采用超高压参数的汽轮机，其电液调节系统也可以采用抗燃油系统。

汽轮机各种类型的调节系统，不管其实际构造属于何种型式，一般总是由测量机构、传动放大机构和执行机构三部分组成，图 5-7-7 所示为带动发电机的汽轮机转速调节系统。

测量机构是调节系统的敏感元件，感受机组被调量的变化，并将其传递到传动放大机构，经传动放大机构放大后再传递给执行机构，由执行机构操作改变调节阀门的开度来最终改变汽轮机的蒸汽流量，从而实现被调量的调节。在执行机构动作的同时，通过反馈装置对传动放大机构实现反馈，使其复位，于是整个调节过程完毕，机组在新的工况下运行。

调节系统的主要元件是：调速器、调压器、同步器、放大反馈机构及调节阀等[11]。

(1) 调速器 调速器是否灵敏可靠，是汽轮机正常运行的关键。

调速器的种类有多种，但基本原理是一样的。它直接感受转速变化，向调节系统输入一个位移或油压讯号。常用的调速器有：机械液压式调速器（又称全液压调节或液力调速）、离心液压式调速器（又称半液压调节）、电子油压式调速器（又称电液调节器）。离心调速器用于小型汽轮机，中型机组采用离心调速器和液压调速器，控制复杂的大型机组或要求自动

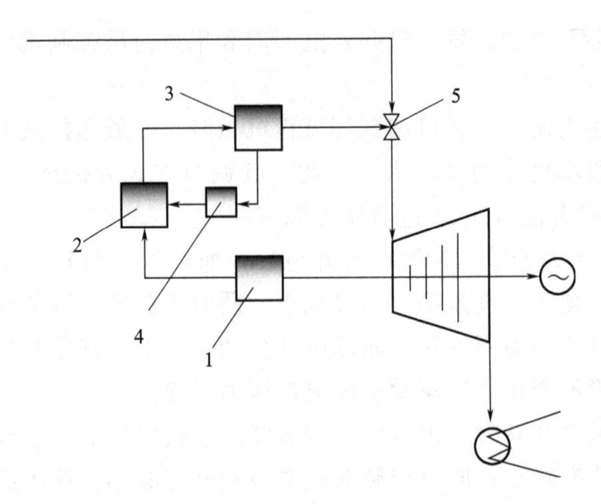

图 5-7-7 带动发电机的汽轮机转速调节系统的组成

1—测量机构；2—传动放大机构；3—执行机构；4—反馈装置；5—调速汽门

启动、切换等机组应考虑电液调节器。

(2) 调压器 调压器直接感受压力变化讯号。按结构可分为：薄膜钢带式、波纹管碟阀式、喷射式、电子式等。

调压器在背压式或抽汽式汽轮机中，接受汽轮机背压或抽汽压力的变化讯号，起着调节背压或抽汽压力的作用。对于直接驱动压缩机的汽轮机组，调压器也可接受压缩机进口或出口压力讯号，调节汽轮机转速，使压缩机在变工况（变转速）下运行。抽汽式、凝汽式汽轮机，除了提供动力外，还向工艺及热用户供应蒸汽（热电两用式），汽轮机的转速由调速器控制，抽汽压力和蒸汽量则由调压器控制。

(3) 同步器 同步器使汽轮机在负荷改变时仍能在规定转速下运行。它担负着增减汽轮机负荷的作用；对于单独驱动压缩机的汽轮机组，同步器可以在规定调速范围内给定汽轮机转速。

同步器一般可分为：辅助弹簧式和附加错油门套筒式两种。

同步器可以手动操作，也可以在主控室远距离电动操作。

当汽轮机采用电液调节系统时，其同步器就成为给定装置，一般在电调系统中通过参数的输入直接给出。

(4) 反馈装置 调节系统中反馈装置是必不可少的，没有反馈的调节系统很难稳定运行。任何调节系统都必须装设一种能对放大机构错油门进行反馈，使错油门滑阀在调节过程终了时能自动回到中间位置的装置，即反馈装置。它能使调节过程较快地稳定下来，不至于在调节过程中产生摆动，从而使系统具有很好的稳定性。

在全液压调节系统中，一般利用油口起反馈作用，称为“液压反馈”或“油口反馈”。

在电液调节系统中，一般通过电信号实现反馈，以提高调节系统的灵敏度。

(5) 调节阀 调节阀是一个根据调节器信号改变汽轮机进汽量的机构。在转速调节时能平衡汽轮机转矩和负荷之间的差距，使汽轮机维持在一定的转速；在压力调节时能够维持被调压力满足运行的要求。

汽轮机常用的进汽调节方法有三种：喷嘴调节、节流调节和滑压调节。

喷嘴调节就是调节系统控制汽轮机的一组调节阀依次开启，第一个阀门开足后开第二个阀门，第二个开足后开第三个阀门，直至一组阀门中的所有阀门全部打开。采用喷嘴调节时，部分负荷时只有一个阀门存在节流损失，相对来说具有比较高的效率；喷嘴调节是目前国内外普遍采用的一种汽轮机调节方法。全液压调节系统和半液压调节系统均采用喷嘴调节。为了改善调节系统的线性性能，次阀一般在前阀未开足时即开启。

节流调节就是在汽轮机负荷变化时一组阀门同时开大或者关小，所有的阀门均存在节流损失，相对于喷嘴调节来说，部分负荷时汽轮机的效率比较低。

滑压调节就是在汽轮机运行时所有的调节阀全部开启，同时维持锅炉出口温度不变（废热利用时温度会随着负荷的变化而变化），通过锅炉新蒸汽压力的变化来调整汽轮机的负荷，这样没有节流损失，同时部分负荷时锅炉给水泵耗功可以减小，汽轮机排汽湿度可以降低，有一定的优越性，但是负荷调整的速度比较慢。

(6) 调节系统的特性 汽轮机调节系统特性包括静态特性和动态特性。静态特性是汽轮机平衡运行工况下的特性，而动态特性是指汽轮机从一个平衡工况过渡到另外一个平衡工况时的特性。

转速调节系统的静态特性主要指调速不等率，即汽轮机从空负荷变化到满负荷时汽轮机转速变化量与额定转速之比；压力调节系统的静态特性主要指调压不等率，对于抽汽式汽轮机来说指抽汽流量从零变化到额定流量时抽汽压力变化量与额定抽汽压力之比。静态特性的另外一个指标是系统的灵敏度，系统越灵敏越好，但是相应的设备成本会增加。

动态特性指标包括：衰减率、最大百分比过调量、振荡周期、过程结束时间、上升时间和峰值时间等。这些指标很难同时达到最佳，因此需要综合平衡选择。

7.3.3 工业汽轮机的保安系统

工业汽轮机是高速旋转机器，为确保汽轮机在异常情况下不使得状态恶化，导致严重的事故，在汽轮机上都装有各种保护装置。

(1) 汽轮机常用的保护装置[6]

① 超速保护。所有的汽轮机都无例外地装备有超速保护系统，是汽轮机最重要的保护装置之一。汽轮机转动部件的强度设计根据一定转速（一般为额定转速的115%）确定，如果转速增加10%，则应力增加21%，当转速超过一定的限制时，就会发生损坏事故。另外，对于套装转子，转速过高还会引起叶轮在轴上松脱，造成动、静部分碰撞损坏。所以，当转速超过制造厂规定的数值时，应该立即切断进汽，使得机组紧急停机。

超速保护装置一般由危急遮断器（亦称超速保安器）、执行机构和主汽门等组成。

② 危急遮断器。危急遮断器是机械式超速保护装置，其结构型式有偏心飞锤式和偏心飞环式，两者的工作原理相同。

当汽轮机转速上升到最大连续工作转速的110%～112%时，危急遮断器动作，使得主汽阀和调节阀快速关闭，机组紧急停机。

③ 背压上升或真空度下降脱扣装置。当汽轮机背压上升或真空度下降超过允许值时，由压力开关进行报警或紧急停机。背压式汽轮机的排汽管上安装有安全阀；凝汽式汽轮机的凝汽器上装有真空破坏阀。

凝汽式汽轮机在危急遮断器动作的同时，迅速打开凝汽器的真空破坏阀，使真空度迅速下降，加快停车速度，确保设备安全。

④ 超速保护装置的配置。大多数汽轮机同时设置多套超速保护装置，以保证机组的

安全。

最基本的超速保护装置是机械式危急遮断器，一般情况下成对设置，以提高保护装置工作的可靠度。

另外，汽轮机在其监测系统中配置电气超速保护装置。当机组转速达到报警值时，首先发出声光报警信号，引起运行人员的注意，采取必要的措施；当达到紧急停机转速时，通过电气操作系统使得机组的液压执行机构快速动作关闭主汽门和调节阀，机组紧急停机。

图 5-7-8 为汽轮机转速测量及超速保护电路框图。整个系统由转速测量和超速保护两部分组成。转速测量部分由测速齿轮、磁阻脉冲传感器、F/V 频率电压转换器和指示表等组成。超速保护部分由输入电路、比较器和输出电路等组成。

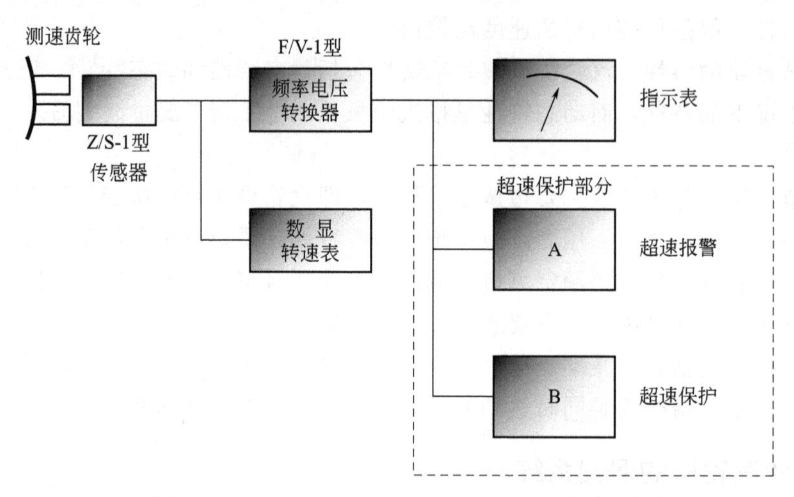

图 5-7-8 汽轮机转速测量及超速保护电路框图[12]

当测速齿轮旋转时，在传感器上就感应出按转速变化的频率信号，经频率电压转换器变换成与频率变化相对应的直流电压信号，将直流电压信号送到模拟指示表，显示对应的转速，再将直流电压信号送到超速保护部分，就可实现超速报警和超速保护。

(2) 轴向位移保护 当机组运行异常，轴向推力过大时，会造成推力轴承过载，不仅造成烧瓦事故，甚至会因转子较大的轴向位移造成转子与静止部分碰撞的严重事故。为此，在汽轮机上通常都装有轴向位移的测量、报警和保护装置。当机组的轴向位移达到一定数值后，它能发出灯光信号报警；若轴向位移进一步增加到规定的极限数值时，它便动作，迅速关闭主汽门和调节汽阀，紧急停机。

轴向位移保护方法有：机械式、液压式、电感式和涡流式等。前两种测量精度较差，信号不便于远传，校验安装也不方便，在大型工业汽轮机上很少应用。目前，国内外工业汽轮机广泛采用电感式和涡流式检测方法。

电感式轴向位移检测装置又有两种类型，即先差动后整流的电感式和先整流后差动的电感式。前者结构简单，寿命长，安装方便，其不足之处是线性差；后者线性好，受温度影响也小。

此外，汽轮机往往还装备有振动保护、润滑油压力温度保护、油箱油位保护、汽缸转子差胀保护、凝汽器真空保护等。其作用原理是测量被保护的参数，当其达到报警值时，首先发出声光报警信号，引起运行人员的注意并采取必要的操作措施，若所采取的措施不能解除报警，被保护参数继续恶化，达到紧急停机值时，发出电磁式的紧急停机信号，操作液压执行机构，使得主汽门和调节阀均快速关闭，机组紧急停机，避免事故的扩大。

7.4 汽轮机变工况

汽轮机按要求的功率和转速在给定的蒸汽参数（进汽压力、温度、排汽压力）下进行设计，在设计参数下运行的工况称为设计工况。但是在汽轮机实际运行的过程中很难保证进排汽参数和机组的功率、转速都是设计值，一般情况下均是在非设计参数下运行，称为非设计工况或变工况运行。汽轮机变工况运行时效率将会降低，偏离设计工况越多，热经济性越差。蒸汽参数的波动还会引起汽轮机通流部分某些元件的应力和轴向推力变化。所以，必须校核变工况运行时工业汽轮机的经济性和强度振动特性，以保证机组安全可靠地运行。

7.4.1 背压式汽轮机的变工况

背压式汽轮机各级压力与流量间的关系如图 5-7-9 所示。工况变化时，背压机组各级焓降均将发生变化，速比 χ、反动度 ρ 及效率 η 也相应变化。当流量减少时，调节级焓降增大，各压力级焓降减小；反之亦然。各压力级焓降的变化程度是不同的，末级改变最多，前几个压力级变化较少。

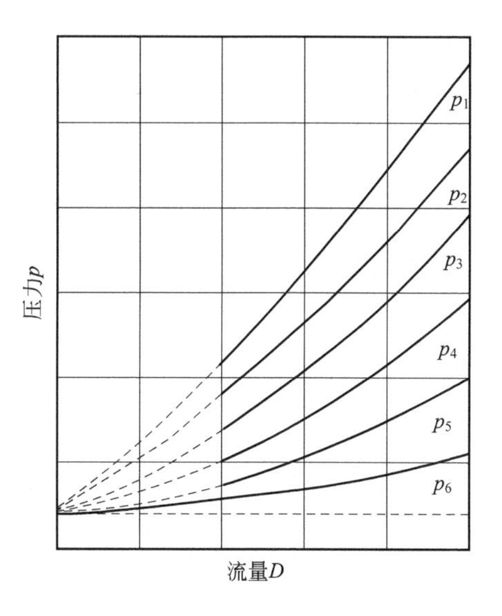

图 5-7-9 背压式汽轮机各级压力与流量间的关系[6]

7.4.2 抽汽式汽轮机的变工况

假定抽汽式汽轮机的进汽压力不变化，抽汽压力通过调压器维持不变，可以将其视为两台汽轮机：一台背压式（高压缸）和凝汽式（低压缸）汽轮机。抽汽式汽轮机的工况图如图 5-7-10(a) 所示。横坐标 N_i和纵坐标 G_1分别表示汽轮机的内功率和进汽流量，DF 线为汽轮机的纯凝汽运行工况线（抽汽流量为零），AB 线为背压工况线（低压缸流量 G_2为最小值，用于冷却低压部分）。平行于 DF 的一组曲线为抽汽流量 G_b为常量的工况，称为等抽汽流量线；平行于 AB 的一组曲线为低压缸流量 G_2为常量的特性线，其中 EC 线为低压调节阀全开而保证抽汽压力为额定值的低压缸流量线；CDE 区域为抽汽压力自然升高区，因为此区域运行时，低压调节阀已经全开，再增加汽轮机的总进汽流量时不能通过开大低压调节阀以增加低压缸流量，只能通过提高压力来增加低压缸流量，因此，抽汽口的压力必然升高。

图 5-7-10(b) 为两次调节抽汽汽轮机的简化工况图，第一象限表示高压抽汽 G_{bn} 的工况图，各平行线对应于不同的高压抽汽量，从 $G_{bn}=0$ 到 $G_{bn}=G_{bnmax}$；下半部分的 OO' 线则表示每单位低压抽汽量在汽轮机低压部分所多发的功率值。为绘制工况图方便起见，可以假设它与流量呈线性规律变化，由此所引起的误差不大。

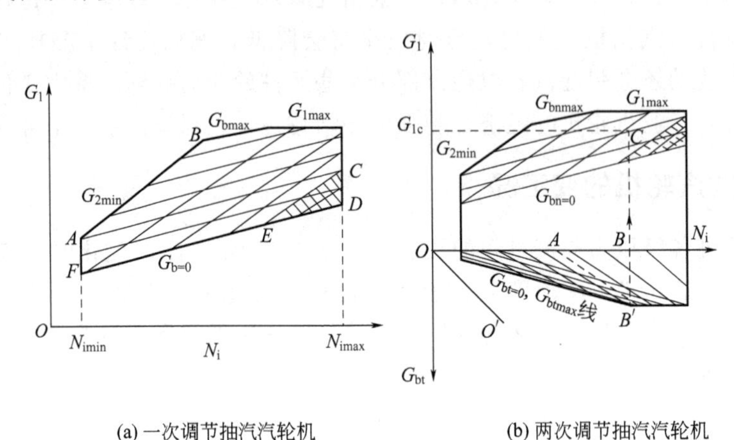

图 5-7-10 抽汽式汽轮机的工况图

两次调节抽汽汽轮机的工况图使用举例：已知电功率 N_i、低压抽汽量 G_{bt} 和高压抽汽量 G_{bn}，要求机组的总进汽量 G_1，可按如下步骤进行。根据 N_i 值在横坐标上找出 A 点，过 A 点作 OO' 的平行线交图下方等低压抽汽量 G_{bt} 线于 B' 点，B' 点在横坐标上投影 B 点所表示的功率值即为假想功率 N_i'，AB 即表示低压抽汽 G_{bt} 在汽轮机低压部分所多做的功。由 B 向上与等高压抽汽量 G_{bn} 线交于 C，C 点的纵坐标即为高压部分总进汽量 G_{1c}，由于假想工况与实际工况下高压进汽流量相同，所以 G_{1c} 就是上述给定工况下汽轮机的总进汽量 G_1。

对于变转速工业汽轮机，功率的变化与转速的 2.5～3 次方成正比，转速的偏离通常不会超过 20%，当工况变动时，如果转速也发生变化，可近似地按式(5-7-7) 计算流量的变化：

$$\frac{G'}{G}=\sqrt{\frac{p_1'^2-p_2'^2}{p_1^2-p_2^2}}\times\sqrt{1-0.4\frac{\Delta n}{n}}\times\sqrt{\frac{T_i}{T_i'}} \tag{5-7-7}$$

式中 Δn——转速差。

在通常可能遇到的转速变化范围内，转速对流量的影响不大。

7.4.3 变工况运行对汽轮机主要零部件强度的影响

汽轮机变工况运行时，功率改变，机组各零部件，特别是叶片、隔板和推力轴承的受力状况也要发生变化。

对喷嘴配汽汽轮机，调节级叶片在第一个阀门全开时承受最大焓降，中间级叶片和隔板在级流量为最大值时受力最大，是最危险工况。叶片和隔板强度、隔板变形量计算时按照最危险工况进行。对末级叶片及隔板，级流量增加，受力也增大，背压过低也可能使其过载。因此，为保证末级叶片及隔板的安全运行，排汽压力也不得低于某一极限值。

然而，大功率凝汽式汽轮机组的末几级，当其出口容积流量降低到某一数值后，首先会在叶片出口的根部产生回流；之后，容积流量如果再进一步减小，还会在叶片出口的顶部产生脱流现象，可能造成叶片事故。为此，对汽轮机的最低运行功率和最高背压值应有限制，以保证末级叶片的安全运行。

汽轮机变工况运行时，由于各级压力和反动度 ρ 发生变化，引起轴向推力改变，当轴向推力过大时，会造成推力轴承损坏的事故。对凝汽式汽轮机组，各中间级推力和端轴封反作用力均与流量成正比，调节级和末级在总推力中所占比重较小，一般可近似认为总推力与流量成正比，最大功率时达到最大值。然而，背压式机组及抽汽式机组的最大推力并非出现在最大功率，而是当某一中间级功率最大时出现。影响轴向推力的因素很多，如新汽温度降低、隔板汽封间隙增大、轴磨损、通流部分结垢和腐蚀、运行不当产生水冲击或负荷急剧变化等，都可使轴向推力增大很多；制造和安装质量对轴向推力也有影响，如静叶（喷嘴）或动叶出汽角与设计值不符、通流部分间隙调整不当或被驱动机械对中不良，均会改变其推力值，影响轴承的工作寿命。

汽轮机变工况运行时，当排汽压力（温度）升高时将引起排汽侧的温度升高，凝汽器的真空度下降。过低的真空将引起汽轮机的轴向推力增大，易造成低压缸变形，机组发生振动。影响真空的因素很多，如冷却水入口温度的变化、排汽量变化、抽汽器性能恶化、空气泄漏等。

7.4.4 工业汽轮机蒸汽参数波动的允许范围

为保证汽轮机组安全而又经济地运行，我国对蒸汽参数波动允许范围作了明确的规定，如表 5-7-2 所示。

表 5-7-2 汽轮机蒸汽参数允许变化值

额定蒸汽参数		变化范围	
压力/MPa	温度/℃	压力/MPa	温度/℃
1.274	340	1.078～1.47	320～360
2.352	390	2.156～2.548	370～400
3.43	435	3.136～3.626	420～445
8.82	535	8.33～9.31	525～540
12.74	515/535	12.25～13.23	535～540/525～540

国际电工委员会（IEC）规定的蒸汽参数波动值，如表 5-7-3 所示。

表 5-7-3 IEC 规定的蒸汽参数波动值

新汽压力	空载时超过 1.1 倍，允许长时间运行；满载时超过 1.2 倍，允许运行时间 1 年为 12h(总)
新汽温度	t_{Des}+8.3℃，允许长时间运行；t_{Des}+14℃，允许运行时间 1 年为 400h(总)；t_{Des}+28℃，允许运行时间 1 年为 80h(总)，连续运行小于 15min
抽汽压力	波动±1%，温度自由变化

第5篇

7.5 工业汽轮机的选型

7.5.1 化工用工业汽轮机型式的选择

石油、化工装置使用各种各样的工业汽轮机，最常用的见表 5-7-4。

表 5-7-4 化工用工业汽轮机[6]

使用场合	汽轮机的种类
自备电站	冲动式或混合式、多级、轴流、背压或凝汽、单流或双流式排汽、单流或抽汽、单缸或双缸 功率为 3～100MW 新汽参数一般为：p_0=3.5～14.8MPa t_0=400～538℃
驱动离心式压缩机	冲动式、多级、轴流、背压或凝汽、单流单排汽、单流及抽汽、单缸、卧式 功率为 0.05～20MW 转速 5000～20000r·min^{-1} 压力 p_0=0.918～9.81MPa，温度 t_0=250～510℃
驱动工业泵类	冲动式、单级或多级、轴流或辐流、背压或凝汽、单流单排汽、单流或抽汽、单缸、卧式或立式 功率一般为 0.010～3MW 新汽参数一般为：p_0=0.5～6.28MPa t_0=饱和～500℃
其他（如驱动风机、活塞式压缩机、柱塞泵等）	应用的种类与驱动工业泵类的汽轮机大致相同 功率 10～3000kW 新汽参数 p_0=0.5～6.28MPa t_0=饱和～500℃

7.5.2 几种常用的工业汽轮机特性

（1）背压式汽轮机 背压式汽轮机是一种不设凝汽器的汽轮机。它的排汽根据工艺流程所需要的压力（背压）、温度确定，可用于生产工艺过程加热和生活供热，在石油、化工、化纤等工业领域得到了广泛应用。背压式汽轮机的功率变化范围实际上很宽，为 0.5～50MW；背压变化范围也很宽，工艺加热使用的背压为 0.5～4.0MPa，主蒸汽参数有高压 8.83MPa/535℃、次高压 4.9MPa/450℃，有些超过 12MPa/538℃，可以完全根据企业热平衡和经济性指标来确定，没有明确的规范。

（2）凝汽式汽轮机 凝汽式汽轮机指进入汽轮机的新汽在做功后全部排入凝汽器凝结成水的汽轮机。凝汽器一般在真空状态下（通常凝汽器压力为 0.0049～0.0294MPa）运行。蒸汽的热焓有 55%～70%被流入凝汽器的冷却水带走，致使循环热效率降低。在化工厂中，凝汽式汽轮机的功率范围为 0.5～80MW。是否选用凝汽式汽轮机，主要视全厂蒸汽和动力平衡来确定。

（3）抽汽式汽轮机 从汽轮机中间某一级之后抽出大量已经做了部分功的供热蒸汽或工艺过程用汽，只有一个抽汽口的称为一次调节抽汽式汽轮机，有两个抽汽口的称为两次调节抽汽式汽轮机，其排汽部分根据压力的变化，可以是凝汽式，也可以是背压式，称为抽汽/

凝汽或者抽汽/背压式汽轮机。抽汽式汽轮机可以在供应热能的同时驱动压缩机等工艺流程机械，也可以在供应热能的同时带动发电机发电，并且能够同时满足不同负载的需要，具有比较好的运行灵活性。

（4）冲动式汽轮机 冲动式汽轮机是指蒸汽只在喷嘴中进行膨胀的汽轮机，即由喷嘴将蒸汽的热能转换为动能，蒸汽以高速喷向动叶，而蒸汽在动叶中没有压降，只改变流动方向，将蒸汽的动能转换为机械能。它与反动式相比，主要优点是级数较少，轴向推力小，坚固而耐用，在变转速运行中特别可靠，故适用于化工装置作驱动机使用。但是为了提高汽轮机的效率，纯冲动式汽轮机很少采用，一般都是带有一定反动度的冲动式汽轮机，只是反动度比较小。

（5）反动式汽轮机 蒸汽在通过汽轮机级时，热能向动能的转化过程先后在静叶（喷嘴）和动叶中各完成一半，在静叶（喷嘴）和动叶中都膨胀加速。在动叶中汽流改变流动方向产生一个冲击力，蒸汽加速产生一个反作用力，在冲击力和反作用力共同作用下完成热能向机械能的转换。其特点是静叶（喷嘴）和动叶型线相同，都是收缩型的，此外，静叶直接安装在汽缸或者持环上，没有隔板，静叶顶部与转子之间形成漏汽通道，直径比较大，如果漏汽间隙控制不佳，将产生比较大的漏汽损失；而动叶直接安装在转鼓上。冲动式或者带反动度的冲动式汽轮机单级承担的等熵焓降比较小，反动式汽轮机级数比较多，一般是冲动式汽轮机的两倍；轴向推力比较大。

7.5.3 汽轮机型式的选择

在选择汽轮机之前首先应该完成化工企业的热能和机械（电）能的平衡分析，确定企业需要的总的电负荷，需要驱动的流程机械的功率等级和数量，掌握企业需要的加热蒸汽的参数、热量，整个装置和生产过程中的汽水损耗，完成能量平衡和汽水平衡分析研究。在此基础上，明确是否全部由企业内部实现电、汽、水和机械能的平衡，确定需要由汽轮机驱动的流程机械的数量、功率、转速、类型，然后再来进行汽轮机的选型工作。

根据国内外工业汽轮机的系列和供货情况，按照以下原则或经验选择汽轮机。

一般情况下化工企业往往形成一个独立的蒸汽动力系统，一方面利用蒸汽驱动汽轮机，另一方面汽轮机又向装置提供热能。合理地实现电、汽、水、机械能的平衡，既可以降低企业的总能耗，提高企业的用能效率，又可以保证装置运行灵活、安全、可靠和稳定。

在满足工艺要求的前提下，选择背压式汽轮机可以使得热能得到充分利用，热效率达到85%以上，而且投资比较小，但背压式汽轮机只有一个参数可以调节，不能满足装置运行的灵活性，排汽的热能如果不能充分利用，则热效率显著降低。相对于背压式汽轮机来说，抽汽式汽轮机可以在提供机械能的同时提供热能，同时满足两个负载的需要，比背压式汽轮机具有更好的运行灵活性，而且其热经济性也比较高，是一种比较好的选择。可以是抽汽凝汽式汽轮机，也可以是抽汽背压式汽轮机，还可以选择两次调节抽汽式汽轮机。

在满足热负荷需要之后，驱动其他流程机械的汽轮机就应该选用凝汽式汽轮机，当凝汽式汽轮机采用变转速驱动流程机械时，相对于电机驱动，在变工况时具有更好的热经济性。

当工业汽轮机用于废热利用时，原则上以充分利用废热为原则，一般可以考虑采用补汽式汽轮机，汽轮机为多压进汽，废热能够得到更好的利用，此时汽轮机以驱动发电机为宜。

参考文献

[1] 《机械工程手册》编辑委员会．机械工程手册：汽轮机．第 2 版．北京：机械工业出版社，1997.
[2] 蔡颐年．蒸汽轮机．西安：西安交通大学出版社，1988.
[3] 王新军，李亮，宋立明，等．汽轮机原理．西安：西安交通大学出版社，2014.
[4] 谢诞梅，戴义平，王建梅，等．汽轮机原理．北京：中国电力出版社，2012.
[5] 中国动力工程学会．火力发电设备技术手册：第二卷（汽轮机）．北京：机械工业出版社，2001.
[6] 《化工厂机械手册》编辑委员会．化工厂机械手册：维护检修常用基础资料．北京：化学工业出版社，1991.
[7] API STD612—2014 石油、石化和天然气工业特种用途汽轮机．
[8] GB/T 28573—2012 石油、石化和天然气工业一般用途汽轮机．
[9] GB/T 28574—2012 石油、石化和天然气工业特种用途汽轮机．
[10] JB/T 6765—1993 特殊用途工业汽轮机技术条件．
[11] 肖增弘．汽轮机数字式电液调节系统．北京：中国电力出版社，2003.
[12] 王永亮．汽轮机技术，1986（4）：26-28.

符号说明

C　速度，m•s^{-1}
C_p　比定压热容，kJ•kg^{-1}•K^{-1}
C_V　比定容热容，kJ•kg^{-1}•K^{-1}
D　直径，m
d　内径，m
f　面积，m^2
E　腐蚀系数
G　流量，kg•s^{-1}，kg•h^{-1}
H　扬程，m；高度，m
h　能量，kJ•kg^{-1}；功，kJ•kg^{-1}
Δh　汽蚀余量，%
I　焓，kJ•kg^{-1}
L　长度，m；宽度，m
N　功率，kW
n　转速，r•min^{-1}
n_s　安全系数
p　压力，Pa，MPa
Q　流量，m^3•s^{-1}，m^3•h^{-1}，L•s^{-1}
R　气体常数，J•kg^{-1}•K^{-1}
S　段数
T　温度,℃，K
V　体积，m^3
v　流速，m•s^{-1}
u　速度，m•s^{-1}
W　质量流量，kg•s^{-1}
Z　压缩性系数；叶片数；级数
α　余隙容积，m^3
β　相对速度的气流角，(°)；叶片出口安装角，(°)；夹角，(°)
ε　压力比；相对偏心
η　效率，%
χ　绝热指数
λ　系数
ν　运动黏度，m^2•s^{-1}
ρ　密度，kg•m^{-3}
φ　相对湿度，%；系数

下标

a	大气条件
ad	绝热过程
d	排气状态，驱动机
g	公称，气密
i	级，内
is	等温过程
m	机械
min	分钟，最小值
p	压力
pol	多变过程
r	比值
s	进气状态，等熵过程，真空
sa	饱和蒸汽
sh	整机，轴，静叶
T	绝热过程
t	温度
th	理论
tot	实际
V	容积
u	速度
W	外界
t	行程，传动

上标

*	滞止参数

第6篇

搅拌及混合

主 稿 人：高正明　北京化工大学教授
编写人员：高正明　北京化工大学教授
包雨云　北京化工大学教授
黄雄斌　北京化工大学副研究员
李志鹏　北京化工大学副教授
蔡子琦　北京化工大学副研究员
审 稿 人：施力田　北京化工大学教授

第一版编写人员名单

编写人员：傅焴街　陈朝瑜　马继舜　朱守一
审 校 人：区灿棋

第二版编写人员名单

主 稿 人：施力田
编写人员：施力田　王英琛　吴德钧　林猛流　耿孝正

1

概论

搅拌与混合在化工、制药、食品、冶金、环保等行业都有广泛的应用，其操作的目的主要分为下列四个方面：

① 制备均匀物性的混合物，减小颗粒尺度和不均匀度：如调和、乳化、固体悬浮等。

② 促进传质：如萃取、浸取、溶解、结晶、气体吸收等。

③ 促进传热：搅拌釜内物料的加热或冷却。

④ 上述三种目的之间的组合，特别是对于一些受传递控制的中快速反应体系，对混合、传质、传热的速率都有很高的要求，搅拌与混合的好坏往往成为过程的控制因素。

虽然搅拌与混合是一种很常规的单元操作，但搅拌与混合所涉及的工艺过程多种多样，同时涉及从低黏度单相的简单流体到高黏度、非牛顿、多相的复杂流体等多种流体。对于低黏度单相流体的混合，实验及理论方面的研究已较为完善，搅拌釜的放大和设计方法日趋完备，部分工艺过程已能实现无级放大；而对于高黏度、非牛顿、多相复杂流体体系，理论方面的研究还不够完善，特别是对于工业过程中常见的高相含率多相体系相间作用的机理、复杂体系流变规律认识不足，对复杂体系搅拌釜、放大和设计还需借助大量的实验研究和相关的工程经验，并需经逐级放大才能完成。

本篇首先介绍了搅拌与混合的基础知识，然后分别介绍了常用搅拌桨的特性、常见物料体系的搅拌过程特征、搅拌桨选型及其设计案例、搅拌釜间壁换热计算、计算流体力学(computational fluid dynamics，CFD）模拟优化新方法、搅拌釜工程放大及优化，以及近年来出现的用于混合过程强化的新技术。

1.1 搅拌釜的结构[1～4]

搅拌釜一般由釜体和搅拌器所组成，典型搅拌釜的结构见图 6-1-1。

1.1.1 釜体

搅拌釜的釜体通常由容器、换热构件、挡板和导流筒等组成。釜体容器通常为圆筒形，高径比为 1～6，少量采用方形或长方形。釜底封头以椭圆底为主，有时为配合工艺过程的要求（如清洗、出料等)，也有采用平底、锥形底等。釜体安装方位主要有立式和卧式两种，以立式安装为主，有时为满足特殊工艺过程，配合特殊结构的搅拌器可采用卧式安装。

根据工艺过程对传热的要求，釜体外可加夹套或半管，釜内增加换热构件如盘管、列管等，并通以热媒、冷媒等介质，如图 6-1-2 所示。

1.1.2 搅拌器

搅拌器一般由电机、减速机、机架、密封、搅拌桨、搅拌轴所组成，对于搅拌轴较长的

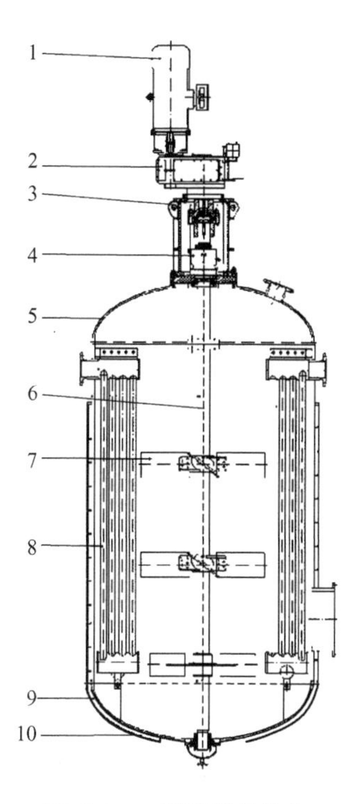

图 6-1-1 搅拌釜的结构

1—电机；2—减速机；3—机架；4—机械密封；5—容器；
6—搅拌轴；7—搅拌桨；8—换热管；9—夹套；10—底支承部件

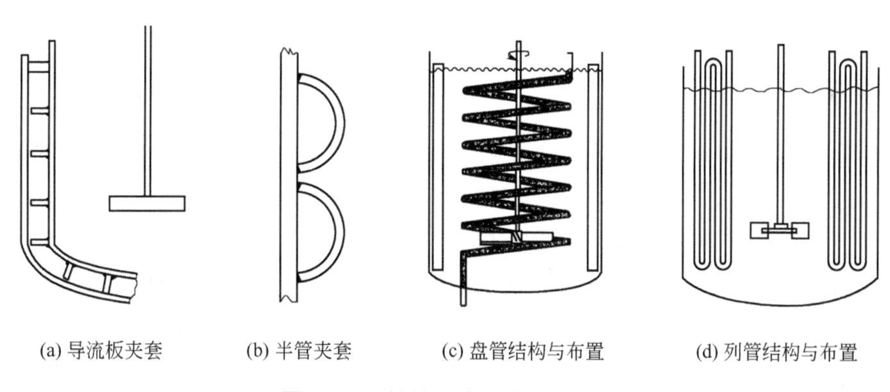

图 6-1-2 搅拌釜内的换热器型式

搅拌器往往采用底轴承甚至中间轴承，以保证设备运转的稳定性和可靠性。减速机是搅拌器的重要部件，通常采用齿轮减速机，其主要目的是为了保证在不降低电机功率输出的情况下得到适宜的操作转速，也有一些采用皮带轮减速的搅拌器，但机械效率及设备的可靠性不如减速机机械结构，有些工艺过程还配有变频器用于节能或优化操作参数。密封一般采用的是双端面机械密封，一些低压无害的物料也可采用单端面机械密封或填料密封。

搅拌桨是搅拌器的核心部件，根据搅拌桨在搅拌釜内产生的流型，搅拌桨基本上可以分为轴向流桨和径向流桨，例如推进式桨、翼型桨等为轴向流桨，直叶涡轮则为典型的径向流桨。

根据搅拌轴的安装方式可以将搅拌器分为顶伸式、底伸式和侧伸式三种，见图 6-1-3。

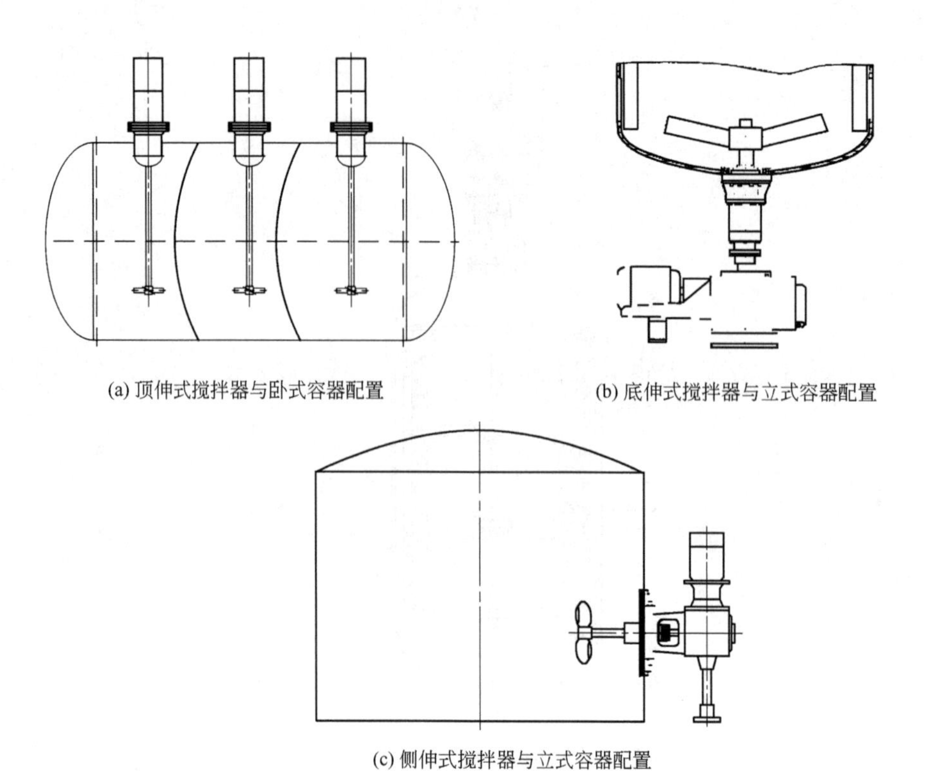

(a) 顶伸式搅拌器与卧式容器配置

(b) 底伸式搅拌器与立式容器配置

(c) 侧伸式搅拌器与立式容器配置

图 6-1-3 搅拌釜内轴的安装方式

依据不同的工艺过程要求选择不同的安装方式，相对应的搅拌桨型式与结构参数是有所区别的，特别是对于侧伸式搅拌器。

1.1.3 挡板

为了消除搅拌釜内搅拌桨转动时造成的液体打旋现象，以形成全釜的流体流动，通常在搅拌釜内加入挡板（见图 6-1-4），挡板数为 1～4 块，根据具体情况而定。搅拌釜内搅拌功耗，在桨型、桨径、转速确定后，随挡板数的增加而增加。挡板数增至 4 块后功耗基本不变，故称 4 块挡板为全挡板条件。挡板宽度取釜径的 1/12～1/10，挡板距离釜壁的距离取釜径的 1/60，对于高黏度物料体系需适当增加。当搅拌釜中需设置内换热管时，可采用立

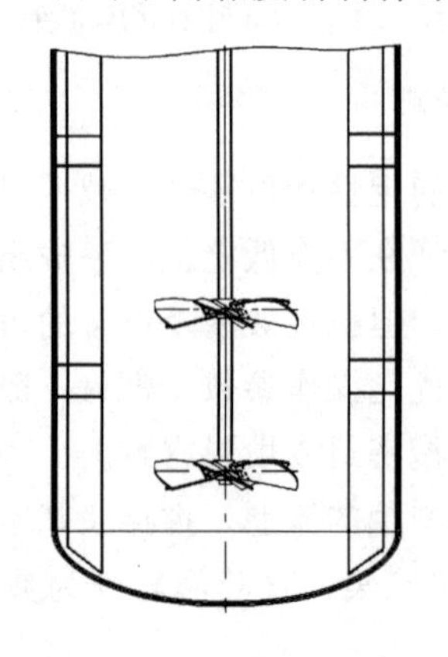

图 6-1-4 挡板结构与布置

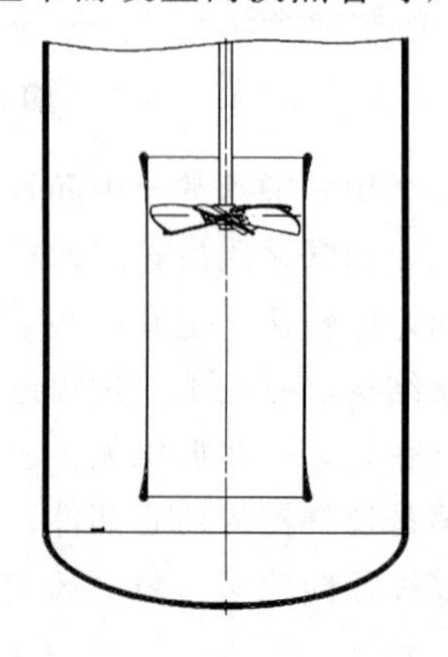

图 6-1-5 导流筒结构与布置

式换热管部分或全部替代挡板。

1.1.4 导流筒

导流筒为一上下开口的圆筒，置于搅拌釜中心，并位于操作液位以下，其目的是对釜内流体的流动起导流作用，减少流体间的剪切作用以提高流体的循环效率，导流筒结构如图 6-1-5。

1.2 搅拌釜内流体的流动特性

搅拌釜内流体的流动状况非常复杂，是非稳定、非线性无规流动，对这种流体流动的研究分为两个方面，即实验研究与 CFD 数值模拟。采用激光图像粒子测速（PIV）等先进测速技术，可测出搅拌釜内任意一个截面的瞬时速率、时均速度、脉动速度、剪切速率、湍流动能及湍流耗散。除了采用实验方法测定这些流动特性参数外，还可以采用先进 CFD 方法来预测，根据数值求解湍流尺度的不同。CFD 方法可分为雷诺平均（RANS）、大涡模拟（LES）和直接数值模拟（DNS）三种，其预测精度依次增加，但其计算量呈现数量级的递增。由于受到计算机运行速度的限制，目前工程中搅拌釜内流体流动的预测以 RANS 方法为主，LES 方法的应用刚刚起步，但随着计算机和软件技术的快速发展，在可预见的将来可以采用 LES 甚至 DNS 方法应用于工程计算。准确的 CFD 模型和方法可提供搅拌釜内时间和空间上详尽的流体流动特性，为搅拌釜的设计和优化提供参考和指导。工程中常用的 CFD 商用软件有 FLUENT、STAR-CM 和 CFX 等。

1.2.1 流型

搅拌釜内的流型取决于搅拌方式，桨型、釜体、挡板等的几何特征，流体性质，转速等因素。在一般情况下，搅拌轴在釜中心安装，搅拌产生三种基本流型。

(1) 切向流 在无挡板釜内，低黏度流体的流动形成同轴旋转的同心圆筒，即打漩现象，见图 6-1-6。当出现这种流型时，流体的轴向混合效果很差。

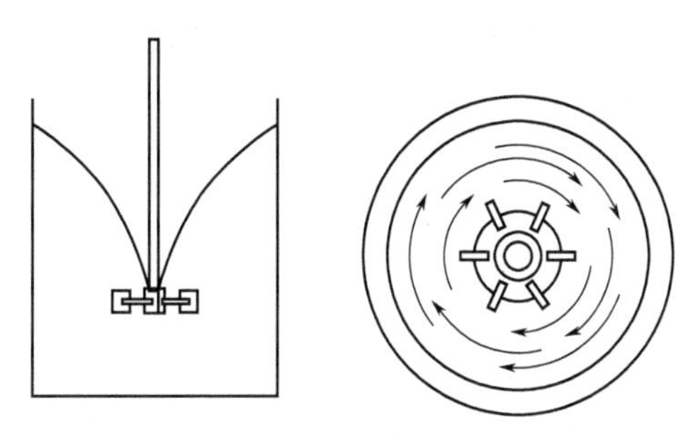

图 6-1-6 切向流型

(2) 径向流 液体从桨叶以垂直于搅拌轴的方向排出，沿半径方向运动，然后向上、向下输送，见图 6-1-7，搅拌桨的圆盘可加强径向流动。

(3) 轴向流 液体进入桨叶并排出，沿着与搅拌轴平行的方向流动，如图 6-1-8 所示，轴向流起源于流体对旋转叶片产生的升力的反作用力。

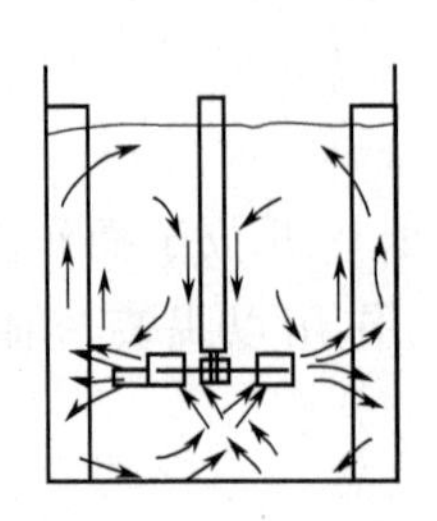
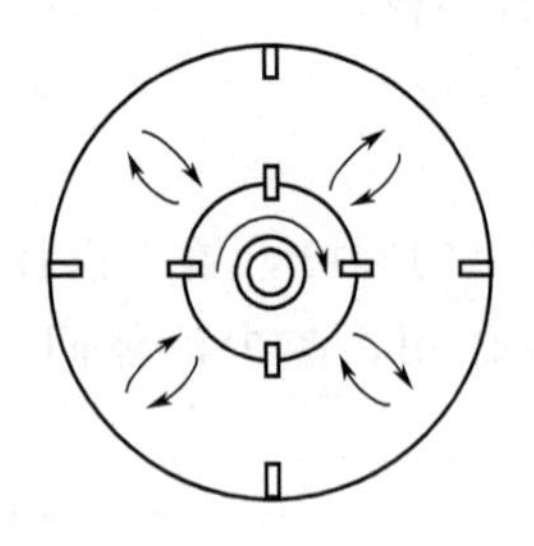

图 6-1-7　径向流型

上述三种流型，通常可能同时存在。其中，轴向流与径向流对混合起主要作用，而切向流应加以抑制，可加入挡板削弱切向流，增强轴向流与径向流。在搅拌高黏度流体时，流体处于层流运动状态，其流型见图 6-1-9～图 6-1-13。

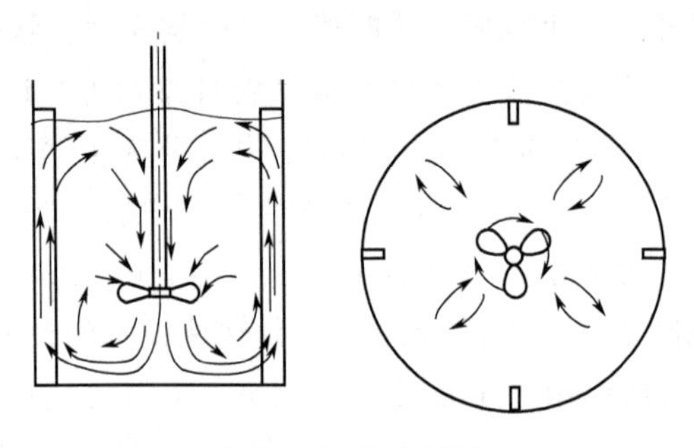

图 6-1-8　轴向流型

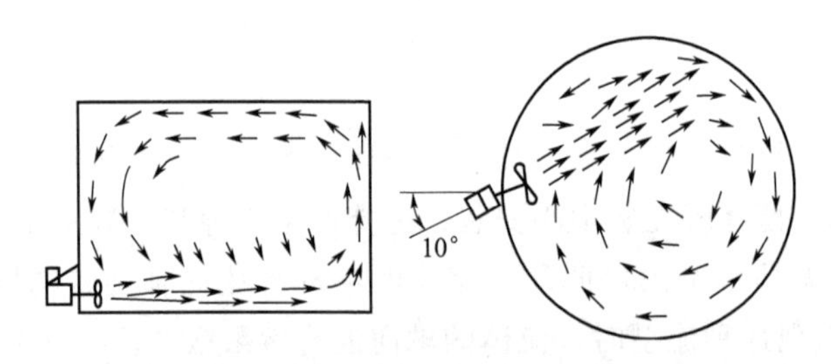

图 6-1-9　轴向流侧伸应用流型

许多高黏度的非牛顿流体具有剪切稀化性质，当搅拌转速较低时，只有桨叶周围的流体被搅动，而远离桨叶的流体仍处于静止状态。

1.2.2　速度分布

搅拌釜内的流体流动是相当复杂的，一般为三维非定常流动，其速度分布是产生流场的剪切和循环流量的基础。搅拌釜的几何结构、操作条件和物性特征综合影响场内速度分布。其中，核心部件搅拌桨起着决定性的作用。图 6-1-14、图 6-1-15 分别显示了六直叶涡轮搅拌桨在桨叶区的时均速度分布和脉动速度分布。

1.2.3　湍流特性

当流体黏度较低时，搅拌釜内流场通常处于湍流状态。在此流动状态，流场呈现的是大

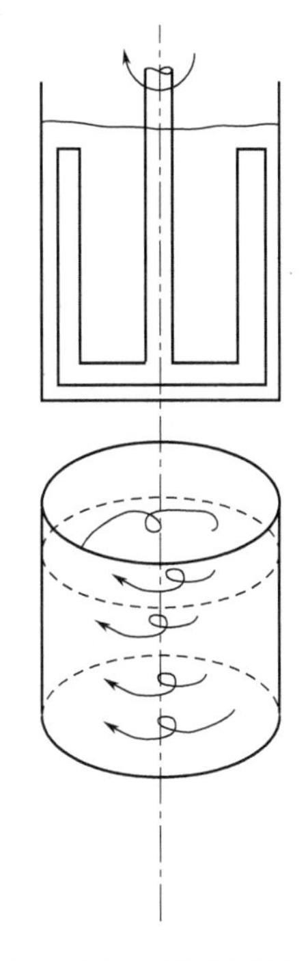

图 6-1-10 锚式桨流型

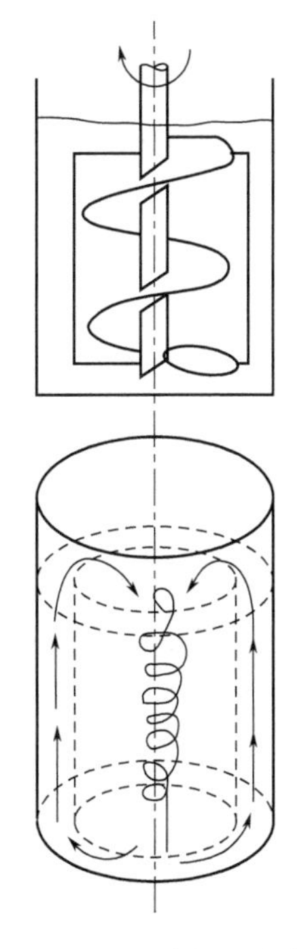

图 6-1-11 导流筒螺杆式桨流型

大小小的湍流涡的串级运动。搅拌桨源源不断输出绝大部分的能量给大尺度湍流涡；大尺度的湍流涡在能耗很少的情况下，分裂成众多尺度的湍流涡，同时将绝大部分湍流动能传递给中等尺度的湍流涡；携带湍流动能的中等尺度湍流涡依靠惯性作用，在不耗散任何能量的情

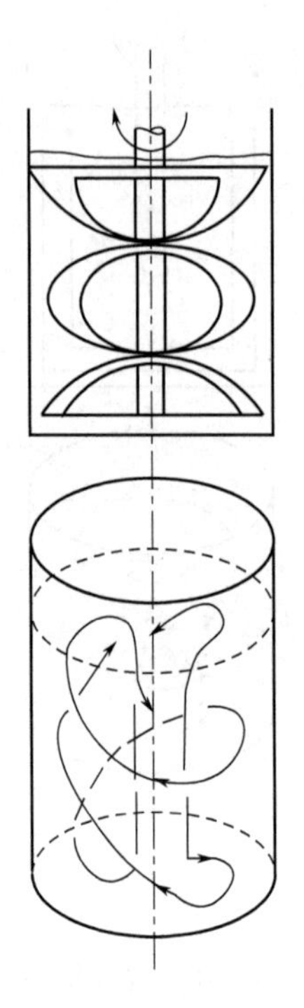

图 6-1-12 双螺带式桨流型

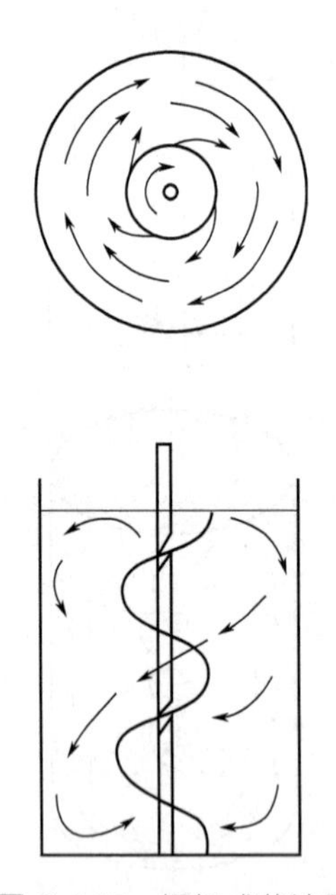

图 6-1-13 螺杆式桨流型

况下，将湍流动能传递给达到耗散尺度上的 Kolmogorov 尺度的湍流涡；湍流动能在这个尺度上将全部的湍流动能转变为黏性耗散，形成湍流动能传递-耗散机制。量化湍流运动过程特征的有两个主要参数，一是湍流动能，二是湍流耗散率。前者衡量中等尺度湍流涡携带的能量，同时也可表征湍流强度的大小；后者衡量耗散尺度湍流涡黏性耗散的速率，同时也可

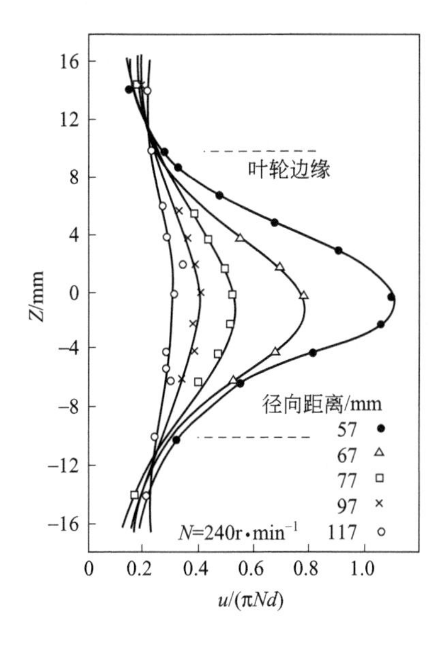

图 6-1-14 桨叶区的时均速度分布

Z 为与搅拌桨的轴向距离；u 为流体速度；

N 为搅拌桨转速；d 为搅拌桨直径

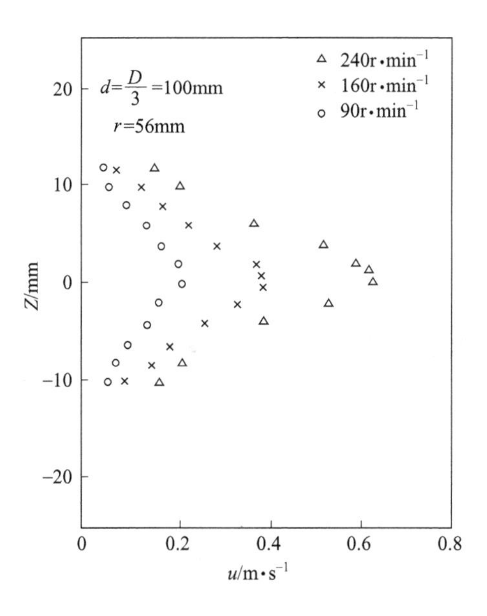

图 6-1-15 桨叶区的脉动速度分布

D 为搅拌槽直径；r 为与搅拌轴心的径向距离；

其余符号同图 6-1-14

表征湍流动能传递速率的大小。图 6-1-16、图 6-1-17 分别显示了六直叶涡轮搅拌桨在桨叶区的湍流动能分布和湍流耗散率分布。

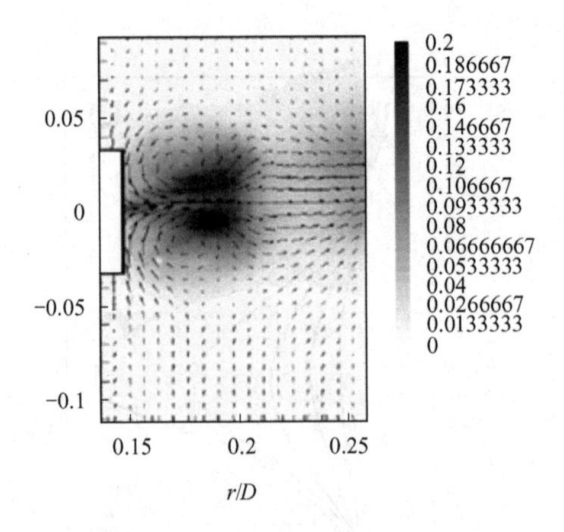

图 6-1-16 桨叶区的湍流动能分布[5]

r 为与搅拌轴心的径向距离；D 为搅拌槽直径

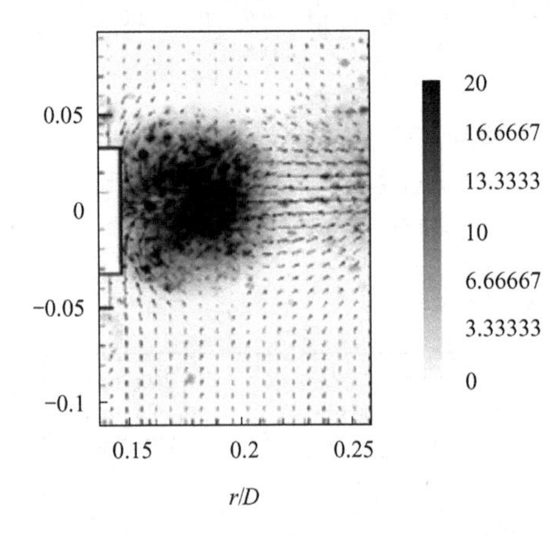

图 6-1-17 桨叶区的湍流耗散率分布[5]

符号含义同图 6-1-16

1.3 搅拌过程常用的无量纲数群及其意义

为了便于量化和类比搅拌釜的流场及搅拌桨的特性，在搅拌与混合的研究和设计中，将用到如下的常用的无量纲数：

(1) 搅拌雷诺数 与一般流体力学相似，搅拌釜内流体的流动状态（层流、湍流、过渡流）也是用雷诺数来度量的，雷诺数的物理意义是流场中惯性力与黏性力之比。搅拌雷诺数由下式定义：

$$Re=\frac{\rho D^2 N}{\mu} \tag{6-1-1}$$

式中 D ——桨叶直径，m；

ρ ——物料密度，$kg\cdot m^{-3}$；

μ ——物料黏度，$kg\cdot m^{-1}\cdot s^{-1}$；

N ——搅拌桨转速，$r \cdot s^{-1}$。

对于标准六直叶涡轮桨，当 $Re<10$ 时釜内为层流，$Re>10^4$ 为湍流，Re 在 $10\sim10^4$ 之间为过渡流。

（2）搅拌弗鲁德数 弗鲁德数表示重力对流动的影响，其物理意义是惯性力与重力之比。搅拌弗鲁德数由下式定义：

$$Fr=\frac{DN^2}{g} \tag{6-1-2}$$

式中 N ——搅拌桨转速，$r \cdot s^{-1}$；

g ——重力加速度，$m \cdot s^{-2}$；

D ——桨叶直径，m。

（3）功率数 功率数是衡量搅拌桨功率消耗的无量纲数，由下式定义：

$$N_P=\frac{P}{\rho N^3 D^5} \tag{6-1-3}$$

式中 P ——搅拌功率，W；

N ——搅拌桨转速，$r \cdot s^{-1}$；

ρ ——物料密度，$kg \cdot m^{-3}$；

D ——桨叶直径，m。

（4）流量数 流量数是衡量搅拌桨循环能力的无量纲数。流场循环是由从桨叶排出的高速液流和周围被卷吸的液体共同形成的，因此流量数 N_Q 可进一步分为排出流量数 N_{QD} 与循环流量数 N_{QC}，分别由式(6-1-4)、式(6-1-5) 定义，它们之间的关系见式(6-1-6)。

$$N_{QD}=\frac{Q_D}{ND^3} \tag{6-1-4}$$

式中 Q_D——桨叶排出流量，$m^3 \cdot s^{-1}$。

$$N_{QC}=\frac{Q_C}{ND^3} \tag{6-1-5}$$

式中 Q_C——循环流量，$m^3 \cdot s^{-1}$。

$$N_{QC}=N_{QD}\{1+0.16[(T/D)^2-1]\} \tag{6-1-6}$$

式中 T ——搅拌釜直径，m。

（5）Metzner-Otto 常数 Metzner-Otto 常数是衡量搅拌桨在搅拌釜内平均剪切能力的无量纲数。由下式定义：

$$k_S=\frac{\dot{\gamma}_{av}}{N} \tag{6-1-7}$$

式中 $\dot{\gamma}_{av}$——搅拌釜内平均剪切速率，s^{-1}；

N ——搅拌桨转速，$r \cdot s^{-1}$。

（6）混合时间数 混合时间是达到规定的混匀标准时所需的时间，无量纲混合时间

N_{θ_M}是混合时间θ_M与转速N的乘积，即式(6-1-8)，其物理意义是达到规定的混匀标准时所需的搅拌桨转速。

$$N_{\theta_M}=\theta_M N \tag{6-1-8}$$

1.4 搅拌效果的量度及其影响因素

表6-1-1～表6-1-3给出搅拌效果的表示方法和其影响因素。由表中可以看到：不同的过程，用完全不同的参数来表征，这也显示出了搅拌混合过程的复杂性。人们在研究这些过程的规律性时，往往会提出各种关联式，如N_{θ_M}等的计算关联式，在选用时必须特别重视关联式的使用条件，以免引起误差。因为针对不同的搅拌效果表示法和操作条件，其关联式的结果会有很大的差异。

表6-1-1 操作目的和搅拌效果表示法

操作目的	搅拌物系	表示搅拌效果的物理量
均匀混合	调和均匀相互溶液系	混合时间θ_M或$N_{\theta_M}=\theta_M N$；混合指数
非均相分散	液液相系	均匀分散(乳化)时间θ_M；分散相液滴的比表面积a、滴径分布或平均滴径$\overline{d}_p$
	气液相系	均匀分散时间θ_M；气泡的比表面积a或气泡平均滴径$\overline{d}_p$和气泡直径分布
	固液相系	悬浮状态，临界悬浮转速N_{JS}；悬浮固液浓度或比表面积a
非均相传质	溶解(固液相系)	溶解速度或平均溶解速度；以固体表面积为基准的液膜传质系数k_C，总容积传质系数k_V
	萃取(液液相系)	萃取速度，萃取效率，液滴比表面积a；总容积传质系数k_V或液滴内(外)表面为基准的液膜传质系数$k_{c(d)}$
	吸收(气液相系)	吸收速度，气泡比表面积a；总容积吸收系数k_V，膜传质系数k_G、k_L
传热	间壁换热	传热速率Q，单位容积传热速率Q_V，液膜传热系数h_1，总传热系数K

表6-1-2 影响搅拌效果的因素

项目	主要影响因素
流态	流型，对流循环速率，湍流扩散，剪切流
物性	黏度或黏度差，密度或密度差、分子扩散系数、粒径；表面张力、比热容、热导率、非牛顿流体之流变性
操作条件	叶轮型式、转速；溶质加入量、加入速度、分散状况、加入位置和加入方式(连续式或间歇式)
几何因素	釜、叶轮及釜内构件(挡板、导流筒)的几何形状，相对尺寸，安装方式和安装尺寸

表 6-1-3 流态及物性对各搅拌操作的影响程度

搅拌操作目的		流态			物性									
		连续相												
		循环速率	湍流扩散	剪切流	相对速度	黏度	黏度差	密度	密度差	扩散系数	表面张力	热导率	比热容	粒径分布及浓度
均相系混合	低黏度液	◎	◎							○				
	高黏度液	◎		◎		○	◎			◎				
分散	液液相系	◎	◎	◎		◎	○	○	◎		○			
	气液相系	◎	◎	◎							○			
固体悬浮(固液相系)		◎	◎						◎					
溶解(固液相系)		◎		○	◎	○		○	◎					
结晶(固液相系)		◎	*	◎	◎									◎
萃取(液液相系)		◎	*	◎				○		○				◎
吸收(气液相系)		◎	○		○				○	○	◎			
传热(固液相系)		◎	○	○		◎	◎	○				◎	○	

注：◎、○表示该因素的影响程度，◎>○；* 表示对于萃取、晶析等操作，液流湍动程度的影响还不清楚。

参考文献

[1] [日]永田进治．混合原理与应用．马继舜，等译．北京：化学工业出版社，1984.

[2] 丁绪淮，周理．液体搅拌．北京：化学工业出版社，1983.

[3] [美]Oldshue J Y. 流体混合技术．王英琛，等译．北京：化学工业出版社，1991.

[4] 时钧，等．化学工程手册．第2版．北京：化学工业出版社，1996.

[5] 刘心洪．搅拌槽内湍流特性的实验研究．北京：北京化工大学，2010.

2 搅拌桨的分类及其特性

搅拌桨是搅拌混合中的关键部件。由于搅拌的物系千差万别，工艺过程各不相同，如有的过程伴有化学反应，反应物系的性质随反应的进行不断发生变化，有的过程伴有冷却和加热，有的过程甚至发生物态的转变，这样就对过程的混合提出不同的要求。为了满足这些要求，必须根据搅拌桨的特性选择合适的桨型，同时还要优化其结构参数和操作参数。

用黏度值来区分搅拌釜内的流体黏度的低、中、高界限较难明确，因为还需要考虑到搅拌釜的大小，例如直径分别为100mm和1000mm的搅拌釜，用同一种物料，相同的桨径与釜径之比 D/T 的桨叶，相同的线速度，但其操作 Re 却不相同，有时甚至在不同的流域中工作。Oldshue将流体按黏度大小分为低、中、高三类，5000mPa•s以下为低黏度，5000～50000mPa•s为中黏度，50000mPa•s以上为高黏度。

尽管搅拌釜内流体黏度低、中、高的界限难以明确，但是由于搅拌与混合中最基础的问题是流体流动，而流体流动的基本决定性因素是流体黏度，因此首先以搅拌桨能适用的流体黏度的不同来分类，分为中低黏度流体搅拌桨和高黏度流体搅拌桨。前者一般应用于湍流和部分过渡流的流态范围，后者应用于部分过渡流和层流的流态范围。

搅拌桨的型式和种类相当多，若考虑其相互组合的形式，则更是难以计数，但就其基本类型而言，其型式是有限的。这里只介绍各类典型的结构型式及其特性，对搅拌桨的具体选用，将在后面不同的操作过程中，根据各自的特点和要求分别予以介绍。

2.1 按流动的形态分类

2.1.1 轴向流搅拌桨

此类搅拌桨的共同特点是流体通过搅拌桨时以轴向排出为主，搅拌釜内流型参见图6-1-8。图6-2-1给出了几种典型的轴向流搅拌桨结构。轴向流搅拌桨由于具有较小的剪切能力，同时具有一定的循环能力，因此该类搅拌桨适用于一些对剪切要求不高或者所含物料对剪切敏感的过程，如互溶液体的混合、固液悬浮、间壁换热等过程。

图6-2-1的(a)～(c)搅拌桨属于传统的斜叶轴向流搅拌桨，叶片倾斜角度可以在10°～90°变化，叶片的数量有两叶、四叶和六叶，常用的是45°四斜叶搅拌桨。该搅拌桨的排流方向不完全是轴向流，伴随有径向流，通常随着物料的黏度升高，排流方向趋向径向。常用的2～4叶斜叶桨所采用的参数为：桨径与釜径之比 $D/T=1/4\sim1/2$，最常用的是1/3，桨叶宽与桨径之比 $W/D=1/4$，搅拌桨离釜底的距离与桨径之比 $C/D=0.8\sim1.5$，斜角为45°，叶端线速度为 $1.5\sim7\text{m}\cdot\text{s}^{-1}$，常用的为 $3\sim7\text{m}\cdot\text{s}^{-1}$。

斜叶轴向流型搅拌桨功率数常采用永田进治提出的如下计算方法：

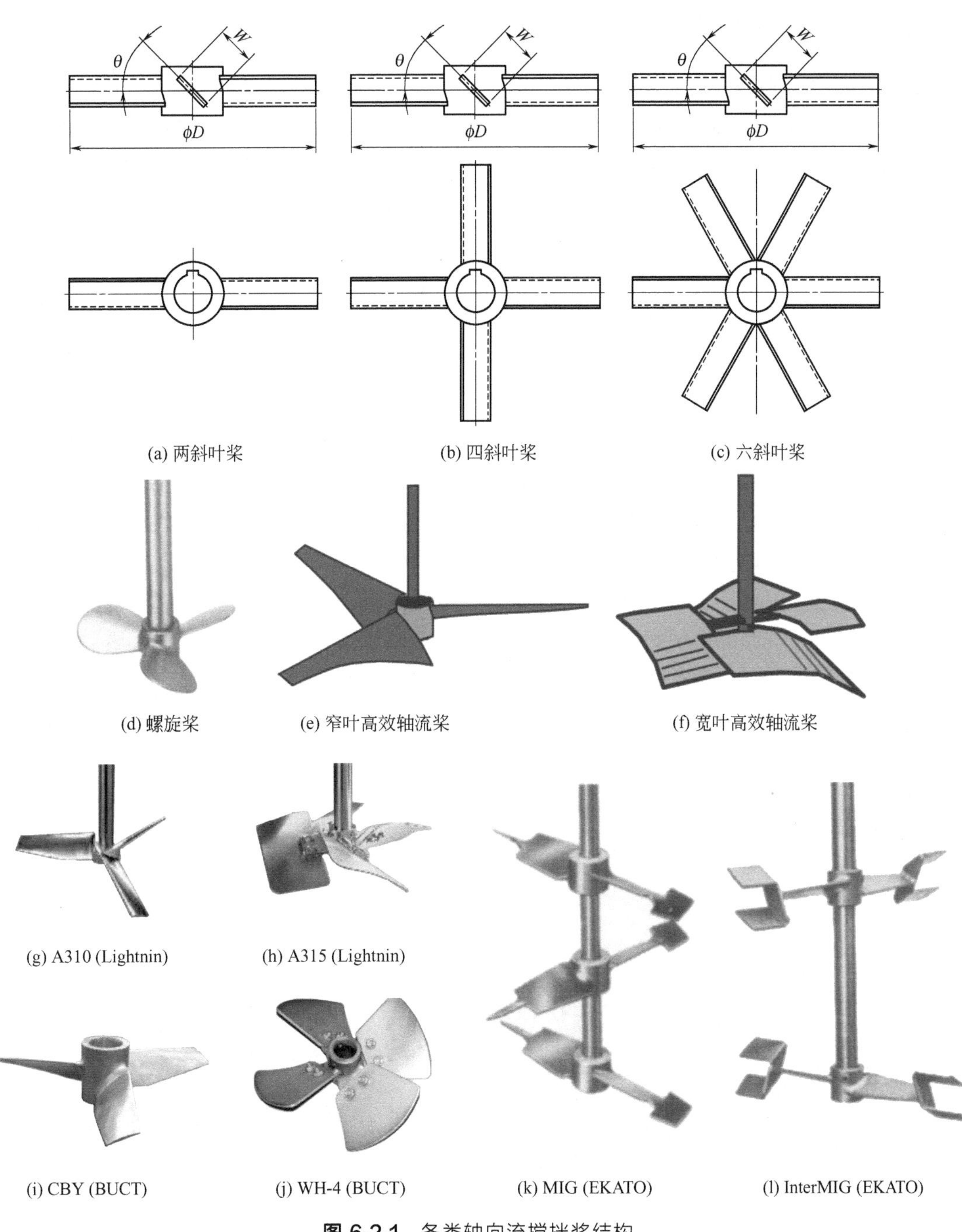

图 6-2-1 各类轴向流搅拌桨结构

① 在无挡板条件下二直叶桨和斜叶桨功率数 N_P 的计算公式为

$$N_P=\frac{A}{Re}+B\left(\frac{10^3+1.2Re^{0.66}}{10^3+3.2Re^{0.66}}\right)^P\left(\frac{H}{T}\right)^{\left(0.35+\frac{W}{T}\right)}\sin\theta^{1.2} \tag{6-2-1}$$

式中：$A=14+\frac{W}{T}\left[670\left(\frac{D}{T}-0.6\right)^{0.6}+185\right]$

$B=10^{\left[1.3-4\left(\frac{W}{T}-0.5\right)^2-1.14\frac{W}{T}\right]}$

$$P=1.1+4\left(\frac{W}{T}\right)-2.5\left(\frac{D}{T}-0.5\right)^2-7\left(\frac{W}{T}\right)^4$$

H 为搅拌釜内料液高度，m。

当 Re 很小时，式(6-2-1) 右端的第二项可以忽略；Re 很大时，第一项可以忽略。

② 在全挡板条件下二直叶桨和斜叶桨计算 N_P 时，应先按式(6-2-2) 求出临界雷诺数 Re_C：

$$\text{当}\ \theta=90°,\ Re_C=\frac{25}{W/T}\left(\frac{D}{T}-0.4\right)^2+\left[\frac{W/T}{0.11\left(\frac{W}{T}\right)-0.0048}\right] \tag{6-2-2}$$

$$\text{当}\ \theta<90°,\ Re_\theta=10^{4(1-\sin\theta)}Re_C \tag{6-2-3}$$

Re_θ 为叶片倾角 θ 时的临界雷诺数。即当 $\theta=90°$时，用式(6-2-2) 求得的 Re_C替代 Re，从式(6-2-1) 求得 N_P；而 $\theta<90°$时，则用式(6-2-3) 求得的 Re_C替代式(6-2-1) 中的 Re 求取 N_P。

③ 四和六直叶桨、斜叶桨 N_P的计算公式也可采用式(6-2-1)，其条件是总叶片面积与二叶桨的相等，液体的黏度小于 1000mPa·s。

【例 6-2-1】 在一直径 T 为 2.4m 的搅拌釜内，使用二叶桨，直径 $D=1.2$m，$W=0.48$m。釜内液体的密度 ρ 为 1200kg·m^{-3}，黏度 μ 为 200mPa·s，搅拌转速 N 为 60r·min^{-1}，设料液高度 H 与釜径 T 的比为 0.7，求叶片 $\theta=90°$、45°、30°时的 N_P值。

解 $Re=\dfrac{\rho D^2N}{\mu}=\dfrac{1200\times1.2^2\times1}{0.2}=8640$；$Re^{0.66}=396$

$D/T=0.5$；$W/T=0.2$

$$\left(\frac{H}{T}\right)^{(0.35+W/T)}=0.7^{0.35+0.2}=0.822$$

用式(6-2-1) 求取 N_P

$$A=14+\left(\frac{W}{T}\right)\left[670\left(\frac{D}{T}-0.6\right)^2+185\right]=14+0.2\times[670\times(0.5-0.6)^2+185]=52.3$$

$$B=10^{\left[1.3-4\left(\frac{W}{T}-0.5\right)^2-1.14\times0.2\right]}=10^{0.712}=5.15$$

$$P=1.1+4\left(\frac{W}{T}\right)-2.5\left(\frac{D}{T}-0.5\right)^2-7\left(\frac{W}{T}\right)^4$$

$$=1.1+4\times0.2-2.5\times(0.5-0.5)^2-7\times0.2^4=1.9$$

$$Z=\frac{10^3+1.2Re^{0.66}}{10^3+3.2Re^{0.66}}=\frac{10^3+1.2\times396}{10^3+3.2\times396}=0.65$$

代入式(6-2-1)，则有

当 $\theta=90°$时，$N_P=1.873$

当 $\theta=45°$时，$N_P=1.873\times(\sin 45°)^{1.2}=1.238$

当 $\theta=30°$时，$N_P=1.873\times(\sin 30°)^{1.2}=0.819$

对于四斜叶轴向流型搅拌桨的排出流量数，图 6-2-2 给出了不同搅拌桨直径与釜体直径之比 D/T 的条件下四斜叶桨的排出流量数随搅拌雷诺数的变化规律。

图 6-2-1(d) 的搅拌桨是推进式船用螺旋桨结构，该搅拌桨由于通常采用铸造加工，若直径很大时则较重，所以一般只制作成小型便携式搅拌器，而且多数都用于低黏度互溶液体

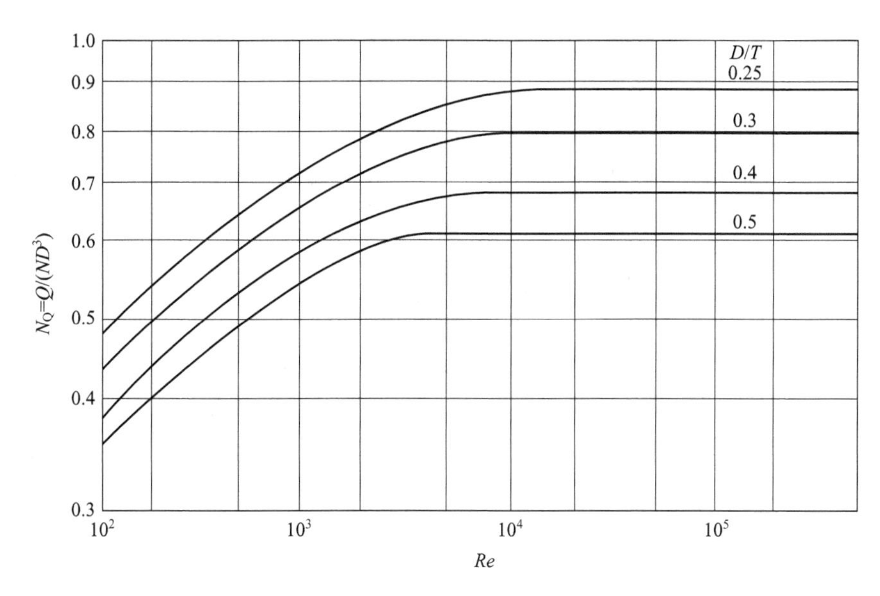

图 6-2-2 四斜叶桨的排出流量数曲线图

的混合、固体悬浮等过程。其尺寸参数为：叶片螺距与桨径之比 $S/D=1\sim2$，常用的 $S/D=1$，叶片数为 3 片，$D/T=1/4\sim1/3$，常用的为 1/3，$H/T=1\sim1.2$，$C=D$（C 表示搅拌桨离釜底的距离），在操作中常用的叶端线速度 v_{tip} 为 $7\sim10\text{m}\cdot\text{s}^{-1}$，最高可达 $15\text{m}\cdot\text{s}^{-1}$。图 6-2-3给出了不同螺距的侧伸式螺旋桨的功率数随雷诺数的变化规律。表 6-2-1 为典型螺旋桨的性能参数。

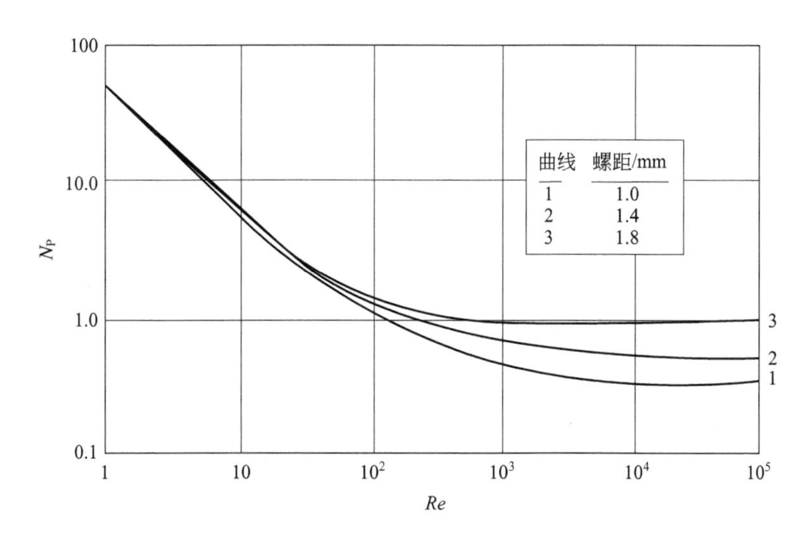

图 6-2-3 侧伸式螺旋桨功率数曲线图

表 6-2-1 典型螺旋桨在高雷诺数时的性能参数

常用尺寸与釜体结构配置	N_P	N_{QD}	k_S
$S/D=1$；$D/T=0.2\sim0.6$；$C/T=0\sim0.8$；全挡板	0.34	0.42	10

图 6-2-1 中（e）～(j) 搅拌桨是针对搅拌釜流场特点开发出的高效轴向流搅拌桨。为了得到均匀的轴向排出流，该类搅拌桨的叶片叶端的倾斜角度比叶根小得多，以获得一种类似恒螺距扭曲叶片的效果。为适应不同的搅拌目的，此类搅拌桨分为两类。一类是采用长薄叶的适用于低稠度流体的窄叶高效轴向流桨，常见是三叶，其功率数一般为 0.3～0.4，流量数为 0.55～0.73，如 Lightnin 公司的 A310、北京化工大学的 CBY 等。此类搅拌桨由于具有较低的剪切和良好的循环性能，被广泛应用于互溶液体混合、固液悬浮。另一类是采用适用于高稠度流体的宽叶高效轴向流桨，常见是四叶，如 Lightnin 公司的 A315、北京化工大学的 WH-4 等。此类搅拌桨由于具有阻挡气体气泛上升的特点，可大量应用于气液分散过程。

图 6-2-1 的（k)、(l) 搅拌桨是 EKATO 公司开发的二叶轴向流搅拌桨，主要用于高黏度的流体，但是在中低黏度流体中一样有很好的效果。MIG 搅拌桨的特点是在普通轴流桨的叶端增加了一个与主桨成 90°的副桨，加强了外循环区域的循环流动，改善了釜体内整体循环效果。InterMIG 桨是 MIG 桨的改型，其副叶是双层，减小了副叶片的形体阻力，因而减小了功率消耗，同时提升了轴向循环能力。当液位与釜体直径之比 $H/T=1$ 时，推荐 MIG 桨采用三层，InterMIG 桨采用两层。当操作在湍流情况下，一般配置全挡板条件，取 $D/T=0.7$，MIG 桨功率数为 0.55，InterMIG 桨的功率数为 0.61，由于其低剪切且良好的循环性能，特别适用于结晶过程。当操作在层流情况下，一般采用无挡板条件，但 $D/T>0.7$。

2.1.2 径向流搅拌桨

此类搅拌桨的共同特点是流体通过搅拌桨时以径向排出为主。在搅拌釜内，其流型参见图 6-1-7。根据其结构特点可分为开式涡轮桨和盘式涡轮桨。图 6-2-4 给出了几种典型的开式和盘式涡轮桨结构及常用尺寸参数。图 6-2-5 给出了几种径向流搅拌桨的功率数随雷诺数的变化规律。

图 6-2-4(a)～(e) 属于开式涡轮桨。由于搅拌釜流场内的搅拌桨的上下压力并不对称，流体从桨叶片端部的排出方向只是近似径向，搅拌桨配置在不同的离釜底高度，流量排向有可能略微向上或向下。该类搅拌桨具有较高剪切能力，因而主要适用于液相化学反应、液液分散、传质等过程。其中图 6-2-4(d) 和 (e) 搅拌桨叶片具有向后弯曲特点，可以阻止物料在叶片上的堆积或者缠绕，也能减少物料对叶片的磨损，典型应用于一些含有废渣的污水处理、含有纤维的纸浆处理和矿物冶金等过程。

图 6-2-4(f)～(h) 属于盘式涡轮桨。由于在涡轮桨中间加入了圆盘，使得叶片上下压力不对称减小，流体从桨叶片端部的排出方向比开式涡轮桨更加接近径向，同时涡轮桨的圆盘犹如一块挡板，可以阻止气体沿搅拌桨中间的搅拌轴气泛上升，因此该类型搅拌桨典型用于同气液分散相关的过程。其中图 6-2-4(f) 涡轮桨是用于气液分散过程的传统桨型，其典型尺寸桨的性能参数列于表 6-2-2，而图 6-2-4(g)、(h) 涡轮桨是用于气液分散过程的新型桨型，将叶片制作成半管形或半椭圆管形，与传统的六直叶盘式涡轮桨相比，处理气体的能力有了大幅度的提高，提高了气液分散的效率。

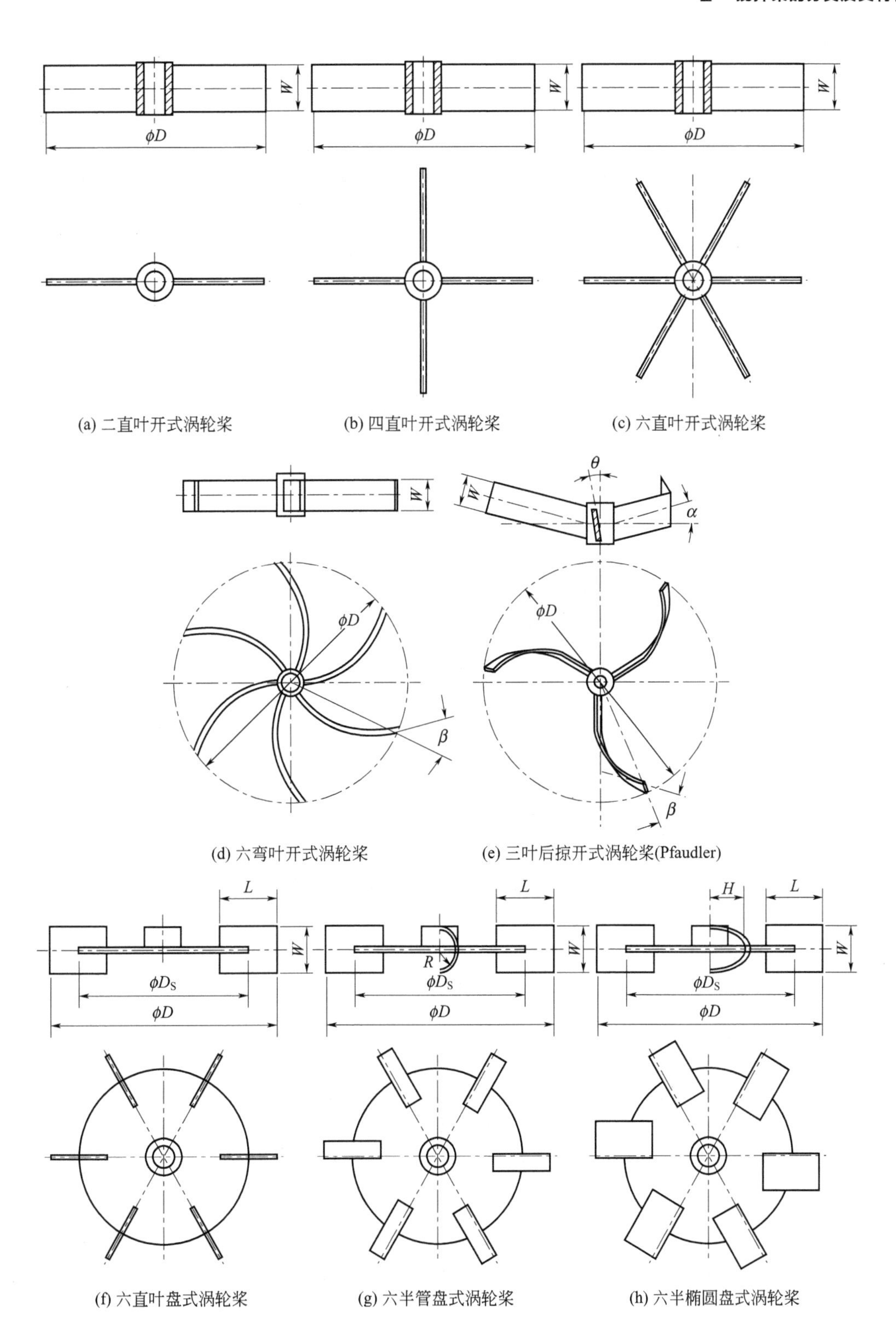

(a) 二直叶开式涡轮桨 (b) 四直叶开式涡轮桨 (c) 六直叶开式涡轮桨

(d) 六弯叶开式涡轮桨 (e) 三叶后掠开式涡轮桨(Pfaudler)

(f) 六直叶盘式涡轮桨 (g) 六半管盘式涡轮桨 (h) 六半椭圆盘式涡轮桨

图 6-2-4 各类径向流搅拌桨结构

($D/T=0.35\sim0.8$；$W/D=0.1\sim0.25$；$L/D=0.25$；涡盘直径与桨径之比 $D_S/D=0.66\sim0.75$；$\alpha=15°$；$\beta=40°\sim50°$；$\theta=10°$)

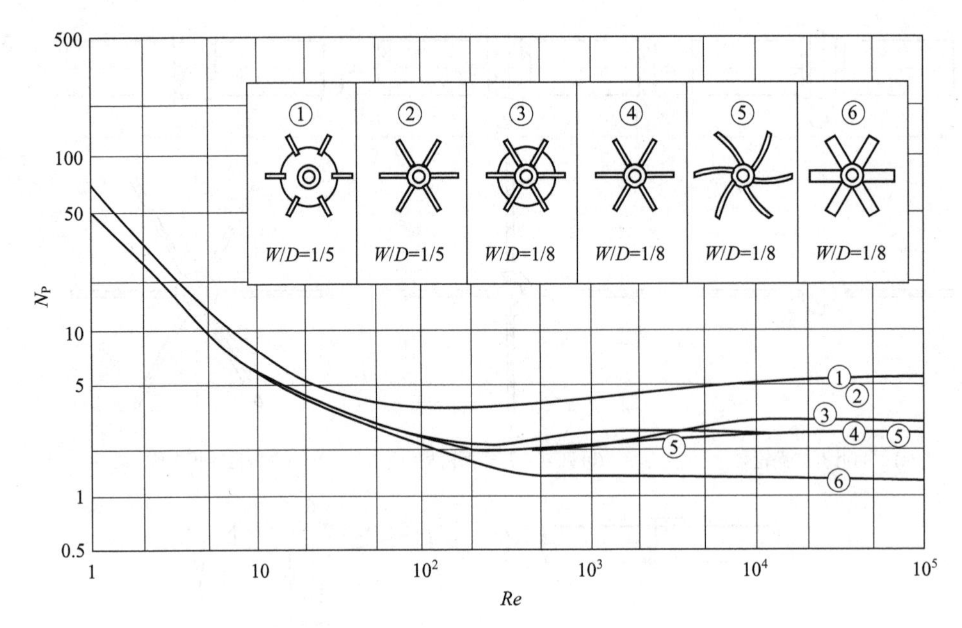

图 6-2-5　各类涡轮桨的功率曲线图[1]

表 6-2-2　六直叶盘式涡轮桨的尺寸和高雷诺数时的性能参数[2]

常用尺寸与釜体结构配置	N_P	N_{QD}	k_S
$D:D_S:L:W=20:15:5:4$;$D/T=1/3$;全挡板	5	0.72	12

2.2　适用于高黏度流体的桨型

当搅拌釜内物料黏度较高，一般其流场处于层流状态，因而物料的流动性差，小直径的叶轮很难实现全釜内物料流动，因而高黏度流体搅拌桨使用时有一个显著的特点是桨直径与釜体直径之比接近于1。按其流动特点一般分为两类：一类是锚式桨及框式桨；另一类是螺杆式桨及螺带式桨，或者是它们之间组合应用。

2.2.1　锚式桨及框式桨

图 6-2-6(a) 给出了锚式桨结构简图，其在搅拌釜内的流型可参见图 6-1-10，它适用于流体的黏度在 1000mPa·s 以下的场合，通常应用在配有夹套的釜体的间壁换热的过程，或者和其他搅拌桨配合，产生釜体底部的流体流动。当流体黏度在 $10^3 \sim 10^4$ mPa·s 时，则可在锚式桨中间加一横拉叶，加强径向流动，以增加釜中部的混合，如图 6-2-6(b) 中的框式桨。另外当流体黏度很高时，贴近釜体壁面的流体几乎不流动，易黏结在釜壁上，使得传热阻抗加大，通常在此类搅拌桨的外周边装有刮板，以减少物料黏结釜壁。锚式桨叶的结构参数常用的为桨直径与釜体直径之比 $D/T=0.9 \sim 0.98$，桨叶片宽度与釜体直径之比 $W/T=0.1$，桨高度与釜体直径之比 $h/T=0.5 \sim 1.0$，桨叶片外周边的线速度为 $1 \sim 5 m \cdot s^{-1}$。锚式桨的功率数见图 6-2-7。

图 6-2-6(c)～(e) 表示了三种变种的锚式桨及框式桨，是日本开发的新型搅拌桨，这些叶轮的特点是叶宽很大，叶片呈平板状，可得到较大的循环流量，而且适应的黏度范围也较

宽，其中最大叶片式桨、泛能式桨必须和挡板配合使用，叶片组合式桨也必须和挡板配合使用。由于桨叶采用单一叶片，循环路线比较单一，局部的剪切较低，产生均一的流场。此类桨叶的另一特点是当操作过程中料位变化较大时，它有较好的适应性，如分批投料的间歇生产过程。

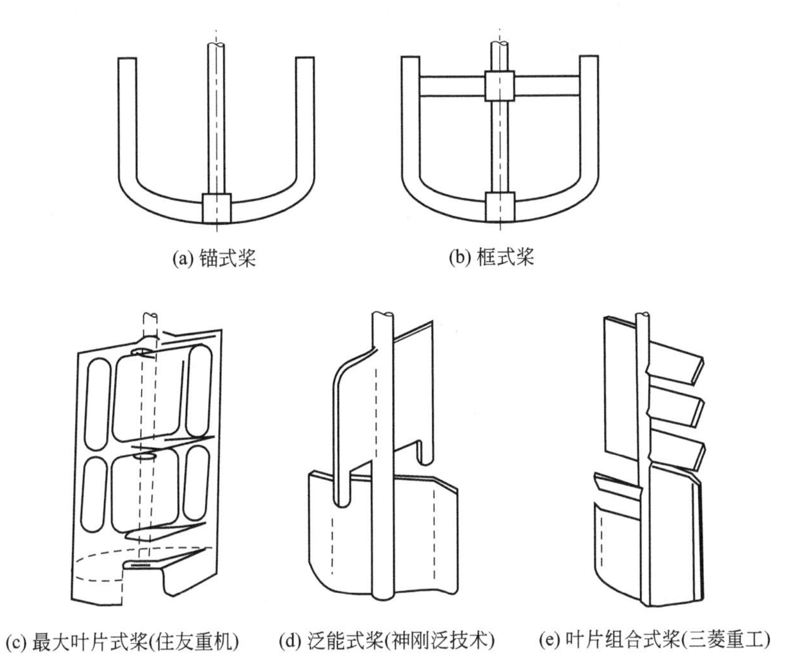

图 6-2-6　各类锚式桨及框式桨[3]

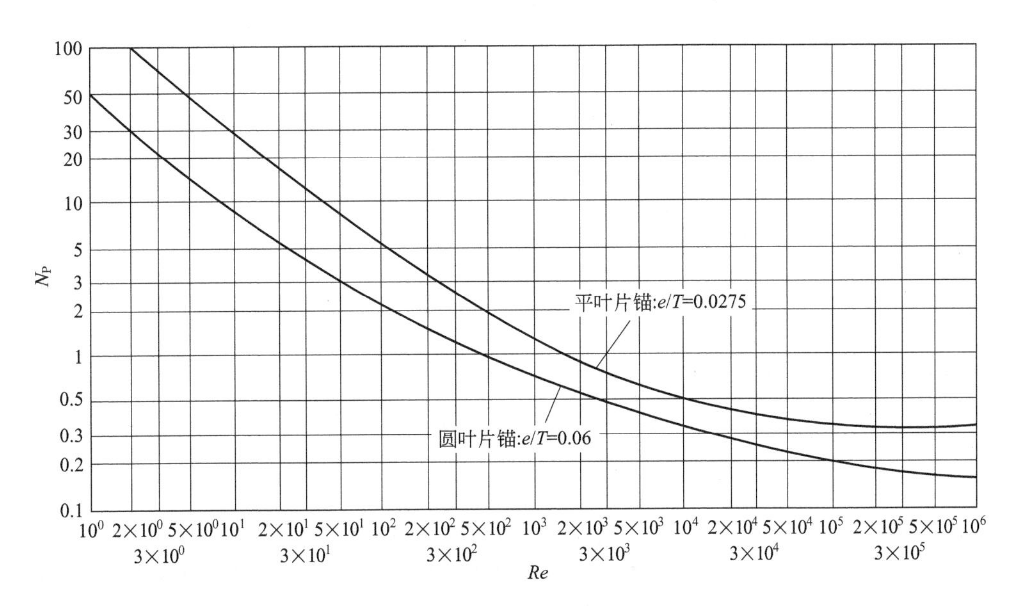

图 6-2-7　锚式桨两种不同离壁间隙条件下的功率数（ e 为桨与釜壁的间隙； T 为釜径 ）

2.2.2　螺杆式桨及螺带式桨

(1) 螺杆式桨　螺杆式桨结构见图 6-2-8(a)，图 6-1-11 中给出了带有导流筒时螺杆桨的流型，图 6-1-13 给出无导流筒时的流型，显然有导流筒时其轴向流动会加强。螺杆式桨在没有其他构件相配合、单独使用时，其混合效果是不理想的，尤其是在 D/T 比较小的情况下，其搅拌作用很难布及全釜。

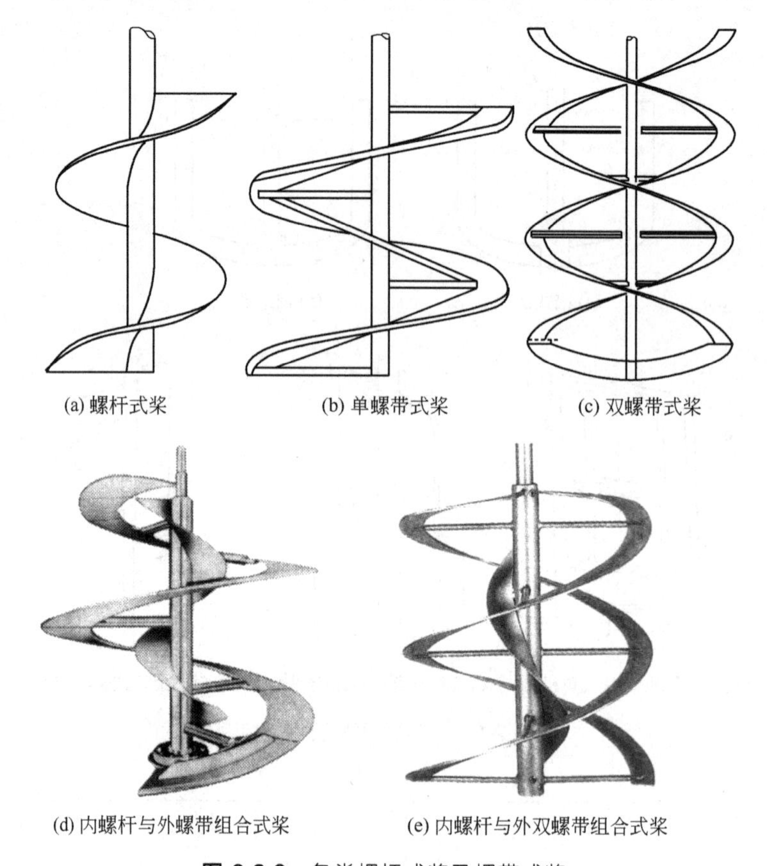

图 6-2-8 各类螺杆式桨及螺带式桨

螺杆式桨的功率数见图 6-2-9，也可用下面的关联式来计算[4]。

当 $H/T=1.37$ 时：

$$N_P=\frac{260}{Re^{0.9}}\left(\frac{D}{P}\right)^{[(0.38-\lg Re)/1.74]}\left(\frac{D}{T}\right)^{[(2.18-\lg Re)/3.56]} \tag{6-2-4}$$

上式也可近似表示为：

$$N_P=260Re^{-0.9} \tag{6-2-5}$$

D 为螺杆直径；P 为螺距；T 为釜径。

(2) 单螺带式桨 单螺带式桨结构见图 6-2-8(b)，这是一种 $D/T>0.95$ 的桨叶，流体靠桨叶面旋转时的推举作用造成全釜的循环，因此螺带宽（W）对循环量是有决定作用的，同时螺距（P）的大小决定着桨叶每旋转一周桨面上的流体被推举的距离。为了强化釜内的流动，增加叶宽、提高转速都会有效果，但同时必将会增加搅拌的功率消耗。由于桨叶与釜内壁的间隙很小，因此在此间隙内流体会受到很强的剪切作用，对壁面的传热和流体的混合是非常有利的。

单螺带式桨的 N_P 可按下式计算：

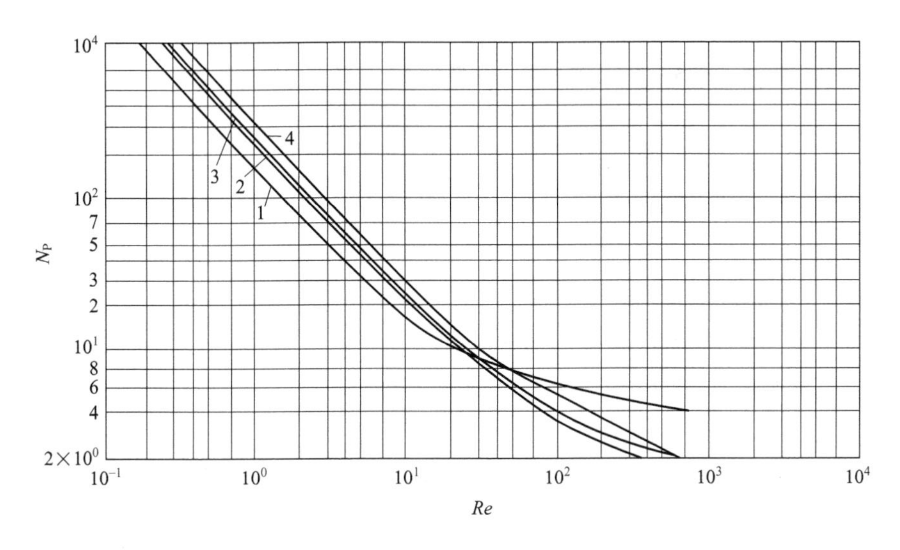

功率曲线	D/mm	D/T	H/T	P/D	W/D
曲线 1	76	0.33	1.0	0.60	0.42
曲线 2	127	0.56	1.0	0.40	0.45
曲线 3	127	0.56	1.0	0.80	0.45
曲线 4	152	0.67	1.0	0.40	0.46

图 6-2-9 不同 D/T 的螺杆式桨的功率曲线

$$N_P=290Re^{-1} \tag{6-2-6}$$

条件是：$P/T=0.5$，$D/T=0.95$，$W/T=0.095$，$L/T=0.98$，$C/T=0.025$，$Re<20$。

当 $P/T=1$ 时，可改用下式：

$$N_P=186Re^{-1} \tag{6-2-7}$$

L 为螺带高度；C 为螺带离釜底的距离。

(3) 双螺带式桨 双螺带式桨结构见图 6-2-8(c)，搅拌流型见图 6-1-12，从结构图中可以明显地看到，处于釜内某一空间位置，在桨叶旋转一周时，其将会受到两次推举，因而其混合效果优于单螺带式桨。通常这类桨叶的结构参数为：$D/T=0.9\sim0.8$；$P/D=0.5,1,1.5$；$W/T=0.1$；$H/T=1\sim3$；叶外缘线速度小于 $2\text{m}\cdot\text{s}^{-1}$。

其 N_P 值可按下式计算：

$$N_P=74.3\left(\frac{T-D}{D}\right)^{-0.5}\left(\frac{n_P T}{P}\right)^{0.5}Re^{-1} \tag{6-2-8}$$

n_P 为螺带数，当 $n_P=1$ 时，也可用此式计算单螺带桨的 N_P 值。

当 $P/D=1$、$D/T=0.95$、$n_P=1$ 时，式(6-2-8) 变为：

$$N_P=340Re^{-1} \tag{6-2-9}$$

(4) 内螺杆与外(双)螺带组合式桨 其结构简图见图 6-2-8(d)、(e)，是一种组合型桨，在螺带型桨叶的轴上增设一螺杆式桨，能得到较好的混合效果，因为螺带和螺杆是反向的，因此能造成较理想的循环流动，表 6-2-3 给出了不同组合的特性参数。

表 6-2-3 螺带式桨、螺杆式桨及其组合的操作性能

型式	型号	结构说明	螺带式泵出流量比	螺杆式泵出流量比	N_{θ_M}	N_PRe	$\frac{P_{\theta_M}}{(P_{\theta_M})_{2R-1}}$
螺带式	2R-1	双螺带，对称，$P=D$	0.36	—	40	330	1.0
	1R-1	单螺带，$P=D$	0.18	—	100	210	1.0
	1R-2	单螺带，$P=0.5D$	0.09	—	150	350	4.0
螺带式-螺杆式组合	2R-1 S-1	2R-1 型螺带，其轴上安装 $D_S=0.4T$、$P=2D$ 的螺杆	0.36	0.32	30	400	0.9
	1R-1 S-1	1R-1 型螺带，其轴上安装 $D_S=0.4T$、$P=2D$ 的螺杆	0.18	0.32	40	250	0.8
	2R-1 S-2	2R-1 型螺带，其轴上安装 $D_S=0.5T$、$P=D$ 的螺杆	0.36	0.375	36	400	1.1
	2R-1 S-3	2R-1 型螺带，其轴上安装有 $D_S=0.5T$、$P=D$ 的螺杆	0.36	0.25	47	400	1.4
	2R-1 S-4	2R-1 型螺带，其轴上安装有 $D_S=T/3$、$P=1.5D$ 的螺杆	0.09	0.164	57	400	1.7
有导流筒的螺杆式	D，S-1	导流筒内安装有 $P=D$ 的螺杆，如图 6-1-11	—	0.67	65	330	0.5

注：表中 1R 表示单螺带，2R 表示双螺带，其后面的数值表示结构参数的差异。S 表示螺杆，其后边的数也是表示结构参数的不同。

参考文献

[1] Rushton J H, Costich E W, Everett H J. Chem Eng Prog, 1950, 46: 395-476.

[2] Paul E L, Atiemo-Obeng V A, Kresta S M. Handbook of industrial mixing: science and practice. New Jersey: John Wiley & Sons Inc Publication, 2003.

[3] 王凯，冯连芳．混合设备设计．北京：机械工业出版社．2000.

[4] Nowood K W, Metzner A B. AIChE J, 1960, 6: 432-437.

3

低黏度互溶液体的混合

3.1 过程的特征及其基本原理

低黏度互溶液体混合过程的主要特征是不存在传递过程的相界面，因此又称为均相混合。对于一个纯物理混合过程，低黏度互溶液体的混合是属于容易完成的过程，尤其是对混匀的时间要求不高或混匀时间比较长的混合过程，例如大型油罐的混匀。当混合过程伴有化学反应时，往往会使过程复杂化，其一是对混合完成的时间有比较严格的要求，以避免一些不希望的副反应发生；其二是反应热的导出或热量的导入（当反应是吸热时），这样就增加了过程的难度，特别是快速强放热反应过程。此时必须确定什么是该过程的控制因素，如混匀的速度（或混匀时间）、热量的传递速度等，并应依此作为工程设计的依据。

低黏度液体的混合操作一般都是在湍流区内进行的，因此这一过程就具有较强的主体扩散、湍流扩散和分子扩散，在宏观混合的过程中同时也伴有很强的微观混合过程。

根据实验研究的结果得知：不同组分的流体的混合作用主要是发生在叶轮附近很小的混合区中，通常称为叶轮作用区。搅拌釜内循环流量大，意味着单位时间中釜内流体的循环次数多（即单位时间内流体通过叶轮区的次数多），因此混合效果好。对于互溶液体的混合，提供足够的循环流量是主要的，叶轮能否产生较强的剪切则是次要的。但是当两种液体黏度相差比较大，剪切的存在将有利于高黏度液体在全釜中的分散，有利于湍流扩散的强化。这些条件是由选择合适的叶轮型式来保证的。当需要混匀的两种液体数量相差较大时，少量液体的加料位置是很重要的，理想的位置是叶轮区，或是在叶轮吸入口的附近，以保证进料很快通过叶轮，可有效地提高宏观混合特别是微观混合的效率。循环时间将由釜内循环次数来控制。

3.2 桨型的选择

根据前面对混合过程的分析，对于一般情况所得的结论是选用的搅拌桨应能提供较大的排出流量或循环流量。搅拌桨的排出流量除与搅拌桨的型式和结构尺寸有关外，在操作中还可以用提高搅拌转速来得到，但其能量消耗是与转速的 3 次方成正比的，因此在选择时要以相同的功率消耗为基准来进行比较。

对于 $H/T \leqslant 1$ 的搅拌釜，采用单层搅拌桨即可满足混合要求，采用轴向流桨或径向流桨其混合效率是相同的。而对于 $H/T>1$ 的搅拌釜，一般需采用多层搅拌桨，多层轴向流搅拌桨的混合效率远高于多层径向流搅拌桨，因此一般选用多层轴向流搅拌桨。

(1) 推进式叶轮 这类叶轮在安装时有三种方式。

① 中心插入式。其流型见图 6-1-8，是常见的安装方式，但必须配以挡板，以消除打漩

现象，保证有良好的轴向流动。当顶部伸入中心安装的搅拌釜内液层高度太高时，即 $H/T>1$时，应考虑使用双层桨叶，具体的条件见表 6-3-1。

表 6-3-1 搅拌器层数的选择条件

单层	双层
液体黏度<100mPa·s	液体黏度>100mPa·s
$H/T\leqslant1$	$H/T>1$
对循环量有较高要求,大叶轮	对剪切有一定要求,小叶轮,高转速

此处 $H/T>1$ 应该是指 H/T 接近 1.2，当 H/T 更大时，搅拌桨叶的层数还需增加，一般采用的层间距不大于桨叶直径，这样可以保证全釜具有良好循环流动，以提高混匀效果。

② 偏心安装搅拌器。有时不可以由顶部斜向伸入，但这种安装一般都用在小型搅拌釜内，偏心安装搅拌器与电机连接在一起，在市场上已有定型产品出售，当釜径大于 2m 时，通常不采用此类搅拌器。

③ 侧伸式搅拌器。通常优先使用在易于实现混匀的大型搅拌釜中，如原油、汽油、纸浆工业的贮釜中，其流型见图 6-1-9，此时桨叶必须与釜体横断面的中心线有一定的夹角，β 一般为 7°～10°。否则就有可能造成切向的旋转流动，从底部到顶部的流动显得微弱，致使混匀时间大大延长。在大型釜中常采用这类搅拌，能耗很低，仅处在 $10\mathrm{W\cdot m^{-3}}$ 的水平上。当 $D/T=1/8\sim1/12$、$H/T=0.8$ 时，此类搅拌比其他型式更为经济。由于其桨径较小，因此在工业上的转速均在 $250\sim400\mathrm{r\cdot min^{-1}}$ 的范围内。

目前的原油贮罐的容积已可达到 $10000\sim30000\mathrm{m^3}$，此时可用数个侧伸式搅拌器来达到混合的目的。当然应该指出的是侧伸式搅拌器的混合效率是不高的，但与顶伸式相比，在相同功率下操作时其扭矩较低，而且搅拌轴也较短，搅拌器的制造成本较低。在大型贮釜中如果将其安装在足够大的人孔内，有利于拆装和检修。

(2) 斜叶涡轮 最常用的是二斜叶涡轮，其次是四斜叶，叶片再多则其叶宽将相对变窄，与推进式相比，其剪切作用略有加强。斜角的变小会使剪切作用相对减弱。

(3) 长薄叶螺旋桨 与斜叶涡轮相比其突出的优点是在同样的能耗下能提供较大的循环流量，因此在对循环流量要求较高的场合，选用此类桨型是合适的。

(4) 三叶后弯桨叶 当黏度偏高，或两种液体的黏度有相当差别时，选用这类桨是合适的，因为它具有良好的循环流性能，而且兼有一定的剪切，采用时要注意与之匹配的挡板型式和安装方式。

3.3 设计计算

在选定了桨型后，设计计算的任务是要确定桨叶的结构参数（如桨叶直径和与桨型有关的参数、螺旋桨的螺距、斜叶涡轮的斜角、长薄叶桨的安放角、叶宽等）和桨叶在釜内的安装尺寸，如离底距离等。然后再确定其操作参数，主要是指搅拌转速。而这些参数的确定主要是依据工艺要求、物料的物性、物料种类和数量及其相对比例、混匀时间等。

Oldshue 推荐使用 4 叶 45°斜叶桨，在不同容积的釜内，对不同黏度液体进行混匀操作时，因混匀时间的不同所需搅拌器的电机功率的数值列于表 6-3-2 中。

表 6-3-2 45°斜叶桨（4 叶）混匀时的电机功率 单位：kW

$\overline{V}$	3			20			40			75		
μ \ θ	6	12	30	6	12	30	6	12	30	6	12	30
100	0.75	0.37	0.18	2.2	1.5	0.75	2.2	1.5	0.75	5.5	4	1.5
250	1.1	0.55	0.3	2.2	1.5	0.75	4	2.2	1.1	7.5	5.5	2.2
500	2.2	1.1	0.6	2.2	1.5	0.75	5.5	4	1.5	11	7.5	4
1000	1.5	1.5	0.8	4	2.2	1.1	11	5.5	2.2	15	11	5.5

表 6-3-2 中 $\overline{V}$ 为搅拌釜体积，m^3；θ 为混匀时间，min；μ 为黏度，mPa•s。该表的单位是由加仑（美）和马力换算过来，电机功率按我国的电机系列标准作了一些圆整。另外，在 $3m^3$ 的搅拌釜中，当 $\mu=1000$mPa•s，$\theta=6$min 时，单层 4 叶 45°斜叶桨需要的电机功率为 1.5kW，其余所需的功率数据全为单层推进式型桨（1.5 倍螺距，表中灰底部分）。表中的数据仅供确定功率消耗时的参考。

还需要指出的是电机功率与轴功率是有区别的，这里要考虑机械效率，同时还必须考虑一定的安全系数，根据设备在生产中所处地位的重要性，可以采用不同的安全系数，一般情况下可取 20%左右。

【例 6-3-1】 在某工业生产中有一原料贮釜，需将两种等体积的原料液混匀以供下一工序使用，两种原料液的密度分别为 $820kg \cdot m^{-3}$ 和 $860kg \cdot m^{-3}$，黏度分别为 100mPa•s 和 210mPa•s，要求每釜的混匀时间不得大于 10min。贮釜直径 T2.8m，直筒高度 2.4m，椭圆封头，装料体积约 $15m^3$，选择搅拌桨型式及其结构参数，并确定其操作转速及装机功率。

解 （1）选用装机功率 根据表 6-3-2，选 $20m^3$、250mPa•s、混合时间为 6min 条件下的电机功率为 2.2kW。

对于 2.2kW 的电机，如传动效率取 0.97，安全系数取 1.2，则搅拌轴功率应为

$$P_{轴}=\frac{2.2\times0.97}{1.2}=1.78(\text{kW})$$

（2）选用 4 叶 45°斜叶桨 选 $D/T=0.4$，则

$D=2.8\times0.4=1.12$（m），取 1.2m

$W/D=0.2$，$W=0.24$m

（3）根据式(6-2-1) 计算得到 4 叶斜 45°桨在湍流区时，$N_P=1.18$，现先假定其操作是处于湍流区，据此可求出操作转速，根据

$$N_P=\frac{P_{轴}}{\rho N^3 D^5}$$

此处 $N_P=1.18$，$P_{轴}=1.78\text{kW}=1780\text{W}$

ρ 取混合液的平均值

$\rho=0.5\times(820+860)=840$（$kg/m^3$）

μ 取混合液的平均黏度

第 6 篇

$\mu=0.5\times(100+210)=155$ (mPa·s)

$D=1.2$m

则

$$N^3=\frac{1780}{1.18\times840\times1.2^5}=0.722$$

$$N=0.897\text{r·s}^{-1}\text{或 }53.8\text{r·min}^{-1}$$

(4) 核算搅拌 Re

$$Re=\frac{1.2^2\times0.897\times840\times10^3}{155}=7000$$

可以认为是处于湍流区

(5) $N=53.8\text{r·min}^{-1}$，在选减速机时，因速比系列不一定完全满足要求，故为了满足要求，可调整转速，但因装机功率已定，因此转速只能适当向下调整。

(6) 一般情况下贮釜进料总是间歇的，假如在进料时，就启动搅拌，则会有利于混匀操作，即在进料完毕后，只需较短的时间就能使全釜混匀。

3.4 多层桨

当搅拌釜内的液层高度较高时，即 $H/T>1$ 时，单层桨叶的作用高度已经不能满足要求，上层液体就会出现静止层，当然在这一区域内就难以实现不同物料的混合，也不能与下层液体进行混合，为了消除这样的死区，解决的办法只能是增加桨叶的层数，否则只能降低料层高度、减小生产能力。

多层桨的层数是不受限制的，多的可达5层甚至更多，一般为2～3层，需根据 H/T 的大小、过程对混合强度的要求和物料黏度来确定。层间距的确定是很关键的，不同类型的桨会形成不同的流型，轴向流型桨叶在合理的层间距时，能形成全釜稳定的单一循环流，当层间距太大时，对于双层桨可能出现上下两个循环区，一般选用层间距为桨径的1～1.5倍。

当选用多层桨时，被搅拌液体的黏度较低时，层间距可适当选大一点，当黏度较大或处理的是黏稠物料时，应选用较小的层间距，有时可以小到0.5～0.7的桨叶直径，这一点完全要通过实验和生产实践的经验才能确定。从设计的角度看层间距小是偏保守的，从生产的角度看则会更可靠。

多层桨的轴功率计算，简单的方法是单层桨的功率乘以层数，这样的估算偏保守，但在工程上是允许的。确切地说，只有层间距大于桨径时才是正确的，当层间距小于桨径时，因相互的干扰，故总功率会小于层数与单层桨功率的乘积，精确的数值应通过实验得到，特别是由不同桨型组合成的多层组合型桨。

4

高黏度液体的混合

高黏度液体的搅拌操作通常都处于搅拌层流区（Re 为 10～100），其还与搅拌桨型式有关。高黏度液体的黏度范围和搅拌釜直径有关，对直径较大的搅拌釜，高于 5Pa·s 时，才称为高黏度液体[1]。

适用于高黏度液体混合的搅拌桨型式与混合低黏度液体的搅拌桨型式不同。由于液体黏度较高，在离开搅拌桨较远的地方，动量传递迅速衰减，液体流速急剧减小，因此，通常都采用大直径的搅拌桨。常用的搅拌桨型式有锚式桨、螺杆式桨（或带导流筒）、单螺带桨、双螺带桨、外螺带内螺杆组合式桨等。

4.1 高黏度液体的混合机理

在搅拌层流区混合高黏度物料时，在搅拌桨与搅拌釜壁的环隙间，物料受搅拌桨剪切作用被拉伸或切割，随着剪切时间的增长，逐渐达到混合。同时，由于搅拌釜内剪切流场不是均匀的，例如锚式搅拌桨在锚与釜壁间的间隙区是强剪切区，物料的混合速率较快，而釜中心区域则是低剪切区，混合速率较慢，因此，高剪切区与低剪切区间的物料交换速率或物料在全釜范围内的循环能力也是影响混合的重要因素。此外，釜内液体的速度波动也能促进混合。实验研究结果表明，由于单螺带搅拌桨的非对称结构能产生较大的速度波动，因而它的混合效率比双螺带搅拌桨高。复动式搅拌桨除进行回转运动外，又进行上下往复运动，使得釜内各点的流速不断改变方向和大小，因而有很高的混合效率。

4.2 高黏度液体搅拌桨的混合性能

4.2.1 混合性能指标

评价搅拌桨的混合性能，经常应用混合时间、单位体积剪切性能等。高黏度液体搅拌桨的混合性能，可用如下混合性能指标进行综合评价。

① N_{θ_M}——混合时间数。

② k_S——反映搅拌桨剪切性能的常数，$k_S=\frac{1}{N}\sqrt{\frac{P_V}{\mu}}$，可理解成搅拌桨转一圈时，流体所受到的剪切量。

③ k_{θ_S}——综合反映混合和剪切两因素的常数，$k_{\theta_S}=N_{\theta_M}k_S=\theta_M\sqrt{\frac{P_V}{\mu}}$，可理解为达到规定的混合程度时，流体所受到的剪切量。k_{θ_S}愈小表明在同样的剪切速率下，达到规定的

混合程度时，所需时间愈短。

④ W_V——单位体积混合能。搅拌釜内单位体积物料的搅拌能耗和混合时间的乘积。

⑤ η_W——相对混合效率。不同搅拌桨混合同种流体，在相同的混合时间条件下所需单位体积混合能的比值。

4.2.2 各种搅拌桨的混合性能

表 6-4-1 列出了几种高黏度液体搅拌桨在层流区的混合性能。

表 6-4-1 搅拌桨在层流区的混合性能

序号	搅拌桨型式	D/T	牛顿流体				假塑性流体 $n=0.53\sim0.63$			
			$N_{\theta M}$	k_S	$k_{\theta S}$	η_W	$N_{\theta M}$	k_S	$k_{\theta S}$	η_W
1	框①	0.79					142	7.1	1008	12.6
2	锚①	0.81					230	7.3	1686	35.5
3	MIG-锚	0.95					56	14	784	7.7
4	内外螺带-锚	0.95					41	16	656	5.4
5	双螺带-锚	0.95	34	19.4	660	6.8	37	19.4	718	6.5
6	螺杆-导流筒	0.574					40	7.9	314	1.0
7	复动式	0.947	22.7	11.2	254	1	31	11.2	346	1.5

① 该种搅拌桨有相当大的混合不良区。

锚式（或框式）搅拌桨构造简单，应用广泛，常用的结构参数为 $D/T=0.8\sim0.98$，$W/T=0.06\sim0.1$，$h/T=0.5\sim1$，桨叶外边缘的线速度为 $1\sim5\text{m}\cdot\text{s}^{-1}$。由于锚式搅拌桨的形状与搅拌釜匹配，因此，当它的翼片扫过釜壁时，可促进物料与釜壁的热交换，并可减薄粘壁物。锚式搅拌桨缺乏轴向上、下循环流动，混合效率较低。当雷诺数大于 50 时，会产生二次循环流，可改善混合性能。应用锚式搅拌桨时可采用加横向叶片或自釜顶部插入挡板及在其翼片上附加刮刀等办法改进混合性能，如图 6-4-1 所示。

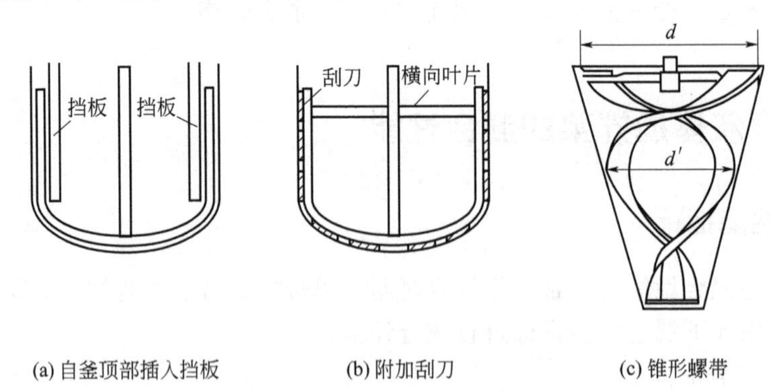

图 6-4-1 锚式搅拌桨与锥形螺带

螺带式搅拌桨可适用于中、高黏度（可达数百帕·秒）液体，有较好的上、下循环性能。螺带式搅拌桨除单、双螺带，螺带-螺旋外，还有内、外螺带等多种型式，见表 6-4-2。常用的结构参数为：$D/T>0.9$，$P/D=0.4\sim1.5$，$W/D=0.08\sim0.15$，$h/D=1\sim3$，螺带外缘线速度通常小于 $2\text{m}\cdot\text{s}^{-1}$。除螺带式搅拌桨与搅拌釜壁的间隙外，螺带式搅拌桨的结构型式、螺距，螺带头数、带宽等都对混合速率有影响。螺带式搅拌桨形成的上、下循环流分界处也存在混合不良区，锥形螺带［图 6-4-1(c)］可改善径向流动性能。

表 6-4-2 多种型式的螺带搅拌桨及其混合性能[2]

项目	螺带-螺旋Ⅰ	螺带-螺旋Ⅱ	双螺带	内、外螺带Ⅰ	内、外螺带Ⅱ
螺带搅拌桨型式					
D/T	0.95	0.95	0.95	0.95	0.95
P/D	0.81	0.81	0.81	0.82	0.41
W/D	0.149	0.149	0.149	0.149	0.149
D_S/D	0.4	0.4			
P_S/D	0.81	1.6			
a	26	26	26	15	15
D_2/D				0.5	0.5
P_2/D				0.82	0.41
W_2/D_2				0.239	0.239
$N_P Re$	250	240	418	203	293
$N_{\theta M}$	49.3	46.8	33	46	54
η_W	1.46	1.26	1.13	1	1.98

带导流筒螺杆式桨在层流区和过渡流区都有很高的混合效率，适合于随反应进行中，物料黏度逐渐增大，釜内流型从过渡流变为层流的溶液聚合或本体聚合反应器。在热负荷较大的场合，导流筒筒壁中还可以通入换热介质，增加换热面积。

此外，大直径的 MIG 搅拌桨与螺带的作用类似。为使混合容器内全部高黏度物料受到较好的剪切作用，还采用多种型式的组合式搅拌桨，如采用双轴或同心套轴组合，高速轴为小直径叶轮，主要起剪切作用，低速轴为大直径搅拌桨，增加全容器内物料的循环流动能力，也有小叶轮做行星运动的，结构如图 6-4-2。

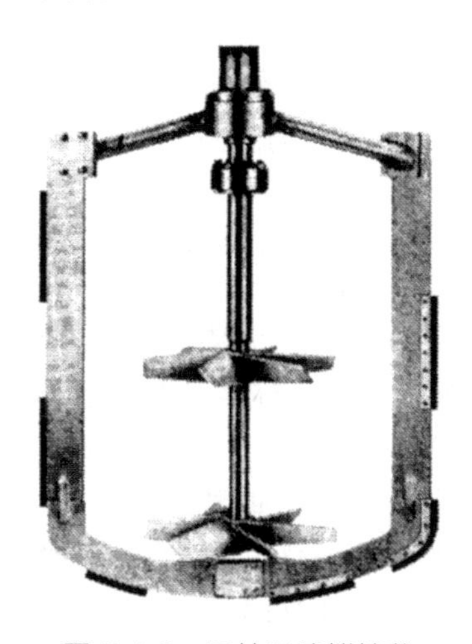

图 6-4-2 同轴双速搅拌桨

4.3 非牛顿流体的混合

4.3.1 非牛顿流体的分类

许多工程和自然科学领域中涉及的高分子溶液和熔体、原油、发酵液、浓悬浮液、乳浊液、泡沫以及生物流体等都不遵循牛顿黏性定律（$\tau=\mu\dot{\gamma}$，牛顿流体黏度 μ 不依赖于时间和剪切速率，在一定压力强度下为常数），被称为非牛顿流体。

非牛顿流体按流变行为分为广义牛顿流体、依时性流体和黏弹性流体三大类。

(1) 广义牛顿流体 流变行为与应力史无关的流体称为广义牛顿流体，属无弹性流体。各类广义牛顿流体的应力与剪切速率关系见图 6-4-3 所示的流动曲线，可用下述幂律模型表示其流动特性。

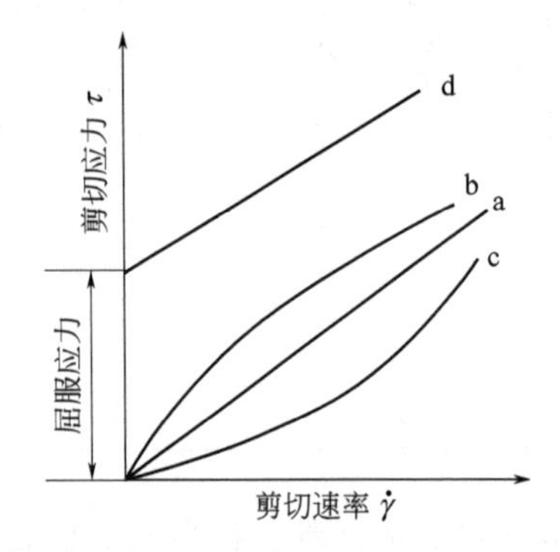

图 6-4-3 广义牛顿流体的流动曲线

$$\tau=k(\dot{\gamma})^n$$

式中 τ ——剪切应力，$N\cdot m^{-2}$；

$\dot{\gamma}$ ——剪切速率或速度梯度，s^{-1}；

n ——流动特性指数，无量纲；

k ——稠度系数，$Pa\cdot s^n$。

虽然非牛顿流体的黏度已不是常数，但仍可参照牛顿黏性定律来定义，即将剪切应力与剪切速率之比称为表观黏度，用 μ_a 表示，即

$$\mu_a=\frac{\tau}{\dot{\gamma}}=k\dot{\gamma}^{n-1}$$

n 反映流体偏离牛顿流体的程度。牛顿流体 $n=1$（曲线 a）。假塑性流体 $n<1$（曲线 b），表观黏度随剪切速率增长而减小，又称剪切变稀流体，大多数聚合物溶液的 n 介于 0.15～0.80 之间。胀塑性流体 $n>1$（曲线 c），表观黏度随剪切速率增大而增加，又称剪切变稠流体，某些浓悬浮液属此特性。黏塑性或宾汉塑性流体（曲线 d），这类流体只有施加的应力超过屈服应力后才流动，如牙膏、化妆品、浓矿砂浆等。超过屈服应力后，其剪切应力与剪切速率的关系可以是线性的或非线性的。

(2) 依时性流体 流体的黏度或应力响应不但与剪切速率 $\dot{\gamma}$ 有关，而且还与受剪切时间有关，即 $\tau=f(\dot{\gamma},t)$。在一定 $\dot{\gamma}$ 下时间 t 趋于无限长时，τ 也趋于一平衡值。依时性流体的

表观黏度指此平衡剪切应力与 $\dot{\gamma}$ 之比。

在一定 $\dot{\gamma}$ 下，剪切应力随剪切持续时间的延续而降低的流体称为触变性流体，如色漆、油煤浆；反之，在一定 $\dot{\gamma}$ 下剪切应力随时间而增大的流体称震凝性流体。除流体中发生化学变化外，震凝性流体一般少见。

(3) 黏弹性流体 黏弹性流体兼具黏性和弹性，它在外力作用下的流动，既产生不可逆的形变，也产生可自恢复的弹性形变。聚合物熔融体和溶液都属黏弹性流体，但弹性表现有强有弱。黏弹性流体具有许多特殊流动现象。

4.3.2 非牛顿流体性质对混合的影响

许多非牛顿流体表观黏度较高，可按高黏度液体对待，但对混合特性及功率消耗的计算与牛顿流体有区别。

由于假塑性流体的黏度随着剪切速率的增大而减小，因而当采用小直径叶轮搅拌时，在远离叶轮的低剪切区内，如靠近器壁处，流体的流动将受到抑制，可能形成停滞区。因此，应使叶轮在某一临界转速以上工作，或采用大直径的搅拌桨。

关于非牛顿流体混合的知识目前人们了解得还是有限的。

4.4 搅拌桨型式的选择

确定搅拌桨型式时，应考虑以下几点：

① 搅拌釜内进行的物理和化学过程对搅拌效果的要求，如对温度分布的要求，消除死区的要求，对剪切速率大小及分布的要求，对换热速率的要求等。

② 釜内物料黏度的高、低及非牛顿性质。

③ 根据各种搅拌桨的特点，在满足过程主要要求的基础上，力求结构简单，降低能耗。

④ 搅拌桨型式确定后，注意优化搅拌桨及搅拌釜的几何尺寸。

4.5 牛顿流体的搅拌功率

4.5.1 锚式搅拌桨的搅拌功率

可将锚式搅拌桨看作直径相同、叶宽等于锚式搅拌桨高度的平桨式搅拌桨，故可采用计算平桨式搅拌桨搅拌功率的关联式估算锚式搅拌桨的搅拌功率。

北京化工大学提出的计算锚式搅拌桨轴功率的关联式[3]，不仅适用于层流区，也适用于过渡流区，与 Calderbank[4]、Beckner[5]、Sawinsky[6]、Uhl[7]、Zlokarnik[8]等的实验数据基本一致。

$$N_P^* = \frac{27\left(\frac{T}{e}\right)^{0.406}}{Re} + 0.217\left(\frac{T}{D}\right)^{2.21}\left(\frac{Re^{0.171}}{Re^{0.171}+0.275}\right)^{11.27(T/D)-12.9}\alpha \qquad (6\text{-}4\text{-}1)$$

$$N_P^* = \frac{N_P}{\frac{L_e}{D}}$$

第6篇

$$\alpha=\frac{1.15\left(\frac{D}{T}\right)}{1+0.00025Re^{0.87}}$$

式中 N_P^* ——修正功率数；

L_e——锚式搅拌桨有效边缘总长度（即两垂直边长与底部边长之和）；

e ——锚式搅拌桨与釜壁间隙。

上式适用于 $D/T=0.78\sim0.94$。

当 $Re<30$ 时，式（6-4-1）中的第二项数值很小，可以略去。当 Re 为 30～500 时，α 可近似取为 1，当 $Re>1000$ 时，e 对功率数几乎没有影响。叶片断面形状为圆形及板形桨叶的 N_P^* 值均较小，当 $Re<200$ 时，较式(6-4-1) 计算值低 5%～10%。此外，锚式搅拌桨上的水平的或垂直的拉杆都不影响总搅拌功率。锚式桨的功率也可用 Re-N_P曲线来计算。

4.5.2 螺带式搅拌桨的搅拌功率

王凯等[1]提出的计算式是对十二种不同的双螺带搅拌桨的搅拌功率进行测量，并将文献中有关双螺带搅拌桨的搅拌功率数据一起回归后求得的。

$$N_PRe=329\left(\frac{\frac{D}{T}}{1-\frac{D}{T}}\right)^{0.341}\left(\frac{W}{D}\right)^{0.43}\left(\frac{P}{D}\right)^{-0.41}\left(\frac{h}{D}\right)^{0.78} \tag{6-4-2}$$

这一关联式的计算结果与 Nagata[9]、Hall[10]、Charan[11]等提出的计算式计算结果相近。

此外，Blasinski[12]提出的计算螺带式搅拌桨功率的关联式也可作为参考。

$$N_PRe=34.1\left(\frac{e}{D}\right)^{-0.53}\left(\frac{H}{D}\right)^{0.45}\left(\frac{P}{D}\right)^{-0.63}\left(\frac{h}{D}\right)^{1.01}\left(\frac{W}{D}\right)^{0.14}i^{0.79} \tag{6-4-3}$$

上式适用范围：$Re<100$，$e/D=0.01\sim0.095$，$T/D=1.02\sim1.19$，$h/D=0.862\sim1.11$，$P/D=0.357\sim1.28$，$H/D=1.02\sim1.64$，$W/D=0.071\sim0.167$，$i=1$ 或 2（螺带头数）。

4.5.3 多种型式高黏度搅拌桨的 K_P值

在搅拌层流区，$K_P=N_PRe$ 为一常数。表 6-4-3 列出多种型式高黏度搅拌桨的 K_P值[3]。

表 6-4-3 搅拌桨的 K_P值

序号	搅拌桨型式	D/T	$K_P=N_PRe$
1	双螺带-锚	0.95	424
2	四螺带-锚	0.95	478
3	内、外单螺带-锚	0.95	307
4	MIG-锚	0.95	214
5	螺杆-导流筒	0.574①	269

续表

序号	搅拌桨型式	D/T	$K_P=N_PRe$
6	锚	0.81	79
7	框	0.79	80
8	四层 MIG-D 挡板	0.617	92
9	三层三叶后弯-D 挡板	0.633	146
10	复动式搅拌桨	0.947	115

① 螺杆直径/导流筒内直径=0.893。

4.6 非牛顿流体的搅拌功率

4.6.1 假塑性流体的搅拌功率

假塑性流体是在混合操作中最常见的一种非牛顿流体。在搅拌功率的计算中，应用较普遍的是采用两参数的幂律方程描述假塑性流体的流变特性。虽然幂律只在一定的剪切速率范围内成立，但一般而言，只要测得的黏度所对应的剪切速率是在搅拌釜中的剪切速率范围以内，则幂律都是适合的。

计算假塑性流体搅拌功率的方法虽已发表很多，工业应用经验较少，数据也存在差异，但主要有表观黏度法与直接计算法两种方法。

(1) 表观黏度法[13] 由于假塑性流体的表观黏度随剪切速率变化，搅拌釜内的剪切速率不仅与搅拌桨、搅拌釜的几何形状以及搅拌转速等有关，而且还与釜内各点位置有关，因此，搅拌釜内各点处的表观黏度是不同的。针对这一情况，Metzner 等设想用同一台搅拌桨-搅拌釜体系搅拌牛顿流体，若其所耗功率与搅拌假塑性流体时所耗功率相同，则可将牛顿流体此时的黏度规定为釜内假塑性流体的表观黏度 μ_a。利用此表观黏度 μ_a 计算雷诺数，那么，便可利用牛顿流体搅拌功率数与雷诺数的实验曲线或计算关联式来计算假塑性流体的搅拌功率。

Metzner 等及其他研究者通过实验表明，与假塑性流体的上述表观黏度 μ_a 相对应的搅拌釜内的平均剪切速率 $\dot{\gamma}_{av}$ 是与搅拌转速成比例的。即：

$$\dot{\gamma}_{av}=k_S N \tag{6-4-4}$$

在特定的搅拌桨-搅拌釜体系中，k_S 是一常数，通称 Metzner-Otto 常数。虽然非牛顿流体的幂指数 n 对 k_S 也有一些影响，但 k_S 主要取决于搅拌桨及搅拌釜的几何结构参数。

依据 k_S 及假塑性流体的幂律方程可以计算出表观黏度：

$$\mu_a=k\ (k_S N)^{n-1} \tag{6-4-5}$$

对涡轮式、桨式和推进式等搅拌桨在假塑性流体中的搅拌功率测量结果表明，用式(6-4-4)计算表观黏度时，假塑性流体的 N_P-Re 线在层流区与牛顿流体的 N_P-Re 曲线重合。这样，若对一定的搅拌桨-搅拌釜体系，已知相应的 k_S 及假塑性流体的流变曲线，则可

应用牛顿流体的 N_P-Re 曲线或计算关联式来计算假塑性流体的搅拌功率。其计算步骤如下：

① 按式(6-4-4) 求出 $\dot{\gamma}_{av}$，式中 k_S 由实验测定或参照文献确定。表 6-4-4 列出了多种搅拌桨的 k_S 值。

② 在流变曲线上，由 $\dot{\gamma}_{av}$ 找出相应的表观黏度 μ_a，如图 6-4-4 所示，或由流变方程计算出 μ_a。依据 μ_a 计算出非牛顿流体的 Re_n。

③ 根据牛顿流体的 N_P-Re 曲线或关联式，依据 Re_n 得到对应的功率数 N_P 值，如图 6-4-5所示。

④ 按功率计算式，由 N_P 计算出搅拌功率。

表 6-4-4 Metzner-Otto 常数 k_S

搅拌桨型式	T/D	k_S	研究者
六叶盘式涡轮式(单层或双层，有挡板或无挡板)	1.023～3.5	11.5±1.5	Metzner[13]
45°倾斜六叶扇形涡轮式(有挡板或无挡板)	1.33～3.0	13±2	
三叶推进器式(有挡板或无挡板)	1.4～3.48	10±0.9	
平桨式(2、3、6 枚叶片)		10.5	Nagata[9]
弯叶桨式		7.1	Taniyama[14]
布鲁马金式		10.5	
MIG 式(单层或双层)	1.43～2.5	11	Hocker[15]
锚式	1.05	25	Nagata[9]
锚式	1.05～1.47	$k_S=a(1-n)$ 当 $D/T=0.68\sim0.96$ 时 $a=37-60(1-D/T)$	Beckner[5]
斜锚式	1.04～1.37	$k_S=a(1-n)$ 当 $D/T=0.9\sim0.96$ 时 $a=106-727D/T$	
锚式	1.05～2.38	$k_S=\left[9.5+\frac{9(T/D)^2}{(T/D)^2-1}\right]\left(\frac{4n}{3n+1}\right)^{n/(1-n)}$	Calderbank[4]
锚式	1.11		Rieger[16]
斜锚式	1.11	$k_S=n^{2.34/(n-1)}$	
锚式	1.02～2	$k_S=j^{1/(n-1)}e^B$ $n=0.3\sim0.8$ $j=1.4$ $B=7.6(D/T)-3.3$ $n=0.8\sim1$ $j=1.0$ $B=7.6(D/T)-5$	Sawinsky[6]
锚式	1.04～1.35	$k_S=33-172C/T$	Harnby[17]
双螺带式	1.05 1.11～1.19	30.0 11	Nagata[9]
螺杆式	1.47～1.67	11	Reher[18]

续表

搅拌桨型式	T/D	k_S	研究者
螺杆-导流筒式	1.64	16.82±0.87	Rieger[16]
偏心螺杆式	1.64	15.54±1.27	
螺杆-导流筒式	1.52	76.87	Prokopec[19]
螺带式	1.096～1.113	27	Hall[10]
螺带式	1.04～1.2	$k_S=11.4(C/T)^{-0.411}(P/T)^{-0.361}(W/T)^{0.164}$	Takahashi[20]
双螺带式		$k_S=e^{4.2(D/T)-0.5}$	Sawinsky[6]
螺带-螺杆-锚式	1.075	37	王英琛等[21]
螺带式	1.052～1.328	$k_S=34-114C/D$	Harnby[17]
螺杆式	1.67	12.1	Harnby[17]
螺杆式	1.49	11.7	
双螺带-锚式	1.05	32.0	王凯[1]
四螺带-锚式	1.05	39.0	
内外单螺带-锚式	1.05	28.1	
MIG-锚式	1.05	11.6	
半椭圆片-导流筒式	1.74	11.5	
螺杆-导流筒式	1.74	8.2	
锚式	1.23	11.1	
框式	1.27	9.6	
四层 MIG-D 挡板式	1.62	8.8	
三层三叶后弯叶-D 挡板式	1.58	7.6	
框-螺带-锚式	1.05	18.6	
复动式(二层交叉叶)	1.06	1.0	

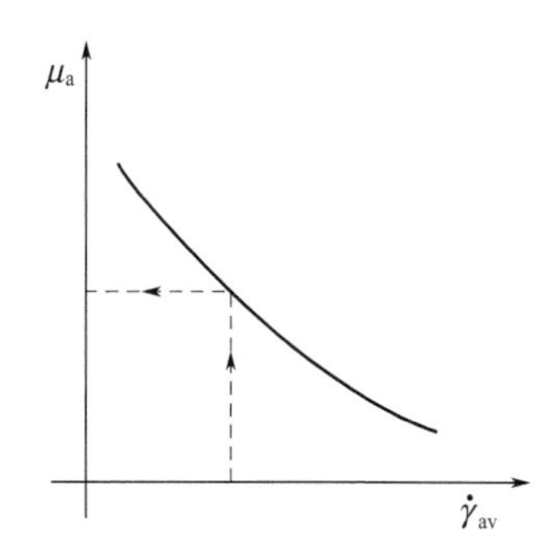

图 6-4-4 平均剪切速率与表观黏度

(2) 直接计算法

① 锚式或框式搅拌桨

a. Beckner 和 Smith[5] 计算式

$$N_P\left(\frac{e}{T}\right)^{1/4}=82\left\{\frac{N^{2-n}D^2\rho}{k[a(1-n)]^{n-1}}\right\}^{-0.93} \tag{6-4-6}$$

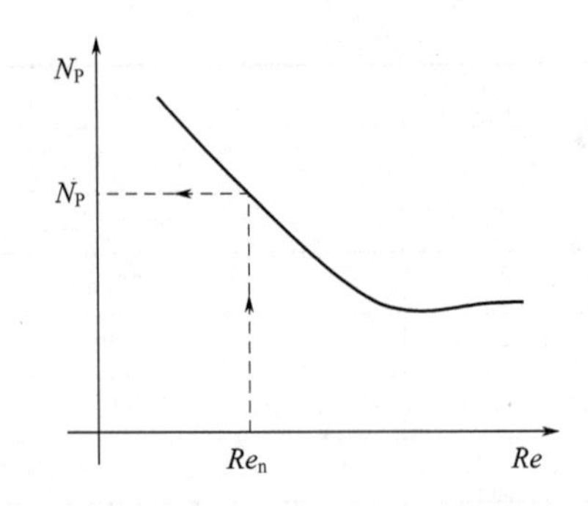

图6-4-5 雷诺数与功率数

式中，a 为系统的几何参数；n、k 分别为假塑性流体的幂指数和稠度系数。

对于平叶片锚式搅拌桨：

$$a=37-120\left(\frac{e}{T}\right) \tag{6-4-7}$$

对于45°斜叶片锚式搅拌桨且在 $e/T<0.06$ 时：

$$a=106-1454\left(\frac{e}{T}\right) \tag{6-4-8}$$

对牛顿流体，即当 $n=1$，式(6-4-6) 中等号右侧括弧中的量即变为普通的搅拌雷诺数，式(6-4-6) 的适用范围：

$0.2\leqslant Re\leqslant 90$；$0.0177\leqslant e/T\leqslant 0.1584$；
$0.27\leqslant n\leqslant 0.77$；$10\text{kg}\cdot\text{s}^{n-2}\cdot\text{m}^{-1}\leqslant k\leqslant 247.5\text{kg}\cdot\text{s}^{n-2}\cdot\text{m}^{-1}$。

b. Sawinsky 计算式

$$P=17\frac{L}{D}\left(\frac{T}{e}\right)^{0.45}je^{(n-1)B}D^3N^{1+n}K \tag{6-4-9}$$

式中 L ——搅拌桨边长，对锚式搅拌桨来说，$L=2h+D$；
K——常数；
h ——锚式搅拌桨的垂直边长。

当 $n=0.3\sim0.8$，$j=1.4$，$B=7.6\left(\frac{D}{T}\right)-3.3$；

当 $n=0.8\sim1$，$j=1.0$，$B=7.6\left(\frac{D}{T}\right)-5$。

② 螺带搅拌桨。Chavan 和 Ulbrech[11] 改进了 Bourne 采用的二重圆筒模型，提出了计算精度较高的有关螺带、螺杆、螺带-螺杆和螺杆导流筒四种型式搅拌桨的搅拌功率关联式，可适用于牛顿流体及非牛顿流体。

Chavan 和 Ulbrech 计算式：

$$N_P=En_i\pi a\frac{D_e}{D}\lambda_d^2\left[\frac{4\pi}{n(\lambda_d^{2/n}-1)}\right]^n Re_n^{-1} \tag{6-4-10}$$

$$\lambda_d=\frac{T}{D_e}$$

$$\frac{D_e}{D}=\frac{T}{D}-\frac{2(W/D)}{\ln\left\{\dfrac{(T/D)-[1-2(W/D)]}{(T/D)-1}\right\}} \tag{6-4-11}$$

$$a=\frac{(h/d)(P/D)}{3\pi}\left\{\frac{\pi\sqrt{(P/D)^2+\pi^2}}{(P/D)^2}+\ln\left[\frac{\pi}{P/D}+\frac{\sqrt{(P/D)^2+\pi^2}}{P/D}\right]\right\}\{1-[1-2(W/D)]^2\} \tag{6-4-12}$$

$$Re_n=\frac{D^2N^{2-n}\rho}{k}$$

式中 E ——实验确定的常数，$E=2.5$；

n_i——螺带数；

a ——无量纲表面积，$a=\dfrac{A}{D^2}$；A 为螺带表面积；

D_e——搅拌桨当量直径，按式(6-4-11) 计算；

W ——螺带叶片宽度；

n ——非牛顿流体流变指数；

k——非牛顿流体稠度系数。

③ 螺杆-导流筒式搅拌桨。Chavan 和 Ulbrech 计算式[11]

$$N_PRe_n=\left(\frac{\pi}{2}\right)a\left(\frac{D_e}{D}\right)\left\{\frac{4\pi}{\pi(\lambda_d^{2/n}-1)}\right\}^n\lambda_d^2\left(1+\frac{D}{C_b}\right)^{0.37}\left(\frac{T-D_r}{h_r}\right)^{-0.046}\left(\frac{C_r}{D}\right)^{-0.036} \tag{6-4-13}$$

式中 $\lambda_d=D_r/D_e$

$$\frac{D_e}{D}=\frac{D_r}{D}-\frac{2W/D}{\ln\left\{\dfrac{(D_r-D)-[1-2(W/D)]}{D_r/D-1}\right\}} \tag{6-4-14}$$

$$a=\left\{\frac{(h/D)(W/D)\sqrt{(P/D)^2+\pi^2}}{P/D}\right\}+\pi[1-2(W/D)](h/D) \tag{6-4-15}$$

式中 C_r——导流筒底缘与釜底之间的间隙；

h_r——导流筒高；

D_r——导流筒内径；

h ——螺杆高；

C_b——螺杆底缘离釜底距离。

【例 6-4-1】 在直径 1m 的圆形釜中，采用锚式搅拌桨搅拌假塑性流体时，试计算其搅拌轴功率。已知锚式搅拌桨的转速为 $42\text{r}\cdot\text{min}^{-1}$，叶片宽度为 $T/12$，锚式搅拌桨的高 h 为 $0.9D$，锚与釜壁间隙 $e=0.07T$。假塑性流体为 9.46%羧甲基纤维素水溶液，密度 $\rho=1053\text{kg}\cdot\text{m}^{-3}$，$n=0.469$，$k=56.7\text{kg}\cdot\text{s}^{n-2}\cdot\text{m}^{-1}$。

解 方法一

(1) 依 Harnby[17] 计算 k_S，求出 $\dot{\gamma}_{av}$

$$k_S=33-172C/T=33-172e/T=33-172\times0.07=21$$

$$\dot{\gamma}_{av}=k_SN=21\times42/60=14.7\ (\text{s}^{-1})$$

第6篇

(2) 计算表观黏度 μ_a 及非牛顿流体 Re

$\mu_a = k\ (\dot{\gamma}_{av})^{n-1} = 56.7 \times 14.7^{0.469-1} = 13.6\ (\text{Pa·s})$

$$Re = \frac{D^2 N \rho}{\mu_a} = \frac{(1-0.07\times 2)^2 \times 42/60 \times 1053}{13.6} = 40.1$$

(3) 计算功率准数 N_P 应用式(6-4-1):

$$N_P^* = \frac{27(T/e)^{0.406}}{Re} + 0.217(T/D)^{2.21}\left(\frac{Re^{0.171}}{Re^{0.171}+0.275}\right)^{11.27(T/D)-12.9}\alpha$$

式中 $\alpha = \dfrac{1.15\ (D/T)}{1+0.00025Re^{0.87}}$

将 $T/e = 14.29$、$T/D = 1.163$、$Re = 40.1$ 代入上式

$\alpha = \dfrac{1.15 \times 1/1.163}{1+0.00025\times 40.1^{0.87}} = 0.98$

$N_P^* = \dfrac{27\times 14.29^{0.406}}{40.1} + 0.217\times 1.163^{2.21}\times\left(\dfrac{40.1^{0.171}}{40.1^{0.171}+0.275}\right)^{11.27\times 1.163-12.9}\times 0.98 = 2.27$

$N_P = N_P^* \dfrac{L_e}{D} = 2.27\times\left(\dfrac{D+2\times 0.9D}{D}\right) = 6.36$

(4) 计算功率 P

$$P = N_P \rho N^3 D^5 = 6.36\times 1053\times (42/60)^3\times (1-0.07\times 2)^5 = 1.08(\text{kW})$$

方法二:直接计算法

应用 Beckner 和 Smith 计算式(6-4-6)、式(6-4-7)

$$N_P\ (e/T)^{1/4} = 82\left\{\frac{N^{2-n}D^2\rho}{k[a(1-n)]^{n-1}}\right\}^{-0.93}$$

$$a = 37-120e/T = 37-120\times 0.07 = 28.6$$

计算前式中右侧大括弧中的釜内表观雷诺数:

$$Re^* = \frac{\left(\frac{42}{60}\right)^{2-0.469}\times (1-0.07\times 2)^2\times 1053}{56.7\times [28.6\times (1-0.469)]^{0.469-1}} = 34$$

因此,搅拌轴功率:

$$P = 82\times 34^{-0.93}\times\left(\frac{1}{0.07}\right)^{0.25}\times 1053\times\left(\frac{42}{60}\right)^3\times (1-0.07\times 2)^5 = 1.02(\text{kW})$$

【例 6-4-2】 已知双螺带搅拌桨的几何参数为 $D/T = 0.95$,$W/D = 0.1$,$P/D = 1.0$,$h/D = 1.0$。非牛顿流体的流变行为指数为 0.5,试计算 $N_P Re_n$ 值。

解 根据式(6-4-12)

$$a = \frac{1}{3\pi}\left[\pi\sqrt{1+\pi^2} + \ln\left(\pi+\sqrt{1+\pi^2}\right)\right]\times [1-(1-2\times 0.1)^2] = 0.466$$

及式(6-4-11)

$$\frac{D_e}{D}=\frac{1}{0.95}-\frac{2\times0.1}{\ln\left[\frac{\frac{1}{0.95}-(1-2\times0.1)}{\frac{1}{0.95}-1}\right]}=0.925$$

$$\lambda_d=\frac{T}{D_e}=\frac{1}{0.925\times0.95}=1.138$$

根据式（6-4-10），$N_PRe_n=2.5\times2\times3.14\times0.466\times0.925\times1.138^2\times\left[\frac{4\pi}{0.5\times(1.138^{2/0.5}-1)}\right]^{0.5}=53.4$

(3) 假塑性流体在过渡流区的搅拌功率 对于涡轮及桨式等搅拌桨，假塑性流体的 N_P-Re^* 曲线在过渡流区低于牛顿流体，如图 6-4-6 所示。若用与层流区相同的表观黏度法进行计算时，可得到较保守的数值[22]。

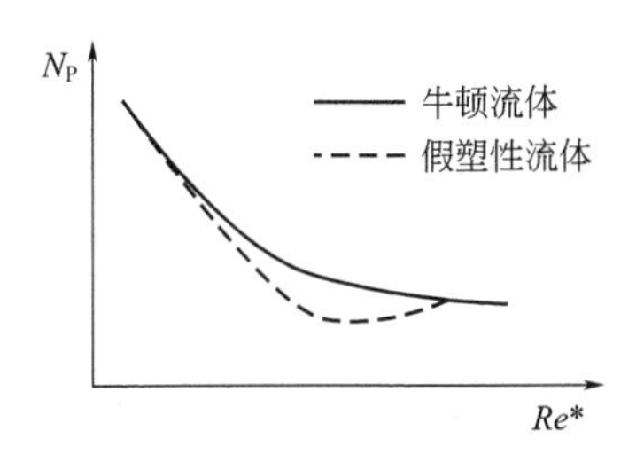

图 6-4-6 假塑性流体的 N_P-Re^*

永田进治及王凯等发现对双螺带以及 MIG-锚等能使高黏度流体在全釜内进行强制循环流动的搅拌桨，在过渡区，其 N_P-Re^* 曲线与牛顿流体的 N_P-Re^* 曲线重合。因此，可用与层流区相同的表观黏度法计算。

4.6.2 宾汉塑性流体的搅拌功率

对用 $\tau-\tau_y=\mu_{PL}\dot{\gamma}$（$\tau$ 为剪切应力；τ_y 为宾汉流体的屈服应力；μ_{PL} 为宾汉流体的表观黏度；$\dot{\gamma}$ 为流体的剪切速率）表示的宾汉塑性流体，在层流区：

$$N_P=\beta(Re_b)^{-1}+aHe(Re_b)^{-2} \tag{6-4-16}$$

式中，Re_b 是用塑性黏度计算的搅拌雷诺数，$Re_b=\frac{D^2N\rho}{\mu_{PL}}$。

He 是 Hedstrom 数，是度量流体非牛顿行为的无量纲数群。

$$He=\tau_y\rho D^2/\mu_{PL}^2 \tag{6-4-17}$$

永田进治把 $CaCO_3$、$MgCO_3$、高岭土和 TiO_2 分散于自来水、甘油水溶液和色拉油中并改变分散物所占分数，使 Hedstrom 数从 0（牛顿流体）变到 10^9，实验结果表明，对一定型式的搅拌桨，式(6-4-16) 中，a 是常数，β 随 He 变化：

$$\beta-K_P=AHe^h \tag{6-4-18}$$

表 6-4-5 列出对不同搅拌桨测得的 a、K_P、A、h 值。

表 6-4-5 计算宾汉塑性流体搅拌功率的参数

搅拌桨型式	a	K_P	A	h	备注
螺带	6.13	320	15	1/3	螺带与釜壁间隙对功率影响很小
锚	3.48	200	30	1/3	
六叶涡轮	3.44	70	10	1/3	
六叶涡轮(有挡板)	3.44	70	10	1/3	

4.6.3 触变性流体的搅拌功率

由于触变性流体的搅拌功率随时间变化，所以必须确定计算时刻 t_0（即搅拌启动后所经过的时间）。计算触变性能流体搅拌功率的方法类似于计算假塑性流体搅拌功率的方法，其计算步骤如下：

① 用牛顿流体的 N_P-Re^* 曲线作为计算触变性流体搅拌功率的依据。

② 依据对假塑性流体所用的 Metzner-Otto 常数 k_S来计算剪切速率，即 $\dot{\gamma}_{av}=k_S N$。

③ 得到触变流体的表观黏度随剪切速率和时间的变化关系。

④ 依据上述计算出的 $\dot{\gamma}_{av}$,求出在搅拌釜内该触变流体的表观黏度 μ_S。

⑤ 求出 t_0时刻的表观雷诺数 $Re^*=D^2N\rho/\mu_S$。

⑥ 在牛顿流体 N_P-Re^* 曲线上求出与 Re^* 相对应的 N_P。

⑦ 在 t_0时刻的搅拌功率即为 $P=\rho N_P N^3 D^5$。

对锚式桨、螺带式桨等大直径的能使全釜液体被搅动的搅拌桨，用上述方法的计算误差在工程计算的精度范围内。

4.6.4 黏弹性流体的混合及功率

(1) 黏弹性流体的混合特性 当涡轮和锚式搅拌桨在弹性强的黏弹性流体中旋转时，由于法向应力效应，会产生轴向的流动，即由搅拌桨叶片端部吸入流体，沿搅拌轴方向排出，见图 6-4-7。

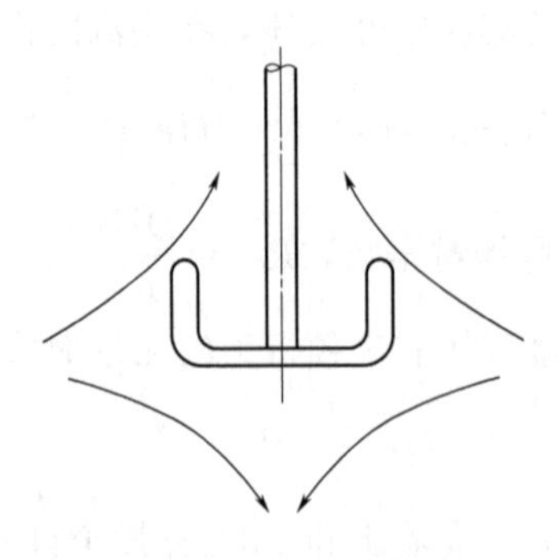

图 6-4-7 锚式搅拌桨在弹性强的黏弹性流体中的流型

Carreau[23]等用螺带搅拌桨分别混合牛顿流体和黏弹性流体时，发现黏弹性流体的混合时间是牛顿流体的 3.4 倍。王凯等亦用外内单螺带-锚式搅拌桨进行了比较，发现黏弹性流体的混合时间数 N_{θ_M}较牛顿流体增加了近 1 倍。Ulbrecht[24]等研究了螺杆-导流筒搅拌桨对黏弹性流体的混合性能，发现当 $Re^* \leqslant 10^3$ 时，N_{θ_M} 与 $(1+0.45Wi)^{0.8}$ 成正比（$Wi=\sigma_1 N/\mu_S$，为 Weissenberg 数；σ_1 为零剪切速率时的第一法向应力系数；μ_S 为零剪切速率时的表观黏度）。

由于法向应力的存在有加强轴向流的作用，所以对黏弹性流体使用具有强制推进作用的螺杆-导流筒搅拌桨或螺带搅拌桨是合适的。

（2）黏弹性流体的搅拌功率 针对黏弹性流体的搅拌功率还需做进一步的工作。有实验表明，只要黏弹性流体的法向应力等于或小于其剪切应力时，流体的弹性对功耗就没有影响，可以采用假塑性流体的功率计算方法。

Hocker 等人[15]利用 PAA 溶液研究弹性较强的黏弹性流体的搅拌功率时，认为没有出现比较确定的流动区域，在低雷诺数区域（低剪切速率，低法向应力差），功率曲线是和牛顿流体相同的，但在较高雷诺数区，功率数显著高于牛顿流体。

Nienow[25]曾用盘式涡轮研究黏弹性流体的搅拌功率，发现在层流区（$Re^*<10$），它们的 N_P-Re 曲线是斜率为－1 的直线，但其 N_P 值比相同 Re 下的牛顿流体高 60%。

Ulbrecht[24]认为在层流区（$Re^*<10$）黏弹性流体的搅拌功率也可以用下式关联：

$$N_P Re^* = \text{常数} \tag{6-4-19}$$

Yap[26]等对于螺带搅拌桨所得到的黏弹性流体的搅拌功率关联式为：

$$N_P = 24n_i\left[(Re^*)^{0.93}(T/D)^{0.91}(D/L)^{1.23}\right]^{-1} \tag{6-4-20}$$

$$Re^* = \frac{D^2 N\rho}{\mu_a} = \frac{D^2 N\rho(1+t_1^2\dot{\gamma}^2)^s}{\mu_0}$$

式中 n_i——螺带数；

μ_0——零剪切黏度；

t_1，s——Carreau 等提出的黏弹性流体流变模型 $\mu_a = \dfrac{\mu_0}{(1+t_1^2\dot{\gamma}^2)^s}$ 的参数。

王凯[27]用一种锚式和两种螺带式搅拌桨研究了黏弹性流体的流变行为对搅拌功率的影响，得到黏弹性流体的搅拌功率计算式：

$$N_P Re^* f_S^{(1-n)} = K_P\left[1+(F_{1av}^*/k_S^2)f_S^{(1-m)-3}Wi\right] \tag{6-4-21}$$

$$f_S = \exp\left[C_0 Wi/m(1-m)\right]$$

式中 Wi——Weissenberg 数；

m——表征黏弹性流体流变特性的幂律模型中的流变指数；

C_0，F_{1av}^*——方程参数，见表 6-4-6；

K_P——牛顿流体功率常数，$K_P=N_P Re$；

k_S——有关假塑性流体功率的 Metzner-Otto 常数。

表 6-4-6 计算黏弹性流体搅拌功率用参数（$Re^*<100$）

搅拌桨型式	D/T	K_P	k_S	C_0	F_{1av}^*
锚式	0.95	205	25	0.27	$6725\exp(1.6f_S-5.25m)$
内外单螺带-锚	0.95	307	28.1	0.325	$2.58\times10^{-3}\exp(6.6f_S+18.8m-9.94m^2)$
四螺带-锚	0.95	478	39	0.282	$8.05\times10^{-2}\exp(6.2f_S+13.1m-7.8m^2)$

关于过渡区黏弹流体的搅拌功率，各研究者的报道不一致。Ulbrecht[24]报道，$Re^* = 100 \sim 2000$，其他条件相同时，在黏弹性流体中，搅拌桨受到的扭矩比牛顿流体低得多。但Hocker[15]等人报道在过渡区，采用直叶盘形涡轮时黏弹性流体的功率数下降，但采用MIG型搅拌桨时，黏弹性流体的功率数明显增加。

参考文献

[1] 王凯．非牛顿流体的流动、混合传热．杭州：浙江大学出版社，1988.
[2] 林猛流，王英琛，施力田．化学工程，1986，(3):52-56.
[3] 王英琛．化学工程，1980，4:77-82.
[4] Calderbank P H，Moo-Yong M B. Trans IChemE，1961，39: 337-347.
[5] Beckner J L，Smith J M. Trans IChemE，1966，44: 224-236.
[6] Sawinsky J，Havas G，Deak A. Chem Eng Sci，1976，31: 507-509.
[7] Uhl V W，Voznick H P. Chem Eng Progr，1960，56: 72-77.
[8] Zlokarnik M. Chem Ing Tech，1967，39: 539-548.
[9] Nagata S，Nishikawa M，Inoue A，et al. J Chem Eng Japan，1971，14: 72-76.
[10] Hall K R，Godfrey JC. Trans IChemE，1970，48: 201-208.
[11] Chavan V K，Ulbrech T J. Ind Eng Chem Process Des Dev，1973，12: 472-476.
[12] Blasinski H，Rzyski E. Chem Eng J，1980，19: 157-160.
[13] Metzner A B，Feehs R H，Ramos R E，et al. AIChE J，1961，7: 3-9.
[14] Taniyama I，Sato I. Chem Eng Japan，1965，29: 709-714.
[15] Hocker H，Langer G，Werner U. Ger Chem Eng，1981，4: 113-118.
[16] Rieger F，Novak V. Trans IChemE，1973，51: 105-111.
[17] Harnby N，Edwards M F，et al. 工业中的混合过程．俞芷青，等译．北京：中国石化出版社，1991.
[18] Reher E O，Bohm R. Chem Technol，1970，22: 136-140.
[19] Prokopec L，Ulbrecht J. Chem Ing Tech，1970，42: 530-534.
[20] Takahashi K，Yokota J，Konno H J. Chem Eng Japan，1984，17: 657-549.
[21] 王英琛，林猛流，施力田．合成橡胶工业，1982，(6)：433-435.
[22] Holland F A. Fluid Flow for Chemical Engineers. London: Edward Arnold Ltd，1973.
[23] Carreau P J，Patterson I，Yap C Y. Can J Chem Eng，1976，54: 135-142.
[24] Ulbrecht J. Chem Eng，1974，286: 347-353.
[25] Nienow A W，Wishdom D J，Solomon J. Chem Eng Commum，1983，19: 273-293.
[26] Yap C Y，Patterso W I，Carreau P J. AIChE J，1979，25: 516-521.
[27] 王凯．合成橡胶工业，1992，15(1)：55-59.

5 固液悬浮

5.1 过程特征及其基本原理

固液悬浮操作是借助搅拌器的作用，使固体颗粒悬浮于液相中，形成固液混合物或悬浮液。在固液相传质设备或化学反应器中，颗粒的悬浮会增大相接触面积，搅拌的作用使悬浮液强烈湍动，减少颗粒表面的液膜传质阻力，强化传质，这有利于化学反应进行，使设备的生产能力提高。

5.1.1 固体颗粒悬浮状态

固体颗粒在搅拌釜内的悬浮状态，有以下几种[1]。

(1) 均匀悬浮 釜内各处的悬浮百分率相同，且均为1，但釜内接近液面相当于釜容积2%处的液层除外，该处的情况取决于固体颗粒的沉降速度。

悬浮百分率定义为：

$$悬浮百分率=\frac{取样点固体质量分数}{釜内固体质量分数}\times 100\% \tag{6-5-1}$$

悬浮百分率表示了液相中固体悬浮的均匀程度。釜内局部的悬浮百分率可以大于、小于或等于100%。

(2) 完全悬浮 釜内所有颗粒都悬浮在液相中，在釜底面上没有粒子运动或沉积。如果固体颗粒存在粒径分布，则大颗粒在釜底将以某种速度向上运动，而较细的颗粒则接近于均匀悬浮。

(3) 釜底颗粒全部处于运动状态 所有颗粒，不论粒径大小，都以某种速度在釜底附近运动。

(4) 有沉积带但不再增长 固体颗粒沉积带是稳定的，不再增长。通常多沉积在釜底与釜壁连接的周边上，但也可能存在于釜中的其他部位，这取决于流体的流型或是搅拌器型式和釜体结构。

(5) 悬浮高度 悬浮高度是指釜内悬浮液层的高度，在其上仍是清液层。悬浮高度可用于描述悬浮状态。悬浮高度常用距离釜底不同液层高度处的粒子的质量分数表示。

对于密度小于液相的固体粒子（上浮粒子），其悬浮状态的表征与下沉颗粒类似，在停止搅拌状态下是漂浮于液相表面的。通常定义上浮颗粒在液面处的停留时间介于1～2s时所对应的搅拌转速为上浮颗粒的下拉临界转速（N_{JD}）。

5.1.2 固体颗粒的沉降速度

固体颗粒的自由沉降速度一般在0.0025～0.1m·s^{-1}，而沉降速度小于0.0025m·s^{-1}的固体易于悬浮并随流体流动达到均匀悬浮，如污水处理中的活性污泥、固体微生物及微米级的催化剂等。当固体颗粒的沉降速度在 0.1～0.5$m \cdot s^{-1}$范围内时，达到使这类固体颗粒悬浮的条件将是一个复杂的问题。

自由沉降速度是指固体颗粒在液体中不受临近颗粒的干扰而自行下降的速度。如果考虑到临近颗粒对它的干扰，则颗粒沉降速度为干扰沉降速度。实际上，颗粒在悬浮液中沉降均属于干扰沉降。

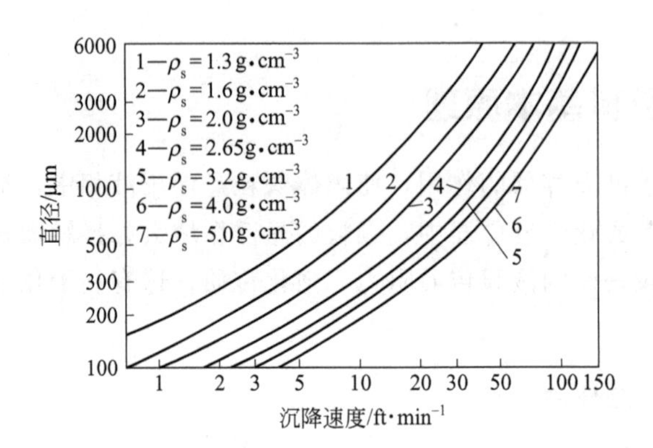

图 6-5-1 沉降速度与颗粒直径的关系

(1ft=0.3048m，下同)

颗粒在水中自由沉降速度是颗粒直径及颗粒密度的函数，见图 6-5-1。密集状态下的沉降速度与自由沉降速度有如下的关系[2]：

$$u_{tt}=u_t(1-\varphi_V)^{4.65} \tag{6-5-2}$$

式中 u_{tt}——密集状态下的沉降速度，$m \cdot s^{-1}$；

u_t——自由沉降速度，$m \cdot s^{-1}$；

φ_V——固体颗粒的体积分数。

在悬浮状态下，要求釜内流体向上流动的速度（表观流速）与颗粒沉降速度存在一定的比例关系。当颗粒沉降速度增大或减少时，流体的表观流速也须相应地按比例变化，搅拌功率也将随之变化。

表 6-5-1 为在不同颗粒沉降速度和三种不同的悬浮等级（均匀悬浮、完全悬浮、釜底运动）条件下所需搅拌功率相对比值。

表 6-5-1 三种悬浮等级和不同沉降速度条件下搅拌功率之比

P / 悬浮状态	沉降速度/$ft \cdot min^{-1}$($m \cdot s^{-1}$)		
	16～60(0.08～0.3)	4～8(0.02～0.04)	0.1～0.6(0.0005～0.03)
均匀悬浮	25	9	2
完全悬浮	5	3	2
釜底运动	1	1	1

5.1.3 固液悬浮机理

(1) 完全悬浮机理 一般认为，固体悬浮由湍动旋涡控制，导致釜底沉积颗粒悬浮的原因是一定尺度小涡旋的扰动。假定与颗粒尺寸处于同一数量级的小涡旋作用于固体颗粒，并将能量传递给固体颗粒。当涡旋的作用力克服了固体颗粒所受重力与浮力之差时，颗粒将被举起，即被悬浮起来[3,4]。

另一种观点则认为，釜底附近的主体流动导致颗粒悬浮[5]，釜底附近颗粒悬浮的条件是流体向上运动的速度与颗粒的沉降速度相平衡。

(2) 均匀悬浮机理 釜内固体达到均匀悬浮时，在所达到的悬浮高度，粒子的沉降速度应等于流体的上升速度 $v_{上}$，假定 $v_{上} \propto Q_D$，其中 Q_D 为叶轮的排出流量。当达到均匀悬浮时，釜内必须有足够大的循环流速，即要求叶轮能提供较高的循环流量。因此，均匀悬浮主要是由循环流动控制的，排出流量大的叶轮，容易使颗粒达到均匀悬浮。

要达到均匀悬浮，除了釜内必须有足够大的循环流速外，还要有足够数量的湍动旋涡进入粒子沉积区，使沉积的粒子完全悬浮起来，这就要求釜内具有较高的流体漩涡湍动强度。

此外，对于上浮颗粒的悬浮机理，也有研究者进行了阐述[6]。上浮颗粒由液面进入搅拌釜的液相主体主要是由两种不同的机理实现的。一是流体在搅拌釜内流动过程中形成旋涡，旋涡将上浮颗粒卷入液相主体，这主要发生在部分挡板或无挡板的搅拌釜内。二是上浮颗粒由液面附近进入液相主体归因于搅拌槽内流体的湍动。这种情况主要发生在全挡板搅拌釜内，挡板的存在抑制了旋涡的形成，上浮颗粒由液面下拉进入液相主体，主要是由功率消耗以及搅拌器距液面位置等影响液面附近湍动程度的因素决定。

5.2 搅拌设备选型

5.2.1 搅拌桨的型式

在固液悬浮操作中，轴向流叶轮的悬浮效率明显高于径向流叶轮。达到相同的均匀度，盘式直叶涡轮所消耗的功率是轴向流叶轮的 4 倍。固体颗粒通过下循环流体流动被托起；而上循环只能起维持颗粒的悬浮作用。可见叶轮的排出流量只有一半对升举颗粒是起作用的，这是径向流叶轮不如轴向流叶轮有效的主要原因。因此，在固液悬浮操作中应尽量选用轴向流叶轮。

螺旋桨式：普通螺旋桨、长薄叶螺旋桨（CBY 型及 A310 型）等。

涡轮式：直叶涡轮、斜叶涡轮。

在这些搅拌器中，CBY 型及 A310 型搅拌器的悬浮性能较好。

对带纤维固体悬浮可考虑选用后弯叶片涡轮。

5.2.2 搅拌桨参数的确定

(1) 搅拌器叶轮直径与釜径之比（*D*/*T* 值） 固液悬浮操作与釜内流体的循环速率密切相关，一般选大直径、小转速轴向流叶轮较为有利。但是，随着叶轮的增大，搅拌功率也将增加，为了降低功率，必须降低转速。低转速下会使搅拌轴所受的扭矩增大，设备的投资费用提高。D/T 值的确定，一般是根据叶轮的型式、悬浮液特性、悬浮状态等。适宜的 D/T

值范围如下：

直叶涡轮或桨式搅拌器 D/T 值范围：

平底釜	$D/T=0.45\sim0.5$
碟形底或椭圆底釜	$D/T=0.4$
球形底釜	$D/T=0.35$

三叶 CBY 型螺旋桨 D/T 值（平底釜）：

完全悬浮	$D/T=0.3\sim0.4$	$\beta_t=13°\sim16°$
均匀悬浮	$D/T=0.4$	$\beta_t=16°\sim19°$

(2) 叶轮位置（C/D 值）

完全悬浮	$C/D\leqslant1/3$
均匀悬浮	$C/D\geqslant1/3$

5.2.3 搅拌釜的结构

在固液悬浮操作中，一般用浅型釜比深型釜要节省能耗。对单层叶轮，通常操作液位与釜径之比 H/T 值为 0.6～0.7。当 H/T 值接近于 1.0 时，要考虑加第二层叶轮。

釜内挡板的结构和型式，最常用为标准挡板（4 板挡板，每块挡板的宽度为釜径的 1/12）。当固体浓度增加、悬浮液呈假塑性性质或物料黏度较高时，要安装窄挡板，其宽度为标准挡板的一半。

另一种适用于固液悬浮操作搅拌釜型式为带导流的搅拌釜（DTC），这种搅拌釜循环量大且流型规整，尤其适于有结晶生成的悬浮体系。

5.3 搅拌桨的工艺设计

5.3.1 悬浮临界转速

所谓悬浮临界转速，是指釜内悬浮操作达到某一指定的悬浮状态时，搅拌器所需要的最小转速。只有确定了临界转速，才能计算出所需要的最小功耗。

(1) 完全悬浮临界转速 完全悬浮临界转速常用直接观察法和电导法测定。

直接观察法是用肉眼观察釜底颗粒运动状态。当颗粒全部处于运动时，且颗粒在釜底停留（静止）时间不超过 1～2s，即认为达到了完全悬浮[5,7]。此法在实验室研究中能够得到满意的结果。

电导法是在釜底安装多个电导元件，根据电信号的变化，确定完全悬浮临界转速。此法可用于不透明釜体的测量上。

在固液悬浮操作中完全悬浮应用最为普遍。Zwietering 通过大量实验后发现，搅拌釜的结构尺寸、固相浓度或质量分数、液体黏度、固体颗粒粒径、固液两相密度差等是影响悬浮操作的主要因素，并提出了完全悬浮临界转速关联式，且得到了许多研究者的证实[7]。

$$N_{JS}=Sd_{p}^{0.20}\varphi_{W}^{0.13}\nu^{0.10}\left(g\ \frac{\Delta\rho_{g}}{\rho_{1}}\right)^{0.45}D^{-0.85} \tag{6-5-3}$$

式中 N_{JS}——完全悬浮临界转速，$r\cdot s^{-1}$；

S——与釜型式、搅拌器型式、搅拌器安装位置等结构有关的常数；

d_p——固相颗粒直径，m；

φ_W——固相平均质量分数（单位质量混合物中固体的质量），%；

ν——液体运动黏度，$m^2\cdot s^{-1}$；

$\Delta\rho_g$——两相密度差，$\Delta\rho_g=\rho_s-\rho_1$，$kg\cdot m^{-3}$；

ρ_1——液体密度，$kg\cdot m^{-3}$；

ρ_s——固体的密度，$kg\cdot m^{-3}$；

D——搅拌器直径，m。

其他一些研究者提出的 N_{JS} 经验关联式 $N_{JS}=S\nu^{\alpha}\left[\frac{g\ (\rho_s-\rho_1)}{\rho_1}\right]^{\beta}d_p^{\gamma}D^{\delta}\varphi^{\theta}$，参数见表6-5-2。表中各种关联式的符号说明及单位，请参见有关的文献。

表 6-5-2 固体完全悬浮临界转速关联式参数

研究者	参数					
	α	β	γ	δ	θ	S
Zwietering[7]	0.1	0.45	0.2	−2.35(Schmidt)，−1.9(推进式搅拌桨)	0.13	C/T 及 D/T 函数
Nienow[8]	0.1	0.43	0.21	−2.21(Rushton 涡轮桨)	0.12	$(T/D)^{1.5}$
Baldi，et al[3]	0.17	0.42	0.14	−0.89	0.125	Re 的函数
Rao，et al[9]	0.1	0.45	0.11	−1.16	0.1	$3.3T^{0.31}$
Takahashi，et al[10]	0.1	0.34	0.023	−0.54	0.22	2
Armenante & Nagamine[11]	0.1	0.45	0.2	−0.85	0.13	C/T 及 D/T 的函数
Micale，et al[12]	—	—	0.428	—	0.13	24.1

(2) 均匀悬浮临界转速 均匀悬浮临界转速的确定，常用的方法是通过测量釜内各点的固相浓度，根据釜内固相浓度分布的均匀度来判断。

一般情况下，釜内很难达到均匀悬浮，典型的固体颗粒沿轴向浓度分布见图6-5-2。在低转速下，浓度分布不均匀，釜上部浓度低于平均浓度，釜下部浓度高于平均浓度。随着转速的增加，浓度分布趋于均匀。当转速增至一定值，浓度均匀性不再增加，但沿轴向始终存在一定的浓度分布，且可明显地看出沿轴向总有一高浓度区。

衡量搅拌釜内固体颗粒浓度分布均匀性的判据很多。目前，广泛采用的是浓度分布的标准偏差 $\overline{\sigma}$ 或是浓度分布的变异系数 CV_C：

$$\overline{\sigma}=\sqrt{\frac{1}{n}\sum_{i=1}^{n}(C_i-C_0)^2}$$

$$CV_C=\frac{\overline{\sigma}}{C_0}$$

式中 n ——测点数目；

C_i ——测点固相浓度；

C_0 ——全釜平均固相浓度。

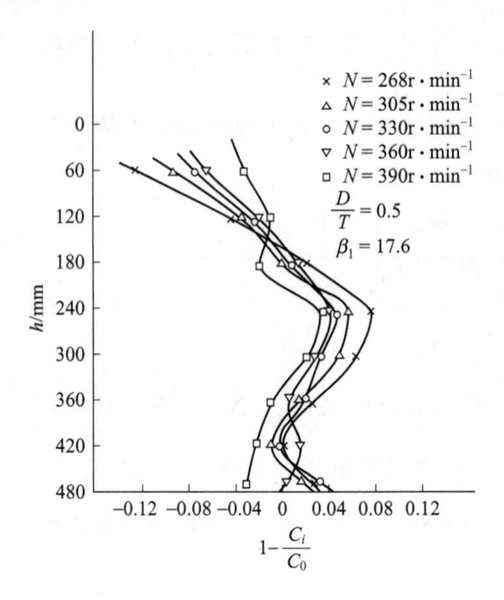

图 6-5-2 固相浓度沿轴向分布

$\overline{\sigma}$ 或 CV_C 越小，固体颗粒在釜内分布的均匀程度就越高。图 6-5-3 为固体粒子浓度分布的 $\overline{\sigma}$ 随功率（转速）的变化关系。随着功率（转速）增加，$\overline{\sigma}$ 减小并趋于定值，即达到均匀悬浮。此时所需要的最小转速（功率）即为均匀悬浮临界转速。达到均匀悬浮时的均匀度（$\overline{\sigma}$）与叶轮型式及转速有关。

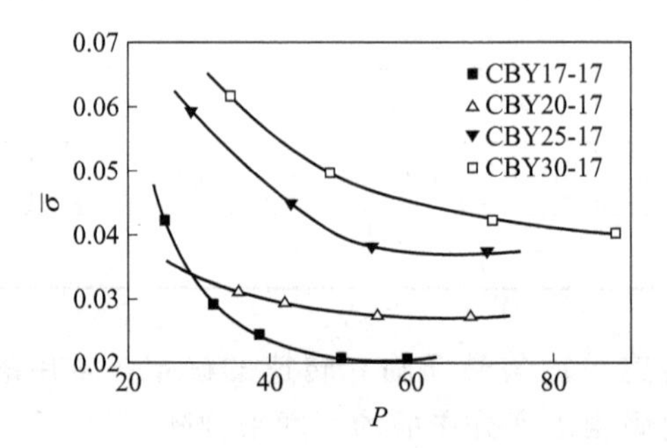

图 6-5-3 $\overline{\sigma}$ 与功率的关系

5.3.2 工艺设计

固液悬浮操作搅拌器工艺设计程序：

① 工艺条件

a. 固体颗粒密度 ρ_s；

b. 液体密度 ρ_l；

c. 固体颗粒质量分数；

d. 悬浮液密度 ρ_M；

e. 固体颗粒粒径分布，计算时应采用代表固体颗粒有效部分的最大粒径；

f. 悬浮液黏度；

g. 釜径，釜底型式；

h. 悬浮液体积；

i. 悬游液液位；

j. 工艺所需要达到的固体悬浮状态（均匀悬浮、完全悬浮、釜底运动）。

一般只有在接近悬浮液表面有溢流的连续流动的悬浮操作时，或在有结晶的悬浮操作时，才考虑采用均匀悬浮操作，除非在生产中有特殊要求。

对出料口在釜底或靠近釜底的连续操作、溶解过程以及其他以传质为控制步骤的操作，完全悬浮操作已能达到令人满意的结果。对在釜底允许有不增长的沉积带的操作，可以考虑采用要求比完全悬浮更低的悬浮操作，即釜底运动的悬浮操作。

② 搅拌釜的结构及挡板条件。

③ 搅拌器型式，搅拌器几何尺寸及安装位置。

④ 悬浮临界转速 N_{JS}的确定（以完全悬浮为例）。

a. 对选用的桨型，在实验装置上（与工业装置几何相似），用模拟物料测定其临界悬浮转速 N_{JS}。

b. 根据工艺条件，按式（6-5-4）计算出工业装置完全悬浮操作时的悬浮临界转速 N_{JS}。

$$N_{JS}=N_{JS1}\left(\frac{d_p}{d_{p1}}\right)^{0.20}\left(\frac{\varphi_W}{\varphi_{W1}}\right)^{0.13}\left(\frac{\nu}{\nu_1}\right)^{0.10}\left(\frac{\Delta\rho\rho_{l1}}{\Delta\rho_1\rho_l}\right)^{0.45}\left(\frac{D}{D_1}\right)^{-0.85} \tag{6-5-4}$$

式中有下标 1 的为实验装置参数；无下标的为工业装置的参数。

⑤ 根据操作液位，即 H/T 值确定搅拌器层数。

⑥ 搅拌器轴功率的计算。在确定悬浮临界转速及搅拌器的层数后，固液悬浮搅拌轴功率的计算，可用均相液体的搅拌功率计算式。计算式中悬浮液的密度可按下式计算。

$$\rho_m=\varphi_{Vx}\rho_x+\varphi_{Vy}\rho_y \tag{6-5-5}$$

式中 ρ_x，ρ_y——两相密度，$kg\cdot m^{-3}$；

φ_{Vx}，φ_{Vy}——两相体积分数。

5.3.3 固液悬浮搅拌桨设计实例

计算一固液悬浮敞口槽的搅拌器轴功率，搅拌槽直径 $T=1.2m$，槽体直段高度为 0.9m，椭圆底，固相与液相分别为硅酸锆和水，体积为 $1m^3$，固相密度 $\rho_s=4000kg\cdot m^{-3}$，固相质量分数 $\varphi_W=57\%\sim65\%$，固相颗粒粒径 $d_p=5\sim45\mu m$。连续操作，上部进料，靠近槽底处出料，见图 6-5-4。

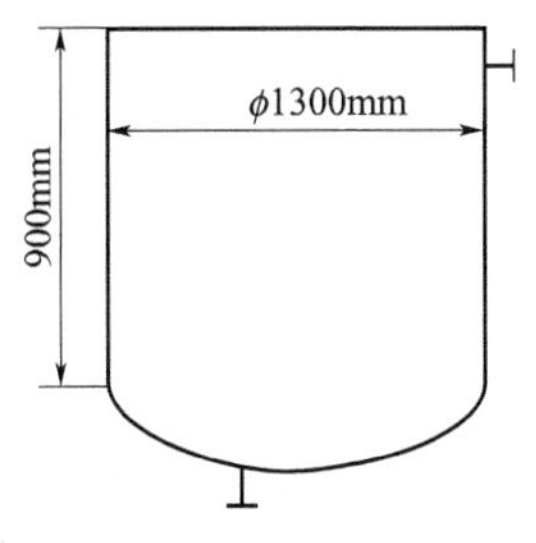

图 6-5-4 搅拌槽结构尺寸

(1) 工艺条件

① 固体颗粒密度 $\rho_s=4000kg \cdot m^{-3}$；

② 液体密度 $\rho_l=1000kg \cdot m^{-3}$；

③ 固体颗粒质量分数取 $\varphi_W=65\%$，对应体积分数 $\varphi_V=\varphi_s=31.7\%$，$\phi_l=68.3\%$；

④ 悬浮液密度按式(6-5-5) 计算

$$\rho_m=\varphi_l\rho_l+\varphi_s\rho_s=1951(kg \cdot m^{-3})；$$

⑤ 固体颗粒粒径取 $d_p=45\mu m$；

⑥ 悬浮液黏度取水的黏度 $\mu_l=1mPa \cdot s$；

⑦ 槽直径 $T=1.2m$，椭圆底；

⑧ 悬浮液体积 $V=1m^3$；

⑨ 悬浮液操作液位取 $H=1.0m$；

⑩ 固液悬浮状态确定。

由于出料口靠近槽底，采用完全悬浮的操作已能满足工艺的要求。

(2) 搅拌槽结构及挡板条件 搅拌槽为敞口槽，槽壁安装4块挡板，挡板的宽度为槽径的1/12。

(3) 搅拌器型式，搅拌器尺寸及安装位置 搅拌器型式采用三叶长薄叶螺旋桨（三叶CBY桨），搅拌器桨叶直径 $D=0.48m$（$D/T=0.4$）；桨叶离底间距 $C=0.24m$（$C/T=0.2$）。

(4) 临界悬浮转速确定

① 实验装置槽径 $T_1=0.80m$，搅拌桨为三叶CBY桨，$D_1=0.32m$（$D_1/T_1=0.4$），桨叶离底间距 $C_1=0.16m$（$C_1/T_1=0.2$）。实验固体物料为玻璃珠：$\varphi_{W1}=16\%$，$\rho_s=2500kg \cdot m^{-3}$，$d_{p1}=100\mu m$，液相为自来水。实验测定的完全悬浮临界转速 $N_{JS1}=177r \cdot min^{-1}$。

② 用式(6-5-3) 计算工业装置完全悬浮临界转速 N_{JS}，对于两个完全几何相似的系统，采用相同的桨型和相同的物系，就可用相同的关联式来计算 N_{JS}，式(6-5-3) 中的 S 值也相同，则在式(6-5-4) 中 $\rho_l=\rho_{l1}$，$\nu=\nu_1$，因此

$$N_{JS}=N_{JS1}\left(\frac{d_p}{d_{p1}}\right)^{0.20}\left(\frac{\varphi_W}{\varphi_{W1}}\right)^{0.13}\left(\frac{\Delta\rho}{\Delta\rho_1}\right)^{0.45}\left(\frac{D}{D_1}\right)^{-0.85}$$

$$=177\times\left(\frac{45}{100}\right)^{0.20}\times\left(\frac{0.65}{0.16}\right)^{0.13}\times\left(\frac{3000}{1500}\right)^{0.45}\times\left(\frac{0.48}{0.32}\right)^{-0.85}=175(r \cdot min^{-1})$$

(5) 搅拌器的层数 操作液位 $H=1.0m$，$H/T=0.83$。可采用单层搅拌桨操作。

(6) 搅拌器轴功率的计算 通过实验确定，三叶CBY桨在 $D/T=0.4$ 时其功率数 $N_P=0.49$，搅拌转速取减速机的出轴转边 $N=200r \cdot min^{-1}$（$N>N_{JS}$），按式(6-5-5) 计算 $\rho_m=1951kg \cdot m^{-3}$，搅拌器轴功率：

$$P=N_P\rho_m N^3D^5$$

$$=0.49\times1951\times\left(\frac{200}{60}\right)^3\times0.48^5=0.902(kW)$$

此处求得的轴功率是选用电机的唯一依据，选择装机功率时，必须考虑适当的安全系数和减速装置的传动效率。

5.4 带导流筒的搅拌釜

带导流筒的搅拌釜是一种比较适用于固液悬浮的搅拌釜型式。其具有排出流量大且流型规整省功的特点，尤其适宜于有结晶生成的悬浮体系。

5.4.1 流动特性

带导流筒搅拌釜（DTC 釜）主要由釜体、导流筒及搅拌器三部分组成，如图 6-5-5 所示。釜体一般为平底，$D_r/T=0.2\sim0.4$。导流筒内装有轴向流叶轮，向下泵送流体（下压式操作），或者向上泵送流体（上提式操作）。导流筒内外形成较强的轴向循环流动，使釜内能达到较均匀的浓度及温度分布。由于循环流动的剪切力作用较小，减轻了颗粒的破碎，对结晶过程有利。DTC 釜在结晶、选矿、间歇浸取、污水处理中的曝气槽等工业生产中得到了广泛的应用。

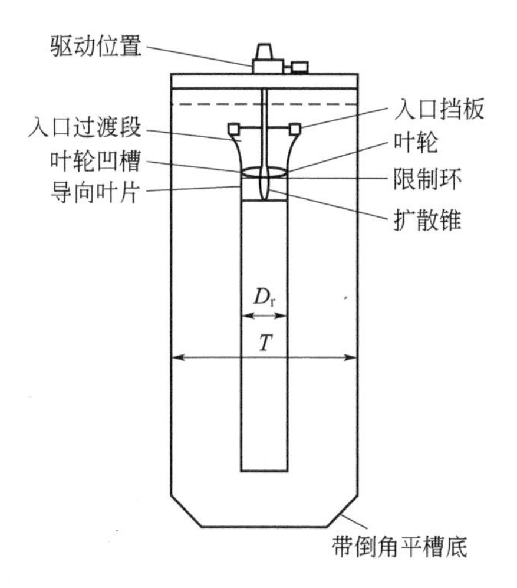

图 6-5-5 导流筒搅拌釜

DTC 釜中，导流筒的流速必须满足釜底颗粒完全悬浮的要求。此流速一般由实验确定，它是固体粒径、粒径分布、固体含量、浆料性质以及釜底形状等的函数。循环流速则取决于循环颗粒中最大颗粒的沉降速度，该流速应是颗粒沉降速度的数倍，以防止颗粒在环形空间中沉降积聚。

5.4.2 搅拌桨型式

DTC 釜使用的搅拌桨以轴流式搅拌桨为主，包括斜叶涡轮、轴流式叶轮，如 Lightnin 公司机翼形叶轮以及我国自行研制的 NAX-4 叶轮。

DTC 釜轴流式搅拌器与轴流泵有类似特性，低扬程大流量。但与普通轴流泵相比，其比转速要高得多，是普通轴流泵的 3 倍左右。

5.4.3 导流筒直径与釜直径之比

以 Q_D 和 Q_A 分别表示导流筒内和环室间的流量，则有：

$$Q_D=\frac{\pi}{4}v_D D_r^2 \tag{6-5-6}$$

第6篇

$$Q_A=\frac{\pi}{4}v_A T^2(1-X^2) \tag{6-5-7}$$

式中 v_A——环室中的流速；

v_D——导流筒中的流速；

T——釜直径；

X——导流筒直径 D_r 与槽直径之比，$X=D_r/T$。

对确定的桨型，当满足 $Q_D=Q_A$ 的条件时，其能耗为最小，因此可得：

$$X=\sqrt{\frac{v_A}{v_A+v_D}} \tag{6-5-8}$$

功率计算：产生循环所需要总的水力学功率由下式给出：

$$P_K=9.788\rho QH \tag{6-5-9}$$

式中，H 为总的压头损失，它为导流筒进出口的压头损失，即釜底处流体转向的压头损失以及将流体加速至导流筒内流速所需压头之和。用速度头表示总压头损失是导流筒内速度头的倍数。以 v_D 表示导流筒内速度，则：

$$H=0.0510Cv_D^2 \tag{6-5-10}$$

系数 C 与导流筒的结构有关，C 值的范围为 1.7～2.0。

由式(6-5-6)、式(6-5-9)、式(6-5-10) 可得水力学功率为：

$$P_K=0.392CD_r^2v_D^3\rho \tag{6-5-11}$$

装置消耗功率具体取决于叶轮和传动装置的效率。

5.4.4 固液传质

在固液传质设备中（如溶解过程），溶质颗粒的溶解速率（以固液传质系数表示）与固液悬浮状态密切相关。图 6-5-6 说明，使全部颗粒处于完全悬浮状态之前，搅拌功率对传质系数的影响要比达到该状态之后更大。因为此时搅拌作用产生液体的扰动减小了液膜阻力，同时使颗粒分散以及槽底静止颗粒被悬浮，增加了有效相界面积。但当所有颗粒均已悬浮时，有效相界面不再增大，因此，当搅拌转速超过完全悬浮临界转速时，再增加转速所产生的效果就不明显了。显然选择在完全悬浮临界转速附近操作是最经济的。

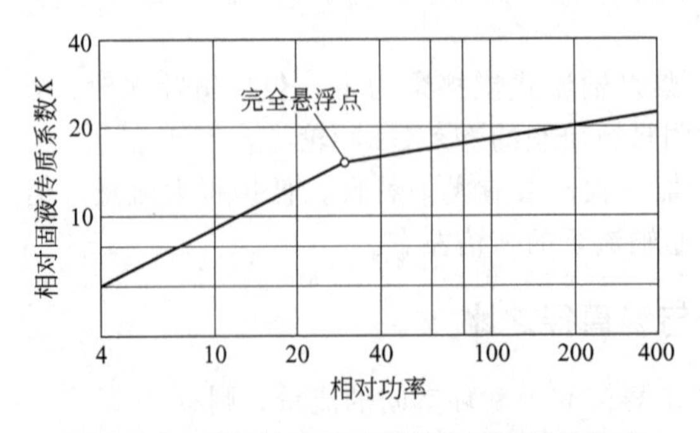

图 6-5-6 搅拌轴功率对固液传质系数的影响

参考文献

[1] Oldshue J Y. Ind Eng Chem，1969，61：71-89.
[2] Einenkel W D. Ger Chem Eng，1983，3：118-138.
[3] Baldi G，Conti R，Alaria E. Chem Eng Sci，1978，33：21-25.
[4] Buurman C，Resoort G，Plaschkes A. Chem Eng Sci，1986，41：2865-2871.
[5] Subbarao D，Taneja V K. Proceedings of the 3rd European Conference on Mixing. England，1979.
[6] Armenante P M，Mmbaga J P，Hemrajani R R. Proceeding of 7th European Conference on Mixing. Belgium，1991.
[7] Zwietering T N. Chem Eng Sci，1958，8：244-253.
[8] Nienow A W. Chem Eng Sci，1968，23：1453-1459.
[9] Rao Raghava KSMS，Rewatkar V B，Joshi J B. AIChE J，1988，34：1332-1340.
[10] Takahashi K，Fujita H，Yokota T. J Chem Eng Jpn，1993，21：98-100.
[11] Armenante P M，Nagamine E U. Chem Eng Sci，1998，53：1757-1775.
[12] Micale G，Grisafi F，Brucato A. Chem Eng Res Des，2002，80：893-902.

6

气液分散

6.1 过程特征

采用机械搅拌使气体分散并形成良好的气液相接触，是为了解决一般塔式接触和气体鼓泡器分散装置中所难以解决的问题，如堵塞、结垢等。因此，带有机械搅拌的气液分散通常用于含有固体颗粒的气液混合操作、有强放热的化学反应过程、难溶气体的吸收等过程。

在气液搅拌釜中，桨叶对气相和液相所产生的剪切力，使气相被破碎成大量气泡，并在搅动的液体中使之分散。此时形成的气泡直径要比自由鼓泡、自由通气的气泡直径小得多，而且表面更新与相际传递持续加强，是用机械能消耗去换取过程强化的过程。所以，人们对这一过程的研究目的是希望用较少的机械能消耗取得更大的强化效果。

气体在搅拌釜中的分散仅仅是这一过程所表现出来的物理形态，而与之密切相关的是气液间的传质，例如带有化学反应的气体吸收、耗氧的发酵过程等，当然这些过程的传质还与参与过程的物质的物性、流量等因素密切相关，搅拌分散的目的是在这些已定的条件下，尽可能地创造最佳的环境。

气液接触过程中供气的方式通常分为通气式及自吸式两种，在工业应用中，80%以上是采用带通气装置的径向流涡轮搅拌器，因此实验研究主要也是有关这种类型的气液体系。

6.1.1 通气式气液搅拌器及其釜体结构

(1) 搅拌桨型式 这类搅拌桨主要有圆盘涡轮搅拌器，叶片形状有直叶、凹叶、箭叶、弯叶四种，叶片数目有四叶、六叶、八叶、十二叶、十八叶等多种，另外也有采用涡轮搅拌器和翼盘涡轮搅拌器进行气液分散的情况。

(2) 釜体结构 搅拌器的尺寸比例以及安装时与容器各部位的相对尺寸对操作效果影响很大，典型的气液搅拌釜的结构如图 6-6-1 所示。釜内设置四块挡板，每块挡板的宽度为釜

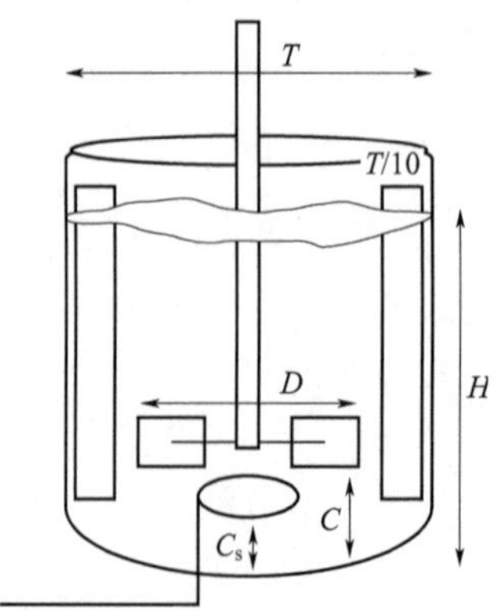

图 6-6-1 通气式搅拌釜釜体结构

径 T 的 1/10（为消除挡板后的死角，也有的采用挡板宽度为釜径的 1/12，挡板距釜壁为釜径的 1/60）；搅拌器直径 D 为搅拌釜直径的 1/3，搅拌器与釜底距离 C 为釜径的 1/3；常用的气体分布器为环形分布器，分布器的直径 $d_s=0.8D$（如图 6-6-2 所示），环形分布器与釜底的距离 C_s 也为 $0.8D$；液层高度 H 与釜径相等，但当 $H/T>1$ 时，应装设多层搅拌器。

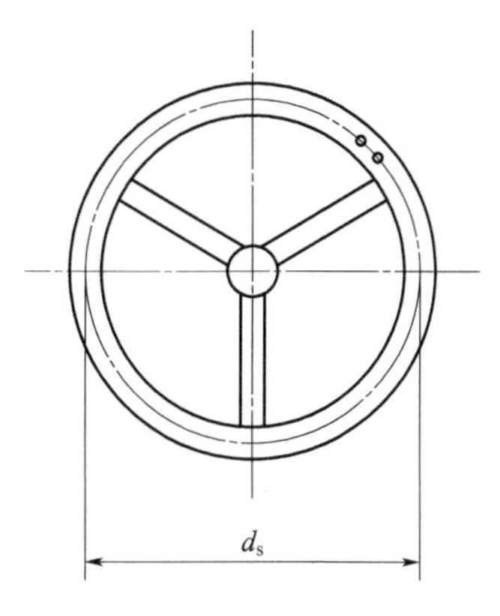

图 6-6-2 环形分布器示意图

6.1.2 自吸式气液搅拌器及釜体结构

自吸式气液搅拌器是一种不用气体输送机械而由搅拌器自身的液体旋转时产生负压而引进外界气体的气液接触装置，常用于发酵工程、湿法冶金的泡沫浮选以及污水处理的曝气等过程中。

（1）搅拌器型式 常见的自吸式搅拌器有空心管、空心涡轮与封闭涡轮三种类型。在自吸式涡轮搅拌器的外围一般加设固定的导轮，加强气液混合效果，并有扩压作用，以提高吸气量[1]。

（2）槽体结构 不同的搅拌器型式，其安装位置是不同的，除了搅拌器外，釜内其他构件与通气式搅拌釜相近[2]。

表 6-6-1 和表 6-6-2 分别为有供气系统的装置和自吸式装置。

表 6-6-1 有供气系统的装置

特性及说明	Rushton 涡轮（带有气体分布器或气体入口管）	改进的径向流涡轮	斜叶片轴流式涡轮	导流筒和轴流式叶轮	联合装置
功率特性	①$N_P<4$ ②K 因子在 1.0～0.5 之间变化 ③高气量下负荷不稳定	①$N_P>3$ ②在某些结构中，K 因子能超过 1.0，而在另一些结构中，低至 0.5 ③负荷对釜体几何形状敏感	①$N_P<1.3$ ②K 因子可大于 1.0，取决于气体引入方式 ③在相对低的气流量下发生液泛	①$N_P<2$ ②K 因子大于 1.0 直到液泛点 ③在相对低的气流量下发生液泛	①N_P 取决于直径比 ②K 因子由上下叶轮间的功率分配决定 ③下部叶轮液泛时能稳定操作
传质特性	①可高速率传质 ②效率中等 ③放大时效率下降	①可高速率传质 ②效率高 ③放大时效率低，并低于 Rushton 叶轮	①由于液泛点低，传质速率受限制 ②效率中等	①传质速率与表面曝气器相近 ②由于自气相吸收的百分数高，所以效率高 ③放大时效率轻度下降	①各种液位下，传质速率都是令人满意的 ②效率随上下涡轮间距变化

续表

特性及说明	Rushton 涡轮（带有气体分布器或气体入口管）	改进的径向流涡轮	斜叶片轴流式涡轮	导流筒和轴流式叶轮	联合装置
说明	最广泛应用的系统。几乎所有发表的文献都是基于此系统	①若传质是主要目的，则特别有效 ②某些结构各供货厂家有其独特性	只在低气体流量的情况下应用	①要求高效叶轮，要求叶轮的叶端速度比 Rushton 型叶轮的高 ②气体引入的方法很重要 ③用于深釜型时性能优良	①通常应用于废水处理 ②上部涡轮可用做破沫器

表 6-6-2 自吸式装置

特性及说明	搅拌器自吸系统		旋涡式系统	表面旋涡轴流泵送系统	表面吸气装置(低速)	高速装置
	叶片	空心轴				
功率特性	①低 N_P 装置，高叶端速度 ②功率曲线比较平直	①$N_P<0.3$ ②需要复杂的形状以扩大低压区 ③功率曲线比较平直	①$N_P<4$ ②依赖于静止筒内旋涡的形成 ③功率曲线下降，但在操作点处是稳定的	①$N_P<2$，作用范围 $D/2$ ②N_P 依液位而变化 ③功率曲线可能不稳定，并能同釜体发生共振	①$N_P<1$ ②N_P 随液位变化 ③在操作范围内功率曲线稳定，转速低($<100\text{r}\cdot\text{min}^{-1}$)	①$N_P<2$ ②在正常操作中 N_P 为常数
传质特性	①气体量小；放大时传质性能下降 ②适用于易溶气体 ③气体吸收速率低($<50\text{mg}\cdot\text{L}^{-1}\cdot\text{m}^{-1}$)	①适用于气体吸收速率低($<50\text{mg}\cdot\text{L}^{-1}\cdot\text{m}^{-1}$)的体系 ②放大时效率下降	①低效率 ②最好应用在相当高的单位体积功率($>50\text{hp}\cdot\text{kgal}^{-1}$，1hp = 745.700W，1gal = 3.785dm^3，下同)条件下 ③通常限用于小釜内	①放大时效率低 ②传质与液位有关	①是很有效的装置 ②传质依液位变化 ③传质主要是由喷射进行的。一些气泡被吸入	①效率中等 ②通常用作使颗粒漂浮的装置 ③大部分传质是由喷射进行的，一些气泡被吸入
说明	①依赖于吸气压头，这一压头为叶端速度平方的函数 ②理论上最大深度为 32ft(1atm，1ft = 0.3048m，1atm = 101325Pa)，实际应用的潜液深度限制约为 15ft	①仔细确定孔的位置并采用机翼形状可得到最佳分散效果 ②可应用于导流筒内 ③要求相对较高的转速	①叶轮和导流筒的间隙很小 ②一般情况下液深等于或小于 10ft	①操作转速低($<100\text{r}\cdot\text{min}^{-1}$) ②由不稳定旋涡产生的轴载荷较大，要求对轴进行特殊设计 ③需要大的表面面积且 $Z/T<1$	①在某些应用中，飞溅和喷射是不利的 ②需要大的表面面积且 $Z/T<1$ ③可使用辅助叶轮进一步混合	①在某些应用中，飞溅和喷射是不利的 ②需要大的表面面积且 $Z/T<1$ ③采用电动机转速直接进行操作

6.2 气液搅拌釜的分散特性

6.2.1 搅拌釜内的气液流动状态

图 6-6-3 为在恒定通气流量下改变搅拌器转速时气液分散状况示意图[3]。当转速很低时，气体穿过搅拌器但并未被搅拌器分散，如图 6-6-3(a) 所示，此时的搅拌功率与未通气时的搅拌功率相差无几，操作状态为气流控制区。随着搅拌转速的增加，气体逐渐被搅拌器所分散，当搅拌转速超过某一临界转速 N_{CD} [如图 6-6-3 中(c)→(d)] 时，则有气体进入搅拌器的下方，该转速称为最小临界分散转速，此时的搅拌功率与气体的等温膨胀功率相等，操作状态为气流和搅拌器共同控制区。当搅拌转速增加到某一转速 N_R [如图 6-6-3 中(d)→(e)] 时，有大量的气体再循环回搅拌器，N_R称为再循环转速，此时的搅拌功率约为气体等温膨胀功率的 3 倍，操作状态为搅拌器控制区。在实际工业应用中操作转速及状态需根据过程的要求而定。

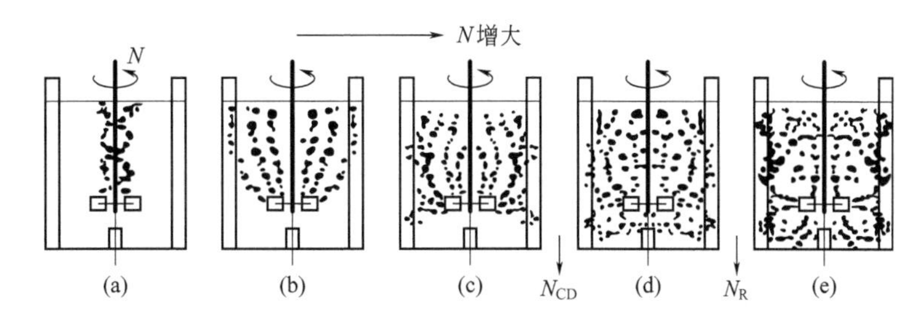

图 6-6-3 釜内气液流动状态

凝并体系中的最小临界分散转速和再循环转速也可用下式进行计算（$H/T=1$，$C/T=1/4$，六直叶圆盘搅拌器）[4]

$$N_{CD}=\frac{4Q^{0.5}T^{0.25}}{D^2}\quad（管式气体分布器）$$

$$N_{CD}=\frac{3Q^{0.5}T^{0.25}}{D^2}\quad（环形气体分布器）$$

$$N_R=\frac{1.5Q^{0.2}T}{D^2}$$

对于自吸式气液搅拌器，能够产生表面自吸的最低转速的条件为：

$$\frac{N_{min}^2D^2}{gH}\left(\frac{\mu_c}{\mu_d}\right)^{0.11}=0.21$$

式中，下角标 c 为连续相；下角标 d 为分散相。

在图 6-6-3(a) 的状态下，气泡的大小只取决于通气分布器开孔孔径以及液相的性质，属于自由鼓泡。当搅拌转速超过 N_{CD}后，气泡在叶轮区被切割破碎，但气泡仍直接通过釜内液层，其停留时间取决于气泡本身的上升速度和液层高度。当转速大于 N_R时，釜内因产生气泡的再循环，致使釜内滞气量增加，气体在液相中的平均停留时间增加，显然这对于加强釜内气液间的传质是有利的。气泡在循环区运动时，有一部分气泡通过相互作用而凝并成大气泡，最后逸出液层，另一部分气泡又随循环流返回叶轮区，与新进入的气体汇合，再一次被分散。

由于釜内气泡的大小存在差异，所以气泡在运动中存在着不同的形态和动力学特性（如上升速度），小气泡接近于球形，而较大的气泡则为椭球形或帽形，这与气泡在釜内运动时所受流场的作用力有着密切的关系。

6.2.2 最大通气速度

在固定的搅拌条件下，即固定搅拌器结构和操作转速时，气速（通气量）增加到一定程度后，搅拌叶轮被大量气体所包围，叶轮只在气相中旋转，而不能有效地进行操作，此时被认为已经达到了叶轮的“液泛点”。若稍减小气速，搅拌叶轮又能正常进行分散操作，此点即为通气操作的上限，有时也将该操作点称为“再分散点”。

现在定义气液搅拌釜中的通气数：

$$N_A=\frac{Q}{ND^3} \tag{6-6-1}$$

式中 Q——通气量，$m^3 \cdot s^{-1}$；

D——桨叶直径，m；

N——搅拌转速，$r \cdot s^{-1}$。

对于六直叶开式涡轮和六直叶盘式涡轮，液泛点所对应的 N_A 值分别为 0.016 和 0.018，可依此求得该二叶轮的最大通气量。

6.2.3 气泡直径、气含率、比表面积

(1) 气泡直径 与表示液滴直径相似，用 Sauter 平均直径 d_{32} 来表示气泡直径。

当气泡被认定为球形时，则

$$d_{32}=\frac{\sum_{i=1}^{n} nd_i^3}{\sum_{i=1}^{n} nd_i^2} \tag{6-6-2}$$

此处 d_i 为第 i 个气泡的直径，m；n 为气泡个数。

d_{32} 是搅拌釜内气泡直径的宏观表征，实际上釜内气泡直径存在着一定的分布。目前，随着计算流体力学技术的迅速发展，已有人将 d_{32} 应用于对气液搅拌釜中的气泡尺寸进行预测，但实验方面对气泡尺寸的测量还大多局限于单层桨体系。

Sauter 平均直径反映了气泡在宏观上的尺寸水平，但由于搅拌釜中不同区域中的流场特征并不相同，导致了气泡在搅拌釜中的大小分布并不均匀，从而也会影响到搅拌釜中各个不同区域中的气液作用。在对搅拌釜中气泡尺寸分布的研究中，不同的研究者[5~7]采用了不同的搅拌器型式和数量，大多数都认为桨叶区的气泡尺寸为全釜中最小，但是对于主流体区中的研究结果却不尽一致。

(2) 气含率 气含率是指在气液两相体系中气体所占有的体积分数，有时又称气体滞留量，通常所谓的气含率指的是搅拌釜中的整体气含率。它是表征气液搅拌釜内气液分散状况的一个重要参数，与气体在搅拌釜内的停留时间密切相关，也是设计中要考虑的重要参数。因此人们对它的研究也较多，并得到一些经验关联式。

以 ε_G 表示气含率，P_V 为单位体积功耗，v_S 为表观气速。

$$\varepsilon_G = aP_V^b v_S^c \tag{6-6-3}$$

其中指数 b、c 均介于 0.2～0.7 之间，且与操作条件、搅拌器结构、搅拌釜体结构、釜内物系等有关。表 6-6-3 为近年来一些研究者所提出的气含率关联式中的参数。

表 6-6-3 气含率关联式中参数

参考文献	釜径/体积	搅拌器型式	最大通气量	关联式参数		
				a	b	c
Nienow, et al[8]	14m³	多层 RT、多层 A315 及多层 MF 桨	最大通气数 0.1	1	0.13	0.55
Vasconcelos, et al[9]	0.4m	叶片形状不同的六叶盘式涡轮	$0.013\text{m}\cdot\text{s}^{-1}$	0.10	0.37	0.65
Vrabel, et al[10]	12m³, 30m³	多层 RT 及中空的 Scaba 桨	最大通气数 0.08	0.37	0.16	0.55
Gao, et al[11]	0.45m	BT-6+2MF$_U$ 3A340$_U$ 2BT-6+CD-6	$0.06\text{m}\cdot\text{s}^{-1}$	1.02	0.20	0.60
Moucha, et al[12]	0.29m	单、二、三层 RT，PT$_D$，TX$_U$，TX$_D$及组合型式	$0.0085\text{m}\cdot\text{s}^{-1}$	0.02～0.34	0.32～0.63	0.52～0.81

除了气液搅拌釜中的整体气含率之外，局部气含率也是表征搅拌釜内局部气液分散状况的一个重要参数，反映了气液两相体系中气体的局部分散和传质特性。不同的工艺过程中所需要的气含率分布情况也有不同，如在发酵搅拌釜中，局部过高的气含率会导致菌种的死亡，而气含率过低又会使得反应无法顺利进行，因此需要使得气含率在搅拌釜内均匀分布。影响局部气含率的因素包括搅拌器的型式、操作条件等，有许多研究者对此进行了相应的研究[13～15]。

以上介绍的大多为常温体系中整体气含率的研究，但在工业过程中所使用的搅拌釜还有许多非常温体系。在非常温体系中，由于温度升高造成气相饱和蒸气压的变化，使得气泡在运动过程中的体积及界面特性都会发生相应的变化。目前对于非常温体系的设计和放大，大多基于常温体系的研究结果，缺乏足够的可靠性。Smith 等人[16～20]对此进行了研究。

(3) 比表面积 指全釜中单位体积分散系统中的相际表面积。如果分散系统的体积为 1，则分散相的体积就是 ε_G，若每个气泡的直径都认为是 d_{32}，共有 n 个气泡，则其总体积应为

$$\varepsilon_G = n\frac{\pi}{6}d_{32}^3 \tag{6-6-4}$$

所有气泡的总表面积为 a，则

$$a = n\pi d_{32}^2 \tag{6-6-5}$$

从式(6-6-4) 及式(6-6-5) 可得

$$d_{32}=\frac{6\varepsilon_{G}}{a} \qquad (6\text{-}6\text{-}6)$$

式(6-6-6) 表示气液分散体系中三个重要参数（ε_G,a ,d_{32}）的相互关系。

可由式(6-6-6) 求得气相的比表面积

$$a=\frac{6\varepsilon_{G}}{d_{32}} \qquad (6\text{-}6\text{-}7)$$

在分散体系中 a 的大小代表着相际传质交换面积的大小。尽管如此，人们仍然不采用这种方法来进行传质计算，一般还是使用容积传质系数 k_La。

6.3 气液搅拌釜的传质特性

传质速率是气液搅拌釜设计所需考虑的最重要的参数之一，特别是对于那些存在反应而传质又是控制步骤的过程。传质快慢的主要衡量参数之一是容积传质系数。由于搅拌釜内流场及气液两相流动的复杂性，使得釜内传质过程变得复杂，目前尚不能完全从理论分析来预测容积传质系数。因此，通过实验来研究容积传质系数就显得至关重要。前人对此作了大量的研究，得到了许多经验关联式，容积传质系数 k_La 最常用的经验关联式为：

$$k_La=a_1P_V^{b_1}v_S^{c_1}$$

式中，$0.4<b_1<0.95$，$0<c_1<1.0$。

由此可见，容积传质系数随 P_V和 V_S的指数变化范围比较大，其指数的变化与搅拌釜的几何尺寸、容积传质系数的测试方法、实验的操作范围及物系等都有关系。Smith[21] 的研究结果认为：搅拌器的型式、搅拌釜的尺寸等对容积传质系数大小影响不大。为使关联式通用化，Van't Riet[22] 对前人的研究工作进行了总结，得到如下的通用关系：

$$k_La=0.026P_V^{0.4}v_S^{0.5}\text{（凝并体系）}$$

上式的适用范围为：$0.0044\text{m}\cdot\text{s}^{-1}<v_S<0.04\text{m}\cdot\text{s}^{-1}$，$500\text{W}\cdot\text{m}^{-3}<P_V<10000\text{W}\cdot\text{m}^{-3}$，其误差为 20%～40%。

$$k_La=0.002P_V^{0.7}v_S^{0.2}\text{（非凝并体系）}$$

上式的适用范围为：$0.005\text{m}\cdot\text{s}^{-1}<v_S<0.04\text{m}\cdot\text{s}^{-1}$，$500\text{W}\cdot\text{m}^{-3}<P_V<10000\text{W}\cdot\text{m}^{-3}$，其误差为 20%～40%。

Chapman[23] 在改进了实验方法后得到了如下的关联式

$$k_La=1.2P_V^{0.7}v_S^{0.6}\text{（凝并体系）}$$

上式的误差为 10%。

$$k_La=2.3P_V^{0.7}v_S^{0.6}\text{（凝并体系）}$$

上式的误差为 20%。

表 6-6-4 给出了几种搅拌器在一定操作条件下的传质系数。

表 6-6-4 几种搅拌器型式与操作条件下的传质系数

研究者	搅拌器型式	釜径/m	体系	关联式系数		
				a_1	b_1	c_1
Van't Riet[22]	RT		凝并体系	2.6×10^{-2}	0.4	0.5
Gezork,et al[24]	2RT	0.29	水系	5.3×10^{-3}	0.59	0.534
Nocentini,et al[25]	4RT	0.24	水系	1.5×10^{-2}	0.59	0.55
Puthli,et al[26]	RT+2PBD4	0.13	水系	6.17×10^{-3}	0.667	0.534
Van't Riet[22]	RT		非凝并体系	2.0×10^{-2}	0.7	0.2
Linek,et al[27]	RT	0.19	$0.5mol\cdot L^{-1}\ Na_2SO_4$	1.35×10^{-3}	0.946	0.4
Gezork,et al[24]	2RT	0.29	$0.2mol\cdot L^{-1}\ Na_2SO_4$	3.9×10^{-3}	0.698	0.182
Vilaca,et al[28]	2FBT	0.21	$0.5mol\cdot L\ Na_2SO_4$	6.76×10^{-3}	0.94	0.65

6.4 搅拌器型式的选择

搅拌器型式的选择必须根据工艺过程的特点而定。对于一般的气液搅拌釜，则可用六直叶涡轮搅拌器或 Lightnin 公司的 A315 型搅拌器，或由 RT 搅拌桨改进而得到的 HEDT，CD，PDT 等。若混合过程中需要强烈的剪切，那么采用 D/T 较小的六直叶圆盘涡轮较为适宜。而对于发酵罐等生化反应器，由于微生物细胞对剪切比较敏感，较强的剪切作用会损害微生物细胞结构，因此对于需要较小剪切速率的过程，必须采用剪切作用较小的搅拌器。如 A315 型搅拌器能较好地分散气体且具有较小的剪切作用。此外，A315 型搅拌器操作范围比六直叶圆盘涡轮更广，在较高的通气流量和较低的转速下也不会发生液泛现象，在此状态下其气液传质和分散效率要高于六直叶圆盘涡轮。因此，对于一些低转速、高通气流量的工艺过程，采用 A315 型也是比较适宜的。

在某些搅拌釜中，如操作液位较高（$H/T>1.2$）或操作雷诺数较低（$Re<5000$），为了增加气液接触时间，此时釜内必须采用多层桨。底层桨一般都采用径向流叶轮，以提供较强的剪切，达到粉碎气流形成气泡。上层桨（指底层桨以上的桨，数量视液位的高度而定）一般都采用轴向流式，如 A310，A315，HE3，CBY，四斜叶等，这样可形成全槽的循环并促进气泡在釜内的再分散，使气泡与料液有充裕的接触时间。当气泡有较长的上升路径时，可能会增加其凝并的概率。因此在选择顶层桨的结构参数时，还需要保持一定的剪切。通常在选择搅拌器间距时，需大于搅拌器的直径，否则搅拌器之间的流型会发生相互干扰，从而使得组合桨的功率耗散会小于各个单桨的功率之和。

6.5 通气时的功率计算

6.5.1 通气功率

气体通入液体中，经叶轮分散成气泡，降低了被搅拌液体的有效密度，因而降低了搅拌功率。另外，当气量较大时，某些型式的桨叶后方容易形成附着的气穴，严重时甚至发生

"液泛"，这也会引起搅拌功率的显著降低。若令未通气时的搅拌功率为 P_0，通气后的搅拌功率为 P_G，则

$$K=\frac{P_G}{P_0} \tag{6-6-8}$$

K 称为 K 因子，它是叶轮转速、直径、几何形状、D/T、功率、气体分布器型式等搅拌变量的复杂函数。表 6-6-5 为一些型式的搅拌器在未通气和通气条件下的功率。

表 6-6-5 未通气和通气条件下的搅拌器 K

搅拌器型式	N_P	$K\ [Q/(ND^3)=0.1]$
径向流		
RT6, $D=T/3$	5	0.4
RT12, $D=T/3$	10	0.6
RT18, $D=T/3$	12	0.7
CD6	2.3	0.8
BT6	2.0	0.9
轴向上提流		
PBT4, $D=T/3$, $C=T/3$	1.3	0.75
PBT6, $D=T/3$, $C=T/3$	1.7	0.75
A345, $D=0.4T$	0.8	0.75
轴向下压流		
PBT4, $D=T/3$, $C=T/3$	1.3	0.3
PBT6, $D=T/3$, $C=T/3$	1.7	0.4
A345, $D=0.4T$	0.8	0.7

Calderbank[29] 在使用六直叶涡轮、四块挡板、$D/T=1/3$ 时得到的实验数据，表示在图 6-6-4 中，可供设计参考。

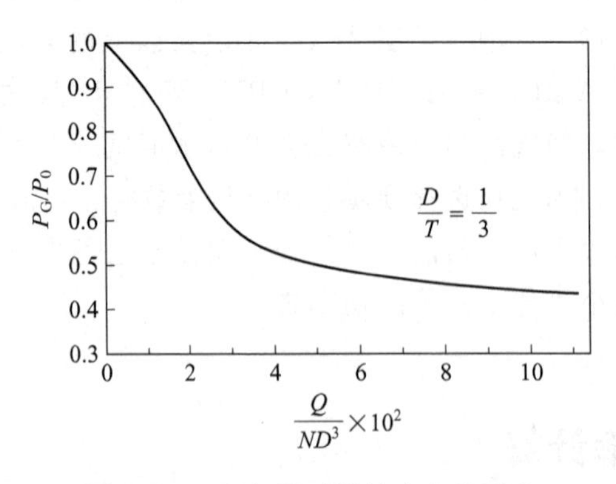

图 6-6-4 通气量对搅拌功率的影响

图 6-6-4 中横坐标以 $Q/(ND^3)$ 表示，Q 为通气量，$m^3\cdot s^{-1}$，D 为叶轮直径，m；N 为转速，$r\cdot s^{-1}$。从图 6-6-4 中可看到通气量达到一定值时，K 因子变化缓慢接近于定值，因为通气量大到一定程度时，釜内就会出现"液泛"，功率消耗就不再有明显变化。

该曲线也可关联成两个关联式

$$Q/(ND^3)<3.6\times10^{-2}$$

$$P_G/P_0=1-12.6Q/(ND^3) \tag{6-6-9}$$

$$3.6\times10^{-2}< Q/(ND^3)<11\times10^{-2}$$

$$P_G/P_0=0.62-1.85Q/(ND^3) \tag{6-6-10}$$

Michel 和 Miller[30]总结了若干研究者的数据，对于全挡板条件下的六直叶涡轮桨提出了如下的关联式

$$P_G=353.9\left(\frac{P_0^2ND^3}{Q^{0.56}}\right)^{0.45} \tag{6-6-11}$$

从以上介绍可以看到，通气与不通气时叶轮的轴功率有较大差别，因此设计者要慎重选择这一操作的电机功率。完全按 P_G来确定电机功率，若一旦停气，电机可能处于超负荷运转状态，有被烧坏的危险。解决的办法有以下两种：一种是按不通气叶轮的功率选择电机，这显然是不经济的；另一种方法是采用变速电机并配有停气的连锁装置，在停气时自动切换，以保证停气时搅拌器在低转速下运行，确保安全。

6.5.2 不通气时的功率确定

(1) 根据工艺要求的分散程度来确定 为了保证一定的传质速率，必须保证一定的分散程度即一定的 ε_G、d_{32}和 a，而这三者又是相互关联的。

Miller[31]提出了下列计算式：

$$d_{32}=4.15\left(\frac{\sigma^{0.6}}{P_V^{0.4}\rho_l^{0.2}}\right)\varepsilon_G^{0.5}+0.0009 \tag{6-6-12}$$

$$\varepsilon_G=\left(\frac{\varepsilon_G v_S}{v_t+v_S}\right)^{0.5}+0.000216\left(\frac{P_V^{0.4}\rho_l^{0.2}}{\sigma^{0.6}}\right)\left(\frac{v_S}{v_t+v_S}\right)^{0.5} \tag{6-6-13}$$

$$a=1.44\left(\frac{P_V^{0.4}\rho_l^{0.2}}{\sigma^{0.6}}\right)\left(\frac{v_S}{6v_t+v_S}\right)^{0.5} \tag{6-6-14}$$

式中，P_V为单位体积功，$W\cdot m^{-3}$；v_S为表观气速，即实际气体流量除以槽截面积，$m\cdot s^{-1}$；ρ_l为液相密度；σ 为液体的表面张力；v_t为气泡最终上升速度，$m\cdot s^{-1}$，v_t可按下式计算：

$$v_t=\left(\frac{2\sigma}{\rho_l d_{32}}+\frac{gd_{32}}{2}\right)^{0.5} \tag{6-6-15}$$

当规定了要达到的 d_{32}，则可依据式(6-6-15) 求得 v_t，再根据已知的 v_S可由式(6-6-12)及式(6-6-13) 求得 P_V。

(2) 根据搅拌釜结构与操作来确定功率 对于气液搅拌釜的设计计算，很重要的一点就是要确定适宜的搅拌器直径与釜径之比 D/T，图 6-6-5 表示了如何从传质的角度来确定 D/T的最佳值。在气体流量高而搅拌功率低时，流体的流型通常是由气流量控制，这时泵

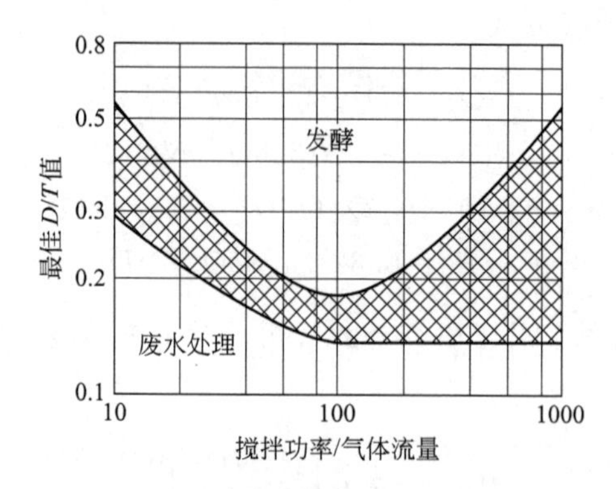

图 6-6-5 搅拌功率和气体流量不同组合的条件下气液传质的最佳 D/T 值

送流量要比流体剪切速率重要得多。在釜体的流型是由搅拌器所控制时，即在较高的搅拌功率情况下，流体剪切作用显得更为重要，并且 D/T 的最佳值比较低，为 0.1～0.2。在搅拌功率特别高时，搅拌器输入能量很多，以致不管用什么方式分配能量，都没有明显的差别。在这种情况下也不存在 D/T 最佳值，但是并不是每一项因素都能取最佳化，需根据过程的实际情况而定。在发酵情况下，由 0.15～0.20 的最佳 D/T 所产生的高剪切速率对微生物是有害的，因此，并不希望有太高的剪切强度。为了混匀和传热，同时为了防止微生物受到剪切破坏，必须使 D/T 在 0.35～0.45 的范围内。然而，对气液传质来说，这种 D/T 并不是最有效的。在废水处理厂中，曝气池很大，使用大叶轮是不实际的。这时，经济性原则决定了实际设计能在多大程度上接近于最佳传质条件。

设计中根据生产规模确定釜体尺寸 T，再确定桨型，一般为了破碎气泡，通常都采用径向流叶轮，尤以六直叶盘式涡轮为常见。剪切是气泡破碎的主要手段，因此在径向流叶轮常用的叶端线速度范围内取高值为宜。据此即可求得轴功率 P，进而计算 P_V，确定通气量后即可求得 P_G。

【例 6-6-1】 现有一直径 T 为 2m 的圆柱体搅拌釜，釜内存放的料液物性参数为，黏度 $\mu=1\text{mPa}\cdot\text{s}$，密度 $\rho_1=1000\text{kg}\cdot\text{m}^{-3}$，表面张力 $\sigma=0.0712\text{N}\cdot\text{m}^{-1}$，液层高 $H/T=1$，釜内通入空气并通过搅拌将其破碎成 2～5mm 的气泡，通空气量 Q 为 $100\text{m}^3\cdot\text{h}^{-1}$，选择合适的搅拌器，并确定其操作参数和所需轴功率。

解 (1) 选择桨型，确定搅拌转速　选用六直叶盘式涡轮，其 $D/T=1/3$，则

$$D=0.667\text{m}$$

确定搅拌转速，选用叶端线速度为 $6\text{m}\cdot\text{s}^{-1}$ 则：

$$N=\frac{6}{\pi D}=\frac{6}{3.14\times0.667}=2.86(\text{r}\cdot\text{s}^{-1})$$

或
$$N=172\text{r}\cdot\text{min}^{-1}$$

(2) 计算搅拌 Re，然后计算轴功率、通气功率

$$Re=\frac{ND^2\rho}{\mu}=\frac{172\times0.667^2\times1000}{60\times1\times10^{-3}}=1.28\times10^6$$

六直叶盘式涡轮在全挡板条件下湍流区的 $N_P=6.3$
不通气下的轴功率为：

$$P_0=N_P\rho N^3D^5=6.3\times1000\times\left(\frac{172}{60}\right)^3\times0.667^5=19600(W)=19.6(kW)$$

求 P_G。

$$P_G/P_0=0.57$$
$$P_G=19.6\times0.57=11.17(kW)$$

也可代入式(6-6-9)

$$\begin{aligned}P_G/P_0&=1-12.6\frac{Q}{ND^3}\\&=1-12.6\times\frac{100}{3600\times\frac{172}{60}\times0.667^3}\\&=1-12.6\times0.0327\\&=0.588\end{aligned}$$

与查图结果一致

$$P_G=19.6\times0.588=11.52(kW)$$

(3) 求 d_{32}，ε_G，a　求单位体积功 P_V

$$P_V=\frac{11.52}{0.785\times2^3}=1.834(kW\cdot m^{-3})$$

表观气速 v_S

$$v_S=\frac{100}{3600\times0.785\times2^2}=0.00885(m\cdot s^{-1})$$

先假设 $d_{32}=0.005m$，由式(6-6-15) 求 v_t

$$v_t=\left[\frac{2\times(71.2\times10^{-3})}{1000\times0.005}+\frac{9.81\times0.005}{2}\right]^{0.5}=0.230(m\cdot s^{-1})$$

再代入式(6-6-13)

$$\varepsilon_G=\left(\frac{\varepsilon_G\times0.00885}{0.230+0.00885}\right)^{0.5}+0.000216\times\left[\frac{(1.834\times10^3)^{0.4}\times1000^{0.2}}{(71.2\times10^{-3})^{0.6}}\right]\times\left(\frac{0.00885}{0.230+0.00885}\right)^{0.5}$$

$\varepsilon_G=0.1925\varepsilon_G^{0.5}+0.0163$

解得　　$\varepsilon_G=0.0653$

将此值代入式(6-6-12) 求取 d_{32}

$$d_{32}=4.15\left(\frac{\sigma^{0.6}}{P_V^{0.4}\rho_l^{0.2}}\right)\varepsilon_G^{0.5}+0.0009$$

$$=4.15\times0.00255\times0.0653^{0.5}+0.0009$$
$$=0.0036(\text{m})$$

再将 $d_{32}=0.0036\text{m}$ 代入式(6-6-15)，求得 $v_t=0.24\text{m}\cdot\text{s}^{-1}$，将其代入式(6-6-13)，得 $\varepsilon_G=0.064$，代入式(6-6-12)，求得 $d_{32}=0.00358\text{m}$，可以认为二者已接近，即 $d_{32}=0.00358\text{m}$。

根据式(6-6-14)，$a=1.44\left(\frac{P_V^{0.4}\rho_1^{0.2}}{\sigma^{0.6}}\right)\left(\frac{v_S}{v_t+v_S}\right)^{0.5}=1.44\times392.4\times0.189$
$=106.8(\text{m}^2\cdot\text{m}^{-3})$

由于 d_{32} 介于题中要求的 2～5mm 之间，故可认为此设计计算是可行的。

得本题结果列表如下：

T/m	D/m	挡板	N/r·min^{-1}	P_0/kW	P_G/kW	P_V/kW·m^{-3}	d_{32}/m	ε_G	a/m^2·m^{-3}
2	0.667	4块	172	19.6	11.17	1.834	0.0036	0.064	106.8

几点说明：

① 根据 P_0 数值，考虑传动效率、电机效率和适当安全系数选择电机及减速机。在选择减速机时，因出轴转速不一定正好符合要求，可适当调整，同时还需再进行核算上述各参数最终是否符合工艺要求。

② 电机选择时，依据 P_0 还是 P_G，设计者要考虑生产安全，并采用安全保证措施。

③ 在一般的气液搅拌釜中 P_V 通常在 2kW·m^{-3} 左右，认为是较经济的。

参考文献

[1] Zundelevich Y. AIChE J，1979，25：763-773.
[2] Perry R H，Chilton C H. Chem Eng Handbook. 5th. New York：McGraw-Hill，1973.
[3] Nienow A W，Wisdom D J，Middleton J C. 2nd European Conference On Mixing. UK，1977.
[4] Chapman C M，Nienow A W，Cooke M，et al. Chem Eng Res Des，1983，61：82-95.
[5] Laakkonen M，Mcmanamey W J，Nienow A W. Chem Eng J，2005，109：37-47.
[6] Laakkonen M，Moilanen P，Miettinen T，et al. Chem Eng Res Des，2005，83：50-58.
[7] Machon V，Pacek A W，Nienow A W. Trans IChemE，1997，75：339-348.
[8] Nienow A W，Hunt G M，Buchkand B C. Biotech Bioeng，1994，44：1177-1185.
[9] Vasconcelos J M T，Orvalho S C P，Rodrigues A M A F. Ind Eng Chem Res，2000，39：203-213.
[10] Vrabel P，Van der Lans R G J M，Luyben K Ch AM，Boon L，et al. Chem Eng Sci，2000，55：5881-5896.
[11] Gao Z，Smith J，Muller-Steinhagen H. Chem Eng Res Des，2001，79：973-978.
[12] Moucha T，Linek V，Prokopova E. Chem Eng Sci，2003，58：1839-1846.
[13] 高正明，王英琛，施力田，等. 化学反应工程与工艺，1994，10(3)：311-315.
[14] Gao Z，Smith J M，Zhao D. Chem Eng Process，2001，40：497-498.
[15] Bao Y，Chen L，Gao Z，et al. Chem Eng Sci，2010，65：976-984.
[16] Smith J M，Gao Z. IChemE，2001，79：577-580.
[17] Gao Z，Smith J M. Chem Eng Res Des，2001，79：973-978.
[18] Smith J M，Gao Z，Muller-Steinhagen H. Exp Therm Fluid Sci，2004，28：473-478.
[19] Smith J M，Katsanevakis A N. Trans IChemE，1993，71：145-152.

[20] Gao Z, Smith J M, Zhao D. 10th European Conference on Mixing Delft. The Netherlands, 2000: 213-220.
[21] Smith J M, Van' t Riet K, Middleton J C. 2nd European Conference On Mixing. UK, 1977.
[22] Van' t Riet K. Ind Eng Chem Proc Des Dev, 1979, 18: 357-363.
[23] Chapman C M, Gibilaro L G, Nienow A W. Chem Eng Sci, 1982, 37: 891-896.
[24] Gezork K M, Bujalski W, Cooke M, et al. Trans ChemE, 2001, 79 (A): 965-972.
[25] Nocentini M, Fajner D, Pasquali G, et al. Ind Eng Chem Res, 1993, 32: 19-26.
[26] Puthli M S, Rathod V K, Pandit A B. Biochem Eng J, 2005, 23: 25-30.
[27] Linek V, Vacek V, Benes P. Chem Eng J, 1987, 34: 11-34.
[28] Vilaca P R, Badino Jr A C, Facciotti M C R, et al. Bioprocess Eng, 2000, 22: 261-265.
[29] Calderbank P H. Trans IChemE, 1958, 36: 443-463.
[30] Michel B J, Miller S A. AIChE J, 1962, 18: 262-266.
[31] Miller D N. AIChE J, 1974, 20: 445-453.

7

液液分散

7.1 过程特征

液液体系搅拌分散操作被广泛应用于洗选石油、萃取、有机合成、液膜分离、悬浮聚合和乳液聚合等过程中，它是一个相分散并具有相际质交换的过程。

分散液滴的大小程度根据不同的目的而有所差别。如果要得到分散稳定的乳液，则必须将其分散成极微小的液滴才能维持其稳定性，所谓稳定即是指液滴相互不凝并，但在许多操作过程中，停止搅拌后液滴会相互凝并，最终分成连续的两相，这种分散的逆过程称为澄清。

液液搅拌分散的目的可以总结为：将一相分散在不互溶的另一相中，增加相际接触面，促进传质，液滴在连续相中的运动强化了液滴外部扩散，液滴的凝并、破碎促成了相界面的不断更新。

搅拌釜中的总体循环过程使液滴群反复地通过叶轮区，以达到不断被破碎的目的，进入循环区的液滴又凝并成大液滴，之后再次经过桨叶区分散达到动平衡，致使槽内液滴的平均直径保持在一个稳定的水平上，但在实际工业操作中，要计算液滴尺寸及其在全釜的分布是困难的，因为在槽内剪切速率的变化范围很宽，叶轮区最大，循环区则较小。

使液滴破碎的作用力主要是流体加在液滴上的剪应力，因此该力的大小与料液黏度有关，而液滴是否易破碎还与其所具有的界面张力有关，即与该系统的物性有关。图 6-7-1 表示了这些因素对液滴直径分布的影响。

液液搅拌分散对釜体结构没有特殊要求，通常都是配有挡板的搅拌釜。根据两种液体的体积比不同来确定桨叶的安装位置，根据分散程度的要求来选择桨型结构及转速。在通常情况下，以选用径向流桨型为多，这样能提供较强的剪切作用，当液层较高时也可选用多层桨。

液液分散过程的结果与料液的物性密切相关，因此对体系的物性参数计算非常重要：

（1）混合液黏度的计算

$$\mu_m = \mu_x^X \mu_y^Y \tag{6-7-1}$$

式中 μ_m——混合液黏度；

μ_x——x 相的黏度；

μ_y——y 相的黏度；

X——x 相的体积分数；

Y——y 相的体积分数。

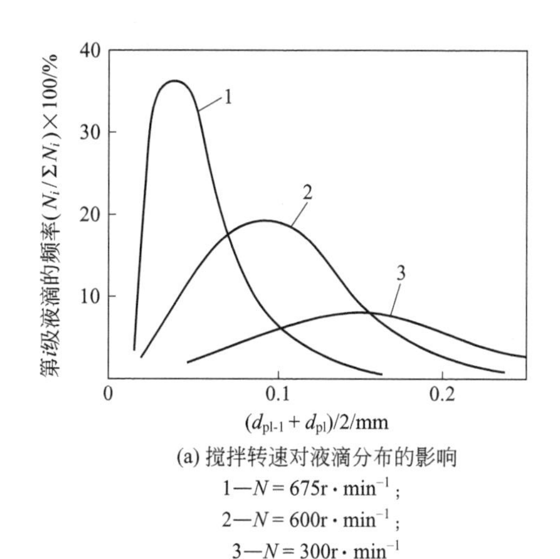

(a) 搅拌转速对液滴分布的影响

1—$N=675\mathrm{r\cdot min^{-1}}$；

2—$N=600\mathrm{r\cdot min^{-1}}$；

3—$N=300\mathrm{r\cdot min^{-1}}$

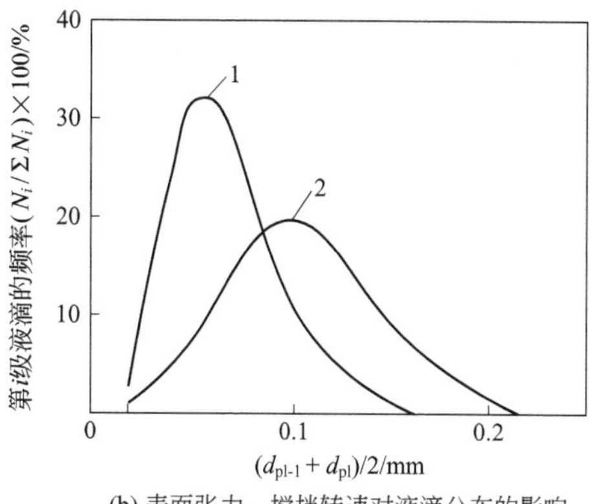

(b) 表面张力、搅拌转速对液滴分布的影响

1—异戊醇-水，$\sigma=4.91\mathrm{mN\cdot m^{-1}}$, $N=330\mathrm{r\cdot min^{-1}}$；

2—正己烷-水，$\sigma=51.1\mathrm{mN\cdot m^{-1}}$, $N=625\mathrm{r\cdot min^{-1}}$

图 6-7-1 在不同系统中，搅拌转速及表面张力对液滴直径分布的影响

N_i 为液滴的数量；d_{pl-1} 为直径区间范围 pl-1 的液滴直径；

d_{pl} 为直径区间 pl 的液滴直径

$$\mu_m=\frac{\mu_c}{1-\varphi_V}\left(1+\varphi_V\frac{1.5\mu_d}{\mu_c+\mu_d}\right) \tag{6-7-2}$$

式中 μ_m——混合液黏度；

μ_c——连续相黏度；

μ_d——分散相黏度；

φ_V——分散相体积分数。

(2) 混合液密度的计算

$$\rho_m=X\rho_x+Y\rho_y \tag{6-7-3}$$

式中 ρ_m——混合液密度；

ρ_x——x 相的密度；

ρ_y——y 相的密度；

X——x 相体积分数；

Y——y 相体积分数。

(3) 界面张力 可查阅相关手册。

7.2 液液搅拌釜的分散特性

(1) 充分分散状态与临界搅拌速度 充分分散状态指的是：直观看来，无论在釜的顶部和底部，都已看不到清液，或是说分散相已在全釜得到充分而均匀的分散。此时在釜壁还可能有小块“清液”“黏附”。这些局部“不均匀”对宏观混合影响不大，假如要将这些附壁“清液”也消除，则必须增加数倍的功率消耗，显然是不经济的。

临界搅拌速度（N_C）是指达到充分分散状态时所需搅拌桨最小转速。对于同一分散体系，不同的搅拌桨型、结构尺寸和安装位置，是否有挡板等所得到的 N_C是不同的。因此对

于液液搅拌分散体系而言，存在着桨型及其结构参数的优化和最佳釜型配合。但由于搅拌器型式的多样化和物系的差异，至今还未能得到一个普适的定量关系供大家使用。

采用四直叶涡轮，$D/T=1/3$，$W/T=0.06$，$C=T/2$（此处 C 为桨叶离釜底距离）的条件下，Nagata 提出了计算 N_C的关联式

$$N_C=750T^{-2/3}\left(\frac{\mu_c}{\rho_c}\right)^{1/9}\left(\frac{\rho_c-\rho_d}{\rho_c}\right)^{0.26} \tag{6-7-4}$$

但是该式忽略了分散相的黏度和体系的界面张力对过程的影响。

对于同一体系，不同的釜径，式(6-7-4) 可写成：

$$N_C=750T^{-2/3}$$

或

$$N_C^3T^2=\text{常数} \tag{6-7-5}$$

上式表达了这样一个概念：在几何相似的搅拌釜中，若单位体积功相等，则处于相同的分散状态。

(2) 混合指数 不互溶两相混合，两相的体积比称为相比（φ_V），搅拌稳定后在釜内的各处取样测定，含量较少那一相的体积分数与全釜的平均体积分数相比称为混合百分数。当全釜未达均匀分散时，各取样点的混合百分数是不相同的。混合百分数的平均值称混合指数 I_m，显然当釜内仅有一相时，$I_m=0$；当全釜处于充分分散状态时，I_m接近于 1。$I_m=1$ 是几乎不可能达到的，通常当 $I_m=0.97\sim0.98$ 时认为达到了混合均匀，即充分分散状态，此时对应的搅拌转速为 N_C。

(3) 液滴直径 充分分散并不等于得到了最小液滴直径，若要得到小的液滴直径，必须进一步提高釜内的剪切，输入更多功率。

液滴平均直径采用 Sauter 平均直径 d_{32}表示

$$d_{32}=\frac{6\varphi_V}{a} \tag{6-7-6}$$

此处，φ_V为相比，即分散相的体积分数；a 为相比表面积。

由于液滴直径在全釜的分布不同，而且与桨叶结构、操作条件、物系性质密切相关，在实验研究中由于取样方式和取样位置的不同也会得到不同的结果，因此很多研究者提供的计

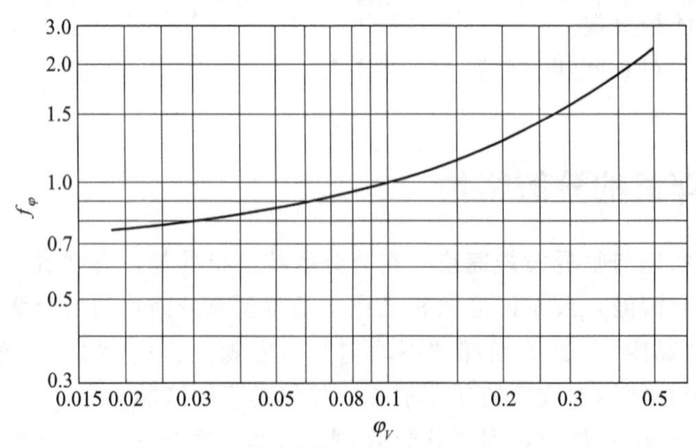

图 6-7-2 相比 φ_V 对液滴直径的影响

算关联式用于计算的结果都存在不一致的地方。

当分散相含量增大时（即 φ_V 增加），分散液滴在槽内浓度就会增加，加大了凝并的概率，此时的液滴平均直径也会相应加大。Vermealen [1] 等人，用直叶平桨进行了实验，得到的关系见图 6-7-2。

图中 f_φ 表示相比为 φ_V 时的 d_{32} 与 $\varphi=0.1$ 时的 d_{32} 之比，可见随 φ_V 的增加，d_{32} 也随之增加。

7.3 桨型选择与釜体结构

(1) 桨型选择 桨叶要能提供较强的剪切，即在叶轮区有较大的剪切强度，同时还要保证一定的循环流量，以便获得一定的循环次数，以减小液滴凝并的概率。径向流叶轮应是首选的对象。在高分子悬浮聚合中，液滴的直径并不太小，而且有表面活性剂的作用，因此目前大量采用三叶后弯的叶轮。当操作中物料的种类和性质经常发生变化时，板框式搅拌桨较为合适。

(2) 釜型 液液分散搅拌釜内最重要的一点就是必须设置挡板，以免形成旋涡。如轻质有机相在水中被分散时，在无挡板条件下，会在搅拌轴周围形成一个旋转的分离体，大大影响了其分散效率，甚至根本达不到分散的目的。

7.4 达到要求的分散程度所需的搅拌功率

(1) 根据要求达到的比表面积计算功率 Vermealen[1] 在得出图 6-7-2 的同时给出了计算比表面积的计算式：

$$a=72\frac{N^{1.2}D^{0.8}\rho_m^{0.6}\varphi_V}{\sigma^{0.6}f_\varphi} \tag{6-7-7}$$

式中，a 为比表面积，$m^2 \cdot m^{-3}$；N 为搅拌转速，$r \cdot s^{-1}$；D 为桨径，m；ρ_m 为混合液密度；φ_V 为相比；σ 为界面张力；f_φ 见图 6-7-2。

【例 6-7-1】 在一直径为 1.2m，设有四块挡板的搅拌釜中，采用一只直叶涡轮对含甲苯 10%（体积分数）的甲苯-水混合液进行分散操作，桨径 $D=0.6m$，$C=0.4m$，$\rho_c=997kg \cdot m^{-3}$，$\rho_d=866kg \cdot m^{-3}$，$\sigma=36mN \cdot m^{-1}$，现欲得到 $a \geqslant 5000m^2 \cdot m^{-3}$ 的分散体系，求搅拌转速与轴功率。

解 ① $\varphi_V=0.1$，从图 6-7-2 查得 $f_\varphi=1$

将已知值代入式(6-7-3)

$$\rho_m=0.1\times866+0.9\times997=984(kg \cdot m^{-3})$$

$$5000=72\times\frac{N^{1.2}\times0.6^{0.8}\times984^{0.6}\times0.1}{(36\times10^{-3})^{0.6}\times1}=2197.2N^{1.2}$$

$$N=1.98r \cdot s^{-1}\approx2r \cdot s^{-1}$$

即 $N=120r \cdot min^{-1}$。

② 计算轴功率。求搅拌 Re。

求 $\mu_m=0.1\mu_d+0.9\mu_c\approx 1$

$$Re=\frac{ND^2\rho_m}{\mu_m}=\frac{2\times 0.6^2\times 984\times 10^3}{1}=7.1\times 10^5$$

处于湍流区，则 $N_P=6.0$。

代入 $N_P=\frac{P}{\rho_m D^5 N^3}$

$$P=6.0\times 984\times 0.6^5\times 2^3=3672.8(\text{W})=3.67\text{kW}$$

③ 计算 d_{32}

$$d_{32}=\frac{6\varphi_V}{a}=\frac{6\times 0.1}{5000}=1.2\times 10^{-4}(\text{m})$$

显然这种分散是很强烈的，液滴直径为 0.12mm。

(2) 要求达到充分分散所需的临界转速求取轴功率 N_C所对应的 Re_C称为叶轮最小转速雷诺数。

$$Re_C=\frac{N_C D^2\rho}{\mu}$$

① 对于无挡板搅拌釜

$$Re_C=CGa^{0.01}\left(\frac{Re_C^2}{We}\right)^{0.47}\left(\frac{\Delta\rho}{\rho_c}\right)^{0.13}\left(\frac{\mu_c}{\mu_d}\right)^{0.03} \tag{6-7-8}$$

② 釜内有四块挡板，$W/T=0.08$

$$Re_C=2.85Ga^{0.03}\left(\frac{Re_C^2}{We}\right)^{0.15}\left(\frac{\Delta\rho}{\rho_c}\right)^{0.08}\left(\frac{\mu_c}{\mu_d}\right)^{0.04} i \tag{6-7-9}$$

对于螺旋桨，$C=69.8$，$i=1.25$；

对于涡轮，$C=62.9$，$i=0.92$。

适用范围：$Re=1.74\times 10^5\sim 1.24\times 10^{11}$，$Ga=\frac{g\rho^2 D^3}{\mu^2}$

$$\frac{\Delta\rho}{\rho_c}=0.02\sim 0.594$$

$$\frac{\mu_c}{\mu_d}=0.005\sim 246$$

$$\frac{Re^2}{We}=24.5\sim 1.18\times 10^7$$

计算时，μ 与 ρ 均为物系的平均值。算出临界雷诺数 Re_C以后，即可由功率曲线决定相应的功率数并进而算出搅拌功率。

③ 也可根据下式计算 N_C

$$\frac{D^{0.5}N_C}{g^{0.5}}=C_1\left(\frac{T}{D}\right)^{a_1}\left(\frac{\mu_c}{\mu_d}\right)^{1/9}\left(\frac{\Delta\rho}{\rho_c}\right)^{0.25}\left(\frac{\sigma}{\rho_c g D^2}\right)^{0.3} \tag{6-7-10}$$

式中常数值见表 6-7-1。

表 6-7-1 式(6-7-10) 中的常数值

叶轮型式	叶轮位置	C_1	a_1
螺旋桨	$H/4$	15.3244	0.28272
	$3H/4$	9.9687	0.55355
	$H/2$	15.3149	0.39329
	双轮，$H/4$；$3H/4$	5.2413	0.92317
直叶片涡轮	$H/4$	3.1780	1.62474
	$H/2$	3.9956	0.88099
叶片斜 45°	$H/4$	6.8231	1.05120
	$3H/4$	6.2040	0.81877
	$H/2$	2.9873	1.59010
	双轮，$H/4$；$3H/4$	3.3545	0.87371
弯叶片涡轮	$H/4$	3.6180	1.46244
	$H/2$	4.7152	0.80056
	双轮，$H/4$；$3H/4$	4.2933	0.54010

【例 6-7-2】 含 20%（体积分数）甲苯的甲苯-水混合液（25℃），要求甲苯充分分散在水中，已知甲苯的密度为 866kg·m^{-3}，水为 997kg·m^{-3}，界面张力为 36mN·m^{-1}，水和甲苯的黏度分别为 1mPa·s 和2.5mPa·s，搅拌釜直径 T 为 1.2m，采用四直叶平桨 $D=0.4\text{m}$，$W=0.08\text{m}$，$C=0.6\text{m}$，求搅拌转速（N_C）和所需轴功率（P）。

解 方法一：采用式(6-7-4) 计算 N_C

$$N_C=750T^{-2/3}\left(\frac{\mu_c}{\rho_c}\right)^{1/9}\left(\frac{\rho_c-\rho_d}{\rho_c}\right)^{0.26}=750\times1.2^{-2/3}\times\left(\frac{1\times10^{-3}}{997}\right)^{1/9}\times\left(\frac{997-866}{997}\right)^{0.26}$$
$$=84(\text{r·min}^{-1})$$

取该叶轮的 $N_P=6$

则轴功率为

$$P=N_P\rho_c N^3 D^5$$

$$P=6\times970\times\left(\frac{84}{60}\right)^3\times0.4^5=163.5(\text{W})$$

方法二：使用式(6-7-10) 进行计算

$$\frac{D^{0.5}N_C}{g^{0.5}}=C_1\left(\frac{T}{D}\right)^{a_1}\left(\frac{\mu_c}{\mu_d}\right)^{1/9}\left(\frac{\Delta\rho}{\rho_c}\right)^{0.25}\left(\frac{\sigma}{\rho_c g D^2}\right)^{0.3}$$

根据表 6-7-1，此式中的 $C_1=3.9956\approx4$

$$a_1=0.88099\approx0.88$$

$$\frac{0.4^{0.5}N_C}{9.8^{0.5}}=4\times\left(\frac{1.2}{0.4}\right)^{0.88}\times\left(\frac{1}{3}\right)^{1/9}\times\left(\frac{997-866}{997}\right)^{0.25}\times\left(\frac{36\times10^{-3}}{997\times9.8\times0.4^2}\right)^{0.3}$$

解得 $N_C=1.15r \cdot s^{-1}$

或 $N_C=69r \cdot min^{-1}$

轴功率为

$$P=163.5\times\left(\frac{69}{84}\right)^3=90.61(W)$$

从上面的结果可以看到，使用不同的计算式，其结果有很大的差别，这是因为影响搅拌操作的因素太多，因此所有的研究结果其所表示的规律性的局限性很大。在设计计算中，很难找到与设计条件完全相同的条件，因此设计者必须较慎重地使用已有的研究结果，同时要结合自身的经验，作一些适当的修正或是以稍保守的手法予以处理。

参考文献

[1] Vermealen G，Williams G M，Langlois G E．Chem Eng Prog，1955，51：85-95.

8

气液固三相混合

8.1 过程特征

气液固三相搅拌釜在石油化工中的氧化和氯化、生物化工中的好氧通气发酵、无机化工中的磁粉生产以及冶金、食品、环保等领域都有着极为广泛的应用。

根据气液固混合过程中的温度的区别，可将其分为常温体系和非常温（热态）体系，尤其在一些强放热反应过程中，液体的蒸气压与操作压力相比不可忽略。前人对于气液两相中的研究结果已经表明，热态通气和沸腾体系中的功率消耗、总体及局部气含率与常温通气体系相比，具有很大的区别。

根据过程中的固相的密度特征，分为下沉粒子和上浮粒子体系。固体颗粒的加入是气液固三相搅拌釜与气液搅拌釜的主要区别。前人对固相的研究主要集中在下沉固体颗粒临界离底悬浮转速、气含率、气液传质系数等方面，虽然上浮颗粒在实际中应用不如下沉粒子广泛，但在生物发酵、橡胶凝聚以及水处理等领域也有应用。

8.2 气液固三相混合原理

8.2.1 气液分散

在气液分散一节中，气液搅拌釜中的气含率已经得到了较多的研究，但是在气液固三相搅拌釜中的气含率研究还基本上处于起步阶段。影响气液固三相搅拌釜中气含率的主要因素有搅拌器型式和操作方式、固体颗粒浓度、操作条件等。

在气液固三相体系中，搅拌桨不仅需要有较强的径向剪切分散能力，在轴向上还要有较强的混合能力，以同时实现气相分散和固相悬浮分散的目的。因此，完全的径向分散或是轴向分散对于气液固三相搅拌釜而言都不是最合适的。包雨云[1]采用了 HEDT，WH_U，WH_D三种搅拌器型式的五种不同组合对常温三相体系进行了研究，推荐采用 HEDT＋$2WH_U$以及 HEDT＋$2WH_D$的组合形式，这两种组合均具有较高的气含率且在通气状况下功率下降较小，适宜进行高效的气液分散。

固体浓度的存在对于气含率的影响目前还尚未有统一的结论，主要有如下三种观点：

① 固体颗粒及其浓度对气含率基本无影响[2]；

② 气含率随颗粒浓度的增大而增大[3]；

③ 气含率随颗粒浓度的增大而减小[4]。

表 6-8-1 为一些前人研究所得到的气液固三相搅拌釜中整体气含率的关联式。

表 6-8-1 气液固三相搅拌釜中整体气含率的关联式

研究者	条件	搅拌器型式	关联式
Dutta & Pangarkar[2]	釜径0.15m、0.3m，空气-水-玻璃珠，固相分率0.5%～10%，最大表观气速0.015m·s^{-1}	PT_D及PT_U	$\varepsilon_G=3.34\,(D/T)^{1.55}Fr^{0.52}Flg^{0.48}$
Xu[5]	釜径0.39m，碟形釜底，全挡板，空气-水-聚丙烯颗粒（上浮），固相分率3%，最大气量14m^3·h^{-1}	SP_U+SP_D+WT	$\varepsilon_G=0.079P_V^{0.38}v_S^{0.55}$
Bao,et al[6]	釜径0.48m，空气-水-玻璃珠，固相分率0～15%，沸腾态	HEDT	$\varepsilon_G=0.28P_m^{0.52}v_V^{0.72}\,(1+C_V)^{-1.68}$
		CD6	$\varepsilon_G=0.094P_m^{0.54}v_V^{0.40}\,(1+C_V)^{-1.06}$
		RT6	$\varepsilon_G=0.48P_m^{0.39}v_V^{0.94}\,(1+C_V)^{0.32}$
Bao,et al[7]	釜径0.48m，空气-水-玻璃珠，固相分率0～15%	$HEDT+2WH_U$	常温：$\varepsilon_G=0.90P_{Tm}^{0.15}v_S^{0.55}\,(1+C_V)^{-1.77}$ 热态：$\varepsilon_G=0.48P_{Tm}^{0.15}v_S^{0.55}$
Bao,et al[8]	釜径0.48m，空气-水-玻璃珠，固相分率0～21%，297～368K	$HEDT+2WH_U$	$\varepsilon_G=4.416\times10^8\exp\left(\dfrac{C_V}{-0.0202}\right)P_{Tm}^{0.16}v_S^{0.55}T_K^{8.417C_V-3.512}$
Bao,et al[9]	釜径0.48m，空气-水-上浮颗粒，固相分率0～15%	$3WH_U$	$\varepsilon_G=0.69P_m^{0.145}v_S^{0.546}\,(1+C_V)^{-2.31}$
		$HEDT+2WH_U$	$\varepsilon_G=0.85P_m^{0.124}v_S^{0.560}\,(1+C_V)^{-1.837}$
		$HEDT+WH_D+WH_U$	$\varepsilon_G=0.82P_m^{0.162}v_S^{0.545}\,(1+C_V)^{-1.788}$

8.2.2 固体颗粒悬浮

无论是在固液两相体系还是气液固三相体系中，都定义下沉（上浮）颗粒在釜底（液面）处的停留时间介于1～2s的状态为临界悬浮状态，此时的搅拌转速为临界悬浮转速，记为N_{JS}，而通气后三相体系中的临界悬浮转速为N_{JSG}。影响三相体系中临界悬浮特性的常见因素包括搅拌釜釜底的型式、搅拌器型式、固相分率、气体流量等。

碟形底的搅拌釜中最后悬浮的颗粒位于釜底中心，而平底釜中最后悬浮的颗粒位于釜底中心和挡板之后。也有人指出碟形底比平底更有利于下沉颗粒在较低搅拌转速下达到悬浮状态。此外，搅拌器离底距离的改变还会造成固体颗粒在釜底最后离底悬浮区域的不同。表6-8-2为前人所提出的各种搅拌器在三相体系中达到临界悬浮状态的搅拌转速比较。

表 6-8-2 各种搅拌器在三相体系中达到临界悬浮状态的搅拌转速比较

研究者	搅拌转速比较
Joosten,et al[10]	$PT_D<RT<PT_U$
徐魁，戴干策[11]	K4<PT
Saravanan,et al[12]	$2PT_D<RT+PT_D<PT_U+PT_D<P_U+PT_D$
郝志刚[13]	推荐组合桨型为$HEDT+WH_D+WH_U$

对于固体颗粒在体系中的分率φ_W，不同的搅拌釜以及其他操作条件下所得到的临界悬

浮转速是不同的，表 6-8-3 为一些具有代表性的研究结果。

表 6-8-3 不同条件下固体分率对临界悬浮转速的影响

研究者	条件	关联式
Saravanan, et al[12]	釜径 0.57m、1.0m、1.5m，空气-水-石英砂体系，固体分率 0.34%～40%	$N_{JSG} \propto \varphi_W^{0.149}$
Micale, et al[14]	釜径 0.19m，空气-水-玻璃珠体系，粒径 850～1000μm	$N_{JS}=24.1d_p^{0.428}\varphi_W^{0.13}(1+0.31Q_G^{0.5})$
Xu[5]	釜径 0.386m	$N_{JSG}=5.73V_S^{0.014}\varphi_W^{0.079}$
Bao, et al[8]	釜径 0.48m，空气-水-上浮颗粒，粒径 0.5～4mm	$N_{JS}=6.74C_V^{0.113}d_p^{0.005}\left(\dfrac{\rho_l-\rho_s}{\rho_l}\right)^{0.128}$

除了以上因素之外，三相体系中气相的流量也会影响到固相的悬浮。Bao，et al[7,8] 认为在不通气和通气状况下，临界悬浮转速之差 ΔN_{JS} 可以表示为气体流量的函数（釜径 0.48m，HEDT+2WH$_U$，固体分率 3%～21%）。

$$\Delta N_{JS}=5.24\times10^7 v_S^{0.65}T_K^{-2.68} \tag{6-8-1}$$

以及在常温下和热态中分别有 [0.5vvm（1min 单位液体内通入的气体量，即通气比下同）$<Q_G<$4.5vvm]

$$\Delta N_{JS}=0.32+0.37Q_G \tag{6-8-2}$$

$$\Delta N_{JS}=0.28+0.19Q_G \tag{6-8-3}$$

8.3 搅拌设备选型

气液固三相混合搅拌桨的选用主要考虑如下三个方面：

① 气体的分散；

② 固体的悬浮，根据工艺过程要求是完全离底悬浮还是均匀悬浮；

③ 全釜浓度场、温度场的均匀度要求。

对于通气条件下固体的悬浮和气体的分散，径向流叶轮要优于轴向流叶轮，因此一般采用径向流叶轮（如六直叶圆盘涡轮、六半管圆盘涡轮、六半椭圆管圆盘涡轮）等作为底桨来保证气体的分散和固体的完全离底悬浮。若 H/T 较大，则上层或上几层采用轴向流式桨来保证全釜的浓度、温度等的均匀性，同时对气泡的凝并起到抑制作用。

参考文献

[1] 包雨云．常温及热态气-液-固三相搅拌反应器流体力学性能研究．北京：北京化工大学，2005.

[2] Dutta N N，Pangarkar V G. Can J Chem Eng，1995，73：273-283.

[3] Satio F，Kamiwano M//Proc 6th European Conference on Mixing. Italy：1988.

[4] Chapman M，Nienow A W，Cooke M. Chem Eng Res Des，1983，61：167-181.

[5] Xu S. China Synthetic Rubber Industry，2000，23：103-113.

[6] Bao Y, Gao Z, Li Z, et al. Ind Eng Chem Res, 2008, 47: 2420-2427.
[7] Bao Y, Chen L, Gao Z, et al. Ind Eng Chem Res, 2008, 47: 4270-4277.
[8] Bao Y, Gao Z, Hao Z, et al. Ind Eng Chem Res, 2005, 44: 7899-7906.
[9] Bao Y, Hao Z, Gao Z, et al. Chem Eng Sci, 2005, 60: 2283-2292.
[10] Joosten E H, Schilder J G M, Janssen J J. China Synthetic Rubber Industry, 2000, 23: 103-113.
[11] 徐魁,戴干策.华东理工大学学报,1996,22:369-374.
[12] Saravanan K, Patwardhan A W, Joshi J B. Can J Chem Eng, 1997, 75: 664-676.
[13] 郝志刚.多层桨气液固三相搅拌槽内固体悬浮与气体分散特性的研究.北京:北京化工大学,2003.
[14] Micale G, Carrara V, Grisafi F, et al. Trans IChemE, 2000, 78: 319-326.

粉体混合

9.1 过程特征

在搅拌设备的设计中，粉体的混合是一类典型的过程，也是粉体科学和粉体工程的重要组成部分，常见于无机非金属材料、冶金、原子能、石油化工、制药、高分子化学、电子工业等过程工业中。在石油化工和制药工程中，则又以固体催化剂的制备、悬浮剂的聚合、药品的造粒等最为常见。

与流体混合类似，粉体混合通常定义为粉体在外力的作用下，其位置和运动速度发生改变并最终使各组分颗粒达到所需要的分布特点的操作和过程，这些分布可以是颗粒的组成浓度或质量分数，也可以是颗粒的温度，甚至包括颗粒的直径、颜色等参数。

9.2 粉体混合特性

一般来说，粉体的混合机理可以概括为下列四种：

① 对流混合：在外力作用下，固体颗粒群做大幅度位置移动，在循环流动的过程中来实现混合，这一混合过程也称为移动混合。这种混合是在相邻的固体颗粒群之间相互交换位置，在宏观上实现整体混合，比较容易观察，混合的速度比较快。

② 扩散混合：相邻的两个颗粒之间互相改变位置引起局部混合，在连续旋转的混合设备之中，粉体颗粒在物料交界面边缘不断地被分散、展开，并且相邻颗粒之间相互渗透、掺和，使物料达到完全均匀化的混合程度。此类混合主要是微观上的混合，不易观察且混合速度较慢。

③ 剪切混合：颗粒间发生相对运动，在物料表面形成若干滑移面并且相互混合、掺和及融合。

④ 渗流混合：粉体在受到自身重力或外界压力等体积力作用下，因密度差等原因导致的位置的改变或穿插运动。此类混合主要是微观上的混合，并且速度极慢。

以上四种混合机理从作用形式和发生条件上看不尽相同，但是在大多数混合过程中都是同时发生并且相互影响的。图 6-9-1 为一个典型的机械搅拌粉体混合过程中各阶段的混合机理示意。其中，Ⅰ阶段为对流混合阶段，在机械的强力作用下混合进度相对很快；Ⅱ阶段为对流与剪切混合共同作用下的阶段，与对流混合阶段相比，随着粉体混合程度的提高，此阶段混合速度有所减慢；Ⅲ阶段为扩散混合阶段，该阶段处于混合与分离相互平衡的状况，混合均匀度在某一均值附近上下波动，不再随着时间而大幅度变化。

颗粒在混合过程中最终可能会出现如下两种状态：完全理想混合，即在任意一个局部区域，各组分的浓度或质量分数都保持一致，但这在现实中几乎难以实现；完全随机混合，则

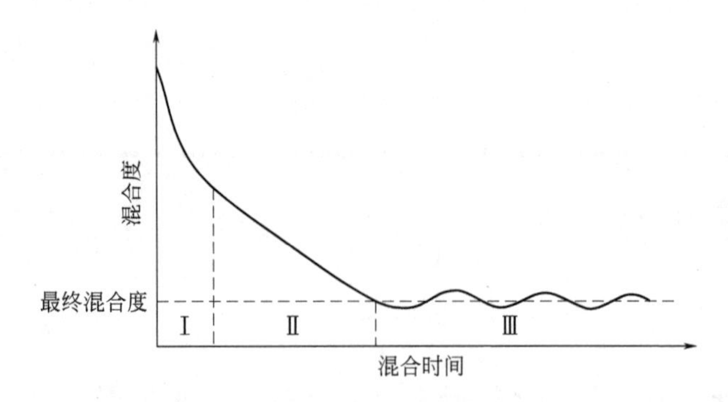

图 6-9-1 机械搅拌粉体过程中的混合机理

（Ⅰ 对流混合阶段；Ⅱ 对流与剪切混合共同作用阶段；Ⅲ 扩散混合阶段）

是由于混合过程中粉体颗粒的混合度在某个值附近不停地发生“偏析”，这也是在实际操作中能达到的最佳状态，无论混合时间多长，从任意点取样时某种成分的浓度或质量分数应在一定值附近波动。两种混合状态的直观表示如图 6-9-2 所示[1]。

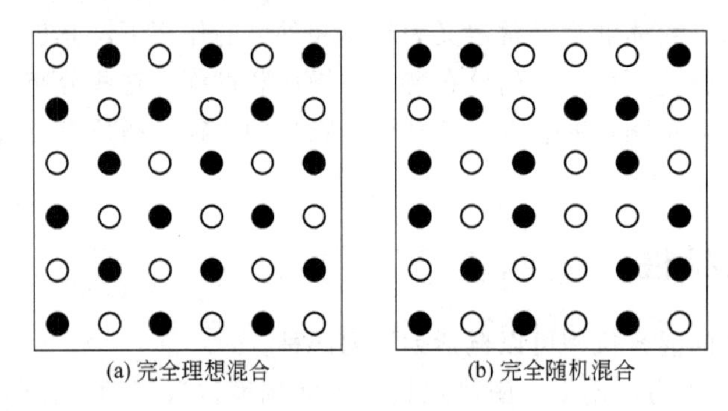

图 6-9-2 完全理想混合和完全随机混合

在对粉体颗粒的混合状态进行定量表征时，常使用离集度和相对标准差。离集度指的是粉体颗粒在混合过程中偏离完全理想混合状态的程度。如果用 I 表示粉体颗粒混合过程的离集度，σ^2 表示混合过程中某一时刻和位置处样本中某组分的浓度或质量分数标准差，σ_r^2 为同样位置某组分达到完全理想混合时的浓度或质量分数标准差，而 σ_0^2 为初始状态下同样位置某组分的标准差，则有如下表达式：

$$I=\frac{\sigma^2-\sigma_r^2}{\sigma_0^2-\sigma_r^2} \tag{6-9-1}$$

显然，当 $I=1$ 和 $I=0$ 时，分别表示完全离集和完全理想混合。

另一种常见的表示方法为相对标准差（Relative Standard Deviation，RSD），即离散度或变异系数（Coefficient of Variation，CoV），定义为某个组分在混合过程中的浓度或质量分数分布的标准偏差 σ 与平均值 M 的比值，为一个无量纲量。

$$\mathrm{RSD}=\mathrm{CoV}=\frac{\sigma}{M} \tag{6-9-2}$$

无论是用离集度还是用相对标准差仅仅能对某个单一变量与宏观混合效果之间的关系进行描述，而在实际混合过程中影响混合效果的因素非常多（搅拌型式、转速、物料量等），此时可以采用 ANOVA 分析法[2,3]对混合过程中出现的各个因素的影响进行定量分析，从而判断混合过程中的决定因素。

9.3 粉体混合设备的设计

与其他化工单元操作设备一样，粉体的混合设备也可分为间歇操作和连续操作。间歇操作的粉体混合设备是将所有的粉体组分按照一定的顺序加入混合设备中，并搅拌至混合均匀的状态，最后将混合物一起排出。对于此类设备而言，主要的衡量指标或影响因素包括混合时间、混合设备的尺寸以及操作条件。连续操作的粉体混合设备是使参与混合的粉体一次性通过，同时各组分之间的性质差异可能会非常明显，这便要求粉体在轴向和径向上都能实现快速、良好的混合，从而尽量避免其在设备中连续流动时所带来混合度的下降。表 6-9-1 为间歇混合和连续混合设备的特点。

表 6-9-1 粉体混合中间歇设备和连续设备的特点

设备		特点
间歇设备	优势	无论是具有黏结性还是可以自由流动的粉体类型都能很好地混合；加料简单易行；易于维护和清洗；对于混合性能的评价方便
	局限性	不适用于低含量组分的混合，尤其是加料量非常少的情况；物料混合的偏析或离集不可避免甚至会非常严重
连续设备	优势	单位时间内的处理量较大；混合强度高，即使少量组分也能更为有效地混合；相对于间歇操作，更低的持料量使得粉体的停留时间小于间歇操作；适于自动化操作以及质量控制；较小的离集度或偏析度以及较低的操作费用
	局限性	参与混合的物料组分种类不宜过多；操作弹性低，生产条件改变困难；依赖于所在系统的稳定性，设备维护成本较高；生产过程中对于进料、取样、监控等操作工序的准确性要求较高

在针对间歇设备和连续设备的选择过程中，可以遵循 Vandenbergh 等[4]提出的流程进行。对粉体混合设备的选择、设计甚至操作过程中，需要考虑到方方面面的问题，主要包括待混合物料中各组分量的差距、各组分尺度的差距、在混合过程中可能会出现的结块或团聚现象、物料在混合时的磨损或破裂、设备操作及混合任务的弹性、设备放空和清洗、对加热和冷却操作的需求、加压或真空操作的需求、是否需要在设备中通气或流化、物料湿度的要求或液体的加入量、物料的进料方式、混合时间、设备的开车与停车等。

在粉体混合设备中，粉体颗粒的物理性质、设备的结构、操作转速以及设备内部的应力特征导致该类设备放大准则的选取存在一定的困难，虽然已有大量实验工作对粉体混合设备的放大进行了探索，但都难以形成一个统一的准则，通常仍是依据自身的工程经验进行放大。因此，在放大的过程中，应当考虑如下问题：

① 中试规模的混合器尺寸为多大；

② 在放大过程中，应使哪些参数或参数的比值（几何、动力学、运动学等）保持一致，方可保证放大过程的有效性；

③ 物料的性质（粒度分布、温度、湿度等）在放大的设备中是否具有可比性；

④ 一些过程中特定的特点（如加热、冷却效应等）是否需要随之放大。

与液体搅拌式反应器中的放大准则类似，粉体混合设备的放大也可以采用相似性的原理。相似性可以分为几何相似、运动相似以及动力学相似。几何相似是使工业规模的设备与中试设备在尺寸上线性相似；运动相似是在设备内某一个位置处的物料速度在两种规模的设备内保持一致；动力学相似则是在设备内某一个位置处的物料所受到的某些力的比值保持一致，如 Froude 数、Reynolds 数等，当流动的控制方程未知时，可以借助类似于无量纲分析的方法进行放大。

Muller 等人[5]在内径为 190mm 的斜叶桨式搅拌槽中，通过大量的实验得到了其中 Fr 和混合因子 M 之间的关系（图 6-9-3）曲线。其中，混合因子 M（单位：$m^2 \cdot s^{-1}$）为其在卧式搅拌器中采用一维模型提出的半经验数值，也可看作是粉体在混合器中发生混合时的有效扩散系数，表示混合设备中的物料浓度在混合器中实现均一分布的速度。根据 Muller 得到的曲线，混合因子 M 取决于装料量、操作条件以及混合器的类型，而受粉体材料的类型影响很小。因此，在 Muller 提出的放大准则中，最重要的是保证搅拌器的叶端线速度以及 Fr 不变。

$$\frac{M}{D^2N}=\text{常数}(Fr<3) \tag{6-9-3}$$

$$\frac{M}{D^2N}=(Fr)^2(Fr>3) \tag{6-9-4}$$

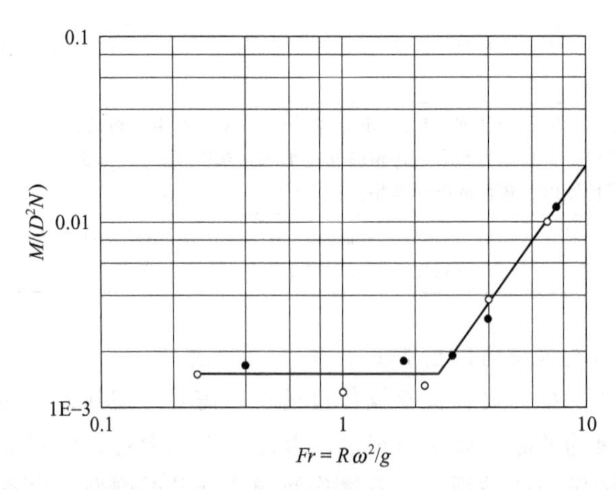

图 6-9-3 Fr 与混合因子之间的关系

① 混合时间。Rumpf 和 Muller[5]认为在搅拌器直径保持不变的情况下，混合因子与混合器的长度 L 相关，即

$$\frac{Mt}{L^2}=\text{常数} \tag{6-9-5}$$

其中，t 为混合时间。

当 Fr 小于 3 时，采用几何相似放大（即混合器长度 L 与直径 D 的比值恒定）并且保持搅拌器转速不变，混合时间 t 随着搅拌器直径 D 线性增大，即

$$t=\left(\frac{L}{D}\right)^2\frac{D}{v} \tag{6-9-6}$$

当 Fr 大于 3 时，混合时间则随着混合器的体积线性增大，此时，搅拌器的搅拌速度显

得尤为重要。

$$t=\left(\frac{L}{D}\right)^2\frac{D^3}{v^5} \tag{6-9-7}$$

② 功率消耗。对于依靠离心力对物料进行混合的设备而言，Ne 与 Fr 之间的关系如图 6-9-4 所示，其中 Ne 为 Newton 数，只有当 Fr 非常小时，Ne 才与 Fr^{-1} 成正比。

$$Ne=\frac{P}{\rho_s(1-\varepsilon)D^5N^3\left(\frac{L}{D}\right)} \tag{6-9-8}$$

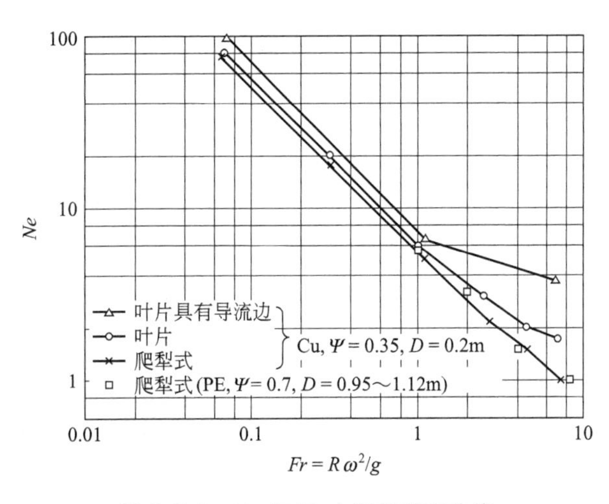

图 6-9-4 Ne 与 Fr 之间的关系曲线

在机械搅拌式混合器中，螺带式搅拌器是其中最为常用的型式之一。图 6-9-5 为在直径为 476mm 的搅拌槽内使用双螺带对平均粒径 0.7mm 的树脂颗粒和平均粒径 0.1mm 的玻璃微珠进行搅拌时的功率随转速的变化。从图中可以看到，搅拌器的功率消耗是随着转速线性增大的，这意味着当粉体性质和搅拌器结构确定后，搅拌器扭矩与其转速几乎无关。

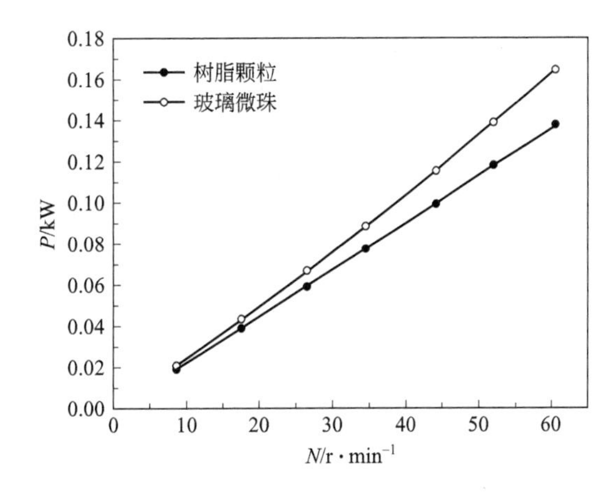

图 6-9-5 双螺带桨对树脂颗粒和玻璃微珠的搅拌功率

在螺带式搅拌器的功率消耗计算中，也可以采用无量纲分析法结合实验数据进行推导。马青山等[6]在直径 240mm 的卧式搅拌釜中，对内外双螺带和叶片式搅拌桨的粉体混合功率特性进行了实验研究，并利用无量纲分析法得到了功率数N_P与加料数Gd、速度数Su及物料性质之间的关系。该关联式可适用于多种粒径的聚苯乙烯、聚氯乙烯颗粒。

$$N_P=[(\tan\alpha+2\delta\tan\beta+5\gamma)+(0.8\tan\alpha-10\gamma)Su]Gd^{2.3-0.44\phi-\delta\gamma} \tag{6-9-9}$$

其中，α为颗粒安息角；β为颗粒滑落角；γ为压实系数；δ为搅拌桨上扬系数（螺带为0，叶片式为1）；ϕ为加料系数，Gd为加料数（物料高度与搅拌桨叶片宽度之比）；Su为速度数。

对于一定型式的立式螺带搅拌器，假设影响搅拌功率的主要因素包括转速N、搅拌器直径D、转料高度H、颗粒的密度ρ等，则有，

$$P=KN^aD^bH^c\rho^dg^e \tag{6-9-10}$$

而又由于$N_P=P/(\rho N^3D^5)$，其中ρ为考虑了颗粒之间缝隙的表观密度。因此可以得到，

$$N_P=K\left(\frac{H}{D}\right)^c\left(\frac{N^2d}{g}\right)^{-e}=K\left(\frac{H}{D}\right)^cFr^{-e} \tag{6-9-11}$$

其中，K为与所用搅拌桨型式和结构相关的常数。此时，只需要通过小试实验得到上式中K、c和e的值，便可以用于更大尺寸的混合设备的功率计算。类似的思路和方法可参考C. Andre[7]，G. A. Ixchel[8]等研究者所述的适用于不同型式的搅拌釜的无量纲分析方法。

除无量纲分析法外，力学分析也可用于对一些特定的或简化的搅拌器结构或过程的功率的模型推导和计算，较为经典的方法可参考B. Cooker[9,10]，P. C. Knight[11]等的力学推导。

在对螺旋锥式粉体混合设备的放大时，Entrop[12]总结得到了适用于广泛的功率消耗及混合时间计算式：

$$\frac{P}{N\rho_s(1-\varepsilon)D^4g}=K_1\frac{N}{N_a}\left(\frac{l}{D}\right)^{1.7} \tag{6-9-12}$$

$$t=\frac{K_2}{N}\left(\frac{l}{D}\right)^{1.93} \tag{6-9-13}$$

其中，K_1，K_2可在小试装置中得到；P为功率，W；t为混合时间，min；N为螺旋锥的自转速度，$r\cdot min^{-1}$；ρ_s为粉体颗粒的真密度，$kg\cdot m^{-3}$；ε为床层孔隙率；D为螺旋锥的公转半径，m；N_a为螺旋锥的公转速度，$r\cdot min^{-1}$；l为螺旋锥浸没在床层中的深度，m。

参考文献

[1] Williams J C. Mixing of particulate solids// Uhl V W, Von Essen J A. Mixing: Theory and Practice, Vol. III. New York: Academic Press, 1986: 265-305.

[2] Patricia M P, Marianthi G L, Fernando J M. Powder Technol, 2009, 194: 217-227.

[3] Todd A K, Theodore J H. Powder Technol, 2014, 266: 144-155.

[4] Vandenbergh W. Chem Eng, 1994, 101(12): 70-77.

[5] Rumpf H, Muller W. An investigation into the mixing of powders in centrifugal mixers// Proc Symposium on the Han-

dling of Solids. Institution of Chemical Engineers，1962.
[6] 马青山，冯连芳，顾雪萍，等．高校化学工程学报，1999，13（1）：31-37.
[7] Andre C，Demeyre J F，Gatumel C，et al. Chem Eng J，2012，198-199：371-378.
[8] Ixchel G A，Alberto T. J Food Eng，2015，149：144-152.
[9] Cooker B，Nedderman R M. Powder Technol，1987，50（1）：1-13.
[10] Cooker B，Nedderman R M. Powder Technol，1987，52（2）：117-129.
[11] Knight P C，Seville J P K，Wellm A B，et al. Chem Eng Sci，2001，56：4457-4471.
[12] Entrop W. Proc European Conference on Mixing in the Chemical and Allied Industries. Mons，Belgium，1978，D1：1-14.

10

搅拌釜的传热

在搅拌釜的传热计算中，与搅拌有关的计算主要有两项；

① 搅拌釜内壁传热膜系数 h；

② 搅拌釜内传热构件外壁的传热膜系数 h_0。

至于釜夹套内的传热膜系数，可按一般常规方法求取，换热内构件（如釜内盘管）内的传热膜系数也属常规的计算方法，在这里不再重复。当解决了换热壁两侧的传热膜系数后，可据此求得传热系数 K。

在计算传热系数 K 时，垢层热阻的考虑是至关重要的，特别是那些料液或反应物容易粘壁的生产过程。垢层的热阻往往是制约传热的主要因素。

对搅拌釜而言，不同的工艺过程对搅拌的要求不同，因此所选桨型及其结构参数和操作参数也不相同，使得釜内的流体力学状态也存在差别，因而釜内的传热膜系数也很难用一个通用的计算式来计算。这里提供的计算式基本是实验关联式，其适用范围是有限制的。

在本节中推荐一些工业中常用的传热膜系数的计算关联式，以供设计时选用。

10.1 搅拌釜内壁传热膜系数 h 的计算

10.1.1 涡轮类搅拌桨、带挡板釜

如图 6-10-1 所示，搅拌釜采用夹套和盘管进行换热。当 $Re>100$ 时，h 可用下式计算。

$$Nu=1.40Re^{2/3}Pr^{1/3}\left(\frac{\mu}{\mu_{w}}\right)^{0.14}\left(\frac{D}{T}\right)^{-0.3}\left(\frac{\sum W_i}{T}\right)^{0.45}n_{p}^{0.2}\left(\frac{\sum C_i}{iH}\right)^{0.2}(\sin\theta)^{0.5}\left(\frac{H}{T}\right)^{-0.6} \tag{6-10-1}$$

式中，Nu 定义为 hT/λ；Re 定义为 $D^2N\rho/\mu$；Pr 为 $C_p\mu/\lambda$；N 为搅拌桨转速，$r\cdot s^{-1}$；μ_w为釜内壁温度下物料的黏度，Pa•s；n_p为叶片数目；式中其余物性参数的定性温度为物料平均温度。

在图 6-10-1 中为釜内有盘管。对无盘管的情况，当 $Re>100$ 时，仍可用式(6-10-1) 计算。

10.1.2 涡轮类搅拌桨、无挡板釜

对图 6-10-1 所示搅拌釜，在取消挡板后，当 $Re>100$ 时，h 可用下式计算。

$$Nu=0.51Re^{2/3}Pr^{1/3}\left(\frac{\mu}{\mu_{w}}\right)^{0.14}\left(\frac{D}{T}\right)^{-0.25}\left(\frac{\sum W_i}{T}\right)^{0.15}n_{p}^{0.15}\left(\frac{\sum C_i}{iH}\right)^{0.15}(\sin\theta)^{0.5}\left(\frac{H}{T}\right)^{0} \tag{6-10-2}$$

对无盘管条件，将上式中的系数 0.51 改为 0.54 后即可用于 h 的计算。

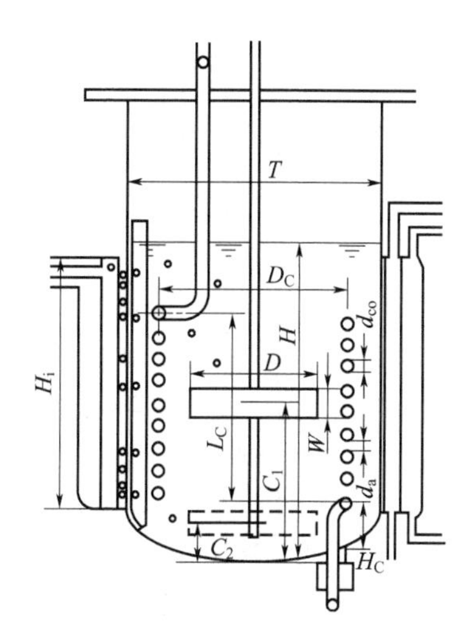

图 6-10-1 带换热盘管的搅拌釜

10.1.3 三叶推进式搅拌桨

当 $Re>100$ 时，传热膜系数关联式如下：

$$Nu=0.33Re^{2/3}Pr^{1/3}\left(\frac{\mu}{\mu_w}\right)^{0.14}\left(\frac{D}{T}\right)^{-0.25}\left(\frac{C}{H}\right)^{0.15} \tag{6-10-3}$$

上式适用条件为：$D/T=0.4\sim0.53$，$C/H=1/8\sim1/2$。

10.1.4 六叶后弯式搅拌桨

釜形同图 6-10-1。当 $Re>100$ 时，传热膜系数关联式如下：

$$Nu=0.48Re^{2/3}Pr^{1/3}\left(\frac{\mu}{\mu_w}\right)^{0.14}\left(\frac{D}{T}\right)^{-0.25}\left(\frac{W}{T}\right)^{0.15}\left(\frac{C}{H}\right)^{0.12} \tag{6-10-4}$$

$D/T=0.3\sim0.5$，$C/H=1/8\sim1/2$，$W/T=0.03\sim0.05$。

10.1.5 MIG 搅拌桨

(1) 七层 MIG 搅拌桨 见图 6-10-2。

其中，$D/T=0.95$，$L/D=0.2$（L 为层间距）。

当 $2.4\leqslant Re\leqslant1000$ 时，传热膜系数关联式如下：

$$Nu=0.681Re^{0.593}Pr^{1/3}\left(\frac{\mu}{\mu_w}\right)^{0.2} \tag{6-10-5}$$

(2) 四层 MIG 搅拌桨 其中，$D/T=0.95$，$L/D=0.4$，当 $3.8\leqslant Re\leqslant1000$ 时，传热膜系数关联式如下：

$$Nu=0.65Re^{0.535}Pr^{1/3}\left(\frac{\mu}{\mu_w}\right)^{0.2} \tag{6-10-6}$$

10.1.6 螺带式搅拌桨

螺带式搅拌桨主要用于高黏度物料的搅拌。

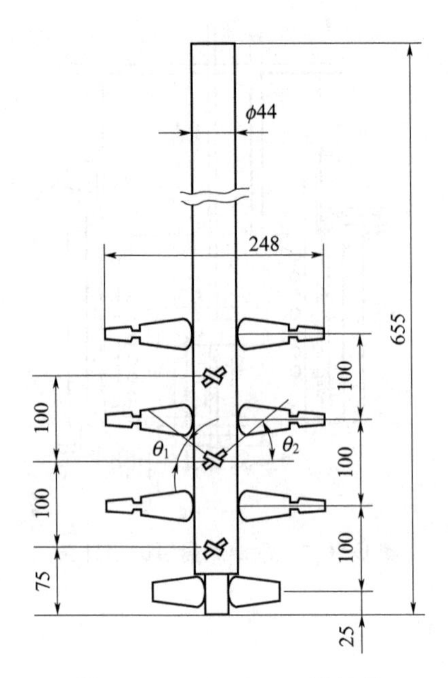

图 6-10-2 七层 MIG 搅拌桨

(1) 双螺带-锚组合搅拌桨 如图 6-10-3 所示，其中 $D/T=0.95$，$P/D=1$，$W/D=0.1$，当 $Re<100$ 时：

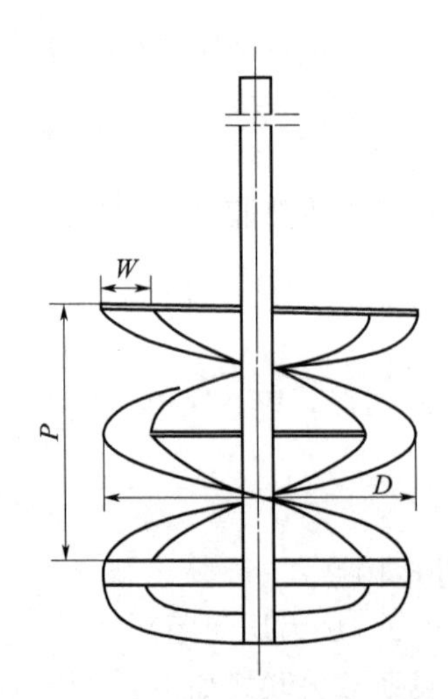

图 6-10-3 双螺带-锚组合搅拌桨结构图

$$Nu=0.752Re^{0.50}Pr^{1/3}\left(\frac{\mu}{\mu_{w}}\right)^{0.2} \tag{6-10-7}$$

当 $100<Re<290$ 时：

$$Nu=0.483Re^{0.60}Pr^{1/3}\left(\frac{\mu}{\mu_{w}}\right)^{0.2} \tag{6-10-8}$$

(2) 内外螺带-锚组合搅拌桨 如图 6-10-4 所示，其中 $D/T=0.95$，$D_1/D=0.55$，$P/D=1.2$（内螺带的螺距也为 P，但旋向与外螺带相反），$W/D=0.1$，$W_1/D=0.183$。

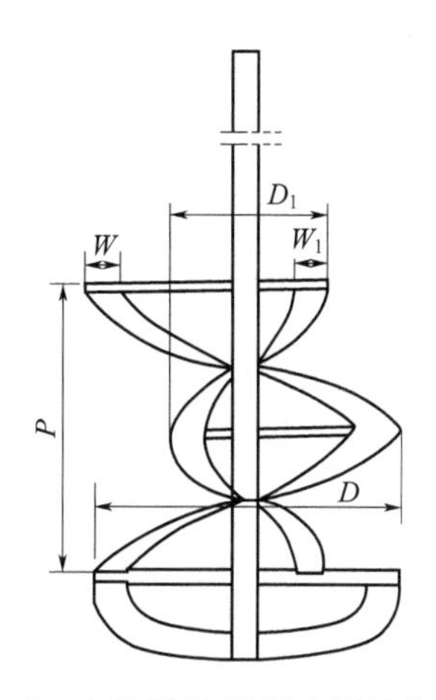

图 6-10-4 内外螺带-锚组合搅拌桨结构图

当 $Re<100$ 时：

$$Nu=0.682Re^{0.50}Pr^{1/3}\left(\frac{\mu}{\mu_w}\right)^{0.2} \tag{6-10-9}$$

当 $100<Re<317$ 时：

$$Nu=0.358Re^{0.64}Pr^{1/3}\left(\frac{\mu}{\mu_w}\right)^{0.2} \tag{6-10-10}$$

(3) 螺带-螺杆-锚组合搅拌桨 如图 6-10-5 所示，其中 $D/T=0.95$，$D_2/D=0.4$，$P/D=1.0$（螺杆的螺距为螺带距 P 的两倍）。

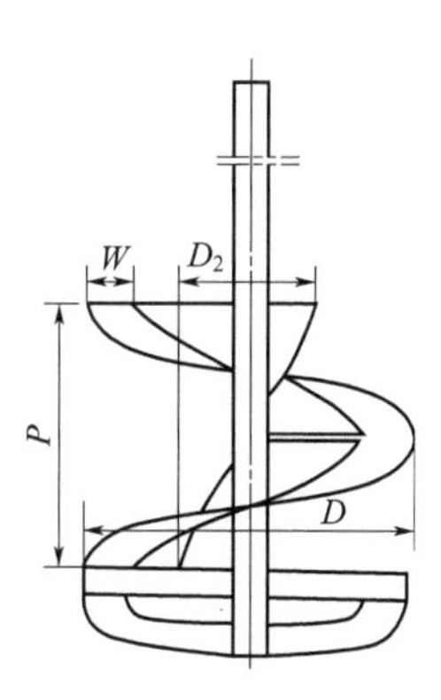

图 6-10-5 螺带-螺杆-锚组合搅拌桨的结构图

当 $Re<100$ 时：

$$Nu=0.719Re^{0.50}Pr^{1/3}\left(\frac{\mu}{\mu_w}\right)^{0.2} \tag{6-10-11}$$

当 $100<Re<275$ 时：

$$Nu=0.431Re^{0.61}Pr^{1/3}\left(\frac{\mu}{\mu_w}\right)^{0.2} \tag{6-10-12}$$

10.2 搅拌釜内盘管外侧传热膜系数 h_i 的计算

10.2.1 涡轮搅拌桨、无挡板釜

当叶轮置于盘管圈内，$Re>100$，$2<Pr<2000$ 时，传热膜系数关联式如下

$$Nu=0.825Re^{0.56}Pr^{1/3}\left(\frac{\mu}{\mu_w}\right)^{0.14}\left(\frac{D}{T}\right)^{-0.25}\left(\frac{\sum W_i}{T}\right)^{0.15}n_p^{0.15}\left(\frac{d_{co}}{T}\right)^{-0.3}(\sin\theta)^0 \tag{6-10-13}$$

式中，d_{co} 为盘管外径；Nu 定义为 h_iT/λ。

当叶轮置于盘管圈之下时，传热膜系数关联式如下：

$$Nu=1.05Re^{0.62}Pr^{1/3}\left(\frac{\mu}{\mu_w}\right)^{0.14}\left(\frac{D}{T}\right)^{-0.25}\left(\frac{\sum W_i}{T}\right)^{0.15}n_p^{0.15}\left(\frac{d_{co}}{T}\right)(\sin\theta)^0 \tag{6-10-14}$$

10.2.2 涡轮搅拌桨、有挡板釜

挡板宽度为釜径的 1/10，四块挡板均布。当 $Re>100$ 时，不论叶轮置于盘管圈内或外皆有：

$$Nu=2.68Re^{0.56}Pr^{1/3}\left(\frac{\mu}{\mu_w}\right)^{0.14}\left(\frac{D}{T}\right)^{-0.3}\left(\frac{\sum W_i}{T}\right)^{0.3}n_p^{0.2}\left(\frac{\sum C_i}{H}\right)^{-0.15}\left(\frac{H}{T}\right)^{-0.5}(\sin\theta)^0 \tag{6-10-15}$$

10.2.3 三叶推进式搅拌桨

$D/T=0.4\sim0.53$，$C/H=1/8\sim1/2$，$Re>100$ 时：

$$Nu=1.31Re^{0.56}Pr^{1/3}\left(\frac{\mu}{\mu_w}\right)^{0.14}\left(\frac{D}{T}\right)^{-0.25}\left(\frac{C}{H}\right)^{0.5} \tag{6-10-16}$$

10.2.4 六叶后弯式搅拌桨

$D/T=0.3\sim0.5$，$W/T=0.03\sim0.05$，$C/H=1/8\sim1/2$，$Re>100$ 时：

$$\left(\frac{h_{oc}T}{k_0}\right)=2.51\left(\frac{D^2N\rho_0}{\mu_0}\right)^{0.56}\left(\frac{C_p\mu_0}{k_0}\right)^{1/3}\left(\frac{\mu_0}{\mu_{cw}}\right)^{0.14}\left(\frac{D}{T}\right)^{-0.15}\left(\frac{W}{T}\right)^{0.15} \tag{6-10-17}$$

10.2.5 双层盘管

为了增加传热面积可以采用多层盘管。目前还没有第二层盘管的有关数据，但若两层盘管传热面积相同时，第二层盘管的传热量为第一层盘管传热量的 70%～90%。

10.3 搅拌釜内垂直管外壁传热膜系数 h_c 的计算

垂直管束可以起到部分挡板作用，其传热膜系数关联式如下：

$$Nu=0.09Re^{0.65}Pr^{0.3}\left(\frac{D}{T}\right)^{0.33}\left(\frac{2}{n_b}\right)^{0.2}\left(\frac{\mu}{\mu_w}\right)^{0.19} \tag{6-10-18}$$

式中，n_b为起挡板作用的列管数目或挡板数；Nu 定义为h_cT/λ。

10.4 搅拌釜内垂直板式蛇管的传热膜系数 h'_c的计算

垂直板式蛇管可达到全挡板条件，其传热膜系数关联式如下：

当 $Re<1.4\times10^3$时：

$$Nu=0.1788Re^{0.448}Pr^{0.33}\left(\frac{C_p\mu}{\lambda}\right)^{0.33}\left(\frac{\mu}{\mu_w}\right)^{0.50} \tag{6-10-19}$$

当 $Re>1.4\times10^3$时：

$$Nu=0.0317Re^{0.658}Pr^{0.33}\left(\frac{\mu}{\mu_w}\right)^{0.50} \tag{6-10-20}$$

式中，Nu 定义为h'_cL/λ；L 为换热管垂直方向长度。

10.5 计算实例

【例 6-10-1】 搅拌釜如图 6-10-1 所示。釜内无挡板。采用双层四斜叶（叶片倾角为45°）桨式搅拌桨。釜内径 T 为1m。釜内装有50℃的油，采用冷水在夹套内冷却，釜内壁温度保持在37℃。已知油在50℃下的黏度μ 为75mPa·s；在37℃下的黏度μ_w为160mPa·s。在50℃下，油的比热容 C_p、密度 ρ 和热导率 λ 分别为 0.47kcal·kg^{-1}·℃$^{-1}$（1kcal＝4.186kJ）、860kg·m^{-3}和 0.12kcal·m^{-1}·h^{-1}·℃$^{-1}$。试计算 $H=1$m 时，叶轮转速 N 为60r·min^{-1} 下的釜内壁传热膜系数。其他有关尺寸如下：$D=0.4$m，叶宽 $W=67$mm，$C_1/H=2/3$，$C_2/H=1/3$，$\theta=45°$。

解 （1）Re 计算

$$Re=\frac{\rho ND^2}{\mu}=\frac{860\times(60/60)\times0.4^2}{75\times10^{-3}}=1835>100$$

（2）Nu 的计算　在此例中，$Pr=\frac{C_p\mu}{\lambda}=\frac{0.47\times75\times10^{-3}}{0.12/3600}=1057.5$

$$\mu/\mu_w=0.469$$

$$D/T=0.4$$

$$\frac{\sum W_i}{T}=\frac{(67+67)\times10^{-3}}{1}=0.134$$

$$n_p=4$$

$$\frac{\sum C_i}{iH}=\frac{\frac{2}{3}+\frac{1}{3}}{2\times1}=0.5$$

$$\sin\theta=\sin45°=0.71$$

第6篇

根据式(6-10-2) 则有

$$Nu=0.51\times1835^{\frac{2}{3}}\times1057.5^{1/3}\times0.469^{0.14}\times0.4^{-0.25}\times0.134^{0.15}\times4^{0.15}\times0.5^{0.15}\times0.71^{0.5}=609$$

(3) 传热膜系数 h 的计算:

$$h=\frac{Nu\lambda}{T}=\frac{609\times0.12}{1}=73(\mathrm{kcal\cdot m^{-2}\cdot h^{-1}\cdot ℃^{-1}})=0.085(\mathrm{kJ\cdot m^{-2}\cdot s^{-1}\cdot K^{-1}})$$

11

搅拌釜的 CFD 模拟与优化

计算流体动力学（Computational Fluid Dynamics，CFD）是在电子计算机上数值求解流体动力学基本方程的学科，在此基础上，可获取各种条件下流场和绕流物体上的数据。搅拌釜的 CFD 模拟遵循 CFD 技术的基本准则，但是也存在特定的处理方法。CFD 技术对于搅拌釜的模拟和计算，对于搅拌釜的放大设计、优化，以及流体力学机理的探索有巨大的作用。首先，利用 CFD 技术对工业规模的搅拌釜进行数值模拟，可以预测工业装置中流场、温度场及浓度场的分布特征，缩短工程中放大的周期并降低工业放大探索过程中的成本；其次，可以较为准确地预测搅拌釜内局部的特征情况，得到实验观测中无法获知的参数；最后，通过 CFD 数值模拟的进步，可以进一步加深化工研究人员对流体力学和化学反应工程的理解，推动化学工业向精确化、目标化、定量化发展。

本节从化学工程领域的“三传一反”，即动量传递、热量传递、质量传递和化学反应，四个方面对搅拌釜领域相关研究进展进行回顾和综述。

11.1 搅拌釜内流动场的 CFD 模拟

搅拌釜内流动场即动量传递特性是搅拌釜内物料传递和反应特性研究的基础，以下从单相流场和多相流场两个方面对搅拌釜内动量传递特性的 CFD 模拟进行综述。

11.1.1 单相流场

工业搅拌釜内流体流动大多为湍流状态，而湍流本身是一种很不规则的非稳态复杂流动现象，因此相关的研究主要集中在实验测试和 CFD 数值模拟两方面。根据数值求解湍流尺度的不同，搅拌釜内单相湍流流动的 CFD 方法又可分为雷诺平均（RANS）方法、大涡模拟（LES）方法和直接数值模拟（DNS）方法三种。

(1) 雷诺平均方法 雷诺平均方法对湍流中所有尺度的旋涡结构均采用模型化的方式处理，其控制方程为雷诺平均 N-S（Navier-Stokes）方程，其通用式如下：

$$\frac{\partial(\rho\bar{\phi})}{\partial t}+\frac{\partial(\rho\bar{u}_j\ \bar{\phi})}{\partial x_j}=\frac{\partial}{\partial x_j}(\Gamma\frac{\partial\bar{\phi}}{\partial x_j}-\rho\overline{u'_j\phi'})+S \tag{6-11-1}$$

N-S 方程的二次项在时均化处理后产生了包含脉动值的附加项，代表由于湍流脉动所引起的能量转移，其中 $-\rho\overline{u'_iu'_j}$ 为雷诺应力，属于不封闭项，需要引入湍流模型将其与湍流的时均值联系起来。

基于雷诺平均方程的湍流模拟方法分为雷诺应力方程法和湍流黏性系数法两种。雷诺应力方程法对雷诺方程作各种运算，该过程又引入更高阶的附加项，然后使其封闭，计算量较大。黏性系数法把雷诺湍流应力表示成湍流黏性系数的函数，按照 Boussinesq 假设，不可压缩流体的雷诺湍流应力可表示为：

$$-\rho \overline{u'_i u'_j} = -p_t \delta_{ij} + \mu_t \left(\frac{\partial u_i}{\partial x_j} + \frac{\partial u_j}{\partial x_i} \right) \tag{6-11-2}$$

这样，将湍流黏性系数与时均参数联系起来即构成该方法下的各种湍流模型。根据微分方程数目可分为零方程、一方程及二方程模型等，其中两方程的 k-ε 系列模型在工程中应用较为广泛，其计算量较小，计算周期较短，经济性较好。

搅拌釜内雷诺平均方法的求解过程可分为：①前处理；②求解；③后处理三个部分：

① 前处理：主要包括建立搅拌釜内流体域、搅拌轴、桨叶、内构件等实体模型，然后划分网格，设定边界条件和初始条件。

图 6-11-1(a) 给出了搅拌釜内多重参考坐标系方法内、外区域的划分原则，其中包含搅拌桨的区域为内区域，采用旋转参考坐标系处理。其余区域为外区域，采用静止参考坐标系求解。图 6-11-1(b) 给出了搅拌桨叶表面的网格分布。

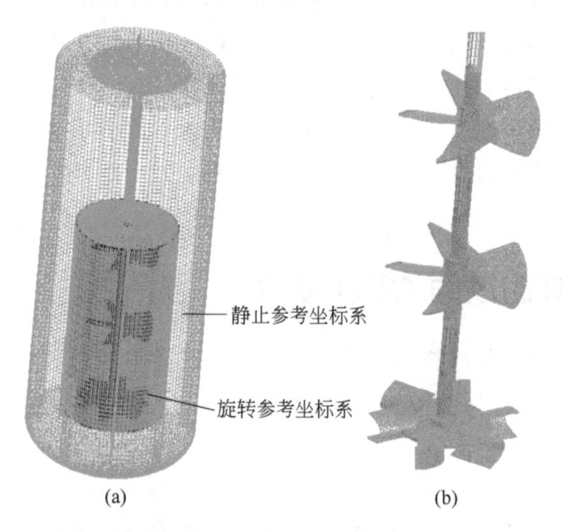

图 6-11-1 搅拌釜内多重参考坐标系的选择和搅拌桨叶的网格分布图

搅拌釜 CFD 模型的离散格式和网格密度分布对模拟结果有重要影响。离散格式一般尽可能采用二阶及以上的格式。合理有效的网格密度分布也是构建搅拌釜 CFD 模型的重要步骤。Deglon 等[1]对比了四种网格密度（分别约 3 万、23 万、80 万和 190 万）下实验室规模搅拌釜的 CFD 模拟结果，发现过于稀疏的网格不能准确捕捉到流场的特性。对某 $30m^3$ 工业聚合反应釜 CFD 模型的网格进行了分析，在完全湍流情况下，CFD 模型的总网格数在 800 万～1000 万时，计算结果较好。

② 求解：对于工业搅拌釜而言，因 CFD 模型的网格数量较大，其求解需要在高性能计算集群上进行。目前比较常用的模式是采用多个计算服务器构成并行计算系统，各服务器由两路或四路多核心 CPU、服务器级的主板、内存、硬盘等构成，服务器间由高速网络（如千兆/万兆网、Infiniband 高速网等）连接构成高速并行计算系统。

③ 后处理：CFD 模型的求解收敛后，需要在图形工作站中进行后处理操作，以获得搅拌釜设计和优化过程中所需要的数据。

采用 CFD 模拟一般可以得到如下的数据：

① 搅拌桨叶的功率数。该数决定搅拌器电机功率的大小，可对 CFD 模型中桨叶表面的受力进行积分得到。

② 搅拌桨叶的流量数。该数可通过对桨叶端部处的环形截面上的速度积分获得。

③ 搅拌釜内的总体流型。在 CFD 模型中取不同空间位置处的截面，由速度分布图可观察到釜内的总体流型。图 6-11-2 给出了两层宽叶翼型桨和曲面涡轮桨搅拌釜内竖直截面的流型分布，图（a）为两挡板中间截面，图（b）为挡板所在截面。该速度分布图可用来判断釜内有无流动的“死区”，为搅拌釜内的桨型布置和优化提供指导和参考。

④ 搅拌釜内的湍流特性分布。结合釜内的速度分布和湍流特性分布，可确定釜内催化剂的加入口位置、物料的进出口位置等。

⑤ 搅拌釜内的混合过程和混合时间。釜内混合过程的模拟需要采用非稳态的模型进行，进而可求出混合时间的数值。该问题在质量传递的模拟部分有详细介绍。

⑥ 搅拌釜内的压力分布。通过提取釜内桨叶表面的压力分布，结合固体力学的有限元方法，可对搅拌桨叶和搅拌轴的受力特性进行分布，校核机械设计方案，为搅拌器的可靠、稳定运行提供保证。此部分内容在 12 章搅拌釜的放大中有详细叙述。

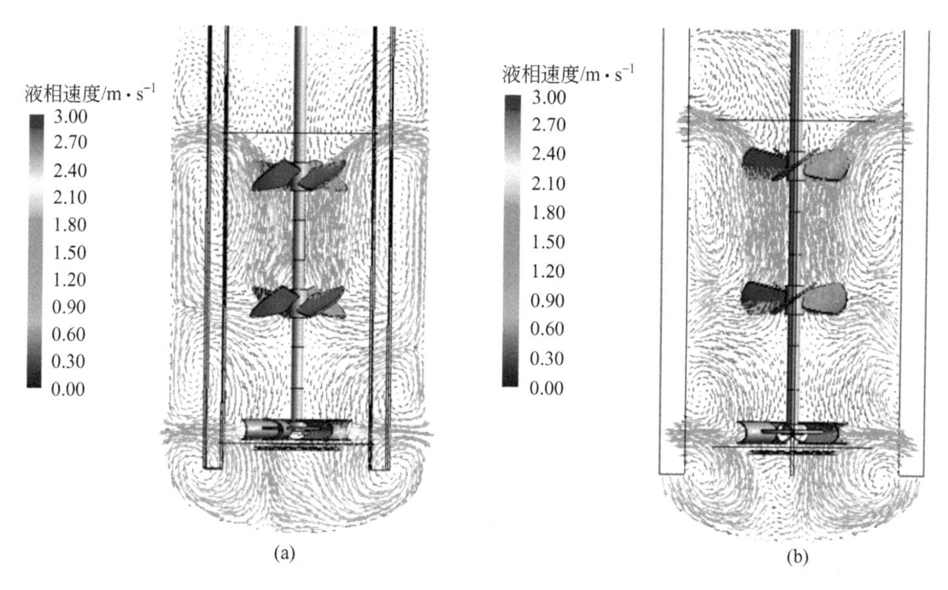

图 6-11-2 搅拌釜内两竖直截面内的流型分布图

综上所述，利用雷诺平均的 CFD 方法可以为搅拌釜的设计和优化提供指导和参考。对于部分工业过程，甚至可采用 CFD 模型和方法直接设计工业搅拌器，避免由“小试-中试-放大”过程可能引入的误差。

（2）LES 方法 在搅拌釜内湍流动能等湍流特性的预测方面，雷诺平均方法存在明显的缺陷，其模拟值明显低于实验测试结果[2]。当搅拌釜内流场比较复杂时，比如搅拌桨叶与釜内构件相互作用或多层桨相互作用较强时，其流动特性的模拟结果也与实际情况存在较大偏差[3]。为克服 RANS 方法的这些缺陷，近十多年来，许多研究者已逐步开始采用大涡模拟方法。

大涡模拟方法的基本思想是通过滤波把流场中所有变量分成大尺度和小尺度量，对大尺度量进行直接求解，小尺度量采用亚格子模型（SGS）进行模化。机理如下：动量、能量及其他被动标量主要被大涡输送。大涡依赖于所研究流动问题的边界条件及几何形状，且呈现高度各向异性，小涡不太依赖流动几何形状，接近各向同性且具有普遍性，寻找一个普适的模型（亚格子模型）对小涡进行模拟具有更高的可行性。因此，对于与几何结构及边界条件密切相关的大尺度结构，大涡模拟可获得其真实的结构状态，而对于接近于各向同性的小尺度结构，若选择合理的亚格子模型，大涡模拟结果仍比较准确。

大涡模拟对搅拌釜内复杂流场湍流特性的模拟结果与实验数据吻合较好。图 6-11-3 为双层 Rushton 涡轮桨搅拌釜内 30°相位时速度和湍流动能分布图，图（a）为 PIV 实验测试结果，图（b）为 LES 模拟结果。可以看出，LES 方法基本上再现了两涡轮桨的相互作用和能量传递特性，再结合叶片旋转过程中不同相位处的模拟结果，即可获得尾涡和湍流动能的动态传递特性。但是大涡模拟的计算量比雷诺平均方法要高约一个量级，目前只有少数研究者采用 LES 方法计算工业反应器内的复杂流场。随着计算机科学的迅速发展，LES 方法非常有潜力成为工业设计和应用中的湍流数值模拟方法。

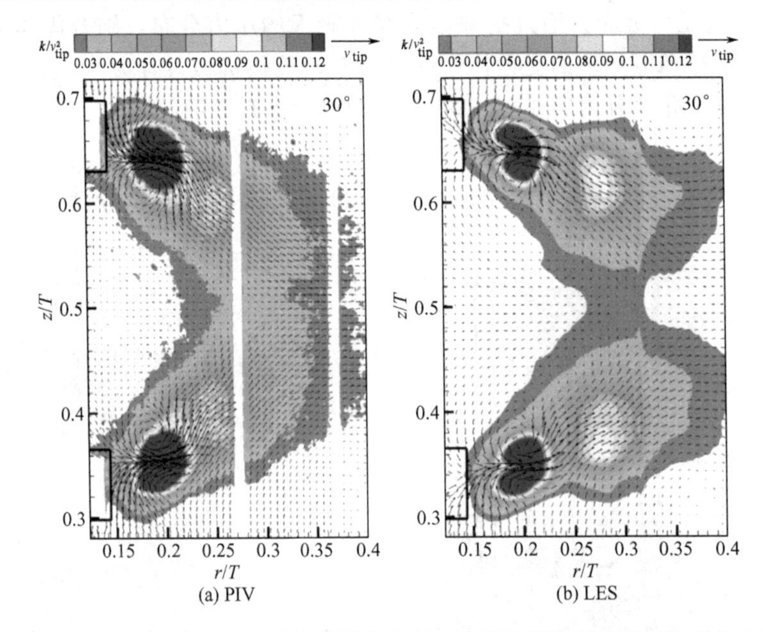

图 6-11-3 双层 Rushton 涡轮桨搅拌釜内 30° 相位时速度和湍流动能分布图

（3）DNS 方法 直接数值模拟方法对湍流脉动的所有尺度直接求解，最小网格尺度应小于耗散尺度，所需网格数目及计算量较大，目前主要集中在研究简单流动和低雷诺数下搅拌釜内的流动方面，因此，利用 DNS 方法研究工业搅拌釜内高雷诺数的流体流动目前仍然不太现实[2]。

11.1.2 多相流场

多相流动的数值模型基本上可以分为两类：一类将流体相视为连续介质，将颗粒相视为离散体系，在拉格朗日坐标系下分析颗粒运动时物理量的变化，即欧拉-拉格朗日法或颗粒轨迹模型；另一类把流体和颗粒相均视为同时充满流场而且相互作用的连续介质进行研究，称为欧拉-欧拉模型或双流体模型。

多相流数值模拟工作的重点是如何准确描述流体相和颗粒相间的相互作用。图 6-11-4 给出多相流场下相间耦合分类的示意图。

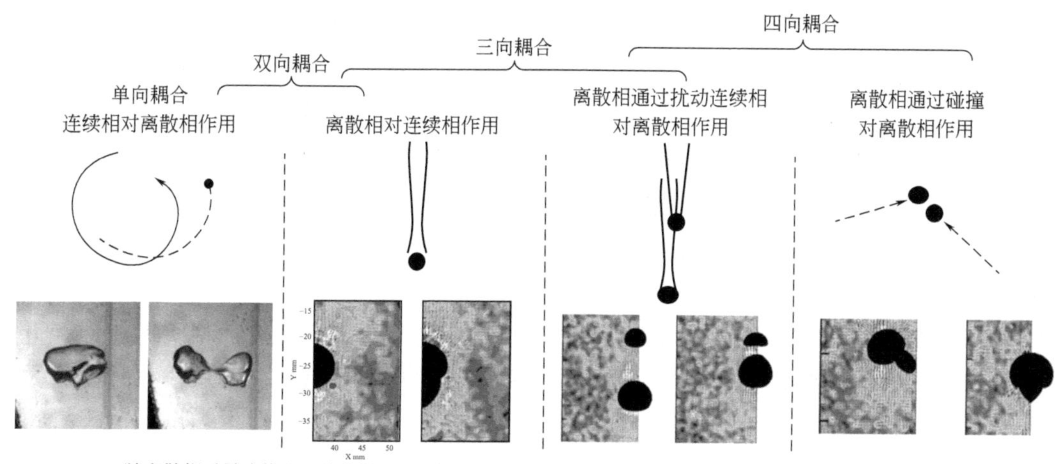

图 6-11-4 多相流场下相间耦合分类的示意图

欧拉-拉格朗日方法主要用在稀疏两相流动场合。相间的耦合主要考虑离散相受到连续流体相的影响，即单向耦合，部分研究者采用不同方法考虑离散相对连续相的作用即双向耦合[2]以及离散颗粒相之间的相互作用[4]。图 6-11-5 是四斜叶桨启动过程中固体颗粒运动和流场分布特性图，其中颗粒的体积分数为 8%，桨叶雷诺数为 1920。该数值模拟基于欧拉-拉格朗日方法和解析颗粒模型，尽管计算量较大，但其在研究颗粒悬浮机理以及改善相间作用模型方面有显著优势。

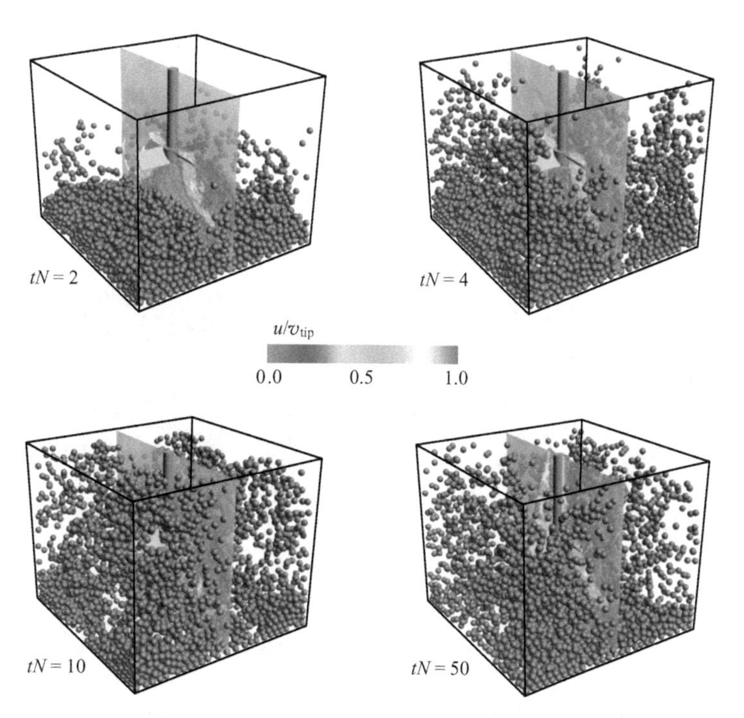

图 6-11-5 欧拉-拉格朗日方法计算的四斜叶桨启动过程中颗粒位置和流场速度分布图

t 为搅拌桨的旋转时间；N 为搅拌桨转速；u 为搅拌流场内的流体速度；v_{tip} 为桨叶叶端线速度

对于气液多相流体系，相间的作用尤为复杂，除去相间的单向及双向耦合，还包含三向耦合（分散相通过扰动连续相而对分散相产生作用）以及四向耦合（分散相通过碰撞对分散相产生作用）等。Cai 等[5,6]利用 PIV 技术对相间的四向耦合进行了实验测试，发现对于单个气泡而言，在高雷诺数区域，曳力系数随着雷诺数的增大而增大；对于流体中上升的连接型气泡而言，在相同当量直径（等体积球形直径）条件下，连接型气泡的上升速度与单个气泡的上升速度基本相同，且气泡在竖直投影方向上的直径相比于当量直径而言更适合做连接型气泡上升速度的特征尺寸。此外，跟随气泡的存在会对连接在一起的气泡形状产生影响，同时还需要将气泡表面的是否可滑移特性考虑到模型当中。

随着离散相质量或体积分数的增加，欧拉-拉格朗日方法中求解离散相所需的计算量大幅增加，此时，采用欧拉-欧拉方法处理多相体系是目前比较可行的一种手段，其控制方程如下：

$$\frac{\partial}{\partial t}(\rho_m \bar{\alpha}_m \bar{u}_{mi}) + \frac{\partial}{\partial x_j}(\rho_m \bar{\alpha}_m \bar{u}_{mi} \bar{u}_{mj}) =$$
$$-\frac{\partial(\bar{p}_m)}{\partial x_i} + \rho_m \bar{\alpha}_m g_i + \bar{F}_{mi} + \mu_m \frac{\partial}{\partial x_j}\left(\frac{\partial(\bar{\alpha}_m \bar{u}_{mj})}{\partial x_i} + \frac{\partial(\bar{\alpha}_m \bar{u}_{mi})}{\partial x_j}\right) - \frac{\partial(\rho_m \bar{\alpha}_m \bar{\tau}_{mj})}{\partial x_j} \quad (6\text{-}11\text{-}3)$$

欧拉-欧拉方法中，相间耦合的准确描述至关重要。除了需考虑与欧拉-拉格朗日类似的两向耦合外，还需考虑离散相所致的连续相扰动对离散相的作用和离散相间的相互作用，即近年来研究的三向和四向耦合等热点问题，如图 6-11-4 所示。

对于气液多相搅拌釜，采用群体平衡模型（PBM）可对釜内的气含率、气泡尺寸分布进行预测[7]，典型截面内不同尺寸气泡的分布如图 6-11-6 所示。在该类搅拌器配置下，釜内大多数气泡的直径均小于 5.5mm。底搅拌桨为 HEDT 径向流桨，桨叶排出的射流遇釜壁后分为上、下两个循环区域（该区域的气泡直径最小）。

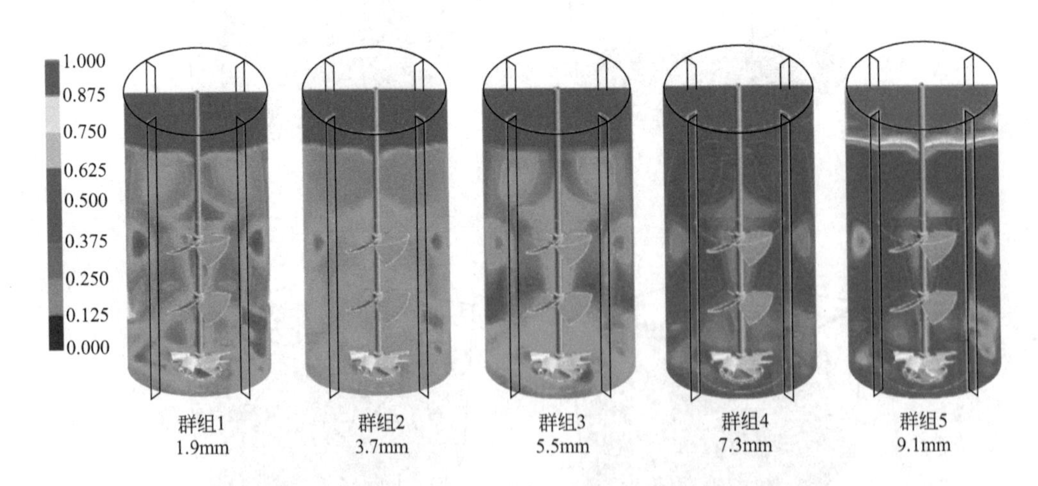

图 6-11-6 气液搅拌釜内竖直截面内不同尺寸气泡的分布图

综上所述，对于不同相分率的多相搅拌釜而言，在合理的相间作用和耦合模型下，采用 CFD 方法可获得比较满意的宏观参数，例如固液搅拌釜内的临界悬浮转速、气液搅拌釜内的总体气含率、局部气含率等，进而为多相搅拌釜的工业设计和优化提供指导和参考。

11.2　搅拌釜内浓度场的 CFD 模拟

搅拌釜内质量传递的 CFD 模拟一般可分为互溶体系的相内质量传递和分散体系（如气泡、液滴、颗粒等）的相际质量传递两类。

11.2.1　相内质量传递

相内质量传递过程模拟时通常将其简化为被动标量的输运过程，即只考虑搅拌釜内瞬态速度场对标量输运的影响，忽略标量输运对流场的影响，从而将两者解耦。标量输运的控制方程如下：

$$\frac{\partial}{\partial t}(\rho C)+u_j\frac{\partial}{\partial x_j}(\rho C)=\frac{\partial}{\partial x_j}\left(\Gamma_1\frac{\partial C}{\partial x_j}\right)+S_C \tag{6-11-4}$$

其中，S_C是标量的源项；Γ_1 是标量的分子扩散系数。

由上可知，搅拌釜内动量传递 CFD 模拟结果对标量传递过程的预测有至关重要的影响。张国娟[8]、闵健[9]、Yeoh 等[10]分别采用 RANS 和 LES 方法处理搅拌釜内的动量传递过程，进而求解示踪剂的质量传递过程，可获得搅拌釜内物料在不同时刻和不同空间位置上的浓度分布，如图 6-11-7 所示，并可计算出釜内物料的混合时间。

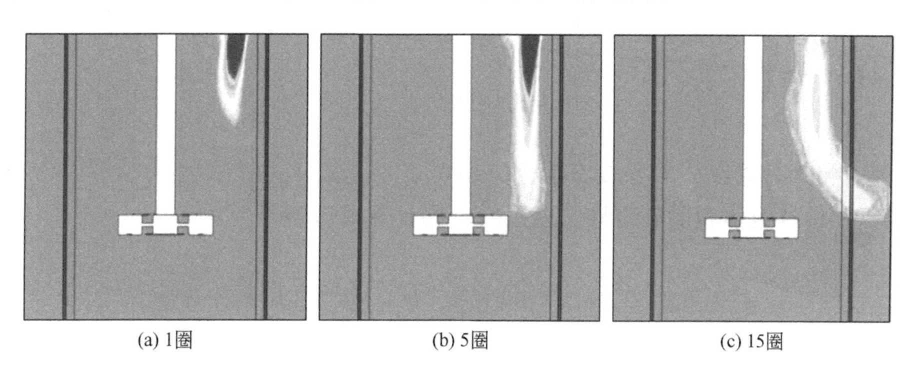

(a) 1圈　(b) 5圈　(c) 15圈

图 6-11-7　涡轮桨搅拌釜竖直平面内不同搅拌圈数下标量的浓度分布图

对于单层 Rushton 涡轮、单层及多层 CBY 桨搅拌釜而言，采用标准 k-ε 模型和多重参考系法，将速度场与浓度场方程分开进行求解，计算的混合时间与实验数据吻合较好[8,10]。釜内物料的混合过程主要由流体流动所控制。加料点和监控点位置对混合时间的影响与釜内的流场密不可分。但是，在双层 Rushton 涡轮搅拌釜内，由于上、下两层桨形成了四个流动子区，采用 RANS 方法模拟的混合时间的相对误差为 95%。改用 LES 方法后，混合时间的模拟值与实验结果吻合良好，平均相对误差在 13%以内[9]。这是因为在该流型上下两层桨间物质的交换主要是靠大尺度的旋涡来完成的，而 LES 方法可以较为准确地模拟搅拌釜内不同尺度旋涡的相互作用及传递过程。

11.2.2　相际质量传递

对于相际质量传递而言，由于分散体系具有复杂的相界面及演化过程，通常需要综合搅拌釜内分散体系的流场特性和相际传质模型进行处理。在此仅以气液两相搅拌釜为例来综述其数值模拟的研究进展。

气液两相搅拌釜内容积传质系数 $k_{L}a$ 的计算对于质量传递过程至关重要。对于相界面 a，一般根据气泡的 Sauter 平均直径 d_{32} 和釜内的局部气含率 α_g 求得，即 $a=6\alpha_g/d_{32}$。由动量传递部分可知，气液搅拌釜内气泡的行为包含聚并、破碎等现象，比较复杂，目前常采用群体平衡模型来模拟气泡的行为，据此可较为准确地获得相界面 a 的数值。液相传质系数 k_L 的计算方面，常用的模型有 Higbie 渗透模型、Danckwerts 表面更新模型和部分改进模型[11]：

① 基于 Higbie 渗透模型和各向同性湍流的 Kolmogorov 长度尺度理论，k_L 的计算式可表示如下：

$$k_{L}=\frac{2}{\sqrt{\pi}}\sqrt{\frac{D_{L}}{t_{e}}}=\frac{2}{\sqrt{\pi}}\sqrt{D_{L}}\left(\frac{\varepsilon}{\nu}\right)^{1/4} \tag{6-11-5}$$

其中，ε 为湍流动能耗散速率；ν 为流体的运动黏度；k_L 为传质系数；D_L 为扩散系数；t_e 为传质时间。

② 基于表面更新理论、平均气泡尺寸和平均滑移速度，k_L 的计算式可表示如下：

$$k_{L}=\sqrt{D_{L}s}=\frac{2}{\sqrt{\pi}}\sqrt{\frac{D_{L}v_{b}}{d_{bs}}} \tag{6-11-6}$$

其中，v_b 为气泡滑移速度；d_{bs} 为气泡直径。

③ 基于涡核模型的 k_L 的计算式可表示为：

$$k_{L}=K\sqrt{D_{L}}\left(\frac{\varepsilon}{\mu}\right)^{1/4} \tag{6-11-7}$$

其中，μ 为液相动力黏度；K 为模型常数，取 0.4。

④ 基于刚性气泡体和层流边界层理论，k_L 的计算式可表示为：

$$k_{L}=c\left(\frac{v_{b}}{d_{bs}}\right)^{1/2}D_{L}^{2/3}\nu^{-1/6} \tag{6-11-8}$$

式中，D_L 为扩散系数；c 为模型常数，取 0.6。

Ranganathan 等[12]基于双流体模型、群体平衡模型和上述 4 种传质模型对双层 Rushton 涡轮桨搅拌釜内的流动及传质特性进行了数值模拟，4 种传质模型计算的釜内竖直截面上的液相传质系数如图 6-11-8 所示。作者将宏观流动及传质参数的模拟值与 Alves

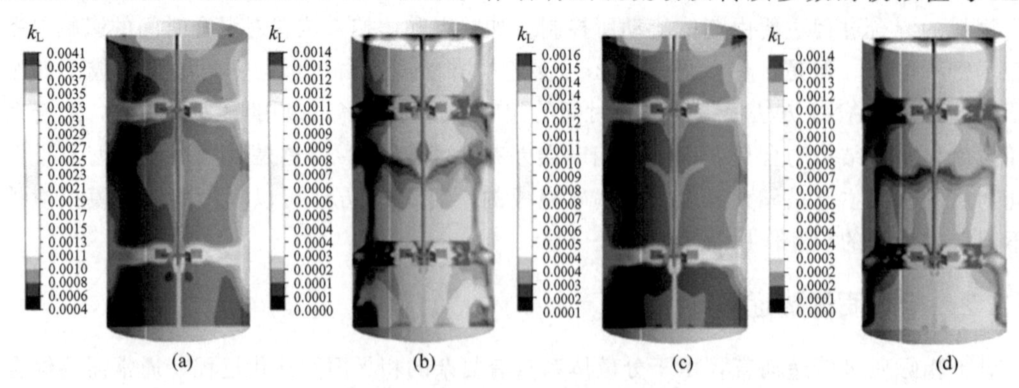

图 6-11-8 基于上述 4 种 k_L 计算式和 CFD 方法获得的双层 Rushton 涡轮桨搅拌釜内竖直截面内的液相传质系数

等[13]的实验结果进行了对比，认为滑移速度模型和涡核模型模拟的液相传质系数 k_L 与实验数据吻合良好。该结论与鼓泡塔反应器的结果一致，可以为工业搅拌釜内相际质量传递问题的数值模拟提供指导和参考。

11.3 搅拌釜内温度场的 CFD 模拟

采用数值方法通过计算机求解各类热量传递问题已被广泛运用在多种过程工业中，但是到目前为止，只有少量研究者采用数值方法研究搅拌釜内的热量传递问题。

对于搅拌釜内层流流动问题，采用 CFD 方法可以方便获得釜内温度场的时间及空间分布、近壁区温度、边界层的厚度、局部传热系数、平均传热系数等参数，且与实验测试结果吻合良好[14~16]。

当搅拌釜内流动状态为湍流流动时，情况要复杂很多[17,18]。Zakrzewska 等[18]对 Rushton 涡轮桨搅拌釜内湍流状况下的热量传递问题进行了数值模拟，共采用了 8 种湍流模型，包括：k-ε、RNG k-ε、realizable k-ε、Chen-Kim k-ε、优化的 Chen-Kim k-ε、k-ω、SST k-ω 和 RSM。搅拌釜底部为碟形封头，$T=H=0.158$m，标准挡板配置，$D=0.323T$，$C=0.333H$，$Re=27000$。CFD 模型采用两种网格密度，网格数分别为 340k 和 90k。文中首先对搅拌釜内的传递特性进行了定量的对比和分析，在此基础上研究热量传递的特性。结果表明，桨叶排出流区湍流动能的预测值偏低，进而影响了传热系数的数值。标准 k-ε、优化的 Chen-Kim k-ε 和 SST k-ω 模型的模拟结果与实验数据吻合较好，如图6-11-9所示，该结论可为湍流状态下工业搅拌釜内传热问题的数值模拟提供指导和参考。

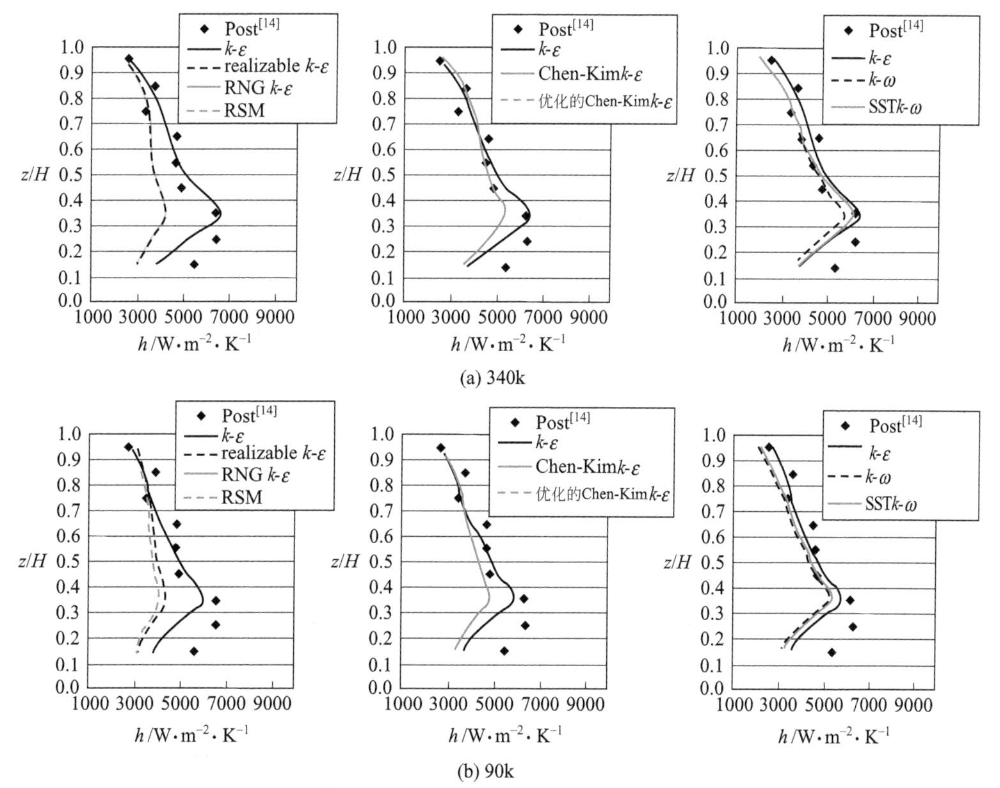

图 6-11-9 两种网格密度下 8 种湍流模型预测的传热系数的轴向分布图

11.4 搅拌釜内反应过程的 CFD 模拟

化学反应基本上发生在微观和分子尺度上，使得工业规模的搅拌釜内化学反应的描述非常复杂。目前工程中常用的雷诺平均方法的网格尺度无法求解到化学反应的尺度，研究者通常对化学反应过程进行模型化处理，并加入到控制方程的源项中[19~22]。

搅拌釜内动量、热量和质量传递等“三传”过程的 CFD 结果是化学反应数值模拟的基础。Chiu 等[22]基于相内的质量传递过程模拟了工业乙氧基化反应器内反应物的浓度分布。Rudniak 等[20]同时考虑了工业搅拌釜内的“三传一反”过程，采用简化模型处理质量传递过程，忽略了离散相在釜内粒径分布的影响，其模拟得到的石膏水解反应时搅拌釜内温度和浓度分布如图 6-11-10 所示。从中可知，CFD 模型计算的温度分布与实验数据吻合良好，利用模拟结果很容易发现搅拌釜内局部温度过高区域，进而为工业设计和操作提出改进、预警或调控方案。

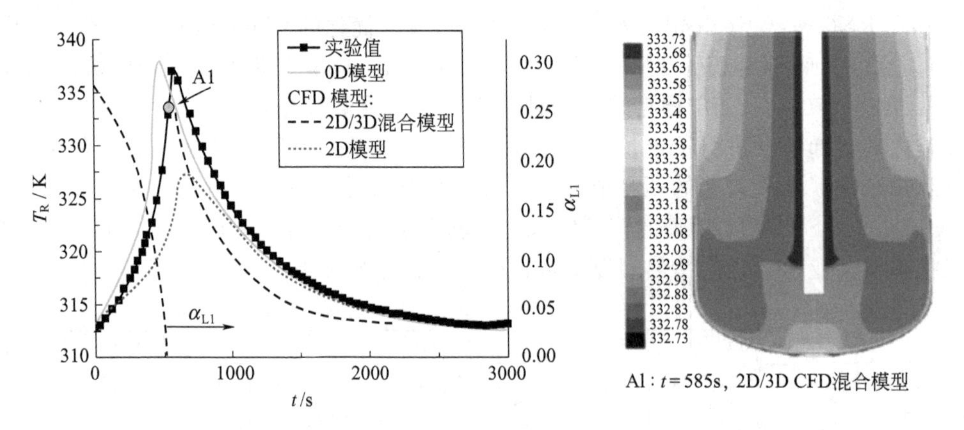

图 6-11-10 搅拌釜内石膏水解反应时温度 T_R 和产物浓度 α_{L1} 分布图

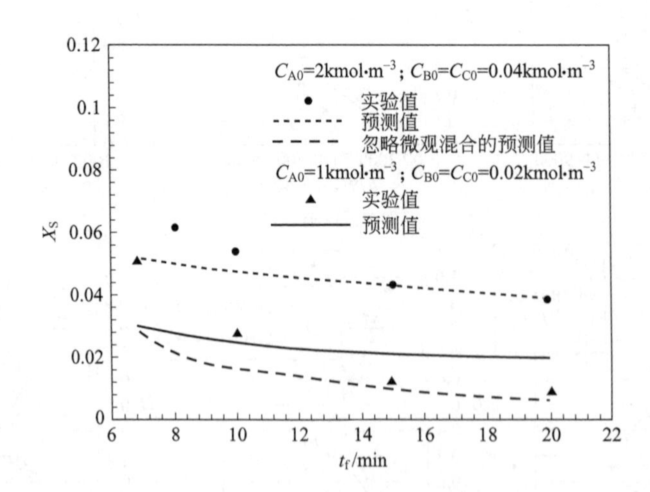

图 6-11-11 搅拌釜内加料特性和微观混合对产物选择性的影响规律

X_S 为离集指数；t_f 为反应时间；C_{A0}，C_{B0}，C_{C0} 为搅拌釜内物料的初始浓度

关于微观混合效应对 CFD 模拟结果的影响，Baldyga 等[21]对搅拌釜内平行竞争反应体系（酸碱中和反应及氯乙酸乙酯水解反应）进行了数值模拟，如图 6-11-11 所示。在反

应热力学和动力学数据准确的情况下，CFD 模型可以比较准确地预测加料浓度和速率对产物选择性的影响规律，但是忽略微观混合效应的 CFD 模拟结果与实验数据偏差很大，即微观混合相关模型需要加入到常用的 CFD 模型中，而这往往被许多研究者忽略或简化处理。

因此，目前对搅拌釜内化学反应的数值模拟可提供反应物浓度分布、温度分布、搅拌桨布置方式等宏观的定性结论，对微观混合及化学反应的模型化还需要进一步研究。

参考文献

[1] Deglon D A，Meyer C J. Miner Eng，2006，19：1059-1068.
[2] Van den Akker H E A. Ind Eng Chem Res，2010，49：10780-10797.
[3] 李志鹏．涡轮桨搅拌槽内流动特性的实验研究和数值模拟．北京：北京化工大学，2007.
[4] Derksen J J. AIChE J，2012，58：3266-3278.
[5] Cai Z，Bao Y，Gao Z. Chin J Chem Eng，2010，18：923-930.
[6] Cai Z，Gao Z，Bao Y，et al. Ind Eng Chem Res，2011，51：1990-1996.
[7] Min J，Bao Y，Chen L，et al. Ind Eng Chem Res，2008，47：7112-7117.
[8] 张国娟．搅拌槽内混合过程的数值模拟．北京：北京化工大学．2004.
[9] 闵健．搅拌槽内宏观及微观混合的实验研究和数值模拟．北京：北京化工大学，2005.
[10] Yeoh S L，Papadakis G，Yianneskis M. Chem Eng Sci，2005，60：2293-2302.
[11] 谢舜韶，谷和平，肖人卓．化工传递过程．北京：化学工业出版社，2008.
[12] Ranganathan P，Sivaraman S. Chem Eng Sci，2011，66：3108-3124.
[13] Alves S S，Maia C I，Vasconcelos J M T. Chem Eng Process，2004，43：823-830.
[14] Delaplace G，Torrez C，Leuliet J C，et al. Chem Eng Res Des，2001，79：927-937.
[15] 王志峰，黄雄斌，施力田，等．化工学报，2002，53：1175-1181.
[16] 钱小静，王志峰，黄雄斌．过程工程学报，2007，7：853-858.
[17] Yapici H，Basturk G. Comput Chem Eng，2004，28：2233-2244.
[18] Zakrzewska B，Jaworski Z. Chem Eng Technol，2004，27：237-242.
[19] Baldyga J，Makowski L. Chem Eng Technol，2004，27：225-231.
[20] Rudniak L，Machniewski P M，Milewska A，et al. Chem Eng Sci，2004，59：5233-5239.
[21] Baldyga J，Makowski L，Orciuch W. Ind Eng Chem Res，2005，44：5342-5352.
[22] Chiu Y N，Naser J，Ngian K F，et al. Chem Eng Process，2009，48：977-987.

12 搅拌釜的放大

12.1 前言

搅拌釜的放大是一个非常复杂的过程，由于搅拌所涉及的工艺过程种类繁多，所处理的物料体系也是多种多样，有低黏度单相液相液体的混合，也有高黏度、非牛顿、多相复杂体系，不同的工艺过程对搅拌与混合的要求千差万别。对于低黏度单相液体的混合，实验及理论方面的研究已较为完善，搅拌釜的放大和设计方法日趋完备，一些纯物理混合的工艺过程已能实现无级放大。但对于伴有复杂反应、强反应热效应等的工艺过程，要实现无级放大还有相当大的难度，只能适当减少中间放大的过程（如工业试验等）。对于高黏度、非牛顿、多相复杂体系，理论方面的研究还不够完善，特别是对于工业过程中常见的高相含率多相体系相间作用的机理、复杂体系流变规律认识不足，对复杂体系搅拌釜的放大和设计还需借助大量的实验研究和相关的工程经验，并需经逐级放大才能完成。

对于一个新产品的开发，往往需要首先建立小规模的实验装置，然后建立全流程的中试装置，并优化釜体结构、搅拌器结构和操作参数，然后再根据实验结果，采用放大技术进行工业试验和大规模工业生产搅拌釜的设计。对于现有生产装置，有时为扩大生产规模，也需将现有较小规模的搅拌釜进行放大。

搅拌釜放大时，由于大、小两搅拌釜在搅拌同种流体时不能同时保持几何相似，流体运动相似和流体动力学状态相似，因而在放大时就不能使大、小釜两系统中所有的流量关系，剪切速率关系以及其他搅拌参数都保持不变。例如，若要保持几何相似的大、小两个搅拌釜中流体动力学状态相似，就要保持惯性力、黏性力、重力、界面张力等作用力之比为常数即保持大、小两釜的雷诺数、弗劳德数、韦伯数等保持不变，这就要求大、小两釜必须满足下述关系：

$$\left.\begin{aligned} N_{小}D_{小}^{2} &= N_{大}D_{大}^{2}\text{[雷诺(Reynolds)数相等]} \\ N_{小}^{2}D_{小} &= N_{大}^{2}D_{大}\text{[弗劳德(Froude)数相等]} \\ N_{小}^{2}D_{小}^{3} &= N_{大}^{2}D_{大}^{3}\text{[韦伯(Weber)数相等]} \end{aligned}\right\} \qquad (6\text{-}12\text{-}1)$$

显然，这些关系是相互矛盾的。就是说，在流体惯性力、黏性力、重力和界面张力同时影响流体运动状态的情况下，在几何相似的条件下，对同种流体达到动力相似是根本不可能的。

12.2 搅拌釜放大的准则及方法

当前，较完善的搅拌釜放大方法是：首先，在几何相似条件下，分析各搅拌参数间的变化关系；然后，根据具体搅拌过程的特性，确定放大准则；最后，再对过程效果及经济性进行综合评价，修正某些几何条件，完成搅拌釜的放大设计。

一些搅拌器制造厂家根据所要求搅拌的过程特性，如对于均相混合体系，需要混匀时间的长短，被混合液体的密度差、黏度，需要传热速率的高低等；如对固液悬浮体系，需要固体颗粒的悬浮程度或固体颗粒分布的均匀程度，颗粒沉降速度的大小等，将对不同搅拌程度的需要，规定了搅拌强度的若干等级，对于不同的搅拌釜容积及不同的搅拌程度等级，都有依据经验编制好的搅拌转速及搅拌功率以供选用[1~3]。

12.3 几何相似放大时搅拌性能参数的变化关系

几何相似要求大、小搅拌釜间各对应的线性尺寸成比例。因此，当大釜体积确定后，根据与小釜几何相似条件，大釜直径、高度、叶轮直径、叶片宽度、叶轮安装位置、挡板等尺寸便可决定了。这样，放大的主要问题便归结到确定大釜的转速。

在几何相似的条件下，大釜转速可表示为：

$$N_{大}=N_{小}\left(\frac{T_{小}}{T_{大}}\right)^{n} \tag{6-12-2}$$

式中，n 称做放大指数，n 一般在 2/3～1 之间，依据过程类别而定。

按 $n=1$ 进行放大，表明在几何相似的大、小釜中，搅拌的叶端线速度或单位体积的扭矩是相同的，即保持叶端速度相等进行放大。

按 $n=2/3$ 进行放大，表明在几何相似的大、小釜中，单位体积功率是相同的，即保持单位体积功率相等进行放大。

表 6-12-1 列出了在几何相似放大时，分别保持不同搅拌性能参数为常数时，其他一些参数的变化情况。

表 6-12-1 搅拌釜放大时搅拌参数的变化

搅拌性能参数	实验规模 0.019m³	工业规模 2.37m³			
功率消耗(P)	1.0	125	3125	25	0.2
单位体积功率消耗(P/V)	1.0	[1.0]	2.5	0.2	0.0016
转速(N)	1.0	0.34	1.0	0.2	0.04
叶轮直径(D)	1.0	5.0	5.0	5.0	5.0
叶轮排出流量(Q)	1.0	42.5	125	2.5	5.0
单位体积排出流量(Q/V)	1.0	0.34	[1.0]	0.2	0.04
叶端速度(πDN)	1.0	1.7	5.0	[1.0]	0.2
雷诺数($Re=D^2N\rho/\mu$)	1.0	8.5	25.0	5.0	[1.0]
湍流混合时间($\theta_M{}^2$)	1.0	2.94	1.0	5.0	25

从表中可看出，当保持单位体积功率消耗 P/V 为常数时，转速下降，单位体积的排出流量下降，叶端线速度增加，雷诺准数增加。

第6篇

当保持单位体积排出流量 Q/V 为常数时，搅拌器转速也保持常数，使得湍流混合时间不变，但单位体积功率消耗 P/V 随搅拌器直径的平方而大幅度增加，这在实际应用中是不采用的。

若保持叶轮的叶端速度为常数时，则转速及单位体积功率消耗 P/V 都减小，单位体积排出流量显著降低，混合时间显著增长。

若保持雷诺数 Re 为常数时，除单位体积功率消耗 P/V 非常小外，几乎其他所有各参数都降低，显然导致混合时间大幅度地增长，这在搅拌过程放大中是不切实际的、不可采用的。

总之，几何相似放大时，一般情况下，混合时间增长，同时，循环时间的标准方差也增加。此外，大釜中叶轮区的最大剪切速度率增加，而平均剪切速率降低[4]。

12.4 互溶液体混合过程的放大

两种或多种液体进行混合时，大、小釜中循环时间或混合时间的差别应是主要考虑的因素，倘若各种物料间的密度、黏度还存在着较大差异，那么还应注意到过程对釜内剪切速率的要求。

12.4.1 几何相似放大

前已述及，若在几何相似放大中保持混合时间不增长，则单位体积功率消耗需大幅度增加；若保持单位体积功率消耗不变，那么放大后由于搅拌转速降低，混合时间将增长。

工业应用上有采用保持几何相似但适当地降低搅拌转速延长混合时间的方法。例如对于将釜径 0.3m、搅拌器直径为 0.1m 的六叶涡轮、混合时间为 15s 的混合装置放大到直径为 1.8m 的搅拌釜时，可以将混合时间延长两倍即取 45s，相应地将搅拌转速降低为原转速的 1/3，那么，放大前后单位体积功率之比为：

$$\frac{(P/V)_{大}}{(P/V)_{小}}=\left(\frac{N_{大}}{N_{小}}\right)^3\left(\frac{D_{大}}{D_{小}}\right)^2=\left(\frac{1}{3}\right)^3\times\left(\frac{1.8}{0.3}\right)^2=1.33$$

即单位体积功增加了 33%。

12.4.2 非几何相似放大

工业应用上也常常采用非几何相似放大。例如釜高与釜直径比可能要从 0.5 至 2.0 或 2.0 以上变化（相应地调整搅拌桨层数）；搅拌器直径与釜直径之比，从过程效果或经济性考虑可能在 0.3～0.5 间变化。其他还可根据需要改变搅拌器叶片宽度，或调整搅拌器与釜底的距离等。

【例 6-12-1】 工业中已应用的 $14m^3$ 反应釜，釜径 T 为 2440mm，三叶后弯式搅拌器直径 D 为 1270mm，叶片宽度为 165mm，搅拌转速 N 为 $130r\cdot min^{-1}$，釜内物料循环性能较好，能满足过程要求。求反应釜放大至 $50m^3$ 时的尺寸参数及搅拌转速。

已知搅拌器的功率数 $N_P=0.45$，排出流量数 $N_{QD}=0.225$，液体密度按水计算。

解 (1) $14m^3$ 釜内的循环流量及单位体积功率 依据经验式，循环流量数 $N_{QC}=N_{QD}\{1+0.16[(T/D)^2-1]\}=0.225\times\left\{1+0.16\times\left[\left(\frac{2440}{1270}\right)^2-1\right]\right\}=0.32$

循环流量 $Q=N_{QC}ND^3=0.32\times130\times1.27^3=85(m^3\cdot min^{-1})$

釜内循环次数为 $85\div14=6.07(min^{-1})$

功率 $P=N_P\rho N^3D^5=0.45\times1000\times(130/60)^3\times1.27^5=15000(W)=15(kW)$

单位体积功率 $P/V=15/14=1.07(kW\cdot m^{-3})$

(2) 放大　首先，按几何相似放大。

放大比为 $(50/14)^{1/3}\approx1.5$

则釜直径为 $2440\times1.5=3660(mm)$

搅拌器直径为 $1270\times1.5=1905(mm)$

搅拌器叶片宽度为 $165\times1.5=247.5\approx248(mm)$

若取单位体积功率消耗相等为放大准则，求出转速为：

$$N_{max}=\sqrt[3]{\frac{P}{N_P\rho D^5}}=\sqrt[3]{\frac{1.07\times50\times1000}{0.45\times1000\times1.905^5}}=1.68(r\cdot s^{-1})=101r\cdot min^{-1}$$

此时的循环流量应为：

$$Q=N_{QC}ND^3=0.32\times101\times1.905^3=223(m^3\cdot min^{-1})$$

$$\text{则釜内物料循环次数}=223/50=4.5(min^{-1})$$

上述计算表明，若按几何相似放大，保持单位体积功率消耗相等时，循环次数将明显降低，但根据已有生产经验及对反应过程的了解，若保持放大后的搅拌效果，则应保持大、小两反应釜的循环次数接近。为此，可调整几何参数，不保持完全几何相似，以得到满意的过程效果及设备费用、操作费用的良好经济性。

若提高大釜内的物料循环次数，可有多种方案供选择：增加搅拌器直径；增加搅拌转速；增加叶片宽度或增加叶片数目（如三叶改成四叶）等。由于功率与叶片宽度的一次方（或小于一次方）成比例、与搅拌转速的三次方成比例、与搅拌器直径的五次方成比例。所以，在功率增加不太大的情况下，增加叶片宽度是比较有利的，至于将叶片数由三叶改成四叶，可能会对叶片与轴的连接带来一些困难。

若将叶片宽度 248mm 增至 340mm，将搅拌器直径由 1905mm 降低至 1850mm 时，功率数改变为：

$$N_P=0.45\times\frac{340/3660}{165/2440}=0.62$$

对三叶后弯搅拌器，叶片增宽后，功率数 N_P 与排出流量数 N_{QD} 之比将减少为：

$$\frac{N_P}{N_{QD}}=\frac{0.45}{0.225}\times\frac{248}{340}=1.46$$

排出流量准数：

$$N_{QD}=\frac{N_P}{1.46}=\frac{0.62}{1.46}=0.42$$

循环流量数

$$N_{QC}=0.42\times\left\{1+0.16\times\left[\left(\frac{340}{1850}\right)^2-1\right]\right\}=0.36$$

循环流量

$$Q=N_{QC}ND^3=0.36\times101\times1.85^3=230(\mathrm{m^3\cdot min^{-1}})$$

循环次数为

$$230/50=4.6(\mathrm{min^{-1}})$$

$$\text{功率 } P=0.62\times1000\times(101/60)^3\times1.85^5=64000(\mathrm{W})=64(\mathrm{kW})$$

单位体积功率消耗 $P/V=64/50=1.28(\mathrm{kW\cdot m^{-3}})$

可以看出，叶片宽度增至 340mm 时，循环次数则增到 $4.6\mathrm{min^{-1}}$，超过了原 $14\mathrm{m^3}$ 釜内的循环次数。因此，可以通过对叶宽的调整或单位体积功率消耗的调整，来得到相同的循环次数。最终采取哪一种方法，则要根据具体情况定。

12.5 气液分散、液液分散过程的放大

气液搅拌釜放大后，釜内剪切速率的变化影响着气泡尺寸的分布。另外，釜放大后，表观气速通常有增高的趋势。因此，若将单位体积搅拌功率保持相同时，由于大、小釜中搅拌功率与气体膨胀功的相对比例发生变化，也影响到大釜中气泡尺寸分布的方差增大。

还有的研究工作表明[5,6]，若使大、小釜中单位体积功率及表观气速均相同时，大釜中的气含率及气泡平均直径都增大。

一些文献[7,8]指出，若放大时，主要考虑总体积传质系数时，那么在表观气速相同的情况下，通过保持单位体积功率相等，可以达到大、小釜内的传质速率近似相等。

若气液传质仅是过程中的一个阶段的话，那么除了考虑以上因素外，混合效果在总过程中经常是起重要作用的。

对于液液分散过程的放大，除了乳化液本身的分散、凝聚性质以及乳化的稳定剂是否存在等因素外，搅拌釜内与剪切速率有关的参数也都会影响液液分散，如当搅拌桨的叶端线速度过高或搅拌釜内的剪切速率过大时，将导致乳液液滴的凝并。此外，釜内的循环流量及循环时间的标准方差也影响着釜内料液温度及浓度的均匀性和液滴的大小及分布。这些都是放大中要考虑的因素[9]。

如果放大过程的主要目标是保持总体积传质系数相近，而不是主要考虑液滴的尺寸分布，那么剪切速率的变化及循环时间的变化是相对次要的。

许多文献指出，对液液分散的放大，可以采取在几何相似的条件下，保持单位体积功率相等的方法。

有液液分散的研究指出[1]，若要求大、小釜中液滴的 Sauter 平均直径 d_{32} 相等时，可按几何相似，保持单位体积功率相等进行放大；若除要求大、小釜中的液滴 Sauter 平均直径相等外，还要求液滴大小分布的方差相同时，由于在几何相似的条件下，液滴直径方差依釜径的增大而增大，则必须采用改变叶轮直径同釜径比等非几何相似的方法进行放大[10]。

例如将容积为 $15\mathrm{m^3}$ 的聚合釜放大到 $50\mathrm{m^3}$，若保持几何相似及单位体积功率相等进行放大时，则放大后大型搅拌釜内的粒径分布与小型釜内不一致，为解决此问题，采用增大大型釜的叶轮直径（如表 6-12-2 中第 3 种情况），以增大大型釜内叶轮排出流量，使釜内粒径分

布与小型釜内一致[1]。

表 6-12-2 放大前后搅拌参数对比

搅拌参数	V /m^3	H/D	D /m	D/T	N /$r\cdot min^{-1}$	Re	P /kW	ND^3 /$m^3\cdot s^{-1}$	πDN /$m\cdot s^{-1}$
放大前①	15	1.15	1.27	0.52	130	3.50×10^6	11.8	4.44	8.64
放大后②	50	1.15	1.90	0.52	99	5.76×10^6	39.0	11.3	9.84
放大前后比②/①	3.33						3.3	2.55	
放大后③	50	1.15	2.00	0.55	85	5.66×10^6	39.0	14.22	9.84
放大前后比③/①	3.33						3.3	3.2	

除此之外，凡对非均相搅拌操作产生很大影响的因素，在放大时都应加以考虑，例如对于气液或液液体系，当有少量杂质或表面活性物质存在时，其对气泡或液滴的分散程度影响极大。

12.6 固液悬浮过程的放大

在几何相似的条件下，对固液体系颗粒离底悬浮的放大指数有许多不同的报道，倘以单位体积功率形式表示，则：

$$(P/V)_{大}=(P/V)_{小}\left(\frac{T_{大}}{T_{小}}\right)^y \quad (6\text{-}12\text{-}3)$$

式中 y——以单位体积功率表示的放大指数。

不同研究者所测定的 y 值相差很大。放大指数相差较大的原因是各研究工作所用的容器尺寸范围不同，此外，Herringe 的数据表明，放大指数还与悬浮液中颗粒的粒径及固相浓度有关。

有研究者指出，采用叶轮叶片端部线速度不变作为放大规则时，对于带导流筒的搅拌釜并采用可消除死角的特殊形状的釜底时是适用的[11]。

用容器直径由 0.3m 到 1.83m 所做的实验研究得到的结果指出，完全离底悬浮状态下由式(6-12-3) 表示的放大指数为 0.76[12]。

搅拌操作面对多种物系和多种操作目的，在放大中需要依据过程的主要特点或针对搅拌的基本要求选择放大指数，或找出关键的搅拌参数（如循环次数）作为放大准则。假如该参数恰恰是决定过程的基本参数，那么这样的放大就可能是比较成功的，若做不到这一点，则只能通过不同规模的实验来解决。放大过程是一个复杂的过程，分析具体的过程要求，选定适当的放大准则，才能得到较理想的放大效果。

12.7 气液固三相体系的放大

气液固三相体系搅拌反应器的放大是个很复杂的问题，需要同时满足工艺过程对气液分散和固液悬浮提出的要求。对于大部分工艺过程而言，满足气液分散所需的搅拌强度往往要高于固液悬浮所需要的搅拌强度，此时反应器的放大只需要满足气液分散的搅拌强度，可参考前文 12.5 中气液分散的放大。但对于一些密度差很大即固体密度很大（如铁粉等）的三相体系，则需要分别判断气液分散和固液悬浮所需的搅拌强度大小，并取其中的高者进行反应器的放大。气液固三相体系的放大过程可以采用如图 6-12-1 所示的思路进行。

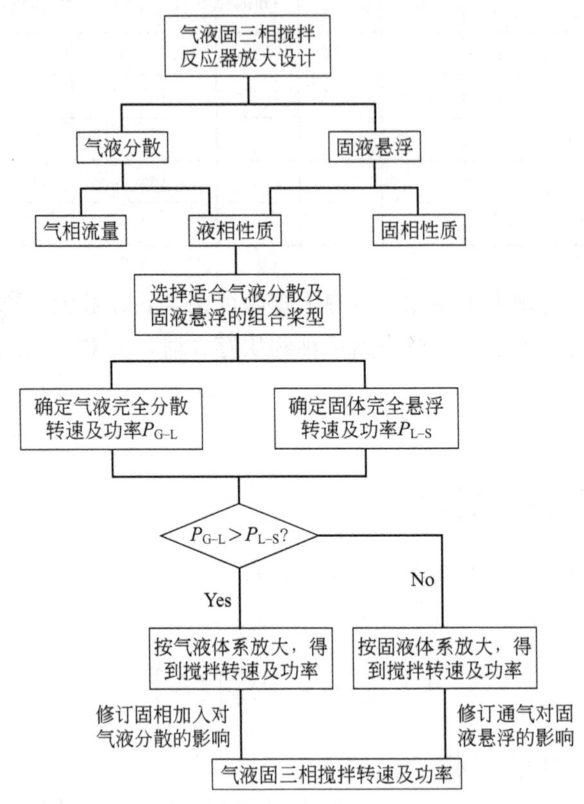

图 6-12-1 气液固三相反应器的放大思路

在气液固三相反应器中同时存在气相、液相和固相三种相态，而搅拌的作用需兼顾良好的气液分散及固液悬浮过程。针对气液分散过程而言，可依据通气流量的大小来选择适宜于气体分散的搅拌桨型，并依据气液分散研究得到的气含率、气液传质性能及通气功率数等关联式，计算出满足气液分散要求的搅拌转速及搅拌功率 P_{G-L}；而对于三相体系中的固液悬浮需求，则需要根据固、液两相的性质，包括固体颗粒的粒度、密度及与液相的密度差、固相的含量等确定出满足固液悬浮要求所需的搅拌转速及搅拌功率 P_{L-S}。可以根据前面所述的各项固液（临界或均匀）悬浮转速的计算式进行相应的计算。

对比三相体系中，采用适宜的搅拌桨型计算所得的气液分散所需功率 P_{G-L}及固液悬浮所需功率 P_{L-S}的相对大小。如果 P_{G-L}大于 P_{L-S}，则说明气液分散所需功率高于固液悬浮所需功率，体系中的气液分散过程为三相搅拌设计的关键设计依据，可按照前面所述气液分散过程进行放大设计，得到所需的搅拌转速及搅拌功率；但需要修订由于固体加入，对气液分散特性的影响，包括通气功率、气含率、气液传质性能等。经修订可以得到气液固三相体系经放大后的搅拌转速及功率。

如果 P_{L-S}大于 P_{G-L}，则说明固液悬浮所需功率高于气液分散所需功率，体系中的固液悬浮过程为三相搅拌设计的关键依据，可按照前面所述固液悬浮过程进行放大设计，得到所需的搅拌转速及搅拌功率；但需要修订由于通入气体，对固液悬浮过程的影响，尤其是需注意，通入气体会导致下沉颗粒固液悬浮转速及所需功率的大幅度提高。经修订也可以得到气液固三相体系经放大后的搅拌转速及功率。

参考文献

[1] Hicks R W, Morton J R, Fenic J G. Chem Eng, 1976, 26: 102-110.
[2] Gates L E, Morton J R, Fondy P L. Chem Eng, 1976, 24: 144-150.
[3] Hicks R W, Gates L E. Chem Eng, 1976, 19: 141-148.
[4] Oldshue J Y. Meeting of AIChE. USA: 1992.
[5] 张志兵．气液搅拌反应器中的混合技术与应用．上海：华东理工大学，1987.
[6] 高正明．搅拌槽内气-液分散特性及流体力学性能的研究．北京：北京化工大学，1992.
[7] Rautzen R R, Corpstein R R, Dickey D S. Chem Eng, 1976, 25: 119-126.
[8] Smith J M, Middleton J C, Vant Riet K. Proc 2nd Eur Conf On Mixing. UK: 1977.
[9] Kai W, Lianfang F. 7th European Conference on Mixing. 595, Brugge, Belgium: 1991.
[10] 张燕敏，王英琛，林猛流，等．化工学报，1989，(1)：118-122.
[11] Bourne J R, Sharma R N. Proc of the 1st European Conf On Mixing and Separation. UK: 1974.
[12] Chapman C M. Studies of gas-liquid-particle mixing in stirred vessels. London:University of London, 1981.

第6篇

13

混合过程强化新技术

13.1 动静转子混合技术

13.1.1 动静转子反应器的原理

动静转子混合技术是利用连续转子-定子混合器（Continuous-Rotor-Stator mixer，CRS）实现对两种或多种固液、气液及不同黏度的液液物料进行搅拌、混合、分散甚至溶解的高效率高剪切混合技术。CRS一般是由一个有槽定子和贴近该定子回转的一个转子组成，主要工作部件为一级或多级相互啮合的转子和定子，二者间距通常小于1mm。随着转子的高速旋转，在转子与定子之间的狭小间隙内瞬间产生高达$10^4 \sim 10^5 s^{-1}$的剪切速率，整个混合腔内则形成强烈的曳力剪切、湍流和空穴，使物料在离心、挤压、剪切和碰撞等共同作用下得到充分的分散、乳化和破碎[1~4]。由于它具有高速、高剪切混合特性，因此被广泛应用于快速破碎、分散、溶解、乳化和均质化等工业。

13.1.2 动静转子反应器

典型的CRS混合室结构示意图如图6-13-1所示，其主体部件主要包含流体入口、出口、转子、定子核心部件及蜗壳等。转子为内外双层六齿结构，定子和转子结构如图6-13-2所示，其中转子与定子内直径的间隙为0.5mm。定子为单排结构，共有24个开孔。CRS在高速运转下，在定子转子处形成负压区，物料被吸入混合器，另一股物料则由电磁计量泵输送入混合器，两者在CRS内进行快速混合及反应。

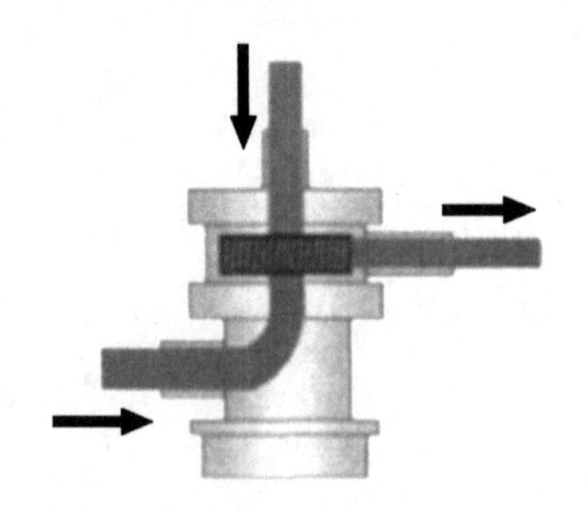

图 6-13-1 典型的CRS混合室结构示意图

13.1.3 研究方法

转子-定子混合器作为新型反应器，拥有众多优点，应用越来越广泛。目前对转子-定子

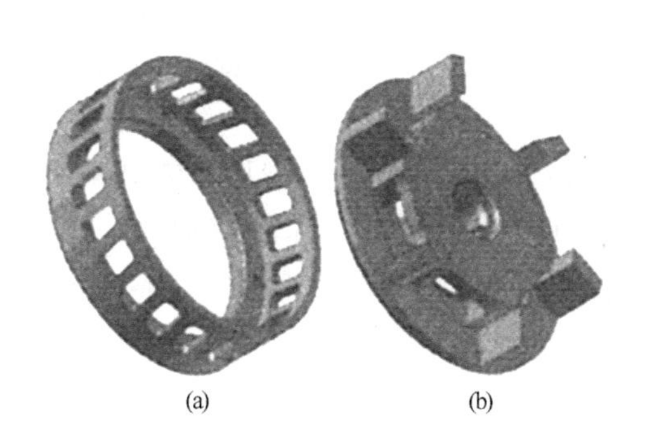

图 6-13-2 定子（a）和转子（b）结构图

混合器的研究主要集中在如下方面：针对不同结构的定子，采用不同黏度的牛顿流体及假塑性非牛顿流体作为工作介质，对连续高速分散混合器（CRS）内的流体力学性能进行系统的研究，例如研究 CRS 的功率特性、流体的表观 Kolmogorov 尺度；着重考察加料时间、转子转速、定子结构等因素对产物分布的影响规律。BHR Group 在 20 世纪 80 年代末开始对 CRS 进行系统的研究和设计，重点研究了功率消耗的测量，停留时间分布的实验，低黏度下定转子设备里的反应混合特性。对多相系统和高黏度体系也做了一部分研究[5]。

J. R. Bourne 研究了 CRS 内的微观混合，选择反应体系萘酚与对氨基苯磺酸重氮盐的偶合反应。混合器在小的容器里面能产生局部高强度的湍流从而大大促进了微观混合。为了利用定子转子间隙处的高能量耗散率，进料点必须处于或充分接近该间隙，但很难做到。在进行放大时，以转子末端速度作为放大准则要优于以单位体积的能量消耗作为放大准则[6]。

张占元[7]、董强[8]等人研究了连续高速分散混合器（CRS）内的流体力学性能和操作条件对混合效果的影响，相关参数的影响规律有以下总结：

（1）功率特性 在 CRS 的研究中，在研究单层转子系统时，有三种定义雷诺数的方法。第一种参考传统搅拌混合器中 Re 的定义：

$$Re=Nd^2/v \tag{6-13-1}$$

第二种考虑转子和定子之间的间隙 δ_{gap} 和转子外端的线速度 v_{tip} 的影响：

$$Re=v_{tip}\delta_{gap}/v \tag{6-13-2}$$

其中特征长度选择转子和定子之间的间隙。

第三种则同时考虑内外两层转子的作用，并充分考虑到转子和定子之间的间隙对能量耗散的作用，将雷诺数 Re 定义如下：

$$Re=ND\delta_{gap}/v, \quad D=(d_1+d_2)/2 \tag{6-13-3}$$

通过对功率消耗的分析，研究发现定子开孔率越大，孔间距越大，转子—定子间间隙越大，则功率数就越小。相关关联式为：

$$N_P=4.3Re^{-1.5}\varphi^{-0.2}(\delta_{gap}/D)^{-0.2} \tag{6-13-4}$$

（2）表观 Kolmogorov 尺度 随着雷诺数的增加，表观 Kolmogorov 尺度平均值减小，搅拌槽中的表观 Kolmogorov 尺度一般在 10～100μm，而 CRS 中的表观 Kolmogorov 尺度在 1～10μm 的范围内，比传统的搅拌反应器小一个数量级，因此 CRS 内的微观混合时间远小于搅拌反应器。

(3) 微观混合时间 根据 Kolmogorov 湍流理论，微观混合特征时间与 Kolmogorov 尺度近似成线性关系[9]，CRS 内的可达 10^3 W·kg^{-1} 数量级，远高于搅拌槽的值（为 0.1～10W·kg^{-1}）。CRS 内微观混合时间在 0.1ms 数量级，而搅拌槽反应器微观混合时间为 1～200ms，表明 CRS 具有优异的微观混合性能。

13.1.4 应用

在聚合、制药、化工等工业过程中伴有非常复杂的快速反应，如聚合反应、沉淀反应等，其产品质量与反应器内的混合状况特别是微观混合状况密切相关。为了提高产物的转化率，改善产品质量，应选择适合这些反应过程的反应器。CRS 能够产生局部的高能量耗散率并且有很短的停留时间[4]，对于快速复杂反应具有很好的应用前景。

尽管 CRS 最常见的是被当作一个独立的设备来用，但是它也可以与其他搅拌装置（如低速锚-桨复合式搅拌器和高速分散器）联用。这样的组合式混合设备的处理能力范围很宽，最低可低到几升，最高可达数千升。CRS 在这种配置中能够使混合循环时间缩短，并且一般还能使多搅拌混合装置在生产线上的应用更加灵活多样[10]。

另外一种设计布局是将 CRS 当作预混器来使用。例如，将一台 CRS 安装在制粉操作系统的上游，则由于颗粒在进入制粉机之前已经被 CRS 破碎过，因此就相应减少了后面的磨粉时间。与研磨机和均质器等设备相比，转子-定子混合器价格相对较低，也更节能。因此，在预混阶段使用它能够显著降低处理费用，并增加产能。

CRS 的设计型式有多种，其中包括较为成熟的间歇式单级设备和低齿形混合装置。间歇单级式 CRS 中，转子是在浸没于间歇式混合容器里面的一个静止不动的定子内高速旋转的。当转子的齿片经过定子的缝隙时，就把物料高速驱赶到周围的混合料中。这些齿片同时也把颗粒和液滴分开，并迅速将固体研磨，将液滴进行水力剪切。随着物料被快速驱赶，更多的物料被从下面吸到转子-定子组合装置内，促进了物料的连续流动和彻底混合。其优点在于它具有剧烈的机械和水力剪切能力，在低黏度混合料中能产生高的流速。混合循环周期通常只有桨叶和叶轮式混合器的一半。这类混合器可以代替高速分散器，用于要求迅速将颗粒或液滴尺寸降低到 4～10μm 范围的场合。典型应用包括洗涤用品、涂料、油墨、染料、橡胶和高聚物溶液的加工配制等。

低齿形 CRS 是新一代 CRS 的代表，具有更强的剪切效果，从而能够产生可以和更昂贵的胶体磨和均质器相比拟的分散和乳化效果。其转子和定子是由许多排同轴的相互啮合的齿片构成的。混合物料被从中心送入，通过转子-定子齿片间的径向通道向外运动。当物料经过每排齿片时，受到剧烈的机械和水力剪切，且物料每通过一次，会经过很多次剪切过程。通常胶体磨和均质器的输出速率都较低，仅为 10～20L·min^{-1}，而一台同样功率的低齿形 CRS 却能达到 10 倍以上的产能。低齿形 CRS 适用于为达到期望的产品稳定性、外观和结构，而要求颗粒或液滴尺寸达到亚微米级水平的生产过程中。当然与所有的转子-定子设计一样，低齿形 CRS 的高剪切速率的实现也是以牺牲部分抽吸能力为代价的。

13.2 高速撞击流混合技术

13.2.1 撞击流技术原理

撞击流是一种特殊的流动形态，由苏联学者 Elperin[11] 于 1961 年首次提出，但这门技术的出现最早可以追溯到 1953 年 Koppers-Totzek 粉煤气化炉的应用[12]。现在工业上应用的撞击流反应器，大多数是为了强化传递过程，特别是相间传递。

撞击流反应器内的湍流是滞止湍流[13,14]，产生湍流的主要原因区别于一般流动的湍流。其基本原理（图 6-13-3）是两股或多股流体沿着同一轴线上相向流动，充分加速后发生撞击，撞击后轴向速度转变为脉动速度，产生一个强烈湍动的狭长区域，即撞击区域。撞击区域是一个高度湍动的区域，接触物料的表面不断更新，相间接触面积增大和传质阻力减小，这些特性为动量、热量及质量传递和强化创造了良好的环境条件。

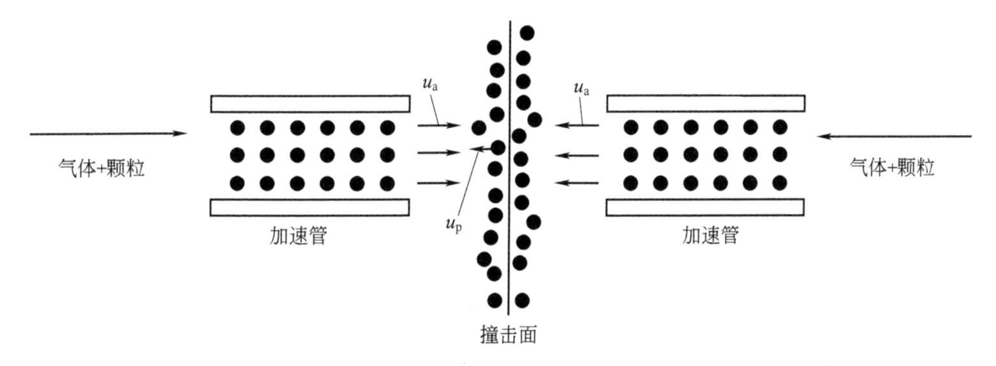

图 6-13-3 撞击流原理

因撞击作用而导致的高度湍动和极大的相间相对速度为传递过程的强化提供了极好的条件。撞击流主要在如下几个方面使传递过程得以强化：

① 渗透进入反向流体中的粒子和反向流体之间的相对速度很大，相对速度如下：

$$u_r = u_p - (-u_a) = u_p + u_a \tag{6-13-5}$$

可达流速的两倍，大大减小了传质阻力。

② 气液或是液液体系中，撞击区域发生的剧烈撞击可导致微团的破碎，从而增大流体微团的接触表面积并加快其表面更新，进而增大传递系数、传递速率而强化传质。

③ 两股相向流动的流体经加速后高速碰撞，在混合腔内产生强烈的湍动，粒子在撞击区内由于惯性作用往复运动，强化传递和混合过程。

撞击流装置本身一般包含加速管和撞击腔两个部分。加速管为流体提供高流速，然后进入到撞击腔内撞击。撞击流装置结构中的流体的撞击方式有很多种，主要有横向（或是纵向）同轴（或是不同轴）撞击流，以及切向撞击流等，如图 6-13-4 所示。

13.2.2 撞击流的特性

撞击流的基本性质与特性影响决定着工业应用上的方向与途径，撞击流形式的主要特性和基本性质有如下几个方面[15]：

① 中等的流体阻力。实现撞击流对撞的前提是对流体输入能量进行加速，尤其是黏度

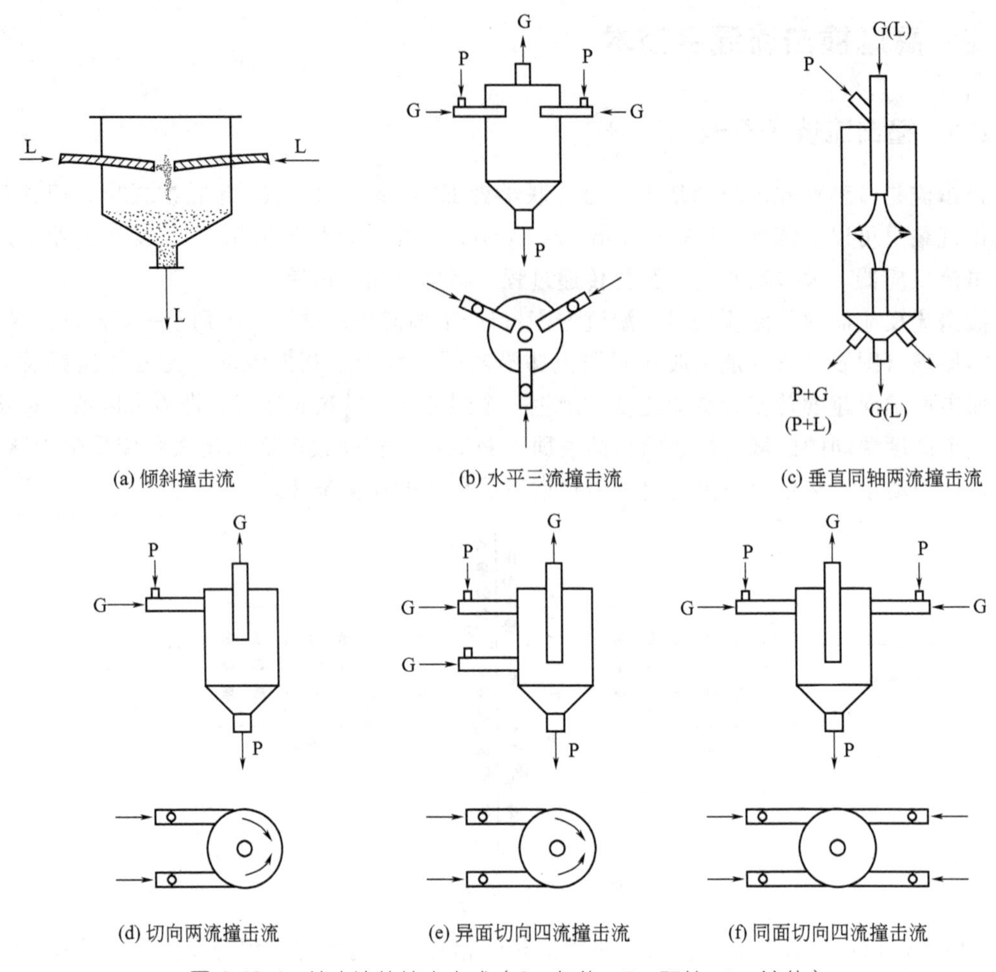

(a) 倾斜撞击流　(b) 水平三流撞击流　(c) 垂直同轴两流撞击流

(d) 切向两流撞击流　(e) 异面切向四流撞击流　(f) 同面切向四流撞击流

图 6-13-4 撞击流的撞击方式（G—气体；P—颗粒；L—液体）

高的流体实现高速流动对撞更需要较高的能量，同时还要克服管道阻力，如管道粗糙度、突然变大或者缩小等。最后喷嘴结构和两股对撞产生的局部阻力，也会造成动力能量消耗。

② 撞击腔内混合强烈。撞击区域剧烈混合是撞击流最主要和最重要的特点。高速流动的两股流体在狭小的空间内剧烈混合，会产生一个拥有较大脉动速度与湍流动能的区域。

③ 较高的传递系数。相间传递是工业生产过程中的一个重要方面，撞击流可以显著强化相间传递效果。研究表明撞击混合区域的传递系数远远高于甚至数十倍于传统传递装置。撞击流可以极大地强化相间传递，所以也成为强化传递过程的最有效的途径之一。

④ 较短的停留时间。反应器的停留时间决定了其应用广度及深度。撞击流这种固有的结构型式使得无论哪种反应物或者反应体系的停留时间都较短，尤其在混合强烈的撞击区域。由于任何化学反应都需要在一定的时间内进行，导致撞击流仅适用于瞬间或者快速反应而不适用于慢反应，这在一定程度上限制了撞击流的工业应用。

13.2.3 撞击流技术的研究

撞击流概念提出后，众多研究者对其进行了基础理论和实际工业应用方面的探索研究。撞击流的研究过程大概可以划分为三个时期。

第一阶段为1961年提出概念至20世纪70年代的撞击流技术研究。苏联学者Elperin首次提出撞击流概念并阐述其基本原理，研究重点是以气体为连续相的撞击流形式，广泛引起了化工界关注，然而基本没有实现工业应用。

第二阶段为20世纪70年代中期至90年代前期。以色列的Tamir[16]及其所在科研团队对撞击流的研究工作做了系统总结，研究对象主要还是以气体为连续相，以液体为连续相的研究还不够深入，仍然基本没有工业应用。

第三阶段为20世纪90年代中期一直持续到现在。撞击流形式的研究领域扩大到液体，使得撞击流的有效应用领域大大扩展。此外由于液体连续相撞击流具有较好的微观混合效果与反应表现，在促进分子尺度上的混合程度上有较大的提高，因此撞击流也转向化学快速反应等方面。

撞击流的流动特性包括流场流型、平均速度、脉动速度、湍流动能和驻点位置变化等性质，是撞击流这类特殊流动形式中最重要、最明显的性质。对撞击流传递流动特性机理的研究讨论，可以了解撞击流反应器内的混合过程机理，并且为推广应用撞击流反应器提供数据支持和理论指导，因此具有非常重要的作用。

国外研究者采用先进的测试手段对多种撞击流反应器内的流场进行了研究，Hoffmann[17]利用 μ-PIV 和 μ-LIF 技术研究T型撞击流的速度和浓度分布。Liu、Fox[18]利用 microPIV 研究平面循环撞击流反应器的流动特性。北京化工大学流体混合与反应器研究室利用PIV技术[19,20]研究高湍动的液体连续撞击流的流动特性，包括喷嘴直径、上方受限空间等等因素对撞击流流场的影响规律，撞击轴线上的速度分布，撞击面稳定性的影响规律，轴向速度分布的影响和撞击驻点位置偏移规律等。

13.2.4 撞击流的应用

撞击流凭借其对传递过程的强化特性，在相关领域得到了广泛的应用。

(1) 撞击流干燥 撞击流具有极强的相间传递效果与较高的传递系数，在粒子干燥方面也越来越得到重视。然而撞击流的停留时间很短，单次干燥难以脱去所有水分，大大限制了撞击流在干燥过程中的应用。伍沅等[21]设计开发了一种连续操作循环撞击流干燥机，利用物料循环延长了干燥过程的停留时间，缓和了撞击流停留时间段的局限性，得到了较好的干燥结果。

(2) 撞击流燃烧 撞击流具有较高的传递系数，两股流体在接触时比表面积增大，在气体燃烧、固体燃烧等方面发挥了重要作用，其中1952年就投入生产的Koppers-Totzek粉煤气化炉[12]就是应用这一方面典型的例子。燃烧反应发生在两流体的撞击面上，极大地提高了粉煤的燃烧效率。

(3) 撞击流萃取 撞击流反应器由于具有传递系数高、混合剧烈等特性，在萃取过程中也发挥着越来越重要的作用。以色列的Tamir[22]设计了一种应用于液液萃取过程的撞击流装置，实验结果表明其传递系数要比传统萃取装置高几个数量级。

(4) 撞击流制备超细粉体 撞击流具有传质效率较高和微观混合性能优越等特点，可以使反应体系获得均匀的过饱和度，制备出粒径小和粒径区域分布窄的超细粉体。撞击流的停留时间较短，只适合快速反应，目前已开发出了卧式和立式浸没循环撞击流反应器等专有设备。液体连续相撞击流已经成功制备出白炭黑、纳米二氧化铁和纳米铜粉等超细粉体。

此外撞击流在气体金属提取[23]、结晶[24]、生物反应方面[25,26]都有着广泛的应用前景。

撞击流的微观混合和传递性能突出，对于大多数过程能够起到强化的作用。然而混合腔的停留时间较短限制撞击流反应器发展，因此应用过程中要着重突出它的长处，利用撞击流的基本原理联系工业实际，更好地加快它的工业化应用。

13.3 微通道混合技术

13.3.1 微通道混合技术的原理及特点

微通道混合技术是一种使反应在借助于微加工技术和精密加工技术、以固体基质制造的带有微结构的可用于化学反应的三维结构元件中进行的技术[27]。微通道反应器内流体的通道或者分散尺度在微米量级，同时因其内部流体的流动尺度在1～1000μm范围内，故其流体亦被称为微流体。

相对于常规釜式反应器，微通道反应器内流体的流动和分散尺度要小1～2个数量级，然而相对于化学反应为分子尺度上的反应而言，微通道反应器尺度仍很大，故而微通道反应器并没有改变化学反应机理以及反应的本征动力学特征，而是通过改变流体的质量传递、热量传递以及流动特性来强化化工反应过程[28]。流动和分散尺度的降低使得微通道反应器具有一系列其他反应器没有的特点。

(1) 微流体间的作用力以及多相流流型 相对于常规反应设备，微通道反应器内影响多相流的作用力发生了一定的变化。在微尺度范围内，多相流之间的黏性力以及界面张力为主要作用力，而重力作用则相对较弱。因为该尺度下，重力的作用力比如上两个作用力小1～5个数量级[29]。因为尺度限制，使得微通道反应器内并不能添加动力输入设备如搅拌桨等，故而微通道反应器内液滴与气泡的破碎、聚并均主要取决于惯性力、黏性力和界面张力等作用。

同时在均相体系中，小通量的微通道反应器内多以层流为主，在大通量的微通道反应器情况下可以在较高的流速下获得湍流。与传统的开放式反应器不同，微通道反应器内的流体被局限于一个狭小的空间，微通道的结构以及其内部构件能为反应器腔内提供丰富的流型。不同流型将带来不同的流场情况，将显著影响着反应器内的反应过程。在微通道反应器内通道壁面对流体的摩擦和限制作用，使得反应器内存在强烈的内循环和二次流流动，这将极大地提高反应物之间的混合过程[30]。

(2) 大比表面积以及大比相界面积 在微通道反应器内，由于其内部通道尺度的缩小，比表面面积以及比相界面积得以极大地提高。如当通道尺度在100～1000μm范围内，比表面积可以达到4000～40000$m^2 \cdot m^{-3}$，而常规尺度反应器比表面积一般在100～1000$m^2 \cdot m^{-3}$。如此高值的比表面积使得微通道反应器的传热系数可达到25$kW \cdot m^{-2} \cdot K^{-1}$，反应物和产物能够快速被加热和冷却。微通道反应器内的化学反应能够在拟等温条件下进行，从而避免了反应器的积累、热点现象，最终提高了化学反应的转化率、选择性以及产品的质量。这对设计中间产物和热不稳定产物的反应具有重要意义。因此微通道反应器被用于强放热和吸热反应过程[31]。

同时，对于气液体系而言，当流体特征尺度在50～500μm范围内，理论上微流体的比相界面积可达到2000～20000$m^2 \cdot m^{-3}$，而传统鼓泡塔的比相界面积仅能达到100$m^2 \cdot m^{-3}$左右，相较于常规设备比相界面积大1～2个数量级。流体比相界面积的增加对多相反应以及传质过程极为有利，故而微通道反应器内可实现多相体系内的高效传质过程。

(3) 良好的安全性和可靠性 微通道反应器的尺度小，使得反应器内传质和传热速率快，能够及时将强放热过程产生的大量热量移走，故而能够避免反应器内的“飞温”现象；对于易爆化学反应，因微通道反应器的通道尺寸在微米级范围内，能够有效地阻断反应，使得这一类反应能在爆炸极限内平稳进行；同时对于有毒有害化学反应体系，在微通道反应器中进行反应，即使发生泄漏也仅为少量，而微反应器内的体积小，故而泄漏量很小，不会对周围环境和人体造成严重的危害，同时也可以在不暂停整个操作过程的情况下，对相应出现泄漏的反应器进行更换，减少生产过程中的成本。

(4) 直接并行放大 微通道反应器系统内的每组通道均相当于一个独立的反应器，故而反应器放大过程即为多通道数目的几何叠加过程（numbering-up）。通常情况下，微通道反应器放大分为两个放大模式：横向和纵向放大模式[32]。横向放大模式为单一反应芯片上对微通道的数目进行叠加，结构进行优化；纵向放大模式为多个反应芯片间的排列和叠加。通过如上两个层次的放大过程可以节约微通道反应器系统的研发时间与成本，可快速实现科研成果的产业化。

13.3.2 微通道反应器

微通道反应器为目前应用较为广泛的微反应器，可以通过光刻、蚀刻以及精密的机械加工方法在硅片、玻璃、聚甲基丙烯酸甲酯（PMMA）等材料中制造尺寸各异的微通道反应器，如图 6-13-5 所示。毛细管微反应器[33]是一种结构上与微通道反应器极为类似的反应器，如图 6-13-6 所示。与方形微通道反应器不同的是毛细管微反应器的横截面为圆形，且毛细管在该反应器上的使用使得毛细管微反应器的加工成本更为低廉。操作过程中，可以通过毛细管内径的变化调控流体的流动形式和分散尺度，通过毛细管的长度来调节整个反应过程的停留时间。

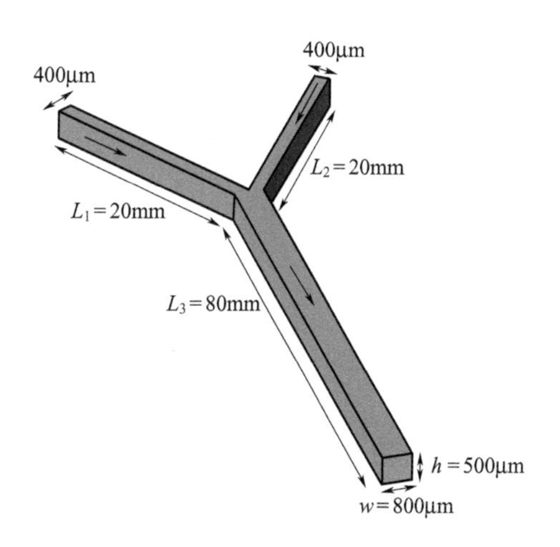

图 6-13-5 典型微通道反应器

13.3.3 应用

微通道反应器因其处理量偏小，达不到工业生产要求，故在化工工业生产过程没有广泛地使用。其应用主要有以下两个方面：

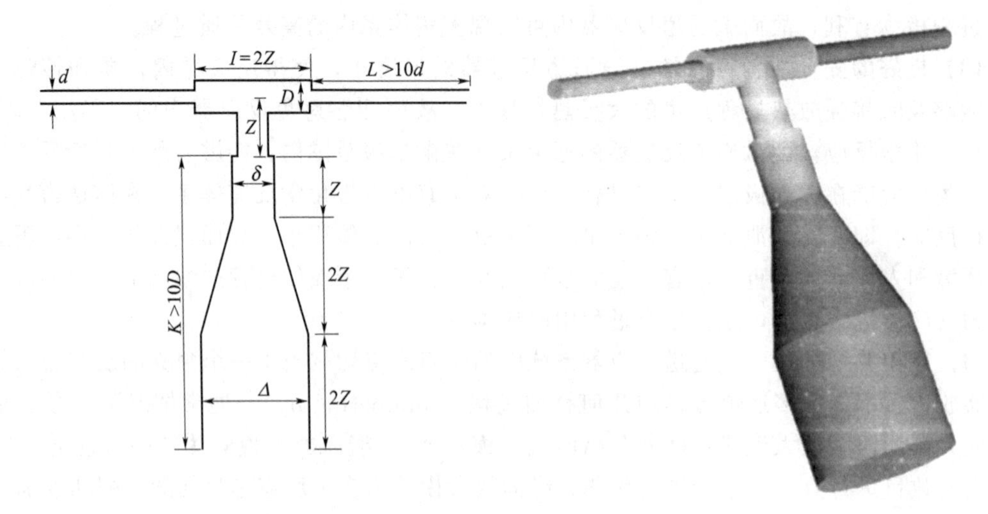

图 6-13-6 毛细管微反应器

(1) 基础研究平台 微通道反应器作为一种性能良好的反应设备，是化学、生物等基础科学研究的良好工具。微通道反应器反应体积小、混合迅速、稳定性高的特点将极大地减少反应物以及催化剂的使用，可以有效地降低实验成本，提高实验效率特别是实验过程中需要使用昂贵的药品；对于具有一定危险性的实验，微反应可以减少危险药品的使用，提高实验过程的安全性。同时可以对反应条件进行比较精准的控制，如在短时间内完成反应体系的升温和降温过程，可以使整个反应过程在一个较为平稳安全的环境中进行。

(2) 纳米颗粒的制备 微通道反应器内具有良好的均相、非均相的混合性能，在微通道反应器内可以达到毫秒级别的快速均匀混合，极快地混合沉淀反应的物料，在反应器内实现过饱和状态，对制备性能优异的纳米颗粒反应非常重要。研究表明利用微通道反应器制备纳米颗粒，在选择适当的表面活性剂和合适的微乳液下，可以得到粒径小且分散均匀的纳米颗粒。

13.4 旋转填充床混合技术

13.4.1 旋转填充床技术的原理

超重力指的是在超出地球重力加速度的环境下，附加在物体上的力的作用。英国帝国化学公司（ICI）的科学家 Colin Ramshaw 教授等人在外太空中考察微重力场对化工分离单元操作的影响效应的实验项目，微重力场对于传质过程的弱化作用被证实后，Colin Ramshaw 教授等人逆向思考，提出了重力因数的增加有可能加大不同相间的相对运动速度，有利于强化传质的设想。在受上述思路启发后，以 Ramshaw 教授为首的课题组采用外加重力场的方式，设计出了新型的传质分离设备，该设备可以产生 200～1000 倍重力加速度的超重力环境。在超重力环境下完成的传质分离实验结果表明，该设备的传质单元高度仅为传统塔式设备的十分之一至百分之一，在该设备中进行的传质过程被大大强化。在接下来的几年中，课题组在原有设备雏形的基础上进行了不断的改进和完善，并最终开发出了超重力旋转填充床（Rotating Packed Bed，RPB）[34]，用以强化传质过程，并于 1979 年申请了多项被称为

"HIGEE"的专利，如图 6-13-7 所示。在其工作的成果被报道后，国内外众多学者投入到超重力技术的研究工作当中[35,36]。

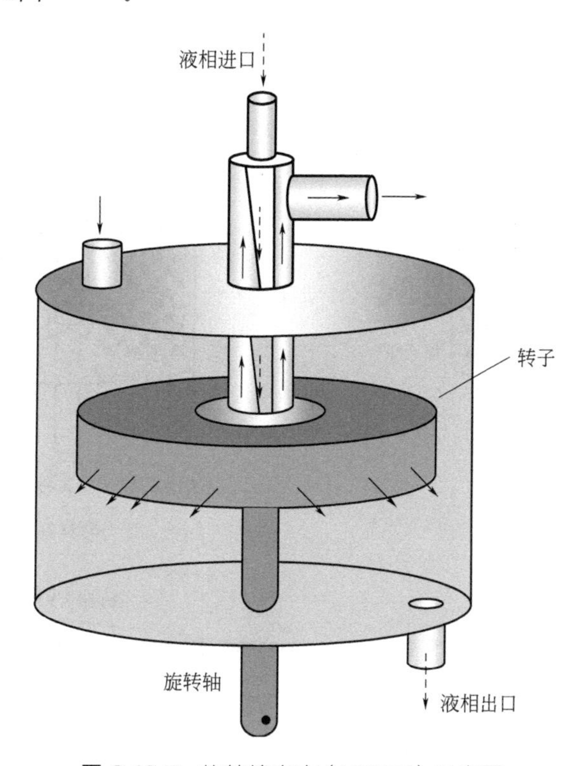

图 6-13-7 旋转填充床（HIGEE）示意图

13.4.2 旋转填充床反应器

旋转填充床的结构一般有立式和卧式两种，如图 6-13-8 所示。其基本结构主要都是由固定的圆形外壳和内部圆环状的转子组成，核心部分是转子，转子有不同的结构型式，一般由多孔填料构成，通过转轴与电机连接，以每分钟数百转至数千转的速度旋转，其主要作用是固定和带动填料旋转，实现良好的气液接触和微观混合。根据操作方式，旋转填充床又可

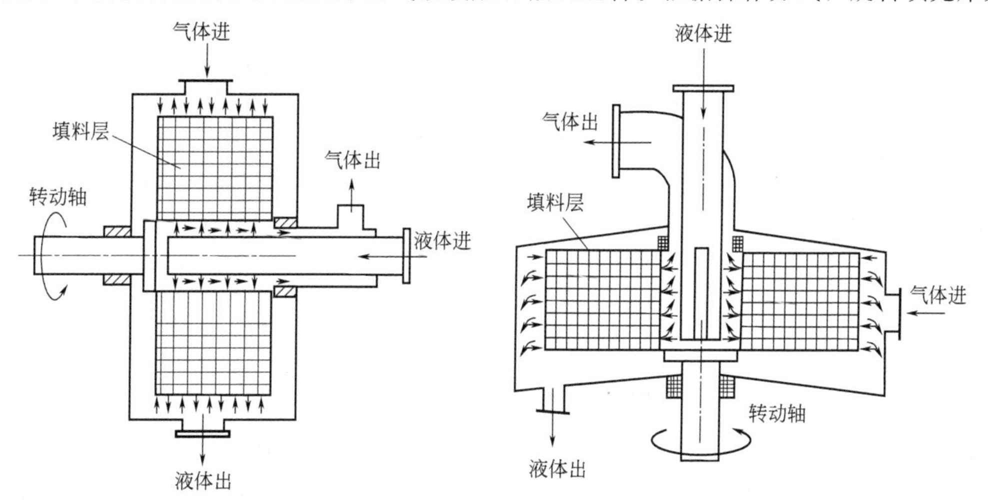

图 6-13-8 立式和卧式旋转填充床

分为逆流和错流，如图 6-13-9 所示。按照是否有填料，可分为填料床和非填料床，如图6-13-10所示。

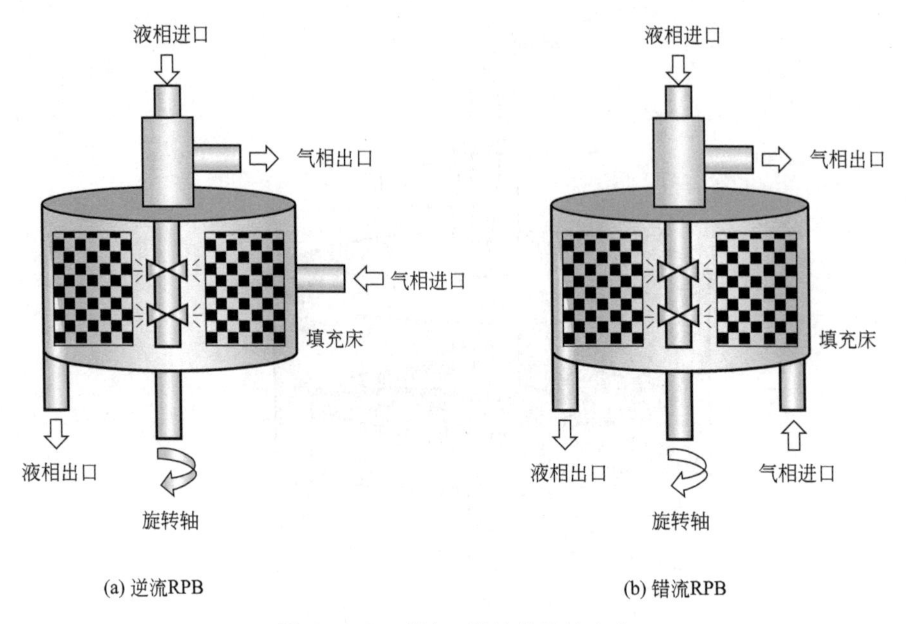

(a) 逆流RPB (b) 错流RPB

图 6-13-9 逆流和错流旋转填充床

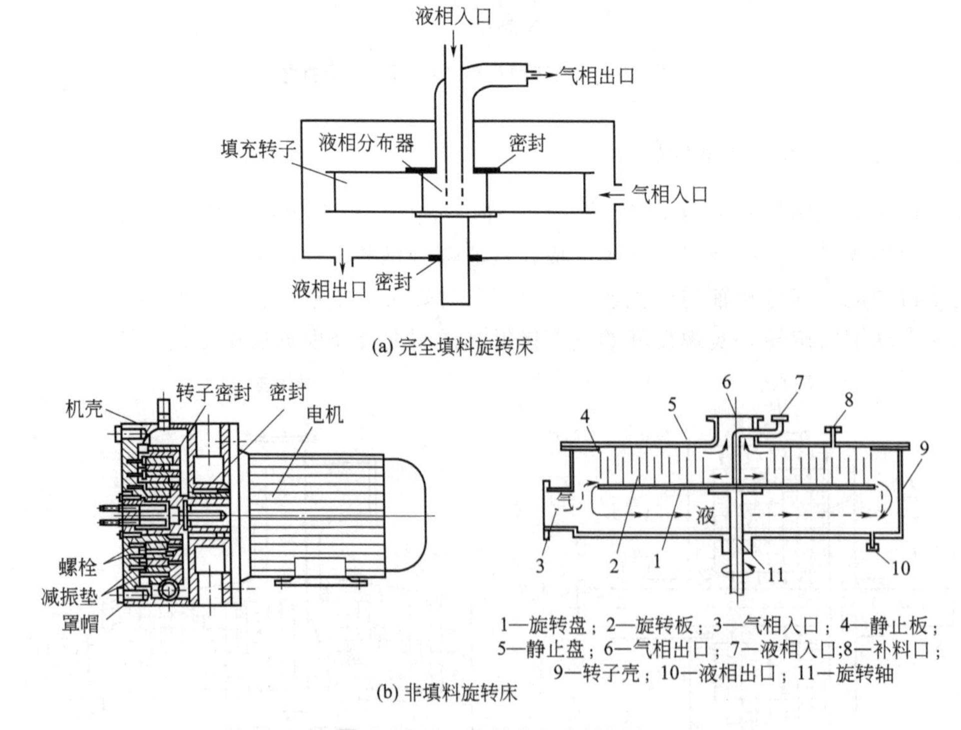

(a) 完全填料旋转床

(b) 非填料旋转床

图 6-13-10 填料床和非填料床

旋转填充床的主要目的在于过程强化，因此，具有显著特征和优势：

① 极大地强化微观混合，高强度进行传质，大大减小设备体积与投资；

② 物料停留时间短，持液量小；

③ 摆脱了重力场的影响，开停车操作简单，能在几分钟内达到稳定操作；
④ 设备具有自清洗作用，不易被沉积物堵塞；
⑤ 不怕震动和倾斜；
⑥ 对物系适用范围广。

13.4.3 旋转填充床的研究

对旋转填充床的研究主要是从传质和流体力学两方面进行。

在传质的研究中，旋转填充床广泛应用于脱硫、水脱氧等气液传递过程，相对于传统反应器，其优势在两个方面：旋转的丝网使液体高度分散，得到极大的气液有效比表面积；液体在旋转床的丝网之间快速流动，液相表面迅速更新，得到较大的传质系数。上述两个因素都能提高液相体积传质系数。早期研究者，如 Keyvally 和 Gardner[37]，Kumar 和 Rao[38]对旋转床内 CO_2＋H_2O 体系的液相总体积传质系数进行了研究。由于缺少液体在填料上流动的基础数据，只能将 a 和 k_L一起处理，随着研究的深入，后来的研究者对 a 和 k_L分开进行了研究。

在流体力学的研究中，对旋转填充床内的研究主要涉及液体在填料层内的流动状况、填料表面液膜厚度、填料空间内的液滴直径、空腔区流动状况、持液量、气体压降、停留时间分布等方面。从已发表的国内外文献看，旋转填充床流体力学的研究覆盖气相压降、液泛、持液量、停留时间分布、液体在床层中的流动状况及填料表面液膜厚度等几个方面。

(1) 填料表面液膜厚度 Munjal 等[39]通过求解旋转圆盘与旋转桨叶上液膜内流场得到填料表面液膜厚度。其计算结果表明，填料上的液膜非常薄（0.1mm 以下）。Hao[40]从 Navier-Stokes 方程出发，推导出旋转圆盘上液膜厚度的关联式，并将其应用于多孔填料中。

(2) 气相压降 Kumar[41]对旋转填充床气相压降进行了模拟。他认为压降由离心力产生的压降、摩擦力产生的压降、气相速度改变引起的压降三个部分组成。

(3) 旋转填充床中的液泛现象 Munjal 等[42]认为，旋转床中出现液泛的标志是：①在转子的中心出现雾状液滴；②大量液体从气体出口管喷出；③气体压降急剧增加。

(4) 旋转填充床持液量 A. Basic 和 M. P. Dudukovic[43]利用 Prost 和 Legoff 及 Achwal 和 Stopanok 提出的电导测量填料层持液量的方法实测了旋转床持液量。同时，他们还建立了关于持液量的理论模型，推导出持液量的计算式。

13.4.4 旋转填充床的应用

(1) 旋转填充床精馏 利用超重力环境下高度强化的传质过程和微观混合过程特性，可以将往往高达几十米的精馏塔用直径不到 2m 的超重力机代替，大大降低了生产成本。目前，随着现代化产业规模的不断扩大，精馏技术的发展受到了传统的精馏技术中设备体积过大、经济投资大、能耗多等因素的限制，而旋转填充床应用在精馏分离方面的技术可以将气液传质单元撕裂成微米甚至纳米级的液膜或者液丝，这样使得气液传质是在几十倍于重力的超重力场中进行，相界面的更新速度、传质效率比传统的精馏技术和设备提高 1～2 个数量级，气液两相接触面积得到增大。甲醇-水超重力精馏装置见图 6-3-11。

(2) 旋转填充床脱硫技术 北京化工大学与淄博硫酸厂在国家科技部支持下，进行了超重力反应吸收法脱除硫酸工业尾气中二氧化硫的研究。运行结果表明，采用超重力设备处理后，尾气中二氧化硫的质量浓度可降低到 $300mg \cdot m^{-3}$以下，远低于当时的二氧化硫排放标

图 6-13-11 甲醇-水超重力精馏装置

准。北京化工大学进行了超重力氨法脱硫的工业侧线实验，在此基础上在浙江巨化股份有限公司硫酸厂建立了尾气处理能力 $70000m^3 \cdot h^{-1}$ 的超重力脱硫工业装置。北京化工大学与浙江巨化股份有限公司合作，进行了 $200kt \cdot a^{-1}$ 硫酸工业尾气脱硫的工业试验。结果表明，经过超重力设备处理，尾气中的二氧化硫达到新的国家排放标准的要求。

(3) 旋转填充床制备纳米材料 北京化工大学于1995年在国际上率先发明了超重力法合成纳米颗粒新方法。在实验室及中试规模的研究基础上，北京化工大学成功进行了超重力法生产纳米碳酸钙的工业放大。在实验室及中试规模的研究基础上，北京化工大学的研究人员提出并突破了系列关键技术，创制了超重力法制备无机纳米粉体的成套技术，成功进行了超重力法生产纳米碳酸钙的工业放大，生产出平均粒度15～40nm、粒度和形貌可调控的纳米碳酸钙产品，粒度指标优于美国等国际同类产品，具有碳化时间缩短、粒度分布窄、生产成本低、生产质量稳定易控等突出优点。

(4) 旋转填充床应用于快速反应 北京化工大学与万华公司合作，将超重力技术应用于宁波万华和烟台万华聚氨酯股份有限公司二苯甲烷二异氰酸酯（MDI）生产，经过系统集成优化后使两条生产线的产能从 $280kt \cdot a^{-1}$ 提高到 $500kt \cdot a^{-1}$，单位产品能耗降低30%左右，且产品的质量达到世界领先水平。

参考文献

[1] Hanselmann W, Windhab E. J Food Eng, 1998, 38: 393-405.

[2] Calabrese R V, Francis M K, Mishra V P. 10th European Conference on Mixing, 2000.

[3] Padron G A. Measurement and Comparison of Power Draw in Batch Rotor-Stator Mixer. Marylang: University of Maryland, 2001.

[4] Doucet L, Ascanio G A, Tanguy P A. Chem Eng Res Des, 2005, 10: 1186-1195.

[5] Paul E L, Kresta S M, Atiem-Obeng V A. Handbook of Industrial Mixing: Science and Practice. Hoboken, New Jersey: Wiley-Interscience, 2000.

[6] Bourne J R, Garcia-Rosas J. Chem Eng Res Des, 1986, 64: 11-17.

[7] 张占元，闵健，高正明．北京化工大学学报：自然科学版，2008，35：4-7.
[8] 董强，聂毅学，张华芹，等．过程工程学报，2007，7：1055-1059.
[9] Barailler F, Heniche M, Tanguy P A. Chem Eng Sci, 2006, 61: 2888-2894.
[10] Baldyga J, Bourne J R. Chem Eng J, 1990, 45: 25-31.
[11] Elperin I T. J Eng Physics, 1961, 6: 62-68.
[12] Pitt G J, Millward G R. Coal and Modem Coal Processing. New York: Academic Press, 1979.
[13] Champion M, Libby P A. AIAA J, 1991, 29: 16-24.
[14] Kostiuk L W, Libby P A. Phys Fluids, 1993, 5: 2301-2303.
[15] 伍沅．撞击流性质及其应用．化工进展，2001，(11)：8-13.
[16] Tamir A．撞击流反应器——原理和应用．伍沅，译．北京：化学工业出版社，1996：1-337.
[17] Hoffmann M, Schluter M, Rabiger N. Chem Eng Sci, 2006, 61: 2968-2976.
[18] Liu Y, Olsen M G, Fox R O. Lab Chip, 2009, 9: 1110-1118.
[19] Gao Z, Han J, Xu Y, et al. Ind Eng Chem Res, 2013, 52: 11779-11786.
[20] Gao Z, Han J, Bao Y, et al. J Chem Eng Japan, 2013, 46: 683-688.
[21] 黄凯，刘华彦，伍沅．高校化学工程学报，2001，15：78-80.
[22] Tamir A. Impinging-Stream Reactors Fundamentals and Applications. Amsterdam: Elsevier Science B V, 1994.
[23] Dehkordi A M. Ind Eng Chem Res, 2002, 41: 2512-2520.
[24] Hacherl J M, Paul E L, Buettner H M. AIChE J, 2003, 49: 2352-2362.
[25] Dehkordi A M. AIChE J, 2006, 52: 692-704.
[26] Sohrabi M, Marvast M A. Ind Eng Chem Res, 2000, 39: 1903-1910.
[27] Hessel V, Hardt S, Lowe H. Chemical Micro Process Engineering: Fundamentals, Modelling and Reactions. Weinheim: Wiley-VCH, 2004.
[28] Gavriilidis A A. Chem Eng Res Des, 2002, 80: 3-30.
[29] Gunther A, Jensen K F. Lab Chip, 2006, 6: 1487-1503.
[30] Taha T, Cui Z. Chem Eng Sci, 2006, 61: 665-675.
[31] Worz O, Jackel K P. Chem Eng Technol, 2001, 24: 138-142.
[32] 赵玉潮，张好翠，沈佳妮，等．中国科技论文在线，2008，3(3)：157-169.
[33] Liu Z, Guo L, Huang T, et al. Chem Eng Sci, 2014, 119: 124-133.
[34] 陈建峰．超重力技术及应用——新一代反应与分离技术．北京：化学工业出版社，2002.
[35] Ramshaw C, Mallinson R H. US, 4283255. 1981.
[36] Ramshaw C. US, 0002568. 1979.
[37] Keyvally M, Gardner N C. Chem Eng Progress, 1989, 9: 48-52.
[38] Kumar M P, Rao D P. Ind Eng Chem Res, 1990, 29: 917-920.
[39] Munjal S, Dudukovic M P, Ramachandran P. Chem Eng Sci, 1989, 44(10): 2245-2256.
[40] Hao J. Mass Transfer of Centrifugally Enhanced Polymer Devolatilization by Using Foam Metal Bed. Cleveland,Ohio: Case Western Reserve University, 1995.
[41] Kumar M P, Rao D P. Ind Eng Chem Res, 1990, 29(5): 917-920.
[42] Munjal S, Dudukovic M P, Ramachandran P A. 77th Annul AIChE Meeting. Chicago, Illinois: 1985: 10-15.
[43] Basic A, Dudukovic M P. AIChEJ, 1995, 41(2): 301-316.

符号说明

a	气泡（液滴、颗粒）比表面积，$m^2 \cdot m^{-3}$
C	搅拌桨离釜底的距离，m
C_b	螺杆底缘离釜底的距离，m
C_p	比热容，$J \cdot kg^{-1} \cdot K^{-1}$
C_r	导流筒底缘与釜底之间隙，m
C_V	三相体系中固相的体积分数
C_s	气体分布器离底距离，m
CV_C	浓度分布的变异系数
D_e	搅拌桨当量直径，m
D_r	导流筒直径，m
D_S	涡盘直径，m
d_{32}	气泡（液滴、颗粒）的 Sauter 平均直径，m
$\overline{d}_p$	平均气泡（液滴、颗粒）直径，m
d_s	气体分布器直径，m
e	锚式搅拌桨与釜壁间隙，m
Fr	弗鲁德数
g	重力加速度，$m \cdot s^{-2}$
H	搅拌釜内料液高度，m
He	Hedstrom 数
h	搅拌釜内壁传热膜系数，$W \cdot m^{-2} \cdot K^{-1}$
h_0	搅拌釜内传热构件外壁的传热膜系数，$W \cdot m^{-2} \cdot K^{-1}$
h_l	液膜传热系数，$W \cdot m^{-2} \cdot K^{-1}$
h_r	导流筒高，m
I_m	混合百分数平均值
K	K 因子，气液分散中通气和未通气时功率之比
K_P	牛顿流体功率常数，$K_P = N_P Re$
k	稠度系数，$Pa \cdot s^n$
k_C	以固体表面积为基准的液膜传质系数，$kg \cdot m^{-2} \cdot s^{-1}$
$k_{c(d)}$	液滴内（外）表面为基准的液膜传质系数，$kg \cdot m^{-2} \cdot s^{-1}$
k_G（k_L）	气（液）膜传质系数，$kg \cdot m^{-3} \cdot s^{-1}$
$k_L a$	容积传质系数，$kg \cdot m^{-3} \cdot s^{-1}$
k_S	Metzner-Otto 常数，$k_S = \dot{\gamma}_{av}/N$
k_V	总容积传质系数，$kg \cdot m^{-3} \cdot s^{-1}$
k_{θ_S}	反映混合和剪切因素的常数，$k_{\theta_S} = N_{\theta_M} k_S = \theta \sqrt{P_V/\mu}$
L	桨叶长度（螺带高度），m

L_e 锚式搅拌桨有效边缘总长度，m
N 搅拌桨转速，r·min^{-1}
N_A 气液分散中的通气数，$N_A=Q/(ND^3)$
N_{CD} 气液分散中的临界转速，r·min^{-1}
N_{JD} 上浮颗粒的临界下拉转速，r·min^{-1}
N_{JS} 下沉颗粒的临界悬浮转速，r·min^{-1}
N_{JSG} 通气后三相体系中临界悬浮转速，r·min^{-1}
N_P 功率数
N_P^* 修正功率数
N_{QD} 排出流量数，$N_{QD}=Q_D/(ND^3)$
N_{QC} 循环流量数，$N_{QC}=Q_C/(ND^3)$
N_R 气液分散中的再循环转速，r·min^{-1}
Nu 努塞尔数
N_{θ_M} 混合时间数，$N_{\theta_M}=\theta_M N$
n 流动特性指数
n_p 搅拌桨桨叶数（螺带桨中螺带数）
P 螺（带）杆式搅拌桨螺距，m；搅拌功率，W
P_0 未通气时搅拌功率，W
P_G 通气后搅拌功率，W
P_K 带导流筒搅拌釜内循环水力学功率，W
P_m 单位质量的功率消耗，W·kg^{-1}
P_V 单位体积功率消耗，W·m^{-3}
Pr 普朗特数，$Pr=C_p\mu/\lambda$
Q 通气量或传热速率，m^3·s^{-1}，J·s^{-1}，kcal·h^{-1}
Q_A 带导流筒搅拌釜内环室间流量，m^3·s^{-1}
Q_C 循环流量，m^3·s^{-1}
Q_D 桨叶排出流量，m^3·s^{-1}
Q_V 单位容积传热速率，J·m^{-3}·s^{-1}，kcal·m^{-3}·h^{-1}
Re 搅拌雷诺数，$Re=\rho D^2 N/\mu$
Re^* 表观雷诺数
Re_b 用塑性黏度计算的搅拌雷诺数
Re_C 临界雷诺数
S 螺旋桨叶片螺距，m
Sm Smith 数，$Sm=2Sg/v_{tip}^2$
u_{tt} 固体颗粒密集状态下的沉降速度，m·s^{-1}
u_t 固体颗粒自由沉降速度，m·s^{-1}
$\overline{V}$ 搅拌釜体积，m^3
v_A 环室中的流速，m·s^{-1}
v_D 导流筒中的流速，m·s^{-1}
v_t 气泡上升终速度，m·s^{-1}
v_{tip} 桨叶叶端线速度，m·s^{-1}
v_S 表观气速，m·s^{-1}
W 直（斜）叶桨桨叶（螺带）宽度，m

Wi Weissenberg 数

W_V 单位体积混合能，$J \cdot m^{-3}$

X 导流筒直径与釜径之比

希腊字母

$\dot{\gamma}$ 剪切速率，s^{-1}

$\dot{\gamma}_{av}$ 搅拌釜内平均剪切速率，s^{-1}

ε_G 气含率

ε 湍流动能耗散速率，$J \cdot kg^{-1} \cdot s^{-1}$

η_W 相对混合效率

μ 物料黏度，Pa·s

μ_a 表观黏度，Pa·s

μ_S 零剪切速率时表观黏度，Pa·s

ρ 物料密度，$kg \cdot m^{-3}$

σ 表面张力，$N \cdot m^{-1}$

τ 剪切应力，Pa

ΔN_{JS} 不通气和通气状况下临界悬浮转速之差，$r \cdot min^{-1}$

常用角标

C 临界值

c 连续相

d 分散相

G 气体（气相）

l 液相

m 混合物

s 固相

V 体积

W 质量

x x 相

y y 相

简称及缩写

CFD Computational Fluid Dynamics，计算流体动力学

DNS Direct Numerical Simulation，直接数值模拟

FVM Finite Volume Method，有限体积方法

LBM Lattice Boltzmann Method，格子-玻尔兹曼方法

LES Large Eddy Simulation，大涡模拟

MRF Multiple Reference Frame，多重参考坐标系

PBM Population Balance Model，群体平衡模型

PIV Particle Image Velocimetry，图像粒子测速

RANS Reynolds Average Navier-Stokes，雷诺平均

RPD Relative Power Demand，K 因子，相对功率需求

SGS Sub-Grid Scale，亚格子

SM Sliding Mesh，滑移网格

本卷索引

A

Alder 微扰方程 …… 3-91
ASOG 基团贡献法 …… 3-73

B

Barus 效应 …… 4-162
Benard 涡 …… 4-67
Boltzmann 方程 …… 4-104
Boussinesq 湍流黏度 …… 4-47
Bragg-Williams 方程 …… 3-65
Burgers 涡 …… 4-30
BWR 方程 …… 3-90
胞腔模型 …… 3-103
薄膜运动 …… 4-127
保护装置 …… 5-147
背压式汽轮机 …… 5-135
被积表达式 …… 2-79
被积函数 …… 2-79
本构方程 …… 4-148
本性奇点 …… 2-108
泵 …… 5-2
比表面积 …… 6-61，4-111
（比）热容的估算方法 …… 1-77
（比）热容数据源 …… 1-66
壁面膜 …… 4-127
边界层 …… 4-34
边界层分离 …… 4-37
边界层厚度 …… 4-34
边界条件 …… 2-94
边值问题 …… 2-202
变工况 …… 5-32，5-61
变上限积分函数 …… 2-80
标度律 …… 4-58
标准化学位 …… 3-146
标准摩尔反应焓 …… 3-8
标准摩尔反应吉布斯函数 …… 3-146，3-151
标准摩尔燃烧焓 …… 3-8
标准摩尔生成焓 …… 3-8
标准平衡常数 …… 3-146，3-151
表观黏度 …… 4-148
表面活性物质效应 …… 4-125
表面黏度 …… 4-126
表面优势效应 …… 4-178
表面张力 …… 1-157，4-4，4-114
玻璃泵 …… 5-95
伯努利（Bernoulli）方程 …… 4-9
补汽式汽轮机 …… 5-135
不可导 …… 2-71
不可逆程度 …… 3-12，3-120
不可逆过程 …… 3-3
不可逆过程的热力学 …… 3-176
不连续效应 …… 4-178
不凝并 …… 6-70
不稳定平衡态 …… 3-23
部分流泵 …… 5-70

C

C-G 法 …… 1-23
Clausius 不等式 …… 3-11
Constantinous-Gani（C-G）基团贡献法 …… 1-6
COR 方程 …… 3-92
COSMO 模型 …… 3-75
残差平方和 …… 2-147，2-149
层流区 …… 6-43
差分方程 …… 2-100
常见的二次曲面 …… 2-65
常见曲线 …… 2-61
常微分方程 …… 2-87
敞开系统 …… 3-3，3-123
超额函数 …… 3-38
超高压压缩机 …… 5-42
充要条件 …… 2-105
抽汽背压式汽轮机 …… 5-135
抽汽凝汽式汽轮机 …… 5-135
初始条件 …… 2-94
初值问题 …… 2-196
触变性 …… 4-151
传播问题 …… 2-2
传热边界层 …… 4-41
传热膜系数 …… 6-88
纯液体密度 …… 1-113
磁力泵 …… 5-70

磁力轴承离心式压缩机 …… 5-67

D

Darcy 定律 …… 4-112
Debye-Huckel 模型 …… 3-77
Donnan 分配系数 …… 3-175
Donnan 平衡 …… 3-175
DSMC 方法 …… 4-104
大孔介质 …… 4-111
大涡模拟 …… 4-192
大涡模拟方法 …… 6-97
单位面积吸附量 …… 3-159
弹状流 …… 4-132
挡板 …… 6-4
导函数 …… 2-71
导流筒 …… 6-5
导数 …… 2-71，2-105
导叶 …… 5-60
低共熔温度 …… 3-130
低共熔组成 …… 3-130
低雷诺数效应 …… 4-178
第二定律效率 …… 3-122
缔合平衡常数 …… 3-42
缔合系统 …… 3-40
点涡 …… 4-29
电池的电动势 …… 3-172
电化学过程 …… 3-171
电化学位 …… 3-172
电解质溶液 …… 3-43
电渗 …… 3-181
电渗压 …… 3-181
定常运动 …… 4-7
定积分 …… 2-79
定位分布贡献方法 …… 1-26
动电现象 …… 3-180
动静转子反应器 …… 6-114
动量比 …… 4-95
动能比 …… 4-95
动叶 …… 5-60
动叶片 …… 5-137
对称系统 …… 3-36
对流不稳定性 …… 4-66
对流混合 …… 6-81
对应状态法 …… 1-42
对应状态原理 …… 3-93
多层桨 …… 6-28
多分散系统 …… 3-52
多孔管 …… 4-82
多孔介质 …… 4-110
多相流 …… 4-114
多相流测量 …… 4-130
多重参考坐标系 …… 6-96

E

二次型 …… 2-44
二阶导数 …… 2-72
二阶可导 …… 2-72
二维 Prandtl 混合长度理论 …… 4-192

F

Flory-Huggins 模型 …… 3-81
Froude 数 …… 4-24
反应器 …… 6-114
方差 …… 2-132
方阵函数 …… 2-48
放大准则 …… 6-107
非定常运动 …… 4-7
非对称系统 …… 3-36
非几何相似放大 …… 6-108
非结构化网格 …… 4-186
非牛顿流体 …… 2-250，4-148，6-32
非随机因子模型 …… 3-65
非体积功 …… 3-7
非线性规划问题 …… 2-206
沸点 …… 1-6
分布管 …… 4-97
分布函数 …… 2-130
分离两相流 …… 4-114
分散度 …… 3-136
分散两相流 …… 4-114
分散指数 …… 3-136
分压表示的平衡常数 …… 3-147
分子量法 …… 1-6
分子气体动力学 …… 4-104
粉体混合 …… 6-81
封闭系统 …… 3-3
弗鲁德数 …… 6-11
负吸附 …… 3-160
复合式压缩机 …… 5-66
复杂管 …… 4-88
傅里叶变换 …… 2-114

傅里叶逆变换 …… 2-115

G

Gibbs-Duhem 方程 …… 3-21
Gibbs 吸附等温式 …… 3-164
GLE 数据 …… 1-119
概率 …… 2-123
刚性问题 …… 2-200
高分子系统 …… 3-80
高阶导数 …… 2-72
高黏度 …… 6-29
高斯-赛德尔（Gauss-Seidel）迭代 …… 4-190
高斯消元法 …… 2-41
格子 Boltzmann 方法 …… 4-197
格子流体模型 …… 3-104
隔膜泵 …… 5-70
隔膜压缩机 …… 5-41
各向同性湍流 …… 4-54
工业金属管道 …… 5-11
工业汽轮机 …… 5-134
功 …… 3-7
功率 …… 5-22
功率数 …… 6-11
供气量 …… 5-19
孤立波 …… 4-128
孤立系统 …… 3-3
鼓风机 …… 5-2
固液悬浮 …… 6-45
故障特征分析 …… 5-116
故障诊断 …… 5-116
拐点 …… 2-73
管道 …… 5-2
管路 …… 5-2
广义通量 …… 3-179
广义推动力 …… 3-179
轨线 …… 4-4
过程 …… 3-3
过程强化 …… 6-114
过渡流区 …… 6-41
过量函数 …… 3-38
过量函数模型 …… 3-65

H

Henry 定律 …… 3-33
Hess 定律 …… 3-8
Hosoya 指标 …… 2-231
亥姆霍兹函数 …… 3-13
含气率 …… 4-136
函数矩阵 …… 2-48
焓 …… 1-84，3-7
恒容热效应 …… 3-7
恒温过程 …… 3-3
恒压过程 …… 3-3
滑片式压缩机 …… 5-38
化工数据 …… 1-2
化学平衡判据 …… 3-22
化学图 …… 2-226
环境 …… 3-2
环路 …… 2-224
环形部分互溶区 …… 3-137
回归平方和 …… 2-149
会溶点 …… 3-138
混合规则 …… 3-88
混合函数 …… 3-38
混合模型 …… 4-195
混合时间 …… 6-11
混合液体 …… 1-117
混合指数 …… 6-72
活度 …… 3-35
活度表示的平衡常数 …… 3-148
活度系数 …… 3-36
活度系数比 …… 3-149
活塞泵 …… 5-70
活塞式压缩机 …… 5-17

J

机械密封 …… 5-105
机械稳定性 …… 3-24
奇解 …… 2-88
积分变换 …… 2-113
积分变量 …… 2-79
积分方程 …… 2-109
积分和 …… 2-79
积分区间 …… 2-79
积分上限 …… 2-79
积分下限 …… 2-79
基团贡献法 …… 1-42
吉布斯函数 …… 3-13
级数 …… 2-82
级数的和 …… 2-82
级数发散 …… 2-82

级数收敛 ……………………………… 2-82
极大点 ……………………………… 2-73
极大似然估计法 ……………………………… 2-147
极大值 ……………………………… 2-73
极化率 ……………………………… 1-25
极小点 ……………………………… 2-73
极小值 ……………………………… 2-73
极值 ……………………………… 2-73
极值点 ……………………………… 2-73
几何相似放大 ……………………………… 6-108
挤出胀大 ……………………………… 4-162
计量泵 ……………………………… 5-96
计时沙漏型 ……………………………… 3-137
计算流体动力学 ……………………………… 6-95
计算流体力学 ……………………………… 4-184
假设检验 ……………………………… 2-143
假塑性（pseudoplastic）流体 ……………………………… 4-149
假塑性流体 ……………………………… 6-35
剪切混合 ……………………………… 6-81
交错级数 ……………………………… 2-84
角变形率 ……………………………… 4-5
角度式压缩机 ……………………………… 5-26
搅拌釜 ……………………………… 6-2
搅拌桨 ……………………………… 6-14
搅拌雷诺数 ……………………………… 6-10
结构化网格 ……………………………… 4-185
解析 ……………………………… 2-105
解析函数 ……………………………… 2-105
解析区域 ……………………………… 2-105
介孔介质 ……………………………… 4-111
介稳平衡态 ……………………………… 3-23
界面覆盖率 ……………………………… 3-159
界面化学位 ……………………………… 3-163
界面热力学 ……………………………… 3-160
界面张力 ……………………………… 3-164
界面状态方程 ……………………………… 3-167
近似解 ……………………………… 4-20
精确解 ……………………………… 4-20
径向流 ……………………………… 6-5，6-18
静叶 ……………………………… 5-60
静叶片 ……………………………… 5-137
局部平衡假定 ……………………………… 3-176
局部阻力 ……………………………… 4-77
局部阻力损失 ……………………………… 4-145
局部组成理论 ……………………………… 3-68
矩阵的初等变换 ……………………………… 2-43
矩阵的合同 ……………………………… 2-44
矩阵的相似 ……………………………… 2-45
矩阵的运算 ……………………………… 2-43
矩阵的秩 ……………………………… 2-42
矩阵范数 ……………………………… 2-47
矩阵特征值问题 ……………………………… 2-52
绝对收敛 ……………………………… 2-84
绝热过程 ……………………………… 3-3
绝热指数 ……………………………… 4-10
均方脉动速度 ……………………………… 4-54
均匀湍流 ……………………………… 4-54
均匀悬浮 ……………………………… 6-45

K

Kelvin 方程 ……………………………… 3-163
Kirchhoff 定律 ……………………………… 3-9
Kirchhoff 椭圆涡 ……………………………… 4-29
Klinswicz-Reid 法 ……………………………… 1-23
Kolmogorov 尺度 ……………………………… 6-8
Kolmogorov 相似律 ……………………………… 4-59
Kundsen 数 ……………………………… 4-104
卡诺定理 ……………………………… 3-10
柯西-黎曼方程 ……………………………… 2-105
颗粒轨迹模型 ……………………………… 6-98
可导 ……………………………… 2-71，2-105
可积 ……………………………… 2-79
可逆过程 ……………………………… 3-3
可去奇点 ……………………………… 2-108
可微 ……………………………… 2-74，2-75
可压缩流体 ……………………………… 4-100
可压缩性 ……………………………… 4-100
空化 ……………………………… 4-108
空化反应器 ……………………………… 4-108
空泡份额 ……………………………… 4-136
空气的黏度 ……………………………… 1-131
孔隙率 ……………………………… 4-111
控制面 ……………………………… 4-8
控制体 ……………………………… 4-8
块状流 ……………………………… 4-132
框式桨 ……………………………… 6-20
扩散混合 ……………………………… 6-81
扩散稳定性 ……………………………… 3-25
扩散系数 ……………………………… 1-151

L

Laplace 方程 …… 3-162
Lennard-Jones 12-6 参数 …… 1-25
Lewis-Randall 规则 …… 3-33
LLE 数据 …… 1-120
LSAFT 模型 …… 3-82
拉格朗日法 …… 4-4
拉格朗日型余项 …… 2-85
拉克斯（Lax）等价原理 …… 4-189
拉普拉斯变换 …… 2-117
拉普拉斯方程 …… 4-31
拉伸流动 …… 4-169
拉伸黏度 …… 4-169
拉伸应变 …… 4-169
兰金涡 …… 4-29
雷诺平均方法 …… 6-95
雷诺平均模型 …… 4-192
类导体屏蔽模型 …… 3-75
离集度 …… 6-82
离解平衡常数 …… 3-44
离散颗粒模型 …… 4-196
离散系统 …… 3-176
离心泵 …… 5-74
离心式鼓风机 …… 5-46
离心式通风机 …… 5-63
离心式压缩机 …… 5-46
理想功 …… 3-121
理想流体 …… 4-7
理想溶解度 …… 3-130
理想溶液 …… 3-35
理想稀溶液 …… 3-34
立方型方程 …… 3-86
立式压缩机 …… 5-24
连通图 …… 2-224
连续介质 …… 2-247
连续热力学 …… 3-54
连续系统 …… 3-176
连续性微分方程 …… 4-17
链式法则 …… 2-73
两相流压降 …… 4-140
量纲分析 …… 2-239
量纲齐次原则 …… 2-239
量子流体 …… 3-97
列主元 *LU* 分解 …… 2-50
邻接矩阵 …… 2-223
临界参数 …… 1-21
临界点 …… 1-21，3-24
临界分散转速 …… 6-59
临界会溶点 …… 3-26
临界会溶点条件 …… 3-27
临界转速 …… 5-140
留数 …… 2-108
流变学 …… 4-148
流导 …… 4-105
流动控制 …… 4-64
流动阻力 …… 4-157
流函数 …… 4-7
流量均匀性 …… 4-95
流体动密封 …… 5-105
流体机械 …… 5-2
流线 …… 4-4
流型 …… 6-5
流型图 …… 4-132
流致电流 …… 3-181
流致电势 …… 3-181
六直叶涡轮搅拌桨 …… 6-9
露点计算 …… 3-127
罗茨鼓风机 …… 5-37
螺杆式压缩机 …… 5-34
螺旋度 …… 4-28

M

Marangoni 对流 …… 4-67
Margules 方程 …… 3-67
Maxwell 叠加原理 …… 4-165
Maxwell 关系式 …… 3-17
MBWR 方程 …… 3-90
Merrifield-Simmons 指标 …… 2-231
Metzner-Otto 常数 …… 6-11
MH 方程 …… 3-90
Monte-Carlo 方法 …… 4-104
MXXC 法 …… 1-21
m 级极点 …… 2-108
马赫（Mach）数 …… 4-102
玛兰哥尼效应 …… 4-4
麦克劳林级数 …… 2-85
锚式桨 …… 6-20
密封 …… 5-51
密封油系统 …… 5-56

幂级数 …… 2-84
幂级数的系数 …… 2-84
面积检验法 …… 3-142
膜电位 …… 3-175
膜过程 …… 3-181
摩擦因子 …… 4-76，4-157
摩擦阻力 …… 4-70
摩尔分数表示的平衡常数 …… 3-149

N

NRTL 方程 …… 3-70
奈维-斯托克斯（Navier-Stokes）方程 …… 4-18
耐腐蚀泵 …… 5-93
内部流动 …… 4-70
内能 …… 3-7
能量衡算 …… 3-119
能量级串 …… 4-58
能量守恒 …… 4-9
拟序结构 …… 4-60
黏度 …… 1-128
黏塑性（visco-plastic）流体 …… 4-151
黏弹性流体 …… 4-151，6-42
黏性 …… 4-2
黏性流体 …… 4-7
凝并 …… 6-70
凝汽式汽轮机 …… 5-135
牛顿流体 …… 2-250，6-33
浓度场 …… 6-101
努塞尔数 …… 4-44

O

Onsager 倒易定理 …… 3-180
Oseen 涡 …… 4-30
欧拉法 …… 4-4
欧拉-拉格朗日方法 …… 4-195
欧拉模型 …… 4-196
欧拉-欧拉方法 …… 4-195
偶极矩 …… 1-25

P

PACT 方程 …… 3-93
Peclet 数 …… 4-44
PHCT 方程 …… 3-92
Pitzer 模型 …… 3-77
Poynting 因子 …… 3-33
Prandtl 混合长 …… 4-48
Prandtl 数 …… 4-42
PR 方程 …… 3-86
PT 方程 …… 3-86
爬竿效应 …… 4-161
排出流量数 …… 6-11
排气量 …… 5-19
排气温度 …… 5-21
排气系数 …… 5-20
泡点计算 …… 3-126
喷射泵 …… 5-70
偏导数 …… 2-75
偏离函数 …… 3-31
偏摩尔量 …… 3-19
偏微分方程 …… 2-87，2-94
偏心因子 …… 1-24，3-84
漂移速度 …… 4-131
平衡常数 …… 3-124
平衡判据 …… 3-22
平衡态 …… 3-3
平均离子活度 …… 3-46
平均离子活度系数 …… 3-47
平均摩尔质量 …… 3-136
平面方程 …… 2-64
屏蔽泵 …… 5-70
铺展压 …… 3-164
谱半径 …… 2-48

Q

QR 分解 …… 2-51
Q 函数 …… 3-39
奇异值分解 …… 2-52
气固吸附平衡 …… 3-169
气含率 …… 6-60
气泡流 …… 4-132
气泡形成 …… 4-114
气体的 pVT …… 1-118
气相化学反应 …… 3-157
气液分散 …… 6-56
气液固三相混合 …… 6-77
气液平衡计算 …… 3-126
汽封 …… 5-137
汽缸 …… 5-137
汽轮机 …… 5-2
汽蚀余量 …… 5-71
切向流 …… 6-5
曲直比 …… 4-111

全微分 …… 2-75

R

Randic 指标 …… 2-230
Raoult 定律 …… 3-33
Reynolds 数 …… 4-24
燃烧热 …… 1-85，3-8
绕流 …… 4-70
热 …… 3-7
热导率 …… 1-144
热机效率 …… 3-10
热力学 …… 3-2
热力学标准状态 …… 3-3
热力学第一定律 …… 3-7
热力学第二定律 …… 3-10
热力学第三定律 …… 3-14
热力学基本方程 …… 3-15
热力学一致性检验 …… 3-142
热毛细现象 …… 4-4
热容 …… 1-66
热蠕变 …… 4-180
热稳定性 …… 3-24
热效应 …… 3-8
容积传质系数 …… 6-62
容积式泵 …… 5-70
溶剂参与的溶液反应 …… 3-149
溶解度参数模型 …… 3-67
溶液中的化学反应 …… 3-149
溶液中的溶质反应 …… 3-149
熔点 …… 1-20
熔点的估算方法 …… 1-20
熔化焓的估算方法 …… 1-62
蠕变 …… 4-167
润滑油系统 …… 5-56

S

SAFT 方程 …… 3-105
SIMPLE 算法 …… 4-191
SLE 数据 …… 1-120
SRK 方程 …… 3-86
Strouhal 数 …… 4-24
SWCF 方程 …… 3-107
闪蒸计算 …… 3-128
熵 …… 1-84，3-12
熵产生 …… 3-177
熵产生率 …… 3-177
熵流 …… 3-177
熵流率 …… 3-177
熵增原理 …… 3-13
上部会溶温度 …… 3-137
上凸 …… 2-73
射流 …… 4-52
渗流混合 …… 6-81
渗透率 …… 4-111
渗透系数 …… 3-49
渗透压 …… 3-49
升华焓的估算方法 …… 1-63
升力 …… 4-70
生成 Gibbs 自由能 …… 1-91
生成焓 …… 1-87
剩余函数 …… 3-31
施密特正交化 …… 2-46
实际功 …… 3-121
收敛半径 …… 2-84
收敛区间 …… 2-84
收敛性 …… 4-189
收敛域 …… 2-84
数均摩尔质量 …… 3-136
数项级数 …… 2-82
数学常数 …… 2-3
数学期望 …… 2-131
数值解 …… 4-20
双节线 …… 3-24，3-26
双流体模型 …… 6-98
水锤 …… 4-108
水击 …… 4-108
水力半径 …… 4-81
斯特劳哈尔数 …… 4-41
速度比值 …… 4-95
速度均匀性 …… 4-95
速度势 …… 4-31
塑料泵 …… 5-94
酸蛋 …… 5-98
随机变量 …… 2-129
随机共聚物 …… 3-83
损失功 …… 3-121

T

Taylor 涡 …… 4-30，4-69
Toms 效应 …… 4-162
泰勒级数 …… 2-85

泰勒展开式 …… 2-85
特解 …… 2-88
特征值问题 …… 2-2
特征值与特征向量 …… 2-45
体积功 …… 3-7
填料密封 …… 5-105
条件收敛 …… 2-84
调节 …… 5-59
调节保安系统 …… 5-143
通风机 …… 5-13
通解 …… 2-87
通气功率 …… 6-63
通气式 …… 6-56
通气数 …… 6-60
通用性能曲线 …… 5-76
同伦 …… 2-255
湍流 …… 4-46
湍流边界层 …… 4-51
湍流尺度 …… 4-56
湍流动能 …… 6-8
湍流耗散 …… 6-8
湍流减阻 …… 4-162
湍流能谱 …… 4-57
湍流黏度 …… 4-48
湍流强度 …… 4-54
湍流区 …… 6-25
退化核 …… 2-111
拓扑空间 …… 2-252
拓扑性质 …… 2-253

U

UNIQUAC 方程 …… 3-71

V

van Laar 方程 …… 3-67
VOF 模型 …… 4-195

W

Weissenberg 效应 …… 4-161
Wiener 指标 …… 2-232
Wilson 方程 …… 3-69
外部流动 …… 4-70
外流 …… 4-34
完全悬浮 …… 6-45
往复泵 …… 5-70
微泊肃叶流 …… 4-180
微尺度效应 …… 4-178
微分 …… 2-74
微观混合 …… 6-116
微孔介质 …… 4-111
微通道反应器 …… 6-121
微通道混合 …… 6-120
唯象关系 …… 3-180
唯象系数 …… 3-180
维里方程 …… 3-84
温度场 …… 6-103
稳定平衡态 …… 3-23
稳定性 …… 4-189
稳定性判据 …… 3-23
稳定性条件 …… 3-26
稳流过程 …… 3-3
稳态问题 …… 2-2
涡量 …… 4-7
涡旋 …… 4-28
卧式压缩机 …… 5-24
无滑移条件 …… 4-19
无量纲数群 …… 4-168
无模型计算法 …… 3-139
无穷级数 …… 2-82
无效能 …… 3-123
无旋运动 …… 4-31
误差平方和 …… 2-147
雾点线 …… 3-138

X

吸上真空高度 …… 5-71
系统 …… 3-2
系统分隔的树搜索法 …… 2-235
下部会溶温度 …… 3-137
下沉（上浮）颗粒 …… 6-78
下降迭代算法 …… 2-208
下凸 …… 2-73
显著性水平 …… 2-144
现场动平衡 …… 5-126
现场消振 …… 5-132
线变形率 …… 4-5
线性变换 …… 2-44
线性方程组 …… 2-41
线性规划 …… 2-206
线性空间 …… 2-44
线性最小二乘问题 …… 2-52
相变焓 …… 1-84

相变焓数据源 …… 1-37
相对单位面积吸附量 …… 3-159
相律 …… 3-23
相平衡 …… 1-118
相平衡判据 …… 3-22
相容性 …… 4-189
向量范数 …… 2-47
效率 …… 5-22
斜率检验法 …… 3-142
斜叶桨 …… 6-15
辛醇/水分配系数 …… 1-120
行列式 …… 2-41
性能换算 …… 5-76
性能曲线 …… 5-57
修正的 Freed 模型 …… 3-82
悬浮临界转速 …… 6-48
旋节线 …… 3-24，3-26
旋涡泵 …… 5-70
旋转填充床 …… 6-123
选型 …… 5-54
循环过程 …… 3-3
循环流量 …… 6-11
循环流量数 …… 6-11

Y

压力管道 …… 5-10
压力耦合方程的半隐方法 …… 4-191
压力阻力 …… 4-70
压缩功 …… 5-16
压缩机 …… 5-2
压缩性 …… 4-3
雅可比（Jacobi）迭代 …… 4-190
叶轮 …… 5-49
叶片式泵 …… 5-70
曳力 …… 4-70
液滴阻力 …… 4-123
液固平衡计算 …… 3-129
液环式压缩机 …… 5-40
液膜波动 …… 4-128
液体 pVT 关系 …… 1-100
液体黏度 …… 1-139
液液分散 …… 6-70
液液平衡包线 …… 3-26
液液平衡计算 …… 3-129
依时性流体 …… 4-151
逸度 …… 3-29
逸度表示的平衡常数 …… 3-147
逸度系数 …… 3-30
逸度系数比 …… 3-147
隐函数 …… 2-74
应力松弛 …… 4-167
影子线 …… 3-138
有限差分法 …… 4-187
有限体积法 …… 4-188
有限元 …… 4-189
有效能 …… 3-122
有效能分析 …… 3-124
有效能效率 …… 3-124
余项 …… 2-85
元胞自动机 …… 2-258
原函数 …… 2-77

Z

z 变换 …… 2-121
z 均摩尔质量 …… 3-136
再循环转速 …… 6-59
张量 …… 2-245
胀塑性（dilatant）流体 …… 4-151
真空泵 …… 5-90
真空管路 …… 5-10
蒸发焓的估算方法 …… 1-51
蒸气压估算方法 …… 1-42
蒸气压数据源 …… 1-29
整数规划问题 …… 2-206
整体内部齿轮压缩机 …… 5-66
正吸附 …… 3-160
正项级数 …… 2-83
正应力差 …… 4-162
直管阻力 …… 4-70，4-75
直接解法 …… 4-189
直接模拟 …… 4-192
直接模拟蒙特卡罗方法 …… 4-197
直接数值模拟方法 …… 6-98
直线方程 …… 2-56，2-65
指示图 …… 5-19
质量守恒 …… 4-8
置信区间 …… 2-141
置信水平 …… 2-148
重均摩尔质量 …… 3-136
轴承 …… 5-49

轴流泵 …… 5-70
轴流式通风机 …… 5-63
轴流式压缩机 …… 5-59
轴向流 …… 6-14
轴向位移保护 …… 5-148
轴向应变率 …… 4-170
驻点压力 …… 4-11
转子 …… 5-137
转子泵 …… 5-70
状态 …… 3-3
状态方程 …… 3-84
状态函数 …… 3-3
状态监测 …… 5-116
撞击流 …… 6-117
自变量的微分 …… 2-74
自吸式 …… 6-57
自由焓 …… 3-13
自由膜 …… 4-128
自由能 …… 3-13
最低共熔点 …… 3-130
最小二乘问题 …… 2-209
最优化问题 …… 2-206
最优性条件 …… 2-207